工程机械手册

HANDBOOK OF CONSTRUCTION MACHINERY

REINFORCEMENT AND PRESTRESSING MACHINERY

钢筋及预应力机械

主编　刘子金

副主编　赵红学　张珂　谢正元

清華大学出版社

北京

内容简介

本书从钢筋及预应力工程基础知识、钢筋强化机械、钢筋成型加工机械、钢筋连接机械和预应力机械五个部分，全面系统地介绍了工程施工基础知识、各种钢筋及预应力机械发展概况、产品类型、产品结构、工作原理、技术性能、选用原则和选型计算、安全使用与工程应用案例等，对从事钢筋及预应力机械的生产企业、科研院所、高等院校、质量检测监管及钢筋工程施工的技术、管理、机械管用养修人员具有很好的借鉴和指导作用，是钢筋分项工程相关人员了解钢筋及预应力机械、钢筋工程施工和管理的重要工具书，可供钢筋分项工程施工、技术培训、钢筋及预应力机械研究开发、生产制造、检测监督等行业人员学习使用。

图书在版编目（CIP）数据

工程机械手册. 钢筋及预应力机械 / 刘子金主编. -- 北京 ： 清华大学出版社，2024. 11. -- ISBN 978-7-302-67527-3

Ⅰ. TH2-62；TU6-62

中国国家版本馆 CIP 数据核字第 2024VE4425 号

责任编辑：王　欣　赵从棉
封面设计：傅瑞学
责任校对：赵丽敏
责任印制：丛怀宇

出版发行：清华大学出版社
　　网　　址：https://www.tup.com.cn，https://www.wqxuetang.com
　　地　　址：北京清华大学学研大厦 A 座　　**邮　　编**：100084
　　社 总 机：010-83470000　　**邮　　购**：010-62786544
　　投稿与读者服务：010-62776969，c-service@tup.tsinghua.edu.cn
　　质量反馈：010-62772015，zhiliang@tup.tsinghua.edu.cn
印 装 者：三河市东方印刷有限公司
经　　销：全国新华书店
开　　本：185mm×260mm　　**印　张**：65.75　　**插　页**：14　　**字　　数**：1768 千字
版　　次：2024 年 12 月第 1 版　　**印　　次**：2024 年 12 月第 1 次印刷
定　　价：328.00 元

产品编号：086071-01

《工程机械手册》编写委员会名单

主　编　石来德　周贤彪

副主编　（按姓氏笔画排序）

丁玉兰　马培忠　卞永明　刘子金　刘自明
杨安国　张兆国　张声军　易新乾　黄兴华
葛世荣　覃为刚

编　委　（按姓氏笔画排序）

卜王辉　王　锐　王　衡　王国利　王永鼎
毛伟琦　孔凡华　史佩京　成　彬　毕　胜
刘广军　李　刚　李　青　李　明　安玉涛
吴立国　吴启新　张　珂　张丕界　张旭东
周　崎　周治民　孟令鹏　赵红学　郝尚清
胡国庆　秦倩云　徐志强　郭文武　黄海波
曹映辉　盛金良　程海鹰　傅炳煌　舒文华
谢正元　鲍久圣　薛　白　魏世丞　魏加志

《工程机械手册——钢筋及预应力机械》编委会

主　编：

刘子金　中国建筑科学研究院有限公司

副主编：

赵红学　中国建筑科学研究院有限公司建筑机械化研究分院

张　珂　沈阳建筑大学

谢正元　柳州欧维姆机械股份有限公司

编　委：（按姓氏笔画排序）

丁国民　天津市银丰机械系统工程有限公司

于海滨　德州海天机电科技有限公司

王　辉　凯博信息科技有限公司

王文生　河北骄阳焊工有限公司

李颂华　沈阳建筑大学

李本端　水利水电第十二工程局施工科学研究所

李兴奎　柳州欧维姆机械股份有限公司

李智能　中冶建工集团有限公司

李大宁　北京市建筑工程研究院有限公司

李智斌　建研科技股份有限公司

李金良　燕山大学

纪恩龙　廊坊凯博建设机械科技有限公司

陈振东　建科智能装备制造(天津)股份有限公司

陈　伟　安阳复星合力新材料股份有限公司

陈增光　浙江宁波新洲焊接设备有限公司

汶　浩　北京建筑机械化研究院有限公司

吴晓星　建研科技股份有限公司

张谷旭　山东连环机械科技有限公司
张春礼　康振智能装备(深圳)股份有限公司
张淑凡　河北新大地机电制造有限公司
肖　飞　中国建筑科学研究院有限公司建筑机械化研究分院
姜洪权　苏州西岩机械技术有限公司
钟庆明　德士达建材(广东)有限公司
侯爱山　中国建筑科学研究院有限公司建筑机械化研究分院
钱冠龙　北京思达建茂科技发展有限公司
柴延伟　开封齐力预应力设备有限公司
徐瑞榕　中国建筑科学研究院有限公司
韩彦军　石家庄铁道大学
韩英爱　长春工程学院
廖辉红　湖南联智智能科技有限公司

编写工作办公室：

主　任　李颂华
副主任　赵红学
秘　书　杨晓婷　张永津
成　员　王晓龙　王鹏飞　赵梓辰　周献朋　左　闯　刘　莉

《工程机械手册——钢筋及预应力机械》主编简介

刘子金，研究员，兼职博导，享受国务院政府特殊津贴专家，曾任中国建筑科学研究院有限公司建筑机械化研究分院副院长、北京建筑机械化研究院有限公司副总经理、中国建筑科学研究院有限公司认证中心副主任，现任中国建筑科学研究院有限公司认证中心顾问总工。兼任住房城乡建设部建筑施工安全标准化技术委员会副主任委员、国家标准化管理委员会全国建筑施工机械与设备标准化技术委员会副主任委员、中国建筑学会建筑施工分会副理事长兼秘书长、中国工程机械工业协会钢筋及预应力机械分会会长、国家市场监督管理总局认证认可研究中心生产性服务业工作组专家。多年来一直从事建筑施工装备技术研究、经营开发管理、建筑产品认证和服务认证工作；发明钢筋螺纹加工设备及方法、钢筋直螺纹加工生产线及加工方法、可调型连接套筒及钢筋笼对接施工方法；承担完成国家“十一五”“十二五”科技支撑计划、国家“十三五”重点研发计划和省部级科研计划研究课题15项，作为项目执行负责人完成国家“十三五”重点研发计划项目“预制混凝土构件工业化生产关键技术及装备”（2017YFC0704000）1项，13项研究成果获省部级三等奖以上科技奖励。编写完成国家和行业标准20余项，发表学术论文40余篇，编写《钢筋连接技术手册》《钢筋的连接与锚固》等著作6部，获得发明专利12项、实用新型专利15项。“带肋钢筋等强度剥肋滚压直螺纹连接方法及加工设备”获“河北省优秀发明”奖。

《工程机械手册——钢筋及预应力机械》副主编简介

赵红学，研究员，廊坊市有突出贡献的中年优秀人才，现任廊坊凯博建设机械科技有限公司副总经理、中国工程机械工业协会钢筋及预应力机械分会秘书长、中国工程机械工业协会专家委员会委员。从事钢筋机械连接、智能化钢筋加工技术与设备产品研究近30年，主持和参与多项国家“十一五”“十二五”“十三五”国家课题和省部级课题；主持和参加起草国家标准2项、行业标准5项、团体标准1项；获河北省科学技术奖、中国机械工业科学技术奖、华夏建设科学技术奖6项；获得发明专利12项、实用新型专利36项；编写著作1部。

张珂，教授，博士研究生导师。现任沈阳工业大学校长。第十三届全国人大代表，沈阳市特等劳动模范。教育部“全国高校黄大年式教师团队”负责人、享受国务院政府特殊津贴专家。主要从事精密加工技术、数控装备与技术、建筑工程装备智能化等领域的科研与教学工作。承担完成国家自然科学基金、国家自然科学基金区域创新发展联合基金重点支持项目、国家“十一五”“十二五”科技支撑计划、国家“十三五”重点研发计划等科研课题60余项。获国家科学技术进步奖二等奖1项、国家技术发明奖二等奖1项、中国专利奖金奖1项、中国专利奖优秀奖2项、辽宁省科学技术奖一等奖2项、辽宁省科学技术奖二等奖1项、辽宁省专利奖一等奖1项、辽宁省技术发明奖一等奖1项。发表高水平论文220余篇，出版专著5部，获得发明专利10项，参加起草国家和行业标准2项。

谢正元，教授级高工，现任柳州欧维姆机械股份有限公司副总经理、总工程师、技术中心主任、首席技术官，享受国务院政府特殊津贴专家、广西壮族自治区优秀专家。长期专注于预应力技术产品的研制开发和技术管理工作。作为第一、二负责人承担重大项目20余项，负责开发设计的TS体外预应力锚固体系、单根换索式新型体外预应力体系、多股成品索式锚碇锚固体系、自锁式预应力锚固体系、高强度抗疲劳耐久型平行钢丝拉索等20余项技术成果填补了国内空白、达到国际领先水平。11项成果获省级及以上科技奖励(其中“混凝土结构非接触式检测评估与高效加固修复关键技术”获国家科学技术进步奖二等奖)；获得专利132项，其中发明专利54项；参加起草国家标准2项。荣获广西壮族自治区高层次人才、广西壮族自治区劳动模范等称号，广西壮族自治区“新世纪十百千人才工程”第二层次人选名单。

《工程机械手册——钢筋及预应力机械》编写人员

第 1 篇　钢筋及预应力工程基础知识

第 1 章～第 7 章　刘子金　刘　莉

第 2 篇　钢筋强化机械

第 8 章　李颂华

第 9 章　李颂华　李金良

第 10 章、第 11 章　夏维玺

第 3 篇　钢筋成型加工机械

第 12 章　苑柳依　张谷旭

第 13 章　汶　浩　赵永利　张谷旭

第 14 章　李颂华　纪恩龙

第 15 章　范瑞雪　王江涛　张谷旭　纪恩龙　岳山刚

第 16 章　李智能　田达菲　纪恩龙　杨力列

第 17 章　肖　飞　汶　浩

第 18 章　薛建山　张谷旭　杨　旭

第 19 章　侯爱山　王文生　潘玉红　乔建荣　苏　伟

第 20 章　袁　刚　姜丽慧　张谷旭　张辉亮

第 21 章　刘子金

第 22 章　王　辉

第 23 章　刘子金

第 24 章　刘利建

第 4 篇　钢筋连接机械

第 25 章　陈云斌　李本端

第 26 章　马德志　李本端

第 27 章　李志军　李本端

第 28 章　袁远刚　李本端

第 29 章　黄贤聪　李本端

第 30 章　王爱军　钱冠龙　肖　飞
第 31 章　李大宁
第 32 章　王爱军　钱冠龙
第 33 章　吴晓星　赵红学
第 34 章　李智斌　朱清华　钱冠龙
第 35 章　姜洪权　韩英爱
第 36 章　钟庆明
第 37 章　徐瑞榕
第 38 章　李智斌　李智能

第 5 篇　预应力机械

第 39 章　韩彦军　于海滨　庞秋生　梁　晓
第 40 章～第 43 章　张　皓
第 44 章　刘德坤
第 45 章　苏庆勇
第 46 章　刘德坤
第 47 章　柴延伟
第 48 章　苏庆勇
第 49 章　蒋业东　黄芳玮
第 50 章　王晓琳

总　序

PREFACE

根据国家标准，我国的工程机械分为20个大类。工程机械在我国基础设施建设及城乡工业与民用建筑工程中发挥了很大作用，而且出口至全球200多个国家和地区。作为中国工程机械行业中的学术组织，中国工程机械学会组织相关高校、研究单位和工程机械企业的专家、学者和技术人员，共同编写了《工程机械手册》。首期10卷分别为《挖掘机械》《铲土运输机械》《工程起重机械》《混凝土机械与砂浆机械》《桩工机械》《路面与压实机械》《隧道机械》《环卫与环保机械》《港口机械》《基础件》。除《港口机械》外，已涵盖了标准中的12个大类，其中"气动工具""掘进机械""凿岩机械"合在《隧道机械》内，"压实机械"和"路面施工与养护机械"合在《路面与压实机械》内。在清华大学出版社出版后，获得用户广泛欢迎，斯普林格出版社购买了英文版权。

为了完整体现工程机械的全貌，经与出版社协商，决定继续根据工程机械型谱出版其他机械对应的各卷，包括《工业车辆》《混凝土制品机械》《钢筋及预应力机械》《电梯、自动扶梯和自动人行道》。在市政工程中，尚有不少小型机具，故此将"高空作业机械"和"装修机械"与之合并，同时考虑到我国各大中城市游乐设施亦很普遍，故也将其归并其中，出一卷《市政机械与游乐设施》。我国幅员辽阔，江河众多，改革开放后，在各大江大河及山间峡谷之上建设了很多大桥；与此同时，除建设了很多高速公路之外，还建设了很多高速铁路。不论是大桥还是高速铁路，都已经成为我国交通建设的名片，在我国实施"一带一路"倡议及支持亚非拉建设中均有一定的地位。在这些建设中，出现了自有的独特专用装备，因此，专门列出《桥梁施工机械》《铁路机械》及相关的《重大工程施工技术与装备》。我国矿藏很多，东北、西北、沿海地区有大量石油、天然气，山西、陕西、贵州有大量煤矿，铁矿和有色金属矿藏也不少。勘探、开采及输送均需发展矿山机械，其中不少是通用机械。我国在专用机械如矿井下作业面的开采机械、矿井支护、井下的输送设备及竖井提升设备等方面均有较大成就，故列出《矿山机械》一卷。农林机械在结构、组成、布局、运行等方面与工程机械均有相似之处，仅作业对象不一样，因此，在常用工程机械手册出版之后，再出一卷《农林牧渔机械》。工程机械使用环境恶劣，极易出现故障，维修工作较为突出；大型工程机械如盾构机，价格较贵，在一次地下工程完成后，需要转场，在新的施工现场重新装配建造，对重要的零部件也将实施再制造，因此专列一卷《维修与再制造》。一门以人为本的新兴交叉学科——人机工程学正在不断向工程机械领域渗透，因此增列一卷《人机工程学》。

上述各卷涉及面很广，虽撰写者均为相关领域的专家，但其撰写风格各异，有待出版后，在读者品读并提出意见的基础上，逐步完善。

石来德

2022年3月

前 言

FOREWORD

钢筋及预应力机械是建筑工程重要的施工设备之一，在推动智能建造与建筑工业化协同发展进程中发挥着重要作用。钢筋是混凝土结构工程三大施工主材料之一，对结构安全、施工成本和施工效率都具有重要影响，钢筋工程占建筑工程总造价的比例一般为20%～30%。2020年中国钢筋产量为26 754.2万t，表观需求量为26 832.6万t；2021年中国钢筋产量为25 206.3万t，表观需求量为25 294.2万t。作为建筑行业发展大国，巨大的工程建设任务和施工技术的科技进步带动了行业的发展和市场需求，为行业技术进步和产品迭代升级创造了条件，提升了钢筋及预应力机械在工程机械领域的行业地位和国际市场的影响力。钢筋及预应力机械技术的不断进步，推动了钢筋及预应力分项工程专业化发展，其所带来的经济、社会、环境效益逐步显现，钢筋及预应力机械已成为新型建筑工业化、智能建造、智慧工地和绿色施工中不可或缺的组成部分。钢筋及预应力机械秉承着现代建筑工业化、产业化新发展理念，坚持创新驱动、多专业协同、绿色低碳发展，不断研发绿色、智能、高效、安全的新技术，使行业向标准化、自动化、信息化、智能化方向发展。

进入21世纪以来，中国城镇化快速发展，基础设施建设规模不断扩大。在国家基础设施建设投资驱动下，房屋建筑、市政工程、轨道交通、桥梁隧道、水电能源、道路机场、港口码头等建设任务巨大，给钢筋及预应力机械行业发展带来了广阔的市场，极大地促进了钢筋及预应力机械产品性能和质量的提升，使钢筋及预应力机械新技术、新产品、新工艺不断涌现，与国际先进国家的产品技术相比差距逐渐缩小，其中钢筋连接和钢筋骨架成型等部分产品性能已达到国际领先水平。国家“一带一路”倡议的实施，为我国钢筋及预应力机械进入国际市场带来了新的发展机遇。为了进一步提升中国钢筋及预应力机械的品牌影响力，使钢筋及预应力机械的生产企业、科研院所、高等院校、质量检测监管部门及建筑施工一线的广大技术人员、管理人员、机械操作人员更全面理解钢筋及预应力机械的产品类型、工作原理和产品结构、技术性能、选用原则和选型计算、安全使用，编者从建筑施工高质量发展需求出发，将近年来中国自主研发的钢筋及预应力机械各类产品及其相关技术成果、管用养修经验和新工艺、新工法进行全面系统的梳理、汇总并编撰成册，使其成为钢筋分项工程生态产业链相关人员了解钢筋及预应力机械发展动态、施工作业和人员培训的行业工具书，供广大钢筋及预应力机械、建筑施工等行业工作者学习使用，同时可作为中国钢筋及预应力机械制造业和钢筋分项工程施工技术创新发展历程的见证。

本书由中国建筑科学研究院有限公司建筑机械化研究分院作为主编单位组织编写，全书共50章，按内容分为钢筋及预应力工程基础知识、钢筋强化机械、钢筋成型加工机械、钢筋连接机械和预应力机械5篇，全面系统地介绍了钢筋及预应力机械的发展概况、产品类型、工作原理和产品结构、技术性能、选用原则和选型计算、安全使用等，介绍了钢筋冷拉机械、钢筋冷拔机械、钢筋冷轧带肋机械、钢筋调直切断机械、钢筋切断机械、钢筋弯曲机械、钢筋弯箍机械、钢筋螺纹成型机械、钢筋焊网机械、钢筋笼成型机械、钢筋桁架成型机械、钢筋焊接机械、钢筋机械连接机械、钢筋灌浆连接机械、预应力用智能张拉机械、预应力用千斤顶和油泵、预应力锚具夹具和索具、预应力工程检测监测技术等多类产品和技术，同时介绍了钢筋加工配送信息化管理软件、成型钢筋加工配送技术和钢筋加工机械在重点工程领域中的应用案例等。

本书为中国工程机械学会组织编撰的"十三五"国家重点图书出版规划项目《工程机械手册》系列分册之一。根据《工程机械手册》编制工作的总体布置要求，本书的编写组织工作由中国建筑科学研究院有限公司建筑机械化研究分院负责。建筑机械化研究分院是中国工程机械工业协会钢筋及预应力机械分会秘书处依托单位。为了使手册编制工作顺利开展，2020 年 5 月建筑机械化研究分院组织成立了《钢筋及预应力机械》手册编辑委员会，由中国建筑科学研究院有限公司建筑机械化研究分院副院长、中国工程机械工业协会钢筋及预应力机械分会会长刘子金研究员任编委会主任和主编，建筑机械化研究分院专业总工、钢筋及预应力机械分会秘书长赵红学研究员、沈阳建筑大学副校长张珂教授和柳州欧维姆机械股份有限公司总工程师谢正元教授级高级工程师任副主编。本书编写团队由国内钢筋及预应力机械领域具有雄厚研究基础的多名知名学者与行业专家组成，他们均以极大的热情投入到手册编写工作中，并融入了其最新研究成果。中国建筑科学研究院有限公司、中国建筑科学研究院有限公司建筑机械化研究分院、沈阳建筑大学、廊坊凯博建设机械科技有限公司、柳州欧维姆机械股份有限公司、凯博信息科技有限公司、建科智能装备制造（天津）股份有限公司、中冶建工集团有限公司、天津市银丰机械系统工程有限公司、水利水电第十二工程局施工科学研究所、北京思达建茂科技发展有限公司、建研科技股份有限公司、北京市建筑工程研究院有限公司、苏州西岩机械技术有限公司、浙江亿洲机械科技有限公司、山东连环钢筋加工装备有限公司、德士达建材（广东）有限公司、安阳复星合力新材料股份有限公司、燕山大学、河北新大地机电制造有限公司、湖南联智智能科技有限公司、康振智能装备（深圳）股份有限公司、河北骄阳焊工有限公司等多家单位共同参与编写。为了协调和推进手册编写工作，编委会专门成立了手册编写工作办公室，办公室主任由沈阳建筑大学机械工程学院党委书记李颂华教授担任，副主任由建筑机械化研究分院专业总工赵红学担任，办公室秘书由钢筋及预应力机械分会副秘书长杨晓婷和张永津担任，办公室成员有沈阳建筑大学王晓龙、王鹏飞、赵梓辰、周献朋、左闯、刘莉等。办公室负责手册整体协调和各篇章节资料的收集、整理及编辑等工作。本书由清华大学出版社负责出版。

本书的编撰工作自 2017 年 10 月启动历时 4 年多，编写过程中得到了钢筋及预应力机械行业各个生产骨干企业、科研院所、高等院校的大力支持，也得到了中国工程机械学会的悉心指导。在全书统稿编辑整理中还得到了中国建筑标准设计研究院有限公司原副总工程师张志宏教授级高工、河钢股份有限公司承德分公司张俊粉副部长、廊坊凯博建设机械科技有限公司常务副总经理王振丰研究员、水利水电第十二工程局施工科学研究所李本端教授级高工、北京思达建茂科技发展有限公司总工程师钱冠龙研究员、建科智能装备制造（天津）股份有限公司张新副总经理和柳州欧维姆机械股份有限公司李兴奎所长和中铁十一局桥梁有限公司陈玉英总工程师等行业专家的专业指导。在全体参编单位和作者的共同努力下，《钢筋及预应力机械》手册才得以与广大读者见面。在此，中国建筑科学研究院有限公司建筑机械化研究分院谨向支持和关心本书编写工作的单位和领导致以崇高的敬意，向全体作者、编委会、行业专家和编写工作办公室为编撰本书付出的辛勤劳动表示衷心的感谢。

由于我们水平有限，编写时间仓促，而钢筋及预应力机械种类繁多，编写内容不一定能够全面反映钢筋及预应力机械行业最新技术水平，加之新产品、新技术、新工艺日新月异的发展，手册中难免有遗漏、不足乃至错误之处，敬请各位读者与专家批评指正。

《钢筋及预应力机械》手册编制组

2021 年 12 月

目 录

CONTENTS

第1篇 钢筋及预应力工程基础知识

第2篇 钢筋强化机械

第3篇 钢筋成型加工机械

第4篇 钢筋连接机械

第5篇 预应力机械

第1篇

钢筋及预应力工程基础知识

第1章

建筑工程钢筋概论

1.1 钢筋的定义与分类

钢筋(rebar)是指钢筋混凝土用和预应力钢筋混凝土用钢材,包括光圆钢筋、带肋(变形)钢筋和预应力钢筋。光圆钢筋(plain round bars)是经热轧成型并自然冷却的成品钢筋,由低碳钢和普通合金钢在高温状态下轧制而成,主要用于钢筋混凝土结构的配筋,是土木建筑工程中使用量最大的钢材品种之一;带肋(变形)钢筋是指表面带肋的钢筋,通常带有两道纵肋和沿长度方向均匀分布的横肋,横肋的外形为螺旋形、人字形、月牙形等;预应力钢筋是在结构构件使用前,通过先张法或后张法预先对构件混凝土施加压应力,用以提高构件的抗裂性、刚度及抗渗性,能够充分发挥材料的性能,节约钢材,主要由单根或成束的钢丝、钢绞线或钢筋组成。

钢筋直径通常用公称直径的毫米数表示。带肋(变形)钢筋的公称直径相当于与其横截面相等的光圆钢筋的公称直径,钢筋的公称直径一般为6～50 mm,钢种有20MnSi、20MnV、25MnSi、BS20MnSi。钢筋在混凝土中主要承受拉应力,广泛用于各种建筑结构,带肋(变形)钢筋因为肋的作用,和混凝土有较大的黏结握裹能力,因而能更好地承受外力的作用。

1.1.1 按照钢筋生产工艺分类

按照不同的生产工艺,钢筋可分为热轧钢筋(微合金化钢筋)、超细晶粒钢筋、余热处理钢筋(穿水冷却钢筋)、冷轧带肋钢筋等。

热轧钢筋(微合金化钢筋)是通过控制钢的晶粒细化和碳氮化合物沉淀进行强化,在热轧状态下获得最佳力学性能的工程结构材料。在普通低C-Mn钢中添加微量(通常质量分数<0.1%)的强碳氮化合物形成元素(如Nb、V、Ti等)进行合金化,可以起到晶粒细化、析出强化等作用。该生产工艺设备要求较低,过程控制简单,在国内外得到了广泛应用。该工艺生产的钢筋具有高强度、高韧性、高可焊接性、高耐疲劳性、良好的耐腐蚀及成型性能等,内部组织为铁素体+珠光体,组织均匀,但由于铌铁、钒铁等合金成本较高,导致钢筋成本偏高。

超细晶粒钢筋是利用超细晶形成的基本原理使形变与相变建立耦合机制,主要控制技术是使奥氏体过冷和获得大的累积变形量,精轧阶段轧制温度控制在Ac_3～Ar_3,使其产生形变,诱导铁素体相变(CIFT),获得细小的铁素体晶粒,通过轧后的控冷进一步阻止铁素体晶粒长大,从而获得超细晶组织,这样在普通碳素钢的基础上,依靠细晶强化,使钢的强度成倍增加,达到400 MPa、500 MPa级高强钢筋要求。该工艺生产的钢筋具有强度高、韧性好、生产成本低的优点,但钢筋强屈比降低,焊接过程高温将导致焊接热影响区晶粒长大,焊接接头出现软化现象,因此应用较少。

余热处理钢筋(穿水冷却钢筋)是在热轧

轧件离开终轧机架后进入水冷箱，通过强力快速冷却使钢筋表层形成具有一定厚度的淬火马氏体，而心部仍为奥氏体；当钢筋离开强制快速冷却水箱进入冷床后，心部的余热向表层扩散，使表层的马氏体自回火；当钢筋在冷床上缓慢冷却时，心部奥氏体发生相变，形成铁素体和珠光体。该工艺可利用同一基材得到更高强度级别螺纹钢筋，工艺灵活性大，技术投资少且经济效益好，世界各国普遍采用，但该工艺在国内建筑行业认可度小，使得在我国该工艺生产的钢筋应用受到限制，大部分产品出口。该工艺生产的钢筋具有高强度、高韧性及良好的成型性能，且生产成本低，但钢筋横截面组织不均匀，心部和表面力学性能差别较大，冷弯易开裂，耐腐蚀性能差，焊接性能较差。

冷轧带肋钢筋使用光圆钢筋盘条经冷轧专用设备轧制而成。钢筋外形分为二面月牙横肋、三面月牙横肋和四面月牙横肋。该工艺生产的钢筋具有能耗低、与混凝土黏结锚固性能优良、工艺简便、产品经济效益高等优点，且具有高强度、良好的表面质量，但塑性及伸长率较低，抗震性能不佳。

1.1.2 按照钢筋力学性能分类

按照钢筋混凝土用钢的力学性能，工程钢筋主要分为Ⅱ级钢筋(屈服强度为 300 MPa)、Ⅲ级钢筋(屈服强度为 400 MPa)、Ⅳ级钢筋(屈服强度为 500 MPa)、Ⅴ级钢筋(屈服强度为 600 MPa)。

在钢筋混凝土结构中最常用的是热轧钢筋，包括热轧光圆钢筋和热轧带肋钢筋。热轧光圆钢筋牌号为 HPB300(Ⅱ级)，HPB 是热轧光圆钢筋的英文(hot rolled plain bars)缩写，300 是Ⅱ级钢筋屈服强度特征值，其下屈服强度标准值 $R_{eL}\geqslant 300$ MPa，抗拉强度 $R_m\geqslant 420$ MPa。热轧带肋钢筋牌号有 HRB400、HRB400E、HRBF400、HRBF400E、HRB500、HRB500E、HRBF500、HRBF500E、HRB600 九种，HRB 是热轧带肋钢筋的英文(hot rolled ribbed bars)缩写，400 是Ⅲ级钢筋屈服强度特征值，其下屈服强度标准值 $R_{eL}\geqslant 400$ MPa，抗拉强度 $R_m\geqslant 540$ MPa；500 是Ⅳ级钢筋屈服强度特征值，其下屈服强度标准值 $R_{eL}\geqslant 500$ MPa，抗拉强度 $R_m\geqslant 630$ MPa；600 是Ⅴ级钢筋屈服强度特征值，其下屈服强度标准值$R_{eL}\geqslant 600$ MPa，抗拉强度 $R_m\geqslant 730$ MPa。字母 E 是“地震”(earthquake)的英文首位字母，代表抗震钢筋；F 是细晶粒的英文(fine)首位字母，代表细晶粒钢筋。现浇楼板的钢筋和梁柱的箍筋多采用 HPB300 和 HRB400 级钢筋；梁柱的受力钢筋多采用 HRB400、HRB400E、HRBF400、HRBF400E、HRB500、HRB500E、HRBF500、HRBF500E 级钢筋。

预应力钢筋分为预应力混凝土用螺纹钢筋和预应力钢绞线。预应力混凝土用螺纹钢筋(也称精轧螺纹钢筋)采用热轧、轧后余热处理或热处理等工艺生产，是在整根钢筋上轧有外螺纹的大直径、高强度、高尺寸精度的直条钢筋，以屈服强度划分级别，其代号为 PSB 加上规定屈服强度最小值表示，P、S、B 分别为 Prestressing、Screw、Bars 的英文首位字母。预应力混凝土用螺纹钢筋的公称直径分为 15、18、25、32、36、40、50、60、63.5、65、70、75 mm 12 种规格，按力学性能级别分为 PSB785、PSB830、PSB930、PSB1080、PSB1200 五种。其下屈服强度标准值 R_{eL} 分别不小于 785、830、930、1080、1200 MPa，抗拉强度 R_m 分别不小于 980、1030、1080、1230、1330 MPa，断后伸长率 A 分别不小于 8%、7%、7%、6%、6%。

冷轧带肋钢筋主要用于预应力混凝土、普通钢筋混凝土和钢筋焊接网等。冷轧带肋钢筋按延性高低分为冷轧带肋钢筋(CRB＋抗拉强度特征值)和高延性冷轧带肋钢筋(CRB＋抗拉强度特征值＋H)两类，C、R、B、H 分别为冷轧(cold rolled)、带肋(ribbed)、钢筋(bar)、高延性(high elongation)4 个词的英文首位字母。按钢筋力学性能分为 CRB550、CRB650、CRB800、CRB600H、CRB680H、CRB800H 6 个牌号。其中，CRB550、CRB600H 为普通钢筋混凝土用钢筋，CRB650、CRB800、CRB800H 为预应力混凝土用钢筋，CRB680H 既可作为普通钢筋混凝土用钢筋，也可作为预应力混凝土用钢筋使用。CRB550、CRB600H、CRB680H 钢筋的公称直径范围为 4～12 mm，CRB650、CRB800、CRB800H 钢筋的公称直径分别为 4、5、6 mm。钢筋表面横肋分为二面肋、三面肋和四面肋，二面肋和三面肋钢筋横肋呈月牙形，四面肋横肋的纵截面应为月牙状，并且不应与横肋相交。二面肋和三面肋钢筋的公称直径为 4～12 mm，每间隔 0.5 mm 为一种规格；四面肋钢筋的公称直径为 6～12 mm，每间隔 1 mm 为一种规格。普通钢筋混凝土用 CRB550、CRB600H、CRB680H 的规定塑性延伸强度 $R_{p0.2}$ 分别不小于 500、540、600 MPa，抗拉强度 R_m 分别不小于 550、600、680 MPa；预应力混凝土用 CRB650、CRB800、CRB800H 的规定塑性延伸强度 $R_{p0.2}$ 分别不小于 585、720、720 MPa，抗拉强度 R_m 分别不小于 650、800、800 MPa，$R_m/R_{p0.2}$ 均不应小于 1.05。

除了上述钢筋外，还有《钢筋混凝土用四面带肋钢筋》(YB/T 4657—2018)规定的热轧带肋钢筋。热轧四面带肋钢筋按屈服强度特征值分为 400 级和 500 级，钢筋牌号分为 B400F 和 B500FB 两种，首字母 B 代表带肋钢筋，字母 F 代表四面，后缀字母 B 代表精卷工艺，400、500 代表钢筋屈服强度特征值，钢筋公称直径分别为 6、8、10、12、14、16 mm，屈服强度标准值 R_{eL} 分别不小于 400 MPa、500 MPa，抗拉强度 R_m 分别不小于 540 MPa、550 MPa，B500FB 是以 B400F 为原料，在一定张力条件下在线或离线采用工字轮收线工艺加工而成。该牌号钢筋只适用于钢筋焊接网，不适用于其他用途。

1.1.3　按照钢筋轧制外形分类

按照钢筋的轧制外形，可分为光圆钢筋、带肋(变形)钢筋、钢丝及钢绞线、冷轧扭钢筋等。

光圆钢筋是指表面为光滑圆柱面的钢筋，主要用于箍筋、板钢筋和墙分布筋等。热轧光圆钢筋的公称直径为 6～22 mm，交货状态为盘圆和直条均可。

带肋(变形)钢筋是指在钢筋表面具有不同的肋型(有月牙形、螺旋形、人字形等)，利用肋增强钢筋与混凝土的黏结力和握裹力，主要用于柱、梁等构件中的受力筋。带肋(变形)钢筋的出厂长度一般有 9m、12m 两种规格。

钢丝是钢材的板、管、型、丝四大品种之一，是用热轧盘条经冷拉制成的再加工产品，按丝径尺寸分为特细(＜0.1 mm)、较细(0.1～0.5 mm)、细(0.5～1.5 mm)、中等(1.5～3.0 mm)、粗(3.0～6.0 mm)、较粗(6.0～8.0 mm)和特粗(＞8.0 mm)。按钢丝极限抗拉强度分为低强度(＜390 MPa)、中低强度(390～785 MPa)、普通强度(785～1225 MPa)、中高强度(1225～1960 MPa)、高强度(1960～3135 MPa)和特高强度(＞3135 MPa)。钢丝一般分为冷拔低碳钢丝和碳素高强钢丝两种，直径均在 5 mm 以下。钢丝又分为螺旋肋钢丝和刻痕钢丝。螺旋肋钢丝是通过专用拔丝模冷拔使钢丝表面沿长度方向产生规则间隔肋条的钢丝，直径为 4～9 mm，标准抗拉强度 1570～1770 MPa，螺旋肋能增加与混凝土的握裹力，可用于先张法构件；刻痕钢丝是用冷轧或冷拔方法使钢丝表面产生周期性变化的凹痕或凸纹的钢丝，钢丝表面的凹痕或凸纹能增加与混凝土的握裹力，可用于先张法构件。

钢绞线是由多根碳素钢丝在绞线机上成螺旋形绞合，并经低温回火消除应力制成。钢绞线的整根破断力大、柔性好、施工方便，具有广阔的发展前景。钢绞线常用于承力索、拉线、加强芯、预应力材料、阻拦索、地线等，被广泛应用于桥梁、电力、水利、建筑及道路围栏等多类工程领域。钢绞线按表面涂覆层可以分为光面钢绞线、镀锌钢绞线、涂环氧树脂(epoxy coated)钢绞线、铝包钢绞线、镀铜钢绞线、包塑钢绞线、无黏结钢绞线、模拔钢绞线、不锈钢钢绞线等。常用光面钢绞线的规格有 1×3 和 1×7 两种，直径为 8.6～15.2 mm，标准抗拉强度为 1570～1860 N/mm^2。后张法预应力均采用 1×7 钢绞线，1×3 钢绞线仅用于先张法构件。无黏结钢绞线是用防腐润滑油脂涂敷在钢绞线表面上、外包塑料护套制成，主要用于后张法中无黏结预应力筋，也可用于暴露或腐蚀环境中的体外索、拉索等。钢绞线规格型号一般分为 1×7、1×2、1×3 和 1×19 等，最常用的是 7 丝结构。规格型号表示为“1×19ϕ5”，表明 1 根钢绞线由 19 根直径为 5 mm 的钢丝绞合而成。按照用途分为预应力钢绞线、电力用的镀锌钢绞线及不锈钢钢绞线，其中预应力钢绞线涂防腐油脂或石蜡后包高密度聚乙烯(HDPE)称为无黏结预应力钢绞线(unbonded steel strand)。预应力钢绞线也有用镀锌或镀锌铝合金钢丝制成的。电力用的镀锌钢绞线及铝包钢绞线包含的钢丝数量分为 2、3、7、19、37 等，最常用的是 7 丝。

冷轧扭钢筋是以热轧Ⅰ级盘圆为原料，经专用生产线，先冷轧扁，再冷扭转，从而形成系列螺旋状直条钢筋。冷轧扭钢筋是 20 世纪 80 年代我国独创的实用、新型、高效的冷加工钢筋，具有良好的塑性($\delta_{10}\geqslant 4.5\%$)和较高的抗拉强度($\sigma_b\geqslant 580$ MPa)，与Ⅰ级钢筋相比，可节约钢材 30%～40%，在建筑行业应用较多。

1.1.4 按照钢筋直径大小分类

按照钢筋直径大小分为钢丝(直径 3～5 mm)、细钢筋(直径 6～12 mm)、粗钢筋(直径 22～50 mm)等。精轧螺纹钢筋公称直径较大(直径 15～75 mm)，基本以粗直径钢筋为主。

1.1.5 按照钢筋在结构中的作用分类

按照钢筋在结构中的作用，工程钢筋可分为受力钢筋和构造钢筋。受力钢筋是在钢筋混凝土结构中按结构计算承受拉力或压力的钢筋，它是建筑工程用的主要钢筋，包括受拉钢筋、受压钢筋等；构造钢筋在钢筋混凝土构件中是根据构造要求设置的钢筋，包括架立筋、分布筋、箍筋、腰筋等。

架立筋(erection bar)是为满足施工要求而设置的定位钢筋。其作用是把主要的受力钢筋和箍筋固定在正确的相对位置上，并与主钢筋连成钢筋骨架，从而充分发挥各自的受力特性。架立筋是构造要求的非受力钢筋，一般布置在梁的受压区，并且直径较小。当梁支座处的上部布置有负筋时，架立筋可只布置在梁的跨中部分，两端与支座负筋搭接或焊接，搭接时需要满足搭接长度的要求并应绑扎。在设计时梁上部如果需要布置受压纵筋，受压纵筋可兼作架立筋。

分布筋(distributing bar)是在垂直于板或梁荷载方向上设置的构造钢筋。其作用是将作用于板或梁上的荷载更均匀地传给构件，同时在施工中可通过绑扎或点焊固定主钢筋的位置，并用来抵抗温度应力和混凝土收缩应力。分布筋大部分用于楼板上，在受力钢筋上面，与之成 90°，起固定受力钢筋位置的作用，并将板上的荷载分散到构件上，同时也能防止因混凝土的收缩和温度变化等原因，使受力钢筋和分布筋形成钢筋网，防止双向开裂。在剪力墙上，墙梁与墙柱之外的墙体纵筋和横筋亦称作分布筋。在单向板中，布置在受力钢筋的上部，属于构造钢筋。板上部的钢筋，放在最上面的是受力筋，用于抵抗负弯矩，下面的是分布筋。正弯矩筋布置在下面的钢筋为受力筋，在上面垂直分布的钢筋为分布筋；负弯矩筋(如悬挑板)相反，在下面的钢筋为分布筋，在上面的钢筋为受力筋。

箍筋(hoop，stirrup)是用来满足斜截面抗剪强度，并连接受力主筋和受压区钢筋骨架的钢筋，分单肢箍筋、开口矩形箍筋、封闭矩形箍筋、菱形箍筋、多边形箍筋、井字形箍筋和圆形箍筋等。箍筋应根据计算确定，箍筋的最小直径与梁高 h 有关，当 $h\leqslant 800$ mm 时，直径不宜小于 6 mm；当 $h>800$ mm 时，直径不宜小于 8 mm。梁支座处的箍筋一般从梁边(或墙边) 50 mm 处开始设置。支承在砌体结构上的钢筋混凝土独立梁，在纵向受力钢筋的锚固长度 L_a 范围内应设置不少于两道的箍筋，当梁与混凝土梁或柱整体连接时，支座内可不设置箍筋。

腰筋(waist muscle)作为建筑结构中的一种钢筋，又称“腹筋”，其得名于在构造中的位置，一般位于梁两侧中间部位，是梁中部构造钢筋，主要是因为有的梁太高，需要在箍筋中部加条连接筋(梁侧的纵向构造钢筋实际中又称为腰筋)。腰筋分两种：一种为抗扭筋，在图纸上以N开头；一种为构造配筋，以G开头。梁的抗扭在设计上属配筋，即力学上不用设计和计算具体力的大小，按国家设计规范的构造要求查得此数据。当梁高达到一定要求时，就须加设腰筋，安装多少、加多大规格应按构造要求由规范查得。抗扭腰筋的锚固长度按规范或图集受力钢筋要求设置，构造配筋的锚固长度按 $15d$(d 为钢筋直径)要求设置，具体可见《混凝土结构施工图平面整体表示方法制图规则和构造详图》(16G101-1)第29页。

1.1.6　按照钢筋的功能应用分类

按照其功能应用，钢筋分为普通钢筋、预应力钢筋、耐火钢筋、耐腐蚀钢筋、耐低温钢筋等。

普通钢筋是各种非预应力钢筋的总称，其中包括抗震钢筋和非抗震钢筋。抗震钢筋是指在抗震结构中使用的具有抗震性能的钢筋，即在建筑物受到地震波冲击时，可延缓建筑物断裂发生时间、避免建筑物在瞬间整体倒塌，从而提高建筑物的抗震性能。因此在抗震结构中，理想的钢筋性能应有一个较长的屈服平台，有很好的延性，同时钢筋实际屈服强度相对于屈服强度标准值不宜过高。抗震钢筋除应满足标准规定的普通钢筋所有性能指标外，还应满足：①抗震钢筋的实测抗拉强度与实测屈服强度之比不小于1.25；②钢筋的实测屈服强度与标准规定的屈服强度特征值之比不大于1.30；③钢筋的最大力总伸长不小于9%。抗震钢筋和普通钢筋的本质区别就是抗震钢筋可以使钢筋获得更好的延性，从而能够更好地保证重要结构构件在地震时具有足够的塑性变形能力和耗能能力。

预应力钢筋主要分为预应力钢丝、预应力钢绞线、热处理钢筋、精轧螺纹钢筋。预应力钢筋是在结构构件使用前，通过先张法或后张法预先对构件混凝土施加压应力。普通钢筋混凝土结构中，由于混凝土极限拉应变低，在使用荷载作用下，构件中钢筋的应变大大超过了混凝土的极限拉应变。为了充分利用高强度材料，弥补混凝土与钢筋拉应变之间的差距，人们把预应力钢筋运用到混凝土结构中去。亦即在外荷载作用到构件上之前，预先用某种方法在构件上(主要在受拉区)施加压力，构成预应力钢筋混凝土结构。当构件承受由外荷载产生的拉力时，首先抵消混凝土中已有的预压力，然后随荷载增加，才能使混凝土受拉而后出现裂缝，因而延迟了构件裂缝的出现和开展。

预应力钢绞线施工设计的控制张拉力，是指预应力张拉完成后钢绞线在锚夹具前的拉力。因此在进行钢绞线预应力张拉理论伸长量计算时，应以钢绞线两头锚固点之间的距离作为钢绞线的计算长度。但在预应力张拉时钢绞线的张拉力是在千斤顶工具锚处控制的，故为控制和计算方便，一般以钢绞线两头锚固点之间的距离加上钢绞线在张拉千斤顶中的工作长度作为钢绞线预应力张拉理论伸长量的计算长度。在钢绞线预应力张拉时，钢绞线的外露部分大部分被锚具和千斤顶所包裹，钢绞线的张拉伸长量无法在钢绞线上直接测量，故只能通过测量张拉千斤顶的活塞行程计算钢绞线的张拉伸长值，但同时还应减掉钢绞线张拉全过程的锚塞回缩量。钢绞线的承载能力一般应为总牵引力的4～6倍。

热处理钢筋是由普通热轧中碳合金钢筋经淬火和回火调质热处理制成，具有高强度、高韧性和高黏结力等优点，直径为6～10 mm。成品钢筋为直径2 m的弹性盘卷，开盘后自行伸直，每盘长度为100～120 m。热处理钢筋的螺纹外形有带纵肋和无纵肋两种。

精轧螺纹钢筋是一种热轧成带有不连续的外螺纹的直条钢筋，该钢筋在任意截面处均可用带有匹配形状的内螺纹的连接器或锚具进行连接或锚固。精轧螺纹钢筋具有锚固简单、施工方便、无须焊接等优点。目前国内生产的精轧螺纹钢筋品种有PSB785、PSB830、

PSB930、PSB1080、PSB1200 五种牌号，钢筋公称直径为 15～75 mm，共 12 个规格。

钢筋混凝土用热轧碳素钢-不锈钢复合钢筋是以不锈钢做覆层、碳素钢（或低合金钢）做基材通过热轧法生产的不锈钢复合钢筋，两种材料复合界面在温度或压力（或二者共同）作用下两种金属相互扩散而形成连接结合状态。按照屈服强度特征值分为 300 级、400 级、500 级，按外形分为光圆和带肋两种，钢筋牌号主要有 HPB300SC、HRB400SC 和 HRB500SC，HPB＊SC 代表热轧光圆碳素钢-不锈钢复合钢筋（hot-rolled plain bars of carbon steel and stainless compound bars），HRB＊SC 代表热轧带肋碳素钢-不锈钢复合钢筋（hot-rolled ribbed bars of carbon steel and stainless compound bars），其力学性能和工艺性能与热轧钢筋相同。钢筋不锈钢覆层厚度不低于 180 μm。

钢筋混凝土用不锈钢钢筋是以不锈、耐蚀性为主要特征的钢筋。按照屈服强度特征值分为 300 级、400 级、500 级，按外形分为光圆和带肋两种，钢筋牌号主要有 HPB300S、HRB400S 和 HRB500S，HPB＊S 代表热轧光圆不锈钢钢筋（hot-rolled plain bars of stainless steel），HRB＊S 代表热轧带肋碳素钢-不锈钢复合钢筋（hot-rolled ribbed bars of stainless steel），其力学性能和工艺性能与热轧钢筋相同。光圆不锈钢钢筋的公称直径范围为 6～22 mm，带肋不锈钢钢筋的公称直径范围为 6～50 mm。

环氧树脂涂层钢筋是指在钢筋表面熔融结合环氧涂层的钢筋，包括环氧涂层钢筋和镀锌环氧涂层钢筋。熔融结合环氧涂层是指将材料以粉末形式喷涂在加热的洁净金属表面，固化后形成连续的涂层，涂层包含热固性环氧树脂、固化剂、颜料及其他添加料。镀锌环氧涂层钢筋是指底层为热镀方式涂覆的锌合金涂层，面层为熔融结合环氧涂层的钢筋。按加工工艺，环氧树脂涂层钢筋分为涂装后可加工钢筋，用 A 表示；涂装后不可加工钢筋，用 B 表示。按涂层类别，环氧树脂涂层钢筋分为环氧涂层钢筋，用 E 表示；镀锌环氧涂层钢筋，用 ZE 表示。环氧树脂涂层钢筋的型号用环氧树脂涂层钢筋名称代号（ECR）＋加工工艺代号＋钢筋强度级别代号＋钢筋公称直径＋涂层类别代号表示。例如用直径 20 mm、牌号为 HRB400 的钢筋制作的可再加工环氧涂层钢筋的型号为 ECRA・HRB400-20(E)。

耐火钢筋是指在钢中加入适量的耐火合金元素，如 Mo、Cr、Ni、Nb、V 等，使其具有在 600℃时屈服强度不低于常温下屈服强度 2/3 的耐火性能并按热轧状态交货的钢筋。主要分为热轧光圆耐火钢筋 HPB300FR、热轧带肋耐火钢筋 HRB400FR 和 HRB500FR，其中字母 FR 是耐火（fire resistant）的英文缩写。

耐腐蚀钢筋是指具有抗腐蚀功能的钢筋，它具有一般钢筋的承受拉应力的功能，同时具有抗腐蚀的特性，相对腐蚀率低于 70%，可有效延长钢筋的使用寿命。根据钢筋的使用环境不同，如工业大气腐蚀环境、氯离子腐蚀环境，分为耐工业大气腐蚀钢筋和耐氯离子腐蚀钢筋。

耐低温热轧带肋钢筋 HRB500DW 是液化天然气（简称 LNG）储罐工程专用低温钢筋，钢筋规格为 12～40 mm，在 0～－165℃低温下，试样力学性能指标应达到无缺口试样规定，塑性延伸强度 $R_{p0.2}$ 不小于 575 MPa，无缺口试样最大力总延伸率 A_{gt} 应不小于 3%，缺口试样最大力总延伸率 A_{gt} 应不小于 1%。常温条件下屈服强度标准值 R_{eL} 为 500 MPa，实测抗拉强度与实测屈服强度的比值应不小于 1.1，断后延伸率 A 应不小于 14%，最大力总延伸率 A_{gt} 应不小于 5%。

1.1.7 按照钢筋生产标准分类

按照钢筋生产标准分为国标钢筋、国际标准钢筋、美标钢筋、英标钢筋、日标钢筋、韩标钢筋、澳标钢筋等，其力学性能如表 1-1、表 1-2 及表 1-13 所示。

表 1-1　国际标准钢筋力学性能

标准	级别	牌号	上屈服强度/MPa		强屈比	断后伸长率/%	最大力总延伸率/%
			最小值	最大值	最小值	最小值	最小值
国际标准 ISO 6935—2：2015	A	B300A-R	300	—	1.02	16	2
		B400A-R	400	—		14	
		B400AWR					
		B500A-R	500	—			
		B500AWR					
		B600A-R	600	—		10	
		B450AWR	450	1.25×R_{eH}(min)	1.05	—	2.5
	B	B300B-R	300	—	1.08	16	5
		B400B-R	400	—		14	
		B400BWR					
		B500B-R	500	—			
		B500BWR					
		B600B-R	600	—		10	
	C	B300C-R	300	—	1.15	16	7
		B400C-R	400	—		14	
		B400CWR					
		B500C-R	500	—			
		B500CWR					
		B600C-R	600	—		10	
		B450CWR	450	1.25×R_{eH}(min)		—	7.5
	D	B300D-R	300	—	1.25	17	8
		B300DWR					
		B350DWR	350	—			
		B400D-R	400	—			
		B420DWR	420	—		16	
		B500D-R	500	1.30×R_{eH}(min)		13	

表 1-2　其他国家标准钢筋力学性能

标准	牌号	屈服强度/MPa	抗拉强度/MPa	断后伸长率/%	最大力总延伸率/%	强屈比
美标钢筋 ASTM A615：2016 ASTM A706：2016	Grade40[280]	≥280	≥420	≥11.0 或 12.0	—	—
	Grade60[420]	≥420	≥620	≥7.0 或 8.0 或 9.0		
	Grade75[520]	≥520	≥690	≥6.0 或 7.0		
	Grade80[550]	≥550	≥725	≥6.0 或 7.0		
	Grade100[690]	≥690	≥790	≥6.0 或 7.0		
英标钢筋 BS 4449：2005	B500A	500～650	—	—	≥2.5	≥1.05
	B500B	500～650			≥5.0	≥1.08
	B500C	500～650			≥7.5	≥1.15，<1.35

续表

标准	牌号	屈服强度/MPa	抗拉强度/MPa	断后伸长率/%	最大力总延伸率/%	强屈比
日标钢筋 JIS J3112：2010	SR235	≥235	380～520	≥20.0 或 22.0	—	—
	SR295	≥295	440～600	≥18.0 或 19.0		
	SR295A	≥295	440～600	≥16.0 或 17.0		
	SR295B	295～390	≥440	≥16.0 或 17.0		
	SR345	345～400	≥490	≥18.0 或 19.0		
	SR390	390～510	≥560	≥16.0 或 17.0		
	SR490	490～625	≥620	≥12.0 或 13.0		
韩标钢筋 KS D3504：2016	SD300	≥300	≥440	≥16.0 或 18.0	—	—
	SD350	≥350	≥490	≥18.0 或 20.0		
	SD400	≥400	≥560	≥16.0 或 18.0		
	SD500	≥500	≥620	≥12.0 或 14.0		
	SD600	≥600	≥710	≥10.0		
	SD700	≥700	≥800	≥10.0		
	SD400W	≥400	≥560	≥16.0 或 18.0		
	SD500W	≥500	≥620	≥12.0 或 14.0		
澳标钢筋 ASNZS 4671：2019	250N	≥250	—	—	≥5.0	≥1.08
	500L	500～750			≥1.5	≥1.03
	500N	500～650			≥5.0	≥1.08
	300E	300～380			≥12.0 或 15.0	1.15～1.50
	500E	500～600			≥10.0	1.15～1.40
	600N	600～750			≥5.0	≥1.08
	750N	750～900			≥4.0	≥1.04

1.2 钢筋及预应力钢筋技术标准

根据现行国家标准规定，钢筋混凝土用钢的产品标准为《钢筋混凝土用钢　第 1 部分：热轧光圆钢筋》(GB/T 1499.1—2024)、《钢筋混凝土用钢　第 2 部分：热轧带肋钢筋》(GB/T 1499.2—2018)、《钢筋混凝土用钢　第 3 部分：钢筋焊接网》(GB/T 1499.3—2022)、《冷轧带肋钢筋》(GB/T 13788—2017)、《钢筋混凝土用热轧碳素钢-不锈钢复合钢筋》(GB/T 36707—2018)、《钢筋混凝土用不锈钢钢筋》(GB/T 33959—2017)、《钢筋混凝土用热轧耐火钢筋》(GB/T 37622—2019)、《钢筋混凝土用耐蚀钢筋》(GB/T 33953—2017)、《环氧树脂涂层钢筋》(JG/T 502—2016)、《钢筋混凝土用四面带肋钢筋》(YB/T 4657—2018)和《耐低温热轧带肋钢筋》(Q/MGB 533—2018)。预应力钢筋的产品标准有：《预应力混凝土用钢绞线》(GB/T 5224—2023)、《预应力混凝土用钢丝》(GB/T 5223—2014)、《无粘结预应力钢绞线》(JG/T 161—2016)和《缓粘结预应力钢绞线》(JG/T 369—2012)等。

1.2.1 热轧光圆钢筋

钢筋混凝土用热轧光圆钢筋(hot rolled plain bars)是指经热轧成型、横截面为圆形、表面光滑的成品钢筋。根据《钢筋混凝土用钢　第 1 部分：热轧光圆钢筋》(GB/T 1499.1—2024)的规定，钢筋可按直条或盘卷交货，直条钢筋定尺长度应在合同中注明，按定尺长度交货的直条钢筋，其长度允许偏差范围为 0～+50 mm，直条钢筋的弯曲度应不影响正常使用，每米弯曲度应不大于 4 mm，总弯曲度应不大于钢筋总长度的 0.4%。在无限多次的检验中，与某一规定概率所对应的分位值叫作特征值，热轧光圆钢筋牌号用钢筋的屈服强度特征值300级表示，由“HPB+屈服强度特征值”构成，即HPB300。钢筋的公称直径范围为6～22 mm，推荐的钢筋公称直径为6、8、10、12、16 mm和20 mm。钢筋的公称直径和理论重量[①]应符合表1-3的规定。

表1-3　钢筋的公称直径和理论重量

公称直径/mm	横截面面积/mm^2	理论重量/(kg/m)
6	28.27	0.222
8	50.27	0.395
10	78.54	0.617
12	113.1	0.888
14	153.9	1.21
16	201.1	1.58
18	254.5	2.00
20	314.2	2.47
22	380.1	2.98

注：钢筋的理论重量按密度为7.85 g/cm^3计算。

钢筋的直径允许偏差和不圆度应符合表1-4的规定。钢筋实际重量与理论重量的偏差符合表1-5的规定时，钢筋直径允许偏差不作为交货条件。

表1-4　钢筋的直径允许偏差和不圆度

公称直径/mm	允许偏差/mm	不圆度/mm
6	±0.3	≤0.4
8		
10		
12		
14	±0.4	
16		
18		
20		

表1-5　钢筋的实际重量与理论重量的偏差

公称直径/mm	实际重量与理论重量的偏差/%
6～12	±6
14～22	±5

钢筋的下屈服强度R_{eL}、抗拉强度R_m、断后伸长率A、最大力总延伸率A_{gt}等力学性能特征值应符合表1-6的规定。表1-6所列各力学性能特征值可作为交货检验的最小保证值。

表1-6　钢筋力学性能特征值

牌号	下屈服强度 R_{eL}/MPa	抗拉强度 R_m/MPa	断后伸长率 A/%	最大力总延伸率 A_{gt}/%	冷弯试验180°
	不小于				
HPB300	300	420	25	10.0	$d=a$

注：d为弯芯直径；a为钢筋公称直径。

按盘卷交货的钢筋，每根盘条钢筋的重量应不小于500 kg，每盘重量应不小于1000 kg。

钢筋的牌号和化学成分(熔炼分析)应符合表1-7的规定。

表1-7　钢筋的牌号和化学成分

牌号	化学成分(质量分数)/%				
	不大于				
	C	Si	Mn	P	S
HPB300	0.25	0.55	1.50	0.045	0.045

钢筋成品的化学成分允许偏差应符合GB/T 222的规定。

每批钢筋的检验项目、取样数量、取样方法和试验方法应符合表1-8的规定。

① 书中多处“重量”的含义其实是“质量”，但为了尊重行业习惯和行业标准，仍采用“重量”的说法。

表 1-8　钢筋的检验项目、取样数量、取样方法和试验方法

序号	检验项目	取样数量/个	取样方法	试验方法
1	化学成分[a]（熔炼分析）	1	GB/T 20066	GB/T 223 相关部分、GB/T 4336、GB/T 20123、GB/T 20125
2	拉伸	2	不同根（盘）钢筋切取	GB/T 28900 和 8.2
3	弯曲	2	不同根（盘）钢筋切取	GB/T 28900 和 8.2
4	尺寸	逐支（盘）	—	8.3
5	表面	逐支（盘）	—	目视
6	重量偏差	8.4		

a 对于化学成分的试验方法优先采用 GB/T 4336，对结果有争议时，仲裁试验按 GB/T 223 相关部分进行。

1.2.2 热轧带肋钢筋

钢筋混凝土用热轧带肋钢筋分为普通热轧钢筋(hot rolled bars)和细晶粒热轧钢筋(hot rolled bars of fine grains)。按热轧状态交货的钢筋称为普通热轧钢筋；在热轧过程中，通过控轧和控冷工艺形成的晶粒度为 9 级或更细的细晶粒钢筋称为细晶粒热轧钢筋。根据《钢筋混凝土用钢　第 2 部分：热轧带肋钢筋》(GB/T 1499.2—2018)的规定，钢筋通常按直条交货，直径不大于 16 mm 的钢筋也可按盘卷交货。钢筋按定尺长度交货，具体交货长度应在合同中注明，钢筋按定尺交货时的长度允许偏差为＋50 mm。钢筋按盘卷交货，每盘应是一条钢筋，允许每批有 5％的盘数(不足两盘时可按两盘)由两条钢筋组成，其盘重由供需双方协商确定。直条钢筋的弯曲度应不影响正常使用，每米弯曲度不大于 4 mm，总弯曲度不大于钢筋总长度的 0.4％。钢筋端部应剪切正直，局部变形应不影响使用。钢筋按屈服强度特征值分为 400、500、600 级。钢筋的公称直径范围为 6～50 mm。钢筋牌号的构成及其含义见表 1-9。

表 1-9　钢筋牌号的构成及其含义

类别	牌号	牌号构成	英文字母含义
普通热轧钢筋	HRB400	由 HRB＋屈服强度特征值构成	HRB—热轧带肋钢筋的英文(hot rolled ribbed bars)缩写。E—“地震”的英文(earthquake)首位字母
	HRB500		
	HRB600		
	HRB400E	由 HRB＋屈服强度特征值＋E 构成	
	HRB500E		
细晶粒热轧钢筋	HRBF400	由 HRBF＋屈服强度特征值构成	HRBF—在热轧带肋钢筋的英文缩写后加“细”的英文(fine)首位字母。E—“地震”的英文(earthquake)首位字母
	HRBF500		
	HRBF400E	由 HRBF＋屈服强度特征值＋E 构成	
	HRBF500E		

钢筋的公称横截面面积与理论重量见表 1-10。

表 1-10　钢筋的公称横截面面积与理论重量

公称直径/mm	公称横截面面积/mm²	理论重量[a]/(kg/m)
6	28.27	0.222
8	50.27	0.395
10	78.54	0.617
12	113.1	0.888

续表

公称直径/mm	公称横截面面积/mm²	理论重量[a]/(kg/m)
14	153.9	1.21
16	201.1	1.58
18	254.5	2.00
20	314.2	2.47
22	380.1	2.98
25	490.9	3.85

续表

公称直径/mm	公称横截面面积/mm^2	理论重量[a]/(kg/m)
28	615.8	4.83
32	804.2	6.31
36	1018	7.99
40	1257	9.87
50	1964	15.42

a 理论重量按密度为 7.85 g/cm^3 计算。

钢筋可按理论重量交货，也可按实际重量交货。按理论重量交货时，理论重量为钢筋长度乘以表 1-10 中钢筋的理论重量。钢筋实际重量与理论重量的允许偏差应符合表 1-11 的规定。

表 1-11　钢筋实际重量与理论重量的允许偏差

公称直径/mm	实际重量与理论重量的偏差/%
6～12	±6.0
14～20	±5.0
22～50	±4.0

钢筋牌号及化学成分和碳当量（熔炼分析）应符合表 1-12 的规定。根据需要，钢中还可加入 V、Nb、Ti 等元素。

表 1-12　钢筋牌号及化学成分和碳当量

牌号	化学成分（质量分数）/%					碳当量 C_{eq}/%
	C	Si	Mn	P	S	
	不大于					
HRB400 HRBF400 HRB400E HRBF400E	0.25	0.80	1.60	0.045	0.045	0.54
HRB500 HRBF500 HRB500E HRBF500E						0.55
HRB600	0.28					0.58

钢筋的下屈服强度 R_{eL}、抗拉强度 R_m、断后伸长率 A、最大力总延伸率 A_{gt} 等力学性能特征值应符合表 1-13 的规定。表 1-13 所列各力学性能特征值，除 R°_{eL}/R_{eL} 可作为交货检验的最大保证值外，其他力学特征值可作为交货检验的最小保证值。

表 1-13　力学性能特征值

牌号	下屈服强度 R_{eL}/MPa	抗拉强度 R_m/MPa	断后伸长率 A /%	最大力总延伸率 A_{gt}/%	$R^{\circ}_m/R^{\circ}_{eL}$	R°_{eL}/R_{eL}
	不小于					不大于
HRB400 HRBF400	400	540	16	7.5	—	—
HRB400E HRBF400E			—	9.0	1.25	1.30
HRB500 HRBF500	500	630	15	7.5	—	—
HRB500E HRBF500E			—	9.0	1.25	1.30
HRB600	600	730	14	7.5	—	—

注：R°_m为钢筋实测抗拉强度；R°_{eL}为钢筋实测下屈服强度。

公称直径为 28～40 mm 的各牌号钢筋的断后伸长率 A 可降低 1%；公称直径大于 40 mm 的各牌号钢筋的断后伸长率 A 可降低 2%。对于没有明显屈服强度的钢筋，下屈服强度特征值 R_{eL} 应采用规定塑性延伸强度 $R_{p0.2}$。伸长率类型可从 A 或 A_{gt} 中选定，但仲裁检验时应采用 A_{gt}。

钢筋的工艺性能应进行弯曲试验。按表 1-14 规定的弯曲压头直径弯曲 180°后，钢筋受弯曲部位表面不应产生裂纹。

表 1-14　钢筋弯曲性能特征值

牌号	公称直径 d/mm	弯曲压头直径
HRB400 HRBF400 HRB400E HRBF400E	6～25	$4d$
	28～40	$5d$
	>40～50	$6d$
HRB500 HRBF500 HRB500E HRBF500E HRB600	6～25	$6d$
	28～40	$7d$
	>40～50	$8d$

对牌号带 E 的钢筋应进行反向弯曲试验。经反向弯曲试验后，钢筋受弯曲部位表面不应产生裂纹。根据需方要求，其他牌号钢筋也可进行反向弯曲试验，可用反向弯曲试验代替弯曲试验。反向弯曲试验的弯曲压头直径比弯曲试验相应增加一个钢筋公称直径。钢筋的焊接、机械连接工艺及接头的质量检验与验收应符合 JGJ 18、JGJ 107 等相关标准的规定。HRBF500、HRBF500E 钢筋的焊接工艺应经试验确定，HRB600 钢筋推荐采用机械连接的方式进行连接。

每批钢筋的检验项目、取样数量、取样方法和试验方法应符合表 1-15 规定。

疲劳性能、晶粒度、连接性能只进行型式试验，即仅在原料、生产工艺、设备有重大变化及新产品生产时进行检验。钢筋的检验分为特征值检验和交货检验。特征值检验适用于供方对产品质量进行控制；需方提出要求，经供需双方协议一致；第三方进行产品认证及仲裁检验。交货检验适用于钢筋验收批的检验。钢筋应按批进行检查和验收，每批由同一牌号、同一炉罐号、同一规格的钢筋组成。每批重量通常不大于 60 t。超过 60 t 的部分，每增加 40 t(或不足 40 t 的余数)，增加一个拉伸试验试样和一个弯曲试验试样。允许由同一牌号、同一冶炼方法、同一浇注方法的不同炉罐号组成混合批，但各炉罐号含碳量之差不大于 0.02%，含锰量之差不大于 0.15%。混合批的重量应不大于 60 t。钢筋各检验项目的检验结果(包括盘卷调直后的钢筋)应符合现行国家标准规定，钢筋的复验与判定应符合 GB/T 17505—2016 的规定，钢筋的重量偏差项目不允许复验。

表 1-15　钢筋的检验项目、取样数量、取样方法和试验方法

序号	检验项目	取样数量/个	取样方法	试 验 方 法
1	化学成分[a] (熔炼分析)	1	GB/T 20066	GB/T 223 相关部分、GB/T 4336、GB/T 20123、GB/T 20124、GB/T 20125
2	拉伸	2	不同根(盘)钢筋切取	GB/T 28900 和 8.2
3	弯曲	2	不同根(盘)钢筋切取	GB/T 28900 和 8.2
4	反向弯曲	1	任 1 根(盘)钢筋切取	GB/T 28900 和 8.2
5	尺寸	逐根(盘)	—	8.3
6	表面	逐根(盘)	—	目视
7	重量偏差	8.4		
8	金相组织	2	不同根(盘)钢筋切取	GB/T 13298 和附录 B

a 对于化学成分的试验方法优先采用 GB/T 4336，对化学分析结果有争议时，仲裁试验应按 GB/T 223 相关部分进行。

钢筋应在其表面轧上牌号标志、生产企业序号(许可证后3位数字)和公称直径毫米数字,还可轧上经注册的厂名或商标。钢筋牌号用阿拉伯数字或阿拉伯数字加英文字母表示,HRB400、HRB500、HRB600分别用4、5、6表示,HRBF400、HRBF500分别用C4、C5表示,HRB400E、HRB500E分别用4E、5E表示,HRBF400E、HRBF500E分别用C4E、C5E表示。厂名用汉语拼音字头表示,公称直径毫米数用阿拉伯数字表示。

1.2.3　冷轧带肋钢筋

预应力钢筋混凝土和普通钢筋混凝土用冷轧带肋钢筋是热轧圆盘条经冷轧后,在其表面带有沿长度方向均匀分布的横肋的钢筋。冷轧带肋钢筋公称直径相当于横截面面积相等的光圆钢筋的公称直径。冷轧带肋钢筋横肋沿钢筋横截面周圈应均匀分布。二面肋和三面肋钢筋表面横肋呈月牙形,其中二面肋钢筋一面肋的倾角必须与另一面反向,三面肋钢筋有一面肋的倾角必须与另两面反向,四面肋横肋的纵截面应为月牙状并且不应与横肋相交,四面肋钢筋两相邻面横肋的倾角应与另两面横肋方向相反。

四面肋钢筋的尺寸、重量及允许偏差应符合表1-16的规定;二面肋和三面肋钢筋的尺寸、重量及允许偏差应符合表1-17的规定。

冷轧带肋钢筋通常按盘卷交货,经供需双方协商也可按定尺长度交货。钢筋按定尺交货时,其长度及允许偏差由供需双方协商确定。直条钢筋的每米弯曲度应不大于4 mm,总弯曲度应不大于钢筋全长的0.4%。盘卷钢筋的重量应不小于100 kg,每盘应由一根钢筋组成。CRB650、CRB680H、CRB800、CRB800H钢筋作为预应力混凝土用钢筋使用时,不得有焊接接头。直条钢筋按同一牌号、同一规格、同一长度成捆交货,捆重由供需双方协商确定。制造冷轧带肋钢筋的原料宜符合《冷轧带肋钢筋用热轧盘条》(GB/T 28899—2012)的规定,也可采用按其他标准生产的盘条。冷轧带肋钢筋应按冷加工状态交货,也允许冷轧后进行低温回火处理。

冷轧带肋钢筋的力学性能和工艺性能应符合表1-18的规定。当进行弯曲试验时,受弯曲部位表面不得产生裂纹。反复弯曲试验的弯曲半径应符合表1-19的规定。

表1-16　四面肋钢筋的尺寸、重量及允许偏差

公称直径 d /mm	公称横截面面积 /mm²	重量		横肋中点高		横肋1/4处高 $h_{1/4}$ /mm	横肋顶宽 b /mm	横肋间距		相对肋面积 f_r
		理论重量 /(kg/m)	允许偏差 /%	h /mm	允许偏差 /mm			l /mm	允许偏差 /%	不小于
6.0	28.3	0.222	±4	0.39	+0.10 −0.05	0.28	0.2d	5.0	±15	0.039
7.0	38.5	0.302		0.45		0.32		5.3		0.045
8.0	50.3	0.395		0.52		0.36		5.7		0.045
9.0	63.6	0.499		0.59	±0.10	0.41		6.1		0.052
10.0	78.5	0.617		0.65		0.45		6.5		0.052
11.0	95.0	0.746		0.72		0.50		6.8		0.056
12.0	113	0.888		0.78		0.54		7.2		0.056

注:横肋1/4处高、横肋顶宽供孔型设计用。

表 1-17　二面肋和三面肋钢筋的尺寸、重量及允许偏差

公称直径 d /mm	公称横截面面积 /mm²	重量		横肋中点高		横肋 1/4 处高 $h_{1/4}$ /mm	横肋顶宽 b /mm	横肋间距		相对肋面积 f_r
		理论重量 /(kg/m)	允许偏差 /%	h /mm	允许偏差 /mm			l /mm	允许偏差 /%	不小于
4	12.6	0.099	±4	0.30	+0.10 −0.05	0.24	0.2d	4.0	±15	0.036
4.5	15.9	0.125		0.32		0.26		4.0		0.039
5	19.6	0.154		0.32		0.26		4.0		0.039
5.5	23.7	0.186		0.40		0.32		5.0		0.039
6	28.3	0.222		0.40		0.32		5.0		0.039
6.5	33.2	0.261		0.46		0.37		5.0		0.045
7	38.5	0.302		0.46		0.37		5.0		0.045
7.5	44.2	0.347		0.55		0.44		6.0		0.045
8	50.3	0.395		0.55		0.44		6.0		0.045
8.5	56.7	0.445		0.55	±0.10	0.44		7.0		0.045
9	63.6	0.499		0.75		0.60		7.0		0.052
9.5	70.8	0.556		0.75		0.60		7.0		0.052
10	78.5	0.617		0.75		0.60		7.0		0.052
10.5	86.5	0.679		0.75		0.60		7.4		0.052
11	95.0	0.746		0.85		0.68		7.4		0.056
11.5	103.8	0.815		0.95		0.76		8.4		0.056
12	113.1	0.888		0.95		0.76		8.4		0.056

注：(1) 横肋 1/4 处高、横肋顶宽供孔型设计用。

(2) 二面肋钢筋允许有高度不大于 0.5h 的纵肋。

表 1-18　冷轧带肋钢筋的力学性能和工艺性能

分类	牌号	规定塑性延伸强度 $R_{p0.2}$/MPa	抗拉强度 R_m/MPa	$R_m/R_{p0.2}$	断后伸长率/%		最大力总延伸率/%	180°弯曲试验[a]	反复弯曲次数	应力松弛初始应力应相当于公称抗拉强度的 70%
					A	$A_{100\ mm}$	A_{gt}			1000 h
		不小于								不大于
普通钢筋混凝土用	CRB550	500	550	1.05	11.0	—	2.5	$D=3d$	—	—
	CRB600H	540	600	1.05	14.0	—	5.0	$D=3d$	—	—
	CRB680H[b]	600	680	1.05	14.0	—	5.0	$D=3d$	4	5%
预应力混凝土用	CRB650	585	650	1.05	—	4.0	2.5	—	3	8%
	CRB800	720	800	1.05	—	4.0	2.5	—	3	8%
	CRB800H	720	800	1.05	—	7.0	4.0	—	4	5%

a D 为弯心直径，d 为钢筋公称直径。

b 当该牌号钢筋作为普通钢筋混凝土用钢筋使用时，对反复弯曲和应力松弛不作要求；当该牌号钢筋作为预应力混凝土用钢筋使用时应进行反复弯曲试验代替 180°弯曲试验，并检测松弛率。

表 1-19　反复弯曲试验的弯曲半径

钢筋公称直径/mm	4	5	6
弯曲半径/mm	10	15	15

经供需双方协议，钢筋可用最大力总延伸率代替断后伸长率。供方在保证 1000 h 松弛率合格基础上，允许使用推算法确定 1000 h 松弛。

钢筋出厂检验的检验项目、取样数量、取样方法、试验方法应符合表 1-20 的规定。

表 1-20　钢筋的检验项目、取样数量、取样方法和试验方法

序号	检验项目	取样数量/个	取样方法	试验方法
1	化学成分(熔炼分析)	1	GB/T 20066	GB/T 4336、GB/T 20123、GB/T 20124、GB/T 20125 或通用的化学分析方法
2	拉伸	2	不同根(盘)钢筋切取	GB/T 28900 GB/T 21839
3	弯曲[a]	2	不同根(盘)钢筋切取	GB/T 28900 GB/T 21839
4	反向弯曲	1	任 1 根(盘)钢筋切取	GB/T 28900 GB/T 21839
5	尺寸[b]	逐根(盘)	—	GB 1499.2
6	表面[b]	逐根(盘)	—	目视
7	重量偏差	5	不同根(盘)钢筋切取	GB 1499.2
8	金相组织	2	不同根(盘)钢筋切取	GB/T 13298 GB 1499.2

a 准许用反向弯曲检验项目代替弯曲检验项目。

b 对于直条交货的钢筋,经供需双方协商,准许逐捆进行尺寸、表面检验。

钢筋的检查和验收由供方质量监督部门进行,需方有权进行检验。钢筋应按批进行检查和验收,每批应由同一牌号、同一外形、同一规格、同一生产工艺和同一交货状态的钢筋组成,每批应不大于 60 t。钢筋检验的取样数量应符合表 1-20 的规定。

每盘(捆)冷轧带肋钢筋应均匀捆扎不少于 3 道,端头应弯入盘内。钢筋应轧上明显的钢筋牌号标志,标志间距为横肋间距的 2 倍,标志间距内的一条横肋取消;高延性冷轧带肋钢筋还应在第三个标志间距内增加一条短横肋;钢筋还可轧上厂名或厂标。每盘(捆)钢筋应挂有不少于两个标牌,注明生产厂、生产日期、钢筋牌号和规格。

1.2.4　钢筋焊接网

钢筋焊接网(welded fabric)是纵向钢筋和横向钢筋分别以一定的间距排列且互成直角、全部交叉点均用电阻点焊方法焊接在一起的网片,如图 1-1 所示。

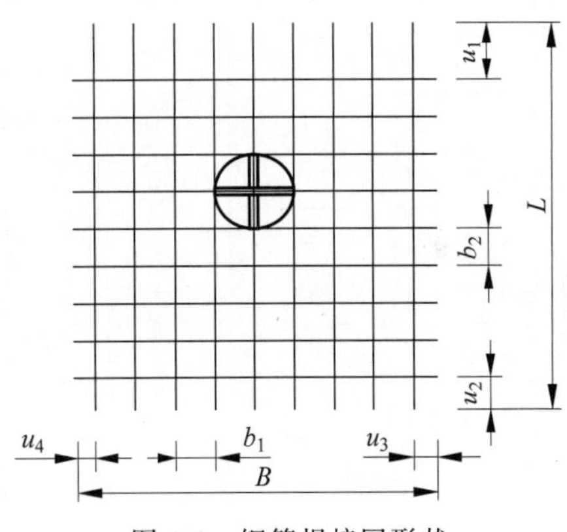

图 1-1　钢筋焊接网形状

根据《钢筋混凝土用钢　第 3 部分:钢筋焊接网》(GB/T 1499.3—2022)的规定,钢筋焊接网按钢筋的牌号、直径、长度和间距分为定型钢筋焊接网和定制钢筋焊接网两种。定型钢筋焊接网在两个方向上的钢筋牌号、直径、长度和间距可以不同,但同一方向上应采用同一牌号和直径的钢筋并具有相同的长度和间距。定型钢筋焊接网应按"焊接网型号-长度方向钢筋牌号×宽度方向钢筋牌号-网片长度(mm)×网片宽度(mm)"内容次序标记,例如 A10-CRB550×CRB550-4800 mm×2400 mm。定型钢筋焊接网型号及参数见表 1-21。

表 1-21 定型钢筋焊接网型号及参数

钢筋焊接网型号	纵向钢筋			横向钢筋			重量/(kg/m^2)
	公称直径/mm	间距/mm	每延米面积/(mm^2/m)	公称直径/mm	间距/mm	每延米面积/(mm^2/m)	
A18	18	200	1273	12	200	566	14.43
A16	16		1006	12		566	12.34
A14	14		770	12		566	10.49
A12	12		566	12		566	8.88
A11	11		475	11		475	7.46
A10	10		393	10		393	6.16
A9	9		318	9		318	4.99
A8	8		252	8		252	3.95
A7	7		193	7		193	3.02
A6	6		142	6		142	2.22
A5	5		98	5		98	1.54
B18	18	100	2545	12	200	566	24.42
B16	16		2011	10		393	18.89
B14	14		1539	10		393	15.19
B12	12		1131	8		252	10.90
B11	11		950	8		252	9.43
B10	10		785	8		252	8.14
B9	9		635	8		252	6.97
B8	8		503	8		252	5.93
B7	7		385	7		193	4.53
B6	6		283	7		193	3.73
B5	5		196	7		193	3.05
C18	18	150	1697	12	200	566	17.77
C16	16		1341	12		566	14.98
C14	14		1027	12		566	12.51
C12	12		754	12		566	10.36
C11	11		634	11		475	8.70
C10	10		523	10		393	7.19
C9	9		423	9		318	5.82
C8	8		335	8		252	4.61
C7	7		257	7		193	3.53
C6	6		189	6		142	2.60
C5	5		131	5		98	1.80

续表

钢筋焊接网型号	纵向钢筋			横向钢筋			重量/(kg/m²)
	公称直径/mm	间距/mm	每延米面积/(mm²/m)	公称直径/mm	间距/mm	每延米面积/(mm²/m)	
D18	18	100	2545	12	100	1131	28.86
D16	16		2011	12		1131	24.68
D14	14		1539	12		1131	20.98
D12	12		1131	12		1131	17.75
D11	11		950	11		950	14.92
D10	10		785	10		785	12.33
D9	9		635	9		635	9.98
D8	8		503	8		503	7.90
D7	7		385	7		385	6.04
D6	6		283	6		283	4.44
D5	5		196	5		196	3.08
E18	18	150	1697	12	150	1131	19.25
E16	16		1341	12		754	16.46
E14	14		1027	12		754	13.99
E12	12		754	12		754	11.84
E11	11		634	11		634	9.95
E10	10		523	10		523	8.22
E9	9		423	9		423	6.66
E8	8		335	8		335	5.26
E7	7		257	7		257	4.03
E6	6		189	6		189	2.96
E5	5		131	5		131	2.05
F18	18	100	2545	12	150	754	25.90
F16	16		2011	12		754	21.70
F14	14		1539	12		754	18.00
F12	12		1131	12		754	14.80
F11	11		950	11		634	12.43
F10	10		785	10		523	10.28
F9	9		635	9		423	8.32
F8	8		503	8		335	6.58
F7	7		385	7		257	5.03
F6	6		283	6		189	3.70
F5	5		196	5		131	2.57

用于桥面、建筑的钢筋焊接网型号及参数 见表 1-22 和表 1-23。

表 1-22 桥面用标准钢筋焊接网型号及参数

序号	网片编号	网片尺寸/mm				伸出长度/mm				单片钢网		
		直径	间距	纵向	横向	纵向钢筋		横向钢筋		纵向钢筋数量/根	横向钢筋数量/根	重量/kg
						u_1	u_2	u_3	u_4			
1	QW-1	7	100	10 250	2250	50	300	50	300	20	100	129.9
2	QW-2	8	100	10 300	2300	50	350	50	350	20	100	172.2
3	QW-3	9	100	10 350	2250	50	400	50	400	19	100	210.4
4	QW-4	10	100	10 350	2250	50	400	50	400	19	100	260.2
5	QW-5	11	100	10 400	2250	50	450	50	450	19	100	319.0

表 1-23 建筑用标准钢筋焊接网型号及参数

序号	网片编号	网片尺寸/mm				伸出长度/mm				单片钢网		
		直径	间距	纵向	横向	纵向钢筋		横向钢筋		纵向钢筋数量/根	横向钢筋数量/根	重量/kg
						u_1	u_2	u_3	u_4			
1	JW-1a	6	150	6000	2300	75	75	25	25	16	40	41.7
2	JW-1b	6	150	5950	2350	25	375	25	375	14	38	38.3
3	JW-2a	7	150	6000	2300	75	75	25	25	16	40	56.8
4	JW-2b	7	150	5950	2350	25	375	25	375	14	38	52.1
5	JW-3a	8	150	6000	2300	75	75	25	25	16	40	74.3
6	JW-3b	8	150	5950	2350	25	375	25	375	14	38	68.2
7	JW-4a	9	150	6000	2300	75	75	25	25	16	40	93.8
8	JW-4b	9	150	5950	2350	25	375	25	375	14	38	86.1
9	JW-5a	10	150	6000	2300	75	75	25	25	16	40	116.0
10	JW-5b	10	150	5950	2350	25	375	25	375	14	38	106.5
11	JW-6a	12	150	6000	2300	75	75	25	25	16	40	166.9
12	JW-6b	12	150	5950	2350	25	375	25	375	14	38	153.3

钢筋焊接网应采用 GB/T 13788—2017 规定的牌号 CRB550 冷轧带肋钢筋和符合 GB/T 1499.2—2018 规定的热轧带肋钢筋。采用热轧带肋钢筋时，宜采用无纵肋的热轧钢筋。钢筋焊接网应采用公称直径 5～18 mm 的钢筋。经供需双方协议，也可采用其他公称直径的钢筋。钢筋焊接网两个方向均为单根钢筋时，较细钢筋的公称直径不小于较粗钢筋的公称直径的 0.6 倍。当纵向钢筋采用并筋时，纵向钢筋的公称直径应不小于横向钢筋公称直径的 0.7 倍，且不大于横向钢筋公称直径的 1.25 倍。按供需双方协议可供应直径比超出上述规定的钢筋焊接网。

钢筋焊接网应采用机械制造，两个方向钢筋的交叉点应采用电阻焊焊接。钢筋焊接网焊点开焊数量不应超过整张网片交叉点总数的 1%，并且任一根钢筋上开焊点不应超过该支钢筋上交叉点总数的一半，钢筋焊接网最外边钢筋上的交叉点不应开焊。钢筋焊接网纵向钢筋间距宜为 50 mm 的整倍数，横向钢筋间距宜为 25 mm 的整倍数，最小间距宜采用 100 mm，间距的允许偏差取±10 mm 和规定间距的±5%中的较大值。钢筋的伸出长度不宜小于 25 mm，网片长度和宽度的允许偏差取±25 mm 和规定长度的±0.5%中的较大值。

钢筋焊接网宜按实际重量交货，也可按理论重量交货。钢筋焊接网的理论重量按组成钢筋公称直径和规定尺寸计算，计算时钢的密度采用7.85 g/cm^3，钢筋焊接网实际重量与理论重量的允许偏差为±4%。焊接网钢筋的力学与工艺性能应分别符合相应标准中相应牌号钢筋的规定。对于公称直径不小于6 mm的焊接网用冷轧带肋钢筋，冷轧带肋钢筋的最大力总延伸率(A_{gt})应不小于2.5%，钢筋的强屈比$R_m/R_{p0.2}$应不小于1.05。钢筋焊接网焊点的抗剪力应不小于试样受拉钢筋规定屈服力值的0.3倍。钢筋焊接网表面不应有影响使用的缺陷。当性能符合要求时，钢筋表面浮锈和因矫直造成的钢筋表面轻微损伤不应作为拒收的理由。钢筋焊接网允许有因取样产生的局部空缺。

每批钢筋焊接网的试验项目、试验数量、取样方法及试验方法应符合表1-24的规定。

表1-24　焊接网的试验项目、试验数量、取样方法及试验方法

序号	试验项目	试验数量/个	取样方法	试验方法
1	拉伸试验	2	沿焊接网两个方向各截取一个试样	GB/T 1499.3
2	弯曲试验	2	沿焊接网两个方向各截取一个试样	GB/T 33365
3	抗剪力试验	3	沿同一横向钢筋随机截取	GB/T 33365
4	重量偏差	5	沿同一横向钢筋随机截取	GB/T 1499.3
5	焊点开焊数	逐片		目视
6	网片尺寸			适当量具
7	网片表面			目视

钢筋焊接网的检验分为常规检验和特征值检验，常规检验又分为出厂检验和用户验收。钢筋焊接网应按批进行检查验收，每批应由同一型号、同一原材料来源、同一生产设备并在同一连续时段内制造的钢筋焊接网组成，重量应不大于60 t。除对开焊点数量进行检查外，每批钢筋焊接网检验项目均应按表1-24规定的项目进行试验。钢筋焊接网的拉伸、弯曲和抗剪力试验结果如不合格，则应从该批钢筋焊接网中任取双倍试样进行不合格项目的检验，复验结果全部合格时，该批钢筋焊接网判定为合格。

钢筋焊接网应捆扎整齐、牢固，必要时应加刚性支撑或支架，以防止运输吊装过程中钢筋焊接网产生影响使用的变形。捆扎交货的钢筋焊接网均应吊挂标牌，标明生产厂名，本部分号，钢筋焊接网型号、尺寸、批号、片数或重量，生产日期，检验印记等内容。钢筋焊接网交货时应附有质量证明书，注明生产厂名，需方名称，本部分号，交货钢筋焊接网的型号、批号、尺寸、片数或重量，各检验项目检验结果，供方质检部门印记等内容。

1.3　钢筋新技术应用

1.3.1　热轧高强钢筋应用技术

1. 技术内容

高强钢筋是指国家标准《钢筋混凝土用钢 第2部分：热轧带肋钢筋》(GB/T 1499.2—2018)中规定的屈服强度为400 MPa和500 MPa级的普通热轧带肋钢筋(HRB)和细晶粒热轧带肋钢筋(HRBF)。通过加钒(V)、铌(Nb)等合金元素微合金化的钢筋牌号为HRB；通过控轧和控冷工艺，使钢筋金相组织的晶粒细化的钢筋牌号为HRBF；通过余热淬水处理的钢筋牌号为RRB。

这3种高强钢筋，从材料力学性能、施工适应性、可焊性方面来说，以普通热轧带肋钢筋(HRB)最为可靠；细晶粒钢筋(HRBF)的强度指标与延性性能都能满足要求，可焊性一般；而余热处理钢筋延性较差，可焊性差，加工适应性也较差。

经对各类结构应用高强钢筋的比对与测算，通过推广应用高强钢筋，在考虑构造等因素后，平均可减少钢筋用量约12%～18%，具有很好的节材作用。按房屋建筑中钢筋工程节约的钢筋用量考虑，土建工程每平方米可节约25～38元。因此，推广与应用高强钢筋的经济效益十分巨大。

高强钢筋的应用可以明显提高结构构件的配筋效率。在大型公共建筑中，普遍采用大柱网与大跨度框架梁，如对这些大跨度梁采用400 MPa、500 MPa级高强钢筋，可有效减少配筋数量，有效提高配筋效率，并方便施工。

对梁柱构件，在设计中有时由于受配置钢筋数量的影响，为保证钢筋间的合适间距，不得不加大构件的截面宽度，导致梁柱截面混凝土用量增加。如采用高强钢筋，可显著减少配筋根数，使梁柱截面尺寸得到合理优化。

2. 技术指标

400 MPa和500 MPa级高强钢筋的技术指标应符合国家标准GB/T 1499.2—2018的规定，钢筋设计强度及施工应用指标应符合《混凝土结构设计规范》(GB 50010—2010)、《混凝土结构工程施工质量验收规范》(GB 50204—2015)、《混凝土结构工程施工规范》(GB 50666—2011)及其他相关标准。

按《混凝土结构设计规范》(GB 50010—2010)规定，400 MPa和500 MPa级高强钢筋的直径为6～50 mm；400 MPa级钢筋的屈服强度标准值为400 MPa，抗拉强度标准值为540 MPa，抗拉与抗压强度设计值为360 MPa；500 MPa级钢筋的屈服强度标准值为500 MPa，抗拉强度标准值为630 MPa，抗拉与抗压强度设计值为435 MPa。

对有抗震设防要求且用于按一、二、三级抗震等级设计的框架和斜撑构件，其纵向受力普通钢筋对强屈比、屈服强度超强比与钢筋的延性有更进一步的要求，规范规定应满足下列要求：

(1) 钢筋的抗拉强度实测值与屈服强度实测值的比值不应小于1.25；

(2) 钢筋的屈服强度实测值与屈服强度标准值的比值不应大于1.30；

(3) 钢筋最大拉力下的总伸长率实测值不应小于9%。

为保证钢筋材料符合抗震性能指标，建议采用带后缀"E"的热轧带肋钢筋。

3. 适用范围

混凝土结构的主力配筋应优先使用400 MPa级高强钢筋，并主要应用于梁与柱的纵向受力钢筋、高层剪力墙或大开间楼板的配筋。应充分发挥400 MPa级钢筋强度高、延性好的特性，这样在保证与提高结构安全性能的同时，可比低强度级钢筋明显减少配筋量。

对于500 MPa级高强钢筋应积极推广，并主要应用于高层建筑柱、大柱网或重荷载梁的纵向钢筋，以取得更好的减少钢筋用量效果。

用HPB300钢筋作为辅助配筋。构件的构造配筋、一般梁柱的箍筋、普通跨度楼板的配筋、墙的分布钢筋等应采用300 MPa级钢筋，HPB300光圆钢筋比较适宜用于小构件梁柱的箍筋及楼板与墙的焊接网片。对于生产工艺简单、价格便宜的余热处理高强钢筋，如RRB400钢筋，因其延性、可焊性、机械连接的加工性能均较差，《混凝土结构设计规范》(GB 50010—2010)建议用于对于钢筋延性要求较低的结构构件与部位，如大体积混凝土的基础底板、楼板及次要的结构构件中，做到物尽其用。

1.3.2 高强冷轧带肋钢筋应用技术

1. 技术内容

CRB600H高强冷轧带肋钢筋（简称"CRB600H高强钢筋"）是国内近年来开发的新型冷轧带肋钢筋。CRB600H高强钢筋在传统CRB550冷轧带肋钢筋的基础上，经过多项技术改进制造而成，在产品性能、产品质量、生产效率、经济效益等方面均有显著提升。CRB600H高强钢筋的最大优势是以普通Q235盘条为原材，在不添加微合金元素的情况下，通过冷轧、在线热处理、在线性能控制等工艺生产，生产线实现了自动化、连续化、高速化作业。

CRB600H高强钢筋与HRB400钢筋售价相当，但其强度更高，应用后可节约钢材达10%。1 t钢应用可节约合金19 kg，节约9.7 kg标准煤。目前CRB600H高强钢筋已在河南、河北、湖北、湖南、安徽、重庆等十几个省市建筑工程中广泛应用，节材及综合经济效益十分显著。

2. 技术指标

CRB600H高强钢筋的技术指标应符合现行行业标准《高延性冷轧带肋钢筋》(YB/T 4260—2011)、《冷轧带肋钢筋》(GB/T 13788—2017)的规定，设计、施工及验收应符合现行行业标准《冷轧带肋钢筋混凝土结构技术规程》(JGJ 95—2011)的规定。中国工程建设协会标准《CRB600H钢筋应用技术规程》《高强钢筋应用技术导则》及河南、河北、山东等地的地方标准均已发布实施。

CRB600H高强钢筋的直径范围为6～12 mm，抗拉强度标准值为600 MPa，屈服强度标准值为520 MPa，断后伸长率为14%，最大力均匀伸长率为5%，强度设计值为415 MPa（比HRB400钢筋的360 MPa提高15%）。

3. 适用范围

CRB600H高强钢筋适用于工业与民用房屋和一般构筑物中，具体应用范围为：板类构件中的分布钢筋，剪力墙竖向、横向分布钢筋及边缘构件中的箍筋。由于CRB600H钢筋的直径范围为6～12 mm，且强度设计值较高，其在各类板、墙类构件中应用具有较好的经济效益。

CRB600H高强钢筋主要应用于各类公共建筑与住宅中。比较典型的工程有河北工程大学新校区、武汉光谷之星城市综合体、宜昌新华园住宅区、郑州河医大一附院综合楼、新郑港区民航国际馨苑大型住宅区、安阳城综合商住区等。

1.3.3 高强钢筋直螺纹连接技术

1. 技术内容

钢筋直螺纹机械连接是高强钢筋连接采用的主要方式，按照钢筋直螺纹加工成型方式分为剥肋滚压直螺纹、直接滚压直螺纹和镦粗直螺纹，其中剥肋滚压直螺纹、直接滚压直螺纹属于无切削螺纹加工，镦粗直螺纹属于切削螺纹加工。加工直螺纹牙形角分为60°和75°两种。钢筋直螺纹加工设备按照直螺纹成型工艺主要分为剥肋滚压直螺纹成型机、直接滚压直螺纹成型机、钢筋端头镦粗机和钢筋直螺纹加工机；按照连接套筒型式主要分为标准型套筒、加长丝扣型套筒、变径型套筒、正反丝扣型套筒、分体套筒、可焊套筒和双螺纹套筒；按照连接接头型式主要分为标准型直螺纹接头、变径型直螺纹接头、正反丝扣型直螺纹接头、加长丝扣型直螺纹接头、可焊直螺纹套筒接头和分体直螺纹套筒接头。高强钢筋直螺纹连接应执行现行行业标准《钢筋机械连接技术规程》(JGJ 107—2016)的有关规定，钢筋连接套筒应执行现行行业标准《钢筋机械连接用套筒》(JG/T 163—2013)的有关规定。

高强钢筋直螺纹连接的主要技术内容包括：

(1) 钢筋直螺纹丝头加工。钢筋螺纹加工工艺流程为：首先将钢筋端部用砂轮锯、专用圆弧切断机或锯切机平切，使钢筋端头平面与钢筋中心线基本垂直；其次用钢筋直螺纹成型机直接加工钢筋端头直螺纹，或者使用镦粗机对钢筋端部镦粗后用直螺纹加工机加工镦粗直螺纹；直螺纹加工完成后用环通规和环止规检验丝头直径是否符合要求；最后用钢筋螺纹保护帽对检验合格的直螺纹丝头进行保护。

(2) 直螺纹连接套筒设计、加工和检验验收应符合行业标准《钢筋机械连接用套筒》(JG/T 163—2013)的有关规定。

(3) 钢筋直螺纹连接。高强钢筋直螺纹连接工艺流程是：用连接套筒先将带有直螺纹丝头的两根待连接钢筋使用管钳或安装扳手施加一定拧紧力矩旋拧在一起，然后用专用扭矩扳手校核拧紧力矩，使其达到《钢筋机械连接技术规程》(JGJ 107—2016)规定的各规格接头最小拧紧力矩值的要求，并且使钢筋丝头在套筒中央位置相互顶紧，标准型、正反丝型、异径型接头安装后的单侧外露螺纹不宜超过 $2p$（p 为螺纹螺距）。对无法对顶的其他直螺纹接头，应附加锁紧螺母、顶紧凸台等措施紧固。

（4）钢筋直螺纹加工设备应符合产品行业标准《建筑施工机械与设备　钢筋螺纹成型机》（JB/T 13709—2019）的有关规定。

（5）钢筋直螺纹接头应用、接头性能、试验方法、型式检验和施工检验验收，应符合现行行业标准《钢筋机械连接技术规程》（JGJ 107—2016）的有关规定。

2. 技术指标

高强钢筋直螺纹连接接头的技术性能指标应符合现行行业标准《钢筋机械连接技术规程》（JGJ 107—2016）的规定，连接套筒应符合现行行业标准《钢筋机械连接用套筒》（JG/T 163—2013）的规定。其主要技术指标如下：

（1）接头设计应满足强度及变形性能的要求。

（2）接头性能应包括单向拉伸、高应力反复拉压、大变形反复拉压和疲劳性能，应根据接头的性能等级和应用场合选择相应的检验项目。

（3）接头根据极限抗拉强度、残余变形、最大力下总伸长率以及高应力和大变形条件下反复拉压性能，分为Ⅰ级、Ⅱ级、Ⅲ级 3 个等级，其性能应分别符合《钢筋机械连接技术规程》（JGJ 107—2016）第 3.0.5 条、第 3.0.6 条和第 3.0.7 条的规定。

（4）对直接承受重复荷载的结构构件，设计应根据钢筋应力幅提出接头的抗疲劳性能要求。当设计无专门要求时，剥肋滚压直螺纹钢筋接头、镦粗直螺纹钢筋接头和带肋钢筋套筒挤压接头的疲劳应力幅限值不应小于现行国家标准《混凝土结构设计规范》（GB 50010—2010）中普通钢筋疲劳应力幅限值的 80%。

（5）套筒实际受拉承载力应不小于被连接钢筋受拉承载力标准值的 1.1 倍。套筒用于有疲劳性能要求的钢筋接头时，其抗疲劳性能应符合 JGJ 107—2016 的规定。

（6）套筒原材料宜采用牌号为 45 号的圆钢、结构用无缝钢管，其外观及力学性能应符合 GB/T 8162—2018、GB/T 17395—2008 的规定。

（7）套筒原材料采用 45 号钢冷拔或冷轧精密无缝钢管时，应进行退火处理，并应符合 GB/T 3639—2021 的相关规定，其抗拉强度应不大于 800 MPa，断后伸长率 δ_5 不宜小于 14%。冷拔或冷轧精密无缝钢管的原材料应采用牌号为 45 号管坯钢，并应符合 YB/T 5222—2014 的规定。

（8）采用各类冷加工工艺成型的套筒宜进行退火处理，且不得利用冷加工提高强度。需要与型钢等钢材焊接的套筒，其原材料应满足可焊性的要求。

3. 适用范围

高强钢筋直螺纹连接可广泛适用于直径 12～50 mm 的 400 MPa、500 MPa 级高强钢筋各种方位的同异径连接，也适用于 600 MPa 级高强钢筋的连接，如粗直径、不同直径钢筋水平、竖向、环向连接，弯折钢筋、超长水平钢筋的连接，两根或多根固定钢筋之间的对接，钢结构型钢柱与混凝土梁主筋的连接等。

钢筋直螺纹连接已应用于超高层建筑、市政工程、核电工程、轨道交通等各种工程中，如武汉绿地中心、上海中心、北京中国尊、北京首都机场、红沿河核电站、阳江核电站、台山核电站、北京地铁等。

1.3.4　钢筋焊接网应用技术

钢筋焊接网是将具有相同或不同直径的纵向和横向钢筋分别以一定间距垂直排列，全部交叉点均用电阻点焊焊在一起的钢筋网，分为定型、定制和开口钢筋焊接网三种。钢筋焊接网生产主要采用钢筋网焊接生产线进行，其优点是钢筋网成型速度快、网片质量稳定、横纵向钢筋间距均匀、交叉点处连接牢固，可显著提高钢筋工程质量和施工速度，增强混凝土抗裂能力，具有很好的综合经济效益。其广泛应用于建筑工程中楼板、屋盖、墙体与预制构件的配筋，也广泛应用于道桥工程的混凝土路面与桥面配筋，及水工结构、高铁无砟轨道板、机场跑道等。

1. 技术内容

钢筋焊接网是一种在工厂用专门的焊网机焊接成型的网状钢筋制品，采用由计算机自动控制的多头点焊机生产，焊接前后钢筋的力学性能几乎没有变化。

钢筋网焊接生产线是将盘条或直条钢筋通过电阻焊方式自动焊接成型为钢筋焊接网的设备。按上料方式主要分为盘条上料、直条上料、混合上料（纵筋盘条上料、横筋直条上料）三种生产线；按横筋落料方式分为人工落料和自动化落料；按焊接网片制品分类，主要分为标准网焊接生产线和柔性网焊接生产线，柔性网焊接生产线不仅可以生产标准网，还可以生产带门窗孔洞的定制网片。钢筋焊接网生产线可用于建筑、公路、防护、隔离等网片生产，还可以用于 PC 构件厂内墙、外墙、叠合板等网片的生产。

目前主要采用 CRB550、CRB600H 级冷轧带肋钢筋和 HRB400、HRB500 级热轧带肋钢筋制作焊接网，焊接网工程应用较多、技术成熟。钢筋焊接网应用技术主要包括钢筋调直切断技术、钢筋网制作配送技术、布网设计及施工安装技术等。

采用焊接网可显著提高钢筋工程质量，大量降低现场钢筋安装工时，缩短工期，适当节省钢材，具有较好的综合经济效益，特别适用于大面积混凝土工程。

2. 技术指标

钢筋焊接网技术指标应符合《钢筋混凝土用钢 第 3 部分：钢筋焊接网》(GB/T 1499.3—2022)和《钢筋焊接网混凝土结构技术规程》(JGJ 114—2014)的规定。钢筋焊接网应采用钢筋焊网机制作，钢筋焊网机应符合《建筑施工机械与设备 钢筋网成型机》(JB/T 13710—2019)的严格规定。冷轧带肋钢筋的直径宜采用 5～12 mm，强度标准值分别为 500 MPa、520 MPa；热轧钢筋的直径宜为 6～18 mm，屈服强度标准值分别为 400 MPa、500 MPa。焊接网制作方向的钢筋间距宜为 100 mm、150 mm、200 mm，也可采用 125 mm 或 175 mm；与制作方向垂直的钢筋间距宜为 100～400 mm，且宜为 10 mm 的整倍数；焊接网的最大长度不宜超过 12 m，最大宽度不宜超过 3.3 m。焊点抗剪力不应小于试件受拉钢筋规定屈服力值的 0.3 倍。

3. 适用范围

钢筋焊接网广泛适用于现浇钢筋混凝土结构和预制构件的配筋，特别适用于房屋的楼板、屋面板、地坪、墙体、梁柱箍筋笼以及桥梁的桥面铺装和桥墩防裂网，高速铁路中的无砟轨道底座配筋、轨道板底座及箱梁顶面铺装层配筋。此外，还可用于隧洞衬砌、输水管道、海港码头、基础桩等的配筋。

HRB400 级钢筋焊接网由于钢筋延性较好，除用于一般钢筋混凝土板类结构外，更适于抗震设防要求较高的构件（如剪力墙底部加强区）配筋。

国内应用焊接网的各类工程数量较多，应用较多地区为珠江三角洲、长江下游（含上海）和京津等地。如北京百荣世贸商城、深圳市市民中心工程、阳左高速公路、夏汾高速公路、京沪高铁、武广客专等。

1.3.5 高效预应力技术

1. 技术内容

高效预应力技术分为先张法预应力和后张法预应力。先张法预应力技术是指通过台座或模板的支撑张拉预应力筋，然后绑扎钢筋浇筑混凝土，待混凝土达到强度后放张预应力筋，从而给构件混凝土施加预应力的方法。该技术目前用于预制构件厂。后张法预应力技术是先在构件截面内采用预埋预应力管道或配置无黏结、缓黏结预应力筋，再浇筑混凝土，在构件或结构混凝土达到强度后，在结构上直接张拉预应力筋从而对混凝土施加预应力的方法。后张法可以通过有黏结、无黏结、缓黏结等工艺技术实现，也可采用体外束预应力技术。高效预应力技术采用强度为 1860 MPa 级以上的预应力筋，通过张拉建立初始应力，预应力筋设计强度可发挥到 1000～1320 MPa，采用该技术可显著节约材料、提高结构性能、减少结构挠度、控制结构裂缝并延长结构寿命。

其技术内容主要包括材料及设计技术、安装及张拉技术、预应力筋及锚头保护技术等。

2. 技术指标

预应力技术用于混凝土结构楼板可实现较小的楼板高度跨越较大跨度。对平板及夹心板，其结构适用跨度为 7～15 m，高跨比为 1/40～1/50；对密肋楼盖或扁梁楼盖，其适用跨度为 8～18 m，高跨比为 1/20～1/30；对框架梁、连续梁结构，其适用跨度为 12～40 m，高跨比为 1/18～1/25。在高层或超高层建筑的楼盖结构中采用该技术可有效降低楼板高度，实现大跨度，并在保证净高的条件下降低建筑层高，降低总建筑高度，或在建筑总限高不变条件下，可以有效增加建筑层数，具有节省材料和造价、提供灵活空间等优点。在多层大跨度楼盖中采用该技术可提高结构性能、节省钢筋和混凝土材料、简化梁板施工工艺、加快施工速度、降低建筑造价。目前常用预应力筋强度为 1860 MPa 级钢绞线，施工张拉应力应不超过预应力筋公称强度的 0.75。详细技术指标参见《混凝土结构设计规范》(GB 50010—2010)、《无粘结预应力混凝土结构技术规程》(JGJ 92—2016)等标准。

3. 适用范围

该技术可用于多、高层房屋建筑的楼面梁板、转换层、基础底板、地下室墙板等，以抵抗大跨度、重荷载或超长混凝土结构在荷载、温度或收缩等效应下产生的裂缝，提高结构与构件的性能，降低造价；也可用于筒仓、电视塔、核电站安全壳、水池等特种工程结构；还广泛用于各类大跨度混凝土桥梁结构。

该项技术已应用于首都国际机场、上海浦东国际机场、深圳宝安国际机场等多座航站楼；上海虹桥交通枢纽、西安北站、郑州北站等多座高铁车站站房；百度、京东、上海临港物流园等大面积多层建筑；上海虹桥国家会展中心、深圳会展、青岛会展等大跨会展建筑；北京颐德家园、宁波浙海大厦、长沙国金大厦等高层建筑；福建福清、广东台山、海南昌江核电站安全壳等特种工程和大量桥梁工程。

1.3.6 建筑用成型钢筋制品加工与配送应用技术

1. 技术内容

建筑用成型钢筋制品加工与配送(简称成型钢筋加工配送)是指由具有信息化生产管理系统的专业化钢筋加工机构进行钢筋大规模工厂化与专业化生产、商品化配送的具有现代建筑工业化特点的一种钢筋加工方式。主要采用成套自动化钢筋加工设备，经过合理的工艺流程，在固定的加工场所集中将钢筋加工成为工程所需成型钢筋制品，按照客户要求将其进行包装或组配，运送到指定地点的钢筋加工组织方式。信息化管理系统、专业化钢筋加工组织机构和成套自动化钢筋加工设备三要素的有机结合是成型钢筋加工配送区别于传统场内或场外钢筋加工模式的重要标志。成型钢筋加工配送技术执行行业标准《混凝土结构成型钢筋应用技术规程》(JGJ 366—2015)的有关规定。成型钢筋加工配送技术主要内容包括：

(1) 信息化生产管理技术。从钢筋原材料采购、钢筋成品设计规格与参数生成、加工任务分解、钢筋优化套裁下料、钢筋与成品加工、产品质量检验、产品捆扎包装，到成型钢筋配送、成型钢筋进场检验验收、合同结算等全过程采用计算机进行信息化管理。

(2) 钢筋专业化加工技术。采用成套自动化钢筋加工设备，经过合理的工艺流程，在固定的加工场所集中将钢筋加工成为工程所需的各种成型钢筋制品，主要分为线材钢筋加工、棒材钢筋加工和组合成型钢筋制品加工。线材钢筋加工是指钢筋强化加工、钢筋矫直切断、箍筋加工成型等；棒材钢筋加工是指直条钢筋定尺切断、钢筋弯曲成型、钢筋直螺纹加工成型等；组合成型钢筋制品加工是指钢筋焊接网、钢筋笼、钢筋桁架、梁柱钢筋成型加工等。

(3) 自动化钢筋加工设备技术。自动化钢筋加工设备是建筑用成型钢筋制品加工的硬件支撑，是指具备强化钢筋、自动调直、定尺切断、弯曲、焊接、螺纹加工等单一或组合功能的钢筋加工机械,包括钢筋强化机械、自动调直切断机械、数控弯箍机械、自动切断机械、自动弯曲机械、自动弯曲切断机械、自动焊网机械、柔性自动焊网机械、自动弯网机械、自动焊笼机械、三角桁架自动焊接机械、梁柱钢筋骨架自动焊接机械、封闭箍筋自动焊接机械、箍筋笼自动成型机械、钢筋螺纹自动加工机械等。

(4) 成型钢筋配送技术。即按照客户要求与客户的施工计划将已加工的成型钢筋以梁、柱、板构件序号进行包装或组配,运送到指定地点。

2. 技术指标

建筑用成型钢筋制品加工与配送技术指标应符合《混凝土结构成型钢筋应用技术规程》(JGJ 366—2015)和《混凝土结构用成型钢筋制品》(GB/T 29733—2013)的有关规定。钢筋进厂时,加工配送企业应按国家现行相关标准的规定抽取试件作屈服强度、抗拉强度、伸长率、弯曲性能和重量偏差检验,检验结果应符合国家现行相关标准的规定。成型钢筋加工设备宜选用具备自动加工工艺流程的设备,自动加工设备总产能不应低于加工配送企业总产能的80%。盘卷钢筋调直应采用无延伸功能的钢筋调直切断机进行。钢筋调直过程中,对于平行辊式调直切断机,调直前后钢筋的重量损耗不应大于0.5%;对于转毂式和复合式调直切断机,调直前后钢筋的重量损耗不应大于1.2%。调直后的钢筋直线度每米不应大于4 mm,总直线度不应大于钢筋总长度的0.4%,且不应有局部弯折。钢筋单位长度允许重量偏差、钢筋的工艺性能参数、单件成型钢筋加工的尺寸形状允许偏差、组合成型钢筋加工的尺寸形状允许偏差应分别符合《混凝土结构成型钢筋应用技术规程》(JGJ 366—2015)中表4.1.4、表4.1.5、表5.2.13、表5.3.10的规定。成型钢筋进场时,应抽取试件作屈服强度、抗拉强度、伸长率和重量偏差检验,检验结果应符合国家现行相关标准的规定;对由热轧钢筋制成的成型钢筋,当有施工单位或监理单位的代表驻厂监督生产过程,并有第三方提供的原材钢筋力学性能检验报告时,可仅进行重量偏差检验。

3. 适用范围

该项技术可广泛适用于各种现浇混凝土结构的钢筋加工、预制装配建筑混凝土构件钢筋加工,特别适用于大型工程的大钢筋量的集中加工,是绿色施工、建筑工业化和施工装配化的重要组成部分。该项技术是伴随着钢筋加工机械、钢筋加工工艺的技术进步而不断发展的,其主要技术特点是:加工效率高、质量好;可降低加工和管理综合成本;可加快施工进度,提高钢筋工程施工质量;节材节地、绿色环保;有利于高新技术推广应用和安全文明工地创建。

成型钢筋加工配送成套技术已应用于多项大中型工程,已在阳江核电站、防城港核电站、红沿河核电站、台山核电站等核电工程,天津117大厦、北京中国尊、武汉绿地中心、天津周大福金融中心等超高层地标建筑,北京大兴国际机场、港珠澳大桥等重点工程大量应用。

1.3.7 钢筋机械锚固技术

1. 技术内容

钢筋机械锚固技术是将螺帽与垫板合二为一的锚固板通过螺纹与钢筋端部相连形成的锚固装置。其作用机理为:钢筋的锚固力全部由锚固板承担,或由锚固板和钢筋的黏结力共同承担(原理见图1-2),从而减少钢筋的锚固长度,节省钢筋用量。在复杂节点采用钢筋机械锚固技术还可简化钢筋工程施工,减少钢筋密集拥堵绑扎困难,改善节点受力性能,提高混凝土浇筑质量。该项技术的主要内容包括部分锚固板钢筋的设计应用技术、全锚固板钢筋的设计应用技术、锚固板钢筋现场加工及安装技术等。详细技术内容见《钢筋锚固板应用技术规程》(JGJ 256—2011)。

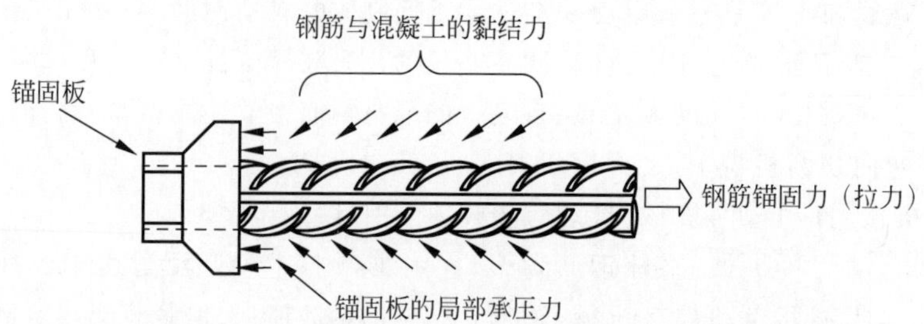

图 1-2　带锚固板钢筋的受力机理示意图

2. 技术指标

部分锚固板钢筋由钢筋的黏结段和锚固板共同承担钢筋的锚固力，此时锚固板承压面积不应小于钢筋公称面积的 4.5 倍，钢筋黏结段长度不宜小于 $0.4l_{ab}$；全锚固板钢筋由锚固板承担全部钢筋的锚固力，此时锚固板承压面积不应小于钢筋公称面积的 9 倍。锚固板与钢筋的连接强度不应小于被连接钢筋极限强度标准值，锚固板钢筋在混凝土中的实际锚固强度不应小于钢筋极限强度标准值，详细技术指标见《钢筋锚固板应用技术规程》(JGJ 256—2011)。

相比传统的钢筋锚固技术，在混凝土结构中应用钢筋机械锚固技术，可减少钢筋锚固长度 40%以上，节约锚固钢筋 40%以上。

3. 适用范围

该技术适用于混凝土结构中钢筋的机械锚固，主要适用范围有：用锚固板钢筋代替传统弯筋，用于框架结构梁柱节点；代替传统弯筋和直钢筋锚固，用于简支梁支座、梁或板的抗剪钢筋；可广泛应用于建筑工程以及桥梁、水工结构、地铁、隧道、核电站等各类混凝土结构工程的钢筋锚固；且可用作钢筋锚杆(或拉杆)的紧固件等。

钢筋机械锚固技术已在核电工程、水利水电、房屋建筑等工程领域得到较为广泛的应用，典型的核电工程如福建宁德、浙江三门、山东海阳、秦山二期扩建、方家山等核电站；典型的水利水电工程如溪洛渡水电站；典型的房屋建筑如太原博物馆、深圳万科第五园工程等项目。

第2章

钢筋及预应力工程基础

2.1 钢筋混凝土结构工程

混凝土是由胶凝材料水泥与砂子、石子、水,及掺合材料、外加剂等按一定的比例拌和而成,凝固后坚硬如石,受压能力好,但受拉能力差,容易因受拉而断裂。为了解决这个矛盾,充分发挥混凝土的受压能力,常在混凝土受拉区域内或相应部位加入一定数量的钢筋,使两种材料黏结成一个整体,共同承受外力。这种配有钢筋的混凝土称为钢筋混凝土。钢筋混凝土黏结锚固能力一般由四种途径得到:

(1) 钢筋与混凝土接触面上化学吸附作用力,也称胶结力;

(2) 混凝土收缩,将钢筋紧紧握裹而产生摩擦力;

(3) 钢筋表面凹凸不平与混凝土之间产生的机械咬合作用,也称咬合力;

(4) 钢筋端部加弯钩、弯折或在锚固区焊短钢筋、焊角钢来提供锚固能力。

钢筋混凝土结构是建筑工程的重要结构形式之一。钢筋混凝土结构应用在建筑工程中的研究始于19世纪40年代。法国人朗姆波1849年和法国人莫尼埃1867年先后在铁丝网两面涂抹水泥砂浆制作小船和花盆。1884年德国建筑公司购买了莫尼埃的专利,进行了第一批钢筋混凝土的科学实验,研究了钢筋混凝土的强度、耐火性能,钢筋与混凝土的黏结力。1886年德国工程师克嫩提出钢筋混凝土板的计算方法。与此同时,英国人威尔金森提出了钢筋混凝土楼板专利,美国人海厄特对混凝土梁进行试验,法国人克瓦涅出版了一本应用钢筋混凝土的专著。

各国钢筋混凝土结构设计规范采用的设计方法有容许应力设计法、破坏强度设计法和极限状态设计法。在钢筋混凝土出现的早期,大多采用以弹性理论为基础的容许应力设计法。20世纪30年代后期,苏联开始采用考虑钢筋混凝土破坏阶段塑性的破坏强度设计法;1950年,更进一步完善为极限状态设计法,它综合了前面两种设计方法的优点,既验算使用阶段的容许应力、容许裂缝宽度和挠度,也验算破坏阶段的承载能力,概念比较明确,考虑比较全面,已为许多国家和国际组织的设计规范采用。

2.1.1 钢筋混凝土结构的工作原理

将钢筋和混凝土这两种材料结合在一起工作的目的是充分利用材料的各自优点,提高结构承载能力。因为混凝土的抗压能力较强,而抗拉能力却很弱,钢筋的抗拉和抗压能力都很强,把这两种材料结合在一起共同工作,可以充分发挥混凝土的抗压性能和钢筋的抗拉性能。我们把由钢筋和混凝土组成的结构构件统称为钢筋混凝土结构。

由于混凝土的抗拉强度远低于抗压强度,

因而混凝土结构不能用于受有拉应力的梁和板。如果在混凝土梁、板的受拉区内配置钢筋，则混凝土开裂后的拉力即可由钢筋承担，这样就可充分发挥混凝土抗压强度较高和钢筋抗拉强度较高的优势，共同抵抗外力的作用，提高混凝土梁、板的承载能力。

钢筋与混凝土两种不同性质的材料能有效地共同工作，是由于混凝土硬化后混凝土与钢筋之间产生了黏结力。它由分子力(胶合力)、摩阻力和机械咬合力三部分组成。其中起决定性作用的是机械咬合力，约占总黏结力的一半以上。将光面钢筋的端部做成弯钩，或者将钢筋焊接成钢筋骨架和网片，均可增强钢筋与混凝土之间的黏结力。为保证钢筋与混凝土之间的可靠黏结和防止钢筋被锈蚀，钢筋周围须有一定厚度的混凝土保护层。若结构处于有侵蚀性介质的环境，保护层厚度还要加大。

梁和板等受弯构件中受拉力的钢筋根据弯矩图的变化沿纵向配置在结构构件受拉的一侧。在柱和拱等结构中，钢筋也被用来增强结构的抗压能力。它有两种配置方式：一种是顺压力方向配置纵向钢筋，与混凝土共同承受压力；另一种是垂直于压力方向配置横向的钢筋网和螺旋箍筋，以阻止混凝土在压力作用下的侧向膨胀，使混凝土处于三向受压的应力状态，从而增强混凝土的抗压强度和变形能力。由于按这种方式配置的钢筋并不直接承受压力，所以也称间接配筋。在受弯构件中与纵向受力钢筋垂直的方向，还须配置分布筋和箍筋，以便更好地保持结构的整体性，承担因混凝土收缩和温度变化而引起的应力，以及承受横向剪力。

钢筋和混凝土这两种物理力学性能截然不同的材料能够结合在一起共同工作的原因如下：

(1) 硬化后的混凝土与钢筋表面有很强的黏结力。

(2) 钢筋和混凝土有较接近的温度膨胀系数，不会因温度变化产生变形不同步，从而使钢筋与混凝土产生错动。

(3) 混凝土包裹在钢筋表面，能防止钢筋锈蚀，起保护作用。混凝土本身对钢筋无腐蚀作用，从而保证了钢筋混凝土构件的耐久性。

2.1.2 钢筋混凝土结构的特性

混凝土的收缩和蠕变对钢筋混凝土结构具有重要意义。由于钢筋可以阻碍混凝土硬化时的自由收缩，因此在混凝土中会引起拉应力，在钢筋中会产生压应力。混凝土的徐变会在受压构件中引起钢筋与混凝土之间的应力重分配，在受弯构件中引起挠度增大，在超静定结构中引起内力重分布等。混凝土的这些特性在设计钢筋混凝土结构时须加以考虑。

由于混凝土的极限拉应变值较低(约为0.15 mm/m)和混凝土的收缩性能，导致在使用荷载条件下构件的受拉区容易出现裂缝。为避免混凝土开裂和减小裂缝宽度，可采用预加应力的方法，对混凝土预先施加压力(见2.2节)。实践证明，在正常条件下，宽度小于0.3 mm的裂缝不会降低钢筋混凝土的承载能力和耐久性。

在－40～60℃的温度范围内，混凝土和钢筋的物理力学性能都不会有明显的改变。因此，钢筋混凝土结构可以在各种气候条件下应用。当温度高于60℃时，混凝土材料的内部结构会遭到损坏，其强度会有明显降低；当温度达到200℃时，混凝土强度降低30％～40％。因此，钢筋混凝土结构不宜在温度高于200℃的条件下应用，当温度超过200℃时，必须采用耐热混凝土。

2.1.3 钢筋混凝土结构的特点

1. 优点

钢筋混凝土结构是用钢筋和混凝土建造的一种结构，钢筋承受拉力，混凝土承受压力，具有坚固、耐久、防火、抗震性好、比钢结构节省钢材和成本低等优点。

(1) 就地取材。施工时能就地利用水泥、砂子、石子等材料，可节约钢材。

(2) 耐久性、耐火性好(与钢结构比较)。

几乎不需要维修和养护。

(3) 整体性好。能充分利用材料的力学性能,提高构件的承载能力,使混凝土应用范围得到拓宽。

(4) 可模性好。可根据设计意图随意造型,适应性较强。

(5) 比钢结构节约钢材。

2.缺点

正是由于具有以上优点,所以钢筋混凝土结构已被广泛应用在房屋建筑、市政、道路、桥梁、隧道等许多土建工程中。但钢筋混凝土结构也有以下缺点:

(1) 自重大。

(2) 混凝土抗拉强度较低,易裂。

(3) 现浇钢筋混凝土结构施工费工、费模板,施工周期长。

(4) 施工受季节和气候影响。

(5) 损坏补强修复困难。

钢筋混凝土结构的性能与钢筋和混凝土材料直接有关,其中钢筋的抗拉强度和混凝土的抗压强度最重要。另外,施工中还与环境的温度和湿度有关,施工环境的温度和湿度会影响混凝土的凝结速度。

2.1.4 钢筋混凝土结构的使用寿命

结构寿命要根据具体情况来定。首先是设计标准,一般民用建筑是50年,大型或者比较重要的建筑为80年或以上。当然其使用寿命肯定会大于设计年限,自然寿命与混凝土材料特性、结构设计,以及自然条件的影响密切相关,相对而言不是很长,主要是由于建筑时间长了会出现缺陷,比如混凝土开裂对钢筋的保护降低,导致破坏加速。此外,自然的侵蚀风化作用,使建筑使用寿命一般小于设计年限。如果进行后期维护,则可弥补相应缺陷,从而大大提高使用寿命。一般来说,建筑需要有人定期进行检查,发现隐患要进行一定的技术处理,做到早发现早处理,以提高建筑物的寿命。住宅的使用年限是指住宅在有形磨损下能维持正常使用的年限,是由住宅的结构、质量决定的自然寿命;住宅的折旧年限是指住宅价值转移的年限,是由使用过程中社会经济条件决定的社会必要平均使用寿命,也叫经济寿命。住宅的使用年限一般大于折旧年限。国家对于不同建筑结构的折旧年限的规定是:钢筋混凝土结构60年,砖混结构50年。

2.1.5 钢筋混凝土结构的应用范围

钢筋混凝土结构在土木工程中的应用范围极广,各种工程结构都可采用钢筋混凝土建造。钢筋混凝土结构在原子能工程、海洋工程和机械制造业的一些特殊场合,如反应堆压力容器、海洋平台、巨型运油船、大吨位水压机机架等,均得到十分有效的应用,解决了钢结构难以解决的技术问题。

2.1.6 结构设计要求

钢筋混凝土结构的设计和建造应考虑建筑工业化的标准和实际应用环境,而这两者又随着建筑工业化进程中积累的经验和理论的深入研究而不断发展。

1. 工业生产标准与结构设计和建造的关系

设计和建造混凝土结构是一件很实际的事情,许多设计人员更注重的是有效的工业生产标准。工业生产标准影响着结构设计和建造的诸多方面:

(1) 设计的方法和准则;

(2) 生产建造过程;

(3) 所需要的测试和证明;

(4) 影响建造计划和细节的一般规范要求;

(5) 特殊的规范要求(例如防火、抗震)。

2. 设计人员主要关注点

1) 一次浇筑的最大量

浇筑的尺寸受到时间(如8 h工作时间)、工作量的大小、场地的条件、运送混凝土的车辆的数目、浇筑方法以及结构形式的影响(例如在实际浇筑中对于多层建筑只能一次浇筑一层)。

2) 混凝土设计强度(f_c)

在设计过程的前期阶段,设计人员必须先

确定混凝土的设计强度。

3）建造的准确度

设计人员必须了解结构中较为精细的连接构件所要求达到的精确度，认识到建造混凝土结构精确度的最低要求。

4）混凝土构件的最小尺寸

因为实际建造上的原因，为了满足保护层和钢筋间距的不同要求，一些钢筋混凝土构件必须有特定的尺寸。

2.1.7 钢筋分项工程施工与验收

1. 一般规定

1）隐蔽工程验收

现浇结构和预制装配式结构浇筑混凝土之前应进行钢筋隐蔽工程验收。隐蔽工程验收至少应包括下列主要内容：

（1）纵向受力钢筋的牌号、规格、数量、位置；

（2）钢筋的连接方式、接头位置、接头质量、接头面积百分率、搭接长度、锚固方式及锚固长度；

（3）箍筋、横向钢筋的牌号、规格、数量、间距、位置，箍筋弯钩的弯折角度及平直段长度；

（4）预埋件的规格、数量和位置。

2）检验批容量规定

钢筋、成型钢筋制品进场检验，当满足下列条件之一时，其检验批容量可扩大一倍：

（1）获得认证的钢筋、成型钢筋；

（2）同一厂家、同一牌号、同一规格的钢筋，连续三批均一次检验合格；

（3）同一厂家、同一类型、同一钢筋来源的成型钢筋制品，连续三批均一次检验合格。

钢筋分项工程的质量验收应在所含检验批验收合格的基础上进行质量验收记录检查。检验批的质量验收应包括实物检查和资料检查，并应符合《混凝土结构工程施工质量验收规范》(GB 50204—2015)的规定：主控项目的质量经抽样检验均应合格，一般项目的质量经抽样检验应合格。一般项目当采用计数抽样检验时，除设计和国家有关规范有专门规定外，其合格点率应达到80%及以上，且不得有严重缺陷。应具有完整的质量检验记录，重要工序应具有完整的施工操作记录，装配式结构预制构件安装应具有钢筋灌浆连接的影像资料。检验批抽样样本应在工程中随机抽取，并应满足分布均匀、具有代表性的要求。

2. 材料

1）主控项目

（1）钢筋进场时，应按国家现行相关标准的规定抽取试件作屈服强度、抗拉强度、伸长率、弯曲性能和重量偏差检验，检验结果应符合相应标准的规定。

检查数量：按进场批次和产品的抽样检验方案确定。

检验方法：检查质量证明文件和抽样检验报告。

（2）成型钢筋制品进场时，应抽取试件作屈服强度、抗拉强度、伸长率和重量偏差检验，检验结果应符合国家现行有关标准的规定。

对由热轧钢筋制成的成型钢筋制品，当有施工单位或监理单位的代表驻厂监督生产过程，并提供原材钢筋力学性能第三方检验报告时，可仅进行重量偏差检验。

检查数量：同一厂家、同一类型、同一钢筋来源的成型钢筋制品不超过30 t为一批，每批中每种钢筋牌号、规格均应至少抽取1个钢筋试件，总数不应少于3个。

检验方法：检查质量证明文件和抽样检验报告。

（3）按一、二、三级抗震等级设计的框架和斜撑构件（含梯段）中的纵向受力普通钢筋应采用HRB400E、HRB500E、HRBF400E或HRBF500E钢筋，其强度和最大力下总伸长率的实测值应符合下列规定：

① 抗拉强度实测值与屈服强度实测值的比值不应小于1.25；

② 屈服强度实测值与屈服强度标准值的比值不应大于1.30；

③ 最大力下总伸长率不应小于9%。

检查数量：按进场的批次和产品的抽样检验方案确定。

检验方法：检查，抽样检验报告。

2）一般项目

（1）钢筋应平直、无损伤，表面不得有裂纹、油污、颗粒状或片状老锈。

检查数量：全数检查。

检验方法：观察。

（2）成型钢筋制品的外观质量和尺寸偏差应符合国家现行有关标准的规定。

检查数量：同一厂家、同一类型的成型钢筋制品不超过 30 t 为一批，每批随机抽取 3 个成型钢筋试件。

检验方法：观察，尺量。

（3）钢筋机械连接套筒、钢筋锚固板以及预埋件等的外观质量与几何尺寸应符合国家现行有关标准的规定。

检查数量：按国家现行有关标准的规定确定。

检验方法：检查产品质量证明文件；观察，尺量。

3. 钢筋加工

1）主控项目

（1）钢筋弯折的弯弧内直径应符合下列规定：

① 光圆钢筋，不应小于钢筋直径的 2.5 倍；

② 400 MPa 级带肋钢筋，不应小于钢筋直径的 4 倍；

③ 500 MPa 级带肋钢筋，当直径为 28 mm 以下时不应小于钢筋直径的 6 倍，当直径为 28 mm 及以上时不应小于钢筋直径的 7 倍；

④ 箍筋弯折处尚不应小于纵向受力钢筋的直径。

检查数量：按每工作班同一类型钢筋、同一加工设备抽查不应少于 3 件。

检验方法：尺量。

（2）纵向受力钢筋的弯折后平直段长度应符合设计要求。光圆钢筋末端制作 180°弯钩时，弯钩的平直段长度不应小于钢筋直径的 3 倍。

检查数量：同一设备加工的同一类型钢筋每工作班抽查不应少于 3 件。

检验方法：尺量。

（3）箍筋、拉筋的末端应按设计要求制作弯钩，并应符合下列规定：

① 对一般结构构件，箍筋弯钩的弯折角度不应小于 90°，弯折后平直段长度不应小于箍筋直径的 5 倍；对有抗震设防要求或设计有专门要求的结构构件，箍筋弯钩的弯折角度不应小于 135°，弯折后平直段长度不应小于箍筋直径的 10 倍。

② 圆形箍筋的搭接长度不应小于其受拉锚固长度，且两末端弯钩的弯折角度不应小于 135°。弯折后平直段长度对一般结构构件不应小于箍筋直径的 5 倍，对有抗震设防要求的结构构件不应小于箍筋直径的 10 倍。

③ 梁、柱复合箍筋中的单肢箍筋两端弯钩的弯折角度均不应小于 135°，弯折后平直段长度应符合本条第①款对箍筋的有关规定。

检查数量：同一设备加工的同一类型钢筋每工作班抽查不应少于 3 件。

检验方法：尺量。

（4）盘卷钢筋调直后应进行力学性能和重量偏差检验，其强度应符合国家现行有关标准的规定，其断后伸长率、重量偏差应符合表 2-1 的规定。力学性能和重量偏差检验应符合下列规定：

应对 3 个试件先进行重量偏差检验，再取其中两个试件进行力学性能检验。重量偏差应按下式计算：

$$\Delta = \frac{W_d - W_0}{W_0} \times 100 \tag{2-1}$$

式中，Δ 为重量偏差，%；W_d 为 3 个调直钢筋试件的实际重量之和，kg；W_0 为钢筋理论重量，kg，取每米理论重量（单位：kg/m）与 3 个调直钢筋试件长度之和（单位：m）的乘积。

检验重量偏差时，试件切口应平滑并与长度方向垂直，其长度不应小于 500 mm；长度和重量的量测精度分别不应低于 1 mm 和 1 g。采用无延伸功能的机械设备调直的钢筋可不进行本条规定的检验。

检查数量：同一加工设备、同一牌号、同一规格的调直钢筋，重量不大于 30 t 为一批，每批见证随机抽取 3 个试件。

检验方法：检查，抽样检验报告。

表 2-1 盘卷钢筋调直后的断后伸长率、重量偏差要求

<table>
<tr><th rowspan="2">钢筋牌号</th><th rowspan="2">断后伸长率 A/%</th><th colspan="2">重量偏差 Δ/%</th></tr>
<tr><th>直径 6～12 mm</th><th>直径 14～16 mm</th></tr>
<tr><td>HPB300</td><td>≥21</td><td>≥−10</td><td>—</td></tr>
<tr><td>HRB400、HRBF400
HRB400E、HRBF400E</td><td>≥15</td><td rowspan="3">≥−7</td><td rowspan="3">≥−6</td></tr>
<tr><td>RRB400</td><td>≥13</td></tr>
<tr><td>HRB500、HRBF500
HRB500E、HRBF500E</td><td>≥14</td></tr>
</table>

注：断后伸长率 A 的量测标距为 5 倍钢筋直径。

2）一般项目

钢筋加工的形状、尺寸应符合设计要求，其偏差应符合表 2-2 的规定。

表 2-2 钢筋加工的允许偏差

项　目	允许偏差/mm
受力钢筋沿长度方向的净尺寸	±10
弯起钢筋的弯折位置	±20
箍筋外廓尺寸	±5

检查数量：同一设备加工的同一类型钢筋，每工作班抽查不应少于 3 件。

检验方法：尺量。

4. 钢筋连接

1）主控项目

（1）钢筋的连接方式应符合设计要求。

检查数量：全数检查。

检验方法：观察。

（2）钢筋采用机械连接或焊接连接时，钢筋机械连接接头、焊接接头的力学性能、弯曲性能应符合国家现行标准的有关规定。接头试件应从工程实体中随机截取。

检查数量：按现行行业标准《钢筋机械连接技术规程》（JGJ 107—2016）和《钢筋焊接及验收规程》（JGJ 18—2012）的规定确定。

检验方法：检查质量证明文件和抽样检验报告。

（3）钢筋采用机械连接时，直螺纹接头和锥螺纹接头应检验拧紧扭矩值，直螺纹接头应检验外露螺纹扣数，挤压接头应量测压痕直径，检验结果应符合现行行业标准《钢筋机械连接技术规程》（JGJ 107—2016）的相关规定。

检查数量：按现行行业标准《钢筋机械连接技术规程》（JGJ 107—2016）的规定确定。

检验方法：采用专用扭力扳手或专用量规检查。

2）一般项目

（1）钢筋接头的位置应符合设计和施工方案要求。有抗震设防要求的结构中，梁端、柱端箍筋加密区范围内不应进行钢筋搭接。接头末端至钢筋弯起点的距离不应小于钢筋直径的 10 倍。

检查数量：全数检查。

检验方法：观察，尺量。

（2）钢筋机械连接接头、焊接接头的外观质量应符合现行行业标准《钢筋机械连接技术规程》（JGJ 107—2016）和《钢筋焊接及验收规程》（JGJ 18—2012）的规定。

检查数量：按现行行业标准《钢筋机械连接技术规程》（JGJ 107—2016）和《钢筋焊接及验收规程》（JGJ 18—2012）的规定确定。

检验方法：观察，尺量。

（3）当纵向受力钢筋采用机械连接接头或焊接接头时，同一连接区段内纵向受力钢筋的接头面积百分率应符合设计要求。当设计无具体要求时，应符合下列规定：

① 受拉接头，不宜大于 50%；受压接头，可不受限制。

② 直接承受动力荷载的结构构件不宜采用焊接；当采用机械连接时，不应超过 50%。

检查数量：在同一检验批内，对梁、柱和独

立基础，应抽查构件数量的10%，且不应少于3件；对墙和板，应按有代表性的自然间抽查10%，且不应少于3间；对大空间结构，墙可按相邻轴线间高度5 m左右划分检查面，板可按纵横轴线划分检查面，抽查10%，且均不应少于3面。

检验方法：观察，尺量。

注：① 接头连接区段是指长度为35d且不小于500 mm的区段，d为相互连接的两根钢筋的直径较小值。

② 同一连接区段内纵向受力钢筋接头面积百分率为接头中点位于该连接区段内的纵向受力钢筋截面面积与全部纵向受力钢筋截面面积的比值。

(4) 当纵向受力钢筋采用绑扎搭接接头时，接头的设置应符合下列规定：

① 接头的横向净间距不应小于钢筋直径，且不应小于25 mm。

② 同一连接区段内，纵向受拉钢筋的接头面积百分率应符合设计要求。当设计无具体要求时，应符合下列规定：

a. 梁类、板类及墙类构件不宜超过25%；基础筏板不宜超过50%。

b. 柱类构件不宜超过50%。

c. 当工程中确有必要增大接头面积百分率时，对梁类构件不应大于50%。

检查数量：在同一检验批内，对梁、柱和独立基础应抽查构件数量的10%，且不应少于3件；对墙和板应按有代表性的自然间抽查10%，且不应少于3间；对大空间结构，墙可按相邻轴线间高度5 m左右划分检查面，板可按纵横轴线划分检查面，抽查10%，且均不应少于3面。

检验方法：观察，尺量。

注：① 接头连接区段是指长度为1.3倍搭接长度的区段。搭接长度取相互连接两根钢筋中较小直径计算。

② 同一连接区段内纵向受力钢筋接头面积百分率为接头中点位于该连接区段长度内的纵向受力钢筋截面面积与全部纵向受力钢筋截面面积的比值。

(5) 梁、柱类构件的纵向受力钢筋搭接长度范围内箍筋的设置应符合设计要求。当设计无具体要求时，应符合下列规定：

① 箍筋直径不应小于搭接钢筋较大直径的1/4；

② 受拉搭接区段的箍筋间距不应大于搭接钢筋较小直径的5倍，且不应大于100 mm；

③ 受压搭接区段的箍筋间距不应大于搭接钢筋较小直径的10倍，且不应大于200 mm；

④ 当柱中纵向受力钢筋直径大于25 mm时，应在搭接接头两个端面外100 mm范围内各设置两个箍筋，其间距宜为50 mm。

检查数量：在同一检验批内，应抽查构件数量的10%，且不应少于3件。

检验方法：观察，尺量。

5. 钢筋安装

1) 主控项目

(1) 钢筋安装时，受力钢筋的牌号、规格和数量必须符合设计要求。

检查数量：全数检查。

检验方法：对照设计文件和施工方案，观察，尺量。

(2) 钢筋应安装牢固。受力钢筋的安装位置、锚固方式应符合设计要求。

检查数量：全数检查。

检验方法：观察，尺量。

2) 一般项目

钢筋安装偏差及检验方法应符合表2-3的规定，受力钢筋保护层厚度的合格点率应达到90%及以上，且不得有超过表中数值1.5倍的尺寸偏差。

检查数量：在同一检验批内，对梁、柱和独立基础应抽查构件数量的10%，且不应少于3件；对墙和板应按有代表性的自然间抽查10%，且不应少于3间；对大空间结构，墙可按相邻轴线间高度5m左右划分检查面，板可按纵、横轴线划分检查面，抽查10%，且均不应少于3面。

表 2-3 钢筋安装允许偏差和检验方法

项目		允许偏差/mm	检验方法
绑扎钢筋网	长、宽	±15	尺量
	网眼尺寸	±20	尺量连续三档，取最大偏差值
绑扎钢筋骨架	长	±10	尺量
	宽、高	±5	尺量
纵向受力钢筋	锚固长度	−20	尺量
	间距	±10	尺量两端、中间各一点，取最大偏差值
	排距	±5	
纵向受力钢筋、箍筋的混凝土保护层厚度	基础	±10	尺量
	柱、梁	±5	尺量
	板、墙、壳	±3	尺量
绑扎箍筋、横向钢筋间距		±20（非加密区） ±10（加密区）	尺量连续三档，取最大偏差值
钢筋弯起点位置		20	尺量
预埋件	中心线位置	5	尺量
	水平高差	+3，0	塞尺量测

注：检查中心线位置时，沿纵、横两个方向量测，并取其中偏差的较大值。

2.2 预应力混凝土结构工程

预应力混凝土结构是在结构构件受外力荷载作用前，先人为地对它施加压力，由此产生的预应力状态用以减小或抵消外荷载所引起的拉应力，即借助于混凝土较高的抗压强度来弥补其抗拉强度的不足，从而达到推迟受拉区混凝土开裂的目的。采用预应力混凝土制成的结构，因以张拉钢筋的方法来达到预压应力，所以也称预应力钢筋混凝土结构。

预应力混凝土工程是指在结构承受外荷载之前，预先对其在外荷载作用下的受拉区施加压应力，以改善结构使用性能的结构形式。

2.2.1 预应力混凝土结构的定义

普通钢筋混凝土构件的抗拉极限应变值只有$(1\sim1.5)\times10^{-4}$ MPa，即相当于每米只允许拉长 0.1～0.15 mm，超过此值，混凝土就会开裂。如果混凝土不发生开裂，构件内的受拉钢筋应力值只能达到 20～30 MPa。如果允许构件开裂，裂缝宽度限制在 0.2～0.3 mm 时，构件内的受拉钢筋应力也只能达到 150～250 MPa。因此，在普通混凝土构件中采用高强钢材达到节约钢材的目的受到限制。采用预应力混凝土才是解决这一矛盾的有效办法。所谓预应力混凝土结构（构件），就是在结构（构件）受拉区预先施加压力产生预压应力，使结构（构件）在使用阶段产生的拉应力首先抵消预压应力，从而推迟了裂缝的出现和限制裂缝的开展，提高了结构（构件）的抗裂度和刚度。这种施加预应力的混凝土叫作预应力混凝土。

2.2.2 基本原理

预应力混凝土的发展虽然只有几十年的历史，但人们对预应力原理的应用却由来已久。如木匠运用预应力的原理来制作木桶，木桶通过套竹箍紧，水对桶壁产生的环向拉应力不超过环向预压应力，则桶壁木板之间将始终保持受压的紧密状态，木桶就不会开裂和漏水；建筑工地用砖钳装卸砖块，使得一摞水平砖不会掉落；旋紧自行车轮的钢丝，使车轮受压力后而钢丝不折。

混凝土的抗压强度虽高，但抗拉强度却很低，预应力筋可先穿入套管也可以后穿。通过对预期受拉的部位施加预压应力的方法，就能克服混凝土抗拉强度低的弱点，从而利用预压应力建成不开裂的结构。

预应力张拉常用的方法有两种：①先张法，即先张拉钢筋，后浇灌混凝土，待混凝土达到规定强度时放松钢筋两端；②后张法，即先浇灌混凝土，达到规定强度时再张拉穿过混凝土内预留孔道中的钢筋，并在两端锚固。

2.2.3 预应力结构的发展过程及特点

将预应力的概念用于混凝土结构是美国工程师杰克逊于1886年首先提出的，1928年法国工程师弗雷西内提出必须采用高强钢材和高强混凝土以减少混凝土收缩与徐变（蠕变）所造成的预应力损失，使混凝土构件长期保持预压应力之后，预应力混凝土才开始进入实用阶段。1939年奥地利的恩佩格提出对普通钢筋混凝土附加少量预应力高强钢丝以改善裂缝和挠度性状的部分预应力新概念。1940年，英国的埃伯利斯进一步提出预应力混凝土结构的预应力与非预应力配筋都可以采用高强钢丝的建议。

预应力混凝土的大量采用是在第二次世界大战结束之后，当时西欧面临大量战后恢复工作。由于钢材奇缺，一些传统上采用钢结构的工程以预应力混凝土代替。开始用于公路桥梁和工业厂房，后逐步扩大到公共建筑和其他工程领域。20世纪50年代苏联对采用冷处理钢筋的预应力混凝土提出了容许开裂的规定。直到1970年，第六届国际预应力混凝土会议上肯定了部分预应力混凝土的合理性和经济意义，人们认识到预应力混凝土与钢筋混凝土并不是截然不同的两种结构材料，而是同属于一个统一的加筋混凝土系列。设计人员可以根据对结构功能的要求和所处的环境条件合理选用预应力的大小，以寻求使用性能好、造价低的最优结构设计方案。预应力技术已经从开始的单个构件发展到预应力结构新阶段，如无黏结预应力现浇平板结构、装配式整体预应力板柱结构、预应力薄板叠合板结构、大跨度部分预应力框架结构等。

中国于1956年开始推广预应力混凝土。20世纪50年代，主要采用冷拉钢筋作为预应力筋，生产预制预应力混凝土屋架、吊车梁等工业厂房构件；70年代，在民用建筑中开始推广冷拔低碳钢丝配筋的预应力混凝土中小型构件；20世纪80年代以来，预应力混凝土大量应用于大型公共建筑、高层及超高层建筑、大跨度桥梁和多层工业厂房等现代工程。经过50多年的努力探索，中国在预应力混凝土的设计理论、计算方法、构件系列、结构体系、张拉锚固体系、预应力工艺、预应力筋和混凝土材料等方面已经形成一套独特的体系，在预应力混凝土的施工技术与施工管理方面积累了丰富的经验。

与钢筋混凝土相比，预应力混凝土的优点为：由于采用了高强度钢材和高强度混凝土，预应力混凝土构件具有抗裂能力强、抗渗性能好、刚度大、强度高、抗剪能力和抗疲劳性能好的特点，对节约钢材（可节约钢材40%～50%、混凝土20%～40%）、减小构件截面尺寸、降低结构自重、防止开裂和减小挠度都十分有效，可以使结构设计得更为经济、轻巧与美观。

2.2.4 预应力混凝土结构分类

预应力混凝土可以按不同角度进行分类：

(1) 按预应力度大小分为全预应力混凝土和部分预应力混凝土。

(2) 按施工方式分为预制预应力混凝土、现浇预应力混凝土和叠合预应力混凝土等。

(3) 按预加应力的方法分为先张法预应力混凝土和后张法预应力混凝土两大类。

(4) 按钢筋张拉方式不同可分为机械张拉、电热张拉与自应力张拉混凝土等。

2.2.5 预应力筋

1. 预应力筋的种类

预应力筋通常由单根或成束的钢丝、钢绞线或钢筋组成。按性质划分，预应力筋包括金属预应力筋和非金属预应力筋两类。常用的金属预应力筋可分为钢丝、钢绞线和热处理钢筋，非金属预应力筋主要指纤维增强塑料预应力筋。

常用的预应力筋有：钢丝冷拔低碳钢丝，直径 3～5 mm；碳素钢丝，直径 3～8 mm；钢绞线，由 7 根碳素钢丝缠绕而成；热处理钢筋，直径 6～10 mm；热轧螺纹钢筋，直径 25 mm、32 mm。

2. 预应力筋的检验

(1) 钢丝的检验：①外观检查；②力学性能试验。

(2) 钢绞线的检验：①成批验收；②屈服强度和松弛试验；③外观检查和力学性能检验；④热处理钢筋的检验。

2.2.6 预应力施工

预应力混凝土结构的设计除验算承载能力和使用阶段两个极限状态外，还要计算预应力筋的各项瞬时和长期预应力损失值（见预应力损失），及验算施工阶段（如构件制作、运输、堆放和吊装等工序中）构件的强度和抗裂度。

预应力混凝土施工主要包括先张法、后张法，后张法又分为普通后张预应力法、无黏结后张预应力法和缓黏结后张预应力法等。

1. 先张法施工

先张法即在浇筑混凝土构件之前，先张拉预应力钢筋，将其及时锚固在台座或钢模上，然后浇筑混凝土构件。待混凝土达到一定强度（一般不低于混凝土强度标准值的 75%）、预应力钢筋与混凝土间有足够黏结力时，放松预应力，预应力钢筋弹性回缩，对混凝土产生预压应力。先张法多用于预制构件厂生产定型的中、小型构件。

在混凝土灌注之前，先将由钢丝、钢绞线或钢筋组成的预应力筋张拉到某一规定应力，并用锚具锚固于台座两端支墩上，接着安装模板、非预应力筋和零件，然后灌注混凝土并进行养护。当混凝土达到规定强度后，放松两端支墩的预应力筋，通过黏结力将预应力筋中的张拉力传给混凝土而产生预压应力。先张法以采用长的台座较为有利，最长能达到一百多米，因此有时也称作长线法。

2. 后张法施工

后张法即构件制作时，在放置预应力钢筋的部位预先留出孔道，待混凝土达到规定强度后，孔道内穿入预应力钢筋，并用张拉机具夹持预应力钢筋将其张拉至设计规定的控制应力，然后借助锚具将预应力钢筋锚固在构件端部，最后进行孔道灌浆（亦有不灌浆者）。

后张法宜用于现场生产大型预应力构件、特种结构等，亦可作为一种预制构件的拼装手段。后张法施工是先灌注构件，然后在构件上直接施加预应力。一般做法多是先安置后张预应力筋成孔的套管、非预应力筋和零件，然后安装模板和灌注混凝土。预应力筋可先穿入套管也可以后穿。等混凝土达到强度后，用千斤顶将预应力筋张拉到要求的应力并锚固于梁的两端，预压应力通过两端锚具传递给构件混凝土。为了保护预应力筋不受腐蚀和恢复预应力筋与混凝土之间的黏结力，预应力筋与套管之间的空隙必须用水泥浆灌实。水泥浆除起到防腐作用外，还有利于恢复预应力筋与混凝土之间的黏结力。为了方便施工，有时也可采用在预应力筋表面涂刷防锈蚀材料并用塑料套管或油纸包裹的无黏结后张预应力。

3. 无黏结预应力和缓黏结预应力混凝土施工

无黏结预应力和缓黏结预应力混凝土施工方法是后张法预应力混凝土的发展，近年来无黏结预应力技术在我国也得到了较大力度的推广。无黏结预应力完全依靠锚具来传递预应力，因此对锚具的要求比普通后张法严格。

无黏结预应力混凝土的施工方法是：在预应力筋表面刷涂料并包塑料布（管）后，同普通钢筋一样先铺设在安装好的模板内，然后浇注混凝土，待混凝土达到设计要求强度后，进行预应力筋张拉锚固。这种预应力工艺的优点是不需要预留孔道和灌浆，施工简单，张拉时摩擦阻力较小，预应力筋易弯成曲线形状，适用于曲线配筋的结构。在双向连续平板和密肋板中应用无黏结预应力束比较经济合理，在多跨连续梁中也很有发展前途。

缓黏结预应力筋是在预应力筋的外侧、外包护套内部包裹一定厚度的特殊胶凝材料，其前期相当于无黏结的防腐油脂，具有一定流动性及对钢材有良好的附着性。经挤压涂包工艺将预应力筋及外包护套内的空隙填充并紧密封裹，随时间推移胶凝材料逐渐固化，与预应力筋、外包护套之间产生黏结力。外包高强护套材料表面通过机械压成如波纹管状的波纹，当胶凝材料完全固化后，通过缓黏结黏合剂凹凸不平的压痕与周围混凝土咬合，预应力筋不能在混凝土中自由滑动，缓黏结预应力便产生有黏结预应力筋的力学效果。同时，它具有无黏结预应力技术简便易行的施工优点，可以克服有黏结施工工艺复杂、预应力节点使用条件受限的弊端。从缓黏结预应力混凝土的咬合锚固原理可以看出，缓黏结预应力技术的关键有两点：首先是可以控制固化时间的缓黏结黏合剂使预应力筋前期像无黏结筋一样可以自由滑动和张拉；其次是缓黏结钢绞线外包护套的压痕，只有通过压痕才可以使钢绞线与混凝土紧密咬合，可靠黏结，达到有黏结预应力的黏结效果和力学性能。《混凝土结构设计规范》对预应力混凝土框架梁抗震提出要求：宜采用有黏结预应力技术，主要是为了提高结构延性和抗震能力，缓黏结预应力混凝土结构如果可以达到有黏结预应力混凝土结构的黏结能力和延性，就可在许多情况下替代有黏结预应力技术，避免有黏结预应力混凝土框架梁施工和构造的困难。

2.2.7 预应力分项工程验收

1. 规定

预应力混凝土工程施工质量验收应符合下列规定：

(1) 在浇筑混凝土之前，应进行预应力隐蔽工程验收，其内容主要包括：预应力筋的品种、规格、级别、数量和位置；成孔管道的规格、数量、位置、形状、连接以及灌浆孔、排气兼泌水孔；局部加强钢筋的牌号、规格、数量和位置；预应力筋锚具和连接器及锚垫板的品种、规格、数量和位置。

(2) 预应力筋、锚具、夹具、连接器、成孔管道的进场检验，当满足下列条件之一时，其检验批容量可扩大一倍：

① 获得认证的产品；

② 同一厂家、同一品种、同一规格的产品，连续三批均一次检验合格。

(3) 预应力筋张拉设备和压力表应配套标定和使用，标定期限不应超过半年。当在使用过程中或在千斤顶检修后出现反常现象时，应重新进行标定。张拉设备标定时，千斤顶活塞的运行方向应与实际张拉工作状态一致；压力计的精度不应低于1.5级，标定张拉设备用的试验机或测力计精度不应低于±2%。

2. 材料

1) 主控项目

(1) 预应力筋进场时，应按国家现行相关标准的规定抽取试件作抗拉强度、伸长率检验，其检验结果应符合相应标准的规定。

检查数量：按进场的批次和产品的抽样检验方案确定。

检验方法：检查质量证明文件和抽样检验报告。

(2) 无黏结预应力钢绞线进场时，应进行防腐润滑脂量和护套厚度的检验，检验结果应符合现行行业标准《无粘结预应力钢绞线》(JG/T 161—2016)的规定。经观察认为涂包质量有保证时，无黏结预应力筋可不作油脂量和护套厚度的抽样检验。

检查数量：按现行行业标准《无粘结预应力钢绞线》(JG/T 161—2016)的规定确定。

检验方法：观察，检查质量证明文件和抽样检验报告。

(3) 预应力筋用锚具应和锚垫板、局部加强钢筋配套使用，锚具、夹具和连接器进场时，应按现行行业标准《预应力筋用锚具、夹具和连接器应用技术规程》(JGJ 85—2010)的相关规定对其性能进行检验，检验结果应符合该标准的规定。锚具、夹具和连接器用量不足检验批规定数量的50%，且供货方提供有效的检验报告时，可不作静载锚固性能检验。

检查数量：按现行行业标准《预应力筋用

锚具、夹具和连接器应用技术规程》(JGJ 85—2010)的规定确定。

检验方法：检查质量证明文件、锚固区传力性能试验报告和抽样检验报告。

(4) 处于三 a、三 b 类环境条件下的无黏结预应力筋用锚具系统，应按现行行业标准《无粘结预应力混凝土结构技术规程》(JGJ 92—2016)的相关规定检验其防水性能，检验结果应符合该标准的规定。

检查数量：同一品种、同一规格的锚具系统为一批，每批抽取 3 套。

检验方法：检查质量证明文件和抽样检验报告。

(5) 孔道灌浆用水泥应采用硅酸盐水泥或普通硅酸盐水泥，水泥、外加剂的质量应分别符合《混凝土结构工程施工质量验收规范》(GB 50204—2015)第 7.2.1 条、第 7.2.2 条的规定；成品灌浆材料的质量应符合现行国家标准《水泥基灌浆材料应用技术规范》(GB/T 50448—2015)的规定。

检查数量：按进场批次和产品的抽样检验方案确定。

检验方法：检查质量证明文件和抽样检验报告。

2) 一般项目

(1) 预应力筋进场时，应进行外观检查，其外观质量应符合下列规定：

① 有黏结预应力筋的表面不应有裂纹、小刺、机械损伤、氧化铁皮和油污等，展开后应平顺，不应有弯折。

② 无黏结预应力钢绞线护套应光滑、无裂缝，无明显褶皱；轻微破损处应外包防水塑料胶带修补，严重破损者不得使用。

检查数量：全数检查。

检验方法：观察。

(2) 预应力筋用锚具、夹具和连接器进场时应进行外观检查，其表面应无污物、锈蚀、机械损伤和裂纹。

检查数量：全数检查。

检验方法：观察。

(3) 预应力成孔管道进场时，应进行管道外观质量检查、径向刚度和抗渗漏性能检验，其检验结果应符合下列规定：

① 金属管道外观应清洁，内外表面应无锈蚀、油污、附着物、孔洞；金属波纹管不应有不规则褶皱，咬口应无开裂、脱扣；钢管焊缝应连续。

② 塑料波纹管的外观应光滑、色泽均匀，内外壁不应有气泡、裂口、硬块、油污、附着物、孔洞及影响使用的划伤。

③ 径向刚度和抗渗漏性能应符合现行行业标准《预应力混凝土桥梁用塑料波纹管》(JT/T 529—2016)或《预应力混凝土用金属波纹管》(JG/T 225—2020)的规定。

检查数量：外观应全数检查；径向刚度和抗渗漏性能的检查数量应按进场的批次和产品的抽样检验方案确定。

检验方法：观察，检查质量证明文件和抽样检验报告。

3. 制作与安装

1) 主控项目

(1) 预应力筋安装时，其品种、规格、级别和数量必须符合设计要求。

检查数量：全数检查。

检验方法：观察，尺量。

(2) 预应力筋的安装位置应符合设计要求。

检查数量：全数检查。

检验方法：观察，尺量。

2) 一般项目

(1) 预应力筋端部锚具的制作质量应符合下列规定：

① 钢绞线挤压锚具挤压完成后，预应力筋外端露出挤压套筒的长度不应小于 1 mm；

② 钢绞线压花锚具的梨形头尺寸和直线锚固段长度不应小于设计值；

③ 钢丝镦头不应出现横向裂纹，镦头的强度不得低于钢丝强度标准值的 98%。

检查数量：对挤压锚，每工作班抽查 5%，且不应少于 5 件；对压花锚，每工作班抽查 3 件；对钢丝镦头强度，每批钢丝检查 6 个镦头试件。

检验方法：观察，尺量，检查镦头强度试验报告。

(2) 预应力筋或成孔管道的安装质量应符合下列规定：

① 成孔管道的连接应密封；

② 预应力筋或成孔管道应平顺，并应与定位支撑钢筋绑扎牢固；

③ 当后张有黏结预应力筋曲线孔道波峰和波谷的高差大于 300 mm，且采用普通灌浆工艺时，应在孔道波峰设置排气孔；

④ 锚垫板的承压面应与预应力筋或孔道曲线末端垂直，预应力筋或孔道曲线末端直线段长度应符合表 2-4 的规定。

检查数量：第①～③款应全数检查；第④款应抽查预应力束总数的 10%，且不少于 5 束。

检验方法：观察，尺量。

表 2-4 预应力筋曲线起始点与张拉锚固点之间直线段最小长度

预应力筋张拉控制力 N/kN	$N \leqslant 1500$	$1500 < N \leqslant 6000$	$N > 6000$
直线段最小长度/mm	400	500	600

(3) 预应力筋或成孔管道定位控制点的竖向位置偏差应符合表 2-5 的规定，其合格点率应达到 90%及以上，且不得有超过表中数值 1.5 倍的尺寸偏差。

检查数量：在同一检验批内，应抽查各类型构件总数的 10%，且不少于 3 个构件，每个构件不应少于 5 处。

检验方法：尺量。

表 2-5 预应力筋或成孔管道定位控制点的竖向位置允许偏差

构件截面高(厚)度 h/mm	$h \leqslant 300$	$300 < h \leqslant 1500$	$h > 1500$
允许偏差/mm	±5	±10	±15

4. 张拉和放张

1) 主控项目

(1) 预应力筋张拉或放张前，应对构件混凝土强度进行检验。同条件养护的混凝土立方体试件抗压强度应符合设计要求，当设计无要求时应符合下列规定：

① 应达到配套锚固产品技术要求的混凝土最低强度且不应低于设计混凝土强度等级值的 75%；

② 对采用消除应力钢丝或钢绞线作为预应力筋的先张法构件，不应低于 30 MPa。

检查数量：全数检查。

检验方法：检查同条件养护试件抗压强度试验报告。

(2) 对后张法预应力结构构件，钢绞线出现断裂或滑脱的数量不应超过同一截面钢绞线总根数的 3%，且每根断裂的钢绞线断丝不得超过一丝；对多跨双向连续板，其同一截面应按每跨计算。

检查数量：全数检查。

检验方法：观察，检查张拉记录。

(3) 先张法预应力筋张拉锚固后，实际建立的预应力值与工程设计规定检验值的相对允许偏差为±5%。

检查数量：每工作班抽查预应力筋总数的 1%，且不应少于 3 根。

检验方法：检查预应力筋应力检测记录。

2) 一般项目

(1) 预应力筋张拉质量应符合下列规定：

① 采用应力控制方法张拉时，张拉力下预应力筋的实测伸长值与计算伸长值的相对允许偏差为±6%；

② 最大张拉应力应符合现行国家标准《混凝土结构工程施工规范》(GB 50666—2011)的规定。

检查数量：全数检查。

检验方法：检查张拉记录。

(2) 先张法预应力构件，应检查预应力筋张拉后的位置偏差，张拉后预应力筋的位置与设计位置的偏差不应大于 5 mm，且不应大于构件截面短边边长的 4%。

检查数量：每工作班抽查预应力筋总数的 3%，且不应少于 3 根。

检验方法：尺量。

(3) 锚固阶段张拉端预应力筋的内缩量应符合设计要求；当设计无具体要求时，应符合表 2-6 的规定。

检查数量：每工作班抽查预应力筋总数的 3%，且不少于 3 束。

检验方法：尺量。

表 2-6 张拉端预应力筋的内缩量限值

锚具类别		内缩量限值/mm
支承式锚具（镦头锚具等）	螺帽缝隙	1
	每块后加垫板的缝隙	1
夹片式锚具	有预压	5
	无预压	6～8

5. 灌浆及封锚

1) 主控项目

(1) 预留孔道灌浆后，孔道内水泥浆应饱满、密实。

检查数量：全数检查。

检验方法：观察，检查灌浆记录。

(2) 灌浆用水泥浆的性能应符合下列规定：

① 3 h 自由泌水率宜为 0，且不应大于 1%，泌水应在 24 h 内全部被水泥浆吸收。

② 水泥浆中氯离子含量不应超过水泥重量的 0.06%。

③ 当采用普通灌浆工艺时，24 h 自由膨胀率不应大于 6%；当采用真空灌浆工艺时，24 h 自由膨胀率不应大于 3%。

检查数量：同一配合比检查一次。

检验方法：检查水泥浆性能试验报告。

(3) 现场留置的灌浆用水泥浆试件的抗压强度不应低于 30 MPa。试件抗压强度检验应符合下列规定：

① 每组应留取 6 个边长为 70.7 mm 的立方体试件，并应标准养护 28 d。

② 试件抗压强度应取 6 个试件的平均值；当一组试件中抗压强度最大值或最小值与平均值相差超过 20%时，应取中间 4 个试件强度的平均值。

检查数量：每工作班留置一组。

检验方法：检查试件强度试验报告。

(4) 锚具的封闭保护措施应符合设计要求。当设计无要求时，外露锚具和预应力筋的混凝土保护层厚度不应小于以下数值：一类环境时 20 mm；二 a、二 b 类环境时 50 mm；三 a、三 b 类环境时 80 mm。

检查数量：在同一检验批内，抽查预应力筋总数的 5%，且不应少于 5 处。

检验方法：观察，尺量。

2) 一般项目

后张法预应力筋锚固后，锚具外预应力筋的外露长度不应小于其直径的 1.5 倍，且不应小于 30 mm。

检查数量：在同一检验批内，抽查预应力筋总数的 3%，且不应少于 5 束。

检验方法：观察，尺量。

第3章

钢筋绑扎与组合成型钢筋安装基础

3.1 钢筋绑扎前准备

3.1.1 施工准备

1. 钢筋材料及辅材

钢筋：应有钢筋出厂合格证、钢筋材质证明书，按《混凝土结构工程施工质量验收规范》(GB 50204—2015)规定作力学性能和重量偏差复试。当加工过程中发生脆断等特殊情况时，还需作化学成分检验。钢筋应无老锈及油污。

成型钢筋：进场时应按验收批抽取试件作屈服强度、抗拉强度、伸长率和重量偏差检验，其检验结果应符合相关钢筋产品标准的规定。对由热轧钢筋制成的成型钢筋，当有施工或监理方的代表驻厂监督加工过程，并提供原材钢筋力学性能第三方检验报告时，可仅进行重量偏差检验；当采用专业化加工模式，并提供原材钢筋力学性能第三方检验报告时，可仅进行重量偏差检验；经产品认证符合要求的成型钢筋，或者对同一类型、同一原材钢筋来源、同一生产设备生产的成型钢筋连续三批均一次检验合格时，其检验批容量可扩大一倍。进场成型钢筋必须符合配料单的规格、尺寸、形状、数量，并应有钢筋产品质量证明书、钢筋力学性能和重量偏差复验报告、成型钢筋出厂合格证和出厂检验报告、连接接头质量检验证明文件。

钢筋连接与锚固：钢筋采用机械连接或焊接连接时，钢筋机械连接接头、焊接接头的力学性能、弯曲性能应符合《钢筋机械连接技术规程》(JGJ 107—2016)和《钢筋焊接及验收规程》(JGJ 18—2012)的规定。当纵向受力钢筋采用绑扎搭接接头时，接头的设置、纵向受力钢筋搭接长度及其搭接长度范围内箍筋的设置、现浇结构钢筋安装偏差及检验方法和预制构件钢筋安装偏差及检验方法应符合《混凝土结构工程施工质量验收规范》(GB 50204—2015)的规定。当钢筋采用机械锚固措施时，应符合现行国家标准《混凝土结构设计规范》(GB 50010)等的有关规定。

铁丝：可采用20～22号铁丝(火烧丝)或镀锌铁丝(铅丝)。铁丝切断长度要满足使用要求。

垫块：用水泥砂浆制成，50 mm见方，厚度同保护层，垫块内预埋20～22号火烧丝。或用塑料卡、拉筋、支撑筋。

2. 主要机具

主要机具有钢筋钩子、撬棍、扳手、绑扎架、钢丝刷子、手推车、粉笔、尺子等。

3.1.2 作业条件

钢筋进场后应检查钢筋出厂合格证、钢筋材质证明书和按《混凝土结构工程施工质量验收规范》(GB 50204—2015)规定作力学性能、重量偏差复试的复检报告，并按施工平面图中指定的位置，按规格、使用部位、编号分别加垫木堆放；钢筋绑扎前，应检查有无锈蚀，除锈之后再运至绑扎部位；熟悉图纸，按设计要求检查已加工好的钢筋规格、形状、数量是否正确；做好抄平放线工作，弹好水平标高线，柱、墙外皮尺寸线；根据弹好的外皮尺寸线，检查下层预留搭接钢筋的位置、数量、长度，如不符合要求时，应进行处理。绑扎前先整理调直下层伸出的搭接筋，保证预留搭接长度或机械连接长度及其安装偏差满足钢筋连接规范要求，并将锈蚀、水泥砂浆等污垢清除干净；根据标高检查下层伸出搭接筋处的混凝土表面标高（柱顶、墙顶）是否符合图纸要求，如有松散不实之处，要剔除并清理干净；模板安装完并办理预检，将模板内杂物清理干净；按要求搭好脚手架；根据设计图纸及工艺标准要求，向班组进行技术交底。

3.2 钢筋绑扎作业

3.2.1 柱钢筋绑扎

柱钢筋绑扎工艺流程如图 3-1 所示。

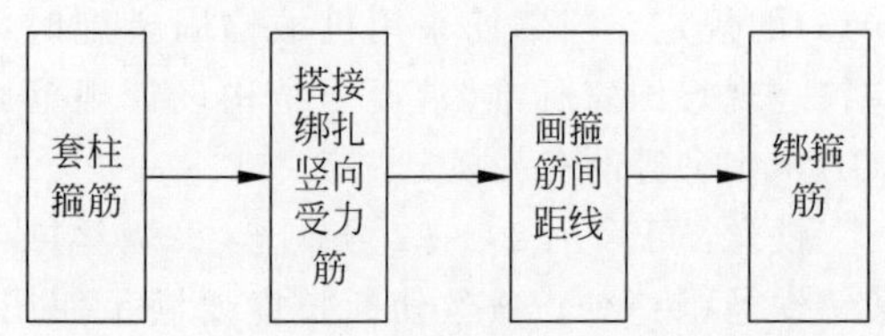

图 3-1 柱钢筋绑扎工艺流程

套柱箍筋应按图纸要求间距计算好每根柱箍筋数量，先将箍筋套在下层伸出的搭接筋上，然后立柱子钢筋，在搭接长度内绑扣不少于 3 个，绑扣要朝向柱中心。如果柱子主筋采用光圆钢筋搭接，角部弯钩应与模板成 45°，中间钢筋的弯钩应与模板成 90°。搭接绑扎竖向受力筋在柱子主筋立起之后，绑扎接头的搭接长度应符合设计要求，如设计无要求时，在不考虑抗震等级条件下应按表 3-1 施工。

表 3-1 绑扎接头的搭接长度

项次	钢筋类型	混凝土强度等级		
		C20	C25	C30
1	Ⅰ级钢筋	$35d$	$30d$	$25d$
2	Ⅱ级钢筋(月牙形)	$45d$	$40d$	$35d$
3	Ⅲ级钢筋(月牙形)	$55d$	$50d$	$45d$

注：① 当Ⅰ、Ⅱ级钢筋直径 $d>25$ mm 时，其搭接长度应按表中数值增加 $5d$。

② 当螺纹钢筋直径≤25 mm 时，其受拉钢筋的搭接长度按表中数值减少 $5d$ 采用。

③ 任何情况下搭接长度均不小于 300 mm。绑扎接头的位置应相互错开。从任一绑扎接头中心到搭接长度的 1.3 倍区段范围内，有绑扎接头的受力钢筋截面面积占受力钢筋总截面面积百分率：受拉区不得超过 25%；受压区不得超过 50%。当采用焊接接头时，从任一焊接接头中心至长度为钢筋直径 35 倍且不小于 500 mm 的区段内，有接头钢筋截面面积占钢筋总截面面积百分率：受拉区不宜超过 50%；受压区不限制。

画箍筋间距线应在立好的柱子竖向钢筋上，按图纸要求用粉笔画。

柱箍筋绑扎应按已画好的箍筋位置线，将已套好的箍筋往上移动，由上往下绑扎，宜采用缠扣绑扎。箍筋的弯钩叠合处应沿柱子竖筋交错布置，并绑扎牢固。有抗震要求的地区，柱箍筋端头应弯成 135°，平直部分长度不小于 $10d$（d 为箍筋直径）。如箍筋采用 90°搭接，搭接处应焊接，焊缝长度单面焊缝不小于 $5d$。柱上下两端箍筋应加密，加密区长度及加密区内箍筋间距应符合设计图纸要求。如设计要求箍筋设拉筋时，拉筋应钩住箍筋。柱筋保护层厚度应符合规范和设计要求，垫块应绑在柱竖筋外皮上（或用塑料卡卡在外竖筋上），间距一般 1000 mm，以保证主筋保护层厚度准确。当柱截面尺寸有变化时，柱应在板内弯折，弯后的尺寸要符合设计要求。

3.2.2 剪力墙钢筋绑扎

剪力墙钢筋绑扎工艺流程如图 3-2 所示。

立 2～4 根竖筋应将竖筋与下层伸出的搭接筋绑扎，在竖筋上画好水平筋分档标志，在下部及齐胸处绑两根横筋定位，并在横筋上画好竖筋分档标志，接着绑其余竖筋，最后再绑其余横筋。横筋在竖筋里面或外面应符合设

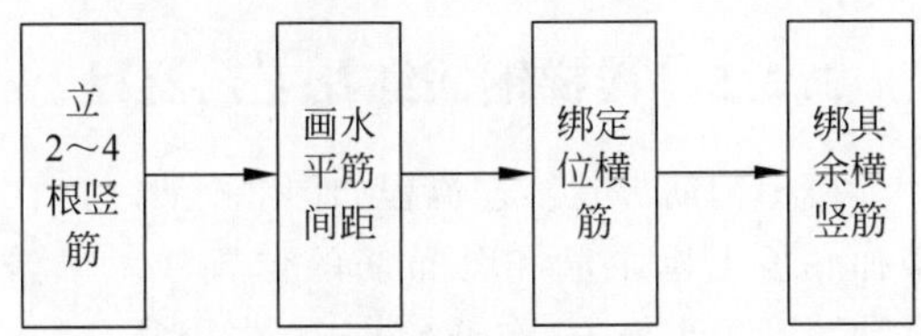

图 3-2 剪力墙钢筋绑扎工艺流程

计要求。

竖筋与伸出搭接筋的搭接处需绑 3 根水平筋，其搭接长度及位置均应符合设计要求，设计无要求时，在不考虑抗震等级条件下按表 3-2 施工。

表 3-2 竖筋与伸出搭接筋的搭接长度

项次	钢筋类型	混凝土强度等级		
		C20	C25	C30
1	Ⅰ级钢筋	35d (30d)	30d (25d)	25d (20d)
2	Ⅱ级钢筋(月牙型)	45d	40d	35d
3	Ⅲ级钢筋(月牙型)	55d	50d	45d

注：括号内数值为焊接网绑扎接头的搭接长度。

剪力墙筋应逐点绑扎，双排钢筋之间应绑拉筋或支撑筋，其纵横间距不大于 600 mm，钢筋外皮绑扎垫块或用塑料卡。剪力墙与框架柱连接处，剪力墙的水平横筋应锚固到框架柱内，其锚固长度要符合设计要求。如先浇筑柱混凝土后绑剪力墙筋时，柱内要预留连接筋或柱内预埋铁件，待柱拆模绑墙筋时作为连接用。其预留长度应符合设计或规范的规定。剪力墙水平筋在两端头、转角、十字节点、连梁等部位的锚固长度以及洞口周围加固筋等均应符合设计抗震要求。

全模后对伸出的竖向钢筋应进行修整，宜在搭接处绑一道横筋定位，浇筑混凝土时应有专人看管，浇筑后再次调整以保证钢筋位置的准确。

3.2.3 梁钢筋绑扎

梁钢筋绑扎工艺流程如图 3-3 和图 3-4 所示。

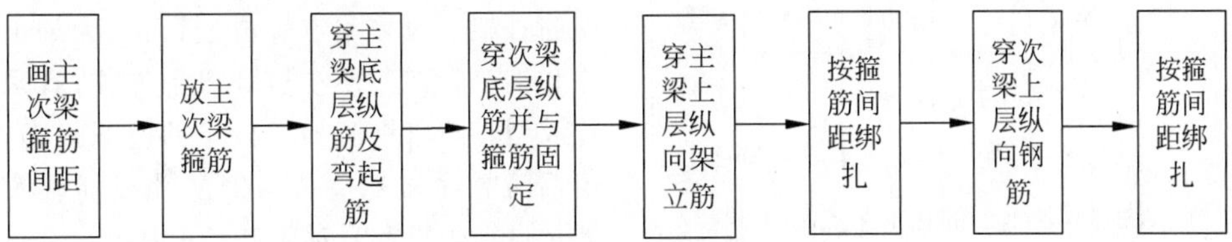

图 3-3 梁钢筋模内绑扎工艺流程

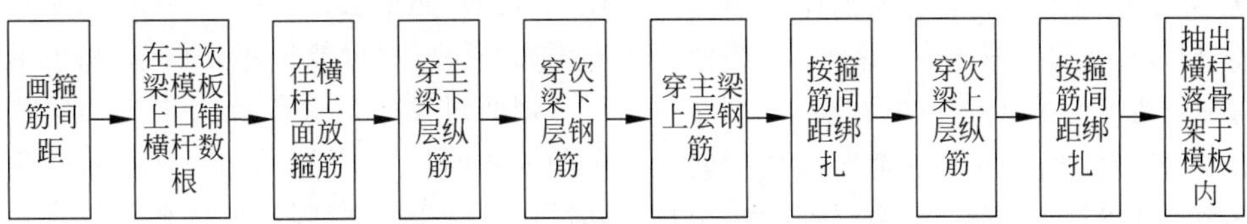

图 3-4 梁钢筋模外绑扎工艺流程

在梁侧模板上画出箍筋间距，摆放箍筋。先穿主梁的下部纵向受力钢筋及弯起钢筋，将箍筋按已画好的间距逐个分开；穿次梁的下部纵向受力钢筋及弯起钢筋，并套好箍筋；放主次梁的架立筋；隔一定间距将架立筋与箍筋绑扎牢固；调整箍筋间距使其符合设计要求，绑架立筋，再绑主筋，主次梁同时配合进行。框架梁上部纵向钢筋应贯穿中间节点，梁下部纵向钢筋伸入中间节点锚固长度及伸过中心线的长度要符合设计要求。框架梁纵向钢筋在端节点内的锚固长度也要符合设计要求。绑梁上部纵向筋的箍筋，宜用套扣法绑扎。箍筋在叠合处的弯钩，在梁中应交错绑扎，箍筋弯钩为 135°，平直部分长度为 10d，如做成封闭箍时，单面焊缝长度为 $5d$。梁端第一个箍筋应设置在距离柱节点边缘 50 mm 处。在主、次梁受力筋下均应垫垫块(或塑料卡)，以保证保护层的厚度。受力筋为双排时，可用短钢筋垫在两层钢筋之间，钢筋排距应符合设计要求。

梁筋搭接时，梁的受力钢筋直径等于或大于 22 mm 时宜采用焊接接头，小于 22 mm 时可采用绑扎接头，搭接长度要符合规范的规定。搭接长度末端与钢筋弯折处的距离不得小于钢筋直径的 10 倍。接头不宜位于构件最大弯矩处，受拉区域内Ⅰ级钢筋绑扎接头的末端应做弯钩(Ⅱ级钢筋可不做弯钩)，搭接处应在中心和两端扎牢。接头位置应相互错开，当采用绑扎搭接接头时，在规定搭接长度的任一区段内有接头的受力钢筋截面面积占受力钢筋总截面面积百分率，受拉区不大于 50%。

3.2.4 板钢筋绑扎

板钢筋绑扎工艺流程如图 3-5 所示。

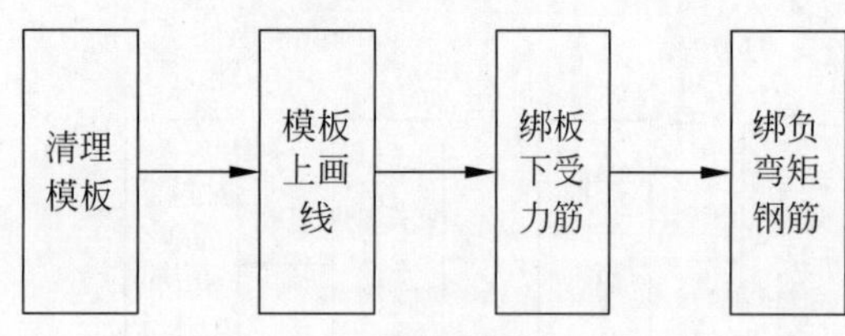

图 3-5 板钢筋绑扎工艺流程

清理模板上面的杂物，用粉笔在模板上画好主筋、分布筋间距。按画好的间距先摆放受力主筋，后放分布筋。预埋件、电线管、预留孔等及时配合安装。在现浇板中有板带梁时，应先绑板带梁钢筋，再摆放板钢筋。绑扎板筋时一般用顺扣或 8 字扣，除外围两根筋的相交点应全部绑扎外，其余各点可交错绑扎(双向板相交点须全部绑扎)。如板为双层钢筋，两层筋之间须加钢筋马凳，以确保上部钢筋的位置。负弯矩钢筋每个相交点均要绑扎。在钢筋的下面垫好砂浆垫块，间距 1.5 m。垫块的厚度等于保护层厚度，应满足设计要求，如设计无要求时，板的保护层厚度应为 15 mm，钢筋搭接长度与搭接位置的要求与梁相同。

3.2.5 楼梯钢筋绑扎工艺流程

楼梯钢筋绑扎工艺流程如图 3-6 所示。在楼梯底板上画主筋和分布筋的位置线。根据设计图纸中主筋、分布筋的方向，先绑扎主筋，后绑扎分布筋，每个交点均应绑扎。如有楼梯梁时，先绑梁后绑板筋。板筋要锚固到梁内。底板筋绑完，待踏步模板吊绑支好后，再绑扎踏步钢筋。主筋接头数量和位置均要符合施工规范的规定。

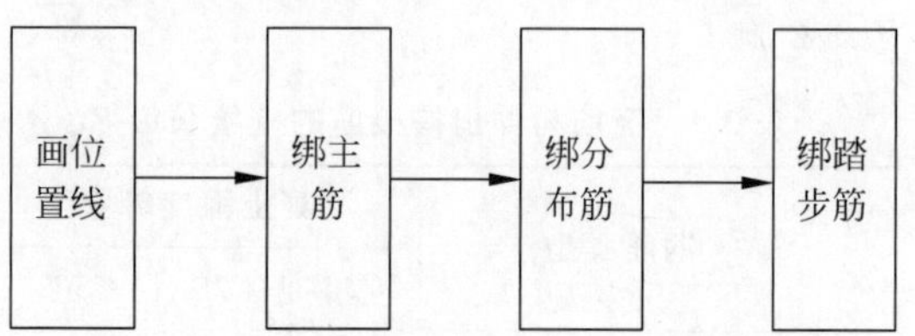

图 3-6 楼梯钢筋绑扎工艺流程

3.2.6 钢筋网片和钢筋骨架绑扎

钢筋网片和钢筋骨架可采用焊接和绑扎两种方法制作。小型预制构件的钢筋网片和钢筋骨架一般采用点焊成型，而较大的钢筋网片和钢筋骨架不便在点焊机上操作，宜采用绑扎成型。随着钢筋加工技术的不断提高，大直径钢筋网片和复杂结构钢筋骨架都可实现机械化自动焊接和自动绑扎。

为了缩短钢筋安装的工期，减少高空作业，在运输、起重条件允许的情况下，钢筋网片和钢筋骨架应尽可能采用先预制、后安装的方法。钢筋网片和钢筋骨架的预制绑扎和现场钢筋绑扎的程序、方法基本一样，只是预制绑扎操作可以在车间内进行，或在比较理想的作业环境条件下进行，并且不占主体工程施工的工期，是一种比较理想的钢筋绑扎方法。

1. 钢筋网片的预制绑扎

钢筋网片一般用于预制构件中，也可用于现浇独立柱基础或条形基础中。小型钢筋网片可在模架上进行绑扎。大型钢筋网片可在地坪上画好线，然后按画线位置摆好钢筋，按操作顺序进行绑扎。面积较大的钢筋网片，为了防止运输、安装过程中发生歪斜和变形，可采用细钢筋斜向拉结。

当钢筋网片用于单向受力构件中时，外围两行的交叉点需每点绑扎牢固，中间部分每隔一根相互成梅花状绑扎即可。当用于双向构件时，必须将全部钢筋相交点绑扎牢靠。

2. 钢筋骨架的预制绑扎

钢筋骨架的预制绑扎与现场绑扎相比，效率高、进度快、质量好。绑扎程序和方法与现场绑扎基本相似。钢筋骨架预制绑扎，可以在加工车间或安装现场附近的空地上进行。采用三支腿简易钢筋绑扎支架，在支架上搁置横杆，横杆间距视钢筋骨架的重量而定，一般不宜超过 4 m。横杆高度以操作者便于绑扎为宜。

第一步，将梁的受拉钢筋和弯起钢筋搁置在横杆上，使受拉钢筋的弯钩和弯起钢筋的弯起部分朝下，按箍筋间距在受拉钢筋上画线，从中间向两边分，以保持端部箍筋均匀对称。

第二步，将箍筋从一端穿入，按画线位置摆开，并将受拉钢筋、弯起钢筋和箍筋绑扎完毕。

第三步，将架立钢筋从一端穿入，找正箍筋位置，然后逐点绑扎成型。架立钢筋也可以在第一步时一次和受力钢筋等一起搁在横杆上，到第三步绑扎时，只需使架立钢筋落入箍筋内，然后即可绑扎成型。绑扎完后，抽掉横杆，骨架落地翻身，择地堆放，即完成骨架的全部绑扎工作。

3.3 焊接钢筋骨架和钢筋网片安装

焊接钢筋骨架和钢筋网片比人工绑扎的牢固，整体性好，便于运输和安装。对于单个焊接钢筋骨架和网片，只需将其吊运就位，垫好保护层就行了。但对多个焊接钢筋骨架和网片的安装应遵守以下规定：

(1) 光圆钢筋焊接骨架和焊接网片的搭接长度，在受拉区不小于受力钢筋直径的 25 倍，且不小于 250 mm；受压区不小于钢筋直径的 15 倍，且不小于 200 mm。在搭接范围内至少应有 3 根横向钢筋。

(2) 带肋钢筋焊接骨架和焊接网片在搭接长度内可以不加焊横向钢筋。但搭接长度应为受力钢筋直径的 30 倍，受压区为 20 倍。

(3) 焊接钢筋骨架除应符合搭接长度外，在搭接范围内应加配箍筋或槽形焊接网。箍筋或槽形焊接网中的横向间距不得大于受力钢筋直径的 5 倍，对轴心和偏心受拉构件，不得大于钢筋直径的 10 倍。

(4) 焊接钢筋骨架和钢筋网片的接头位置应错开，在一个截面内，其搭接接头百分率应不超过 50%。

(5) 焊接钢筋骨架和钢筋网片的搭接接头应放在构件受力较小的部位。简支梁、板宜在跨度两端 1/4 的范围内。

(6) 焊接钢筋网片如沿分布钢筋搭接时，若分布钢筋的直径为 4 mm，两钢筋网片的受力钢筋间距不应小于 50 mm；若分布钢筋直径大于 4 mm，两钢筋网片的受力钢筋间距不应小于 100 mm。

(7) 受力钢筋的直径在 16 mm 以上时，沿分布钢筋方向接头的钢筋网上宜铺附加钢筋网，其每边搭接长度为 15 倍分布钢筋的直径，但不应小于 100 mm。

(8) 双向配置受力钢筋的焊接骨架不应采用搭接接头。

(9) 在轴心受拉和小偏心受拉构件中不应采用搭接接头。

(10) 焊接钢筋骨架、钢筋网片安装时，如采用电弧焊接，应符合电弧焊接有关规定。受力钢筋是经过冷加工的钢筋，接头不应采用电弧焊接。

3.4 绑扎钢筋骨架和钢筋网片安装

由于绑扎钢筋骨架和钢筋网片是通过扎丝绑扎成的，每个绑扎点是一铰接点，且绑扎不可能十分紧固，在运输和安装过程中容易使绑扎点松动，或因受力不均使绑扎结点扎丝绷断，而造成钢筋骨架、钢筋网歪斜和变形，所以在绑扎钢筋骨架、钢筋网片运输和安装过程中应特别注意。

预制绑扎钢筋网片和钢筋骨架在运输时，一般采用钢筋运料车，这种运料车长 6 m，宽 0.8 m，车轮用手推车底盘加固改装，车架用钢管和钢筋焊制，车架可临时加宽加长，以适应钢筋网片、钢筋骨架及长钢筋的运输。

预制绑扎钢筋网片和钢筋骨架在安装时，要根据钢筋网片和钢筋骨架的整体大小、重量正确选择吊点位置和采取加固措施。较短的钢筋骨架和边长较小的钢筋网片一般采用两点吊法。用两端带有小挂钩的吊索，在骨架或网片两端距离 1/4 处兜系起吊。骨架较长、较大时，可采用两根等长吊索四点起吊法。将 4 个吊钩分别兜在从一端到 1/6 和 4/6 处。吊索可利用铁扁担，使 4 个吊点平衡受力，骨架不致变形。

预制绑扎钢筋网片和钢筋骨架是不允许变形的。除了采用合理的运输吊装方法外，还必须在运输安装中采取临时运输加固措施。如采用细钢筋拉结，绑扎竹杆、木条等，以防止钢筋网片和钢筋骨架变形。

在钢筋网片与钢筋骨架安装过程中应特别注意吊装安全，做到以下几点：

（1）高空钢筋网片与钢筋骨架对接绑扎、安装钢筋时，不要把工具放在脚手板或不牢靠的地方，以防工具高空下落伤人。

（2）钢筋网片和钢筋骨架在运输和吊运过程中，要防止碰人。高空吊装时，对附近动力线及照明线路应事先采取隔离保护措施，以防钢筋碰撞电线。

（3）钢筋或钢筋网片、钢筋骨架不得集中堆放在脚手架或模板上的某一部位，以防荷载集中过大，造成架子、模板局部变形，甚至破坏。

（4）在高空安装预制钢筋骨架时，不允许站在模板或墙上操作，应在搭设好的脚手架上操作。

（5）应避免在高空修整、扳弯粗钢筋。必须操作时，要系好安全带，选好操作位置，脚要站稳，防止扳手脱空而使作业人员摔倒。

（6）绑扎墙板、筒壁结构时，不准踩在钢筋网片横筋上操作或在网片筋上攀登，以防网片变形。

（7）进入工地，必须戴好安全帽，严禁穿高跟鞋、拖鞋上班。

（8）绑扎大型基础双层钢筋时，必须在搭好的脚手架上行走，而不得在上层钢筋和基础边模上面行走。

（9）如支模、绑扎、浇捣 3 个工种交叉作业时，应互相配合，采取必要的安全措施。

3.5 钢筋绑扎质量检验

钢筋绑扎安装后，应按设计图纸要求检查钢筋的型号、直径、根数是否正确，保护层厚度、钢筋连接接头、钢筋搭接长度、钢筋安装偏差等是否符合《混凝土结构工程施工质量验收规范》(GB 50204—2015)的有关规定，并如实填写隐蔽工程记录，经建设方、设计方签字盖章后，作为工程验收的技术资料之一。

混凝土保护层的厚度应符合设计规定。为了控制钢筋的保护层厚度，应在钢筋外缘设置水泥砂浆垫块，对于柱、墙板、筒壁等垂直方向的钢筋保护层垫块，应预埋铅丝，将垫块绑扎在钢筋的结点上。水泥砂浆垫块平面尺寸为 30 mm×30 mm～35 mm×35 mm 为宜，垫块间距宜在 800～1000 mm 范围。钢筋表面不允许有油渍、漆污和深褐色片状铁锈，以确保钢筋与混凝土的牢固结合。绑扎的钢筋网片和钢筋骨架应按有关规定绑扎牢固，不得歪斜变形，以确保钢筋在混凝土中的受力性能得到充分发挥。预制绑扎和焊接的钢筋网片、钢筋骨架安装的搭接长度、位置以及同一截面受力钢筋接头数量等均应符合《混凝土结构工程施工质量验收规范》(GB 50204—2015)的有关规定。钢筋网片和钢筋骨架绑扎安装前，应清除模板内的杂物，绑扎安装好的钢筋不得踏弯变形。钢筋网片和钢筋骨架绑扎安装后的允许偏差应符合《混凝土结构工程施工质量验收规范》(GB 50204—2015)的有关规定。

第4章

钢筋加工配送基础

4.1 钢筋加工配送工艺流程及技术优势

钢筋集中加工与配送技术是一种在专业化固定加工生产场所,由具有信息化生产管理系统的专业化钢筋加工组织,主要采用成套自动化钢筋加工设备,按照合理的工艺流程,在固定的加工场所对钢筋进行集中加工,使其成为工程所需成型钢筋制品,按照工程施工计划,将工地所需钢筋配送供应至施工现场进行安装施工的钢筋加工模式。自动化钢筋加工设备是指具备自动调直、定尺、切断、弯曲、焊接、螺纹加工等单一或组合功能的钢筋加工机械。信息化生产管理系统是指钢筋原材料采购、钢筋加工、成型钢筋配送、过程质量检验各个环节均实行计算机信息化管理的系统。该模式具有加工装备自动化、人员作业专业化、生产管理信息化、质量控制标准化、加工配送产业化等特点,是建筑工业化和绿色建造协同发展的重要组成部分。

钢筋加工配送施工工艺流程为:加工配送企业或者施工单位根据工程深化设计图(又称施工图)进行混凝土结构钢筋详图设计,按照施工组织计划和布筋图编制加工配送总体方案、钢筋配料单,按照配料单和加工配送方案由钢筋专业化工厂组织集中加工,成型钢筋制品质量检验合格后按照施工先后顺序和构件类型组配填写配送单进行专业化物流配送,成型钢筋进场检验合格后由施工单位组织现场安装施工,安装完成自检合格后项目组织钢筋隐蔽工程检验验收。

1. 钢筋加工配送企业工艺流程

(1) 签订加工配送合同。建设或施工单位与加工配送企业签订加工配送合同,明确加工配送任务、实施计划、质量条款、违约责任和质量监督要求,且建设、监理、施工单位在签订合同后、实施加工配送前,对加工配送企业进行技术交底。

(2) 制定加工配送总体方案和组织实施计划。施工单位结合工程进度提出钢筋需求计划,并依据施工图纸、规范标准、图集要求编制成型钢筋制品配料单,并由监理、施工单位双方项目专业负责人审核签字后提前发放给加工配送企业,加工配送企业根据配料单制定加工配送计划。

(3) 按照配料单组织原材料采购和材料进厂复检。签订协议后,通知建设或施工单位组织原材料进厂。由加工配送企业负责购买原材料的,加工配送企业组织进厂原材料,并按钢筋入场复检规定对原材料进行质量证明文件核查和钢筋抽样检查,合格的钢筋按分区标识原则进行挂牌堆放标识,并建立进厂钢筋台账。

(4) 编制加工配送订单。加工配送企业按照制定的加工配送计划,进行综合套裁设计,或者根据施工单位钢筋翻样配料表编制配料单，下达给相应加工设备班组，明确设备加工的成型钢筋原材料牌号、规格、加工成型钢筋制品几何尺寸、加工数量和堆放位置以及加工任务完成时间等要求。

(5) 实施成型钢筋加工。接到配料单后，对应设备操作人员按要求选用加工原材料，调试加工设备，调试完成后实施批量成型钢筋加工，加工完成的成型钢筋按分区分项目标识的原则进行堆放并悬挂料牌。

(6) 成型钢筋质量检验。分为加工过程检验和出厂检验。出厂配送前，企业质检人员对加工完成的成型钢筋按配送批量进行质量抽检，检查钢筋规格型号和形状尺寸，经检验合格的成型钢筋按供应批次发放出厂合格证。

(7) 成型钢筋配送。加工配送企业按照工程建设施工先后顺序和施工工期需求填写工程构件或流水段所需成型钢筋制品配送任务单，在规定时间内根据配送任务单将相应规格型号和数量的成型钢筋制品配送到工地现场，并提供成型钢筋质量证明文件。

从施工和加工工艺流程可以看出，成型钢筋集中加工与配送技术是钢筋专业化加工与施工技术、自动化钢筋加工设备技术、现代信息化生产管理技术和现代物流配送技术等多项高新技术的融合，是建筑施工、工业化加工与现代物流产业的有机结合。产业链上游为钢铁生产企业或钢铁贸易企业，下游为建筑施工企业，中间为钢筋集中加工配送企业。因此钢筋加工配送是联系钢铁生产贸易与建筑施工的重要一环，是我国建筑工业化(包括预制装配式建筑和现场现浇建筑)和绿色建造协同发展的重要组成部分。

2. 钢筋集中加工配送的技术优势

该项技术是具有节能环保、安全高效、节地节材特点的建筑工业化施工新技术。其主要技术优势体现在以下几方面：

(1) 简化施工管理。直接将成型钢筋与施工工地对接，降低场地占用和人员管理费用。

(2) 提升建筑施工工业化和信息化技术水平。利用高效智能化加工设备实现产业规模化生产，降低施工综合成本并推动建筑设计与钢筋加工生产、安装施工一体化融合。

(3) 提高钢筋工程高效管理水平。大批量钢筋直接采购，质量有保障、可追溯，有利于质量监督与控制。

(4) 提高施工经济环境效益。综合组织加工，提高人员劳动效率和材料利用率，降低损耗和安全生产管理费用。

(5) 创建清洁文明施工环境。配合施工进度组织配送，简化现场管理，有利于工地文明施工，改善劳动环境，降低劳动强度。

成型钢筋加工主要分为线材(盘条)钢筋加工、棒材(直条)钢筋加工和组合成型钢筋加工。线材(盘条)钢筋加工包括钢筋强化加工、线材开卷矫直、箍筋(笼)加工；棒材(直条)钢筋加工包括钢筋定尺切断、直条弯曲成型、棒材钢筋续接螺纹加工；组合成型钢筋加工包括钢筋焊接网、钢筋笼焊接成型、梁柱桁架组合成型、预制混凝土构件钢筋骨架成型等。

钢筋集中加工主要生产设备和管理软件分为简单单机设备、线材钢筋加工设备、棒材钢筋加工设备、组合成型钢筋加工设备和钢筋加工配送生产管理软件。其中，钢筋简单单机设备包括钢筋切断机、钢筋弯曲机、钢筋弯弧机、钢筋调直切断机、小型钢筋弯曲切断机、钢筋螺纹成型机等；线材钢筋加工设备包括钢筋强化机械、冷轧带肋成型机、高速钢筋调直切断机、钢筋数控弯箍机、封闭箍筋焊接自动化生产线、钢筋板筋自动化生产线等；棒材钢筋加工设备包括钢筋剪切自动化生产线、钢筋锯切自动化生产线、钢筋螺纹自动化加工生产线、钢筋镦粗螺纹自动化加工生产线、钢筋切断弯曲自动化生产线等；组合成型钢筋加工设备包括钢筋(柔性)焊网自动化生产线、钢筋焊笼自动化生产线、钢筋桁架自动化生产线、钢筋梁柱骨架自动化生产线、预制构件墙板骨架自动化生产线等。

钢筋加工配送生产管理软件包括钢筋优化套裁软件、钢筋加工管理软件、钢筋翻样管理软件、计算机辅助钢筋详图设计软件等。钢筋加工配送信息化生产管理技术是根据实际建筑工程需求，获取工程项目的概况、工期、进度、质量要求、技术要求、验收标准、施工难点等信息，然后通过信息化管理软件对从钢筋原材料采购、成型钢筋制品设计规格与参数生成、钢筋工厂加工任务分解、钢筋下料优化套裁、成型钢筋制品加工、成品质量检验、配送产品捆扎包装，到成型钢筋配送、成型钢筋进场检验验收、合同结算等全过程进行管理的技术。

钢筋加工信息化系统最上层具有 ERP（企业资源计划）管理功能，支撑企业的进销存和工程量结算业务运营；中间层 MES（制造执行系统）具有专业化车间管理的功能，能够进行任务排产、领料、出入库等；而作业执行层能够向下下发生产指令到钢筋智能化加工设备，实现整个信息无缝对接。钢筋加工配送管理软件的主要功能包括原材采购管理、加工生产管理、原材和成品仓储管理、成型钢筋制品销售管理、加工配送质量管理和设备运行与维保管理等。

4.2　钢筋配筋

钢筋加工配送的实施基础是工程施工组织设计、建筑结构施工图和钢筋详图设计。建筑施工图设计是指把设计意图更具体、更确切地表达出来，绘成能够进行施工的蓝图。其任务是在扩初或技术设计的基础上，把许多比较粗略的尺寸进行调整和完善，把各部分构造做法进一步细化并予以确定，解决各工种之间的协调问题，并编制出一套完整的、能够具体进行施工的图纸和文件。建筑结构施工图是表示建筑物的各承重构件（如基础、承重墙、柱、梁、板、屋架、屋面板等）的布置、形状、大小、数量、类型、材料以及相互关系和结构形式等的工程图样。钢筋详图设计是绘制钢筋排布图和编制钢筋配料单的总称，是在全面理解设计文件、施工规范图集和施工条件文件并与施工单位充分沟通的基础上，按施工缝设置对结构分区，依据施工先后顺序进行设计。钢筋配筋包括设计配筋、钢筋制作配筋和钢筋安装配筋，在工程建造不同阶段侧重点不同。结构设计配筋是指把构件计算出的（或规范构造要求的）钢筋截面面积、直径、根数、间距等布置在图纸上，达到设计正确且便于施工；钢筋制作配筋是指把进场的材料（不同等级、直径、定尺的钢筋）按照图纸要求经计算需要长度分别截断、成型、续长、计划数量、安排接头位置等，达到图纸要求并符合规范；钢筋安装配筋是指把制作好的各种形状钢筋架立、配放、扎结起来，保证每根钢筋的正确空间位置，符合图纸及规范要求。

在建筑施工中，用钢筋混凝土制成的常用构件有梁、板、柱、墙等，这些构件由于在建筑中发挥的作用不同，其内部配置的钢筋也不尽相同。

1. 梁内钢筋的配置

梁在钢筋混凝土构件中属于受弯构件。在其内部配置的钢筋主要有纵向受力钢筋、弯起钢筋、箍筋和架立筋等。

（1）纵向受力钢筋：布置在梁的受拉区，其主要作用是承受由弯矩在梁内产生的拉力。

（2）弯起钢筋：弯起段用来承受弯矩和剪力产生的主拉应力，弯起后的水平段可承受支座处的负弯矩，跨中水平段用来承受弯矩产生的拉力。弯起钢筋的弯起角度有 45°和 60°两种。

（3）箍筋：主要用来承受由剪力和弯矩在梁内产生的主拉应力，固定纵向受力钢筋，与其他钢筋一起形成钢筋骨架。箍筋的形式分开口式和封闭式两种。一般常用的是封闭式。

（4）架立筋：设置在梁的受压区外缘两侧，用来固定箍筋和形成钢筋骨架。

2. 板内钢筋的配置

板在钢筋混凝土构件中属于受弯构件。板内配置有受力钢筋和分布钢筋两种。

（1）受力钢筋：沿板的跨度方向在受拉区配置。单向板沿短向布置，四边支承板沿长短边方向均应布置受力筋。

（2）分布钢筋：布置在受力钢筋的内侧，与受力钢筋垂直。分布钢筋的作用是将板面上的荷载均匀地传给受力钢筋，同时在浇注混凝土时固定受力筋的位置，以及抵抗温度应力和收缩应力。

3. 柱内钢筋的配置

柱在钢筋混凝土构件中是压弯构件或压弯扭构件，起受压、受弯和抗扭作用。柱内配置的钢筋有纵向钢筋和箍筋。纵向钢筋主要起承受压力的作用；箍筋起限制横向变形，提高抗压强度，对纵向钢筋定位并与纵筋形成钢筋骨架的作用。柱内箍筋应采用封闭式，柱根据外形不同有普通箍筋柱和螺旋箍筋柱两种。

4. 墙内钢筋的配置

钢筋混凝土墙内根据需要可配置单层或双层钢筋网片，墙体钢筋网片主要由竖筋和横筋组成。竖筋的作用主要是承受水平荷载对墙体产生的拉应力，横筋主要用来固定竖筋的位置并承受一定的剪力作用。在设置双层钢筋网片的墙体中，为了保证两钢筋网片的正确位置，通常应在两片钢筋网片之间设置撑铁。

混凝土结构施工图平面整体表示方法制图规则和构造详图、混凝土结构施工钢筋排布规则与构造详图详见下列国家标准图集：

16G101-1《混凝土结构施工图　平面整体表示方法制图规则和构造详图(现浇混凝土框架、剪力墙、梁、板)》

16G101-2《混凝土结构施工图平面　整体表示方法制图规则和构造详图(现浇混凝土板式楼梯)》

16G101-3《混凝土结构施工图　平面整体表示方法制图规则和构造详图(独立基础、条形基础、筏形基础、桩基础)》

18G901-1《混凝土结构施工钢筋排布规则与构造详图(现浇混凝土框架、剪力墙、梁、板)》

18G901-2《混凝土结构施工钢筋排布规则与构造详图(现浇混凝土板式楼梯)》

18G901-3《混凝土结构施工钢筋排布规则与构造详图(独立基础、条形基础、筏形基础、桩基础)》

4.3 钢筋详图和钢筋配料单

钢筋排布图和钢筋配料单的总称是钢筋深化设计详图，简称钢筋详图。钢筋排布图是定位结构构件钢筋配料单所含钢筋的工程图样。钢筋配料单是汇总构件配置钢筋的编号、符号、直径、形状、根数以及断料长度等信息的表格。钢筋详图的设计依据应包括设计文件、施工标准规范和施工条件文件，钢筋详图设计宜验证钢筋密集排布部位钢筋绑扎施工可行性。钢筋详图交付之前应进行校核，在施工或预制构件制作之前，应对相关施工人员或预制构件制作人员进行钢筋详图设计文件交底。详图设计师是从事钢筋下料、绘制钢筋排布图的专业技术人员。钢筋详图设计师应在全面领会设计文件和施工条件文件并与施工单位充分沟通的基础上，按施工缝设置对结构分区，并依据施工先后顺序完成钢筋详图设计工作。

房屋和一般构筑物的钢筋混凝土、预应力混凝土、装配式混凝土及组合结构应进行钢筋详图设计。详图设计师应依据设计单位提交的设计文件和施工单位提供的场地条件、施工缝设置、混凝土浇筑顺序等信息完成钢筋详图设计工作。设计开始之前，应结合定尺钢筋实际情况设置若干长度模数，并使两个或多个长度模数之和等于钢筋定尺长度。设计钢筋详图时，对于满足设计要求、长度在一定范围可调的钢筋，宜使其下料长度等于定尺长度或某一长度模数。详图设计单位完成的钢筋详图除制图人自校外，应由其他详图设计师校核；详图设计单位完成钢筋详图后宜由建设单位委托原设计单位确认。在钢筋详图用于工程施工或预制构件制作之前，详图设计师应与相关施工人员和预制构件制作人员进行技术交底，钢筋详图宜在项目竣工验收时与结构竣工图一并存档。

钢筋配料单中的钢筋标注尺寸与断料长度宜以毫米(mm)为单位并取整数，当以厘米(cm)为单位时，应保留小数点后一位数字。当钢筋配料单中断料长度以毫米(mm)为单位时，可根据经验将末位数1、2、3、4调整为5，将末位数 6、7、8、9 调整为 10。

钢筋配料单应包括但不限于以下内容：工程名称；结构部位；件编号；钢筋编号、符号与直径、间距、简图(包括钢筋形状、尺寸标注、钢筋端头连接状况说明等)、尺寸标注方法(内皮标注、外皮标注或中心线标注)、下料长度、每件根数、总计根数、总长、总重、备注。在钢筋配料单中的备注一栏，可用《混凝土结构钢筋详图统一标准》(T/CECS 800—2021)中第 6.3.5 条、第 6.3.6 条指定的缩略词说明钢筋在构件中的位置或者排布方向。钢筋配料单中的构件编号宜与结构施工图中的构件编号一致。当结构施工图中采用同一编号的多个构件配筋完全相同，但钢筋下料并不完全相同时，宜用原结构施工图构件编号加英文字母后缀对钢筋下料不同的构件进行编号。钢筋配料单可采用表 4-1 或表 4-2 的样式，也可使用《混凝土结构成型钢筋应用技术规程》(JGJ 366—2015)定义的形状代码。

表 4-1　钢筋配料单(样式 1)

钢　筋　配　料　单

工程名称：A 办公楼　　　　第 1 页

详图编号：详图-01　　　　共 4 页

构件编号	独基 01-04、二层楼板								
钢筋编号	钢筋规格	间距/mm	钢筋形状/mm	断料长度/mm	每件根数	总计根数	总长/m	标注方法	备注
独立基础 DJJ01 1 件									
基础配筋									
1	C12	130	3420	3420	2	2	6.84	3	底板平行于 A 边钢筋
2	C12	130	3110	3110	25	25	77.75	3	底板平行于 A 边钢筋
1	C12	130	3420	3420	2	2	6.84	3	底板平行于 B 边钢筋
2	C12	130	3110	3110	25	25	77.75	3	底板平行于 B 边钢筋
插筋									
3	C20		2090 300 直	2331	6	6	13.99	2	基础插筋 1～11 单数位置
4	C20		2790 300 直	3031	6	6	18.19	2	基础插筋 2～12 双数位置
5	$\phi 8$		425 425	1768	2	2	3.54	2	角点＜1,4＞
二层楼板底筋									
1	$\phi^{RH}8$	200	2500	2500	249	249	622.50	3	
2	$\phi^{RH}8$	200	3500	3500	74	74	259.00	3	
3	$\phi^{RH}8$	200	4300	4300	34	34	146.20	3	

续表

钢筋编号	钢筋规格	间距/mm	钢筋形状/mm	断料长度/mm	每件根数	总计根数	总长/m	标注方法	备注
二层楼板底筋									
4	$\phi^{RH}8$	200	2200	2200	34	34	74.80	3	
5	$\phi^{RH}8$	200	3650	3650	108	108	394.20	3	
6	$\phi^{RH}8$	200	5150	5150	36	36	185.40	3	
7	$\phi^{RH}8$	200	3850	3850	36	36	138.60	3	
8	$\phi^{RH}8$	200	10800	10 800	56	56	604.80	3	

注：标注方法中，1—内皮标注；2—外皮标注；3—中心线标注。

单位：　　　　　　　审核：　　　　　　　编制：　　　　　　　年　　月　　日

表 4-2　钢筋配料单(样式 2)

钢　筋　配　料　单

工程名称：A 办公楼　　　　　　　　　　第 1 页

详图编号：详图-01　　　　　　　　　　共 4 页

构件编号	独基 01-04、二层楼板										
钢筋编号	钢筋规格	间距/mm	形状代码	A/mm	B/mm	C/mm	断料长度/mm	每件根数	总计根数	总长/m	标注方法
独立基础 DJJ01 1 件											
基础配筋											
1	C12	130	0000	3420			3420	4	4	13.68	3
2	C12	130	0000	3110			3110	50	50	155.50	3
插筋											
3	C20		1011	300	2090		2331	6	6	13.99	2
4	C20		1011	300	2790		3031	6	6	18.19	2
5	$\phi8$		5011	425	425		1768	2	2	3.54	2
二层楼板底筋											
1	$\phi^{RH}8$	200	0000	2500			2500	249	249	622.50	3
2	$\phi^{RH}8$	200	0000	3500			3500	74	74	259.00	3
3	$\phi^{RH}8$	200	0000	4300			4300	34	34	146.20	3
4	$\phi^{RH}8$	200	0000	2200			2200	34	34	74.80	3
5	$\phi^{RH}8$	200	0000	3650			3650	108	108	394.20	3
6	$\phi^{RH}8$	200	0000	5150			5150	36	36	185.40	3
7	$\phi^{RH}8$	200	0000	3850			3850	36	36	138.60	3
8	$\phi^{RH}8$	200	0000	10 800			10 800	56	56	604.80	3
9	$\phi^{RH}8$	200	0000	7150			7150	56	56	400.40	3
10	$\phi^{RH}8$	200	0000	6050			6050	72	72	435.60	3

注：标注方法中，1—内皮标注；2—外皮标注；3—中心线标注。

编制单位：　　　　　　　审核：　　　　　　　编制：　　　　　　　年　　月　　日

钢筋配料单中的钢筋下料长度计算应符合《混凝土结构钢筋详图统一标准》(T/CECS 800—2021)的有关规定。结构构件的混凝土保护层厚度应由最外层钢筋外边缘至构件表面的距离确定,除设计有特殊要求外,不应考虑拉筋。钢筋采用机械连接时,连接件的混凝土保护层厚度宜满足有关钢筋最小保护层厚度的规定,且不应小于0.75倍钢筋最小保护层厚度和15 mm的较大值,必要时可采用具有防锈措施的连接件。预制混凝土构件在灌浆套筒长度范围内,预制混凝土柱箍筋的混凝土保护层厚度不应小于20 mm,预制混凝土墙最外层钢筋的混凝土保护层厚度不应小于15 mm。受拉钢筋的基本锚固长度l_{ab}、锚固长度l_a、抗震锚固长度l_{aE}、搭接长度l_l、抗震搭接长度l_{lE}应按现行国家标准《混凝土结构设计规范》(GB 50010—2010)有关规定计算。纵筋采用电渣压力焊连接时,每一接头两侧钢筋的下料长度可增加钢筋直径的1.0～1.5倍。采用钢筋机械连接时,对于需要切平原材端头的钢筋,每切平一个端头,钢筋下料长度宜增加钢筋直径的1倍和25 mm的较大值。纵筋采用绑扎搭接连接时,搭接长度可在现行国家标准《混凝土结构设计规范》(GB 50010—2010)规定值的基础上增加10～25 mm。钢筋采用搭接焊连接时,搭接长度可在现行行业标准《钢筋焊接及验收规程》(JGJ 18—2012)规定值的基础上增加10～20 mm。除焊接封闭环式箍筋外,箍筋的末端应做弯钩,弯钩形式应符合设计要求。

根据构件尺寸,钢筋下料长度计算方法如下:

直钢筋下料长度＝构件长度－保护层厚度＋弯钩增加长度

弯起筋下料长度＝减去保护层厚度的直段长度＋斜段长度＋弯钩增加长度－弯曲调整值

箍筋下料长度＝减去保护层厚度的箍筋周长＋箍筋调整值

1. 钢筋下料长度计算

根据钢筋简图和尺寸标注,钢筋下料长度计算方法如下:

钢筋弯折处两侧直段钢筋的标注延长值之和与弯弧中心线长度的差值是钢筋长度弯曲调整值,计算钢筋下料长度时可假定钢筋弯折后中心线长度不变。普通钢筋简图应采用内皮标注、外皮标注或中心线标注,每一直段钢筋在弯折端部的标注延长值应按下列规定计算,参见图4-1。

1) 内皮标注

(1) 弯折角度小于等于90°时

$$\delta_1 = \frac{D}{2}\tan\frac{\alpha}{2} \tag{4-1}$$

式中,δ_1为钢筋弯折处两侧直段钢筋的标注延长值,mm; D为弯弧内直径,mm; α为弯折角度,(°)。

(2) 弯折角度大于90°时

$$\delta_2 = D/2 \tag{4-2}$$

式中,δ_2为钢筋弯折处两侧直段钢筋的标注延长值,mm。

2) 外皮标注

(1) 弯折角度小于等于90°时

$$\delta_1 = \left(\frac{D}{2} + d\right)\tan\frac{\alpha}{2} \tag{4-3}$$

式中,d为钢筋直径,mm。

(2) 弯折角度大于90°时

$$\delta_2 = \frac{D}{2} + d \tag{4-4}$$

3) 中心线标注

(1) 弯折角度小于等于90°时

$$\delta_1 = 0 \tag{4-5}$$

(2) 弯折角度大于90°时

$$\delta_2 = 0 \tag{4-6}$$

主筋、箍筋宜采用外皮标注或中心线标注,拉筋可结合设置情况采用内皮标注或外皮标注,也可采用中心线标注,见图4-2。

当设计文件指定采用焊接封闭网片箍筋时,箍筋的外围尺寸采用外皮标注,中间肢条尺寸按中心线标注,见图4-3。

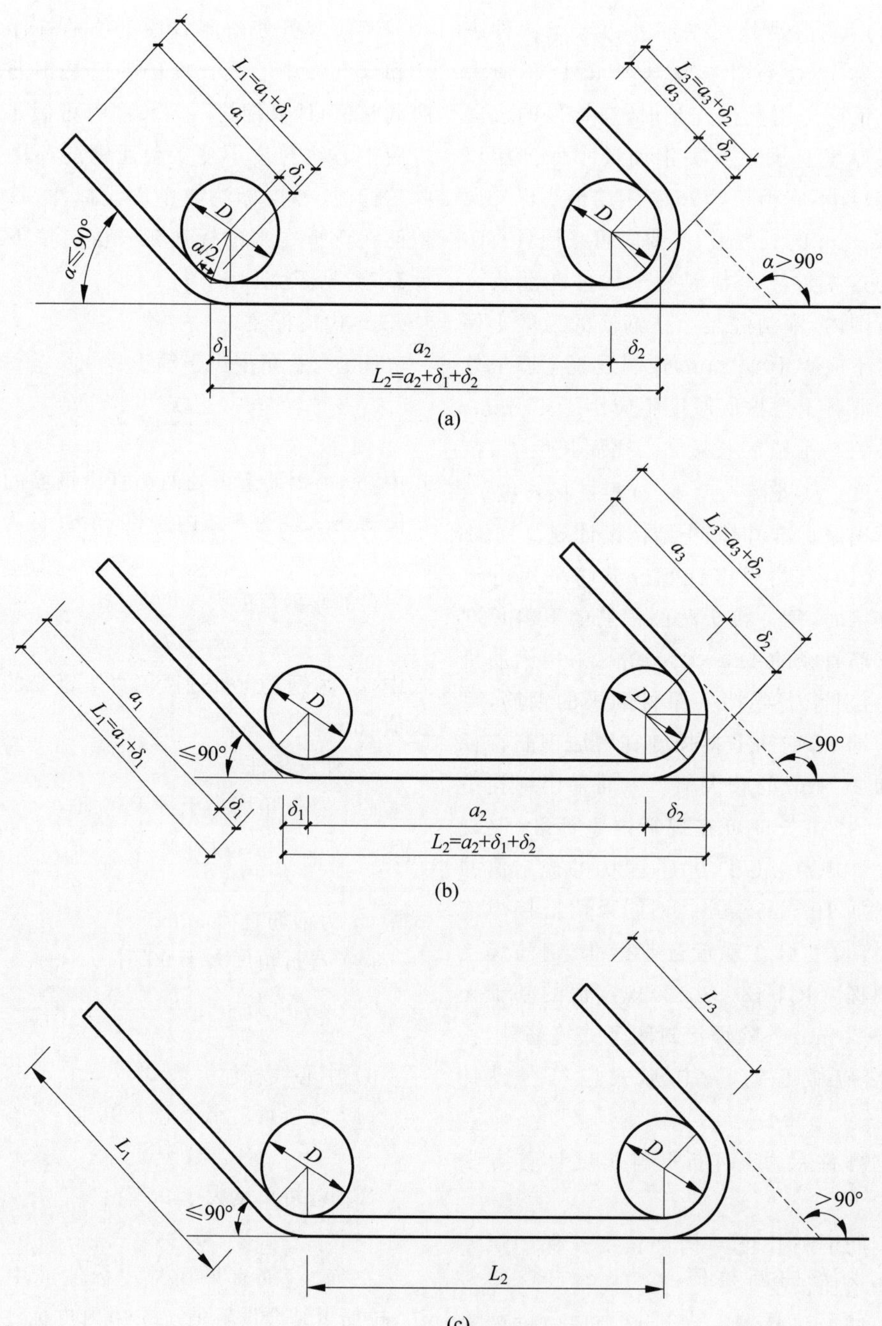

图 4-1　普通钢筋计算简图

(a) 内皮标注；(b) 外皮标注；(c) 中心线标注

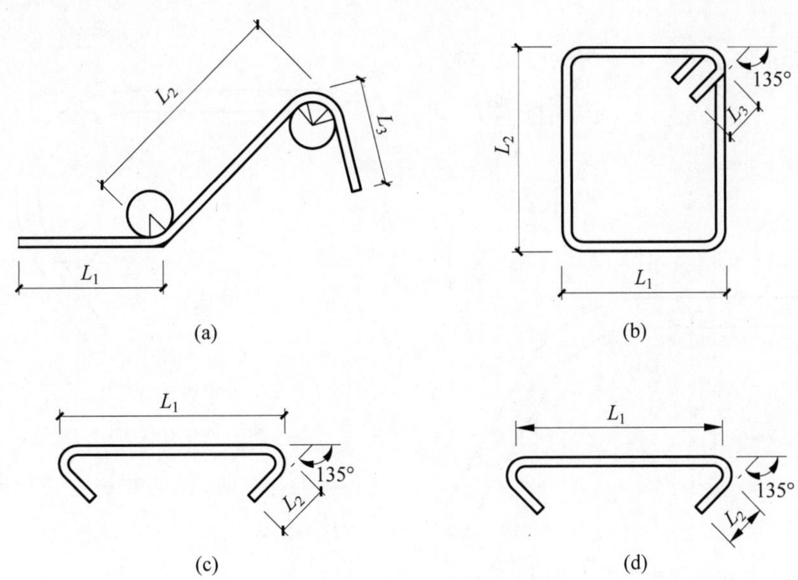

图 4-2　主筋、箍筋、拉筋的尺寸标注

(a) 主筋；(b) 箍筋；(c) 拉筋(外皮尺寸标注)；(d) 拉筋(内皮尺寸标注)

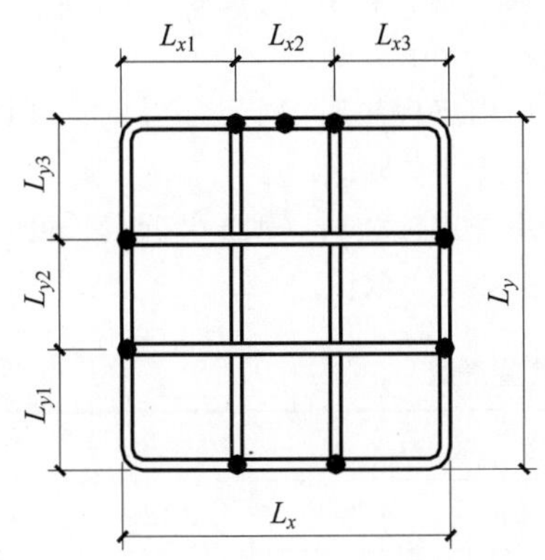

图 4-3　焊接封闭网片箍筋尺寸标注

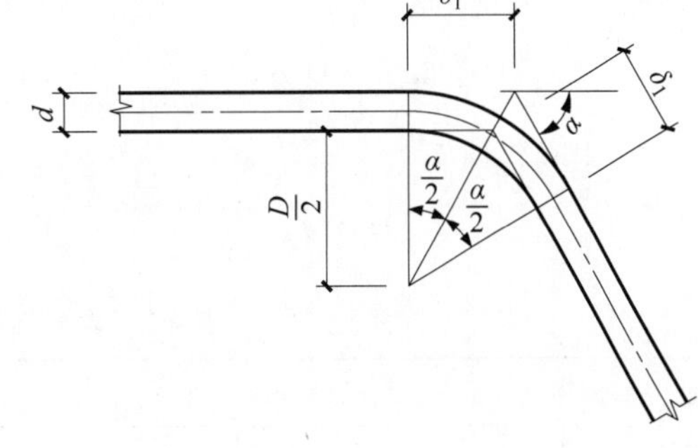

图 4-4　弯折角度小于等于 90°时内皮标注示意图

2. 钢筋弯曲调整值计算

钢筋弯曲调整值应按下列规定计算：

1) 内皮标注

(1) 弯折角度小于等于 90°(见图 4-4)时

$$\Delta = D\tan\frac{\alpha}{2} - (D + d)\frac{\pi\alpha}{360} \qquad (4\text{-}7)$$

式中，Δ 为弯曲调整值，mm；α 为弯折角度，(°)。

(2) 弯折角度大于 90°、小于等于 180°(见图 4-5)时

$$\Delta = D - (D + d)\frac{\pi\alpha}{360} \qquad (4\text{-}8)$$

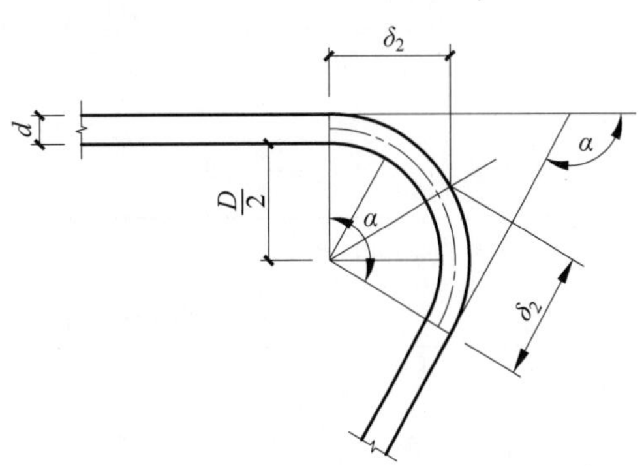

图 4-5　弯折角度大于 90°、小于等于 180°时内皮标注示意图

2）外皮标注

(1) 弯折角度小于等于 90°(见图 4-6)时

$$\Delta=(D+2d)\tan\frac{\alpha}{2}-(D+d)\frac{\pi\alpha}{360} \tag{4-9}$$

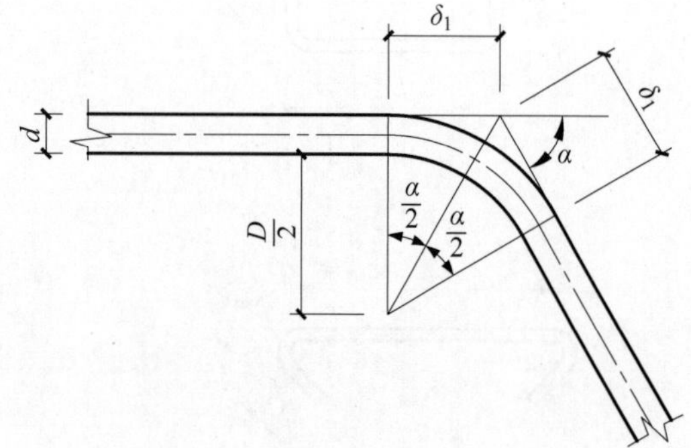

图 4-6 弯折角度小于等于 90°时外皮标注示意图

(2) 弯折角度大于 90°、小于等于 180°(见图 4-7)时

$$\Delta=D+2d-(D+d)\frac{\pi\alpha}{360} \tag{4-10}$$

3）中心线标注

$$\Delta=-(D+d)\frac{\pi\alpha}{360} \tag{4-11}$$

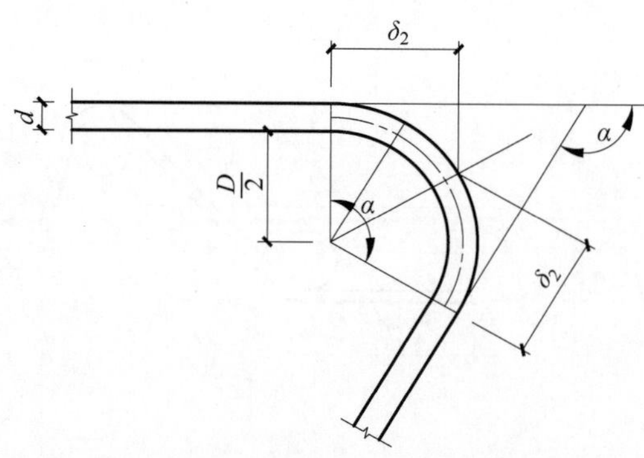

图 4-7 弯折角度大于 90°、小于等于 180°时外皮标注示意图

手工计算时，钢筋弯折点长度调整值可按下式计算：

$$\Delta=\eta d \tag{4-12}$$

式中，Δ 为钢筋弯折点长度调整值，mm；η 为钢筋弯折点长度调整值系数，应根据所采用的标注方式分别按表 4-3～表 4-5 取值；d 为钢筋公称直径，mm。

采用内皮标注时，钢筋弯折点长度调整值系数应按表 4-3 取值。

采用外皮标注时，钢筋弯折点长度调整值系数应按表 4-4 取值。

表 4-3 内皮标注弯曲调整值系数

弯折角度/(°)	D							
	2.5*d*	**4*d***	**5*d***	**6*d***	**7*d***	**8*d***	**12*d***	**16*d***
30	−0.246	−0.237	−0.231	−0.225	−0.219	−0.213	−0.188	−0.163
45	−0.339	−0.307	−0.285	−0.264	−0.242	−0.221	−0.135	−0.048
60	−0.389	−0.309	−0.255	−0.201	−0.147	−0.094	0.121	0.336
90	−0.249	0.073	0.288	0.502	0.717	0.931	1.790	2.648
135	−1.623	−1.891	−2.069	−2.247	−2.425	−2.603	−3.315	−4.028
180	−2.998							

注：*D* 为钢筋弯弧内直径。

表 4-4 外皮标注弯曲调整值系数

弯折角度/(°)	D							
	2.5*d*	**4*d***	**5*d***	**6*d***	**7*d***	**8*d***	**12*d***	**16*d***
30	0.289	0.299	0.305	0.311	0.317	0.323	0.348	0.373
45	0.490	0.522	0.543	0.565	0.586	0.608	0.694	0.780
60	0.765	0.846	0.900	0.954	1.007	1.061	1.276	1.491

续表

弯折角度/(°)	D							
	2.5*d*	**4*d***	**5*d***	**6*d***	**7*d***	**8*d***	**12*d***	**16*d***
90	1.751	2.073	2.288	2.502	2.717	2.931	3.790	4.648
135	0.377	0.110	−0.069	−0.247	−0.425	−0.603	−1.315	−2.028
180	−0.998							

注：*D* 为钢筋弯弧内直径。

采用中心线标注时，钢筋弯折点长度调整值系数应按表 4-5 取值。

表 4-5　中心线标注弯曲调整值系数

弯折角度/(°)	D							
	2.5*d*	**4*d***	**5*d***	**6*d***	**7*d***	**8*d***	**12*d***	**16*d***
30	−0.916	−1.309	−1.571	−1.833	−2.094	−2.356	−3.403	−4.451
45	−1.374	−1.963	−2.356	−2.749	−3.142	−3.534	−5.105	−6.676
60	−1.833	−2.618	−3.142	−3.665	−4.189	−4.712	−6.807	−8.901
90	−2.749	−3.927	−4.712	−5.498	−6.283	−7.069	−10.210	−13.352
135	−4.123	−5.891	−7.069	−8.247	−9.425	−10.603	−15.315	−20.028
180	−5.498							

注：*D* 为钢筋弯弧内直径。

3. 普通钢筋下料长度计算

(1) 多直段钢筋下料长度应按下式计算：

$$L=\sum L_i-\sum \Delta_j \tag{4-13}$$

式中，L 为钢筋下料长度，mm；L_i 为第 i 直段内皮、外皮或中心线标注尺寸，mm；Δ_j 为第 j 个弯折弯曲调整值，mm。

(2) 抛物线形钢筋下料长度 L 计算

对于如图 4-8 所示的抛物线，令 $x_A=\frac{l}{2}$，$y_A=h$，得到抛物线长度

$$L=\frac{l}{2}\sqrt{1+\left(\frac{4h}{l}\right)^2}+\frac{l^2}{8h}\ln\left[\frac{4h}{l}+\sqrt{1+\left(\frac{4h}{l}\right)^2}\right] \tag{4-14}$$

图 4-8　对称抛物线线形

对式(4-14)进行泰勒级数展开，得

$$L\approx\left[1+\frac{8}{3}\left(\frac{h}{l}\right)^2-\frac{32}{5}\left(\frac{h}{l}\right)^4+\frac{256}{7}\left(\frac{h}{l}\right)^6\right]l,\quad \frac{h}{l}\leqslant 0.25 \tag{4-15}$$

当 $\frac{h}{l}\leqslant 0.20$ 时，可将式(4-15)进一步简化为

$$L\approx\left[1+\frac{8}{3}\left(\frac{h}{l}\right)^2\right]l,\quad \frac{h}{l}\leqslant 0.20 \tag{4-16}$$

(3) 圆弧形钢筋下料长度应按下式计算(见图 4-9)：

$$L=\frac{\pi r\alpha}{180} \tag{4-17}$$

图 4-9　圆弧形钢筋

式中，r 为圆弧形钢筋中心线半径，mm；α 为圆弧形钢筋所对的圆心角，(°)。

（4）螺旋形钢筋下料长度应按下式计算（见图 4-10）：

$$L = \frac{h}{s}\sqrt{(\pi D_s)^2 + s^2} \tag{4-18}$$

式中，D_s 为螺旋形钢筋水平投影中心线直径，mm；s 为螺距，mm；h 为高度，mm。

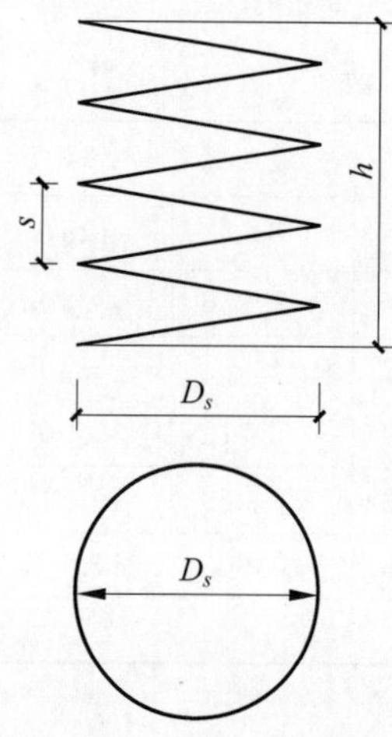

图 4-10 螺旋形钢筋

（5）配置在薄壳结构和其他复杂曲面造型结构中的曲线形钢筋的下料长度 L 应采用以下两种方法之一计算：

① 建立计算曲线形钢筋长度的定积分公式，直接积分求解或采用数值积分方法求解；

② 在 BIM 建模软件或基于 BIM 技术的计算机辅助钢筋详图设计软件中建立钢筋实体模型，测量长度。

（6）两端带弯钩曲线形钢筋的下料长度应按下式计算：

$$\bar{L} = L + \frac{\pi(D+d)}{360}(\alpha_L + \alpha_R) + a_L + a_R \tag{4-19}$$

式中，$\bar{L}$ 为两端带弯钩曲线形钢筋下料长度，mm；L 为曲线部分钢筋长度，mm，可依据曲线类型分别按《混凝土结构钢筋详图设计标准》（T/CECS 800—2021）第 4.3.2 条、第 4.3.3 条、第 4.3.4 条、第 4.3.5 条规定计算；α_L 为左端弯钩弯折角度，(°)；α_R 为右端弯钩弯折角度，(°)；a_L 为左端弯后平直段长度，mm；a_R 为右端弯后平直段长度，mm；d 为钢筋直径，mm；D 为两端弯钩弯弧内直径，mm。

（7）焊接箍筋下料长度应按下式计算：

$$L = 2(L_x + L_y) - (4-\pi)D - (8-\pi)d + \delta L \tag{4-20}$$

式中，L_x、L_y 为箍筋外皮标注长度（见图 4-11），mm；δL 为对接焊头压缩长度，mm，应经试焊确定；D 为弯曲内弧直径，mm；d 为钢筋直径，mm。

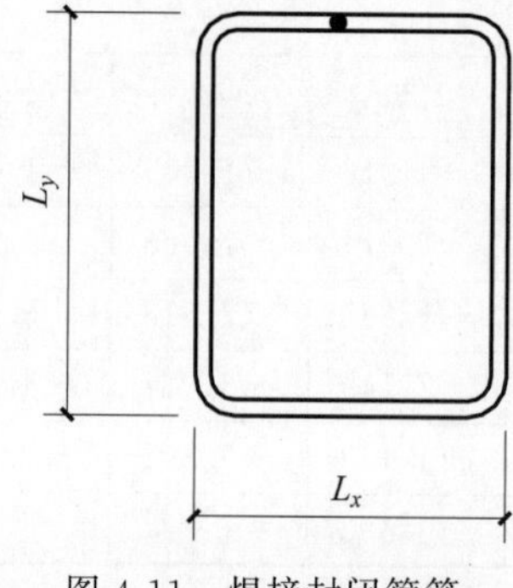

图 4-11 焊接封闭箍筋

（8）单方向设置肢条的焊接封闭网片箍筋（见图 4-12）长度应按下式计算：

$$L = 2(L_x + L_y) - (4-\pi)D - (8-\pi)d + \delta L + nL_y \tag{4-21}$$

式中，n 为肢条数。

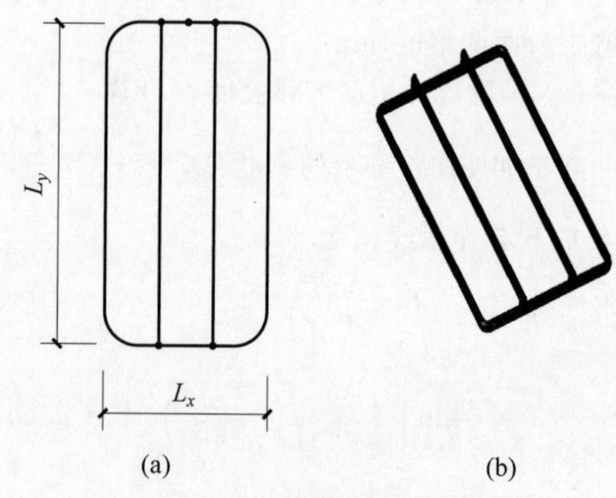

图 4-12 焊接封闭网片箍筋
(a) 计算简图；(b) 轴侧图

（9）对于在开始与结束位置设置长度为一圈半水平段、两端有 135°弯钩的螺旋箍筋（见图 4-13），其下料长度应按下列规定计算。

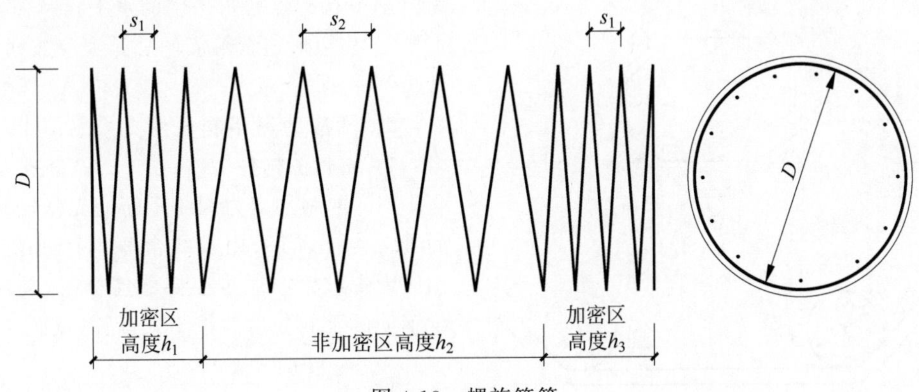

图 4-13　螺旋箍筋

① 左水平圆一圈半箍筋长度

$$L_1 = 1.5\pi(D_e + d) \tag{4-22}$$

② 左端加密区箍筋长度

$$L_2 = \frac{h_1}{s_1}\sqrt{[\pi(D_e + d)]^2 + s_1^2} \tag{4-23}$$

③ 非加密区箍筋长度

$$L_3 = \frac{h_2}{s_2}\sqrt{[\pi(D_e + d)]^2 + s_2^2} \tag{4-24}$$

④ 右端加密区箍筋长度

$$L_4 = \frac{h_3}{s_3}\sqrt{[\pi(D_e + d)]^2 + s_3^2} \tag{4-25}$$

⑤ 右水平圆一圈半箍筋长度

$$L_5 = L_1 \tag{4-26}$$

⑥ 箍筋总长度

$$L = \sum_{i=1}^{5} L_i + 2[1.178(D + d) + a] \tag{4-27}$$

以上各式中，D_e 为螺旋箍筋缠绕内直径，mm；d 为螺旋箍筋直径，mm；s_1 为左端加密区螺距，mm；s_2 为非加密区螺距，mm；s_3 为右端加密区螺距，mm；h_1 为左端加密区高度，mm；h_2 为非加密区高度，mm；h_3 为右端加密区高度，mm；a 为弯后平直段长度，mm；D 为端部 135°弯钩弯弧内直径，mm。

(10) 对于在开始与结束位置设置水平段、两端有 135°弯钩的任意多边形连续箍筋(见图 4-14)，其下料长度应按下列规定计算。

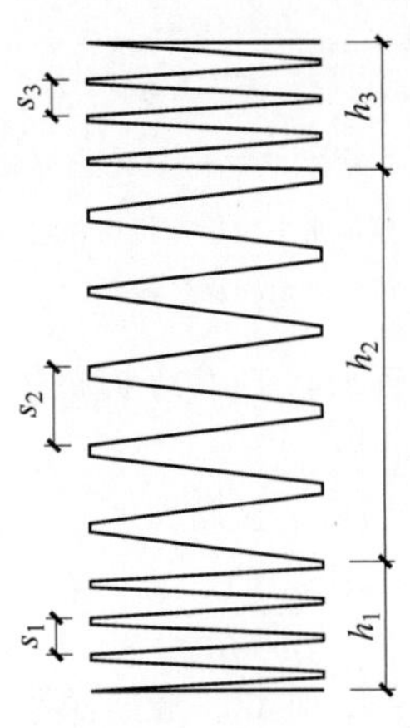

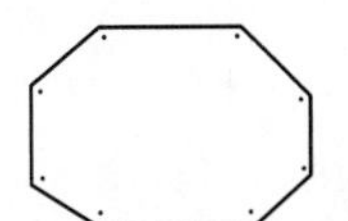

图 4-14　多边形连续箍筋

① 一圈连续箍筋水平投影长度(见图 4-15)

$$l_c = \sum_{i=1}^{n}\left[l_i + \frac{(D + d)\pi\alpha_i}{360}\right] \tag{4-28}$$

$$l_i = \bar{l}_i - \frac{D}{2}\left(\tan\frac{\alpha_i}{2} + \tan\frac{\alpha_{i+1}}{2}\right) \tag{4-29}$$

式中，l_c 为一圈连续箍筋水平投影长度，mm；l_i 为第 i 条边直段部分水平投影长度，mm；α_i 为第 i 个弯折角水平投影值，(°)；n 为箍筋边数；$\bar{l}_i$ 为第 i 条边水平投影的内皮标注长度，mm。

② 下端水平段箍筋长度

$$L_1 = \sum_{k=1}^{m} l_k + \sum_{k=1}^{m-1}\frac{(D + d)\pi\beta_k}{360} + \frac{(D + d)\pi\gamma}{720} \tag{4-30}$$

式中，L_1 为下端水平段箍筋长度，mm；m 为下端水平段包含的箍筋段数，其值可以大于 n；β_k 为 m 段水平段箍筋中的第 k 个弯折角度，

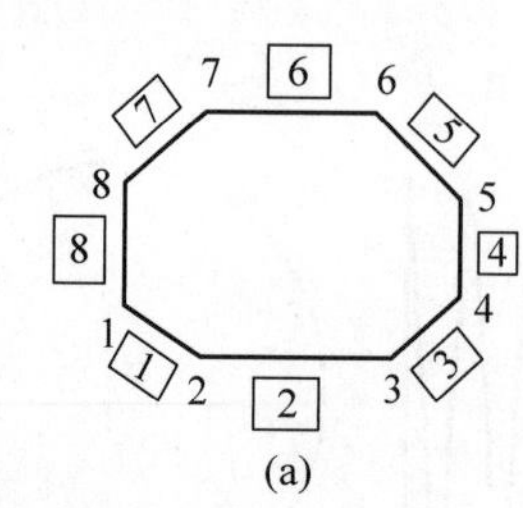

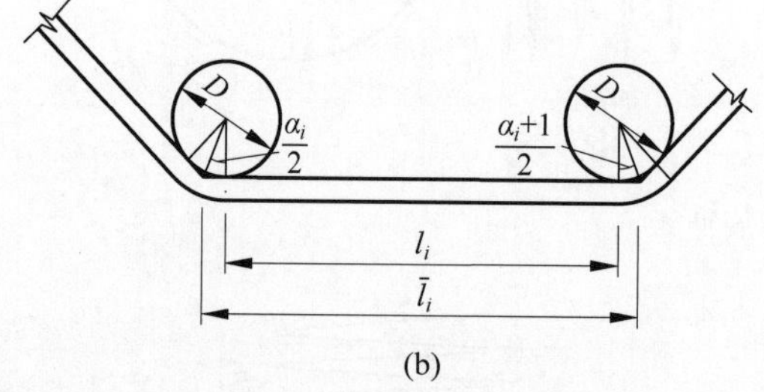

图 4-15 箍筋水平投影编号及内皮标注
(a) 箍筋水平投影弯折点与边编号；
(b) 第 i 条边内皮标注

(°)；γ 为箍筋上行起点弯折角度的水平投影值,(°)。

③ 下端加密区箍筋长度

$$L_2=\frac{h_1}{s_1}\sqrt{l_c^2+s_1^2} \tag{4-31}$$

式中,L_2 为下端加密区箍筋长度,mm；h_1 为下端加密区高度,mm；s_1 为下端加密区螺距,mm。

④ 非加密区箍筋长度

$$L_3=\frac{h_2}{s_2}\sqrt{l_c^2+s_2^2} \tag{4-32}$$

式中,L_3 为非加密区箍筋长度,mm；h_2 为非加密区高度,mm；s_2 为非加密区螺距,mm。

⑤ 上端加密区箍筋长度

$$L_4=\frac{h_3}{s_3}\sqrt{l_c^2+s_3^2} \tag{4-33}$$

式中,L_4 为上端加密区箍筋长度,mm；h_3 为上端加密区高度,mm；s_3 为上端加密区螺距,mm。

⑥ 上端水平段箍筋长度

$$L_5=\sum_{k=1}^{t}l_k+\sum_{k=1}^{t-1}\frac{(D+d)\pi\beta_k}{360}+\frac{(D+d)\pi\delta}{720} \tag{4-34}$$

式中,L_5 为上端水平段箍筋长度,mm；t 为上端水平段包含的箍筋段数,其值可以大于 n；δ 为箍筋下行起点弯折角度的水平投影值,(°)。

⑦ 多边形连续箍筋的总长度应按式(4-27)计算。

4. 预应力筋下料长度

1) 先张法构件

(1) 配制预应力螺纹钢筋的先张法预应力混凝土构件,当采用长线台座生产工艺,分段预应力螺纹钢筋通过连接器连接时,预应力螺纹钢筋的下料长度宜按下式计算(见图 4-16)：

$$L=\frac{L_0-ml_c}{1+\gamma-\delta}+2(m+1)l_{c0} \tag{4-35}$$

式中,L 为预应力螺纹钢筋下料长度,mm；L_0 为预应力螺纹钢筋冷拉后的成品长度,mm；m 为连接器个数；l_c 为连接器中间预应力螺纹钢筋间断长度,mm,应按实际情况取值；l_{c0} 为连接器中预应力螺纹钢筋镦头压缩长度,mm,应按实际情况取值；γ 为预应力螺纹钢筋冷拉伸长率；δ 为预应力螺纹钢筋冷拉弹性回缩率。

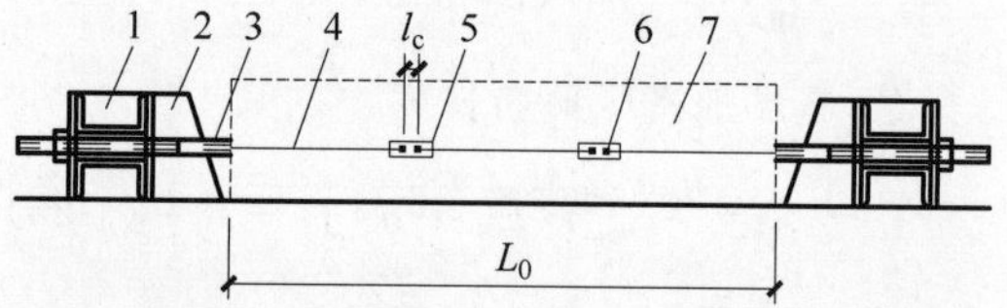

1—钢横梁；2—台座承力支架；3—螺纹端杆连接器；4—分段预应力螺纹钢筋；5—钢筋连接器；6—镦头；7—待浇混凝土构件。

图 4-16 长线台座预应力螺纹钢筋下料长度计算简图

(2) 配置中强度预应力钢丝、消除应力钢丝或钢绞线的先张法预应力混凝土构件采用长线台座生产工艺时,预应力钢丝与钢绞线的下料长度宜按下式计算(见图 4-17)：

$$L=l_1+l_2+l_3-l_4-l_5 \tag{4-36}$$

式中,l_1 为长线台座长度,mm；l_2 为包含外露工具式拉杆长度的张拉装置长度,mm；l_3 为固定端所需长度,mm；l_4 为张拉端工具式拉杆长度,mm；l_5 为固定端工具式拉杆长度,mm。

2) 后张法构件

(1) 配置预应力螺纹钢筋的后张法预应力混凝土构件,预应力螺纹钢筋的下料长度宜按下列规定计算。

1—张拉装置；2—钢横梁；3—台座承力支架；4—工具式拉杆；5—预应力筋(钢丝或钢绞线)；6—待浇混凝土构件；7—连接器。

图 4-17　长线台座预应力钢丝或钢绞线下料长度计算简图

① 两端采用螺纹端杆锚具时(见图 4-18)宜按下列公式计算：

$$L=\frac{l+2l_2-2l_1-ml_c}{1+\gamma-\delta}+2ml_{c0} \qquad (4\text{-}37)$$

$$l_2=2H+h+5 \qquad (4\text{-}38)$$

式中，l 为构件的孔道长度，mm；l_1 为螺纹端杆长度，mm；l_2 为螺纹端杆伸出构件外的长度，mm；H 为螺母高度，mm；h 为垫板厚度，mm。

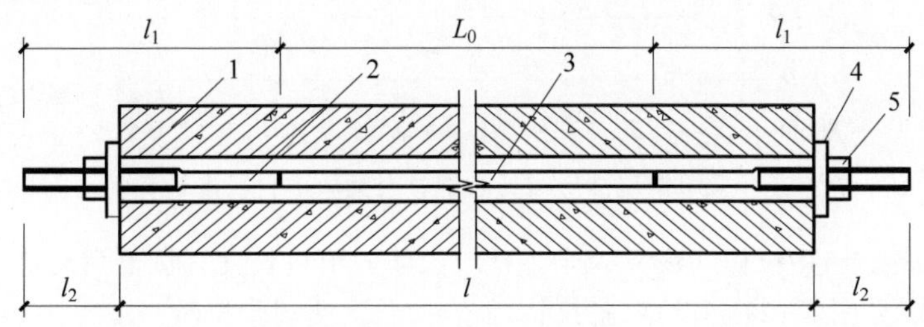

1—混凝土构件；2—螺纹端杆；3—预应力螺纹钢筋；4—垫板；5—螺母。

图 4-18　后张法构件两端采用螺纹端杆锚具时预应力螺纹钢筋下料长度计算简图

② 一端采用螺纹端杆锚具，另一端采用帮条锚具时(见图 4-19)宜按下式计算：

$$L=\frac{l+l_2+l_3-l_1-ml_c}{1+\gamma-\delta}+2ml_{c0} \qquad (4\text{-}39)$$

式中，l_3 为帮条锚具长度，mm，可取 70～80 mm。

③ 一端采用螺纹端杆锚具，另一端采用镦头锚具时(见图 4-20)宜按下式计算：

$$L=\frac{l+l_2+l_4-l_1-ml_c}{1+\gamma-\delta}+2ml_{c0} \qquad (4\text{-}40)$$

式中，l_4 为镦头锚具长度，mm，可取 2.25 倍钢筋直径加垫板厚度。

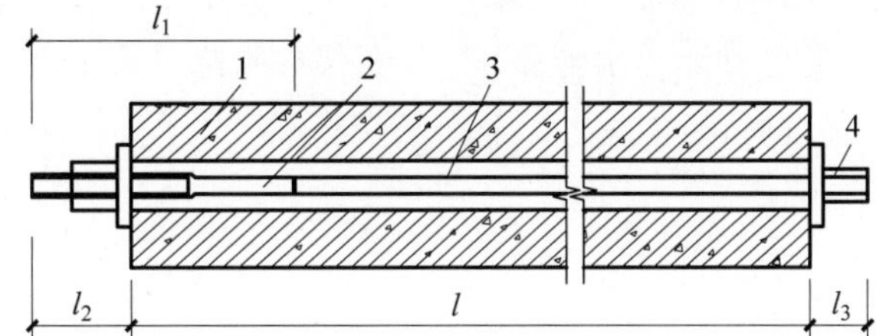

1—混凝土构件；2—螺纹端杆；3—预应力螺纹钢筋；4—帮条锚具。

图 4-19　后张法构件一端采用螺纹端杆锚具、另一端采用帮条锚具时预应力螺纹钢筋下料长度计算简图

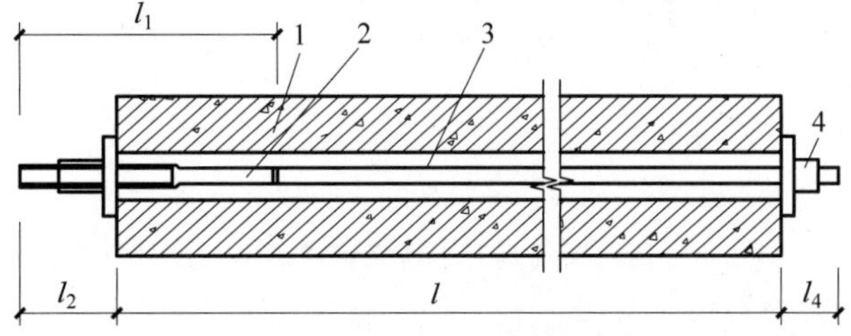

1—混凝土构件；2—螺纹端杆；3—预应力螺纹钢筋；4—镦头锚具。

图 4-20　后张法构件一端采用螺纹端杆锚具、另一端采用镦头锚具时预应力螺纹钢筋下料长度计算简图

(2) 配置钢丝束的后张法预应力混凝土构件,钢丝的下料长度宜按下列规定计算。

① 采用钢质锥形锚具,以锥锚式千斤顶在构件上张拉时(见图 4-21)宜按下列规定计算:

两端张拉时

$$L = l + 2(l_1 + l_2 + 80) \tag{4-41}$$

一端张拉时

$$L = l + 2(l_1 + 80) + l_2 \tag{4-42}$$

式中,l_1 为锚环厚度,mm;l_2 为千斤顶分丝头至卡盘外端距离,mm。

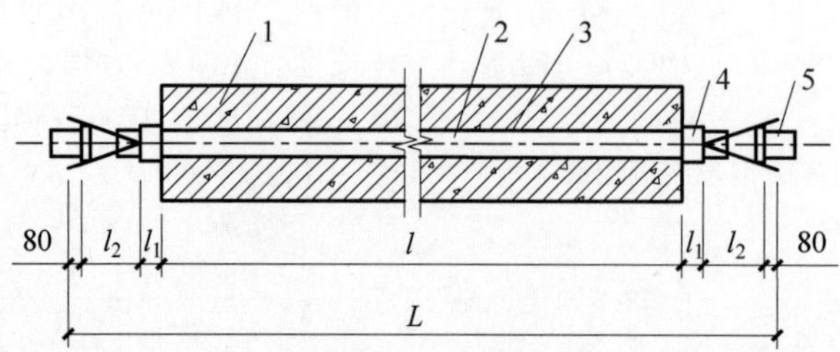

1—混凝土构件;2—孔道;3—钢丝束;4—钢质锥形锚具;5—锥锚式千斤顶。

图 4-21 采用钢质锥形锚具时钢丝束钢丝下料长度计算简图

② 采用镦头锚具,用拉杆式或穿入式千斤顶在构件上张拉(见图 4-22),钢丝束张拉锚固后螺母位于锚杯中部时宜按下式计算:

$$L = l + 2(h + s) - K(h_2 - h_1) - \Delta L - c \tag{4-43}$$

式中,h 为锚杯底部厚度或锚板厚度,mm;h_1 为螺母高度,mm;h_2 为锚杯高度,mm;s 为钢丝镦头留量,mm,对 $\phi^P 5$ 取 10 mm;K 为系数,一端张拉时取 0.5,两端张拉时取 1.0;ΔL 为钢丝束张拉伸长值,mm;c 为张拉时构件的弹性压缩量,mm。

(3) 配置钢绞线束的后张法预应力混凝土构件采用钢绞线束夹片锚具时(见图 4-23),钢绞线的下料长度宜按下列规定计算。

① 两端张拉时

$$L = l + 2(l_1 + l_2 + 100) \tag{4-44}$$

② 一端张拉时

$$L = l + 2(l_1 + 100) + l_2 \tag{4-45}$$

式中,l 为构件的孔道长度,mm,对一段抛物线孔道,可按《混凝土结构钢筋详图设计标准》(T/CECS 800—2021)附录 C 计算;对光滑连接的四段抛物线孔道,可按《混凝土结构钢筋详图设计标准》(T/CECS 800—2021)附录 D 计算;l_1 为夹片式工作锚厚度,mm;l_2 为包含工具锚的张拉用千斤顶长度,mm,采用前卡式千斤顶时仅算至千斤顶体内工具锚处。

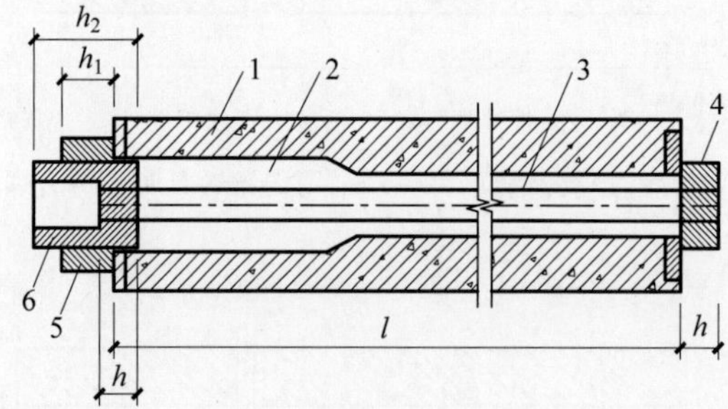

1—混凝土构件;2—孔道;3—钢丝束;4—锚板;5—螺母;6—锚杯。

图 4-22 采用镦头锚具时钢丝束钢丝下料长度计算简图

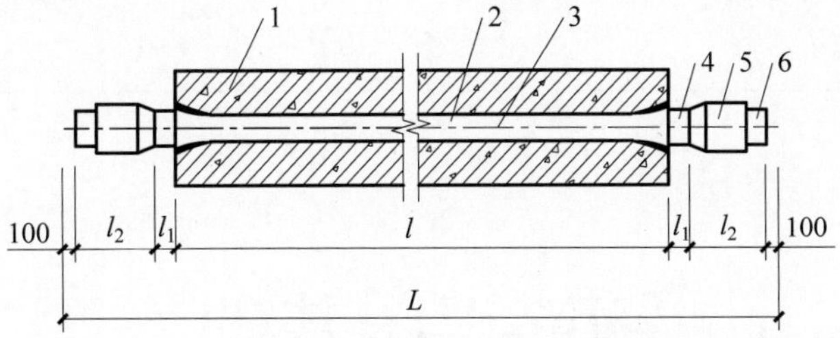

1—混凝土构件；2—孔道；3—钢绞线；4—夹片式工作锚；5—张拉用千斤顶；6—夹片式工具。

图 4-23　采用夹片锚具时钢绞线下料长度计算简图

4.4　钢筋料牌和钢筋配送单

钢筋料牌是依据钢筋配料单和钢筋加工设备的功能而编制的加工钢筋料牌，是加工中心进行钢筋加工调度和使用机械加工设备加工钢筋的依据。绘制钢筋排布图的目的之一是检验钢筋配料单的正确性，之二是为钢筋绑扎提供依据。排布图中的钢筋应与钢筋配料单中的钢筋一一对应，并且每根钢筋都应有精准的定位尺寸。钢筋排布图可由平面图、立面图、剖面图组成，也可以用表格方式表达。钢筋排布图应标注定位钢筋需要的所有必要尺寸。当排布图中某一局部需要放大绘制时，应用虚线圈出需要放大的范围并在引出线上标出索引符号。

钢筋配料单中每一编号钢筋应有清晰标识的钢筋料牌。钢筋料牌设有正、反面，应包括但不限于以下内容：

(1) 工程名称；

(2) 结构部位；

(3) 构件编号；

(4) 料牌编号；

(5) 钢筋编号、符号与直径、简图、根数、下料长度；

(6) 包含上述所有信息的二维码。

钢筋配送单是按照施工前后顺序和建筑构件所需成型钢筋种类、规格、数量填写的送货单，也是钢筋加工配送后的工程结算依据。为了配送、运输、装车的方便，配送单是按照施工流水段所需钢筋种类、规格数量填写的，带来的问题是绑扎钢筋时需要按照构件钢筋排布图在所配送成型钢筋中选择安装。究竟选择何种配送方式，有待于在实践中进一步探索。钢筋加工配送执行国家现行标准《混凝土结构用成型钢筋制品》(GB 29733—2013)和《混凝土结构成型钢筋应用技术规程》(JGJ 366)。

第5章

钢筋识图基础

5.1 制图规则

图纸幅面应符合现行国家标准《房屋建筑制图统一标准》(GB/T 50001—2017)的规定,一个工程钢筋排布图所使用的图纸,除目录及表格所采用的A4幅面外,不宜多于两种幅面。基础、楼板的钢筋排布宜在构件平面图中绘制,柱、墙、梁的钢筋排布宜在构件立面图中绘制。当有 n 个相邻楼层柱、墙钢筋排布完全相同时,可只在立面图中画出一层钢筋排布,并在底板、顶板标高处标出 n 个楼层标高,在排布图一侧写明“n 层相同”。当相邻楼层的柱、墙配筋或相邻跨的梁配筋完全相同而只是钢筋编号不同时,可只绘制自下而上或自左至右的第一个剖面图,其他剖面图不必绘出,且绘出与未绘出剖面均应使用同一剖面编号,未绘出剖面应在剖面编号标注旁加注“参”字,具体见图5-1。

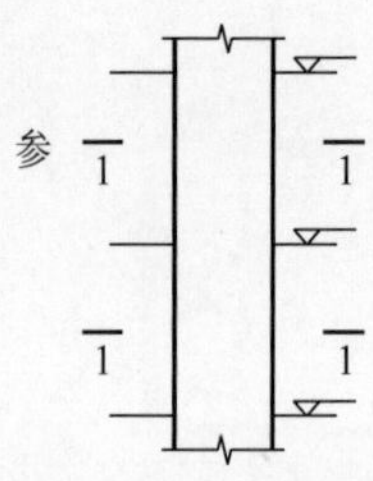

图5-1　参照剖面

钢筋排布图宜在右下角以1∶100～1∶500比例绘制基础或楼层平面示意图,突显图中所绘构件,并在图名右侧绘出指北针。当板的底筋、顶筋可在一张图纸上完整排布时,可不绘制平面示意图,但应在图名右侧绘出指北针。图纸说明栏应对图纸采用的长度单位、标高单位、图例和所绘构件的混凝土强度等级、抗震等级、混凝土保护层厚度以及图纸所依据的结构施工图编号、与图纸对应的钢筋配料单编号等内容进行说明。

5.2 表示与标注

5.2.1 钢筋表示方法

普通钢筋的表示方法应符合表5-1的规定,预应力筋的表示方法应符合表5-2的规定,钢筋网片的表示方法应符合表5-3的规定。

板底部钢筋层宜用B加数字表示,B1表示底部最外层;顶部钢筋层宜用T加数字表示,T1表示顶部最外层,如图5-2所示。

墙剖面图中近面钢筋层宜用NF加数字表示,NF1表示近面最外层;远面钢筋层宜用FF加数字表示,FF1表示远面最外层,如图5-3所示。

普通钢筋应按如图5-4所示的格式标注。

表 5-1　普通钢筋的表示方法

名　称		图　例	说　明
直钢筋			
钢筋横断面	单根		
	两根并筋		
	三根并筋		
带弯钩钢筋端部			90°弯钩
			135°弯钩
			180°弯钩
90°弯钩背向观察者			
90°弯钩朝向观察者			
采用机械锚固的钢筋端部			用文字说明锚固方式(一侧贴焊锚筋、两侧贴焊锚筋、锚固板、螺栓锚头)
无弯钩钢筋搭接			
机械连接的钢筋接头			用文字说明机械连接方式
接触对焊的钢筋接头			用文字说明焊接连接方式
预制构件纵筋灌浆套筒连接			

表 5-2　预应力筋的表示方法

名　称	图　例	说　明
预应力筋		双点长画线
连接器		
无黏结预应力筋断面	○	
有黏结预应力筋断面	+	
张拉端锚具		
锚固端锚具		
锚具的端视图		

表 5-3　钢筋网片的表示方法

名　称	图　例	说　明
一片钢筋网片平面图	W-1	用文字说明焊接网片或绑扎网片
一行相同的钢筋网片平面图	3W-1	用文字说明焊接网片或绑扎网片

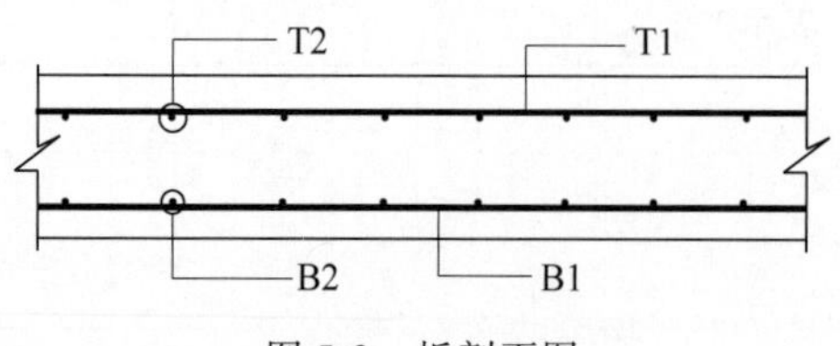

图 5-2　板剖面图

FF2
FF1
NF2
NF1
立面图投影方向

图 5-3　墙剖面图

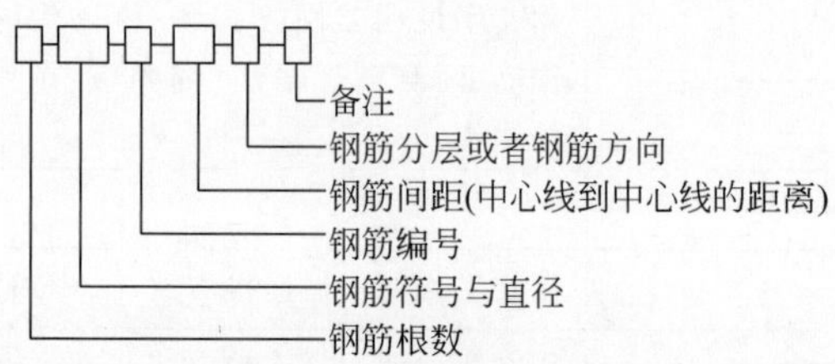

图 5-4　普通钢筋标注格式

编号是必选项，钢筋间距、钢筋分层、钢筋方向和备注视具体情况可以省略，每个标注项之间宜用连字符连接，当不致引起误解时，各标注项之间也可不设连接。

普通钢筋标注、钢筋分层或者钢筋方向项可使用表 5-4 中的缩写词。

表 5-4　表示钢筋分层或钢筋方向的缩写词

缩写词	含　义
B1	表示底部最外层
B2	表示底部第 2 层
T1	表示顶部最外层
T2	表示顶部第 2 层
NF	立面图的近面
FF	立面图的远面
EF	立面图的每面
V	竖向
H	水平向

普通钢筋标注、备注项可使用表 5-5 中表示钢筋作用或特点的缩写词。

表 5-5　表示钢筋作用或特点的缩写词

缩写词	含　义
G	梁侧面构造纵筋
N	梁侧面抗扭纵筋
架立筋	梁架立筋
缩尺	缩尺钢筋

钢筋应用粗线按比例绘制，在钢筋与标注线交点处画一实心圆。

单根钢筋宜采用图 5-5 所示的任何一种方式标注。

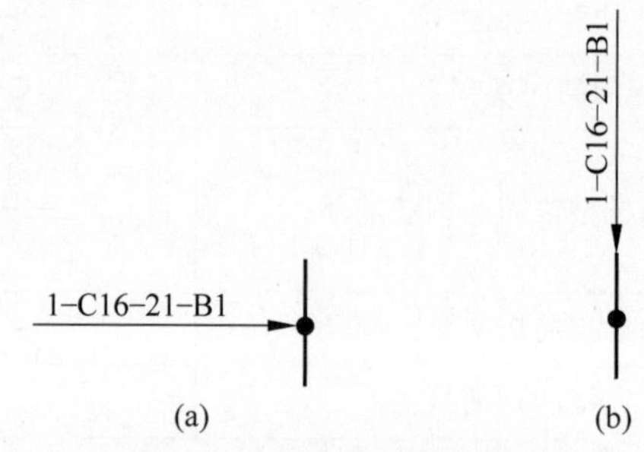

图 5-5　一根钢筋标注方式
(a) 方式 1；(b) 方式 2

两根钢筋宜采用图 5-6 所示的任何一种方式标注。

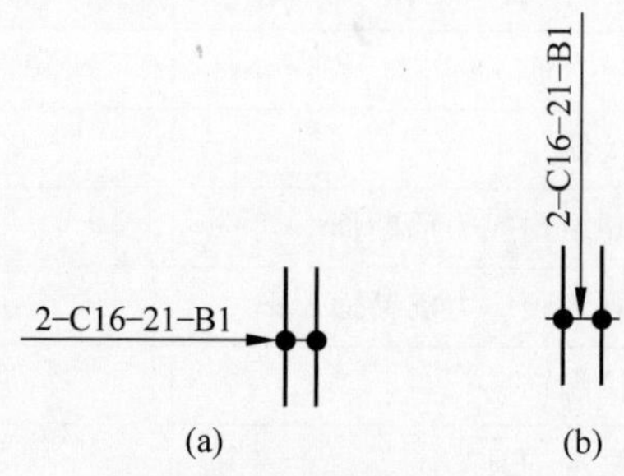

图 5-6　两根钢筋标注方式
(a) 方式 1；(b) 方式 2

排布在一个区域的多根钢筋宜按下列规定标注：

(1) 当钢筋在同一层时，宜采用图 5-7 所示的任何一种方式标注。

(2) 当钢筋分布在两层时，宜采用图 5-8 所示的任何一种方式标注。

排布在多个区域的钢筋宜按下列规定标注：

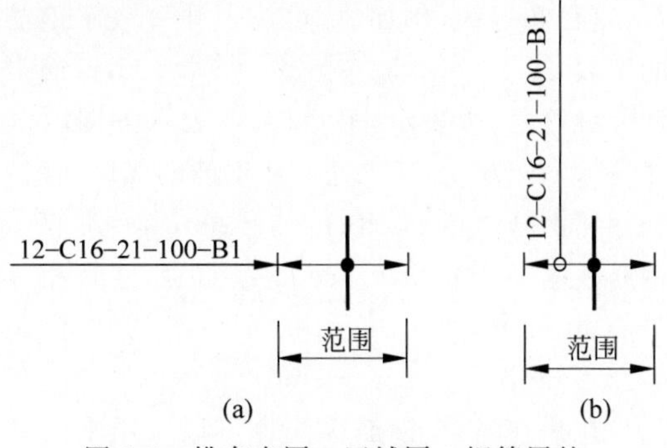

图 5-7　排布在同一区域同一钢筋层的多根钢筋标注
(a) 方式 1；(b) 方式 2

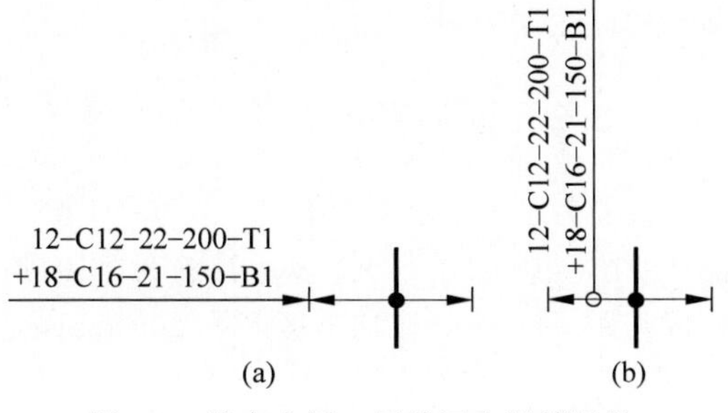

图 5-8　排布在同一区域两个钢筋层的多根钢筋标注方式
(a) 方式 1；(b) 方式 2

(1) 同层钢筋在不同区域排布，当各区域钢筋编号、间距相同，只是根数不同时，宜采用图 5-9 所示的任何一种方式标注。

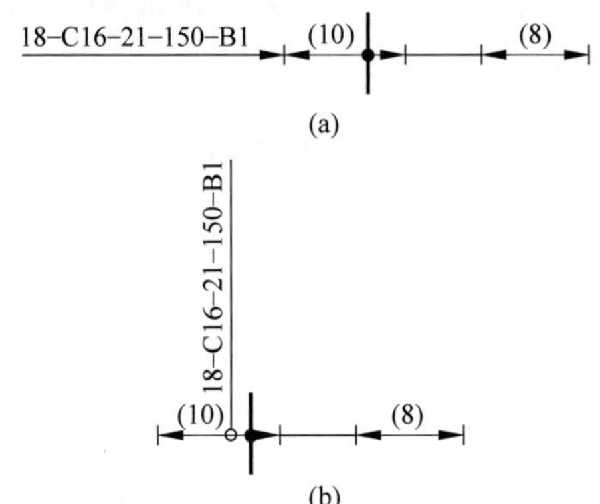

图 5-9　各区域钢筋编号、间距相同，根数不同的同层多根钢筋标注方式
(a) 方式 1；(b) 方式 2

(2) 同层钢筋在不同区域排布，当各区域钢筋编号不同时，宜采用图 5-10 所示的任何一种方式标注。

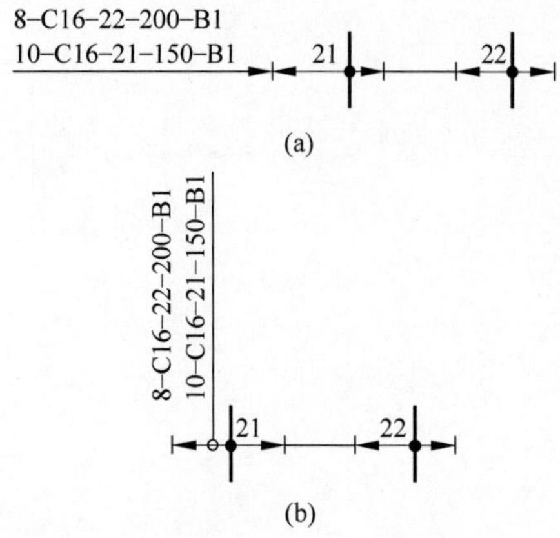

图 5-10　各区域钢筋编号不同的同层多根钢筋标注方式
(a) 方式 1；(b) 方式 2

交错排布的钢筋宜采用图 5-11 所示的任何一种方式标注。

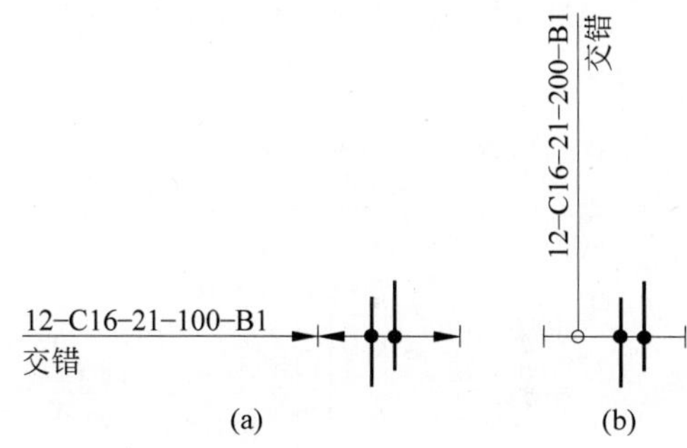

图 5-11　交错排布钢筋标注方式
(a) 方式 1；(b) 方式 2

交替排布的钢筋宜采用图 5-12 所示的任何一种方式标注。

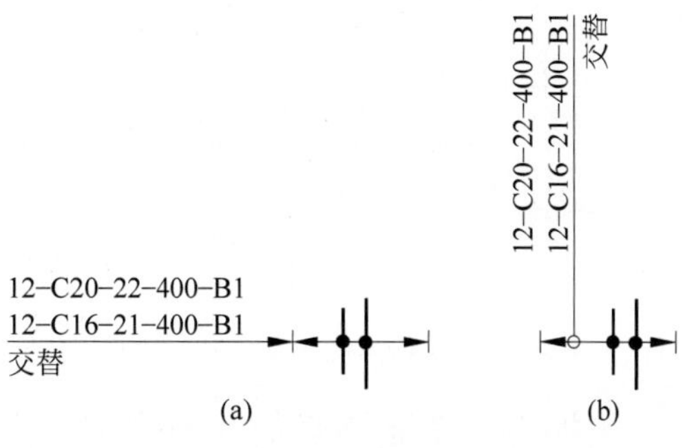

图 5-12　交替排布钢筋标注方式
(a) 方式 1；(b) 方式 2

缩尺钢筋宜采用图 5-13 所示的任何一种方式标注。

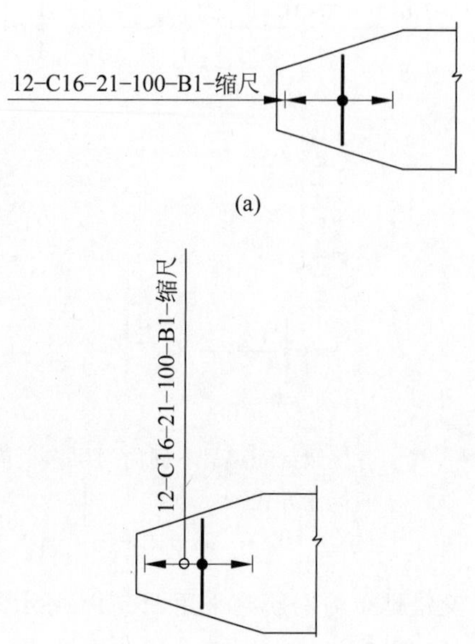

图 5-13 缩尺钢筋标注方式
(a) 方式 1；(b) 方式 2

有黏结预应力筋应按如图 5-14 所示的格式标注。

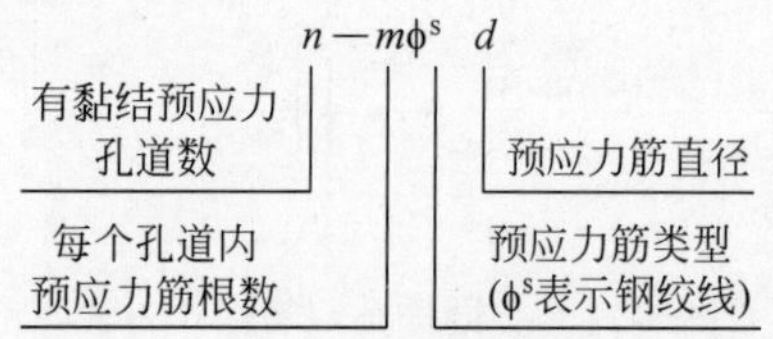

图 5-14 有黏结预应力钢筋标注格式

无黏结预应力筋应按如图 5-15 所示的格式标注。

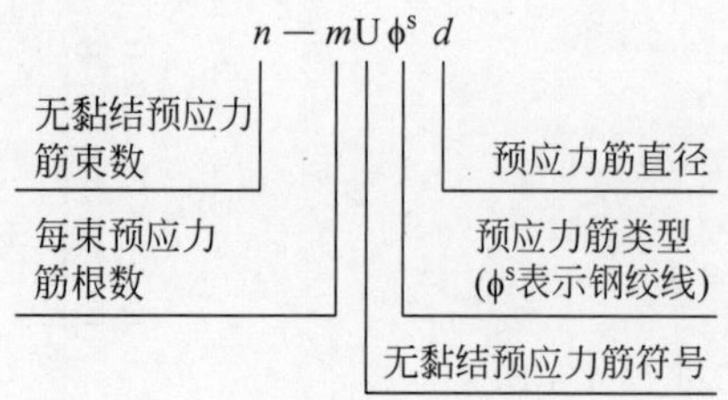

图 5-15 无黏结预应力筋标注格式

钢筋配筋的标注通常采用引出线的方法，具体有两种标注方法：其一是标注钢筋的根数、直径和等级，例如 3 Φ 20，其中 3 表示钢筋的根数，20 表示钢筋直径，ϕ、Φ、Φ̲̅表示钢筋强度等级符号，ϕ表示 HPB300，Φ表示 HRB400，Φ̲̅表示 HRB500；其二是标注钢筋的等级、直径和相邻钢筋中心距，例如Φ 8@200，其中Φ表示钢筋强度等级符号，8 表示钢筋直径，@是相等中心距符号，200 表示相邻钢筋的中心距（≤200 mm）。

在一些场合，钢筋标注也可以采用平法标注、集中标注和原位标注 3 种标注法。平法标注是指整个图纸的标注方法，集中标注是指某一道梁的标注方法，原位标注是指某一（位置）节点的标注方法。

5.2.2 箍筋表示方法

箍筋表示方法示例如下：

Φ10@100/200(2) 表示箍筋为Φ10，加密区间距 100 mm，非加密区间距 200 mm，全为双肢箍。

Φ10@100/200(4) 表示箍筋为Φ10，加密区间距 100 mm，非加密区间距 200 mm，全为四肢箍。

Φ8@200(2) 表示箍筋为Φ8，间距为 200，双肢箍。

Φ8@100(4)/150(2) 表示箍筋为Φ8，加密区间距 100 mm，四肢箍，非加密区间距 150 mm，双肢箍。

5.2.3 梁上主筋和梁下主筋同时表示方法

梁上主筋和梁下主筋同时表示方法示例如下：

3 Φ22，3 Φ20 表示上部钢筋为 3 Φ22，下部钢筋为 3 Φ20。

2 Φ12，3 Φ18 表示上部钢筋为 2 Φ12，下部钢筋为 3 Φ18。

4 Φ25，4 Φ25 表示上部钢筋为 4 Φ25，下部钢筋为 4 Φ25。

3 Φ25，5 Φ25 表示上部钢筋为 3 Φ25，下部钢筋为 5 Φ25。

5.2.4 梁上部钢筋表示方法

梁上部钢筋表示方法示例如下：

2 ⌀ 20 表示两根⌀ 20 的钢筋，通长布置，用于双肢箍。

2 ⌀ 22+(4 ⌀ 12) 表示 2 ⌀ 22 为通长，4 ⌀ 12 架立筋，用于六肢箍。

6 ⌀ 25 4/2 表示上部钢筋上排为 4 ⌀ 25，下排为 2 ⌀ 25。

2 ⌀ 22+2 ⌀ 22 表示只有一排钢筋，两根在角部，两根在中部，均匀布置。

5.2.5 梁腰中钢筋表示方法

梁腰中钢筋表示方法示例如下：

G2 ⌀ 12 表示梁两侧的构造钢筋，每侧一根⌀ 12。

G4 ⌀ 14 表示梁两侧的构造钢筋，每侧两根⌀ 14。

N2 ⌀ 22 表示梁两侧的抗扭钢筋，每侧一根⌀ 22。

N4 ⌀ 18 表示梁两侧的抗扭钢筋，每侧两根⌀ 18。

5.2.6 梁下部钢筋表示方法

梁下部钢筋表示方法示例如下：

4 ⌀ 25 表示只有一排主筋，4 ⌀ 25 全部伸入支座内。

6 ⌀ 25 2/4 表示有两排钢筋，上排筋为 2 ⌀ 25，下排筋为 4 ⌀ 25。

6 ⌀ 25(−2)/4 表示有两排钢筋，上排筋为 2 ⌀ 25，不伸入支座，下排筋为 4 ⌀ 25，全部伸入支座。

2 ⌀ 25+3 ⌀ 22(−3)/5 ⌀ 25 表示有两排筋，上排筋为 5 根，2 ⌀ 25 伸入支座，3 ⌀ 22 不伸入支座。下排筋为 5 ⌀ 25，通长布置。

5.2.7 标注示例

梁钢筋平法标注、集中标注、原位标注示例如图 5-16 所示。

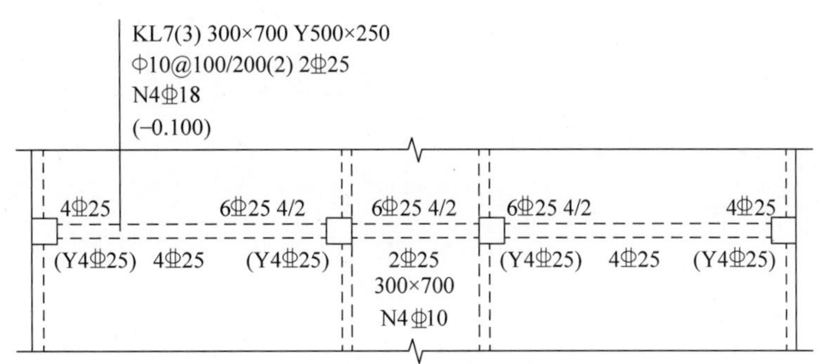

图 5-16 梁竖向加腋钢筋标注示例

1. 梁平法集中标注部分

KL7(3)300×700 表示楼层框架梁编号为 7，(3)表示该梁有三跨，梁断面宽度 300 mm，高度 700 mm。

Y500×250 表示梁竖向加腋，加腋宽度 500 mm，加腋高度 250 mm。

⌀ 10@100/200(2)表示梁箍筋钢筋型号 HPB300，直径 10 mm，加密区箍筋间距 100 mm，非加密区箍筋间距 200 mm，箍筋为 2 肢箍。

2⌀25 表示梁上部钢筋角部为 2 支钢筋型号 HRB400，直径 25 mm 的通长钢筋。

N4⌀18 表示梁腰筋为抗扭腰筋，4 支⌀18 钢筋，梁两侧上下各 2 支。

(−0.100)表示该梁顶面标高比其所在的楼层标高低 0.1 m。

2. 梁上部原位标注

第 1 支座处 4⌀25 表示该支座处上部钢筋为 2 支通长钢筋和 2 支支座负筋，其中 2 支通长钢筋为集中标注中所注写的角部通长钢筋。这 4 支⌀25 钢筋都在梁上部钢筋第 1 层。

第 2 支座左侧处原位 6⏀25 4/2 表示第 2 支座左侧有 6 支⏀25 钢筋，分两层布置，第 1 层有 4 支⏀25 钢筋，第 2 层有 2 支⏀25 钢筋。第 1 层 4 支⏀25 钢筋有 2 支是集中标注中的角部通长钢筋，有 2 支是支座负筋。第 2 层为 2 支⏀25 的支座负筋。

第 2 跨跨中标注 6⏀25 4/2 表示第 2 跨上部钢筋为通长的 6 支⏀25 钢筋，第 1 层为 4 支，第 2 层为 2 支。

第 3 支座右侧原位标注 6⏀25 4/2 表示该支座处上部钢筋为两层，第 1 层为 4 支⏀25 钢筋，其中有集中标注中所注写的 2 支角部通长钢筋，另外有 2 支⏀25 为支座负筋。第 2 层为 2 支⏀25 的支座负筋。

第 4 支座左侧原位标注 4⏀25 表示该支座左侧有集中标注中所注写的 2 支⏀25 的角部通长钢筋，有 2 支⏀25 的支座负筋。

3. **梁下部原位标注**

第 1 支座右侧、第 2 支座左侧、第 3 支座右侧和第 4 支座左侧的原位标注（Y4⏀25）表示该支座处有梁竖向加腋，加腋尺寸为梁集中标注中注写的 500 mm×250 mm，竖向加腋筋为 4 支⏀25 钢筋。

第 1 跨下部跨中和第 3 跨下部跨中原位标注 4⏀25 表示该跨梁下部为 1 排 4 支⏀25 通长钢筋。

第 2 跨下部跨中原位标注 2⏀25 表示该跨梁下部为 1 排 2 支⏀25 通长钢筋。300×700 表示该跨两端支座没有竖向加腋，梁断面尺寸为 300 mm×700 mm。N4⏀10 表示该跨梁的腰筋为 4 支⏀10 的受扭腰筋，梁两侧上下各 2 支。此跨腰筋不按梁集中标注中的 N4⏀18 配筋，所以在此处予以修正。

梁的腰筋配筋前注写的 N 和 G 表示受扭腰筋和构造腰筋。当不注明 N 和 G 时，默认梁的腰筋为构造腰筋 G。受扭腰筋 N 在支座内的锚入长度为 L_{ae}，构造腰筋 G 在支座内的锚入长度为 15d，d 为腰筋直径。

第6章

钢筋翻样基础

钢筋翻样是一种常见的建筑施工工艺，指的是将钢筋在拆除和安装的过程中进行翻转，以保证钢筋的正确位置和方向。钢筋翻样的作用主要包括保证结构的强度和稳定性，提高施工效率和施工质量，避免钢筋质量问题。钢筋翻样一般由技术人员依照图纸计算出材料用量，排列出具体的加工清单并画出对应的施工图纸。实际操作分为两种，一种为预算翻样，一般是在规划和预算阶段，根据图纸做钢筋翻样，从而计算出图纸里面钢筋的用量。另一种则是在施工时，依据图纸显示钢筋构造里面钢筋的规格、形状、数量等来对钢筋构件下单，这样可便于后期钢筋构件的制作和安装。为了保证工程里面的钢筋能够达到设计要求，施工完毕后必须对其进行验收，保证它能够符合标准才算工程结束。

6.1 梁

6.1.1 框架梁

1. 首跨钢筋计算

上部贯通筋(上通长筋 1)长度＝通跨净跨长＋首尾端支座锚固值

端支座负筋长度：第一排为 $l_n/3$＋端支座锚固值；第二排为 $l_n/4$＋端支座锚固值。

下部钢筋长度＝净跨长＋左右支座锚固值

注意：下部钢筋不论分排与否，计算结果都是一样的，所以在标注梁的下部纵筋时可以不输入分排信息。以上三类钢筋中均涉及支座锚固问题。

对于以上三类钢筋的支座锚固判断问题，有如下计算公式：

支座宽$\geqslant l_{aE}$ 且$\geqslant 0.5h_c+5d$，为直锚，取 $\max\{l_{aE},0.5h_c+5d\}$。

钢筋的端支座锚固值＝支座宽$\leqslant l_{aE}$ 或$\leqslant 0.5h_c+5d$，为弯锚，取 $\max\{l_{aE}$，支座宽度－保护层$+15d\}$。

钢筋的中间支座锚固值 $=\max\{l_{aE},0.5h_c+5d\}$

腰筋

构造钢筋：构造钢筋长度＝净跨长$+2\times15d$

抗扭钢筋：算法同贯通钢筋。

拉筋长度＝(梁宽－2×保护层)＋2×11.9d(抗震弯钩值)＋2d

拉筋根数＝(箍筋根数/2)×(构造筋根数/2)

箍筋长度＝(梁宽－2×保护层＋梁高－2×保护层)×2＋2×11.9d＋8d

箍筋根数＝(加密区长度/加密区间距＋1)×2＋(非加密区长度/非加密区间距－1)＋1

注意：因为构件扣减保护层时都是扣至纵筋的外皮，因此拉筋和箍筋在每个保护层处均被多扣掉了直径值。并且在预算中计算钢筋长度时，都是按照外皮计算的，所以软件自动会将多扣掉的长度再补充回来。由此，拉筋计算时增加了 $2d$，箍筋计算时增加了 $8d$。

2. 中间跨钢筋计算

中间支座负筋：第一排为 $l_n/3$＋中间支座值＋$l_n/3$；第二排为 $l_n/4$＋中间支座值＋$l_n/4$。

注意：当中间跨两端的支座负筋延伸长度之和≥该跨的净跨长时，其钢筋长度：第一排为该跨净跨长＋($l_n/3$＋前中间支座值)＋($l_n/3$＋后中间支座值)；第二排为该跨净跨长＋($l_n/4$＋前中间支座值)＋($l_n/4$＋后中间支座值)。

其他钢筋计算同首跨钢筋计算。

3. 尾跨钢筋计算

其计算类似首跨钢筋计算。

4. 悬臂跨钢筋计算

1）主筋

在 16G101-1 图集中，主要有 6 种形式的悬臂钢筋，如图 6-1 所示。下面以 2#、5# 及 6# 钢筋为例进行分析：

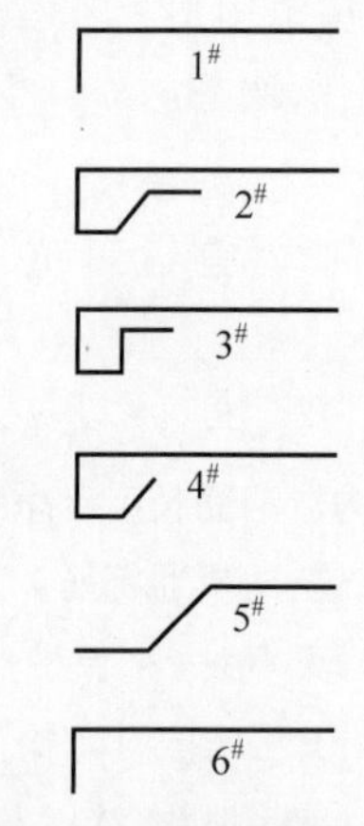

图 6-1 悬臂钢筋的形式

2# 钢筋：悬臂上通筋＝(通跨)净跨长＋梁高＋次梁宽度＋钢筋距次梁内侧 50 mm 起弯－4 个保护层＋钢筋的斜段长＋下层钢筋锚固入梁内长度＋支座锚固值

5# 钢筋：上部下排钢筋＝$l_n/4$＋支座宽＋$0.75l$

6# 钢筋：下部钢筋＝l_n－保护层＋$15d$

2）箍筋

(1) 如果悬臂跨的截面为变截面，我们要同时输入其端部截面尺寸与根部梁高，它们会影响悬臂梁截面箍筋的长度计算。上面钢筋存在斜长的时候，会影响斜段的高度及下部钢筋的长度；如果没有发生变截面的情况，只需计算其端部尺寸即可。

(2) 计算悬臂梁的箍筋根数时应不减去次梁的宽度，如图 6-2 所示，具体内容可见 16G101-1 的 92 页。

6.1.2 其他梁

1. 非框架梁

在 16G101-1 中，对于非框架梁的配筋的简单解释，与框架梁钢筋处理的不同之处在于：

(1) 普通梁箍筋设置时不再区分加密区与非加密区；

(2) 下部纵筋锚入支座只需 $12d$；

(3) 上部纵筋锚入支座，不再考虑 $0.5h_c+5d$ 的判断值。

未尽解释请参考 16G101-1 的说明。

2. 框支梁

(1) 框支梁的支座负筋的延伸长度为 $l_n/3$；

(2) 下部纵筋端支座锚固值处理同框架梁；

(3) 上部纵筋中第一排主筋端支座锚固长度＝支座宽度－保护层×2＋梁高＋l_{aE}，第二排主筋锚固长度≥l_{aE}；

(4) 梁中部筋伸至梁端部水平直锚，再横向弯折 $15d$；

(5) 箍筋的加密范围≥$0.2l_n$，且≥$1.5h_b$；

(6) 侧面构造钢筋与抗扭钢筋处理与框架梁一致。

注：6.1 节中，l_n 为梁跨净距，h_b 为梁截面的高度，h_c 为转换柱截面沿转换框架方向的高度。

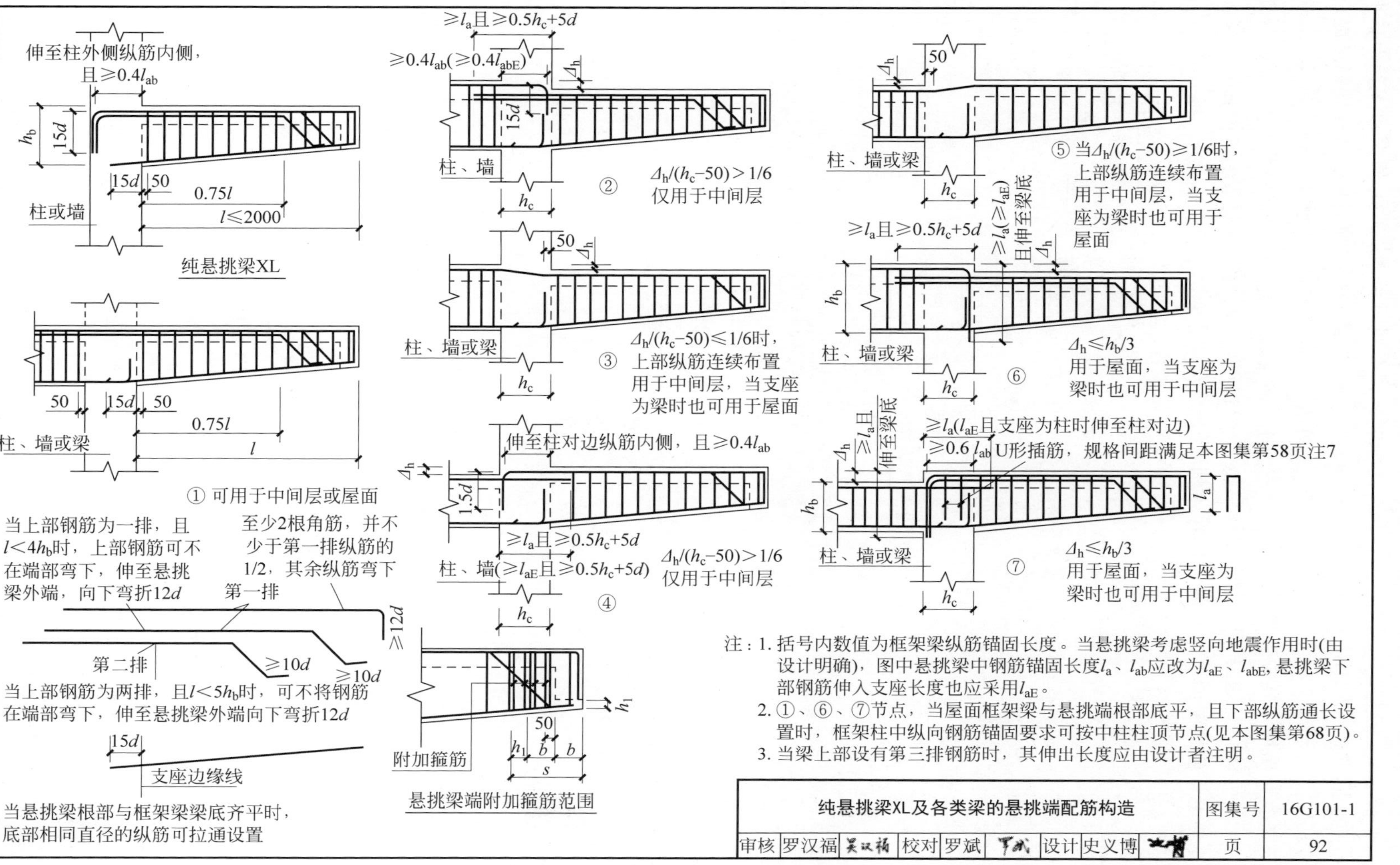

图 6-2 悬臂梁的箍筋根数计算

6.2 剪力墙

在钢筋工程量计算中剪力墙是最难计算的构件。剪力墙包括墙身、墙梁、墙柱、洞口，必须要考虑它们之间的关系。剪力墙在平面上有直角、丁字角、十字角、斜交角等各种转角形式，在立面上有各种洞口；墙身钢筋可能有单排、双排、多排，且可能每排钢筋不同；墙柱有各种箍筋组合；连梁是一种墙梁，要区分顶层与中间层，依据洞口的位置不同计算方法亦不同，见图 6-3。

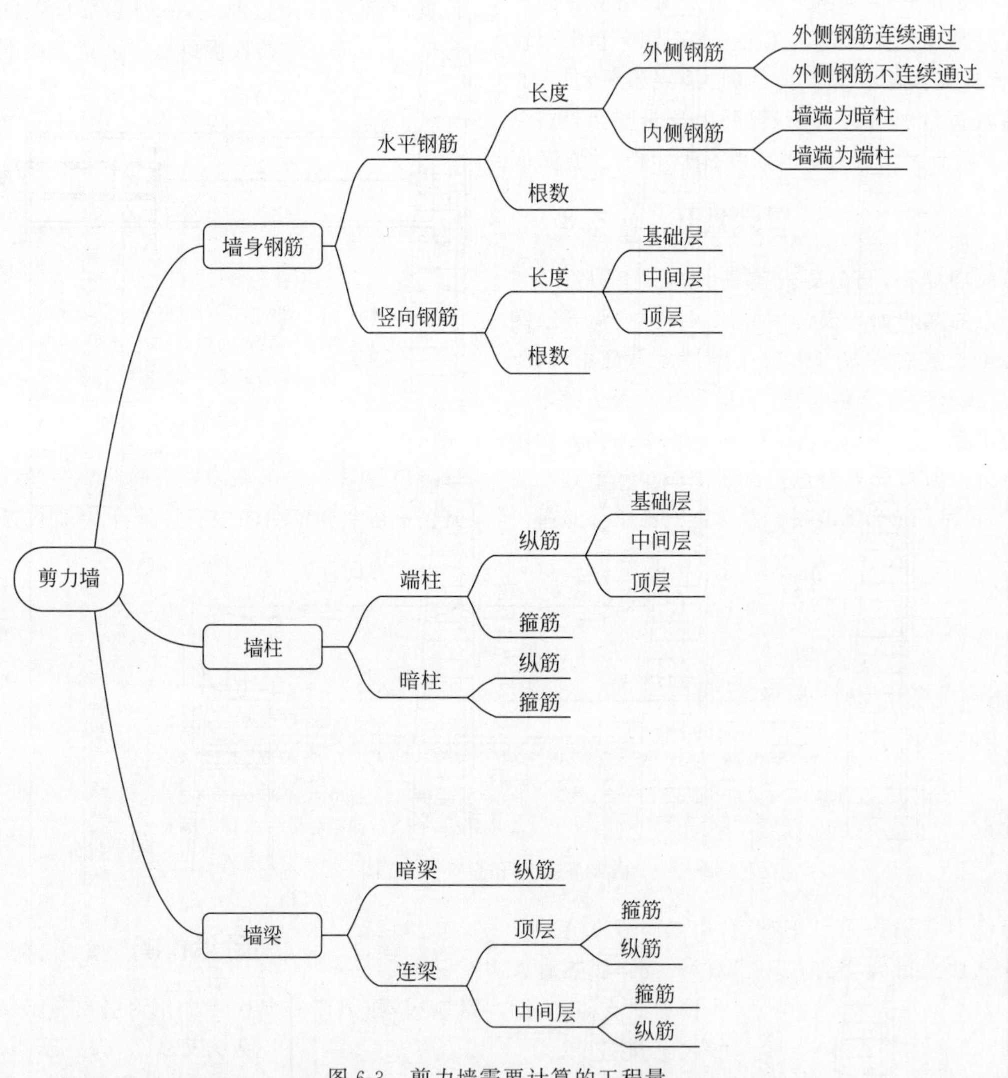

图 6-3 剪力墙需要计算的工程量

1. 剪力墙墙身水平钢筋的计算

剪力墙墙身水平钢筋的工程量可根据 16G101-1 的 71 页和 72 页进行计算，如图 6-4 所示。

1）墙端为暗柱时的计算

墙端暗柱如图 6-5 所示。

（1）外侧钢筋连续通过：

外侧钢筋长度＝墙长－保护层

内侧钢筋长度＝墙长－保护层＋弯折长度

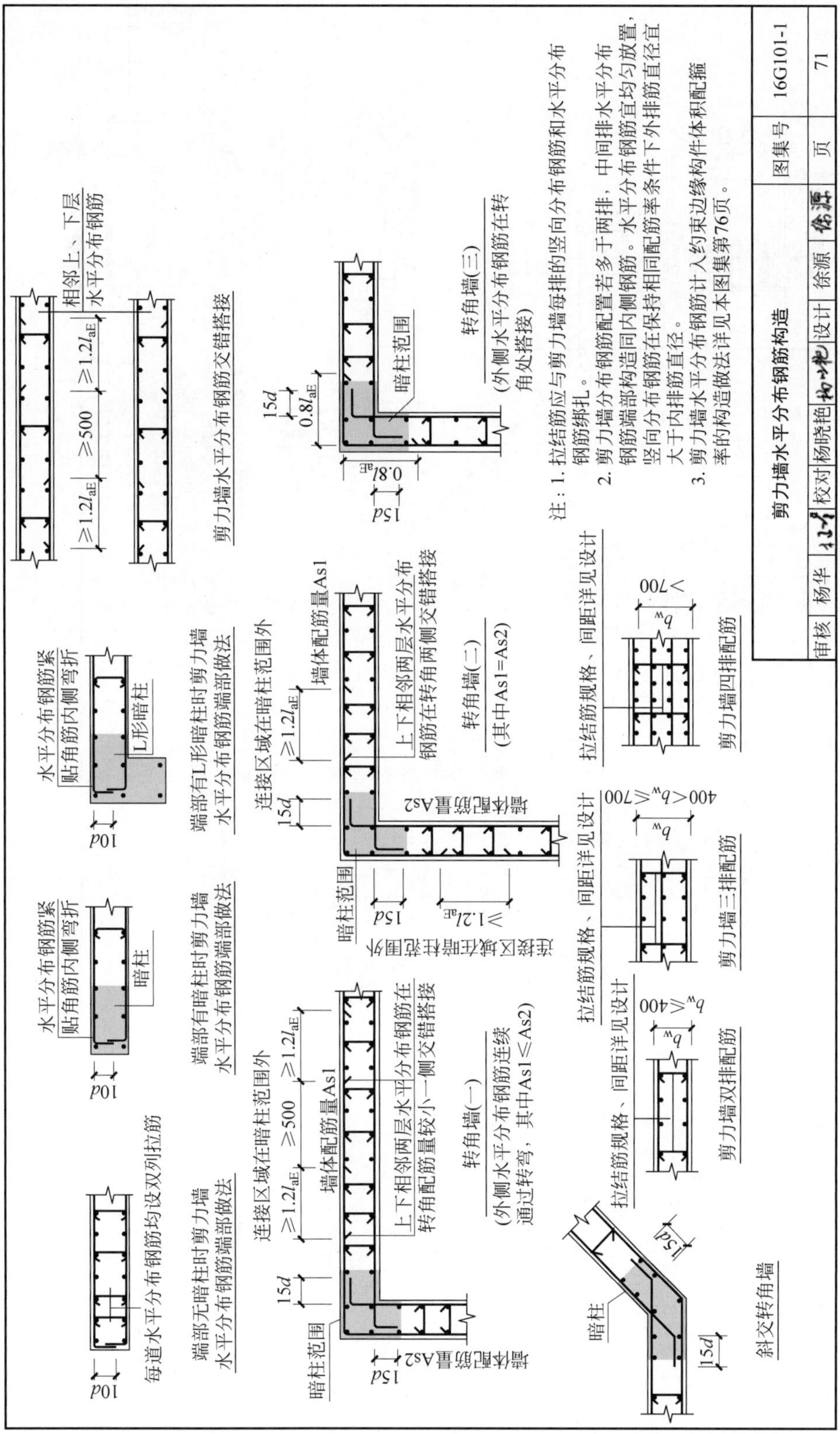

10d
每道水平分布钢筋均设双列拉筋
端部无暗柱时剪力墙水平分布钢筋端部做法

水平分布钢筋紧贴角筋内侧弯折
10d
暗柱
端部有暗柱时剪力墙水平分布钢筋端部做法

水平分布钢筋紧贴角筋内侧弯折
10d
L形暗柱
端部有L形暗柱时剪力墙水平分布钢筋端部做法

$\geqslant 1.2l_{aE}$ $\geqslant 500$ $\geqslant 1.2l_{aE}$
相邻上、下层水平分布钢筋
剪力墙水平分布钢筋交错搭接

连接区域在暗柱范围外
15d $\geqslant 1.2l_{aE}$ $\geqslant 500$ $\geqslant 1.2l_{aE}$
暗柱范围
墙体配筋量As1
15d
墙体配筋量As2
上下相邻两层水平分布钢筋在转角配筋量较小一侧交错搭接
转角墙(一)
(外侧水平分布钢筋连续通过转弯，其中As1≤As2)

连接区域在暗柱范围外
15d $\geqslant 1.2l_{aE}$
墙体配筋量As1
暗柱范围
15d
$\geqslant 1.2l_{aE}$
连接区域在暗柱范围外
墙体配筋量As2
上下相邻两层水平分布钢筋在转角两侧交错搭接
转角墙(二)
(其中As1=As2)

15d
$0.8l_{aE}$
15d
$0.8l_{aE}$
暗柱范围
转角墙(三)
(外侧水平分布钢筋在转角处搭接)

暗柱
15d
15d
斜交转角墙

拉结筋规格、间距详见设计
b_w
$b_w \leqslant 400$
剪力墙双排配筋

拉结筋规格、间距详见设计
b_w
$400 < b_w \leqslant 700$
剪力墙三排配筋

拉结筋规格、间距详见设计
b_w
>700
剪力墙四排配筋

注：1. 拉结筋应与剪力墙每排的竖向分布钢筋和水平分布钢筋绑扎。
2. 剪力墙分布钢筋配置若多于两排，中间排水平分布钢筋端部构造同内侧钢筋。水平分布钢筋宜均匀放置，竖向分布钢筋在保持相同配筋率条件下外排筋直径宜大于内排筋直径。
3. 剪力墙水平分布钢筋计入约束边缘构件体积配箍率的构造做法详见本图集第76页。

剪力墙水平分布钢筋构造								图集号	16G101-1
审核	杨华	[签名]	校对	杨晓艳	[签名]	设计	徐源	[签名] 页	71

(a)

图 6-4 剪力墙墙身水平钢筋需要计算的工程量

(a) 16G101-1 混凝土结构施工图 71 页内容；(b) 16G101-1 混凝土结构施工图 72 页内容

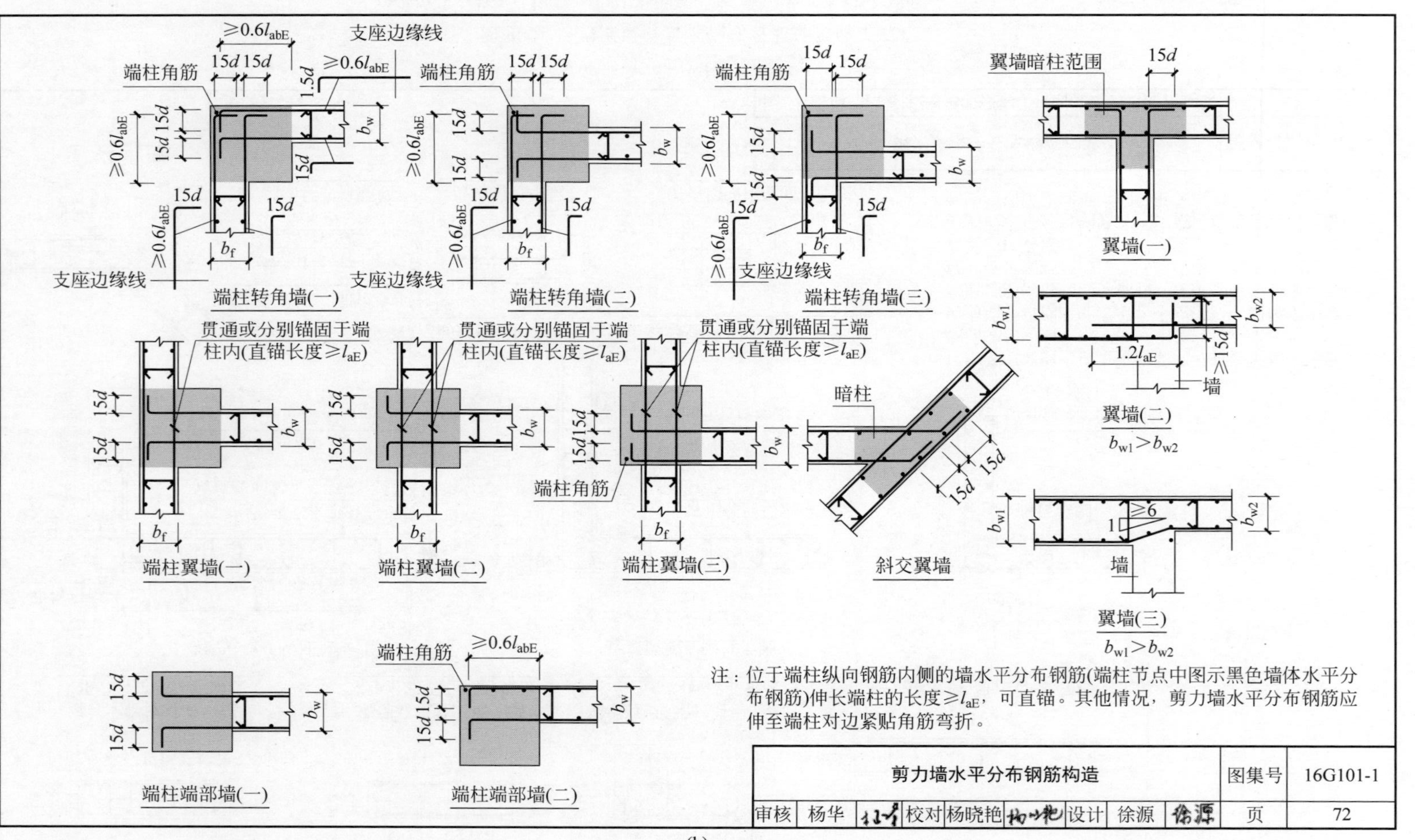
端柱转角墙(一)
端柱转角墙(二)
端柱转角墙(三)
端柱翼墙(一)
端柱翼墙(二)
端柱翼墙(三)
端柱端部墙(一)
端柱端部墙(二)
端柱角筋
支座边缘线
≥0.6l_{abE}
15d
b_w
b_f
贯通或分别锚固于端柱内(直锚长度≥l_{aE})
翼墙暗柱范围
翼墙(一)
翼墙(二)
$b_{w1}>b_{w2}$
1.2l_{aE}
≥15d
墙
翼墙(三)
≥6
1
b_{w1}
b_{w2}
暗柱
斜交翼墙
注：位于端柱纵向钢筋内侧的墙水平分布钢筋(端柱节点中图示黑色墙体水平分布钢筋)伸长端柱的长度≥l_{aE}，可直锚。其他情况，剪力墙水平分布钢筋应伸至端柱对边紧贴角筋弯折。
剪力墙水平分布钢筋构造
图集号 16G101-1
审核 杨华 校对 杨晓艳 设计 徐源 页 72

(b)

图 6-4(续)

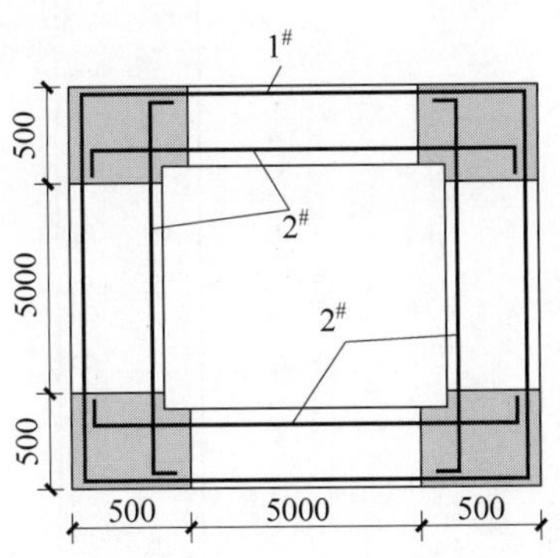

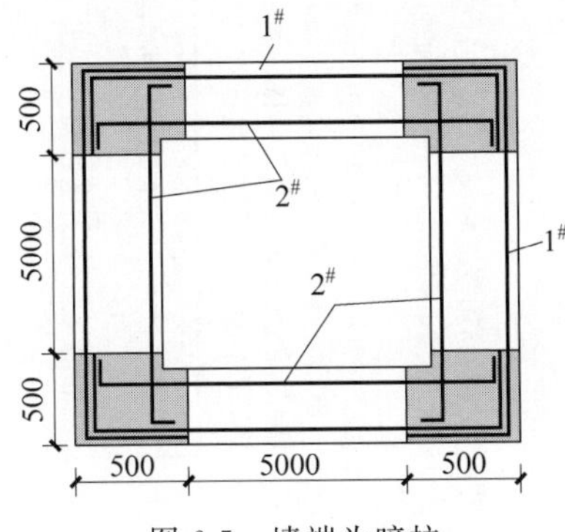

图 6-5　墙端为暗柱

(2) 外侧钢筋不连续通过：

外侧钢筋长度＝墙长－保护层＋$0.65l_{aE}$

内侧钢筋长度＝墙长－保护层＋弯折长度

水平钢筋根数＝层高/间距＋1(暗梁、连梁墙身水平筋照设)

2) 墙端为端柱时的计算

(1) 外侧钢筋连续通过：

外侧钢筋长度＝墙长－保护层

内侧钢筋＝墙净长＋锚固长度(弯锚、直锚)

(2) 外侧钢筋不连续通过：

外侧钢筋长度＝墙长－保护层＋$0.65l_{aE}$

内侧钢筋长度＝墙净长＋锚固长度(弯锚、直锚)

水平钢筋根数＝层高/间距＋1(暗梁、连梁墙身水平筋照设)

注意：如果剪力墙存在多排垂直钢筋和水平钢筋，其中间水平钢筋在拐角处的锚固措施同该墙的内侧水平筋的锚固构造。

3) 剪力墙墙身有洞口时的计算

当剪力墙墙身有洞口时，墙身水平筋在洞口左右两边截断，分别向下弯折 $15d$，如图 6-6 所示。

图 6-6　剪力墙墙身有洞口

2. 剪力墙墙身竖向钢筋的计算

剪力墙墙身竖向钢筋的工程量可根据 16G101-1 的 73 页和 74 页进行计算，如图 6-7 所示。

首层墙身纵筋长度＝基础插筋长度＋首层层高＋伸入上层的搭接长度

中间层墙身纵筋长度＝本层层高＋伸入上层的搭接长度

顶层墙身纵筋长度＝层净高＋顶层锚固长度

墙身竖向钢筋根数＝墙净长/间距＋1(墙身竖向钢筋从暗柱、端柱边 50 mm 开始布置)

当剪力墙墙身有洞口时，墙身竖向筋在洞口上下两边截断，分别横向弯曲 $15d$。

3. 墙身拉筋的计算

长度＝墙厚－保护层厚度＋弯钩长度(弯钩长度＝$11.9d\times 2$)

拉筋的根数＝墙净面积/拉筋的面积。

注：墙净面积要扣除暗(端)柱、暗(连)梁，即墙净面积＝墙面积－门洞总面积－暗柱剖面积－暗梁面积；

拉筋的面筋面积＝横向间距×竖向间距。

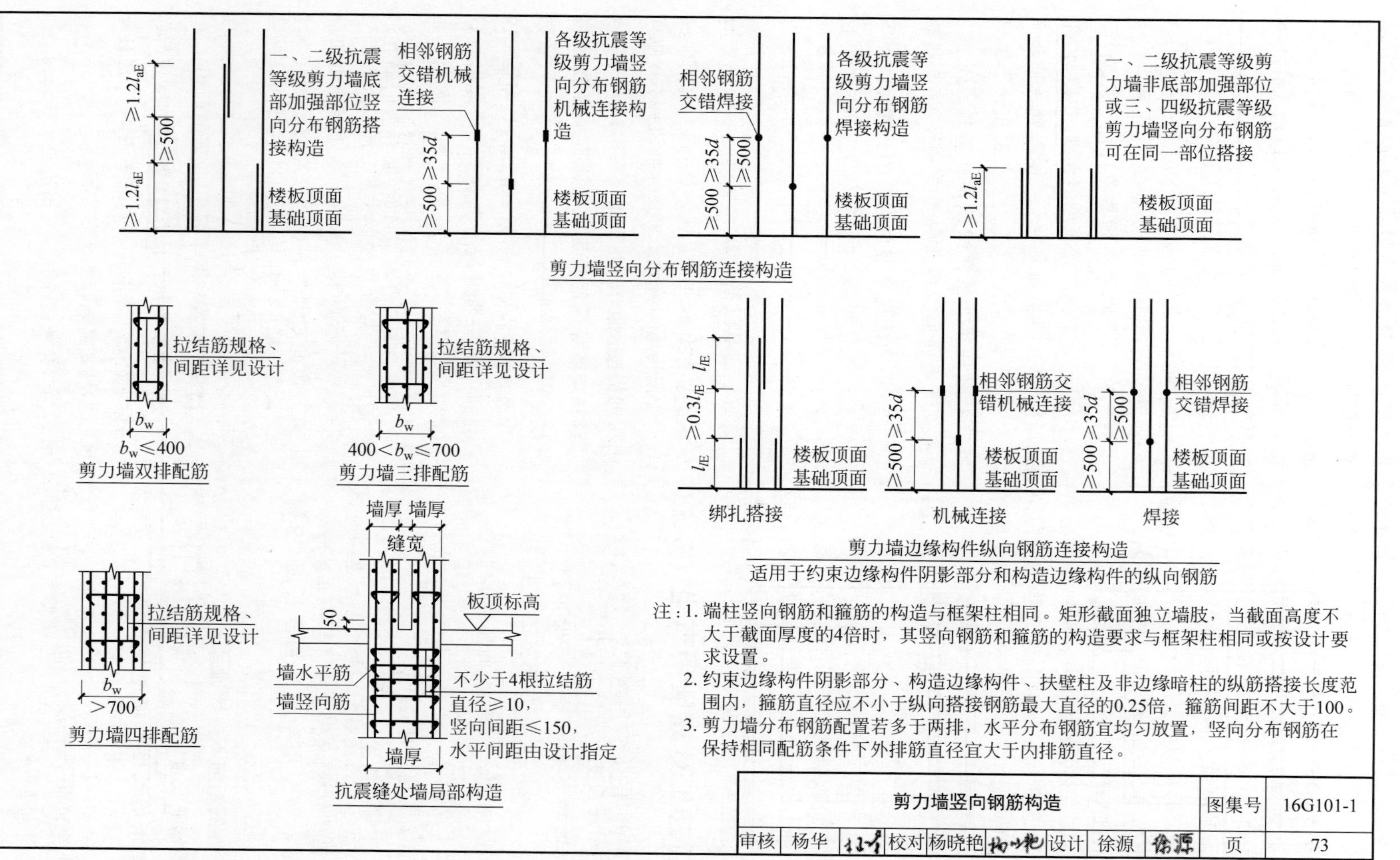

(a)

图 6-7　剪力墙墙身竖向钢筋需要计算的工程量

(a) 16G101-1 混凝土结构施工图 73 页内容；(b) 16G101-1 混凝土结构施工图 74 页内容

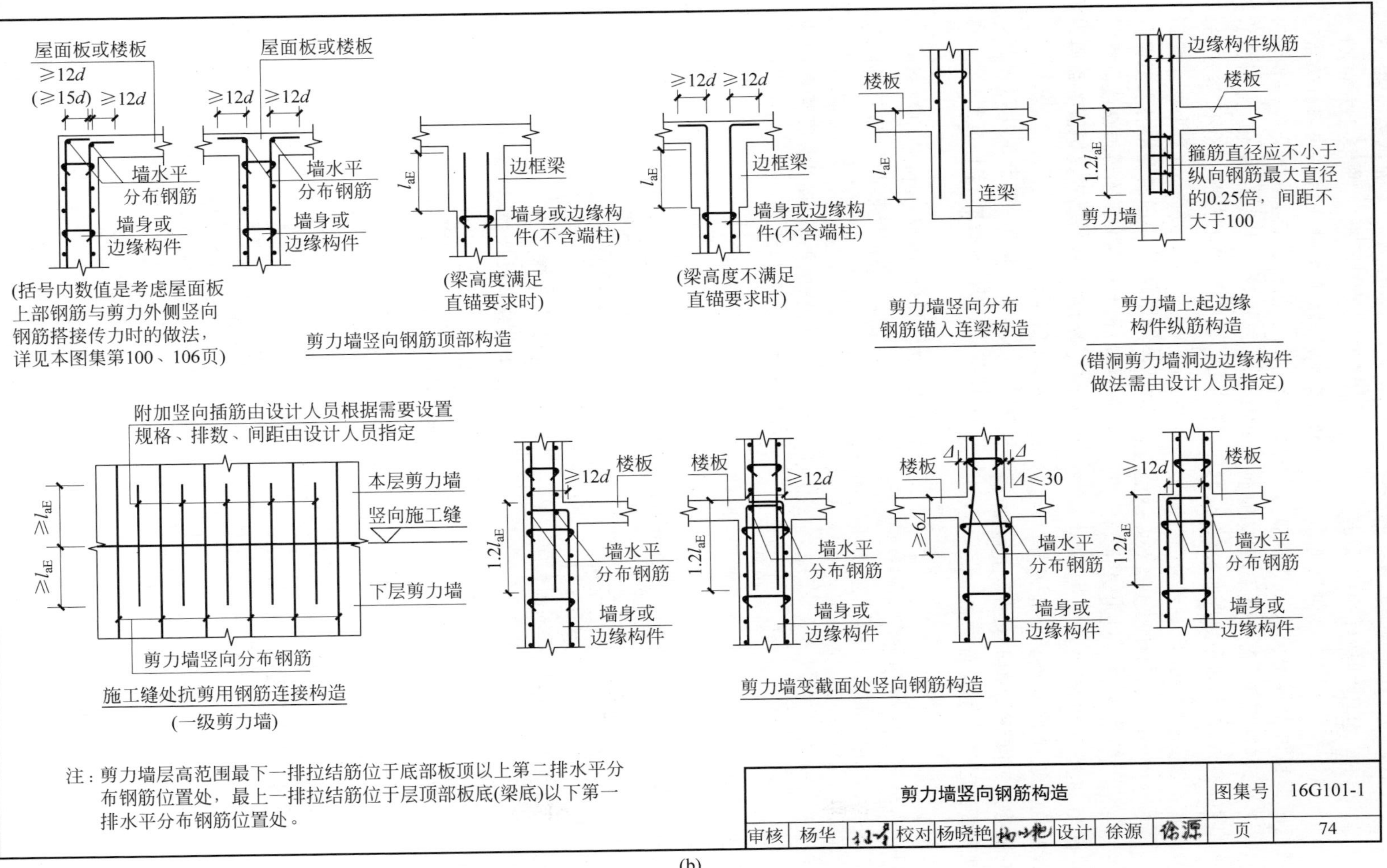
屋面板或楼板
≥12d
(≥15d) ≥12d
墙水平
分布钢筋
墙身或
边缘构件
(括号内数值是考虑屋面板
上部钢筋与剪力外侧竖向
钢筋搭接传力时的做法，
详见本图集第100、106页)
屋面板或楼板
≥12d ≥12d
墙水平
分布钢筋
墙身或
边缘构件
l_{aE}
边框梁
墙身或边缘构
件(不含端柱)
(梁高度满足
直锚要求时)
≥12d ≥12d
l_{aE}
边框梁
墙身或边缘构
件(不含端柱)
(梁高度不满足
直锚要求时)
剪力墙竖向钢筋顶部构造
楼板
l_{aE}
连梁
剪力墙竖向分布
钢筋锚入连梁构造
边缘构件纵筋
楼板
1.2l_{aE}
箍筋直径应不小于
纵向钢筋最大直径
的0.25倍，间距不
大于100
剪力墙
剪力墙上起边缘
构件纵筋构造
(错洞剪力墙洞边边缘构件
做法需由设计人员指定)
附加竖向插筋由设计人员根据需要设置
规格、排数、间距由设计人员指定
≥l_{aE}
≥l_{aE}
本层剪力墙
竖向施工缝
下层剪力墙
剪力墙竖向分布钢筋
施工缝处抗剪用钢筋连接构造
(一级剪力墙)
≥12d
楼板
1.2l_{aE}
墙水平
分布钢筋
墙身或
边缘构件
楼板
≥12d
1.2l_{aE}
墙水平
分布钢筋
墙身或
边缘构件
楼板
Δ
Δ
Δ≤30
≥6Δ
墙水平
分布钢筋
墙身或
边缘构件
≥12d
楼板
1.2l_{aE}
墙水平
分布钢筋
墙身或
边缘构件
剪力墙变截面处竖向钢筋构造
注：剪力墙层高范围最下一排拉结筋位于底部板顶以上第二排水平分
布钢筋位置处，最上一排拉结筋位于层顶部板底(梁底)以下第一
排水平分布钢筋位置处。
剪力墙竖向钢筋构造
图集号 16G101-1
审核 杨华 校对 杨晓艳 设计 徐源
页 74

(b)

图 6-7（续）

6.3 剪力墙连梁

1. 连梁

剪力墙的工程量可根据 16G101-1 的 79 页进行计算，如图 6-8 所示。

1）受力主筋

顶层连梁主筋长度＝洞口宽度＋左右两边锚固值 l_{aE}

2）中间层连梁筋

中间层连梁纵筋长度＝洞口宽度＋左右两边锚固值 l_{aE}

3）箍筋

顶层连梁，纵筋长度范围内均布置箍筋，因此箍筋数量为

$$N=(l_{aE}-100/150+1)\times 2+(\text{洞口宽}-50\times 2)/\text{间距}+1(\text{顶层})$$

中间层连梁，洞口范围内布置箍筋，洞口两边再各加一根，因此箍筋数量为

$$N=(\text{洞口宽}-50\times 2)/\text{间距}+1(\text{中间层})$$

2. 暗梁

1）主筋

主筋长度＝暗梁净长＋锚固长度

2）箍筋

顶层连梁，纵筋长度范围内均布置箍筋，因此箍筋数量为

$$N=(l_{aE}-100/150+1)\times 2+(\text{洞口宽}-50\times 2)/\text{间距}+1(\text{顶层})$$

中间层连梁，洞口范围内布置箍筋，洞口两边再各加一根，因此箍筋数量：

$$N=(\text{洞口宽}-50\times 2)/\text{间距}+1(\text{中间层})$$

6.4 柱

框架柱 KZ 钢筋的构造连接可根据 16G101-1 的 63 页进行计算，如图 6-9 所示。

6.4.1 第一层基础层

1. 柱主筋

基础插筋长度＝基础底板厚度－保护层厚度＋伸入上层的钢筋长度＋max{$10d$，200 mm}（见图 6-10）

2. 基础内箍筋

基础内箍筋仅起稳固作用，也可以说是防止钢筋在浇注时受到扰动。一般是按两根进行计算，如图 6-11 所示。

6.4.2 剪力墙墙柱

1. 纵筋计算

首层墙柱纵筋长度＝基础插筋长度＋首层层高＋伸入上层的搭接长度

中间层墙柱纵筋长度＝本层层高＋伸入上层的搭接长度

2. 顶层墙柱纵筋计算

顶层墙柱纵筋长度＝层净高＋顶层锚固长度

6.4.3 中间层

1. 柱纵筋计算

KZ 中间层的纵向钢筋长度＝层高－当前层伸出地面的高度＋上一层伸出楼地面的高度

2. 柱箍筋计算

KZ 中间层的箍筋根数＝N 个加密区高度/加密区间距＋N 个非加密区高度/非加密区间距－1

注：16G101-1 关于柱箍筋的加密区的规定如下。

（1）首层柱箍筋的加密区有 3 个，分别为：下部的箍筋加密区长度取 $H_n/3$，上部取 max{500，柱长边尺寸，$H_n/6$}；梁节点范围内加密；如果该柱采用绑扎搭接，那么搭接范围

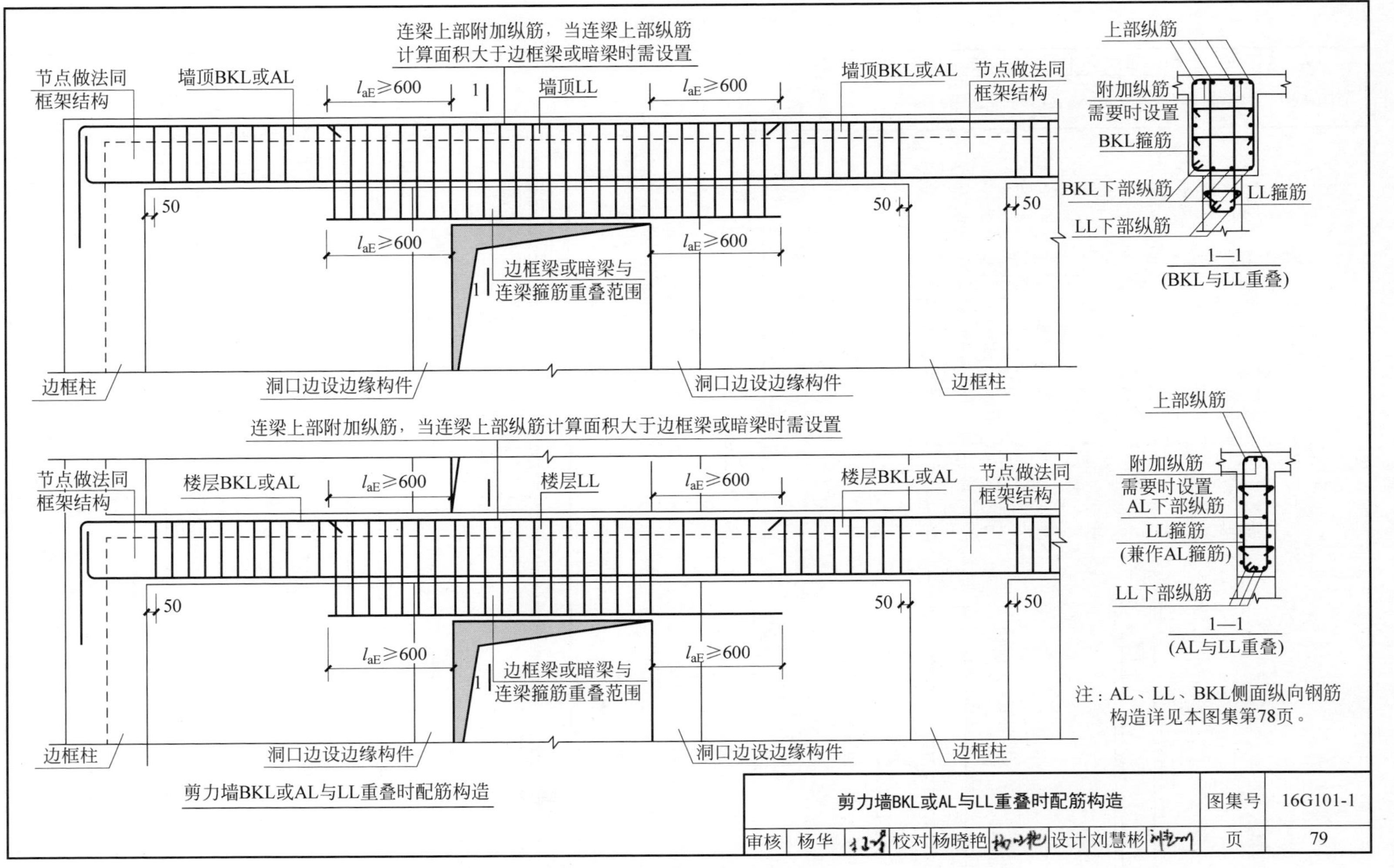
连梁上部附加纵筋，当连梁上部纵筋计算面积大于边框梁或暗梁时需设置
节点做法同框架结构
墙顶BKL或AL
$l_{aE}\geqslant600$
1
墙顶LL
$l_{aE}\geqslant600$
墙顶BKL或AL
节点做法同框架结构
50
50
50
$l_{aE}\geqslant600$
$l_{aE}\geqslant600$
边框梁或暗梁与连梁箍筋重叠范围
边框柱
洞口边设边缘构件
洞口边设边缘构件
边框柱
上部纵筋
附加纵筋需要时设置
BKL箍筋
BKL下部纵筋
LL箍筋
LL下部纵筋
1—1
(BKL与LL重叠)
连梁上部附加纵筋，当连梁上部纵筋计算面积大于边框梁或暗梁时需设置
节点做法同框架结构
楼层BKL或AL
$l_{aE}\geqslant600$
楼层LL
$l_{aE}\geqslant600$
楼层BKL或AL
节点做法同框架结构
50
50
50
$l_{aE}\geqslant600$
$l_{aE}\geqslant600$
边框梁或暗梁与连梁箍筋重叠范围
边框柱
洞口边设边缘构件
洞口边设边缘构件
边框柱
上部纵筋
附加纵筋需要时设置
AL下部纵筋
LL箍筋
(兼作AL箍筋)
LL下部纵筋
1—1
(AL与LL重叠)
注：AL、LL、BKL侧面纵向钢筋构造详见本图集第78页。
剪力墙BKL或AL与LL重叠时配筋构造
剪力墙BKL或AL与LL重叠时配筋构造
图集号 16G101-1
审核 杨华 校对 杨晓艳 设计 刘慧彬
页 79

图 6-8　连梁工程量

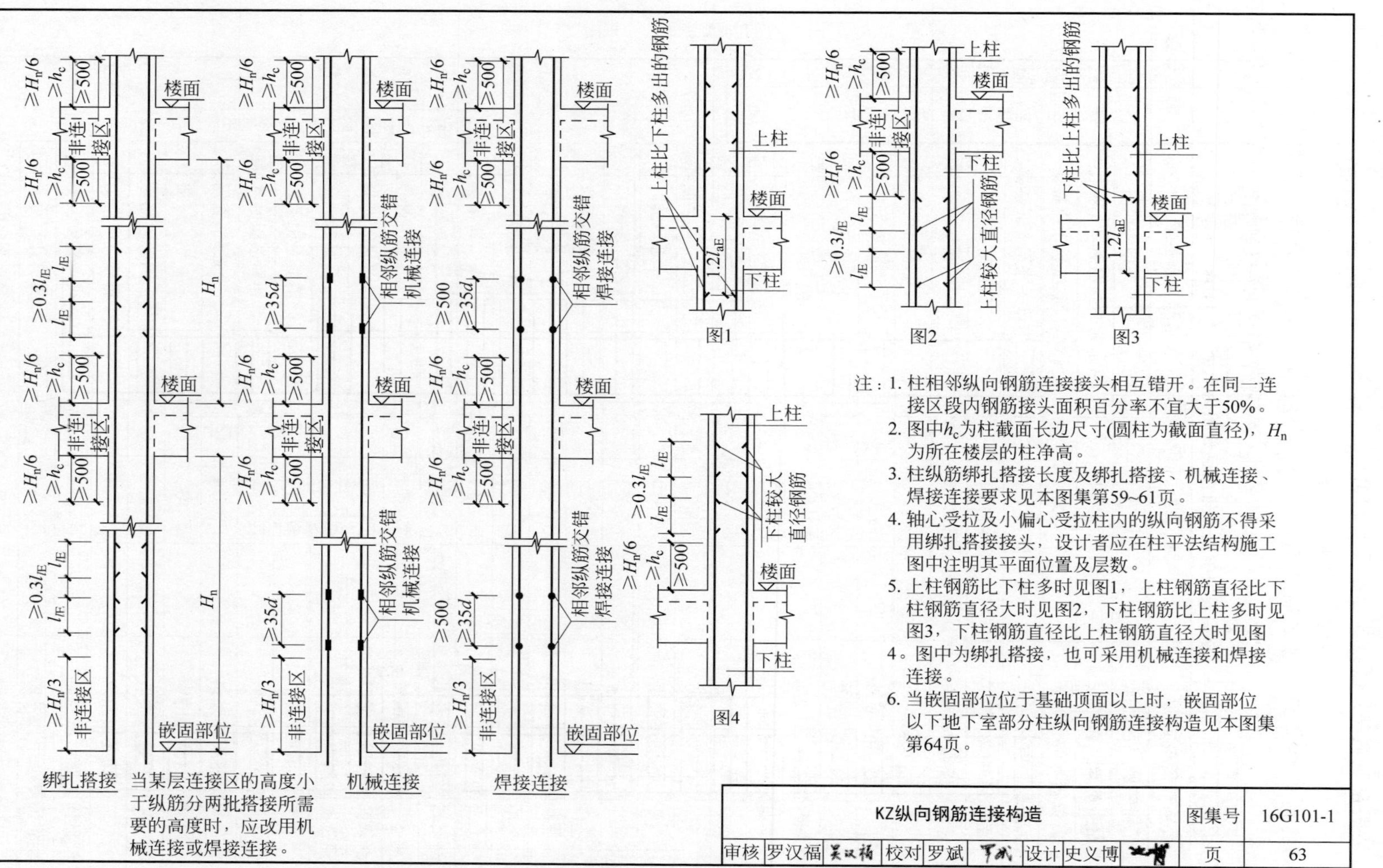

图 6-9　KZ 钢筋的构造连接

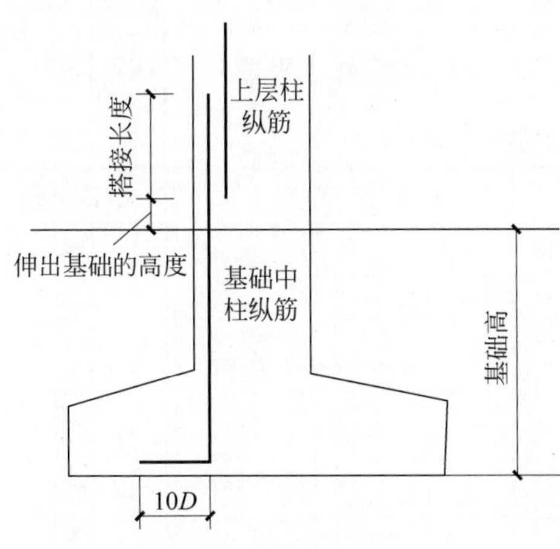

图 6-10　柱主筋计算

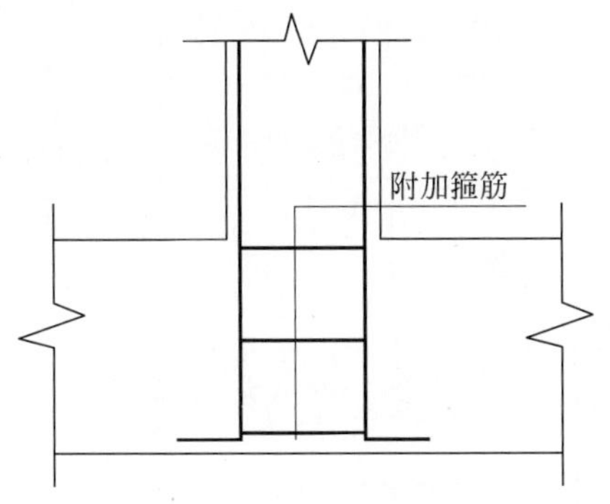

图 6-11　基础内箍筋计算

内同时需要加密。

(2) 首层以上柱箍筋分别为：上、下部的箍筋加密区长度均取 max{500，柱长边尺寸，h_n/6}；梁节点范围内加密；如果该柱采用绑扎搭接，那么搭接范围内同时需要加密。

6.4.4　顶层

顶层 KZ 因其所处位置不同，分为角柱、边柱和中柱，因此各种柱纵筋的顶层锚固各不相同。(参看 16G101-1 的第 67、68 页，如图 6-12、图 6-13、图 6-14 所示。)

1. 角柱计算

弯锚长度(≤L_{aE})＝梁高－保护层＋12d

直锚长度(≥L_{aE})＝梁高－保护层

(1) 内侧钢筋锚固长度≥1.5l_{aE}

(2) 外侧钢筋锚固长度

柱顶部第一层：≥梁高－保护层＋柱宽－保护层＋8d

柱顶部第二层：≥梁高－保护层＋柱宽－保护层

注意：在 GGJ V8.1 中，内侧钢筋锚固长度为

弯锚：梁高－保护层＋12d

直锚：梁高－保护层

外侧钢筋锚固长度＝max{1.5l_{aE}，梁高－保护层＋柱宽－保护层}

2. 边柱计算

边柱顶层纵筋长度＝层净高 h_n＋顶层钢筋锚固值

边柱顶层纵筋的锚固分为内侧钢筋锚固和外侧钢筋锚固。

(1) 内侧钢筋锚固长度

弯锚：梁高－保护层＋12d

直锚：梁高－保护层

注意：在 GGJ V8.1 中，内侧钢筋锚固长度为

弯锚：梁高－保护层＋12d

直锚：梁高－保护层

(2) 外侧钢筋锚固长度

外侧钢筋锚固长度＝max{1.5l_{aE}，梁高－保护层＋柱宽－保护层}

3. 中柱计算

中柱顶层纵筋长度＝层净高 h_n＋顶层钢筋锚固值

中柱顶层纵筋的锚固长度为

弯锚：梁高－保护层＋12d

直锚：梁高－保护层

注意：在 GGJ V8.1 中，处理同上。

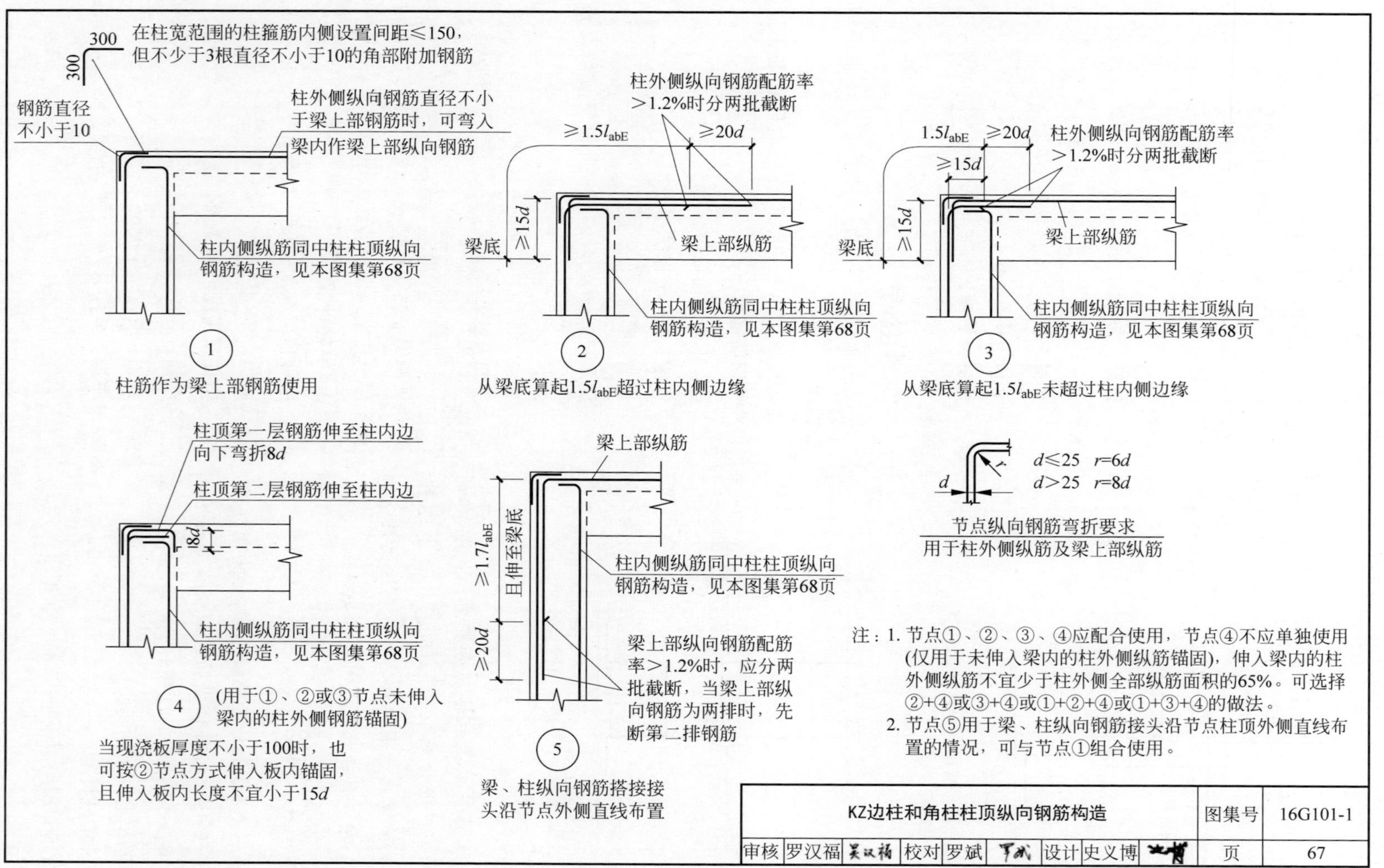

图 6-12 抗震 KZ 边柱和角柱柱顶纵向钢筋构造

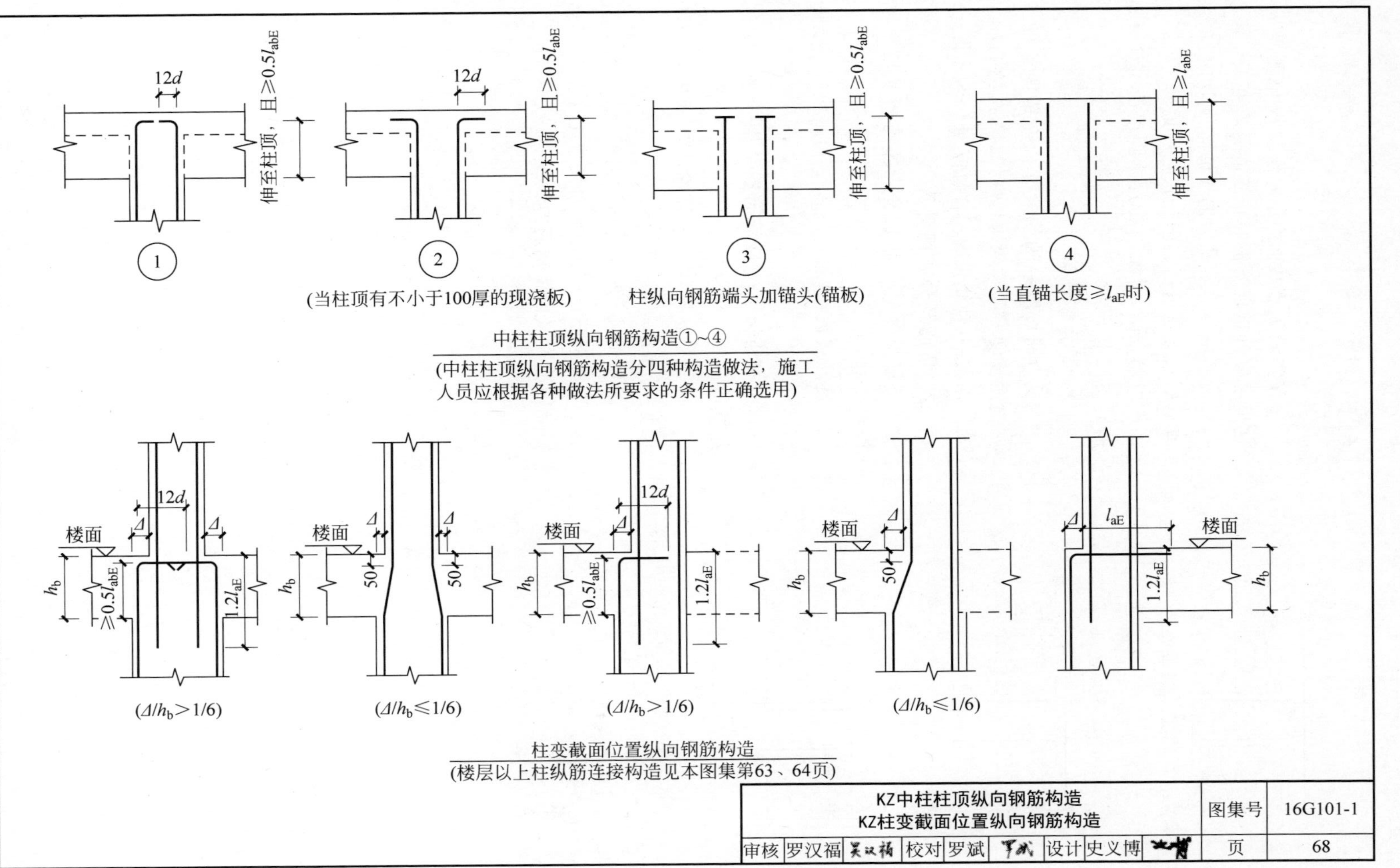

图 6-13 抗震KZ中柱柱顶和柱变截面位置纵向钢筋构造

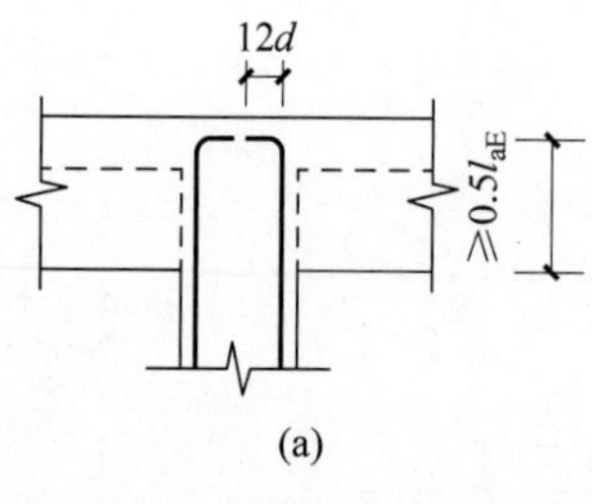

(a)

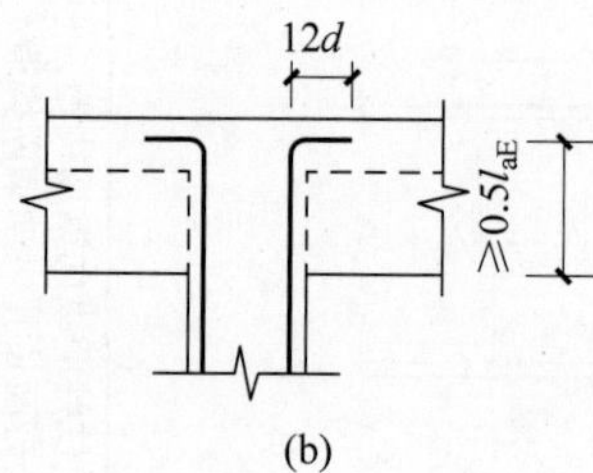

(b)

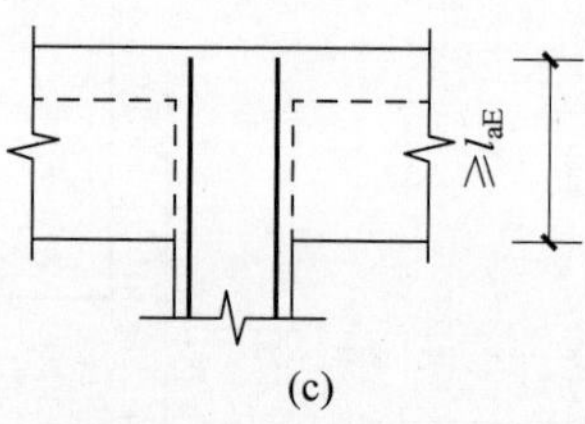

(c)

图 6-14 中柱顶层钢筋长度和纵筋的锚固长度
(a) 当直锚长度$<l_{aE}$时；(b) 当直锚长度$<l_{aE}$，且顶层为现浇混凝土板，其强度等级≥C20，板厚≥80 mm时；(c) 当直锚长度$>l_{aE}$时

6.5 板

在实际工程中，板分为预制板和现浇板，这里主要分析现浇板的布筋情况。

板筋主要有：受力筋（单向或双向，单层或双层）、支座负筋、分布筋、附加钢筋（角部附加放射筋、洞口附加钢筋）、撑脚钢筋（双层钢筋时支撑上下层）。

1. 受力筋计算

受力筋长度＝轴线尺寸＋左锚固长度＋右锚固长度＋两端弯钩长度(如果是Ⅰ级筋)

根数＝(轴线长度－扣减值)/布筋间距＋1

2. 负筋及分布筋计算

负筋长度＝负筋长度＋左弯折长度＋右弯折长度

负筋根数＝(布筋范围－扣减值)/布筋间距＋1

分布筋长度＝负筋布置范围长度－负筋扣减值

负分布筋根数＝负筋输入界面中负筋的长度/分布筋间距＋1

附加钢筋(角部附加放射筋、洞口附加钢筋)、支撑钢筋(双层钢筋时支撑上下层)根据实际情况直接计算钢筋的长度、根数即可。

第7章

钢筋工程质量检查和验收基础

7.1 钢筋分项工程监理质量检查

7.1.1 钢筋质量

钢筋进场前要严格按程序审核工程材料的报审表，以及产品出厂合格证、技术说明书和由施工单位按规范要求进行检验的检验或试验报告。

钢筋进场时要核对所进钢筋是否与所报资料完全一致，要全数按《混凝土结构工程施工质量验收规范》(GB 5024—2015)要求检查，钢筋外观应平直、无损伤，表面无裂纹、油污、颗粒状或片状老锈等。

钢筋加工前要进行见证取样复试，取样前要按钢筋质量证明书核对每捆(盘)钢筋的标志牌与生产厂家、炉罐(批号)是否一致，一致者按《钢筋混凝土用钢　第2部分　热轧带肋钢筋》(GB/T 1499.2—2018)等规定，分别见证取样复试。复试合格后，才能开始钢筋加工的施工。

7.1.2 审批施工方案，确保施工人员素质

在钢筋施工前要认真审核施工单位报审的钢筋工程的施工方案和施工人员的上岗证书。从事闪光对焊、电渣压力焊和电弧焊等人员要有省建设厅颁发的上岗证书，钢筋工要有相关部门颁发的操作证书，以施工人员的素质来保证施工中各工序质量。

7.1.3 钢筋加工监督管理

要督促检查施工单位技术负责人对钢筋的下料加工进行详细的技术交底，要求技术人员根据图纸和规范进行钢筋翻样，且亲自到加工场地对成型的钢筋进行检查，发现问题及时通知施工单位改正。若在钢筋加工过程中发现脆断、焊接性不良或力学性能显示不正常等现象，应依据现行国家标准对该批钢筋进行化学成分或其他专业检验。

7.1.4 钢筋安装过程质量检查

监理人员要经常到现场巡视，发现问题要及时通知施工单位改正，巡视时应特别注意钢筋品种、规格、数量、箍筋加密范围、钢筋锚固长度、接头部位及钢筋除锈等内容的监理，对钢筋的焊接接头、机械连接接头进行外观检验，并按规范规定的批量现场进行见证取样试验。

7.1.5 钢筋隐蔽验收质量检查

在施工单位“三检”合格和所报资料报验合格的基础上，对施工单位报验的部位进行隐蔽工程验收。验收要按质量验收标准，对照结构施工图，确认所绑扎的钢筋的规格、数量、间距、长度、锚固长度、接头设置、保护层等是否符合规范、规程、施工图要求。

7.2 施工检查验收中应注意的问题

7.2.1 钢筋保护层

在施工中钢筋制作安装的量较大，人们常认为不会发生安全问题。但是钢筋保护层在钢筋混凝土构件的使用中起着重要作用。它可以保护钢筋混凝土构件中的受力主筋不因外界环境的变化而发生腐蚀、生锈，从而降低钢筋的强度，保证钢筋混凝土构件的使用寿命；保证混凝土与钢筋有一定的握裹力，使钢筋与混凝土能更好地共同受力，以达到设计的要求。只有钢筋保护层厚度符合设计要求才能保证钢筋混凝土构件中受力钢筋的位置正确，从而保证钢筋混凝土构件的有效断面的要求。为此施工质量验收规范对钢筋保护层的检查验收作了如下规定：钢筋混凝土梁、柱保护层厚度允许偏差为±5 mm，且不得有超过1.5×(±5 mm)=±7.5 mm的偏差点，钢筋混凝土墙、板保护层厚度允许偏差为±3 mm，且不得有超过1.5×(±3 mm)=±4.5 mm的偏差点。而且梁、板构件上部纵向受力钢筋的保护层厚度的合格率应达到90%以上；主体结构验收时，结构实体钢筋保护层厚度合格率应达到90%以上。监理人员应注意控制好以下内容：施工前检查施工单位是否按施工图要求的厚度做好高标号砂浆垫层块，验收时注意检查钢筋底部、侧面，按50 cm间距绑扎好砂浆垫块，要牢固无破损情况等。

7.2.2 箍筋

箍筋易制作，数量也较大，易被施工人员忽视，所以监理人员在检查、验收时要特别注意以下质量通病。

(1) 箍筋下料、制作尺寸不准，造成钢筋混凝土构件受力筋位置不正确，或减小钢筋混凝土构件的有效截面，或是保护层厚度不够等问题，从而影响钢筋混凝土构件的质量。应特别注意双支、多支箍筋的梁、柱经常出现绑扎后截面尺寸小于设计尺寸的问题。施工验收规范规定箍筋内净尺寸的允许误差是±5 mm。

(2) 箍筋弯钩外平直长度不够，尤其是抗震区为$10d$，且弯钩弯成135°，施工人员有时图制作方便，常做得不规范。

(3) 箍筋加密遗漏。通常要注意主梁与次梁交叉处，主梁吊筋处，柱上下两端(按≥柱长边尺寸、≥$h_n/6$、≥500中，取其大值)处，主梁弯起钢筋处等。地下室内的柱子往往要求全长加密，底层柱子为柱根至$h_n/3$加密。

7.2.3 纵向受拉钢筋端头锚固长度

纵向受拉钢筋端头锚固是为保证钢筋充分发挥其抗拉强度而采取的一种措施，其锚固长度与钢筋直径、钢筋级别、混凝土强度标号、钢筋外形以及抗震等级有关，应根据设计图上标明的数字或设计规范要求确定。施工人员经常认为梁端的纵筋总锚固长度只要满足l_{aE}即可，而未注意还要保证水平段锚固长度≥$0.4l_{aE}$的要求，所以对此点也要进行检查。施工中如果直锚不能保证$0.4l_{aE}$，则需通过设计院变更，将较大直径的钢筋以“等强或等面积”代换为直径较小的钢筋予以满足，而不应采用加长直钩度使总锚固长度达到l_{aE}的做法。

7.2.4 柱筋、剪力墙纵筋位移

这种情况主要因振捣混凝土时碰动钢筋或绑扎不到位造成。检查要特别注意采用固定卡或临时箍筋加以固定，混凝土浇注后立即修整钢筋的位置，如有明显位移必须进行处理。方案须经设计院同意，一般采用竖筋位移按1∶6的坡度进行调整，或加垫钢筋或垫钢筋板的焊接方法进行修整。

当然，施工中还存在其他各种各样的问题，以上所述还很不全面。作为现场的监理工程师应善于观察问题、发现问题，善于研究、分析。同时，还应做到“三勤一多”，即腿勤(勤到工地巡视检查)、眼勤(对关键部位勤察看)、嘴勤(看到与规范、图纸不相符的问题，要勤向施工单位提出)，多沟通(多和建设单位、施工单位沟通，协商解决难题)，这样就能更好地保证工程质量和施工进度。

参考文献

[1] 中国工程建设标准化协会. 混凝土结构钢筋详图统一标准: T/CECS 800—2021[S]. 北京: 中国建筑工业出版社,2021.

[2] 中华人民共和国国家质量监督检验检疫总局,中国国家标准化管理委员会. 钢筋混凝土用钢 第1部分: 热轧光圆钢筋: GB/T 1499.1—2017[S]. 北京: 中国标准出版社,2017.

[3] 中华人民共和国国家质量监督检验检疫总局,中国国家标准化管理委员会. 钢筋混凝土用钢 第2部分: 热轧带肋钢筋: GB/T 1499.2—2018[S]. 北京: 中国标准出版社,2018.

[4] 中华人民共和国国家质量监督检验检疫总局,中国国家标准化管理委员会. 钢筋混凝土用钢 第3部分: 钢筋焊接网: GB/T 1499.3—2010[S]. 北京: 中国标准出版社,2011.

[5] 国家市场监督管理总局,中国国家标准化管理委员会. 建筑施工机械与设备 钢筋加工机械 安全要求: GB/T 38176—2019[S]. 北京: 中国标准出版社,2019.

[6] 中华人民共和国国家质量监督检验检疫总局,中国国家标准化管理委员会. 冷轧带肋钢筋: GB/T 13788—2017[S]. 北京: 中国标准出版社,2017.

[7] 中华人民共和国住房和城乡建设部. 钢筋焊接及验收规程: JGJ 18—2012[S]. 北京: 中国建筑工业出版社,2012.

[8] 中华人民共和国工业和信息化部. 钢筋混凝土用四面带肋钢筋: YB/T 4657—2018[S]. 北京: 冶金工业出版社,2018.

[9] 国家市场监督管理总局,中国国家标准化管理委员会. 钢筋混凝土用热轧碳素钢-不锈钢复合钢筋: GB/T 36707—2018[S]. 北京: 中国标准出版社,2018.

[10] 中华人民共和国国家质量监督检验检疫总局,中国国家标准化管理委员会. 预应力混凝土用螺纹钢筋: GB/T 20065—2016[S]. 北京: 中国标准出版社,2016.

[11] 中华人民共和国国家质量监督检验检疫总局,中国国家标准化管理委员会. 钢筋混凝土用不锈钢钢筋: GB/T 33959—2017[S]. 北京: 中国标准出版社,2017.

[12] 国家市场监督管理总局,中国国家标准化管理委员会. 钢筋混凝土用热轧耐火钢筋: GB/T 37622—2019[S]. 北京: 中国标准出版社,2019.

[13] 中华人民共和国国家质量监督检验检疫总局,中国国家标准化管理委员会. 钢筋混凝土用耐蚀钢筋: GB/T 33953—2017[S]. 北京: 中国标准出版社,2019.

[14] 中华人民共和国住房和城乡建设部. 环氧树脂涂层钢筋: JG/T 502—2016[S]. 北京: 中国标准出版社,2016.

[15] 马鞍山钢铁股份有限公司. 耐低温热轧带肋钢筋: Q/MGB 533—2018[S]. 北京: 中国标准出版社,2018.

[16] 中华人民共和国住房和城乡建设部,中华人民共和国国家质量监督检验检疫总局. 混凝土结构设计规范: GB 50010—2010[S]. 北京: 中国建筑工业出版社,2011.

[17] 中华人民共和国住房和城乡建设部,中华人民共和国国家质量监督检验检疫总局. 混凝土结构工程施工质量验收规范: GB 50204—2015[S]. 北京: 中国建筑工业出版社,2015.

[18] 中华人民共和国住房和城乡建设部,中华人民共和国国家质量监督检验检疫总局. 混凝土结构工程施工规范: GB 50666—2011[S]. 北京: 中国建筑工业出版社,2012.

[19] 中华人民共和国工业和信息化部. 高延性冷轧带肋钢筋: YB/T 4260—2011[S]. 北京: 冶金工业出版社,2012.

[20] 中华人民共和国住房和城乡建设部. 冷轧带肋钢筋混凝土结构技术规程: JGJ 95—2011[S]. 北京: 中国建筑工业出版社,2011.

[21] 中华人民共和国住房和城乡建设部. 钢筋机械连接技术规程: JGJ 107—2016[S]. 北京: 中国建筑工业出版社,2016.

[22] 中华人民共和国住房和城乡建设部. 钢筋机械连接用套筒: JG/T 163—2013[S]. 北京: 中国标准出版社,2013.

[23] 中华人民共和国工业和信息化部. 建筑施工

机械与设备　钢筋螺纹成型机：JB/T 13709—2019[S]．北京：中国标准出版社，2020．

[24] 中华人民共和国住房和城乡建设部．钢筋焊接网混凝土结构技术规程：JGJ 114—2015[S]．北京：中国建筑工业出版社，2014．

[25] 中华人民共和国工业和信息化部．建筑施工机械与设备　钢筋网成型机：JB/T 13710—2019[S]．北京：机械工业出版社，2020．

[26] 中华人民共和国住房和城乡建设部．无粘结预应力混凝土结构技术规程：JGJ 92—2016[S]．北京：中国建筑工业出版社，2016．

[27] 中华人民共和国住房和城乡建设部．混凝土结构成型钢筋应用技术规程：JGJ 366—2015[S]．北京：中国建筑工业出版社，2016．

[28] 中华人民共和国国家质量监督检验检疫总局，中国国家标准化管理委员会．混凝土结构用成型钢筋制品：GB 29733—2013[S]．北京：中国标准出版社，2014．

[29] 中华人民共和国住房和城乡建设部．钢筋锚固板应用技术规程：JGJ 256—2011[S]．北京：中国建筑工业出版社，2012．

[30] 中华人民共和国住房和城乡建设部．无粘结预应力钢绞线：JG/T 161—2016[S]．北京：中国标准出版社，2017．

[31] 中华人民共和国住房和城乡建设部．预应力筋用锚具、夹具和连接器应用技术规程：JGJ 85—2010[S]．北京：中国建筑工业出版社，2010．

[32] 中华人民共和国住房和城乡建设部，中华人民共和国国家质量监督检验检疫总局．水泥基灌浆材料应用技术规范：GB/T 50448—2015[S]．北京：中国建筑工业出版社，2015．

[33] 中华人民共和国住房和城乡建设部，中华人民共和国国家质量监督检验检疫总局．房屋建筑制图统一标准：GB/T 50001—2017[S]．北京：中国建筑工业出版社，2018．

[34] 中华人民共和国交通运输部．预应力混凝土桥梁用塑料波纹管：JT/T 529—2016[S]．北京：人民交通出版社，2016．

[35] 中华人民共和国住房和城乡建设部．预应力混凝土用金属波纹管：JG 225—2020[S]．北京：中国标准出版社，2020．

[36] 中华人民共和国住房和城乡建设部．混凝土结构施工图平面整体表示方法制图规则和构造详图（现浇混凝土框架、剪力墙、梁、板）：16G101-1[S]．北京：中国计划出版社，2016．

[37] 中华人民共和国住房和城乡建设部．混凝土结构施工图平面整体表示方法制图规则和构造详图（现浇混凝土板式楼梯）：16G101-2[S]．北京：中国计划出版社，2016．

[38] 中华人民共和国住房和城乡建设部．混凝土结构施工图平面整体表示方法制图规则和构造详图（独立基础、条形基础、筏形基础、桩基础）：16G101-3[S]．北京：中国计划出版社，2016．

[39] 中华人民共和国住房和城乡建设部．混凝土结构施工钢筋排布规则与构造详图（现浇混凝土框架、剪力墙、梁、板）：18G901-1[S]．北京：中国计划出版社，2018．

[40] 中华人民共和国住房和城乡建设部．混凝土结构施工钢筋排布规则与构造详图（现浇混凝土框架、剪力墙、框架-剪力墙、框支剪力墙结构）：18G901-2[S]．北京：中国计划出版社，2018．

[41] 中华人民共和国住房和城乡建设部．混凝土结构施工钢筋排布规则与构造详图（筏形基础、箱形基础、地下室结构、独立基础、条形基础、桩基承台）：18G901-3[S]．北京：中国计划出版社，2018．

[42] 中华人民共和国国家质量监督检验检疫总局，中国国家标准化管理委员会．预应力混凝土用螺纹钢筋：GB/T 20065—2016[S]．北京：中国标准出版社，2017．

[43] 中华人民共和国国家质量监督检验检疫总局，中国国家标准化管理委员会．预应力混凝土用钢绞线：GB/T 5224—2014[S]．北京：中国标准出版社，2015．

[44] 中华人民共和国国家质量监督检验检疫总局，中国国家标准化管理委员会．预应力混凝土用钢丝：GB/T 5223—2014[S]．北京：中国标准出版社，2015．

[45] 中华人民共和国住房和城乡建设部．缓粘结预应力钢绞线：JG/T 369—2012[S]．北京：中国标准出版社，2012．

第2篇

钢筋强化机械

第8章

钢筋冷拉机械

8.1 概述

以节约钢材、提高钢筋屈服强度为目的，以超过屈服强度而又小于极限强度的拉应力拉伸钢筋，使其产生塑性变形的做法叫钢筋冷拉。其原理为将钢材于常温下进行冷拉使其产生塑性变形，从而提高屈服强度，这个过程称为冷拉强化。产生冷拉强化的原因是钢材在塑性变形中晶格的缺陷增多，而缺陷的晶格严重畸变对晶格进一步滑移将起到阻碍作用，故钢材的屈服点提高，塑性和韧性降低。由于塑性变形中产生内应力，故钢材的弹性模量降低。将经过冷拉的钢筋于常温下存放 15～20 d或加热到 100～200℃并保持 2 h左右，这个过程称为时效处理，前者称为自然时效，后者称为人工时效。冷拉以后再经时效处理的钢筋，其屈服点进一步提高，抗拉极限强度也有所增长，塑性继续降低。由于时效过程中内应力消减，故弹性模量可基本恢复。工地或预制构件厂常利用这一原理，对钢筋或低碳钢盘条按一定制度进行冷拉加工，以提高屈服强度，节约钢材。

8.1.1 定义和用途

钢筋冷拉机械是对钢筋进行冷拉强化的机械设备。在常温下用冷拉机对各级热轧钢进行强力拉伸，使其拉应力超过钢筋的屈服点而又不大于抗拉强度，使钢筋产生塑性变形，然后放松钢筋。其机械结构一般都由拉力装置(给钢筋施加拉力的设备)、承力装置(固定受力的设备)、钢筋夹具(固定连接钢筋的设备)、测量设备(测量冷拉长度的设备) 组成。拉力装置一般由卷扬机、张拉小车及滑轮组等组成。承力结构可采用地锚或钢筋混凝土压杆。钢筋冷拉的夹具有楔块式夹具、月牙形夹具、偏心块夹具及槽式夹具等。冷拉长度测量可用标尺，冷拉力的测量可选用弹簧测力计、电子秤和液压千斤顶。钢筋冷拉机主要用于建筑工程施工领域。钢筋经过冷拉后的变化主要有：

(1) 钢筋经过冷拉后，屈服点提高 20%～25%，长度增长 2.5%～8%，既可提高强度又可节约钢材。

(2) 通过冷拉后的钢筋强度趋向一致，从而保证了构件的质量。

(3) 冷拉后的钢筋其韧性和塑性有所降低，从而减少变形，更能适应混凝土的变形特性，减少构件的裂缝。

(4) 钢筋经过冷拉，可达到调直、除锈的目的。由于钢筋的拉长，其表面的氧化皮也会自动脱落，不需要再进行除锈。

(5) 冷拉具有焊接接头的钢筋，可检验其焊接质量。

8.1.2 国内外发展现状

我国自20世纪80年代后期起开始引进钢筋冷拉机械生产设备，南京、苏州、上海、青岛、沧州、昆明等地先后分别从德国、意大利等国引进11套设备。20世纪90年代中期安徽、广东、江苏等省的合资或外商独资企业从国外引进生产技术。与此同时，国内一些科研单位和企业着手研制或仿制冷拉设备。迄今已有十多个单位在生产和销售冷拉钢筋全套设备，如沧州博远拉丝机械有限公司、山东连环机械科技有限公司、信阳众成机械制造有限公司等，分布于北京、辽宁、江苏、河北、天津等地。

近年来我国钢筋冷拉机械得到快速发展，产品的性能和质量不断提高，新技术、新产品不断涌现，并在原有强化原理基础上，研究开发了采用高频加热设备进行加热、控制回火温度技术。将冷轧工艺与回火处理相结合，使两种强化效果相叠加，细化晶粒，改善内部组织，提高钢材强度和延性。以普通碳素钢为原料，经过冷加工和回火处理，把条件屈服强度提高到500 MPa级，屈服强度达545～565 MPa，抗拉强度达到630～680 MPa，伸长率达到18.5%～22.0%。

国外钢筋冷拉机械进入平稳发展阶段，产品的品种规格较齐全，基本形成了系列化。在国际上具有较大影响的钢筋设备生产和钢筋制品加工企业有EVG、MEP、SCHNEEL、KOCH、WAFIOS、KRB、OSCAM等。欧洲影响力较大的冷拉机械生产企业还有瑞士Schlatter公司、荷兰MERKSTEIJN公司、德国BDW公司和BESTA公司等。瑞士Schlatter公司是冷拉机生产企业，生产的冷拉机主要型号有YGL-210、YGL-303、YGL-320。纵观国外钢筋加工机械设备和钢筋加工生产企业的发展，其主要以集团化模式为主要发展模式，集钢筋棒材加工机械企业、钢筋焊网机械企业、钢铁生产企业、钢筋制品生产企业于一个集团内，在全世界范围内建立子公司和子工厂，提供设备、材料、钢筋制品和钢筋加工中心信息化技术的支持，不断扩大市场占有份额，增强市场竞争能力。

8.1.3 发展趋势

1. 智能化

提高劳动生产率、降低劳动强度、保证工程质量、降低施工成本，是建筑施工企业永恒的追求目标，发展高效节能智能化钢筋冷拉机械是实现其目标的必由之路。我国传统的现场单机加工模式不仅使用人工多、劳动强度大、生产效率低，而且安全隐患多、管理难度大、占用临时用房和用地多。自动化钢筋冷拉机械实现了钢筋上料、下料、喂料、加工、统计全部自动化，生产效率大大提高。但随着市场劳动力资源的紧缺，施工工期和工程质量要求的不断提高，人们对钢筋冷拉机械技术性能、稳定性和舒适性的要求也必将不断提高，高效节能的智能化钢筋冷拉机械必将越来越受到钢筋加工企业的青睐。

2. 功能集成化

钢筋专业化加工技术具有降低工程和管理成本、保证工程质量、实现绿色施工、节省劳动用工、提高劳动生产率等优点，成为国际建筑业的发展潮流。世界发达国家钢材的综合深加工率达50%以上，而我国钢材深加工率仅为5%～10%，我国钢材深加工率不高已成为影响我国绿色建筑发展，制约建筑施工节能降耗、保护环境、提高施工现代化水平的因素。目前，我国已具有自主设计生产自动化钢筋冷拉加工成套设备的能力，为发展钢筋专业化加工提供了装备条件。但我国现有生产线功能在最大程度上减少钢筋加工工序间的吊运频率、提高专业化加工中心的生产效率方面还有些单一或不健全，无法完全满足专业化加工配送企业的生产流程设计需要的矛盾比较突出。随着政府及主管部门的重视和钢筋加工机械设备的智能化水平的提高，设备功能集成化的设计逐渐开始被市场所青睐。

3. 多层次化

我国幅员辽阔，区域发展的不平衡使各施工企业对技术的需求必然呈现多样化特点。

对于体量大、要求高、工期紧的工程建设项目，特别是在大城市施工用地紧张的工程建设项目，不仅要求设备生产效率高，而且要求劳动用工少，因此对高质量、高效率、高可靠性的设备具有迫切的需求。中国的现状决定了钢筋冷拉机械必然朝着多层次化发展，既需要中小型钢筋冷拉机械，也需要具有高度智能化的高效钢筋冷拉机械，而且随着国民经济的快速发展，高效率、高质量、高性能钢筋冷拉机械的需求量会越来越大。

4. 一体化

目前我国钢筋加工和钢筋机械连接两项技术是相互独立开展工程施工，随着市场竞争的加剧和建筑施工产业结构调整，我国将学习国外钢筋加工企业为工程承包施工企业提供全套施工解决方案的模式，发展专业化分包，使钢筋加工和钢筋机械连接向一体化方向发展，提高市场竞争能力。该发展模式已经成为国外钢筋工程施工的主要方式，对于工程施工承包企业来讲，既保证了施工工期和工程质量，又降低了施工成本和减少了烦琐的安全生产管理过程；对于设备生产制造企业来讲，有利于开展技术创新，促进高效率、高性能设备的推广应用，推动钢筋加工产业技术进步；对于加工配送企业来讲，可以减少合作外协，提高经营效益。

8.2　产品分类

根据冷拉工艺和控制冷拉参数的要求不同，钢筋冷拉机械按照主体结构分类可分为卷扬机式钢筋冷拉机、阻力轮式钢筋冷拉机、液压式钢筋冷拉机和丝杆式钢筋冷拉机。

8.2.1　卷扬机式钢筋冷拉机

卷扬机式钢筋冷拉机是利用卷扬机产生拉力来冷拉钢筋。它具有结构简单、易于安装组合和掌握操作技术等特点，且冷拉行程不受设备控制，可冷拉不同长度的钢筋，便于实现单控和双控，是一般钢筋加工车间应用较广的形式。

8.2.2　阻力轮式钢筋冷拉机

阻力轮式钢筋冷拉机由支承架、阻力架、电动机、减速器、绞轮等组成，为由阻力轮控制钢筋冷拉率的钢筋冷拉机械。阻力轮式钢筋冷拉机以电动机为动力，工作时经减速机带动绞轮以大约 40 m/min 的线速度旋转。钢筋通过 4 个(或 6 个)阻力轮后缠绕在绞轮上，绞轮转动拖动钢筋前进而实现冷拉。绞轮直径一般为 550 mm。阻力轮中有一个是可调的，用以控制冷拉率，阻力轮直径为 100 mm，电机功率在 10 kW 左右。其工艺主要用于冷拉直径 6 mm 和 8 mm 的盘圆钢筋，冷拉率为 6%～8%。其具有工艺设备和操作人员少，布局紧凑，并可直接与调直机配合使用等特点，可以对钢筋进行连续冷拉、调直和剪断。

8.2.3　液压式钢筋冷拉机

液压式钢筋冷拉机由泵阀控制器、液压张拉缸、装料小车和夹具组成，其主要用于冷压较粗的钢筋。液压式钢筋冷拉机由两台电动机分别带动高、低压力油泵，输出高、低压力油经有关液压控制阀进入液压张拉缸，完成张拉钢筋和回程动作。液压式钢筋冷拉机的结构和预应力液压拉伸机相同，只是其活塞行程较大，一般大于 600 mm。液压式钢筋冷拉机的特点是结构紧凑、工作平稳、噪声小，能正常测定冷拉率和冷拉压力，易于实现自动控制，但它的行程短，使其使用范围受到限制。

8.2.4　丝杆式钢筋冷拉机

丝杆式钢筋冷拉机是由电动机利用三角皮带将动力传给变速器，再通过齿轮传动使两根丝杆旋转，从而使丝杆上的活动螺母移动，并通过夹具将钢筋拉伸。其测力装置为千斤顶测力器。

8.3 钢筋冷拉原理

钢筋冷拉是在常温下对热轧钢筋进行强力拉伸。拉应力超过钢筋的屈服强度，使钢筋产生塑性变形，以达到调直钢筋、提高强度、节约钢材的目的，对焊接接长的钢筋亦可检验焊接接头的质量。冷拉Ⅰ级钢筋多用于结构中的受拉钢筋，冷拉Ⅱ、Ⅲ、Ⅳ级钢筋多用作预应力构件中的预应力筋。

钢筋冷拉加工原理如图 8-1 所示，图中 $abcde$ 为钢筋的拉伸特性曲线。冷拉时，拉应力超过屈服点 b 达到 c 点，然后卸荷。由于钢筋已产生塑性变形，卸荷过程中应力应变沿 cO_1 降至 O_1 点。如再立即重新拉伸，应力应变曲线将沿 $O_1c'd'e'$ 变化，并在高于 c 点附近出现新的屈服点，该屈服点明显高于冷拉前的屈服点 b，这种现象称“变形硬化”。其原因是冷拉过程中钢筋内部结晶面滑移，晶格变化，内部组织发生变化，因而屈服强度提高，但塑性降低，弹性模量也降低。

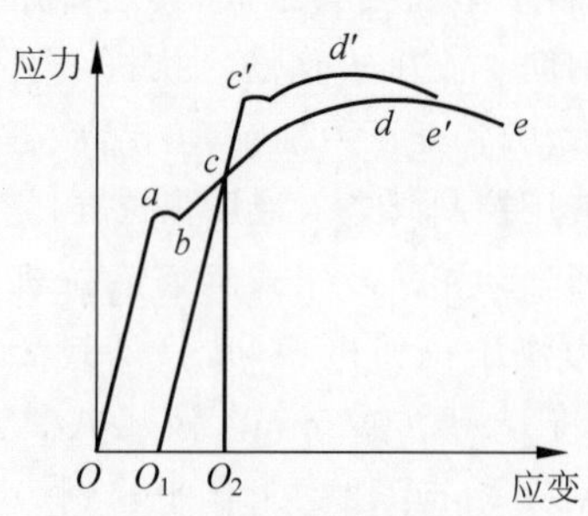

图 8-1 钢筋冷拉加工原理

钢筋冷拉后存在内应力，内应力会促进钢筋内晶体组织调整，经过调整，屈服强度会进一步提高。该晶体组织调整过程称为“时效”。钢筋经冷拉和时效后的拉伸特性曲线即改为 $O_1c'd'e'$。Ⅰ、Ⅱ级钢筋的自然时效在常温下需要 5～20 d，但在 100℃下 2 h 即可完成，因而为加速时效可利用蒸汽、电热等手段进行人工时效。Ⅲ、Ⅳ级钢筋在自然条件下一般达不到时效的效果，更宜用人工时效，通电加热 150～200℃，保持 20 min 左右即可。

8.4 产品结构组成及工作原理

8.4.1 卷扬机式钢筋冷拉机

如图 8-2 所示，卷扬机式钢筋冷拉机主要由地锚、卷扬机、定滑轮组、导向滑轮、测力器和动滑轮组等组成。其工作原理为：卷扬机卷筒上的钢丝绳正、反向绕在两副动滑轮组上，当卷扬机旋转时，夹持钢筋的一副动滑轮组被拉向卷扬机，钢筋被拉长；另一副动滑轮组被拉向导向滑轮，在下一次冷拉时交替使用。钢筋所受的拉力经传力杆和活动横梁传给测力器，测出拉力的大小。钢筋拉伸长度通过机身上的标尺直接测量或用行程开关控制。

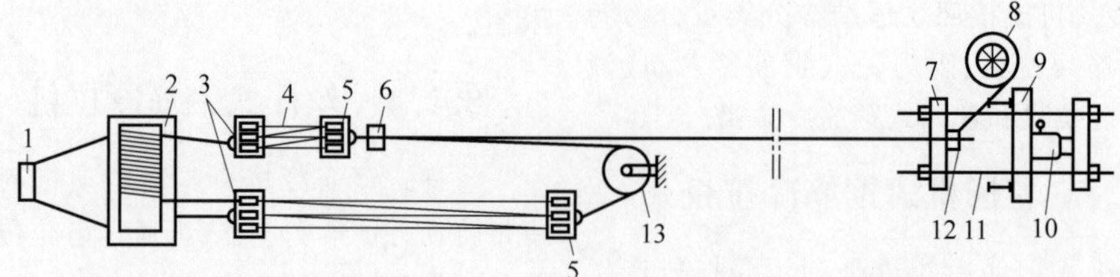

1—地锚；2—卷扬机；3—定滑轮组；4—钢丝绳；5—动滑轮组；6—前夹具；7—活动横梁；8—放盘器；9—固定横梁；10—测力器；11—传力杆；12—后夹具；13—导向滑轮。

图 8-2 卷扬机式冷拉机

电动卷扬机是目前冷拉钢筋的主要机械设备。一般采用慢速的电控制式卷扬机和离合器式卷扬机，其卷扬能力多在 5 t 以下。由于冷拉钢筋有时需要几十吨的冷拉力，如冷拉一根 ϕ20 mm 的Ⅱ级钢筋需要 14 t 的冷拉力，冷拉一根 ϕ40 mm 的Ⅱ级钢筋需要 56 t 的冷拉力，即使选用慢速卷扬机，卷扬速度对冷拉也是不适合的，如果直接进行冷拉，其速度还是太快，难以控制，因此用卷扬机冷拉钢筋，还必须有滑轮组配合，以提高冷拉能力和降低冷拉速度。粗、细钢筋的冷拉机的结构和工作原理相同，而其拉力大小不同。一般情况下，冷拉细钢筋采用 3 t 慢速卷扬机，冷拉粗钢筋采用 5 t 慢速卷扬机。

卷扬机式钢筋冷拉机的特点为：结构简单，适应性强，冷拉行程不受设备限制，可冷拉不同长度的钢筋，便于实现单控和双控。因此它是应用最为广泛的冷拉机械。

8.4.2　阻力轮式钢筋冷拉机

如图 8-3 所示，阻力轮式钢筋冷拉机由阻力轮、绞轮、减速器、调节槽和支撑架等组成。其工作原理是电动机驱动力经减速器使绞轮以 40 m/min 的速度旋转，拉力使钢筋通过 4 个不在一条直线上的阻力轮，使钢筋拉长。其中一个阻力轮的高度可调节，以便改变阻力轮大小，控制冷拉率。

阻力轮式钢筋冷拉机采用电动机减速后驱动阻力轮使钢筋拉长的冷拉方式，适用于冷拉直径为 6～8 mm 的圆盘钢筋，其冷拉率为 6%～8%。

8.4.3　液压式钢筋冷拉机

如图 8-4 所示，液压式钢筋冷拉机由尾端挂钩夹具、翻料架、装料小车、前端夹具等组成，其工作原理是先由两台电动机分别带动高、低压力油泵，输出高、低压力油经液压控制阀进入液压张拉缸，完成张拉钢筋和回程动作。

液压式钢筋冷拉机是由液压泵输出的压力油通过液压缸拉伸钢筋，因而结构紧凑、工作平稳、自动化程度高，具有广阔的应用前景。液压式钢筋冷拉机的结构和预应力液压拉伸机相同，只是其活塞行程较大，一般大于 600 mm。

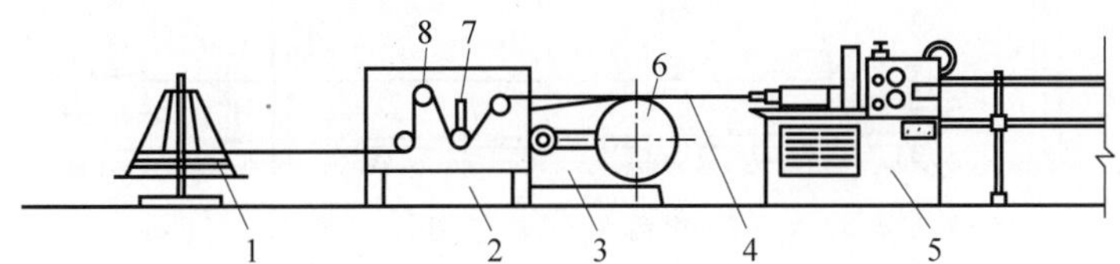

1—钢筋放盘架；2—阻力轮冷拉机；3—减速器；4—钢筋；5—调直机；6—钢筋绞轮；7—调节槽；8—阻力轮。

图 8-3　阻力轮式钢筋冷拉机

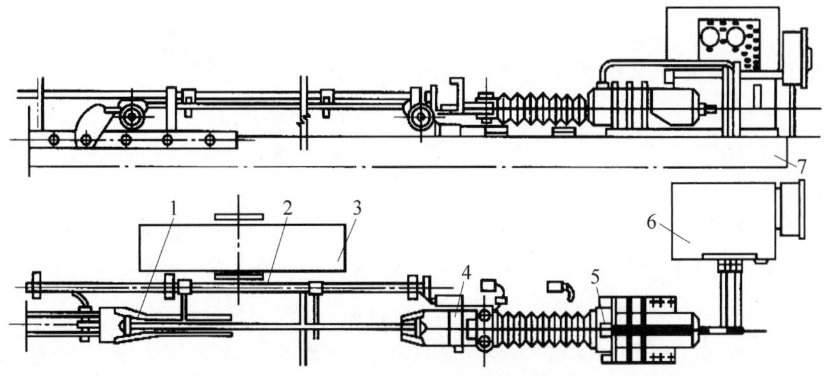

1—尾端挂钩夹具；2—翻料架；3—装料小车；4—前端夹具；5—液压张拉缸；6—泵阀控制器；7—混凝土基座。

图 8-4　液压式钢筋冷拉机

8.4.4 丝杆式钢筋冷拉机

丝杆式钢筋冷拉机由电动机、变速箱、丝杆、传力柱等组成，如图 8-5 所示。其工作原理是由电动机利用三角皮带将动力传给变速器，再通过齿轮传动使两根丝杆旋转，从而使丝杆上的活动螺母移动，并通过夹具将钢筋拉伸。其测力装置为千斤顶测力器。

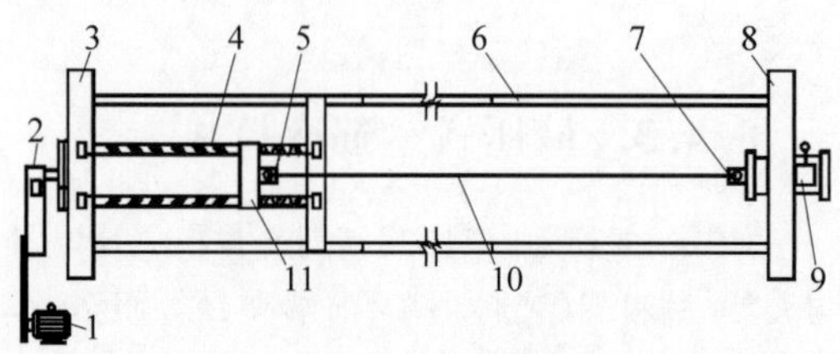

1—电动机；2—变速箱；3—前横梁；4—丝杆；5—前夹具；6—传力柱；7—后夹具；8—后横梁；9—测力器；10—冷拉钢筋；11—活动横梁。

图 8-5 丝杆式钢筋冷拉机

丝杆式钢筋冷拉机适用于冷拉较粗钢筋，其结构简单，传动过程中的传动构件容易磨损，磨损后会影响冷拉精度。

8.5 产品辅助机构

钢筋冷拉设备机构主要由拉力装置、承力结构、钢筋夹具及测量装置等组成。拉力装置一般由卷扬机、张拉小车及滑轮组等组成。承力结构可采用地锚。钢筋冷拉的夹具有楔块式夹具、月牙形夹具、偏心块夹具及槽式夹具等。冷拉长度测量可用标尺，冷拉力的测量可选用弹簧测力计、电子秤和液压千斤顶测力计等。

8.5.1 开盘装置

盘圆钢筋在冷拉前先要拉开，一般称为放圈或开盘。放圈可以利用卷扬机使夹具往返运动，将钢筋从盘料架上拉出。另一种方法是在冷拉线上铺设轻便轨道，电动跑车上装有夹具，牵引放圈的钢筋，并利用倒顺开关控制跑车往返。跑车的电缆线可架空悬挂或者在地面长槽内拖动。钢筋开盘装置结构如图 8-6 所示。

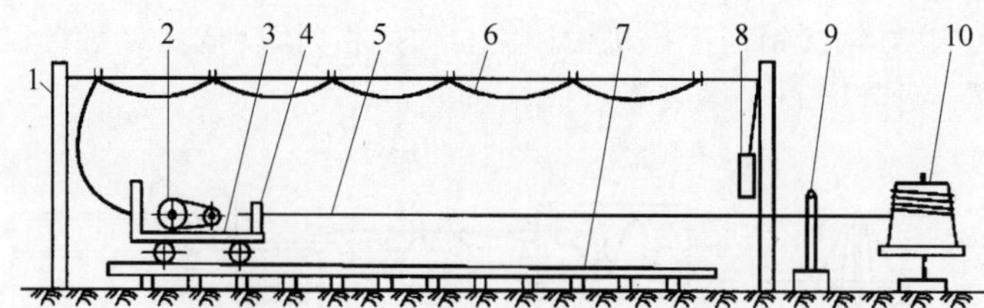

1—支柱；2—跑车传动机构；3—电动跑车；4—夹具；5—钢筋；6—电缆；7—轨道；8—倒顺开关；9—钢筋切断器；10—放圈架。

图 8-6 钢筋开盘装置结构

8.5.2 测力机构

钢筋冷拉所用的测力计有千斤顶式、弹簧式、电子秤式、拉力表式等。

1. 千斤顶式测力计

千斤顶式测力计的结构如图 8-7 所示。千斤顶式测力计安装在冷拉线的末端，钢筋拉力通过活动横梁作用于千斤顶活塞顶部，活塞将力经液压油传递到压力表上，在压力表上显示。当不考虑活塞和缸壁的摩擦力时，其计算公式为：拉力＝压力表读数×活塞底面积。

在实际测量中，应将千斤顶式测力计和压力表进行校验，换算出压力表读数和拉力的对照表，以方便使用。

2. 弹簧测力计

弹簧测力计的结构如图 8-8 所示，它是将弹簧的压缩量换算成冷拉力，并通过测力表盘将测得的数值加以放大的装置。冷拉的自动控制可以根据弹簧的压缩行程安装钢筋冷拉机的自动控制装置来实现。

弹簧测力计的拉力和压缩量的关系要预先反复测定后，列出对照表，并定期复核。

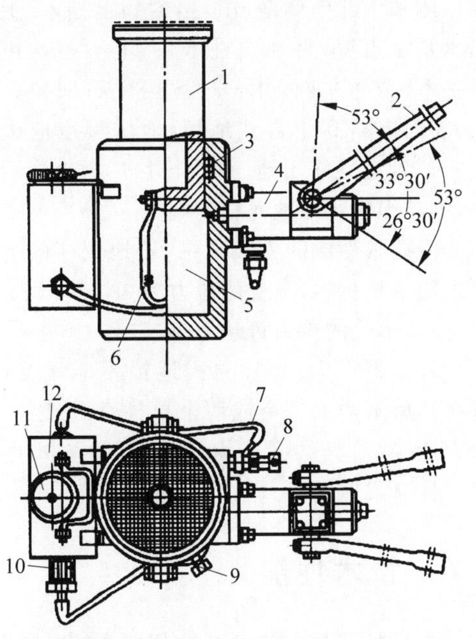

1—活塞；2—手柄；3—密封；4—油泵；5—油缸；6—吊环；7—油管；8—回油阀；9—压力表连接器；10—接头；11—过滤器；12—油箱。

图 8-7　千斤顶式测力计的结构

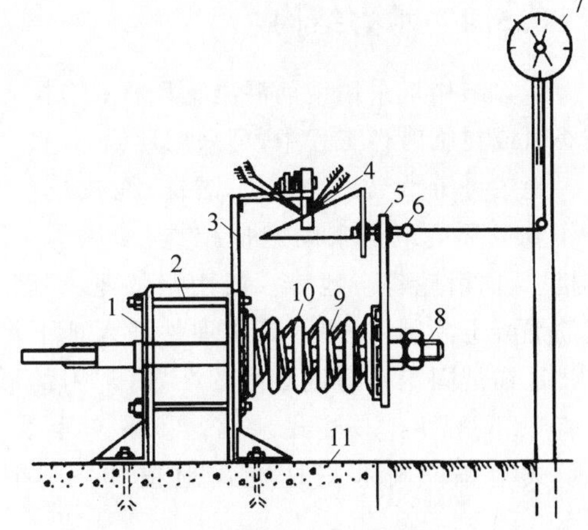

1—铁板；2—工字钢机架；3—弹簧挡板；4—自动控制水银开关；5—弹簧后挡板；6—活动螺丝；7—弹簧压缩指示表；8—弹簧拉杠；9,10—大、小压缩弹簧；11—基础。

图 8-8　弹簧测力计的结构

8.5.3　钢筋夹具

冷拉夹具是钢筋冷拉中的重要设备,它的质量好坏直接关系到冷拉工作的效率和安全。冷拉夹具的形式很多,对它的要求是：夹紧能力强、安全可靠、经久耐用、操作方便、制造容易。应正确使用冷拉夹具,如果夹具使用不当或失灵,容易造成事故。钢筋冷拉机常用的几种夹具如图 8-9 所示。

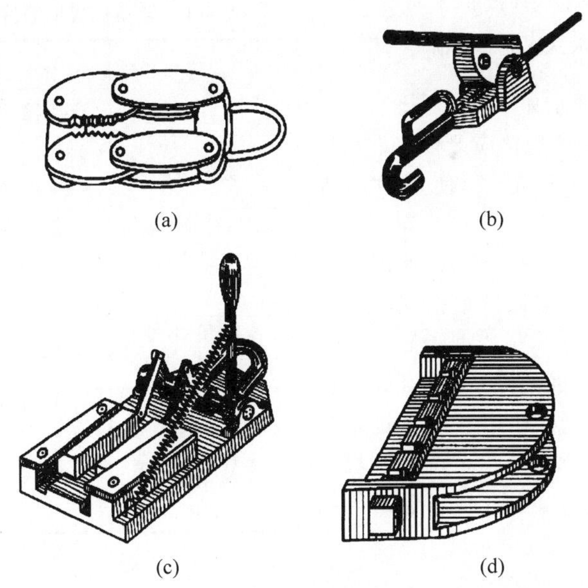

图 8-9　冷拉钢筋夹具

(a) 连杆式偏心夹具；(b) 重力式偏心夹具；(c) 楔块式夹具；(d) 镦头式夹具

8.5.4 承力结构

承力结构可采用钢筋混凝土压杆；当拉力较小时或在临时性工程中，可采用地锚。

地锚可分为锚桩、锚点、锚锭、拖拉坑，起重作业中常用地锚来固定拖拉绳、缆风绳、卷扬机、导向滑轮等。地锚一般用钢丝绳、钢管、钢筋混凝土预制件、圆木等做埋件埋入地下做成。地锚是固定卷扬机必需的装置，常用的形式有以下 3 种：①桩式地锚；②平衡重法；③坑式地锚。圆木三柱桩式地锚如图 8-10 所示。

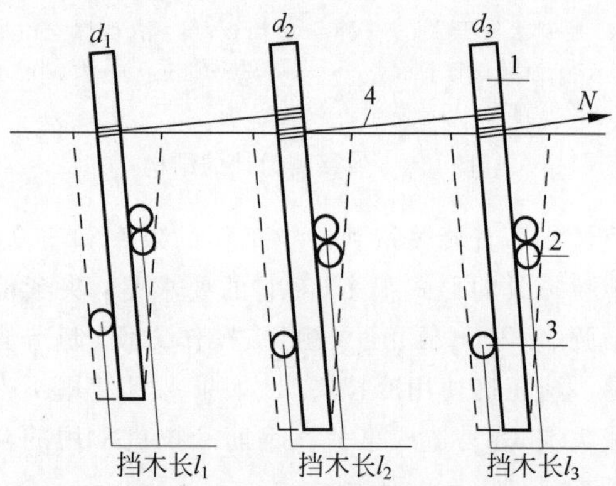

1—地龙柱；2—上挡木；3—下挡木；4—绳索。

图 8-10 圆木三柱桩式地锚

地锚的安全技术要求如下：

(1) 起重吊装使用的地锚应严格按设计进行制作，并做好隐蔽工程记录，使用时不准超载；

(2) 地锚坑宜挖成直角梯形状，坡度与垂线的夹角以 15°为宜，地锚深度根据现场综合情况确定；

(3) 拖拉绳与水平面的夹角一般以 30°以下为宜，地锚基坑出线点(即钢丝绳穿过土层后露出地面处)前方坑深 2.5 倍范围及基坑两侧 2 m 以内不得有地沟、电缆、地下管道等构筑物以及临时挖沟等；

(4) 地锚周围不得有积水；

(5) 地锚不允许沿埋件顺向设置。

立式地锚适用于不坚硬的土壤条件。它是将枕木(方木)或圆木斜放在地坑中，在其下部后侧和中部前侧横放下挡木和上挡木，上下挡木紧贴土壁，将地龙柱卡住，上下挡木可使用枕木(方木)或圆木。地坑用土石回填并夯实，表面应略高于自然地坪，地坑深度应大于 1.5 m，地龙柱露出地面 0.4～1 m，并略向后倾斜，钢丝绳固定在地龙柱的端头上。

由枕木做成的立式地锚，若地龙柱的上下挡木用两根枕木，承受的拉力为 30 kN；若用 4 根枕木，承受的拉力可达 80 kN。

若荷载很大，单柱立式地锚不能承受时，可在其后侧增加一个或两个单柱立式地锚，用绳索连接，使其共同受力，称为双柱立式地锚或三柱立式地锚。

8.6 技术性能

8.6.1 卷扬机式冷拉机的技术性能

卷扬机式冷拉机的特点是：结构简单，适应性强，冷拉行程不受设备限制，可冷拉不同长度的钢筋，便于实现单控和双控，应用较多。卷扬机式钢筋冷拉机的主要技术参数见表 8-1。

表 8-1 卷扬机式钢筋冷拉机主要技术参数

参数	型号及取值	
	粗钢筋冷拉	细钢筋冷拉
卷扬机型号	JMM-5(5 t 慢速)	JMM-3(3 t 慢速)
滑轮直径和数量	计算确定	计算确定
钢丝绳直径/mm	24	15.5
卷扬机速度/(m/min)	<10	<10
测力器类型	千斤顶式测力器	千斤顶式测力器
冷拉钢筋直径/mm	12～36	6～12

8.6.2 液压式冷拉机的技术性能

液压式冷拉机的特点是设备紧凑，能正确测定冷拉率和冷拉控制应力，附属设备少，操作平稳，噪声小，易于实现自动控制；但液压式冷拉机的行程短，使得其使用范围受到限制。

32 t液压式钢筋冷拉机的主要技术参数见表8-2。

表8-2　32 t液压式钢筋冷拉机主要技术参数

参　数	数　值	参　数		型号及数值
冷拉钢筋直径/mm	12～18	高压泵流量/(mL/r)		40
冷拉钢筋长度/mm	9000	高压泵型号		ZBD-40
最大拉力/t	32	高压泵压力/MPa		21
液压缸直径/mm	220	高压泵电动机	型号	JO_2-52-6
液压缸行程/mm	600		功率/kW	7.5
冷拉速度/(m/s)	0.04～0.05		转速/(r/min)	960
回程速度/(m/s)	0.05	低压泵型号		CB-B50
工作压力/MPa	32	低压泵压力/MPa/流量/(mL/r)		2.5/50
油箱容量/L	400	低压泵电动机	型号	JO_2-31-4
台班产量/(根/台班)	700～720		功率/kW	2.2
机器重量/kg	1250		转速/(r/min)	1430

8.7　选用原则与工艺参数计算

8.7.1　冷拉控制方法选用原则

将钢材于常温下进行冷拉使之产生塑性变形，从而提高屈服强度，整个过程称为冷拉强化。产生冷拉强化的原因是钢材在塑性变形中晶格的缺陷增多，而缺陷的晶格严重畸变对晶格进一步滑移将起到阻碍作用，故钢材的屈服点提高，塑性和韧性降低。由于塑性变形中产生内应力，故钢材的弹性模量降低。冷拉以后再经时效处理的钢筋，其屈服点进一步提高，抗拉极限强度也有所增长，塑性继续降低。由于时效过程中内应力的消减，故弹性模量可基本恢复。施工单位或预制构件车间常利用这一原理，对钢筋或低碳钢盘条按一定制度进行冷拉或冷拔加工，以提高其屈服强度，节约钢材。

钢筋冷拉是钢筋冷加工中的主要方法。钢筋冷拉是将Ⅰ、Ⅱ、Ⅲ、Ⅳ级热轧钢筋在常温下利用冷拉机械进行强力拉伸，使其拉应力超过钢筋的屈服点，但不大于抗拉强度，此时钢筋产生塑性变形，然后放松钢筋即可。

1. 冷拉应力控制法

冷拉应力控制法的控制应力值见表8-3。对抗拉强度较低的热轧钢筋，如拉到符合标准的冷拉应力时，其冷拉率已经超过限值，将对混凝土结构中使用非常不利，故规定最大冷拉率限值。加工时按冷拉控制应力进行冷拉，冷拉后检查钢筋的冷拉率，如小于表中规定数值，则为合格；如超过表中规定的数值，则应进行力学性能试验。

表8-3　钢筋冷拉的冷拉控制应力和最大冷拉率

钢筋级别		冷拉控制应力/MPa	最大冷拉率/%
Ⅰ级	$d \leqslant 12$	280	10.0
Ⅱ级	$d \leqslant 25$	450	5.5
	$d = 28 \sim 40$	430	
Ⅲ级	$d = 8 \sim 40$	500	5.0
Ⅳ级	$d = 10 \sim 28$	700	4.0

2. 冷拉率控制法

钢筋冷拉以冷拉率控制时，其控制值由试验确定。对同炉批钢筋，测试的试件不宜少于4个，每个试件都按表8-4规定的冷拉应力值在万能试验机上测定相应的冷拉率，取其平均值作为该炉批钢筋的实际冷拉率。如钢筋强度偏高，平均冷拉率低于 1%时，仍按 1%进行冷拉。

表 8-4　测定冷拉率时钢筋的冷拉应力

钢筋级别	公称直径 d/mm	冷拉应力/MPa
Ⅰ级	≤12	310
Ⅱ级	≤25	480
	28～40	460
Ⅲ级	8～40	530
Ⅳ级	10～28	730

由于控制冷拉率为间接控制法，试验统计资料表明，同炉批钢筋按平均冷拉率冷拉后的抗拉强度的标准离差 σ 约 15～20 MPa，为满足 95% 的保证率，应按冷拉控制应力增加 1.645σ，约 30 MPa。因此，用冷拉率控制方法冷拉钢筋时，钢筋的冷拉应力比冷拉应力控制法高。

不同炉批的钢筋，不宜用控制冷拉率的方法进行钢筋冷拉。多根连接的钢筋，用控制应力的方法进行冷拉时，其控制应力和每根的冷拉率均应符合表 8-3 的规定；当用控制冷拉率的方法进行冷拉时，冷拉率可按总长计，但冷拉后每根钢筋的冷拉率不得超过表 8-3 的规定。钢筋的冷拉速度不宜过快。另外，还需要注意以下 4 个问题：

(1) 表 8-3 中Ⅳ级盘圆钢筋的冷拉率已包括调整冷拉率 1%。

(2) 成束钢筋冷拉时，各根钢筋的下料长度的长短差不得超过构件长度的 0.1%，并不得大于 20 mm。

(3) Ⅱ级钢筋直径大于 25 mm 时，冷拉控制应力降为 430 MPa，测冷拉率时降为 460 MPa。

(4) 采用控制冷拉率方法冷拉翻筋时，冷拉率必须由试验确定。

8.7.2 钢筋冷拉工艺参数计算

钢筋冷拉工艺参数计算包括钢筋冷拉力计算、钢筋伸长值计算、钢筋冷拉率计算、钢筋回缩率计算、卷扬机拉力计算、钢筋冷拉速度计算和钢筋冷拉测力器负荷计算。

1. 钢筋冷拉力计算

冷拉力计算的作用：一是确定按控制应力冷拉时的油压表读数；二是作为选择卷扬机的依据。其计算公式为

$$N=\sigma_{con}A_s \tag{8-1}$$

式中，N 为钢筋冷拉力，N；σ_{con} 为钢筋冷拉的控制应力，MPa，按表 8-3 的规定采用；A_s 为钢筋冷拉前的截面面积，mm^2。

控制应力法以控制冷拉应力为主，钢筋的冷拉率不能超过表 8-3 规定的最大冷拉率。如钢筋已达到规定的控制应力，而冷拉率未超过其规定最大冷拉率，则认为合格；若钢筋已达到规定的冷拉控制应力，冷拉率已超过规定的最大冷拉率，则认为不合格。

对普通钢筋多采用单控法，仅控制冷拉率；对预应力钢筋及分不清炉批的热轧钢筋应采用双控法，既控制冷拉率，也控制冷拉应力。

2. 钢筋伸长值计算

钢筋冷拉采用控制冷拉率法时，其冷拉伸长值可按下式计算：

$$\Delta L=rL \tag{8-2}$$

式中，ΔL 为钢筋冷拉伸长值，mm；r 为钢筋的冷拉率，%；L 为钢筋冷拉前的长度，mm。

3. 钢筋冷拉率计算

钢筋冷拉后，冷拉率 r(%)按下式计算：

$$r=\frac{L_1-L}{L} \tag{8-3}$$

式中，L 为钢筋冷拉前量得的长度，mm；L_1 为钢筋或试件在控制冷拉力下冷拉后量得的长度，mm。

4. 钢筋回缩率计算

钢筋冷拉后产生一定弹性回缩，其弹性回缩率 r_1(%)按下式计算；

$$r_1=\frac{L_1-L_2}{L_2} \tag{8-4}$$

式中，L_2 为钢筋冷拉完毕放松、弹性回缩后量得的长度，mm。

5. 卷扬机拉力计算

钢筋冷拉设备多采用卷扬机，需用卷扬机的拉力 Q(kN)按下式计算：

$$Q = Tm\eta - R \quad (8\text{-}5)$$

式中，T 为卷扬机牵引力，kN；m 为滑轮组的工作线数；η 为滑轮组的总效率，由表 8-5 查得；R 为设备阻力，kN，由冷拉小车与地面之间的摩擦力与回程装置阻力组成，一般可取 5～10 kN。为安全可靠，设备拉力一般取钢筋冷拉力的 1.2～1.5 倍。

表 8-5　滑轮组总效率 η 和系数 α

滑轮组门数	工作线数 m	总效率 η	$\frac{1}{m\eta}$	$\alpha\left(\alpha=1-\frac{1}{m\eta}\right)$
3	7	0.88	0.16	0.84
4	9	0.85	0.13	0.87
5	11	0.83	0.11	0.89
6	13	0.80	0.10	0.90
7	15	0.77	0.09	0.91
8	17	0.74	0.08	0.92

6. 钢筋冷拉速度计算

钢筋冷拉速度 v 与卷扬机卷筒直径、转速和滑轮组的工作线数有关，可按下式计算：

$$v = \frac{\pi D n}{m} \quad (8\text{-}6)$$

式中，m 为滑轮组工作线数；π 为圆周率，取 3.14；D 为卷扬机卷筒直径，m；n 为卷扬机卷筒转速，r/min。

根据经验，钢筋冷拉速度一般不宜大于 1.0 m/min，拉直细钢筋时，可不受此限。

7. 钢筋冷拉测力器负荷计算

测力器的负荷 P 计算分以下情况进行：

测力器装在冷拉线尾端时

$$P = N - R_0 \quad (8\text{-}7)$$

测力器装在冷拉线前端时

$$P = N + R_0 - T = \alpha(N + R) \quad (8\text{-}8)$$

式中，N 为钢筋的冷拉力，kN；R_0 为设备阻力，由尾端连接器及测力器等产生，根据实践经验，采用弹簧测力器及放大表盘时，一般为 5 kN；α 为系数，由表 8-5 查得。

钢筋冷拉机是使钢筋调直、延伸的专用设备，常用的钢筋冷拉机有卷扬机式、阻力轮式和液压式等。钢筋冷拉工艺有两种：一种是采用卷扬机带动滑轮组作为冷拉动力的机械式冷拉工艺；另一种是采用长行程(1500 mm 以上)的专用液压千斤顶(如 YPD-60S 型液压千斤顶)和高压油泵的液压冷拉工艺。

8.8　安全使用

8.8.1　安全使用标准与规范

钢筋冷拉机械的安全设计和使用标准应符合《建筑施工机械与设备　钢筋加工机械　安全要求》(GB/T 38176—2019)的规定。

钢筋混凝土工程中所用的钢筋均应进行现场检验，合格后方能入库存放、待用。《混凝土结构工程施工质量验收规范》要求：钢筋进场时，应按现行国家标准(如：《钢筋混凝土用钢　第 2 部分：热轧带肋钢筋》(GB/T 1499.2—2018))等规定抽取试件做力学性能检验，其质量必须符合有关标准的规定。

验收内容包括查对钢筋标牌等出厂证明，检查外观，并按有关标准的规定抽取试样进行力学性能试验。标牌应注明生产厂、生产日期、钢号、炉罐号、钢筋强度级别、直径等，除此之外还应有产品合格证、出厂检验报告等。钢筋的外观检查包括钢筋应平直、无损伤，表面不得有裂纹、颗粒状或片状锈蚀。钢筋表面凸块不允许超过横肋螺纹的高度；钢筋的外形尺寸应符合有关规定。进行力学性能试验时，从每批中任意抽出两根钢筋，每根钢筋上取两个试样分别进行拉力试验(测定其屈服点、抗拉强度、伸长率)和冷弯试验。

8.8.2　安装调试注意事项

(1) 确保卷扬机安装稳固，地基坚实，设置前柱后锚。

(2) 钢丝绳在卷筒上排列整齐，润滑良好，不超过报废标准，工作时卷筒上最少保留两圈钢丝绳。

(3) 冷拉钢筋要严格按照规定应力和伸长率进行，不得随便变更。应防止斜拉，无论拉伸或放松钢筋都应该缓慢均匀进行。发现机具有异常应停止张拉。

(4) 冷拉钢筋要上好夹具，人离开后再发开车信号。发现滑动或其他问题时，要先行停车，放松钢筋后才能进行检查修理及重新操作。作业时现场要有专人负责指挥。

(5) 用卷扬机冷拉前应设置防护挡板，没有挡板时，应使卷扬机与冷拉方向成90°并采用封闭式导向滑轮。操作时要站在防护挡板后，冷拉场地不准站立人员和通行，防止钢筋拉断、夹具滑脱飞出伤人。

(6) 在测量钢筋的伸长度或加楔、拧紧螺栓时应站在钢筋两侧操作，并停止卷扬机或千斤顶拉伸操作。冷拉时正对端头不许站立人员或跨越钢筋。

(7) 冷拉钢筋时，两端应设置防护挡板，钢筋张拉后要加以保护，禁止压重物或在上面行走。严禁直接冲击正在张拉的钢筋。

(8) 卷扬机操作棚需要防雨防砸。

(9) 设备外壳做保护接地设置，使用符合要求的开关箱、保护器。

(10) 使用按钮开关，严禁使用倒顺开关。

8.8.3 安全操作规程

(1) 根据冷拉钢筋的直径合理选用卷扬机，卷扬钢丝绳应经封闭式导向滑轮并和被拉钢筋方向成直角。卷扬机的位置必须使操作人员能见到全部冷拉场地，距离冷拉中线不少于5 m。

(2) 冷拉场地在两端地锚外侧设置警戒区，装设防护栏杆及警告标志。严禁无关人员在此停留。操作人员在作业时必须离开钢筋至少2 m。

(3) 用配重控制的设备必须与滑轮匹配，并有指示起落的记号，没有指示记号时应有专人指挥。配重框提起时高度应限制在离地面300 mm以内，配重架四周应有栏杆及警告标志。

(4) 作业前应检查冷拉夹具，夹齿必须完好，滑轮、拖拉小车润滑灵活，拉钩、地锚及防护装置均应齐全牢固，确认良好后方可作业。

(5) 卷扬机操作人员必须看到指挥人员发出信号，并待所有人员离开危险区后方可作业。冷拉应缓慢、均匀地进行，随时注意停车信号，或见到有人进入危险区时应立即停拉，并稍稍放松卷扬钢丝绳。

(6) 用延伸率控制的装置必须安装明显的限位标志，并要有专人负责指挥。

(7) 夜间工作照明设施应设在张拉危险区外，如必须装设在场地上空时，其高度应超过5m，灯泡应加防护罩，导线不得用裸线。

(8) 作业后应放松卷扬钢丝绳，落下配重，切断电源，锁好电闸箱。

8.8.4 维修与保养

(1) 进行钢筋冷拉作业前，应先检查冷拉设备的能力和钢筋的力学性能是否相适应，防止超载。

(2) 对于冷拉设备和机具及电气装置等，在每班作业前要认真检查，并对各润滑部位加注润滑油。

(3) 成束钢筋冷拉时，各根钢筋的下料长度应一致，其互差不可超过钢筋长度的1‰，并不可大于20 mm。

(4) 冷拉钢筋时，如焊接接头被拉断，可重焊再拉，但重焊部位不可超过两个。

(5) 低于室温冷拉钢筋时可适当提高冷拉力。用伸长率控制的装置，必须装有明显的限位装置。

(6) 冷拉钢筋外观检查时，其表面不应产生裂纹和局部缩颈；不得有沟痕、磷落、砂孔、断裂和氧化脱皮等现象。

(7) 冷拉钢筋冷弯试验后，弯曲的外面及侧面不得有裂缝或起层。

(8) 定期对测力计各项冷拉数据进行校核。

(9) 作业后应对全机进行清洁、润滑等维护作业。

(10) 液压式冷拉机还应注意液压油的清洁，按期换油，夏季用HC-11，冬季用HC-8。

第9章

钢筋冷拔机械

9.1 概述

钢筋冷拔是在常温下，将钢筋通过拔丝模多次强力拉拔使其受到轴向拉伸与径向压缩作用，导致钢筋内部晶格变形而发生塑性强化，进而实现其抗拉强度提高、塑性降低、直径减小的钢筋加工技术。冷拔工艺比冷拉工艺作用强烈，钢筋同时受到张拉和挤压作用，经过一次或多次冷拔后得到的冷拔低碳钢丝其屈服点可提高 40%～90%，具有抗拉强度高、塑性低、脆性大等硬质钢材特点。

9.1.1 产品定义和用途

钢筋冷拔机械是完成钢筋冷拔加工技术的机械设备，是钢筋加工机械之一。其作业时使直径 6～10 mm 的Ⅰ级钢筋强制通过小于 0.5～1 mm 的硬质合金或碳化钨拔丝模进行冷拔。冷拔时，钢筋同时经受张拉和挤压而发生塑性变形，拔出的钢筋截面面积减小，产生冷作强化，实现钢筋直径减小、塑性降低、抗拉强度提高。

9.1.2 产品国内外发展现状

钢筋冷拔机械的相关研究历史悠久，早在 20 世纪 40 年代，欧美各国对冷拔机的生产能力提高进行了研究，其基本途径是提高拔制速度、加大小车的工作行程、减少拔制过程中的辅助时间。实践表明，提高拔制速度和加大小车的工作行程在一定范围内对提高冷拔机生产能力是可行的，但行程范围的设定会限制冷拔加工经济性。通过连续冷拔机减少拔制过程中辅助时间可显著提高生产能力。

40 年代研制的钢筋冷拔机械严格上说是半连续式的，即在周期式冷拔机的牵引链上固定两个拔制小车，当一个小车回程时，另一个小车继续拔制。显然，这种形式对提高设备生产能力是有限的。苏联、美国、意大利、联邦德国及东欧一些国家研制了环链式（又称履带式）、拖板式（又称滑座式）等结构形式的连续冷拔机。日本在 20 世纪 60 年代初期基于联邦德国连续式冷拔机推出“Ⅰ”型连续式冷拔机。之后二十多年，各国又研制了环链与拖板结合的冷拔机，顶推与拉拔结合的连续冷拔机，并对设备的技术性能、结构形式进行了改进和完善。目前，在欧洲、美国、日本、俄罗斯等工业发达国家和地区，对于一些简单断面冷拔钢材均采用连续拔制工艺生产。几个大的机器制造公司如德国的西马克、梅尔公司，英国的挪尔托公司，美国的劳马机器制造公司，日本的宫崎、木村机械株式会社等生产的连续式冷拔机已遍布全世界，每年生产总量超过千台。现在，国际上连续式冷拔机的设计、制造已经达到标准化、规范化和系列化，钢筋冷拔技术也相对成熟。

如今，我国国内的大型钢筋冷拔机械多为

机械式，采用减速机和链条进行传动、牵引和拔制。这种钢筋冷拔机械不但设备吨位大、加工困难、造价高，而且由于设备存在的固有缺点，阻碍了钢筋拔制精度的提高。而另一种是长油缸液压式钢筋冷拔机械，其牵引和拔制力来自长油缸，它虽然克服了机械式冷拔机的缺点，但油缸的长度较长，导致设备总长增长，占地面积大，长油缸的制造和维修困难。这两种牵引和拔制的传动方式各有优势和不足，如何将两者结合得到更为经济适用的冷拔设备，还需要进一步研究和探索。

9.2 产品分类

钢筋冷拔机种类很多，可按不同方式划分，具体如下：

（1）按结构型式分为水箱式钢筋冷拔机、滑轮式钢筋冷拔机、双卷筒式钢筋冷拔机、活套式钢筋冷拔机、直线式钢筋冷拔机、单次式钢筋冷拔机。

（2）按拉拔道次分为单次钢筋冷拔机、多次钢筋冷拔机。

（3）按工作原理分为滑动式钢筋冷拔机、无滑动式钢筋冷拔机。

（4）按卷筒工作位置分为立式钢筋冷拔机、卧式钢筋冷拔机。

（5）按钢筋运动方式分为滑轮式钢筋冷拔机、活塞式钢筋冷拔机、直进式钢筋冷拔机、组合式钢筋冷拔机。

（6）按电力驱动方式分为交流电动机传动的钢筋冷拔机、直流电动机传动的钢筋冷拔机。

（7）按机械传动方式分为集体传动钢筋冷拔机、单独传动钢筋冷拔机。

（8）按钢筋受力状态分为无反拉力钢筋冷拔机、带反拉力钢筋冷拔机。

（9）按钢筋润滑状态分为干式钢筋冷拉机、湿式钢筋冷拉机。

9.3 典型冷拔机的结构组成及工作原理

9.3.1 卷筒式冷拔机

卷筒式冷拔机由盘圆架、剥壳装置、槽轮、拔丝模、滑轮、绕丝筒、支架、电动机组成。按照卷筒位置又分为以下 3 种：

（1）立式冷拔机：驱动卷筒是立式的钢筋（丝）冷拔机，可分为单卷筒和双卷筒式，如图 9-1(a)所示。其由电动机通过变速箱使卷筒旋转，从而完成冷拔工序。

（2）卧式冷拔机：驱动卷筒是水平式的钢筋（丝）冷拔机，可分为单卷筒和双卷筒式，如图 9-1(b)所示。其构造简单，操作方便，多用于现场施工工地冷拔丝的生产。它又分为单卷筒和双卷筒两种，后者效率较前者高。

（3）双模冷拔机：如图 9-1(c)所示，双模冷拔机的工作特点是钢筋（丝）在一次拉拔中两次通过拔丝模孔。

(a)

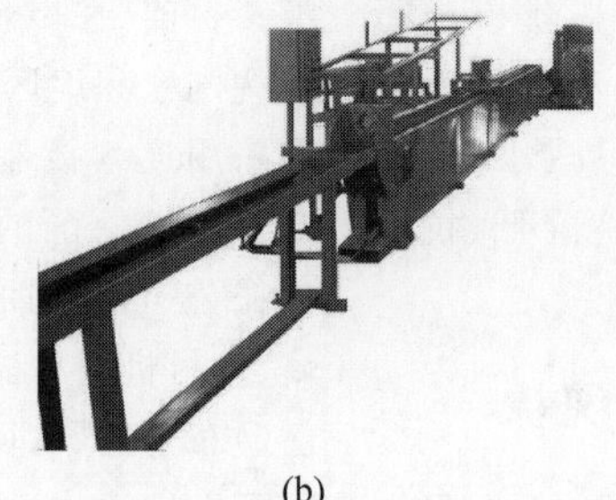
(b)

(c)

图 9-1 按卷筒位置分类的冷拔机

(a) 立式拉拔机；(b) 卧式拉拔机；(c) 双模拉拔机

9.3.2 连续式冷拔机

图 9-2(a)所示为环链式连续冷拔机的结构图,它由牵引链、夹紧梁、液压缸、扇形齿轮等组成。其工作特点是,装载牵引链的滚轮在拉拔区沿夹紧梁移动,夹紧装置由两个液压缸驱动,缸体和活塞杆分别与上下夹紧梁铰接。两个夹紧梁上下同步移动是通过扇形齿轮实现的。

图 9-2(b)所示为连续冷拔机夹紧机构的另一种结构形式,由牵引链、滚子链、加紧梁、偏心轮、液压缸、连杆、齿条、摇杆、同步齿轮等组成。其工作特点是,液压缸的活塞杆推动齿条,偏心轮与齿轮同轴,夹紧梁支撑在两个偏心轮上,偏心轮动作使上下两夹紧梁夹紧,摇杆心轮固定连接与机架组成的平行四边形机构保证夹紧梁平行下移,齿轮上下夹紧梁移动同步。

图 9-2(c)所示为运动滚轮夹紧机构示意图,它由滚轮、夹紧梁、夹钳等组成。

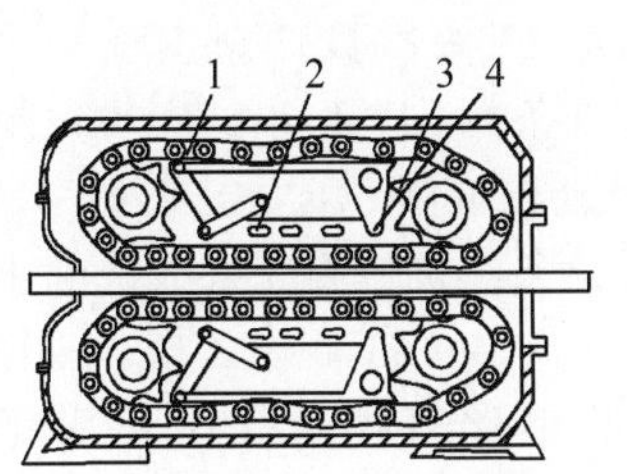

1—牵引链;2—夹紧梁;3—液压缸;4—扇形齿轮。

(a)

1—牵引链;2—滚子链;3—加紧梁;4—偏心轮;5—液压缸;6—连杆;7—齿条;8—摇杆;9,10—同步齿轮。

(b)

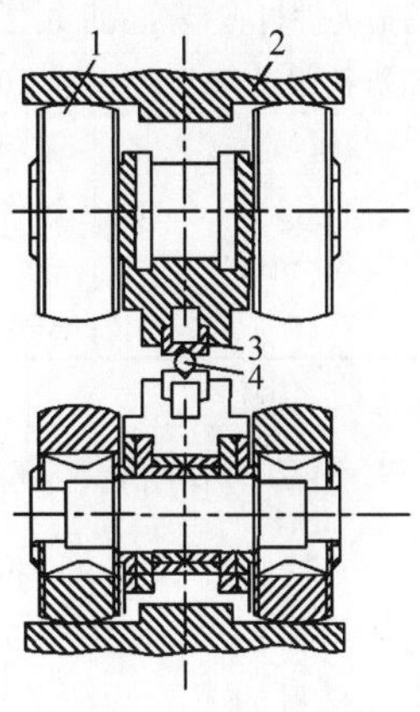

1—滚轮;2—夹紧梁;3—夹钳;4—工件。

(c)

图 9-2 连续式冷拔机结构

(a) 环链式连续冷拔机;(b) 运动滚轮夹紧机构;(c) 夹紧机构简图

9.4 钢筋冷拔原理及工艺过程

9.4.1 钢筋冷拔原理

冷拔是使直径 6~8 mm 的 HPB300 级钢筋在常温下强迫通过特制的直径逐渐减小的钨合金拔丝模孔,使钢筋产生塑性变形,以改变其物理力学性能,其冷拔原理如图 9-3 所示。

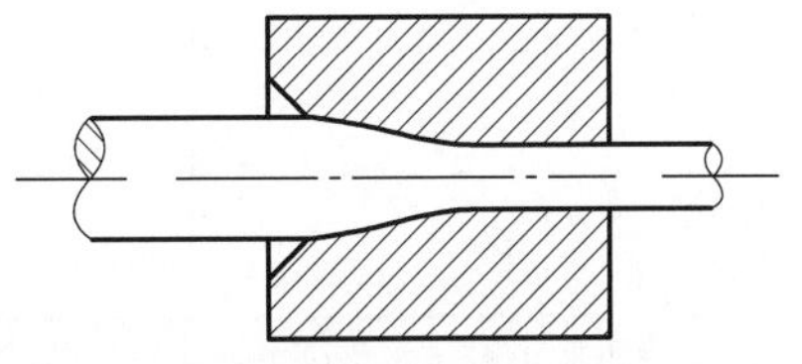

图 9-3 冷拔原理示意图

9.4.2 钢筋冷拔工艺过程

钢筋冷拔工艺过程为:轧头→剥壳→通过润滑剂盒→进入拔丝模孔。

轧头在轧头机上进行,目的是将钢筋端头轧细,以便穿过拔丝模孔。剥壳是利用 3~6 个上下排列的辊子除去钢筋表面坚硬的渣壳。润滑剂常用石灰、动植物油、肥皂、白蜡和水按一定比例制成。剥壳和通过润滑剂能使铁渣不进入拔丝模孔口,以提高拔丝模的使用寿命,并消除因拔丝模孔存在铁渣而使钢丝表面擦伤的现象。剥壳后,钢筋再通过润滑剂盒润滑,进入拔丝模孔进行冷拔。

9.5 技术性能

9.5.1 钢筋冷拔机基本参数

《建筑施工机械与设备　钢筋冷拔机》(JB/T 13708—2019)中给出的冷拔机基本参数如表9-1所示。

表 9-1　冷拔机基本参数

参　数	数	值		
钢筋最大进料直径/mm	6.5	8	10	12
钢筋抗拉强度/MPa	≤1200	≤1100		
拉拔力/kN	≥16	≥25	≥40	≥63
卷筒直径/mm	550	650	750	800
	600	700	800	900
	650	750	—	—

9.5.2 钢筋冷拔机的一般要求

(1) 制造冷拔机的材料应符合图样要求，采用代用材料时，其主要力学性能指标应不低于原有材料的主要力学性能指标，并须持有检验合格证。

(2) 铸件应符合《工程机械　灰铸铁件通用技术条件》(JB/T 5937—2018)和《工程机械　铸钢件通用技术条件》(JB/T 5939—2018)的规定；锻件应符合《工程机械　自由锻件通用技术条件》(JB/T 5942—2018)的规定；焊接件的焊缝应符合《工程机械　焊接件通用技术条件》(JB/T 5943—2018)的规定；紧固件的装配应符合《工程机械　装配通用技术条件》(JB/T 5945—2018)的规定。

(3) 运动机件各摩擦部位应能保证正常润滑，油孔、油杯应安装在易靠近、不易碰坏的位置；润滑系统油路应畅通，无渗漏现象；冷却系统应畅通，无漏水现象；冷拔机应有冷却装置以保证钢丝的质量；电气系统应操作方便、灵敏可靠，并符合《机械电气安全机械电气设备　第1部分:通用技术条件》(GB/T 5226.1—2019)的规定。

(4) 冷拔机在下列工作环境下应能正常工作：海拔不超过2000 m；环境温度为−5～40℃；相对湿度不大于90%；电源电压为380V，频率为50 Hz，电压波动范围不超过±5%。

(5) 卷筒拉拔部分在采用表面热处理方式的情况下，表面硬度应不低于50HRC，表面粗糙度 Ra 应不大于32 μm，有效硬化层深度应不小于15 mm。

(6) 冷拔机组装后运转应灵活平稳，无异常声响，卷筒拉拔线的高度偏差应不大于1.5 mm。冷拔机可靠性试验累计时间不应少于350 h，平均无故障工作时间不应少于150 h，可靠度不应低于90%。

(7) 冷拔机生产的钢筋直径允许偏差应符合JGJ 19—2010的要求。冷拔机的电流、电压、功率、卷筒转速和拉拔力应符合设计要求。

9.5.3 冷拔钢筋性能要求

(1) 拔丝用热轧圆盘条应符合GB/T 701—2008的规定，甲级冷拔低碳钢丝应采用《低碳钢热轧圆盘条》(GB/T 701—2008)规定的供拉丝用盘条进行拔制。

(2) 热轧圆盘条经机械剥壳或酸洗除去表面氧化皮和浮锈后，方可进行拔丝操作；每次拉拔操作引起的钢丝直径减缩率不应超过15%；允许热轧圆盘条对焊后进行冷拔，但必须是同一钢号的圆盘条，甲级冷拔低碳钢丝成品中不允许有焊接接头；在冷拔过程中，不得酸洗和退火，冷拔低碳钢丝成品不允许对焊。

(3) 冷拔低碳钢丝表面不应有裂纹、小刺、油污及其他机械损伤；冷拔低碳钢丝表面允许有浮锈，但不得出现锈皮以及肉眼可见的锈蚀麻坑。

(4) 冷拔低碳钢丝的力学性能应符合表9-2的规定。

表 9-2　冷拔低碳钢丝的力学性能

级别	公称直径 d/mm	抗拉强度 R_σ/MPa	断后伸长率 A_{100}/%	反复弯曲次数/(次/180°)
		不小于		
甲级	5.0	650	3.0	4
		600		
	4.0	700	2.5	
		650		
乙级	3.0,4.0,5.0,6.0	550	2.0	

注：甲级冷拔低碳钢丝作预应力筋用时，如经机械调直则抗拉强度标准值应降低50 MPa。

9.5.4 钢筋冷拔机环保使用要求

(1) 应控制使用GB/T 26546—2011表2中D类材料,如使用《工程机械减轻环境负担的技术指南》(GB/T 26546—2011)表2中C类和D类材料,则应给出废弃时的处理方法。

(2) 所用发动机的排放应符合现行国家和(或)地方有关发动机的污染物排放限值的规定。

(3) 对于有能效试验方法标准的建筑施工机械,应采用标准方法进行作业能效测试;对于目前没有能效测试方法的典型建筑施工机械,参见《建筑施工机械绿色性能指标与评价方法》(GB/T 38197—2019)绿色性能指标中的附录A,并向用户提供试验报告。

(4) 噪声符合产品标准和安全标准的规定。

(5) 应有机器解体方法,且应有序号(1)要求的处理方法。

(6) 新机器可再利用率不小于85%。

9.5.5 其他要求

(1) 冷拔机外露部分非加工表面应平整,外露面应作防锈处理,接缝处无明显错位;涂装应符合《工程机械 涂装通用技术条件》(JB/T 5946—2018)的要求。

(2) 使用说明书的编制及要求应符合GB/T 9969—2008的规定。使用说明书至少应包括下列内容:①安全使用注意事项;②结构特征与工作原理;③尺寸、质量;④安装、调试、使用、操作;⑤故障分析与排除;⑥保养、维修;⑦运输与储存。

(3) 冷拔机的标牌和商标应清晰,并应永久固定在明显且不易碰伤的位置上,标牌的型式与尺寸应符合《塑料薄膜和纸压敏粘贴标牌 试验方法》(JB/T 13306—2011)的规定。标牌应标记下列内容:①制造厂名称;②产品名称及型号;③产品主要参数;④产品出厂编号;⑤产品出厂年、月。

(4) 制造厂应向用户提供下列随机文件:①装箱单;②产品合格证明;③产品使用说明书;④易损件目录;⑤随机附件、备件、工具清单。

(5) 包装应符合《工程机械 包装通用技术条件》(JB/T 5947—2018)的规定,可裸装或采用木箱包装;冷拔机在运输时应放置平稳、固定可靠,防止重叠重压和剧烈振动,并有防雨措施;冷拔机应存放在通风良好、防雨、防潮的库房内。

9.6 选用原则与工艺参数计算

影响冷拔低碳钢丝质量的主要因素是原材料的质量和冷拔总压缩率。冷拔低碳钢丝是用普通低碳热轧光圆钢筋拔制的,按照国家标准《低碳钢热轧圆盘条》(GB/T 701—2008)规定,光圆钢筋是用1~3号乙类钢轧制的,因而强度变化较大,直接影响冷拔低碳钢丝的质量。为此应严格控制原材料。冷拔低碳钢丝分甲、乙两级。对主要用作预应力筋的甲级冷拔低碳钢丝,宜用符合Ⅰ级钢标准的3号钢圆盘条进行轧制。

冷拔总压缩率β是光圆钢筋冷拔成钢丝时的横截面缩减率,其表达式为

$$\beta = 1 - \frac{d^2}{d_0^2} \tag{9-1}$$

式中,d_0为原材料光圆钢筋直径;d为冷拔后成品钢丝直径。

总压缩率越大,则抗拉强度提高越多,而塑性下降越多,故β不宜过大。直径5 mm的冷拔低碳钢丝,宜用直径8 mm的盘条拔制;直径4 mm和小于4 mm者,宜用直径6.5 mm的盘条拔制。冷拔低碳钢丝有时经过多次冷拔而成,一般不是一次冷拔就达到总压缩率。每次冷拔压缩率也不宜太大,否则拔丝机的功率要大,拔丝模易损耗,且易断丝。一般前道钢丝和后道钢丝的直径比以1∶0.87为宜。冷拔次数不宜过多,否则易使钢丝变脆。

9.7 安全使用

9.7.1 安全使用标准与规范

钢筋冷拔机械的安全设计和使用标准应符合《建筑施工机械与设备 钢筋加工机械 安全要求》(GB/T 38176—2019)的规定,钢筋

冷拔机械产品应符合《建筑施工机械与设备 钢筋冷拔机》(JB/T 13708—2019)的规定。

此外,安全使用需要满足以下规定:

(1) 一般要求钢筋加工机械的设计应确保在主控位置上的操作人员能够观察到暴露人员。

(2) 为避免挤压和剪切危险,部件的形状和相对位置应符合《机械安全 避免人体各部位挤压的最小间隙》(GB/T 12265.3—1997)和《机械安全 放置上下肢触及危险区的安全距离》(GB/T 23821—2009)的规定。

(3) 在不影响正常功能的情况下,可接近的机械部件不应出现可能造成伤害的锐边、尖角、粗糙面、凸出部位,以及可使人体部位或衣服"陷入"的开口。

(4) 钢筋加工机械的稳定性应符合《机械安全 设计通则风险评估与风险减小》(GB/T 15706—2012)中第6.2.6条的规定,且在按规定条件制造、搬运运输、安装、使用和拆卸过程中应考虑钢筋加工机械的稳定性。

(5) 钢筋加工机械设计时应考虑机器在维护时的维修性因素:可接近性,考虑环境和人体尺寸,其开口尺寸应符合《用于机械安全的人类工效学设计 第3部分:人体测量数据》(GB/T 18717.3—2002)的规定;易于操纵,考虑人的能力,操纵器的设计应符合《操纵器一般人类工效学要求》(GB/T 14775—1993)的规定。

(6) 钢筋加工机械的防护装置和保护装置应符合《机械安全 设计通则风险评估与风险减小》(GB/T 15706—2012)中第6.3.3条的规定。

(7) 钢筋加工机械的危险区域应设置阻挡装置。

(8) 钢筋加工机械运行期间需要操作人员进入的危险区域应设置安全防护装置。

(9) 钢筋加工机械在进行加工、维护、调整时应有足够的照明,工作处照度不应低于500lx。

9.7.2 钢筋冷拔机操作规程

(1) 应检查并确认机械各连接件牢固,模具无裂纹,轧头和模具的规格配套,然后启动主机空运转,确认正常后方可作业。

(2) 在冷拔钢筋时,每道工序的冷拔直径应按机械出厂说明书的规定进行,不得超量缩减模具孔径。无资料时,可按每次缩减孔径0.5～1.0 mm进行。

(3) 轧头时,应先使钢筋的一端穿过模具长度达100～150 mm,再用夹具夹牢。

(4) 作业时,操作人员的手和轧辊之间应保持300～500 mm的距离。不得用手直接接触钢筋和滚筒。

(5) 冷拔模架中应随时加足润滑剂,润滑剂应采用石灰和肥皂水调和晒干后的粉末。钢筋通过冷拔模前,应抹少量润滑脂。

(6) 当钢筋的末端通过冷拔模后,应立即脱开离合器,同时用手闸挡住钢筋末端。

(7) 拔丝过程中,当出现断丝或钢筋打结乱盘时应立即停机;处理完毕后方可开机。

第10章

冷轧带肋钢筋生产线

10.1 概述

冷轧带肋钢筋(俗称冷轧螺纹钢筋)是近几年发展起来的一种新型、高效、节能建筑用钢材,它是用普通低碳盘条或低合金盘条,经多道冷轧或冷拔减径和一道压痕,最后形成带有两面或三面月牙形横肋的钢筋。

10.1.1 生产线定义和用途

冷轧带肋钢筋生产线是指将盘圆钢筋原材料加工成带肋钢筋的成套设备组成的生产线,一般由原材料准备、轧制成型、收集打包以及配套的辅助、控制系统等组成。冷轧带肋钢筋由于强度高(其抗拉强度比热轧线材提高50%～100%)、塑性好(一般冷拔的 $\delta_{10} \geqslant$ 2.5%,冷轧的 $\delta_{10} \geqslant 4\%$)[①]、握裹力强(与混凝土黏结锚固能力提高2～6倍),因而得到迅速发展。它广泛应用于工业与建筑,如水泥电杆与输运管、高速公路与桥梁的路面钢网和防护网、水电站坝基与各建筑工程。冷轧带肋钢筋可以用钢筋网片成型机焊成网运至施工现场进行混凝土浇注作业,取代了手工扎绑的落后作业方法。另外,冷轧带肋钢筋适合生产 ϕ10 mm 以下的小规格螺纹钢筋,弥补了热轧螺纹钢筋品种少的不足。

10.1.2 生产线国内外发展现状

冷轧带肋钢筋1968年由德国、荷兰、比利时研制成功,后逐步在欧洲得到推广和应用。相应的,涵盖生产、设计、施工等阶段的国家、国际标准和规范规程也逐步建立健全。1994年,欧共体冷轧带肋钢筋年产量已达到450万t并广泛用于建筑工程、市政工程、机场跑道、桥面板和水电管线中。

冷轧带肋钢筋行业发展初期,各国的强度级别大致相同,均在550 MPa上下,规格为4～12 mm,主要应用于普通钢筋混凝土结构,如现浇的楼板、基础底板的受力筋与分布筋,剪力墙的分布筋,梁柱的箍筋等。国际标准ISO 10544—1992(E)规定的钢筋力学性能如下:屈服强度500 MPa,抗拉强度550 MPa,伸长率(标距5倍钢筋直径)为12%。

相较于国外冷轧带肋钢筋的快速发展,我国冷轧带肋钢筋的发展和应用相对落后,并且经历了从引进模仿到自主研发、吸收创新及性能由低向高发展的过程。20世纪50年代,我国研制出了冷拔低碳钢丝并在中小型混凝土结构构件中应用。从80年代后期起,我国南

① δ_{10} 为标距为10倍钢筋直径的延伸率。

京、苏州等地先后从德国和意大利等国引入10多套冷轧带肋钢筋的生产设备组成的生产线。与此同时，国内的一些科研单位和企业也开始进行冷轧带肋钢筋生产设备的研制仿制工作，对冷轧带肋钢筋在我国的广泛使用和推广起到了巨大的推动作用。到目前为止，我国已经建成的冷轧带肋钢筋生产线有400多条，年生产能力达数百万吨，大大提高了我国冷轧带肋钢筋的综合生产能力。

与其配套的冷轧带肋钢筋生产设备也同步经历了发展演变过程，国外冷轧带肋钢筋大多采用被动式生产方式，生产线如图10-1所示。

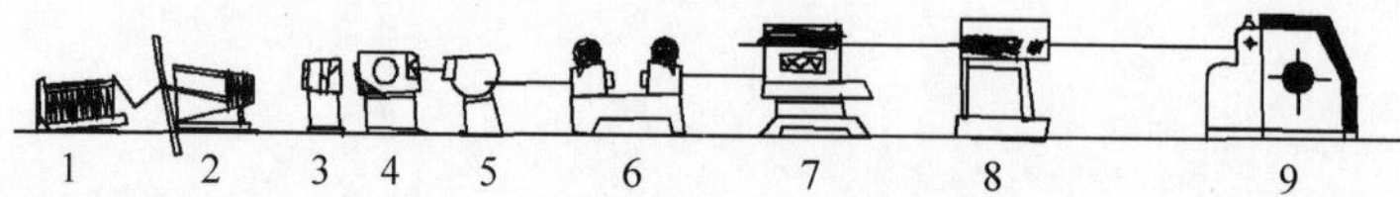

1—放线架；2—除磷机；3—上粉机；4,6—轧制机；5,7—拉拔机；8—应力消除机；9—收线机。

图10-1 国外冷轧带肋钢筋典型的生产线

国内的冷轧带肋钢筋生产设备起步较晚，从开始的模仿仿制到逐步自主研发设计，部分经济技术指标已达到或超过国外同类产品水平。目前来看，提升产品综合性能指标、提高产能，是国内冷轧带肋钢筋生产线的发展趋势。

10.2 生产线分类

冷轧带肋钢筋生产线一般按产品形态分为直条生产线和盘螺生产线。我国在1996年推出的行业标准《冷轧带肋钢筋成型机》(JG/T 5080—1996)中按照生产线的动力方式，将冷轧带肋钢筋成型机分为主动型和被动型轧机两种。但是，按照产品形态分为直条生产线和盘螺生产线最能体现生产线的主要功能结构特征和特点，也得到业内普遍认可。

10.3 生产线工艺流程及结构组成

10.3.1 冷轧带肋钢筋直条生产线

1. 生产工艺流程

直条生产线的生产工艺流程一般包含原材料开卷除磷、轧制成型、去应力、定尺剪切及收集打包等工序。其中为实现连续轧制，开卷区段一般含有前后卷原材料的对焊连接。轧制区段一般采用两道次轧制，第一道采用光圆孔型对轧材进行减径轧制，第二道采用带肋孔型进行成型轧制。

为简化控制系统，各道次轧机间的动力配置一般采用主被动形式，即成型轧机采用主动结构，减径轧机采用被动结构。冷轧带肋钢筋直条生产线工艺路线为：原材料准备→上料→对焊→除磷→轧制→去应力→定尺剪切→收集成捆→打包→检验→成品入库。其生产线布置如图10-2所示。

2. 直条生产线结构组成

1）上料机

常见的上料机结构形式有双工位立式上料机、炮架型卧式上料机等。还有部分厂家则简化设备配置，直接将盘条原料首尾顺序堆积在地面上，然后拉直喂入轧机，也能满足生产功能要求。

2）轧机

典型的轧机为龙门式双支点轧机，该轧机结构相对简单，辊环及轴承受力均匀，整体制造及维护成本低。辊轴轴承一般采用油脂润滑，易维护保养。近年来硬质合金辊环已全面替代合金工具钢材料，广泛应用于冷轧带肋钢筋生产，此种辊环具有硬度高、寿命长、耐磨性好的特点，可极大提高生产效率和产品质量。轧机主传动系统则通常由主电机、减速机、分齿箱、轧机主机等组成。轧机机列结构如图10-3所示。

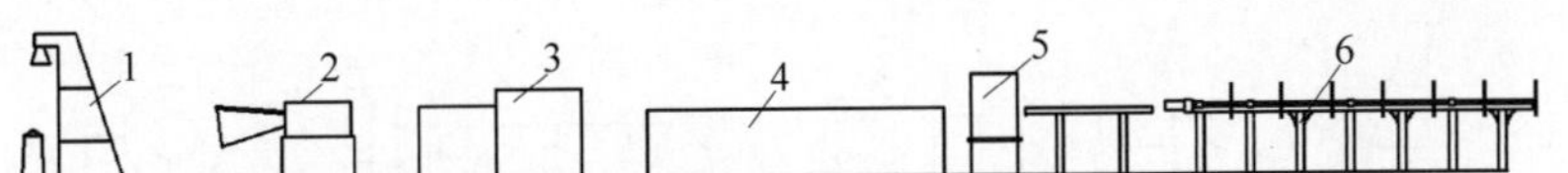

1—上料机；2—除磷机；3—轧机；4—去应力机械；5—飞剪；6—翻钢机。

图 10-2　冷轧带肋钢筋成型机直条生产线布置示意图

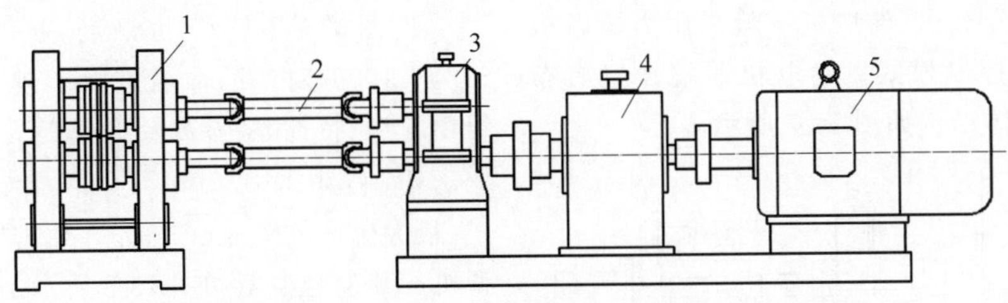

1—轧机主机；2—传动轴；3—分齿箱；4—减速机；5—主电机。

图 10-3　轧机机列结构示意图

3）剪断机

冷轧带肋钢筋成型机均采用连续生产制，通常采用滚筒式飞剪机将钢筋按定尺长度剪断。滚筒式飞剪机结构相对简单、运行可靠，适合剪切截面较小的轧件。飞剪机结构示意图如图 10-4 所示。

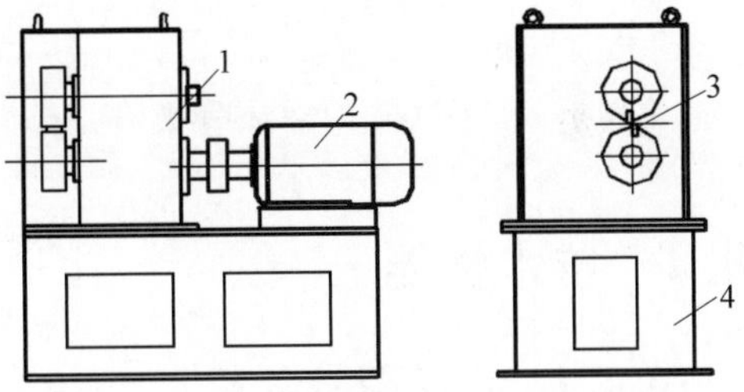

1—传动齿轮箱；2—主电机；3—剪刀盘；4—底座。

图 10-4　飞剪机结构示意图

4）收料机

收料机是将剪断后的钢筋收集成捆的机械，业内通常称为翻钢机。它主要由道槽、翻钢拨叉及其驱动减速电机、集料槽组成。翻钢拨叉左右各设置一组，交替动作将道槽内的钢筋翻转至对应的集料槽内，收满后人工打包即可将成品吊装入库。收料机主体结构如图 10-5 所示。

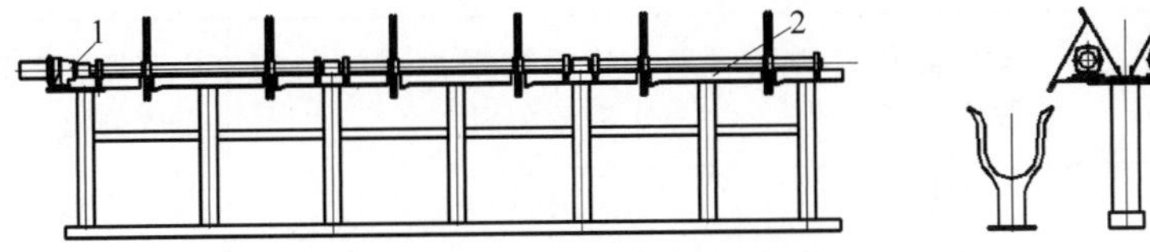

1—减速电机；2—道槽；3—翻钢拨叉；4—集料槽。

图 10-5　收料机主体结构示意图

10.3.2　冷轧带肋钢筋盘螺生产线

1. 生产工艺流程

将直条生产线中预应力设备后的直条收集设备——飞剪及翻钢机调整为盘螺收集设备——分卷剪和卷取机，即可将钢筋收集成盘卷状态。盘螺线工艺路线为：原料准备→上料→对焊→除磷→轧制→去应力→分卷剪切→卷取收集→打包→检验→成品入库。其生产线布置如图 10-6 所示。

2. 结构组成

冷轧带肋钢筋盘螺生产线结构与冷轧带肋钢筋直条生产线结构相比，仅收料机与卷取机存在区别，卷取机主要由卷筒及其动力、控制系统组成。为便于盘卷卸料，卷筒具有连杆结构的涨缩功能。为保持稳定的卷取张力，获

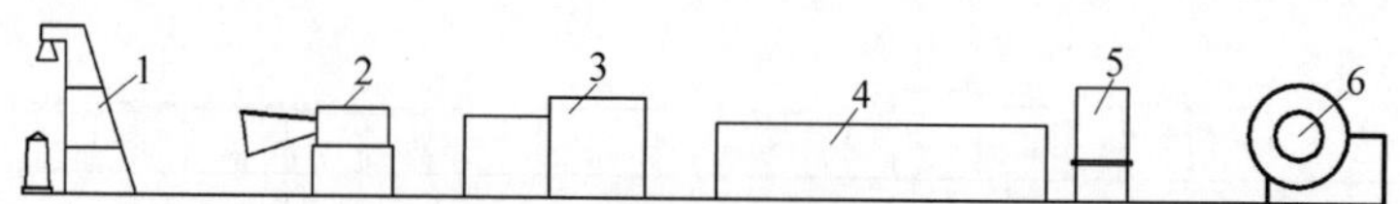

1—上料机；2—除磷机；3—轧机；4—去应力机械；5—剪断机；6—卷取机。

图 10-6 冷轧带肋钢筋成型机盘螺生产线布置示意图

得规整的钢卷外形，卷取机一般采用力矩电机或力矩拖动控制模式。卷取机前端设置有布料器。其主体结构如图 10-7 所示。

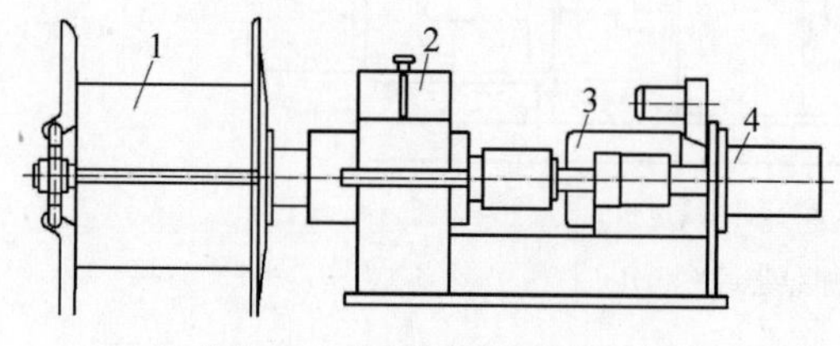

1—卷筒；2—传动齿轮箱；3—主电机；
4—卷筒涨缩动力系统。

图 10-7 卷取机主体结构示意图

10.4 技术性能

10.4.1 产品型号命名

对于冷轧带肋钢筋成型机，各设备生产厂家均有不同的命名方法，多数由厂家标识、产品主要技术参数标识、产品代次序列标识等区段代码组成。

我国的《冷轧带肋钢筋成型机》(JG/T 5080—1996)对产品命名进行了规范：冷轧机组由组型、特性、主参数及更新变型 4 组代码组成。如：GZB 10B JG/T 5080 表示以被动形式、最大生产 ϕ10 mm 产品的冷轧带肋钢筋成型机。其型号说明如图 10-8 所示。

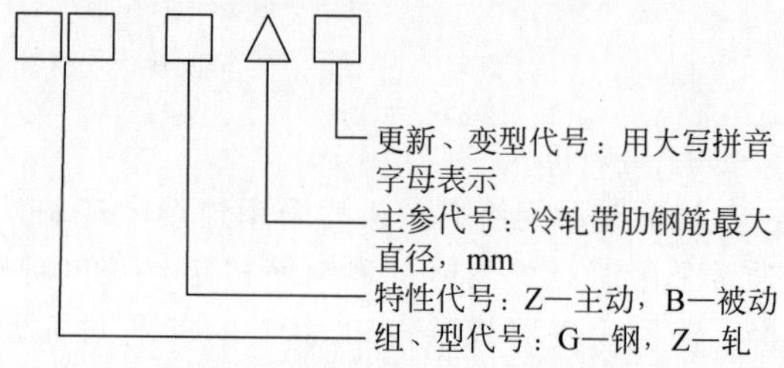

图 10-8 产品型号命名说明

10.4.2 各企业产品型谱与技术性能

国内几家冷轧带肋钢筋成型机设备厂家的典型产品技术性能见表 10-1。

表 10-1 冷轧带肋钢筋成型机设备厂家的典型产品技术性能

项目	安阳复星合力新材料股份有限公司	安徽省钢力机械制造有限公司	山东连环钢筋加工装备有限公司
设备型号	HL3B-800/12-F	LMS12-10B	HCR-V-12
产品规格/mm	ϕ5.5～ϕ12	ϕ5～ϕ11	ϕ4～ϕ12
定尺精度/mm	±5	±2	—
生产速度 /(m/min)	180	180	720
装机容量/(kV·A)	780	800	260
轧机道次	2	2	—
辊环直径/mm	228	228	—
设备总重/kg	26 000	16 000	37 000
设备外形(长×宽×高)/(m×m×m)	40×4.5×2.5	55×5×6	32×6.5×8

10.5 安全使用

10.5.1 安全使用标准与规范

冷轧带肋钢筋成型机属非标生产设备(生产线),涉及机械、电气、流体等专业。其安全操作使用除遵循相关法规规范以外,还应以具体的使用说明书要求为准。

部分重点法律法规、标准包括:

《中华人民共和国安全生产法》,全国人大2021年颁布;

《中华人民共和国特种设备安全法》,全国人大2013年颁布;

《特种设备安全监察条例(国务院令第549号)》,国务院2009年颁布;

《压力容器安全技术监察规程(质技监局锅发〔1999〕154号)》,国家质量技术监督局2000年颁布;

《起重机械安全监察规定(国家质量监督检验检疫总局令第92号)》,国家质检总局2007年颁布;

《起重机械吊具与索具安全规程(LD48—93)》,劳动部1994年颁布;

《电业安全工作规程(电力线路部分)》(GB 26859—2017),能源部2017年颁布;

《施工现场临时用电安全技术规范》(JGJ 46—2021);

《厂内机动车辆安全管理规定(劳动部第161号令)》,劳动部1995年颁布;

《用电安全导则》(GB/T 13869—2017);

《起重机械安全规程》(GB 6067—2010);

《焊接与切割安全》(GB 6067.1—2021);

《轧钢安全规程》(AQ 2003—2018)。

10.5.2 维修与保养

冷轧带肋钢筋成型机的维修保养按照设备使用说明书要求进行,部分重点设备维护保养要求见表10-2。

10.5.3 常见故障及其处理方法

部分重点设备常见故障及处理方法见表10-3。

表10-2 重点设备维护保养要求

设备名称	维护保养部位	维保频次	维护保养内容
轧机	减径轧机导向轮	1次/周	换新
	减径轧机轧辊轴承	1次/3 d	加注4#高温润滑脂
	减径轧机蜗轮蜗杆	1次/月	加注4#高温润滑脂
	成型轧机轧辊轴承	1次/3 d	加注4#高温润滑脂
	成型轧机蜗轮蜗杆	1次/月	加注通用锂基润滑脂
	轧机组齿轮箱	1次/6个月	更换齿轮油一次
	主传动电机	1次/月	参见电机说明书
飞剪	各传动轴轴承	1次/月	加注4#高温润滑脂
	齿轮箱润滑油	1次/6个月	更换齿轮油一次
	刀块	1次/月	重磨或换新
	伺服电机		参照使用说明书
翻钢机	翻钢轴轴承	1次/月	加注4#高温润滑脂
	辊轮磨损	1次/月	换新
	缓冲器老化	1次/月	换新

表 10-3 常见故障及处理方法

设备名称	故障现象	故障原因	排除方法
除磷机	产品表面有黏结物	除磷效果差	增加转轮角度
	轴承有异响或发热	轴承磨损或损坏	更换轴承
	进料不均匀,出现波动	进、出料口耐磨合金块磨损	更换耐磨合金块
轧机组	产品横肋不够饱满	减径量不足	调整蜗轮丝杠,增大减径量
	产品纵肋单薄扭曲	减径量过大	调整蜗轮丝杠,减小减径量
	产品表面质量差,纹路、标识模糊	轧辊轴承磨损或损坏	更换轴承
		轧辊松动	重新紧固
		轧辊掉块或磨损	换孔型位置或换辊
	倒钢	导卫轮与轧辊的距离过大	调整距离
		导卫轮轴承损坏	更换轴承
	轧辊磨损过快或掉块	轧辊没有锁紧	重新锁紧
		轧辊轴承损坏或磨损	更换轴承
	减速机异常发热	冷却系统故障	检查冷却系统
		减速机轴承磨损或损坏	更换轴承
飞剪	钢筋切口不平整	刀体磨损	更换刀体
		刀体松动	重新紧固
		刀刃中心线过高	调整刀刃
翻钢机	钢筋头部弯曲变形过大	缓冲器橡胶块老化	换新
	推钢器动作慢	气源压力低	增大气压
	翻钢动作不灵活	翻钢轴轴承磨损或损坏	更换轴承
	翻钢叉翻钢动作不一致	轴承座紧固螺栓有松动	调整后紧固

第11章

高延性冷轧带肋钢筋生产线

11.1 概述

高延性冷轧带肋钢筋是热轧圆盘条经过冷轧成型及回火热处理得到的具有较高延性的冷轧带肋钢筋。相对于冷轧带肋钢筋，在保证强度的同时，高延性冷轧带肋钢筋的塑性、韧性指标大幅提升。因此高延性冷轧带肋钢筋生产线应运而生。

11.1.1 生产线定义和用途

高延性冷轧带肋钢筋生产线借鉴热轧高速线材的生产工艺方式，根据冷轧的工艺特点转化改进，在不添加任何微合金元素的情况下，以普通低碳钢热轧盘卷为原料，生产抗拉强度600 MPa以上、屈服强度520 MPa以上、最大力总伸长率A_{gt}达到5%以上的高延性冷轧带肋钢筋产品。从原料上料、精确轧制、在线热处理、在线质量监测、在线质量控制到自动收料、自动打包，整条生产线实现了自动化、连续化、高速化、智能化作业。其主要特征如下：

(1) 采用叠放式立式上料机并配置涨缩结构料架、浮动芯筒装置，实现热轧盘条高速开卷放料；

(2) 采用高速悬臂轧机，顶交布置，实现轧件高速无扭轧制；

(3) 增加在线热处理工艺，大幅提升成品钢筋机械性能；

(4) 采用吐丝机形式生产盘螺；

(5) 增加热处理后散卷自然冷却工艺，提高产品性能稳定性；

(6) 采用集卷站形式，实现盘螺的无芯收卷及分卷剪切；

(7) 采用立式自动打包机，配以钢筋盘卷物流转运系统，实现盘卷打包、运输、卸卷入库自动化生产；

(8) 融入能源、质量监测监控、盘卷物流等先进工业自动化控制技术；

(9) 生产线实现高速化、大型化、规模化，单线年产能突破10万t。

高延性冷轧带肋钢筋以“高延性”冠名，旨在区别于以往的冷轧带肋钢筋。由于其生产工艺增加了回火热处理过程，所以伸长率指标显著提高且有明显的屈服点。高延性冷轧带肋钢筋可加工性好、抗震能力强，常用于钢筋混凝土结构中的受力钢筋、钢筋焊接网、箍筋、构造钢筋以及预应力混凝土结构构件中的非预应力筋等。

11.1.2 生产线发展现状

国内普通冷轧带肋钢筋生产企业普遍存在生产工艺落后、生产规模小、生产效率低等缺点，导致冷轧带肋钢筋产品相关性能难以保证，表现为延性偏低、产品外形尺寸无法保证、机械性能不稳定等问题，市场较为混乱，为国家管理带来困难，不利于我国建筑行业的发展。为此，国家发展和改革委员会会同国务院有关部门，对《产业结构调整指导目录(2011年本)》有关条目进行了调整，形成了《国家发展改革委关于修改〈产业结构调整指导目录(2011年本)〉有关条款的决定》，淘汰单机产能1万t及以下的冷轧带肋钢筋生产装备。

随着我国工业化、城镇化建设的快速发展，建筑用钢的需求量在不断增长，发展高效能、低成本、低消耗的高效节约型建筑用钢，进一步加快建筑用钢品种优质化与更新换代，就显得十分迫切。

高延性冷轧带肋钢筋是近期研制开发的新型高强钢筋，该产品突破以往的生产工艺，采用"轧制强化＋在线回火热处理"的方法。产品有明显的屈服点，强度和伸长率指标均有显著提高。均匀伸长率较冷轧带肋钢筋标准提高一倍，达到了延性钢筋的要求，可加工性能良好。

由于高延性冷轧带肋钢筋在节材节能方面的优势，2017年3月17日，国家发改委第3号公告将"高延性冷轧带肋钢筋盘螺生产技术"列入《国家重点推广的低碳技术目录》。国家标准《冷轧带肋钢筋》(GB/T 13788—2017)修订，增加了CRB600H、CRB680H、CRB800H的钢筋牌号及性能要求，已于2017年7月12日正式颁布。工业和信息化部发布了行业标准《高延性冷轧带肋钢筋》(YB/T 4260—2011)，为高延性冷轧带肋钢筋的推广应用提供了法规依据。住房和城乡建设部发布了《冷轧带肋钢筋混凝土结构技术规程》(JGJ 95—2011)，首次将高延性冷轧带肋钢筋纳入施工技术规程，并提高了强度设计值，从而提高了该类产品的准入门槛，标志着冷轧带肋钢筋产品的升级换代。住房和城乡建设部科技发展促进中心将高延性冷轧带肋钢筋列入全国建设行业科技成果推广项目，科技部将这一新技术列入火炬计划项目，标志着高延性冷轧带肋钢筋生产已进入产业化发展阶段。

随着国民经济结构优化，自动化、信息化技术发展，资源节约、环境友好的可持续性发展模式已成为时代的发展主流。高延性冷轧带肋钢筋生产装备同样也向信息化、智能化、高效生产、绿色环保的方向持续提升。

11.2 生产线分类

高延性冷轧带肋钢筋生产线一般也按产品形态分为直条生产线和盘螺生产线。其同样最能体现生产线的主要功能结构特征和特点，得到了业内普遍认可。

11.3 生产线组成及工艺流程

11.3.1 高延性冷轧带肋钢筋盘螺生产线

1. 生产工艺流程

高延性冷轧带肋钢筋盘螺生产线工艺路线如下：

原料准备→上料→对焊→除磷→高速无扭连续轧制→在线热处理→吐丝→散卷冷却→集卷分卷→打包→称重检验→成品入库。

盘螺生产线工艺布置如图11-1所示。

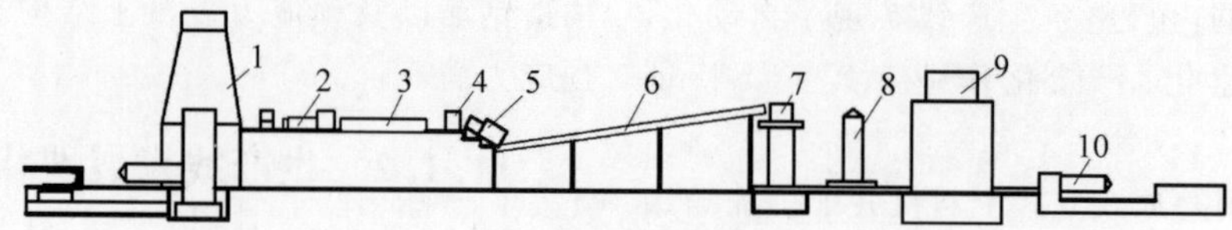

1—立式上料机；2—轧机；3—加热炉；4—夹送辊；5—吐丝机；6—散冷辊道；7—集卷站；8—钢卷输送系统；9—自动打包机；10—翻卷、卸卷站。

图11-1 高延性冷轧带肋钢筋盘螺生产线工艺布置

2. 生产线组成

1) 立式上料机

立式上料机采用上料小车、翻转装置、升降装置等一体化结构，与传统的立式、卧式上料方式相比，解决了其他上料方式放线速度慢、故障多、不能高速连续生产问题，大幅提高了连续上料速度，最高速度超过 1000 m/min，达到传统冷轧带肋钢筋生产线的 5 倍以上。

立式上料机设置有对焊工位和除磷装置，可实现盘卷首尾对焊连接及在线除磷。

2) 轧机

轧机采用先进的 45°顶交形式，辊环采用悬臂安装，锥套固定，更换辊环时间短，轧制的精度高。

轧机采用集成箱体式结构，稀油强制润滑，克服了以往甘油润滑温升过高问题，实现了高速轧制。

辊缝调整采用偏心套结构形式。

轧机突破了热轧顶交轧机油膜轴承结构，采用滚动轴承，降低了制造成本，易于维护，适应冷轧带载低速启动的工艺特性。

轧机主体结构如图 11-2 所示。

3) 加热炉

加热炉是大功率斩波和逆变调功感应热处理装置，采用整流、斩波调功、逆变调功等新技术，热处理温度范围为 540～630℃。它实现了钢筋高速连续退火热处理工艺，其技术指标和经济效益优势明显。

4) 吐丝机

冷轧盘螺热处理后吐丝温度为 480～550℃，远低于传统热轧 800～950℃的吐丝温度，低温钢筋吐丝阻力、变形抗力和回弹系数增大，是决定冷轧盘螺生产工艺能否实现的关键技术难题。

高延性冷轧带肋钢筋盘螺生产线吐丝机采用小转角空间螺旋线的专用吐丝管，实现冷轧钢筋低温低速条件下顺利吐丝成型。吐丝机后设置倒钢装置(为专利技术)。

吐丝机主体结构如图 11-3 所示。

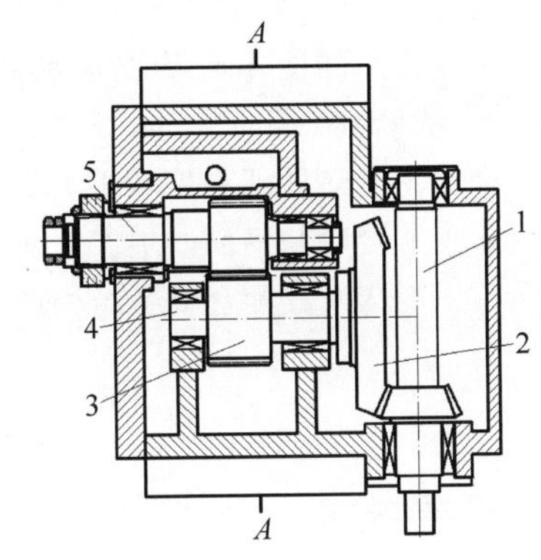

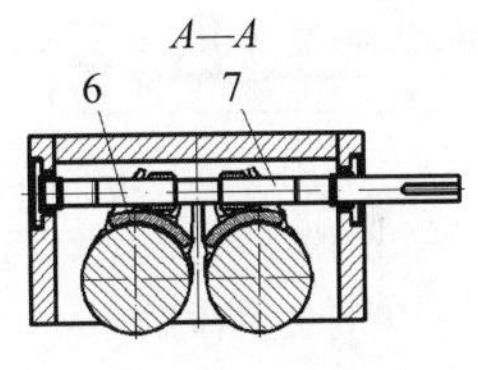

1—高速齿轮轴；2—大伞齿；3—中间齿轮；4—伞齿轴；5—辊轴；6—偏心套组件；7—辊缝调整组件。

图 11-2 轧机主体结构

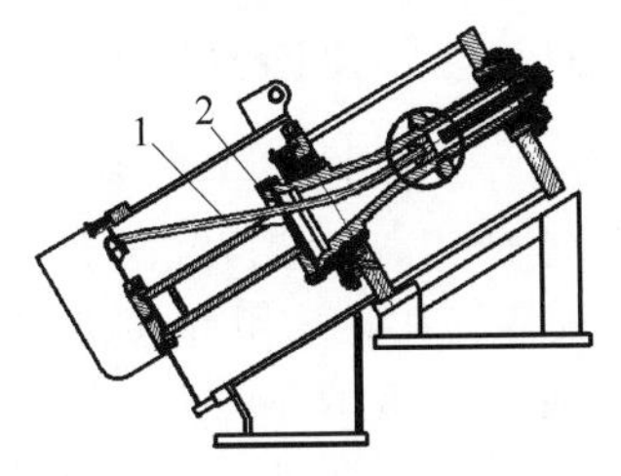

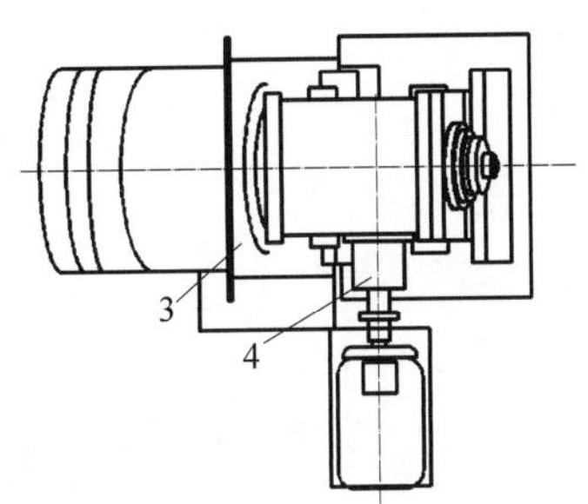

1—吐丝管；2—吐丝盘；3—箱体；4—动力、传动系统。

图 11-3 吐丝机主体结构

5）集卷站

低温集卷通过旋转交互式推杆布料器来实现。此装置可有效地将低温、高弹性钢筋圈布卷，使成品盘卷的卷高、卷形和单重得到良好控制。低温集卷整形技术突破了传统热轧400℃以上集卷的极限，很好地解决了低温钢筋变形抗力、弯曲回弹力大不易集卷成型的问题，解决了200℃以下高强钢筋集卷成型难题，实现了冷轧盘螺低温集卷功能。

集卷站主体结构示意图如图11-4所示。

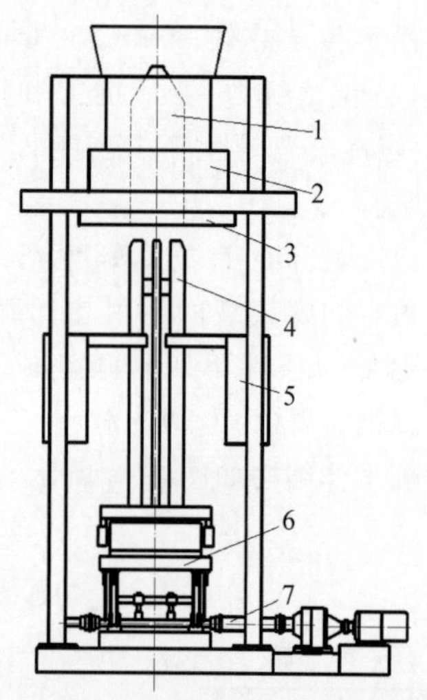

1—鼻锥；2—布料器及分离爪；3—分卷剪；4—移动托料架；5—升降台车；6—举升装置；7—动力及传动系统。

图11-4 集卷站主体结构

11.3.2 高延性冷轧带肋钢筋直条生产线

1. 生产工艺流程

直条线与盘螺线的主要工艺区别在于收集区段。在加热炉后设置定尺飞剪及冷床收集系统。剪切后的直条钢筋经上冷床装置顺次落到冷床上，经冷床散热后落入集料槽，自动打包后使成品入库。

直条生产线的工艺路线如下：

原料准备→上料→对焊→除磷→高速无扭连续轧制→在线热处理→定尺剪切→冷床散热→收集成捆→打包→称重检验→成品入库。

直条生产线工艺布置如图11-5所示。

2. 结构组成

直条线加热炉及以前设备与盘螺线相同，其不同之处主要集中在冷床及其配套设备方面。

上冷床装置以转毂结构及开合槽结构居多。

常用的冷床有步进运动的齿式冷床和连续（或断续）运动的链式冷床。因高延性冷轧带肋钢筋热处理温度较低，结构简单的链式冷床更适合冷轧钢筋的生产工艺条件。

冷床及其配套设备结构如图11-6所示。

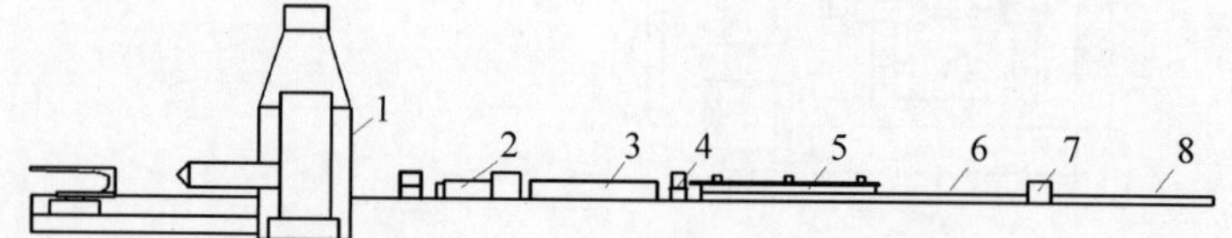

1—立式上料机；2—轧机；3—加热炉；4—飞剪；5—上冷床装置及冷床；6—输送辊道；7—打包机；8—成品输送辊道。

图11-5 高延性冷轧带肋钢筋直条线工艺布置

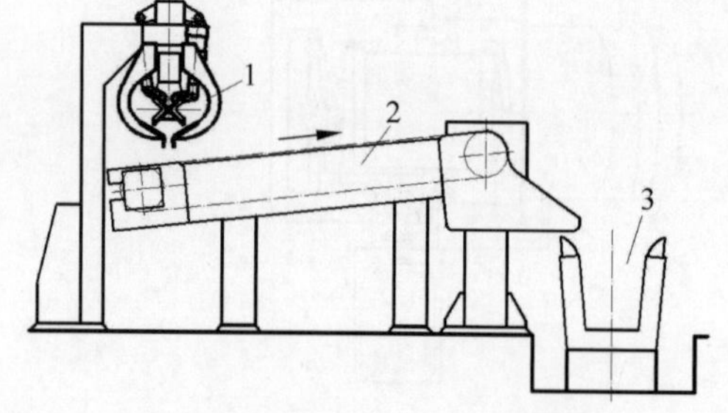

1—上冷床装置；2—冷床；3—集料槽。

图11-6 冷床及其配套设备结构

11.3.3 其他高延性冷轧带肋钢筋生产线

以上所述高延性冷轧带肋钢筋生产线，其工艺、设备特征为采用吐丝机成型，经散卷冷却后集卷站分卷收集，立式卷形架运输，立式打包完成后翻转成水平状态成品入库。该种工艺布置产品质量稳定，工艺布局结构紧凑，生产速度高。

另一种生产工艺则采用两套立式卷取机

交替强制卷取收线,卷取机前端设置分卷剪切机。卷取完成后则翻转为水平状态,由钢卷小车转运至PF线的C形钩上,采用卧式打包机打包后使成品入库。

11.4 技术性能

11.4.1 产品型号命名

对于高延性冷轧带肋钢筋生产线,各设备生产厂家的命名方法并未统一,多数生产装备型号代码仍由厂家标识、产品主要技术参数标识、产品代次序列标识等区段代码组成。

11.4.2 各企业产品型谱与技术性能

国内几家高延性冷轧带肋钢筋生产线设备厂家的典型产品技术性能见表11-1。

表11-1　设备厂家的典型产品技术性能

项　　目	安阳复星合力新材料股份有限公司	安徽省钢力机械制造有限公司	河南金迪机械设备有限公司
设备型号		LMS14-12	LZ300
成品形态	盘螺	直条	盘螺
产品规格/mm	$\phi6\sim\phi12$	$\phi10\sim\phi13$	$\phi6\sim\phi12$
定尺精度/mm	—	±2.5	—
定尺长度/m	—	12	—
生产速度/(m/min)	1000	240	600
拖动功率/kW	630	320	—
加热炉功率/kW	1800	1400	—
装机容量/(kV·A)	2500	1800	2200
成品卷形尺寸/(mm×mm)	$\phi1250\times1750$	—	$\phi1250\times1700$
调速方式	交流变频	交流变频	—
轧机道次	3	2	—
辊环直径/mm	340	228	—
吨钢电耗/(kW/t)	≤127	—	≤140

11.5 选用原则

高延性冷轧带肋钢筋生产线属大型钢筋深加工非标成套设备,各设备厂家产品的工艺布置、工艺特点及技术指标差别较大。

项目投资决策、设备选型之前,首先应深入调研当地的钢筋市场需求,确定产品大纲及产品结构以及需求规模等准确数据。对项目经济效益、工艺技术、坯料产品供销以及行政法律、社会环境等各种因素进行具体调查、研究、分析,科学评估项目可行性。

另外,设备选用还要充分考虑项目当地厂房、电力、起重设备等配套设施等条件。

设备选型时应与设备厂家进行充分的沟通联络以获得有效的咨询服务。

11.6 安全使用

11.6.1 安全使用标准与规范

高延性冷轧带肋钢筋生产线安全操作使用除遵循相关法规规范以外,还应以各设备、各专业具体的使用说明书要求为准。部分重点安全规范和标准同10.5.1节。

11.6.2 维修与保养

高延性冷轧带肋钢筋生产线一般由数十台(套)设备组成,并涵盖机械、电气和流体等几种专业,各设备维护保养应严格按照设计规范与技术要求进行。

生产线部分重点设备维护保养要求见表11-2。

表11-2 生产线部分重点设备维护保养要求

设备名称	维护保养部位	维保频次	维护保养内容
立式上料机	上料小车回转支撑	1次/月	加注通用锂基润滑脂
	上料小车液压缸关节轴承	1次/月	加注通用锂基润滑脂
	上料小车行走、回转减速机	1次/半年	更换150#齿轮油
	翻卷机液压缸关节轴承	1次/月	加注通用锂基润滑脂
	升降装置减速机	1次/半年	更换320#齿轮油
	升降装置链条	1次/月	涂抹锂基润滑脂
轧机	辊箱轴承温升		实时监控
	轧辊孔型磨损	1次/班	换槽或重磨
	导卫轮孔型磨损	1次/班	重磨或更换
	导卫轮轴承润滑	1次/班	加注通用锂基润滑脂
	主电机	1次/班	按照电动机说明书进行
	轧机紧固件	1次/班	松动后紧固
加热炉	槽路瓷管	1次/班	换新
	各辅轮磨损	1次/班	重磨或更换
	辅轮轴承润滑	1次/班	加注高温锂基润滑脂
夹送辊吐丝机	辊环磨损情况	1次/周	磨损至极限后更换
	导向轮磨损	1次/周	磨损后更换
	吐丝管磨损	1次/周	磨损至极限后更换
	冷却系统	1次/班	故障时停车检修
集卷、卸卷站	分卷剪导轨	1次/周	加注通用锂基润滑脂
	分卷剪刀刃	1次/周	重磨或换新
	升降装置链条系统	1次/月	加注通用锂基润滑脂
	举升装置轴承	1次/周	加注通用锂基润滑脂
	输送系统变速箱油	1次/年	更换320#齿轮油
	卸卷站链条润滑	1次/月	加注通用锂基润滑脂
打包机	液压管路、接头	1次/日	检查有无泄漏
	打捆头	1次/班	吹扫氧化皮
	线道翻板开闭	1次/班	调整连接件
	送线轮和夹紧辊	1次/周	重磨或换新
	油缸支座及叉头	1次/月	加注通用锂基润滑脂
	导线小车及托辊	1次/月	加注通用锂基润滑脂
	扭结齿轮座油雾器	1次/月	加注100#齿轮油

11.6.3 常见故障及其处理方法

高延性冷轧带肋钢筋生产线故障及其处理或解决方法较多，生产线部分重点设备常见故障及处理方法见表11-3。

表11-3 生产线部分重点设备常见故障及处理方法

设备名称	故障现象	故障原因	排除方法
立式上料机	车轮磨轨道一边	轨道安装水平超差	重新找平
		轨道平行度超差	重新找平行
	小车无法行走	胀套松动	紧胀套螺栓
		电机不通电	查线路
	小车行走速度不匀	行走减速机电机连接松动	检查传动链连接
	小车升降异常	液压管路堵塞、电磁阀卡住	检查油压、阀门和阀组
	小车旋转卡滞	回转支撑缺油或进入氧化皮	清理氧化皮、加油
	翻转不动	液压压力不够	调整系统压力
		活塞杆连接螺母脱落	紧固活塞杆螺母
	料架无法合拢	芯管孔错位，下沉	检查芯管是否正常
		液压压力不够	调整系统压力
	料架动作不及时	感应开关、电路不良	检查电路
		液压阀内泄量大	检查控制阀
	料架不涨缩	弹簧断裂、失效	更换弹簧，调整压力
		底部小导轮损坏	更换或修复小导轮
	升降台提升卡滞	升降台架的滚轮偏心轴紧	调整升降台架的滚轮偏心轴，增加轮轨间隙
		链轮轴承老化或缺油	更换链轮轴承或加油
		驱动装置有问题	检查并修复驱动系统
	升降台制动失效	电机抱闸抱不紧	修复电机抱闸
		电机联轴器齿损坏	检查更换
		传动轴联轴器齿损坏	检查更换
	进料不均匀，出现波动	合金模具磨损	更换合金模具
	钢筋表面拉毛、出沟	合金模具与转轮未对齐	调整安装
轧机	噪声，震动大	传动联轴器没有对中	对中传动轴，润滑齿轮联轴器
		紧固和对中主传动轴	对中传动装置，润滑鼓形齿接合面
		底座地脚螺栓松动	紧固螺钉和螺栓
		齿轮故障	检查齿轮间隙
		轴承故障	检查轴承
	轴承温度过高	润滑不足	检查油箱容量，确认输送管道工作正常
吐丝机	吐丝机轴向间隙变大	轴承端盖螺栓松动	重新涂胶拧紧
	吐丝机轴承处温度过高	油路不通畅	保证各油孔通畅
	各箱体震动温升异常	轴承磨损	更换
		油路堵塞	检查各箱体油路

续表

设备名称	故障现象	故障原因	排除方法
自动打包机	送线过长	编码器打滑或损坏	检查编码器连接轴是否损坏，如损坏更换编码器
		打捆头探线开关	探线开关更换，检查探线开关压下机构是否卡堵
	送线不到位	线道轴承损坏	更换
		线道翻板松	调节紧固翻板螺丝
		打捆头故障	检查打捆头部件/扭结头翻板
	扭结不停	接近开关损坏或机械检测感应板出现问题	更换接近开关，或处理机械检测感应板
	扭结不到位	扭结齿轮阻力大	拆下齿轮清理，吹扫油杯、检查油杯是否缺油
		扭结机构棘爪松动	紧固棘爪螺丝
	扭结齿轮转动卡阻	扭结角度不够	修改设定值，增加扭结延时时间
		扭结单元摆动不到位	检查扭结单元摆动动作有无卡阻
	扭结头断裂	打捆线延性不好	更换打捆线
		扭结单元未摆到正常扭结位置	调整摆动油缸

11.7 工程应用

部分已建成投产或正在建设的高延性冷轧带肋钢筋项目见表 11-4。

表 11-4 部分高延性冷轧带肋钢筋项目

项目名称	项目地点	建成时间	生产规模/(万 t/a)
河北秦合重科冷轧盘螺工程	河北武安	2016 年	60
山东高速高延性冷轧带肋钢筋建设项目	山东济南	2018 年	40
复星合力(岳阳)高强钢筋新材料项目	湖南岳阳	2019 年	80

参考文献

[1] 陈日超.钢筋冷拉直径控制[J].山西建筑，2012,38(22)：241-242.

[2] 马正春,阳龙端.预应力粗钢筋冷拉装置改进及应用[J].建筑技术开发,1998(2)：51.

[3] 李凤岐,马争.施工现场大行程千斤顶预应力钢筋冷拉工艺[J].建筑技术,1996(5)：317.

[4] 刘龙.关于钢筋冷拉技术及控制措施[J].黑龙江科技信息,2010(3)：284.

[5] 张国忠.浅谈桥梁的钢筋加工工艺[J].黑龙江交通科技,2012,35(4)：83.

[6] 刘子金.钢筋及预应力机械行业发展与展望[J].建筑机械化,2011,32(12)：38-40.

[7] 肖飞,张永津.钢筋加工机械产品发展现状及趋势[J].建筑机械化,2014,35(2)：63-64.

[8] 吴学松,郭传新,肖飞,等.我国建筑施工机械技术新发展[J].建筑技术,2018,49(6)：630-634.

[9] 郭关朝.发展高科技含量钢筋加工设备适应建筑产业化需求[N].中国建材报,2014-05-22.

[10] 卢文东.冷拔钢筋预加应力与强度的关系研究[J].中国新技术新产品,2017(6)：64-65.

[11] 王保杰.浅谈钢筋的冷加工[J].技术与市场，2013,20(3)：89.

[12] 冷拔变形钢筋预应力砼板式构件延性研究[D].重庆：重庆交通大学,2006.

[13] 王国臣.冷轧带肋钢筋的发展概况及应用前景[J].黑龙江科技信息,2009(16)：258.

[14] 高文安,张爱丽.建筑施工机械[M].武汉：武汉理工大学出版社,2019.

[15] 曹善华.建筑施工机械[M].上海：同济大学出版社,2014.

[16] 李世华.施工机械使用手册[M].北京：中国建筑工业出版社,2014.

[17] 张海涛,黄卫平.建筑工程机械[M].武汉：武汉大学出版社,2009.

[18] 裴智,王友权,王树芬,等.浅谈"冷拔螺旋钢筋"[J].建筑结构,1999(8)：18-19+28-29.

[19] 张希舜,裴智.冷拔螺旋钢筋的加工制作与设计施工应用技术[J].建筑技术开发,1999(2)：16-21.

[20] 蔡唯成.冷拔轧螺纹钢筋生产新工艺[J].轧钢,1987(3)：50-51.

[21] 中华人民共和国工业和信息化部.高延性冷轧带肋钢筋：YB/T 4260—2011[S].北京：机械工业出版社,2011.

[22] 中华人民共和国国家质量监督检验检疫总局,中国国家标准化管理委员会.冷轧带肋钢筋：GB 13788—2017[S].中国标准出版社,2017.

[23] 中华人民共和国建设部.冷轧带肋钢筋成型机：JG/T 5080—1996[S].北京：中国建筑工业出版社,1996.

[24] 中华人民共和国工业和信息化部.建筑施工机械与设备钢筋冷拔机：JB/T 13708—2019[S].北京：机械工业出版社,2020.

[25] 李佩.冷轧带肋钢筋在建筑施工中的应用分析[J].建材与装饰,2018(31)：9-10.

[26] 王高华.冷轧带肋钢筋生产设备及生产方法：201110279769.8[P].2019-06-12.

[27] 胡彩花.冷轧带肋钢材在工程中的应用[J].绿色环保建材,2017(12)：168.

[28] 国雪松.浅析冷轧带肋钢筋在施工中的应用[J].黑龙江科技信息,2012(19)：277.

[29] 马李志.冷轧带肋钢筋的工程实践[J].山西建筑,2011,37(25).

[30] 满峰.冷轧带肋钢筋的优点及在施工中的应用[J].黑龙江科技信息,2011(24)：275.

[31] 王世新.冷轧带肋钢筋的工程应用[J].建材技术与应用,2002(2)：41-42.

[32] 陈姬.冷轧带肋钢筋在建筑中的应用[J].中国城市经济,2010(11)：160.

[33] 黄华清.轧钢机械[M].北京：冶金工业出版社,1980.

[34] 袁志学,杨林浩.高速线材生产[M].北京：冶金工业出版社,2005.

[35] 李恩璋.国外冷轧螺纹钢生产技术考察[J].

河北冶金,1991(12):42-45.

[36] 熊呈辉,周天瑞.包辛格效应的原理及其在冷轧带肋钢筋中的应用[J].南方金属,2004(6):19-22.

[37] 陈力新,李亚杰,李天悦,等.新型高延性冷轧带肋钢筋CRB600H动态力学性能研究[J].现代隧道技术,2021(S1):373-380.

[38] 张彬,黄强,王进,等.高延伸率冷轧带肋钢筋生产工艺及技术[J].冶金设备,2021(5):60-63.

[39] 郑先超,周林磊.CRB600H高延性冷轧带肋钢筋时效性能研究[J].科技创新与应用,2021(2):14-19.

第3篇

钢筋成型加工机械

第12章

钢筋切断机械

12.1 概述

12.1.1 定义、功能与用途

钢筋切断机是一种用于剪切钢筋的机械设备，适用于建筑工程用热轧带肋钢筋、精轧螺纹钢筋、热轧圆钢筋等的切断。

钢筋切断机械广泛应用于隧道、桥梁、房屋建筑、市政建设、水利电力、能源交通等工程中各类钢筋的切断加工，是钢筋加工过程中必不可少的设备。钢筋切断机械对于提高施工效率、降低工人劳动强度、提高工程质量起着重要作用。

12.1.2 发展历程与沿革

1. 国内的发展概况

新中国成立初期，我国钢筋加工技术十分落后，主要依靠手工或简单工具在施工现场加工，劳动强度大、生产效率低、对环境污染大、扰民且工程质量很难保证。太原重型机械学院机器厂是国内最早生产钢筋切断机的厂家之一。他们于 1958 年引进苏联的卧式钢筋切断机图纸，并成功研制了国内第一台钢筋切断机，实现了钢筋切断机的国产化，现生产的 GQ40A 型钢筋切断机就是其改进型。计划经济年代，全国共有 20 多个切断机生产厂家，从 1966 年到 1985 年这些厂家一直以该机型为主导产品。但是，这种仿照苏联设备生产的钢筋切断机存在机体笨重、性能差、能耗大、噪声大等缺点。

20 世纪 80 年代改革开放以来，我国钢筋加工机械在产品结构、品种、性能、产量等方面都得到了大力发展。太原科大机器厂以中国建筑科学研究院建筑机械化研究所为交流平台，与日本、德国的钢筋切断机制造厂商进行经验交流，得到了宝贵的经验，同时从日本和德国引进了当时先进的立式钢筋切断机与卧式钢筋切断机，并以此为基础，研发出 GQ40、GQ50、GQ60 等一系列开式、封闭式及半封闭式钢筋切断机。中国建筑科学研究院建筑机械化研究所和行业主要企业共同编制了我国第一部钢筋切断机国家标准《钢筋调直切断机》(GB 8525—1987)。这一类型的钢筋切断机都是采用机械轮剪进行切断的，相较于早期机型具有操作安全、下料长度准确、减轻劳动强度等优点。除此，沈阳建筑大学校办工厂、黑虎建筑机械公司、陕西渭南农业科技股份有限公司等企业也曾生产过不同种类的机械式钢筋切断机。

20 世纪 90 年代到 21 世纪初，通过学习和引进欧洲钢筋加工机械技术，我国的设计研发能力和生产制造技术在产品的规格品种、外观和稳定性等方面都得到进一步发展和提高，也已经具备了一定的自主研发能力。国内的钢筋加工大量采用机械轮剪式切断。此外，市场上还存在多种液压式的钢筋切断机，多采用柱塞泵为剪切缸动作提供高压油，剪切系统中液压缸活塞杆与动刀片连接，剪切缸活塞杆伸出与固定在支座上的定刀片相错而切断钢筋。液压式钢筋切断机的出现虽然晚于机械式切断机，但其具有更高的工作性能、较低的工作噪声和较高的工作可靠性，因而发展迅速，市场占有率逐步攀升。

目前，随着钢筋切断机技术的发展和市场的扩大，国内众多钢筋机械生产企业都具备了钢筋切断机械设备的研发生产能力，一个主要方向是生产小型钢筋切断机，以占用空间小、成本低廉的优势抢占低端市场。国内生产小型钢筋切断机的企业主要包括天津建科、成都固特机械等。另一方向是研发钢筋切断生产线，主要包括钢筋剪切生产线和钢筋锯切生产线，以自动化、高效率、省人工等优势抢占高端市场，目前国内钢筋切断生产线多采用液压式切断。国内生产钢筋切断生产线的企业主要有天津建科、廊坊凯博、山东连环、天津银丰等。

与国际上的先进产品相比，我国钢筋切断机的总体水平还比较落后。主要表现为企业生产规模小，产品技术含量和生产效率较低，自动化水平不高以及外观质量粗糙等。面对如今建筑机械市场日益激烈的竞争局面，我国钢筋切断机生产企业要想更好地生存与发展，必须在创新研发方面加大投入，重视新技术的储备和新产品的研究开发，在保持自身产品特色的基础上补足短板，提高产品质量，使企业的产品不断地满足广大用户的需求，尽快缩短与国外先进企业的差距，使我国生产的钢筋切断机械达到国际先进水平。

2. 国外的发展概况

国外发达国家对钢筋切断理论和设备的研究起步较早，经过多年发展，取得了众多成果。德国、意大利、奥地利等国对钢筋切断相关技术及设备的研究都比较深入，拥有的相关技术及设备处于世界领先地位。国外生产钢筋机械加工设备的知名企业，如 MEP 公司、SCHNELL 公司、EVG 公司多来自上述西方国家，这些公司生产的钢筋切断机械在加工精度、加工效率、设备使用寿命、设备的稳定性、自动化程度等方面均具有良好的表现。

(1) 国外钢筋切断机在加工精度方面具有明显优势，尤其是在短钢筋剪切定长方面，国外的定长精度可以达到±1 mm，高于国内同类型产品±2～±10 mm 的定长精度。

(2) 国外钢筋切断机的切断效率高，每分钟切断 50 次左右，最高可达 60 次，高于国内大多数设备每分钟 30 次的切断效率。

(3) 国外设备具有更久的使用寿命。从刀片上分析，国外钢筋切断机使用的刀片相比国内较厚，再加上原材料质量不同，国外刀片在受力和使用寿命等方面都具有优良的表现。

(4) 从液压系统上分析，像普通换向阀、液压伺服阀这样的液压元件，国外的加工技术普遍比较先进，液压元件的各项性能明显优于国内产品，在保证阀换向的快速性基础上仍能有较长的使用寿命。

(5) 国外发达国家生产的钢筋切断机自动化水平普遍比较高，生产厂家大多拥有一套完整的加工质量保证体系，实现了规模化生产，设备在稳定性、外观等方面都比国产设备有更好的表现。

3. 发展趋势

建筑、市政、水利电力、轨道交通、地铁隧道等工程中，钢筋混凝土结构被大量应用，钢筋的需求量很大，因此钢筋加工行业对钢筋切断机械有着巨大的市场需求。随着社会的发展和科技水平的不断提高，对钢筋切断机这类钢筋加工设备在性能上有了新的要求。钢筋切断机的发展趋势主要有以下几方面：

(1) 高精度与高效率。钢筋作为工程建设、房地产建设和国家基础设施建设的主要原材料，产量年年攀升，对于钢筋加工质量也有了新的要求，主要是对钢筋切断尺寸及钢筋切断面的精度要求，高精度切断机是钢筋切断机未来发展的必然趋势。

(2) 多样化。在国内，钢筋切断机的形式主要是机械传动，随着科技的进步，客户具有不同的使用需求，钢筋切断机也向着多样化方向发展，主要有机械传动型、液压传动型和机电液一体化等形式。

(3) 自动化。过去的机械设备主要采用手动或者半自动形式，现在主要趋向于自动化模式，科技进步是推动自动化机械产品发展的基础，自动化是大势所趋。随着人口老龄化程度的加剧，劳动力成本日益提高，自动化成为钢筋切断机械发展的必然趋势。自动化不仅可以提高设备的生产效率，而且可以改变劳动者的工作环境，降低劳动强度。

(4) 高可靠性。随着科技的进步，行业的发展，建筑行业也在进行新的技术革命，装配式建筑以其环保、高效的优点，得到了相关政策的大力支持，各地PC(预制混凝土构件)工厂发展迅速，对钢筋加工类设备提出了更高的要求。由于PC工厂对钢筋的加工具有批量化的需求，设备如果需要频繁换件、保养、调试，甚至维修，将会大大降低效率，提高生产成本，因此，钢筋切断机作为钢筋加工设备中应用率极高的机械，提高其可靠性，减少保养、维修、换件的频率，成为其重要的发展趋势之一。

(5) 功能多元化。传统的钢筋加工机械设备种类繁多，但是功能单一，已不能满足现代社会的市场需求。目前，国内外很多有实力的企业都对传统的钢筋加工机械设备功能进行糅合，结合市场需求进行创新研究，开发新功能，生产出多功能的钢筋加工设备，功能多元化、自动化的钢筋加工生产线成为钢筋切断机械的后续发展方向之一。

12.2　产品分类

钢筋切断机械可以按照以下分类方法进行分类。

1. 自动化程度

根据自动化程度不同，钢筋切断机械一般分为全自动钢筋切断机和半自动钢筋切断机。全自动钢筋切断机是通过电动机将电能转化为机械动能自动控制切刀移动，来达到剪切钢筋的目的；而半自动钢筋切断机是人工控制切刀动作，从而进行剪切钢筋操作。

2. 钢筋切断功能

根据功能不同，钢筋切断机分为钢筋切断机和钢筋切断生产线。钢筋切断机采用人工上下料对较大直径静态钢筋进行定长切断，如图12-1所示；钢筋切断生产线采用集自动喂料、自动夹持切断和自动集料等功能于一体的方式对静态钢筋进行切断。钢筋切断生产线按照切断方式又可分为钢筋剪切生产线和钢筋锯切或者轮片切生产线，如图12-2所示，其特点见表12-1。

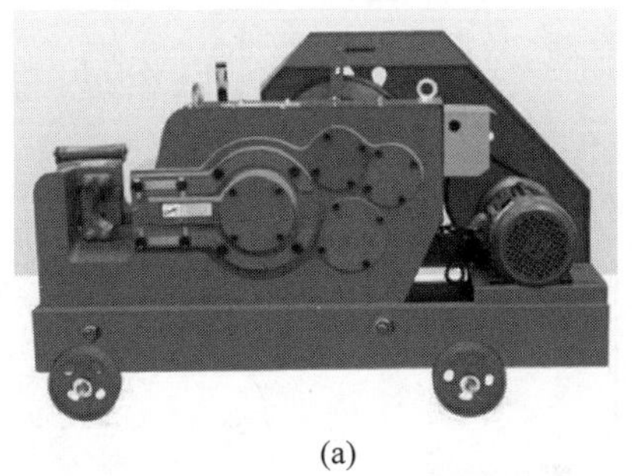
(a)

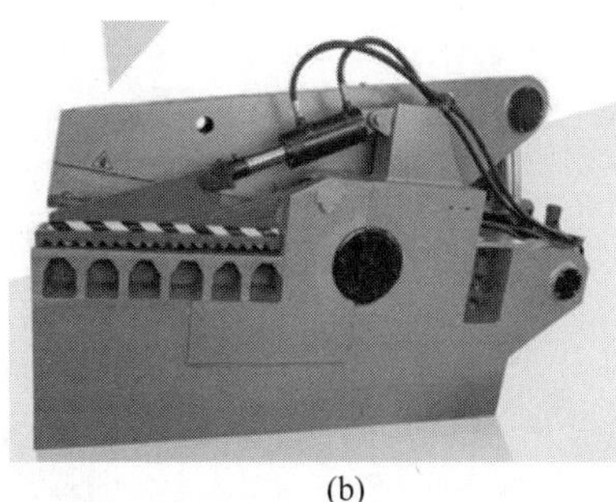
(b)

图12-1　钢筋切断机

(a) 刀片往复式钢筋切断机；(b) 颚剪式钢筋切断机

(a)

(b)

图 12-2　钢筋剪切生产线

(a) 液压钢筋剪切生产线；(b) 钢筋锯切生产线

表 12-1　钢筋切断机械的分类及特点

分　类		特　点
钢筋切断机单机		可以实现钢筋的自动化切断，但是上料、下料、定尺等都需要人工辅助。设备占地面积小，价格低，加工精度、效率较低，适合对钢筋切断加工精度、效率要求不高的小规模工程使用
钢筋切断生产线	钢筋剪切生产线	相比小型钢筋切断单机自动化程度高，能够在钢筋切断过程中实现自动定长、切断、套裁、传输、卸料，并可批量切断钢筋，提高了生产效率和加工精度，大大减轻了工人的劳动强度
	钢筋锯切（含带锯、轮片）生产线	通过锯切方式对钢筋进行切断加工，可实现批量锯切，加工的端头平整，切断尺寸精确，适合于直接进行螺纹加工。相较于传统加工方式，该设备加工质量好，自动化程度高

3. 传动方式

根据传动方式不同，钢筋切断机械分为机械传动和液压传动，液压钢筋切断机又分为电动式和便携式（或手持式）两大类，如图 12-3 所示，其特点见表 12-2。

4. 结构形式

根据结构形式不同，钢筋切断机械分为卧式钢筋切断机、立式钢筋切断机和手持式钢筋切断机，其特点见表 12-3。

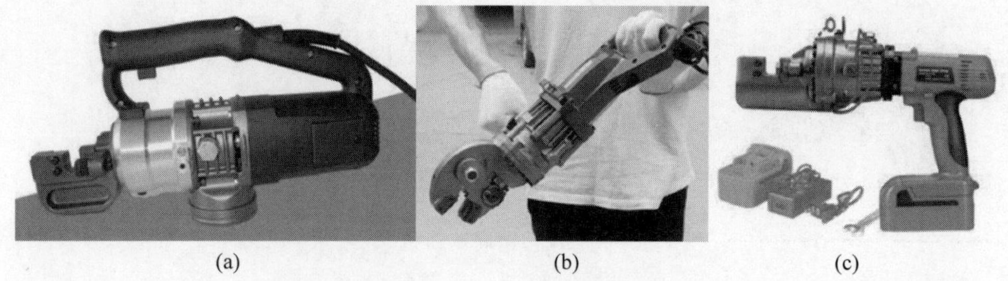

(a)　(b)　(c)

图 12-3　手持钢筋切断机

(a) 手提式手持钢筋切断机；(b) 剪刀式手持钢筋切断机；(c) 液压式手持钢筋切断机

表 12-2 钢筋切断机械按传动方式分类及特点

分 类	特 点
机械传动	以电机带动机械装置产生驱动力，从而切断钢筋
液压传动	由液压系统提供动力，带动刀具往复运动从而切断钢筋

表 12-3 钢筋切断机械按结构形式分类及特点

分 类	特 点
卧式钢筋切断机	动刀片沿水平方向运动
立式钢筋切断机	动刀片沿垂直方向运动，多用于钢筋加工生产线上
手持式钢筋切断机	手持式钢筋切断机是由单相串激电动机和超高压油泵以及工作装置组成一体的钢筋切断机，特点是尺寸小，使用方便，但是加工范围和加工能力有限

5. 切断方式

根据切断钢筋时钢筋的运动状态分为固定静态切断和随动动态切断，钢筋切断机和切断生产线一般采用固定静态切断方式，钢筋调直切断机的切断机构一般采用随动动态切断方式。钢筋固定静态切断机械按切断方式可以分为往复式剪切、颚剪式剪切、往复式锯切、轮片式锯切和带锯式锯切；按刀具驱动形式不同可以分为曲柄连杆式、油缸活塞式、往复锯条式、回转带锯式、回转轮片式等。钢筋随动动态切断机械按切断方式可以分为旋转式剪切、上下移动式剪切和下移式剪切等，其中下移式剪切系统按刀具切断方式不同可分为摆动式、锤击式、液压式。钢筋切断机械按切断方式分类及特点见表 12-4。

表 12-4 钢筋切断机械按切断方式分类及特点

分 类		特 点
往复式剪切		切断钢筋时钢筋处于静止状态，通过动刀片的直线往复运动对静态钢筋进行切断
颚剪式剪切		切断钢筋时钢筋处于静止状态，通过剪刀臂带动动刀片摆动对静态钢筋进行切断
往复式锯切		切断钢筋时钢筋处于静止状态，通过带锯回转的直线段连续锯切运动对静态钢筋进行切断
轮片式锯切		切断钢筋时钢筋处于静止状态，通过轮片锯回转的外圆锯口连续锯切运动对静态钢筋进行切断
旋转式剪切		钢筋前进速度较低，由于切断齿轮的转动惯量比较大，启动和停止时的惯性力也比较大，故而容易造成连切
上下移动式剪切		由于上切刀在剪切运动钢筋时刃口存在转动力矩，与下切刀刃口的磨损较严重。同时它在剪切过程中钢筋被向上抬起，牵引轮与剪切机构之间的距离不可过近，否则钢筋头部容易弯曲变形
下移式剪切	摆动式	适合大、中直径钢筋，工作噪声较大，但没有连切现象
	锤击式	适合中、小直径钢筋，工作噪声较大，易出现连切现象
	液压式	工作性能好，适用大、中直径钢筋，噪声低，具有较高的工作可靠性

12.3 工作原理及产品结构组成

12.3.1 工作原理

1. 钢筋切断机

钢筋切断机可以实现对静态钢筋的切断加工。机械传动机构的切断机工作原理是通过机械传动把小扭矩、高转速转变为大扭矩、低转速，然后通过曲轴和曲轴连接件或者曲柄连杆机构把大扭矩转变成切断钢筋所需要的冲击力，完成对钢筋的切断。液压传动机构的切断机工作原理是通过液压泵站产生高压液压油并输送到执行油缸进行伸缩运动，驱动剪切动刀片运动实现对钢筋的切断。

目前市面上常见的钢筋切断机多采用机械传动方式,机械传动方式又可以分为齿轮传动、皮带传动等。液压传动方式可以分为油缸直接驱动动刀片和油缸通过摆臂驱动动刀片两种。不同传动方式的钢筋切断机切断钢筋的方式基本相同,都是定刀片不动、动刀片移动剪切钢筋。

卧式钢筋切断机属于机械传动,因其结构简单、使用方便,从而得到广泛应用。其主要由电动机、传动系统、减速机构、曲轴机构、机体及切断刀等组成,适用于切断 $\phi 6 \sim \phi 40$ mm 的普通碳素钢筋。其工作原理是由电动机驱动,通过 V 带轮、圆柱齿轮减速带动偏心轴旋转。在偏心轴上装有连杆,连杆带动滑块和动刀片在机座的滑道中作往复运动。固定在机座上的定刀片选用碳素工具钢并经热处理制成,一般前角度为 3°,后角度为 12°。一般定刀片和动刀片之间的间隙为 0.5～1 mm。在刀口两侧机座上装有两个挡料架,以减少钢筋的摆动现象。

立式钢筋切断机主要在构件预制厂的钢筋加工生产线上固定使用。其工作原理是由电动机动力通过一对带轮驱动飞轮轴,再经三级齿轮减速后,通过滑键离合器驱动偏心轴,实现动刀片往返运动,和定刀片配合切断钢筋。由手柄控制离合器结合和脱离,操纵动刀片上下运动。压料装置是通过手轮旋转,带动一对具有内螺纹的斜齿轮使螺杆上下移动,压紧不同直径的钢筋。

电动液压式钢筋切断机主要由电动机、液压传动系统、操纵装置、定动刀片等组成。其工作原理是电动机带动偏心轴旋转,偏心轴的偏心面回转与和它接触的柱塞作往返运动,使柱塞泵产生高压油压入油缸体内,推动油缸内的活塞,驱使动刀片前进,和固定在支座上的定刀片相错而切断钢筋。

手持式钢筋切断机是由单相串励电动机或超高压油泵与减速机构、液压执行机构、工作装置组成一体的钢筋切断机。该种钢筋切断机的液压系统由活塞、柱塞、液压缸、压杆、拔销、复位弹簧、储油桶及放、吸油阀等元件组成。其工作原理是先将放油阀按顺时针方向旋紧,掀起压杆,柱塞即提升,吸油阀被打开,液压油进入油室;提起压杆,液压油被压缩进入缸体内腔,从而推动活塞前进,安装在活塞前端的动切刀即可断料;断料后立即按逆时针方向旋开放油阀,在复位弹簧的作用下,压力油又流回油室,切刀便自动缩回缸内。如此周而复始,进行切筋。

钢筋调直切断机的随动切断按照切刀移动方式不同可分为旋转式剪切、上下移动式剪切和下移式剪切三大类。各随动剪切方式的工作原理如下:

1）旋转式剪切

旋转式剪切的工作原理如图 12-4 所示,该剪切系统主要由承料架、定长开关、电磁铁、牙嵌式离合器、主动齿轮、切断齿轮、制动器等组成。当钢筋通过两个切断齿轮中间的缝隙进入承料架并触动定长开关后,通过电磁铁带动牙嵌式离合器使飞轮轴与主动齿轮轴连接,主动齿轮旋转一周带动切断齿轮旋转 1/3 周,同时切断钢筋。切断齿轮上均布 3 对刀齿并轮流工作,以延长刀具寿命。

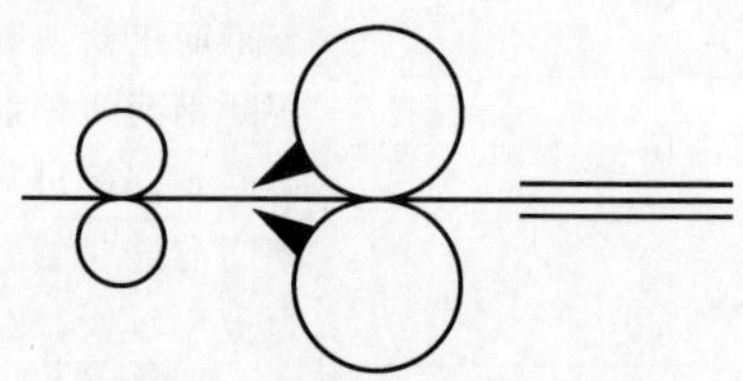

图 12-4　旋转式剪切工作原理

2）上下移动式剪切

上下移动式剪切系统主要由承料架、定长开关、电磁铁、转键式离合器、曲柄连杆、平移式下切刀台、摆动式上切刀片、制动器等组成,其工作原理如图 12-5 所示。当钢筋通过平移式下切刀进入承料架并触动定长开关后,电磁铁带动转键式离合器使飞轮轴与曲柄轴连接,曲柄上的连杆推动平移式下切刀台在四连杆机构的作用下前进。摆动式上切刀片的一端固定在机架上,另一端刃口紧贴在平移式下切刀台的刀刃处,当平移式切刀台沿圆弧轨迹运动时，两刀片刃口相对运动，切断钢筋，曲柄使刀台复位，等待下一次剪切。

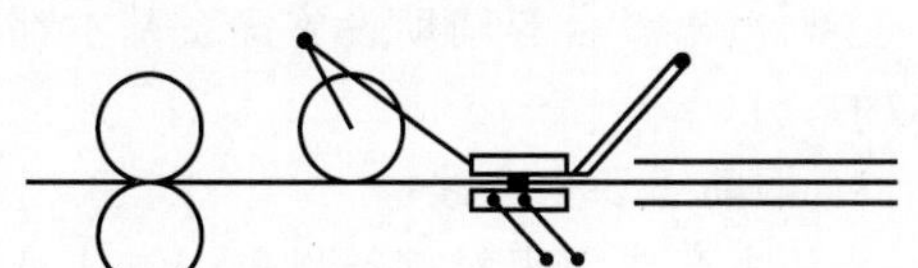

图 12-5　上下移动式剪切工作原理

3）下移式剪切

下移式剪切系统的形式比较多，按刀具的驱动形式可分为摆动式、锤击式、液压式，其工作原理如图 12-6 所示。

图 12-6　下移式剪切工作原理

（1）摆动式切断方式

这种设备的剪切机构类似一把铡刀，当钢筋通过固定在机架上的定刀孔进入承料架并触动定长开关后，摩擦片式离合器动作，带有凸轮的转轴旋转一周，凸轮使带有切刀的摆臂摆动，从而完成一个切断动作。目前国外进口的调直切断机的剪切机构大都采用这种方式。

（2）锤击式切断方式

国内大多数带肋钢筋加工厂和预制构件厂使用的钢筋切断机采用这种方式。这种设备是由电机带动一个曲轴转动，一个锤头在曲轴的作用下不停地上下高速运动，在锤头的后面有一个滑动刀台，刀台上有切断钢筋用的切刀。当钢筋前进到预定长度时，钢筋端头触动与滑动刀台相连的定长板，定长板带动刀台前移。当刀台移到上下高速运动的锤头下端时，锤头打击刀台上的刀架，刀架上的上切刀将钢筋切断，切断的钢筋落入承料架内，同时压缩弹簧将滑动刀台迅速推回原位置，以免被锤头二次打击。

（3）液压式切断方式

这种切断方式的工作过程为：钢筋通过下切刀口进入承料架，触动定尺信号，该信号可控制液压缸的动作，液压缸活塞杆的端部装有上切刀，活塞杆下行即可切断钢筋。这种切断方式根据定尺机构的不同，定尺精度也不同。

2. 钢筋剪切生产线

钢筋剪切生产线是在传统切断单机基础上开发的钢筋自动化剪切设备，具有更高的自动化程度和加工效率。钢筋剪切生产线一般由原料储料架、上料架、切断机、成品定尺输送辊道和收集槽组成，主要用于直条钢筋的批量定尺切断，如图 12-7 所示为其结构简图。储料架上有拦截钢筋的多个弧形滑道，在气缸控制下，滑道抬起，可挡住钢筋防止其下滑；滑道落下，可使钢筋滑落到上料架槽中，实现自动上料。上料架通过减速电机带动辊端链轮旋转将待加工钢筋送进切断机。切断机是该设备的切断执行机构，多采用液压切断方式。成品定尺输送辊道上安装有输送辊、定尺挡板和定尺微调移动机构，定尺辊道上每间隔一定距离设有一定尺挡板，多采用气缸驱动，可实现不同长度钢筋的定尺切断。剪切完的钢筋向前输送，撞到设定的挡板后停下来，自动翻料进入收集槽，从而实现对单根或多根同种规格直条钢筋的定尺切断。

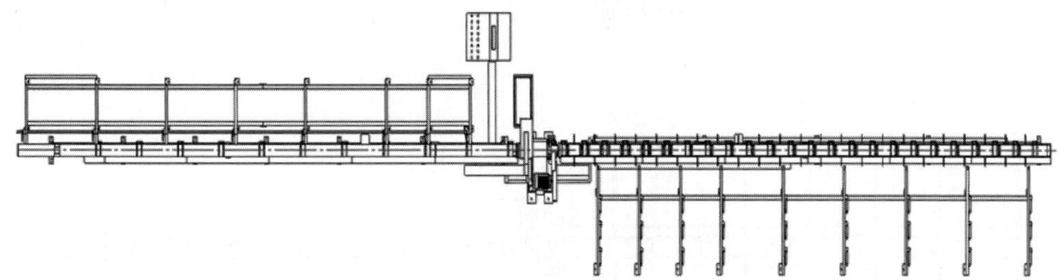

图 12-7　钢筋剪切生产线结构简图

数控钢筋剪切生产线是通过数控程序设定,能够自动对单根或多根同种规格直条钢筋进行定长切断的设备。数控剪切生产线主要用于直条钢筋的批量定长切断。无论是钢筋加工工厂还是建筑工地,都需要大批量的定长钢筋用来加工所需要的成型钢筋,也有很多钢筋切断后直接供人工焊接使用。现阶段钢筋切断技术较为成熟,只是剪切方式多样,剪切刀材料有质量差别。数控钢筋剪切生产线的自动化技术主要应用在定长切断方面,并且能够完成自动运输、自动卸料等工作。

目前,数控钢筋剪切生产线(图 12-8)并没有明确的系统分类,如果按剪切能力来分类,主要有 120 型、150 型、200 型、300 型等,其定义方式是根据上下对刀的剪切力参数,如 200 型的剪切力参数为 2000 kN。但设备制造商受到技术水平、应用材料、加工水平以及装配水平等限制,其生产的同种型号的切断机剪切钢筋的能力却参差不齐。并且有些厂家对钢筋原材等级提出了要求,有些则没有对钢筋等级或强度提出要求。剪切系统结构目前常见的有机械剪切和液压剪切两种,200 型以上的剪切力较大,采用液压剪切较多;而机械剪切一般采用电动机带动减速机的偏心剪切机构,剪切力较小,但结构较为简单。这两种形式储料架、进料台、出料台等辅助设施配备基本都是一致的。

3. 钢筋锯切生产线

锯切生产线用来对钢筋以锯切方式进行切断,锯切加工的端头平整,适合于直接进行螺纹加工。相对于传统加工方式,该类设备加工质量好,自动化程度高。锯切生产线多由原料摆料台、上料架、锯切主机、成品定尺输送辊道和收集槽等部分组成,其结构简图如图 12-9 所示。上料架包括输送机构、摆料机构、就位机构和定尺挡板机构。工作时,钢筋从原料摆料台拨到上料架的摆杆上,人工将钢筋梳理成单排没有重叠的状态;执行放料操作时,就位机构升起,将摆料平台的钢筋托起,摆料机构回缩,就位机构落回初始位置,钢筋被放置在输送辊子上,可以向主机输送。经过成品定尺输送辊道定尺后,通过夹紧工装压紧钢筋,锯切主机依靠液压系统以及电气控制实现锯切动作,锯切完的钢筋向前输送,撞到挡板后停下来,自动翻料进入收集架,从而实现对单根或多根同种规格直条钢筋的定尺切断。

图 12-8 数控钢筋剪切生产线

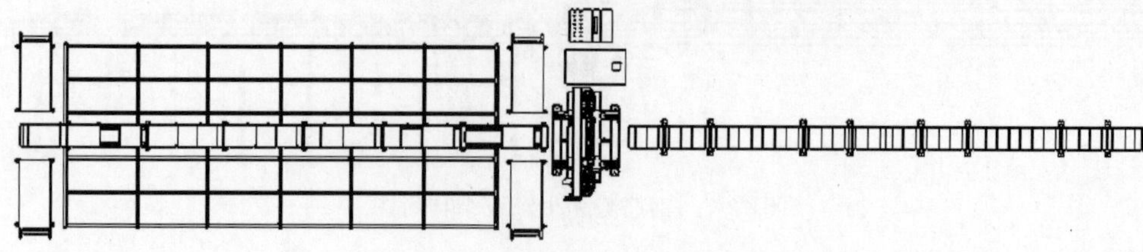

图 12-9 钢筋锯切生产线结构简图

12.3.2　结构组成

1. 钢筋切断机

钢筋切断机主要由机体、切断机构、动力系统三部分构成。卧式钢筋切断机主要由电动机、机械传动系统、减速机构、曲轴机构、机体及切刀等组成。立式钢筋切断机主要由机架、皮带传动机构、飞轮机构、三级齿轮减速器、滑键式离合器等组成，离合器结合后驱动偏心轴，实现动刀片往返运动，和动刀片配合切断钢筋。电动液压式钢筋切断机主要由电动机、液压传动系统、操纵装置、定动刀片等组成。手动液压式钢筋切断机主要由液压系统、储油系统、执行油缸和剪切机构等组成。

2. 钢筋剪切生产线

钢筋剪切生产线的结构组成主要包括原料储料架、上料架、切断机（包括液压剪切和机械剪切）、成品定尺输送辊道和收集槽。钢筋剪切生产线结构由于配置不同、厂家不同，可能有不同的组合形式。国内某厂家数控剪切生产线设备主机简图如图 12-10 所示。

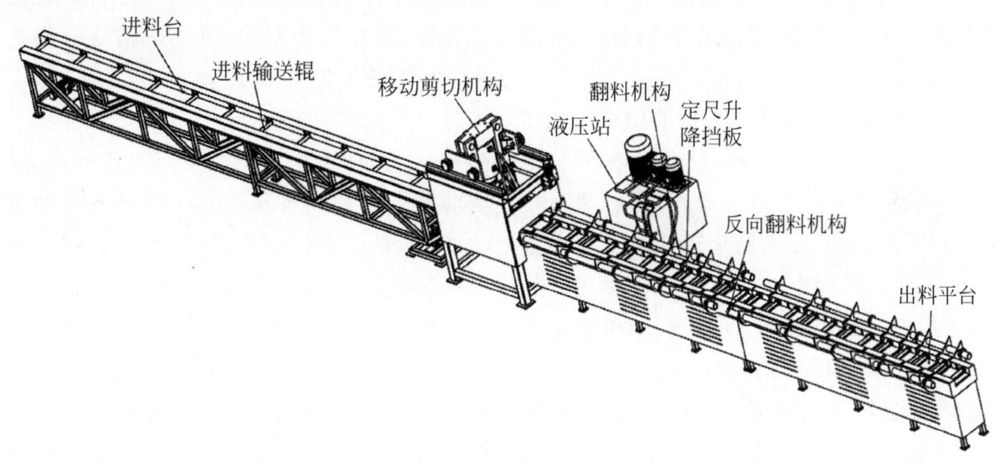

图 12-10　数控钢筋剪切生产线结构简图

剪切机构配有移动装置，可调整剪切位置，剪切刀的剪切力由液压油缸提供。进料台工作面由多个托辊组成，通过托辊的旋转输送钢筋。出料台较进料台结构更为复杂，包括对钢筋定位的定尺升降板、卸成品钢筋的翻料机构等。其工作过程是将一定数量的钢筋水平放置在进料平台上，根据程序设定的相应长度，对应的定位挡板会升起，输送辊向前输送钢筋直至钢筋到定位挡板位置，这时剪切机构前后的夹紧装置会将钢筋夹住，然后剪切刀对钢筋进行切断。切断后出料输送辊继续向前输送一段距离，停止后由翻料机构将切好的钢筋卸下。

3. 钢筋锯切生产线

钢筋锯切生产线的结构组成主要包括锯切摆料台、上料架、带锯锯床、定尺架和压料机构。锯切生产线结构由于配置不同、厂家不同，可能有不同的组合形式，例如有的厂家采用双侧两套锯切摆料台的形式等。

12.3.3　机构组成

1. 钢筋切断机

钢筋切断机的机构主要由机体、动力机构、传动机构和切断机构组成。

（1）钢筋切断机的机体主要有箱式球墨铸铁铸造结构和钢板焊接结构，机体型式分为开放式、半封闭式和封闭式 3 种。

（2）动力机构主要有电动机、高压泵站、手动油缸和单相串激电机、直流电机等。

（3）传动机构根据采用的切断机构不同，主要有三角带传动机构、齿轮传动机构、曲柄连杆传动机构和油缸传动机构等。

（4）切断机构采用动刀片和定刀片组合，通过控制动刀片往复冲击运动或者剪刀摆臂运动实现剪切动作。根据切断机构的不同可以分为直线往复式和摆臂剪刀式两种。目前静态钢筋切断应用较多的是直线往复式。

2. 钢筋剪切生产线

钢筋剪切生产线主要由储料机构、上料机构、成品定尺输送机构、切断机构和收集机构组成。

（1）储料机构主要由机架、挡料钩、气缸等组成，气缸伸出时钩子挡住钢筋防止其下滑，气缸缩回时储料架上的钢筋滑落到上料架槽中。

（2）上料机构是将待加工钢筋向切断机送进的机构，主要由输送机构、摆动架和承料架组成。钢筋从储料机构进入上料机构，滑入摆料机构的平台，人工将钢筋梳理成单排没有重叠的状态，输送机构由减速电机带动辊端链轮旋转，通过辊子输送钢筋。位于切断机前面的是摆动架，它具有传送钢筋的功能，并在切断钢筋的同时进行一个向下摆动的动作，防止钢筋切弯和跳动。在摆动架靠近切断机的一侧有对齐挡板，在进行切断前可先对钢筋进行对齐，减少定尺侧的撞击操作。

（3）成品定尺输送机构的机架由型钢焊接而成，安装有输送辊、定尺挡板和移动计数机构。成品定尺输送机构具有整数倍定尺、移动定尺和输送功能。定尺辊道上每间隔固定距离设有一定尺挡板，每个挡板由单独的气缸和电控按钮控制。控制按钮在主控制台上，方便操作人员操作。剪切完的钢筋向前输送，撞到挡板后停下来，选择翻料方向翻料。输送辊上安装有链轮，减速电机驱动链轮带动辊子旋转输送钢筋。

（4）切断机构是钢筋剪切生产线的切断执行机构。采用电动机驱动，通过机械传动使活动刀片作往复直线运动，实现上刀和下刀之间的相对运动，达到剪切钢筋的目的。

（5）收集机构由多片单独的收集槽连接而成，收集槽由型钢焊接而成。收集机构上一般有 3 个槽位，槽位的分割通过插拔钢棍实现。

3. 钢筋锯切生产线

钢筋锯切生产线的主要工作机构包括上料机构、锯切机构、定尺机构。

（1）上料机构的功能是实现待加工钢筋向锯切主机的自动送进。上料机构包括输送机构、摆料机构、就位机构和定尺挡板机构。钢筋从原料摆料台拨到上料机构的摆杆上，人工将钢筋梳理成单排没有重叠的状态；执行放料操作时，就位机构升起，将摆料平台的钢筋托起，摆料机构回缩，就位机构落回初始位置，钢筋被放置在输送辊子上，可以向主机输送。

（2）锯切机构的主机可以自动移动，装有辅助送料装置和特殊夹具。它具备自动定位功能，并可以进行切头、切尾工作。锯切机构可分为锯床体、锯床底座、辅助送料机构、夹紧工装和导向装置 5 部分。锯床体的主要部件有床身、主传动装置、锯带张紧机构、锯带导向装置等几部分，依靠液压系统以及电气控制实现锯切动作。主传动装置采用蜗轮蜗杆减速机系统，由主电机、皮带轮驱动蜗轮蜗杆减速机转动，主动轮与减速机输出轴固接，锯条安置在主动轮和被动轮上，驱动带锯条回转，以便实现切削运动，通过皮带塔轮变换锯削速度，实现钢筋的锯切。锯带张紧机构由从动锯轮、滑座、滑块、丝杆等组成。锯带张紧机构通过 4 组螺钉安装在锯架上，调整时，每对螺钉可独立上下移动，使被动轮与主动轮在一个平面上，使锯带在两轮上处于合适的位置运转，而不会脱落。锯带导向装置由左、右导向臂及导向头组成，导向头则由导向滚轮、顶部导向块和两侧导向块组成，左导向臂可根据工件的大小进行调整。锯床底座为型钢焊接件，上面安装有驱动锯床移动的油缸、锯床移动的直线导轨和移动计数机构。移动计数机构为齿轮齿条机构，齿条安装在锯床底座上，齿轮在锯床体上，油缸推动锯床移动时，齿轮旋转并带动编码器旋转计数。辅助送料机构可实现长度较短的钢筋顺利通过锯床传送。锯床前后设置主动输送辊，由减速电机驱动链轮带动辊子旋转。夹紧工装为特殊夹具，分为前后上压紧和侧压紧，实现成排钢筋的锯切，其动力源为液压缸。侧压紧为对中压紧，两边压紧板同时向中心移动。导向部分是钢板焊接件，在钢筋从锯床上通过时导向，防止钢筋撞击侧压紧板和其他工作部件。

(3) 定尺机构由输送辊、定尺挡板和同步翻料机构组成。定尺机构具有定尺和输送功能。定尺辊道上每隔一定间距设有一块挡板，不同厂家生产的钢筋锯切生产线挡板间距和挡板数量有所不同。挡板既具有定尺功能，也具有翻料功能。每个挡板由单独的气缸控制。要剪切的钢筋长度如果不是间距的整数倍时，零头由主机的移动来确定。锯切完的钢筋向前输送，撞到挡板后停下来，选择翻料方向进行翻料。对短的钢筋进行翻料时，应选择靠近定尺架的前端，定尺架前端安装有多个翻料挡板进行翻料。输送辊上安装有链轮，减速电机驱动链轮带动辊子旋转输送钢筋。

12.4 技术性能

12.4.1 产品型号命名

《建筑施工机械与设备　钢筋切断机》(JB/T 12077—2014)规定，切断机型号由型代号、厂家自定义代号、特性代号、主参数、更新及变型代号组成，其型号说明如下：

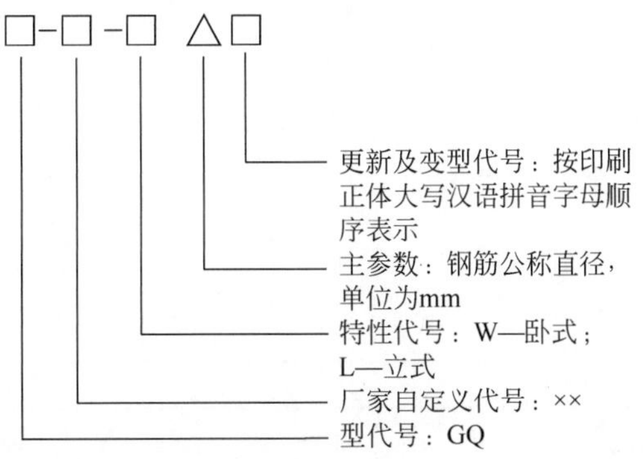

标记示例 1：可切断 500 MPa 级钢筋最大公称直径 40 mm 的卧式切断机，企业代号为 KB，标记为：钢筋切断机 GQ-KB-W-40。

标记示例 2：可切断 500 MPa 级钢筋最大公称直径 40 mm 的第一次更新型立式切断机，企业代号为 JK，标记为：钢筋切断机 GQ-JK-L-40A。

12.4.2 性能参数

根据《建筑施工机械与设备　钢筋切断机》(JB/T 12077—2014)的规定，钢筋切断机的性能参数为：最大公称剪切力、机械传动动刀片每分钟往复运动次数和两刀刃间开口度、液压传动单次切断时间、机械传动动刀片空载往复运动时飞轮稳定转速和飞轮转速降低百分比。

(1) 最大公称剪切力：切断机在剪切 500 MPa 级最大公称直径钢筋时所需的剪切力，kN。

(2) 切断时间：液压传动切断一根(或一束)钢筋所需的时间，s。

(3) 行程次数：机械传动切断机空运转时动刀片每分钟往复运动的次数，次/min。

(4) 两刀刃间开口度：动刀片离开定刀片的距离最大时两刀刃间的距离，mm。

(5) 空载转速：机械传动的切断机动刀片作空载往复运动时飞轮的稳定转速，r/min。

(6) 飞轮转速降：机械传动的切断机在一个剪切周期内飞轮最大转速降低的百分比，%。

1. 主参数

切断机的主参数为可加工钢筋最大公称直径。钢筋公称直径为切断机能切断 500 MPa 级钢筋的最大直径。主参数系列应符合表 12-5 的规定。

表 12-5　主参数系列

钢筋强度级别	公称直径/mm
500 MPa 级	12,20,25,32,40,50

2. 基本参数

切断机的基本参数应符合表 12-6 的规定。

表 12-6　切断机的基本参数

参　　数	数　　值						
钢筋公称直径(500 MPa 级)/mm	12	20	25	32	40	50	
公称剪切力/kN	60	170	270	450	700	1100	
液压传动切断一根钢筋所需的时间/s	≤2	≤3	≤5	≤12		≤15	
机械传动动刀片每分钟往复运动次数/(次/min)	≥32					≥30	
两刀刃间开口度/mm	≥15	≥23	≥28	≥37	≥45	≥55	≥70

12.4.3　各企业产品型谱

由于各企业的产品技术性能特点各异,因此这里以一些企业的代表性产品为例介绍相应的钢筋切断机、钢筋剪切生产线以及钢筋锯切生产线的产品型谱与技术特点。

1. 钢筋切断机

1) 建科智能装备制造(天津)股份有限公司

建科智能装备制造(天津)股份有限公司生产的小型钢筋切断机主要包括 GQ35 和 GQ55 两个型号,其主要技术参数见表 12-7。

表 12-7　天津建科钢筋切断机主要技术参数

产品型号	可切断钢筋最大直径/mm	功率/kW	外形尺寸/(mm×mm×mm)	重量/kg
GQ35B	30	3	650×580×530	340
GQ55	46	4	1300×690×950	850

2) 成都固特机械有限责任公司

成都固特机械有限责任公司生产的钢筋切断机主要型号包括 GQ55D、GQ42D、GQ35D,其主要技术参数见表 12-8。

表 12-8　成都固特 3 种型号钢筋切断机主要技术参数

参数名称	参数值		
	GQ55D	GQ42D	GQ35D
切断直径范围/mm	6～50(σ_c≤450 N/mm^2)	6～40(σ_c≤450 N/mm^2)	6～32(σ_c≤450 N/mm^2)
	6～45(σ_c≤650 N/mm^2)	6～36(σ_c≤650 N/mm^2)	6～25(σ_c≤650 N/mm^2)
	6～40(σ_c≤850 N/mm^2)	6～32(σ_c≤850 N/mm^2)	6～22(σ_c≤850 N/mm^2)
行程次数或每分钟切断次数/(次/min)	41	48	93
噪声值/dB(A)	≤75	≤75	≤75
加油量/L	12	8	5
总重量/kg	630	500	340
外形尺寸/(mm×mm×mm)	1270×650×950	1100×500×900	940×580×800
电机功率/kW	4	3	2.2

2. 钢筋剪切生产线

1）建科智能装备制造（天津）股份有限公司

GJD1010钢筋剪切生产线，设备采用全液压方式；剪切机安装在动力驱动轮上，可在轨道上运行；钢筋的定尺切断采用电子测量的方式；送料和剪切可以同时进行，提高了工作效率；正方形的刀片结构，使刀片的8个刀刃可自由更换。其主要技术参数见表12-9。

表12-9　建科智能装备制造GJD1010钢筋剪切生产线主要技术参数

参　　数	数　　值						
钢筋直径/mm	8	12	16	20	25	32	40
剪切钢筋数量（HRB400）/根	8	5	5	4	3	2	1
每分钟剪切次数/（次/min）	≥20						
刀片有效宽度/mm	100						
喂料速度/（m/min）	115						
辊道输送速度/（m/min）	60						
机器运行速度/（m/min）	27						
剪切钢筋长度/mm	200～12 000						
长度误差/mm	±5						
剪切线总功率/kW	27						
小时平均功率/（kW/h）	12						
设备尺寸/（mm×mm×mm）	～25 000×2900×2300						

GJW0816钢筋剪切生产线，设备采用液压剪切方式，可自动收集废料；采用160 mm斜刃式刀片设计；单侧三阶梯储料架配置，单侧翻料及收料，占地面积小；采用定尺小车实现钢筋长度自动定尺，设备结构紧凑，维护简单方便。其主要技术参数如表12-10、表12-11所示。

表12-10　建科智能装备制造GJW0816钢筋剪切生产线主要技术参数(1)

参　　数		数　　值
每分钟剪切次数/（次/min）		16
刀片有效宽度/mm		160

续表

参　　数		数　　值
钢筋传送速度/（m/min）		60
剪切钢筋长度/mm		800～12 000
长度误差/mm		±1
输送辊道承载能力/kg		500
液压单元	最大工作压力/MPa	21
	油泵电机功率/kW	11
剪切线总功率/kW		17
小时平均功率/（kW/h）		10.5
总耗气量/（m^3/min）		～1.0
设备尺寸/（mm×mm×mm）		～28 500×6000×2700

表12-11　建科智能装备制造GJW0816钢筋剪切生产线主要技术参数(2)

参　　数			数　　值										
钢筋直径/mm			10	12	16	20	22	25	28	32	35	40	50
钢筋级别	屈服强度/MPa	抗拉强度/MPa	一次剪切钢筋根数										
HRB335	335	490	13	11	9	7	6	4	4	4	3	1	1
HRB400	400	570	12	11	9	7	6	4	4	3	2	1	1
HRB500	500	630	11	10	9	6	5	4	3	3	2	1	—

2）廊坊凯博建设机械科技有限公司

廊坊凯博建设机械科技有限公司生产的钢筋剪切生产线主要包括 GQX120、GQX150 等型号，用于对钢筋进行切断，自动将原材钢筋切成需要的长度。相较于传统加工方式，其设备加工质量好，自动化程度高，采用了模块化图库设计，可与凯博钢筋加工配送管理系统配合使用。GQX120 主要技术参数见表 12-12，GQX150 等主要技术参数见表 12-13。

表 12-12 廊坊凯博 GQX120 钢筋剪切生产线主要技术参数

参　数		数　值
剪切力/kN		1200
切刀宽度/mm		100～250
剪切频率/(次/min)		≤27
剪切长度/mm		700～12 000
辊道输送速度/(m/min)		50
原料最大长度/mm		12 000
设备尺寸/(mm×mm×mm)		29 040×5080×2850
剪切数量/根 σ_b≤570 MPa	ϕ40 mm	1
	ϕ32 mm	1
	ϕ25 mm	3
	ϕ20 mm	4
	ϕ16 mm	6
	ϕ12 mm	8

表 12-13 廊坊凯博 3 种型号钢筋剪切生产线主要技术参数

参　数		数　值		
		GQX150	GQX300	GQX500
剪切力/kN		1500	3000	5000
切刀宽度/mm		500		
剪切频率/(次/min)		≤14		
剪切长度/mm		1750～12 000		
液压系统最大工作压力/MPa		25	25	25
辊道输送速度/(m/min)		40～90		
原料最大长度/mm		12 000		
剪切数量/根 σ_b≤650 MPa	ϕ50 mm	1	2	3
	ϕ40 mm	3	5	6
	ϕ32 mm	13	14	14
	ϕ25 mm	16	16	16
	ϕ20 mm	22	22	22
	ϕ16 mm	27	27	27
	ϕ12 mm	30	32	32

3）山东连环钢筋加工装备有限公司

山东连环钢筋加工装备有限公司数控液压钢筋剪切生产线主要由放料架、剪前轨道、剪切主机、剪后轨道、储料槽组成，主要用于棒材钢筋的定尺切断。设备整体结构紧凑，采用独特方式加工生产的油缸及压料装置，结构简单，拆装方便，在整体的设计上保证了压力中心与油缸中心的重合，延长了油缸的使用寿命，使得剪切更省力，剪切效果好。

其技术特点主要包括以下几点：

(1) 数控棒材液压剪切生产线采用移动式定位剪切机构，准确度高。

(2) 输送辊道采用多挡板设计，定位速度快，效率高。

(3) 自主研发的钢筋套裁软件，适用于多项目钢筋的剪切，可提高材料利用率。

(4) 独特的压料装置,剪切时更稳定。

(5) 多达6级备料站,可存放大量材料。

(6) 双向收料机构,成品存放量提高一倍。

主要型号包括HSL-1200、HSL-2000,其主要技术参数见表12-14。

表12-14 山东连环HSL-1200、HSL-2000钢筋剪切生产线主要技术参数

参数	数值	
	HSL-1200(GQLY-1200)	HSL-2000(GQLY-2000)
最大剪切力/kN	1200	2000
切刀宽度/mm	250	450
剪切频率/(次/min)	20	
辊道输送速度/(m/s)	1.5	
钢筋长度范围/mm	500~12 000	
工作压力/MPa	25	
装机总容量/kW	20	27
外形尺寸/(mm×mm×mm)	27 400×3250×1480	28 000×6800×2600
设备总重/kg	6600	15 500

4) 天津银丰机械系统工程有限公司

天津银丰机械系统工程有限公司生产的钢筋剪切生产线具备钢筋自动传送、自动定位、自动收集等功能。产品特点包括:配备集中供油系统,确保高寿命运行;双向出料设计,成品堆放量增加一倍;可移动原料平台设计,大大降低劳动强度;多级成品储存机构,方便多品种成品收集。主要型号包括JQ-200和JQ-120,其主要技术参数见表12-15。

表12-15 天津银丰JQ-200、JQ-120钢筋剪切生产线主要技术参数

参数	数值	
	JQ-200	JQ-120
剪切力/kN	2000	1200
传动速度/(m/min)	40~115	40~115
切割速度/(次/min)	14	20~29
切割公差/mm	±2	±2
切割长度/mm	750~12 000	750~12 000
刀片宽度/mm	410	200
输送载荷/kg	800	800
气压/MPa	≥0.6	≥0.6
收集仓数/个	6×2	6×2
功率/kW	37	8

5) 深圳康振机械科技有限公司

深圳康振机械科技有限公司生产的钢筋剪切生产线主要型号为KZQ150和KZQ300,其主要技术参数见表12-16、表12-17。

表12-16 深圳康振KZQ150钢筋剪切生产线主要技术参数

参数		数值											
最大剪切力/kN		1750											
加工钢筋范围/mm		ϕ10~ϕ40											
工作气压/MPa		≥0.6											
最大钢筋强度/MPa		400											
可剪切钢筋长度范围/mm		1500~11 900											
剪切能力	钢筋直径/mm	10	12	14	16	18	20	22	25	28	32	36	40
	带肋钢筋根数/根	15	12	11	9	8	7	7	5	4	3	2	2
	光圆钢筋根数/根	17	14	12	11	9	8	8	5	5	4	2	2
输送速度/(m/min)		≤45											
总功率/kW		25											
外形尺寸/(mm×mm×mm)		25 000×3500×2000											
重量/kg		8200											

表 12-17 深圳康振 KZQ300 钢筋剪切生产线主要技术参数

参数		数值											
最大剪切力/kN		2400											
加工钢筋范围/mm		ϕ10～ϕ40											
工作气压/MPa		≥0.6											
最大钢筋强度/MPa		500											
可剪切钢筋长度范围/mm		1500～11 900											
剪切能力	钢筋直径/mm	10	12	14	16	18	20	22	25	28	32	36	40
	带肋钢筋根数/根	24	20	17	15	13	12	10	9	8	7	6	5
	光圆钢筋根数/根	29	24	20	17	15	14	12	11	9	8	7	6
输送速度/(m/min)		≤45											
总功率/kW		32.7											
外形尺寸/(mm×mm×mm)		25 000×3200×2100											
重量/kg		9200											

3. 钢筋锯切生产线

1）廊坊凯博建设机械科技有限公司

廊坊凯博建设机械科技有限公司生产的GJX300、GJX500型锯切生产线用来对钢筋以锯切方式进行切断，锯切加工的端头平整，适合于直接进行螺纹加工。相较于传统加工方式，该设备加工质量好，自动化程度高，主要用于隧道、桥梁、铁路、钢筋的套丝等领域。GJX500型钢筋锯切生产线主要技术参数见表12-18。

表 12-18 廊坊凯博 GJX500 钢筋锯切生产线主要技术参数

参数	数值
锯切钢筋直径/mm	ϕ12～ϕ50
钢筋原料最大长度/m	12
锯切长度范围/mm	1500～12 000
锯切长度误差/mm	±5
辊道最大输送速度/(m/min)	50
辊道承载能力/(kg/m)	120
锯切宽度/mm	200～500
带锯条尺寸/(mm×mm×mm)	5900×41×1.3
设备外形尺寸/(mm×mm×mm)	28 000×5000×2200

2）建科智能装备制造(天津)股份有限公司

建科智能装备制造（天津）股份有限公司生产的钢筋锯切生产线主要型号为GJW150C，采用双立柱结构，锯切速度快，锯缝窄；600 mm超大规格的锯切宽度，锯切产量高；采用无须润滑的三角带传动，噪声小；单侧大平台式储料架，承载量大；先进的伺服控制系统，锯切精度高。可对热轧带肋钢筋进行高质量锯切、输送、存储及加工，并将各加工工序形成电脑控制的自动加工流水线。GJW150C钢筋锯切生产线技术参数见表12-19。

表 12-19 建科智能装备制造 GJW150C 钢筋锯切生产线主要技术参数

参数	数值									
钢筋直径/mm	16	20	22	25	28	32	35	40	45	50
锯切钢筋数量/根	30	26	24	21	18	15	14	13	12	11
锯切速度/(m/min)	60									
有效宽度/mm	600									
钢筋传送速度/(m/min)	90									

3）深圳康振机械科技有限公司

深圳康振机械科技有限公司生产的钢筋锯切生产线多和滚丝机组合，主打型号为KZJS500C-40MDC。锯切生产线主要技术参数见表12-20。

表12-20　深圳康振钢筋锯切生产线主要技术参数

参　　数	数　　值
锯切宽度/mm	500
加工钢筋范围/mm	ϕ16～ϕ50
锯条进给速度	无级变速
锯条线速度/(m/min)	23,35,50,75,90
加工长度误差/mm	±3
工作气压/MPa	≥0.6
可加工钢筋长度范围/m	1.5～11.9(自动)
单台设备外形尺寸/(mm×mm×mm)	26 000×3900×2400
锯切部分功率/kW	13.5
单台设备重量/kg	7500

12.4.4　各产品技术性能

1. 钢筋切断机

切断机的主参数为可加工500 MPa级钢筋最大公称直径。机械式钢筋切断机主要技术性能如表12-21所示。液压传动及手持式钢筋切断机主要技术性能见表12-22。

2. 钢筋剪切生产线

钢筋剪切生产线主要技术性能指标见表12-23。

表12-21　机械式钢筋切断机主要技术性能

参　　数		数值、型号				
		GQL40	GQ40	GQ40A	GQ40B	GQ50
切断钢筋直径/mm		6～40	6～40	6～40	6～40	6～50
切断次数/(次/min)		38	40	40	40	30
电动机型号		Y100L2-4	Y100L-2	Y100L-2	Y100L-2	Y132S-4
功率/kW		3	3	3	3	5.5
转速/(r/min)		1420	2880	2880	2880	1450
外形尺寸	长/mm	685	1150	1395	1200	1600
	宽/mm	575	430	556	490	695
	高/mm	984	750	780	570	915
整机质量/kg		650	600	720	450	950
传动原理及特点		偏心轴	开式、插销式离合器曲柄	凸轮、滑键式离合器	全封闭曲柄连杆转键式离合器	曲柄连杆传动半开式

表12-22　液压传动及手持式钢筋切断机主要技术性能

参数名称	型式与型号			
	电动	手动	手持	
	DYJ-32	SYJ-16	GQ-12	GQ-20
切断钢筋直径/mm	8～32	16	6～12	6～20
工作总压力/kN	320	80	100	150
活塞直径/mm	95	36		
最大行程/mm	28	30		
液压泵柱塞直径/mm	12	8		
单位工作压力/MPa	45.5	79	34	34

续表

参数名称		型式与型号			
		电动	手动	手持	
		DYJ-32	SYJ-16	GQ-12	GQ-20
液压泵输油率/(L/min)		4.5			
压杆长度/mm			438		
压杆作用力/N			220		
贮油量/kg			35		
电动机	型号	Y型		单相串激0.567	单相串激0.570
	功率/kW	3			
	转数/(r/min)	1440			
外形尺寸	长/mm	889	680	367	420
	宽/mm	396		110	218
	高/mm	398		185	130
总重/kg		145	6.5	7.5	14

表 12-23 钢筋剪切生产线主要技术性能(以某型号为例)

参数	数值					
最大剪切力/kN	1200					
剪切钢筋直径/mm	12～40					
钢筋原料最大长度/m	12					
剪切长度范围/mm	700～12 000					
剪切长度误差/mm	±5					
辊道最大输送速度/(m/min)	50					
辊道承载能力/(kg/m)	20					
切刀宽度/mm	300					
切刀尺寸/(mm×mm×mm)	300×80×30					
切断机剪切频率/(次/min)	22					
气路系统工作压力/MPa	0.4～0.7					
总功率/kW	15					
总尺寸/(mm×mm×mm)	25 200×4400×2050					
钢筋直径/mm	12	16	20	25	32	40
切割数量/根	20	12	8	5	3	1

3. 钢筋锯切生产线

钢筋锯切生产线主要技术性能指标见表 12-24。

表 12-24 钢筋锯切生产线主要技术性能(以某型号为例)

参数	数值
锯切钢筋直径/mm	12～50
钢筋原料最大长度/m	12
锯切长度范围/mm	1500～12 000
锯切长度误差/mm	±5
辊道最大输送速度/(m/min)	50
辊道承载能力/(kg/m)	120
锯切宽度/mm	200～500
带锯条尺寸/(mm×mm×mm)	5900×41×1.3

续表

参　数	数　值
辅助泵站压力/MPa	7
气路系统工作压力/MPa	0.4～0.7
总功率/kW	15
总尺寸/(mm×mm×mm)	28 000×5000×2200

12.5　选型原则

不同的地区，以及不同工程类型、工程规模和工程需要对钢筋切断机械设备的要求差别很大，正确选型对合理、有效地完成工程，保证工程质量和工程效率具有重要意义。

(1) 工程规模小，使用空间有限，对钢筋的加工效率、自动化程度要求不高时，可选用小型钢筋切断单机。

(2) 对钢筋的加工效率、自动化程度要求较高，对批量钢筋进行定尺切断时，选用钢筋剪切生产线。

(3) 对切断接口要求较高，切断后需要套丝的批量钢筋生产，多采用钢筋锯切生产线。

12.6　安全使用

12.6.1　安全使用标准与规范

钢筋切断机械的安全使用标准是《建筑施工机械与设备　钢筋加工机械　安全要求》(GB/T 38176—2019)。

钢筋切断机械的安全使用方法应在钢筋切断机械使用说明书中详细说明，产品说明书的编写应符合《工业产品使用说明书　总则》(GB/T 9969—2008)的规定。

12.6.2　拆装与运输

1. 安装注意事项

设备应该在供方技术人员指导下进行安装。安装前期的准备工作(电、气、地面)必须在设备到达前由用户完成。

安装之前必须仔细阅读前面的安全注意事项。各个部位利用机架上的地脚孔在车间的水泥地面上打膨胀螺钉孔固定即可。

在设备安装之前，车间要根据设备安装图纸准备足够的场地，做好车间地面的找平和挖槽等准备工作，安装之前用户单位应准备好符合设备要求的电源。

设备安装以后要空负荷运行一段时间，观察各个转动部件的运行情况及轴承的温升情况，各个动作是否准确到位，相互之间的配合情况，静听有无异常声音，确认无误后方可进行带负荷试车。

根据健康和安全方面的要求，将设备安置到合适的工作地点。设备安装到户外时，要增加生产线中电机和线路等的防雨设施，检查设备的总体尺寸，以确保设备周围有足够的工作和维护空间，同时要确保设备放到水平地面上。

刀片在安装或更换时，按各厂家使用说明书调整刀片位置和间隙，同时确保刀片安装后要牢固可靠。

使用说明书要求固定的设备，需要按要求使用膨胀地脚螺栓直接固定设备地脚板，不方便打孔的地方，采用压板式固定。

设备安装场所需要保持干燥、通风，不含酸、碱、盐或其他腐蚀性、可燃性气体，工作区域有足够的照明。

检查设备各重要件、电缆线和电控柜在运输过程中有没有损坏。

保护电控柜内的电子、电气部件，避免绝缘受潮损坏，防止电路短路和器件金属腐蚀，免受其他外来因素的干扰等是选择安装场所时就应考虑的重要因素。

2. 设备的运输

(1) 设备运输前，需要确定运输路线，了解限高、限重情况，以及两端装卸条件，拟订运输方案，提出安全措施，并制定搬运措施。

(2) 运输道路上方如有输电线路，通过时应保持安全距离，否则必须采取隔离措施。

(3) 机器在运输之前，应将机器上的可动零件移到其平衡位置，然后固定在这一位置上。机器在运输和储藏期间，不得将机器上的各种部件彼此直接叠加在一起。用卡车运输时，务必检查支架的稳定性，并正确地将它放置在卡车的底盘(最好用木头)上。当所有部件都已入位时，要确保所有部件都已适当地固定住，以免在运输过程中移动。设备在运输过程中要做好防雨和防震工作。

(4) 从车辆上卸下设备时，卸车平台应牢固，并应有足够的宽度和长度。荷重平台不得有不均匀下沉现象。

(5) 搭设卸车平台时，应考虑到车卸载时弹簧弹起及船体浮起所造成的高差。

(6) 中间停运时，应采取措施防止对象滚动。夜间应设红灯警示，并设专人看守。

12.6.3 安全使用规程

为了保证有关人员的人身安全和设备的正确使用，必须严格遵守产品使用说明书中的安全事项和操作规范。在安装、使用和维护设备之前务必阅读使用说明书。严禁超负荷使用设备，尤其是超过输送能力范围的钢筋。否则将会降低设备使用寿命，对设备造成损坏，甚至影响人身安全。任何时候都要牢记不得戴手套、项链、珠宝或穿戴宽松衣服操作，防止由于缠绕、吸入或卷入而产生的人身伤害。

(1) 使用前应检查刀片安装是否牢固(两刀片之间的间隙应控制在 0.5～1 mm 范围内)，加足润滑油，检查电气设备有无异常，拧紧松动的连接零件，经空载试运转正常后方可投入使用。

(2) 对于小型切断单机，断料时必须将被切钢筋握紧，以防钢筋末端摆动或弹出伤人。在切断短料时不得用手送料，应用钳子夹住操作，避免操作者受伤。

(3) 被切钢筋应该先矫直后方可切断。钢筋投料时，应在动刀片退离定刀片时进行，钢筋应尽量放在刀刃中部，并垂直于切断刀口。

(4) 机器运转时，不得进行任何修理、校正操作或取下防护罩，不得触及运转部位，严禁将手放在刀片切断位置，铁屑、铁末不得用手抹或者用嘴吹，一切清洁、打扫工作都应停机后进行。

(5) 禁止切断规定范围外的材料、烧红的钢筋以及超过刀刃硬度的材料。

12.6.4 维修与保养

为了保证设备良好运行和提高机器使用寿命，在使用过程中应注意经常性的维护保养：

(1) 在使用过程中应随时注意观察，检查各运动部件运转是否正常，是否有异常声响，如有异常，应及时查找原因并加以排除。

(2) 切断过程中产生的切屑应及时加以清除，以免影响切断效果和设备寿命。

(3) 经常检查冷却液及液压油的清洁度和油量，保证供油。

(4) 作业完毕后应及时清除刀具及刀具下边的杂物，清洁机体；检查各部分螺栓的紧固及其他零部件，调整固定与活动刀片的间隙，更换磨钝、磨损的刀片。

(5) 对设备进行定期保养，检查轴承等易损件的磨损程度，及时调整各部分间隙，更换易损件。

(6) 按设备说明书规定的要求和周期对各类钢筋切断设备的润滑部分进行润滑。

12.6.5 常见故障及其排除方法

1. 切不断钢筋

(1) 检查液压油是否足够，如果不够需要添加足够的液压油。

(2) 检查液压油管接头是否松动，如果松动应紧固。

(3) 检查刀具磨损程度，确定是否需要更换刀具。

(4) 检查压力设置是否合适，如果不合适应调整到合适的值。

2. 钢筋切断长度有误差

(1) 如果经设备加工后的钢筋长度基本一致，而与设定长度有一定的误差，可按照控制显示器的操作说明进行误差补偿。

(2) 如果切出来的钢筋长度不一致，应检查编码器的联轴器是否老化或松动，如老化及时更换，如松动应加以紧固。

(3) 检查编码器是否损坏，如损坏及时更换。

3. 钢筋锯切生产线锯切主机故障及排除方法

钢筋锯切生产线锯切主机故障及排除方法见表 12-25。

表 12-25 钢筋锯切生产线锯切主机故障及排除方法

故障现象	故障原因	排除方法
切削时断齿	①工件未夹紧；②进给量太大；③锯齿偏大；④进给不均匀；⑤带锯条质量差	①重新夹紧工件；②调小进给量；③选用小锯齿；④检查调速阀升降缸；⑤更换合格带锯条
锯削时产生尖叫	①锯条速度过快；②进给量偏大；③冷却液选择不当；④导向块过紧；⑤材料中有硬点；⑥锯条不平直跳动	①降低速度；②减小进给量；③更换冷却液和配比；④调整导向间隙；⑤将工件转动一定的角度再重新切削；⑥锯条重焊
切削时掉带	①锯轮磨损；②从动轮位置不正确	①更换或修复锯轮；②调整张紧装置
锯料歪斜	①锯齿选择不当或磨损；②导向臂调整不当，与工作台面或钳口不垂直；③导向块间隙太大；④锯条分齿不对称；⑤锯带张紧不够；⑥进给量太大	①选用合适锯带；②、③重新调整导向臂位置与导向块间隙；④更换合格锯带；⑤提高张紧力；⑥降低进给量
锯带闷车打滑	①进给量太大；②锯带张紧不够	①降低进给量；②提高张紧力
油泵不供油或压力不稳，噪声大	①滤网阻塞；②油泵的间隙增大，密封圈损坏或吸油管道漏气；③油箱液面太低；④联轴器松动	①清洗滤网通油顺畅；②更换油泵或密封圈接头，或更换油管；③增加液压油；④调整固定联轴器
进给过快	①调速阀磨损，密封圈漏油；②进给油缸活塞密封圈损坏；③单向阀失灵	①、②更换密封圈或阀芯；③清洗或更换调速阀
电磁阀开启，但动作失控	①阀芯堵塞或卡死；②电压偏低，电磁阀不到位；③油液不洁，油路堵塞	①清洗相应的阀体；②提高控制电压；③更换或过滤液压油
锯架不降或下降慢	①下极限开关损坏；②进给电磁阀损坏；③液压油过黏；④调速阀芯卡死	①修复或更换开关；②修复或更换电磁阀；③更换液压油；④清洗阀芯或更换调速阀
锯架抬升慢	①系统油压过低；②调速阀内的单向阀卡住或弹力太大	①提高系统压力油压力；②拆下调速阀进行清洗或更换弹簧
电气控制失灵	①交流接触器铁芯的复位弹簧力小，不复位；②电压太低，铁芯不动作	①更换弹簧；②提高控制电压
按钮失效	触点损坏	换按钮
冷却泵冷却液供量小	①旋向不对；②网堵塞；③软管扭扁或阻塞；④冷却液不充足	①换接电源线；②清洗滤网；③疏通管路；④增加冷却液

12.7 工程应用

钢筋切断机和钢筋切断生产线目前在我国已大量应用，广泛应用于钢筋混凝土结构工程的钢筋加工，据不完全统计，设备生产企业已达数十家。产品现行行业标准是《建筑施工机械与设备　钢筋加工机械　安全要求》(GB/T 38176—2019)和《建筑施工机械与设备　钢筋切断机》(JB/T 12077—2014)。

钢筋切断机械在工程应用中的安全操作方法如下：

(1) 钢筋切断机接送料的工作台面应和切刀下部保持水平，工作台的长度应根据加工材料长度确定。

(2) 切断机启动前，应检查并确认切刀无裂纹，刀架螺栓紧固，防护罩牢靠。然后用手转动皮带轮，检查齿轮啮合间隙，调整切刀间隙。

(3) 切断机启动后，应先空运转，检查各传动部分及轴承运转正常后方可作业。

(4) 切断机械未达到正常转速时不得切料。切料时，应使用切刀的中、下部位，紧握钢筋对准刃口迅速投入，操作者应站在固定刀片一侧用力压住钢筋，应防止钢筋末端弹出伤人。严禁用两手分在刀片两边握住钢筋俯身送料。

(5) 不得剪切直径及强度超过机械铭牌规定的钢筋和烧红的钢筋。一次切断多根钢筋时，其总截面面积应在设备加工能力规定范围内。

(6) 剪切低合金钢时应更换高硬度切刀，剪切直径应符合机械铭牌规定。

(7) 切断短料时，手和切刀之间的距离应保持在 150 mm 以上，如手握端小于 400 mm 时，应采用套管或夹具将钢筋短头压住或夹牢。

(8) 机器运转过程中，严禁用手直接清除切刀附近的断头和杂物。钢筋摆动周围和切刀周围不得停留非操作人员。

(9) 当发现机械运转不正常、有异常响声或切刀歪斜时，应立即停机检修。

(10) 加工作业停止后应切断电源，用钢刷清除切刀间的杂物，进行整机清洁润滑。

(11) 液压传动式切断机作业前，应检查并确认液压油位及电动机旋转方向符合要求。启动后应空载运转，松开放油阀，排净液压缸体内的空气，方可进行切筋。

(12) 手动液压式切断机使用前，应将放油阀按顺时针方向旋紧，切割完毕后，应立即按逆时针方向旋松。作业中手应持稳切断机，并戴好绝缘手套。

第13章

钢筋弯曲机械

13.1 概述

13.1.1 定义、功能与用途

钢筋弯曲机械是对钢筋进行弯曲变形加工的机械设备，其主要功能是使钢筋产生塑性变形，形成需要的弯曲形状。钢筋弯曲机械是建筑工程中的常用工程设备之一，适用于各类钢筋的弯曲加工，广泛应用于房屋、公路、铁路、桥梁和隧道等建筑工程之中。

13.1.2 发展历程与沿革

钢筋弯曲机械随着建筑行业中钢筋混凝土技术的发展而逐渐兴起，钢筋弯曲机械的形式也从单一走向多样。钢筋弯曲机械在开始阶段是手持模式，后来变成了电机驱动，弯曲能力有了很大提高，弯曲的传动方式逐渐丰富，从皮带传动、开式齿轮传动到蜗轮蜗杆减速箱、全齿轮减速箱传动。随着电子技术的发展，弯曲的控制从纯机械式向数控化发展。从20世纪八九十年代开始，发达国家逐渐有了弯曲生产线的概念，弯曲机械从单机发展到组合式，多机头、水平方向弯曲、垂直方向弯曲、斜面方向弯曲的弯曲生产线层出不穷。到了21世纪初，随着计算机技术的成熟，弯曲生产线实现了控制过程的全自动化。最近几年，自动化上料、自动更换弯曲芯轴、远程操作、自动下单等新技术不断在钢筋弯曲机械中得到应用。

13.1.3 发展趋势

当前我国城市和基础设施的建设力度非常大，大型工程项目不断增多，钢筋的使用量持续增加。近几年来，国家对高速铁路建设的大力推进，也促进了钢筋弯曲类机械的销量快速增长。目前国内弯曲机械各种形式并存，从最简单的人工控制弯曲单机到全自动弯曲生产线都在广泛应用。高铁施工现场、高速公路、重大桥梁等重要项目基本都使用自动化钢筋弯曲机械，此种机械成为钢筋弯曲加工的标配。但在普通民用住宅等普通项目中，弯曲钢筋直径小，钢筋加工量小，仍然以普通弯曲机为主，设备投入成本低。随着近年来装配式建筑的推广力度逐渐增大，钢筋弯曲机械在民用建筑行业也迎来了发展的转折点。国外发达国家的钢筋加工以钢筋配送加工厂模式为主，主要工作由机械设备完成，人工只是做一些强度低的辅助工作。虽然国外对钢筋弯曲机械的研究较早，但国内的建筑行业高速发展使钢筋弯曲机械的进步很快，与国外的设备有着共同的发展进度和趋势。

（1）自动化。弯曲动作过程的自动化、原料的自动上料、成品的自动分类存储转运、弯曲芯轴的自动更换等均为将来的发展方向。

（2）多功能。设备功能逐渐丰富，将钢筋弯曲的上一步钢筋切断工艺融合到弯曲设备中,省去钢筋的中转工序;融入成品自动收集功能,将加工完成的钢筋按照一定的规则直接码垛存储,并在需要时直接出库。

(3) 信息化。设备都进入联网状态,所有信息进入控制中心,可以远程监控设备运行状态、远程控制设备工作、实现物料信息数字化。

13.2 产品分类

钢筋弯曲机械的分类如下:

(1) 按照弯曲机的功能,可以分为弯曲机、弯弧机和切断弯曲机。

(2) 按照弯曲机头的数量,可以分为两机头、四机头和五机头。

(3) 按照传动机构的类型,可以分为机械式弯曲机和液压式弯曲机,机械式弯曲机又分为蜗轮蜗杆式和齿轮式,液压式弯曲机又分为液压传动式和手提式。

(4) 按照钢筋弯曲平面的方向,可以分为卧式弯曲、立式弯曲和斜面弯曲。

(5) 按照喂料集料控制方式,可以分为钢筋弯曲机、半自动弯曲生产线和自动弯曲生产线。

13.3 工作原理及产品结构组成

13.3.1 工作原理

1. 弯曲机

弯曲机的工作原理如图 13-1 所示。将钢筋放在工作盘的芯轴和弯曲销轴(或弯曲轮)之间,开动弯曲机,工作盘在动力机构和传动机构驱动下,经过控制系统的控制开始旋转,工作盘上安装的弯曲销轴(或弯曲轮)同工作盘一起旋转,弯曲销轴(或弯曲轮)带动钢筋转动,钢筋的另一端被挡板挡住不能转动,弯曲销轴(或弯曲轮)迫使钢筋绕芯轴旋转弯成设定的角度,完成弯曲作业。

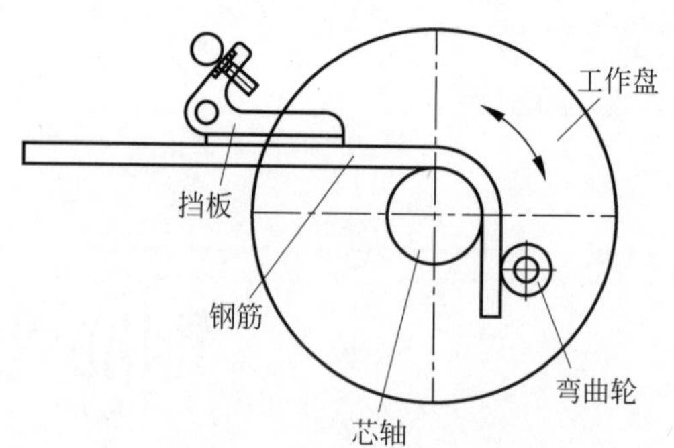

图 13-1 弯曲机的工作原理

根据传动机构形式的不同,弯曲机的工作原理有所不同。驱动工作盘旋转的蜗轮蜗杆式机械传动钢筋弯曲机主要由机架、电动机、传动系统、工作机构(包括工作盘、插入座、夹持器、转轴等)及控制系统等组成。机架下装有行走轮,便于移动。其工作原理是电动机动力经 V 带轮、两对直齿轮及蜗轮蜗杆机构减速后,带动工作盘旋转。工作盘上一般有 9 个轴孔,中心孔用来插中心轴,中心孔周围有 8 个孔座,用于安插弯曲销轴(或弯曲轮);工作盘两侧各有 6 个孔,用来插入挡铁轴。为了便于移动钢筋,工作台的两边还设有送料辊。工作时,根据钢筋弯曲形状,将钢筋平放在工作盘中心轴和相应的成型轴之间,挡铁轴的内侧。当工作盘转动时,钢筋一端被挡铁轴阻止不能转动,中心轴位置不变,而成型弯曲销轴(或弯曲轮)则绕中心轴作圆弧转动,将钢筋推弯,如图 13-2 所示。根据标准规定,当钢筋作 180°弯

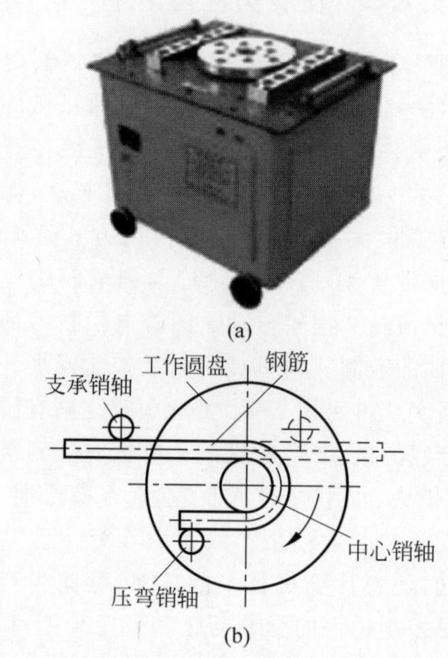

图 13-2 蜗轮蜗杆式弯曲机实物及工作原理

钩时，钢筋的圆弧弯曲直径应不小于钢筋直径的 2.5 倍。因此，中心轴也相应地制成直径 16～100 mm 共 9 种不同规格，以适应弯曲不同直径钢筋的需要。

驱动工作盘旋转的齿轮式机械传动钢筋弯曲机主要由机架、电动机、齿轮减速器、工作机构及电气控制系统等组成。它改变了传统的蜗轮蜗杆传动，并增加了角度自动控制机构及制动装置，其外形如图 13-3 所示。齿轮式钢筋弯曲机以一台带制动的电动机为动力，带动工作盘旋转。工作机构左、右两个插入座可通过手轮无级调节，适合不同规格的钢筋弯曲成型。角度的控制是由角度预选机构和几个长短不一的限位销相互配合实现的。其工作原理是：当钢筋被弯曲到预选角度后，限位销触

图 13-3　齿轮式钢筋弯曲机外形图

及行程开关，使电动机停机并反转，恢复到原位，完成钢筋弯曲工序。此外，电气控制系统还具有点动、自动状态，双向控制、瞬时制动、事故急停、短路保护、电动机过热保护等特点。

小型钢筋弯箍机是适合弯制箍筋的专用机械，弯曲角度可任意调节，其构造和弯曲机相似。其工作原理是电动机动力通过一对皮带轮和两对直齿轮减速，使偏心圆盘转动。偏心圆盘通过偏心铰带动两个连杆，每个连杆又铰接一根齿条，各齿条沿滑道作往复运动。齿条又带动齿轮使工作盘在一定角度内作往复回转运动。工作盘上有两个轴孔，中心轴孔插有中心轴，另一轴孔插成型轴。当工作盘转动时，中心轴和成型轴都随之转动，与钢筋弯曲机原理相同，能将钢筋弯曲成所需的箍筋。

2. **五机头弯曲机**

五机头弯曲机主要用于建筑和土木工程中小直径钢筋的弯曲加工。该设备有 5 个弯曲头，使用 5 个弯曲头依次弯曲钢筋，各个弯曲头不需要移动位置或回位。每次加工只需要点动开关，操作方便快捷，适合批量加工。适合五机头弯曲机加工的图形如图 13-4 所示，相比其他设备，使用五机头弯曲机加工这些形状钢筋具有极高的效率。

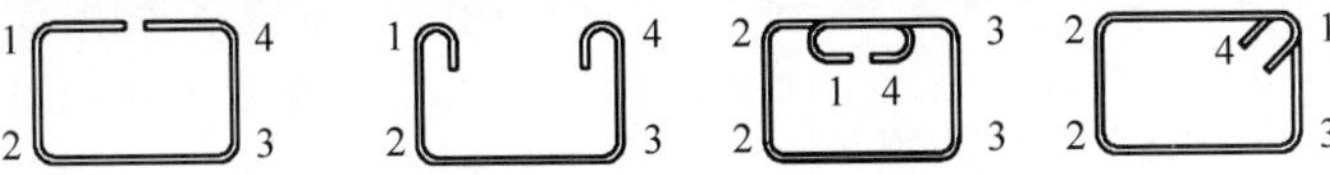

图 13-4　适合五机头弯曲机加工的图形

3. **切断弯曲机**

钢筋切断弯曲机是在弯曲机的基础上增加了切断功能，将弯曲和切断功能集成在一个设备上，实现了一机多用。液压式钢筋切断弯曲机是运用液压传动技术对钢筋进行切断和弯曲成型的两用机械，自动化程度高，操作方便。液压式钢筋切断弯曲机主要由液压传动系统、切断机构、弯箍机构、电动机、机体等组成。其工作原理是：由一台电动机带动两组柱塞式液压泵，一组液压泵用于推动活塞切断钢筋；另一组液压泵用于驱动回转液压缸，带动弯曲工作盘旋转。切断机构的工作原理是在切断活塞中间装有中心阀柱及弹簧，当非切断时，由于弹簧的作用，使中心阀柱离开液压缸的中间油孔，高压油则从此经偏心轴孔道流回油箱；在切断时，用人力推动活塞，使中心阀柱堵死液压缸的中心孔，此时由柱塞泵来的高压油经过油阀进入液压缸中，产生高压推动活塞运动，活塞带动切刀进行切筋。完成切断后压力弹簧的反推力大于液压缸内压力，中心阀柱退回原位，液压油又沿活塞中间油孔的油路流回油箱。切断活塞的回程依靠板弹簧的回弹力来实现。弯曲机构的工作原理与钢筋弯曲机相同。

4. 弯弧机

弯弧机用于加工圆弧形状的钢筋，根据圆弧直径选择调整轮的行程，也就是确定从动轮的位置，两个主动轮的位置固定，由 3 个轮子的相对位置确定最终的钢筋成型圆弧直径。由于同一型号的钢筋尺寸也不是完全相同的，设备还加入了角度补偿轮，通过调整角度补偿轮的位置来对钢筋的弧度进行微小的调整。弯弧机的外形如图 13-5 所示。

图 13-5　手动调整的弯弧机外形

5. 立式弯曲生产线

立式弯曲生产线是弯曲工作面在垂直方向的设备，有两个可移动的弯曲机头，以机架中心线为基准，两机头分别向左、右移动，完成对钢筋的弯曲工作，弯曲能力根据钢筋直径变化。该生产线具备在一个工作循环内同时进行双向弯曲的功能，两个弯曲主机可同时工作，只需一次夹紧，可大大提高生产效率，降低工人劳动强度。广泛应用于桥梁工程的钢筋加工中。

6. 卧式弯曲生产线

卧式弯曲生产线是弯曲工作面在水平方向的设备，有两个弯曲机头，根据不同的配置，有多种机头配置方式。卧式弯曲生产线的主要功能和立式弯曲生产线相同，但比立式弯曲更安全，更便于实现智能化，弯曲能力强，适合大直径、大弯曲半径的钢筋加工。

7. 自动切断弯曲生产线

传统的钢筋弯曲加工工艺是采用调直切断机对线材钢筋进行调直切断或采用切断机对棒材进行切断，生产出需要长度的直条钢筋，然后通过吊运设备将钢筋转运至弯曲设备上进行弯曲成型。弯曲加工采用人工搬运、手动定位，生产效率低，工人劳动强度大。

自动切断弯曲生产线是一种多功能组合的设备，在结构上组合成为一体的自动化设备，按上料方式主要分为两种形式，一种是盘条钢筋上料，一种是直条钢筋上料。两种方式对应不同的原材钢筋处理方式和弯曲配置结构。

盘条钢筋上料方式的自动切断弯曲生产线工作原理是将调直切断机和弯曲机组合在一起，钢筋从盘条原料开卷、牵引、矫直、切断到弯曲出成品钢筋，整个过程不需要人为干涉，自动完成。其中弯曲机的配置有多种形式，常见的配置是两机头和五机头弯曲机。两机头弯曲机在钢筋加工两端或一端只有一个弯曲边时效率非常高，其机头可以自动移动，多个边的弯曲也可以完成，适应性高。配置是五机头弯曲机时，弯曲机头不能自动移动，主要用来加工封闭箍筋或者其他不需要在生产过程中移动机头的形状，加工效率高。

直条钢筋上料方式的自动切断弯曲生产线和盘条钢筋上料方式相比少了钢筋矫直机构，多了直条钢筋的上料机构，其对应的一般是直径较大的钢筋。其弯曲机构常见的形式是配置两台弯曲机，弯曲原理同卧式弯曲生产线，弯曲主机可以自动移动，弯曲适应性好，适合钢筋加工配送中心钢筋规格多、批量小的加工环境。

自动切断弯曲生产线虽然是两种功能的常规设备的组合，但是其功能要求不能是简单的对接，而是在钢筋切断后有一个钢筋自动定位的动作，并将钢筋自动传送到弯曲位置，实现整个加工过程的在线控制。

8. 斜面钢筋自动弯曲生产线

斜面钢筋自动弯曲生产线是弯曲工作面在倾斜平面方向的设备，有两个可移动的卧式弯曲机头，以机架中心线为基准，两机头分别向左、右移动，完成对钢筋两端的同步弯曲工作，弯曲能力根据钢筋直径大小而变化，亦可通过程序自动设置。其具备在一个工作循环内同时进行双向弯曲的功能，两个弯曲主机可同时工作，只需一次夹紧，可以大大提高生产效率，降低工人劳动强度。广泛应用于工厂化的钢筋加工中心。斜面钢筋自动弯曲生产线如图 13-6 所示。

图 13-6 斜面钢筋自动弯曲生产线

13.3.2 结构组成

1. 弯曲机

弯曲机主要由箱体、传动结构、工作盘、挡板、芯轴和弯曲销等组成。箱体是型钢焊接的框架结构，四周焊接薄钢板。工作盘是圆形盘，上面有多个插销的圆孔，工作盘绕中心旋转。芯轴安装在工作盘中心，按不同的结构，有的同工作盘一起旋转，有的不旋转，芯轴直径规格比较多，按不同的钢筋类型、直径对应不同的芯轴直径。

2. 五机头弯曲机

五机头弯曲机的结构组成包括钢筋输送上料架、弯曲主机、行走架、钢筋支撑机构、钢筋定位机构。五机头弯曲机外形如图 13-7 所示。

图 13-7 五机头弯曲机外形

钢筋输送上料架主体结构由型钢焊接组成，料架上安装有传送用减速电机、链轮和链条，通过控制电机可以实现钢筋的前进和后退。

五机头弯曲机有 5 台弯曲主机设置在行走架上，5 台主机结构一致，左右对称，且中间 1 台主机不可移动，可以由程序自动控制动作，也可以手动操作，实现钢筋的弯曲成型。弯曲主机的主要功能有弯曲、行走与定位锁紧。

行走架是用型钢焊接的结构梁，上面安装有齿条，是主机、定位机构的基架。

两个钢筋支撑机构分别设置并能稳定固定在行走架的左右两端，用于支撑钢筋。两个钢筋定位机构分别设置并能稳定固定在行走架的左右两端，用于对齐钢筋。

3. 切断弯曲机

切断弯曲机的结构组成主要包括箱体、传动结构、工作盘、剪切结构、挡板、芯轴和弯曲销等。其主要结构和弯曲机相同，不同的是在箱体的一侧多了一个切断钢筋的结构。其外形如图 13-8 所示。

图 13-8 切断弯曲机外形

4. 弯弧机

弯弧机由箱体、螺旋调节轮、角度补偿轮、抬料辊、护罩和主、从动轮等组成，其结构如图 13-9 所示。

箱体由型材焊接组成框架，框架外安装固定钢板，以保护内部零部件。箱体上部安装工作台面，大部分结构都通过工作台面固定。抬料辊是被动滚轮结构，安装在箱体的工作台面上，其作用是将钢筋在工作台面上抬起，减少钢筋和工作台面的摩擦。主动轮有两个，直接

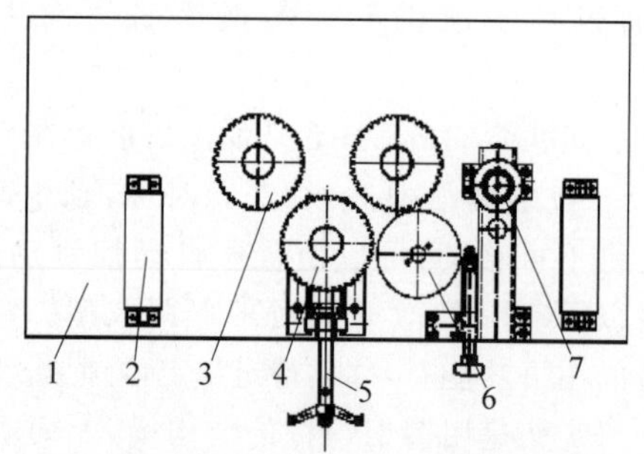

1—箱体；2—抬料辊；3—主动轮；4—从动轮；5—弧度调节装置；6—螺旋调节轮；7—角度补偿轮。

图 13-9　弯弧机结构示意图

和减速电机连接。从动轮是被动轮形式，内部安装有轴承，从动轮和弧度调节装置连接。

5. 立式弯曲生产线

立式弯曲生产线主要由钢筋输送上料架、弯曲主机、夹紧机构、行走架、定位机构组成，其结构如图 13-10 所示。

1）钢筋输送上料架

钢筋输送上料架总长 10～12 m，工作宽度 2 m 左右，工作高度 1.5 m 左右。该机构可以实现钢筋的前后输送和承料。钢筋输送上料架由机架、减速电机、链轮、链条构成，通过控制电机可以实现钢筋的前进和后退。机架是型钢焊接结构，为整体式结构。

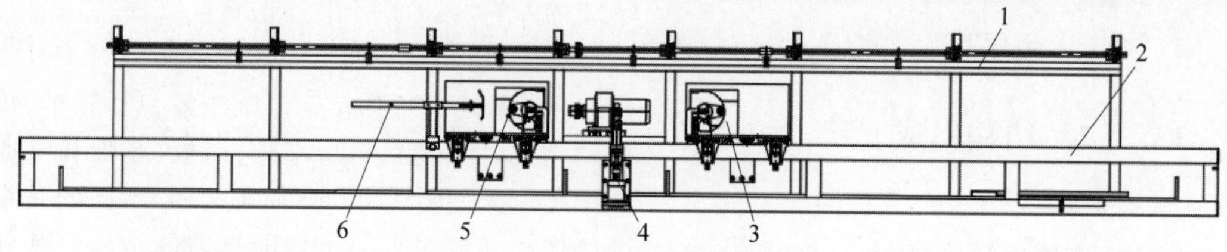

1—钢筋输送上料架；2—行走架；3—右弯曲主机；4—夹紧机构；5—左弯曲主机；6—定位机构。

图 13-10　立式弯曲生产线结构

2）弯曲主机

两机头立式弯曲生产线有两台弯曲主机，两台主机结构一致且左右对称设置在行走架上，可以由程序自动控制动作，也可以手动操作，实现钢筋的弯曲成型。弯曲主机形式多样，有焊接结构，也有铸造箱体。弯曲主机上安装有弯曲机构和行走机构。

3）夹紧机构

夹紧机构设置在弯曲生产线行走架中间位置，弯曲时对钢筋进行夹紧固定。夹紧机构压板可以根据弯曲钢筋的直径上下调节。

4）行走架

行走架主要由结构梁和齿条组成，是主机和定位机构的安装和运行轨道支架。链条方式驱动的弯曲主机行走梁上没有齿条，安装的是链条驱动机构。

5）定位机构

两个定位机构分别设置于行走架的两端，用于对齐钢筋。

6. 卧式弯曲生产线

卧式弯曲生产线主要由上料架、右弯曲主机、左弯曲主机、导轨和成品收集槽组成，其结构如图 13-11 所示。

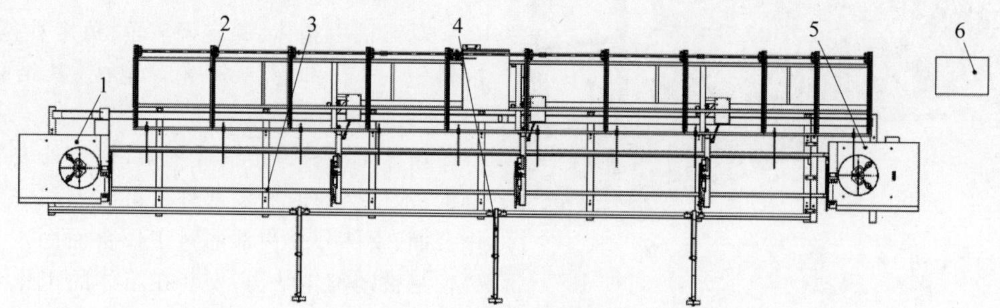

1—左弯曲主机；2—上料架；3—导轨；4—收集槽；5—右弯曲主机；6—电控柜。

图 13-11　卧式弯曲生产线结构

1）上料架

上料架主要是型钢焊接结构，用来放置和传送待加工的钢筋，根据不同厂家的配置方式，有多种结构形式。其中，链条传送结构形式，将钢筋横向传送，用来承接前道工序横向传送来的钢筋，其高度比弯曲主机高，在钢筋接近弯曲主机位置时人工将钢筋拨到弯曲位置。传送辊形式，安装有一定间隔的输送辊，由链条驱动，钢筋只能在纵向传送，可以承接前方从纵向或横向传送过来的钢筋。带有举升结构的钢筋上料架可将钢筋从输送台位置抬高到弯曲主机上方，人工将钢筋拨到弯曲位置。

2）弯曲主机

弯曲主机是钢筋弯曲加工的弯曲执行部分。弯曲主机主要由弯曲机构、行走驱动机构和钢筋夹紧机构三大部分组成。弯曲机构是由电机通过减速系统并最终带动工作盘旋转来实现弯曲动作。行走驱动机构由电机通过减速机驱动齿轮在齿条上行走并带动主机的运动。钢筋夹紧机构由翻料机构和夹紧部分组成，其动力源均为气缸。翻料机构在加工完后翻料时动作。夹紧机构从弯曲工作开始到结束过程中一直处于夹紧状态。

3）导轨

导轨是弯曲主机移动的平台，由型钢和齿条等焊接而成。

4）收集槽

成品收集槽由多个单独的收集槽和一个导轨组成，收集槽可以在导轨上移动，以方便在不同的位置接料。

7. 自动切断弯曲生产线（又称板筋自动化生产线）

盘条钢筋上料方式的自动切断弯曲生产线见图13-12，其调直切断部分的结构和常规的调直切断机相同，主要包括原料架、钢筋导向架、牵引、矫直和剪切部分；成品收集部分为了对接弯曲机构，与调直切断机的有所不同。成品收集部分不同的厂家做法不同，大致为型钢焊接结构，包含可开合的成品料槽、钢筋打齐定位机构、弯曲机的导轨以及弯曲机等。

图13-12　盘条钢筋上料方式的自动切断弯曲生产线

棒材钢筋上料方式的自动切断弯曲生产线见图13-13，它主要由原料架、切断机构、弯曲机架、钢筋移动机械手、弯曲机构和收集槽等组成。原料台是多槽结构形式，可以存放多种规格钢筋。钢筋移动机械手在弯曲机架的导轨上运行，与切断机构配合对钢筋进行定尺切断。弯曲机构安装在一个水平布置的工作平台中，它只有一个弯曲机头，不能移动，和钢筋移动机械手配合进行自动弯曲。

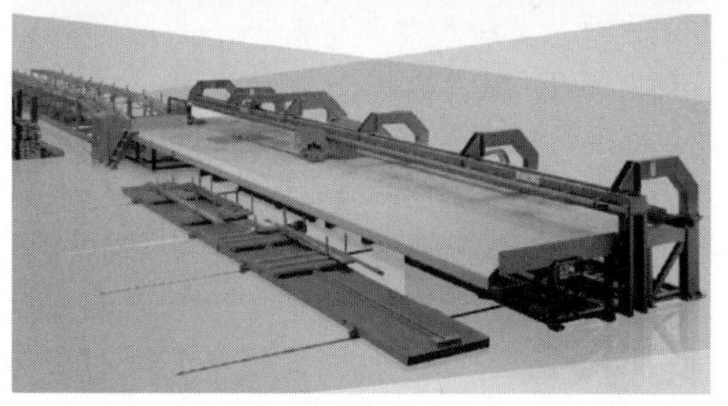

图13-13　棒材钢筋上料方式的自动切断弯曲生产线

8. 斜台式弯曲生产线

弯曲工作平面与地面成一定角度的弯曲生产线称为斜台式弯曲生产线，如图13-14所示。

图 13-14　斜台式弯曲生产线

斜台式弯曲、立式弯曲、平面式弯曲 3 种类型的主要区别在于对钢筋弯曲长度的限制以及操作难度。立式弯曲的弯曲模具中心距地面的高度限制了钢筋向下弯折的长度，一般不超过 0.8 m。如果钢筋所需的弯曲长度超过这个数就必须要向上弯折，并且如果向上弯折长度过长(2～3 m)，钢筋出现晃动，会对后面的连续弯曲造成影响。这种情况若采用斜台式或平面式弯曲中心便可解决。由于弯曲工作面与地面平行或成一定角度，钢筋的弯折长度不会受到与地面碰撞的限制。钢筋呈水平放置不易发生晃动，但采用这类设备必须规划出足够的钢筋弯曲工作空间，否则设备进行弯曲工作时可能伤人或与周围其他设备发生碰撞。斜台式和平面式弯曲中心在上料方面具有一定优势，钢筋储料架托送钢筋时一般也是与地面平行的，这样将钢筋从储料架移至弯曲模具上很省力。平面式弯曲中心的上料和卸料方式较为简单，配合机械手容易实现自动化生产，国外应用该类型较多。斜台式与立式数控钢筋弯曲中心的区别仅在于其工作台与水平方向成 0°～15°倾斜角以及加工能力较强。斜台式数控钢筋弯曲中心的加工能力已能够弯曲 ϕ50 mm 的钢筋。立式数控弯曲中心弯曲方向多为向上弯曲，弯曲机构不但要克服钢筋内部应力，而且还要克服弯曲部分的钢筋重力，随着钢筋规格的增大重量也增大，从而造成设备材料的增加和不必要的电力消耗，因此立式数控弯曲中心一般只能弯曲直径不大于 32 mm 的钢筋。

13.3.3　机构组成

1. 弯曲机

弯曲机的主要工作机构有弯曲传动机构和弯曲角度控制机构。

1) 弯曲传动机构

弯曲传动机构主要有两种形式，一种形式是电机通过带传动、齿轮传动、蜗轮蜗杆传动，最终由蜗轮驱动工作盘转动；另一种形式是电机通过带传动、齿轮传动，最终由齿轮驱动工作盘旋转。齿轮传动的工作效率高于蜗轮蜗杆形式的传动。

2) 弯曲角度控制机构

弯曲角度控制机构有多种，全自动弯曲机设有控制面板，用户需要什么样的角度就输入对应的参数，其作业精度非常准确，弯曲角度通过安装在传动机构中的编码器自动计算。手动调节的弯曲机见图 13-15，工作盘上有很多插孔，通过把螺钉插入不同的插孔来调节弯曲角度，工作盘下方有行程开关或传感器，插入的螺钉在被检测到后会触发工作盘回位的动作。

图 13-15　插销式角度调整机构

2. 五机头弯曲机

五机头弯曲机的机构主要包括弯曲机构、行走机构和夹紧机构，其结构见图 13-16。

弯曲机构的工作原理为：减速电机驱动齿轮 1，齿轮 1 驱动齿轮 2，齿轮 3 和齿轮 2 安装在同一个轴上旋转，齿轮 3 驱动齿轮 4 旋转，经

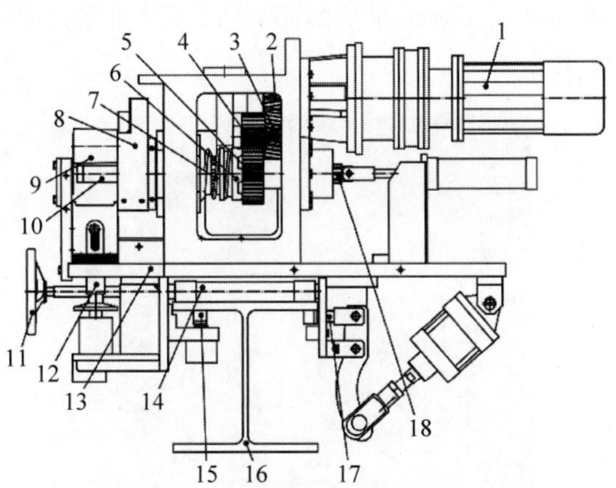

1—减速电机；2～5—齿轮；6—离合器；7—弹簧；8—弯曲臂；9—弯曲销；10—芯轴；11—手轮；12—钢筋支撑板；13—机壳；14—行走轮；15—定位齿条1；16—行走梁；17—定位齿条2；18—伸缩轴。

图 13-16　五机头弯曲机结构

过二级齿轮减速，实现扭矩增大；齿轮4的输出端安装了一个离合器，离合器旁边有一个复位弹簧，使离合器处于结合状态，当弯曲负载过大时，离合器会推开弹簧实现脱离，以保证设备的安全；离合器的另一端和弯曲轴连接，带动弯曲销轴绕芯轴转动；芯轴安装在伸缩轴上，从齿轮4的空心轴中穿过，伸缩轴在尾部气缸的带动下可以前后移动，以便于弯曲完成后钢筋从机头中脱出；钢筋支撑板在弯曲时对钢筋起支撑作用。

行走机构是通过人工旋转手轮，驱动行走轮在行走梁上移动。行走机构只是在弯曲不同形状的钢筋时移动，工作时位置不动。

夹紧机构夹紧时，保证弯曲机头在工作时位置不移动。夹紧机构有两组，分别是定位齿条1和定位齿条2，对应位置的行走梁上也安装有齿条，分别由气缸推动相应的机构动作完成夹紧动作。

3. 切断弯曲机

切断弯曲机的机构组成和弯曲机相比多了切断机构，切断机构的结构见图13-17，其内部是一个曲柄连杆机构。连杆和弯曲主轴上的偏心曲柄连接，动切刀安装在连杆上，定切刀安装在机壳上，连杆带动动切刀和定切刀相对运动切断钢筋。

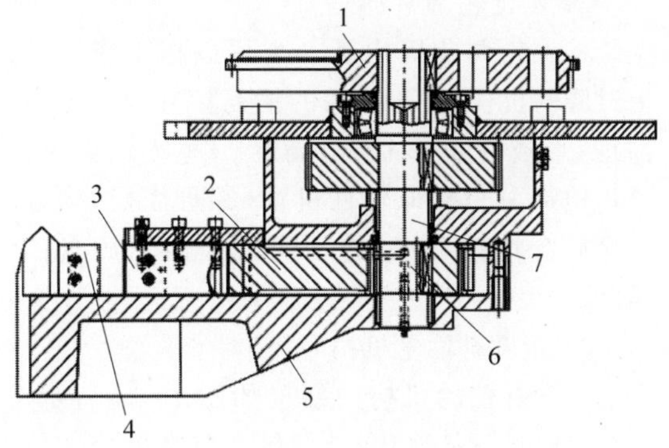

1—工作盘；2—连杆；3—动切刀；4—固定切刀；5—机壳；6—偏心曲柄；7—弯曲主轴。

图 13-17　切断机构的结构

4. 弯弧机

弯弧机的工作机构包括从动轮位置调整机构、螺旋轮调节机构和角度补偿轮机构。

1）从动轮位置调整机构

从动轮位置调整机构有手动和液压两种结构形式，分别见图13-5和图13-18。手动调整的从动轮位置调整机构是一个丝杠螺母机构，丝杠和从动轴连接，从动轮轴安装在一个导轨中移动，螺母固定，人工转动丝杠，从动轮就会跟随移动。液压调整的从动轮位置调整机构是通过一个油缸来控制从动轮的移动，油缸活塞杆和从动轮轴连接，从动轮轴安装在导轨中，该油缸是一个可调节行程的油缸，根据油缸的调节行程来控制从动轮位置。手动调整的形式大多用于可加工钢筋直径小的机型中，液压调整的形式用于可加工钢筋直径大的机型中。

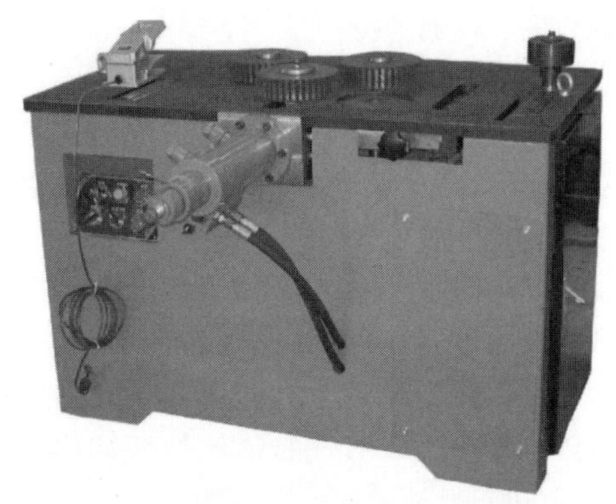

图 13-18　液压调整的弯弧机外形

2）螺旋轮调节机构

螺旋轮调节机构是一个可以在工作台面上升降的机构，将弯曲后的钢筋抬升到一定的高度，形成螺旋形状，以满足一些特殊需求。该机构是一个螺母丝杠机构，螺母固定，丝杠和螺旋盘连接，通过转动丝杠控制螺旋盘的高度。

3）角度补偿轮机构

角度补偿轮机构的结构如图 13-19 所示，它也是螺母丝杠机构，补偿轮安装在一个导轨中，通过丝杠的转动控制补偿轮的位置。角度补偿轮机构起一定的弯曲角度补偿作用，辅助3个旋转轮形成更精确的弧度。在弯曲弧度过大的情况下，可以通过调整角度补偿轮的位置，将弯曲错误的钢筋反向矫直后重新弯曲，减少弯曲错误造成的浪费。

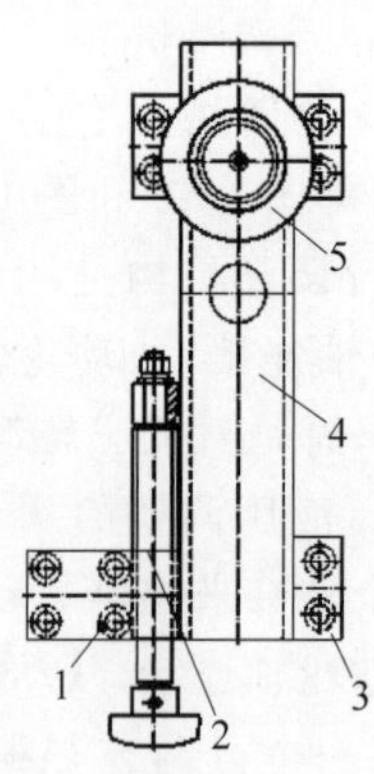

1—螺母；2—丝杠；3—导向块；4—导向板；5—补偿轮。

图 13-19 角度补偿轮机构

5. 立式弯曲生产线

立式弯曲生产线的主要工作机构是弯曲机构和主机行走机构。

1）弯曲机构

立式弯曲生产线的弯曲机构的基本特点是双向弯曲，弯曲销可以向上弯曲，也可以向下弯曲，其芯轴是一个分叉形状的结构，见图 13-20。芯轴安装在机壳上固定不动，弯曲销具有伸缩结构，可以缩回到弯曲面板里面，使得弯曲销在换向弯曲时可以移动到钢筋的另一侧。各个厂家的弯曲销的伸缩结构有所不同，但功能都是相同的。弯曲销伸缩机构安装在减速系统输出的旋转轴上，通过电机驱动旋转。

图 13-20 立式弯曲生产线弯曲机构外形

2）主机行走机构

主机行走机构基本上分为两种形式，一种是齿轮齿条传动方式，另一种是链轮链条传动方式。齿轮齿条传动方式机构是行走驱动电机安装在弯曲主机上，电机通过减速机减速后驱动齿轮，齿条安装在固定的行走梁上，齿轮和齿条啮合驱动主机运动。链轮链条传动方式的行走驱动电机安装在行走梁上，链轮也安装在行走梁上，电机通过减速机驱动链轮旋转，链轮驱动链条运动，弯曲主机和链条固定连接，链条通过固定点带动弯曲主机运动。目前大部分厂家使用的都是伺服电机，位置自动定位，定位精度高。

6. 卧式弯曲和斜台弯曲生产线

卧式弯曲生产线与其他钢筋弯曲设备工作机构的主要区别是弯曲机构。卧式弯曲生产线的弯曲机构有多种形式，其共同特点是弯曲芯轴不随工作盘旋转，其中一种结构见图 13-21。其主要工作原理是：芯轴座安装在机壳上，芯轴安装在芯轴固定座中，和工作盘相互独立不接触；减速电机安装在机壳上，小齿轮安装在减速电机的输出端，大齿轮和工作盘固定，小齿轮通过大齿轮驱动工作盘旋转；弯曲销安装在工作盘上，工作时绕芯轴旋转。通过这样的结构设计，使芯轴固定不旋转，可以减少或消除弯曲过程中钢筋的移动，使弯曲长度的定位更精确。

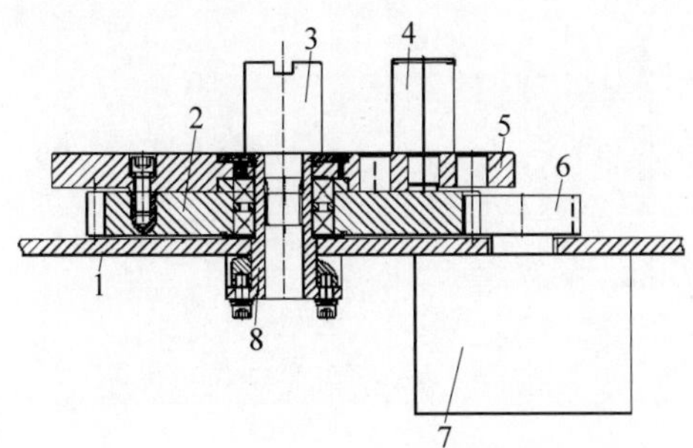

1—机壳；2—大齿轮；3—芯轴；4—弯曲轴；5—工作盘；6—小齿轮；7—减速电机；8—芯轴固定座。

图 13-21　卧式弯曲生产线弯曲机构的结构

钢筋输送装置中的移动输送机构如图 13-22 所示，它由机架、铰接在机架上的多个输送辊、驱动多个输送辊转动的动力驱动机构，以及设置在机架上的用于托起钢筋移动的移动输送机构等组成。移动输送机构包括设置在输送辊之间托起钢筋的托辊架，与托辊架连接设置在机架上的曲柄机构。通过曲柄机构驱动托辊架从输送辊下面托起钢筋，再将托起的钢筋向钢筋加工设备的方向移送至适宜方便拿取钢筋的位置停止。

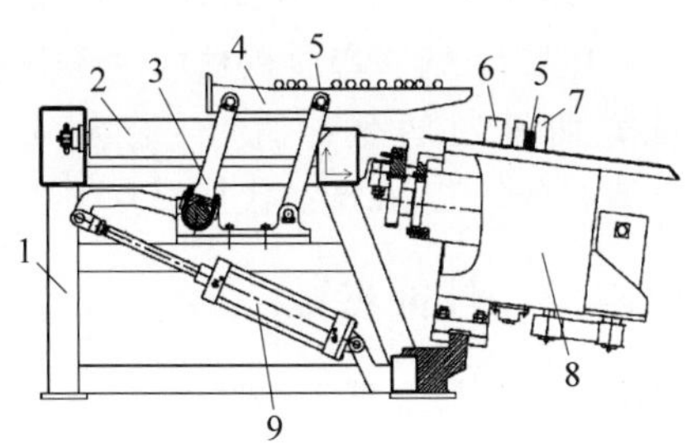

1—机架；2—输送辊；3—曲柄；4—托辊架；5—钢筋；6—弯曲轴；7—芯轴；8—弯曲主机；9—气缸。

图 13-22　钢筋输送装置中的移动输送机构的结构

自动夹紧机构如图 13-23 所示，包括弯曲机架。自动夹紧机构设置在钢筋弯曲主机一侧的弯曲机架上，与钢筋轴线垂直的圆轨道布置在弯曲机架上；圆轨道上固定有双向活塞杆气缸，双向活塞杆气缸内的双向活塞杆移动轴线平行于圆轨道的轴线；在双向活塞杆气缸的双向活塞杆上固定有对称的一对夹紧臂的一端，夹紧臂的通孔分别滑配在圆轨道上，夹紧臂的另一端均有夹紧板；双向活塞杆气缸驱动夹紧臂沿圆轨道滑动使夹紧板从两侧夹紧钢筋。

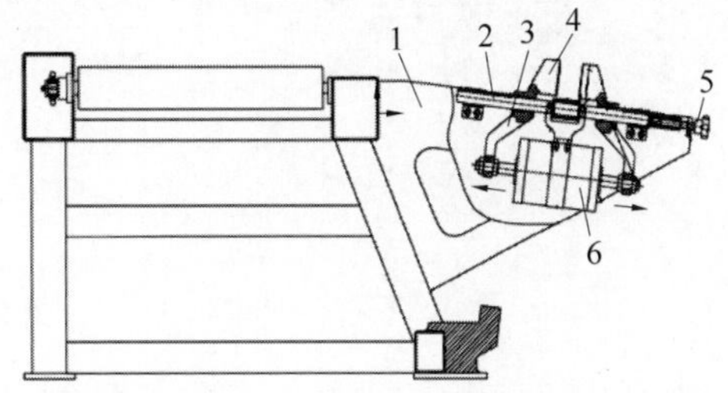

1—弯曲机架；2—圆轨道；3—夹紧臂；4—夹紧板；5—调节螺母；6—双向活塞杆气缸。

图 13-23　自动夹紧机构结构

7. 自动切断弯曲生产线

自动切断弯曲生产线弯曲部分的机构主要包括钢筋自动定位机构和钢筋弯曲机构，钢筋弯曲机构有两机头的和五机头的。

自动定位机构的作用是将调直切断后的钢筋提前定位对齐，避免弯曲定位时位置不准确，影响墙、板筋的尺寸。在过渡储料槽中提前将钢筋进行对齐，不仅可以提高钢筋位置的稳定性，还可大大提高生产效率。定位对齐技术采用双输出端气缸作为对齐动力，双输出端气缸的好处在于安装在对齐气缸上的对齐板可以避免旋转，且稳定性好。同时为了避免钢筋在对齐气缸的推动下过冲偏离设定的位置，双输出端气缸上安装有调速稳流阀，可以确保钢筋稳定缓慢地达到预设定位置，具体工作原理为：落入过渡储料槽中的钢筋稳定后，对齐信号触发，双输出端气缸带动推板，推板将钢筋缓慢稳定地推到指定的位置。气缸检测到位后，迅速回程，进入下一步。

两机头钢筋自动弯曲机构如图 13-24 所示。钢筋落料后进入弯曲阶段，两个弯曲主机可以自动行走，独立完成作业。移动主机会根据钢筋长边长度移动到指定的位置。移动是采用伺服电机带动减速机上的齿轮转动，齿轮沿着齿条运动。到达指定位置后，伺服电机的制动功能便起作用，将移动机头牢牢固定在指定的位置。钢筋从定位对齐槽中通过导向杆，

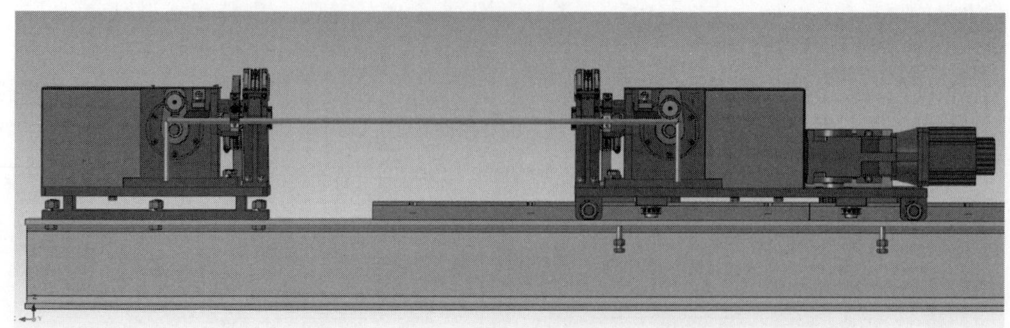

图 13-24 两机头钢筋自动弯曲机构示意图

滑入弯曲中心轴上，弯曲轴上安装有钢筋定位机构，当钢筋稳定落入中心轴后弯曲主机上的钢筋夹持机构将钢筋牢牢夹紧，然后弯曲销对钢筋进行弯曲。弯曲采用伺服电机作为动力源，电机带动减速机，减速机通过链条链轮和弯曲主轴相连，弯曲到位后，弯曲销回程，同时中心轴缩回，此时钢筋推料机构将成品钢筋推出弯曲机构。

13.4 技术性能

13.4.1 产品型号命名

根据《建筑施工机械与设备 钢筋弯曲机》(JB/T 12076—2014)的规定，钢筋弯曲机型号由名称代号、企业产品名称代号、分类代号、主参数代号和产品更新变型代号组成。弯曲机型号表示如下：

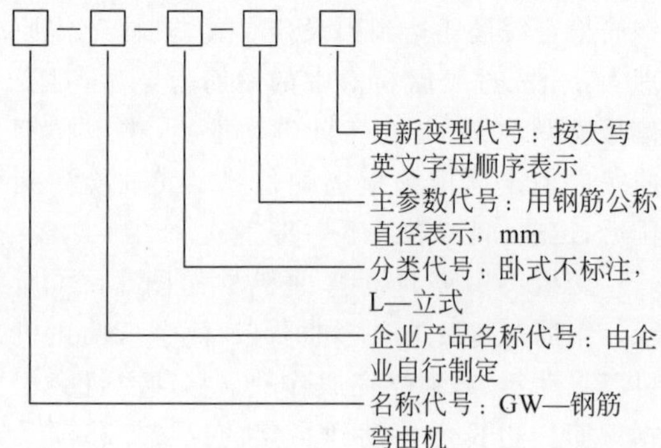

弯曲机以能够弯曲 400 MPa 级带肋钢筋的最大直径为主参数。其主参数系列为 20、25、32、40、50。

标记示例 1：卧式、企业产品名称代号为××，最大弯曲钢筋直径为 40 mm 的弯曲机，标记为：钢筋弯曲机 GW-××-40。

标记示例 2：立式、企业产品名称代号为××，最大弯曲钢筋直径为 50 mm 的弯曲机的第一代变型产品，标记为：钢筋弯曲机 GW-××-L-50 A。

除卧式、立式钢筋弯曲机外，斜面式、液压式、手提式等其他形式的钢筋弯曲机械目前没有统一的命名方式，各生产厂家有各自的设备命名体系。虽然命名代号不同，但其特征和主参数有共同之处，例如机头数量、最大弯曲钢筋直径。如果设备中有五个弯曲机头，则在产品代号中有“5”；钢筋弯曲机械的主参数一般是指可弯曲钢筋的公称直径，最大可弯曲 32 mm 直径的钢筋，在产品代号中有“32”。

13.4.2 性能参数

钢筋弯曲机的性能参数主要有最大弯曲钢筋直径、弯曲速度、弯弧角度范围、最小弯弧内直径、弯曲角度、最小弯曲钢筋短边尺寸、弯曲角度重复精度、弯曲边长度误差、加工能力、设备总功率和设备空间尺寸。

(1) 最大弯曲钢筋直径：可加工的钢筋直径，该参数与钢筋的强度级别相关。标准规定弯曲机可弯曲的 400 MPa 级最大钢筋直径是弯曲机的主参数，单位为 mm。

(2) 弯曲速度：弯曲机弯曲主轴的转动速度，单位为 r/min。

(3) 弯弧角度范围：可加工形成的钢筋弧

度角度范围,单位为(°)。

(4) 最小弯弧内直径:能弯曲加工的最小钢筋弧度内直径,单位为 mm。根据《混凝土结构工程施工规范》(GB 50666—2011)的规定:光圆钢筋的弯弧内直径不应小于钢筋直径的 2.5 倍;400 MPa 级带肋钢筋的弯弧内直径不应小于钢筋直径的 5 倍;直径为 28 mm 以下的 500 MPa 级带肋钢筋的弯弧内直径不应小于钢筋直径的 6 倍,直径为 28 mm 及以上的 500 MPa 级带肋钢筋的弯弧内直径不应小于钢筋直径的 7 倍;框架结构的顶层端节点,在梁上部纵向钢筋、柱外侧纵向钢筋节点角部弯折处,当钢筋直径为 28 mm 以下时,弯弧内直径不宜小于钢筋直径的 12 倍,钢筋直径为 28 mm 及以上时,弯弧内直径不宜小于钢筋直径的 16 倍;箍筋弯折处的弯弧内直径尚不应小于纵向受力钢筋直径。

(5) 弯曲角度:可弯曲钢筋的角度范围,一般在 0°～180°范围内。

(6) 最小弯曲钢筋短边尺寸:可以弯曲钢筋的最短边的长度,单位为 mm,该参数受钢筋弯曲机头的结构影响。

(7) 弯曲角度重复精度:设定角度不变的情况下,弯曲角度值的误差范围。其值越小,说明设备的重复精度越高。

(8) 弯曲边长度误差:弯曲完成后,边长的长度和设定值的差值,可反映设备移动的定位精度。

(9) 加工能力:不同直径的钢筋每次可以加工的数量,数值越大,说明加工能力越强。需要关注参数中给定的钢筋强度,如果加工的钢筋强度和参数中给定的不一致,需要进行换算或咨询供应商。

(10) 设备总功率:设备的耗电总功率的大小,单位为 kW。

(11) 设备空间尺寸:设备的长宽高尺寸,单位为 m×m×m。

13.4.3　各企业产品型谱

1. 廊坊凯博建设机械科技有限公司

廊坊凯博建设机械科技有限公司生产的五机头弯曲机、立式弯曲线和卧式弯曲线技术参数分别见表 13-1、表 13-2 和表 13-3。

表 13-1　GWXL5-25 五机头弯曲机技术参数

参　数		数　值
总功率/kW		10
弯曲角度		0°～180°
弯曲速度/(r/min)		9
最小短边尺寸/mm		230
供料台承载能力/kg		2000
供料台速度/(m/min)		4.75
加工能力(HRB400)/根	ϕ10 mm	9
	ϕ14 mm	6
	ϕ18 mm	3
	ϕ20 mm	2
	ϕ25 mm	1

表 13-2　GWXL-32 立式弯曲线技术参数

参　数		数　值
主机最大移动速度/(m/s)		0.5
弯曲速度/(r/min)		3～10
最大边长尺寸/m		11.4
最小边长尺寸/mm		420
最大弯曲角度		上弯 180°,下弯 120°
最小短边尺寸/mm		70
总功率/kW		8.4
原料台输送速度/(m/min)		～7
加工能力(HRB400)/根	ϕ10 mm	6
	ϕ14 mm	4
	ϕ18 mm	3
	ϕ22 mm	2
	ϕ32 mm	1

表 13-3　GWX40 卧式弯曲线技术参数

参　数		数　值
总功率/kW		16
主机最大移动速度/(m/s)		0.1～0.5
弯曲速度/[(°)/s]		20～72
最大弯曲角度	双向	±90°
	单向	0°～180°
主机最小中心距/mm		1200
原料台输送速度/(m/min)		～7
长度误差/mm		±3
角度误差		±1°

续表

参　　数		数　　值
加工能力(HRB400)/根	ϕ12 mm	5
	ϕ20 mm	3
	ϕ25 mm	2
	ϕ32 mm	1
	ϕ40 mm	1

2. 山东连环钢筋加工装备有限公司

山东连环钢筋加工装备有限公司立式弯曲线和卧式弯曲线技术参数见表 13-4 和表 13-5。

表 13-4　BBM-HD-32 立式弯曲线技术参数

参　　数		数　　值
弯曲角度		−120°～180°
弯曲速度/[(°)/s]		60
最小弯曲销间距/mm		470
弯曲边最短长度/mm		70
长度精度/(mm/m)		±1
弯曲精度		±0.5°
总功率/kW		15
加工能力(HRB400，HRB500)/根	ϕ12 mm	6(HRB500 可弯)
	ϕ14 mm	5(HRB500 可弯)
	ϕ16 mm	5(HRB500 可弯)
	ϕ18 mm	4(HRB500 可弯)
	ϕ20 mm	4(HRB500 可弯)
	ϕ22 mm	3(HRB500 可弯)
	ϕ28 mm	2(HRB500 可弯)
	ϕ32 mm	1(HRB500 可弯)
	ϕ36 mm	1(HRB500 可弯)
	ϕ40 mm	1
	ϕ50 mm	1

表 13-5　GW-40 卧式弯曲线技术参数

参　　数		数　　值
弯曲能力		−120°～180°
主机最大移动速度/(m/s)		0.8
弯曲角度精度		±1°
弯曲速度/[(°)/s]		60
弯曲长度精度/(mm/m)		±1
最大弯曲轴间距/mm		12 000
最小弯曲轴间距/mm		900
弯曲边最短长度/mm		90
装机总功率/kW		27.5
加工能力(HRB400，HRB500)/根	ϕ12 mm	6(HRB500 可弯)
	ϕ14 mm	5(HRB500 可弯)
	ϕ16 mm	5(HRB500 可弯)
	ϕ20 mm	4(HRB500 可弯)
	ϕ25 mm	3(HRB500 可弯)
	ϕ32 mm	1(HRB500 可弯)
	ϕ36 mm	1(HRB500 可弯)
	ϕ40 mm	1

13.4.4　各产品技术性能

钢筋弯曲机是房屋建筑、市政工程中钢筋弯曲加工中的必备钢筋加工设备，分为弯曲单机和弯曲生产线。弯曲单机一般适用于加工批量和钢筋直径较小的工程项目，加工速度要求不高，工程规模不大，钢筋弯曲上下料人工操作即可。弯曲生产线适用于加工批量和钢筋直径较大的工程项目，加工速度要求高，工程规模大，钢筋弯曲自动上下料。近年来研制的数控钢筋弯曲生产线是专为高层建筑、高速公路、高速铁路、大型桥梁等工程混凝土结构钢筋的弯曲加工开发的高性能产品，特别对批量生产的钢筋加工更为有利，最大能加工直径 32～40 mm 的高强度螺纹钢，有 2 个机头、4 个机头或 5 个机头在特定的轨道上可以自由移动弯曲，具备在一个工作单元内同时进行双向弯曲的加工能力。在设计上力求提高人机交互，能满足各个层次的人群操作使用，同时加工精度和效率高，满足工程工期要求，每个工作班相比普通弯曲单机可替代 10 名操作工的加工量，给工程带来了实实在在的效益。目前，该生产线已在我国高速铁路、公路及大型钢筋加工厂投入使用。

下面介绍各种钢筋弯曲机的特点。

1. 弯曲单机

操作简单，适应性好，占地面积小，适合小型建筑工地。

2. 五机头弯曲机

5个弯曲机头按顺序工作，机头不移动，箍筋弯曲效率高；采用机械式弯曲角度调整机构，调整简单。

3. 切断弯曲机

集切断、弯曲功能于一体，用途广，节省场地。

4. 弯弧机

钢筋弯弧机采用双主动轮传动结构，一次成型；操作简单，使用方便，弯曲弧度准确，既可弯曲弧形钢筋，也可弯曲螺旋钢筋。

5. 立式弯曲生产线

PLC结合触摸屏控制界面，操作方便；柔性钢筋锁紧机构，确保成型精度；伸缩式弯曲销，实现了钢筋的双向弯曲，效率高；移动式弯曲主机，弯曲长度自动定尺；弯曲主轴采用变频控制，弯曲精度高；高强度移动轨道，经久耐用。一次性可弯曲多根钢筋，生产效率高；弯曲面板采用热处理，耐磨性高，寿命长。

6. 卧式（或斜台）弯曲生产线

操作方便，运行精度高，故障率低；可实现钢筋的双向弯曲，便于快速加工复杂的图形；可一次完成多根钢筋的加工，提高了工作效率；配备不同的弯曲模，适应不同直径的钢筋加工，方便更换；备有图形数据库，预存上百种加工图形；可与剪切通过斜拉上料配套使用，减少钢筋二次落地产生的搬运；采用分体式设计，方便设备搬运，经久耐用；可实现自动卸料。

7. 自动切断弯曲生产线

电气控制系统采用PLC编程控制技术、变频控制相结合的交互控制技术和伺服控制技术。工业控制计算机，带有显示屏，具有数据输入监控功能，用于机器多种功能的管理；通过触摸屏输入，可以快速、准确地将数据输入控制系统，操作效率高，性能稳定；可以设定多种长度、多直径的不同生产任务；在不中断加工程序情况下，可以修正弯曲角度；控制面板上设有速度调节栏，可以重复性地改变牵引速度。采用成品钢筋快速出料和存储技术。弯曲成型后的成品通过推料气缸迅速从弯曲机构中脱离，分层收集架将成品按照尺寸的不同进行分类存储。

13.5 选型原则与选型计算

13.5.1 选型原则

钢筋弯曲机械的选用要根据实际需求来确定，分析真实的钢筋弯曲工作量、项目弯曲总量、每天最大的弯曲量、每种钢筋对应的平均弯曲量；对加工类型进行归类，如单头弯、双头弯、多次弯、箍筋弯曲等；设计出合理的工艺流程并以此布置好设备位置，弯曲工艺放在不同的设备后面会有不同的使用要求；了解设备使用人员的使用习惯，使用人员固定的情况下可根据使用人员的爱好选择设备来提高工作效率。通过这些基本的分析，可以提出设备的需求依据。

13.5.2 选型依据

钢筋弯曲机械的选型，依据钢筋直径、弯曲形状、弯曲数量、加工工期和钢筋加工工艺流程设计。

1. 钢筋直径

需要弯曲的钢筋直径范围一般按最大弯曲直径来选择，每种设备都有最大的钢筋弯曲直径，同时还需要考虑该最大直径对应的钢筋级别，要弯曲的钢筋最大直径对应的钢筋强度等级不能高于设备参数中规定的级别。例如，有的设备规定最大弯曲钢筋直径为40 mm，钢筋级别为HRB400，那么要弯曲直径40 mm的HRB500钢筋就不能选择该设备。

2. 弯曲形状

要把钢筋弯曲成圆弧只能选择弯弧机，普通弯曲机是无法加工的。箍筋钢筋一般选择五机头弯曲机比较适合，五个机头对应五个弯曲边，弯曲效率高。若钢筋有比较短的弯曲边且有反向弯曲，适合选择立式弯曲线。钢筋直径大且弯曲形状大，适合选择卧式弯曲线。复杂形状的弯曲，应当选择自动化程度高的设备，自动完成弯曲，可省去人工计算和测量的过程。

3. 弯曲数量

钢筋大批量弯曲适合选择自动化程度高的设备，例如立式弯曲线和卧式弯曲线等；如果是小批量，经常更换规格，则自动切断弯曲生产线是个不错的选择，或者选择普通弯曲机，适应性好。

4. 加工工期

在加工数量总量确定后，要考虑工期要求最大的日加工数量和加工钢筋规格的需求，来选择弯曲设备的规格和型号。

5. 钢筋加工工艺流程设计

如果和剪切生产线对接，一般选择立式弯曲线或卧式弯曲线，直接和剪切对接，省去钢筋吊运过程。弯曲设备和丝头生产线对接，适合选择普通弯曲机或弯曲功能少的设备，因为加工丝头的钢筋一般只弯曲一个头，或者少量双头弯曲，没有复杂弯曲形状。弯曲对接调直切断机时，五机头弯曲机适合，钢筋直径小，多用于加工箍筋。

13.6 安全使用

13.6.1 安全使用标准与规范

钢筋弯曲机械的安全使用标准是《建筑施工机械与设备　钢筋加工机械　安全要求》(GB/T 38176—2019)。

钢筋弯曲机械的安全使用操作应在钢筋弯曲机械使用说明书中详细说明，产品说明书的编写应符合《工业产品使用说明书　总则》(GB/T 9969—2008)的规定。

13.6.2 拆装与运输

设备在运输之前，须将设备上需要拆卸的零件放在包装箱内并做好零件的防护，大型部件做好装车前的防护工作，关键零部件进行防碰撞包裹并做好防雨措施。所有拆卸的零部件应做好标记或挂标签，以便于现场安装。

设备在运输时，大型部件应固定于运输车上，以免在运输过程中移动，不得将机器上的各种部件彼此直接叠加在一起。设备在运输过程中要做好防雨和防震工作。

大型弯曲机械设备安装须在供方技术人员指导下进行，安装人员要详细阅读使用说明书。在设备安装之前，车间要根据设备安装图纸准备足够的场地，做好车间地面的找平和挖槽等准备工作，安装之前用户应准备好符合设备要求的电源。一般钢筋弯曲机械对安装地基要求不高，用户只需保证设备安装所需地面符合安装地基图，并达到所需混凝土的厚度，在车间的水泥地面上打膨胀螺钉孔固定设备。

设备系机电产品，除了控制柜和操作台之外，还有电动机和其他电气、电子产品，如何保护电子、电气部件，避免绝缘受潮损坏，防止电路短路和器件金属腐蚀，免受其他外来因素的干扰等是选择该设备安装场所时就应考虑的一些重要因素。主动力开关的额定载荷和供电的三相四线制电缆线的直径及材料必须满足设备要求。

设备安装完成后应检查各安全事项是否已经实施；电气柜和各设备及操作台的连接是否正确良好，机械部分是否已经准确到位；电控柜及整机的接地端和大地是否已经可靠连接；所有电源控制开关是否处于关闭状态，电气元件的互连及插接是否正确牢固。

设备安装以后要进行空载运行试验，重点观察弯曲主机的运行情况，各个动作是否准确到位，相互之间的时间配合情况，近听有无异常声音，确认无误后方可进行加载工作。

13.6.3 安全使用规程

(1) 在安装、操作或维护该设备之前务必阅读说明书！

(2) 设备上的警告和危险标志不得拆掉，如果损坏应更换同样的标志。

(3) 为了保证有关人员的人身安全和设备的正确使用，必须严格遵守说明书中的安全事项和操作规范。

(4) 不熟练的操作人员使用该设备容易引起事故，造成人员或机器损伤；因此，在使用设备之前，有关人员必须接受培训。

(5) 工作人员必须佩戴安全帽。

(6) 严格禁止超负荷使用设备，尤其禁止加工超过设备允许范围的材料。否则将会降低设备使用寿命，对设备造成损坏，甚至会影响人身安全。

(7) 设备的主动力开关必须设在配电箱内，要定期检查其是否正常工作。配电箱要上锁，钥匙由专人保管。

(8) 使用过程中禁止移动或改装设备的各个开关和其他安全装置。

(9) 设备操作台上的急停开关要始终处于容易控制的状态，周围空间要比较大，这样有利于工作人员紧急停车。

(10) 如果设备工作过程中有跳闸或熔断器烧毁的事故发生，设备的维护人员必须立即查清原因，待问题处理完后再开始工作；如果直接换熔断器合闸工作，则很有可能给操作人员造成伤害或损坏设备。

(11) 任何时候都要牢记不得戴手套、项链、珠宝或穿戴宽松衣服操作，防止由于缠绕、吸入或卷入而产生的人身伤害。

(12) 未经设备供应方允许，不得在设备上乱加其他的物体。不得移动或毁坏设备各部分的安全防护网罩。

(13) 在设备工作期间，应将控制箱门关闭。

(14) 要有专人定期检查设备各个零件的运转情况，若有故障或零件问题必须马上更换，确保设备处于良好的工作状态。

(15) 当供电总开关闭合时要将控制柜门锁上，防止有人意外触电，控制柜和操作台的钥匙要由专人保管。

(16) 需要正常停止设备工作时，通过按动操作台上的“停机”按钮来完成。设备工作时禁止擅自断开供电开关，这样容易损害设备零件。

(17) 出现任何紧急情况须按下急停按钮，马上停止设备工作。

13.6.4　维修与保养

即使没有专门的要求，当进行设备维护、更换零件、维修、清洁、润滑、调整等操作时，也必须切断主电源。切断主电源是指：旋转“ON-OFF”旋钮到“OFF”位置；把主开关旋转到“0”的位置，用钥匙锁上，并且妥善保管钥匙；将配电盘上的开关断开。设备维护或维修时禁止与此无关的人员在工作区走动。在设备维护、维修、清洁或者调整期间应在操作台上放置标志。

设备维护和维修时要使用合适的工具，这样可以减少对设备的损害，避免发生危险。工具使用完后要放回工具库中，这样既有利于工具的管理，又可减少事故的发生。及时清理多余的润滑油和其他油类，以防弄脏钢筋，杜绝火灾发生。及时清理车间的铁屑和废料，把它们放到一起回收利用，还可以防止伤害工人，影响生产。不得向设备上喷水或其他液体。把损坏的零件和新零件分开放置，防止两者混淆。

设备使用过程中一般检查事项有：设备长时间使用后，要定期检查各螺钉是否松动及接地是否可靠；定期检查各电缆线绝缘层是否完好，若发现有损坏马上维修或更换；定期检查易损件是否需要更换或调整。

常见的设备维护项目：带座轴承润滑，使用润滑脂为上料架带座轴承润滑，其位于传送辊的安装部位和部分旋转位置；旋转轴润滑，使用润滑脂润滑；链轮链条润滑，使用润滑脂为传动链条润滑；齿轮齿条润滑，使用润滑脂润滑，齿条固定在行走导轨上，小齿轮位于主机底部；如果表面有油泥，先用柴油清洗干净，擦干后上油；减速箱换油，根据实际使用情况为减速箱换油，油位必须高于透明视窗一半以上位置，由于最低量液体会附着在透明视窗的下部，给出错误信息油位是位于最低水平上，实际上油位可能更低。

气动系统的维护：保证供给洁净的压缩空气，压缩空气中通常都含有水分、油分和粉尘等杂质。水分会使管道、阀和气缸腐蚀；油分会使橡胶、塑料和密封材料变质；粉尘会造成阀体动作失灵。选用合适的过滤器，可以清除压缩空气中的杂质，使用过滤器时应及时排除积存的液体，否则当积存液体接近挡水板时，气流仍可将积存物卷起；保持气动系统的密封性，漏气不仅增加了能量的消耗，也会导致供气压力下降，甚至造成气动元件工作失常。严重的漏气在气动系统停止运行时，由漏气引起的响声很容易发现；轻微的漏气则利用仪表，或用涂抹肥皂水的方法进行检查。应保证气动元件中运动零件的灵敏性。从空气压缩机排出的压缩空气，包含微米级以下的颗粒，一般过滤器无法滤除。当它们进入到换向阀后便附着在阀芯上，使阀的灵敏度逐步降低，甚至出现动作失灵。为了清除油泥，保证灵敏度，可在气动系统的过滤器之后安装油污分离器，将油泥分离出来。此外，定期清洗阀也可以保证阀的灵敏度。保证气动装置具有合适的工作压力和运动速度。调节工作压力时，压力表应当工作可靠，读数准确。减压阀与节流阀调节好后，必须紧固调压阀盖或锁紧螺母，防止松动。

设备长期不用时要注意做到以下几点：使设备各零件处于非工作状态；断开总电源开关；把控制柜和操作台锁上，钥匙由专人保管；设备容易生锈的地方涂上防锈油；用塑料布把设备盖好。

13.6.5 常见故障及其处理

钢筋弯曲机械目前大部分实现了数控，电气系统的故障会在操作界面进行提示，应按照操作界面的提示处理故障。钢筋弯曲机械在机构中的故障和操作界面中不能显示的常见故障见表 13-6。

表 13-6 常见故障及排除方法

故障种类	故障现象	故障原因	排除方法
机械故障	原料台不动作	原料台存放料过多；减速电机故障	减少原料堆放量；维修
	弯曲边长度不准确	齿轮齿条啮合间隙过大；主机驱动链条下垂过多；弯曲时机头移动	调整齿轮齿条啮合间隙；张紧链条；调整机头制动机构
	弯曲角度不准确	弯曲检测设置位置不正确；弯曲角度补偿值不正确；弯曲编码器故障	重新设置检测位置；调整弯曲角度补偿值；更换编码器
	弯曲芯轴断裂	使用时间过长，过度磨损；没有按规定选择芯轴规格	更换弯曲芯轴；正确选择弯曲芯轴
电气故障	弯曲边长度不准确	弯曲边长补偿值不合适；行走计数编码器故障	修改弯曲边长补偿值；更换编码器
	弯曲角度不准	弯曲角度补偿值不合适；弯曲电机编码器故障	修改弯曲角度补偿值；更换编码器
	无法开机	PLC 电池电量耗尽	更换 PLC 电池
气动故障	气缸动作缓慢	气压低	增大供气量
	气缸不动作	电磁阀故障；电磁阀没有动作信号	更换电磁阀；检查电磁阀供电线路

13.7　工程应用

13.7.1　立式弯曲线在高铁箱梁厂的应用

我国高速铁路的发展基本实现了“四纵四横”，将来会实现“八纵八横”的目标。我国高速铁路能够以如此快的进度建设，很大程度上是采用高架桥以及混凝土箱梁的结果。目前国内的高速铁路箱梁基本使用标准化图纸进行施工，出现的问题少，质量有保证。箱梁都是在预制工厂制作，预制完成后再运输到相应的路线上进行架设，相对于现浇混凝土，能更好地保证质量，同时不存在施工的先后顺序，可以缩短施工周期。

高铁箱梁的钢筋骨架结构见图 13-25，钢筋用量多，弯曲的钢筋占比大。箱梁在预制工厂是每次几个同时安装，完成后再进行下批的安装，所以钢筋的加工是小批量形式，每次都是加工这几个箱梁所需要的钢筋，钢筋的类型在不断变换。

图 13-25　高铁箱梁钢筋骨架

箱梁中几个典型的钢筋弯曲图形见图 13-26，弯曲类型比较多，各种弯曲形式都有，对弯曲设备的要求是可以多边弯曲、正反向弯曲、大半径弯曲。立式弯曲生产线可以完成以上这些要求，并且目前已经是高铁箱梁厂的钢筋加工标准配置设备。

在箱梁典型钢筋弯曲图形中，N1 有 4 个弯曲动作，两侧小角度弯曲，两头 135°拉钩，在立式弯曲线上的加工顺序是：钢筋的中间位置放置在设备的中间夹紧机构之中，两边放在两侧的弯曲机头中，两端的弯曲机头从初始位置移动到钢筋的两端头 135°弯钩位置处，完成弯钩的弯曲，之后弯曲机头移动到下一个弯曲点，进行小角度长边的弯曲，弯曲完成后整个钢筋弯曲完成，中间夹紧机构松开，人工可将弯曲后的钢筋移走。

N2 图形的加工过程：钢筋放置到设定位置后，首先弯曲两端的 135°弯钩，然后弯曲机头移动，弯曲两侧 494 mm 的弯曲边，弯曲完

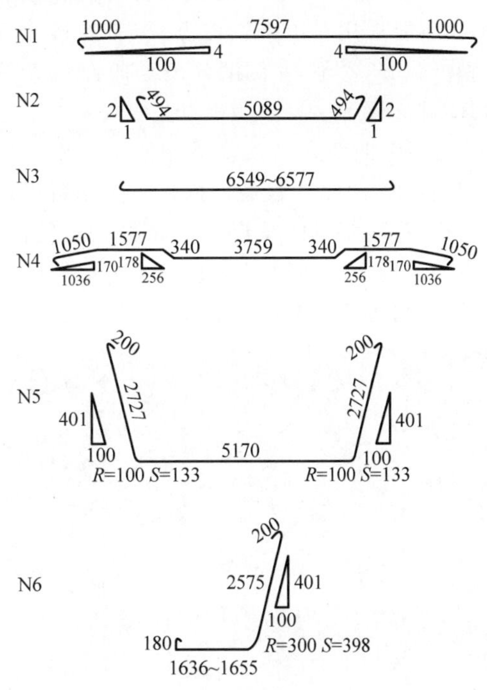

图 13-26　箱梁典型钢筋弯曲图形

成，两个弯曲机头各进行两侧弯曲动作。

N3 图形是最简单的图形，钢筋放置到设定位置后，直接弯曲两端的 135°弯钩。

N4 图形有正反向的弯曲，以图中的图形上下来描述上下方向，加工过程为：向下弯曲最外侧两端的 135°弯钩，之后弯曲机头移动到下个工作位置，向下弯曲两侧长 1050 mm 的斜边，接着弯曲机头移动就位，向下弯曲长 1577 mm 的 45°边，然后弯曲机头移动就位，反向向上弯曲两侧长 340 mm 的 45°边，弯曲完成。

N5 图形中有 $R100$ 的弯曲半径，还有其他更大的弯曲半径，在该图中只是举例，加工过程是：首先弯曲两端的 135°弯钩，然后弯曲机头移动就位，弯曲两侧大弯曲半径对应的长 2727 mm 的边。因常规弯曲设备的芯轴半径达不到这个弯曲半径，因此采用了多段弧弯曲形成一个大弧的方法，弯曲一个很小的角度，弯曲机头移动一个微小的距离，再弯曲一个很小的角度，依次反复，直至形成一个接近圆弧的多边形弯曲角。

N6 图形中也有大弯曲半径，但只是一侧，该图形的夹紧位置需要按照设备的实际情况确定，不能采用对中夹紧的方式，右侧机头弯曲情况和 N5 类似，左侧没有大弯曲半径，按照常规弯曲即可。

立式弯曲线在高铁箱梁预制工厂中的实际使用见图 13-27。设备的操作系统中可以存储常用图形，箱梁的图形可以只输入一次，以后直接调用。箱梁的钢筋加工基本都是固定形状，因此在工厂的地上都画着钢筋弯曲后的实际尺寸图形，将弯曲后的钢筋和地上的形状直接对比就可以判断弯曲是否准确，非常快捷高效。

图 13-27　立式弯曲线在箱梁厂的应用

13.7.2　数控剪切生产线和双向移动斜面式弯曲生产线在新建郑徐客运专线梁场的应用

国内铁路建设的钢筋加工传统方法主要是以人工手动为主，生产效率低下，耗时较长，加工制品质量稳定性差，且劳动强度大，成本偏高，在一定程度上影响了工程质量，已成为制约绿色工业化施工进度的因素。数控钢筋加工设备采用智能控制系统，对所需的钢筋按预先设定好的程序进行加工，可以充分保证钢筋的定尺、调直、切断、弯箍精度，一次弯制合格率高，具有节能、省时、省力、省料、省地等特点，大大提高了生产效率，作业人员的劳动强度大为减轻，可以显著增加经济和社会效益，完善和提高钢筋标准化作业水平，具有很好的推广应用价值。

1. 工艺原理

数控自动钢筋弯曲机由数控棒材剪切生产线和双向移动斜面式棒材弯曲中心两部分组成，数控棒材剪切生产线又由设备结构和气路系统组成。其中设备结构由放料架、送料架、剪切主机、出料架和移动储料架组成，气路系统中放料、剪切主机上顶托辊及压紧装置、出料架上下移动、挡板定位、挡板翻料等动作均采用压缩空气为动力源，各部分工作压力可以单独控制。操作人员通过触摸屏对所需加工的钢筋长度进行编辑，编辑完成并将指令下发，系统就会按照指定尺寸通过脉冲方式控制电机的行走和上下弯曲，自动完成钢筋加工。

该工艺的特点如下：

(1) 可加工钢筋种类多。直径从 6 mm 到 32 mm 不等，应用范围广。

(2) 钢筋加工精度高。钢筋剪切线加工长度公差控制在±2 mm内，同尺寸弯曲角度误差最大控制在±1°，这种加工精度大大超过了手工操作，钢筋直径越小加工精度越高。

(3) 施工工艺简单，便于操作，节省人工。钢筋自动加工设备具有产量大、节约材料、消耗低的特点。

(4) 施工效率高，可缩短作业循环时间。进给部分采用伺服电机控制，能在一分钟之内更换不同直径的钢筋，可很大程度上减少更换钢筋所消耗的时间。

2. 主要执行标准

《客运专线预应力混凝土预制梁暂行技术条件》(铁科技〔2004〕120号)

《铁路混凝土与砌体工程施工质量验收标准》(TB 10424—2010)

《高速铁路桥涵工程施工质量验收标准》(TB 10752—2018)

《钢筋混凝土用钢　第2部分：热轧带肋钢筋》(GB 1499.2—2018)

《铁路混凝土工程施工技术指南》(铁建设20101241号)

3. 施工方案

(1) 工艺流程：原材料进场检验→钢筋下料→弯制成型。

(2) 钢筋加工：采用数控钢筋剪切生产设备进行钢筋下料，采用双向移动斜面式钢筋弯曲中心设备进行钢筋弯制。

4. 工艺流程及操作要点

1) 工艺流程

钢筋剪切、弯曲加工工艺流程见图13-28。

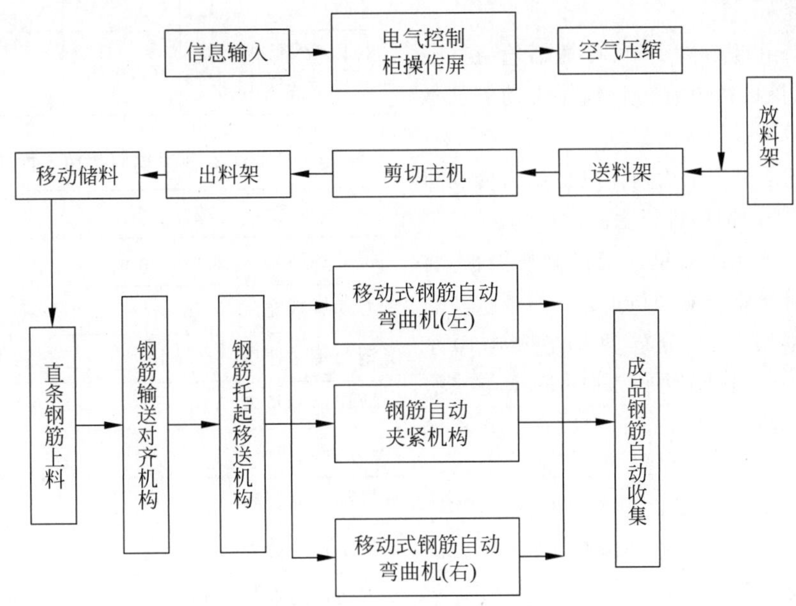

图13-28　钢筋剪切、弯曲加工工艺流程

2) 操作要点

(1) 施工准备

① 检查钢筋工程的相关图纸及技术交底是否到位。

② 认真审核图纸和技术交底，仔细研究所需绑扎的结构、构件，熟悉结构、构件中所需钢筋的型号、种类、材质和数量。

③ 根据图纸和技术交底中要求所需钢筋的型号、数量、种类，向物资部门提出用料计划。

④ 检查进场钢筋是否具有出厂合格证、进场检验合格证，在得到物资部门确认后方可投入使用。

⑤ 检查加工钢筋所需的各种机械设备是否齐全、到位，能否正常运转，钢筋存放及加工环境是否满足要求。

(2) 钢筋加工数据信息输入

①系统数据库的检查，确认系统工作一切正常。

② 数据信息的输入，根据弯曲钢筋规格型号，输入直线段长度和弯折角度等相关数据，设备自动选取钢筋弯曲半径。

③ 数据信息确认，开启设备按钮，开始钢筋加工。

(3) 钢筋加工操作

① 数控钢筋剪切

放料架：把整捆钢筋放在放料架上，将钢筋破捆，在人工的控制下将适当数量(剪切能力允许)的钢筋摆放在滑道上，使滑道正向转动，把钢筋送到挂钩处由电控开关控制气缸收缩状态，随着挂钩的下移钢筋落入送料架。

送料架：由钢结构支架、传送辐轮、链条、电机等组成，该机构由旋转胶辐轮带动钢筋送入剪切主机。

剪切主机：由钢结构箱体电机动力传动机构组成，将送入的钢筋进行稳固的剪切。

出料架：该系统有钢筋定尺翻料挡板，将半成品钢筋翻至钢筋弯曲机上。

移动储料架：对称分布，两边各摆放 10 个移动储料架，有效长度为 11 750 mm，具有三级收集仓，不同规格的成品钢筋可以存放在不同的收集仓中。

② 双向移动斜面式钢筋弯曲中心

钢筋输送对齐机构：主要将切好的半成品钢筋进行输送对齐。

钢筋托起移送机构：主要将半成品钢筋对齐后托起送往钢筋弯曲平台。

移动式钢筋自动弯曲机：主要将送来的钢筋左右两侧分别进行全自动弯制，具有弯制精度高的特点。

成品料收集区：主要将弯制成型的钢筋存入成品钢筋收集区，弯制流程完成。

(4) 劳动力组织

从钢筋下料到弯制成型所需人数为 4 人，劳动力配备具体见表 13-7。

表 13-7 劳动力配备

操 作 人 员	人员数量/人
操作司机	1
钢筋送料人员	1
钢筋弯制人员	2

(5) 主要机具和设备

从钢筋下料到弯制成型所需机械设备见表 13-8；数控钢筋剪切生产线技术参数见表 13-9；双向移动斜面式钢筋弯曲中心技术参数见表 13-10。

表 13-8 施工主要机械设备

名 称	规格型号	数量/套	状态
数控棒材剪切生产线	XQ120	1	良好
双向移动斜面式棒材弯曲中心	G2W50	1	良好

表 13-9 XQ120 数控钢筋剪切生产线技术参数

参 数	数 值
每分钟剪切次数/(次/min)	20
刀片有效宽度/mm	200
钢筋传送速度/(m/min)	50
剪切钢筋长度/mm	750～12 000
长度误差/mm	±5
最小手动剪切尺寸/mm	750
最小自动剪切尺寸/mm	1200
剪切钢筋直径/mm	10～40
剪切线总功率/kW	14(包括空压机)
钢筋收集仓/个	10(两侧均布)
小时平均功率/(kW/h)	8
总耗气量/(m^3/min)	～1.0
工作环境温度/℃	0～40
工作环境湿度/%	30～85
设备占地面积(m×m×m)	～26×3.2×1.5

表 13-10 双向移动斜面式钢筋弯曲中心技术参数

<table>
<tr><td>设备尺寸(长×宽×高)/(mm×mm×mm)</td><td colspan="13">~12 500×2200×1020</td></tr>
<tr><td>弯曲速度/(r/min)</td><td colspan="13">9</td></tr>
<tr><td>弯曲机移动速度/(m/s)</td><td colspan="13">0.5~1</td></tr>
<tr><td>电源</td><td colspan="13">380 V 50 Hz</td></tr>
<tr><td>总功率/kW</td><td colspan="13">24</td></tr>
<tr><td>总重量/kg</td><td colspan="13">6000</td></tr>
<tr><td>气源工作压力/MPa</td><td colspan="13">0.6</td></tr>
<tr><td rowspan="2">最大弯曲角度</td><td colspan="3">上弯曲 0°~180°</td><td colspan="5" rowspan="2">最小曲边尺寸/mm</td><td colspan="5" rowspan="2">$\phi12$ 1100</td></tr>
<tr><td colspan="3">下弯曲 0°~120°</td></tr>
<tr><td>弯曲边最短长度/mm</td><td colspan="3">80</td><td colspan="5">最大曲边尺寸/m</td><td colspan="5">10</td></tr>
<tr><td>最小弯曲钢筋长度/mm</td><td colspan="13">1250</td></tr>
<tr><td>双向弯曲(上下弯曲)</td><td colspan="3">$\phi10$~$\phi32$ mm</td><td colspan="5">单向弯曲</td><td colspan="5">$\phi36$~$\phi50$ mm</td></tr>
<tr><td>弯曲钢筋直径/mm</td><td>10</td><td>12</td><td>14</td><td>16</td><td>18</td><td>20</td><td>22</td><td>25</td><td>28</td><td>32</td><td>36</td><td>40</td><td>50</td></tr>
<tr><td>弯曲钢筋根数/根</td><td>8</td><td>7</td><td>6</td><td>5</td><td>5</td><td>4</td><td>4</td><td>3</td><td>3</td><td>2</td><td>2</td><td>1</td><td>1</td></tr>
</table>

(6) 质量控制

① 易出现的质量问题

设备输入信息错误,导致加工错误;设备系统故障,导致加工误差;设备故障,出现下料挡板错位现象,导致下料不标准;设备故障,出现钢筋夹紧器不紧现象,导致钢筋弯制错位。

② 保证措施

作业人员必须经过岗前培训,熟练掌握设备操作规程;数据输入形成复核制度,每次输入信息,必须有专人进行复核;有专人对设备系统进行维护;加强设备日常保养与维护工作,严格按照操作规程进行操作;设备不能带病作业,发现问题,要及时会同设备管理及维修人员进行修理;设备指定专人操作,未经培训合格者,严禁操作设备。

(7) 安全隐患

人员未严格按照操作规程作业出现的夹伤;设备故障出现钢筋弯制回弹伤人;设备保养不到位出现带病作业,出现意外伤害;触电、夹伤、烫伤、击打、机械伤害等。

(8) 保证措施

设备操作人员必须经过严格的岗前培训;设备运行时作业人员不得进入警戒区域内;出现紧急情况按急停按钮,断开电源;设备进行维护、更换零件、维修、清洁、润滑、调整等都必须切断主电源;启动设备前,确认已按电气图连接零线和接地线;严格按照操作规程和使用操作手册要求进行作业;在机器运转或维修时,确认机器附近没有无关人员;在各生产阶段戴好防护手套,特别是在处理钢丝或进行机器维护过程中,处理油性物质或稀释剂时,应使用专用手套,仔细清洁所有不允许润滑的工作表面,并保证其干燥,特别是钢筋通道;穿上钢制防趾安全鞋,防止被砸伤;如果因故需使用压缩空气,应佩戴专用护目镜,绝对不能将喷射器对准人脸部;不能妨碍或者篡改机器上安装的安全微型开关,但要经常检查其是否可靠;作业区域内应设置足够的照明设备,确保没有阴影区域和产生频闪效果;不准穿戴宽松衣服或物品,因为这样会发生被卷进机械内的危险;设备在作业时应设置安全警戒线,无关人员不得靠近,绝对不能攀登机器,即使是打开开关或电源;要确保导轨上无任何杂物,绝对不可以站在导轨上或倚靠在移动弯曲机上;由于设备带电,机器上不能喷水或其他液体,出现火灾时也不可喷水;工作环境内应配有专用灭火器,并且应符合当地法规规定。

(9) 环保措施

设备指定专人保养,操作完成及时清理设备表面铁锈及灰尘;每班作业完成后,对于废料及时收集,集中处理;采用洒水降尘,保持现场及周边干净清洁。

5. 工程实例

新建郑徐客运专线中铁一局 ZXZQ6 标段

虞城(东)梁场，各占地 180 余亩。两个梁场承担虞城特大桥共计 1634 孔箱梁预制任务，其中 32m 箱梁 1523 孔，24m 箱梁 111 孔，单套设备钢筋加工总量约为 5.1 万 t。

1）与传统施工情况效益对比

（1）设备投入

引用单套数控剪切及加工设备 78 万元，传统钢筋剪切弯曲加工设备一般需剪切机 2 台，弯曲机 9 台，需约 9.3 万元投入。从设备投入来看，数控剪切线、弯曲设备投入较大。

（2）人员投入

数控剪切、弯曲设备包括钢筋下料、弯制两个工序，一个作业班组需 4 个工人进行操作，工作人员在安全区域操作控制，作业人员的劳动数量少，劳动强度较小，一台设备的加工效率为传统施工工效的 3～5 倍，同时数控钢筋弯曲设备产品合格率高。

普通的钢筋下料、弯制和调直，一个作业班组一般至少需要 6 人且产量远低于数控设备。钢筋加工投入相较于传统人工加工每吨节约成本 28 元，单套设备累计节约成本约 142 万元。具体经济效益分析对比情况见表 13-11。

表 13-11 经济效益分析对比

类　别	数控自动弯曲机加工	普通弯曲机加工
生产量/(t/d)	10	10
人员数量/人	4	6
人工工资/[元/(人·d)]	150	150
人均产量/[t/(人·d)]	2.5	1.7
人工费/(元/t)	60	88

数控自动钢筋弯曲机不但可以降低成本，提高效率，而且弯制的成品钢筋比较规范，可取得明显的经济效益及社会效益，在今后批量钢筋加工中值得广泛推广运用。

（3）施工工效

数控剪切线、弯曲中心加工时，钢筋上料和成型卸料自动完成，大大降低了操作人员的工作量。数控剪切线、弯曲中心加工速度快，且避免了人工操作中的定位误差，产品合格率较高；普通钢筋加工设备速度慢，由于个人操作习惯和标识误差，加工出来的半成品存在多方面误差，合格率较低，原材耗费较大。

传统钢筋加工多为手动操作，其主要缺点是弯曲角度不易掌握，转动圆盘的停车位置很难控制，因此既延长了作业时间，又不能保证加工质量。为了提高效率，减轻工人劳动强度，确保加工质量，数控自动钢筋弯曲机应运而生。数控自动钢筋弯曲机是由工业计算机精确控制弯曲，以替代人工弯曲，不但适用性强，操作方便，劳动强度低，而且设备自身故障率低，耗能低，不损伤钢筋的肋，效率高。

（4）操作安全性、转场简易度、维修难易程度

数控剪切线、弯曲中心安全性高，设备转场肢解、组装简单，维修简单，维修频率低。传统加工设备工作时安全性低，设备维修简单但维修频率高，使用寿命短，转场时基本为报废状态。

（5）文明施工

数控剪切线、弯曲中心原材存放、加工较为集中，占地面积小，标准化施工程度高。传统钢筋加工设备距离钢筋存放地较远，较分散，占地面积大，且布局需按钢筋型号进行布置，布置局限性大，场地较为凌乱，不利于场地文明施工建设。

2）工程应用评价

批量钢筋弯制加工采用数控剪切线、弯曲中心，操作简单，能充分发挥设备利用率获取最大经济效益，通过技术推动成本控制，加快施工进度，是今后钢筋加工的必然发展趋势。同时，解决了传统钢筋加工车间占地面积大、加工设备多、加工车间乱等问题，不但可以提高企业在市场上的科技实力和综合竞争力，而且可以进一步促进公司经营开发，创建安全文明工地，给公司带来更好的经济、环境和社会效益。

3）施工和设备应用图片

数控钢筋弯曲中心见图 13-29，数控钢筋自动切断机见图 13-30，自动弯曲上料架见图 13-31，自动弯曲定位机构见图 13-32，自动弯曲弯制操作见图 13-33，自动弯曲机弯制操作过程见图 13-34，弯制成品钢筋存放见图 13-35，钢筋绑扎完成图见图 13-36。

控制柜

原料架

收集槽

弯曲机头

图 13-29　数控钢筋弯曲中心

图 13-30　数控钢筋自动切断机

图 13-31　自动弯曲上料架

图 13-32　自动弯曲定位机构

图 13-33　自动弯曲弯制操作

图 13-34　自动弯曲机弯制操作

图 13-35　弯制成品钢筋存放

图 13-36　钢筋绑扎完成

第14章

钢筋调直切断机械

14.1 概述

14.1.1 定义、功能与用途

建筑用钢筋有直条定尺长度供货和盘卷供货两种方式。《钢筋混凝土用钢　第1部分：热轧光圆钢筋》(GB/T 1499.1—2017)规定光圆钢筋直径为 6～22 mm，可按直条或盘卷交货。《钢筋混凝土用钢　第2部分：热轧带肋钢筋》(GB/T 1499.2—2018)规定热轧带肋钢筋的公称直径为 6～50 mm，钢筋通常按直条定尺长度交货，直径不大于 16 mm 的钢筋也可按盘卷交货。无论是热轧光圆钢筋、热轧带肋钢筋，还是冷轧光圆钢筋、冷轧带肋钢筋、预应力钢筋，一般小直径钢筋($d \leqslant 16$ mm)除采用长线台座先张法生产预应力空心板等构件不存在调直外，采用短线法生产预应力构件以及做非预应力筋用时，一般都需要经过调直加工后方可使用。因此钢筋调直切断是钢筋加工中的一种重要加工方式。钢筋调直切断机械是用于钢筋加工的专业化设备之一，既能对钢筋进行调直和定长切断，又能消除钢筋表面的氧化皮和污物。应注意，调直切断后的钢筋仍须符合现行钢筋国家行业标准规定要求。

1. 钢筋调直

盘卷钢筋在使用前必须经过放圈和调直，而以直条供应的粗钢筋在使用前也要进行一次调直处理，才能满足规范要求的“钢筋应平直、无局部曲折”的规定。钢筋调直最常用的方法就是反弯调直，有转毂调直、压辊调直、双曲线辊调直、压辊转毂混合调直等多种形式。以五调直块转毂式调直法为例，调直机的调直筒内有5个调直块，调直筒出入两端的两个调直块必须调至位于调直机中心线上，中间3个可偏离中心线，根据钢筋性质和调直块的磨损程度调整偏移值大小，以使钢筋能达到最佳调直效果。

钢筋调直是钢筋加工中的一个重要工序。通常钢筋调直机械主要用于调直 ϕ16 mm 以下的盘卷热轧带肋钢筋、冷轧热轧光圆钢筋和冷拔冷轧带肋钢筋，并且根据需要的长度进行自动调直和切断，在调直过程中将钢筋表面的氧化皮、铁锈和污物除掉。

2. 钢筋切断

目前，钢筋调直切断有两种形式：一种是作为单独的切断工序进行切断；另一种形式则作为钢筋调直切断机械的一部分，如钢筋调直切断机、钢筋切断弯曲机附有的钢筋切断装置，能在调直和弯曲过程中自动进行切断。

钢筋调直后的单独切断使用钢筋切断机进行，钢筋调直切断机械的随动切断按结构型式分为飞剪式、锤击式、液压式；按传动方式分为手工操作、机械式和液压式；按照切刀切口形状分为直线切口切断和弧形切口切断。

钢筋调直切断机的切断长度和调直后的直线度允许偏差应符合建筑设计和建筑施工规范的规定。钢筋下料时必须按钢筋翻样计算的下料长度切断。钢筋切断可采用钢筋切断机或手动切断器。手动切断器一般只用于切断直径较小的钢筋，钢筋切断机可切断直径较大的钢筋。在大中型建筑工程施工的钢筋加工，一般提倡采用专用的钢筋调直切断机械和钢筋切断机械，不仅生产效率高，操作方便，而且可以确保钢筋端面垂直钢筋轴线。当采用弧形切刀时，切断面不会出现马蹄形或翘曲现象，便于钢筋进行焊接或机械连接。钢筋的下料长度力求准确，一般规定最大允许偏差为±10 mm。随着调直切断机技术性能的提高，切断长度的控制公差和调直直线度将会越来越小。

14.1.2 发展历程与沿革

1. 国内的发展概况

20世纪80年代以来，经过与国外的交流，钢筋调直技术和调直理论取得了较大的发展，但理论滞后于技术的现象始终存在。20世纪下半叶初调直辊负转矩的破坏作用问题得到解决，但其破坏作用机理直到80年代末才被阐明。20世纪70年代以来，调直技术与理论发展迅速，完善了等曲率双曲线辊型调直机设计理论方法，开始进行等曲率递减反弯辊型调直机的设计并取得了较大的进展。对调直能耗的计算、工艺参数的计算、负转矩的计算也有了深入的研究。这些令人瞩目的研究成果在当时已达到国际先进水平，这些成果的取得离不开国内科研工作者的大量研究。

随着与苏联的频繁合作，大量调直机引入到国内，这使得国内调直机的品种规格与结构得到了完善。随着电子计算机在生产中的普及，调直机的控制系统得到了较大的发展。自20世纪70年代改革开放以来，大量的国外研制成果被引入国内，包括1.6 mm金属丝调直机、300 m/min高速调直机、600 mm大直径管材调直机和0.038 mm/m高精度调直机。80年代刘天明对双曲线辊型进行深入研究，通过理论公式的推导，提出调直曲率的精确算法方程式。同时期西安重型机械研究所与太原重型机器厂研制大量新型号、新功能的调直机，为调直机种类与功能的扩展做出了巨大贡献，同时也培养出大批优秀的专业科研人才。90年代以后，随着钢筋调直切断机械的大量应用，多种新型调直机研制成功，标志着我国与世界先进水平的距离又缩短了一大步。

早期普通钢筋调直切断机由于设计中利用限位开关作为定长装置来控制钢筋的切断长度，控制切断长度有限且固定。由飞轮或偏心轮进行切断时，由于运动的钢筋、调直辊、飞轮等的惯性作用，致使切断的钢筋长度误差较大，无法满足当时快速增长的对钢筋调直数量与精度的需求。为此，1976年上海混凝土二厂自主设计出当时较为先进的STQJ-1型数控钢筋调直切断机，由数控系统操作优化了调直的过程，克服了普通钢筋调直切断机切断后误差大、功效低、损耗大的缺点。1981年，上海新中华机器厂与上海混凝土二厂合作设计的STQ6/8-80A型数控调直切断机在调直机构中采用行星辊轮转子，极大改善了钢筋调直后钢筋强度的损失，并降低了功率的损耗。1982年，杭州工程机械厂研制出GTJ4/8型钢筋调直切断机。20世纪下半叶，杭州市重型机械厂在对苏联进口的C-338型钢筋调直机测绘的基础上，进行改进设计，成功研制了GT3/12型钢筋调直机。1992年，中国建筑科学研究院建筑机械化研究所与沈阳建筑大学工厂共同研制出GT6/12型钢筋调直切断机。

洛阳洪特机械装备有限公司、石家庄市宏瑞机械设备有限公司作为专门生产各种大型钢筋调直切断机的知名企业，其产品处于国内顶尖技术水平。河南长葛作为国内最大的钢筋调直机生产基地，具有大量的中小型钢筋调直机生产公司。建科智能装备制造(天津)股份有限公司是国内从事钢筋调直机生产的企业，生产的数控钢筋调直机有GT1.8-3、GT3-7、GT5-12、GT8-16A等型号，性能优良，领先国内技术。除此之外，近几年沈阳建筑大学工厂生产的GTS6/14型钢筋调直切断机性能优越，结构简单，产品已经远销海外，该厂成为东北地区较为先进的钢筋调直切断机研发与生产基地。GTS6/14的调直方式采用平行辊式（对辊式）调直，调直速度为150～180 m/min，定尺装置采用机械式定尺，落料架采用液压驱动落料，钢筋最大切断长度可达12 m，切断装置采用飞剪切断，切断迅速、复位准确，不会产生连切，切断误差小于5 mm，电机采用能耗自动控制方式。与以往的调直机相比，GTS6/14调直切断机的调直速度、调直精度等性能有所提高，标志着我国大中型钢筋调直切断机的研发能力与钢筋的加工水平又有了新的提升。

国内最早的飞剪机是20世纪50年代从苏联和东欧引进的。70年代改革开放以后才从西方工业强国引进较先进的连续启停式飞剪机，由于存在结构复杂、定尺位置不可改变和空切等问题，剪切速度较慢。为此，80年代我国自行研制出一种行星齿轮式飞剪机，其动载荷小，平衡性比较好，剪切速度大，剪切断面好，定尺精度高，制造成本低，并且操作简单可靠。90年代伺服电机的出现与普及，大幅度改善了飞剪机的智能化水平，使工作更加平稳可靠。

21世纪以来，随着CAD、CAE技术的发展，对飞剪机进行剪切工作的运动学、动力学分析也日益深入。随着有限元法的发展和应用有限元法进行力学问题的求解，国内一些高等院校与大型钢铁企业对飞剪机传动结构与工作结构进行了动力学分析、运动仿真分析及优化，更直观深入地验证了飞剪机构的工作原理，并对飞剪机进行了多次优化。

2. 国外的发展概况

钢筋调直设备最早出现在19世纪末的英国，当时随着平炉炼钢技术的发明，钢铁产量和钢材产量激增，人们开始使用调直机械来提高钢材平行度。通常采用最简陋的定点压力调直法，消耗人力且需要经验。此时虽对调直理论有初步的探讨，但还没有出现关于调直的理论方面的著作。随着工业进入电气时代，需要调直的钢材种类的增多及对调直效率与质量要求的提高，调直理论与技术开始逐渐深入发展。截至20世纪20年代初，英国已经制造出辊式板材调直机、二辊式圆材调直机。1914年212型五辊调直机的发明标志着英国在钢管与钢筋调直的质量与效率上有了较大提高。20世纪20年代日本的多斜辊调直机制造与应用技术领先世界各国。20世纪三四十年代调直各种钢材的理论与技术相继发展，并开始传入我国。60年代调直大直径钢管的313型七辊式调直机由美国研发，标志着调直技术有了较大的发展。

国外对调直切断理论和技术的研究起步比较早，具有相当的广泛性，取得了许多研究成果。调直切断技术较发达的国家有苏联、德国、英国和日本等。

目前，国外公司生产的钢筋调直机能够达到以下几个要求：

（1）能满足多种规格钢筋加工的需要。

（2）在各型号钢筋调直机上电子数控技术已经普遍采用，且控制系统均比较先进。

（3）对于直径较小的钢筋，调直与切断速度较高，调直速度不低于90 m/min。

（4）同一台钢筋调直机可满足调直各种直径和品种的钢筋的需要。

此外，国外的钢筋调直切断机将专用的放料架与钢筋调直机配套使用，大型的钢筋加工机械多采用液压传动，用于直径较大的钢筋的剪切、压紧、送料。无级变速和多级变速可满足调直各种钢筋的需要。采用快速调直钢筋及随动剪切机构，使生产效率大大提升。

通过比较可知，国内的调直切断机与国外相比性能上仍然有较大的差距。国外的调直机历史悠久，性能完善，质量优良，经久耐用，调直速度快，定尺切断准确。国内调直切断机的行业规范在近几年才由少数行业权威制定，国内大多数中小型钢筋调直机生产基地生产的产品并不符合行业规范的要求。国内钢筋调直机加工精度不高，切断装置的齿轮传递误差较大，PLC系统受温度影响过大。目前国内大型钢筋调直机对钢筋直径的调直范围大多在4～20 mm,调直精度为±1 mm/m。随着国内经济的发展,钢筋调直机械种类正逐渐增多,而且功能更加完善,钢筋调直加工技术已日趋成熟并逐渐形成体系。钢筋调直切断机的工作过程包括5部分：①上料；②定尺；③调直；④剪切；⑤落料。虽然机械加工行业对钢筋调直切断加工还没有做出比较准确的定论,但钢筋调直加工技术仍然在向系统化、精确化、节能化与模块化等方向发展。

与调直机一样,飞剪机最早也由国外发展而来。19世纪末期由英国设计的蒸汽带动的复杂的飞剪机重量大,在电气时代来临之后很快被由电气驱动的摩尔根式电动飞剪机代替。随后,各个国家均对飞剪切断的原理进行了深入的研究。苏联的M. A. Saiikob根据强度理论,在考虑了剪刃间隙、剪刃磨钝、变形程度及接触摩擦等综合因素的基础上,建立了计算剪切力的公式,并进行了实验验证。三菱重工公司、日本石川岛播磨公司也相应地提出剪切力、剪切力矩的计算方法。此后意大利、德国等国家依靠雄厚的工业资本对飞剪机进行研究创新,使其性能得到进一步的完善。

3. 发展趋势

建筑钢筋加工机械将沿着以下方向发展：

1）性能智能化

提高劳动生产率、降低劳动强度、保证工程质量、降低施工成本,是建筑产业化的发展需求。我国传统的现场单机加工模式不仅占用人工多、劳动强度大、生产效率低,而且安全隐患多、管理难度大、占用临时用房和用地多,因此发展高效节能智能化钢筋机械是实现建筑产业化的必由之路。自动化钢筋机械实现了钢筋上料、下料、喂料、加工、统计全部自动化,生产效率大大提高。但随着市场劳动力资源的紧缺,施工工期和工程质量要求的不断提高,人们对钢筋机械技术性能、稳定性和舒适性的要求也必将不断提高,高效节能智能化钢筋机械必将越来越受到钢筋加工单位的青睐。

2）功能集成化

钢筋专业化加工配送技术由于具有降低工程施工和管理成本、保证工程质量、实现绿色施工、节省劳动用工、提高劳动生产率等优点,被住建部列为“建筑业‘十一五’重点推广技术”之一。它是国际建筑业的发展潮流,世界发达国家钢材的综合深加工比率达50%以上,而我国钢材深加工率仅为5%～10%,已成为影响我国绿色建筑发展,制约建筑施工节能降耗、保护环境、提高施工现代化水平的因素。我国已拥有自主设计生产自动化钢筋加工成套设备的能力,为发展钢筋专业化加工提供了装备条件。但现有生产线功能在最大程度上减少钢筋加工工序间的吊运频率、提高专业化加工中心的生产效率方面还有些单一或不健全,无法完全满足专业化加工配送企业的生产流程设计需要的矛盾比较突出。随着政府及主管部门的重视和钢筋加工机械设备的智能化水平的提高,设备功能集成化的设计产品已经出现,可以满足市场的需求。

3）发展工业化钢筋加工生产线

工业化钢筋加工,即钢筋专业化集中加工配送,是指在专业的加工厂,以线材(盘条)或棒材(直条)为原料,按一定的工艺程序、工艺技术,由专业化的机械设备制成各种成型钢筋部品,并根据工程进度、需求规格进行配送。

欧美等发达国家建筑用钢筋产品在专业工厂加工成型,工厂同时为多个工程提供产品,易形成规模化生产；加工设备自动化程度高,加工产品质量好,生产能力很高,已实现计算机网络化控制；1台设备基本上只需1人操作,生产效率高,废料率低和能源消耗低；设备技术逐步向多功能、多用途和智能化发展。世界发达国家建筑钢筋加工配送比率高达90%以上,而我国建筑钢筋的90%以上是在工地现场进行,需要人工数量多,劳动强度大；加工质量和时间进度难以控制；材料和能源浪费高,加工成本高；安全隐患多,占地面积大,管理难度高；钢筋加工噪声大,工地钢筋加工扰民问题突出等。国内钢筋集中加工配送比率仅为5%～10%,建筑用网片国外已在各个领域广泛应用,应用比率为70%以上,而我国仅在公路桥梁方面应用,应用比率仅为5%～10%,房屋建筑、市政工程、隧道工程等领域刚刚开始小量应用,巨大的反差说明钢筋集中加工配送在我国具有巨大的市场发展空间,这是经过各个国家在不同经济发展阶段所证明的不争事实。我国正在大力发展绿色建筑和绿色施工技术,钢筋工程已成为建筑施工节能降耗、保护环境、提高施工现代化水平的瓶颈,钢筋工业化加工配送技术由于具有降低成本、保证质量、节省用工、提高生产效率等特点,已成为建筑业的"四节一环保"新技术,被住建部列为"建筑业'十二五'重点推广技术"内容之一和建筑业推广的十项新技术内容,"十三五"期间钢筋集中加工配送技术又被住建部列为建筑业推广的十项新技术内容,它是今后建筑业钢筋工程发展的必然趋势。

14.2 产品分类

钢筋调直切断机在我国发展已有多年历史,根据不同的工作原理其种类也分为多种。按照调直方式,钢筋调直切断机可分为如表14-1所示几种类型。

按照切断方式,钢筋调直切断机可分为如表14-2所示几种类型。

表14-1　钢筋调直切断机按调直方式分类

调直方式	特　点
转毂式	钢筋调直效果好,比较容易控制,但调直速度低,被加工表面有划伤,工作噪声较大。适合各种光圆钢筋
双曲线辊式	调直速度较快,钢筋调直效果好,且易控制。但被加工钢筋划伤较重,工作噪声较大。适合各种光圆钢筋和对钢筋表面质量要求不高的场合
对辊式(平行辊式或压轮式)	调直速度快,被加工钢筋表面有轻微的划伤,工作噪声小,调直效果一般,控制要求较高。适合各种钢筋,特别适合冷、热轧带肋钢筋
调直模式＋对辊式(复合式)	钢筋调直效果比较好,比较容易控制。调直效果高于曲线辊式、低于对辊式。被加工钢筋表面有划伤,适合各种钢筋

表14-2　钢筋调直切断机按切断方式分类

切断方式	特　点
锤击切断	适合中、小直径钢筋,工作噪声连续、较大。易出现连切现象,定尺误差较小,适合于中、低速度的钢筋调直机和对定尺精度要求不高的场合
飞剪切断	适合大、中直径钢筋,工作噪声较大,不连续。定尺精度不高,但没有连切现象
液压切断	适用大、中直径钢筋,工作噪声小,无连切现象。适用于速度不太高的钢筋调直切断机

14.3 工作原理及产品结构组成

在土木工程中,钢筋混凝土与预应力钢筋混凝土是主要的建筑构件,起着极其重要的承载作用,其中混凝土承受压力,钢筋承受拉力。钢筋混凝土构件的形状千差万别,从钢材生产厂家购置的各种类型钢筋,根据生产工艺与运输需要,送达施工现场时,其形状各异。为了满足工程需要,必须先使用各种钢筋机械对钢筋进行预处理及加工。为了保证钢筋与混凝土的结合状况良好,必须对锈蚀钢筋进行表面除锈处理,对长度与形状不规则钢筋进行调直切断处理。这些属于钢筋基础处理工艺,钢筋的调直与定长切断只需用钢筋调直切断机即可完成。

14.3.1 工作原理

根据《建筑施工机械与设备　钢筋调直切断机》(JB/T 12078—2014)的规定，钢筋调直切断机按调直方式分为转毂式(包括调直模块和双曲线辊)、平行辊式和复合式3种型式；按切断方式分为固定式调直切断机与随动式调直切断机两种型式，随动式剪切又分为飞剪式剪切(包括圆盘飞剪、滚筒飞剪、曲柄偏心飞剪、曲柄回转杠杆飞剪、曲柄摇杆飞剪、摆动式飞剪)、锤击式切断和液压式切断3种型式。不同型式的调直切断机工作原理有所不同，但都是通过调直后进行切断。转毂式调直首先由电动机通过皮带传动增速，使调直筒高速旋转，穿过调直筒的钢筋被调直，并由调直模清除钢筋表面的锈皮。高速旋转调直筒内的调直模分为调直模块和双曲线辊两种。平行辊式调直由电动机通过另一对减速皮带传动轮和齿轮减速箱，一方面驱动两个或者多个传送压辊，牵引钢筋向前运动；另一方面带动曲柄轮，使锤头上下运动。复合式调直是将平行辊式调直与转毂式调直串联为一体，目的是提高钢筋调直精度，减小调直钢筋表面划伤和损肋。平行辊式调直又分为单平面、双平面和三平面3种。钢筋切断是在钢筋调直后达到设定长度接收到剪切信号时，切断刀头动作实施快速切断。锤击式切断时当钢筋调直到预定长度，锤头锤击上刀架，将钢筋切断，切断的钢筋落入受料架时，由于弹簧作用，刀台又回到原位，完成一个循环。

所谓调直，简单地说，是使钢筋的弯曲部位承受一定的正向和反向弯曲或拉伸，利用材料的弹塑性性质，使钢筋在调直辊之间弯曲并产生正向、反向的弹塑性变形，经过弹性恢复后变直或者较大程度地减少原有的弯曲变形程度，使钢筋变直。简言之，调直过程就是钢筋弹塑性变形过程。

对调直和切断技术以及理论的研究，目的在于正确地分析和描述调直过程中呈现的一系列现象，寻求和实际相吻合的规律；确定调直参数间的相互关系，用以指导生产；研制和开发新型、高效、高精度的调直设备，使钢材产品的质量和精度不断得到提高。

国外对调直切断理论和技术的研究起步比较早，具有相当的广泛性，取得了许多研究成果。国内有关技术人员在调直理论和技术的研究方面也做出了很大的努力，我国目前已形成了自行设计和生产板、带、线、型、管材的调直设备的能力，设备的精度和控制水平也在不断提高。在引进和吸收国外先进的调直设备和技术的基础上，更加高效、高精度的调直设备相继问世，不断地推动调直理论和技术的研究工作向前发展。

实际生产过程中，反弯调直、拉伸调直、拉弯调直和旋转调直等方法可用于盘条料调直，但是拉伸调直和拉弯调直法都不太适合盘条料的高效调直，旋转调直虽然可以实现盘条料的调直，但是钢筋的划伤较严重且生产效率较低。因此，反弯调直法得到了越来越广泛的应用。下面重点介绍钢筋调直过程中采用的反弯调直法。

人们直观地把弯弯曲曲的金属条材，根据原始弯曲程度的不同加以不同程度的反向弯曲，从而达到调直效果的方法称为反弯调直。对辊式(或称平行辊式)调直机的调直方法就是反弯调直，理论基础就是金属材料在较大的弹塑性弯曲条件下，不管其原始弯曲程度如何，使条材在两压头之间施加反弯力形成反弯，撤销此反弯力后条材会根据不同程度的反弯情况进行弹复，弹复后残留的弯曲程度差别会显著减小，甚至会趋于一致，随着压弯程度的减小其弹复后的残留弯曲必然会一致趋近于零而达到调直目的。根据上述调直原理，平行辊调直机必须具备以下两个基本条件：一是具有相当数量交错配置的调直辊以实现多次的反复弯曲；二是上下调直辊的垂直距离可以调整，得到不同的压弯量，以实现调直所需的压弯方案。

1. 大变形调直方案的基本原理

图14-1所示为符合对辊式调直两个基本条件的五辊调直系统，金属条材通过两排交错配置调直辊的辊缝时经过3次反复弯曲而被调

直。其调直过程的理论分析参见图 14-2。

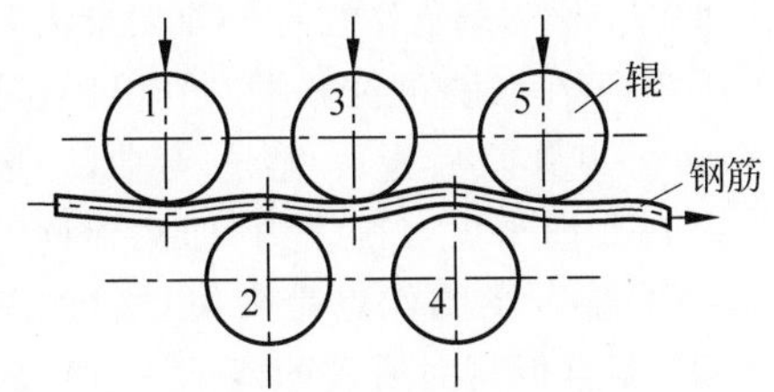

图 14-1　五辊调直系统

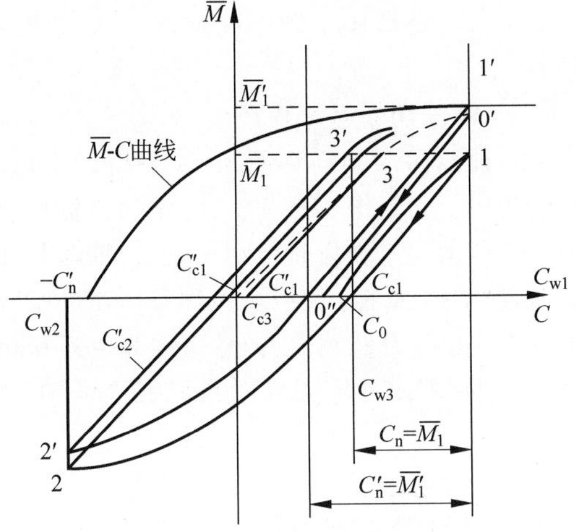

图 14-2　五辊调直过程理论分析

图 14-2 中曲线代表工件的弯曲弯矩比 $\overline{M}$ 与弯曲曲率比 C 的关系。它既包含弯矩与弯曲程度的关系，也包含弹复能力与弯曲程度的关系。当工件原始的最大弯曲用曲率比 $\pm C_0$ 或 $-C_0$ 与 $-C'_0$ 表示时，第一次压弯达到 $-C_{w1}$。对于 $+C_0$ 的原始弯曲增加一部分同向的弹性压弯；对于 $-C'_0$ 的原始弯曲增加很大的反向弯曲，由 $-C'_0\sim -C_{w1}$；对于原始无弯曲部分即零曲率部分也压成 C_{w1} 的弯曲。结果当工件离开第 2 辊之后 3 条压弯曲线（$\overline{M}$-C）皆需从与 C_{w1} 垂直线交点 1、1′及 0′处按弹性规律弹回到 C_{c1}、C'_{c1} 及 0″处。原始的弯曲程度差为 $-C'_0\rightarrow C_0$，一次弯曲后残留弯曲程度差为 $C'_{c1}\rightarrow C_{c1}$。这不仅表明新的弯曲状态已经由异向变为同向，而且弯曲程度也减少非常显著。当工件进行到第 3 辊处用减小的压弯 C_{w2} 将其原始弯曲 $C_{02}(C_{02}=C_{c1})$ 及 $C'_{02}(C'_{02}=C'_{c1})$ 压成反弯。当工件离开第 3 辊后两条曲线将由 2 及 2′点弹回到 C_{c2} 及 C'_{c2} 处。二次弯曲后的残留弯曲程度差为 $-C'_{02}\rightarrow -C_{c2}$，又有明显减少，同时各自的弯曲程度也有显著的减小。当工件进入第 4 辊时，从 $C'_{03}(C'_{03}=C'_{c2})$ 及 $\sin\alpha=(2Re-e^2)^{1/2}/R(C_{03}=C_{c2})$ 开始的两条 $\overline{M}$-C 曲线与压弯量 C_{w3} 的等值线交于点 3 及 3′。在工件通过该调直辊缝后，工件由 3 及 3′弹复到 C_{c3} 及 C'_{c3} 两点，若 C_{c3} 及 C'_{c3} 的绝对值都不超过调直质量允许范围，则为合格。从这个调直过程看，压弯量增大时残留量的差值减小，当压弯次数增加时残留量的差值也减小，递减量合适时残留量才能趋于零。这也说明调直过程必经的两个阶段，第一是减少差值，第二是消除残弯。也可以说是先统一（残留弯曲）后调直。当对调直精度要求提高时，5 个调直辊调直后的残留弯曲往往不能满足要求。采用大变形调直方案之所以可使残留曲率快速接近，这是由工件的弹塑性变形性质所决定的。在辊子统一的压下挠度曲率条件下，原始曲率差值一定，总弯曲曲率值越大，弹复曲率差值越小，即残留曲率越接近，越容易得到较高的调直精度。

2．小变形调直方案的基本原理

下面以七辊调直系统为例进行分析，如图 14-3 所示。其调直过程的理论分析参见图 14-4。首先按最大的原始弯曲 C'_0 来确定其反弯调直所需的压弯曲率比 C_{w1}，即 C_{w1} 等值线与 $\overline{M}$-C 曲线交于 a' 点，由 a' 点弹复时必须回到零点 O（即 $C'_{c1}=0$），以后的各压弯值 $C_{w2}\sim C_{w5}$ 都是这样确定的。于是 C_0 的 $\overline{M}$-C 曲线由 a 点弹回，一般没有塑性变形，必然弹回到 C_0 点。第一次压弯弹复后的弯曲状态为 $O\sim C_0$，对其进行第二次反弯所用的 C_{w2} 自然是调直 C_0 所需的压弯值。这个压弯值对于第一次已经调直的部位必将形成第二次压弯且与其 $\overline{M}$-C 曲线交于 b' 点。第二次弯曲后工件由 b 及 b' 点弹复，C_0 部分被调直由 b 点回零，而压弯部分由 b' 回到 C_{c2}。第三次反弯要把其最大的原始弯曲 $C_{03}(C_{03}=C_{c2})$ 调直而压到 d' 点，同时把已知的部分又压到 d 点，调直后弹复分别回到零点及 C_{c3} 点。第四次调直时 C_{c3}

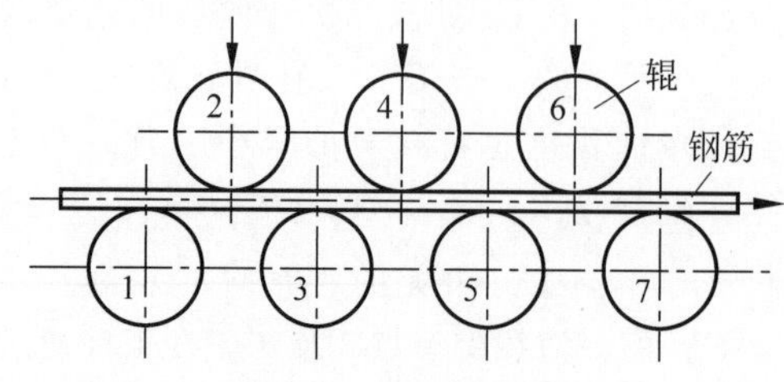

图 14-3　七辊调直系统

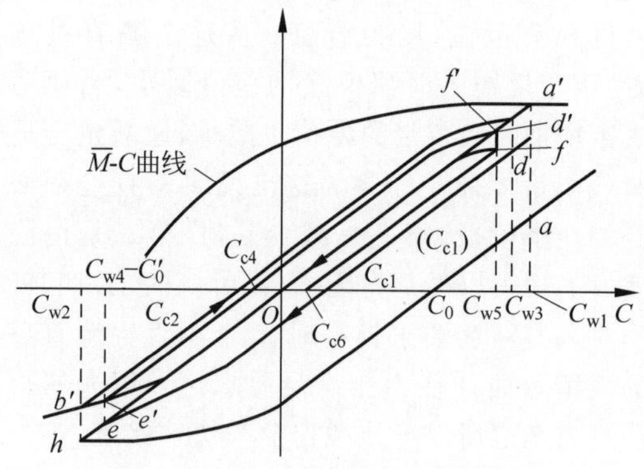

图 14-4　七辊调直过程理论分析

作为新的最大原始弯曲 C_{04} 又被调直。而由 e' 点残留的 C_{c4} 作为第五次反弯的原始最大弯曲 C_{05} 被压弯到 f' 点并可以调直，同时已直部分被压弯到 f 点弹复后残留 C_{c5} 的弯曲，一般这个 C_{c5} 常在允许精度范围之内，即达到调直要求。这种调直方案的优点是金属材料的总变形曲率小，调直板材时所需的能量少且比较容易计算，数值精确。缺点是不容易调定压弯量；各辊刚度不尽相同，辊系刚度互相干扰，很难调准；小变形还不利于侧弯调直和扭曲弯调直。

3. 钢筋切断基本原理

目前国内的钢筋切断加工多以机械剪式切断为主。其工作过程一般为：电动机输出动力经带传动和二级齿轮传动减速后，带动曲轴旋转，曲轴推动连杆使滑块和动刀片在机座的滑道中作往复直线运动，使动刀片和定刀片相错而切断钢筋。钢筋切断机结构如图 14-5 所示。

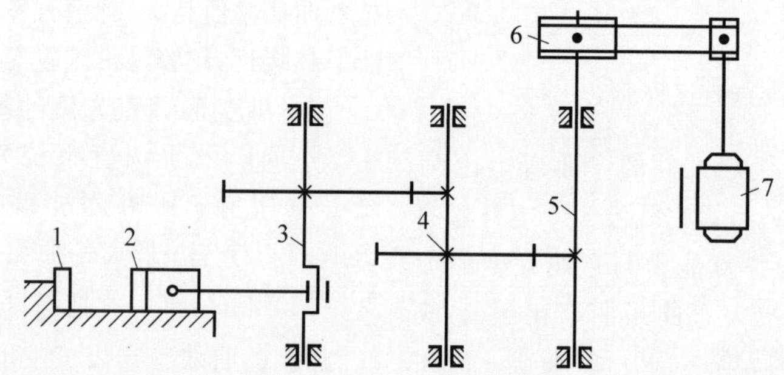

1—固定刀片；2—活动刀片；3—曲轴；4,5—齿轮轴；6—飞轮；7—电动机。

图 14-5　钢筋切断机结构

虽然钢筋切断机的类型较多，但在结构上有一些基本的共同点：钢筋切断机的机体大多采用球墨铸铁结构，制造工艺简单、成本较低。也有采用钢板焊接结构的，如 GQ60A 封闭式钢筋切断机，与钢板焊接结构相比，球墨铸铁结构机体变形小，整机密封性能好。钢筋切断机剪切机构多采用动刀片和定刀片进行剪切，由剪切机构对动刀片进行控制来实现其往复运动。

在早期生产过程中，调直切断机锤击式飞剪切断的问题频频发生。为了提高定尺长度切断精度和调直切断速度，对旋转切断、上下移动切断和下移锤击式飞剪切断提出以下要求。

1）同步要求

飞剪工作的基本要求为，剪刃在剪切工件的时候，其水平速度应与运动着的工件的速度近似相同。同时飞剪应保证下切运动的正常进行。所以在剪切过程中，切刀应该同时完成竖直方向的剪切运动和水平方向的移动这两个运动。在多次的生产实践中发现，在剪切的过程中，如果切刀在切断钢筋的过程中，瞬时水平运动分速度与钢筋水平运动速度相等或者高于钢筋运动速度3%以内时，切断效果较好。剪刃的水平运动分速度低于钢筋传动的速度时，剪刃将阻碍工件传动，若所切断的钢筋直径与强度较大，将会对飞剪机的刀刃造成严重损伤，同时也对工件表面造成磨损。若钢筋直径或强度较小，将会造成“堆钢”现象，造成钢筋在剪切区弯曲。剪刃的水平运动分速度高于钢筋速度较多时，将会造成“拉钢”现象，严重时会将钢筋拉断。

一般情况下，钢筋的剪切过程中需要通过速度增长量 D_v 和拉钢量 δ_v 来衡量同步过程。速度增长量等于剪切结束时刻的剪切速度 v_{fx2} 与剪切开始时的剪切速度 v_{fx1} 的相对变化比。拉钢量则是指剪刃的瞬时水平分速度 v_{fx} 与工件的运行速度 v_0 的相对变化比。二者可按式(14-1)与式(14-2)计算：

$$D_v = \frac{v_{fx2} - v_{fx1}}{v_{fx1}} \leqslant [D_v] \tag{14-1}$$

$$\delta_v = \frac{v_{fx} - v_0}{v_0} \tag{14-2}$$

2）剪切区要求

将剪刃与工件接触的区域称作剪切区，剪刃从接触工件表面到上下剪刃接触的区域称作纯剪区。理论上剪切区越小越好，因其不但可以缩短剪切的时间，还有利于减小钢筋水平运动速度与切刀的水平分速度的速度差，有利于提高飞剪运动的同步性能。较大的剪切力会产生较大的冲击载荷，对机构的动力性能影响较大。为了降低冲击载荷，使切断更平稳，需要综合考虑机构的动力性能、剪切力的大小以及钢筋水平运动速度与切刀的水平分速度的速度差，将剪切的时间控制在适当的范围内。

3）动力性能要求

在满足运动性能的同时，飞剪运动也要求在切刀旋转过程中动载荷尽量小，以保证飞剪运动过程中整个剪切机构具备良好的动力性能。

14.3.2　结构组成

下面对不同形式的设备结构进行介绍。

1. 平行辊式(又称压轮式、对辊式)

压轮式矫直法是把间断的压力矫直转变成辊式连续矫直，从入口到出口交错布置若干互相平行的矫直辊，按递减压弯规律进行多次反复压弯以达到矫直目的。这样不仅可以显著提高工作效率，而且能获得很高的矫直质量。

矫直与弯曲是两个完全相反的概念，但它们的变形机理是相同的。金属都有大小不等的弹性极限，即使在塑性变形情况下仍然伴随有弹性形变。弹性变形意味着势能的储存，表现为一种弹性返回能力，完全能恢复原状的变形称为纯弹性变形，其他变形都称为弹塑性变形。而纯弹塑性变形是指在相当大的变形程度或在相当高的变形温度下，忽略其很小的弹复能力而假定的一种理想状态。

平行辊矫直机属于连续性反复弯曲的矫直设备，这种矫直设备克服了压力矫直断续工作的缺点，使矫直效率成倍提高。平行辊矫直机的理论基础就是金属材料在较大弹塑性弯曲条件下，不管其原始弯曲程度有多大差别，在弹复后所残留的弯曲程度差别会显著减小，甚至会趋于一致，随着压弯程度的减小，其弹复后的残留弯曲必然会一致趋近于零值，从而达到矫直目的。因此平行辊矫直机必须具备两个基本特征：一是具有相当数量交错配置的矫直辊以实现多次的反复弯曲；二是压弯量可以调整，能实现矫直所需要的压弯方案。

2. 双曲线辊式

这种形式的矫直辊表面呈双曲线形状，多个双曲线辊均布在转毂内且与滚压件成 α 角布置。在回转转毂的带动下，矫直辊围绕钢筋回转，钢筋在矫直辊旋转压弯和牵引下沿轴向前移，使双曲线辊沿钢筋外表面作螺旋前进运动。钢筋通过由交错布置的矫直辊所构成的几个弹塑性弯曲矫直单元，各个断面得到多次弯曲，达到一定程度的矫直。同时，钢筋在矫直辊旋转过程中受到不同方向的反复压弯，也就能够矫直多方向的原始曲率。

钢筋通过矫直辊时，每转半周弯曲一次，钢筋容易得到多次弹塑性弯曲，所以一般的双曲线式矫直机的辊数不多,它们构成1～3个弹塑性弯曲单元,就能达到要求的矫直精度。

3. 回转毂式

在转毂式矫直机的矫直作用下,具有一定原始弯曲的钢筋转变成符合建筑工程使用标准的直条钢筋的过程,实质上是钢筋发生弹塑性弯曲变形的过程。因此,我们应该利用钢筋的弹塑性弯曲变形理论来研究钢筋的矫直机理。由于钢筋属于圆形断面的金属线材,为了便于研究,研究分析的对象均为圆形断面金属线材。

弹塑性弯曲是指既有弹性变形又有塑性变形的弯曲。弹性变形是指应力由零增大到弹性极限的全部变形过程。在这个应力的变化过程中,我们认为纵向纤维的变形仍然遵循胡克定律,只是发生了简单的拉压变形。其遵循的应力和应变的线性关系为$\sigma=E\varepsilon$,其中系数E为弹性模量。当弯曲状态超过屈服极限以后,应力和应变之间的线性关系将会逐渐消失,它们之间的关系呈曲线或是近似直线的状态。塑性变形是指应力值超过弹性极限值后增大到工件边层最大变形值的全部变形过程,金属线材的应力超过屈服极限,应力和应变的比值不再是常数。此时,在金属线材的变形过程中必然存在一部分因得不到恢复而成为永久性的变形,也称残留变形。因此,金属线材的总变形包括弹性可恢复变形和永久变形,金属的总弯曲也包括两部分,一部分是弹性弯曲,另一部分是塑性弯曲,但是这时的塑性弯曲绝不等同于残留弯曲。通常情况下,金属的弹塑性弯曲变形既有发生在纵向纤维上的弹性变形和塑性变形,又有发生在内层纤维上的纯弹性变形以及发生在外层纤维上的弹塑性变形。

转毂式矫直机多用于圆形断面钢筋的矫直,矫直辊分布在转毂内。矫直时,钢筋从转毂内通过,转毂绕滚压件旋转。滚压件在矫直辊的多次反弯作用下产生塑性变形,最终被矫直。常见的转毂矫直机有孔模式和斜辊式,其中孔模式转毂矫直机发展较早,多用于盘条矫直。使用孔模式转毂矫直机时,滚压件与孔模之间的摩擦力很大,容易造成滚压件表面磨损。斜辊式转毂矫直机采用斜辊对轧件进行反弯,斜辊随转毂转动的同时也在绕自身轴线转动,斜辊与轧件间的摩擦力较小,可有效降低矫直过程中对滚压件表面的附带损伤。

4. 组合式(压轮+回转毂)

组合式钢筋调直机一般由水平调直辊、垂直调直辊和转毂组成,钢筋先进入水平矫直装置而后进入垂直矫直装置进行预矫直处理,然后通过旋转矫直,动力由传动轮传至转毂,传动轮与转毂固联在一起使转毂转动。调直模按等间距配置在转毂内,一般转毂矫直机所用的孔模数为5～7个,其交错的偏心量可调。两端孔模起定位作用,中间3个模块起矫直作用。钢筋由导料辊导入调直模装置中,调直模随着转毂高速旋转,钢筋从调直模块中通过并被矫直,矫直后的钢筋由牵引辊拉出,通过剪切装置完成定尺切断。

5. 多功能调直切断机

当钢筋自动成型机上电后,进给电机转动,带动下排导轮转动驱动钢筋运动,上排导轮受弹簧的压力将钢筋压住。当钢筋进给到指定位置后,弯曲电机正转将钢筋折弯,电机反转工作台复位,完成一次弯曲成型任务。启动钢筋剪断器切断钢筋,将盘卷料钢筋经过水平矫直、牵引、垂直矫直送至弯曲部分进行弯箍成型,最后再进行剪切并将产品收集。

1) 机架

钢筋调直机机架是整台钢筋调直机的基础和支撑框架,其功能是支撑钢筋调直机本体的其他机构与部件,保证其他机构与部件在工作时固定于基础框架。

2) 放线架

钢筋调直机放线架用于固定放置盘卷钢筋原材料,并在钢筋调直切断过程中实现盘卷钢筋放线功能。

3) 调直机构

钢筋调直机调直机构的作用是在盘卷钢筋放盘后(图14-6),由牵引辊轮强制牵引钢筋向前拖动(图14-7),通过调直机构不共线分布的调直模或调直辊,使钢筋受到不同方向的力挤压而进行矫直，从而使盘卷钢筋得到调直，并清除钢筋表面的锈迹、锈皮。

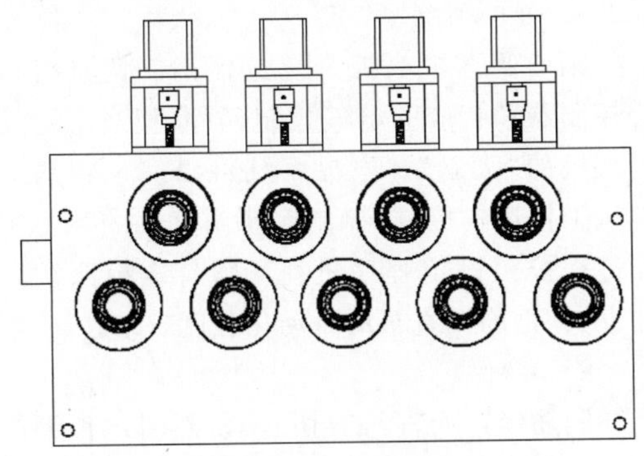

图 14-6　调直部分

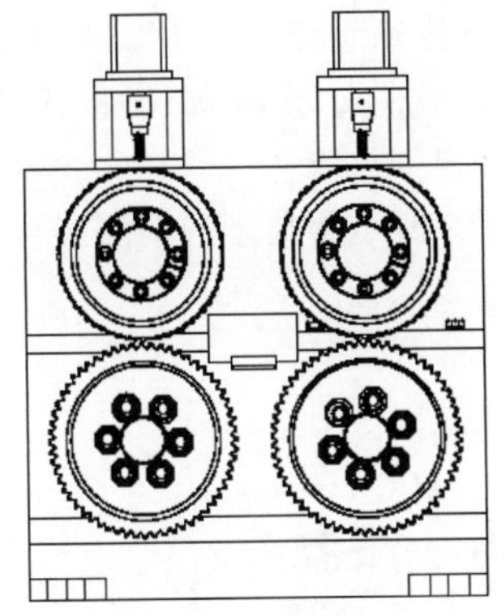

图 14-7　牵引部分

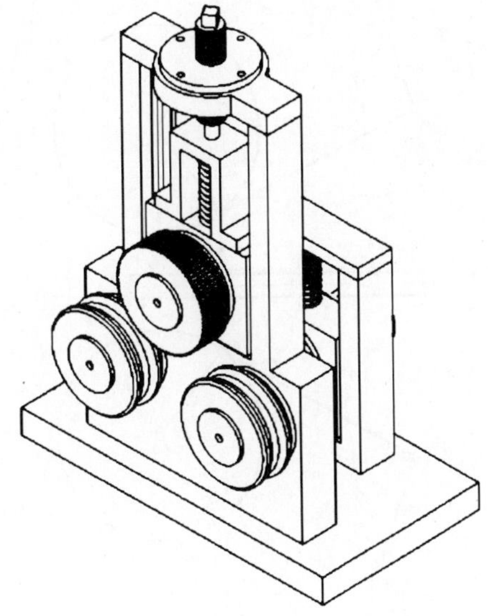

图 14-8　典型定尺装置结构图

4）定尺装置

钢筋调直机定尺装置目前多采用编码器等元件，用于记录钢筋长度，反馈长度信号，实现钢筋调直机在线定尺功能，将钢筋长度信号反馈到剪切机构，进而实现钢筋定长剪切。

图 14-8 所示为典型的定尺装置结构。

5）剪切机构

钢筋经过调直以后，需根据使用要求，按照规定长度通过剪切机构进行切断，剪切机构接收到钢筋定尺机构的反馈信号，实现钢筋定长剪切。钢筋剪切机构目前主要采用锤击切断、飞剪切断、液压切断 3 种剪切方式。

飞剪机的剪切机构有多种形式，飞剪机按照剪切机构可分为圆盘式飞剪机、滚筒式飞剪机、曲柄偏心式飞剪机、曲柄回转杠杆式飞剪机、曲柄摇杆式飞剪机、摆式飞剪机等。图 14-9～图 14-11 示出了几种飞剪机的结构。

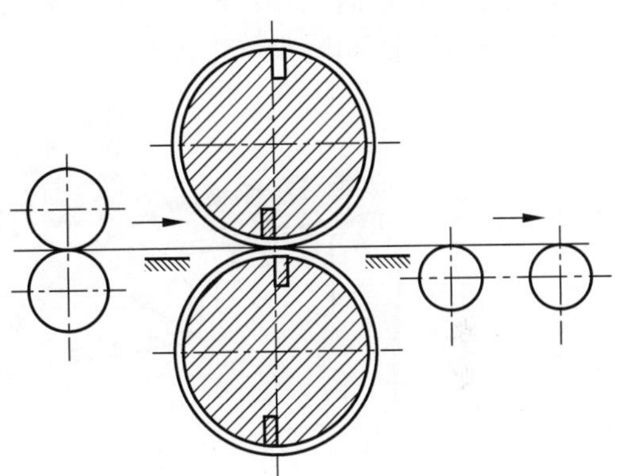

图 14-9　滚筒式飞剪机

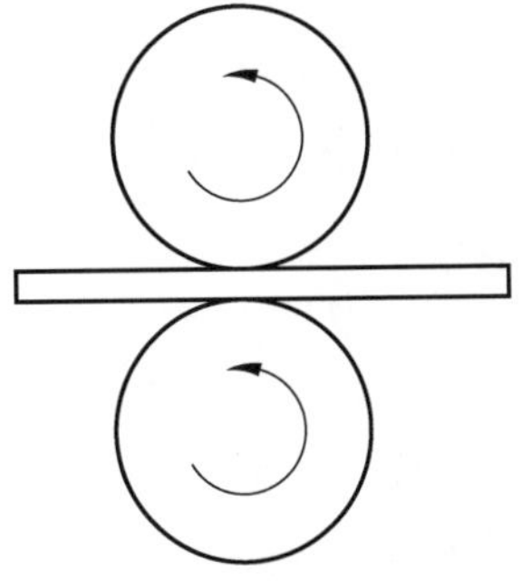

图 14-10　圆盘式飞剪机

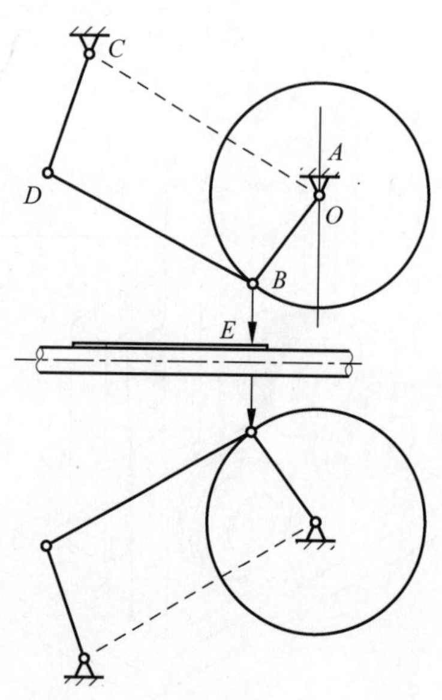

图 14-11 曲柄摇杆式飞剪机

6）传动装置

根据型号的不同，一般分为二级、三级传动。传动装置在箱体内，由齿轮轴和齿轮组成，是把电动机的动力传递给牵引轮与剪切刀片等执行机构的中间设备。

7）电控系统

钢筋调直机电控系统包括钢筋调直机核心控制器和相应的电气控制元件，相当于钢筋调直机的“大脑”。电控系统可以实现钢筋调直机工作逻辑控制，控制钢筋调直机的整个工作过程按照设定程序进行。随着电控系统行业发展，钢筋调直机的自动化程度越来越高。

8）落料架

钢筋经过调直与剪切后，切断的定长钢筋通过落料架落料，落料架可以将定长直钢筋进行收集与整齐摆放，以便于工人进行绑扎，或整齐有序地传输至下一工序。目前钢筋落料架主要有支撑柱式、翻板式、撤板式、敞口式等几种落料方式。

图 14-12 所示为典型的钢筋调直机组成结构图。

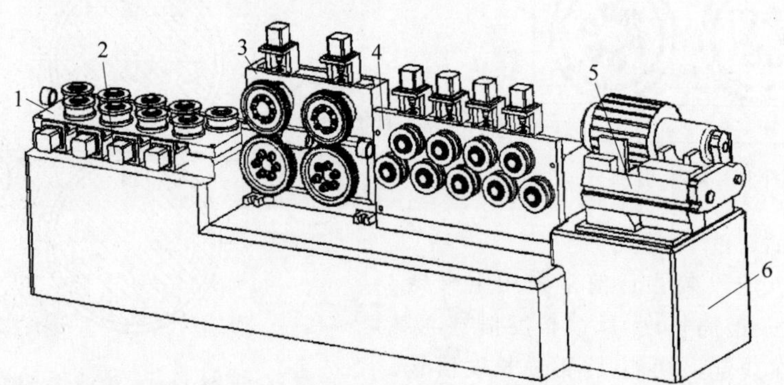

1—横向调直部分；2—伺服电机驱动的下压装置；3—牵引部分；4—纵向调直部分；5—调直机切断部分；6—调直机底座。

图 14-12 典型钢筋调直机组成结构

14.3.3 机构组成

1. 放线架

放线架为水平悬臂式，额定承载重量为 2 t。使用时，将待加工钢筋盘条套引导管，从盘前端拉出钢筋，便可以实现稳定放线。

2. 调直机

钢筋从放线架拉出送入调直机，调直机主要由电机、圆柱齿轮标准减速器和调直机构组成。调直机下面共有 11 个位置不可调的主动辊(又称下调直辊)，上面共有 12 个上下位置可以调整的被动辊(又称上调直辊)。工作时，通过旋转上调直辊上面的螺杆调整它上下位置压弯钢筋。钢筋就是通过这些调直辊逐渐递减的反复弯曲塑性变形实现矫直的。

3. 落料架

调直后的钢筋经过剪切机送入落料架。落料架的作用是托住调直后的钢筋，定长切断后实现落料。落料架全长 12 m(可以根据用户的特殊需要加长),共 4 节,每节 3 m。落料架主要由导料槽、撤板系统和定尺装置组成。

导料槽由后槽钢、前立板、上隔条(或隔套)和下撤板构成。调直后的钢筋在这个封闭的导料槽内运行,下撤板由驱动气缸拉开落料,靠回位拉簧关闭。定尺装置安装在导料槽上面,定长后由剪切机切断。

4. 剪切机

调直后的钢筋进入落料架的导料槽,落料撤板将其托住,钢筋触及定尺板后发出剪切信号,剪切机工作将钢筋切断。剪切机由 5.5 kW 专用电机、专用减速器和飞剪切断机构组成。

落料架、剪切机的工作过程如下:

调直后的钢筋被送入落料架,在导料槽内运行。运行的钢筋撞击定尺装置的定尺板后,接通定尺装置上的接近开关,专用电机工作,驱动上下剪刀相对转动,剪刀将钢筋切断。钢筋切断后,落料架上的撤板系统在气缸的驱动下打开,被切断钢筋落下。与此同时,定尺板在回位弹簧的作用下回位,断开定尺装置上的接近开关。落料撤板在气缸的作用下重新关闭。同时,在控制装置的控制下电机停止,剪刀便恢复到原来的初始位置,等待下一次工作循环。

图 14-13 所示为调直机机构组成结构示意图。

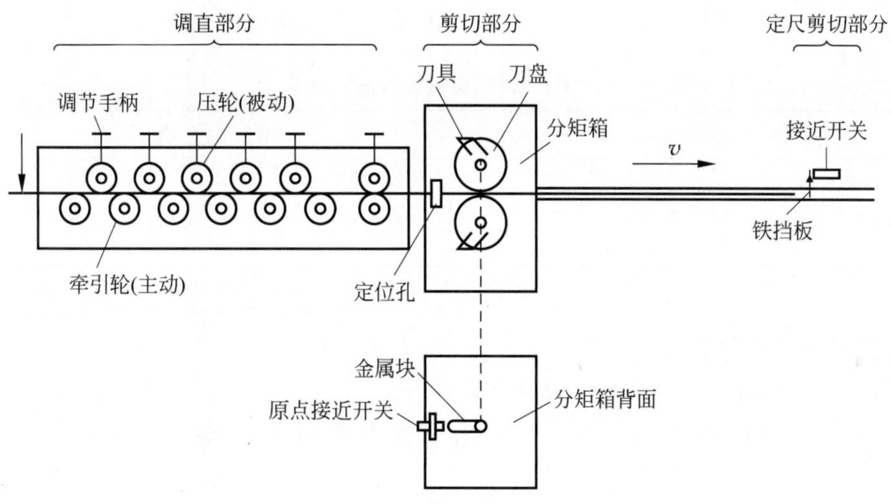

图 14-13　调直机机构组成结构示意图

14.3.4　动力组成

1. 牵引与切断电机

牵引电机为钢筋调直机牵引机构的动力源装置,牵引电机转动带动上下牵引轮通过挤压摩擦作用带动钢筋向前运行,完成钢筋调直机牵引动作;切断电机为钢筋调直机切断机构的动力源装置,它通过偏心机构带动剪切刀片完成切断动作。

2. 减速装置

减速皮带传动和齿轮减速箱等减速装置与电动机连接,主要用于降低电机转速,增加电机扭矩。它一方面驱动两个传送压辊,牵引钢筋向前运动;另一方面带动曲柄轮,完成剪切刀片剪切动作。

14.4　技术性能

14.4.1　产品型号命名

《建筑施工机械与设备　钢筋调直切断机》(JB/T 12078—2014)规定,钢筋调直切断机的型号由名称代号、企业产品名称代号、分类代号、主参数代号和产品更新变型代号组成。其命名方式如下:

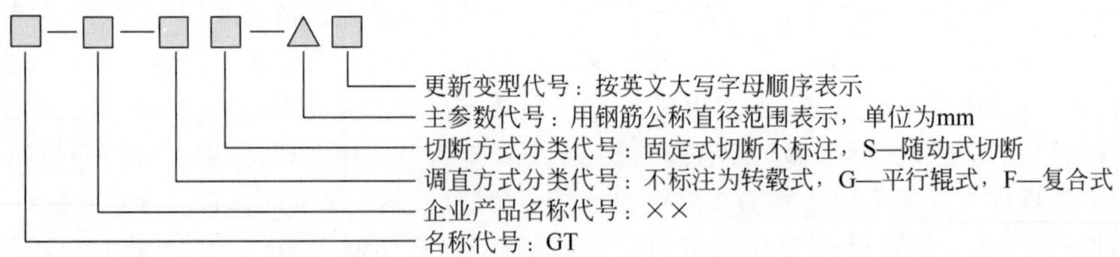

命名示例 1：转毂式调直、固定切断，调直切断钢筋公称直径 6～12 mm 的调直切断机，标记为 GT-××-6～12。

命名示例 2：平行辊式调直、随动式切断，调直切断钢筋公称直径 3～8 mm 的调直切断机的第一代变型产品，标记为 GT-××-GS-3～8A。

14.4.2 性能参数

调直切断机以能够加工一定强度的钢筋公称直径范围为主参数，其中直径小于 6 mm 的钢筋的抗拉强度不应小于 650 MPa，6～20 mm 的钢筋应符合 GB 1499.2 中 400 MPa 级钢筋的规定。调直切断机的性能参数应符合表 14-3 的规定。

表 14-3 调直切断机的性能参数

参数		参数值				
主参数	钢筋公称直径/mm	1.6～4	3～8	6～12	10～16	14～20
基本参数	调直速度/(m/min)	≥25	≥35	≥70	≥50	≥40
	最小切断长度/mm	200		1200		

14.4.3 各企业产品型谱

由于各企业的产品技术性能特点各异，因此这里以国内及国外一些典型企业的产品为例，介绍相应的产品型谱与技术特点。

1. 廊坊凯博建筑机械科技有限公司

廊坊凯博生产的调直切断机主要有 GT3-6、GT5-12、GT8-14、GT10-16 和 GTS5-12 五种型号，它们的技术参数如表 14-4、表 14-5 所示。

表 14-4 廊坊凯博 4 种型号调直切断机技术参数

参数名称		参数值			
		GT3-6	GT5-12	GT8-14	GT10-16
调直钢筋直径/mm		3～6，冷拔钢丝	5～12	8～14	10～16
切断定尺长度/mm①		1000～6000	800～12 000	800～12 000	800～12 000
(最高)牵引速度/(m/min)		40～80	120	120	110
定尺长度误差/mm		−3～+1	−3～+3	−3～+3	−3～+3
调直后钢筋直线度/(mm/m)		−3～+2	−3～+3	−3～+3	−3～+3
电机功率/kW	牵引电机	7.5	18.5	22	37
	调直电机	4	18.5	18.5	30
	剪切电机		7.5	7.5	13
	收集架电机		2.2	2.2	2.2
主机外形尺寸/(mm×mm×mm)		2600×1980×1000	2600×1000×1980	2600×1000×1980	4290×1100×2200

续表

参数名称	参数值			
	GT3-6	GT5-12	GT8-14	GT10-16
整套设备占地尺寸/(mm×mm×mm)		27 000×3660×1980	27 000×3660×1980	28 000×3660×2200
调直方式	回转筒调直	回转筒调直	回转筒调直	回转筒调直
剪切方式	液压固定剪切	飞剪剪切	飞剪剪切	飞剪剪切

① 切断定尺长度可按用户需求加长。

表 14-5　廊坊凯博 GTS5-12 型调直切断机技术参数

参　数	数　值	参　数	数　值
单线加工能力/mm	ϕ5～ϕ12	小时平均功率/(kW/h)	6
双线加工能力/mm	ϕ5～ϕ8	机器总重量/kg	4800
最大牵引速度/(m/min)	120	工作环境温度/℃	−5～40
定尺长度/mm	10～12 000	主机尺寸/(mm×mm×mm)	3545×1500×1910
定尺长度误差/mm	−1～+1	设备颜色	银灰、橘红
加工根数/根	≤2	调直方式	压轮式调直
设备总功率/kW	18	剪切方式	固定剪切
钢筋加工编辑	支持多任务操作		

2. 长葛巨霸机械有限公司

长葛巨霸机械有限公司生产的调直切断机以 GT4-14 型液压钢筋调直机为代表，其技术参数如表 14-6 所示。

表 14-6　长葛巨霸 GT4-14 型调直机技术参数

调直钢筋直径/mm	牵引速度/(m/min)	定尺长度/mm	定尺长度误差/mm	电机功率/kW	主机外形尺寸/(mm×mm×mm)	整机质量/kg
4～14	40～45	300～800	±10	11、5.5	2200×700×1200	1000

3. 衡阳伟力钢筋机械有限公司

衡阳伟力钢筋机械有限公司生产的钢筋调直切断机以 GTWLFS6/12 和 GTWLGF12/16 型为代表，其技术参数分别如表 14-7、表 14-8 所示。

表 14-7　衡阳伟力 GTWLFS6/12 型调直切断机技术参数

参　数	数　值
调直切断钢筋直径/mm	6～12
调直线速度/(m/min)	20～120(变频无级调速)
钢筋适应范围	冷轧带肋钢筋、光圆、HRB400、500 及带 E 的盘螺
切断钢筋长度/mm	≥270
长度误差/mm	±3
直线度/(mm/m)	≤3
延伸率	可在国家标准范围内任意延伸
主电机容量/kW	37(变频)，可增配至 45
整机重量/t	2.5

表 14-8　衡阳伟力 GTWLGF12/16 型调直切断机技术参数

参　　数	数　　值
调直切断钢筋直径/mm	12～16
切断钢筋长度/mm	2000～12 000
长度误差/mm	±3
直线度/(mm/m)	≤3
成材率	99.6%～99.8%
延伸率	可在国家标准范围内任意延伸
调直辊使用寿命	1 万 t 左右(非延伸)
电机容量/kW	75(变频)+7.5(伺服)
整机重量/kg	8500
速度/(m/min)	ϕ16 mm,120
	ϕ14 mm,150
	ϕ12 mm,180
每小时加工量/t	ϕ16 mm,11.38
	ϕ14 mm,10.89
	ϕ12 mm,9.6

4. 洛阳洪特机械装备有限公司

洛阳洪特机械装备有限公司生产的钢筋调直切断机以 GT5/10TW、GT6/12TW 型为代表,其技术参数如表 14-9 所示。

表 14-9　洛阳洪特调直切断机技术参数

参　　数	数　　值	
	GT5/10TW	GT6/12TW
调直钢筋直径/mm	5～10	6～12
长度误差/mm	≤±1	≤±1
直线度/(mm/m)	≤2	≤2
加工长度/m	≥0.8	≥0.8
最高牵引速度/(m/min)	136	136

5. 沈阳建筑大学机械厂

沈阳建筑大学机械厂的典型产品有 GT-JD-GS-6.5～12C 型数控钢筋调直切断机和 GT-JD-GS-6.5～10 系列钢筋调直切断机,其技术参数如表 14-10 所示。

表 14-10　沈阳建筑大学钢筋调直切断机技术参数

参　　数		数　　值		
		GT-JD-GS-6.5～12C	GT-JD-GS-6.5～10A	GT-JD-GS-6.5～10B
调直钢筋直径/mm		6.5～12	6.5～10	6.5～10
最大加工速度/(m/min)		150	120	120
调直变频		√	×	√
变频切断		√	√	√
总功率/kW		27.5	20.5	27.5
主机外形尺寸/(m×m×m)	调直机构	2.5×1.2×1.5	2.5×0.5×1.26	2.5×0.5×1.26
	切断机构	1.73×1.2×0.83	1.73×1.2×0.83	1.73×1.2×0.83
整机重量/kg		4180	3950	3950

6. 秦皇岛燕山大学机械厂

秦皇岛燕山大学机械厂的典型产品有 GT6-12QYA 型高精度钢筋调直切断机、LGT10/16 型热轧螺纹钢筋调直切断机和 GT3/8A 型钢筋调直切断机,其技术参数如表 14-11～表 14-13 所示。

表 14-11　秦皇岛燕山大学 GT6-12QYA 型调直切断机技术参数

参　　数	数　　值
调直钢筋直径/mm	6～12
剪断长度/mm	2000～10 000
长度误差/mm	≤±1.5
直线度/(mm/m)	≤1.5
调直速度/(m/min)	25～50

续表

参　　数	数　　值			
调直筒转速/(r/min)	1460			
电动机	类型	型号	转速/(r/min)	功率/kW
	调直电动机	Y160M-4	1460	11
	牵引电动机	Y132S-6	960	3
	液压站电动机	YYB132S-4	1440	5.5
液压系统压力/MPa	16			
三角胶带型号	A1600,A1905,B1626			
套筒滚子链型号	12A-1×112,12A-1×126			
外形尺寸/(mm×mm×mm)	13 436×1268×1349			

表 14-12　秦皇岛燕山大学 LGT10/16 型调直切断机技术参数

参　　数	数　　值	
调直钢筋直径/mm	10～16	
剪断长度/mm	1500～10 000,增购承料架可切断钢筋长度>10 000	
长度误差/mm	≤10	
直线度/(mm/m)	≤1	
调直速度/(m/min)	30～50	
电机型号与功率	Y160L-4	15 kW
	Y112M-4	4 kW
机器外形尺寸/(mm×mm×mm)	13 850×740×1425	
机器重量/kg	4000	

表 14-13　秦皇岛燕山大学 GT3/8A 型调直切断机技术参数

参　　数	数　　值	
调直钢筋直径/mm	3～9	
剪断长度/mm	200～6000	
长度误差/mm	≤1	
直线度/(mm/m)	≤2	
调直速度/(m/min)	40	
电机型号与功率	Y132M-4	7.5 kW
机器外形尺寸/(mm×mm×mm)	7400×550×1170	
机器重量/kg	1200	

7. 意大利 MEP 公司

意大利 MEP 公司生产的调直切断机型号及技术参数如表 14-14 所示。

表 14-14　意大利 MEP 公司调直切断机技术参数

设 备 型 号	调 直 方 式	牵引速度/(m/s)	单线加工规格/mm	双线加工规格/mm
Metronic10 HS Plus	压轮式	9	$\phi6$～$\phi10$	
Metronic13 HS Plus		9	$\phi6$～$\phi13$	
Metronic16-1 HS		4.5	$\phi8$～$\phi16$	
Metronic20-1 HS		4	$\phi10$～$\phi20$	
Bitronic16-2		3.2	$\phi8$～$\phi16$	$\phi8$～$\phi13$
RH13	双曲线式	1.5	$\phi5$～$\phi12$	
RH16		1.5	$\phi5$～$\phi16$	
WRR16		1.4	$\phi6$～$\phi16$	$\phi6$～$\phi16$
WRR16D		4.6	$\phi6$～$\phi16$	$\phi6$～$\phi16$
WRR20		2.3	$\phi6$～$\phi16$	$\phi6$～$\phi16$
WRR20D		4.6	$\phi6$～$\phi16$	$\phi6$～$\phi16$

续表

设备型号	调直方式	牵引速度/(m/s)	单线加工规格/mm	双线加工规格/mm
RF10-10M	回转筒式	1	$\phi5\sim\phi10$	
RF20-20M		0.9	$\phi5\sim\phi16$	
RD12		2.5	$\phi4\sim\phi12$	
RD14		2.5	$\phi6\sim\phi14$	

8. 意大利施耐尔(SCHNELL)公司

意大利施耐尔(SCHNELL)公司生产的R系列、RETA系列调直切断机技术参数如表14-15和表14-16所示。

表 14-15　意大利施耐尔公司 R 系列调直切断机技术参数

参数	数值		
	R6	R8	R12
调直钢筋直径/mm	2～6	3～8	4～12
最大牵引速度/(m/min)	160	160	160
小时平均功率/(kW/h)	4	4	4
调直方式	回转筒调直	回转筒调直	回转筒调直
剪切方式	固定剪切	固定剪切,飞剪	固定剪切,飞剪
亮点	高速剪切机构(剪切时间小于0.1s);通过互联网进行远程故障诊断		

表 14-16　意大利施耐尔公司 RETA 系列调直切断机技术参数

参数	数值		
	RETA13	RETA16	RETA20
单线加工范围/mm	$\phi4\sim\phi13$	$\phi8\sim\phi16$	$\phi8\sim\phi20$
双线加工范围/mm	$\phi5\sim\phi10$	$\phi8\sim\phi13$	$\phi8\sim\phi16$
最大牵引速度/(m/min)	150	240	200
小时平均功率/(kW/h)	4	20	30
调直方式	压轮式调直	压轮式调直	压轮式调直
剪切方式	固定剪切	固定剪切	固定剪切

14.4.4　各产品技术性能

根据钢筋的调直方式,可以将钢筋调直机分为以下4种类型:调直模式、曲线辊式、对辊式和复合式。下面介绍其技术性能。

1. 调直模式调直机的技术性能

图14-14所示为调直模式钢筋调直机。该调直方式下,钢筋调直效果好,过程容易控制;但调直速度低,被加工钢筋表面有划伤,工作噪声较大。该模式适合各种光圆钢筋。

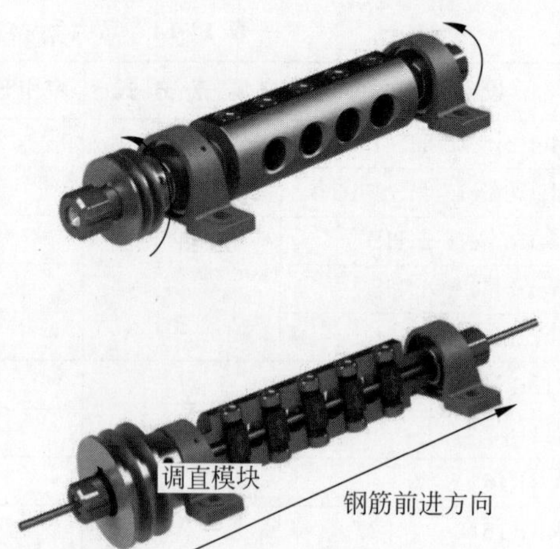

图 14-14　调直模式钢筋调直机

2. 曲线辊式调直机的技术性能

图14-15所示为曲线辊式钢筋调直机。该调直方式下,钢筋调直效果好,过程易控制,调直速度较快;但被加工钢筋表面划伤较重,工

图 14-15 曲线辊式钢筋调直机

作噪声较大。该模式适合各种光圆钢筋和对钢筋表面划伤要求不高的场合。

3. 对辊式调直机的技术性能

图 14-16 所示为对辊式钢筋调直机。该调直方式下，钢筋调直效果一般，过程控制要求较高，调直速度快，被加工钢筋表面有轻微划伤，工作噪声小。该模式适合各种钢筋，特别适合冷、热轧带肋钢筋。

图 14-16 对辊式钢筋调直机

4. 复合式调直机的技术性能

图 14-17 所示为复合式钢筋调直机。该调直方式下，钢筋调直效果比较好，过程比较容易控制，调直速度高于曲线辊式，低于对辊式，被加工钢筋表面有划伤，工作噪声比较小。该模式适合各种钢筋。

图 14-17 复合式钢筋调直机

14.5 选型原则与选型计算

14.5.1 选型原则

钢筋调直机选型时，可根据钢筋调直切断机分类与加工特点(见表 14-17)进行选用。

表 14-17 钢筋调直切断机分类与加工特点

形式		特点
调直方式	调直模式	钢筋调直效果好，比较容易控制。但调直速度低，被加工钢筋表面有划伤，工作噪声较大。适合各种光圆钢筋
	曲线辊式	调直速度较快，钢筋调直效果好，且易控制。但被加工钢筋表面划伤较重，工作噪声较大。适合各种光圆钢筋和对钢筋表面划伤要求不高的场合
	对辊式	调直速度快，被加工钢筋表面有轻微划伤，工作噪声小；钢筋调直效果一般，控制要求较高。适合各种钢筋，特别适合冷、热轧带肋钢筋
	调直模式+对辊复合式	钢筋调直效果比较好，比较容易控制。调直速度高于曲线辊式，低于对辊式。被加工钢筋表面有划伤，工作噪声比较小。适合各种钢筋
	多功能调直切断机	集钢筋矫直、弯箍成型和定尺切断三个功能于一体，可提高钢筋加工精度和效率，大大降低钢筋加工的成本
切断方式	锤击式	适用中、小直径钢筋，工作噪声连续、较大。易出现连切现象，定尺误差最小。适用于中、低速度的钢筋调直机和对定尺精度要求较高的场合
	飞剪式	适用大、中直径钢筋，工作噪声较大，不连续。定尺精度不高，但没有连切现象。适用于高速钢筋调直机
	液压式	适用大、中直径钢筋，工作噪声小。没有连切现象。适用于速度不太高的钢筋调直机

续表

形　　式		特　　点
落料方式	支撑柱式	结构简单,工作噪声小。适用于小直径光圆钢筋,且钢筋调直度较高的场合
	翻板式	结构较复杂,工作噪声较大。适用于大、中直径钢筋
	撤板式	结构较复杂,工作噪声较大。适用于大、中直径钢筋
	敞口式	结构简单,工作噪声较小。适用于大、中直径钢筋,且钢筋调直较好的场合
定尺方式	机械式	定尺误差小,易控制。噪声较大,寿命短。适用于对定尺误差要求较高,速度要求不高的场合
	机电式	定尺误差稍大,噪声较小,寿命长。适用于对定尺误差要求较低,调直速度要求较高的场合
控制方式	普通电气控制	线路复杂,对维护人员要求较高。控制精度低,易发生故障,初期调试麻烦
	PLC 控制	线路简单,对维护人员要求不高。控制精度较高,运行比较稳定,初期调试简单
上料方式	开卷式	设备复杂,放线速度快、钢筋不扭转,特别适合于高速工作状态
	非开卷式	设备单一,适于调直速度不太高的工作场合。放线时钢筋自然扭转

14.5.2 选型计算

本章以对辊式钢筋调直机为例,重点介绍平行辊矫直系统的关键技术参数,包括辊系排列方式、辊数、辊径等参数,并对其进行计算,针对 $\phi9\sim\phi12$ mm 的 HRB400 钢筋的平行辊式钢筋矫直系统关键参数进行设计计算。

1. 辊径计算

调直辊的主要功能是把不同原始曲率的钢筋调直,即使钢筋得到调直所需曲率的压弯,辊距需要从咬入条件和强度两方面来计算求解。压弯曲率 A_w 与弹性极限曲率 A_t 的比值即为压弯曲率比 C_w,即调直曲率所用的倍数。所以利用 C_w 便可算出调直曲率,用其反数便可得到调直曲率半径,即由 $A_w=A_tC_w$,算出调直辊直径为

$$D_j=2R_j=\frac{EH}{\sigma_t C_w},\quad C_w=4\sim5 \tag{14-3}$$

式中,D_j 为调直辊直径,mm; R_j 为调直辊半径,mm; E 为弹性模量; H 为工件高度,mm; σ_t 为弹性极限挠度。

首先从调直辊的接触强度入手来讨论。当工件的高度大于宽度时,调直压力有可能使工件表面产生塑性变形,也可能使调直辊表面产生疲劳剥蚀。故需用圆柱面与平面的接触应力来限制辊径:

$$\sigma_{max}=0.418\sqrt{\frac{FE}{BR}} \tag{14-4}$$

式中,F 为最大矫直力,N; B 为钢筋与辊面接触宽度,mm。

当辊距为 p、工件的弹性极限弯矩为 M_t 时,$F=8\overline{M}_{max}M_t/p$。式中 $D=2R$,$p=1.15D$,$\sigma_{max}=2\sigma_s=2\sigma_t$,$M_t=BH^2\sigma_t/6$,$\overline{M}_{max}=1.48$,代入上式可得

$$D_{min}=\frac{176H}{\sqrt{\sigma_t}} \tag{14-5}$$

然后从咬入条件方面来讨论。辊径与辊距相关,辊径大小与咬入条件又互相影响。辊距过大,下压量必然要增大,使辊缝变小,对咬入不利。

2. 辊距计算

图 14-18 所示为咬入力学模型,下面利用此模型进行分析。设咬入端的压弯量为 e,鉴于入口必须以咬入为主,不需产生过大弯曲,为了稳妥起见,可按弹塑性最大压弯来设定其压弯挠度比 $\bar{\delta}_{wmax}=\overline{M}_{max}=1.93$,故挠度为 $\delta_{wmax}=1.93\delta_t$,而 $\delta_t=M_tl^2/3EI=2\sigma_tl^2/3EI$,故

$$\delta_{wmax}=1.93\times\frac{2\sigma_tl^2}{3EI}=1.3\times\frac{\sigma_tl^2}{EI} \tag{14-6}$$

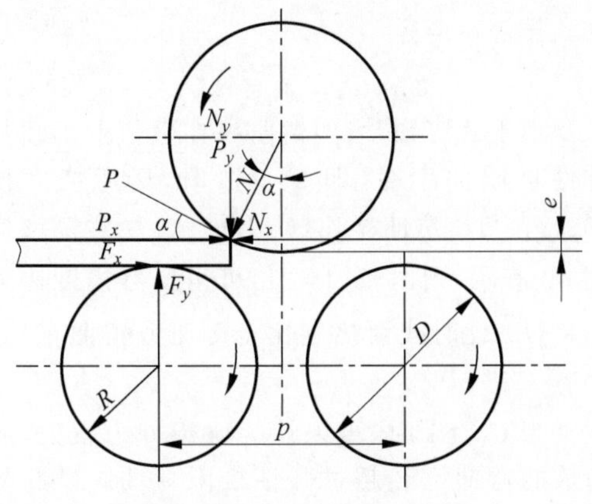

图 14-18　咬入力学模型

式中，l 为钢筋弯曲长度，mm；I 为惯性矩，m^4；

由 $e=2\delta_{wmax}$ 及 $p=2l$ 计算可得压弯量(图 14-19)为

$$e=2.6\times\frac{\sigma_t l^2}{EI}=0.65\times\frac{\sigma_t p^2}{EI}\tag{14-7}$$

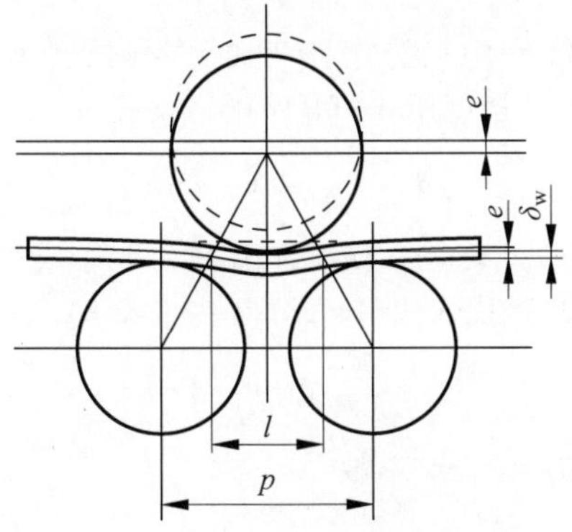

图 14-19　咬入时压弯量

由图 14-18 可知咬入力为摩擦力 P，可分解为水平分力 P_x 及下辊送进力 F_x，而反咬入力为工件头部对辊子顶撞力的水平分力 N_x。前者必须大于后者才能咬入，即

$$F_x+P_x>N_x\tag{14-8}$$

辊子与工件之间的法向压力为 N 和 F_y，它们之间的摩擦系数为 μ，辊子对工件的咬入角为 α，则

$$F_x=\mu F_y,\quad P=\mu N,$$

$$P_x=\mu N\cos\alpha,\quad N_x=N\sin\alpha$$

将上式代入式(14-8)得工件与辊子之间各垂直分力处于平衡状态，即

$$F_y=N_y+P_y=N\cos\alpha+\mu N\sin\alpha$$

将咬入条件改写为

$$\mu F_y+\mu N\cos\alpha\geqslant N\sin\alpha$$

则

$$2\mu\cos\alpha+(\mu^2-1)\sin\alpha\geqslant 0\tag{14-9}$$

辊子与工件之间的滑动摩擦系数可取为 $\mu=0.2$。由图 14-18 中几何关系可知 $\cos\alpha=(R-e)/R$，$\sin\alpha=(2Re-e^2)^{1/2}/R$，代入上式可得

$$R^2-13.52Re+6.76e^2\geqslant 0\tag{14-10}$$

$R_{min}=13e$，$p=1.15D$，由此可得

$$D_{max}=2R=0.045\frac{EH}{\sigma_t}\tag{14-11}$$

再根据辊距与辊径的关系即可算出辊距

$$p=\alpha D\tag{14-12}$$

式中，$\alpha=1.1\sim1.2$。

3. 调直辊下压量的计算方法

钢筋压弯挠度采用材料力学方法计算，见图 14-20。设钢筋原始弯曲挠度为 δ_0，调直时自然要对钢筋进行反向弯压。当压弯所造成的纵轴倾斜度不太大时，可以把纵轴小段长度 d_x 看成挠曲弧长 d_s，并设 x 处的曲率为 A_x，曲率半径为 ρ_x，则 x 处钢筋截面转角变化率为

$$d\theta=\frac{dx}{\rho_x}=A_x dx\tag{14-13}$$

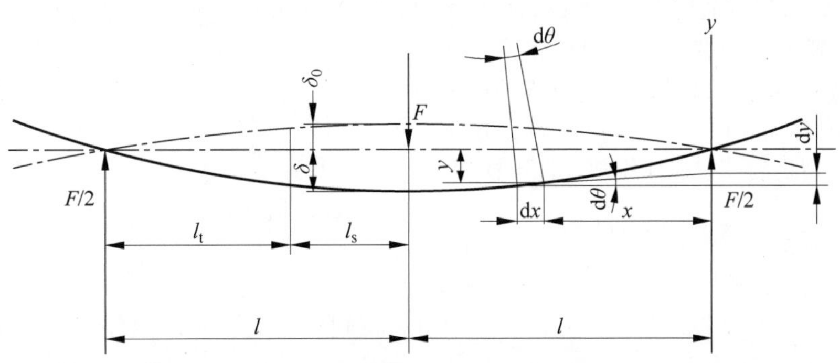

图 14-20　条材中点压弯时的挠度

此处的挠度变化量为

$$\mathrm{d}y = x\mathrm{d}\theta = xA_x\mathrm{d}x \tag{14-14}$$

压力点向下(水平线以下)的挠度为

$$\delta = \int_0^\delta \mathrm{d}y = \int_0^l xA_x\mathrm{d}x = A_t\int_0^l C_x x\mathrm{d}x \tag{14-15}$$

已知钢筋的原始弯曲为($-\delta_0$),其相应的原始曲率比为 C_0,先不考虑调直,只设定反向压弯的曲率比为 C_w,其相应挠度为 δ_w 时,总的曲率比变化为 $C_\Sigma = C_0 + C_w$,总的弯度变化为 $\delta_\Sigma = \delta_0 + \delta_w$,则有

$$\delta_\Sigma = A_x\int_0^l C_\Sigma x\mathrm{d}x \tag{14-16}$$

$$\delta_w = A_t\int_0^l C_\Sigma x\mathrm{d}x - \delta_0 \tag{14-17}$$

C_Σ 中所含的 C_0 值变化范围较大,有时达到 $C_0 \geqslant 5$,这将增大积分的误差。为了提高计算精度,采用经验近似算法,先用解析法算出弹复挠度 δ_f,再用假想外力法按上面的积分式(14-16)以残留曲率为挠度函数算出残留挠度 δ_c,将两者相加便可得到 $\delta_w = \delta_f + \delta_c$。其中 δ_f 为精确值,δ_c 可能含有较小的误差。

δ_f 用材料力学的公式计算:

$$\delta_f = \frac{Ml^2}{3EI} = \frac{M_t l^2}{3EI}\overline{M} \tag{14-18}$$

式中,M 为弯矩,N·m; l 为上辊与下辊的水平距离,m; $\overline{M}$ 为外力弯矩比; M_t 为弹性极限弯矩,N·m。

由于弹性极限挠度 $\delta_t = M_t l^2/3EI$,故上式可写成

$$\delta_f = \delta_t\overline{M} \tag{14-19}$$

钢筋在整个长度上的原始弯曲不尽相同,有大有小,在经过某种反弯之后,大的原始弯曲矫后弹复力大,残留弯曲变小;小的原始弯曲矫后弹复力小,残留弯曲变大。为把残留挠度当作一种假想外力作用的结果,须对残留的曲率比 C_c 进行判别。当 $C_c \leqslant 1$ 时,说明残留曲率 $A_c \leqslant A_t$,其残留挠度可按弹性原则进行计算,即

$$\delta_c = A_t\frac{C_c l^2}{3} = \delta_t C_c = \delta_t(C_w - C_f) \tag{14-20}$$

所以

$$\delta_c = \delta_t(C_w - \overline{M})$$

于是压弯挠度为

$$\delta_w = \delta_f + \delta_c = \delta_t C_w \tag{14-21}$$

由上式可知,当残留曲率在数值上不超过弹性极限曲率时,即 $C_c \leqslant 1$ 时,压弯挠度比(δ_w/δ_t)与压弯曲率比(C_w)相等。压弯挠度比用 $\bar{\delta}_w$ 表示,则由式(14-21)可得压弯挠度比为 $\bar{\delta}_w = C_w$,此时残留挠度比也等于残留曲率比,即 $\bar{\delta}_c = C_c$。

当 $C_c > 1$ 时,可以认为假想外力较大,所造成的弯曲已经超过弹性极限弯曲。设此外力弯矩为 M_c,它也是弹塑性弯曲,即 $M_c = M_t\overline{M}_c = M_t f(C_c)$,假想弯矩比也是残留曲率比的函数。在两个弯矩点中点的弯矩为 M_c,任意点的弯矩为 M_{cx}。同理,弹性极限弯矩(M_t)点的位置在 l_{ct} 处,此处挠度为

$$\delta_{ct} = M_t\frac{l_{ct}^2}{3EI} \tag{14-22}$$

l_{ct} 到中点为塑性弯曲区,其长度为 $l_{cs} = l - l_{ct}$,其挠度用式(14-16)积分求得

$$\delta_{cs} = \int_{l_{ct}}^l A_t C_{cx} x\mathrm{d}x \tag{14-23}$$

其中 C_{cx} 又是 x/l_{ct} 的函数,可写成 $C_{cx} = f(x/l_{ct})$,代入式(14-23)得

$$\delta_{cs} = \int_{l_{ct}}^l A_t f\left(\frac{x}{l_{ct}}\right)x\mathrm{d}x \tag{14-24}$$

已知 $\delta_c = \delta_{ct} + \delta_{cs}$,故

$$\delta_c = \frac{M_t l_{ct}^2}{3EI} + \int_{l_{ct}}^l A_t f\left(\frac{x}{l_{ct}}\right)x\mathrm{d}x \tag{14-25}$$

由于 $M_t l^3/3EI = \delta_t$,故式(14-25)中 $M_t l_{ct}^2/3EI = \delta_t(l_{ct}/l)^2$。另外,$A_t = M_t/EI = (M_t l^2/3EI)\times(3/l^2) = 3\delta_t/l^2$。将以上两式代入式(14-25)得

$$\delta_c = \delta_t\left[\left(\frac{l_{ct}}{l}\right)^2 + \frac{3}{l^2}\int_{l_{ct}}^l f\left(\frac{x}{l_{ct}}\right)x\mathrm{d}x\right] \tag{14-26}$$

总压弯挠度为

$$\begin{aligned}\delta_w &= \delta_f + \delta_c \\ &= \delta_t\left[\overline{M} + \left(\frac{l_{ct}}{l}\right)^2 + \frac{3}{l^2}\int_{l_{ct}}^l f\left(\frac{x}{l_{ct}}\right)x\mathrm{d}x\right]\end{aligned} \tag{14-27}$$

现在定义 $\bar{\delta}_w = \delta_w/\delta_t$,称为压弯挠度比,并已知 $\overline{M} = \bar{\delta}_f = \delta_f/\delta_t$,则 $\bar{\delta}_w$ 的表达式为

$$\bar{\delta}_w = \bar{M} + \left(\frac{l_{ct}}{l}\right)^2 + \frac{3}{l^2}\int_{l_{ct}}^{l} f\left(\frac{x}{l_{ct}}\right) x\,\mathrm{d}x \tag{14-28}$$

各辊之间的交错压弯量可以近似地按某一辊的压弯挠度与其前后相邻二辊压弯挠度一半相加的结果来计算。

由图 14-21(a)可知，第 i 辊的压弯量为

$$\bar{\delta}_i = \delta_{wi} + \frac{1}{2}(\delta_{w(i-1)} + \delta_{w(i+1)}) \tag{14-29}$$

当辊系中的辊位固定时，各辊的压弯量不需计算，但它们的压弯挠度需要计算，如第 i 辊（设为固定辊）的压弯挠度为

$$\delta_{wi} = \frac{1}{2}(\delta_{w(i-1)} + \delta_{w(i+1)}) \tag{14-30}$$

图 14-21 中各点 $i-1$、i 和 $i+1$ 等为零弯矩点。

若第 1 辊及最后一辊的辊位固定不变，一般不需计算其压弯挠度和压弯量，如图 14-21(b)所示。此时第 2 辊及第 $n-1$ 辊的辊位可调，它们的压弯挠度及压弯量皆需计算。但是它们的零弯矩点中的第 1 点及 $n-1$ 点并不存在，或者已转移到第 1 辊及第 n 辊附近。为了简化计算，仍将第 1 点及 $n-1$ 点作为零弯矩点来处理，进而求出第 2 辊及第 $n-1$ 辊的压弯挠度 δ_{w2} 及 $\delta_{w(n-1)}$。然后以它们的两倍作为各自的压弯量来计算，即

$$\delta_2 = 2\delta_{w2} \tag{14-31}$$

$$\delta_{(n-1)} = 2\delta_{w(n-1)} \tag{14-32}$$

采用这种压弯量来调节辊位时，实际产生的压弯曲率值可能会偏小一些，但能保持压弯量变化的连续性，有利于工件顺利通过。

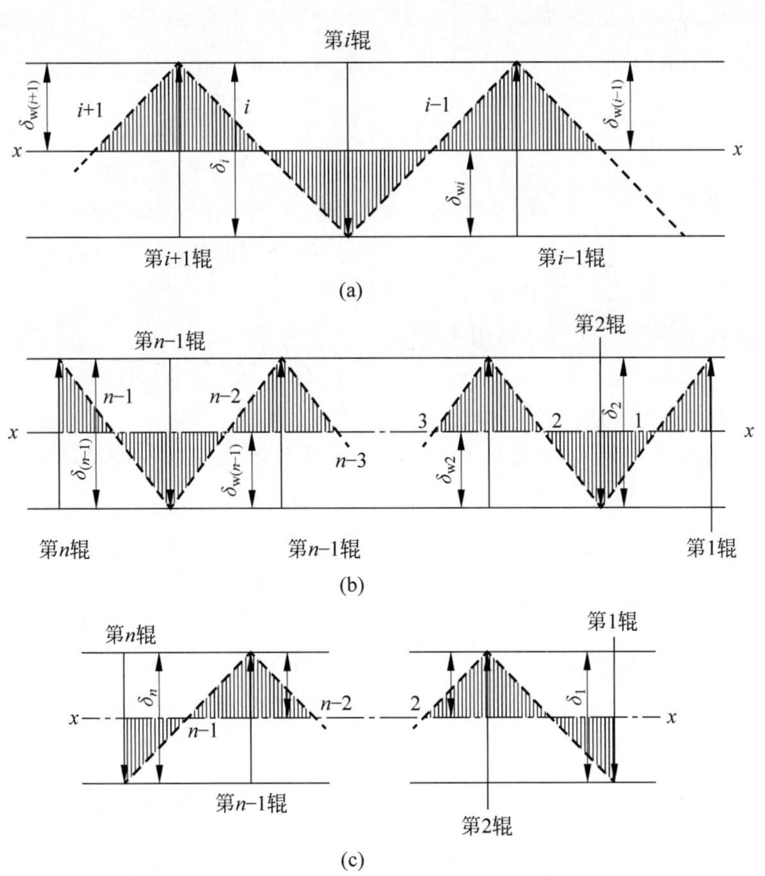

图 14-21　调直机各辊的压弯挠度与压弯量

当第 2 辊及第 $n-1$ 辊的辊位固定时，第 1 辊及第 n 辊位可调辊时，如图 14-21(c)所示，此时第 1 辊应保证第 2 辊能达到不小于 $2\delta_{w2}$ 的压弯量，故采用

$$\delta_1 = 2\delta_{w2} \tag{14-33}$$

第 n 辊应保证第 $n-1$ 辊达到不小于 $2\delta_t$ 的压弯量，而采用

$$\delta_n = 2\delta_t \tag{14-34}$$

调直辊的压弯量除了它们之间的几何关系之外，各辊压弯量大小的安排要根据对调直效果的有利条件来确定。

平行辊调直遵循压弯挠度和弹复挠度相等的原则，也就是残留挠度等于零。

调直曲率比方程为

$$C_w - C_f = 0,\quad C_w - \overline{M} = 0$$

调直曲率比方程可以改为调直挠度比方程

$$\bar{\delta}_w - C_f = 0,\quad \bar{\delta}_w - \overline{M} = 0$$

对于钢筋的调直曲率比方程将变为调直挠度比方程或压弯挠度比方程

$$(C_0 - \bar{\delta}_w)^3\bar{\delta}_w - \frac{4}{3\pi}[2.5(C_0 + \bar{\delta}_w)^2 - 1]\cdot[(C_0 + \bar{\delta}_w)^2 - 1]^{1/2} - \frac{2}{\pi}(C_0 + \bar{\delta}_w)^4 \arcsin\frac{1}{C_0 + \bar{\delta}_w} = 0$$

用这个压弯挠度比方程解出 $\bar{\delta}_w$ 值，再用式

$$\delta_w = \delta_t\bar{\delta}_w \tag{14-35}$$

算出调直所需的压弯挠度，从而算出各辊压弯量。各辊处的原始曲率比 C_0 都是前一辊的最大残留曲率比 C_c。而各辊处的残留曲率比又都是前辊已调直部位又被压弯后弹复所剩下的曲率比，都是可以逐个算出的。

4. 速度的计算方法

$v=\frac{n\pi d}{60}$加入修正系数 γ 得

$$v = \gamma\frac{n\pi d}{60} \tag{14-36}$$

5. 钢筋切断力计算

下面以液压式钢筋切断机为例进行计算。

1) 钢筋切断力 P(单位为 N)

$$P = \frac{\pi d^2}{4}\sigma_c \tag{14-37}$$

式中，d 为钢筋直径，mm；σ_c 为材料抗剪极限强度，N/mm^2。

2) 钢筋切断机动刀片冲程数 n(单位为 r/min)

$$n = n_i I \tag{14-38}$$

式中，n_i 为电动机转速，r/min；I 为机械总传动比。

3) 作用在偏心轮轴的扭矩 M(单位为 N·mm)

$$M = Pr_k\left\{\frac{\sin(\alpha+\beta)}{\cos\beta} + \mu\left[r_0 + r_a\left(1+\frac{r_k}{L}\right) + r_b\frac{r_k}{L}\right]\right\}$$

式中，r_k 为偏心距，mm；α 为偏心轮半径与滑块运动方向的夹角；β 的值为 $\arcsin(K\sin\alpha)$，其中 $K=r_k/L$；L 为连杆长度，mm；r_0 为偏心轮子轴颈的半径，mm；r_a 为偏心轮半径，mm；r_b 为滑块销半径，mm；μ 为滑动摩擦系数，$\mu=0.10\sim0.15$。

4) 驱动效率 N

$$N = \frac{Mn}{71\,600\eta}\times\frac{1}{9.8}\times\frac{1}{1.36}$$

式中，M 为作用在偏心轮轴的扭矩，N·mm；n 为钢筋切断次数，次/min；η 为传动系统总效率。

14.6 安全使用

14.6.1 安全使用标准与规范

钢筋调直切断机械的安全使用标准是《建筑施工机械与设备　钢筋加工机械　安全要求》(GB/T 38176—2019)。

钢筋调直切断机械的安全使用操作应在钢筋调直切断机械使用说明书中详细说明，产品说明书的编写应符合《工业产品使用说明书　总则》(GB/T 9969—2008)的规定。

14.6.2 拆装与运输

1. 安装调试总体程序

1) 安装

安装时需将主机及线架放置水平，保证安

放平稳，无晃动现象。长轴和直线枪安装后需调整水平，使直线枪线槽与主机进线孔中心线在同一直线上。

2）调试

试车前，对各运转部件进行清洗，然后对导套内孔及其他部分按润滑要求润滑。试车时先进行空运转试验，试验时控制电机正反运转，检查各部分是否运转正常，有无异常噪声。确定可靠后可以开始调试线材，通过调整压块和定长镶条，分别保证直线度和所需长度，达到要求后方可开始工作。

2. 调直切断机安装前的准备

（1）调直切断机应安装在坚实的混凝土基础上，室外作业时应设置机棚，机械的旁边应有足够的堆放原料、半成品的场地。

（2）承受架料槽应安装平直，其中心应对准导向筒、调直筒和下切刀孔的中心线。钢筋转盘架应安装在离调直机 5～8 m 处。

（3）按所调直钢筋的直径选用适当的调直模，调直模的孔径应比钢筋直径大 2～5 mm。首尾两个调直模须放在调直筒的中心线上，中间 3 个可偏离中心线。一般先使钢筋有 3 mm 的偏移量，经过试调直后如发现钢筋仍有慢弯现象，则可逐步调整偏移量直至调直为止。

（4）根据钢筋直径选择适当的牵引辊槽宽，一般要求在钢筋夹紧后上下辊之间有 3 mm 左右的间隙。引辊夹紧程度应保证钢筋能顺利地被拉引前进，不会有明显转动，但在切断的瞬间，允许钢筋和牵引辊之间有滑动现象。

（5）根据活动切刀的位置调整固定切刀，上下切刀的刀刃间隙应不大于 1 mm，侧向间隙应不大于 0.1～0.15 mm。

（6）新安装的调直机要先检查电气系统和零件有无损坏，各部连接及连接件牢固可靠，各转动部分运转灵活，传动和控制系统性能符合要求，方可进行试运转。

（7）空载运转 2 h，然后检查轴承温度（重点检查调直筒轴承），查看锤头、切刀或切断齿轮等工作是否正常，确认无异常状况后，方可送料并试验调直和切断能力。

3. 安装前的注意事项

（1）当钢筋调直切断机安装承受架时，承受架料槽中心线应对准导向筒、调直筒和下切刀孔的中心线。

（2）钢筋调直切断机安装完毕后，应先检查电气系统及其他元件有无损坏，机器连接零件是否牢固可靠，各传动部分是否灵活。确认各部分正常后方可进行试运转。试运转中应检查轴承温度，查看锤头、切刀及剪切齿轮等工件是否正常。确认无异常状况时，方可进料、试验调直和切断。

（3）钢筋调直切断机按所需调直钢筋的直径选用适当的调直块、曳引轮槽及传动速度。调直块的孔径应比钢筋直径大 2～5 mm，曳引轮槽宽应和所需调直钢筋的直径相符合。

（4）必须注意调整调直块。调直筒内一般设有 5 个调直块，第 1、5 两个调直块须放在中心线上，中间 3 个可偏离中心线。先使钢筋偏移 3 mm 左右的偏移量，经过试调直，如钢筋仍有慢弯，可逐渐加大偏移量直到调直为止。

（5）导向筒前部应安装一根长度为 1 m 左右的钢管。需调直的钢筋应先穿过该钢管，然后穿入导向筒和调直筒内，以防止每盘钢筋接近调直完毕时其端头弹出伤人。

（6）在调直块未固定、防护罩未盖好前，不得穿入钢筋，以防止开动机器后调直块飞出伤人。

4. 钢筋调直切断机的安装方法

（1）安装承受架时，承受架料槽线应对准导向筒、调直筒和下切刀孔的中心线。

（2）安装完毕后，应先检查电气系统及其他元件有无损坏，机器连接零件是否牢固可靠，各传动部分是否灵活。确认各部分正常后方可进行试运转。试运转中应检查轴承温度，查看锤头、切刀及剪切齿轮等工件是否正常。确认无异常状况时，方可进料、试验调直和切断。

5. 设备的运输

（1）设备运输前，应对所经过路线及两端装卸条件进行详细调查，了解运输路线的情况，拟订运输方案，提出安全措施，并制定搬运措施。

（2）搬运设备前，应对路基下沉、路面松软以及冻土开化等情况进行调查并采取措施，防止在搬运过程中发生倾斜、翻倒；对沿途经过的桥梁、涵洞、沟道等进行详细检查和验算，必要时应予以加固。

(3) 设备运输道路坡度不得大于15°；如不能满足要求时，必须征得制造商同意并采取可靠的安全措施。

(4) 运输道路上方如有输电线路，通过时应保持安全距离，否则必须采取隔离措施。

(5) 用拖车装运设备时，应进行稳定性计算并采取防止剧烈冲击或振动的措施。启动前应先鸣号。卸货时车速应控制在5～10 km/h。

(6) 从车辆上卸下设备时，卸车平台应牢固，并应有足够的宽度和长度。荷重后平台不得有不均匀下沉现象。

(7) 搭设卸车平台时，应考虑到车卸载时弹簧弹起及船体浮起所造成的高差。

(8) 使用两台不同速度的牵引机械卸车时，应采取措施使设备受力均匀，牵引速度一致。牵引的着力点应在设备的重心以下。

(9) 被拖动对象的重心应靠近托板中心位置。托运圆形对象时，应垫好枕木楔子；对高大而底面积小的物件，应采取防止倾倒的措施；对薄壁或易变形的物件，应采取加固措施。

(10) 托运滑车组的地锚应经过计算，使用中应经常检查。严禁在不牢固的建筑物或运行的设备上绑扎托运滑车组。打桩绑扎托运滑车组时，应了解地下设施情况并计算其承载力。

(11) 中间停运时，应采取措施防止对象滚动。夜间应设红顶警示，并设专人看守。

14.6.3 安全使用规程

(1) 机械的安装应坚实稳固，保持水平位置，固定式机械应有可靠的基础；移动式机械作业时应揳紧行走轮。

(2) 室外作业应设置机棚，机旁应有堆放原料、半成品的场地。

(3) 加工较长的钢筋时应有专人帮扶，并听从操作人员指挥，不得任意推拉。

(4) 料架、料槽应安装平直，并应对准导向筒、调直筒和下切刀孔的中心线。

(5) 应用手转动飞轮，检查传动机构和工作装置，调整间隙，紧固螺栓，确认正常后，启动空运转，并应检查轴承有无异响，齿轮啮合良好、运转正常后方可作业。

(6) 应按调直钢筋的直径选用适当的调直块及传动速度。调直块的孔径应比钢筋大2～5 mm，传动速度应根据直径选用，直径大的宜选用慢速，经调合格，方可送料。

(7) 在调直块未固定、防护罩未盖好前不得送料。作业中严禁打开各部防护罩并调整间隙。

(8) 当钢筋送入后，手与电轮应保持一定的距离，不得接近。

(9) 送料前应将不直的钢筋端头切除。导向筒前应安装一根1 m长的钢管，钢筋应先穿过钢管再送入调直机前端的导孔内。

(10) 经过调直后的钢筋如仍有慢弯，可逐步加大调直块的偏称量，直到调直为止。

(11) 切断3根或4根钢筋后应停机检查其长度，当超过允许偏差时应调整限位开关或定尺板。

(12) 作业后应堆放好成品，清理场地，切断电源，锁好开关箱，做好润滑工作。

14.6.4 维修与保养

(1) 钢筋调直切断机的日常维护与保养是设备正常运转的基础保障，在钢筋调直切断机正常使用中，对整机的运转部位和运转固定部位，如电机座、调直筒带轮、送料箱带轮与链条链轮、送料轮等，每班前做一次检查。固定螺丝、轴承、调直轮支架总成，应在每工作一个月后进行一次清洗和保养，以免造成调直筒前后轴承发热、调直筒左右旋丝因蓄污而卡死拧不动现象。经常检查调整三角带松紧程度，皮带松动后应适当调整电机机座下的连接螺栓，保持松紧合适；在工作中应当经常检查各轴承、油箱部位温度及响声是否正常，发现有温度过高、响声异常等情况必须立即停车进行检修。

(2) 需要润滑注油的位置及次数如下：①调直筒两端上面的注油孔，每个班应该注油4～6次；②牵引送丝机构上端的注油口，每个班检查2次，发现缺少及时补充；③液压切刀滑杠轨道部分，每个班至少加油4次；④液压切刀活动刀杆部分，每个班至少加油4次，并注意经常清理切刀周围的碎屑等异物；⑤调直机应按照要求进行润滑保养才能延长设备使用寿命，有效地降低设备故障率。

(3) 调直筒内调直轮注油。如在整机装配中注油不方便，可把固定板整套卸下进行注油。此项工作每周至少加油润滑 2～3 次。

(4) 作业完毕后应清除刀具及刀具下边的杂物，保持机体清洁。检查各部位螺栓的紧固程度及三角带的松紧度；调整固定与活动刀片的间隙，更换磨钝的刀片。

(5) 润滑介质的选用方法：冬季使用 ZG-2 号润滑脂，夏季选用 ZG-4 号润滑脂；机体刀座用 HG-11 号气缸机油润滑，齿轮用 ZG-S 号石墨脂润滑。

14.6.5 常见故障及其处理

1. 钢筋调直切断机不能正常启动故障的排除方法

当机器出现只能点动，而不能正常启动的故障时，应检查控制显示屏计数器设置，将计数器复位清零后机器即可正常启动。

2. 不切钢筋故障的排除方法

检查设置长度是否正确，如应切断长度为 150 cm，而设置长度 1500 cm，此时到应切长度处就不会切断，而是到设置长度时才切断。

3. 切不断钢筋故障的排除方法

(1) 检查液压油是否足够，如果不够需要添加足够的液压油。

(2) 检查液压油管接头是否松动，如果松动请紧固。

(3) 检查圆柱刀直径与线材直径的配合，如果不合适请更换圆柱刀。

(4) 检查出刀时间的设定是否合适。

(5) 检查压力设置是否合适，如果不合适请调整到合适数据。

4. 回刀不到位故障排除方法

检查回刀设置是否调整到位。

5. 连续切短料故障的排除方法

检查设置长度是否正确，如应切断长度为 150 cm，而设置长度 15 cm，此时不到应切长度而是到设定长度就切断了。

6. 钢筋有误差故障的排除方法

(1) 如果切出来的钢筋长度基本一致，而与设定长度有一定的误差，可按照控制显示器的操作说明进行误差补偿。

(2) 如果切出来的钢筋长度不一致，检查编码器的联轴器是否老化，如老化及时更换。

(3) 检查编码器是否损坏，如损坏及时更换。

14.7 工程应用

钢筋调直切断机械目前已在我国工程建设中广泛应用，不仅应用于房建、市政工程，而且应用于铁路、桥梁、水利电力、隧道、地铁等工程。钢筋调直切断机的施工技术方案如下。

1. 设备安装

(1) 安装场所应具有坚实、牢固的排水系统，并设立可靠的设备基础。

(2) 钢筋调直机械加工场地四周应设立警戒区和警示标志，并搭设安全防护围挡。

(3) 在室外和塔式起重机旋转半径范围内要搭设安全防护栏和防砸棚，安全和规范用电，且要有接零、接地和漏电保护装置。

(4) 对操作人员要进行安全操作技能培训，合格后方可上岗。

2. 设备操作

(1) 设备必须由专人负责，并持证上岗。

(2) 作业中操作者不准离开机械过远，上盘、穿筋、引头切断时都必须停机。

(3) 调直钢筋过程中，当发生钢筋跳出托盘导料槽，顶不到定长机构以及乱丝或钢筋脱架时，应及时按动限位开关，停止切断钢筋，待调整好后方准使用。

(4) 每盘钢筋调直到末尾或调直短钢筋时应手持套管护送钢筋到导向器和调直筒，以免当其自由甩动时发生伤人事故。

(5) 调直模未固定、防护罩未盖好前不准穿入钢筋，以防止开动机器后调直模飞出伤人。

(6) 在机械运转过程中不得调整滚筒，严禁戴手套操作，并严禁在机械运转过程中进行维修保养作业。

(7) 已调直、切断的钢筋，应按规格、根数分成小捆堆放整齐，不准乱堆，以防因钢筋成分、性能不同而造成质量事故，作业完毕必须切断电源。

(8) 严格按照设备使用说明书执行设备操作和维护保养，确保机械处于良好工作状态。

3. 安全事项

(1) 安装承料架时，承料架料槽中心线应对准导向筒、调直筒和下切刀孔的中心线。

(2) 安装完毕后，应先检查电气系统及其他元件有无损坏，机械连接零件是否牢固可靠，各传动部分是否灵活。确认各部分正常后，方可进行试运转。试运转中应检查轴承温度，查看锤头、切刀及剪切齿轮等工件是否正常。确认无异常状况时，方可进料、试验调直和切断。

(3) 按所需调直钢筋的直径，选用适当的调直块、牵引轮槽及传动速度。调直块的孔径应比钢筋直径大 2～5 mm，曳引轮槽宽应和所需调直钢筋的直径相符合。

(4) 必须注意调整调直块。调直筒内一般设有 5 个调直块，第 1、5 两个调直块须放在中心线上，中间 3 个可偏离中心线。先使钢筋偏移 3 mm 左右的偏移量，经过试调直，如钢筋仍有慢弯，可逐渐加大偏移量直到调直为止。

(5) 导向筒前部应安装一根长度为 1 m 左右的钢管。需调直的钢筋应先穿过该钢管，然后穿入导向筒和调直筒内，以防止每盘钢筋接近调直完毕时其端头弹出伤人。

(6) 在调直块未固定、防护罩未盖好前不得穿入钢筋，以防止开动机器后调直块飞出伤人。

4. 工程实例

下面以 HH14-22 型钢筋调直机使用为例说明如下：

(1) 放线部分可实现无吊装自动放线，应该安装于钢筋调直机前端约 6～8 m 以外，以确保钢筋调直过程中有足够的张力和长度富余量。

(2) 按数控钢筋调直切断机钢筋直径，选用适当的调直块、曳引轮槽及传动速度。调直块的孔径应比钢筋直径大 2～5 mm，曳引轮槽宽与所调直钢筋直径相同。

(3) 调直块的调整。一般的调直筒内有 5 个调直块，1、5 两个调直块须放在中心线上，中间 3 个可偏离中心线。先使钢筋偏移 3 mm 左右的偏移量，经过试调，如钢筋仍有慢弯，逐渐加大偏移量，直到调直为止。

(4) 切断三四根钢筋后需停机检查长度是否合适，如有偏差，可调整限位开关或定尺板，直至适合为止。

(5) 在导向管的前部安装一根 1 m 左右的钢筋。被调直的钢筋先穿过钢管，再穿入导向筒和调直筒，以防止每盘钢筋接近调直完毕时弹出伤人。

HH14-22 型钢筋调直机的技术参数见表 14-18。

表 14-18　HH14-22 型钢筋调直机技术参数

参　　数	数　　值
调直范围/mm	$\phi14\sim\phi22$
切断范围/mm	$\phi14\sim\phi18$
切断方式	液压切断
调直电机	11.0 kW，6 级
切断电机	11.0 kW，4 级
送料电机	5.5 kW，4 级
切断钢筋精度/mm	±5
切断短钢筋/cm	5
外形尺寸/(mm×mm×mm)	3800×850×1200

HH14-22 型钢筋调直机的整机外形如图 14-22 所示。

图 14-22　HH14-22 型钢筋调直机整机外形

第15章

钢筋弯箍机械

15.1 概述

15.1.1 定义、功能与用途

1. 定义和功能

钢筋弯箍机是集钢筋矫直、定尺送进、弯曲成型、剪切为一体，通过逻辑编程可把原料钢筋自动连续加工成规定尺寸、形状的成品箍筋或钩筋(以下将箍筋和钩筋统称为箍筋)的钢筋加工设备。数控钢筋弯箍机主要用于复杂形状的箍筋连续批量制作，适用于建筑冷轧带肋钢筋、热轧三级钢筋、冷轧光圆钢筋和热轧盘圆钢筋。相比于手动弯曲机，它具有效率高、适应性强、故障率低、速度快、自动化程度高等特点，是钢筋集中加工生产中不可缺少的一种设备。数控钢筋弯箍机占地较小，产能高，在施工工地和钢筋加工厂都有应用。目前，该类设备国内外很多厂商都能制造。

2. 用途

箍筋的作用主要是用来满足斜截面抗剪强度，并连接受力主筋和受压区混凝土使其共同工作，此外，用来固定主钢筋的位置而使构件(梁或者柱)内各种钢筋构成钢筋骨架。分单肢箍筋(又叫拉钩)、多肢箍筋、一笔箍筋、开口矩形箍筋、封闭矩形箍筋、菱形箍筋、多边形箍筋、井字形箍筋、异形箍筋、圆形箍筋和螺旋箍筋(常用于桩)等。箍筋是建筑工程中应用较多的钢筋制品，大量应用在现浇混凝土结构、梁柱结构及混凝土预制构件中。

钢筋弯箍机主要用于建筑工程中各种箍筋的自动加工，如建筑冷轧带肋钢筋、热轧带肋钢筋、冷轧光圆钢筋和热轧盘圆钢筋的弯钩和弯箍。它除可弯制多种不同形状的平面箍筋、立体箍筋外，也可用于矫直、定尺剪切钢筋。

15.1.2 发展历程与沿革

我国建筑用钢筋箍筋有很长一段时间是靠人力手工加辅助机械加工，20 世纪 80 年代后期，随着一些加工弯曲机械出现，才使之成为半机械化加工方式，当时主要设备有小型矫直机、弯曲机及剪切机三种独立的设备配套，再加人工搬运在弯曲机上多次单步弯曲而成。加工地点主要在施工工地现场，所使用设备的技术性能、加工精度、自动化程度和加工能力都低，制约建筑施工现代化的发展，并且这种加工方式具有劳动强度大、加工质量差、效率低、材料和能源浪费大、加工成本高、安全隐患多、占地面积大等缺点。

20 世纪 80 年代初，国外也是以工地现场加工为主，所用设备也是简易的钢筋加工机械。到 80 年代后期，才开始研制自动化的钢筋箍筋专用加工设备，开发出了可以将盘条钢筋进行矫直、弯曲、剪切一体成型的钢筋弯箍机，可实现工厂化加工，并逐渐催生了一个新产业——商品箍筋加工配送业。20 世纪 90 年代,欧洲发达国家开发出了自动数控钢筋弯箍机,可以实现数控化加工各种形状、尺寸的箍筋,具有加工精度高、集约高效的优点,这种机器在发达国家得到了大量应用,但是价格昂贵,难以在我国推广引进。

2000 年以后,我国吸收国外先进技术,结合我国国情和市场需求,加大了钢筋弯箍机的开发力度,于 2004 年成功开发出了自动数控钢筋弯箍机,填补了我国钢筋自动弯箍机设备的空缺,并得到了快速的推广应用。之后结合国内外技术和市场的发展需求,我国逐步开发出了系列化钢筋弯箍机、多功能钢筋弯箍机以及三维数控钢筋弯箍机。现阶段落后的半自动生产方式已淘汰,我国建筑业发展水平已进入世界前列,大型标准化的钢筋加工配送工厂已经建成生产,钢筋加工精细化施工管理已经成熟,市场上自动钢筋弯箍机的应用已经非常普及。

我国生产钢筋弯箍机的企业主要分布在经济发展比较发达的区域,代表企业有建科智能装备制造(天津)股份有限公司、廊坊凯博建设机械科技有限公司和山东连环钢筋加工装备有限公司。生产的钢筋弯箍机已经广泛应用于钢筋加工配送工厂、装配式建筑、高铁、高速公路、地铁、桥梁、民建等工程建设领域,并出口到了世界 100 多个国家和地区。

15.1.3 发展趋势

弯箍机是加工箍筋的高效专业化设备,不仅加工平面单肢多肢箍筋,而且加工螺旋箍筋、三维立体箍筋和 8 字筋。随着现代工业化施工、钢筋加工配送、装配式建筑的发展,钢筋弯箍机的发展趋势如下。

1. 柔性化

因为施工环境、工程类别、工程设计等的不同,箍筋的种类、形状、尺寸存在多样化需求,这就要求弯箍机可以加工各种形状的箍筋,而且不同种类钢筋能自动切换加工,所以弯箍机性能配置将趋向更加柔性化。

2. 一机多能化

随着钢筋加工的发展,市场对弯箍机功能的需求越来越多样化。除了已有的不同种类钢筋,如板筋、螺旋筋、立体筋等,工程中还会出现新类别的钢筋需要弯箍机加工。随着弯箍机的广泛应用,弯箍机需要适应不同订单的需求,甚至还需要适应钢筋原材料的变化。此外,还要考虑减少客户现场设备配置量、节约优化工厂设备占地面积、减少中间钢筋物料的搬运转序环节等。为了满足不同的需求,弯箍机向更多功能的方向发展,可以实现一机多能或全能,提高设备的利用率。

3. 智能化

随着国际工业 4.0 时代的到来,施工逐步趋于精细化、智能化,钢筋箍筋的加工生产也将向智能化、联网化方向发展。在此趋势下,钢筋弯箍机将由单机化操作转变为可远程自动化、网络化操控,并向无人化智能制造方向发展。

15.2 产品分类

15.2.1 按可加工钢筋最大直径规格分类

国际上依据数控钢筋弯箍机加工单根钢筋的最大直径的能力来对其进行划分,国内主要有 12 型、14 型、16 型,国外已发展到 20 型、28 型等。如 12 型最大可加工单根钢筋直径 12 mm。为了提高箍筋加工效率,数控钢筋弯箍机可同时对双根钢筋进行弯曲切断加工,但相应的加工钢筋直径要随之减小。数控钢筋弯箍机主要以盘卷钢筋(包括盘圆和盘螺)为原材进行箍筋的制作,目前 16 型以下的数控钢筋弯箍机应用较多。20 型、28 型的一般需要使用盘卷和直条钢筋两种原材,这就需要放线部分的结构方式既能适应盘卷钢筋也能适应直条钢筋,并且要求切换原材方便快捷。20 型一般可加工 $\phi8\sim\phi20$ mm 的钢筋制品,28 型可加工 $\phi10\sim\phi28$ mm 的钢筋制品,该类设备至少适应 8 种规格的钢筋线材加工。根据钢筋的规格不同,其钢筋制品的弯曲半径和弯折长度也都不尽相同，因此需要配套多种固定模具和多种规格的弯曲轴套以便更换。适应如此多的钢筋加工种类在机械结构方面是一个大的挑战，能够生产这种设备的厂家较少，设备价格相对较高。为了适应大规格钢筋制品的生产，设备主机配备功率较大，能耗较高。但这类设备功能多，适应性强，可以一机多用，尤其适用于产量小但生产规格较多的钢筋制品生产厂，这种类型的数控钢筋弯箍机国内应用较少。

我国标准《建筑施工机械与设备　钢筋弯箍机》(JB/T 12079—2014)规定，弯箍机按可加工 400 MPa 级热轧盘螺钢筋的最大直径分为 8 型、12 型、16 型。

8 型，可加工 400 MPa 级热轧钢筋直径 4～8 mm；

12 型，可加工 400 MPa 级热轧钢筋直径 5～12 mm；

16 型，可加工 400 MPa 级热轧钢筋直径 6～16 mm。

钢筋弯箍机一般以加工盘卷钢筋为主，工程用盘卷钢筋主要使用直径范围为 6～16 mm。我国已经生产出了直径 16 mm 的建筑用盘卷钢筋，公称直径 16 mm 的盘条钢筋在国外部分国家和地区应用比较普遍。

15.2.2　按可加工产品功能分类

钢筋弯箍机按加工箍筋的功能分为普通型数控钢筋弯箍机、多功能型数控钢筋弯箍机(或称板筋生产线、加长板筋型数控钢筋弯箍机)、3D 型数控钢筋弯箍机(也称三维数控钢筋弯箍机)。

普通型数控钢筋弯箍机属于市场上的标配产品，它涵盖了数控钢筋弯箍机的一些基本功能，能够加工一些常用的平面箍筋，如梁、柱各种箍筋，构造拉筋等钢筋制品。加工的箍筋最大边长尺寸一般不超过 1.5 m，这是由于受数控钢筋弯箍机的弯曲轴距地面高度限制。如果所需的箍筋长度过长就需要改变弯曲工艺，先弯曲钢筋的一端，弯曲完毕后定尺切断钢筋，由机械手将切断后的钢筋夹紧，再弯曲钢筋的另一端。这种工艺可以采用加长板筋型数控钢筋弯箍机(见图 15-1)实现，其原理和数控钢筋弯曲中心类似，不同之处在于数控钢筋弯箍机的弯曲机构不移动，由机械手夹持钢筋移动来配合完成弯曲加工，这种设备目前加工的钢筋最长可达 12 m。而且这类数控钢筋弯箍机对钢筋线材进行矫直后可直接定尺切断钢筋，从而具有调直切断机的功能。

多功能型数控钢筋弯箍机既可加工平面箍筋，也可加工板筋和螺旋箍筋。

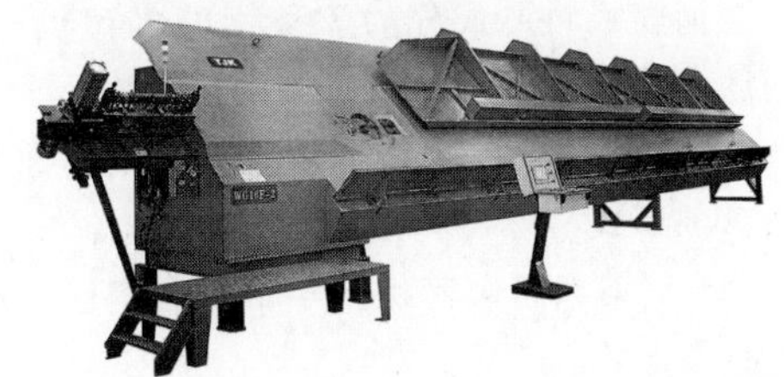

图 15-1　加长板筋型钢筋弯箍机外观

3D 型数控钢筋弯箍机是近些年的新产品，如图 15-2 所示，该类设备既可加工平面箍筋，又可加工立体三维箍筋，如螺旋箍筋、立体 8 字筋等钢筋制品。但 3D 型数控钢筋弯箍机在国内的推广和应用还较少，国内外设备厂家都是以普通型数控钢筋弯箍机的高配形式来订制 3D 型数控钢筋弯箍机。对于这类新产品尚未全面推广，大多数工厂制作立体式箍筋仍利用小型弯曲机通过人工操作来实现。

图 15-2　3D 型数控钢筋弯箍机

15.2.3　按动力组成分类

钢筋弯箍机按动力组成分为机械式和液压式。

(1) 机械式：主动力传动形式为机械式，

有气动系统或液压辅助动作。

(2) 液压式：主动力传动形式为液压驱动，辅助动作也是液压驱动。

15.2.4 按钢筋喂料形式分类

我国建筑用钢筋直径 5～12 mm 的多为盘卷，钢筋直径 12～16 mm 的直条、盘卷均有生产，直径 16 mm 以上的为直条形式。有些国家和我国类似，有些国家只生产直条形式的钢筋。

按钢筋喂料形式分为盘条钢筋弯箍机、直条钢筋弯箍机和直盘条两用弯箍机。

(1) 盘卷钢筋弯箍机：可加工的钢筋原材料为盘条形式。

(2) 直条钢筋弯箍机：可加工的钢筋原材料为直条形式。

(3) 直盘条两用弯箍机：既可加工直条钢筋，也可加工盘条钢筋。

15.3 工作原理及产品结构组成

15.3.1 工作原理

1. 基本型钢筋弯箍机的工作原理

基本型钢筋弯箍机将钢筋的调直、定尺、弯曲成型、剪切等功能集成为一体，是把盘条钢筋自动连续地加工成各种所需箍筋的自动化设备，具有数字化的控制系统，加工效率高，精度高，可加工箍筋种类多。基本型钢筋弯箍机主要由放线架、主机、操作台及控制系统组成。主机由穿丝机构、水平矫直机构、牵引机构、垂直矫直机构、弯曲机构、剪切机构组成，电气控制柜也一体化设置于主机上。放线架用来承放钢筋，穿丝机构用于自动把钢筋穿入主机，矫直机构用于全方位把钢筋矫直，牵引机构用于钢筋的送进和定尺，弯曲机构用于把钢筋弯曲到设定的角度成型，剪切机构用于成品箍筋的剪切。钢筋从放线架由穿丝机构传送到主机中，通过水平和垂直方向的两组矫直机构矫直，牵引机构完成钢筋的送进和定尺，牵引钢筋达到需要的长度，弯曲机构动作可把钢筋弯成需要的角度。通过牵引机构和弯曲机构交替配合动作，完成需要长度和角度箍筋的成型，由剪切机构对钢筋进行切断，箍筋成品从盘条钢筋上脱离，完成一个箍筋的加工。完成箍筋一次弯曲成型过程后，重复上述动作，就可以实现连续生产。钢筋的送进定尺和弯曲成型由控制系统驱动伺服电机走精确的位置，实现对箍筋边长和角度的精确控制。设备生产流程如图 15-3 所示。

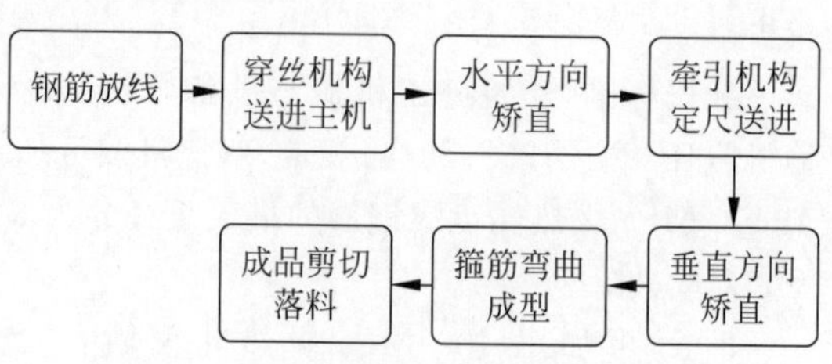

图 15-3　基本型钢筋弯箍机生产流程

数控钢筋弯箍机种类多样，但形式及结构大同小异。在国内，除整机可靠性外，数控钢筋弯箍机的产能、能耗、加工精度等与国外设备已基本接近，都能加工方形、梯形、U 形、圆形等箍筋。自动化、智能化是设备未来发展的方向，数控钢筋弯箍机应逐步加强设备的智能化，尤其是在设备故障反馈、成品钢筋检测、生产过程监测等方面。国内某厂家数控钢筋弯箍机设备如图 15-4 所示，该设备主要由横向调直机构、纵向调直机构、牵引机构、剪切机构以及弯曲机构 5 部分组成。各种数控钢筋弯箍机的区别在于动力系统和电气控制方面。动力系统有的采用液压系统，有的采用气动系统。电控方面国外设备厂家的数控钢筋弯箍机装备有故障检测反馈系统、牵引压力调节反馈系统等。

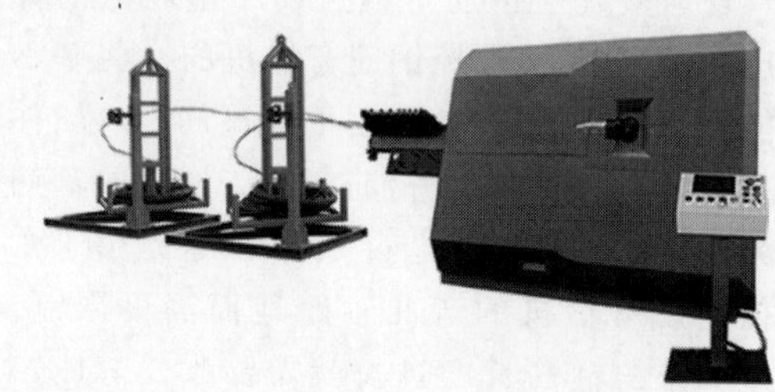

图 15-4　某厂家数控钢筋弯箍机

2. 多功能型数控钢筋弯箍机的工作原理

多功能型数控钢筋弯箍机一般指既可以自动加工箍筋，又可以自动加工工程上常用的板筋，同时还可以进行钢筋的调直及定尺切断的多功能机型。其结构特点是不仅具有水平矫直机构、牵引机构、垂直矫直机构、弯曲机构、剪切机构等通用机构，还具有回送定尺机构和接料机构。通用机构与基本型钢筋弯箍机的工作原理相同，可以完成一般箍筋的自动加工。板筋的形状特点是中间长度为 1 m 至数米，两头带各种角度的弯钩。弯曲板筋的工作原理是：板筋的一头由弯箍筋正常完成弯曲成型，牵引机构完成中间平直段的送进定尺，接料架承接中间的平直段，剪切机构完成钢筋的切断后，由回送定尺机构完成钢筋切断端的回送定尺，弯曲机构配合把钢筋切断后的一侧弯曲成型，完成板筋的成型，接料架打开，完成成品板筋的收集。如此循环可进行板筋的连续生产。长接料架可配合主机完成调直、定尺和承接调直后的钢筋，用作调直定尺切断钢筋。设备生产流程如图 15-5 所示。

3. 三维数控钢筋弯箍机的工作原理

三维数控钢筋弯箍机一般指既可以自动加工平面箍筋，又可以自动加工立体箍筋的机型。其结构特点是不仅具有水平矫直机构、牵引机构、垂直矫直机构、弯曲机构、剪切机构等通用机构，还具有三维联动弯曲机构。通用机构与基本型工作原理相同，可以完成一般箍筋的自动加工。三维弯曲机构和平面弯曲机构的弯曲方向分别在两个垂直的面上，加工三维形状时，两组平面和立体弯曲机构联动配合把钢筋弯曲成各种需要的平面或立体形状，由剪切机构剪切获得成品箍筋，可以实现自动、连续地把盘条钢筋弯曲成各种平面或立体箍筋。设备生产流程如图 15-6 所示。

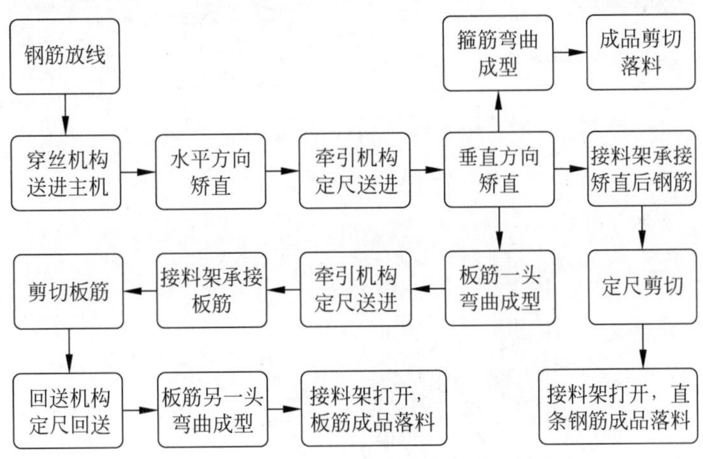

图 15-5　多功能型数控弯箍机生产流程

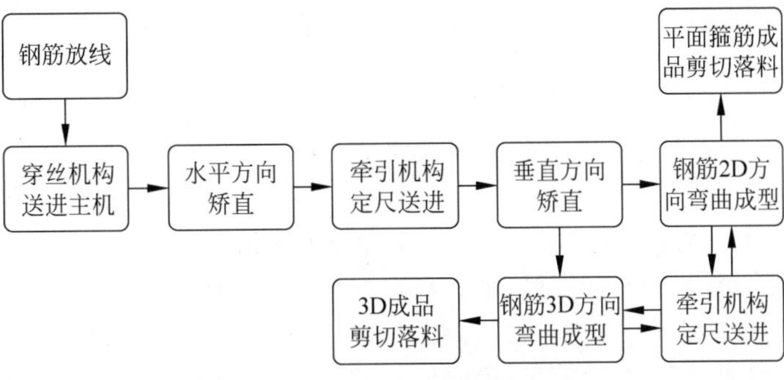

图 15-6　三维数控弯箍机生产流程

15.3.2 结构组成

1. 基本型钢筋弯箍机的结构组成

基本型钢筋弯箍机主要由调直、牵引、切断和弯曲结构等组成。调直结构有平行辊式调直、双向平行辊式调直、平行辊与转毂组合式调直和大曲率轮式调直等，其中双向平行辊式调直数控钢筋弯箍机结构如图15-7所示，大曲率轮式调直与平行辊式调直钢筋弯箍机调直结构对比如图15-8所示。

两种典型的基本型弯箍机结构组成如图15-9和图15-10所示。

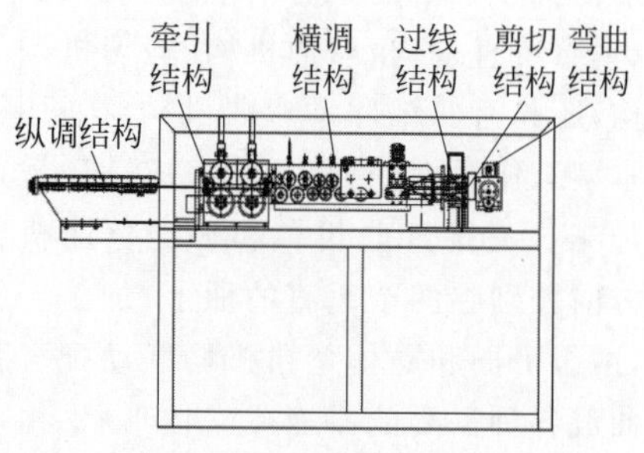

图15-7 双向平行辊式调直数控钢筋弯箍机结构

图15-8 大曲率轮式调直和平行辊式调直钢筋弯箍机调直结构对比

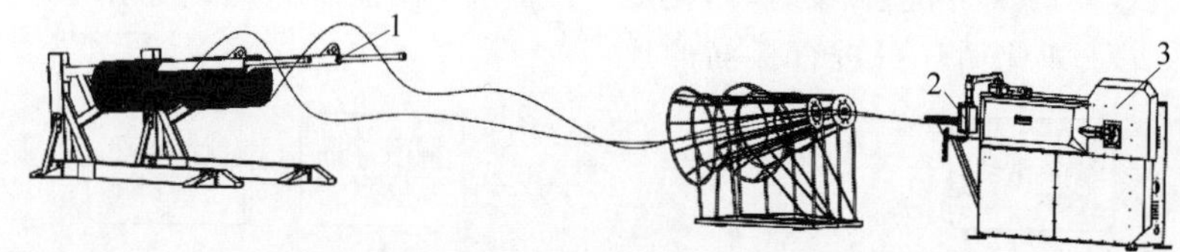

1—放线架；2—操作台；3—主机。

图15-9 基本型钢筋弯箍机(电气柜内置于主机)

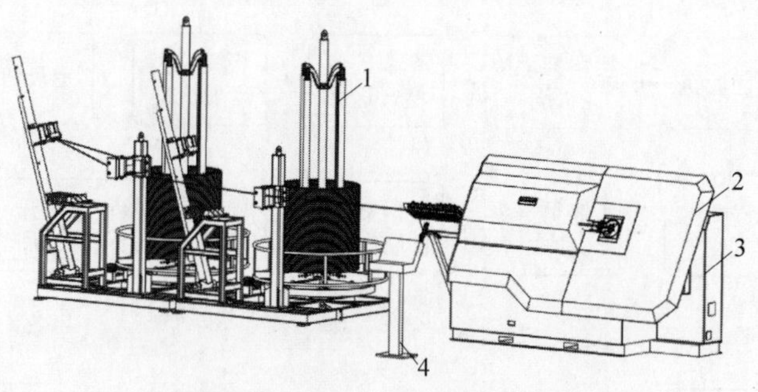

1—放线架；2—主机；3—电气柜；4—操作台。

图15-10 基本型钢筋弯箍机(电气柜外置)

图中所示基本型钢筋弯箍机各组成结构的作用如下：

(1) 放线架：用于承放盘条钢筋。

(2) 主机：主要由水平矫直机构、牵引机构、垂直矫直机构、弯曲机构、剪切机构、机壳、机架等组成，具有钢筋矫直、牵引定尺、弯曲成型、剪切成品的功能。

(3) 接料架：主要用于接收弯曲切断后的箍筋和板筋。

(4) 电控系统：由电气柜和控制系统组成，用于完成各机构的数字化联动控制。

(5) 操作台：完成弯箍机的操作控制、任务编辑输入以及系统运行画面监控功能。

2. 多功能型数控钢筋弯箍机的结构组成

两种典型的多功能型数控钢筋弯箍机结构组成如图 15-11 和图 15-12 所示。图中所示多功能型数控钢筋弯箍机各组成结构的作用如下：

(1) 放线架：用于承放盘条钢筋。

(2) 主机：主要由水平矫直机构、牵引机构、垂直矫直机构、弯曲机构(具有回送弯曲功能)、剪切机构、回送机构、机壳、机架等组成，具有钢筋矫直、牵引定尺、弯曲成型、剪切、二次回送弯曲的功能。

(3) 接料架：主要由接料机构和收料装置组成，用于完成长板筋加工过程的承接，以及成品的收集，还可用于调直定尺剪切钢筋的承接和收集。

(4) 电控系统：由电气柜和控制系统组成，用于完成各机构的数字化联动控制。

(5) 操作台：具有弯箍机的操作控制、任务编辑输入、系统运行画面监控功能。

3. 三维数控钢筋弯箍机的结构组成

三维数控钢筋弯箍机的结构组成如图 15-13 所示。

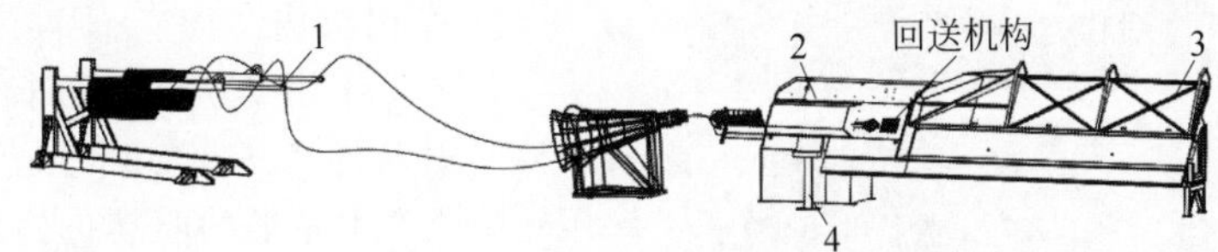

1—放线架；2—主机；3—接料架；4—操作台。

图 15-11　多功能型数控钢筋弯箍机(电气柜外置)

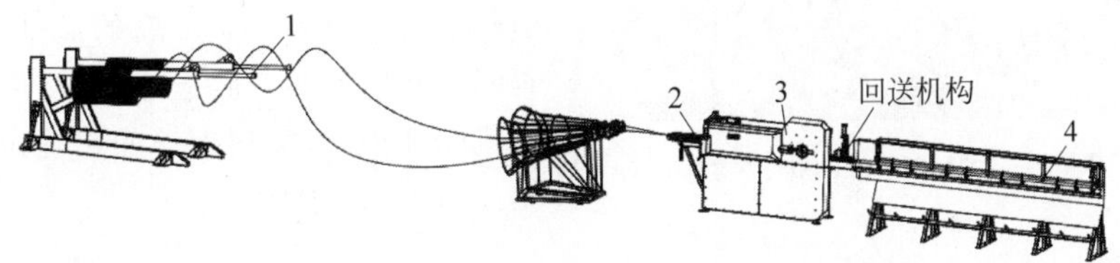

1—放线架；2—悬臂式操作台；3—主机；4—接料架。

图 15-12　多功能型数控钢筋弯箍机(电气柜内置于主机的操作台悬臂)

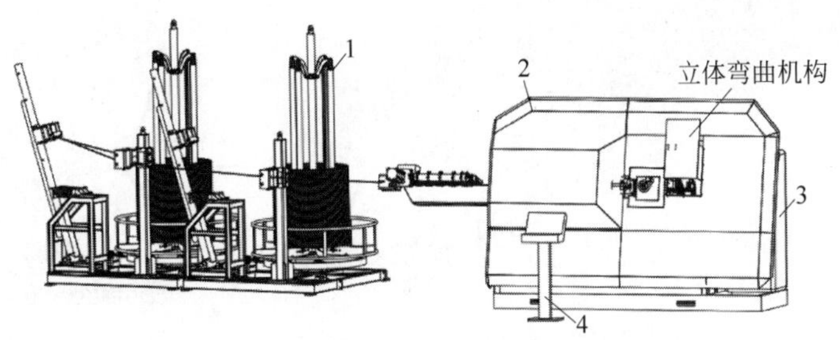

1—放线架；2—主机；3—电气柜；4—操作台。

图 15-13　三维数控钢筋弯箍机

图 15-13 中所示三维数控钢筋弯箍机各组成结构的作用如下：

(1) 放线架：用于承放盘条钢筋。

(2) 主机：主要由水平矫直机构、牵引机构、垂直矫直机构、平面弯曲机构、立体弯曲机构、剪切机构、机壳、机架等组成，用于完成钢筋的矫直、牵引定尺、弯曲成型、立体弯曲成型、剪切成品的功能。

(3) 电控系统：由电气柜和控制系统组成，用于完成各机构的数字化联动控制。

(4) 操作台：完成弯箍机的操作控制、任务编辑输入、系统运行画面监控功能。

三维立体弯曲机构如图 15-14 所示。

图 15-14　三维立体弯曲机构

15.3.3　机构组成

1. 基本型钢筋弯箍机的组成机构

1) 水平矫直机构

水平矫直机构由多个固定轮、多个压下轮及内外分调压下轮组成，如图 15-15 所示。加工两根钢筋时，通过分线板，钢筋可分别进入各自的矫直槽，防止两根钢筋相互干扰。钢筋经过该机构在水平方向得到矫直。通过调节水平矫直板上的调节螺钉，可使压下轮上下滑动，从而对钢筋进行矫直。分调压下轮内外两个轮，可分别对内外双线钢筋进行调节。

2) 牵引机构

其主要作用是提供钢筋前进的牵引动力并控制钢筋的送进量。由主动牵引轮和被动压轮组成牵引钢筋的驱动机构轮，压紧单元驱动被动压轮压下，把钢筋压紧于主动牵引轮和被动压轮之间，牵引动力单元驱动主动牵引轮转动，进而带动钢筋前进或后退，控制主动牵引轮的转动量可控制钢筋的送进量，可利用编码器检测钢筋的实际送进量，反馈给控制系统形成闭环控制，实现钢筋的精确定尺。牵引机构如图 15-16 所示。

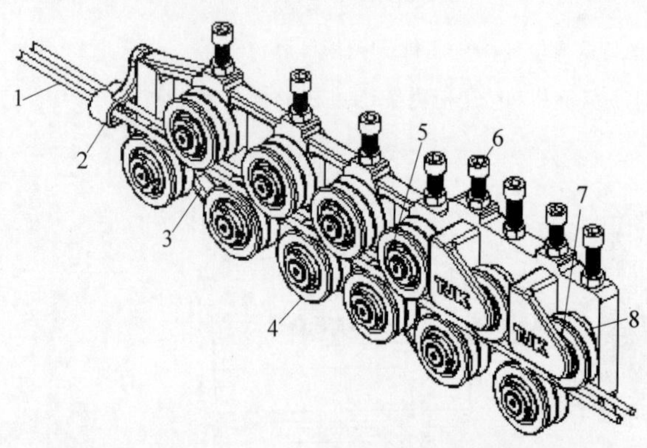

1—钢筋；2—分线板；3—水平矫直板；4—固定轮；5—压下轮；6—调节螺钉；7—外调节轮；8—内调节轮。

图 15-15　水平矫直机构组成

1—压紧单元；2—上牵引压轮；3—主动牵引轮。

图 15-16　牵引机构

3) 垂直矫直机构

垂直矫直机构由多个大小不同的固定轮、多个大小不同的压下轮以及内外分调压下轮组成，如图 15-17 所示。钢筋在此机构中得到竖直方向的矫直，至此完成对钢筋的矫直。分调压下轮分内外两个轮，可分别对内外双线钢筋进行调节。通过调节二矫直板上的调节螺钉，可使压下轮上下滑动，从而对钢筋进行矫直。

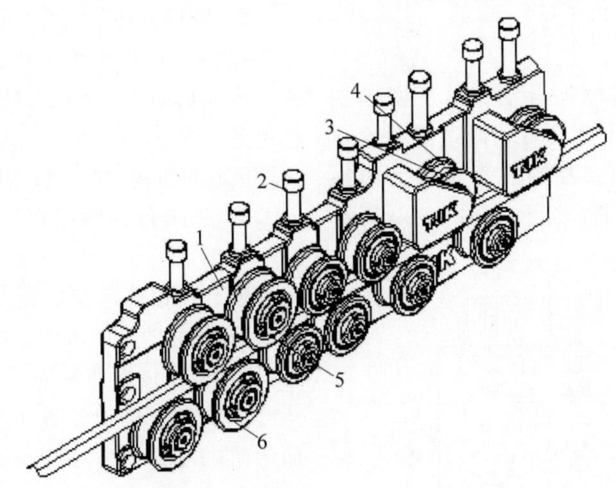

1—二矫直板；2—调节螺钉；3—外调节轮；4—内调节轮；5—压下轮；6—固定轮。

图 15-17 垂直矫直机构组成

4）弯曲机构

弯曲机构如图 15-18 所示，该机构主要由中心销（模具）、弯曲主轴（上面安装有弯曲销）、一套动力驱动装置及伸缩机构组成。弯曲时动力驱动装置带动弯曲主轴转动，弯曲主轴带动弯曲销转动一定的角度，把置于中心销和弯曲销之间的钢筋弯曲至相应的角度，从而实现钢筋的弯曲。弯曲主轴具有伸缩功能，可满足正反弯和剪切钢筋的需要。根据钢筋直径以及图形尺寸，可选用不同的中心销（模具）。

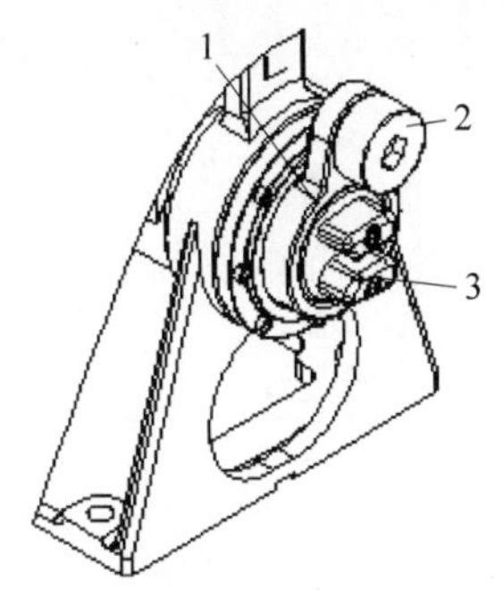

1—弯曲主轴；2—弯曲销；3—中心销（模具）。

图 15-18 弯曲机构

5）剪切机构

剪切机构的动力来自剪切电机，通过减速机减速后带动偏心轴旋转，偏心轴转动带动支撑臂与剪切臂按固定轨迹运动，使活动刀发生位移，从而剪断钢筋，剪切电机启停一次，即完成一次剪切动作。如图 15-19 所示，该机构由动力驱动装置、剪切臂、活动刀及固定刀等组成。固定刀有多个规格，供加工不同直径钢筋及单、双线使用。

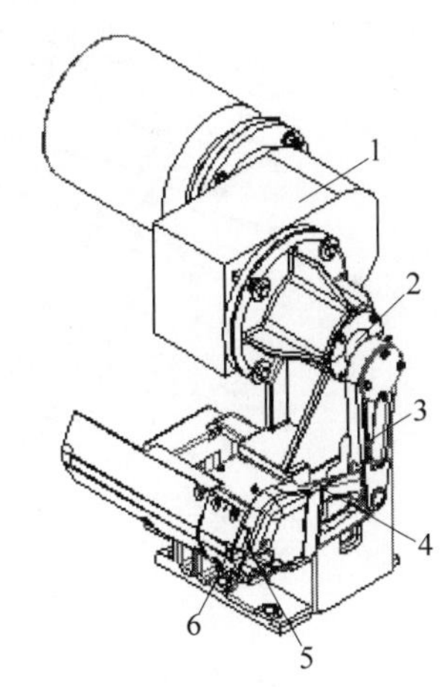

1—动力驱动装置；2—偏心轴；3—支臂；
4—剪切臂；5—活动刀；6—固定刀。

图 15-19 剪切机构组成

2. 多功能型数控钢筋弯箍机的组成机构

多功能型数控钢筋弯箍机主机的组成除与上述普通数控钢筋弯箍机相似的水平矫直机构、牵引机构、垂直矫直机构、弯曲机构、剪切机构外，还包括回送机构和接料机构。其中弯曲机构区别于普通数控钢筋弯箍机，需要具有一般弯曲功能和回送弯曲功能；回送机构用于完成钢筋的二次回送定尺。

1）回送机构

回送机构可以将钢筋自动夹紧于回送主动轮和压紧轮之间，由电机驱动回送主动轮转动，带动钢筋回送，通过控制回送轮转动的量进而控制回送的长度进行定尺。图 15-20 所示为回送机构示意图。

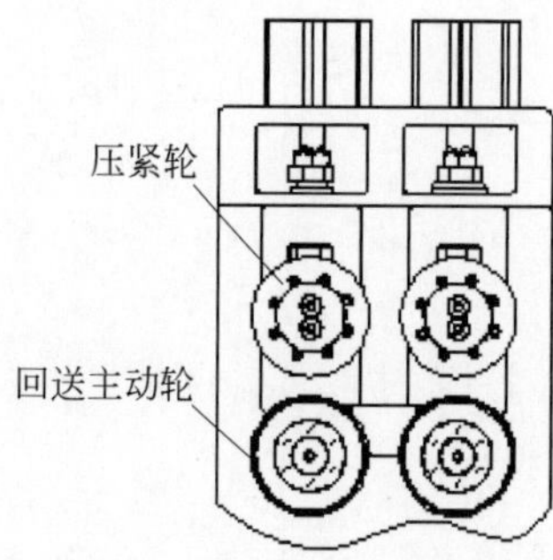

图 15-20 回送机构示意图

2）接料机构

接料机构用来承接较长的钢筋，该机构还具有成品板筋和直条收集功能，用于承接接料机构落下的成品，可以配置一级接料机构，也可以配置两级收料机构。接料机构如图 15-21 所示。

3. 三维数控钢筋弯箍机组成机构

三维数控钢筋弯箍机主机的组成除与上述普通数控钢筋弯箍机相似的水平矫直机构、牵引机构、垂直矫直机构、弯曲机构、剪切机构外，还含有立体弯曲机构。

立体弯曲机构设置于平面弯曲设备的平面弯曲机构的一侧，其弯曲面和平面弯曲机构垂直，整体具有伸缩功能，需要立体弯曲时可自动伸出，和平面弯曲机构以及牵引机构三轴联动配合弯曲形成所需要的各种尺寸和角度的立体箍筋。立体弯曲机构如图 15-22 所示。

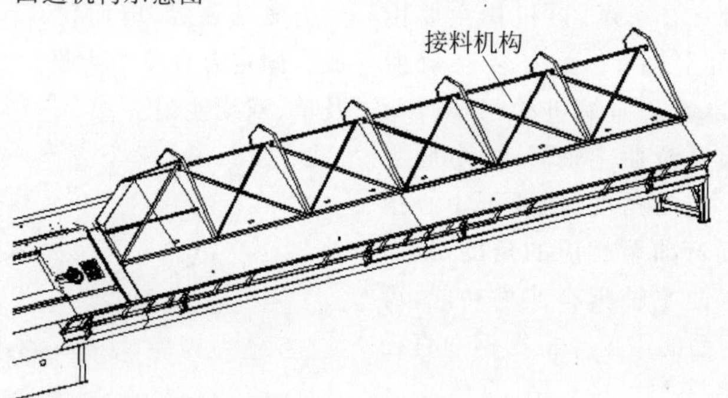

图 15-21 接料机构

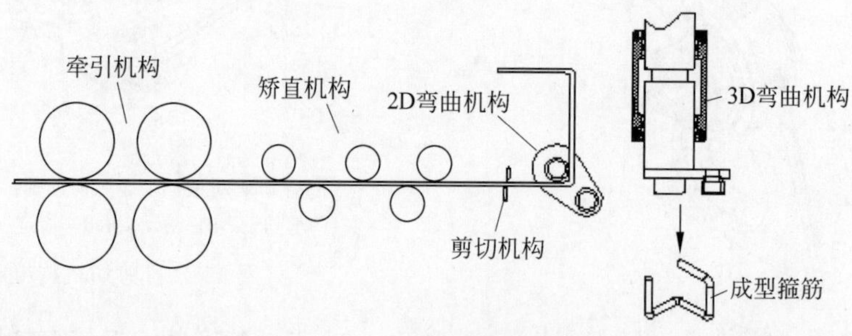

图 15-22 立体弯曲机构示意图

4. 钢筋放线架

钢筋放线架按照承放钢筋类别分为用于承放直条钢筋的直条钢筋放线架和用于承放盘条钢筋的盘条钢筋放线架，其中盘条钢筋放线架包括卧式放线架和立式转盘放线架。其具体结构如下。

1）卧式放线架

卧式放线架由承放盘条钢筋的放线架和起钢筋导向作用的理线框组成，如图 15-23 所示。

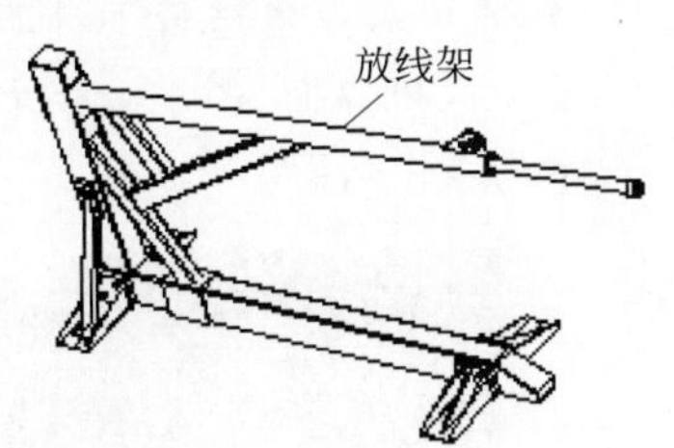

图 15-23　卧式放线架组成示意图

2）立式转盘放线架

该机构主要由承放钢筋的放线转盘和起钢筋导向作用的过线机构组成，如图 15-24 所示。放线转盘上设置有制动机构，可以使放线转盘及时停止转动。

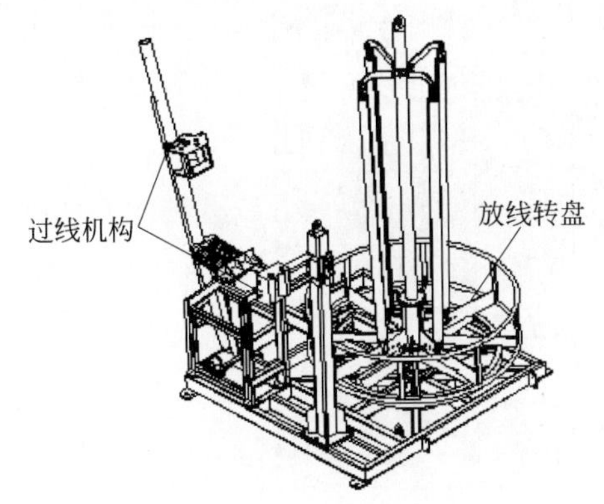

图 15-24　立式放线架

3）直条钢筋放线架

直条钢筋放线架由若干个放线框组成，如图 15-25 所示，直条钢筋放置于框内。

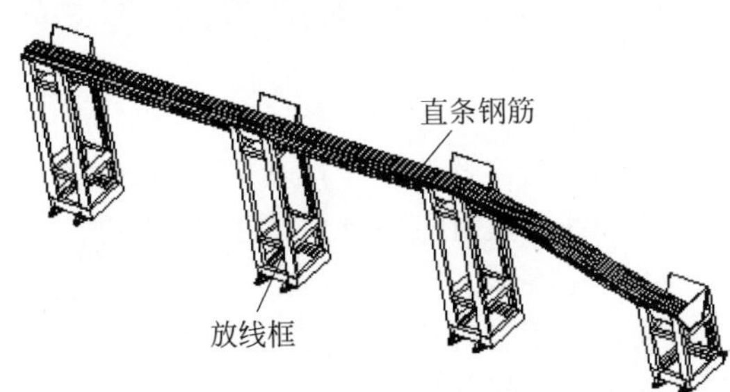

图 15-25　直条钢筋放线架

15.3.4　动力组成

1. 基本型钢筋弯箍机电气控制系统

1）电气控制系统的构成

整个系统的软件主要由控制器(PLC 或工控机)程序和操作屏(HMI)程序两部分组成。

PLC 程序的结构主要分为数据运算、逻辑判断及动作执行三部分。由于钢筋加工涉及的数据运算量较大，整个控制系统的数据运算工作也主要由 PLC 完成。在 PLC 程序中，动作执行部分的程序采用步进流程，结构比较清晰，可读性较高，同时也避免了程序处理复杂逻辑动作时的相互干扰和误动作的产生，可以提高运算效率，减少程序的扫描周期，提高稳定性。

HMI 程序的结构主要分为数据录入、状态监控及信息提示三部分。数据录入包括设备工作参数的设置、产品加工尺寸的设定，以及图形库数据的存储和调用；状态监控包括整个系统当前输入输出点的状态显示，并可对整个设备的各个执行机构进行手动操作；信息提示包括各种报警信息提示、参数设置的帮助提示，以及一些非法操作的警告提示。

主要控制方式为：操作人员通过触摸屏(HMI)对所需加工的钢筋图形进行编辑，包括各边长度和弯曲角度的设定，编辑完成并将指令下发到 PLC 后，PLC 即可按照指定尺寸通过脉冲方式控制伺服电机的动作完成牵引定尺和定型弯曲，自动完成钢筋加工。

2）电气柜内元件介绍及功能说明

(1) 可编程序控制器

可编程序控制器可以完成设备整体的顺序逻辑、运动控制、定时控制、计数控制、数字运算、数据处理等功能，通过输入输出接口与外部检测装置和执行装置建立连接，采用标准的 RS-485(Modbus RTU 协议)，实现设备生产过程的手自动控制。可编程序控制器见图 15-26。

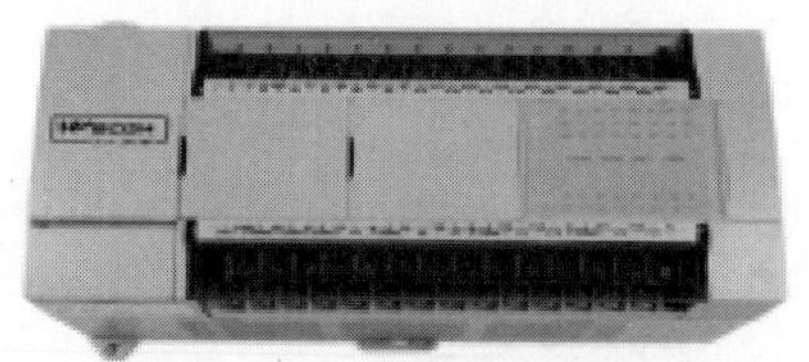

图 15-26　可编程序控制器

(2) 人机界面

人机界面采用触摸交互方式，它是用户与可编程序控制器之间传递、交换信息的对话窗口，是系统和用户之间进行交互和信息交换的媒介；用户可通过人机界面对待加工工件规格、数量等进行编辑，可对设备的参数、数据进行设置，也可对设备进行手自动控制。图 15-27 所示为人机界面，图 15-28 所示为登录系统后显示的操作画面。

图 15-27　人机界面

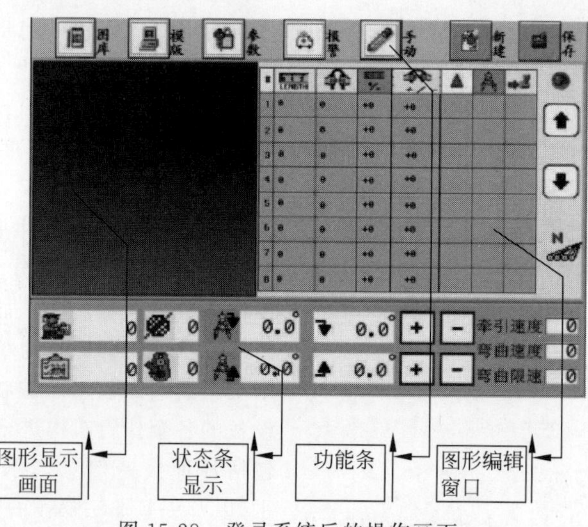

图 15-28　登录系统后的操作画面

(3) 伺服驱动器及伺服电机

由伺服驱动器和伺服电机共同组成的伺服控制系统按照设备控制器给出的指令对设备的执行元件进行控制实现设备的功能；伺服驱动器接收设备控制器给出的指令，按照相应的速度、位置等对伺服电机进行启停、旋转等控制，并对外部信号做出反应；伺服电机将电压信号转化为转矩和转速以驱动机械部件实现设备功能。

(4) 断路器

断路器的作用为：根据运行需要，投入或者切断部分电力设备或线路。在电力设备或线路发生故障时，通过继电保护及自动装置作用于断路器，自动迅速地切断故障电流，切断发生故障的设备或线路，以防止扩大事故范围。

(5) 电动机断路器

电动机断路器应用于电动机供电回路，对电动机和线路具有短路保护和过载保护作用。

(6) 变压器

变压器用于进行电压变换，将外部输入电压转换为用电元件所需电压。

(7) 开关电源

开关电源的作用是将 AC220V 电源转换成适合直流用电元件使用的 DC24V 电源。

(8) 接触器

接触器是自动控制系统中重要元件之一，它用小电流来控制大电流负载，同时可以自锁互锁，防止误动作造成事故；利用主接点来开闭电路完成对设备中电机等元件的负载的控制。

(9) 继电器

继电器可以实现继承控制，利用弱电控制强电，它有良好的电隔离作用，可以使控制方和被控制方无电气上的连接，从而达到安全控制的目的。

(10) 端子

端子用于导线的连接，使柜内外的线缆连接维护方便、美观。

(11) 旋钮、按钮、指示灯

旋钮和按钮是人工控制的主令电器，用于发布操作命令、接通或断开控制电路，控制设备的运行，是用户与设备之间进行信息交互的工具；指示灯用于显示设备运行状态，使用户能够直观了解设备当前状态。

(12) 检测开关

检测开关是非接触式传感器，用于检测执行部件位置，起辅助执行部件定位及安全防护作用。

2. 多功能型数控钢筋弯箍机电气控制系统

多功能型数控钢筋弯箍机的电气控制系统构成和元件组成，在普通数控钢筋弯箍机的基础上加入回送弯曲轴的联动控制，还要控制接料架的自动工作，需要的控制系统功能更强大，要具有更强的数据运算能力，以及更大的数据存储能力，需要对至少三个轴的联动进行控制，各种功能的切换要自动完成。

3. 三维数控钢筋弯箍机电气控制系统

三维数控钢筋弯箍机的电气控制系统构成和元件组成，在普通数控钢筋弯箍机的基础上加入三维弯曲轴的联动控制，还要控制三维弯曲机构的自动切入动作，控制系统功能更强大，具有更强的数据运算能力，以及更大的数据存储能力，除对至少三个轴的联动进行控制外，还要加入三维弯曲轴控制；各种功能的切换要自动完成。

15.4 技术性能

15.4.1 产品型号命名

1. 型号标识方法

根据《建筑施工机械与设备　钢筋弯箍机》(JB/T 12079—2014)的规定，弯箍机型号由名称代号、企业产品名称代号、主参数代号和产品更新变型代号组成。弯箍机型号表示如下：

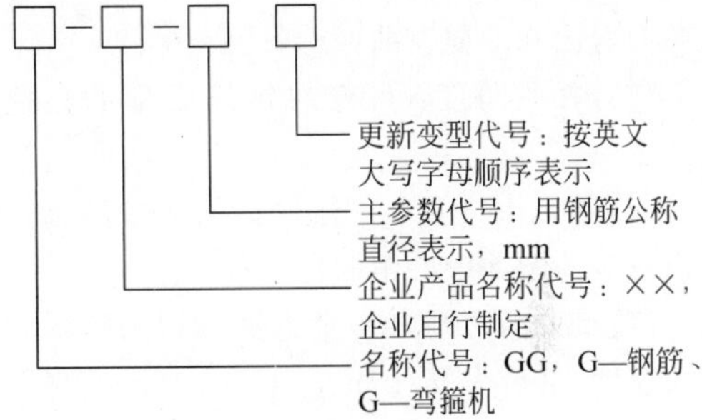

弯箍机主参数代号为能够弯曲 400 MPa 级热轧钢筋的最大直径，其主参数系列为 8 mm、12 mm、16 mm。

2. 标记示例

示例 1：××企业制造的加工 400 MPa 级钢筋最大弯箍直径为 12 mm 的弯箍机，标记为：GG-××-12。

示例 2：××企业制造的加工 400 MPa 级钢筋最大弯箍直径为 16 mm 的弯箍机，其第二次改型产品标记为：GG-××-16B。

15.4.2 性能参数

1. 主参数

钢筋弯箍机的主参数为可加工 400 MPa 级热轧钢筋最大公称直径，主参数系列为 8 mm、12 mm、16 mm(见表 15-1)。

表 15-1　钢筋弯箍机主参数系列

可加工钢筋最大公称直径/mm	8	12	16

2. 基本参数

钢筋弯箍机作为一种箍筋弯曲设备，反映其工作能力的基本参数有调直速度(单位为

m/min)、弯曲速度[单位为(°)/s]、最小箍筋边长(单位为mm)。调直速度也称牵引速度。反映弯箍机加工能力的参数除了主参数、基本参数外,还有如下性能参数。

(1) 单线钢筋加工能力:加工单根钢筋时可以加工的钢筋直径范围。

(2) 双线钢筋加工能力:同时加工双线钢筋时可加工的钢筋直径范围。

(3) 钢筋强度等级:可加工的钢筋最高强度等级。

(4) 弯曲方向:可弯曲钢筋方向,一般分为单向弯曲和双向弯曲两种。

(5) 弯曲角度:可弯曲钢筋成型的角度范围。

(6) 中心销直径:可弯曲钢筋成型的圆弧 *R* 角对应的弯曲中心销的直径范围。

(7) 最大牵引速度:牵引送进钢筋的瞬间最大速度,单位为m/min。

(8) 最大弯曲速度:弯曲钢筋的瞬间最大速度,单位为(°)/s。

(9) 长度精度:弯曲成品箍筋的边长精度误差范围。

(10) 角度精度:弯曲成品箍筋的角度精度误差范围。

(11) 最小箍筋边长:可弯曲的最小箍筋边长尺寸。

(12) 最大箍筋边长:一般指可弯曲的最大箍筋对角线长度尺寸,取决于弯箍机的弯曲芯轴到地面的尺寸。有的弯箍机工作角度可旋转,可增大离地距离,可加大箍筋加工范围。

(13) 加工根数:可同时加工钢筋的根数。

(14) 工作环境温度:弯箍机正常工作可适应的工作环境温度范围。

(15) 工作环境湿度;弯箍机正常工作可适应的工作环境湿度。

钢筋弯箍机的基本参数见表15-2。

表15-2 3种钢筋弯箍机基本参数

参　数	单位	WG8	WG12	WG16
单线加工能力	mm	4～8	5～12	6～16
双线加工能力	mm	4～6	5～10	6～12
钢筋强度等级	MPa	400(500)	400(500)	400(500)
弯曲方向		双向	双向	双向
弯曲角度	(°)	±180	±180	±180
中心销直径	mm	12～32	12～60	12～80
最大牵引速度	m/min	90(110)	90(110)	90(100)
最大弯曲速度	(°)/s	900(1200)	900(1200)	900(1200)
长度精度	mm	±1	±1	±1
角度精度	(°)	±1	±1	±1
加工根数	根	≤2		
工作环境温度	℃	−5～40		
工作环境湿度	%	35～90		

注:表中括号的意思是有两种等级,括号里面的等级不常见。

15.4.3 各企业产品型谱

以下为建科智能装备制造(天津)股份有限公司的部分产品。

1) 智能钢筋弯箍机器人

智能钢筋弯箍机器人各机型及其技术性能参数见表15-3。

2) 多功能智能钢筋弯箍机器人

多功能智能钢筋弯箍机器人各机型及其技术性能参数见表15-4。

表 15-3 智能钢筋弯箍机器人各机型及其技术性能参数

参数及项目	机型特点及参数值					
	WG8	WG12E-2X	WG12D-6	WG12B-2X	WG16D	WG16B-2X
机型特点	小直径弯箍机	标准高效型	车载型，适合流动作业	工作角度可旋转，加工范围大，集所有功能优势于一体的高端型	纯电动的16型	工作角度可旋转，加工范围大
单线加工能力/mm	$\phi4\sim\phi8$	$\phi5\sim\phi13$			$\phi6\sim\phi16$	
双线加工能力/mm	$\phi4\sim\phi6$	$\phi5\sim\phi10$			$\phi6\sim\phi12$	
钢筋强度等级	≤500 MPa级	≤500 MPa级			≤500 MPa级	
工作面角度/(°)	115	120	90	90～135(可调)	120	90～135(可调)
最大箍筋边长/mm	1460	1660	1380	2300	1730	2450
最小箍筋边长/mm	60	70			100	
弯曲方向	双向					
弯曲角度	±180°					
中心销直径/mm	8～28(可定制)	12～70(可定制)			24～80(可定制)	
最大牵引速度/(m/min)	110				100	
最大弯曲速度/[(°)/s]	1200					
长度精度/mm	±1					
角度精度	±1°					
加工根数/根	≤2					
钢筋加工形状	模块化图库+个性编辑(可存储及调用数百个图形，可扫码输入)					
设备功率/kW	15	27	25	30	40	52
主机尺寸/(mm×mm×mm)	3500×1138×1982	4200×1280×2100	3700×1600×1300	4500×1250×2000	4850×1470×2180	5600×1350×2700
工作环境温度/℃	−5～40					
工作环境湿度/%	35～90					

表 15-4 多功能智能钢筋弯箍机器人各机型及其技术性能参数

参数及项目	功能、加工形状及参数值			
	WG12D-1X	WG12F-1	WG12G	WG16F-2
功能	可加工箍筋及长板筋，可定尺调直切断		多功能，可加工箍筋，五轴联动可加工螺旋连套箍筋	可加工箍筋及长板筋，可定尺调直切断
钢筋加工形状	模块化图库+个性编辑(可加工常用板筋)	模块化图库+个性化编辑(可加工复杂长板筋)	螺旋箍筋最小尺寸200 mm×200 mm，螺旋箍筋最大尺寸800 mm×800 mm	模块化图库+个性化编辑(可加工复杂长板筋)
单线加工能力/mm	$\phi5\sim\phi13$	$\phi5\sim\phi13$	$\phi5\sim\phi13$	$\phi6\sim\phi16$
双线加工能力/mm	$\phi5\sim\phi10$	$\phi5\sim\phi10$	$\phi5\sim\phi10$	$\phi6\sim\phi12$
最大板筋、直条长度/m	标配6	标配12	无	标配12

续表

参数及项目	功能、加工形状及参数值			
	WG12D-1X	WG12F-1	WG12G	WG16F-2
反拉勾边尺寸/mm	≤180	不限		不限
反拉勾边(角)数/个	≤2	不限		不限
接料架形式	料盒开关式	内置伸缩式	三轴联动接连套箍筋	内置伸缩式
弯曲方向	双向			
弯曲角度	±180°			
回送弯曲角度	±180°			
角度精度	±1°			
箍筋长度精度/mm	±1			
箍筋钢筋等级	国标≤400 MPa 级,欧标≤500 MPa 级			
工作面角度	90°	135°	120°	135°
最大箍筋边长/mm	1480	2100	1650	2350
最小箍筋边长/mm	80	80	80	100
中心销直径/mm	12～30		22～30	24/32/36/42
最大牵引速度/(m/min)	110			100
最大弯曲速度/[(°)/s]	1200		1000	1200
加工根数/根	≤2	≤2	≤2	≤2
设备功率/kW	28	31	31	52
主机尺寸/(mm×mm×mm)	4850×1000×2150	16 000×1950×2735	5700×5100×2100	16 130×2150×3050
工作环境温度/℃	−5～40			
工作环境湿度/%	35～90			

3）三维智能钢筋弯箍机器人

三维智能钢筋弯箍机器人各机型及其技术性能参数见表 15-5。

4）智能直条钢筋弯箍机器人

智能直条钢筋弯箍机器人各机型及其技术性能参数见表 15-6。

表 15-5　三维智能钢筋弯箍机器人各机型及其技术性能参数

参数及项目	功能及取值	
	WG3D13B	WG3D16B-2
功能	可加工平面箍筋,也可加工各种立体箍筋	
单线加工能力/mm	$\phi5\sim\phi13$	$\phi6\sim\phi16$
双线加工能力/mm	$\phi5\sim\phi10$	$\phi6\sim\phi12$
箍筋钢筋等级	国标≤400 MPa 级,欧标≤500 MPa 级	
钢筋加工形状	模块化图库＋个性化编辑	
弯曲方向	双向,三向	
二维弯曲角度	±180°	
三维弯曲角度	0°～180°	
二维加工根数/根	≤2	
三维加工根数/根	1	
二维最大弯曲速度/[(°)/s]	1200	
三维最大弯曲速度/[(°)/s]	300	360
工作面角度	120°	90°～135°(可调)

续表

参数及项目	功能及取值	
	WG3D13B	WG3D16B-2
最大箍筋边长/mm	1670	2450
最小箍筋边长/mm	80	100
主弯曲中心销直径/mm	12～26	24～112
副弯曲中心销直径/mm	26	40
最大牵引速度/(m/min)	110	100
长度精度/mm	±1	
角度精度	±1°	
设备功率/kW	29	55
主机尺寸/(mm×mm×mm)	4600×1275×2100	6100×1350×2700
工作环境温度/℃	−5～40	
工作环境湿度/%	35～90	

表 15-6　智能直条钢筋弯箍机器人各机型及其技术性能参数

参数及项目	数　值			
	WGZ12B-1	WGZ16B-1	WGZP16B	WGZ3D16
直条加工能力/mm	ϕ6～ϕ14	ϕ8～ϕ16	ϕ8～ϕ16	ϕ8～ϕ16
盘条加工能力/mm	无	无	ϕ5～ϕ12	无
钢筋等级	国标≤400 MPa 级,欧标≤500 MPa 级			
弯曲角度	<±180°			
中心销直径/mm	12～30	12/28/40/60		
最大牵引速度/(m/min)	110			
最大弯曲速度/[(°)/s]	1200			
最大三维弯曲速度/[(°)/s]	无三维功能	无三维功能	无三维功能	360
长度精度/mm	±1			
角度精度	±1°			
加工根数/根	≤2			
上料方式	吸附式自动上料			
钢筋加工形状	模块化图库+个性化编辑			
设备功率/kW	20	21	31	25
主机尺寸/(mm×mm×mm)	3350×1200×2100	3610×1250×2100	4100×1000×2250	4010×1250×2150
工作环境温度/℃	−5～40			
工作环境湿度/%	35～90			

15.4.4　各产品技术性能

1. 基本型钢筋弯箍机的技术性能

3 种基本型钢筋弯箍机的技术性能见表 15-7。

2. 多功能型数控钢筋弯箍机的技术性能

多功能型数控钢筋弯箍机的技术性能见表 15-8。

3. 三维数控钢筋弯箍机的技术性能

三维数控钢筋弯箍机的技术性能见表 15-9。

表 15-7　3 种基本型钢筋弯箍机技术性能参数

参数及项目	加工形状、等级及数量值		
	WG8	WG12	WG16
单线加工能力/mm	ϕ4～ϕ8	ϕ5～ϕ12	ϕ6～ϕ16
双线加工能力/mm	ϕ4～ϕ6	ϕ5～ϕ10	ϕ6～ϕ12
箍筋加工形状	模块化图库＋个性化编辑，可存储、调用数百个图形		
钢筋强度等级	HRB 400～500MPa 级不等		
工作面角度	可选 90°、115°、120°、135°固定角度；90°～135°可调角度		
最大箍筋边长/mm	1250～1800	1350～2300	1700～2450
最小箍筋边长/mm	60～100	70～100	100～150
弯曲方向	双向		
弯曲角度	±180°		
中心销直径/mm	8～28	12～60	12～80
最大牵引速度/(m/min)	90～110		90～100
最大弯曲速度/[(°)/s]	900～1200		
长度精度/mm	±1		
角度精度	±1°		
加工根数/根	≤2		
设备功率/kW	15～25	25～30	35～55
工作环境温度/℃	－5～40		
工作环境湿度/%	35～90		

表 15-8　多功能型数控钢筋弯箍机技术性能参数

参数及项目	功能及参数选取	
	WG12	WG16
功能	可加工箍筋及长板筋，可定尺调直切断	
单线加工能力/mm	ϕ5～ϕ12	ϕ6～ϕ16
双线加工能力/mm	ϕ5～ϕ10	ϕ6～ϕ12
可加工形状	模块化图库＋个性化编辑	
最大板筋、直条长度	一般 6 m、12 m 两种可选	
接料架形式	一般有料盒开关式和内置伸缩式	
弯曲方向	双向	
弯曲角度	±180°	
回送弯曲角度	±180°	
角度精度	±1°	
箍筋长度精度/mm	±1	
箍筋钢筋等级	HRB 400～500 MPa 级不等	
最大箍筋边长/mm	1350～2100	1700～2350
最小箍筋边长/mm	80～100	100～150
最大牵引速度/(m/min)	90～110	90～100
最大弯曲速度/[(°)/s]	900～1200	
加工根数/根	≤2	
设备功率/kW	28～32	52
工作环境温度/℃	－5～40	
工作环境湿度/%	35～90	

表 15-9　三维数控钢筋弯箍机技术性能参数

参数及项目	功能及参数选取	
	WG3D12	WG3D16
功能	可加工平面箍筋，也可加工各种立体箍筋	
单线加工能力/mm	$\phi5\sim\phi12$	$\phi6\sim\phi16$
双线加工能力/mm	$\phi5\sim\phi10$	$\phi6\sim\phi12$
钢筋加工形状	模块化图库＋个性化编辑	
钢筋强度等级	HRB400～500 MPa 级不等	
弯曲方向	双向、三向	
二维弯曲角度	±180°	
三维弯曲角度	0°～180°	
二维加工根数/根	≤2	
三维加工根数/根	1	
二维最大弯曲速度/[(°)/s]	900～1200	
三维最大弯曲速度/[(°)/s]	300～360	
最大牵引速度/(m/min)	90～110	90～100
长度精度/mm	±1	
角度精度	±1°	
最大箍筋边长/mm	1350～1800	1700～2450
最小箍筋边长/mm	80～100	100～150
设备功率/kW	29	60
工作环境温度/℃	－5～40	
工作环境湿度/%	35～90	

15.5　选型原则与选型计算

15.5.1　总则

钢筋弯箍机的选型是否合理，直接影响到能否加工出需要的合格产品、设备的成本以及生产的效率，同时也会影响到企业的效益。不同的地区、建筑公司、建筑规模和工程需要对钢筋弯箍机械的要求差别会比较大，正确选型对合理、有效地完成工程或订单任务以及取得较好的效益具有重要意义。因此必须在符合国家或行业相关政策法规的前提下，根据设备生产模式、所供工程或客户需求量的大小、弯箍机的使用期限、施工条件等具体情况进行正确的选择。选型原则主要包括以下几方面。

1. 安全性

生产安全第一，钢筋弯箍机械的选型首先要考虑所选的弯箍机设备本身是否安全，是否有足够的安全防护措施，通过相应的安全认证。还要结合工厂的条件，保证设备能按厂家的使用要求进行正确合理的使用和方便的检查与维修。因此，钢筋弯箍机的选型安全性主要考虑两方面内容：一是钢筋弯箍机的设备是否安全，二是钢筋弯箍机的安装使用是否安全。

2. 适应性

适应性指一款设备应具有适应生产需求的能力，钢筋弯箍机械选型时应当充分考虑能否满足所要加工产品的需求，能否加工现有的原材料，还要考虑安装场地条件是否能满足设备的安装与维修等。

3. 产能

产能指的是所选的钢筋弯箍机械在一定时间段内能生产的成品是否能满足工程或工厂设计的需要。

4. 经济性

经济性不是只关注设备本身的售价，而指

的是在同等条件下，结合用户自身的实际需要，综合考虑钢筋弯箍机的场地占用、操作人员配置、加工能力、设备的稳定性以及设备的维修使用成本等综合确定性价比高的方案。

5. 售后服务

钢筋弯箍机为机、电、气一体的自动化专用设备，加工的原材料为工程用螺纹钢筋，工作强度高，其售后服务保障能力直接关系到设备的使用性能和寿命。

15.5.2 选型原则及依据

1. 影响钢筋弯箍机械选用的关键因素

(1) 钢筋原料的强度等级，是冷轧还是热轧、光圆还是带肋、直条还是盘条，盘条还要考虑钢筋的收卷形式；

(2) 加工钢筋直径规格范围；

(3) 所加工的成品种类、规格、形状；

(4) 所需要的产能量。

2. 选型步骤

(1) 根据原材料的情况选择能适应所加工钢筋强度的设备，依据盘条的收卷形式和场地情况选择合适的放线架；

(2) 依据所加工钢筋的直径范围确定弯箍机的主参数选型；

(3) 根据工程需要或工厂订单计划，确认箍筋成品的种类、规格、形状、精度等要求，进行产品功能和设备主要性能确认，选择能满足加工需求的设备种类；

(4) 统计要加工的所有产品箍筋的种类，每种的数量占比，计算出需要的产量，根据产能需求，以及工时计划和调度分工，计算选择配置对应的弯箍机型和数量；

(5) 最后，根据企业对产品可靠性、自动化、信息化等方面的需求定位，选择具有相应配置的型号。

15.6 安全使用

15.6.1 安全使用标准与规范

钢筋弯箍机械安全使用标准为《建筑施工机械与设备　钢筋加工机械　安全要求》(GB/T 38176—2019)。

钢筋弯箍机械的安全使用操作应在钢筋弯箍机械使用说明书中详细说明，产品说明书的编写应符合《工业产品使用说明书　总则》(GB/T 9969—2008)的规定。

1. 安全使用标准

(1) 机器在维护、维修、清洁或者调整时，应在操作台处悬挂(置放)“正在检修，禁止操作”的警示牌子，防止因不知情误操作造成人身设备伤害。

(2) 检修气动元器件必须断电、关掉气源，并将管路中剩余的压缩空气排出，同时应在操作台处悬挂(置放)“正在检修，禁止操作”的警示牌子，才能进行检修，以免造成人身设备伤害。

(3) 在检查维修主机内部时，特别是两同步带传动机构，要断掉系统开关和电源，不要把手和身体的其他部位伸到带轮和皮带中，否则会造成严重的安全事故。检查维修完要装好防护罩。

(4) 为了保证气动元器件的正常使用，延长其使用寿命，对管路的压缩空气应进行过滤和干燥，应定期对管路进行放水。

(5) 电气系统的安装与维护必须由专业电工来操作，并且要佩戴绝缘手套、绝缘鞋和专业的安装工具。为防止触电，机器必须严格接地。

(6) 伺服电机在使用和检修过程中严禁捶击或用其他物品进行撞击，以免损坏电机。

(7) 未经设备供应方允许，不准在设备上乱加其他物体，不得损坏或移动机器各部分的安全防护网罩及安全标示。

(8) 车间内所有人员都应该佩戴安全帽。

2. 注意事项

机器长期不用时应进行以下操作：

(1) 使设备各零部件处于非工作状态；

(2) 断开总电源开关；

(3) 把控制柜和操作台锁好，钥匙由专人保管；

(4) 设备容易生锈的地方涂抹防锈油；

(5) 用塑料或苫布将机器盖好。

15.6.2　拆装与运输

1. 移动和放置

产品如装箱发运,包装箱应牢固并有防潮、防雨和通风措施,箱外文字应工整,标志齐全、醒目,标志符号尺寸应符合 GB/T 191—2008 运输的规定。对于出口用的木制包装箱,应有明显的防熏蒸标记。产品在箱内应定位牢固,并与箱壁间留有必要的空隙,存放在通风良好、防雨防潮的地方。

产品如不装箱,而以散货装车发运,所有部件应包装包裹,按发货清单做好标记,使用防雨苫布覆盖,做好防雨、防震、防磕碰等防护措施。

产品在运输中应放置平稳,固定可靠。

2. 产品的拆装

在设备安装之前,车间要根据设备布局图准备足够的场地,这样工人可以自由通过,并减少对控制系统的影响。设备周围应留出足够的人行通道,便于操作和设备维护。操作台、操作人员必须正对或侧对设备,这样可以注意到设备的生产情况,一旦有事情发生,便于及时采取措施。

现场具备安装条件后,按布局图确立基础纵横中心线,在要求平整的混凝土地面上画出中心线,设备找正调平时,应指定设备安装检测面、线或点。主机底座平面位置与基础轴线(中心线)允许偏差为±5 mm,设备平面位置标高允许偏差在全长范围内为±5 mm。各部分吊装时必须使用合适的吊索具,保证设备安全。

设备吊装时要由起重工人(或熟悉设备的人)操作,使用与被吊件重量相符合的起重设备,必须留有一定的余度;要用与吊装相符的绳索,按物件重心系紧绳索;先进行试吊,如不平衡应放下,调整绳索位置直至平衡为止;吊起与移动时,要控制被吊件平稳移动,不得摇摆;当物件就位时要轻缓放置,不得产生冲击;就位后,找平找正,解开绳索,起重设备离去。弯箍机设备主机吊装示意图见图 15-29。

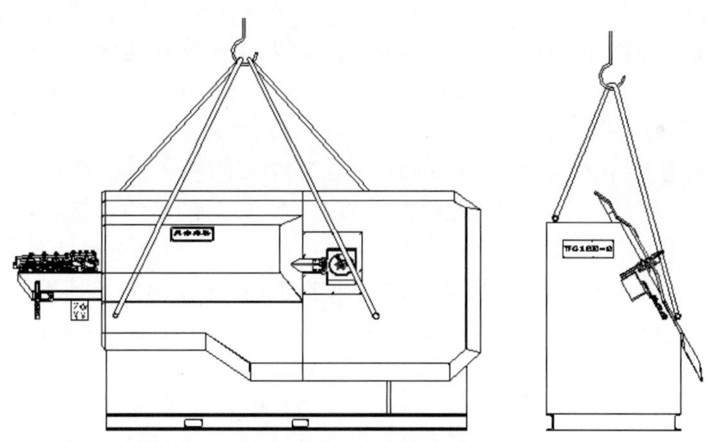

图 15-29　弯箍机设备主机吊装示意图

首先安装主机部分,使主机的矫直钢筋主轴和基础中心线平行,然后用木工水平仪对主体进行水平找正。放置水平仪的最佳位置是主机下方钣金处,可纵向、横向找正调整。

15.6.3　安全使用规程

数控钢筋弯箍机是一种自动化程度较高的设备,整台机器集机、电、气于一体,生产过程基本由系统控制自动完成。对机器不熟悉的人员使用设备容易引起事故,将会造成人员或机器的损伤。因此,设备的操作人员必须进行严格培训,熟悉机器的功能、特点和操作方法,严格按使用手册的要求进行操作(具体操作注意事项详见操作说明书)。

1. 开机前准备

(1) 操作人员必须戴好安全帽及防护手

套,否则不准进入现场。

(2) 确认机器周围没有其他非操作人员,以防出现意外造成难以挽回的后果。

(3) 为使设备具备良好的工况,开机前应在各润滑点处加注润滑脂。

(4) 检查各箱体、减速机内润滑油是否充足。应使润滑油处于油标的中间偏上位置,如油面过低应及时补充润滑油。

(5) 检查各部位是否有螺丝松动现象。

(6) 检查气源、电源是否都已经接通,PE线接至接地点上。

(7) 检查各电气线路开关、检测开关等是否正常,检查各气管是否完好。

2. 安全操作规程

(1) 接通电源、气源。

(2) 分别单步测试各机构动作,观察其运转是否正常。

(3) 在确保无异常情况后,方可联机启动。

(4) 联机启动后,严禁开机状态时身体靠近或用手触摸机器,钢筋的伸出前方不许站立人员,防止意外危险。

(5) 操作台上的急停开关应始终处于容易控制状态,周围空间要足够大,这样有利于工作人员紧急停车,避免人身及设备伤害。

(6) 气管路中的压缩空气的压力通过调压过滤器进行调整,调整压力应从小到大逐步进行,不可速度过快,具体操作如下:先将转动旋钮拉起,向右旋转为调高出口压力(反之,向左旋转为调低出口压力),在调节压力时,应逐步均匀地调至所需压力值。该机构的压缩空气的压力应在0.4~0.6 MPa之间,不可过高或过低,气压过高可能冲击很大,对气动元器件造成不良后果;气压过低会使气动元件执行速度过慢影响生产。同时由于过滤器的部分材质为PC材料,严禁接近或在有机溶剂环境中使用。当出口压缩空气流量明显减少时应立即更换滤芯。

15.6.4 维修与保养

设备维护之前必须切断设备总电源。如果涉及机械部位的调整,应放掉气路中的剩余气体,防止意外事故的发生。

设备的润滑严重影响机械的使用寿命。如果保养不妥善将会大大降低机械的使用寿命。

设备维护人员必须认真阅读使用说明书。供方只提供一套钥匙,严格禁止另配钥匙,在维护过程中,只可将这把钥匙交付给负责维护工作的人,由其妥善保管。

为了保证设备的正常运行,用户有责任坚持对设备进行维护,保证设备每一个部件都处于良好的工作状态。

设备维护后要填写设备维护日记,这有利于用户尽快掌握设备管理的知识。设备维护和维修时要使用合适的工具,这样可以减少对设备的损害,避免发生危险。及时清理多余的润滑油和其他油类,以防弄脏钢筋,杜绝火灾发生。及时清理车间的铁屑和废料,把它们放到一起回收利用,可以防止伤害工人,影响生产。

1. 设备室外使用

设备室外使用时,应安装在上有顶棚、地面干燥的工棚中,尽量避免在阳光曝晒下使用,也不允许在雨雪天气中露天使用,要防风沙、尘埃吹入设备及电气控制系统,否则将会导致机械损坏,不能正常工作。

2. 设备的维护和保养

设备的牵引部分要按规定定期添加或更换润滑油,并在油脂加油嘴处每周进行注油,各矫直辊要每月注入锂基润滑脂使轴承得到足够的润滑。剪切机构以及弯曲机构上方的注油孔中也要定期注入锂基润滑脂使轴承得到足够的润滑,延长各部件的使用寿命。另外,要定期给气路过滤器放水。

1) 每班例行维护(每班为8个工作时。)

(1) 在每个作业班结束或开始时,建议进行一次一般性的清洁工作,清除氧化铁皮及杂物。

(2) 随时检查切刀的完好性及压紧轮的固定螺栓是否松动,并检查牵引部分导线管的紧固情况,应及时紧固,否则将会使下牵引轮崩碎,铁屑外溅发生危险。

(3) 在低于 3℃时要求每班结束工作必须放水,否则由于水冻结将会导致整个气动系统无法工作。

(4) 在低于 3℃时要求每班结束工作时用棉纱蘸吸干消声器口的水汽,否则将会使气缸的动作缓慢或不能动作。

(5) 定期对设备进行润滑,润滑位置及相关事项见表 15-10。

表 15-10 弯箍机润滑位置及相关事项

润滑部位	加油位置	油品	油量/g	润滑周期
矫直系统	一矫直轮	锂基油脂	5	每 8 小时
	二矫直轮			
牵引系统	上牵引轮		10	
	下牵引轮			
弯曲系统	弯曲芯轴			每周
	弯曲轴			
	弯曲主轴			
剪切系统	剪切臂轴			每 8 小时
	剪切底座			
	连杆轴承		5	
	剪切减速机	VG220	至油镜中线	每 8 小时检查

2) 各部位螺钉的紧固

包括牵引两主动轮螺钉的紧固、牵引两压下轮螺钉的紧固、牵引上轴套端盖螺钉的紧固、各剪切刀螺钉的紧固、弯曲芯轴螺钉的紧固、弯曲轴的紧固。

3) 每周例行维护

(1) 检查控制电柜和操作台卫生。

(2) 检查连接螺栓的紧固度,必要时用专用工具拧紧。清理各个控制组件上的尘埃。

(3) 发生电气故障时,应最先检查熔断器和热接触器接近开关是否损坏。

(4) 检查电缆线绝缘皮有无损伤。

(5) 检查保护接地线。

(6) 检查气管接头和气路有无漏气现象。

(7) 检查电机制动系统磨损情况,包括弹簧、弹簧张力螺母、电磁铁、可移动的制动器、制动盘、电机。

4) 每月例行维护

(1) 检查传动部分轴承的游隙的变化,如有松动应进行调整。

(2) 检查各个减速箱内的润滑油:查看油标,检查润滑油是否到位,如发现油位偏低,应及时加注 CKC150 号润滑油。通过透明观测孔检查油位只能是一个参考办法,因为少量的润滑油可能粘在观测孔上,使人误认为还有润滑油,实际上润滑油可能低于观测油位。

5) 标准配件的维护

(1) 减速机:每周查看气孔的通气性,及时清理通气孔,使其排气顺畅。

(2) 减速机使用前检查润滑油,加注指定规格润滑油。

各种润滑油要按油标位置供油,严格按照更换时间标准进行更换:

减速机专用油 2000 h

齿轮油 5000 h

严格按照润滑标准进行操作,否则机械将不能正常运转,并且会由于润滑油的凝固影响结构的润滑性能,从而严重损害机械的各机构。

以上日常维护周期是最低的要求,具体时间取决于设备的使用量。

3. 清洁

在执行设备维护、更换零件、维修润滑和调整操作之前须切断设备电源。

(1) 设备日常清洁(每 5 个工作日)。为了确保设备正常运转,设备内部元件应该首先得到最好的清洁，应使用工业吸尘器和随机提供的气枪进行清洁。另外控制箱也需要仔细清洁，清洁时不要碰坏电气元件。

(2) 仔细清洁工具(每一个工作日)。

(3) 清洁矫直器(一个工作日和每次交班时)。应经常清洁矫直器以防止堵塞。避免使用润滑脂，以防产生固态油渣。

(4) 清洁冷却风扇过滤器(每 30 个工作日)。

注意：不要使用化学溶解剂清洁设备。可以使用柴油，但是只能用布擦。

(5) 清洁安全标志、指示灯、显示屏和键盘等(每个工作月)。

4. 机械维护

(1) 检查移动刀片(每个工作日)。

① 检查移动刀片的磨损程度。如果已损坏应更换。

② 当刀片上出现锯齿状刻痕或变形时应更换刀片。

③ 检查卸下的螺栓是否完好，若损坏须更换新螺栓。

④ 检查刀片固定螺栓是否固定牢固(每 5 个工作日)。

(2) 检查弯曲销(每个工作日)的外环转动是否自如，否则执行以下操作：

① 卸掉弯曲销，在更换部件之前首先去掉钢筋；

② 清洁销孔，能转动自如后重新装上去。

无论有无问题，每月卸下一次弯曲销，清洁销孔，并用少量的润滑油轻微润滑孔壁，以防轴抱死。在轴周围抹一层润滑脂。

(3) 更换牵引轮。

① 拧开紧固牵引轮的 6 个螺栓；

② 卸掉牵引轮；

③ 更换新的牵引轮，过程中注意定位端面键的使用程度，如有损伤或定位不可靠需一起更换，保证轴相对轮的紧固。

(4) 检查矫直轮的磨损程度，如有必要，更换矫直轮(每 7 个工作日)。

(5) 检查电机制动系统磨损情况(每个工作月)。

15.6.5 常见故障及其处理

1. 机械系统常见故障及处理方法

机械系统常见故障及处理方法见表 15-11。

2. 电气系统常见故障及处理方法

电气系统常见故障及处理方法见表 15-12。

表 15-11 机械系统常见故障及处理方法

故障现象	故障原因	处理方法
系统不工作	①主机与控制柜未联机；②系统处于报警状态；③急停按钮被按下；④弯曲轴不在工作位置	①检查联机电线是否接牢固；②检查监控位置及各监测开关是否损坏；③恢复急停控制状态；④回参一次
个别执行机构不工作	①控制线路接触不良或断开；②光电开关松动	①检查发生故障的线路；②检查光电开关
钢筋剪不断	①切刀损坏；②切刀间隙量过大	①更换切刀；②检查剪切臂是否松动，如有松动应更换剪切臂的铜端盖。检查切臂的锁母是否松动，如松动则拧紧
弯曲角度不准确，形状不规范	①矫直机构不能矫直钢筋；②弯曲销位置不合适；③弯头与弯曲销之间的距离不准确；④正反弯的参数不合适；⑤回参原点位置有偏差；⑥外部有干扰	①调整矫直机构；②调整弯曲销位置；③换用合适的弯曲销与弯头；④调整正反弯的参数；⑤调整回参原点位置；⑥检查完善地线，避免干扰
立式放线架停转困难	①闸皮损坏；②控制气缸的电路断路；③气缸的气压低；④电磁阀的排气孔堵塞	①更换闸皮；②检查气缸的电路；③调整气缸气压阀；④清理电磁阀排气孔

续表

故障现象	故障原因	处理方法
伸缩气缸的动作减慢	①气缸损坏；②气缸调速阀调得太紧；③气缸的消声器被堵塞；④滚针轴承或密封圈损坏；⑤外界温度过低，气路结霜	①更换气缸；②调松气缸调速阀；③清洗或更换消声器；④更换滚针轴承或密封圈；⑤电磁阀等气动元件注意保温，避免结霜；排放气路系统多余水分
定尺不准	①编码器连接松动；②计数轮磨损严重	①拧紧编码器连接螺栓；②更换计数轮
中心轴有挂丝现象	①钢筋调得不直；②伸缩气缸收缩变慢	①调直钢筋，或稍向外翘；②按照第6项的方法解决气缸的问题
弯箍机剪切电机有异响	①剪切电机抱闸磨损；②剪切电机缺相	①检查调整剪切电机抱闸；②检查剪切电机是否缺相
剪切臂堵刀孔	①剪切电机抱闸磨损；②剪切检测开关(检测片)松动；③外部电源三相相序变动，电机反转	①调整剪切电机抱闸；②调整剪切检测开关(检测片)位置；③改变接线相序

表 15-12　电气系统常见故障及处理方法

故障现象	故障原因	处理方法
①加工钢筋无限地往外送；②加工钢筋长短不齐	①编码器损坏；②钢筋打滑导致钢筋外送的尺寸不准；③牵引轮和计数轮磨损	①检查编码器是否有进油现象、外壳是否有明显的损伤，如果有以上情况应更换编码器；②钢筋打滑时，检查牵引气缸的压力是否足够，如果不够应加大压力。若压力正常的情况下牵引气缸仍打滑，应检查放线架钢筋是否有缠绕、混乱的情况；③检查牵引轮和计数轮是否磨损严重。如果磨损严重须更换新的牵引轮和计数轮
剪切不停止或不动作	①剪切参考点故障；②剪切电机过热导致剪切停止	①检查剪切参考点的接近开关外表有无明显创伤，信号线有无破损的地方。剪切参考点与检测片之间的距离是否在1～4 mm；②剪切不动作，检测电机线有无损坏；③查看PLC是否有信号输入；④剪切电机过热报警：检查剪切电机断路器是否在开路状态。检查PLC是否有信号，如有信号仍报警证明PLC点坏。检查剪切电机断路器的辅助触点是否损坏
①弯曲轴回缩未到位报警；②弯曲轴不能回缩或回缩慢	①接近开关损坏或位置偏移；②弯曲轴卡住；③电磁阀、气缸漏气；④参数设置有误	①检查弯曲轴的接近开关是否损坏，接近开关的位置是否正确，接近开关的信号线是否损坏；②检查弯曲轴是否有卡住的地方，手动状态是否伸缩流畅；③检查电磁阀、气缸是否有漏气现象；④参数设置中伸缩延时是否正确，应在150～300 ms之间
放线架报警	①开关、信号线损坏；②过线梁靠近放线架报警开关；③PLC输入点有问题	①检查开关是否损坏，信号线是否有断的地方；②检查放线架的过线梁是否靠近放线架报警开关。如果是应观察放线架的钢筋是否缠绕，释放被缠绕的钢筋；③检查放线架报警开关到电气柜PLC之间有无输入信号，如果有还报警，证明PLC输入点有问题，如果没有信号则按照以上两点去查询

续表

故障现象	故障原因	处理方法
开环空载启动驱动器报警	①伺服电机输出电缆UVW相序错误；②编码器或者编码器线问题；③电机或驱动器损坏	①检查伺服电机输出电缆UVW相序。伺服电机电缆须按照驱动器和电机上所标注的UVW顺序接线；②将外部编码器插头拔下，把操作台上的手动/自动选择旋钮旋到手动状态，按下急停按钮，仔细检查编码器线和电机端编码器插头线是否虚接，如果没有问题则说明电机内部的编码器损坏；③检查电机或驱动器
闭环带载启动驱动器报警	负载过重	先通过开环空载启动观察是否还报警，如果报警则按照上条故障解决方案解决，如果不报警说明负载已经超过设备所能承载
启动后伺服报警	编码器或者编码器线问题	将外部编码器插头拔下，把操作台上的手动/自动选择旋钮旋到手动状态，按下急停按钮，仔细检查编码器线和电机端编码器插头线是否虚接，如果没有问题则说明电机内部的编码器损坏
上电后牵引伺服驱动器立即报警	电机电缆相互短路或者对地短路	检查驱动器输出电缆线及电机是否短路(包括对地短路)，确认没有之后可将电机线UVW从驱动器上拆掉，重新上电之后如故障依旧说明驱动器故障，需要更换驱动器

15.7 工程应用

随着市场需求快速增加，钢筋弯箍机的应用已经非常成熟和普及。其主要应用领域有钢筋加工配送工厂、建筑施工企业、装配式建筑预制工厂、高铁、地铁、高速公路、桥梁、机场、核电、民建等工程项目。小型钢筋弯箍机加工钢筋见图15-30，小型钢筋弯箍机加工箍筋形状见图15-31。

图15-30 小型钢筋弯箍机加工钢筋

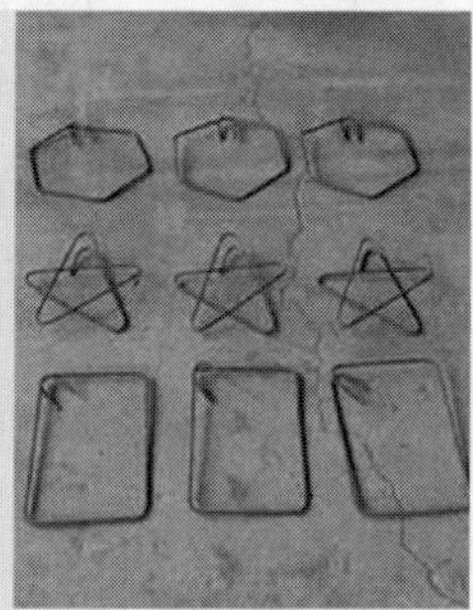

图15-31 小型钢筋弯箍机加工箍筋形状

WG16F-2多功能智能钢筋弯箍机器人如图15-32所示，最大可加工16 mm的盘条钢筋，它是一种全数控自动加工各种箍筋、长板筋的多功能弯箍机，既可以加工箍筋，也可以自动加工各种长板筋。板筋、箍筋功能可在2 s内数控自动智能切换，不需任何人工调整。伺服驱动的回送弯曲可以自动设置弯曲各种长度和角度的板筋钩，大型伸缩式接料机构设计，加工范围大，具有防扭转矫正机构，可保证成品的精度和平整度。一机多能，大量应用于钢筋加工配送工厂。加工范围大，加工板筋钩的宽度可达1 m，最大板筋长度达到12 m，最大箍筋边长达到2350 mm。调直机构如图15-33所示，其他机构如图15-34所示。该机采用圆盘式两级伸缩弯曲机构，回送弯曲效率高，工作稳定。两级伸缩弯曲机构如图 15-34(a)所示。采用伸缩式接料机构，如图 15-34(b)所示，避免钢筋窜出，工作可靠，噪声小。采用翻板式两级接料，如图 15-34(b)所示，方便成品收集整理。采用扭转矫正机构，如图 15-34(c)所示，可保证成品板筋的平直度。采用四轮式伺服驱动回送机构设计，如图 15-34(d)所示，可实现多步回送弯曲，保证回送精度达到 ±1 mm。

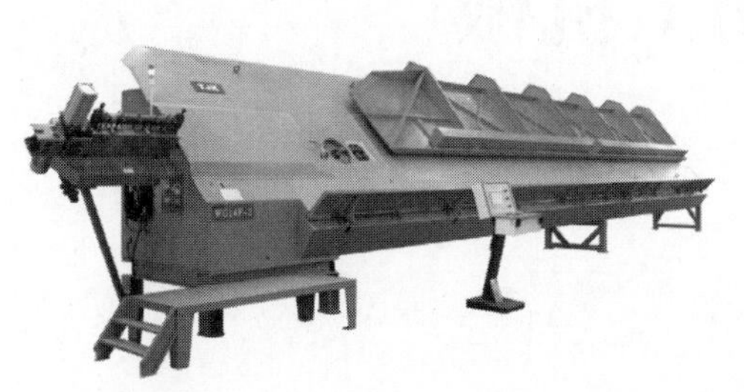

图 15-32　WG16F-2 多功能智能钢筋弯箍机器人

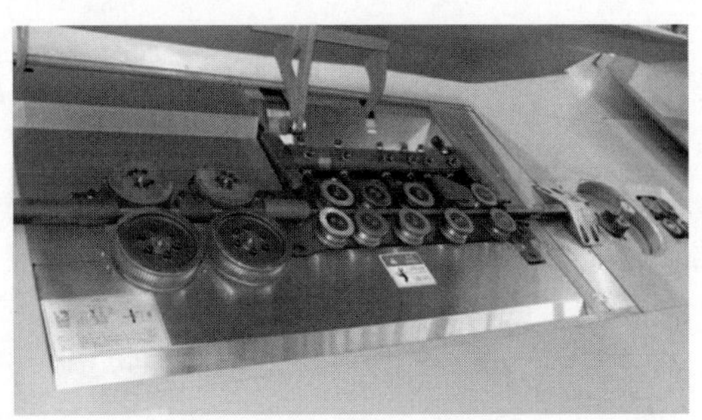

图 15-33　调直机构

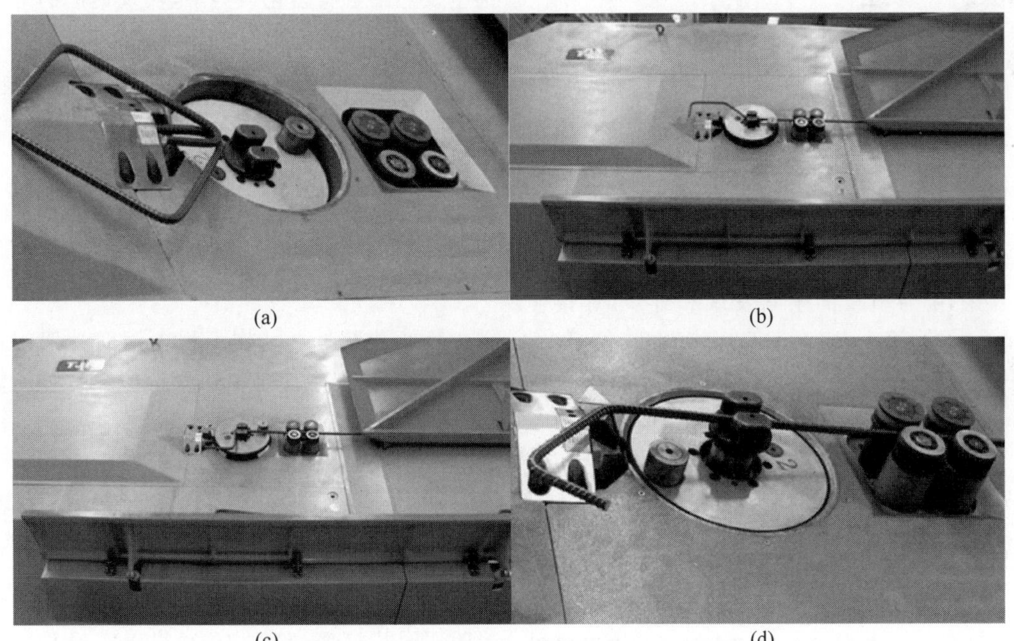

(a)　(b)　(c)　(d)

图 15-34　弯曲、伸缩接料、扭转矫正和回送机构

(a) 两级伸缩弯曲机构；(b) 伸缩式、翻板式接料机构；(c) 扭转矫正机构；(d) 四轮式伺服驱动回送机构

第16章

焊接箍筋加工机械

16.1 概述

16.1.1 定义、功能与用途

我国工程建设领域焊接箍筋加工及应用技术起步于20世纪50年代，过去由于焊接技术和装备技术相对落后，焊接箍筋质量及生产效率不高，因此焊接箍筋没有得到广泛应用。近年来，随着科技的不断发展和进步，焊接箍筋加工新技术、新工艺、新设备不断涌现，焊接箍筋取代传统箍筋的趋势已非常明显。

焊接箍筋是焊接封闭箍筋和焊接封闭式网片箍筋的统称。焊接封闭箍筋是利用焊接工艺技术将钢筋两端焊接起来，形成一个矩形或圆形或其他几何形状的钢筋闭合箍；焊接封闭式网片箍筋是利用钢筋电阻压接焊技术，将钢筋肢条焊接在焊接封闭箍筋上，形成焊接封闭式网片箍筋。

焊接箍筋加工技术由箍筋加工和箍筋焊接两大技术组成。箍筋加工由手工加工逐渐演变为半机械加工、机械加工、数控机械加工。近年来由于劳动力成本逐年上涨，自动化数控弯箍设备逐渐被市场接受，成为市场主流而被广泛应用。

箍筋的焊接通常采用电阻焊接工艺技术，即通过钢筋间的接触点、线或面的接触电阻，通电发热至金属熔化或熔融，实现钢筋的等强焊接。对于箍筋的焊接，无论对焊接头、T形焊接头、十字交叉焊接头等都必须与母材等强度，并且接头区的弯曲工艺性能也应与母材等同，否则无法满足结构的抗剪、抗震、抗疲劳等力学性能要求。

16.1.2 发展历程与沿革

箍筋是混凝土结构工程中钢筋骨架的主要受力材料，由于混凝土结构抗剪和抗震的需要，箍筋需要将钢筋两端分别弯制成135°弯钩，其中直线段长度(5～10)d(见图16-1)，通过钢筋弯钩锚入混凝土核心区以实现箍筋的闭环受力。近年来由于焊接工艺技术以及箍筋加工技术的不断进步，焊接封闭箍筋、焊接封闭式网片箍筋(见图16-2)得以实现并被广泛应用。

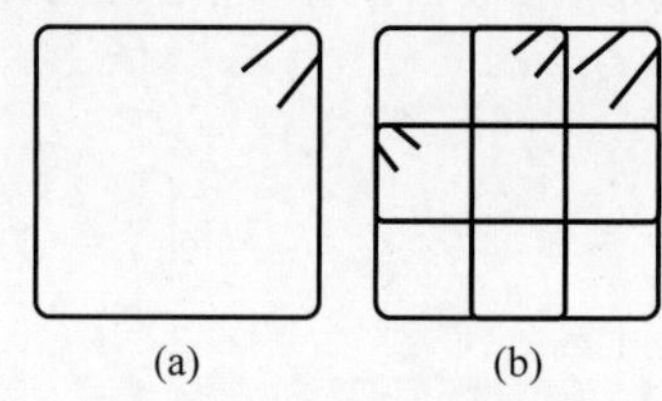

图16-1 传统箍筋

(a) 传统封闭箍筋；(b) 传统复合箍筋

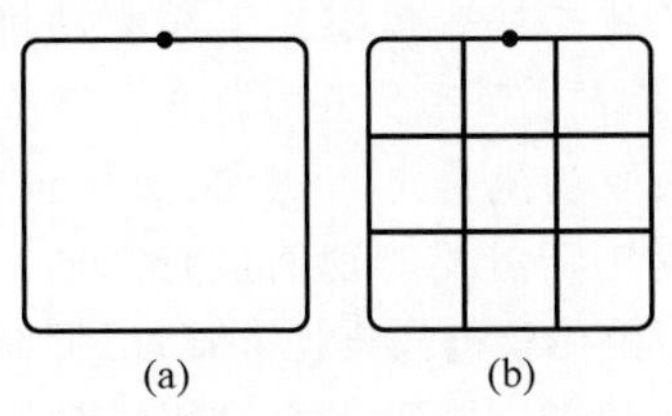

图 16-2　焊接箍筋
(a) 焊接封闭箍筋；(b) 焊接封闭式网片箍筋

16.1.3　发展趋势

我国建筑行业的焊接箍筋加工由前期的全手工加工逐步发展为机械加工、全数控机械加工。近年来随着焊接工艺技术以及自动化技术、信息化技术的不断完善和发展，焊接箍筋加工设备向着专业化、自动化、一体化方向发展。未来随着信息技术以及成品焊接箍筋标准的不断发展和完善，焊接箍筋加工设备将变得更加智能化、专业化和集成化，用户通过数据通信传输，就可以完成焊接箍筋产品的采购、制造、配送等全部业务，箍筋加工的组织模式将从工地零散式或作坊式逐步发展为工业化的集中加工配送。

16.2　产品分类

按照焊接工艺分类，焊接箍筋加工机械可分为箍筋电阻压接焊加工机械、封闭箍筋闪光对焊加工机械、封闭箍筋电阻对焊加工机械。几种焊接工艺的比较见表 16-1。

表 16-1　焊接工艺对比

焊接工艺	焊接形式	焊接工艺原理	适用范围	技术特点
电阻压接焊	钢筋上下平直搭接或 T 形搭接、十字交叉搭接焊接	利用钢筋与电极、钢筋与钢筋间的接触电阻通电发热至金属熔化，实现钢筋的等强焊接	适用于焊接封闭箍筋、焊接封闭式网片箍筋的对焊、T 形焊、十字交叉焊接	焊接速度快、能耗低、质量稳定，焊接完成后通过二次通电加热，可有效消除焊接接头及热影响区的残余应力
电阻对焊	钢筋端头直线对中焊接	利用钢筋端头接触电阻通电发热至金属熔化，实现钢筋的等强焊接	适用于焊接封闭箍筋的对焊连接	焊接速度快、能耗低、质量稳定
闪光对焊	钢筋端头直线对中焊接	利用钢筋端头微接触电阻通电发热至金属熔化，实现钢筋的等强焊接	适用于焊接封闭箍筋的对焊连接	焊接质量稳定、能耗低、适应性强，能够焊接直径 6～18 mm 的箍筋

箍筋电阻压接焊加工机械分为箍筋电阻压接焊机、封闭箍筋弯焊一体机、焊接封闭式网片箍筋自动焊接机。

箍筋闪光对焊机械分为手动箍筋闪光对焊机、半自动箍筋闪光对焊机、全自动箍筋闪光对焊机(对焊箍筋自动生产线)。

封闭箍筋电阻对焊机械分为自动封闭箍筋电阻对焊机、封闭箍筋自动电阻对焊生产线。

16.3　工作原理及产品结构组成

16.3.1　工作原理

1. 箍筋电阻压接焊加工机械

1) 箍筋电阻压接焊机的工作原理

此种焊机进行封闭箍筋焊接时采取钢筋上下搭接(搭接长度 $1d$)，见图 16-3，网片箍筋焊接时采取 T 字形或十字形搭接，通过伺服电机驱动上电极，对钢筋搭接部位施加设定的电极压力，利用钢筋搭接点或线的接触电阻通电发热，使金属熔化或呈熔融状态，上电极随动下压，压入深度大于50%钢筋直径，随即再次对焊点通电，加热温度至800℃左右，上电极随动下压完成对焊点的整形和回火处理，经回火处理后的工件抗拉强度和冷弯性能与母材一致。

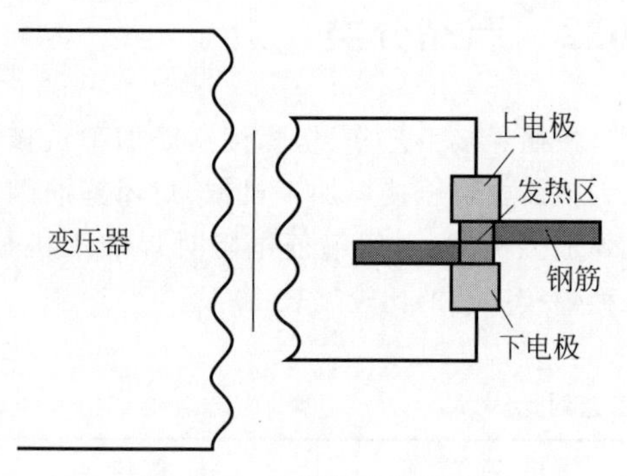

图 16-3 电阻压接焊原理

电阻压接焊热量的计算公式为

$$Q=I(R_1+R_2+R_3)t \tag{16-1}$$

式中，Q 为产生的热量，J；I 为焊接电流，A；R_1 为上电极与钢筋的接触电阻，Ω；R_2 为上下钢筋搭接的接触电阻，Ω；R_3 为下电极与钢筋的接触电阻，Ω；t 为焊接时间，s。

电阻 R_1、R_2、R_3 在焊接过程中是一个变化值，在通电前，电阻 R_1、R_2、R_3 取决于电极压力和工件、电极的清洁度，在通电的一瞬间，钢筋及电极接触点处的氧化铁和杂质将被闪掉，此时电阻 R_1、R_2、R_3 的值取决于电极压力。在焊接过程中材料本身的电阻相较于工件接触电阻可以忽略不计。

箍筋电阻压接焊机的电源系统采用中频逆变直流电阻焊控制系统。将三相交流电经全波整流滤波电路转换成直流电，再经由功率开关器件(IGBT)组成的全桥逆变电路逆变成中频PWM调制波接入焊接变压器的初级线圈，经变压器降压并整流后成为直流电对工件进行恒流焊接，焊接电压为8.3 V。

2）封闭箍筋弯焊一体机的工作原理

封闭箍筋弯焊一体机利用放线架将盘条钢筋导出并穿入进线机构，将钢筋送至走线驱动机构并置于压紧状态。走线驱动机构启动后，钢筋经前、后矫直机构矫直。矫直后的钢筋由走线驱动机构送入弯曲、剪切机构，弯曲机构根据实际需要对钢筋进行弯曲。钢筋弯曲完成后由抓取机构定位并抓取，同时剪切机构将钢筋切断。抓取机构将待焊箍筋提升至焊接工位高度，焊接系统采用电阻压接焊完成箍筋的封闭焊接。卸料机构(或抓取机械手)将成品焊接封闭箍筋转移至成品打包机或下一道工序。其工作流程见图16-4。

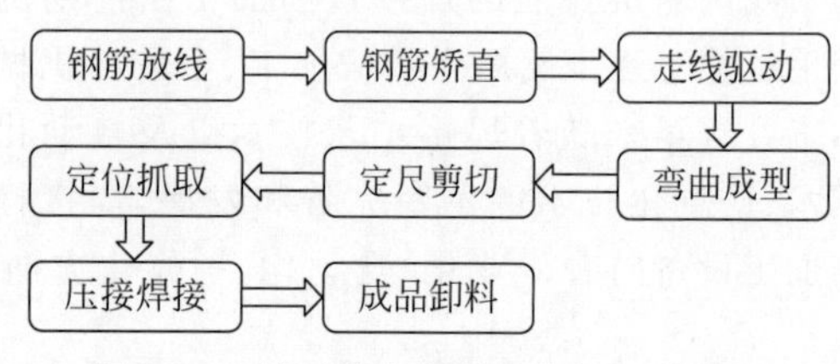

图 16-4 封闭箍筋弯焊一体机工艺流程

3）焊接封闭式网片箍筋自动焊接机的工作原理

此种焊机通过前端辊筒平台将焊接封闭箍筋导入并定位，抓取机构将焊接封闭箍筋移动至设定位置，给料系统导入箍筋肢条，焊接机构下压并完成箍筋肢条与封闭箍筋的T字形焊接，抓取机构移动工件至设定位置，完成下一箍筋肢条焊接。移动工件至设定位置，旋转机构将工件旋转90°，移动工件至下一道工序完成另一方向的箍筋肢条焊接。待箍筋的双向肢条都完成焊接以后，卸料机构抓取焊接封闭式网片箍筋成品至指定位置卸料。

2. 封闭箍筋闪光对焊加工机械

1）封闭箍筋闪光对焊机的工作原理

封闭箍筋闪光对焊机是将待焊箍筋(调直钢筋，按设计外轮廓尺寸和角度弯制箍筋，等待进行闪光对焊的箍筋)进行闪光对焊，把待焊箍筋两端以对接形式安放在箍筋对焊机的两个电极钳口上夹紧，利用焊接电流通过两钳口产生电阻粒及电阻热，使箍筋接头两端金属熔化，产生强烈飞溅、闪光，箍筋端部产生塑性区及均匀的液体金属层，迅速施加顶锻力完成的一种压焊方法，是电阻焊接的型式之一。闪光对焊成品箍筋焊接处抗拉强度与钢筋母材相同，又称箍筋对焊、对焊箍筋。箍筋对焊机是箍筋对焊的专用设备。

2）箍筋对焊机工艺流程

待焊箍筋加工（对钢筋调直、切断、弯曲）→在焊机上利用两电极钳口夹紧待焊箍筋、对准中心线控制端部间距→通电对焊（接头闪光、金属熔化、顶锻）→断电、松开电极钳口→取下成品箍筋→成垛码放。

3）对焊箍筋的特点

（1）普通钢筋闪光对焊见图16-5(a)，焊接钢筋时二次焊接电流 I_2 全部用于焊接接头。箍筋闪光对焊见图16-5(b)，箍筋是环形工件，对焊箍筋时二次电流由二次焊接电流 I_{2h} 和二次分流电流 I_{2f} 组成，其特点是：I_{2h} 部分用于焊接接头，I_{2f} 部分未用于焊接。因此，对焊箍筋要解决电流分流问题，需将功率增大15%～50%，应采用较大容量的焊机，并适当提高变压器级数。

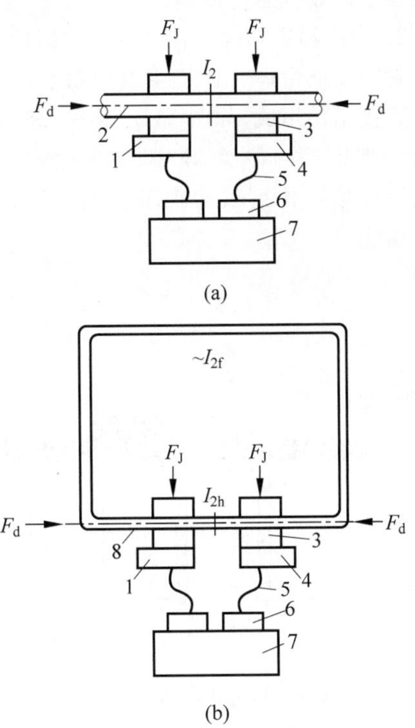

1—定板；2—钢筋；3—电极；4—动板；5—次级软导线；6—次级电极；7—变压器；8—箍筋。

图16-5　对焊机的焊接回路与分流

(a) 钢筋闪光对焊；(b) 箍筋闪光对焊

（2）箍筋对焊与钢筋对焊都用3种工艺方法：连续闪光对焊（焊小直径箍筋）、预热闪光对焊（焊中直径箍筋）、闪光-预热闪光对焊（焊大直径箍筋）。

（3）箍筋对焊后箍筋接头与钢筋母材的抗拉强度处处相等，箍筋的抗拉强度、抗震性能可以得到充分保证，同时可节省大量钢筋。对焊箍筋与弯钩箍筋的接头对比见图16-6。

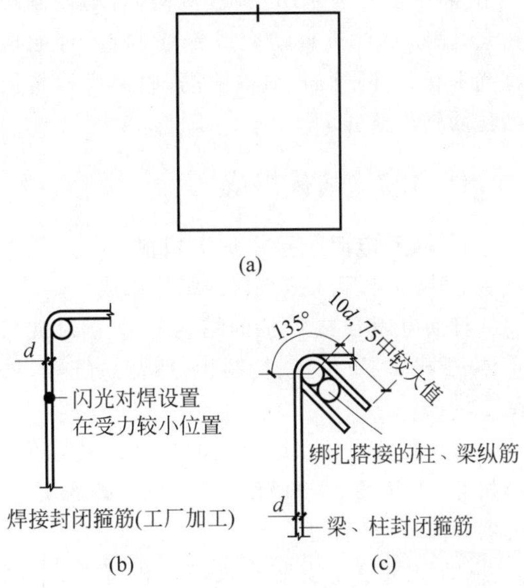

图16-6　对焊箍筋与弯钩箍筋的接头对比

3. 封闭箍筋电阻对焊加工机械

封闭箍筋电阻对焊自动化生产线的工作原理是，将盘条钢筋放置于放线架上，牵引系统启动后，钢筋首先经过预矫直系统，然后进入主机精矫直系统。调直后的钢筋由牵引系统送入弯曲剪切一体机构，根据实际需要对钢筋进行弯曲，焊接机构抓取钢筋并配合弯曲剪切一体机构对钢筋进行剪切，定位夹持机构对两个钢筋端头进行对齐，确保两个钢筋端头中心线对齐，对齐完成后收集机构对钢筋的上部工位进行夹持，然后焊接机构再对钢筋进行顶锻焊接，焊接完成后收集机构对成品焊接封闭箍筋进行转移收集，将成品焊接封闭箍筋转移到焊接机构的外部，摆放到成品存储区。其工作流程如图16-7所示。

封闭箍筋电阻对焊自动化生产线的工作过程：操作工人用叉车把盘圆钢筋安放在放线

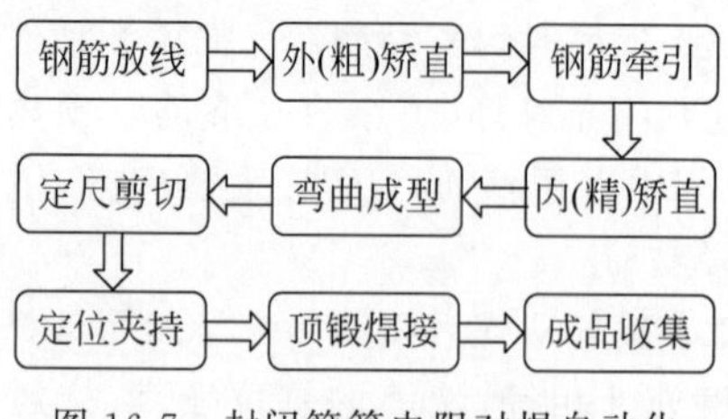

图 16-7 封闭箍筋电阻对焊自动化生产线工作流程

架上，将钢筋穿入牵引、调直机构，启动控制按钮盘，箍筋对焊机自动完成钢筋调直、弯曲成箍筋形状、切断箍筋、对焊箍筋，收集机构将成品箍筋码放整齐。

16.3.2 结构组成

1. 箍筋电阻压接焊加工机械

1）箍筋电阻压接焊机的结构组成

箍筋电阻压接焊机的结构组成分为机箱主体、上机头、下机座、控制柜、冷却系统等，见图 16-8。

（1）机箱主体：是焊机的主体结构，分别由机箱、上机臂、下机臂组成。机箱内部是变压器和部分电气元件。

（2）上机头：安装在机箱上机臂上，铜电极与变压器次级输出的上端连接，伺服电机通过丝杠与上电极座连接。

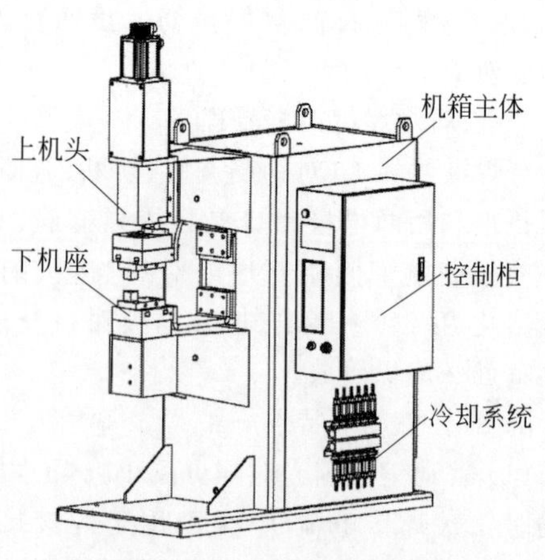

图 16-8 电阻压接焊机结构组成

（3）下机座：安装在机箱下机臂上，铜电极与变压器次级输出的下端连接。

（4）控制柜：主要负责焊机动作的执行命令发出和电流的精确控制。

（5）冷却系统：主要对焊接变压器、电极及电源控制系统进行冷却。

2）封闭箍筋弯焊一体机的结构组成

封闭箍筋弯焊一体机主要由机身结构、抓取及焊接结构组成，如图 16-9 所示。机身结构可以实现钢筋的传送、矫直、弯曲、剪切功能；抓取及焊接结构可以实现工件的定位、抓取、焊接功能。

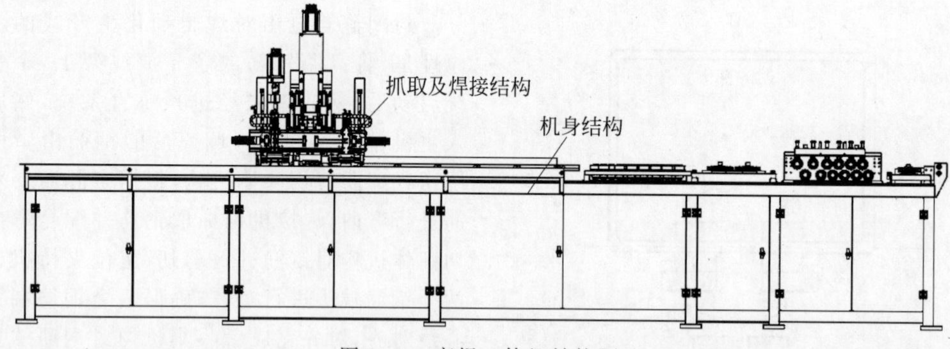

图 16-9 弯焊一体机结构图

3）焊接封闭式网片箍筋自动焊接机的结构组成

（1）焊接封闭式网片箍筋自动焊接Ⅰ型机的结构组成

焊接封闭式网片箍筋自动焊接Ⅰ型机的结构如图 16-10 所示，可以划分为两部分：前端横向肢条焊接部分和后端纵向肢条焊接部分。其中前端横向肢条焊接部分包含 1 号送料结构、1 号双焊机结构、1 号肢条分拣结构、1 号旋转/卸料结构；后端纵向肢条焊接部分包含 2 号送料结构、2 号双焊机结构、3 号送料结构、2 号旋转/卸料结构。其中，1 号和 2 号双焊机

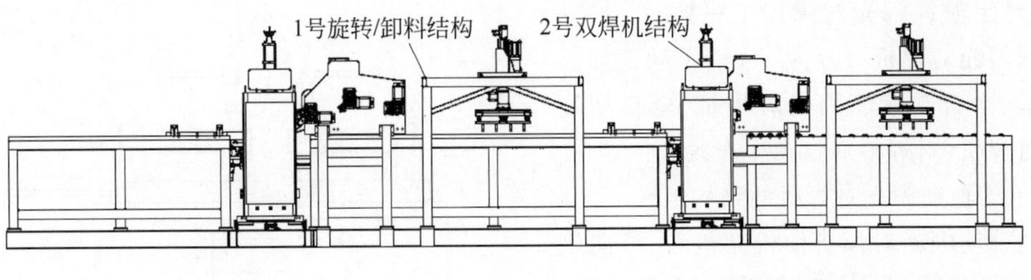

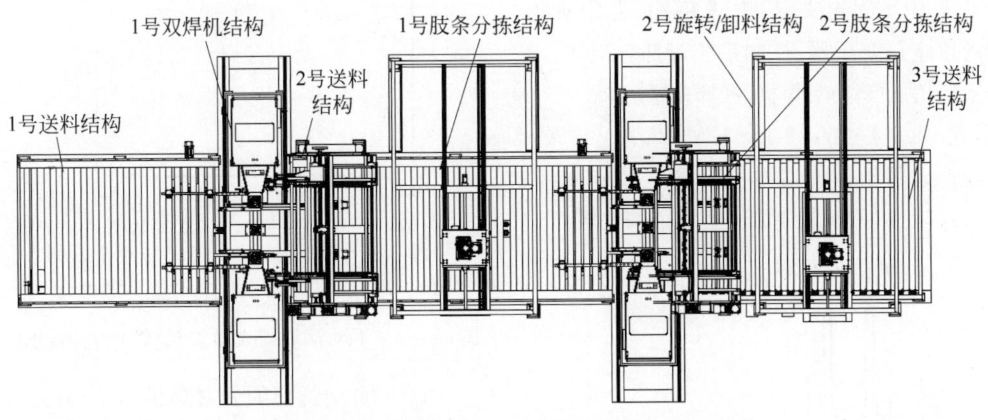

图 16-10　焊接封闭式网片箍筋自动焊接Ⅰ型机结构

结构原理相同，1号和2号肢条分拣结构原理相同，1号旋转/卸料结构和2号旋转/卸料结构原理相同。

(2) 焊接封闭式网片箍筋自动焊接Ⅱ型机的结构组成

焊接封闭式网片箍筋自动焊接Ⅱ型机的主体结构分为前端送料结构、焊接主体结构、肢条分拣结构、后端出料结构、卸料结构，如图16-11所示。

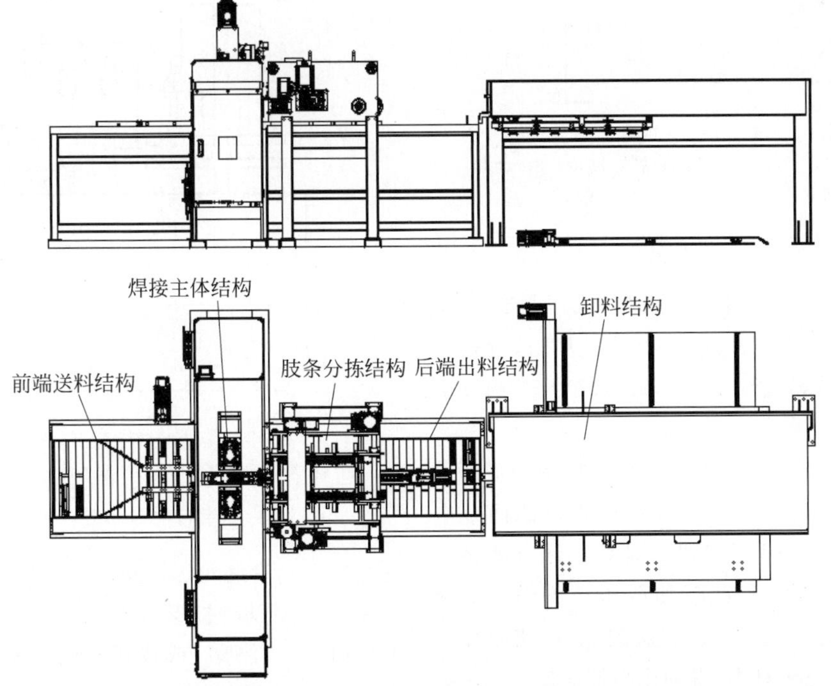

图 16-11　焊接封闭式网片箍筋自动焊接Ⅱ型机结构

2. 封闭箍筋闪光对焊加工机械

箍筋闪光对焊机可分为三类：手动箍筋闪光对焊机、半自动箍筋闪光对焊机、全自动箍筋闪光对焊机(对焊箍筋自动生产线)。

1) 手动箍筋闪光对焊机的结构组成

手动箍筋闪光对焊机由机架机箱、导向机构、动夹具和固定夹具、送进机构、夹紧机构、支点(顶座)、变压器、控制系统等部分组成。

(1) 手动箍筋对焊机(杠杆夹紧)见图 16-12，功率有 50 kV・A、75 kV・A、100 kV・A 规格，分别适用于闪光对焊直径 6～10 mm、8～12 mm、8～18 mm 的箍筋，应用范围比较广。

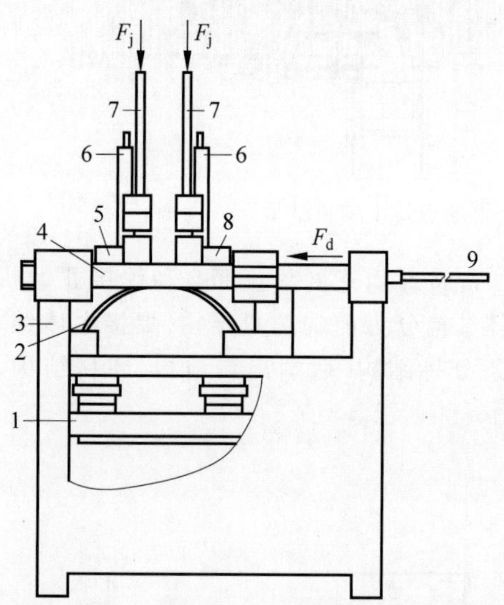

1—变压器；2—软导线；3—机箱；4—导轨；5—固定座板；6—顶座；7—杠杆夹紧机构；8—动板；9—送进机构；F_j—夹紧力；F_d—顶锻力。

图 16-12 手动箍筋闪光对焊机(杠杆夹紧)示意图

(2) 手动箍筋对焊机(螺杆夹紧)见图 16-13，功率有 100 kV・A、150 kV・A 规格，分别适用于闪光对焊直径 20～25 mm、20～32 mm 的箍筋。

手动箍筋对焊机操作：焊工把待焊箍筋两端钢筋头以对接形式安放在对焊机的两个电极钳口上，采用手动杠杆或螺杆加压方式将两钢筋头夹紧，通电焊接，使两钳口箍筋接头两端金属熔化，产生强烈飞溅、闪光，迅速施加顶锻力，断电完成对焊，得到成品箍筋。

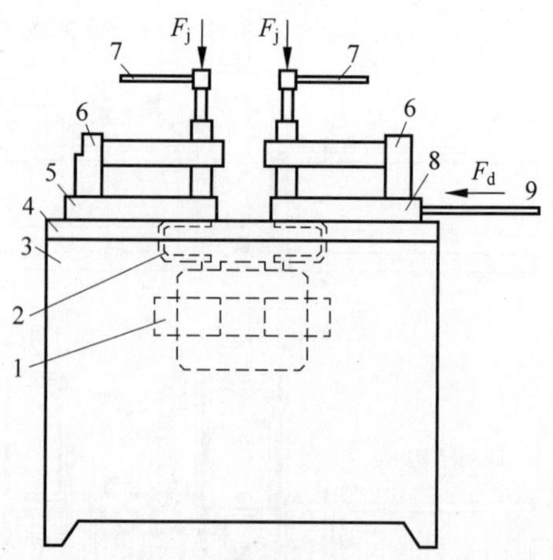

1—变压器；2—软导线；3—机架机箱；4—导轨；5—固定座板；6—顶座；7—螺杆夹紧机构；8—动板；9—送进机构；F_j—夹紧力；F_d—顶锻力。

图 16-13 手动箍筋闪光对焊机(螺杆夹紧)示意图

2) 半自动箍筋闪光对焊机的结构组成

半自动箍筋闪光对焊机由机箱、下固定电极、上移动电极伺服气缸、推拉顶锻气缸、变压器、软导线、控制器等部分组成。

半自动箍筋对焊机见图 16-14，功率有 75 kV・A、100 kV・A 规格，可分别闪光对焊直径 6～12 mm、8～18 mm 的箍筋。

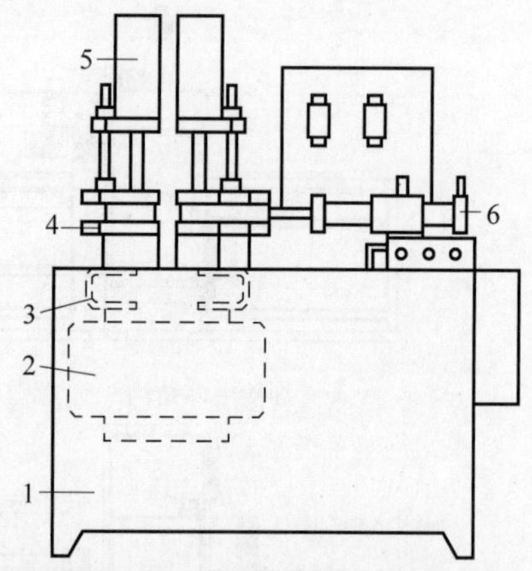

1—机箱；2—变压器；3—软铜带；4—下固定电极；5—上移动电极伺服气缸；6—推进油缸。

图 16-14 半自动箍筋对焊机示意图

半自动箍筋对焊机操作：焊工把待焊箍筋两端钢筋头以对接形式安放在对焊机的两个电极钳口上，脚踏(或按钮)开关，对焊机自动将两钢筋头夹紧，通电焊接，使两钳口间箍筋接头两端金属熔化，产生强烈飞溅、闪光，施加顶锻力，断电完成对焊，手动取下成品箍筋。

3）对焊箍筋自动生产线

设备采用自动控制技术和变频焊接技术，对箍筋进行自动化、批量化焊接。设备由焊接模组、柔性产品载盘、链板线模组、循环冷却模组、电气控制模组组成。

3. 封闭箍筋电阻对焊加工机械

封闭箍筋电阻对焊自动化生产线的结构组成如下。

（1）放线架：钢筋放线架为卧式，只需用吊车或叉车将从钢厂采购来的盘条钢筋装于放线架上即可，不需要对钢筋进行二次收卷。放线架如图 16-15 所示。

图 16-15　放线架

（2）牵引调直剪切主机：用于对盘条钢筋进行矫直、弯曲、切断等一系列加工，其外形如图 16-16 所示。

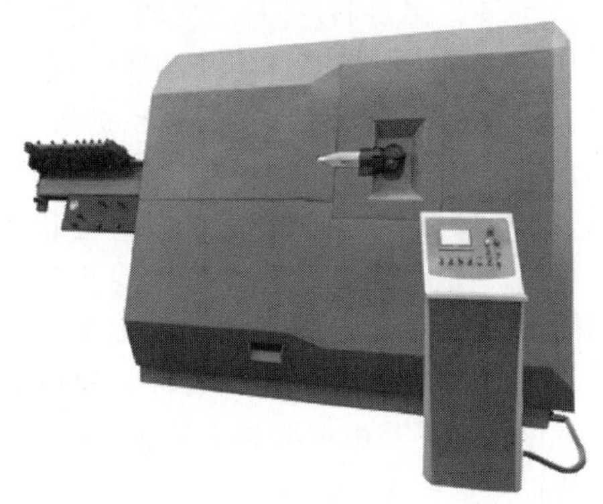

图 16-16　牵引调直剪切主机

（3）焊接主机：用于对半成品钢筋进行焊接，其外形如图 16-17 所示。

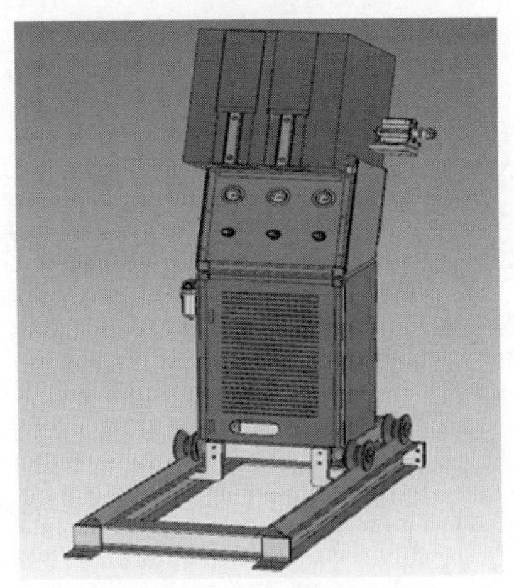

图 16-17　焊接主机

16.3.3　机构组成

1. 箍筋电阻压接焊加工机械

1）箍筋电阻压接焊机

箍筋电阻压接焊机是箍筋的封闭压焊设备。上机头机构主要控制上电极的上下运动，并提供焊接所需要的压力；上电极由伺服电机驱动。其机构主要由伺服电机、滚珠丝杠、导向机构等构成。

2）封闭箍筋弯焊一体机

（1）机身机构

机身机构包括进线机构、前/后矫直机构、钢筋驱动机构、弯曲机构、剪切机构，如图 16-18 所示。各机构的作用如下。

进线机构：牵引钢筋进入设备矫直系统。

前/后矫直机构：对开卷后的钢筋进行应力去除和矫直。

钢筋驱动机构：钢筋走线驱动，主要用于钢筋定长进给。

弯曲机构：对矫直后的钢筋进行折弯。

剪切机构：钢筋折弯成型后，对钢筋进行剪切。

（2）抓取机构

抓取机构主要由定位升降机构、侧向定位抓取机构、前端定位抓取机构组成。各机构的作用如下。

定位升降机构：将折弯后的箍筋定位提升

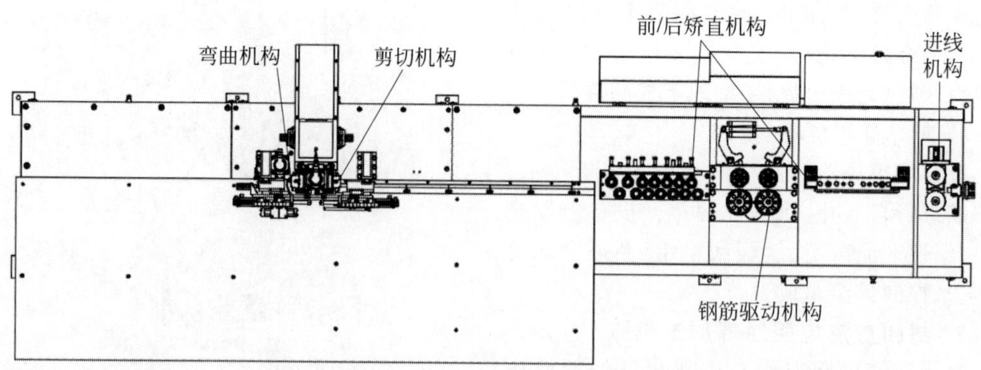

图 16-18　封闭箍筋弯焊一体机机身机构

至焊接工位。

侧向定位抓取机构：抓取箍筋侧向边框，进行宽度定位。

前端定位抓取机构：抓取箍筋搭接区域，进行搭接重合长度定位。

(3) 焊接机构

焊接机构主要由上机头机构和下电极机构组成。各机构的作用如下。

上机头机构：主要控制上电极的上下运动，并提供焊接所需要的压力。上电极由伺服电机驱动，其机构主要由伺服电机、滚珠丝杠、导向机构等构成。

下电极机构：主要控制下电极的前后运动，并配合电极的焊接时序进行定位承压。其机构主要由气缸、直线导轨、锁止气缸等构成。

图 16-19 所示为抓取、焊接机构。

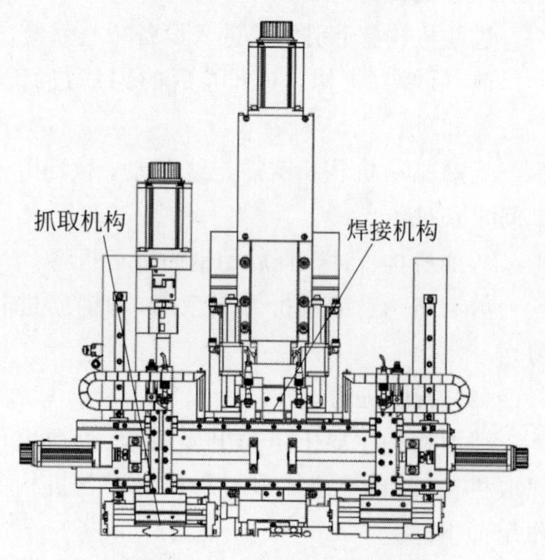

图 16-19　抓取、焊接机构

3) 焊接封闭式网片箍筋自动焊接机

(1) 焊接封闭式网片箍筋自动焊接Ⅰ型机

焊接封闭式网片箍筋自动焊接Ⅰ型机结构如图 16-10 所示。各机构的作用如下。

① 1 号送料机构主要用于进料箍筋的传送和定位。它包含伺服导向装置、导向定位结构、前端辊筒送料支架。

② 1 号、2 号双焊机机构主要执行箍筋宽度的定位及焊接动作。它包含机箱、机箱底板、焊机宽度调整机构、伺服焊机结构、中频电源控制器、分水器等。

③ 1 号、2 号肢条分拣机构主要对凌乱的肢条进行整理分拣，使其成为单个有序的钢筋肢条。其分为储料区、一级输送机构、自动分料盘机构、二级输送机构、肢条夹取定位机构。

④ 1 号、2 号旋转/卸料结构的主要功能是进行中间部位方向转换和尾部卸料。它包含卸料支架、卸料夹紧机构、箍筋旋转机构、上下移动模组。

(2) 焊接封闭式网片箍筋自动焊接Ⅱ型机

焊接封闭式网片箍筋自动焊接Ⅱ型机结构如图 16-11 所示。各机构的作用如下。

① 前端送料机构主要用于进料箍筋的传送和定位。它主要由伺服导向装置、导向定位结构和辊筒送料支架组成。

② 焊接主体机构主要执行箍筋宽度的定位及焊接动作。它主要由机箱、机箱底板、焊机宽度调整机构、伺服焊机结构、中频电源控制器、分水器组成。

③ 肢条分拣机构主要对凌乱的肢条进行整理分拣,使其成为单个有序的钢筋肢条。分为储料区、一级输送机构、自动分料盘机构、二级输送、肢条夹取定位。

④ 后端出料机构主要用于箍筋的定长后移。它由后端辊筒送料支架、导向板、钩料机构组成。

⑤ 卸料机构用于箍筋运动到尾端后的卸料。它由托钩、箍筋托板、接料托板组成。

2. 封闭箍筋闪光对焊加工机械

箍筋对焊机分类不同,其机构组成也不尽相同。

1) 手动箍筋对焊机(杠杆夹紧)

杠杆夹紧手动箍筋闪光对焊机见图 16-12。箍筋对焊机结构示意图如图 16-20 所示,其由机箱、电极、顶锻机构和手动操纵杆等组成。

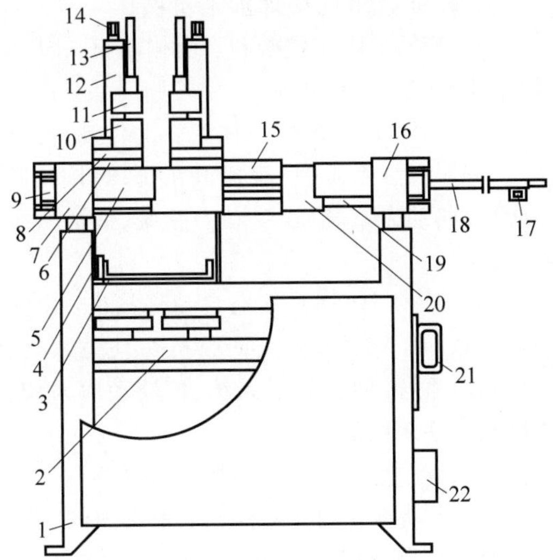

1—机箱; 2—焊接变压器; 3—接渣槽; 4—铜带; 5—导轨护罩; 6—左端梁; 7—左电极架; 8—左电极座; 9—左上座板; 10—左电极; 11—左工件压杆; 12—左滑块立柱; 13—左压紧手柄; 14—左滑块调整丝杆; 15—滑动梁; 16—右端梁; 17—按钮开关; 18—操纵杆; 19—导轨轴; 20—轴套; 21—变压器调级装置; 22—电源进线盒。

图 16-20　箍筋对焊机结构示意图

(1) 机箱是焊机的主体机构,由机箱骨架、箱内焊接变压器、变压器调级装置组成。机箱刚度要求较高。

(2) 电极是焊接的关键机构,由固定电板、活动电极及对应的杠杆夹紧机构组成。电极材料要求耐磨,焊接过程通水降温。

(3) 顶锻机构即送进、退出机构,它可以沿滑动梁定向移动。

(4) 手动操纵杆的送进机构如图 16-21 所示,它连接在顶锻机构上,通过手柄按钮开关控制顶锻工序。

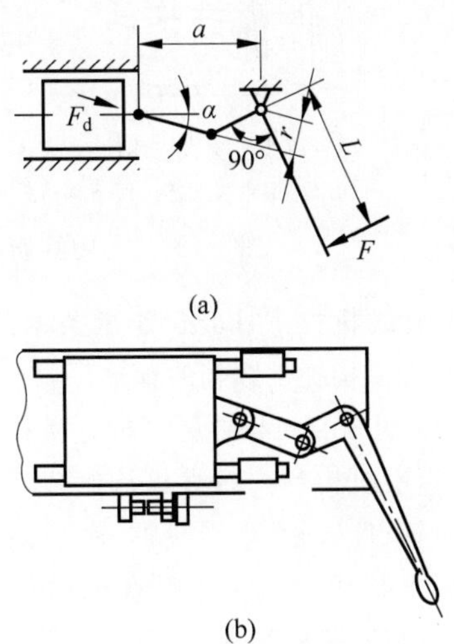

图 16-21　手动杠杆式送进机构

(a) 手动杠杆原理图; (b) 手动杠杆结构示意图

2) 手动箍筋对焊机(螺杆夹紧)

螺杆夹紧手动箍筋闪光对焊机见图 16-13,除电极用螺杆夹紧机构外,其余机构组成与杠杆夹紧手动箍筋闪光对焊机相同。

3) 半自动箍筋对焊机

半自动箍筋对焊机见图 16-14,其由机箱、电极伺服气缸、顶锻气缸和半自动控制器组成。

(1) 机箱作为焊机的主体结构,箱内有焊接变压器及调压装置、气压泵等。

(2) 电极伺服气缸由左固定电极伺服气缸及右移动电极伺服气缸组成。此机构用于控制上电极的上下运动,并提供压紧箍筋接头、完成焊接所需压力。除电伺服气缸驱动外,还可设计伺服电机驱动。

(3) 顶锻气缸,由推拉顶锻气缸固定在机箱上,作水平往复移动。

(4) 半自动控制器,上电极伺服气缸与变压器次级输出、推拉顶锻气缸,通过控制器协同工作，实现半自动焊接。

3. 封闭箍筋电阻对焊加工机械

封闭箍筋电阻对焊自动化生产线可以实现自动化加工生产，从上料、矫直，到弯曲、剪切，再到夹持、焊接一气呵成。其结构组成示意图如图 16-22 所示，主要包括放线机构、牵引矫直机构、弯曲剪切机构、定位焊接机构和成品收集机构 5 部分。

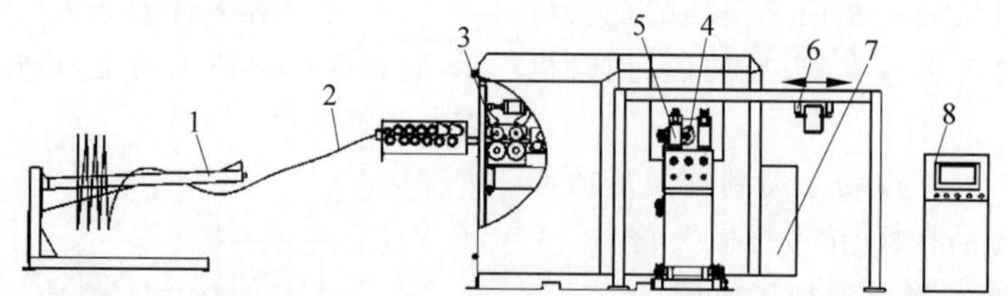

1—放线机构；2—钢筋；3—牵引矫直机构；4—弯曲剪切机构；5—定位焊接机构；6—成品收集机构；7—焊接控制器；8—控制操作台。

图 16-22 封闭箍筋电阻对焊自动化生产线结构组成示意图

(1) 放线机构：用于放置盘条钢筋，为后续牵引矫直机构提供顺畅的钢筋原料。

(2) 牵引矫直机构：牵引矫直机构由外矫直机构、牵引机构和内矫直机构组成。牵引机构由牵引轮、计数轮、牵引箱体、牵引减速机和牵引伺服电机组成；内外矫直机构都由导线口、矫直轮和安装板组成。牵引电机通过减速机带动牵引轮转动，使得钢筋依次经过外矫直机构和内矫直机构，内外矫直机构成 90°夹角安装，可以在保证钢筋直线度的前提下，减少对钢筋表面的损伤。

(3) 弯曲剪切机构：弯曲机构的弯曲主机由弯曲轴、弯曲伸缩机构、弯曲减速机、伺服电机组成，剪切机构由固定刀座、固定刀片、切刀刀片、动刀臂、连接臂、减速机、电机、固定座组成。矫直完成的钢筋进入到弯曲机构，根据要求的箍筋边长尺寸进行弯曲，随后电机通过减速机带动动刀臂运动进行剪切。

(4) 定位焊接机构：定位机构由对开式滚珠丝杠滑台、气动滑座、整形气缸、定位气缸、定位滑块、定位滑座组成，焊接机构由焊接主机、直线滑轨、升降气缸、夹持气缸和顶推气缸组成。剪切完成的待焊箍筋通过定位夹持机构进行整形定位，随后送入焊接机构进行焊接。

(5) 成品收集机构：由机架、伸缩气缸、滑动导轨和气动夹爪组成。焊接完成的封闭箍筋成品通过气动夹爪的夹持被转移到焊接机构外部，并摆放至成品储存区。

16.3.4 动力组成

1. 箍筋电阻压接焊加工机械

(1) 箍筋电阻压接焊机：由伺服机头动力系统、水路动力系统组成。

(2) 封闭箍筋弯焊一体机：由传动/转动系统、伺服电缸系统、伺服抓取系统、焊接控制系统、气路动力系统、水路动力系统、润滑系统组成。

(3) 焊接封闭网片箍筋自动焊接机：由滚筒传动系统、气动机头或伺服机头动力系统、伺服钩料系统、伺服卸料系统、气路动力系统、水路动力系统组成。

2. 封闭箍筋闪光对焊加工机械

(1) 手动箍筋闪光对焊机：由箱内焊接变压器及变压器调级装置组成，通过手动按钮开关工作。

(2) 半自动箍筋闪光对焊机：由箱内焊接变压器及调压装置、气压泵和电极伺服气缸、推拉顶锻气缸组成，经半自动控制器实现半自动焊接。

3. 封闭箍筋电阻对焊加工机械

封闭箍筋电阻对焊自动化生产线包括钢筋牵引动力部分、钢筋弯曲动力部分、钢筋切断用动力部分、钢筋焊接夹持动力部分、顶锻焊接动力部分、移动成品出料动力部分。

16.4　技术性能

16.4.1　产品型号命名

1. 箍筋电阻压接焊加工机械

1）箍筋电阻压接焊机

箍筋电阻压接焊机型号如下：

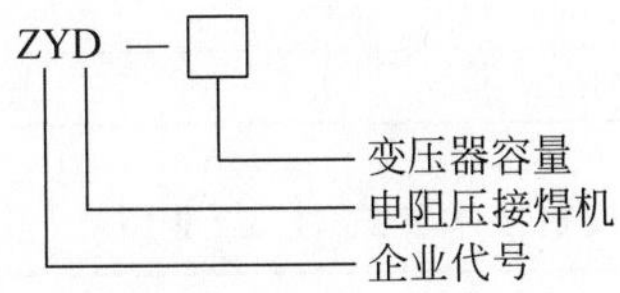

例：ZYD-350 代表中冶建工电阻压接焊机，变压器容量为 350 kV·A。

2）封闭箍筋弯焊一体机

封闭箍筋弯焊一体机型号如下：

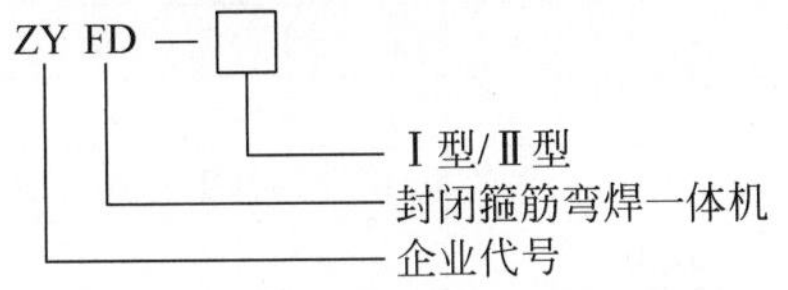

例：ZYFD-Ⅰ代表中冶建工弯焊一体Ⅰ型机。

3）焊接封闭式网片箍筋自动焊接机

焊接封闭式网片箍筋自动焊接机型号如下：

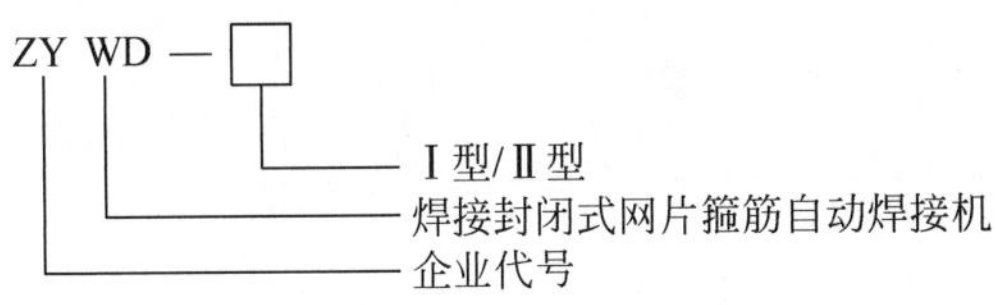

例：ZYWD-Ⅰ代表中冶焊接封闭式网片箍筋自动焊接机Ⅰ型机。

2. 封闭箍筋电阻对焊加工机械

封闭箍筋电阻对焊自动化生产线的型号由型式代号、主参数和产品更新变型代号组成。表示如下：

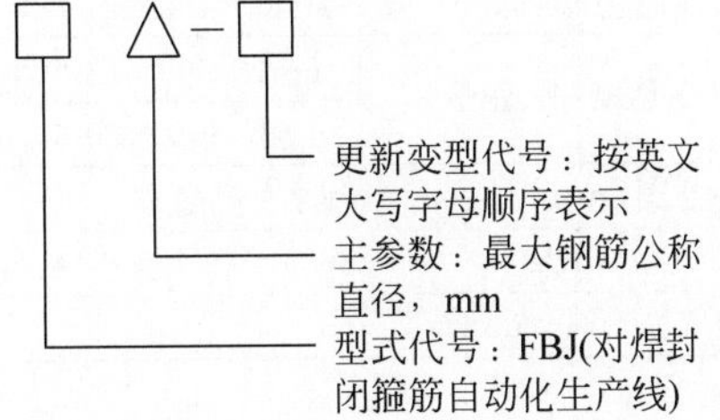

封闭箍筋电阻对焊自动化生产线的主参数为可加工 HRB400 级钢筋的最大弯箍焊接直径。

标记示例：

示例 1：最大弯箍焊接直径为 12 mm 的对焊封闭箍筋自动化生产线，标记为 FBJ12。

示例 2：最大弯箍焊接直径为 12 mm 的第一次更新的对焊封闭箍筋自动化生产线，标记为 FBJ12-A。

16.4.2　性能参数

1. 箍筋电阻压接焊加工机械

1）箍筋电阻压接焊机

ZYD-350 箍筋电阻压接焊机技术参数见表 16-2。

2）封闭箍筋弯焊一体机

ZYFDⅠ/Ⅱ封闭箍筋弯焊一体机技术参数（Ⅰ型/Ⅱ型）见表 16-3。

3）焊接封闭式网片箍筋自动焊接机

ZYWDⅠ/Ⅱ焊接封闭式网片箍筋自动焊接机技术参数（Ⅰ型/Ⅱ型）见表 16-4。

表 16-2　ZYD-350 箍筋电阻压接焊机技术参数

参　数	数　值	参　数	数　值
设备总重/kg	900	变压器容量/(kV·A)	350
输入电压/V	AC3～380(50/60Hz)	输出电压/V	PWM500
最大控制电流/A	1600	焊接压力/N	0～16 900
焊接范围/mm	ϕ6～ϕ14	焊接钢筋牌号	HPB300、HRB400、HRB500
供水压力/MPa	0.1～0.4	供水流量/(L/min)	12
最大效率/(个/min)	30	适应气压/MPa	0.7

表 16-3　ZYFDⅠ/Ⅱ封闭箍筋弯焊一体机技术参数(Ⅰ型/Ⅱ型)

参　数	数　值	参　数	数　值
设备总重/kg	2200	设备容量/(kV·A)	380
输入电压/V	AC3～380(50/60 Hz)	输出电压/V	PWM500
最大控制电流/A	1600	焊接压力/N	0～16 900
箍筋长度规格/mm	Ⅰ型 300～1200	箍筋宽度规格/mm	Ⅰ型 400～1200
	Ⅱ型 300～2000		Ⅱ型 150～400
焊接范围/mm	ϕ6～ϕ12	焊接钢筋牌号	HPB300、HRB400、HRB500
供水压力/MPa	0.1～0.4	供水流量(L/min)	12
最大效率/(个/min)	8	适应气压/MPa	0.7

表 16-4　ZYWDⅠ/Ⅱ焊接封闭式网片箍筋自动焊接机技术参数(Ⅰ型/Ⅱ型)

参　数	数　值	参　数	数　值
设备总重/kg	Ⅰ型 5000	变压器容量/(kV·A)	Ⅰ型 350×4
	Ⅱ型 2500		Ⅱ型 350×2
输入电压/V	AC3～380(50/60 Hz)	输出电压/V	PWM500
最大控制电流/A	Ⅰ型 1600×4	焊接压力/N	0～16 900
	Ⅱ型 1600×2		
箍筋长度规格/mm	Ⅰ型 300～1500	箍筋宽度规格/mm	Ⅰ型 150～1500
	Ⅱ型 300～2000		Ⅱ型 150～400
焊接范围/mm	ϕ6～ϕ12	焊接钢筋牌号	HPB300、HRB400、HRB500
供水压力/MPa	0.1～0.4	供水流量/(L/min)	12
最大效率/(个/min)	10	适应气压/MPa	0.7

2. 封闭箍筋电阻对焊加工机械

封闭箍筋电阻对焊自动化生产线的性能参数除了最大弯箍焊接直径这一主参数外，还有箍筋宽度、箍筋高度、尺寸偏差和加工效率。封闭箍筋电阻对焊自动化生产线的性能参数见表 16-5。

表 16-5　封闭箍筋电阻对焊自动化生产线技术参数

参　数	数　值
钢筋公称直径/mm	6～12
适用钢筋牌号	HPB300、HRB400
箍筋宽度范围/mm	150～500
箍筋高度范围/mm	300～1000
箍筋尺寸偏差/mm	±2
最大效率/(个/min)	6

3. 封闭箍筋闪光对焊加工机械

1) 手动箍筋对焊机

手动箍筋对焊机除可进行箍筋对焊外，还可进行直钢筋对焊。制造这类对焊机的厂家多，产品型号多，技术性能参数不尽相同。某厂手动箍筋对焊机技术参数见表 16-6。

表 16-6　某厂两种手动箍筋对焊机技术参数

参　数	数　值	
	UN-100	**UN-150**
输入电源、频率	单相 380 V、50 Hz	
初级额定电流/A	264	395
初级连续电流/A	118	177
额定容量/(kV·A)	100	150
额定负载持续率/%	20	
次级空载电压/V	3.8～7.6	4.22～8.44
次级电压调节级数	8 级	
额定级数	8 级	
额定焊件截面面积/mm^2	1000	1500
最大顶锻力/kN	40	50
最大送料行程/mm	40	50
焊接生产率/(次/h)	75	50
冷却水消耗量/(L/min)	5	6

续表

参数	数值	
	UN-100	UN-150
外形尺寸/(mm×mm×mm)	1440×540×1120	2100×780×1180
重量/kg	380	505

2）半自动箍筋对焊机

半自动箍筋对焊机可进行箍筋对焊和直钢筋对焊。制造这类对焊机的厂家较多，产品型号也较多，技术性能参数不尽相同。某厂半自动箍筋对焊机技术参数见表16-7。

表16-7 UNW-63半自动(气动)箍筋对焊机技术参数

参数	数值	参数	数值
交流电	50 Hz	额定交流空载电压的范围	U_{20} 为 0～7 V
次级最大短路电流(50%负载持续率时)	$I_{2CC}=21$ kA	连续输出电流	$I_{2P}=6$ kA
相数及额定频率	1～50 Hz	额定输入电压	$U_{1N}=380$ V
连续功率(100%负载持续率时)	$S_p=45$ kV·A	50%负载持续率下的功率	$S_{50}=63$ kV·A
额定冷却液流量	$Q=16$ L/min	额定冷却液压降	$P=0.02$ MPa
气源工作压力	0.6 MPa	外壳防护等级	IP20
变压器耐热等级	F级	质量	529 kg
电极臂间距	10～55 mm	最大顶锻力	$F_{1max}=3020$ N
电极臂伸出长度	15～115 mm	最小顶锻力	$F_{1min}=1005$ N
最大夹紧力	$F_{2max}=6040$ N	最大焊接功率	$S_{max}=122$ kV·A
用于顶锻的供给压力	$P_{a1}=0.6$ MPa	用于夹紧的供给压力	$P_{a2}=0.6$ MPa

16.4.3 各企业产品型谱

1. 中冶建工集团企业型谱及技术特点

1）箍筋电阻压接焊机

箍筋电阻压接焊机ZYD-350如图16-23所示。

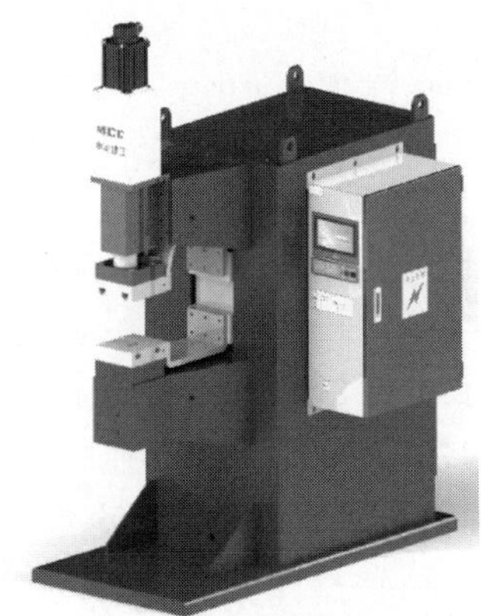

图16-23 箍筋电阻压接焊机ZYD-350

其技术特点如下：

(1) 设备控制系统采用中频控制器，与传统的工频交流焊机相比，中频焊机运行的能源成本比工频焊机节约近1/3，适合自动线运用，控制智能化程度高，适应材料范围广，尤其能够得到稳定、可靠的焊点质量。

(2) 焊接加压装置采用伺服控制加压，能够自适应不同钢筋直径进行压力精准控制，噪声极小，同时可以提高钢筋的焊接质量，大大延长电极的使用寿命。

2）封闭箍筋弯焊一体机(Ⅰ型/Ⅱ型)

封闭箍筋弯焊一体机ZYFD-Ⅰ如图16-24所示。

其技术特点如下：

(1) 它是集钢筋矫直、弯折、截断、焊接于一体的封闭箍筋加工设备，该设备自动化程度以及加工效率较高，适用于工厂规模化生产或施工现场使用。

(2) 设备采用可视化的箍筋规格编辑，并且可以实现一键规格自动切换，方便操作。

(3) 采用先进的PLC程序化控制，预留前后端数据接口，方便与其他自动化设备进行数

图 16-24 封闭箍筋弯焊一体机 ZYFD-Ⅰ

据交互，构建生产线。

3) 封闭式网片箍筋自动焊接机（Ⅰ型/Ⅱ型）

封闭式网片箍筋自动焊接机 ZYWD-Ⅱ如图 16-25 所示。

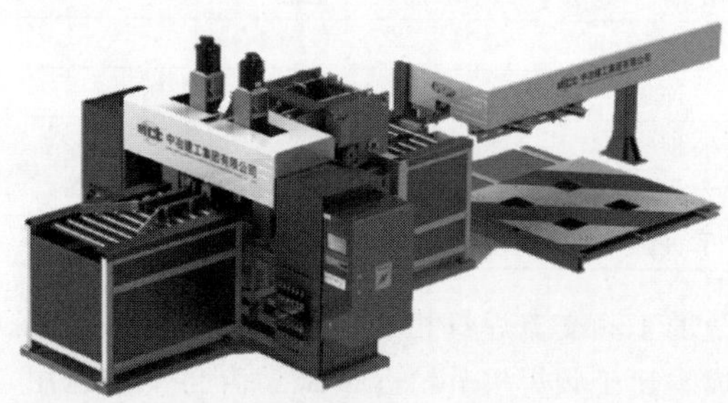

图 16-25 封闭式网片箍筋自动焊接机 ZYWD-Ⅱ

其技术特点如下：

(1) 该设备能够通过自动化的进料、焊接、定位、旋转依次完成封闭箍筋不同方向的肢条焊接。

(2) 全数控焊接，宽度及位置可根据箍筋的大小和双向肢条的数量自动匹配调节。

(3) 与人工焊接对比，不仅可以节省人工成本，而且焊接的质量和品质能够得到保证。

(4) 自动化程度较高，且能够实现大批量的集中生产、批量化钢筋配送，应用前景较好。

(5) 生产出的箍筋焊接各个焊点能够与钢筋母材等强，同时省去了传统箍筋的抽头留尾及弯钩部分，可节省钢筋 20%左右。

(6) 生产出的封闭式网片焊接箍筋易于现场安装绑扎，节省现场的劳动力成本。

4) 焊接箍筋自动化生产线组合方案

焊接箍筋自动化生产线如图 16-26 所示。

图 16-26 焊接箍筋自动化生产线

(1) 焊接箍筋自动化生产线Ⅰ型组合方案

放线架—弯焊一体机 ZYFD-Ⅰ—搬运机器人—封闭式网片箍筋自动焊接机 ZYWD-Ⅰ—产品收集打包装置。

Ⅰ型组合生产线适用于规格为 400～1200 mm 的焊接封闭箍筋和焊接封闭式网片箍筋的生产。

(2) 焊接箍筋自动化生产线Ⅱ型组合方案

放线架—弯焊一体机 ZYFD-Ⅱ—搬运机器人—封闭式网片箍筋自动焊接机 ZYWD-Ⅱ—产品收集打包装置。

Ⅱ型组合生产线适用于宽度为 150～400 mm、长度为 300～2000 mm 的焊接封闭箍筋和焊接封闭式网片箍筋（单向肢条）的生产。

2. 廊坊凯博建设机械科技有限公司

FBJ12 对焊封闭箍筋自动化生产线如图 16-27 所示。

其技术特点如下：

(1) 该设备可实现从钢筋上料到箍筋焊接全自动化加工，没有二次周转，生产效率高，并

图 16-27　FBJ12 对焊封闭箍筋自动化生产线

可减少占地面积。

（2）全自动生产，可降低对人员素质的要求和劳动强度，减少用工。

（3）可以提高生产效率，其生产效率是传统工艺的 5～10 倍，从而可降低人工成本。

（4）与人工焊接相比，采用焊接自动控制技术，大大提高了焊接质量的稳定性。

（5）生产外观质量、整机性能良好稳定，运行可靠，操作方便。

（6）不同规格的焊接封闭箍筋加工能够实现自动切换。

（7）焊接封闭箍筋的生产效率高，并且对操作人员的依赖性小。

（8）生产出的箍筋焊接端头美观，同时省去了传统箍筋的抽头留尾，可节省钢筋 10%左右。

（9）焊接接头质量稳定可靠。

（10）生产出的焊接封闭箍筋在梁体、柱体中安装比传统的箍筋更加容易、方便，可以提高箍筋的安装效率。

（11）混凝土预制构件 PC 产业需要大量的封闭箍筋，市场前景好。

16.4.4　各产品技术性能

封闭箍筋电阻对焊自动化生产线适用于直径 6～12 mm 的盘圆、冷轧带肋钢筋、热轧带肋钢筋，具有施工效率高、抗震效果好、节约钢筋等优点，能够实现钢筋从上料到箍筋焊接全自动化加工，对于规模较大的钢材经销商、钢筋焊网厂、钢筋直条厂、钢筋配送中心及冷轧带肋钢筋厂等企业尤为适用。其技术性能参数如表 16-8 所示。

表 16-8　封闭箍筋电阻对焊自动化生产线技术性能参数

参　数	数　值
钢筋直径/mm	6～12
最大牵引速度/(m/min)	110
最大弯曲速度/[(°)/s]	900
最大弯曲角度	135°
可加工封闭箍筋宽度/mm	150～500
可加工封闭箍筋高度/mm	300～800
可加工图形	焊接封闭箍筋、普通箍筋、拉钩(除反向)
加工钢筋级别	HPB300、HRB400
装机容量/(kV·A)	200
电源电压/V	～380×(1±5%)
工作环境温度/℃	−5～+40
工作海拔高度/m	≤1000
工作环境湿度/%	≤85
机器总重/t	3

16.5　安全使用

16.5.1　安全使用标准

焊接箍筋加工机械安全使用标准为《建筑施工机械与设备　钢筋加工机械　安全要求》(GB/T 38176—2019)。

焊接箍筋加工机械的安全使用操作应在焊接箍筋加工机械使用说明书中详细说明，产品说明书的编写应符合《工业产品使用说明书　总则》(GB/T 9969—2008)的规定。

焊接箍筋加工机械安全使用还应执行以下标准：

《电阻焊机的安全要求》(GB 15578—2008)

《机械电气安全　机械电气设备　第 1 部分：通用技术条件》(GB/T 5226.1—2019)

《气动　对系统及其元件的一般规则和安全要求》(GB/T 7932—2017)

16.5.2　安全使用规范

1. 设备拆装与运输

1）设备拆卸

（1）切断设备供电电源；拆除设备供电电

源线缆；若设备为分体模块化设计，还应拆除各个模块之间连接电缆。

(2) 关闭设备供气阀，拆除外部供气气路；若设备为分体模块化设计，还应拆除各个模块之间连接气路。

(3) 关闭设备冷却水给水阀，拆除冷却水外部进出水路；若设备为分体模块化设计，还应拆除各个模块之间连接水路。

(4) 拆卸后的电缆、气路、水路采用分开包装。

2) 设备运输

(1) 吊装时，吊装点强度必须满足设备的承重；捆绑必须牢靠，避免吊装过程中滑动而发生安全事故。

(2) 设备在运输车辆上必须固定牢固，以避免车辆行驶过程中设备发生碰撞损坏和避免安全事故发生。

(3) 设备固定须牢靠，防止运输过程中松动而发生碰撞；必须做好设备防水处理，防止设备进水而影响电气绝缘安全。

3) 设备就位安装

(1) 设备不能露天使用和存放，应放在封闭良好的工业厂房内；在放置设备之前必须确保工厂地面抗压能力不低于 15 kg/cm^2，约相当于 10 cm 厚度的 C30 混凝土地面；设备必须放在水平坚固的地面上，确保设备底座和地面良好接触。

(2) 设备不需要任何基础，只需用地脚螺栓固定即可；设备到墙的距离不得小于 1000 mm，以便于设备维护；把放线架的底座固定在地面上。

(3) 注意设备各模块之间的气路连接，接入外部进气气路。

(4) 注意设备各模块之间的冷却水路连接，接入外部进出水路。

(5) 开启外部进气阀、循环水阀，检查是否有漏气、漏水情况。

(6) 确认气、水安全接入后，连接设备各模块之间的电气控制线缆。

(7) 接入供电电源。

2. 安全操作

1) 操作人员要求

(1) 上岗前必须经过培训，掌握设备的操作要领后方可上岗；

(2) 严格按照设备操作规程进行操作；

(3) 操作前要对设备进行安全检查，确定正常后方可投入使用；

(4) 操作前必须戴好个人防护用品，确保人身安全。

2) 维护人员要求

(1) 必须指定专门维护人员，维护人员应了解设备的运行状况，并定时、定点检查；

(2) 发现设备运行不正常应立即检查原因，排除故障后方可继续生产；

(3) 设备停运期间，应有专人维护，注意防尘、防潮、防腐蚀。

3) 安全要求

(1) 非指定操作人员禁止作业；

(2) 设备 3 m 范围内不能有易燃易爆物品；

(3) 接地或接零必须正确牢靠；

(4) 生产前应仔细检查，确保无问题后方可打开液压站；

(5) 设备维修必须由指定维护人员进行，操作人员不得擅自拆修；

(6) 现场需配置适用的灭火器；

(7) 维修设备或改换接线等操作应在切断电源后进行；

(8) 加工完毕后应及时切断电源、清理场地，检查现场是否有火灾隐患。

4) 特别提示

(1) 必须单独使用可靠的接地线接地，否则有被漏电、静电击伤的危险！

(2) 设备运转时严禁修改机械和工艺参数，否则可能出现设备误动作！

(3) 高温部件(如电极)通电加热后禁止触摸，否则有烫伤的危险！

(4) 设备工作时有火花飞溅的情况，需注意防范，以防烫伤！

(5) 严禁装有心脏起搏器的人员操作设备或站在设备附近观看！

(6) 现场配备循环水，水流量不低于 20 L/min。

16.5.3 维修与保养

1. 常规的设备清洁

1) 设备日常清洁(每天)

为了确保设备正常运转，设备内部和外部零件应进行清洁，使用工业吸尘器和随机提供的气枪。另外控制箱也需要仔细地清洁，清洁时不要碰坏电气元件。

2) 清洁矫直机构(每班交班时)

经常清洁矫直器以防止堵塞。避免使用润滑油，以防产生固态油渣，使用二硫化钼及干性润滑油。

3) 清洁冷却风扇过滤器(每月)

(1) 清洁冷却风扇，每个月进行一次，或当风扇变脏、夏季到来前。

(2) 在执行设备维护、更换零件、维修清洁、润滑和调整操作之前应切断设备电源。

(3) 设备开始工作之前，一定要将拆下的部分按原样装好。

(4) 不要朝设备内部吹灰尘，特别是弯曲部位。

(5) 不要使用化学溶解剂清洁设备。最多可以使用柴油，但是只能用布擦。

(6) 无论何时使用压缩空气，都要戴防护眼镜。不要将气枪对着人吹，特别是面部。

4) 清洁安全标志、指示灯、显示屏等(每月)

5) 清洁空气过滤器

(1) 过滤杯底部的阀处于中间位置时是半自动的，当过滤杯内部压力较高时排气自动关闭，允许过滤杯收集杂质。

(2) 当过滤杯中有较大压力时，可以通过向上推底部的阀放气。

(3) 顺时针旋转排气阀，阀被锁闭。要排气必须回到中间位置。

(4) 调节气压时需要轻轻拔起调压旋钮。顺时针旋转为增压，逆时针旋转为减压。压力调节完毕后把旋钮按下锁住。

2. 设备的润滑

各个注油点数量、油量及周期见表 16-9。

表 16-9　各个注油点数量、油量及周期

机　　构	注　油　点	数量	油量及周期	油脂
矫直机构	记忆辊两端轴	4	2 g/次，每周	A
牵引机构	所有可见铰轴	4	2 g/次，每周	A
	上压轮外套铜油嘴	4	2 g/次，每天	A
	牵引箱体内	1	液面低于油窗时	B
	牵引减速机	1	液面低于油窗时	B
剪切机构	铜油嘴(剪切弯曲箱体上侧)	5	2 g/次，每天	A
	剪切减速机	1	目前为免润滑	B
焊接机构	伸缩直线滑轨	2	2 g/次，每天	A
	加持直线滑轨	2	2 g/次，每周	A
	升降直线滑轨	1	2 g/次，每天	A
	顶推直线滑轨	1	2 g/次，每天	A

16.5.4 常见故障及其处理

电阻压接焊设备故障报警与处理见表 16-10。

闪光对焊设备常见故障及其处理方法见表 16-11。

表 16-10 电阻压接焊设备故障报警与处理

故障现象	排除方法
踏下脚踏板焊机不工作,电源指示灯不亮	检查脚踏板行程是否到位,脚踏开关是否接触良好;检查压力杆弹簧螺丝是否调整适当
电源指示灯亮,工件压紧不焊接	检查电源电压是否正常;检查控制系统是否正常
焊接时出现不应有的飞溅	检查电极头是否氧化严重。检查焊接工件是否严重锈蚀,焊点接触不良。检查调节开关是否挡位过高。检查电极压力是否太小,焊接程序是否正确
焊点压痕严重并有挤出物	检查电流是否过大。检查焊接工件是否有凹凸不平。检查电极压力是否过大,电极头形状、截面是否合适
焊接工件强度不足	检查电极压力是否太小,检查电极座是否紧固好。检查焊接能量是否太小,焊接工件是否锈蚀严重,使焊点接触不良。检查锥度电极和电极安装座、电极板之间是否氧化物过多。检查电极头截面是否因为磨损而增大造成焊接能量减小。检查电极和铜软联和结合面是否严重氧化
焊接时交流接触器响声异常	检查交流接触器进线电压在焊接时是否低于自身释放电压 300 V。检查电源引线是否过细过长,造成线路压降太大。检查网络电压是否太低,使得不能正常工作。检查主变压器是否有短路,造成电流太大
焊机出现过热现象	检查电极座与机体之间绝缘电阻是否不良,造成局部短路。检查进水压力、水流量、供水温度是否合适,检查水路系统是否有污物堵塞,造成因为冷却不好使电极臂、电极杆、电极头过热。检查铜软联和电极臂,电极杆和电极头接触面是否氧化严重,造成接触电阻增加,发热严重。检查电极头截面是否因磨损增加过多,使焊机过载而发热。检查焊接厚度、负载持续率是否超标,使焊机过载而发热

表 16-11 闪光对焊设备常见故障及其处理方法

故障现象	故障原因	排除方法
主电路跳闸	运输时损坏交流接触器,或是将机身内部的电缆线损坏,碰机架	用兆欧表或万用表查找电缆碰机架处
	焊渣过多,掉入机身内部或主变压器内	清除焊渣,清除短路处
	开关容量太小、过载	调整或更换空气断路器,建议用 300 A 以上的开关
	由于漏水、淋雨或冰冻损坏冷却水管造成漏水,使主变线圈烧坏;机油加得过多,滴入主变压器,造成漏电及烧坏	清除漏水、漏油现象,修复已烧坏的线圈,气温在 0℃以下时要排尽机内冷却水
机身内有异常响声,无法正常焊接	工地电缆线过长、过细,开关过小,造成工作时电压低于 360 V,使接触器释放,产生嗒嗒声响	加粗电缆线,使用 35～75 mm^2 的电缆线。保证工作电压,声响自然消除
	由于 JTX-2/36V 继电器接触不良,造成误动作	更换 JTX-2/36V 继电器

续表

故障现象	故障原因	排除方法
无闪光或闪光很小，无法进行闪光焊接	箍筋顶端和周围有锈或垃圾	经常清除焊渣和垃圾以及氧化物，保持接触良好
	夹钢筋的上下电极有垃圾	
	电极下端与紫铜皮接触的部位有氧化物	
	调节螺杆及销间隙太大	更换销及调节螺杆
	焊接电流调节级数太小	适当调高电流级数
接通电源后按下按钮开关，对焊机无反应、不动作	380 V 电源没有到位	用万用表测量输入端，有无 380 V 电压。检查保险丝或电源开关
	由于运输装卸时碰掉了线头或电磁继电器松动	检查线头和插牢继电器
	控制变压器输入、输出端线头松动引起接触不良，操纵手柄上的按钮开关处线头脱落，控制变压器、继电器坏	重新检查和紧固线头或更换继电器和控制变电器
按钮放开后，电极仍然带电	按钮开关卡牢，没有弹出来，里面的弹簧偏位	拆下按钮，重新安装
	CJ12-交流接触器吸铁表面有油汁、污渍	用细砂皮擦干净吸铁表面的油汁、污渍
对焊时，钢筋中心偏位	对焊机没有放置水平，两边的钢筋托架高低不一	对焊机重新放置水平，使钢筋托架与电极高度一致
	电极高度高低不一	用铜皮把低的电极垫起来，使之与高的电极高度一致
对焊时，钢筋中心偏位	夹具六角螺丝松动，操纵手柄与中滑块之间调节螺丝松动	紧固螺母和螺丝
压钢筋的夹具杠杆和 M36 螺杆发热，温度很高甚至冒烟	钢筋下边的铜块电极槽内有垃圾和氧化物	清除槽内垃圾及氧化物
	水路不通，断水造成高温	疏通水路
水路不通	水源无压力	用自来水或管道泵加压水源
	水源有垃圾，堵塞水管	用无砂粒水源
	水管或冷却管被堵	用水压或气压接入水路出水口，加压疏通管路

16.6　工程应用

1. 应用案例

焊接箍筋技术在重庆、贵州、广东、北京、陕西、安徽、河北等地广泛应用，取得了较好的社会效益和经济效益，应用规模达到数千万平方米，焊接箍筋取代传统弯钩锚固箍筋的趋势明显(图 16-28～图 16-30)。

图 16-28　焊接封闭箍筋、焊接封闭式网片箍筋成品

图 16-29 梁焊接箍筋工程应用

图 16-30 柱焊接箍筋工程应用

2. 适用范围

1）电阻压接焊箍筋加工机械

（1）电阻压接焊箍筋加工机械适用于建筑工程中各类梁、柱、墙、桩等构件的焊接封闭箍筋、焊接封闭式网片箍筋的加工制造。

（2）设备适用于工地现场临时钢筋加工棚，也适用于工厂规模化、专业化集中加工、配送。

（3）适用的钢筋牌号：HPB300、HRB300、HRB400、HRB500。

（4）钢筋直径范围：6～14 mm。

2）闪光对焊箍筋加工机械

（1）手动、半自动箍筋闪光对焊机，可生产各种规格、形状的对焊箍筋，适用于建筑、市政、桥梁施工现场钢筋加工房、小型集中钢筋加工厂、预制构件厂。

（2）全自动箍筋闪光对焊生产线，可生产定制规格、形状范围内的对焊箍筋，适用于建筑工程施工钢筋集中加工厂、大型预制构件厂等。

3）箍筋电阻对焊加工机械

（1）电阻对焊箍筋加工机械适用于建筑工程中各类梁、柱、墙、桩等构件的焊接封闭箍筋加工制造。

（2）设备适用于工地现场临时钢筋加工棚，也适用于工厂规模化、专业化集中加工、配送。

（3）适用的钢筋牌号：HPB300、HRB300、HRB400、HRB500。

（4）钢筋直径范围：6～14 mm。

第17章

钢筋螺纹成型机械

17.1 概述

17.1.1 定义、功能与用途

钢筋螺纹成型机械按照端头螺纹成型工艺分为钢筋滚压螺纹成型机械和钢筋切削螺纹成型机械，滚压螺纹成型机械主要用于钢筋机械连接用钢筋端头直螺纹的加工，切削螺纹成型机械主要用于钢筋机械连接用钢筋端头锥螺纹和镦粗直螺纹的加工。由于钢筋直螺纹连接技术具有连接质量稳定可靠、连接接头强度高于钢筋母材、无污染等优点，因此从20世纪90年代后期至今被广泛应用于各类钢筋混凝土结构工程施工中，也带动了钢筋直螺纹成型机械的快速发展。目前，涌现出了多种形式的钢筋端头直螺纹自动化生产线，实现了钢筋端头直螺纹的半自动和全自动生产加工，提高了加工效率和加工精度，可节约人工50%以上，解决了单机设备加工钢筋端头螺纹普遍存在的生产效率低、劳动强度大等难题，为我国HRB400 MPa级及以上级别高强钢筋的生产和推广应用提供了装备支撑。

17.1.2 发展历程与沿革

1. 国内发展概况

钢筋机械连接技术从20世纪80年代后期在我国开始发展，是继绑扎、电焊之后的“第三代钢筋接头”。

套筒冷挤压连接接头始于1986年，1988年开始应用于工程建设，1993年12月冶金工业部行业标准《带肋钢筋挤压连接技术及验收规程》(YB 9250—93)发布，自1994年5月1日起实施。1996年12月建设部发布行业标准《钢筋机械连接通用技术规程》(JGJ 107—96)和《带肋钢筋套筒挤压连接技术规程》(JGJ 108—96)，自1997年4月1日起实施。

锥螺纹套筒连接接头始于1990年，1993年5月北京市城乡建设委员会和北京市城乡规划委员会联合批准发布《锥螺纹钢筋接头设计施工及验收规程》(DBJ 01—15—93)，自1993年10月1日起实施。1994年3月上海市建设委员会批准发布《钢筋锥螺纹连接技术规程》(DBJ 08—209—93)，自1994年4月1日起实施。1996年12月建设部发布行业标准《钢筋锥螺纹接头技术规程》(JGJ 109—96)，自1997年4月1日起实施。

随着套筒冷挤压连接技术和锥螺纹连接技术的成功开发和应用，我国粗钢筋机械连接技术的发展步入快车道。1995年镦粗直螺纹连接技术开始立项研发，1997年11月项目通过验收进入工程应用；1998年我国成功开发了直接滚压直螺纹连接技术；1999年中国建筑科学研究院建筑机械化研究分院成功开发了钢筋剥肋滚压直螺纹连接技术，获技术发明专利(带肋钢筋等强度剥肋滚压直螺纹连接技术及加工设备)，该技术于1999年12月通过了建设部组织的部级鉴定，2000年首次在北京中国科学院图书馆工程项目应用。钢筋剥肋滚压直螺纹连接技术和直接滚压直螺纹连接技术继承了套筒挤压连接和镦粗直螺纹连接的连接强度高、锥螺纹连接施工高效快捷的特点，极大地推动了我国钢筋机械连接技术发展和应用。在钢筋滚压直螺纹连接技术快速发展的同时，钢筋螺纹加工成型机械技术也在飞速发展。为了进一步提高钢筋螺纹成型加工效率和螺纹精度及其稳定性，降低人为因素影响，2009年中国建筑科学研究院建筑机械化研究分院和廊坊凯博建设机械科技有限公司成功开发了钢筋直螺纹自动加工生产线，2011年获技术发明专利，该生产线将钢筋喂料、端部强化、螺纹加工和成品集料等多道工序集为一体，采用自动化流水线式一次螺纹加工成型。为了提高成捆钢筋分料、布料的顺畅性，2012年中国建筑科学研究院建筑机械化研究分院和廊坊凯博建设机械科技有限公司又研发了一种钢筋强制分料机构、分料装置及分料方法，获技术发明专利，较好地解决了多筋布料乱筋难题。钢筋直螺纹自动化加工生产线成功应用后，又相继涌现了镦粗直螺纹自动化加工生产线、具有自动平磨倒角端面功能的钢筋直螺纹自动化加工生产线等新产品，极大提高了钢筋直螺纹成型加工精度、生产效率和直螺纹钢筋接头的连接性能。

经过大量工程的推广应用，钢筋机械连接产品、技术持续改进和提高，新技术和新产品也在不断涌现。为了使钢筋机械连接技术规程及时反映行业技术进步，尽可能与国际相关标准接轨，调整应用实践过程反映出来的规程中部分不合理性能指标，从1998年开始《钢筋机械连接通用技术规程》(JGJ 107)已经过三次修订，2003年修订完成《钢筋机械连接通用技术规程》(JGJ 107—2003)，2010年修订完成《钢筋机械连接技术规程》(JGJ 107—2010)，2016年修订完成《钢筋机械连接技术规程》(JGJ 107—2016)。钢筋机械连接技术标准的发布实施和不断完善提高，对钢筋机械连接技术的推广应用和进一步提高工程质量、节约钢材、方便施工发挥了积极作用。

现在，钢筋直螺纹连接技术已成为各类钢筋混凝土工程施工中粗钢筋连接广泛应用的技术，钢筋端头直螺纹加工机械发展到今天已经形成半自动螺纹生产线、全自动螺纹生产线、具有平端面倒角辅助功能的全自动螺纹生产线等多品种产品共存的发展格局。钢筋机械连接技术的最大特点是依靠带内螺纹的连接套筒将两根待连接的钢筋连接在一起，连接强度高，接头质量稳定，可实现钢筋施工前的预制或半预制，现场钢筋连接时占用工期少，可以节约能源、降低工人劳动强度，克服了传统的钢筋焊接连接技术中接头质量受环境因素、钢筋材质和人员素质影响的不足。钢筋机械连接技术与绑扎、焊接相比具有以下特点：

(1) 质量稳定可靠，连接强度高，可实现Ⅰ级接头性能连接要求。

(2) 操作简单，对钢筋适应性强。操作工经简单培训即可上岗，不受钢筋肋形、可焊性等影响。

(3) 适用范围广，适用于400 MPa级、500 MPa级直径12～50 mm各种规格高强钢筋的各方向同径、异径连接。

(4) 钢筋连接区段无钢筋重叠。节省钢材，连接成本低；布筋密度低，有利于混凝土浇筑。

(5) 施工速度快，钢筋对中传力好。可实现工厂化生产、现场装配施工，施工效率高、工期短。

(6) 连接无明火作业、无焊接温度内力、全天候施工。无火灾及爆炸隐患，施工安全可靠。

(7) 与焊接相比能耗低、无废弃物排放，无须配备专用供电线路，节能环保。

2. 国外发展概况

20世纪70年代，国外工业发达国家如德国、美国、法国、日本、英国等开始发展钢筋机械连接技术，各种机械接头技术相继出现，如锥螺纹连接技术、镦粗直螺纹连接技术等。

锥螺纹连接技术不需要工人有较高技术，钢筋连接速度较快，但钢筋连接强度普遍低于母材实际抗拉强度，且接头易断裂在连接根部，该技术的推广应用受到了自身因素的制约，相应地，钢筋锥螺纹加工设备技术也停留在了传统的单机半自动状态。

20 世纪 80 年代后期，国外开始开发应用直螺纹连接技术，首先是欧美和日本等国家和地区研究开发了钢筋冷镦粗螺纹连接技术、钢筋热镦粗螺纹连接技术和钢筋锥螺纹连接技术，镦粗直螺纹钢筋接头又分镦粗后切削螺纹和镦粗后滚压螺纹两种工艺。代表性企业有法国的 Bartec 和德国德士达(Dextra)公司，并制定了相应的技术标准，如法国钢筋机械连接技术标准 NF-A35-020-1，英国标准 BS8110 等。

镦粗直螺纹钢筋接头由于钢筋镦粗后直径增加，切削后钢筋净截面面积仍大于钢筋原截面面积，从而确保了接头强度能够与母材实际抗拉强度相等，甚至高于母材，从而提高了钢筋连接的可靠性，在国外得到了较大程度的推广应用。钢筋螺纹加工机械也发展到了自动化和智能化加工生产线的阶段。

3. 发展趋势

1) 性能智能化

提高劳动生产率、降低劳动强度、保证工程质量、降低施工成本，是建筑施工企业永恒追求的目标，发展高效节能、智能化的钢筋机械是实现该目标的必由之路。我国传统的现场单机加工模式不仅占用人工多、劳动强度大、生产效率低，而且安全隐患多、管理难度大、占用临时用房和用地多。自动化钢筋机械实现了钢筋上料、下料、喂料、加工、统计全部自动化，生产效率大大提高。但随着市场劳动力资源的紧缺，施工工期和工程质量要求的不断提高，人们对钢筋机械技术性能、稳定性和舒适性的要求也必将不断提高，高效节能、智能化的钢筋机械必将越来越受到钢筋加工单位的青睐。因此，发展高效节能、智能化的钢筋机械将是钢筋机械行业的必然发展趋势。

2) 功能集成化

钢筋专业化加工配送技术由于具有降低工程和管理成本、保证工程质量、实现绿色施工、节省劳动用工、提高劳动生产率等优点，被住建部列为“建设事业‘十一五’重点推广技术”之一。它是国际建筑业的发展潮流，世界发达国家钢材的综合深加工比率达 50%以上，而我国钢材深加工率仅为 5%～10%，这已成为影响我国绿色建筑发展，制约建筑施工节能降耗、保护环境、提高施工现代化水平的因素。我国已拥有自主设计生产自动化钢筋加工成套设备的能力，为发展钢筋专业化加工提供了装备条件。但现有生产线功能在最大程度上减少钢筋加工工序间的吊运频率、提高专业化加工中心的生产效率方面还有些单一或不健全，无法完全满足专业化加工配送企业的生产流程设计需要。随着政府及主管部门的重视和钢筋加工机械设备的智能化水平的提高，设备功能集成化将成为钢筋机械的发展趋势。

17.2　产品分类

钢筋直螺纹成型生产线机械设备经过多年发展已形成多品种共存的发展格局。按照螺纹成型工艺方式，钢筋螺纹成型机械可按表 17-1 进行分类。

按照螺纹成型机械控制方式，钢筋螺纹成型机械可按表 17-2 进行分类。

表 17-1　钢筋螺纹成型机械按成型工艺分类

类　　别	特　　点
钢筋切削螺纹成型机械	能够将钢筋端部通过切削去材方式加工成钢筋机械连接用外螺纹，主要用于钢筋端头锥螺纹的加工。螺纹加工时对钢筋端头外观尺寸精度的要求较直螺纹加工时低，设备操作简单，螺纹加工速度快，可实现预制加工，现场连接施工速度快。缺点是钢筋连接接头强度普遍达不到等强度连接

续表

类　别	特　点
钢筋滚压螺纹成型机械	能够将钢筋端部通过滚压不去材方式加工成钢筋机械连接用外螺纹，主要用于钢筋端头直螺纹的加工。螺纹加工时对钢筋端头外观尺寸精度的要求较锥螺纹加工时高，设备操作简单，螺纹加工速度快，可实现预制加工，现场连接施工速度快，滚压加工螺纹时进行了冷作硬化处理，螺纹强度有效提高。优点是钢筋连接接头强度普遍可实现等强度连接

表 17-2　钢筋螺纹成型机械按机械控制分类

类　别	特　点
半自动钢筋螺纹成型机械	主要为半自动钢筋直螺纹生产线，该设备由原料储存装置、钢筋横纵向移动装置、钢筋端头螺纹成型装置、成品收集装置等组成，可以实现钢筋端头直螺纹的集中半自动化加工
全自动钢筋螺纹成型机械	主要为全自动钢筋直螺纹成型生产线，该设备由原材存储上料装置、钢筋定尺下料系统、钢筋横纵移动装置、钢筋镦粗装置(选配)、钢筋端头螺纹成型装置、螺纹端头打磨装置(选配)和成品收集装置等组成，可以实现钢筋端头直螺纹的集中全自动化加工

17.3　工作原理及产品结构组成

钢筋混凝土结构工程施工过程中，钢筋工程的施工质量对整个工程结构的质量起着至关重要的作用，其中钢筋的连接技术和连接质量又是重中之重。随着社会的进步、科技的发展、建筑工程质量意识的提升，钢筋连接技术经历了从传统广泛应用的焊接连接、搭接绑扎连接逐步发展为套筒径向冷挤压连接技术、锥螺纹套筒连接技术、镦粗直螺纹连接技术、直接滚压直螺纹连接技术、剥肋滚压直螺纹连接技术、镦粗剥肋滚压直螺纹连接技术等机械连接技术类型的过程，机械加工设备也从手工单机操作发展为集钢筋原材存储机构、上料机构、定尺切断机构、传动机构、端头螺纹加工机构、收集机构等功能于一体的钢筋端头螺纹成型生产线设备。目前钢筋滚压直螺纹连接技术已经成为市场应用的主流技术，其机械设备广泛用于钢筋集中加工配送中心、建筑工业化PC工厂、超大型施工项目中进行直径12 mm以上直条钢筋端头螺纹集中自动化加工，该类机械设备发展到今天已经形成钢筋螺纹成型机械单机、半自动螺纹生产线、全自动螺纹生产线等多品种产品共存的发展格局。

17.3.1　工作原理

1. 半自动钢筋直螺纹成型生产线

半自动钢筋直螺纹生产线主要由原料储存装置、钢筋横纵向移动装置、钢筋端头螺纹成型装置、成品收集装置等组成，可以实现钢筋端头直螺纹的集中半自动化加工。

按照钢筋端头螺纹加工工艺的不同，钢筋端头螺纹成型系统中有多种配型(如钢筋直接滚压螺纹成型机、钢筋剥肋滚压直螺纹成型机等)，目前配备钢筋剥肋滚压直螺纹成型机用于螺纹加工的最为广泛。配备钢筋剥肋滚压直螺纹成型机的半自动钢筋直螺纹生产线的工作原理为：将通过独立定尺下料系统生产的定尺钢筋吊运到原料储存装置，由人工单根分料或通过自动分料机构送至纵向移动装置，钢筋自动移动到螺纹加工设备工位处，通常由人工移动钢筋至螺纹加工设备滚丝头内并由人工转动夹紧装置定位钢筋，人工搬动螺纹加工设备操作手柄开始自动加工螺纹并自动退出后，人工移出钢筋，自动翻转移动到收集装置。

数控锯切螺纹加工生产线是通过数控程序的设定，能够自动完成钢筋的定尺切断、输送、直螺纹加工等动作的设备。多数建筑工地现场要用到大量的端部带有直螺纹的钢筋，普遍的加工方法是将大量直条钢筋定长切断，然后由人工将钢筋逐根放入直螺纹成型机上进行滚压或切削加工直螺纹。这样的加工流程效率极低，而且工人的劳动量很大，如果需要加工螺纹的钢筋直径大、长度长，甚至需要两个人抬起钢筋。正是由于这种情况，设备厂家开发了数控锯切螺纹加工生产线。数控锯切套丝生产线是由过去的成熟产品锯切生产线结合自动套丝生产线发展而来的。目前，锯切生产线主机均采用带锯床加工，因此不存在加工能力的差异，即使是 10 根 $\phi50$ mm 的钢筋也能够同时锯断，只是锯切时间较长，对锯条的磨损较快。可以将锯切套丝生产线都归为一大类型，因为各设备的差异仅仅是在功能的实现上所采用的机构不同。

某数控锯切套丝生产线技术参数见表 17-3。从表中可以看出数控钢筋锯切生产线的切断能力也能切断 $\phi50$ mm 的钢筋，而且如果按照最大宽度 600 mm 来计算，则一次可锯切 11 根 $\phi50$ mm 的钢筋。但是切断大直径钢筋时，锯床的切削进给量也应该调低，大约需要 1 min 时间才能够锯断，所以从工作效率来看优势并不是很大。自动套丝生产线的生产速度大约为每 40 s 完成一次套丝，如果是两端套丝大约 80 s 才能够完成一个钢筋。可见数控钢筋锯切生产线的产量是远大于自动套丝生产线的。如果希望高效生产，最大限度地利用锯切生产线，那就需要增配自动套丝生产线的数量。

表 17-3　某数控锯切套丝生产线设备技术参数

参　　数	值
总功率/kW	40.5
锯切长度/mm	700～12 000
锯切最大宽度/mm	560
切割公差/mm	±2
输送速度/(m/min)	0～50
钢筋直径/mm	12～50
钢筋套丝效率/(根/min)	1.5
锯切线卸料方式	双向

数控锯切螺纹加工生产线具有以下特点：

(1) 锯切方式切断，端面平整。由于数控锯切螺纹加工生产线采用锯床锯断钢筋，锯条进给速度慢，所以能够形成较为平整的端面，有利于钢筋的后续加工和对接。有更高要求的厂商可以配备自动打磨生产线。

(2) 切断能力高，适应性强。数控钢筋锯切生产线能够加工 $\phi12\sim\phi50$ mm 的直条钢筋，而且能够批量锯断。

(3) 升降挡板定位，切断精准。数控钢筋锯切生产线采用升降挡板和纵向压板锁定钢筋位置，切断尺寸精准，切断后钢筋长度公差一般在±1 mm 左右。

(4) 自动套丝快速高效，减小劳动强度。数控锯切螺纹加工生产线从原材料到成品钢筋全程自动加工，大大减轻了工人劳动强度，而且对钢筋套丝定位更加精准，可达到高效生产。

(5) 配置灵活，选择多样性。数控锯切螺纹加工生产线可以灵活匹配，可以配置单线自动螺纹加工生产线、双线自动螺纹加工生产线、自动打磨生产线等，能适用于大小规模的生产。

国内某厂家数控锯切钢筋螺纹加工生产线设备布局如图 17-1 所示，它主要由数控钢筋锯切生产线和钢筋自动螺纹加工生产线组成。图中数控钢筋锯切生产线为双向翻料的结构，两侧均配备一套钢筋自动螺纹加工生产线，如果生产量不大也可以只配单侧的钢筋自动螺纹加工生产线。也有些厂家用数控钢筋剪切生产线来代替数控钢筋锯切生产线，但从钢筋断面质量来看，数控钢筋锯切生产线锯断的钢筋断面较为平整，有利于钢筋的后续螺纹加工。而且数控钢筋锯切生产线由于采用锯床锯断钢筋，可以同时锯切 20～30 根钢筋，切断完成后可通过锯切生产线的出料机一次性翻转至自动套丝生产线的备用料架上，生产效率较高。另外，针对一些钢筋使用要求较高的厂商还可以在套丝工序后增加打磨生产线，将套丝后的钢筋端面进一步磨平以满足使用要求。这套生产设备相比传统人工套丝自动化程度

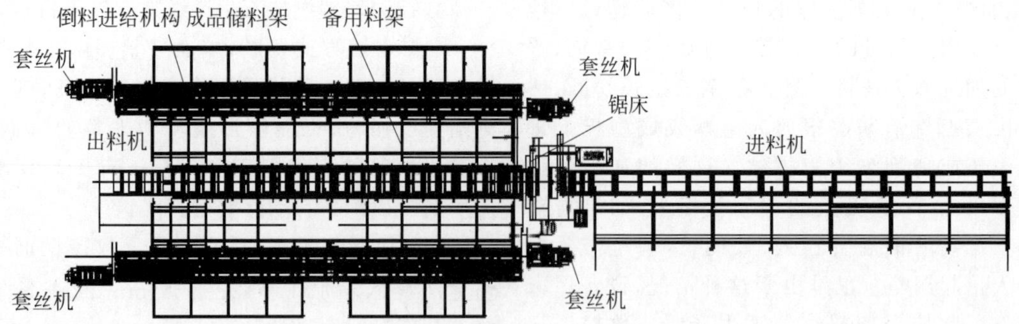

图 17-1　某锯切钢筋螺纹加工生产线布局图

高、生产速度快、螺纹加工质量高、操作工人劳动强度低。整套生产线的工作过程为：将一定数量的钢筋吊起，水平放置在数控钢筋锯切生产线的进料机输送辊上；根据程序的设定，数控钢筋锯切生产线会自动完成输送、定位、压紧、锯切、翻料等动作得到定长直条钢筋待套丝；由人工辅助将备用料架上待进行螺纹加工的钢筋放入带有进给辊轮的倒料架 V 形槽内，然后自动螺纹加工生产线通过进给—螺纹加工—翻筋—反向进给—螺纹加工—翻料等一系列过程实现对钢筋两端的螺纹加工。为了减少工人劳动强度，可将待加工螺纹钢筋自动从备用料架放入进给辊轮加入上料机构。

2. 全自动钢筋直螺纹成型生产线

全自动钢筋直螺纹成型生产线是在半自动钢筋直螺纹成型生产线基础上发展而来的，将原来钢筋加工过程中需要人工操作的工序改成了自动操作，并对相应的机构做了改进。

全自动钢筋直螺纹成型生产线结构通常由原材存储上料装置、钢筋定尺下料系统、钢筋横纵移动装置、钢筋镦粗装置（选配）、钢筋端头螺纹成型装置（包括剥肋滚压、直接滚压和镦粗直螺纹）、螺纹端头打磨装置（选配）和成品收集装置等组成，可以实现钢筋端头直螺纹的集中全自动化加工。

按照钢筋端头螺纹加工工艺的不同，钢筋端头螺纹成型系统中有多种配型（如钢筋直接滚压螺纹成型机、钢筋剥肋滚压直螺纹成型机等）。目前配备钢筋剥肋滚压直螺纹成型机用于螺纹加工的最为广泛。配备钢筋剥肋滚压直螺纹成型机的全自动钢筋直螺纹生产线的工作原理为：人工将钢筋原材料成捆吊装至原料存料台（单侧或双侧配置），人工解捆后由两个料架组成的初级分料装置，通过两个料架的传动速度不同，利用差速原理将成捆钢筋分散成多排钢筋。多排钢筋由斜面滑向下一个料架，再通过控制系统进行二次分散；二次分散的钢筋通过自动分料机构可以按单根次序翻送到钢筋定尺下料系统的料斗中进行自动定尺下料作业；下料后自动翻转到横向移动传动装置上，由自动分料机构单根分料至纵向移动滚送；钢筋自动移动到螺纹加工设备工位处，由具有自动定位、自动夹紧和自动加工功能的钢筋端头螺纹成型装置自动加工螺纹并自动退出，并自动翻转移动到成品收集装置。

3. 全自动锚杆直螺纹加工生产线

锚杆是当今煤矿中巷道支护最基本的组成部分，它将巷道的围岩束缚在一起，使围岩自身支护自身。随着劳动力成本的提高以及人们安全生产意识和质量意识的提高，无纵肋螺纹钢筋锚杆端头螺纹加工技术也得到了突飞猛进的发展，全自动锚杆直螺纹加工生产线就是该技术成果的集中体现。

自动锚杆直螺纹加工生产线作业过程主要由自动锯切下料、自动斜切下料、自动缩径、自动滚丝、自动带螺母、自动钻孔栽销机、自动打捆和码垛等工序组成。其工作原理是：原材料的定尺切断通过使用带锯条切断工艺的锯切线实现，锯切线配备自动齐头去尾机构，可以精确定尺，保证切断面精度，便于螺纹加工。锚杆杆体不同长度尺寸通过锯床的移动配合定尺挡板或移动定位小车固定模数间距实现，定尺切断后的锚杆钢筋由通过锯切线的翻料机构自动翻转到移动分配车或输送台自动传送到斜切工序。

斜切工序由斜切系统实现，锯切下料后的锚杆杆体自动对接到斜切系统工位后由斜切机构对锚杆进行45°断面的自动切断，切断后整根锚杆一分为二，达到成品锚杆长度要求。

缩径工序由缩径系统实现，缩径机构利用液压技术将螺纹钢等须缩径部分送入专用磨具内经冷缩压成型，整形钢筋横肋和纵肋为圆形，达到滚丝的中径柱体尺寸要求。

滚丝工序自动化是通过一个激活信号来控制滚丝动作开启，一个停止信号停止动作。在没有工件的空闲状态下，除去滚丝轮前进后退动作外，其他各动作都是开启的，因此在工件到位之后应发出滚丝轮前进信号。自动定尺机构是工件的定位机构，其中设置工件到位检测开关，在滚丝轮后退的合适位置设置到位停止检测开关。这样，整个滚丝动作可以完全自动化，并与生产线匹配。

钢筋转运自动化是生产线自动功能体现的重要环节，钢筋在向缩径系统和滚丝系统的送进位置、加工完回退和将钢筋向下一个工位传送都依靠检测开关的信号控制。各个工位之间的链传送是单根控制模式，本工位加工一根，上一个工位向链传送装置输送一根，保证各动作连续。

加工完一定长度外螺纹的锚杆杆体自动传送到自动戴帽、自动钻孔栽销（两工位）、自动打捆（5根一捆）工序自动完成各自作业后堆放收集。最后实现锚杆的全自动化生产。该生产线工作稳定性强，自动化程度高，生产过程中无须人工辅助。

17.3.2　结构组成

1. 半自动钢筋直螺纹成型生产线

半自动钢筋直螺纹成型生产线结构如图17-2所示，由原料储存装置、横向传送装置、纵向传送装置、钢筋螺纹成型装置和成品收集装置组成。

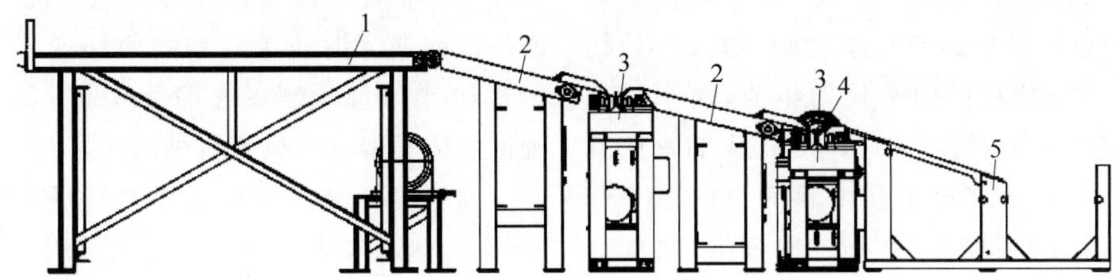

1—原料储存装置；2—横向传送装置；3—纵向传送装置；4—钢筋螺纹成型装置；5—成品收集装置。

图17-2　半自动钢筋直螺纹成型生产线结构

原料储存装置的主体是由型钢焊接成的一个储料平台，用来存储待加工的钢筋。根据不同的需要，原料台可以设置链条传送，在钢筋离横向传送架远的时候可以操纵链条将钢筋传送到人工容易操作的位置；原料台也可以不含传送机构，这种情况下需要人工把钢筋从平台上的不同位置移到需要加工的工作位置。

横向传送装置是型钢焊接结构，为了便于运输，架子是由多个单片的架子通过角钢连接拼装而成。横向传送架的工作面有一定的倾斜角度，钢筋在斜面上利用自重下滑。在靠近纵向传送架的位置安装有翻料气缸，人工操作气缸控制按钮后，气缸带动翻料板将钢筋从横向传送架翻到纵向传送架上。

纵向传送装置是型钢焊接的整体架子，安装有传送辊、链轮、链条、减速电机。纵向传送架负责向布置在架子端头位置的工作主机（钢筋螺纹成型机等）传送钢筋，传送方式为人工操作按钮传送。

钢筋直螺纹成型机是钢筋螺纹成型装置中的主要组成部分，是生产线中用来加工钢筋端头直螺纹的机构，机构的操作可以是手动或自动。

成品收集槽装置是用型钢焊接成的槽型结构，大部分为片状结构，各自独立安装在地面上。收集槽有单槽、双槽、多槽结构，两槽及以上的收集槽有料门，料门有的用手动控制，有的用气缸控制。成品收集装置的功能是收集加工完成的钢筋，料槽数越多，能存储的钢筋规格和数量越多。

2. 全自动钢筋直螺纹成型生产线

全自动钢筋直螺纹成型生产线结构通常由原材存储上料装置、钢筋定尺下料系统、钢筋横纵向传送装置、钢筋端头镦粗系统、钢筋端头螺纹成型装置、螺纹端头打磨装置和成品收集装置等组成，常见布局图见图 17-3。在设备布局中，工作主机位于钢筋送进架的两端，分别对钢筋两边的端头进行螺纹加工。

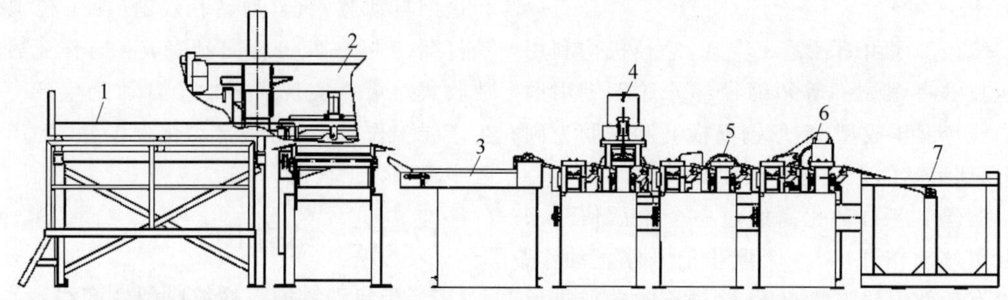

1—原材存储上料装置；2—钢筋定尺下料系统；3—钢筋横纵向传送装置；4—钢筋端头镦粗系统(选配)
5—钢筋端头螺纹成型装置；6—螺纹端头打磨装置(选配)；7—成品收集装置。

图 17-3　全自动钢筋直螺纹成型生产线布局

原材存储上料装置主要由型钢焊接成的料架、传送链条和翻料机构组成，其工作原理为：成捆钢筋吊装到原料架上解捆后，开始初级分料，初级分料由两个料架组成，两个料架的传动速度不同，利用差速原理将成捆钢筋分散成多排钢筋。多排钢筋由斜面滑向下一个料架，再通过控制系统进行二次分散，二次分散的钢筋通过自动分料机构可以按单根次序翻送到钢筋定尺下料系统的料斗中进行自动定尺下料作业。为节约采购成本，原料上料也可做成人工干预上料方式。

钢筋定尺下料系统在生产线中的功能是对钢筋原材料根据施工需要自动下料成需要的长度。下料系统中的下料装置可以是平切或锯切，由于锯切下料能够最大限度保障钢筋断面与轴线垂直，并且能够保障钢筋有效螺纹的扣数，因此锯切下料工艺得到广泛应用。

钢筋纵向传送装置由多组单独的钢筋纵向送进架组合而成，其基本结构是型钢焊件，装置中安装有 V 型输送辊和减速电机，每次传送一根钢筋。钢筋送进架的两端安装有检测传感器，为自动控制系统提供信号。每个送进辊道上还安装有一组翻料机构。

钢筋端头镦粗系统是生产线设备中的选配部分，选用该系统的生产线主要用于钢筋笼对接用钢筋的端头螺纹加工。钢筋笼由多根钢筋组成，超过 12 m 的钢筋笼通常需要由两个或多个已经加工好的钢筋笼对接连接后实现，由于不同笼子中的钢筋连接时不能转动，采用普通钢筋丝头连接时需要将螺纹加工成长丝，长丝接头则很难实现等强度连接；而镦粗螺纹接头在连接时既可以实现等强度连接，又不需要转动钢筋，只需要旋转带有内螺纹的套筒即可实现钢筋笼的对接连接。

钢筋直螺纹成型机是钢筋螺纹成型装置中的主要组成部分，是生产线中用来加工钢筋端头直螺纹的机构，机构的操作为自动控制，其中钢筋的加紧定位部分可以通过机械方式或液压方式自动实现。

螺纹端头打磨装置也为选配。钢筋端头打磨的目的是去除钢筋端头螺纹加工后的断面的飞边，保证平齐，确保连接施工时连接到带内螺纹套筒中的钢筋端面面面接触并顶紧，最大限度地消除螺纹间隙，有效提高钢筋连接接头的变形性能。

3. 全自动锚杆生产线

全自动锚杆生产线主要由锯切部分、斜切部分、缩径滚丝部分、带螺母部分、打孔栽销部分和打捆码垛部分组成，常见布局图如图17-4所示。锯切部分的工作原理与全自动钢筋直螺纹成型生产线相同，这里不作介绍。斜切部分的作用是将一根锚杆一切为二，形成两根端头带45°的锚杆。生产线后面的布局所对应的所有工序可实现两根锚杆端头螺纹的加工，布局方式为沿斜切的两侧布置。

斜切部分如图17-5所示，由原料台、原料送进架、切断机、定尺架、传送架和收集槽组成。

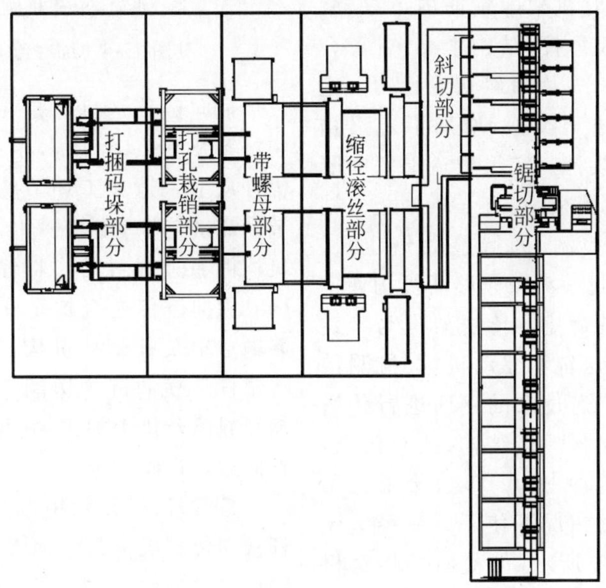

图17-4 全自动锚杆生产线布局

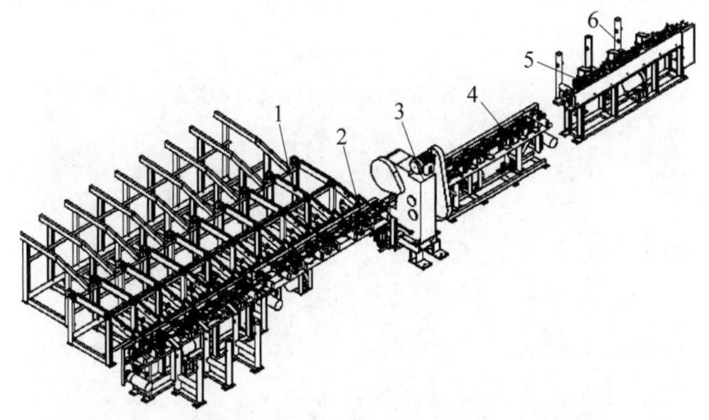

1—原料台；2—原料送进架；3—切断机；4—定尺架；5—传送架；6—收集槽。

图17-5 斜切部分结构组成

原料台用来承接锯切完成后的锚杆钢筋，分为两部分：一部分不带链条，为型钢焊接结构，工作面是斜面，接收从锯切定尺辊道翻出的钢筋，对钢筋进行缓冲；另一部分为链条传送机构，工作面是水平结构，链条将单排钢筋向前输送到斜面上，之后气缸推动翻料板向原料送进架喂料。原料送进架为型钢焊接结构，安装有输送辊和驱动机构，该部分由电机驱动链轮带动输送辊传送钢筋。机架上设有钢筋到位检测传感器，可以自动控制钢筋输送至翻料机构。靠近切断侧的送进架具有上下摆动功能，可以实现切断时机架随钢筋向下摆动。切断机机身采用钢板焊接，结构紧凑，有离合装置，可作间断剪切，刀片为斜切专用刀。定尺架结构和原料送进架类似，增加了定尺挡板，具有定尺和输送功能。定尺辊道上每间隔400 mm设有一定尺挡板，共有5块挡板。挡板的选择通过程序控制，进行整数倍定尺，400 mm内的长度通过手动操作移动机构使定尺架移动实现位置的确定。传送架也为型钢焊接结构，安装有输送辊和驱动机构、检测传感器、翻料机构，对传送过来的钢筋进行传送和转移。收集槽为钢材焊接结构，挂有链条，以减小钢筋滑落时的冲击力。该收集槽在不是配套锚杆线供料的情况下使用。缩径滚丝部分的结构如图17-6所示，由横向链传送机构、缩径机、纵向链传送机构和滚丝机组成。每个主机前对应有一个横向链传送机构和纵向链传送机构。

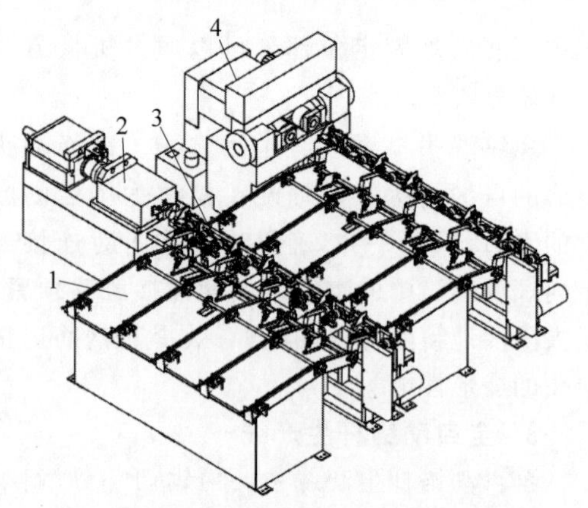

1—横向链传送机构；2—缩径机；
3—纵向链传送机构；4—滚丝机。

图 17-6 缩径滚丝部分结构

横向链传送机构是在型钢焊接结构上安装链条及其驱动机构，用来横向输送锚杆，将锚杆从上一道加工环节输送到下一道加工环节。靠链轮带动链条来传送锚杆，在靠近送进机构侧通过翻料动作将锚杆逐个翻入送进机构。纵向链传送机构是在型钢焊接结构上安装输送辊及其驱动机构，用来纵向输送锚杆，将锚杆从横向链传送翻入的位置纵向输送到缩径或滚丝机中加工，并且在加工完成后将锚杆向后输送到指定位置并送出送进机构。

带螺母、打孔栽销部分如图17-7所示，锚杆横向传送机构为型钢焊接框架，由链条传动钢筋，每次只有一根锚杆钢筋在传送工位。锚杆的纵向传送机构由一个安装在机架导轨上的气动夹持机构完成向工作主机送进和取出。

图 17-7 锚杆线带螺母、打孔栽销

17.3.3　机构组成

1. 半自动钢筋直螺纹成型生产线

半自动螺纹生产线的主要工作机构有钢筋端头镦粗机构和钢筋螺纹成型机构。在螺纹生产线中普遍使用的镦粗为冷镦方式，下面的介绍即针对冷镦的机构。

钢筋镦粗机构是用高压力使钢筋头部冷压塑性变形，直径增大，再加工螺纹，使加工螺纹处有效截面大于钢筋母材，以提高接头质量，使连接处抗压、抗拉强度大于母材。

钢筋镦粗机构由机身、下压油缸、前进油缸、主体、模具及镦头、电气控制系统、液压系统等部分组成，如图17-8所示。上夹紧块和下压油缸的活塞杆连接，下夹紧块固定在机架上，镦粗模具安装在墩头上，墩头和前进油缸的活塞杆连接。钢筋到加工位置后下压油缸带动上夹紧块下压，将钢筋固定在上夹紧块和下夹紧块之间，然后前进油缸推动镦粗模具向下压油缸方向前进，由于钢筋固定不动，在模具的挤压作用下钢筋端头变形充满模具腔，钢筋端头变粗；前进油缸在到达设定位置后带动镦粗模具后退，到位后下压油缸带动上夹紧块向上，钢筋可以退出镦粗机构。

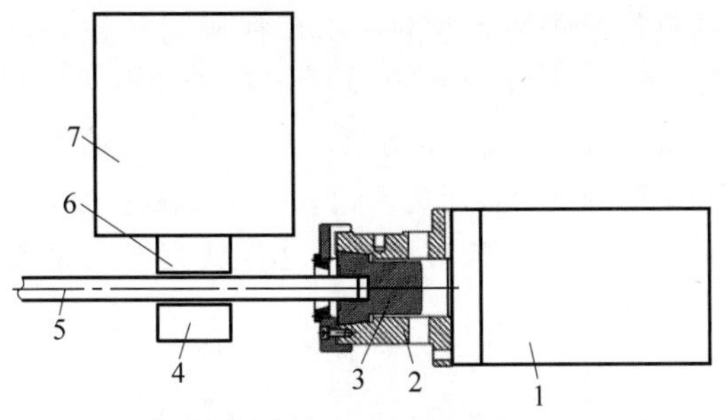

1—前进油缸；2—墩头；3—镦粗模具；4—下夹紧块；5—钢筋；6—上夹紧块；7—下压油缸。

图17-8　钢筋镦粗机构组成

钢筋滚压直螺纹成型机主要由台钳、剥肋机构、滚丝头、减速机、冷却系统、电气系统、机座等组成，如图17-9所示。钢筋夹持在台钳1上，扳动进给手柄8，减速机向前移动，剥肋机构4对钢筋进行剥肋；到调定长度后，涨刀触头2推动左右拉环后移，刀体与涨刀环脱离后径向张开，停止剥肋，减速机继续向前进给，涨刀触头缩回，滚丝头5开始滚压螺纹；滚压到设定长度后，行程碰块9与限位行程开关10接触断电，设备自动停机并延时反转，将螺纹钢筋退出滚丝头5，扳动进给手柄8后退，收刀触头3推动左右拉环前移、收刀复位，减速机退到后极限位置、停机。松开台钳、取出钢筋，即完成螺纹的加工。

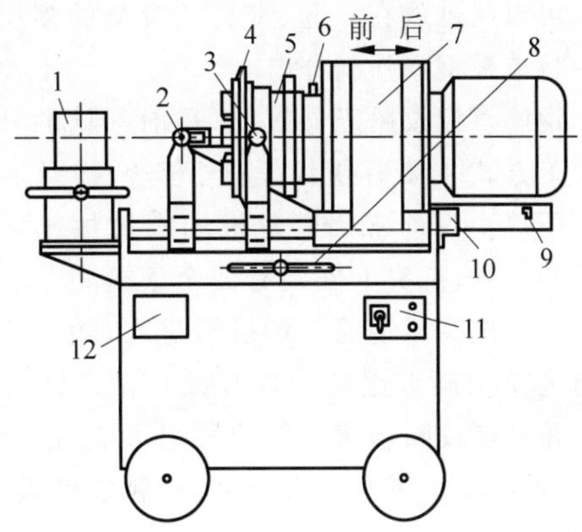

1—台钳；2—涨刀触头；3—收刀触头；4—剥肋机构；5—滚丝头；6—上水管；7—减速机；8—进给手柄；9—行程碰块；10—限位行程开关；11—控制面板；12—标牌。

图17-9　钢筋滚压直螺纹成型机结构组成

2. 全自动钢筋直螺纹成型生产线

全自动钢筋直螺纹成型生产线中的主要机构有自动分料机构、滚丝机构、钢筋螺纹长度定位机构和钢筋端头自动打磨机构等。

自动分料机构安装在原料输送架上，可自动从一堆钢筋中分出一根钢筋送向钢筋送进架，其中一种结构见图17-10。这是一种钢筋强制分料机构，它设置在放置多根钢筋用的上料台与放置单根钢筋用的出料台之间，包括挤料板、导轨、托料板和动力源。导轨竖向设置，动力源驱动连接着托料板，使托料板沿导轨上下来回移动。托料板挨着上料台，并且托料板的上端面上、靠上料台的一侧设有防钢筋脱落挡块。挤料板设置在托料板的旁边并且挨着出料台，挤料板靠上料台一侧的侧壁上设有挤压钢筋向上料台方向移动的挤料斜面。分料

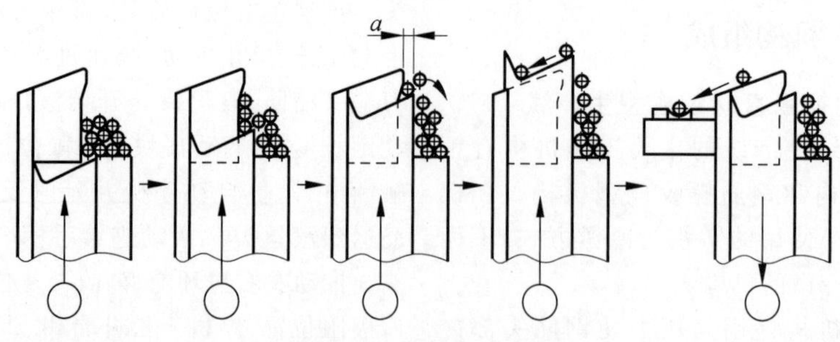

图 17-10　自动分料机构

机构可以从堆放在一起、有交叉现象的多层钢筋中将单根钢筋强制分出。

钢筋直螺纹属于外螺纹，目前常见的外螺纹加工方式主要有螺纹车削、套丝、搓丝和螺纹滚压等。目前常用套丝机的螺纹加工属于滚压的一种，机头上安装有 3 个滚丝轮。安装滚丝轮的机头从钢筋一端挤压进入，随着机头的前进在钢筋上逐渐形成螺纹。该方式存在的问题是螺纹随着滚丝轮的前进形成，成型速度慢，而且由于滚丝轮直径小，接触强度大，容易损坏。

自动化的滚丝加工需要考虑钢筋进料方便性、滚丝轮适应性、加工效率和稳定性等。综合考虑目前常见的螺纹成型方式可知，径向双轮滚丝适合作为钢筋直螺纹自动加工工艺。径向双轮滚丝方式如图 17-11 所示，两个带螺纹牙形的滚丝轮安装在互相平行的轴上，工件放在两轮之间的支承上，两轮同向等速旋转，其中一轮还作径向进给运动，工件在滚丝轮带动下旋转，表面受径向挤压形成螺纹。

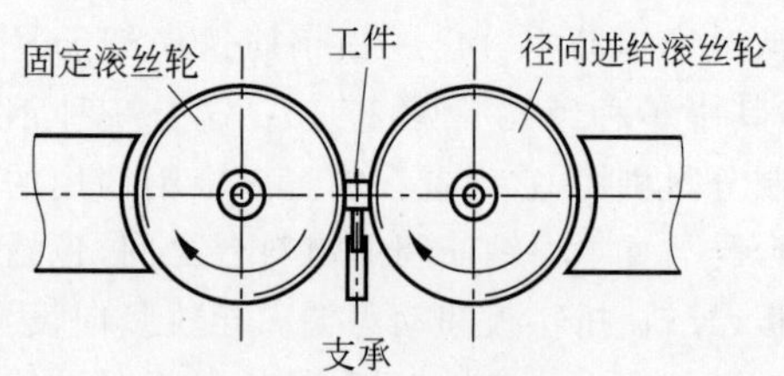

图 17-11　径向双轮滚丝

径向双轮滚丝方式的优点是：钢筋在进入滚丝位置后，整个成型长度内同时滚压成型，速度快；滚丝轮直径大，表面接触强度小，寿命长；滚丝轮位置容易调节，可以适应更大直径范围的螺纹加工。

不同的钢筋直径和不同的混凝土结构会使用不同的钢筋螺纹长度，自动化的加工方式需要能自动调节加工螺纹的长度。该定位要求钢筋螺纹长度自动定位机构在能承受钢筋较大冲击力条件下实现准确定位，并且能够自动判断钢筋位置，为下步工序提供开始信号。该机构的基本原理是：钢筋将定位顶杆撞击到零位，钢筋也到了初始位置，然后传动机构把钢筋推出到工作位置，不同长度的螺纹推出到不同位置。定位机构如图 17-12 所示，顶杆和丝杠是分离的，顶杆可以左右自由移动，丝杠由伺服电机通过皮带轮驱动，丝杠左右移动距离由伺服电机控制。其工作流程为：①丝杠将顶杆推动到最左侧；②丝杠退回到零位位置；③钢筋送进撞击顶杆；④顶杆碰到丝杠后停止；⑤传感器检测到顶杆到位后电机启动；⑥根据程序设定，驱动丝杠向左移动带动顶杆和钢筋到一个设定的距离；⑦电机在完成动作后给下步工序启动指令。这样就完成了钢筋

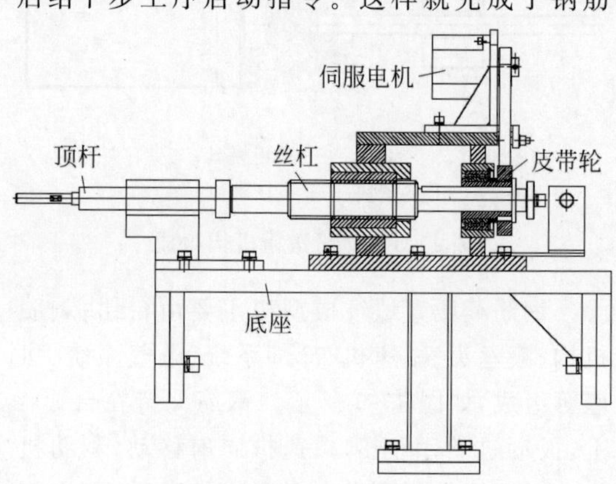

图 17-12　钢筋螺纹长度自动定位机构

螺纹长度的自动定位。

钢筋端头自动打磨机构是对钢筋滚丝形成的端面毛刺进行打磨的机构，目前市场上打磨机构的形式较多，一种结构见图 17-13。开始打磨钢筋前，钢筋打磨装置的挡头板正对钢筋定位装置的台座后端，在每个钢筋定位槽内放置一根要进行打磨的钢筋，将钢筋一端自台座前端沿钢筋定位槽一直插到台座后端，并顶紧挡头板，通过挡头板保持所有钢筋前端齐平。启动气压千斤顶向下对钢筋施压，使钢筋固定；然后可进行钢筋端头打磨铣平工序。

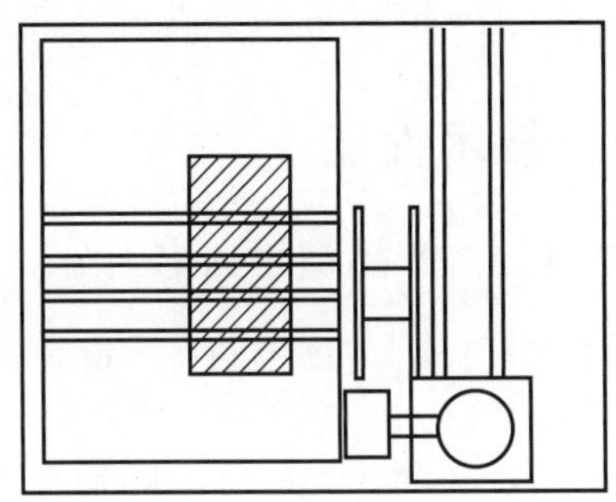

图 17-13 钢筋自动打磨机构

3. 全自动锚杆生产线

全自动锚杆生产线的主要机构有缩径机构、自动滚丝机构、自动带螺母机构、自动钻孔栽销机构和捆扎机构。

缩径机构见图 17-14。夹持机构利用油缸将锚杆夹紧，缩径油缸推动缩径模具向夹紧位置方向移动，锚杆端头进入缩径模具上的孔。这个孔的直径小于锚杆的直径，通过挤压作用将锚杆钢筋上的横肋挤平，完成缩径。缩径模具在工作的同时需要加入润滑液，润滑液由一个电控阀控制通断。在缩径完成锚杆后退的位置还有一个吹气装置，用于将锚杆上的润滑液吹掉，减少带到设备外面的液体。

自动滚丝机构见图 17-15。该机构是在普通滚丝机的基础上改造而来的，在滚丝机入口处增加了导向和检测机构，使锚杆能顺利进入滚丝位置而不会碰到滚丝轮。该导向机构的另一侧装有弹性导向轮，在滚丝完成后可将

图 17-14 缩径机构

锚杆推离滚丝轮，防止锚杆无法退出；滚丝导向机构上装有锚杆到位检测装置，当检测到锚杆后发出信号启动滚丝机移动轮移动进行滚丝动作。在滚丝轮的后端装有锚杆定位装置，该装置由顶杆、气缸和传感器组成，可以在对锚杆进行定位的同时发出锚杆到位信号。

图 17-15 自动滚丝机构

锚杆自动带螺母机构见图 17-16。螺母振动盘按一定的方向将螺母输送到螺母导管中，磁耦合无杆气缸推动螺母上模套管中的螺母，将螺母输送到螺母旋进机构中的螺母导管中。此时，螺母旋进机构和螺母推杆同时向前推进，推进到位后，伺服电机转动，推杆提供推力，将螺母旋上锚杆。

锚杆自动钻孔栽销机构见图 17-17。半成品的锚杆通过至少两个平行设置的输送链条进行输送。输送链条末端设置有第一单根锚杆推送机构，该第一单根锚杆推送机构每次将

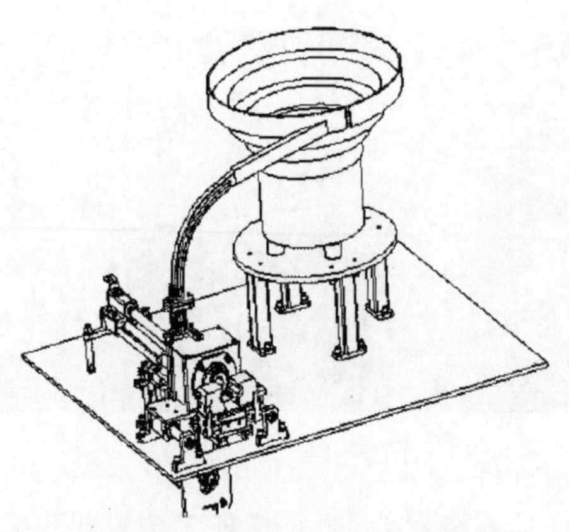

图 17-16　锚杆自动带螺母机构

一根锚杆推送到定位凹槽上，此定位凹槽能够支撑一根锚杆，推动定位机构推动该锚杆将其端部的螺母与定位凹槽接触完成定位；定位后的锚杆被锚杆平移机械手由整理工位推送至钻孔工位，钻孔工位上的夹紧机构将锚杆和螺母分别固定后进行钻孔；钻孔后的锚杆通过机械手由钻孔工位推送至栽销工位，同时保证锚杆与螺母的相对位置不发生改变，当到达栽销工位时由下端的夹紧机构固定，同时送销机构将预先制作好的销钉按照固定的形式输送至工位；当检测到各工序都完成后电动冲床将销钉栽入前一工序所钻的孔中，再由上翻机构将锚杆推送至下一工序。

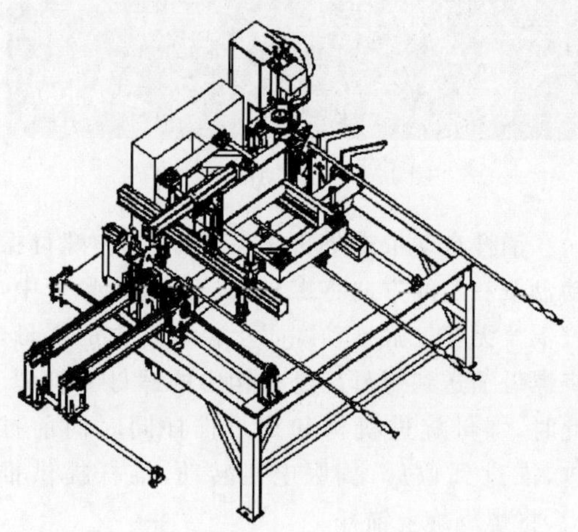

图 17-17　锚杆自动钻孔栽销机构

锚杆捆扎机构见图 17-18，它包括送丝装置、捆扎装置和扎紧装置。其特征是：捆扎装置和扎紧装置安装于工作台 1 上表面，送丝装置安装于工作台 1 下表面，工作台 1 下方设置有捆丝轮 3，捆丝轮 3 上盘有捆丝 2，捆丝 2 自由端穿过送丝装置 4 与工作台 1 台面并延伸至成型装置，送丝装置 4 中设置有步进电机。

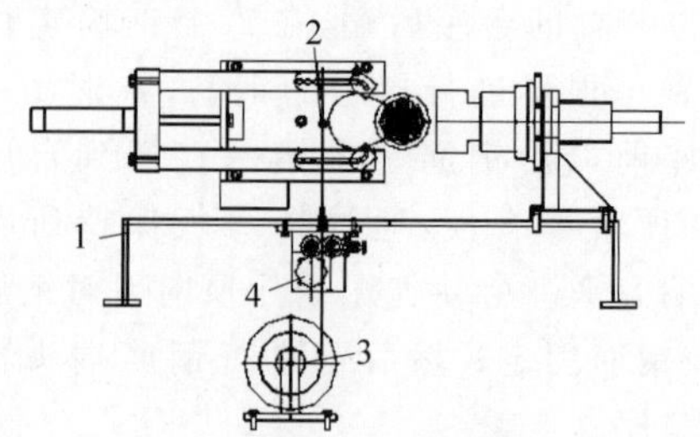

图 17-18　锚杆捆扎机构

17.4　技术性能

17.4.1　产品型号命名

根据《建筑施工机械与设备　钢筋螺纹成型机》(JB/T 13709—2019)和《钢筋螺纹生产线》(GXB/GJ 0041—2015)的要求，钢筋螺纹成型生产线机械设备的型号由名称代号、加工方式分类代号、加工自动化程度代号、主参数代号和产品更新及变型代号组成。螺纹线型号命名如下：

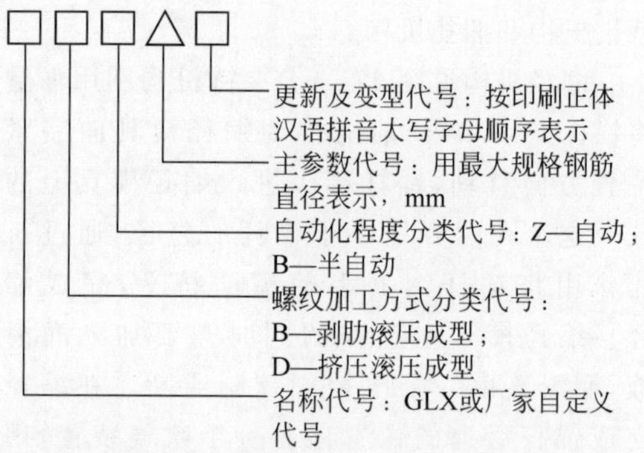

命名示例 1：剥肋滚压成型、全自动、可加工最大规格钢筋直径为 40 mm、螺纹线，标记为：GLX-B-Z-40。

命名示例 2：剥肋滚压成型、半自动、可加工最大规格钢筋直径为 50 mm、螺纹线，标记为：GLX-B-B-50。

17.4.2 性能参数

钢筋螺纹成型生产线机械设备以可以加工 HRB400 级最大规格钢筋直径为主参数，生产线加工的钢筋应用于钢筋混凝土结构工程中时，其几何尺寸、重量、力学性能等指标应符合《钢筋混凝土用钢　第 2 部分：热轧带肋钢筋》(GB 1499.2—2018)的有关规定。钢筋螺纹成型生产线机械设备的基本性能参数应符合表 17-4 的规定。

表 17-4　螺纹线基本性能参数

参　数	数　值		
	GLX-(×)-(×)-32	GLX-(×)-(×)-40	GLX(×)-(×)-50
最大规格钢筋直径/mm	32	40	50
额定输送速度/(m/min)	≥45		
钢筋加工长度/m	2～12		
钢筋螺纹长度/mm	≥50	≥58	≥70

17.4.3 各企业产品型谱

考虑到各企业的产品技术性能特点不尽相同，为真实呈现各企业产品特色，该节内容编写时全文引用了各企业提供的产品型谱与技术特点。

1. 康振智能装备(深圳)股份有限公司

康振智能装备(深圳)股份有限公司钢筋螺纹成型生产线以 KZS40MS(C)(C 为选配镦粗)为代表，其技术参数如表 17-5 所示。

表 17-5　康振智能装备 KZS40MS(C)型钢筋直螺纹成型生产线技术参数

设 备 名 称		智能钢筋滚丝机器人
设备型号		KZS40MS(C)(C 为选配镦粗)
总重/t		9.5
平均工作效率/(s/根)		35
气压/MPa		≥0.6
可加工钢筋长度范围/mm	手动	500～12 000
	自动	2000～12 000
可加工钢筋规格/mm		ϕ16～ϕ40
钢筋直线度要求/(mm/m)		<4
剥肋长度/mm		≤120
直螺纹滚丝长度/mm		≤100
剥肋转速/(r/min)		88
滚丝转速/(r/min)		88
输送速度/(m/min)		≤40
装机总功率/kW		38.66
最大外围尺寸/(m×m×m)		17×5×1.5

2. 廊坊凯博建设机械科技有限公司

廊坊凯博科技现有钢筋螺纹生产线设备主要以 DSX40 和 ZSTB40 两种型号为代表，其技术参数如表 17-6、表 17-7 所示。

表 17-6　廊坊凯博科技 DSX40 型钢筋直螺纹成型生产线技术参数

参　数	数　值
钢筋直径范围/mm	16～40
加工钢筋长度/mm	2000～120 000
套丝机型号	HGS-40
套丝机数量/台	2
镦粗机型号	DCJ40
镦粗机数量/台	2
最大送进速度/(m/min)	5
分料台承载能力/(kg/m)	120
设备额定总功率/kW	～47
工作环境温度/℃	−5～40
工作环境湿度/%	≤85
工作海拔高度/m	≤1000
供电电源/V	380×(1±5%) 50 Hz
气路系统工作压力/MPa	≥0.8
设备尺寸/(mm×mm×mm)	17 000×4900×1800

表 17-7　廊坊凯博科技 ZSTB40 型钢筋直螺纹成型生产线技术参数

参　数	数　值
钢筋直径范围/mm	16～40
加工钢筋长度/mm	2000～120 000
套丝机型号	HGS-40
套丝机数量/台	2
最大送进速度/(m/min)	50
分料台承载能力/(kg/m)	120
设备额定总功率/kW	～23
工作环境温度/℃	−5～40
工作环境湿度/%	≤85
工作海拔高度/m	≤1000
供电电源/V	380×(1±5%) 50 Hz
气路系统工作压力/MPa	≥0.8
设备尺寸/(mm×mm×mm)	18 500×4130×1550

17.4.4　各产品技术性能

1. 半自动钢筋直螺纹生产线产品技术性能

半自动钢筋直螺纹生产线是在单机加工钢筋端头直螺纹的基础上发展起来的，其性能特点如下：

(1) 实现了钢筋加工过程的横纵自动移动，劳动强度大大降低。

(2) 占地面积较小，适合较大型工地现场单一项目使用。

(3) 螺纹加工、卸料、成品收集等工序人工干预完成，设备投入成本相对较低。

(4) 钢筋端头螺纹一致性好。

(5) 可加工Ⅱ、Ⅲ、Ⅳ级带肋钢筋的端头螺纹，接头性能达到行业标准 JGJ 107—2016 规定的Ⅰ级接头性能要求。

2. 全自动钢筋直螺纹生产线产品技术性能

全自动钢筋丝头生产线是可以对棒材钢筋定尺切断并且能够保证端头平齐、完成丝头加工的设备，替代原有砂轮机单机单根切断的方式，具备自动传送、自动定位、自动加工、自动收集等功能，可在减少工人的劳动量、显著降低劳动强度的同时极大地提高生产效率。该生产线可加工Ⅱ、Ⅲ、Ⅳ级带肋钢筋，广泛用于公路、铁路、矿山及核电建设等领域。设备性能特点如下：

(1) 钢筋原材料自动上料、自动定尺和自动下料，端面平整。

(2) 采用原材双层排料喂料系统，生产效率提高 40%以上。

(3) 采用全向夹持机构，在保证锯条寿命的同时可以实现钢筋的自动齐头去尾。

(4) 钢筋的横纵向传动无须人工干预，工位自动交接。

(5) 螺纹加工过程螺纹长度自动定位、自动夹紧、自动加工，保证了螺纹尺寸的重复精度。

(6) 采用可视化故障报警，可以提高维修保养效率。

(7) 可实现套材加工工艺，减少原材浪费。

3. 全自动锚杆生产线产品技术性能

(1) 能够实现钢筋的成排自动定尺和自动下料。

(2) 能够实现钢筋的 45°自动斜切加工。

(3) 采用无级调速的锚杆喂料传动，避免了钢筋与设备的冲击。从缩径到滚丝全部采用 PLC 控制，传感器定位，工位自动交接，无须人工。

(4) 采用螺纹长度自动定位技术，保证了螺纹尺寸的重复精度。

(5) 采用空气动力和机械装置相结合的方法，可有效减少锚杆表面油膜污染。

(6) 生产效率最高可达 10 根/min。

(7) 可以实现金属锚杆杆体与螺母的自动连接。

(8) 实现成品锚杆自动钻孔栽销。

(9) 能够实现钢筋成品自动计数打捆、堆放收集等功能。

(10) 整条生产线可节省人工、降低劳动强度，社会和经济效益显著。

17.5　选型原则与选型计算

17.5.1　总则

钢筋螺纹成型生产线机械设备根据控制方式、螺纹加工方式、钢筋下料方式等加工工序的不同，设备型式呈多样化态势，但选用的总则要求设备的性能和安全要求宜符合《钢筋螺纹生产线》(GXB/GJ 0041—2015)和《建筑施工机械与设备　钢筋加工机械　安全要求》(GB/T 38176—2019)等相关标准规范的要求；设备加工的钢筋端头螺纹连接施工质量性能应符合《钢筋机械连接技术规程》(JGJ 107—2016)的要求或合同约定的其他标准性能要求。

17.5.2　选型原则

钢筋螺纹成型生产线设备选用除了遵循总则外，还应兼顾场地允许、投资适度、钢筋适应、产能匹配等原则，综合考虑是在施工现场使用，还是在钢筋集中加工厂(加工配送中心)使用等情况，进行合理选型。下面将常用钢筋螺纹成型生产线型式的主要特点总结于表17-8，供选型参考。

表17-8　钢筋螺纹成型生产线型式及主要特点

型　式	主要特点
原料存储装置＋横向传送装置＋纵向传送装置＋半自动钢筋剥肋滚压直螺纹成型装置＋成品收集装置	设备占地面积小，生产线工作过程人工干预工序相对不多，劳动强度不高，设备投资成本低，能够实现HRB335、HRB400和HRB500直径12 mm以上钢筋的端头直螺纹半自动化集中加工
原料存储装置＋自动定尺锯切下料系统＋横向传送装置＋纵向传送装置＋半自动钢筋剥肋滚压直螺纹成型装置＋成品收集装置	设备占地面积大，生产线工作过程人工干预工序不多，劳动强度相对低，设备投资成本相对低，能够实现HRB335、HRB400和HRB500直径12 mm以上钢筋的端头直螺纹半自动化集中加工
原料存储装置＋自动定尺锯切下料系统＋横向传送装置＋纵向传送装置＋全自动钢筋剥肋滚压直螺纹成型系统＋成品收集槽	设备占地面积大，生产线工作过程人工干预工序较少，劳动强度有效降低，设备投资成本相对高，能够实现HRB335、HRB400和HRB500直径12 mm以上钢筋的端头直螺纹全自动化集中加工
原料存储上料装置＋自动定尺锯切下料系统＋横向传送装置＋纵向传送装置＋全自动钢筋剥肋滚压直螺纹成型系统＋成品收集槽	设备占地面积较大，生产线工作过程人工干预工序少，劳动强度大大降低，设备投资成本较高，能够实现HRB335、HRB400和HRB500直径12 mm以上钢筋的端头直螺纹全自动化集中加工

17.5.3　选型计算

钢筋直螺纹成型生产线的选型影响因素包括但不限于加工场地、投资成本、生产效率等，具体情况千差万别，现仅就钢筋下料工艺和螺纹加工工艺的选配进行阐述，以供选型参考。

1. GQX150型数控自动剪切线功效分析计算

(1) GQX150型数控自动剪切线(以下简称剪切线)的剪切频率为10次/min，即每次剪切时间为6 s。

(2) 剪切线的原料输送速度为60 m/min，12 m长度的钢筋从原料台传送到定尺挡板一侧的时间为12 s。

(3) 一个切断作业的操作时间、钢筋原料切断前通过定尺挡板对齐时间、钢筋切断后的下料时间等辅助用时间约为30 s。

(4) 一个切断工作循环总用时约为(6＋12＋30)s＝48 s。

(5) 每周理论剪切次数：每周工作 7 天，每天工作 14 h，每套剪切线理论可剪切次数为 7×14×60×60÷48 次＝7350 次。

(6) 实际需要剪切次数：按照每周需要的半成品根数及剪切线的剪切能力计算，具体见表 17-9。

表 17-9 实际剪切次数

直径/mm	半成品根数/根	剪切线一次可剪切钢筋根数/根	实际需要剪切次数/次
36	920	2	460
32	3114	3	1038
25	2042	5	408
20	1006	8	126
16	21 948	12	1829
12	2481	16	155
合计次数			4016

(7) 结论：一套剪切线每周理论剪切次数为 7350 次，实际所需剪切次数为 4016 次，因此，单条生产线配一套 GQX150 型剪切线可满足产量要求。

2. GJX500 型数控自动锯切线功效分析计算

(1) GJX500 型数控自动锯切线(以下简称锯切线)单个锯切循环所需时间如下：锯切直径 36 mm 钢筋所需时间为 6.5 min；锯切直径 32 mm 钢筋所需时间为 6 min；锯切直径 25 mm 钢筋所需时间为 5 min；锯切直径 20 mm 钢筋所需时间为 4 min；锯切直径 16 mm 钢筋所需时间为 3 min；锯切直径 12 mm 钢筋所需时间为 3 min。

(2) 实际需要锯切时间：按照每周需要的半成品根数及锯切线的锯切能力计算，具体见表 17-10。

表 17-10 实际锯切时间

直径/mm	半成品根数/根	锯切线一次可锯切钢筋根数/根	单个锯切循环需要时间/min	实际需要锯切时间/min
36	920	12	5.5	422
32	3114	14	5	1112
25	2042	18	4.5	511
20	1006	22	3.5	160
16	21 948	25	2.5	2195
12	2481	38	2	131
合计剪切需要时间/min				4531

(3) 每周理论工作时间：每周工作 7 天，每天工作 14 h，每套锯切线理论工作时间为 7×14×60 min＝5880 min。

(4) 结论：一套锯切线每周理论工作时间为 5880 min，实际所需锯切时间为 4531 min。因此，单条生产线配 1 套 GJX500 型锯切线可满足产量要求。

3. GHB40 型套丝机功效分析计算

(1) GHB40 型套丝机(以下简称套丝机)单台可加工丝头效率为：加工直径 36 mm 钢筋时约 20 个/h；加工直径 32 mm 钢筋时约 30 个/h；加工直径 25 mm 钢筋时约 40 个/h。

(2) 实际套丝用时计算：按照每周要求的套丝数量计算，实际用时见表 17-11。

表 17-11　实际套丝时间

直径/mm	套丝数量/个	4 套套丝机效率/(个/h)	实际套丝需要时间/h
36	1702	20×4	21.3
32	6554	30×4	54.6
25	344	40×4	2.2
实际用时合计/h			78.1

(3) 每周理论套丝时间计算：7×14 h=98 h。

(4) 结论：理论套丝时间为 98 h,实际套丝所需时间为 78.1 h,因此,单条生产线配 4 套 GHB40 型套丝机可满足产量要求。

4. 锯切生产线成本优势

锯切下料钢筋的每个端头可节省约 25 mm 的钢筋,每周按 8600 个丝头计算,每周可节省 215 m 钢筋,按每周加工丝头的钢筋计算,约合 1.38 t,折合人民币约 5796.00 元/周(钢筋按 4200 元/t 计算);以用砂轮机切割 32 mm 钢筋为例,每个砂轮片大约可切割 25 个端头,8600 个丝头需用砂轮片 344 片,每片按 8 元计算,约合人民币 2752 元/周。

17.6　安全使用

17.6.1　安全使用标准与规范

钢筋螺纹成型机械的安全使用标准是《建筑施工机械与设备　钢筋加工机械　安全要求》(GB/T 38176—2019)。

钢筋螺纹成型机械的安全使用操作应在钢筋螺纹成型机械使用说明书中详细说明,产品说明书的编写应符合《工业产品使用说明书　总则》(GB/T 9969—2008)的规定。

17.6.2　拆装与运输

(1) 设备在运输之前,应将设备上的可动零件移到其平衡位置,然后固定在这一位置上。设备在运输和储藏期间,不得将设备上的各种部件彼此直接叠加在一起。用卡车运输时,务必检查支架的稳定性,并正确地将它放置在卡车的底盘(最好用木头)上。

(2) 在挂吊装用具时应避免挂在会对设备产生破坏的位置。起吊时应先进行试吊,检查设备是否平衡,并查看吊装位置是否牢固。当所有部件都已吊装入位时,要确保所有部件都已适当地固定住,以免在运输过程中移动。

(3) 设备在运输过程中要做好防雨和防震工作。

(4) 设备安装之前必须详细阅读前面的安全注意事项,该类生产线设备对安装地基要求不是很高,只需按配套的安装地基图的要求设置好安装地脚螺栓,不需地脚螺栓的机构需要固定时,在车间的水泥地面上打膨胀螺钉孔固定即可。

(5) 设备安装以后应空负荷运行适当的时间,观察各个转动部件的运行情况,确保各个动作准确到位后方可进行带负荷试车。

17.6.3　安全使用规程

(1) 严格执行建筑工程有关安全施工的规程及规定;

(2) 在使用设备之前仔细阅读说明书;

(3) 设备只能由经过专门培训、考核合格,并受到安全教育的人员持证上岗操作;

(4) 设备检验及试运转合格后方可作业;

(5) 不得移动或毁坏设备各部分的安全防护网罩;

(6) 不要擅改电气系统;

(7) 控制系统部分的钥匙必须交由专门人员管理;

(8) 保持设备(尤其是控制系统、气路系统和传动机构)的清洁有效;

(9) 工作人员必须佩戴安全帽;

(10) 任何时间都要牢记不得戴手套、项链、珠宝或穿戴宽松衣服操作,防止由于缠绕、吸入或卷入而产生的人身伤害;

(11) 进行设备维护、更换零件、维修、清洁、润滑、调整等操作时,必须切断主电源;

(12) 在设备维护、维修、清洁或者调整期间应在操作台上放置标志。

17.6.4 维修与保养

1. 日常维护

(1) 经常擦洗设备,保持设备清洁。

(2) 经常检查行程开关等各部件是否灵活、可靠,有无失灵情况。

(3) 及时清理接屑盘内的铁屑,定期清理水箱。

(4) 加工丝头时,应采用水溶性切削润滑液,不得用机油作润滑液或不加润滑液加工丝头。

2. 润滑

设备需定期加油润滑,加油前应将油口、油嘴处的脏物清理干净。各润滑点的润滑部位和润滑要求详见表 17-12。

表 17-12 润滑部位及润滑要求

部件名称	部位	润滑点数	油脂种类	供油方式	供油时间
减速机	减速箱内齿轮及轴承	1	20 号机械油	飞溅	首次工作 50 h 后换油,以后每工作 800 h 后换油
	导轨轴套	4	20 号机械油	手动供油	每天加油
进给装置	轴承、齿轮与齿条啮合处	3	20 号机械油	手动供油	每天加油
台钳	丝杠托板	1	20 号机械油	手动供油	每天加油
	传动丝杠	2	20 号机械油	手动供油	每天加油
	台钳面	2	20 号机械油	手动供油	每天加油
涨收刀机构	轴承	3	黄油	手动	3～6 个月更换一次

3. 水箱的清洗

水箱使用一段时间后会沉积许多杂质,有时切削液会产生异味,一般每工作 500 h 更换一次切削液并清理水箱。

17.6.5 常见故障及其处理方法

1. 设备常见故障及处理方法

设备常见故障及处理方法见表 17-13。

表 17-13 设备常见故障及处理方法

故障现象	故障原因	排除方法
涨刀环经常掉刀	导向套配合间隙太大;刀体施加给涨刀环的力量不足;钢筋夹持不正或钢筋端头弯曲	更换或调整涨刀环,减小配合间隙;调整弹簧下顶丝螺母位置,加大弹簧力;夹正或调直钢筋
涨刀环不能涨刀	导向套被卡住;刀体施加给涨刀环的力量太大;刀体与刀架滑道有异物或变形卡阻;刀体和涨刀环磨损后接触面太大,摩擦力加大;涨刀环内壁或刀体接触面部分精度不够,摩擦力太大;进刀速度太快	检查导向套有无异物、有无研磨损伤;调节弹簧力或放慢剥肋前进速度;清洗刀体及刀架配合面或进行修整研磨;更换或修磨;更换新件或进行修磨;涨刀过程中放慢进给速度
刀体不能收刀、复位	刀体施加给涨刀环的力量太大;涨刀环外侧不光滑、无圆弧;刀体斜面磨损严重;刀体与刀架配合间隙太大;刀体下边缘无倒角而出现卡阻现象	调节弹簧力进行更换或修磨;刀体倒圆角

续表

故障现象	故障原因	排除方法
不能调到最大或最小螺纹直径	调整齿轮与外齿圈相对位置不合适(最早加工的一些滚头外齿圈齿数较少,存在这种现象);调整齿轮与外齿圈之间有异物,齿轮与内齿圈之间有异物	拆开滚头后盖板,调节调整齿轮与齿轮盘外齿圈的相对位置;拆开清洗
冷却液流量减小	冷却液缺少;上水管堵住	加冷却液;检查、疏通上水管(可用气泵吹)
滚压螺纹到位后仍不停机	行程碰块滑动;行程开关失灵;接触器触点烧结	重新调整;维修或更换行程开关;更换接触器

2. 钢筋丝头常见质量问题及调整方法

钢筋丝头常见质量问题及调整方法见表17-14。

表17-14 钢筋丝头常见质量问题及调整方法

质量问题	主要原因	排除方法
滚不出螺纹或乱扣	滚丝头旋转方向不对;滚丝轮排列顺序安反;连接圈前盖板松动	调整滚丝头旋转方向;重新安装滚丝轮;拧紧前盖板螺钉
螺纹牙形不饱满	钢筋基圆尺寸偏小,可能不合格;剥肋尺寸偏小	检查钢筋是否符合标准要求;调整剥肋尺寸;调整滚压螺纹直径尺寸
螺纹牙尖太尖	剥肋尺寸太大;滚压尺寸太小	更换新刀片或用垫片调节剥肋尺寸;适当放大滚压螺纹尺寸
螺纹椭圆度太大	剥肋尺寸太大;钢筋基圆尺寸偏小,基圆错位不圆,可能不合格	适当缩小剥肋尺寸;检查钢筋是否符合标准要求
螺纹太长或太短	行程碰块位置不对;钢筋装卡位置不对	调节行程碰块位置,按要求装卡钢筋或检查定位块规格是否正确
剥肋尺寸长或短	涨刀触头定位不合适	调节涨刀触头位置

3. 常见非故障损坏

采用剥肋滚压方法加工钢筋端头螺纹时,剥肋刀片的损坏原因是多方面的,姑且把它归为非故障损坏进行描述。剥肋刀片用于对钢筋进行剥肋,由于钢筋的外形很不规则,加上人为因素及设备调整不当,时常会出现刀片损坏的现象。剥肋刀片损坏原因和解决办法详见表17-15。

表17-15 剥肋刀片损坏原因和解决办法

剥肋刀片损坏原因	解决办法
刀片松动	使用带120°锥面的螺钉拧紧,螺钉应顶在刀片的斜面上

续表

剥肋刀片损坏原因	解决办法
刀体配合太紧,刀片不能弹起而被钢筋的肋扳断	清洗、修磨刀体,保证刀体可灵活滑动
弹簧力不够	更换弹簧或用小螺母等将弹簧垫起
钢筋端部弯曲、端面不平直	将弯曲部分调直或将端部用砂轮机切掉
进刀速度太快	钢筋端面刚刚与刀片接触时进刀速度要慢
钢筋的纵肋超大	检查钢筋是否符合标准要求

17.7 工程应用

1. 天津高银商务中心(天津117大厦)

中建三局总承包公司天津高银商务中心(天津117大厦)由香港高银地产有限公司投资兴建,中国建筑第三工程局有限公司承建施工。117大厦拥有包括结构高度中国之最、民用建筑工程桩钢筋规格之最等在内的10项工程之最。工程地下3层,局部4层,地上117层,597 m,结构高度位居中国第一;总建筑面积83万 m^2,创民用建筑单体面积中国之最。

117大厦工程体量巨大,工期超紧,对钢筋加工提出了世界性的难题。该项目总用钢量约12万 t,其中使用直径50 mm的三级钢1.8万 t(单根重量185kg)。C+D区地下室单层面积5.7万 m^2,须在5个月内完成地下室结构并拆除两道钢筋混凝土内支撑,A+B区地下室单层面积4.04万 m^2;须在3个半月支撑完成地下室结构并拆除两道钢筋混凝土内支撑。在如此短的时间内完成34.2万 m^2 结构施工,钢筋加工成为制约施工进度的突出问题。

廊坊凯博建设机械科技有限公司承接了天津117大厦钢筋集中加工工程,该公司结合该项目特点,考虑到工期和场地因素,在钢筋集中加工场地布置了以下主要钢筋加工生产线设备:钢筋半自动锯切螺纹生产线、数控调直切断生产线、数控钢筋箍筋生产线、数控钢筋弯曲生产线、数控钢筋剪切生产线,并为加工厂优化设计配备了起重吊装设备。

该项目钢筋集中加工场优化了施工工艺流程,大大提升了设备生产效率。尤其是提供的钢筋自动锯切螺纹生产线,实现了从原材上料、输送到钢筋端头锯切、钢筋端头螺纹加工等环节的自动化,成功地在1个月内完成了1.8万 t ϕ50 mm钢筋的加工,取得了较好的社会和经济效益。

2. 北京中国尊

中建三局北京公司承建的中国尊项目位于北京市朝阳区CBD核心区Z15地块,东至金和东路,南侧隔相邻地块与景辉街相邻,西至金和路,北至光华路,是北京市最高的地标建筑。中国尊用地面积11 478 m^2,总建筑面积43.7万 m^2,其中地上35万 m^2,地下8.7万 m^2,建筑总高528 m,建筑层数地上108层、地下7层(不含夹层)。

中国尊施工难度大,创下8项世界之最和15项中国之最。其中和钢筋加工相关的主要有:①工期紧。底板钢筋绑扎仅30天。②加工任务量大。底板钢筋共有1.8万 t。③采用高强大直径钢筋。国内底板首次使用HRB500级直径40 mm钢筋,而且HRB500级40 mm钢筋约1.6万 t。④施工现场零场地。建筑边界距离用地红线只有10 cm,几乎为"零场地施工",不具备存放钢筋原材和半成品的条件。⑤地理位置特殊、运输难度大、装卸难度大。项目地处东三环北京中央商务区(CBD)核心区,对物流配送有严格的时间要求。

廊坊凯博建设机械科技有限公司在自身租赁的集中加工厂专门针对该项目钢筋加工工程特点,结合施工图纸、经过多次论证,为该项目钢筋成型、钢筋集中加工配送配置了如下钢筋加工生产设备:数控钢筋弯箍生产线、数控钢筋调直切断生产线、钢筋半自动锯切螺纹生产线、钢筋全自动锯切螺纹生产线、数控钢筋剪切生产线、数控钢筋弯曲生产线、龙门吊等。

钢筋加工厂45天时间完成了1.8万 t钢筋加工并配送到项目现场,其中HRB500级 ϕ40 mm钢筋为1.6万 t,期间连续15天配送钢筋成品超过700 t,最高每天配送钢筋成品达950 t,创下成型钢筋加工配送行业纪录。

该项目的钢筋集中加工配送基地首次使用了钢筋全自动锯切螺纹生产线设备,实现了从原材上料、输送到钢筋端头锯切、钢筋端头螺纹加工等环节的半自动和全自动化,钢筋端头螺纹加工效率是钢筋半自动锯切螺纹生产线的4~6倍,大幅降低了工人的劳动强度和对起重设备的依赖,为成功完成该项目钢筋加工配送任务提供了技术支持,取得了显著的社会效益和经济效益。

第18章

钢筋笼成型机械

18.1 概述

18.1.1 定义、功能与用途

钢筋笼成型机械是专门进行钢筋笼成型焊接的设备。钢筋笼成型机械将钢筋矫直、弯曲成型、滚焊成型有机地结合在一起，使钢筋笼的加工基本上实现机械化和自动化。钢筋笼成型机械广泛用于建筑领域，在桥梁、高铁以及大型建筑物的建造过程中占有重要的地位。钢筋笼成型机械对于提高劳动生产率、降低劳动强度、保证工程质量和节约施工成本起着重要的作用。

18.1.2 发展历程与沿革

20世纪初，国外首先发明钢筋骨架，俗称“钢筋笼”。钢筋笼最早应用在建筑工程中，在混凝土结构中起受力骨架作用。早期的钢筋笼加工完全依靠工人在成笼模台定位工装下通过焊接设备进行手动焊接，加工效率低，加工质量不稳定。

20世纪30年代，为了提升钢筋骨架的生产效率，实现标准化、规模化制造，美国、英国以及德国等国家陆续建造了钢筋笼焊接厂。

20世纪60年代，欧美等国家和地区研发了可机械化操作的钢筋笼滚焊机，代替了之前的手工焊接。钢筋笼滚焊机即便在焊接效率方面相比纯手工焊接有了一定程度的提高，但是钢筋笼在成型过程中的很多工位例如上料、卸笼等都需要手动完成，整体装备的自动化程度还是不够高。

20世纪70年代，美国、日本等国家将钢筋笼成型装备的控制系统与继电器相结合，这一飞跃式的进步使得滚焊机的生产效率有了极大的提高，产生了质的飞跃。钢筋笼滚焊机的工作结构和控制系统随着PLC与单片机的发展有了一定的改善，其工作性能较之以前也得到了很大的提高。

1981年，江苏省某两厂共同研制出多功能钢筋骨架滚焊机，该机可以用于制作钢筋混凝土深井管（井壁管、滤水管）骨架，生产直径300 mm和500 mm的两种规格混凝土管，主筋可装调8～24根（直径为6.5～8 mm），环向筋直径3～5 mm，钢筋笼长度为2～4 m，环向筋螺距为35～170 mm。

1994年，上海某公司从德国公司引进一台ASMS 200自动钢筋骨架滚焊机，用于生产混凝土排水管。该机生产的钢筋骨架直径范围为290～2500 mm，纵筋直径为4～9 mm，环筋直径4～9 mm，骨架长度任意，整机电源功耗为100 kW，每小时焊接骨架长度为40 m以上。该机制作的钢筋骨架焊接质量好，整体强度高，焊点抗拉强度损失小于5%标准强度，抗剪力可达700 kg。该机可连续生产、无级变径、无级变螺距、纵向不扭转，技术先进，自动化程度高，代表了20世纪90年代国际先进水平。

20世纪80年代，青岛引进了第一条工业生产线，其后又在南京、马鞍山、上海等地相继建厂。

2000年，作为中国建筑用钢筋加工设备技术归口单位和建筑用钢筋应用技术标准制定单位的中国建筑科学研究院，与全球最有实力的钢筋加工设备供应商之一的Schnell集团合作，才将后者的先进技术和质量标准引入中国市场，二者合作制造专业化钢筋数控加工设备，提供能够满足中国市场需要的钢筋加工设备、加工技术和市场服务。

2005年建设部颁布《建筑业进一步推广应用10项新技术》，其中明确提到钢筋焊接网应用技术、焊接箍筋笼、粗直径钢筋直螺纹机械连接技术和钢筋加工部品化等相关技术。

我国首个机械化制作钢筋笼的案例记载在2006年中铁十八局承建的武广客运专线上，而其所应用的由厦门连环钢材加工有限公司研发的钢筋笼滚焊机也是国内首台此类设备。

21世纪后，欧美等一些发达国家和地区建筑业的发展如日中天，其更加重视建筑机械的发展，因而也更加看重钢筋笼滚焊机的焊接自动化、智能化，流水线的标准化、系统化、可靠性、高效性，从而又将钢筋笼滚焊机的发展推到了一个崭新的高度。

18.1.3 发展趋势

目前，整机自动化程度的提升、大尺寸钢筋笼内支撑的加载成型、自动焊速度与质量的提高是数控钢筋笼滚焊机下一步发展的方向。

随着建筑施工行业人力的紧缺和劳动力成本的持续增长，原有劳动密集型的钢筋工程施工组织管理模式势必将逐步向钢筋加工与配送专业化方向发展，钢筋机械则向数控智能化方向发展，钢筋笼成型机械的钢筋切断、螺纹加工、钢筋笼纵筋喂料、加强筋成型焊接布放和箍筋缠绕等钢筋加工工序一体化以及成型加工工艺走向标准化将是今后必然的发展趋势，从而实现钢筋笼加工成型的全过程自动化、智能化。高科技的数控钢筋笼成型机市场潜力巨大，必将为施工带来方便。

18.2 产品分类

按加工钢筋笼类型分为桩基笼滚焊机、桩基地笼焊机、水泥管笼滚焊机和异型管钢筋笼焊接成型机。

18.3 工作原理及产品结构组成

18.3.1 工作原理

1. 桩基笼滚焊机

桩基笼滚焊机如图18-1所示。其工作原理是：根据施工要求，钢筋笼的主筋通过人工穿过固定旋转盘相应模板圆孔至移动旋转盘的相应孔中进行固定，把盘筋(绕筋)端头先焊接在一根主筋上，然后通过固定旋转盘及移动旋转盘转动把绕筋缠绕在主筋上(移动盘一边旋转一边后移)，同时进行焊接，从而形成产品钢筋笼。

图18-1 桩基笼滚焊机

2．桩基地笼焊机

桩基地笼焊机又称“钢筋笼绕筋机”，是近几年刚刚出现的一种简易的制作钢筋笼的设备，如图 18-2 所示。其工作原理是：根据施工要求，首先调整钢筋笼绕筋机两滚筒间距离，使用钢筋笼的加强筋和主筋预制好钢筋笼骨架吊装到钢筋笼绕筋机两滚筒之间，使用矫直器将盘筋穿入钢筋笼，把绕筋(盘筋)端头先焊接在一根主筋上，然后通过两滚筒旋转及移动放线机构的直线运动把绕筋缠绕在主筋上，同时采用人力进行焊接，从而形成产品钢筋笼。

图 18-2　桩基地笼焊机

3．水泥管笼滚焊机

水泥管笼滚焊机专门用于焊接承插口和平口型的钢筋骨架，如图 18-3 所示，它主要由机械传动机构、变径机构以及焊接机构、跟随机构和电气控制系统等几大部分组成。与桩基笼滚焊机相比，水泥管笼滚焊机利用电阻点

图 18-3　水泥管笼滚焊机

焊的原理进行环纵筋的焊接，并且能根据要求变径。

4．异型管钢筋笼焊接成型机

异型管钢筋笼自动变径焊接成型机由变径机构、牵引机构、驱动机构和焊接进给机构组成，它的工作原理是：由变径机构实现纵筋的装夹及变径，完成承插口部分的成型；牵引机构牵引纵筋沿轴线方向作直线运动，调节环筋在纵筋上的缠绕匝数；驱动机构驱动主花盘和牵引花盘转动，完成环筋在纵筋上的缠绕；焊接进给机构完成环筋与纵筋之间的焊接。

18.3.2　结构组成

钢筋笼成型机械的结构组成主要包括驱动系统、牵引系统、焊接系统、矫直系统、辅助系统和控制系统。

1．驱动系统

驱动系统用于驱动包括定盘、动盘和各分料盘在内的各盘进行同步回转运动，以此来实现箍筋在主筋上的缠绕动作，它是钢筋笼滚焊机整体结构中最基本的组成系统。

2．牵引系统

牵引系统用于牵引动盘行走。退让式钢筋笼滚焊机工作时，动盘需在滚转的同时沿着远离定盘的方向作直线运动，通过滚转与行走动作配合来保证螺旋角(钢筋笼主筋与箍筋之间的夹角)与螺距(同一根箍筋通过动盘的滚转与行走动作在主筋上连续缠绕而形成的等间距)的形成。

3．焊接系统

焊接系统用于对箍筋与主筋的交叉点进行自动焊接，其通常安装在固定盘上，是钢筋笼滚焊机整体结构中最重要的组成系统。生产过程开始前，需要将箍筋焊接在第一根主筋上，因此当钢筋笼滚焊机开始工作后，各盘的滚转带动主筋产生回转运动，事先焊接在主筋上的箍筋势必会随着主筋的回转缠绕在主筋上，然后，安装在固定盘上的焊接系统对箍筋与主筋的交叉点进行自动焊接。

4. 矫直系统

矫直系统用于在钢筋笼加工过程中矫直箍筋，通常安装在固定盘上，以保证箍筋的加工质量。

5. 辅助系统

辅助系统主要包括分料盘与托料架，分料盘用于固定待加工的主筋部分并带动其与定盘、动盘作同步回转运动；托料架用于托住已经加工完成的钢筋笼部分，防止由于悬空部分过长而导致钢筋笼产生下挠变形。

6. 控制系统

通过控制元件对钢筋笼滚焊机各部分发出指令而控制其动作，包括启动、停止及反馈调整等。

1）桩基笼滚焊机

桩基笼滚焊机由底架、分料盘、固定旋转盘、自动焊接机构、移动旋转盘、上料架、放线架、操作台及电控柜、举升托架等组成，如图 18-4 所示。

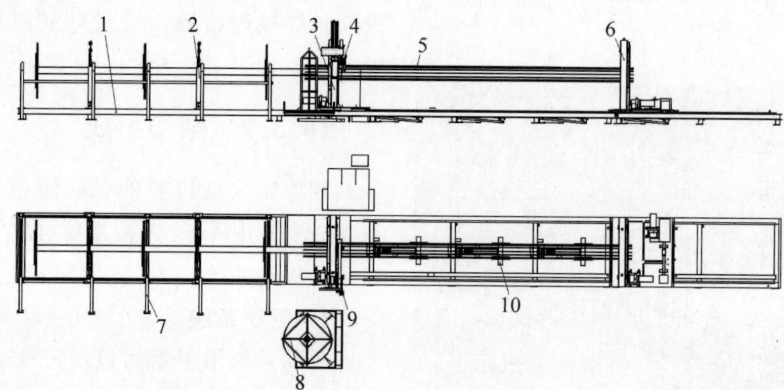

1—底架；2—分料盘；3—固定旋转盘；4—自动焊接机构；5—钢筋笼；6—移动旋转盘；7—上料架；8—放线架；9—操作台及电控柜；10—举升托架。

图 18-4 桩基笼滚焊机

（1）底架：由平行导轨组成。钢筋笼滚焊机大部分的机构和部件安装在底架上，底架承受钢筋笼滚焊机的大部分重量。

（2）分料盘：由主轴、导向分料盘和支撑分料盘组成，用于承接若干条直条主筋。分料盘在工作过程中须与固定盘同步旋转，所以用主轴将固定盘和分料盘连接起来。

（3）固定旋转盘：由电机、花盘、支撑框架组成。固定旋转盘固定在底架的导轨上，在工作时带动分料盘一同旋转。

（4）自动焊接机构：由压轮成型机构和焊接机构组成。压轮成型机构通过导向轮将箍筋压在主筋上，该压力一般由气缸来提供，可保证焊接时箍筋和主筋紧密贴合。焊接机构可以完成主筋和箍筋交叉点的焊接。

（5）移动旋转盘：移动旋转盘上固定有主筋，它在沿导轨直线匀速运动的同时又可以旋转，牵引主筋作直线运动。

（6）上料架：主要作用是承接定尺切断的直条主筋，为分料盘提供主筋原料。

（7）放线架：对盘条线材钢筋进行有序放线。放线架主要有立式放线架和卧式放线架。

（8）举升托架：其作用主要是托住焊完的钢筋笼，并进行卸笼。

（9）矫直装置：采用平行辊矫直方式，一般由矫直轮机构和压紧机构组成。压紧力主要依靠弹簧来提供，压力的大小通过调节螺栓压下量来控制。外箍筋矫直采用平立组合的多轮矫直机构，矫直效果好，使用寿命长。

2）桩基地笼焊机

与桩基笼滚焊机相比，桩基地笼焊机采用

半机械式加工方式，钢筋笼的焊接主要依靠人工来完成。虽然桩基地笼焊机采用人工焊接，但由于它结构简单、价格便宜，所以市场占有率在不断扩大。桩基地笼焊机主要由移动小车、电气柜、放线架、矫直装置、旋转辊和电机组成，如图 18-5 所示。

(1) 移动小车：移动小车用于承接箍筋放线架和调直装置。它一般匀速运动，以保证箍筋间距均匀。

(2) 电气柜：电气柜用于存放电气控制元件，放在小车上与动力元件一起运动，避免乱线。

(3) 放线架：一般采用立式放线架。放线架的放线主要由箍筋的缠绕力来提供动力。

(4) 矫直装置：矫直装置采用转辊式矫直方式。矫直装置的动力来源于电机，通过皮带轮带动矫直器进行旋转。

(5) 旋转辊：旋转辊的动力来源于电机，用于存放主筋架。当旋转辊转动时，会带动主筋架一起旋转。

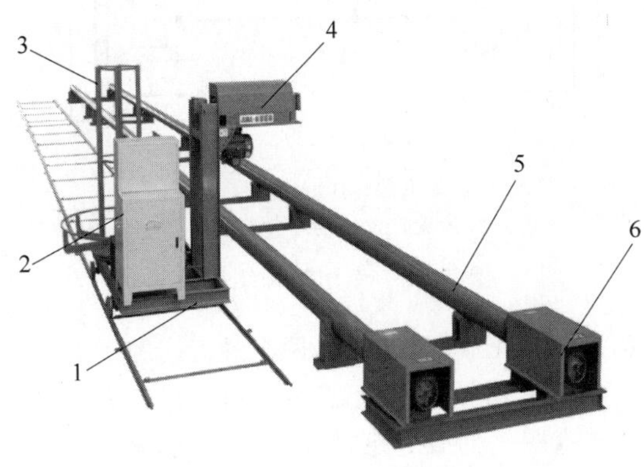

1—移动小车；2—电气柜；3—放线架；
4—矫直装置；5—旋转辊；6—电机。

图 18-5　桩基地笼焊机

3) 水泥管笼滚焊机

水泥管笼滚焊机主要由主盘、推筋盘(推筋小车)、扩径盘、随动盘以及穿筋管和控制台等部件组成，如图 18-6 所示。

(1) 主盘：主盘主要通过旋转动作来提供焊接原始动力。

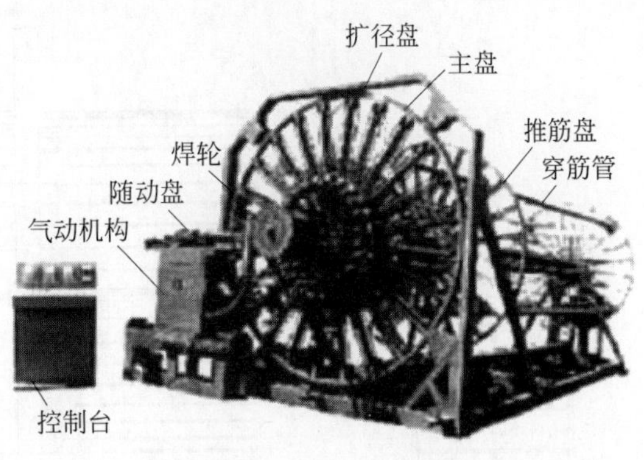

图 18-6　水泥管笼滚焊机

(2) 推筋盘：推筋盘用于推动纵筋向前运动。

(3) 扩径盘：扩径盘用于进行承插口变径操作。

(4) 气动机构：气动机构可以为随动盘提供前后移动的触发动力。

(5) 控制台：控制台内布置有 CPU 和控制总线，是人机交互界面，操作人员可在此进行参数修改以及日常监控等常规操作。

(6) 矫直装置：水泥管笼滚焊机的矫直装置与桩基笼滚焊机的相同。

4) 异型管钢筋笼焊接成型机

异型管钢筋笼焊接成型机主要由主驱动机构、主花盘、牵引花盘、牵引机构、变径机构、焊接进给机构、焊接机构和控制系统等组成，如图 18-7 所示。

18.3.3　机构组成

钢筋笼成型机械的机构主要有驱动机构、牵引机构、变径机构和焊接机构。驱动机构的主要功能是驱动主花盘和牵引盘作回转运动，以实现箍筋的缠绕。牵引机构的主要功能是牵引移动盘沿导轨作直线运动，与主驱动协调运动实现箍筋的间距调整。变径机构的功能主要是改变钢筋笼直径，实现不同规格钢筋笼的生产。焊接机构的主要功能是将箍筋压在主筋上并将箍筋和主筋焊在一起。

1. 桩基笼滚焊机

1) 变径机构

桩基笼滚焊机的变径机构一般采用插孔

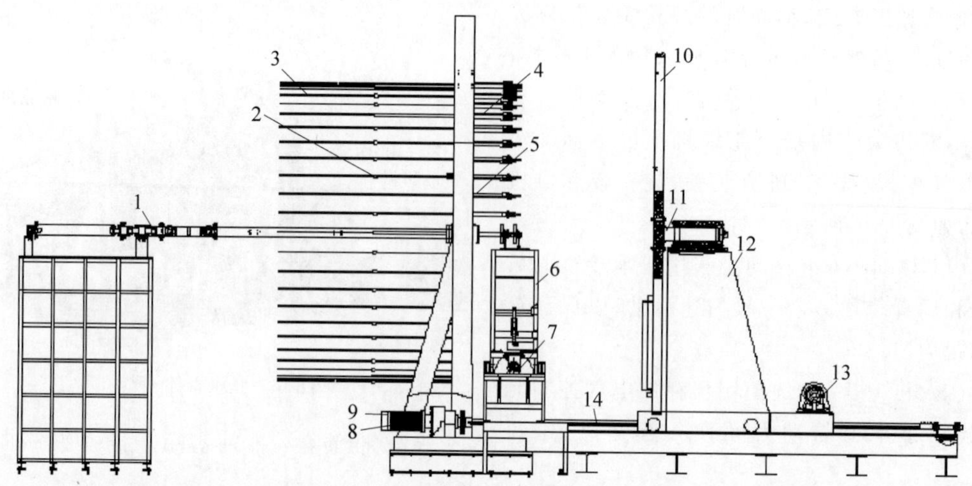

1—配电座；2—穿筋管；3—纵筋；4—变径机构；5—主花盘；6—焊接进给机构；7—焊接机构；8—主驱动机构；9—驱动电机；10—牵引花盘；11—牵引机构；12—牵引小车；13—牵引电机；14—六角方钢。

图 18-7　异型管钢筋笼焊接成型机结构图

型主花盘。主花盘呈圆盘状，其上设置有纵筋安装孔，这些孔均匀分布在不同直径的圆周上。在加工不同直径的钢筋笼时，将主筋固定在相应的安装孔中，以进行不同直径的钢筋笼加工。这种变径方式的优点在于操作简单，不需要复杂的控制技术便可实现，成本低。其缺点是主花盘一般只能适应几种直径规格的钢筋笼，当加工的钢筋笼规格较多时，需要频繁拆卸和安装主花盘，影响加工效率；只能加工圆形截面的钢筋笼，不能在加工过程中改变钢筋笼的直径。

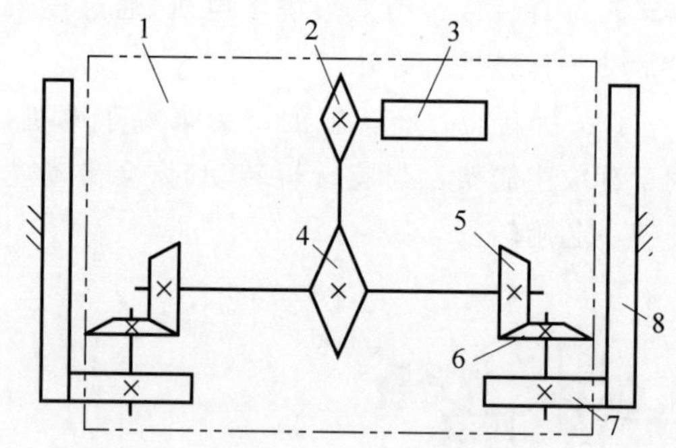

1—移动盘框架；2,4—链轮；3—电机；5～7—齿轮；8—齿条。

图 18-8　牵引机构结构图

2）牵引机构

牵引机构如图 18-8 所示，主要包括移动盘框架、链轮、电机、齿轮和齿条。链轮、电机和齿轮固定在移动框架上，齿条固定在底架的导轨上。工作时，电机带动链轮旋转，链轮再带动两边齿轮同步旋转，最后通过齿轮和齿条相配合，为移动盘提供动力，使移动盘沿着齿条方向作直线运动。行走驱动采用硬齿面减速机，力矩大，结构紧凑，噪声小。行走部分采用齿轮齿条啮合传动，行走精度高。

3）主驱动机构

主驱动机构可以实现定盘、动盘和各分料盘同步回转功能，主要包括固定旋转盘机构、移动旋转盘机构和各分料机构。为保证牵引花盘和主花盘同步旋转，两个花盘分别采用伺服电机驱动。牵引花盘的外圈上设有链齿圈和支撑圈。伺服电机带动链轮旋转，通过链条和牵引花盘的齿圈相啮合带动牵引花盘回转。牵引花盘的支撑圈四周分布有导向轮，可以防止花盘轴向摆动和径向跳动。由于牵引花盘的外齿圈的轮齿加工成本较高，也有的将链条直接焊接在牵引花盘的外圈上，通过链轮直接和链条相啮合传递动力，带动牵引花盘旋转。旋转采用链轮与链条传动，链条松紧可调，传动平稳。

4）托举机构

托举机构主要包括油缸、连杆臂和托辊，

如图 18-9 所示。托举机构位于钢筋笼的下方，等钢筋笼焊接到一定长度时，托举机构在油缸的驱动下升起，托辊托住钢筋笼。整个钢筋笼焊接完成后，将主筋松开，启动油缸，托举机构将钢筋笼缓慢放下。托举机构利用平行四边形原理，由液压缸驱动，保证工作面与钢筋笼轴线平行，充分地起到支撑作用。

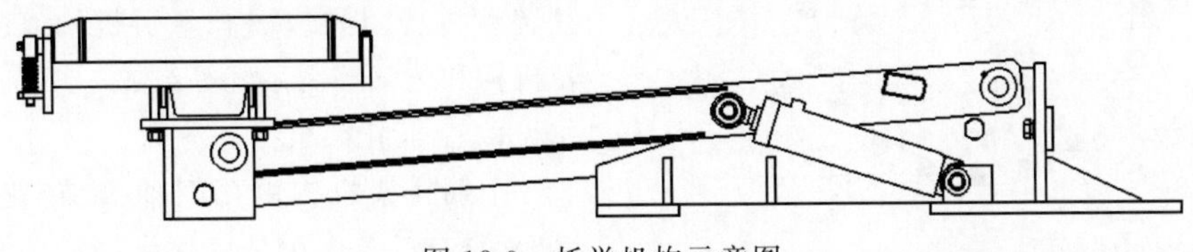

图 18-9　托举机构示意图

5）主筋上料机构

如图 18-10 所示，主筋上料机构采用链传动方式，在链条上固定有限位挡块。钢筋在运输过程中置于限位挡块处，随链条运输到储料台上。主筋上料机构的数量根据主筋的长度不同而有所不同，一般布置 4～6 个。

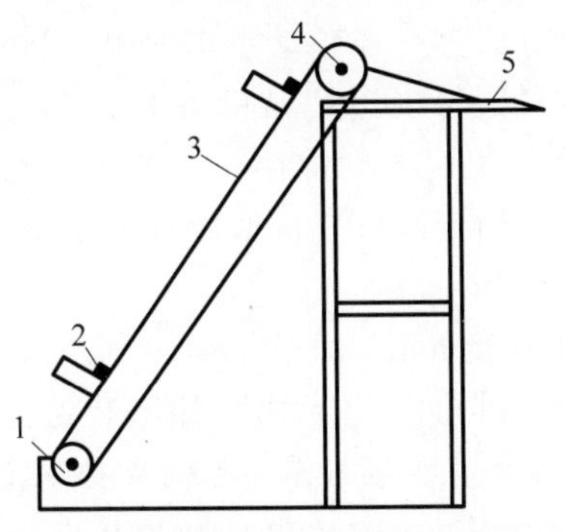

1—从动链轮；2—主筋；3—链条；
4—主动链轮；5—储料台。

图 18-10　主筋上料机构示意图

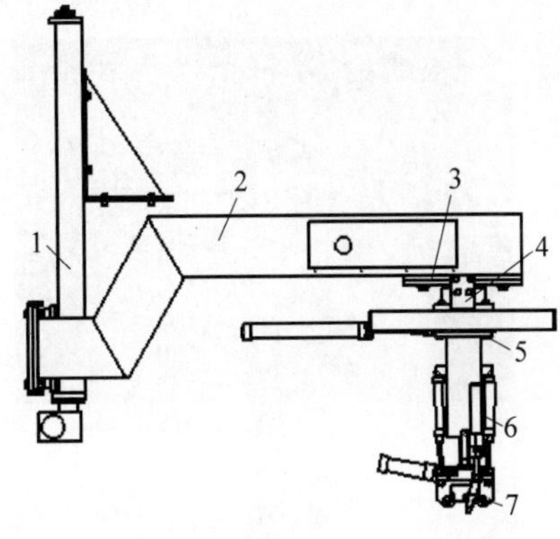

1—滚珠丝杠机构；2—连接横梁；3—水平移动机构；4—旋转机构；5—焊枪水平移动机构；6—焊枪；7—压轮。

图 18-11　成型焊接机构示意图

6）成型焊接机构

成型焊接机构主要由压轮成型机构和焊接机构组成，如图 18-11 所示。压轮成型机构通过导向轮将箍筋压在主筋上，该压力一般由气缸来提供，可以保证焊接时箍筋和主筋紧密贴合。焊接机构完成主筋和箍筋交叉点的焊接。

2. 桩基地笼焊机

1）旋转机构

旋转机构主要包括两个主动辊、箍筋、主筋和加强圈，如图 18-12 所示。制作钢筋笼前，需要将各主筋焊接到加强圈上，然后将焊接好的主筋和箍筋放到主动辊上。旋转机构工作时，电机带动主动辊旋转，主动辊依靠摩擦力带动主筋和加强圈旋转。为了保证钢筋笼的焊接质量，旋转机构的转速相对固定，放线架抽出的箍筋匀速缠绕在主筋框架上。旋转机构分为链条式和电机式，如图 18-13 所示。

2）行走机构

桩基地笼焊机工作时，人工抽出放线架上的钢筋，然后将钢筋穿过矫直装置并焊接在钢筋笼的主筋上。开启旋转机构，旋转机构带动其上方的钢筋笼旋转，同时开启电机，电机通过带传动带动调直器旋转，穿过调直器的钢筋被持续调直抽出。行走机构带动放线架和矫直装置，一边行走一边进行放线，如图 18-14 所示。为了保证箍筋间距均匀，小车的行进速度一般固定不变。行走机构由电机提供动力，运动传动路线为电机—齿轮组传动—链传动，最

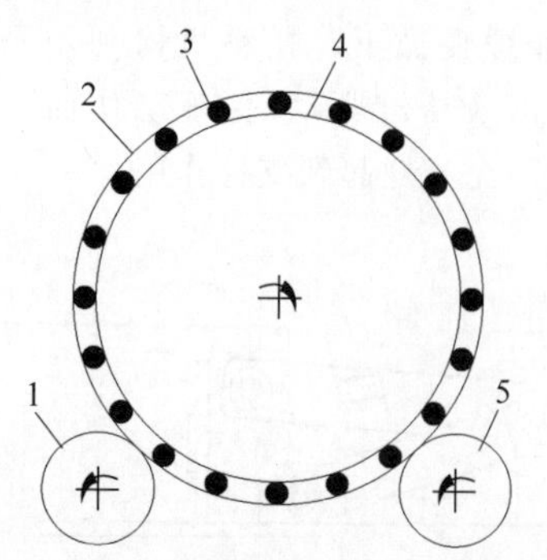

1,5—主动辊；2—箍筋；3—主筋；4—加强圈。

图 18-12　旋转机构示意图

(a)

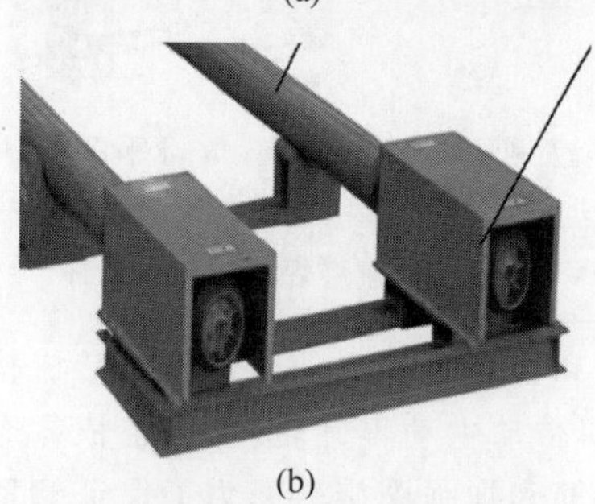

(b)

图 18-13　旋转机构传动方案

(a) 链条式；(b) 电机式

图 18-14　行走机构

后转换为前后车轮旋转运动，小车依靠轮子和导轨的摩擦力向前运动。

3. 水泥管笼滚焊机

水泥管笼滚焊机主要由上筋托架机构、主盘转动机构、焊接机构、牵引机构、气动托、翻转机构和电气控制系统等组成。

1）上筋托架机构

上筋托架机构由托架轴、旋转花架、托架支座等构成，其作用是确保纵筋均匀分布并保证纵筋在焊接过程中与主机同步旋转。

2）主盘转动机构

主盘转动机构由机架、轴承、钢筋焊台花盘、导电块变径定位头、变径移动小车、同步传动法兰等组成。主盘转动通过后轴上的链轮盘由摆线针轮减速机同步主电机驱动，通过同步传动法兰带动托架轴，使旋转花架与主盘同步转动。通过变径移动小车的水平运动带动锥形定位头与导电块，从而由水平运动产生径向运动，以达到自动变径。因移动小车采用伺服电机驱动，所以 15 m 长钢筋笼的锥度可以保证零误差。

3）焊接机构

焊接机构由焊接底座、跟随装置、电极装置、电极自动跟随装置、电机支撑装置等组成。电极装置由导电电极和焊接电极组成，电极通过各自的连接导电铜带与焊接变压器次级连接，电极与电极支撑装置相互绝缘。因电极带有电极自动跟随装置，故能有效地保证钢筋焊接的顶锻压力，从而保证骨架焊接质量。

4）牵引机构

牵引机构由托架、牵引小车、牵引盘、气动翻转机构等组成。牵引电机驱动牵引小车行走链轮，使牵引小车在托架上作轴向水平运动牵引骨架成型。牵引盘由牵引盘同步电机带动，与大盘同步，保证骨架轴向不扭曲。当骨架成型到一定长度时，气动托架会自动启动托住成型好的骨架。骨架成型完毕后，气动翻转机构自动将成型好的骨架翻到堆放区。

4．异型管钢筋笼焊接成型机

1）变径机构

变径机构由主花盘和花盘上的变径装置构成，采用“步进电机＋丝杆螺母”的驱动方式实现焊接座的移动，通过步进电机控制螺母焊接座的位移来实现变径。

2）牵引机构

牵引机构主要由牵引小车、行走轮、导轨、齿条、行走轴、从动链轮、主动链轮、牵引电机、减速机和链条组成，如图18-15所示。牵引电机驱动牵引小车在导轨上作直线运动，牵引电机带动行走轴转动，行走轴与牵引小车通过轴承连接，完成牵引小车的直线运动。

3）驱动机构

主驱动部分的作用是驱动花盘传动，主传动部分包括主驱动电机、减速器、主链轮、同步链轮和六角方钢等，如图18-16所示。主链轮和主花盘链轮啮合传动，同步链轮和牵引盘链轮啮合传动，两链轮均安装在六角方钢上，以保证主花盘与牵引花盘同步转动。

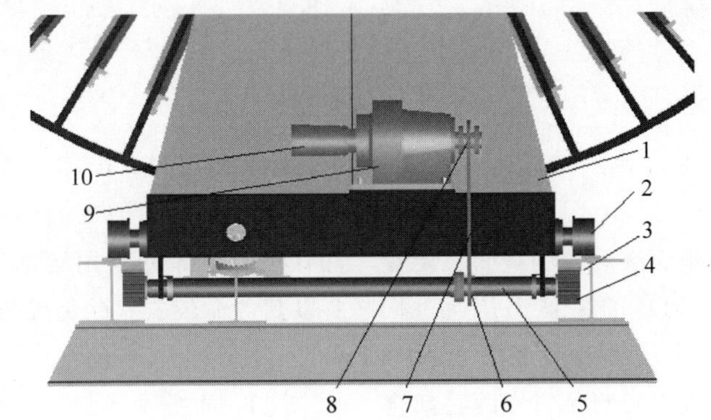

1—牵引小车；2—行走轮；3—导轨；4—齿轮齿条；5—行走轴；6—从动链轮；7—链条；8—主动链轮；9—减速机；10—牵引电机。

图18-15　牵引机构

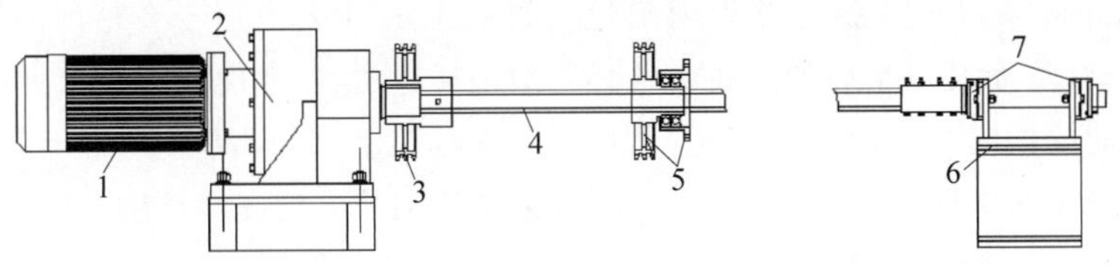

1—主驱动电机；2—减速器；3—主链轮；4—六角方钢；5—同步链轮及同步链轮座；6—六角方钢支撑结构；7—轴承。

图18-16　驱动机构

4）焊接机构

焊接机构主要包括移动装置、焊接装置和固定支架等，如图18-17所示。移动装置由移动支架、导轨、伺服电机、滚珠丝杠等组成，电机的转动通过丝杠螺母副带动移动支架移动。移动支架在工作过程中会受到焊接位置处的反作用力，从而发生倾覆和偏移，同时对滚珠丝杠造成损害。为防止这种情况发生，分别在轨道上设置盖板和在小车底部增加防偏轮。

18.3.4　动力组成

钢筋笼成型机械的电气控制系统是由若干电气元件组合而成的，用于实现对某个或某些对象的控制，如驱动系统、牵引系统、变径系统、焊接系统和举升系统。它是钢筋笼成型机械的中枢，可以保证被控设备安全、可靠和有序地运行。

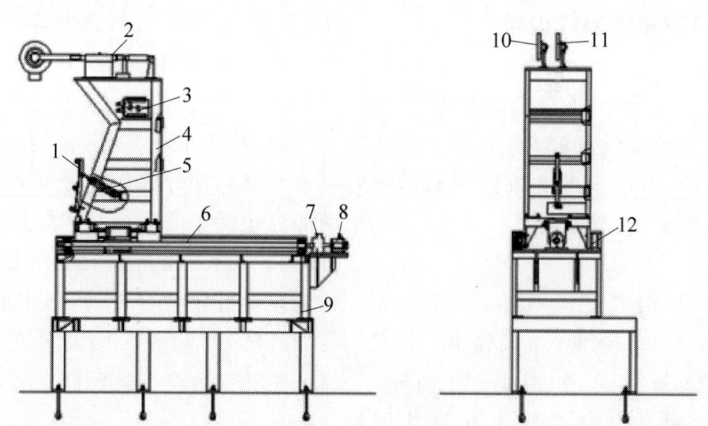

1—导向杆；2—焊接装置；3—焊接变压器；4—移动支架；5—调整气缸；6—滚珠丝杠；7—联轴器；8—电机；9—固定支架；10—导电轮；11—焊接轮；12—车轮及导轨。

图 18-17 焊接机构

1. 桩基笼滚焊机

1）电机驱动系统

（1）电机。在桩基笼滚焊机中，动盘、定盘和分料盘的旋转以及动盘的平移都是通过伺服电机驱动的。伺服电机本身具备发出脉冲的功能，所以伺服电机每旋转一个角度，都会发出对应数量的脉冲。这样，和伺服电机接收的脉冲形成了呼应，或者叫闭环。如此一来，系统就会知道发了多少脉冲给伺服电机，同时又收了多少脉冲回来，这样，就能够很精确地控制电机的转动，从而实现精确的定位。这样控制在保证节能的同时还可以无级变速，从而保证了成品钢筋笼的质量。

（2）减速机。根据桩基笼滚焊机的实际运行情况，即滚焊机在运行时要进行间断的焊接，并且箍筋间距也不太大，电机的转速一般都要求很低。为满足低速、大转矩的特点，桩基笼滚焊机多采用摆线针轮减速机。摆线针轮减速机的主要特点为：高减速比和高效率，采用单级传动，减速比达到 1∶87，输出效率在 90%以上；结构紧凑，体积小，占用空间少，因为其采用行星传动原理，主要的输入输出轴在同一轴心线上，所以可以使其外形尺寸达到最小；运转平稳，噪声低，由于齿轮中啮合齿数较多，重叠系数较大，所以机器较平稳，振动和噪声最小；使用寿命长，工作稳定可靠，因为零件采用经淬火处理的高碳钢材料，强度很高，并且有些传动部件采用滚动摩擦，减小了阻力，所以其寿命较长；拆装维修方便，因其保养简单，零件个数少，容易维护。

（3）伺服驱动器。伺服驱动器（servo drives）又称为“伺服控制器”“伺服放大器”，是用来控制伺服电机的一种控制器，其作用类似于变频器作用于普通交流马达，属于伺服系统的一部分，主要应用于高精度的定位系统。一般是通过位置、速度和力矩三种方式对伺服马达进行控制，实现高精度的传动系统定位，目前是传动技术的高端产品。

（4）控制系统。采用 PLC 进行控制。其中 PLC 是桩基笼滚焊机的核心控制元件。目前，国内的滚焊机控制系统中多为基于 PLC 的控制。滚焊机需要的输入、输出点数较多，需要 40 个左右，再加上 10%左右的冗余。

（5）上位机。触摸屏是一种人机交互设备，内部安装有 Windows 操作系统，可以作为上位机与控制器进行通信。

2）液压驱动系统

桩基钢筋笼滚焊机的举升机构采用油泵作为动力来源。该液压传动系统主要包括油泵、液压泵用电机、电磁换向阀和液压油。

(1) 油泵：齿轮泵。

(2) 液压泵用电机：功率 4 kW，转速 1420 r/min。

(3) 电磁换向阀(电液)：DC24V。

(4) 液压油：采用 46 号或 68 号优质抗磨液压油。油液正常工作清洁度要求：NAS9 级(NAS1638 标准)；系统油液正常工作温度范围：10～60℃。

3) 气压驱动系统

在桩基钢筋笼滚焊机的自动焊接机构中，焊枪的移动都采用气泵作为动力源，通过气驱伸缩进行沿直线导轨的运动。

(1) 气泵：为整个气路系统的气源，额定压力为 0.7～1 MPa，出气量为 1 m^3/min。

(2) 储气罐：设有储气罐，担负全机所有气动件的气压供给工作，并装有压力传感器，以监控系统气压是否正常。储气罐气源由空气压缩机(气泵)供给。

(3) 气缸：它是气压传动系统的直接执行机构。

(4) 调压阀(带过滤)：控制气压、过滤灰尘。

(5) 电磁阀：控制气缸动作方向。

2. 桩基地笼焊机

在桩基地笼焊机中，小车行走机构和旋转机构的动力来源主要是电机。由于桩基地笼焊机生产时，钢筋笼离地面距离比较近，不需要液压举升机构来卸笼，所以电气控制系统主要包括电机驱动系统，它和桩基笼滚焊机的电机驱动系统相同。

3. 水泥管笼滚焊机

1) 电机驱动系统

在水泥管笼滚焊机中，动盘、定盘和分料盘的旋转以及动盘的平移都是通过电机驱动的，其电机驱动系统与桩基笼滚焊机的相同。

2) 气压驱动系统

与桩基笼滚焊机相比，水泥管笼滚焊机多采用电阻焊，电阻焊所需的压力由气缸提供。

18.4 技术性能

18.4.1 产品型号命名

1. 桩基笼滚焊机

桩基笼滚焊机型号由制造商自定义代号、名称代号、特性代号和主参数组成。型号说明如下：

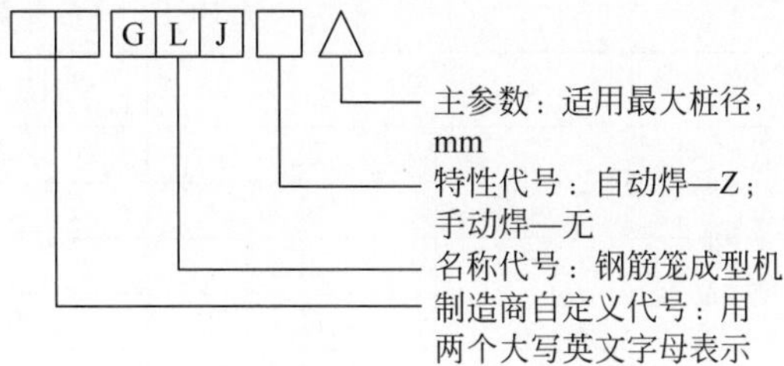

示例 1：KB 制造商生产的适用于最大桩径为 1500 mm 的自动焊钢筋笼成型机，标记为 KBGLJZ1500 JB/T 14974。

示例 2：QX 制造商生产的适用于最大桩径为 2000 mm 的手动焊钢筋笼成型机，标记为 QXGLJ2000 JB/T 14974。

2. 水泥管笼滚焊机

水泥管笼滚焊机型号说明如下：

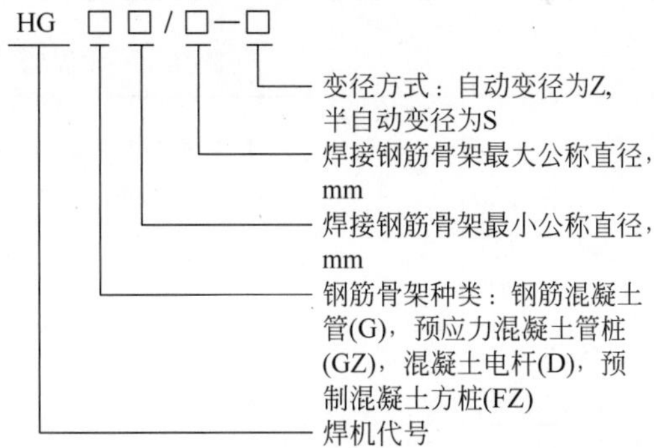

示例 1：公称直径为 400～800 mm，变径方式为半自动变径的钢筋混凝土管钢筋骨架滚焊机标记为：水泥制品用钢筋混凝土管钢筋骨架滚焊机 JC/T 699 HGG 400/800-S。

示例 2：公称直径为 300～600 mm，变径方式为半自动变径的预应力混凝土管桩钢筋骨架滚焊机标记为：水泥制品用钢筋混凝土管桩钢筋骨架滚焊机 JC/T 699 HGGZ 300/600-S。

示例3：公称直径为100～230 mm，变径方式为自动变径的锥形混凝土电杆钢筋骨架滚焊机标记为：水泥制品用钢筋混凝土电杆钢筋骨架滚焊机 JC/T 699 HGD 100/230-Z。

示例4：边长为90 mm×90 mm～边长为350 mm×350 mm，变径方式为半自动变径的预制钢筋混凝土方桩钢筋骨架滚焊机标记为：水泥制品用钢筋混凝土方桩钢筋骨架滚焊机 JC/T 699 HGFZ 90/350-S。

18.4.2 性能参数

1. 柱桩笼滚焊机

柱桩笼滚焊机的基本性能参数见表18-1。

2. 水泥管滚焊机

水泥管滚焊机的基本性能参数见表18-2。

表18-1 柱桩笼滚焊机基本性能参数

型　　号		GLJ1500	GLJ2000	GLJ2500
钢筋笼直径/mm	最小	300	300	500
	最大	1500	2000	2500
主筋直径/mm	最小	12	12	12
	最大	40	50	50
箍筋直径范围/mm	最小	6	6	6
	最大	16	16	16
箍筋间距/mm	最小	50	50	50
	最大	500	500	500
钢筋笼长度/m		12、18、27		
最大回转速度/(r/min)		4.9	4.5	4
最大行走速度/(m/s)		0.045	0.04	0.036
最大钢筋笼重量/t		5	7	9
电源		～380V 50Hz		
电机总功率/kW		13	23	30

表18-2 水泥管滚焊机基本性能参数

型　　号	可焊钢筋骨架公称直径/mm	可焊纵筋直径/mm	可焊环向筋直径/mm	环向筋螺旋间距/mm	纵筋数/根	焊接线速度/(m/s)
HGS 800	400～800	4～8	3～6	5～300	≥6	≥0.5
HGS 1200	800～1200					
HGS 1650	1200～1650	8～10				
HGS 2400	1650～2400					
HGS 3000	2400～3000					
HGS 1600	300～1600	5～9				
HGS 2400	1600～2400					

18.4.3 各企业产品型谱

1. 建科智能装备制造(天津)股份有限公司

建科智能装备制造(天津)股份有限公司(以下简称建科)生产智能钢筋笼滚焊机器人产品，该系列钢筋笼成型机可用于制作圆形或棱柱形的钢筋笼，具有操作人员少、工作效率高、劳动强度低、制作的钢筋笼质量高等优点，其产品型谱见表18-3。建科滚焊机的特点：可完成直径800～3000 mm桩基单主筋单箍筋、单主筋双箍筋，以及双主筋双箍筋的焊接工作；配筋底梁与上料架进行合并设计，现场安装更加方便，上料效率更高；大盘部分灵活的模圈及十字筋安装设计，可根据不同的桩基规格灵活更换，经济适用；固定盘旋转、移动盘部分行走及旋转动力全部来自伺服电机，可保证成品笼子的整体尺寸；固定机架及移动机架进行了结构优化，降低了主机重量，减轻了动力单元的负载，从而可制作较重的钢筋笼；自动焊接装置结构紧凑，采用直线导轨，安装精确，焊点准确，焊接速度高，保证了焊接质量，降低了劳动强度，提高了设备自动化程度。

表 18-3　建科桩基滚焊机型谱

型　　号	钢筋笼长度/m	桩基直径/mm	箍筋直径/mm	主筋直径/mm	箍筋螺距/mm	总功率/kW
HL1500G-X	3～22	800～1500	6～12	16～32	100～300	23
HL2000G-X	3～22	800～2000	6～12	16～32	100～300	23
HL2200G-X	3～22	800～2200	6～12	16～32	100～300	31
HL2500G-X	3～22	1000～2500	6～12	16～32	100～300	31
HL3000G-X	3～12	1200～3000	6～12	16～32	100～300	54.4
HLZ1500G-X	3～25	800～1500	6～16	16～40	100～300	27.37
HLZ2000GW-X	3～25	800～2000	6～16	16～40	100～300	39.37
HLZ2500GW-X	3～25	1000～2500	6～16	16～40	100～300	60

2. 廊坊凯博建设机械科技有限公司

廊坊凯博建设机械科技有限公司（以下简称凯博）生产桩基滚焊机产品，是中国建筑科学研究院建筑机械化研究分院在汲取了国外先进经验、先进技术的基础上，结合国内实际生产需要研制、生产的焊接钢筋笼的成套设备。凯博桩基滚焊机产品型谱见表 18-4。该机可将热轧带肋钢筋、冷轧带肋钢筋、光圆钢筋、光圆冷拔钢筋进行高质量交叉焊接，产量大、精度高、改型方便、操作故障率低、节能性强、消耗低、质量高。该产品主要具有以下特点：

表 18-4　凯博桩基滚焊机型谱

型　　号	钢筋笼长度/m	桩基直径/mm	箍筋直径/mm	主筋直径/mm	箍筋螺距/mm	总功率/kW
GLJ1500	标准长度为12 m，可根据客户要求，以3 m为标准节加长	800～1500	6～12	16～32	100～300	12
GLJ2000		800～2000	8～12	20～32	100～300	15
GLJ2200		800～2200	6～12	12～32	100～300	15
GLJ2500		1000～2500	6～12	16～32	100～300	22
GLJ3000		1000～3000	6～12	16～32	100～300	28

(1) 控制部分采用变频器和 PLC 控制，箍筋间距无级可调，尺寸精度高。

(2) 设有触摸式液晶显示屏，用户可在屏幕上观看各种技术参数，并可通过触摸方式对之进行修改。

(3) 操作台上设有各种按钮或旋钮，通过它们可以选择焊接方式，并可控制设备进行动作。

(4) 加工速度无级可调，加工速度快，生产效率高。

(5) 加工质量稳定可靠。由于采用的是机械化作业，主筋、缠绕箍筋的间距均匀，钢筋笼直径一致，产品质量完全达到规范要求。

(6) 在实际中手工生产钢筋笼时工程监理几乎每天都到加工现场进行检查，而使用机械加工后，监理对机械化加工的钢筋笼基本实行了“免检”。

(7) 箍筋不需搭接，较之手工作业节省材料 1%，降低了施工成本。

(8) 节省施工时间。由于主筋在其圆周上分布均匀，多个钢筋笼搭接时很方便，节省了吊装时间。

(9) 操作方便、维修简单。

(10) 整机配有基座,安装方便。

3. 山东连环钢筋加工装备有限公司

山东连环钢筋加工装备有限公司(以下简称山东连环)的前身为厦门连环,研发制造了我国首个机械化制作钢筋笼滚焊机,用于2006年中铁十八局承建的武广客运专线上。山东连环生产的钢筋笼滚焊机设备可自动一次性成型长度为2～27 m的钢筋笼,并配有自主知识产权的智能化焊接机械手,比手工绑扎笼子生产效率高,节省材料,笼子坚固,外形标准。山东连环桩基滚焊机的产品型谱见表18-5,广泛应用于大型桥梁、高速铁路、高速公路建设等领域的灌注桩施工中。其设备特点如下:

(1) 采用自动送线机构,可在线调整间距,误差小,成型质量高。

(2) 自动焊接,焊点精确,减轻劳动强度。

(3) 变频控制托笼机构,行走精度高。

(4) 液压自动托笼设计,避免焊接过程中因笼子自重导致其弯曲变形。

(5) 模板采用模板环加导管组合,可快速变换笼子直径和笼子主筋根数。

(6) 平立辊式矫直装置,矫直效果好,寿命长。

(7) 控制系统采用PLC＋触摸屏＋变频器。

(8) 该设备可配置自动夹紧主筋装置,降低工人劳动强度,提高工作效率,满足生产需求。

4. 康振智能装备(深圳)股份有限公司

康振智能装备(深圳)股份有限公司(以下简称深圳康振)生产的桩基笼滚焊机产品型谱见表18-6。

表18-5 山东连环桩基滚焊机型谱

型　　号	钢筋笼长度/m	桩基直径/mm	箍筋直径/mm	主筋直径/mm	箍筋螺距/mm	总功率/kW
BPM-1250	3～27	600～1250	6～12	16～40	50～500	13
BPM-1500	3～27	800～1500	6～12	16～40	50～500	15
BPM-2000	3～27	800～2000	6～12	16～40	50～500	23
BPM-2500	3～27	800～2500	6～12	16～40	50～500	23

表18-6 深圳康振桩基滚焊机型谱

型　　号	钢筋笼长度/m	桩基直径/mm	箍筋直径/mm	主筋直径/mm	箍筋螺距/mm	总功率/kW
KZ1500	2～12	800～1500	6～12	16～32	50～500	18
KZ2000	2～12	800～2000	6～12	16～32	50～500	21
KZ2500	2～12	800～2500	6～12	16～32	50～500	25

18.5 选型原则与选型计算

18.5.1 选型原则

为保证所选用的钢筋笼成型机械安全、可靠地工作,实现钢筋笼的高效率加工和生产,钢筋笼成型机械选型的总原则是安全、高效,设备可靠性高、操作简单、维护保养简便。本选型原则适用于桩基钢筋笼滚焊机、桩基地笼焊机、水泥管笼滚焊机及异形笼管焊机。钢筋笼成型机械选型除应符合本原则外,还应符合其现有的设计选型原则。

18.5.2 选型计算

1. 加工钢筋笼所需的最大直径

目前钢筋笼成型机械都是按照加工最大

桩径来划分型号，如 1000 型、1500 型、2000 型、2200 型、2500 型、3000 型。其中常用机型是 1500 型与 2000 型，其他机型在市场上不常见。因此我们可以根据所需加工钢筋笼的最大直径来选型。

2. 加工钢筋笼所需的长度

钢筋笼成型机械加工钢筋笼长度和定尺钢筋长度相关。目前国内市场上常用定尺钢筋长度为 9 m 与 12 m，故钢筋笼成型机械加工钢筋笼长度一般为 9 m 或 12 m。其他长度笼子可以拼接，如 27 m 笼子(3 个 9 m 笼子拼接)，也可以定制其他长度机型。定制长度机型加工长度越长，加工钢筋笼子的整体效率就越高，在钢筋笼运输条件允许的情况下应尽量购买长机型。具体长度也要参考工地采购定尺钢筋长度。

3. 主筋布置方式

主筋布置方式分为单筋均布、双筋横向均布、双筋竖向均布、单双筋均布。设备的标准配置为单箍筋矫直装置和单放线架。可以根据主筋布置方式选配矫直装置和放线架。

4. 焊接方式

焊接方式根据焊接原理不同分为二氧化碳气体保护焊和电阻焊。由于桩基钢筋笼滚焊机主筋和箍筋直径大，因此一般采用二氧化碳气体保护焊，而水泥管用滚焊机大多采用电阻焊。采用二氧化碳气体保护焊时，可以采用人工焊接或机械手自动焊接，如钢筋地笼采用人工焊，桩基钢筋笼滚焊机即可采用人工焊接和机械手自动焊接。电阻焊焊接时大都为自动焊，不需要配备专门工人。

5. 有效焊接率

在钢筋骨架上任意选择不少于 20 个焊接点进行检查，不虚焊的焊接点为有效焊接点。有效焊接率按下式计算：

$$T=\frac{N_2}{N_1}\times 100\% \qquad (18\text{-}1)$$

式中，T 为有效焊接率，%；N_1 为实测焊接点数，个；N_2 为有效焊接点数，个。

6. 焊接点的剪切力

在钢筋骨架上任意截取的试件见图 18-18(a)，焊接点数量不得少于 5 个。实验用夹具示意图见图 18-18(b)。将试件装于夹具内在材料试验机上进行拉伸试验，试件焊接点的破坏载荷即为焊接点的剪切力。

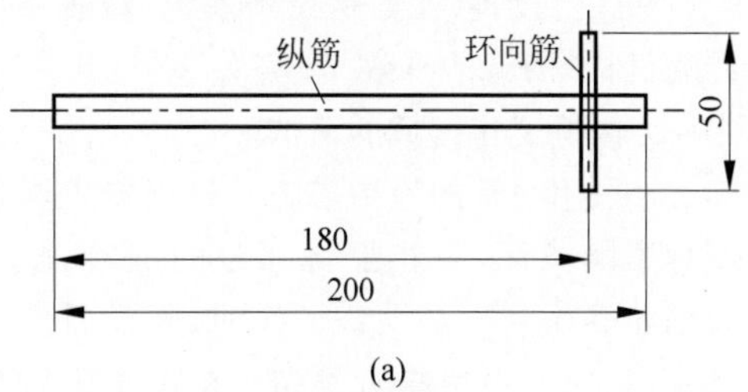

(a)

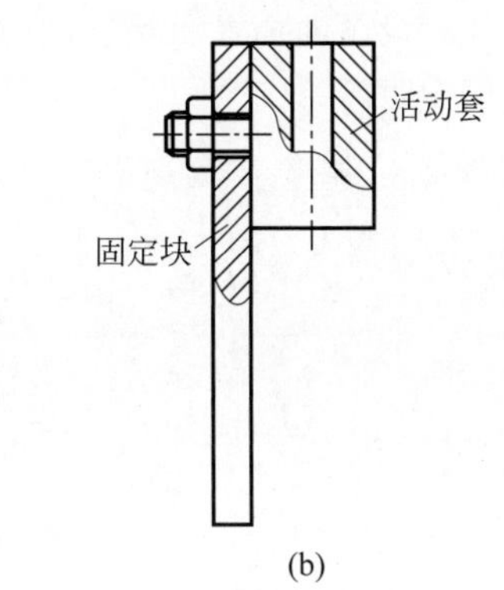

(b)

图 18-18 截取的试件及夹具示意图
(a) 试件；(b) 夹具

18.6 安全使用

18.6.1 安全使用标准与规范

钢筋笼成型机械的安全使用标准是《建筑施工机械与设备 钢筋加工机械 安全要求》(GB/T 38176—2019)。

钢筋笼成型机械的安全使用操作应在钢筋笼成型机械使用说明书中详细说明，产品说明书的编写应符合《工业产品使用说明书 总则》(GB/T 9969—2008)的规定。

钢筋笼成型机械安全使用应遵守下列规定：

(1) 在使用设备之前仔细阅读说明书。

(2) 设备只能由经过专门培训、指定的操作人员操作，其他人员不得操作、随意更改及变动设备的各机构和控制系统等。

(3) 严格按照说明书使用并维护设备。

(4) 不要取下和挪动保护罩。

(5) 不要擅改电气系统。

(6) 控制系统部分的钥匙必须交由专门人员管理。

(7) 保持设备(尤其是控制系统、液压系统和传动机构)的清洁有效。

(8) 保持工作区域的清洁。

(9) 采用通常的保护措施。钢筋笼上料部分应设置隔离区,防止上料部分的旋转轴、拨杆及钢筋等伤到人。设备工作时,除设备相关人员外,其他人不得靠近设备;在设备附近工作的人员应注意设备的位置和状态,要与设备保持一定的安全距离。

(10) 设备的主机(移动旋转盘、固定旋转盘)和控制柜须采取防雨措施。

(11) 移动旋转盘的行走轨道上严禁放置物品。

18.6.2 拆装与运输

1. 生产场地布置

钢筋笼焊接生产区域的划分要充分考虑各种原材料及成品的移动及存储,主要有4个部分,分别为盘筋存放区(A区)、主筋原料区(B区)、钢筋笼卸笼区(C区)以及设备区。生产场地的布置见图18-19。设备的安装要注意如下几点:

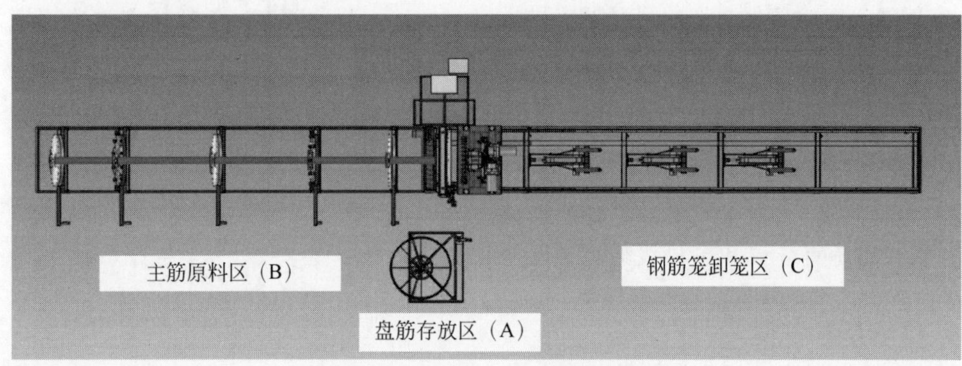

图18-19 生产场地布置平面图

(1) A区是盘筋存放区,宽度至少为3 m,并有道路相通,以便于盘筋进料和施工操作。

(2) B区是主筋原料区,在预矫直侧安装主筋上料架,要充分考虑主筋上料、储存的空间。

(3) C区是钢筋笼卸笼区,根据现场需要布置选择钢筋笼的出笼方向,要充分考虑钢筋笼的出笼空间,合理布置液压站或放线架的位置。该区主要用于钢筋笼的卸笼、验收及补焊等工作。出笼方向可选择为与原料区在同一侧,也可选择在原料区的另一侧。

(4) 设备和生产区边界相距要在2~3 m以上。

2. 现场安装要求

(1) 场地要求。根据地基图硬化地面,混凝土厚度不小于150 mm,地面高度差不大于5 mm。

(2) 预埋地脚(12 m)。使用M20×200 mm地脚螺栓50个,M16×200 mm地脚螺栓6个。(如客户使用膨胀螺栓代替地脚,则准备M16×200膨胀螺栓50个,M12×150膨胀螺栓6个,以及电锤等相应工具。)

(3) 防雨设施。设备就位之后需要客户搭建防雨棚,尤其注意操作台的防水。

(4) 吊车。15 t以上。

(5) 药芯焊丝。安装调试需要一盒。

(6) 焊接保护气体。压缩二氧化碳气体一瓶。

(7) 电焊机。一台,用于焊加强箍筋和固定缠绕箍筋。

(8) 液压油。抗磨液压油,100 L。

(9) 配电要求。提供100 A以上的断路器,国标三相五线制。

(10) 动力电缆。10 mm^2×4,长度根据实际情况确定。

(11) 气泵电缆。2.5 mm^2 ×4 橡套线，根据电源位置确定线长，配线鼻子。

(12) 压缩空气(自动)：压力不小于 0.7 MPa，流量不小于 0.3 m^3/min。

3. 设备安装

(1) 根据设备自重、施工载荷、地基等情况，先进行设备安装基础的设计与施工。安装设备的区域要进行水泥地面硬化，水泥地面也要尽可能平整，整个地面高度差不大于 5 mm，混凝土厚度不小于 150 mm，以确保设备安装稳固，进而保证施工质量和设备寿命。

(2) 场地硬化的大小。12 m 设备：30 m 长，8 m 宽。

(3) 设备的吊装运输应符合相关标准规定要求，在吊装运输过程中不得使设备出现变形。

(4) 露天使用时，遮雨棚要在设备安装就位后安装。如果在之前安装，则设备安装就位比较困难。

(5) 设备及遮雨棚的安装要考虑车辆进出场方便(17 m 超长车进出及装车)。

(6) 遮雨棚出笼方向在笼子规格内不能有立柱，否则笼子无法出来。

(7) 对安装好的设备进行检查调试，根据钢筋笼设计数据调整设备运行参数。

4. 安装注意事项

(1) 设备注意防雨、防潮，尤其电气设备受潮或被雨淋时严禁开机。

(2) 设备长期停用要做好设备防雨、防潮和防晒工作，每季度至少进行一次保养维护工作。

(3) 设备场地转移工作。根据客户实际需求进行设备移机工作时，应准备好出厂所用的运输工装，在把设备调整到指定位置后进行设备连接固定和部件的拆分工作(必要时可请厂家技术员进行移机的相关指导工作)。

(4) 二氧化碳瓶放置在安全位置并进行固定，以免伤人。

(5) 主筋原料架周边用防护网围起，以防转动钢筋伤人。

18.6.3　安全使用规程

1. 安全使用注意事项

(1) 应根据工作的技术条件选择合理的焊接工艺，不允许超负荷使用，不准采用大电流施焊，不准用钢筋笼滚焊机进行金属切割作业。

(2) 在载荷施焊中钢筋笼滚焊机温升 A 级不应超过 60℃、B 级不应超过 80℃，否则应停机降温后再进行施焊。

(3) 钢筋笼滚焊机工作场合应保持干燥，通风良好。移动钢筋笼滚焊机时应切断电源，不得用拖拉电源的方法移动钢筋笼滚焊机。如焊接中突然停电，应切断电源。

(4) 在焊接中不允许调节电流。必须在停焊时使用调节手柄调节，调节不得过快、过猛，以免损坏调节器。

(5) 禁止在起重机运行工件下面进行焊接作业。

(6) 如在有起重机钢丝绳区域内施焊时，应注意不得使钢筋笼滚焊机地线误碰触到吊运的钢丝绳，以免发生火花导致事故。

(7) 必须在潮湿区施工时，焊工须站在绝缘的木板上工作，不准触摸钢筋笼滚焊机导线。

2. 钢筋笼滚焊机安全操作规范

(1) 设备操作人员上岗时，必须戴好安全帽及防护手套，否则不准进入现场！

(2) 确认机器周围没有其他非操作人员，以防出现意外，造成难以挽回的后果！

(3) 开机前检查各箱体、减速机内润滑油是否充足。应使润滑油处于油标的中间偏上位置，油面过低应及时补充润滑油。

(4) 开机前检查各紧固件是否有松动。

(5) 检查电源是否都已经接通，PE 线接至接地点上。检查各电气线路开关、检测开关等是否正常。

(6) 各部位分别试运转，并观察其运转情况是否平稳，有无异常，特别是转盘正反转旋转、移动盘行走、托笼上下动作，避免设备“带病”工作。

(7) 在确保其无异常情况后，方可联机启动。

(8) 启动后，严禁开机状态身体靠近或用手触摸机器及钢筋，防止碾压或扯挂。

(9) 操作台上的急停开关应始终处于容易控制状态，周围空间要足够大，这样有利于工作人员紧急停车，避免人身和设备伤害。

18.6.4 维修与保养

钢筋笼成型机操作者必须懂得所操作设备的基本原理和正确的使用与维护方法，应在阅读本设备的使用说明书并经考核合格之后，才允许操作。

1. 焊前准备

原料架上备料，固定旋转盘和移动旋转盘装上合适的焊接模具盘，移动旋转盘归位；根据需要调整好焊接参数；在需要润滑的地方加注润滑油。

2. 焊机用电

正在焊接时不准更换焊接零件。焊机较长时间停焊时，如歇班、吃饭、午休等，应切断焊机电源。焊机长时间使用后，要定期检查各接线螺钉是否松动及接地是否可靠。电源线不应过长，如要加长电源线，必须同时加大导线断面积，以保证输入端电压不低于额定电源电压的10%为好。在野外或基建工地使用时，要经常检查导线橡皮护套是否有破损，以免引起导线短路或触电。应注意保护焊机中的各个导电接触面，不要损伤。这些电气触点一般应少拆卸。拆卸后重新安装时，接触表面要擦光，直到露出金属光泽，再用螺钉拧紧。

3. 机械活动部分的保养

操作人员必须每月对固定盘和移动盘的传动链条的拉伸状况进行一次检查。将链条松紧度调整至恰当程度。

操作人员必须每月对固定盘和移动盘上的旋转盘支撑轮进行一次检查，使其固定良好。步骤：①松开轮轴两端的螺母；②降低支撑轮；③紧固轮轴两端的螺母。

4. 设备的润滑与维护

对设备正确和及时地进行润滑，可以减少摩擦，延长设备使用寿命，提高效率，因此应按规定的期限、使用合适的润滑剂进行润滑。另外，在设备使用过程中应定期清除焊渣等污物。

18.6.5 常见故障及其处理方法

1. 整机部分故障及排除方法

整机部分故障及排除方法见表18-7。

2. 液压部分故障及排除方法

1) 液压泵故障及排除方法

液压泵故障及排除方法见表18-8。

2) 换向阀故障及排除方法

换向阀故障及排除方法见表18-9。

表18-7 整机部分故障及排除方法

故障现象	故障原因	排除方法
系统不工作	主机与控制柜未联机；PLC的电池用完	检查是否联机；更换电池
焊点过大或过小，或焊接不牢或不焊接	工件表面有绝缘物质；焊接规范调整不合适；二氧化碳保护焊焊头堵丝，或断丝，或有焊渣堆积	使用清洁无油污的合格原料；重新调整焊接规范；清理焊头，重新穿焊丝
个别执行机构不工作	元器件或气阀损坏；控制线路断开	更换元器件或气阀；检查发生故障器件的连接
液压支撑架不抬起	液压管路堵塞或漏油	检查管路有无漏油情况；清洗、疏通管接头阀

表 18-8 液压泵故障及排除方法

故障现象	故障原因	排除方法
泵不出油	传动泵的电机转向错误	改变电机转向
	油箱内的液面太低	加入适量的液压油
	吸油管或过滤器堵塞	清洗过滤器及吸油管,去除杂物
	从吸油管吸入空气	检查何处漏气,并修理
	油泵转速太低	提高转速
	油液黏度太高	使用推荐的液压油
	叶片泵叶片不正常	检查叶片泵
泵不升压	因上述原因油泵不出油	按上述方法进行处理
	溢流阀调定压力太低	调整溢流阀的压力
	溢流阀阀座被杂物卡死	清除溢流阀阀座上的杂物
	系统中有泄漏	对系统进行顺次试验检查
	系统中的油自由流回油箱	检查系统中的各个截止阀是否关闭,换向阀是否在正常位置
	端盖螺钉松动	紧固螺钉
漏油	液压油的黏度太低	检查并更换液压油
	密封圈损坏	检查并更换密封圈
动作不良	起动时因温度低,动作不良	油液黏度太高,更换合适的液压油
	随温度上升,速度下降	泵的压力低,阀、缸内泄大并检查速度控制的节流分路
	跳动	油量不足,混入空气,密封圈压得太紧,并排除之
	速度低时速度不稳	节流阀开度太小,节流口损伤,排除或更换液压油
泵有噪声	吸油管部分堵塞	清除杂物使其通畅
	吸油管吸入空气	认真检查,堵漏
	泵的端盖螺钉太松	拧紧螺钉直至噪声停止
	配油盘被杂物堵塞	根据说明书拆卸并清除杂物
	油中有气泡	检查回油管出口是否没入油中,加长回油管
	油的黏度太高	选用合适的液压油
过度发热	油的黏度太高	检查油的质量与黏度并改用推荐的液压油
	内部泄漏过大	检查阀、缸的泄漏情况
	工作压力太高	检查压力表及溢流阀灵敏度
	散热不良	检查油路是否短路,冷却器通油状况是否正常
	泄荷回路动作不良	检查电气回路、电磁阀、先导回路、卸载阀回路是否正常

表 18-9　换向阀故障及排除方法

故障现象	故障原因	排除方法
操纵阀不能动作	阀被堵塞	拆开清洗
	阀体变形	重新安装,使螺钉压紧力均匀
	弹簧折断(有中位的阀)	更换弹簧
	操纵压力不够(电液阀)	操纵压力必须大于 0.35 MPa。采用中间位置泄荷式,应在回油路设置单向阀以产生背压
电磁阀线圈烧坏	电磁铁损坏	更换电磁铁
	电压太低	调整电压在额定电压的 10%
	换向压力超过规定	降低压力
	换向流量超过规定	换通径更大的阀
	回油孔有背压	检查背压是否在规定范围之内
	粉尘阻滞阀运动	拆卸清洗
压力不稳定	主阀动作不良	参照上面的方法
	锥阀座不稳定	调换,检查液压油是否脏及系统是否漏气
	锥阀异常磨损	修理锥阀

3）单向阀故障及排除方法

单向阀故障及排除方法见表 18-10。

4）溢流阀故障及排除方法

溢流阀故障及排除方法见表 18-11。

表 18-10　单向阀故障及排除方法

故障现象	故障原因	排除方法
发生异常声音	油流量超过允许值	加大阀的通径
	和其他阀产生共振	改变弹簧的强弱
	泄压单向阀中没有泄压装置	安装泄压装置

表 18-11　溢流阀故障及排除方法

故障现象	故障原因	排除方法
压力太高或太低	弹簧太软或调节不当	更换弹簧或重新调节
	压力表不准	检查压力表是否准确
	锥阀与锥阀座接触不良	修理或更换
	主动阀动作不良	检查主阀小孔是否堵塞
	锥阀座与主阀座损伤或有脏物	清洗或更换阀座
压力表跳动或声音异常	主阀动作不良	清洗或更换主阀
	锥阀异常磨损	换锥阀
	在出口油路上有空气	放出空气
	流量超过允许值	换大通径阀
	和其他阀产生共振	略加改变阀的调定压力
	回油不合适	排除回油阻力

第19章

钢筋网成型机械

19.1 概述

19.1.1 定义、功能与用途

1. 定义

钢筋网成型机是指将纵向钢筋、横向钢筋或纵向钢丝、横向钢丝(以下将钢筋、钢丝统称为钢筋)分别以一定间距排列且互成直角,用电阻焊方法将交叉点焊接在一起形成焊接网的设备。

钢筋焊接网成型机械除了将钢筋焊接成网的设备外,还包括对焊接完成的钢筋网进行翻网收集、弯曲成型、打齐码垛的设备等。

2. 功能与用途

钢筋网在混凝土结构中有着良好的受力性能,使得结构中配筋率下降,网格尺寸准确,经济性好,应用范围广泛。钢筋网经折弯或弯曲加工,可以制成长方体、异形体钢筋笼,大量应用在现浇混凝土板类结构、梁柱结构及混凝土预制构件中。

1) 房屋建筑

据不完全统计,国内钢筋焊网主要应用于住宅、写字楼、仓库和厂房等建筑,使用部位主要有楼屋面板、墙体、基础和地坪,另外在软土地基处理中也有较好的应用。随着建筑产业和技术的发展,钢筋焊网以其自身的工业化优点得到了广泛的应用。如:在住宅产业化的生产过程中,钢筋焊网解决了预制混凝土墙、板等构件中传统钢筋绑扎带来的诸多问题,为住宅产业化进程锦上添花;在CL建筑体系(复合保温钢筋焊接网架混凝土剪力墙)中,钢筋焊网作为CL网架板的主要配筋,在保证施工方便的同时,使得钢筋骨架具有很好的整体性。

2) 桥梁、路面工程

钢筋焊网尺寸规整、生产效率高,在混凝土路面和桥梁工程中得到广泛应用。在桥梁工程中,主要应用于市政桥梁和公路桥梁的桥面铺装、旧桥面改造、桥墩防裂等。如江阴长江公路大桥引桥总长近6200 m,在该工程的桥面结构以及组合T梁的上翼缘板中所用钢筋均使用带肋钢筋焊网。在原设计中桥面采用人工绑扎钢筋,经设计变更后改用网格尺寸规则的冷轧带肋钢筋焊网,通过分析经济指标,采用钢筋焊网可节约36%的钢材,降低13.9%的成本,总计节约129万元工程费用。

3) 隧道衬砌

我国《公路隧道设计规范》(JTG 3370.1—2018)对钢筋焊网在隧道衬砌的应用中给出了相关条目,利用弯网机将平面钢筋焊网弯成设计曲面形状,不仅可解决人工绑扎隧洞衬砌曲线钢筋不便的问题,还能提高喷射混凝土的抗剪和抗弯强度,提高混凝土的抗冲切能力,提高喷射混凝土的整体性,减少喷射混凝土的收缩裂纹,防止局部掉块。

19.1.2 发展历程与沿革

传统钢筋混凝土的钢筋采用人工绑扎方式，钢筋焊网的应用改变了传统钢筋绑扎的施工方式，由手工操作向工业化、商品化发展。

1. 国外的发展概况

钢筋焊网的发明和使用至今已有近百年的历史，在国外，特别是欧美地区，钢筋焊网已经发展成为高度发达的单独产业。20 世纪初，欧洲国家最先设计制造了钢筋焊网成型机，德国最早制定了钢筋焊接网配送及使用的相关标准；1916 年，美国首次尝试在混凝土路面的配筋中使用钢筋焊网；20 世纪 30 年代，美、德、英等国家陆续建成专业的钢筋网生产厂，并且制定相应的焊接网标准；20 世纪 40 年代，许多国家都需要战后重建，为了缩短施工周期，提高建筑工程质量，对钢筋焊接网进行工业规模化生产提出了更高的要求，同时也促进了钢筋焊网成型机技术的发展与应用，使得钢筋焊网成型机得到快速发展。欧美等发达国家和地区使用钢筋焊网成型机生产的钢筋焊接网约占焊接网总量的 80%，并且形成了钢筋施工建设项目的商品化配套体系，使得钢筋焊接网的应用十分普遍。

在亚太地区，钢筋焊网也得到了较好的发展。1960 年，日本颁布了钢筋焊网产品的生产标准，经过多次修订，在现浇混凝土板类构件中得到广泛应用；澳大利亚早已制定了焊接网产品标准，钢筋混凝土结构设计规范及设计手册中对焊接网的构造要求等作了专门规定，焊接网在房屋和路面工程中得到较多应用；新加坡的钢筋焊网应用较好，建厂时间早，工厂规模较大，设备先进，其多次对钢筋焊网的产品标准进行修订，并在混凝土板、梁、柱、墙等民用建筑的结构构件中几乎全部使用钢筋焊网；马来西亚的钢筋焊网应用也很普遍，在多层和高层建筑的楼板、墙体中大量应用；其他国家如印度尼西亚、泰国等对钢筋焊网的应用也很普遍。

1968 年，冷轧带肋钢筋在欧洲问世，代替普通热轧钢筋和冷轧光圆钢筋，成为钢筋焊网的主要原材料，钢筋直径为 4～16 mm。20 世纪 80 年代，由于计算机及电气技术的应用，钢筋网成型机向自动化、智能化及低能耗方向发展。目前钢筋网片成型机械在各发达国家已经成熟，并且形成了钢筋焊接相关配套产业，在建筑工程中混凝土预制构件标准化程度很高，构件中的钢筋骨架模块均充分考虑自动化生产因素。比较成熟的公司有意大利的 MEP、PROGRESS、SCHNELL，奥地利的 EVG，德国的 MBK 等，他们均开发了不同生产效率和加工范围的钢筋网柔性焊接生产线，可实现由原材直接到成品开口网及标准网片的自动化加工。

图 19-1 所示为国外钢筋网成型生产线。

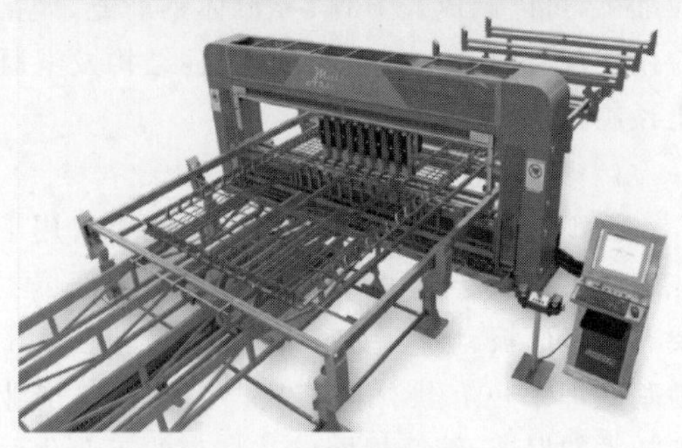

图 19-1 国外钢筋网成型生产线

图 19-1(续)

2. 国内的发展概况

我国钢筋焊接网成型机械的发展起步于20世纪80年代，青岛钢厂首先从德国引进5条钢筋网片成型生产线，之后上海、南京、无锡、北京等地相继从国外引进焊接网生产线；20世纪90年代早期，国内一些机械设备生产厂商在国外钢筋网片成型机械开发的基础上开始了研发创新，制造出了国内首批自主研发的钢筋焊接网成型机。在独立开发的基础上，所生产的钢筋焊网成型机售价大大降低，易于国内工作人员操作维修，这样便迅速推动了冷轧带肋钢筋焊接网技术在国内的普及使用。钢筋网片成型机械的生产企业在20世纪90年代后期发展较快，钢筋焊网成型机的实际生产力和生产规模都得到了迅速的发展。

钢筋网片成型技术规程和产品标准的修订为行业发展奠定了基础。1995年我国制定了行业标准《钢筋混凝土用焊接钢筋网》(YB/T 076—1995)；1997年又制定了《钢筋焊接网混凝土结构技术规程》(JGJ/T 114—1997)；1999年制定了行业标准《钢筋网成型机》(JG/T 5114—1999)，2019年将住建部行业标准《钢筋网成型机》修订为工业和信息化部行业标准《建筑施工机械与设备　钢筋网成型机》(JB/T 13710—2019)；2001年，将行业标准《钢筋混凝土用焊接钢筋网》(YB/T 076—1995)提升为国家制造标准《钢筋混凝土用钢筋焊接网》(GB/T 1449.3—2002)，新修订的国家制造标准与行业标准相比，主要变化是增加了热轧带肋钢筋焊接网的制作规定，扩大了钢筋焊接网中焊接钢筋的直径范围；2010年《钢筋混凝土用钢筋焊接网》(GB/T 1499.3—2002)修订为《钢筋混凝土用钢　第3部分：钢筋焊接网》(GB/T 1499.3—2010)。新旧规范标准的主要变化是：标准名称变更、增加并筋焊接网的图示、钢筋焊接网用钢筋的直径范围改为5～18 mm、钢筋焊接网实际重量与理论重量的允许偏差改为±4.0%，对于公称直径不小于6 mm的冷轧带肋钢筋用于焊网时，增加了冷轧带肋钢筋的最大力伸长率和强屈比的要求、修改重量偏差取样方法、增加检验项目、增加重量偏差计算公式、增加特征值检验、修改验收批次重量、增加附录A定型钢筋焊接网型号F系列、增加附录C“桥面、建筑用标准钢筋焊接网”。为适应新修订的《混凝土结构设计规范》(GB 50010—2002)的要求，在开展了冷轧带肋纹钢筋焊接网和热轧光圆面钢筋焊接网应用于墙体的研究试验基础上，国家建设部组织了《钢筋焊接网混凝土结构技术规程》(JGJ/T 114—97)的修订，为墙体中使用钢筋焊接网打下了工程实践与理论分析的基础。2003年和2014年又对《钢筋焊接网混凝土结构技术规程》行业标准进行了两次修订。《钢筋焊接网混凝土结构技术规程》(JGJ/T 114—2014)增加的内容有：增加了高延性冷轧带肋钢筋、500 MPa级热轧带肋钢筋和细晶粒热轧带肋钢筋焊接网，修改了冷加工钢筋焊接网的强度设计值，修改了焊接网板类受弯构件在正常使用极限状态设计的有关规定。此工作对发展与推广钢筋焊接网技术产生了重大影响。

国内生产钢筋焊网成型机的企业主要分布在经济比较发达的区域，代表企业有廊坊凯博建设机械科技有限公司、建科智能装备制造(天津)股份有限公司、河北骄阳丝网设备有限责任公司、天津银丰机械系统工程有限公司、宁波新州焊接设备有限公司和浙江亿洲机械科技有限公司。据统计，当前国内钢筋焊接网的生产能力达近百万吨/年，主要应用在城市立交桥、高速公路的混凝土路面，大型工业车间的钢筋混凝土基础，公共建筑地面及住宅楼地面、综合写字楼楼面等。

3. 发展趋势

1）智能化

现代技术日益更新，智能化发展迅速，其广泛应用于建筑、预制混凝土构件生产等各个方面。随着经济社会的高速发展，人们对钢筋机械的技术性能、产品稳定性提出了更高的要求，就智能化钢筋网片成型机械来说，根据工程进度和网片尺寸、形式，其可以有效满足客户定制化需求，在提高生产效率、降低劳动程度、保证工程质量等方面具有明显优势，进而在产品市场中占据较大比例，所以钢筋网片成型机械的高效节能智能化发展是必然趋势。

2）一体化

当前，建筑工程施工过程越来越复杂，对施工效率及质量的要求越来越高，因此，对建筑用钢筋机械提出了一体化、集成化的强烈需求，要求完全实现自动化流水加工生产，从上料、矫直，到剪切、分料，再到焊接、出网、翻网收集或网片弯曲等工序一气呵成，过程无须人工干预。一方面减少了半成品搬运过程，解决了生产工序烦琐的问题，提高了施工效率；另一方面降低了劳动强度及成本，减少了工人与设备的直接接触，从而避免对人员和设备的伤害，保障正常有序的施工作业，提高施工安全性。

3）绿色化

传统的建筑机械应用污染系数相对较高，难以适应环境保护理念的需求，容易对生态环境造成破坏。因此，建筑机械自动化技术要融入绿色、生态、环保理念，充分考虑机械设备的运行过程对周边环境带来的负面影响，采取有效措施与方法进行优化和解决，以满足生态环保需求。

19.2 产品分类

19.2.1 钢筋网成型机

1. 按自动化程度分类

按照钢筋网成型自动化程度不同分为普通钢筋网成型机和自动钢筋网成型机。

（1）普通钢筋网成型机是指钢筋矫直切断、布料、焊接网收集与输出等功能的一项或多项需要人工辅助进行的钢筋网成型机。

（2）自动钢筋网成型机是指可将原材直接自动加工成焊接网，具有钢筋的上料、布料、焊接、剪网（纵向钢筋为非定长钢筋时）、焊接网收集与输出等自动功能的钢筋网成型机。

2. 按喂料方式分类

按照钢筋喂料方式分为直条手工喂料、直条自动喂料、盘条自动喂料和全自动喂集料钢筋网成型机。

（1）直条手工喂料钢筋网成型机是指横纵筋均为直条上料方式且均需要手工布料的钢筋网成型机。

（2）直条自动喂料钢筋网成型机是指横纵筋均为直条上料方式但不需要人工辅助进行布料的钢筋网成型机。

（3）盘条自动喂料钢筋网成型机是指纵筋为盘条上料、横筋为直条上料方式且不需要人工辅助进行布料的钢筋网成型机。

（4）全自动喂集料钢筋网成型机是指横纵筋均为盘条上料方式且不需要人工辅助进行布料的钢筋网成型机。

3. 按形状分类

按照加工钢筋网形状的不同分为标准钢筋网成型机和开口钢筋网成型机。

（1）标准钢筋网成型机是指所有横向钢筋的直径和长度均为一个尺寸，且所有纵向钢筋的直径和长度均为一个尺寸的钢筋网焊接成型机械。

（2）开口钢筋网成型机是指专门用于生产带门窗孔洞钢筋网（以下简称开口网）的焊接设备，该设备的横纵筋尺寸可根据孔洞位置的变化而改变，同时也可生产标准钢筋网，生产的开口网用于制造建筑外墙板等预制构件。

19.2.2 钢筋网配套产品

钢筋网成型后需要叠放、弯曲等，因此又配套有翻网收集装置和钢筋网弯曲机械等。钢筋网弯曲机械的分类如下：

（1）按照自动化程度分为钢筋网弯曲机、钢筋网自动弯曲生产线。

（2）按照成型方式的不同分为钢筋网单筋弯曲机械、钢筋网成排筋弯曲机械。

19.3　工作原理及产品结构组成

19.3.1　工作原理

1. 普通钢筋网成型机

普通钢筋网成型机指钢筋矫直切断、布料、焊接网收集与输出等功能中的一项或多项需要人工辅助进行的钢筋网成型机械。以直条手工喂料钢筋网成型机为例，其主要针对光圆冷拔钢筋的高质量交叉焊接，主要工作部分采用气动方式，由 PLC 进行控制；焊接电流、焊接时间和焊接压力等参数可根据材料性能进行调整，以保证焊点的焊接质量。该设备的生产流程方框图如图 19-2 所示。

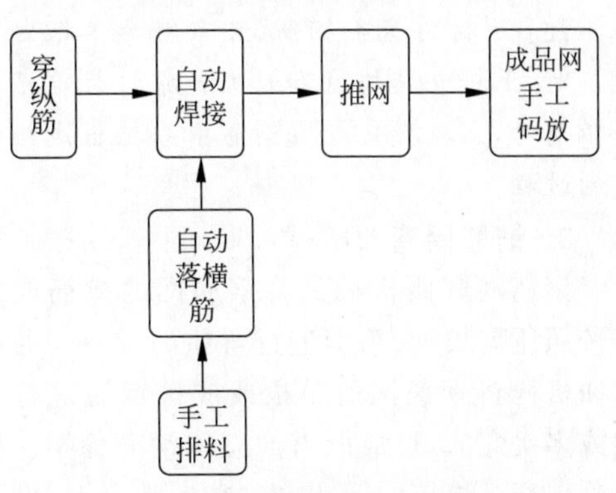

图 19-2　普通钢筋网成型机生产流程方框图

2. 自动钢筋网成型机

自动钢筋网成型机指可将原材直接自动加工成焊接网，具有钢筋的上料、布料、焊接、剪网(纵向钢筋为非定长钢筋时)、焊接网收集与输出等自动功能的钢筋网成型机。以自动柔性焊网机为例，其可实现钢筋原材到成品的全自动化加工，通过网片收集机构实现产品的分类储存，主要用于 PC 行业带窗口网片的焊接。该设备可将热轧带肋钢筋、冷轧带肋钢筋、光圆钢筋、光圆冷拔钢筋进行高质量交叉焊接，主要工作部分采用气动方式，伺服驱动和 PLC 控制，钢筋网宽度、网格间距可调，尺寸精度高，通过操作台上的按钮或旋钮来选择焊接方式，并控制设备进行动作。该设备生产流程方框图如图 19-3 所示。

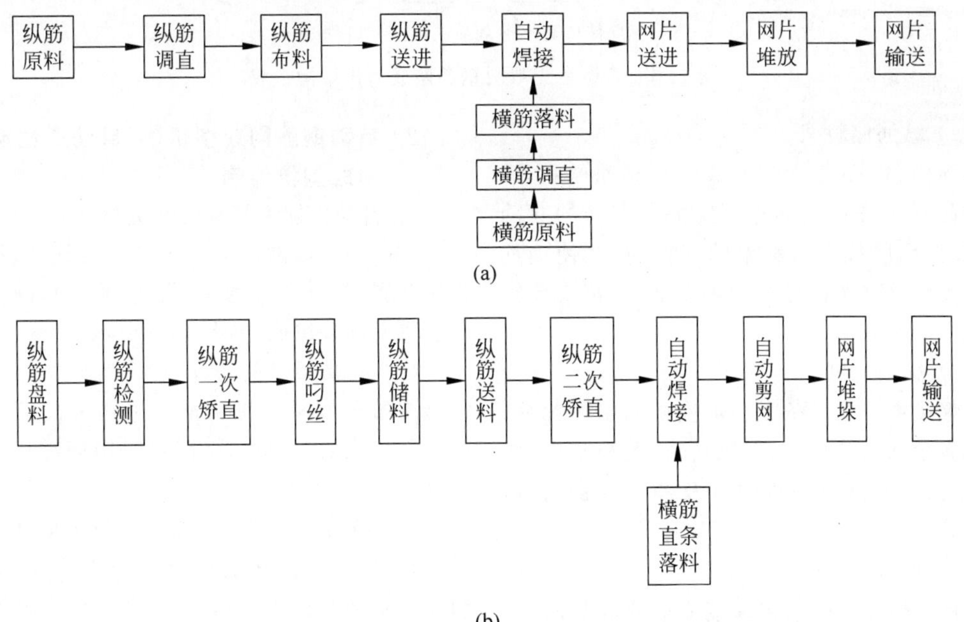

图 19-3　自动钢筋网成型机生产流程方框图

(a) 流程方框图一；(b) 流程方框图二

注：原材为盘条钢筋，且布料为单根定长钢筋时，上料包括矫直和切断；原材为单根直条钢筋时，上料指从成堆钢筋中分拣出成排钢筋的过程。

3. 钢筋网弯曲机械

钢筋网弯曲机械是将钢筋网的横筋或纵筋按照所需长度、角度进行弯曲的设备。通过弯曲机构将钢筋网的单根或成排钢筋进行一次或多次弯曲，形成所需的立体钢筋骨架。把经过焊网机焊接的网片平放在工作台上，设置网片弯曲角度，启动油泵，踏下脚踏开关，由油缸带动弯曲机构对网片进行弯曲，一直弯曲到设置好的角度；松开踏板，油缸带动弯曲机构返回初始位置。

4. 翻网收集装置

翻网收集装置是将钢筋网进行180°翻转和叠放收集的装置。先通过抓取固定机构将网片固定，然后通过回转机构进行钢筋网的翻转和举升，待下一张钢筋网落位后，回转机构下降到指定位置松开夹持的网片，实现钢筋网间隔翻转叠放的功能。

19.3.2 结构组成

1. 普通钢筋网成型机(以直条手工喂料钢筋网成型机为例)

直条手工喂料钢筋网成型机主要由纵筋储料架、焊接主机和托网架3部分结构组成，如图19-4所示。

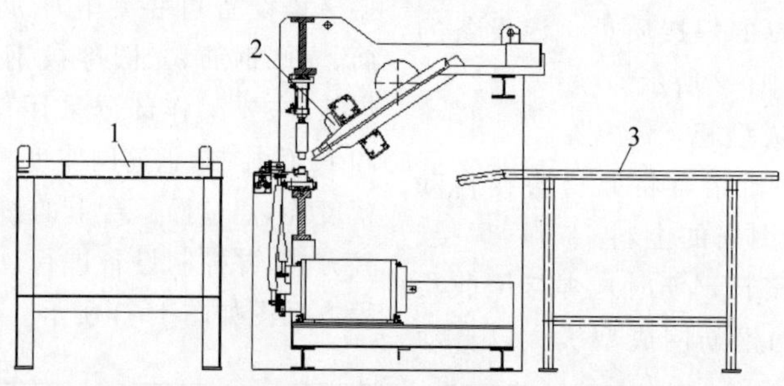

1—纵筋储料架；2—焊接主机；3—托网架。

图19-4 直条手工喂料钢筋网成型机结构组成

1) 纵筋储料架

纵筋储料架既可以承放直条钢筋原料，又可以起到对齐挡板的作用。根据钢筋的穿筋位置，将钢筋放入储料架的卡槽内，并使钢筋端头接触储料架边缘角钢内表面，即可实现钢筋端头的对齐。

2) 焊接主机

焊接主机是直条喂料焊网机的主体部分，包括横纵筋交叉焊接、气源动力、电源动力、气压传动、横筋落料等机构以及各种电磁阀、传感器等。

3) 托网架

托网架一方面承接焊接完成的成品网片，防止网片因重力原因下垂，造成网片变形损坏；另一方面具有导向作用，防止钢筋网片倾斜。

2. 自动钢筋网成型机(以自动柔性钢筋网成型机为例)

1) 自动柔性钢筋网成型机类型一

此类型钢筋网成型机主要由放线架、横筋加工装置、纵筋加工装置、焊接主机和网片收集装置5部分组成，如图19-5所示。

(1) 放线架。钢筋放线架为卧式放线架，只需用吊车或叉车将从钢厂采购来的盘条钢筋装于放线架上即可，不需要对钢筋进行二次收卷。

(2) 横筋加工装置。该部分包括横筋的牵引调直、切断打齐和输送布料等机构，该部分的加工效率及精度直接影响后续网片焊接的质量。

(3) 纵筋加工装置。其作用与横筋加工装置相似，包括纵筋的牵引调直、切断打齐和输送布料等机构。

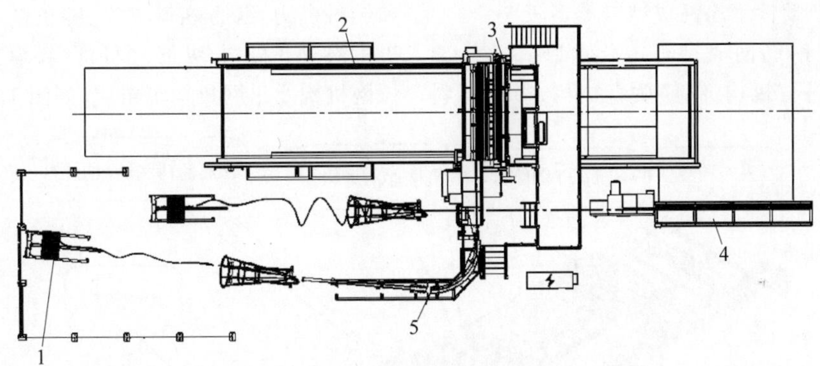

1—放线架；2—网片收集装置；3—焊接主机；4—纵筋加工装置；5—横筋加工装置。

图 19-5 自动柔性钢筋网成型机结构组成一

(4) 焊接主机。经过横纵筋加工装置的钢筋按照一定间距排放到焊接主机处进行焊接。焊接主机采用厚钢板焊成龙门式结构，在上横梁处安装上电极加压机构，在下横梁处安装下电极。为了便于调节加压气缸和焊接电极等部件的横向间距，将上、下横梁加工出燕尾形。

(5) 网片收集装置。该部分位于生产线的最末端，主要作用就是承接焊接完成的钢筋网片，并且进行输送与储存。

2) 自动柔性钢筋网成型机类型二

此类型钢筋网成型机主要由放线盘、纵筋盘料处理装置、横筋上料装置、焊接主机和网片裁剪堆垛装置 5 部分组成，如图 19-6 所示。

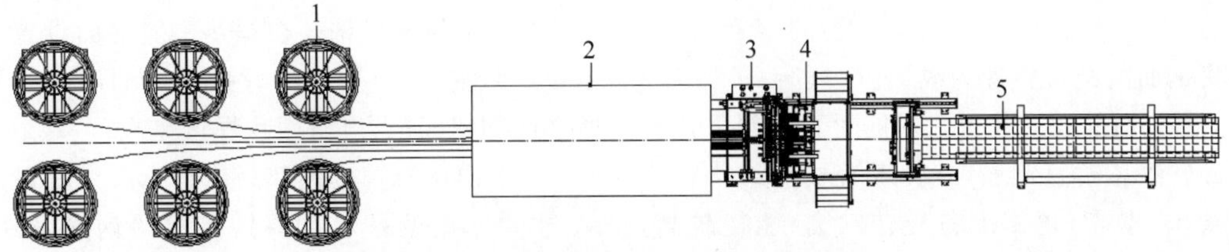

1—放线盘；2—纵筋盘料处理装置；3—焊接主机；4—横筋上料装置；5—网片裁剪堆垛装置。

图 19-6 自动柔性钢筋网成型机结构组成二

(1) 放线盘。放线盘为立式可拆圆盘结构，上料时将圆盘摘下，将圆盘芯轴插入钢筋盘料内圆中，然后用吊车吊起并将圆盘带钢筋一起放在放线盘底座上即可。

(2) 纵筋盘料处理装置。该部分包括纵筋盘入料检测、矫直、叼丝、储料、送料等机构，主要作用是将纵筋盘料矫直后直接送入焊接主机。该部分纵筋矫直的效果直接影响网片的平整度，送丝的稳定性直接影响网格的精度。

(3) 横筋上料装置。该部分包括横筋人工上料平台、横线放料仓、自动叼丝分料装置和落料机构。其主要作用是将预先调直定长的横筋放入落料仓中，再由自动叼线分料装置将单根横筋送入焊接位置，该部分叼丝的稳定性直接影响焊接主机的工作速度。

(4) 焊接主机。其作用是将入料定位好的横纵筋进行焊接。焊接主机由箱体式底座与焊接单元模块组成。箱体式底座采用厚钢板焊接结构，在底座上方安装燕尾形滑道，将焊接单元模块安装在燕尾形滑道上，便于调节焊接单元模块的横向间距。

(5) 网片裁剪堆垛装置。该部分位于网片焊接成型机之后，主要作用是将连续成型的网片根据长度需求自动裁剪，同时将裁剪后的网片自动堆垛并输出。

3）自动柔性钢筋网成型机类型三

此类型钢筋网成型机主要由卧式放线架机构、横筋矫直机构、纵筋矫直机构、横筋落料和储料机构、纵筋落料机构、链条储料机构、主机横筋对齐机构、纵筋进料机构、焊接主机、下拉网机构及出网机构等组成，如图 19-7 所示。

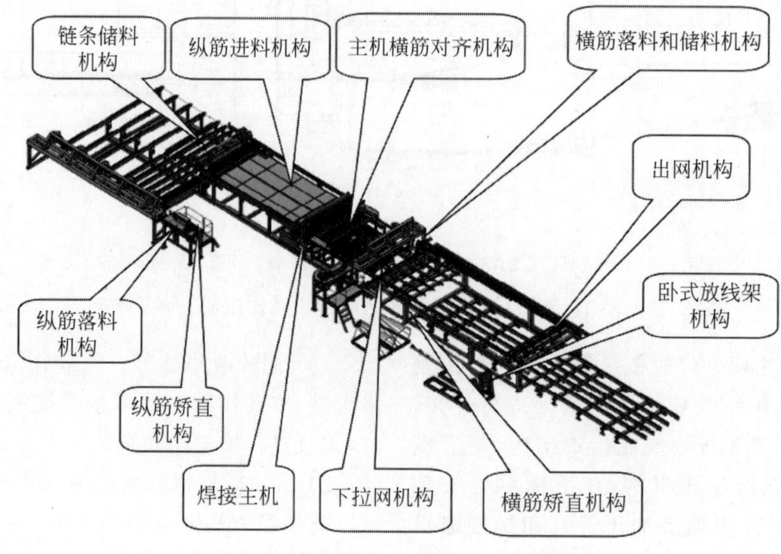

图 19-7　自动柔性钢筋网成型机结构组成三

（1）卧式放线架。卧式放线架适用于成捆钢筋，立式放线架适用于收过卷的钢筋，理线框将钢筋由圆形整理为线形。

（2）横筋矫直装置。横筋矫直装置采用矫直旋转毂体矫直钢筋，旋转矫直机构结构较为复杂，成本高，还需配备旋转动力，能耗较高，但矫直效果好，对钢筋的环向应力消除得较为彻底，可以保证钢筋矫直效率及精度，直接影响后续网片焊接的质量。辊式矫直机构结构较为简单，但矫直效果较差，对钢筋内部残余应力的消除不够彻底。

（3）纵筋矫直装置。它与横筋矫直机构一致。

（4）纵筋储料装置。在输送架上布置有带V型槽的链条，钢筋的网格间距通过落在 50 mm 倍距的不同位置上实现网格 100 mm 或者 150 mm 等 50 mm 倍距布置。

（5）焊接主机。焊接主机相对于纵筋横向布置，按照一定间距排列的纵筋依次穿过焊接主机上的导向孔，焊接电极机构采用独立焊接气缸结构，只在下横梁处安装下电极，每组焊接电极采用直回路方式导电，保证每个焊点电流均衡。

（6）下拉网机构。在焊接主机前面设置有下拉网装置，其作用是将焊接完成的网片拉开所需的网格间距，直至网片焊接完成。

（7）出网机构。该部分位于生产线的最末端，主要作用就是承接焊接完成的钢筋网片，并且进行输送与储存，采用伸缩式接网装置，焊接不同宽度网片无须通过人工调整接网宽度。

4）自动柔性钢筋网成型机类型四

此类型钢筋网成型机由放线笼、自动配筋机、集线架、横筋承接机、横筋运输轨道、纵筋运输车、焊机、网片牵引机、网片运输机等部分组成。自动柔性钢筋网成型机类型四示意图如图 19-8 所示，自动柔性钢筋网成型机类型四结构图如图 19-9 所示。

（1）放线架。为了便于连续批量生产钢筋网片，柔性钢筋网成型机以盘条钢筋为原材料，采用旋转式放线架放线。共配有 4 个放线架与自动配筋机 4 个料仓对应。放线架上配有放线张力臂、气动刹车等装置，如图 19-10 所示，它是国内先进的放线装置，能有效地控制

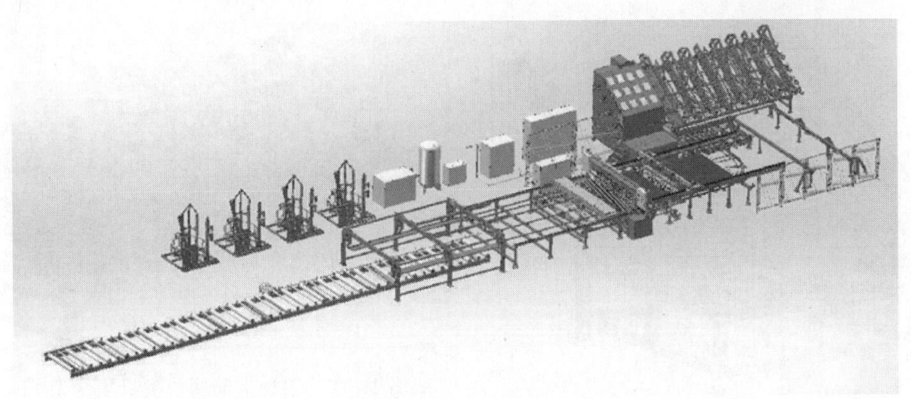

图 19-8　自动柔性钢筋网成型机类型四示意图

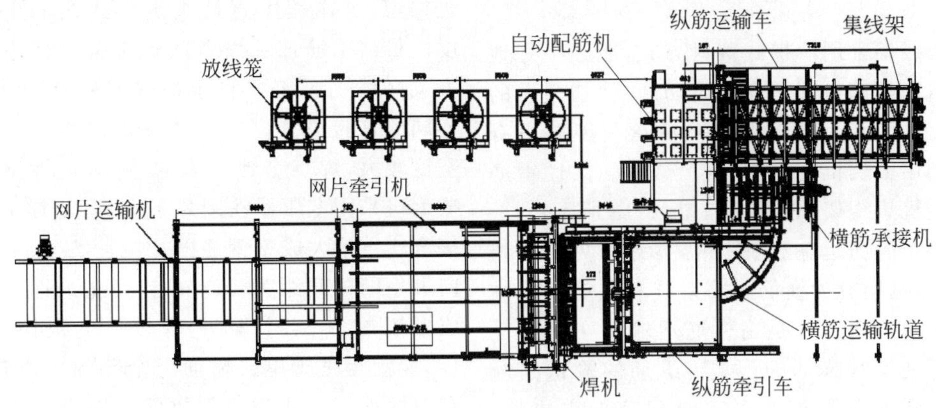

图 19-9　自动柔性钢筋网成型机类型四结构图

放线钢筋的张力，保证连续生产。

图 19-10　旋转放线架

（2）自动配筋机。放线架放出钢筋，经过自动配筋机入口处的预矫直器进入自动配筋机仓内。预矫直器的作用主要是去除钢筋表面的氧化皮，去除钢筋少部分应力。钢筋受到的牵引力来源于配筋机仓内的牵引轮，牵引钢筋经过预矫直后进入精矫直机构。柔性钢筋网成型机在精矫直部分采用的是旋转毂矫直器，通过高速旋转能够有效地去除钢筋的环向应力，得到平直度较高的钢筋。柔性焊网生产线对切断后的钢筋平直度要求很高，因为其关系到后续的钢筋配送、摆放、焊接等问题，应用这种旋转毂矫直器能够满足生产线的生产。精矫直后经过剪切机构的过线孔，将钢筋牵引至定长后进行切断，切断后的直条钢筋落入集线架的料仓内。柔性钢筋网成型机的自动配筋机有四个配筋仓，可分别矫直切断 $\phi6$～$\phi12$ mm 的钢筋。柔性钢筋网成型机能够实现钢筋网片的钢筋直径混合搭配的功能。同一张钢筋网片上可以焊接不同直径的钢筋，这是国内一些构件厂生产时常常需要的功能。柔性钢筋网成型机自动配筋机 3D 模型如图 19-11 所示。

（3）集线架。柔性钢筋网成型机设计的排

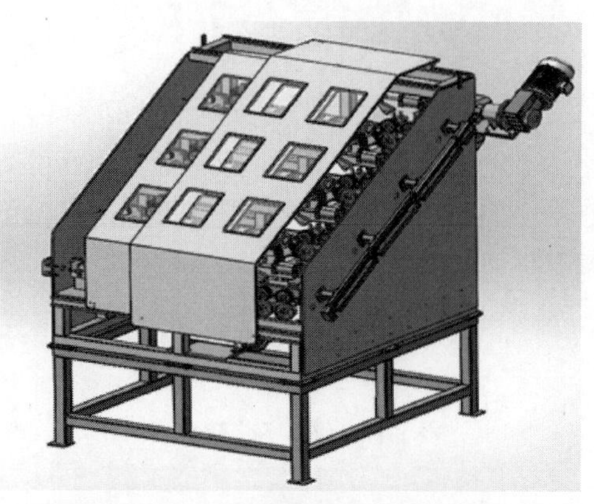

图 19-11　柔性钢筋网成型机自动配筋机 3D 模型

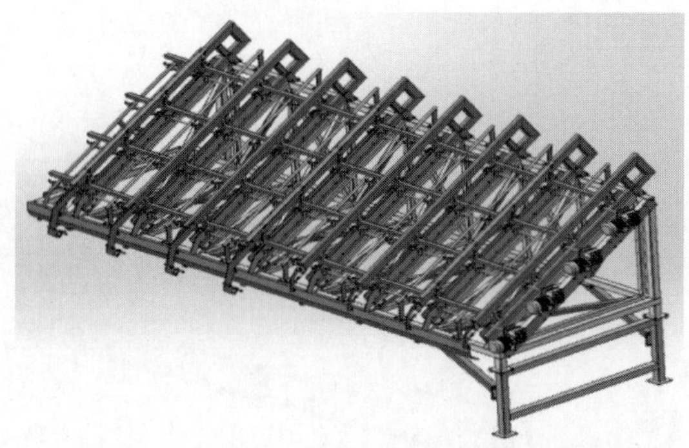

图 19-12　柔性钢筋网成型机集线架 3D 模型

料式集线架采用阶梯式落料方式，能够更好地迎合自动配筋机的多仓同时切断，使切断后的钢筋有序下落。这样不间断的落料能够更有效地利用剪切机构，提高生产效率。柔性钢筋网成型机集线架 3D 模型如图 19-12 所示。

(4) 钢筋运输机构。根据钢筋网片的结构，运输机构分为横筋运输系统和纵筋运输系统。横筋运输系统是由横筋运输车在轨道上往复行驶实现横筋的配送。纵筋的输送是由纵筋放置车和纵筋牵引车两部分来完成的。纵筋放置车承接集线架料仓下落的钢筋后横向行走运输，再由纵筋牵引车将纵筋牵引至焊机等待焊接。

(5) 焊机。焊机是柔性焊网生产线的核心机构，其工作速度直接决定生产线的生产速度。目前钢筋加工设备的焊接都采用电阻焊方式，但各个设备厂商也根据工艺的不同采用不同的连接方式。针对柔性焊网生产线整体宽度较大、焊点个数较多的特点，柔性钢筋网成型机采用变压器在网片下方，固定焊头的连接方式。最大成型钢筋网片宽度为 3.3 m，横向最小网格间距为 100 mm，因此柔性钢筋网成型机配备 34 个焊头，焊接速度很快，只需 1.5 s 就能完成单根横筋上全部的焊点连接。在柔性钢筋网成型机焊机的前端设有横筋定位装置，在开口网片焊接时对短横筋进行准确定位后焊接。柔性钢筋网成型机焊机简图如图 19-13 所示。

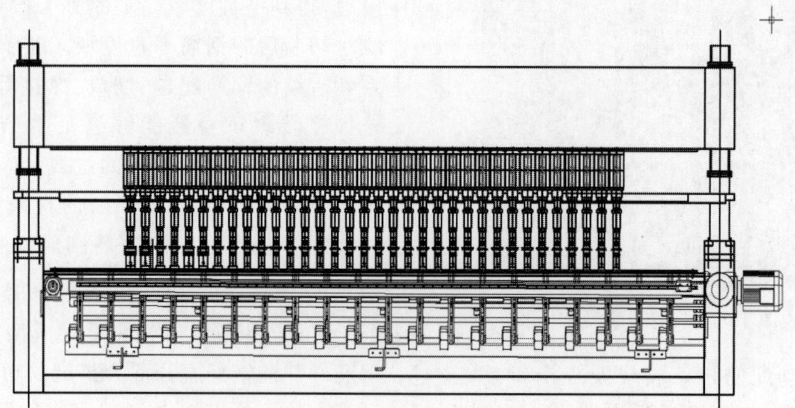

图 19-13　柔性钢筋网成型机焊机简图

(6) 网片牵引及输送机构。网片牵引机构也是柔性焊网生产线的重要机构，它的行走步距决定着钢筋网片的纵向网格间距。每根横筋焊接完后，网片牵引机构上的牵引车会将网片向后拉出一定距离，之后焊机继续焊接下一根横筋。通过对网片牵引车步距的设定可以得到不同的纵向网格间距。一张网片全部焊接完毕后，网片由输送机构向后输送至生产线末端，之后进行码垛配送。柔性焊网生产线结构复杂，但适应范围广，能制作多种不同规格的钢筋网片。焊接钢筋网片示意图如图 19-14 所示。

3. 钢筋网弯曲机械（以钢筋网弯曲机为例）

钢筋网弯曲机主要由机架、弯曲油缸、弯曲主轴 3 部分组成，如图 19-15 所示。

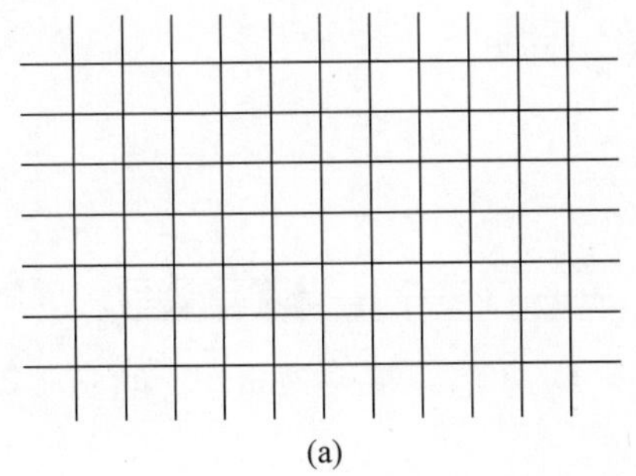
(a)

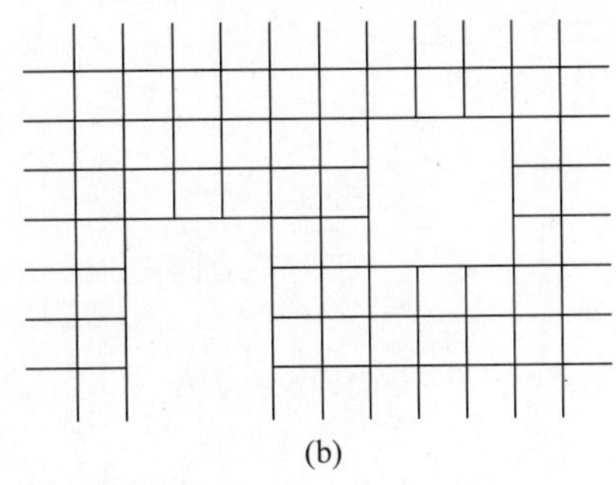
(b)

图 19-14　焊接钢筋网片示意图
(a) 标准网；(b) 开口开缺网

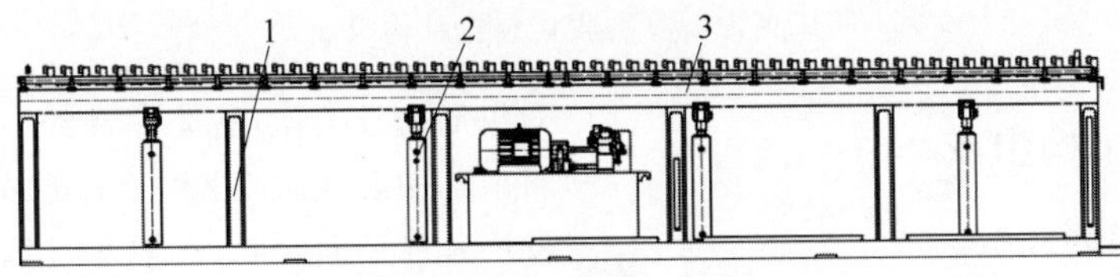

1—机架；2—弯曲油缸；3—弯曲主轴。

图 19-15　钢筋网弯曲机结构组成

(1) 机架。机架是该设备的主要框架部分，起支撑固定的作用。驱动机构、弯曲机构、定位机构等均安装在机架上。

(2) 弯曲油缸。共有 4 个弯曲油缸安装在机架侧面，通过电磁阀控制，同时动作进行网片的弯曲，由油缸伸出长度来控制网片的弯曲角度。

(3) 弯曲主轴。弯曲主轴为钢筋网片弯曲时的芯轴。可以通过调整螺杆长度改变弯曲主轴的初始位置，增加弯网机的适用性，使直径在 6～12 mm 范围内的钢筋网片都能达到弯曲 0°～180°的要求。

4. 翻网收集装置

翻网收集装置主要由支座、翻网架、摆臂和配重 4 部分组成，如图 19-16 所示。

(1) 支座。支座用来支撑设备上部结构，使两根摆臂能正常工作。

(2) 翻网架。翻网架被固定在两根大摆臂上同一端，通过螺栓连接做成可调整式的，依网片宽度进行调整，调整卡网机构到适合网片的位置，将连接螺栓紧固。

(3) 摆臂。两根摆臂的一端连接翻网架，另一端连接配重铁，摆臂在油缸的带动下由水平位置转到最大与水平面成 90°的位置，从而完成翻网工作。

(4) 配重。搭配合理的配重有利于设备稳定可靠地工作，无网片空机调试时配重梁上安装 2 块长配重铁，3 块短配重铁和 2 块配重板，两端基本平衡。进行平衡时，长配重铁不需要增减，只需增减短配重铁和配重板即可。每块短配重铁能平衡 60 kg 网片，每块配重板能平衡 23.34 kg 网片。

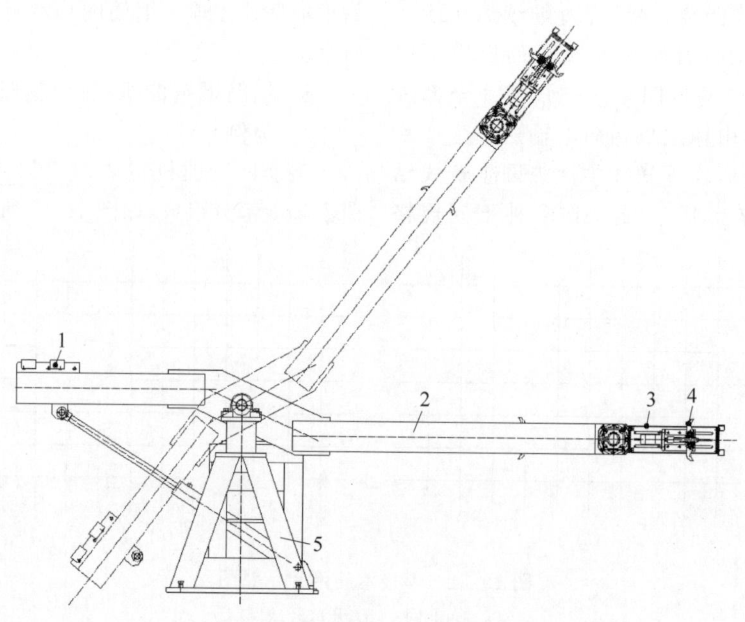

1—配重；2—摆臂；3—翻网架；4—卡网机构；5—支座。

图 19-16　翻网收集装置结构组成

19.3.3　机构组成

1. 普通钢筋网成型机

1）纵筋定位导向机构

纵筋定位导向机构位于焊接主机的前侧，对纵筋起导向作用，防止乱线。相邻的导向进料口的中心线间距为 200 mm 或 250 mm，当改变网片纵筋间距时，需要对过线嘴的位置进行调整，以便于识别穿筋位置。纵筋定位导向机构如图 19-17 所示。

图 19-17　纵筋定位导向机构

2）横筋落料机构

横筋落料机构如图 19-18 所示。在垂直于纵筋送进方向单独安装一个横筋储料仓，预先调直的定尺寸横筋整齐地堆放在储料仓内，并经料架底部的倾斜滑道依次“排列”，再按照预定的程序定时送入上电极下方。

储存在料仓中的横筋在倾斜的滑道里排好，滑道中沿程分别设有卡料、落料和平衡气缸，气缸根据程序动作以保证横筋准确落料，

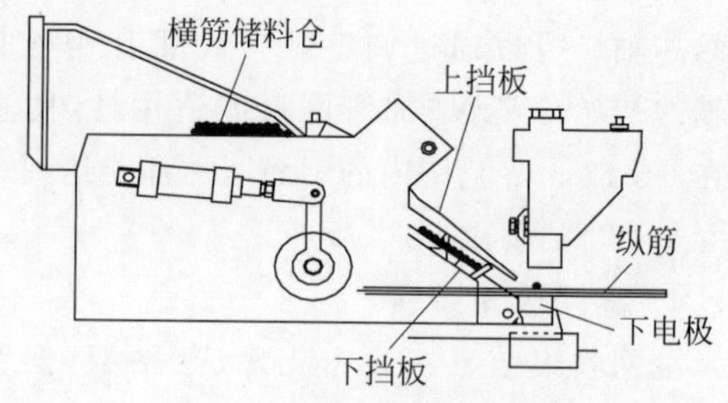

图 19-18　横筋落料机构

从滑道里出来的横筋由一排平衡杆挡住而准确定位。横筋落料机构两侧设有观察孔，可以从侧面观察落料是否顺畅。横筋落料机构由上下两个挡板组成，上挡板通过螺栓固定在横筋落料机构的上横梁上，当改变横筋直径时，松开固定上压条的螺钉，调整上压条间隙到合适的位置，然后将螺钉拧紧，固定上压条。

3）横筋定位检测机构

为保证每根钢筋的焊接位置准确，降低钢筋网尺寸误差，沿焊机宽度方向与横筋平行安装一排定位磁铁，横筋从落料装置送出后吸到定位磁铁上，在上电极压力作用下，每一根横筋都能可靠地限定在准确位置上。为适应不同网片宽度和纵筋间距的要求，定位磁铁安装在横向燕尾形导轨上，可以根据需要调节其位置。另外，中间定位板上设有传感器，用作横筋的自动监控组件：只有当传感器检测到有物体落下时，焊机才能启动，上电极才能加压、通电焊接；反之，如果传感器没有监测到横筋落下，下一步程序就停止。

4）电极加压机构

采用气动加压方式，将每个气缸采用快速紧固装置固定在上横梁上。上加压气缸进气管较粗，以保证每次焊接时所有上电极的压力都相同（或接近相同）。每个上加压气缸的进气管路上都装有一个节流阀，用以调整压缩空气的流量，缓冲气流，从而调整气缸压下的速度，避免过分冲击使气缸寿命降低。电极加压气缸总进气管路上设有调压阀使加压气缸压力无级可调。当改变钢筋直径或材料时，调节焊接压力；当气路压力低于工作气压时，控制系统自动报警；并设有过滤器来净化空气中的水分和杂质，从而延长各气动组件的使用寿命。

5）网片送进机构

位于横筋落料机构下，在步进横梁上均匀布置着一排推网钩，如图19-19所示。以空气为动力，由气缸带动推网钩，推动网片上焊好的横筋往复步进。可根据网格大小，更换相应行程的步进气缸。

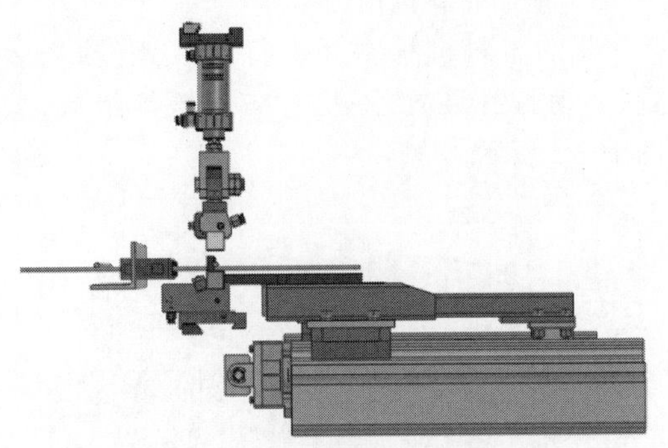

图19-19　网片送进机构

6）网片拉出机构

位于横筋落料机构下，在拉网机构横梁上均匀布置着一排拉网钩，如图19-20所示。以电机为动力，由小车机构带动横梁上的气动拉网钩向出网方向运动，将焊好的横筋一步一步地拉出。可根据网格大小，设置小车电机的运动参数。

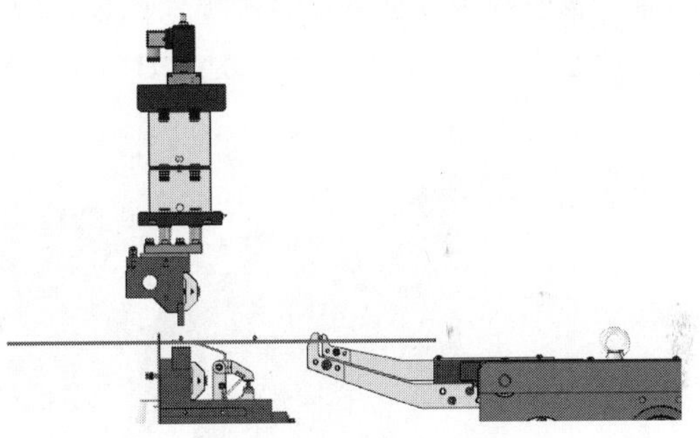

图19-20　网片拉出机构

2. 自动钢筋网成型机

1）横、纵筋调直机构

横、纵筋调直机构均由主动穿筋机构、外矫直机构、牵引机构、内矫直机构、计数机构、剪切机构、打齐机构等部分组成。通过操作面板上的手动阀控制主动穿筋机构的气缸压下与抬起，手动旋钮控制钢筋前进与后退。也可以分别通过手动阀控制牵引机构和计数机构的压紧气缸压下与抬起。牵引气缸压力可以通过调压阀单独调整，根据钢筋直径作适当调整，在保证钢筋不打滑的情况下压力应尽量小，以减小钢筋的挤压变形。

2）横筋布料机构

横筋布料机构主要由行走装置、输送装置、移动打齐装置、平衡打齐装置等组成，如图 19-21 所示。

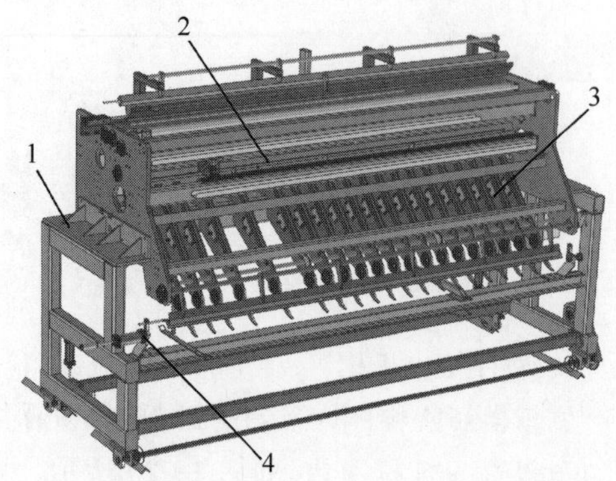

1—行走装置；2—移动打齐装置；3—输送装置；4—平衡打齐装置。

图 19-21 横筋布料机构

横筋布料机构的行走部分主要作用是在钢筋下落过程中行进至横筋所规定位置，提高自动化水平，减少工人劳动强度。如图 19-22 所示，该部分主要由支腿、连接梁、行走轮及制动机构等组成。

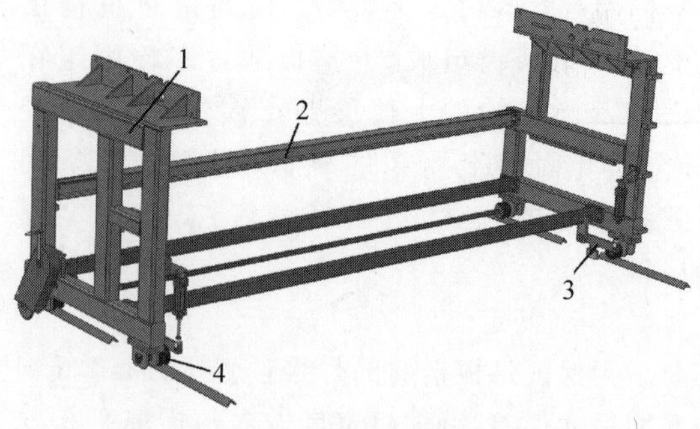

1—支腿；2—连接梁；3—制动机构；4—行走轮。

图 19-22 行走装置

横筋布料机构的输送部分主要作用是承接来自钢筋储存装置的钢筋，将落下的钢筋输送至平衡装置，待钢筋打齐后，再将钢筋送入焊接位置，等待与纵筋进行焊接。如图 19-23 所示，该部分主要由固定轴、同步轴、主动链轮、从动链轮及张紧链轮等组件组成。

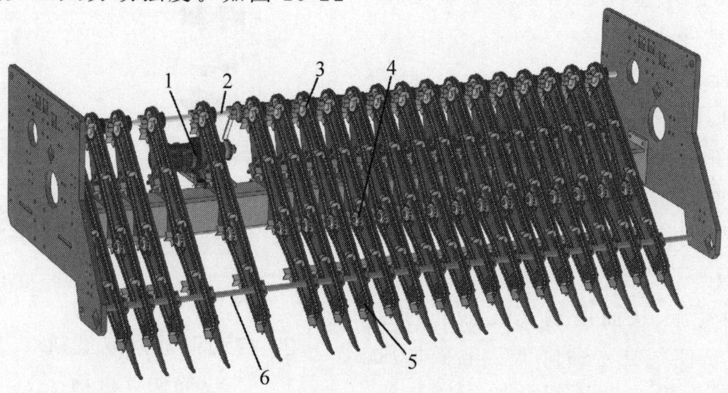

1—动力装置；2—同步轴；3—主动链轮；4—张紧链轮；5—从动链轮；6—固定轴。

图 19-23 输送装置

横筋布料机构的移动打齐部分的主要作用是将落入钢筋储存装置内的钢筋端部打齐，保证每根钢筋端部平齐，减小钢筋在落料过程中发生的轴向方向的位置误差，保证落料精度。如图 19-24 所示，该部分主要由行走架、行走齿轮、定位磁铁等组件组成。

平衡打齐机构如图 19-25 所示，其主要作用是对横筋抽头精确定位，根据图纸调整打齐气缸伸出长度，对落入平衡轨道的钢筋端部进行打齐，保证每根钢筋的端部平齐，减小钢筋在落料过程中产生的轴向位置误差，保证落料精度，待横筋打齐后，再将横筋送入焊接位置。

3）纵筋布料机构

纵筋布料机构主要由钢筋承料机构、纵筋储存和排列链输送机构、纵筋送进搬运机构三大部分组成，如图 19-26 所示。它可实现不同坐标下、不同长度纵筋的精确布料与定位，批

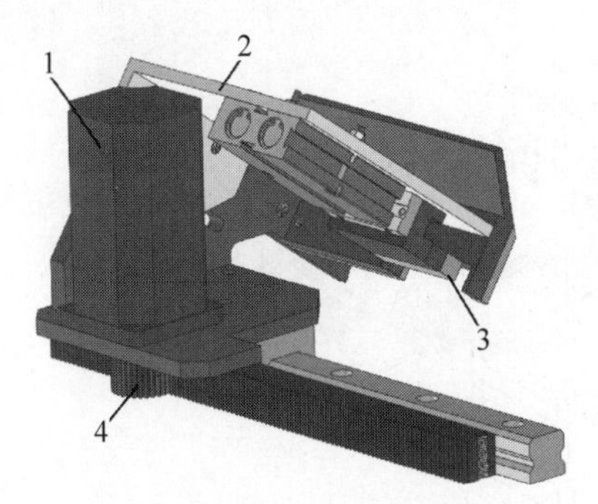

1—行走电机；2—行走架；3—定位磁铁；4—行走齿轮。

图 19-24　移动打齐装置

图 19-25　平衡打齐机构

次打齐机构可以使网片端部和开孔位置钢筋端头保持平齐，摆动式机械手抓取机构可以使纵筋精确入位。该装置的设计可以实现自动化上料、按需分料、分批次高效送料等功能。

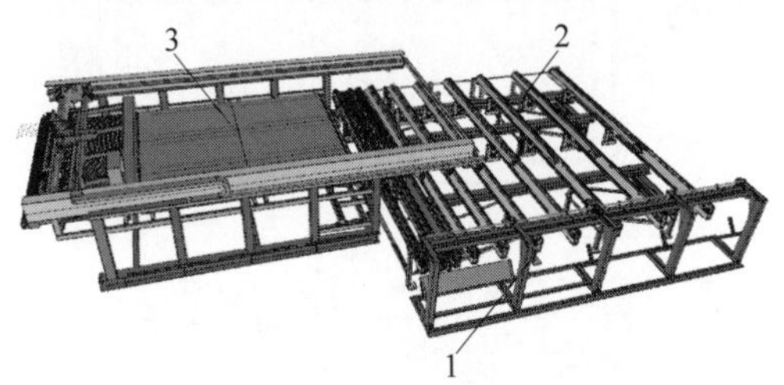

1—钢筋承料机构；2—纵筋储存和排列链输送机构；3—纵筋送进搬运机构。

图 19-26　纵筋布料机构

钢筋承料机构主要由支撑架、料门气缸、承料仓、缓冲仓等部分构成。该机构的作用是使钢筋平稳地落在输送链条上。

纵筋储存和排列链输送机构的作用主要是将切好的直条钢筋按照网片生产需求排布储存在 V 型输送链台上。它由支撑底架、伺服电机、传动机构、V 型输送链、同步举升机构、料槽等部分构成，如图 19-27 所示。

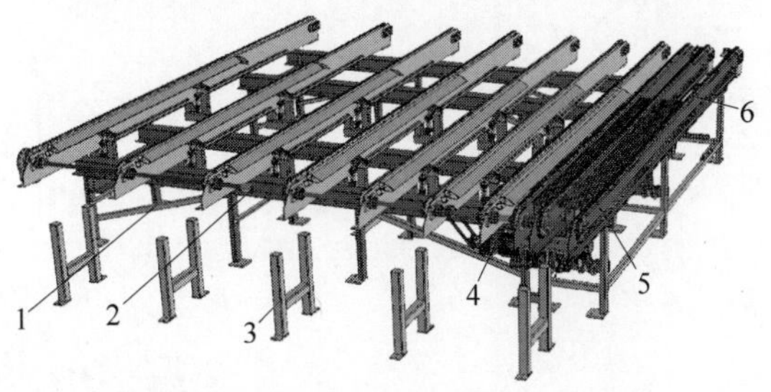

1—支撑底架；2—传动机构；3—料槽；4—伺服电机；5—同步举升机构；6—V 型输送链。

图 19-27　纵筋储存和排列链输送机构

通过计算机控制伺服电机启停来控制输送链的移动，移动距离根据预先设置的网格间距步进。特制的 V 型输送链能够保证钢筋输送过程的平稳，不发生横向移位，有利于保证下一步对钢筋的夹持精准，稳定可靠。

纵筋送进搬运机构的主要作用是转运排布在链输送机构上的纵筋，它通过夹持机械手夹持钢筋，在移动轨道车的带动下将钢筋送到主机焊接电极下方。该机构如图 19-28 所示，主要由支撑轨道框架、移动轨道车、摆动式机械手抓取机构、纵筋批次打齐机构等部分构成。

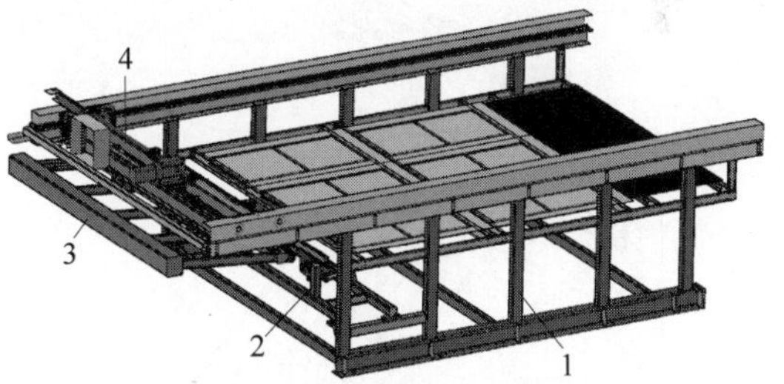

1—支撑轨道框架；2—纵筋批次打齐机构；3—摆动式机械手抓取机构；4—移动轨道车。

图 19-28　纵筋送进机构

3. 盘条自动喂料钢筋网成型机

1）纵筋盘料入料装置

纵筋盘料入料装置包括纵盘入料检测装置、双排矫直机构、单排矫直机构、数控叼丝装置、储料架、伺服送料装置、穿线定位装置等，如图 19-29 所示。

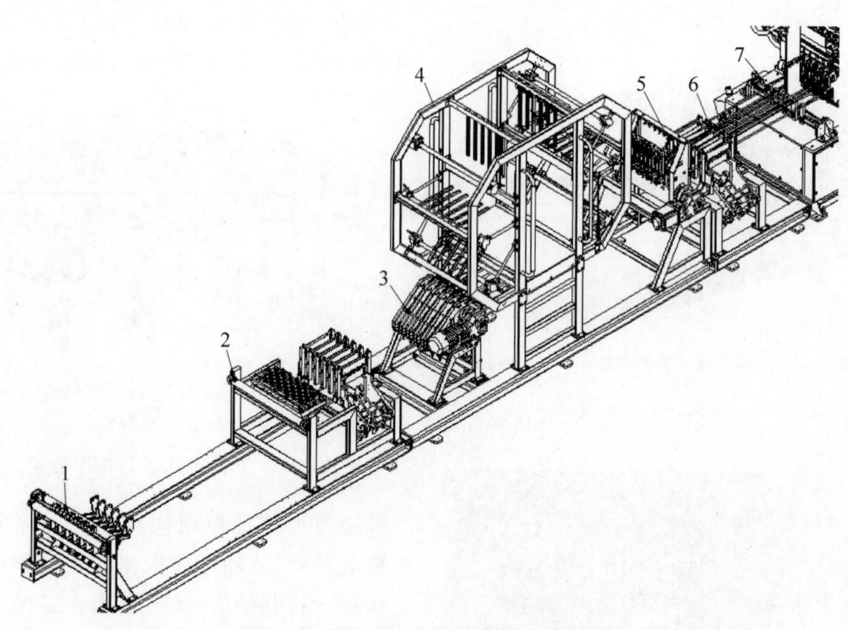

1—纵筋入料检测装置；2—双排矫直机构；3—数控叼丝装置；4—储料架；
5—伺服送料装置；6—单排矫直机构；7—穿线定位装置。

图 19-29　纵筋盘料入料装置

每根纵筋分别穿过入料检测装置中感应块及预紧机构，纵筋入料两侧分别由滚轮支撑，以减少纵筋前进的摩擦阻力。当纵筋所受阻力太大被拉紧时，预紧机构提高；当纵筋用完缺料时，感应块下落，如图 19-30 所示。

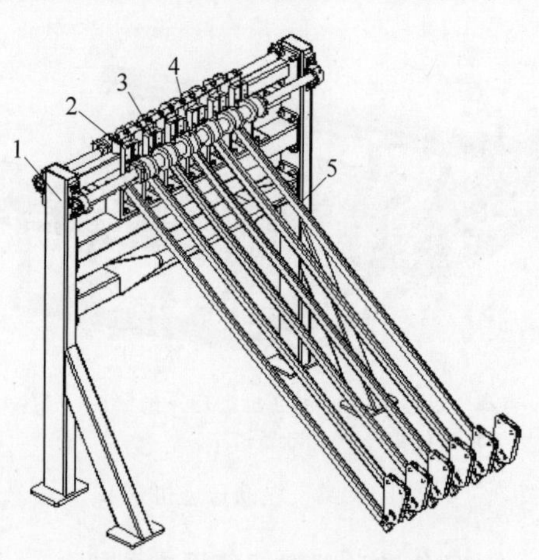

1—入料检测支架；2—导向轮；3—感应块；
4—滚轮；5—预紧机构。

图 19-30　纵筋入料检测装置

双排矫直机构由两组排列方向不同的矫直滚轮组成，如图 19-31 所示，盘料经过入料检测预紧机构后进入矫直机构，去除钢筋内应力使纵筋达到预调直的效果。

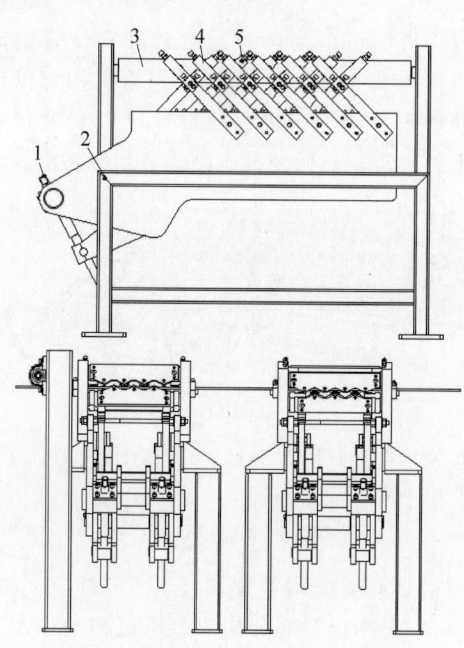

1—矫直调节装置；2—机架；3—托辊；
4—矫直机构(左)；5—矫直机构(右)。

图 19-31　双排矫直机构

纵筋经双排调直后，由数控叼丝机构送入储料架，叼丝送进动力为电机驱动，每根纵筋的进给为气动压力，根据储料需求进行叼丝送进。纵筋直径为 4～8 mm，且数量较多时首选叼丝储料机构，这样可以提高网片焊接速度及网格精度。图 19-32 所示为纵筋叼丝储料装置。

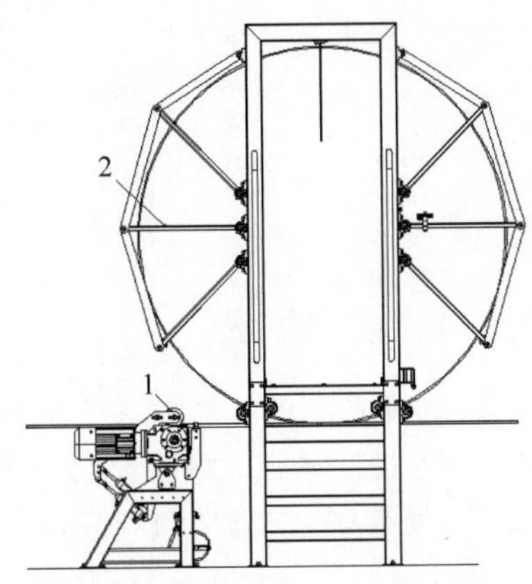

1—纵线叼丝送进机构；2—纵筋储料架。

图 19-32　纵筋叼丝储料装置

经过储料架的纵筋需要再次经过单排矫直机构去除储料造成的弯曲应力，再由伺服送料装置精确地送入焊接主机，网格尺寸由伺服送料长度决定。伺服送料装置的结构如图 19-33 所示。

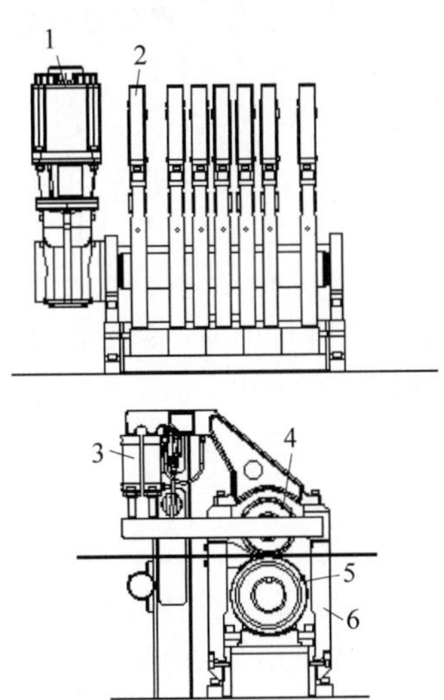

1—纵筋送料动力装置；2—送料装置；3—送丝压力装置；4—压丝轮；5—送丝动力轮；6—机架。

图 19-33　伺服送料装置

2）横筋直条入料装置

横筋直条入料装置主要由横筋自动分拣落料仓、人工操作平台和移动架组成，具体结构如图 19-34 所示。其工作原理与前文介绍的横筋落料机构相同。

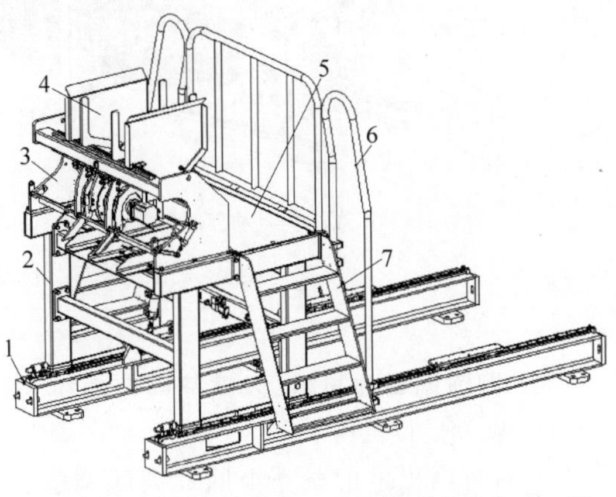

1—底架导轨；2—移动支架；3—横筋落料料斗；4—横筋放料仓；5—操作平台；6—扶手；7—梯子。

图 19-34　横筋直条入料装置

横筋入料装置可以在底架导轨上移动，进行网片焊接工作时，横筋入料装置移动到主机后方合适的位置，并将移动支架锁紧固定牢固。当需要维修或调整时，将横筋入料装置移动到远离焊接主机的位置。

横筋入料装置主要用于将预先矫直切断的横筋依次放在焊接位置。焊接前，将预先矫直切断的横筋整齐地放在横筋落料部分的横筋放料仓中；焊接时，叼丝分拣装置将横筋逐根送入焊接位置，步进电机驱动的叼丝分拣装置能准确地将每根横筋放到横筋料斗装置的落料位置上，待焊接部分有落丝动作需求时，横筋准确地落在焊接位置。

3）自动剪网、出网装置

纵筋盘条入料直接焊接后，需要根据使用需求将网片自动裁剪成一定长度，并自动堆垛成一定厚度后输出，便于后期打包运输。其具体结构如图 19-35 所示。

自动剪网、出网装置主要由剪网底架导轨、自动剪网装置、快速出网装置、自动落网装置及堆垛运输小车组成，其中堆垛运输小车可根据使用需求配置成手动运输小车或自动运

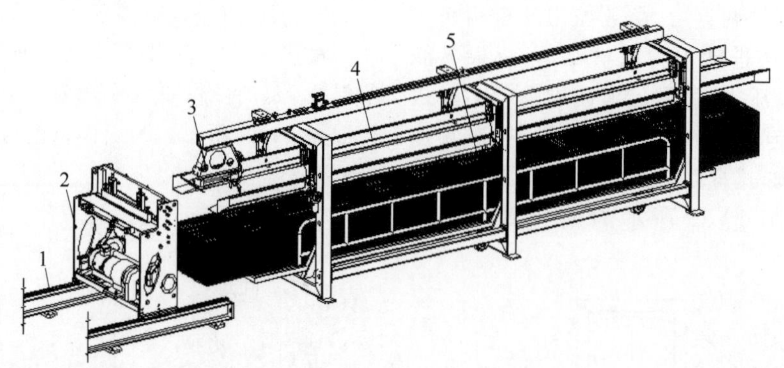

1—底架导轨；2—自动剪网装置；3—快速出网装置；4—自动落网装置；5—堆垛运输小车。

图 19-35 自动剪网、出网装置

输平台。

4. **钢筋网弯曲机械(以钢筋网弯曲机为例)**

1) 网片定位机构

每台弯网机可配备一个网片高度调整装置,对网片在工作台上的高度进行调整,保证钢筋的弯曲弧度和不变形。

2) 弯曲机构

弯曲机构具有角度调整装置,通过调整螺杆长度,弯曲轴可以处于不同的初始位置。此装置可以缩小钢筋网弯曲短边长度,还可以增加油缸的适用性,对直径 6～12 mm 范围内的钢筋都能达到弯曲角度 0°～180°的要求。

工作时,在网片放置好后,松开调整螺杆上的螺母,转动弯曲轴,使弯曲轴处于网片下方 1～2 mm 即可；然后拧紧螺母,即可弯曲网片。

5. **翻网收集装置**

翻网收集装置主要由固定机构、翻转机构和配重机构组成。

(1) 固定机构：用来支撑设备上部结构,使其他机构能正常工作或运行。

(2) 翻转机构：包括两根大摆臂和翻网架,摆臂在油缸的作用下,带动翻网架由水平位置起到最大与水平面成 90°的位置,从而完成翻网的工作。

(3) 配重机构：主要用来平衡翻网架处的网片重量,合理地搭配配重,有利于设备稳定可靠地工作。

19.3.4 动力组成

普通钢筋网成型机的电控系统采用基于 PC 的分时任务控制系统。设备控制整体分为横筋控制、纵筋控制、主机控制和焊接控制四大部分。各控制部分分布式运行,系统设计使用 EtherCat 总线技术来连接 3 个分布式 I/O 模块站点和 20 多个伺服控制系统的通信,整个控制过程伺服实时规划和控制行走曲线和位置,使整个设备能够稳定、快速、精准地实现协同运行控制。其系统控制架构图如图 19-36 所示。该设备的焊接电路采用可控硅同步触发控制电路,其原理如图 19-37 所示。

该设备的焊接电控装置包括主动力开关、时间调节器和焊接程控。

1) 主动力开关

本机焊接变压器的容量为 500kV·A,焊机工作时回路电流很大,主动力开关电流可达上千安。为了保证焊接电源回路的准确以及迅速、可靠地接通与中断,该机采用大功率可控硅作为主动力开关。它具有功耗小,体积小,保管、运输、安装方便等特点,在实际应用中有很高的可靠性。

该机配有两台焊接变压器,为了使电网负荷均衡,在电网电压波动时能自动补偿,从而使焊接规范参数更准确,焊接质量更稳定,采用了三相可控硅交流开关,将变压器分接到三相电网上。通过改变可控硅导通角的大小,可以细调焊接变压器的输出功率,从而可以使焊

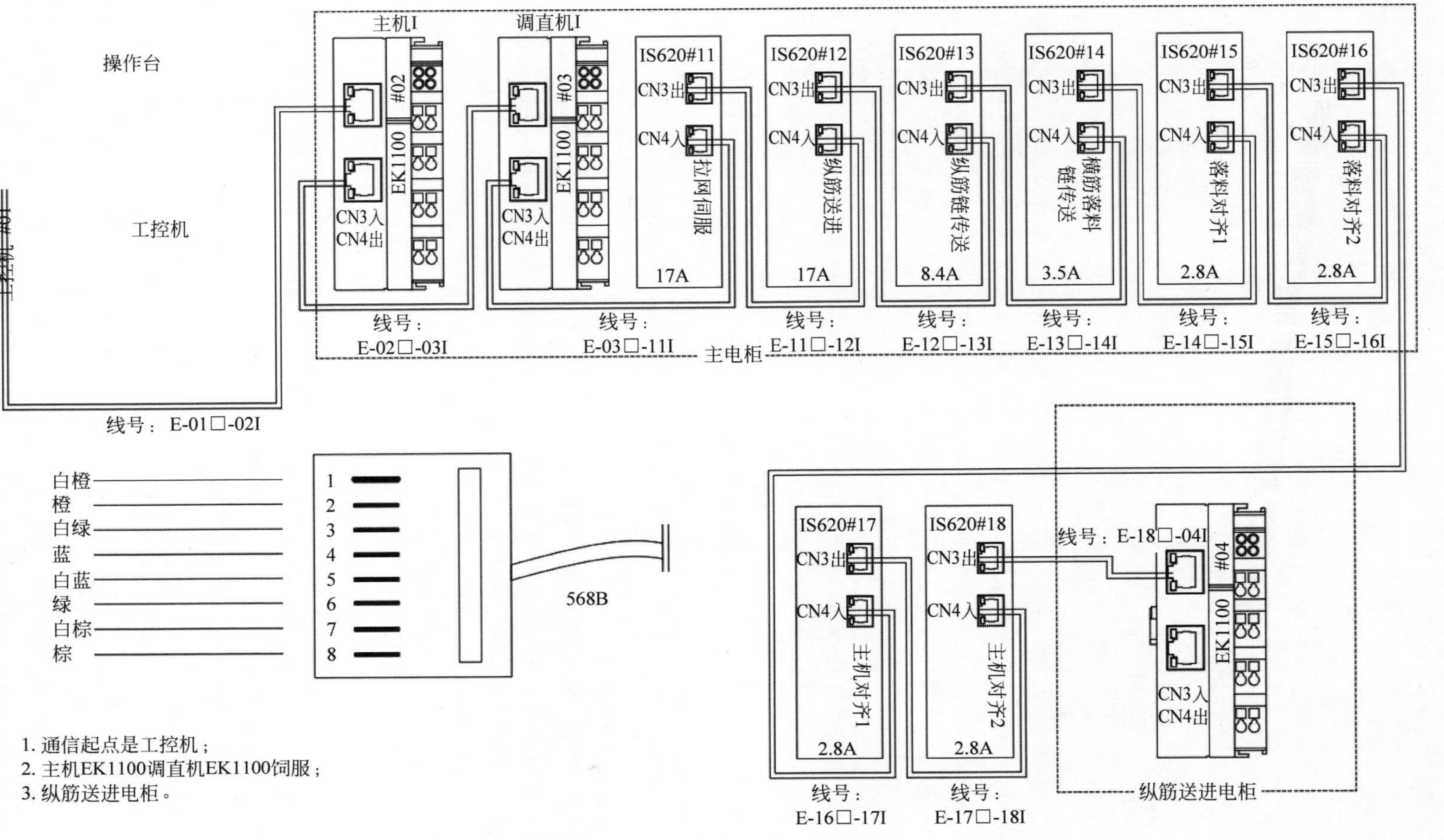

图 19-36　系统控制架构图

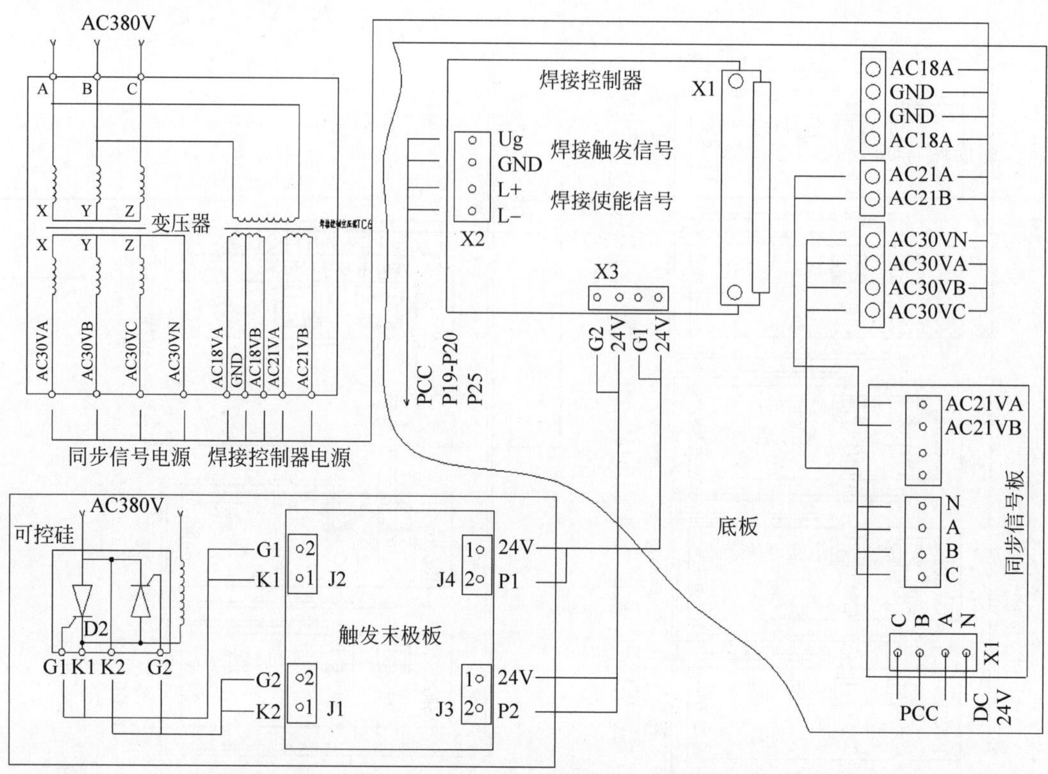

图 19-37　焊接控制原理

机的功率在较大范围内调节。

2）时间调节器

系统通过对焊接可控硅在每个工频周波的导通角和控制角的控制，合理调节焊接时间。PC控制器能够根据预先焊接曲线和焊接规范自动精准地控制和调节焊接输出时间，保证焊接效果一致性，防止出现焊接太浅或太深的情况。

3）焊接程控

大型钢筋多点焊机，整机安装至少两台焊接变压器，焊机最大总功率高达上千伏安。由于受用户变电站容量的限制，常常采用分次焊接的方法弥补电网容量的不足。该设备的设计就是考虑了这一实际情况，分批次对32个焊点进行焊接。当分步焊接时，本焊接的程控将等待下一步焊接的变压器初级线圈断电，以免产生火花，烧坏电极或钢筋表面，还可以节省电力。另外，通过在系统各部位安装传感器，可以将焊机的动作转变为电信号，这些信号送给PLC分析后，再由PLC反向控制电磁阀等器件进行动作，从而使系统按照预定程序工作。

19.4　技术性能

19.4.1　产品型号命名

钢筋网成型机的型号由制造商自定义代号、名称代号、特性代号和主参数组成。型号说明如下：

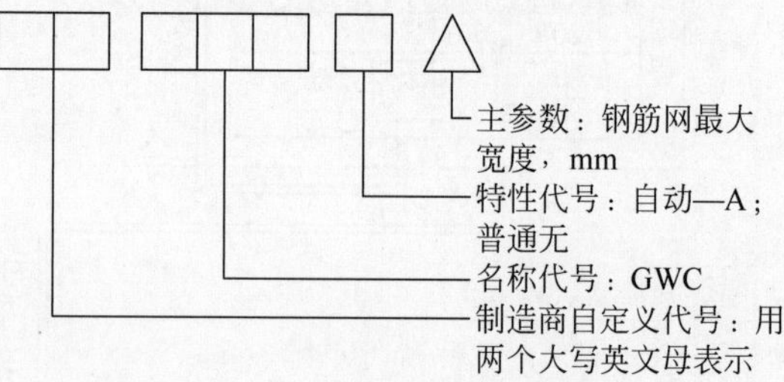

示例1：CB制造商生产的钢筋网最大宽度为1250 mm的自动钢筋网成型机，标记为CBGWCA1250。

示例2：XX制造商生产的钢筋网最大宽度为3300 mm的普通钢筋网成型机，标记为：XXGWC3300。

19.4.2　性能参数

1. 主参数

钢筋网片成型机的主参数为焊接网最大宽度。主参数系列见表 19-1。

2. 基本参数

钢筋网片成型机各主参数对应的基本参数应符合表 19-2 的规定。

表 19-1　主参数系列

焊接网最大宽度/mm	1250	1600	2500	3300	4000

表 19-2　钢筋网片成型机各主参数对应的基本参数

<table>
<tr><th colspan="2" rowspan="2">参　　数</th><th colspan="5">数　　值</th></tr>
<tr><th>1250 mm</th><th>1650 mm</th><th>2400 mm</th><th>3300 mm</th><th>4000 mm</th></tr>
<tr><td colspan="2">钢筋直径/mm</td><td colspan="5">1.5～20</td></tr>
<tr><td rowspan="2">网格宽度/mm</td><td>纵向</td><td colspan="5">≥12.5</td></tr>
<tr><td>横向</td><td colspan="5">≥25</td></tr>
<tr><td colspan="2">标准焊接网最大工作效率/(个/min)</td><td colspan="2">≥20</td><td colspan="3">≥25</td></tr>
<tr><td colspan="2">焊点数/个</td><td>≥10</td><td colspan="2">≥15</td><td colspan="2">≥25</td></tr>
</table>

注：①加工带门窗孔洞等其他非标准焊接网的焊网机最大工作效率，可根据实际需求由供需双方协商确定；②工作效率的单位为每分钟焊接横筋数量。

19.4.3　各企业产品型谱

1. 廊坊凯博建设机械科技有限公司

该企业有 GWC××—Z 系列、GWC××—P 系列、GWC××系列和 GWC××—PC 系列等多种型号钢筋网成型机。下面列举几种较为典型的机型进行介绍，其他型号或规格也可进行定制。

1) GWC××—Z 系列直条上料钢筋网成型机

GWC××—Z 系列直条上料钢筋网成型机的横筋、纵筋均为直条上料。主要工作部分采用气动方式，PLC 控制，钢筋网宽度、网格间距可调；焊接电流、焊接时间、焊接压力等可根据原料性能调整，以保证焊点的焊接质量；焊接时不易产生火花，噪声小。其技术参数如表 19-3 所示。

表 19-3　GWC××—Z 系列直条上料钢筋网成型机技术参数

参　　数	数　　值			
设备型号	GWC1500-Z	GWC2800-Z	GWC3000-Z	GWC3300-Z
最大焊网宽/mm	1500	2800	3000	3300
可焊钢筋直径/mm	8	5～12	5～12	5～12
纵筋间距/mm	200、250	100、150、200、250、300、400	100、150、200、250、300、400	100、150、200、250、300、400
横筋间距/mm	200、250	100～400 无级可调	100～400 无级可调	100～400 无级可调
焊点数量/个	8	28	30	32
焊接频率/(次/min)	～20	～45	～45	～45
焊接主机额定功率/(kV·A)	150	500～1400	500～1500	500～1600

续表

参　　数	数　　值			
横筋上料方式	直条上料			
纵筋上料方式	直条上料			
电源电压/V	380			
电流频率/Hz	50			
输出电压/V	8.6			
额定负载持续率/%	50			
冷却水压力/MPa	0.2～0.35			
气源压力/MPa	≥0.7	≥0.75	≥0.75	≥0.75
压缩空气耗量/(m^3/min)	0.35	6	7	10
主机重量/t	2.2	7	8	9.5
主机外形尺寸/(m×m×m)	～3.2×1.7×1.7	～3.4×1.3×2	～3.7×1.4×2	～3.8×1.4×2

2）GWC××—P系列盘条上料钢筋网成型机

GWC××—P系列盘条上料钢筋网成型机的横筋为直条上料，纵筋为盘条上料。该系列可将热轧带肋钢筋、冷轧带肋钢筋、光圆带肋钢筋、光圆冷拔钢筋进行高质量交叉焊接。主要工作部分采用气动方式，伺服驱动和PLC控制，钢筋网宽度、网格间距可调，尺寸精度高，还可以自动焊接具有不同网格间距的网片。其技术参数如表19-4所示。

表19-4　GWC××—P系列盘条上料钢筋网成型机技术参数

参　　数	数　　值					
设备型号	GWC1100-P	GWC1400-P	GWC1800-P	GWC2400-P	GWC3300-P	GWC4000-P
最大焊网宽/mm	1100	1400	1800	2400	3300	4000
可焊钢筋直径/mm	4～7	4～7	4～7	6～10	6～12	6～12
纵筋间距/mm	≥60	≥60	≥60	≥60	100、150、200、250、300、400	100、150、200、250、300、400
横筋间距/mm	≥30 无级可调	≥30 无级可调	≥30 无级可调	≥30 无级可调	100～400 无级可调	100～400 无级可调
焊点数量/个	12	14	18	24	32	40
焊接频率/(次/min)	40～60	40～60	40～60	40～60	～40	～40
横筋上料方式	直条上料					
纵筋上料方式	盘条上料					
焊接主机额定功率/(kV·A)	150	150	200	960	500～1600	500～1900
电源电压/V	380					
电流频率/Hz	50					
输出电压/V	8.6	8.6	8.6	9.5	8.6	8.6

续表

参　　数	数　　值					
额定负载持续率/%	30	30	30	30	50	50
冷却水压力/MPa	0.2～0.35	0.2～0.35	0.2～0.35	0.2～0.35	≥0.2	≥0.2
气源压力/MPa	≥0.75	≥0.75	≥0.75	≥0.75	≥0.75	≥0.75
压缩空气耗量/(m^3/min)	≥3	≥3.5	≥4.5	≥5.5	10	10
主机重量/t	～2.7	～3	～3.6	～4.1	～12.5	～15
主机外形尺寸/(m×m×m)	～1.9×0.9×1.9	～2.4×0.9×1.9	～2.4×0.9×1.9	～3.1×0.9×2	～3.8×1.1×2.3	～4.5×1.4×2.3

3) GWC××系列全自动钢筋网成型机

GWC××系列全自动钢筋网成型机的横筋、纵筋均为盘条上料，该系列可将热轧带肋钢筋、冷轧带肋钢筋、光圆带肋钢筋、光圆冷拔钢筋进行高质量交叉焊接，具有焊接精度高、操作简便、自动化程度高等优点；焊接频率一般为40次/min，最高可达60次/min；根据供电能力，可选用一次焊接或者三次焊接；焊接电流、焊接时间、焊接压力等可根据原料性能调整，以保证焊点的焊接质量。其技术参数如表19-5所示。

表19-5　GWC××系列全自动钢筋网成型机技术参数

参　　数	数　　值
设备型号	GWC1600
最大焊网宽/mm	1600
可焊钢筋直径/mm	5～8
纵筋间距/mm	≥50
横筋间距/mm	≥50
焊点数量/个	16
焊接频率/(次/min)	40～60
横筋上料方式	盘条上料
纵筋上料方式	盘条上料
焊接主机额定功率/(kV·A)	1280
电源电压/V	380
电流频率/Hz	50
输出电压/V	2～10
额定负载持续率/%	30
冷却水压力/MPa	0.2～0.35
气源压力/MPa	≥0.7
压缩空气耗量/(m^3/min)	≥6.5
外形尺寸/(m×m×m)	～37×7×3.1

4) GWC××—PC系列全自动柔性钢筋网成型机

GWC××—PC系列全自动柔性钢筋网成型机的横筋、纵筋均为盘条上料，既可生产标准网又可生产开口(孔)网。将钢筋上料矫直、切断布料、焊接出网等核心工序进行流水线式高效融合，并且兼容BIM信息的系统控制，操作简单，自动化程度高。其技术参数如表19-6所示。

表19-6　GWC××—PC系列全自动柔性钢筋网成型机技术参数

参　　数	数　　值			
设备型号	GWC3300-6-PC	GWC3300-9-PC	GWC4000-6-PC	GWC4000-9-PC
网片类型	标准网+开孔网			
网片宽度/mm	标准网：1000～3300 开孔网：1500～3300		标准网：1000～4000 开孔网：1500～4000	

续表

参　　数	数　　值			
网片长度/mm	2000～6000	2000～9000	2000～6000	2000～9000
横筋上料方式	盘条上料			
纵筋上料方式	盘条上料			
开口网最短钢筋长度/mm	≥500			
可焊钢筋直径/mm	6～12			
纵筋间距/mm	100～600(以50倍数调整)			
横筋间距/mm	≥50(无级调整)			
焊点数量/个	32		40	
焊接频率/(次/min)	240		300	
焊接主机额定功率/(kV·A)	500～1000		1250	
冷却水压力/MPa	0.2～0.35			
气源压力/MPa	≥0.75			
压缩空气耗量/(m^3/min)	≥5.5		≥8	
外形尺寸/(m×m×m)	～32×11.5×3.75	～41×11.5×3.75	～32×12×3.75	～41×12×3.75

2. **建科智能装备制造(天津)股份有限公司**

1) GWCP1200XM 型智能钢筋网焊接机器人

此类型成型机是主要针对畜牧业而进行生产的钢筋网加工设备。该设备可在同一张网片中进行两种不同丝径的自动化焊接；落料采用伺服电机为动力,自动切换两种直径横丝的运行；采用电脑编程控制焊接参数。该设备可配备网片切孔、折弯、打包等后续工序,其技术参数如表19-7所示。

表19-7　GWCP1200XM型钢筋网成型机技术参数

参　　数	数　　值	参　　数	数　　值
额定功率/(kV·A)	250	可焊钢筋直径/mm	1.2～3
电源电压/V	380	焊接频率/(次/min)	60
输出电压/V	2～7	冷却水压力/MPa	0.2～0.35
额定负载持续率/%	20	气源压力/MPa	≥0.7
最大焊网宽/mm	1200	横筋上料方式	直条上料
纵筋间距/mm	≥25,无级可调	纵筋上料方式	盘条上料
横筋间距/mm	≥25,无级可调	焊机重量/t	5.5
焊点数/个	24	外形尺寸/(mm×mm×mm)	16 000×1700×2100

2) GWCZ/P××××JZ/WL 系列智能钢筋网焊接机器人

该设备针对热轧带肋钢筋、冷轧带肋钢筋、光圆冷拔钢筋进行交叉焊接；焊接钢筋直径为5～12 mm；焊接横筋长度最长3300 mm,最大焊接宽度3150 mm。焊接频率一般为60次/min,最高可达100次/min。变压器、焊接电极、次级导线和主回路可控硅控制系统均采用强制水冷；有报警系统,对冷却水压力、温度和气压以及各种位置进行监控,确保设备正常运行。其技术参数如表19-8所示。

表 19-8　GWCZ/P××××JZ/WL 系列智能钢筋网焊接机器人技术参数

设备型号	GWCZ/P 2400JZ/WL	GWCZ/P 2600JZ/WL	GWCZ/P 2800JZ/WL	GWCZ/P 3300JZ/WL
钢筋直径/mm	5～12			
纵筋间距/mm	≥100(以 50 的倍数调整)			
横筋间距/mm	≥50(无级可调)			
纵筋上料方式	Z—直条上料,P—盘条上料			
横筋上料方式	直条上料			
最大焊点数/个	24	26	28	32
最大焊接宽度/mm	2350	2550	2750	3150
最大横筋长度/mm	2600	2800	2900	3300
最大纵筋长度/mm	12 000			

注：Z/P 表示直条/盘条,JZ/WL 表示建筑(钢筋直径 5～12 mm)/围栏(钢筋直径 3～8 mm)。

3) GWCZ××××JZ-B 系列智能钢筋网焊接机器人

该设备主要针对直条、大直径钢筋进行高质量交叉焊接；焊接钢筋直径为 5～25 mm；焊接横筋长度最长 3300 mm,最大焊接宽度 3150 mm。焊接频率一般为 40 次/min,最高可达 100 次/min。变压器、焊接电极、次级导线和主回路可控硅控制系统均采用强制水冷；有报警系统,对冷却水压力、温度和气压以及各种位置进行监控,确保设备正常运行。其技术参数如表 19-9 所示。

表 19-9　GWCZ××××JZ-B 系列智能钢筋网焊接机器人技术参数

设备型号	GWCZ2400JZ-B	GWCZ2600JZ-B	GWCZ2800JZ-B	GWCZ3300JZ-B
钢筋直径/mm	5～25			
纵筋间距/mm	≥75(无级可调)			
横筋间距/mm	≥50(无级可调)			
纵筋上料方式	直条上料			
横筋上料方式	直条上料			
最大焊点数/个	24	26	28	32
最大焊接宽度/mm	2350	2550	2750	3150
最大横筋长度/mm	2600	2800	2900	3300
最大纵筋长度/mm	12 000			

4) GWCZ3300JZ-C 型智能钢筋网焊接机器人

该设备针对热轧带肋钢筋、冷轧带肋钢筋、光圆带肋钢筋、光圆冷拔钢筋进行交叉焊接；主要工作部分采用气动和伺服电机驱动相结合方式,PLC 控制,钢筋网宽度、网格间距自动可调；焊接电流、焊接时间、焊接压力等可根据原料性能调整,以保证焊点的焊接质量；可选用一次焊接或多次焊接；焊接时不易产生火花,噪声小。其技术参数如表 19-10 所示。

5) GWCSP1500JZ 型智能钢筋网焊接机器人

该设备是针对地铁、隧道、矿井等钢筋网制品开发的一款横筋、纵筋全盘条的全自动生产线,可对热轧带肋钢筋、冷轧带肋钢筋、光圆带肋钢筋、光圆冷拔钢筋进行交叉焊接；主要工作部分采用气动和伺服电机驱动相结合方式,PLC 控制,焊接电流、焊接时间、焊接压力等可根据原料性能调整,以保证焊点的焊接质量。其技术参数如表 19-11 所示。

6) GWCAK3300-1 型智能钢筋网焊接机器人

GWCAK3300-1 型智能钢筋网焊接机器人技术参数如表 19-12 所示。

表 19-10 GWCZ3300JZ-C 型智能钢筋网焊接机器人技术参数

参　数	数　值	参　数	数　值
额定功率/(kV·A)	750～2000	可焊钢筋直径/mm	5～14
电源电压/V	380	焊接频率/(次/min)	80～140
输出电压/V	8～12	冷却水压力/MPa	0.2～0.35
额定负载持续率/%	30	气源压力/MPa	≥0.7
最大焊网宽/mm	3300	横筋上料方式	直条上料
纵筋间距/mm	≥75,自动无级可调	纵筋上料方式	直条上料
横筋间距/mm	50～500,无级可调	焊机重量/t	55
焊点数/个	12～32	外形尺寸/(mm×mm×mm)	55 000×5000×3400

表 19-11 GWCSP1500JZ 型智能钢筋网焊接机器人技术参数

参　数	数　值	参　数	数　值
额定功率/(kV·A)	500	可焊钢筋直径/mm	5～12
电源电压/V	380	焊接频率/(次/min)	50～80
输出电压/V	7～9	冷却水压力/MPa	≥0.2
额定负载持续率/%	30	气源压力/MPa	≥0.75
最大焊网宽/mm	1500	纵筋上料方式	盘条上料
纵筋间距/mm	75～300,无级可调	横筋上料方式	盘条上料
横筋间距/mm	50～500,无级可调	焊机重量/t	17
焊点数/个	8	工作环境温度/℃	0～40

表 19-12 GWCAK3300-1 型智能钢筋网焊接机器人技术参数

参　数	数　值	备　注
额定功率/(kV·A)	1280	
电源电压/V	380	
电流频率/Hz	50	
输出电压/V	15.8	
额定负载持续率/%	50	
焊网规格/mm	网宽	标准网：1200～3300
		开孔网：≥600
	网长	标准网：2000～6000
		开孔网：≥600
纵筋间距/mm	≥100(以 50 的倍数调整)	可调
横筋间距/mm	≥50,无级可调	可自动调节
焊点数/个	32	
可焊钢筋直径/mm	横筋 5～12 纵筋 5～12	钢筋表面应无油污、锈皮等杂物
最大设计工作速度/(点/min)	90～120	
冷却水流量/(L/min)	150	压力 0.2～0.4 MPa,温度 17～27℃
气源压力/MPa	≥0.75	
电极压力/MPa	0.25～0.69	可调
压缩空气耗量/(m^3/min)	5.5	
纵筋上料方式	盘条上料	
焊机重量/t	～32	

续表

参　　数	数　　值	备　　注
工作环境湿度/%	30～85	
工作环境温度/℃	0～40	
外形尺寸/(mm×mm×mm)	～35 000×11 000×3500	

7）GWCGL2500 型智能钢筋网焊接机器人

该设备集输送、落料、焊接、弯曲于一体，可对热轧带肋钢筋进行高质量交叉焊接和弯曲，产量大、精度高、改型方便、操作故障率低、节能性强、消耗低、质量高。其技术参数如表 19-13 所示。

表 19-13　GWCGL2500 型智能钢筋网焊接机器人技术参数

参　　数	数　　值
焊网规格	最大网宽 2.5 m；网片长度 12 m 网片折弯长度 2 m，折弯中间长度 7 m
纵筋间距/mm	≥100，100 以上以 50 的倍数递增
横筋间距/mm	≥100，无级可调 可以任意设定网片上横筋间距
纵筋抽头/mm	≥200
纵筋	ϕ12～ϕ18 mm，预先矫直、切断成直条
横筋	ϕ12～ϕ16 mm，预先矫直、切断成直条
最大焊接能力/mm	16+18
最大设计工作速度/(根横筋/min)	≤40
焊点数量/个	20
主机最大焊接宽度/mm	1950
压缩空气耗量	≥0.6 MPa，2 m^3/min
冷却水耗量	≥0.2 MPa，0.5 m^3/min
电 气 参 数	
变压器数量/台	54
单台变压器功率/(kV·A)	160
控制电压/V	24
变压器功率(额定负载率 50%)/(kV·A)	640，三相
电源电压/V	380，偏差小于 20
输出电压调节范围/V	2.0～10.0，无级可调
额定负载持续率/%	30
电压频率/Hz	50
焊接变压器短路电压/V	4～8
主机气缸焊接数量/个	20
电极压力/kgf①	900
上电极工作行程/mm	35～50
焊接电流控制	中频逆变

①　1 kgf=9.806 65 N。

3．河北骄阳丝网设备有限责任公司

1）GWC××系列盘条入料钢筋网成型机

本机为定型机型，纵筋为盘条入料，横筋为直条入料，网片成型为伺服送网结构，占地面积小，节省空间。网片成型后根据需求自动裁减长度，自动落网堆垛。当网宽小于 3 m 且横筋间距在 100 mm 以内时，最佳焊接速度达 80 次/min，生产效率高，设备性能稳定可靠。主要工作部分均采用气动方式，焊接电极采用气动焊接单元模块，更改网片规格方便、快捷。PLC 控制，钢筋网宽度、网格间距可调；焊接电流、焊接时间、出网速度等可通过触摸屏界面进行参数调整，以保证焊点的焊接质量。其技术参数如表 19-14 所示。

表 19-14　GWC××系列盘条入料钢筋网成型机技术参数

参　数	数　值			
最大焊网宽/mm	600	1600	2500	3000
焊点数量/个	6	16	26	30
纵筋间距/mm	65～150			
横筋间距/mm	≥50			
可焊钢筋直径/mm	3～8			4～8
焊接频率/(次/min)	40～80			40～60
冷却水压力/MPa	0.15～0.3			
网片长度/m	2～6	2～6	2～12	2～12
气源压力/MPa	≥0.8			
焊接工作压力/MPa	0.2～0.6			0.3～0.6
横筋上料方式	直条上料			
纵筋上料方式	盘条上料			
网片成型方式	伺服送网			
额定负载持续率/%	20			
额定功率/(kV·A)	100	250～500	250～750	350～850
电源电压/V	380			
电源频率/Hz	50			
整机重量/t	6.5	12	22	30
外形尺寸/(m×m×m)	26×5×2.3	26×6×2.3	32×7×2.3	32×7.5×2.3

2）GWC××系列全自动钢筋网成型机

本机为定型机型，纵筋、横筋均为盘条入料，钢筋网成型方式为伺服往复拉网结构，出网部分由快速扒网、自动堆垛机械组成。横筋间距 100 mm 以内时，最佳焊接速度达 80 次/min、网格精度高，设备性能稳定可靠。主要工作部分均采用气动方式，焊接电极采用气动焊接单元模块，更改网片规格方便、快捷。PLC 控制，钢筋网宽度、网格间距可调；焊接电流、焊接时间、出网速度等可通过触摸屏界面进行参数调整，以保证焊点的焊接质量；根据外接电源功率的大小，可选用一次焊接或多次焊接。其技术参数如表 19-15 所示。

表 19-15　GWC600/GWC1200 型全自动钢筋网成型机技术参数

参　数	数　值	
最大焊网宽/mm	600	1200
焊点数量/个	6	12
纵筋间距/mm	65～200	
横筋间距/mm	≥50	
可焊钢筋直径/mm	3～8	
网片长度/m	2～6	
焊接频率/(次/min)	40～80	
冷却水压力/MPa	0.15～0.3	
气源压力/MPa	≥0.8	
焊接工作压力/MPa	0.2～0.6	
横筋上料方式	盘条上料	
纵筋上料方式	盘条上料	

续表

参　　数	数　　值	
网片成型方式	伺服拉网、自动堆垛	
额定负载持续率/%	20	
额定功率/(kV·A)	100～200	
电源电压/V	380	
电源频率/Hz	50	
焊机重量/t	11	21
外形尺寸/(m×m×m)	22×6.5×2.3	22×12×2.3

4. 天津银丰机械系统工程有限公司

天津银丰机械系统工程有限公司生产的YFH3300柔性焊网生产线性能参数见表19-16。

表19-16　YFH3300柔性焊网生产线性能参数

参　　数	数　　值
纵向钢筋直径/mm	6～12
纵向钢筋间距/mm	$H=100n$ ($n=1,2,3,\cdots$)
横向钢筋直径/mm	6～12
横向钢筋间距/mm	≥50
网片长度/mm	500～6000
网片宽度/mm	500～3300
可预留窗口尺寸/(mm×mm)	≥50×100
窗口边缘距网片边缘距离/mm	≥500
预留窗口之间间距/mm	≥500
预留窗口数量/个	≤2
焊机装机容量/(kV·A)	160×17
机械总功率/kW	214
生产线速度/(排/min)	20

YFH3300柔性焊网生产线最大能够生产3.3 m×6 m的钢筋网片，这个尺寸基本能满足预制混凝土构件厂的需求。如果还需要生产更大尺寸钢筋网片，可以咨询相关设备厂家。焊机装机容量160 kV·A×17，生产过程中并不是所有变压器同时工作，因此实际视在功率并不是很大。表中给出的预留窗口的数量≤2个，实际预留窗口数量在工艺及尺寸允许的范围内是可以增多的。但增多预留窗口的数量会导致生产效率下降，因为窗口附近或窗口之间多为一些短筋相连接，这样就需要增加运送钢筋的次数，导致整体生产速度下降。为保证一定的生产速度，提高生产效率，设备厂家提供的预留窗口数量不超过2个。YFH3300柔性焊网生产线具有以下特点：

(1) 设备全过程自动生产，采用人机界面＋PLC控制。

(2) 可焊接、弯曲、预留窗口、门口等，可根据预留窗口尺寸自动开孔。

(3) 可直接导入CAD网片规格，方便快捷。

(4) 钢筋直径随时可变，配筋机4仓。

(5) 可根据用户电容量，采用一次或分次焊接，灵活性大。

(6) 采用进口全数字伺服电机系统，确保网格尺寸精确。

柔性焊网生产线是一款智能化、自动化的先进钢筋加工设备，是一种生产钢筋网片的专用机械。它将逐步替代现有的手动、半自动等中小型焊网机。但由于其结构复杂，自动化程度高，售价高，因而并不是小型工厂的合适选择。随着钢筋加工设备智能化、自动化的发展趋势，柔性焊网生产线也将崭露头角。

19.4.4　各产品技术性能

1. 普通钢筋网成型机(以直条手工喂料钢筋网成型机为例)

直条手工喂料钢筋网成型机的技术性能参数如表19-17所示。

2. 自动钢筋网成型机

(1) 自动柔性钢筋网成型机的技术性能参数如表19-18所示。

(2) 盘条自动喂料钢筋网成型机的技术性能参数如表19-19所示。

3. 钢筋网弯曲机械(以钢筋网弯曲机为例)

钢筋网弯曲机的技术性能参数如表19-20所示。

表 19-17　直条手工喂料钢筋网成型机技术性能参数

参　数	数　值	备　注
横筋上料方式	直条上料	
纵筋上料方式	直条上料	
可焊钢筋直径/mm	6～12	具体根据机型不同而不同
焊点数量/个	≥8	具体与网宽有关
焊接频率/(次/min)	≥20	
网格精度	±10 mm 和网格间距的 5%的较大值	
工作环境湿度/%	30～85	
工作环境温度/℃	0～40	

表 19-18　自动柔性钢筋网成型机技术性能参数

参　数	数　值	备　注
横筋上料方式	盘条上料	
纵筋上料方式	盘条上料	
可焊钢筋直径/mm	6～12	具体根据机型不同而不同
焊点数量/个	32～40	具体与网宽有关
焊接频率/(次/min)	≥20	
网格精度	±10 mm 和网格间距的 5%的较大值	
工作环境湿度/%	30～85	
工作环境温度/℃	0～40	

表 19-19　盘条自动喂料钢筋网成型机技术性能参数

参　数	数　值	备　注
横筋上料方式	盘条上料	
纵筋上料方式	盘条上料	
可焊钢筋直径/mm	4～12	具体范围根据机型不同而不同
焊点数量/个	≥12	具体与网宽有关
焊接频率/(次/min)	≥20	
网格精度	±10 mm 和网格间距的 5%的较大值	
工作环境湿度/%	30～85	
工作环境温度/℃	0～40	

表 19-20　钢筋网弯曲机技术性能参数

参　数	数　值	
弯曲钢筋类型	单根	成排
钢筋直径/mm	≤12	≤12
弯曲角度范围	−45°～135°	0°～135°
弯曲角度误差	±2°	±2°
工作环境温度/℃	0～40	0～40
工作环境湿度/%	30～85	30～85

4. 翻网收集装置

翻网收集装置的技术性能参数如表 19-21 所示。

表 19-21　翻网收集装置技术性能参数

参　　数		数　　值
摆臂升降最大转角		52°(起点水平)
翻网架回转角度		180°顺时针
翻网架回转最大角速度/[(°)/s]		90(可无级调整)
网片尺寸/mm	网宽	1800～3300
	网长	6000

19.5　选型原则与选型方法

19.5.1　选型原则

钢筋网成型机械的选型是否合理妥当，会直接影响到工程的造价、进度及质量。不同的地区、建筑公司、建筑规模和工程需要对钢筋网成型机械的要求差别很大，正确选型对合理、有效地完成工程任务具有重要意义。因此必须在符合国家或行业相关政策法规的前提下，根据工程量的大小、钢筋网成型机械的使用期限、施工条件、网片用途等具体情况进行正确的选择。选型原则主要包括以下几方面：

(1) 安全性。钢筋网成型机械的选型要与建筑的结构及施工条件等相匹配，保证设备能按厂家的使用要求进行正确合理的使用和方便的检查与维修。钢筋网成型机械的选型主要考虑两方面内容：一是钢筋网成型机械的安装是否安全，二是钢筋网成型机械的使用是否安全。

(2) 适应性。适应性指一款设备应具有适应该施工项目的能力。钢筋网成型机械选型时应当充分考虑各项功能要求，如安装场地条件是否能满足设备的安装与维修，加工钢筋直径是否能满足工程需要，等等。

(3) 高效性。高效性指的是钢筋网成型机械在一定时间段内生产的网片量能够满足工程需要。

(4) 经济性。经济性指的是在同等条件下，结合用户自身的实际需要，综合考虑钢筋网成型机械的安装位置、加工能力及工程需要等确定性价比高的方案。

19.5.2　选型方法

1. 影响因素

影响钢筋网成型机械选用的关键因素有：

(1) 钢筋原料是冷轧还是热轧，是光圆还是带肋，是直条还是盘条；

(2) 加工钢筋尺寸规格，所需钢筋网尺寸规格；

(3) 钢筋网用途及数量；

(4) 是否需要翻网、弯网等配套设备；

(5) 对产品可靠性、自动化、信息化等方面的需求。

首先根据用途，确认所需网片类型、尺寸、规格、精度等要求；其次，根据产能规模与场地条件、网片是否需要进行翻网叠放等要求，进行产品功能和设备主要性能确认；最后，根据企业对产品可靠性、自动化、信息化等方面的需求定位，进行具体型号的选择。

2. 选型方案

(1) 横筋、纵筋均为直条，自动上料，需要网片翻转收集装置，则可选择如图 19-38 所示方案。

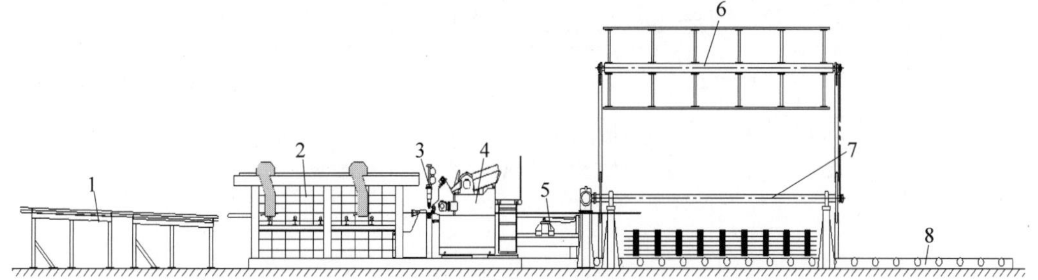

1—纵筋原料储存机构；2—纵筋自动喂料机构；3—高性能焊接主机；4—横筋自动供料机构；5—送网机构；6—网片翻转机构；7—网片收集机构；8—网片输送机构。

图 19-38　选型方案 1

(2) 横筋为直条,纵筋为盘条,自动上料,需要网片剪切、翻转、收集装置,则可以选择如图 19-39 所示方案。

(3) 横筋为直条,纵筋为盘条,自动上料,需要网片剪切、收集装置,则可以选择如图 19-40 所示方案。

(4) 横筋、纵筋均为盘条,自动上料,需要成品收集装置,开口网焊接,则可以选择如图 19-41 所示方案。

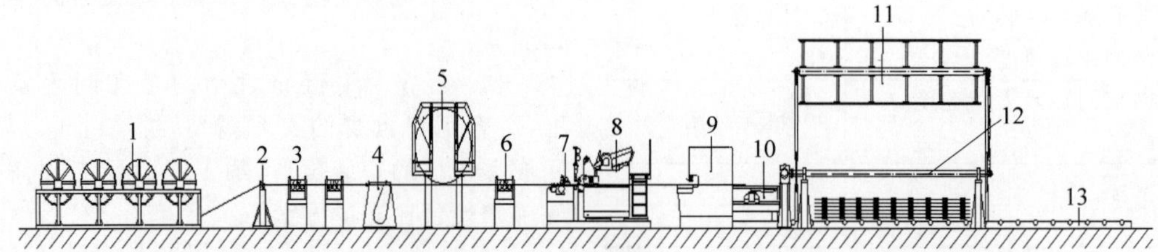

1—盘条放线机构;2—导线机构;3—纵筋矫直机构;4—牵引机构;5—间歇式纵筋补偿器;6—精矫直机构;7—高性能焊接主机;8—横筋自动供料机构;9—网片剪切机构;10—送网机构;11—网片翻转机构;12—网片收集机构;13—网片输送机构。

图 19-39 选型方案 2

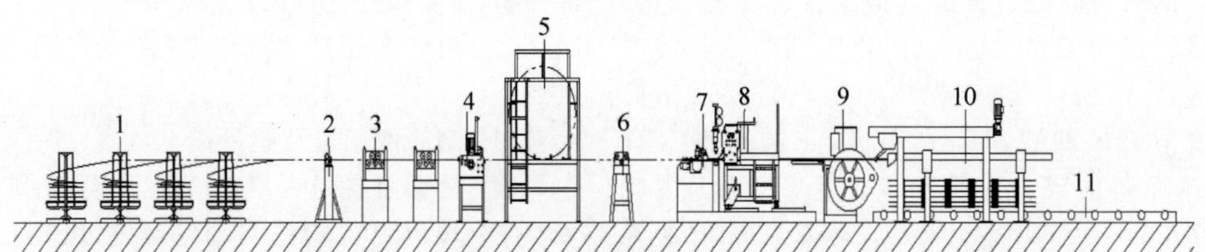

1—轻型盘条放线机构;2—导线机构;3—纵筋矫直机构;4—牵引机构;5—间歇式纵筋补偿器;6—精矫直机构;7—高性能焊接主机;8—横筋自动供料机构;9—网片剪切机构;10—网片自动收集机构;11—网片输送机构。

图 19-40 选型方案 3

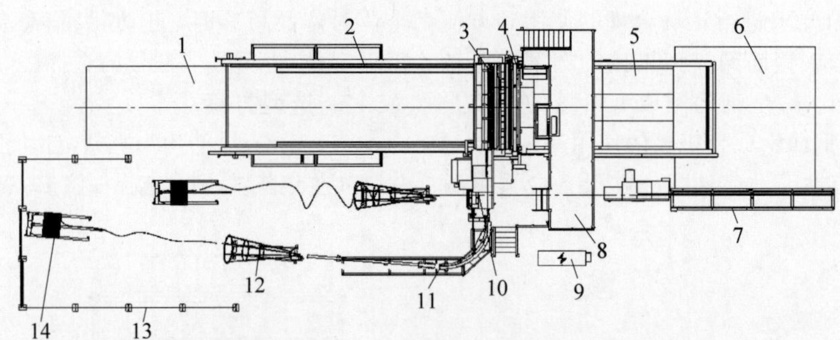

1—成品输出机构;2—拉网机构;3—横筋自动供料机构;4—焊接机构;5—纵筋送进机构;6—纵筋链传送排料机构;7—纵筋布料机构;8—踏板平台;9—电控系统;10—横筋矫直机构;11—横筋圆弧导线机构;12—鼠笼导线机构;13—防护网;14—重型盘条放线机构。

图 19-41 选型方案 4

19.6 安全使用

19.6.1 安全使用标准与规范

钢筋焊网机械的安全使用标准是《建筑施工机械与设备　钢筋加工机械　安全要求》(GB/T 38176—2019)。

钢筋焊网机械的安全使用操作应在钢筋焊网机械使用说明书中详细说明，产品说明书的编写应符合《工业产品使用说明书　总则》(GB/T 9969—2008)的规定。

钢筋焊网机械安全使用涉及以下人员：设备安装人员、设备操作人员、设备管理人员和设备维护人员。使用钢筋焊网机械时应符合下列要求：

(1) 设备安装之前，设备安装人员要反复熟悉设备说明书，了解设备的工作原理。

(2) 设备的安装场地要有足够的操作空间，并且保持干燥、通风、清洁、无强辐射、无无线电通信发射机、无高压线等。

(3) 钢筋网成型机械的操作与维护人员必须是经过培训、考试合格的熟练工人。

(4) 钢筋网成型机械的操作与维护人员要严格遵守设备上标明的所有安全和危险提示，并注意保持安全提示的清洁和内容清晰可辨。

(5) 钢筋网成型机械的操作与维护人员要佩戴安全帽，并按要求穿着工作服。

(6) 严禁超负荷工作，尤其禁止加工设备允许加工范围外的钢筋，否则会造成设备损坏，甚至是人员伤亡。

(7) 设备长期不工作时需注意：将气路中的剩余气体全部排出；使设备各零件处于非工作状态；断开总电源开关；做好防锈与防尘处理。

(8) 开机工作之前必须检查各安全装置是否处于正常状态。

(9) 当供电总开关闭合时须将控制柜门锁死，防止有人意外触电。

(10) 出现任何紧急情况须立即按下或踏下急停按钮(在操作面板上)，使设备停止工作。

19.6.2 拆装与运输

1. 设备安装

1) 场地要求

主机安装在整体基架上，焊接过程中产生的冲击和振动不太大，对安装场地要求不高，一般设备使用单位只需按照随机一起提供的设备安装地基图，在车间的水泥地面上浇注地脚螺钉或打膨胀地脚螺栓，利用焊机基架上的地脚孔即可固定。焊机安装时，一定要保证基架水平。

钢筋网成型机械为机电产品，除了焊接控制柜和操作台之外，焊接主机中还有伺服电机、焊接变压器、次级焊接回路等电气电子产品，为避免元件受潮损坏，防止电路短路和器件金属腐蚀，对安装场地的一般要求如下：

(1) 要有足够的操作空间，并且保持干燥、通风。

(2) 清洁，无油雾和其他脏物；无强辐射，无无线电通信发射机，无高压线，特别是焊机控制柜应远离辐射热源，一定要将焊机主控制柜放在装有空调的房间内，防止控制柜温度过高。

(3) 不含酸、碱、盐或其他腐蚀性、可燃性气体。

2) 电源要求

钢筋网成型机械是车间电网上的大负载，在点焊的一瞬间，焊接电流很大，会造成车间电网瞬间电压大幅度跌落，甚至干扰其他设备的正常使用。所以，应使用单独的变压器供电，这样既有利于保证焊机本身正常运行，也有利于稳定车间电网；接地线应该有足够的断面积，并用螺钉固紧；焊机应通过熔断器和专设的空气开关再接到电网上。电源连接线的断面积和熔断器的容量可参考焊机额定连续初级电流的大小选择。

3) 水源要求

钢筋网成型机械的焊机需要进行水冷却，在进行水路连接时，要注意以下几个方面：在焊机冷却水进口处应安装调节阀，以便调节水流量大小；在焊机停用时，要将阀门关闭；在冷却水的出水处安装出水槽或出水漏斗，以便观察冷却水的流出，测量出水温度，汇集冷却水；为可靠起见，焊接主机和控制箱应单独设出水管，便于观察和测量水流量；冷却水管应该尽量短，减少曲折，以减小水流阻力；为了保证可控硅的可靠水冷却，焊机装有水压开关，当水压低于规定值时，系统将报警，从而避免烧坏变压器、电极、可控硅等被水冷却的部件。

4）气源要求

压缩空气从储气罐流出后经阀门接到焊机的进气管口。通入焊机的压缩空气要预先经过干燥，或者在气路的进口安装气源处理元件，滤去空气中的水分。

2. 吊装与运输

1）吊装

各个设备的主要吊装部件上都有专用的吊装孔，必须使用吊装孔吊装。焊接主机和牵引送进机构总重量 18 t 左右，重心偏向变压器一侧，建议采用两根长度分别为 5 m 和 9 m、直径大于 15 mm 的优质钢绞线搭配吊装，如图 19-42 所示。

图 19-42　主机吊装

2）运输

机器在运输之前，应将机器上的可动零部件移到其平衡位置，然后将其固定在这个位置上；机器在运输和储藏期间，不得将机器上的各种部件彼此叠加在一起。用卡车运输时，务必检查支架的稳定性，并正确地将它放置在卡车的底盘（最好用木头）上；横筋落料部分必须采用专门固定措施防止滑动；当所有部件都已放置入位时，要确保所有部件都已适当地固定住，以免在运输过程中移动；设备在运输过程中要做好防雨和防震工作。

19.6.3　安全使用规程

（1）设备维修时应彻底断开电源，直到维修完成。

（2）当钢筋网成型机械运行时，禁止身体任何部位触及机械运动件，以防发生危险。

（3）严禁在钢筋网成型机械工作场地内停留。

（4）严禁与生产无关的人员进入工作区域和操作钢筋网成型机械。

（5）设备长期不工作时需注意：将气路中的剩余气体全部排出；使设备各零件处于非工作状态；断开总电源开关；做好防锈与防尘处理。

（6）开机工作之前必须检查各安全装置是否处于正常状态。

（7）当供电总开关闭合时须将控制柜门锁死，防止有人意外触电。

（8）出现任何紧急情况须立即按下或踏下急停按钮（在操作面板上），使设备停止工作。

19.6.4　维护与保养

（1）设备工作之前，要根据要求调节好各焊接参数，打开冷却水开关并调节流量，在需要润滑的地方加注润滑油。

（2）焊机冷却应采用清洁的冷却水，无污物、泥沙，无酸、碱、盐等腐蚀性液体。如果使用河水、塘水，必须经过沉淀过滤才行。冷却水进水温度一般不超过 30℃，不低于 4℃。

（3）焊机长时间使用后，要定期检查各接线螺钉是否松动及接地是否可靠；要定期排放焊机储气罐中的积水。

（4）活动导轨表面和气缸内部皆应保持清洁并定期加油润滑。

（5）焊机长时间不工作时，滑动表面需要作防锈处理。

（6）需要防止铁屑和焊接飞溅火花落到滑动导轨表面和焊接变压器线圈内。

（7）定期清除电控柜空调风扇滤网处的灰

尘，以免影响电控柜的冷却。

(8) 定期清理各部位堆积的铁屑。

(9) 定期对设备各处进行润滑，润滑部分及相关事项如表 19-22 所示。

表 19-22　润滑部分及相关事项

润滑部分	润滑位置	润滑点数	润滑油脂	润滑周期
调直部分	牵引箱体	2	工业闭式齿轮油 L-CKC VG68	一季度更换一次
	剪切机构油嘴	2	3 号通用锂基脂（见 GB/T 7324—94，下同）	每班加注一次
	矫直轮内轴承	40	3 号通用锂基脂	每 2～3 月加注一次(需开盖)
	主动穿筋减速机	2	工业闭式齿轮油 L-CKC VG68	一年更换一次
横筋圆弧导向部分	立式轴承座	2	3 号通用锂基脂	每班加注一次
纵筋传送台部分	带座轴承	9	3 号通用锂基脂	每班加注一次
	电机链条	1	20 或 30 号机械油	每月加注一次
	减速箱	1	工业闭式齿轮油 L-CKC VG68	一年更换一次
	导向轴	2	3 号通用锂基脂	每天加注一次
送进部分	移动车带座轴承	2	3 号通用锂基脂	必须每班加注一次
	齿轮齿条	2	3 号通用锂基脂	必须每周加注一次
	移动车减速箱	1	工业闭式齿轮油 L-CKC VG68	半年更换一次
主机部分	进线口直线轴承	4	3 号通用锂基脂	必须每班加注一次
横筋落料部分	大车落料摆动机构带座轴承	10	3 号通用锂基脂	每班加注一次
	大车链传送带座轴承	16	3 号通用锂基脂	每周加注一次
	大车传动链及其链轮	1	20 或 30 号机械油	每月加注一次
	链传送减速箱	1	工业闭式齿轮油 L-CKC VG68	一年更换一次
	大车伺服移动车齿轮齿条	2	3 号通用锂基脂	必须每班加注一次
	大车伺服移动车滑动轴承座	2	3 号通用锂基脂	必须每班加注一次
	大车行走轮轴承	4	3 号通用锂基脂	每月加注一次
	大车行走传送链	1	20 或 30 号机械油	每月加注一次
拉网机构部分	轴承座	2	3 号通用锂基脂	必须每班加注一次
	齿轮齿条	2	3 号通用锂基脂	必须每周加注一次
	减速箱	1	工业闭式齿轮油 L-CKC VG68	半年更换一次
	接网轴承	4	3 号通用锂基脂	必须每周加注一次

续表

润滑部分	润滑位置	润滑点数	润滑油脂	润滑周期
网片收集机构	主动轴轴承座	14	3号通用锂基脂	每天加注一次
	电机链轮链条	2	20或30号机械油	每月加注一次
	减速箱	2	工业闭式齿轮油 L-CKC VG68	一年更换一次
鼠笼部分	主动穿筋减速机	2	工业闭式齿轮油 L-CKC VG68	一年更换一次

19.6.5 常见故障及其处理

钢筋网成型机常见故障及处理方法如表19-23所示。

钢筋网成型机控制系统常见报警及处理方法如表19-24所示。

表19-23 常见故障及处理方法

故障现象	故障原因	处理办法
系统不工作	①主机与控制柜未联机； ②PLC电池用完	①检查是否联机； ②更换电池
无焊接电流或焊接不牢	①可控硅损坏； ②工件及电极表面有绝缘物质； ③焊接规范调整不合适； ④电极表面磨损太严重	①测试可控硅是否击穿，如是则更换； ②清理工作电极； ③重新调整焊接规范； ④更换电极使用表面
个别执行机构不工作	①元器件或气阀损坏； ②控制线路断开	①更换元器件或气阀； ②检查发生故障器件的联机
纬线堵料	①储料杂乱； ②落料挡板上下间隙不合适； ③纬线不直	①将钢筋重新摆好； ②调整上下导条间距； ③换用矫直钢筋
电极磨损严重且焊接火花大	原料表面有油污等杂质	擦拭干净

表19-24 常见报警及处理方法

报警内容	报警原因	处理办法
急停开关	按下	松开急停
气源气压	低	增加压力
水源压力	低	增加压力
可控硅	热	增大水流量或压力
伺服(拉网机构，送进机构)	不正常(撞限位)	调整撞块
纬丝料仓	无料	填放钢筋
挂钩压力	低	增加压力
落纬压力	低	增加压力
卡料压力	低	增加压力
电极压力	低	增加压力

19.7　工程应用

1. 北京百荣世贸商城

北京百荣世贸商城建筑面积 39.54 万 m^2，地上 6 层，地下 2 层，分 A、B、C 3 座，主体为现浇钢筋混凝土框架结构。该工程具有以下特点：

(1) 工作面大。占地面积约 13.37 万 m^2，但是现场仅设 8 台塔吊，每个工作面的塔吊使用经常冲突。

(2) 工期短。工期要求 400 天，按常规的施工方法难以完成。

(3) 施工场地狭窄。可利用的场地只有建筑物外沿 50 m，其中包括 1 条宽 6 m 的道路，材料堆放和加工场地很小。

(4) 钢筋工程质量难以控制，且需要很多质检人员。

基于上述原因，在该工程中使用钢筋焊网技术，采用 GWC-3500 型钢筋网成型机进行钢筋网的焊接成型。根据现场实测数据，采用钢筋焊网技术之后，人工减少了一半，工期缩短了 1/4，劳动效率提高了两倍多，节约成本高达 90 多万元。

2. 国家游泳中心

国家游泳中心位于北京奥林匹克公园 B 区，本工程总建筑面积为 87 283m^2，其中地上 5 层，地下 2 层。

为加快施工进度、提高钢筋工程的施工质量，本工程在楼板下层钢筋部位(地下 2 层至地上 4 层的顶板)及混凝土看台踏步板部位采用冷轧带肋钢筋焊接网替代原设计中的由人工现场绑扎的热轧带肋钢筋。

本工程使用冷轧带肋钢筋焊接网 700 t，材料价格为 3800 元/t，若使用热轧带肋钢筋需 770 t，材料价格按当时市场价 3500 元/t 计算。绑扎钢筋人工费为 400 元/t(含加工制作与安装)，冷轧带肋钢筋焊接网人工费为 300 元/t。材料费节约：(3500×770－3800×700)元＝35 000 元＝3.5 万元；人工费节约：(400×770－300×700)元＝98 000＝9.8 万元；合计节约费用 13.3 万元。

3. 华糖大厦

华糖大厦工程建筑面积 51 254 m^2，地下 3 层，地上 11 层。本工程基础结构为有梁式筏板基础，主体结构为框架-剪力墙结构，楼板为现浇钢筋混凝土板。

经过论证，华糖大厦楼板配筋由原来一级、二级钢筋改为采用冷轧带肋钢筋焊接网片。更改之后，不需要在施工现场人工绑扎钢筋，省去了施工现场的钢筋切断、弯钩等加工所需的人工及场地，大大加快了施工速度。根据实际测算，每个标准层能节省 1 天时间，同时也节省了大量的人工费，提高了效率并节约了成本。

第20章

钢筋桁架成型机械

20.1 概述

20.1.1 定义、功能与用途

1. 钢筋桁架焊接生产线的定义和功能及用途

1）定义和功能

钢筋桁架是由一根上弦钢筋、两根下弦钢筋和两侧腹杆钢筋经电阻焊接成截面为倒 V 字形的钢筋焊接骨架，有直角钢筋桁架和弯脚钢筋桁架两种，如图 20-1、图 20-2 所示，可用于制作高速铁路轨枕、预制叠合楼板、桁架楼承板等。

钢筋桁架焊接生产线是将盘条钢筋进行放线、调直、侧筋弯曲成型、设定节距步进、焊接、底脚折弯、定尺剪切后收集码垛为钢筋桁架成品的专用自动化加工设备。

2）用途

钢筋桁架焊接生产线替代了过去的人工焊接制作方式，能够快速、批量地制作人们所需要的钢筋桁架，自动化的加工使桁架生产变得高效、经济，可减少工人的体力劳动，还可减少人工失误而造成的不合格产品的浪费。钢筋桁架焊接生产线广泛用于建筑钢结构楼层板、现浇混凝土结构楼层板、混凝土预制墙板构件、高速铁路轨枕等多个领域的钢筋桁架加工。

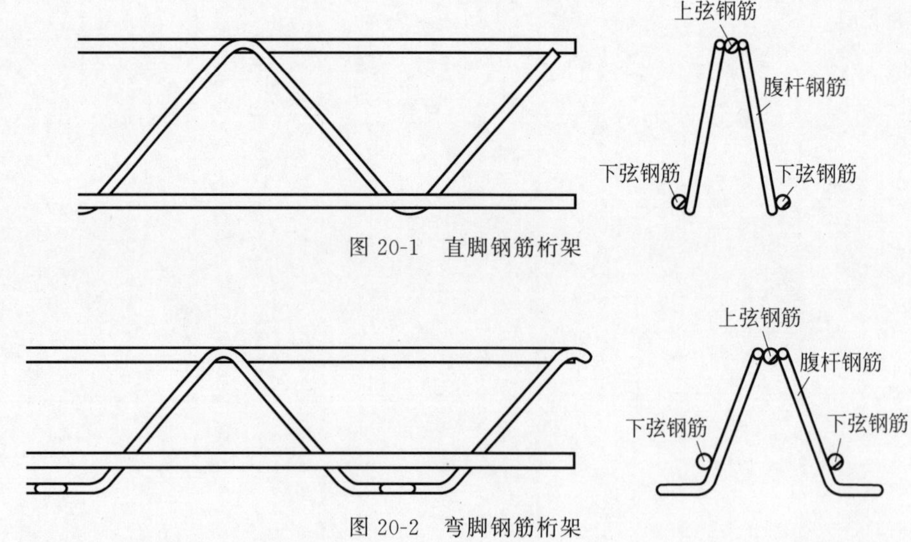

图 20-1　直脚钢筋桁架

图 20-2　弯脚钢筋桁架

2. 钢筋桁架楼承板专用焊机的定义和功能及用途

1）定义和功能

钢筋桁架楼承板是将楼板中钢筋在工厂加工成钢筋桁架，并将钢筋桁架与底模连接成一体的组合承重模板，在施工过程中承担混凝土湿重和施工荷载，使用阶段钢筋桁架与混凝土共同作用。这种技术省去了大部分支模和现场绑扎钢筋的工作及费用。钢筋桁架楼承板分为焊接式桁架楼承板、可拆式桁架楼承板、免拆式桁架楼承板。

焊接式桁架楼承板是将楼板中的钢筋在工厂采用桁架设备加工成钢筋桁架，并将钢筋桁架与压型钢板在工厂焊接成一体的组合模板，如图 20-3 所示。可拆式桁架楼承板是由可拆底模与钢筋桁架通过专用连接件连接而成的组合模板，如图 20-4 所示。在混凝土达到设计要求的强度后，可将底模板进行拆卸，拆卸后的底模板可实现回收利用。该楼承板在钢结构住宅中得到了广泛应用，底模形式包括钢板、竹(木)胶合板、铝合金模板等。免拆式桁架楼承板是一种由钢筋桁架和免拆底模通过专用连接件或锚固预制的方式装配而成的新型钢筋桁架楼承板，如图 20-5 所示，底模板不需拆除，并可作为板底装饰处理的基层。底模是连接于钢筋桁架底部，且承受混凝土楼板施工期间施工荷载及混凝土自重的模板，包括压型钢板、可拆底模及免拆底模。

钢筋桁架楼承板专用焊机是焊接式钢筋桁架楼承板的专用焊接设备。其工作过程是成型钢筋桁架和压型底模板由前输送辊道输送至焊接主机，通过焊接主机定位后进行第一点焊接，然后进入自动焊接状态，直到最后一点焊完后自动停焊，并将成品向后输送。

2）用途

钢筋桁架楼承板可用于工业与民用建筑或构筑物的楼盖或屋盖，适用于新型建筑工业化和装配式建筑。其结构体系包括钢结构、混凝土结构、钢-混凝土组合结构。钢筋桁架楼承板专用焊机是钢筋桁架楼承板生产的专用配套设备。

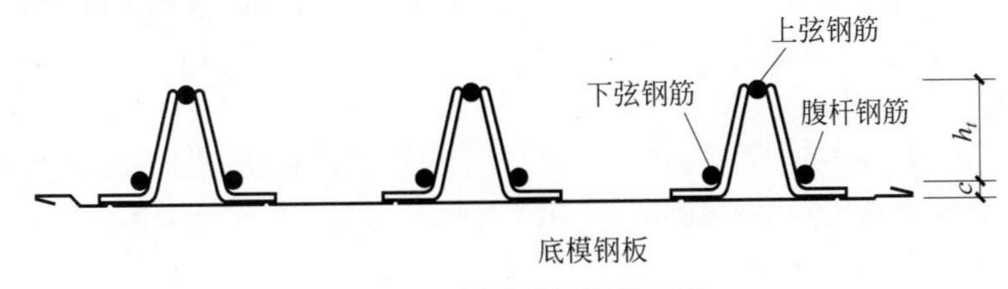

图 20-3　焊接式桁架楼承板

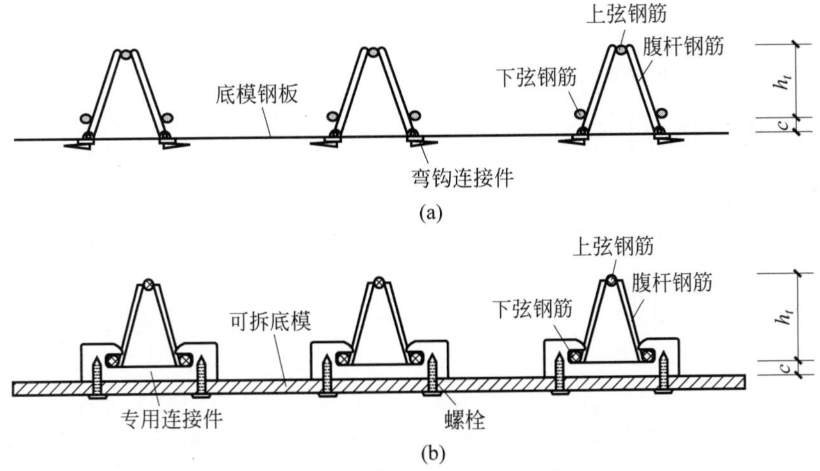

图 20-4　可拆式桁架楼承板

(a) 可拆式桁架楼承板形式一；(b) 可拆式桁架楼承板形式二

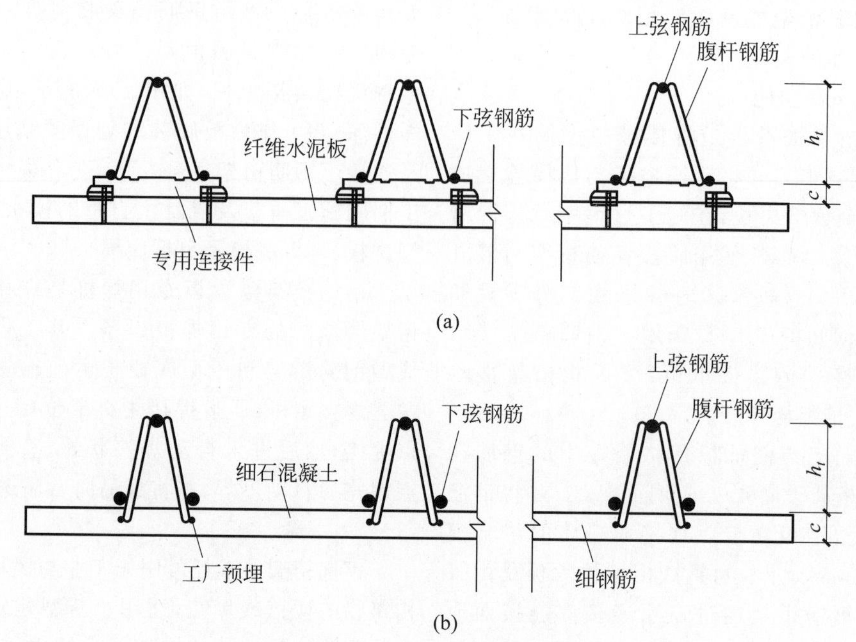

图 20-5 免拆式桁架楼承板

(a) 免拆式桁架楼承板形式一；(b) 免拆式桁架楼承板形式二

3. 桁架底板辊压成型机的定义和功能及用途

1) 定义和功能

桁架底板辊压成型机是指通过放料、导向进料、辊压成型、切断、成品出板等工序加工出使钢板本体强度提高、有特定形状和尺寸的焊接凸起、便于搭接的楼承板压型底模板的专用设备，适用于钢筋桁架楼承板生产领域的配套。

2) 用途

桁架底板辊压成型机是钢筋桁架楼承板生产中所需压型底模板的专用加工设备。

20.1.2 发展历程与沿革

1. 国内发展概况

2000 年以前，国内钢筋加工生产发展缓慢，特别是钢筋桁架的生产基本采用手工或半自动生产方式，自动化程度和加工能力低，材料和能源浪费大，加工质量难以控制，加之占地多、噪声大等，很难满足规模化建筑业飞速发展的需求，已经成为制约我国建筑施工现代化程度的因素。传统加工的工艺过程是：首先，将一定长度的钢筋手工放到简单的弯曲设备上；其次，用弯曲设备进行连续多次弯曲形成具有一定节距的波浪形钢筋；再次，手工将三根带肋直条钢筋和两根波浪形钢筋按照要求的尺寸摆放好；最后，手工完成每一个焊点的焊接，最终焊接成为一根所需的钢筋桁架。传统加工工艺存在的主要问题是：波浪形钢筋弯曲成型、五根钢筋的定位及焊接需要手工或半手工操作，多次定位浪费时间、材料和人工，劳动强度大，生产效率低，成品尺寸不精确、不统一，这必然会影响施工质量。而且，随着工人工资水平的持续增长，给长期以来依靠人口红利的劳动密集型施工企业带来严重的成本压力。因此，市场急需能够满足各种市场需求且价格适中、自动化程度及生产效率高的自动化钢筋桁架成型机械。

20 世纪末期，随着钢结构建筑的不断发展，传统现浇板的施工速度明显跟不上主体钢结构的施工速度，影响整个结构的工程进度。而且，由于现浇板的施工仍需要大量的木模板和钢管脚手架，这和钢结构的现场施工管理的要求产生巨大的偏差，从而使整个施工环节产生不匹配的现象。在此基础上，工程师们开发了一种无须支模、拆模，能提供施工平台的压型钢板开口板，其作为楼板的永久性模板。最初的钢楼承板存在着一些缺陷：板肋较高，楼板结构层厚度大，使建筑物净高减小，直接导致建筑整体成本增加；楼板下表面呈波浪形，板底不平整、不美观，楼板双向刚度不一致，抗震性能差；钢筋绑扎烦琐，钢筋间距不易保证，下部受力钢筋需要现场手工焊接短钢筋，效率低下，保护层厚度不易控制；单向板设计，只能通过增加整体钢板厚度才能满足较大跨度楼板施工阶段受力，造成材料浪费；双向板施工不便，必须牺牲肋高以下混凝土及板厚；虽然单板的价格低廉，但是由于其施工烦琐，所需人工量大，综合造价反而偏高，经济效率低。在施工中50%～70%左右的钢筋还需现场绑扎，施工烦琐，所需人工量较大，综合造价较高。

21世纪初期，钢结构楼房建筑不断发展，传统现场浇板的施工方法很难跟上建筑主体采用钢结构的施工速度，从而影响了总体的施工进度。现场浇板的施工需要搭建模板以及脚手架等辅助设施，导致施工流程总体脱节。随着社会的进步以及施工技术的提高，建筑工程师们开发了一种可以克服上述施工缺点的永久性模板，即钢筋桁架楼承板。钢筋桁架楼承板是在工厂内将钢筋焊接成钢筋桁架，然后将钢筋桁架与钢制底板焊接为一体的建筑制品。开始施工时钢筋桁架楼承板直接铺设在横梁上，然后浇筑水泥混凝土即可，浇筑完成后成为楼板的骨架承受建筑使用过程中的载荷。应用钢筋桁架楼承板的楼板不仅可以满足传统混凝土楼板整体性、防火性和刚度等要求，同时由于钢筋桁架的结构特征，使得受力更加合理，施工质量也比较稳定，并且可以通过调整钢筋桁架的规格，比如钢筋桁架的高度、宽度和钢筋直径等实现更广领域的应用。与传统现浇方法不同，在施工现场直接将焊接成型后的钢筋桁架楼承板铺设在建筑横梁上，然后进行简单的固定工作，无须安装模板及脚手架，就可以往钢筋桁架楼承板上浇筑水泥混凝土。其钢制底板仅作模板使用，采用最薄的钢板即可，而楼板的受力钢筋桁架在工厂内严格按照标准生产，位置准确、排列均匀，可以减少70%左右现场钢筋捆扎工作量，大大缩短施工工期，节约劳动成本。

钢筋桁架楼承板属于第三代钢结构配套楼承板，其构造与普通的非组合压型钢板及组合压型钢板的板型有较大区别，是将混凝土楼板中的受力钢筋在工厂中加工成钢筋桁架，然后再与压型钢板采用电阻点焊方式焊接为一体的钢筋桁架楼承板产品。钢筋桁架采用电阻点焊组合，形成结构稳定的三角桁架，底部压型钢板板肋只有2 mm高，几乎等于平板。作为最新一代钢楼承板，其受力模式更为合理，不再单纯依靠钢板提供施工阶段强度及刚度。其施工阶段强度和刚度由受力更为合理的钢筋桁架提供。在使用阶段，由钢筋桁架和混凝土一起共同工作。镀锌底板仅作施工阶段模板使用，不考虑结构受力，但在正常的使用情况下，钢板的存在增加了楼板的刚度，改善了楼板下部混凝土的受力性能。钢筋桁架楼承板的独特构造，使其具备不同于传统压型钢板的优势：受力模式合理，楼板整体性能优越，施工便捷、环保，工期有保证；相对于传统的现浇混凝土楼板，免去了支模、拆模、钢筋绑扎等烦琐的施工工序，极大提高了楼板的施工速度，特别是对于高层建筑，对项目整体进度提供了一定的保证，而且产品类型多样、应用领域广泛。

近几年来，建筑业的持续繁荣发展使施工企业的采购供应方式逐渐多样化，既有施工单位的总包方式，也有业主单位的直供方式等。无论采用哪种形式，业主或施工单位都在寻找一种既经济又能保证质量与供应的方式，在这种需求下，“商业钢筋配送”应运而生。所谓钢筋加工配送，不是在工厂将现有单台机械简单地组合在一起，而是利用先进的生产工艺，用专业机械设备优化原材料将其制成钢筋成品，再按工程进度发送及安装，从而实现钢筋加工的工厂化、标准化及钢筋加工配送的商品化和专业化。随着建筑业的蓬勃发展，钢筋加工机械产品的使用率不断增加，加工机械设备的质量和水平也在不断提高，传统的技术也得到了显著的发展，许多新型产品不断涌现，各种自动化钢筋加工设备开始出现。与此同时，钢筋桁架成型设备也有了长足的发展，为钢筋机械加工提供了更多选择，也提供了更多方式。并且随着计算机技术和触摸屏等技术的出现，对于钢铁加工原材料的运输、焊接以及成品的收集工作都可以实现自动智能化的控制，降低了人力浪费，并且提高了准确度，为住宅产业化以及钢结构楼板、铁路路轨及高架桥梁的高速发展提供了一条新的道路。并且对于钢筋加工机械产品的质量也带来了很大的提高，大大缩减了我国与发达国家在钢筋机械加工方面的差距。

2. 国外发展概况

欧洲一些国家在20世纪80年代初就已经出现自动钢筋桁架焊接生产线，并批量运用于钢筋加工厂。80年代后期为进一步降低生产人工成本、增加产量，人们开始将电子信息及计算机技术应用在钢筋加工业中。钢筋加工产业得以快速发展，新技术和新产品开发速度不断加快。钢筋加工设备朝着程序控制、自动化、智能化及低能耗方向发展，钢筋加工企业也趋向于集中化和专业化。同时，商品钢筋加工和配送业也很快由发达国家扩展到发展中国家。

目前国外钢筋桁架加工产业已很发达，钢筋桁架加工设备的技术水平和质量都很高，产品形式多样，几乎覆盖所有建筑用钢筋制品。钢筋加工已成为欧美发达国家和地区建筑业的有效组成部分。在美国和欧洲一些发达国家，差不多每隔50 km就有一座现代化钢筋加工厂，其采用先进的全自动钢筋加工设备和高效集约化管理模式，生产效率和钢材利用率都很高，生产过程清洁、高效、节能、低损耗，值得我国企业借鉴。国外主要的钢筋加工设备制造企业有：意大利OSCAM公司和SCHNEEL公司、奥地利EVG公司、丹麦STEMA公司、德国PEDAX公司、美国KRB公司等。这些企业生产的钢筋加工设备在加工速度、自动化和智能化程度等方面都具有明显优势，占据欧美等发达国家和地区绝大部分钢筋加工市场份额。但由于价格昂贵，目前无法在广大发展中国家推广。且这些企业的钢筋加工设备对钢筋材质和牌号等都有着明确要求，主要是针对欧美牌号体系内钢筋材质而设计制造的，对国内各种标准和非标类钢筋适应性较差。

3. 发展趋势

(1) 研制市场急需的价格适中、钢筋成型质量好、自动化程度及生产效率高的智能自动化钢筋桁架成型机械。无论是高速铁路建设，还是现代建筑产业化工程中，钢筋桁架都得到了非常广泛的应用，钢筋作为建筑工程的重要材料，其需求量在急剧增长。因此，研制市场急需的自动化程度和生产效率高、加工钢筋桁架规格覆盖面广、可使用于不同类型钢筋桁架加工的智能钢筋桁架焊接设备具有十分重要的意义和广阔的前景。

(2) 减小工程质量要求高、工期要求短和我国劳动力成本快速上升等多方面因素对成本控制的影响。国内传统的手工或半自动的钢筋加工方式已无法满足市场的需求。国内工程建设领域对自动化钢筋加工装备的需求不断增长，特别是对工程质量和精度要求较高的核电站、高速铁路和高速公路的建设提速，以及近几年住宅产业化的快速发展，极大地推动了对于市场中高端数控钢筋加工装备的需求。特别是智能钢筋桁架焊接设备的需求量也在与日俱增。国外虽然有相关的自动化设备，但价格高昂，且并不能完全适用和满足国内钢筋的生产加工。

(3) 立足国际市场，提升竞争力。目前，一些国际上知名的钢筋加工设备生产企业生产的钢筋加工设备在加工速度、自动化和智能化程度等方面都具有一定优势，占据欧美等发达国家和地区绝大部分钢筋加工市场份额。但由于其价格昂贵，无法在广大发展中国家推广，甚至一些发达国家也开始寻求性价比更为合理的自动化钢筋加工设备。而且，这些企业的钢筋加工设备对钢筋材质和牌号等都有着明确要求，主要是针对欧美牌号体系内钢筋材质而设计制造的，对其他各种标准和非标类钢筋适应性较差，局限性强，市场适应能力较差。

(4) 实现一机多能，满足部分客户的非标定制等特殊需求。由于市场多元化、建筑工程行业需求的多样性，根据客户需求在相关标准设备的基础上增加部分机构或功能，实现非标定制，且价格适中，将是将来钢筋加工装备发展的一大亮点。

(5) 发展钢筋专业化加工配送技术。在进行钢筋加工的过程中，使用配送技术可以有效地降低工程等待时间，并且可以很好地保证工程质量，对于降低工程施工成本也有很大的益处，有助于节能、减排、降耗，实现绿色施工。

20.2　产品分类

20.2.1　钢筋桁架焊接生产线分类

1. 按加工桁架类型分类

按加工桁架类型分为高铁专用钢筋桁架焊接生产线、建筑领域通用型钢筋桁架焊接生产线、W 型专用钢筋桁架焊接生产线。

2. 按焊接变压器类型分类

按焊接变压器类型分为工频交流电阻焊、变频交流电阻焊、中频逆变交流电阻焊。

20.2.2　钢筋桁架楼承板专用焊机分类

钢筋桁架楼承板专用焊机按焊接变压器类型分类，主要包含工频交流电阻焊式、变频交流电阻焊式和中频逆变交流电阻焊式 3 种。

20.2.3　钢筋桁架底板辊压成型机分类

钢筋桁架底板辊压成型机按加工板型不同分为 YB-576/600 和 YX-595 两种。

20.3　工作原理及产品结构组成

20.3.1　工作原理

1. 钢筋桁架焊接生产线的工作原理

钢筋桁架焊接生产线的工作原理图见图 20-6。

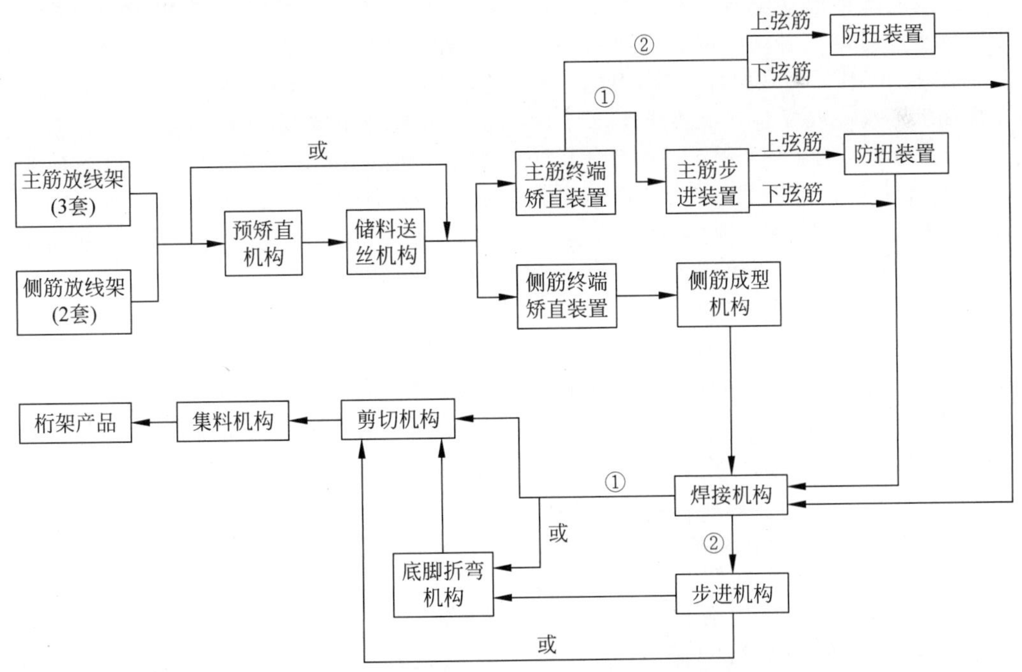

图 20-6　钢筋桁架焊接生产线工作原理图

注：①表示设备运行的一种路径；②表示设备运行的另一种路径。在同一台设备中①和②只能任选一种，不能同时出现。

钢筋桁架的结构和制作工艺决定了桁架焊接生产线的纵向占地长度较大，一般为 37～52 m。主要由 5 个放线笼、5 个过线架、粗矫直机构、储料装置、精矫直机构、腹杆折弯机构、焊接机构、剪切机构和码垛机构组成，其中在钢筋的矫直方面、腹杆的折弯形式方面以及焊接和剪切方面各生产厂所采取的结构是有区别的。而对桁架焊接生产线的效率具有影响的主要机构就是折弯机构和焊接机构。图 20-7 所示为国内某 35 型桁架焊接生产线设备简图，它是国内较为主流的摆杆打弯式桁架焊接生产线。整条生产线直线排列，依次为盘筋放线架、预矫直机构、储料送丝机构、侧筋成型机构、步进机构、焊接机构、底脚折弯机构、剪切机构、成品收集码垛机构。

放线架用于钢筋盘螺原材料的放线，配备制动或动力装置配合钢筋输送动作，以避免由于钢筋无序旋转造成的散乱。放线架一般由放线笼和过线架两部分组成，其外形如图 20-8 所示。放线笼主要用于盛放盘圆钢筋，在钢筋受到牵引外力时放线笼随之旋转释放钢筋。由于后续生产可能会出现停顿、检修等情况，所以放线笼底部一般会配备气动刹车系统以便于放线笼及时停止转动。钢筋桁架由一根上弦筋、两根下弦筋、两根腹杆组成，因此一套桁架焊接生产线一般配备 5 个放线笼，5 个放线笼呈直线放置。为了使 5 根钢筋各自分开行走，每个放线笼配备一个过线架。其作用就是将钢筋各自分开，并引导其按生产线方向走线。国内外各厂商生产的放线机在结构上并没有太大的区别，只是有些细节方面的优化，如在放线笼上增加张力臂使钢筋在走线过程中处于张紧状态，还有一些国外厂商配置了过线管，力求使钢筋走线更准确。

引料装置一般位于桁架焊接生产线的放线机和粗矫直机构之间，使得钢筋进入粗矫直工序前位置更加准确。引料装置上一般会配有断线监测系统，任何一根钢筋发生意外断线，桁架焊接生产线都会停止工作以便保护设备。

由放线架引出 2 根侧筋和 3 根主筋经过引料装置平直穿过预(粗)矫直机构。粗矫直机构的主要作用是对钢筋进行预处理。盘条钢筋出厂后内部会存在应力，而且钢筋的表面会有氧化皮。通过钢筋的塑性变形去除部分应力，也能使表面脆硬的氧化皮脱落，更好地保证后续焊接的效果。粗矫直装置主要由支撑架和矫直器组成，如图 20-9 所示。桁架焊接生产线一般会配备 5 组矫直器，对每根钢筋都进行矫直处理。矫直器上有开合手柄，能使上下矫直辊张开或闭合，便于穿入钢筋。矫直器上的动辊上还有调节螺杆，能够调节对钢筋的压紧变形量以适应不同直径的钢筋。

储料机也是桁架焊接生产线重要的组成部分，它一般位于引料装置和精矫直机构之间，其外形如图 20-10 所示。经矫直后的钢筋进入储料送丝机构(储料机)。储料送丝机构包含送丝装置和钢筋临时存储空间，且配备信号检测装置，可以反馈信号给送丝装置来控制钢筋的存储量，保证实际所需钢筋的动态供应。由于桁架焊接生产线中具有焊接工序，在焊接的瞬间所有钢筋需要暂时停止步进，待焊接完成后再继续向前行走，因此这种非连续性加工过程必须对钢筋供给量有一定的储备，以起到缓冲作用。储料机的工作原理就是当储料环内的钢筋量少时，牵引机构将钢筋向前拉动，储料环增大，当储料环增大到极限触碰到上限位开关时牵引机构将不再牵引钢筋。反之，当钢筋使用较多，储料环变小，上限位开关解除，牵引机构牵引钢筋。如果钢筋使用过快，则储料环急剧变小，储料量达到最小时下限位开关触发，生产线会停止工作，从而达到保护生产线的目的。

钢筋经过粗矫直释放掉部分应力后又经过储料环的弯曲，使内部应力增加，所以必须在腹杆钢筋进入折弯工序、上下弦筋进入焊接工序之前对钢筋再次进行矫直，作为最后加工前的准备。从精矫直机构开始，如图 20-11 所示，上下弦筋和腹杆钢筋的走向也逐渐分开。

从储料送丝机构的出丝嘴穿出后，3 根主筋穿过设置于侧筋成型机构上的主筋终端矫直装置，进入位于侧筋成型机构后面的步进机构。2 根侧筋并排穿过设置于侧筋成型机构上的侧筋终端矫直装置，进入侧筋成型机构的摆杆式折弯装置，该机构通过曲柄连杆和齿轮

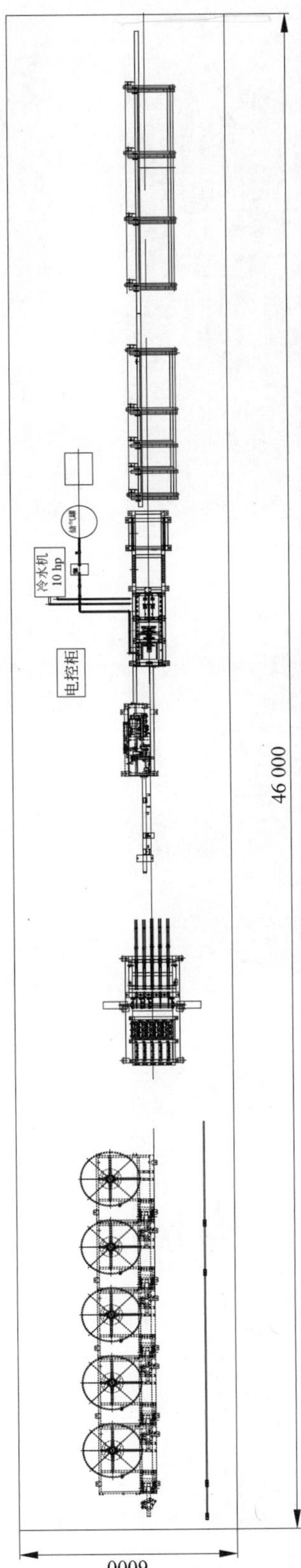

桁架焊接生产线外形尺寸（长×宽×高）：46 000 mm×6000 mm×3850 mm

图 20-7　桁架焊接生产线设备简图

图 20-8 放线架

图 20-9 粗矫直装置

图 20-10 储料机

图 20-11 精矫直装置

传动带动 2 个摆杆同时摆动，完成腹杆钢筋的弯曲成型和输送工作。腹杆折弯机构是桁架焊接生产线的核心机构之一，钢筋桁架的产品参数都在这个机构上调整控制。这一部分也是多种桁架焊接生产线的主要区别所在，无论国外设备还是国内设备，其腹杆折弯机构的形式都很多样化。各厂商都在试图研发工作速度快且适应性强的桁架焊接生产线，其中腹杆折弯机构起着决定性的作用。目前常见的腹杆折弯机构形式有气拱式、滚压式、冲压式、摆杆式等，如图 20-12 所示。桁架焊接生产线种类多，而且结构复杂，本章仅介绍国内主流的摆杆式折弯桁架焊接生产线，摆杆式折弯机构如图 20-13 所示。各类折弯形式的桁架焊接生产线都有各自的优缺点，其中摆杆式折弯桁架焊接生产线的特点是工作速度快，可以生产不同高度的钢筋桁架，采用机械联动机构，同步性好，连续生产钢筋桁架的尺寸差异小。

经过精矫直后的腹杆钢筋被上下往复摆动的摆杆打弯成型，腹筋牵引链条将成型后的腹杆钢筋沿腹筋导轨送出与上下弦筋汇聚。精矫直后的上下弦筋由弦筋牵引机构按照一定步距往复地向后牵引与腹杆钢筋汇聚一起进入焊接工序。弦筋牵引机构与上下摆杆之间是通过齿轮箱及连杆机构相连的，这种结构使得制作出来的钢筋桁架尺寸一致性较高。弦筋牵引机构每行走一个步距，上、下摆杆会动作两次，牵引步距一般决定于钢筋桁架腹杆钢筋的规格形式，如图 20-14 所示。常用的直脚桁架和弯脚桁架参数见表 20-1。

图 20-12　几种腹杆折弯机构

(a) 滚压式折弯；(b) 气拱式折弯；(c) 冲压式折弯；(d) 摆杆式折弯

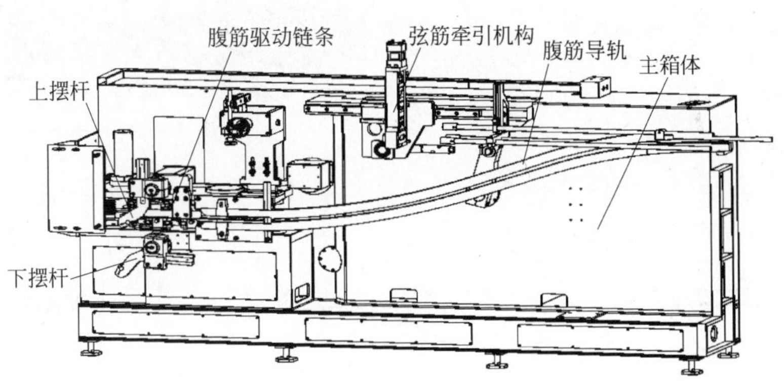

图 20-13　摆杆式腹杆折弯机构

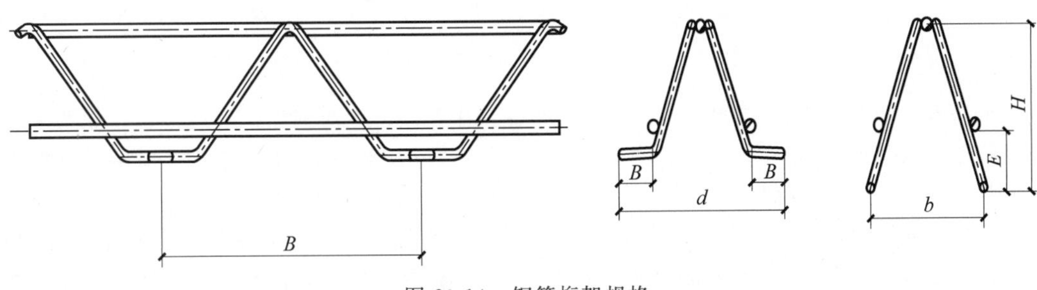

图 20-14　钢筋桁架规格

表 20-1 钢筋桁架产品参数

单位：mm

参　　数	数　　值
上弦钢筋直径	6～12
下弦钢筋直径	5～12
腹杆钢筋直径	4～8
直脚桁架高度 H	70～350
下弦至底部高度 E	0～30
弯脚桁架底部宽度 d	135～140
直脚桁架底部宽度 b	60～100
弯脚桁架弯脚宽度 B	30
腹杆间距 S	200

通过产品参数表可以看出，所生产的产品腹杆间距为 200 mm，因此这台设备的牵引步距为 200 mm 的 2 倍即 400 mm。这是由桁架焊接生产线的焊接机构决定的。摆杆式桁架焊接生产线可以通过对设备机构的调节来实现产品规格变更，目前这种摆杆式折弯的桁架焊接生产线可生产的直脚钢筋桁架最高可至 350 mm，最低可至 70 mm。而底部宽度范围可在 60～100 mm 之间调节。

成型后的侧筋通过导丝槽与 3 根主筋在焊接机构前汇合，经焊接机构导向、压紧等定位后采用电阻点焊方式完成焊接。焊接机构是桁架焊接生产线的核心机构之一，其作用是将上、下弦筋分别与打弯成型的腹杆钢筋焊接牢固，完成钢筋桁架的最终成型。焊接的速度和效率直接影响着整个生产线的总体效率。国内外现在普遍采用电阻焊的方式焊接钢筋桁架。由于国外的变压器制作水平较高，因此焊接的效率和质量优于国内产品。但现在国内很多设备厂商也引进了国外变压器来改善焊接质量，以争夺更多市场。桁架焊接生产线的焊接机构和腹杆折弯机构都是生产线的核心机构，是完成钢筋桁架成型的关键部位。因此，焊接机构的结构及原理是对应着钢筋桁架制作工艺的。焊接机构如图 20-15 所示，钢筋桁架结构如图 20-16 所示。

图 20-15　焊接机构

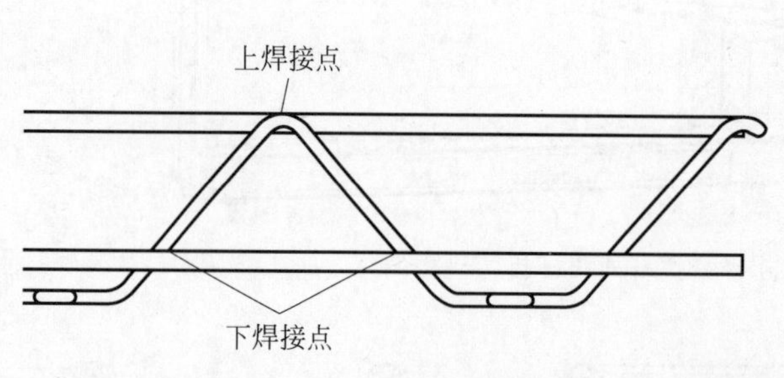

图 20-16　钢筋桁架结构

钢筋桁架的上、下弦筋与腹杆钢筋各有两个焊接点，因此桁架焊接生产线的焊接机构也有上弦焊接和下弦焊接两组。桁架焊接生产线上弦焊接部分示意图如图 20-17 所示。

桁架焊接生产线上弦焊接部分主要由导电铜带分别连接变压器的正负两极和两个焊头，压紧油缸夹紧钢筋通电后进行电阻焊完成焊接。压紧部分有的设备厂家采用气动压紧等其他方式。下弦焊接的原理与上弦焊接类似，只是变压器和焊头在整体结构的下半部。由钢筋桁架的结构可知，在腹杆间距固定的情况下，同时焊接的焊点数越多桁架生产线的生

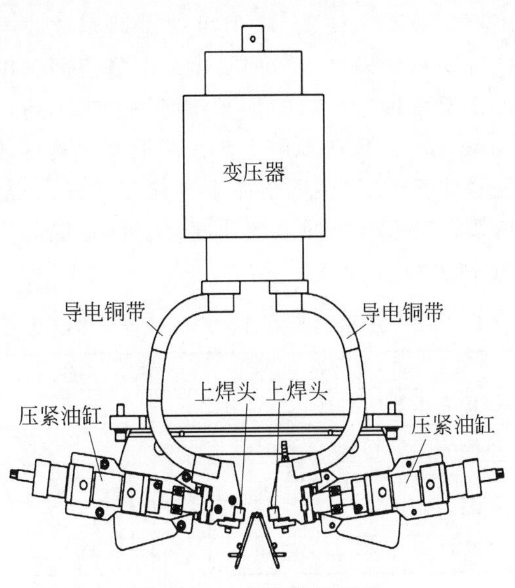

图 20-17 上弦焊接结构

产速度就越快。但焊接速度要和腹杆折弯机构的速度相匹配，否则是无法提高效率的。摆杆折弯式桁架生产线一般配有 4 个变压器，上弦焊接配两个，下弦焊接配两个。焊接间距等于腹杆间距。腹杆折弯机构的牵引距离为两倍的腹杆间距，也就是说每向后牵引一次钢筋桁架，上下弦焊接就同时进行一次。摆杆折弯式桁架生产线就是以这样的生产节奏生产桁架的，生产速度一般为 15～20 m/min。图 20-18 所示为焊接工作图。

图 20-18 焊接工作图

焊接后成品桁架步进输送至剪切机构位置，精确检测和定位后进行同步剪切(焊接主机与剪切机构之间的底脚折弯机构只在生产折脚桁架时设置开启，由伺服电机或气缸驱动凸轮机构自动进行底脚折弯)。剪切机构如图 20-19 所示。

图 20-19 剪切机构

桁架焊接生产线的剪切机构是控制钢筋桁架成品长度的重要机构。由于生产预制混凝土构件可能需要多种不同长度的钢筋桁架，因此桁架焊接生产线必须具有控制成品切断长度的功能。而对于桁架焊接生产线而言，焊接间距一定等于腹杆间距，所以整条生产线生产钢筋桁架的前进距离都是腹杆间距的整数倍。要想得到任意的钢筋桁架长度，剪切装置应是可移动的。目前桁架焊接生产线上的剪切机构都是可移动的，只是形式各异，如有的采用气动结构，有的采用丝杆结构等，它们都能实现不同长度产品的切断。剪切形式现在多以液压剪切为主，优点是剪切力大，动作平稳，结构简单。

定尺切断后的钢筋桁架成品通过集料机构的机械手抓持至指定位置，然后配合升降小车码垛至设定数量并放置至接料架，最后通过推料装置完成成品收集。

桁架焊接生产线的码垛机构属于生产线卸料的辅助机构，缺少了码垛机构并不会影响整个生产线的正常生产。码垛机构如图 20-20 所示，它的作用只是实现桁架产品的自动堆叠以方便后续打包和运输。

对焊机是桁架焊接生产线的辅助机构，其作用是把断筋两端焊接在一起。如果生产线上发生断筋就不需中心穿引钢筋，可以节省钢筋和操作时间。对焊机一般为桁架焊接生产线的选配产品。有些情况下也可以用对焊机

图 20-20　码垛机构

来熔断钢筋代替剪切。弯脚机构是桁架焊接生产线的选配辅助机构，位于焊机和剪切机构之间，生产弯脚钢筋桁架时，将直脚钢筋桁架的底角折弯成型后，经过剪切机构剪断即可。如果只生产直脚钢筋桁架可不配备此机构。桁架焊接生产线辅助机构对焊机和底角折弯机构如图 20-21 所示。

(a)

(b)

图 20-21　桁架焊接生产线辅助机构
(a) 对焊机；(b) 底角折弯机构

35 型桁架焊接生产线设备技术参数见表 20-2。桁架焊接生产线总长度较长，小型工厂一般不方便安装，但可通过调整放线笼位置和减少码垛机构的长度来节省空间。国内桁架焊接生产线的生产速度一般都不超过 20 m/min。现在国内生产预制混凝土构件的配套设备还不成熟，整体生产速度较慢，目前桁架焊接生产线的生产速度足以满足混凝土构件的生产现状。

表 20-2　35 型桁架焊接生产线设备技术参数

参　　数	数　　值
焊接变压器功率/(kV・A)	200×4
机械功率/kW	75
生产线速度/(m/min)	15～18
生产桁架长度/m	≤12
设备尺寸/(m×m×m)	48×4.9×4.2

2. 钢筋桁架楼承板专用焊机的工作原理

钢筋桁架楼承板专用焊机按照前输送架、焊接主机、后输送架的顺序依次直线排列。其工作原理是：钢筋桁架和桁架底模板首先通过前输送架进入焊接机构，其次通过定位和焊接第一点后形成整体，最后通过机械夹手装置夹持往返联动、交替推动，实现自动化送料与焊接并完成钢筋桁架楼承板成品生产。

3. 钢筋桁架底板辊压成型机的工作原理

钢筋桁架底板辊压成型机的组成机构按照放料、导向进料、辊压成型、切断、成品出料的顺序依次直线排列。其工作原理是：原材料通过放料及导向进料后进入辊压成型辊道，辊压完成的筋条状及压筋轮压花使钢板本体强度达到使用标准，并按系统设定长度进行定尺切断形成所需成品。

20.3.2　机构组成

1. 钢筋桁架焊接生产线的机构组成

钢筋桁架焊接生产线主要由放线架、预矫直机构、储料送丝机构、侧筋成型机构、步进机构、焊接机构、底脚折弯机构、剪切机构、集料机构及电气控制系统等组成。

(1) 放线架。放线架采用主动放线方式，步进送进阻力小。热轧钢筋不经收线可直接使用，设备使用的附加成本低。

(2) 预矫直机构。该机构用于钢筋的矫直,保证桁架直线度。

(3) 储料送丝机构。该机构用于钢筋送进和临时存储,可根据步进信号的反馈实时送料或停止送料。

(4) 侧筋成型机构。该机构通过曲柄连杆和齿轮传动,带动两个摆杆同时摆动完成侧筋的弯曲成型和输送工作。

(5) 步进机构。步进机构根据系统设定值对桁架进行等距送进。

(6) 焊接机构。该机构通过导向、定位、压紧配合等动作完成五根钢筋的焊接工作。

(7) 底脚折弯机构。该机构通过电机或气缸驱动折弯模具完成桁架侧筋折脚工作。

(8) 剪切机构。该机构采用机械剪切的方式对钢筋桁架进行定尺切断工作。

(9) 集料机构。该机构通过机械手的抓持,配合移料小车落料至升降架,最后推送到移料架完成成品收集码垛工作。

(10) 电气控制系统。电气控制系统包括电控柜及操作系统。

2. 钢筋桁架楼承板专用焊机的机构组成

钢筋桁架楼承板专用焊机主要由焊接主机、前输送架、后输送架、电气控制系统等组成。

(1) 焊接主机。焊接主机包含机身、加压系统、二次导线、变压器、冷却系统、机械夹持装置及桁架导向装置。

(2) 输送架。输送架包含前输送架和后输送架,采用链式传动、电机驱动、张紧离合器、多轴滑动等结合设计,保证了较大的承载能力,能灵活控制运转与停送。

(3) 电气控制系统。电气控制系统包括电控柜及操作系统。

3. 钢筋桁架底板辊压成型机的机构组成

钢筋桁架底板辊压成型机主要由托架式放料机、进料导向装置、辊压成型系统、液压剪切机构、成品托料架、液压系统、电控系统等组成。

(1) 托架式放料机。托架式放料机结构稳定、抗冲击性能好。卷筒外圆由左右各四块扇形板组成,通过螺栓顶紧的方式来撑紧卷料。适用于不同内径的卷料原材。

(2) 进料导向装置。原料板材两侧经左右导向后进入主机,使原材料板材与辊压成型系统保持正确位置。

(3) 辊压成型系统。辊压成型系统由机架、传动部件及冷弯成型辊轮组等组成。辊轮采用45号钢,经锻造、精密数控加工和表面镀硬铬后抛光处理。可以用手动螺杆调节上下辊间隙,以适应轧制不同厚度板材的需要。

(4) 液压剪切机构。采用滚压成型后冲切方式切断,切断动力由液压站提供。

(5) 成品托料架。该机构主要用来承托放置成型后的成品板材,以利于搬运。

(6) 液压系统。采用外置独立液压站(为切断提供动力)。

(7) 电控系统。电控系统包括电控柜及操作系统。

20.3.3　动力组成

1. 钢筋桁架焊接生产线电气控制系统

电气控制系统主要由PLC、触摸屏(HMI)和伺服电机组成,主要控制方式为:操作人员通过HMI对所需焊接钢筋的参数进行编辑(包括上弦筋和下弦筋焊接电流和焊接时间的设定),编辑完成并将指令下发到PLC后,PLC即可按照设定的焊接参数通过焊接控制板控制焊接变压器和焊接气缸等执行元件完成焊接任务,自动完成钢筋桁架加工。

整个系统的软件主要由PLC程序和HMI程序两部分组成。PLC程序的结构主要分为数据运算、逻辑判断及动作执行3部分。在PLC程序中加入了较多的运算子程序,提高了运算效率,也减少了程序的扫描周期;动作执行部分的程序采用梯形图,结构比较清晰,可读性较高,同时也避免了程序处理复杂逻辑动作时的相互干扰和误动作的产生,提高了稳定性。HMI程序的结构主要分为数据录入、状态监控及信息提示3部分。数据录入包括设备工作参数的设置、产品焊接参数的设定,以及焊接数据库的存储和调用;状态监控包括整个系统当前输入输出点的状态显示,并可对整个设备的各执行机构进行手动操作；信息提示包括各种报警信息提示、参数设置的帮助提示，以及一些非法操作的警告提示。

2. 钢筋桁架楼承板专用焊机电气控制系统

(1) 电气控制系统采用HMI人机界面显示，PLC控制，界面直观，操作简单，数据可直接设定并编辑，精度可达到±3%。

(2) 具有恒电流、恒电压和恒向角3种控制功能。

(3) 具有断电数据保存功能，长期断电数据不丢失。

(4) 具有出错自检功能，各种异常报警内容直接以数字显示。

(5) 伺服电机步进，控制方便精准。

3. 钢筋桁架底板辊压成型机电气控制系统

(1) 电气控制系统采用PLC控制，HMI人机界面显示，实现人与PLC的交互。

(2) 操作人员通过设定的程序自动运行(可编程控制)并对控制过程进行监控，实现控制生产线和修改控制参数，并可实时监控设备运行状态、运行参数和故障指示等。

(3) 制件长度数字设定，制件长度可调整。

(4) 实时监控设备运行状态。

20.4 技术性能

20.4.1 产品型号命名

1. 钢筋桁架焊接生产线产品型号命名方式

钢筋桁架焊接生产线型号由制造商自行命名，目前主要的命名规则有两种。

(1) 由制造商自定义代号、主参数、特性及产品更新换代情况组成。

其型号说明如下：

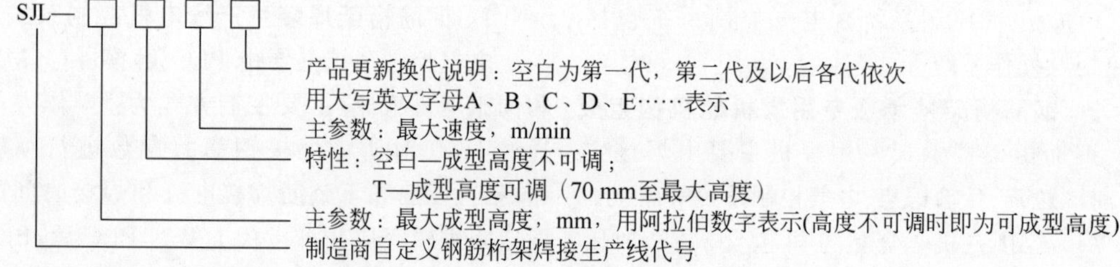

标记示例：A制造商生产的钢筋桁架焊接生产线，成型高度70～500 mm可调，最大生产速度10 m/min，为该机型第二代。标记为：SJL500T-10A。

(2) 由制造商自定义代号和主参数组成。其型号说明如下：

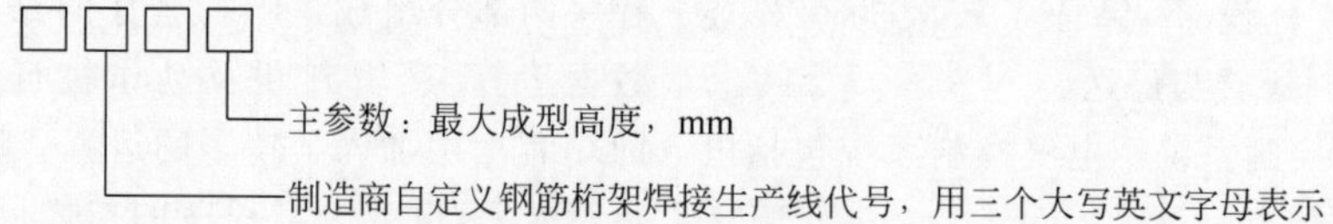

标记示例：B制造商生产的钢筋桁架焊接生产线，最大成型高度350 mm。标记为：×××-350。

2. 钢筋桁架楼承板专用焊机产品型号命名方式

该产品型号由制造商自定义代号、焊接变压器容量和数量组成。其型号说明如下：

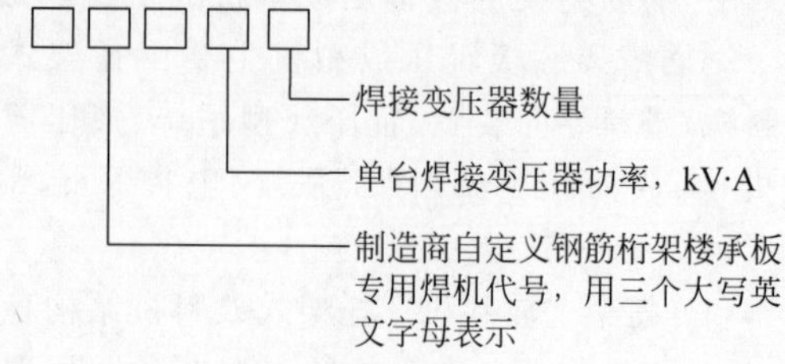

标记示例：A 制造商生产的钢筋桁架楼承板专用焊机，单台焊接变压器功率 63 kV·A，共 6 台焊接变压器。标记为：××× 63-6。

3. 钢筋桁架底板辊压成型机产品型号命名方式

该产品型号由制造商自定义代号和主参数组成。其型号说明如下：

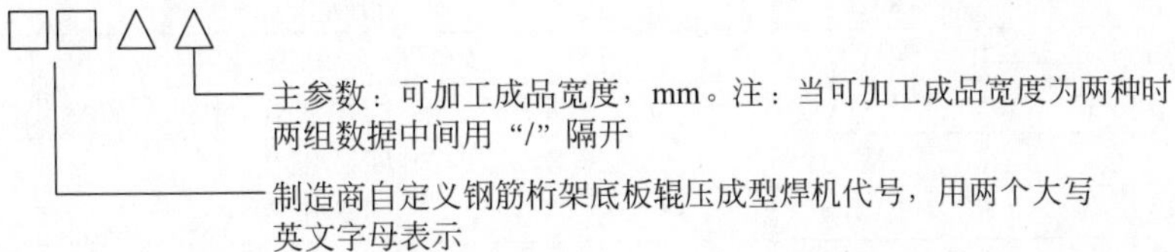

标记示例 1：A 制造商生产的钢筋桁架底板辊压成型机，成品宽度 595 mm。标记为：××-595。

标记示例 2：A 制造商生产的钢筋桁架底板辊压成型机，成品宽度为 576 mm 和 600 mm 两种。标记为：××-576/600。

20.4.2 性能参数

1. 钢筋桁架焊接生产线性能参数

高铁专用钢筋桁架焊接生产线性能参数见表 20-3，其剪切方式为机械式。

建筑领域通用钢筋桁架焊接生产线性能参数见表 20-4，其底脚折弯方式为气动式或机械式可选。

W 型专用钢筋桁架焊接生产线性能参数见表 20-5，其剪切方式为机械式；地脚折弯方式为气动＋机械式。

2. 钢筋桁架楼承板专用焊机性能参数

钢筋桁架楼承板专用焊机性能参数见表 20-6。

表 20-3　高铁专用钢筋桁架焊接生产线性能参数

参　数	单　位	数　值	备　注
放线架承重	kg/个	2500	
放线架数量	个	5	
送丝电机功率	kW	15	
侧筋成型电机功率	kW	11	
焊接变压器装机功率	kV·A	500	间歇工作
侧筋弯曲节距	mm	200	
桁架高度	mm	100	
桁架宽度	mm	80	
上弦钢筋直径	mm	12	$\sigma_s \leqslant 600\ N/mm^2$
下弦钢筋直径	mm	10	$\sigma_s \leqslant 600\ N/mm^2$
侧筋直径	mm	7	$\sigma_s \leqslant 600\ N/mm^2$
桁架长度	m	2.4	
桁架直线度	mm	±5	
桁架高度误差	mm	±2	
桁架宽度误差	mm	±2	
桁架长度误差	mm	±5	
腹杆钢筋上下露头高度	mm	≤2	
桁架生产线速度	m/min	8～10	
气路压力	MPa	≥0.7	
耗气量	m^3/min	2.0	
生产线尺寸	mm×mm×mm	35 000×6000×3850	长度可适当调整

表 20-4 建筑领域通用钢筋桁架焊接生产线性能参数

参 数	单 位	数 值	备 注
放线架承重	kg/个	2500	
放线架数量	个	5	
送丝电机功率	kW	15	间歇工作
侧筋成型电机功率	kW	15	
焊接变压器装机功率	kV·A	250～640	间歇工作、根据配置变化
剪切电机功率	kW	22	间歇工作
收集升降架电机功率	kW	2.2	间歇工作
桁架步进节距	mm	190～210	
桁架高度	mm	70～500	
桁架宽度(下弦外侧)	mm	70～160	随高度变化
上弦钢筋直径	mm	6～14	
下弦钢筋直径	mm	6～14	
侧筋直径	mm	4～8	
桁架长度	m	0.8～14	
桁架直线度	mm/m	±5	
桁架高度误差	mm	±2	
桁架长度误差	mm/m	±2	最大误差不大于±5mm/m
腹杆钢筋上下露头高度	mm	≤2	
最大运行速度	m/min	30	生产速度根据桁架规格确定
气路压力	MPa	≥0.7	
耗气量	m^3/min	3.5	带气动式底脚折弯机构耗气量为 5
生产线尺寸	m×m×m	(35～48)×6×3.9	生产线长度根据配置变化，为 35～48m

表 20-5 W 型专用钢筋桁架焊接生产线性能参数

参 数	单 位	数 值	备 注
放线架承重	kg/个	2500	
放线架数量	个	5	
送丝电机功率	kW	15	
侧筋成型电机功率	kW	7.5	
焊接变压器装机功率	kV·A	500	间歇工作
剪切电机功率	kW	22	间歇工作
收集升降架电机功率	kW	2.2	间歇工作
侧筋弯曲节距	mm	240～260	
桁架高度	mm	260～310	
“W”折脚宽度	mm	175±5	
桁架下弦筋宽度	mm	120±5	
上、下弦钢筋直径	mm	8～14	
侧筋直径	mm	4～7	
桁架长度	m	2～14	
桁架直线度	mm/m	±5	
桁架高度误差	mm	±2	
桁架长度误差	mm/m	±2	最大误差不大于±5 mm
腹杆钢筋上下露头高度	mm	≤3	

续表

参　　数	单　　位	数　　值	备　　注
最大运行速度	m/min	8	
气路压力	MPa	≥0.7	
耗气量	m^3/min	4.5	
生产线尺寸	mm×mm×mm	48 000×6000×3400	长度可适当调整

表 20-6　钢筋桁架楼承板专用焊机性能参数

参　　数	单　　位	数　　值	备　　注
额定功率	kV·A	63×6	焊接主机
电源电压	V	380	±10%
电流频率	Hz	50	
输出电压调节范围	V	7.2	
额定负载持续率	%	30	
设备电源线尺寸	mm^2	120	
焊接板宽	mm	576～600	
焊接板厚	mm	<0.8	
焊接钢筋直径	mm	4～7	
桁架最大高度	mm	350	
桁架节距	mm	190～210	
最大生产速度	m/min	12	
冷却水压力	MPa	0.2～0.3	
气路压力	MPa	≥0.6	
冷却水流量	L/min	36	
电极压力	N	1600	
压缩空气耗量	m^3/min	>1.5	
工作环境湿度	%	30～85	
冷却水温度	℃	0～40	

3. 钢筋桁架底板辊压成型机性能参数　V型钢筋桁架底板辊压成型机性能参数见表20-7。

M型钢筋桁架底板辊压成型机性能参数见表20-8。

表 20-7　V型钢筋桁架底板辊压成型机性能参数

参　　数		单　　位	数　　值	备　　注
适用原材料（镀锌钢板、彩板等）	带钢厚度	mm	0.5	
	下料尺寸	mm	600,625	
	屈服强度	MPa	235,260	
成品宽度		mm	576,600	
成型速度		m/min	≥10	
成型主电机功率		kW	5.5	以实际设计为准
液压站功率		kW	2.2	以实际设计为准
电源			AC380V/50Hz	
外形尺寸		m×m×m	5×1.3×1.5	以实物为准

表 20-8 M 型钢筋桁架底板辊压成型机性能参数

参 数		单 位	数 值	备 注
适用原材料(镀锌板)	带钢厚度	mm	0.5	
	开卷尺寸	mm	1500	
	下料尺寸	mm	750	
	屈服强度	MPa	350	
成品板尺寸		mm	595	
有效宽度		mm	585	
成型速度		m/min	≥12	
剪切长度误差		mm	≤±3	
成型主机功率		kW	7.5	以实际设计为准
液压站功率		kW	4	以实际设计为准
电源			AC380V/50Hz	
外形尺寸		m×m×m	~21×1.0×1.2	以实物为准

20.4.3 各企业产品型谱

1. 建科智能装备制造(天津)股份有限公司

1) 智能全自动钢筋桁架焊接机器人 SJL100-10

本设备为加工高速铁路双块式轨枕用钢筋桁架的专用设备,设备各机构均根据高铁轨枕用钢筋桁架的特殊要求进行了定制化设计,最大生产速度 10 m/min,生产桁架高度 100 mm,宽度 80 mm,长度 2.4 m。主要工作部分采用气动和电动相结合的方式,拥有多类数据库,数字化控制方式,参数设置和调整方便、快捷。采用整体式底梁连接的安装方式,设备紧凑、整体稳定性好,且安装调试时间缩短 50%以上。设置有专门的防扭装置和侧弯矫正装置,可方便、快捷地调整并可很好地保证桁架直线度。装机功率仅为 500 kV·A,且上下焊点的焊接参数可单独设置,焊接质量好,能耗低。其技术参数见表 20-9,其剪切方式为机械式。

表 20-9 智能全自动钢筋桁架焊接机器人 SJL100-10 的技术参数

参 数	单 位	数 值	备 注
放线架承重	kg/个	2000	
放线架数量	个	5	
送丝电机功率	kW	15	
侧筋成型电机功率	kW	11	
焊接变压器功率	kV·A	500	间歇工作
侧筋弯曲节距	mm	200	
桁架高度	mm	100	
桁架宽度	mm	80	
上弦钢筋直径	mm	12	$\sigma_s \leqslant 550\ \text{N/mm}^2$
下弦钢筋直径	mm	10	$\sigma_s \leqslant 550\ \text{N/mm}^2$
侧筋直径	mm	7	$\sigma_s \leqslant 550\ \text{N/mm}^2$
桁架长度	m	2.4	
桁架直线度	mm	±5	
桁架高度误差	mm	±2	
桁架宽度误差	mm	±2	

续表

参　　数	单　　位	数　　值	备　　注
桁架长度误差	mm	±5	
腹杆钢筋上下露头高度	mm	≤2	
最大运行速度	m/min	8.5	
气路压力	MPa	≥0.7	要求气体洁净
耗气量	m^3/min	2.5	
生产线尺寸	mm×mm×mm	35 000×6000×3850	长度可适当调整
生产线总重	t	≤20	

2）智能全自动钢筋桁架焊接机器人SJL500T-10A

本设备采用高精度PLC控制，高效率、高耐用性设计，液晶屏显示操作方便，具有功能强大的数据库。生产桁架高度70～500 mm，长度2～14 m，步进及折弯节距190～210 mm，最大生产速度10 m/min。折弯高度和节距可自动调节，上、下焊接移动电动控制，圆盘式电极头可重复多次使用，使用寿命长，使用成本低，独有的腹杆筋定位装置可保证腹杆筋输送过程的平稳顺畅。可与建科自主研发的TJK MAX MES系统连接，实现高效率生产，具有节材优化功能，并可实现版本每年升级。其技术参数见表20-10。

表20-10　智能全自动钢筋桁架焊接机器人SJL500T-10A的技术参数

参　　数	单　　位	数　　值	备　　注
放线架承重	kg/个	2000	
放线架数量	个	5	
送丝电机功率	kW	15	
侧筋成型电机功率	kW	7.5	
焊接变压器功率	kV·A	500	间歇工作
剪切电机功率	kW	22	间歇工作
收集升降架电机功率	kW	3	间歇工作
桁架步进节距	mm	190～210	
桁架高度	mm	70～500	
桁架宽度(下弦外侧)	mm	70～160	
上弦钢筋直径	mm	6～12	最大可加工14
下弦钢筋直径	mm	6～12	最大可加工14
侧筋直径	mm	4～8	
桁架长度	m	2～14	
桁架直线度	mm/m	±5	
桁架高度误差	mm	±3	
桁架长度误差	mm/m	±3	最大误差不大于±5 mm
腹杆钢筋上下露头高度	mm	≤5	
最大运行速度	m/min	10	
气路压力	MPa	≥0.7	要求气体洁净
耗气量	m^3/min	5.5	
生产线尺寸	mm×mm×mm	45 000×6000×3500	长度可适当调整
生产线总重	t	≤22	

3）智能全自动钢筋桁架焊接机器人SJL300T-18X

本设备可加工有无底脚两种不同系列的桁架，也可生产各种不同规格的桁架。采用双伺服控制模式，步进节距190～210 mm自动可调，最大生产速度15 m/min，剪切刀可自动定位，实现节距变换过程的无缝衔接，无废料产生。放线架采用主动放线方式，有效解决了放线过程中热轧盘螺钢筋的不规则问题。采用两点式电阻点焊焊接方式，装机功率仅为同类设备的50%左右，每个焊点的焊接参数可单独设置。防扭装置、防侧弯装置以及多组矫直装置多管齐下，有效保证桁架直线度。机械式剪切方式，可加工桁架最小高度60 mm，最大加工高度可根据客户需求升至400 mm，可根据客户需求定制反向设备。可与建科自主研发的TJK MAX MES系统连接，实现高效率生产，具有节材优化功能，并可实现版本每年升级。其技术参数见表20-11，其底脚折弯方式为气动式/电动式。

表20-11　智能全自动钢筋桁架焊接机器人SJL300T-18X的技术参数

参　数	单　位	数　值	备　注
放线架承重	kg/个	2000	
放线架数量	个	5	
侧筋成型电机功率	kW	22.5	
焊接变压器功率	kV·A	360	间歇工作
剪切电机功率	kW	22	间歇工作
收集升降架电机功率	kW	3	间歇工作
桁架步进节距	mm	190～210	
桁架高度	mm	70～300	
桁架宽度(下弦外侧)	mm	70～90	
上、下弦钢筋直径	mm	6～12	最大可加工14
侧筋直径	mm	4～7	最大可加工8
桁架长度	m	2～14	
桁架直线度	mm/m	±5	
桁架高度误差	mm	±2	
桁架长度误差	mm/m	±3	最大误差不大于±5 mm
腹杆钢筋上下露头高度	mm	≤3	
最大成型速度	m/min	15	
气路压力	MPa	≥0.7	要求气体洁净
耗气量	m^3/min	3	
生产线尺寸	mm×mm×mm	40 000×6000×3400	长度可适当调整
生产线总重	t	≤19	

4）智能全自动钢筋桁架焊接机器人SJL300T-18

本设备可加工有无底脚两种不同系列的桁架，也可生产各种不同规格的桁架。步进节距190～205 mm自动可调，最大生产速度15 m/min。放线架采用主动放线方式，有效解决了放线过程中热轧盘螺钢筋的不规则问题。采用两点式电阻点焊焊接方式，装机功率仅为同类设备的50%左右，每个焊点的焊接参数可单独设置。防扭装置、防侧弯装置以及多组矫直装置多管齐下，有效保证桁架直线度。机械式剪切方式，最大加工高度可根据客户需求升至400 mm，可根据客户需求定制反向设备。可与建科自主研发的TJK MAX MES系统连接，实现高效率生产，具有节材优化功能，并可实现版本每年升级。其技术参数见表20-12，其底脚折弯方式为气动式/电动式。

表 20-12　智能全自动钢筋桁架焊接机器人 SJL300T-18 的技术参数

参　　数	单　　位	数　　值	备　　注
放线架承重	kg/个	2000	
放线架数量	个	5	
侧筋成型电机功率	kW	22.5	
焊接变压器功率	kV·A	360	间歇工作
剪切电机功率	kW	22	间歇工作
收集升降架电机功率	kW	3	间歇工作
桁架步进节距	mm	195～205	
桁架高度	mm	70～300	
桁架宽度(下弦外侧)	mm	70～90	
上、下弦钢筋直径	mm	6～12	最大可加工 14
侧筋直径	mm	4～7	最大可加工 8
桁架长度	m	2～14	
桁架直线度	mm/m	±5	
桁架高度误差	mm	±2	
桁架长度误差	mm/m	±3	最大误差不大于±5 mm
腹杆钢筋上下露头高度	mm	≤3	
最大成型速度	m/min	15	
气路压力	MPa	≥0.7	要求气体洁净
耗气量	m^3/min	3,4.5	带底脚折弯机构耗气量为 4.5
生产线尺寸	mm×mm×mm	40 000×6000×3400	长度可适当调整
生产线总重	t	≤19	

5）智能全自动钢筋桁架焊接机器人 SJL400T-10

本设备主要用于生产 PC 行业和地下管廊用钢筋桁架，步进节距 195～205 mm 自动可调，最大生产速度 10 m/min。放线架采用主动放线方式，有效解决了放线过程中热轧盘螺钢筋的不规则问题。独立伺服驱动的气动夹紧式步进装置，步进精度高、稳定性强，独有的腹杆筋定位装置可保证腹杆筋输送过程的平稳顺畅。可与建科自主研发的 TJK MAX MES 系统连接，实现高效率生产，具有节材优化功能，并可实现版本每年升级。其技术参数见表 20-13，其剪切方式为机械式。

表 20-13　智能全自动钢筋桁架焊接机器人 SJL400T-10 的技术参数

参　　数	单　　位	数　　值	备　　注
放线架承重	kg/个	2000	
放线架数量	个	5	
侧筋成型电机功率	kW	11	
步进机构功率	kW	14	
焊接变压器功率	kV·A	360	间歇工作
剪切电机功率	kW	22	间歇工作
侧筋弯曲节距	mm	195～205	
桁架高度	mm	70～400	

续表

参　　数	单　　位	数　　值	备　　注
桁架宽度(下弦外侧)	mm	70～110	
上、下弦钢筋直径	mm	6～12	最大可加工 14
侧筋直径	mm	4～7	最大可加工 8
桁架长度	m	2～12	
桁架直线度	mm/m	±5	
桁架高度误差	mm	±2	
桁架长度误差	mm/m	±3	最大误差不大于±5 mm
腹杆钢筋上下露头高度	mm	≤3	
最大运行速度	m/min	10	
气路压力	MPa	≥0.7	要求气体洁净
耗气量	m^3/min	3	
生产线尺寸	mm×mm×mm	39 500×6000×3400	长度可适当调整
生产线总重	t	≤20	

6）智能全自动钢筋桁架焊接机器人 SJL320T-36

本设备主要用于桁架楼承板用钢筋桁架的加工，折弯节距 200 mm，步进节距(400±5) mm，最大生产速度 30 m/min，焊接变压器总功率 640kV·A。焊接机构可选四点同时焊接或上下各两点分步焊接的电阻点焊焊接方式，可解决外部电压不稳或变压器容量不足的问题，每个焊点的焊接参数可单独设置。预矫直和钢筋临时存储装置可保证设备高速运行过程中钢筋的有序供应，断丝报警装置可避免重新上料的人力和时间浪费。可与建科自主研发的 TJK MAX MES 系统连接，实现高效率生产，具有节材优化功能，并可实现版本每年升级。其技术参数见表 20-14，其剪切方式为机械式。

表 20-14　智能全自动钢筋桁架焊接机器人 SJL320T-36 的技术参数

参　　数	单　　位	数　　值	备　　注
放线架承重	kg/个	2000	
放线架数量	个	5	
送丝电机功率	kW	15	
侧筋成型电机功率	kW	15	
焊接变压器功率	kV·A	640	间歇工作
剪切电机功率	kW	22	间歇工作
地脚折弯电机功率	kW	7.5	间歇工作
收集升降架电机功率	kW	2.2	间歇工作
侧筋弯曲节距	mm	200	
桁架高度	mm	70～300	
桁架宽度(下弦外侧)	mm	70～90	随高度变化
上、下弦钢筋直径	mm	6～12	
侧筋直径	mm	4～7	
桁架长度	m	2～14	
桁架直线度	mm/m	±5	

续表

参　　数	单　　位	数　　值	备　　注
桁架高度误差	mm	±2	
桁架长度误差	mm/m	±3	最大误差不大于±7 mm
腹杆钢筋上下露头高度	mm	≤3	
最大运行速度	m/min	30	
气路压力	MPa	≥0.7	要求气体洁净
耗气量	m^3/min	3	
生产线尺寸	mm×mm×mm	47 000×6000×3850	长度可适当调整
生产线总重	t	≤25	

7）智能全自动钢筋桁架焊接机器人SJL300T-10

本设备主要用于生产PC行业用钢筋桁架，步进节距195～205 mm可调，最大生产速度10 m/min。放线架采用主动放线方式，有效解决了放线过程中热轧盘螺钢筋的不规则问题。两点式分步电阻点焊焊接方式使装机功率降至全行业最低，且每个焊点的焊接参数可单独设置，焊接变压器总功率仅为250 kV·A。可与建科自主研发的TJK MAX MES系统连接，实现高效率生产，具有节材优化功能，并可实现版本每年升级。其技术参数见表20-15，其剪切方式为机械式。

表20-15　智能全自动钢筋桁架焊接机器人SJL300T-10的技术参数

参　　数	单　　位	数　　值	备　　注
放线架承重	kg/个	2000	
放线架数量	个	5	
侧筋成型电机功率	kW	11	
焊接变压器功率	kV·A	250	间歇工作
剪切电机功率	kW	22	间歇工作
桁架步进节距	mm	195～205	
桁架高度	mm	70～280	
桁架宽度(下弦外侧)	mm	70～90	
上、下弦钢筋直径	mm	6～12	
侧筋直径	mm	4～7	
桁架长度	m	2～12	
桁架直线度	mm/m	±5	
桁架高度误差	mm	±2	
桁架长度误差	mm/m	±3	最大误差不大于±5 mm
腹杆钢筋上下露头高度	mm	≤3	
最大运行速度	m/min	10	
气路压力	MPa	≥0.7	要求气体洁净
耗气量	m^3/min	2	
生产线尺寸	mm×mm×mm	38 000×6000×3400	长度可适当调整
生产线总重	t	≤19	

8）智能全自动钢筋桁架焊接机器人SJL310T-12

本设备为W型钢筋桁架的专用加工设备，步进节距240～260 mm无级调节，最大运行速度8 m/min，上、下弦钢筋直径8～14 mm，侧筋直径4～7 mm，成品高度260～310 mm，成品最大宽度(175±5) mm。独立伺服驱动的气动夹紧式步进装置，步进精度高、稳定性好，独有的腹杆筋定位装置可保证腹杆筋输送过程的平稳顺畅。可与建科自主研发的TJK MAX MES系统连接，实现高效率生产，具有节材优化功能，并可实现版本每年升级。其技术参数见表20-16，其剪切方式为机械式；地脚折弯方式为气动式。

表20-16　智能全自动钢筋桁架焊接机器人SJL310T-12的技术参数

参　数	单　位	数　值	备　注
放线架承重	kg/个	2000	
放线架数量	个	5	
送丝电机功率	kW	22.5	
侧筋成型电机功率	kW	7.5	
焊接变压器功率	kV·A	500	间歇工作
剪切电机功率	kW	22	间歇工作
收集升降架电机功率	kW	2.2	间歇工作
侧筋弯曲节距	mm	240～260	
桁架高度	mm	260～310	不带底脚最大460
桁架宽度	mm	175±5	不带底脚120±10
上、下弦钢筋直径	mm	8～14	
侧筋直径	mm	4～7	
桁架长度	m	2～14	
桁架直线度	mm/m	±5	
桁架高度误差	mm	±2	
桁架长度误差	mm/m	±3	最大误差不大于±5 mm
腹杆钢筋上下露头高度	mm	≤5	
最大运行速度	m/min	8	
气路压力	MPa	≥0.7	要求气体洁净
耗气量	m^3/min	4.5	
生产线尺寸	mm×mm×mm	48 000×6000×3400	长度可适当调整

9）智能钢筋楼承板专用焊接机器人DNK63-6

本设备为钢筋桁架楼承板加工配套设备，采用PLC控制，设有触摸式控制屏，方便调节设备运行参数和焊接参数。可焊接板宽576～600 mm，桁架最大高度350 mm，最大运行速度12 m/min。其技术参数见表20-17。

表20-17　智能钢筋楼承板专用焊接机器人DNK63-6的技术参数

参　数	单　位	数　值	备　注
额定功率	kV·A	63×6	焊接主机
电源电压	V	380	±10%
电流频率	Hz	50	
次级空载电压	V	7.2	

续表

参　　数	单　　位	数　　值	备　　注
额定负载持续率	%	30	
设备电源线尺寸	mm^2	120	
焊接板宽	mm	576～600	
焊接板厚	mm	＜0.8	
焊接钢筋直径	mm	4～7	
桁架最大高度	mm	350	
桁架节距	mm	190～210	
最大生产速度	m/min	12	
冷却水压力	MPa	0.2～0.3	
气路压力	MPa	≥0.6	
冷却水流量	L/min	36	
电极压力	N	1600	
压缩空气耗量	m^3/min	＞1.5	
工作环境湿度	%	30～85	
冷却水温度	℃	0～40	

10）钢筋桁架底板辊压成型机 YB-576/600

本设备为钢筋桁架楼承板加工配套设备，属于V型板材的专用滚压设备，由放料架、导向装置、成型系统、切断系统、托料装置、液压系统、电控系统等组成，具有操作简单、布置合理及自动化程度高等特点。其技术参数见表20-18。

表 20-18　钢筋桁架底板辊压成型机 YB-576/600 的技术参数

参　　数		单　　位	数　　值	备　　注
适用原材料（镀锌钢板、彩板等）	带钢厚度	mm	0.5	
	下料尺寸	mm	600,625	
	屈服强度	MPa	235,260	
成品宽度		mm	576,600	
成型速度		m/min	≥10	
成型主电机功率		kW	5.5	以实际设计为准
液压站功率		kW	2.2	以实际设计为准
电源			AC380V/50Hz,3P	
外形尺寸		m×m×m	5×1.3×1.5	以实物为准

11）钢筋桁架底板辊压成型机 YX-595

本设备为钢筋桁架楼承板加工配套设备，属于M型板材的专用滚压设备，由放料架、导向装置、成型系统、切断系统、托料装置、液压系统、电控系统等组成。操作人员通过设定的程序自动运行（可编程控制）并对控制过程进行监控，实现控制生产线和修改控制参数，并可实时监控设备运行状态、运行参数和故障指示等。其技术参数见表20-19。

2. 山东连环钢筋加工装备有限公司

本公司步进输送采用安川伺服电机驱动，电气系统采用三菱系列PLC、三菱电机变频器、三菱触摸屏，焊接采用TCW-32H控制器，拱弯气缸采用SMC气缸，生产线采用山东博特精工滚珠直线导轨和滚珠丝杠，剪切装置采用结构简单、可靠耐用的液压机构。其技术参数见表20-20。

表 20-19 钢筋桁架底板辊压成型机 YX-595 的技术参数

参数		单位	数值	备注
适用原材料(镀锌板)	带钢厚度	mm	0.5	
	开卷尺寸	mm	1500	
	下料尺寸	mm	750	
	屈服强度	MPa	350	
成品板长度		mm	595	
有效宽度		mm	585	
成型速度		m/min	≥12	
剪切长度误差		mm	≤±3	
成型主机功率		kW	7.5	以实际设计为准
液压站功率		kW	4	以实际设计为准
电源			AC380V/50Hz	
外形尺寸		m×m×m	~21×1.0×1.2	以实物为准

表 20-20 钢筋桁架焊接生产线 GSH-270 的技术参数

参数	单位	数值	备注
放线架承重	kg/个	2500	
矫直电机功率	kW	22	变频电机
侧筋成型电机功率	kW	10.5	伺服电机
焊接变压器功率	kV·A	175(250)×4	变频控制
液压站电机功率	kW	15	间歇工作
系统最高工作压力	MPa	20	
步进电机功率	kW	7.5	间歇工作
收集装置电机功率	kW	6	间歇工作
侧筋成型节距	mm	190~210	可调
桁架高度	mm	70~270	270 为不带底脚
桁架宽度	mm	70~80	可定制
上、下弦钢筋直径	mm	5~12	
侧筋直径	mm	4~7	
桁架直线度	mm/m	±5	
桁架高度误差	mm	±2	
桁架长度误差	mm	±5	最大误差≤15 mm
腹杆筋上下露头	mm	≤5	
桁架生产线速度	m/min	≤15	桁架规格不同,生产效率不同
耗气量	m^3/min	7	
生产线尺寸	mm×mm×mm	48 000×6000×3500	长度可适当调整

20.4.4 各产品技术性能

1. 钢筋桁架焊接生产线的技术性能

(1) 采用智能化控制系统。采用 PLC 与 HMI 终端,拥有多类数据库,采用数字化控制方式。显示屏与 PLC 分别完成监控与控制功能,系统可靠性很高。部分厂家机型可与其自主研发的 MAX MES 系统连接,实现高效率生产,具有节材优化功能,并可实现版本每年升级。

（2）生产效率高。各种不同型号机型的生产速度有所不同，最大生产速度可达 30 m/min。

（3）成型精度高。大多数机型均设置有防扭装置、防侧弯装置以及多组矫直装置，通过多机构、多装置多管齐下，保证桁架直线度小于 5 mm/m。

（4）加工能力强。大多数机型都具有以下加工能力：同一台设备经过简单调整，便可加工折脚桁架和直脚桁架两种不同系列的桁架；可以加工同一系列不同规格的桁架。

（5）关键零件使用寿命长。针对导向装置、定位装置、送进轮、矫直轮、成型模具、夹料爪、齿轮齿条等传动件以及切刀等一些直接与钢筋接触、摩擦或者进行力矩传递、钢筋切断的零部件，采用国内最新研发的新型高强韧性材料，通过特殊工艺处理等手段，保证其使用寿命。

（6）节省劳动力，整机只需 1 人操作，1～2 人辅助作业即可。

2. 钢筋桁架楼承板专用焊机的技术性能

（1）电气控制系统采用 PLC 控制，HMI 人机界面显示，实现人机交互，参数设置方便、快捷。

（2）主要工作部分采用气动方式，清洁、环保、安全性高。

（3）关键传动件、执行元件、电/气动元件均采用国际名牌产品，使用寿命长、精度高。

（4）焊接变压器、焊接电极、主回路、可控硅均采用强制水冷。

（5）系统设有报警系统，对冷却水压力和气压以及各种位置进行监控，确保设备正常运行。

（6）焊接时不易产生火花，噪声小。

（7）操作方便、维修简单。

3. 钢筋桁架底板辊压成型机的技术性能

（1）电气控制系统采用 PLC 控制，HMI 人机界面显示，实现人与 PLC 的交互。

（2）主轴采用大直径优质钢材，并经热处理和表面处理。

（3）传动部分采用链轮链条传动，最优功率电机驱动。

（4）轧辊材质选用优质钢材，并进行调质处理及表面镀硬铬。

（5）机体采用 H 型钢焊接，强度高、稳定性好。

（6）根据板型不同采用 11～26 道辊的成型道次，有效保证成型板材的质量和各项技术指标。

20.5　选型原则与选型计算

20.5.1　总则

设备选型是指从多种可以满足相同需要的不同型号、规格的设备中，经过技术性能、经济效益、综合成本等的分析评价，选择最佳方案以作出购买决策。设备选型应遵循生产上适用、技术上先进、经济上合理等原则。

20.5.2　选型原则

1. 生产适用性和经济合理性原则

只有选择生产上适用且技术上先进的设备才能发挥其最大的经济效益。因此，应在可以满足相同需要的不同型号、规格的设备中，经过技术性能参数、经济效益和综合成本等的对比分析，选择最佳方案以作出购买决策，力求整体性价比最高。避免单一追求设备价格而忽略了生产适用性和经济合理性。

2. 可靠性原则

设备可靠性是保持和提高设备生产率的前提条件，可靠性在很大程度上决定设备设计与制造。因此，在进行设备选型时必须重点考虑设备厂家的整体实力，可以通过考察不同厂家的设备市场占有率，初步判断设备厂家的技术力量和整体实力。尽量选择市场占有份额大、整体实力雄厚的设备厂家。

3. 产品与服务相结合原则

选择设备既要了解设备技术性能参数和采购成本，也要了解和测算设备使用成本和维护成本。既要了解设备售前和售中服务，更要了解是否有良好的售后服务和强大的技术支持。

4. 安全性原则

设备安全性是设备对生产安全的保障性能，即设备应具有必要的安全防护设计与装置，以避免带来人、机事故和经济损失。建议优先选择市场占有份额大、整体实力雄厚的设备厂家，从而更好地保障设备安全性。

5. 环保和节能性原则

在设备选型时需要考虑以下方面：其噪声、振动频率和有害物排放等是否控制在国家和地区标准的规定范围内，有无液压油以及其他液体渗漏等风险；装机容量大小是否合理，对电网冲击是否能控制在规定的合理范围内。

20.5.3 选型计算

1. 钢筋桁架焊接生产线选型计算

1）确定采购设备类型

根据生产需求确定设备为高铁专用钢筋桁架焊接生产线、建筑领域通用型钢筋桁架焊接生产线还是W型专用钢筋桁架焊接生产线。若选择高铁专用钢筋桁架焊接生产线或W型专用钢筋桁架焊接生产线，则直接跳至步骤3)。

2）确定生产需要的桁架最大高度

根据所需加工的桁架最大高度可以初步确定钢筋桁架焊接生产线型号。

例1：需求最大生产高度为500 mm，则设备型号可直接确定为SJL500T-10A。

例2：需求最大生产高度为400 mm，则设备型号可初步确定为SJL400T-10或SJL300T-18(非标)或SJL300T-18X(非标)，然后根据后续步骤确定具体型号。

3）确定设备型号

根据客观条件，并结合“钢筋桁架成型机械型谱”确定需要选择的设备最大生产速度，然后可结合步骤2)确定设备具体型号。

4）确定使用设备的班制

确定每天生产班制和每班生产时间。

5）确定设备台(套)数

设备分为标准设备和非标设备，标准设备一般根据设备的厂家说明书选型和按台(套)数采购，非标设备则需根据客户需求交由厂家定制。

(1) 确定每小时需要加工的物料量：

$$Q_1=\frac{Q}{\tau_1} \tag{20-1}$$

式中，Q_1为该设备每小时需加工的物料量，m；Q为每天需加工的物料总量(由物料平衡计算得出)，m；τ_1为每班生产时间，h。

(2) 确定单台设备每小时可加工的物料量：

$$Q_2=Kv\times 60 \tag{20-2}$$

式中，Q_2为单台设备每小时可加工的物料量，m；K为该设备的利用系数(一般取0.8)；v为设备生产速度(前面步骤中已确定，具体可参照钢筋桁架成型机械型谱中的最大生产速度确定)，m/min。

(3) 确定设备台数：

$$N=Q_1/Q_2 \tag{20-3}$$

式中，N为选用设备的台数，台(套)；Q_1为该设备每小时需加工的物料量，m；Q_2为单台设备每小时可加工的物料量，m。

在利用理论公式或经验公式计算设备生产能力时，公式中的某些系数要选取合理，特别对周期性作业的设备，应考虑供料不平衡造成的波动性，除按设备产品目录查取其生产能力数据外，还应参考有关工厂的实际经验确定。对于需要确定台数的设备，其数量要考虑设备发生事故或检修时仍有其他设备做备用，以维持生产。

2. 钢筋桁架楼承板专用焊机选型计算

用户应根据采购预算选择不同类型的焊接变压器设备：

钢筋桁架楼承板专用焊机(工频交流电阻焊式)，价格低，耗电量较大；

钢筋桁架楼承板专用焊机(变频交流电阻焊式)，价格较高，耗电量较小；

钢筋桁架楼承板专用焊机(中频交流电阻焊式)，价格高，耗电量小。

3. 钢筋桁架底板辊压成型机选型计算

用户应根据所需板型选择对应型号的设备：

YB-576/600，用于生产宽度为576 mm、600 mm的V型板；

YX-595,用于生产宽度为595 mm的M型板。

20.6 安全使用

20.6.1 安全使用原则与规范

钢筋桁架机械的安全使用标准是《建筑施工机械与设备　钢筋加工机械　安全要求》(GB/T 38176—2019)。

钢筋桁架机械的安全使用操作应在钢筋桁架机械使用说明书中详细说明,产品说明书的编写应符合《工业产品使用说明书　总则》(GB/T 9969—2008)的规定。

钢筋桁架机械的安全使用主要涉及设备安装人员、设备操作人员、设备管理人员及设备维护人员等(包含但不限于进入设备使用现场范围内的其他人员)。安全使用钢筋桁架机械应符合下列规定:

(1) 设备操作人员和特种作业人员必须持证上岗或达到相关规定的要求。

(2) 设备上的警告和危险标志不得拆掉,如果损坏应更换同样的标志。

(3) 不熟练的操作人员使用该设备容易引起事故,造成人员或机器损伤。因此,在使用该设备之前,有关人员必须接受培训,必须严格遵守设备说明书中的安全事项和操作规范。而且,除了自己遵守操作规范外,每位职员都有义务监督他人遵守操作规范,并且禁止不熟练的人员独自操作本设备。

(4) 在安装、使用或维护设备之前务必先阅读设备使用说明书。设备使用单位和所在地一些专门的安全要求在说明书中不再注明。

(5) 设备在使用、维修、维护和保养等过程中,与此无关的人员不要靠近。

(6) 用户必须让操作者知道机器在使用过程中存在的潜在危险,包括张贴适当的警告标志。

(7) 设备即使处于自动工作状态,也必须由一位经过培训的人监管。设备中断时负责人员必须将所有钥匙保管好,以防其他人使用设备。

(8) 设备工作过程中不要接触电机、气缸等运动的部位;不要接触正在加工的原料。设备使用过程中禁止移动或改装设备的各个开关和其他安全装置。

(9) 即使没有专门的要求,当进行设备维护、更换零件、维修、清洁、润滑和调整等操作时,都必须切断主电源,切断气路系统并放掉气路系统的残留压缩空气。

(10) 要有专人定期检查设备各个零件的运转情况,若有故障或零件有问题必须马上更换,每班检查所有螺栓是否有松动现象,及时排除故障,确保设备处于良好的工作状态。

(11) 设备维护、维修、清洁或调整期间应在操作台及其他醒目位置上放置相应的警示标志。

(12) 使用设备前必须确认零线和地线已经根据电路图进行可靠连接。

(13) 禁止将输出端子(U、V、W)接到交流电源上,以避免发生伤害事故及火灾(即禁止将电源进线接到电机出线端子上,否则将损坏变频器)。

(14) 不得对变频器电缆线间进行绝缘测试,变频器工作时不得触摸其内部。

(15) 非专业人员请勿调整控制柜内装置。

(16) 设备电控柜不得放置在有可能阳光直射的地方。

(17) 本设备会产生无线电频率辐射,因此佩戴心脏脉冲发生器和助听器的人员不能靠近。

(18) 不准穿戴宽松衣服或物品,因为会发生被卷进机器的危险。

(19) 需要停止设备时,要按操作台上的"停机"按钮。设备工作时禁止断开供电开关,因为这样容易损害设备零件和计算机程序。

(20) 在发生危险或严重故障时,应立即按下"急停"开关停止工作,然后切断设备电源。

20.6.2 拆装与运输

钢筋桁架成型机械拆装与运输注意事项如下:

(1) 装配应按《装配通用技术条件》(JB/T 5000.10—1998)的有关规定执行。

(2) 设备应在明显位置固定标志，标志内容应包括产品名称、生产厂名和厂址、商标、产品型号或标记、生产日期或生产批号、出厂日期或编号、产品主要性能参数等。

(3) 产品如装箱发运，包装箱应牢固并有防潮、防雨和通风措施，箱外文字应工整，标志齐全、醒目，箱体尺寸应符合运输的规定。对于出口用的木制包装箱，应有明显的熏蒸标记，应符合 GB/T 191 的相关规定。

(4) 设备运输中应放置平稳，固定可靠。储存时应在通风良好、防雨、防潮的场地。

(5) 安装前放置设备时，应采取衬垫措施，防止设备磕碰变形。

(6) 搬运和吊装时，务必固定好设备吊装点，主要承力点应高于设备重心，以防倾斜。

(7) 对于具有公共底座机组的安装，其受力点不得使机组底座产生扭曲和变形。

(8) 吊装前对钢丝或吊带等吊具进行仔细检查，不得使用扭结、变形或断丝现象严重的钢丝绳或吊带。

(9) 吊具转折处与设备接触部位应以软质材料衬垫，以防设备机体、管路、仪表、外观防护等受损或擦伤油漆。

(10) 吊装作业过程设专人指导，指挥员的信号要求明确、准确，施工人员分工明确。

(11) 吊装人员严格遵守起重行业规范，如戴好安全帽，登高作业需系安全绳，持证上岗。

(12) 吊装作业区域应设置警戒范围，非安装人员不得进入吊装作业范围内。吊装作业中严禁起吊物从人上方越过，严禁人从正在吊装的起吊物下方穿越行走。

(13) 在操作安装过程中，注意避免对设备的磕碰，不能有损坏，以免影响设备的工作性能(例如：导轨、轴承、伺服电机等设备)。

(14) 安装人员必须戴好安全帽等防护用品，注意人身安全。

20.6.3 安全使用规程

(1) 操作人员上岗时必须穿戴好劳动防护用品，戴好安全帽。

(2) 操作前要对机械设备进行安全检查。

(3) 设备在运行中也要按规定进行安全检查。

(4) 严禁设备带故障运行，杜绝安全隐患。

(5) 设备的安全装置必须按规定正确使用，不得随意将其拆除不使用。

(6) 设备上使用的模具、需要经常调整或更换的零部件等一定要紧固牢固，不得松动。

(7) 设备在运转时，严禁在危险区域内手动调整或进行润滑、清扫杂物等，严禁在危险区域内测量产品尺寸。若必须进行时，应首先关停设备。

(8) 开机前首先检查相关电路、气路及水路有无异常，机械零部件有无卡阻，确认无异常后再合上电源开关。

(9) 检查并确认原材料是否充足，有无异常。

(10) 打开操作台上的电源开关，检查有无报警显示，如果有报警显示时必须消除报警故障。

(11) 手动试验各气缸动作是否灵活。

(12) 观察各个机构之间的动作衔接情况，若衔接有问题要进行调整，直至相互衔接良好为止。

(13) 在自动运行过程中，如果发现机器异常，可以按停止按钮或急停按钮中断程序运行。

(14) 需要立即停机的紧急情况下，应迅速按下急停按钮，然后再切断设备电源。

20.6.4 维护与保养

1. 钢筋桁架焊接生产线及钢筋桁架楼承板专用焊机维护与保养

设备维护之前必须切断设备总电源。如果涉及机械部位的调整，必须先关闭气源并放掉气路中的残余气体，防止意外事故的发生。

(1) 每班例行维护(一班为 8 个工作时)。

① 每班结束时进行一次清洁工作，清除掉焊接残留物、钢筋头、铁屑、粉尘和其他所有杂物。尤其要仔细清洁侧筋成型主动和从动转

盘、链条节、焊接机构上下电极头、切刀附近铁屑、氧化铁皮等杂物，如有必要，用细砂纸清除任何焊渣沉积痕迹。

② 每班结束时对气路系统放水。在气温较低（有结冰风险）时，要求每班结束时及时清理消声器口的水汽，否则将会使气缸动作缓慢或不能动作。

③ 对轴承、导轨、滚珠丝杠等滚动件或滑动件等进行润滑，建议采用2号通用锂基脂或齿轮油。

④ 检查各部位螺钉的紧固状态。

(2) 每周例行维护。

① 保持控制电柜和操作台卫生。

② 检查连接螺栓的紧固度，必要时用专用工具拧紧。清理各个控制组件上的尘埃。

③ 发生电气故障时，应最先检查熔断器和热接触器、接近开关是否损坏。

④ 检查电缆线绝缘皮有无损伤。

⑤ 检查保护接地线。

⑥ 检查气管接头和气路有无漏气现象。

⑦ 检查冷却系统，消除冷却管路中的任何漏水现象；测量循环水冷却系统出水温度，若温度过高（超过40℃）则应加大冷却水流量。

⑧ 检查油管接头有无漏油和松动等现象，油管有无磨损漏油等现象（每2～3班检查一次）。

⑨ 检查电机制动系统磨损情况：弹簧、可移动的制动器、制动盘和电机等。

(3) 每月例行维护。检查各减速机或齿轮箱齿轮油，并根据实际情况每3个月或半年更换一次。

(4) 减速机维护与保养。每周查看气孔的通气性，及时清理通气孔使其排气顺畅。减速机使用前检查润滑油的量，加注指定规格润滑油。各种润滑油要按油标位置供油，严格按照更换时间标准进行更换：

减速机专用油 2000 h

齿轮油 5000 h

严格按照润滑标准进行操作，否则机器将不能正常运转，并由于润滑油的凝固影响结构的润滑性能，从而严重损害机器的各机构。

以上日常维护周期是最低的要求，具体时间取决于设备的使用量。

(5) 设备外部日常清洁（每5个工作日）。为了确保设备正常运转，设备的内部元件应该首先得到最好的清洁，使用工业吸尘器和随机提供的气枪。另外，控制箱也需要仔细清洁，清洁时不要碰坏电气元件。

(6) 仔细清洁工具（每个工作日）。

(7) 清洁矫直轮、导丝管和导丝槽（每个工作日和每次交班时），避免使用润滑脂，以防产生固态油渣。

(8) 清洁冷却风扇过滤器（每30个工作日）。

2. 钢筋桁架底板辊压成型机维护与保养

(1) 整齐。工具、工件和附件放置整齐，安全防护装置齐全，线路管道完整。

(2) 清洁。设备内外进行清洁，各滑动面及丝杠、齿轮和齿条等无油污和磕伤，各部位不漏油、不漏水、不漏气、不漏电，切屑、垃圾清扫干净。

(3) 润滑。按时加油换油，油质符合要求，油壶、油枪、油杯、油毡和油线清洁工具齐全，油标明亮，油路畅通。

(4) 安全。实行定人定机和交接班制度，熟悉设备结构，遵守操作规程，合理使用设备，精心维护设备，防止发生事故。

(5) 现场维护管理。设备维护工作，按时间可分为日常维护和定期维护；按维修方式可分为一般维护、区域维护和重点部位维护。维护工作内容大致包括查看、检查、调整、润滑、拆洗和修换等。

20.6.5 常见故障及其处理

1. 钢筋桁架焊接生产线常见故障及其处理方法

钢筋桁架焊接生产线常见故障及其处理方法见表20-21。

2. 钢筋桁架楼承板专用焊机常见故障及其处理方法

钢筋桁架楼承板专用焊机常见故障及其处理方法见表20-22。

表 20-21　钢筋桁架焊接生产线常见故障及其处理方法

故障现象	故障原因	排除方法
系统不工作	①保险烧坏；②系统处于报警状态；③急停按钮被按下	①更换保险；②检查监控位置；③恢复急停控制状态
桁架扭曲	①钢筋直线度差；②焊接电流过大；③防扭轮磨损严重	①通过矫直机构调整钢筋直线度；②调整焊接电流；③更换防扭轮
个别机构不工作	①元器件、控制阀损坏或气压(流量)不足；②控制线路接触不良；③手/自动开关位置有误	①更换元器件或控制阀，增加气路压力(流量)；②检查故障线路；③调整手/自动开关
两根侧筋形状或高度不一致	成型摆杆摆动角度过大或过小	调整成型摆杆摆动角度
送料步进尺寸有误	①钢筋阻力过大；②步进轮磨损严重；③单向轴承损坏；④电气控制系统故障	①检查焊接机构及以前的机构阻力源；②更换步进轮；③更换单向轴承；④排除控制系统故障
焊接质量不好	①焊接参数有误；②气压不足；③电极头磨损严重；④电极头与电极座接触不良	①调整焊接参数；②调整气压；③更换电极头；④处理接触面
剪切质量不好或切不断	①切刀损坏；②切刀间隙过大	①更换切刀；②调整切刀间隙
桁架落料不畅	①气压不足；②气缸或电磁阀故障	①调整气压；②排除气缸或电磁阀故障
移料小车位置有误	①检测开关位置有误；②参数设置有误	①调整紧固检测开关；②调整参数

表 20-22　钢筋桁架楼承板专用焊机常见故障及其处理方法

故障现象	故障原因	排除方法
水压报警	①冷却水阀门未打开；②水压过低；③检测开关损坏	①打开冷却水阀门；②确保供水压力；③更换检测开关
气压报警	①气源进气阀门未打开；②气压过低；③检测开关损坏	①打开气源阀门；②确保供气压力；③更换检测开关
整体动作不协调	控制屏内各延时调整不当	增加或减小相关动作延时，以达到最佳动作
焊接时飞溅严重	①焊接压力过低；②钢筋表面质量差；③电极带电压下	①增大焊接压力；②更换钢筋或处理钢筋表面；③调整相关参数

3. 钢筋桁架底板辊压成型机常见故障及其处理方法

(1) 剪切后钢板精度偏差较大。首先检查编码器是否损坏、安装结构是否合理、走线方式是否正确。注意：编码器信号线尽量与动力线分离，以免产生干扰。

(2) 手动或自动机台无法运行。检查切刀位置是否在上限位置或者急停按钮是否在释放位置，然后根据检查情况释放急停按钮或者调整切刀的限位开关位置。注意：机台自动运行时必须保证切刀上限位置。

(3) 切刀切下后，无法复位。检查切刀位置是否到达下限位置或者急停按钮是否在释放位置，然后根据检查情况释放急停按钮或者调整切刀的下限位开关位置。

第21章

型钢拱架和8字筋拱架成型机械

21.1 概述

21.1.1 定义、功能与用途

1. 定义

隧道钢拱架也称为钢架，是指用螺纹钢筋或者工字型钢等制成的环形骨架结构。钢拱架一般是由型钢或者钢筋按照一定的弧度和长度制作，制作成一个个拱架单元件，然后在施工现场安装，之后再进行锚杆安装、超前小导管支护、连接钢筋焊接、钢筋网片焊接、绑扎等生产工艺流程，最后进行喷射混凝土锚喷结束隧道施工中的初期支护。钢拱架多在浅埋、偏压、自稳时间极短的围岩，以及松散、破碎、有涌水、膨胀性岩土中施工采用。隧道钢拱架通常有两种：格栅拱架和型钢拱架。型钢拱架采用角钢、槽钢、工字钢、钢轨和钢管等型钢加工成所需形状，用整榀安装或杆件拼装方式加固地下工程。型钢拱架支护是一种由锚杆、喷射混凝土、钢筋网组成的复合支护。型钢拱架具有即时强度和刚度大的特点，能控制围岩过大变形，但成本较高，对开挖断面尺寸精度要求较严。型钢拱架成型图如图 21-1 所示。

格栅拱架(也称花拱架，图 21-2)是采用钢筋制作而成的拱架，一般由主筋、8 字筋、U 型钢筋、匝筋、角钢连接板组成。其作用与型钢拱架一样，按照一定的弧度和长度制作，制作成一个个拱架单元件，然后在施工现场安装，不过常用于围岩级别较低的地方。

(a)

(b)

图 21-1 型钢拱架成型图

(a) 工字型钢拱架示意图；(b) 型钢拱架示意图

图 21-2 格栅拱架图

格栅拱架 8 字筋成型机主要是用于加工 8 字筋，主筋弯曲制作时需将主钢筋放进标准的模具中，然后把事先预制好的 8 字筋和其他零部件按照图纸要求安装在相应的位置，再按照一定的要求焊接牢固即可。在制作模具时应考虑钢筋脱模时的变形量、连接板的角度、孔的位置定位等，模具拱形半径的确定要根据经验作适当的调整。8 字筋成型机和格栅拱架外形图如图 21-3 所示。

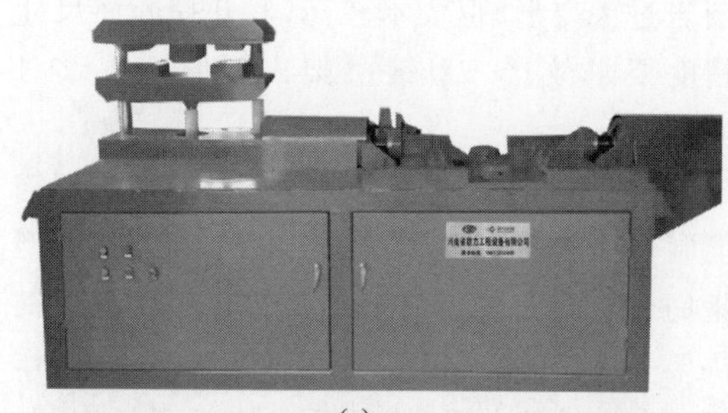

(a)

(b)

图 21-3 8 字筋成型机和格栅拱架外形图

2. 功能与用途

隧道支护型钢拱架是用工字钢、槽钢、角钢在型钢加工机床上冷加工弯曲成型。一般在Ⅳ-Ⅴ级围岩等地质很差的部位应用工字钢拱架，在Ⅲ-Ⅳ级围岩等地质稍好点的部位设计使用格栅拱架。隧道支护格栅拱架通常是用四根(或三根)$\phi 22$ 或 $\phi 25$ 螺纹钢弯曲成隧道内弧线作为格栅骨架，用 $\phi 12$、$\phi 14$、$\phi 16$ 螺纹钢筋采用钢筋弯曲机或钢筋弯箍机弯折为折叠筋焊接固定形成断面形状为三角形(或采用 8 字筋成型机加工成 8 字结格栅焊接固定形成断面为矩形)格栅拱架。

隧道用数控型钢冷弯机设备如图 21-4 所示，隧道型钢拱架加工自动焊接设备如图 21-5 所示，是用于型钢弯曲和拱架焊接的专业化加工设备，焊接设备采用机械手焊接代替人工焊接。自动焊接设备配置 2 台焊接机械手分布在型钢拱架两端；人工将冷弯后的工字钢装夹在焊接工装上；自动启动机器，机械手配合旋转变位机构进行自动化焊接。

1) 型钢拱架自动焊接设备的特点

(1) 自动化焊接代替人工焊接

焊接配置自动焊接机械手，6 个自由度；焊接电流 500 A 大功率配置确保焊接质量。

(2) 焊接定位适合多种规格的钢拱架

焊接工装设计为自动对中定位焊接工装，连接板吸附在定位块上；通过夹紧气缸紧紧锁住钢拱架，确保变位机旋转过程中夹持牢固。

(3) 操作简单、安全系数高

自动焊接设备考虑到操作人员的工作状态以及安全性，仅需 1～2 人操作，拆卸过程需操作手柄控制气动阀。

图 21-4　隧道用数控型钢冷弯机设备

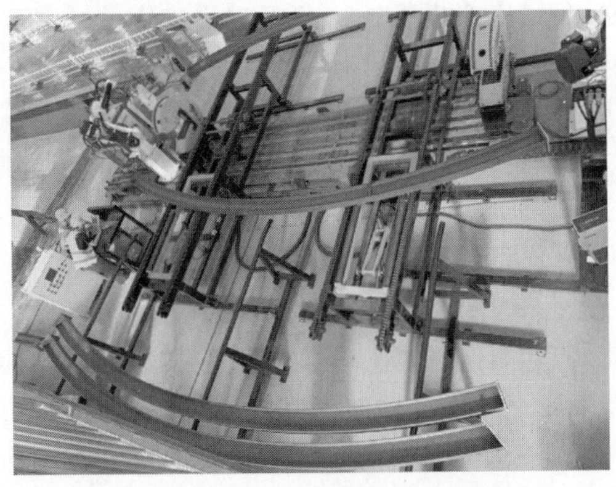

图 21-5　隧道型钢拱架加工自动焊接设备

格栅拱架 8 字钢筋成型机、数控 8 字钢筋生产线如图 21-6、图 21-7 所示，格栅拱架 8 字筋成型机和数控 8 字钢筋生产线主要用于隧道格栅拱架中拱形架格栅架构中核心组成部位纵向联结筋“8 字筋”的加工，加工钢筋直径 ϕ10、ϕ12、ϕ14、ϕ16，焊接容量 275 kV・A，生产效率为 400～500 个/8 h。8 字压花成型机和生产线具有安装简单、成型精度高、自动化程度高、劳动强度低、生产效率高，使用方便、生产效率快等优点。

2）数控 8 字筋生产线设备特点

（1）本机型适用于隧道花拱架、格栅架中 8 字钢筋的生产环节。

（2）采用 PLC 控制、电子尺定位、触摸屏操作、显示。

图 21-6　8 字钢筋成型机

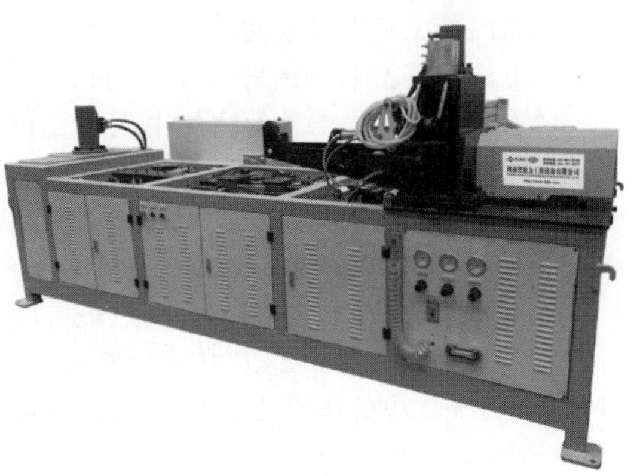

图 21-7　数控 8 字钢筋生产线

（3）根据 8 字筋图纸制作尺寸将钢筋剪切定尺、弯曲成型、焊接成型，压型全自动一次完成，无须人工干预；产品成型标准、质量好、变形小，实现全程自动化。

（4）采用液压工作方式，工作频率可无级调节；采用电阻对焊焊接，焊接接头光滑、牢固；采用可更换精准模具，实现多种规格加工。

（5）设备总能耗低、无辅材消耗、节约成本、生产效率高，仅需一名操作人员，为传统生产的 8～10 倍。

21.1.2 发展历程与沿革

1. 国内的发展概况

我国铁路隧道施工规范规定，隧道施工必须配合开挖及时支护，保证施工安全。隧道支护应采用喷锚支护，根据围岩特点、截面大小和使用条件等选择喷混凝土、锚杆、钢筋网和钢架等单一或组合的支护形式。钢架宜选用钢筋、型钢、钢轨等制成。格栅钢架的主筋不宜小于 18 mm。

目前国内在隧道工程如公路隧道工程、铁路隧道工程、军事隐蔽工程、矿山煤矿铁矿巷道、水电站引水洞等工程施工中常用新奥法隧道施工，采用复合衬砌结构已成为行业主流。隧道衬砌结构由初期支护和二次衬砌两部分组成。隧道初期支护由钢拱架、钢筋网片、锚杆和湿喷混凝土等组成，是隧道轮廓主要承载结构。基于隧道结构耐久性的要求，隧道设计施工中特别重视钢拱架支护技术，钢拱架支护和高性能混凝土喷射技术使围岩保持近于三维的应力稳定状态，控制围岩的应力释放。

隧道拱架是隧道工程的施工中用于支护洞体或掩体所用的钢支架，一般是型钢或者钢筋按照一定的弧度和长度制作，制作成一个个单元件，然后在施工现场安装，之后再进行锚杆安装，连接钢筋焊接，钢筋网片焊接，最后进行喷射混凝土结束隧道施工中的初期支护。拱架在隧道施工中的作用是支护洞体，它与锚杆、钢筋网片、连接钢筋、混凝土等组成一个刚体不让其垮塌，在施工后永久支护在隧道里面。拱架类型分为钢拱架和格栅拱架两种，格栅拱架又分为格栅型钢拱架和格栅钢筋拱架。

钢拱架按照制作材料分为 H 型钢拱架、工字钢拱架、槽钢拱架、矿工钢支架和 U 型钢支架，其中在公路及铁路隧道施工中工字钢拱架在钢拱架中使用比例最大，H 型钢拱架次之；矿工钢支架以及 U 型钢支架一般用于煤矿等巷道的支护中，在煤矿中也有用工字钢制作的，但非常少。槽钢拱架一般用于小隧道。在制作过程中有的用成品型钢制作，有的则用钢板下料拼焊成型钢，如 H 型钢、工字钢，其中 H 型钢比例比工字钢大，钢拱架用于围岩级别较高的地方。

钢拱架制作成弧形一般是用冷弯机冷弯，也可以用拉弯机拉，还可以用顶弯机顶，各种机器设备有各自的特点，包括加工半径、弧形流畅度、弧形精度和对型钢加工后的扭曲与变形的控制，加工速度、设备加工能力、设备价格等各不相同，用户要根据实际拱架材料的设计图选用相应的设备。

格栅拱架是用钢筋制作成的拱架，和钢拱架一样按照一定的弧度和长度制作，制作成一个个单元件，然后在施工现场安装，作用也是与钢拱架一样，不过常用于围岩级别较低的地方。格栅拱架是由主筋、8 字筋、U 型钢筋、匝筋、角钢连接板组成。加工过程中需要用到钢筋切断机、钢筋调直切断机、钢筋弯曲机、角钢切断机、台式钻机、电焊机等机械设备。制作时将主钢筋放进成型模具中，然后把事先预制好的其他零部件按照图纸安装在相应的位置，再按照一定的要求焊接牢固即可。

两种拱架的加工近年来随着钢筋机械的发展，从制作工艺上由单机分工序加工逐渐向多工序一体化自动加工方向转变，组合焊接由人工焊接向机械手焊接转变，成型精度控制由人工控制向传感器自动控制方向转变。随着拱架制作工艺的发展和钢筋加工机械、焊接设备、自动定位技术的不断发展，拱架加工精度、装配质量和生产效率得到了进一步提高。

2. 国外的发展概况

新奥法隧道施工，全称为“新奥地利隧道施工法”，是一种修建隧道的设计施工方法。1948 年由奥地利岩土力学家腊布希维兹(L. von Rabcewicz)提出，1962 年在奥地利萨尔茨堡召开的第八届土力学会议上正式命名。其主要特点是：充分发挥围岩的自承作用，在岩体松弛破坏之前，先向围岩施作一层柔性薄壁支护，如遇到过大的围岩压力，则增加锚杆进行加固，以控制岩体的初期变形，根据测量围岩变位的收敛程度，决定施作二次支护型式和最佳的施作支护时间，使之最后取得稳定。此法常与喷射混凝土和锚杆支护配合应用，除能发挥喷、锚支护的优越性外，还能通过测量及时修改设计，广泛应用于铁道、交通、水利、冶金、采矿部门的地下工程中。

3. **发展趋势**

随着隧道工程和地下空间工程施工技术的发展，拱架支护和拱架加工装配技术必将进一步提升，型钢成型加工技术与设备、8字筋加工技术和设备将向多功能一体化和智能自动化方向发展。

1）设备性能智能化

提高劳动生产率和安全质量、降低劳动强度和施工成本，将是我国建筑产业化发展的必然需求，我国传统的现场单机加工模式，不仅占用人工多、劳动强度大、生产效率低，而且安全隐患多、管理难度大、占用临时用房和用地多，特别是隧道工程施工多数在城市之外，因此发展智能化拱架加工机械是实现高质量、高效安全施工的必由之路。

2）多功能集成化

钢筋和型钢加工工序间的转运、吊运频次是影响拱架生产效率的重要因素，多单元组合装配生产流程设计与高质量施工需求的矛盾比较突出。随着型钢和钢筋加工机械设备的智能化水平的提高，设备多功能集成化的设计将符合未来市场的需求。

21.2　产品分类

21.2.1　型钢拱架成型机

型钢拱架是指将型钢按照施工图纸要求弯曲成型并在两端焊接连接端板，用于隧道施工的拱顶支护。型钢拱架的制作包括型钢弯曲和连接板的加工。

常见的隧道型钢拱架加工设备有：型钢冷弯机、全自动型钢冷弯机和型钢拱架自动化加工生产线。

1. **工字钢冷弯机**

GSLW-25型工字钢冷弯机如图21-8所示，采用液压驱动，工作稳定，性能可靠，主要应用于工字钢、H型钢等顶弯成型。

图21-8　GSLW-25型工字钢冷弯机

2. **全自动型钢冷弯机**

自动型钢冷弯机如图21-9所示，采用液压系统，具有传动平稳，压力大等特点，主要应用于隧道、地铁、水电站、地下洞室等工字钢、槽钢弯曲。

图21-9　WGJ-250型全自动型钢冷弯机

3. **型钢拱架自动化加工生产线设备**

型钢拱架自动化加工生产线总体布局图如图21-10所示。

型钢拱架自动化加工生产线由原料托架、型钢剪切设备和自动双边焊接机组组成；原料托架上依次固定安装有一号传送链条、二号传送链条和三号传送链条；型钢剪切设备固定设置在原料托架一端外侧；自动双边焊接机组包括分别设置在原料托架另一端两侧的两台自动焊接机组；型钢剪切设备与三台平衡顶出导向装置成弧度设置；原料托架上还固定设置有位于两台自动焊接机组之间的一号焊接顶出

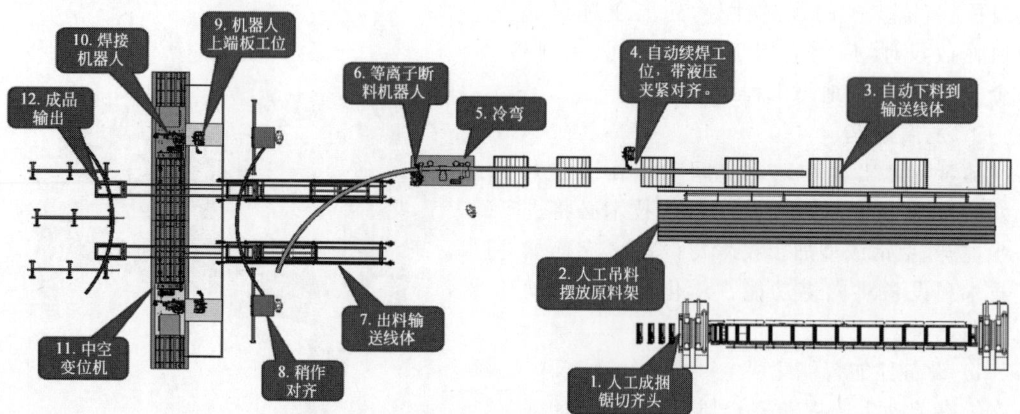

图 21-10　型钢拱架自动化加工生产线

装置和二号焊接顶出装置。该生产线可以实现型钢拱架在上料、切断、焊接的全面自动化，同时降低了工人的劳动强度，提高了生产效率，而且提高了工件的加工精度。

21.2.2　隧道 8 字筋拱架成型机

1. 隧道 8 字筋的制作

8 字筋成型机是制作隧道 8 字筋格栅拱架 8 字结的专用设备，8 字筋骨架格栅受力合理，越来越被普遍采用。8 字筋成型机是 8 字筋加工必不可少的设备之一，以机械化加工代替了人工加工，提高了工作效率，又有效降低了工人的劳动强度。

8 字筋拱架成型机由弯弧机、弯箍机、8 字筋成型机和电焊机等组成。弯弧机用于格栅拱架主钢筋的弯弧加工，弯箍机用于 8 字筋的箍筋成型加工，8 字筋成型机用于格栅花 8 字筋加工，电焊机用于格栅花和附件与拱架钢筋的焊接。8 字筋成型机的类型分为 8 字筋成型机、数控全自动 8 字筋生产线和弯箍 8 字筋生产线，如图 21-11～图 21-13 所示。

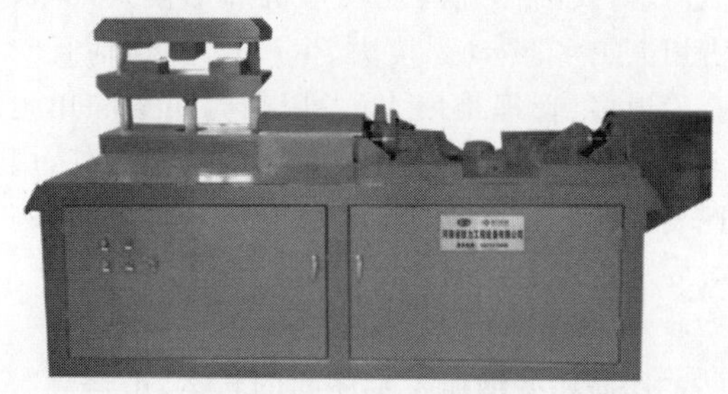

图 21-11　8 字筋成型机

图 21-12　数控全自动 8 字筋生产线

数控 8 字筋弯箍机如图 21-14 所示，它吸取了弯箍机的设计和制造经验，可以对 $\phi 6$～$\phi 14$ 的钢筋进行弯曲和剪切，具有形状规范、尺寸精确、速度快、力学性能稳定、操作界面友好等特点，能提高隧道格栅拱架支护加工效率。它采用伺服控制系统，实现全自动、不间断的弯曲成型加工流程；钢筋定尺、弯箍、切断等功能结合，同时满足钢筋加工的精度要求，真正实现一机多用；产能高达 450 个 8 字筋/h，相当于多名工人的生产效率，同时大大节约了材料；任意设定所需要的加工尺寸，多种图形可供随意选用；4 个牵引轮由伺服驱动，确保钢筋的矫直达到更好的精度。

8 字筋压型机如图 21-15 所示，以机械化加工代替了人工加工，提高了工作效率，又有效降低了工人的劳动强度，减少了人工费用的投入。

图 21-13　弯箍 8 字筋生产线(8 字筋含弯箍机、压型机、对焊机)

图 21-14　数控 8 字筋弯箍机

图 21-15　8 字筋压型机

图 21-16　8 字筋对焊机

8 字筋对焊机如图 21-16 所示,采用闪光对焊原理将工件相对夹在夹头上,接合两端相互抵紧,以大电流经夹头导至工件上,通过接触面产生高温,金属达到可塑状态时再在移动端施以适当压力紧压使两端挤压接合。

2. 隧道蝴蝶筋及格栅拱架的制作

传统的格栅拱架制作是先由人工将 8 字筋背靠背焊接成蝴蝶筋,随后利用人工将钢筋和蝴蝶筋焊接成为格栅拱架,生产效率低,工件受焊工技术水平影响较大,废品率高。

为解决上述问题,河南省耿力工程设备有限公司在不断探索隧道施工工艺,结合加工厂现场实际需求研发了格栅拱架智能化加工流水线,为国内首创。格栅拱架焊接生产线主要由 8 字筋原材料送料架、V 型辊输送机、8 字筋生产线、8 字筋输送机、蝴蝶筋焊接机器人、格栅拱架焊接机器人构成,如图 21-17 所示。本生产线主要针对隧道花拱架、格栅拱架的制作。其中 8 字筋生产线是一款能够将钢筋棒材按照 8 字筋不同的尺寸,自动完成定长、切断、弯曲、焊接、成型的一体化全自动设备;蝴蝶筋三面焊接机器人根据定制的胎具,快速准确地

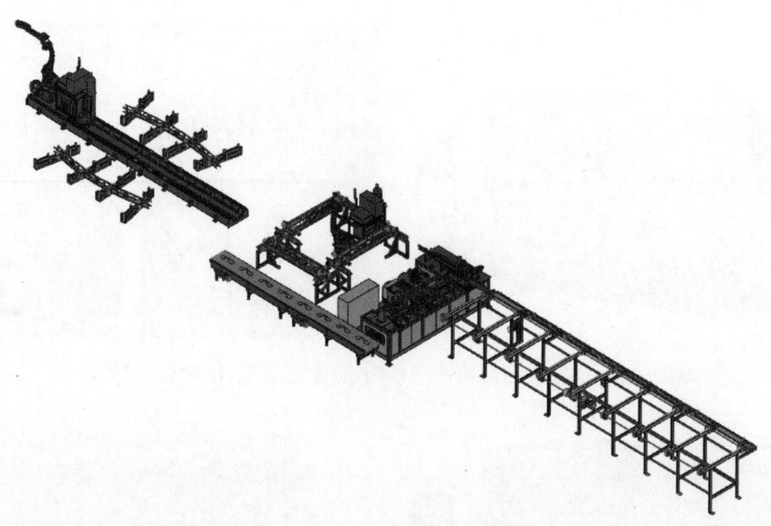

图 21-17　格栅拱架焊接生产线

将 8 字筋焊接成蝴蝶形状；格栅拱架机器人通过把蝴蝶筋和 4 根支撑钢筋放入胎具内，进行精确、高效、快速的焊接，最终制作出隧道施工所需的格栅拱架。

数控蝴蝶筋焊接机器人如图 21-18 所示，该生产线主要针对隧道格栅拱架中所需的蝴蝶筋的批量制作。蝴蝶筋三面焊接机器人采用计算机实现数字程序控制，它通过定制的胎具及事先编写好的运动轨迹程序来焊接预定的工件，实现了数字化、智能化、自动化的功能，大大提高了焊接质量和工作效率。蝴蝶筋三面焊接机器人根据定制的胎具，快速准确地将 8 字筋焊接成蝴蝶形状；采用一个机器人带多套工装，在机器人焊接的同时，可进行人工摆放 8 字筋，减少等待时间，充分利用机器人以达到节省时间、提高效率的目的，为工地大大节约了成本。蝴蝶筋批量生产完毕后运送至数控花拱架焊接机器人进行下一步的格栅拱架自动化焊接加工。

数控花拱架焊接机器人如图 21-19 所示，在不断探索隧道施工工艺过程中，结合加工厂现场实际需求，某企业开发了全套智能花拱架焊接流水线，突破了花拱架焊接由人工手工焊接的技术障碍，实现了格栅拱架的全智能化加工。该花拱架焊接生产线工装胎具可实现 180°翻转，解决了机器人在花拱架焊接时部分接触面焊接不到的问题，实现了花拱架全自动化焊接，且焊接成品标准、效率高。花拱架焊接机器人均采用一个机器人带多套工装，在机

图 21-18　数控蝴蝶筋焊接机器人

图 21-19　数控花拱架焊接机器人

器人焊接的同时，可进行人工摆放蝴蝶筋，减少等待时间，充分利用机器人以到达节省时间、提高效率的目的，为工地大大节约了成本。

21.2.3　隧道型钢拱架成型机

数控型钢拱架焊接机器人如图 21-20、图 21-21 所示，数控型钢拱架焊接机器人的使用，开创了工字钢拱架加工的新局面，是今后工字钢拱架加工的发展方向。由于采用的是机械化作业，拱架弯曲均匀一致，端板焊接质量牢靠，产品质量完全达到规范要求。由于端板焊接规范，多个钢拱架搭接时很方便，节省了吊装时间；大大提高了钢拱架成型的质量和效率，为钢拱架的集中制作、统一配送奠定了良好的技术和物质基础；大大地减轻了操作人员的劳动强度，为施工单位创造了良好的经济效益和社会效益。

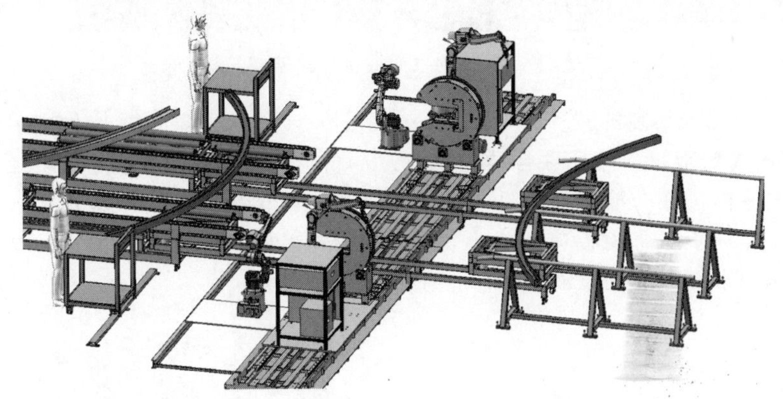

图 21-20　数控型钢拱架端板焊接机器人 A

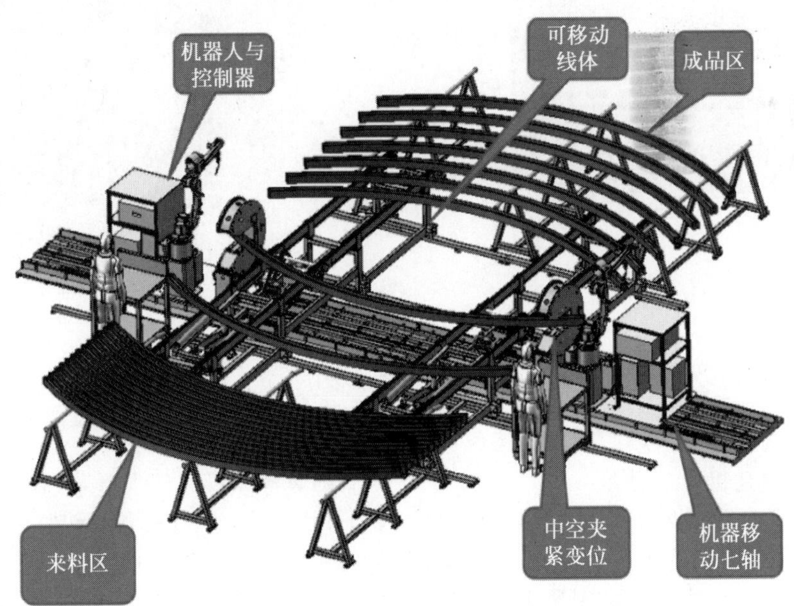

图 21-21　数控型钢拱架端板焊接机器人 B

21.2.4　型钢拱架连接板加工

连接板是用钢板加工的用于型钢拱架或格栅拱架进行连接的端板，如图 21-22 所示。常见的加工连接板的设备有：液压闸式剪板机＋液压联合冲剪机、龙门式等离子火焰切割机＋

图 21-22 型钢拱架或格栅拱架连接板

液压单头冲孔机、激光切割机。

1. 液压闸式剪板机＋液压联合冲剪机

液压闸式剪板机联合液压联合冲剪机方案是用液压闸式剪板机将钢板剪切成小块长条状，并按照施工图纸要求通过液压联合冲剪机进一步剪切成合适的小块钢板，随后使用液压联合冲剪机上的钢板冲孔功能进行冲孔从而制作出连接板。液压闸式剪板机联合液压联合冲剪机方案如图 21-23 所示。

图 21-23 液压闸式剪板机联合液压联合冲剪机方案

2. 龙门式等离子火焰切割机＋液压单头冲孔机

龙门式等离子火焰切割机联合液压单头冲孔机方案是用龙门式数控等离子火焰切割机按施工图纸要求将钢板切割成小块钢板，随后使用液压单头冲孔机进行冲孔从而制作出连接板。龙门式等离子火焰切割机联合液压单头冲孔机方案如图 21-24 所示。

3. 激光切割机

随着钢加工厂的发展，对设备的自动化、智能化要求越来越高，激光切割机在隧道钢构厂的连接板制作中运用越来越多。激光切割机主要用于碳钢板、不锈钢板、铝合金等金属材料的切割和成型，具有高速、高精度、高效率、高性价比，工件标准整齐，无飞边、毛刺等特点，是金属材料加工行业的首选切割机型。激光切割机如图 21-25 所示。

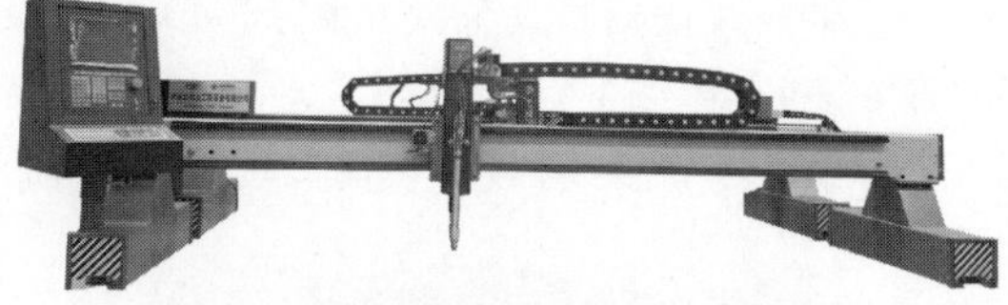

图 21-24　龙门式等离子火焰切割机联合液压单头冲孔机方案

图 21-25　激光切割机

将加工出来的连接板焊接到弯曲好的型钢两端，用于后续型钢的拼接。型钢拱架节段如图 21-26 所示。

图 21-26　型钢拱架节段成品

21.3　工作原理及产品结构组成

21.3.1　工作原理

1. 型钢拱架成型机

1）工字钢冷弯机

工字钢冷弯机（图 21-8）是利用驱动滚轮的两个支点与中间惰性滚轮形成三点压弯机构，在型钢移动过程中逐步顶推碾压成一定的弧度，驱动机构为机械传动。该设备由机座、主电机、减速器、滚轮、油泵电机、齿轮油泵、溢流阀、电磁换向阀、工作油缸、顶轮及油箱等部件和电气控制系统、液压系统等组成。其工作原理是：把工字钢放在冷弯机上，与减速器带动的滚轮接触后，将压紧手柄进给锁紧，启动电机油泵组，由电动油泵输出的高压油经溢流阀（可调整所需压力），进入集成块到电液阀，由电液阀和点动开关(点进、点退)控制油缸工作,工作油缸推进,将工字钢与三个支撑滚轮压紧并未发生弯曲变形时开始计算,油缸再推进的长度进程为每次 10～15 mm,开主电机正转或反转,由主电机带动工字钢工作,反复操作,达到所需为止。GSLW-25 型钢冷弯机适用于各种型号的型材如槽钢、工字钢、H 型钢、扁钢、钢管等弯曲成圆形、弧形、螺旋形等。该设备结构合理、操作方便、承载能力强、弯弧卷圆速度快,具有体积小、能耗低、无噪声、一机多用等众多优点。

2) 型钢拱架自动化加工生产线

型钢拱架自动化加工生产线如图 21-20 和图 21-21 所示,该生产线由 2 台智能数控系统、3 台焊接机器人、1 台切割机器人、2 台抓取机器人、4 台三维相机、1 台数控等离子切断、3 台数控二保焊机、2 台全自动变位机、1 台数控冷弯机、4 台移动小车、2 个输送装置、2 个端板存放机构及轨道机架等组成。

第一步:将型钢依次排开放置于放料架上,每次一根自动通过链条传送至带输送滚筒的输送线体上,然后经过对齐装置将其与前一根自动对齐和打坡口,机器人自动拍照后焊接,从而完成自动上料、自动对齐、自动打坡口、自动续焊的功能。

第二步:自动将续接后的型钢输送至数控冷弯机,自动弯曲成型所输入的弧度,当行走到所输入的长度时,自动停止,切割机器人上三维相机拍照识别获取切割空间,并计算出切割空间轨迹,然后按照路径进行等离子切割,从而完成自动冷弯及自动切割。

第三步:冷弯成型的型钢通过移动小车输送至 180°全自动变位机中,自动夹紧,然后两侧焊接机器人上三维相机自动拍照,并计算出型钢端面空间位置后,两侧抓取机器人自动抓取端板放置在型钢端面处等待焊接,两侧焊接机器人进行自动焊接,焊接完成后,全自动变位机自动翻转 180°后,对另一面进行焊接,焊接完成后,另两台移动小车将成品输送至成品料架,从而完成自动抓取端板、自动翻面及自动焊接。

该生产线依据市场需求不同,可形成不同配置方案,具体如下:

方案一:拱架端板焊接机器人(2 台机器人)

功能:只负责加工好的型钢端板点焊后机器人进行端板与型钢满焊,采用三维相机拍照技术自动寻找焊缝进行焊接,无需视觉机器人焊接程序。并且配置进口机器人日本川崎/韩国现代,设有第七双移动轴有效兼容拱架长短问题。中空变位机稳定旋转翻面,实现两面焊接,生产线方案(见图 21-20、图 21-21)如下:

设备工作流程:把冷弯切断好的型钢吊至来料区—单根自动进料—人工点焊端板—(后续无需人工作业)自动上料到中空变位机—机器人自动开始拍照识别焊缝,自动开始焊,变位后再次拍照焊接完成—出料到储料仓。

方案二:H 型钢拱架生产线(3 台机器人)

功能:流水线作业方式,把型钢原材摆放好自动进料冷弯。弯冷到尺寸后机器人自动等离子切断,自动输出到端板焊接工位,人工点焊端板进入方案一功能。本方案相对方案一增加等离子切割机器人的同时配有三维相机辅助切割,及切断后输出线。冷弯机+原料输入线体,原材续焊为人工作业,生产线方案(见图 21-10)如下:

工作流程:人工原材布料自动进料到原材输入线体—自动进入冷弯机(原材续焊为人工)—冷弯机参照设定长度加工—尺寸到位后切割机器人自动进行切割—自动输出到人工点焊端板位置—人工点焊端板—(后续无需人工作业)自动上料到中空变位机—机器人自动开始拍照识别焊缝,自动开始焊,变位后再次拍照焊接完成—出料到储料仓。

方案三:H 型钢拱架生产线(6 台机器人)

功能:相对于方案二增加成捆型钢锯切,续焊机器人及两台自动上端板机器人,如图 21-27 所示。无需人工续焊及人工点焊端板,由线体自动夹紧对齐机器人续焊,机器人自动夹端板自动焊接。

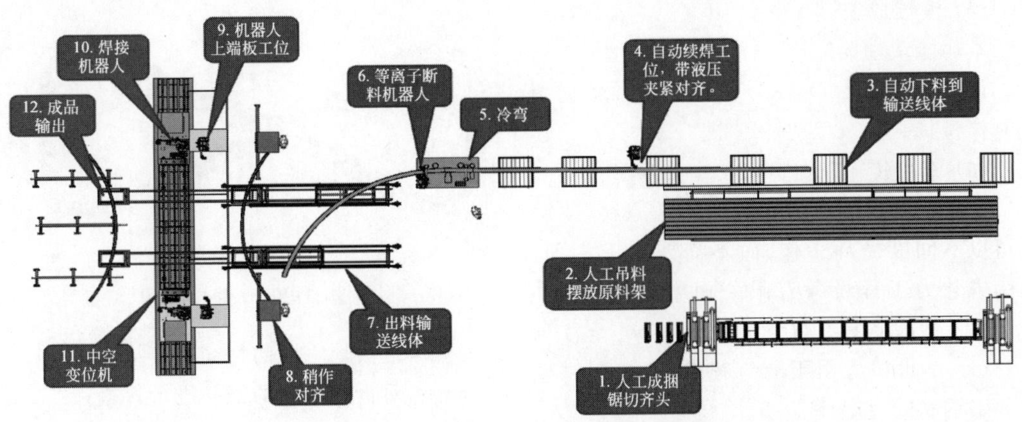

图 21-27 H 型钢拱架 6 台机器人生产线

配置方面采用 5 台韩国现代机器人及 1 台日本川崎，因为底层架构通信端板机器人与焊接机器人相互通信川崎还没有开放代码。续焊采用日本川崎加激光焊缝追踪。

工作流程：人工成捆锯平齐型钢端头—人工摆放型钢原材—开始自动上料—续焊机器人带有焊缝追踪，到一定位置停机等待下一根 H 型钢上料，自动对齐开始续焊（注：续焊机器人与冷弯机距离 6 m，方便自动对齐 H 型钢续焊作业）—冷弯机带有数字编码器，尺寸到位自动机停，同时输出信号到机器人—机器人开始拍照切断料工作—出料输送线体—人工稍作对齐，自动送料变位机—变位机自动夹紧—焊接机器人拍照识别位置及焊缝，端板机器人自动放置端板到 H 型钢端头—自动焊端板—焊接完成后自动输出成品区。

2. 8 字筋拱架成型机

数控 8 字筋生产线设备如图 21-28 所示，这是一种主要针对隧道花拱架、格栅拱架中使用的 8 字筋生产的设备，能够将钢筋棒材按照 8 字筋不同的规格，自动完成切断所需要长度，弯曲、焊接、成型的全自动一体化机器。本机减少辅助劳动，做到加工出的产品长度、宽度标准，尺寸准确，效率高，占地面积小，安装简单，使用方便，具有成型精度高、生产效率快等优点。

该设备由液压剪切、四方弯曲、四方焊接、

图 21-28 数控 8 字筋生产线

8 字成型焊接、液压成型、链条传输及电气控制系统组成。

(1) 液压剪切

该功能块主要用于：精确定尺剪切，保证每段长度精度。长度方便调整及控制。

(2) 四方弯曲

本功能块主要完成：把直钢筋弯曲为矩形。保证长宽尺寸精度，尺寸与角度方便控制；整机效率由本功能块控制，以保证整个设备顺利工作，对于成品质量的好坏，本功能块起着最关键的作用。

(3) 四方焊接

本功能块主要完成：矩形焊接（使之成为一个矩形），焊接质量块将在下一个功能中得到检验。

(4) 8 字成型焊接

挤压成 8 字型并焊接“8 字”中心结。

(5) 液压成型

本功能块主要完成“8 字”筋的压型。

说明：不同尺寸的 8 字筋需要提前依据图纸制作模具。

(6) 链条传输

完成不同功能块之间自动输送原料，使设备可以不间断循环工作，而不需要人工干预。河南省耿力工程设备有限公司生产的数控 8 字筋生产线设备具有以下优势：

(1) 本机型适用于隧道花拱架、格栅拱架中 8 字钢筋的生产环节。

(2) 生产 8 字型钢筋，具有一次成型，过程无需人工干预，实现全程自动化。

(3) 可搭配自动上料装置和收料装置，无需人工上料和收料叠放。

(4) 最大产能达 60 个/h，大大提高生产效率，节约人力成本。

(5) 将钢筋剪切、弯曲成型、焊接成型有机结合，制作尺寸规范。

(6) PLC 控制、电子尺定位、触摸屏显示。

(7) 采用液压工作方式，工作频率可无级调节。

(8) 采用电阻对焊焊接，焊接接头光滑、牢固。

(9) 采用可更换精准模具，实现多规格产品的加工。

(10) 产品成型标准，质量好，无变形。

(11) 生产效率高，为传统生产效率的 8～10 倍。

(12) 电能消耗低，无辅材消耗，生产成本大幅降低。

(13) 为施工企业创造了良好的经济效益，提升了施工形象。

由于不同施工对 8 字筋尺寸要求不同，故本设备需要提前获得施工单位 8 字筋图纸，设备制造商依据 8 字筋图纸定制出合适的模具才能完成 8 字筋的生产。8 字筋要求如图 21-29 所示：

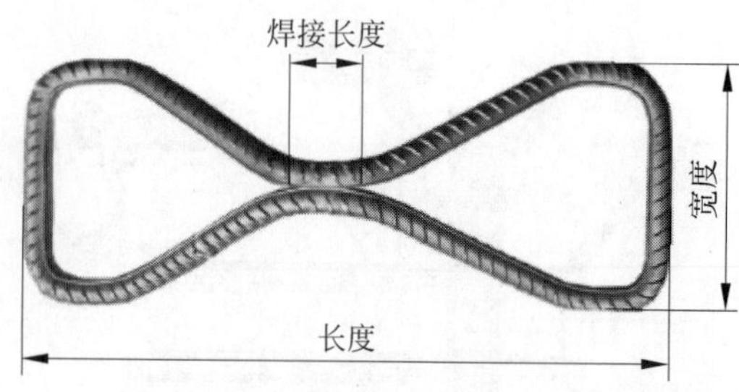

图 21-29　8 字筋要求

1) 8 字结格栅框架加工流程

(1) 根据 8 字结格栅框架图纸确定下料长度；

(2) 对剪切完成的钢筋进行折弯；

(3) 对折弯完成的钢筋进行焊接；

(4) 对焊接完成的钢筋，使用液压设备进行平面挤压；

(5) 对挤压完成的钢筋进行焊接；

(6) 对焊接完成的平面 8 字进行立面挤压；

(7) 对双 8 字进行焊接，成为一个 8 字结；

(8) 固定模具上制作 8 字筋格栅钢架，如图 21-30 所示。

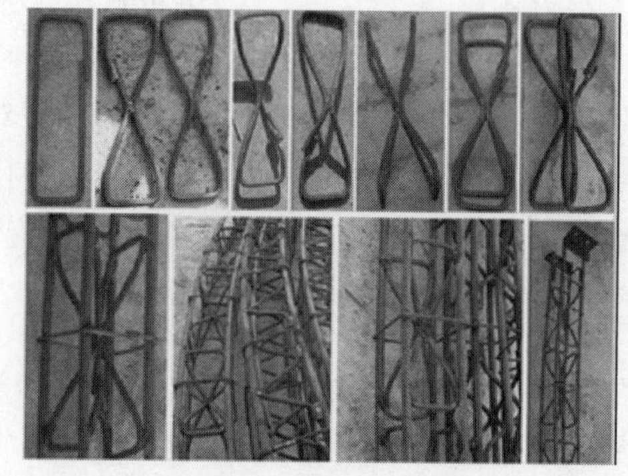

图 21-30　8 字结格栅加工流程

2) 8 字结格栅拱架和型钢拱架加工要求

(1) 钢筋及型钢原材料应平直、无损伤，表面不得有裂纹；

(2) 钢筋及型钢的各部件加工尺寸误差应控制在±2 mm 以内；

(3) 组成钢拱架的各单元间以连接角钢通过螺栓连接，钢拱架与连接角钢之间采用焊接连接，焊接不得有假焊虚焊，焊缝表面不得有裂纹焊瘤等缺陷，焊缝应饱满，焊缝高度应不小于 6 mm，焊接完毕后应清除熔渣及金属飞溅物；

（4）每榀钢拱架加工完成后应放在水泥硬化的地面上进行试拼，周边拼装允许误差为±3 cm，平角翘曲应小于±2 cm；

（5）钢筋和型钢的弯曲加工应使用专用机械借助机械力（如钢筋弯弧机、液压型钢弯拱机等）在钢筋和型钢、管件型材冷状态下进行弯曲。

21.3.2　结构组成

1. 型钢拱架成型机

工字钢弯曲机（冷弯拱机）是新型全自动弯曲型钢产品，采用液压系统，具有传动平稳、压力大等特点，主要应用于隧道、地铁、水电站、地下洞室等工字钢、槽钢弯曲。型钢冷弯机由底座、机械传动、冷弯系统、液压系统、电气控制系统和辅助系统6大部分组成。液压系统是设备的驱动动力，控制系统主要控制驱动力的大小、位置行程和作业流程。型钢冷弯机的结构是在机座设有四组与推压滑轨架平行的导向滚筒，第一组导向滚筒和第二组导向滚筒位于驱动滚轮的两侧，第三组导向滚筒和第四组导向滚筒位于第二驱动滚轮的两侧，第一组导向滚筒与第四组导向滚筒对称，第三组导向滚筒与第二组导向滚筒对称。

隧道格栅拱架、钢拱架的加工与安装如下。

（1）型钢拱架成型机的安装基础应平整并具有足够的支撑力，加工场地表面用混凝土铺筑。加工场地根据设计图纸准确测放出拱架的大样，用油漆绘出其轮廓线，每隔2 m安装一个定位装置，定位装置要牢固可靠。

（2）拱架加工完成后，应进行试拼，其平面扭曲、尺寸偏差、轮廓线偏差均需满足现行规范及设计图纸要求。

（3）工字钢支撑各单元之间用连接板、螺栓及螺母连接，其连接材料要符合设计和规范要求，连接牢固。

（4）格栅采用钢筋焊接而成，各焊接处双面焊接，焊缝厚度不小于4 mm，焊缝厚度均匀，施焊时不得烧伤钢筋骨架。格栅拱架各单元之间采用螺栓连接。

（5）每榀拱架间采用纵向连接筋连接，以加强支护的整体效果。

（6）钢拱架安装时要保证与隧道纵向垂直，其上下、左右允许偏差为5 cm，钢架倾斜度不得大于2°。若拱脚标高不足时，不得用土、石回填，而要设置钢板进行调整，必要时可用混凝土加固基底。

（7）钢架与围岩之间的间隙用喷射混凝土充填密实。间隙过大时，可用混凝土楔块顶紧，其点数单侧不得少于8个。喷射混凝土时要由两侧拱脚向上对称喷射，并将钢架覆盖，保证钢架保护层不小于3 cm。

2. 8字筋拱架成型机

格栅拱架8字筋成型机设备主要用于格栅拱架中具有支撑效果的纵向连系筋8字筋的加工，该设备由机架、导向柱、模具、液压系统、控制系统等组成，具有成型精度高、出产功率快等优点。这是在公路工程、铁路工程、地下隐蔽工程和矿山煤矿等隧道巷道钢拱架初期支护中，为了解决钢筋拱架8字筋、8字结成型批量生产的难题，研发的一种专业化加工设备。其采用液压千斤顶、成型模具进行8字结成型，把8字钢筋弯曲、8字钢筋焊接和8字结平面顶弯三道工序集成一体，操作简单方便，加工速度快，明显提高了加工效率；加工成型的8字结形状，保证了格栅钢拱架的加工；8字结加工工艺大大减少了人工和机械费用，降低了加工成本。

该设备液压系统采用换向阀对油缸进行换向，实现油缸的正反向运动，通过单向节流阀调节油缸运动速度，利用双向液控单向阀对油缸进行锁闭，当换向阀处于中位时，系统卸荷，有效防止了系统发热，大大降低了卡阀现象。

该设备传动系统采用液压传动，横向由左、右两只液压油缸同步位移实现同步弯曲成型，最大化缩小成型误差，提高成型效率。

1）8 字筋成型机结构特点

（1）机架：采用高强型钢及特种焊接工艺制造，极其坚固。

（2）导向柱：采用高强特种钢材制成，表面镀铬具有良好的抗扭与耐磨能力。

（3）成型模具：根据施工要求设计模具，材料采用高耐磨合金钢，模具具有使用寿命长，变形系数小，加工简单，安装方便等优点。

（4）驱动系统：采用液压驱动，双脚踏开关完成双角度弯曲成型，横向由左、右两根液压油缸同步位移实现同步弯曲成型，可缩小成型误差。电磁阀控制稳定可靠。

2）格栅拱架 8 字筋成型操作控制要点

（1）钢筋的预弯和安装应保证两钢筋的轴线在同一条直线上；

（2）定位焊缝应离搭接端部 20 mm 以上；

（3）施焊时主焊缝与定位焊缝，特别是在定位焊缝的始、终端应连接良好；

（4）焊缝长度应不小于搭接长度，焊缝高度 $H \geqslant 0.3d$ 且不小于 4 mm，与连接板焊接时焊缝高度应不小于 10 mm；

（5）焊缝表面应平整，不得有较大的凹陷，焊缝接头处不得有裂纹，焊后必须敲掉焊渣；

（6）8 字筋单元焊接必须实施标准化、标准件。

21.4 技术性能

21.4.1 产品型号命名

型钢拱架成型机和格栅拱架成型机目前行业尚无统一的产品型号命名方法。各企业依据自身情况进行命名，如有企业将工字型钢弯曲成型机命名为型钢冷弯机 XGLW-25，“XGLW”是“型钢冷弯”汉语拼音的第一个字母，主参数为可加工工字钢、槽钢的最大规格尺寸，从而方便记忆和传播。

21.4.2 性能参数

1. XGLW-25 型钢冷弯机主要参数

（1）外形尺寸：(长×宽×高)2.6 m×1.5 m×1.7 m；

（2）总功率：11.8 kW；电压：380 V；

（3）液压系统压力：10 MPa；

（4）工字钢行进速度：6.17 m/min；

（5）油缸推力：30 T；

（6）小弯曲半径：1.5 m。

2. 隧道拱架自动化加工生产线主要参数

隧道拱架自动化加工生产线主要参数见表 21-1。

表 21-1 隧道拱架自动化加工生产线性能参数(以 6 台机器人为例)

项　目	技术参数	备　注
主要功能	自动上料、自动续焊、自动冷弯、自动抓取、自动焊接端板、成品自动堆放	预留非标拱架自动加工升级接口
机器人数量	6 台机器人：1 个续焊机器人，2 个端板焊接机器人，2 个端板抓取机器人，1 个切断机器人	
工字钢型号	14＃～25＃	
型钢弦长范围	2～7 m	
型钢半径范围	≥2 m	
型钢弦高范围	≤1 m	
型钢角度范围	0°～120°	
型钢弧长加工精度	±2 mm	
型钢齐头方式	无	人工续焊(无)
冷弯线速度	≤0.1 m/s	

续表

项　　目	技 术 参 数	备　　注
型钢切割方式	等离子切割	清渣处设置接渣斗
型钢切割效率(16#)	3 min	
端板上料方式	人工上料	一次放置 20 块(厚 16 mm)
端板焊接效率(16#)	6 min	
焊接机器人型号	现代 HA006(六轴)	
焊机型号	现代 CM350R	
焊接视觉系统型号	Tracer P1	
端板抓板机器人型号	现代 HH020(六轴)	
端板与型钢定位方式	机器人+视觉定位	满足中心孔和轮廓定位两种方式抓取
端板与型钢定位精度	±2 mm	
成品架堆放型钢数量(16#,6 m)	10 根	
生产效率(16#,6 m)	10 根/h	
装机总功率	130 kW	
电源	380 V/50 Hz	
工作温度	−5～40℃	
气路压力	0.6 MPa	
外形尺寸	30 m×11.5 m×2 m	

3. 8 字筋成型机主要参数

8 字筋成型机主要参数见表 21-2。

表 21-2　全自动数控 8 字筋生产线性能参数

参数	数值	参数	数值
产品型号	GLSCX-16	设备功率	15 kW
焊接容量	275 kV·A	工作环境温度	−35～40℃
加工钢筋直径	ϕ10、ϕ12 ϕ14、ϕ16	加工精度	±1 mm，±1°
电压、频率	380 V/50 Hz	日加工量	500 个
外形尺寸	4520 mm×2500 mm×1780 mm	设备重量	4500 kg

21.4.3　各企业产品型谱

目前型钢拱架成型机和 8 字筋拱架成型机产品主要生产企业有：河南省耿力工程设备有限公司、洛阳艮通智能装备有限公司、山东交建桥梁设备有限公司、济宁凯瑞德机械设备有限公司和深圳市康振机械科技有限公司等。

河南省耿力工程设备有限公司的数控 8 字钢筋生产线具有自主知识产权，安装简单，自动化程度高，生产效率高，使用方便。其特点是：

(1) 触摸屏操作方便。PLC 控制、电子尺定位、触摸屏操作、显示。

(2) 加工全程自动化。根据 8 字筋图纸制作尺寸将钢筋剪切定尺、弯曲成型、焊接成型全自动一次完成，无需人工干预，产品成型标准、质量好、变形小，实现全程自动化。

(3) 生产效率高。设备总能耗低、无辅材消耗、节约成本、生产效率高，为传统生产的 8～10 倍。

(4) 设备满足多种规格生产要求。采用液压工作方式，工作频率可无级调节。采用电阻对焊焊接，焊接接头光滑、牢固。采用可更换精准模具，实现多种规格加工。

数控蝴蝶筋焊接机器人及数控格栅拱架焊接机器人性能参数见表 21-3。

表 21-3 数控蝴蝶筋焊接机器人性能参数

参数	数值
产品型号	GLHDJSCX-16
焊接胎具	依据图纸定制
机器人品牌	安川/川崎(可选国产机器人)
电压、频率	380 V/50 Hz
外形尺寸	3250 mm×4000 mm×1880 mm
	12 000 mm×5150mm×2217 mm

21.4.4 各产品技术性能

1. 型钢拱架成型机

型钢拱架成型机产品主要是实现工字钢和槽钢的弯弧，以及型钢与连接板的高质量焊接。型钢弯弧主要是顶推力、顶推行程和弯曲支点的柔性控制，反映设备主要性能的参数是系统最大工作压力、钢拱架长度、最大工作推力。型钢拱架自动化加工生产线主要是焊接效率和焊接质量稳定性，反映设备主要性能的参数是焊接机械手性能指标和配置机械手数量。

2. 8 字筋拱架成型机

8 字筋拱架成型机产品主要是实现格栅钢筋弯折、8 字筋成型加工、格栅拱架钢筋弯弧和 8 字筋拱架焊接。格栅钢筋弯折由数控弯箍机或者弯曲机实现，8 字筋成型机设备主要是对弯折钢筋完成 8 字筋和 8 字结钢筋加工成型，格栅钢筋弯弧由钢筋弯弧机实现。8 字筋拱架成型机主要性能参数是液压系统工作压力、加工钢筋最大直径、可加工最大 8 字筋规格、最大工作压力。

数控 8 字钢筋成型机生产线是一种主要针对隧道花拱架、格栅拱架中使用的 8 字筋生产的设备，能够将钢筋按照8字筋不同的规格，自动完成切断所需要长度，是切断、弯曲、焊接、成型的全自动一体化机械。该设备减少辅助劳动，做到加工出的产品长度、宽度标准，尺寸准确，效率高，安装简单，使用方便。

数控 8 字钢筋成型机生产线结构由液压剪切、四方弯曲、四方焊接、成型焊接、液压成型、链条传输及电气控制系统组成，如图 21-31 所示。

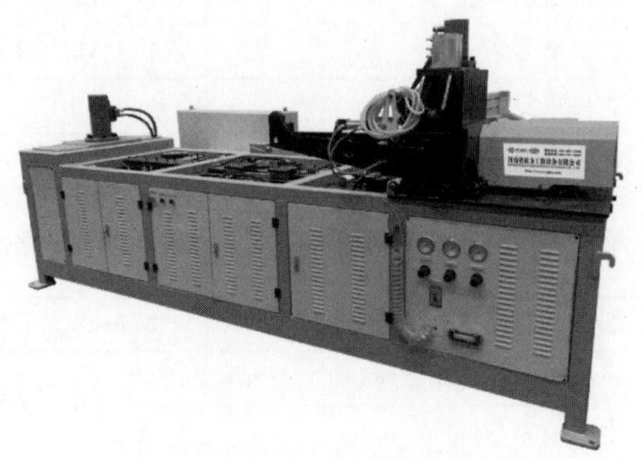

图 21-31 数控 8 字钢筋成型机

(1) 液压剪切

该功能块主要用于精确定尺剪切，保证每段长度精度。长度方便调整及控制。

(2) 四方弯曲

本功能块主要完成把直钢筋弯曲为矩形。保证长、宽尺寸精度，尺寸与角度方便控制；整机效率由本功能块处控制，以保证整个设备顺利工作，对于成品质量的好坏，本功能块起着最关键作用。

(3) 四方焊接

本功能块主要完成矩形焊接(使之成为一个矩形)，焊接质量块将在下一个功能中得到检验。

(4) 8 字成型焊接

挤压成 8 字型并焊接“8 字”中心结。

(5) 液压成型

本功能块主要完成 8 字筋的压型。

说明：不同尺寸的 8 字筋需要提前依据图纸制作模具。

3. 智能 8 字筋机器人

智能 8 字筋机器人由数控弯箍机、对焊机、

8字筋成型机和控制系统组成，从直条钢筋到8字筋成型自动完成，提高了8字筋成型效率。智能8字筋机器人如图21-32所示，智能8字筋机器人主要技术参数见表21-4。

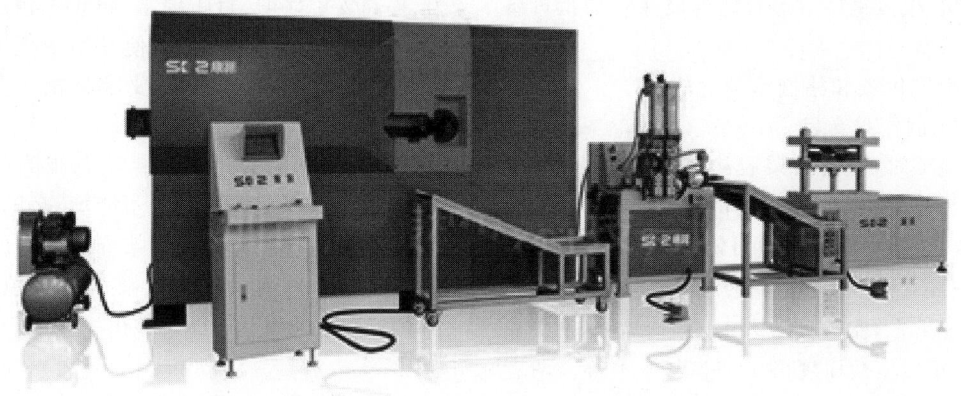

图21-32　智能8字筋机器人

表21-4　智能8字筋机器人主要技术参数

设备名称型号		智能8字筋机器人 KHD16B			
数控8字筋弯箍机主机		8字筋对焊机		8字筋压型机	
产品型号	SWG8-16	产品型号	UN-16	产品型号	GLYX-16
弯曲钢筋直径	ϕ12,ϕ14,ϕ16	对焊钢筋直径	ϕ12,ϕ14,ϕ16	总功率	3.75 kW
最大进料速度	2000 mm/s	额定容量	150 kV·A	缸径/杆径	125 mm/70 mm
最大弯曲速度	1000(°)/s	连续输出功率	100 kV·A	最大行程	150 mm
额定功率	25 kW	最大顶锻力	65 kN	液压系统压力	0～16 MPa
工作环境温度	−5～40℃	高低碳钢焊接截面面积	1400 mm^2	油缸推进速度	23～33 mm/s
气缸压力	≤0.6 MPa	冷却水消耗量	200 L/h	设备重量	900 kg
设备外形尺寸	3360 mm×1600 mm×2250 mm	设备外形尺寸	1000 mm×650 mm×1300 mm	设备外形尺寸	2500 mm×600 mm×1400 mm

21.5　选型原则与选型方法

21.5.1　总则

(1) 按照拱架图纸设计要求，确定加工型钢、钢筋的规格型号；

(2) 根据加工型钢规格型号、钢筋规格型号，选择加工设备，满足施工安全和质量要求；

(3) 根据施工总要求，采购或者租赁好施工所用的设备机具、材料，保证用电安全，保证加工和焊接安全，组织好相关人员的进场。

(4) 所有施工人员必须严格遵守相关安全规章制度，接受安全培训后再上岗，否则不得进入施工现场。

21.5.2　选型方法

针对特殊地质条件洞段需要从技术可行、经济合理、施工便捷等方面综合考虑，确定是否采用拱架类型。在隧洞洞线长、地质条件差的情况下，特殊支护在总工程的投资和进度控制上都有较大影响，因此应选择合理的特殊支护方式。支护方式确定后根据地质条件设计钢拱架，按照钢拱架形状规格尺寸对加工设备进行选型。

型钢拱架和格栅钢架比较

1）制作与安装

施工时，型钢拱架通常是用114-120型工字钢在重型机械（如装载机）的配合下弯制成拱形。格栅钢架一般为四弦杆式，四根主杆用ϕ14 mm～ϕ22 mm型螺纹筋在操作台上人工弯制成拱形，主杆间设斜杆，组合焊接成格栅形式，矩形横断面规格14～20 cm不等。两者每榀都分为两边拱和顶拱三部分，接头都采用钢板、螺栓连接。安装时将洞室顶部的锚杆作为吊点，用滑轮吊装，拼装成拱。型钢拱架一般需要机械手配合才能到位，而格栅钢架质量相对较轻，仅需人工就能完成，显得更轻便。前后两根拱架间均采用型钢和钢筋连接，提高拱架联合受力的整体刚度。

两种钢拱架架立后，都要求及时进行喷混凝土覆盖。一是为了能使混凝土和拱架联合受力，提高支护强度，封闭围岩，防止不稳定岩体掉块；二是为了包裹钢筋，使其不受地下潮湿环境侵蚀。喷混凝土厚度要求将拱架完全覆盖并具有5～10 cm的保护层。

施工中特别注意不能在拱架与围岩间的空隙填垫碎石，否则喷混凝土不能填充满石头间的空隙，降低支护强度。拱架和围岩间的较大空隙可采用浇筑混凝土或喷混凝土填平，1.5 m以上的空隙可以考虑在主拱上方设附拱。

2）成本节省

格栅钢架在经济方面远远优于型钢拱架，以开挖半径为5 m的半圆形洞室为例，所用材料分别为工字钢I20 mm和螺纹钢ϕ18 mm，拱架和横向支撑的排间距都按1 m计，不考虑喷锚网。由此得到两种拱架的成本如表21-5所示。

表21-5 每榀米拱架的成本估算

项目		型钢拱架-工字钢I20		格栅钢架-螺纹钢ϕ18	
		数量	合价/元	数量	合价/元
材料		50.49 kg	176.72	19.10 kg	46
人工	制作	0.361 h	10.76	0.22 h	6.37
	安装	0.301 h	8.82	0.11 h	3.18
机械使用	制作	0.38台班	7.59	0.04台班	2.33
	安装	0.44台班	8.75	0.01台班	0.59
成本估算合计		—	212.64	—	58.47

综上所述，格栅钢架每根米成本仅为型钢拱架的28%，每榀米成本节省154元。首先，是材料的节省，格栅钢架的材料成本仅仅为型钢拱架的26%。这是因为单位长度钢筋的重量显然比型钢轻很多，后者在接头处还要求采用附件如夹板、钢楔等，增加了材料用量。其次，是人工和机械使用费用大大减少。工字钢的重量大、硬度大，制作时需要机械配合，安装时由于洞内场地狭小，造成施工不便，很费人力、物力、时间，增加了投入。相比较而言，格栅钢架轻便，可以人工制作，在洞内仅使用简单的辅助设备即可安装到位。所以，这里每榀米格栅钢架的人工和机械使用费比型钢拱架节省了65%。

3）施工速度

在表21-5中，格栅钢架安装4榀的时间大约仅相当于安装型钢拱架1榀的时间。后者在施工速度上的缓慢，一方面势必影响工程进度，另一方面也给开挖支护安全带来不利影响。首先，当隧洞工程量大、地质条件差的时候，特殊洞段的处理快慢对隧洞总工期的影响是很关键的。停工一两个月甚至更长时间进行特殊洞段处理的事件屡见不鲜。如果采用格栅钢架，则能节约更多时间。其次，“新奥法”原理要求对暴露的围岩及时支护，长时间暴露会使围岩产生有害变形，所以要求在对洞周进行初喷混凝土和架设钢筋网后要尽早进行刚性支护，使刚性支护和柔性支护共同作用，防止围岩失稳，而型钢拱架在施工速度上的缓慢可能错失“及时支护”的最佳时机。最后，型钢拱架使施工人员在危险洞段停留时间越长，对人员、设备就多一分安全隐患。

4）安全性能

如果从材料特性上考虑支护的安全性，格栅钢架具有相对柔性，刚度适中，容许围岩适度变形的能力优于型钢拱架，能及时提高岩层比较破碎、不稳定的地层。型钢拱架采用工字钢材料，其抵抗山岩压力的能力大于以螺纹筋为材料的格栅钢架，适用于岩层十分破碎、非常不稳定的地层。但在实际工程中，采用了型钢拱架支护仍然发生拱架变形、围岩坍塌的事故也不少。分析其原因，一方面，由于地下工程的不可预测性，地应力的大小很难准确测定。如果地应力较大，而只是采用重型型钢拱架支护而不注重随后的喷锚和观测的话，型钢拱架的支护效果减弱，也很可能造成岩周变形，甚至坍塌。所以在制定临时支护方案时，应该考虑到不管是型钢拱架还是格栅钢架，刚性支撑固然重要，但其仅起骨架作用，而更重要的，也是最容易被忽视的是随之跟进的喷混凝土或混凝土浇筑，以及施工期围岩观察、观测。另一方面，如图 21-33 所示，钢拱架的初始刚度较大，在 A 点就达到极限平衡状态，不仅不利于发挥围岩的自承能力，反而增加了支护

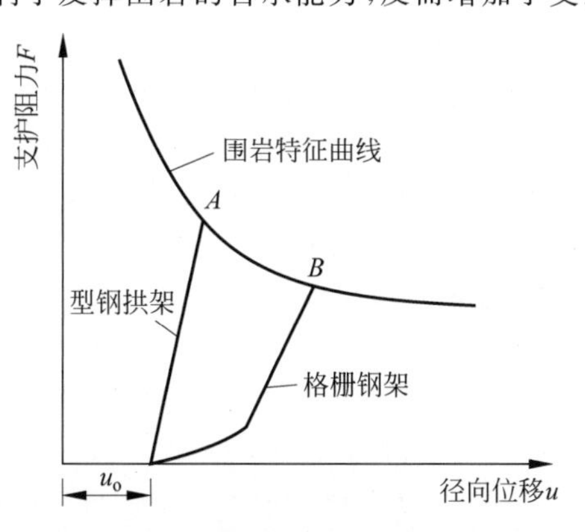

图 21-33　拱架支护特性曲线示意图

结构的负担；相反，格栅钢架具有较强的适应变形的能力，使围岩应力得到了部分释放。

21.6　安全使用

21.6.1　安全使用标准与规范

隧道新奥法开挖施工过程中，按照设计要求在不良地质段落进行初期支护，初期支护阶段按照隧道开挖轮廓断面环向安装钢拱架和钢筋网片，用锚杆径向固定在围岩上。钢拱架、锚杆和湿喷混凝土共同形成整体，起到支撑围岩、消减围岩挤压变形应力的作用。钢拱架支护按《钢结构工程施工质量验收标准》(GB 50205—2020)的要求进行钢拱架的设计和制造，钢拱架加工机械应符合《高速铁路隧道施工技术规程》(Q/CR 9604—2015)和《建筑施工机械与设备　钢筋加工机械安全要求》(GB/T 38176—2019)及相关产品标准与规范的规定。

钢筋拱架成型机械的安全使用操作应在钢筋拱架成型机械使用说明书中详细说明，产品说明书的编写应符合《工业产品使用说明书　总则》(GB/T 9969—2008)的规定。

21.6.2　拆装与运输

1. 生产场地布置

钢拱架生产加工区域的划分要充分考虑各种原材料及成品的移动及存储，主要有原料堆放区(A 区)、半成品料区(B 区)、拱架焊接加工区(C 区)以及 8 字钢筋加工或型钢加工设备区。设备的安装要注意如下几点：

(1) 原料堆放根据周转数量确定分类堆放区域，不同分类原料区之间要有通道，以便于原材料周转和加工操作；

(2) 拱架焊接加工区要充分考虑主筋、型钢半成品的上料、储存的空间；

(3) 成品堆放区要充分考虑拱架的出模空间，合理布置液压站或放线架的位置，拱架成品出模方向可选择和原材料区在同一侧，也可选择在原料区的另一侧；

(4) 8 字筋加工设备、型钢冷弯设备和生

产区边界相距要在2～3 m以上。

2. 设备现场安装要求

(1) 场地要求：根据生产区域图硬化地面，混凝土厚度满足设备安装要求；

(2) 防雨设施：设备在生产区就位之后需要客户搭建防雨棚，尤其注意电气装置和操作台的防水；

(3) 成品和半成品转移吊装设备、药芯焊丝、焊接保护气体、电焊机、液压油、配电要求、动力电缆等辅助用品要根据所安装设备的需求准备充足。

3. 设备安装

(1) 根据设备自重、加工作业载荷、地基等情况，先进行设备安装基础的设计与施工，使其符合设备使用说明书的地基要求。安装设备的区域要进行水泥地面硬化，水泥地面应尽可能的平整，以确保设备安装稳固，进而保证施工质量和设备寿命。

(2) 设备的吊装运输应符合相关标准规定要求，在吊装运输过程中不得使设备出现变形。

(3) 露天使用时，遮雨棚要在设备安装就位前安装。设备及遮雨棚的安装要考虑车辆进出场方便。

(4) 对安装好的设备进行检查调试，根据钢拱架设计数据调整设备运行参数。

安装注意事项如下：

(1) 设备应注意防雨防潮，尤其电气设备受潮或被雨淋时严禁开机运行设备。

(2) 设备长期停用要做好设备防雨、防潮和防晒工作，每季度至少进行一次保养维护工作。

(3) 设备场地转移工作：根据客户实际需求要进行设备移机工作时，应准备好出厂所用的运输工装，在把设备调整到指定位置后进行设备连接固定和部件间拆分工作(必要时可请厂家技术员进行移机的相关指导工作)。

(4) 二氧化碳瓶、乙炔瓶、氧气瓶和氮气瓶等放置在安全位置并进行固定以防伤人。

(5) 拱架成品周边用防护网围起，以防搬动钢拱架时伤人。

21.6.3 安全使用规程

在Ⅳ、Ⅴ级围岩隧道支护拱架加工中，首先做好加工准备工作。认真审核图纸，按照图纸要求的技术参数，对负责拱架加工施工的技术人员加强技术培训与指导，使其熟悉隧道施工技术规范及技术标准，对所有参与拱架加工的施工人员作技术交底；根据设计图纸认真划分每榀拱架单元，按照图纸要求选择型钢或者格栅拱架成型设备的规格型号准确弯制。根据施工总要求，采购或者租赁好施工所用的设备机具、材料，保证用电安全，保证加工和焊接安全，组织好相关人员的进场。其次编制技术和质量控制文件，制定加工和施工工艺流程。要求每一榀拱架加工完成后都要与模具进行复核比对，对不符合要求的进行整改，要求每一根拱架尺寸必须准确，弧形圆顺；拱架焊接部位必须牢固，不得有假焊、虚焊现象，焊接完成必须敲掉焊渣；同一单元拱架要求必须可以互相替换；拱架加工完成要做到基本无翘曲。钢材供应厂家应提供质保证书，经试验检测合格方可用于本工程。钢材应无锈蚀、油污，表层沾染的泥浆、浮皮铁锈必须清除干净后再用于本工程。个别钢筋有弯折、扭曲时必须予以调整或切除后再用于本工程。所有焊接工艺必须遵循焊接工艺要求，不得出现假焊、漏焊等现象，焊渣必须敲除干净。加工后的拱架几何尺寸应符合设计要求，同一单元编号的拱架可以互相调换使用。连接钢板必须定位准确，两块连接板连接孔必须在同一轴线上。在加工阶段应主要检测控制拱架的拼装误差及拱架的翘曲扭曲等，拼装误差不应大于±3 mm，拱架翘曲不应大于20 mm。所有施工人员必须严格遵守相关安全规章制度，接受安全培训后再上岗，否则不得进入施工现场。

1. 型钢冷弯机设备

1) 使用前准备

(1) 冷弯机应安装在坚硬的基础地面上找正，以进给导轨面处于水平位置为准。

(2) 工字钢必须在水平的工作台上(带有滚轮的工作台)工作。

(3) 使用前必须加油(减速器加 30 号机油,油箱加 46 号抗磨液压油),以后定期更换新油。

2) 试机

(1) 为了使工作顺利,在开始工作前一定要把机器调试好。

(2) 检查电源是否正常。

(3) 检查电机油泵组是否正转。

(4) 将压力表开关打开,溢流阀调压手轮松开。

(5) 点动电机,检查旋转方向是否正确。

(6) 检查电液阀和点动开关是否正常。

(7) 一切准备工作无误后,启动电机,将油压调至 10 MPa,试运行 3 min 左右,如果运转正常,准备正式工作。

3) 安全操作

(1) 设备应摆放平稳,四轮受力均匀。

(2) 设备使用前,先检查传动箱侧面油标所显示的油位,如果油位低于油线时,须从箱体盖上向箱注油,直到达到油线位置。

(3) 夏季注入 46 号抗磨液压油,冬季可注入 48 号抗磨液压油。

(4) 正常使用半年后,换油一次,可保证设备正常运转和使用寿命。

(5) 操作人员熟悉了解该设备的结构及工作原理和检查点。

(6) 压轮进给时,先将上面圆螺母松开,进给到达刻度后,再将圆螺母拧紧固定;被动压轮进给时应将工件完全退出。

2. 型钢拱架加工与施工

拱架加工和施工工序是:施工准备、调试冷弯机等设备、放大样、弯制型钢拱架(制作加工平台、加工钢筋等)、现场试拼、校核、安装。型钢拱架加工工艺流程是:调试冷弯机或型钢拱架焊接生产线确定设备参数、型钢拱架按照图纸放大样、利用机械设备弯制成型和焊接拱架、现场试拼装拱架、按照质量要求要点检验和校核、合格后放置成品区待用、不合格时调整再检验和校核直到合格后存放待用。格栅拱架加工工艺流程是:格栅拱架按照图纸放大样、利用弯弧机弯制主筋、利用弯箍机和 8 字筋成型机等设备加工 8 字结及其他附件、按照图纸焊接拱架、现场试拼装拱架、按照质量要求要点检验和校核、合格后放置成品区待用、不合格时调整再检验和校核直到合格后存放待用。最后进行施工。施工前硬化加工场地,建立加工工棚,保证雨季也能施工;氧气、乙炔、电焊机、冷弯机、型钢钢筋等加工所用设备及材料准备到位。施工工艺是:调试冷弯机和钢筋加工设备、放样、拱架加工和校核。根据购买的冷弯机和钢筋加工设备各项参数及拱架设计数据对冷弯机弯制参数和钢筋加工设备加工参数进行调整,使其能按照要求弯制型钢、弯折钢筋、加工 8 字结和弯弧主筋。重点注意控制拱架弦高,即冷弯机油顶顶出长度,该处直接影响弯制型钢的线型。根据不同的机器型号,弦高可能与理论计算时的高度有很大出入,一定注意。在硬化的场地上,根据设计按照 1∶1 放出大样,以便加工出的第一幅拱架根据大样进行调整。第一榀型钢拱架弯制后,根据大样图进行调整,调整后的拱架直接制作成校核平台,后续加工的拱架直接架于平台上进行比对。拱架加工时,必须做到尺寸准确,弧形圆顺;焊接成型时,应沿钢架两侧对称进行,连接钢板处要求相邻两节轴线一致,连接孔位置要准,以保证连接准确。拱架应无扭曲翘曲现象,接头连接要求每根之间可以互换。格栅拱架根据放样直接制作胎膜,即用钢筋、钢板等焊成一体组合成一平台,钢筋均直接放置于胎膜内即可按照设计轮廓制作,其余箍筋等构件按照设计要求焊接即可。校核是为了保证钢拱架的制作满足设计要求和方便现场操作,制作不良的拱架在现场安装时非常不便,要么连接板处对不上,要么拱架翘曲严重,所以校核时一定仔细,将弯制好的型钢拱架在模具上比对,对于不能满足现场要求的要进行再加工,再加工后仍不能满足要求的坚决不用于施工现场。

3. 8 字筋成型机设备

数控 8 字钢筋成型机是一种主要针对隧道花拱架、格栅拱架中使用的 8 字筋生产的设备,它能够将钢筋棒材按照 8 字筋不同的规格,自动完成切断所需要长度，弯曲、焊接、成型的全自动一体化机器。该设备可减少辅助劳动，做到加工出的产品长度、宽度标准，尺寸准确，效率高。8 字筋成型机设备如图 21-34 所示。

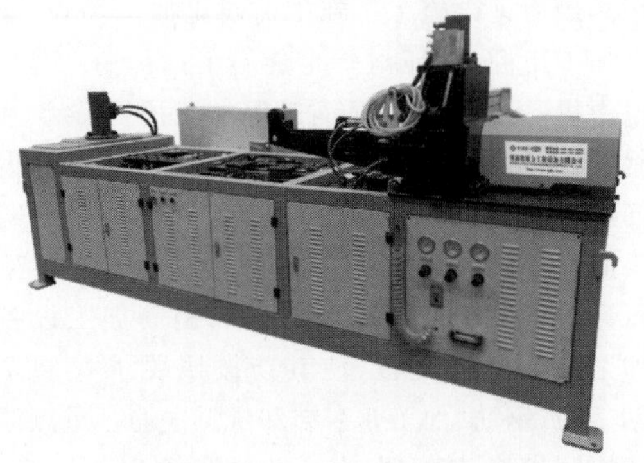

图 21-34 8 字筋成型机设备

8 字筋成型机设备现场安全操作规程如下：

(1) 操作人员经过培训后，佩戴好劳动保护(安全帽、工作服、工作手套、工作鞋等)后方可操作机器。

(2) 操作人员必须坚守工作岗位，工作时禁止擅自离开。因事离开设备时要停机，并把设备情况向班长交代清楚。

(3) 严禁超规范、超负荷使用设备。

(4) 开机前要检查机器，保证机器及周围无任何杂物、障碍物。

(5) 开机工作时，禁止触碰机器及工件。

(6) 禁止非操作人员进入工作区。

(7) 禁止在工作时调整或者维修设备，一定要停机切断电源，并挂好警示标牌。

(8) 多人配合操作时，执行任何操作前一定要通知其他人员，确认理解用意后方可执行。

(9) 不得擅自拆卸安全防护装置和打开配电箱的门进行工作，设备发生故障时立刻停机，维修后方可使用。

(10) 施工现场机电设备较多，用电线路现场布线一定要遵守工地安全用电规定。经常检查线路，发现问题及时解决。

(11) 8 字筋焊接前应清除钢筋、钢板焊接部位以及钢筋与电极接触表面上的锈斑、油污、杂物等，8 字筋端部有弯折、扭曲时，应予以矫直或切除。

(12) 焊接时引弧应在垫板、帮条或形成焊缝的部位进行，不应烧坏 8 字筋主筋。

(13) 焊接过程中应及时清渣，8 字筋焊缝表面应光滑，焊缝表面应平缓过渡，弧坑应填满。

(14) 焊接地线应与 8 字筋接触紧密。

(15) 通过 8 字筋成型机加工的 8 字筋，应对称均匀地从模具中取出，以减少外力变形。

(16) 应定期对格栅模具进行检查，防止模具松动变形。

(17) 上台阶进行格栅 8 字筋安装时，拱脚处地基应清除扰动土，必要时可采用预加固措施，防止拱顶下沉。

(18) 作业后及时清理场所，杜绝火源，切断电源，锁好配电箱，清除焊料余热后方可离开。8 字筋拱架现场加工过程如图 21-35 所示。

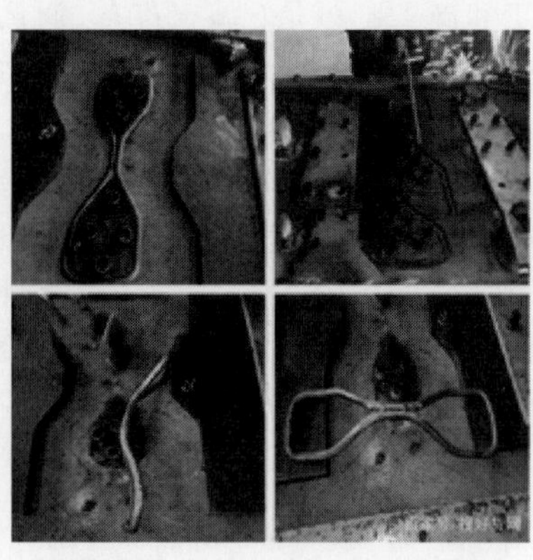

图 21-35 8 字筋拱架加工

21.6.4　维护与保养

1. 型钢冷弯机和8字筋成型机

(1) 正确使用设备,认真执行设备保养,遵守安全操作规程,是减少设备故障、延长设备使用寿命、保障安全生产的前提条件,因此设备的操作者及维修人员必须了解设备的结构、性能、维护保养方法和操作规程。

(2) 在油箱没有注入油前切勿启动电机。使用前首先检查油箱内的油是否加满,如不足应加满,以防油泵吸空。设备使用的液压油必须经过严格的过滤方可注入油箱,油箱在装油前必须清洗好,一般推荐使用46号抗磨液压油。

(3) 设备以液压油为介质,必须做好油及设备的清洁保养工作,以免淤塞或漏油影响使用。油液必须保持干净,一次使用的时间不应超过两个月,更换时,应同时清洗过滤网和油箱,注意过滤网可放煤油中冲洗,不能用硬刷子刷洗,如油液未变质,在经过过滤后仍可使用。

(4) 经常检查设备需润滑处是否有堵塞现象。

(5) 每班工作结束后,请用收回油缸。

(6) 若长期不使用设备,则要在滑动处面上涂上防锈油。

2. 8字筋成型生产线

(1) 每班检查液压电机工作是否正常,有无异响。油温是否超过60℃,若有请停机待冷却。

(2) 每班检查链条是否松动。

(3) 检查气压是否正常。

(4) 检查自动润油管路是否有润油痕迹。

(5) 检查各电机、各支架和各部位的所有固定螺栓、螺母有无松动,务必保持紧固状态,如有异声异响异动应随时停机检查处理,以免造成事故。

(6) 检查电缆电线有无破皮、漏电现象。

(7) 电控柜门应当密封,检查控制柜内的散热风扇、过滤网工作是否正常,并进行清理和调整。

(8) 检查刀片是否有崩裂,两刀片是否有撞刀,及时紧固螺丝。

(9) 空压机每运转36 h检查一次润滑油位,并视情况酌情加油。

(10) 空压机每运行500～800 h,应更换压缩机油(使用的油为68号空压机油)。

21.6.5　常见故障及其处理

1. 8字筋成型机常用故障及排除方法

(1) 总电源不上电,检查进线电源电压是否正常。

(2) 整个设备无法工作,检查各个"紧急停止"按钮有无按下,若有其中某个被按下,释放后设备就能正常工作。

(3) 油缸不推进,检查油泵电源是否开启;油管是否被挤压。

2. 8字筋成型生产线常见故障及处理方法

8字筋成型生产线常见故障及处理方法见表21-6。

表21-6　8字筋成型生产线常见故障及处理方法

机构名称	故障现象	故障原因	故障解决方法
整机故障	系统不工作	主机与控制柜未联机	检查联机及电缆是否接牢固
		系统处于报警状态	检查各感应位置及感应开关是否损坏
		急停按钮被按下	恢复急停控制按钮
	执行机构不工作	元器件、气阀损坏或气压不够	更换元器件或气阀、增加气路压力
		控制线路接触不良或断开	检查发生故障的线路
		感应开关松动	检查感应开关

续表

机构名称	故障现象	故障原因	故障解决方法
进料机构故障	进料伺服电机报警	过热，超负荷	停止工作，电机散热到室温。调整压紧轮气缸压力到 0.2 MPa，重新调整矫直轮的压紧力，减小电机负荷
		其他故障	联系公司技术人员解决
	钢筋打滑	压紧轮气缸压力不够	加大调压阀压力
		压紧轮，进给磨损严重	更换压紧轮与进给轮
		矫直部分的压力太紧	重新调整钢筋矫直部分
		机械部分有卡滞	处理机械卡滞点
		机械部分缺少润滑	增加润滑油
弯曲部分故障	弯曲角度不准确、形状不规范	矫直机构没矫直钢筋	调整矫直结构，矫直钢筋
		弯曲轴原点感应开关不准确	调整原点感应开关到准确位置
		芯轴与弯曲轴之间的距离是否合适	调整弯曲轴位置
		正反弯参数设置是否正确	重新按正确的方法来设置参数
	弯曲角大于弯曲极限	设定弯曲角度大于机械弯曲极限	重新设置弯曲角度至有效值内
		传感器位置移动	联系工作人员，重新定位传感器
切断机构故障	钢筋剪不断，有毛边	刀片损坏或松动	更换刀片或对刀片加以紧固
		动、定刀片间隙过大	调整间隙
		动刀停的位置不准	调整感应开关位置或调整、更换或调整电机刹车片
			切断臂铜套磨损，间隙过大
	卡刀	电机过热	降低工作节拍，使切断频率不大于 15 次/min
			检查强制散热风扇是否正常工作
			检查刹车间隙是否正常，需要调节正常
			检查其他机械部分是否有卡滞并排除
		电气故障	检查热继电器是否复位，接触器是否损坏
	切刀没有复位	切断传感器松动	检查切刀位置，切断传感器归位
放料故障	放料架卡阻	料架摆放位置是否准确，出料口与主机进料口在一个竖直平面内	重新摆放、固定料架
		检查物料是否放偏	重新摆放物料，理顺钢筋
对焊机故障	焊接不牢	电流太小，焊接时间不够	将焊接电流调大，建议不低于 40 A，焊接时间适当延长
	火花太大	焊接电流太大	将电流调小
		焊接口有杂质	去除接口附近的杂质，减少工件接触的可能
	焊接口错位	铜块电机磨损	更换新的铜块电机
液压成型机故障	马达噪声大	温度过低	运行一段时间后会自动降低
		液压油不够	添加液压油

注：①遇到紧急事项，请按下急停，确认安全后，瞬时正旋钮恢复。②出现不能解决的问题，请及时联系售后，由专业人员为您解决。

21.7　工程应用

隧道施工按照设计要求在不良地质段落进行初期支护，初期支护阶段按照隧道开挖轮廓断面环向安装钢拱架和钢筋网片，用锚杆径向固定在围岩上。

1. 施工工序及操作要点

1）操作要点

（1）钢筋、型钢购入前必须对生产厂家进行评审和经过试验检测合格。

（2）螺纹钢拱架加工需要焊接，焊接要求满足规范标准。

（3）型钢拱架需要冷弯制成，型钢腹板方向垂直岩壁。

（4）安装焊接时筋板需要对正，满足规范要求。

2）拱架用钢筋和型钢保管技术要点

（1）现场仓库要有防雨棚，材料分类码放，标识齐全。

（2）做好防潮防锈准备，保持地面硬化、干燥，堆放时枕木高度大于 20 cm，杜绝直接放在地面。

（3）库房通风，远离酸、碱、油、盐等化工品，避免污染或化学腐蚀。

3）格栅钢架的制作加工要点

（1）钢拱架根据隧道开挖轮廓周长，分成便于安装的几段。段落长度可以参照拱顶、拱腰、拱脚、仰拱分段，也可以根据实际施工洞体高度分为若干段，每段落均是一个单独的钢架单元。

（2）根据设计要求格栅钢架取三根（或者四根）螺纹钢作为主筋，将主筋固定在模具上弯成规定的弧度。

（3）按照设计要求提前与弯曲好的连接筋，按设计尺寸和造型分别加工成蝴蝶型和槽型。

（4）按照设计要求预制好钢筋圈，钢筋圈尺寸满足设计要求。

（5）在模具上将蝴蝶型（或者槽型）连接依次筋焊在主筋之间，直至焊成格栅单片。焊接采用双面焊，焊缝厚度不得小于 4 mm。

（6）两个格栅单片用钢筋圈固定，钢筋圈距离满足设计要求，双面焊，焊缝厚度不得小于 4 mm。

（7）断面为三角形时，钢筋圈为三角形。两片格栅单片同时焊接，减少一根主筋（主筋使用三根）。

（8）将焊好的格栅拱架单元移出模具平台，主筋端头焊接角钢，角钢再焊接连接钢板。

（9）不同长度段的格栅拱架分类存放。

4）格栅钢拱架的制作要点

（1）格栅拱架主筋弯曲必须模型定制。

（2）格栅拱架单元段弧形圆顺、尺寸准确，便于拼装。

（3）拱部边墙、仰拱等各单元格栅拱架加工需要根据开挖尺寸适当调整。

（4）加工完成的格栅拱架段在安装前需要试拼装，检查钢架尺寸及轮廓是否合格。

（5）连接板螺栓孔采用钻孔，严禁电焊或者氧炔焰高温切孔。

5）型钢拱架的制作操作要点

（1）型钢拱架采用冷弯机弯制，多次弯曲逐渐定形。加工钢架时腹板水平放置，水平压辊紧固，平面翘曲偏差应小于 20 mm。

（2）按照隧道开挖轮廓周长和弧度、安装方便的特点适当分段制作，通常按照拱顶段、拱腰、拱脚和仰拱等分段，段落端头焊接连接板。连接板与型钢焊成一体，要求双面焊，焊缝饱满，且焊缝厚度不得小于 4 mm，保证焊接质量。

（3）连接板螺栓形式连接，栓孔采用冷钻，严禁高温加工。

（4）型钢拱架安装前要在现场试拼，质检人员负责验收。

（5）特殊地质条件和边墙、仰拱等部位钢拱架需要根据实际施工情况临时确定尺寸。

6）型钢拱架的架设安装要点

（1）隧道开挖出渣结束，首先排险和处理欠挖；确保“掌子面”安全，通常对开挖段落进行初喷素混凝土；按照设计要求钻孔安装系统锚杆；安装钢拱架；安装网片；湿喷混凝土。

（2）核对隧道开挖断面的中线、高程和轮廓。清理拱架地脚位置杂物、对超挖部分填充。钢拱架形成的面应垂直于隧道中线。垂直度允许偏差为±20°。

(3) 型钢拱架拼装顺序从底向上、从外向里顺序安装，拱架与系统锚杆固定，锁脚锚杆稳固。网片置于拱架和岩面之间，紧贴岩面布设。

(4) 拱架紧贴岩面，必要时可以在岩面挖槽就位。确保拱架间距和整体垂直度满足设计要求。

(5) 对于超挖段，拱架与岩面之间可以砌筑块石填充。

(6) 型钢架间距允许偏差为±50 mm，横向安装允许偏差为±50 mm，竖向安装不低于设计标高。

2. 钢拱架支护质量措施

(1) 钢拱架安装前检查开挖面的中线、高程、超欠挖，清理拱脚残渣，创造安装条件。

(2) 根据开挖面尺寸，选择合适的拱架类型。机械配合按照顺序安装拱架，间距、垂直度满足规范要求。拧紧螺栓，固定牢靠。

(3) 钢架与围岩间的间隙应采用喷射混凝土喷填密实，不允许回填片石。

3. 安全保障措施

(1) 施工现场必须佩戴安全帽、安全绳、电工鞋，做好安全预案。

(2) 加强地表、开挖掌子面、喷射砼面的观察，时刻增强安全意识。

(3) 现场安全员观察、预警相关危险源。

(4) 严禁乱接、乱拉电线，电线路架空防水，电工、焊工等特殊工种需持证上岗。

(5) 严禁在台架上向下乱扔工具、杂物等，以防不慎伤人。

(6) 人工安装钢架时应齐心协力，防止钢架倒塌伤人。

(7) 焊工施焊过程中应穿戴防护服，佩戴防护面罩。

4. 典型工程应用

1) 格栅钢架在福堂水电站的应用

福堂水电站位于岷江干流上游，装机360 MW，其工程重点是引水隧洞。它的开挖断面面积近100 m^2，洞线长19 319 m，分成十个标段。该引水隧洞具有洞线长、工程量大、地质条件差、工期紧张的特点。按照水利水电地下工程围岩地质分类法，整个隧洞工程中Ⅱ、Ⅲ类围岩为7855 m，占全长的41%，其中特殊支护洞段303 m；Ⅳ、Ⅴ类围岩为11 495 m，占全长的59%，其中特殊支护洞段5867 m。特殊支护洞段总共6170 m，占全长的32%，支护中部分采用了格栅钢架，取得了较好的经济效果和工程效果。各标段使用型钢拱架和格栅钢架的情况如表21-7所示。

表 21-7　各标段特殊支护情况统计

标段	长度/m	投资额/万元	型钢拱架		格栅钢架	
			工程量/t	合价/万元	工程量/t	合价/万元
1#	138	199.79	72.76	34.60	191.48	77.59
2#	86	220.20	57.95	29.75	—	—
3#	975	546.26	180.37	92.60	287.01	116.30
4#	823	945.63	1010.24	518.66	—	—
5#	2085	2374.13	357.59	183.60	1401.44	567.86
6#	548	688.59	263.11	135.08	223.13	90.41
7#	340	386.81	129.64	66.56	96.9	36.52
8#	389	1157.78	507.59	260.60	—	—
9#	328	485.83	176.55	90.64	61.31	24.84
10#	458	24.70	18.54	8.67	—	—
合计	6170	7029.72	2774	1420.76	2261	913.52
比例	—	100.00%	—	20.21%	—	13.00%

注：投资额中包括拱架和喷锚网以及其他特殊支护措施。

从表21-7中看出，格栅钢架的用量为2261 t。若按表21-7给出的格栅钢架每榀的重量19.10 kg，成本比型钢拱架节省154元计算，该电站中使用格栅钢架节省资金大约为1823万元。从工程效果上看，没有出现因采用格栅钢架支护而发生围岩进一步明显变形或坍塌的情况，说明格栅钢架的支护效果是好的。格栅钢架还节省了时间，一定程度上缓解了隧洞工期紧张带来的压力。

从表21-7中也可看出，该电站虽然部分采用了格栅钢架，但除了5#标段外其他标段大部分采用的还是型钢拱架。这是在以后的工程中值得改进的地方。值得一提的是5#标段，全长2085 m，总的地质情况是十个标段中最差的，岩石破碎、地下水发育，全部为Ⅳ、Ⅴ类围岩，需要采用特殊支护,施工中采用格栅钢架,不仅节省了投资,而且没有出现不安全事故。

这些成果的取得,源于施工各方在开挖中坚持认真做到认识围岩、保护围岩、支护围岩和监测围岩四个环节的工作,尽力体现“新奥法”思想。我们认为无论何种围岩最及时的初期支护措施是安全经济的,经验与实践证明这种措施是经济的,对Ⅱ、Ⅲ类围岩基本为一次性的安全支护,而对Ⅳ、Ⅴ类围岩必要时视岩性特征由业主、设计、监理、施工四方共同决定,“适时”跟进型钢拱架或格栅钢架等补强支护措施。

在对型钢拱架和格栅钢架的选择上,主要遵循以下两个原则:

(1) 合理安全度

这里的安全度指支护结构可承受的最大压力与该段围岩可能产生的山岩压力的比值。“合理安全度”即不一味地、盲目地靠增加投入,采取重型支护手段来提高临时支护的安全度,而是在充分进行地质分析的基础上,在保证安全的前提下采取最节约投资的支护措施,在投资和安全度上寻找平衡点。

(2) 柔性支护和刚性支护共同作用

一方面充分利用格栅钢架的柔性,另一方面无论采取哪种拱架,必须认识到刚性支撑仅是起着骨架作用,更应该重视的是随之加固的喷射混凝土或混凝土浇筑。只有喷锚网和拱架体系形成柔性支护和刚性支护共同作用、联合受力,才能形成整体结构,起到防止失稳的良好作用。

虽然在一定条件下格栅钢架比型钢拱架具有很多好处,但在施工中也特别需要注意以下常见的问题:

① 制作和安装过程中焊接必须饱满。

② 施工中拱架两侧的固定锚杆必须按要求设置,锚杆要和拱架牢固焊接;隧洞顶部的拱架注意保持拱形,防止架立拱架时随岩面起伏而弯曲,破坏拱架的受力特性。

③ 支护完成后要勤观察、监测围岩,掌握围岩变形的动态资料,特别是不良地质洞段和地质条件尚不很清楚以及临时支护已存在隐患的地段,一旦发现有不利变形,要迅速采取进一步的重型支护。

格栅钢筋拱架与型钢拱架相比具有施工便捷、投资节省的优势,提倡在可能的情况下优先使用格栅钢筋拱架。

2) 格栅钢架在南山水利枢纽工程隧洞中应用

南山水利枢纽工程位于广西壮族自治区龙胜县平等乡境内,由高山蓄水、引水、抽水三大系统和一、二级电站组成。一级电站设计水头 1000 m,二级电站设计水头 110 m,总装机 72 MW。枢纽由 21 条隧洞(共长 17.65 km)连接成一、二级电站的发电系统,所以隧洞工程在整个枢纽中占有重要地位。隧洞开挖洞径一般在 5.3 m 以下,属中小断面隧洞。由于工程所在地属亚热带气候,为典型南方地区,常年气温较高,雨量充沛(年降雨 1200 mm 以上),植被茂盛,山体单薄、陡峻,岩体风化深度大,地下水位高,洞室围岩大部风化严重。洞室开挖支护技术尤为重要,现以具有代表性的 15＃洞(二级电站压力洞)为例予以说明。

15＃洞全长 680.4 m,纵坡 5.8%,开挖洞径 3.6 m 为压力输水洞。出口段为 5.2 m×5.2 m 的城门洞型断面,为安设压力钢管明管段。地下水位高于洞顶约 30～50 m。

按设计要求完成 3 m 段的混凝土衬砌(锁口)施工,进洞后从围岩岩层看,洞体上半部约 2.0 m 高为硅质泥岩,且含水量极高,用手可捏成泥团。此部分岩体受洞顶不稳定高边坡挤压强烈,开挖后自稳能力极差,坍塌不止。洞体下部为胶结不良的强风化破碎砂岩,岩层节理、裂隙十分发育。洞体上半部与下半部之间存在一条北向约 20°的明显滑面。根据水工建筑物地下开挖工程施工技术规范地质分类,15＃洞出口洞段应属Ⅳ～Ⅴ类围岩。

根据围岩情况,掘进施工中采用了以人工挖掘为主,辅以浅孔小炮(单响药量 150 g/响,一次爆破药量不大于 2.0 kg)的短进尺,每循环进尺不大于 1.20 m,快速支护进行洞挖施工,以确保洞室施工期间围岩的稳定和安全。

采用的主要支护方法是格栅拱架、钢筋网

片、锚杆和喷射混凝土。混凝土采用C20素质混凝土，每次开挖进尺1.20 m左右，先对掌子面及顶拱、侧墙素喷C20混凝土进行封闭，喷层厚2～3 cm。隧洞每掘进1.20 m且完成初喷混凝土后进行格栅拱架支护，格栅拱架断面为15 cm×15 cm，采用主筋ϕ22、连接筋ϕ14焊接制成，每榀拱架分为两边拱、顶拱三部分，接头部位采用$\delta=6$ mm钢板，且用M16螺栓连接。格栅拱架可在洞外预先设计支护断面加工成型，洞内人工分块拼装。后一榀拱架可用ϕ20纵向连接筋与前一榀拱架焊接成一体，既便于现场快速安装，又增强了各榀拱架的整体刚度。两榀拱架间距为1.0 m。格栅拱架结构及支护见图21-36。

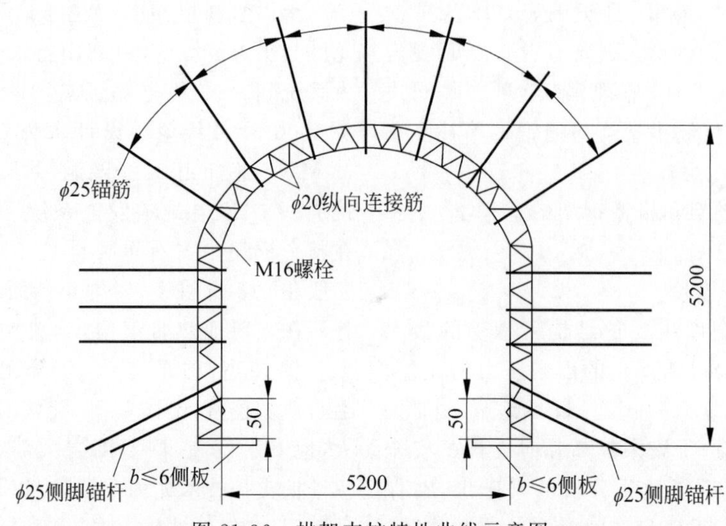

图21-36　拱架支护特性曲线示意图

格栅拱架安装好后，在洞室顶拱180°范围进行超前锚杆施工。锚杆规格ϕ22，$L=2.5$ m，纵环向间距1.0 m×0.4 m，仰角$\alpha=3°$，砂浆锚杆外露尾部与钢筋格栅拱架焊接，也可通过格栅拱架造孔安插锚杆。在顶拱和边墙拱架位置，亦要安装径向锁固锚杆，锚杆规格ϕ25，$L=2.5$ m，环向间距1.0 m，锚杆外露部分与拱架焊接。另外，对于隧洞边墙、顶拱不稳定的部位安装ϕ25、$L=1.0$ m的随机锚杆进行锚固。为确保格栅拱架稳定，在每榀拱架拱脚处采用ϕ25、$L=2.0$ m砂浆锚杆与拱架焊接，进行锁脚加固。

完成锚杆及拱架安装后，所有岩壁挂ϕ6@20×20钢筋网片，然后复喷C20混凝土，总喷厚18 cm。钢筋网应于锚杆处外露部分及拱架焊接牢固，并且按每平方米不少于3个ϕ6 U型卡将钢筋网与岩壁卡牢。

通过上述方案进行支护后，洞室围岩处于安全稳定状态，确保了洞挖施工的安全性，说明此种支护措施在Ⅳ～Ⅴ类围岩中是成功的。随着支护方法的不断试验改进，对支护参数不断进行优化调整，在确保安全的情况下，每次掘进进尺由1.20 m增至2.0～2.5 m，拱架间距由1.0 m增至1.5～2.0 m，超前锚杆间距由2.5 m增至5.0 m，日进尺平均1.5 m，大大提高了施工效率。

通过隧洞开挖支护的工程实例，充分显示出了格栅拱架的支护优势。首先，格栅拱架可与超前锚杆、径向锚杆有力连接在一起，可通过格栅进行锚杆造孔，锚杆安装。其次，格栅拱架具有更适于喷混凝土柔性支护的特点，从而与喷砼、岩石形成良好的承载拱，特别在中、小型洞室的支护中能起到很好的支护效果。最后，格栅拱架造价比相同的型钢拱架低廉得多，从施工方面讲，格栅拱架更有利于运输、安装，在今后的中、小隧洞开挖支护中有着极大的应用优势。

第22章

钢筋加工信息化管理软件

22.1 概述

22.1.1 定义、功能与用途

管理信息系统(management information system,MIS)是一种以人为主导,利用计算机硬件、软件、网络通信设备以及其他办公设备进行信息的收集、传输、加工、储存、更新、拓展和维护的系统。MIS 是一个不断发展的新兴学科,MIS 的定义随着计算机技术和通信技术的进步也在不断更新,现阶段普遍认为 MIS 是由人和计算机设备或其他信息处理手段组成的用于管理信息的系统。

企业管理信息系统已经发展了很多年,从最开始的简单工具应用到物料需求计划(materials requirements planning,MRP),再到 MRPⅡ,以及现在流行的企业资源计划(enterprise resource planning,ERP)系统,经历了不断发展、不断进步的过程。现如今,在信息化领域已经形成了完备的企业管理信息化系统理论。

信息化是当今世界经济社会发展的必然趋势。为了促进企业各项工作高效率全面提升,钢筋集中加工企业应该把信息化作为企业长远发展的核心竞争力和必须使用的一个重要的工具。一方面挖掘先进的管理理念,借助信息化、数字化的手段,进一步整合和提高企业现有的管理模式,及时为企业的决策系统提供准确而有效的数据信息;另一方面通过数字化、智能化的手段加快建筑产业化发展思路,促使建筑工人向产业化、工厂化发展,解决现在建筑工程行业工人老龄化、无人接班的矛盾。

下面给出钢筋集中加工配送和工厂化加工模式的定义。

钢筋集中加工配送:由具有信息化生产管理系统的专业化钢筋加工机构,主要采用成套自动化钢筋加工设备,经过合理的工艺流程,在固定的加工场所对钢筋进行集中加工,使之成为工程所需成型钢筋制品,并能按照工程施工计划,将工地所需钢筋配送供应给施工现场进行安装施工的钢筋加工模式。

钢筋工厂化加工模式:在非施工现场的固定场所,采用成套自动化钢筋加工设备和信息化生产管理系统,实行工厂化生产,并且由加工配送中心投入相关人员进行专业化、规范化管控,将钢筋加工成为工程所需钢筋制品,并配送到施工现场的钢筋加工应用模式。

钢筋集中加工配送和工厂化加工模式是行业发展的趋势,也是当前建筑业钢筋加工标准化的管理模式。对于大型钢筋加工企业而言,信息化管理是其必备的管理方法,能降低劳动强度、提高生产效率,节约资源。

钢筋加工信息化管理系统是一个面向钢筋加工行业的信息化管理平台。以云计算、工业互联网和智能控制为基础,包含了企业资源计划管理(ERP)、物料需求计划(MRP)、生产执行系统(MES)、计算机辅助制造(CAM)等诸多层次的信息化系统；能够实现建筑钢筋加工企业的销售管理、采购管理、生产管理、仓储管理、质量管理、仓储配送、设备对接管理等信息化管理功能；既能实现对生产、配送等过程的数字化管理，又能够对加工现场的各种管理数据进行实时监控和数字化分析，提升管理效率，提高材料使用率，控制生产成本，保障项目施工进度。

综上所述，通过在钢筋集中加工行业对先进管理思想和信息化系统的使用，钢筋加工配送的管理者、集团的管理者在任何区域、任何时间都可以通过计算机、手机移动端轻松实现对企业运行数据的查询、统计、监控和分析，全方位支撑企业的生产经营、协同办公和实时监控与领导决策的需求。利用 ERP、MES、CAM 等系列软件，可以优化企业的运营模式，提高员工的工作效率，降低生产运营成本，提高生产质量，提升企业的自动化程度，实现对数据的分布式网络化管理，为企业创造效益，为供应商、客户创造便利，助力企业全面提升生产、服务质量，有效提高企业的整体管理水平。

22.1.2 发展历程与沿革

1. 国内发展概况

我国目前应用的 ERP 系统软件，在高端领域基本上被一些国外系统所占据，比如 IBM、SAP、Oracle 等，而在低端领域，国内多家软件已经逐渐占据了市场，比如金蝶、用友、广联达等，但总体上，国外软件在总量上占了多数。国外软件非常庞大的系统结构、复杂的操作流程、严密但冗长的实施周期、刚性的紧密集成等都在一定程度上增加了实施难度，存在适应性低的问题。并且国外软件的设计环境，均参考了欧美发达国家和地区及企业的生产环境、文化环境和人文素质等，这些都与中国企业所处的生态环境有所不同，因此国内企业在应用国外 ERP 系统软件过程中难免出现各种问题。

国内部分企业信息化管理系统的开发商经常不切实际地追求系统的行业实用性，追求大而全，希望他们的系统能够适用各种行业、不同的领域和不同的生产方式的各类企业，这与企业所希望的个性化、差异化竞争形成了一定的矛盾。事实上，各个行业、各类企业的生产过程各有特点，不可能有统一的模式，如此通用性强、适用面广的解决方案，必然与企业的实际应用需求产生差距。特别是钢筋加工行业，具有自身独有的行业特点，如果使用目前市面上的 ERP 软件来解决行业的适应性问题，往往会得不偿失。

国内钢筋加工企业虽然已有了一些生产信息化管理系统，但主要是在单机上对料单料牌进行管理，或者在局域网内对部门实行信息化管理，而在智能化、集团化的管理方面没有深入涉足，没有办法实现真正意义上的信息化管理。他们普遍可以完成对单个加工厂的基本统计的辅助管理工作，而目前的研究也主要停留在如何提高员工工作效率方面，其信息量并没有上升到为企业决策者提供服务，所以软件并没有从企业的管理出发，甚至有些时候管理要为软件的使用便捷让步。

随着改革开放和国家经济的发展，各地基础设施和城市建设飞速发展，钢筋集中加工企业的数量也不断增多，钢筋加工企业的竞争也越来越激烈，特别是随着建筑工业化、产业化发展，很多钢材生产厂商和建筑工程公司纷纷向钢筋集中加工产业链延伸，严重加剧了行业内部的竞争，很多中小企业面临发展的困境。企业是做强做大，还是缩小并消失，这一切都取决于企业的管理是否规范化，而信息化能为企业持续发展提供重要的支撑。

随着工业互联网、4G 技术、云计算等技术的发展，信息化和数字化在其他行业广泛应用，对传统制造业、服务业大幅度提高了生产效率和降低了生产成本。但对于钢筋加工企业来讲，目前还落后于其他行业信息化的发展水平，还局限在局部信息化，例如翻样软件、打印料牌等功能。特别是民营企业，受限于投资回报要求，一般在信息化方面基本没有投入。但是钢筋加工行业要继续发展，发展信息化技术是必然的。一些大型集团化的企业开始使用专用的钢筋加工信息化系统，基于云计算技术开发，同时兼有移动手机端和 PC 管理端，在钢筋订单管理、生产管理、质量管理、仓储管理、配送管理整个流程实现了信息化和数字化管理，为管理人员和操作工人提供高效便捷的工作方式，极大地降低了劳动的复杂性和提高了生产效率。

2. 国外发展概况

国外ERP系统不仅是一个软件产品，而且是一种管理规范、管理理念和管理方式，也是信息社会给企业加剧竞争的催化剂，加速企业的成长与消亡，因此引起全世界的广泛关注。在欧美等发达国家和地区，ERP系统的应用已经比较普及，多数大中型企业已普遍采用ERP系统，如财富前100强中已有超过80%的企业开始了ERP系统的实施。目前正在推行全球化供应链管理技术和敏捷化企业后勤系统，国际上已把ERP系统作为数字时代企业生存的支柱。许多小型企业也在纷纷应用ERP系统。目前比较有名的ERP软件供应商SAP、Oracle和IBM、Microsoft都是国外企业。

国外发达国家的钢筋加工配送行业已经发展了几十年，自动化的钢筋加工配送基本取代了传统的手工加工及半机械化加工，目前绝大多数是以集群化加工结合物流配送的形式存在，主要分为棒材钢筋加工配送公司、线材钢筋加工配送公司及专用钢筋制品配送公司三大类。加工好的成品钢筋直接通过物流公司配送至各建筑施工现场。

在钢筋加工配送行业，国外大部分钢筋配送企业目前都在使用钢筋信息化管理软件，通过信息化软件能够很好地实现从钢筋设计、生产、仓储到配送的全流程信息化。例如施耐尔公司能提供从设计、生产到运维的专用钢筋软件信息化模块。内梅切克集团开发的基于BIM技术的PLANBAR软件支持钢筋的一体化设计，能够直接导出钢筋的物料清单，可以将钢筋订单参数直接下发到钢筋设备，为钢筋加工设备提供所需的生产数据，还能够提供ERP系统需要的数据，如物料名称、编码、数量、单位等。甚至国外在行业内部还建立了专门的信息化软件和设备对接的统一的接口数据格式，如BVBS、PXML和Unitechnik。虽然国外的软件很多，信息化程度也很高，但是并不适合我国的实际国情，因此，将国外软件中国化还需要一定的时间。

3. 发展趋势

1）数字化、智能化发展

随着科学技术的迅猛发展，新知识、新观念、新技术层出不穷，强调人和自然、人与环境的和谐相处，全面协调可持续发展已成为人类社会的共同追求。人类对于世界的认识，不管是宏观还是微观世界，乃至人类自身都已经进入到数字化、定量化、信息化和现代化的新阶段，从过去模糊的、粗浅的认识到现在精确的、深刻的认识。

由于钢筋加工行业属于工程行业中利润最低的行业，钢筋加工企业必须向精细化生产、精细化管理方向转变，钢筋加工企业的信息化管理软件对降低生产成本和提高生产效率至关重要。目前钢筋加工企业普遍应用的信息化系统主要包含OA系统、进销存管理系统、生产排产系统、制造执行系统、财务系统、物流配送系统、设备控制系统。这些信息化系统的应用是相对独立的，这就造成了企业的管理是从企业管理层面出发，生产排产系统和制造执行系统则反映了实际的生产情况，财务系统则偏向于人工汇总报账。这些信息化系统各自独立运行，无法站在整体的角度真实地为管理者和决策者提供信息支持。往往最困难的工作就是协调各个厂家之间的接口问题，由于技术保密原则及供应商的技术力量限制，这一步往往无法实现，或者最终接口效果不理想，在数据传递的实时性、准确性与操作的便捷性上大打折扣。基于以上原因，今后的软件厂商一定会集成这几类信息化系统，为企业提供一整套解决方案。这样对企业更有好处。所以，开发整体信息化解决方案是未来发展的趋势。

当前，数字化技术已经处于发展阶段，越来越多的领域正将自身行业特点与数字化相结合，不同领域的专家对数字化的认识有所不同，部分学者认为对钢筋加工行业的数字化就是对于材料采购、生产、制造、运营等各环节的信息化控制。数字化不仅包含了钢筋翻样的参数化的设计，还包含钢筋加工质量控制数字化、生产管理数字化和配送过程数字化等，数字化的内涵已经变得非常广泛，是对整个行业所有钢筋信息进行获取、传输、处理和应用的全过程综合信息系统。中国作为世界第一的建筑大国，建筑行业是国民经济的支柱产业，关系到国计民生。因此要实施数字化战略，精细化管理是钢筋加工企业的必然趋势。应用信息化技术构建钢筋加工企业协同管理平台，可以降低企业的运营成本和管理成本，提升企业的经济效益。

2019 年在中国廊坊举行了中国工程机械工业协会钢筋及预应力机械分会 2019 年年会。在年会上行业专家就智能化钢筋及预应力机械技术发展趋势进行了详细研讨，协会理事长刘子金提出了"发展智能化信息技术，助推行业高质量发展"，从更高的层次指出了钢筋加工信息化未来的发展方向。

随着行业的迅速发展，市场竞争进入了白热化阶段，企业已经无法依赖原有利润点来实现盈利，只能通过其他方式来创造新的利润增长点，而人力成本是企业成本增长幅度最大的一部分。人力成本不是人们通常意义上理解的人员工资和福利待遇，而是指企业在一段时间内，在生产、经营和劳务活动中，因使用劳动者而支付的所有直接费用和间接费用。例如，一名员工在某一岗位工作中失误，那么就有可能涉及其他部门甚至对客户造成间接或者直接损失，这部分损失费用也应计算在人力成本之中。如何降低人力成本是未来企业所面临的最大难题。而随着钢筋加工行业的不断发展，同时由于一些基础支撑技术（如云计算技术、移动互联网技术、高精度感知技术等）的出现，行业内信息化水平将不断提高，信息化将由之前的局部信息化、管理信息化发展到智能化阶段。工厂通过建立智能化系统，智慧大脑中心能够自动接收生产需求订单，将订单任务进行自动分解和优化，进行任务排产和派工。生产加工完成以后可以通过系统自动化完成报工。配送时，则由智慧大脑对车辆进行统一配送调度、捡料和装车，卫星定位实时监视路况，自动判断运输路线，将之前的许多人工调度的工作模式转变成智能调度，节省人力成本。

2）跨产业互联互通

计算机控制技术在钢筋加工机械、生产辅助设备中已经全面普及。目前控制硬件主要包括 PLC 或工业计算机搭配板卡的控制模式。在程序开发方面，除了低端的梯形图之外，C++、C、C# 等高级开发语言在一定程度上满足了钢筋加工设备和系统的开发需求。但是控制系统软件在某种程度上受到控制硬件的约束，可扩展性受限，并存在较多不足。而总线型控制系统取代了传统的 PLC 技术，依托于以太网总线控制技术扩展性最大化，生产控制逻辑全部由 C、C++ 等高级开发语言编写，极大地提高了设备的联网性能，成为互联互通的硬件基础条件。

随着"中国制造 2025"倡议的提出，工程机械产品将与智能技术深度结合，以物联网技术为代表的新一代智能化技术将倒逼工程机械产品的变革。通过信息化实现设备与设备、人与设备、系统与设备、人与人之间的互联互通，最终将用户、客户、公司和第三方服务通过信息化互联在一起，真正地为运营方、施工方带来便利，为公司带来新的盈利增长点。

通过互联网信息化管理系统，实现钢筋原材、生产设备、生产工人、运输车辆、施工工地一体化的调度以及管理。利用移动互联网，施工方可以异地下单，并随时调整需求计划。通过 MES 与加工设备的任务数据交互与传递，可以实现订单远程下单。通过对加工过程的实时反馈，管理工人能够对加工过程进度进行监控和调整，优化设备调度。通过手机端，配送人员可以实时扫码出库，简化钢筋成品出入库操作。

通过手机端，客户可以实时了解周边钢筋加工厂的日产量、经营状况和信用等级，有选择、有针对性地下单，实时掌握钢筋的生产、运输等全过程数据，可以更为合理地安排施工工人、动态调整施工工序并对加工厂进行信用评级等。通过跨产品设备工况大数据挖掘和信息融合处理，最大限度地降低客户的人力成本，为客户创造更多的经济效益。

3）产业链信息系统整合

在钢筋加工企业信息化系统普及后，与上游产业（如工程方）、下游产业（如原材供应商）之间的信息数据联网需求就会呼之欲出。

对工程方来说，通过信息系统的联网整合可以快捷、准确地完成成型钢筋的订货。通过配送定位系统可以实时监控发货状态，对已发量、未发量进行查询，对已签收量进行电子确认等，大幅度减少了签收纠纷、结算纠纷的发生率，还可以及时地掌握成型钢筋的供应间隔，合理地安排钢筋绑扎施工工作。

对原材料供应商来说，可以实时了解订货原料预订情况以及原料送达情况等信息，可以实现网上订货，规范价格管理，并且过磅称重统一，避免各种纠纷，还可以根据库存量和预订量合理安排发货。

对于成型钢筋加工企业来说，通过与上游单位和下游单位的信息数据的联网整合，可以更高效率地运输、生产。例如：不知道今天的钢筋是否已经送达，送达之后的实际签收量是多少，结算的时候会不会有扯皮的情况；近期钢筋的价格上浮，工地是否认同。紧密地把客户方和供应商连接为一个利益共同体，达到多方共同运营，合理利用有效资源的目的，势必推动整个行业的长足进步和发展。

22.2　产品分类

22.2.1　按架构分类

1. C/S 架构

C/S(client/server)架构，即大家熟知的客户机和服务器结构，如图 22-1 所示。它是软件系统体系结构，该结构可以充分利用两端硬件环境的优势，将任务合理分配到 Client 端和 Server 端来实现，降低了系统的通信开销。目前大多数应用软件系统都是 C/S 形式的两层结构。由于软件应用系统正在向分布式的 Web 应用发展，Web 和 C/S 应用都可以进行同样的业务处理，应用不同的模块共享逻辑组件，因此，内部的和外部的用户都可以访问新的和现有的应用系统，通过现有应用系统中的逻辑可以扩展出新的应用系统。这也是目前应用系统的发展方向。

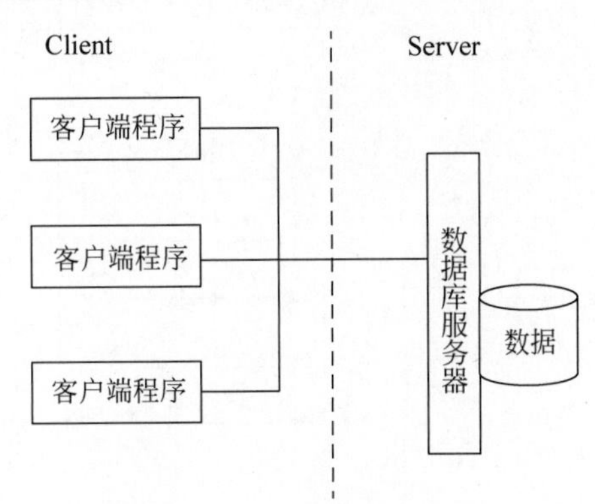

图 22-1　C/S 系统架构

传统的 C/S 架构虽然采用的是开放模式，但这只是系统开发一级的开放性，在特定的应用中无论是 Client 端还是 Server 端都还需要特定的软件支持。由于不能提供用户真正期望的开放环境，C/S 架构的软件需要针对不同的操作系统，开发不同版本的软件；加之产品的更新换代十分快，已经很难适应百台电脑以上局域网用户同时使用。

2. B/S 架构

B/S(browser/server)架构即浏览器和服务器结构，如图 22-2 所示。它是随着 Internet 技术的兴起，对 C/S 架构作出变化或者改进的结构。在这种结构下，用户工作界面是通过 WWW 浏览器来实现的，极少部分事务逻辑在前端(browser)实现，但是主要事务逻辑在服务器端(server)实现，形成所谓三层(3-tier)结构。这样就大大简化了客户端电脑载荷，减轻了系统维护与升级的成本和工作量，降低了用户的总体成本(TCO)。

以目前的技术看，局域网建立 B/S 架构的网络应用，并通过 Internet/Intranet 模式下数据库应用，相对易于把握，成本也是较低的。它是一次性到位的开发，能实现不同的人员从不同的地点以不同的接入方式(比如 LAN、WAN、Internet/Intranet 等)访问和操作相同的数据库。它能有效地保护数据平台和管理访问权限，服务器数据库也很安全。特别是 Java 这样的跨平台语言出现之后，B/S 架构管理软件更加方便、快捷、高效。

22.2.2　按业务分类

根据管理信息系统处理业务类型的不同，在钢筋加工管理领域信息化系统大致可以分

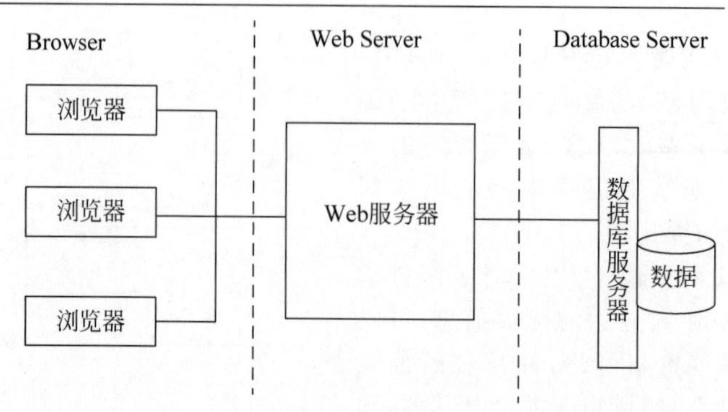

图 22-2 B/S 系统架构

为如下几种，如图 22-3 所示。

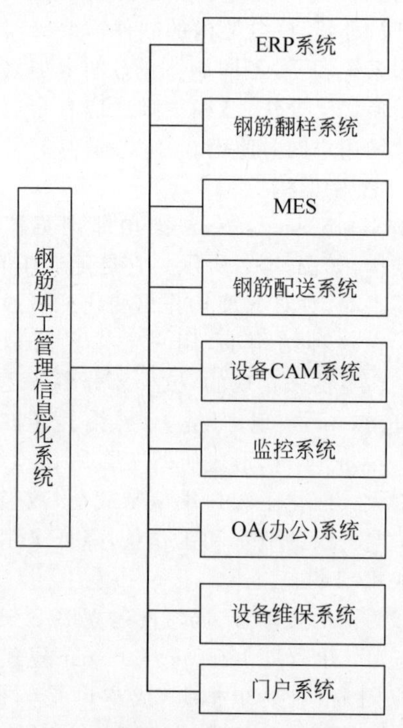

图 22-3 钢筋加工管理信息化系统分类

1. ERP 系统

ERP 系统是企业资源计划系统的简称，它主要是针对企业的物资资源、人力资源和财务资源以及相关的业务活动的信息，集成一体化的企业管理软件。ERP 系统将企业内部所有资源科学地整合在一起，对采购、成本、生产、库存、销售、财务和人力资源进行规划，通过最佳资源组合，为企业取得最大的经济利益和社会利益。

2. 钢筋翻样系统

钢筋翻样系统是按照钢筋国标图集要求，将建筑的结构钢筋图进行拆分和下料长度计算，将结构图纸转变成一根根可以加工的钢筋料单。有了料单就可以进行加工和配送的生产活动。

3. MES

MES 是制造执行系统的简称，它在 ERP 系统生产计划的基础上，对生产计划进行具体的任务分派。通过 MES 可以进行材料预先备料，可以将生产任务直接发送到设备进行加工，加工完成以后进行系统报工。

4. 钢筋配送系统

钢筋配送系统是按照需求订单的计划，对成型钢筋进行配送管理，具体包括车辆调度、捡料、发货、运输和收料点验。

5. 设备 CAM 系统

设备 CAM 系统是计算机辅助制造系统的简称，属于钢筋加工设备的控制系统，能够根据需求订单的输入，将钢筋图形转换成设备的动作指令，加工出特定形状和长度的成型钢筋。

6. 监控系统

监控系统主要包括视频监控和设备监控。视频监控属于安防系统，而设备监控可以监控加工厂内部所有设备的工作状态。

7. OA(办公)系统

OA 系统是用于日常办公管理工作的信息化系统，主要功能模块有：信息中心、今日日程、待办中心、审批查看、文档中心、通讯录等。

8. 设备维保系统

设备维保系统用于进行设备台账管理、设

备维修管理、设备保养管理等。

9. 门户系统

门户系统是钢筋加工企业对外的统一系统出口，能够展示企业的基本信息等。同时门户系统也能够让客户查看加工任务的加工和配送进度等。

22.3　工作流程及产品架构

22.3.1　管理信息系统的设计架构

钢筋加工信息化管理软件一般包含 ERP 管理系统、MES 和设备 CAM 系统，如图 22-4 所示。其中，ERP 管理系统主要对销售、采购、仓储和财务进行信息化管理；MES 主要包括生产管理、设备管理、质量管理和配送管理；设备 CAM 系统为自动化设备的智能控制系统。

22.3.2　企业规模分类和企业需求

考虑到企业的规模和管理模式，钢筋加工企业的信息化可以分为 4 类，见表 22-1。

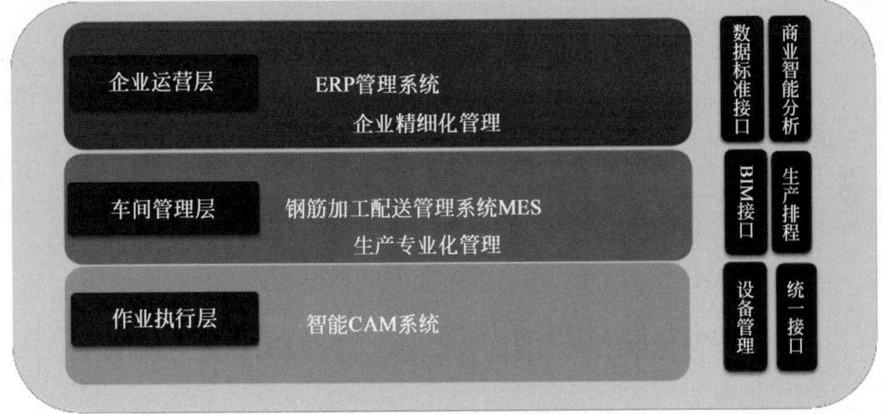

图 22-4　信息系统设计架构

表 22-1　企业分类以及需求特点

企业类型	需求特点
高铁或公路钢筋集中加工企业	为公路或高铁桩基、桥梁和站点钢筋加工专门建设的标准化钢筋加工厂。加工厂和项目都是 1 对 1 建设，建厂一般不超过 3 年，随工程项目迁移，属于游牧式加工厂。不需要翻样软件，主要管理厂内物资的进出库，因此信息化以 MES 为主，且使用云服务模式
专业钢筋集中加工企业	这类企业一般会在大城市设多个固定加工厂，每个加工厂覆盖方圆 50 km，一般专门为工程施工企业提供成型钢筋加工服务。这类企业加工钢筋种类繁多，发货复杂，因此需要在全流程使用信息化系统，同时也需要集团型 ERP 系统
预制装配式构件工厂化加工企业	专门加工预制装配式构件中的钢筋骨架，在加工厂内对构件进行预制浇筑。这类企业一般机械化、自动化程度高，但是钢筋信息化软件一般为其整体信息化的子系统
钢厂型钢筋集中加工企业	钢厂型钢筋加工厂，一般其母公司都为钢筋原材加工企业，为了营销，它们直接参与钢筋的后期深加工，其加工厂的规模和标准化程度与专业钢筋集中加工企业差不多，但是其优势是省去了中间商，从而降低了钢筋的成本。一般也需要全流程的信息化，特别是需要物流配送信息化

22.3.3 企业组织架构

一个钢筋加工企业一般在总部设置统一的营销部、人力资源部、财务部、综合管理部、后勤部和设备部,如图 22-5 所示。一般在一个城市周边区域内开设多个分厂,每个分厂包含技术组、生产组、质检组、物资组和安全组。技术组主要进行钢筋翻样和料单、料牌制作。生产组一般进行任务排产和分派,并督促操作工人加工完成。生产组下设很多个加工班组。质检组主要进行原材的质量检验和成品的质量抽查检验。物资组一般负责原材的核验点数、入库和每天盘库,成品的核库和出库装车,配送到现场并督促签字点验,制作物资的统计报表。安全组负责厂区内所有与安全有关的事项。

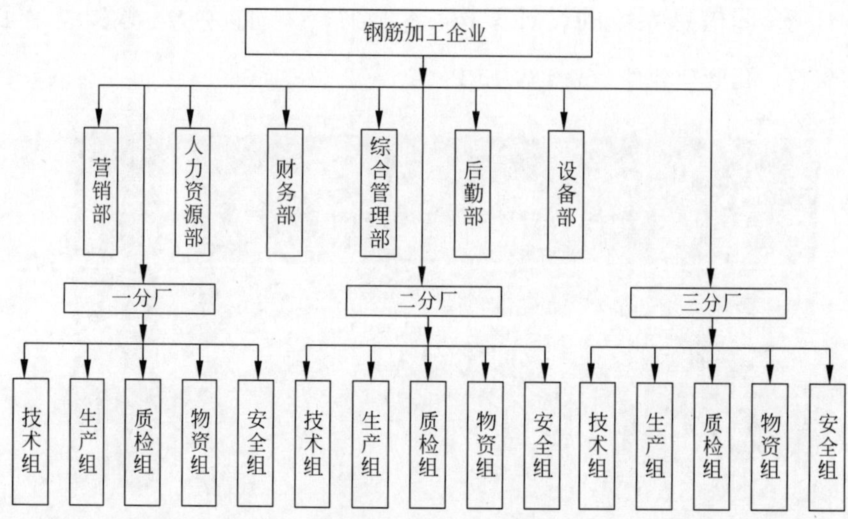

图 22-5 企业组织架构

22.3.4 管理信息化系统业务流程

管理信息化系统整个业务流程图如图 22-6 所示,主要包括采购计划、采购订单、采购收货、采购收票单、采购付款单;销售订单、销售发货单、销售开票单、销售收款单;生产订单、生产领料、生产退料、生产完工单;入库单、出库单和盘点单、调拨单。

22.3.5 管理信息化系统功能架构

信息化系统功能架构如图 22-7 所示。

下文针对钢筋信息化系统的模块功能进行详细划分,如图 22-8 所示。

22.3.6 系统软硬件组成

钢筋加工信息化系统一般以云平台为核心,以翻样软件为基础数据来源,通过智能控制器,完成平台与数控加工设备的直接通信,借助料牌专业打印机及智能扫描枪等辅助设备,提升现场生产加工管理效率。可以将整个区域划分为施工工地、生产办公室、生产车间和配送,如图 22-9 所示。先由施工工地进行钢筋料单翻样,并向生产办公室录入订单。生产办公室收到订单需求以后进行任务排产和分派。之后车间进行钢筋成型加工,加工完成进行报工和入库。之后仓储管理人员进行成品钢筋配送出库。最后将钢筋运输到施工现场进行点检接收,从而使整个系统形成闭环。

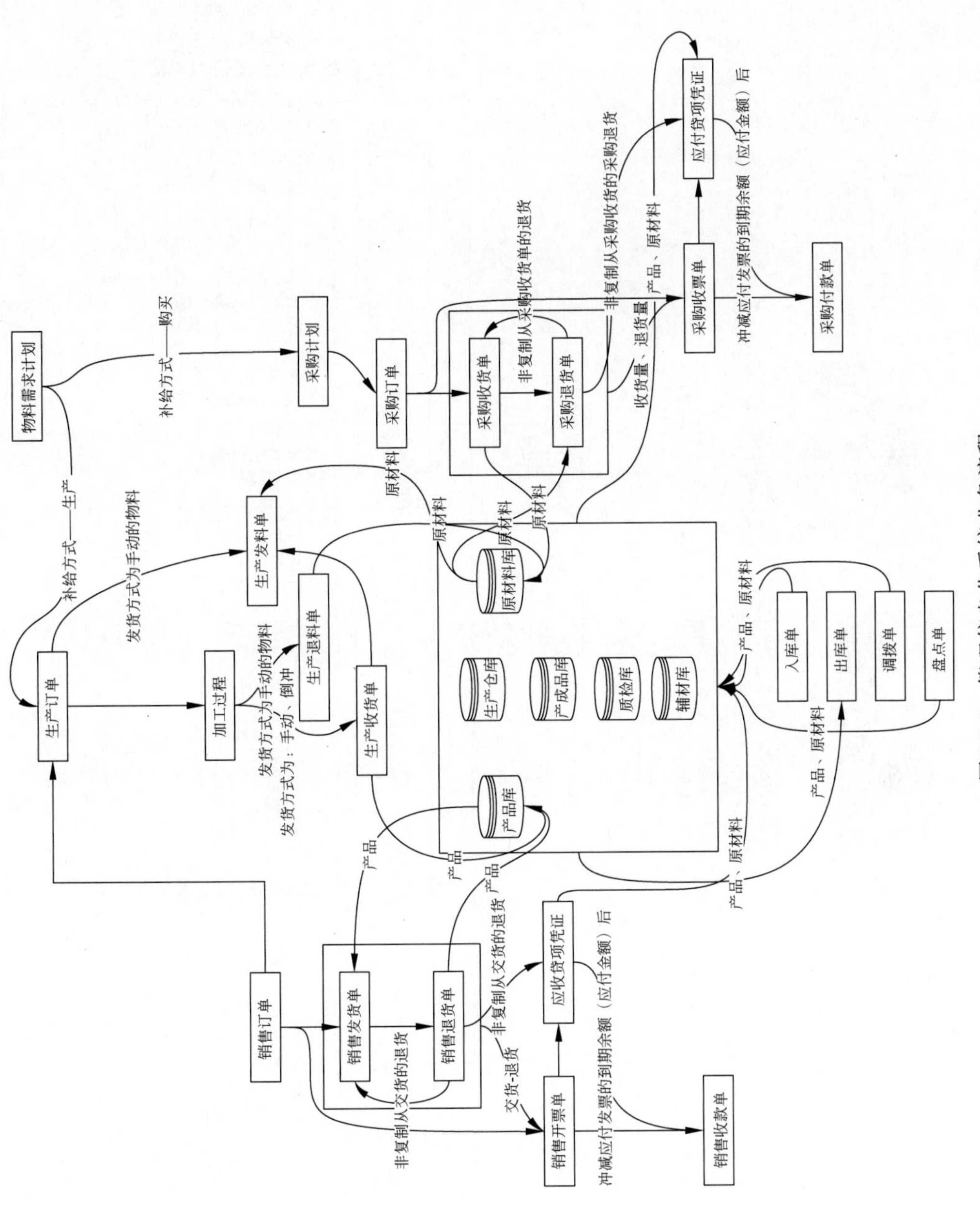

图 22-6 管理信息化系统业务流程

图 22-7 信息化系统功能架构

图 22-8 信息化系统功能划分

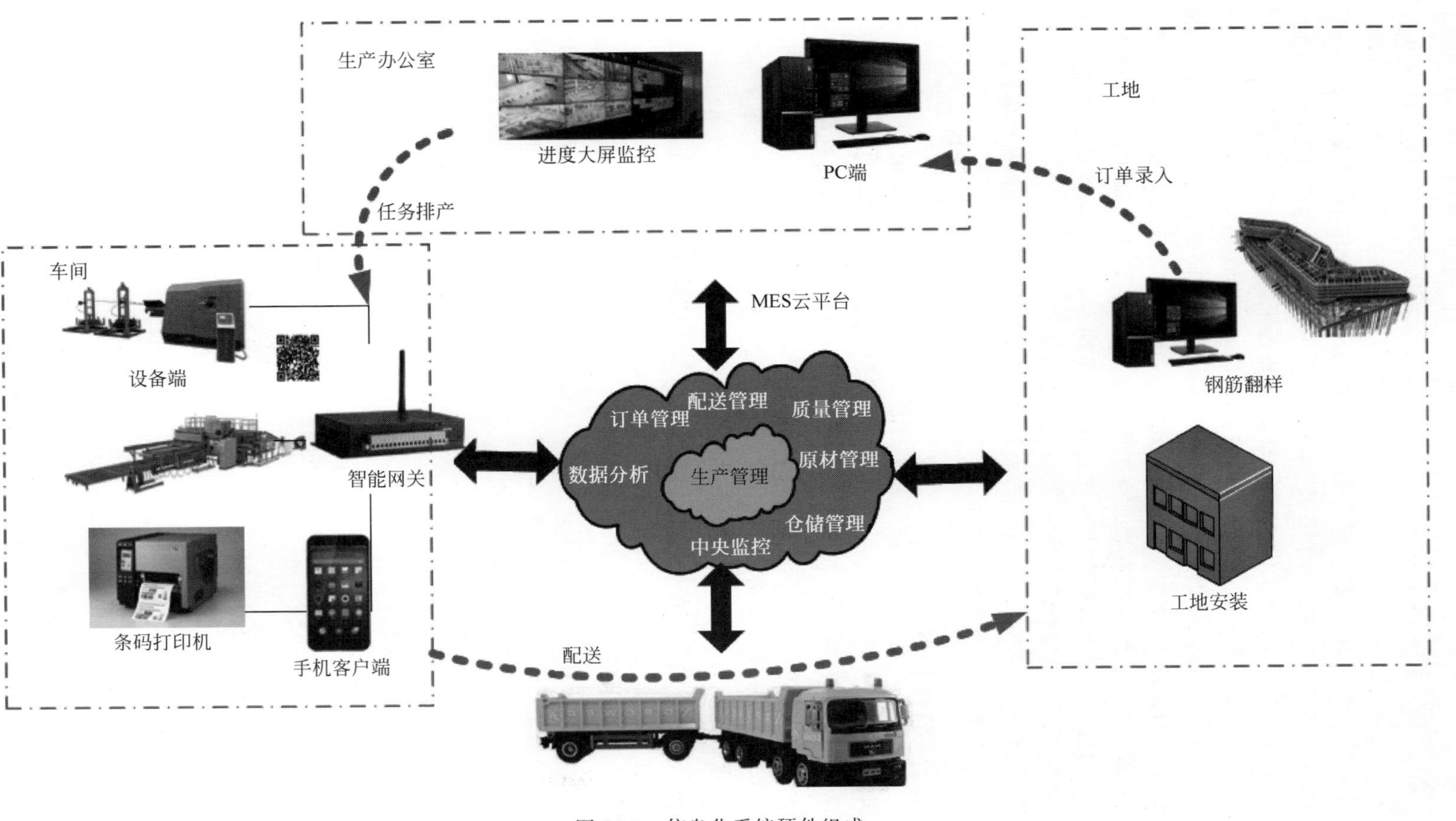

图 22-9　信息化系统硬件组成

22.4 加工配送管理

为了保障系统的信息化流转，在此简要阐述涉及的相关角色。主要角色有业务员、库管员、技术人员、质量人员、车间主任、加工班组、司机等。这里按照信息流转的顺序进行阐述，如图 22-10 所示，横向是业务角色，纵向是生产准备阶段、生产加工阶段、生产配送阶段。现有业务人员通过竞标接到业务以后交由加工厂进行生产配送。根据需求订单进行任务分配并打印料牌，之后工人进行取料加工，加工完成以后进行质检入库。最后进行扫码点验配送并打印配送清单直至整个业务流程闭合。

22.4.1 翻样和订单管理

1. 钢筋翻样

钢筋翻样是钢筋工程的施工技术人员根据建筑结构图纸，按照国家相关的规程、规范要求，计算出各个构件中每根钢筋的制作装配数据、数值，形成文字材料或填写在配料表单中，再画出组装简图，供加工人员、组装人员实施完成。无论是房建工程、市政工程中的翻样料单还是路桥工程图纸中的钢筋表，这些数据都决定着现场钢筋的实际用量，控制这些数据是进行控制钢筋消耗成本的根源。虽然这些数据具有至关重要的作用，但当前大多数施工单位并未将这些重要资料进行妥善管理，导致现场实际钢筋用量无法准确控制。钢筋翻样数据是钢筋管理的核心数据，而实现信息化管理，关键要实现核心数据的数字化，只有基础数据开始流通了，钢筋信息化管理才能运转起来。

图 22-11 所示为钢筋翻样界面。

2. 订单管理

钢筋订单管理模块能够快速录入钢筋需求订单，能够快速导入钢筋翻样软件数据和导入 BIM 数据，能够自动汇总钢筋重量、丝头数量等，它是整个系统数据的基础。

钢筋订单管理模块还能够对系统单根钢筋图形进行管理，能够根据需要新增钢筋图形。软件系统的钢筋数据可以和设备自动对接。钢筋图形由系统的所有人员共享使用。钢筋订单管理模块能够通过移动端下发，方便现场施工员操作，通过查看现场施工进度，及时且准确地下发生产订单，并提交给现场负责人进行审批，保证施工过程的有序进行。审批之后的生产订单会传送至加工厂的生产管理模块。订单明细表左侧由现场人员提交的构件会出现在相应的结构层级中，便于快速查找。因加工厂人员加工需要依据具体的钢筋加工明细，所以生产订单需要匹配相应的资料。

图 22-12 所示为钢筋订单界面。

22.4.2 原材管理

系统可以实现对原材入库、质检、原材领用、原材盘库、库存查询等业务的管理。通过在入库时打印二维码原材标牌，在后面的流程中可以利用手机移动端上的 App 实现入库、出库、退库数据的快速回传，保障数据准确且迅速地进行传递。

1. 进场管理

1）信息管理

进场管理主要对进场原材信息进行统一管理。原材信息包含生产厂商、供货商、钢筋规格、原材长度、盘数、实际重量、实际根数、理论重量等。

2）录入方式

通过管理平台直接进行录入。需由材料员在现场点验完毕后，将信息填写至系统中。另外也可通过智能移动手持端直接录入信息。此种方式要求材料员按照盘或者捆进行点验，每点验一捆（盘）钢筋，及时进行信息录入，录入结果会传至钢筋管理平台，同时手持移动端可直接打印出一张包含此捆（盘）钢筋详细信息的二维码原材料牌，原材料牌可直接粘贴在进场原材铭牌处。进而完成原材进场点验。

2. 库存管理

1）库存统计

现场库存包含进场原材架上剩余钢筋量以及加工厂区内待加工钢筋原材量。进场原

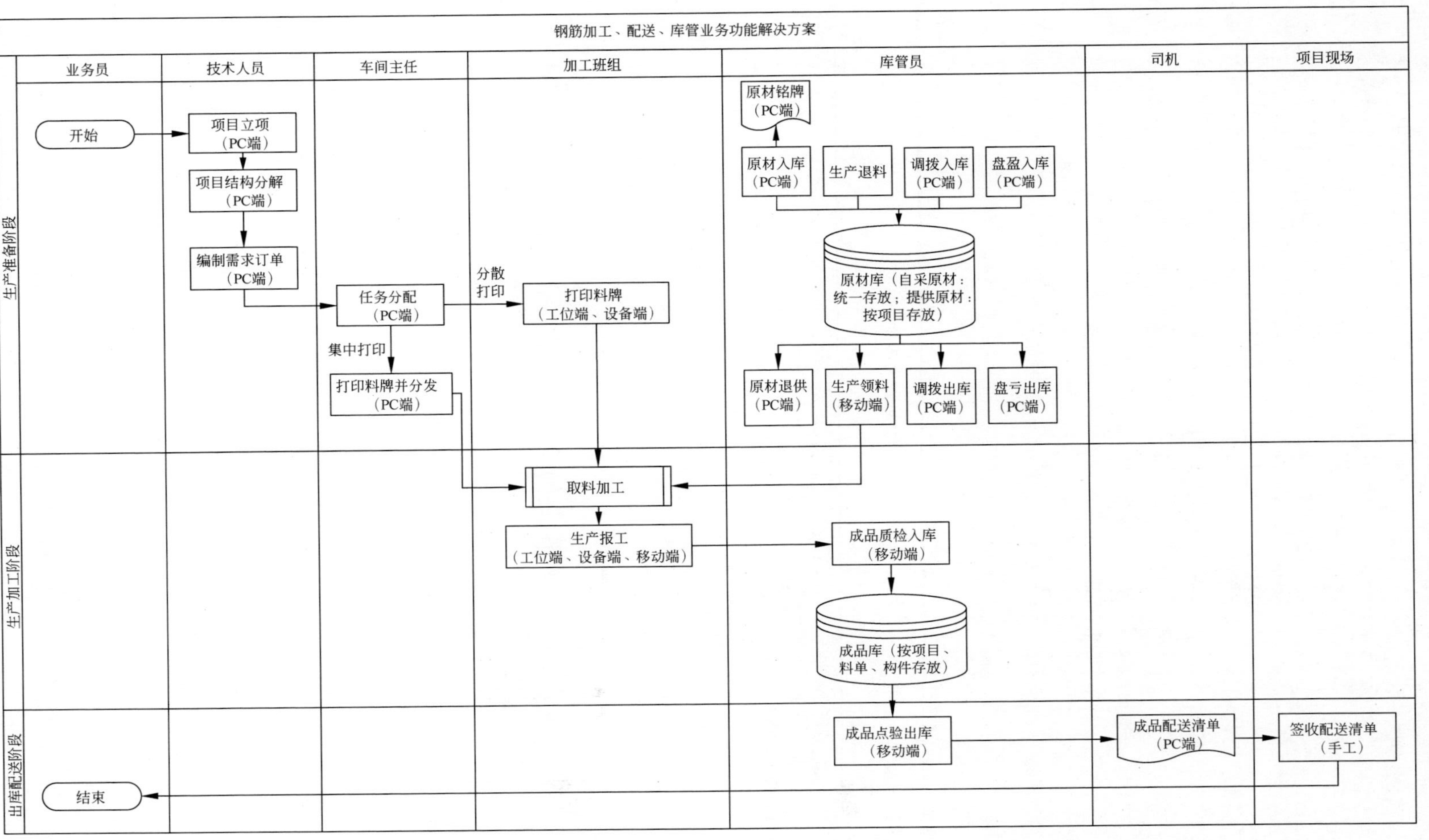

图 22-10 信息化核心业务流程

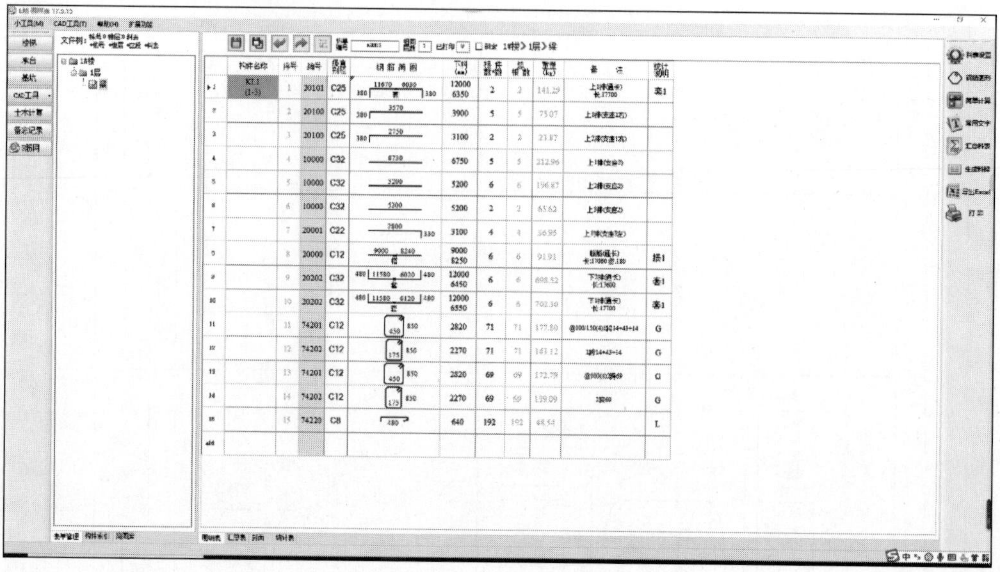

图 22-11　钢筋翻样界面

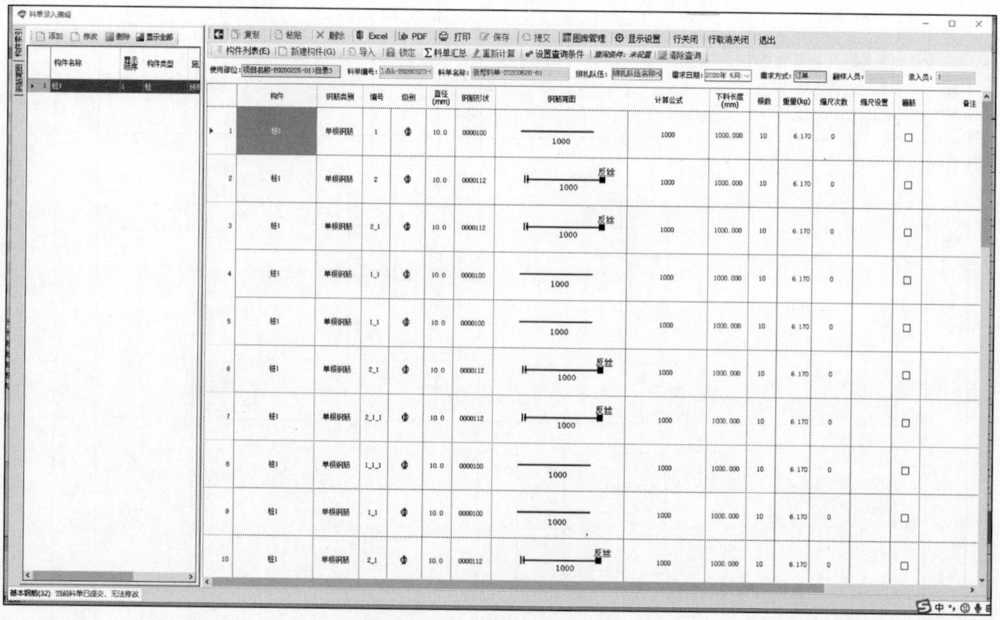

图 22-12　钢筋订单界面

材架上剩余钢筋量＝进场原材钢筋量－领出钢筋量。待加工钢筋量需要进行原材点验。

2）原材领料

现场加工工人依据原材领料单进行原材申领。通过扫描原材二维码完成领料环节，如图 22-13 所示，系统中的原材架库存原材量自动完成扣减。

3）库存盘点

材料员到加工厂区域内进行原材点验。通过扫描二维码（原材二维码保管至本捆钢筋全部用完）调出原材信息，并进行数量点验，完成库存盘点过程。

4）生产退料

项目完工后，由库管员到加工区核实未耗

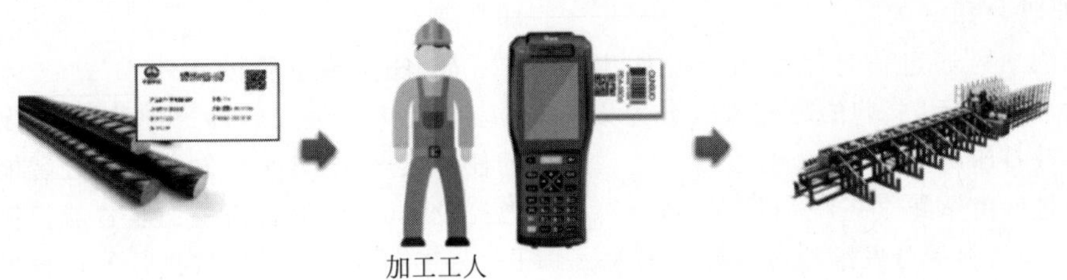

图 22-13 扫码领料

用的原材，将其分类整理后，统一办理退库（生产退料）登记。

5）调入

加工过程中，当某项目的原材库存不足又急于交货时，可从其他项目中暂时借用相应的原材，由库管员及时办理原材的调入工作，保证原材账实相符。同一生产厂家同一规格型号的钢筋原材可以在不同项目间调入调出。

6）调出

加工过程中，当某项目的原材库存不足又急于交货时，可从其他项目中暂时借用相应的原材，由库管员及时办理原材的调出工作，保证原材账实相符。同一生产厂家同一规格型号的钢筋原材可以在不同项目间调入调出。

22.4.3 生产管理

1. 料单审核

加工厂接收到订单后要进行料单的审核，确保料单符合国家规范，避免因翻样人员失误导致的错误，且尽可能保障翻样人员的料单充分考虑原材的使用。

2. 任务分配

经过处理的钢筋料单会进行数据归类，按照所需工艺的不同，生成加工方案，并匹配至相关的加工设备上，且可通过手动进行微调任务。无法通过数控设备加工的任务会被安排至手工设备进行加工。例如，目前大型数控加工设备都有加工极限值，比如剪切线最短无法切出 1 m 以下的钢筋长度，此项任务会被已做好工艺配置的平台自动分配至手工加工设备。每台设备被分配产能任务后，需要对任务设置计划开始与完成时间。任务开始的真实时间以点击开始任务为准，真实结束时间以实际加工完成时间为准，此处结束时间仅用作对比分析的参照。钢筋任务单示例见图 22-14。

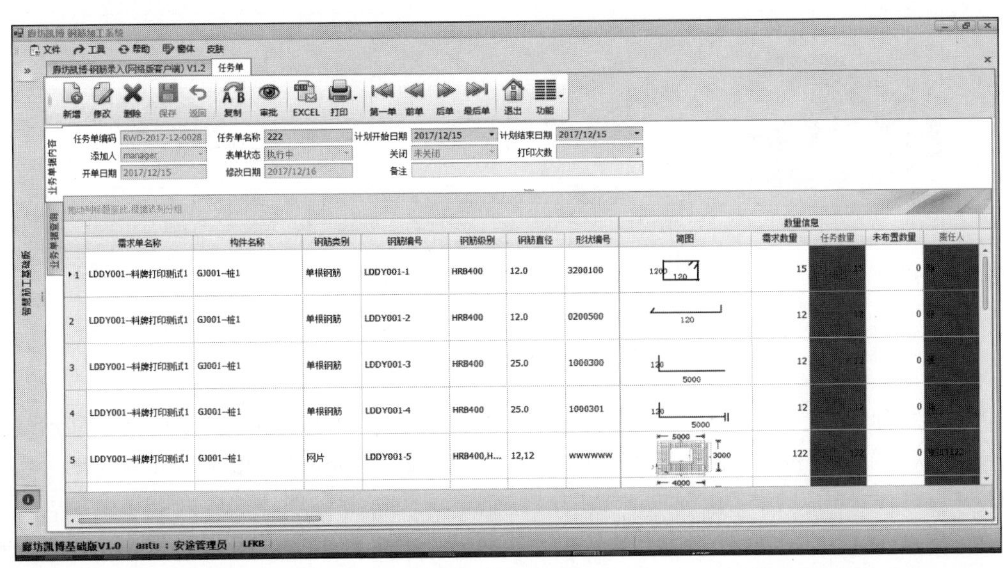

图 22-14 钢筋任务单

3. 料牌打印

系统用户可通过信息系统直接打印出料牌，如图 22-15 所示，料牌的打印方式分为集中打印和分散打印两种。

集中打印由车间主任统一打印，料牌打印完成后，手工将料牌分发给相应的操作工人。

分散打印。由操作工人在工位机或具体的加工设备上(具有联网功能的设备)自行打印料牌。

4. 任务传输至设备

加工方案生成后，需要使用数控设备加工的任务通过 MES 平台发送至经过智能改造的数控设备(每台设备需要加装智能控制器)，如图 22-16 所示，且任务被执行的过程可随时通过智能控制器反馈至 MES 云平台。

图 22-15　钢筋料牌

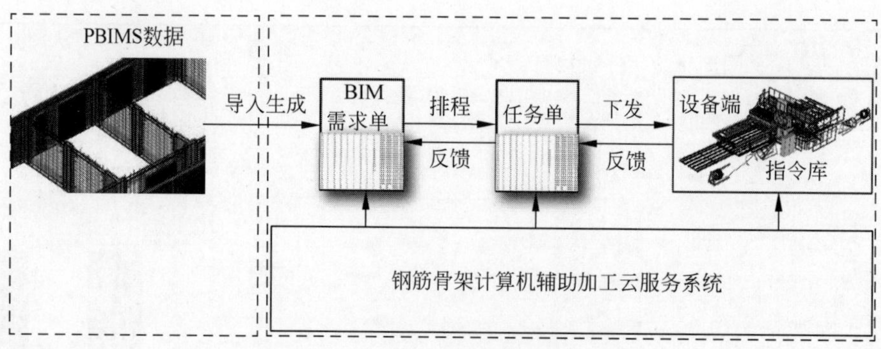

图 22-16　钢筋订单远程传输到设备

5. 取料加工

工人获取加工任务后，自行去原材区领用原材，然后自行到相应的设备上完成加工工作。

6. 生产报工

工人完成某一料牌内的全部成型钢筋的加工工作后，可在设备端、工位端或移动端进行扫码报工，报工后，相应的管理人员可实时查看到此完工信息，同时，可以在中控大屏中实时显示加工进度。报工后，操作工人将料牌绑扎到相应成型钢筋上。

7. **成品入库**

库管员收到相应成型钢筋的完工信息后，到成品区进行质检、核库，成型钢筋的质量、数量确认无误后，通过 PC 端或移动端扫描二维码输入成型钢筋的入库信息，完成成型钢筋的入库工作。

22.4.4　配送管理

1. **装车出厂点验**

成型钢筋加工完成后要进行出厂点验，加工厂库管人员根据加工齐套情况，及时安排钢筋配送。通过扫描绑扎在成型钢筋上的二维码料牌，完成出库配送单的编制。扫描一张料牌、装车一批成品、自动生成一行出库信息，直至本次装车总重量到达配送车辆核载后停止扫码(可通过信息系统限制扫码)，如图 22-17 所示。

2. **成品配送清单打印**

库管人员安排成型钢筋装车后，手机会自动记录扫描明细，同时上传至 MES 云平台，信息系统自动生成成型配送清单，如图 22-18 所示，库管人员可在计算机上找到相应的配送清单，直接打印即可，并交由配送人员携带至现场。

图 22-17　成品钢筋点验、出库、装车示意图

成品钢筋配送发货清单

配送单编号：CKD-2020-5-27-0001					配送时间：2020-05-27 10:27:00.000			
收货单位：施工单位-20200225-01					地址：			
项目名称：项目名称-20200225-01					车牌：车牌号			
订单单号	钢筋编号	型号	直径	简图	数量	长度(mm)	重量(Kg)	使用部位
1dbh-20200520-01	2_1_1_1_1	HRB400	10.0	反丝 1000	2	1,000	1.234	新增料单-20200520-01-构件-GJ001
1dbh-20200520-01	2_1	HRB400	10.0	反丝 1000	2	1,000	1.234	新增料单-20200520-01-构件-GJ001
1dbh-20200520-01	1_1	HRB400	10.0	1000	2	1,000	1.234	新增料单-20200520-01-构件-GJ001
1dbh-20200520-01	1_1	HRB400	10.0	1000	2	1,000	1.234	新增料单-20200520-01-构件-GJ001
1dbh-20200520-01	2_1	HRB400	10.0	反丝 1000	2	1,000	1.234	新增料单-20200520-01-构件-GJ001
1dbh-20200520-01	2_1_1	HRB400	10.0	反丝 1000	2	1,000	1.234	新增料单-20200520-01-构件-GJ001
1dbh-20200520-01	1_1_1	HRB400	10.0	1000	2	1,000	1.234	新增料单-20200520-01-构件-GJ001
1dbh-20200520-01	1_1	HRB400	10.0	1000	2	1,000	1.234	新增料单-20200520-01-构件-GJ001
1dbh-20200520-01	2_1	HRB400	10.0	反丝 1000	2	1,000	1.234	新增料单-20200520-01-构件-GJ001
1dbh-20200520-01	2_1_1	HRB400	10.0	反丝 1000	2	1,000	1.234	新增料单-20200520-01-构件-GJ001
1dbh-20200520-01	1_1_1	HRB400	10.0	1000	2	1,000	1.234	新增料单-20200520-01-构件-GJ001
1dbh-20200520-01	1_1_1_1	HRB400	10.0	1000	2	1,000	1.234	新增料单-20200520-01-构件-GJ001
1dbh-20200520-01	1_1_1	HRB400	10.0	1000	2	1,000	1.234	新增料单-20200520-01-构件-GJ001

图 22-18　成品钢筋配送发货清单

3. 配送清单签收

项目部钢筋加工人员收到加工厂配送的成型钢筋后，现场相关人员依据配送单核实半成品或成品钢筋，完成现场点验工作。如果核实无误则扫码配送清单上的二维码，验收数据可实时上传至 MES 云平台中，并由相关人员在成型钢筋配送发货清单中签字或盖章后，将发货清单返回给加工厂。

22.4.5 质量管理

1. 原材质量管理

在对原材做完相应的质量检验之后，通过扫描原材牌上的二维码，调取原材基本信息。完成质量结果填写，质量结果与进场原材信息自动完成对接。

2. 成品质量管理

质检人员对待检入库的成型钢筋使用手机移动端 App 扫描二维码调取成品基本信息，完成质量结果填写。

3. 质量溯源体系

在加工前扫描原材二维码，建立加工钢筋原材信息，以多任务回传方式为例，加工第一份料牌时，扫描其二维码，对接原材与半成品钢筋信息。如果需要加工下一捆原材，则重新扫描原材二维码，并且每次加工任务结束，扫描最后一张半成品钢筋二维码，通过对接原材与半成品钢筋信息，建立起原材溯源体系。这样系统就可以知道，每一个构件中包含哪个厂家哪个批次的钢筋。

22.4.6 可视化展示

信息系统直接将生产过程中的各类数据自动进行提取，经过加工处理后，以图表的形式展示出来，如图 22-19～图 22-27 所示，方便更加直观地了解加工厂的各类生产信息。

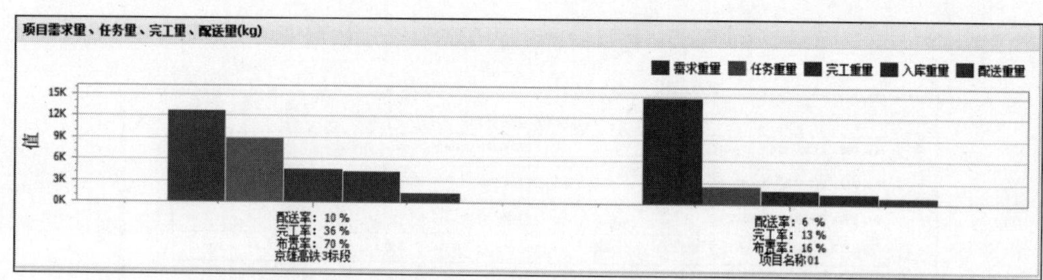

图 22-19　项目需求量、任务量、完工量、配送量对比柱状图

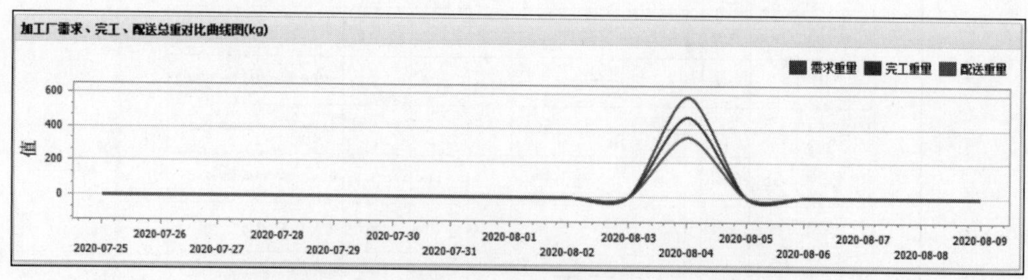

图 22-20　加工厂需求量、完工量、配送量对比曲线图

需求单齐套率(kg)

项目名称	需求日期	需求单编码	需求单名称	需求重量	完工重量	齐套率
京雄高铁3...	2020-07-...	xjld01	新建料单01	1308.609	1308.610	100.00
京雄高铁3...	2020-07-...	xjld01-复制1	新建料单01	1308.609	1308.610	100.00
京雄高铁3...	2020-07-...	xjld01-复制1-...	新建料单01	1308.609	1308.610	100.00

图 22-21　需求单齐套率统计表

工人任务完成情况表(kg)

工人姓名	任务重量	完工重量	今日任务重量	今日完工重量	今日完工率
用户名称01	4684.561	4611.826	2641.450	469.160	17.76
用户名称02	0.000	1782.466			

图 22-22　工人任务完成情况统计表

近6天需求单执行情况(kg)

项目名称	绑扎队伍	需求单编号	需求单名称	需求重量	需求日期	完工重量	完工日期	入库重量	入库日期	库存重量	配送重量	配送日期
京雄高铁3...	绑扎队伍名称...	ldbh-04	新建料单-01	586.450	2020-08-04	469.160	2020-08-04	410.515	2020-08-04 09:39:2...	58.645	351.870	2020-08-...

图 22-23　近 6 天需求单执行情况统计表

钢筋报工流水(kg)

完工...	完工编号	项目名称	需求单名称	需求单编号	需求方式	需求日期	构件编号	钢筋编号	钢筋级别	钢筋直径	钢筋图片	需求数量	需求重量	本次...	累计完...	累计完...	完...
2020	BGD-202...	京雄高铁3...	新建料单-01	ldbh-04	订单	2020-0...	GJ001	ldbh-04...	HRB400	10.0	500	100	30.850...	80	80	24.680	53
2020	BGD-202...	京雄高铁3...	新建料单-01	ldbh-04	订单	2020-0...	GJ001	ldbh-04...	HRB400	20.0	500	100	123.50...	80	80	98.800	53
2020	BGD-202...	京雄高铁3...	新建料单-01	ldbh-04	订单	2020-0...	GJ001	ldbh-04...	HRB400	10.0	500	100	30.850...	80	80	24.680	53

图 22-24　钢筋报工流水记录

配送情况表(kg)

配送日期	配送单编号	项目名称	客户名称	车牌号	根数	重量	发货人	装车负责人
2020-08-04	CKD-2020-8-4-0001	京雄高铁3标段	施工单位名称02	车牌号	600	351.870	出库人	装车负责人
2020-07-22	CKD-2020-7-22-0001	京雄高铁3标段	施工单位名称02	2	100	151.880	2	2
2020-07-13	CKD-2020-7-13-0001	京雄高铁3标段	施工单位名称02	3	900	490.729	3	3
2020-07-13	CKD-2020-7-13-0002	京雄高铁3标段	施工单位名称02	3	50	25.380	3	3
2020-07-13	CKD-2020-7-13-0003	京雄高铁3标段	施工单位名称02	车牌号	100	50.760	出库人	负责人
2020-07-13	CKD-2020-7-13-0004	京雄高铁3标段	施工单位名称02	车牌号	240	125.213	张三	李四
2020-07-13	CKD-2020-7-13-0005	京雄高铁3标段	施工单位名称02	车牌号	160	83.475	张三	李四
2020-07-02	CKD-2020-7-2-0001	项目名称01	施工单位名称01	2	1	5.005	2	2
2020-06-22	CKD-2020-6-22-0001	项目名称01	施工单位名称01	1	2	6.438	1	1
2020-06-09	CKD-2020-6-9-0001	项目名称01	施工单位名称01	车牌号	320	888.000	出库人	装车负责人

图 22-25　成型钢筋配送情况表

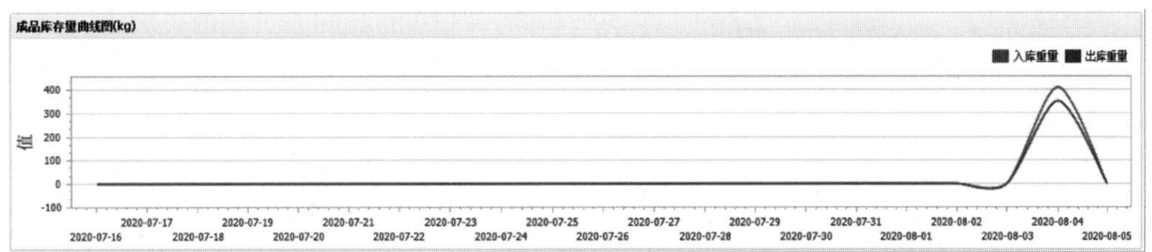

图 22-26　成品库存量曲线图

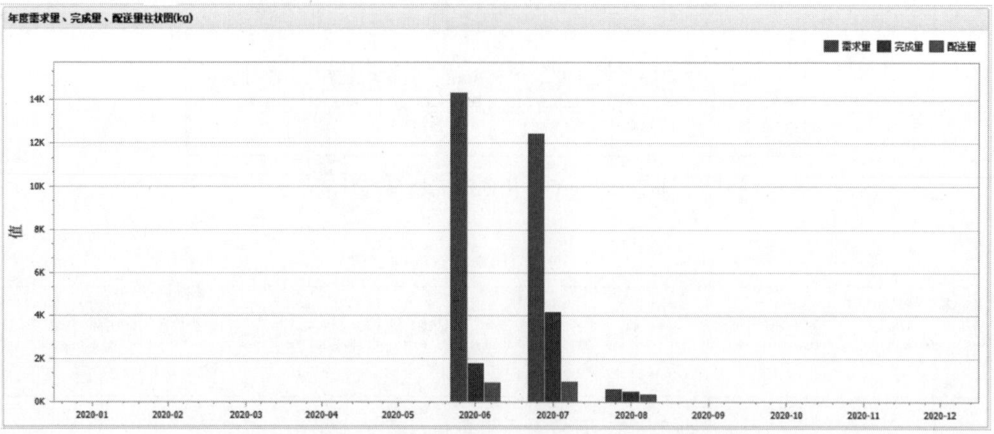

图 22-27　年度钢筋需求量、完成量、配送量柱状图

22.5 选型原则

22.5.1 产品选型

1. 信息化系统的目标

(1) 实现财务业务一体化，算清成本账，集中管控。

(2) 通过钢筋加工系统的上线实施，帮助企业梳理、规范内部管理流程。

(3) 逐步建立标准的业务处理流程和数据分析体系。

(4) 建立统一、集成、可扩展的信息管理平台。

(5) 帮助企业降低人力成本、提高效率。

2. 功能选型

功能选型一般需要根据企业的信息化目标和企业本身的特点进行，常见的信息化功能如表 22-2 所示。

表 22-2　产品功能可选分类

功能名称	单机版	服务器版	手机移动端
进销存管理		●	●
翻样软件	●	●	
需求订单管理	●	●	
钢筋图库	●	●	
料牌打印	●	●	●
原材管理		●	●
生产管理		●	●
质量管理		●	●

续表

功能名称	单机版	服务器版	手机移动端
仓储管理		●	●
配送管理		●	●
车辆定位		●	●
远程下单		●	
优化套裁	●	●	
视频监控		●	●
中央大屏		●	
数据分析		●	
BIM 模型	●	●	

22.5.2 实施流程

系统实施流程如图 22-28 所示，其中蓝图确认是最为关键的一步，决定着系统具有什么样的功能。

22.5.3 人员配备

组建团队是信息化系统实施中极其重要的一步。实施团队一般分成 4 层，如图 22-29 所示，其中项目指导委员会的负责人一般都是使用方和开发方的总经理，能够把控项目的开发方向。项目的最终用户也需要参加到项目的实施和开发中来，这样能够保证研发的项目能被使用者很好地接受。

22.5.4 售后服务

信息管理系统的售后服务流程如图 22-30 所示。应尽量通过网络远程解决售后问题。

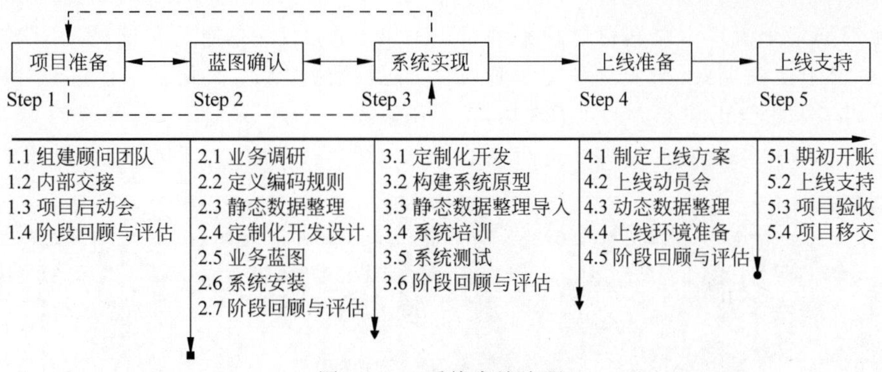

图 22-28　系统实施流程

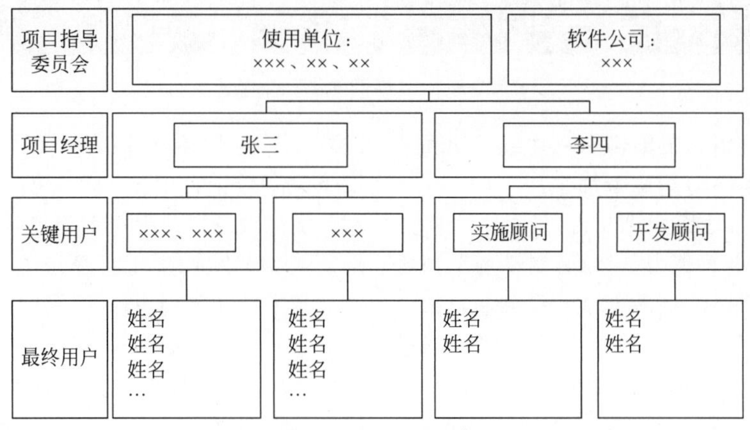

图 22-29　人员配备

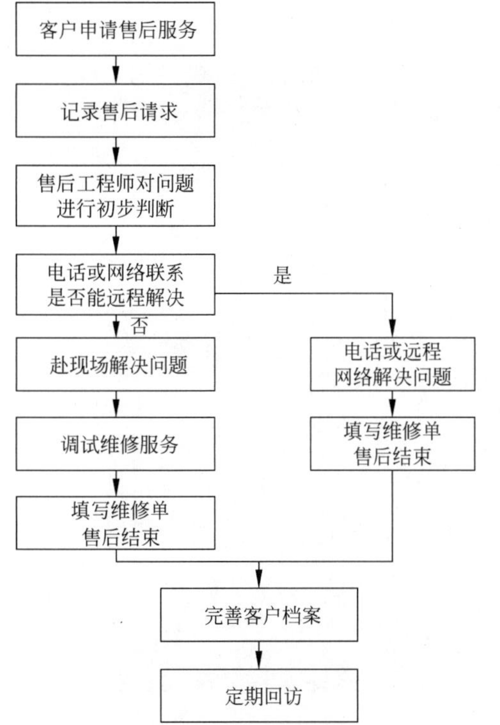

图 22-30　售后服务流程

22.6　工程应用

1. 高层建筑施工案例——中建联合体某高层建筑钢筋集中加工配送厂

某超高层地下室结构施工，工期一个半月，由于工期紧、现场无加工场地，中建联合体和廊坊凯博合作，进行钢筋集中加工配送的准备工作。该钢筋加工厂全部使用自动化设备，日产量最高可达 300 t，年产能预计可达 5 万 t，是唯一能够满足该高层建筑工期短、供货量大的需要的智能钢筋加工厂。由于建筑外形复杂，结构筋骨的钢筋翻样工作尤为复杂，而对于钢筋加工来说，由于型号、长度、形状多样，因此加工和配送是一项非常烦琐的工作。为此该项目钢筋加工起初就使用了钢筋加工信息化管理系统，在钢筋料单阶段，可以接收钢筋电子料单，然后可以打印统计汇总单和加工料牌，最后将加工料牌下发。钢筋料牌上的二维码作为钢筋整个流程中流转可以识别的唯一码，在系统中至关重要，在发货和配送阶段借助二维码工人才能正常发货。到了现场，工人可以借助二维码快速对成型钢筋进行点验工作。通过使用信息化系统，实现了在整个加工过程数据共享，简化了工作过程，提高了工作效率。

图 22-31 所示为案例钢筋绑扎现场图片。

图 22-31　案例钢筋绑扎现场

2. 高铁梁场施工案例——中铁十九局某高铁线钢筋集中加工厂

该制梁场占地面积 196 亩，最大生产能力 84 榀/月，最大存梁能力 150 榀，制梁场承担着××城际铁路四标 316 榀双线箱梁预制及架设任务。该项目使用了钢筋加工信息化管理系统。该钢筋加工系统软件是借助普通生产制造行业的经验，结合高铁制梁场的特殊性，专门针对高铁制梁场钢筋加工生产打造的一款信息化 MES 软件。使用该软件可以实现将 BIM 设计信息、构件钢筋骨架图形数据、钢筋加工设备数据自由导入和交换，如图 22-32 所示。加工设备自动识别钢筋设计信息，自动对钢筋类型、数量、加工信息进行归并。采用云服务技术和生产优化方法将钢筋生产制造数据分派和直接传输到设备，无须人工二次操作和输入，可以实时掌握生产进度，减少不必要的生产管理环节，实现全过程的数据信息共享，最大程度地提升企业生产效益。

中铁十九局高铁梁钢筋加工厂见图 22-33。

图 22-32　BIM、MES、设备之间的数据导入和交换

图 22-33　高铁梁钢筋加工厂

3. 装配式构件生产厂施工案例——中建科技(福州)某装配式构件生产厂钢筋加工信息化

该公司主要生产的产品为混凝土预制剪力墙、预制叠合板、预制柱、预制梁、预制楼梯、地铁盾构管片以及整体装修一体化厨卫等新型建筑工业化部品部件,具有年建造房屋面积150万 m^2 的能力。PC厂由五条自动化生产线组成,引进进口核心生产设备,三维太阳能跟踪动力提供设备、绿色搅拌站、全自动开口网钢筋网片机等均为国内首创领先技术。尤其在钢筋加工信息化方面率先使用二维码技术、BIM技术等。该公司开发的一款基于云技术架构的预制装配式钢筋加工的信息化管理软件,能够和PBIMS实现数据对接;能够将BIM中钢筋模型数据直接导入到系统中;能够管理钢筋需求信息;能够进行钢筋生产任务排程、生产任务下发;能够进行加工完成反馈,能将数据实时上传到云服务MES系统中,实时掌握加工进度;能够将任务直接传输到钢筋加工设备;能够减少出错,提高效率,保证进度,降低成本。

该公司装配式构件生产厂见图22-34。

图22-34 装配式构件生产厂

第23章

成型钢筋加工与配送

23.1 概述

23.1.1 定义、功能与用途

现代建筑工程中广泛采用钢筋混凝土结构、预应力钢筋混凝土结构，钢筋作为一种建筑结构骨架材料，起着极其重要的作用。目前全国每年钢筋应用总量超过 2 亿 t，但由于成型钢筋工厂化加工生产及配送落后于商品混凝土和建筑模板脚手架，现已成为制约建筑施工工业化和建筑工程质量提高的因素。建筑用成型钢筋制品加工与配送（简称成型钢筋加工配送）是指由具有信息化生产管理系统的专业化钢筋加工机构，主要采用成套自动化钢筋加工设备，在固定的加工场所经过合理的工艺流程进行钢筋大规模工厂化与专业化生产，按照客户要求将其进行包装或组配，采用现代物流配送方式运送到指定地点的具有现代新型建筑工业化特点的一种钢筋加工组织方式。

成型钢筋加工的生产方式分为按设计及用户要求的配料单定制生产，和按成型钢筋制品标准及施工技术规程规定，由专业化钢筋加工机构进行钢筋详图设计制作的定型生产。目前成型钢筋制品加工工艺主要分为钢筋强化、钢筋调直切断、钢筋定长切断、钢筋弯曲成型、箍筋拉筋加工、钢筋网成型、钢筋笼成型、钢筋桁架和楼承板加工、钢筋梁柱骨架成型、钢筋机械连接和钢筋灌浆连接的螺纹加工等。

专业化钢筋加工机构的信息化管理系统、专业化加工组织和成套自动化钢筋加工设备三要素的有机结合是成型钢筋加工配送区别于传统场内或场外钢筋加工模式的重要标志。成型钢筋加工配送技术的主要内容包括以下几方面。

1. 信息化生产管理技术

信息化生产管理技术是指从钢筋原材料采购、钢筋成品设计规格与参数生成、加工任务分解、钢筋下料优化套裁、钢筋与成品加工、产品质量检验、产品捆扎包装，到成型钢筋配送、成型钢筋进场检验验收、合同结算等全过程的计算机信息化管理。

2. 钢筋专业化加工技术

钢筋专业化加工技术是指采用成套自动化钢筋加工设备，经过合理的工艺流程，在固定的加工场所集中将钢筋加工成为工程所需的各种成型钢筋制品，主要分为线材钢筋加工、棒材钢筋加工和组合成型钢筋制品加工。线材钢筋加工是指钢筋强化加工、钢筋矫直切断、箍筋加工成型等；棒材钢筋加工是指直条钢筋定尺切断、钢筋弯曲成型、钢筋直螺纹加工成型等；组合成型钢筋制品加工是指钢筋焊接网、钢筋笼、钢筋桁架、梁柱钢筋成型加工等。

3. 自动化钢筋加工设备技术

自动化钢筋加工设备是建筑用成型钢筋制品加工的硬件支撑，是指具备强化钢筋、自动调直、定尺切断、弯曲、焊接、螺纹加工等单一或组合功能的钢筋加工机械，包括钢筋强化机械、自动调直切断机械、数控弯箍机械、自动切断机械、自动弯曲机械、自动弯曲切断机械、自动焊网机械、柔性自动焊网机械、自动弯网机械、自动焊笼机械、三角桁架自动焊接机械、梁柱钢筋骨架自动焊接机械、封闭箍筋自动焊接机械、箍筋笼自动成型机械、钢筋螺纹自动加工机械等。

4. 成型钢筋物流配送技术

成型钢筋物流配送技术是指按照客户要求与客户的施工计划将已加工的成型钢筋按梁、柱、板构件序号进行包装或组配，运送到指定地点。

成型钢筋加工与配送在我国是一个新兴产业，对于传统现场钢筋加工模式将是一次革命，钢筋专业化加工与配送与传统工地现场加工相比具有很强的技术优势。主要表现在：钢筋集中专业化加工，同时为多个工程供应，易形成规模化生产，提高材料利用率；钢筋规模化加工有利于自动化加工设备应用，加工质量一致性好，生产效率高；节省劳动用工和临时用地，低碳、绿色、环保，易实现计算机信息化管理，提高管理效率；有利于用高新技术改造钢筋工程劳动密集型传统产业，走新型建筑工业化道路，推动钢筋工程施工技术的进步；有利于工地安全文明施工，使工地现场管理程序简化，降低项目管理费用，增加工程总承包模式的经济效益；以人为本，改善劳动环境，降低劳动强度。

23.1.2　发展历程与沿革

1. 国内发展概况

我国钢筋加工配送技术发展起步较晚，与发达国家和地区相比，差距比较大。近年来随着我国钢筋加工机械技术的快速发展和人口红利的逐渐消失，钢筋加工配送这一新型产业逐渐崛起，钢筋集中加工配送产业如雨后春笋般蓬勃发展，全国各地涌现出一大批钢筋加工配送专业化企业，如北京市中建利源物资经营有限责任公司、河北敬业信德钢筋工程有限公司、宁夏凤凰城智能制造有限公司、陕西龙钢集团西安钢材加工有限公司、广西建工集团智慧制造有限公司、韩城涵大智能加工有限公司、洛阳乾元供应链管理有限公司等，已逐渐被许多大中型建筑施工企业所认可。为推广应用高强钢筋和钢筋集中加工配送，国务院有关部门以及地方住房和城乡建设、工业和信息化主管部门相继出台了《关于加快应用高强钢筋的指导意见》等系列文件，成立高强钢筋推广应用技术指导组和技术协调组，组织编制高强钢筋和加工配送培训教材，召开高强钢筋应用技术和钢筋加工配送、粗直径钢筋机械连接培训会，开展高强钢筋加工配送和标准化专题研究，组织制定高强钢筋加工配送示范城市、示范工程实施方案，使我国建筑钢筋加工配送产业得到快速发展。

2005年，为了提高我国钢筋加工及配送行业的整体水平，建设部将“建筑工程钢筋加工及配送商品化”列入国家“十一五”规划中，并要求进行重点推广实施。同年3月，在国家重点支持的“开发大东北”政策方针引导下，中国建筑科学研究院顾万黎先生特地到沈阳做了“大力推广节能钢筋”的工作报告，有效地指导了东北的钢筋深加工工作。在之后的一段时间内，东北三省相继筹建了四家大型钢筋深加工配送中心。2011年7月建设部发布国家标准《混凝土结构工程施工规范》(GB 50666—2011)明确提出，钢筋工程宜采用专业化生产的成型钢筋。2015年9月建设部发布国家标准《混凝土结构工程施工质量验收规范》(GB 50204—2015)明确规定，获得认证的成型钢筋产品或同一厂家、同一类型、同一钢筋来源的成型钢筋，连续三批均一次检验合格时，成型钢筋进场检验的检验批容量可扩大一倍。成型钢筋加工配送技术由于具有不受施工场地限制、改善施工环境、响应建筑节能、节省材料能源、降低施工成本、缩短工程工期、提高施工效率、保证工程质量、节省劳动用工、提高劳动生产率等优点，被住建部“十一五”“十二五”和“十三五”期间连续列为重点推广的建筑业10项新技术之一。成型钢筋加工配送技术可广泛适用于各种现浇混凝土结构的钢筋加工、预制装配建筑混凝土构件钢筋加工，是绿色施工、建筑工业化和施工装配化的重要组成部分。成型钢筋制品的应用既可减少钢筋损耗、强化质量控制、缩短施工工期，减少钢筋堆场占用场地和劳动用工，不占用设备材料采购资金，又有利于钢筋分项工程机械化施工、工业化生产、标准化管理、BIM技术和信息化管理技术应用，是实现建筑工业化、智慧工地、绿色施工，创建安全文明工地的新型产业化新技术。

2013年10月7日，住房城乡建设部办公厅、工业和信息化部办公厅联合发布《关于进一步做好推广应用高强钢筋工作的通知》(建办标函〔2013〕600号)，通知中提出开展钢筋集中加工配送应用技术研究，并要求各地加强钢筋集中加工配送情况调研，研究制定相关措施，推进钢筋集中加工配送。2016年2月6日，为了转变城市发展方式，塑造城市特色风貌，提升城市环境质量，创新城市管理服务，《中共中央国务院关于进一步加强城市规划建设管理工作的若干意见》发布，明确提出了一系列城市发展的“时间表”，并指出要发展新型建造方式；大力推广装配式建筑，减少建筑垃圾和扬尘污染，缩短建造工期，提升工程质量；完善部品部件标准，实现建筑部品部件工厂化生产；鼓励建筑企业装配式施工，建设国家级装配式建筑生产基地；加大政策支持力度，力争用10年左右时间，使装配式建筑占新建建筑的比例达到30%。2016年9月27日，为贯彻落实《中共中央国务院关于进一步加强城市规划建设管理工作的若干意见》部署，大力发展装配式建筑，国务院办公厅印发了《关于大力发展装配式建筑的指导意见》(国办发〔2016〕71号)，提出要以京津冀、长三角、珠三角三大城市群为重点推进地区，常住人口超过300万的其他城市为积极推进地区，其余城市为鼓励推进地区，因地制宜发展装配式混凝土结构、钢结构和现代木结构等装配式建筑。2017年2月21日，国务院办公厅发布了《国务院办公厅关于促进建筑业持续健康发展的意见》(国办发〔2017〕19号)，提出坚持标准化设计、工厂化生产、装配化施工、一体化装修、信息化管理、智能化应用，推动建造方式创新，大力发展装配式混凝土和钢结构建筑；加快先进建造设备、智能设备的研发、制造和推广应用，提升各类施工机具的性能和效率，提高机械化施工程度。《绿色建筑评价标准》(GB/T 50378—2019)规定：采取措施减少现场加工钢筋损耗，损耗率降低至1.5%，评价分值为4分。“建筑业10项新技术”(2017版)再次将“钢筋集中加工配送技术”列为钢筋混凝土技术内容之一，提出推动建筑业的转型升级，实现建筑业高质量发展，要以创新、绿色、协调为发展理念，以工业化为发展方式，以信息化为发展手段，以标准化为发展保障，促进钢筋集中加工配送技术发展。2020年7月3日，为推进建筑工业化、数字化、智能化升级，加快建造方式转变，推动建筑业高质量发展，住房和城乡建设部、发展改革委、科技部、工业和信息化部等十三部门联合发布《住房和城乡建设部等部门关于推动智能建造与建筑工业化协同发展的指导意见》(建市〔2020〕60号)，意见指出：以大力发展建筑工业化为载体，以数字化、智能化升级为动力，创新突破相关核心技术，加大智能建造在工程建设各环节的应用力度，形成涵盖科研、设计、生产加工、施工装配、运营等全产业链融合一体的智能建造产业体系。

为了贯彻落实党中央、国务院关于"大力发展装配式建筑，推动产业结构调整升级"的系列文件精神，同时为解决城市核心区施工现场场地限制、不断攀升的人工费及钢筋加工质量通病等问题，全国各省市加强了钢筋加工配送技术的推广应用。在国家建筑工业化和高强钢筋推广应用产业政策推动下，北京、上海、深圳、重庆、山东、河北、宁夏等地通过制定产业发展政策和制定地方标准，大力推动钢筋加工配送技术应用。钢筋加工配送产业随着智能建造与现行建筑工业化协同发展、数控钢筋加工装备技术的快速进步、信息化管理技术的广泛应用和建筑工程高质量要求的日益提高，呈现全国蓬勃发展的大好局面。2017 年《上海市钢筋混凝土结构用钢筋行业发展报告》中显示，在上海备案的钢筋加工企业已达 54 家。截至 2019 年 5 月份，重庆市扶持发展成型钢筋生产企业 16 家，年产能达 170 万 t，工程应用面积达到 7500 余万 m^2。

根据 2021 年中国钢筋发展现状和进出口分析报告披露数据显示，2021 年中国钢筋产量为 25 206.3 万 t，2020 年为 26 754.2 万 t，2019 年为 24 916.2 万 t，按照该数据估算我国近年来钢筋深加工率每年仅占 15%左右，现代产业化的成型钢筋加工配送中心的建设仍处于上升阶段。钢筋加工配送中心与工地现场外加工和现场内钢筋加工相比，在人员结构、组织管理、设备管用养修和钢筋分项工程施工组织方面是不同的。目前我国钢筋现场加工方式主要有两种：一是工地现场加工，即钢筋棚下用切断单机、弯曲单机、调直机和几台弯钩案子，弯曲机、切断机用于加工较大直径钢筋，调直机和弯钩案子用于加工线材钢筋，因施工现场狭窄，有的只能在基坑里加工；二是施工现场外钢筋加工厂，所用设备、组织方式与工地现场用钢筋加工简单单机设备类似。施工组织方式是项目部根据施工工期和施工部位需求下达加工任务到钢筋加工班组，加工班组完成加工任务单后放在钢筋堆场即可，负责钢筋绑扎班组组织钢筋成品吊运，吊运到安装现场后安装绑扎。这两种方式生产能力低、钢筋废料多、产品质量稳定性差、成本高、利润低、劳动强度大、作业环境较差现象普遍存在，项目部一般只满足一个施工单位的单项工程配套，基本处于自给自足的状态。这两种加工方式均属于劳务清包型，吨钢筋加工费较低，对加工班组不计设备费、场地费、管理费和安全生产、用电用水、加工人员住宿费用等，已成为影响我国集中加工配送产业发展、提高施工产业现代化的一个瓶颈。钢筋集中加工配送方式主要有钢筋料表订单式和加工中心自行翻样定制式，钢筋原材采购分为需求方采购和加工中心采购两种。成型钢筋集中加工配送的优势是可利用不同项目的钢筋工程规模化加工优化套裁，大幅提高钢筋原材的利用率，最大限度地减少材料浪费；提高设备利用率，应用高效率、高性能机械设备，减少吨钢筋加工能源消耗，提高钢筋加工机械科技创新贡献率。成型钢筋集中工厂化加工继承了现代工业化生产管理优势，在相同产能需求条件下，利用"机械化加工""信息化管理"减少用工，提高人均劳动生产效率和加工质量，创建安全文明工地，实现向终端用户提供钢筋加工配送和安装绑扎的一体化服务。行业中也出现了成型钢筋部品化生产、现场部品化吊装的施工技术试点，施工单位不需要在现场设置钢筋加工厂，减少了施工环境污染，可规避因钢筋加工带来的安全风险。因此大力发展成型钢筋加工与配送已是大势所趋、势在必行。

在标准化和新技术研发方面，中国建筑科学研究院是我国钢筋集中加工配送的积极推动者和组织者，组织编制了多项有关钢筋加工配送和钢筋加工机械的国家行业标准，承担完成多项国家级科研项目。钢筋加工与配送相关的国家标准、行业标准、地方标准和团体标准见表 23-1。

表 23-1　成型钢筋加工配送标准汇总

标准名称	标准号	批准单位
《混凝土结构工程施工规范》	GB 50666—2011	中华人民共和国住房和城乡建设部
《混凝土结构工程施工质量验收规范》	GB 50204—2015	中华人民共和国住房和城乡建设部
《混凝土结构成型钢筋应用技术规程》	JGJ 366—2015	中华人民共和国住房和城乡建设部
《混凝土结构用成型钢筋制品》	GB/T 29733—2013	中华人民共和国住房和城乡建设部
《钢筋锚固板应用技术规程》	JGJ 256—2011	中华人民共和国住房和城乡建设部
《钢筋套筒灌浆连接应用技术规程》	JGJ 355—2015	中华人民共和国住房和城乡建设部
《钢筋焊接网混凝土结构技术规程》	JGJ 114—2014	中华人民共和国住房和城乡建设部
《钢筋连接用灌浆套筒》	JG/T 398—2019	中华人民共和国住房和城乡建设部
《钢筋套筒灌浆连接施工技术规程》	T/CCIAT 0004—2019	中华人民共和国住房和城乡建设部
《混凝土结构用成型钢筋加工配送中心建设与管理规范》	T/CAMT 2—2019	中国金属材料流通协会
《钢筋机械连接技术规程》	JGJ 107—2016	中华人民共和国住房和城乡建设部
《建筑施工机械与设备　钢筋加工机械安全要求》	GB/T 38176—2019	中华人民共和国工业和信息化部
《钢筋混凝土用钢　第3部分：钢筋焊接网》	GB/T 1499.3—2022	中国国家标准化管理委员会
《钢筋混凝土用钢筋桁架》	YB/T 4262—2011	中华人民共和国工业和信息化部
《钢筋桁架楼承板》	JG/T 368—2012	中华人民共和国住房和城乡建设部
《钢筋桁架楼承板应用技术规程》	T/CECS 1069—2022	中国工程建设标准化协会
《混凝土结构用成型钢筋制品技术规程》	DBJ 15—61—2008	广东省住房和城乡建设厅
《混凝土结构成型钢筋加工应用技术规程》	DBJ 50—256—2017	重庆市住房和城乡建设委员会
《建筑钢筋加工配送中心建设与管理标准》	DBJ 50/T—363—2020	重庆市住房和城乡建设委员会
《混凝土结构成型钢筋加工配送技术标准》	DB64/T 1703—2020	宁夏回族自治区住房和城乡建设厅
《钢筋加工制造信息化标准》	T/CAMT 9—2021	中国金属材料流通协会
《混凝土结构钢筋详图统一标准》	T/CECS 800—2021	中国工程建设标准化协会

在科技研发方面，中国建筑科学研究院牵头组织设备制造企业、钢筋加工配送企业、建筑施工企业和高等院校联合完成的国家级科研课题有“十一五”国家科技支撑计划重点项目“智能化钢筋部品生产成套设备研究与产业化开发”课题（编号 2006BAJ12B06）、“十二五”国家科技支撑计划“工程钢筋加工自动化成型技术和设备研发与产业化”课题（编号 2011BAJ02B03）、“十二五”国家科技支撑计划“建筑结构绿色建造专项技术研究”课题（编号 2012BAJ03B06）的“钢筋工程工业化制作技术研究”、“十三五”国家重点研发计划《外墙板构件钢筋开口网片柔性焊接技术与设备研发》（编号 2017YFC0704001）、“墙板构件钢筋骨架自动组合成型技术与设备研发”课题（编号 2017YFC0704002）、《建筑工程成型钢筋智能化加工与配送关键技术及装备》（编号 2018YFC0705803）等。产品标准、工程标准、质量验收标准的编制和科研项目的研究，为成型钢筋加工配送技术的推广应用奠定了坚实基础。

2. 国外发展概况

20 世纪 70 年代，欧洲一些发达国家和地区由于钢筋加工机械技术的发展，机械式独立单一工序作业的钢筋加工设备得以广泛应用。钢筋原材料主要以线材为主，主要加工形式是拉伸调直、定尺切断与弯曲。20世纪80年代，随着计算机技术的发展，程序控制软件被应用到钢筋加工设备上，使钢筋加工机械有了更多的功能，可进行简单的组合加工作业，解决了过去存在的大规格钢筋切断、弯曲、机械弯箍功能单一问题，逐步发展为一机多能，实现节约材料、优化钢筋加工组合、节省工作时间。后期出现的钢筋焊笼机被广泛应用于基础、桥梁桩等领域，很快传遍欧洲及其他一些国家。20世纪80年代中期之前，欧洲也是以工地现场加工为主，所用的是一些简易的钢筋加工机械，与目前国内所用切断、弯曲、调直等单一功能设备类似；部分加工厂所用设备与工地用设备没有明显区别。到了80年代后期才开始发展半自动化及自动化的钢筋加工机械，并逐步形成商品钢筋加工配送的经营模式。20世纪90年代，钢筋商品化加工在欧洲以及其他一些发达国家迅速发展。目前，在欧美等发达国家和地区，钢筋和钢材的综合深加工率已达50%以上，差不多每隔50～100 km就有一座现代产业化的成型钢筋加工厂，基本实现了成型钢筋商品化供应的网络化和超市化。在欧美和东南亚、我国台湾地区，钢筋专业化加工配送已经普及，90%以上的钢筋加工采用了加工配送技术，我国台湾地区建设工程项目70%的钢筋加工采用了钢筋加工配送技术，专业化加工、专业化施工已经融入建筑行业。截至2015年，台湾建有商品钢筋加工配送工厂60余家，平均生产规模为年产10万t，商品钢筋的加工配送覆盖全省。由于国外钢筋规格品种比较少，钢筋翻样标准化率高，便于自动化钢筋加工设备的高效率生产，加上钢材深加工企业使用的设备可靠性高、性能先进，维修保养使用管理到位，因此钢筋加工配送生产效率很高，韩国、日本、新加坡等国以及我国台湾地区成型钢筋加工配送已成为钢筋工程的钢筋加工市场主流。

欧美等发达国家和地区、东南亚等经济欠发达地区的钢筋加工配送产业已发展了近50年，产业已经成熟。在标准化方面，2000年英国率先制定了钢筋加工配送标准，即“英国标准BS 8666：2000”，该行业标准在国际建筑行业的影响很大，其中关于钢筋加工的条款编制也比较详细，迄今一直作为行业生产的标准为众多国家所采用。

3. 发展趋势

1）钢筋加工配送数字化、智能化发展

建筑业“十四五”规划提出：到2035年，建筑业发展质量和效益大幅提升，建筑工业化全面实现，建筑品质显著提升，企业创新能力大幅提高，高素质人才队伍全面建立，产业整体优势明显增强，“中国建造”核心竞争力世界领先，使中国迈入智能建造世界强国行列。引导企业建立BIM云服务平台，推动信息传递云端化，实现设计、生产、施工环节数据共享。积极推进建筑机器人在生产、施工、维保等环节的典型应用，辅助和替代“危、繁、脏、重”施工作业，提高工程建设机械化、智能化水平。由于钢筋加工行业属于工程行业中利润最低的行业，钢筋加工企业必须向精细化生产和管理方向转变，钢筋加工企业的标准化、信息化管理对降低生产成本和提高生产效率至关重要。标准化加工的前提条件是钢筋深化设计标准化和机械设备、加工组织管理的数字化和智能化，信息化管理的前提条件是组织加工制度化、流程化，加工设备的输入输出标准化、数字化、智能化、物流配送的流程化、数字化和智能化，因此钢筋加工配送应按新型建筑工业化模式实施组织。为了满足加工工业化、施工装配化、管理标准化和信息化、产业生态化的需求，必须大力发展机械装备数字化、智能化、产业管理标准化和信息化。

2）钢筋分项工程生态产业链跨产业互联互通

《中国制造2025》，是中国政府实施制造强国战略第一个十年的行动纲领。《中国制造2025》提出，坚持“创新驱动、质量为先、绿色发展、结构优化、人才为本”的基本方针。积极发展服务型制造和生产性服务业，通过“制造服务化”和“服务型制造”模式的变革，促进生产环节向高附加值的两端延伸，从而增强制造企业的盈利能力。全面推行绿色制造，工信部将全面推进钢铁、建材等传统制造业绿色化改造，降低重点行业能耗，提高产品制造效率。随着“中国制造 2025”战略的推出，钢筋加工机械、钢筋工程施工将与智能建造技术深度结合，以新型建筑工业化生产、现代物流配送、互联网、物联网技术为代表的新一代智慧工地、智慧工厂信息技术将倒逼钢筋分项工程产业的变革。钢筋分项工程生态产业链跨产业互联互通，大力发展建筑钢筋工程智能建造和绿色建造，让成型钢钢筋的生产设备、加工生产、物流配送和建筑施工跨产业互联互通，通过数字化、信息化、智能化实现设备与设备、人与设备、系统与设备、人与人、工地现场与加工工厂、施工需求与物流配送的跨行业跨产业互联互通，最终将用户、客户、供应商和第三方服务通过信息化互联在一起，打造施工、生产、物流和服务的一体化，使钢筋加工配送信息化为钢筋生产企业、加工配送企业、建筑施工企业、物流配送企业和钢筋金融服务企业各方带来信息交互便利，将是加工配送生态产业链相关各方产生新盈利增长点的必然路径。

3）钢筋加工配送上下游产业链信息系统有机融合

通过钢筋加工配送企业信息化技术管理，将钢筋加工配送与钢铁产业、建筑施工行业、现代物流和金融服务等上下游产业有机融合。工程建设施工方、工程质量监督管理方等是钢筋加工配送输出的下游，钢筋生产和商贸企业为加工配送供应钢筋原材方，设备提供方、物流配送服务方和钢筋金融服务方是钢筋加工配送服务输入的上游，钢筋加工配送产业上下游之间的信息数据互联互通将是十分必要的。只有钢筋加工配送的上下游产业链信息系统有机融合，才能打造供需双方的生态产业链。随着自动化智能化设备的不断完善提升、信息化技术的不断进步，建设高标准、高水平的钢筋集中加工配送中心势在必行，对建立行业整体诚信体系，提高钢筋加工配送质量和效率，提升钢筋集中加工配送中心在建筑施工行业中的地位，促进传统建筑业转型升级具有十分重要的作用。

4）建筑钢筋机器人技术应用

钢筋加工配送的优势是利用钢筋加工机械化、管理标准化和信息化来实现提质增效、减少劳动用工、提高生产效率。随着机器人技术发展和工业化数字化技术的不断进步，反复重复性的繁重工作由机器人完成，如钢筋绑扎机器人、加工过程工位转移机器人、组合成型钢筋焊接机器人等，将是实现机械化替代人、少用人的必然手段，为打造钢筋加工无人车间提供了基础条件。

5）发展钢筋分项工程专业化、产业化

钢筋工程是钢筋混凝土结构施工的三大工程之一，商品混凝土、模板脚手架专业化施工已经实现专业化供给，唯有钢筋工程仍属于传统劳动密集型生产模式。钢筋工程造价占比大，一般占建设造价的 30%左右；可挖掘效益空间大且环节多，翻样、加工、绑扎、对量在实施工业化建造进程中具有较强的专业性，具有较高的技术门槛；市场体量大，基本上所有的工程都会涉及钢筋，因此钢筋工程潜在价值巨大。成型钢筋加工配送或者商品化、部品化将是钢筋工程新型工业化产业化的核心环节之一，原材贸易、仓储、钢筋安装、工程质量验收和工程结算等环节，对钢筋工程专业化、产业化进程具有重大影响。发展钢筋分项工程专业化、产业化，拓展更大效益空间以及服务保障能力，解决成型钢筋制品与钢筋原材供给、工程钢筋翻样、绑扎安装等一站式服务，将是成型钢筋加工配送未来的发展大势。

23.2 产品分类

成型钢筋加工配送按照生产钢筋配料单方式主要分为根据建筑设计图纸及用户要求的钢筋配料单定制生产和根据成型钢筋制品标准及施工技术规程规定钢筋加工中心自行

翻样的钢筋配料单定制生产。按照成型钢筋制品供应种类，成型钢筋加工配送分为定尺直条钢筋（或含螺纹）、折弯成型钢筋、箍筋拉筋制品、钢筋网片制品、钢筋笼成型制品、钢筋桁架制品、钢筋桁架楼承板制品、钢筋梁柱骨架成型制品、异形钢筋骨架成型制品、成型钢筋制品综合加工等。按照加工原材设备分类，钢筋加工与配送分为线材盘卷钢筋加工、棒材钢筋加工和线材棒材组合成型钢筋加工。按照工程领域，钢筋加工与配送分为房建工程、市政桥梁工程、预制构件工厂、地铁工程、高铁工程、隧道工程、核电工程、水电工程、能源电力工程等。

23.3 组织架构和管理流程

23.3.1 组织架构

成型钢筋加工与配送是将传统的钢筋班组现场加工方式转型升级为工厂化工业集中加工配送模式，目的是利用现代工业化手段改造传统劳动密集型建筑产业、改善建筑施工作业环境和条件、坚持“以人为本”、技术创新驱动、提升工程质量和安全管理、提高劳动生产效率、降本增效、节能减排、绿色环保。钢筋施工模式变革必然带来加工产业链相关各方利益再分配、施工组织方式和钢筋加工与安装组织架构的调整。钢筋加工与配送首先是加工中心选址建厂问题，其次是加工配送运营问题。建厂就意味着占地、厂房建设、设备设施投入和运营团队建设等，运营就意味着加工任务需求、组织管理架构、管理制度建设、业务工作流程、信息化管理体系、生产组织、设备设施管用养修、质量与安全管理、物流与售前售后服务等问题。

成型钢筋加工与配送是打破传统钢筋现场钢筋班组加工方式的施工组织新模式，从钢筋加工厂区规划建设、设备设施配置和钢筋加工与配送施工组织，到人力资源、技术质量、设备管用养修、物流配送、标准化信息化管理和安全生产管理，这一新模式都提出了更高的要求，与现场钢筋班组管理和钢筋加工现场安全生产管理相比都发生了根本性变化，因此钢筋加工与配送模式的组织管理架构也必然会发生变化。作为钢筋加工配送中心的工厂化组织至少应分工为人力资源与财务、经营与安全、技术质量、生产和设备、物资管理、质量检验、物流配送和施工服务等职能。根据钢筋加工配送中心经营规模的大小确立人员岗位，可以设立一人多岗，也可设立一岗多人，在中心领导层的领导下，实施经理层与各管理部门的协同运营管理。经营管理的核心是在保证质量安全的前提下，积极开拓加工配送业务市场。如果没有稳定的钢筋加工数量需求，合理配置的人才团队，与开展加工配送设计能力相匹配的成型钢筋加工规模，很难维系企业的持续健康发展。

23.3.2 管理流程

成型钢筋加工与配送管理目前主要分为现场施工需求、技术质量管理、仓储物资成品库管理、加工生产管理、配送管理和报表分析管理等。现场施工需求分为施工进度、钢筋生产订单、钢筋深化设计图纸、钢筋翻样等。仓储物资成品库管理分为需用计划、采购计划、进厂原材点验、入库明细台账、原材库存台账、出库明细台账等。加工生产管理分为原材钢筋出库和钢筋加工料单审核、施工和加工配送方案审核、智能分配调度、设备班组智能加工、绑扎料牌、半成品钢筋入库、待配送等。技术质量管理分为加工配送方案审核、翻样料单审核、原材质量检验验收、连接套筒检验验收、连接接头质量抽检、连接接头工艺检验、半成品钢筋质量抽检、质量追溯等。配送管理分为钢筋配送单审核、发货单出厂点验、配送车辆调度、已配送货物确认到场、配送到场点验、工程量即时结算等。报表分析管理分为过程信息动态变化查询、订单状态查询等。钢筋集中加工配送中心的整体运营流程如图 23-1 所示。

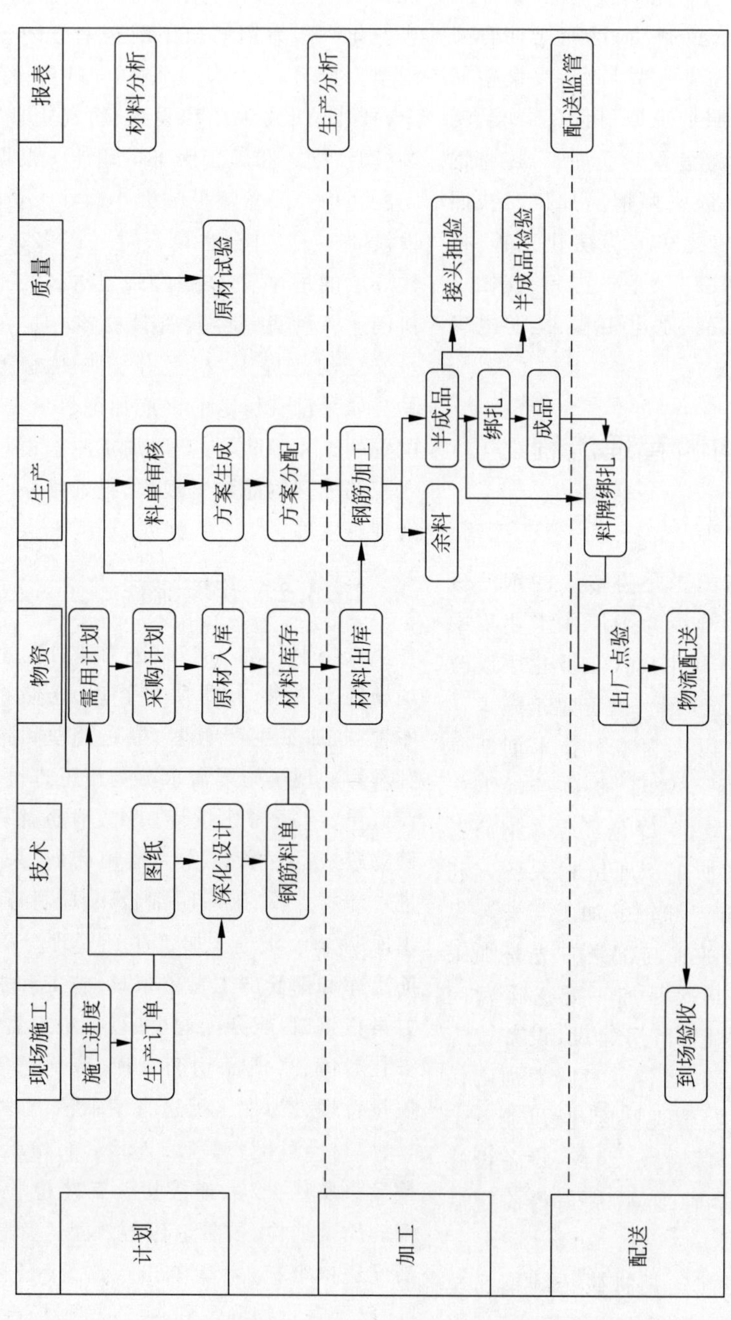

图 23-1 钢筋集中加工配送中心运营流程图

23.4　生产和质量管理

23.4.1　执行标准

建筑用成型钢筋制品加工与配送应执行《混凝土结构成型钢筋应用技术规程》(JGJ 366—2015)和《混凝土结构用成型钢筋制品》(GB/T 29733—2013)的有关规定。钢筋进厂时，加工配送企业应按国家现行相关标准的规定抽取试件作屈服强度、抗拉强度、伸长率、弯曲性能和重量偏差检验，检验结果应符合国家现行相关标准的规定。成型钢筋加工设备宜选用具备自动加工工艺流程的设备，自动加工设备总产能不应低于加工配送企业总产能的80%。盘卷钢筋调直应采用无延伸功能的钢筋调直切断机进行，钢筋调直过程中对于平行辊式调直切断机调直前后钢筋的质量损耗不应大于0.5%，对于转毂式和复合式调直切断机调直前后钢筋的质量损耗不应大于1.2%。调直后的钢筋直线度每米不应大于4 mm，总直线度不应大于钢筋总长度的0.4%，且不应有局部弯折。钢筋单位长度允许重量偏差、钢筋的工艺性能参数、单件成型钢筋加工的尺寸形状允许偏差、组合成型钢筋加工的尺寸形状允许偏差应分别符合《混凝土结构成型钢筋应用技术规程》(JGJ 366—2015)中表4.1.4、表4.1.5、表5.2.13、表5.3.10的规定。

23.4.2　生产组织设计

钢筋加工与配送中心建设是根据成型钢筋加工需求来规划的。传统钢筋加工模式中项目部的技术部和施工管理部提出钢筋加工需求和工期进度，钢筋班组按照加工料单和工期要求组织加工生产即可，而钢筋加工与配送模式是按照工业化生产模式建设加工工厂和组建管理团队，由专业化技术工人来完成钢筋加工任务。因此钢筋加工与配送模式必须要求建立专业化钢筋加工组织团队，通过科学的组织管理、搭建组织架构、建立标准化组织加工流程，按照现代化的工业企业质量管理体系开展钢筋加工与配送业务。

(1) 成型钢筋加工任务的输入首先是钢筋工程施工图的深化设计和钢筋翻样。成型钢筋的深化设计和构造要求应符合现行国家标准《混凝土结构设计规范》(GB 50010)、《混凝土结构工程施工规范》(GB 50666)的有关规定。成型钢筋生产后的配送、进场点验和质量验收、安装施工和钢筋隐蔽工程验收应符合《混凝土结构工程施工质量验收规范》(GB 50204)、《混凝土结构用成型钢筋制品》(GB/T 29733)和《混凝土结构成型钢筋应用技术规程》(JGJ 366—2015)的有关规定。

(2) 其次是成型钢筋加工配送技术和质量管理制度建设。加工配送企业应制定加工配送全过程的技术和质量管理制度，并应及时对技术和质量有关资料进行收集、整理、存档、备案。

(3) 提高加工配送劳动生产率的关键是提高钢筋加工配送管理效率，因此成型钢筋加工配送企业宜采用信息化生产管理系统。

(4) 提高成型钢筋制品质量的关键是科学合理的加工工艺流程和稳定的钢筋加工设备，成型钢筋加工工艺流程设计宜满足自动化作业要求。

(5) 实现成型钢筋加工配送目标需要过程和能力保障，施工单位应向加工配送企业提供明确的加工配送计划，给予加工配送企业合理的加工周期。

(6) 加工配送企业宜根据项目实际情况编制加工配送方案，方案内容应至少包括组织架构、人员结构、加工配送工作流程、加工配送进度计划、质量控制措施和运输保障措施。

(7) 加工配送企业应建立完整的质量管理控制体系，应建立与企业加工配送实施能力相适应的组织管理机构、质量控制管理制度、信息化生产管理系统。

(8) 加工配送岗位人员应具备各自岗位所需的基础知识和基本技能。

(9) 加工配送企业应对扬尘、噪声、光污染、油污染等采取控制措施。

(10) 成型钢筋加工设备应符合现行行业

标准《建筑施工机械与设备　钢筋加工机械　安全要求》(GB/T 38176—2019)、《建筑施工机械与设备　钢筋弯曲机》(JB/T 12076—2014)、《建筑施工机械与设备　钢筋切断机》(JB/T 12077—2014)、《建筑施工机械与设备　钢筋调直切断机》(JB/T 12078—2014)、《建筑施工机械与设备　钢筋弯箍机》(JB/T 12079—2014)、《建筑施工机械与设备　钢筋冷拔机》(JB/T 13708—2019)、《建筑施工机械与设备　钢筋螺纹成型机》(JB/T 13709—2019)和《建筑施工机械与设备　钢筋网成型机》(JB/T 13710—2019)的有关规定。

(11) 成型钢筋加工设备宜选用具备自动加工工艺流程的设备,自动加工设备总产能不应低于加工配送企业总产能的80%。

23.4.3　加工生产管理

(1) 加工生产应编制专门的生产管理制度、机械操作手册及工艺流程作业指导书。

(2) 加工生产应以客户订单为依据,组织生产应具备灵活性和及时性。

(3) 生产加工应做到组合优化,成型钢筋加工前宜根据成型钢筋配料单进行分类汇总,并进行钢筋下料综合套裁设计,减少材料损耗。

(4) 生产加工应根据设备及人员状况合理安排生产,不得超负荷或违规生产。

(5) 钢筋加工配送中心应建立完善的采购台账及进厂验收台账。

(6) 产品销售应采用标准销售合同或协议。

23.4.4　技术质量管理

(1) 加工配送中心应有专门的技术质量管理人员,并建立不少于作业班组自检和企业级抽检的两级质量控制体系。

(2) 加工配送中心应配备与钢筋加工配送有关的规范、标准、图集,并组织相关技术质量管理人员、操作工人进行培训。

(3) 成型钢筋加工应依据签订的项目合同内容,编制相应的加工与配送技术方案,并由技术人员向作业班组进行有针对性的交底。

(4) 如加工合同包含翻样内容,则翻样技术人员应依据需方提供的图纸、规范图集、会审记录、设计变更及项目施工方案等进行翻样,形成的配料单应经钢筋加工配送中心技术负责人和需方项目技术负责人审核后实施。

(5) 钢筋原材料进加工厂时,应按现行国家相关标准的规定抽取试件作屈服强度、抗拉强度、伸长率、弯曲性能和重量偏差检验。

(6) 钢筋机械连接、焊接批量生产前,应按作业人员、加工设备、连接方式和材料分别制作工艺试件,经检测合格后,方可进行成型钢筋加工。

(7) 成型钢筋不应采用热加工,且弯折应一次完成,不应反复弯折。加工过程中发现钢筋脆断、焊接性能不良或力学性能不正常等现象时,应停止该批钢筋的使用。

(8) 单件成型钢筋加工应进行形状、尺寸偏差检查,检查应按同一台设备、同一台班加工的同一规格类型成型钢筋为一个检验批。同一检验批的首件必检,加工过程中应进行抽检,抽检次数不少于2次,每次抽检数量不少于2件,检查结果应符合表23-2的规定。当抽检合格率不为100%时,应全数检查,剔除不合格品。

表23-2　单件成型钢筋加工的尺寸形状允许偏差

项　目	允许偏差
调直后直线度/(mm/m)	+4,0
受力成型钢筋顺长度方向全长的净尺寸/mm	±8
弯曲角度误差/(°)	±1
弯起钢筋的弯折位置公差/mm	±8
箍筋内净尺寸公差/mm	±4
箍筋对角线长度/mm	±5

组合成型钢筋加工应进行形状、尺寸偏差检查,检查应按同一台设备、同一台班加工的同一规格类型成型钢筋为一个检验批。同一检验批的首件必检,加工过程中应进行抽检,抽检次数不少于2次,每次抽检1件,检查结果应符合表23-3的规定。当抽检合格率不为

100%时，应全数检查，检查出的不合格品应在不破坏单件成型钢筋质量的前提下进行修复，不合格品严禁出厂。

表 23-3 组合成型钢筋加工的尺寸形状允许偏差

项　　目	允许偏差/mm
钢筋网横纵钢筋间距	±10 和规定间距的±0.5%的较大值
钢筋网网片长度和网片宽度	±25 和规定长度的±0.5%的较大值
钢筋笼主筋间距	±5
钢筋桁架主筋间距	±5
箍筋(缠绕筋)间距	±5
钢筋桁架高度	+1,−3
钢筋桁架宽度	±7
钢筋笼直径	±10
钢筋笼总长度	±10
钢筋桁架长度	±0.3%且不超过±20

(9) 组合成型钢筋中的机械连接和焊接连接接头的外观质量和力学性能检验应按《钢筋焊接及验收规程》(JGJ 18—1012)、《钢筋机械连接技术规程》(JGJ 107—2016)的规定执行。

(10) 成型钢筋出厂时应按出厂批次全数检查钢筋料牌悬挂情况和钢筋表面质量。每捆成型钢筋均应有料牌标识，钢筋表面不应有裂纹、结疤、油污、颗粒状或片状铁锈。料牌掉落的成型钢筋严禁出厂。

(11) 成型钢筋出厂时应按同一工程、同一配送车次且不大于 60t 为一批，每批在同种类型成型钢筋中随机抽取 3 件，检查成型钢筋形状和尺寸并填写出厂检验报告。每批次抽检的成型钢筋检验结果全部合格时，判定该批次合格，否则应全数检查，剔除不合格品。

(12) 钢筋焊接网的重量偏差、力学性能及出厂检验应按现行国家标准《钢筋混凝土用钢 第 3 部分：钢筋焊接网》(GB/T 1499.3—2022)的规定执行。

(13) 钢筋桁架和钢筋桁架楼承板的重量偏差、力学性能及出厂检验应按现行国家行业标准《钢筋混凝土用钢筋桁架》(YB/T 4262—2011)和《钢筋桁架楼承板》(JG/T 368—2012)的规定执行。

(14) 在同一工程中，连续三个出厂检验批次均一次检验合格时，其后的检验批量可扩大一倍。

(15) 加工配送中心应按单位工程，由技术负责人组织对以下资料进行整理与归档，并设专人保管，分类定期保存，保证可追溯性：①钢筋制品加工合同；②钢筋制品配料表；③钢筋制品制作加工质量自检记录表；④钢筋制品出厂合格证；⑤钢筋制品交货验收单；⑥钢筋原材料质保书、合格证和检验报告；⑦钢筋原材料复检报告、焊接或机械连接工艺检测报告、机械连接型式检验报告；⑧其他有关资料。

23.4.5 包装及配送管理

(1) 成型钢筋应捆扎整齐、牢固，防止运输、吊装、堆放过程中产生变形。

(2) 成型钢筋可按同规格类型组捆，也可按施工现场的构件用钢筋规格类型组捆，具体由合同约定。每捆不宜超过 2t，且应易于吊装和点数。

(3) 钢筋螺纹连接丝头应加戴螺纹保护套，连接套筒的未连接端应有套筒保护盖，或套筒单独打包提供，且应注明其适应的套筒生产厂家、规格型号。

(4) 每捆成型钢筋两端应分别在明显处悬挂料牌。料牌内容应包含工程名称、结构部位、成型钢筋制品标记、数量、示意图及主要尺寸、生产厂家、生产日期。

(5) 成型钢筋的配送运输应符合当地交通运输管理部门的有关规定，不得超载、超限，且应固定牢固，防止运输过程中产生变形、碰撞等问题。

(6) 装货时应兼顾施工现场卸货、堆放及施工的需求。

23.4.6 设备管理

(1) 加工配送中心应设置专门的设备管理人员，负责设备的日常管理、维护。

(2) 加工配送中心应制定相应的安全操作规程、技术管理规程、维护保养规程等管理制度。

(3) 加工配送中心应建立完善的设备维护、运行及故障情况等记录台账。

(4) 加工配送中心设备应按照国家有关规定进行必要的年检、备案,经检验合格的设备方可使用。

23.4.7 人员管理

(1) 管理人员应具有相关工作经验,且人员数量、技术职称应满足相关规定。

(2) 从业人员应熟悉和掌握成型钢筋产品知识,各岗位人员应熟练掌握与本岗位要求相适应的专业知识和技能,且应经过与本配送中心生产设备、工艺、流程、检验等相关职业技能培训,方可上岗作业。

(3) 特种作业人员尚应取得符合岗位要求的国家或行业岗位资格证书。

(4) 应做好员工劳动保护工作,关注员工身心健康,降低劳动强度,改善工作环境。

23.4.8 安全管理

(1) 为了贯彻落实"安全第一、预防为主、综合治理"的安全生产方针,强化安全生产管理,逐级落实安全生产责任制,确保项目施工中操作人员的安全与健康,促进加工中心生产顺利进行,加工配送中心应建立安全生产和检查管理制度,落实岗位责任制,定期或不定期地组织安全生产巡查,并定期组织员工进行安全培训。

(2) 加工配送中心应对作业人员进行安全技术交底。

(3) 进入加工现场的人员应做好相应的个人安全防护措施。

(4) 对新进场设备安装和调试进行安全检查,审批安装方案的安全可行性。

(5) 加工车间应有完善的安全操作规程,岗位人员必须严格遵守。对加工厂车间用电线电缆铺设和二级柜、三级柜安装过程进行监督,防止出现不按设计施工或存在施工安全隐患。

(6) 定期进行安全检查,对于不符合安全规定的实施整顿。

(7) 生产作业区域应设置安全警示牌或安全防护栏等安全防护措施。

(8) 厂区内配备的消防器材应符合相关规定。

(9) 加工配送中心要保持安全通道畅通,物料堆放、车辆停放等不应堵塞、占用消防通道。

23.4.9 环保管理

(1) 加工配送中心应对可能产生的噪声、扬尘、光污染、油污染等采取有效的控制措施,并满足国家及地方有关环保的相关要求。

(2) 厂区道路、作业场地应进行地面硬化处理,空地宜进行绿化处理。对可能产生扬尘的场地、材料应采取有效的控制措施。

(3) 厂区产生的噪声应符合《声环境质量标准》(GB 3096—2008)的要求,否则应采取吸音、隔音等降噪措施。

(4) 对产生强光的焊接作业,作业工人应佩戴防护用品,且不得对邻近其他作业人员产生影响。夜间作业区的灯光照明不得对厂区内休息区和周边产生光污染。

(5) 对加工产生的废油、废水、铁屑等处理应符合相关要求,且加工区的地面应有隔油措施,防止废油、漏油污染土壤。

(6) 生产及办公、生活垃圾应分类收集、处理。

23.5 厂区规划和建设

1. 厂区规划建设和运营管理

钢筋加工与配送中心建设其一是厂区规划建设,其二是运营管理。厂区规划建设和运营管理的前期工作内容包括:

(1) 根据预期设计产能和钢筋加工配送制品要求,确定钢筋集中加工配送工艺流程,依据工艺流程和所选设备设计加工中心平面布局,使钢筋原材进场堆放区、钢筋加工设备区、半成品周转区、成品存放配送区布局科学合理,实现物流周转和场地占用的高效率。

(2) 合理配置钢筋自动化加工成套设备,

使线材加工、棒材加工和组合钢筋加工匹配科学合理，减少设备闲置率，实现加工高质量、高效率、高可靠性。

（3）按照钢筋集中加工配送管理流程，建立组织管理架构，编制管理流程图、岗位职责及管理制度，应用计算机信息管理技术，提高管理效率。

成型钢筋加工配送组织施工方式是根据项目施工计划和工程项目施工图的钢筋深化设计配筋图、钢筋配料表编制加工配送施工总体方案，加工配送中心按照配送施工方案要求组织钢筋生产加工和物流配送，施工项目部按照施工计划和加工配送方案，组织加工配送中心将现场施工所需成型钢筋进场，通过进场清单核对和质量验收后，由项目部组织现场安装施工，并及时进行钢筋加工配送安装后的钢筋隐蔽工程验收和钢筋加工配送费用结算。

2. 钢筋加工配送中心建设管理规定

按照成型钢筋加工与配送有关标准和各省市政府主管部门关于钢筋加工配送中心管理办法规定，钢筋加工配送中心建设管理应符合下列规定：

（1）加工配送中心应具备独立法人资格，其投资规模应满足各省市建设行政主管部门的相关规范性要求。

（2）加工配送中心建设应采用专业化、自动化钢筋加工设备，做到技术先进、经济合理。

（3）加工配送中心应采用信息化生产管理系统，全方位管理钢筋原材采购及质量检验、加工任务排程及质量控制、配送过程统筹等，保证成型钢筋的加工质量并具有可追溯性。

（4）加工配送中心建设应满足安全生产、消防、环境保护和职业健康等国家相应法律法规要求。

（5）项目建设前应作前期的可行性研究，并编制项目可行性研究报告。

（6）加工配送中心建设的选址应结合加工原料供应来源、客户在区域内分布和道路交通情况等因素，辐射半径以 50 km 为宜，最终选址应经过充分考察和论证。选址应符合所在地区城市建设规划、消防、环境保护及地质灾害防治等多方面要求，应充分考虑所在地区加工配送中心整体布局、所在区域及所辐射区域内的产业发展、项目建设需求等因素，避免重复建设和恶性竞争，应充分考虑能源电力供应因素，确保加工配送中心的正常生产和运营。

（7）加工配送中心建设应具备加工、仓储、配送和管理，对钢筋进行分选、调直、剪切、除锈、弯曲、连接以及质量检验等功能和能力。

（8）加工配送中心的成型钢筋加工工艺应满足质量及安全生产的要求，并满足自动化、信息化作业要求。应具备和产能相匹配的物流运输组织能力。

（9）加工配送中心生产设备应选购技术性能先进、安全、稳定且符合国内国际相关标准、自动化程度高的加工生产设备。生产线布置和设备选型应充分考虑到项目定位、设计产能和成型钢筋制品特点，避免产能浪费或不足。

（10）加工配送中心生产设备应至少配置线材钢筋和棒材钢筋加工设备，包括钢筋机械连接螺纹加工设备；综合性钢筋加工配送中心根据所在地市场需要宜配置钢筋笼、钢筋网片、钢筋桁架、钢筋桁架楼承板等组合成型钢筋制品的生产加工设备。

（11）加工配送中心的生产辅助设备、异型设备、特殊设备等非通用型设备应选择具有资质和技术水平先进的厂家定型制造，确保设备的技术性能先进、使用性能和安全性能稳定。

（12）加工配送中心仓储设施应满足原料及产品的存储要求。应与其存放的材料、产品要求相适应，原料、半成品和成品堆放应有固定支架、托板和枕木等，以确保货物堆放符合载重和安全要求，并符合《物资仓库设计规范》（SBJ 09—1995）的相关规定。

（13）加工配送中心应根据生产和物流配送的需要，配备相应的货物装卸、固定、运输等设备设施，满足作业流程的技术要求、安全生产要求和运输要求。

（14）加工配送中心应配备满足钢筋物理力学性能指标检测要求的试验检测设备及辅助量具。所有试验检测设备应按相关要求定期进行检定。

厂区内应布局规划合理,以道路划分功能区,宜与厂区内主要建筑物轴线平行或垂直,宜呈环形布置。设置车辆和人员出入口,车辆与行人通道应分开,机动车与非机动车通道应分开。厂区通道应充分考虑物流配送车辆载重、转弯半径、厂区排水以及厂区环境的特殊要求。厂区道路应进行硬化,道路宽度、主通道与次通道配比合理,能够满足生产经营、运输和消防要求。厂区应设有专用机动车停车场,并有部分充电桩停车位,停车场面积应满足生产、经营和管理需要。厂区内各种标识应齐全、明确,且符合《消防安全标志设置要求》(GB 15630—1995)和"GB/T 10001.1 公共信息图形符号"的相关规定。厂区应有与建筑主体相协调的环境绿化。

加工配送中心厂区规划应经过充分考察和论证,结合原材料供应、用户分布等因素,以达到方便、快捷和节约运输成本为目标,辐射半径以 50 km 左右为宜。在充分考虑运输的便捷和道路承载重量等关键因素条件下,以靠近钢厂、铁路、港口码头、国道和省、市级公路为宜。加工配送中心的规划布局应符合所在地区城市建设规划、消防规划和环境保护等方面要求。应充分考虑与周边居民区距离,避免扰民;应充分考虑厂区周围能源电力供应因素、所在区域及所辐射区域内的产业发展布局和下游用户需求情况,确保加工配送中心的正常生产运营。

加工配送中心的厂房建筑、结构、设备功能应符合国家、行业、所在地政府主管部门有关规定和生产产品的要求。生产车间、仓库主体建筑以及生产用辅助设施应符合现行国家和地方规范、标准及工艺规划设计的有关规定,大跨度生产车间和仓库宜为钢结构建筑。生产车间和仓库采用封闭厂房时,吊车轨面标高应大于等于 9 m。原料库、半成品库、成品库厂房内承重地坪、设备基础等应根据建设场地地质情况,进行地基处理和地坪设计,地坪应平整、耐磨并便于清扫,兼顾设备与地坪的合理布局和特殊要求。根据市场需求预测应有合理的建设规模,充分考虑原料库、半成品库、成品库的库存量及物流要求,厂房面积要满足加工规模能力要求。应充分考虑仓储、加工生产、成品存放等工艺流程要求,成品库面积宜达到原料库的 3 倍以上;加工车间及场地工艺布置应清晰且布局合理,工艺流程顺畅避免交叉,各功能分区相互独立且面积满足使用要求;各功能分区间应设置运输和人行通道,满足物流运输及行人安全的要求,并有完善的通道导向标识;试验室应独立建设,检测过程不受生产过程影响,各功能区划分清晰、合理,以达到工厂内部生产和物流高效、行人安全和能耗节约、物品周转运输顺畅安全等目的。

23.6 BIM 技术应用

1. BIM 技术用于钢筋翻样

BIM 钢筋翻样能够替代手工翻样出电子翻样料单。手工方式的弊端是显而易见的,如不能利用设计图电子文件,不能集成和共享各专业间的数据,交换和交流不方便,修改和汇总麻烦,易出错,不能进行电子文档保存等,已不能适应新的建筑业转型发展的形势需要。因此 BIM 翻样代替手工翻样已成必然。通过自动化结构数据导入、自适应规范要求设置、三维立体可视化建模完成各类构件的翻样计算,输出生产所需要的翻样料单。BIM 智能化钢筋精细化翻样把人们从烦琐的手工劳动中解脱出来,是人类智慧的延伸和扩展,是落后的手工生产方式的进化。BIM 技术将深刻改变传统的工作方式,以人机交互的方式实现钢筋的自动计算。它遵循手工翻样的原理和思路,只是让低层次、机械性和重复性工作由 BIM 软件系统来完成。BIM 钢筋翻样界面如图 23-2 所示。

基于 BIM 技术的钢筋翻样步骤如下:

(1) 根据施工结构详图,在 Revit 软件中用预置的三维钢筋节点布置模块,形成三维钢筋并进行布置。包括:①根据图元,创建与图元的信息、形状一致的三维结构钢筋;②根据预置的锚固计算规则,控制生成三维结构钢筋模型的主筋锚固长度;③通过人机交互方式判定

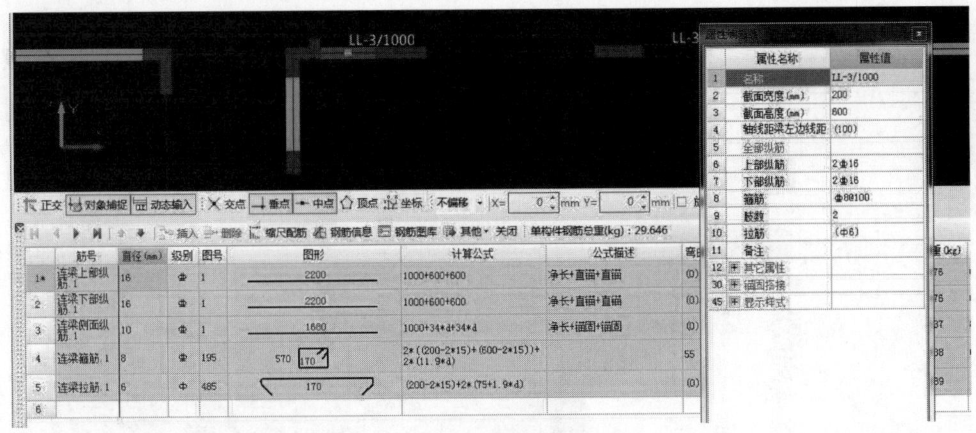

图 23-2 BIM 钢筋翻样界面

三维结构钢筋的主筋定位，控制弯钩类型和弯钩方向；④混凝土结构三维结构钢筋布置；⑤根据用户选择的包含混凝土等级、建筑物使用年限、钢筋环境的参数信息，生成三维结构钢筋中主体的混凝土保护层数值，应用到三维结构钢筋的创建计算中；⑥在三维结构钢筋中，依据建筑规范检测钢筋与钢筋的碰撞、钢筋与其他预埋件的碰撞问题，根据碰撞检测的结果，调整、修改钢筋间距和位置。

（2）对确认的三维结构钢筋根据施工现场情况自由组合、拆分，将构件进行施工工序编号，生成相应的施工工序流程模拟图。

（3）将确认的三维结构钢筋转换输出为智能化钢筋加工设备能识别的数据，直接导入生产加工。

（4）依据该成品钢筋的二维码，结合钢筋施工工序流程模拟，利用移动设备在施工现场指导现场施工。

2. BIM 技术用于钢筋算量

BIM 钢筋算量与 BIM 钢筋翻样是相似的，BIM 翻样和 BIM 预算中建模法的操作方法大致相同，依据的规范、图集也是相同的，结果也应该是相同的，仅计算口径和方法有所不同。简而言之，BIM 钢筋预算侧重于经济，要求钢筋数量的精确性和合规性；钢筋翻样偏重技术，强调钢筋布置的规范性、可操作性和工艺的先进性。

BIM 钢筋精确算量是通过 Revit 建立钢筋模型，根据规范及相关要求准确合理地设置各类属性，例如定尺长度的选取、弯曲调整值的设置，再设置建筑的楼层信息、与钢筋有关的各种参数信息、各种构件的钢筋计算规则/构造规则以及钢筋的接头类型等一系列参数；然后根据图纸建立轴网，布置构件，输入构件的几何属性和钢筋属性，BIM 软件会自动考虑构件之间的关联扣减，进行整体计算。经数据读取计算统计，可产生不同直径的钢筋用量，以及该直径具体材料数量明细表。由材料表可以得出各类尺寸的钢筋的准确用量、所需根数，以及此型号钢筋占全部钢筋的比值。数量明细表已经详细列出所需钢筋的长度以及其数量情况等，这些内容都是后续钢筋优化下料需要用到的重要信息。钢筋模型建立界面如图 23-3 所示。

BIM 相关技术正在越来越多地应用到建设工程项目的各个阶段，在钢筋工程量计算方面，利用 BIM 建立成本的 5D(3D 实体、时间、工序)关系数据库，将实际成本数据及时输入 5D 关系数据库，成本汇总、统计、拆分对应瞬间可得。

基于 BIM 的实际成本核算方法，钢筋算量较传统方法具有极大优势，一是由于建立基于 BIM 的 5D 实际成本数据库，汇总分析能力大大加强，速度快，短周期成本分析不再困难，工作量小、效率高；二是 BIM 钢筋算量与传统方法相比准确性大为提高。因成本数据动态维

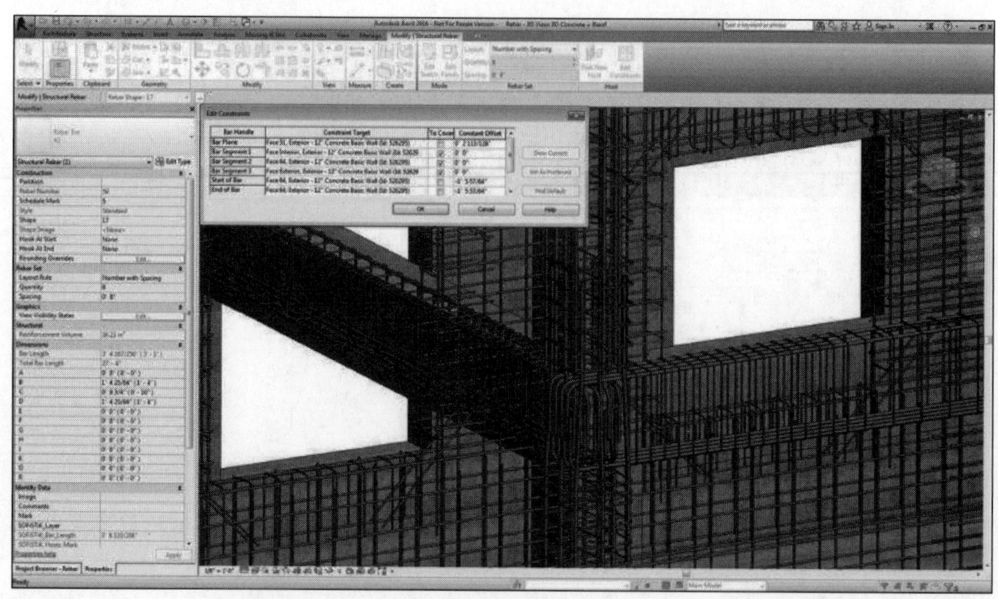

图 23-3 钢筋模型建立界面

护，准确性大为提高。消耗量方面仍会有误差存在，但已能满足分析需求。通过总量统计的方法，消除累积误差，成本数据随进度进展准确度越来越高。通过实际成本 BIM 模型，很容易检查出钢筋工程还没有实际成本数据，监督各成本条线实时盘点，提供实际数据。另外，BIM 钢筋算量技术分析能力强，可以多维度(时间、空间、WBS)汇总分析更多种类、更多统计分析条件的成本报表。BIM 技术在钢筋加工配送中发挥着越来越重要的作用，对于准确控制钢筋工程成本具有极其重要的意义。

3. BIM 技术用于钢筋套裁下料

钢筋下料准确与否，直接关系到钢筋用量计划表和钢筋下料单。由于工程的复杂多样性和工期紧迫性而影响施工进度，会造成施工企业成本增加。因此钢筋下料必须遵循全面性、精确性、可操作性、合规性、适用性、指导性。

1) 影响钢筋下料的因素

(1) 由于施工现场的情况比较复杂，下料需要考虑施工进度和施工流水段，考虑施工流水段之间的插筋和搭接，还需根据现场情况进行钢筋代换和配置。

(2) 钢筋下料必须考虑钢筋的弯曲延伸率，钢筋弯曲后，弯曲处内皮收缩、外皮延伸、轴线长度不变。弯曲处形成圆弧，弯起后尺寸不大于下料尺寸，应考虑弯曲调整值。

(3) 优化下料、断料、钢筋缩尺，下料时需要计算出每根钢筋的长度。

(4) 根据施工工艺的要求，相应的要件需要作一些调整。如楼梯等构件需要插筋，柱在层高很高的情况下需要分几次搭接完成一层。

(5) 钢筋下料对计算精度要求高，钢筋的长短根数和形状都需要做到绝对的准确无误，否则将影响到施工工期和质量，浪费人工和材料。

(6) 需要考虑接头的位置，接头不宜位于构件的最大弯矩处。

2) BIM 技术线性规划分析

(1) 根据影响因素找到决策变量，宏观把握钢筋工程内容和 BIM 三维模型。

(2) 对构件进行细微分析和层面细化，分析设计对象综合数据，建立目标，考虑主要因素，构建数据模型；选择合适的优化方案；导入 BIM 系统，对钢筋进行具体计算和分类下料。

(3) 利用 BIM 数据进行分析比较，并侧重分析实现可行性，降低废料的产生，节省钢筋用量。

3）BIM优化数据与设备的接口

为了降低钢筋工程中的材料损耗，解决实际钢筋剪切套裁问题，首先必须将剪切套裁问题归纳成数学问题，即建立相关数学模型。例如：用数根长度为12 m的钢筋，裁切成5、4及3 m长的棒料分别为25、35及60根，如何裁切下料最省，废料最少？所谓下料最省是指把12 m长的钢筋按三种长度进行裁切，在满足不同料长的根数要求前提下，使钢筋废料最少。因此利用BIM数据结合相关分析软件，进行模拟钢筋下料裁切，可得出要将数根12 m长的钢筋裁切成一定数量的三种尺寸的钢筋有数种方案，且每种方案产生的废料情况不尽相同。我们可以在智能化钢筋设备上开发相应的算法模型，设定最优下料方案，将数据通过I/O接口导入智能化钢筋设备上，实现最优钢筋下料裁切。智能化下料过程如图23-4所示。

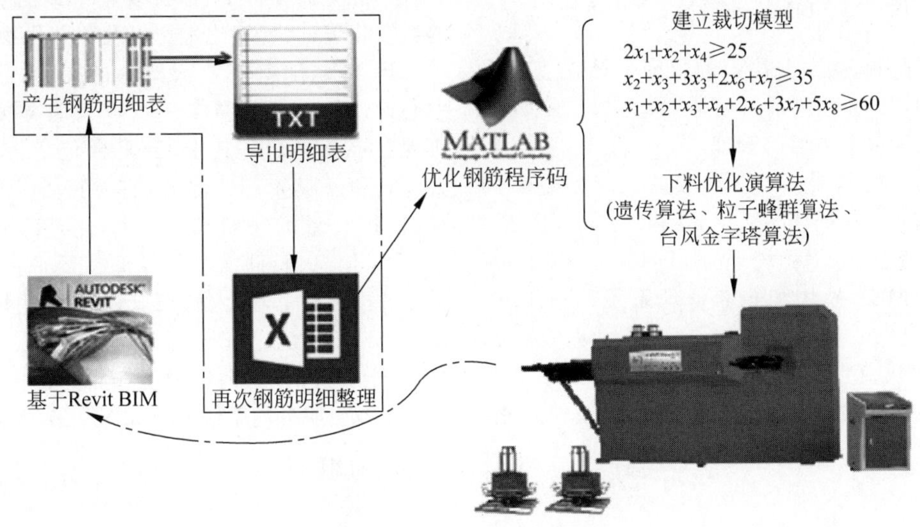

图23-4　智能化下料过程

钢筋下料是非常重要的工作，是降低施工材料的消耗、提高施工行业的产值利润率的一项重要内容。利用BIM技术线性规划方法优化钢筋下料对钢筋工程质量及结构安全以及成本控制起着决定性作用，对降低工程造价具有重要影响。

4. BIM云用于钢筋加工与配送中心

传统的钢筋加工主要在施工现场依靠人力来进行。这种加工方式具有机械化程度低、生产效率低、劳动强度大、材料和能源浪费高等缺点，在一定程度上制约了工程质量的提高。随着科技和施工技术的快速发展，智能化的BIM云钢筋加工配送中心具有广阔的应用前景。

BIM云钢筋加工配送中心是利用BIM技术建设一个可以使多个参与方协同工作的平台，服务于每条具体的钢筋加工生产线，从而提高整个钢筋加工生产线流程的效率。BIM云钢筋加工中心框架可分为4部分，包括数据采集单元、BIM云平台、加工中心、终端智能化钢筋加工设备。客户将BIM模型上传到BIM云平台，提取数据，生成订单。通过移动互联网实现自动化下单，智能化生产，网络化物流配送，信息化全过程管控。BIM云钢筋加工中心框架如图23-5所示。

搭设BIM云钢筋加工配送中心应包含数字化平台的搭建、智能制造、业务协同和供需对接等。

1）数字化平台的搭建

数字化平台包括计划层和执行层，如图23-6所示。其中，计划层指的是企业资源规划（enterprise resource planning，ERP）层，其职能是以系统化的整体管理思路，搭建一个为钢筋加工公司全体员工及管理决策层服务的，能

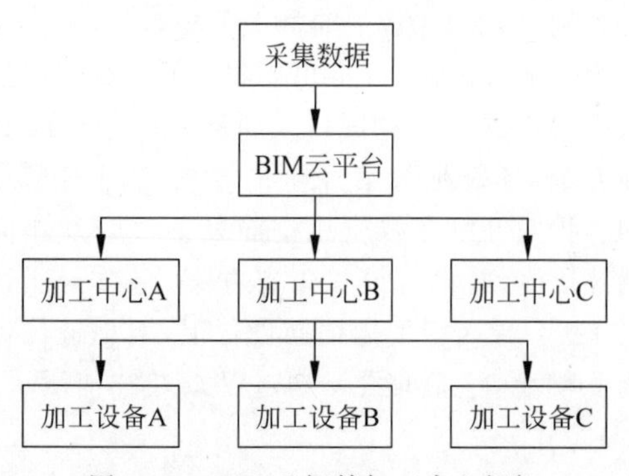

图 23-5　BIM 云钢筋加工中心框架

够提供监测、判断并决策的智能一体化管理平台，其具体内容包括对订单、绩效、资源、财务和采购等多个方面的管理。

执行层包括以下 3 个模块：产品生命周期管理（product lifecycle management，PLM）模块、制造执行系统（manufacturing execution system，MES）模块和仓储管理系统（warehouse management system，WMS）模块。具体来说，PLM 模块负责在钢筋的产品设计和技术准备环节中做好数据的管理工作；MES 模块在整个钢筋加工生产线中负责生产计划和现场监控等工作；WMS 模块对成品钢筋进行统一调配和周转，完成仓储物流工作，另外还可以搭建自动化的钢筋管理仓库，该仓库由存放钢筋货架、巷道式堆垛起重机、入（出）库钢筋工作台和自动化钢筋运进（出）及操作控制系统组成。

通过建立 BIM 模型，导入 BIM 云平台后，可应用该数字化平台进行数据管理、生产准备、钢筋加工、成品的统一调配和周转等工作，通过智能化的分析平台，实现整个钢筋生产线的数字化设计、智能化生产以及智慧化物流。

近年来，随着工业云概念的提出，物联网中心设计了整套智慧工厂工业云服务方案来实现数字化平台。其中，云平台包括云存储、云计算和云服务三大部分，它支持 PB 级数据存储，将大量的物料信息、设备信息、生产信息、质量信息、仓储信息等存储在云平台，形成企业数据云和工业大数据云。用户利用该云平台的云计算功能，实现企业的智能采购、智能生产、智能质检、智能销售、智能仓储等。该智慧工厂工业云服务的系统架构如图 23-7 所示。

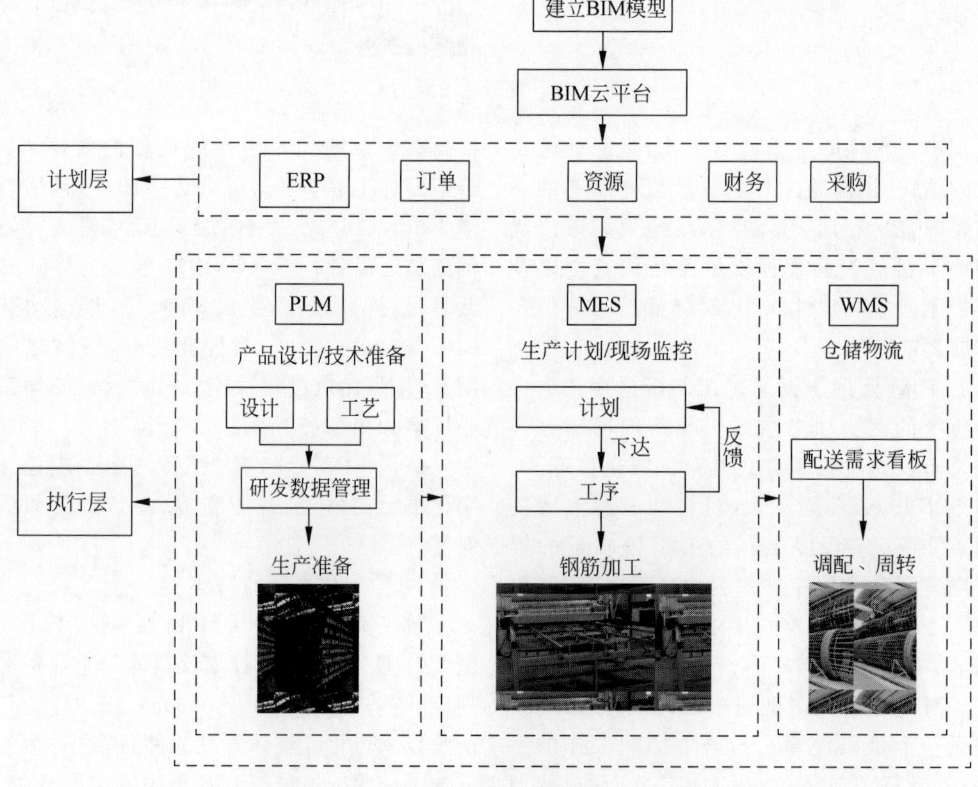

图 23-6　数字化平台

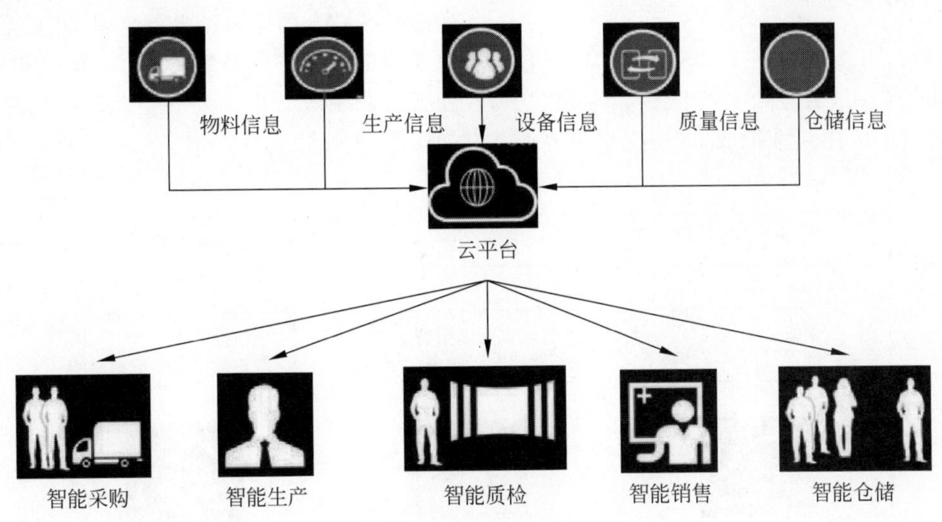

图 23-7　系统架构

在集控的云视角里，云的发展必须经历 3 个阶段，即：硬件资源云—服务云—计算云。在制造业信息化领域的这 3 个阶段中，都会具备这 3 个应用层面。不同的是在各个阶段，关注和解决的重心也将由硬件资源到服务应用再到大数据计算分析。在演变的过程中，服务云包含以下几个功能模块：设备云、生产云、信息物理系统（cyber-physical systems，CPS）云、质量云、物流云和供应链云。其中，每一个模块的具体功能如图 23-8 所示。

模块	功能
设备云	提供以设备为主体的关键云应用，如钢筋加工设备的维修保养计划、设备运行统计、设备厂商售后互联、异常发起与跟踪等。
生产云	通过工业互联，实现对任务执行状况的监管、工艺关键参数的监管、生产效率的监管、生产异常的监管。
CPS云	主要包含CPS云基础、CPS云模型、CPS云输入、CPS云输出、CPS云控制等以工控技术为基础的各行各类信息物理系统单元云应用方案。
质量云	与传统的几个检验方案和节点设置不同的是，同时实现了外部和内部对关键指定质量数据的动态跟踪和分析，为企业争取更优质的客户提供强力支持。
物流云	主要针对内部库存及线边库进行管理，重点包含对WIP动态监管、缓冲的自动预警管理、物料配送及动态相应拉动看板等云端服务调用。
供应链云	支持外部和内部共同协同供应计划的理论需求与实际调度反馈，将供应链体系有序保障起来。

图 23-8　模块功能

智慧工厂工业云服务的云战略路径包括：①准备阶段的基础设施（infrastructure as a service，IAAS 云）；②起飞阶段的平台（platform as a service，PAAS 云）；③成熟阶段的软件

(software as a service,SAAS 云)。

目前,大多停留在 IAAS 云的基础硬件资源的市场应用,通过公共与混合云实现,从而降低客户的应用与维护成本,而支撑主要业务功能的 SAAS 的应用逻辑更急扁平,真正提供完善的 PAAS 平台服务及 SAAS 的应用服务,在智造业领域有广阔发展空间。云战略路径如图 23-9 所示。

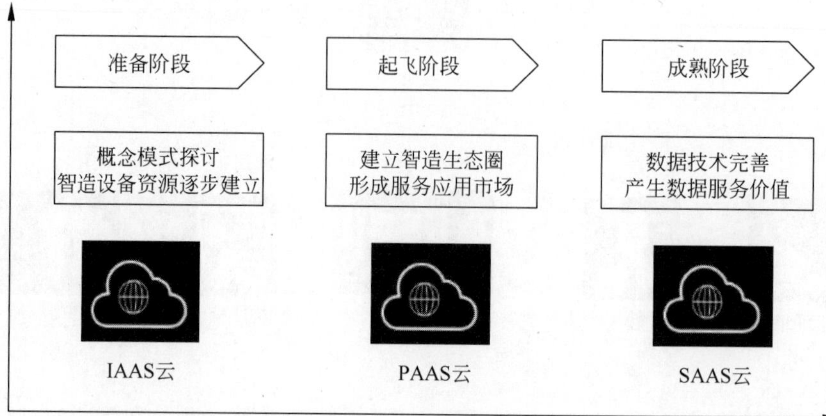

图 23-9 云战略路径

2) 智能制造

传统的钢筋加工方式主要依靠人力在施工现场进行加工,存在以下一些缺点:①需要搭建临时钢筋加工棚,占用了部分施工用地;②室外环境多变,可能造成钢筋锈蚀,存在安全隐患;③现浇体系的钢筋施工需要在工地楼面现场进行绑扎,需要大量人力进行钢筋绑扎,工作效率低且成本高。为加速建筑产业转型升级,贯彻落实"中国制造 2025"大力发展自动化、智能化制造的国家计划,利用 BIM 技术重建钢筋加工的生产流程具有巨大的经济效益和现实意义。

项目部首先通过 BIM 系统建立项目的信息模型,将 BIM 模型上传到云计算平台,通过云平台进行钢筋算量、钢筋翻样、下料优化,完成一系列数据计算和信息整理后,系统自动形成一个钢筋二维码生产订单。这个二维码生产订单集成大量的数据信息,用户通过扫码可以知道该批次钢筋的项目信息、生产信息、配送信息等。根据项目的进度需要可通过互联网将订单发往附近的钢筋加工中心,智能化钢筋加工设备接收到生产订单后,自动安排生产,并进行自动分类打包,粘贴二维码或信息码。订单生产完成后,根据订单送货时间要求,通知物流中心配送。成品钢筋运抵施工现场后,相关人员进行验收,并依据该成品钢筋的二维码信息,结合钢筋施工工序流程模拟,利用移动钢筋加工设备在施工现场指导现场施工,大大提升了施工效率。

另外,在整个钢筋加工生产线中,还可部署钢筋的自动化切割单元、自动化下料单元、自动化上料单元、输送线分拣单元等。智能制造环节的具体流程如图 23-10 所示。

在智能制造环节存在以下几类问题:①计划不明确;②原材不节省;③进度不掌控;④责任难追踪;⑤管理效率低;⑥预警不及时。不同类型的问题所包含的具体内容如图 23-11 所示。

针对以上问题,一些公司采取了相应的策略。

北京迈思科技发展有限责任公司(其前身为广联达企业钢筋管理事业部)专注钢筋信息化方向近十年。当前公司主要产品有面向钢筋集中加工服务的信息化管理平台,并可实现与数控钢筋加工设备的无线对接,可实时监控加工现场的生产管理数据,提升内部管理效率、

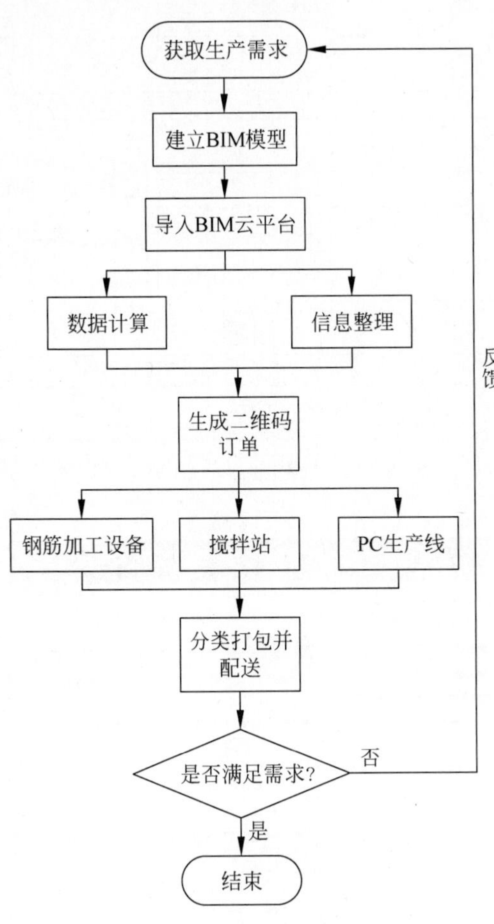

图 23-10　智能制造流程

提高原材使用率，保障项目施工进度。

本方案以 PDCA 戴明环为理论基础，打通钢筋生产管理的各个环节，解决六大核心问题，达到增效、提质、降本的目的，如图 23-12 所示。

为了实现上述的钢筋生产管理模式，该公司采用如图 23-13 所示的技术方案：

首先，通过对预加工钢筋成品的形象展示和既有钢筋加工过程的生产分析，对接收订单进行分类和整理，通过两种方式完成该生产任务：针对个性化订单，进行深化设计，按照个性化订单的需求完成钢筋的设计和生产；对于标准化和统一化的订单需求，调用已加工好的钢筋成品，通过仓储管理，完成钢筋的调取和分配。最终都要在质量管理合格的基础上完成最好的配送管理阶段，实现用户和企业对钢筋的需求。

其核心价值如下：

（1）工业互联：可实现系统平台与数控钢筋加工设备连接。

（2）节省原材：领先的优化组合算法，确保最高原材出材率及最少原材上料次数。

（3）质量追溯：原材属性对接加工属性，半成品构件可完整溯源。具体流程为：原材进场验收→原材照单领用→设备照单生产→材料过程监测→车辆按需配送→成品到场验收。

（4）掌控进度：远程下单，全程监管，随时随地可以查看订单。北京迈思公司在智能制造过程中采用的钢筋管理平台如图 23-14 所示。

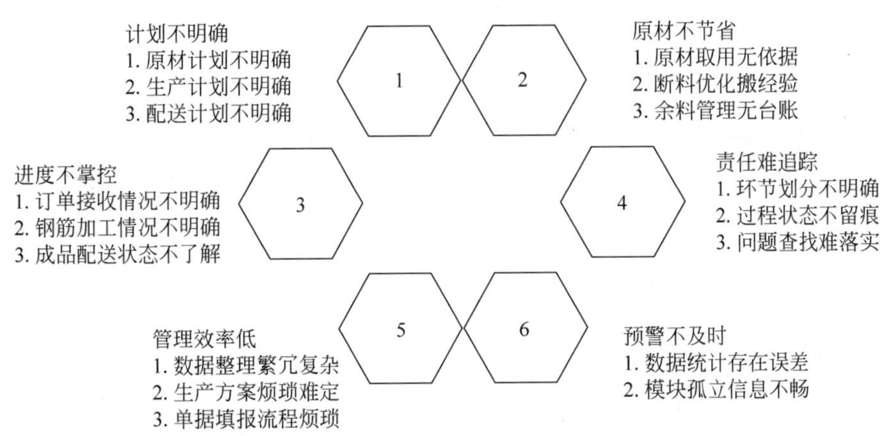

图 23-11　智能制造环节存在问题

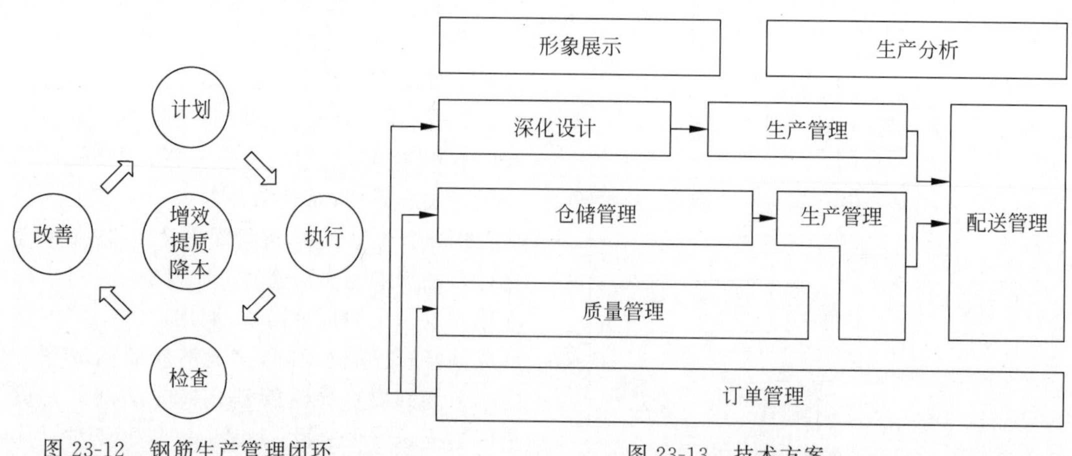

图 23-12 钢筋生产管理闭环

图 23-13 技术方案

图 23-14 钢筋管理平台

23.7 工程应用

成型钢筋加工配送成套技术已推广应用于多项大型工程，如已在阳江核电站、防城港核电站、红沿河核电站、台山核电站等核电工程，天津 117 大厦、北京中国尊、武汉绿地中心、天津周大福金融中心等地标建筑，北京大兴机场、港珠澳大桥等重点工程应用。

该项技术广泛适用于各种现浇混凝土结构的钢筋加工、预制装配建筑混凝土构件钢筋加工，特别适用于大型工程的钢筋集中加工，是绿色施工、建筑工业化和施工装配化的重要组成部分。该项技术是伴随着钢筋机械、钢筋加工工艺、信息化管理的技术进步而不断发展的。其主要优势是：加工效率高、质量好；降低钢筋加工和管理综合成本；加快施工进度，提高钢筋工程施工质量；节材节地、绿色环保；有利于高新技术推广应用和安全文明工地创建。

23.7.1　在市政桥梁施工中应用

下面以上海城投公路投资集团有限公司投资建设的高架桥工程施工为例进行说明。

1. 工程概况

上海城投公路投资集团有限公司投资建设的 S3 公路先期实施段新建工程 S3X-2 标，工程地点在浦东新区周浦镇和康桥镇，2016 年 7 月 15 日开工建设，计划竣工时间 2017 年 3 月 31 日，施工单位为上海建工集团股份有限公司、上海建工四建集团有限公司，设计单位为上海市政设计研究总院(集团)有限公司，江苏交通工程咨询监理有限公司负责监理。

S3 公路先期实施段新建工程 2 标(秀浦路—周邓公路)，全长 1.73 km，结构工作量包括主线高架、一对匝道、四座地面小桥(龙游港桥、姚家宅河桥、八灶港桥及涣洋河桥)。主线高架标准段桥宽 25.5 m，采用预制小箱梁简支变连续结构，3 跨～5 跨一联。下部结构部分采用 ϕ1000 mm 钻孔灌注桩，桩长为 48～55 m，部分采用 ϕ700 mm 钢管桩，桩长 45 m；承台采用钢筋混凝土现浇形式，厚度 2.5 m；中墩立柱采用双柱式，边墩单柱式，立柱截面尺寸 1.8 m×1.8 m 及 1.8 m×1.5 m；小箱梁标准跨径 29～31 m，梁高 1.6 m。

本工程采用预制拼装施工工艺，所有立柱、盖梁和小箱梁都是在预制场预制，通过运输车辆运送至现场进行拼装施工，现场工作面较少，对现有道路交通影响较小，现场文明施工程度高。

2. 钢筋集中加工

本工程钢筋采用模块化、工业化工厂加工，如图 23-15 所示，粗直径钢筋采用镦粗直螺纹机械连接，在钢筋加工车间集中完成。钢筋的集中加工可减少钢筋废料的产生，材料可以更有效地配置，从而达到节约材料、减少资源消耗的目标。同时钢筋加工车间使用先进的钢筋加工设备，大大降低了人力成本及人为操作所产生的浪费现象。钢筋加工厂占地面积 5600 m^2，采用钢结构，为钢筋工厂化集中加工提供了稳定、安全、舒适的加工环境。

图 23-15　钢筋模块化、工业化加工工厂

钢筋加工厂按生产线布置，分原材料堆放区、半成品箍筋加工区、钻孔桩钢筋笼加工区、立柱盖梁钢筋胎架加工区、机械连接加工区。车间内配备 20 t 行车、直螺纹成套设备、全自动钢筋弯剪加工设备、钢筋笼滚焊机、钢筋加工胎架、二氧化碳焊接设备等，进行钢筋集中加工。车间整体布局如图 23-16 所示。

(1) 采用钢筋数控弯曲剪切中心进行钢筋定尺切断和弯曲加工，如图 23-17 所示。

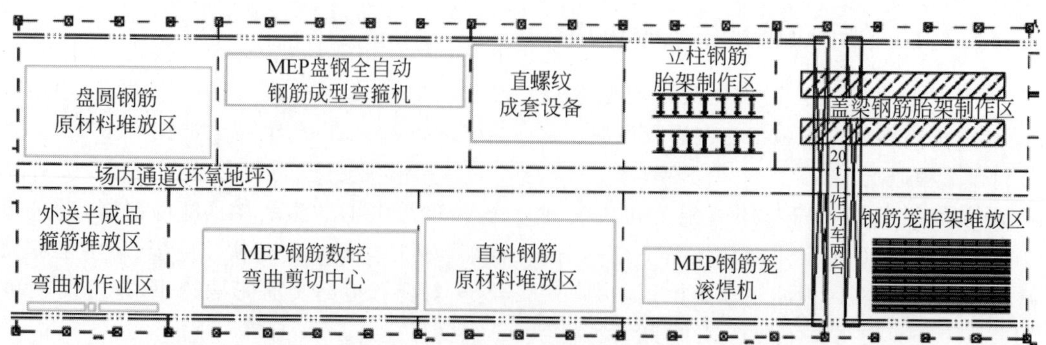

图 23-16　加工车间整体布局

图 23-17　钢筋数控弯曲剪切中心

钢筋数控弯曲剪切设备的技术性能如下：

产能：日加工量 120 t，年产量超过 3 万 t。

弯曲范围：单线弯曲范围 $\phi10 \sim \phi28$ mm，双线弯曲范围 $\phi10 \sim \phi20$ mm。

加工精度：钢筋切断测量误差为±1 mm。

弯切一体：两边进行弯曲成型，并精确切断。

自动上料：上料自动对齐，精确计数。

人员配备：消耗少量劳动力就可以保证高生产效率，降低运营成本。

(2) 采用盘螺钢筋全自动钢筋弯箍机进行箍筋、弯折筋加工，如图 23-18 所示。

图 23-18　盘螺钢筋全自动钢筋弯箍机

全自动钢筋弯箍机设备的技术性能如下。

产能：自动化加工配置，可以有效地缩短生产周期。

弯曲范围：单线弯曲范围 $\phi 8 \sim \phi 16$ mm，双线弯曲范围 $\phi 8 \sim \phi 13$ mm。

加工精度：钢筋切断测量误差为±1 mm。

弯曲切断一体：两边进行弯曲成型，并精确切断。

人员配备：减少劳动用工，提高生产效率，降低运营成本。

自动上料：自动牵引盘圆钢筋上料，自动矫直切断。

(3) 采用钢筋笼滚焊机进行钢筋笼加工，如图 23-19 所示。

图 23-19　钢筋笼滚焊机

钢筋笼滚焊机的技术性能如下。

产能：自动化加工钢筋，可以缩短生产周期。

上料：自动上料，节省时间，提高效率。

焊接：焊接机器人对钢筋笼进行自动焊接。

人员配备：减少劳动用工，提高生产效率，降低运营成本。

(4) 采用钢筋镦粗直螺纹连接工艺进行钢筋连接。

$\phi 18 \sim \phi 32$ mm 钢筋采用直螺纹机械连接，使用镦粗直螺纹工艺进行。项目部引进锯床等设备确保钢筋机械接头达到Ⅰ级钢筋接头，当达到Ⅰ级钢筋接头时，结构构件中纵向受力钢筋的接头百分率可不受限制，可大幅降低钢筋损耗、方便施工操作。钢筋镦粗直螺纹连接工艺如图 23-20 所示，钢筋镦粗直螺纹加工过程如图 23-21 所示，钢筋镦粗直螺纹连接过程如图 23-22 所示。

钢筋工厂加工和传统现场加工对比分析如表 23-4 所示，钢筋工厂加工和传统现场加工对比图如图 23-23 所示。

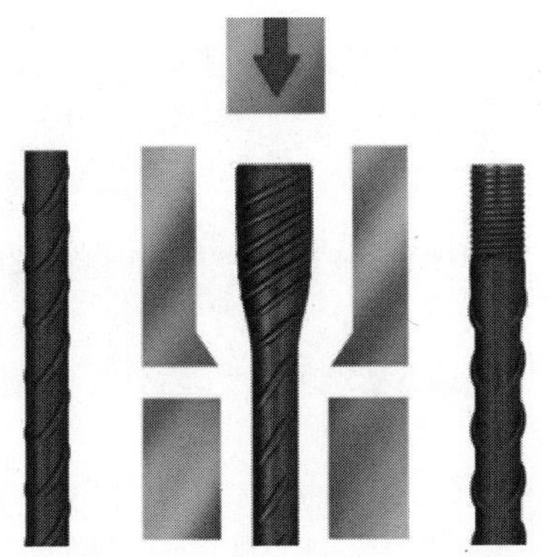

图 23-20　钢筋镦粗直螺纹连接工艺

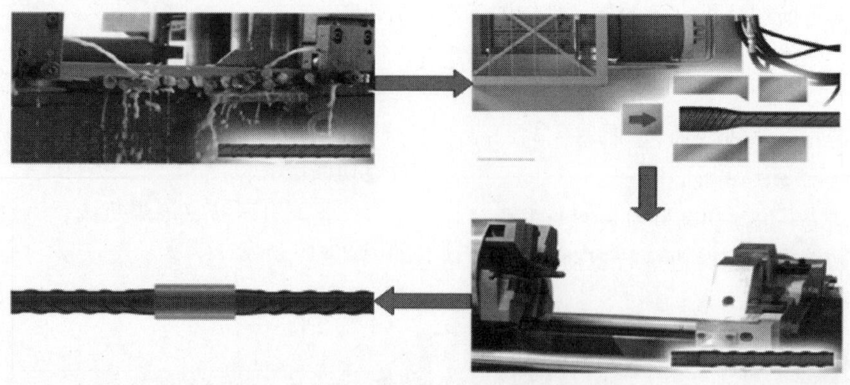
图 23-21　钢筋镦粗直螺纹加工过程

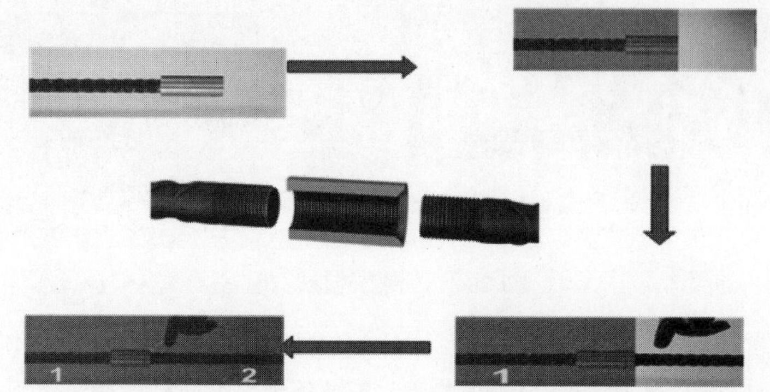

图 23-22　钢筋镦粗直螺纹连接过程

表 23-4　钢筋工厂加工和传统现场加工对比分析

项目	工厂加工	现场加工
原材料	钢筋原材可合理配置，人为因素损耗材料少	受人为影响因素较大，原材损耗量较大
用地	减少现场场地占用，单位土地利用率高	场地占用大，单位土地利用率低
施工周期	施工周期短，通过提升效率减少不必要的损耗	施工周期长，施工过程人为因素损耗量大
环境影响	通过合理选址减小施工对周边环境的影响	对环境产生噪声污染及光污染

(a)

(b)

图 23-23　钢筋工厂加工和传统现场加工对比
(a) 工厂加工；(b) 现场加工

本工程钢筋加工管理采用多方协同信息化管理技术，项目部利用二维码的信息特性对项目进行更加简洁有效的管理控制。通过后台信息库的创建，只需扫取二维码即可获取钢筋加工的数据信息，实现钢筋数控加工。每个成型的混凝土预制构件有“身份标签”二维码，通过扫码可获得该构件在数据库中的“身份”信息，让构件的溯源更加方便快捷。

项目部建立“视频监控系统平台”，实现对监控地点视频的快速播放及远程录制、巡查任务定制、违法线索采集等业务需求。通过授权并安装手机或者计算机客户端，根据项目管理人员设置的观看权限，各相关管理方可远程获取现场实时画面。视频监控系统平台的建立不仅为各方监管提供了便利，也是项目部为提高自身管理水平主动施压的一种措施。

截至 2016 年 10 月 30 日，本工程计划使用钢筋 8756.062 t，实际使用钢筋 8631.039 t，节约钢筋 125 t。计划定额损耗率为 2.5%，实际损耗率为 1.04%，定额损耗率下降 58.4%。

本工程采用桥梁预制拼装施工新工艺，钢筋采用工厂化集中加工制作，施工现场主要为成品吊装、安装。钢筋加工车间根据现场钢材需要及预算量制定钢材采购、检测计划，杜绝不合格材料进场，做好材料台账。钢筋进场后即按照不同规格和类型进行编组然后分类堆放，便于管理，减少了因偷盗而产生的钢材损失。

钢筋车间内根据工程图纸要求使用成套数控钢筋加工设备，通过方案优化，合理布置钢筋加工设备，减少因人力加工而导致的材料浪费，有效提高生产效率和质量、加快施工进度、降低能耗和劳动强度。钢筋加工车间严格按照钢筋翻样加工，可以提高原材使用率，减少废料钢筋。

钢筋采用机械连接，机械连接便于专业化生产、连接可靠、施工简便、效率高、质量稳定。本工程采用镦粗直螺纹连接，有效节约了搭接钢筋。粗直径钢筋直螺纹机械连接技术具有接头强度高、施工方便、缩短工期、工艺简单、可操作性强等特点，克服了焊接对钢筋造成的烧伤和咬伤、焊缝不饱满、焊接质量不稳定及焊接钢筋所需时间较长等缺点，可以提高粗钢筋连接的质量、节省施工时间、提高工作效率、节约材料、降低施工成本等。

3. 钢筋加工工艺流程

本工程采用钢筋模块化加工，工程钢筋骨架在加工厂内成型，运输至构件预制区实施现场安装。钢筋模块化加工工艺流程如图 23-24 所示。

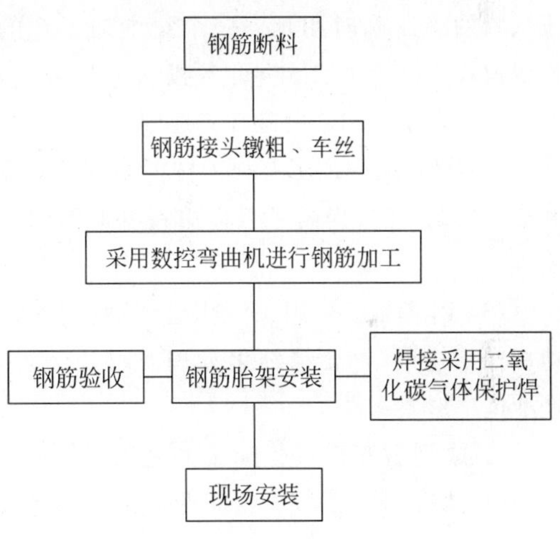

图 23-24　钢筋模块化加工工艺流程

4. 钢筋集中加工的优势

本工程采用钢筋工厂化集中加工，在车间里使用数控钢筋加工设备实施钢筋加工，与施工现场加工钢筋和人工加工钢筋模式相比，具有以下优势。

(1) 钢筋专业化加工生产供应钢筋笼、柱、梁、网，实现钢筋工程施工现场装配作业，既保证工程质量，又保证施工进度，可以推进建筑工业化发展进程，降低人力成本。钢筋的集中加工配送有利于工地施工现场安全生产、文明施工，使钢筋工程施工安全、环保、节能。

(2) 钢筋集中加工配送有利于高科技含量先进设备、先进工艺的推广应用，提高钢筋加工技术水平和施工水平。工厂选用钢筋数控弯曲剪切设备，无论是大批生产(重复形状)，还是加工个别建筑元素如梁、柱(不同直径、形状和大小)都可以保证工期，使用较少设备可满足各生产阶段需求，在生产中没有怠工，所有的工作周期都连续不断最优化执行。该设备日加工量可达120 t，自动上料、对齐，精确计数，钢筋切断测量误差可控制在±1 mm，为预制拼装工艺的精度提供了保证。

(3) 节省大量建设场地，设备投入少。由以往多个工点的分散加工转为集中加工，节省了大量的施工临时用地。一个集中加工厂的设置取代了多个加工点，设备投入大量减少，有利于安全管理和文明施工工地创建。

(4) 钢筋集中加工有利于材料的集中管理和成本控制，并且提高了工程用料可追溯的真实性。

(5) 钢筋加工采用工厂化生产，有利于工地标准化建设，符合精细化管理要求，有利于企业施工形象建设。

5. 成型钢筋模块化加工的施工优势

(1) 加工质量提高。钢筋专业化、工业化、规模产业化。产品质量由产品工艺过程保证，优于质量靠检查的传统方法。

(2) 施工安装进度提高。省略了传统施工中所必需的钢筋现场加工、绑扎等环节，可以加快施工进度，缩短施工工期。

(3) 经济效益提高。采用先进的自动化生产线和配套的软件系统，完成建筑施工图纸的配筋、下料、统计和数据处理一体化，降低钢筋损耗、降低生产中的各项管理费用，从而达到降低成本的目标。

(4) 模块化成型钢筋制品加工为工程质量提供保证。传统钢筋安装时，基本采用现场定位，逐根安装、逐根固定，人为控制因素大，钢筋数量及安装精度误差控制难度大，实际验收结果数据离散性大、误差大，给后期模板安装、保护层厚度控制带来了一定的难度。模块化钢筋制品安装在钢筋棚内胎架上完成，根据图纸的钢筋间距，钢筋胎架设有相应的限位装置固定钢筋位置，从而有效保证了钢筋安装精度以及钢筋数量，配以二氧化碳保护焊接工艺以及加强钢筋，使成型钢筋制品的刚度得到了有效的保证，有利于后期的钢筋模块化整体吊装。

(5) 模块化成型钢筋制品加工社会效益显著。损耗降低，低碳节能，解决了现场加工产生的噪声污染、光污染、施工扰民等难题，打造了真正的绿色建筑体系。

23.7.2 在预制构件工厂应用

装配式建筑的基本单元是混凝土预制构件，PC构件中钢筋加工生产采用钢筋集中化加工。在预制构件工厂中统一制作各种混凝土预制构件，采用混凝土搅拌输送、混凝土振动成型、钢筋集中加工模块式的规划布局，预制构件养护达到设计要求后配送至装配式建筑工地，在现场装配式建造楼房。一般PC构件工厂自己建立钢筋加工车间，实现从原材料到成型钢筋的全自动化生产，在设备的选用和布局规划中与预制构件生产工艺流程同时进行规划建设。

1. 钢筋加工设备的选择

PC构件工厂配备的钢筋加工车间常用的加工设备有数控钢筋弯箍机、数控钢筋剪切生产线、数控钢筋弯曲中心、钢筋桁架生产线、柔性焊网生产线等设备。根据工厂自身规划的设计产能，有些PC构件工厂还配备有钢筋螺纹套丝机、钢筋调直切断机、冷轧带肋钢筋成型机、钢筋点焊机、钢筋弯网机等设备。钢筋加工机械设备生产厂家较多，在设备功能、加工能力、设备用电等方面都有差异，在选择钢筋加工设备时一定要对设备产能、空间结构尺寸大小、电力配备等方面进行综合考虑。

(1) 电力配备应该满足所有钢筋加工设备总和的需求,如果超出了计划用电量,那么就需要减少设备数量,或采购较小功率设备。

(2) 设备的产能应该与预制构件生产线相匹配。成型钢筋制品的实际生产产能要保证满足PC构件生产线的生产效率需求。

(3) 预制构件厂钢筋加工设备的选用,要根据各种预制构件工艺的不同采用线材钢筋加工、棒材钢筋加工、组合成型钢筋加工等不同种类的钢筋加工设备,并且线材钢筋加工和棒材钢筋加工的加工产能比例要匹配合理,避免设备加工生产闲忙不一,造成设备利用率降低。

2. 钢筋加工车间规划布局

PC构件工厂的钢筋加工车间布局有多种形式,但遵循的基本原则是车间平面利用率大,加工工序间半成品、产成品转运距离短,设备选型和布局科学合理、安全操作空间充足,物流通道畅通、运输车辆安全通行、装卸货物安全便利。钢筋加工车间布局与钢筋加工工艺流程、钢筋加工设备选择最好同步实施,以避免造成设备安装后安全性差、物流通道不畅、安全用电布局不合理等问题。钢筋加工车间合理规划布局应重点考虑以下因素。

1) 原材料与加工设备就近规划

钢筋加工的原材料主要有两种形式:盘条钢筋和直条钢筋。钢筋加工设备配有不同的上料机构,可以根据原材料堆放场地就近规划加工设备,这样有利于原材料的运输和装卸。如数控钢筋弯箍机、柔性焊网机、桁架焊接生产线等采用盘条线材钢筋原料加工的设备可以规划在相近区域,棒材剪切生产线、数控弯曲中心,套丝生产线等采用直条钢筋原料的加工设备可以规划在相近区域。

2) 按照加工工艺流程进行相近区域规划

钢筋加工过程中有些为中间过程工序,加工后的产品仍要转序进一步加工。工艺流程最近几道工序应该规划在相近区域,最好顺次相接。这样能够省去不必要的运输和烦琐的转序,使运转更加流畅高效。

3) 按成型钢筋制品种类对设备规划

成型钢筋制品多种多样,但可大致归为两类:一类是在设备上加工成型后仍需在模台处进行人工处理(如焊接、绑扎等)的半成品,这种半成品往往所需数量较大;一类是在设备上加工成型后直接人工辅助摆放在模台上就可以的成品,如钢筋网片,钢筋桁架等产品。半成品的用量较大,产品的运输自然也较为频繁。将此类设备规划在相近区域可以集中运输,减少车间内部的频繁物流。

4) 按设备所需空间进行规划

目前大多数加工车间宽度为24 m,一般规划为两侧各10 m的工作区域,中间留有4 m的输送通道。这样的规划对目前多数钢筋加工设备是适用的,但也有少数设备在宽度方向超过10 m。如果规划这种设备就必须提前规划好车间的布局,仔细规划车间物流通道,要保证车间的生产和流转是顺畅、安全的。

5) 按照设备自动化程度规划

大型自动化钢筋加工设备一般只需1～2名操作者,而小型半自动设备由于设备多、操作复杂,需多名操作者。按照设备自动化程度来规划布局钢筋加工设备,能将操作者有效地集中,有利于车间的安全管理。

3. 钢筋加工车间规划布局方案

1) 钢筋加工车间规划布局方案1

钢筋加工车间规划布局方案1是按原材料场地与钢筋加工设备就近规划布局方案,如图23-25所示。

方案1是典型的按原材料场地规划布局钢筋加工设备的方案,数控钢筋弯箍机和钢筋调

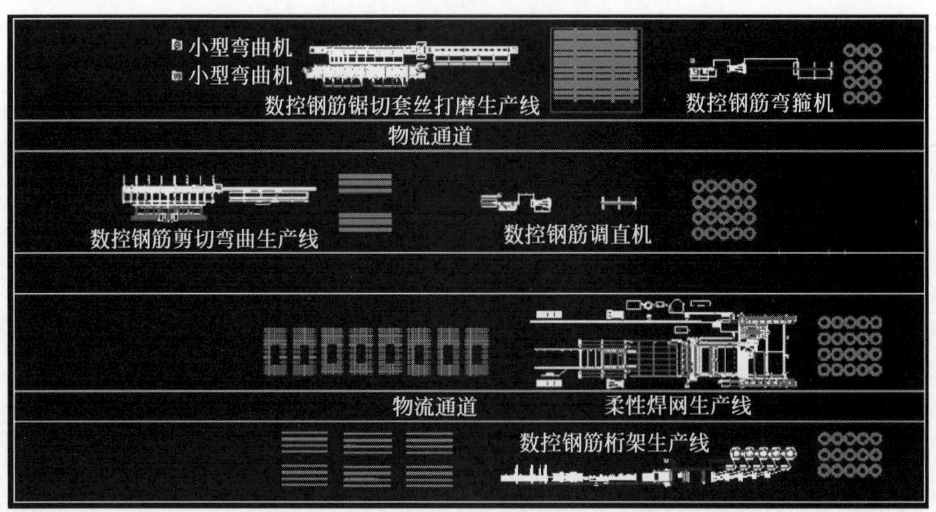

图 23-25　钢筋加工车间规划布局方案 1

直切断机的原料都是采用盘条钢筋原材，规划在相近区域；半自动焊网生产线和钢筋剪切生产线的原料都是采用直条钢筋原材，规划在相近区域。钢筋调直切断机加工生产的直条钢筋可以直接提供给钢筋焊网生产线使用，实现了工序顺次相接。钢筋剪切生产线的成品区域以及网片储存区域全部靠近运输专用车，便于运输。在空间的运用、操作者空间的预留方面是充分的。

2）钢筋加工车间规划布局方案 2

钢筋加工车间规划布局方案 2 是将自动化程度相近的钢筋加工设备规划在同一区域，如图 23-26 所示。

该方案将钢筋柔性焊网生产线、钢筋棒材加工中心、数控弯箍机放在车间一跨中，桁架焊接生产线、钢筋调直切断机放在一跨中，原材料储存区放在车间一端，加工成品区放在车间另一端。该方案存在以下不足之处：

(1) 柔性焊网生产线这种对原材用量较大的设备附近并没有规划在原材存放区，钢筋桁架生产线并不使用直条原材，在该生产线放线架侧却规划了直条存放区域。

(2) 数控钢筋弯箍机和数控弯曲中心都是生产箍筋的设备，二者距离较远，成品无法集中运输。并且成品桁架储存区域和矫直切断钢筋成品区域均处在 2.5 m 通道附近，不利于车间的流畅运转。

(3) 使用同类型原材的设备不够集中，数控钢筋弯箍机、桁架生产线、柔性焊网生产线等均使用盘条原材，最好就近共用一个原材区域，这样会更便于原材的运输和取用。

(4) 柔性焊网生产线宽度超过 10 m，迫使局部通道规划宽度变为 2.5 m。这种设备过大的情况应尽量设置缓冲地带，由 4 m 逐渐过渡到 2.5 m，避免突然变为 2.5 m，或保证通道 4 m 宽度绕行规划。这种情况大型车辆通过 2.5 m 路段较为困难，存在安全隐患。

钢筋加工车间的设备布局与规划是灵活多变的，设备不同、产品不同，以及生产效率等因素都会影响到布局的变化。合理的布局能够提高生产效率，降低工人劳动强度。但并没有一成不变的规划方式，随着行业的发展和设备的进步，布局的合理性也将逐步改变。

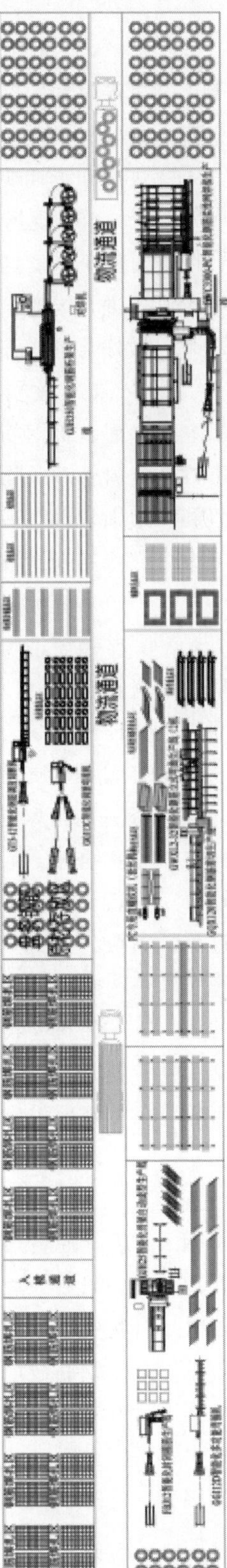

图 23-26 钢筋加工车间规划布局方案 2

23.7.3 在房建工程中应用

钢筋工程管理在工程项目成本管理中占有重要地位，是工程建设混凝土、钢筋、模板脚手架三大分项工程重要的组成部分之一。下面通过一个实例进行说明。洛阳乾元供应链管理有限公司针对洛阳市某医院项目，结合图纸会审结果以及项目部技术交底，与项目部及前场钢筋劳务三方共同拟定成型钢筋加工与配送实施方案。具体方案如下。

1. 钢筋加工管理组织架构与职责分工

以项目部管理人员为核心成立钢筋工程管理小组，将钢筋加工与配送职责进行明确，责任到人和部门。

1）钢筋加工管理组织架构

(1) 组长：项目经理。

(2) 副组长：总工、生产经理、物资经理。

(3) 组员：项目工长、现场施工员、钢筋加工厂长、翻样人员、前场绑扎工班长。

2）钢筋加工与配送职责分工

(1) 项目经理：是项目钢筋管理的第一责任人，将钢筋现场管理、技术优化两大指标分解到相关责任人，签订责任书，并在实施过程中监督检查。

(2) 生产经理：是项目现场钢筋管理的第一责任人，负责对钢筋生产进度、进出场、加工成型、绑扎、验收等全过程进行监督检查与管理，严格控制钢筋用量及损耗。

(3) 项目总工：项目钢筋技术优化第一责任人，组织图纸会审内部评审会，组织编制钢筋施工技术交底及进行方案优化，及时督办现场变更、签证，监督和指导相关人员落实创效方案，参与钢筋加工与配送专项成本控制，总结技术方案的经济性，参与审核钢筋翻样料单。

(4) 翻样人员：负责根据图纸翻样，按照规范结合钢筋施工和加工实际情况做好钢筋配料单的处理，搭配好钢筋原材，避免钢筋的浪费。

(5) 钢筋加工中心厂长：负责管理、监督生产过程中的钢筋使用情况，统筹钢筋生产中钢筋材料的搭配使用、组织进出货，根据施工进度和工期要求沟通督促生产进度。

(6) 现场施工员：根据现场施工需求情况对施工进度、安装工艺技术和绑扎过程中的问题进行沟通；对于绑扎过程中遇到的技术问题做好与翻样人员的紧密沟通。

(7) 物资部长：是物资管理第一责任人，全面负责钢筋需求计划、收货验收、施工发料、资料管理及物资库盘点等事宜，编制物资管理细则，全面负责物资部的全部工作。

2. 项目钢筋原材进场管理

1）验收管理

钢筋进场后，由钢筋厂、项目方共同验收材料，主要核对物资的品种、规格型号、随货相关证件等是否符合计划要求、是否齐全，外观有无明显质量问题及运输过程中是否损坏，是否满足国家有关规定和使用的要求。对于质量不合格、数量不对及未按要求进场的物资进行记录，及时与项目部沟通，并有权现场拒收。

2）资料管理

原材验收完毕，现场物资员负责收集相关资料，报送项目部资料室，对于有问题的资料，负责督促供应商修改或补齐。

3）入库管理

针对现场钢筋场地及工程进度，钢筋厂合理安排原材入库。材料码放过程中，监督工人整齐码放原材，对卸载原材进行影像记录，配合物资部过磅称量，对于不同钢筋厂家的不同规格钢筋截取 1 m 原材取样称重登记成册并做好对比分析，对于螺纹类的钢筋选择合适的厂家进料。

3. 钢筋翻样管理(翻样工程师)

1）原材料

直径不大于 12 mm 规格钢筋使用盘圆盘

螺钢筋调直切断；直径不小于 14 mm 钢筋由 9 m 和 12 m 搭配使用，降低钢筋损耗率。

2）钢筋连接接头形式

横向构件中直径 12～16 mm 的钢筋采用电焊，直径大于 16 mm 的钢筋采用套筒连接；竖向构件中直径 12～20 mm 的钢筋采用电渣压力焊，直径大于 20 mm 的钢筋采用机械连接（套筒）。

3）短料利用

长度 0.5 m 以上的短料都应充分利用。工地现场短料堆场如图 22-27 所示，短料使用情况见表 23-5。

图 23-27　工地现场短料堆场

表 23-5　钢筋短料使用情况

钢筋规格/mm	长度/mm	使用情况
ϕ12～ϕ14	500～1000	可加工成木工墙定位措施筋及二构利用
ϕ12～ϕ20	500～1000	可作为基础马登及支撑使用
ϕ22 以上	500～1000	可加工成垫铁使用，严禁将长度在 500 mm 以上的钢筋扔入废料池

注：1.2 m 以上的钢筋均采用套筒连接，接长后用于附加筋。短料垫铁不足时可采用水泥垫块代替，以节约成本，同时杜绝长料加工垫铁。

4）塔吊基础

塔吊基础合同约定单独计量情况下，塔吊基础设在主体筏板内，技术部门可将塔吊基础绘制在主楼筏板内，通过会审即可结算算量。

5）马登筋优化

（1）基础采用抗浮锚杆的可以利用抗浮锚杆钢筋作为部分支撑；

（2）基础采用灌注桩的可利用桩头钢筋作为部分支撑；

（3）基础采用管桩的可利用管桩与基础连接钢筋作为部分支撑；

（4）水平杆钢筋直接充当主筋使用；

（5）图纸会审时要求设计明确各种板厚采用什么规格和形状的钢筋。

6）基础钢筋优化

（1）筏板与基础梁重叠截面内钢筋取大值（图 23-28）。

（2）柱插筋长度大于 2000 mm 时，筏板需增加钢筋层网片，柱插筋角筋插在钢筋网片上并弯折≥$6d$ 或 150 mm 取大值，其他非角筋直锚，无网片时筏板高度大于钢筋锚固采用非角筋直锚（图 23-29）。

7）柱配筋优化

（1）柱子采用单肢箍筋时，翻样可按拉结筋计算（图 23-30）。

（2）柱子主筋满足直锚时，翻样可按直锚翻样（图 23-31）。

（3）柱子在变截面时，钢筋翻样尽可能选择变径处理方式（图 23-32）。

8）梁配筋优化

（1）地下室顶板梁边柱、角柱外侧钢筋需要梁锚柱 $1.7L_{ae}$，而内侧钢筋达到锚固可以直锚，其他中柱也是够直锚即可（图 23-33）。

（2）梁侧面腰筋腹板高度≥450 mm 时应配置纵向构造筋；腹板高度为梁高减去板厚，并非梁高（图 23-34）。纵向构造钢筋计算应是底筋最上排到板底的距离。详见 18G901-1-1-2。

（3）梁底筋、面筋能通则通；施工时底筋贯通节省相互锚固重复钢筋（图 23-35）。

(a)

(b)

基础梁下条形基础底板钢筋排布剖面图

注：1. 基础的配筋及几何尺寸详见具体结构设计。
2. 基础底板的分布钢筋在梁宽范围内不设置。

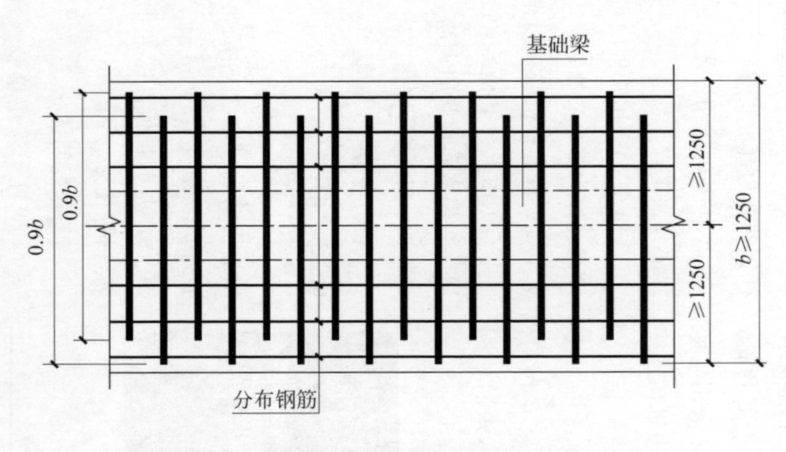

条形基础底板配筋长度减短10%的钢筋排布构造
(底板交接区的受力钢筋和无交接底板时端部第一根钢筋不应减短)

图 23-28 基础钢筋优化方法 1
(a) 阶形截面 TJB_J；(b) 坡形截面 TJB_P

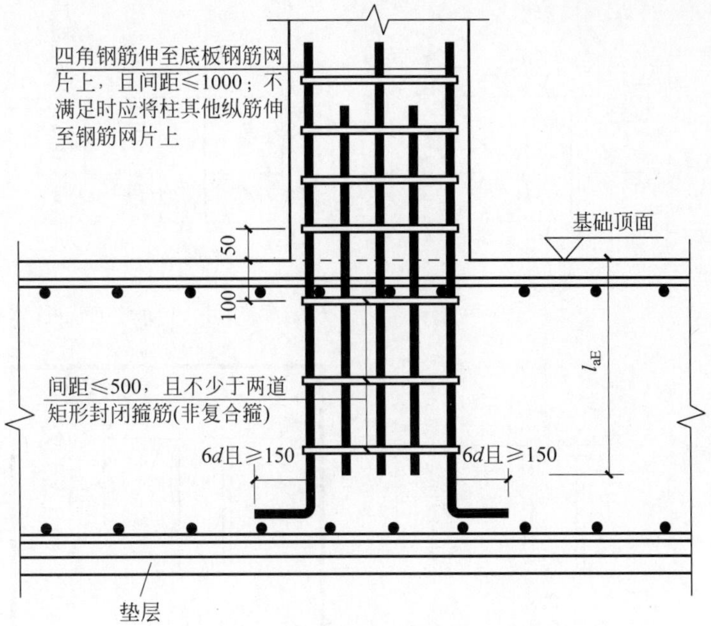

四角钢筋伸至底板钢筋网片上，且间距≤1000；不满足时应将柱其他纵筋伸至钢筋网片上
基础顶面
50
100
l_{aE}
间距≤500，且不少于两道
矩形封闭箍筋(非复合箍)
6d且≥150
6d且≥150
垫层

(a)

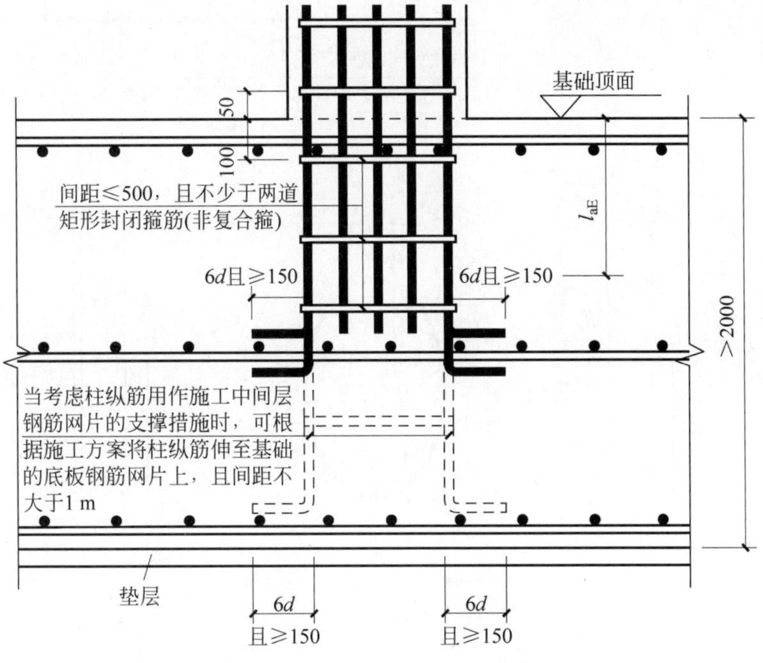

基础顶面
50
100
间距≤500，且不少于两道
矩形封闭箍筋(非复合箍)
l_{aE}
6d且≥150
6d且≥150
>2000
当考虑柱纵筋用作施工中间层钢筋网片的支撑措施时，可根据施工方案将柱纵筋伸至基础的底板钢筋网片上，且间距不大于1 m
垫层
6d
且≥150
6d
且≥150

(b)

图 23-29 基础钢筋优化方法 2

b
h
b
h
3×3
4×3

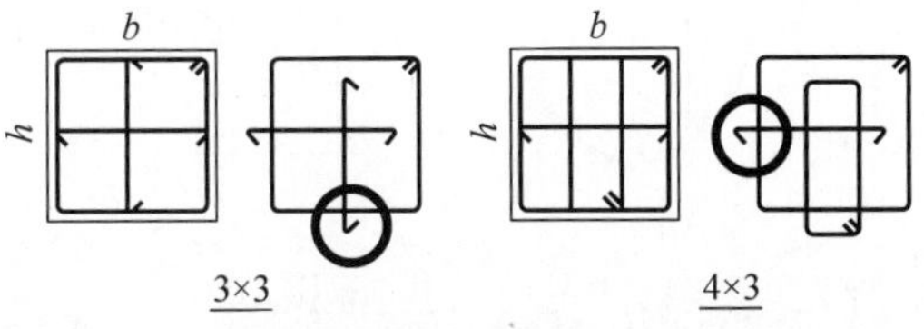

图 23-30 柱配筋优化方法 1

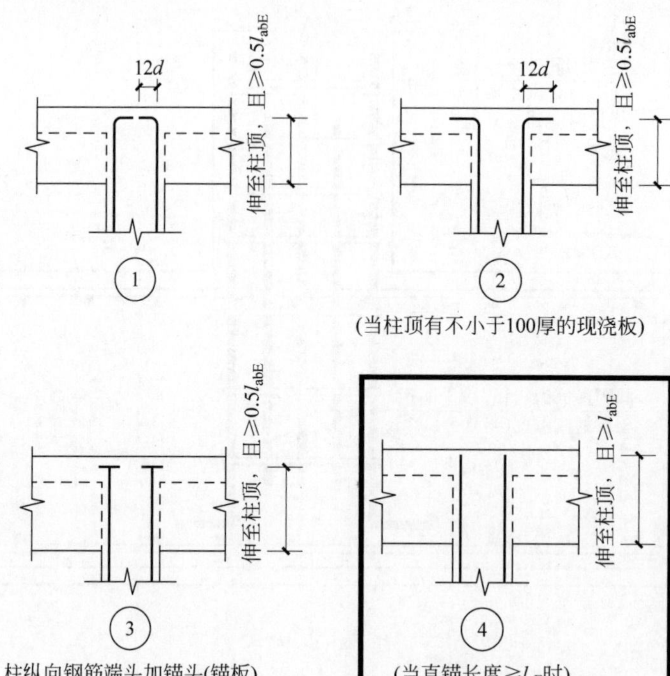

图 23-31　柱配筋优化方法 2

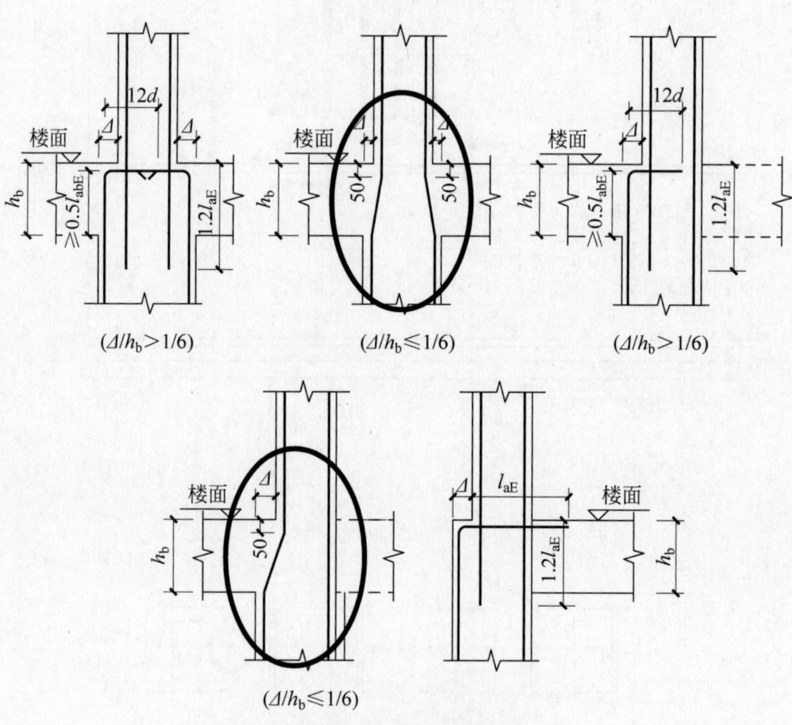

图 23-32　柱配筋优化方法 3

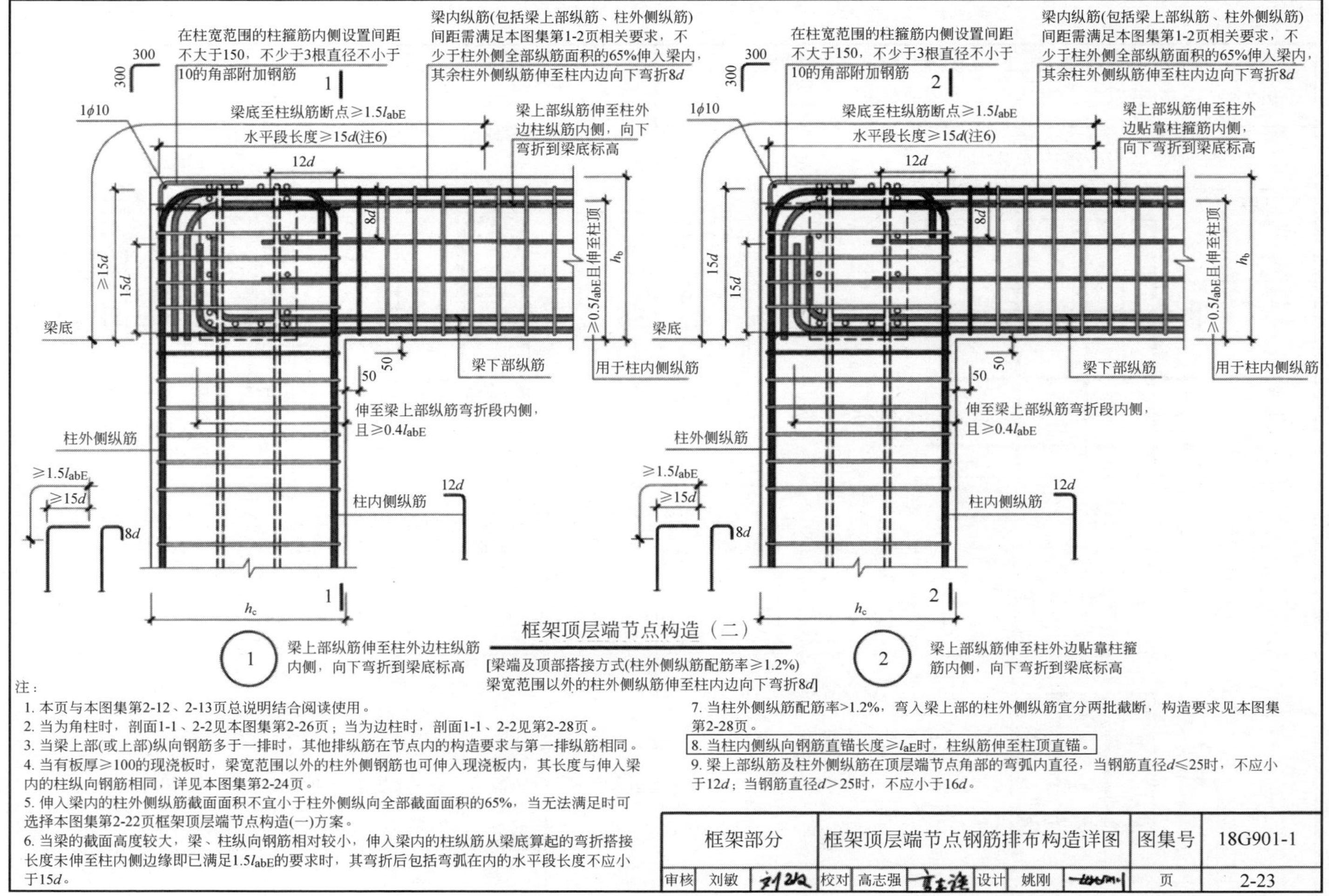

图 23-33 梁配筋优化方法 1

2. 纵向钢筋间距

2.1 梁纵向钢筋间距（图1-2）

梁上部纵向钢筋水平方向的净间距（钢筋外边缘之间的最小距离）不应小于30 mm和1.5d；下部纵向钢筋水平方向的净间距不应小于25 mm和d。梁的下部纵向钢筋配置多于2层时，2层以上钢筋水平方向的中距应比下面两层的中距增大一倍；各层钢筋之间的净间距不应小于25 mm和d（d为钢筋的最大直径）。

当梁的腹板高度$h_w \geqslant 450$ mm时，在梁的两个侧面应沿高度配置纵向构造钢筋，其间距a不宜大于200 mm。（图1-2中s为梁底至梁下部纵向受拉钢筋合力点距离。当梁下部纵向钢筋为一层时，s取至钢筋中心位置；当梁下部纵筋为两层时，s可近似取值为60 mm。）当设计注明梁侧面纵向钢筋为抗扭钢筋时，侧面纵向钢筋应均匀布置。

2.2 柱纵向钢筋间距（图1-3）

柱中纵向受力钢筋的净间距不应小于50 mm，且不宜大于300 mm；截面尺寸大于400 mm的柱，纵向钢筋的间距不宜大于200 mm。

2.3 剪力墙分布钢筋间距（图1-4）

混凝土剪力墙水平分布钢筋及竖向分布钢筋间距（中心距）不宜大于300 mm。部分框支剪力墙结构的底部加强部位，剪力墙水平和竖向分布钢筋间距不宜大于200 mm。

≥50
≥50

图1-3 柱纵向钢筋间距

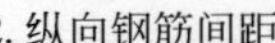

≥30,1.5d
≥25,d
$h_w \leqslant 450$
a
≤200
S
≥25,d
≥25,d

(a)

$h_w \leqslant 450$
a
≤200
S

(b)

$h_w \leqslant 450$
a
≤200
S

(c)

图1-2 梁纵向钢筋间距

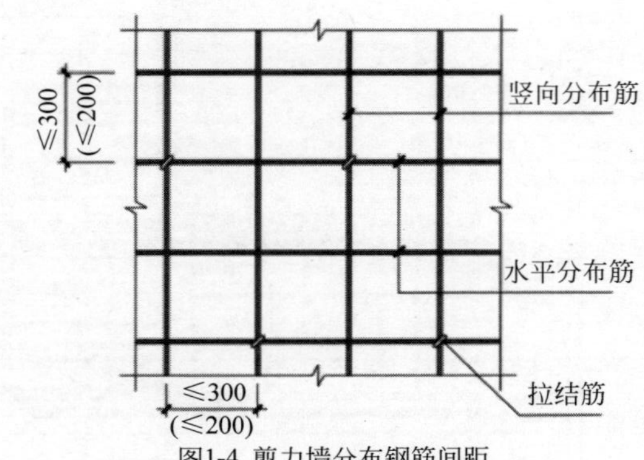

图1-4 剪力墙分布钢筋间距

一般构造要求									图集号	18G901-1
审核	刘敏	刘敏	校对	高志强	高志强	设计	姚刚	姚刚	页	1-2

图 23-34　梁配筋优化方法 2

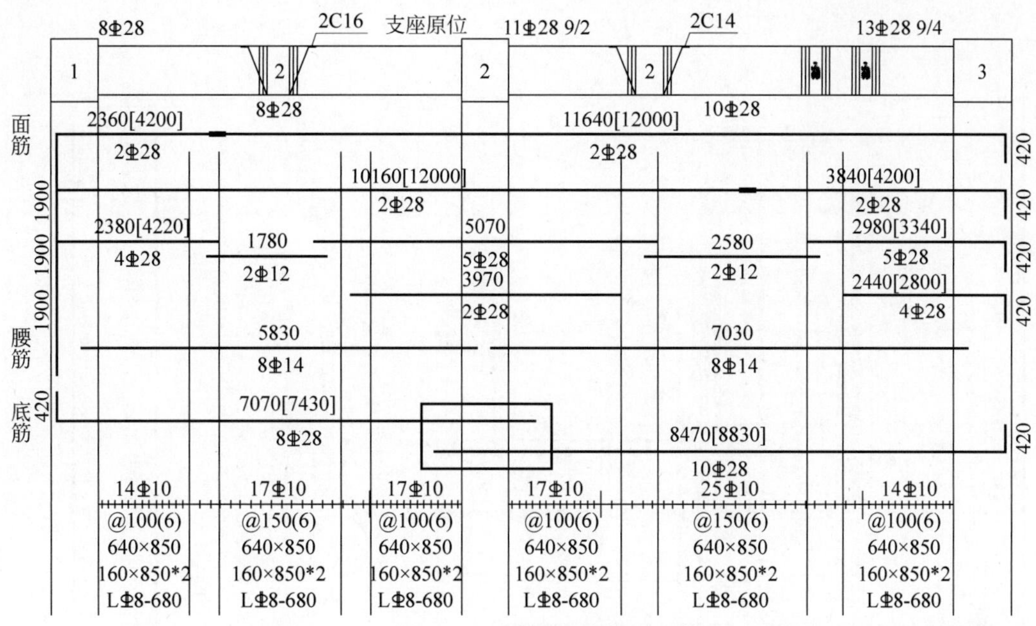

图 23-35　梁配筋优化方法 3

(4) 用原有梁箍筋代替部分加密箍筋。

(5) 屋面框架梁梁锚柱柱子顶端附加钢筋翻样可以忽略(图 23-36)。详见 18G901-1-2-22。

(6) 根据图集 16G101-62 中的注解，非抗震设计的结构构件的箍筋的平直段可以取 $5d$，经过与设计部门沟通，非框架梁的箍筋弯钩做成 135°弯钩，平直段可以按照 $5d$ 施工。详见 16G101-1-62。

9) 板配筋优化

(1) 板底筋伸至梁中心线避免施工长短不齐，允许加长 20 mm，不能加长 20mm 以上；在不采用搭接的情况下相邻板能通则通，以降低损耗。

(2) 板双层双向增设附加筋时，起步间距为板钢筋间距的 1/2；附加筋同设计人员协商取消弯钩。

(3) 板筋如有 12 钢筋，可以采购盘螺降低损耗，如市场无法采购可同等级代换 10 规格加密处理，需做好方案征求设计人员同意。

(4) 卫生间及其他降板小于 70 mm 可按 1∶6 斜率拉通布置减少钢筋互锚弯折钢筋量，达到创效结果。

(5) 板洞口加强筋设计未明确示意情况下，短跨锚入梁内，相交于另一个方向钢筋洞边加两个锚固计算(图 23-37)。

10) 墙配筋优化

(1) 剪力墙拉钩根据 16G101-1(62)的规定：拉结筋用作剪力墙分布钢筋(约束边缘构件沿墙肢长度 l_C 范围以外、构造边缘构件范围以外)间拉结时，可采用一端 135°、另外一端 90°弯钩，弯折后平直段长度尺寸不应小于拉结筋直径的 5 倍。

(2) 层高小于 4.5 m 时墙柱钢筋搭接情况下延伸至上一层楼面搭接，减少一层钢筋搭接量，同样，标准层≤3.0 m 可每两层一次连接减少钢筋搭接量(图 23-38)。

(3) 墙插筋在基础内达到锚固时，采取水平筋斜向加水平支撑定位措施；基础内锚固按锚固计算不需要插到底，或下二插一(图 23-39)。

(4) 拉钩翻样按双向矩形布置。钢筋加工机械全部采用数控钢筋加工设备，并安排专人进行维护，保证机械的正常使用及进行精确度的调整；做好日常保养维护，符合一机一闸一保护的规定；在设备操作位置前张贴安全操作规章制度，以及安全提醒标语(图 23-40)。

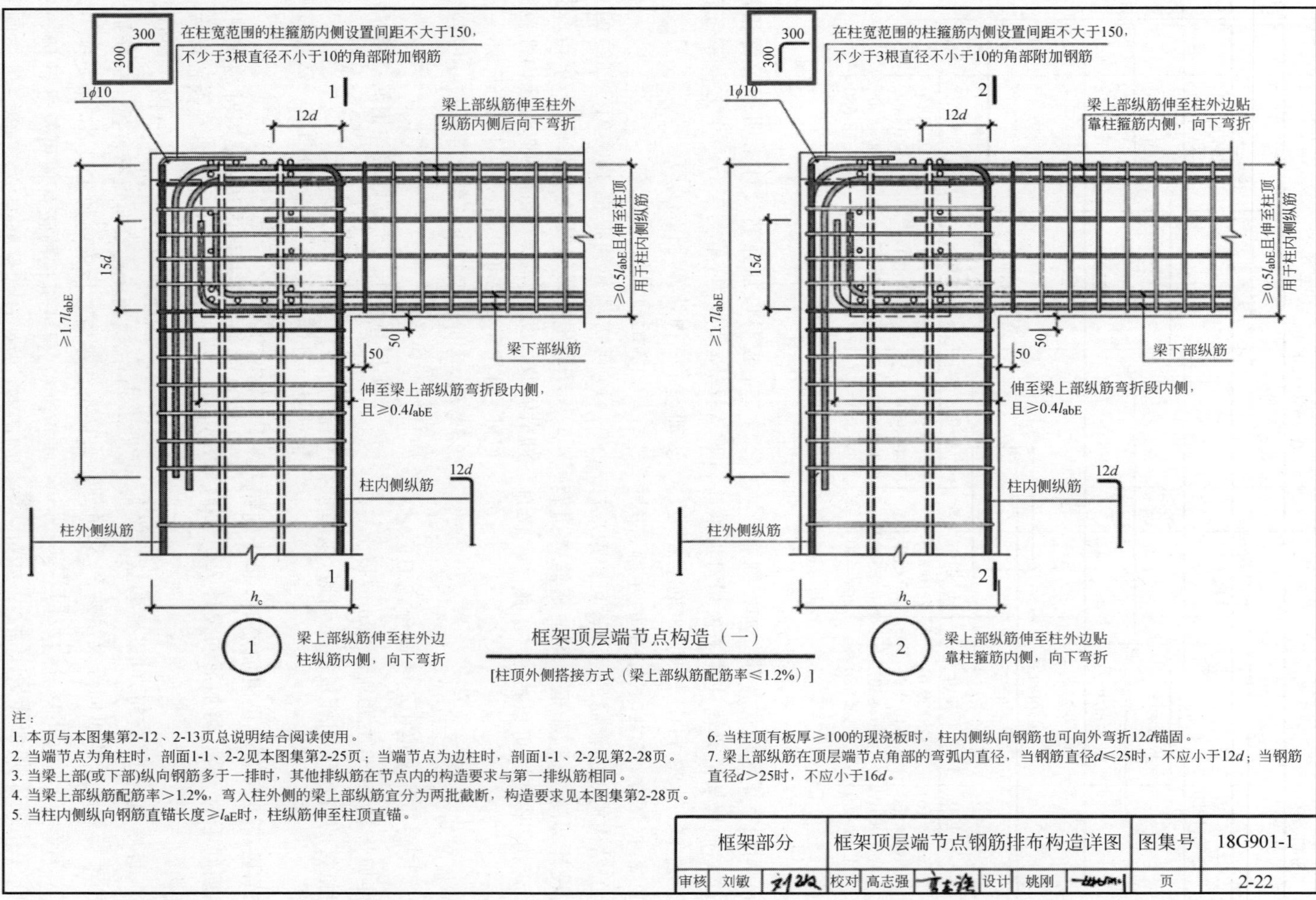

图 23-36 梁配筋优化方法 4

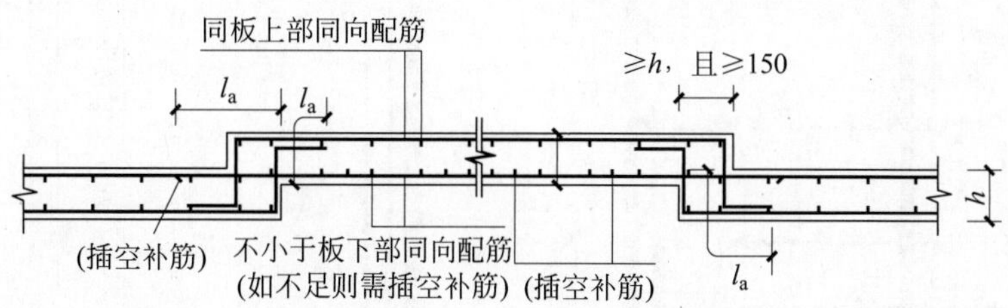

注：1. 本图构造适用于局部升降板升高与降低的高度小于板厚的情况，高度大于板厚，见本图集第108页。

2. 局部升降板的下部与上部配筋宜为双向贯通筋。

3. 本图构造同样适用于狭长沟状降板。

图 23-37　板配筋优化方法

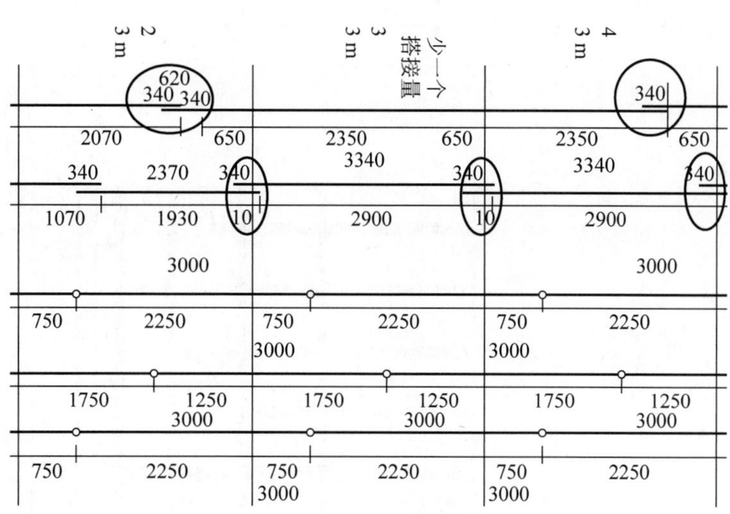

图 23-38　墙配筋优化方法 1

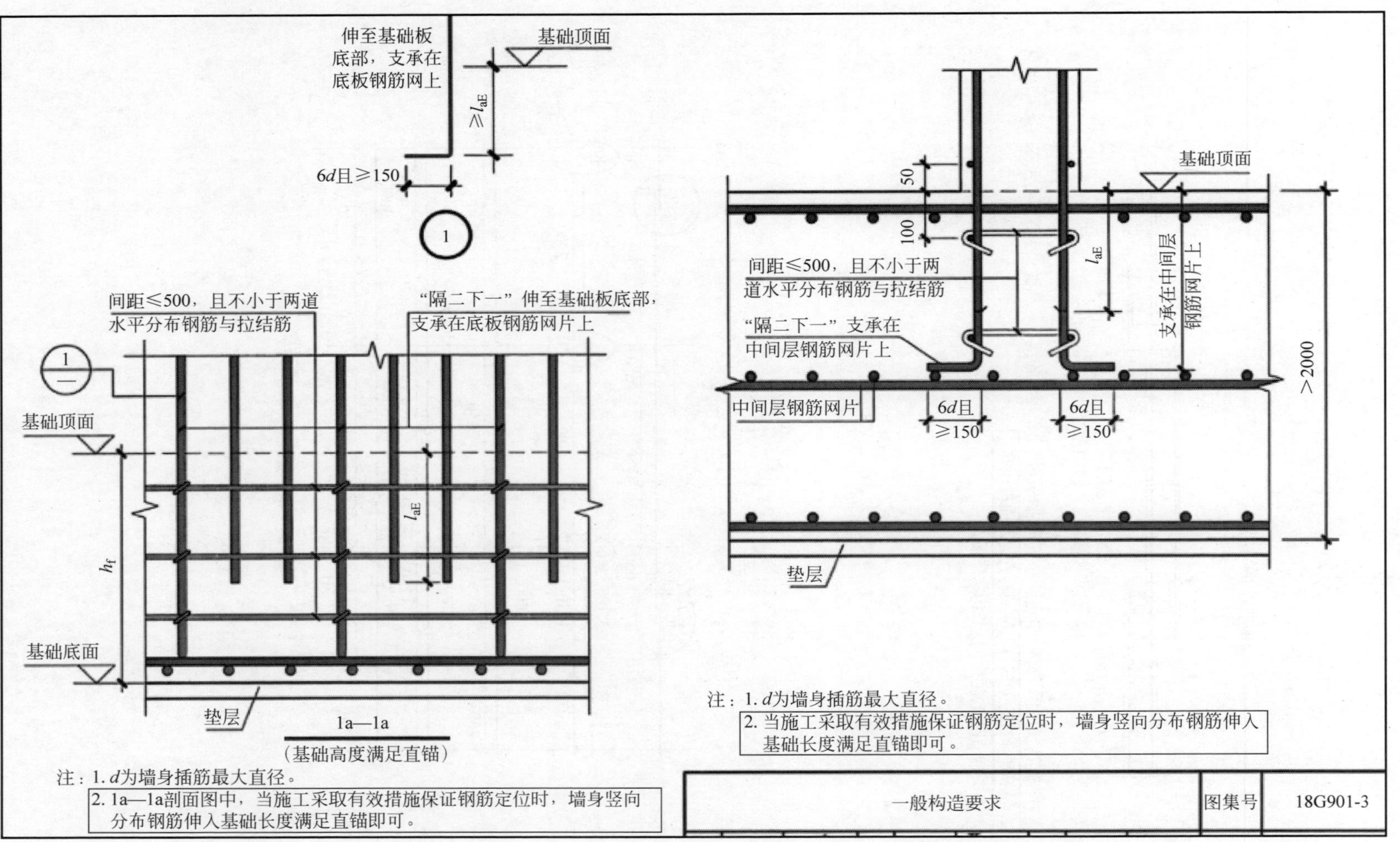

图 23-39 墙配筋优化方法 2

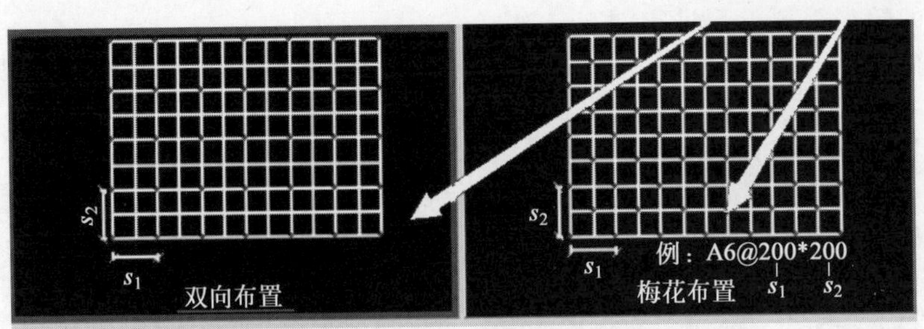

图 23-40　墙配筋优化方法 3

4. 材料准备

（1）钢筋必须有出厂质量证明书或试验报告单，并且质量证明书必须随钢筋一同到场，详细内容需经试验员、钢筋工长验证合格；必须有钢筋力学性能复试报告；钢筋表面或每盘钢筋都有不少于两个挂牌，印有厂标、钢号、批号、直径等标识。

（2）钢筋进场时必须分批验收，每批由同一型号和同一炉号的钢筋组成，重量不大于 60 t。检验内容包括对规格、厂家、种类、外观的检查，并做力学性能复试试验，合格后方可使用。

（3）外观检查内容：钢筋表面不得有裂缝、结疤和折叠。钢筋表面允许有凸块，但不得超过横肋的最大高度。

（4）钢筋验收合格后，按同等级、牌号、直径、长度分别做好标识，钢筋下面要垫以垫木，离地面不宜少于 20 cm，以防钢筋锈蚀和污染。钢筋存放场地应设置防雨雪措施，便于钢筋的存放和运输。

（5）钢筋机械连接套丝后套上相应规格保护套，不得污染钢筋端部致使钢材无法使用，丝扣根据国家规范进行套丝，不得因丝扣不规范影响钢材使用。

5. 钢筋切断

（1）经过项目人员确认钢筋的出厂合格证和复试试验报告结论符合设计和规范的要求后，通知下料人员进行钢筋下料。钢筋加工前先根据设计图纸和施工规范要求放出大样，作出钢筋配料单，经料单审核人及技术负责人认可后方可加工。

（2）对钢筋较复杂、较密集处实地放样，找到与相邻钢筋的关系后，再确定钢筋加工尺寸，保证加工准确。

（3）根据设计及规范要求，将同规格钢筋根据不同长度进行长短搭配，统筹排料，遵循先断长料、后断短料、减少短头、减少损耗的原则。断料时不用短尺量长料，防止在量料中产生累积误差。

（4）项目工长、质检员必须定期检查后台钢筋断料情况，是否完全按照料单及技术交底进行执行，并作出相应的检查记录，并以书面形式将检查中的质量问题反馈到施工队，及时督促施工队按期整改。

（5）对于用于钢筋直螺纹接头的钢筋或用于做模板顶模筋的钢筋必须使用无齿锯切断，以保证钢筋的断料尺寸及钢筋顶面的平整。

6. 成型钢筋制品加工管理与配送

（1）梁筋采用分区分层大小料分开加工配送，大料以梁为单位分条打捆挂牌配送，小料按规格尺寸汇总加工挂牌配送。

（2）板筋以底筋、盖筋、分布筋、温度筋分区分层加工制作配送。

（3）柱筋按大小料进行区分汇总后制作配送。

7. 短料使用

钢材应“量体裁衣”，不得浪费材料。

8. 余料使用

每单元每批次安装完成后剩余材料及时进行清理，清理时长短钢筋将一端端头放齐；箍筋、拉筋按规格、种类用铁线捆绑，完成后进行登记记录；返回加工厂作相似单元或相似楼层使用。

未使用的箍筋需要返厂进行调直二次加工成拉钩或箍(图 23-41)。

(a)

(b)

图 23-41　余料使用

(a) 弯筋余料；(b) 调直除锈

9. 废料使用

所有废料均应集中放在指定废料料场堆内；任何人未经许可不得将废料进行买卖(图 23-42)。

图 23-42　废料使用

10. 乱料使用

变形、弯曲、扭曲的钢材尽量使用工具或机械进行调直使用；无法调直使用的钢材切成短料作为措施筋使用。锈蚀一般钢材除锈后使用，锈蚀严重的切成短料，作为措施筋使用(图 23-43)。

11. 套丝切头

机械连接钢筋端头套丝切头应使用先进锯床机械进行切头，切头前要一端平齐，切头长度应控制在 50 mm 以内，不得大于 50 mm (图 23-44)。

图 23-43　乱料使用

图 23-44　套丝切头

12. 措施筋

措施筋见图 23-45、图 23-46。

图 23-45　措施筋 1

图 23-46　措施筋 2

马登、垫铁、梯子筋、止水钢板加固筋、柱墙模板定位筋等作为相应结构措施使用的均称为措施筋；措施筋尽量少用或者不用，也可选择其他低成本的材料代替；措施钢筋未经许可不得使用原材料加工，可用剩余钢筋短料加工。

13. 塔吊基础、样板间

塔吊基础、样板间同属于措施筋范围；下料前调整料单尺寸搭配优化，每种规格钢材应按长至短顺序进行下料，不得随意浪费原材。钢筋加工厂每日下班前应对加工成品、半成品以及短料、废料进行整理，做到工完场清。

14. 安装管理

施工员应对各劳务钢筋班组尤其是钢筋带班管理人员进行交底，详细说明工程情况、质量要求、放样思路、料单以及安装大样图的使用方法；严格把控质量的同时也降低钢筋工程成本。

钢筋工程带班管理员应对钢筋安装人员进行作业前交底，详细交代作业部位、安装方法、质量要求、钢筋规格、间距、数量等。钢筋安装绑扎人员需经过专门的培训，至少能读懂安装大样图。钢筋安装人员作业前详细读懂安装大样图，不懂多问；安装时根据大样图上的规格、尺寸、间距、数量进行对应安装，避免安装错误造成不必要的返工及浪费材料。每小组钢筋安装人员作业完成后应当场清理剩余材料；剩余材料应归类，码放整齐后吊回加工厂进行登记再次使用；及时做到工完场清。凡是涉及变更的由项目总工牵头以书面形式给前后场带班人员一份详细的变更通知单，不得以口头形式通知。

15. 前后场沟通协调

技术与翻样是钢筋工程的先锋队，料单翻样越早越好，在翻样过程中遇到技术问题及时反馈给项目技术负责人，技术负责人应立即以书面形式下发问题澄清函，保证翻样工作顺利进行。

项目物资员根据料单上的钢筋量及时准确地提报钢筋原材，催促钢筋的进场和验收工作。钢筋加工材料的合理降损和节约是前场绑扎、后场加工在项目部的带领下相互协作共同完成的。实践表明，前后场配合得越好，钢筋节约得越多。

23.7.4　在地铁工程中应用

本节以杭州地铁某线为例进行说明。中铁四局杭州地铁某线钢筋集中加工厂以RMES云平台为核心，以翻样软件为基础数据来源，通过智能控制器完成平台与数控加工设备的直接通信，借助料牌专业打印机及智能扫描枪等辅助设备提升现场生产加工管理效率。

整个钢筋生产过程包括计划阶段、加工阶段和配送阶段3个阶段。从现场施工水平、已有技术、物资储备、生产进度、质量监督、生产报表管理六个方面入手，综合分析具体钢筋生产订单的难易度和可行性。

1. 计划阶段

掌握施工进度后，对新增生产订单进行分类和整理。一方面，根据图纸对个性化钢筋进行深化设计，生成钢筋料单；另一方面，列出对应该生产订单的物料需用计划，指定采购计划后，将原材购买入库，在进行原材试验后作为生产原材料。进行以上两方面的工作后，经相关部门进行料单审核，生成具体的生产方案，配送至不同的加工中心，进入下一阶段。

2. 加工阶段

按照分配好的具体生产任务进行钢筋的加工，在加工至半成品后进行接头抽验和半成品质量检验，将合格的半成品进行绑扎等处理后列入成品行列，余料进行集中处理，完成钢筋加工任务。

3. 配送阶段

经过料牌绑扎后的成品钢筋进行出场点验，如果满足质量要求，即可进行物流配送，最终到场验收后交付使用。

钢筋集中加工配送中心的整体运营流程如图23-47所示。

23.7.5　在智慧工厂中应用

1. 数字化协同工厂

某公司为了提高钢筋加工质量和效率，在成都建立了数字化钢筋集中加工配送工厂，也称数字化协同工厂。数字化协同工厂的每件成型钢筋制品，都会建立一个数字化数据信息，

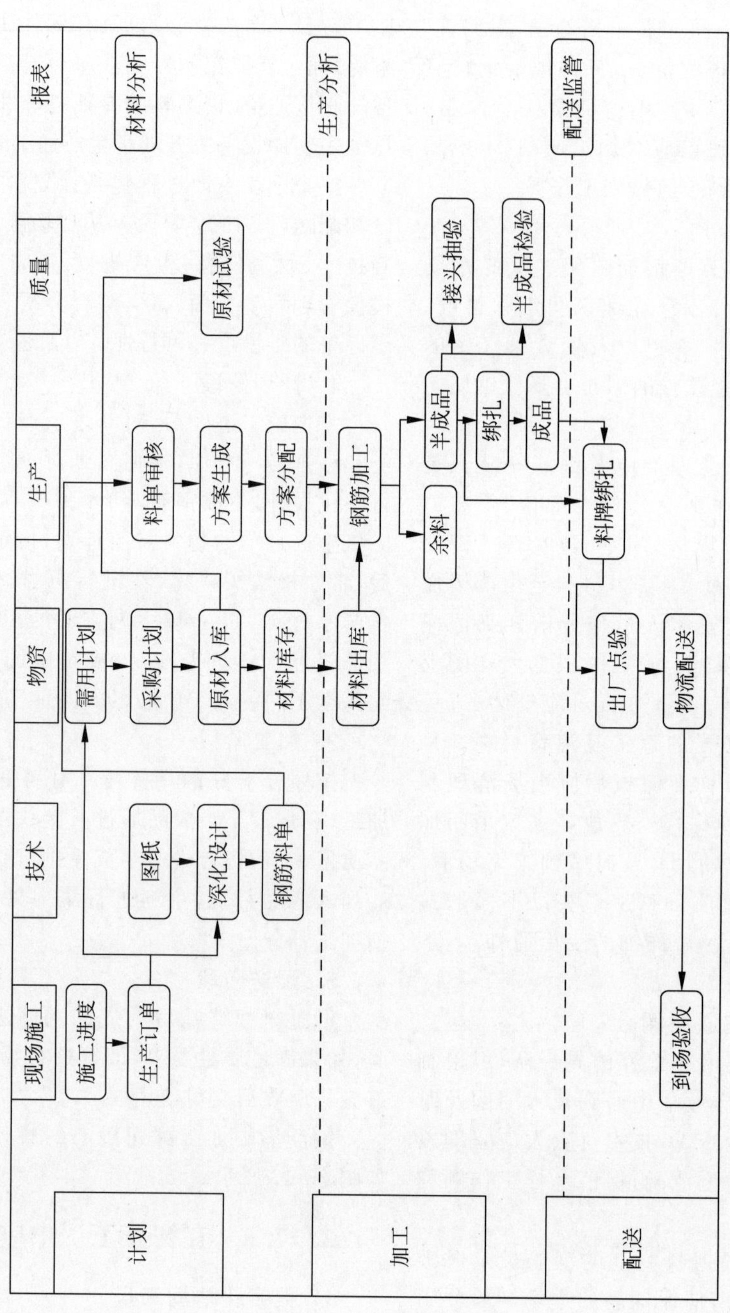

图 23-47 钢筋集中加工配送中心运营流程

产品数据信息在生产、物流、经营结算的各个环节中被不断丰富，实时共享在一个数据平台中。基于这些信息数字化数据基础，在工厂全过程运营中实现PLM(产品全生命周期管理)、NX(全三维参数数字化设计和分析)、ERP、MES(制造执行系统)、TIA(全集成自动化)及WMS供应链管理的无缝数据互联，打造了一个数字化工厂。该数字化工厂的智能制造工厂参考模板如图23-48所示。

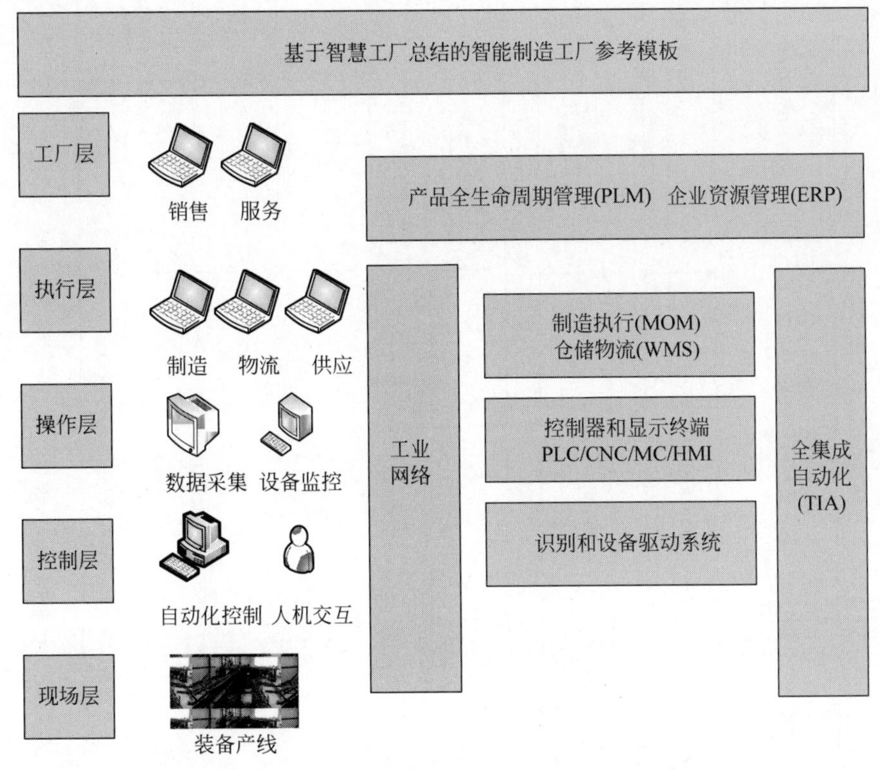

图23-48　智能制造工厂参考模板

在智能制造工厂参考模板的基础上，该公司采用的智能制造整体规划分为3个阶段。

(1) 第一阶段：通过建立订单管理和质量管理基础，以生产过程中的重点任务为抓手，提高生产效益，打造可视化工厂2.0～2.5。

(2) 第二阶段：进一步扩大生产钢筋产品品种、发展新兴技术促进创新、树立典范，建成数字化工厂2.5～3.0。

(3) 第三阶段：通过完善钢筋生产整个流程中，在多个订单集中数据分析、标准化生产模式的基础上，结合个性化生产需求，进一步提升效益。

每个阶段信息化设计和自动化设计所打造的云平台和所采用的技术以及具体的功能模块如图23-49所示。

2. 业务协同

BIM设计模型作为主要的设计成果载体，包含设计相关信息，可传递性好，其原模型不仅在设计阶段能够进行相关优化升级，经过修改和完善后也能用于项目后续阶段，不需要二次建模，并且能够从跨学科、跨专业的角度进行多个领域的综合建模，从而完成各种类型模型的统一组装，真正实现业务协同。

通过发展并应用BIM一体化协同工作模式，各参与方可以在钢筋加工平台上共同建模、修改、共享信息、协同设计，还可以在设计阶段将钢筋的生产、施工、运维等环节进行前置参与。一旦出现设计方案与钢筋加工工厂、钢筋施工现场有冲突的情况，就能够在同一参数化、标准化的BIM信息模型上进行修改或完

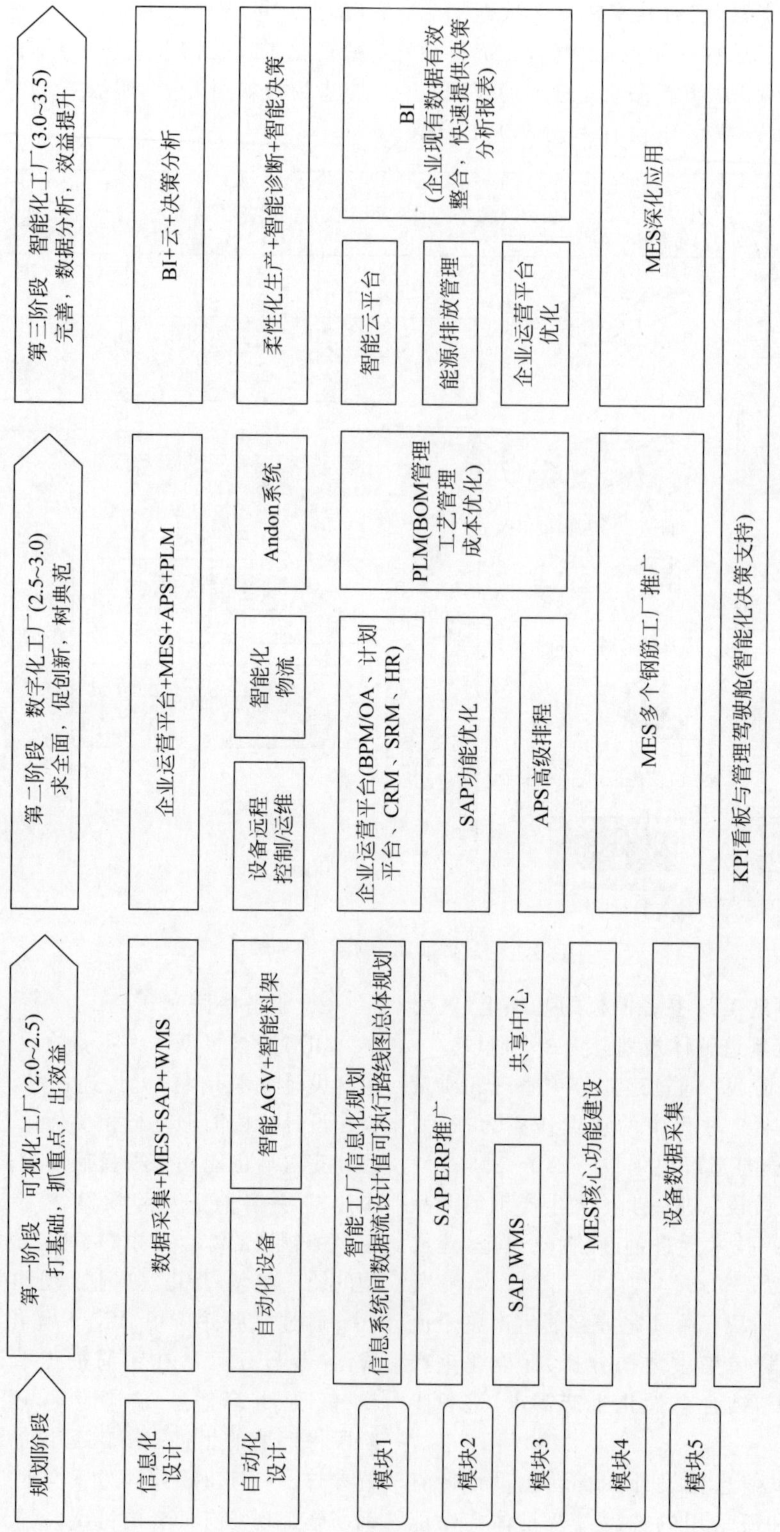

规划阶段
第一阶段　可视化工厂(2.0~2.5)
打基础，抓重点，出效益
第二阶段　数字化工厂(2.5~3.0)
求全面，促创新，树典范
第三阶段　智能化工厂(3.0~3.5)
完善，数据分析，效益提升

信息化设计
数据采集+MES+SAP+WMS
企业运营平台+MES+APS+PLM
BI+云+决策分析

自动化设计
自动化设备
智能AGV+智能料架
设备远程控制/运维
智能化物流
Andon系统
柔性化生产+智能诊断+智能决策

模块1
智能工厂信息化规划
信息系统间数据流设计值可执行路线图总体规划
企业运营平台(BPM/OA、计划平台、CRM、SRM、HR)
PLM(BOM管理
工艺管理
成本优化)
智能云平台
BI
(企业现有数据有效整合，快速提供决策分析报表)

模块2
SAP ERP推广
SAP功能优化
能源/排放管理

模块3
SAP WMS
共享中心
APS高级排程
企业运营平台优化

模块4
MES核心功能建设
MES多个钢筋工厂推广
MES深化应用

模块5
设备数据采集

KPI看板与管理驾驶舱(智能化决策支持)

图 23-49　智能制造整体规划

善，提前解决可能出现的问题，达到钢筋的设计、智能制造和现场安装等多个环节的高效协调，实现“全员、全专业、全过程”的“三全”BIM信息化应用，大大提高整个钢筋加工生产线的效率。

另外，在BIM模型数据信息的基础上，项目各参与方能够将计划协同和进度管理相结合，当计划动态发生调整时，将钢筋的进度计划、生产计划和发货计划统一匹配并及时协调，避免不必要的损失。

随着网络环境下数字化设计的推行，协同设计成为业务协同领域的一种新兴设计方式。其特点是具体订单中钢筋的设计和生产任务，由分布在不同地方的各个设计小组成员或各个项目参与方协同完成。不同地方的参与者可以使用网络或BIM云平台进行钢筋产品信息的共享、交流和互换，实现对异地计算机辅助工具的访问和使用；还可以进行钢筋设计和生产方案的讨论、设计与生产活动的协同、设计结果和生产样品的检查与修改等；在此基础上，整体实现跨越时空的钢筋设计和生产工作。由于该协同设计能够使各参与方之间动态交流、异地协作，并使各参与方充分利用彼此的异地资源，因此能够大幅度缩短设计和生产周期，降低成本，提高个性化、专业化钢筋设计及生产的业务能力。

如表23-6所示，具体的协同设计可分为4种工作模式：①同时同地；②同时异地；③异时同地；④异时异地。

表23-6 协同设计工作模式表单

时间	地点	工作状态
相同	相同	共同讨论、分析、决策、设计、生产
相同	不同	协作讨论、分析、设计、生产；群体决策
不同	相同	轮流分析、设计、生产
不同	不同	通过电子邮件、远程传输设计文档资料和图纸等手段进行分析、设计、生产

在业务协同领域，可以将钢筋从设计到交付使用的所有参与方看作一个大集体。这个集体既有个体特征也有群体特征，其中个体特征包括个体不同的专业知识、所掌握技能、工作态度及个人性格等；群体特征包括个体间相互熟悉或合作工作的时间长短(即在多大程度上能够分享同样的习惯、期望和知识)，以及使用何种过程和方式进行组织管理。个体和群体在大集体中的分工和操作正确与否都可能直接影响该钢筋生产业务的成败和效益，网络或BIM云平台成为个体和群体协同工作的平台。只有充分了解该集体的长处、弱点和潜力，才能正确指导钢筋生产任务圆满完成。

协同设计系统的构建需要考虑以下几个方面：设计任务的分解；设计成果的共享；设计冲突管理；访问控制，存储和传输安全；白板、论坛、应用共享和网络多媒体会议等交流工具。协同设计的具体框架如图23-50所示。

协同设计的系统总体上分为以下4个管理层。

(1) 协作成员管理层：主要职责是管理参加钢筋设计和生产的所有成员。

(2) 协同工作应用层：包括场地设计、建筑设计、建筑技术设计、建筑结构设计、建筑设备系统设计等。

(3) 协同服务管理层：作为工作应用层与服务层之间的中介，提供协同产品数据管理、项目管理和协同交互工具等。

(4) 核心功能数据层：提供分布式数据库、数据通信、网络互联以及应用服务等功能和协议，在物理上由计算机网络、公共数据库服务器、应用服务器等组成。

在业务协同领域，可以采用以下两种关键技术。

(1) 共享工作空间，指的是某批次钢筋从设计到生产再到交付使用整个过程的各参与

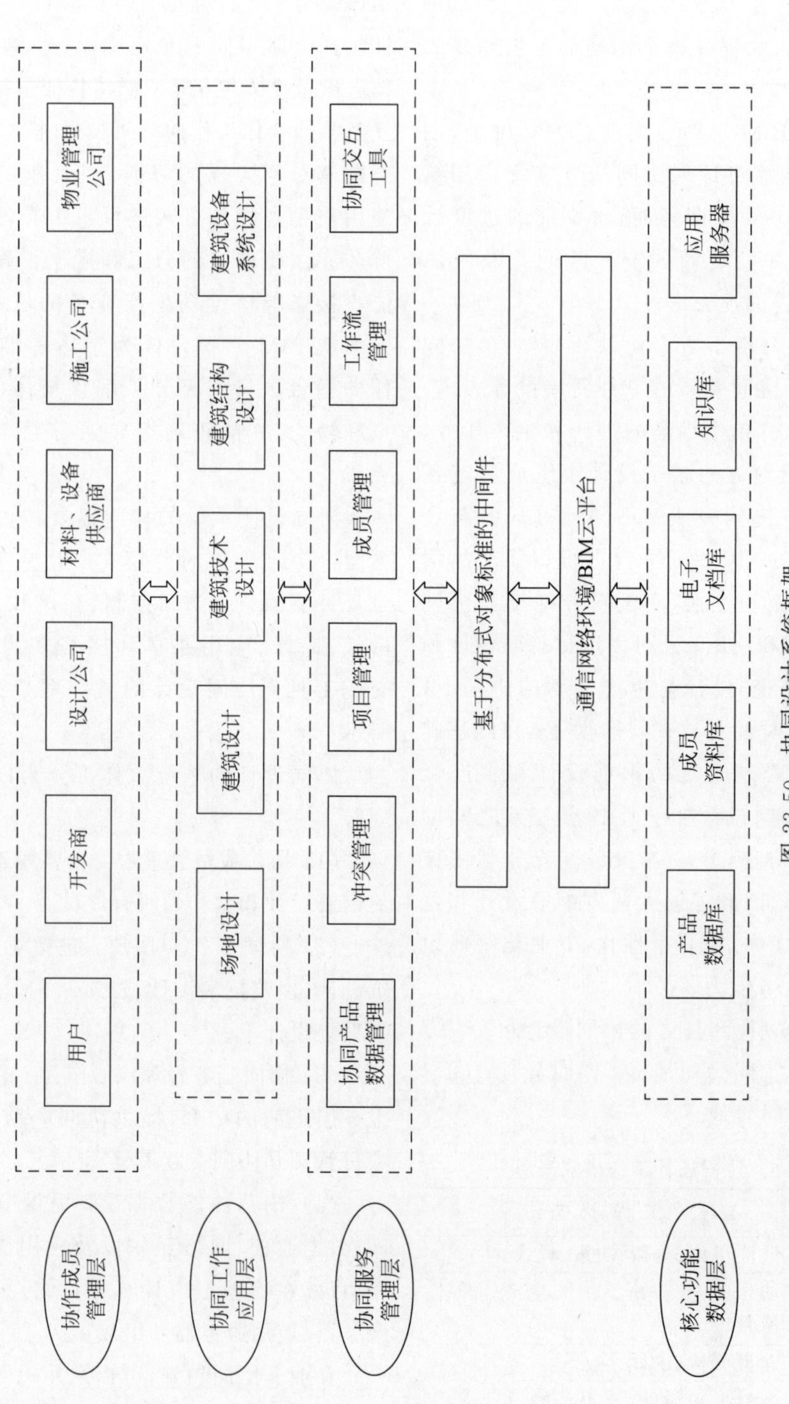

图 23-50 协同设计系统框架

方不离开自己的工作地点，通过计算机显示的工作界面的远程共享或BIM云平台来交流和协作，这一类计算机显示的工作区或BIM平台上显示的工作区称为共享工作空间。通过该技术，可以实现两种功能：一是联合浏览项目信息，即把一个信息复制到一个或多个远程显示终端上，让该项目的所有协作者看到；二是远程操作，即对联合浏览的内容进行注解、修改等远程操作。

(2) 产品数据管理(product data management，PDM)，指的是对某项目钢筋信息的共享数据进行统一的规范管理，保证全局数据的一致性，提供统一的数据库和友好界面，使得多个功能小组能够在统一的环境下工作，保证不同参与方能够对同一项目进行识别和修改等操作。

3. 供需对接

钢筋加工生产中心及钢筋仓库设备数据的采集工作使用有线网络和射频识别(radio frequency identification，RFID)技术，能够完成相关设备的识别工作，从而做到钢筋生产计划的接收和执行，生产过程数据的自动化/半自动化采集，生产物料、工牌、设备的编排和识别，以及生产过程数据统计和分析。

RFID系统由读取器(reader)、电子标签(tag)与应用系统端(application system)组成。

RFID技术的优点包括：①具备一次大量读取特性；②标签资料存储量大；③资料读取正确性高，可以重复进行读/写操作；④具有远距离读取优势(UHF频段)；⑤资料记忆量大；⑥寿命长、使用便利。

RFID技术的原理主要是通过无线通信技术将电子标签(tag)内芯片中的数字信息以非接触的通信方式传送到读取器(reader)中，读取器读取、辨识电子标签信息后，即可将其作为后端应用系统进一步处理、运用。通过读取器，可以实现电子标签和应用系统的双向识别和使用，其工作原理示意图如图23-51所示。

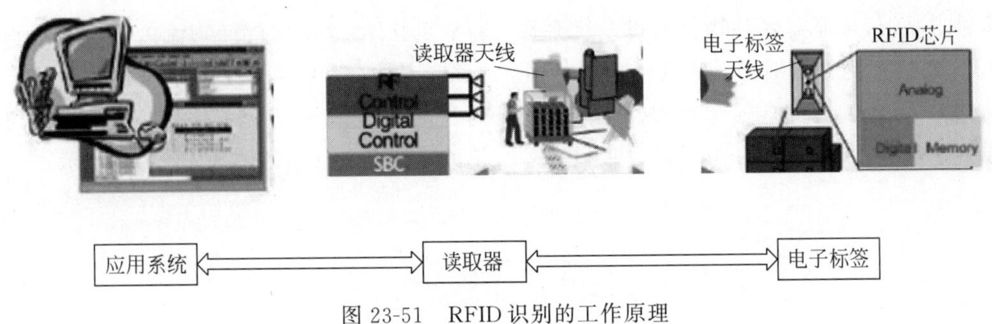

图23-51　RFID识别的工作原理

此外，可利用BIM模型信息自动分析钢筋生产所需的物料量，从而通过对比钢筋的库存量及需求量，确定需要新增的采购量，自动生成钢筋采购报表。同时，在钢筋加工生产过程中，实时记录物料消耗、关联钢筋的排产信息及库存量，依据供应商数据库，自动向供应商下单。还可通过搭建准时制生产方式(just in time，JIT)和按需生产方式(just in sequence，JIS)，根据BIM云平台所需的钢筋量进行分配，使得钢筋加工中心根据需求对库存进行管理，达到无库存或库存量最小的状态，避免囤积和浪费。

针对供需对接，成都数字化工厂提出了物料管理的阶段为：标签打印→物料需求→物料加载→物料跟踪。现分述如下：

1) 标签打印

该阶段的关键实施手段包括：①在MES中创建的条码作为钢筋唯一的“身份证号”跟踪整个制造过程，直至物料的生命周期结束，所以MES系统要求所有入库的相关物料都必须打印条码；②MES 可与 ERP 或 WMS 交互，获得已打印条码钢筋的批次信息；③MES 支持 PDA 打印条码操作，方便移动操作；④本方案所打印条码一般为一维码(对于非联网环境也需获知条码内容的场景，可使用二维码)。其示意图如图 23-52 所示。

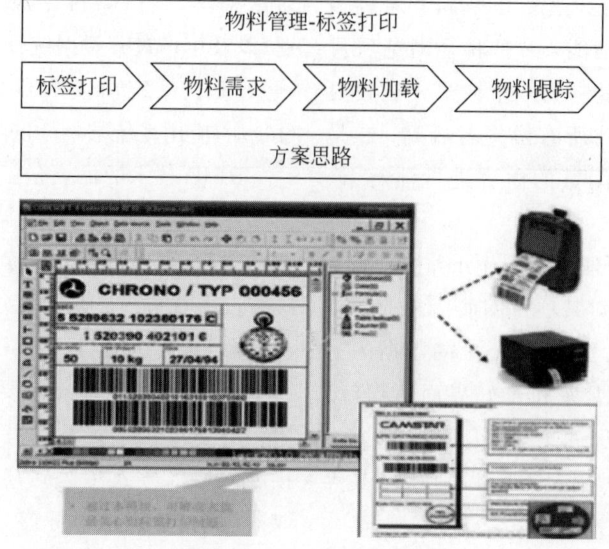

图 23-52　标签打印示意图

2) 物料需求

在 MES 中，由于工单生产，可能会产生缺料或补增状况，从而需要对物料通过系统直接叫料到缓冲仓，通过缓冲仓发料到工单中。叫料方式分为以下 3 种：①工单叫料。工单以任务形式下发后，即可在 MES 中执行叫料操作，仓库将工单所需钢筋配送到现场。②缺料叫料。当物料缺料时，按设定的下限，触发叫料需求至仓库，仓库所配送物流可直接上料到装配线。③增料叫料。由于消耗过大或维修等问题，通过手工录入增补数量，直接叫料到工位或装配线。其示意图如图 23-53 所示。

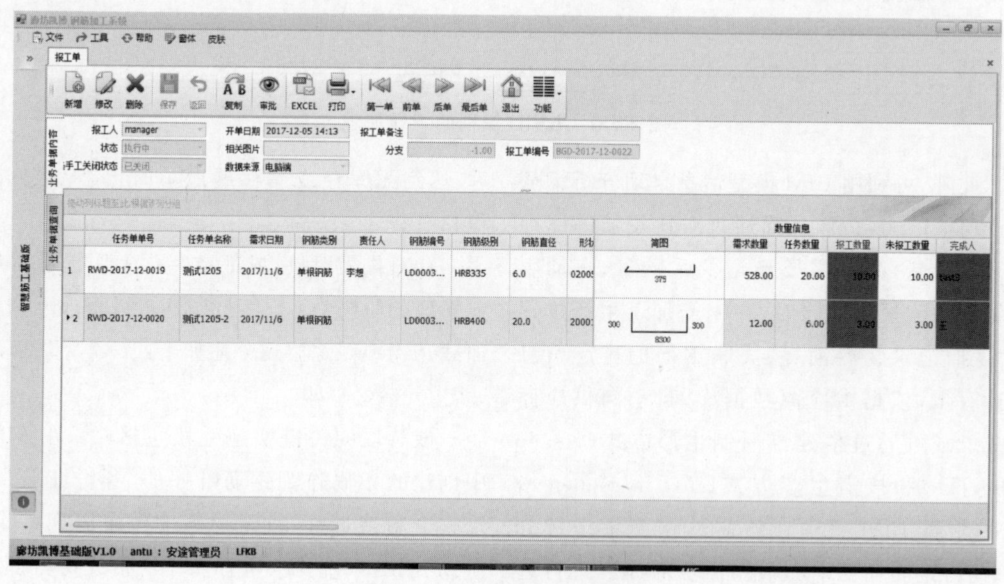

图 23-53　物料需求示意图

3）物料加载

物流加载是指将钢筋上料到设备，主要实现以下功能：①钢筋批次记录。记录钢筋原始供应商及钢筋批次号，利用此功能可实现作业及质量追溯。②钢筋上料防错。可根据BOM预先定义的内容及钢筋检验结果确定所加载钢筋是否达标，对于不符合要求的钢筋可由相关权限人员解锁，但MES会记录这个过程。③线边库存转移。更新钢筋线边仓库存，某些通用件在装配完成时根据物料清单（bill of material，BOM）系统自动减数，更新线边库存。其示意图如图23-54所示。

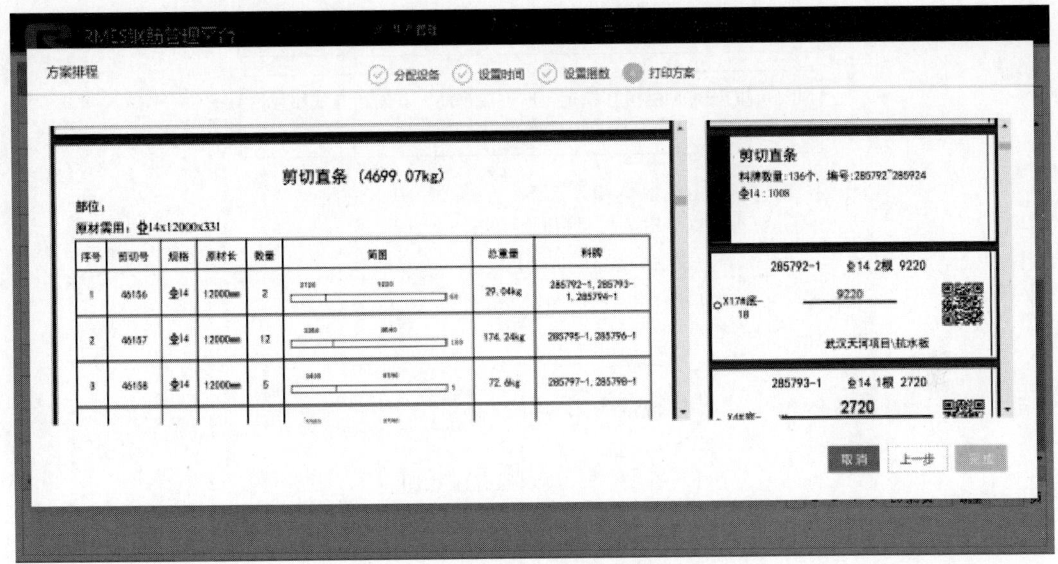

图23-54 物料加载示意图

4）物料跟踪

物料跟踪示意图如图23-55所示。该阶段主要通过成品BOM、半成品BOM和工单BOM的分析，利用物料领用、物料退回、物料转仓、物料分批、物料合批等手段，完成物料的标签打印和条码打印，并记录不良物料的信息。

4．BIM技术在钢筋加工设备中应用

钢筋加工与配送中心一般实现了钢筋加工设备工艺自动化、人员专业化、生产管理信息化、质量控制标准化、加工配送产业化，从而可以提高生产效率，降低施工成本。钢筋加工设备在不断升级与完善，最具代表性的技术应用是二维码技术及无线云端通信技术。扫码连接设备如图23-56所示。

1）通过二维码技术进行数据传输

通过BIM系统分类生成二维码生产订单，即给钢筋绑定了含有二维码图像的任务单料牌，然后智能化钢筋加工设备通过自身扫码枪完成生产订单的数据录入，并启动自动化生产，此二维码在后面的钢筋入库、配送等环节中同样可被识别，从而可以提高生产效率，降低钢筋生产各个环节的出错率。

2）通过无线云端通信技术进行数据交换

高端智能化钢筋加工设备自带GPRS或Wi-Fi无线中继模块，无线中继模块通过RS-485、RS-232或者CAN接口和设备控制器连接进行数据传输，完成钢筋加工所需的长度、角度、数量等值的转换，通过GPRS网络与远程BIM服务器进行数据交换，获得钢筋加工所需的各种参数，并提供前一批次钢筋加工的完成情况与设备当前的运行状态，用户通过访问服务器可获得钢筋加工的进度与设备运行情况。数据交换示意图如图23-57所示。

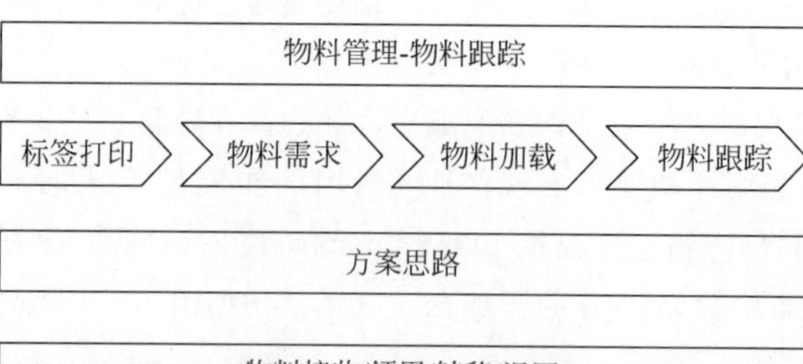

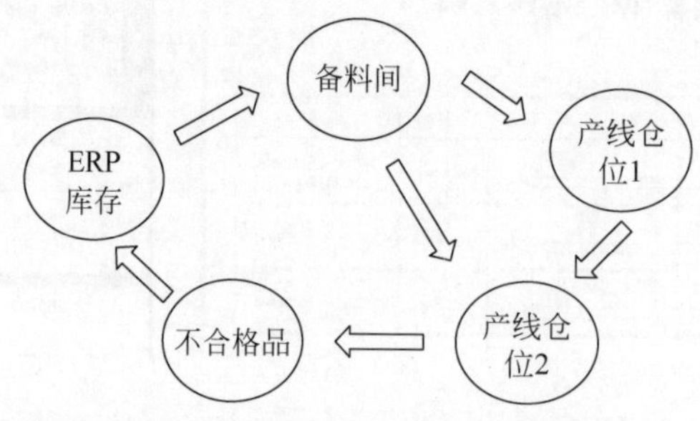

图 23-55　物料跟踪示意图

图 23-56　扫码连接设备

3）智能加工设备对数据的处理

智能加工设备通过扫描二维码或者以无线通信访问 BIM 服务的方式获取加工参数，绘制出所需钢筋的加工图形，并将参数存储在 PLC 中，然后执行定量加工生产。智能化设备数据处理界面如图 23-58 所示。

BIM 技术的应用是建筑钢筋工程管理领域的重大革新，其实现了钢筋工程管理的数字化和程序化，从而有效实现资源的最大化利用。BIM 技术与智能化钢筋加工设备的对接应用，极大降低了人力成本，并解决了钢筋工程的质量问题和管理困惑。建筑产业智能化、工业化、自动化发展是行业发展、创新融合和科技进步的必由之路，是建筑产业转型的重要发展方向和突破口。

5. 钢筋加工与配送云平台应用

钢筋加工与配送在某一区域或者某一集团应用，钢筋原材物资管理、集中加工、制品物

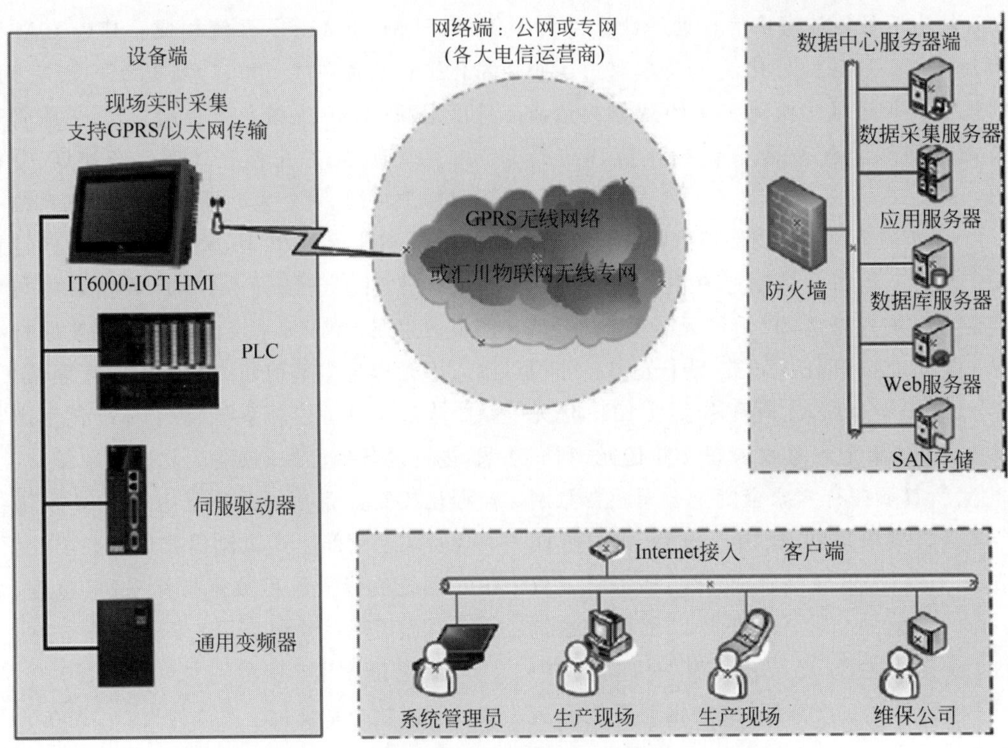

图 23-57　数据交换示意图

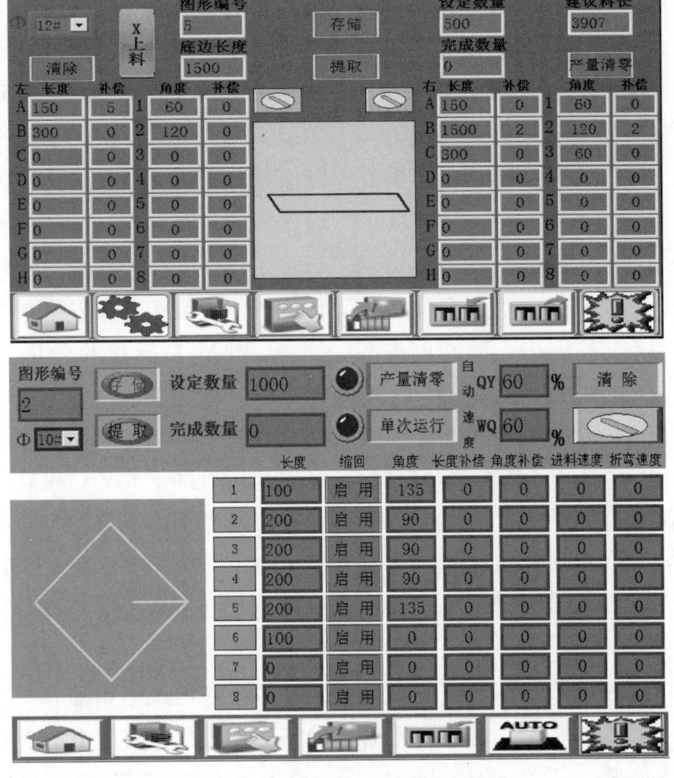

图 23-58　智能化设备数据处理界面

流和现场施工管理各模块信息处理数量巨大，采用云平台大数据信息化管理技术取得了很好的效果。下面对广西建工集团智慧制造有限公司钢筋加工配送云平台技术应用进行介绍。

1）广西建工集团智慧制造有限公司概况

广西建工集团智慧制造有限公司系广西壮族自治区重点打造的“千亿元企业工程”广西建工集团有限责任公司旗下子公司。公司成立于2011年8月，注册资本金2.1295亿元人民币，2020年企业总收入超200亿元、利润超2亿元，旗下拥有6家全资子公司。智慧制造公司是集集中采购、国内外贸易、钢材智能制造、电商物流、信息科研、文化传播等科工贸为一体的创新型企业。其坚持以贸易和建筑材料深加工为主业，已成功培育“一基地两中心三平台”(即建工产业园，成型钢筋智能制造中心和技术研发中心，电商平台、物流平台、智慧工地平台)，持续推进“传统产业智能化，绿色工厂商业化”发展步伐。扎实做好建筑产业工业体系，打造“成型钢筋智能工厂项目”，2019年6月正式投产运营，2020年贡献工业产值5亿元，已初步具备工业互联网设备成套系统和成型钢筋规模化生产的“双产业”孵化能力。

该智慧制造公司着力打造了成型钢筋智能工厂。工厂长度300 m，每车间跨度30 m，共4个车间，设计年产18万t钢筋，车间内拥有生产设备29套，自动化提升附属设备2套，输送辊道200余米，打包设备6套，程控行车6台，背负式AGV 3台，叉车AGV 4台，机械手臂6台，拥有自主研发的桁架智能收集机器人、可分离式钢筋翻转料架、PCS单机远程控制程序，是国内领先的成型钢筋智能加工示范基地。

2）智能化成型钢筋生产管理平台

厂内配套建设的智能化成型钢筋生产管理平台由BIM轻量化平台、ERP、MES、WMS、PCS、PLM、IFM等子系统构成。其中BIM轻量化平台负责在线下单、计划审核下发与生产进度跟踪；ERP系统负责合同管理、采购管理与结算管理，常态化接收处理生产计划、分析项目回款情况、对外采购原材料；MES系统主要进行各工厂生产管理，常态化开展生产计划排产计算、生产任务下发、生产数据采集与生产报表生成；WMS系统主要进行钢筋原材料出入库管理与成型钢筋成品出入库管理；PCS系统为底层设备控制系统，基于标准化生产工艺，进行设备生产控制、生产监控及系统交互，流程化控制设备执行生产任务；PLM系统主要负责成型钢筋生产全流程质量监控与分析；IFM系统负责全流程数据指标采集、整理、筛选、分析、展现及预测。

3）智能化生产流程

厂内整个系统化生产流程为：首先在BIM轻量化平台进行在线下单，ERP系统自动分析审核后，生产计划流转至MES系统，由MES系统进行智能化排产计算。生产数据经过套裁计算引擎处理后，得出精准的物料需求，物料需求自动提交至WMS系统进行物料分析。物料不足时，由WMS系统向ERP系统提交详细采购数据，由ERP系统联动公司外部电商平台进行原材料采购；物料充足时，则由MES向PCS系统下发生产任务，由系统控制设备完成生产操作。生产完成数据自动流转至WMS系统，经PLM系统检验合格后进行成品入库。到发货日期前一天，由WMS系统生成发货计划，串联外部物流平台进行货源发布与约车。车辆到场后进行成品扫码装车出库，配送到现场后可通过系统终端扫码验收，验收数据上传至ERP系统与智慧工地平台，最后由ERP系统进行结算。智能化生产流程图如图23-59所示。

工厂依据成型钢筋、钢筋笼、楼层桁架板、钢筋网片四类标准化生产工艺，将产线分设于4个生产车间。工艺布局图如图23-60所示。

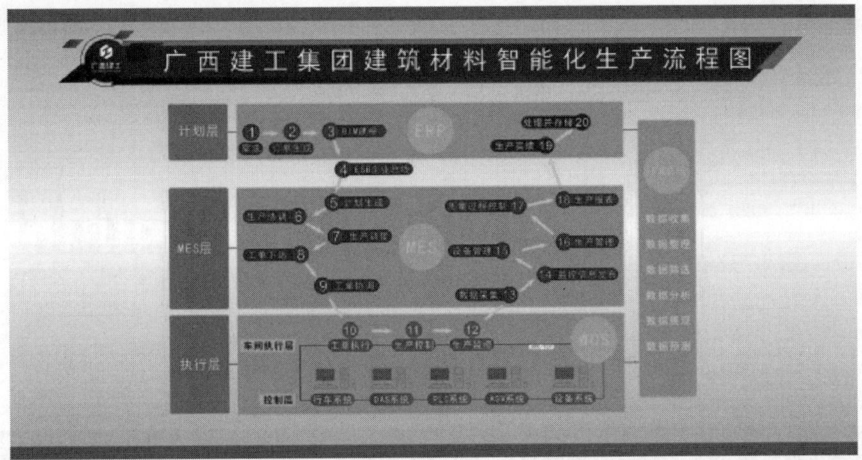

图 23-59　智能化生产流程图

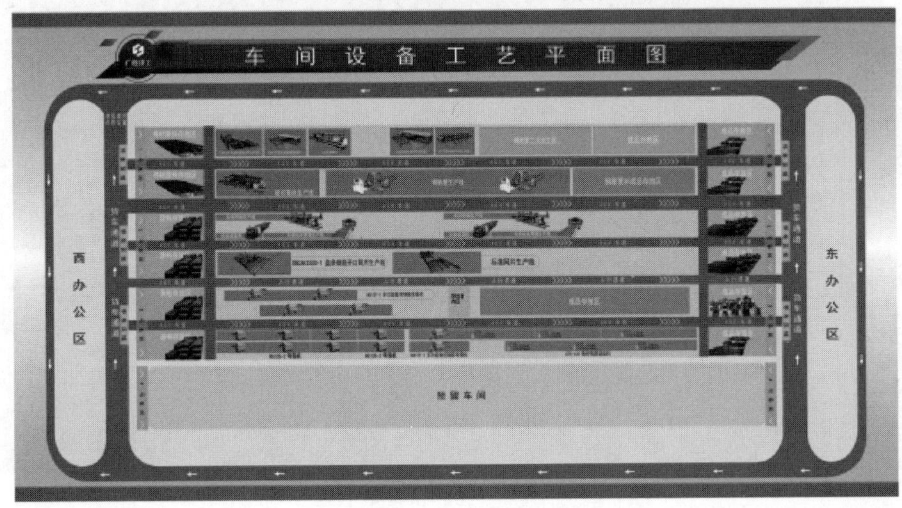

图 23-60　工艺布局图

4）其他系统应用

生产车间通过设备监控系统，对生产设备及物流设备进行数据采集及分析，搭建基于 Wi-Fi 的 TCP/IP 网络方式的物联网采集控制平台，由前端采集控制设备采集设备的电压、电流、主要工作指标（I/O 方式接入）、环境温度、配套条件等信息传输至后台数据库进行处理、展示。设备监控系统界面如图 23-61、图 23-62 所示。

利用 IFM 系统对整体流程（包括接收生产订单、订单构件模型翻样、订单排产、生产打包、质量管控、转运配送）进行一一跟踪监测，实现从订单到成品的数字化、智能化监控。

智能化平台建设成果如下：

（1）成功连接 BIM 轻量化平台，实现面向客户在线接收生产计划。

（2）成功连接智慧制造公司电商平台，实现厂内原材料需求与厂外采购无缝衔接，完成精准采购。

（3）成功连接智慧物流平台，实现成型钢筋精准配送。

（4）成功连接智慧工地平台，实现成型钢筋入场全过程监控与管理。

（5）成功采用智能生产线组织连续生产，

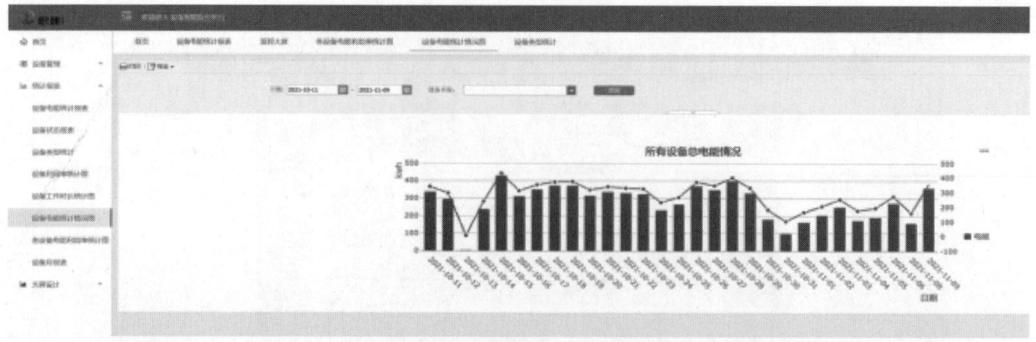

图 23-61　设备用电情况监控

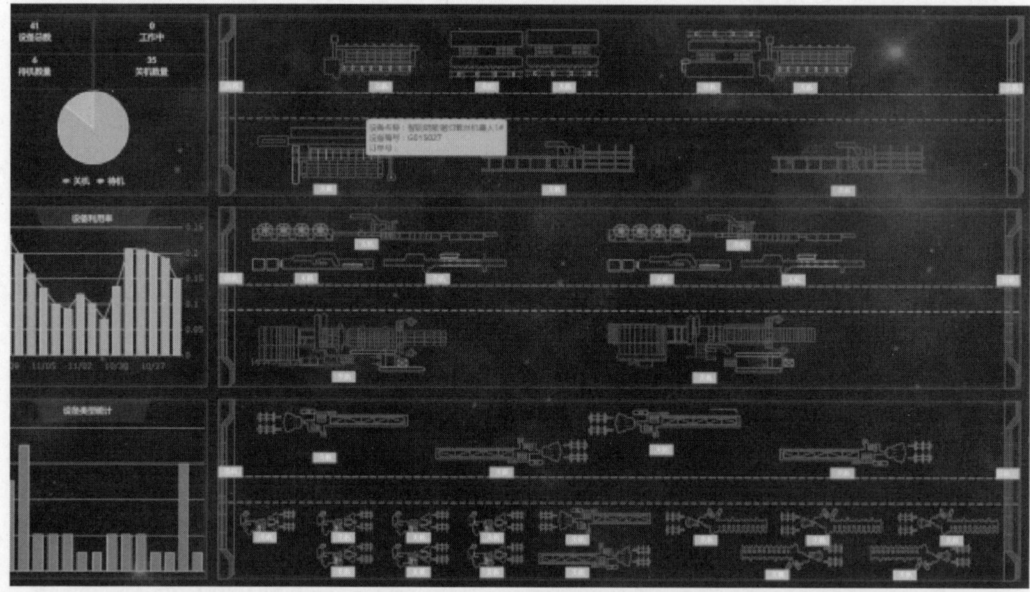

图 23-62　设备开机情况监控

提高生产过程自动化程度，提高成型钢筋产品经济性。

(6) 成功应用 BIM 技术完成全产线加工工艺参数校核，实现钢筋精准下料、精准计量与精准结算。

(7) 成功融合机械制造、自动化以及企业信息管理系统，从钢筋原材料进料到调直、裁切、弯箍、焊接、质量检测控制、成品包装、出库配送等环节均实现数字化控制生产，确保产品符合设计要求和相关行业标准，系统化控制生产废料率。其中工序转位及原材吊运如图 23-63、图 23-64 所示。

(8) 成功打造业内第一条无人化棒材剪切生产线，如图 23-65 所示，实现从原材上料到成品入库的全过程无人化。

图 23-63　工序转位

(9) 实现全部生产设备系统远程控制与远程生产，实现产线的半自动化生产，如图23-66所示。

图23-64　钢筋原材吊运

图23-66　产线半自动化生产

图23-65　无人化棒材剪切生产线

(10) 实现WMS系统RF扫码，现场对成型钢筋生产全流程进行扫码验证和数据绑定，实现成型钢筋生产流程化、规范化和标准化，为整个成型钢筋生产质量溯源奠定了基础。(图23-67、图23-68)

仓库管理		
原材扫码入库	成品扫码入库	原材领料出库
成品下线	成品组盘下线	成品扫码出库
成品组盘入库	库存盘点	成品组盘删除
库存移动	库存查询	库存调整
成品生产		

图23-67　仓库管理系统界面

图23-68　RF扫码下线

(11) 实现生产系统CA签章应用(见图23-69)与物流平台(时空事件智能监控平台，见图23-70)数据对接，使业务数据精准交互，大幅降低沟通成本，提高成型钢筋生产信息化水平。

5) 健康安全环保管控

公司主营产品为成型钢筋，利用先进的智能化生产设备将钢筋原材加工成型，全过程高效环保，无有害物质排放。车间内场地和设备

图 23-69　生产系统 CA 签章应用

图 23-70　时空事件智能监控平台

均有专人定期检查清扫，以防止扬尘污染，确保工作环境整洁有序。车间内还设有智慧工地扬尘监控系统，能实时对车间的扬尘情况进行监测，如图 23-71 所示。

为了确保安全生产，公司投资开发了一套智能化安全巡检系统。该系统能根据实际的安全检查工作内容，将线下检查流程线上化，统一安全检查内容，出台对应的检查标准，上传统一的检查材料和建立统一的安全检查履职标准，相关人员随时随地都能通过手机或电脑终端监控车间安全生产的情况，可以满足管理人员对于安全生产的管控需求。

6）效益分析

（1）直接效益

① 提高加工效率。相对于原始生产设备，采用成型钢筋智能化生产加工模式，人均产能提高了 2 倍。

② 降低项目成本。相较传统施工现场加工模式，成型钢筋智能化生产加工配送模式可为项目节省钢筋工程成本约 100 元/t。

图 23-71 扬尘在线监测

③ 提升管理水平。采用成型钢筋智能化生产加工配送模式，可以节约现场施工用地，美化施工现场环境，减少现场安全隐患，提高项目管理水平，降低现场施工噪声，实现文明施工、绿色施工。

(2) 社会效益

① 节材。采用成型钢筋智能化加工配送模式，可减少钢筋原材损耗，优化社会资源配置。

② 节地。采用成型钢筋智能化加工配送模式，可节约现场施工用地，推进现场安全文明施工，降低施工扰民可能性。

③ 提质增效。采用成型钢筋智能化加工配送模式，可提高加工质量和效率，有效提高政府对钢筋加工的监管效率。

④ 环保。采用成型钢筋智能化加工配送模式，可有效降低钢筋加工过程中产生的粉尘、碎屑对环境的影响，促进社会资源环境可持续发展。

23.7.6 成本分析

1. 钢筋笼制品加工与配送

钢筋笼加工主要包括钢筋的剪切、矫直、强化冷拉延伸、弯曲成型、滚焊成型、连接等。钢筋笼成型机将这些加工设备有机地结合在一起，使得钢筋笼的加工基本上实现机械化和自动化，减少了各个环节间的工艺传送和配合偏差，大大提高了钢筋笼成型的质量和效率，为钢筋笼的集中制作、统一配送奠定了良好的技术和物质基础。钢筋笼成型机的使用将大大减轻操作人员的劳动强度，为施工单位创造良好的经济效益和社会效益。

1) 人员配置

正常情况下 5～6 人一班，即可作业。具体分配如下：备料、上料 2 人；滚焊 1～2 人；内箍圈(加强箍圈)2 人。

具体人数要根据钢筋笼的规格型号进行增减。

2) 生产效率

1000 mm 桩笼子：二班作业，一天可加工 300～400 m/台。

1250 mm 桩笼子：二班作业，一天可加工 300～400 m/台。

1500 mm 桩笼子：二班作业，一天可加工 300～400 m/台(约 20 t)。

钢筋笼的成型效率与钢筋笼的主筋数量、直径、绕筋的螺距、工人的操作熟练程度等有关。焊接一个 12 m 的钢筋笼，一般上下料等辅助时间约为 15～20 min，正常焊接时间约为 18～25 min(间距 120 mm)，所以综合时间为 33～45 min，操作熟练后，还可提高成笼速度(一般一个直径为 1.5 m 的 12 m 长钢筋笼的重量约为 800 kg)。

3) 钢筋笼成型机生产钢筋笼的成本

(1) 钢筋笼加工基本成本组成：电费 15～20 元/t(不使用对焊机时，约 15～16 元/t；如果使用对焊机，每吨成本约增加 5～7 元)。焊丝、焊条及 CO_2 气体：约 20～30 元/t。

(2) 人工成本按 10 人每天 20 t 计算，10 人工资按 1500 元计，人工成本为 75 元/t。

(3) 综合成本为(20＋25＋75)元/t＝120 元/t。

(4) 每吨毛利润按每吨加工费 500 元计算，毛利润为 380 元/t。

(5) 每月毛利润按一台设备每天生产 20 t

计算，每月(按25天计算)的毛利润为25×20×380元/月＝190 000元/月。

4) 传统人工方式生产钢筋笼的成本

如果采用全人工的方式，每天焊接20 t的钢筋笼，至少需要投入40个人工，比用钢筋笼成型机多出30个人工，每天多支出30×150元＝4500元，每月按25天计算，需多支出11.25万元。

综上可以看出，采用钢筋笼成型机前期购买设备投入可能较高，但从长期的收益来看优势是明显的。工人越少越便于管理，减少了住宿、饮食、安全等管理问题。随着劳动力成本的增加，人工工资将会越来越高，因此，采用钢筋笼成型机加工配送钢筋笼可大幅节约人工成本。

2. 钢筋网片加工与配送

钢筋焊接网的钢筋直径一般为4～12 mm，抗拉强度一般为550 N/mm^2，一般采用钢筋网成型机加工生产焊接网，生产过程质量控制严格，其钢筋规格、间距可进行有效控制。焊接网制品刚度大、弹性好、焊点强度高、抗剪性能好，且成型后网片不易变形，荷载可均匀分布于整个混凝土结构上，再辅以马登、垫块能有效降低施工的踩踏变形影响，容易保证钢筋的位置和混凝土保护层的厚度，有效保证钢筋的到位率。在专人指导下，施工人员铺装焊接网一次后就可全面掌握焊接网的施工工艺，简化施工程序，降低劳动强度，省去现场钢筋调直、裁剪、逐条摆放以及绑扎等诸多环节，将原来的钢筋网现场绑扎制作的全部工序及90%以上的绑扎成型工序进行工厂化生产，可大大缩短工程的施工周期。

钢筋用量计算原则如下。

(1) 普通绑扎钢筋按图纸配筋抽筋计算。冷轧带肋钢筋焊接网(简称焊接网)的用量，原设计为普通绑扎钢筋配筋的，则普通绑扎钢筋的强度设计值与冷轧带肋钢筋的强度设计值之比值等强度换算之后进行焊接网布置和计算其钢材用量；原设计为钢筋网时，则按照图纸中焊接网的配筋进行焊接网布置并计算其用量；原设计为冷轧带肋钢筋(非网片)时，根据设计方的图纸中钢筋的配筋，厂家再进行分块布置成网片并计算其钢材用量。

(2) 钢筋用量对比以某工程七层至十二层配筋图的16—26轴(结施35)(未考虑筒体配筋外挑阳台)的用量为例进行说明。

① 配筋换算：原设计楼板为Ⅰ级钢配筋，换算为冷轧带肋钢筋网，采用的钢筋强度设计值为：Ⅰ级钢为210 N/mm^2，冷轧带肋钢筋为360 N/mm^2。配筋换算如表23-7所示。

表23-7 配筋换算

Ⅰ级钢(原设计)	冷轧带肋钢筋焊接网	强度比(Ⅰ级钢/冷轧)
12@200	10.5@180	0.9888
12@150	10.5@130	1.03
10@120	8.5@160	1.05
10@150	8.5@180	1.03
8@150	7@200	0.984
8@200	5.5@160	1.01
6@200	5.56@250	1.15
6@150	5.5@200	1.08

② 计算条件：用量计算条件如表23-8所示。

表23-8 用量计算条件

冷轧带肋钢筋焊接网	Ⅰ级钢(原设计)
不设弯钩	设弯钩
底筋入梁：伸入梁中，加25～50 mm；若梁宽大于等于300 mm，取150 mm	底筋入梁：原则与冷轧带肋钢筋相同，端部需弯钩
面筋入梁：锚固长度25d	面筋入梁：锚固长度36d另加板内直钩，钩长＝板厚

③ 钢筋用量：商住楼钢筋用量如表23-9所示。厂房钢筋用量如表23-10所示。

表 23-9　商住楼钢筋用量

项目及单位	Ⅰ级钢（原设计）	冷轧带肋钢筋焊接网	用量比例（冷轧/Ⅰ级钢）
底网用量/kg	3829.42	2509.78	0.655
面网用量/kg	4379.45	2909.29	0.664
合计/kg	8208.87	5419.07	0.660
用钢量/(kg/m^2)	11.88	7.84	0.660

表 23-10　厂房钢筋用量

项目名称	结构部位	Ⅰ级钢（原设计）用量/kg	冷轧带肋钢筋焊接网用量/kg	用量比例
高职学院实训工厂	2层11—13轴,A—E轴	3408	2143	0.6288
荷坳百达五金塑胶厂	5号厂房五层G—L轴	9419	6308	0.6694
松岗喜塑胶五金制品厂	A/C—1/10轴	10221	6591	0.6648
凤凰岗村工业厂房	2层	10284	6573	0.6391
观澜勇勤工业厂房	1号厂房2层	14382	10230	0.6897
平均厂房钢筋用量		—		0.6497

以上工程的焊接网用量与普通绑扎钢筋用量之比具有一定的代表性，后续的工程实践计算也证实了上述结论，即采用焊接钢筋网比普通绑扎钢筋网节省钢材用量。

④ 综合成本计算：钢筋焊网综合成本计算如表 23-11 所示。

钢筋焊网综合成本对比如表 23-12 所示。

表 23-11　综合成本计算

项　目		代号	单位	单价	项目编号 4-223 普通绑扎钢筋	项目编号 4-226B1 冷轧带肋钢筋网安装
深圳市综合价格		G001	元		4006.33	4741.66
其中	人工费		元		590.0	176.40
	材料费		元		2687.20	4046.00
	机械费		元		69.92	
	其他费用		元		659.21	519.26
工日	人工	A0002	工日	40	14.750	4.410
材料	钢筋(普通绑扎)	B1001	t	2600	1.020	
	钢筋(焊接网片)	B1011	t	4000		1.010
	镀锌铁丝22#	B1363	kg	5.20	8.800	1.500
	电焊条	B1330	kg	6.00		
机械台班	卷扬机单筒(慢速5 t以内)		台班	164.41	0.320	
	钢筋切断机(钢筋直径40 mm以内)		台班	53.01	0.120	
	钢筋弯曲机(钢筋直径40 mm以内)		台班	30.41	0.360	
	钢筋调直机(钢筋直径14 mm以内)		台班	46.63		
	直流电焊机(30 kW以内)		台班	203.25		
	对焊机(75 kV·A)		台班	233.05		

表 23-12 钢筋焊网综合成本对比

项目	综合价格/(元/t)	标准层用/kg	标准层造价/元	成本差额/元	用量比例(冷轧/Ⅰ级钢)	成本节约比例
Ⅰ级钢	4006.33	8208.87	33 379.97	0	—	—
焊接网	4741.66	5419.07	25 695.39	−7684.58	0.660	23%

从以上对比不难看出，焊接网与传统人工绑扎网片相比在工程应用上的成本有所减少，而且在工程应用方面，钢筋焊接网的经济性与人工绑扎网片相比也有优势。

(1) 实用性。钢筋焊接网是一种高强度、高效益的混凝土配筋用建筑材料，是在工厂经自动化生产线电阻焊接而成的结构钢筋网，广泛适用于钢筋混凝土结构的楼板、地板、剪力墙、道路路面、桥面铺装、预制构件等。

(2) 节省钢筋用量。钢筋焊接网的线材是由低碳热轧线材经冷拔或冷轧加工而成，线材的抗拉强度可以提升到 550 MPa 以上，因而钢筋用量可相应减少 20%左右。在工厂内采用自动化生产线制作，钢筋损耗微乎其微。

(3) 提高工程品质。钢筋焊接网是按照国际上通用的设计和工艺，由自动化生产线焊接而成。生产过程经过严格的品质管制，网目尺寸、钢线规格要求可得到有效控制。不会有工地人员绑扎遗漏、绑扎不牢固、绑扎错误、偷工减料等情形发生，因而可以提高工程品质。

(4) 提高生产效率。使用钢筋焊接网片可以省去现场钢筋调直、切断和人工绑扎的时间，利于后续混凝土结构施工，缩短施工工期。

综上可以看出，钢筋网片加工与配送无论在生产设备，还是网片制品、网片安装方面，与传统的人工绑扎网片生产方式相比，均具有明显的经济性。

第24章

钢筋加工机械重点工程领域应用

24.1 概述

近年来，我国钢筋加工机械快速发展，钢筋强化、切断、弯曲、调直切断、切断弯曲、弯箍、直螺纹加工、连接等钢筋加工机械在调直切断弯曲传统技术基础上，设备的性能和质量都有了显著提高，新技术、新产品、新工艺、新材料不断涌现。数控钢筋弯箍机、数控钢筋剪切线、数控钢筋弯曲机、封闭箍筋焊接生产线、数控钢筋加工中心、数控钢筋螺纹加工生产线、数控钢筋笼成型机、数控钢筋网焊接生产线、数控钢筋桁架生产线、钢筋桁架楼承板生产线、梁柱钢筋骨架成型生产线、异型钢筋骨架生产线等自动化钢筋加工设备在工程施工领域大量应用。

自动化钢筋加工设备采用伺服电机控制技术、PLC技术和工业级触摸屏人机交互界面技术、二维码和RFID技术、云平台技术、机器人技术等，实现了钢筋从原料到成品加工自动机械化地输送、加工、组焊、成品收集码垛等工序的全过程智能化控制，大大降低了工人的劳动强度，提高了加工质量和生产效率。

24.2 钢筋加工机械在隧道工程中的应用

24.2.1 概述

随着我国经济的不断发展，隧道工程的建设伴随着经济建设发展的先行行业交通运输业不断壮大，令人振奋。从1950年仅有几十座隧道，总长不到3 km，到如今总里程超过5万km，隧道数量达到2万座以上。我国隧道的建设虽然起步较晚，但其发展速度与质量已经位居世界前列。

我国交通隧道工程主要包括公路隧道、铁路隧道、地下铁道和城市隧道。隧道施工技术有矿山法、掘进施工法（TBM）、盾构施工法和沉管施工法。公路隧道是专供汽车运输行驶的通道。受市场经济和科技水平不断发展的影响，我国在交通运输方面取得了前所未有的进步，公路建设无论从规模还是数量上都较之前有了一定的增加，进而也大大增加了公路隧道的数量。我国公路建设投资额从2010年的11 482亿元增长至2020年的24 312亿元。据统计，截至2020年我国公路隧道数量突破2万座，达到21 316座，总长度突破2000万m，达到2199.9万m。2020年我国公路特长隧道数量为1394座，总长度达到623.6万m。伴随着大规模铁路建设，到2020年，中国铁路营业里程达14.5万km，其中投入运营的铁路隧道共16 798座，总长约19 630 km。中国已投入运营的高速铁路总长约3.7万km，投入运营的高速铁路隧道共3631座，总长约6003 km，其中特长隧道87座，总长约1096 km。围绕大型水利枢纽工程，我国已建成的各类水工隧道总长超过1万km，在建及纳入规划的水工隧道总长超过3000 km。此外，在以轨道交通为代表的市政设施以及油气储运领域，相关隧道及地下工程建设近年来都有长足发展。

虽然在规模和建设速度上已是世界第一，但我国在隧道及地下工程建设领域还不是技术强国，施工机械化和专业化程度还较低，建设体制较为陈旧。在相关理论研究及环保意识加强方面还有很大提升空间。近年来，随着我国综合国力的提升，技术的不断进步，综合机械化、标准化施工和相关技术的发展大大提高了修建长隧道的能力。这引起了铁路线路设计思想的变化。例如，西安—安康铁路在穿越秦岭时就不再像40年前修建宝成铁路那样采用迂回曲折的展线，而决定修18.4 km的越岭隧道。显然，长隧道的修建使线路顺直，提高了运营标准。

随着中国经济的发展，西部地区铁路建设规模逐年加大，高海拔、高烈度地震区、大埋深超长铁路隧道将越来越多，隧道建设可能面临硬岩岩爆、软岩大变形、高地温、活动断裂、超高压富水断裂等不良地质问题，行业技术发展有待进一步突破。另外，近年来，随着劳动力成本的不断提高，隧道现场施工技术人员数量逐年减少，隧道工程建设"以机代人"成为现实需求，少人化甚至无人化是未来隧道工程建设发展的必然趋势。

钢筋数字化加工是指将钢筋原材料通过数控钢筋加工设备加工成设计要求形状的过程。采用该设备施工时，操作方法简单，施工安全性、产品合格率高，同时有助于现场的安全文明施工，投入人工少，便于管理。在近年来的隧道施工中，该种加工方法开始广泛使用，大大提高了我国隧道施工的技术水平。

24.2.2 工程用成型钢筋

隧道工程常用的几种成型钢筋为钢筋拱架、钢筋网片、成型箍筋、成型板筋、隧道支护锚杆等。

1. 隧道钢筋拱架

钢筋拱架包括8字筋、蝴蝶筋、弧形钢筋和箍筋等，各单件成型钢筋按照设计拱架图纸要求形成钢筋拱架，如图24-1所示。

图24-1 隧道钢筋拱架

2. 钢筋网片

钢筋网片采用 $\phi8$ mm和 $\phi6.5$ mm钢筋，先用钢筋调直切断机进行调直，然后焊接成钢筋间距200 mm×200 mm或250 mm×250 mm、长2 m、宽1～2 m的钢筋网片，整体运到洞内牢固焊接在锚杆、钢拱架上，如图24-2所示。

图24-2 钢筋网片

3. 成型箍筋

箍筋是用来满足斜截面抗剪强度，并连接受力主筋和受压区钢筋骨架的钢筋，如图24-3所示。分单肢箍筋、开口矩形箍筋、封闭矩形箍筋、菱形箍筋、多边形箍筋、井字形箍筋和圆形箍筋等。隧道用箍筋主要用于钢筋拱架上。

4. 成型板筋

板筋结构具有重量轻、承载力高、抗弯能力强、占用空间小的特点，经合理设计可以起到支撑、防护、连接构架的作用，广泛应用于建

图 24-3　成型箍筋

筑、能源、交通、隧道等领域。成型板筋如图 24-4 所示。

图 24-4　成型板筋

5. 隧道支护锚杆

锚杆支护是在边坡、岩土深基坑等地表工程及隧道、采场等地下硐室施工中采用的一种加固支护方式。用金属件或其他材料制成杆柱，打入地表岩体或硐室周围岩体预先钻好的孔中，利用其头部、杆体的特殊构造和尾部托板(亦可不用)，或依赖于黏结作用将围岩与稳定岩体结合在一起而产生悬吊、组合梁、补强效果，以达到支护的目的。金属锚杆分为钢筋锚杆和中空锚杆。支护锚杆如图 24-5 所示。

24.2.3　钢筋加工设备应用

隧道施工常用的钢筋加工设备有数控钢筋弯箍机、钢筋调直切断机、钢筋切断机、数控 8 字筋成型机、数控钢筋焊网机、数控钢筋弯曲机和 8 字筋自动生产线等。

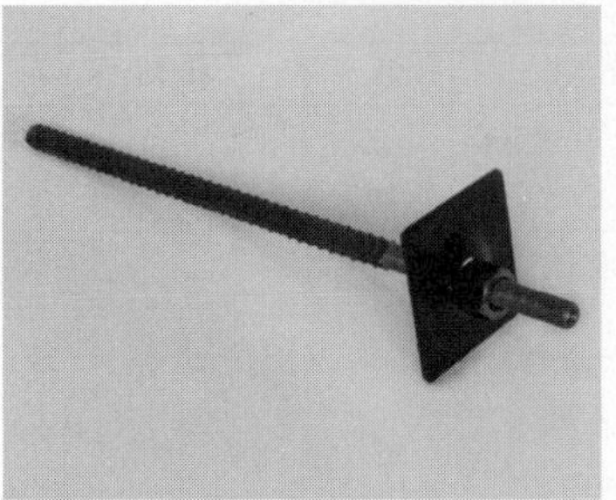

图 24-5　钢筋锚杆和中空锚杆

1. 数控钢筋弯箍机

数控钢筋弯箍机主要用于 8 字筋的初级成型加工，加工成 8 字后对焊焊接，再用数控 8 字筋成型机压制成型。数控钢筋弯箍机如图 24-6 所示，其主要技术参数见表 24-1。

图 24-6　数控钢筋弯箍机

表 24-1　数控钢筋弯箍机主要技术参数

参数	数值	参数	数值
单线/mm	$\phi 5 \sim \phi 14$	长度补偿/mm	±1
双线/mm	$\phi 5 \sim \phi 10$	弯曲补偿	±1°
最大弯曲角度	±180°	平均电力消耗/(kW/h)	5～8
最大弯曲速度/[(°)/s]	1300	功率/kW	26

续表

参数	数值	参数	数值
最大牵引速度/(m/min)	110	电源	380 V/50 Hz
侧筋最大长度/mm	1300	总机重量/kg	2900
侧筋最小长度/mm	60～90	主机尺寸/(mm×mm×mm)	3500 ×1400 ×2100

2. 数控 8 字筋成型机

数控 8 字筋成型机主要用于钢筋拱架的 8 字钢筋弯曲成型. 数控 8 字筋成型机如图 24-7 所示，其主要技术参数见表 24-2。

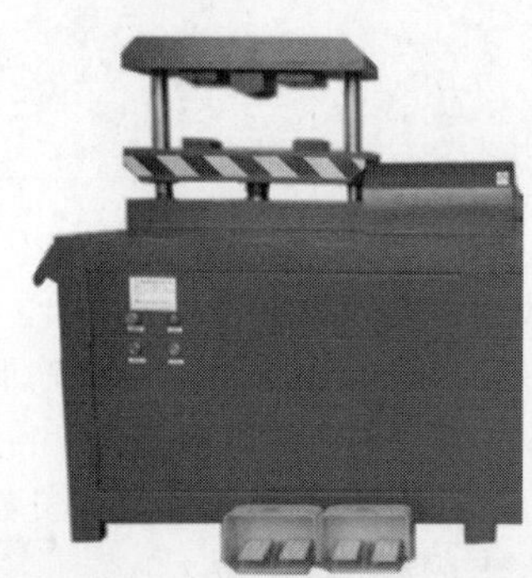

图 24-7　数控 8 字筋成型机

表 24-2　数控 8 字筋成型机主要技术参数

钢筋规格/mm	设备总功率/kW	设备整体尺寸/(mm×mm×mm)	设备整体重量/kg
≤ϕ14	3.75	1300×800×1390	1100

3. 智能 8 字筋弯曲设备

智能 8 字筋弯曲设备可加工 ϕ10～ϕ14 mm 的直条钢筋，加工形状为 8 字形。智能 8 字筋弯曲设备如图 24-8 所示，其主要技术参数见表 24-3。

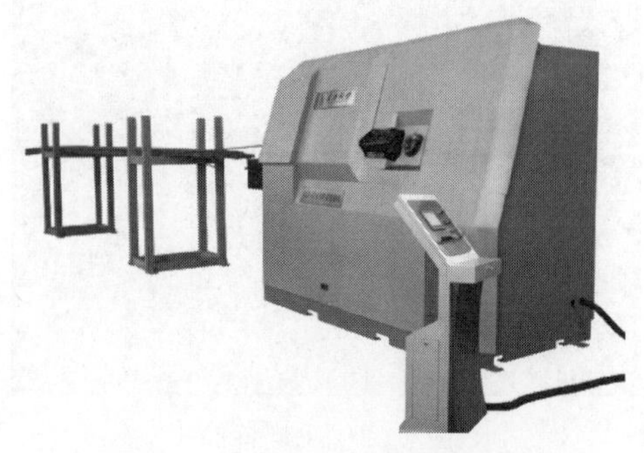

图 24-8　智能 8 字筋弯曲设备

表 24-3　GGJB14 智能 8 字筋弯曲设备主要技术参数

参　数	数　值
最大钢筋直径/mm	ϕ14
弯曲角度	±180°
最长边长尺寸/mm	1400
最小边长尺寸/mm	60
最大牵引速度 /(m/min)	110(无级可调)
最大弯曲速度/[(°)/s]	1200
设备总功率/kW	25
主机尺寸/(mm×mm×mm)	3000×1310×2200
订单录入加工方式	直接输入、二维码扫描录入、远程联网下单，支持多任务加工

4. 数控钢筋焊网机

数控钢筋焊网机主要用于各种隧道网片的加工。数控钢筋焊网机如图 24-9 所示，其主要技术参数见表 24-4。

表 24-4　数控钢筋焊网机主要技术参数

参数	数值	参数	数值
网宽/mm	1500	横筋直径/mm	5～12
纵筋间距/mm	200	焊接能力/mm	12+12(表示两根直径 12 mm 的钢筋焊接)
横筋间距/mm	25～600	工作速度/(次/min)	60
纵筋直径/mm	5～12	额定功率/(kV·A)	400

图 24-9　数控钢筋焊网机

5. 数控钢筋弯曲机

数控钢筋弯曲机主要用于各种隧道钢筋的加工。数控钢筋弯曲机如图 24-10 所示，其主要技术参数见表 24-5。

图 24-10　数控钢筋弯曲机

表 24-5　YFH-32 数控钢筋弯曲机主要技术参数

<table>
<tr><th>参数</th><th colspan="5">数　值</th></tr>
<tr><td rowspan="2">弯曲能力</td><td colspan="2">钢筋规格/mm</td><td colspan="3">弯曲角度/(°)</td></tr>
<tr><td colspan="2">ϕ6～ϕ32</td><td colspan="3">−120～+180</td></tr>
<tr><td>钢筋直径/mm</td><td>10</td><td>12</td><td>14</td><td>16</td><td>18</td></tr>
<tr><td>弯曲根数/根</td><td>6</td><td>5</td><td>4</td><td>3</td><td>2</td></tr>
<tr><td>主机移动速度/(m/s)</td><td colspan="5">0.6</td></tr>
<tr><td>弯曲速度/[(°)/s]</td><td colspan="5">60</td></tr>
<tr><td>弯曲长度精度/(mm/m)</td><td colspan="5">±1</td></tr>
<tr><td>弯曲边最短长度/mm</td><td colspan="5">90</td></tr>
</table>

6. 智能化钢筋弯箍机

智能化钢筋弯箍机可安装智能化 MES 钢筋加工管理软件，实现网络远程控制，远程下单，远程操作；具有二维码订单录入功能，采用独特的钢筋防扭转技术和故障自诊断报警系统；配置有自培训系统，供操作人员学习和使用；具有长边减速功能，根据产品尺寸自动调整运行速度。智能化钢筋弯箍机如图 24-11 所示，其主要技术参数见表 24-6。

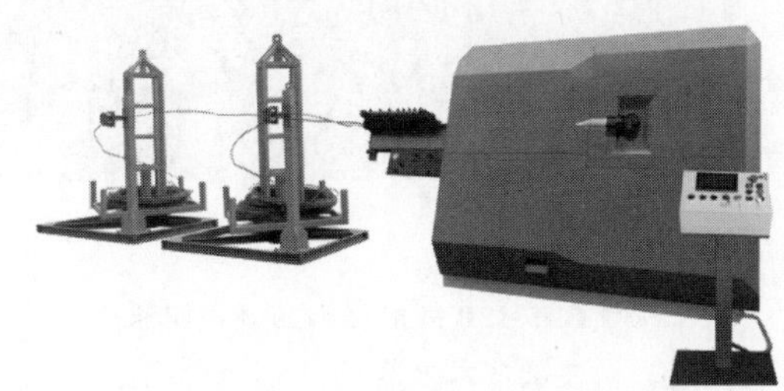

图 24-11　智能化钢筋弯箍机

表 24-6　GGJ13C 智能化钢筋弯箍机主要技术参数

参　　数	数　　值
单根钢筋直径/mm	5～13
双根钢筋直径/mm	5～10
弯曲角度	±180°
最大牵引速度/(m/min)	110
最大弯曲速度/[(°)/s]	1200
中心轴尺寸/mm	ϕ20、ϕ25、ϕ32(ϕ40、ϕ50、ϕ60选配)
设备总功率/kW	25
主机尺寸/(mm×mm×mm)	3800×1700×2300
订单录入加工方式	直接输入、二维码扫描录入、远程联网下单，支持多任务加工

7. 钢筋调直切断机

智能化钢筋调直切断机高速牵引，线速度最高可达 120 m/min，速度无级可调；可实现二维码输入操作指令；可实现不同长度钢筋不停机连续作业，自动计数、自动打齐；牵引速度与回转筒速度自动匹配以达到最佳矫直效果；采用钢筋不减速随动剪切，极大地提高了切刀、牵引轮及调直模块的寿命，并使钢筋磨损降到最低程度。智能化钢筋调直切断机如图 24-12 所示，其主要技术参数见表 24-7。

图 24-12　智能化钢筋调直切断机

表 24-7　GT5-12B 智能化钢筋调直切断机主要技术参数

参　数	数　值
单根钢筋直径/mm	ϕ5、ϕ12
最大牵引速度/(m/min)	120(无级可调)
钢筋定尺长度/mm	800～12 000(可加长至 32 000)
长度精度/mm	±2
调直方式	调直筒调直
剪切方式	伺服飞剪剪切
设备总功率/kW	47
主机尺寸/(mm×mm×mm)	2970×1180×1860
订单录入加工方式	直接输入、二维码扫描录入、远程联网下单，支持多任务加工

8. 钢筋锚杆自动化加工生产线

钢筋锚杆自动化加工生产线具有钢筋原料自动上料、自动集料排序、多根定尺切断、组合式剥肋、缩径、液压滚丝、端头打磨和激光打标等多种功能，生产效率可达每小时 240 套。钢筋锚杆自动化加工生产线如图 24-13 所示，其主要技术参数见表 24-8。

9. 中空锚杆全自动化加工生产线

中空锚杆全自动化加工生产线集自动上料、自动传送、自动滚丝、自动感应控温加热、自动切割、自动打标等功能于一体，自动化程度高，技术先进，每条生产线仅需一人操作即可。中空锚杆全自动化加工生产线如图 24-14 所示。

图 24-13　钢筋锚杆自动化加工生产线

表 24-8　SMGX32 主要技术参数

参　　数	数　　值
加工原料	热轧带肋钢筋 HRB400
锚杆直径/mm	22、25、32
原材长度/m	最长 12
锚杆长度/mm	2000～6000
纵向送进速度/(m/min)	50
螺纹长度范围/mm	80～120
气路系统工作压力/MPa	0.5～0.8

图 24-14　中空锚杆全自动化加工生产线

24.2.4　选型原则和选型计算

1. 选型原则

设备选型应遵循的原则如下。

(1) 生产上适用。所选购的设备应与本项目需求相适应。

(2) 技术上先进。在满足生产需要的前提下，要求其性能指标保持先进水平，以利于提高产品质量和延长其技术寿命。

(3) 经济上合理。要求设备价格合理，在使用过程中能耗、维护费用低，并且设备费用回收期较短。

2. 设备的主要参数选择

1) 生产率

设备的生产率一般用设备单位时间(分、时、班、年)的产品产量来表示。设备生产率要与企业的经营方针、工厂的规划、生产计划、运输能力、技术力量、劳动力、动力和原材料供应等相适应，不能盲目要求生产率越高越好，否则生产不平衡，服务供应工作跟不上，不仅不能达到最好效果，反而会造成损失。因为生产率高的设备一般自动化程度高、投资多、能耗大、维护复杂，如不能达到设计产量，单位产品的平均成本就会增加。

2) 工艺性

对机械设备最基本的要求，是要符合产品工艺的技术要求，设备满足生产工艺要求的能力叫工艺性。所选设备的工艺性要符合工程所需成型钢筋加工的工艺要求，包括几何尺寸参数、形状位置公差要求、钢筋弯折半径控制和连接螺纹精度控制等。

3. 设备的可靠性和维修性

1) 设备的可靠性

设备的可靠性是保持和提高设备生产率的前提条件。人们投资购置设备都希望设备能无故障地工作，以期达到预期的目的，这就是设备可靠性的概念。可靠性在很大程度上取决于设备设计与制造。因此，在进行设备选型时必须考虑设备的设计制造质量。选择设备可靠性时要求使其主要零部件平均故障间隔期越长越好，具体的可以从设备设计选择的安全系数、冗余性设计、环境设计、元器件稳定性设计、安全性设计和人机因素等方面进行分析。

随着产品的不断更新，对设备的可靠性要求也不断提高，设备的设计制造商应提供产品设计的可靠性指标，方便用户选择设备。

2) 设备的维修性

人们希望投资购置的设备一旦发生故障后能方便地进行维修，即设备的维修性要好。选择设备时，对设备的维修性可以从以下几个方面衡量。

(1) 设备的技术图纸、资料齐全，便于维修人员了解设备结构，易于拆装、检查。

（2）结构设计合理。设备结构的总体布局应符合可达性原则，各零部件和结构应易于接近，便于检查与维修。

（3）结构简单。在符合使用要求的前提下，设备的结构应力求简单，需维修的零部件数量越少越好，拆卸较容易，并能迅速更换易损件。

（4）标准化、组合化原则。设备尽可能采用标准零部件和元器件，容易被拆成几个独立的部件、装置和组件，并且不需要特殊手段即可装配成整机。

（5）功能先进。设备尽量采用自动调整、磨损自动补偿和预防措施自动化原理来设计。

（6）状态监测与故障诊断能力。可以利用设备上的仪器、仪表、传感器和配套仪器来监测设备有关部位的温度、压力、电压、电流、振动频率、消耗功率、效率、自动检测成品及设备输出参数动态等，以判断设备的技术状态和故障部位。今后，高效、精密、复杂设备中具有诊断能力的将会越来越多，故障诊断能力将成为设备设计的重要内容之一，检测和诊断软件也成为设备必不可少的一部分。

（7）提供特殊工具和仪器、适量的备件或有方便的供应渠道。

4. 设备的安全性和安全操作性

1）设备的安全性

设备的安全性是设备对生产安全的保障性能，即设备应具有必要的安全防护设计与装置，以避免带来人、机事故和经济损失。在设备选型中，若遇到新投入使用的安全防护性元部件，必须要求厂家提供实验和使用情况报告等资料。

2）设备的安全操作性

设备的安全操作性属人机工程学范畴，总的要求是方便、可靠、安全，符合人机工程学原理。通常要考虑的主要事项如下：

（1）操作机构及其所设位置符合劳动保护法规要求，适合一般体形操作者的要求。

（2）充分考虑操作者生理限度，不能使其在法定的操作时间内承受超过体能限度的操作力、活动节奏、动作速度、耐久力等。例如操作手柄和操作轮的位置及操作力必须合理，脚踏板控制部位和节拍及其操作力必须符合劳动法规规定。

（3）设备及其操作室的设计必须符合有利于减轻劳动者精神疲劳的要求。例如，设备及其控制室内的噪声必须小于规定值；设备控制信号、油漆色调、危险警示等必须尽可能地符合绝大多数操作者的生理与心理要求。

5. 设备的环保性和经济性

1）设备的环保性

设备的环保性通常是指其噪声、振动和有害物质排放等对周围环境的影响程度，在设备选型时必须要求其噪声、振动频率和有害物排放等控制在国家和地区标准的规定范围内。设备的能源消耗是指其一次能源或二次能源消耗，通常以设备单位开动时间的能源消耗量来表示；在化工、冶金和交通运输行业，也有的以单位产量的能源消耗量来评价设备的能耗情况。在选型时，无论哪种类型的企业，其所选购的设备必须符合《中华人民共和国节约能源法》规定的各项标准要求。

2）设备的经济性

设备选择的经济性，其定义范围很宽，各企业可视自身的特点和需要而从中选择影响设备经济性的主要因素进行分析论证。设备选型时要考虑的经济性影响因素主要有：①初期投资；②对产品的适应性；③生产效率；④耐久性；⑤能源与原材料消耗；⑥维护修理费用等。

设备的初期投资主要指购置费、运输与保险费、安装费、辅助设施费、培训费、关税费等。在选购设备时不能简单寻求价格便宜而降低其他影响因素的评价标准，尤其要充分考虑停机损失、维修、备件和能源消耗等项费用，以及各项管理费。总之，以设备寿命周期费用为依据衡量设备的经济性，在寿命周期费用合理的基础上追求设备投资的经济效益最高。

6. 选型计算

选型计算主要根据需求量和班产量计算设备需求数量，下面以数控8字筋弯箍机为例进行说明。

设某项目要求年产 30 000 t，采用 YFB14D 型数控 8 字筋弯箍机。YFB14D 型数控 8 字筋弯箍机的性能参数如下。

（1）数控 8 字筋弯箍机的加工效率为 $Q=1000\ \text{kg/h}$。

（2）工作时间为每天每台 8 h。

（3）每天的最大需求量（全年按 300 天工作日）为 30 000÷300 t/d＝100 t/d。

计算：

单日最大加工需求量所需数控 8 字筋弯箍机的台数为 100×1000÷1000÷8 台＝12.5 台，故取 13 台。

13 台设备一年最大加工数量（按 300 日计算）为 1000×8×13×300÷1000 t＝31 200 t。基本可以满足年产加工能力要求。

7. 应用中常见问题与注意事项

数控加工设备使用及注意事项如下。

（1）设备安装时四周应有足够的空间，以便保证操作使用的便利，安装时地面要平整，使设备底脚确实着地。

（2）使用前应检查机器在运输过程中零部件是否破坏或松动，电气接线是否可靠，主电机应接地。

（3）设备首次开机先进行 10～20 min 空载运转，检查各部位有无异常噪声和异常现象。

（4）用户根据加工产品的规格尺寸，在设备两侧安装接料装置。

（5）严禁超负荷使用设备。

（6）按使用说明书保养、维修和使用设备。

24.2.5　工程应用案例

1. 隧道施工钢筋加工厂

隧道施工钢筋加工厂主要集中加工隧道钢筋拱架、拱架箍筋、钢筋焊接网片和成型板筋，所用钢筋加工设备包括箍筋加工设备、8 字筋成型设备、钢筋焊网机和钢筋板筋弯曲设备等。隧道施工钢筋加工厂板筋加工如图 24-15 所示。

图 24-15　板筋工厂加工

2. 钢筋车间布局图

钢筋加工车间根据加工成型钢筋种类和任务量需求布设了钢筋焊网机、钢筋立式弯曲中心和数控钢筋弯箍机 3 种设备，如图 24-16 所示。

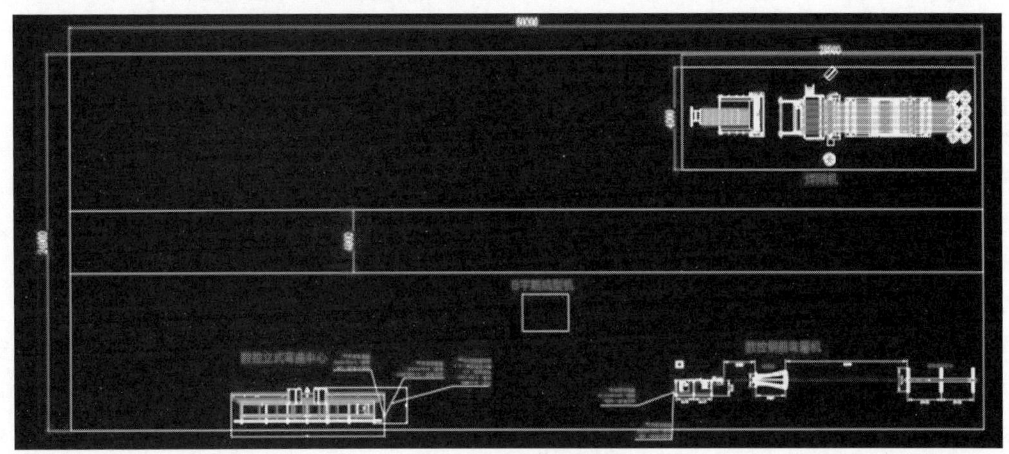

图 24-16　钢筋车间布局

24.3 钢筋加工机械在地铁工程中的应用

24.3.1 概述

地铁是一座城市融入国际大都市现代化交通的显著标志。它不仅是一个国家的国力和科技水平的实力展现，而且是解决大都市交通紧张状况最理想的交通方式。特别是近年来，随着我国城市规模成倍扩大，基础设施落后问题显现，城市交通运输矛盾日益突出。地铁以其安全、准时、快速的优点，在拓宽城市空间、打造城市快速立体交通网络和改善城市交通环境方面发挥着越来越大的作用。

城市轨道交通是现代化大城市公共交通的骨干，主要承担城市内部中短距离的客运任务。近年来，我国城市轨道交通发展迅速，运营规模、客运量、在建线路长度、规划线路长度均屡创历史新高，城市轨道交通发展日渐网络化、差异化，制式结构多元化，网络化运营逐步实现。“十三五”时期，我国城市轨道交通运营里程稳步攀升，并且我国城市轨道运营里程数已排在全球第一位，远超德国、俄罗斯、美国等发达国家。截至2020年年末，全国(不含港澳台)累计有40个城市开通城轨交通运营，运营线路达到7969.7 km。其中，上海、北京、成都、广州、深圳和南京6个城市入榜2020年全球城市轨道交通运营里程TOP10城市榜单，并且上海、北京、成都城轨交通运营里程全球前三，上海城轨交通运营里程甚至是纽约城轨交通运营里程的2倍左右。“十三五”时期，我国在加快推进地铁建设的同时，也在不断加快其他制式轨道交通协同有效发展。根据团体标准《城市轨道交通分类》(T/CAMET 00001—2020)，城轨交通系统制式分为10类。截至2020年年末，我国(不含港澳台)已开通的城市轨道交通包括地铁、轻轨、跨坐式单轨、市域快轨、有轨电车、磁悬浮交通、自导向轨道系统和电子导向胶轮系统8种。其中，地铁运营线路长6280.8 km，占比78.82%。我国城市轨道交通能够在“十三五”时期得到快速发展也得益于创新的PPP项目。在PPP项目的助力下，“十三五”期间，全国累计完成城市轨道交通建设投资26 278.7亿元，相比“十二五”期间所完成建设投资总额的12 289亿元翻了一番还多。“十三五”期间，我国城市轨道交通年均完成建设投资5255.7亿元。2016—2021年，城轨交通运营线路长度逐年增长，2021年运营线路长度接近10 000 km，增速达15%，2021年共计新增城轨交通运营线路长度1223 km。中国内地投运城轨交通城市数量每年增加4～5个城市，截至2021年年底，中国内地累计有50个城市投运城轨交通。《“十四五”规划和2035年远景目标纲要草案》提出，“十四五”期间我国将新增3000 km城市轨道交通运营里程，由此可推算，2025年年末我国城市轨道交通运营里程数将有望突破10 000 km。同时，结合“十二五”时期及“十三五”时期城市轨道交通累计完成投资额、累计客运量等相关数据以及考虑2020年疫情的影响测算出，“十四五”时期我国城市轨道交通累计完成投资额有望达到18 188亿元，累计客运量有望达到1292亿人次。

地铁施工主要有明挖法、暗挖法和其他特殊施工方法。明挖法是指挖开地面，由上向下开挖土石方至设计标高后，自基底由下向上顺作施工，完成隧道主体结构，最后回填基坑或恢复地面的施工方法。明挖法是各国地下铁道施工的首选方法，在地面交通和环境允许的地方通常采用明挖法施工。明挖法包括敞口明挖法、基坑设置支护结构的明挖法和盖挖法。

暗挖法是在特定条件下，不挖开地面，全部在地下进行开挖和修筑衬砌结构的隧道施工办法。暗挖法主要包括钻爆法、盾构法、掘进机法、浅埋暗挖法、顶管法、新奥法等。其中尤以浅埋暗挖法和盾构法应用较为广泛，目前我国的隧道施工中采用这两种方法居多。钻爆法施工的全过程可以概括为：钻爆、装运出碴，喷锚支护，灌注衬砌，再辅以通风、排水、供电等措施。根据隧道工程地质水文条件和断面尺寸，钻爆法隧道开挖可采用各种不同的开挖方法，例如：上导坑先拱后墙法、下导坑先墙后拱法、正台阶法、反台阶法、全断面开挖法、半断面开挖法、侧壁导坑法、CD法（中隔壁法）、CRD法（交叉中隔壁法）等。盾构（shield）是一种既可以支承地层压力又可以在地层中推进的活动钢筒结构。钢筒的前端设置有支撑和开挖土体的装置，钢筒的中段安装有顶进所需的千斤顶，钢筒的尾部可以拼装预制或现浇隧道衬砌环。盾构每推进一环距离，就在盾尾支护下拼装（或现浇）一环衬砌，并向衬砌环外围的空隙中压注水泥砂浆，以防止隧道及地面下沉。盾构推进的反力由衬砌环承担。盾构施工前应先修建一竖井，在竖井内安装盾构，盾构开挖出的土体由竖井通道送出地面。掘进机法在埋深较浅但场地狭窄和地面交通环境不允许爆破震动扰动，又不适合盾构法的松软破碎岩层中采用。该法主要采用臂式掘进机开挖，受地质条件影响大。新奥法即新奥地利隧道施工方法的简称，原文是 New Austrian Tunnelling Method，简称 NATM。新奥法概念是奥地利学者拉布西维兹教授于20世纪50年代提出的，它是以隧道工程经验和岩体力学的理论为基础，将锚杆和喷射混凝土组合在一起作为主要支护手段的一种施工方法，经过一些国家的许多实践和理论研究，于60年代取得专利权并正式命名。城市轨道交通线路穿越基岩地段时，围岩具有一定的自稳能力，一般采用新奥法施工，即以喷射混凝土和锚杆作为主要支护手段，同时发挥围岩的自身承载作用，使其和支护结构成为一个完整的隧道支护体系，并可采用信息设计，即根据施工监测的数据随时调整原设计，使设计更趋合理。在我国常把新奥法称为“锚喷构筑法”。用该方法修建地下隧道时，对地面干扰小，工程投资也相对较小，已经积累了比较成熟的施工经验，工程质量也可以得到较好的保证。使用此方法进行施工时，对于岩石地层，可采用分步或全断面一次开挖，锚喷支护和锚喷支护复合衬砌，必要时可做二次衬砌；对于土质地层，一般需对地层进行加固后再开挖支护、衬砌，在有地下水的条件下必须降水后方可施工。新奥法广泛应用于山岭隧道、城市地铁、地下储库、地下厂房、矿山巷道等地下工程。浅埋暗挖法又称矿山法，起源于1986年北京地铁复兴门折返线工程，是中国人自己创造的适合中国国情的一种隧道修建方法。该法是在借鉴新奥法的某些理论基础上，针对中国的具体工程条件开发出来的一整套完善的地铁隧道修建理论和操作方法。与新奥法的不同之处在于，它是适合于城市地区松散土介质围岩条件下，隧道埋深小于或等于隧道直径，以很小的地表沉降修筑隧道的技术方法。它的突出优势在于不影响城市交通，无污染、无噪声，而且适合于各种尺寸与断面形式的隧道洞室。顶管法是直接在松软土层或富水松软地层中敷设中小型管道的一种施工方法，适用于富水松软地层等特殊地层和地表环境中中小型管道工程的施工，主要由顶进设备、工具管、中继环、工程管、吸泥设备等组成。沉管法是将隧道管段分段预制，分段两端设临时止水头部，然后浮运至隧道轴线处，沉放在预先挖好的地槽内，完成管段间的水下连接，移去临时止水头部，回填基槽保护沉管，铺设隧道内部设施，从而形成一个完整的水下通道。

特殊施工方法是指在一些特殊地段采用冻结法、化学注浆等方法加固围岩，当隧道穿过建筑物时采用基底托换等方法。为处理好地下水采用降水深层回灌等施工技术，在全国地铁施工中也得到应用，并取得了一定的效果。对于大跨度车站及折返线隧道工程，一般采用分部开挖法施工，分布开挖法包括双侧壁导坑法、中洞法、中隔壁法等，这些方法都取得了良好的施工效果。

地铁施工钢筋加工是地铁工程重要的组成部分，无论是支护、管片，还是混凝土沉管的钢筋骨架都离不开钢筋的高效加工成型，因此钢筋加工机械在地铁施工中发挥着重要作用。

24.3.2 工程用成型钢筋

地铁工程常用的成型钢筋有用于套筒连接的套丝钢筋、直条弯曲钢筋、弯弧弯曲钢筋、管片钢筋网片等。

1. 用于套筒连接的套丝钢筋

地铁钢筋续接基本以钢筋直螺纹机械连接为主，用于套筒直螺纹机械连接的带有直螺纹丝头的钢筋如图 24-17 所示。

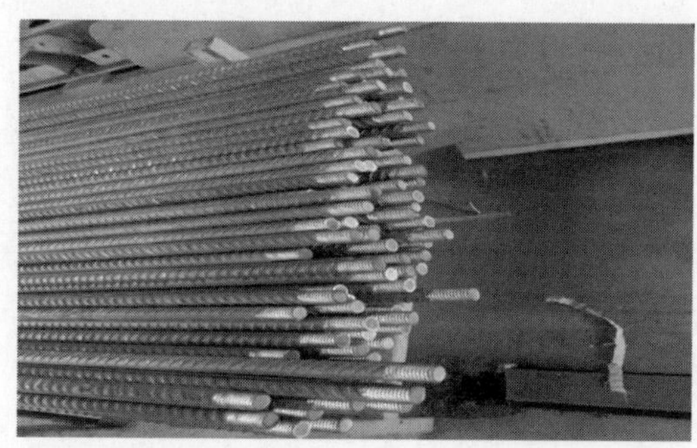

图 24-17 用于套筒连接的套丝钢筋

2. 直条弯曲钢筋

直条弯曲钢筋如图 24-18 所示，主要用于钢筋拱架和支护结构中。

图 24-18 直条弯曲钢筋

3. 弯弧弯曲钢筋

弯弧弯曲钢筋如图 24-19 所示，主要用于混凝土管片之中。

图 24-19 弯弧弯曲钢筋

4. 管片钢筋网片

管片钢筋网片如图 24-20 所示，主要用于混凝土管片之中。

图 24-20 管片钢筋网片

24.3.3 钢筋加工设备应用

地铁施工常用的钢筋加工设备有数控钢筋锯切镦粗直螺纹生产线、数控钢筋弯箍机、数控钢筋弯曲中心、数控钢筋弯弧弯曲生产线、数控钢筋平面网片成型机等。

1. 数控钢筋锯切镦粗直螺纹生产线

数控钢筋锯切镦粗直螺纹生产线主要用于加工钢筋连接直螺纹丝头，它不仅具有自动切断、螺纹加工功能，而且具有平端面和自动倒角功能。生产线的车间布局如图 24-21 所示，生产线的主要技术参数见表 24-9。

图 24-21　数控钢筋锯切镦粗直螺纹生产线车间布局图

表 24-9　数控钢筋锯切镦粗直螺纹生产线主要技术参数

参　　数	数　　值
加工钢筋直径/mm	12～40
套丝长度/mm	65
锯切线速度/(m/min)	≥60
锯条寿命/dm^2	≥500(HRB400)
锯切宽度/mm	560
长度误差/(mm/m)	±1
锯切油泵电机功率/kW	1.1
锯切冷却泵功率/W	60
锯切电机功率/kW	4
传递速度/(m/min)	90
锯切长度/mm	800～12 000
小时平均功率/(kW/h)	22

注：需要使用套筒连接的钢筋进行自动化切断套丝。

2. 数控钢筋斜台式弯曲中心

数控钢筋弯曲中心主要用于弯弧弯曲钢筋加工。数控钢筋斜台式弯曲中心的车间布局如图 24-22 所示，其主要技术参数见表 24-10。

图 24-22　数控钢筋斜台式弯曲中心

3. 数控钢筋弯弧弯曲生产线

数控钢筋弯弧弯曲生产线主要用于弯弧弯曲钢筋加工。数控钢筋弯弧弯曲生产线如图 24-23 所示，其主要技术参数见表 24-11。

4. 数控钢筋平面网片成型机

数控钢筋平面网片成型机主要用于管片钢筋网片加工。数控钢筋平面网片成型机的结构如图 24-24 所示，其主要技术参数见表 24-12。

表 24-10　数控钢筋斜台式弯曲中心主要技术参数

<table>
<tr><th>参　　数</th><th colspan="3">数　　值</th></tr>
<tr><td>设备尺寸/(mm×mm×mm)</td><td colspan="3">～12 000×2250×1025</td></tr>
<tr><td>弯曲速度/(r/min)</td><td colspan="3">8～10</td></tr>
<tr><td>弯曲机移动速度/(m/s)</td><td colspan="3">0.4～1.2</td></tr>
<tr><td>工作台倾斜角度</td><td colspan="3">0°～15°(可调节)</td></tr>
<tr><td>电源</td><td colspan="3">380 V/50 Hz</td></tr>
<tr><td>总功率/kW</td><td colspan="3">24</td></tr>
<tr><td>小时平均功率/(kW/h)</td><td colspan="3">12</td></tr>
<tr><td>总重量/kg</td><td colspan="3">6500</td></tr>
<tr><td>气源工作压力/MPa</td><td colspan="3">0.6</td></tr>
<tr><td rowspan="2">最大弯曲角度</td><td>上弯曲 0°～180°</td><td rowspan="2">最小曲边尺寸/mm</td><td>$\phi12$</td></tr>
<tr><td>下弯曲 0°～120°</td><td>1100</td></tr>
<tr><td>弯曲边最短长度/mm</td><td>80</td><td>最大曲边尺寸/m</td><td>11</td></tr>
</table>

续表

参数	数值											
最小弯曲钢筋长度/mm	1250											
双向弯曲(上弯曲或下弯曲)钢筋直径/mm	10～32				单向弯曲(上弯曲)钢筋直径/mm				36～40			
弯曲钢筋直径(HRB400)/mm	10	12	14	16	18	20	22	25	28	32	36	40
弯曲根数/根	8	7	6	6	5	4	3	3	2	2	1	1

图 24-23　数控钢筋弯弧弯曲生产线

表 24-11　数控钢筋弯弧弯曲生产线主要技术参数

参数		数值
加工钢筋直径(单根)/mm		12～32
最大弯曲角度	上弯曲	0°～180°
	下弯曲	0°～120°
弯曲速度/[(°)/s]		48～72
弯曲边最短长度/mm		180
最小曲边长度 L/mm		1400
中心轴直径($2R$)/mm		120,105,80,75,57
气源工作压力/MPa		0.6
总功率/kW		15
小时平均功率/(kW/h)		6

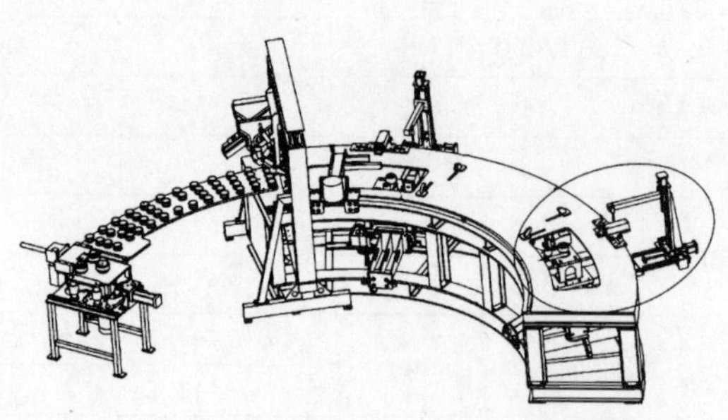

图 24-24　数控钢筋平面网片成型机结构

表 24-12　数控钢筋平面网片成型机主要技术参数

参数	数值
焊接速度/(排/min)	20～30
最大主筋直径/mm	22
最大拉筋直径/mm	22
焊接钢筋直径/mm	10～22
工作环境温度/℃	0～40
电动机功率/kW	70(焊接变压器容量 160 kV·A)

24.3.4　选型原则和选型计算

选型原则同 24.2.4 节。

选型计算主要根据需求量和班产量计算设备需求数量,下面以数控钢筋弯弧弯曲生产线为例进行介绍。

设某项目要求年产 20 000 t,采用 YFHQ32 型数控钢筋弯弧弯曲生产线。YFHQ32 型数控钢筋弯弧弯曲生产线的性能参数如下。

(1) 数控钢筋弯弧弯曲生产线处理量 $Q=$ 800 kg/h。

(2) 工作时间为每天每台 16 h。

(3) 每天的最大需求量(全年按 300 天工作日)为 20 000÷300 t/d=66.7 t/d。

计算:

单日最大加工需求量所需数控钢筋弯弧弯曲生产线的台数为 66.7×1000÷800÷16 台=5.21 台,故取 5 台。

5 台设备一年最大加工数量(按 300 日计算)为 800×16×5×300÷1000 t=19 200 t。基本可以满足项目所需钢筋加工能力要求。

24.3.5　常见问题与注意事项

数控加工设备使用及注意事项如下。

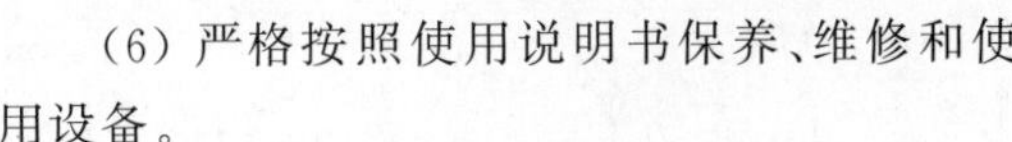

（1）生产线设备安装时四周应有足够的作业加工空间，以便保证操作使用的安全便利，安装时地面要平整，使设备底脚确实着地。

（2）操作者应经培训合格后方可上岗操作，设备开机前应检查机器在运输过程中零部件是否破坏或松动，电气接线是否可靠，主电机应接地。

（3）设备首次开机应先进行 10～20 min 空载运转，检查各部位有无异常噪声和异常现象。

（4）根据地铁施工所需加工产品的规格尺寸，在设备两侧安装接料装置。

（5）严禁超负荷使用设备。

（6）严格按照使用说明书保养、维修和使用设备。

24.3.6　工程应用案例

1. 地铁施工钢筋加工中心

地铁施工钢筋加工中心主要集中加工地铁用带直螺纹丝头钢筋、直条弯曲成型钢筋、弯弧弯曲钢筋和管片钢筋网片，所用钢筋加工设备包括数控钢筋锯切直螺纹生产线、数控钢筋斜台式弯曲中心、数控钢筋弯弧弯曲生产线、数控钢筋平面网片成型机等。地铁施工钢筋加工中心如图 24-25 所示。

图 24-25　地铁钢筋加工中心图片

2. 中铁隧道集团二处钢筋加工配送在青岛地铁建设中的应用

1）工程概况

青岛市地铁 1 号线工程是青岛市重点工程，工程线路长，施工站点多，工程质量要求高。作为工程中重要一环，钢筋加工质量的好坏将直接影响工程质量。青岛市地铁 1 号线工程土建一标黄岛段线路全长 13.62 km，共设明挖车站 7 座、暗挖车站 3 座；明挖区间长 0.29 km，暗挖区间左右线合计长 6 km，TBM 区间长度左右线合计 9.9 km，盾构区间长度左右线合计 5 km。黄岛段钢筋使用主要为车站及明、暗挖区间，加工总量约 7.7 万 t，月平均加工吨位约 3000 t，峰值月加工吨位约 5000 t。加工种类有钢筋笼、钢拱架、格栅拱架、钢筋网片、衬砌钢筋等。

2）集中加工配送实施措施

参照成型钢筋的加工量与规格种类，就成型钢筋集中加工厂的设置进行了策划，具体实施如下。

（1）厂房设置。集中加工厂设置于青岛地铁 1 号线黄岛段线路的中部，使配送距离距加工厂均在 15 km 以内，方便成型钢筋的配送。钢筋集中加工厂厂房采用彩钢结构，厂房跨度为三跨，单跨宽度为 21 m，长度为 93 m，面积为5860 m^2。厂房大门设置为6 m，内部通行道路宽 4.5 m，原材、成品及半成品吊装采用天车，每跨设置 5 t、10 t 天车各 1 台。

(2) 设备配套。根据加工任务及成型钢筋类型，加工厂配置了先进的自动化加工设备，具体配置清单见表 24-13。

表 24-13 加工设备配置清单

序号	机 械 名 称	型号规格	数量	使用部位或用途
1	钢筋笼滚焊机	HL1500C-12	1	钢筋笼
2	钢筋笼滚焊机	HL1500C-20	3	钢筋笼
3	数控钢筋网焊接生产线	GWCZ1500	1	钢筋网片
4	数控钢筋调直机	GT5-12W	1	网片钢筋下料
5	格栅自动焊接生产线	GJ1800	2	钢筋格栅
6	钢筋弯弧机	WH32C	2	钢筋弯曲
7	数控冲剪机	MTC20	1	钢板、角钢下料
8	数控钢筋弯箍机	WGZ12B	1	格栅 Z 字筋下料
9	棒材钢筋剪切生产线	XQ120	1	钢筋下料
10	数控立式钢筋弯曲中心	G232E-2	1	钢筋弯曲
11	数控钢筋弯箍机	WG12E-1	2	钢筋弯箍
12	直螺纹滚丝机	HGS-40	10	钢筋滚丝
13	等离子切割机	CG1-30	1	钢板下料
14	二保焊机	NBC-500	10	钢筋笼焊接
15	交流电焊机	BX1-500	10	钢筋焊接
16	冷弯机		1	型钢弯曲
17	叉车	5 t	1	厂内倒运
18	天车	5 t	3	厂房内吊运
19	天车	10 t	3	厂房内吊运
20	地磅		1	称重

(3) 管理团队。加工厂配备经理 1 名，设置五部一室，即工程部、物机部、安质部、工经部、财务部和办公室，实现对加工厂的管理。

(4) 物资管理。材料应根据用量大小、使用时间分期分批进场，减少场地占用；施工现场各种工具、构件、材料的堆放必须按照策划规定的位置放置。成品、半成品的堆放位置应选择适当，便于运输和装卸，应减少二次搬运，按照品种、规格堆放，并设明显标牌，标明名称、规格和产地等。

(5) 技术管理。委托有资质的第三方检测公司对原材、成品进行检验，并出具检验报告，原材检验合格方可加工使用，成品检验合格方可出场；同时技术管理部门负责产品信息化工作，做到出场的每件成品便于查证。

(6) 生产组织。钢筋集中加工厂负责从原材料接收、检验、加工直至配送至各施工工区的全过程，对成型钢筋的加工质量负责。

(7) 配送管理。采用集中配送方式，由加工厂根据任务类型和配送量大小配置运输车辆，可大大节约各工区运输成本。加工厂与各工区根据运距签订钢筋集中加工配送合同，每月由钢筋加工厂计划管理人员与各工区完成配送费用的确认。

3）集中加工配送的创新与效益

（1）信息化。信息化技术使成型钢筋加工过程可追溯。每个成型钢筋成品件上均配备了带有二维码的标识牌，如图 24-26 所示。各层级的管理人员通过扫描二维码即可知该成型钢筋的原材料进场文件、出厂合格证、出厂检验报告、原材产品质量书、原材物理性能检测报告等一系列信息。

图 24-26　成型钢筋标识牌

（2）有效提高成型钢筋加工质量。原有成型钢筋加工模式为施工工地现场设置加工棚，采用最为原始的加工设备和加工手段进行加工，人员更换频繁，设备自动化程度低，场地受限等，这些因素都制约着成型钢筋的加工质量。而采用工厂化的集中加工模式，加工厂将配套自动化的钢筋加工设备，配备健全的项目管理团队、培养并稳定一线作业人员，从而有效保障成型钢筋的加工质量。

（3）大幅降低成型钢筋的加工成本。采用集中加工模式相较于分散式加工模式，在同等产能的情况下，厂房建设面积、自动化设备配置、管理团队规模、作业人员数量、加工单价等将大幅度下降；同时，由于采用集中加工模式，在原材的使用上将更加节俭有效，避免浪费，大幅降低材料的损耗率。经过测算，相较于分散式加工，废料率能控制在 2.5%以内；如果引入 BIM 技术进行统筹放样与加工，废料率将控制在 1%以内。

（4）更利于配置自动化的加工设备。采用集中加工模式可以将原本手工作业的工序或简易设备加工的工序通过配置自动化设备省去，减少人员配置和人工干预，从而确保成型钢筋的加工质量。经测算，集中加工模式配置自动化设备的总费用与分散加工各工区的简易设备配置费基本持平。

（5）更利于生产过程的安全规范。集中加工模式在生产厂区的规划、人员机构配置、设备配置等方面更规范，可以方便地建立起产品的安全管理制度、质量管理制度、生产管理制度等各种规范性的管理制度，更利于制度的执行落地，确保成型钢筋的加工质量和现场管理的安全、规范。

4）结论

成型钢筋的集中加工与配送是施工行业发展的必然要求，也符合我国发展绿色建筑的需要，是未来建筑业的发展方向。目前，我国钢筋集中加工配送还存在一定的认知差异，但是随着企业用工成本的提升，工程质量要求提高，成本压力增加、征地建厂困难等制约因素增多，成型钢筋集中加工配送将会迎来较大的发展空间，成为工程建设领域的一种常态。

3. 中铁十七局钢筋加工配送中心在青岛地铁项目的应用

由中铁十七局青岛地铁项目承建的钢筋加工配送中心顺利通过青岛市建材办经营备案工作，标志着该加工配送中心今后不仅可以在青岛地铁内部供应，而且可以在青岛市整个建筑市场大规模运营、生产和配送。该加工配送中心成为中国铁建系统首家、青岛市第 2 家拥有生产运营钢筋加工产品的独立厂家，中铁十七局集团在青岛区域的经营发展翻开了新的篇章。十七局集团钢筋加工配送中心的建成并投产，不仅为企业转型发展开辟了一条新的路径，而且代表着中国钢筋集中加工配送发展的方向，具有广泛的现实意义。

1）加工配送中心概况

加工配送中心钢筋加工厂房占地 5000 m^2，拥有数控设备 11 台（套）；在承担中国铁建青岛地铁 2 标所属 10 个工区的桩基钢筋笼、钢格栅、钢筋网片及结构钢筋的集中加工配送任务的同时，具备向青岛建筑市场输送钢筋笼、钢筋格栅、钢筋网片以及车站主体钢筋的加工配送能力，预计年生产能力达 60 000 t。

2）传统钢筋加工方式和加工配送模式对比

如果按照传统的方法设置钢筋加工厂，1个工点建1个加工厂，每个加工厂设置存料、加工和存放等基本区域，至少需要200 m² 土地。中国铁建青岛地铁2标在建的10个工区共35个工点，至少需要占地7000 m²，而建立钢筋加工配送中心占地面积不到5000 m²，光土地租赁支出一项就节约不少费用。

如果从钢筋加工产品的“附加值”加工成本来考虑，加工配送中心更体现出较大的优势。下面以用1 t钢筋来加工地铁隧道初期支护所用的网片为例进行说明。

如果在加工配送中心加工，由于采用大规模生产，钢筋损耗很小，基本上能达到1 t钢筋生产出1 t网片。1名工人采用电阻热熔的方式焊接，1天工作8小时能加工出1 t网片。这名工人1天的工资约为180元，加工1 t网片耗电约150元，设备折旧费、管理费等其他费用约160元，1 t网片运输到10 km以内的施工现场费用为50元。也就是说，在加工配送中心生产1 t网片的价格约为540元。

如果在现场加工，1名工人采用电焊条的方式焊接，1天工作8小时只能加工网片200～300 kg，加工1 t网片需要的时间约为加工配送中心工人的3.5倍；聘用专业焊工的工资一天约为200元，电焊机折旧及其他费用约100元。也就是说，加工1 t网片需要的费用约为800元。不仅如此，桩基钢筋笼、钢格栅等钢筋产品的加工，同样体现出加工配送中心的优势。

钢筋加工配送中心的作用除增加附加值外，更体现在对钢筋加工产品质量控制和处理钢筋边角料上发挥着集约性优势。采用先进的机械设备和施工工艺，在加工配送中心加工钢筋，对产品的长度、弯折角度和形状等都有很好的保证。过去，钢筋加工厂或者现场加工剩余的钢筋边角料都当成废品处理，而加工配送中心可以集中、有效地变废为宝。比如，常被当成废品处理的50 cm以内的钢筋，在加工配送中心可以经加工用作钢格栅上的U型加强筋，大大减少了浪费。

由于节省施工占地，加工配送中心的建立改变了过去施工现场紧张、杂乱、狭窄等一系列难题，保持了现场的文明施工。同时，排除了钢筋加工制作存在的众多安全隐患，确保了文明安全、标准化施工，更能体现出企业良好的形象。

3）未来发展

在未来的发展中，钢筋加工配送中心将进一步采用新型机械设备，实现数控自动化，在质量控制和生产效率方面不断提升；提高工人熟练度，实行专业化、标准化作业；改进施工工艺，形成高效率、合理化的工艺流程，降低钢筋损耗。针对某些钢筋加工品种、型号不一致的问题，加工配送中心还将与业主、设计院等沟通协调，统一钢筋加工品种、类型等，统一钢筋加工模具，提高自动化程度。

加工配送中心还将在产品定制上探索新的路径，通过与钢材厂家协商，要求其根据施工现场需求定制出他们所需要的钢材类型，有效地避免浪费和节约加工费用。

24.4 钢筋加工机械在桥梁工程中的应用

24.4.1 概述

桥梁是指架设在江河湖海上，使车辆、行人等能顺利通行的构筑物。为适应现代高速发展的交通行业，桥梁亦引申为跨越山涧、不良地质或满足其他交通需要而架设的使通行更加便捷的建筑物。中国自改革开放以来，随着经济不断发展，桥梁建设事业取得了巨大进步。鸟瞰中国大地，一座座大桥跨越江河湖海、深山峡谷，变天堑为通途。很少有人想到，20多年前，中国能否修建跨径400 m的桥梁还在广受质疑，如今跨径超千米的大桥已不稀奇。世界最大（长）跨径悬索桥、斜拉桥、钢拱桥、跨海大桥的前十座，中国均占据半壁江山乃至更多。顺应高速公路、高速铁路、山区铁路、海岛开发的建设需要，新世纪以来我国桥梁建设不断向大跨、重载、轻型、新材方向发展，高铁桥梁、大跨公路桥梁、跨海大桥等不断刷新着世界纪录。

目前中国大陆桥梁总数已经达130万座，居世界首位，是桥梁大国，但不是桥梁强国。截至2020年我国公路桥梁数量已达到91.28万座，其中特大桥梁(多孔跨距总长大于1000 m)6444座，大桥(100 m≤多孔跨距总长≤1000 m)119 935座，公路桥梁累计长度6628.55万延米，高铁桥梁累计长度超过10 000 km，桥梁已成为中国建造的亮丽名片。交通运输部总工程师周伟在2017中国桥博会开幕式上表示，目前在世界上已建成的主跨跨径前10座的斜拉桥、悬索桥、拱桥和梁式桥中，我国分别占有7座、6座、6座和5座。中国的桥梁事业已融入了世界桥梁事业的整体发展格局，正在成为中国"走出去"的新名片。近年来我国铁路桥梁建设取得重大进展。2020年全国铁路营业里程达到14.63万km，其中高铁3.8万km，预计2030年将达到4.5万km，形成"八纵八横"高速铁路网。铁路建设市场广阔，桥梁领域大有可为。国家铁路局将加快推进桥梁领域新技术、新装备、新材料、新工艺的研发和应用，实现铁路持续健康绿色发展。

桥梁施工用钢筋的加工有直条钢筋螺纹丝头加工、直条钢筋弯折、钢筋笼成型、箱型梁盖板底板侧板钢筋骨架成型、双T型梁钢筋骨架成型和桥墩异型筋成型等，钢筋加工设备对钢筋成型加工的质量和效率具有重要影响。除了调直切断、切断、弯曲、弯箍、螺纹加工等单机加工设备外，目前螺纹自动加工生产线、全自动钢筋笼焊接生产线、桥墩钢筋笼绑扎部品化成型、箱型梁盖板钢筋焊接机器人等智能化钢筋加工设备已逐渐得到应用。

24.4.2　工程用成型钢筋

桥梁施工常用的钢筋有：桥梁骨架筋、钢筋笼、U型筋、螺旋筋、加工定位网片、异型筋、双T梁骨架筋、盖梁骨架筋等。

1. 成型桥梁骨架筋、U型筋

桥梁按照受力特点划分，有梁式桥、拱式桥、刚架桥、悬索桥、组合体系桥(斜拉桥)五种基本类型。成型桥梁骨架筋、U型筋主要用于桥面箱型梁钢筋骨架成型中，其形状如图24-27所示。

(a)

(b)

图24-27　成型桥梁骨架筋、U型筋
(a) 骨架筋；(b) U型筋

2. 成型钢筋笼

桥梁基础桩和桥墩的钢筋骨架主要是钢筋笼，成型钢筋笼有圆形和长方形两种，桩基钢筋笼多为圆形，桥墩钢筋笼多为长方形，如图24-28所示。

3. 螺旋筋

螺旋筋主要用于箱梁预应力筋锚固端，其形状如图24-29所示。

4. 定位网片

定位网片钢筋如图24-30所示。

5. 异型筋

异型筋如图24-31所示。

(a)

(b)

图 24-28 成型钢筋笼
(a) 圆形；(b) 长方形

图 24-29 螺旋筋

24.4.3 钢筋加工设备应用

桥梁施工常用的钢筋加工设备有数控钢筋弯箍机、数控钢筋弯曲机(包括卧弯、立式弯和斜面弯)、数控钢筋笼滚焊机、钢筋笼绕筋机(也称地笼机)、钢筋螺纹加工生产线(包含剥肋滚压直螺纹加工生产线和镦粗直螺纹加工生产线)、盖梁骨架焊接机器人、自动焊弯圆机、智能钢筋自动剪切生产线、钢筋调直切断机、自动弯弧机、定位网片自动焊接机、数控斜面式钢筋弯曲中心等。

图 24-30 定位网片钢筋

图 24-31 异型筋

1. 数控钢筋笼滚焊机

数控钢筋笼滚焊机是钢筋笼成型的专业化加工机械，加工钢筋笼的直径范围为 400～3000 mm，钢筋直径 12～50 mm，箍筋间距可自动调节。数控钢筋笼滚焊机如图 24-32 所示，其主要技术参数见表 24-14。

图 24-32　数控钢筋笼滚焊机

表 24-14　YFM1500 数控钢筋笼滚焊机主要技术参数

设备基本参数		备　　注
钢筋笼直径/mm	300～1500	
钢筋笼长度/m	12	可定制加长
两盘最大间距/m	14	随定制长度变化
钢筋笼最大重量/kg	4500	
主筋直径/mm	12～40	
盘筋直径/mm	5～16	
绕筋间距/mm	50～500	无级可调
主机旋转转速/(r/min)	5～30	无级可调
移动盘行走速度/(mm/min)	300～1600	无级可调
额定总功率/kW	15	
电源	380 V/50 Hz	
液压站压力/MPa	4～10	固定调整
主机外形尺寸/(m×m×m)	27.5×5.5×3	
整机重量/kg	12 500	
基本配置及品牌		
液压站	华德(国内名牌)	外置独立液压站,便于维修
电控系统	汇川(国产名牌)	进口编码器,稳定性好
盘筋放线架	承重 2500 kg	
弯弧机弯制钢筋范围	ϕ16～ϕ32 mm	

注：桥梁墩柱钢筋笼自动成型。

2. 数控钢筋弯曲机

数控钢筋弯曲机是钢筋折弯的专业化钢筋加工机械，主要用于 U 型筋、异型筋和桥梁骨架筋，加工设备主要有双机头卧式弯曲生产线、双机头立式弯曲生产线、四机头立式弯曲生产线、五机头立式弯曲生产线和双机头斜面式弯曲生产线等。其中五机头立式弯曲生产线如图 24-33 所示，其主要技术参数见表 24-15。

图 24-33　五机头立式弯曲生产线

表 24-15　GWXL5-25 五机头立式弯曲生产线主要技术参数

参　　数	数　　值							
弯曲角度	0°～180°							
弯曲速度/[(°)/s]	54							
最小短边尺寸/mm	230							
供料台承载能力/kg	2000							
供料台速度/(m/min)	4.75							
总功率/kW	10							
外形尺寸/(mm×mm×mm)	8040×2276×1570							
加工能力(HRB400)	ϕ10 mm	ϕ12 mm	ϕ14 mm	ϕ16 mm	ϕ18 mm	ϕ20 mm	ϕ22 mm	ϕ25 mm
	9 根	7 根	6 根	5 根	3 根	2 根	1 根	1 根

3. 智能自动焊钢筋弯圆机

智能自动焊钢筋弯圆机主要用于钢筋笼加强筋的加工，实现“弯圆、焊接、切断”三步数控自动加工，精度可控制在±3 mm 以内。自动找零点位置、穿筋位置、焊接位置、切割位置，操作智能、方便、省时。伺服电机控制移动全自动焊接，传动速度 80 cm/min，有效控制了一次成型合格率。设备操作简单，只需一人操作。精度准、速度快、效率高。智能自动焊钢筋弯圆机如图 24-34 所示，其主要技术参数见

表 24-16。

图 24-34 智能自动焊钢筋弯圆机

表 24-16 智能自动焊钢筋弯圆机主要技术参数

参数	数值	
	KBWY-2000	KBWY-2500
弯曲范围/mm	ϕ16～ϕ32	ϕ16～ϕ36
钢筋圈范围/mm	ϕ800～ϕ2000	ϕ800～ϕ2500（可定制）
弯曲速度/(mm/min)	25 000	
弯曲电机功率/kW	2.09(伺服电机+行星轮减速机)	
切断电机功率/kW	4	
焊机型号	NBC500	
外形尺寸/(mm×mm×mm)	2000×1800×2800	
重量/kg	2000	2500

4. 智能钢筋自动剪切生产线

智能钢筋自动剪切生产线用于较粗直径钢筋的定尺切断加工，可接入智能化 MES 钢筋加工管理软件，实现网络远程控制，远程下单，远程操作；具有二维码订单录入功能，既可提高速度又可降低出错率，可提高生产效率10%以上；剪切线定尺精度高、传送效率高、高效可靠；成品收集采用多种仓储方式，减少对现场起重设备的使用和依赖。生产线增加自动分拣上料、选配原料预排料系统，工作效率提高 30%，在加工大直径、大批量钢筋时更容易体现出其优越性。同一种规格批量大时用剪切线可以同时多根剪切，效率明显提高。智能钢筋自动剪切生产线如图 24-35 所示，其主要技术参数见表 24-17。

图 24-35 智能钢筋自动剪切生产线

表 24-17 GQX300 智能钢筋自动剪切生产线主要技术参数

参数		数值
剪切力/kN		2400
切刀宽度/mm		300
剪切频率/(次/min)		15
辊道输送速度/(m/min)		50
原料最大长度/mm		12 000
剪切长度范围/mm		300～12 000
剪切长度误差/mm		±2
工作气压/MPa		0.4～0.7
液压系统最大工作压力/MPa		25
总功率/kW		32
设备尺寸/(mm×mm×mm)		25 000×3500×2000
剪切数量/根（$\sigma_b \leqslant$ 570 MPa）	ϕ40 mm	5
	ϕ32 mm	7
	ϕ25 mm	9
	ϕ20 mm	12
	ϕ16 mm	14
	ϕ12 mm	22
订单录入加工方式		直接输入、二维码扫描录入、远程联网下单，支持多任务加工

5. 定位网片自动焊接机

网片自动焊接机是加工定位网片的专业化加工设备，其外形如图 24-36 所示。

6. 数控斜面式钢筋弯曲中心

数控斜面式钢筋弯曲中心是用于加工螺

图 24-36　定位网片自动焊接机

旋钢筋和大边距弯曲筋的专业化加工设备，其外形如图 24-37 所示。

图 24-37　数控斜面式钢筋弯曲中心

24.4.4　选型原则和选型计算

选型原则同 24.2.4 节。

选型计算主要根据需求量和班产量计算设备需求数量，下面以数控钢筋笼滚焊机为例进行介绍。

设某项目要求年产 30 000 t，采用 YFM2000 型数控钢筋笼滚焊机。YFM2000 型数控钢筋笼滚焊机的性能参数如下。

(1) 数控钢筋笼滚焊机加工效率为 $Q=3000$ kg/h。

(2) 工作时间为每天每台 8 h。

(3) 每天的最大需求量(全年按 300 天工作日)为 30 000÷300 t/d=100 t/d。

计算：

单日最大加工需求量所需数控钢筋笼滚焊机的台数为 100×1000÷3000÷8 台=4.17 台，故取 4 台。

4 台设备一年最大加工数量(按 300 天计算)为 3000×8×4×300÷1000 t=28 800 t。基本可以满足年度加工能力要求。

24.4.5　常见问题与注意事项

数控加工设备使用及注意事项如下。

(1) 钢筋加工设备安装时四周应考虑钢筋加工成型时的运动空间，要保证所加工钢筋有足够的安全距离，以便保证操作使用的便利和安全。设备安装时地面要硬化平整，使设备底脚确实着地。

(2) 开机前应检查机器在运转过程中零部件是否破坏或松动，电气接线是否可靠，主电机应接地。

(3) 设备首次开机先进行 10～20 min 空载运转，检查各部位有无异常噪声和异常现象。

(4) 根据所加工成型钢筋产品的规格尺寸，在设备两侧安装成品收集和储存摆放装置。

(5) 严禁超负荷、超能力使用设备。

(6) 严格按照设备使用说明书保养、维修和使用设备。

24.4.6　工程应用案例

1. 桥梁施工钢筋加工中心

桥梁施工钢筋加工中心主要集中加工桥梁用骨架筋、钢筋笼、U 型筋、螺旋筋、定位网片、异型筋、双 T 梁骨架筋、盖梁骨架筋等，所用钢筋加工设备包括数控钢筋锯切直螺纹生产线、数控钢筋弯箍机、钢筋调直切断机、数控钢筋弯曲机(包括卧弯、立式弯和斜面弯)、数控钢筋笼滚焊机、钢筋笼绕筋机、盖梁骨架焊接机器人、自动焊弯圆机、智能钢筋自动剪切生产线、自动弯弧机等。桥梁施工钢筋加工如图 24-38 所示。

图 24-38　桥梁施工钢筋加工

2. 公路桥梁钢筋加工中心设备布局图

公路桥梁钢筋加工中心的设备布局图如图 24-39 所示。

3. 铁路桥梁钢筋加工中心设备布局图

铁路桥梁钢筋加工中心的设备布局图如图 24-40 所示。

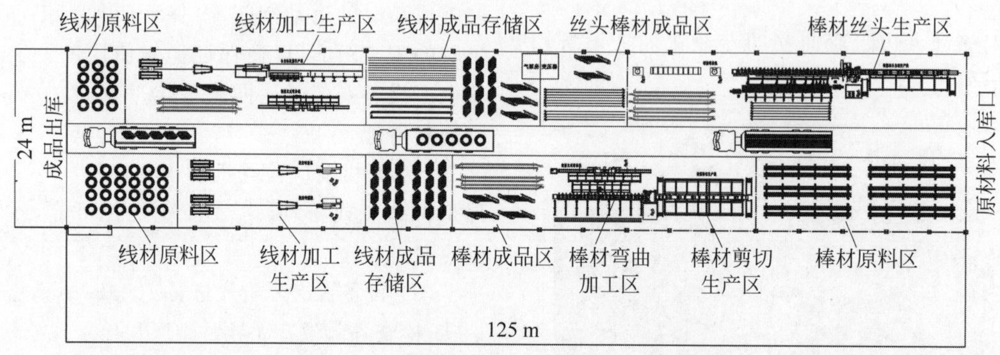

图 24-39　公路桥梁钢筋加工中心设备布局

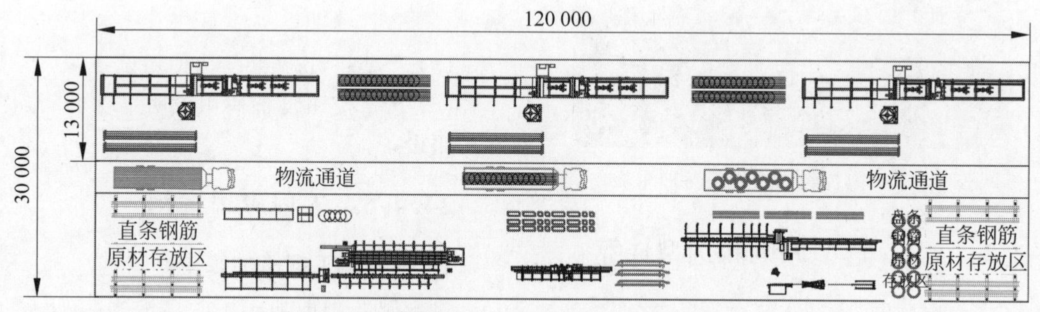

图 24-40　铁路桥梁钢筋加工中心设备布局

4. 智能钢筋螺纹加工生产线在桥梁工程中的应用

随着道路交通桥梁工程的日益大型化，桥梁工程施工标段钢筋加工体现出大型综合化，智能钢筋机械化配套设施的引进及有效使用对钢筋半成品加工质量及成本控制至关重要，与常规设备的流程化工序施工比较，不仅提高了施工效率和加工质量，而且有效降低了成本，为工程主体标准化施工提供了坚实的保障。

在大型综合工程施工中，智能钢筋螺纹加工生产线的使用对钢筋笼的制作及竖向钢筋的连接生产发挥着重要作用。它根据设计需求，对不同型号的钢筋进行锯切、镦粗、套丝、打磨，按工序流程的独立模块化加工，实现流水线生产一体化作业。下面结合中铁隧道集团一处有限公司在昆明某高速公路项目的使用情况，从设备构造、生产流程、质量情况、经济性等方面进行阐述。

1）工程概况

云南昆明至倘甸高速公路某标段项目位于昆明市五华区，标段起点主线里程K0+000，位于西三环普吉立交东侧，终点暂定里程为K6+500，位于桃园小村东北侧；另包含支线普吉立交及西三环改造工程，全长约10 km，主要工作量为路基、桥梁工程，路基多为高挖深填；主要桥梁结构物5座，立交互通2处；钢筋锯切、镦粗、打磨、清扫生产总量26 482.78 t，主要规格分别为HPB300型钢筋2566.91 t，HRB300型钢筋61.20 t，HRB400型钢筋15 930.69 t，HRB500型钢筋7923.98 t。

2）智能钢筋螺纹加工生产线的构造及原理

智能钢筋螺纹加工生产线如图24-41所示，主要由自动送料线、锯床、提升分料一体机、镦粗套丝打磨模块、钢筋输送线、储料仓、控制单元等组成。各工位按钢筋锯切、镦粗、套丝、打磨、清扫等工序独立完成作业；采用PCL控制集成模板发出相应指令，通过电控与气动相结合的方式完成相应部位钢筋生产流水作业，使得整个生产过程形成智能化螺纹加工生产线。

图24-41 智能钢筋螺纹加工生产线

3）智能钢筋螺纹加工生产流程

智能钢筋螺纹加工生产线生产流程为：钢筋自动送料—定尺—镦粗—套丝—打磨—清扫—自动收料—寻找仓位—分级储料；从钢筋送料至分级储料共8个环节、4道工序，每道环节按照设定的时间完成流水作业，如图24-42所示。

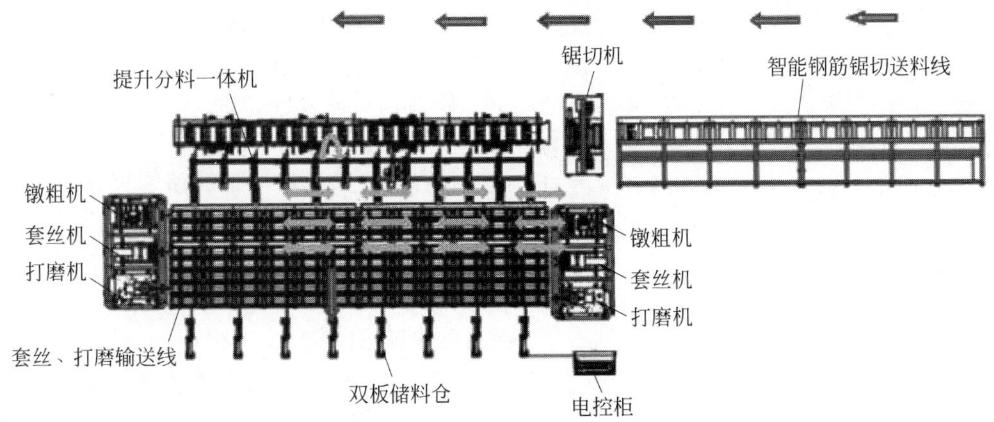

图24-42 智能钢筋螺纹加工生产线生产流程

(1) 钢筋锯切

钢筋锯切生产是钢筋配料—自动送料—端面齐平—定尺锯切的过程,根据施工设计图及设备参数列表,选择对应型号钢筋数量,设定技术参数(端头锯切长度、需求长度),通过自动控制系统完成生产。

钢筋锯切生产过程中,操作人员配料时应对变形严重的原材料进行校正处理或剔除,否则在后续钢筋传送中易出现卡停故障,需要人工协助处理,并且会影响镦粗、套丝设备的使用寿命。其次,应对锯切运行状态进行观察及对废料及时进行清理。

(2) 钢筋镦粗

钢筋镦粗生产即锯切完成后的半成品—传送(单根提升、料槽输送)—镦粗的过程,本作业单元根据设计及业主要求进行配置,未作强制要求镦粗时,从降低设备购置成本方面考虑,可以减少本单元;同时,结合现场布置情况,更好地优化作业场地及空间面积。

(3) 钢筋套丝

钢筋套丝生产如图 24-43 所示,它是镦粗完成后的半成品—传送(料槽输送)—套丝的过程,套丝作为一个独立单元,通过电气控制系统实现了集钢筋夹紧、定位、机头自动行走与后移为一体的生产流程,按不同型号钢筋设计规范值进行作业;通过智能控制,生产出的半成品在丝牙数量、止规通规检验通过率方面均达到设计要求。

图 24-43 钢筋套丝生产

在套丝生产前,操作人员应做好日常巡检,对滚丝轮、刀具等进行调整、校正,对机头进给行程进行仔细测量,避免出现丝牙数量的不一致;生产过程中,定时做好循环冷却液、易损件磨损检查,以及变形钢筋夹紧装置偏差对齐的观察,避免不合格产品出现。

(4) 钢筋端面打磨

钢筋打磨清扫是套丝后的半成品—传送(料槽输送)—打磨—清扫的过程。打磨、端面清扫为一个单元,通过控制系统对钢筋半成品进行定位、夹紧作业,按时间先后顺序完成钢筋端头打磨及残留物的清扫。

在生产过程前,应校核定位面与旋转刀的相对位置,根据钢材材质的硬度适当调节。一般情况下二者的间距控制在 1～2 mm 之间。调节过少,丝头端面打磨不平整;调节过多,易造成旋转刀片损伤。还需定期检查刀具、清洗钢刷等易损件的磨损情况。

4) 加工质量分析

(1) 不合格率抽样检查

结合云南某标段高速公路智能钢筋加工设备前期使用情况,对半成品定期抽样 5 组(400 根/组),每组随机抽样 200 根进行质量检查,按钢筋丝头加工质量验收规范对不合格产品进行统计,计算产品合格率(95%以上为合格),如表 24-18 所示。由该检查表可以看出智能钢筋螺纹加工设备使用性能及产品加工稳定性,该表同时可以反映出操作人员技术水平对钢筋加工质量的影响程度。

表 24-18　半成品不合格率抽样检查表

检查项目	不合格数					合计	抽查总量	不合格率/%
	4月1日	4月8日	4月15日	4月22日	4月28日			
长度偏差	1	1	11	2	10	25	1000	2.50
直径偏差	2	1	6	1	5	15	1000	1.50
丝头破损	0	1	2	0	2	5	1000	0.50
端面平整度	0	1	0	3	0	4	1000	0.40
其他	0	1	0	0	0	1	1000	0.10
合计						50		5.00

(2) 不合格点质量分析

通过抽样检查，对不合格点产品通过排列图法进行技术分析，如表 24-19、图 24-44 所示。智能钢筋加工设备生产中的不合格产品主要受长度偏差、直径偏差、丝头破损、端面平整度等因素影响。其中，主要影响因素 A 类(0～80%)为长度、直径偏差。结合表中数据分析，尺寸偏差表现相对集中，体现在滚丝轮更换安装、刀具进给行程调整不当导致不合格产品出现；次要因素 B 类(80%～90%)为丝头破损，此类不合格点的发生通常是操作人员对滚丝轮、刀具等易损件更换不及时；一般因素 C 类(90%～100%)表现为打磨刀具、钢刷的调整与磨损件更换方面的不及时。因此，在日常生产中，应重点对主要因素进行控制，进一步提高产品合格率，使设备最大程度发挥综合效益。

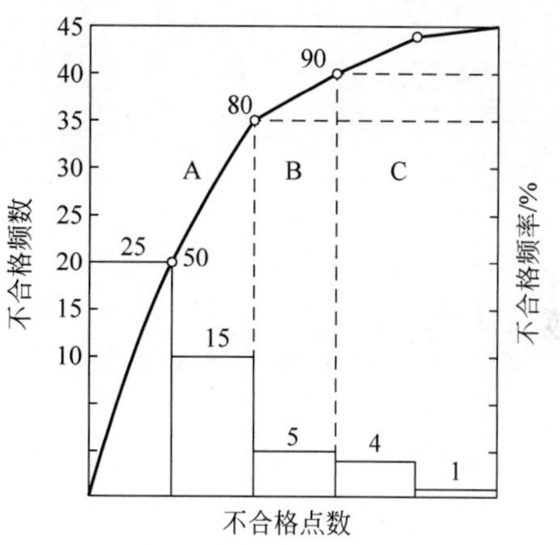

图 24-44　不合格点排列图

表 24-19　不合格点数统计

检查项目	不合格点数	频数	频率/%	累计频率/%
长度偏差	25	25	50	50
直径偏差	15	15	30	80
丝头破损	5	5	10	90
端面平整度	4	4	8	98
其他	1	1	2	100
合计	50	50	100	

5) 智能钢筋加工生产线的经济性分析

(1) 实测数据分析

通过生产过程中的实测发现，单工序作业时间相对固定，同工序生产使用时间偏差率小；运行中，设备稳定性较好，无须人工协助调节。表 24-20 所示为常规设备与智能生产线的比较，在各工序生产中使用时间偏差率较小；传统加工设备流水作业时，钢筋工序的传送及人工的消耗占用时间过长，因此，半成品生产间隔时间及作业人员配置与智能生产线相比相差较大。

(2) 钢筋加工方案经济性对比

如表 24-21 所示，采用智能设备每班节约 3 个工日，生产效率为常规设备的 1.63 倍；根据市场行情，每个钢筋工的工资按 6500 元/月计算，智能钢筋加工生产线理论生产 ϕ32 mm 钢筋 323 根/台班；考虑两类设备生产效率，人工费=5(人工消耗量×日工资单价)，折旧年限内计算得出人工费节约 1 907 100 元。因此，综合设备购置费，不计算配件消耗差异，计算得出方案二比方案一节约[1 907 100－(480 000－196 000)]元=1 623 100 元。

表 24-20　ϕ32 mm 钢筋智能加工生产线与常规设备生产实测数据

生产方式	单工序时间/s					流水作业时间/s		人工劳动量/工日	拟定方案	备注
	锯切	镦粗	套丝	打磨	清扫	锯切、套丝、打磨、清扫				
常规设备	20	—	130	60	20	150	−80	4	方案一	双头实测
智能钢筋加工生产线	15	—	117	50	10	92	−100	2	方案二	双头实测

表 24-21　经济性对比

方案	设备原值/元	人工劳动量/工日	配件消耗	生产效率/%	折旧年限/年
方案一	196 000	4	—	1	5
方案二	480 000	1	—	1.63	5

(3) 结论

智能钢筋螺纹加工生产线实现了钢筋丝头生产自动化和质量标准化，提高了生产效率，节约了工程成本，在桥梁工程集中的项目中值得推广应用。

5. 箱梁钢筋自动化生产线在汉巴南高速铁路箱梁生产中的应用

汉巴南高速铁路为连接陕西省汉中市与四川省巴中市、南充市的高速铁路。汉巴南高速铁路南巴段由南充北站经巴中东站终止于汉中站，正线全长 147.723 km，设 6 座车站，设计速度 250 km/h。

制梁场占地 230 亩，主要承担汉巴南铁路 1 标、2 标段路桥修建，计划生产 586 榀箱梁，制梁场钢筋加工中心如图 24-45 所示。本项目通过大数据、云计算、人工智能等手段推进项目管理从信息化到智能化再到智慧化。结合企业生产管理流程、人员配置及状况、生产工序、产品要求、计划产能等诸多要求，从整体厂房规划建设、用电布置、设备定制及配置到现场的设备摆放、生产工序流程、材料及成品的储存和转运形成高效的整体规划，实现高效、实用的定制化方案。钢筋加工中心方案如图 24-46 所示。

图 24-45　制梁场钢筋加工中心

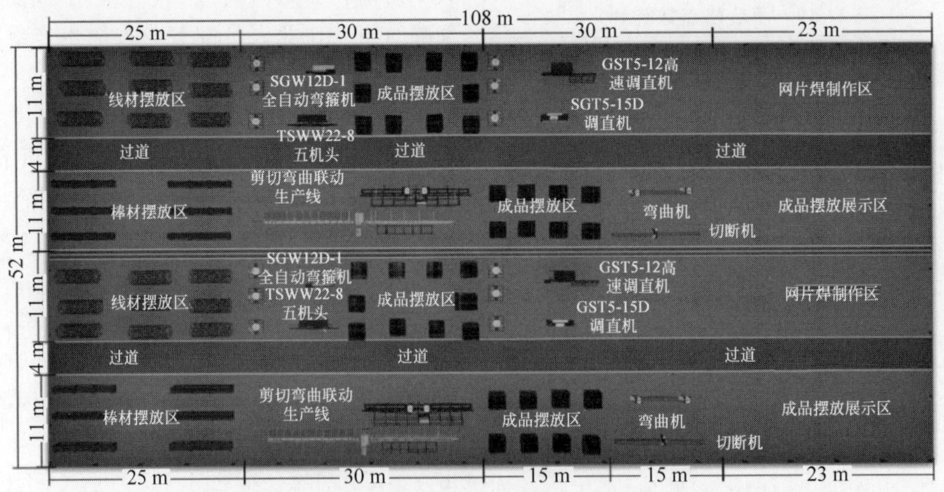

图 24-46　钢筋加工中心方案

针对箱梁生产过程中大U筋、大盖梁筋加工成型纯手工，无法批量生产问题，采用STW32箱梁钢筋自动化生产线解决钢筋机械手自动抓取放料、分选、阶梯上料、切料、大钢筋一次成型的流水线生产问题。钢筋机械手自动抓取放料如图24-47所示。

图24-47　钢筋机械手自动抓取放料

针对箱梁生产中的箍筋、勾筋加工，选配SWW18五联动弯曲中心、SGW12D-1全自动数控钢筋弯箍机、GST5-12数控钢筋高速调直机等智能化设备进行辅助生产。

24.5　钢筋加工机械在PC工程中的应用

24.5.1　概述

PC是装配式混凝土结构，为precast concrete(混凝土预制件)的英文缩写，在住宅工业化领域称作PC构件。PC混凝土预制构件除了一般的PC外，还细分为W-PC、R-PC、WR-PC、SR-PC等。其中，W-PC(wall precast concrete)是壁式预制钢筋混凝土结构，R-PC是预制框架式钢筋混凝土结构，WR-PC是壁式预制框架钢筋混凝土结构，SR-PC是预制型钢框架钢筋混凝土结构。预制结构是相对于现在普遍的现浇混凝土结构而言的。装配式混凝土结构是指在工厂预制好混凝土构件，包括梁、柱、楼板、墙板、楼梯、阳台板、空调板等，然后运输至现场进行吊装拼接，最终完成一栋建筑物的建造，就像搭积木一样。与现浇混凝土结构相比，PC的优势体现在安全性、质量、速度和成本方面。对于建筑工人来说，工厂中相对稳定的工作环境比复杂的工地作业安全系数更高；建筑构件的质量和工艺通过机械化、工业化生产能得到更好的控制；预制构件尺寸及性能特性的标准化、规模化以及产业化能显著加快安装速度和建筑工程建造速度。与传统现场制模现浇施工相比，工厂里的模具可以高效重复循环使用，综合成本更低；机械化生产对人工的需求更少，随着人工成本的不断升高，规模化、产业化生产的预制件成本优势会愈加明显。但PC也存在劣势：工厂需要大面积堆场以及配套设备和工具，堆存成本高；运输成本高且有风险，这决定了其市场辐射范围有限。

随着国民经济的快速增长，人们的生活质量逐渐提高，对住房品质的要求也越来越高，为了加速城市建设，我国开始推行住房产业化，采用装配式建筑来加快住宅建设的进度。装配式建筑的基本单元就是混凝土预制构件，预制构件生产包括钢筋骨架成型加工和混凝土拌制输送浇注成型两部分。预制构件工厂一般采用模块化的规划，在工厂中统一制作成型钢筋和各种混凝土预制构件。经检验合格的成品或半成品构件被配送至装配式建筑工地，在现场吊装连接组装起来搭建成楼房。最早提出PC住宅产业化的是以美国为代表的欧美国家，其于“二战”之后率先提出并实施PC住宅产业化之路。日本于20世纪50年代开始将预制混凝土结构应用于建筑领域，至今已形成比较完善的预制住宅结构技术体系，在住宅产业化方面走在世界前列。在当今国际建筑领域，PC装配式建筑在各国和各地区的应用均有所不同，我国大陆地区正在大力推广预制装配式建筑。随着人们对住宅品质的不断追求，住宅从基本居住功能发展至外在环境的舒适，再到内在居住性能质量的提高，都要求实施住宅产业化，而PC住宅产业化将是中国房地产行业发展的必然趋势。近年来，住宅产业化、节能减排、质量安全、生态环保等种种建筑新理念为PC构件带来了良好发展契机，城镇化进程中的大量基础设施建设、大规模保障房建设都急需标准化、工业化、信息化、产业化快速建造。

一般PC构件厂都配备有自己的钢筋加工车间,这样既有利于实现从原材料到成品预制混凝土构件的全自动化生产,同时也省去了许多中间环节,可以增加经济效益,这就无形中促进了钢筋加工设备由现场使用转入工厂集中使用,同时有利于促进高效自动化钢筋加工设备的研发和推广应用。PC构件工厂的大量兴起,推动了钢筋加工设备技术的快速发展,使得生产所需成型钢筋制品的质量和效率得到很大提升,为预制构件高效生产提供了装备支撑。

24.5.2 工程用成型钢筋

PC预制构件常用的成型钢筋有钢筋桁架、钢筋网片、箍筋、拉筋、板筋、直螺纹钢筋、梁柱墙板钢筋骨架等。

1. PC工程用钢筋桁架

以钢筋为上弦、下弦及腹杆,通过电阻点焊连接而成的桁架叫作钢筋桁架。钢筋桁架与底板通过电阻点焊连接成整体的组合承重板形成钢筋桁架楼承板,主要用于PC预制楼板的生产。钢筋桁架和桁架楼承板实现自动机械化生产,可以使钢筋排列间距均匀、混凝土保护层厚度一致,节省制模工艺,提高了楼板的施工质量。装配式钢筋桁架楼承板可显著减少现场钢筋绑扎工程量,不需制模支模,可以加快施工进度,增加施工安全保证,实现文明施工。装配式模板和连接件拆装方便,可多次重复利用,节约钢材,符合国家节能环保的要求。钢筋桁架如图24-48所示。

图24-48 PC工程用钢筋桁架

2. 钢筋网片

焊接钢筋网片是纵向钢筋和横向钢筋分别以一定的间距排列且互成直角、全部交叉点均焊接在一起的网片,如图24-49所示。焊接钢筋网片可采用CRB550级冷轧带肋钢筋或HRB400级热轧带肋钢筋制作,也可采用CPB550级冷拔光面钢筋制作。焊接采用专用的GWC焊网机,焊接程序均由计算机自动控制生产,焊接网孔均匀,焊接质量良好,焊接前后钢筋的力学性能几乎没有变化。焊接钢筋网片按原材料可分为冷轧带肋焊接钢筋网片、冷拔光圆焊接钢筋网片、热轧带肋焊接钢筋网片,其中冷轧带肋焊接钢筋网片应用最为广泛。焊接钢筋网片按钢筋的牌号、直径、长度和间距分为定型焊接钢筋网片和定制焊接钢筋网片两种。PC构件中钢筋网片分为标准网片和开口网片,主要用于预制构件中的墙板类构件生产。

图24-49 钢筋网片

3. 成型箍筋

成型箍筋是用来满足斜截面抗剪强度,并连接受拉主钢筋和受压区混凝土使其共同工作,以及用来固定主钢筋的位置而使梁内各种钢筋构成钢筋骨架的钢筋,如图24-50所示。成型箍筋分为单肢箍筋、开口矩形箍筋、封闭矩形箍筋、菱形箍筋、多边形箍筋、井字形箍筋和圆形箍筋等。箍筋、拉筋在预制构件中主要用于梁柱板构件生产。

图 24-50　成型箍筋

4. 成型板筋

板筋用于 PC 板类构件生产，成型板筋如图 24-51 所示。

图 24-51　成型板筋

24.5.3　钢筋加工设备应用

装配式预制构件厂常用的钢筋加工设备有数控钢筋弯箍机、数控钢筋桁架焊接生产线、智能化钢筋网焊接生产线、数控钢筋剪切生产线等。

1. 数控钢筋桁架焊接生产线

数控钢筋桁架焊接生产线用于 PC 构件钢筋桁架的生产。数控钢筋桁架焊接生产线如图 24-52 所示，其主要技术参数见表 24-22。

图 24-52　数控钢筋桁架焊接生产线

表 24-22　数控钢筋桁架焊接生产线主要技术参数

参　　数	数　　值	备　　注
放线架承重/(kg/个)	2000	
放线架数量/个	5	
焊接变压器功率/(kV·A)	400	
上、下弦钢筋直径/mm	5～12	
侧筋直径/mm	4.5～8	
桁架长度误差/mm	±5	最大误差不大于±15
桁架高度误差/mm	±2	
桁架直线度/(mm/m)	±5	
桁架高度/mm	70～350	腹杆使用冷轧钢筋
桁架宽度/mm	70～90	
桁架长度/m	2～12	
桁架生产线速度/(m/min)	≤15	腹杆使用冷轧钢筋
腹杆钢筋伸出长度/mm	≤5	
整机重量/kg	28 000	
生产线空间尺寸/(m×m×m)	43×5×4.5	长度可适当调整
总功率	67 kW+4×200 kV·A	

注：用于叠合板、楼承板等桁架筋的生产加工。

2. 数控钢筋网片焊接生产线

数控钢筋网片焊接生产线用于 PC 构件钢筋焊接网片的生产。数控钢筋网片焊接生产线如图 24-53 所示，其主要技术参数见表 24-23。

图 24-53 数控钢筋网片焊接生产线

表 24-23 数控钢筋网片焊接生产线主要技术参数

参 数	数 值
电源	380 V/50 Hz
外部变压器容量要求/(kV·A)	不小于 630(甲方提供)
功率	155 kW+6×320 kV·A
负载持续率/%	20
焊机额定输入功率/(kV·A)	17×125,6×320
最大短路电流/kA	32
气源压力/MPa	0.6
冷却水压力/MPa	0.3
冷却水流量/(L/min)	80~100(17m^3 自然冷却)
冷却水温度/℃	0~30
焊接速度/(排/min)	12~60
最大网片宽度/mm	3300
最大网片长度/mm	6000
纵向最小间距/mm	100
纵向间距/mm	50 的倍数
横向间距/mm	50~500
空气流量/(m^3/min)	3
钢筋直径范围/mm	6~12
整机重量/kg	34 000
设备外形尺寸/(m×m×m)	35×10.5×4

注：叠合板、内外墙板用钢筋网片自动生产。

3. 智能化钢筋网焊接生产线

智能化钢筋网焊接生产线可将冷轧光圆钢筋、冷轧带肋钢筋、热轧光圆钢筋和热轧带肋钢筋自动焊接成为钢筋网片，不仅可以加工各种规格型号标准型建筑用钢筋网片，而且通过程序参数设置可加工带有窗洞、门洞的开口钢筋网片。GWC3300PC 型智能化钢筋网焊接生产线可以实现从盘条原料到开孔网片的全过程计算机控制、全自动生产，保证 PC 厂对网片生产质量、效率、安全、节能等方面的特殊要求。可根据设计图一次性生产出不同规格的焊接钢筋网，而不需要通过生产标准网后再进行手工剪切，有效提升用户的经济效益。GWC3300PC 型智能化钢筋网焊接生产线如图 24-54 所示，其主要技术参数见表 24-24。

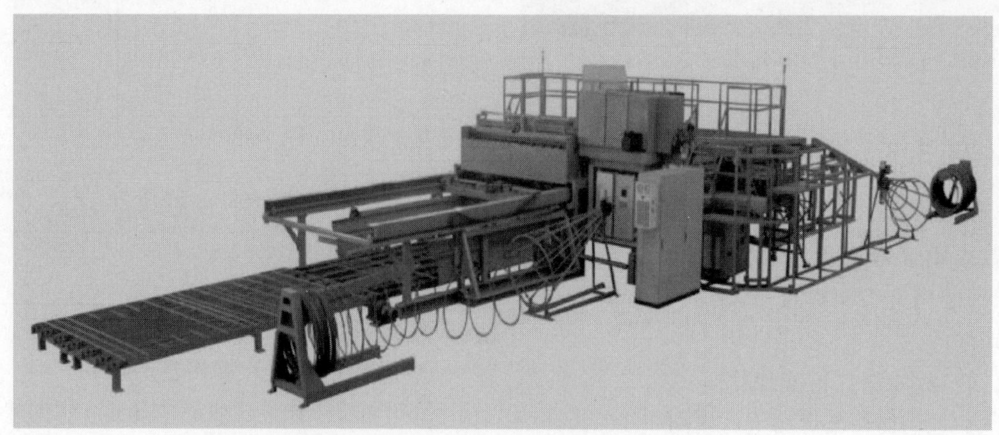

图 24-54 GWC3300PC 型智能化钢筋网焊接生产线

表 24-24　GWC3300PC 型智能化钢筋网焊接生产线主要技术参数

参数及项目	数值及类别
加工网片类型	标准网及开孔网
焊接网片宽度/mm	标准网：1000～3300 开孔网：1500～3300
焊接网片长度/mm	2000～6000
开口网最短横、纵筋长度/mm	≥500
焊点	32 个焊点，64 个焊位
纵筋间距/mm	100～600，以 50 递增
横筋间距/mm	≥50，无级调整
焊接速度/(点/min)	240
钢筋直径(单位：mm)及钢筋类型	6～12，冷、热轧带肋钢筋
横、纵筋上料方式	盘条上料
焊接主机额定总功率/(kV·A)	400，一次焊接
最大焊接能力/mm	12+12
压缩空气耗量/(m^3/min)	5.5(压力≥0.7 MPa)
冷却水	流量 100 L/min，水压 0.2～0.4 MPa，水温控制在 17～27℃范围内
设备外形尺寸/(m×m×m)	32×11.5×3.75

4. 智能化钢筋桁架生产线

智能化钢筋桁架生产线可加工桁架高度 60～450 mm、弦筋最大直径 16 mm、腹筋最大直径 8mm 的三角形桁架。钢筋桁架加工高度整体电动升降调整，以适应不同焊接高度的需要，桁架高度调整快速、准确；生产线设有独立微调机构，可实现对桁架直线度的精确调整，保证无侧弯、上下弯等变形。独特的弦筋对中微调机构，确保弦筋波浪形状及其对称性，确保桁架质量。生产线的送料机构与辅助送料机构通过连杆同步送料，可起到防止送料时钢筋被推弯的作用，确保成品桁架平直、美观。生产线具有放线卡阻报警和缺料检查等功能。智能化钢筋桁架生产线如图 24-55 所示，其主要技术参数见表 24-25。

24.5.4　选型原则和选型计算

选型原则同 24.2.4 节。

选型计算主要根据需求量和班产量计算设备需求数量，下面以数控钢筋焊网机为例进行计算。

设某项目要求年产 80 000 t，采用 YFW3300 型数控钢筋网片焊接生产线。YFW3300 型数控钢筋网片焊接生产线的性能参数如下。

(1) 数控钢筋网片焊接生产线处理量 $Q=3000$ kg/h。

(2) 工作时间为每天每台 8 h。

(3) 每天的最大需求量(年度按 300 天计算)为 80 000×1000÷300 kg=267 000 kg。

计算：

所需数控钢筋网片焊接生产线的台数为：267 000÷3000÷8 台=11.1 台，故取 11 台。

11 台设备一年最大加工数量(按 300 天计算)为 3000×8×11×300÷1000 t=79 200 t。基本可以满足年度加工能力要求。

图 24-55　智能化钢筋桁架生产线

表 24-25　GJH-350 智能化钢筋桁架生产线主要技术参数

项　　目	内　　容	备　　注
上料架类型	每个可承载钢筋重量 3 t	5 个料盘，不用放线架与炮台
可加工钢筋直径/mm	主筋 ϕ6～14，侧筋 ϕ4～8	主筋盘螺，侧筋光圆
可加工钢筋材质	冷轧/热轧带肋钢筋、光圆钢筋	HRB400
控制面板	PLC 控制，彩色液晶显示屏	
加工直角桁架高度/mm	70～350	
加工桁架宽度/mm	70～100	超出高度可另行定做
侧筋弯曲节距/mm	190～210	自动可调，无需人工二次剪切
桁架高度调整	自动调整	
动力系统	液压传动	焊接、调直、剪切、牵引等动力，自带能量储存器
自动码垛机构	有	
剪切机构	可剪切任意尺寸长度	剪切部位平整、不弯曲
生产速度/(m/min)	12	
矫直系统	多级矫直机构	无伤肋矫直、直线度高
精度/mm	长度误差：±5；高度误差：±2；平直度±2	
桁架长度/m	1～12	
焊机功率/(kV·A)	250×2	

注：用于混凝土叠合板、桁架楼承板等桁架筋的生产加工。

24.5.5　常见问题与注意事项

数控加工设备使用及注意事项如下。

(1) 设备安装时四周应有足够的空间，以便保证操作使用的便利，安装时地面要平整，使设备底脚确实着地。

(2) 使用前应检查机器在运输过程中零部件是否破坏或松动，电气接线是否可靠，主电机应接地。

(3) 设备首次开机先进行 10～20 min 空载运转，检查各部位有无异常噪声和异常现象。

(4) 根据加工成型钢筋的规格尺寸，在设备两侧应预留成品堆放空间。

(5) 严禁超负荷和超能力使用设备。

(6) 严格按照设备使用说明书保养、维修和使用设备。

24.5.6　工程应用案例

1. 施工现场图片

施工现场图片见图 24-56。

2. 钢筋车间布局图

钢筋车间布局图见图 24-57。

(a)

(b)

图 24-56　施工现场图片

(a) 智能化钢筋桁架生产线应用；
(b) 智能化钢筋网焊接生产线应用；
(c) GWC3300PC 钢筋网片智能焊接生产线应用

(c)

图 24-56(续)

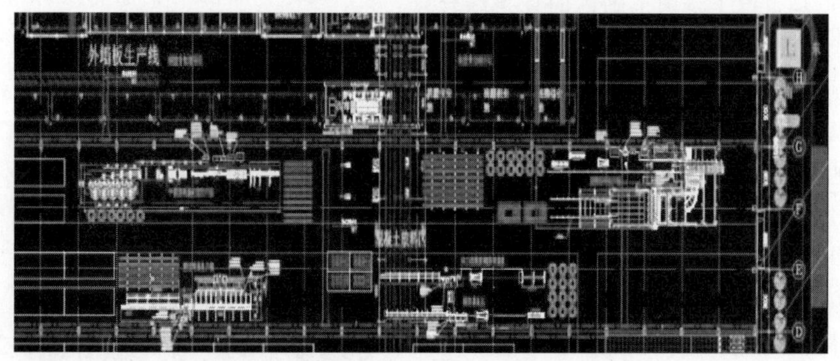

图 24-57 钢筋车间布局

24.6 钢筋加工机械在管廊工程中的应用

24.6.1 概述

综合管廊就是地下城市管道综合走廊，即在城市地下建造一个隧道空间，将电力、通信、燃气、供热、给排水等各种工程管线集于一体，设有专门的检修口、吊装口和监测系统，实施统一规划、统一设计、统一建设和管理，是保障城市运行的重要基础设施和“生命线”。综合管廊分为干线综合管廊、支线综合管廊及缆线管廊。干线综合管廊是用于容纳城市主干工程管线，采用独立分舱方式建设的综合管廊。支线综合管廊是用于容纳城市配给工程管线，采用单舱或双舱方式建设的综合管廊。缆线管廊是采用浅埋沟道方式建设，设有可开启盖板，但其内部空间不能满足人员正常通行要求，用于容纳电力电缆和通信线缆的管廊。地下综合管廊系统不仅可以解决城市交通拥堵问题，还极大方便了电力、通信、燃气、供排水等市政设施的维护和检修。此外，该系统还具有一定的防震减灾作用。地下综合管廊对满足民生基本需求和提高城市综合承载力发挥着重要作用。

城市综合管廊是整合市政管线的重要城市基础设施，它的应用体现了集约化、现代化和科学化的特点，避免了城市道路面反复开挖问题；同时为城市的建设和发展注入新活力，可以有效解决城市市政管线管理中常见的“蜘蛛网”和“拉链马路”问题，还能有效提升城市外在形象，提升管线的应用有效性，逐步营造良好的城市生态环境。

城市地下综合管廊的概念起源于19世纪的欧洲。自从1833年巴黎诞生了世界上第一条地下管线综合管廊系统后，英国、德国、日本、西班牙、美国等发达国家相继开始新建综合管廊工程，至今已经有将近190年的发展历程了。经过一百多年的探索、研究、改良和实践，城市地下综合管廊的技术水平已趋于成熟。我国的地下综合管廊则起步较晚，其中北京的地下综合管廊建设最早，20世纪50年代末，天安门广场敷设了全国范围内的首条综合管廊；上海浦东新区紧随其后，构建了最大规模的地下综合管廊，同时极具现代化的气息，此条综合管廊为张杨路地下综合管廊。这标志着我国地下综合管廊的兴起。此后，国内其他城市也开始意识到城市地下综合管廊建设和规划的重要性，并纷纷加快建设步伐。

中国市政工程协会管廊及地下空间专业委员会披露，截至2020年年底，中国综合管廊规划长度已达1.73万km，已建成廊体1.08万km。作为国家“十三五”规划的重点民生工程，地下综合管廊建设在完善城市功能、提升城市综合承载力方面发挥着重要作用。2022年5月国务院印发《关于印发扎实稳住经济一揽子政策措施的通知》明确指出，要因地制宜继续推进城市地下综合管廊建设，指导各地在城市老旧管网改造等工作中协同推进管廊建设。2022年6月李克强总理主持国务院常务会议强调：要结合已部署的城市老旧管网改造，推进地下综合管廊建设。

24.6.2 工程用成型钢筋

1. 剪切弯曲的成型钢筋

综合管廊施工技术主要有全现浇施工、预制节段拼装施工、叠合整体式预制拼装、半预制装配、分块预制拼装和多舱组合预制装配等，所用主要成型钢筋是剪切弯曲的成型钢筋，如图24-58所示。

图24-58 剪切弯曲的成型钢筋

2. 钢筋网片

预制综合管廊的钢筋骨架除了传统的绑扎成型外，也可采用焊接网片成型方式，所用钢筋网片如图24-59所示。

图24-59 钢筋网片

24.6.3 钢筋加工设备应用

管廊项目施工常用的钢筋加工设备有数控钢筋剪切生产线、数控钢筋弯曲机、数控钢筋网焊机等。

1. 数控钢筋剪切生产线

数控钢筋剪切生产线主要用于粗直径钢筋的批量定尺切断，可以提高钢筋加工效率。数控钢筋剪切生产线如图24-60所示，其主要技术参数见表24-26。

图 24-60 数控钢筋剪切生产线

表 24-26 数控钢筋剪切生产线主要技术参数

参　数	数　值									
剪切力/kN	1200									
输送速度/(m/min)	40～80									
切割速度/(次/min)	14									
切割公差/mm	± 2									
切割长度/mm	800～12 000									
刀片宽度/mm	200									
辊道宽度/mm	200									
重量/t	7.5									
额定功率/kW	22.5									
钢筋直径/mm	10	12	16	20	22	25	28	32	35	38
切割数量/根	10	8	6	4	3	3	2	1	1	1

2. 数控钢筋弯曲机

数控钢筋弯曲机主要用于直条钢筋的弯曲加工，分为立式两机头弯曲机和卧式双机弯曲生产线。YFH-32 数控钢筋弯曲机如图 24-61 所示，其主要技术参数见表 24-27。

图 24-61 数控钢筋弯曲机

表 24-27 YFH-32 数控钢筋弯曲机主要技术参数

参　数	数　值				
弯曲能力	钢筋规格/mm		弯曲角度/(°)		
	ϕ6～ϕ32		+180		
			−120		
钢筋直径/mm	10	12	14	16	18
弯曲根数/根	6	5	4	3	2
主机移动速度/(m/s)	0.6				
弯曲速度/[(°)/s]	60				
弯曲长度精度/(mm/m)	±1				
弯曲边最短长度/mm	90				

注：主要用于各种隧道钢筋的加工。

24.6.4 选型原则和选型计算

选型原则同 24.2.4 节。

选型计算主要根据项目成型钢筋加工需求量和机械设备班产量计算设备需求数量，下面以数控钢筋弯曲中心为例进行计算。

设某项目要求年产 10 万 t，选用 YFH-32 型数控钢筋弯曲中心。YFH-32 型数控钢筋弯曲中心的性能参数如下。

(1) 数控钢筋弯曲中心加工效率 $Q=3000\ \mathrm{kg/h}$。

(2) 工作时间为每天每台 16 h。

(3) 每天的最大需求量(年度按 300 天计算)为 100 000×1000÷300 kg=330 000 kg。

计算：

所需数控钢筋弯曲中心的台数为 330 000÷3000÷16 台=6.9 台，故取 7 台。

7 台数控钢筋弯曲中心设备一年最大加工数量(按 300 天计算)为 3000×16×7×300÷1000 t=100 800 t。基本可以满足年度加工能力要求。

24.6.5 常见问题与注意事项

数控加工设备使用及注意事项如下。

(1) 设备安装时四周应有足够的空间，以便保证操作使用的便利，安装时地面要平整，使设备底脚确实着地。

(2) 使用前应检查机器在运输过程中零部件是否破坏或松动，电气接线是否可靠，主电机应接地。

(3) 设备首次开机先进行 10～20 min 空载运转，检查各部位有无异常噪声和异常现象。

(4) 用户根据加工产品的规格尺寸，在设备两侧安装接料装置。

(5) 严禁超负荷使用设备。

(6) 按使用说明书保养设备。

24.6.6 工程应用案例

1. 施工现场图片(图 24-62)

图 24-62 施工现场图片

2. 钢筋加工厂布局图(图 24-63)

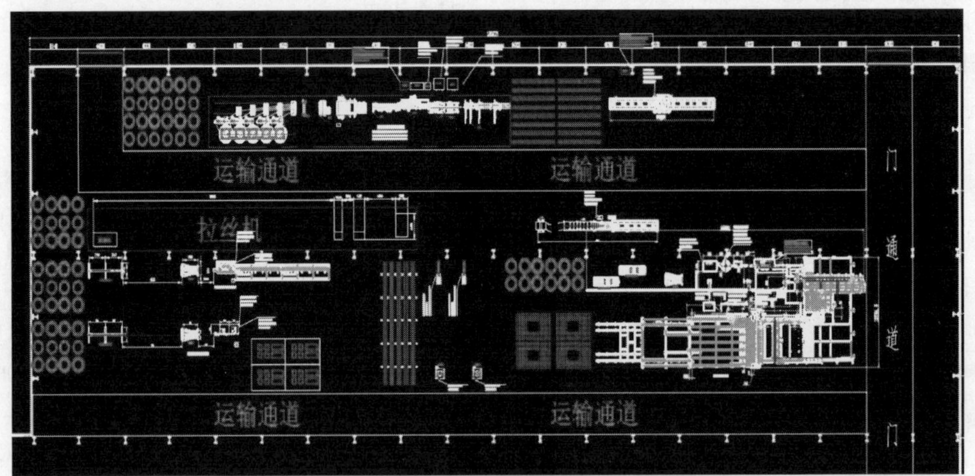

图 24-63 钢筋加工厂布局

24.7 钢筋加工机械在加工配送中心中的应用

24.7.1 概述

在我国，绝大多数建筑施工企业仍采用现场加工钢筋，现场钢筋加工方式主要采用手工或简易机械进行。这种加工方式存在的问题主要有：建筑工地分散，对钢筋质量监管难度大，使劣质钢筋、瘦身钢筋等难以监控，造成建筑质量的隐患；挤占工程场地，影响工程作业，加工噪声、废弃物排放、粉尘等污染周边环境；安全隐患大，现场加工造成的人身伤害事故时有发生；钢材利用率低，能源介质浪费大，通常钢材损耗率在 6%以上；对高强度钢筋，建筑施工现场简陋的设备已经无法加工；劳动用工多，给安全管理和文明工地创建增加难度。

钢筋加工配送中心分析报告显示钢筋加工配送中心可以代替传统现场钢筋加工方式，解决传统现场钢筋加工方式存在的问题，有利于提高施工现代化水平和高新技术推广应用，还可实现节约投资、缩短工期、安全施工、文明施工、提高企业形象、与国际接轨、有效防止劣质钢筋(地条钢筋、瘦身钢筋)的使用和进行钢筋质量监管和追溯等。

在欧洲，20 世纪 80 年代便开始大规模发展自动化及半自动化的建筑钢筋机械加工，并逐步形成了商品钢筋加工配送的经营模式，建筑钢筋工厂加工配送比例已占约 70%，同期在日本约占 60%。在新加坡、中国台湾地区，平均 50 km 范围内就有一座现代化的建筑钢材加工厂(即钢筋加工配送中心)。

钢筋集中加工配送替代传统现场钢筋加工是大势所趋，根据《工业和信息化部关于印发钢铁工业调整升级规划(2016—2020 年)的通知》要求，国家将继续深入推进高强钢筋应用，全面普及应用 400 MPa(Ⅲ级)高强钢筋，推广 500 MPa 及以上高强钢筋，探索建立钢筋加工配送中心。2021 年 12 月 14 日，住建部印发的《房屋建筑和市政基础设施工程危及生产安全施工工艺、设备和材料淘汰目录(第一批)》明确：2022 年 9 月 15 日后，全面停止在新开工项目中使用本目录所列禁止类施工工艺、设备和材料。其中"卷扬机钢筋调直工艺"和"钢筋闪光对焊工艺"被列入淘汰目录。限制利用卷扬机拉直钢筋，在非固定的专业预制厂(场)或钢筋加工厂(场)内，对直径大于或等于 22 mm 的钢筋进行连接作业时，不得使用钢筋闪光对焊工艺。由普通钢筋调直机、数控钢筋调直切断机的钢筋调直工艺和套筒冷挤压连接、滚压直螺纹套筒连接等机械连接工艺替代。住房和城乡建设部已将建筑用成型钢筋制品加工与配送列为建筑业 10 项新技术(2017 版)，要求各地继续加大以建筑业 10 项新技术为主要内容的新技术推广。钢筋加工配送模式在降尘、降噪、节地、节能、节材、减少固废等方面具有诸多优势，随着"十三五"时期绿色建筑的普遍推广，钢筋加工配送模式将迎来发展的黄金期。

数控钢筋弯箍机、数控钢筋弯曲机、数控钢筋切断机等装备广泛用于钢筋加工配送中心。此外，钢筋集中加工配送信息化管理技术基于钢筋加工 MES 技术开发了远程无线机械设备状态监控系统，该系统能够实现设备的远程在线调试与故障诊断，确保钢筋加工配送中心的正常运行。

24.7.2　工程用成型钢筋

1. 弯曲成型钢筋

钢筋加工配送中心加工量大的是弯曲成型钢筋，如图 24-64 所示。

图 24-64　弯曲成型钢筋

2. 成型箍筋

钢筋加工配送中心线材钢筋加工量大的是成型箍筋，如图 24-65 所示。

图 24-65　成型箍筋

24.7.3　钢筋加工设备应用

工程项目钢筋加工配送中心常用的钢筋加工设备有数控钢筋调直切断机、数控钢筋弯曲机、数控钢筋弯箍机、焊接封闭箍筋生产线、数控锯切(镦粗)套丝(打磨)生产线、数控钢筋剪切生产线等。

1. 数控钢筋调直切断机

数控钢筋调直切断机的作用是将盘卷钢筋(包括盘圆和盘螺)进行调直和定尺切断。

数控钢筋调直切断机如图 24-66 所示，其主要技术参数见表 24-28。

图 24-66　数控钢筋调直切断机

表 24-28　数控钢筋调直切断机主要技术参数

参　数	数　值
矫切钢筋直径/mm	5～12 的钢筋(σ_s≤400 MPa 盘螺)
矫切定尺长度/mm	800～12 000(亦可按用户需要加长)
矫切速度/(m/min)	高速挡：120
	中速挡：100
	低速挡：75
定尺长度误差/mm	≤±1,(自动定尺≤±3)
矫直后钢筋直线度/(mm/m)	≤±3
电机功率/kW	切断电机(伺服电机)：7.5
	矫直电机：30
重量/t	5.2

2. 数控钢筋弯箍机

数控钢筋弯箍机的作用是将盘卷钢筋(包括盘圆和盘螺)进行调直和弯曲切断，实现网络远程控制、远程下单、远程操作。它具有二维码订单录入功能，既可提高速度又可降低出错率，配置抓取机器人，可大幅提高成品搜集效率。具有故障自诊断报警系统，配置有自培训系统，适应操作人员学习使用。具有独特的钢筋防扭转技术，支持一字箍功能，复杂图形可一次成型，可连续弯曲 30 次以上仍保持平面度。数控钢筋弯箍机如图 24-67 所示，其主要技术参数见表 24-29。

图 24-67　数控钢筋弯箍机

表 24-29　GGJ13D 数控钢筋弯箍机主要技术参数

参　数	数　值
单根钢筋直径/mm	5～13
双根钢筋直径/mm	5～8
弯曲角度	±180°
最大牵引速度/(m/min)	110
最大弯曲速度/[(°)/s]	1200
中心轴尺寸/mm	ϕ20、ϕ25、ϕ32(ϕ40、ϕ50、ϕ60 选配)
设备总功率/kW	25
主机尺寸/(mm×mm×mm)	3500×1400×2200
订单录入加工方式	直接输入、二维码扫描录入、远程联网下单，支持多任务加工

3. 智能化焊接封闭箍筋生产线

智能化焊接封闭箍筋生产线可以实现从钢筋上料到箍筋焊接全自动化加工，没有二次周转，生产效率高，可以减少占地面积。不同尺寸的焊接封闭箍筋加工能够实现自动切换。排除人为因素干扰，焊接稳定性好，质量高。可实现网络远程下单、远程操作。智能化焊接封闭箍筋生产线如图 24-68 所示，其主要技术参数见表 24-30。

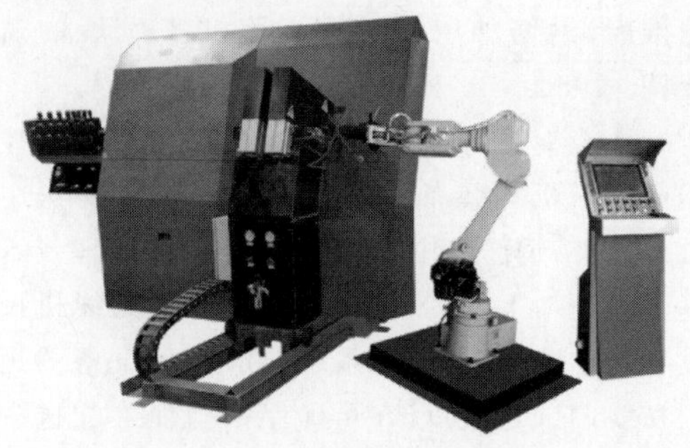

图 24-68　智能化焊接封闭箍筋生产线

表 24-30　GGJ12F 智能化焊接封闭箍筋生产线主要技术参数

参　数	数　值
加工钢筋直径/mm	6～13
最大牵引速度/(m/min)	110
最大弯曲速度/[(°)/s]	900
最大弯曲角度	135°
可加工封闭箍筋宽度/mm	120～500
可加工封闭箍筋高度/mm	250～800
可加工图形	焊接封闭箍筋、普通箍筋、拉钩(除反向)
装机容量/(kV・A)	150
订单录入加工方式	直接输入、二维码扫描录入、远程联网下单,支持多任务加工

4. 数控锯切(镦粗)套丝(打磨)生产线

数控锯切(镦粗)套丝(打磨)生产线可实现自动夹紧、送进、数控镦粗自动脱模、剥肋、滚丝等功能,采用先进工艺完成钢筋的输送、翻转、定位、传递等。全自动化加工,独创套丝、铣磨机构,螺纹加工精度高、适应性好。套丝直径范围可达 16～40 mm,套丝长度达 110 mm,可以满足钢筋螺纹加工市场需求。数控锯切(镦粗)套丝(打磨)生产线如图 24-69 所示,其主要技术参数见表 24-31。

5. 数控钢筋剪切生产线

数控钢筋剪切生产线可配置智能化 MES 钢筋加工管理软件,实现网络远程控制,远程下单,远程操作;具有二维码订单录入功能,既可提高速度又可降低出错率,可提高生产效率 10%

图 24-69　数控锯切(镦粗)套丝(打磨)生产线

表 24-31　GSX-300、GSX-500 数控锯切(镦粗)套丝(打磨)生产线主要技术参数

参　数	数　值	
型号	GSX-300	GSX-500
切断方式	锯切	
锯切宽度/mm	200～300	200～500
锯切钢筋直径/mm	12～50	
丝头加工钢筋直径/mm	16～40	
可齐头原料长度/m	9、12	
锯切最大原料长度/m	12	
锯切长度范围/m	1.5～12	

续表

参　数	数　值
丝头加工钢筋原料长度/m	2～12
锯切长度误差/mm	±5
输送速度/(m/min)	0～50
丝头加工效率/(根/min)	1.5
镦粗功能	可选配
打磨功能	可选配
订单录入加工方式	直接输入、二维码扫描录入、远程联网下单,支持多任务加工

以上；同一种规格批量大时用剪切线可以同时多根剪切，剪切线定尺精度高、传送效率高、高效可靠，成品收集采用多种仓储方式，可减少对现场起重设备的使用和依赖；生产线增加自动分拣上料系统、选配原料预排料系统，工作效率提高30%，在加工大直径、大批量钢筋时更容易体现出其优越性。数控钢筋剪切生产线如图24-70所示，其主要技术参数见表24-32。

图24-70　数控钢筋剪切生产线

表24-32　GQX300数控钢筋剪切生产线主要技术参数

参　　数		数　　值
剪切力/kN		2400
切刀宽度/mm		300
剪切频率/(次/min)		15
辊道输送速度/(m/min)		50
原料最大长度/mm		12 000
剪切长度范围/mm		300～12 000
剪切长度误差/mm		±2
工作气压/MPa		0.4～0.7
液压系统最大工作压力/MPa		25
总功率/kW		32
设备尺寸/(mm×mm×mm)		25 000×3500×2000
剪切数量/根(σ_b≤570 MPa)	ϕ40 mm	5
	ϕ32 mm	7
	ϕ25 mm	9
	ϕ20 mm	12
	ϕ16 mm	14
	ϕ12 mm	22
订单录入加工方式		直接输入、二维码扫描录入、远程联网下单，支持多任务加工

24.7.4　选型原则和选型计算

选型原则同24.2.4节。

选型计算主要根据需求量和班产量计算设备需求数量，下面以数控钢筋弯箍机为例进行计算。

设某项目要求年产50 000 t，采用YFB12D型数控钢筋弯箍机(功率P=38 kW)。YFB12D型数控钢筋弯箍机的性能参数如下。

(1) 数控钢筋弯箍机加工效率Q=1000 kg/h。

(2) 工作时间为每天每台16 h。

(3) 每天的最大需求量(年度按300天计算)为50 000×1000÷300 kg=167 000 kg。

计算：

所需数控钢筋弯曲中心的台数为167 000÷1000÷16台=10.4台，故取10台。

10台数控钢筋弯箍机设备一年最大加工数量(按300天计算)为1000×16×10×300÷1000 t=48 000 t。基本可以满足年度加工能力要求。

24.7.5　常见问题与注意事项

数控加工设备使用及注意事项如下。

(1) 设备安装时四周应有充足的作业操作空间，以便保证操作使用的便利，安装时地面要硬化平整，使设备底脚确实着地。

(2) 使用前应检查机器在运输过程中零部件是否破坏或松动,电气接线是否可靠,主电机应接地。

(3) 设备首次开机先进行 10～20 min 空载运转,检查各部位有无异常噪声和异常现象。

(4) 用户根据加工产品的规格尺寸,在设备两侧安装接料装置和储存场地。

(5) 严禁超负荷使用设备。

(6) 严格按照设备安全使用说明书保养、维修和使用设备。

24.7.6　工程应用案例

1. 现场施工图(图 24-71)

2. 钢筋加工厂布局图(图 24-72)

图 24-71　施工现场

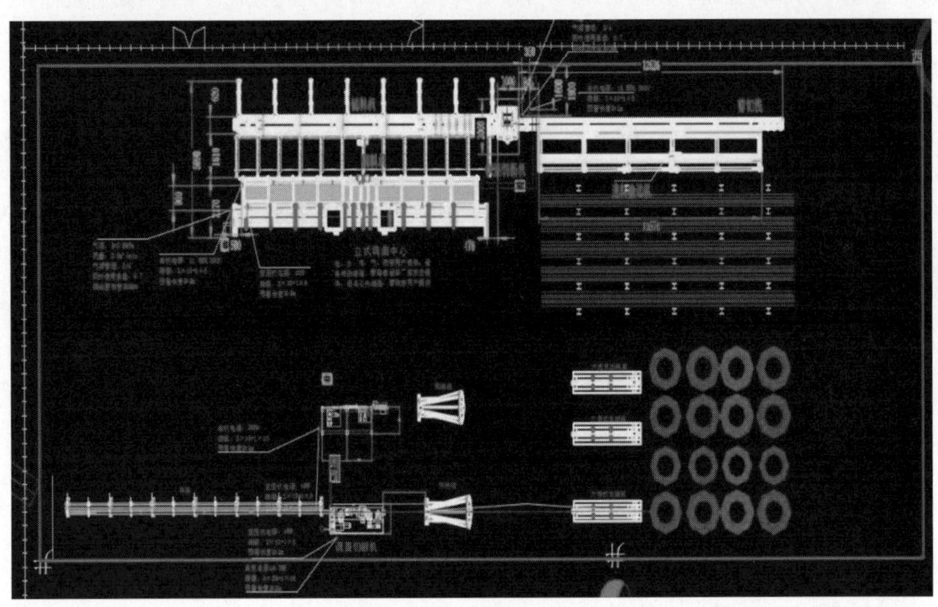

图 24-72　钢筋加工厂布局

参考文献

[1] 车仁炜,陆念力,王树春.一种新型钢筋切断机的设计研究[J].机械传动,2004(2):48-49+57-68.

[2] 孟进礼,卫青珍.对钢筋切断机发展的几点看法[J].建筑机械化,2000(2):14-15.

[3] 田野.我国钢筋调直切断机的现状及发展[J].建筑机械化,2005(1):23-24+32.

[4] 侯宝佳.Bauma 2001 慕尼黑国际建筑机械博览会观感[J].建筑机械化,2001(4):5-8.

[5] 刘中,朱振华,卫青珍.基于 LS-DYNA 的钢筋切断机剪切钢筋的动态仿真[J].太原科技大学学报,2011,32(1):33-36.

[6] 中华人民共和国工业和信息化部.建筑施工机械与设备　钢筋弯曲机:JB/T 12076—2014[S].北京:机械工业出版社,2014.

[7] 楚洪超.高强热轧开平板表面横向亮印和划伤的成因及预防[J].钢铁研究,2015,43(5):55-57+62.

[8] 孙海滨,王立芳.国内管材精密矫直技术研究现状[J].钢管,2013,42(5):52-54.

[9] 刘天明.斜辊式管棒材矫直机矫直辊辊形曲线的研究[J].重型机械,1981(12):1-12.

[10] 窦力奋.钢筋加工机械的发展方向[J].建筑机械,1990(10):28.

[11] 郑武君.STQ6/8—80A 型数控钢筋调直切断机[J].冶金建筑,1981(8):63-65.

[12] 侯英,侯士江.调直切断机造型设计[J].机械设计,2016,33(6):129.

[13] 王文凡,申杰.钢筋调直切断机自动控制系统的设计与实现[J].华北水利水电大学学报(自然科学版),2015,36(2):74-79.

[14] 史有龙.高效数控钢筋调直切断机在泰州制成[J].施工技术,1985(1):46.

[15] 丁全韬.钢筋调直切断机上压板钻孔模具的应用[J].中国科技博览,2009(12):1.

[16] 杨光,马红光.数控加工设备在钢筋集中加工中的应用[J].城市建设理论研究(电子版),2014(6):1-4.

[17] 陈士忠,王永华,吴玉厚.钢筋调直机调直辊设计与分析[J].建筑机械化,2015,36(3):76-79.

[18] 刘海昌,汪建春,刘抗强.飞剪机的发展与思考[J].机械设计与制造,2007(6):208-209.

[19] 钱振伦,陈颖,李宏兴,等.连续棒材轧机生产线改造经验[J].中国重型装备,2002(1):10-12.

[20] 李因富,贾五生,牛小强.数控弯曲机在钢筋加工中的技术研究[J].商品与质量,2015(50):277-278.

[21] 马斯基列逊 A M.管材矫直机[M].北京:机械工业出版社,1979.

[22] 佚名.钢管矫直机扭矩监控装置研制成功[J].特殊钢,1986(6):64.

[23] 张栋男.美国"313"型钢管矫直机存在问题探讨[J].重型机械,981(11):45-48.

[24] 郝银.引进国外智力服务"两大跨越"——河南省人民政府与国家外国专家局签署引进国外智力为促进河南"两大跨越"服务合作框架协议[J].人才资源开发,2009(4):4.

[25] REGAN P H,STACHBERY A E,DRACONLIS G D,et al. High-spin proton and neutron intruder configurations in 106 Cd[J]. Nuclear Physics,Section A,1995,586(2).

[26] 王定武.薄钢带连铸技术的新进展[J].冶金管理,2016(10):47-49.

[27] 顾万黎.我国冷轧带肋钢筋应用技术的进展[J].建筑结构,1999(9):3-6.

[28] 李玉斌.钢筋混凝土用钢[J].城市建设理论研究(电子版),2013(26):1-4.

[29] 陈瑛.中厚板矫直技术的发展[J].宽厚板,2002,8(6):5.

[30] 车仁炜,陆念力,王树春.一种新型钢筋切断机的设计研究[J].机械传动,2004,28(2):3.

[31] 王平,张强.钢筋调直切断机剪切机构的分析与研究[J].建筑机械,1999(12):4.

[32] 杨嗣信,吴琏.我国钢筋工程施工现状及其发展[J].建筑技术,2006,37(5):3.

[33] 崔甫.矫直原理与矫直机械[M].北京:冶金工业出版社,2002.

[34] COSENZA E,MANFRED G,REALFONZO

R. Development length of FRP straight rebars [J]. Composites Part B Engineering, 2002, 33 (7): 493-504.

[35] MASON J . Intelligent contracts and the construction industry[J]. Journal of Legal Affairs and Dispute Resolution in Engineering and Construction, 2017, 9(3): 04517012.

[36] 龙莉,罗安智. 国内外高强钢筋发展和现状分析[J]. 冶金管理,2012(11): 6.

[37] MISCHKE J, JONCA J. Simulation of the roller straightening process[J]. Journal of Materials Processing Technology, 1992, 34(1-4): 265-272.

[38] 周济. 智能制造——"中国制造 2025"的主攻方向[J]. 中国机械工程,2015,26(17): 12.

[39] 沈欣,王磊. 浅析绿色建筑工程发展前景[J]. 城市建设理论研究(电子版),2016,000(013): 2283.

[40] BAIRAN J M, MARI A R, ORTEGA H, et al. Effects of winding and straightening of medium and large diameter reinforcing bars manufactured in coils in their mechanical properties[J]. Materiales deConstruccion, 2011, 61(304): 559-581.

[41] BALIC J, NASTRAN M. An on-line predictive system for steel wire straightening using genetic programming[J]. Engineering Applications of Artificial Intelligence, 2002, 15(6): 559-565.

[42] Juan Camilo Galvis Salazar, Heriberto Enrique Maury Ramírez, Roque Julio Hernández Donado. Elasto-plastic model to determine the maximum force for shaft straightening process[J]. Ingeniería e Investigación, 2017, 37(2): 107-110.

[43] 崔甫. 论弹塑性弯曲与曲率关系[J]. 重型机械,1994(3): 23-28.

[44] SRIMANI S L, BASU J. An investigation for control of residual stress in roller-straightened rails[J]. The Journal of Strain Analysis for Engineering Design, 2003, 38(3): 368-373.

[45] Pernía, Martínez-de-Pisón, Ordieres, Alba, Blanco. Fine tuning straightening process using genetic algorithms and finite element methods[J]. Ironmaking & Steelmaking, 2010, 37(2): 119-125.

[46] JindÅ ichPetruÅika, TomÃiÅi NÅivrat, FrantiÅiek Å ebek, Marek BeneÅiovskÃ1/2. Optimal intermeshing of multi roller cross roll straightening machine[J]. AIP Conference Proceedings, 2016, 1769(1): 120002.

[47] BARABASH AV, GAVRIL'CHENKO EYU, GRIBKOV EP. Straightening of Sheet with Correction of Waviness[J]. Steel in Translation, 2014, 44(12): 916-920.

[48] 卢秀春,韩雪艳,金贺荣. 辊式矫直系统钢筋压下挠度计算方法研究[J]. 机械设计与制造,2012(10): 111-112.

[49] 金贺荣,韩雪艳,谷慧勇,等. 高强钢筋矫直系统多辊止转筋技术[J]. 塑性工程学报,2014,21(3): 10-14.

[50] LU H, LING H, LEOPOLD J, et al. Improvement on straightness of metal bar based on straightening stroke-deflection model[J]. Science in China Series E: Technological Sciences, 2009, 52(7): 1866-1873.

[51] 中国机械工程学会焊接学会. 焊接手册: 第 1 卷焊接方法及设备[M]. 北京: 机械工业出版社,1992.

[52] 吴成材. 钢筋连接技术手册[M]. 3 版. 北京: 中国建筑工业出版社,2014.

[53] 成都永生焊接设备有限公司. UN 系列箍筋对焊机使用说明书[Z].

[54] 上海奉贤金星电焊机厂. 对焊机、点焊机、电焊机使用说明书[Z].

[55] 天津市科华焊接设备有限公司. UNW-63 使用说明书[Z].

[56] 东光县霞光焊接设备厂. 交流对焊机使用说明书[Z].

[57] 中国工程机械工业协会. 钢筋螺纹生产线: GXB/GJ 0041—2015[S]. 北京,2015.

[58] 中华人民共和国工业和信息化部. 建筑施工机械与设备钢筋螺纹成型机: JB/T 13709—2019[S]. 北京: 机械工业出版社,2019.

[59] 中华人民共和国国家质量监督检验检疫总局,中国钢筋标准化管理委员会. 钢筋混凝土用钢　第 2 部分: 热轧带肋钢筋: GB 1499.2[S]. 北京: 中国标准出版社,2019.

[60] 郭炳煌,石绵靖,吴海珍. 我国钢筋焊接网和热轧钢筋的发展与现状[J]. 四川水泥,

2020(4)：1.

[61] 徐鑫，裴娟苗，许富青.一种基于PC预制生产线的焊接主机开发[J].工程建设与设计，2020(6)：2.

[62] 陈怀发.建筑机械自动化技术发展趋势及现状研究[J].河南建材，2019(6)：314-315.

[63] 袁自峰.国内成型钢筋加工配送行业发展现状探究[J].工程技术研究，2019，4(22)：249-250.

[64] 贾晨光.PC构件钢筋网片自动弯曲成型系统[J].建筑机械化，2019，40(9)：23-26.

[65] 黄天玺.钢筋焊网生产设备控制与信息管理系统研发[D].杭州：浙江大学，2019.

[66] 黄伟，沈宏新，陈德鹏，等.钢筋焊网发展、应用及研究[J].建材世界，2016，37(3)：84-87.

[67] 于明，任霞，刘兴刚，等.钢筋成型系统在混凝土预制构件生产中的应用[J].中国高新技术企业，2015(15)：50-51.

[68] 李智斌，赵杰，邵康节，等.钢筋网片机械连接装置及施工技术研究[J].施工技术，2014，43(18)：13-15.

[69] 陈亮俭.核电项目施工钢筋加工设备的配置和选型[J].建筑机械化，2014，35(6)：88-89.

[70] 中华人民共和国住房和城乡建设部.建筑机械使用安全技术规程：JGJ 33—2012[S].北京：中国建筑工业出版社，2012.

[71] 国家市场监督管理总局，国家标准化管理委员会.钢筋混凝土用钢　第3部分：钢筋焊接网：GB/T 1499.3—2022[S].北京：中国标准出版社，2022.

[72] 钟大尊.冷轧带肋钢筋焊网在钢厂道路建设中的应用[J].现代冶金，2010，38(3)：67-69.

[73] 张学军.国内外钢筋焊接网发展现状及存在的误区[J].施工技术，2006(3)：49-50+54.

[74] 李云峰，乔国军，王希格，等.钢筋焊接网在北京百荣世贸商城中的应用[J].河北冶金，2005(3)：61-64.

[75] 杨尚磊，潘炯玺，谢雁，等.钢筋焊接网电阻点焊工艺的研究[J].电焊机，2005(2)：39-41.

[76] 中华人民共和国住房和城乡建设部.建筑机械使用安全技术规范：JGJ 33-2012[S].北京：中国建筑工业出版社，2012.

[77] 中华人民共和国工业和信息化部.建筑施工机械与设备钢筋网成型机：JB/T 13710—2019[S].北京：机械工业出版社，2019.

[78] 邢邦圣.冷轧带肋钢筋机械性能的智能预测方法与工艺参数优化研究[D].北京：中国矿业大学，2013.

[79] 朱伟.工程钢筋加工成型技术与配送工法研究[D].沈阳：沈阳建筑大学，2013.

[80] 王任国，张立勇，刘侠，等.格栅钢架与型钢拱架在隧洞支护中的比较与应用[J].四川水利，2007(1)：32-34.

[81] 任院关.格栅拱架在中小断面隧洞开挖支护施工中的应用[J].西北水力发电，2004(S1)：21-22.

[82] 王雷.隧道钢拱架支护施工技术与应用[J].科学技术创新，2018(10)：2.

[83] 颜杜民，刘力，舒杰，等.钢拱架自动化生产线：CN109128853B[P].山西省，2019-10-11.

[84] 罗俊荣，高正松，王彦鹏.智能钢筋加工生产线在桥梁施工中的应用实践[J].建筑机械化，2020，41(12)：76-79.

[85] 杨青玉.成型钢筋集中加工配送技术研究[J].建筑机械化，2020，41(2)：22-24.

[86] 叶浩文.钢筋制品智能化加工技术[M].北京：中国建筑工业出版社，2021.

[87] 中华人民共和国住房和城乡建设部.混凝土结构成型钢筋应用技术规程：JGJ 366—2015[S].北京：中国建筑工业出版社，2015.

[88] 中华人民共和国国家质量监督检验检疫总局，中国国家标准化管理委员会.混凝土结构用成型钢筋制品：GB/T 29733—2013[S].北京：中国标准出版社，2013.

第4篇

钢筋连接机械

第25章

钢筋电阻焊机械设备

钢筋电阻点焊和钢筋闪光对焊是钢筋工程传统的焊接工艺，具有成本低、效率高、焊接质量好等优点，在我国工程建设中得到充分应用和不断发展。本章主要介绍钢筋电阻焊机械设备的分类、工作原理、结构组成、技术性能、选用原则、安全使用(包括操作规程、维护和保养)及工程应用。

25.1 概述

25.1.1 定义和用途

钢筋焊接是用电焊设备将钢筋沿轴向接长或交叉连接。钢筋焊接质量与钢材的可焊性、焊接工艺有关，其中，可焊性与钢筋含碳、锰、钛等合金元素有关，焊接工艺包括焊接参数确定与作业操作技术水平。常用的钢筋电阻焊接方法有电阻点焊、闪光对焊。

1. 钢筋电阻点焊

钢筋电阻点焊是将两根钢筋安放成交叉叠接形式，压紧于两电极之间，利用电阻热熔化母材金属，加压形成焊点的一种压焊方法，它是传统电阻焊的一种焊接工艺。

钢筋电阻点焊适用于混凝土结构及钢筋混凝土构件的钢筋骨架和钢筋网片的制作。

2. 钢筋闪光对焊

钢筋闪光对焊是将两根钢筋以对接形式安放在对焊机上，利用电阻热使接触点金属熔化，产生强烈闪光和飞溅，迅速施加顶锻力而完成钢筋连接的一种压焊方法，它是电阻焊的一种焊接工艺。钢筋闪光对焊的焊接工艺可分为连续闪光焊、预热闪光焊和闪光-预热闪光焊等，根据钢筋品种、钢筋直径、电焊机功率、施焊部位等因素选用。

钢筋闪光对焊适用于混凝土结构中纵向钢筋的连接及预应力钢筋工程中螺纹端杆与预应力钢筋的焊接。

25.1.2 发展历程和沿革

钢筋电阻焊方法虽然19世纪末叶已在世界上出现，但在我国至20世纪40年代仍是空白，自20世纪50年代才在金属薄板结构、工具生产及苏联援建的大型建设工程中得到应用(苏联称之为接触焊)。钢筋电阻点焊和钢筋闪光对焊均是钢筋工程传统的焊接工艺，具有成本低、节约钢材、效率高、焊接质量好、可提高钢筋骨架及钢筋网的刚度与设计计算强度等优点，在我国工程建设中得到充分应用和不断发展。

25.1.3 发展趋势

随着我国国民经济和基本建设的迅速发展，各种钢筋混凝土建筑物和构筑物大量建造，各类建设工程的需要推动了钢筋连接技术的不断进步。大型、复杂的钢筋混凝土结构不断涌现及现代混凝土施工技术的更新，也推动了钢筋连接技术发展。其中，钢筋混凝土结构的模块化、钢筋加工工厂化及大型钢筋焊接网商品化的发展趋势，推动着钢筋电阻焊设备朝着优质、高效、机械化、自动化、智能化等方向发展，但由于高强钢钢筋应用范围的扩大，钢筋电阻焊设备用于纵向钢筋连接正在逐步减少。

25.2 产品分类

电阻焊机械设备按焊接方式可分为点焊机、缝焊机、凸焊机和对焊机四种；按供能方式可分为单相工频电阻焊机、二次整流电阻焊机、三相低频电阻焊机、变频电阻焊机、电容储能电阻焊机和逆变式电阻焊机等。钢筋电阻焊机械设备主要有钢筋电阻点焊机、钢筋闪光对焊机。

25.3 工作原理与结构组成

25.3.1 工作原理

1. 点焊机

钢筋电阻点焊机是利用焊接区钢筋本身的电阻热和大量塑性变形能量，使两个分离表面的金属原子之间接近到晶格距离，形成金属键，在结合面上产生足够量的共同晶粒而得到焊点。适当的热和机械力作用是获得钢筋电阻点焊优质焊点的基本条件，这就要求钢筋电阻点焊机械能可靠地向焊接区提供热(电流)和机械力(压力)完成预期焊接工作。

点焊采用的点焊机有单点点焊机(主要用于焊接较粗钢筋)、多点点焊机(主要用于焊接钢筋网片)和悬挂式点焊机(能任意移动，可焊接各种几何形状的大型钢筋网片和钢筋骨架)。

点焊的工作原理是将钢筋的交叉部分置于点焊机的两个电极间，然后通电，钢筋温升至一定程度后熔化，再加压使交叉处钢筋焊接在一起。焊点的压入深度应符合下列要求：热轧钢筋点焊时，压入深度为较小钢筋直径的30%～45%；冷拔低碳钢丝点焊时，压入深度为较小钢丝直径的30%～35%。钢筋交叉点焊后示意图见图25-1。

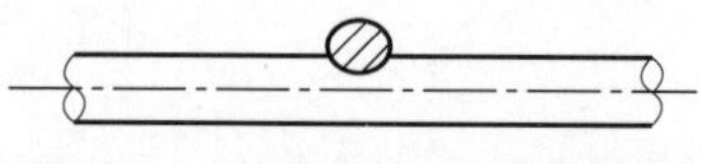

图25-1 钢筋交叉点焊后示意图

2. 对焊机

钢筋闪光对焊机属于特殊形式的对焊机，属于电阻焊设备范畴。钢筋闪光对焊是将两根钢筋(或预应力钢筋与螺纹端杆)以对接形式安放在对焊机上，在接通焊接电源后，将两焊件逐渐移近，在焊件间形成很多具有很大电阻的小接触点，利用电阻热使接触点金属熔化，并很快形成一系列液体金属过梁，当金属过梁爆破时，产生强烈闪光和飞溅，见图25-2。闪光结束后，对焊接处迅速施加足够大的顶锻压力，使液态金属及可能产生的氧化物夹杂迅速地从焊件端面间隙中挤出来，以保证接头处产生足够的塑性变形而形成共同晶粒，获得牢固的对接接头。

图25-2 钢筋闪光对焊时金属过梁爆破产生的强烈闪光和飞溅

25.3.2 结构组成

钢筋电阻焊机械设备通常由三个主要部

分组成：①以电阻焊变压器(以及逆变式电阻焊焊接电源)为主，包括电极与二次回路组成的焊接回路；②机架和有关夹持工件以及施加焊接压力的传动机构组成的机械装置；③能按要求接通电源，并可控制焊接程序中各个阶段时间及调节焊接电流的控制电路。

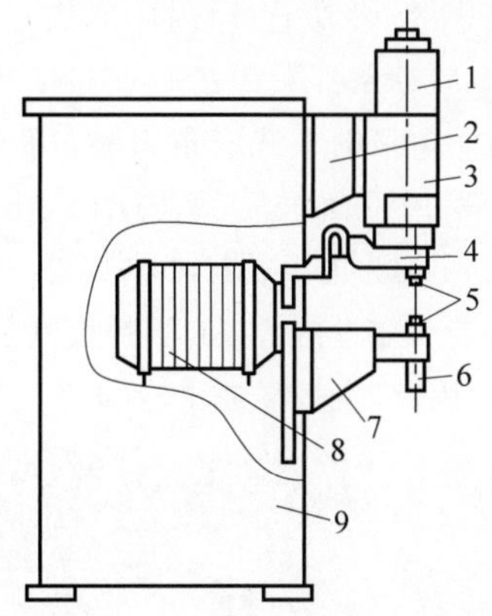

1—加压系统；2—上电极臂；3—导向座；4—电极台板；5—电极；6—电极握杆；7—下电极臂；8—电阻焊变压器；9—机架。

图 25-3 点焊机的机械结构组成示意图

1. 点焊机

点焊机主要由机架和加压机构、焊接回路、同步控制装置等几部分组成。机械结构组成示意图见图 25-3。

1) 机架和加压机构

(1) 机架是由点焊机各部件总装成一体的托架，应具有足够的刚度和强度。

(2) 原有脚踏式点焊机、电动凸轮式点焊机，目前已不多见。

(3) 气压式加压机构。气缸是加压系统的主要部件，由一个活塞隔开的双气室可使电极产生以下行程：抬起电极、安放钢筋、放下电极、对钢筋加压。图 25-4 所示为气压式加压系统结构图。配有气压式加压机构的点焊机有 DN2-100A 型、DN3-75 型、DN3-100 型等，目前应用较多的气压式点焊机外形见图 25-5。

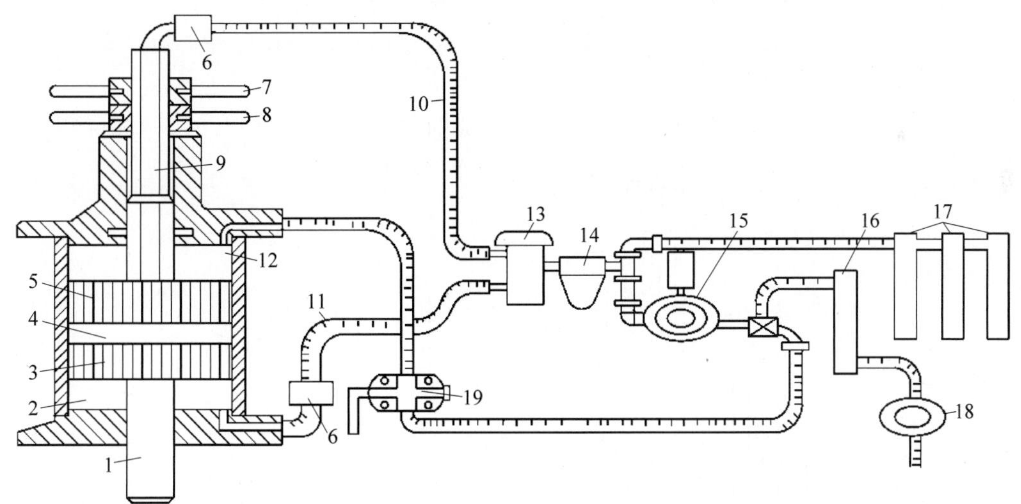

1—活塞杆；2—下气室；3—下活塞；4—中气室；5—上活塞；6—节流阀；7—锁紧螺母；8—调节螺母；9—导气活塞杆；10,11—气管；12—上气室；13—电磁气阀；14—油杯；15—调压阀；16—高压储气筒；17—低压储气筒；18—气阀；19—三通开关。

图 25-4 气压式加压系统结构

(4) 气压式点焊钳。在钢筋网片、钢筋骨架的制作中，常采用气压式点焊钳，点焊钳的构造见图 25-6。其工作行程为 15 mm，辅助行程为 40 mm，电极压力为 3000 N，气压为 0.5 MPa，重量为 16 kg。

(5) 电极。电极用来导电和加压，并决定主要的散热量，所以电极材料、形状、工作端面尺寸，以至冷却条件对焊接质量和生产率都有重要影响。电极的形式有很多种，用于钢筋点焊时通常采用平面电极，见图 25-7(b)。图中 L、H、D、d_0 均为电极的尺寸参数，根据需要设计。电极端头靠近焊件，在不断重复加热下温度会上升，因此，电极需通水冷却。

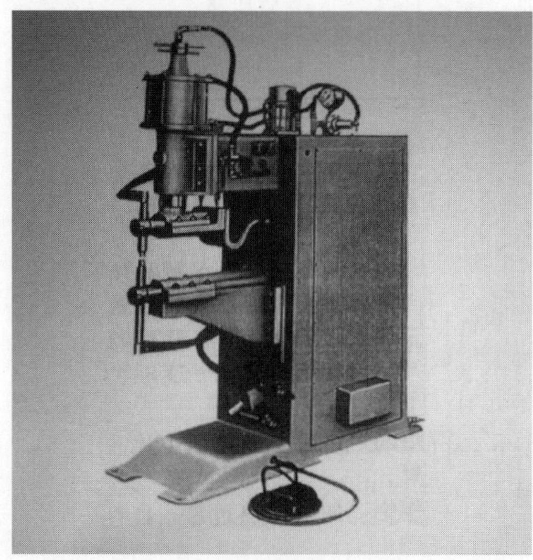

图 25-5 气压式点焊机外形

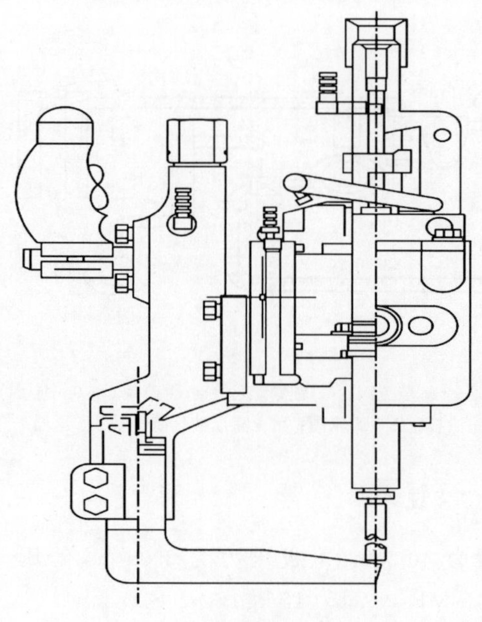

图 25-6 点焊钳的构造示意图

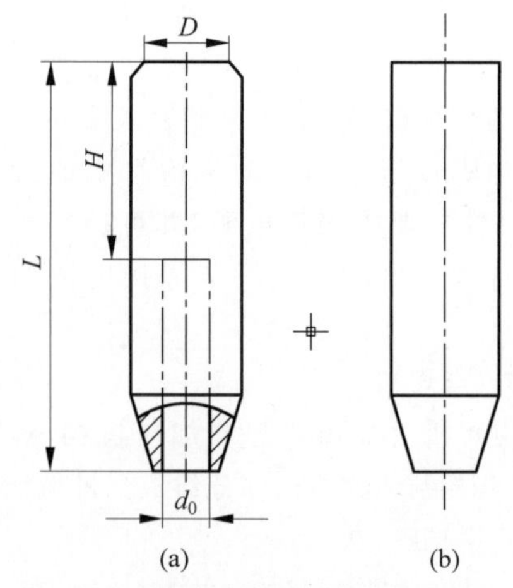

图 25-7 点焊电极

(a) 锥形电极；(b) 平面电极

2）焊接回路

点焊机的焊接主电路以电阻焊变压器(以及逆变式电阻焊焊接电源)为主，点焊机的电阻焊变压器外特性曲线见图 25-8。电阻焊机的外特性是指电阻焊变压器初级不变，在电阻焊变压器某一级工作时，次级电压与电流的关系。图 25-8 所示的缓降外特性是通过试验得到并描出 A、B、C 等点(连接各点即得该级外特性曲线)。另外，也可用计算方法绘制电阻焊变压器的外特性曲线。

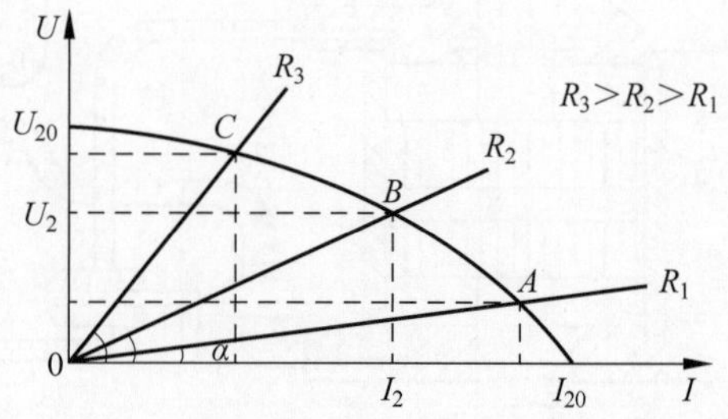

图 25-8 典型电阻焊变压器外特性曲线

点焊机的焊接回路包括电阻焊变压器次级绕组引出导电铜排、连接母线、电极夹等，见图 25-9。点焊机机臂通常用铜棒制成，交流点焊机的机臂直径应不小于 60mm，大容量点焊机的机臂直径应更粗些。在最大电极压力作用下，一般机臂挠度不大于 2mm，焊接回路尺寸为 $L=200\sim1200$ mm；机臂间距 $H=500\sim$

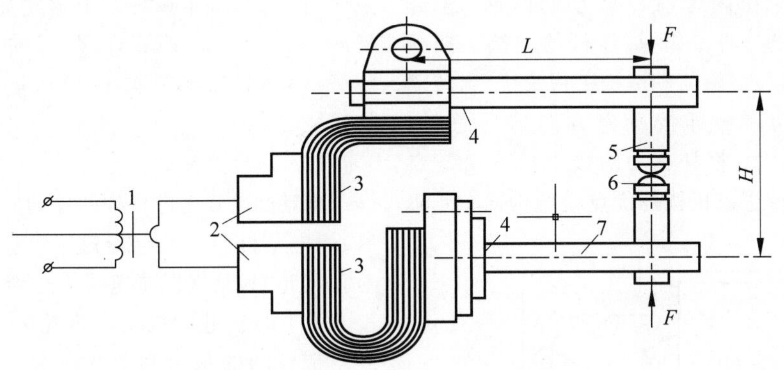

1—阻焊变压器；2—导电铜排；3—母线；4—导电盖板；5—电极夹；6—电极；7—机臂。

图 25-9　点焊机焊接回路示意图

800 mm；臂距可调节范围 h＝10～50 mm。

3）同步控制装置

能按钢筋点焊工艺要求接通电源（普通钢筋点焊机通常采用机械式控制装置或电磁式控制装置，上述装置比较简单），并可控制焊接程序中各个阶段时间及调节焊接电流的控制电路，在外电源波动的情况下进行自动补偿。常用产品主要是 DK 系列控制装置。

2. 对焊机

对焊机主要由机架、导向机构、动夹具和固定夹具、送进机构、夹紧机构、支点（顶座）、阻焊变压器、控制系统等部分组成。对焊机示意图见图 25-10，钢筋对焊机的机械结构见图 25-11。

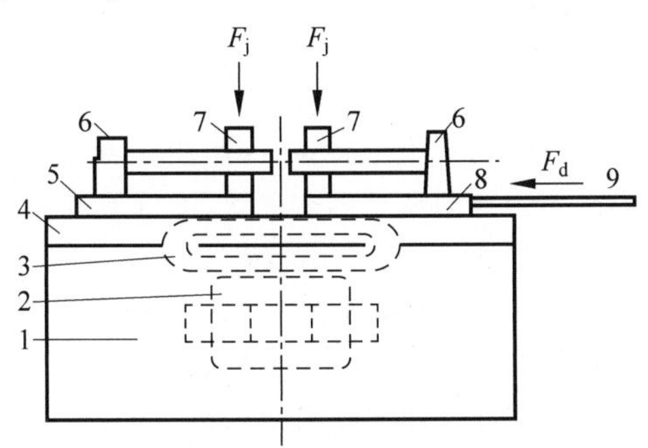

1—机架；2—变压器；3—软导线；4—导轨；5—固定座板；6—顶座；7—夹紧机构；8—动板；9—送进机构；F_j—夹紧力；F_d—顶锻力。

图 25-10　对焊机示意图

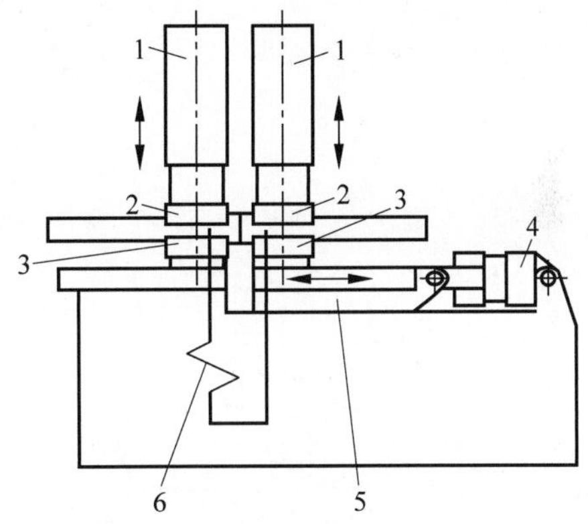

1—夹紧装置；2—夹钳；3—导电夹钳；4—驱动装置；5—滑动导轨；6—阻焊变压器。

图 25-11　钢筋对焊机的机械结构

1）机架和导轨

在机架上紧固着对焊机的全部基本部件，机架应具有足够的强度和刚度。否则，在顶锻时会使焊件产生弯曲。机架通常采用型钢焊成或用铸铁、铸钢制成。导轨是供动板移动时导向用的，有圆柱形、长方形或平面等形状。

2）送进机构

送进机构的作用是使焊件同动夹具一起移动，并保证有必要的顶锻力；使动板按所要求的移动曲线前进；当预热时能往返移动，没有振动和冲动。送进机构通常有手动杠杆式、电动凸轮式、气动或气液压复合式等类型。

（1）手动杠杆式

手动杠杆式送进机构的作用原理与结构

见图25-12，它由固定轴 O 转动的曲柄杠杆3和长度可调的连杆2组成，连杆的一端与曲柄杠杆相铰接，另一端与动座板1相铰接，当转动杠杆3时，动座板即按所需方向前后移动。4,5为限位开关，杠杆移动的极限位置由支点来控制。这种送进机构的优点是结构简单；缺点是其所发挥的顶锻力不够稳定，顶锻速度比较小(15～20 mm/s)，并容易使操作人员疲劳。UN1-75型对焊机的送进机构为手动杠杆式。

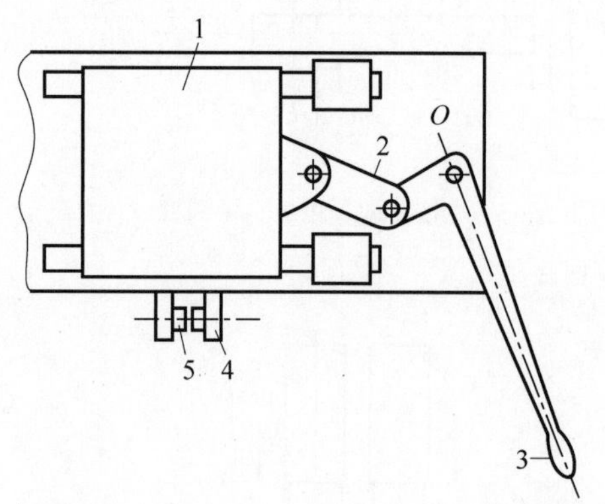

1—动座板；2—连杆；3—曲柄杠杆；4,5—限位开关。

图25-12 手动杠杆式送进机构

(2) 电动凸轮式

电动凸轮式送进机构的传动原理如图25-13所示，电动机D的转动经过三角皮带装置P、一对正齿轮ch及蜗杆减速器传送到凸轮K，螺杆L可用于调整电动机与皮带轮的中心距，以实现皮带传动的张紧和放松。为了使电流的切断、电动机的停转与动座板移动可靠地配合，在凸轮K上部装置了两个辅助凸轮 K_1 和 K_2，以便在指定时间关断行程开关。电动凸轮式送进机构的主要优点是结构简单，工作可靠，能减轻操作人员的劳动强度；缺点是电动机功率大而利用率低，顶锻速度受到限制，一般为20～25 mm/s。UN2-150-2型对焊机就是采用这种送进机构。

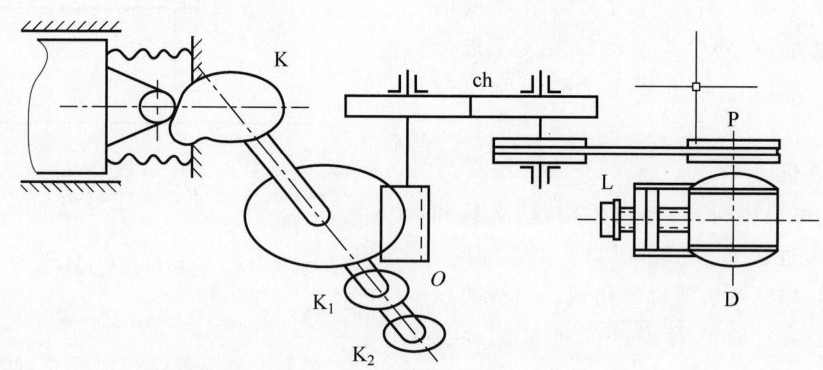

图25-13 电动凸轮式送进机构传动原理

(3) 气动或气液压复合式

UN17-150型对焊机的送进机构是气动或气液压复合式的，其结构见图25-14。动作过程如下。

① 预热。只有向前和向后电磁气阀交替动作，推动夹具前后移动，向前移动速度由油缸排油速度决定；夹具返回速度由阻尼油缸后室排油速度决定，速度比较慢。

② 闪光。向前电磁气阀交替动作，气缸活塞推动夹具前移，闪光速度由油缸前室排油速度决定。

③顶锻。顶锻由顶锻气缸进行。当闪光结束时，顶锻电磁气阀动作，气缸通入压缩空气，给顶锻油缸的液体增压，作用于活塞上以很大的压力推动夹具迅速移动，进行顶锻。

闪光和顶锻留量均由装在电焊机上的行程开关和凸轮来控制，调节各个凸轮和行程开关的位置就可调节各留量。这类送进机构的优点是顶锻力大，控制准确；缺点是构造较为复杂。

3) 夹紧机构

夹紧机构由两个夹具构成，一个是固定的，称为静夹具；另一个是可移动的，称为动夹具。前者直接安装在机架上，与焊接变压器次级线圈的一端相接，但在电器上与机架绝缘；

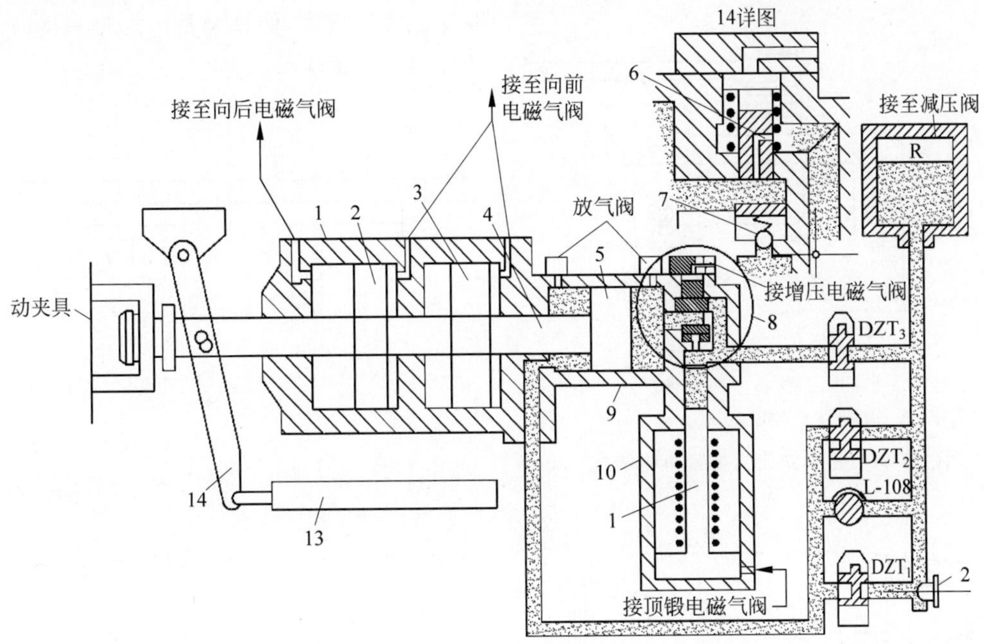

1—缸体；2,3—气缸活塞；4—活塞杆；5—油缸活塞；6—针形活塞；7—球形阀；8—详图；9—阻尼油缸；10—顶锻气缸；11—顶锻气缸的活塞杆兼油缸活塞；12—调预热速度的手轮；13—标尺；14—行程放大杆；DZT_1,DZT_3—电磁换向阀(常开)；DZT_2—电磁换向阀(常闭)；L-108—节流阀；R—油箱。

图 25-14　UN17-150 型对焊机的送进机构

后者安装在动板上,可随动板左右移动,在电器上与焊接变压器次级线圈的另一端相连接。常见的夹具型式有：手动偏心轮式夹紧机构，其结构见图 25-15；手动螺旋式夹紧机构,其结构见图 25-16；气压式夹紧机构,其结构见图 25-17；气液压式及液压式夹紧机构。

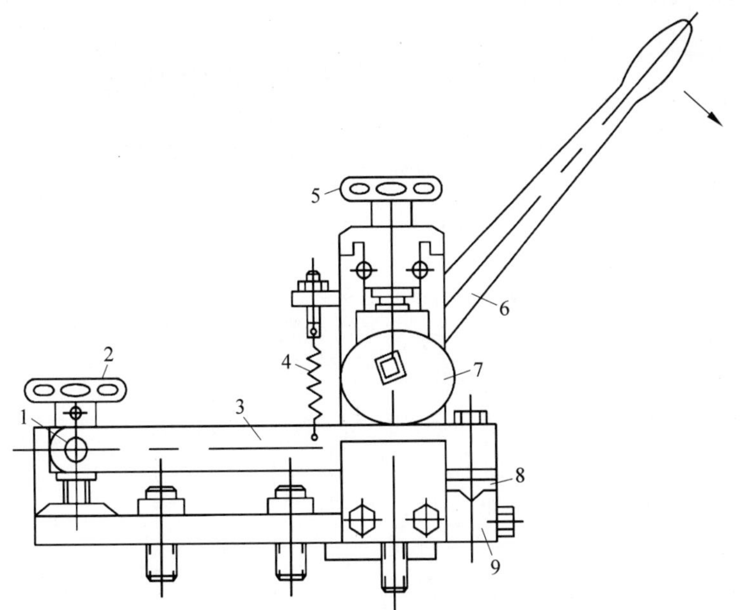

1—销轴；2,5—调节手轮；3—夹具上板；4—弹簧；6—杠杆；7—凸轮；8,9—电极。

图 25-15　手动偏心轮式夹紧机构结构

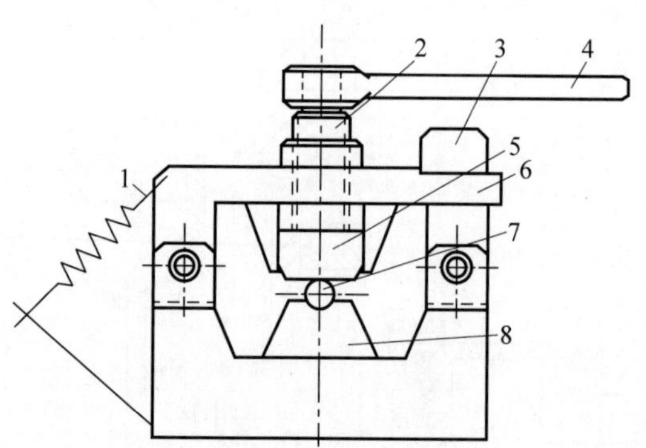

1—弹簧；2—螺杆；3—挂钩；4—手柄；5—上电极；6—压杆；7—焊件；8—下电极。

图 25-16 手动螺旋式夹紧机构结构

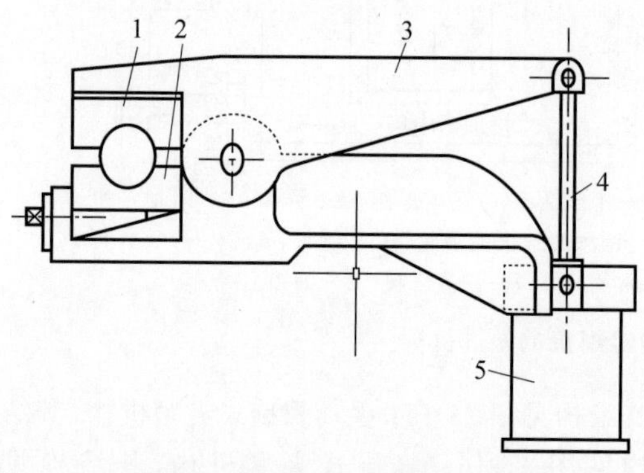

1,2—电极；3—杠杆；4—活塞杆；5—气缸。

图 25-17 气压式夹紧机构结构

4）对焊机焊接回路

对焊机的焊接回路一般包括电极、导电平板、次级软导线及电阻焊变压器次级线圈，如图 25-18 所示。焊接回路是由刚性和柔性的导线元件相互串联（有时并联）构成的导电回路，同时也是传递力的系统，回路尺寸增大，电焊机阻抗增大使电焊机的功率因素和效率均下降。为了提高闪光过程的稳定性，应减少电焊机的短路阻抗，特别是减少其中的有效电阻分量。

对焊机的外特性决定于焊接回路的电阻分量。当电阻很大时，在给定的空载电压下，短路电流 I_2 急剧减小，是为陡降的外特性，如图 25-19 所示。当电阻很小时，外特性具有缓降的特点。对于闪光对焊，要求电焊机具有缓降的外特性比较适宜。因为闪光时，缓降的外特性可以保证在金属过梁的电阻减小时使焊接电流骤然增大，使过梁易于加热和爆破，从而稳定了闪光过程。

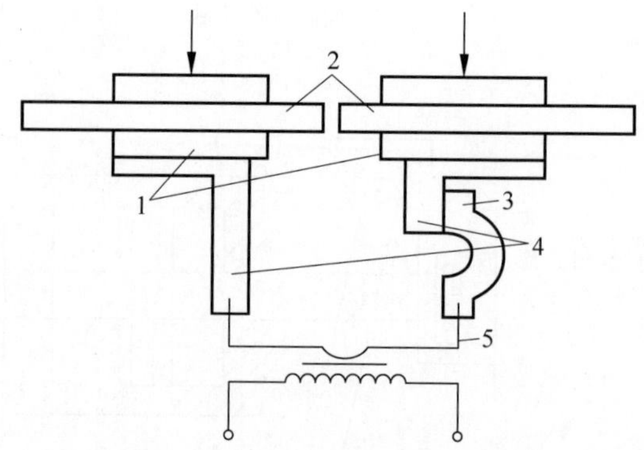

1—电极；2—工件；3—软导体；4—导电体；5—电阻焊变压器。

图 25-18 点焊机二次回路示意图

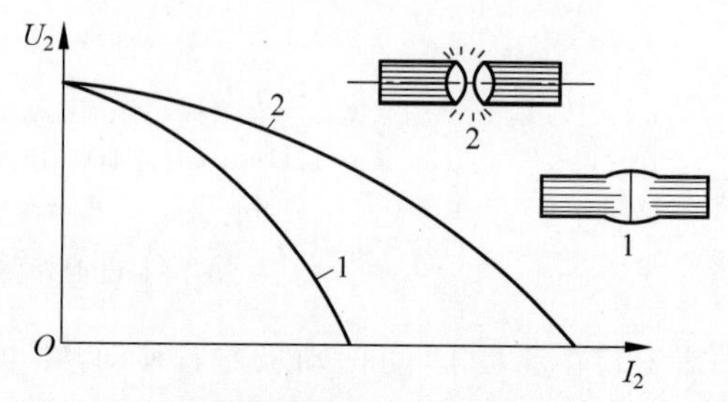

1—陡降的外特性；2—缓降的外特性。

图 25-19 对焊机的外特性曲线

25.4 技术性能

25.4.1 产品型号命名

我国电焊机型号是按现行国家标准《电焊机型号编制方法》（GB/T 10249—2010）统一规定编制的。电焊机型号由汉语拼音字母及阿拉伯数字组成，其编排次序及代表含义如图 25-20 和表 25-1 所示。

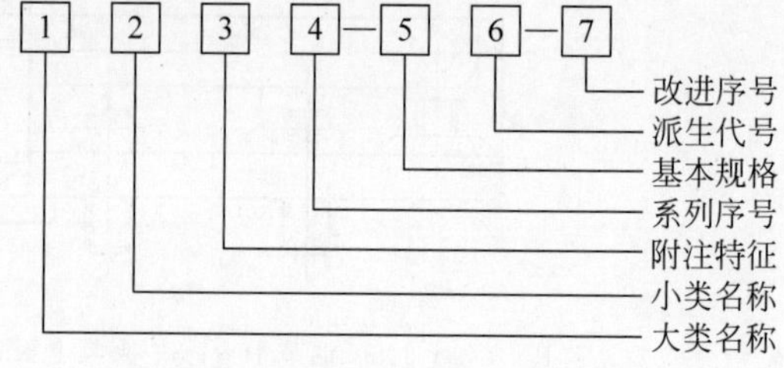

图 25-20 电焊机产品型号的编排次序

表 25-1　电焊机产品型号代码的编排次序及含义

产品型号	第一字母		第二字母		第三字母		第四字母	
	代表字母	大类名称	代表字母	小类名称	代表字母	附注特征	代表字母	系列序号
电阻电焊机	D	点焊机	N B	工频 逆变	省略 K W	一般点焊 快速点焊 网状点焊	省略 1 2 3 6	垂直运动式 圆弧运动式 手提式 悬挂式 焊接机器人
	U	对焊机	N B	工频 逆变	省略	一般点焊	省略 1 2 3	固定式 弹簧加压式 杠杆加压式 悬挂式

注：钢筋点焊机、钢筋对焊机型号示例说明如下：
DN3-75 型点焊机——在 50%负载持续率下额定功率为 75 kV・A 的悬挂式工频点焊机；
UN2-100 型对焊机——在 50%负载持续率下额定功率为 100 kV・A 的杠杆加压式工频对焊机。

25.4.2　性能参数

1. 钢筋电阻点焊机

典型的钢筋电阻点焊机型号及主要技术参数见表 25-2。

表 25-2　典型的钢筋电阻点焊机型号及主要技术参数

产品型号	DN-75	DN-100	DN-150
额定功率/(kV・A)	75	100	150
初级电压/V	380		
频率/Hz	50		
气路额定压力/MPa	≥0.6		
加压力/N	5000		8000
臂间距/mm	265		340
臂伸长/mm	440		480
电极行程/mm	80	100	
生产率/(次/min)	60		
重量/kg	620	720	780
外形尺寸/(mm×mm×mm)	1830×1080×630	1980×1000×720	

2. 钢筋闪光对焊机

典型的钢筋闪光对焊机型号及主要技术参数见表 25-3。

表 25-3　典型的闪光对焊机型号及主要技术参数

产品型号	UN-100	UN-150
初级电压/V	380	
额定负载持续率/%	20	
额定功率/(kV・A)	100	150
额定初级电流/A	263	395
低碳钢最大焊接直径/mm	28	32
调节级数/级	8	
最大送料行程/mm	30	
冷却水耗量/(L/h)	420	
外形尺寸/(mm×mm×mm)	780×465×1030	900×510×1100

25.4.3　各企业产品型谱

由于各企业产品的技术性能特点各异，因此，下面以一些企业的主要代表产品为例简要介绍相应的产品型谱与技术特点。

1. 苏州安嘉自动化设备有限公司

苏州安嘉自动化设备有限公司(以下简称安嘉公司)是专业的电阻焊及自动化设备生产企业。该公司 2000 年开始从事焊接行业，现拥有 30 多项发明和实用新型专利，有大量服务客户经验和焊接工程案例，成套的设备和工艺解决方案，资深的研发团队，可为各行业用户提供非标准自动电焊机的研发和定制。公司产品包括中频逆变式点凸焊机、电容储能式点凸焊机、一体式悬挂点焊机、闪光对焊机、交流点凸焊机及各种定制型自动焊接设备、检测设备、自动装配生产线、流水线等。安嘉公司秉承“以责任赢信任、以创新求发展”的理念，坚持做稳定、高效、节能的焊接自动化设备。其产品适用多种金属的点焊连接，包含低碳钢（钢筋）、不锈钢、镀锌板和铝合金、铜材、高强钢、合金材料等，焊点强度高、变形小、飞溅少、无虚焊脱焊、螺母焊接不回牙，可 24 h 连续工作，保证产能。安嘉公司产品除满足国内需要外，也出口至欧洲、东南亚等地区。安嘉公司提供的钢筋闪光对焊机分为两种，一种是手扳式，适宜直径在 22 mm 以下的钢筋对接，只需提供电力，手动夹紧、手动闪光及顶锻，操作简单；另一种是气动式半自动闪光对焊机，适宜直径 12～36 mm 的带肋高强钢筋的闪光对焊，由于其夹紧力、顶锻力相对人工更稳定，因此焊接质量也更高，且一致性好。该系列产品主要技术参数见表 25-4。UNS-150 对焊机见图 25-21。

表 25-4 安嘉自动化设备有限公司钢筋对焊机主要技术参数

型号	电源电压/V	额定功率/(kV·A)	负载持续率/%	夹紧力/kN	顶锻力/kN	夹紧机构	顶锻机构	最大焊接直径/mm
UNS-100	380	100	50	20	10	气动杠杆式	气缸	22
UNS-150		150		30	15			25
UNS-200		200		40	20			35

图 25-21 UNS-150 对焊机

2. 无锡市荡口通用机械有限公司

无锡市荡口通用机械有限公司专业生产电阻焊机，有钢筋焊接网成型机组、钢筋骨架滚焊机及各种拉丝机等产品。其中 HWJ-2600 钢筋焊接网成型机组被列为“国家星火计划项目”及“建设部科技成果推广转化指南项目”。公司已通过“ISO9001 族质量管理体系认证”，被评为“无锡市产品质量信得过单位”“江苏省高新技术企业”。公司生产的 GH-600 型管桩钢筋骨架滚焊机是将高强度混凝土管桩钢筋自动滚焊（电阻点焊）成骨架的专用焊机，被广泛应用于预应力先张法的钢筋架笼体焊接成型。焊机有自动焊接和手动焊接两种焊接模式，焊接电流、时间可根据使用情况灵活调节。自动焊接时各种不同螺距、圈数自动切换，焊接速度快，0～60 r/min 可调，操作简单。手动焊接时可根据实际情况手动调节。

无锡市荡口通用机械有限公司还生产系列对焊机 GH450 离心方桩钢筋骨架滚焊机、钢筋焊接网成型机组等其他电阻焊机产品。

3. 河北衡水金仕达机械制造有限公司

河北衡水金仕达机械制造有限公司（以下简称金仕达公司）专业生产钢筋点焊机、钢筋网片焊机、数控钢筋网焊接机、金属网片焊机、钢筋网片生产线、手动钢筋对焊机、全自动对焊机、焊接机械手等。金仕达公司生产的钢筋多点焊机型号及主要技术参数见表 25-5，产品负载持续率均为 50%。

表 25-5　金仕达公司钢筋多点焊机型号及主要技术参数

型　号	输入电压/V	额定功率/(kV·A)	最大焊接电流/A	电极压力/N	上电极工作行程/mm	下电极工作行程/mm	焊接宽度/mm
DNW-75×2	380	75	22	7350	60	40	1200
DNW-100×2		100	30				1600
DNW-150×2		150	35				2200
DNW-200×2		200	40				2600

钢筋对焊机外形见图 25-22，钢筋对焊机的主要技术参数见表 25-6。

图 25-22　金仕达公司 UN 系列钢筋对焊机外形图

表 25-6　钢筋对焊机的主要技术参数

参数	单位	型号 UN-100	型号 UN-150
额定容量	kV·A	100	150
初级电压	V	380	
负载持续率	%	20	
次级电压调节范围	V	4.5～7.6	7.04～11.5
次级电压调节级数	级	8	
额定调节级数	级	7	
最大顶锻力	kN	40	50
钳口最大距离	mm	70	
最大送料行程	mm	40～50	50
低碳钢额定焊接截面面积	mm^2	800	1000

续表

参数		单位	型号 UN-100	型号 UN-150
低碳钢最大焊接截面面积		mm^2	1000	1200
焊接生产率		次/h	30	
冷却水消耗量		L/h	400	
重量		kg	4787	550
外形尺寸	长	mm	1770	
	宽	mm	655	
	高	mm	1230	

4. 江苏泰州市旭瑞机械制造有限公司

江苏泰州市旭瑞机械制造有限公司(以下简称旭瑞公司)是生产建筑机械及配件的专业公司，主要产品为混凝土预制桩生产厂的预制桩中钢筋骨架和混凝土电杆生产厂的混凝土电杆(包括预应力钢筋的混凝土电杆)中钢筋自动滚焊(电阻点焊)成骨架的专用焊机。旭瑞公司新推出的 FZHJ500 型中频焊接滚焊机配备了一款专用型焊接电源，与传统工频滚焊机相比具有明显的优势。其主要特点为：高效、节能，节电率依据焊接主筋数目及焊接模式，可达 20%～70%；三相电输入，输入平衡，功率因数高；直流焊接，穿透力强，焊接牢固；恒流控制，电流稳定，波动小；动态响应快；噪声低；变压器体积明显缩小，重量减少一半以上；经济效益显著，短期内就可回收成本。图 25-23 所示为 FZHJ500 型滚焊机正在焊接混凝土电杆钢筋骨架。该产品能确保混凝土电杆生产厂的产品质量满足现行国家标准《环形混凝土电杆》(GB 4623—2014)中对钢筋骨架的要求。该产品的主要技术参数见表 25-7。

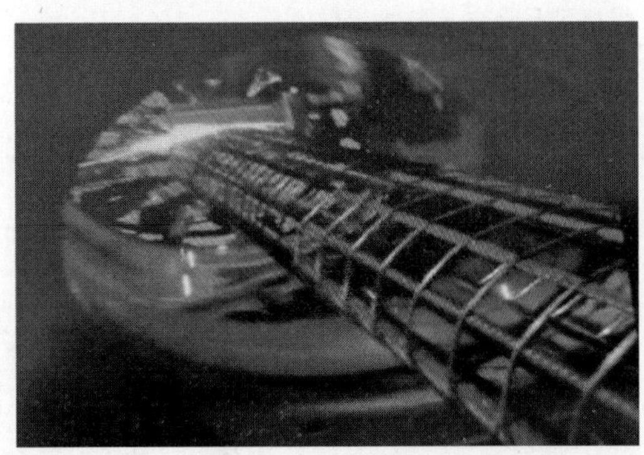

图 25-23　旭瑞公司 FZHJ500 型滚焊机正在焊接混凝土电杆钢筋骨架

表 25-7　FZHJ500 型滚焊机的主要技术参数

参　数	数　值
焊接骨架直径/mm	350、400、450、500
焊接钢筋骨架长度/mm	4～15(可根据客户技术要求加长)
纵筋根数/根	4、8、12、16
纵筋直径/mm	7.1、9.0、10.7、12.6
环筋直径/mm	4～6.5
笼体螺距/mm	0～150
小车快返速度/(m/min)	最大值 150
驱动功率/kW	11.5
中频变压器功率/(kV·A)	350
主机转速/(r/min)	0～60
焊接方式	可变中频直流焊
控制方式	微电脑自动控制
焊点强度损失/%	≤5
焊点处拉力或剪力/kN	≥200
焊接变压器冷却方式	水冷
焊接变频电源冷却方式	风冷
焊机电源要求	380 V×(1±5%)/50 Hz
环境温度/℃	－15～35
相对湿度/%	<85
焊机总重量/t	≈6
料盘运转方式	回转支承悬挂式
数据保存	每日生产规格、型号、数量均有记录,通过 USB 接口可读取,另预留数据采集端口,便于智能化管理的数据统计

25.5　选用原则

25.5.1　总则

钢筋点焊机(含半自动、自动化设备)、钢筋对焊机使用单位在选择钢筋电阻焊机械设备时,采购的产品必须符合以下要求:能满足焊接生产的需要,保证焊接产品的质量优良可靠,生产率高,节能环保,能降低劳动强度并获得较好的经济效益。

25.5.2　选用原则及依据

基于选用原则,要考虑钢筋电阻焊机械设备的使用环境条件,例如冷却水来源、当地气候、场地布置、电力供应等。还要依据产品使用单位当前生产的产品,为长期规划及市场变化留有余地。通常单点点焊机主要用于焊接较粗钢筋,多点点焊机主要用于焊接钢筋网片(要考虑钢筋焊接网片),悬挂式点焊机能任意移动、可焊接各种几何形状的大型钢筋网片和钢筋骨架。同时,还要考虑生产安排及设备负载持续率而选择规格(额定容量)。

总之,应根据钢筋规格(牌号、直径)、形状及产品长度、生产批量及所要求的生产率等具体数据选择最适宜的焊接条件(连续闪光焊,还是预热闪光焊;采用自动化、半自动化还是非自动化过程),进而确定钢筋电阻焊机械的容量(功率)。有时可根据焊件及其尺寸来确定所需的顶锻力,再根据顶锻力选择电焊机。

25.6　安全使用

25.6.1　国家现行标准

钢筋电阻焊机安全使用的国家现行标准见表 25-8。

表 25-8　钢筋电阻焊机安全使用的国家现行标准

代　号	标准名称
GB/T 8366—2021	《电阻焊 电阻焊设备 机械和电气要求》
GB 15578—2008	《电阻焊机的安全要求》

续表

代　　号	标 准 名 称
GB 50666—2011	《混凝土结构工程施工规范》
JGJ 18—2012	《钢筋焊接及验收规程》
JGJ 33—2012	《建筑机械使用安全技术规程》

25.6.2　安装与调试验收

1. 钢筋电阻焊机的安装环境

(1) 钢筋电阻焊机宜安装在无阳光直射、防雨、湿度小、灰尘少的室内，周围空气温度范围宜为－10～40℃。

(2) 安装的基础地面倾斜度不宜超过10°。

(3) 焊接工位不宜有风，如有应采取有效措施予以遮挡。

(4) 钢筋电阻焊机宜距离墙壁200 mm以上，设备间距宜为100 mm以上。

(5) 现场使用的钢筋电阻焊机应设有防雨、防潮、防晒、防砸的措施。

(6) 采用水冷却设备时，应采取防冻措施。

2. 外电网及电源输入端的供电电压品质

外电网或电源输入端的供电电压波形应为标准的正弦波，有效值为380 V×(1±10%)，频率为50 Hz。三相电压的不平衡度≤5%。

3. 设备安装及调试

(1) 钢筋电阻焊机安装前，应根据产品使用说明书编制安装作业指导书(含调试内容)。

(2) 安装过程中应注意安全，并按安装作业指导书进行设备的吊运、就位与固定。

(3) 应根据电焊机使用说明书选择确定电源输入端的最小容量、输入保护(保险丝、断路器)及最小电缆截面。

(4) 设备金属外露部位(如设备外壳)应可靠接地，设备的电气线路、电气接点等按要求安装完成后，应进行检查核实。

(5) 设备的机械部分及电气部分安装完成后应由设备调试人员按产品说明书和作业指导书进行通电前的检查：连接线是否正确；测量各个带电部位对机身的绝缘电阻是否符合要求；机身的接地是否可靠；水和气是否畅通；测量电源输入端的电压是否与电焊机铭牌数据相符。

(6) 通电检查。确认安装无误的电焊机便可进行通电检查。主要检查控制设备各个按钮与开关操作是否正常，然后进行不通焊接电流下的机械动作运行，即拔出电压级数调节组的手柄，或把控制设备上焊接电流通断开关放在断开的位置。启动电焊机，检查工作程序和加压过程。

(7) 根据焊接参数，进行整机调试。使用与待焊钢筋相同规格的钢筋试件进行试焊，试验时通过调节焊接参数(电极压力、二次空载电压、通电时间、热量调节、焊接速度、试件伸出长度、烧化量、顶锻量、烧化速度、顶锻速度、顶锻力等)，获得符合要求的焊接质量。对钢筋试件焊接一定数量后，钢筋试件焊接接头经外观检查合格后，即可正式焊接几个钢筋试件，经产品质量检验合格后，电焊机即可投入生产使用。

(8) 设备安装、调试完成后，使用单位、设备供应商及安装调试单位应进行正式验收(还可以安排有焊接资格的操作人员进行正式试焊，接头经外观、力学性能检验合格)，验收合格后应填写验收记录，验收记录中应有参加验收人员的签名。验收记录应存入该设备的设备档案。

25.6.3　安全使用规程

1. 钢筋点焊机的安全使用规程

(1) 加工钢筋接头的操作人员应经专业培训合格后上岗，钢筋接头的加工应经工艺检验合格后方可进行。

(2) 进行焊接操作及配合人员必须按规定穿戴劳动防护用品，且必须采取防止触电、发生火灾等事故的安全措施。

(3) 作业前，应先接通控制线路的转向开关和焊接电流的开关，调整好极数，再接通水源、气源，最后接通电源。

(4) 电焊机通电后，应检查并确认电气设备、操作机构、冷却系统、气路系统工作正常，不得有漏电现象。

(5) 作业时，气路、水冷系统应畅通。气体应保持干燥。排水温度不得超过40℃，排水量可根据水温调节；焊接作业暂停或作业结束应关闭冷却水。

(6) 严禁在引燃电路中加大熔断器。当负载过小，引燃管内电弧不能发生时，不得闭合控制箱的引燃电路。

(7) 正常工作的控制箱的预热时间不得少于5 min。当控制箱长期停用时，每月应通电加热30 min。更换闸流管前，应预热30 min。

(8) 若要移动点焊机，应先把电源切断；焊接作业暂停或作业结束应切断电源。

(9) 冬期施焊时，温度不应低于8℃。作业完成后，应放尽机内冷却水。

2. 钢筋对焊机的安全使用规程

(1) 对电焊机的使用应符合国家现行标准《建筑机械使用安全技术规程》(JGJ 33—2012)的相关规定。

(2) 对焊机应安置在室内或防雨的工棚内，并应有可靠的接地。当多台对焊机并列安装时，相互间距不得小于3 m。并应分别接在不同相位的电网上，设置各自的断路器。

(3) 焊接前，应检查并确认对焊机的压力机构是否灵活，夹具应牢固，气压、液压系统不得有泄漏。

(4) 焊接前，应根据所焊接钢筋的截面调整二次电压，不得焊接超过对焊机规定直径的钢筋。

(5) 断路器的接触点、电极应定期光磨，二次电路连接螺栓应定期紧固。冷却水温度不得超过40℃，排水量应根据温度调节。

(6) 焊接较长钢筋时应设置托架，配合搬运钢筋的操作人员，在焊接时应防止火花烫伤。

(7) 闪光区应设挡板，与焊接无关的人员不得靠近。

(8) 进行焊接操作及配合人员必须按规定穿戴劳动防护用品，且必须采取防止触电、发生火灾等事故的安全措施。

(9) 冬期施焊时，温度不应低于8℃。作业完成后，应放尽机内冷却水。

(10) 焊接作业暂停或焊接作业结束后应关闭冷却水并切断电源。

25.6.4 维护与保养

钢筋电阻焊机在使用完毕后还需要进行日常维护与保养，具体如下：

(1) 停焊后，必须拉开电源闸刀，切除电源。

(2) 施焊时，电焊机外罩板应装妥，防止电火花及金属飞溅物溅入电焊机内部，损坏机件，影响使用。

(3) 电焊机停止工作后，应清除设备表面的杂物及金属溅沫。

(4) 电焊机在冬期工作时，焊后需用压缩空气吹除管路中的剩水，以免水管冻裂。

(5) 电极触头须保持光洁，必要时可用细锉或细砂纸修整。

(6) 电源通断器的触头必须定期修整，保持清洁，使接触可靠。必要时应更换触头。

(7) 电焊机调节和检修时应在切断电源后进行。电焊机施焊时，必须先接通冷却水路。

(8) 经常检查接地螺钉及接地线，保持机壳良好接地。

(9) 经常用压力不大于4 kg/mm^2 的高压水流冲洗其冷却水路，尤其是发现其出水量减少或冷却水流不畅通时，要停机检查进行清洗，防止水垢或其他杂物堵塞冷却水路。

(10) 对钢筋电阻焊机还应定期维护检查：检查活动部分的间隙，观察电极及电极握杆之间的配合是否正常，有无漏水；定期排放压缩空气系统中的水分，检查电磁气阀的工作是否可靠；水路和气路管道是否堵塞；电气接触处是否松动；控制设备中各个旋钮是否完好。

(11) 对钢筋电阻焊机还应定期进行性能参数检测，如焊接电流及通电时间的检测，压力的测定，二次回路直流电阻值的检测等。

25.6.5 常见故障及其处理方法

为诊断和及时排除故障，必须首先熟悉电阻焊机的工作原理，要按使用说明书等有关资料了解电焊机的机械传动、气液压系统和电气原理。电阻焊机常见故障及处理方法如表 25-9 所示。

表 25-9　电阻焊机常见故障

故障	现象	原因或排除方法
压紧力不足	点焊喷溅严重,对焊时工件打滑	(1) 加压、减压阀不准; (2) 电极握杆松动; (3) 气缸内密封件已坏,此时气缸排气不停;如果电焊机管路不漏气,则可听到持续排气声; (4) 气缸行程已到极限,此时可取出工件再加压检查行程
通电时间不准	点焊时,虽采用正常使用的焊接参数,但仍发现焊点比正常小,且出现未焊透现象	控制箱计数系统失灵,电流失控
电焊机电路不通	踏下脚踏板电焊机不工作,电源指示灯不亮	(1) 检查电源电压是否正常,检查控制系统是否正常; (2) 检查脚踏开关触点、交流接触器触点、分头换挡开关是否接触良好或烧损

对具体电焊机的动作故障,必须参照使用说明书及其原理图来排除。目前微机控制的点、滚焊机,一般制造厂不提供内部原理图,其修理工作由制造厂家完成。

25.7　工程应用

1. 钢筋闪光对焊工程施工方案

1) 基本要求

(1) 焊工必须持有有效的焊工考试合格证,并在规定的范围内进行焊接操作。

(2) 对电焊机及配套装置应经常维护保养和定期检修,确保正常使用,冷却机、压缩空气机等应符合要求。

(3) 电源应符合要求,当电源电压下降大于 5%,小于 8%时,应采取适当提高焊接变压器级数的措施;大于 8%时,不得进行焊接。

(4) 作业场地应有安全防护设施、防火和通风措施,防止发生烧伤、触电及火灾等事故。

(5) 在工程开工或每批钢筋正式焊接之前,应进行现场条件下的焊接工艺试验,合格后,方可正式生产。试件的量与要求,应和质量检查与验收相同。当改变钢筋牌号/规格、炉罐号、焊条型号或调换焊接设备、焊工时,应重新在现场条件下进行焊接工艺试验。

(6) 每个焊工均应在每班工作开始时,先按实际条件试焊两个对焊接头试件,并做冷弯试验,待结果合格后方可正式施焊。

(7) 钢筋焊接施工之前,应清除钢筋表面上的锈斑、油污、杂物等,钢筋端部如有弯折、扭曲,应予以矫正或切除。

(8) 钢筋牌号、直径在表 25-10 所示范围内时,可采用“连续闪光对焊”;超出表 25-10 的范围,且钢筋端面较平整,宜采用“预热闪光对焊”;超出表 25-10 的范围,且钢筋端面不平整,宜采用“闪光-预热闪光对焊”。

表 25-10　闪光对焊的钢筋

钢筋牌号	钢筋直径/mm
HRB400	6～40

(9) 连续闪光对焊所能焊接的钢筋上限直径,还应根据电焊机容量、钢筋牌号等具体情况而定,并符合表 25-11 的规定。

表 25-11　连续闪光对焊钢筋上限直径

电焊机容量/(kV · A)	钢筋牌号	钢筋直径/mm
160(150)	HRB400	20
100		16
80(75)		12
40		10

2) 焊接工艺要求

(1) 焊接前准备。①端部。钢筋端头要求平直,如有弯曲须加以矫直或切除。钢筋端面不需加工,为毛坯面即可。钢筋端部约 150 mm 范围内(即钢筋被夹紧部分)须除锈,并要求能露出金属光泽,以保证施焊时接触良好。②钢筋位置。对焊机两侧应设置带有滚筒的工作台，工作台高和对焊机扳口平以保证两钢筋中心轴线对正且水平，两条螺纹钢筋凸起纵筋要求对齐。③调伸长度。钢筋端部从电极钳口伸出的长度称为调伸长度，用 a 表示，其取值主要考虑能否保证加热均匀，并在顶锻时不致产生弯折现象，通常由钢筋的直径选定。一般规定：Ⅰ级钢筋的 a 取(0.75～1)d，Ⅱ、Ⅲ级钢筋的 a 取(1.00～1.25)d，Ⅳ级钢筋的 a 取(1.25～1.50)d(d 为钢筋直径)。当采用闪光-预热-闪光焊时，a 可适当增大。④闪光对焊时还应选择合适的烧化留量、顶锻留量以及变压器级数等焊接参数。连续闪光对焊时的留量应包括烧化留量、有电顶锻留量和无电顶锻留量；闪光-预热-闪光焊的留量包括一次烧化留量、预热留量、二次烧化留量、有电顶锻留量和无电顶锻留量。⑤变压器级数应根据钢筋牌号和直径、电焊机容量以及焊接工艺方法等具体情况选择。

(2) 通电、加热。①连续闪光焊。闪光一开始，徐徐移动钢筋，使钢筋两端面一直保持轻微接触，连续发出闪光，待听到不间断的爆破声渐渐平稳，闪光强烈，发出的金属流线变细且明亮，四周分布均匀，呈圆形大草帽状时止。此时被加热金属由黑红色转变为橘黄色(1150℃以下)，继变为亮黄色(1200℃以上)，当出现亮白色，即温度升到1500℃以上后，熔池宽度约2 mm以上(除去肉眼观察时的亮白色反光误差)，焊接中一部分出现5～6 mm的白亮段时止。②预热闪光焊。闪光出现后需迅速脱离，使两钢筋端面交替地接触和分开，在钢筋端面的间隙中发出断续的闪光，此阶段为预热过程。一开始，闪光有爆破声，且不稳定，飞溅火花的流线分布也不均匀，经常需5～6 s，每秒3～5次接触、分离后，使钢筋的温度均匀地提高，直至爆破声平稳，所见火花流线细而明亮，四周分布均匀，呈一个大圆形草帽状时止。此时，焊接中心部分出现6～7 mm的白亮段。③闪光-预热-闪光焊。此方法是最常用的一种方法。预热前加一次闪光过程，闪光的目的是使不平整的钢筋端面烧化平整，使预热均匀。焊接一开始就断续闪光，使钢筋端面闪平，飞溅的金属流线分布开始均匀，然后继续闪光，进行预热，使整个端头部分加热至塑性变形温度，接着连续闪光，火候同上。④闪光留量。由于闪光而被闪出的金属所消耗的钢筋长度称为闪光留量，用 b 表示。b 值的选择主要以闪光结束时，钢筋端部是否已加热均匀为原则。一般经验参考数据为：Ⅰ～Ⅲ级 ϕ22 mm钢筋，连续闪光焊时，取 b 为12 mm；Ⅰ～Ⅲ级 ϕ28 mm钢筋，闪光-预热-闪光焊时，取 b 为16 mm。为使金属免受氧化，闪光速度(烧化速度)应由慢到快，开始时约1 mm/s，终止时约1.5 mm/s。

(3) 顶锻。当焊接熔池部分呈白亮色，且达到要求长度(顶锻留量相对 ϕ28 mm钢筋约6 mm)时，应加压顶锻。顶锻速度越快越好，特别是在顶锻开始0.1 s内，应将钢筋压缩2～3 mm，使焊口迅速闭合不致氧化，而后断电，并继续加压，一直至终锻完成。被压缩的2～3 mm长的液态金属被沿钢筋焊缝四周均匀地挤出而形成接头。顶锻时要求压力足够大，且一定要保证接头形成后再断电。

(4) 焊后定型。顶锻后，应待接头处由橘黄色(900～1150℃)转变为黑红色(800℃以下)后才能松开夹具，把钢筋平稳地从夹具中取出，以避免接头出现弯折现象。

3) 质量标准与检验方法

(1) 质量标准。钢筋焊接应符合国家现行标准《钢筋焊接及验收规程》(JGJ 18—2012)的规定和设计要求。

(2) 力学性能检验。按批抽取试件做拉伸和冷弯试验，以同等级、同规格、同接头形式和同一焊工完成的每200个接头为一批，不足200个也按一批计。

进行力学性能检验时，应从每批接头中随机切取6个试件，其中3个做拉伸试验，3个做弯曲试验。外观质量要求全部检查，检验方法为观察和尺量，应符合下列要求：①接头周缘应有适当的镦粗部分，并呈均匀的毛刺外形；②钢筋表面不得有明显的烧伤或裂纹；③接头弯折角不得大于3°；④接头轴线的偏移量不得大于 0.1d，且不得大于 2 mm。

4）其他

（1）钢筋对焊异常现象、焊接缺陷及防治措施见表 25-12。

表 25-12　钢筋对焊异常现象、焊接缺陷及防治措施

序号	异常现象和焊接缺陷	防治措施
1	烧化过分剧烈，并产生强烈的爆炸声	①降低变压器级数；②减慢烧化速度
2	闪光不稳定	①清除电极底部和表面的氧化物；②提高变压器级数；③加快烧化速度
3	接头中有氧化膜、未焊透或夹渣	①增加预热程度；②加快临近顶锻时的烧化速度；③确保带电顶锻过程；④加快顶锻速度；⑤增大顶锻压力
4	接头中有缩孔	①降低变压器级数；②避免烧化过程过分强烈；③增加顶锻留量及顶锻压力
5	焊缝金属过烧或热影响区过热	①减小预热程度；②加快烧化速度，缩短焊接时间；③避免过多带电顶锻
6	接头区域裂纹	①检验钢筋的碳、硫、磷含量，若不符合规定时，应更换钢筋；②用低频预热方法，增加预热程度
7	钢筋表面微熔及烧伤	①除去钢筋被夹紧部位的铁锈和油污；②除去电极内表面的氧化物；③改进电极槽口形状，增大接触面积；④夹紧钢筋
8	接头弯折或轴线偏移	①精确调整电极位置；②调整电极钳口或更换已变形的电极；③去除或矫直钢筋的弯头

（2）项目部应组织技术人员、质检人员、试验人员、施工员、电焊工认真学习《钢筋焊接及验收规程》（JGJ 18—2012）、《钢筋焊接接头试验方法标准》（JGJ/T 27—2014）等有关钢筋对焊的技术标准。

（3）施工前由技术人员切实做好钢筋对焊工艺设计，包括钢筋牌号、电焊机配置、变压器级数选择等。

（4）严格执行施焊前钢筋对焊工艺试验，要把工作落到实处，做好试验记录。

（5）项目部不定期组织开展钢筋对焊施工专项质量检查。

（6）冬期钢筋闪光对焊宜在室内进行，环境气温不宜低于 0℃。焊接后接头严禁接触冰雪。

（7）雨天、雪天不宜在现场施焊；必须施焊时，应采取有效遮蔽措施。焊后为冷却接头不得碰到冰雪。

（8）在现场进行闪光对焊时，当风速超过 7.9 m/s 时应采取挡风措施。

（9）各种焊接材料应分类存放、妥善管理，并应采取防锈蚀、受潮变质的措施。

2. 典型工程应用

钢筋混凝土结构中钢筋骨架焊接和钢筋网焊接多数采用电阻点焊制作。钢筋骨架和钢筋网一般由 HPB300、HRB400、HRBF400、HRB500 或 CRB550 钢筋制成。若两根钢筋直径不同，当焊接骨架较小钢筋直径小于或等于 10 mm 时，大、小钢筋直径之比不宜大于 3；当较小钢筋直径为 12～16 mm 时，大、小钢筋直径之比不宜大于 2。焊接网的较小钢筋直径不得小于较大钢筋直径的 0.6 倍。

电阻点焊的工艺过程中，应包括预压、通电、锻压三个阶段，电阻点焊的工艺参数应根据钢筋牌号、直径及电焊机性能等具体情况，选择变压器级数、焊接通电时间和电极压力。焊点的压入深度一般应为较小钢筋直径的 18%～25%。大型钢筋焊接网、水泥管钢筋焊接骨架等成批生产的焊接均采用电阻点焊工艺，焊接时应按设备使用说明书中的规定进行安装、调试和操作，根据钢筋直径选用合适电极压力、焊接电流和焊接通电时间。在点焊生产中，应保持电极与钢筋之间接触面的清洁平整，当电极变形时，应及时修整。钢筋点焊生产过程中，应随时检查成型钢筋制品的外观质量，当发现焊接缺陷时，应查找原因并采取措施，及时消除。

钢筋闪光对焊在我国工程建设中得到广泛应用和不断发展，其工程应用案例很多，如浙江嘉兴发电厂二期 4×1000 MW 工程主厂区及炉后区域钢筋工程，国电北仑三期 2×1000 MW 超临界燃煤机组主体上部结构、脱硫系统、除灰系统等钢筋工程，浙江兰溪发电厂工程 4×600 MW 超临界燃煤工程汽机房、冷却塔及附属建筑等钢筋工程，福建省尤溪长固制杆有限公司、上海宝力管桩厂、宁波镇海永大构件有限公司、南京六合宝力管桩厂等很多生产单位和工程使用，均取得了良好的效果。

第26章

钢筋电弧焊机械设备

电弧焊是利用电极与工件之间燃烧的电弧作为热源，采用或者不采用填充金属，形成焊接接头的熔焊方法。电弧焊包括焊条电弧焊、埋弧焊、气体保护电弧焊等，它是目前应用最广泛、最重要的熔焊方法，采用电弧焊完成的生产量占焊接生产总量的 60%以上。本章主要介绍钢筋电弧焊机的分类、工作原理及结构组成、技术性能、选用原则、安全使用(包括操作规程、维护和保养)及工程应用案例。

26.1 概述

26.1.1 定义和用途

钢筋电弧焊是指以焊条或焊丝作为一极，钢筋为另一极，利用焊接电流产生的电弧热进行焊接的一种熔焊方法。焊接设备的核心是电焊机，电焊机是直接或间接利用电能加热金属，使其熔融或塑性挤压达到原子间结合，从而实现焊接的一种加工设备。电弧焊作为一种基本的金属加工方法，在国民经济各行业中应用极为普遍。

1. 焊条电弧焊

焊条电弧焊是用手工操作焊条进行焊接的方法。利用电弧热使焊条和坡口处母材金属熔化形成焊缝熔池，冷却后形成焊缝，而实现连接。焊条电弧焊是各种电弧焊方法中发展最早、目前仍然应用最广的一种焊接方法。

焊条电弧焊使用的设备简单，操作方便、灵活，适应各种条件下的焊接，可以应用于维修及装配中焊缝的焊接，特别是其他焊接方法难以到达部位的焊接。焊条电弧焊配用相应的焊条可适用于大多数碳钢、低合金钢、不锈钢以及铜、铝等有色金属的焊接。

2. 气体保护电弧焊

气体保护电弧焊是用外加气体作为电弧介质并保护电弧和焊接区的电弧焊方法，简称气体保护焊。气体保护焊分为熔化极气体保护焊和非熔化极气体保护焊，熔化极气体保护焊根据其使用电极和保护气体的不同又可细分为几种方法，见图 26-1。非熔化极气体保护焊的电极一般使用钨极，即常用的 TIG 焊。

(1) 熔化极惰性气体保护电弧焊，简称 MIG 焊，使用惰性气体氩(Ar)、氦(He)，或氩与氦的混合气体作为保护气体，因惰性气体与液态金属不发生冶金反应，只起包围焊接区使之与空气隔离的作用，所以电弧燃烧稳定，熔滴向熔池过渡平稳、安定，无激烈飞溅。这种方法最适于铝、铜、钛等有色金属的焊接，也可用于钢材，如不锈钢、耐热钢等的焊接。

(2) 熔化极氧化性混合气体保护电弧焊，简称 MAG 焊，使用的保护气体由惰性气体和少量氧化性气体(如 O_2、CO_2 或其混合气体等)混合而成。加入少量氧化性气体的目的，是在不改变或基本上不改变惰性气体电弧特性的条件下，进一步提高电弧稳定性，改善焊缝成

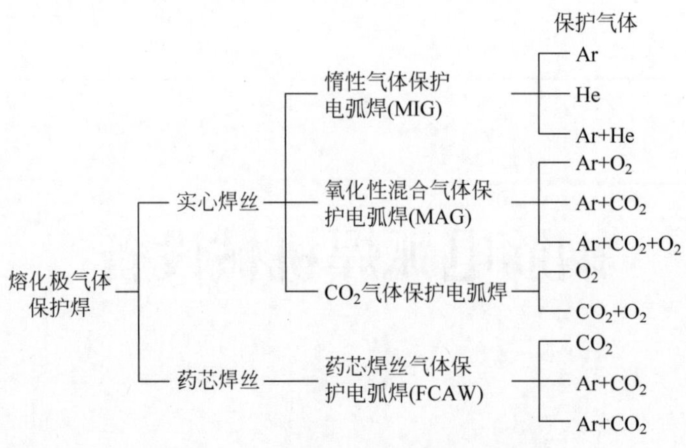

图 26-1　熔化极气体保护焊的分类

型质量和降低电弧辐射强度等。这种方法常用于黑色金属材料的焊接。

(3) 二氧化碳气体保护电弧焊,简称 CO_2 焊。CO_2 具有氧化性,属于 MAG 焊的一种。使用 CO_2 作保护气体是因其容易取得,价格低廉。但由于 CO_2 的热物理特性和化学特性,需要在焊接过程中从设备、工艺以及焊丝等方面采取措施,才能获得良好的焊接效果。目前,CO_2 焊已成为黑色金属材料最重要的焊接方法之一,应用非常广泛。

(4) 药芯焊丝气体保护电弧焊,又称管状焊丝气体保护电弧焊,简称 FCAW 焊。在管状焊丝内部装有粉状焊剂,又称药芯。通过调整药芯中的各种合金元素的含量,可以达到改善焊接工艺性能、提高焊缝的力学性能和接头质量的目的。焊接时,主要采用 CO_2 作保护气体。这种焊接方法也是目前用于焊接黑色金属材料的重要方法之一,有着很大的发展前景。

气体保护焊的优缺点如表 26-1 所示。

表 26-1　气体保护焊的优缺点

优　点	缺　点
连续送丝	焊丝送丝不能独立控制
弧长自动调节	飞溅较大
熔敷率高,启停位置少	较大厚度焊件采用短路过渡方式时可能出现未熔合缺陷

续表

优　点	缺　点
耗材利用率高	设备维护要求高
热输入范围 1～20 kJ/cm	热输入较低时可能导致硬度高
可实现低氢焊接	设备比焊条电弧焊昂贵
焊工可很好地观察熔池和接缝	工地焊接时需特别注意防风
除药芯焊丝焊接外,很少或不需焊后清理	可达性不如焊条电弧焊和钨极氩电弧焊
可用于全位置焊(短路过渡)	对母材表面清洁度要求高
过程控制性好,应用范围广	

26.1.2　发展历程和沿革

从 19 世纪初英国 H. Davy 发现电弧现象后的近 200 年间,欧美发展并完善了各种主要的焊接、切割和检测技术,并在此基础上建立起相应的理论、规范及技术标准,从而使焊接技术作为现代工业化制造加工的最有效方法之一成为现实。让我们追随先人的脚步,简单回顾焊接技术的历史发展进程:

1856 年英格兰物理学家 James Joule 提出了电阻焊原理。

1881 年法国 De Meritens 发明了最早期的碳弧焊机。

1888 年俄罗斯 H. г. Славянов 发明了金属

极电弧焊。

1898 年德国 Goldschmidt 发明了铝热焊。

1900 年英国 Strohmyer 发明了电焊条。

1900 年法国 Fouch 和 Picard 制造出第一个氧乙炔割炬。

1904 年瑞典奥斯卡·克杰尔贝格建立了世界上第一个电焊条厂——ESAB 公司的 OK 焊条厂。

1909 年 Schonherr 发明了等离子电弧。

1916 年安塞尔·先特·约发明了 X 射线无损探伤法。

1919 年 Comfort A. Adams 组建了美国焊接学会(AWS)。

1920 年药芯焊丝被用于耐磨堆焊。

1926 年美国 Alexandre 提出了 CO_2 气体保护焊原理。

1928 年第一部结构钢焊接规范《建筑结构中熔化焊和气割规范》由美国焊接学会出版发行，见图 26-2，这部规范就是今天的 AWS D1.1《钢结构焊接规范》的前身。

图 26-2 《建筑结构中熔化焊和气割规范》

1929 年超声波无损检测方法首次应用于材料检测。

1930 年苏联罗比诺夫发明了埋弧焊，自 1940 年开始逐步在工业生产中推广应用。我国于 1956 年从苏联引进了埋弧焊工艺和设备，并在电站锅炉、压力容器、船舶、机车车辆和矿山机械制造中进行了实际应用。

1941 年美国 Meredith 发明了钨极惰性气体保护电弧焊(氦弧焊)。

1943 年美国 Behl 发明了超声波焊。

1944 年英国 Carl 发明了爆炸焊。

1947 年苏联 Ворошевич 发明了电渣焊。

1953 年苏联柳波夫斯基、日本关口等发明了 CO_2 气体保护电弧焊。

1955 年美国托姆·克拉浮德发明了高频感应焊。

1956 年苏联楚迪克夫发明了摩擦焊。

1957 年法国施吉尔发明了电子束焊。

1957 年苏联卡扎克夫发明了扩散焊。

1991 年英国焊接研究所发明了搅拌摩擦焊。

焊接和切割技术作为一种工艺方法，最早于 20 世纪初应用于长输管线、压力容器、汽车制造、船舶修复与制造及老旧建筑的拆除等领域。如：

1907 年美国纽约拆除旧的中心火车站时，首次使用氧乙炔切割技术。

1912 年美国的 Edward G. Budd 公司生产出第一个使用电阻点焊焊接的全钢汽车车身。

1917 年第一次世界大战期间使用电弧焊修理了 109 艘从德国缴获的船用发动机。

1917 年美国的 Webster & Southbridge 电气公司使用电弧焊设备焊接了 11 mile 长、直径为 3 in 的管线①，见图 26-3。

图 26-3 直径为 3 in 的长输管线

① 1 mile=1.61 km；1 in=0.0254 m。

1920 年第一艘全焊接船体的汽船 Fulagar 号在英国下水。

1923 年世界上第一个采用焊接方法建造的浮顶式储罐(用来储存汽油或其他化工品)建成。

焊接技术在工程结构领域快速发展得益于 18 世纪欧洲工业革命以来钢铁工业的快速发展。钢产量的提高、品种的丰富及品质的改善,迅速推动钢铁材料在各领域的应用。但相对于长输管线、压力容器、汽车制造、船舶修复与制造等行业,工程结构领域应用焊接技术相对较晚,从 20 世纪 30 年代起才逐渐被广泛采用。如 1931 年采用焊接工艺方法制造的全钢结构的美国帝国大厦建成,见图 26-4;1933 年,当时世界上最高的悬索桥——美国旧金山金门大桥建成通车,由 8.8 万 t 钢材焊接建造而成,见图 26-5。

图 26-4 美国帝国大厦

图 26-5 美国旧金山金门大桥

焊接技术的发展,为各类金属设备和结构的加工制造提供了安全可靠的工艺方法,在提高工作效率的同时,大大降低了生产成本。

26.1.3 发展趋势

素有"钢铁缝纫机"之称的电焊机是实现焊接过程的关键,资料表明,世界工业发达国家电焊机的发展速度已超过了其他金属加工设备的发展速度。

随着电力电子技术及微电子技术的发展,电焊机正朝着优质、高效、节能、可控性强等方向发展。尤其是逆变电源的普及,已极大促进了焊接设备的发展,由于变频频率更高,电焊机重量更轻、体积更小,而且电弧外特性可控性更强,电焊机更环保、节能、高效,更适于现场操作。

5G 和工业互联网技术的推广应用,促进了焊接产业与相关技术的深度融合,迫切需要实现焊接生产数字化、网络化、智能化升级。

国内焊接设备的发展主要有以下特点:

(1) 为适应现场高空和复杂节点作业,越来越趋向于使用体积小、重量轻、高效、可靠、安全性好的焊接设备,如逆变 CO_2 气体保护焊焊接设备。

(2) 为提高工厂制作焊接效率,优先采用埋弧焊、电渣焊、气电立焊,在钢材焊接热输入允许的条件下,越来越多地使用双丝、多丝焊接设备。

(3) 对于高性能钢,如高强钢,需要外特性可调、焊接参数可控、性能优良的焊接设备。

(4) 广泛采用先进技术和新成就,电焊机功能更趋完善,人机界面更加友善。

(5) 适应 5G 和工业互联网技术的各种数字化产品、焊接机器人以及自动化设备将是国内焊接设备发展的必由之路;由于批量制造和个性生产并存,焊接设备群控技术和柔性制造技术将同时得到发展。

26.2 产品分类

(1) 根据焊接工艺方法,可分为:焊条电弧焊、埋弧焊、气体保护焊、钨极氩弧焊、等离子电弧焊。

(2) 根据电流种类，可分为：交流焊机、直流焊机、脉冲焊机。

(3) 根据弧焊电源的种类，可分为：弧焊变压器、弧焊整流器、弧焊逆变器、直流弧焊发电机。

(4) 根据控制方式，可分为：手工电弧焊、半自动(电弧)焊、自动(电弧)焊。

26.3　工作原理与结构组成

26.3.1　工作原理

1. 焊条电弧焊机

焊条电弧焊时，在焊条末端和工件之间燃烧的电弧所产生的高温使焊条药皮、焊芯及工件熔化，熔化的焊芯端部迅速形成细小的金属熔滴，通过弧柱过渡到局部熔化的工件表面，融合一起形成熔池。焊条电弧焊焊接过程工艺示意图见图 26-6。

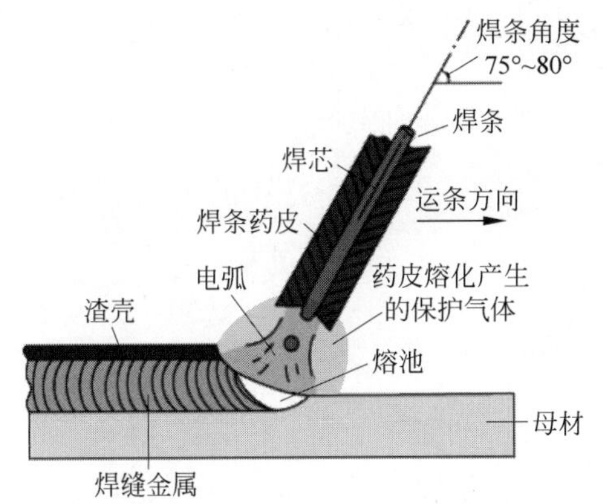

图 26-6　焊条电弧焊焊接过程工艺示意图

焊条药皮熔化后，在电弧吹力的搅拌下，与液体金属发生快速、强烈的冶金反应，反应后形成的熔渣和气体不断地从熔化金属中排出，不仅使熔池和电弧周围的空气隔绝，而且和熔化了的焊芯、母材发生一系列的冶金反应保证所形成焊缝的性能。同时，围绕在电弧周围的气体与熔渣共同防止空气的侵入，使熔化金属缓慢冷却，而且熔渣对焊缝的成型起着重要作用。随着电弧向前移动，焊件和焊条金属不断熔化形成新熔池，原先的熔池则不断地冷却凝固，形成连续焊缝，浮起的熔渣覆盖在焊缝表面，逐渐冷凝成渣壳。

焊接过程实质上是一个冶金过程。它的特点是：熔池温度很高，加上电弧的搅拌作用，使冶金反应进行得非常强烈，反应速度快，由于熔池的体积小，存在的时间短，所以温度变化快，参加反应的冶金元素多。

2. 气体保护焊机

气体保护焊是一种适用范围很广的焊接工艺，可用于大多数金属材料的焊接。焊接时，在焊丝尖端和工件之间引燃电弧，使二者都发生熔化，形成熔池。焊丝既是热源(通过焊丝尖端的电弧产生热量)，也是接头的填充金属。导电铜管(也称导电嘴)在将焊接电流导入的同时，也将焊丝送进。环绕焊丝的喷嘴将保护气体输入，保护焊接熔池免受周围大气的污染。保护气体的选择与被焊接材料有关。焊丝通过马达驱动的焊丝盘送进，由焊工或机械使焊枪或焊炬沿连接缝移动。由于焊丝连续送进，该工艺生产率高、经济性好。气体保护焊工艺示意图如图 26-7 所示。

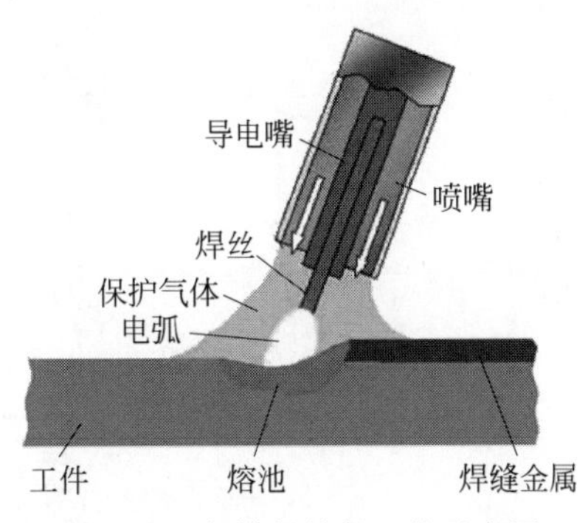

图 26-7　气体保护焊工艺示意图

使用范围最广的二氧化碳气体保护焊，由焊工手持焊枪进行焊接，又称半自动二氧化碳气体保护焊，其送丝速度和弧长自动控制，而焊接速度和焊丝位置由人工控制。

26.3.2 结构组成

1. 焊条电弧焊机

焊条电弧焊时焊接电源的输出端两根电缆分别与焊条、工件连接，组成了包括电源、焊接电缆、焊钳、地线夹头、工件和焊条在内的闭合回路，如图 26-8 所示。焊机结构有：①交流焊条电弧焊机；②直流焊条电弧焊机；③逆变焊条电弧焊机。见图 26-9～图 26-11。

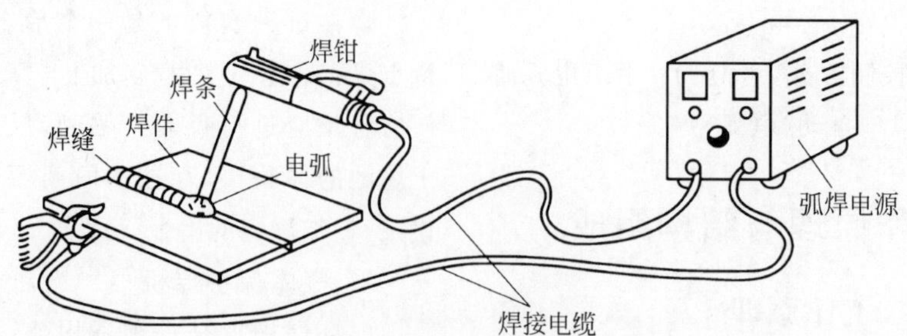

图 26-8 焊条电弧焊机结构组成示意图

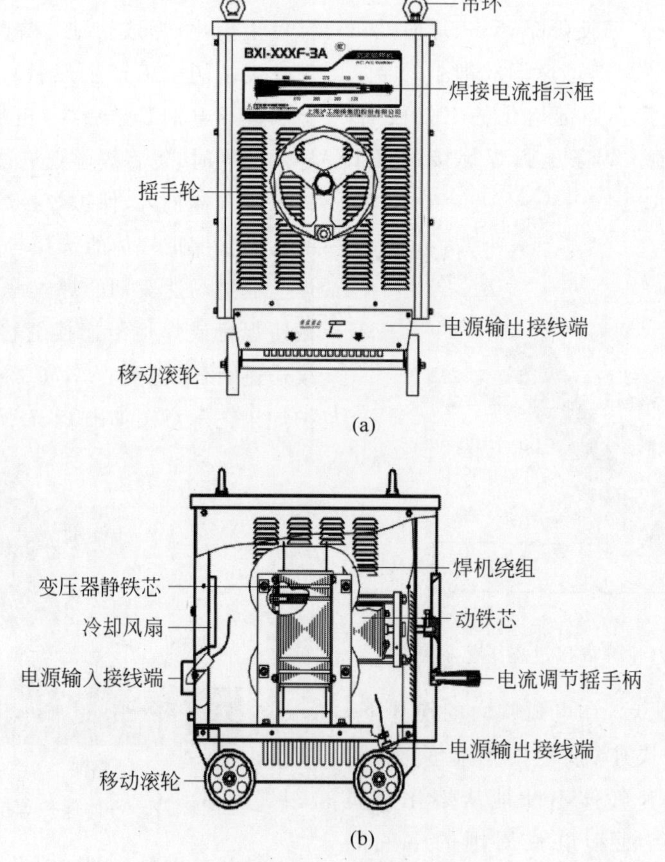

图 26-9 交流焊条电弧焊机结构组成

(a) BX1 系列焊机外观结构示意图；(b) BX1 系列焊机内部结构示意图

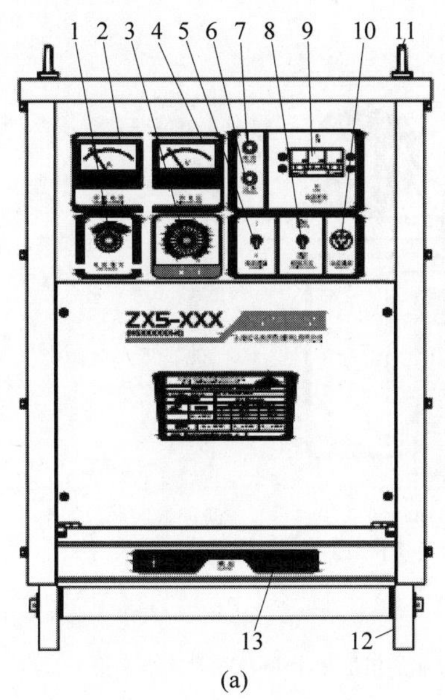

(a)

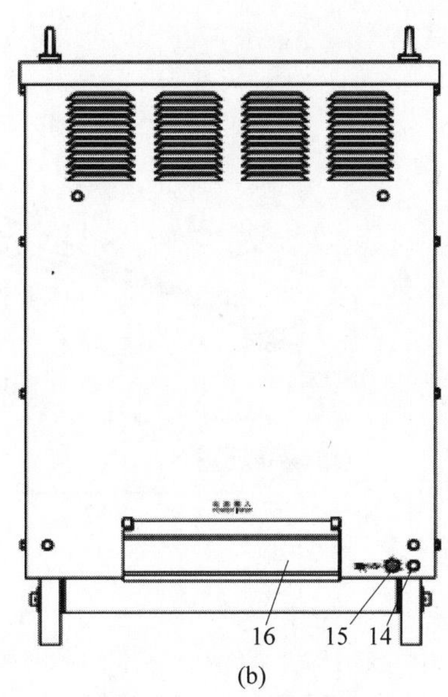

(b)

1—电弧推力调节旋钮；2—电流指示表；3—焊接电流调节旋钮；4—电压指示表；5—Ⅰ、Ⅱ挡选择开关；6—过热指示灯；7—电源指示灯；8—远控、近控选择开关；9—电源通断开关；10—远控插座；11—吊环；12—移动滚轮；13—焊接输出接线端；14—安全接地螺栓；15—接地标识；16—电源输入接线端。

图 26-10 直流焊条电弧焊机结构

(a) ZX5-630 前面板示意图；(b) ZX5-630 后面板示意图

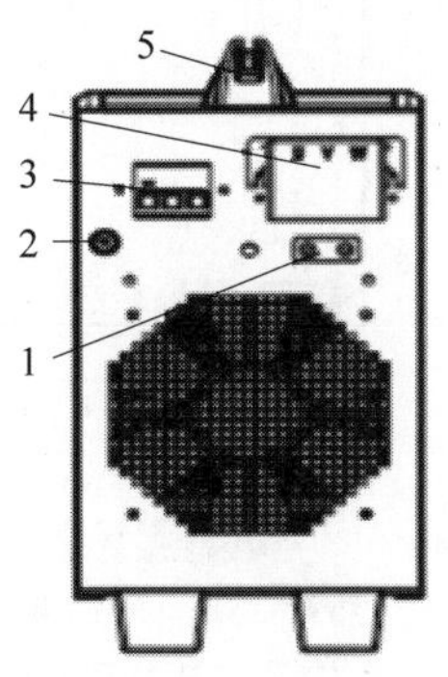

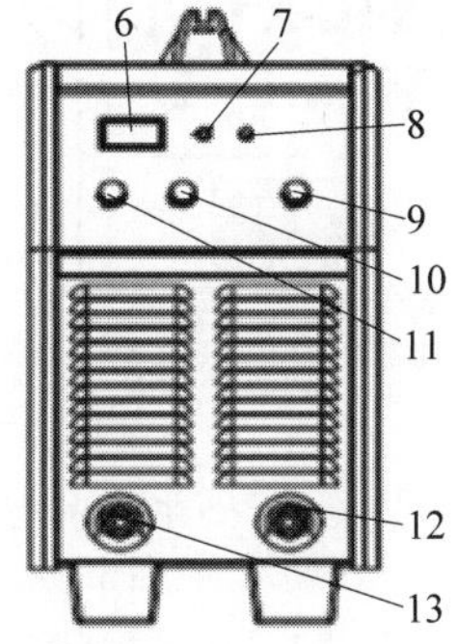

1—压线板；2—保险座；3—电源通断开关；4—输入电源接线排；5—把手；6—数显表；7—过/欠压指示灯；8—过热指示灯；9—电流调节旋钮；10—推力调节旋钮；11—引弧调节旋钮；12—“－”极快速插座；13—“＋”极快速插座。

图 26-11 逆变焊条电弧焊机结构

2. 气体保护焊机

气体保护焊设备示意图见图 26-12,气体保护焊机结构有:①抽头式 CO_2 气体保护电弧焊机;②可控硅式 CO_2 气体保护电弧焊机;③逆变式 CO_2 气体保护弧焊机。示意图见图 26-13～图 26-15。

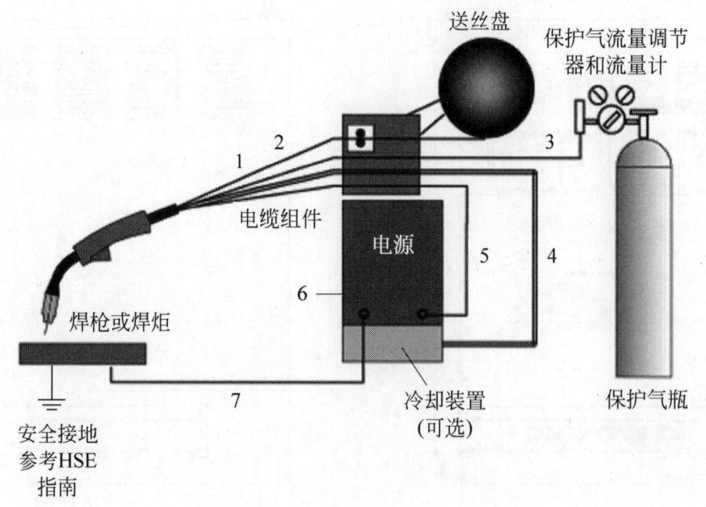

1—衬管中的焊丝;2—焊枪开关电路;3—来自气瓶的保护气;4—冷却水输入输出;5—供电电缆;6—电源初级输入;7—回路电缆。

图 26-12 气体保护焊设备示意图

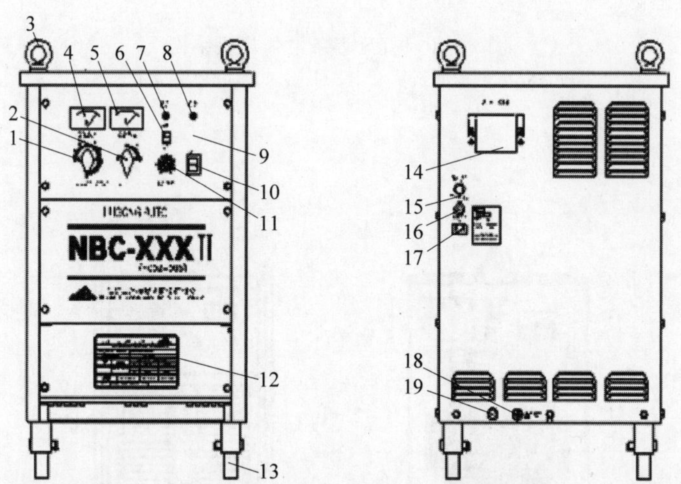

1—电压细调开关;2—电压粗调开关;3—吊环螺钉;4—焊接电流表;5—焊接电压表;6—长焊、点焊选择开关;7—电源指示灯;8—过热指示灯;9—自锁、非自锁选择开关;10—电源开关;11—点焊时间调节旋钮;12—焊机丝印铭牌;13—移动滚轮;14—电源输入接线盒;15—电源保险丝;16—加热器保险丝;17—加热器插座;18—接地标识;19—安全接地螺栓。

图 26-13 抽头式 CO_2 气体保护电弧焊机结构示意图

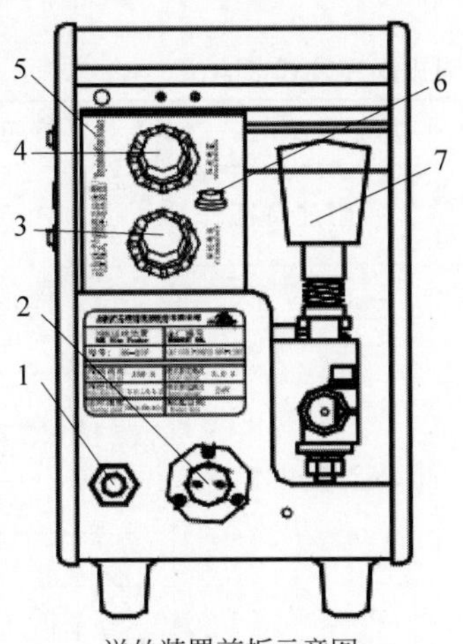

送丝装置前板示意图

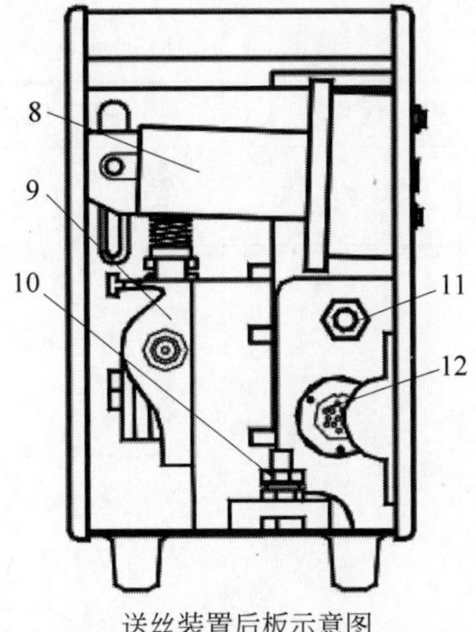

送丝装置后板示意图

1—出气接口；2—两芯插座；3—焊接电流调节旋钮；4—焊接电压调节旋钮；5—铭牌；6—手动送丝；7—压紧螺钉；8—盘丝轴；9—送丝电机；10—接线端子；11—进气接口；12—多芯插座。

图 26-14　可控硅式 CO_2 气体保护电弧焊机结构示意图

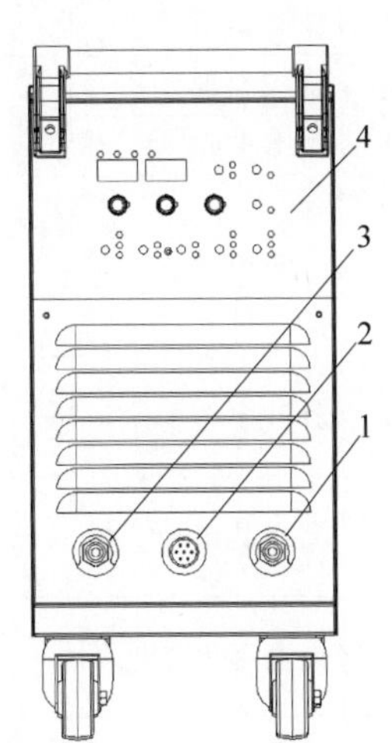

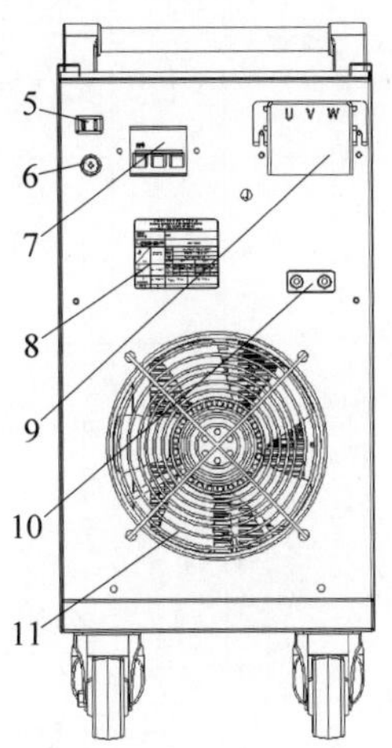

1—焊接电缆接线端子(－)；2—送丝机控制插座；3—焊接电缆接线端子(＋)；4—控制面板界面；5—加热电源输出插座；6—控制电源保险(3A)；7—自动空气开关；8—铭牌丝印；9—三相接线盒；10—夹箍；11—风机。

图 26-15　逆变式 CO_2 气体保护弧焊机结构示意图

26.4　技术性能

26.4.1　产品型号命名

我国电焊机型号是按《电焊机型号编制方法》(GB/T 10249—2010)的规定编制的。电焊机型号由汉语拼音字母及阿拉伯数字组成，其编排次序及代表含义见图 26-16 和表 26-2。

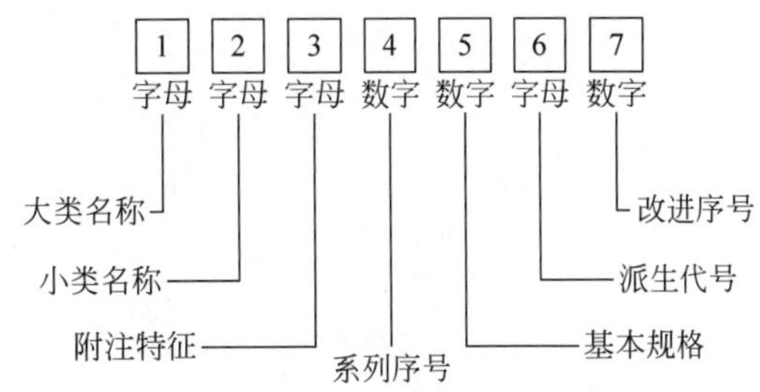

图 26-16　电焊机型号表示方法

注：(1) 型号中 1～4 项含义见表 26-2；(2) 型号中第 5、7 项用阿拉伯数字表示，第 6 项用汉语拼音字母表示；(3) 第 6、7 项如不用时，可空缺；(4) 第 7 项“改进序号”按产品改进换代用阿拉伯数字连续编号。

表 26-2 焊机型号 1～4 项代码的编排次序及代表含义

产品名称	第一代码		第二代码		第三代码		第四代码	
	代表字母	大类名称	代表字母	小类名称	代表字母	附注特征	数字序号	系列序号
电弧焊机	B	交流弧焊机(弧焊变压器)	X	下降特性	L	高空载电压	省略	磁放大器或饱和电抗器式
							1	动铁芯式
							2	串联电抗器式
			P	平特性			3	动圈式
							4	—
							5	晶闸管式
							6	变换抽头式
	A	机械驱动的弧焊机(弧焊发电机)	X	下降特性	省略	电动机驱动	省略	直流
					D	单纯弧焊发电机		
			P	平特性	Q	汽油机驱动	1	交流发电机整流
					C	柴油机驱动		
			D	多特性	T	拖拉机驱动	2	交流
					H	汽车驱动		
	Z	直流弧焊机(弧焊整流器)	X	下降特性	省略	一般电源	省略	磁放大器或饱和电抗器式
							1	动铁芯式
			P	平特性	M	脉冲电源	2	—
							3	动圈式
					L	高空载电压	4	晶体管式
			D	多特性			5	晶闸管式
					E	交直流两用电源	6	变换抽头式
							7	逆变式
	M	埋弧焊机	Z	自动焊	省略	直流	省略	焊车式
			B	半自动焊	J	交流	1	—
			U	堆焊	E	交直流	2	横臂式
			D	多用	M	脉冲	3	机床式
							9	焊头悬挂式
	N	MIG/MAG 焊机(熔化极惰性气体保护焊机/活性气体保护焊机)	Z	自动焊	省略	直流	省略	焊车式
							1	全位置焊车式
			B	半自动焊	M	脉冲	2	横臂式
			D	点焊			3	机床式
			U	堆焊			4	旋转焊头式
			G	切割	C	二氧化碳保护焊	5	台式
							6	焊接机器人
							7	变位式

26.4.2　性能参数

1. 焊条电弧焊机电源

焊条电弧焊电源按输出电流的种类分为交流和直流两大类。按结构形式可分为交流弧焊变压器、直流弧焊发电机和弧焊整流器。按工作原理，还可进一步细分成不同的种类。焊条电弧焊电源的分类详见表26-3。

表26-3　焊条电弧焊电源的分类

电流种类	电源类型	主体结构形式	
交流	弧焊变压器	串联电抗器式	饱和电抗器式、分体动铁芯式、同体动铁芯式
		增强漏磁式	动铁芯式、动圈式、抽头式
直流	直流弧焊发电机	内燃机驱动、电动机驱动	
	弧焊整流器	三相	动铁芯式、动圈式、磁放大器式、硅整流式、晶闸管整流式、晶体管式、多站式
		单相	交、直流两用
		逆变式	晶闸管式、晶体管式、场效应管式、IGBT模块式

弧焊变压器的作用是将电网的交流电转变成适于弧焊的低压交流电。与直流弧焊电源相比，它具有结构简单、制造方便、工作可靠、维修容易、效率高和成本低的优点，在焊接生产中实际应用较广。直流弧焊发电机具有电弧稳定、经久耐用和电网电压波动影响小等优点。但因其具有耗材量大、空载电能消耗过大、结构复杂、制造成本和维修费用高等缺点，电动机驱动直流弧焊发电机目前在国内外均已被淘汰，而内燃机驱动直流弧焊发电机在无电网的野外施工中使用仍较普遍。晶闸管弧焊整流电源和逆变式弧焊整流电源具有引弧容易、电流稳定、焊接飞溅少，且节电效果显著，尤其是耗材少、重量轻、噪声小、维修方便、价格低，以及技术拓展余地广阔等优点，目前已得到广泛应用。

从弧焊电源控制系统的类型分析，各种弧焊变压器、直流弧焊发电机和硅二极管整流电源均属于电磁控制弧焊电源，而晶闸管整流电源、晶体管整流电源和各种逆变式整流电源则属于电子控制弧焊电源。无疑，后者的性能大大优于前者。最近，在逆变式整流电源的基础上开发成功了全数字控制智能型焊条电弧焊电源，不仅可使电源的输出特性完全满足焊条电弧焊的工艺要求，而且还赋予一定的人工智能，确保焊接质量持续稳定，并可降低对焊工操作技能熟练程度的要求。

1）弧焊变压器

弧焊变压器是一种最简单的弧焊电源，它可将电网交流电（220 V或380 V）转换成适宜于电弧焊的交流电，即低电压（80 V以下）、大电流（50 A以上），也称交流弧焊机，是目前焊接工程中应用最广的弧焊电源之一。

弧焊变压器按调节机构形式分为动铁芯式、动圈式和抽头式三种。

（1）动铁芯式弧焊变压器

动铁芯式弧焊变压器的结构示意图见图26-17。变压器的一次绕组和二次绕组分别绕在铁芯的两侧，并在铁芯中间装上一个可移动的梯形铁芯，即所谓动铁芯。

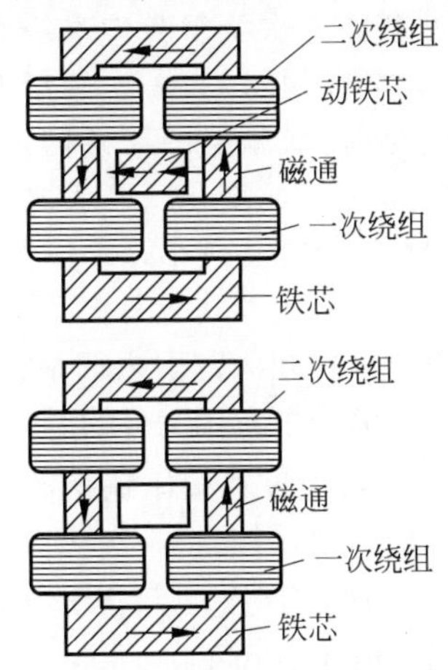

图26-17　动铁芯式弧焊变压器的结构示意图

当动铁芯全部插入变压器铁芯的磁路，即移到一次绕组和二次绕组之间时，二者间形成较大的漏磁磁路，即产生较大的漏感，其作用等效于较大的串联电感，此时输出电流最小。当动铁芯全部移出变压器磁路时，在一次绕组和二次绕组之间形成较小的漏磁磁路，即产生较小的漏感，其作用等效于较小的串联电感，此时输出电流最大。

动铁芯通常制成梯形，以使铁芯移动时产生足够大的漏感变化，保证较宽的焊接电流调节范围。动铁芯式弧焊变压器的优点是：结构紧凑，省材料；在较低的电流范围内，空载电压较高，容易引弧。缺点是工作时由于动铁芯受交变电磁力的作用而产生振动，噪声较大。此外，动铁芯还会因振动而产生位移，改变已调定的焊接电流。因此在设计上应采取相应的措施，如将动铁芯的侧面进行精加工，并加适量润滑油脂再加顶紧压块，基本上可消除动铁芯的振动和噪声。

动铁芯式弧焊变压器在我国已标准化生产且产量较大。表 26-4 列出国产动铁芯式弧焊变压器的主要技术参数。

表 26-4 国产动铁芯式弧焊变压器的主要技术参数

型号	输入电压/V	输入容量/(kV·A)	额定工作电压/V	空载电压/V	额定焊接电流/A	电流调节范围/A	额定负载持续率/%
BX1-125	380/220	7.9	23	55	125	40～125	20
BX1-160	380/220	9.9～11.2	24.4	55～67	160	40～160	20
BX1-200	380/220	10.6～14.7	26～28	50～70	200	40～200	20/35
BX1-250	380/220	17.1～18.5	28～30	66～70	250	50～250	20/35/60
BX1-315	380/220	22.5～25.5	30.6～32.5	72～76	315	60～315	20/35/60
BX1-400	380	29～32	36	74～76	400	80～400	35/60
BX1-500	380	38～41	40	75～78	500	100～500	35/60
BX1-600	380	49.6～52.5	44	75～80	600	125～630	35/60

(2) 动圈式弧焊变压器

动圈式弧焊变压器的结构及线圈布置如图 26-18 所示。变压器的一次绕组和二次绕组都分成两组：W11、W12 和 W21、W22。动圈式结构可通过调整一次绕组与二次绕组之间的距离改变其耦合程度。当一次绕组和二次绕组的间距变化时，变压器的漏感随之变化，即等效于串联电感值的变化。两者之间的距离越近，漏感越小，电感值越小；反之，则越大。

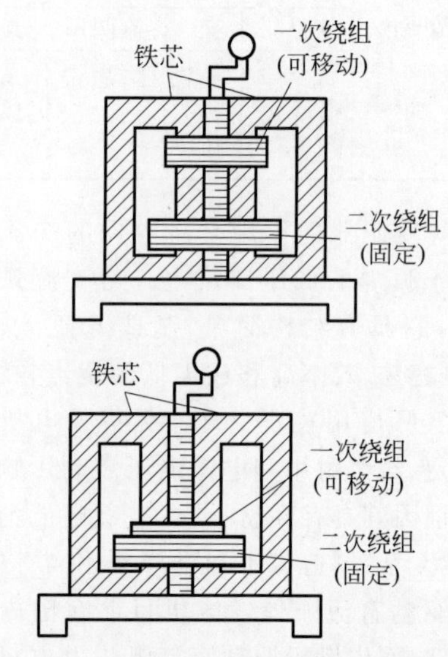

图 26-18 动圈式弧焊变压器的结构示意图

动圈式弧焊变压器在设计时，为使一次绕组和二次绕组可在较大范围内调整其间距，以扩大焊接电流的调节范围，必须增加变压器铁芯的高度。但这又受到变压器铁芯结构对称性和耗材量的限制，因此将一次绕组和二次绕组分挡连接。即：将 W11 与 W12 串联、W21 与 W22 串联，构成小电流调节挡。在这种情况下，当一次绕组与二次绕组间距最小时，电源的输出电流最小。当此间距最小时，变压器的输出电流处于中限。如将 W11 与 W12 并联、W21 与 W22 并联，则构成大电流调节挡。当一次绕组与二次绕组的间距最小时，变压器的输出电流为中限；当此间距最大时，变压器的输出电流达到最大。为保证电流调节范围的连续性，通常将大、小两挡的调节范围始末端重叠。这种分挡调节的原理是基于漏感与电感一样，均正比于线圈匝数的平方，通过串联与并联的切换可以改变漏感值，同时不改变变压器的空载电压值。

在动圈式弧焊变压器中，通常固定二次绕组而移动一次绕组。这显然是因为一次绕组的电流较小，导线的截面面积相应减小，易于移动。与相同功率的动铁芯式弧焊变压器相比，动圈式弧焊变压器的体积和重量都显得较大。

动圈式弧焊变压器的优点是：铁芯固定，焊接时不产生振动，噪声低，动圈质量小，调定后位置不易变动，输出电流较稳定。表 26-5 列出国产动圈式弧焊变压器的技术参数。

表 26-5　国产动圈式弧焊变压器的技术参数

型号	输入电压/V	输入容量/(kV·A)	额定工作电压/V	空载电压/V	额定焊接电流/A	电流调节范围/A	额定负载持续率/%
BX3-160	220/380	12.9	24.4～26.4	78	160	32～160	20/35
BX3-250	220/380	18.4	28～30	78/70	250	50～250	20/35/60
BX3-300	220/380	20～24	30～32	78/70	300	60～300	20/35/60
BX3-315	380	22.5～25	32.6	75/70	315	60～315	35/60
BX3-400	380	28.9～31	36	75/70	400	80～400	35/60
BX3-500	380	30～40	40	78/70	500	100～500	35/60
BX3-600	380	40～50.5	44	78/70	630	120～630	35/60

(3) 抽头式弧焊变压器

抽头式弧焊变压器是一种改变变压器一次和二次绕组匝数配比调节焊接电流的弧焊电源。为获得下降的外特性，这种变压器装有固定漏磁旁路的铁芯。一次绕组分为 W11 和 W12 两部分。一次绕组 W12 与二次绕组 W2 之间紧密耦合，而一次绕组 W11 和二次绕组 W2 之间有较大的漏磁。通过开关 S1、S2 转接绕组 W11 和 W12 的抽头位置，调节一次绕组匝数在 W11 和 W12 之间的配比，而不改变绕组匝数之和，从而实现不改变输出电压调节焊接电流的目的。将开关转到"1"位置，焊接电流最小；转到"5"位置，焊接电流最大。

抽头式弧焊变压器的特点是结构简单，无铁芯线或绕组移动机构。与前两种弧焊变压器相比，铁芯的体积较小和重量较轻，其缺点是焊接电流只能分级调节，调节精度不如前两种弧焊变压器，一般只能用于对焊接质量要求不高的焊接工程。表 26-6 列出国产抽头式弧焊变压器的技术参数。目前国外已不再生产这类弧焊变压器。

表 26-6　国产抽头式弧焊变压器的技术参数

型号	输入电压/V	输入容量/(kV·A)	额定工作电压/V	空载电压/V	额定焊接电流/A	电流调节范围/A	额定负载持续率/%
BX6-125	380/220	8～8.7	23	48～55	125	40～125	20
BX6-160	380/220	9～12	24.4	54～65	160	50～160	20
BX6-200	380/220	12～15	26～28	54～60	200	60～200	20/35
BX6-250	380/220	13～18	28～30	50～60	250	70～250	20/35/60
BX6-315	380/220	19～22	32.6	72	315	75～315	20/35/60
BX6-400	380	28	36	72	400	80～400	35/60
BX6-500	380	40	40	76	500	100～500	35/60

2) 直流弧焊发电机

直流弧焊发电机是最早用于焊接生产的直流弧焊电源，也称旋转型直流弧焊发电机。按驱动系统的种类可分为电动机驱动和内燃机驱动两大类。目前，电动机驱动直流弧焊发电机已被完全淘汰。内燃机(柴油和汽油发动机)驱动直流弧焊发电机可供无电网地区的野外焊接作业,具有较高的实用价值。

直流弧焊发电机的工作原理与普通发电机相同,并采用差复励磁法、裂极式励磁法和换向极去磁法获得焊条电弧焊所要求的下降外特性。国产内燃机驱动直流弧焊发电机的典型技术参数见表 26-7。

表 26-7 国产内燃机驱动直流弧焊发电机的技术参数

参数	型号	
	AXC-320	**AXC1-400**
电流调节范围/A	40～320	40～400
空载电压/V	50～80	65～90
额定工作电压/V	30	23～39
额定焊接电流/A	320	400
额定负载持续率/%	50	60
转速/(r/min)	1500	2000
机组重量/kg	170	1200
外形尺寸/(mm×mm×mm)	2350×1845×2000	2445×1680×1800

近年来,国外的内燃机驱动直流弧焊发电机正向轻型化和多功能化发展。例如美国MILLER公司生产的 Blue Star18DX 直流弧焊发电机的重量仅为 143 kg。

3) 弧焊整流电源

弧焊整流电源也称弧焊整流器,按照整流元件的种类,可分为硅整流电源、晶闸管整流电源和晶体管整流电源三大类。按照整流的方式可分为一次整流和二次整流。所谓一次整流,是将网络工频交流电降压后通过整流元件转变为直流电,也称其为正变。二次整流是将网络工频交流电整流为直流电,再将直流电通过逆变器转变为高频交流电,最后再将高频交流电整流成直流电。将直流电变成交流电的过程称为逆变,故将这种整流电源称为逆变式整流电源。

(1) 硅整流弧焊电源

硅整流弧焊电源是采用硅二极管作为整流元件的一种直流电源。它利用硅二极管单向导电的特性,将交流电转变为直流电,即当二极管接入交流电路时,只有当阳极相对于阴极为正时,电流才得以流通。图 26-19 示出一种最典型的桥式整流器,其由 4 个二极管组成,可将单相交流电全波整流为直流电。其整流后的电流波形实际上是一种脉动的直流电,直接用这种电流焊接时,电弧显然是不稳定的,如图 26-20 所示。

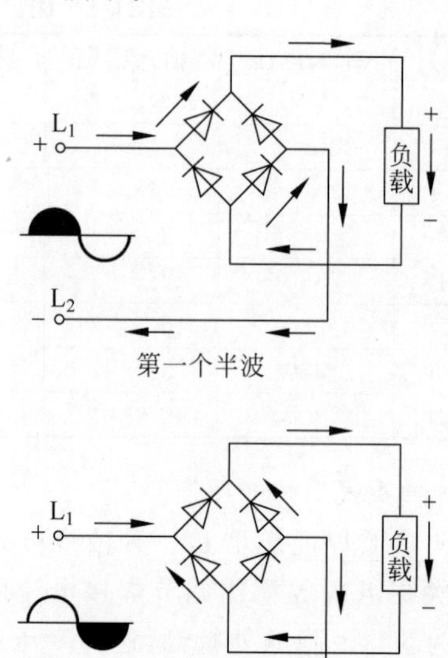

图 26-19 单相桥式整流器电路图

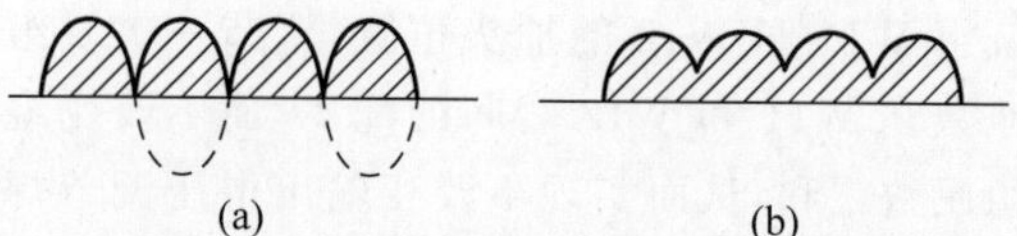

图 26-20 单相全波整流后的电流波形
(a) 脉动直流电波形; (b) 滤波后的直流电波形

为消除这种脉动波形,在电路设计上可以采取以下两种方法:一种是在直流输出回路中加入电感值适中的电抗器,将脉动波形进行滤波,以减小电流脉动的幅度,如图 26-20(b)所示。另一种方法是采用三相交流电源作为输入电源。由于网络三相交流电各相的相位差为 60°,即在 180°内会出现三个相互重叠的波形,整流后直流电的波动幅度则明显减小。如在输出回路中再加上电抗器,则可进一步将输出电流平波。

硅整流焊接电源调节焊接电流的方法与

弧焊变压器相同，可以采用动铁芯式、动圈式和抽头式。也可以采用饱和电抗器式磁放大器调节二次输出电流，但这会大大增加材料消耗，提高制造成本，目前已很少采用。

硅整流弧焊电源在我国已标准化生产，其中 ZXE1 系列交直流两用硅整流弧焊电源和 ZX1 系列硅整流弧焊电源的技术参数见表 26-8 和表 26-9。

表 26-8 ZXE1 系列交直流两用硅整流弧焊电源的技术参数

参数	型号				
	ZXE1-200	ZXE1-250	ZXE1-315	ZXE1-400	ZXE1-500
额定输入电压/V	380				
输入电流相数/频率	单相/50 Hz				
额定输入容量/(kV·A)	13.3	17.1	23.6	28.1	38
额定焊接电流/A	200	250	315	400	500
焊接电流调节范围/A	AC40～200	AC50～250	AC60～315	AC75～400	AC100～500
	DC40～150	DC40～200	DC40～250	DC50～270	DC80～330
空载电压/V	AC66	AC65	AC70	AC68	AC75
	DC63		DC61	DC62	DC71
额定负载持续率/%	35				
重量/kg	95	105	130	135	175
外形尺寸/(mm×mm×mm)	625×465×806	625×465×806	655×490×836	655×490×836	655×490×906

表 26-9 ZX1 系列硅整流弧焊电源的技术参数

参数	型号				
	ZX1-250	ZX1-315	ZX1-400	ZX1-500	ZX1-800
额定输入电压/V	3×380,50 Hz				
额定输入容量/(kV·A)	21	26	34	46	69
额定输入电流/A	31.5	39	52	70	105
焊接电流调节范围/A	70～250	80～315	105～400	115～250	240～800
空载电压/V	71				
额定工作电压/V	30	32.6	36	40	44
额定负载持续率/%	35				60
绝缘等级	F				
重量/kg	114	126	142	153	257

(2) 晶闸管整流弧焊电源

晶闸管整流弧焊电源是采用晶闸管作为整流元件，并由电子线路进行控制的一种较为先进的弧焊电源。晶闸管是在硅二极管的基础上加上控制极发展而成的，故也称其为可控硅整流器。

图 26-21 示出晶闸管的符号和内部结构，它是具有三个 PN 结的四层结构，由最外面的 P 层和 N 层引出两个端子，分别为阳极端子 A 和阴极端子 K，由中间的 P 层引出门极(控制极)端子 G。其工作原理如下：晶闸管在电信号(正向电压)加到控制板之前，电流不会导通。当电信号加到控制极上时，晶闸管就成为一种二极管，只有阳极相对于阴极的电位为正时，电流才会导通。晶闸管一旦导通就不能再控制电流，加到控制极上的信号不能再关断晶闸管。如电流停止流通或阳极相对于阴极的电位为负，导通就会中止，除非再加上一个控

制信号，且阳极相对于阴极的电位转为正，否则不再导通。

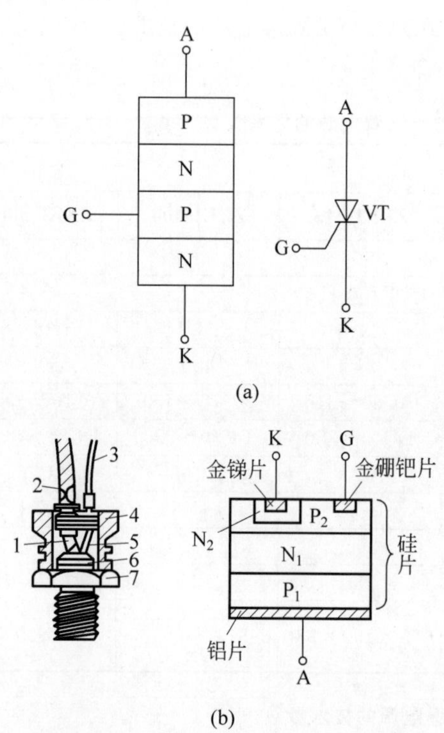

1—阴极端子内引线；2—阴极端子；3—门极端子；4—玻璃绝缘层；5—门极端子内引线；6—管芯；7—阳极铜底座。

图 26-21 晶闸管的符号和内部结构
(a) 晶闸管的符号；(b) 晶闸管内部结构

利用晶闸管的这些特性设计焊接电源，可以通过改变控制极信号灵活地控制焊接电源的输出电流。图 26-22 示出一种典型的晶闸管整流电路，如变压器二次绕组的 B 点相对于 E 点电位为正，晶闸管 VT_1 和 VT_3 在控制极接通信号之前不导通。在信号接通的瞬间，电流即从晶闸管向负载流通。当正半波结束进入负半波时，B 和 E 点的极性反向，作用在晶闸管 VT_1 和 VT_3 两端的电压反向，晶闸管当即关断。此时，控制器向晶闸管 VT_2 和 VT_4 加上控制极信号，使其导通并向负载供电。为调节流经负载的电流，必须控制在任一半波内开始导通的时间。如将晶闸管在半波刚开始时就导通，则晶闸管可输出较大的电流；如延迟在半波的后半段导通，则输出较小的电流，如图 26-23 所示。这种控制方法称为相位控制。

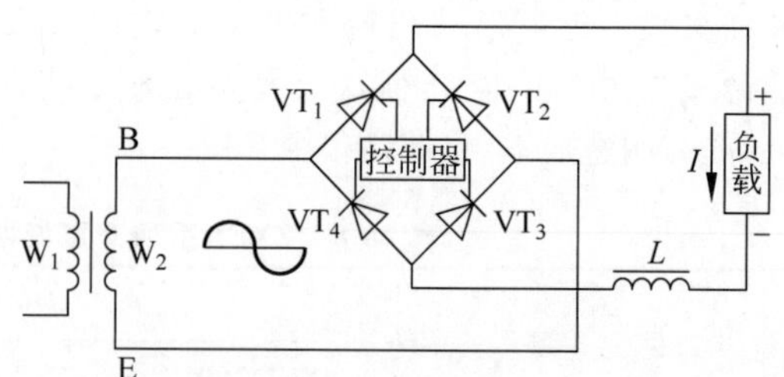

图 26-22 晶闸管整流电路图

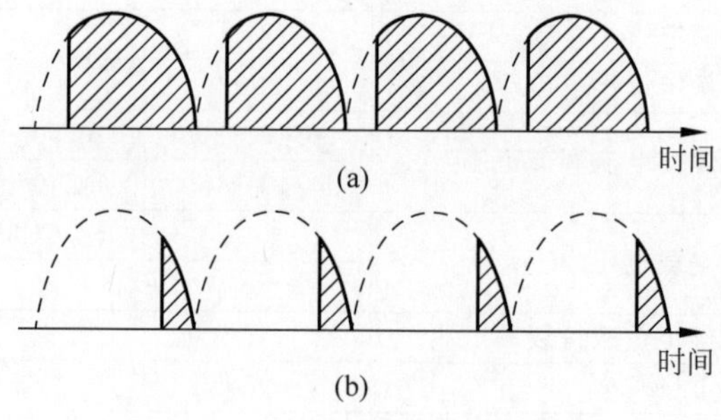

图 26-23 晶闸管导通的相位控制

由图 26-23 可见，采用简单的单相桥式整流电路，直流输出的波形是不连续的。如直接用于电弧焊，将会使电弧中断，因此必须在输出回路中加接电感 L 进行滤波。计算和试验表明，为使单相整流电路在较宽的输出电流范围内正常工作，电抗器的电感量必须足够大，这显然是不经济的。如改用三相整流电路，则可大大缩短输出电流波形间歇时间，并可相应减小电抗器 L 的电感量。

上述向晶闸管控制极发出触发信号的控制器是由电子线路组成的，它不仅可精确控制通断时间，而且可以从输出回路中取样实行负反馈控制。如反馈信号与输出电流成比例，则可使焊接电源具有陡降的外特性。此外，电子控制器还可从输入回路取样，对网路电压的波动实行自动补偿，即网络电压在一定范围内变化时，晶闸管的输出电流可基本保持不变。

晶闸管整流弧焊电源另一个重要的特点是可以容易地添加各种专为改善焊接电源工艺适应性的电路，如引弧电路和电弧推力电路等。引弧电路的作用是在每次引弧时，可以短时间地增加引弧电流，有助于低电流焊接时可靠地引弧。推力电路的作用是当输出端电压低于 15 V 时，使输出电流自动增加，特别是当焊条熔滴过渡产生短路时，使电流急速上升，防止焊条端粘连在焊件上。这种特性也有利于全位置焊接操作，即使电源外特性在低电压段产生平移。

由于晶闸管是一种大功率半导体器件，控制信号的电流一般不超过 100 mA，但反应速度快，使晶闸管整流弧焊电源整个体系的时间常数不超过 20 ms，而磁放大器式硅整流弧焊电源的时间常数则在 150 ms 以上，因此，当输出回路的电感量适中时，晶闸管整流弧焊电源具有良好的动特性。

晶闸管整流弧焊电源还是一种节能机电产品，与电动机驱动直流弧焊发电机相比，其空载损耗仅为后者的十分之一。

综上所述，晶闸管整流弧焊电源具有输出特性可控、焊接过程稳定、工作可靠、焊接参数调节范围宽、焊接工艺适应性强和节能显著等一系列优点。虽然近期开发的逆变式整流弧焊电源的技术特性在很多方面优于晶闸管整流弧焊电源，但迄今为止，晶闸管整流弧焊电源仍占有较重要的地位。

晶闸管整流弧焊电源按其主回路结构可分为三相桥式半控、三相桥式全控和带平衡电抗器双反星形整流电路。其中三相桥式半控整流电路在低电压或小电流时，因电流波形脉冲幅度较大而不利于稳定电弧。为满足脉动系数小于 2 的规定，必须增大电抗器的电感量，从而使电抗器的尺寸明显增加，这在经济上是不可取的。因此，焊条电弧焊用晶闸管整流弧焊电源大都采用三相桥式全控或带平衡电抗器双反星形整流电路。

晶闸管整流弧焊电源按其控制电路的模式可分为模拟控制电路和数字控制电路两类。模拟控制电路采用分立的电子器件组焊而成。由于这些元器件的性能和工作参数不可避免地存在离散性以及环境温度变化的影响，容易造成焊接电源输出特性的不一致，影响其输出电流的稳定性，并给弧焊电源的调试与维修带来不便。

数字控制电路主要采用集成电路芯片组装而成，大都选用标准型微处理器构建控制系统，以精确控制整流电路中晶闸管的导通角，实现对焊接参数和输出特性的控制。为对焊接参数进行实时反馈控制，通常采用闭环控制电路。微处理器通过采样电路获取焊接电流和弧压的瞬时值，并与预先设定的数值相比较，经过相应的运算求得调节量，经转化电路变为晶闸管的导通角触发信号，最终达到精确控制焊接参数的目的。

数字控制的晶闸管整流弧焊电源与模拟控制的晶闸管整流弧焊电源相比，具有以下一系列优点：①电源工作稳定性好。因其输出特性由控制算法所决定，因此不会出现模拟控制系统中因“零飘”及电子元件性能的离散性而造成电源输出性能的不一致。②多功能化。电源的输出特性可通过软件进行灵活控制，以满足弧焊工艺各方面的要求，并可增加焊接参数的记忆、再现和故障诊断等功能。③适应性强。利用微处理器强大的数据处理能力，可对参数实行线性化和优化处理，增强了电源的工艺适应性。④操作性能好。通过友好、直观的操作界面，可方便地选择作业模式、预制焊接参数，数字显示能够实时地显示焊接参数值，使焊工能轻松完成各项任务。因此，数字控制晶闸管整流弧焊电源无疑是今后的发展方向。

晶闸管整流弧焊电源整体结构示意图见图 26-24。其由三相主变压器、晶闸管组、电子触发电路、电抗器、反馈检测电路（给定比较电路）和运算放大电路等组成。三相桥式全控晶闸管整流弧焊电源主回路见图 26-25。

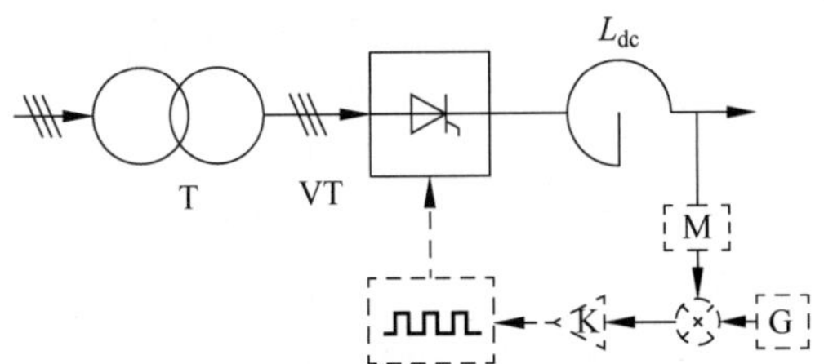

T—变压器；VT—晶闸管；L_{dc}—电抗器；M—电流、电压反馈检测电路；G—给定电压；K—运算放大电路

图 26-24　晶闸管整流弧焊电源整体结构

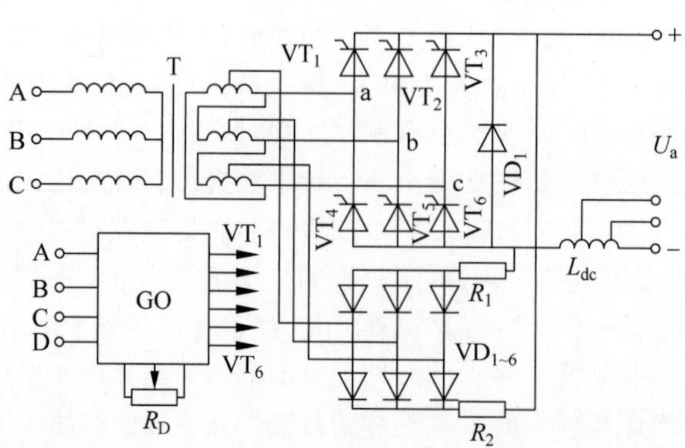

图 26-25　三相桥式全控晶闸管整流弧焊电源主回路

在我国，晶闸管整流弧焊电源早在20世纪80年代即已投入标准化定型生产。表 26-10 列出 ZX5 系列晶闸管整流弧焊电源的技术参数。

表 26-10　ZX5 系列晶闸管整流弧焊电源技术参数

参　数	型　号				
	ZX5-250	ZX5-315	ZX5-400	ZX5-500	ZX5-630
输入电压/V	3×380				
输入电流频率/Hz	50				
输入容量/(kV·A)	15	18.5	25	34	42
输入电流/A	23	28	37	51	63
空载电压/V	63	64	66		67
额定工作电压/V	30	32.6	36	40	44
额定焊接电流/A	250	315	400	500	630
焊接电流调节范围/A	25～250	30～315	30～400	40～500	60～630
额定负载持续率/%	35				
冷却方式	强制风冷				
绝缘等级	F 级				
重量/kg	141	145	155	171	202
外形尺寸/(mm×mm×mm)	620×490×950				675×540×1000

(3) 逆变式整流弧焊电源

逆变式整流弧焊电源的工作过程为：先将工频交流电由单相或三相桥直接整流、滤波变成高压直流电，然后再通过晶体管的开关作用使其变为中频交流电，再经过中频变压的隔离与降压，变成频率为 20 kHz 以上的低压交流电，最后经快速恢复二极管整流、滤波成平稳的直流电。由此可见，在逆变电源中进行了AC(高压)→DC(高压)→AC(低压)→DC(低压)的二次变换。其中 AC→DC 为整流，DC→AC 为逆变。由于逆变是这种电源的核心部分，故称其为逆变式整流弧焊电源。

逆变式整流弧焊电源的工作原理如图 26-26 所示。由图可见，在电网工频电压整流电路中不设变压器，而是逆变成中频交流电后由中频变压器降压后整流。根据变压器的工作原理，

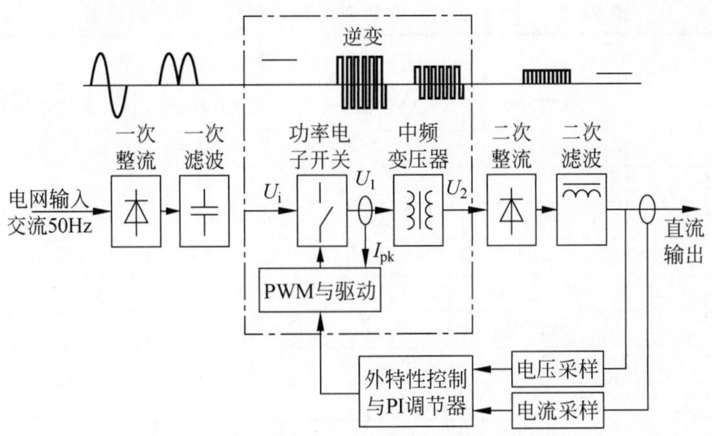

图 26-26 逆变式整流弧焊电源工作原理

其工作频率与铁芯有效体积成反比，工作频率越高则体积越小。图 26-27 示出两种相同功率、不同工作频率的变压器体积之比。工作频率为 50 Hz 的变压器铁芯体积要比工作频率为 50 kHz 的变压器铁芯体积大 12 倍多。并且提高频率后其变压器绕组的导线长度也将大大缩短。

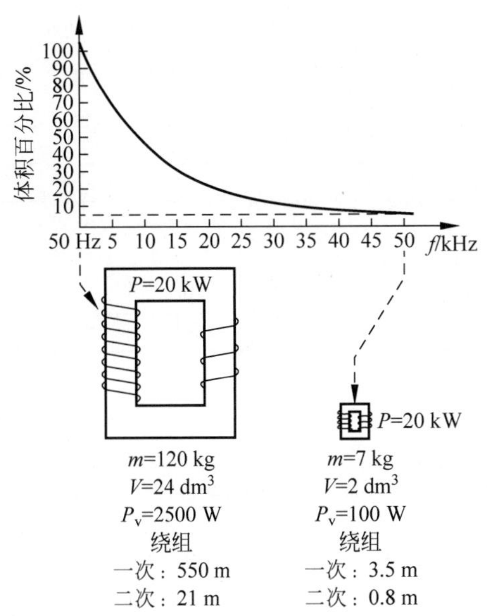

图 26-27 变压器工作频率与体积、质量的关系

因此，首先在节材方面，逆变式整流弧焊电源明显优于传统的整流弧焊电源。不仅如此，逆变式整流弧焊电源还具有以下优点：

① 节能效果好。由于逆变式整流弧焊电源的工作频率高，变压器和电抗器的体积大大缩小，明显地降低了铜损和铁损。与晶闸管整流弧焊电源相比，在相同输出的情况下节能效果可达 20%～30%。

② 焊接电流相当平稳。因逆变电源的二次整流工作频率在 20 kHz 以上，整流后的直流电波纹很小，再经电抗器滤波后的直流输出波形基本上是一条直线，因此焊接电弧相当稳定。

③ 控制回路反应快，响应速度高。逆变式整流弧焊电源大都会都选用各种高性能的功率晶体管作变频元件，工作频率高、反应速度快，大大提高了逆变的控制性能，使其输出特性适应各种焊接工艺的要求。

④ 易于实现数字化和智能化控制。由于可以利用微处理器或数字信号处理器(DSP)作核心控制元件，不仅可精确控制焊接电源的输出特性和焊接参数，而且还可借助相应的计算机软件赋予某种人工智能，极大地提升了弧焊电源的技术特性。

⑤ 便于遥控。可设置遥控器接口与各种遥控器相接，为现场安装施工提供了很大的方便。

逆变式整流弧焊电源按电子开关元件的种类可分为晶闸管逆变、场效应管逆变和 IGBT 晶体管逆变整流弧焊电源，其技术参数列于表 26-11～表 26-13。

表 26-11　ZX7 系列晶闸管逆变整流弧焊电源技术参数

参　数	型　号				
	ZX7-200	ZX7-315	ZX7-400	ZX7-500	ZX7-630
输入电压/V	3×380				
输入电流频率/Hz	50、60				
输入功率/kW	8.75	14	21	27	34
空载电压/V	70～80				
额定焊接电流/A	200	315	400	500	630
额定工作电压/V	28	32.6	36	40	45
焊接电流调节范围/A	20～200	30～315	40～400	50～500	60～630
额定负载持续率/%	60				
效率/%	83				
重量/kg	40	45	80	85	90

表 26-12　ZX7 系列场效应管逆变整流弧焊电源技术参数

参　数	型　号			
	ZX7-160T	ZX7-200T	ZX7-250T	ZX7-300
输入电压/V	220		380	
额定输入电流/A	32.7	43.6	32.7	18.4
额定工作电压/V	26.4	28	32.7	30
额定焊接电流/A	160	200	250	300
焊接电流调节范围/A	30～160	29～200	30～250	30～300
额定负载持续率/%	60			
空载损耗/W	40			
防护等级	IP21			
绝缘等级	F			
效率/%	80			
功率因数	0.73			
重量/kg	5.5	8.0	17.5	
外形尺寸/(mm×mm×mm)	290×132×203	400×153×291	500×205×375	505×205×373

表 26-13　ZX7 系列 IGBT 晶体管逆变整流弧焊电源技术参数

参　数	型　号				
	ZX7-250G	ZX7-315	ZX7-400G	ZX7-400IJI	ZX7-630I
输入电压/V	380				
输入电流/A	14.4	19.7	27.6		53.1
额定焊接电流/A	250	315	400		630
额定负载持续率/%	60				
焊接电流调节范围/A	20～250	20～315	40～400	30～400	40～630
空载损耗/W	60			100	200
效率/%	85				
功率因数	0.93				
防护等级	IP21				

续表

参　数	型　号				
	ZX7-250G	ZX7-315	ZX7-400G	ZX7-400IJI	ZX7-630I
绝缘等级	F				
重量/kg	17	19.5	22	34	54
外形尺寸/(mm×mm×mm)	455×320×372	485×234×425	515×262×468	560×300×500	670×337×617

2. 气体保护焊机

气体保护焊机电源种类及构成见表26-14。

国产NBC-Ⅱ型 CO_2 气体保护焊机的技术参数见表26-15。

表26-14　气体保护焊机电源种类及构成

控制方式	主 要 用 途	构　成
(1) 抽头式整流电源		
抽头控制	CO_2 焊，MAG焊	网络　变压器　整流器　扼流圈　电弧
(2) 晶闸管控制焊接电源		
移相控制	CO_2 焊，MAG/MIG焊	网络　变压器　晶闸管　扼流圈　电弧
(3) 晶体管控制焊接电源		
模拟控制	MAG/MIG脉冲焊	网络　变压器　整流器　控制三极管　电弧
斩波控制	CO_2 焊，MAG/MIG脉冲焊	网络　变压器　整流器　控制三极管　平整扼流圈　电弧

续表

控制方式	主要用途	构成
(3) 晶体管控制焊接电源		
逆变控制	CO_2 焊,MAG/MIG 脉冲焊	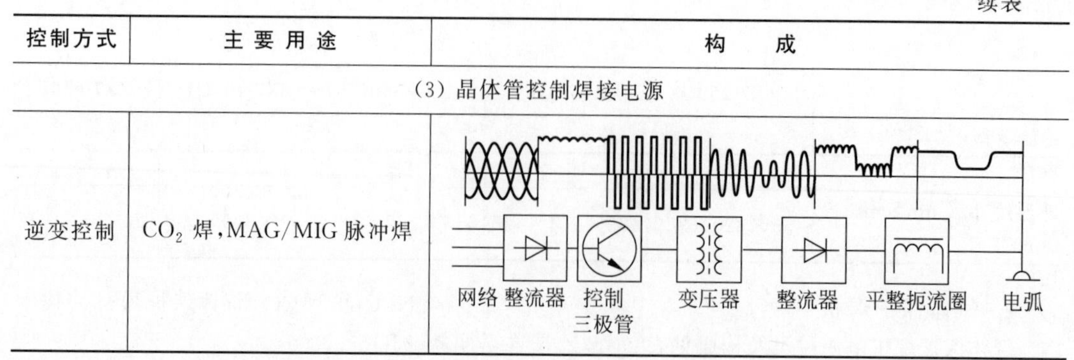

表 26-15 NBC-Ⅱ型 CO_2 气体保护焊机技术参数

序号	参数	型号						
		NBC-250	NBC-350	NBC-500	NBC-350Ⅱa	NBC-500Ⅱa	NBC-500B	NBC-630
1	电源	380 V×(1±10%)/50 Hz						
2	额定输入容量/(kV·A)	9	13	23	13	23	34	34
3	额定输入电流/A	13	19	35	19	35	51	51
4	额定负载持续率/%	60	60	100	60	100	100	100
5	输出电流调节范围/A	40～250	60～350	60～500	60～350	60～500	60～500	60～630
6	输出电压调节范围/V	14～30	14～40	14～50	14～40	14～50	14～50	14～50
7	输出空载电压/V	55	70	82	70	82	95	95
8	使用焊丝直径/mm	0.8～1.0	0.8～1.2	1.0～1.6	0.8～1.2	1.0～1.6	1.0～1.6	1.0～1.6
9	焊机重量/kg	20	40	50	40	50	60	60
10	焊机尺寸/(mm×mm×mm)	500×230×500	600×310×570	660×340×580	600×310×570	660×340×580	710×330×580	710×330×580
11	CO_2 气体流量/(L/min)	10～20	15～25					
12	绝缘等级	—	H					

26.4.3 各企业产品型谱

由于各企业的产品技术性能特点各异,因此这里按各企业方式来介绍相应的产品型谱与技术特点,并简要说明各企业产品的发展历程。

1. 山东奥太电气有限公司

山东奥太电气有限公司是目前国内规模最大的工业用逆变设备制造企业,其专业从事逆变焊机、专用焊接设备的研发、生产与销售,是国家级重点高新技术企业,是国内逆变设备行业的领先者,产品核心技术获国家科技进步二等奖。

1）焊条电弧焊机

(1) 其产品型号及性能参数见表 26-16。

(2) 其产品性能特点见表 26-17。

2）熔化极气体保护焊机

山东奥太熔化极气体保护焊机的型号及性能特点见表 26-18。

表 26-16 山东奥太焊条电弧焊机产品型号及性能参数

参数	型号				
	ZX7-315S/STG	ZX7-400S/ST/STG	ZX7-500S/ST/STG	ZX7-630S/STG	ZX7-800S
电源	380 V×(1±10%)/50 Hz				
额定输入容量/(kV・A)	13.8	18.4	25	35	44
额定输入电流/A	21	28	38	52	67
额定输出电压/V	32.6	36	40	44	44
额定负载持续率/%	60	60	60	100	100
输出空载电压/V	72、68	68、69、71	83、80、84	96、95	96
输出电流范围/A	20～315	20～400	20～500	50～630	50～800
TIG 焊引弧方式	ST：接触引弧；STG：接触引弧/高频引弧				
外壳防护等级	IP21S				
绝缘等级	H				
冷却方式	风冷				
外形尺寸/(mm×mm×mm)	614×311×557	614×311×557	658×336×584	708×336×584	708×336×584
重量/kg	43	43	50	58	58

参数	型号			
	ZX7-400S(3T/6T)	ZX7-500S(3T/6T)	ZX7-1000(S/STG)	ZX7-1250S
电源	380 V×(1±10%)/50 Hz			
额定输入容量/(kV・A)	18.4×(3、6)	25×(3、6)	54.6	68
额定输入电流/A	28×(3、6)	38×(3、6)	83	101
额定输出电压/V	36	40	44	44
额定负载持续率/%	60		100	100
输出空载电压/V	68	83	82	90
输出电流范围/A	20～400×(3、6)	20～500×(3、6)	60～1000	60～1250
TIG 焊引弧方式	无 TIG 焊功能		高频引弧	无 TIG 焊功能
外壳防护等级	IP21S			
绝缘等级	H			
冷却方式	风冷			
外形尺寸/(mm×mm×mm)	678×505×851，1045×675×1001	875×505×850，1065×675×1000	788×367×801	788×367×846
重量/kg	120、234	125、285	95	100

表 26-17　山东奥太焊条电弧焊机产品性能特点

型　　号	应用对象	特　　点	图　　片
ZX7 系列手弧/氩弧直流焊机	石油化工、电力建设、船舶、压力容器、工程机械、钢结构、桥梁等,可焊碳钢、不锈钢、铜、铸铁等	(1) 数字显示,焊接电流控制精度 1A; (2) 引弧电流可以单独调节,引弧性能优异; (3) 推力电流可单独调节; (4) 氩弧焊有自锁/非自锁功能,有高频(STG)和接触(ST)引弧方式; (5) 具有温度保护、过流保护、短路保护等多种安全防护功能; (6) 焊机内关键部件采用“三防”设计	
ZX7-1000(S/STG)/1250S	用于碳钢和低合金钢的焊接,也可焊不锈钢、高合金钢、铜、银、钼、钛等金属	(1) 具有增加碳弧气刨功能,负载持续率 100%。 (2) 具有温度、故障保护功能。 (3) S 型功能:手弧焊、碳弧气刨。 (4) STG 型功能:手弧焊、碳弧气刨、氩弧焊	
ZX7-400STGⅣ		(1) 焊条电弧焊可调参数:推力电流、拐点电压、引弧时间、引弧电流。通过设定拐点电压来适应长短电缆焊接;通过设定引弧时间,大大提高引弧成功率。 (2) 氩弧焊可调节参数:提前送气时间、滞后停气时间、缓升时间、衰减时间、起弧电流及收弧电流。 (3) 电流调节范围宽,最小电流可达到 5A。 (4) 空载电压低(22V 左右),更加安全、可靠。 (5) 具有长短焊功能,根据电缆长短情况可以设置不同的焊接模式。 (6) 对风机进行智能管理,可以延长风机使用寿命、降低故障率	

表 26-18　山东奥太熔化极气体保护焊机型号及性能特点

型　　号	应用对象	特　　点	图　　片
NBC 系列气体保护焊机			
NBC-250/350/350Ⅱb/500/630	船舶、集装箱、工程机械、石油化工、钢结构	(1) 操作简单; (2) 数字显示,电流、电压匹配容易,适应范围宽; (3) 具有自锁功能,降低焊工在大规范长焊缝焊接时的劳动强度; (4) 性能优异; (5) 采用波形控制技术,焊接飞溅小、成型美观; (6) 具有收弧去球功能,引弧过程流畅快捷; (7) 焊接电缆可加长至 100m 使用; (8) 主要功率器件与主控板都经过“三防”处理,加强对潮湿、盐雾、粉尘的防护; (9) 抗电网电压波动能力强; (10) 小巧轻便,经济耐用,整机效率高,节能省电; (11) 外设接口丰富,可配套专机使用	

续表

型　　号	应用对象	特　　点	图　　片
NBC系列气体保护焊机			
NBC-350/500P	适用于钢结构、重工、压力容器等行业碳钢、不锈钢的半自动高性能焊接	(1) 超凡的混合气体焊接性能，半自动高性能焊接碳钢、不锈钢，几乎无飞溅，熔敷率高，焊缝质量高； (2) 全数字CPU控制高精度送丝控制系统，二驱二从带编码器全数字控制送丝装置，在焊接过程中送丝负荷变化或网压波动时，也能保证稳定送丝； (3) 具有一元化和分别调节两种方式，调节方便，可满足不同使用习惯； (4) 具有初期收弧等操作，在大规范长焊缝焊接时，可降低焊工劳动强度和提高焊缝接头质量； (5) 具有熔深控制功能，可实现工件熔深一致，提高工件焊接质量	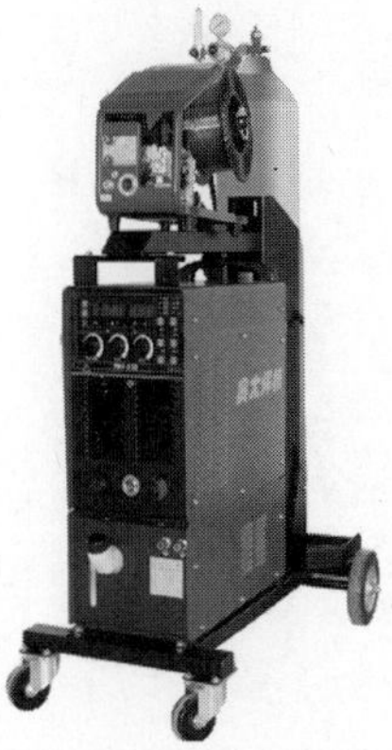
NBC-350/500/630Ⅲ	船舶、集装箱、工程机械、石油化工、钢结构	(1) 具有数字功能； (2) 可预置送丝速度或焊接电流，一元化调节，直观简单； (3) 可存储、调用10套焊接规范，节省焊接规范的调节时间，保证焊接质量； (4) 具有点焊功能； (5) 轻松实现提前送气、滞后停气时间等参数的设置； (6) 风机智能控制，静音省电，可延长风机寿命； (7) 具有网络功能，可实现焊机网络群控管理； (8) 具有过热、过流、过压及输出短路等保护功能，并提示故障代码，便于维修； (9) 标准模拟接口与专机连接，实现自动焊接	
NBC-500CL	海工、船厂、大型钢结构等使用长焊接电缆的行业	(1) 焊接电缆可延伸到200 m，电压无衰减，焊接稳定； (2) 500 A工作条件下可达到100%负载率，保证了焊接效率； (3) 防护等级IP23，提高焊机对恶劣环境的适应性； (4) 可适应电网电压±20%范围波动，具有较强的电网电压适应性； (5) 具有输入过欠压保护功能，保证了焊机的可靠性； (6) 采用数字载波技术，省去了传统遥控器的7芯控制电缆，可降低故障率； (7) 具有载波线短路保护功能，避免了载波线与送丝机焊接电缆或母材短路故障； (8) 采用全数字送丝控制系统，送丝精确、平稳； (9) 采用半独立风道结构设计，防尘、散热性能优越； (10) 具有全数字化焊机的所有功能(包含群控功能)	

续表

型号	应用对象	特点	图片
NBC 系列气体保护焊机			
NBC-250/280Y NBC-250/315d	车架、家居、健身器材、客车及电动汽车制造	(1) 快速点焊，送丝速度可达 28 m/min； (2) 具有优化引弧、收弧功能，优化控制方式，按下即焊，松开即停，电压连续可调，控制更加精细； (3) 完全取代抽头焊机和可控硅焊机，采用软开关逆变技术，环保节能，节省电费； (4) 数字显示预置与实际电流，方便用户调节使用； (5) 体积小、重量轻，便于移动安装； (6) 采用精细波形控制技术，细丝大电流焊接性能优异，可实现高速焊接	
MIG/MAG 系列气体保护焊机			
MAG-L（S）系列	可实现碳钢及不锈钢、铝及其合金、铜及其合金等金属的焊接	该型号 MIG/MAG 弧焊机由 MAG-350 L 焊接电源、ESQ-500G(MⅢ)送丝机以及焊枪等组成，具有脉冲、恒压、低飞溅三种焊接模式，可以实现碳钢富氩与 CO_2 气体保护焊	
MAG-PL 系列		该型号 MIG/MAG 弧焊机由 MAG-350PL 焊接电源、ESQ-500G(MⅢ)送丝机以及焊枪组成，具有脉冲、恒压、低飞溅三种焊接模式，可以实现碳钢富氩与 CO_2 气体保护焊	
MAG-RL 系列		MAG-350RL 机器人专用焊机具有低飞溅、恒压两种焊接模式，可以实现碳钢富氩与 CO_2 气体保护焊。产品采用全数字的控制方式，适应性极强，能与市面上几乎所有的弧焊机器人通过数字或模拟接口完成通信	
MAG-RPL 系列		MAG-350RPL 机器人专用焊机具有脉冲、恒压、低飞溅三种焊接模式，可以实现碳钢富氩与 CO_2 气体保护焊。产品采用全数字的控制方式，适应性极强，能与市面上几乎所有的弧焊机器人通过数字或模拟接口完成通信	

续表

型　　号	应用对象	特　　点	图　　片
MIG 系列气体保护焊机			
MIG-R 系列		该系列逆变式脉冲 MIG/MAG 弧焊电源是专为机器人配套设计的高性能焊接电源，采用三核心全数字化控制方式，适用性强，可通过程序下载口完成对焊接电源程序的升级，能与市面上几乎所有的机器人通过数字（模拟）接口完成通信，轻松完成焊接工作。可采用 MIG 焊接方式、P-MIG 焊接方式	
MIG-i 系列		PulseMIG-500i 焊机具有 MIG/MAG 脉冲熔化极气体保护焊、MIG/MAG 直流熔化极气体保护焊、TIG 钨极氩弧焊、STICK 焊条电弧焊四种焊接方式	
MIG-Y 系列		Pulse MIG-280Y 逆变式 MIG/MAG 弧焊机具有脉冲气保焊、恒压气保焊、焊条电弧焊、提升钨极氩弧焊四种焊接方式。具有薄板焊接专家系统，尤其适用于 0.7～4 mm 铝合金薄板焊接。采用全数字双核双闭环送丝控制系统＋双路数字光栅反馈，送丝更精确。送丝机内置，具有体积小、重量轻，便于移动等优点。界面操作简单，参数一元化调节方式，易于掌握。可存储 100 套焊接程序，节省操作时间	
MIG-Ⅲ系列	可实现碳钢及不锈钢、铝及其合金、铜及其合金等金属的焊接	该系列逆变式脉冲 MIG/MAG 弧焊接电源具有脉冲、恒压、焊条、氩弧、碳弧气刨五种焊接方式	
MIG-PH 系列		有脉冲、大熔深、恒压、焊条、氩弧五种焊接方式。焊机具有全数字化控制系统，可实现焊接过程的精确控制，焊接电弧稳定，焊缝成型好。搭载大熔深焊接工艺，可实现中厚板全焊透，减少焊层数量，提高生产效率。操作界面友好，一元化调节方式，易于掌握。可存储 100 套焊接程序，为同一工位使用多种焊接规范提供方便。具有特殊四步功能，长焊缝焊接时，可降低焊工的劳动强度，提高焊缝接头质量。具有双脉冲功能，可获得美观的鱼鳞纹状焊缝外观。采用软开关逆变技术，可提高整机可靠性、节能省电。具有强大的数字保护功能，可通过故障代码识别报警原因	
MIG-RPH 系列		有脉冲、大熔深、恒压等焊接方式。产品采用全数字的控制方式，适应性极强，能与市面上几乎所有的弧焊机器人通过数字、模拟接口完成通信	

2. 北京时代科技股份有限公司

北京时代科技股份有限公司(以下简称时代公司)成立于2001年,主要从事逆变焊机、大型焊接成套设备、专用焊机、数控切割机及弧焊机器人系统的开发、生产与销售。时代公司坚持“科技立司、产业立司、出口立司”的立司原则。经过多年的发展,时代公司已经形成了一套严密的融合技术开发、产品制造、质量控制、资金运作、市场策划、客户服务的管理体系。目前,时代公司生产的电焊机均通过国家“3C”认证并连续四年被评为“北京名牌产品”。时代公司建有企业博士后流动站,在中国建有40余家销售服务型子公司,销售及售后服务网络遍及全国。

1) 焊条电弧焊机

ZX7-400(PE60-400、PE60-400E、PE60-400F)弧焊电源是时代公司推出的手工直流弧焊电源,选用了先进的半导体开关器件IGBT模块作为主功率器件,采用了先进的逆变控制技术,达到国际先进水平。其中PE60-400适用于酸性、碱性、耐热钢等各种牌号焊条的焊接;PE60-400E适用于纤维素焊条进行向下焊接;PE60-400F适合发电机供电。上述焊接电源均具有引弧容易、飞溅小、不粘焊条等特点。

焊机逆变频率为20 kHz,显著减小了主变压器及电抗器体积,从而减小了焊机整机的体积和重量,并大大降低了铜铁损,提高了焊机的效率及功率因数,节能效果非常显著。由于工作在声频以外,因而几乎消除了噪声污染。

先进的控制技术,使其电源外特性和动特性都显著优于其他焊机,更大程度满足了焊接工艺要求,为获得优质焊缝提供了可靠保证。

时代公司焊条电弧焊机型号及适用焊条、电源见表26-19。

表 26-19 时代公司焊条电弧焊机型号及适用焊条、电源

型号	PE60-400	PE60-400E	PE60-400F
适用焊条	酸性、碱性、耐热钢等	纤维素焊条	酸性、碱性、耐热钢等
适用电源	工业电网	工业电网、发电机组	工业电网、发电机组

注:不同产品型号适用的焊条用尾缀区分:适用纤维素焊条的在PE60-400后加“E”尾缀;发电机适配型的在PE60-400后加“F”尾缀。

2) 熔化极气体保护焊机

(1) 时代公司熔化极气体保护焊机型号及特点见表26-20。

表 26-20 时代公司熔化极气体保护焊机型号及特点

型号	特点
NB-500(A160-500A)	额定负载持续率100%
NB-500(A160-500BT)	具备焊条手工焊、TIG焊、碳弧气刨功能
NB-500(A160-500S)	额定负载持续率35%
NB-500(A160-500R)	具备自动焊接口
NB-500(A160-500W)	具备联网控制功能

注:括号内为厂家自主编号。

(2) 时代公司厂家自主编号说明见图26-28。

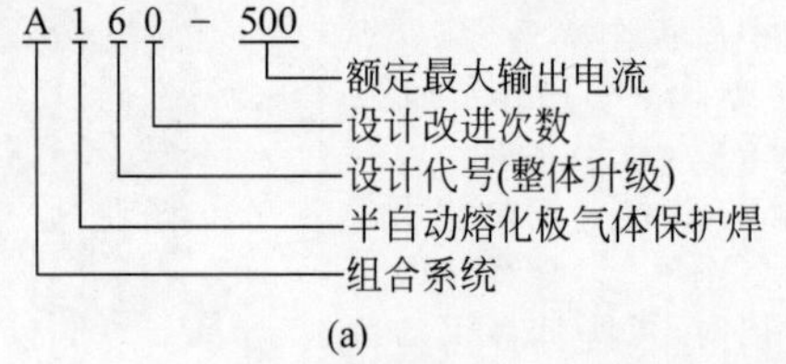

(a)

(b)

(c)

图 26-28 时代公司厂家自主编号说明

(a) 焊机内部型号意义; (b) 焊接电源内部型号意义; (c) 送丝机内部型号意义

(3) 时代公司熔化极气体保护焊机性能参数见表26-21。

表 26-21 时代公司熔化极气体保护焊机性能参数

参数及项目	数值及类型
电源	3相 AC380 V×(1±15%),50/60 Hz
额定输入电流/A	32
额定输入功率/kW	21
空载电压/V	72
空载电流/A	0.1～0.2
空载损耗/W	80
电压调节范围/V	16.5～39
电流输出范围/A	50～500
适应焊丝直径/mm	ϕ1.0、ϕ1.2、ϕ1.6 钢,实心或药芯
额定负载持续率/%	60%
效率/%	90%(额定条件)
功率因数	0.7～0.9
外壳防护等级	IP23
绝缘等级	F
冷却方式	风冷
外形尺寸/(mm×mm×mm)	660×300×530
重量/kg	49

(4) 功能介绍

时代公司NB-500(A160-500A)熔化极气体保护焊机由平特性焊接电源NB-500(PC60-500)、等速送丝机构SB-10-500(FP60-100N或FP60-100E)、焊枪和附件组成,其外部接线图如图26-29所示。

NB-500(PC60-500)逆变焊接电源以IGBT功率模块(绝缘栅双极晶体管)、非晶态合金纳米磁芯变压器、快恢复功率二极管等作为功率变换及传递的关键器件,采用移相全桥软开关技术控制功率器件的开关,采用单片机进行焊接过程控制,采用电子电抗器进行波形控制,实现平外特性输出。它具有抗电网波动能力强、电流输出范围宽、适应的焊丝规格种类广、可靠性高、绿色环保等特点。

NB-500(PC60-500)逆变焊接电源具备以下功能:①焊枪操作模式可在2步(收弧无)、4步(收弧有)间切换。2步模式时,焊枪为无保持状态;4步模式时,焊枪为有保持状态。②可预设焊接电压、送丝速度(焊接电流)。③可预设收弧电压(二次电压)、收弧电流(二次电流)。④电弧力连续可调,可更好地控制过渡过程的飞溅和电弧的稳定性。⑤送丝机控制具备慢送丝启动功能,可有效改善引弧成功率。⑥焊接电源具备检气功能,方便气路检测及气体流量设定。⑦具备点动送丝功能,方便快速安装焊丝。⑧输出电缆加长至50 m/50 mm² 可保证焊接电流300A。产品设计、制

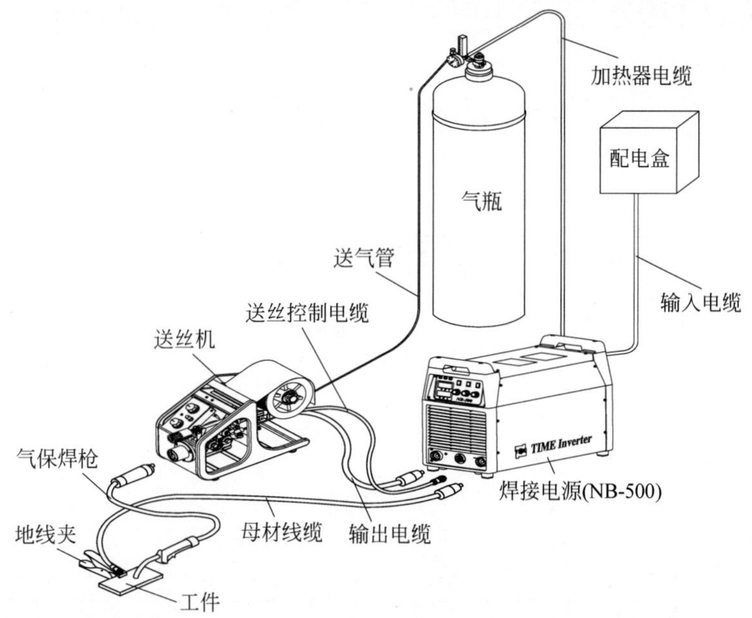

图26-29 时代公司NB-500(A160-500A)焊接系统接线示意图

造、验收标准分别为 GB/T 15579.1、GB/T 8118—2010、Q/HD SDG0009。

3. 上海沪工焊接集团股份有限公司

上海沪工焊接集团股份有限公司(以下简称上海沪工),是中国特大焊接与切割设备研发和制造基地。集团拥有62年的专业焊接与切割装备研发和制造经验,是上交所主板上市企业,也是焊接设备行业内龙头企业。

上海沪工以"品牌、质量、服务"为导向,以"振兴、推动民族产业"为己任,以打造"中国领先的焊接与切割整体解决方案提供商"为使命。主营弧焊设备、数控切割设备、机器人系统和激光切割设备。通过多年的积累,上海沪工在焊接与切割等相关领域已经掌握了核心技术,具备了较强的国际竞争力,产品远销全球上百个国家和地区。

1) 焊条电弧焊机

(1) 上海沪工交流焊条电弧焊机型号及性能参数见表26-22。

(2) 上海沪工直流焊条电弧焊机型号及性能参数见表26-23。

表 26-22 上海沪工交流焊条电弧焊机型号及性能参数

参数		单位	型号				
			BXI-300F-3A HG007004-3	BXI-315F-3A HG007004-2	BXI-400F-3A HG007006-3	BXI-500F-3A HG007007-4	BXI-630F-3A HG007008-4
额定输入电压		V	380				
电源频率		Hz	50				
相数		相	1				
额定输入容量		kV·A	22.5	23.4	29.7	41	47.9
额定输入电流		A	59.5	61.5	78.2	108	126
额定空载电压		V	70			72	
电流调节范围		A	60～300	60～315	80～400	100～495	120～630
额定输出工作电压		V	32	32.6	36	39.8	44
额定负载持续率		%	35				
焊接电流(负载持续率)		A(10 min35%)	300	315	400	495	630
		A(10 min60%)	229	240	305	382	481
		A(10 min100%)	177	186	236	296	372
冷却方式			风冷				
绝缘等级			H				
外壳防护等级			IP21S				
重量		kg	80		88	108	115
外形尺寸		mm×mm×mm	623×432×705			658×472×800	

表 26-23 上海沪工直流焊条电弧焊机型号及性能参数

参数	单位	型号		
		ZX5-400 HG011002-2	ZX5-500 HG011003-2	ZX5-630 HG011004-2
额定输入电压	V	380		
电源频率	Hz	50		
相数	相	3		
额定输入容量	kV·A	34	42	56
额定输入电流	A	52	65	85
额定空载电压	V	70	72	75

续表

参　　数	单　　位	型　　号		
		ZX5-400 HG011002-2	ZX5-500 HG011003-2	ZX5-630 HG011004-2
电流调节范围	A	50～400	60～500	120～630
额定负载持续率	%	60		
焊接电流(负载持续率)	A(10 min60%)	400	500	630
	A(10 min100%)	310	387	488
冷却方式		风冷		
绝缘等级		H		
外壳防护等级		IP21S		
重量	kg	130	135	203
外形尺寸	mm×mm×mm	705×420×790		890×660×1040

(3) 上海沪工逆变焊条电弧焊机型号及性能参数见表26-24。

表26-24　上海沪工逆变焊条电弧焊机型号及性能参数

参　　数	单位	型　　号	
		ZX7-500WE	ZX7-630WE
额定输入电压	V	三相,380	
电源频率	Hz	50、60	
额定输入电流	A	40	54
额定输入容量	kV·A	26.4	35.6
空载电压	V	76	82
额定工作电压	V	40	44
电流调节范围	A	25～500	25～630
额定负载持续率	%	35	25
效率	%	85	
功率因数		0.92	
绝缘等级		F	
外壳防护等级		IP21S	
冷却方式		风冷	
外形尺寸	mm×mm×mm	540×246×470	
重量	kg	27.6	

注：负载持续率为40℃环境下测定；焊机所采用的标准为《弧焊设备　第1部分：焊接电源》(GB 15579.1—2013)。

2) CO_2 气体保护焊机

(1) 上海沪工抽头式 CO_2 气体保护弧焊机型号及性能参数见表26-25。

表26-25　上海沪工抽头式 CO_2 气体保护弧焊机型号及性能参数

参　　数	单位	型　　号	
		NBC-350Ⅱ HG024006-1	NBC-500Ⅱ HG024007-1
额定输入电压	V	380	
电源频率	Hz	50	
空载电压	V	20～41	21～52
焊接电压	V	17～31.5	19～39
额定负载持续率	%	35	
焊丝直径	mm	ϕ1.0～ϕ1.6	ϕ1.2～ϕ1.6
额定焊接电流	A	350	
电流调节范围	A	60～350	100～500
额定初级输入电流	A	23	47
额定输入容量	kV·A	15.1	30.9
重量	kg	102	142
外形尺寸	mm×mm×mm	740×470×810	800×510×870

(2) 上海沪工可控硅式 CO_2 气体保护弧焊机型号及性能参数见表26-26。

(3) 上海沪工逆变式 CO_2 气体保护弧焊机型号及性能参数见表26-27。

表 26-26 上海沪工可控硅式 CO_2 气体保护弧焊机型号及性能参数

参　数	单位	型　号			
		NB-350K HG025004	NB-500K HG025007		NB-630K HG025009
电源电压	V	380			
相数	相	3			
额定初级输入电流	A	50			
额定输入容量	kV·A	18.1	31.9		48
空载电压	V	48	66		80
电流调节范围	A	60～350	60～500		60～630
额定负载持续率	%	50	60	80	60
焊接电流（负载持续率）	A(10 min/60%)	350(10 min/50%)	500(10 min/60%)	500(10 min/80%)	630 (10 min/60%)
	A(10 min/100%)	247.5	387	447	488
可用焊丝直径	mm	ϕ0.8～ϕ1.2	ϕ1.2～ϕ1.6		
送丝速度	m/min	1.5～15			
绝缘等级		H			
外壳防护等级		IP21S			
冷却方式		风冷			
重量	kg	125	170	180	244
外形尺寸	mm×mm×mm	710×405×810	710×465×810		785×590×950

表 26-27 上海沪工逆变式 CO_2 气体保护弧焊机型号及性能参数

参　数	单　位	型　号	
		NB350	NB500
额定输入电压	V	三相，380	
电源频率	Hz	50、60	
额定输入电流	A	25	43
额定输入容量	kV·A	16.5	26.3
空载电压	V	73	75
电流调节范围	A	30～350	30～500
电压调节范围	V	15.5～31.5	15.5～39
额定负载持续率	%	60	
可用焊丝直径	mm	0.8～1.2	1.0～1.6
收弧方式		高空载，慢送丝	
效率	%	85	
功率因数		0.92	
绝缘等级		H/F	
外壳防护等级		IP21S	
冷却方式		风冷	
外形尺寸	mm×mm×mm	主机：598×320×688 送丝机：450×190×310	
重量	kg	主机：40.9 送丝机：9.9	主机：42.5 送丝机：10

4．深圳市麦格米特焊接技术有限公司

深圳市麦格米特焊接技术有限公司，是深圳麦格米特电气股份有限公司的子公司，致力于提高客户焊接品质，优化客户焊接效率，自主研发和生产了一系列基于高频电源控制的智能数字化气体保护焊机，以优异的焊接性能和超高可靠性赢得国内外客户的信赖，已成长为中国焊接界领先品牌。麦格米特焊接技术有限公司的主要产品为全数字智能化熔化极气体保护焊机。

1）产品型号命名

麦格米特焊机主要分为 Ehave 系列、DEX 系列、Artsen Ⅱ 系列、载波机 Artsen CM500C 以及 Artsen Plus/Pro 系列。以 Artsen Plus/Pro 系列为例，命名规则如图 26-30 所示。

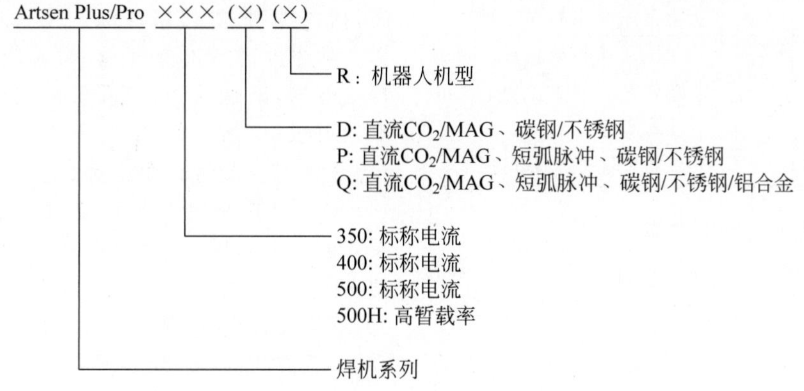

图 26-30　Artsen Plus/Pro 系列焊机命名规则

注："()"内的符号可选，用于表示不同型号的焊接电源。

例如：Artsen Plus 400Q 表示 Artsen Plus 系列包含的焊接工艺为直流低飞溅 CO_2/MAG、短弧脉冲焊接，可焊材料有碳钢、不锈钢、铝合金，标称电流为 400A 的气体保护焊接电源。

2）产品电气技术参数

麦格米特全数字智能化焊机电源的主要技术参数见表 26-28，麦格米特送丝机性能参数见表 26-29。

表 26-28　麦格米特焊接电源技术参数

参　数	单位	型　号		
		Artsen Plus/Pro 350 D/P/Q	Artsen Plus/Pro 400 D/P/Q	Artsen Plus/Pro 500 (H)D/P/Q
控制方式		数字控制		
额定输入电压	V	三相，380		
输入电源频率	Hz	45～65		
额定输入容量	kV·A	15	16	24
功率因数		0.94		0.93
输出特性		CV		
额定输出电流	A	350	400	500
额定输出电压	V	31.5	34	39
额定负载持续率	%	60	100	60/100
额定输出空载电压	V	85		
输出电流范围	A	30～350	30～400	30～500
输出电压范围	V	12～45		
外壳防护等级		IP23S		
环境温度	℃	－10～40		
绝缘等级		H		

表 26-29　麦格米特送丝机性能参数

参数及项目	单位	数值及类型
送丝传动控制方式		光电编码器反馈、反电动式控制
额定电流	A	4.5
额定电压	V	24
送丝速度	m/min	0.8～24
送丝轮直径	mm	0.8～1.6
焊丝盘类型		所有标准化的焊丝盘
驱动装置		四轮送丝驱动装置
焊枪接口		欧式接口、日式接口(可选配)
水冷接口		机器人欧式接口(可选配)

3) 产品工艺技术性能

用户根据实际工况，可能需要不同的焊接工艺。麦格米特全数字智能化焊机电源的主要工艺如下：

(1) 平滑短路低飞溅工艺

该工艺主要用于碳钢、不锈钢、镀锌板、异种金属等薄板、超薄板焊接。电弧柔和稳定，熔池平静，焊接行走速度快，具有极低飞溅效果。其波形如图 26-31 所示。

(2) 短弧脉冲工艺

该工艺主要用于碳钢、不锈钢、镀锌板、高强钢等材质的脉冲焊接。电弧弧长短，挺度高，指向性强，焊接熔深深。此工艺可以大幅提高脉冲焊接行走速度，热输入低，可以减少焊接变形，降低咬边、气孔等缺欠概率。其波形如图 26-32 所示。

(3) 高频能量脉冲控制工艺

该工艺广泛用于碳钢、不锈钢、镀锌板、铝及其合金等薄板、超薄板焊接，尤其适合无摆动立向上焊。此工艺焊接节拍快，能量强弱明显，鱼鳞纹清晰，且焊缝间隙容忍度极高，飞溅极低。其波形如图 26-33 所示。

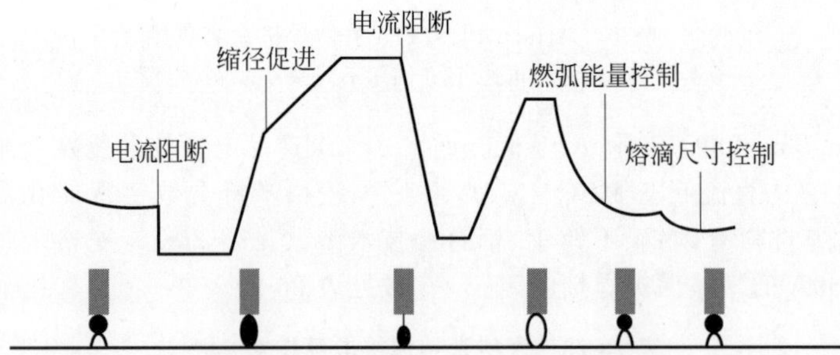

图 26-31　平滑短路低飞溅工艺波形

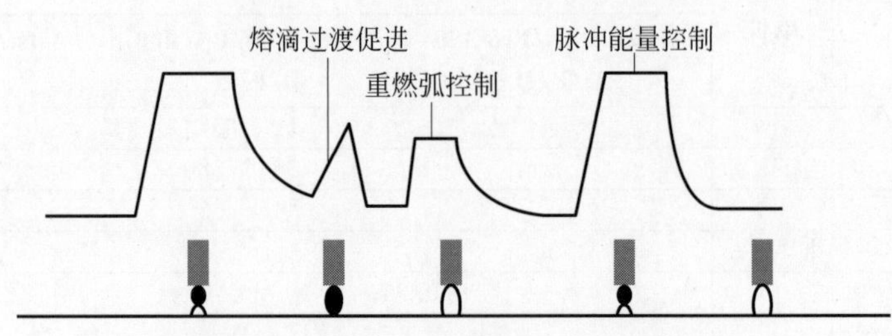

图 26-32　平短弧脉冲工艺波形

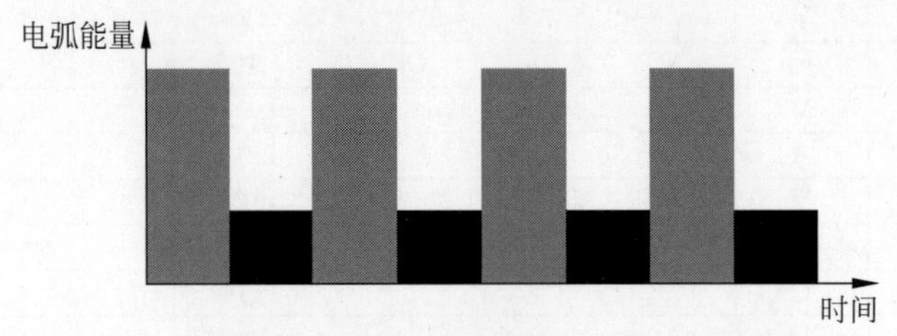

图 26-33　高频能量脉冲控制工艺波形

(4) 高速断续焊工艺

该工艺广泛用于碳钢、不锈钢、镀锌板、铝及其合金等薄板、超薄板焊接。此工艺起弧时间短，收弧干脆，能迅速形成熔池，鱼鳞纹清晰，可进一步降低热输入，尤其适合焊接自行车架等。

Artsen Plus 系列焊机工艺类型见表 26-30。

表 26-30　Artsen Plus 焊接工艺表

<table>
<tr><th>机　　型</th><th>软件包</th><th>焊接材料</th><th>工艺类型</th><th>协同</th><th>高速断续焊</th><th>特殊协同</th></tr>
<tr><td rowspan="2">Artsen Plus 350/400/500D(R)</td><td>D</td><td rowspan="4">实心碳钢、实心不锈钢</td><td rowspan="2">低飞溅短路过渡</td><td rowspan="2">无</td><td>无</td><td rowspan="4">无</td></tr>
<tr><td>DD</td><td rowspan="4">有</td></tr>
<tr><td rowspan="2">Artsen Plus 350/400/500P(R)</td><td>P</td><td rowspan="3">低飞溅短路过渡、短弧脉冲</td><td rowspan="3">有</td></tr>
<tr><td>DP</td></tr>
<tr><td>Artsen Plus 350/400/500Q(R)</td><td>A</td><td>实心碳钢、实心不锈钢、铝合金</td><td>有</td></tr>
</table>

5. 林肯电气公司

1895 年，John C. Lincoln 和 James F. Lincoln 兄弟在美国俄亥俄州克利夫兰市创建了林肯电气公司，自成立以来，林肯电气公司一直是全球高品质焊接、切割产品的行业领导者。

早在 1989 年，林肯电气就在天津设立了在中国的第一个代表处，开始了在中国的运作。随后的几年里，进口至中国的产品逐年飞速增长，相继在北京、上海、广州等多个城市设立了代表处，以抢占日益增长的中国市场。

目前，林肯电气在中国共有 4 家工厂，是各类手工焊条、实心焊丝、药芯焊丝、埋弧焊材及焊接设备的专业生产基地，为客户提供高品质的焊接产品和全方位的焊接解决方案。

1) 产品序列

林肯电气的焊接电源在设计之初就考虑到客户的多样化需求，为客户提供便携一体式电焊机——可适用于焊条电弧焊、直流 TIG 焊、MIG 焊、脉冲 MIG 焊及药芯焊丝电弧焊，一机满足客户所有的使用要求。多工艺切换时，硬件配置基本无须调整，最大限度地保证有效电弧时间，提高设备的使用率。林肯电气的逆变式气体保护焊焊机型号及选用建议见表 26-31，林肯电气的先进工艺焊机型号及选用建议见表 26-32。

表 26-31　林肯电气逆变式气体保护焊焊机型号及选用建议

<table>
<tr><th>焊接电源</th><th>型号</th><th>OPTIMARC®
500PA</th><th>OPTIMARC®
CV500P</th><th>OPTIMARC®
CV500HP</th><th>FLEXTEC™
500</th><th>FLEXTEC™
500P</th><th>FLEXTEC™
650X</th></tr>
<tr><td rowspan="6">输出</td><td>模式</td><td>CC、CV</td><td colspan="2">CV</td><td colspan="3">CC、CV</td></tr>
<tr><td>极性</td><td colspan="6">DC</td></tr>
<tr><td>电流范围/A</td><td colspan="3">50～500</td><td colspan="2">5～500</td><td>10～815</td></tr>
<tr><td>实心焊丝范围/mm</td><td colspan="3">ϕ1.0～ϕ1.6</td><td colspan="2">ϕ1.0～ϕ2.0</td><td>ϕ1.0～ϕ2.4</td></tr>
<tr><td>药芯焊丝范围/mm</td><td colspan="3">ϕ1.2～ϕ1.6</td><td colspan="2">ϕ1.2～ϕ2.4</td><td>ϕ1.2～ϕ2.8</td></tr>
<tr><td>铝焊丝范围/mm</td><td colspan="3">ϕ1.2～ϕ1.6</td><td colspan="3">ϕ1.0～ϕ1.6</td></tr>
<tr><td rowspan="2">输出</td><td>相数</td><td colspan="6">3</td></tr>
<tr><td>频率/Hz</td><td colspan="6">50、60</td></tr>
</table>

续表

焊接电源	型号	OPTIMARC® 500PA	OPTIMARC® CV500P	OPTIMARC® CV500HP	FLEXTEC™ 500	FLEXTEC™ 500P	FLEXTEC™ 650X
工艺	手工氩弧焊	●			★	★	★
	氩弧焊	●			★	★	★
	气保焊	●	●	●	★	★	★
	药芯焊丝焊	●	●	●	★	★	★
	脉冲气保护	●	●	●		★	
	碳弧气刨				★	★	★
	埋弧焊						★
特征	模块化				★	★	
	一元化控制	●	●	●	★	★	★
	远程控制			●			
	收弧功能			●			
	Cross Linc						★

注：① ●—具备；★—优秀。
② “Cross Linc”表示该技术可通过标准的焊接电缆控制和调整电压或电流，而无须控制电缆。

表 26-32 林肯电气先进工艺焊机型号及选用建议

焊接电源	型号	POWER WAVE® C300	POWER WAVE® S350	POWER WAVE® S500	POWER WAVE® S700	POWER WAVE®（STT® 模块焊机）	POWER WAVE®（先进模块焊机）
输出	模式	CC、CV				STT®	CC、CV
	极性	DC					DC、AC
	电流范围/A	5～300	5～350	5～550	20～900		10～815
输入	相数	3					
	频率/Hz	50、60					
工艺	手工氩弧焊	★	★	★	★		★
	药芯焊丝焊	★	★	★	★		
	脉冲气保焊	★	★	★	★		★
	AC/DC氩弧焊		○	○	○		★
	STT®气保焊		○	○	○	★	★
	双弧双丝气保焊				★		
	单弧双丝气保焊			★	★		
	碳弧气刨			★	★		

续表

焊接电源	型号	POWER WAVE® C300	POWER WAVE® S350	POWER WAVE® S500	POWER WAVE® S700	POWER WAVE®（STT® 模块焊机）	POWER WAVE®（先进模块焊机）
特征	波形控制技术	★	★	★	★	★	★
	逆变高效	★	★	★	★	★	★
	同步双弧双丝				★		
	ArkLink® 数字通信	★	★	★	★	★	★

注：★—优秀；○—可选。

2）设计理念和专利技术

适合于多种材料的焊接——铝合金、不锈钢和镍基合金(对电弧性能要求苛刻)。

Power Connect® 能量连接技术——自动调节输入电源参数为 200～600 V，50～60 Hz，单相或三相。当使用 460V 交流输入且输入电压在－60%～＋43%波动时，均可确保恒定的焊接输出。

Tribrid® 能量模块——目前工业上领先的功率因数为 0.97，250 A 下 88%的效率，极其出色的焊接性能。

Production Monitoring™2 生产监控——跟踪设备使用状况，储存焊接数据，并配置工艺参数限制值从而有助于对焊接效率的分析。

iARC® 数字控制——不论用何种焊接方法，快速的处理速度都能提供极佳的电弧稳定性。标准配置含以太网连接。

紧凑耐用的外壳——IP23 等级，能经受苛刻的环境。

选配的 115 V(10 A)交流双辅助电源插座——Surge Blocker™ 技术能在使用高起动电流装置(如打磨机)(通常需 60 A 或以上的峰值冲击电流)的同时而不损害正常焊接性能。

3）林肯电气先进工艺简介

(1) 单电源双丝高熔敷率 MIG 焊——HyperFill™

HyperFill™ 双丝 MIG 解决方案可在不影响熔池稳定性或焊接质量的情况下提高熔敷率。这种创新性双丝设计采用单台电源、单台送丝机和单个导电嘴，能够产生更宽、更平滑的弧锥，在不增加系统或操作复杂程度的情况下实现高达 9.1 kg/h(机器人焊接为 11.3 kg/h)的熔敷率。同时 HyperFill 工艺具有咬边倾向低、焊缝轮廓好的特点，可大幅减少未熔合缺陷。其电弧示意图见图 26-34，与单丝 MIG 焊工艺熔敷率范围对比见图 26-35，与 MIG 焊焊缝成型对比见图 26-36。

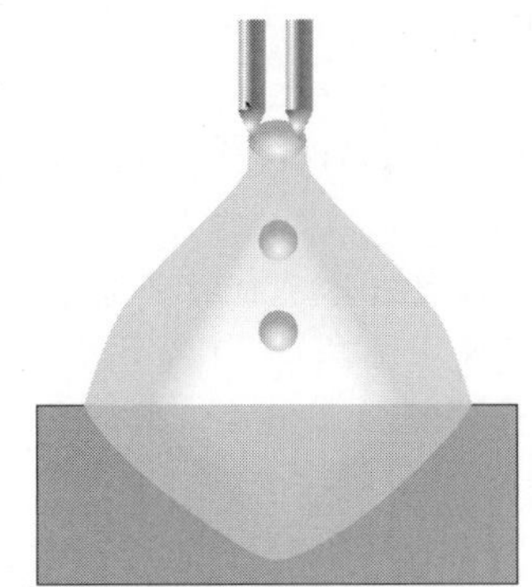

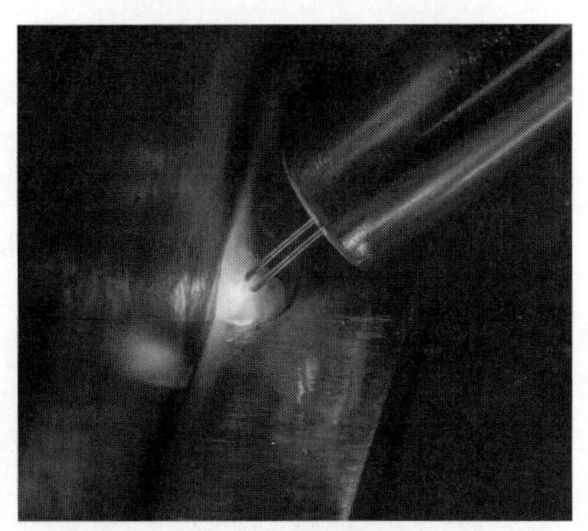

图 26-34 HyperFill 电弧示意图

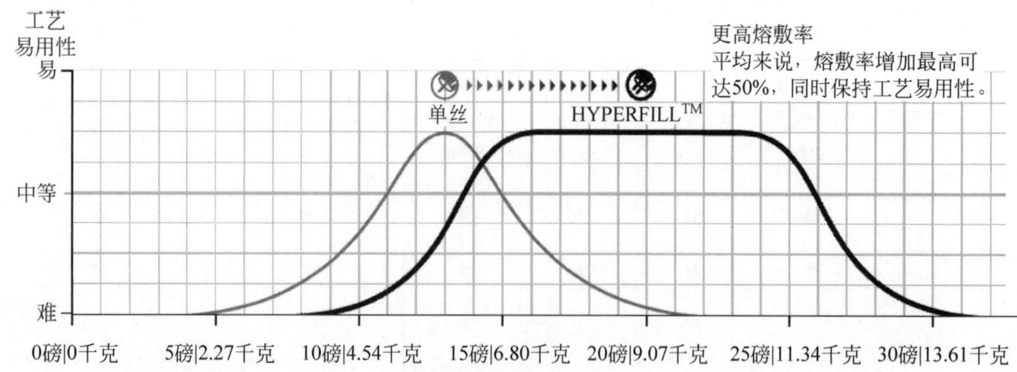

图 26-35 HyperFill 与单丝 MIG 焊工艺熔敷率对比

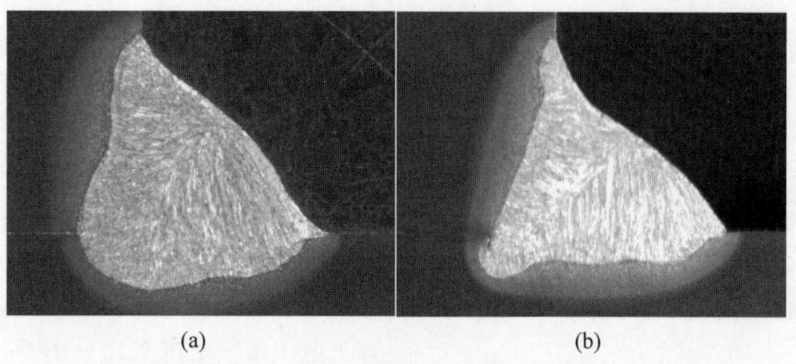

图 26-36 HyperFill(a)与单丝 MIG 焊(b) 焊缝成型对比

① HyperFill 工艺的优点

设备配置简单，单台电源、单个送丝机构、单个导丝管、单个导电嘴实现双丝焊接；实现手工焊高达 9.1 kg/h(机器人焊接 11.3 kg/h)的熔敷率；更宽的电弧，能够获得更大的熔池，更合理地分配电弧热量，可减少咬边倾向；更优异的熔深轮廓，大幅减少未熔合倾向。

② HyperFill 工艺的应用

大熔敷率焊接工程机械，液压设备；预制工艺管线，船舶，输油管线，工程水线；高速焊接船舶，桥梁型钢焊接，商用车桥；适合半自动焊接或机器人焊接。

(2) STT® 工艺

STT® 表面张力过渡工艺是一种受控的 GMAW 短路过渡工艺，通过调节电流来控制热输入，而不影响送丝速度，因此具有优良的电弧性能、良好的熔深，低热输入，可减少飞溅和烟尘。STT® 波形图见图 26-37。

① STT® 工艺的原理

表 26-33 为熔滴过渡各阶段图片及特点。

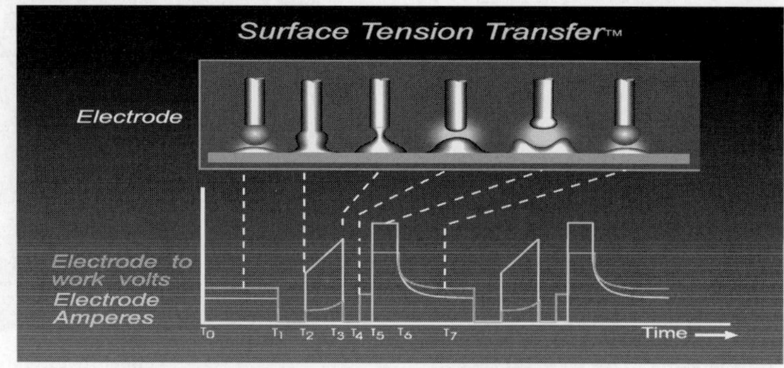

图 26-37 STT® 波形

表 26-33　STT®熔滴过渡各阶段图片及特点

阶段	图片	特点
t_0—t_1		STT®工艺能产生均匀一致的熔滴，并保持其形状直至熔滴接触熔池造成短路
t_1—t_3		当熔滴与熔池接触造成短路时，电流降到一较小值，熔滴通过润湿作用过渡到熔池
t_3—t_4		在短路发生时，自动产生一个精确的“紧缩电流”期间，通过专门的电路判断何时短路状态即将结束，并减小电流，避免由于紧缩的焊丝气化“爆炸”而产生飞溅
t_4—t_5		STT®波形在较低的电流时重新引燃电弧
t_5—t_7(0)		STT®波形感应到重新引燃的电弧，并且自动应用峰值电流建立恰当的弧长。在峰值电流过后，内部电路自动转换到基值电流以提供恰当的热量。另外通过控制收尾部下降速率以进行合适的热输入控制，并返回至起弧点 t_0

② STT®工艺的特点

控制熔深——采用良好的熔池控制，可进行可靠的打底焊。

降低成本——焊接碳钢时，可采用 100%二氧化碳作为保护气体，成本非常低。

适应性强——能焊接不锈钢、镍基合金、低碳钢或高强钢，且焊接质量较高，能进行全位置的焊接。

低热输入——减少变形及避免超薄板烧穿问题。

优质焊缝——得到低氢含量的焊缝熔敷金属。

焊接速度高——能产生高质量的根部焊道，焊接速度较 GTAW 快 4 倍。

电流与送丝速度相互独立——使操作者能够控制焊接熔池的热输入。

焊工使用更为轻松——STT®工艺与传统恒压焊机的短路过渡相比更易操作，可减少培训时间，经 X 射线无损检验的焊缝，能持续获得高合格率；产生较少的飞溅和烟雾。

③ STT®工艺的工程应用

带间隙的根部打底焊——管子或板材；

薄板材料的焊接——汽车、建筑行业；

不锈钢和镍基合金的焊接——化工与食品工业；

硅青铜的焊接——汽车；

镀锌钢板焊接——建筑行业；

适合半自动焊接或机器人焊接。

(3) Precision Pulse 精确脉冲

脉冲喷射过渡缩写为 GMAW-P。金属过渡以单个熔滴形式发生在高能量的峰值电流阶段。精确脉冲为脉冲焊的优化型，适合全位置的焊接，对于现场安装尤为合适。

① 脉冲喷射过渡的优点：飞溅非常低甚至没有；可以比其他工艺更好地完成熔滴过渡；绝佳的焊缝成型效果；更好的操作性；减少焊接烟雾的产生。

② 有效减少热变形；可全位置焊接；低氢焊接；减少电弧偏吹的趋势；与其他过渡方式相比，脉冲喷射过渡消耗的成本更低，焊材利用率可达 98%；可以借助机器人或者专机来实现应用；可与双丝或多弧工艺配合使用；焊接速度快。

精确脉冲与传统脉冲焊缝成型对比见图 26-38。

4) 专为现场安装设计的多功能一体机——PIPEFAB

PIPEFAB 一体机见图 26-39。其采用全新的设计，可满足管、板、预制件加工行业需求，完美的设置可最大化提高生产效率与质量。

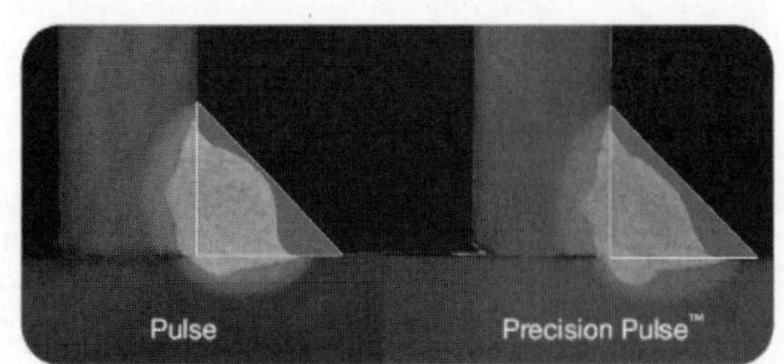

图 26-38　精确脉冲(Precision Pulse™)与传统脉冲(Pulse)焊缝成型对比

图 26-39　PIPEFAB一体机

林肯电气使用创新的STT打底焊工艺，对打底焊到整个焊接完成提供了完美的电弧和工艺选择，并使之变得更好，无须感应线的设计，提高了整体电弧稳定性与焊接速度。

对于填充与盖面焊接，Smart Pulse通过精细化调整的电弧，极大地提高了焊接效率。

(1) 主要功能介绍

焊条电弧焊：提供纤维素焊条E6010和碱性焊条E7018两种模式，一键切换，以满足不同材料对于焊条的需求。

钨极氩弧焊：提拉起弧和高频起弧。

实心焊丝气体保护焊：STT/Smart Pulse工艺，两种不同的过渡模式，满足工件从打底到填充、盖面不同需求，可实现全位置熔化极气体保护焊。

药芯焊丝气体保护焊：高效填充。

左右双送丝马达(可选)，可满足不同焊丝(气体)之间无缝切换。

工业级高精度显示面板与专用的控制键易于观察和调节，可以使用户更加专注于焊接而不用担心焊机设置。

(2) 独特的Smart Pulse工艺

Smart Pulse通过更高频率的检测和更快速的响应，精细化调整电弧，使之随设定参数的变化自动匹配焊接波形，令焊接电弧更加具有适用性，使得全位置焊接变得更加简单。

为全位置焊接需求而设定小送丝速度时，电弧会自动调整成更窄、更有挺度的形式；为平位置焊接(大熔敷率)需求而设定高送丝速度时，电弧会自动调整成相对较宽、偏软的形式。

PIPEFAB操作简便，能快速实现实心焊丝气体保护焊、氩弧焊、手工焊或药芯焊丝焊接等工艺之间的切换，适合不同工作要求。

26.5　选用原则与选型计算

26.5.1　焊条手工电弧焊机

1. 选用匹配原则

采用交流电源焊接时，电弧稳定性差。采用直流电源焊接时，电弧稳定、柔顺、飞溅少，但电弧磁偏吹较交流严重。

低氢型焊条稳弧性差，通常须采用直流弧焊电源。用小电流焊接薄板时，也常用直流弧焊电源，因为引弧比较容易，电弧比较稳定。

低氢型焊条用直流电源焊接时，一般采用反接形式，因为反接的电弧比正接稳定。

焊接薄板时焊接电流小，电弧不稳，因此焊接薄板时，不论用碱性焊条还是用酸性焊条，都选用直流反接。

焊接位置：在平焊、横焊位置焊接时，可选择偏大些的焊接电流；立、仰焊位置焊接时，焊接电流应比平焊、横焊位置小10%～20%。

2. 选型计算

可以根据焊条所需要的焊接电流进行焊机选型。当使用碳钢焊条焊接时，可以根据选定的焊条直径，用式(26-1)的经验公式计算焊接电流或者参照表26-34来确定焊接电流：

$$I = dK \tag{26-1}$$

式中，I为焊接电流，A，见表26-34；d为焊条直径，mm，见表26-34；K为经验系数，A/mm，见表26-35。

表 26-34　焊条直径与推荐焊接电流值

焊条直径 d/mm	1.6	2	3.2	3.2～4	4～5	5～6
焊接电流 I/A	20～40	40～50	90～110	90～130	160～250	250～400

表 26-35　焊接电流经验系数与焊条直径的关系

焊条直径 d/mm	1.6	2～2.5	3.2	4～6
经验系数 K /(A/mm)	20～25	25～30	30～40	40～50

26.5.2　CO_2 气体保护弧焊机

针对气体保护焊的焊接电流大小确定焊接电压和焊丝直径，通过焊丝直径和电流大小确定电源参数，包括根据负载率确定实际输出大小，根据焊丝直径选用合适的送丝机构和焊丝。CO_2 气体保护焊焊接参数与焊丝直径的匹配见表 26-36。

表 26-36　CO_2 气体保护焊焊接参数与焊丝直径匹配

焊接电流 I/A	焊接电压/V	适用焊丝/mm
60～80	17～18	ϕ0.8、ϕ1.0
80～130	18～21	ϕ0.8、ϕ1.0、ϕ1.2
130～200	20～24	ϕ1.0、ϕ1.2
200～250	24～27	ϕ1.0、ϕ1.2
250～350	26～32	ϕ1.2、ϕ1.6
350～500	31～39	ϕ1.6
500～630	39～44	ϕ1.6

26.6　安全使用

26.6.1　标准与规范

1. 一般安全注意事项

(1) 请务必遵守电焊机说明书规定的注意事项，否则可能发生事故。

(2) 输入电源的设计施工、安装场地的选择、高压气体的使用等，请按照相关标准和规定进行。

(3) 无关人员请勿进入焊接作业场所内。

(4) 请有专业资格的人员对焊机进行安装、检修、保养及使用。

(5) 不得将电焊机用于焊接以外的用途(如充电、加热、管道解冻等)。

(6) 如果地面不平，要注意防止焊机倾倒。

2. 防止触电造成电击或烧伤

(1) 请勿接触带电部位。

(2) 请专业电气人员用规定截面的铜导线将焊机接地。

(3) 请专业电气人员用规定截面的铜导线将焊机接入电源，绝缘保护套不得破损。

(4) 在潮湿、活动受限处作业时，要确保身体与母材之间的绝缘。

(5) 高空作业时，请使用安全网。

(6) 不用时，请关闭输入电源。

3. 避免焊接烟尘及气体对人体的危害

(1) 请使用规定的排风设备，避免发生气体中毒和窒息等事故。

(2) 在容器底部作业时，保护气体会沉积在容器底部作业人员周围，造成作业人员窒息。应特别注意通风。

4. 避免焊接弧光、飞溅及焊渣对人体的危害

(1) 请佩戴具有足够遮光度的保护眼镜。弧光会引起眼部发炎，飞溅及焊渣会烫伤眼睛。

(2) 请使用焊接用皮质保护手套、长袖衣服、帽子、护脚、围裙等保护用品，以免弧光、飞溅及焊渣烧伤、烫伤皮肤。

5. 防止发生火灾、爆炸、破裂等事故

(1) 焊接场所不得放置可燃物，焊接飞溅和热的焊缝会引发火灾。

(2) 电缆与母材要连接紧固，否则会因接触部位电阻过高导致发热酿成火灾。

(3) 请勿在可燃性气体中焊接或在盛有可燃性物质的容器上焊接，否则会引起爆炸。

(4) 请勿焊接密闭容器，否则会使其破裂。

(5) 应准备灭火器，以防万一。

6. 防止旋转运动部件伤人

(1) 请勿将手指、头发、衣服等靠近冷却风

扇及送丝轮等旋转部件。

(2) 送进焊丝时，请勿将焊枪端部靠近眼睛、脸及身体，以免焊丝伤人。

7. 防止气瓶倾倒、气体调节器破裂

(1) 气瓶应可靠固定，倾倒会造成人身事故。

(2) 请勿将气瓶置于高温或阳光照射处。

(3) 打开气瓶阀时，脸部请勿接近气体出口，以免高压气体伤人。

(4) 请使用公司配带的气体调节器，并遵守其使用规定。

8. 防止运动中焊机伤人

(1) 采用升降叉车或吊车搬运焊机时，人员不得在焊机下方及运动前方，防止焊机落下被砸伤。

(2) 吊装时绳具应能承受足够的拉力，不得断裂。绳具在吊钩处与竖直方向夹角不应大于30°。

26.6.2 安装与调试

1. 安装环境

(1) 焊机应放在无阳光直射、防雨、湿度小、灰尘少的室内，周围空气温度范围为－10～40℃。

(2) 地面倾斜度应不超过10°。

(3) 焊接工位不应有风，如有应遮挡。

(4) 焊机距墙壁200 mm以上，焊机间距离100 mm以上。

(5) 采用水冷焊枪时，要注意防冻。

2. 供电电压品质

(1) 波形应为标准的正弦波，有效值为380 V×(1±10%)，频率为50 Hz。

(2) 三相电压的不平衡度≤5%。

3. 电源输入

应根据焊机使用说明书选择确定电网最小容量、输入保护(保险丝、断路器)及最小电缆截面。

4. 设备安装

钢筋电弧焊机一般体积小，重量轻，易于搬运，可随焊工流动作业。如能自备小车，则移动更加方便。放置焊机的位置只要保证地面平坦即可。

下面以气体保护焊机为例介绍焊接设备安装程序，焊机外部电气连接如图26-40所示。

(1) 用焊接电缆连接焊机的输出端子(－)与被焊工件。

(2) 用送丝机焊接电缆连接焊机的输出端子(＋)。

(3) 用送丝机控制电缆连接焊机的控制插座。

(4) 用气管连接CO_2气体调节器。

(5) 将气体调节器的加热电缆接至焊机后面板加热电源输出插座。

(6) 将输入三相电缆接在配电板上，接地

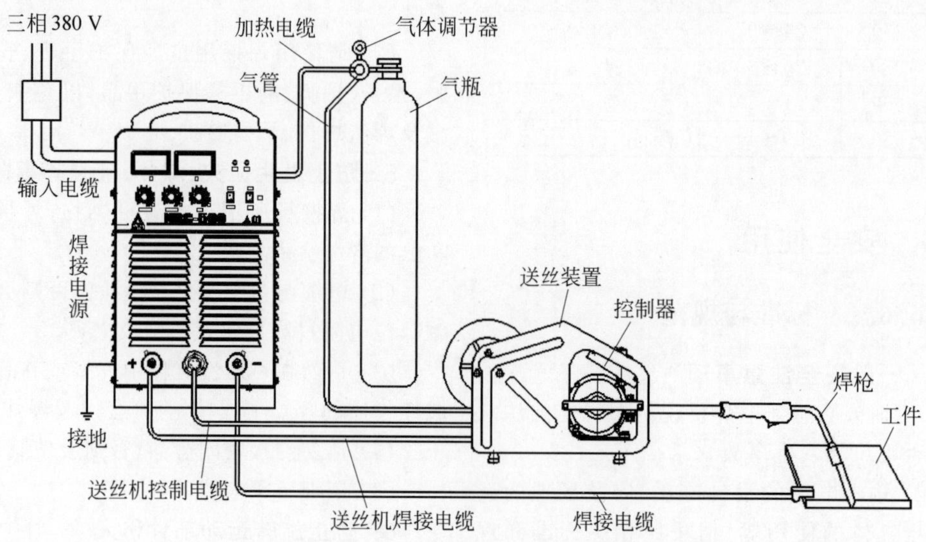

图26-40 CO_2气体保护焊机外部电气连接示意图

线可靠接地。

(7) 合上焊机后面板上的自动空气开关。

5. **设备使用**

合上配电板(柜)上的自动空气开关,焊机工作指示灯亮,风机转动。按下手动送丝按钮,焊丝快速送出。根据使用要求设置控制器及前面板上的旋钮和开关位置。按下焊枪开关时送丝机转动送丝,有 CO_2 气体从焊枪嘴处流出,可进行正常焊接。焊接结束后,应关闭 CO_2 气体,并切断电源。

26.6.3 安全使用规程

焊条电弧焊安全操作使用要求见表 26-37,气体保护焊安全操作使用要求见表 26-38。

表 26-37 焊条电弧焊安全操作使用要求

项目		安全技术要求
焊接设备	电焊机	(1) 电焊机必须符合现行有关焊机标准规定的安全要求。 (2) 如果焊条电弧焊机的空载电压高于上述条款现行相应焊机标准规定的限值,而又在有触电危险的场所作业,则对焊机必须采用空载自动断电装置等防止触电的安全措施。 (3) 电焊机的工作环境应与焊机技术说明书上的规定相符。如在气温过低或过高、湿度过大、气压过低以及在腐蚀性或爆炸性等特殊环境中作业,应使用适合特殊环境条件性能的电焊机,或采取防护措施。 (4) 防止电焊机受到碰撞或剧烈震动(特别是整流式焊机)。室外使用的电焊机必须有防雨雪的防护设施。 (5) 电焊机必须装有独立的专用电源开关,其容量应符合要求。当焊机超负荷时,应能自动切断电源。禁止多台焊机共用一个电源开关。 (6) 电源控制装置应装在电焊机附近人手便于操作的地方,周围留有安全通道。 (7) 采用启动器启动的焊机,必须先合上电源开关,再启动焊机。 (8) 焊机的一次电源线,长度一般不宜超过 3 m,当有临时任务需要较长的电源线时,应沿墙或立柱用瓷瓶隔离布设,其高度必须距地面 2.5 m 以上,不允许将电源线拖在地面上。 (9) 电焊机外露的带电部分应设有完好的保护(隔离)装置,电焊机裸露接线柱必须设有防护罩。 (10) 使用插头插座连接的电焊机,插销孔的接线端应用绝缘板隔离,并装在绝缘板平面内。 (11) 禁止连接建筑物金属构架和设备等作为焊接电源回路。 (12) 接入电源网络的电焊机不允许超负荷使用。焊机运行时的温升不应超过相应焊机标准规定的温升限值。 (13) 必须将电焊机平稳地安放在通风良好、干燥的地方,不准靠近高热以及具有易燃易爆危险的环境。 (14) 要特别注意对整流式弧焊机硅整流器的保护和冷却。 (15) 禁止在焊机上放置任何物件和工具,启动电焊机前,焊钳与焊件间不能短路。 (16) 采用连接片改变焊接电流的焊机,调节焊接电流前应先切断电源。 (17) 电焊机必须经常保持清洁。清扫尘埃必须断电进行。焊接现场有腐蚀性、导电性气体或飞扬粉尘,必须对电焊机进行隔离防护。 (18) 电焊机受潮,应当用人工方法进行干燥。受潮严重的,必须进行检修。 (19) 每半年应进行一次电焊机维修保养。当发生故障时,应立即切断焊机电源,及时进行检修。 (20) 要经常检查旋转式直流电焊机的电刷和换向器的接触情况,要求电刷对换向器表面压力均匀,使所有电刷所通过电流一致。电刷磨损或损坏时,必须及时调换。 (21) 经常检查和保持焊机电缆与电焊机的接线柱接触良好,保持螺母紧固。 (22) 工作完毕或临时离开工作场地时,必须及时切断焊机电源。 (23) 各种电焊机(交流、直流)、电阻焊机等设备或外壳、电气控制箱、焊机组等,都应按国家现行标准《交流电气装置的接地设计规范》(GB/T 50065—2011)的要求接地,防止触电事故。 (24) 焊机的接地装置必须经常保持连接良好,定期检测接地系统的电气性能。 (25) 禁用氧气管道和乙炔管道等易燃易爆气体管道作为接地装置的自然接地极,防止由于产生电阻热或引弧时冲击电流的作用,产生火花而引爆。 (26) 电焊机组或集装箱式电焊设备都应安装接地装置。 (27) 专用的焊接工作台架应与接地装置连接

续表

项目		安全技术要求
焊接设备	焊接电缆	(1) 焊机用的软电缆线应采用多股细铜线电缆，其截面应根据焊接需要载流量和长度，按焊机配用电缆标准的规定选用。 (2) 电缆外皮必须完整、绝缘良好、柔软，绝缘电阻不得小于 1 MΩ，电缆外皮破损时应及时修补完好。 (3) 连接焊机与焊钳必须使用软电缆线，长度一般不宜超过 30 m。 (4) 焊机的电缆线应使用整根导线，中间不应有连接接头。当工作需要接长导线时，应使用接头连接套筒牢固连接，连接处应保持绝缘良好。 (5) 焊机的电缆线要横过马路或通道时，必须采取保护套等保护措施，严禁搭在气瓶、乙炔发生器或其他易燃物品的容器和材料上。 (6) 禁止利用厂房的金属结构、轨道、管道、暖气设施或其他金属物体搭接起来作电焊导线电缆。 (7) 禁止焊接电缆与油、脂等易燃物料接触
	电焊钳	(1) 电焊钳必须有良好的绝缘性与隔热能力，手柄要有良好的绝缘层。 (2) 焊钳的导电部分应采用纯铜材料制成。焊钳与电焊电缆的连接应简便牢靠，接触良好。 (3) 焊条位置在水平、45°、90°等方向时焊钳应都能夹紧焊条，并保证更换焊条安全方便。 (4) 电焊钳应保证操作灵便，焊钳质量不得超过 600 g。 (5) 禁止将过热的焊钳浸在水中冷却后使用
焊接操作	防止触电	(1) 焊接电源的外壳必须有良好可靠的接地或接零。 (2) 焊接电缆和焊钳绝缘要良好，如有损坏应及时修理。 (3) 焊接作业时，要穿绝缘鞋和戴绝缘手套。 (4) 在锅炉、压力容器、管道、狭小潮湿的地沟内焊接时，要有绝缘垫，并有人在外监护。 (5) 使用手提照明灯时，电压不超过安全电压 36 V，高空作业不超过 12 V。 (6) 高空作业，在接近高压线 5 m 或离低压线 2.5 m 以内作业时必须停电，并在电闸上挂警告牌，设人监护
	防止弧光辐射	(1) 焊条电弧焊时，必须使用带弧焊护目镜片的面罩，并穿工作服，戴电焊手套。 (2) 多人焊接操作时，应设弧光防护屏或采取其他措施，避免弧光辐射的交叉影响
	防止火灾	(1) 隔绝火星，电焊作业完毕应拉闸，并及时清理现场，彻底消除火种。 (2) 在焊接作业点火源 10 m 以内、高空作业下方和焊接火星所及范围内，应彻底消除有机灰尘、木材、木屑、棉纱棉丝、草垫干草、石油、汽油、油漆等易燃物品
	防止爆炸	(1) 在焊接作业点以内，不得有易爆物品，在油库、油品室、乙炔站、喷漆室等有爆炸性混合气体的室内严禁焊接作业。 (2) 没有特殊措施时，不得在内有压力的压力容器和管道上焊接。 (3) 在进行装过易燃易爆物品的容器焊补前，要将盛装的物品放尽，并用水、水蒸气或氮气置换，清洗干净；用测爆仪等仪器检验分析气体介质的浓度；焊接作业时，要打开盖口，操作人员要躲离容器孔口
	防止有毒气体和烟尘中毒	应采取全面通风换气、局部通风、小型电焊排烟机组等通风排烟尘措施

表 26-38 气体保护焊安全操作使用要求

焊接方法	安全技术要求
熔化极气体保护焊	(1) 气体保护焊工作现场要有良好的通风装置,以排出有害气体及烟尘。 (2) 工件良好接地,焊枪电缆和地线要用金属编织线屏蔽。 (3) 焊机内的接触器、断电器的工作元件,焊枪夹头的夹紧力以及喷嘴的绝缘性能等,应定期检查。 (4) 焊机使用前应检查供气、供水系统,不得在漏水、漏气情况下运行。 (5) 移动焊机时,应取出机内易损电子器件,单独搬运。 (6) 盛装保护气体的高压气瓶应小心轻放,竖立固定,防止倾倒。气瓶与热源的距离应大于 3 m。 (7) 使用高频振荡器作为稳弧装置,应减小高频电流作用时间。 (8) 气体保护焊机作业结束后,禁止立即用手触摸焊枪导电嘴,避免烫伤。 (9) 不能采用局部通风的情况下,可以采用送风式头盔、送风口罩或防毒口罩等个人防护措施
钨极氩弧焊	除了满足气体保护焊的安全技术要求以外,还应满足以下要求: (1) 尽可能采用放射剂量极低的铈钨极,钍钨极和铈钨极应放在铅盒内保存。 (2) 氩弧焊时,由于臭氧和紫外线作用强烈,须穿戴非棉布工作服。 (3) 焊工打磨钍钨极,应在专门的有良好通风装置的砂轮上或有抽气式砂轮上进行,并穿戴好个人防护用器。打磨完毕,立即洗干净手和脸

26.6.4 维护与保养

1. 使用注意事项

(1) 应在机壳上盖规定处铆装设备号标牌,否则可能损坏内部元件。

(2) 焊接电缆与焊机输出端子的连接要紧密可靠。否则,会烧坏接头,并造成焊接过程中的不稳定。

(3) 要避免焊接电缆和焊机输出端子的铜裸露部分与地面金属物体接触,防止焊机输出短路。要避免焊接电缆和控制电缆破损、断线。

(4) 要避免焊机受撞击变形,不要在焊机上堆放重物。

(5) 要保证通风顺畅。

(6) 冷却水温度最高不超过 30℃,最低以不结冰为限。冷却水必须清洁、无杂质,否则会堵塞冷却水路,烧坏焊枪。

(7) 高温下长时间大电流工作时,焊机可能会停止工作,热保护指示灯亮。此时让其空载运行几分钟,会自动恢复正常。

(8) 高温下长时间大电流工作时,后面板上空气开关跳闸。此时应切断配电柜上的电源开关,5 min 后再开机。开机时先合上焊机上的空气开关,然后再用配电柜上的电源开关开机,开机后让焊机空载运行一段时间后再使用。

(9) 焊接结束后,应关闭氩气或水,并切断电源。

2. 焊机的定期检查及保养

(1) 每 3～6 个月由专业维修人员用压缩空气为焊接电源除尘一次,同时注意检查机内有无紧固件松动现象。

(2) 经常检查电缆是否破损,调节旋钮是否松动,面板上元件是否损坏。

(3) 导电嘴和送丝轮应及时更换,经常清理送丝软管。

26.6.5 常见故障及其处理方法

1. 焊机检修前的检查

(1) 检查焊机前面板各开关位置是否正确。

(2) 检查三相电源的线电压是否在 340～420 V 范围内,是否有缺相。

(3) 检查焊机电源输入电缆的连接是否正确可靠。

(4) 检查焊接电缆接线是否正确，接触是否良好。

(5) 检查气路是否良好，CO_2 气体调节器是否正常。

(6) 在安装焊接电缆及更换焊枪配件时，应关闭电源。

注意：机内最高电压达600V，为确保安全，严禁随意打开机壳。维修时，应做好防止电击等安全防护工作。

2. 常见故障及其处理方法

(1) 焊条电弧焊机常见故障及其处理方法见表26-39。

(2) CO_2 气体保护弧焊机常见故障及其处理方法见表26-40。

表26-39　焊条电弧焊机常见故障及其处理方法

序号	故障现象	故障原因	处理方法
1	开机后，焊机电源不工作	电源缺相	检查电源
		机内保险管断	检查风机、电源变压器、控制板是否完好
		断线	检查连线
2	风机不转	风机坏	更换风机
		连接导线脱落(断线)	查明断线处并连接可靠
3	保护指示灯亮	输入电源线连接异常	正确连接输入电源线
		网压异常	等待网压恢复正常
		机内过热	待机内温度下降后会恢复正常
		热敏电阻坏	更换热敏电阻
		连接导线短路	查明短路处并重新连接
4	在正常工作时，后面板上空气开关跳闸	下列器件可能损坏：IGBT模块、三相整流模块、其他器件	检查更换
		驱动板损坏	IGBT损坏时，驱动板输出部分各元件一般也可能损坏，需检查更换
		线间短路	
5	焊接电流不可调	电流调节电位器坏 主控板损坏	检查更换
6	焊接电流不稳	缺相 下列元件可能损坏：前面板上的各电位器、开关 主控板损坏	检查电源 检查更换
7	数显表无显示	数显表损坏	更换数显表
		控制面板坏	更换控制面板
8	焊钳及电缆发烫；"＋""－"插座发烫	焊钳容量太小	更换大容量焊钳
		电缆太细	按要求更换合适的电缆
		插座松动	去除氧化皮，并重新拧紧
		焊钳与电缆接触电阻大	
9	其他		与制造商/供应商联系

表26-40　CO_2 气体保护弧焊机常见故障及其处理方法

序号	故障现象	故障原因	处理方法
1	开机后，指示灯不亮	(1) 电源缺相； (2) 后面板上的自动空气开关损坏； (3) 保险丝断	(1) 检查电源； (2) 更换自动空气开关； (3) 更换保险丝(2A)

续表

序号	故障现象	故障原因	处理方法
2	接通焊机电源时，自动空气开关立即自动断电	(1) 自动空气开关失效； (2) IGBT 模块损坏； (3) 三相整流模块损坏； (4) 压敏电阻损坏	(1) 更换空气开关； (2) 更换 IGBT 模块及驱动板； (3) 更换三相整流模块； (4) 更换压敏电阻
3	焊接过程中，焊接电源后面板上的自动空气开关自动断电	(1) 长期过载运行； (2) 空气开关损坏	(1) 按照焊机负载率使用； (2) 更换空气开关
4	焊接电流不能调节	(1) 送丝机控制电缆断或控制器坏； (2) 焊机主控板坏； (3) 焊机内分流器两端的导线断	(1) 维修送丝机控制电缆或控制器； (2) 更换主控板； (3) 将断线接好
5	电弧不稳，飞溅大	(1) 焊接规范不对； (2) 导电嘴严重磨损； (3) 送丝软管堵塞	(1) 正确设定焊接规范； (2) 更换导电嘴； (3) 清理送丝软管
6	CO_2 气体调节器不加热	(1) CO_2 气体调节器损坏； (2) 加热电缆断或短路； (3) 加热电源热敏电阻坏	(1) 更换 CO_2 气体调节器； (2) 修复加热电缆； (3) 更换热敏电阻
7	按住焊枪开关，送丝正常，但气路不通	(1) 主控板损坏； (2) 电磁阀损坏； (3) 控制电缆断线； (4) CO_2 气体调节器损坏	(1) 更换主控板； (2) 更换电磁阀； (3) 将断线接好； (4) 更换 CO_2 气体调节器
8	按住焊枪开关，送丝机不工作，亦无空载电压指示	(1) 焊枪开关损坏； (2) 送丝机控制电缆断； (3) 主控板损坏	(1) 修复焊枪； (2) 修复送丝机控制电缆； (3) 更换主控板

26.7 工程应用

1. 施工注意事项

1) 避免工程问题通病

(1) 焊接过程中要及时清渣，焊缝表面应光滑平整，加强焊缝平缓过渡，弧坑应填满。

(2) 根据钢筋级别、直径、接头形式和焊接位置，选择适宜的焊条直径和焊接电流，保证焊缝与钢筋熔合良好。

(3) 帮条尺寸、坡口角度、钢筋端头间隙以及钢筋轴线等应符合有关规定，保证焊缝尺寸符合要求。

(4) 焊接地线应与钢筋接触良好，防止因起弧而烧伤钢筋。

(5) 钢筋电弧焊时不能忽视因焊接而引起的结构变形，应采取下列措施：①对称施焊；②分层轮流施焊；③选择合理的焊接顺序。

2) 主要安全技术措施

(1) 焊机必须接地良好，不准在露天有雨水的环境下工作。

(2) 焊接施工场所不能使用易燃材料搭设，现场高空作业必须戴安全带，焊工操作要佩戴防护用品。

(3) 焊接半成品不能浇水冷却，待冷却后方能移动，并不能随意抛掷。

3) 钢筋电弧焊质量标准保证项目

(1) 焊接前必须首先核对钢筋的材质、规格及焊条类型是否符合钢筋工程的设计施工规范，应有材质及产品合格证书和进行物理性能检验，对于进口钢材需增加化学性能检定，检验合格后方能使用。

(2) 焊工必须持相应等级焊工证才允许上岗操作。

(3) 在焊接前应预先用相同的材料、焊接条件及参数制作两个抗拉试件，其试验结果大于该类别钢筋的抗拉强度时才允许正式施焊，此时可不再从成品抽样取试件。

(4) 所有焊接接头必须进行外观检验，其要求是：焊缝表面平顺，没有较明显的咬边、凹陷、焊瘤、夹渣及气孔，严禁有裂纹出现。

2. 典型工程应用

电弧焊的应用范围很广，通常用于所有金属结构，如汽车、铁路车辆、轮船、飞机、建筑物和建筑机械。电弧焊可以用来焊接所有的金属材料，如铝、镁、铜、镍及其合金，不锈钢，碳钢，低合金结构钢等，还用于碳钢、低合金结构钢以及不锈钢等材料的焊接。电弧焊还可用于简单的钢筋搭接焊接，在大多数的轨道交通行业电弧焊接也得以广泛运用。各国主要运用埋弧焊(熔剂层下的电弧焊)的方法来生产大直径、高强度的直缝焊管和螺旋焊管。并且电弧焊接及切割能够在水下进行，用于打捞沉浸的船只工作、船只水下部分的修理工作及各种水利工程工作中，这些工作均由潜水焊工实现。熔化极气体保护焊是一种优质、高效、低成本的焊接方法，在造船、机车车辆、建筑工程、矿山机械及钢结构等行业广泛应用，取得了很好的社会和经济效益。钢筋电弧焊典型接头见图 26-41，焊条电弧焊现场见图 26-42。

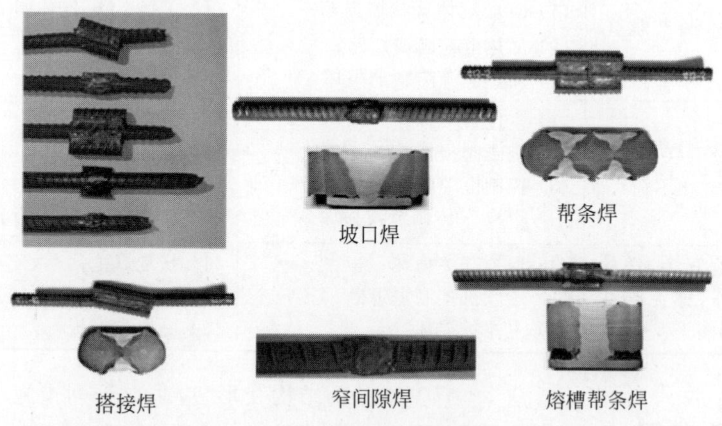

图 26-41 钢筋电弧焊典型接头

图 26-42 山东临沂电厂栈桥钢筋工程焊条电弧焊现场

第27章

钢筋电渣压力焊设备

钢筋电渣压力焊是利用电流通过液体熔渣所产生的电阻热进行焊接的一种熔焊方法。与电弧焊相比，钢筋电渣压力焊设备简单、操作方便、工效高、成本低，在一些高层建筑施工中已取得很好的效果。本章主要介绍钢筋电渣压力焊设备分类、工作原理及组成、技术性能、选用原则、安全使用（包括操作规程、维护和保养）及工程应用。

27.1 概述

27.1.1 定义和用途

钢筋电渣压力焊是将两根钢筋安放成竖向或斜向（倾斜度不大于10°）对接形式，通过直接引弧法或间接引弧法，利用焊接电流通过两根钢筋端间隙，在焊剂层下形成电弧过程和电渣过程，产生电弧热和电阻热，熔化钢筋，加压完成的一种压焊方式。钢筋电渣压力焊适用于建筑物、构筑物现浇混凝土结构竖向受力钢筋的现场连接，但不得将钢筋在竖向焊接之后，再横置于梁、板、屋面等钢筋混凝土结构中作水平钢筋用，这是根据其工艺特点和接头性能作出的规定。钢筋电渣压力焊广泛运用于建筑物、构筑物，以及现浇混凝土结构竖向钢筋的现场连接。

27.1.2 发展历程和沿革

20世纪50年代中期，三门峡水电站建设中引进了苏联的钢筋接触电渣焊设备与工艺，这也是该工艺在我国钢筋混凝土结构中首次应用。随着我国建设工程的迅速发展，大型化、复杂化的钢筋混凝土结构不断涌现，现代混凝土施工技术不断更新，使钢筋焊接施工成为各类钢筋混凝土工程施工的重要环节之一。同时，钢筋新品种的增加，也推动各种钢筋焊接新设备、新工艺在许多建设工程中推广应用，例如钢筋电渣压力焊（前期称为竖向钢筋电渣压力焊，随后称之为钢筋电渣压力焊）、钢筋气压焊、钢筋焊条电弧焊各种新工艺、钢筋气体保护焊等。由于钢筋电渣压力焊具有设备简单、操作方便、效率高等优点，因此该工艺在柱、墙、烟囱、水坝等钢筋混凝土结构中都得到充分应用。

27.2 产品分类

1. **按焊接操作方式可分为手动式（S）和自动式（Z）**

手动式（半自动式）焊机使用时，是由焊工揿按钮，接通焊接电源，将钢筋上提或下送，引燃电弧，再缓缓地将上钢筋下送，至适当时候，根据预定时间所给予的信号（时间显示管显示、蜂鸣器响声等）加快下送速度，使电弧过程转变为电渣过程，最后用力向下顶压，切断焊接电源，焊接结束。因有自动信号装置，故此种焊机有时被称为半自动焊机。

自动焊机使用时，是由焊工揿按钮，自动接通焊接电源，通过电动机使上钢筋移动，引燃电弧，接着自动完成电弧、电渣及顶压过程，并切断焊接电源，焊接结束。由于钢筋电渣压力焊是在工程施工现场进行，即使焊接过程是自动操作，但钢筋安放、装卸焊剂等也均需辅助工操作，这与工厂内机器人自动焊有很大差别。

这两种焊机各有特点，手动焊机比较结实、耐用，焊工操作熟练后，使用很方便。自动焊机可减轻焊工劳动强度，生产效率高，但电气线路稍为复杂。

2. 按电源与电气监控装置组合方式可分为同体式(T)和分体式(F)

分体式焊机主要包括焊接电源(即电弧焊机)、焊接夹具及控制箱三部分。此外，还有控制电缆、焊接电缆等附件。焊机的电气监控装置的元件分为两部分：一部分装于焊接夹具上，称监控器(或监控仪表)；另一部分装于控制箱内。

同体式焊机是将控制箱的电气元件组装于焊接电源内，另加焊接夹具以及电缆等附件。

两种类型的焊机各有优点，分体式焊机便于工程施工单位充分利用现有的电弧焊机，可节省一次性投资；也可同时购置电弧焊机，这样比较灵活。同体式焊机便于工程施工单位一次投资到位，购入即可使用。

27.3 工作原理与结构组成

27.3.1 工作原理及构造

电渣焊是利用电流通过熔渣所产生的电阻热作为热源，将填充金属与母材融化，凝固后形成金属原子间牢固连接。在开始焊接时，使焊丝与起焊槽短路起弧，不断加入少量固体焊剂，利用电弧的热量使之熔化，形成液态熔渣，待熔渣达到一定深度时，增加焊丝的送进速度，并降低电压，使焊丝插入渣池，电弧熄灭，从而转入电渣焊焊接过程。电渣压力焊的焊接过程包括引弧过程、电弧过程、电渣过程和顶压过程四个阶段。在钢筋电渣压力焊过程中，两根钢筋进行着一系列的冶金过程和热过程。熔化的液态金属与熔渣进行着氧化、还原、掺合金、脱氧等化学冶金反应，两钢筋端部受电弧过程和电渣、顶压过程热循环的作用，部分焊缝组织呈树枝状，这是熔化焊的特征。最后，液态金属被挤出，使焊缝区很窄，这是压力焊的特征。钢筋电渣压力焊属熔化压力焊范畴，操作方便、效率高。

27.3.2 结构组成

钢筋电渣压力焊设备结构组成示意图见图 27-1。

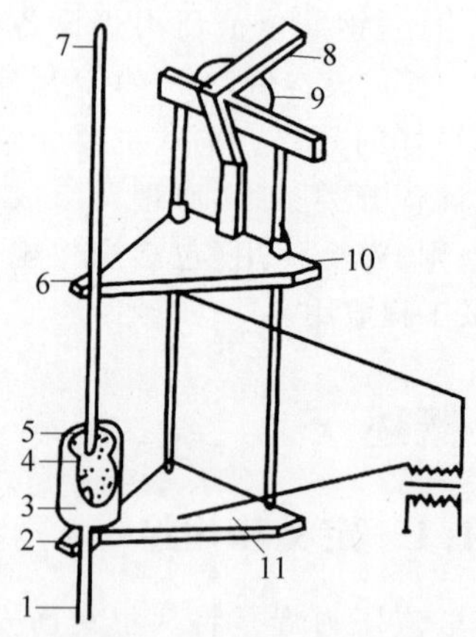

1,7—钢筋；2—固定电极；3—焊剂盒；4—导电剂；5—焊剂；6—活动电极；8—手柄；9—支架；10—滑动架；11—固定架。

图 27-1 钢筋电渣压力焊设备结构组成示意图

(1) 分体式，由焊接电源、焊接夹具、电气监控装置及焊剂组成；

(2) 同体式，电气监控装置与焊接电源组合在一起，另加焊接夹具组成。

同体式 ZX7-630 型钢筋电渣压力焊机见图 27-2，分体式钢筋电渣压力焊控制箱及焊接电源见图 27-3；各类焊接夹具见图 27-4～图 27-6。

图 27-2　同体式 ZX7-630 型钢筋电渣压力焊机

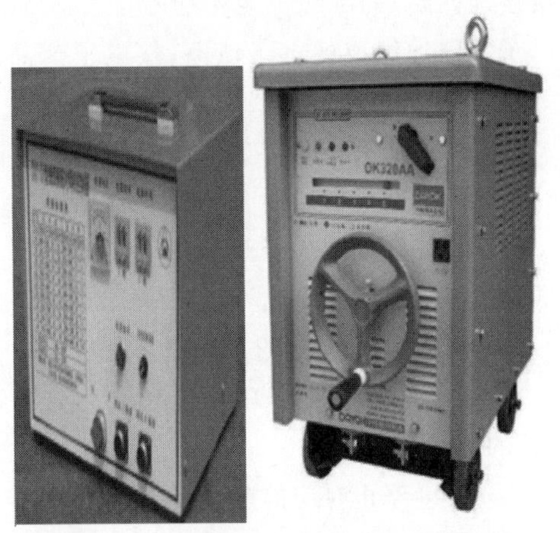

图 27-3　分体式钢筋电渣压力焊控制箱及焊接电源

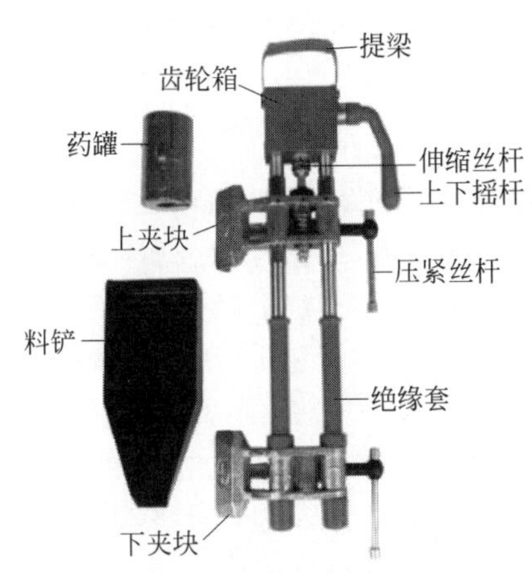

图 27-4　焊接夹具(一)

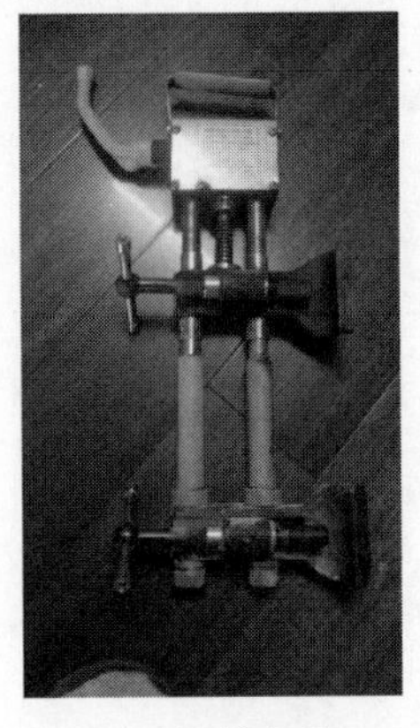

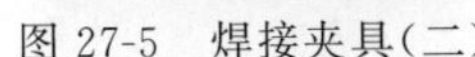

图 27-5　焊接夹具(二)　　图 27-6　焊接夹具(三)

1. 焊接电源

焊接电源输出可为交流或直流。电渣压力焊可采用交流或直流焊接电源,焊机容量应根据所焊钢筋的直径选定。由于电渣压力焊机的生产厂家很多,产品设计各不相同,所以配用焊接电源的型号也各不相同,常用的多为弧焊电源(电弧焊机),如 BX3-500 型、BX3-630 型、BX3-750 型、BX3-1000 型等。

(1) 焊接电源宜专门设计制造,在额定电流状态下,负载持续率不低于 60%,空载电压为 78～80 V。

(2) 若采用标准弧焊变压器作为焊接电源,应按《电弧焊机通用技术条件》(GB/T 8118—2010)及《弧焊变压器》(JB/T 7834)有关规定执行,应有较高的空载电压,其值宜为 75～80 V。

(3) 采用可动绕组调节焊接电流时,其他带电元件的安装部位与可动绕组的间隔不应少于 15 mm。

(4) 当额定电流为 1000 A 时,应采用强迫通风冷却系统并保证能在运行过程中正常工作。

(5) 焊接电源的输入、输出连接线必须安装牢固可靠,即使发生松脱,也应能避免相互之间发生短路。

(6) 焊接电源外壳防护等级最低为 IP21。

(7) 应装设电源通断开关及其指示装置。

(8) 焊接电缆应采用 YH 型电焊机用电缆,单根长度不大于 25 m。额定焊接电流与焊接电缆截面面积的对应关系见表 27-1。

表 27-1 额定焊接电流与焊接电缆截面面积关系

额定焊接电流/A	500	630	1000
焊接电缆截面面积/mm^2	≥50	≥70	≥95

(9) 焊接电源与焊接夹具的连接宜采用电缆快速接头。

2. 焊接夹具

焊接夹具是夹持钢筋，使其轴向送进实施焊接的机具。焊接夹具由立柱、传动机械、上/下夹钳、焊剂筒等组成，其上安装有监控器，包括控制开关、次级电压表、时间显示器(蜂鸣器)等，焊接夹具应具有足够的刚度，在最大允许荷载下应移动灵活，操作便利；焊剂筒的直径应与所焊钢筋直径相适应；监控器上的附件(如电压表、时间显示器等)应配备齐全。

(1) 焊接夹具应有足够的刚度，即在承受 600 N 的夹持载荷下不得发生影响正常焊接的变形。

(2) 动、定夹头钳口应能调节，以保证被焊钢筋同轴。

(3) 动夹头钳口应能上下移动灵活，其行程不应小于 50 mm。

(4) 动、定夹头钳口同轴度不得大于 0.5 mm。

(5) 焊接夹具对钢筋应有足够的夹紧力，避免钢筋滑移。

(6) 焊接夹具两极之间应可靠绝缘，其绝缘电阻不应小于 2.5 MΩ。

(7) 各种规格焊机的焊剂筒内径和高度尺寸应满足表 27-2 的规定。

表 27-2 焊机的焊剂筒内径和高度尺寸

规格		JXX500	JXX630	JXX1000
焊剂筒尺寸	内径/mm	≥100	≥110	≥120
	高度/mm	≥100	≥110	≥120

3. 电气监控装置(控制箱)

电气监控装置是显示和控制各项参数与信号的装置。它的主要作用是通过焊工操作，使弧焊电源的初级线接通或断开。控制箱正面板上装有初级电压表、电源开关、指示灯、信号电铃等，也可刻制焊接参数表，供操作人员参考。

(1) 电气监控装置应能保证焊接回路和控制系统可靠工作，平均无故障工作次数不得少于 1000 次。

(2) 监控系统应具有充分的可维修性，焊机应装设焊接电压和焊接时间的控制仪表，且清晰可见。

(3) 对于同时能控制多个焊接夹具的监控装置，必须设置互锁功能以防误动作。

(4) 监控装置中各带电回路与地之间(不直接接地回路)的绝缘电阻不应小于 2.5 MΩ，由电子元器件组成的电子电路，按电子产品相关标准规定执行。

(5) 操纵按钮与外界的绝缘电阻不应小于 2.5 MΩ。

(6) 监视系统的各类显示仪表的准确度应不低于 2.5 级。

(7) 采用自动焊接时，动夹头钳口的位移应满足“延长电弧过程、缩短电渣过程分阶段控制”的工艺要求。

(8) 焊接停止时应能断开焊接电源。

(9) 应设置焊接中遇有特殊情况时使用的“急停”装置。

(10) 电气接线必须符合国家现行标准的有关规定。

4. 焊剂

1) 焊剂的作用

焊剂的作用为：熔化后产生气体和熔渣，保护电弧和熔池，保护焊缝金属，更好地防止氧化和氮化；减少焊缝金属中化学元素的蒸发和烧损；使焊接过程稳定；具有脱氧和掺合金的作用，使焊缝金属获得所需要的化学成分和力学性能；焊剂熔化后形成渣池，电流通过渣池产生大量的电阻热；包托被挤出的液态金属和熔渣，使接头获得良好成型；渣壳对接头有保温和缓冷作用。

2）常用焊剂

焊剂牌号为"焊剂×××"，其中第一位数字表示焊剂中氧化锰含量，第二位数字表示二氧化硅和氟化钙含量，第三位数字表示同一牌号焊剂的不同品种。

施工中最常用的焊剂牌号为"焊剂 431"，它是高锰、高硅、低氟类型的，可交、直流两用，适合于焊接重要的低碳钢钢筋及普通低合金钢钢筋。与"焊剂 431"性能相近的还有"焊剂 350""焊剂 360""焊剂 430""焊剂 433"等。"焊剂"亦可写成 HJ，如"焊剂 431"写成 HJ431。

27.4　技术性能

27.4.1　设备基本要求

（1）电渣压力焊机应按规定程序批准的图样及技术文件制造，并符合《钢筋电渣压力焊机技术条件》（JB/T 8597—1997）及《钢筋电渣压力焊机》（JG/T 5063—1995）的规定。

（2）电渣压力焊机的供电电源：额定频率为 50 Hz，额定电压为 220 V 或 380 V。有特殊要求的焊机则应符合协议书所规定的频率和电压。

（3）电渣压力焊机应能保证在－10～40℃的环境温度、电网电压波动范围在－5%～10%（频率波动范围为±1%）的条件下正常工作。

（4）电渣压力焊机的表面应美观整洁，外壳、零部件均应进行涂漆、氧化等表面处理。

（5）电渣压力焊机零部件的安装与连接线应安装可靠、焊接牢固，在正常运输和使用过程中不得松动、脱落。

（6）电渣压力焊机使用的原材料及外购件均应符合有关标准的规定。

（7）电渣压力焊机的焊接电缆、控制电缆以及焊接电压表的接插件应符合《弧焊设备　第 12 部分：焊接电缆耦合装置》（GB 15579.12—2012）的规定。

（8）电渣压力焊机应有良好的接地装置，接地螺钉直径不得小于 8 mm。

（9）电渣压力焊机应能成套供应，同类产品的零部件应具有互换性。

27.4.2　产品型号及标记示例

（1）电渣压力焊机型号由产品名称代号、特性代号、主参数代号和改型代号组成。焊机型号组成见图 27-7。

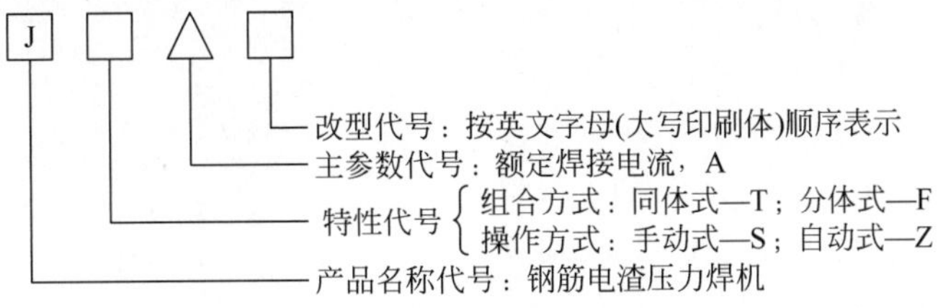

图 27-7　电渣压力焊机型号组成

（2）标记示例：①额定焊接电流为 500 A 的手动分体式钢筋电渣压力焊机，标记为：钢筋电渣压力焊机 JSF500；②额定焊接电流为 630 A 的自动同体式第二次更新的钢筋电渣压力焊机，标记为：JZT630B。

（3）产品规格以额定电流为主参数。产品规格根据焊机的额定电流和所能焊接的钢筋直径分三个档次，见表 27-3。

表 27-3　焊机的额定电流和所能焊接的钢筋直径

规格	JXX500	JXX630	JXX1000
额定焊接电流/A	500	630	1000
焊接钢筋直径/mm	≤28	≤32	≤40

27.4.3 标志、储存

1. 焊机标牌

电渣压力焊机上应有以表格形式标注各种钢筋的焊接电流、焊接电压、焊接时间等工艺参数的标牌。

(1) 焊接电源标牌应包括：①制造厂名；②产品名称；③焊机型号或标记；④制造日期(或编号)或生产批号；⑤电源调节范围(包括对应的负载电压,以及输入、输出端改变时的接法)；⑥空载电压(输入、输出端改变接法的应注明)；⑦额定负载持续率；⑧供电类型及频率；⑨初级输入电压；⑩额定输入容量。

(2) 焊接夹具标牌应包括：①制造厂名；②产品名称；③制造日期(或编号)；④质量。

(3) 电气监控装置标牌应包括：①制造厂名；②产品名称；③制造日期(或编号)；④质量。

2. 储存条件

电渣压力焊机应在干燥、防雨、防潮、无腐蚀性气体的环境下保存。

27.4.4 各企业产品型谱

1. 上海沪通企业集团有限公司

上海沪通企业集团有限公司(以下简称上海沪通)是研发、制造各类焊接及切割设备的专业化企业,创立于2000年6月,其前身是上海沪通焊接电器制造有限公司。上海沪通多款产品参与建设国家诸多重点工程,如上海世博会场馆,北京奥运"鸟巢"工程,上海地铁9#、11#线工程等项目,受到用户一致好评。该公司产品IGBT 630型ϕ32 mm钢筋电渣压力焊机见图27-8,其技术参数见表27-4。

表27-4 IGBT 630型ϕ32 mm钢筋电渣压力焊机技术参数

参数	数值
输入电压/V	AC380×(1±10%)
工作频率/Hz	50、60
额定输入容量/(kV·A)	34
额定输入电流/A	66
空载输出电压/V	85
负载持续率/%	60(630A),100(488A)
输出电流调节范围/A	20～630
效率/%	85
绝缘等级	F
外壳防护等级	IP21
外形尺寸/(mm×mm×mm)	555×240×500
净重/kg	25
钢筋直径/mm	≤32

注：

(1) 可对ϕ32 mm钢筋快速焊接,暂载率高达80%；

(2) 控制系统微功效设计,节能环保；

(3) IGBT双H桥,产品具有高可靠性；

(4) 酸、碱焊条兼容,可作碳弧气刨,性价比高；

(5) 主控板SMT表面贴装设计,工艺先进,终身保修；

(6) 具有完善的欠压、过压和过流保护功能,安全性高；

(7) 工业"三防"设计,适应各种恶劣环境；

(8) 无级高速智能风扇,优化风道设计,运行稳定可靠。

图27-8 IGBT 630型ϕ32 mm钢筋电渣压力焊机

2. 上海通用电焊机股份有限公司

上海通用电焊机股份有限公司是一家集电焊机研发、制造、销售、服务于一体的高新科技企业。公司主要研发的产品有：数字化气体保护焊机系列,直流手工弧焊机系列,焊接机器人等。其产品广泛应用于船舶制造、钢结构、压力容器、机械加工、桥梁制造、石油管道、航空航天、电力行业、建筑工程等诸多领域。

上海通用电焊机股份有限公司生产的HYS-630型钢筋电渣压力焊机如图27-9所示，HYS-630型焊机的焊接电源型号及性能参数见表27-5，HYS-630型焊机的焊接夹具参数见表27-6，卡具参数见表27-7。

图27-9　HYS-630型钢筋电渣压力焊机

采用增大了电流的BX1-630交流弧焊机为焊接电源，能提供瞬时强电流，以适应电渣过程的需要；控制系统一体化的设计结构紧凑，使用方便；配用目前国内先进的双柱手摇式卡具，强度大、重量轻。电渣压力焊可焊材料：直径为16～32 mm、Ⅰ～Ⅲ级建筑用钢筋。使用环境条件如下：

（1）周围环境空气温度：−10～40℃。

（2）空气相对湿度：40℃时，空气相对湿度≤50%；20℃时，空气相对湿度≤90%。

（3）周围空气中的灰尘、酸、腐蚀性气体或物质等不超过正常含量，焊接过程中产生的除外。

（4）海拔高度不超过1000 m。

（5）不适宜长时间在含盐的空气中使用。

（6）电源电压的波动量不超过焊机额定输入电压的±10%。

（7）工作场所的风速≤1.5 m/s。

（8）不适合在雨中使用。

（9）不适宜长时间在阳光下曝晒。

3. MH-36、MH-40竖向钢筋电渣压力焊机

竖向钢筋电渣压力焊机如图27-10所示，其技术参数如表27-8所示。

表27-5　HYS-630型焊机的焊接电源型号及性能参数

钢筋直径/mm	焊接电流/A	焊接电压/V		焊接通电时间/s	
		电弧过程	电渣过程	电弧过程	电渣过程
16	200～250	35～45	22～27	14	4
18	250～300			15	5
20	300～350			17	5
25	400～450			21	6
28	500～550			24	6
32	600～650			27	7
36	700～750			30	8

表27-6　HYS-630型焊机的焊接夹具参数

参　数	单位	数　值	参　数	单位	数　值
额定输入电压	V	380	额定负载持续率	%	60
额定频率	Hz	50(单相)	额定输入容量	kV·A	49.4
可焊钢筋直径	mm	16～32	绝缘等级		F
空载电压	V	75	冷却方式		风冷
额定焊接电流	A	630	外形尺寸	mm×mm×mm	1200×600×840
电流调节范围	A	125～630	重量	kg	184

表 27-7 卡具参数

参数	单位	数值	参数	单位	数值
绝缘电阻	MΩ	2.5	中心移	mm	≤0.5
可夹持钢筋直径	mm	16～36	上下行	mm	>40
载荷量	kg	>60	自重	kg	8.5

图 27-10 竖向钢筋电渣压力焊机

表 27-8 竖向钢筋电渣压力焊机技术参数

参数	型号			
	MH-36 同体式	MH-36 分体式	MH-40 同体式	MH-40 分体式
电源	单相 380 V/50 Hz			
额定输入电流/A	102		123	
可焊钢筋直径/mm	14～36		14～40	
空载电压/V	70～80		67～70	
焊接电流种类	交流			
焊接时间/s	12～40		12～45	
焊接电流/A	200～610		200～750	
熔化量/mm	20±5			
全套重量/kg	302		314	
对接压力/N	>3000			
机头重量/kg	齿轮式 8.6		杠杆式 10	

27.5 选用原则及适用范围

27.5.1 选用原则

根据最常用的拟焊接钢筋直径，确定电流、电压参数，据此选择焊机规格、型号。电渣压力焊焊接参数应包括焊接电流、焊接电压和通电时间，采用 HJ431 焊剂时，焊接参数宜符合表 27-9 的规定。采用专用焊剂或自动电渣压力焊机时，应根据焊剂或焊机使用说明书中推荐数值，通过试验确定。

表 27-9　钢筋电渣压力焊焊接参数

钢筋直径/mm	焊接电流/A	焊接电压/V		焊接通电时间/s	
		电弧过程 U2.1	电渣过程 U2.2	电弧过程 t_1	电渣过程 t_2
12	160～180	35～45	18～22	9	2
14	200～220			12	3
16	220～250			14	4
18	250～300			15	5
20	300～350			17	5
22	350～400			18	6
25	400～450			21	6
28	500～550			24	6
32	600～650			27	7

27.5.2　适用范围

钢筋电渣压力焊适用于现浇混凝土结构中竖向或斜向钢筋的连接。钢筋牌号为HPB300、HRB335、HRB400、HRB500，直径为12～32mm。钢筋电渣压力焊主要用于柱、墙、烟囱、水坝等现浇混凝土结构中竖向受力钢筋的连接。但不得在竖向焊接之后，再置于梁、板等构件中作水平钢筋用。

27.6　安全使用

27.6.1　安全使用标准与规范

钢筋电渣压力焊机安全使用执行的国家现行标准见表 27-10。

表 27-10　钢筋电渣压力焊机安全使用的国家现行标准

标准编号	名　称
GB 50666—2011	《混凝土结构工程施工规范》
GB/T 8118—2010	《电弧焊机通用技术条件》
JGJ 18—2012	《钢筋焊接及验收规程》
JB/T 7834—1995	《弧焊变压器》
JG/T 5063—1995	《钢筋电渣压力焊机》
JB/T 8588—1997	《电焊机用冷却风机的安全要求》
JB/T 8597—1997	《钢筋电渣压力焊机技术条件》
JGJ 33—2012	《建筑机械使用安全技术规程》
JGJ/T 46—2024	《建筑与市政工程施工现场临时用电安全技术标准》

27.6.2　安装与调试验收

(1) 焊机应安装在无阳光直射、有防雨雪的防护措施、环境湿度小、灰尘少的施工区域，周围空气温度范围为－10～40℃；不准靠近高热以及具有易燃易爆危险的环境。

(2) 焊机应平稳地安放在通风良好、干燥的地方，地面倾斜度应不超过 10°。

(3) 输入电源的电压品质应符合产品说明书规定，有效值为 380V×(1±10%)，频率为 50 Hz，三相电压的不平衡度≤5%。

(4) 焊机必须装有独立的专用电源开关，其容量应符合要求。当焊机超负荷时，应能自动切断电源；焊机金属外壳接地应可靠。

(5) 焊机安装与调试应由专业人员进行，调试完成后，应让有资格证的焊工进行工艺试验(试焊)，正常的试焊完成后，方可正式验收。

(6) 焊机可妥善安装于活动小型平板车或四角有吊环的焊机活动房。

27.6.3　安全使用规程

(1) 施工单位应建立电渣压力焊安全生产的管理制度，采取必要的安全措施，并有专人进行管理和监督。

(2) 施工现场应做好安全防护，应有必要的防火器材和防火设施。焊接作业 5 m 范围内的区域，应杜绝易燃易爆物。禁火区域严禁焊接作业。

(3) 用电安全应符合下列要求:

① 施工现场的电源必须绝缘良好,架设可靠,并做出明显的标志。

② 电源开关安装在明显位置,并有快速熔断器、防漏电装置及可靠的接地或保护接零。

③ 焊机的保护接地线直接从接地极引接,其接地电阻值应小于 4 Ω。

④ 焊机故障修理由专人负责,并在切断电源后进行。

(4) 操作人员的人身安全要符合如下要求:

① 焊接作业的施工人员必须穿戴绝缘鞋、绝缘手套和安全帽等防护用品。

② 用于焊接作业的平台必须牢固,并有安全措施。

③ 在高空条件下施工,施工人员应系安全带。

(5) 设备安全应符合如下要求:

① 焊接设备应放在干燥、通风和可避免碰撞的地方,并有必要的防护措施。

② 焊接电缆和控制线应避免强行拖拉和遭受重物撞击,防止绝缘受损或内部断线。

③ 焊接施工完成后应防护好焊机和收妥焊接夹具等物品,方可离开施工现场。

④ 用户一定要购买有国家 3C 认证的弧焊机防触电装置,否则不许进入施工现场,并不定期地对二次空载电压进行测试,要求安全电压小于 24 V。

(6) 在雨雪天气条件下焊接施工,应制定专项施工方案,在保证人身安全和接头质量方面应有必要的措施。

27.6.4 维护与保养

(1) 操作人员应熟悉焊接设备结构,爱护、保管好设备。工作完毕后应把焊接设备置于安全处,防止雨水、灰尘对焊机设备的损害。并及时清理焊机外壳、主机内部及交流接触器的触点,还要关注转动部位注油保养。

(2) 经常检查焊接电缆与焊机输出端子的连接是否紧密可靠。否则会烧坏接头,并造成焊接过程的不稳定。

(3) 保护好仪表、开关等易损元件。

(4) 设备维修应由专业人员进行,工作中发现有异常现象时应立即停电进行检修。先检查外观,然后根据电气原理图找出故障原因,排除故障。

(5) 制定焊接设备的日常维护、保养以及设备故障及排除情况记录制度。

27.6.5 常见故障及其处理方法

电渣压力焊机常见故障及其处理方法见表 27-11。

表 27-11 电渣压力焊机常见故障及其处理方法

故障现象	具体表现	故障原因	处理方法
不起弧	开机后监视器仪表指示为零,或监视器仪表指示超过正常值	(1) 电源缺相,保险丝断线; (2) 焊机没有输出电流; (3) 机头内发生短路; (4) 钢筋严重锈蚀或焊口处被水泥、焊剂等物垫住	检查电源,检查风机、电源变压器、控制板是否完好,检查连线;操作失误,重新操作;清理锈蚀处杂物,清理后重新操作
控制失灵	监视器数字显示不正确或不显示	(1) 控制开关、控制电缆或插座发生故障; (2) 监视器损坏	检修相应部件或更换监视器
	控制开关释放后,不断电	交流接触器或通用继电器损坏	停电后清理或更换相应部件
	控制开关不起作用	(1) 保险管烧坏; (2) 控制电缆断线; (3) 控制开关已损坏	(1) 更换保险管; (2) 更换控制电缆; (3) 更换控制开关
正常焊接突然中断	在正常工作时,后面板上空气开关跳闸	下列器件可能损坏:IGBT 模块、三相整流模块、其他元件或驱动板	(1) 检查更换损坏部件; (2) IGBT 损坏时,驱动板输出部分各元件一般也可能损坏,需要检查更换

27.7　工程应用

钢筋电渣压力焊已在全国多个工程中得到应用，施工操作工艺和质量控制如下。

1. 电渣压力焊施工操作规程

(1) 根据所选机型按产品说明书接线图接好线路。

(2) 根据待焊钢筋直径，参照电渣压力焊机出厂说明书中提供的技术参数调整弧焊机电流至所需位置。

(3) 打开控制电源开关，观察电源指示灯是否正常。

(4) 用焊机机头的下夹具固定下钢筋，下钢筋端头伸在焊剂筒中偏下位置。对于齿轮式机头则将上夹具摇到距上止点15mm处，把待焊钢筋固定在上夹具上；对于杠杆式机头则将杠杆置于水平位置，把待焊钢筋固定在上夹具上。

(5) 使上下钢筋端头顶住，并应接触良好，装上焊剂筒，底部放上合适的石棉防漏垫，将下部间隙堵严，关闭焊剂盒，将干燥的焊剂倒入筒中，以装满为止。

(6) 做好上述准备工作后，即可开始焊接。对于齿轮式机头，搬动机头控制盒上的按钮开关至焊接位置，这时接通焊接电源，立即摇动手柄，提升上钢筋2～4 mm引燃电压，观察电压表，使电压稳定在25～45 V之间。如电压偏低，反时针摇动手柄；如电压偏高，则顺时针摇动手柄。参考机头仪表盒上的数字时间显示，当各项技术参数符合要求时，迅速顺时针摇动手柄下送钢筋，并用力顶紧，同时置仪表盘上的按钮开关于"停止"位置，断掉焊机电源，至此一个接头焊接完毕。对于杠杆式机头，焊接时按下手把的控制开关，并轻轻按动手把引燃电弧使监视器指针在"电渣—电弧"位置。当数字显示时间达到要求后，迅速抬起后把，使钢筋接口处产生一定压力，同时释放控制开关，至此焊接过程结束。

(7) 焊口焊完后，隔2～3 min，打开焊剂盒回收未熔焊剂。

(8) 焊接开始时，首先在上、下两钢筋端面之间引燃电弧，使电弧周围焊剂熔化形成空穴；随之焊接电弧在两钢筋之间燃烧，电弧热将两钢筋端部熔化，熔化的金属形成熔池，熔融的焊剂形成熔渣(渣池)，覆盖于熔池之上，此时，随着电弧的燃烧，上、下两钢筋端部逐渐熔化，将上钢筋不断下送，以保持电弧的稳定，继续电弧过程；随着电弧过程的延续，两钢筋端部熔化量增加，熔池和渣池加深，待达到一定深度时，加快上钢筋的下送速度，使其端部直接与渣池接触，这时，电弧熄灭而变电弧过程为电渣过程；待电渣过程产生的电阻热使上、下两钢筋的端部达到全截面均匀加热时，迅速将上钢筋向下顶压，挤出全部熔渣和液态金属，随即切断焊接电源，至此完成焊接工作。

2. 电渣压力焊接头质量检验

1) 取样数量

电渣压力焊接头应逐个进行外观检查。当进行力学性能试验时，应从每批接头中随机切取3个试件做拉伸试验，且应按下列规定抽取试件：

(1) 在一般构筑物中，应以300个同级别钢筋接头作为一批。

(2) 在现浇钢筋混凝土多层结构中，应以每一楼层或施工区段中300个同级别钢筋接头作为一批，不足300个接头仍应作为一批。

2) 外观检查

电渣压力焊接头外观检查结果应符合下列要求：

(1) 四周焊包凸出钢筋表面的高度应大于或等于4 mm。

(2) 钢筋与电极接触处应无烧伤缺陷。

(3) 接头处的弯折角不得大于4°。

(4) 接头处的轴线偏移不得大于钢筋直径的0.1倍，且不得大于2 mm。

(5) 外观检查不合格的接头应切除重焊，或采用补强焊接措施。

3) 拉伸试验

电渣压力焊接头拉伸试验结果，3个试件的抗拉强度均不得小于该级别钢筋规定的抗拉强度。当试验结果中有1个试件的抗拉强度低于规定值，应再取6个试件进行复验。复验结果，若仍有1个试件的抗拉强度小于规定值，应确认该批接头为不合格品。

3. 典型工程应用

1）案例一

杭州下沙经济技术开发区的金沙国际大厦，建筑面积16万m^2，4幢28层综合楼，框架剪力墙结构，墙、柱竖向钢筋均用电渣压力焊连接。楼层浇筑砼后第二天即可进行竖向钢筋焊接，加快了工程进度，节省了钢筋用量及成本，取得显著的经济效益。竖向钢筋用电渣压力焊实施过程分别如图27-11～图27-13所示。

图27-11 竖向钢筋现场对接

图27-12 加焊剂

图27-13 电渣压力焊在实施通电焊接

2）案例二

陕西秦岭电厂二期工程中四筒烟囱，高212 m，下部直径为28 mm，顶部直径为18 mm。烟囱外筒和中心柱是钢筋混凝土结构，使用的钢筋分别是直径22、25、28、32 mm的Ⅱ级钢筋。共有接头约3万个，采用陕西省建筑科学研究院生产的SK-12型电动凸轮式自动电渣压力焊设备施焊，配合滑模工艺混凝土浇筑，半年内滑模到顶，节省大量钢材。

3）案例三

陕西西安市杨家围墙城中村改造安置楼项目为西安市莲湖区重点工程，项目于2010年11月开工，至2012年10月竣工。建筑面积14.7万m^2，建筑层数33层，结构形式为框架剪力墙结构，其中剪力墙钢筋连接采用电渣压力焊接头，共计19 800个接头，共计取样68批次，电渣压力焊接头力学性能经检测全部符合设计及国家现行标准要求。

4）案例四

黔西电厂一期4×300 MW工程是贵州第二批“西电东送”电源项目工程之一，该工程于2007年8月投产。电厂标志性构筑物——烟囱高210 m，筒壁竖向钢筋连接采用电渣压力焊，共计约1.5万个接头，见证取样280批次，接头力学性能经检测全部符合设计及国家现行标准要求，一次合格率100%。

5）案例五

杭州下沙经济技术开发区的晓城天地，建筑面积20万m^2，2幢32层综合楼及附属建筑物，框架剪力墙结构，竖向钢筋采用电渣压力焊连接，具有明显经济效益。

竖向钢筋电渣压力焊典型接头外形见图27-14，竖向钢筋用电渣压力焊施工现场照片见图27-15，建筑工程混凝土结构框架柱的钢筋电渣压力焊接头见图27-16，建筑工程框架剪力墙结构的钢筋电渣压力焊接头见图27-17，建筑工程框架剪力墙结构的钢筋电渣压力焊现场施工见图27-18。

(a) (b)

图27-14 竖向钢筋电渣压力焊典型接头外形

(a) 未去掉渣壳前的接头外形；(b) 去掉渣壳后的接头外形

图 27-15　竖向钢筋电渣压力焊施工现场照片

图 27-16　混凝土结构框架柱的钢筋电渣压力焊接头

图 27-17　框架剪力墙结构的钢筋电渣压力焊接头

图 27-18　框架剪力墙结构的钢筋电渣压力焊现场施工

第28章

钢筋气压焊设备

钢筋气压焊是采用氧-燃料气体火焰将两钢筋对接处进行加热，使其达到一定温度，加压成为永久性接头的一种压焊方法。钢筋气压焊工艺有固态(闭式)气压焊、熔态(开式)气压焊两类。本章主要介绍钢筋气压焊设备的分类、工作原理及组成、技术性能、选用原则、安全使用(包括操作规程、维护和保养)及工程应用。

28.1 概述

28.1.1 定义和用途

钢筋气压焊是采用氧-乙炔火焰或氧-液化石油气火焰(或其他火焰)，将两钢筋对接处进行加热，使其达到热塑性状态(固态)或熔化状态(熔态)后，加压成为永久性接头的一种压焊方法。适用范围为直径 12～22 mm 的 HPB300 钢筋、直径 12～40 mm 的 HRB400 钢筋、直径 12～32 mm 的 HRB500 钢筋在垂直、水平或倾斜方向的全方位对接焊接。

28.1.2 发展历程和沿革

钢筋气压焊是日本引进美国的气压焊技术，将其应用于钢筋对焊而形成的专项钢筋焊接技术，它是日本建筑行业的主要钢筋对焊工艺。我国最早于 1978 年从日本引进设备开始进行可行性试验，1984 年在全国各地均有探索性推广运用。根据工程建设需要，国家技术监督局 1990 年 1 月 4 日批准发布国家标准《钢筋气压焊》(GB 12219—1989)，于 1990 年 9 月 1 日实施，1996 年合并于行业标准《钢筋焊接及验收规程》(JGJ 18—1996)，现该行业标准修订为 JGJ 18—2012。由于日本的钢筋气压焊为闭式(固态)气压焊工艺，我国在引进日本技术后，结合我国钢材冶炼工艺与日本不同等因素，开发了开式(熔态)气压焊工艺，故钢筋气压焊技术在我国经历了引进消化到创新的过程。钢筋气压焊示意图见图 28-1，钢筋气压焊专用夹具、加压器、多嘴焊圈见图 28-2。

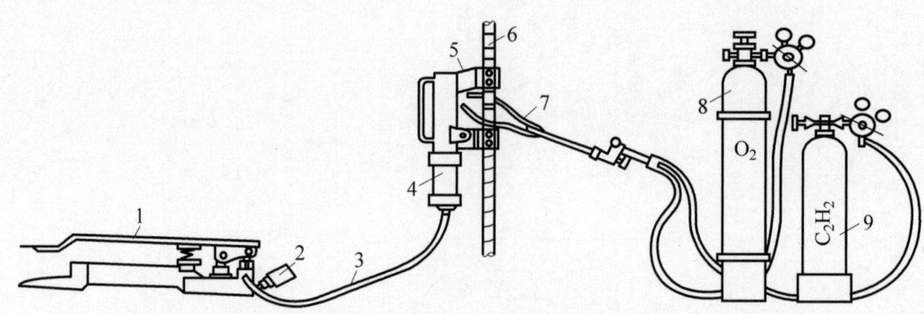

1—加压器；2—压力表；3—加压油管；4—顶压油缸；5—夹具；6—对焊钢筋；7—专用焊炬；8—氧气瓶；9—乙炔瓶(也可采用液化石油气)。

图 28-1 钢筋气压焊示意图

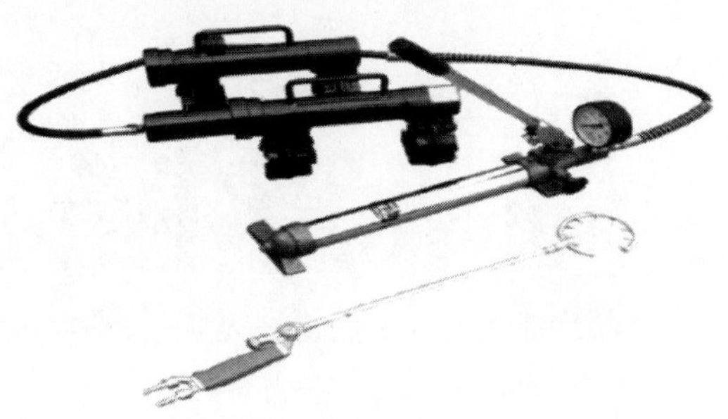

图 28-2 钢筋气压焊专用夹具、加压器、多嘴焊圈

28.1.3 发展趋势

钢筋气压焊工艺特别是开式(熔态)气压焊具有设备轻巧、便于操作、工艺简单、焊接成本低、不用电源、可全方位对焊等特点,适用于电力供应紧缺的工程项目钢筋焊接,特别适用于需要进行钢筋焊接的快速抢险等活动。目前我国开展了半自动钢筋气压焊工艺的试点与运用,进一步降低了劳动强度。

28.2 产品分类

1. 按工艺方法分类

钢筋气压焊按工艺方法可分为:①固态(闭式)气压焊设备;②熔态(开式)气压焊设备。

2. 按火焰气源分类

钢筋气压焊按火焰气源可分为:①使用氧-乙炔火焰设备;②使用氧-液化石油气火焰设备。

3. 按加压器型式分类

钢筋气压焊按加压器型式可分为:①使用手动加压器设备;②使用半自动加压器设备。

28.3 工作原理与结构组成

28.3.1 工作原理

1. 固态(闭式)气压焊

固态(闭式)气压焊对焊端需要清除毛刺、铁锈等附着物使其露出金属光泽,钢筋安装时对焊两端需留有不大于 3 mm 的缝隙,焊炬温度控制在 1150~1250℃,在缝隙处进行加热;开始阶段采用碳化火焰包围缝隙加热防止钢筋端面产生氧化;钢筋端头缝隙温度达到要求时,根据具体条件采用二次或三次加压法挤压钢筋端头并改用中性火焰继续宽幅加热;宽幅加热区约为 2 倍钢筋直径长度;当镦粗直径不小于钢筋直径的 1.4 倍时结束焊接;通常焊接接头有较为清晰的压焊面。

2. 熔态(开式)气压焊

熔态(开式)气压焊对焊端可不对钢筋端部进行附加处理。钢筋安装时对焊两端原则上对缝隙无具体要求,通常在两端钢筋端面紧密贴近,焊炬温度在 1540℃以上,在压焊区加温达到熔化状态后即采用一次加压或二次加压挤压钢筋端头。宽幅加热区约为钢筋直径的 1~1.2 倍长度,加压后形成钢筋镦粗直径不小于钢筋直径的 1.2 倍焊接结束。通常焊接接头不会形成清晰的压焊面。

28.3.2 结构组成

钢筋气压焊的专用设备有供气装置、多嘴环管加热器、加压器、焊接夹具等,总称钢筋气压焊设备。

1. 供气装置

1) 氧气瓶

氧气瓶为焊接热源提供助燃的工业氧气,气瓶必须符合现行国家标准《钢质无缝气瓶　第 1 部分:淬火后回火处理的抗拉强度小于 1100 MPa 的钢瓶》(GB/T 5099.1—2017)的规定,常用的是中容积瓶,外径为 219 mm,容积为 40 L,高度约为 1.5 m,公称工作压力为 15 MPa,许用压力为 18 MPa。为便于识别,氧气瓶外表涂装为天蓝色或浅蓝色,并漆有“氧气”标识。配套氧气使用的有氧气减压器和专用气管,专用气管可根据实际施焊需要配置长度。钢筋气压焊使用的氧气设备见图 28-3。

2) 溶解乙炔气瓶或液化石油气钢瓶

溶解乙炔气瓶或液化石油气钢瓶为钢筋气压焊提供热源,气瓶必须符合现行国家标准《乙炔气瓶》(GB/T 11638—2020)的规定,瓶体

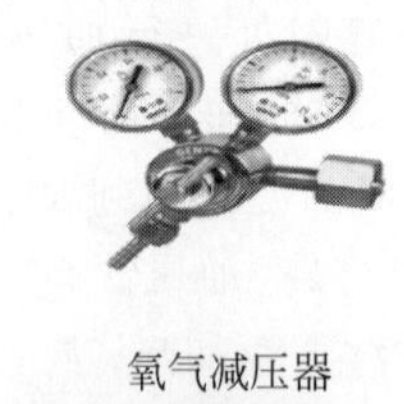

氧气减压器

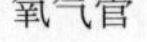

氧气管

氧气瓶

图 28-3 氧气设备

液化石油气

乙炔气瓶

液化石油减压表

乙炔减压器

乙炔回火防止器

气管

图 28-4 溶解乙炔气瓶和液化石油气设备

公称直径 102～300 mm，容量为 2～60 L。瓶肩钢印标识清晰，瓶体表面为白色，并漆有“乙炔”“不可近火”等红色字样。配套乙炔气使用的有乙炔减压器、干式回火防止器、乙炔气管等，乙炔气管长度根据实际施焊需要配置，通常与合用的氧气管长度大致相同。

液化石油气钢瓶必须符合现行国家标准《液化石油气钢瓶》(GB 5842—2022)的规定，钢瓶标志清晰，表面漆有“液化石油气”红色仿宋汉字字样。配套液化石油气使用的有液化石油气减压表(丙烷减压表)、气管等，气管长度与合用的氧气管大致相同。钢筋气压焊使用的溶解乙炔气瓶和液化石油气设备见图 28-4。

2. 多嘴环管加热器

钢筋气压焊多嘴环管加热器由手柄、连接管和焊圈组成，是混合乙炔气和氧气经喷射后组成多火焰进行钢筋气压焊的专用加热器。焊圈的喷嘴数有 6、7、8、10、12 个不等，根据焊接钢筋直径大小进行选用。通常情况下钢筋直径在 25 mm 及以下时选择 8 个喷嘴以下的焊圈，钢筋直径在 25 mm 及以上时选择 8 个喷嘴以上的焊圈。

应该根据提供热源的气体为乙炔气或是液化石油气，配置相应的多嘴环管加热器。多嘴环管加热器见图 28-5。

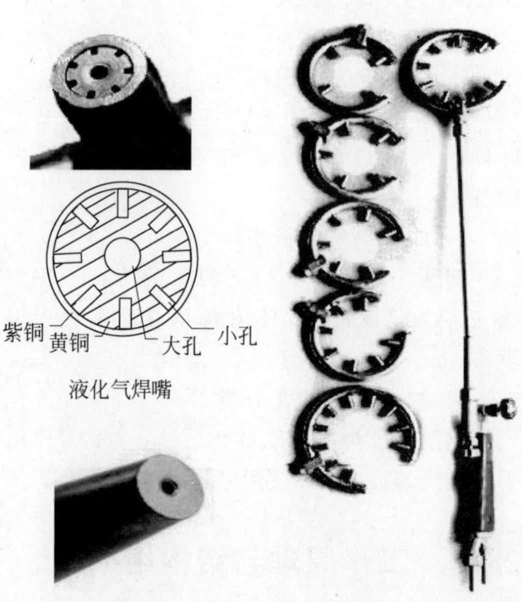

液化气焊嘴

乙炔气焊嘴

多嘴环管加热器

图 28-5 多嘴环管加热器

3. 加压器

钢筋气压焊加压器是钢筋气压焊中为钢筋施加顶压力的压力源装置，加压器分为手动和电动两类。加压器主要由液压泵、压力表、油管、顶压油缸组成。手动式有加压手把，半制动气压焊则采用电动油泵提供动力。加压器液压系统应符合《液压传动系统及其元件的通用规则和安全要求》(GB/T 3766—2015)的规定,顶压油缸额定压力不低于40 MPa,活塞杆行程不低于45 mm。橡胶油管应符合《橡胶软管及软管组合件 油基或水基流体适用的钢丝缠绕增强外覆橡胶液压型规范》(GB/T 10544—2022)的规定,长度不应小于1.8 m。采用电动加压器时,电动油泵供油系统应设置安全阀,压力与电动油泵工作压力一致,油泵电动机的绝缘电阻不应低于0.5 MΩ,电气接线应符合现行国家标准的有关规定。手动加压器和电动加压器示意图见图28-6。

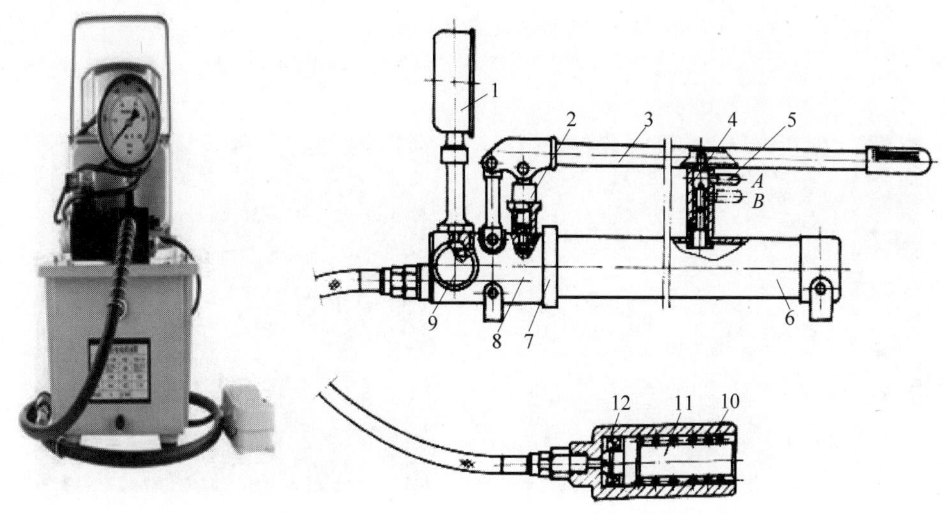

1—压力表；2—泵体；3—压把；4—锁套；5—锁柄；6—油箱；7—联结头；8—泵座；9—卸载阀加压器；10—弹簧；11—活塞顶头；12—油缸。

图28-6　手动和电动加压器示意图

4. 焊接夹具

焊接夹具是用来固定需要进行对焊钢筋的专用工具,由筒体、提手、回位弹簧、滑柱、调中螺栓、卡帽、动夹头和定夹头组成。动夹头的有效行程不低于45 mm,在额定载荷下焊接夹具的动夹头与定夹头的同轴度不应大于0.25 mm,焊接夹具的夹头中心线与筒体中心线的平行度不应大于0.25 mm,焊接夹具装配间隙允许偏差为0.50 mm,动夹头轴线相对定夹头的轴线可以向两个调中螺栓方向移动,每侧幅度不应小于3 mm。钢筋气压焊的焊接夹具如图28-7所示。钢筋气压焊夹具根据固定钢筋方式不同,分为4种类型,见图28-8;焊接夹具实际工作示意图见图28-9。

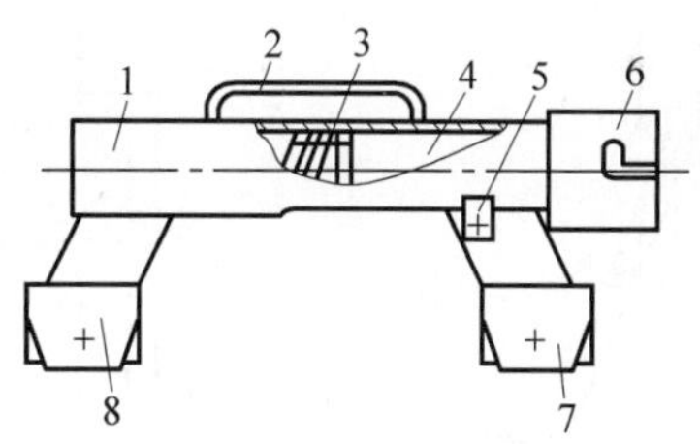

1—筒体；2—提手；3—回位弹簧；4—滑柱；5—调中螺栓；6—卡帽；7—动夹头；8—定夹头。

图28-7　焊接夹具

5. 钢筋气压焊的专用辅助器具

钢筋气压焊作业根据实际情况,可配备部分辅助设备。

(1) 采用固态(闭式)气压焊对焊时,应配备角向磨光机清除对焊钢筋端部附着物及表面氧化膜。若采用无齿锯(圆片锯)切断钢筋端面,在钢筋端面尚未氧化时可直接进行固态(闭式)气压焊对焊。

(2) 采用熔态(开式)气压焊对焊时,根据需要可配置F形扳手用于偏心矫正,F形扳手卡扣大小约为对焊钢筋直径的2倍。F形扳手使用示意图见图28-10。

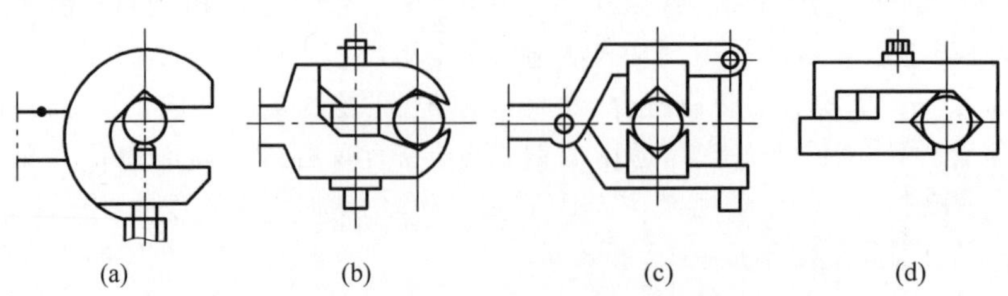

图 28-8　焊接夹具的夹头固定钢筋方式

(a) 螺栓顶紧；(b) 钳口夹紧；(c) 抱合夹紧；(d) 斜铁楔紧

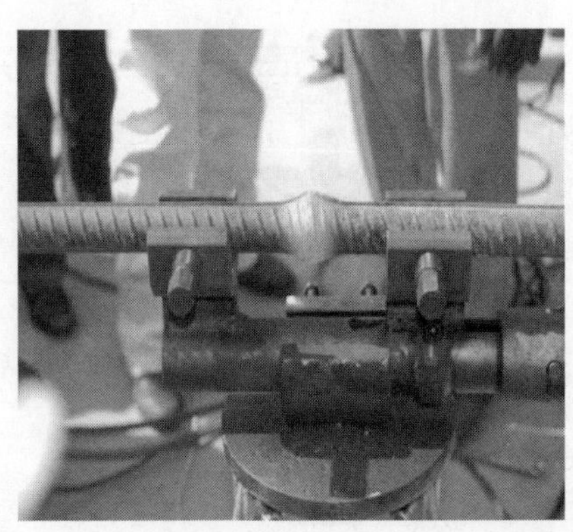

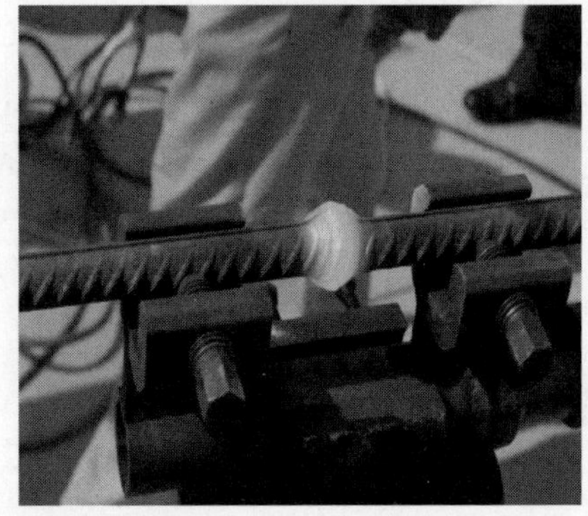

图 28-9　焊接夹具实际工作示意图

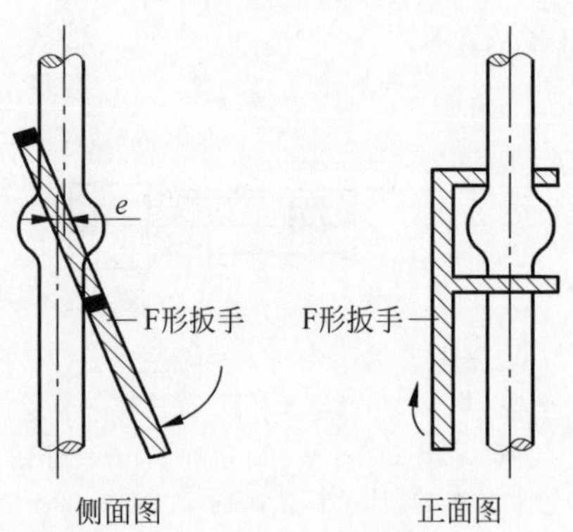

图 28-10　偏心矫正 F 形扳手使用示意图

(3) 专用点火枪。对多嘴焊圈点火时，可使用民用炉具专用加长电子脉冲式点火器，确保点火安全。

28.4 技术性能

28.4.1 产品型号命名

产品型号命名，按照行业标准《钢筋气压焊机》(JG/T 94—2013)进行。钢筋气压焊设备产品型号命名见图 28-11。

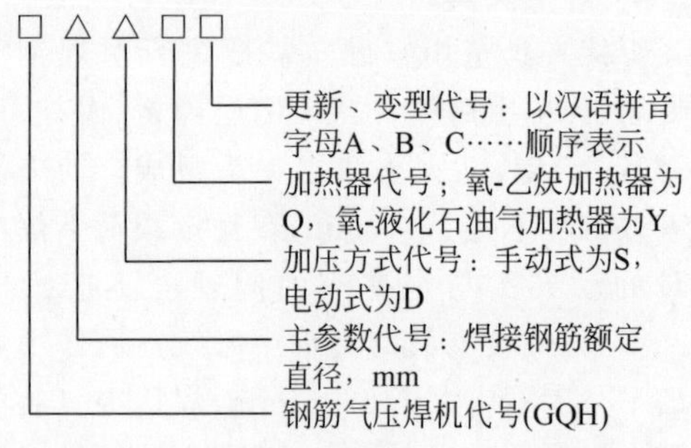

图 28-11　钢筋气压焊设备产品型号标记

标记示例：焊接钢筋额定直径为 32 mm 的手动氧-液化石油气钢筋气压焊机。标记为：GQH 32 SY JG/T 94。

28.4.2 性能参数

钢筋气压焊机的性能参数包括两部分，其一是多嘴环管加热器性能参数，见表 28-1；其二是焊接夹具性能参数，见表 28-2。

表 28-1　多嘴环管加热器性能参数

加热器代号	喷嘴数/个	焊接钢筋额定直径/mm	氧气工作压力/MPa	乙炔工作压力(液化石油气工作压力)/MPa
W(P)5	5	12	0.5	0.05
W(P)6	6	14～16	0.6～0.8	0.05～0.07
W(P)7	7	18～20		
W(P)8	8	22～25		
W(P)10	10	28～32		
W(P)12	12	36～40		

注：代号 W 表示弯式；P 表示平式。

表 28-2　焊接夹具性能参数

焊接夹具代号	焊接钢筋额定直径/mm	额定载荷/kN	允许最大载荷/kN	动夹头有效行程/mm	动、定夹头净距/mm	夹头中心与筒体外缘净距/mm
HJ25	25 及以下	20	30	≥45	160	70
HJ32	32	32	48	≥50	170	80
HJ40	40	50	65	≥60	200	85

28.4.3　各企业产品型谱

1. 无锡杰铨机械厂

无锡杰铨机械厂钢筋气压焊的焊接夹具见图 28-12。

GQH-Ⅱ气压焊夹具（ϕ14~ϕ22）　GQH-ⅡA气压焊夹具（ϕ16~ϕ32）　GQH-Ⅲ气压焊夹具（ϕ32~ϕ40）

图 28-12　无锡杰铨机械厂钢筋气压焊的焊接夹具

2. 石家庄蓝光焊割炬有限公司

石家庄蓝光焊割炬有限公司的钢筋气压焊产品见图 28-13。

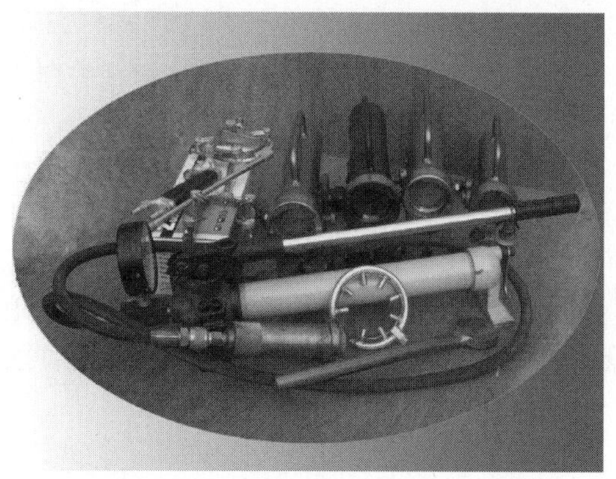

图 28-13　石家庄蓝光焊割炬有限公司的钢筋气压焊产品

28.4.4　产品技术性能

1. 无锡杰铨机械厂产品性能

GQH 40 型钢筋气压焊机，焊接钢筋直径为 25～40 mm。

GQH 32 型钢筋气压焊机，焊接钢筋直径为 16～32 mm。

GQH 25 型钢筋气压焊机，焊接钢筋直径为 14～25 mm。

2. 石家庄蓝光焊割炬有限公司产品性能

LG1 型钢筋气压焊机，焊接钢筋直径为

16～32 mm。

LG2 型钢筋气压焊机，焊接钢筋直径为 14～25 mm。

LG3 型钢筋气压焊机，焊接钢筋直径为 10～25 mm。

LG4 型钢筋气压焊机，焊接钢筋直径为 16～32 mm。

LG5 型钢筋气压焊机，焊接钢筋直径为 12～28 mm。

单数型号为“顶紧式”焊接夹具(a 型)，双数型号为“抱紧式”焊接夹具(c 型)。

3. **半自动油泵**

FSP-120 智能型电动超高压油泵的技术性能：适用焊接钢筋直径为 18～40 mm，使用 220 V 电源，油箱容量为 1.2 L，重量为 27 kg。

28.5 选用原则

(1) 根据需要对焊的钢筋直径大小，匹配选择对应型号气压焊机。

(2) 根据工程及气源供应实际，配置使用氧-乙炔或是氧-液化石油气专用多嘴环管加热器。

(3) 根据工程实际，焊接操作相对固定地点宜配置半自动加压器；焊接地点移动范围较大且不相对固定，宜配置手动加压器。

28.6 安全使用

28.6.1 安全使用标准与规范

钢筋气压焊应遵循相关焊接用氧气、乙炔或液化石油气气源的规定，焊接作业必须按照国家及行业相关焊接安全操作规程执行，具体规程如下：

(1)《钢筋焊接及验收规程》(JGJ 18—2012)

(2)《钢筋气压焊机》(JG/T 94—2013)

(3)《液化石油气钢瓶》(GB 5842—2022)

(4)《乙炔气瓶》(GB/T 11638—2020)

(5)《气瓶安全技术规程》(TSG 23—2021)

(6)《钢质无缝气瓶　第 1 部分：淬火后回火处理的抗拉强度小于 1100 MPa 的钢瓶》(GB/T 5099.1—2017)

28.6.2 拆装、运输及储存

(1) 钢筋气压焊焊接作业中拆装、运输与储存氧气瓶、乙炔气瓶(或液化石油气瓶)要严格按照规定的安全规范执行。

(2) 气瓶运输过程中要轻装轻卸，防止震动，存放与使用时严禁曝晒或靠近高温场地，不能放置于易沾油污染场地，存放时不同气源气瓶严禁同仓或靠近放置。

(3) 氧气减压器、乙炔减压器、干式回火防止器(或液化石油减压表)等在运输中应有专用保护设施，运输与储存中严禁沾油污染，避免粉尘等进入表体。

(4) 钢筋气压焊所用气管在拆装、运输及储存中严禁沾油污染，避免粉尘等进入气管内部。

28.6.3 安全使用规程

钢筋气压焊焊接安全使用规程，应参照气焊安全操作规程执行。

(1) 操作人员必须按照《特种作业人员安全技术培训考核管理规定(2015 年修正)》的规定持证上岗，严格执行安全操作规程。

(2) 操作人员应按规定要求穿戴好个人防护用品，整理好工作场地，作业点距氧气瓶、乙炔瓶或液化石油气瓶以及其他易燃、易爆物在 10m 以上，氧气瓶距乙炔瓶或液化石油气瓶在 5m 以上。高空作业时下方不得有易燃、易爆物。

(3) 工作前应对相关设备、工具进行安全检查，回火防止器和防爆装置必须齐全有效。各种接头不能松动漏气，仪表指示准确。

(4) 对焊件和工作场地应先进行安全确认。

(5) 安装减压器前，应先开启氧气瓶开关，吹净接口。压力表和氧气橡胶管接头螺母必须上紧，开启时动作要缓慢，操作者应避开氧气压力表正面。

(6) 点火时焊嘴或割嘴不得对人，操作中如发生回火，应立即先关乙炔开关或液化石油气开关，后关氧气阀。

(7) 氧气瓶嘴禁油，气瓶不得靠近火源，不得露天曝晒，不得用尽瓶内气体(氧气瓶剩余压力至少要大于 0.1 MPa)，气瓶应轻搬、轻放。

(8) 回火防止器应保持正常工作状态。

(9) 工作完毕，应关闭氧气瓶阀和乙炔瓶阀或液化石油气阀，再拧松减压器调节螺钉。检查清理工作场地，确认无火种后操作者方可离开。

28.6.4　维修与保养

1. 焊接夹具

(1) 检查夹具调整螺栓是否灵活移动，如发生螺栓端头挤压变形影响对中调整，应及时更换螺栓。

(2) 检查回位弹簧的工作状况，当回位弹簧不能正常回位时，应更换回位弹簧。

(3) 检查筒体，部分夹具在工作一段时间后发生筒体变形，影响正常焊接，应更换整个焊接夹具。

2. 加压泵

(1) 加压泵内密封圈和液压油属于易耗品，焊接作业中应常备。

(2) 在加压泵作业前和作业中应随时观察液压油渗漏情况，当发生液压油渗漏时，应及时更换密封圈。

(3) 由于施焊现场工作环境较差，当压力表出现磨损或不能正常工作时，应及时更换。

(4) 当加压泵回位弹簧不能正常工作时，应及时更换。

3. 多嘴焊圈

(1) 作业前后应对多嘴焊圈周边进行焊渣清理，特别是如果焊渣堵塞焊嘴喷口，应及时清理。

(2) 焊炬气体调节阀门要保持灵活状态，若发生卡堵等现象，应更换阀门。

28.6.5　常见故障及其处理方法

(1) 焊渣跳动堵塞焊嘴引发回火。处理方法为：立即关闭乙炔气或液化石油气阀门，随即关闭氧气阀门，疏通焊渣，检查是否能够正常进行焊接工作，正常后方可进行焊接。

(2) 专用夹具调偏螺栓失灵。处理方法为：根据焊接钢筋直径和焊接过程是否封口判断是否继续进行焊接，对焊钢筋直径偏心不大的可采用后期进行偏心矫正，对偏心量大的应立即终止焊接，切除重新进行对焊，并及时对专用夹具调偏螺栓进行更换。

(3) 加压泵油缸漏油。处理方法为：及时更换油缸密封圈。

(4) 专用夹具回位失效。处理方法为：一是回位弹簧失效，应及时更换回位弹簧；二是专用夹具筒体变形，应更换专用夹具。

28.7　工程应用

1. 钢筋气压焊施工规程

(1) 气压焊可用于钢筋在垂直位置、水平位置或倾斜位置的对接焊接。

(2) 气压焊按加热温度和工艺方法的不同，可分为固态气压焊和熔态气压焊两种，施工单位应根据设备等情况选用。

(3) 气压焊按加热火焰所用燃烧气体的不同，可分为氧-乙炔气压焊和氧-液化石油气气压焊两种。氧-液化石油气火焰的加热温度稍低，施工单位应根据具体情况选用。

(4) 气压焊设备应符合下列规定：①供气装置应包括氧气瓶、溶解乙炔气瓶或液化石油气瓶、减压器及胶管等；溶解乙炔气瓶或液化石油气瓶出口处应安装干式回火防止器。②焊接夹具应能夹紧钢筋，当钢筋承受最大的轴向压力时，钢筋与夹头之间不得产生相对滑移；应便于钢筋的安装定位，并在施焊过程中保持刚度；动夹头应与定夹头同心，并且当不同直径钢筋焊接时，亦应保持同心；动夹头的位移应大于或等于现场最大直径钢筋焊接时所需要的压缩长度。③采用半自动钢筋固态气压焊或半自动钢筋熔态气压焊时，应增加电动加压装置、带有加压控制开关的多嘴环管加热器；采用固态气压焊时，宜采用带有陶瓷切割片的钢筋常温直角切断机剪切钢筋。④当采用氧-液化石油气火焰进行加热焊接时，应配备梅花状喷嘴的多嘴环管加热器。

(5) 采用固态气压焊时，其焊接工艺应符合下列规定：①焊前钢筋端面应切平、打磨，使其露出金属光泽，钢筋安装夹牢、预压顶紧后，两钢筋端面局部间隙不得大于 3 mm。②气压焊加热开始至钢筋端面密合前，应采用碳化火焰集中加热；钢筋端面密合后可采用中性火焰宽幅加热，钢筋端面合适的加热温度应为 1150～1250℃；钢筋镦粗区表面的加热温度应稍高于该温度，并随钢筋直径增大而适当提高。③气压焊顶压时，对钢筋施加的顶压力应为 30～40 MPa。④三次加压法的工艺过程应包括预压、密合和成型 3 个阶段。⑤当采用半自动钢筋固态气压焊时，应使用钢筋常温直角切断机断料，两钢筋端面间隙控制在 1～2 mm，钢筋端面应平滑，可直接焊接。

(6) 采用熔态气压焊时，其焊接工艺应符合下列规定：①安装时，两钢筋端面之间应预留 3～5 mm 间隙；②当采用氧-液化石油气熔态气压焊时，应调整好火焰，适当增大氧气用量；③气压焊开始时，应首先使用中性火焰加热，待钢筋端头至熔化状态，附着物随熔滴流走，端部呈凸状时，应加压，挤出熔化金属，并密合牢固。

(7) 在加热过程中，当在钢筋端面缝隙完全密合之前发生灭火中断现象时，应将钢筋取下重新打磨、安装，然后点燃火焰进行焊接。当灭火中断发生在钢筋端面缝隙完全密合之后可继续加热、加压。

(8) 在焊接生产中，焊工应自检，当发现焊接缺陷时应查找原因，并采取措施，及时消除。

2. 典型工程应用

1) 贵州省高级人民法院法庭工程项目

贵州省高级人民法院法庭工程项目，地上 4 层，地下 2 层，总建筑面积为 35 071.7 m^2。结构类型为框架架构，基础类型主要为人工挖孔灌注桩及柱下独立基础。该工程共用钢筋约 2340 t，主要使用了 HPB235、HRB335 及 HRB400 钢筋原材，在梁、柱的钢筋焊接接长上，全部采用了氧-液化石油气熔态(开式)气压焊技术，钢筋直径覆盖范围为 14～32 mm，焊接接头数量共计 28 786 个。焊接严格按照《钢筋焊接及验收规程》(JGJ 18—2012)的规定进行，全批次检验合格。HRB400 直径 32 mm 熔态气压焊接头力学性能试验的试件见图 28-14。

图 28-14　HRB400 直径 32 mm 熔态气压焊接头试件

2) 贵州省政府大院 3 号办公楼工程项目

该项目总建筑面积为 35 014 mm^2，其中地上 12 层，建筑面积为 25 513 mm^2。用钢量为 4350 t，采用 HPB235 和 HRB400 钢筋，其中直径 6～8 mm 的为 HPB235 钢筋，直径 10～32 mm 的为 HRB400 钢筋，钢筋连接全部采用氧-液化石油气熔态(开式)气压焊技术，焊接接头数量共计 44 552 个。全部检验批次合格。

贵州省政府大院 3 号办公楼工程施工现场照片见图 28-15。

图 28-15　贵州省政府大院 3 号办公楼工程

3）贵阳市市民健身中心工程项目

该工程总建筑面积为 15 063.53 m^2，其中地上面积为 9444.17 m^2，地下面积为 5619.36 m^2。工程共用钢筋约 1250 t，主要使用了 HPB235 和 HRB335 钢筋，钢筋连接全部采用氧-液化石油气熔态（开式）气压焊技术，钢筋直径为 16～32 mm，焊接接头数量共计 19 946 个，全部检验批次合格。氧-液化石油气熔态（开式）气压焊工艺在建筑工程的应用见图 28-16。

图 28-16 氧-液化石油气熔态（开式）气压焊

4）梅山大桥工程项目

该项目位于浙江省宁波北仑春晓镇至舟山段，全长 2200 m，为跨海大桥，共 33 跨 66 个桥墩，大桥设计用钢为 HRB335 钢筋，原设计钢筋连接为直螺纹连接，经设计认可变更为固态（闭式）气压焊连接。施工采用半自动固态气压焊工艺，焊接接头总数达到 9.8 万个，接头质量经验收满足设计及验收标准要求。

5）舟山市普陀滨港西段沿海高架工程项目

该高架全长 1937 m，上部结构采用 16 m 钢筋混凝土现浇和 20 m、25 m 钢筋预应力混凝土箱梁，基础及下部结构钢筋直径为 22 mm、32 mm，采用固态（闭式）半自动钢筋气压焊接工艺，焊接钢筋 6850 t，焊接接头质量设计符合验收标准要求。

第29章

预埋件钢筋焊接设备

随着我国工程建设的迅猛发展，钢筋预埋件用量越来越多，预埋件钢筋焊接设备由传统的电弧焊工艺发展为埋弧压力焊和螺柱焊。本章主要介绍预埋件钢筋焊接设备的分类、工作原理及组成、技术性能、选用原则、安全使用(包括操作规程、维护和保养)及工程应用。

29.1 概述

29.1.1 定义和用途

将钢筋与钢板安放成T形接头形式，用焊条电弧焊、二氧化碳气体保护电弧焊、螺柱焊、埋弧压力焊、摩擦焊等方法将钢筋与钢板牢固地焊接在一起形成预埋件钢筋T形接头。以下着重介绍工程建设中常用的三种预埋件钢筋T形接头焊接方法。

1. 预埋件钢筋电弧焊

预埋件钢筋电弧焊是钢筋混凝土结构工程传统的焊接方法，其中，焊条电弧焊在我国工程建设不同时期都得到充分应用和不断发展，从使用交流弧焊机、直流弧焊机到使用逆变式弧焊机。20世纪末，二氧化碳气体保护电弧焊设备也在预埋件钢筋T形接头施工中得到推广应用。预埋件钢筋电弧焊T形接头可分为角焊和穿孔塞焊接头型式，见图29-1。

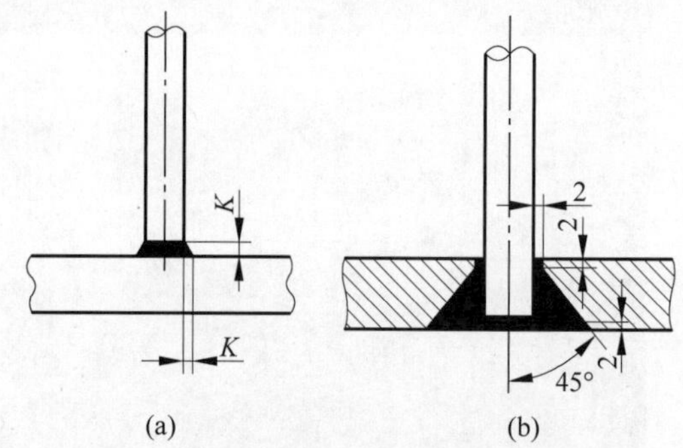

图29-1 预埋件钢筋电弧焊常用接头型式

(a) 角焊；(b) 穿孔塞焊

根据现行行业标准《钢筋焊接及验收标准》(JGJ 18—2012)规定，角焊接头型式适用于钢筋直径为6～25 mm的预埋件钢筋T形接头焊接；穿孔塞焊接头型式适用于钢筋直径为20～25 mm的预埋件钢筋T形接头焊接。火电厂工程的预埋件钢筋T形接头见图29-2。

图29-2 火电厂工程的预埋件钢筋T形接头

2. 预埋件钢筋螺柱焊

预埋件钢筋螺柱焊按设备及工艺不同分为预埋件钢筋埋弧螺柱焊和预埋件钢筋电弧螺柱焊两种工艺。预埋件钢筋电弧螺柱焊工艺现场见图29-3。

图 29-3 预埋件钢筋电弧螺柱焊工艺现场

预埋件钢筋埋弧螺柱焊是用电弧螺柱焊焊枪夹持钢筋，使钢筋垂直对准钢板，采用螺柱焊电源设备产生强电流、短时间的焊接电弧，在熔剂层保护下使钢筋焊接端面与钢板产生熔池后，适时将钢筋插入熔池，形成T形接头的焊接方法。

预埋件钢筋埋弧螺柱焊已列入现行行业标准《钢筋焊接及验收标准》(JGJ 18—2012)中。该标准规定，预埋件钢筋埋弧螺柱焊接头型式适用于钢筋直径为6～25 mm的预埋件钢筋T形接头焊接。预埋件钢筋埋弧螺柱焊手工焊枪、焊剂盒见图29-4。

图 29-4 预埋件钢筋埋弧螺柱焊手工焊枪、焊剂盒

3. 预埋件钢筋埋弧压力焊

预埋件钢筋埋弧压力焊是将钢筋与钢板安放成T形接头形式，利用焊接电流通过，在焊剂层下产生电弧，形成熔池，加压完成的一种压焊方法。预埋件钢筋埋弧压力焊示意图见图29-5。

根据现行行业标准《钢筋焊接及验收标准》(JGJ 18—2012)的规定，预埋件钢筋埋弧压力焊接头型式适用于钢筋直径为6～25 mm的预埋件钢筋T形接头焊接。

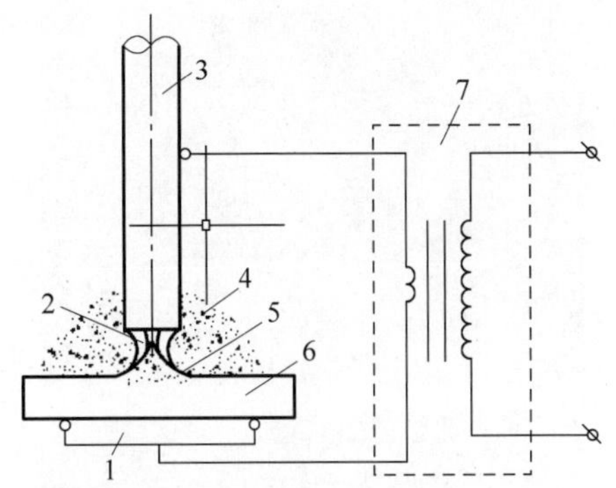

1—钢板电极；2—电弧；3—钢筋；4—焊剂；5—熔池；6—钢板；7—弧焊变压器。

图 29-5 预埋件钢筋埋弧压力焊示意图

预埋件钢筋焊接将直接影响工程质量和进度，每个钢筋混凝土结构工程建设项目应提前规划好，因地制宜地正确选择预埋件钢筋焊接方法及其焊接设备。

29.1.2 发展历程与沿革

预埋件钢筋焊接一直多采用焊条电弧焊方法，因为焊条电弧焊方法只需要一台电焊机，一人操作，就能实现预埋件钢筋焊接。虽然焊条电弧焊方法设备简单(可以一机多用)，操作简便，工程技术经济效果明显，但大型工程钢筋预埋件数量多，预埋件钢筋T形接头焊条电弧焊的焊接速度往往难以满足工程需要。因此在20世纪中后期出现了预埋件钢筋埋弧压力焊和预埋件钢筋二氧化碳气体保护电弧焊方法。

随着核电工程建设及高层、超高层钢结构建筑越来越多，对预埋件钢筋T形接头的需求量越来越大。2005年我国出现了第一个埋弧螺柱焊发明专利，并成功用于北京鸟巢"柱脚板和支撑搭架"预埋件焊接，见图29-6。

埋弧螺柱焊的焊接接头质量稳定可靠，已经在我国核电建设中得到推广应用。埋弧螺柱焊方法在其他基本建设领域亦得到广泛应用，见图29-7。

29.1.3 发展趋势

我国地域辽阔，有许多不同规模的工程(含"一带一路"的许多境外工程)、不同区域及不同的建设环境条件，每天都有数以万计的预

图 29-6 埋弧螺柱焊方法焊接预埋件钢筋（北京鸟巢预埋件钢筋焊接）

图 29-7 埋弧螺柱焊方法焊接预埋件钢筋 T 形接头

埋件钢筋 T 形接头出现，预埋件钢筋电弧焊工艺在目前还是生产主力，特别是不断更新的二氧化碳气体保护电弧焊设备与工艺推广使用，工效、质量、经济性都能体现明显的技术经济效果。预埋件钢筋摩擦焊在高强度钢筋预埋件的应用中已初显成效。这些将进一步提高预埋件钢筋 T 形接头的焊接质量，加快焊接速度，大幅度降低人工成本。随着焊接控制技术的不断发展，在预埋件钢筋 T 形接头焊接领域，预埋件钢筋螺柱焊和新型摩擦焊将有较大的发展空间。

29.2 产品分类

目前国内常用的预埋件钢筋 T 形接头焊接设备有预埋件钢筋电弧焊设备、预埋件钢筋螺柱焊设备、预埋件钢筋埋弧压力焊设备。

其中，预埋件钢筋电弧焊设备有焊条电弧焊设备和二氧化碳气体保护电弧焊设备；常用的预埋件钢筋焊条电弧焊设备有交流电焊机（亦称弧焊变压器）、逆变式弧焊整流器、二氧化碳气体保护电弧焊机。预埋件钢筋螺柱焊设备有预埋件钢筋埋弧螺柱焊设备和预埋件钢筋电弧螺柱焊设备。预埋件钢筋埋弧压力焊设备的焊接电源有交流电焊机和直流弧焊电源两类，按操作方式可分为手动埋弧压力焊设备和自动埋弧压力焊设备两种。

29.3 工作原理与结构组成

29.3.1 工作原理

1. 预埋件钢筋电弧焊

1）预埋件钢筋焊条电弧焊

预埋件钢筋焊条电弧焊是以焊条作为一极，钢筋与钢板安放成 T 形接头型式的焊件为另一极，利用焊接电流通过产生的电弧热进行焊接的一种熔焊方法。焊条电弧焊时，在焊条末端和焊件之间燃烧的电弧所产生的高温使焊条药皮与焊芯及焊件熔化，熔化的焊芯端部迅速地形成细小的金属熔滴，通过弧柱过渡到局部熔化的工件表面，熔合一起形成熔池。焊条药皮熔化后，在电弧吹力的搅拌下，与液体金属发生快速强烈的冶金反应，反应后形成的熔渣和气体不断地从熔化金属中排出，不仅使熔池和电弧周围的空气隔绝，而且和熔化了的焊芯、母材发生一系列的冶金反应保证所形成焊缝的性能，同时围绕在电弧周围的气体与熔渣共同防止空气的侵入，使熔化金属缓慢冷却，而且熔渣对焊缝的成型起着重要的作用。随着电弧向前移动，焊件和焊条金属不断熔化形成新熔池，原先的熔池则不断地冷却凝固，形成连续焊缝，浮起的熔渣覆盖在焊缝表面，逐渐冷凝成表面渣壳和冷却结晶形成焊缝。去掉渣壳，完成预埋件钢筋 T 形接头。焊条电弧焊的过程见图 29-8。

2）预埋件钢筋二氧化碳气体保护电弧焊

预埋件钢筋二氧化碳气体保护电弧焊焊接时，在焊丝尖端和工件之间引燃电弧，使二者

1—药皮；2—焊芯；3—保护气；4—电弧；5—熔池；6—母材；7—焊缝；8—渣壳；9—熔渣；10—熔滴。

图 29-8　焊条电弧焊的过程

都发生熔化，形成熔池。焊丝既是热源（通过焊丝尖端的电弧产生热量），也是接头的填充金属。导电铜管（也称导电嘴）在将焊接电流导入的同时，也将焊丝送进。环绕焊丝的喷嘴将保护气体输入，保护电弧和焊接熔池免受周围大气的污染。焊丝通过马达驱动的焊丝盘送进，由焊工或机械使焊枪或焊炬沿连接缝移动，形成所要求的焊缝。由于焊丝连续送进，并有比较好的可见度，因此该工艺生产率高，质量可靠，具有明显的技术经济效果。二氧化碳气体保护电弧焊工作原理示意图见图 29-9。

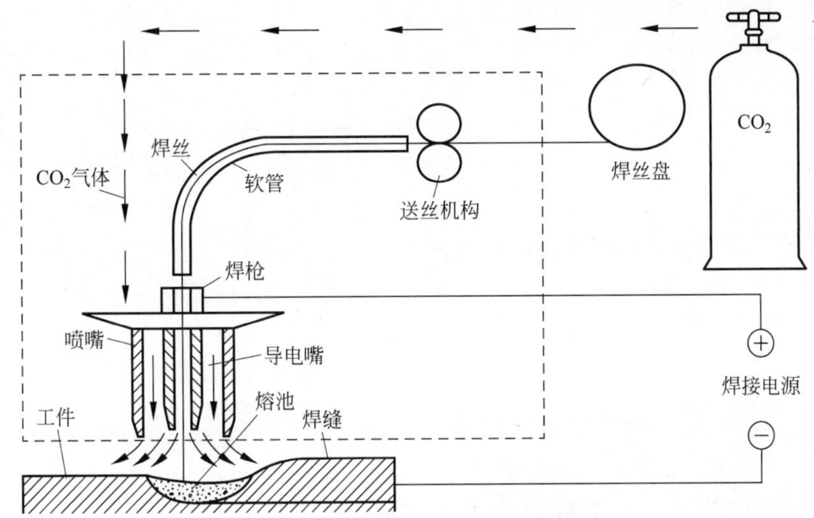

图 29-9　二氧化碳气体保护电弧焊工作原理示意图

2. 预埋件钢筋螺柱焊

1）预埋件钢筋埋弧螺柱焊

预埋件钢筋埋弧螺柱焊焊接时，用电弧螺柱焊焊枪夹头夹持钢筋，焊枪支撑杆固定焊剂盒，使钢筋垂直对准钢板，焊剂盒充满焊剂（焊剂盒如图 29-4 所示），采用螺柱焊电源设备产生强电流、短时间的焊接电弧，在熔剂层保护下使钢筋焊接端面与钢板间产生熔池后，适时将钢筋插入熔池，形成 T 形接头，见图 29-10。

图 29-10　北京鸟巢预埋件工艺评定钢筋接头

焊接过程如图 29-11 所示，按钢筋直径选择好焊接电流、焊接时间；在焊枪上调整好伸出量、提升量；将钢筋对准焊接位置，压下焊枪，使焊剂盒端面与钢板紧密接触；套上焊剂挡圈，注满焊剂，如图 29-11（a）所示；稳住焊枪，按下焊枪手柄按钮；焊机完成起弧提升，如图 29-11（b）所示；电弧稳定燃烧，形成渣池，熔化金属渣池冶炼，如图 29-11（c）所示；钢筋按程序自动插入熔池，如图 29-11（d）所示；待金属稍微凝固，打开焊剂盒、拔起焊枪、清除焊剂、打掉渣壳，焊接完成，如图 29-11（e）所示。

2）预埋件钢筋电弧螺柱焊

预埋件钢筋电弧螺柱焊焊接时，用电弧螺柱焊焊枪夹头夹持钢筋，焊枪支撑杆固定瓷环

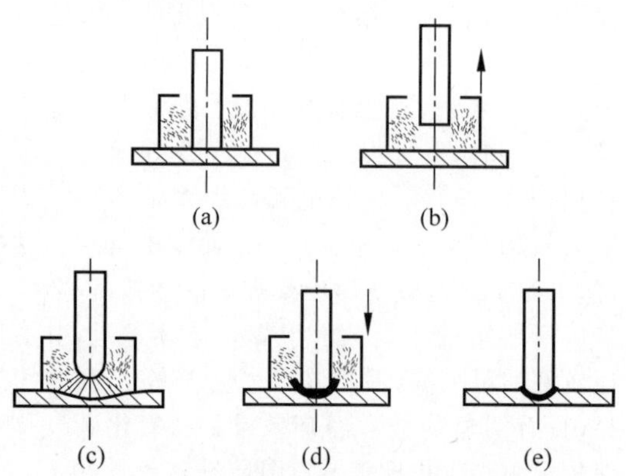

图 29-11　预埋件钢筋埋弧螺柱焊示意图
(a) 套上焊剂挡圈,顶紧钢筋,注满焊剂;(b) 接通电源,钢筋上提,引燃电弧;(c) 燃弧;(d) 钢筋插入熔池,自动断电;(e) 打掉渣壳,焊接完成

爪(焊接时压住瓷环),使钢筋垂直对准钢板,采用螺柱焊电源设备产生强电流、短时间的焊接电弧,在瓷环保护下使钢筋焊接端面与钢板间产生熔池后,适时将钢筋插入熔池,形成T形接头。上海嘉闵高架工程的预埋件钢筋T形接头采用电弧螺柱焊工艺,见图29-12。

图 29-12　上海嘉闵高架螺纹钢预埋件采用电弧螺柱焊

3. 预埋件钢筋埋弧压力焊

预埋件钢筋埋弧压力焊焊接时是将焊接机头下端的钢筋夹钳垂直夹住钢筋(锚筋),与焊接平台水平安放的钢板成T形连接形式并接触,焊接时钢筋端部和钢板接触处之间引燃电弧之后,在焊剂层下产生电弧,在焊接电弧热的作用下,熔化的钢筋端部和钢板接触处熔化金属形成熔池。待钢筋端部整个截面均匀加热到一定温度,同时施加外力将钢筋与钢板接触处熔融金属挤出T形接头周围,随即切断焊接电源,冷却凝固后形成焊接接头。该焊接工艺属于熔态压力焊范畴。整个焊接过程为:引弧—电弧—电渣—顶压—完成焊接。预埋件钢筋埋弧压力焊示意图见图29-13。

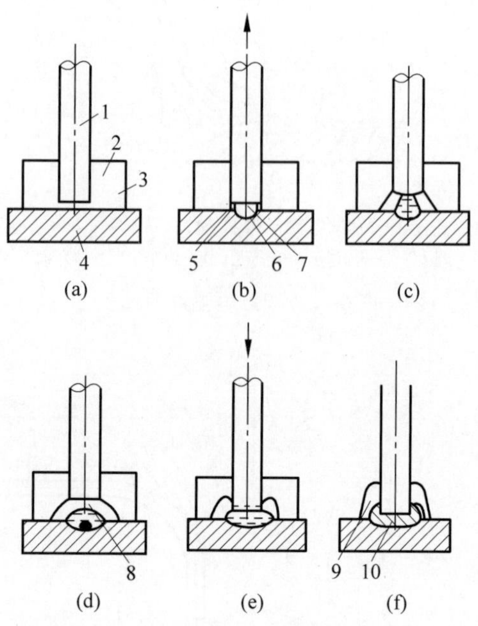

1—钢筋;2—焊剂;3—挡圈;4—钢板;5—熔渣;6—熔池;7—电弧;8—渣池;9—渣壳;10—焊缝金属。

图 29-13　预埋件钢筋埋弧压力焊示意图
(a) 起弧前;(b) 引弧;(c) 电弧过程;(d) 电渣过程;(e) 顶压;(f) 焊态

29.3.2　结构组成

1. 预埋件钢筋电弧焊设备

1) 焊条电弧焊设备

交流电焊机(弧焊变压器)是建筑工程施工现场最常用的预埋件钢筋焊条电弧焊设备,其中,交流电焊机有BX1系列、BX2系列、BX3系列等。以下重点介绍BX1系列交流电焊机的结构组成。BX1系列焊机外观结构示意图见图29-14,其内部结构示意图见图29-15。其他交流电焊机和直流电焊机可参见第26章。

2) 二氧化碳气体保护电弧焊设备

二氧化碳气体保护电弧焊设备工作过程示意图见图29-16。

逆变式二氧化碳气体保护弧焊机是预埋件钢筋电弧焊的常用设备,图29-17所示为逆变式二氧化碳气体保护弧焊机的结构组成。其他类型二氧化碳气体保护弧焊机可参见第26章。

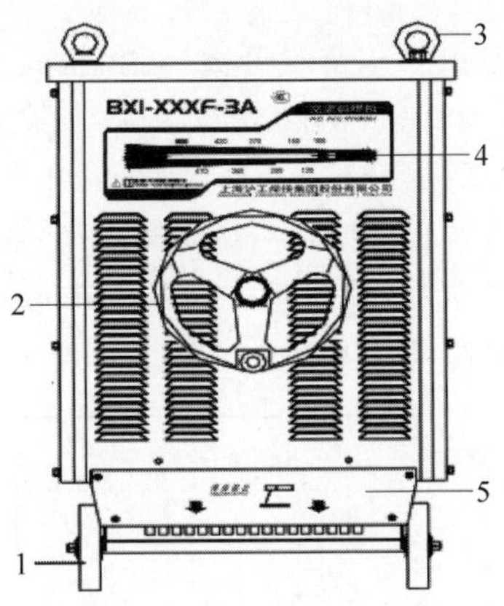

1—移动滚轮；2—摇手轮；3—吊环；4—焊接电流指示框；5—电源输出接线端。

图 29-14　BX1 系列交流电焊机外观结构示意图

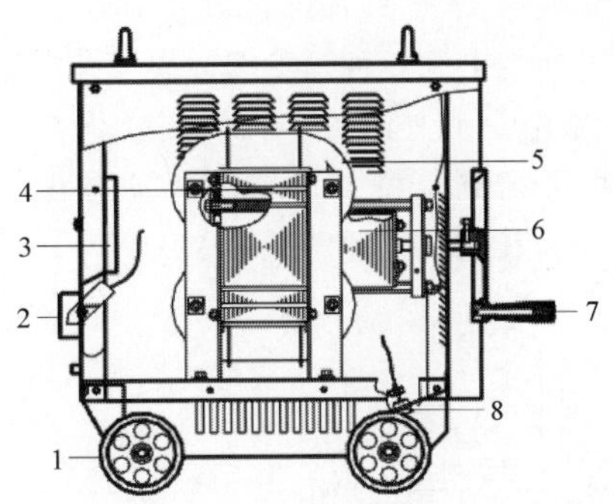

1—移动滚轮；2—电源输入接线端；3—冷却风扇；4—变压器静铁芯；5—焊机绕组；6—动铁芯；7—电流调节摇手柄；8—电源输出接线端。

图 29-15　BX1 系列交流电焊机内部结构示意图

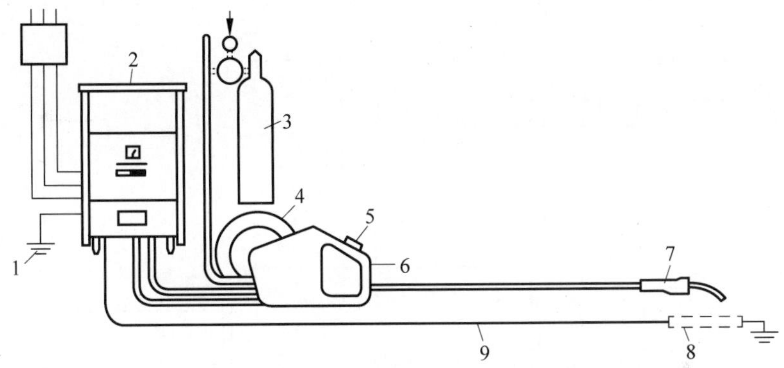

1—接地电缆；2—焊接电源；3—气瓶；4—焊丝；5—遥控器；6—送丝装置；7—焊枪；8—母材；9—电源输出电缆。

图 29-16　二氧化碳气体保护电弧焊设备工作过程示意图

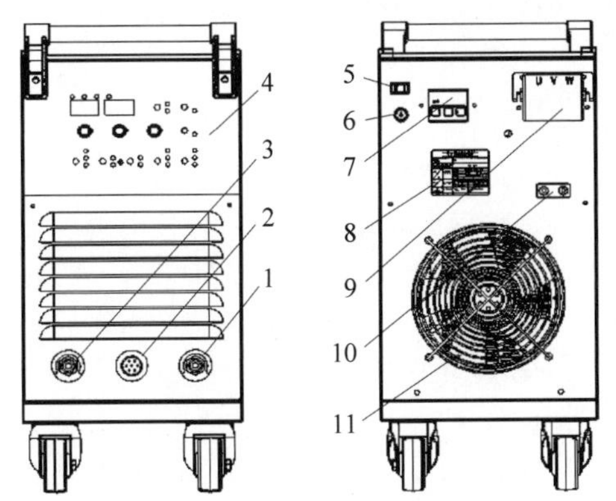

1—焊接电缆接线端子(−)；2—送丝机控制插座；3—焊接电缆接线端子(+)；4—控制面板界面；5—加热电源输出插座；6—控制电源保险(3A)；7—自动空气开关；8—铭牌丝印；9—三相接线盒；10—夹箍；11—风机。

图 29-17　逆变式二氧化碳气体保护弧焊机结构组成

2. 预埋件钢筋螺柱焊设备

1）预埋件钢筋埋弧螺柱焊设备

预埋件钢筋埋弧螺柱焊设备由螺柱焊电源、螺柱焊手工焊枪或钢筋垂直上下夹持机构、焊剂盒、焊接电缆等组成。手工操作埋弧螺柱焊机见图 29-18。

图 29-18　手工操作埋弧螺柱焊机

(1) 螺柱焊电源

埋弧螺柱焊电源有可控硅桥式整流电源及 IGBT 逆变电源两种。①螺柱焊可控硅桥式整流电源由三相空气开关 KM、三相变压器 T1、三相可控硅全桥整流 KI1-6、滤波电抗器 L_1 等组成,其电气原理图见图 29-19。②IGBT 逆变电源由三相空气开关、三相桥式整流器、IGBT 逆变器、快恢复整流器、滤波器等组成。由于逆变频率高达 20kHz,逆变变压器及滤波电抗器重量轻、体积小、逆频频率高,焊接电流调节速度快,是值得推广的焊接电源,其电气原理图见图 29-20。

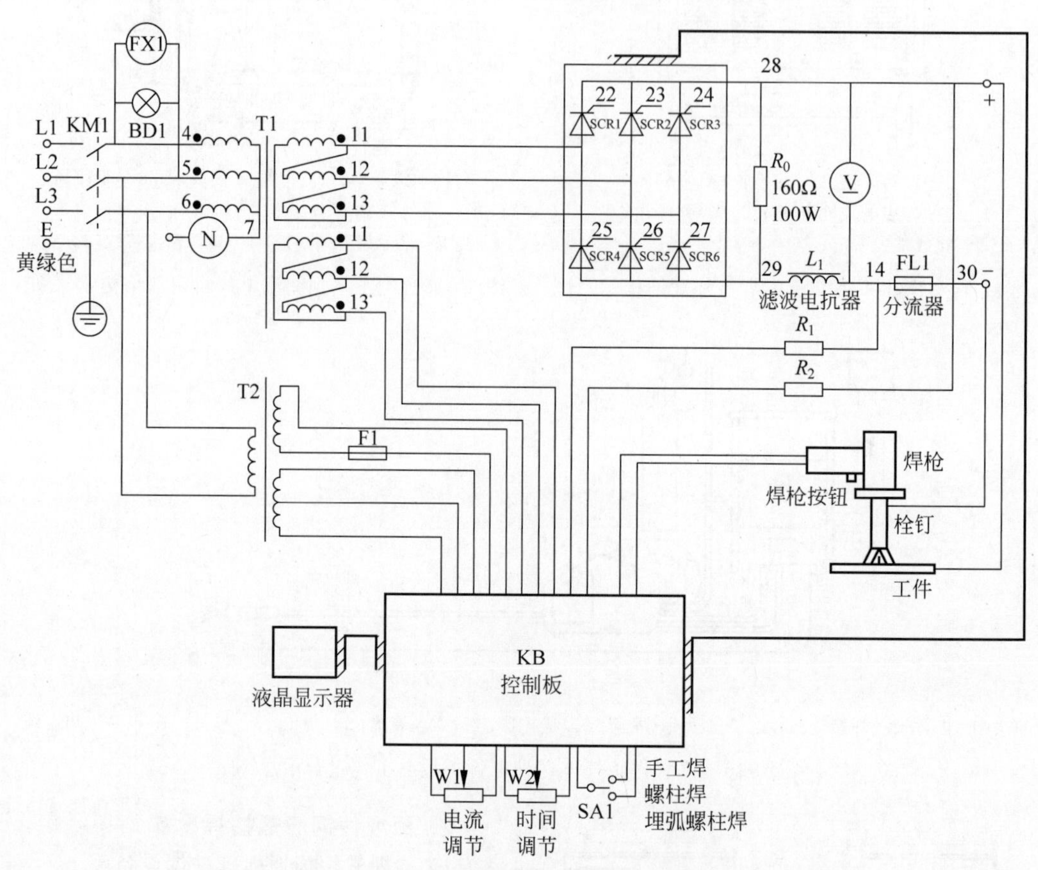

图 29-19 可控硅桥式整流电源电气原理图

(2) 埋弧螺柱焊焊枪

埋弧螺柱焊手工焊枪或钢筋垂直上下夹持机构是进行埋弧螺柱焊操作的重要工具。预埋件钢筋埋弧螺柱焊焊枪见图 29-21,钢筋垂直上下夹持机构见图 29-22。

(3) 埋弧螺柱焊焊剂盒

通常焊剂盒与支撑杆连接为一体,不可开合的焊剂盒见图 29-4,适合于短、直钢筋焊接。对于长钢筋和有弯曲角度的钢筋的焊接,必须选择开合式焊剂盒,如图 29-23 所示。焊接完成后,打开焊剂盒,便于焊枪、焊剂盒从焊好的钢筋处移开。

(4) 埋弧螺柱焊焊接电缆

预埋件钢筋埋弧螺柱焊的焊接电缆的截面面积,2500 A 以上的焊接设备通常为 90 mm^2,1600 A 及以下焊接的设备通常为 70 mm^2。

2) 预埋件钢筋电弧螺柱焊设备

预埋件钢筋电弧螺柱焊是用瓷环保护焊接区域,而埋弧螺柱焊是用焊剂保护焊接熔池及焊缝金属。电弧螺柱焊的焊枪结构与埋弧螺柱焊焊枪结构的差异仅是将焊剂盒取消,改为焊接时压住瓷环爪,见图 29-24。预埋件钢筋电弧螺柱焊设备其他结构组成与埋弧螺柱焊设备基本相同。

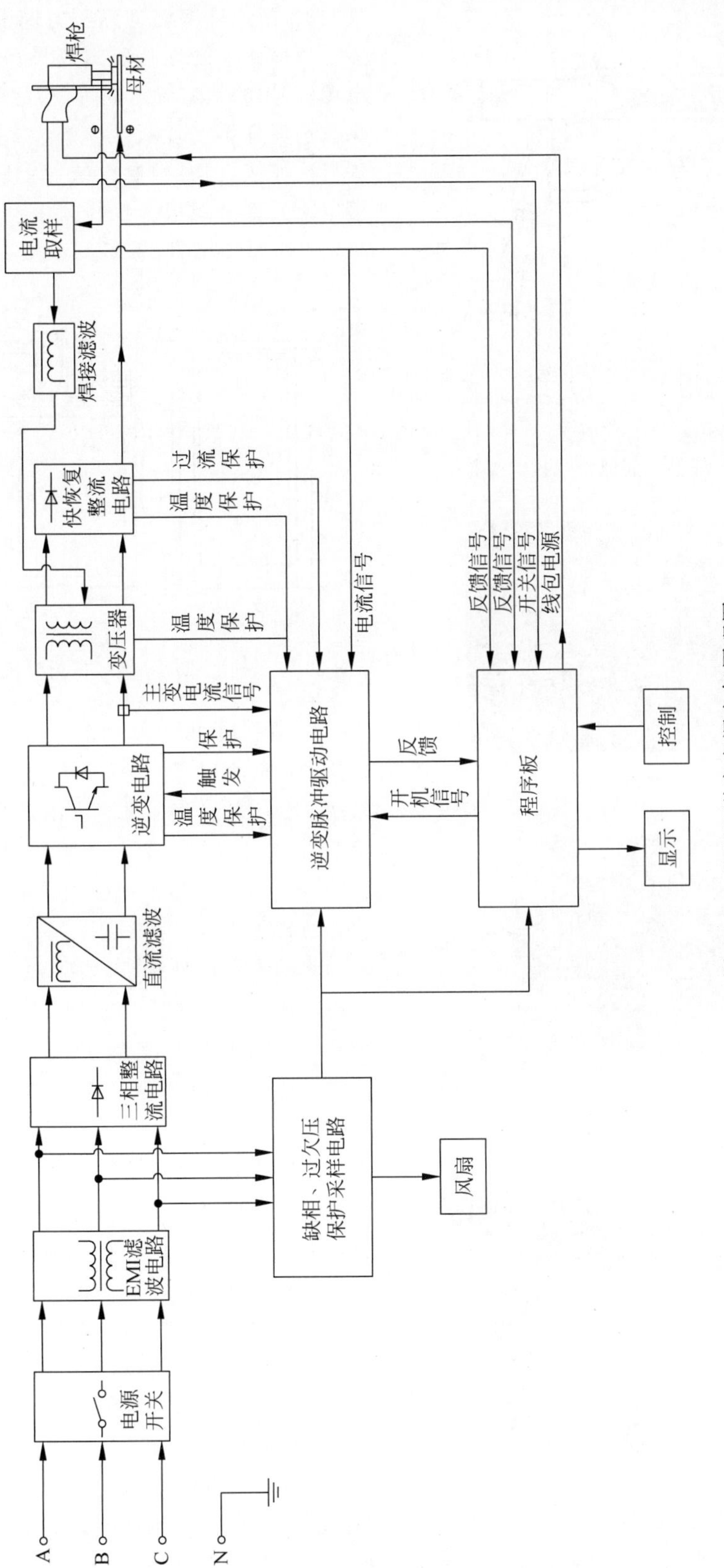

图 29-20 IGBT 逆变电源电气原理图

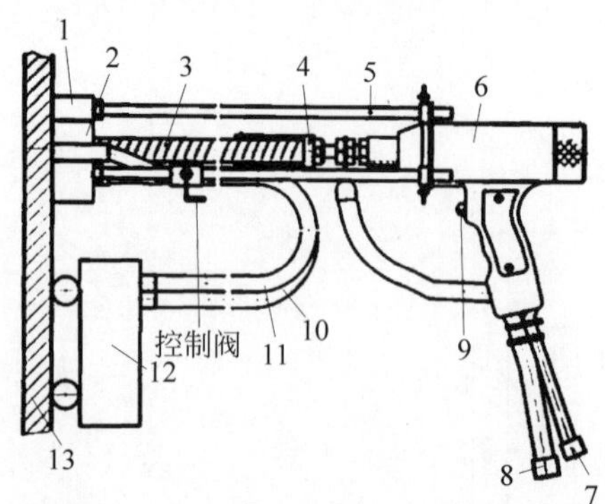

1—盒门；2—焊剂盒；3—钢筋；4—夹头；5—支撑杆；6—焊枪；7—控制电缆接头；8—主电缆接头；9—按钮；10—输送管；11—回收管；12—焊剂器；13—工件。

图 29-21　预埋件钢筋埋弧螺柱焊焊枪

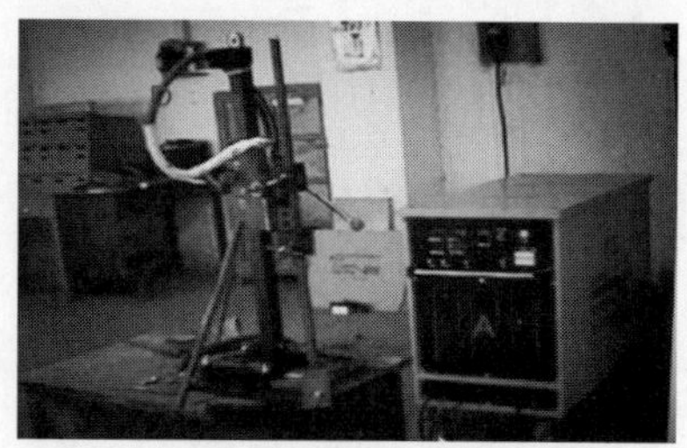

图 29-22　钢筋垂直上下夹持机构

图 29-23　开合式埋弧螺柱焊焊剂盒

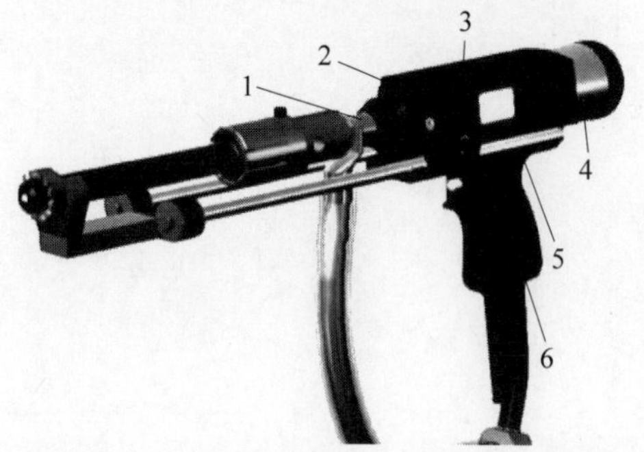

1—轴部件；2—前端盖部件；3—提升部件；4—线圈&提升调节部件；5—外壳部件；6—焊枪把手部件。

图 29-24　电弧螺柱焊手持式焊枪

3. 预埋件钢筋埋弧压力焊设备

预埋件钢筋埋弧压力焊设备主要由焊接电源(常用的是交流电焊机，亦称弧焊变压器；少数预埋件钢筋埋弧压力焊设备采用直流电焊机)、焊接机构、控制系统、高频引弧器和焊接电缆五部分组成。杠杆式手动埋弧压力焊机外形示意图见图 29-25。

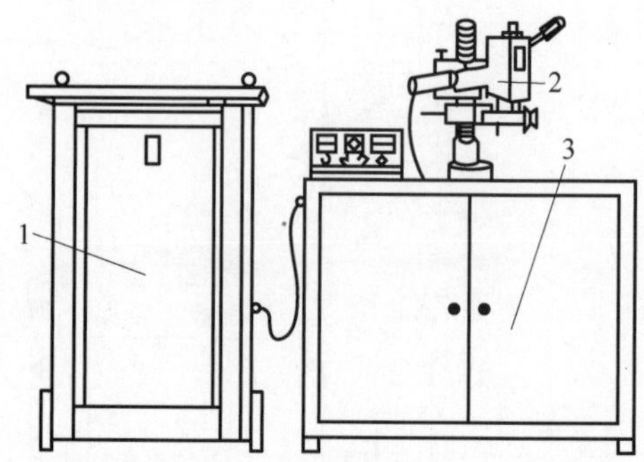

1—弧焊变压器；2—焊接机构；3—控制柜。

图 29-25　杠杆式手动埋弧压力焊机外形示意图

1) 焊接电源

当钢筋直径较小、负载持续率较低时，可采用 BX3-500 型交流电焊机作为焊接电源；当钢筋直径较大、负载持续率较高时，宜采用 BX2-1000 型交流电焊机作为焊接电源。

2) 焊接机构

手动式预埋件钢筋埋弧压力焊机的焊接机构通常采用立柱摇臂式，由机架、焊接机头、钢筋夹钳和工作平台等组成。焊接机架为一摇臂立柱，焊接机头装于摇臂立柱上，摇臂立柱装于工作平台上。装有钢筋夹钳的焊接机头在工作平台上方，可向前后、左右移动。摇臂也可以方便地上下调节。工作平台中间嵌装一块铜板电极，在工作平台一侧装有漏网，漏网下有储料筒，存储使用过的焊剂。钢筋夹钳的钳口可根据焊接钢筋直径大小调节，钢筋夹钳应有良好的导电性，夹钳松紧适宜。预埋件钢筋埋弧压力焊设备(多数为手动式，少数为自动焊机)的焊接机构、控制系统、高频引弧器几乎都是使用单位和施工科研机构开发研制的。个别单位使用的预埋件钢筋埋弧压力焊机的焊接机构是用中型钻床改造的。

3）控制系统

手动埋弧压力焊机的控制系统由控制变压器、互感器、接触器、继电器等组成，控制系统电气原理图见图 29-26。

4）高频引弧器

预埋件钢筋埋弧压力焊引弧用的高频引弧器，其主要部件组装在工作平台下的控制柜内，焊接机构与控制柜组成一体。预埋件埋弧压力焊机的高频引弧器工作原理图见图 29-27。

5）焊接电缆

用焊接电缆与钢筋夹钳的铜电极及工作平台的铜板电极（地线）分别连接，工作平台的铜板电极宜采用对称接地方法，以减少电弧偏吹，使焊接接头成型良好。

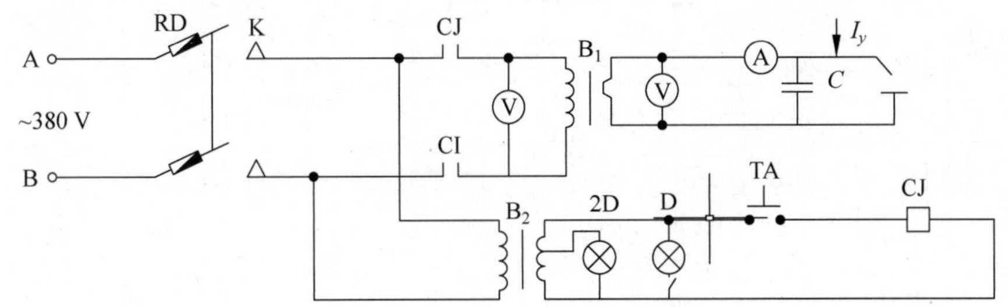

K—铁壳开关；RD—管式熔断器；B_1—弧焊变压器；B_2—控制系统变压器；D—焊接指示灯；2D—电源指示灯；C—保护电容；TA—启动按钮；CJ—交流接触器；I_y—高频振荡引弧电流接入。

图 29-26　手动埋弧压力焊机控制系统电气原理图

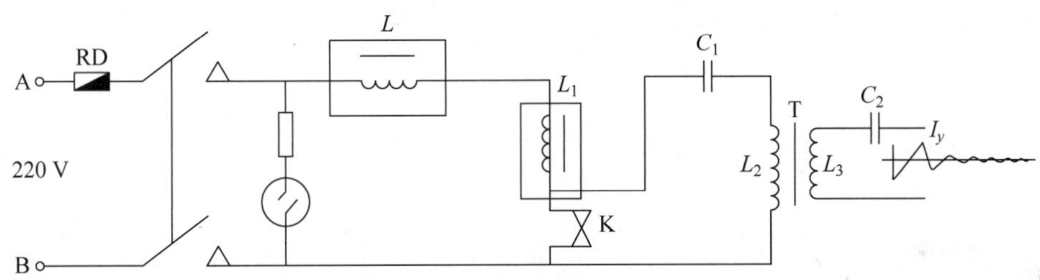

图 29-27　高频引弧器工作原理图

29.3.3　电气控制系统

1. 预埋件钢筋电弧焊

预埋件钢筋电弧焊设备的电气控制系统参见第 26 章。

2. 预埋件钢筋埋弧螺柱焊设备

1）手工操作电气控制系统

可控硅桥式整流电源电气原理图见图 29-19。焊接程序控制电路集成在焊接电源 KB 内，它由多段控制程序组成，当焊枪按钮按下时，即启动焊接程序，执行预埋件钢筋埋弧螺柱焊接过程。

为了保证焊接质量，手工操作电气控制系统设计有“焊接电流负反馈”电路，它由分流器 FL 取电流负反馈信号，与给定信号比较，输出触发信号，调节可控硅的导通角，以稳定焊接电流。

IGBT 逆变电源电气原理图见图 29-20，焊接程序控制电路集成在焊接电源程序板中，它同样由多段控制程序组成，当焊枪按钮按下时，即启动焊接程序，焊接电流的稳定性则由脉冲调制电路来实现。

2）自动焊接程序控制系统

成都螺柱自动焊公司研发的桥面螺柱自动焊机电气原理图见图 29-28，采用 XYZ 三维控制，定位螺柱焊接位置，焊接过程由螺柱焊质量控制系统管理，它是由两台螺柱焊电源及总线自动控制系统管理，焊接生产率很高。新设计“钢筋夹持机构”“焊剂盒自动开合机构”“焊剂自动填充和清除机构”，即可构成自动埋弧螺柱焊机。

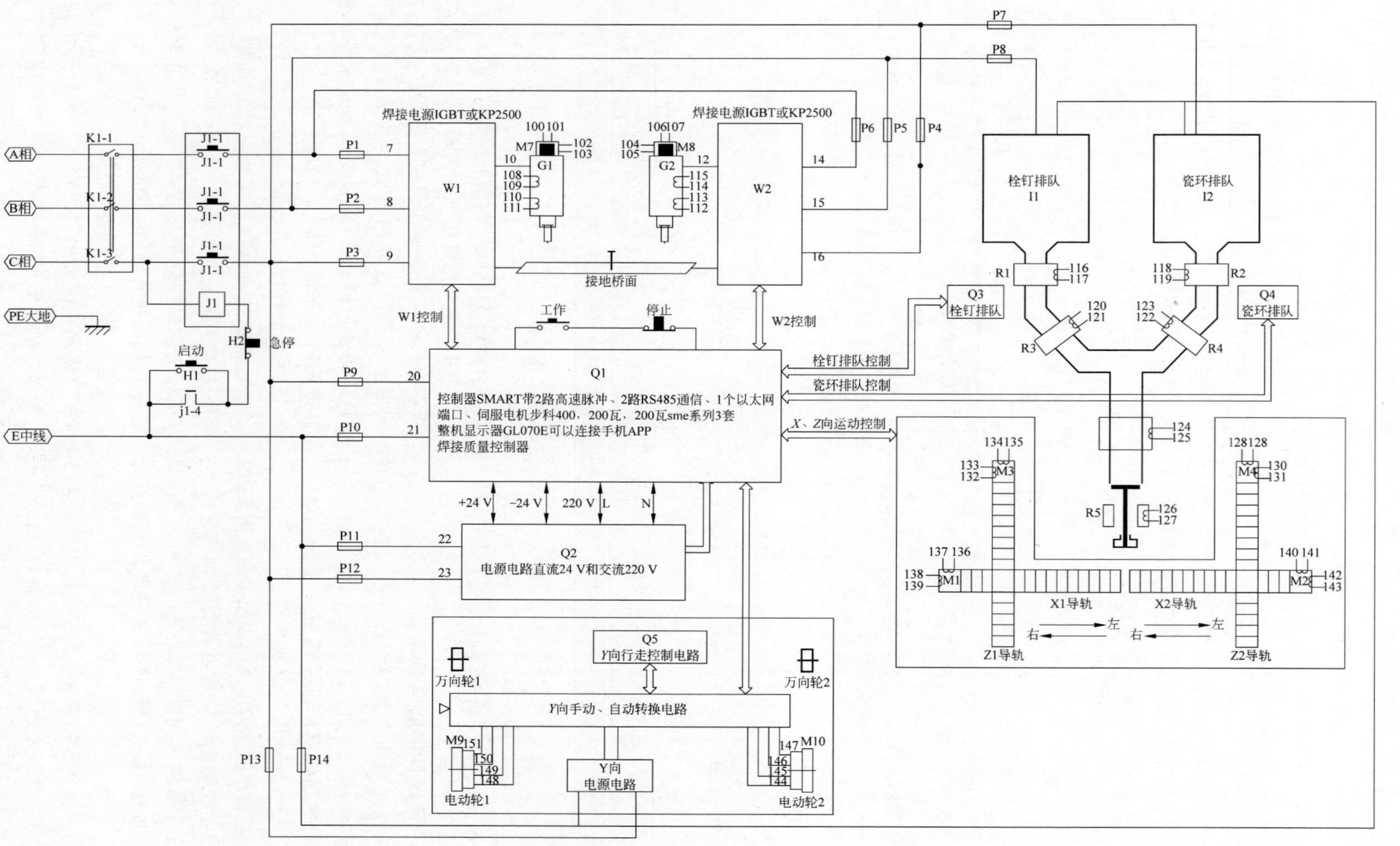

图 29-28 桥面螺柱自动焊机电气原理图

3. 预埋件钢筋埋弧压力焊设备

手动埋弧压力焊设备控制系统电气原理图见图 29-26，其钢筋上提、下送、顶压均由焊工通过杠杆作用（或摇臂传动）完成。

自动埋弧压力焊设备控制系统有两种形式：一种是电磁式，钢筋上提是通过揿按钮，控制线路接通，电磁铁为线圈吸引，产生电弧；钢筋顶压是通过控制线路断开，磁力释放，利用弹簧将钢筋下压，完成焊接；另一种是电动式，是在机头设置直流伺服电机，通过蜗轮、蜗杆减速，利用齿轮、齿条以及电弧电压负反馈控制系统自动将钢筋上提、下送、顶压，完成焊接。

29.4 技术性能

29.4.1 产品型号命名

1. 预埋件钢筋电弧焊及预埋件钢筋埋弧压力焊设备

我国焊机型号是按现行国家标准《电焊机型号编制方法》（GB/T 10249—2010）统一规定编制的。焊机型号由汉语拼音字母及阿拉伯数字组成，其编排次序及代表含义如图 29-29 和表 29-1 所示。钢筋电弧焊及常用预埋件钢筋埋弧压力焊的焊接电源也都是弧焊电源。

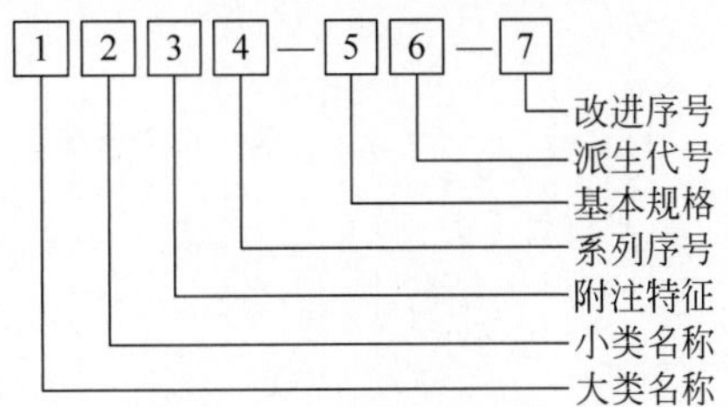

图 29-29　焊机型号表示方法

弧焊电源型号示例说明如下：

BX3-500——陡降外特性的动圈式交流弧焊变压器，额定焊接电流为 500 A。

ZX7-400——陡降外特性逆变式弧焊整流电源，额定焊接电流为 400 A。

NBC-500——半自动二氧化碳气体保护电弧焊机，额定焊接电流为 500 A。

表 29-1　焊机型号的编排次序及代表含义

产品名称	第一字母		第二字母		第三字母		第四字母	
	代表字母	大类名称	代表字母	小类名称	代表字母	附注特征	数字序号	系列序号
电弧焊机	B	交流弧焊机 （弧焊变压器）	X P	下降特性 平特性	L	高空载电压	省略 1 2 3 4 5 6	磁放大器或饱和电抗器式 动铁芯式 串联电抗器式 动圈式 晶闸管式 变换抽头式
	A	机械驱动的弧焊机 （弧焊发电机）	X P D	下降特性 平特性 多特性	省略 D Q C T H	电动机驱动 单纯弧焊发电机 汽油机驱动 柴油机驱动 拖拉机驱动 汽车驱动	省略 1 2	直流 交流发电机整流 交流

续表

产品名称	第一字母		第二字母		第三字母		第四字母	
	代表字母	大类名称	代表字母	小类名称	代表字母	附注特征	数字序号	系列序号
电弧焊机	Z	直流弧焊机（弧焊整流器）	X	下降特性	省略	一般电源	省略	磁放大器或饱和电抗器式
			P	平特性	M	脉冲电源	1	动铁芯式
			D	多特性	L	高空载电压	2	
					E	交直流两用电源	3	动圈式
							4	晶体管式
							5	晶闸管式
							6	变换抽头式
							7	逆变式
	N	MIG/MAG焊机（熔化极惰性气体保护焊机/活性气体保护焊机）	Z	自动焊	省略	直流	省略	焊车式
			B	半自动焊	M	脉冲	1	全位置焊车式
			D	点焊	C	二氧化碳气体保护焊	2	横臂式
			U	堆焊			3	机床式
			G	切割			4	旋转焊头式
							5	台式
							6	焊接机器人
							7	变位式

2. 预埋件钢筋螺柱焊设备产品型号命名

国内从事螺柱焊的企业约有18家，其中，著名国外螺柱焊公司代理商4家。自从国内开发出自主知识产权的国产螺柱焊品牌后，国外螺柱焊产品逐渐退出国内市场。随着国内钢结构工程的蓬勃发展，螺柱焊技术需求越来越多，仅成都就先后出现了6家螺柱焊企业。下面介绍国内具有开发实力、较强施工能力的预埋件钢筋螺柱焊企业和产品。

国内预埋件钢筋焊接设备产品型号命名，按照《电焊机型号编制方法》(GB/T 10249—2010)的规定执行，外资企业按各自国家标准规定执行。

电焊机产品型号由汉语拼音字母及阿拉伯数字组成，其编排次序及代表含义如下：

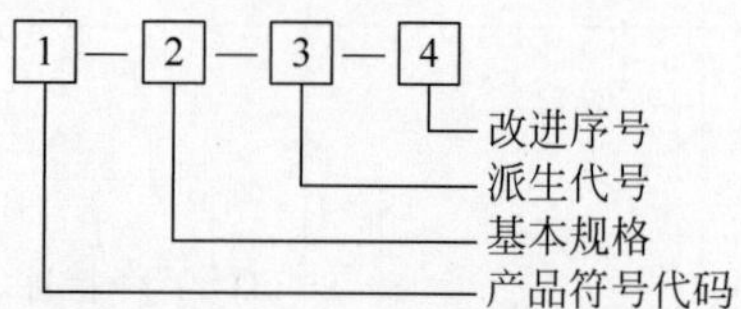

按《电焊机型号编制方法》(GB/T 10249—2010)的规定，预埋件钢筋螺柱焊设备产品型号命名应符合表29-2的规定。

表 29-2 螺柱焊机产品的符号代码

产品名称	第一字母		第二字母		第三字母		第四字母	
	代表字母	大类名称	代表字母	小类名称	代表字母	附注特征	数字序号	系列序号
螺柱焊机	R	螺柱焊机	Z	自动	M	埋弧	5：工频整流	0：首创
			S	手工	N	明弧	7：IGBT逆变	数字改进
					R	电容储能		

产品型号的编排次序基本规格：埋弧螺柱焊机、电弧螺柱焊机均为额定焊接电流(A)。螺柱焊机几种型号及名称示例如下：

RSM5——手工埋弧螺柱焊机(工频整流)；

RZM5——自动埋弧螺柱焊机(工频整流)；

RSM7——手工埋弧螺柱焊机(IGBT 逆变)；

RZM7——自动埋弧螺柱焊机(IGBT 逆变)；

RSN5——手工电弧螺柱焊机(工频整流)；

RZN5——自动电弧螺柱焊机(工频整流)；

RSN7——手工电弧螺柱焊机(IGBT 逆变)；

RZN7——自动电弧螺柱焊机(IGBT 逆变)。

29.4.2　性能参数

1. 预埋件钢筋电弧焊

1) 弧焊变压器

钢筋焊接常用的弧焊变压器主要技术参数见表 29-3。

2) 二氧化碳气体保护焊机

预埋件钢筋焊接常用的二氧化碳气体保护焊机是国产 NBC-Ⅱ型二氧化碳气体保护焊机，其主要技术参数见表 29-4。

表 29-3　钢筋焊接常用的弧焊变压器主要技术参数

型号	输入电压/V	输入容量/(kV·A)	绝缘等级	额定工作电压/V	空载电压/V	额定焊接电流/A	电流调节范围/A	额定负载持续率/%
BX1-315		22.5～25.5		30.6～32.5	72～76	315	60～315	20、35、60
BX1-500		38～41		40	75～78	500	100～500	
BX1-600		49.6～52.5		44	75～80	600	125～630	
BX3-315	380	22.5～25	F	32.6	70/75	315	60～315	35、60
BX3-500		30～40			70～78	500	100～500	
BX3-630		47		40	65～75	630	120～630	
BX2-1000		76			69～78	1000	400～1200	60

表 29-4　国产 NBC-Ⅱ型二氧化碳气体保护焊机主要技术参数

序号	参　数	型　号					
		NBC-350	NBC-500	NBC-350Ⅱa	NBC-500Ⅱa	NBC-500B	NBC-630
1	电源电压/V	三相，380×(1±10%)					
2	额定输入容量/(kV·A)	13	23	13	23	34	
3	额定输入电流/A	19	35	19	35	51	
4	额定负载持续率/%	60	100	60	100		
5	输出电流调节范围/A	60～350	60～500	60～350	60～500		60～630
6	输出电压调节范围/V	14～40	14～50	14～40	14～50		
7	输出空载电压/V	70	82	70	82	95	
8	使用焊丝直径/mm	0.8～1.2	1.0～1.6	0.8～1.2	1.0～1.6		
9	焊机重量/kg	40	50	40	50	60	
10	焊机尺寸/(cm×cm×cm)	60×31×57	66×34×58	60×31×57	66×34×58	71×33×58	
11	CO_2 气体流量/(L/min)	15～25					
12	频率/Hz	50					

2. 预埋件钢筋螺柱焊设备性能参数

(1) 可焊钢筋直径(mm)：指螺柱焊设备可焊接钢筋的公称直径，是选型的重要依据。

(2) 可焊钢筋长度(mm)：指螺柱焊设备允许提升的钢筋长度，是选型的重要依据。

(3) 焊接电流调节范围(A)：指螺柱焊设备焊接电流调节范围，与焊接时间调节范围配合能满足焊接钢筋直径的需要。

(4) 焊接时间调节范围(s)：指螺柱焊设备焊接时间调节范围，与焊接电流调节范围配合能满足焊接钢筋直径的需要。

(5) 焊接速度或负载持续率：指螺柱焊设

备按选定的焊接电流、焊接时间，以此焊接速度或负载持续率进行焊接时，螺柱焊设备温升在允许范围内。

3. 预埋件埋弧压力焊焊接电源的主要技术参数

预埋件埋弧压力焊常用的焊接电源主要技术参数见表 29-5。

29.4.3 各企业产品型谱

由于各企业的产品技术性能特点各异，因此，本节以一些典型企业为例简要介绍相应的产品型谱与技术特点，并简要说明各企业产品的发展历程。

1. 上海沪工焊接集团股份有限公司产品型谱

上海沪工焊接集团股份有限公司(以下简称上海沪工)是中国特大焊接与切割设备研发和制造基地。集团企业拥有 62 年的专业焊接与切割装备研发和制造经验，是上交所主板上市企业，也是焊接设备行业内龙头企业。

(1) 交流焊条电弧焊机型谱见表 29-6。

(2) 二氧化碳气体保护焊机型谱见表 29-7。

表 29-5 预埋件埋弧压力焊常用的焊接电源主要技术参数

型号	输入电压/V	输入容量/(kV·A)	绝缘等级	额定工作电压/V	空载电压/V	额定焊接电流/A	电流调节范围/A	额定负载持续率/%
BX1-500	380	38～41	F	40	75～78	500	100～500	35、60
BX3-500		30～40			70～78			
BX3-630		47			65～75	630	120～630	
BX2-1000		76			69～78	1000	400～1200	60

表 29-6 上海沪工交流焊条电弧焊机型号及性能参数

参数		型号				
		BX1-300F-3A (HG007004-3)	BX1-315F-3A (HG007004-2)	BX1-400F-3A (HG007006-3)	BX1-500F-3A (HG007007-4)	BX1-630F-3A (HG007008-4)
额定输入电压/V		380				
额定输入容量/(kV·A)		22.5	23.4	29.7	41	47.9
额定输入电流/A		59.5	61.5	78.2	108	126
额定空载电压/V		70			72	
电流调节范围/A		60～300	60～315	80～400	100～495	120～630
额定输出工作电压/V		132	32.6	36	39.8	44
额定负载持续率/%		35				
焊接电流/A	10 min35%	300	315	400	495	630
	10 min60%	229	240	305	382	481
	10 min100%	177	186	236	296	372
重量/kg		80		88	108	115
外形尺寸/(mm×mm×mm)		623×432×705			658×472×800	

表 29-7 上海沪工二氧化碳气体保护焊机型号及主要技术参数

参数	单位	型号	
		NBC-350Ⅱ(HG024006-1)	NBC-500Ⅱ(HG024007-1)
电源电压	V	三相，380	
频率	Hz	50	
空载电压	V	20～41	21～52

续表

参　　数	单位	型　　号	
		NBC-350Ⅱ（HG024006-1）	NBC-500Ⅱ（HG024007-1）
焊接电压	V	17～31.5	19.5～39
额定负载持续率	%	35	
焊丝直径	mm	1.0～1.6	1.2～1.6
送丝速度	m/min	1.5～15	
额定焊接电流	A	350	500
电流调节范围	A	60～350	100～500
额定初级输入电流	A	23	47
额定输入容量	kV·A	15.1	30.9
外形尺寸	mm×mm×mm	740×470×810	800×510×870
重量	kg	102	142

2. 山东奥太电气有限公司产品型谱

山东奥太电气有限公司(以下简称山东奥太)是面向全球的工业焊割设备制造企业、重点高新技术企业，是焊接领域获得过国家科技进步二等奖的企业。公司专门为客户提供逆变焊机、切割机、自动焊、光伏并网逆变器等设备及应用解决方案，可满足船舶、机械、钢构、冶金、石化、建筑等不同行业的焊割需求。山东奥太现有员工数量1200余人，总部位于山东省济南市，下设济南、济宁、淄博三个生产基地，具备年产工业用逆变焊机10万台以上的能力。

自2005年至今，奥太逆变焊机的品牌影响力和市场占有率得到了较快发展；奥太焊接机器人系统、自动焊装备也蓬勃发展，巩固和提升了“奥太”的品牌形象。在国际市场上，奥太产品已出口到德国、英国、荷兰、西班牙、澳大利亚、南非、印度、俄罗斯、东南亚、南美和中东等60多个国家和地区。

山东奥太生产的熔化极气体保护焊机型号及性能特点见表29-8。

表29-8　山东奥太NBC系列气体保护焊机型号及性能特点

型　　号	应用对象	特　　点	图　　片
NBC-250/350/350Ⅱb/500/630	船舶、集装箱、工程机械、石油化工、建筑钢结构	(1) 操作简单； (2) 采用数字显示，电流、电压匹配容易，适应范围广； (3) 具有自锁功能，可降低焊工在大范围、长焊缝焊接时的劳动强度； (4) 性能优异； (5) 采用波形控制技术，焊接飞溅小、成型美观； (6) 具有收弧去球功能，引弧过程流畅快捷； (7) 焊接电缆可加长至100 m； (8) 主要功率器件与主控板都经过“三防”处理，加强对潮湿、盐雾、粉尘的防护； (9) 抗电网电压波动能力强； (10) 小巧轻便，经济耐用，整机效率高，节能省电； (11) 外设接口丰富，可配套专机使用	

3. 成都螺柱自动焊公司产品型谱

我国在改革开放前，预埋件钢筋焊接主要靠手工电弧焊设备，没有国产螺柱焊设备。改革开放后，成都螺柱自动焊公司提出了“为发展中国螺柱焊事业而奋斗！”的口号，研制了国内首台商品化“电弧螺柱焊机”，接着形成系列产品，代替同类进口螺柱焊机，具有较高的性价比，受到用户的欢迎。其手工操作螺柱焊设备经过 20 年的发展，产品已遍及国内外。当今人工成本的大幅提高，促进了自动螺柱焊的发展。电弧螺柱焊机系列产品的性能参数见表 29-9～表 29-14。

4. 上海易发栓钉焊接工程有限公司产品型谱

上海易发栓钉焊接工程有限公司系列产品的性能参数见表 29-15 和表 29-16。

表 29-9 RSN5 电弧螺柱焊机产品型谱

参 数	型 号			
	RSN5-1000A	RSN5-1600	RSN5-2500	RSN5-3150
焊接时间/s	0.01～4.0	0.1～5.0	0.1～6.0	
可焊钢筋直径/mm	3～12	8～16	13～22	16～28
生产率/(个/min)	3(ϕ12 mm) 4(ϕ10 mm) 6(ϕ8 mm)	3(ϕ16 mm) 4(ϕ13 mm) 6(ϕ10 mm)	3(ϕ22 mm) 4(ϕ19 mm) 6(ϕ16 mm)	3(ϕ28 mm) 4(ϕ25 mm) 5(ϕ19 mm)
焊接电流/A	100～1000	400～1600	600～2500	900～3150
额定负载持续率/%	≤15			

表 29-10 RSN7 电弧螺柱焊机产品型谱

参 数	型 号		
	RSN7-2000	RSN7-2500	RSN7-3150
可焊钢筋直径/mm	6～24	6～28	6～32
焊接电流/A	200～2000	200～2500	200～3150
焊接时间/s	0.1～6.0		
焊接速度/(个/min)	15(ϕ24 mm)	15(ϕ28 mm)	15(ϕ32 mm)

表 29-11 RSM5 埋弧螺柱焊机产品型谱

参 数	型 号		
	RSM5-2000	RSM5-2500	RSM5-3150
可焊钢筋直径/mm	6～24	6～28	6～32
焊接电流/A	200～2000	200～2500	200～3150
焊接时间/s	0.1～8.0		
焊接速度/(个/min)	15(ϕ24 mm)	15(ϕ28 mm)	15(ϕ32 mm)

表 29-12 RSM7 埋弧螺柱焊机产品型谱

参 数	型 号		
	RSM7-2000	RSM7-2500	RSM7-3150
可焊钢筋直径/mm	6～24	6～28	6～32
焊接电流/A	200～2000	200～2500	200～3150
焊接时间/s	0.1～8.0		
焊接速度/(个/min)	15(ϕ24 mm)	15(ϕ28 mm)	15(ϕ32 mm)

表 29-13 RZNT1 ϕ13×40 自动电弧螺柱焊机产品型谱

参数	可焊栓钉直径/mm	可焊栓钉长度/mm	焊接速度/(个/min)	焊接电源型号	焊接电源台数/台	自动焊枪数/个	备注
数值	13～16	40～60	20	RSN7-2500	2	2	桥面栓钉自动焊接专机

表 29-14　RZN1 钢筋半自动电弧螺柱焊机产品型谱

参数	可焊钢筋直径/mm	可焊钢筋长度/m	焊接速度/(个/min)	焊接电源型号	焊接电源台数/台	自动焊枪数/个	备注
数值	16～19	1～2	6	RSN7-2500	2	2	预埋件钢筋半自动焊机

表 29-15　RSM7 埋弧螺柱焊机产品型谱

参　数	型　号			
	RSM7-2000	RSM7-2500	RSM7-3150	RSM7-4000
可焊钢筋直径/mm	6～24	6～28	6～32	6～36
焊接电流/A	200～2000	200～2500	200～3150	300～4000
焊接时间/s	0.1～8.0			
焊接速度/(个/min)	15(ϕ24 mm)	15(ϕ28 mm)	15(ϕ32 mm)	15(ϕ36 mm)

表 29-16　RSN7 电弧螺柱焊机产品型谱

参　数	型　号			
	RSN7-1600	RSN7-2000	RSN7-2500	RSN7-3150
可焊钢筋直径/mm	3～20	3～24	3～28	3～32
焊接电流/A	200～1600	200～2000	200～2500	300～3150
焊接时间/s	0.1～5.0			
焊接速度/(个/min)	15(ϕ20 mm)	15(ϕ24 mm)	15(ϕ28 mm)	15(ϕ32 mm)

29.4.4　产品技术性能

1. 成都螺柱自动焊公司产品技术性能

成都螺柱自动焊公司注重产品研发、成果转化和标准制修订工作。其自主开发了 RSN5 电源，参与制定了《栓钉焊机技术规程》(YB 4353—2013)行业标准。在苏州国际博物中心栓钉穿透焊工程施工中，参加了《栓钉焊接技术规程》编制，使焊接设备产品和工程应用具有标准支撑。

成都螺柱自动焊公司重视产品质量，研制了产品检测试验台。每台产品均经过出厂检验，尤其强调老化试验才能出厂，使产品具有较好的稳定性和可靠性。

成都螺柱自动焊公司作为螺柱焊接专业化公司，先后承担了天津东风大桥栓钉焊接工程、上海环球金融中心 80～101 层栓钉穿透焊接工程、晋铝 16 万 t 回转炉铆固钉全位置焊接、北京鸟巢预埋件钢筋焊接、上海世博会中国馆/演艺馆柱梁栓钉焊接、高铁武汉站栓钉焊接等大型工程施工。

2. 上海易发栓钉焊接工程有限公司产品技术性能

上海易发栓钉焊接工程有限公司成立于 2006 年，成立之初以焊接螺柱工程为主，后来开发生产 IGBT 逆变式电弧螺柱焊机，出口量占公司总销售量的 35%。在国内，至今“易发”牌螺柱焊机已完成几千项钢结构栓钉焊接任务，栓钉焊接工程方面居全国领先地位。该公司还参与“一带一路”建设，足迹遍布东南亚、南美市场及俄罗斯、哈萨克斯坦等。

29.5　选用原则与选型计算

1. 预埋件钢筋电弧焊及预埋件钢筋埋弧压力焊设备

预埋件钢筋电弧焊及常用预埋件钢筋埋弧压力焊的焊接电源也都属于电焊机。电焊机的选用原则与选型计算参见第 26 章。

2. 预埋件钢筋螺柱焊设备

预埋件钢筋螺柱焊设备选用须严格审核以下几点：

(1) 焊接电流调节范围(A)。这是选用审核的重要参数。焊接电流上限值必须达到技术要求，保证焊接电流稳定度控制。

(2) 焊接时间调节范围(s)。根据所焊钢筋直径范围匹配焊接电流及调节范围。

(3) 可焊钢筋直径范围(mm)。它是选用焊机最直接的选项。焊接钢筋直径要与焊接电流调节范围及焊接时间调节范围相匹配。

(4) 焊接速度或额定负载持续率(%)。在不超过额定负载持续率条件下，焊机温升才能控制在允许范围内。

3. 预埋件钢筋埋弧压力焊设备

根据焊接钢筋规格(牌号、直径)、形状、产品长度、生产批量及所要求的生产率等参数要求，选择预埋件钢筋埋弧压力焊的焊接电源。

当钢筋直径较小、负载持续率较低时，可采用 BX3-500 型弧焊变压器作为焊接电源；当钢筋直径较大、负载持续率较高时，宜采用 BX2-1000 型弧焊变压器作为焊接电源。

29.6 安全使用

29.6.1 国家现行标准

预埋件钢筋焊接设备安全使用现行标准见表 29-17。

表 29-17 预埋件钢筋焊接设备安全使用现行标准

代 号	名 称
GB/T 8118—2010	《电弧焊机通用技术条件》
GB 50666—2011	《混凝土结构工程施工规范》
GB28736—2019	《电焊机能效限定值及能效等级》8 1 3 6 A 3 3 8
GB/T 5226.1—2019	《机械电气安全 机械电气设备 第 1 部分：通用技术条件》
JB/T 7834—1995	《弧焊变压器》
JGJ 18—2012	《钢筋焊接及验收规程》
JGJ 33—2012	《建筑机械使用安全技术规程》
JGJ 46—2005	《施工现场临时用电安全技术规范》

29.6.2 拆装、运输及储存

(1) 钢筋电弧焊及常用预埋件钢筋埋弧压力焊的焊接电源属于电焊机，电焊机的安装与调试验收参见第 26 章。

(2) 预埋件钢筋螺柱焊设备

螺柱焊机见图 29-18，分 A、B、C、D 部分，各部分拆装、运输及储存要求不同。

A 部分为焊接电源，需整体包装，包装要求能防轻量碰撞，运输要求有防止冲击损坏脚轮的措施；

B 部分为电弧螺柱焊手工焊枪，短焊接电缆与焊枪不可拆卸分离，长支撑脚要拆卸另外包装；

C 部分为焊剂盒(或瓷环爪)，拆卸后单独包装；

D 部分为电缆，拆卸后单独包装。

29.6.3 安全使用规程

(1) 焊接电源的使用应执行《建筑机械使用安全技术规程》(JGJ 33—2012)及《钢筋焊接及验收规程》(JGJ 18—2012)的相关规定。

(2) 焊接电源应安置在室内或防雨的工棚内，焊机外壳应有可靠的接地。当多台焊机并列安装时，相互间距不得小于 3 m，并应分别接在不同相位的电网上，分别设置各自的断路器。

(3) 焊接前，应根据所焊接钢筋的截面调整二次电压，不得焊接超过焊接电源规定的钢筋直径。

(4) 断路器的接触点应定期光磨，二次电路连接螺栓应定期紧固。

(5) 焊接区应设挡板，与焊接无关的人员不得靠近。

(6) 焊接操作及配合人员必须按规定穿戴劳动防护用品，且必须采取防止触电、发生火灾等事故的安全措施。

(7) 焊接作业暂停、检修或焊接作业结束应切断电源。

(8) 在焊接工作场所不得存放易燃易爆物品并应有防止焊渣飞落，引起其他危险的措施。

(9) 焊接电源接线或电气设备发生故障，应由专业电工进行检修，其他人员禁止乱动。

(10) 螺柱焊机的安全使用必须遵守《钢筋焊接及验收规程》(JGJ 18—2012)的规定，操作者必须经过培训持证上岗。

29.6.4　维护与保养

1. 预埋件钢筋电弧焊及预埋件钢筋埋弧压力焊设备

(1) 停焊后，必须拉开电源闸刀，切除电源。

(2) 施焊时，焊机外罩板应装妥，防止电火花及金属飞溅物溅入焊机内部，损坏机件，影响使用；焊机外壳不能放置物品。

(3) 电源通断器的触头必须定期修整，保持清洁，使接触可靠。必要时应更换触头。

(4) 焊机调节和检修应在切断电源后进行。

(5) 经常检查接地螺钉及接地线，保持机壳接地可靠。

(6) 对钢筋电焊机还应定期进行性能参数检测，如焊接电流及通电时间的检测，二次回路直流电阻值的检测等。每3～6个月由专业维修人员用压缩空气为焊接电源除尘一次，同时注意检查机内有无紧固件松动现象。

(7) 经常检查电缆是否破损，电焊机调节旋钮是否松动。

2. 预埋件钢筋螺柱焊设备

按使用说明书及相关行业技术标准的有关规定进行维修与保养。

29.6.5　常见故障及其处理方法

1. 预埋件钢筋电弧焊及预埋件钢筋埋弧压力焊设备

预埋件钢筋电弧焊及预埋件钢筋埋弧压力焊电弧焊变压器的常见故障、产生原因及处理方法见表29-18。

表29-18　电弧焊变压器的常见故障及处理方法

故障现象	故障原因	处理方法
焊机过热	(1) 焊机过载； (2) 线圈短路； (3) 铁芯螺杆绝缘损坏	(1) 减小使用电流； (2) 消除短路； (3) 修复绝缘
焊接电流不稳定	(1) 焊接电缆与工件接触不良； (2) 可动铁芯随焊机震动而移动	(1) 使电缆与工件接触良好； (2) 设法防止可动铁芯的移动
可移动铁芯强烈震响	(1) 可移动铁芯的制动螺钉或弹簧太松； (2) 铁芯移动机构损坏	(1) 旋紧螺钉，调整弹簧的拉力； (2) 检查、修理移动机构
焊机外壳带电	(1) 线圈碰壳； (2) 电源线误碰罩壳； (3) 焊接电缆误碰罩壳； (4) 未装接地线或接地线接地不良	(1) 消除碰壳； (2) 接妥地线
焊接电流过小	(1) 焊接电缆太长； (2) 电缆线成盘，电感很大； (3) 接线柱或焊件与电缆接触不良	(1) 减小电缆长度或增大其直径； (2) 放开电缆，不要使之成盘； (3) 使接头处接触良好

续表

故障现象	故障原因	处理方法
风机不转	(1) 风机坏； (2) 连接导线脱落(断线)	(1) 更换风机； (2) 查明断线处并连接可靠
开机后，焊机电源不工作	(1) 电源缺相； (2) 机内保险管断； (3) 断线	(1) 检查电源； (2) 检查风机、电源变压器、控制板是否完好； (3) 检查连线

2. 预埋件钢筋螺柱焊设备

按使用说明书及相关行业技术标准的有关规定进行故障排查、检测与排除。

29.7 工程应用

1. 预埋件钢筋焊接施工规程

1) 预埋件钢筋埋弧压力焊

(1) 预埋件钢筋埋弧压力焊设备应符合下列规定：

① 当钢筋直径为 6 mm 时，可选用 500 型弧焊变压器作为焊接电源；当钢筋直径为 8 mm 及以上时，应选用 1000 型弧焊变压器作为焊接电源。

② 焊接机构应操作方便、灵活；宜装有高频引弧装置；焊接地线宜采用对称接地法，以减少电弧偏移；操作台面上应装有电压表和电流表。

③ 控制系统应灵敏、准确，并应配备时间显示装置或时间继电器，以控制焊接通电时间。

(2) 埋弧压力焊工艺过程应符合下列规定：

① 钢板应放平，并与铜板电极接触紧密。

② 将锚固钢筋夹于夹钳内，应夹牢；并应放好挡圈，注满焊剂。

③ 接通高频引弧装置和焊接电源后，应立即将钢筋上提，引燃电弧，使电弧稳定燃烧，再渐渐下送。

④ 顶压时，用力应适度。

⑤ 敲去渣壳，四周焊包凸出钢筋表面的高度，当钢筋直径为 18 mm 及以下时，不得小于 3 mm；当钢筋直径为 20 mm 及以上时，不得小于 4 mm。

(3) 埋弧压力焊的焊接参数应包括引弧提升高度、电弧电压、焊接电流和焊接通电时间。

(4) 在埋弧压力焊生产中，引弧、燃弧(钢筋维持原位或缓慢下送)和顶压等环节应紧密配合；焊接地线应与铜板电板接触紧密，并应及时消除电极钳口的铁锈和污物，修理电极钳口的形状。

(5) 在埋弧压力焊生产中，焊工应自检，当发现焊接缺陷时应查找原因，并采取措施及时消除。

2) 预埋件钢筋埋弧螺柱焊

(1) 预埋件钢筋埋弧螺柱焊设备应包括埋弧螺柱焊机、焊枪、焊接电缆、控制电缆和钢筋夹头等。

(2) 埋弧螺柱焊机由晶闸管整流器和调节-控制系统组成，有多种型号，在生产中，应根据表 29-19 选用。

表 29-19 焊机选用

序号	可焊钢筋直径/mm	焊机型号	焊接电流调节范围/A	焊接时间调节范围/s
1	6～14	RSM-1000	100～1000	1.30～13.0
2	14～25	RSM-2500	200～2500	
3	16～28	RSM-3150	300～3150	

(3) 埋弧螺柱焊焊枪有电磁铁提升式和电机拖动式两种，生产中，应根据可焊钢筋直径和长度选用焊枪。

(4) 预埋件钢筋埋弧螺柱焊工艺应符合下列要求：

① 将预埋件钢板放平，在钢板的最远处对称点，用两根接地电缆将钢板与焊机的正极连接，将焊枪与焊机的负极连接，连接应紧密、牢固。

② 将钢筋推入焊枪的夹持钳内，顶紧于钢板，在焊剂挡圈内注满焊剂。

③ 应在焊机上设定合适的焊接电流和焊接通电时间，以及设定合适的钢筋伸出长度和钢筋提升高度。

④ 拨动焊枪上按钮"开"，接通电源，钢筋上提，引燃电弧。

⑤ 经过设定燃弧时间，钢筋自动插入熔池，并断电。

⑥ 停息数秒钟，打掉渣壳，四周焊包应凸出钢筋表面。当钢筋直径为 18 mm 及以下时，凸出高度不得小于 3 mm；当钢筋直径为 20 mm 及以上时，凸出高度不得小于 4 mm。

2. 典型工程应用

1) 预埋件钢筋电弧焊工程应用案例

预埋件钢筋电弧焊在我国工程建设不同时期都得到了充分应用和不断发展，其工程应用案例很多，这里仅介绍几个典型的工程应用：国电北仑三期 2×1000 MW 超临界燃煤机组主体工程汽机基座、锅炉基础、磨煤机基础、引风机基础、一次风机基础、二次风机基础等；山东临沂热电厂"上大压小"2×300 MW 扩建工程主厂房建筑工程，输煤系统工程；山西左权电厂工程；贵州安顺电厂工程；江西瑞金电厂工程；井冈山电厂工程；安源电厂工程；九江电厂工程；抚州电厂工程；景德镇电厂工程；福建永安电厂工程；湄洲湾电厂工程；罗源湾电厂工程；福建榕发观湖郡房地产项目一次性建设 10 栋 13 层至 26 层不等的高层住宅，采用钢筋混凝土框架-剪力墙结构，总建筑面积为 137 561.82 m^2，预埋件钢筋 T 形接头采用电弧焊，由福建省建工集团总公司施工。这些工程应用都取得了明显的工程效益。

2) 预埋件钢筋埋弧螺柱焊工程应用案例

成都螺柱自动焊公司采用钢筋埋弧螺柱焊完成国家体育场(北京鸟巢)工程内锚板预埋件钢筋焊接，焊接 1.5 万件"柱脚板和支撑搭架"预埋件，如图 29-30 所示，其结构型式分两类，如图 29-31(a)和(b)所示。其中锚筋(钢筋)、锚板的尺寸和材质为：锚筋直径 20 mm、HRB400；内锚板 20 mm×80 mm×80 mm、Q345B。

对于图 29-31(a)所示钢筋预埋件，先把钢筋焊接在内锚板上，然后再将钢筋的另一端按规定的间隔分别焊接在 500 mm×500 mm×30 mm 和 860 mm×540 mm×30 mm 的外锚板上。对于图 29-31(b)所示钢筋预埋件，将锚筋按规定的间隔直接焊接在 500 mm×500 mm×30 mm 的外锚板上。

图 29-30　北京鸟巢工程有内锚板的钢筋预埋件

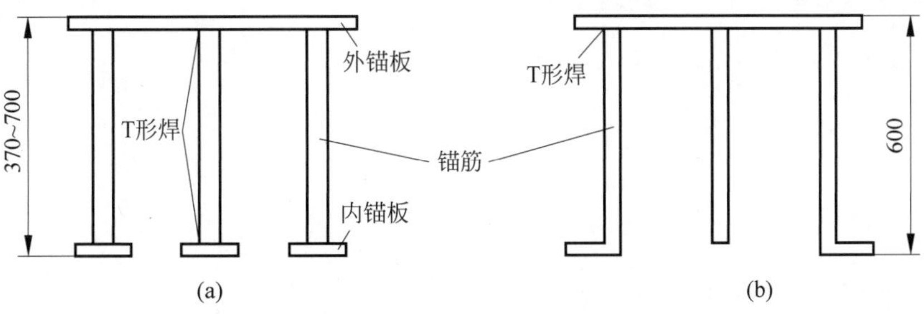

图 29-31　北京鸟巢工程预埋件钢筋 T 形接头

为焊好北京鸟巢工程中所有内锚板的钢筋预埋件，首先，用图 29-32 所示的手持式焊枪按钢筋长度要求调整好钢筋伸出量和提升量，对于较短钢筋，用常规焊枪即可。然而，对于图 29-31(a)所示结构的预埋件，在焊好内锚板后，其钢筋组件的重量大约为 2.6 kg，再加上焊枪中运动部件，其重量超过 3 kg，这对于一般用途的焊枪而言，很难持续地正常工作。为此，特制一种提升力为 5 kg，含内锚板夹具的手持式大焊枪，见图 29-33。

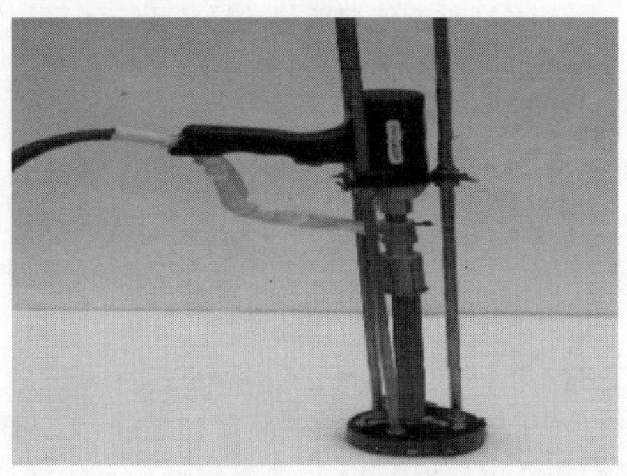

图 29-32 手持式焊枪

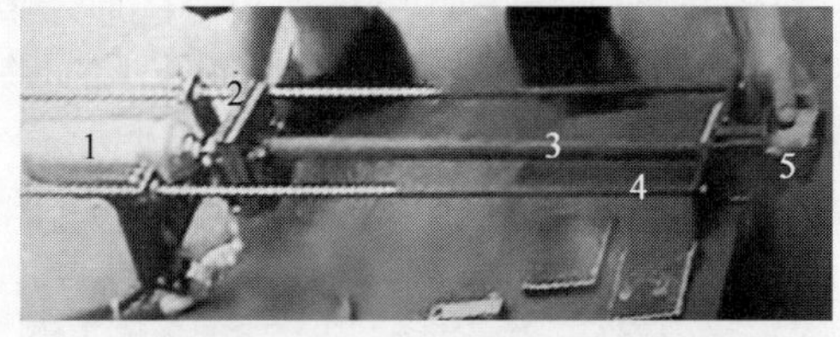

1—焊枪；2—内锚板夹头；3—内锚板钢筋；4—支撑杆；5—焊剂盒。

图 29-33 特制提升力为 5 kg 的手持式大焊枪

成都螺柱自动焊公司钢筋埋弧螺柱焊 2016 年还用于山东某核电工程建设。上海易发栓钉焊接工程有限公司在武汉船厂工程中亦大量使用埋弧螺柱焊施工。

上海易发栓钉焊接工程有限公司采用电弧螺柱焊工艺完成上海嘉闵高架钢筋预埋件工程施工，如图 29-12 所示。

3）预埋件钢筋埋弧压力焊工程应用案例

预埋件钢筋埋弧压力焊工程应用案例很多。四川省建筑科学研究院研制的预埋件钢筋自动埋弧压力焊机应用于四川省、陕西省许多工业与民用建筑工程中。陕西省建筑科学研究院发表的《粗直径钢筋埋弧压力焊的试验研究》论文，编入全国焊接学术会议论文集第 3 册。预埋件钢筋自动埋弧压力焊应用于浙江兰溪发电厂工程 4×600 MW 超临界燃煤工程汽机基座、锅炉基础、磨煤机基础等，浙江北仑三期 2×1000 MW 超临界燃煤机组主体工程汽机基座、锅炉基础、磨煤机基础等，山西左权电厂一期 2×660 MW 超临界空冷燃煤发电机组工程汽机基座、锅炉基础、磨煤机基础等，山东临沂热电厂、章丘电厂主厂房建筑工程、输煤系统工程等。预埋件钢筋电弧焊及预埋件钢筋埋弧压力焊在火电厂工程中的应用见图 29-34。

图 29-34 预埋件钢筋电弧焊及预埋件钢筋埋弧压力焊在火电厂工程中的应用

第30章

钢筋挤压连接机械

钢筋机械连接是随着现代建筑施工技术的发展而出现的钢筋连接新工艺，钢筋机械连接接头被称为继绑扎、电焊之后的“第三代钢筋接头”。钢筋挤压连接是在粗直径钢筋连接领域应用较为普遍的方法，具有接头连接强度等同甚至高于钢筋母材，连接速度快、施工无明火、无须专业人员、节省钢材等优点。凭借优良的施工性能和连接质量，套筒挤压连接自20世纪80年代末起，至今已在我国的建筑、交通、电力、航空、航天等领域的各类建筑工程中应用30余年。本章主要介绍现场施工用钢筋挤压连接机械的分类、工作原理及组成、技术性能、选用原则、安全使用（包括操作规程、维护和保养）及工程应用。

30.1 概述

30.1.1 定义、功能与用途

钢筋机械连接是通过钢筋与连接件或其他介入材料的机械咬合作用或钢筋端面的承压作用，将一根钢筋中的力传递至另一根钢筋的连接方法。钢筋挤压连接是钢筋机械连接的方法之一，是将待连接两根带肋钢筋的端部插入一个连接套筒内，在正常施工温度下，通过专用钢筋挤压机械挤压连接套筒使其产生塑性变形并与钢筋紧密咬合，将两根钢筋牢固连接在一起的一种方法。钢筋挤压连接工艺分为径向挤压和轴向挤压两类。轴向挤压所需纵向推力需上百吨，因此挤压钳的体积、重量均较大，难以在建筑施工现场的钢筋连接工位使用；径向挤压把套筒挤压变形分成多道次完成，每次挤压所需挤压力仅几十吨，因此被现场施工广泛应用。

钢筋挤压连接是通过钢筋套筒挤压机实施完成的。钢筋套筒挤压机是用于将特制连接套筒挤压变形而使钢筋与连接套筒咬合连接成一体的专用设备，其由泵站、压接器（也称挤压钳）、压模、连接油管等组成。

本章主要介绍钢筋挤压连接机械，包括钢筋套筒挤压机和施工辅助机具，如悬挂器、移动用小车等。

钢筋挤压连接机械的各个部件具有各自的功能。泵站为挤压钳提供压力液压油动力，在电动机驱动下，由液压泵压缩液压油并通过液压阀向挤压钳提供，泵站工作压力高、体积小，便于在施工现场各工位移动；挤压钳的功能是将连接套筒挤压变形至与钢筋结合紧密，挤压钳将泵站提供的超高压液压油的动力转化为大吨位的推力输出，通过压模使连接套筒变形，挤压钳尺寸小、重量轻，能在钢筋连接作业部位轻松移动位置；压模是直接接触连接套筒，并在挤压钳压力下强制使套筒按照设计形状发生变形的部件，压模挤压成型刃口的尺寸随连接套筒尺寸不同而有所不同，压模本体既要硬度高，又要有足够韧性，保证挤压时磨损消耗小,同时满足大吨位承载力的要求;连接油管的功能是将液压泵站和挤压钳的油路进行连接,把压力液压油输送到与泵站相距数米的挤压钳上,使泵站放置在一个工位时通过高压油管连接的挤压钳对多根相邻钢筋连接节点进行挤压施工;悬挂器是吊挂挤压钳的专用装置,在挤压钳对离开地面的钢筋连接节点进行挤压作业时悬挂挤压钳,降低操作人员的劳动强度,保证挤压加工质量。

钢筋挤压连接机械的主要用途是连接各类建筑结构不同工位、不同方向的带肋钢筋,连接钢筋的直径为16~50 mm,连接钢筋的强度范围为国标 GB/T 1499.2—2018 规定的 HRB400、HRB500、HRB600 钢筋,GB 13014—2013 规定的 RRB400、RRB500 钢筋,英标 BS 4449—2009 规定的 B500A、B500B、B500C 以及同类的国外带肋钢筋。

钢筋挤压连接无须对连接钢筋做特别加工,连接过程中不损伤钢筋,钢筋的机械性能不会发生改变,连接接头的质量可通过连接套筒的外观检验进行判定。接头性能满足国内外标准对钢筋接头性能的最高要求,满足中国国家行业标准《钢筋机械连接技术规程》(JGJ 107—2016)规定的Ⅰ级接头的性能指标,被认为是最可靠的钢筋机械接头,结构中的接头应用百分率可达100%。

30.1.2 发展历程与沿革

钢筋挤压连接机械诞生于20世纪70年代,美国、日本为解决大直径钢筋的可靠连接问题,尤其是抗震结构、风动荷载结构等复杂受力结构的钢筋连接问题,开发了钢筋挤压连接技术,并广泛应用于高层建筑、桥梁、船坞、高速公路、大型设备基础、核电站等工程。特别应提到的是,日本横跨濑户内海的本州至四国大桥工程中,钢筋挤压连接机械与工艺已大量采用。

在我国,原冶金部建筑研究总院于1986年率先进行钢筋挤压连接技术的开发研究。1987年该院完成了全套设备的研制工作,并小批量试生产。1987年10月,钢筋挤压连接技术正式应用于北京中央彩电发射塔工程,之后又在中日友好交流中心、燕莎中心、大亚湾核电站、南京大胜关送变电大塔等工程中成功推广应用。1990年“钢筋冷挤压连接技术”被原国家科委列入“国家科技成果重点推广项目”,原冶金工业部建筑研究总院为技术支持单位。1992年由原冶金工业部建筑研究总院完成的“钢筋冷挤压连接工法”被建设部列入国家级工法,编号 YJGF 35—1992)。1993年12月原冶金工业部颁布了由原冶金工业部建筑研究总院编制的中国第一部钢筋机械连接国家行业标准《带肋钢筋挤压连接技术及验收规程》(YB 9250—1993),于1994年5月1日起实施。科技部确定原冶金工业部建筑研究院为“国家钢筋连接技术研究推广中心”。1996年12月建设部颁布了由中国建筑科学研究院主编的《带肋钢筋套筒挤压连接技术规程》(JGJ 108—1996),该标准于1997年4月起实施。此后钢筋挤压连接技术进入了全国大面积推广应用阶段,国内有多家企业和研究单位开始重点开发钢筋挤压连接机械,以满足各种工程的需要。建设部批准了原冶金工业部建筑研究院等单位为“全国钢筋连接新技术产业化示范基地”,1998年建设部将“粗直径钢筋连接技术”列入建筑业10项新技术,原冶金工业部建筑研究总院为技术咨询服务单位。同年,北京建茂建筑设备有限公司开发的“大流量、大吨位钢筋挤压连接设备”获得北京市科技进步一等奖,当年全国人大常委会副委员长彭珮云同志还带队参观了“全国钢筋连接新技术产业化示范基地”原冶金工业部建筑研究总院北京建茂建筑设备有限公司生产基地。原冶金工业部建筑研究总院申报的科技成果“钢筋挤压连接技术及其产品推广应用”获得1998年国家科技进步三等奖,1998年11月“大流量、大吨位高效钢筋挤压连接设备”被科技部、国家税务总局等五部委批准为“国家重点新产品”。从此钢筋挤压连接设备进入了成熟发展阶段,在全国有上万个工程项目应用钢筋挤压连接机械完成了数亿个钢筋连接接头,不仅解决了粗钢筋焊接质量稳定性的技术难题,也为高强钢筋推广应用提供了技术支撑，为钢筋机械连接技术在中国的顺利发展奠定了坚实的基础。

30.1.3　发展趋势

钢筋挤压连接机械自20世纪70年代诞生，发展至今已近50年，设备由最初的单一型号挤压钳、手动换向阀泵站逐步向系列化挤压钳、配备电磁换向阀的60～70 MPa大流量泵站发展，追求设备性能稳定、故障率低、工作自动化程度高，以节省人工、降低劳动强度，通过对设备挤压工作压力和挤压位置的精确控制来提高接头连接合格率水平。

为了便于施工操作，挤压连接机械的辅助机具，包括竖向钢筋连接使用的挤压钳悬挂器、地面预制挤压套筒配套挤压钳移动滑车、地面用大吨位多道次挤压钳等相继开发。随着成本低和经济性突出的螺纹连接技术的出现，挤压连接接头的应用领域转向能发挥其特点的连接部位，单道径向挤压连接机械则常用于钢筋不便于旋转部位的钢筋连接，如结构地基筏板上不能转动钢筋的连接、预制钢筋笼的钢筋对接、预制混凝土构件的钢筋连接、没有预加工钢筋连接螺纹的钢筋连接、隧道内壁弧形钢筋的对接等。

挤压连接还扩展到与螺纹连接的组合应用，套筒挤压螺纹连接接头已在国外工程中得到普遍应用。该连接工艺采用2件式或3件式的连接件，其中2件式连接件中，一件是一端加工为螺杆的挤压套筒，另一件是一端加工为螺纹套筒的挤压套筒；3件式连接件中，两件分别是一端加工为正扣螺纹套筒和另一端加工为反扣螺纹套筒的挤压套筒，第三件为两端加工有与螺纹套筒螺纹相配合的双头连接螺杆。2件式连接件连接时，将连接件挤压套筒端先用挤压工艺连接在钢筋的端部，到建筑施工现场的连接工位后，将螺杆连接件的钢筋与螺纹套筒连接件的钢筋进行旋转连接，两根钢筋即连接在一起；在钢筋不能旋转的工位，利用3件式连接件连接，其中两根端部分别为正、反扣螺纹套筒连接件的钢筋，与双头正反扣螺纹的连接螺杆连接，旋转连接螺杆即可将两根钢筋连接在一起。套筒挤压螺纹连接的套筒挤压工作一般在预制工厂内或建筑施工现场的地面工位完成，因此该工艺使挤压连接套筒接头在施工现场的连接速度大大提高，并且免除了挤压连接质量的现场管控工作，操作工人很容易制作出安全可靠的钢筋连接接头。套筒挤压螺纹连接接头在做套筒挤压加工时，采用的挤压连接设备可以是径向挤压机，也可以是轴向挤压机，还可以是径向扣压机。

30.2　产品分类

30.2.1　挤压设备分类

我国国家行业标准《钢筋套筒挤压机》(JG/T 145—2002)将钢筋套筒挤压机分为径向钢筋套筒挤压机和轴向钢筋套筒挤压机。

1. 径向钢筋套筒挤压机

沿连接套筒进行径向挤压的挤压机称为径向钢筋套筒挤压机。径向挤压机按模具对连接套筒的挤压方向分为圆周径向挤压设备(简称径向挤压机)和纵向径向挤压设备(简称扣压机)。

1) 圆周径向挤压设备

在施工现场，操作人员可手提挤压钳在各个位置从套筒中央逐道次或多道次向套筒两端实施作业的挤压机为圆周径向挤压设备。该设备的挤压钳上设有模具安装滑槽，上、下两块压模安装在滑槽内，其挤压工作原理见图30-1。连接套筒插入钢筋后置于上、下压模之间，挤压钳工作时下压模固定不动，活塞推动上压模，上压模垂直于连接套筒轴线向下压模移动而完成对连接套筒圆周方向的径向挤压。单向挤压设备的压模刃口的形状分为半圆模和多角模，压模刃口分为单刃模和多刃模(一次同时挤压多道次)。

2) 纵向径向挤压设备

该设备的挤压钳体积、重量均较大，不能在连接施工作业面进行挤压连接，主要用于在地面或工厂对连接套筒进行挤压，将连接套筒的一端预先连接在一根钢筋上。该设备的挤

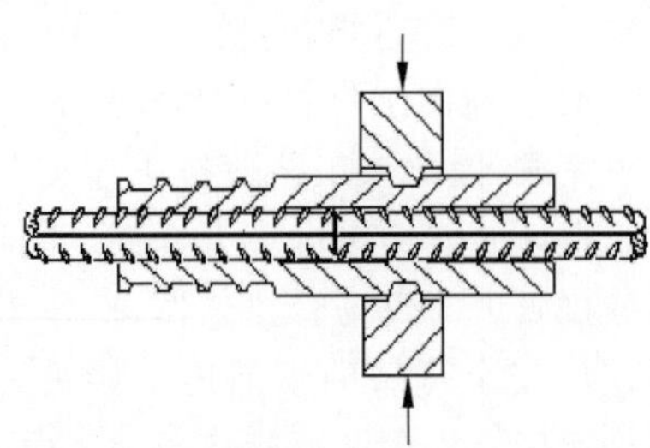

图 30-1　径向钢筋套筒挤压机单向挤压工作原理

压钳在活塞前端设有锥面模具腔，模具腔内孔360°均匀对称安装6块或8块条形压模，其挤压工作原理见图30-2。油缸活塞沿轴线向前推进时，通过锥面模具腔的内锥面推动6块或8块条形压模沿模腔锥面(楔形)同时移动，行进中由于模具腔直径逐渐变小，使压模径向移动，即6块或8块压模沿锥面腔径向合拢，压模接触到连接套筒后，即在连接套筒周圈形成纵向径向挤压力，在套筒外表面周圈间断地施加径向压力使套筒挤压变形。

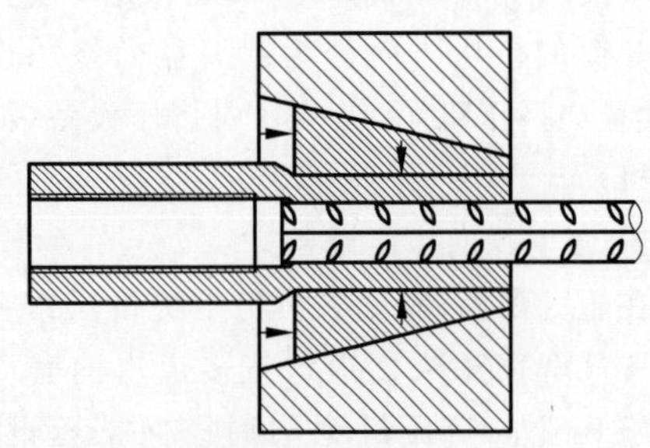

图 30-2　径向钢筋套筒挤压机纵向径向挤压工作原理

2. 轴向钢筋套筒挤压机

沿套筒轴向挤压的挤压机称为轴向钢筋套筒挤压机。轴向钢筋套筒挤压机的压模是具有锥孔腔的缩径模具，缩径模具的锥孔段最小孔径小于连接套筒外径，油缸活塞端部安装顶压模具，其挤压工作原理见图30-3。连接套筒挤压时放置在缩径模具和顶压模具之间，钢筋穿过压模孔进入连接套筒，活塞顶压模在远离缩径模具的连接套筒端面施加压力，并推动连接套筒向缩径模具锥孔腔内移动，当连接套筒被推压穿过缩径模的锥孔后，连接套筒周圈被压缩变形而与钢筋紧密结合在一起。轴向钢筋套筒挤压机一般用于半个套筒挤压连接，油缸活塞的行程与套筒挤压变形的轴向长度相匹配。将轴向钢筋套筒挤压机用于现场作业工位钢筋连接时，由于挤压钳尺寸较大，移动不方便，因此常用于预挤压半个螺纹挤压套筒钢筋连接。

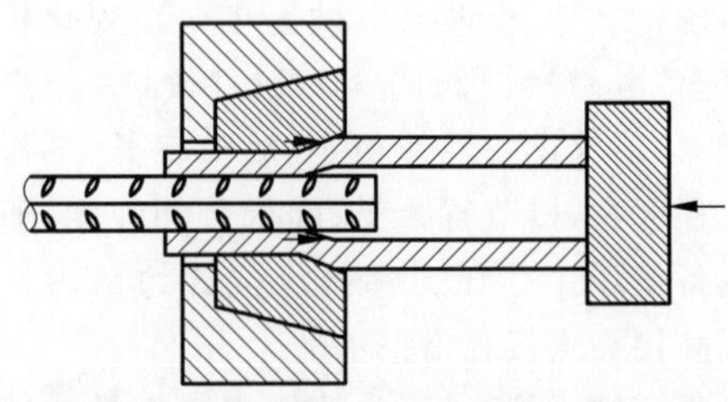

图 30-3　轴向钢筋套筒挤压机挤压工作原理

径向钢筋套筒挤压机是目前钢筋挤压连接中应用较为广泛的一种设备，以下部分仅对径向钢筋套筒挤压机和所配套的连接套筒有关内容进行介绍。

30.2.2　挤压连接套筒

钢筋挤压连接套筒是带肋钢筋挤压连接的机械连接件，即内孔为光孔的用于带肋钢筋挤压连接的套筒。依据《钢筋机械连接用套筒》(JG/T 163—2013)的产品分类规定，其分为标准型套筒、异径型套筒。

(1) 标准型套筒：套筒两端内径相同的、用于同直径钢筋连接的套筒，如图30-4所示。

(2) 异径型套筒：套筒两端内径不同的、用于不同直径钢筋连接的套筒，如图30-5所示。

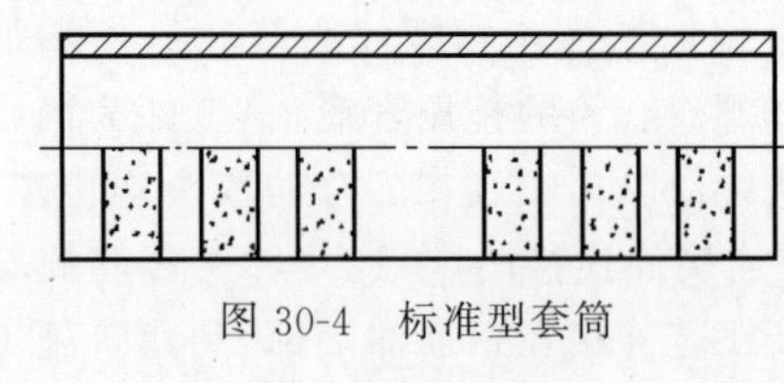

图 30-4　标准型套筒

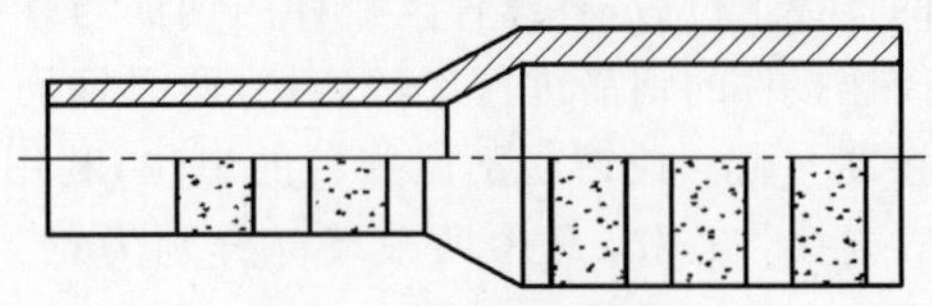

图 30-5　异径型套筒

30.3 工作原理与结构组成

30.3.1 工作原理

1. 径向挤压连接设备

钢筋径向挤压机的工作原理见图 30-6。

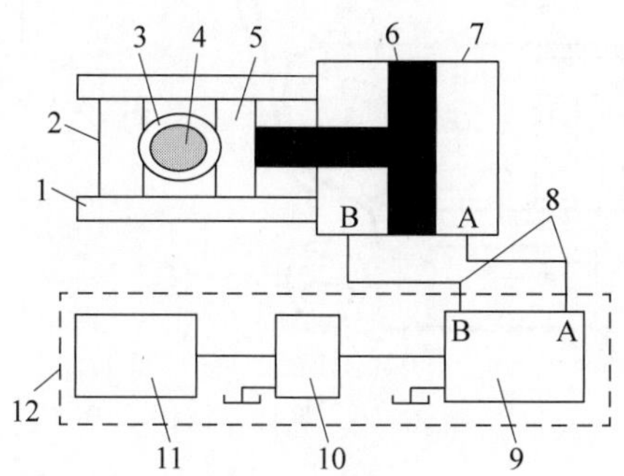

1—压钳；2—下压模；3—连接套筒；4—钢筋；5—上压模；6—活塞；7—油缸；8—超高压软管；9—换向阀；10—组合阀；11—油泵；12—超高压泵站。

图 30-6 径向挤压设备工作原理

超高压电动油泵输出的压力油经换向阀、超高压软管进入钢筋挤压钳的 A 腔，在 A 腔压力油的作用下，活塞带动压模向前运动，并挤压连接套筒。同时 B 腔的液压油经换向阀、超高压软管流回油箱；达到要求的挤压深度后，调转换向阀，B 腔压力油推动活塞向后运动，压模随之退回初始位置，A 腔的液压油经换向阀、超高压软管流回油箱，至此完成一次挤压过程。重复以上步骤，即可根据不同规格的钢筋所要求的道次，逐一挤压。

2. 纵向径向挤压设备

扣压条形模具扣压时将钢筋套筒放置于机械预设的位置，将钢筋插入套筒，按扣压开始按钮，由泵站输出的高压油通过阀块进入扣压油缸大腔，活塞向前移动，推动模座沿锥套向前运动并逐渐收拢，扣压套筒使套筒与钢筋紧密结合，成为整体。待扣压压力达到设定值后，同时比对设定的扣压后直径值是否满足设定值，换向阀自动切换，高压油再进入回退小油缸，扣压活塞后退，扣压模座及模具在弹簧组的弹力下沿锥套径向张开。张开至设定值时换向阀回中位停止后退。取出扣压好的钢筋接头(公头或母头)，完成一次工作循环，纵向径向单次多道挤压设备工作原理如图 30-7 所示。

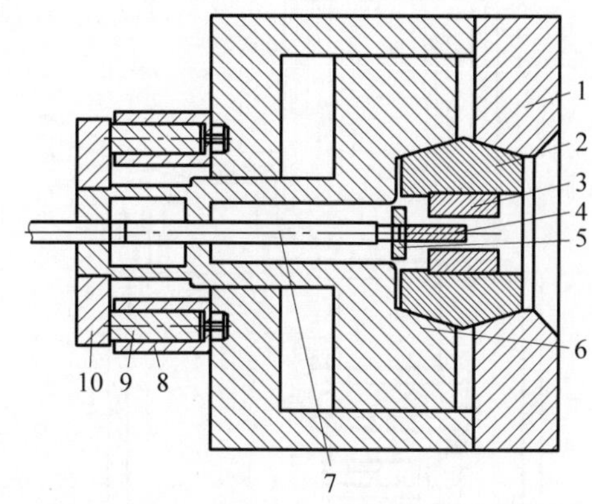

1—前端盖；2—模座；3—扣压模具；4—钢筋定位杆；5—定位盘；6—活塞；7—自动调节定位装置；8—回退油缸；9—回退油缸活塞；10—连接板。

图 30-7 纵向径向单次多道挤压设备工作原理

30.3.2 结构(机构)组成

1. 径向挤压连接设备

其主要结构有液压泵站(含液压控制系统和供电系统，其结构如图 30-8 所示)、挤压钳(其结构见图 30-9)、挤压模具、高压胶管等。另外还有配套辅具，如压钳悬挂器、小滑车等。

在进行施工工位现场挤压时，需要使用压接钳悬挂器(其结构见图 30-10)起吊压钳，同时随着挤压道次位置的变化达到提升和下降压接钳的目的，减少人力。

在地面预制挤压连接时，可使用小滑车(其结构见图 30-11)，达到移动压接钳的目的。

2. 纵向径向挤压连接设备

其主要结构有液压泵站(含液压控制系统和供电系统)、锥道模座、扣压油缸、回拉油缸、定位机构、冷却系统等，如图 30-12 所示。

30.3.3 动力组成

液压泵站是钢筋挤压(扣压)连接机的动力源，一般采用高、低压双联泵结构，它由电机、超高压柱塞泵、低压齿轮泵、组合阀、换向阀、压力表、油箱、滤油器，以及连接管件等组成。

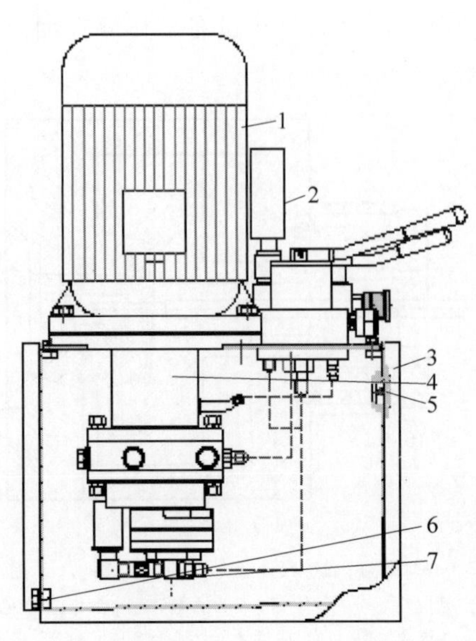

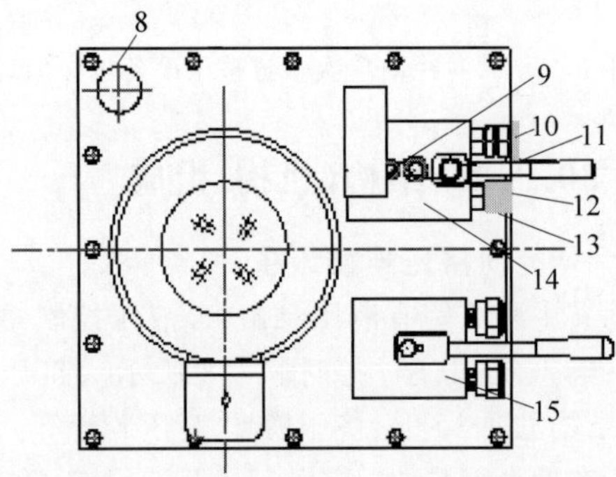

1—电机；2—压力表；3—油箱；4—超高压柱塞泵；5—油标；6—放油螺塞；7—低压泵；8—注油口；9—高压单向阀；10—高压安全阀；11—卸荷阀；12—低压单向阀；13—低压溢流阀；14—组合阀体；15—换向阀。

图 30-8 液压泵站结构

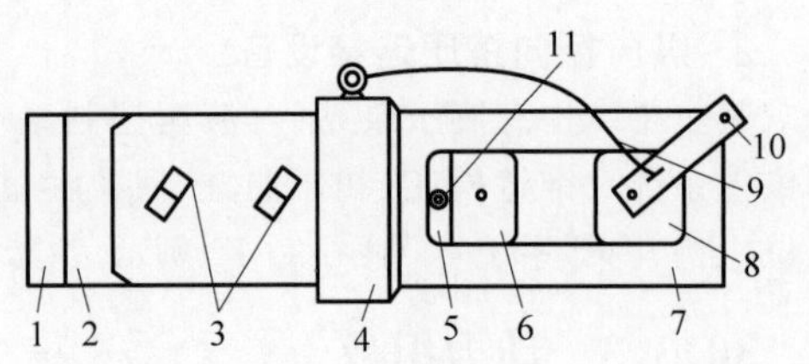

1—提把；2—油缸；3—油管接头；4—吊环；5—活塞；6—上压模；7—机架；8—下压模；9—链绳；10—下压模挡铁；11—紧定螺钉、弹簧、钢球。

图 30-9 挤压钳结构

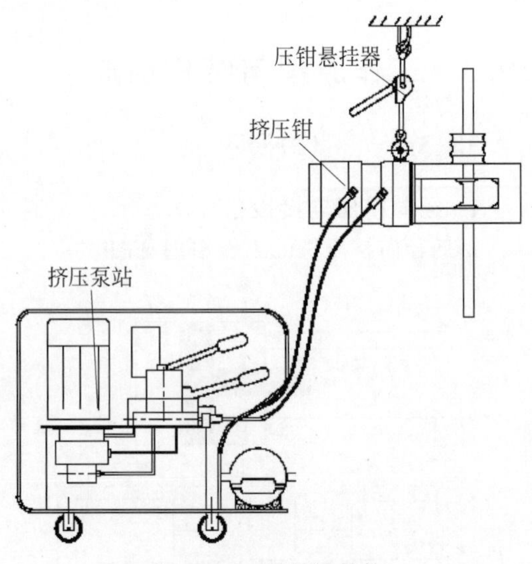

图 30-10 悬挂器结构

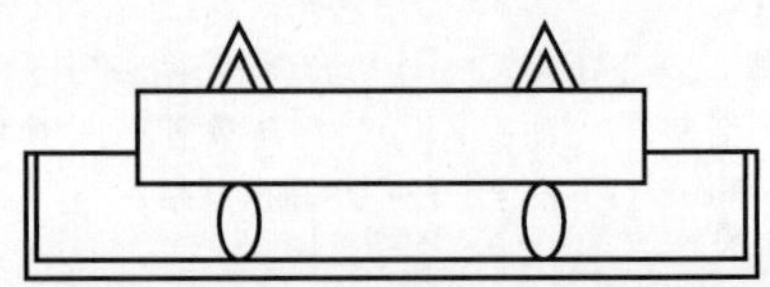

图 30-11 小滑车结构

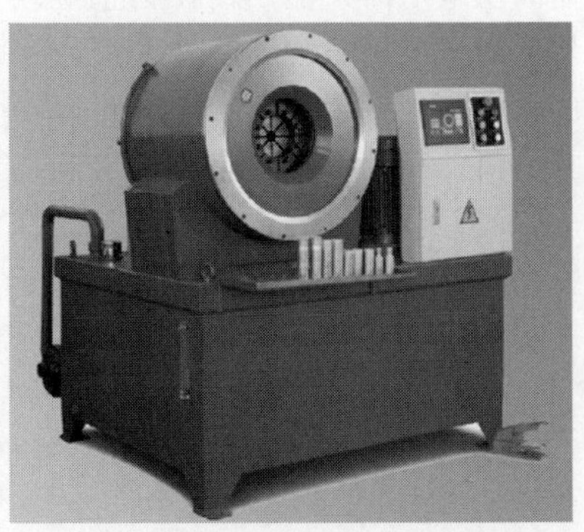

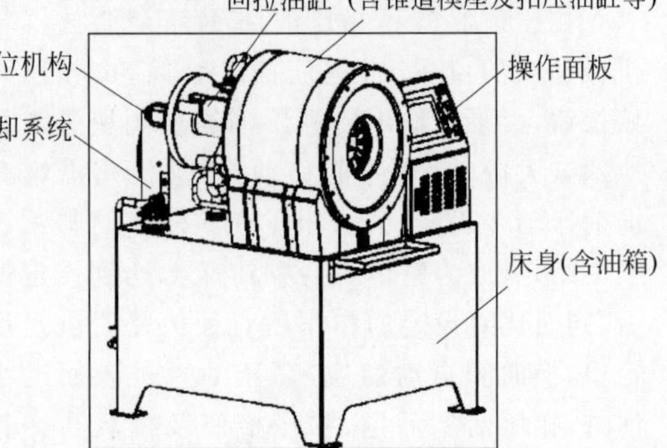

图 30-12 纵向径向挤压连接设备

30.4 技术性能

30.4.1 产品型号命名

产品型号命名如下：

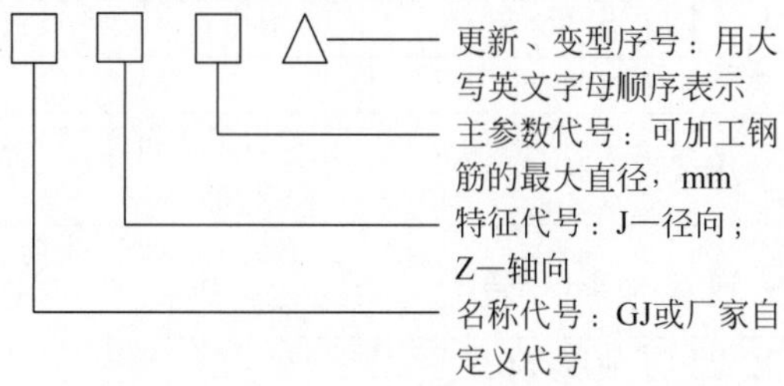

按照可加工钢筋最大直径，挤压连接设备可分为25、32、40、50四种。

30.4.2 各企业产品型谱

由于各企业的产品型式、结构、技术性能及特点各不相同，下面针对国内几个比较典型的挤压连接机产品做一归纳介绍。

1. 思达建茂钢筋径向挤压机技术参数

思达建茂钢筋径向挤压机技术参数见表30-1。

2. 浙江锐程钢筋径向挤压机技术参数

浙江锐程钢筋径向挤压机技术参数见表30-2。

3. 浙江锐程钢筋多道径向挤压机（扣压机）技术参数

浙江锐程钢筋多道径向挤压机（扣压机）技术参数见表30-3。

4. 中景机械钢筋径向挤压连接机技术参数

中景机械钢筋径向挤压连接机技术参数见表30-4。

表30-1　钢筋径向挤压机技术参数（思达建茂）

设备组成	参数及项目	型　号				工作方式
		JM-YJH7-32	JM-YJH7-40	JM-YJH7-50	JM-YJH-320	
压钳	额定压力/MPa	80				手动/自动
	额定挤压力/kN	760	900	1230	3200	
	外形尺寸/(cm×cm)	ϕ15×48	ϕ15×53	ϕ17×70	ϕ31.5×76	
	可连接钢筋直径/mm	16,18,20,22,25,28,32	28,32,36,40	40,50	16,18,20,22,25,28,32	
	可配压模型号	LM16，LM18，LM20，LM22，LM25,LM28，LM32	LM28，LM32，LM36,LM40	LM40,LM50	M16,M18,M20,M22,M25,M28,M32	
	压模重量/kg	5.5	6.5	18.5	20	
	重量(不含压模)/kg	28	39	76	245	
超高压泵站	电机	功率：2.2 kW；转速：1400 r/min；输入电压：380 V/50 Hz(220 V/60 Hz)				
	额定压力/MPa	80	低压泵最高压力/MPa	2		
	高压流量/(L/min)	2.0	低压流量/(L/min)	6.0		
	重量/kg	123	油箱容积/L	30		
	外形尺寸/(cm×cm×cm)	76×52×84				

表 30-2　钢筋径向挤压机技术参数(浙江锐程)

参　　数	数　　值
压钳 RST-40	
额定挤压推力/kN	1000
钢筋加工范围/mm	12～40
外形尺寸/(mm×mm)	ϕ175×450
净重(不含压模)/kg	38
液压/卷扬驱动一体机 RSY-2.0	
最大油压/MPa	75
液压泵电机功率/kW	2.2
油箱容积/L	30
额定流量/(L/min)	2
卷扬机驱动电压/V	48
外形尺寸/(mm×mm×mm)	760×550×800
净重/kg	125

表 30-3　钢筋多道径向挤压机(扣压机)技术参数(浙江锐程)

参数及项目	型　　号	
	RC25	RC40
加工钢筋范围/mm	ϕ10～ϕ25	
最大扣压力/kN	18 000	30 000
典型加工时间/(s/头)	5	8
扣压过程控制	扣压力、扣压尺寸双校验	
套筒、钢筋定位系统	程序预设全自动定位	
额定扣压油压/MPa	25	
工作电压/V 与频率/Hz	380/50(60)	
电机功率/kW	15	
外形尺寸/(mm×mm×mm)	1610×1370×1480	
整机重量/kg	2300	

表 30-4　钢筋径向挤压连接机技术参数(中景机械)

设备组成	参数及项目	型　　号				工作方式
		JYJ-32		JYJ-40		
压钳	额定压力/MPa	63		80		
	外形尺寸/(mm×mm)	ϕ150×480		ϕ150×530		
	可连接钢筋直径/mm	16，18，20，22，25，28,32		22,28,36,40		
	可配压模型号	M16,M18,M20,M22,M25,M28,M32		M28,M32,M36,M40		
超高压泵站	电机	功率：4kW；转速：750 r/min；输入电压：380 V/50 Hz(220 V/60 Hz)				手动
	额定压力/MPa	63	低压泵最高压力/MPa		2	
	重量/kg	120	油箱容积/L		30	
	外形尺寸/(mm×mm×mm)	油泵：800×600×800；挤压机：500×170×200				

30.4.3　产品技术性能

1. JM 系列挤压连接设备

JM 系列挤压连接设备(见图 30-13)由北京思达建茂科技发展有限公司(原北京建茂建筑设备有限公司)设计制造，该设备是唯一列入国家级新产品的钢筋挤压连接机械，其设备规格型号齐全，具有体积小、结构合理、操作方便、施工速度快、不受环境和气候影响、节省能源、安全可靠、连接的接头质量可靠等特点。

该公司生产的液压泵站分手动操作方式和自动操作方式两种，其中手动操作即达到挤压深度人工换向，自动操作是达到设定的参考压力值后自动换向。压接钳包括 25、32、40、50 多种型号，且有单道挤压和多道挤压两种类型。模具有半圆模和六角模两种。

图 30-13　JM 系列挤压连接设备

2. RC 系列挤压连接设备

1）钢筋挤压机

RC 自动钢筋套筒挤压系统实现了挤压和道次升降的全自动，可以极大地降低工人劳动强度，提高施工效率和质量。RC 系列挤压连接设备如图 30-14 所示。

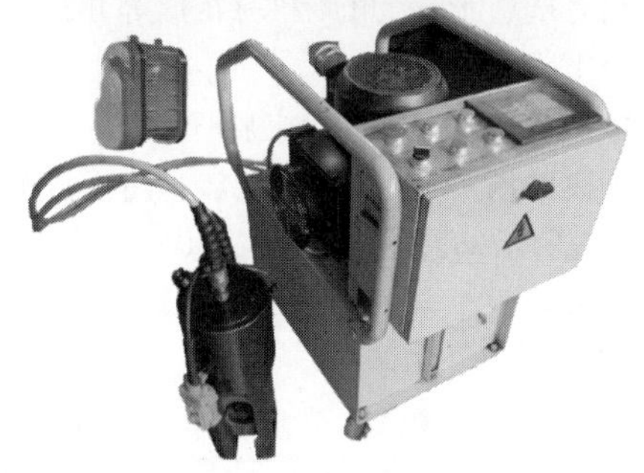

图 30-14　RC 系列挤压连接设备

该系统由液压钳、伺服卷扬机和液压/卷扬驱动一体机构成，挤压达到设定的压力后挤压模自动回退，回退到位后卷扬机自动将压钳提升或下降至下一个道次的位置，即可开始下一道次的挤压。整个挤压过程实现全自动控制，且每步操作实时显示。

该设备的具体特点如表 30-5 所示。

表 30-5　RC 自动钢筋套筒挤压机的特点

项目	特　点
压钳钳体	压钳和缸体一体化制造，强度高，可靠性好
压模结构	八角挤压，套筒材料塑性变形分多段向压模平面交接角部延展，相比半圆模所需的径向挤压力低，高强度套筒挤压效果好
前压模机构	前压模向后翻转钳臂即可穿越钢筋
挤压控制	压力传感器和换向电磁阀自动控制，压力程序预设
压钳升降	自动卷扬机预设各规格套筒道次位置，自动升降精度高，一致性好
操作界面	触摸屏操作，过程模拟动画和加工结果实时显示，预设所有套筒规格的加工参数，规格切换方便、快捷
生产效率	自动升降定位，劳动强度低，效率高

2）钢筋扣压机

钢筋扣压机在套筒外周圈对称布置多瓣的条状压模，沿径向向内对套筒外径进行挤压，使套筒径向收缩，与钢筋紧密结合。该设备具有如下特点：

（1）扣压力和扣压尺寸相互校验实现扣压过程精准控制，保证扣压一致性。

（2）扣压机构分度均匀，扣压套筒和钢筋同轴精度高。

（3）套筒、钢筋定位由程序预设，由伺服电机实现自动设定，同一钢筋规格的不同型式的套筒可实现即时切换，不同钢筋规格更换压模只需 2 min 即可完成。

（4）压模寿命长，正常使用可扣压 10 万头以上，使用及维护成本极低。

（5）触摸屏操作简单易用，扣压过程动画及扣压结果实时显示，内置无线模块可实现设备远程控制或固件升级。

30.5　选用原则与选型计算

30.5.1　选用原则

（1）钢筋套筒挤压机适用于目前国内建筑工程主要使用钢筋的连接需要，即 HRB400、

HRB500 级直径 16～50 mm 钢筋，钢筋挤压连接接头的性能应达到《钢筋机械连接技术规程》(JGJ 107—2016)规定的Ⅰ级接头性能水平。

(2) 钢筋套筒挤压机可用于可靠连接各个方向及密集布置的钢筋，不仅适用于钢筋加工厂和工地地面的钢筋连接，而且适用于施工现场的梁、柱和其他部位的钢筋连接。

(3) 钢筋套筒挤压机应体积小、重量轻，便于运输、吊装，操作简便。

(4) 钢筋套筒挤压机压模规格与待连接钢筋规格一致，并与同规格套筒相匹配。

(5) 挤压压痕处，连接套筒压痕最小直径处可进入检验卡板通段(用于控制套筒压痕直径的上限尺寸)，但止于检验卡板止段处(用于控制套筒压痕直径的下限尺寸)，则为合适的挤压力。

(6) 每台钢筋套筒挤压机形成一个班组，操作人员 2 名，一名负责操作泵站，一名负责操作压钳、移动钢筋。

(7) 套筒挤压机应配有用于吊挂压钳的升降器，便于竖向钢筋的挤压连接。

(8) 套筒挤压机应配有压钳地面小滑车，便于地面横向挤压时压钳的移动。

30.5.2 选型计算

1. 压钳工作范围

压钳的工作范围，即最大加工钢筋直径。根据常用钢筋的连接要求，一般将压钳分为 25、32、40、50 型几种，以 32 型压钳为例，其工作范围为加工 $\phi32$ mm 以下钢筋，即可以对 $\phi16$、$\phi18$、$\phi20$、$\phi22$、$\phi25$、$\phi28$、$\phi32$ mm 钢筋进行挤压连接。

2. 压钳宽度(待连接钢筋与相邻钢筋的最小间距)

依据《混凝土结构设计规范》(GB 50010—2010)，相邻钢筋的净间距不应小于 $1.5d$。为保证压钳能在较为密集的钢筋中进行操作，压钳的外形尺寸在保证其承载力的基础上应尽可能减小，尤其是直接影响操作空间的压钳钳口尺寸。

以 32 型压钳为例，额定输出压力为 760 kN，压钳钳口材质选用合金结构钢，该钢种在调质后，具有良好的综合性能、低温冲击韧度及低的缺口敏感性。屈服强度 $\sigma_s \geqslant 785$ MPa。

压钳钳口为压模挤压套筒提供封闭框架，承受压钳输出压力所对应的拉力，钳口在承受最大拉力时不得产生塑性变形，钳口总承载截面面积与压钳的输出力和钳口材料的屈服强度应满足以下公式的要求：

$$P\eta = \sigma_s A \tag{30-1}$$

式中，P 为额定输出压力；σ_s 为材料标准屈服强度；A 为钳口总承载截面面积；η 为安全裕度系数，取 1.5。

将 P、η、σ_s 的值代入式(30-1)后得到总承载截面面积 $A=1456\ \text{mm}^2$，考虑到极限情况下，即由于压接操作不当或模具安装位置错误，造成钳口单侧受力，故将钳口承载截面面积加倍，最终得出钳口外形尺寸为 116 mm×116 mm。

对于 $\phi32$ mm 钢筋的挤压连接，钢筋两侧空间各为 $1.5d$，加上自身的钢筋直径，其最小操作空间应为 $4d$(即 128 mm>116 mm)，故设计的钳口外形尺寸可以满足操作需要。

3. 压模刃口设计

钢筋挤压钳的压模分为上模和下模，其刃口形状有圆弧形、六角形和梅花形等几种。

1) 圆弧压模

早期的压模刃口为圆弧形设计。挤压操作时压模的两个 M 点之间全部为圆弧接触，如图 30-15 所示，套筒挤压连接完成后，接头截面为一个带着两个合模飞边的椭圆形截面。

圆弧挤压存在 4 个问题：①压接时 M 点之间全部为弧长接触，受压面积大，所需压力也大；②压接后期，套筒已产生飞边，这时继续加压，压力主要作用在 M 点外侧的合模平面的飞边上，套筒本身难以继续压紧；③从接头的横剖面上可以看出，在钢筋两条纵肋附近的套筒无法压紧，存在空隙，盛水试验中有水漏出；④压模加压方向位于 Y-Y 方向(两条纵肋确定的平面方向)，会造成纵肋处的套筒压缩量较大，横肋处压缩量较小。因此，主要传递荷载的横肋处因咬合不紧，过早产生剪切破坏，使

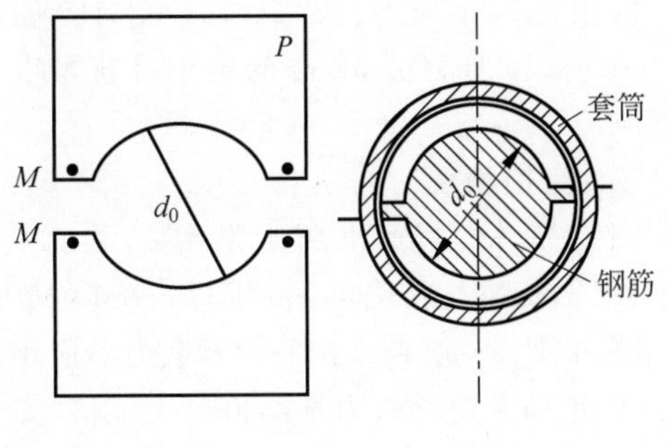

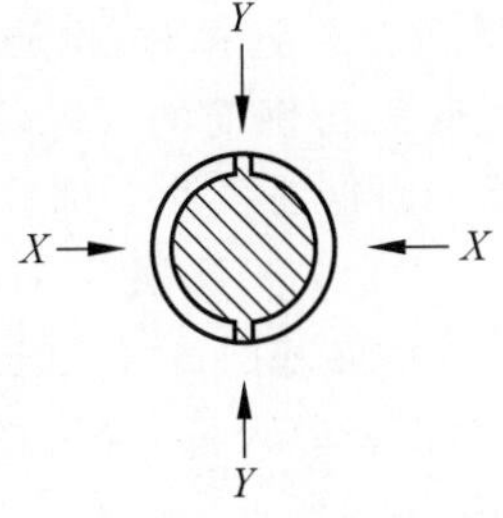

图 30-15　圆弧挤压工艺

接头强度下降。对比试验表明：采用同样的压模，同一规格钢筋，同一种套筒，改变加压方向 X-X（垂直于两条纵肋平面的方向）、Y-Y，可得到不同强度的接头。

由图 30-16 可知，单位长的挤压压力 P 相同时，X-X 挤压方向形成的接头比 Y-Y 挤压方向形成的接头抗拉强度高，相同接头抗拉强度时，X-X 挤压方向形成的接头所需的单位长挤压压力比 Y-Y 挤压方向形成的接头所需的单位长挤压压力小。实际上，施工现场往往无法做到压机都在 X-X 方向加压。

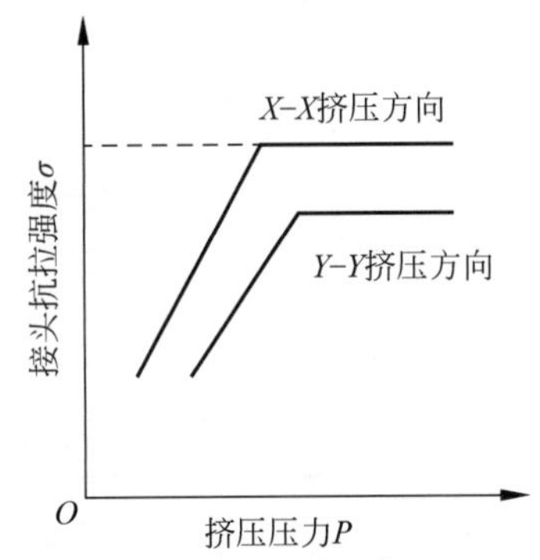

图 30-16　圆弧挤压方向与形成的接头抗拉强度的关系

2）多边形压模

为了弥补圆弧压模在压接过程中存在的工艺上的缺陷，人们设计了多边形压模（梅花形压模和六角形压模），如图 30-17 所示。多边形压模的原理是：在压接初期，为部分弧长接触，单位面积上的接触应力较高；压接终止前，为全部弧长接触。同圆弧压模相比，多边形压模在加压过程中，金属受压后变形空间增多，变形流动方向增多，流动阻力较小，合模面无飞边，减少了作用在飞边上的无用功。从接头的横剖面上看不到一丝空隙，钢筋和套筒完全紧密地压合成一体。

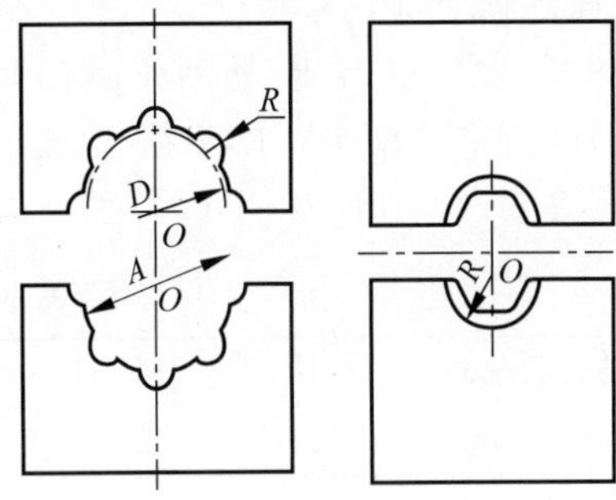

图 30-17　多边形压模工艺

图 30-18 所示为圆弧压模和多边形压模制作的两种接头在 X-X、Y-Y 方向的强度数值对比。

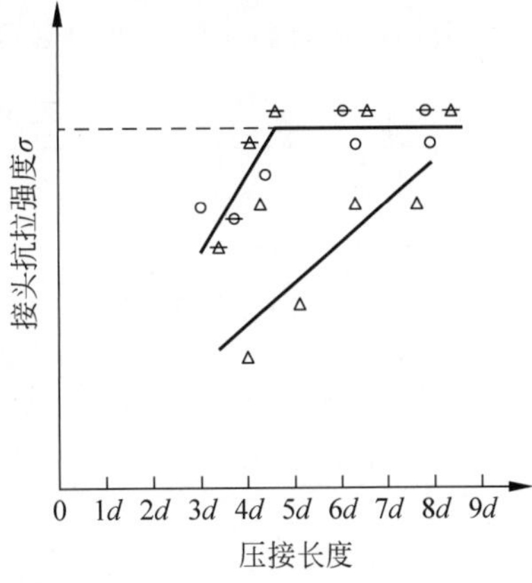

○：圆弧压模工艺 X-X 方向；△：圆弧压模工艺 Y-Y 方向；⊖：多边形压模工艺 X-X 方向；$\triangle$：多边形压模工艺 Y-Y 方向；d：钢筋母材的直径。

图 30-18　两种接头强度对比

由图 30-18 可知，多边形压模压接的钢筋接头在 X-X、Y-Y 方向加压的强度差别不大。

经过不断完善，得到 $\phi16 \sim \phi40$ mm 钢筋的优化参数系列，目前工程中应用的钢筋挤压连接设备大多是此类模具。

30.5.3 套筒计算参数

1. 材料选择

制作挤压套筒的材料应满足以下两个条件：

(1) 需要有一定的抗拉强度以满足接头的连接性能。

(2) 需要有一定的塑性和韧性，可产生较大的塑性变形，防止挤压开裂。

综上，一般首选强度、塑性兼而有之的材料用于挤压连接套筒的加工，依据《热轧钢棒尺寸、外形、重量及允许偏差》(GB/T 702—2017)、《结构用无缝钢管》(GB/T 8162—2018)的规定，10 号、20 号、Q235B 等低碳钢材料可以满足需求。

2. 套筒截面

上述钢材，其标准屈服强度 σ_s 为 225～350 MPa，标准抗拉强度 σ_b 为 375～500 MPa。依据标准要求：套筒实测受拉承载力不应小于被连接钢筋受拉承载力标准值的 1.1 倍(安全系数取 1.2)。

考虑到套筒挤压连接时，钢筋应能顺利插入套筒内，且套筒与钢筋的间隙不易过大，依据《钢筋混凝土用钢筋　第 2 部分：热轧带肋钢筋》(GB 1499.2—2018)关于钢筋尺寸允许偏差的规定，取钢筋基圆最大正公差尺寸 2 倍横肋高度最大正公差尺寸，经圆整，对套筒内径的规定如表 30-6 所示。

表 30-6　套筒内径尺寸

钢筋直径/mm	16	18	20	22	25	28	32	36	40
套筒内径/mm	20	22	24	27	30	34	38	42	47

计算套筒截面如下(以 HRB400 级套筒为例)：

$$\sigma_b A = \sigma_b \times \left(\pi \times \left(\frac{D}{2}\right)^2 - \pi \times \left(\frac{d}{2}\right)^2\right)$$
$$= 1.2F = 1.2\sigma_{b1} A_1 \qquad (30\text{-}2)$$

式中，σ_b 为套筒标准抗拉强度；A 为套筒截面面积；D 为套筒外径；d 为套筒内径；σ_{b1} 为钢筋标准抗拉强度；A_1 为钢筋截面面积；F 为钢筋极限承载力。

将上述数据代入式(30-2)求得 D。

不同规格钢筋的套筒截面参数计算见表 30-7。

表 30-7　套筒截面计算

参　数	数　值								
钢筋直径/mm	16	18	20	22	25	28	32	36	40
钢筋截面面积 A_1/mm²	201.1	254.5	314.2	380.1	490.9	615.8	804.2	1018	1257
钢筋标准抗拉强度 σ_{b1}/MPa	540								
钢筋极限承载力 F/kN	109	137	170	205	265	333	434	550	679
1.2 倍钢筋极限承载力/kN	131	164	204	246	318	400	521	660	815
套筒标准抗拉强度 σ_b/MPa	375								
套筒内径 d/mm	20	22	24	27	30	34	38	42	47
套筒外径 D/mm(圆整)	30	34	36	40	45	50	57	63.5	71

注：套筒外径为计算值经圆整后，参考无缝钢管型材标准尺寸最终得出的。

3. 套筒长度(套筒压接道次)

套筒的挤压道次与接头的压接质量和工效有直接的关系，同时又与压接设备的能力、钢筋规格、压模尺寸、套筒材质及尺寸有关。对于 JGJ 107—2016 规定的Ⅰ级接头来说，接头拉伸时不仅要断于母材，而且其残余变形量必须小于 0.3 mm。为确定合理的挤压道次，需要通过大量的压接接头试验来验证。

现以 ϕ32 mm 钢筋接头为例：在套筒单侧以 60 t 的压力分别挤压 1～6 道，也就是分别做 6 个试件，挤压 3 道的接头强度效率便达到 100%，也就是接头拉伸试验时可断在钢筋上（强度合格），但接头的残余变形超差。挤压 5 道的接头强度、残余变形量均合格。考虑到工程应用的各种意外因素，ϕ32 mm 钢筋在工程应用中挤压连接时，套管每侧都挤 6 次。图 30-19 所示为 ϕ32 mm 钢筋压接接头道次与接头性能关系的试验曲线。

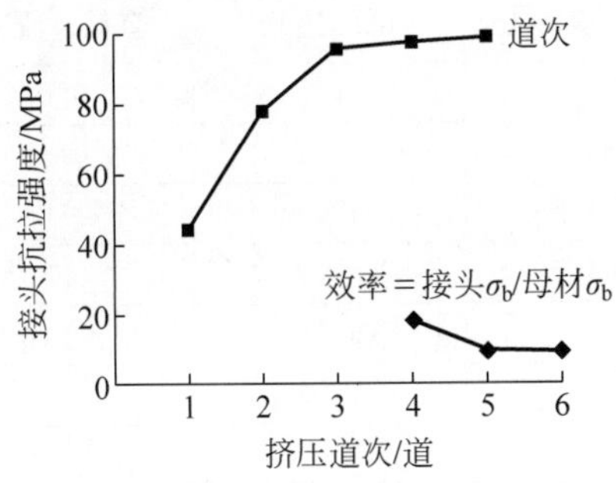

图 30-19　挤压道次与接头性能的关系

4. 挤压变形量的控制

挤压变形量对于接头性能的好坏有直接影响。如变形量过小，套管金属与钢筋横肋咬合少，受力时剪切面积小，往往会造成接头的强度达不到要求，或接头残余变形量过大，接头不合格。如变形量过大，容易造成套管壁被挤得太薄，挤压处截面太小，受力时容易在套管处发生断裂。因此，挤压变形量必须控制在一个合适的范围内。在实际工程应用时，主要控制压痕深度。

大量试验证明，挤压后压痕处直径应控制为钢筋公称直径 2 倍套筒壁厚－3 mm，公差范围±1 mm。以 ϕ25 mm 钢筋套筒挤压为例，套筒壁厚为 7.5 mm，其最终压痕处直径应控制在 ϕ(37±1) mm。

30.5.4　挤压连接套筒和挤压接头性能要求

1. 挤压连接套筒性能要求

（1）套筒原材料宜采用优质碳素结构钢镇静钢，也可采用普通碳素结构钢，如 10～20 号钢或无缝钢管，其外观应符合 GB/T 702—2017、GB/T 8162—2018 的规定。

（2）套筒原材料的机械性能：其屈服强度 $\sigma_s \geqslant 205$ MPa（强度范围 225～350 MPa），抗拉强度 $\sigma_b \geqslant 335$ MPa（强度范围 375～500 MPa），断后伸长率 $\delta_5 \geqslant 20\%$，硬度 HB≤156。

（3）套筒用于有疲劳性能要求的钢筋接头时，其疲劳性能应符合 JGJ 107—2016 的规定。

（4）套筒实测受拉承载力不应小于被连接钢筋受拉承载力标准值的 1.1 倍。

（5）不同产品型号的套筒尺寸参数见表 30-8～表 30-10。

思达建茂挤压连接套筒产品见图 30-20。

表 30-8　挤压套筒参数表（思达建茂）

钢筋直径/mm	套筒外径/mm	套筒内径/mm	套筒长度/mm	挤压道次
16	30	20	110	2×2
18	34	23	115	2×2
20	36	24	120	3×2
22	40	27	125	3×2
25	45	30	150	3×2
28	50	34	170	4×2
32	57	37	180	5×2
36	63	41.5	210	6×2
40	71	46	230	7×2

表 30-9 挤压套筒参数表(常州建联)

钢筋直径/mm	套筒外径/mm	套筒内径/mm	套筒长度/mm	挤压道次
16	30	20	130	3×2
18	34	23	130	3×2
20	36	24	120	3×2
22	40	27	132	3×2
25	45	30	150	3×2
28	50	34	168	4×2
32	56	36	192	5×2
36	63	41.5	216	6×2
40	70	45	240	7×2

表 30-10 挤压套筒参数表(浙江锐程)

钢筋直径/mm	套筒外径/mm	套筒内径/mm	套筒长度/mm	挤压道次	套筒重量/kg
12	22	14.5	62	2×2	0.08
16	29	19.5	84	3×2	0.19
18	32	21	94	4×2	0.25
20	35	24	104	5×2	0.35
22	38.5	26	114	5×2	0.46
25	44	29	130	3×2	0.65
28	48	32	146	4×2	0.86
32	56	37	166	6×2	1.28
40	68.5	46	208	8×2	2.39

图 30-20 挤压连接套筒

2. 挤压接头性能要求

(1) 接头设计应满足强度及变形性能的要求;

(2) 接头性能应包括单向拉伸、高应力反复拉压、大变形反复拉压和疲劳性能,应根据接头的性能等级和应用场合选择相应的检验项目;

(3) 接头应根据极限抗拉强度、残余变形、最大力下总伸长率以及高应力和大变形条件下反复拉压性能,分为Ⅰ级、Ⅱ级、Ⅲ级三个等级。

接头有关参数见表 30-11、表 30-12。

表 30-11　接头极限抗拉强度

接头等级	Ⅰ级	Ⅱ级	Ⅲ级
极限抗拉强度	$f^0_{mst} \geqslant f_{stk}$，钢筋拉断或 $f^0_{mst} \geqslant f_{stk}$，连接件破坏	$f^0_{mst} \geqslant f_{stk}$	$f^0_{mst} \geqslant f_{yk}$

注：(1) 钢筋拉断指断于钢筋母材、套筒外钢筋丝头；

(2) 连接件破坏指断于套筒、套筒纵向开裂或钢筋从套筒中拔出以及其他连接组件破坏；

(3) f^0_{mst} 为接头试件实测极限抗拉强度，f_{stk} 为钢筋极限抗拉强度标准值，f_{yk} 为钢筋屈服强度标准值。

表 30-12　接头变形性能

接头等级		Ⅰ级	Ⅱ级	Ⅲ级
单向拉伸	残余变形/mm	$u_0 \leqslant 0.10(d \leqslant 32$ mm) $u_0 \leqslant 0.14(d > 32$ mm)	$u_0 \leqslant 0.14(d \leqslant 32$ mm) $u_0 \leqslant 0.16(d > 32$ mm)	$u_0 \leqslant 0.14(d \leqslant 32$ mm) $u_0 \leqslant 0.16(d > 32$ mm)
	最大力下总伸长率/%	$A_{sgt} \geqslant 6.0$	$A_{sgt} \geqslant 6.0$	$A_{sgt} \geqslant 3.0$
高应力反复拉压	残余变形/mm	$u_{20} \leqslant 0.3$	$u_{20} \leqslant 0.3$	$u_{20} \leqslant 0.3$
大变形反复拉压	残余变形/mm	$u_4 \leqslant 0.3$ 且 $u_8 \leqslant 0.6$	$u_4 \leqslant 0.3$ 且 $u_8 \leqslant 0.6$	$u_4 \leqslant 0.6$

对直接承受重复荷载的结构构件，设计应根据钢筋应力幅提出接头的抗疲劳性能要求。当设计无专门要求时，剥肋滚压直螺纹钢筋接头、镦粗直螺纹钢筋接头的疲劳应力幅限值不应小于现行国家标准《混凝土结构设计规范》中普通钢筋疲劳应力幅限值的 80%。

30.6　安全使用

30.6.1　挤压机械操作规程

1. 套筒挤压操作

挤压连接接头可先在地面挤压完一端，再在工作面上完成另一端连接套筒的挤压，因此，挤压连接操作可分为地面预制和工位连接两个工序。

1) 地面预制工序

(1) 将压钳放置平稳。

(2) 将待接钢筋插入连接套筒，按定位标记确定到位。

(3) 将插好钢筋的连接套筒插入上、下压模之间，使压模刃口对正连接套筒上从中部开始的第一道挤压位置，使连接套筒靠紧下压模，压接钳垂直于钢筋轴线。

(4) 操作超高压泵站的换向阀手柄转至挤压工位进行挤压。

(5) 当压力达到试压压力时(如 35 MPa)，操作换向阀至退回工位。

(6) 在上压模退至适当位置后可移动钢筋接头时，将换向阀置于零位。

(7) 抽出挤压了第一道的接头，用游标卡尺或检验卡规检验压痕最小直径是否在规定的尺寸范围内。

(8) 如果压痕最小直径过大，可重复步骤(3)～步骤(7)，只是适当提高压力；若压痕最小直径低于规定下限，则要再降低压力。

(9) 根据结果确定应当采用的压力后，再移动钢筋接头，使压模正对第二道压痕位置，重复步骤(4)～步骤(6)压接，规定道次挤压完成后，则一半接头的压接完毕。

2) 工位连接工序

(1) 将压接吊挂在升降器(或手拉葫芦、平衡器等)。

(2) 将下压模抽出，把压钳插入钢筋接头部位，使(已完成一半接头的)连接套筒靠紧上压模。

(3) 插回下压模，将模挡铁锁挂在机架上。

(4) 操作升降器并移动压钳位置，使压模刃口正对挤压位置，以下步骤则同地面压接。这一端接头完成，整个接头即压接完毕，抽出下压模，退出压钳。

2. 质量检验要求

操作者对挤压完成的接头外观要进行100%自检。检验内容包括：

(1) 观察钢筋上的检查标记到与接头连接套筒两端的距离，判断连接套筒内的钢筋插入深度是否各为1/2连接套筒长度。

(2) 检查挤压道次是否符合要求。相邻两道不得叠压，最边一道应完整，连接套筒中央有20 mm以上间隙不挤压。

(3) 用检验卡板检验压痕最小直径是否在合格范围。

(4) 检查接头连接套筒上压痕处和无压痕处有无可见裂纹或质量缺陷。

(5) 检验连接的两根钢筋在接头处弯折度是否小于4°。

自检合格后，该批接头报质检人员验收和制取拉伸试验试件。自检发现的不合格接头应及时补压修复，或切掉无法修复的接头，重新挤压连接。

30.6.2 挤压机的组装连接与运输

1. 组装连接

用两根高压油管将超高压泵站和挤压钳进行连接。具体顺序如下：

(1) 检查挤压钳和换向阀接头处的密封圈是否缺损，如有缺损应及时更换，以防使用时漏油。

(2) 将泵站换向阀出油接头以及挤压钳油缸上油管接头上的防尘帽旋下。

(3) 将油管一端插入换向阀出油接头的圆孔并推到底，然后用手(或扳手)将螺帽旋紧、螺纹上满即可，另一端连接挤压钳上油管接头，必须用扳手旋紧。

(4) 进行水平方向挤压连接时，挤压钳放在小滑车上，进行竖向挤压连接，挤压钳应吊挂在升降器的吊钩上。

2. 运输

设备移动及吊运时，应先检查设备各部件是否固定可靠，如挤压钳与小车的连接固定、模具的连接固定、油箱和小车连接螺栓的紧固等，保证运输安全，防止设备或元件从高处掉落而伤人、损坏设备。并且，设备油箱不得过分倾斜，以免漏油，污染施工环境。搬运挤压钳应提手柄或抬两端，不得提拉钢丝绳及油管。

连接套筒在运输和储存中，应按不同规格分别堆放整齐，不得露天堆放，防止锈蚀和沾污泥砂杂物。

30.6.3 安全使用规程

(1) 油位控制：每日工作前，应观察泵站油箱油标，确认油位正常。补充液压油时，要保证设备注油口和注油工具清洁，在环境空气清洁条件下，注入清洁、无杂质的液压油。

(2) 启动电机：应首先确认转向、运转声音正常后，再进行工作；施工中，如发现电机声音不正常，应立即停止工作。

电机反向运转会损坏泵站元件；电机电缆接线不实或断路造成电机缺相运转，会烧毁电机。如发现问题，应由电工检查线路和供电电源、电压等，待问题或故障排除后，再启动电机继续施工。

(3) 油管防护：超高压软管严禁打折、弯死弯(弯曲半径不小于250 mm)，避免受其他物体压砸，也不得用来拖拽挤压钳或泵站。在工作时发现软管渗漏或外橡胶层凸起，须停止使用，及时修理或更换。

(4) 油管拆装：安装时，应检查换向阀接头及挤压钳接头处O形密封圈情况，如丢失或磨损严重，应补充或更换，以免工作时发生漏油；拆卸时，应首先准备接、堵管接头处流出油液的棉丝或棉布，确认电机已停止运转，再拧下接头螺帽，避免油液大量流淌，污染环境；油管接头须保持高度清洁，油管不使用时，油管接头应用塑料帽或布条遮盖严实，防止污物进入油路系统中。

(5) 压力调节：操作者不得任意调整或转

动压力调节旋钮。如调整不当，压力低，会使工作压力不足；压力过高，可能导致设备、人员事故。

(6) 工作油温：设备正常工作油温为 20～50℃，温度过高或过低，设备会无法达到正常工作压力或生产效率。夏季施工，油温过高，可采取停机或在油箱壁上喷、敷冷水降温等措施，待油液充分冷却后再继续工作；冬季施工，油温过低，可采取空载运转设备，或在油箱壁上喷、敷热水升温等加温措施，但严禁用电炉烤、火烧等危险加热手段提高油温。

(7) 设备保护：雨雪天施工时，在泵站防雨罩的基础上，还须用塑料布或帆布等认真遮盖电器部分，确保电机通风和电器不受雨淋；设备吊、运时，要将电机、开关部分严密包裹，防止电器进水或受潮，避免使用时发生漏电或短路，而烧毁电机或伤人事故。工作完毕，设备应妥善保管，置于遮蔽处，防止雨淋或高处掉落物件砸坏设备部件。

(8) 挤压操作：上压模要用钢珠、顶丝紧固连接在挤压钳活塞上，下压模要插入挤压钳模具滑道内，并用模挡铁锁紧，保证上、下压模（长度方向）两个侧面与挤压钳模具滑道两外侧面基本在同平面位置；连接套筒要置于压模的凹槽中部（小直径钢筋连接时尤其注意），保证压模刃口对称挤压在连接套筒上。

违反上述操作要求，可能造成以下后果：上压模螺栓损坏、活塞损伤（外径涨边、内孔缩径等）、模具断裂、机架钳腿外张等；设备损坏时可能造成操作者受到伤害。

(9) 挤压换向：在施工过程中，操作人员应注意力集中，在到达所需压力时及时换向，以免挤压过度，接头报废。

(10) 挤压次序：挤压时，钢筋须插到位，压模对准连接套筒上油漆标记位置挤压，挤压时一定要从中间向两边依次挤压，严禁挤压套筒中部无挤压标记处（如违反要求，可能造成套筒挤空被剪断或开裂）。另外，挤压时应尽量挤压钢筋横肋，避开钢筋纵肋，如遇钢筋基圆偏细或横肋高度偏低情况，挤压深度应尽量在中下限范围内。

(11) 升降器使用：在使用升降器进行竖向挤压施工时，操作者应避开挤压钳下方，以防操作失误时挤压钳快速下落，造成伤害。

(12) 高空作业：在高空工位施工时，须将泵站放在稳固可靠的位置（注意设备小车轮可转动），升降器及挤压钳悬挂在可靠位置，上、下压模可靠连接固定在挤压钳上，以免设备或零件从工位上掉下，伤人或损坏设备。

30.6.4　维修与保养

(1) 加入超高压泵站的液压油必须经过滤，确保清洁。新设备首次使用时，在挤压一万道次左右应清洗一次油箱，并过滤液压油。其后经常使用时，一般每两个月清洗一次滤油器，半年清洗一次油箱，同时更换新油。

(2) 挤压钳、超高压软管、换向阀油接头必须清洁，防止污物侵入液压系统，各接头的保护盖或帽应妥善保管，及时复原。

(3) 超高压泵站正常工作油温为 20～50℃。操作时，可适时停机以控制温升速度。油温过高时，需要采取冷却措施或停机，待油液充分冷却后才能使用；油温过低时，不允许直接工作，需采取加温措施，一般通过外加温或设备空转来提高油温。

(4) 超高压泵站工作压力不得任意提高。通常每年检修一次，全部零件用煤油清洗，注意保护配合面，不得磕碰，装配后各运动件应运动灵活，无局部卡阻。

(5) 压钳使用中应随时检查其零部件的完好情况，压钳、油缸、压模各处不得焊接，机架掰腿、机体有裂纹者严禁使用，以确保安全。

(6) 超高压软管使用时，弯曲直径不应小于 0.2 m，不得出现打折和死弯，扣压接头与油管不得相对扭转，超高压软管还须避免其他物体压砸而造成损坏。一般每半年做试压检查一次，用检验泵加压试验。试验时，操作者不得离超高压软管过近，以防油管爆断、甩起。压力在 80 MPa 以下发生渗漏、凸起即需更换。

(7) 超高压泵站的换向阀在工位上如出现上压速度慢的问题，可稍偏转一下手柄的位置对正阀内孔位，即可恢复正常。非挤压过程和停止压模行进时，手柄应置于零位，注意：零位拆下超高压软管两接头可能有液压油流出，开机则会喷出油液。

(8) 由一工位扳动换向阀手柄至另一工位时，应在零位有所停顿，以避免压力油对阀体的过大冲击，且扳动手柄时，手不得下压或上抬。

(9) 工作完毕，全套设备应妥善保管。

30.6.5 常见故障及其处理方法

挤压机常见故障及其处理方法见表 30-13。

表 30-13 挤压机常见故障及处理方法

故障现象	故障原因	处理方法
输出压力不足	(1) 高压安全阀调整值过低； (2) 高压安全阀内锥阀芯被异物卡死； (3) 卸荷阀未关紧； (4) 卸荷阀钢球破坏或阀座磨损； (5) 泵内管路接头松动或密封件损坏而泄漏； (6) 压力表故障或阻尼堵塞造成压力反应失真	(1) 调整安全阀； (2) 检修锥阀或阀座； (3) 关紧卸荷阀； (4) 更换钢球或修复(划平)阀座； (5) 紧固接头或更换相关零件； (6) 检查压力表，检修压力表座
高压流量不足	(1) 柱塞偶件配合间隙磨损过大； (2) 柱塞或弹簧折断； (3) 放油螺塞磨损造成密封不良，流量不足； (4) 接头松动造成漏油； (5) 油面过低，油泵吸空； (6) 油温过低造成吸油困难或油温过高造成效率下降	(1) 一般更换柱塞，也可以更换柱塞套； (2) 更换相应零件； (3) 更换或调整放油螺塞及相关零件密封件； (4) 紧固接头； (5) 补充液压油； (6) 控制油温在 20～50℃

30.6.6 挤压接头的制作与施工

1. 工艺参数选择

准备工作要确保“四一致”，即被连接钢筋、连接套筒、压模及检验卡板的规格型号要一致。

2. 操作要点和工艺程序

挤压操作中要重点控制四要素，即插入深度、挤压顺序、挤压道次及最小压痕直径。完成一个接头的挤压连接工艺程序大致描述为：

(1) 退回上压模，取出下压模，将连接套筒套在钢筋端部后，通过挤压钳 U 形架放入上压模刃口中，放入下压模并锁定，取消用模挡铁锁定。

(2) 按钢筋上的定位标记放好连接套筒，开动设备，用压模刃口对准连接套筒表面的压痕标志进行挤压。挤压时应注意以下方面：

① 挤压方向：使挤压钳轴线与钢筋轴线垂直，并应尽可能朝钢筋横肋(即垂直于横肋方向)挤压，以便接头获得最佳性能。

② 挤压顺序：必须从连接套筒中部标志向两端依次挤压。如从套筒两边开始顺次向中间挤压，可能造成连接套筒开裂或压空(挤压到无钢筋处)而切断套筒。为避免压空，连接套筒中央没有挤压标志的部位(约 20～30 mm)严禁挤压。

③ 挤压力：泵站压力以压痕最小直径满足规定为准，并用游标卡尺或专用检验卡板检查。检查时，专用检验卡板插在挤压压痕处，连接套筒压痕最小直径处通过卡板通段并有空余间隙，但止于专用检验卡板止段处，则为合适的挤压力。

④ 同批连接套筒的首道挤压：不同批连接套筒的硬度可能有所不同，为避免套筒挤压过度而报废，其第一个接头、第一道挤压的压力要先选较低压力(一般取 40 MPa)，挤压后用专用检验卡板检查，如达不到要求，可提高压力在原位置重新挤压，直至确定能够满足要求

的压力，即为该批连接套筒应采用的挤压力。

⑤ 每个接头最外(最后)一道的挤压：由最外一道挤压时，金属变形拘束减小，此时压力须比其他道次挤压压力低 2～4 MPa。否则，该道压痕直径可能低于下限要求，通过专用检验卡板的止端。

(3) 全部压痕挤压完毕，退回上压模，抽出下压模，移开挤压钳或钢筋，连接完成。

3. 挤压施工工序

通常，根据施工条件，钢筋挤压连接分为地面预制和工位连接两道工序。

地面预制是为减少工位挤压工作量、提高生产率而采用的工艺。如有场地和时间，应尽量安排进行地面预制。地面预制是用地面挤压设备和辅助工具，先挤压完成半个接头，将连接套筒挤压在一根待接钢筋上(在工位再完成另一半接头的挤压)，或是完成整个接头(在工位再完成继续连接的其他接头)。地面预制均是水平连接施工，可不动设备，将挤压钳放在小滑车上，操作省力、速度快。对于工位竖向连接的接头，一般都采用地面预制工序先挤压一半。地面预制时须对半个接头的质量进行检查，不合格的接头不能流入下个工序。

在工位进行竖向连接时，将地面已完成一半挤压的连接套筒的未挤压端套在已生根在结构中的待连接钢筋端部，将挤压钳用升降器悬挂在邻近脚手架或钢筋上，再用升降器调整挤压钳的位置，对准连接套筒挤压标志，按操作要求进行顺次挤压，最终完成整个接头。接头完成后，应进行外观检查，发现不合格接头应立即补救或切除。

必须在工位进行整头挤压连接的，除按要求操作外，应特别注意保证钢筋插入连接套筒内深度正确，防止出现不合格接头。

30.6.7　挤压连接套筒和挤压接头的检验与验收

1. 挤压连接套筒的检验与验收

套筒检验分出厂检验和型式检验两类。

1) 出厂检验

套筒出厂检验应符合以下要求：

(1) 外观、标记和尺寸检验：以连续生产的同原材料、同类型、同规格、同批号的 1000 个或少于 1000 个套筒为一个验收批，随机抽取 10%进行检验。当合格率不低于 95%时，应评为该验收批合格；当合格率低于 95%时，应另取加倍数量重做检验，当加倍抽检后的合格率不低于 95%时，应评定该验收批合格，若仍小于 95%时，该验收批应逐个检验，合格者方可出厂。

(2) 抗拉强度检验：以连续生产的同原材料、同类型、同规格、同批号为一个验收批，每批随机抽取 3 个套筒进行抗拉强度检验。当 3 个试件符合规定时，该验收批应评为合格。当有 1 个试件不符合规定时，应随机再抽取 6 个试件进行抗拉强度复检，当复检的试件全部合格时，可评定该验收批为合格；复检中如仍有 1 个试件的抗拉强度不符合规定，则该验收批应评定为不合格。

(3) 抽检比例：当连续十个验收批一次抽检均合格时，外观、标记和尺寸检验的验收批抽检比例可由 10%减为 5%。

2) 型式检验

在下列情况下应进行套筒的型式检验：

(1) 套筒产品定型时；

(2) 套筒材料、工艺、规格进行改动时；

(3) 型式检验报告超过 4 年时。

检验项目包括：

(1) 套筒标记、外观和尺寸；

(2) 钢筋试件拉伸；

(3) 接头试件单向拉伸；

(4) 接头试件高应力反复拉压；

(5) 接头试件大变形反复拉压。

接头试件数量不应少于 9 个。其中，单向拉伸试件不应少于 3 个，高应力反复拉压试件不应少于 3 个，大变形反复拉压试件不应少于 3 个。同时，应另取 3 根钢筋试件做抗拉强度试验。全部试件宜在同一根钢筋上截取。

2. 挤压接头的检验与验收

1) 工艺检验

挤压连接施工开始前及施工过程中，应对连接的每一批钢筋都进行挤压连接工艺检验。

工艺检验应符合以下要求：

(1) 每种规格钢筋的接头试件不应少于三根。

(2) 接头试件的钢筋母材应进行抗拉强度试验。

(3) 三个试件的抗拉强度均大于被连接钢筋实际抗拉强度(接头拉断于母材)或试件破坏于接头处(拉脱或套筒破坏)，但其抗拉强度不小于1.10倍钢筋抗拉强度标准值，同时不小于0.95倍钢筋母材实际抗拉强度，均为合格接头。计算实际抗拉强度应采用钢筋的实际横截面面积。

2) 现场检验

工程应用的钢筋冷挤压连接套筒应符合《钢筋机械连接用套筒》(JG/T 163—2013)的规定。连接套筒与钢筋连接形成接头的现场检验包括接头外观检查和单向拉伸试验两部分。现场接头检验首先要将接头分批，同一规格、同一压接工艺完成的每500个接头为一批，且同批接头分布不多于三个楼层，不足500个的接头也作为一批。质检人员外观检查是在操作者自检合格的基础上，按楼层分别随机抽取10%的接头，再进行逐个检查。拉伸性能检验是在外观检验合格的基础上，每批接头中随机抽取3个接头试件，且每个施工楼层不少于一个。

(1) 外观检查。①接头不得有裂纹、折叠或影响性能的其他表面缺陷；②接头两端钢筋上显露检查标记，但不显露定位标记；③接头的压痕最小直径、挤压道数(或压痕总宽度)应符合规定；④接头两端钢筋的轴线弯折角度不得大于4°；⑤外观检查不合格的接头应采取补救措施或切除重新连接；⑥当不合格的接头超过检查数量的10%时，应对全部接头进行检查，并对不合格的接头采取补救措施后，在这些接头中增加一组拉伸性能试验，检查结果若有一个试件不合格，则该批外观不合格接头应切除重新连接。

(2) 单向拉伸。①对每一验收批，均按设计要求的接头性能，在工程中随机抽取3个试件做单向拉伸试验。②拉伸试件长度包括夹具长度和试件工作区段长度两部分。工作区段长度可取接头连接套筒长度加5～10倍钢筋直径，夹具长度根据试验设备而定。试件由接头中心向两侧对称截取。③拉伸试验的结果，三个试件的抗拉强度均不得小于被连接钢筋实际抗拉强度或钢筋抗拉强度标准值的1.10倍。若有一个试件不符合要求，应进行双倍数量的试件复验，若复验结果仍有一个试件不合格，则该批接头判定为不合格。

每批接头经检查合格，应填写质量合格证明书，作为工程质量验收的依据。

30.7 工程应用

钢筋挤压连接技术已在国内外工程建设中得到广泛应用。钢筋挤压连接的施工技术方案如下。

1. 施工准备

1) 主要机具

主要机具包括超高压泵站油管、挤压钳、钢筋挤压压模、砂轮、石笔及检查压痕卡板/卡尺等。

2) 材料要求

(1) 钢筋：现场钢筋级别、直径必须符合设计要求及国家标准，应有出厂质量证明及复试报告。

(2) 套筒：套筒的材料宜选用强度适中、延性好的优质钢材，套筒应有出厂合格证。其允许偏差：外径为±1%，且不大于±0.5 mm；壁厚为+12%、−10%；长度为±2 mm。

2. 作业条件

(1) 参加挤压接头的作业人员必须经过培训，并经考核合格后方可持证上岗。

(2) 钢筋与套筒的锈、泥沙、油污等杂物应清理干净。

(3) 钢筋与套筒应进行试套，如钢筋端部有马蹄、弯曲或者纵肋尺寸过大者，应预先矫正或者用砂轮打磨；针对不同直径钢筋的套筒不得串用。

(4) 钢筋端部应划出定位标记与检查标记。定位标记与钢筋端头的距离为钢筋套筒长度的一半。检查标记与定位标记的距离一般为 20 mm。

(5) 检查挤压设备情况，并进行试压，符合要求后方可作业。

3. 操作工艺

1) 钢筋挤压工序及顺序

(1) 钢筋挤压分为两道工序。第一道工序是先在地面上把待连接钢筋的一端按要求与套筒的一半压好。第二道工序是在施工现场插入待接钢筋后再挤压另一端套筒。

(2) 压接钳施压顺序由钢套筒中部按标记顺次向端部进行。

2) 钢筋挤压设备

(1) 超高压电动油泵站输出的压力油经手动换向阀、超高压软管，进入钢筋压接钳的其中一个 A 腔。在 A 腔压力油的作用下，活塞带动压模向前运动，并挤压钢套筒。这时，另一个 B 腔的油经换向阀、超高压软管流回油箱。当挤压到预定压力时，转动换向阀，使压力油钳的 B 腔进入，退回压模及活塞。A 腔的油经过换向阀、超高压软管流回油箱，完成一次挤压过程。重复以上步骤，逐一挤压。

(2) 实际挤压时，要求在挤压不同批号和炉号的钢套筒和钢筋时必须进行接头工艺检验，以确定挤压到标准所要求的压痕直径所需压力值。接头工艺检验应符合《钢筋机械连接技术规程》(JGJ 107—2016)的规定。

4. 质量控制标准

(1) 钢筋端部不得有局部弯曲，不得有严重锈蚀和附着物。

(2) 钢筋端部应有检查插入套筒深度的明显标记。

(3) 挤压应从套筒中央开始，依次向两端进行，压痕直径的波动范围应控制在技术提供单位规定的允许波动范围内，并用专用量规进行检验。

(4) 挤压后的套筒不得有肉眼可见的裂纹。

(5) 对每种型式、级别、规格、材料、工艺的钢筋接头，型式检验试件不应少于 9 个；单向拉伸试件不应少于三个；高应力反复拉压试件不应少于 3 个；大变形反复拉压试件不应少于 3 个。同时应另取 3 根钢筋试件做抗拉强度试验，全部试件均应在同一根钢筋上截取。

(6) 对于不合格的接头应切除，重新压接。

5. 施工注意事项

(1) 连接前，应检查待连接钢筋端部接头处钢筋是否平直，若弯折，必须预先矫直后，方可进行连接。

(2) 钢筋肋比套筒大时，采用磨光机磨边，但不得损伤钢筋

(3) 套筒不得露天堆放，施工时严禁液压油渗漏，污染钢筋。

(4) 若连接方法不当，造成钢筋连接接头弯折，应及时矫直。

(5) 钢筋插入铜套的长度要符合要求，认真检查钢筋的标记线，防止压空。

(6) 挤压时严格控制其压力，认真检查压痕深度。

(7) 挤压后套筒长度应为 1.10～1.15 倍原套筒长度，或压痕处套筒的外径为 0.8～0.9 倍原套筒外径。

(8) 挤压接头的挤压变形量应符合设计或规范要求。

(9) 压痕道数和压痕深度应符合型式检验确定的道数。

(10) 接头轴向弯折角不得大于 4°。

(11) 接头的外观检查应在逐个自检的基础上抽取 10%进行检查，被检查的合格则该批为合格。否则应逐个进行外观检查。对于不符合规定的接头，应切除重新压接。

6. 成品保护

(1) 在高空进行挤压接头时，要搭临时支架，不得踩蹬钢筋。

(2) 钢筋的连接端和套筒内壁不得有油污、铁锈、泥沙。

7. 主要安全技术措施

(1) 禁止硬拉电线或高压油管。

(2) 高压油管不得打死弯。

(3) 参加钢筋挤压的人员必须经过培训、考核，持证上岗。

(4) 作业人员必须遵守施工现场的施工作业有关规定。

(5) 做到工完场清，保持施工范围的卫生和清洁。

(6) 进场的设备和材料按施工现场的要求堆放在指定地点。

8. 典型工程应用

典型工程应用见图 30-21。

北京东方广场

北京西客站

中央电视塔

首都机场

图 30-21　典型工程应用

第31章

钢筋锥螺纹连接机械

采用钢筋端头特制的锥形螺纹和套筒连接件锥形螺纹咬合形成的钢筋接头称为锥螺纹连接接头。锥螺纹丝头是提前预制，现场连接，占用工期短，现场只需用力矩扳手操作，深受各施工单位的好评。由于锥螺纹连接技术具有施工速度快、接头成本低的特点，因此自20世纪90年代初推广以来得到了大范围的推广使用。本章主要介绍钢筋锥螺纹连接机械的分类、工作原理及组成、技术性能、选用原则、安全使用(包括操作规程、维护和保养)及工程应用。

31.1 概述

31.1.1 定义、功能与用途

锥螺纹连接机械是用于把钢筋连接端切削加工出锥形螺纹并用锥螺纹连接套将两根钢筋连接成一体形成钢筋锥螺纹接头的机械。钢筋锥螺纹接头是利用锥螺纹能承受拉、压两种作用力及自锁性、密封性好的原理，将钢筋的连接端加工成锥螺纹，按规定的力矩值把钢筋连接成一体的接头。钢筋锥螺纹连接接头分为普通锥螺纹型和等强锥螺纹型两种接头型式。GK型等强钢筋锥螺纹接头的基本原理是：在钢筋端头切削锥螺纹之前，先对钢筋端头沿径向通过压模施加很大的压力，使其塑性变形，形成圆锥主体之后，再按普通锥螺纹钢筋接头的工艺，在预压过的钢筋端头上车削锥形螺纹，再用带内锥螺纹的连接套筒用力矩扳手进行拧紧连接。在钢筋端头塑性变形过程中，根据冷作硬化的原理，变形后的钢筋端头材料强度比钢筋母材提高10%～20%，从而使在其上车削出的锥螺纹强度也相应提高，弥补了由于车削螺纹使钢筋母材截面尺寸减小而造成的接头承载能力下降的缺陷，从而大大提高了锥螺纹接头的强度，使之大于等于相应钢筋母材的强度。由于强化长度可调，因而可有效避免螺纹接头根部弱化现象，不用依赖钢筋超强，就可达到行业标准中最高级Ⅰ级接头对强度的要求。

钢筋锥螺纹接头是一种能承受拉、压两种作用力的机械接头，具有工艺简单，可以预加工，连接速度快，同心度好，不受钢筋含碳量和有无肋形限制，无明火作业，不污染环境，可全天候施工，接头质量安全可靠，施工方便，节材和节能等优点。GK型等强钢筋锥螺纹钢筋接头在不改变主要工艺，不增加很多成本的前提下，使锥螺纹钢筋接头做到与钢筋母材等强，即做到钢筋锥螺纹接头部位的强度大于等于该钢筋母材的实测极限强度。钢筋端头预压过程中，除了增加端头局部强度外，还直接压出光圆的锥面，大大方便了后续钢筋锥螺纹丝头的车削加工，降低了刀具和设备消耗，同时也提高了锥螺纹加工的精度。对于钢筋下料时端头常有的弯曲、马蹄形以及钢筋几何尺寸偏差造成的椭圆截面和错位截面等现象，都可以通过预压来整形，使之形成规整的圆锥柱体，确保加工出来的锥螺纹丝头无偏扣、缺牙、端口等现象，从另一方面保证了锥螺纹钢筋接头的质量。

锥螺纹接头具有其他连接方式不可替代的优势：

(1) 自锁性：拧紧力矩产生的螺纹推力与锥面产生的抗力平衡，不会因震动而消失。可以形成稳定的摩擦自锁。

(2) 密封性：上述两力使牙面充分贴合，密闭了锥套内部缝隙。

(3) 自纫扣：不需人工纫扣，可自行纫扣。特别对于大直径钢筋的小螺距螺纹，纫扣易完成，不易乱扣。

(4) 精度高：切削螺纹，能达到更高精度等级。

(5) 安装拧紧圈数少。

(6) 通过拧紧力矩产生的螺纹推力与锥面产生的抗力平衡，使牙面充分贴合，消除残余变形，不用依赖钢筋对顶，就可满足行业标准中最高级Ⅰ级接头对残余变形的要求。

31.1.2 发展历程与沿革

对于钢筋机械接头的单向拉伸性能要求主要有两项指标，一项是接头抗拉强度指标，另外一项是接头残余变形指标。我国的机械接头性能指标的制定早期以抗拉强度指标为侧重点，对于残余变形指标强调不够。随着对钢筋机械连接技术认识的深入，目前处于逐渐降低对接头强度指标要求，提高接头残余变形指标要求的阶段。美国最早认识到锥螺纹钢筋连接由于锥螺纹自锁性带来的钢筋接头残余变形可控这一特殊性能，因而锥螺纹钢筋连接在美国得到广泛应用，特别是核反应堆的外壳钢筋混凝土的钢筋连接大量采用钢筋锥螺纹连接技术。目前与我国合作的核反应堆仍强调钢筋锥螺纹连接的应用。我国于 20 世纪 90 年代初引进该项技术，带动了钢筋机械连接在我国的蓬勃发展。在 20 世纪 90 年代中期我国钢筋锥螺纹连接机械的涨刀机构研制成功，逐渐淘汰了美国四滑块机构，钢筋锥螺纹加工质量更有保证，且钢筋锥螺纹接头的连接强度也大大超过美国对于接头强度的要求。20 世纪 90 年代末期 GK 锥螺纹接头的研制成功，使我国该项技术达到顶峰。

31.1.3 发展趋势

21 世纪我国钢筋套筒滚压直螺纹连接接头研制成功，这种强度高、成本低的接头逐渐替代了锥螺纹套筒接头和钢筋套筒冷挤压接头，锥螺纹套筒接头在国内逐渐退出了历史舞台，但在中国香港地区却仍得到广泛应用。随着钢筋机械连接技术的不断发展，我们相信连接强度高、残余变形小、连接成本适中、安装便捷的 GK 锥螺纹高端接头仍有很好的发展空间。

31.2 产品分类

31.2.1 锥螺纹连接机械分类

钢筋锥螺纹连接机械按照功能分为钢筋端头强化设备、锥螺纹加工设备、模具与锥螺纹检具等。国家行业标准《建筑施工机械与设备　钢筋螺纹成型机》(JB/T 13709—2019)中对锥螺纹加工设备的参数要求、主要牌号及参数见表 31-1、表 31-2。

表 31-1　成型机的基本参数

参　数	数值
套制最大钢筋公称直径/mm	40
套制锥螺纹的半锥角	2.7°～6°
主轴转速/(r/min)	40～80
额定功率/kW	≤3

表 31-2　主要牌号及参数

型号	可加工钢筋直径/mm	切削头转速/(r/min)	主电动机功率/kW	排屑方法	整机重量/kg	外形尺寸/(mm×mm×mm)	生产厂商
JGY-40B	16～40	49	3.0	内冲洗	385	1250×615×1120	北京市建筑工程研究院有限责任公司
SZ-50A	16～50	40	4.0		500		河北定兴机械制造有限公司
GZL-40	16～40	60	3.0		400		广西桂林电子工业学院
XZL-40							河北衡水机械制造有限公司

31.2.2　钢筋锥螺纹连接套筒

锥螺纹连接套筒执行国家行业标准《钢筋机械连接用套筒》(JG/T 163—2013)，常用锥螺纹套筒型式可分为标准型和异径型 2 种，见图 31-1，锥螺纹套筒的尺寸允许偏差见表 31-3。

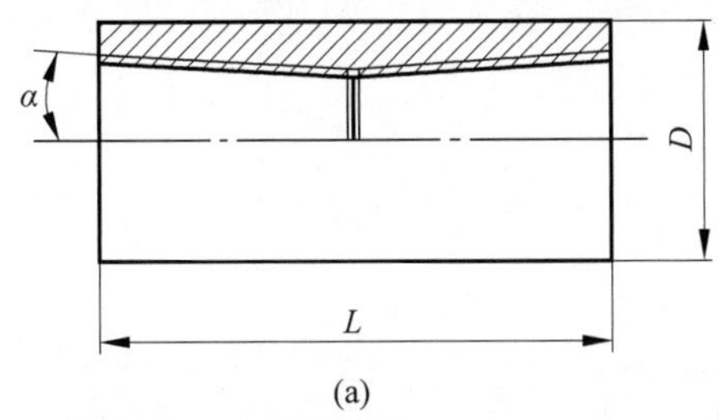

(a)

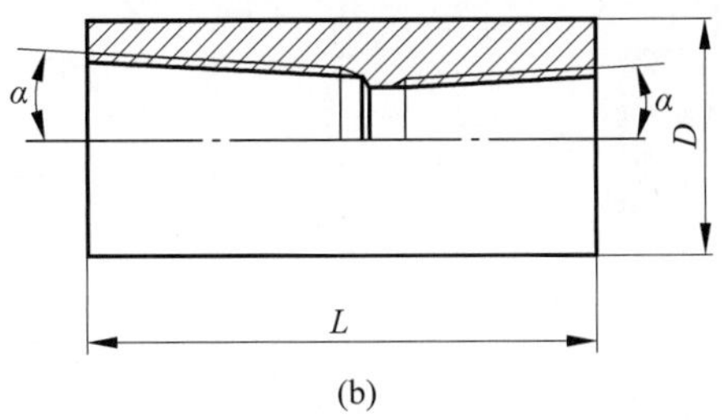

(b)

图 31-1　锥螺纹套筒示意图
(a) 锥螺纹标准型套筒；(b) 锥螺纹异径型套筒
说明：α 为螺纹锥度。

表 31-3　锥螺纹套筒的尺寸允许偏差

单位：mm

外径允许偏差		长度允许偏差
$D<50$	±0.50	±1.0
$D\geqslant50$	±0.80	

31.3　工作原理与结构组成

31.3.1　工作原理

GK 锥螺纹连接机械由超高压液压泵站、径向预压机、径向预压模具和钢筋锥螺纹套丝机组成，其工作过程是超高压液压泵站向径向预压机提供压力液压油，径向预压机推动径向预压模具对钢筋端头进行挤压强化，利用钢筋锥螺纹套丝机对挤压强化后的钢筋端头切削加工锥螺纹，两个加工锥螺纹丝头的钢筋通过锥螺纹套筒在一定的扭紧力矩下连接成为一体。

1. 超高压液压泵站

超高压液压泵站是向径向预压机提供高压液压油的装置，见图 31-2。泵站是将电能或机械能转变成液压能的装置，其泵体为斜盘式轴向定量柱塞泵。由原动机(电动机或汽油机)带动轴向柱塞泵的压轴旋转，压轴斜盘的作用，使与其压盘接触的柱塞沿轴向作往复运动(柱塞通过弹簧力紧靠压盘)，柱塞副的油腔容积发生变化，通过进油阀吸油，再通过排油阀和配油盘将压力油汇聚到一起输出到三位四通换向阀，最后通过装有快换接头的超高压软管与径向预压机连接，即可实现顶压、下降等各种作业。

本泵站作为钢筋端部径向预压机的动力源。

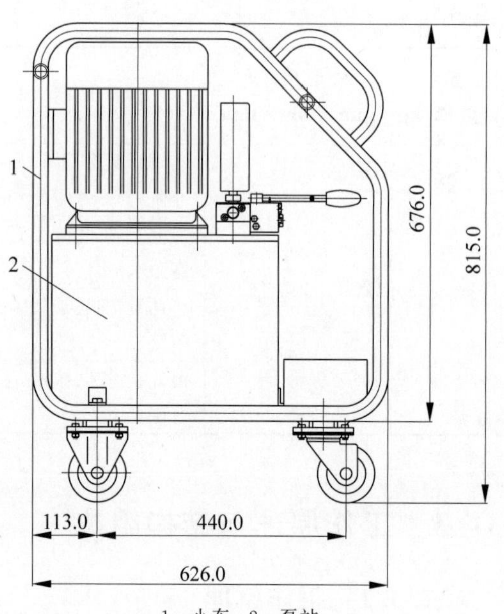

1—小车；2—泵站。

图 31-2 超高压液压泵站

2. 径向预压机

径向预压机是挤压钢筋的执行机构，见图 31-3。径向预压机活塞推动挤压模具往复运动，径向预压模具见图 31-4。径向预压机的工作原理是液压缸利用液压动力将泵站输出压强转化为挤压力实现对钢筋的径向高压力挤压，以使钢筋端部冷作硬化达到强化钢筋连接端的作用。

径向预压机以超高压泵站为动力源，配以与钢筋规格相对应的模具，实现对建筑结构所用直径为 16～40 mm 钢筋端部的径向预压。

3. 钢筋锥螺纹套丝机

钢筋锥螺纹套丝机是切削加工钢筋锥螺纹的机械设备，其结构简图见图 31-5。国内现有的钢筋锥螺纹套丝机，其切削头是利用定位环和弹簧共同推动梳刀座，使梳刀张合，进行切削加工形成锥螺纹的，如图 31-6 所示。

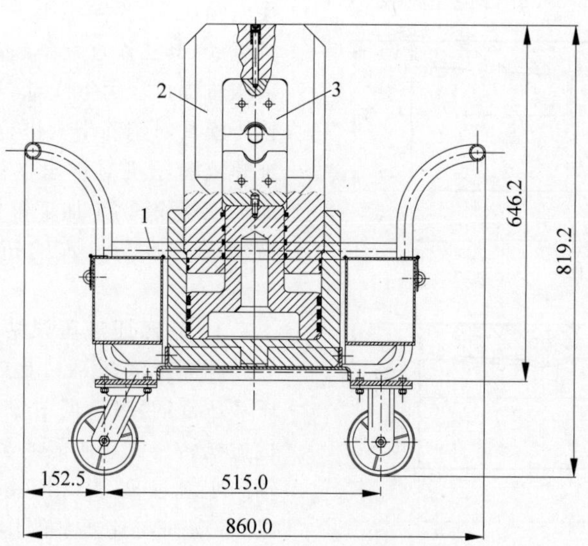

1—小车；2—预压机；3—压模。

图 31-3 径向预压机

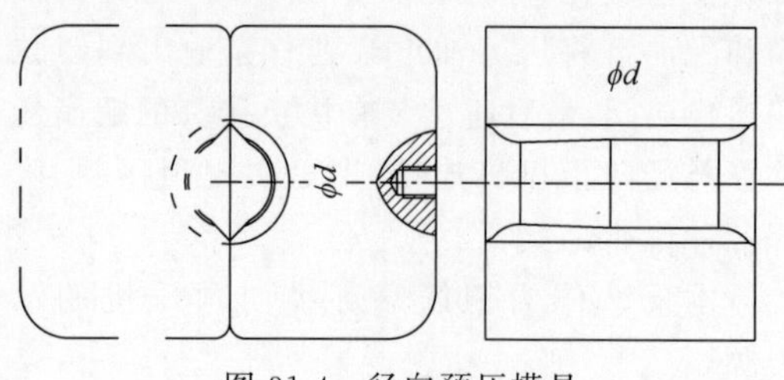

图 31-4 径向预压模具

钢筋锥螺纹套丝机是加工钢筋锥螺纹丝头的专用机床。它由电动机提供动力源，经过行星摆线齿轮减速机减速带动切削头旋转，在进退刀机构控制下，实现对夹持在虎钳上建筑结构用钢筋端部的锥螺纹切削成型加工，加工钢筋直径为 16～40 mm。

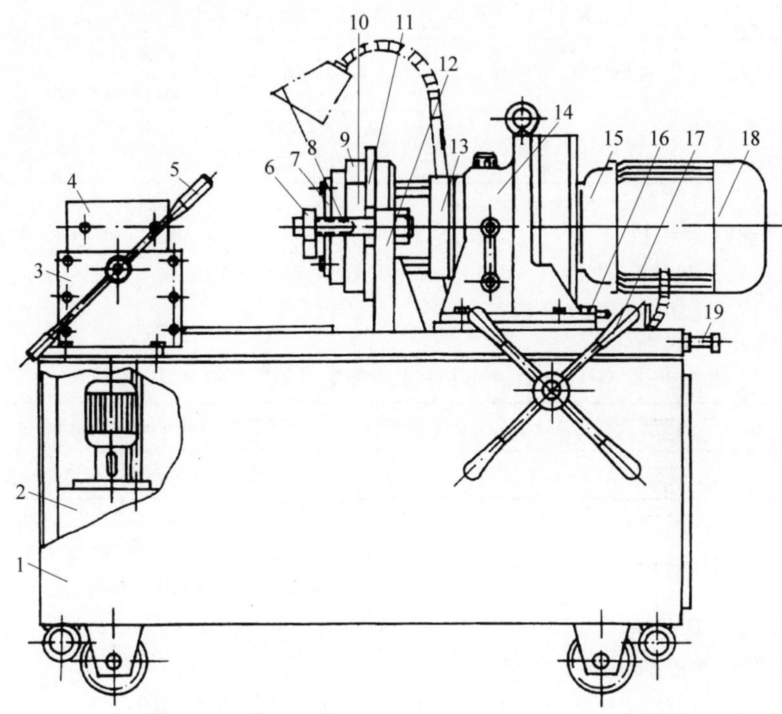

1—机架；2—冷却水箱；3—虎钳座；4—虎钳体；5—夹紧手柄；6—定位环；7—盖板；8—定位杆；9—进刀环；10—切削头；11—退刀盘；12—张刀轴架；13—水套；14—减速机；15—电动机；16—限位开关；17—进给手柄；18—电控盘；19—调整螺杆。

图 31-5　JGY-40B 型钢筋套丝机结构

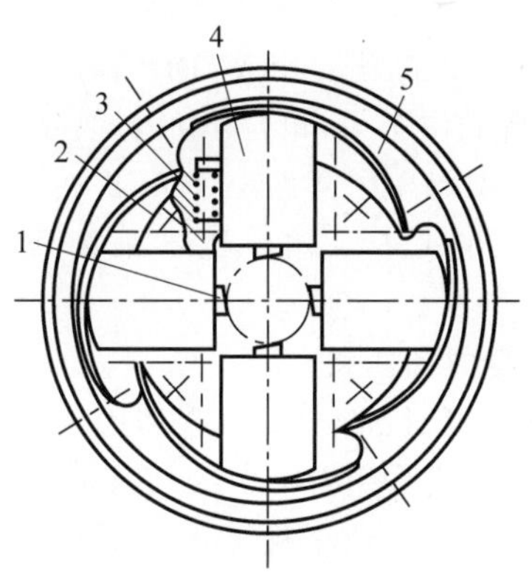

1—梳刀；2—切削头体；3—弹簧；4—梳刀座；5—进刀环。

图 31-6　切削头

31.3.2　结构组成

1. 超高压液压泵站

超高压液压泵站采用阀配流式径向定量柱塞泵，是由柱塞泵、控制阀、管路、油箱、电机、压力表组合成的液压动力装置。YTDB95 型超高压液压泵站结构参数见表 31-4。

2. 径向预压机

径向预压机采用单活塞无缓冲式直线运动双作用液压缸，是由液压缸、撑力架、模具组合成的液压工作装置。GK40 型径向预压机结构参数见表 31-5。

表 31-4　YTDB95 型超高压液压泵站结构参数

电机功率/kW	输入电压/V	电机转速/(r/min)	油箱容积/L	外形尺寸/(mm×mm×mm)	重量/kg
3	380	1410	25	626×435×630	105

表 31-5　GK40 型径向预压机结构参数

壁厚/mm	密封	缸体连接	模具材质	模具要求	外形尺寸/(mm×mm×mm)	重量/kg
25	O 形橡胶密封圈	键连接	CrWMn(锻件)	淬火硬度 HRC=55～60	620×320×320	80

3. 钢筋锥螺纹套丝机

钢筋锥螺纹套丝机由电动机、行星摆线齿轮减速机、切削头、虎钳、进退刀机构、润滑冷却系统、机架等组成。JGY-40B 型钢筋锥螺纹套丝机结构参数见表 31-6。

表 31-6　JGY-40B 型钢筋锥螺纹套丝机结构参数

主电动机功率/kW	切削头转速/(r/min)	排屑方法	外形尺寸/(mm×mm×mm)	重量/kg
3.0	49	内冲洗	1250×615×1120	385

31.3.3　机构组成

1. 钢筋锥螺纹套丝机

钢筋锥螺纹套丝机的主要工作机构有夹紧机构(钢筋夹紧钳)、锥螺纹切削机构、进给系统和动力系统(减速机和电机)。

夹紧机构的作用是将被加工的钢筋牢固地固定在设备上,夹紧钳口中心线、锥螺纹套丝机头中心线和动力系统轴心线重合。锥螺纹套丝机头的作用是将钢筋端部切削成钢筋锥螺纹丝头,它由切削头体、进刀环、梳刀座、梳刀、弹簧五部分组成。

2. 径向预压机

径向预压机的主要工作机构有液压泵站(含液压控制系统和供电系统)、挤压油缸、挤压模具、高压软管等。配套辅具有小推车等。

31.3.4　动力组成

1. 钢筋锥螺纹套丝机

钢筋锥螺纹套丝机的动力组成主要是电机和减速机,电机和减速机串联分布,钢筋锥螺纹套丝机电机一般选用 3.0 kW,减速机减速比一般选用 1∶23;对于加工粗直径钢筋的钢筋锥螺纹套丝机,其减速机减速比一般选用 1∶29。

2. 径向预压机

超高压液压泵站是径向预压机的动力源。超高压液压泵站一般采用高、低压双联泵结构,它由电机、超高压柱塞泵、低压齿轮泵、组合阀、换向阀、压力表、油箱、滤油器,以及连接管件等组成。

31.4　技术性能

31.4.1　产品型号命名

1. 超高压液压泵站

超高压液压泵站的型号由产品代号和主参数组成。产品代号用 YTDB 表示,主参数用泵站最高工作压力(单位：MPa)表示。例如：YTDB95 型超高压泵站,YTDB 代表超高压柱塞泵站,95 代表泵站输出的最高压力可达 95 MPa。

2. 径向预压机

径向预压机的型号由产品代号和主参数组成。产品代号用 GK 表示,代表钢筋高抗拉强度;主参数用预压机可加工钢筋最大直径(单位：mm)表示。例如：GK40 型径向预压机,GK 代表高抗拉强度,40 代表可预压成型钢筋最大直径为 40 mm。

3. 钢筋锥螺纹套丝机

国家行业标准《钢筋锥螺纹成型机》(JG/T 5114—1999)的型号标记规定,钢筋锥螺纹成型机的型号由产品名称代号、主参数代号和更新变型代号组成。例如,GZ40 型钢筋锥螺纹成型机,GZ 是产品名称代号,代表钢筋锥螺纹成型机；40 是主参数代号，代表钢筋锥螺纹成型机可加工最大钢筋公称直径(单位：mm)。更新变型代号用大写汉语拼音字母表示，A 代表第一次更新变型，B 代表第二次更新变型，等等。

31.4.2　性能参数

1. 超高压液压泵站

额定压力：70 MPa；额定流量：3 L/min；

最大压力：95 MPa；容积效率：≥70%。

2. 径向预压机

额定推力：178×10^3 kgf；最大推力：191×10^3 kgf；

外伸速度：0.12 m/min；回程速度：0.47 m/min；

工作时间：20～60 s。

3. 钢筋锥螺纹套丝机

可加工钢筋直径范围：16～40 mm；

锥角度数：11°。

31.4.3　各企业产品型谱

1. 超高压液压泵站

北京建工院 YTDB95 超高压泵站、深圳亿威仕超高压液压泵站、江苏凯恩特超高压液压泵站、天津通洁超高压泵站都能满足钢筋径向挤压需要。

2. 径向预压机

径向预压机主要产品为北京建工院 GK40 型径向预压机。

3. 钢筋锥螺纹套丝机

钢筋锥螺纹套筒连接的套丝设备包括 JGY-40B 型锥螺纹套丝机、SZ-50A 型锥螺纹套丝机、GZL-40 型锥螺纹自动套丝机、XZL-40 型钢筋套丝机等。

31.4.4　产品技术性能

1. 超高压液压泵站

其输出压力最高达 95 MPa。

2. 径向预压机

要求输出压力最高达到 191 t，挤压模具不碎裂，不变形。

3. 钢筋锥螺纹套丝机

不同型号钢筋锥螺纹套丝机配套的梳刀不尽相同；在施工中，应根据该项技术提供单位的技术参数，选用相应的梳刀和连接套，且不可混用。以 JGY-40B 型钢筋锥螺纹套丝机为例，若选用 A 型梳刀，钢筋轴向螺距为 2.5 mm；选用 B 型梳刀，钢筋轴向螺距为 3 mm；选用 C 型梳刀，钢筋轴向螺距为 2 mm。梳刀锥度 1∶10(斜角 2.86°，锥度 5.72°)。螺纹牙形角为 60°，牙形角平分线垂直于母线。牙形见图 31-7，牙形尺寸见表 31-7，牙形尺寸计算公式如下：

$$H=0.8661t \tag{31-1}$$

$$h=0.6134t \tag{31-2}$$

$$f=0.1261t \tag{31-3}$$

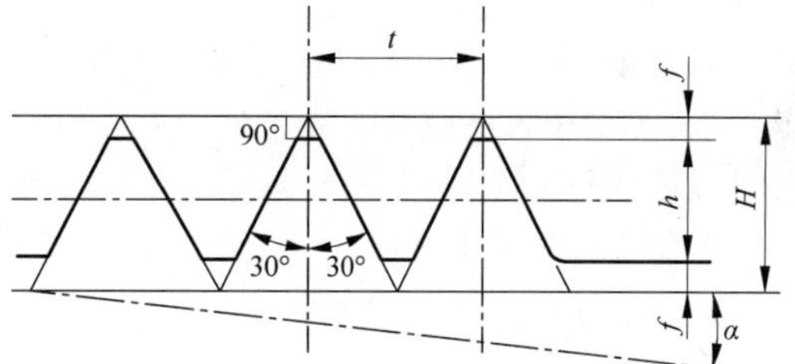

t—母线方向螺距；H—螺纹理论高度；h—螺纹有效高度；f—削平高度；α—斜角。

图 31-7　牙形

表 31-7　螺距和锥度

钢筋规格	轴向螺距 P/mm	锥度 K	母线方向螺距 t/mm
ϕ16 mm	2.0	1∶10	2.003
ϕ18 mm			
ϕ20 mm			
ϕ22 mm	2.5	1∶10	2.503
ϕ25 mm			
ϕ28 mm			

续表

钢筋规格	轴向螺距 P/mm	锥度 K	母线方向螺距 t/mm
ϕ32 mm	3.0	1∶10	3.004
ϕ36 mm			
ϕ40 mm			

31.5 选用原则与选型计算

31.5.1 选用原则

钢筋锥螺纹接头适用于工业与民用建筑及一般构筑物的混凝土机构中，直径为16～40 mm的HRB400、HRB500竖向、斜向或水平钢筋的现场连接施工。

钢筋接头根据静力单向拉伸性能以及高应力和大变形的反复拉压性能的差异，划分为Ⅰ级、Ⅱ级、Ⅲ级三个等级。接头性能等级的确定应由国家、省部级主管部门认可的检测机构进行。

混凝土结构中要求充分发挥钢筋强度或对延性要求高的部位应优先选用Ⅱ级接头；当在同一连接区段内必须实施100%钢筋接头的连接时，应采用Ⅰ级接头。混凝土结构中钢筋应力较高但对延性要求不高的部位可采用Ⅲ级接头。

GK型等强锥螺纹接头通常能达到Ⅰ级等级并能做到断于母材，而未经强化的锥螺纹接头通常能达到Ⅲ～Ⅰ级但不易做到断于母材。

确定了性能等级的钢筋接头，施工时只需进行接头的工艺检验和在工程中随机抽取接头试件作抗拉强度检验。

工程中应用GK型等强钢筋锥螺纹接头时，施工单位应要求钢筋接头技术提供单位提供有效的型式检验报告，以防工程中使用劣质产品。应用的锥螺纹连接套筒应符合《钢筋机械连接用套筒》(JG/T 163—2013)的规定。

钢筋连接工程开始前，应对不同钢筋生产厂的进场钢筋进行接头工艺检验，施工过程中如更换钢筋生产厂，应对每批进场钢筋和连接接头进行工艺检验，经检验合格方准使用。要求如下。

(1) 每种规格钢筋的接头做抗拉强度和残余变形试验。

(2) 每种规格钢筋的接头试件数量不少于3根。

(3) 三根接头试件的抗拉强度均应满足相应等级的要求。

(4) 三根接头试件的残余变形的平均值应满足相应等级的要求。

设置在同一构件的同一截面的受力钢筋的接头位置应相互错开。在任一接头中心至长度为钢筋直径的35倍的区段范围内，有接头的受力钢筋截面面积占受力钢筋总截面面积之比应满足以下要求：

(1) 受拉钢筋应力较小部位或纵向受压钢筋，实际配筋面积与计算配筋面积的比不小于1.5的区域，可采用Ⅰ级、Ⅱ级、Ⅲ级接头，接头百分率可不受限制。

(2) 在高应力部位设置接头时，如高层建筑框架底层柱、剪力墙加强部位、大跨度梁跨中及端部、屋架下弦及塑性铰区的受力主筋，在同一连接区段内Ⅰ级接头的接头百分率不受限制；Ⅱ级接头的接头百分率不应大于50%；Ⅲ级接头的接头百分率不应大于25%。

(3) 当结构中的高应力区或地震时可能出现塑性铰要求较高延性的部位必须设置接头时，如有抗震设防要求的框架的梁端、柱端箍筋加密区，应该选用Ⅰ级接头，且接头百分率不应大于50%。

(4) 对直接承受动力荷载的结构构件，应该选用Ⅰ级接头，接头百分率不应大于50%。

31.5.2 选型计算

1. 普通连接套筒

连接套筒是连接钢筋的重要部件，它可连接ϕ16～ϕ40 mm的同径或异径钢筋。

同径连接套筒见图31-8，其尺寸见表31-8；异径连接套筒见图31-9，其尺寸见表31-9。

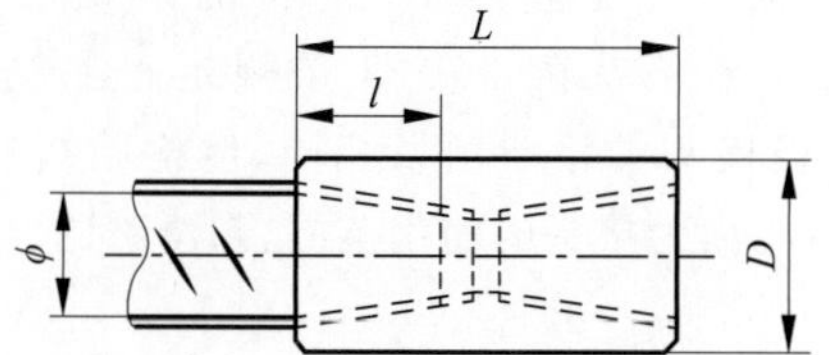

ϕ—钢筋公称直径；D—连接套外径；L—连接套长度；l—钢筋锥螺纹丝头长度。

图 31-8　同径连接套筒

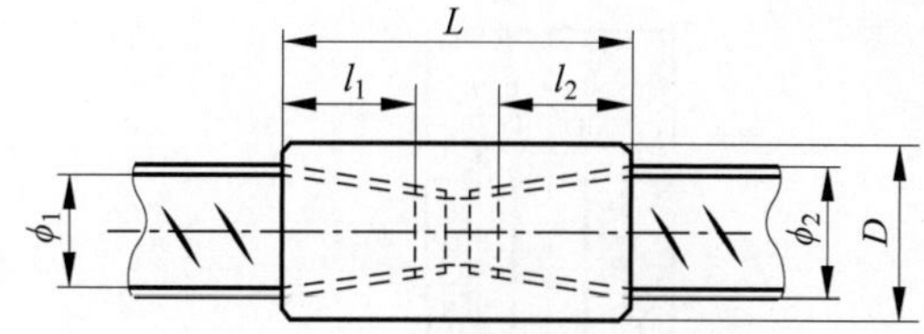

ϕ_1—大钢筋公称直径；ϕ_2—小钢筋公称直径；D—连接套外径；L—连接套长度；l_1—大钢筋锥螺纹丝头长度；l_2—小钢筋锥螺纹丝头长度。

图 31-9 异径连接套筒

表 31-8　同径连接套筒尺寸　　单位：mm

钢筋直径ϕ	16	18	20	22	25	28	32	36	40
D	25	28	30	32	35	39	44	48	52
L	65	75	85	90	95	105	115	125	135
l	30	35	40	42	45	50	55	60	65

表 31-9　异径连接套筒尺寸　　单位：mm

大钢筋直径ϕ_1	小钢筋直径ϕ_2	D	L	l_1	l_2
32	28	44	120	55	50
32	25	44	115	55	45
32	22	44	110	55	45
32	20	44	105	55	40
28	25	39	110	50	45
28	22	39	105	50	45
25	22	35	100	45	45
22	20	32	90	45	40
22	16	32	80	45	30
20	16	32	75	40	30

2. 可调连接套筒

单向可调连接套筒主要用于弯钩有定位要求处，如柱顶钢筋、梁端弯筋；双向可调连接套筒主要用于钢筋为弧形或圆形的连接，也可用于柱顶钢筋、梁端钢筋或桩基钢筋骨架的连接。

单、双向可调连接套筒的构造特点是：与钢筋连接部分为锥螺纹连接，其余部分为直螺纹连接。单向可调直螺纹为右旋；双向可调直螺纹为左、右旋。

可调连接套筒应选用 45 号优质碳素结构钢或经试验确认符合要求的钢材制作。

单、双向可调连接套筒的构造见图 31-10 和图 31-11。

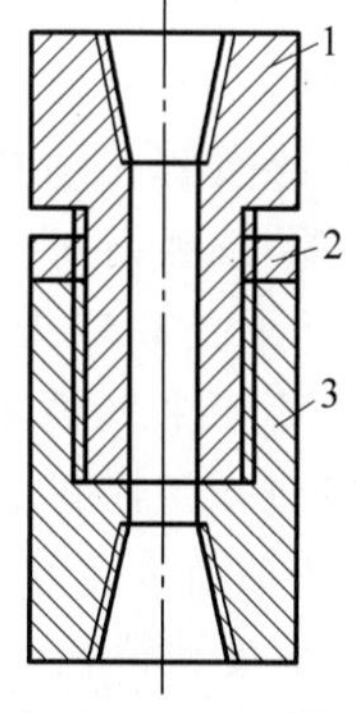

1—可调连接套筒(右旋)；2—锁母；3—连接套筒。

图 31-10　单向可调连接套筒的构造

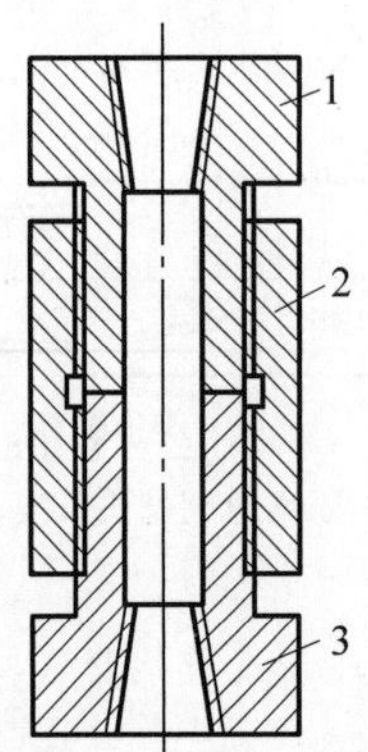

1—可调连接套筒(右旋); 2—连接套(左旋);
3—可调连接套筒(左旋)。

图 31-11 双向可调连接套筒的构造

31.5.3 锥螺纹套筒参数计算

连接套筒宜用 45 号优质碳素结构钢或经试验确认符合要求的钢材制作。连接套筒的受拉承载力不应小于被连接钢筋的受拉承载力标准值的 1.10 倍。

连接套筒的螺纹锥度、螺距和牙形角平分线垂直方向必须与钢筋锥螺纹丝头一致。加工时,只有达到良好的精度才能确保连接套与钢筋丝头的连接质量。

31.5.4 锥螺纹连接套筒和锥螺纹接头性能要求

钢筋锥螺纹接头型式检验包括单向拉伸性能、高应力反复拉压性能、大变形反复拉压性能三项必检项目。接头的单向拉伸性能是接头承受静载时的基本性能,它包括强度指标、极限应变和残余变形三项指标; 接头的高应力反复拉压性能,反映钢筋接头在风荷载及中、小地震情况下承受高应力反复拉压的能力; 接头的大变形反复拉压性能反映结构在强地震作用下,钢筋进入塑性变形阶段接头的受力能力。钢筋接头的抗疲劳性能是选试项目。只有当接头用于承受动荷载时(如铁路桥梁,中、重级吊车梁)才需对接头的耐疲劳性能进行检验。钢筋接头的型式检验应按行业标准《钢筋机械连接技术规程》(JGJ 107—2016)的规定进行。接头性能应符合该标准的第 3.0.5 条、第 3.0.6 条及第 3.0.7 条规定。Ⅰ级、Ⅱ级、Ⅲ级接头的检验项目相同,但检验指标不同。这是因为接头的使用范围、部位不同。

31.6 安全使用

31.6.1 机械操作规程

1. 超高压液压泵站

(1) 本泵站使用的液压油为 YB-N46 抗磨液压油(常温状态下),须经 GFW0.045 铜丝网过滤后才能使用,不准随意更换其他牌号的工作介质。补充油液应从箱盖上的注油孔中注入。

(2) 工作中应保持油位在油标中心线以上,以防油泵吸空。油泵吸空时,噪声增大,且易损坏油泵零件。

(3) 本泵站工作时,油温不得超过 70℃(正常工作温度为 20～50℃)。油温过高时,需采取冷却措施或停机,待油液冷却后才能使用; 油温过低时,不能直接加载,需采取加温措施,可通过泵站空转来提高油温。

2. 径向预压机

(1) 径向挤压机使用时应将其放置于平整硬化地面。

(2) 使用压力不得超过其额定压力。

3. 钢筋锥螺纹套丝机

JGY-40B 型钢筋锥螺纹套丝机的使用规定如下。

1) 准备工作

(1) 新套丝机应清洗各部油封,检查各连接体是否松动,水盘、接铁屑盘安放是否稳妥。

(2) 将套丝机安放平稳,使钢筋托架上平面与套丝机夹钳体中心在同一标高。

(3) 向减速器通气帽中加极压齿轮油。气温≤5℃时加 40 号油; 常温时加 70 号油。如新套丝机已使用两周,应更换新油,以后每 3～6 个月更换一次新油。

(4) 将配好的切削液或防锈液加到水盘上并达到水箱的规定标高。

2）调试套丝机

（1）接通电源，开启冷却水泵，检查冷却皂化油流量。

（2）启动主电动机，检查切削头旋转方向是否与标牌指示方向相符。

（3）检查功能开关是否工作正常，检查步骤如下：①扳动进给手柄，使滑板处在中间位置；②扳动电源开关，使其置于“开”位置，使主轴处于运转状态；③顺时针扳动进给手柄，使滑板后移到极限位置，调整限位器螺钉，当螺钉顶住滑板时锁紧螺钉，调整限位器前端圆盘，使其压迫限位开关断电停机；④扳动进给手柄使滑板前移，让限位器开关断电，主电动机启动。为使切削头正常套丝，应将限位器开关行程调到0.2 mm以内。

（4）向切削头配合面注机油润滑机器，并空载运行，做梳刀张、合和开机、停机试验。待各设备运行正常即可停止试验。

（5）按所需加工的钢筋直径，把切削头外套上相应的刻线对准定位盘上的“0”位刻线，然后将两个M10螺母锁紧。锁紧螺母时，要确保垫圈上的梳牙和定位盘的梳牙相符，严禁十字或交叉使用梳牙垫。

（6）钢筋套丝长度调整。根据加工钢筋直径，把定位环内侧面对准钢筋相应规格的刻度后锁死。经试套丝，用卡规检测丝头小端直径符合要求即可。

3）钢筋套丝

（1）检查钢筋端头下料平面是否垂直钢筋轴线。

（2）将切削头置于锁刀极限自动停车位置。把待加工钢筋纵肋水平放入虎钳钳口槽内，让钢筋端头平面与梳刀端平面对齐，然后夹紧虎钳。

（3）启动冷却润滑水泵。逆时针转动进给手柄，使主电动机启动并平稳进给。开始切削钢筋时应缓慢进给，当切削出三个螺纹时即可松手使其自动进给。

（4）当梳刀切削到限定的锥螺纹长度时，梳刀自动张开。此时再顺时针转动进给手柄，当滑板返回到起始位置时自动停机。

（5）卸下钢筋。

4）检查钢筋套丝质量

（1）用牙形规检查钢筋丝头的牙形是否与牙形规吻合，吻合为合格。

（2）用卡规或环规检查钢筋丝头小端直径是否在其允许误差范围内，在允许范围内的为合格。

如果上述两项中有一项不合格，就应切去一小部分丝头再重新套丝。合格后应在钢筋锥螺纹丝头的一端拧紧保护帽，另一端按规定的力矩值用力矩扳手拧上连接套。

5）梳刀更换方式

（1）卸下切削头体外端四个螺丝和压盖。

（2）卸下外套上四个螺丝，将外套推至最里面，取下进刀环。

（3）取出四个梳刀座，松开紧固螺钉取下梳刀。

（4）擦干净切削头。

（5）将新梳刀对号装入刀体刀槽中，让梳刀的小端对着梳刀座的大端，底面贴实后拧紧锁定螺钉。

（6）把梳刀座对号装入切削头体的十字刀槽中（注意装好弹簧），将进刀环的坡口朝外套上。

（7）向前拉外套，使进刀环装入外套，对正螺孔拧紧四个螺钉。向各摩擦面注入润滑油，扳动进给扳手，使切削头反复张、合几次梳刀，确保其动作灵活准确。然后检查零位刻度线和长度标尺是否正确。如有误，可按上述方法校正，直到换刀结束。

6）切削头退刀支架调整方法

（1）按加工钢筋直径旋转外套，调到对应刻线位置紧固定位。

（2）松开定位杆上的两个螺母，把切削头向前摇，使加工的钢筋直径与定位杆上的标尺线对齐。调整螺杆上外侧螺母，直到两盘限位轴承外套平面接近切削头断面，间隙为0.5～0.75 mm，然后把里侧的两个螺母旋合到支架断面并拧紧。

（3）将切削头转90°、180°，检查两盘定位轴承外套端面间隙是否一致。

(4) 试加工 5～10 个锥螺纹丝头，然后检查两盘限位轴承外套端面与切削端面的间隙是否变动。

31.6.2 组装连接与运输

设备运输过程中应固定牢固，套丝机重心较高，应注意防止设备倾覆。超高压设备和径向挤压机应将连接油管拆卸分别运输。

31.6.3 安全使用规程

1. 超高压液压泵站

(1) SPH 系列电动泵站输入电压为 380 V(220 V可选配)，电气线路须可靠接地。系统全部安装完毕，经检查机体不带电后，方可使用。

(2) 凡带有安全阀的泵站在出厂前，安全阀压力已设定好，用户不得将铅封损坏后随意调高。否则引起泵站损坏或其他不良后果责任自负。

(3) 拆、装快换接头和高压软管时，应严格按规定程序操作，否则极易损坏。当停止使用时需拆下高压软管，并将两端接头对接封住，以防进入杂尘。

2. 径向预压机

径向预压机周边应设置防护网，以避免模具炸裂对操作人员造成伤害。

3. 钢筋锥螺纹套丝机

(1) 操作人员必须经专门培训，考核合格后持证上岗。

(2) 套丝机要安放平稳，接好地线，确保安全生产。

(3) 套丝机有故障时应切断电源，报请有关人员修理，非电工不得修电器。

(4) 防止冷却液进入开关盒，以防漏电或短路。

(5) 不得随意取下限位器，以防滑板将穿线管切断发生事故。

31.6.4 维护与保养

1. 超高压液压泵站

(1) 经常使用时，一般应每两个月清洗一次滤油器，半年清洗一次油箱，同时更换新油。换油后，应空转运行几分钟，并将三位四通换向阀置于中位，防止杂质等进入管道造成堵管。

(2) 70 MPa 高压软管不论使用与否，其弯曲半径应大于 200 mm；125 MPa 高压软管弯曲半径应大于 300 mm。手柄交替换向，排出泵内空气。

(3) SPH 系列超高压液压泵站不适于长时间连续工作，间断工作时也应经常关闭原动机，以减少机械磨损，及时冷却油液，从而延长泵站的使用寿命。

2. 径向预压机

径向预压机使用时应对模具紧固螺钉经常进行紧固，避免螺钉被剪切。

3. 钢筋锥螺纹套丝机

(1) 不得加工有马蹄形或翘曲钢筋，以防损坏梳刀和机器。

(2) 严禁在虎钳上调直钢筋。

(3) 手柄不得用接长管加力。

(4) 减速器应按规定更换挤压齿轮油。

(5) 经常保持滑板轨道和虎钳丝杆干净，每天最少加两次润滑油。

(6) 随时清除卡盘铁屑，保持其灵活。

(7) 确保机床连接部件紧固不松动。

(8) 每半个月清洗一次水箱。

(9) 每半年给进给轴承加换一次黄油。

(10) 停止作业时，应切断电源，盖好防护罩。

31.6.5 常见故障及其处理方法

1. 超高压液压泵站

(1) 泵站不上压，检查管路是否漏油。处理方法：更换油管或快速接头。

(2) 泵站不上压，检查挤压设备是否内泄。处理方法：更换挤压设备密封圈。

(3) 泵站压力小，检查泄荷阀调定压力。处理方法：重新调定泄荷阀。

(4) 泵站噪声大，压力上不去，柱塞断裂。

处理方法：更换柱塞。

2. 径向预压机

(1) 油缸加压不出力，检查活塞是否内泄。处理方法：更换活塞密封圈。

(2) 油缸漏油。处理方法：更换密封圈。

3. 钢筋锥螺纹套丝机

(1) 水泵工作正常但冷却液流出不畅。处理方法：打开冷却水箱，清除水泵过滤网上的污物。

(2) 加工的锥螺纹丝头牙形不合格，出现断牙、乱扣、牙瘦等现象。处理方法：更换新梳刀或重新按顺序装刀。

(3) 手柄松动。处理方法：打开套丝机两侧挡板，紧好传动轴的内六角螺钉。

31.6.6　锥螺纹接头的制作工艺与检具

1. GK 型等强钢筋锥螺纹接头径向挤压

GK 型等强钢筋锥螺纹接头径向挤压示意图见图 31-12。

2. GK 型等强钢筋锥螺纹接头工艺路线

GK 型等强钢筋锥螺纹接头工艺路线见图 31-13。

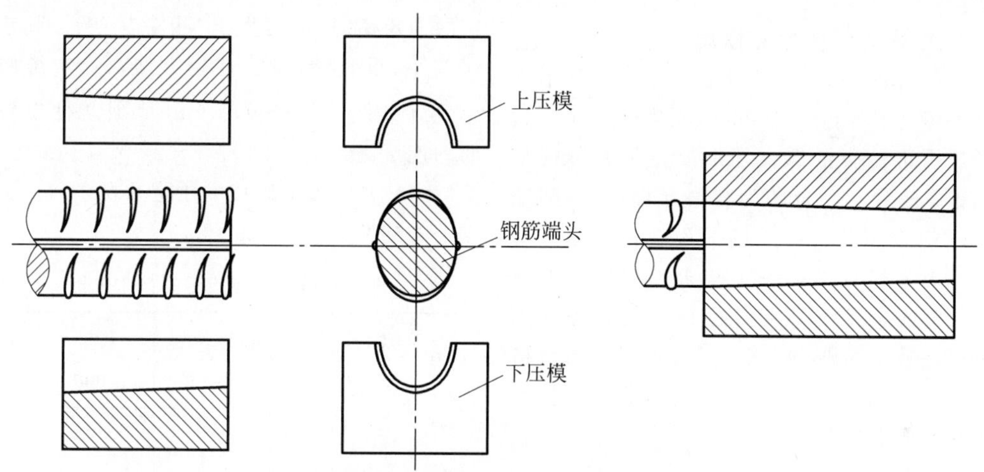

图 31-12　等强钢筋锥螺纹接头径向挤压示意图

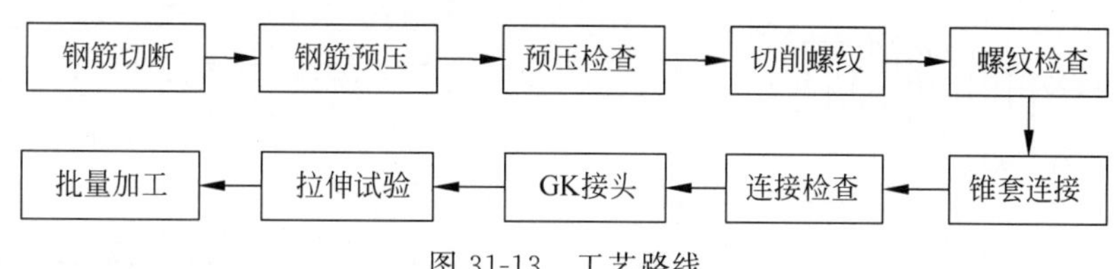

图 31-13　工艺路线

3. 径向预压检测量规

径向预压检测量规示意图见图 31-14。

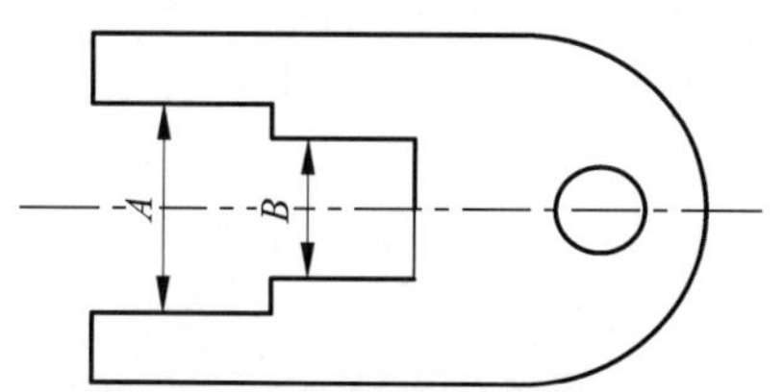

图 31-14　径向预压检测量规示意图

1) 参数

控制预压后钢筋端部直径在规定范围内，要求大于 B，小于 A。

径向预压检测量规参数见表 31-10。

表 31-10　径向预压检测量规参数

钢筋规格	A/mm	B/mm
ϕ16 mm	17.0	14.5
ϕ18 mm	18.5	16.0

续表

钢筋规格	A/mm	B/mm
ϕ20 mm	19.0	17.5
ϕ22 mm	22.0	19.0
ϕ25 mm	25.0	22.0
ϕ28 mm	27.5	24.5
ϕ32 mm	31.5	28.0
ϕ36 mm	35.5	31.5
ϕ40 mm	39.5	35.0

2) 用途

对预压后的钢筋端部进行检测，检测其是否合格。

4. 锥螺纹丝头检测量规

检查钢筋锥螺纹丝头质量的量规有牙形规(图 31-15)、卡规(图 31-16)和环规(图 31-17)。牙形规用于检查锥螺纹牙形质量。牙形规与钢筋锥螺纹牙形吻合的为合格牙形，如有间隙说明牙瘦或断牙、乱牙，则为不合格牙形。卡规或环规为检查锥螺纹小端直径大小用的量规。如钢筋锥螺纹小端直径在卡规或环规的允许误差范围内则为合格丝头，否则为不合格丝头。牙形规、卡规或环规应由钢筋连接技术提供单位成套提供。

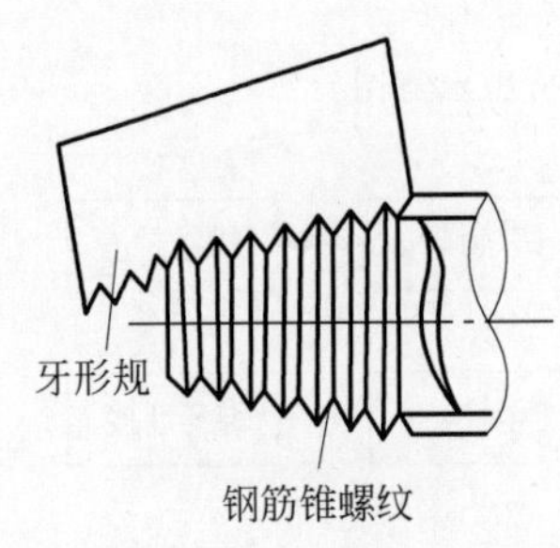

图 31-15 牙形规

允许误差上限 允许误差下限

钢筋锥螺纹 卡规

图 31-16 卡规

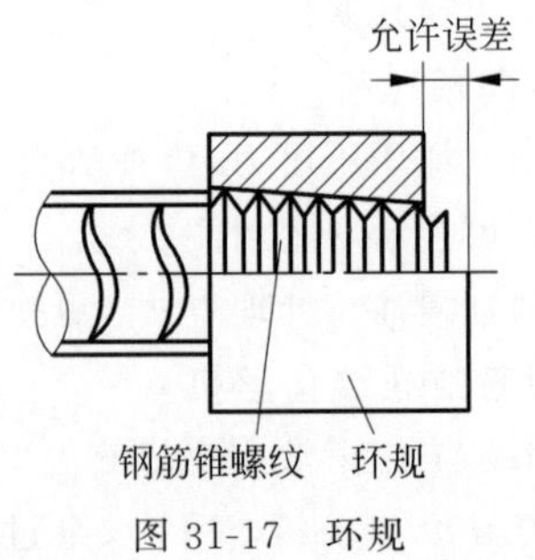

图 31-17 环规

5. 力矩扳手

力矩扳手是钢筋锥螺纹接头连接施工的必备量具。它可以根据所连钢筋直径大小预先设定力矩值。当力矩扳手的拧紧力达到设定的力矩值时，即可发出“咔嗒”声响。其示值误差小，重复精度高，使用方便，标定、维修简单，可适用于 $\phi16\sim\phi40$ mm 范围九种规格钢筋的连接施工。

(1) 力矩扳手的技术性能见表 31-11，力矩扳手的构造见图 31-18。

表 31-11 力矩扳手的技术性能

型号	钢筋直径/mm	额定力矩/(N·m)	长度/mm	质量/kg
SF-2	16	100	770	3.5
	18	200		
	20	200		
	22	260		
	25	260		
	28	320		
	32	320		
	36	360		
	40	360		

(2) 力矩扳手的鉴定标准为《中华人民共和国国家计量检定规程》(JJG 707—90)；力矩扳手示值误差及示值重复误差≤±5%。

(3) 力矩扳手应由具有生产计量器具许可证的单位加工制造；工程用的力矩扳手应有检定证书，确保其精度满足标准要求；力矩扳手应由扭力仪检定，检定周期为半年。

(4) 力矩扳手的使用方法。力矩扳手的游动标尺一般设定在最低位置。使用时，要根据

图 31-18　力矩扳手的构造

所连钢筋直径，用调整扳手旋转调整丝杆，将游动标尺上的钢筋直径刻度值对正手柄外壳上的刻线，然后使钳头垂直咬住所连钢筋，用手握住力矩扳手手柄，顺时针均匀加力。当力矩扳手发出"咔嗒"声响时，钢筋连接达到规定的力矩值。此时应停止加力，否则会损坏力矩扳手。力矩扳手逆时针旋转只起棘轮作用，施加不上力。力矩扳手无声音信号发出时，应停止使用，进行修理；修理后的力矩扳手要进行标定方可使用。

（5）力矩扳手的检修和检定。力矩扳手无"咔嗒"声响发出时，说明里边的滑块被卡住，应送到力矩扳手的售后部进行检修，并用扭矩仪检定。

（6）力矩扳手使用注意事项：

① 防止水、泥、沙子等进入手柄内。

② 力矩扳手要端平，钳头应垂直钢筋均匀加力，不要过猛。

③ 力矩扳手发出"咔嗒"声响时不得继续加力，以免过载弄弯扳手。

④ 不准用力矩扳手当锤子、撬棍使用，以防损坏。

⑤ 长期不使用力矩扳手时，应将上面的游动标尺刻度值调到"0"位，以免手柄里的压簧长期受压，影响力矩扳手精度。

6. 保护帽

保护帽一般为耐冲击塑料制品。它用于保护钢筋锥螺纹丝头，有 ϕ16、ϕ18、ϕ20、ϕ22、ϕ25、ϕ28、ϕ32、ϕ36、ϕ40 mm 九种规格。

31.6.7　锥螺纹接头的制作与施工

1. 施工准备

（1）根据结构工程的钢筋接头数量和施工进度要求，确定钢筋挤压机和套丝机数量。

（2）根据现场施工条件，确定钢筋套丝机位置，并搭设钢筋托架及防雨棚。

（3）连接备有漏电保护开关的 380 V 电源。

（4）由钢筋连接技术提供单位进行技术交底、技术培训，并对考核合格的操作工人发放上岗证，实行持证上岗作业。

（5）进行钢筋接头工艺检验。

（6）检查供货质量。锥螺纹连接套应有产品合格证。锥螺纹连接套两端有密封盖并有规格标记；力矩扳手有检验证书。

2. 预压施工

1）预压设备

（1）在下列情况下，生产厂家应对预压机的预压力重新进行标定：①新预压设备使用前；②旧预压设备大修后；③油压表受损或强烈震动后；④压后圆锥面异常且查不出其他原因时；⑤预压设备使用超过一年；⑥预压的丝头数超过 6 万个。

（2）压模与钢筋应相互配套使用，压模上应有相对应的钢筋规格标记。

（3）高压泵应采用液压油。油液应过滤，保持清洁；油箱应密封，防止雨水、灰尘进入。

2）施工操作

（1）操作人员必须持证上岗。

（2）操作时采用的压力值、油压值应符合产品提供单位通过型式检验确定的技术参数要求。压力值及油压值应按表 31-12 执行。

表 31-12　预压压力

钢筋规格	压力值范围/t	油压值范围/MPa
ϕ16 mm	62～73	24～28
ϕ18 mm	68～78	26～30
ϕ20 mm	68～78	26～30
ϕ22 mm	68～78	26～30
ϕ25 mm	99～109	38～42
ϕ28 mm	114～125	44～48
ϕ32 mm	140～151	54～58

续表

钢筋规格	压力值范围/t	油压值范围/MPa
ϕ36 mm	161～171	62～66
ϕ40 mm	171～182	66～70

注：若改变预压机机型，该表中压力值范围不变，但油压值范围要相应改变，具体数值由生产厂家提供。

(3) 检查预压设备情况，并进行试压，符合要求后方可作业。

3) 预压操作

(1) 钢筋应先调直再按设计要求位置下料。钢筋切口应垂直于钢筋轴线，不宜有马蹄形或翘曲端头。不允许用气割进行钢筋下料。

(2) 钢筋端部完全插入预压机，直至前挡板处。

(3) 钢筋摆放位置要求：对于一次预压成型，钢筋纵肋沿竖向顺时针或逆时针旋转20°～40°；对于两次预压成型，第一次预压钢筋纵肋向上，第二次预压钢筋顺时针或逆时针旋转90°。

(4) 每次按规定的压力值进行预压，预压成型次数按表31-13执行。

表 31-13　成型次数

预压成型次数	钢筋直径/mm
一次预压成型	16～25
二次预压成型	28～40

4) 检验标准

预压操作工人应使用检测规对预压后的钢筋端头逐个进行自检，经自检合格的预压端头，质检人员应按要求对每种规格本批次抽检10%，如有一个端头不合格，即应责成操作工人对该加工批全部检查，不合格钢筋端头应二次预压或部分切除重新预压，经再次检验合格方可进行下一步的套丝加工。检验标准应符合表31-14的要求。

表 31-14　预压尺寸

钢筋规格	*A*/mm	*B*/mm
ϕ16 mm	17.0	14.5
ϕ18 mm	18.5	16.0
ϕ20 mm	19.0	17.5
ϕ22 mm	22.0	19.0
ϕ25 mm	25.0	22.0
ϕ28 mm	27.5	24.5
ϕ32 mm	31.5	28.0
ϕ36 mm	35.5	31.5
ϕ40 mm	39.5	35.0

预压后钢筋端头圆锥体小端直径大于*B*尺寸并且小于*A*尺寸即为合格。按表31-15的要求填写钢筋预压检验记录。

表 31-15　钢筋预压检验记录

工程名称			结构所在层数	
压头数量		抽检数量	构件种类	
序号	钢筋规格		检验结论	
1				
2				
⋮				

注：(1) 按每种规格每批加工数的10%检验；
(2) 检验合格的打"√"，不合格的打"×"。

检查单位：　　　　　　检查人员：

日　期：　　　　　　　负 责 人：

3. 加工钢筋锥螺纹丝头

(1) 钢筋端头预压经检验合格。

(2) 钢筋套丝。套丝工人必须持证上岗作业。套丝过程中必须用钢筋接头提供单位的牙形规、卡规或环规逐个检查钢筋的套丝质量。要求牙形饱满，无裂纹、无乱牙、秃牙缺陷；牙形与牙形规吻合；丝头小端直径在卡规或环规的允许误差范围内。

(3) 经自检合格的钢筋锥螺纹丝头，应一头戴上保护帽，另一头拧紧与钢筋规格相同的连接套，并按规定堆放整齐，以便质检或监理人员抽查。

(4) 钢筋锥螺纹丝头的加工质量。质检或监理人员用牙形规和卡规或环规，对每种规格加工批量随机抽检10%，且不少于10个，并按表31-16的要求填写钢筋锥螺纹加工检验记录。如有一个丝头不合格，应对该加工批全数检查。不合格丝头应重新加工并经再次检验合格后方可使用。

表 31-16　钢筋锥螺纹加工检验记录

工程名称				结构所在层数	
接头数量		抽检数量		构件种类	
序号	钢筋规格	螺纹牙形检验	小端直径检验	检验结论	

注：(1) 按每批加工钢筋锥螺纹丝头数的10%检验；
(2) 牙形合格、小端直径合格的打"√"，否则打"×"。
检查单位：　　　　检查人员：
日　期：　　　　负 责 人：

(5) 经检验合格的钢筋丝头要加以保护。要求一头钢筋丝头拧紧同规格保护帽，另一头拧紧同规格连接套。

4. 钢筋连接

(1) 将待连接钢筋吊装到位。

(2) 回收密封盖和保护帽。连接前，应检查钢筋规格与连接套规格是否一致，确认丝头无损坏后，将带有连接套的一端拧入连接钢筋。

(3) 用力矩扳手拧紧钢筋接头，并达到规定的力矩值，见表 31-17。连接时，将力矩扳手钳头咬住待连接钢筋，垂直钢筋轴线均匀加力，当力矩扳手发出"咔嗒"响声时，即达到预先设定的规定力矩值。严禁钢筋丝头没拧入连接套就用力矩扳手连接钢筋，否则会损坏接头丝扣，造成钢筋连接质量事故。为了确保力矩扳手的使用精度，不用时将力矩扳手调到"0"刻度，不准用力矩扳手当锤子、撬棍等使用，要轻拿轻放，不得乱摔、坐、踏或被雨淋，以免损坏或生锈造成力矩扳手损坏。

表 31-17　接头拧紧力矩值

钢筋直径/mm	≤16	18～20	22～25	25～32	36～40
拧紧力矩/(N·m)	100	180	240	300	360

(4) 钢筋接头拧紧时应随手做油漆标记，以备检查，防止漏拧。

(5) 鉴于国内钢筋锥螺纹接头技术参数不尽相同，施工单位采用时应特别注意，对技术参数不一样的接头绝不能混用，避免发生质量事故。

(6) 几种钢筋锥螺纹接头的连接方法：

① 普通同径或异径接头连接方法见图 31-19。

用力矩扳手分别将 1 与 2、2 与 3 拧到规定的力矩值。

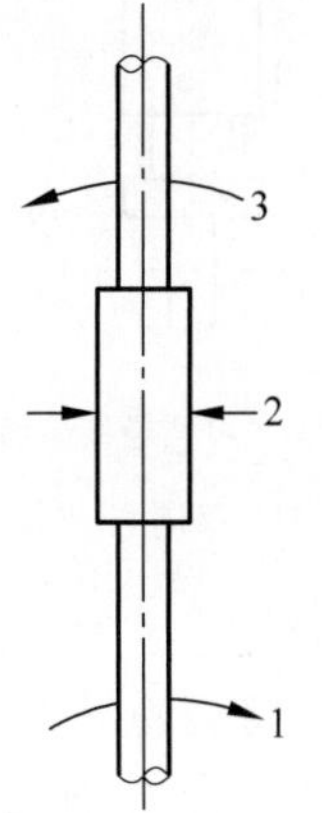

1,3—钢筋；2—连接套筒。

图 31-19　普通接头连接

② 单向可调接头连接方法见图 31-20。

用力矩扳手分别将 1 与 2、3 与 4 拧到规定的力矩值，再把 5 与 2 拧紧。

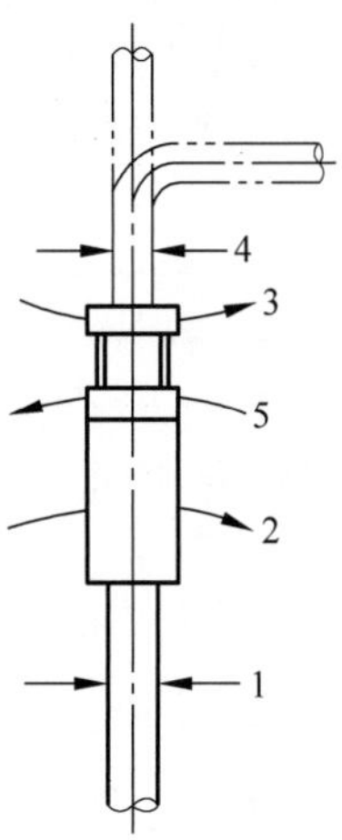

1,4—钢筋；2—连接套；3—可调连接套筒；5—锁母。

图 31-20　单向可调接头连接

③ 双向可调接头方法见图 31-21。

分别用力矩扳手将 1 与 2、3 与 4 拧到规定的力矩值，且保持 2、3 的外露丝扣数相等，然后分别夹住 2 与 3，把 5 拧紧。

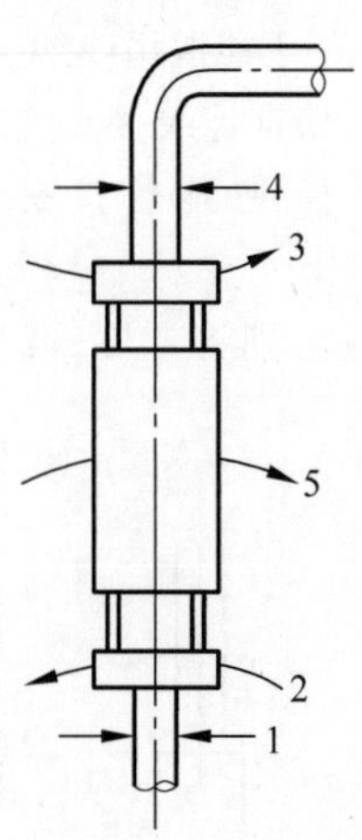

1,4—钢筋；2,3—可调连接套筒；5—连接套。

图 31-21 双向可调接头连接

④ 水平钢筋的连接方法：将待连接钢筋用短钢管垫平，先将钢筋丝头拧入待连接锥螺纹套筒，两人面对站立分别用扳手钳住钢筋，从一头往另一头依次拧紧接头。不得从两头往中间连接，以免造成连接质量事故。

31.6.8 锥螺纹连接套筒和锥螺纹接头的检验与验收

1. 检查合格证和检验记录

连接套进场时，应检查连接套出厂合格证并进行连接套质量检验，连接套质量检验方法是将锥螺纹塞规拧入连接套后，连接套的大端边缘在锥螺纹塞规大端的缺口范围内为合格，见图 31-22。

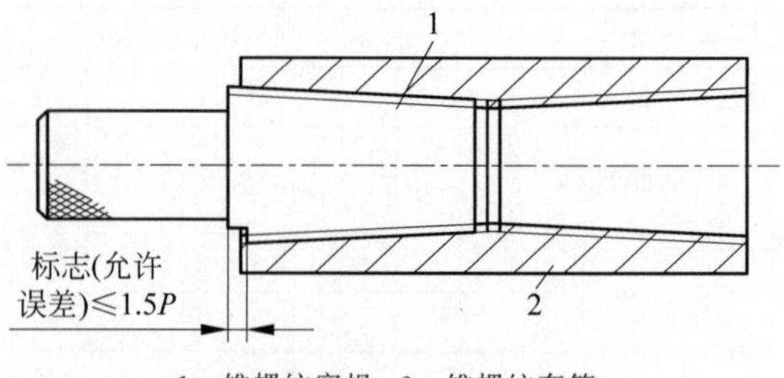

1—锥螺纹塞规；2—锥螺纹套筒。

图 31-22 连接套质量检验

检查钢筋预压检验记录、钢筋锥螺纹加工检验记录，见表 31-15、表 31-16。

2. 锥螺纹接头外观检查抽检数和质量要求

随机抽取同规格接头数的 10%进行外观检查。应满足钢筋与连接套的规格一致，接头无完整丝扣外露。

3. 验收要求

专用力矩扳手按表 31-17 规定的接头拧紧值抽检接头的连接质量。抽验数量：梁、柱构件按接头数的 15%，且每个构件的接头抽验数不得少于一个接头；基础、墙、板构件按各自接头数，每 100 个接头作为一个验收批，不足 100 个也作为一个验收批，每批抽检 3 个接头。抽检的接头应全部合格，如有一个接头不合格，则对该验收批接头应逐个检查，对查出的不合格接头应进行补强，并按表 31-18 的要求填写质量检查记录。

表 31-18 钢筋锥螺纹接头质量检查记录

工程名称						
结构所在层数						
钢筋规格	接头位置	无完整丝扣外露	规定力矩值/(N·m)	施工力矩值/(N·m)	检验力矩值/(N·m)	检验结论

注：检验结论：合格打“√”；不合格打“×”。

检验单位： 检查人员：

检验日期： 负 责 人：

4. 验收批

接头的现场检验按验收批进行。同一施工条件下的同一批材料的同等级、同规格接头，以 500 个为一个验收批进行检验与验收，不足 500 个也作为一个验收批。

5. 单向拉伸试验

对接头的每一验收批，应在工程结构中随机截取 3 个试件做单向拉伸试验，按设计要求的接头等级进行检验与评定，并按表 31-19 填写拉伸试验报告。

表 31-19　钢筋锥螺纹接头拉伸试验报告

工程名称		结构层数		构件名称		接头等级	
试件编号	钢筋直径 d/mm	横截面面积 A/mm^2	破坏形式	抗拉强度标准值	极限拉力实测值	抗拉强度实测值	评定结果
评定结论							

注：Ⅰ级接头强度合格条件为抗拉强度实测值≥抗拉强度标准值(断于钢筋)或抗拉强度实测值≥1.10 倍抗拉强度标准值(断于接头)。

试验单位：　(盖章)　　负责人：　　试验员：　　试验日期：

6. 验收批数量的扩大

在现场连续检验 10 个验收批，全部单向拉伸试件一次抽样均合格时，验收批接头数量可扩大一倍。

7. 外观检查不合格接头的处理方法

如发现接头有完整丝扣外露，说明有丝扣损坏或有脏物进入接头，丝扣或钢筋丝头小端直径超差或用了小规格的连接套；连接套与钢筋之间如有周向间隙，说明用了大规格连接套连接小直径钢筋。出现上述情况应及时查明原因予以排除，重新连接钢筋。如钢筋接头已不能重新制作和连接，可采用 E50××型焊条将钢筋与连接套焊在一起，焊缝高度不小于 5 mm。当连接的是 HRB400、HRB500 级钢筋时，应先做可焊性能试验，经试验合格后方可焊接。

31.7　工程应用

1. 钢筋锥螺纹连接施工方案

1) 施工准备

应准备以下设备及材料：检验合格的套丝机，检验合格的力矩扳手，合格的锥螺纹套筒，合格的钢筋原材。并应有经培训持证的操作人员。

2) 操作工艺

(1) 钢筋下料；

(2) 钢筋套丝；

(3) 用牙形规、卡规或环规检查丝头质量；

(4) 对接头试件做静力试验；

(5) 将套好的丝扣用塑料套保护；

(6) 钢筋就位，用手拧紧；

(7) 用力矩扳手拧紧接头；

(8) 紧完后用油漆在接头上做标记；

(9) 质检员用力矩扳手检查；

(10) 做接头的抽检记录。

3) 质量技术标准

(1) 切口端面垂直于钢筋轴心，无挠曲和马蹄形；

(2) 锥螺纹丝头牙形饱满，无断牙、秃牙缺陷，且与牙形规的牙形吻合，牙齿表面光洁为合格品；

(3) 锥螺纹丝头锥度与卡规或环规吻合，小端直径在卡规或环规的允许误差之内为合格；

(4) 接头用力拧紧，以扳手发出“咔嗒”声为准；

(5) 接头屈服强度实测值不小于钢筋的屈服强度标准值，同时接头抗拉强度实测值不应小于钢筋屈服强度标准值的 1.35 倍或不小于钢筋抗拉强度的标准值。

4）成品保护措施

（1）丝扣套好之后，必须用塑料套保护好；

（2）加工好的钢筋在运输过程中不得碰撞，避免丝扣损伤。

5）应注意的质量问题

（1）丝扣连接出现不合格，应检查套丝机；

（2）力矩扳手虽然发出响声，但上部外露丝扣仍大于一个完整丝扣，应检查套筒与钢筋是否匹配。

2. 典型工程应用

钢筋锥螺纹接头和 GK 钢筋锥螺纹接头连接钢筋施工新技术，自 1990—2013 年先后在北京、上海、苏州、杭州、无锡、广州、深圳、武汉、长春、大连、郑州、沈阳、青岛、济南、太原、昆明、厦门、天津、北海等城市广泛应用，建筑面积达 1650 万 m^2，接头数量达 1600 多万个。结构种类有大型公共建筑、超高层建筑、电视塔、电站烟囱、体育场、地铁车站、配电站等工程的基础底板、梁、柱、板墙的水平钢筋、竖向钢筋、斜向钢筋的 $\phi16 \sim \phi40$ mm 同径、异径的 HRB400、HRB500 级钢筋的连接施工。

下面以北京社科院工程为例进行说明：

北京社科院工程，占地面积为 5000 m^2，建筑面积为 60 399 m^2，地下 3 层，地上 22 层，为现浇钢筋混凝土框架-剪力墙结构，按地震设防烈度 8 度设计，结构抗震等级：剪力墙为一级，框架为二级。该工程地下部分钢筋用量很大，地梁钢筋较密，钢筋截面变化多；地上部分工作面积大，防火要求高，工期要求紧。为此采用 GK 型等强钢筋锥螺纹接头连接成套技术。在基础底板施工中使用 $\phi20 \sim \phi28$ mm 钢筋接头 2 万个，地上部分使用 $\phi20 \sim \phi32$ mm 钢筋接头 3 万个，合格率为 100%，接头拉伸试验全部断于母材，完全达到 Ⅰ 级接头标准，取得了良好的技术经济效益和社会效益。现场 GK 等强钢筋锥螺纹接头连接施工见图 31-23。

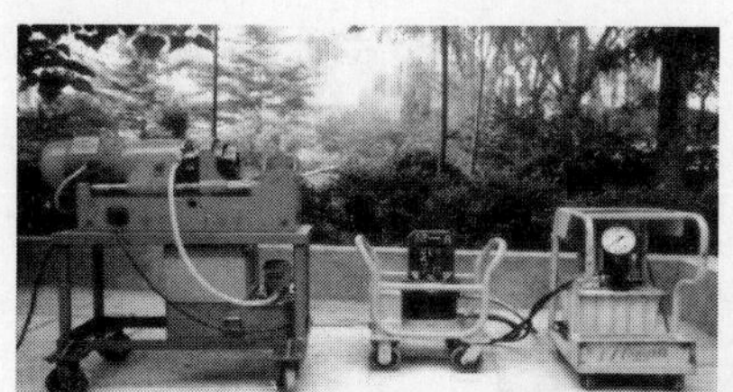

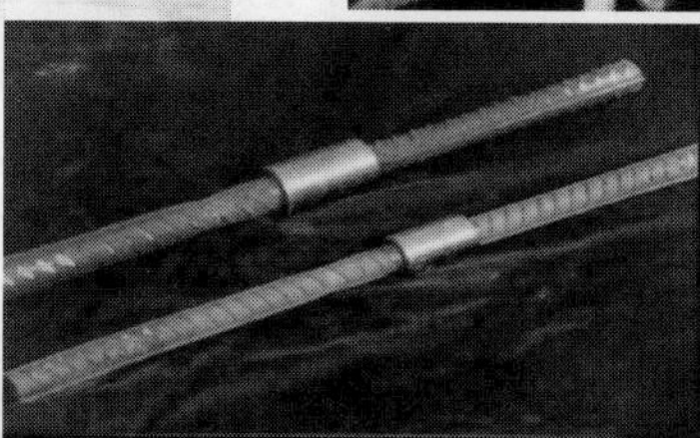

图 31-23 现场 GK 等强钢筋锥螺纹接头连接施工

第32章

钢筋镦粗直螺纹连接机械

与钢筋等强的机械连接接头是20世纪90年代钢筋连接技术的国际新潮流，钢筋直螺纹接头因加工方便、质量稳定、连接强度高、可装配化施工、施工速度快而得到市场普遍接受。镦粗直螺纹连接接头是钢筋等强机械接头之一，该接头尺寸小、性能好、连接快速、适用范围广，能连接各类工程的各个工位钢筋。本章主要介绍钢筋镦粗直螺纹连接机械的分类、工作原理及组成、技术性能、选用原则、安全使用(包括操作规程、维护和保养)及工程应用。

32.1 概述

32.1.1 定义、功能与用途

1. 定义

钢筋镦粗直螺纹连接是通过将连接钢筋端部进行镦粗后，在镦粗钢筋段加工连接直螺纹，两根加工有镦粗直螺纹的钢筋用一个加工有相应螺纹的连接套筒连接在一起的连接工艺。该连接工艺分为冷镦粗直螺纹连接和热镦粗直螺纹连接两种。

钢筋镦粗直螺纹机械由进行连接钢筋端部镦粗和对钢筋镦粗端加工直螺纹的专用设备组成，包括钢筋镦粗机和钢筋直螺纹成型机以及配套模具和切削刃具等。

钢筋镦粗机分为钢筋冷镦粗机和钢筋热镦粗机。钢筋冷镦粗机是在钢筋不进行加热处理的条件下，直接对钢筋施加轴向压力进行镦粗加工的设备；钢筋热镦粗机是用电加热装置将钢筋端头加热至高温，再用镦粗装置进行钢筋端部镦粗加工的设备。

钢筋螺纹成型加工机分为钢筋滚压直螺纹成型机和钢筋切削直螺纹成型机。钢筋滚压直螺纹成型机通过滚丝轮将钢筋表面金属挤压变形而制成螺纹；钢筋切削直螺纹成型机通过切削梳刀将钢筋表面金属进行切削而制成螺纹。钢筋冷镦粗机对电力要求较低，可以应用在施工现场和预制工厂，生产工效高，适用范围广。钢筋热镦粗机虽然需要的镦粗力小，设备油缸、泵站要求低，但是其加热装置需配置大功率电源，并且钢筋加热可能对某些高强钢筋会带来抗拉强度降低的问题，因此，钢筋热镦粗工艺实际工程应用远远少于钢筋冷镦粗工艺。本章的介绍以钢筋冷镦粗直螺纹机械为主，下文所述钢筋镦粗均为钢筋冷镦粗工艺。

钢筋镦粗直螺纹套筒即可与钢筋端部镦粗段螺纹连接的直螺纹套筒。钢筋镦粗直螺纹套筒采用优质钢材切削加工制成。

2. 功能和用途

钢筋镦粗机的功能为：在正常环境温度下，夹持固定钢筋，以适当的速度对钢筋端头进行顶压，使钢筋端部产生塑性变形，并以合理的形状成型出规定尺寸的钢筋镦粗头，而实现增大钢筋端部截面面积及提高钢筋强度的目的。

钢筋镦粗端部直径后可以加工出标准粗

牙直螺纹，且螺纹小径处横截面面积大于钢筋公称截面面积的工艺，一般称为标准型镦粗或镦大头技术，其连接接头强度由横截面面积增加和冷作硬化强度提升保证；钢筋端部直径镦粗后可以加工出某标准螺距尺寸的直螺纹，但螺纹小径处横截面面积小于钢筋公称横截面面积的工艺，一般称为强化型镦粗或镦小头技术。

通过对钢筋镦粗机镦粗变形量和成型模具的调整，既可以加工镦大头钢筋，也可以加工镦小头钢筋。

钢筋镦粗机加工钢筋的直径为 16～50 mm，钢筋的强度为国标 GB/T 1499.2—2018 的 HRB400、HRB500，英标 BS 4449—2009 的 B500A、B500B、B500C 以及同等性能的其他国内外钢筋。钢筋直螺纹成型机的功能为以切削或滚压方式，在钢筋端部加工出规定长度和直径尺寸的直螺纹。钢筋直螺纹采用切削成型的加工设备称为钢筋切削直螺纹成型机或称为钢筋套丝机；钢筋直螺纹采用先剥削横肋再滚压成型的加工设备称为钢筋剥肋滚压直螺纹成型机。

钢筋直螺纹成型机加工钢筋的直径为 12～50 mm，钢筋的强度为国标 GB/T 1499.2—2008 的 HRB400、HRB500 钢筋，英标 BS 4449—2009 的 B500A、B500B、B500C 以及同等性能的国外钢筋。相比钢筋镦粗机，钢筋直螺纹成型机可加工直径更小的钢筋。

应用以上两种专用钢筋加工设备加工的钢筋及钢筋镦粗直螺纹套筒，配以专用扳手，钢筋镦粗直螺纹连接接头即得以实现。钢筋镦粗直螺纹连接接头传力原理明确，具有直螺纹连接的各项优点，接头性能满足国外标准对钢筋接头性能的最高要求，也满足国家行业标准《钢筋机械连接技术规程》(JGJ 107—2016)规定的Ⅰ级接头的性能指标。在现场应用中，钢筋加工操作简单、丝头及安装质量检验直观，与钢筋套筒挤压连接一样，镦粗直螺纹连接具有接头强度高、质量稳定、施工方便、连接速度快、不受环境影响、综合经济效益好的优点，因此该技术适用范围更广，主要应用在以下方面或场合：

(1) 混凝土结构中任何部位和方向，要求接头性能达到Ⅰ级的连接区域；

(2) 钢筋密集排列、间隔距离较小的区域；

(3) 钢筋不能转动的连接区域，如钢筋的对接；

(4) 直径规格不同且相差较大的钢筋连接；

(5) 光圆钢筋、不锈钢钢筋的连接等。

32.1.2 发展历程与沿革

1. 国外发展概况

钢筋镦粗直螺纹连接早在 20 世纪 70 年代在国外有所介绍，但工程用机械设备和生产工艺是欧洲公司 20 世纪 80 年代末期在世界上最先开发并成功应用的。20 世纪 90 年代，英国 CCL 公司和法国 DEXTRA 公司将实用的钢筋镦粗螺纹连接技术和设备产品推向国际建筑市场，并在 460 MPa 级钢筋连接领域得到了大量应用。因此，在钢筋镦粗直螺纹连接技术应用早期，欧洲的技术和机械装备、生产工艺、应用经验处于国际领先地位。

2. 国内发展概况

在我国，DEXTRA 公司于 20 世纪 90 年代初最先将镦粗直螺纹连接技术在中国广州中天大厦工程推广应用。但是其镦粗机体积庞大、笨重，与钢筋直螺纹成型机、钢筋切断机集中布置在一个集装箱式工作站内，不仅重量以数吨计，而且占地面积较大，在场地狭小的施工现场很难应用，因此，其应用方式主要为在工厂预制钢筋丝头。当时进口设备的价格十分昂贵，DEXTRA 公司不销售设备，从而造成接头制造成本过高(平均每个接头费用达到百元人民币)，不适合我国当时的经济条件，故在国内推广速度较慢。

20 世纪 90 年代末，国内开发的镦粗螺纹连接技术开始初步登上舞台。中国建筑科学研究院在吸收国外先进技术经验基础上，围绕国内主要应用的 HRB355 钢筋，开发了中国第一代钢筋直螺纹连接技术，并研制出小型单缸楔形夹块镦粗机，于 1996 年 7 月申请了“镦粗钢筋用的冷镦装置”专利，该镦粗机体积小巧、重量仅数百千克，配套的钢筋直螺纹套丝机也非常小巧、轻便，非常适合工程现场使用，并得到快速推广。随着工程应用的增多，小型镦粗机的缺点也显露出来，一方面是镦粗动作周期较长、加工速度慢；另一方面，夹持钢筋的模具由于夹持力过大，磨损和破损造成的损耗相对较大。同一时期，原冶金工业部建筑研究总院北京建茂建筑设备有限公司也开发了镦小头的钢筋镦粗直螺纹和锥螺纹连接技术，于1996年11月申请了以冷作强化为技术核心的“变形带肋钢筋的机械连接接头”专利，研制出一种筒型小楔块式钢筋镦粗机，但在试应用中也发现了同类问题，进而转向大吨位双缸镦粗机的研发，开发了油缸外置于钢框架的双缸大吨位镦粗机，解决了镦粗变形控制和钢筋夹持力控制两方面问题，提高了加工精度和生产效率，同时形成了适合高强钢筋的镦小头钢筋镦粗直螺纹连接技术。建设部于1999年颁布了国家行业标准《镦粗直螺纹钢筋接头》(JG/T 3057—1999)，使钢筋镦粗直螺纹连接技术在进入21世纪前国内发展应用达到巅峰。

进入21世纪后，中国建筑科学研究院建筑机械化研究分院于1999年开发的剥肋滚压直螺纹连接技术发展走向成熟，镦粗直螺纹连接的应用市场逐步减少，钢筋镦粗直螺纹机械的技术进步趋于放缓，但是仍出现了四柱式楔形块单缸镦粗机等新型设备，生产效率得到提高，设备性能也日趋稳定，设备开始不断出口到国外。国家行业标准《镦粗直螺纹钢筋接头》(JG 171—2005)代替了JG/T 3057—1999，钢筋镦粗直螺纹成套技术随着建筑业高强钢筋的大量应用而稳步发展。2013年建设部发布了国家行业标准《钢筋机械连接用套筒》(JG/T 163—2013)，进一步明确了高强钢筋用镦粗直螺纹套筒的材料和尺寸参数要求。

32.1.3　发展趋势

钢筋镦粗直螺纹连接机械自20世纪80年代随着钢筋镦粗螺纹连接技术诞生，发展至今已有近40年，钢筋镦粗机和螺纹成型机经历了由可用到耐用、再到更好用的过程。

随着高强钢筋的应用，国内外钢筋已经进入500 MPa钢筋普遍应用阶段，中国的500 MPa钢筋的应用越来越多，镦粗工艺对钢筋镦粗脆性的影响成为接头质量的重要环节，镦粗工艺结合钢筋材料的特点也有所发展，有的项目增加了镦粗钢筋丝头加工后的预张拉工艺，以消除镦粗区域的内应力，提高接头的性能。钢筋镦粗直螺纹机械更多地进入了钢筋成型预制工厂，设备的操作性更强，自动化程度更高，加工尺寸更加精确，生产效率得到提升。

由于镦粗直螺纹具有很多技术优势，不受钢筋外形偏差的影响，因此在建筑施工现场仍有广阔的应用前景，但是现场操作人员的水平参差不齐，所以未来在施工现场的钢筋镦粗直螺纹机械会保持体积小型化，同时要向高精度、自动化、智能化、信息化方向发展，以机械的稳定工作降低人为影响因素，保证钢筋丝头的最终加工质量。

32.2　产品分类

32.2.1　钢筋镦粗直螺纹连接机械

钢筋镦粗直螺纹连接机械按照功能分为钢筋镦粗机械、钢筋螺纹加工机械。

1. 钢筋镦粗机械

钢筋镦粗机械(又称钢筋镦粗机)按照执行机构特征分为单缸镦粗机、双缸镦粗机。

1) 单缸镦粗机

单缸镦粗机设置单一油缸，作为动力执行机构，同时驱动夹持模具和镦粗模具完成对钢筋夹持和镦粗的动作。

2) 双缸镦粗机

双缸镦粗机设置有两个油缸(一个夹持油缸、一个镦粗油缸)，分别驱动夹持模具和镦粗模具，依次完成对钢筋夹持和镦粗的动作。

2. 钢筋螺纹加工机械

依据国家行业标准《建筑施工机械与设备　钢筋螺纹成型机》(JB/T 13709—2019)的产品分类，钢筋螺纹成型机械按螺纹成型工艺分为钢筋切削螺纹成型机和钢筋滚压螺纹成型机。

1) 钢筋切削螺纹成型机(又称钢筋套丝机)

钢筋切削螺纹成型机是通过切削方式，将钢筋端部加工成螺纹的专用设备。

2) 钢筋滚压螺纹成型机(又称钢筋滚丝机)

钢筋滚压螺纹成型机是通过滚压方式，将

钢筋端部加工成螺纹的专用设备。按照对钢筋横纵肋的处理要求，又分为钢筋直接滚压螺纹成型机和钢筋剥肋滚压螺纹成型机。

(1) 钢筋直接滚压螺纹成型机

钢筋直接滚压螺纹成型机(又称钢筋直滚滚丝机)是指对钢筋的横纵肋不进行处理，直接进行滚压螺纹的加工设备。

(2) 钢筋剥肋滚压螺纹成型机

钢筋剥肋滚压螺纹成型机(又称钢筋剥肋滚丝机)是指先将钢筋的横纵肋剥掉后，再进行滚压螺纹的加工设备。

32.2.2 镦粗直螺纹连接套筒

镦粗直螺纹连接套筒，即可与钢筋端部镦粗段螺纹相连接的直螺纹套筒，依据《钢筋机械连接用套筒》(JG/T 163—2013)的产品分类要求，按照应用场合又可以分为标准型套筒、异径型套筒、正反丝型套筒、扩口型套筒。

(1) 标准型套筒：全长呈相同右旋直螺纹的套筒。

(2) 异径型套筒：两端内径不同、螺纹尺寸不同、旋向相同，用于不同直径钢筋连接的套筒。

(3) 正反丝型套筒：两端螺纹尺寸相同，但旋向相反的螺纹套筒。

(4) 扩口型套筒：螺纹孔一端设有便于钢筋对中的大尺寸内倒角，而长度比标准型套筒加长的直螺纹套筒。

32.3 工作原理与结构组成

32.3.1 工作原理

1. 钢筋镦粗机

1) 单缸镦粗机

单缸镦粗机采用一个液压油缸作为动力执行机构，可同时进行钢筋夹持和镦粗动作。当钢筋穿入设备端部贴紧活塞上的镦粗头后，启动泵站，油缸活塞端安装的镦粗头顶压钢筋端部，使钢筋后退，同时带动楔形模具合拢并实现钢筋锁紧，之后继续顶压，最终达到钢筋端部镦粗效果。

2) 双缸镦粗机

双缸镦粗机采用两个液压油缸作为动力执行机构，分别进行对钢筋的夹持和镦粗动作。镦粗机进行镦粗加工时，泵站输送的液压油首先进入夹持油缸后油腔，液压油推动夹持活塞及夹持模具合拢夹持待镦粗钢筋，当达到预定夹持压力时，夹持油缸保压，泵站压力开关动作，液压电磁换向阀换向，泵站输出的液压油进入镦粗油缸后油腔，镦粗活塞带动镦粗头前进对钢筋进行镦粗；当镦粗到位后，镦粗行程开关动作，液压电磁阀换向，泵站输出的液压油同时进入夹持油缸前油腔和镦粗油缸前油腔，镦粗活塞和夹持活塞同时退回至初始位置，这样就完成一次镦粗动作。

2. 钢筋套丝机

钢筋套丝机的工作原理：钢筋夹持于套丝机虎钳后，在不用处理钢筋纵横肋的情况下，机头沿钢筋轴向进给，利用安装于机头上的螺纹梳刀直接车削钢筋端部形成螺纹丝头。

3. 钢筋滚丝机

1) 钢筋直滚滚丝机

钢筋夹持于滚丝机虎钳后，在不用处理钢筋纵横肋的情况下，滚压机头一次性轴向进给，利用安装于机头上的滚丝轮直接滚压钢筋端部形成螺纹丝头。

2) 钢筋剥肋滚丝机

钢筋夹持于滚丝机虎钳后，设备机头沿钢筋轴向进给，先用切削头上的剥肋刀切削钢筋去肋至光圆状，继续进给，再用滚压头上的滚丝轮滚压圆整后的区段形成螺纹丝头。

32.3.2 结构组成

1. 钢筋镦粗机

1) 单缸镦粗机

单缸镦粗机主要由主机(包括机架、承力架、油缸、镦粗头、夹持成型模具)以及液压泵站(包括电机、高低压泵、换向阀、组合阀、油管)组成，如图 32-1 所示。

2) 双缸镦粗机

双缸镦粗机也主要由主机(包括机架、承力架、夹持油缸、镦粗油缸、镦粗头、夹持模具、成型模具等)以及液压泵站(包括电机、高低压液压泵、换向阀、组合阀、油管)组成，如图 32-2 所示。

2. 钢筋套丝机

钢筋套丝机主要由机架、机头、虎钳、螺纹

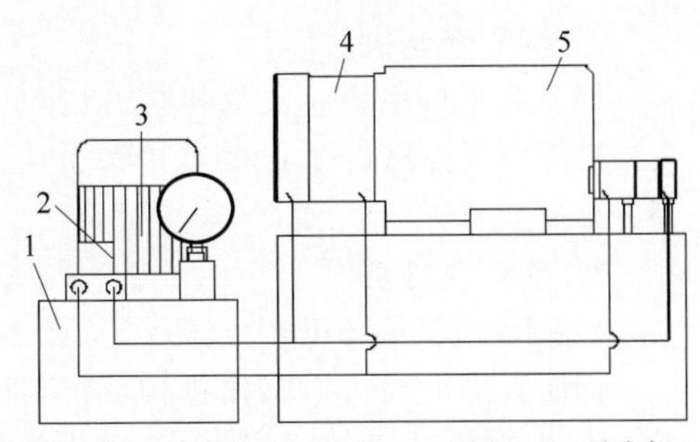

1—液压泵站；2—换向阀；3—电机；4—油缸；5—承力架。

图 32-1　单缸镦粗机的结构图

梳刀等几部分组成，如图 32-3(a)所示。

3. 钢筋滚丝机

钢筋滚丝机由机架、机头、虎钳、滚丝轮、剥肋刀(剥肋滚丝机特有)等几部分组成，如图 32-3(b)所示。

32.3.3　机构组成

1. 钢筋镦粗机

1) 单缸镦粗机

单缸镦粗机主要由执行机构(即主机，含单一油缸)以及动力机构(即液压泵站)组成，其原理图如图 32-4 所示。

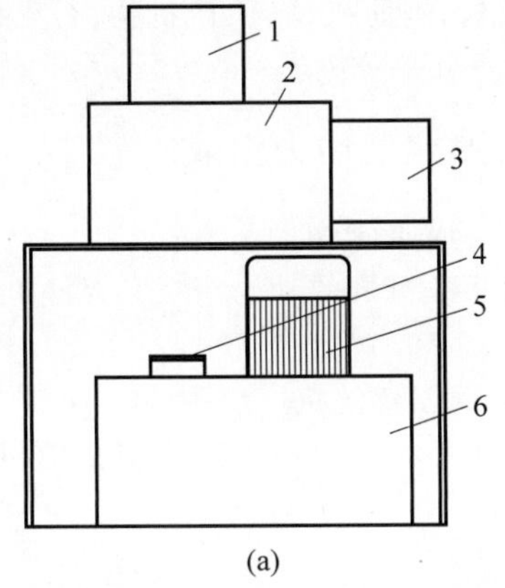

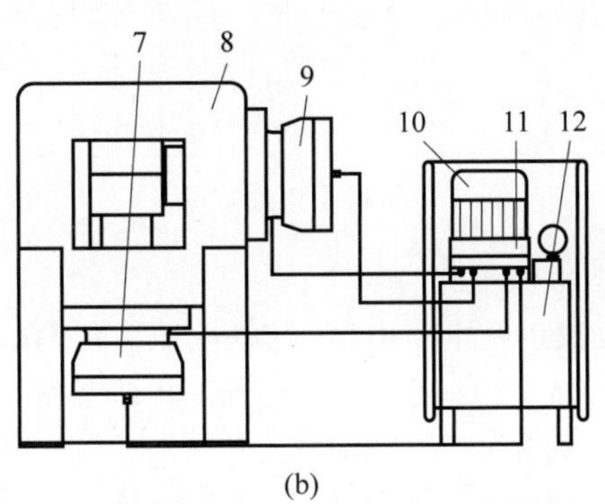

1,7—夹持油缸；2,8—承力架；3,9—镦粗油缸；4,11—电磁换向阀；5,10—电机；6,12—液压泵站。

图 32-2　双缸镦粗机的结构图
(a) 结构形式 1 夹持油缸顶置；(b) 结构形式 2 夹持油缸下置

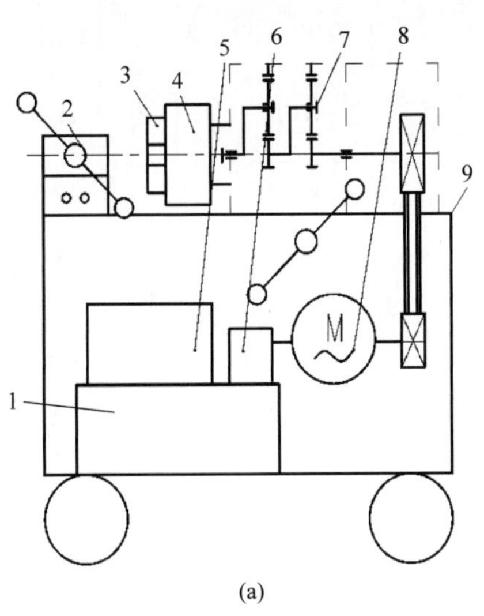

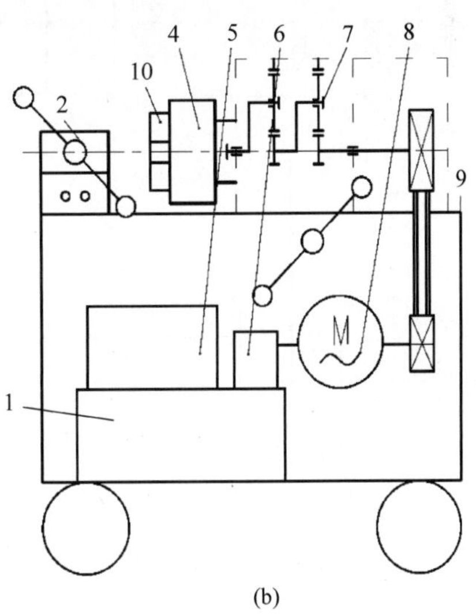

1—水箱；2—虎钳；3—螺纹梳刀；4—机头；5—铁屑桶；6—水泵；7—减速机构；8—电机；9—机架；10—滚轮(剥肋刀片)。

图 32-3　钢筋套丝机及钢筋(剥肋)滚丝机的结构图
(a) 钢筋套丝机；(b) 钢筋滚丝机

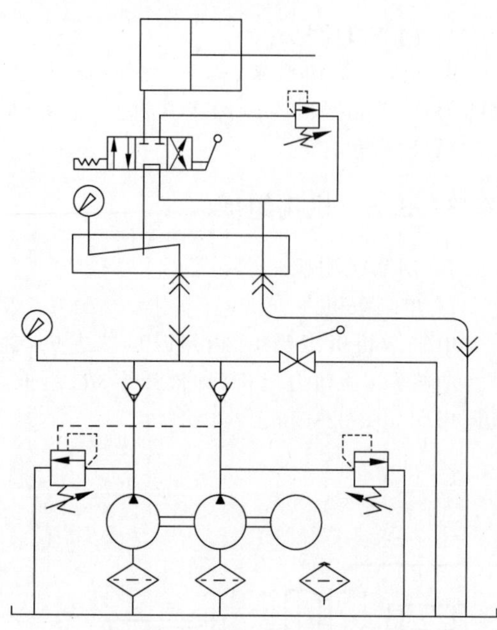

图 32-4　单缸镦粗机原理图

2）双缸镦粗机

双缸镦粗机主要由执行机构（即主机，含夹持油缸和镦粗油缸）以及动力机构（即泵站）组成，其原理图如图 32-5 所示。

2. 钢筋套丝机

钢筋套丝机主要由支撑机构、减速机构、夹持机构、车削机构、行走机构、冷却机构等几部分组成。

3. 钢筋滚丝机

1）钢筋直滚滚丝机

钢筋直滚滚丝机由支撑机构、减速机构、夹持机构、滚压机构、行走机构、冷却机构等几部分组成。

2）钢筋剥肋滚丝机

钢筋剥肋滚丝机由支撑机构、减速机构、夹持机构、剥肋机构、滚压机构、行走机构、冷却机构等几部分组成。

32.3.4　动力组成

1. 钢筋镦粗机

钢筋镦粗机的动力组成包括电机和液压泵站。

2. 钢筋套丝机

钢筋套丝机的动力组成包括电机和减速机构。

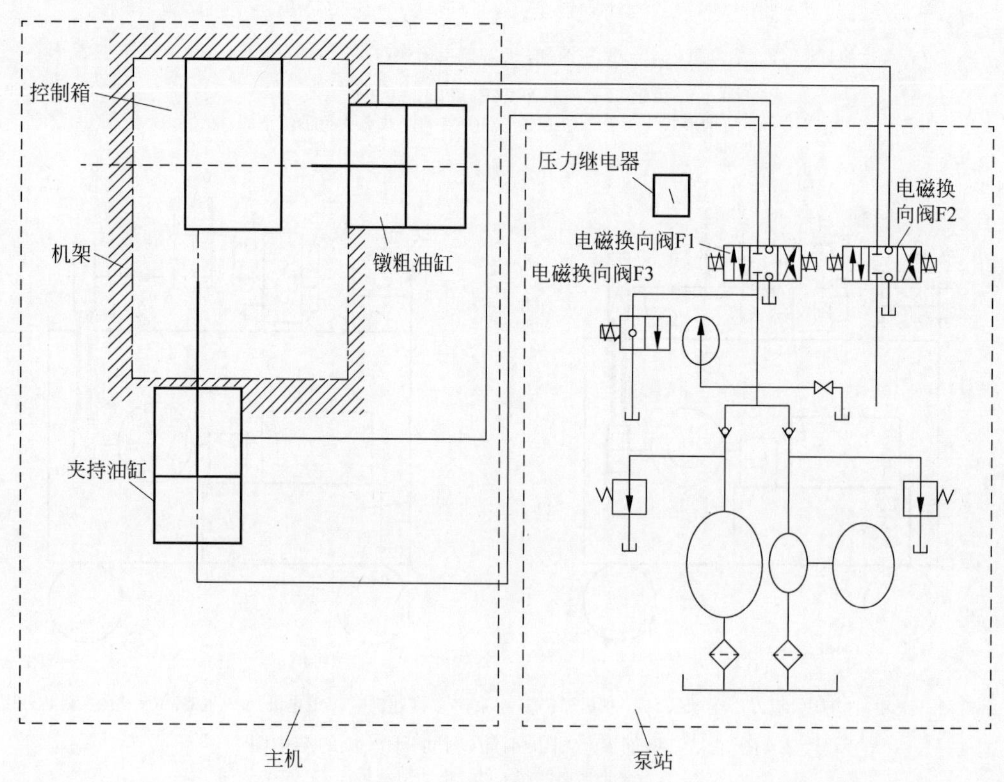

图 32-5　双缸镦粗机原理图

3. 钢筋滚丝机

钢筋滚丝机(直滚、剥肋)的动力组成包括电机和减速机构。

32.3.5　电气控制系统

1. 钢筋镦粗机

1）单缸镦粗机

图 32-6 所示为单缸镦粗机的电气原理图。

2）双缸镦粗机

图 32-7 所示为双缸镦粗机的电气原理图。

2. 钢筋套丝机和钢筋滚丝机

图 32-8 所示为套丝机和滚丝机的电气原理图。

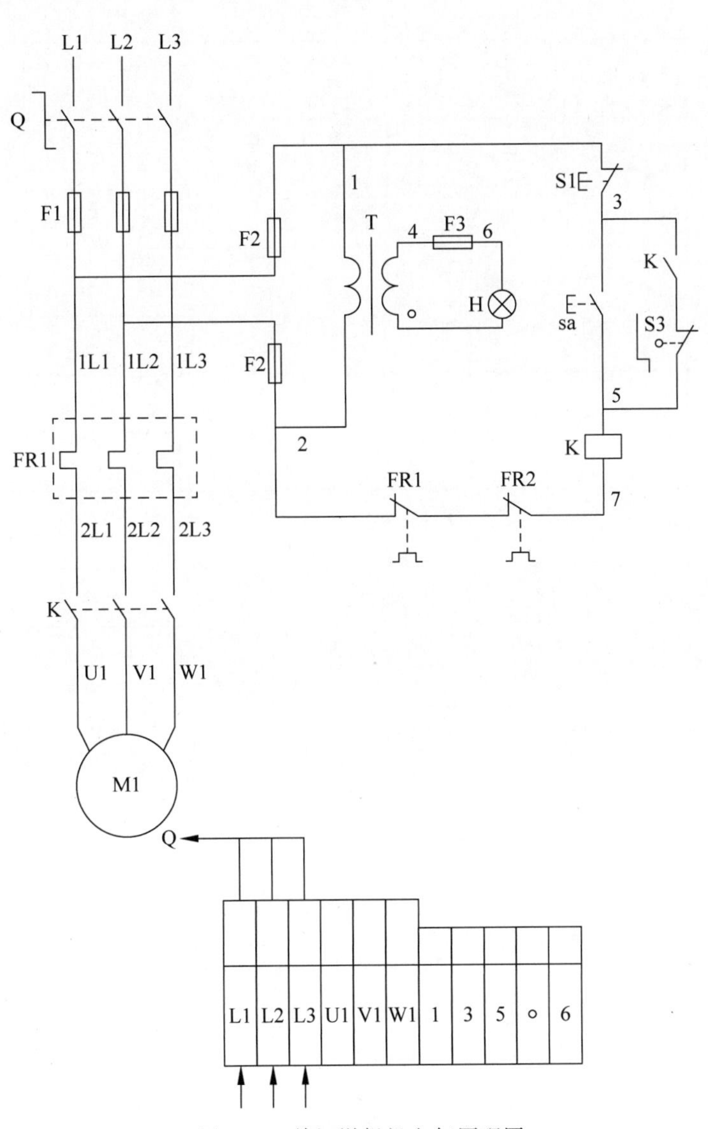

图 32-6　单缸镦粗机电气原理图

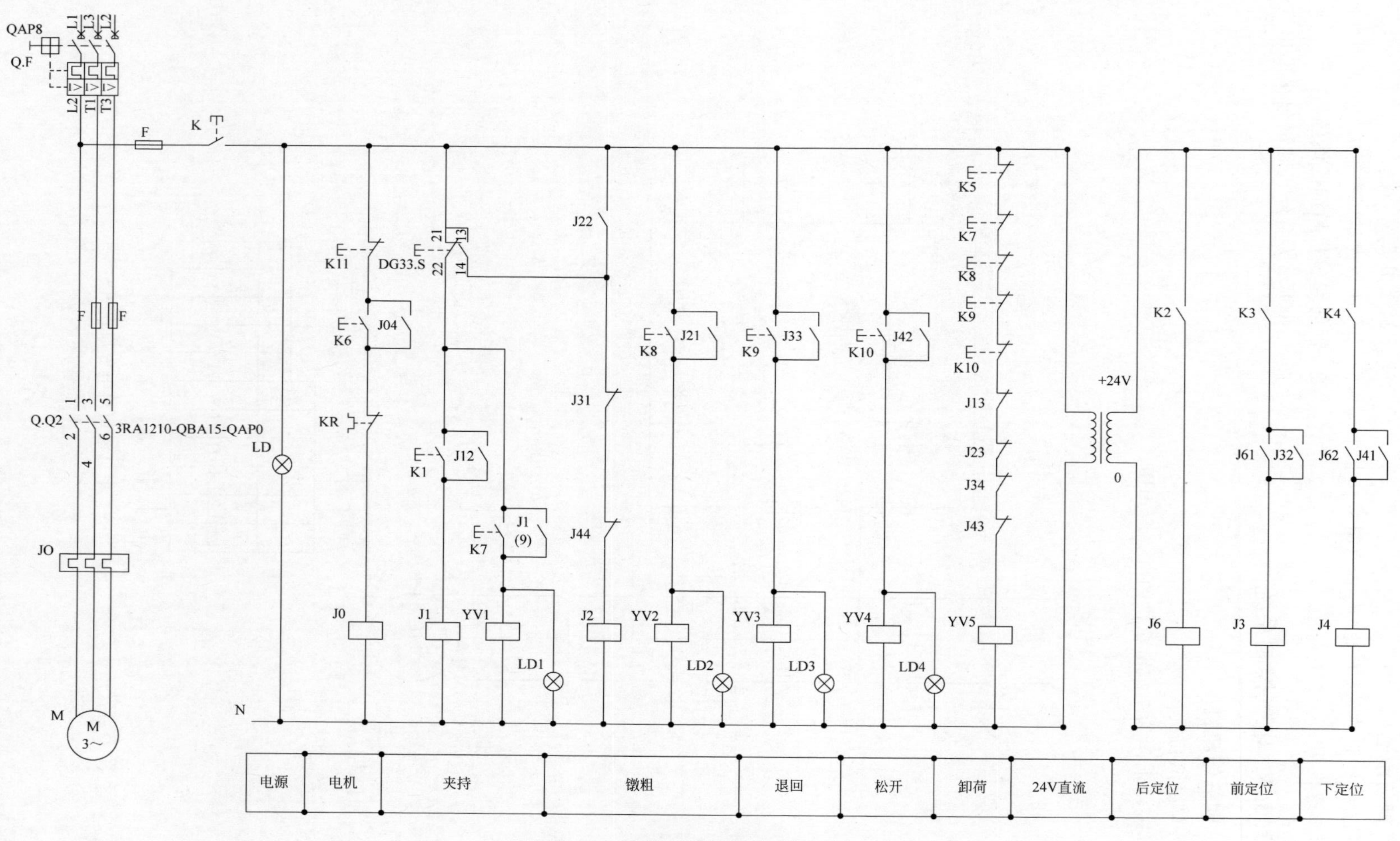

图 32-7 双缸镦粗机电气原理图

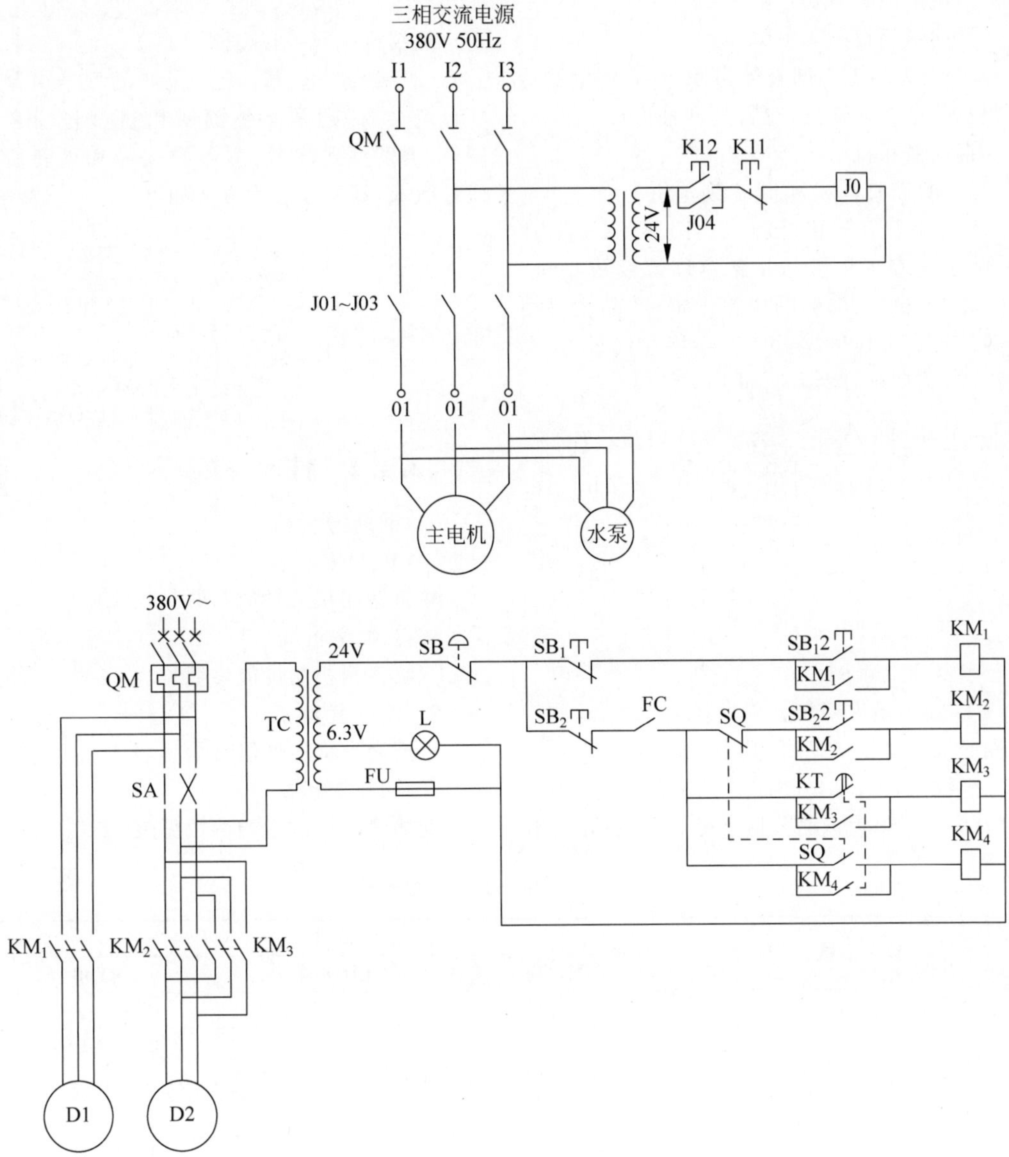

图 32-8　套丝机、滚丝机电气原理图

32.4　技术性能

32.4.1　产品型号命名

1. 钢筋镦粗机

钢筋镦粗机的产品型号由制造厂自定义的类别型式代号、主参数代号和更新变型代号组成，其型号表示方法如下：

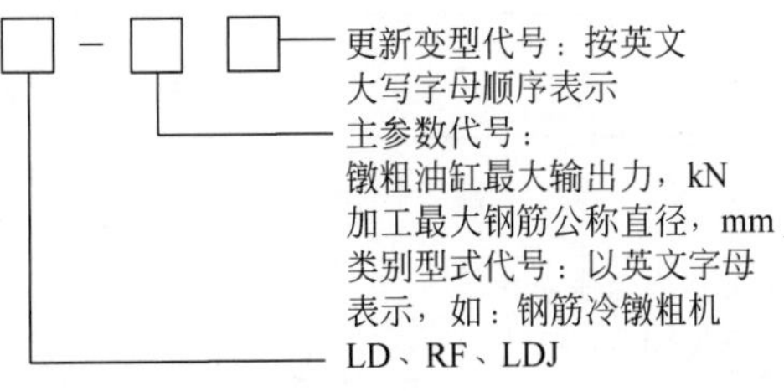

型号命名示例：

① 镦粗油缸最大输出力 1800 kN 的钢筋

冷镦粗机产品，其型号为：

钢筋镦粗机 LD1800

② 最大加工钢筋直径为 40 mm 的钢筋冷镦粗机的第二次变型产品，其型号为：

钢筋镦粗机 LDJ-40B

2. 钢筋套丝机和钢筋滚丝机

(1) 钢筋套丝机、滚丝机可执行国家行业标准《建筑施工机械与设备钢筋螺纹成型机》(JG/T 13709—2019)的相关规定，产品型号由制造厂自定义代号、名称代号、特性代号、主参数组成，其型号表示方法如下：

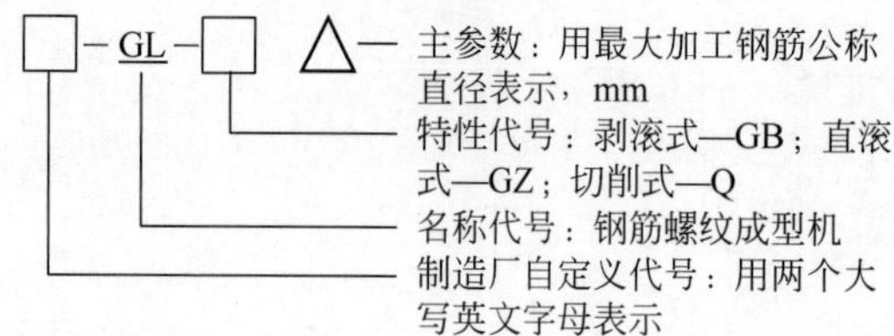

型号命名示例：

① 加工最大钢筋公称直径为 50 mm 的钢筋剥肋滚压螺纹成型机，其型号命名为：

螺纹机××-GL-GB50

② 加工最大钢筋公称直径为 32 mm 的钢筋切削螺纹成型机，其型号命名为：

螺纹机××-GL-Q32

(2) 钢筋套丝机、滚丝机产品型号由制造厂自定义时，通常与钢筋镦粗机型号命名相同，由类别型式代号、主参数代号和更新变型代号组成，其型号表示方法如下：

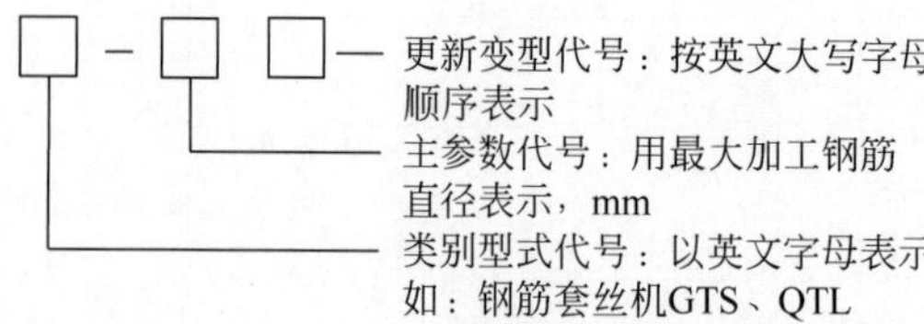

32.4.2 性能参数

1. 钢筋镦粗机

1) 单缸镦粗机

单缸镦粗机的性能参数见表 32-1。

2) 双缸镦粗机

双缸镦粗机的性能参数见表 32-2。

2. 钢筋套丝机

钢筋套丝机的性能参数见表 32-3。

3. 钢筋滚丝机

钢筋滚丝机的性能参数见表 32-4。

表 32-1 单缸镦粗机性能参数

参数	产品型号		
	LD1200	LD1800	RF40
加工钢筋范围/mm	ϕ16～ϕ32	ϕ16～ϕ40	ϕ12～ϕ40
外形尺寸/(mm×mm×mm)	主机 660×360×360 泵站 460×460×640	主机 810×410×410 泵站 470×570×780	主机(含泵站) 1600×540×1150
功率/kW	4	7.5	7.5
输出力/kN	镦粗力 1200	镦粗力 1800	镦粗力 2400
额定工作流量/(L/min)	6.0	12.0	16.0
额定工作压力/MPa	40	40	31.5
工作方式	手动	手动	自动

表 32-2 双缸镦粗机性能参数

参数	产品型号	
	LDJ-40	LDJ-50
加工钢筋范围/mm	ϕ16～ϕ40	ϕ20～ϕ50
外形尺寸/(mm×mm×mm)	1370×1000×1350	1600×1300×2050
功率/kW	5.5	11.0
输出力/kN	夹持力 2100；镦粗力 2100	夹持力 4000；镦粗力 3200
额定工作流量/(L/min)	20	30

续表

参　数	产品型号	
	LDJ-40	LDJ-50
额定工作压力/MPa	70	65
工作方式	自动	自动

表 32-3　钢筋套丝机性能参数

参　数	产品型号				
	GTS-32	GTS-40	QTL-40	GTS-50	GTS-60A
加工钢筋范围/mm	ϕ12～ϕ32	ϕ12～ϕ40	ϕ16～ϕ40	ϕ16～ϕ50	ϕ20～ϕ60
外形尺寸/(mm×mm×mm)	1080×520×1080	1150×550×1080	1170×710×1140	1350×610×1150	2030×850×1160
功率/kW	3.0	4.0	4.0	7.5	7.5
机头转速/(r/min)	63	63	40	40	52
工作方式	手动	手动	手动	手动	自动

表 32-4　滚丝机性能参数

参　数	产品型号	
	BLGS-32S	BLGS-40S
加工钢筋范围/mm	ϕ32 以下	ϕ40 以下
外形尺寸/(mm×mm×mm)	1080×520×1080	1150×550×1080
功率/kW	4	4
机头转速/(r/min)	63	63
工作方式	手动	手动

32.4.3　各企业产品型谱

钢筋镦粗机和钢筋螺纹成型机的国内主要生产企业及产品情况如下。

1. 钢筋镦粗机

1）单缸镦粗机

单缸镦粗机主要产品型谱及技术性能见表 32-5，产品照片如图 32-9、图 32-10 所示。

表 32-5　单缸镦粗机型谱及技术性能

参　数	产品厂家		
	建研科技		浙江锐程
	产品型号		
	LD1200	LD1800	RF40
工作效率	20～30 s/头	20～30 s/头	12～20 s/头
输出力/kN	1200	1800	2400
额定压力/MPa	40	40	31.5
外形尺寸/(mm×mm×mm)	主机 660×360×360 泵站 460×460×640	主机 810×410×410 泵站 470×570×780	主机(含泵站) 1600×540×1150
重量/kg	953	1198	1850
工作方式	手动	手动	自动
加工钢筋规格/mm	ϕ16～ϕ32 HRB400、HRB500 钢筋	ϕ16～ϕ40 HRB400、HRB500 钢筋	ϕ12～ϕ40 HRB400、HRB500 钢筋
接头性能	达到 JG/T 107—2016 标准规定的Ⅰ级接头要求		

图 32-9　建研科技单缸镦粗机

图 32-10　浙江锐程单缸镦粗机

2）双缸镦粗机

双缸镦粗机主要产品型谱及技术性能见表 32-6、表 32-7，产品照片如图 32-11、图 32-12 所示。

表 32-6　双缸镦粗机型谱及技术性能(思达建茂)

参　数	产品型号	
	LDJ-40	LDJ-50
加工钢筋规格	ϕ12～ϕ40 HRB400、HRB500、B500B 钢筋	ϕ16～ϕ50 HRB400、HRB500、B500B 钢筋
工作效率	13～20 s/头	17～22 s/头
输出力/kN	夹持力 2100；镦粗力 2100	夹持力 4000；镦粗力 3200
额定工作压力/MPa	70	65
外形尺寸/(mm×mm×mm)	主机 1370×1000×1350 泵站 950×590×980	主机 1600×1300×2050 泵站 1160×890×1220
重量/kg	2000	3500
工作方式	自动	自动
接头性能	达到 JGJ 107—2016 标准规定的Ⅰ级接头要求	

表 32-7　双缸镦粗机型谱及技术性能(衡水衡工)

参　数	型　号		
	HDCJ-32S	HDCJ-36S	HDCJ-50S
加工钢筋范围/mm	ϕ16～ϕ32	ϕ16～ϕ36	ϕ16～ϕ50
电机功率/kW	7.5	7.5	11
电源	三相 380 V,50 Hz	三相 380 V,50 Hz	三相 380 V,50 Hz
输出力/kN	夹持力 1100 镦粗力 1100	夹持力 1100 镦粗力 1450	夹持力 1450 镦粗力 1850
额定工作压力/MPa	31.5	31.5	31.5
油箱容量/L	115	115	135
重量/kg	950	1000	1150
外形尺寸/(mm×mm×mm)	1300×850×1650	1300×850×1650	1400×950×1750
接头性能	达到 JGJ 107—2016 标准规定的Ⅰ级接头要求		

2. 钢筋套丝机

钢筋套丝机主要产品型谱及技术性能见表 32-8、表 32-9，产品照片如图 32-13、图 32-14 所示。

图 32-11　思达建茂双缸镦粗机

图 32-12　衡水衡工双缸镦粗机

表 32-8　钢筋套丝机型谱及技术性能(思达建茂)

参　　数	产品型号			
	GTS-32	**GTS-40**	**GTS-50**	**GTS-60A**
加工钢筋范围/mm	ϕ12～ϕ32	ϕ16～ϕ40	ϕ16～ϕ50	ϕ16～ϕ50
加工丝头最大长度/mm	110	150	120	180
工作效率	ϕ32 丝头 约 12 s/头	ϕ32 丝头 约 12 s/头	ϕ40 丝头 约 20 s/头	ϕ40 丝头 约 20 s/头

表 32-9　钢筋套丝机型谱及技术性能(浙江锐程)

参　　数	型　　号
	RT50
加工钢筋范围/mm	ϕ12～ϕ50
加工丝头最大长度/mm	190
工作效率	M14×14 丝头 12 s/头,M45×45 丝头 24 s/头
主电机功率/kW	5.5
套丝转速/(r/min)	30～150
钢筋夹紧方式	液压钳自动夹紧
套丝进给方式	伺服主动进给
钢筋定位机构	程序设定自动定位
操作界面	触摸屏/过程动画实时显示
外形尺寸/(mm×mm×mm)	1800×600×1200
重量/kg	1230

图 32-13　思达建茂套丝机

图 32-14　浙江锐程套丝机

3. 钢筋滚丝机

钢筋滚丝机主要产品型谱及技术性能见表 32-10，产品照片如图 32-15、图 32-16 所示。

表 32-10 钢筋滚丝机型谱及技术性能(思达建茂)

参数	产品型号	
	BLGS-32S	BLGS-40S
加工钢筋范围/mm	ϕ12～ϕ32	ϕ16～ϕ40
外形尺寸/(mm×mm×mm)	1170×550×1000	1210×600×1060
功率/kW	4	
机头转数/(r/min)	63	
工作方式	手动	

图 32-15 思达建茂滚丝机

图 32-16 常州建联滚丝机

32.5 选用原则与选型计算

32.5.1 选用原则

(1) 钢筋镦粗直螺纹连接机械必须适合施工现场使用，便于运输、吊装，组装方便，体积小，重量轻且操作简便。

(2) 钢筋镦粗直螺纹连接机械需适合目前国内建筑工程主要使用钢筋即 HRB400、HRB500 级 ϕ16～ϕ40 mm 钢筋的加工需要。

(3) 镦粗机模具(包括成型模具、夹持模具)规格与加工钢筋规格一致，套丝机螺纹梳刀可以满足相同螺距、不同规格钢筋的加工需求。

(4) 钢筋镦粗直螺纹连接机械的检验工具(螺纹环规)、力矩扳手符合 JGJ 107—2016 标准相关要求。

(5) 钢筋镦粗机和套丝机形成一个班组，即一台镦粗机配套一台套丝机，完成钢筋从镦粗到螺纹丝头的加工。

32.5.2 选型计算

1. 钢筋镦粗行程的计算

钢筋镦粗变形量通常以镦粗变形长度即钢筋镦粗行程 L 来计算，参照钢筋镦粗加工前位置关系图 32-17，钢筋镦粗行程 L 的计算方法如下：

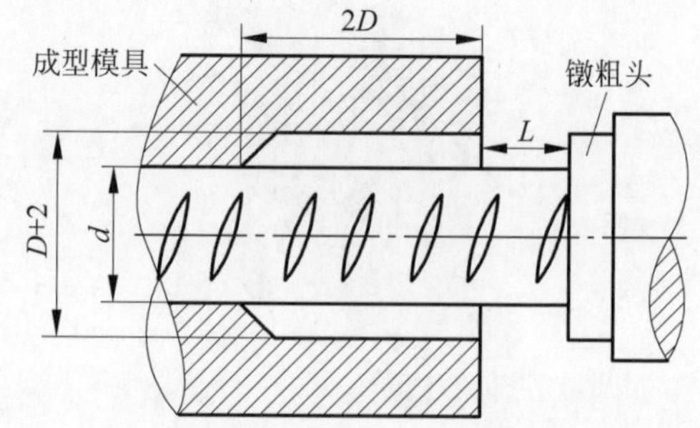

图 32-17 钢筋镦粗加工位置关系图

钢筋公称直径为 D，钢筋基圆直径为 d，钢筋镦粗头参数取值：钢筋镦粗头直径为钢筋公称直径 $D+2$ mm(即镦粗直径加大 2 mm)，钢筋镦粗头变形总长度为 $2D$，将相关参数尺寸代入式(32-1)：

$$L\times\pi\times\left(\frac{d}{2}\right)^2=2\times D\times\pi\times\left(\frac{D+2}{2}\right)^2-2\times D\times\pi\times\left(\frac{d}{2}\right)^2 \quad (32\text{-}1)$$

当 d 取 GB/T 1499.2—2018 规定标准内径尺寸值时，计算可得出 $\phi16\sim\phi40$ mm 钢筋镦粗行程长度 L 值为 11.7～14.9 mm。

2. 模具尺寸参数的计算

钢筋镦粗成型模具内腔结构尺寸计算参见成型模具结构示意图 32-18。

(1) 带肋钢筋横肋和纵肋使钢筋实际外形尺寸比钢筋公称直径大约 3～5 mm，为保证钢筋在镦粗时夹持牢固，成型模具的夹持段凸齿处圆柱半径 r_1 宜按照钢筋公称直径 D 的 0.5 倍设计。

(2) 成型模具的成型腔内孔最大半径 r_2 宜取镦粗后钢筋所要求的镦粗头直径的 0.5 倍，参见成型模具结构示意图 32-18。

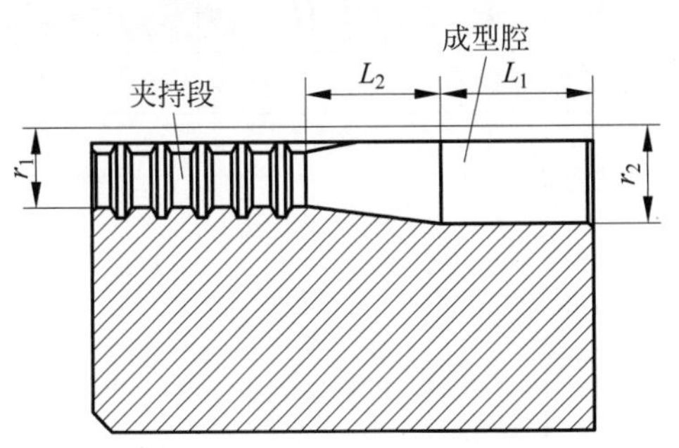

图 32-18　成型模具结构示意图

(3) 成型腔长度包括镦粗头段长度 L_1 和镦粗过渡段长度 L_2，L_1+L_2 宜取 1.5～2.0 倍钢筋公称直径 D，L_2 段的坡度不得大于 1∶5。

3. 加工范围和螺纹参数设计计算

1) 镦粗机油缸设计计算

依据试验结论并考虑适当的安全裕量得出，对于 40 型镦粗机，加工 $\phi40$ mm 钢筋所需最大夹持力和最大镦粗力 F 均为 210 t，如液压泵站在额定压力 p_1 为 700 MPa，则根据下式

$$p_1\times\pi\times\left(\frac{\frac{D}{2}}{2}\right)^2=F \quad (32\text{-}2)$$

求得油缸直径 $D=195$ mm。

2) 镦粗机框架设计计算

镦粗机的油缸安装于框架上，作为承力架，框架需承受夹持和镦粗双方向的拉应力，须保证：框架截面面积 $S\times$材料标准抗拉强度 σ_b，应大于 210 t。

3) 套丝机电机功率 P 设计计算

$$P=\frac{T\times n}{9550} \quad (32\text{-}3)$$

式中，P 为电机功率，kW；T 为加工扭矩，N·m；n 为机头转速，设计转速为 63 r/min。

另外需根据下面的螺纹切削力公式计算扭矩：

$$T=0.25p^2K_E\times\frac{D}{1000} \quad (32\text{-}4)$$

式中，T 为加工扭矩，N·m；p 为螺距，mm；K_E 为材料比切力，N/mm^2；D 为螺纹大径，mm。

以 40 型套丝机设计为例，最大加工 $\phi40$ mm 钢筋，p 取 3.0 mm，D 取 42 mm，切削普通碳钢(抗拉强度＜850 N/mm^2)，K_E 取 2500 N/mm^2，代入式(32-4)得 $T=236$ N·m；再将 T 代入式(32-3)，最终得出 $P=1.5$ kW。考虑到加工的螺距和加工的螺纹直径加大，因此需保留一定的安全裕量，故电机功率取 4 kW。

32.5.3　套筒计算参数

1. 套筒螺纹公称直径

钢筋镦粗的目的是增大钢筋端部的承载面积，提高钢筋抗拉强度。镦粗直径较小，达不到强度要求，但镦粗直径过大则会造成钢筋塑性储备的损失，极易发生脆断。不同厂家的钢筋镦粗工艺略有差别，见表 32-11。

表 32-11　设计镦粗尺寸工艺参数　单位：mm

钢筋直径		16	18	20	22	25	28	32	36	40
思达建茂	镦粗直径	18	20	22	24	27	30	34	38	42
	镦粗长度	33	35	37	39	41	53	57	61	65
常州建联	镦粗直径	18	20	22	25	28	32	36	40	44
	镦粗长度	20	22	25	27	30	34	38	42	47

螺纹公称直径以钢筋公称直径+2 mm(镦粗直径加大 2 mm)为例，另结合螺纹梳刀的切削效果以及各种规格钢筋加工的统一性，将螺纹公称直径尺寸设定为如表 32-12 所示。

表 32-12　设计螺纹尺寸参数　单位：mm

钢筋直径	16	18	20	22	25	28	32	36	40
螺纹公称直径	M18	M20	M22	M24	M27	M30	M34	M38	M42
螺距	2.5	3.0							

2. 套筒截面(套筒外径)

依据标准要求：套筒实测受拉承载力不应小于被连接钢筋受拉承载力标准值的 1.1 倍(安全系数取 1.4)。计算套筒截面如下(以 HRB400 级套筒为例)：

$$\sigma_b A=\sigma_b\times(\pi R-\pi r)=1.4F=1.4\sigma_{b1}A_1 \quad (32\text{-}5)$$

式中，σ_b 为套筒标准抗拉强度；A 为套筒截面面积；R 为套筒外圆半径；r 为螺纹大径的 1/2；σ_{b1} 为钢筋标准抗拉强度；A_1 为钢筋截面面积；F 为钢筋极限承载力。

将上述数据代入式(32-5)可求得 R。

应用式(32-5)，可计算得到 HRB400 钢筋连接套筒外径尺寸等参数，详见表 32-13。

表 32-13　设计套筒外径尺寸参数

钢筋直径/mm	16	18	20	22	25	28	32	36	40
钢筋截面面积 A_1/mm^2	201.1	254.5	314.2	380.1	490.9	615.8	804.2	1018	1257
钢筋标准抗拉强度 σ_{b1}/MPa	540								
钢筋极限承载力 F/kN	109	137	170	205	265	333	434	550	679
钢筋极限承载力 F/1.4 kN	153	192	238	288	372	466	607	770	951
套筒标准抗拉强度 σ_b/MPa	600								
套筒截面面积 A/mm^2	255	321	397	480	620	776	1011	1283	1585
螺纹公称直径/mm	M18	M20	M22	M24	M27	M30	M34	M38	M42
螺纹大径的一半 r/mm	9	10	11	12	13.5	15	17	19	21
套筒外圆半径 R/mm	25	28	31	33.5	38	42.5	48	54	60

注：套筒外圆半径为计算值经圆整后，参考无缝钢管型材标准尺寸最终得出的。

3. 套筒长度(套筒螺纹有效扣数)

套筒材质为 45 号钢，$\sigma_s=355$ MPa，$\sigma_b=600$ MPa。

1) 剪切应力

$$\tau=\frac{F_w}{k_z\pi DbZ}\leqslant[\tau]=0.6\sigma_b=360\text{ MPa} \quad (32\text{-}6)$$

式中，系数 k_z 为 0.7；D 为螺纹大径；b 为螺牙齿底宽度（取 0.86p）；Z 为螺纹有效配合齿数；F_w 为最大载荷，按 HRB400 钢筋标准抗拉强度的 1.4 倍计算。

将上述数据代入式(32-6)可求得 Z(表 32-14)。

表 32-14　螺纹有效扣数核算(1)

钢筋直径/mm	16	18	20	22	25	28	32	36	40
螺距 P/mm	2.5	3.0							
螺纹大径 D/mm	M18	M20	M22	M24	M27	M30	M34	M38	M42
系数 k_z	0.70								
螺牙齿底宽度 b/mm	2.15	2.58							
许用剪切力[τ]/MPa	360								
最大载荷 F_w/kN	153	192	238	288	372	466	607	770	951
设计单侧螺纹扣数 Z	5	4.7	5.3	6	7	8	9	10	11

2）弯曲应力

$$\sigma=\frac{3F_w h}{k_z \pi D b^2 Z}\leqslant[\sigma]=\sigma_b/1.2$$
$$=500\ \text{MPa} \tag{32-7}$$

式中，系数 k_z 取 0.7；D 为螺纹大径；b 为螺牙齿底宽度（取 0.86p）；Z 为螺纹有效配合齿数；h 为齿高（$P=2.5$ mm，$h=1.374$ mm；$P=3.0$ mm，$h=1.765$ mm）；F_w 为最大载荷，按 HRB400 钢筋标准抗拉强度的 1.1 倍计算。

将上述数据代入式(32-7)可求得 Z(表 32-15)。

综合剪切应力和弯曲应力的计算求得的齿数 Z，取较大值并圆整和得出最终套筒长度，列于表 32-16。

表 32-15　螺纹有效扣数核算(2)

钢筋直径/mm	16	18	20	22	25	28	32	36	40
螺距 P/mm	2.5	3.0							
螺纹大径 D/mm	M18	M20	M22	M24	M27	M30	M34	M38	M42
系数 k_z	0.70								
螺牙齿底宽度 b/mm	2.15	2.58							
螺牙齿高 h/mm	1.374	1.765							
许用正应力[σ]/MPa	500								
最大载荷 F_w/kN	120	151	187	226	292	366	477	605	747
设计单侧螺纹扣数 Z	5.5	5.5	6	7	8	9	10	11.5	13

表 32-16　设计套筒长度尺寸参数

钢筋直径/mm	16	18	20	22	25	28	32	36	40
设计单侧螺纹扣数/Z	5.5	5.5	6	7	8	9	10	11.5	13
套筒长度/mm	32	36	40	44	50	56	64	72	80

注：套筒长度＝螺距×有效扣数×2。

32.5.4　镦粗直螺纹连接套筒和镦粗接头性能要求

1. 镦粗直螺纹连接套筒性能要求

(1) 套筒原材宜采用 45 号圆钢、结构用无缝钢管，其外观及力学性能应符合 GB/T 699—2015、GB/T 8162—2018 和 GB/T 17395—2008 的规定。

(2) 套筒原材采用 45 号钢的冷拔或冷轧精密无缝钢管时，应进行退火处理，并应符合

GB/T 699—2015 的相关规定，其抗拉强度不应大于 800 MPa，断后伸长率 δ_5 不宜小于 14%。

（3）套筒用于有疲劳性能要求的钢筋接头时，其疲劳性能应符合 JGJ 107—2016 的规定。

（4）套筒尺寸参数见表 32-17～表 32-19。

2. 镦粗接头性能要求

（1）接头设计应满足强度及变形性能的要求（表 32-20）。

表 32-17 镦粗直螺纹套筒尺寸参数（思达建茂）

钢筋直径/mm	14	16	18	20	22	25	28	32	36	40
套筒外径/mm	25	25	28	31	33.5	38	42.5	48	54	60
套筒长度/mm	28	32	36	40	44	50	56	64	72	80
螺纹规格/(mm×mm)	M16×2.0	M18×2.5	M20×3.0	M22×3.0	M24×3.0	M27×3.0	M30×3.0	M34×3.0	M38×3.0	M42×3.0
牙形角	60°									

表 32-18 镦粗直螺纹套筒尺寸参数（常州建联）

钢筋直径/mm	14	16	18	20	22	25	28	32	36	40
套筒外径/mm	22	26	29	32	36	40	44.5	50	56	62
套筒长度/mm	34	40	44	48	52	60	66	72	80	90
螺纹规格/(mm×mm)	M16×2.0	M20×2.5	M22×2.5	M24×3.0	M27×3.0	M30×3.5	M33×3.5	M36×4.5	M39×4.0	M45×4.0

表 32-19 镦粗直螺纹套筒尺寸参数（浙江锐程）

钢筋直径/mm	12	16	18	20	22	25	28	32	40
套筒外径/mm	ϕ20	ϕ27	ϕ30	ϕ32	ϕ36	ϕ40	ϕ45	ϕ50	ϕ62
螺纹规格/mm	M14×2.0	M20×2.5	M22×3.0	M24×3.0	M27×3.0	M30×3.5	M33×3.5	M36×4.0	M45×4.5
套筒长度/mm	28	40	44	48	54	60	66	72	90
套筒重量/kg	0.04	0.08	0.12	0.14	0.19	0.26	0.39	0.55	1.03

表 32-20 接头变形性能

接头等级		Ⅰ级	Ⅱ级	Ⅲ级
单向拉伸	残余变形/mm	$u_0 \leqslant 0.10(d \leqslant 32\ \text{mm})$ $u_0 \leqslant 0.14(d > 32\ \text{mm})$	$u_0 \leqslant 0.14(d \leqslant 32\ \text{mm})$ $u_0 \leqslant 0.16(d > 32\ \text{mm})$	$u_0 \leqslant 0.14(d \leqslant 32\ \text{mm})$ $u_0 \leqslant 0.16(d > 32\ \text{mm})$
	最大力下总伸长率/%	$A_{sgt} \geqslant 6.0$	$A_{sgt} \geqslant 6.0$	$A_{sgt} \geqslant 3.0$
高应力反复拉压	残余变形/mm	$u_{20} \leqslant 0.3$	$u_{20} \leqslant 0.3$	$u_{20} \leqslant 0.3$
大变形反复拉压		$u_4 \leqslant 0.3$ 且 $u_8 \leqslant 0.6$	$u_4 \leqslant 0.3$ 且 $u_8 \leqslant 0.6$	$u_4 \leqslant 0.6$

（2）接头性能应包括单向拉伸、高应力反复拉压、大变形反复拉压和疲劳性能，应根据接头的性能等级和应用场合选择相应的检验项目。

（3）接头应根据极限抗拉强度、残余变形、最大力下总伸长率以及高应力和大变形条件下反复拉压性能，分为Ⅰ级、Ⅱ级、Ⅲ级三个等级（表 32-21）。

对直接承受重复荷载的结构构件，设计应根据钢筋应力幅提出接头的抗疲劳性能要求。当设计无专门要求时，剥肋滚压直螺纹钢筋接头、镦粗直螺纹钢筋接头的疲劳应力幅限值不应小于现行国家标准《混凝土结构设计规范（2015 年版）》（GB 50010—2010）中规定的普通钢筋疲劳应力幅限值的 80%。

表 32-21　接头极限抗拉强度

接头等级	Ⅰ级	Ⅱ级	Ⅲ级
极限抗拉强度	$f_{mst}^0 \geqslant f_{stk}$，钢筋拉断或 $f_{mst}^0 \geqslant f_{stk}$，连接件破坏	$f_{mst}^0 \geqslant f_{stk}$	$f_{mst}^0 \geqslant f_{yk}$

32.6　安全使用

32.6.1　镦粗机械操作规程

1. 准备工作

1）机器准备

（1）镦粗机的布置和就位，应结合场地具体情况以及钢筋镦粗加工工艺合理进行安排，最大限度地发挥设备生产效率。通常，每两台镦粗机组成一个加工班组，镦粗机采用机头相向布置，两台机器之间搭上托架以支托钢筋，支架长度为钢筋长度加 50～100 cm。

（2）生产现场应配备一台砂轮切断机和一台钢筋调直机。

（3）每台镦粗机配检测工具一套，其中包括直尺一把、卡规（或 150 mm 游标卡尺）一把；量具应由检验员或操作人员保管和使用。

（4）镦粗工序应配备与加工钢筋规格相对应的夹持模具和成型模具。

2）钢筋的准备

（1）钢筋应符合现行的《钢筋混凝土用热轧带肋钢筋》（GB 1499—2008）或《钢筋混凝土用余热处理钢筋》（GB 13014—2013）的有关规定。

（2）钢筋应按规格分类码放。

（3）钢筋镦粗加工前，应对钢筋逐一检查，并对缺陷进行处理。

（4）距钢筋端头 0.7 m 范围内不得有影响钢筋夹持和镦粗的弯曲，否则须切去弯曲部分或用调直机矫直；距钢筋端头 0.7 m 范围内不得黏结沙土、水泥、砂浆等附着物，否则须用钢刷清除干净。

（5）钢筋端面必须平整，并与钢筋轴线垂直，否则须用砂轮切断机切去端头。

3）人员的准备

（1）每台镦粗机配备操作人员一名，辅助人员 1～2 名。

（2）操作人员必须经过技术培训，经考试合格并取得操作证后方能上岗作业。

（3）操作人员负责本人加工的钢筋镦粗头质量的自检。

（4）辅助人员负责运输和搬运钢筋，并协助操作人员更换模具和清理设备。

（5）工地质检人员负责镦粗加工作业的监督和质量抽检。

2. 钢筋镦粗加工

（1）完成相应规格模具的安装，确认夹持模具、成型模具的规格和准备镦粗的钢筋规格一致。

（2）确定镦粗工艺参数（包括镦粗行程、模具张开距离、镦粗压力、夹持压力等）。

（3）将钢筋从镦粗机夹持模槽中部穿过，直顶到镦粗头端面，不动为止。钢筋纵肋面宜和水平面成角度 45°左右，钢筋要全部落在模具中心的凹槽内。

（4）启动机器，进行镦粗。

3. 质量检验要求

（1）操作人员应对其生产的每个镦粗头用目测检查外观质量，镦粗头不允许有横向裂纹，不允许有影响套丝质量的弯曲。

（2）每 20 个镦粗头应用游标卡尺或卡规检查一次镦粗直径尺寸，标准型和加长型镦粗头均应保证在二分之一套筒长度内镦粗直径符合要求。

（3）每 50 个镦粗头应用直尺检查一次镦粗头长度，确保尺寸符合要求。

32.6.2 镦粗机的组装连接与运输

1. 组装连接

1）油管的组装

油管的一端连接在泵站阀座的出油接头上，接头应插到位，并带满接头螺扣；油管螺纹接头端连接镦粗机的两个油缸，螺帽应用扳手拧紧。油管位置不得改变。连接油管时，应检查油管接头的密封圈是否齐全、到位和完好。

2）模具的安装

(1) 装模具前一定要把夹具凹槽内清理干净。

(2) 夹持模具和成型模具确认是同规格。

(3) 拆装模具前，要先取下镦粗头。

(4) 启动泵站，将油缸活塞退到最后位置。

(5) 从安装模具的钢座与镦粗头的间隙处，把夹持模具和成型模具逐块装进上、下模具座凹槽中，并使成型模具大口端在靠近镦粗头位置。拧紧成型模上平面的定位螺栓，保证模具不会轴向窜动。

2. 运输

(1) 设备运输时需要将油管与泵站和主机分离，主机、泵站以及油管分别包装。

(2) 设备运输时注意不能倾倒。

(3) 设备吊装时，要对设备关键部件进行保护，防止设备倾倒、磕碰。

(4) 短距离运输油箱可携带液压油，长距离运输需将液压油排空。

(5) 长距离运输要对设备做好防潮、防锈处理。

32.6.3 镦粗机械安全使用规程

(1) 接线时首先检查电源线，防止接错电线，造成伤害，一定要接零线，否则机器不能工作。

(2) 电气控制箱、电缆、插头等连接处要注意防潮、防水，雨天要遮盖。下雨时如潮气过大，不宜操作使用。

(3) 总电源电缆插头要插在有漏电保护的配电箱的插座上，工地的电源要符合标准。

(4) 工地维修电器要由专业人员进行，维修时要断电。

(5) 钢筋不要碰撞电器、电线、电缆等带电的部位。

(6) 液压泵站工作时，把溢流阀压力调在70 MPa以下。

(7) 镦粗时，人身体任何部位不能在镦粗头、夹具、机头等运动范围内，操作人员要距镦粗头半米以外，以防镦粗时脱落的氧化皮飞出伤眼。

(8) 随时检查模具压板紧固螺栓是否松动，是否有被拉断或变形。

(9) 操作人员必须经过培训，持证上岗，工地必须有安全操作制度，必须按安全操作制度进行严格管理，没有操作证的人员不能操作机器设备。

32.6.4 镦粗机械的维护与保养

为了保证机器的正常使用，现场必须及时对机器进行正常维护和保养。主要维护与保养按以下步骤进行：

(1) 运动零件配合处，镦粗机的油缸活塞，每班前后都要用除尘枪吹、棉纱擦干净表面加注润滑油。

(2) 随时检查泵站、换向阀、溢流阀、油管、液压系统、水泵各处有无渗、漏油、漏水现象，发现问题及时处理。

(3) 电气控制系统不得随意改动，禁止非专业人员维修。开关、按钮操作不得用力过猛。每班前后用棉纱擦净控制箱外表面。

(4) 每天下班时要切断总电源，把机器擦干净，清除铁屑，特别要清除模具中的氧化皮。整机应盖好塑料布或其他防雨材料，预防风雨及灰尘对机器的侵蚀。

32.6.5 镦粗机常见故障及其处理方法

镦粗机常见故障及其处理方法见表32-22。

表 32-22　镦粗机常见故障及处理方法

序号	故障现象	处理方法
1	泵站高压压力不足	(1) 检查高压溢流阀是否被调松,设定压力是否过低; (2) 检查高压溢流阀的锥阀芯和阀座及里面的密封圈; (3) 检查泵站的电磁阀、组合阀有无异常漏油,组合阀和换向阀的油管接头是否松动而漏油
2	泵站低压压力不足	(1) 检查设定压力是否过低; (2) 检查卸荷阀手柄是否关紧; (3) 检查低压小活塞是否卡住,以及低压小活塞后面的密封圈是否损坏; (4) 检查相关管路有无渗漏
3	镦粗端头弯曲	(1) 检查钢筋端部是否有明显马蹄和飞边,以及端面是否与钢筋轴线垂直; (2) 检查成型模具是否破损; (3) 调整镦粗工艺参数,减小钢筋端头探出长度
4	模具损坏	(1) 检查模具沟槽是否被铁屑填满,如是进行清理; (2) 检查模具是否碎裂,如是更换模具(成对更换)
5	油管损坏	(1) 检查油管端部密封圈是否损坏,如是予以更换; (2) 检查油管端头螺纹是否松动,如是用扳手予以拧紧; (3) 检查油管本体是否漏油,如是更换油管(注意保持接口原有位置)

注:维修前请确认已切断镦粗机电控箱的电源,禁止带电维修。确认油管都没有压力,如有压力,要先卸压,禁止带压力维修。

32.6.6　套丝机操作规程

1. 准备工作

1) 机器准备

(1) 每两台套丝机组成一个加工班组,采用机头相向布置,两台机器之间搭上托架以支托钢筋,支架长度为钢筋长度加 50～100 cm。

(2) 套丝机须准备相应规格的环规和套筒,量具应由检验员或操作人员保管和使用。

(3) 套丝工序须配备相应螺纹梳刀。

(4) 备齐工地拧紧接头用的专用扳手。

2) 人员的准备

(1) 每台套丝机配备操作人员一名,辅助人员 1～2 名。

(2) 操作人员必须经过技术培训,经考试合格并取得操作证后方能上岗作业。

(3) 操作人员负责本人加工的钢筋螺纹丝头质量的自检。

(4) 辅助人员负责运输和搬运钢筋,并协助操作人员更换刀具和清理设备。

(5) 工地质检人员负责螺纹加工作业的监督和质量抽检。

2. 钢筋套丝加工

1) 连接电源

电源连接后,确认电机转向。启动电机,从机头前方向机尾看,机头应逆时针转动。如不正确,则由电工调整电源线(电源断电后操作),使电机转向正确。

2) 加入切削润滑液

往水箱中加入水溶性切削润滑液,气温低于 0℃时,应使用防冻型切削液。

不得用机油作润滑液或不加润滑液进行套丝。

3) 安装螺纹梳刀

梳刀每四块刀片为一组,刀片标有 1、2、3、4 序号。

取下定位螺钉,拿下刀座,将其内外表面用棉丝擦干净后,再安装螺纹梳刀。安装时注意以下几点:

(1) 刀片安装在标有同样序号的刀座上。

(2) 安装时,要用力把梳刀压紧,使梳刀底面靠紧在刀座底面,再锁紧螺钉,确保刀片紧固不松动。

(3) 梳刀装好后,把刀座按逆时针方向顺序装在机头上，再上紧定位螺钉。

(4) 安装好刀座后，机头及刀座各润滑面应用油壶注润滑机油。

4) 螺纹直径的设定

(1) 松开压环前的四个螺钉，即能转动调整环，把待加工钢筋的刻度值——如"32"的刻度线对准张刀环的"0"线，再把压环前的四个螺钉上紧，使调整环位置不再改变，即初步设定了 ϕ32 mm 钢筋螺纹的加工直径。

(2) 初步设定后，通过试切削钢筋丝头，结合量具检验，再进行微调，即可确定最终位置，而后才可正式进行生产加工。

5) 螺纹长度的设定

(1) 机头退到后极限位置，调整行程定位轴的前接触轮与压环的相对距离，可设定车削的螺纹长度。调整时把锁定的螺母松开，转动轴承套。

(2) 此调整为初步设定，需实际车削几个螺纹后，才能确定最后的位置。

6) 水泵流量控制

调整水泵开关，使机头处的出水有一定力量，但以不猛烈飞溅为宜。

(1) 套丝机机头退至后极限位置，即张刀环碰到行程定位轴的后接触轮为止，使刀座收刀。

(2) 把准备好的钢筋用虎钳轻轻夹住，钢筋纵肋应与水平面平行或垂直，然后移动钢筋使其头部与机头前端面平齐，再用力扳转虎钳手柄，使虎钳把钢筋充分紧固。

(3) 启动机器，待切削液流出并稳定后，开始向前进刀。梳刀开始接触钢筋时进刀速度要慢一些，避免因进刀过快而打刀。

(4) 梳刀的有效刀齿开始切削钢筋螺纹前三四圈时，持续用力向前进刀，之后机头会自动跟进、切削，操作者可适当减轻力度。

(5) 螺纹加工到设定长度后，机器会自动跳刀停止前进。此时再转动主操作手柄把机头退回原点位置，停机。打开虎钳取下钢筋，至此一个试加工周期完成。

3. 质量检查验收要求

(1) 螺纹长度、外径用量规检查，中径用环规检查，光洁度目测等。螺纹合格后，方可正式生产。

(2) 每个螺纹丝头都要目测外观质量，螺纹牙形应饱满，低于中径的秃牙部分累计长度不应超过一个螺纹周长。加长型丝头螺纹，只要求丝头前端(套筒一半长度范围内)的牙形完整即可。

(3) 每 20 个螺纹丝头用螺纹环规检查一次螺纹大小(中径、顶径)，环规通端应能顺利旋入螺纹丝头至有效长度或差 1～3 扣不能拧到底(加长丝扣应全部拧到底)；止规应不能旋入螺纹丝头或旋入丝头不超过 3 扣。

(4) 每 50 个螺纹丝头用工地当前用的标准螺纹套筒检查一次螺纹大小，套筒应能顺利旋入螺纹丝头，不明显松动；或差 1～3 扣不能拧到底(套筒使用 100 次左右换一个)。

(5) 每 50 个螺纹丝头用直尺检查一次长度，也可以数扣数，丝头螺纹可以多一扣。

(6) 钢筋正式加工前，应首先完成相应规格、数量的现场工艺拉伸试验，合格后方可批量加工。

32.6.7 套丝机安全使用规程与维修保养

1. 安全使用规程

(1) 电气控制箱、电缆、插头连接处要注意防潮、防水，雨天要遮盖。下雨时如潮气过大，不宜操作使用。

(2) 总电源电缆插头要插在有漏电保护的配电箱的插座上，工地的电源要符合标准。

(3) 工地维修电器要由专业人员进行，装梳刀及维修时要断电。

(4) 钢筋不要碰撞电器、电线、电缆等带电的部位。

(5) 套丝时，钢筋应夹持牢固，操作者应避开钢筋旋转空间，避免因钢筋转动伤人。

(6) 短距离移动套丝机时，要在坚实、平整的地面上移动。移动时避开地面障碍物，导向轮要调整好方向，注意防止倾倒。套丝机轮子出故障时，不得推移该设备。

(7) 机器运转中，操作人员身体各部位应避开机头旋转空间，防止因卷入造成人员伤害。

(8) 工作时，虎钳夹持钢筋须牢固可靠，不得紧握钢筋。加工拐筋时，正对拐筋处不得有人，防止钢筋扭转打人。禁止戴手套操作。

(9) 操作人员必须经过培训，持证上岗，工地必须有安全操作制度，必须按安全操作制度进行严格管理，没有操作证的人员不能操作机器设备。

2. 维修保养

(1) 套丝机的张刀环、刀座、导向杆处应视具体情况随时加注润滑油或润滑脂。

(2) 每天下班时要切断总电源，把机器擦干净，清除铁屑，整机应盖好塑料布或其他防雨材料，预防风雨及灰尘对机器的侵蚀。

(3) 套丝机第一次使用前(或长期没有使用，在使用前)，减速机需加满润滑油(加油至油标中部)，之后每隔6个月更换一次润滑油。

32.6.8 滚丝机操作规程

1. 准备工作

1) 机器准备

每两台滚丝机组成一个加工班组，滚丝机机头相向布置。滚丝机必须平稳着落在坚实的地面上，保证工作时稳固可靠。

滚丝机机头前须搭上托架支托待加工的钢筋，支架长度为钢筋长加0.5～1.0 m，待加工钢筋放在支架上，钢筋轴线与机头中心在同一平面上。

2) 工具和滚丝机附件的准备

(1) 常用工具有：丝头检查用螺纹环规、调整丝头尺寸用调试棒、保护丝头用塑料保护帽、组接用呆扳手(管钳)、检验用力矩扳手、更换易耗件用各种内六角扳子等。

(2) 必备易损件：剥肋刀片，每四片为一副，无规格、型号之分，正反扣通用；滚丝轮，每三个为一副，正反扣通用。

3) 钢筋的准备

(1) 钢筋端面要平整，并与钢筋轴线垂直。任何可能影响滚压螺纹牙形完整度的缺陷均应处理，如切口马蹄、翘边、明显斜面等。

(2) 距钢筋端头0.5 m范围内不得有影响钢筋丝头加工质量的弯曲，否则应矫直。

(3) 距钢筋端头0.3 m范围内不得黏结沙土、砂浆等附着物，否则须用钢丝刷清除干净。

(4) 钢筋应符合现行的《钢筋混凝土用钢 第2部分：热轧带肋钢筋》(GB/T 1499.2—2018)的有关规定。

4) 人员的准备

(1) 加工钢筋丝头班组，每台滚丝机配操作人员一名及辅助人员若干。现场组接接头的人员由施工单位视工程情况确定。

(2) 操作和组接人员必须经过技术培训，经考试合格并取得操作证后方能上岗作业。

(3) 操作人员负责丝头加工和质量自检；辅助人员负责搬运钢筋，给钢筋丝头拧上塑料保护帽或套筒；组接人员负责在工位安装组接钢筋接头。

2. 设备安装与调试

1) 设备的安装

滚丝轮的安装要求如下：必须在整机断电的情况下进行。滚制不同旋向的螺纹时，应注意调整三个滚丝轮的先后次序。加工右旋螺纹时，偏心套的定位螺栓均放在印有Z的一侧螺孔内；加工左旋螺纹时，则反之。滚轮三个为一副，安装时打印标记的一侧应同时朝内或朝外，安装顺序如下：滚压右旋螺纹时，滚轮安装顺序为顺时针；滚压左旋螺纹时，滚轮安装顺序为逆时针；如滚轮标记在里侧，则滚轮序号相反。加工不同螺距的螺纹，应更换相应的滚丝轮。滚丝轮调整好后，应锁紧机头各处螺钉。

2) 设备的调整

(1) 滚丝轮的调整：根据钢筋规格选择滚丝轮，根据螺纹旋向确定滚丝轮安装顺序，拆下剥肋头，安装滚丝轮，再安装上剥肋头调整。首先旋松位于机头后端面的方头顶丝，取相应规格的调试棒，调节方头调整齿轮，使滚丝轮收缩接触调试棒，取出调试棒。再依次锁紧方头顶丝即可。

(2) 剥肋刀的调整：松开刀片压紧螺钉，旋退顶刀螺丝，安放好调试棒；调紧顶刀螺丝，使四个刀片顶上调试棒，锁紧刀片压紧螺钉，张开刀体取出调试棒即可。

(3) 螺纹长度的调整：根据滚丝长度，设定标尺(标尺上的刻度值为实际加工长度，单位 cm)，如加工直径 ϕ25 mm 的钢筋时，滚丝长度应为 30 mm，即将指针对准标尺刻度"3"，其他规格依据滚丝长度类推(该设定长度为参考值，丝头加工后需要实际测量并进行修正)，将滚丝头摇到相对应位置。钢筋端头顶到滚丝头前端剥肋刀面，夹紧钢筋。

3. 设备的操作使用

(1) 将钢筋插入虎钳钳口，用力转动虎钳把手夹紧钢筋。钢筋要对正机头中心，必要时可采用锤击对钢筋弯头加以矫正，否则加工时钢筋会偏心，并对机头产生额外冲击，损伤设备。

(2) 闭合电控箱总闸，待切削液流出后，开始将机头向前推进，当机头离开后极限位置后启动电机，剥肋刀片开始碰钢筋端部时进刀速度要慢一些，防止由于钢筋偏心以及钢筋纵肋过高把刀片打坏。

(3) 操作人员剥肋时，转动行走机构手柄的操作力应持续均匀，速度应适中。

(4) 剥肋至设定长度后剥肋刀片自动张刀，操作人员继续转动行走手柄，进行第二道工序——滚压。滚轮刚开始滚压钢筋时，操作力度要适当，如操作力过小将出现机头不自动跟进。

(5) 滚轮滚压螺纹三四圈后就会自动跟刀，不需要人工操作，此时可以松开行走机构手柄，让机器自动滚压螺纹，到达设定长度后机器就会自动反转退回。当滚轮退出丝头后，再转动行走机构手柄把机头退回后极限位置，机头自动停机，打开虎钳，取下钢筋，钢筋丝头套上保护帽待用，至此完成一个加工周期。

(6) 左旋螺纹丝头的加工：需要加工左旋螺纹时，将三个滚轮的偏心套均旋转 180°，然后将滚轮的顺序从逆时针改为顺时针，开关旋至反丝即可。

4. 丝头质量检验

(1) 丝头牙形及螺纹光洁度：用目测检查该丝头有效长度内的牙形、螺纹光洁度及偏心，丝头牙形应饱满光洁，不完整螺纹(牙顶宽度大于 0.3P)累计长度不超过 2 扣。

(2) 丝头螺纹直径：用同规格螺纹环规检查，用连接套筒进行配合检查。环规通端顺利旋入，外露 1～3 扣(止规拧进不超过 3 扣)为合格；套筒用手拧紧在钢筋丝头上，钢筋丝头应在套筒外露 0～3 扣(外露 0 扣时螺纹配合不应有间隙)。

(3) 丝头螺纹长度：从纵肋根部第一个完整螺纹牙顶(此圈螺纹可能存在断扣)至丝头端面的最长距离，如图 32-19 所示。用钢板尺测量丝头螺纹长度，应符合规定尺寸要求。

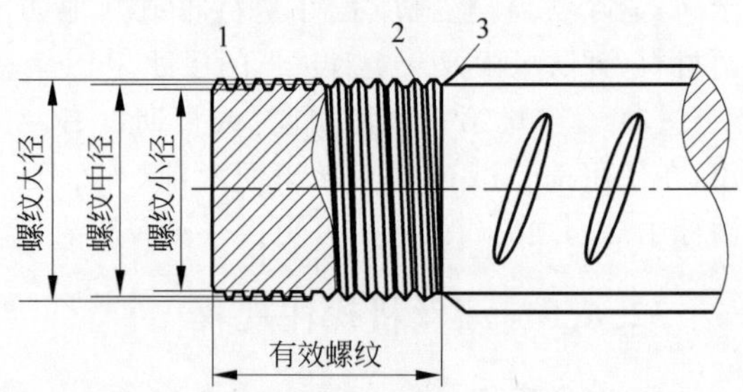

1—完整螺纹；2—不完整螺纹；3—螺尾。

图 32-19 丝头示意图

(4) 加工的丝头应逐个进行自检，不合格的应重新加工；自检合格的丝头，应由现场质检员随机抽样进行检验。一个工作班加工的丝头为一批，随机抽检 10%，且不少于 10 个。

(5) 丝头抽检合格率应不小于 95%；当小于 95%时，应另抽取同样数量的丝头重新检验。两次检验的总合格率不小于 95%时，该批合格；若小于 95%，则逐个检验，合格的丝头方可使用。

32.6.9 剥肋滚丝机安全使用规程与维修保养

1. 安全使用规程

(1) 配电电源必须有漏电保护，电缆线必须防护好，滚丝机要接地。

(2) 滚丝机要搭设防雨棚或有防雨设施，电控箱、电机要防水，以免漏电损坏设备或伤人。

(3) 在搬运(吊装)滚丝机时要将水箱的切

削液放掉，吊装绳应牢靠，防止翻倒或滑落。

（4）拆装剥肋刀片、滚轮，以及进行设备维修时，必须拔下设备电线插头。

（5）拆装剥肋刀座时一定要用手按住，防止支撑弹簧和弹簧托弹出，造成人身伤害。

（6）钢筋端头如有弯曲应加以矫正，以防止打刀。

（7）开机前，钢筋必须用虎钳锁紧；加工中，人应避开钢筋，防止钢筋由于发生旋转伤人。

（8）加工钢筋丝头时，操作者禁止戴手套。

（9）剥肋过程中，如发现剥肋刀座有卡阻现象应停机检修，否则会损坏机头及剥肋刀座。

（10）滚丝过程中不能中途停机，更不能扳动手柄使机头后退，否则会损坏滚轮和丝头螺纹。

（11）滚压中如机头到前极限位置仍不停机反转，应及时按"停止"按钮。

（12）在现场加工时，操作人员和辅助工人应遵守工地相关安全制度。

2. 维修保养

1）维修

滚丝机常见故障处理方法见表32-23。

表32-23　滚丝机常见故障及处理方法

常见故障	故障原因	处理方法
不上丝	滚丝轮顺序安装错误	按说明书重新调整滚丝轮安装顺序
	剥肋直径太大或滚丝轮调整有误	用对刀棒重新调整刀片及滚丝轮尺寸
	滚丝头旋转方向有误	检查电源或调整正丝、反丝旋钮位置
丝扣不饱和	钢筋材料不合格	采用合格钢筋
	剥肋直径太小或滚丝轮调整有误	用对刀棒重新调整刀片及滚丝轮尺寸
	钢筋端面不平整	用切割机平头
	滚丝轮磨损严重	更换滚丝轮
刀片断裂	钢筋竖肋太高	采用合格钢筋
	剥肋时进给太快	起始剥肋时缓慢进刀
	钢筋端面不平整	用切割机平头
	刀刃磨损	修磨刀刃

2）保养

（1）各活动关节处每班加一次润滑油，润滑油为20号机油或普通黄油。

（2）下班时要把机器擦洗干净，倒掉铁屑，切断电源，加注润滑油，整机应盖好塑料布或其他防雨、防尘材料，防止电器箱因进水而导致漏电或短路。

（3）剥肋滚丝机第一次使用前（或长期没有使用，在使用前），减速机需加满润滑油（加油至油标中部），之后每隔6个月更换一次润滑油。

32.6.10　镦粗直螺纹接头的制作与施工

（1）接头连接用两把呆扳手（不必用力矩扳手，力矩扳手只作检验使用）。

（2）在工地连接接头时，首先把钢筋保护帽和连接套筒保护盖拆下，螺纹处要清洁，无沙土等杂物，无碰撞变形等缺陷。

（3）首先把连接套筒拧在一边钢筋上，再把连接套筒的另一端的钢筋拧入连接套筒，直到两根钢筋在套筒内顶紧（达到规定的力矩值），并使两边旋入丝扣相等。

（4）直螺纹钢筋接头的安装，应保证钢筋丝头在套筒中央位置相互顶紧，拧紧后，标准型、正反丝型、异径型接头单侧外露有效螺纹不超过$2P$。

（5）接头安装后应用扭力扳手校核拧紧扭矩，最小拧紧扭矩值应符合表32-24的规定。

表 32-24 钢筋接头的拧紧扭矩要求

钢筋直径/mm	16	20	25	28	32	36	40
拧紧扭矩/(N·m)	≥100	≥200	≥260	≥320		≥360	

(6) 加长丝头连接：把锁母、套筒依次旋入加长丝头一侧，使套筒端面与钢筋端面平齐，将标准丝头靠于套筒端面，反向旋转套筒使标准丝头旋入，待接头两边丝扣旋入长度一致，用扳手锁紧螺母即可。

(7) 校核用扭力扳手的准确度级别可选用 10 级。

接头安装见图 32-20。

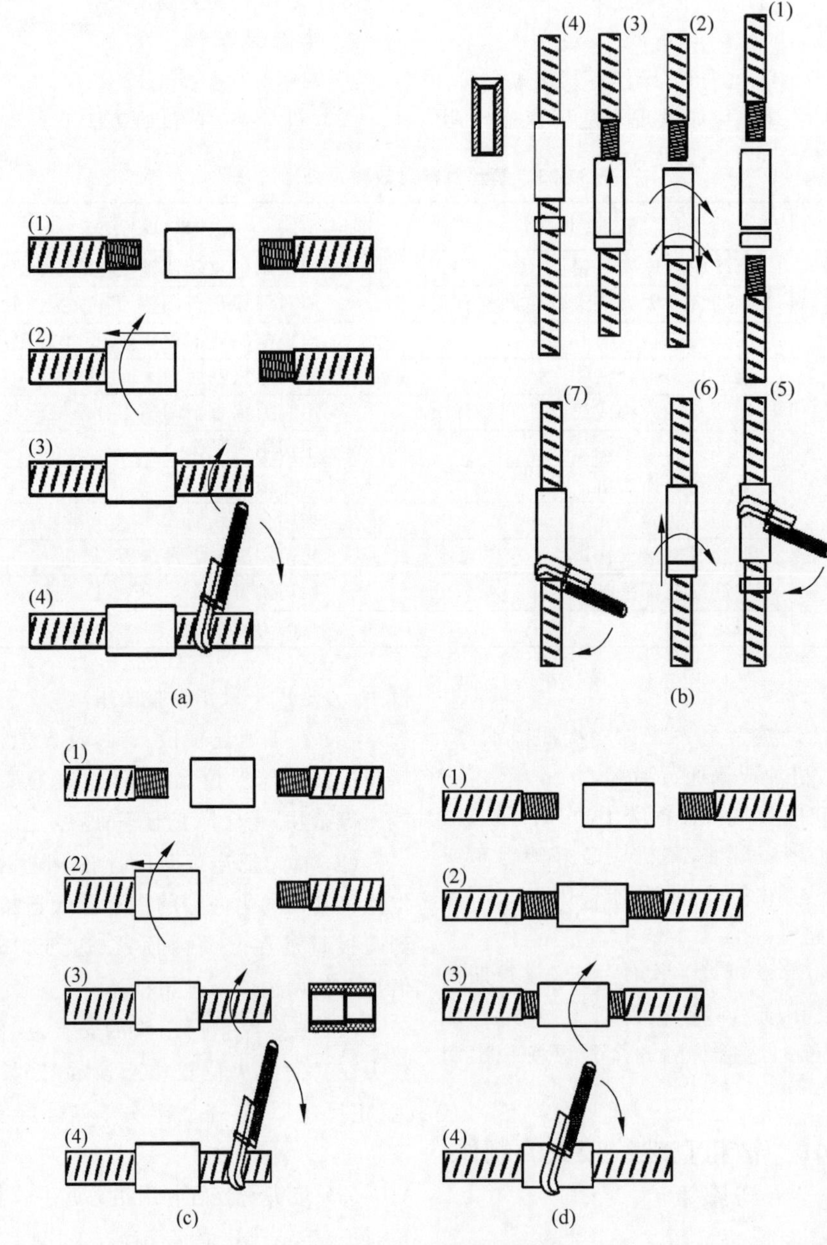

图 32-20 接头安装示意图

(a) 标准型接头；(b) 扩口型接头；(c) 异径型接头；(d) 正反丝头型接头；(e) 加长丝头型接头；(f) 加锁母型接头

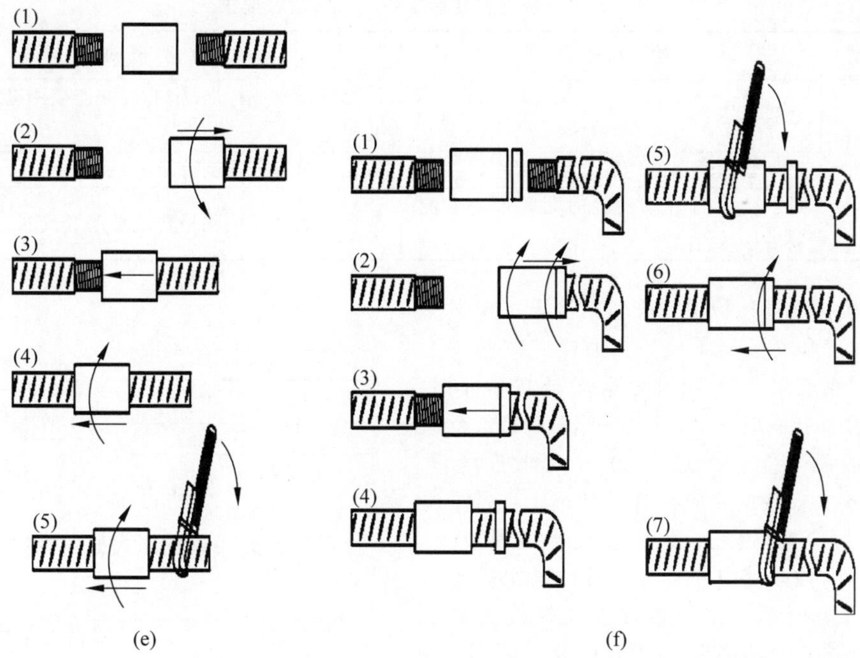

图 32-20(续)

32.6.11 镦粗直螺纹连接套筒和镦粗直螺纹接头的检验与验收

1. 镦粗直螺纹连接套筒的检验与验收

套筒检验分为出厂检验和型式检验两类。

1) 出厂检验

套筒出厂检验包括外观、标记和尺寸检验与抗拉强度检验两类。

(1) 外观、标记和尺寸检验项目应包括外观、标记、外径、长度、壁厚、螺纹中径、螺纹小径。

(2) 抗拉强度检验：套筒实测受拉承载力不应小于被连接钢筋受拉承载力标准值的1.1倍。

(3) 外观、标记和尺寸检验的检验规则：已连续生产的同原材料、同类型、同规格、同批号的1000个或少于1000个套筒为一个验收批，随机抽取10%进行检验。合格率不低于95%时，应判定为该验收批合格；当合格率低于95%时，应另取加倍数量重做检验，当加倍抽检后的合格率不低于95%时，应判定该验收批合格；若仍小于95%，该验收批逐个检验，合格者方可出厂。

(4) 抽检比例减小：当连续10个验收批一次抽检均合格时，外观、标记和尺寸检验的验收批比例可由10%减为5%。

2) 型式检验

套筒的型式检验要求及检验项目参照《钢筋机械连接用套筒》(JG/T 163—2013)的第7.2.3条相关规定。

2. 镦粗直螺纹接头的检验与验收

(1) 工程应用接头时，应对接头技术提供单位提交的接头相关技术资料进行审查与验收。

(2) 接头工艺检验应针对不同钢筋生产厂的钢筋进行，施工过程中更换钢筋生产厂或接头技术提供单位时，应补充进行工艺检验。

(3) 工艺检验不合格时，应进行工艺参数调整，合格后方可按最终确认的工艺参数进行接头批量加工。

(4) 接头安装前的检验与验收应符合表32-25的要求。

表 32-25 接头安装前检验项目与验收要求

接头类型	检验项目	验收要求
螺纹接头	套筒标志	符合现行行业标准《钢筋机械连接用套筒》的有关规定
	进厂套筒适用的钢筋强度等级	与工程用钢筋强度等级一致
	进厂套筒与型式检验的套筒尺寸和材料的一致性	符合有效型式检验报告记载的套筒参数

(5) 接头现场抽检项目应包括极限抗拉强度试验、加工和安装质量检验。抽检应按验收批进行,同钢筋生产厂、同强度等级、同规格、同类型和同型式接头应以 500 个为一个验收批进行检验与验收,不足 500 个也应作为一个验收批。

(6) 接头安装检验应符合下列规定:螺纹接头安装后应按《钢筋机械连接技术规程》规定的验收批,抽取其中的接头进行拧紧扭矩校核,拧紧扭矩值不合格数超过被校核接头数时,应重新拧紧全部接头,直到合格为止。

32.7 工程应用

钢筋镦粗直螺纹连接技术与设备由于连接强度高、接头质量稳定可靠,已在国内外广泛推广应用。镦粗直螺纹钢筋连接施工工艺及施工质量控制方案如下。

1. 基本要求

(1) 凡从事带肋钢筋镦粗直螺纹加工工作的人员必须经过技术培训,考核合格后持证上岗,班组成员应相对固定。

(2) 施工单位应派专人负责现场钢筋连接的质量控制及工人管理,现场钢筋加工和连接人员负责工人技术培训、现场设备维护及修理,协助施工方监督丝头加工质量。

2. 丝头加工场地、设备和人员准备

(1) 设备安放位置要求有防雨设施及 380 V 电源,设备用电容量为 7 kW/套。(或 11.5 kW/套)

(2) 设备安装时应使镦粗机夹具中心线、套丝机主轴中心线保持同一高度,并与放置在支架上的待加工钢筋中心线保持一致。

(3) 支架的布置见下图。支架的搭设应保证钢筋摆放水平。

一套设备支架布置方式如图 32-21 所示。

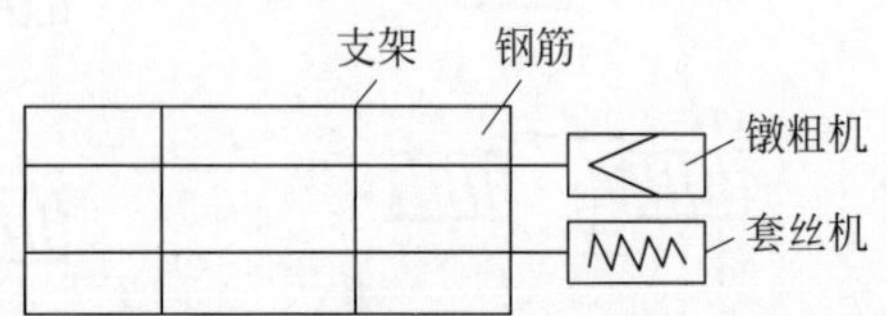

图 32-21 一套设备支架布置方式

两套设备支架布置方式如图 32-22 所示。

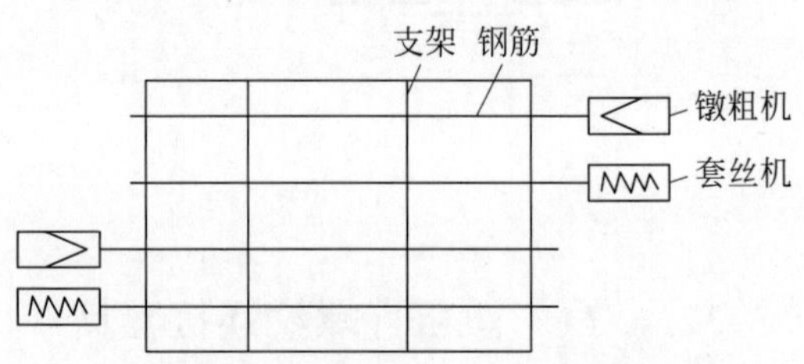

图 32-22 两套设备支架布置方式

(4) 正常情况下每班应配操作工人 4~5 人:其中操作油泵、钢筋镦粗 1~2 人,套丝机操作 1 人,丝头质检、盖保护帽及钢筋搬运 2~3 人。

(5) 正式生产前应对设备进行调试和试运行,一切正常后方能开工生产。

3. 加工操作

1) 钢筋下料

(1) 钢筋下料可用砂轮切割机、带锯床、专用切割机等。

(2) 钢筋下料切口端面应与钢筋轴线垂直,不得有马蹄形或挠曲,端部不直应调直后下料。

2) 端头镦粗

(1) 钢筋螺纹加工之前应将钢筋端头先行镦粗。

(2) 镦粗前镦粗机应先退回零位,钢筋插入夹持模具,顶紧在镦粗头上,以保证钢筋镦粗变形长度。

(3) 不同规格钢筋镦粗直径、钢筋镦粗行程和镦粗长度见表 32-26。

表 32-26　镦粗工艺参数表　　单位：mm

钢筋直径	16	18	20	22	25	28	32	36	40	50
镦粗直径	18	20	22	24	27	30	34	38	42	53
镦粗行程	8						10			12
镦粗长度	38.0	43.5	47.5	51.5	59.0	65.0	73.0	81.0	89.0	112.0

注：在每批钢筋正式加工前均应做镦粗试验，并以镦粗直径合格来确定镦粗压力及镦粗行程的最终值。

(4) 不合格的镦粗头应切去后重新镦粗，不得对镦粗头进行二次镦粗。

(5) 钢筋镦粗段不得有横向裂纹。

3) 螺纹加工

(1) 钢筋镦粗段螺纹可分别采用套丝或滚丝方法加工。

(2) 加工前应将设备调至最佳状态，并进行试生产，检查螺纹质量，合格后方能加工生产。

(3) 加工钢筋丝头时，应采用水溶性切削液，当气温低于0℃时应有防冻措施，不得在不加切削液的情况下进行螺纹加工。

(4) 完整螺纹部分应牙形饱满，牙顶宽度超过 $0.25P$ 的秃牙部分，其累计长度不宜超过一个螺纹周长。

(5) 标准型丝头及加长型丝头的螺纹加工长度应符合表 32-27 的要求，丝头长度公差为 $+1P$。

4) 螺纹检验

(1) 螺纹检验包括外观检验、螺纹中径和螺纹长度检验。

(2) 螺纹外观、中径和长度检验方法和要求应符合表 32-28 的规定。

表 32-27　钢筋端头螺纹加工长度　　单位：mm

钢筋直径	16	18	20	22	25	28	32	36	40
标准型丝头长度	16	18	20	22	25	28	32	36	40
加长型丝头长度	36	41	45	49	56	62	70	78	86

表 32-28　钢筋端部螺纹检验方法及要求

检验项目	检验工具	检验方法及要求
螺纹外观	目测	牙形饱满，牙顶宽超过 $0.25P$(P 为螺距)的累计长度不得超过1个螺纹周长
螺纹中径	通规、止规	检验螺母(通规)应能拧入全部有效螺纹，止规拧入不得超过 $3P$
螺纹长度	检验螺母(或钢板尺)	对标准丝头，检验螺母拧到丝头根部时，丝头端部应在螺母端部的槽口标记内(用钢板尺测量丝头长度应在规定尺寸范围内)

(3) 钢筋镦粗现场必须配备通规、止规、扭力扳手，加工人员应逐个目测检查丝头的加工质量，每加工 10 个丝头作为一批，用通规、止规抽检一个丝头；当抽检不合格时，应逐个检查该批全部 10 个丝头，剔除其中不合格丝头，并调整设备至加工的丝头合格为止。

(4) 自检合格的丝头，应由现场质检员随机抽样进行检验，以一个工作班内生产的钢筋丝头为一个验收批，随机抽检 10%，按表 32-28 所示的方法进行钢筋丝头质量检验；其检验合格率应不小于 95%，否则应加倍抽检，复检中合格率仍小于 95%时，应对全部钢筋丝头逐个进行检验，合格者方可使用，不合格者应切去丝头，重新镦粗和加工螺纹，重新检验。

(5) 已经加工好并且验收合格的丝头必须套好塑料保护帽，加工好的钢筋要尽快使用，加快周转速度。

4. 钢筋连接

(1) 应做好下列连接前的准备工作：

① 回收丝头上的塑料保护帽和套筒端头的塑料密封盖。

② 检查钢筋与连接套筒规格是否一致，检

查螺纹丝扣是否完好无损、清洁，如发现杂物或锈蚀要用铁刷清理干净。

③ 检查套筒合格证。

(2) 接头连接时用呆扳手拧紧，宜使两个丝头在套筒中央位置相互顶紧。

(3) 组装完成后，标准型接头套筒每端不宜有一扣以上的完整丝扣外露，加长丝头型接头、扩口型及加锁母型接头的外露丝扣数不受限制，但应另有明显标记，以便检查进入套筒的丝头长度是否满足要求。

(4) 各种直径钢筋连接组装后，安装工人应抽取10%接头，用扭力扳手校核其扭紧力矩值，并应符合表32-29的规定。

表32-29 接头组装时的最小扭紧力矩值

钢筋直径/mm	16	18～20	22～25	28～32	36～40
最小扭紧力矩/(N·m)	100	180	240	300	360

(5) 扭紧力矩值的抽检合格率应不小于95%，否则应对该批全部接头重新拧紧，直至抽检合格为止。

5. 接头的工艺检验

(1) 钢筋连接工程开始前及施工过程中，应对每批进场钢筋进行接头工艺试验。工艺试验应符合下列要求：

① 每种规格钢筋的接头试件不应少于3个。

② 钢筋母材抗拉强度试件不少于3个，且应取自接头试件同一根钢筋。

③ 3个接头试件的抗拉强度均应达到JGJ 107—2016规定的Ⅰ级接头强度指标。检验结果不满足上述规定时，允许调整工艺参数后重新进行一次复检。

(2) 配合施工单位和质检部门对现场的接头按JGJ 107—2016的要求进行检验。

6. 设备维护

(1) 班前检查：操作工应先空车运行，检查设备状况，包括机头旋向是否正常，切削液是否充足，电气开关是否灵敏，各部位螺钉是否紧固，电机及减速机声音是否正常。

(2) 禁止无上岗证人员操作设备。

(3) 设备出现故障应及时排除，不得带"病"工作。

(4) 高压油泵的维修应在室内无尘工况下进行，加油和维修过程应严防砂尘进入油路系统。

(5) 班后维护保养：每班结束后，操作工必须将夹具、模具间的铁屑清理干净，螺纹加工设备的机头、台面应清理干净，及时更换切削液，导杆及转动部分加润滑油。

7. 安全

(1) 未经过操作培训的人员绝对禁止操作设备。

(2) 设备出现的电气故障，必须由专业电工进行处理。

(3) 操作工人进入施工现场应佩戴安全帽。

(4) 套丝机和滚丝机设备操作人员不允许戴手套，衣袖袖口必须扎紧，衣扣必须扣牢。

(5) 遵守现场施工单位的安全管理规定和各项规章制度。

(6) 施工负责人应经常对操作人员进行安全教育，提高安全意识，排查各种安全隐患。

8. 典型工程

典型工程应用见图32-23。

(a)

(b)

图32-23 典型工程应用

(a) 镦粗直螺纹；(b) 首都机场项目应用

第33章

钢筋滚压直螺纹连接机械

33.1 概述

33.1.1 定义、功能与用途

钢筋滚压直螺纹连接接头是指将钢筋连接端部通过钢筋滚压直螺纹成型机械加工成带有直螺纹的丝头，再使用相应规格的滚压直螺纹连接套筒将钢筋连接起来，实现钢筋受力的传递。钢筋滚压直螺纹成型设备是钢筋直螺纹丝头成型的重要加工机械。钢筋滚压直螺纹连接技术分为直接滚压直螺纹连接技术、剥肋滚压直螺纹连接技术、镦粗滚压直螺纹连接技术、镦粗剥肋滚压直螺纹连接技术等，直螺纹连接接头技术不同，所需加工钢筋直螺纹的设备和连接螺纹套筒也不相同。连接机械的作用是加工待连接钢筋端部的丝头螺纹，使其达到《钢筋机械连接技术规程》(JGJ 107—2016)规定的Ⅰ级接头性能要求。

33.1.2 发展历程与沿革

我国于1986年开始研发钢筋挤压连接技术，1987年10月钢筋挤压连接技术正式应用于北京中央彩电发射塔工程粗直径钢筋连接，解决了我国钢筋焊接无法解决的粗直径钢筋连接难题。1990年引进国外钢筋锥螺纹连接技术，带动了我国钢筋机械连接技术的蓬勃发展，该技术与套筒挤压连接技术相比连接速度快、劳动强度低，并且具有成本优势，但不能实现等强连接。20世纪90年代末期北京建筑工程研究院研制成功GK锥螺纹连接接头技术，使锥螺纹连接技术实现钢筋等强连接。

1995年中国建筑科学研究院在借鉴国外镦粗直螺纹连接技术先进经验的基础上，围绕我国HRB335钢筋开始研发镦粗直螺纹连接技术，并研制出小型单缸楔形夹块镦粗机，1996年申请了“镦粗钢筋用的冷镦装置”专利，形成我国第一代钢筋直螺纹连接技术。随着工程应用的增多，小型镦粗机的缺点也显露出来，夹持钢筋的模具由于夹持力过大，设备损耗相对较大。同期，冶金部建筑研究总院北京建茂建筑设备有限公司也开发了镦小头的钢筋镦粗直螺纹和锥螺纹连接技术，于1996年11月申请了“变形带肋钢筋的机械连接接头”专利，开发了一种筒型小楔块式钢筋镦粗机，在发现同类问题后转向大吨位双缸镦粗机的研发，开发了油缸外置于钢框架的双缸大吨位镦粗机，解决了镦粗变形控制和钢筋夹持力控制协同问题，形成了适合高强钢筋镦小头的钢筋镦粗直螺纹连接技术。

为了发挥套筒挤压连接接头连接强度高和锥螺纹、镦粗直螺纹的装配化施工优势，我国于1998年研发了钢筋直接滚压直螺纹连接技术和成型设备，不用镦粗钢筋直接滚压螺纹，即可实现接头的钢筋等强连接。直接滚压直螺纹连接虽然可以实现等强连接，但由于钢筋直径公差较大的原因，成型螺纹精度较低，螺纹连接施工时常造成旋拧困难。为了提高钢筋螺纹的精度，1999 年中国建筑科学研究院建筑机械化研究分院成功开发了钢筋等强度剥肋滚压直螺纹连接技术和设备，利用螺纹冷作硬化和降低螺纹过渡段应力集中技术，实现了钢筋横纵肋剥切滚压直螺纹仍能达到 HRB400 钢筋等强连接，并通过了国家建设部组织的部级成果鉴定，鉴定结论为“国内外首创，达到国际先进水平”。2000 年该技术被建设部列为“建设部科技成果推广转化指南项目”，被中国建筑业协会列为“建筑工程新技术新产品”项目；2001 年“钢筋剥肋滚压直螺纹连接工法”获得国家级工法，GHB40 型钢筋剥肋滚压直螺纹成型机获得全国“满意产品”和河北省“高新技术产品”称号；2002 年 GHB40 型钢筋剥肋滚压直螺纹成型机获“国家重点新产品”荣誉称号；2004 年“钢筋剥肋滚压直螺纹连接技术”获廊坊市市长特别奖；2004 年“带肋钢筋等强度剥肋滚压直螺纹连接方法及加工设备”获得技术发明专利。经过近三十年的发展历程，钢筋滚压直螺纹连接技术已成为我国建筑施工中主要的钢筋连接方式，钢筋螺纹滚压成型设备已由单台人工操作发展到全自动化生产线，钢筋剥肋滚压直螺纹连接成型设备稳定性较初期产品已有大幅度提升。直螺纹连接套筒生产也由起初的传统加工螺纹制造发展到全自动化生产线生产，大大提高了生产率和套筒产品质量。

中国自主研发创造的钢筋剥肋滚压直螺纹连接技术，以其成本低廉、钢筋连接性能稳定、操作方便等优点，得到国际建筑施工界的认可，目前已经走出国门，在东南亚以及欧美部分地区工程中广泛应用。

33.1.3 发展趋势

随着国内建筑市场建筑技术的不断发展，新的建筑技术及工艺不断出现，基于钢筋剥肋滚压直螺纹钢筋连接技术的其他钢筋连接技术也随之出现，如基于钢筋剥肋滚压直螺纹连接的装配式建筑钢筋连接用半灌浆套筒、基于钢筋剥肋滚压直螺纹连接的钢筋部品化分体套筒钢筋连接技术、基于钢筋剥肋滚压直螺纹连接的可焊套筒连接技术等，都是在钢筋剥肋滚压直螺纹钢筋连接技术基础上衍生出来的、适应不同施工形式的钢筋机械连接技术。对于滚压直螺纹钢筋连接技术中最为重要的钢筋直接(或剥肋)滚压直螺纹成型设备，根据不同的施工需求将进行不断改进和性能提升，目前已形成了集钢筋定尺切断、钢筋端面平磨倒角、钢筋剥肋和钢筋直螺纹加工与钢筋弯曲于一体的全自动钢筋滚压螺纹成型生产线等。今后无论是单机型设备还是自动化成套生产线设备，为了提高生产效率和螺纹成型质量，设备的高可靠性和智能化控制技术将是未来钢筋滚压直螺纹连接机械技术发展的大势所趋。

33.2 产品分类

33.2.1 滚压直螺纹连接接头分类

滚压直螺纹钢筋接头主要分两大类：直接滚压和剥肋滚压。

直接滚压钢筋接头是指钢筋丝头加工时，无须对钢筋表面的月牙肋和纵肋进行处理，直接进行钢筋丝头端部螺纹成型加工。相应的钢筋丝头螺纹成型设备为直接滚压钢筋丝头成型设备，连接套筒为直接滚压钢筋连接套筒。

剥肋滚压钢筋接头是指钢筋丝头加工时，先将钢筋表面月牙肋和纵肋进行切削处理，然后进行钢筋丝头端部螺纹成型加工。相应的钢筋丝头螺纹成型设备为剥肋滚压钢筋丝头成型设备，连接套筒为剥肋滚压钢筋连接套筒。

33.2.2 滚压直螺纹连接套筒分类

钢筋滚压直螺纹连接套筒根据钢筋螺纹丝头加工形式分为两大类：直接滚压直螺纹连接套筒和剥肋滚压直螺纹连接套筒。

根据使用工况不同，钢筋滚压直螺纹连接

套筒分为标准型、异径型、正反丝扣型、锁母型、分体型、双螺套型等。

(1) 标准型套筒是指全长呈贯通的右旋内螺纹的钢制套筒。标准型套筒是应用最普遍的钢筋连接套筒。其适用条件为被连接两根钢筋中，至少有一根不受旋转和轴向移动的限制。其示意图见图 33-1。

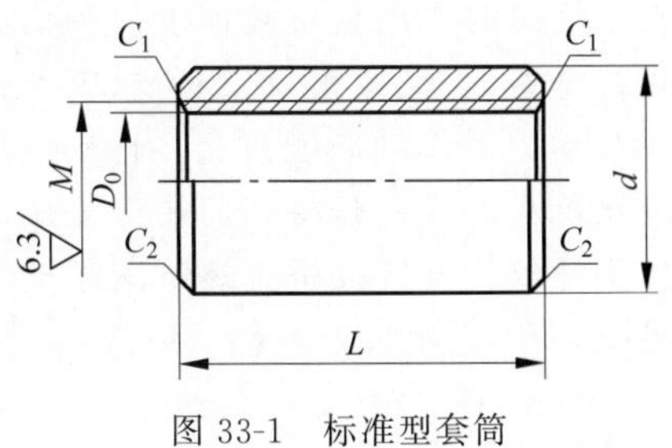

图 33-1　标准型套筒

(2) 异径型套筒是指全长呈贯通两端内螺纹直径不同，用于连接两根不同规格钢筋的钢制套筒。其适用条件为被连接两根钢筋中，至少有一根不受旋转和轴向移动的限制。其示意图见图 33-2。

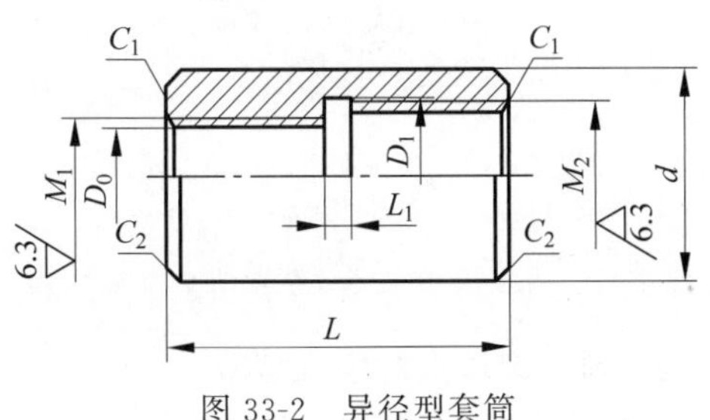

图 33-2　异径型套筒

(3) 正反丝扣型套筒是指全长呈贯通两端螺纹规格相同但旋向不同的钢制套筒。其适用条件为被连接两根钢筋旋转均受限制，但至少一根钢筋不受轴向移动限制。其示意图见图 33-3。

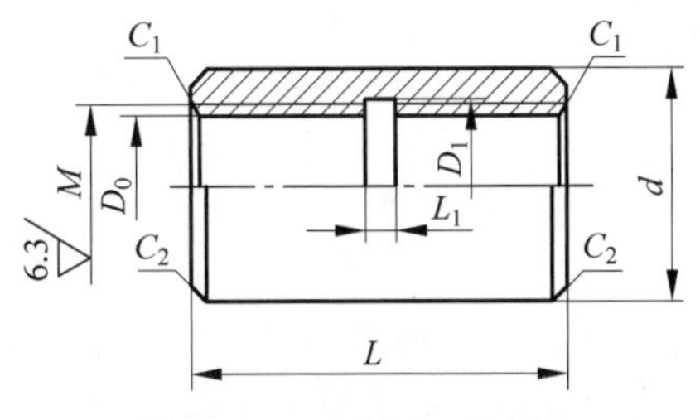

图 33-3　正反丝扣型套筒

(4) 分体型套筒是指由两个带有内螺纹且外表面两端呈锥形的半套筒和两个带有内锥面套环组成的钢制套筒。其连接原理是，将两根同规格、同旋向(或不同旋向)的钢筋丝头放至其一半套筒中间位置处于非对顶状态，用另一个带有内螺纹且外表面呈锥形的半套筒扣紧钢筋丝头，再将两个带有内锥面的套环分别套在半套筒外表面，并沿钢筋轴线相对扣压形成钢筋接头。其适用条件为被连接两根钢筋旋转均受限制，但至少一根钢筋不受轴向移动限制。其示意图见图 33-4。

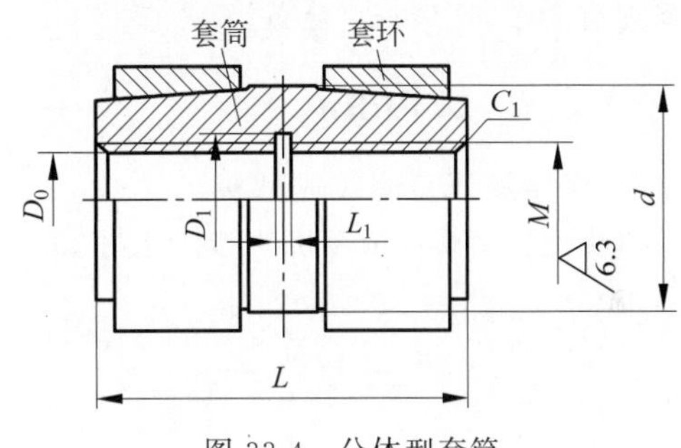

图 33-4　分体型套筒

33.3　工作原理与结构组成

33.3.1　工作原理

滚压直螺纹成型设备由夹紧机构、进给机构、滑动机构、螺纹成型机构和动力机构组成。其工作程序是钢筋被固定在夹紧机构上，通过动力机构的动力输出使螺纹成型机构转动，扳动进给机构使安装在滑动机构上的动力机构和螺纹成型机构沿轴向接近钢筋，并使旋转的螺纹成型机构接触钢筋进行螺纹加工；当螺纹加工完毕后，动力机构停止动力输出，延时后动力机构带动螺纹成型机构反向转动，退出已加工完毕的钢筋丝头，并退至原始点，加工结束。

为保证钢筋丝头螺纹不影响钢筋连接性能，滚压直螺纹成型设备中螺纹成型是非切削加工的滚压成型工艺，通过对钢筋表面滚压螺纹的强化机理提高了螺纹的抗拉力。

滚压直螺纹成型设备的核心就是螺纹滚压机构，即滚丝头。滚丝头在动力机构驱动下旋转，使固定在滚丝头内的滚丝轮在钢筋端部表面滚压形成螺纹。按照钢筋接头的分类主要有直接滚压接头和剥肋滚压接头。直接滚压直螺纹丝头即无须将钢筋外表面的月牙肋和纵肋进行切削处理，直接在钢筋带肋的外表面进行螺纹滚压加工，一般直接滚压直螺纹成型设备中滚丝头内的滚丝轮有 4 个，且呈 90°分布。剥肋滚压直螺纹丝头需要在螺纹滚压前先将钢筋表面的月牙肋和纵肋进行适度剥除，再进行螺纹滚压加工，剥肋滚丝头是在原滚丝头前加装一套剥肋装置，剥肋滚丝头内的滚丝轮有 3 个，且呈 120°分布。

33.3.2 结构组成

1. 直接滚压直螺纹成型机

直接滚压直螺纹成型机的结构见图 33-5。

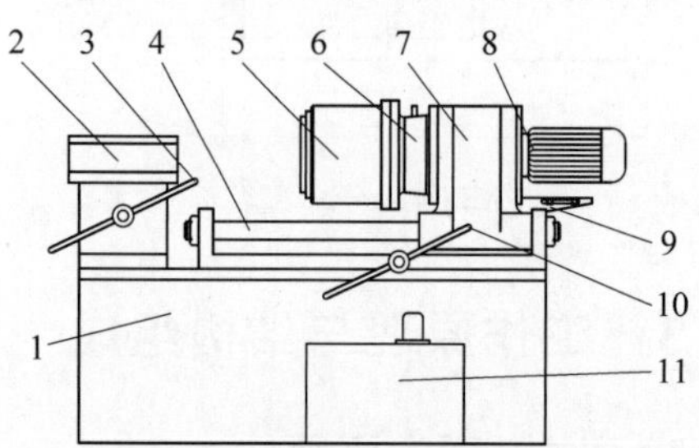

1—机架；2—钢筋夹紧钳；3—夹紧手柄；4—导杠；5—直接滚压成型机头；6—水套；7—减速机；8—电机；9—行程限位开关；10—进给手柄；11—冷却系统(机架内)。

图 33-5 直接滚压直螺纹成型机的结构

2. 剥肋滚压直螺纹成型机

剥肋滚压直螺纹成型机的结构见图 33-6。

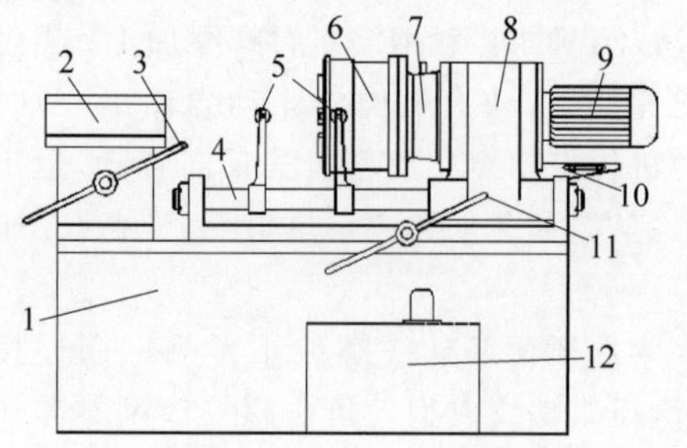

1—机架；2—钢筋夹紧钳；3—夹紧手柄；4—导杠；5—涨刀机构；6—剥肋滚压成型机头；7—水套；8—减速机；9—电机；10—行程限位开关；11—进给手柄；12—冷却系统(机架内)。

图 33-6 剥肋滚压直螺纹成型机的结构

33.3.3 机构组成

1. 直接滚压直螺纹成型机

直接滚压直螺纹成型机工作的主要机构有：夹紧机构(钢筋夹紧钳)、螺纹滚压机构(直接滚压成型机头)、进给系统和动力系统(减速机和电机)。

夹紧机构的作用是将被加工的钢筋牢固地固定在设备上，夹紧钳口中心线、滚丝机头中心线和动力系统轴心线重合。直接滚压直螺纹滚丝机头的作用是将钢筋端部滚压成型钢筋丝头螺纹。直接滚压直螺纹滚丝机头的结构见图 33-7，它由以下五部分组成：外固定套、机头本体、滚丝轮支架、滚丝轮、滚丝轮支撑轴。

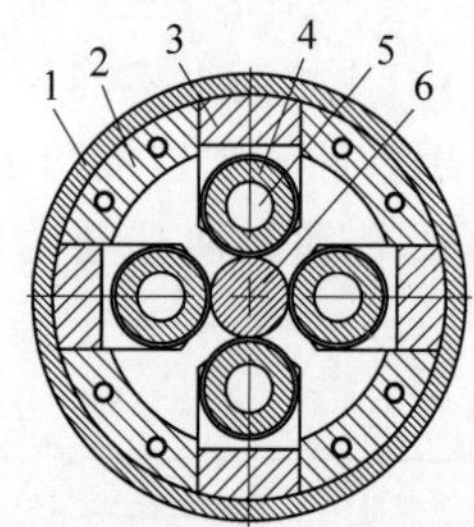

1—外固定套；2—机头本体；3—滚丝轮支架；4—滚丝轮；5—滚丝轮支撑轴；6—钢筋。

图 33-7 直接滚压直螺纹滚丝机头剖面结构

2. 剥肋滚压直螺纹成型机

剥肋滚压直螺纹成型机工作的主要机构有：夹紧机构(钢筋夹紧钳)、螺纹滚压机构(剥肋滚压成型机头)、进给系统和动力系统(减速机和电机)。

剥肋滚压成型机头由剥肋装置和螺纹滚压装置两部分组成，剥肋装置是滚丝机头的核心工作部分之一，其主要作用是对钢筋横、纵肋进行切削加工，为后续螺纹滚压加工做准备。剥肋滚压成型机头主要由刀架、刀片、刀架体、涨刀环、调整环、导向滑套等组成，如图 33-8 所示。

螺纹滚压装置的结构见图 33-9。螺纹滚压装置是滚丝机头的重要工作部分，其主要作用是将前序剥去横、纵肋的钢筋端头进行螺纹

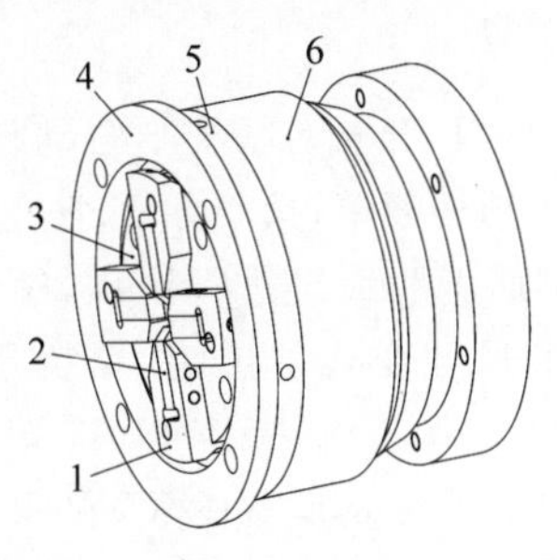

1—刀架；2—刀片；3—刀架体；4—涨刀环；5—调整环；6—导向滑套。

图 33-8　剥肋滚压直螺纹成型机头结构

滚压成型，它主要由偏心轴、法兰盘、调整齿轮、滚丝轮等组成。

33.3.4　动力组成

1. 直接滚压直螺纹成型机

直接滚压直螺纹成型机的动力组成主要是电机和减速机，电机和减速机串联布置，加工粗直径钢筋的直接滚压直螺纹成型机电机一般选用功率为5.5 kW，减速机减速比一般选用1∶23或1∶29。

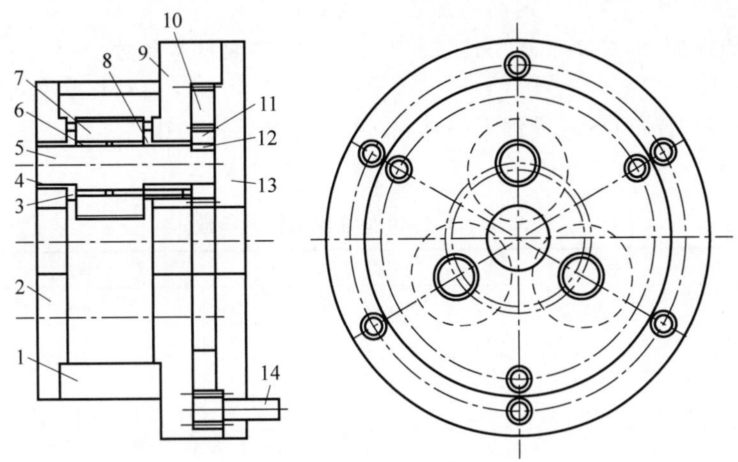

1—轮套；2—滚丝轮前端板；3—定位销；4,8—偏心轴套；5—偏心轴；6—滚丝轮轴承(铜套或滚针)；7—滚丝轮；9—滚丝轮后端板；10—齿圈；11—偏心轴小齿轮；12—键；13—法兰盘；14—调整齿轮。

图 33-9　螺纹滚压装置

2. 剥肋滚压直螺纹成型机

剥肋滚压直螺纹成型机的动力组成主要是电机和减速机，电机和减速机串联布置，加工粗直径钢筋的剥肋滚压直螺纹成型机电机一般选用功率为5.5 kW，减速机减速比一般选用1∶23或1∶29。

33.4　技术性能

33.4.1　产品型号命名

现行行业标准《建筑施工机械与设备钢筋螺纹成型机械》(JB/T 13709—2019)中规定，螺纹机的型号由制造商自定义代号、名称代号、特性代号、主参数组成。螺纹机型号表示如下：

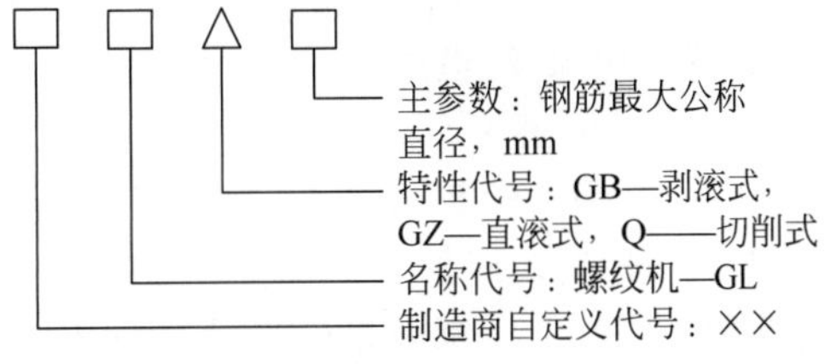

33.4.2　性能参数

主要指标内容：加工螺纹方式、加工螺纹直径范围、加工螺纹长度等。滚压直螺纹成型机适用于热轧带肋钢筋HRB400、HRB500，余热处理带肋钢筋RRB400，以及热轧等高肋钢筋HBB400、HBB500的丝头加工，适用钢筋丝头螺纹M12～M50。

33.4.3 产品技术性能

由于今后滚压直螺纹成型设备的发展趋势是向半自动化或全自动生产线方向发展，因此下面以一个典型的半自动钢筋滚压直螺纹成型设备(QGL-40 型半自动直螺纹剥肋滚丝机)为例进行介绍。

1. 用途及特点

(1) 本机适用于钢筋剥肋滚压直螺纹连接技术的钢筋直螺纹加工。

(2) 适用直径 16～40 mm 钢筋的加工。国外标准的钢筋需要经过“钢筋适用性试验”后，方可参照使用。

(3) 一次装夹钢筋即可完成钢筋端部倒角、钢筋剥肋、滚压螺纹三道工序，加工速度快。

(4) 设备采用气动系统半自动控制，机械传动。设备结构简单，操作方便，简单易学。

(5) 钢筋剥肋后再进行滚压，螺纹精度不受钢筋外形尺寸变化的影响，螺纹牙形好、精度高。

(6) 加工正旋及反旋螺纹，在同一个机头上即可完成，只需要将机头拆开，把偏心轴轴端套旋转 180°，再安装上即可，简单易行。不需要配备专门的反扣机头，既节约了成本，又减少了配件。

2. 主要技术参数

QGL-40 型半自动直螺纹剥肋滚丝机主要技术参数见表 33-1。

表 33-1 QGL-40 型滚丝机技术参数

<table>
<tr><td>滚丝机头型号</td><td colspan="5">40</td></tr>
<tr><td>滚丝轮型号</td><td>20/80</td><td colspan="2">25/77</td><td>30/70</td><td>30/62</td></tr>
<tr><td>滚丝轮直径/mm</td><td>80</td><td colspan="2">77</td><td>70</td><td>62</td></tr>
<tr><td>滚压螺纹螺距/mm</td><td>2.0</td><td colspan="2">2.5</td><td>3.0</td><td>3.0</td></tr>
<tr><td>加工钢筋直径规格/mm</td><td>16</td><td colspan="2">18、20、22</td><td>25、28、32</td><td>36、40</td></tr>
<tr><td>减速机速比</td><td colspan="2">1∶23</td><td colspan="2">整机外形尺寸/(mm×mm×mm)</td><td>2060×880×1260</td></tr>
<tr><td rowspan="2">整机重量/kg</td><td colspan="2" rowspan="2">1018</td><td colspan="2">水泵电机功率/kW</td><td>0.04</td></tr>
<tr><td colspan="2">转速/(r/min)</td><td>1450</td></tr>
<tr><td>螺纹最长加工长度/mm</td><td colspan="2">正丝 220、反丝 140</td><td colspan="2">电源</td><td>380 V/50 Hz</td></tr>
<tr><td>主电机功率/kW,转速/(r/min)</td><td colspan="2">5.5,2800</td><td colspan="2">输入气压/MPa</td><td>0.4～0.8</td></tr>
</table>

3. 设备构造及组成

1) QGL-40 型滚丝机的结构

QGL-40 型滚丝机由电机、减速器、台钳、限位装置、钢筋支撑架、滚丝机头、冷却系统(在机身内)、气动系统和机架等部件组成(见图 33-10)。

(1) 电机和减速器连成一体。工作时，利用减速器将电机转速降低到设计的工作转速，将动力传到滚丝机头。

(2) 台钳的钳口是 V 形钳口，可以卡紧钢筋并使其处于滚丝机头的旋转中心。

(3) 供水系统由水箱、水泵、水管、水套等组成。水泵将冷却润滑液经水管送到水套，由水套中传动轴上的水孔将冷却润滑液供给滚丝装置和剥肋装置，对滚丝轮和剥肋刀进行冷却和润滑。

(4) 机架将上述部件通过两根导杠和台面板组合、连接。

2) 滚丝机头的结构

滚丝机头分为倒角剥肋装置和滚丝装置两部分：

(1) 倒角剥肋装置(见图 33-11)是滚丝机头的核心工作部分之一，它对钢筋先进行倒角，再对钢筋纵横肋进行切削加工。它主要由导向滑套、中隔圈、刀片、刀架、刀架体、涨刀环、调整环等组成。

(2) 滚丝装置(见图 33-12)由前端板、后端板、偏心轴、滚丝轮、偏心轴套、滚丝轮轴承(铜套或滚针)、小齿轮和内外齿圈、法兰盘、调整齿轮等组成。

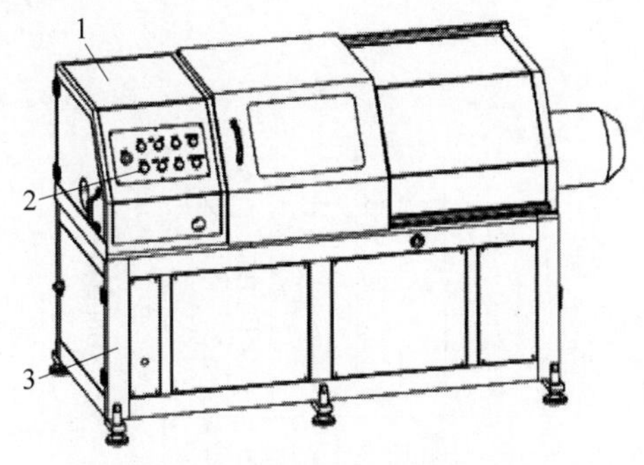

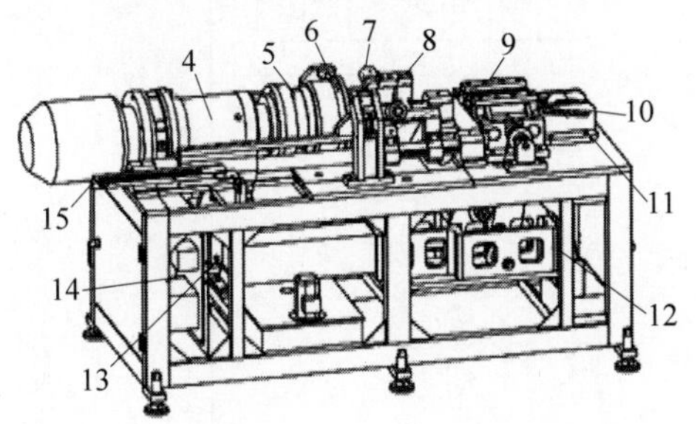

1—防护罩；2—控制面板；3—机架；4—减速电机；5—滚丝装置；6—倒角、剥肋装置；7—挡铁装置；8—剥肋碰停装置；9—倒角碰停、收刀装置；10—台钳；11—钢筋支撑架；12—夹紧传动机构；13—进给传动机构；14—配电箱；15—行程控制机构。

图 33-10　QGL-40 型滚丝机结构示意图

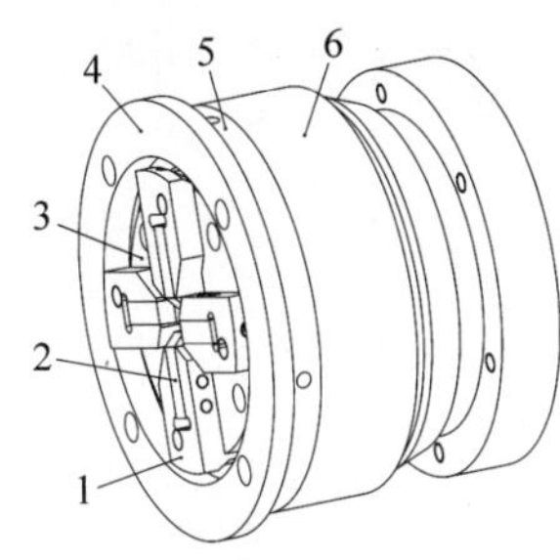

1—刀架；2—刀片；3—刀架体；4—涨刀环；5—调整环；6—导向滑套、中隔圈。

图 33-11　倒角剥肋装置结构

3）电气系统

电气系统主要由电控箱内的控制器、空气开关、交流接触器、变压器和外部的控制盒板及安装于行程开关支架上的行程开关等电气元件组成。电气系统接线图见图 33-13。关键电气元件符号见表 33-2。

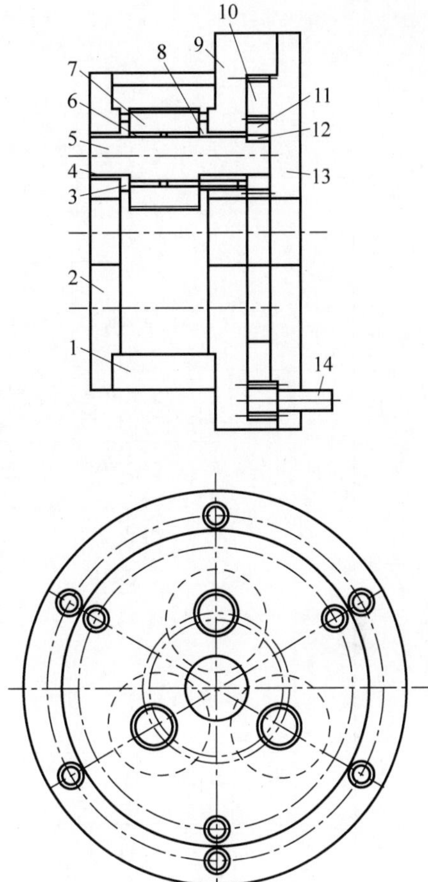

1—轮套圈；2—滚丝轮前端板；3—定位销；4,8—偏心轴套；5—偏心轴；6—铜套；7—滚丝轮；9—滚丝轮后端板；10—内、外齿圈；11—偏心轴小齿轮；12—键；13—法兰盘；14—调整齿轮轴。

图 33-12　滚丝装置结构

表 33-2　关键电气元件符号

符　　号	元 件 名 称
FQ	空气开关
SB	按钮开关
HL	指示灯
KM	交流接触器
SA	旋钮开关
T	变压器
YV	电磁阀
SQ	无触点行程开关
SBes	急停开关

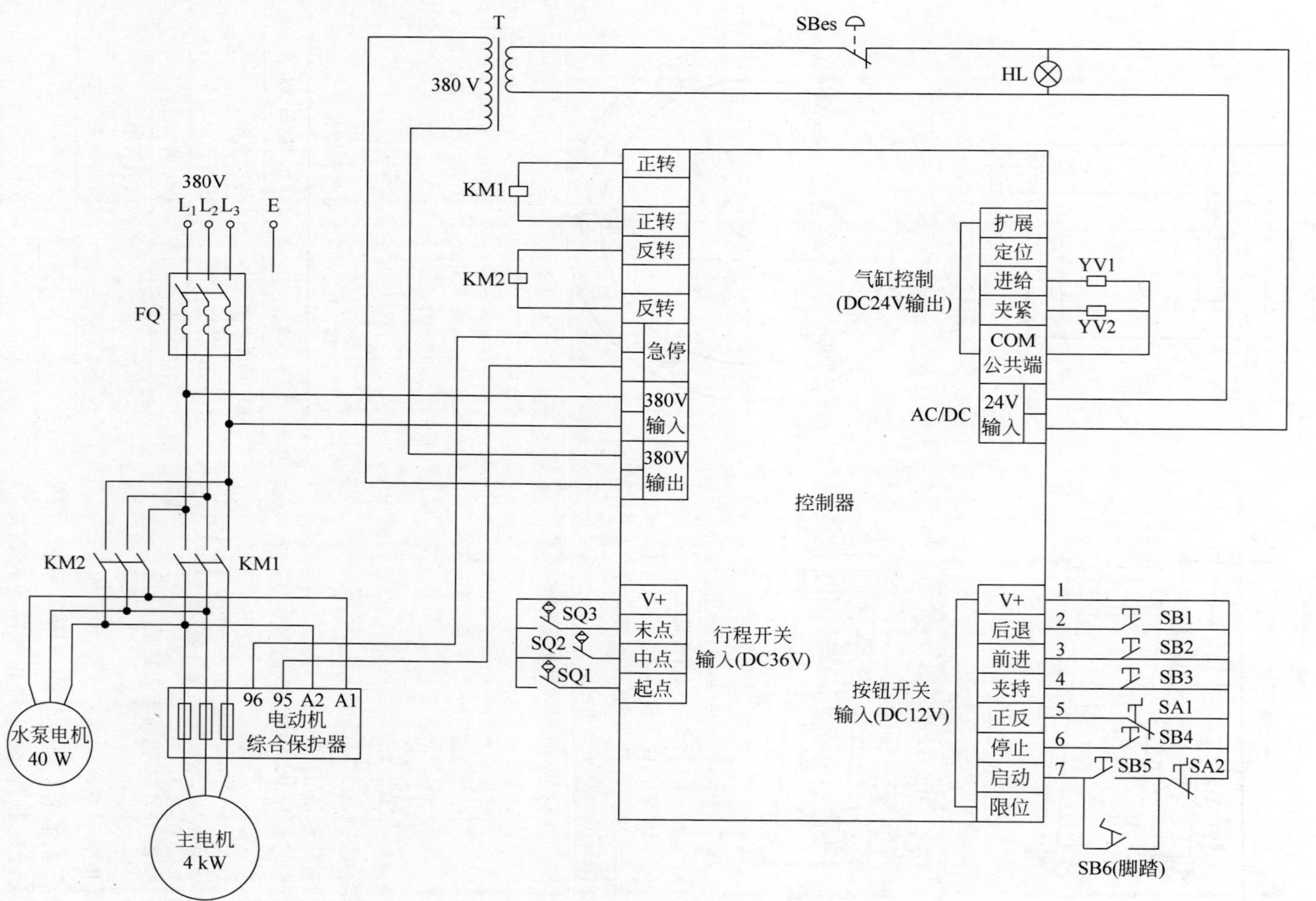

图 33-13 QGL-40 型滚丝机电气系统接线图

4）气动系统

气动系统主要由执行元件气缸，控制元件节流阀、电磁阀、机械阀、减压阀，气源处理元件过滤器、油雾器和辅助器件气管、快速接头等组成。

气动系统原理图如图 33-14 所示。

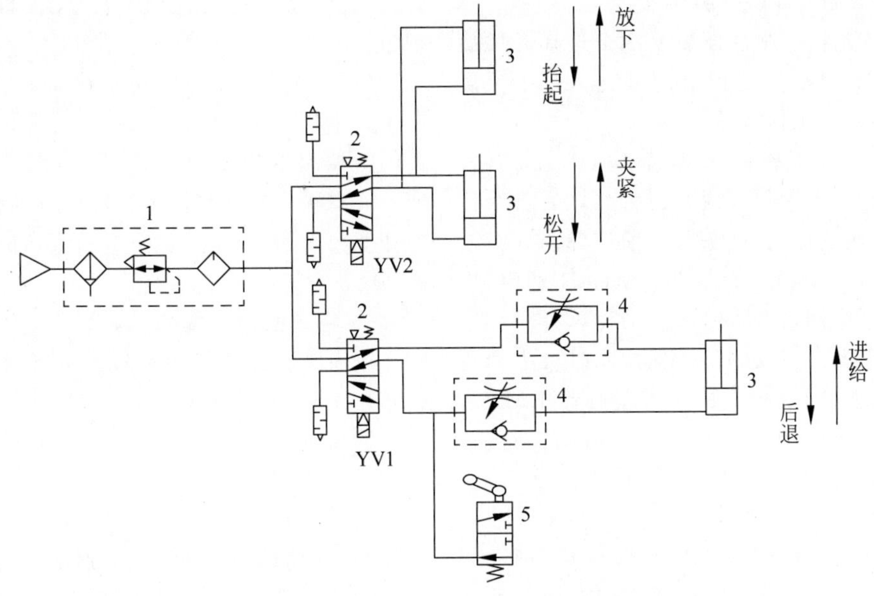

1—气源三联件；2—二位五通电磁阀；3—气缸；4—单向节流阀；5—二位三通机械阀。

图 33-14 QGL-40 型滚丝机气动系统原理

4. 工作原理

1）机械部分的工作原理

（1）倒角、剥肋原理：4 个切削刀片安装在 4 个刀架上，刀架均布在剥肋机头体上，通过调节调整环位置可径向滑动。由直径调整螺钉将刀片径向尺寸固定，获得稳定的切削尺寸。倒角长度取决于倒角碰停装置上触头的位置，剥肋长度取决于剥肋碰停装置上触头的位置，将它们先调整好。剥肋滚丝机头的刀架带有两个台阶，当涨刀环收紧到刀架最外层台阶时，机头处于倒角状态。钢筋夹紧在台钳上，滚丝机头旋转，自动进给使倒角剥肋装置对钢筋端头进行倒角加工，在钢筋端部就形成了一个 45°倒角；倒角碰停装置上的触头会迫使涨刀环滑到第二个台阶，此时就进入正常剥肋状态，继续自动进给，直到剥肋到一定长度，剥肋碰停装置的触头迫使涨刀环从刀块上滑落，剥肋完成。

（2）滚丝原理：待剥肋后的钢筋端头进入滚丝轮滚上 1～2 扣后，靠滚丝轮自动爬行的力量，机头则开始匀速进给。机头旋转，滚丝头带动三个滚丝轮围绕钢筋旋转，三个滚丝轮自转，滚压出螺纹。

2）电气、气动控制工作原理与操作说明

（1）滚制标准（右旋）螺纹

① 首先将控制盒面板上两个选择开关旋转到正丝和自动位置上，滚丝机进入加工正旋（标准）螺纹待工作状态。

② 按下启动按钮，夹紧传动机构电磁阀首先通电，台钳夹紧，自动挡铁抬起，之后进给传动机构电磁阀通电，机头开始前进并离开 SQ1 起点限位行程开关，交流接触器 KM1 通电，机头正转，开始倒角剥肋。

③ 机头倒角剥肋完成，机头继续旋转前进开始滚丝，滚丝到达 SQ3 终点限位行程开关，滚丝结束。交流接触器 KM1 断电，电机停止转动。延时 2～3 s 后，交流接触器 KM2 通电，机头反转，进给传动机构电磁阀断电，滚丝机头自动后退。

④ 待机头后退到 SQ1 起点限位行程开关

时，交流接触器 KM2 断电，电机停止转动；夹紧传动机构电磁阀断电，台钳松开，自动挡铁放下，完成滚丝。

(2) 滚制反扣(左旋)螺纹

① 首先将控制盒面板上两个选择开关旋转到反丝和自动位置上，滚丝机进入加工反旋(左旋)螺纹待工作状态。

② 按下启动按钮，夹紧传动机构电磁阀首先通电，台钳夹紧，自动挡铁抬起，之后进给传动机构电磁阀通电，机头开始前进并离开 SQ1 起点限位行程开关，交流接触器 KM1 通电，机头正转，开始倒角剥肋。

③ 待机头完成倒角、剥肋，此时机头到达 SQ2 中点限位行程开关，交流接触器 KM1 断电，电机停止转动。延时 2～3 s 后，交流接触器 KM2 通电，电机开始反转，机头继续前进，滚压左旋螺纹。

④ 机头前进到 SQ3 终点限位行程开关，交流接触器 KM2 断电，电机停止转动。延时 2～3 s后，交流接触器 KM1 通电，机头正转，进给传动机构电磁阀断电，滚丝机头自动后退。

⑤ 待机头后退到 SQ1 起点限位行程开关时，交流接触器 KM1 断电，电机停止转动；夹紧传动机构电磁阀断电，台钳松开，自动挡铁放下，完成滚丝。

5. 设备使用与调整

设备在出厂前已进行相关调试与设置，如有需要重新调整请按如下说明进行调整。设备加工前准备如下：

(1) 机械部分准备：清除机床上的附着物，清洗各部油封，检查各连接部件是否松动，接屑盘安放稳妥，将机床床身调整至水平位置。

(2) 电气系统准备：连接电源线，电源为 380 V、50 Hz 三相四线；确认配电箱良好接地，打开空气开关。将控制面板上的两个选择开关旋转到“正丝”和“自动”位置，按下启动按钮，检查机头转向是否为逆时针旋转(正对机头观察)，如为逆时针电源接线正确，否则将电源线三根中的两根互换端子，重新按上述步骤检查确认机头为逆时针旋转。

(3) 气动系统准备：将气源气管插入进气快速接头内，气源气压要求为 0.4～0.8 MPa，打开气源开关，检查并确认各气动元件无漏气现象。

(4) 冷却系统准备：由于在加工过程中会产生大量的热量，为了冷却刀具、满足丝头表面的防锈以及施工要求，应采用水溶性冷却液。液态状冷却液与水的比率为 1∶17，粉状冷却液与水的比率为 2%～3%，水箱的容量约为 30 L。

6. 空车试运行操作

在确保电源和气源都接通的情况下打开急停开关，此时指示灯亮起。将两个旋钮开关分别旋转到“自动”和“正丝”位置，按下启动按钮，设备将按照前文所述滚制标准(右旋)螺纹的流程进行工作，在运行过程中有冷却液从机头流出；再将两个旋钮开关分别旋转到“自动”和“反丝”位置，按下启动按钮，设备将按照前文所述滚制反扣(左旋)螺纹的流程进行工作，在运行过程中有冷却液从机头流出。若在整个试运行过程中未出现异常情况，说明设备可以进行工件的加工生产。

7. 倒角、剥肋长度与剥肋直径调整

(1) 调整倒角长度：这实际上是调整自动挡铁的位置，自动挡铁向前移动则倒角长度缩短，向后移动则倒角长度加长，倒角长度调整以 1 个螺距为宜。

(2) 调整刀片：加工 $\phi16$～$\phi28$ mm 钢筋时，刀片刻度线与刀架刻度线对齐；加工 $\phi32$～$\phi40$ mm 钢筋时，刀片根部与刀槽末端对齐。

(3) 调整剥肋长度：剥肋长度如图 33-15 所示，是指钢筋待滚丝部分的外圆被剥肋装置加工成圆柱面部分的长度 L，钢筋纵肋、横肋上

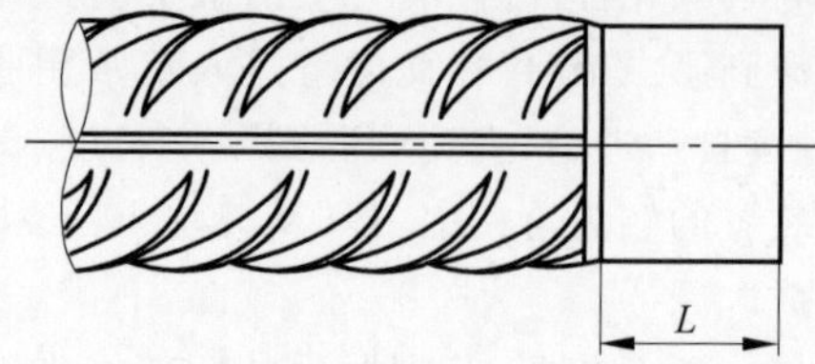

图 33-15　钢筋剥肋切削后的外形示意图

被加工形成的斜面不计算在剥肋长度之中。调整剥肋长度实际上是调整剥肋涨刀触头的位置，涨刀触头向前移动则剥肋长度加长，向后移动则剥肋长度缩短。

（4）调整剥肋直径：控制剥肋直径是指图 33-15 中 L 段部分圆柱面的直径 d。调整方法为，松开后涨刀环上的 4 个内六角圆柱头螺钉，将与所要加工的钢筋规格相对应的对刀棒插入四个剥肋刀片中间，转动调整环调整到适当位置，拧紧螺钉，调整完成。

8. 滚丝直径、丝头长度调整

（1）手动摇减速机齿轮轴，减速机进给到机头剥肋张开为止，松开法兰盘上的 6 个 M12 内六角圆柱头螺钉，将与所要加工的钢筋规格相对应的对刀棒插入 3 个滚丝轮中间。

（2）转动调整齿圈，调紧则丝头小，调松则丝头大。

（3）待加工丝头的直径调整合适并试加工几个丝头后，拧紧螺钉，调整完成。

（4）正向移动，丝头则短，反向移动，丝头则长，位置移动参考刻度线进行调整，如图 33-16 所示。

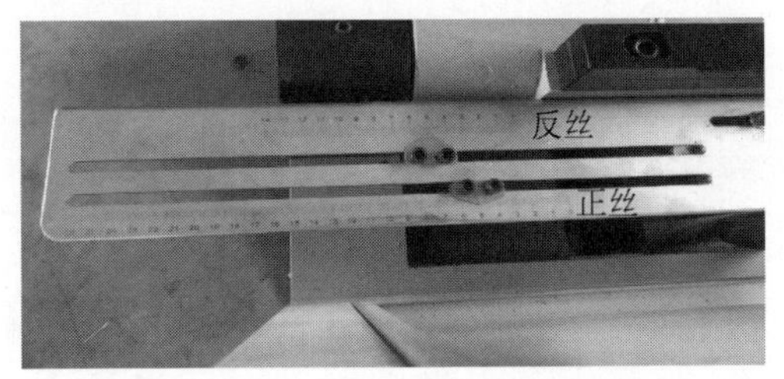

图 33-16　滚丝长度调整位置示意图

（5）钢筋丝头应按照企业标准加工，即必须在剥肋圆柱面 L 段全部滚压出螺纹（这一点非常重要，螺纹短了将会影响到螺纹接头的强度），钢筋螺纹长度是以品牌方提供的标准检验螺母来测量的。

（6）对应各种规格钢筋的剥肋直径、长度与螺纹直径、长度的具体数值和测量检验方法见品牌方提供的“CABR 剥肋滚压直螺纹生产操作规程”。

9. 右旋滚丝机头调整为左旋滚丝机头

（1）卸下剥肋装置，卸下滚丝装置。

（2）旋出偏心套固定螺丝。

（3）调整斜套和定位螺丝，将套旋转 180°，偏心轴的定位键置于前、后板“(—)”标记一侧，重新装入滚丝轮前、后座板孔中，装入定位螺丝。

（4）将装好铜套的滚丝轮装在偏心轴上，同时取出两个定位锥销，转动前板将定位销插入另外两个销孔内。装上滚丝轮前板。拧紧 3 个内六角圆柱头螺钉，安装上剥肋机构。

（5）拧紧法兰盘上的 6 个内六角圆柱头螺钉。

（6）按前面试车程序试运转。正转剥肋，反转滚丝，正转退回。

10. 更换及修磨剥肋刀片

（1）更换刀片：拧松压紧刀片的螺钉，更换剥肋刀。将刀架擦拭干净，不得有油泥、铁屑。

（2）修磨刀片：一般在加工 5000 个丝头后刀片的刃口会钝，需要进行修磨，修磨后会减小对刀片、设备的损耗。修磨可以用磨刀样板进行。

11. 更换滚丝轮

大多数品牌滚丝轮两面均可以使用。如果滚丝轮中有一侧螺牙破损，应将滚丝轮拆下，对调方向后再装上使用；如果两侧螺牙均破损了，应更换上新的滚丝轮。更换新滚丝轮时，3 个滚丝轮应同时更换。

更换步骤：先将滚丝轮铜套装入滚丝轮内；松开滚丝装置前端板上的三个螺钉，取下前端板及偏心轴套，卸下已损坏的滚丝轮；将偏心轴套吻合贴放在滚丝轮后座端面上；将装好铜套的滚丝轮按 1、2、3 号顺序顺时针装在偏心轴上，盖上滚丝轮前端板，拧紧三个内六角圆头螺钉。

12. 更换偏心轴

（1）将滚丝机头整体卸下。

（2）取出驱动齿轮和齿圈。

（3）拧下前端板上的三个螺钉，取下前端板，取出偏心轴上的滚丝轮和前、后滚丝轮偏心套。

（4）用弹簧钳取下轴用弹性挡圈，依次取出小齿轮、键，偏心轴即可取出。

(5) 更换新的偏心轴,依次装上键、小齿轮后卡上轴用弹簧挡圈。

(6) 转动小齿轮,三个小齿轮上的校对点和键槽中心连线交汇于滚丝头旋转中心的位置,放进内、外齿圈和驱动小齿轮,更换完毕。

13. 气动系统调试

设备气动系统中气体的压力、流速及方向是通过减压阀、单向节流阀、电磁阀、机械阀和气缸缓冲螺钉共同控制的。电磁阀和机械阀的开合动作在出厂前已确定,不需修改;下面主要介绍减压阀、单向节流阀和气缸缓冲螺钉的调节及作用。

(1) 气动系统压力调节:气动系统的压力主要由气源三联件中的减压阀控制,三联件外形如图 33-17 所示,在供气的情况下,查看减压阀的压力表,通过旋转下面的旋钮调节压力大小,压力大则台钳夹紧力大、滚丝轮上扣容易。根据加工实际情况应当进行适当调整,否则压力过大可能造成台钳卡死或使钢筋头部破坏。

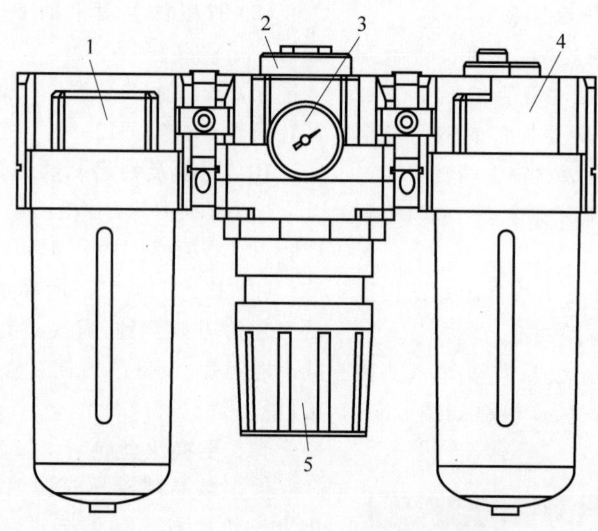

1—过滤器;2—减压阀;3—压力表;4—油雾器;5—旋钮。

图 33-17 三联件外形示意图

(2) 气缸终点缓冲调节:气缸在前进和后退到终点时由于速度大,对缸体具有一定冲击,长时间会造成气缸损坏,所以气缸前后安装有缓冲调节螺钉,缓冲大小调节到台钳、挡铁、减速机没有明显冲击为宜。缓冲过大会导致气缸进给、后退变慢增加运行时间,降低工作效率。

(3) 机头进给、后退速度调节:机头进给、后退速度由两个单向节流阀控制和调节。

14. 日常维护及保养

1) 日常维护

(1) 经常擦洗设备,保持设备清洁。

(2) 经常检查行程开关等各部件是否灵活、可靠,有无失灵情况。

(3) 及时清理接屑盘内的铁屑,定期清理水箱。

(4) 加工丝头时,应采用水溶性切削润滑液,不得用机油做润滑液或不加润滑液加工丝头。

2) 润滑

设备需定期加油润滑,加油前应将油口、油嘴处的脏物清理干净。各润滑点的润滑部位和润滑要求详见表 33-3。

3) 水箱的清洗

水箱使用一段时间后会沉积许多杂质,有时切削液会产生异味,一般每工作 500 h 更换一次切削液并清理水箱。水箱清洗示意图如图 33-18 所示。

表 33-3　润滑部位及润滑要求

部件名称	润滑部位	润滑点数	油脂种类	供油方式	供油时间
减速机	减速箱内齿轮及轴承	1	20 号机械油	飞溅	首次工作 50 h 后换油，以后每工作 800 h 换油
	导轨轴套	4		手动供油	每天加油
进给装置	轴承、齿轮与齿条啮合处	3			
台钳	丝杠托板	1			
	传动丝杠	2			
	台钳面	2			
涨收刀机构	轴承	3	黄油		3～6 个月更换一次

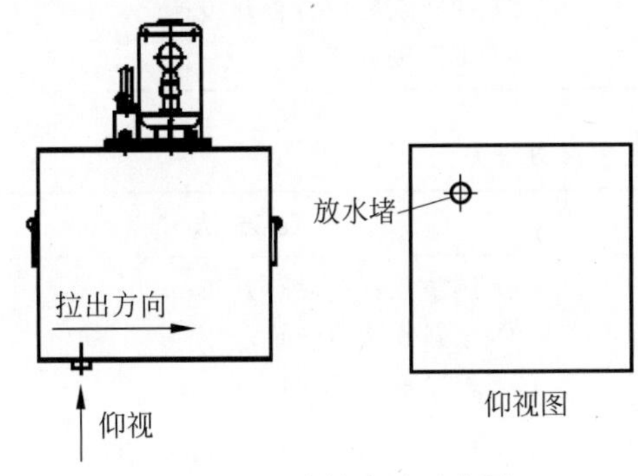

图 33-18　水箱清洗示意图

清洗工序如下：

(1) 拆掉背面板(不带标牌的围板)；

(2) 松开水箱固定螺钉；

(3) 握住把手将水箱向外拉出；

(4) 拔出上、下水管，拆下水泵；

(5) 取出水箱，打开水箱下部的放水堵，放水清洗；

(6) 按拆开的顺序安装好。

15. 常见故障及处理方法

1) 设备故障及处理

设备常见故障及处理方法见表 33-4。

2) 丝头常见质量问题及处理

丝头常见质量问题及处理方法见表 33-5。

表 33-4　设备常见故障及处理方法

故障现象	故 障 原 因	处 理 方 法
涨刀环经常掉刀	(1) 导向套配合间隙太大； (2) 刀体施加给涨刀环的力量不足； (3) 钢筋夹持不正或钢筋端头弯曲	(1) 更换或调整涨刀环，减小配合间隙； (2) 调整弹簧下顶丝螺母位置，加大弹簧力； (3) 夹正或调直钢筋
涨刀环不能涨刀	(1) 导向套被卡住； (2) 刀体施加给涨刀环的力量太大； (3) 刀体与刀架滑道上有异物或变形卡阻； (4) 刀体和涨刀环磨损后接触面太大，摩擦力加大； (5) 涨刀环内壁或刀体接触面部分精度不够，摩擦力太大； (6) 进刀速度太快	(1) 检查导向套有无异物、有无划伤； (2) 调节弹簧力或放慢剥肋前进速度； (3) 清洗刀体及刀架配合面或进行修整研磨； (4) 更换或修磨； (5) 更换新件或进行修磨； (6) 涨刀过程中放慢进给速度
刀体不能收刀、复位	(1) 刀体施加给涨刀环的力量太大； (2) 涨刀环外侧不光滑、无圆弧； (3) 刀体斜面磨损严重； (4) 刀体与刀架配合间隙太大； (5) 刀体下边缘无倒角而出现卡阻现象	(1) 调节弹簧力； (2) 进行更换或修磨； (3) 进行更换或修磨； (4) 进行更换； (5) 刀体倒圆角

续表

故障现象	故障原因	处理方法
不能调到最大或最小螺纹直径	(1) 调整齿轮与外齿圈相对位置不合适(最早加工的一些滚头外齿圈齿数较少,存在这种现象); (2) 调整齿轮与外齿圈之间有异物; (3) 齿轮与内齿圈之间有异物	(1) 拆开滚头后盖板,调节调整齿轮与齿轮盘外齿圈的相对位置; (2) 拆开清洗; (3) 拆开清洗
冷却液流量减小	(1) 缺少冷却液; (2) 上水管堵住	(1) 加冷却液; (2) 检查、疏通上水管(可用气泵吹)
滚压螺纹到位后仍不停机	(1) 行程碰块滑动; (2) 行程开关失灵; (3) 接触器触点烧结	(1) 重新调整; (2) 维修或更换行程开关; (3) 更换接触器

表 33-5 丝头常见质量问题及处理方法

质量问题	主要原因	处理方法
滚不出螺纹或乱扣	(1) 滚丝头旋转方向不对; (2) 滚丝轮排列顺序安反; (3) 连接圈前盖板松动	(1) 调整滚丝头旋转方向; (2) 重新安装滚丝轮; (3) 拧紧前盖板螺钉
螺纹牙形不饱满	(1) 钢筋基圆尺寸偏小,可能不合格; (2) 剥肋尺寸偏小; (3) 滚压调整尺寸偏大	(1) 检查钢筋是否符合标准要求; (2) 调整剥肋尺寸; (3) 调整滚压螺纹直径
螺纹牙尖太尖	(1) 剥肋尺寸太大; (2) 滚压尺寸太小	(1) 更换新刀片或用垫片调节剥肋尺寸; (2) 适当放大滚压螺纹尺寸
螺纹椭圆度太大	(1) 剥肋尺寸太大; (2) 钢筋基圆尺寸偏小,基圆错位不圆,可能不合格	(1) 适当缩小剥肋尺寸; (2) 检查钢筋是否符合标准要求
螺纹太长或太短	(1) 行程碰块位置不对; (2) 钢筋装卡位置不对	(1) 调节行程碰块位置; (2) 按要求装卡钢筋或检查定位块规格是否正确
剥肋尺寸长或短	涨刀触头位置不合适	调节涨刀触头位置

3) 常见非故障损坏

(1) 偏心轴断裂

偏心轴是滚丝轮的主要承力零件,正常使用一般不会出现问题,但当剥肋尺寸太大或滚丝直径调整得太小时,偏心轴的受力会成倍增加,有时甚至造成轴断轮坏的情况,因此,设备的调整对于其使用性能及使用寿命都有很大影响。设备在调整时应注意以下两个问题:①钢筋的剥肋尺寸不要太大,最好不要超过其上限尺寸;②在剥肋尺寸符合要求的条件下,调整滚压螺纹直径时,注意滚压出的螺纹的牙尖不能太尖,最好有10%～30%的牙尖处有平台,但其宽度不应超过1/3螺距。

(2) 滚丝轮损坏

滚丝轮属于损耗件,使用一段时间以后应进行更换。滚丝轮的常见破坏形式是疲劳破坏,滚丝轮螺纹的牙尖有碎块掉落,形成“麻坑”状,属于正常现象。

滚丝轮的调整对于其使用寿命有很大影响；严重时，偏心轴断裂后会造成滚丝轮压碎损坏。

(3) 刀片损坏

剥肋刀片用于对钢筋进行剥肋，由于钢筋的外形很不规则，加上人为因素及设备调整不当，有时会出现刀片损坏的现象。针对其损坏的原因，在使用中应采用表 33-6 所示的解决方法。

表 33-6　刀片损坏的原因及处理方法

损坏原因	处理方法
刀片松动	使用带 120°锥面的螺钉拧紧，螺钉应顶在刀片的斜面上
刀体配合太紧，刀片不能弹起而被钢筋的肋扳断	清洗、修磨刀体，保证刀体灵活滑动
弹簧力不够	更换弹簧或用小螺母等将弹簧垫起
钢筋端部弯曲、端面不平直	将弯曲部分调直或将端部用砂轮机切掉
进刀速度太快	钢筋端面刚刚与刀片接触时进刀速度要慢
钢筋的纵肋超大	检查钢筋是否符合标准要求

33.5　选用原则与选型计算

33.5.1　滚压直螺纹连接套筒参数计算

《钢筋机械连接用套筒》(JG/T 163—2013)中规定，滚压直螺纹连接套筒原材料宜选用 45 号钢，可以使用圆棒料，也可使用冷拔或冷轧精密无缝钢管，其力学性能应满足 GB/T 699—2015 的相关要求。

滚压直螺纹连接套筒的尺寸参数设计应遵循《钢筋机械连接用套筒》(JG/T 163—2013)中承载力的规定，即套筒实测受拉承载力不应小于被连接钢筋受拉承载力标准值的 1.1 倍，如果考虑动载疲劳或冲击荷载时应适度加大承载力系数。

为保证连接套筒的承载性能，连接套筒承载能力设计应按下列公式进行计算和校验：

$$D_t \geqslant \sqrt{D_M^2 + 1.1D^2 \frac{f_{uk}}{f'_{uk}}} \tag{33-1}$$

且

$$D_t \geqslant \sqrt{D_M^2 + 1.0D^2 \frac{f_{yk}}{f'_{yk}}} \tag{33-2}$$

式中，D_t 为连接套筒外径，mm；D_M 为连接套筒内螺纹大径，mm；D 为钢筋公称直径 mm；f_{uk} 为钢筋抗拉强度标准值；f'_{uk} 为连接套筒材料抗拉强度标准值；f_{yk} 为钢筋屈服强度标准值；f'_{yk} 为连接套筒材料屈服强度标准值。

考虑钢筋屈强比与套筒材料屈强比的差异，在进行套筒承载力计算和校验时，按照上述公式取最大值。

《钢筋机械连接用套筒》(JG/T 163—2013)中规定的套筒参数见表 33-7。

表 33-7　滚压直螺纹套筒最小值尺寸参数

钢筋强度级别	套筒类型	型号	尺寸	钢筋直径/mm											
				12	14	16	18	20	22	25	28	32	36	40	50
≤400级	剥肋滚压	标准型、正反型	外径/mm	18.0	21.0	24.0	27.0	30.0	32.5	37.0	41.5	47.5	53.0	59.0	74.0
			长度/mm	28.0	32.0	36.0	41.0	45.0	49.0	56.0	62.0	70.0	78.0	86.0	106.0
	直接滚压	标准型	外径/mm	18.5	21.5	24.5	27.5	30.5	33.0	37.5	42.0	48.0	53.5	59.5	74.0
			长度/mm	28.0	32.0	36.0	41.0	45.0	49.0	56.0	62.0	70.0	78.0	86.0	106.0

续表

钢筋强度级别	套筒类型	型号	尺寸	钢筋直径/mm											
				12	14	16	18	20	22	25	28	32	36	40	50
≤500级	剥肋滚压	标准型	外径/mm	19.0	22.5	25.5	28.5	31.5	34.5	39.5	44.0	50.5	56.5	62.5	78.0
			长度/mm	32.0	36.0	40.0	46.0	50.0	54.0	62.0	68.0	76.0	84.0	92.0	112.0
	直接滚压	标准型	外径/mm	19.5	23.0	26.0	29.0	32.0	35.0	40.0	44.5	51.0	57.0	63.0	78.5
			长度/mm	32.0	36.0	40.0	46.0	50.0	54.0	62.0	68.0	76.0	84.0	92.0	112.0

注：(1) 表中最小尺寸是指套筒原材料采用符合 GB/T 699—2015 中 45 号钢力学性能要求(实测屈服强度和极限强度分别不小于 355 MPa 和 600 MPa)、套筒生产企业有良好质量控制水平时可选用的最小尺寸。

(2) 对于表面未经切削加工的套筒，当套筒外径≤50 mm 时，应在表中所列最小尺寸基础上增加不小于 0.4 mm；当套筒外径>50 mm 时，应在表中所列最小尺寸基础上增加不小于 0.8 m。

(3) 实测套筒最小尺寸应在不少于两个方向测量，取最小值判定。

33.5.2 滚压直螺纹连接套筒和连接接头性能要求

制造滚压直螺纹钢筋连接套筒的材料宜选用 45 号优质碳素结构钢钢棒或无缝钢管，其力学性能除应满足 GB/T 699—2015 的相关要求外，还应满足《钢筋机械连接用套筒》(JG/T 163—2013)中的规定，材料力学性能指标见表 33-8。

表 33-8　材料力学性能指标

项　目	性 能 指 标
屈服强度 σ_s/MPa	$\sigma_s \geqslant 355$
抗拉强度 σ_b/MPa	$800 \geqslant \sigma_b \geqslant 600$
断后伸长率 δ_5/%	$\delta_5 \geqslant 16$

滚压直螺纹钢筋接头除应满足接头承载力(强度)性能外，还应满足接头的延性(破坏状态)、刚度(变形性能)、恢复性能(残余变形)要求。在疲劳环境下还应满足接头疲劳性能的要求。

《钢筋机械连接技术规程》(JGJ 107—2016)针对力学性能规定，接头性能应包括单向拉伸、高应力反复拉压、大变形反复拉压和疲劳性能，应根据接头的性能等级和应用场合选择相应的检验项目。接头应根据极限抗拉强度、残余变形、最大力下总伸长率以及高应力和大变形条件下反复拉压性能，分为Ⅰ级、Ⅱ级、Ⅲ级，具体性能指标见表 33-9 与表 33-10。

表 33-9　接头极限强度

接头等级	Ⅰ级	Ⅱ级	Ⅲ级
极限抗拉强度	$f_{mst}^0 \geqslant f_{stk}$，钢筋拉断 或 $f_{mst}^0 \geqslant 1.10 f_{stk}$，连接件破坏	$f_{mst}^0 \geqslant f_{stk}$	$f_{mst}^0 \geqslant 1.25 f_{yk}$

表中：f_{mst}^0—接头试件实测极限抗拉强度；f_{stk}—钢筋极限抗拉强度标准值；f_{yk}—钢筋屈服强度标准值。

表 33-10　接头变形性能

接头等级		Ⅰ级	Ⅱ级	Ⅲ级
单向拉伸	残余变形/mm	$u_0 \leqslant 0.10 (d \leqslant 32)$ $u_0 \leqslant 0.14 (d > 32)$	$u_0 \leqslant 0.14 (d \leqslant 32)$ $u_0 \leqslant 0.16 (d > 32)$	$u_0 \leqslant 0.14 (d \leqslant 32)$ $u_0 \leqslant 0.16 (d > 32)$
	最大力下总伸长率/%	$A_{sgt} \geqslant 6.0$	$A_{sgt} \geqslant 6.0$	$A_{sgt} \geqslant 3.0$
高应力反复拉压	残余变形/mm	$u_{20} \leqslant 0.3$	$u_{20} \leqslant 0.3$	$u_{20} \leqslant 0.3$

续表

接头等级		Ⅰ级	Ⅱ级	Ⅲ级
大变形反复拉压	残余变形/mm	$u_4 \leqslant 0.3$ 且 $u_8 \leqslant 0.6$	$u_4 \leqslant 0.3$ 且 $u_8 \leqslant 0.6$	$u_4 \leqslant 0.6$

表中：u_0—接头试件加载至拉应力为 $0.6f_{yk}$ 并卸载后在规定标距内的残余变形；u_{20}—接头试件加载至拉应力为 $0.9f_{yk}$ 后卸载并加载至 $-0.5f_{yk}$ 经 20 次高应力反复拉压后的残余变形；u_4—接头试件加载至 2 倍屈服应变后卸载并加载至 $-0.5f_{yk}$ 经 4 次大变形反复拉压后的残余变形；u_8—接头试件加载至 5 倍屈服应变后卸载并加载至 $-0.5f_{yk}$ 经 8 次大变形反复拉压后的残余变形；A_{sgt}—接头试件最大力下总伸长率。

33.6 安全使用

33.6.1 钢筋滚压直螺纹连接套筒和接头的检验与验收

滚压直螺纹钢筋连接套筒出厂前的检验主要有外观检验和力学性能检验。套筒生产前应进行材料复检，满足相关标准要求的材料才允许加工。

套筒外观检验规则：以连续生产的同原材料、同类型、同规格、同批号的 1000 个或少于 1000 个套筒为一个验收批，随机抽取 10%进行外观检验，当合格率不低于 95%时，应评定该批验收合格；当合格率低于 95%时，应另取加倍数量重新检验，当加倍抽检后的合格率不低于 95%时，应评定该验收批合格，若仍小于 95%时，该验收批应逐个检验，合格者方可出厂。具体检验项目及方法见表 33-11。

表 33-11　检验项目及方法

检验项目	量具、检具名称	检验方法
外观	—	目测
外形尺寸(外径、长度)	游标卡尺或专用检具	不少于 2 个方向进行测量
螺纹中径	通端螺纹塞规	应与套筒工作内螺纹旋合通过
	止端螺纹塞规	允许与套筒工作内螺纹两端的螺纹部分旋合量应不超过 3 个螺距
螺纹小径	光面卡规或游标卡尺	不少于 2 个方向进行测量

套筒抗拉强度检验规则：以连续生产的同原材料、同类型、同规格、同批号的套筒为一个验收批，随机抽取 3 个套筒进行抗拉强度检验。当 3 个试件均符合标准规定的性能指标时，该验收批评定为合格，当 1 个试件不符合标准要求时，再随机抽取 6 个试件进行抗拉强度复检，当复检的试件全部合格时，可评定该验收批为合格；复检中如仍有 1 个试件抗拉强度不符合标准要求，则该验收批评定为不合格。

钢筋接头现场检验分为工艺检验和现场抽样检验。

工艺检验应针对不同钢筋生产厂的钢筋进行，施工过程中更换钢筋生产厂或接头技术提供单位时，应补充进行工艺检验。工艺检验项目包括单向拉伸极限抗拉强度和残余变形，每种规格钢筋接头试件不应少于 3 根，当极限抗拉强度和 3 根接头试件残余变形平均值均符合标准要求时，评定为合格；工艺检验不合格时应进行工艺参数调整，合格后方可使用。

现场抽样检验包括极限抗拉强度、加工和安装质量检验。抽验应按同一生产厂、同强度等级、同规格、同类型、同形式，以 500 个为一批，连续 10 批一次性检验合格者，验收批数量可扩大至 1500 个。对接头的每一验收批，应在工程结构中随机抽取 3 个接头试件。当 3 个接头试件全部符合标准要求时，该验收批评定为合格；当仅有1个接头试件的极限抗拉强度不合格时，应再抽取6个试件进行复检，复检仍有1根试件不合格时，该验收批评定为不合格。

33.6.2 工程应用

钢筋滚压直螺纹连接技术由于具有连接强度高、质量稳定可靠、操作简便、现场装配化施工、连接成本低、适用范围广等特点，已在国内外工程建设中得到广泛应用。钢筋滚压直螺纹连接技术的施工技术和质量控制方案如下。

1. 连接前准备工作

1）套筒与锁母

(1) 滚压直螺纹钢筋连接用套筒与锁母应符合《钢筋机械连接用套筒》(JG/T 163—2013)的相关规定。套筒与锁母在工程应用中应具有技术提供单位签发的《产品合格证》和《产品质量证明书》。

(2) 连接用套筒和锁母应按不同规格进行分类包装、储存和运输，套筒、锁母和包装物上产品标志、标记应清晰，套筒内外表面不应有铁屑、毛刺、泥沙、油污等脏物。

2）设备、工具与检具

(1) 滚压直螺纹钢筋连接螺纹丝头加工用设备为钢筋滚压直螺纹成型机或钢筋滚压直螺纹加工生产线。钢筋滚压直螺纹成型机或钢筋滚压直螺纹加工生产线的技术性能和质量应符合《建筑施工机械与设备　钢筋螺纹成型机》(JB/T 13709—2019)和《建筑施工机械与设备　钢筋加工机械　安全要求》(GB/T 38176—2019)的规定。其性能参数及使用方法应符合设备生产企业钢筋滚压直螺纹成型机或钢筋滚压直螺纹加工生产线使用说明书的规定。

(2) 钢筋滚压直螺纹成型机应具有产品质量检验合格证、使用说明书和设备保修单。设备应用时应由专业人员进行正常保养和检修，作业时设备应保持正常工作状态。

(3) 钢筋滚压直螺纹连接的螺纹丝头加工用设备应配备380 V(50 Hz)电源，电源容量应不小于5.5 kW/台。机械设备应有连接可靠的地线接地安全保护。

(4) 钢筋滚压直螺纹成型机设备与钢筋上料架安装时应使钢筋滚压直螺纹成型机滚丝头主轴中心线与放置在钢筋料架上的待加工钢筋中心线基本保持同一高度，高度偏差应不大于3 mm。

(5) 钢筋滚压直螺纹成型机设备的安装应坚实、稳固且保持水平位置，钢筋料架上钢筋水平摆放的水平度应不大于4°。

(6) 钢筋滚压直螺纹成型机与钢筋料架的布置参照图33-19、图33-20。

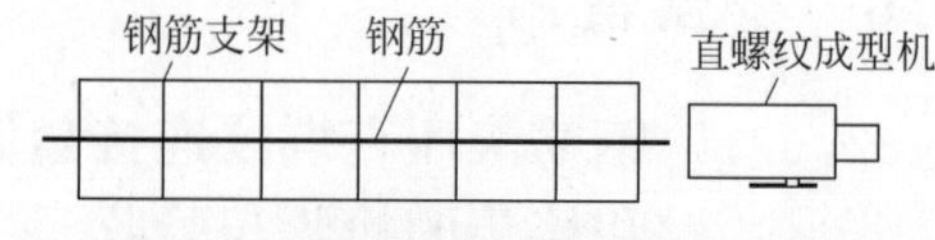

图33-19　单台钢筋滚压直螺纹成型机设备布置示意图

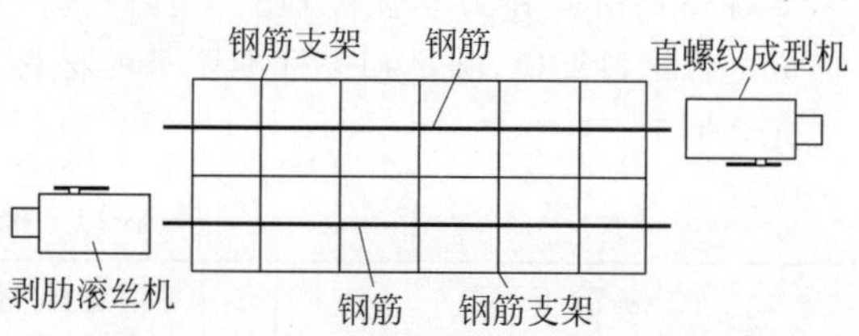

图33-20　双台钢筋滚压直螺纹成型机设备布置示意图

(7) 参加滚压直螺纹套筒钢筋连接接头施工的人员必须进行上岗前技术培训，经考核合格后持证方可上岗操作。

(8) 正常情况下每台/班应配3～4人，其中钢筋滚压直螺纹成型机设备操作1人，钢筋丝头质检、加盖保护帽及钢筋上下料搬运2～3人。

(9) 加工钢筋丝头前应对钢筋滚压直螺纹成型机设备进行调试和试运行，调整钢筋丝头加工直径和丝头加工长度符合规定螺纹加工参数，进行钢筋连接接头工艺检验合格后方能开始钢筋丝头正常加工作业。

(10) 钢筋丝头加工用机具手持式砂轮机应符合手持式电动工具安全技术要求规定，应按手持式砂轮机使用说明书安全使用。

(11) 钢筋丝头加工用检具螺纹环规和直尺应符合钢筋连接接头螺纹参数控制精度要求，加工钢筋丝头时应按照加工钢筋丝头螺纹参数配置螺纹加工用环通规、环止规和螺纹长度量测直尺。

2. 丝头加工操作

1）钢筋下料

（1）钢筋下料可用砂轮切割机、带锯床、专用切割机等进行。

（2）钢筋下料切口端面应与钢筋轴线垂直，不应有马蹄形或挠曲，若端部不直应调直后下料。

2）螺纹加工

（1）加工前应进行试生产，检查螺纹质量，合格后方能加工生产。钢筋滚压直螺纹成型机的安全使用方法详见钢筋滚压直螺纹成型机或钢筋滚压直螺纹加工生产线使用说明书。钢筋滚压直螺纹成型机滚压直螺纹丝头的加工参数见表 33-12。

表 33-12　钢筋滚压直螺纹成型机滚压直螺纹丝头加工参数　　单位：mm

钢筋规格	钢筋剥肋参数			螺纹规格	钢筋滚压参数		备注
	剥肋直径	标准剥肋长度			标准螺纹长度		
		400 MPa 级	500 MPa 级		400 MPa 级	500 MPa 级	
ϕ12	$11.1^{+0.2}_{-0.1}$	$12.0^{+2.0}_{0}$	$14.0^{+2.0}_{0}$	M12.5×2.0	$14.0^{+2.0}_{0}$	$16.0^{+2.0}_{0}$	
ϕ14	$13.1^{+0.2}_{-0.1}$	$14.0^{+2.0}_{0}$	$16.0^{+2.0}_{0}$	M14.5×2.0	$16.0^{+2.0}_{0}$	$18.0^{+2.0}_{0}$	
ϕ16	$15.1^{+0.2}_{-0.1}$	$16.0^{+2.0}_{0}$	$18.0^{+2.0}_{0}$	M16.5×2.0	$18.0^{+2.0}_{0}$	$20.0^{+2.0}_{0}$	
ϕ18	$16.8^{+0.2}_{-0.1}$	$18.0^{+2.5}_{0}$	$20.5^{+2.5}_{0}$	M18.5×2.5	$20.5^{+2.5}_{0}$	$23.0^{+2.5}_{0}$	
ϕ20	$18.8^{+0.2}_{-0.1}$	$20.0^{+2.5}_{0}$	$22.5^{+2.5}_{0}$	M20.5×2.5	$22.5^{+2.5}_{0}$	$25.0^{+2.5}_{0}$	
ϕ22	$20.8^{+0.2}_{-0.1}$	$22.0^{+2.5}_{0}$	$24.5^{+2.5}_{0}$	M22.5×2.5	$24.5^{+2.5}_{0}$	$27.0^{+2.5}_{0}$	
ϕ25	$23.4^{+0.3}_{-0.1}$	$25.0^{+3.0}_{0}$	$28.0^{+3.0}_{0}$	M25.5×3.0	$28.0^{+3.0}_{0}$	$31.0^{+3.0}_{0}$	
ϕ28	$26.4^{+0.3}_{-0.1}$	$28.0^{+3.0}_{0}$	$31.0^{+3.0}_{0}$	M28.5×3.0	$31.0^{+3.0}_{0}$	$34.0^{+3.0}_{0}$	
ϕ32	$30.4^{+0.3}_{-0.1}$	$32.0^{+3.0}_{0}$	$35.0^{+3.0}_{0}$	M32.5×3.0	$35.0^{+3.0}_{0}$	$38.0^{+3.0}_{0}$	
ϕ36	$34.4^{+0.3}_{-0.1}$	$36.0^{+3.0}_{0}$	$39.0^{+3.0}_{0}$	M36.5×3.0	$39.0^{+3.0}_{0}$	$42.0^{+3.0}_{0}$	
ϕ40	$38.4^{+0.3}_{-0.1}$	$40.0^{+3.0}_{0}$	$43.0^{+3.0}_{0}$	M40.5×3.0	$43.0^{+3.0}_{0}$	$46.0^{+3.0}_{0}$	
ϕ50	$48.4^{+0.3}_{-0.1}$	$50.0^{+3.0}_{0}$	$53.0^{+3.0}_{0}$	M50.5×3.0	$53.0^{+3.0}_{0}$	$56.0^{+3.0}_{0}$	

（2）加工钢筋丝头时，应采用水溶性切削液，当气温低于 0℃时应有防冻措施，不应在不加切削液的情况下进行螺纹加工。

3. 丝头检验

1）检验项目

丝头加工完成后操作者应检验钢筋螺纹外观质量、螺纹加工长度和螺纹直径。

2）检验方法和要求

操作工人应按表 33-13 中的检验方法和要求检查丝头的加工质量，每加工 10 个丝头用环通规、环止规检查一次。

表 33-13　钢筋丝头质量检验的方法及要求

序号	检验项目	量具名称	检验要求
1	螺纹外观	—	采用目测检验，不得有横向裂纹；牙型饱满
2	螺纹长度	卡尺或专用量规	应满足表 33-12 的要求
3	螺纹直径	通端螺纹环规	能顺利旋入螺纹至旋合长度
		止端螺纹环规	允许环规与端部螺纹部分旋合，旋入范围应在(1～3)P 之间(P 为螺距)

3）检验规则

（1）经操作者自检合格的丝头，应由质检员随机抽样进行检验，以一个工作班内生产的丝头为一个验收批，随机抽检10%，且不应少于10个。当合格率小于95%时，应加倍抽检，复检中合格率仍小于95%时，应对全部钢筋丝头逐个进行检验，并切去不合格丝头，查明原因并解决后重新加工螺纹。

（2）当设备进行规格调整或检修更换零部件再进行加工时，前10个丝头必须逐个进行检验，待丝头尺寸稳定后再按10%抽检。

（3）检验合格的丝头应在钢筋丝头上加戴塑料保护帽加以保护，或用套筒旋入拧紧，按钢筋规格分类堆放整齐。

（4）自检或抽检不合格的丝头应切去重新加工，严禁对不合格丝头进行二次滚丝。

4. 现场连接施工

（1）连接前的准备工作：

① 加工检验合格的待连接钢筋用套筒连接前，应先旋下回收丝头上的塑料保护帽和套筒端头的塑料保护盖。

② 检查钢筋与连接套筒规格是否一致，检查螺纹丝扣是否完好无损、清洁，如发现杂物或锈蚀应用铁刷清理干净。

③ 检查套筒应是经检验合格的产品，钢筋丝头螺纹加工应与套筒匹配。

（2）丝头与套筒对正入扣后应用管钳扳手拧紧，两个丝头应在套筒中央位置端头相互顶紧。

（3）套筒与丝头组装完成后，标准型接头套筒每端外露完整丝扣不宜大于$2P$。加长丝头型接头的外露丝扣数不受限制，但应有清晰的丝头旋入套筒深度标记，进入套筒的丝头长度应符合接头连接的规定要求。

（4）加长丝头型接头的连接套筒两端应由锁母进行锁紧，锁母的最小锁紧扭矩值应符合规定。

（5）各种直径规格的钢筋丝头用套筒和安装扭紧扳手连接组装后，安装工人应随机抽取10%接头，用扭力扳手检验校核其拧紧扭矩值，并应符合表33-14的规定。

表 33-14 接头组装时的最小拧紧扭矩值

钢筋直径/mm	≤16	18～20	22～25	28～32	36～40	50
最小拧紧扭矩/(N·m)	100	200	260	320	360	460

（6）拧紧扭矩值的抽检合格率应不小于95%，否则应对该批全部接头重新拧紧，直至抽检合格为止。

5. 设备维护

（1）班前检查。钢筋滚压直螺纹成型机操作工应先空车运行，检查设备状况，例如：滚丝机头旋向是否正常，切削液是否充足，电气开关是否灵敏正常，各部位螺钉是否紧固，电机及减速机声音是否正常，导杆及转动部分是否添加润滑油等。

（2）严禁无上岗证人员操作设备。

（3）设备出现故障时应及时排除，不应带“病”工作。

（4）班后维护保养。每班结束后，操作工应将钢筋滚压直螺纹成型机的机头、台面、台钳清理干净，及时更换切削液。

6. 技术培训

（1）现场施工人员应由产品提供单位技术人员进行上岗技术培训，正确掌握设备技术操作要领、安全操作使用规则和应急操作方法，掌握设备正确安装、调试、使用和一般故障的维修方法。

（2）经培训考核合格的人员，应由产品提供单位颁发上岗证，并持证上岗。无证人员一律禁止上机操作，否则由此造成的一切后果应由设备使用方承担全部责任。

7. 安全要求

（1）项目负责人应经常对操作人员进行安全施工教育，使其提高安全生产意识，及时排查各种安全隐患。

(2) 连接接头施工应符合施工安全操作规程和相关安全管理规定。

(3) 操作人员必须经培训合格，持操作证上岗。

(4) 设备应符合安全用电规定，出现的电气故障严禁由非电工人员处理。

(5) 现场用机具的电缆线严禁碾压和碰砸，以免造成断路和短路。

(6) 电气箱内不应存放任何物品，以免发生危险。

(7) 钢筋滚压直螺纹成型机设备应采取防雨措施。

(8) 设备操作工人和接头连接安装作业人员进入施工现场应佩戴安全帽。

(9) 钢筋滚压直螺纹成型机设备操作人员不允许戴手套，衣袖袖口必须扎紧，衣扣必须扣牢，长发必须盘起并扎牢在帽子里，不应穿拖鞋进入作业现场。

(10) 钢筋滚压直螺纹成型机设备仅用于钢筋丝头的加工，不应改变用途。

8. 环保要求

(1) 钢筋材料厂、钢筋加工厂应采用硬化地面以防止扬尘。

(2) 在钢筋加工厂严禁焚烧废弃物品，以防产生有毒、有害烟尘和气体。

(3) 废弃的钢筋、包装材料、生活垃圾应及时清理出现场，防止引起扬尘和影响环境卫生。废弃的切削液、油液、铁屑、钢筋头等应及时进行废物回收处理。

9. 使用注意事项

(1) 施工人员必须进行技术培训，经考核合格后方可持证上岗操作。

(2) 设备电源必须有漏电保护装置；设备必须有可靠的接地保护，防止漏电伤人；设备停用后应切断设备电源。

(3) 为保证丝头加工长度必须使用挡铁进行限位，挡铁在使用时必须将钢筋紧贴住挡铁，撤下挡铁后将钢筋夹紧。

(4) 钢筋夹持在台钳上后必须夹紧。加工拐铁钢筋时，正对拐铁处严禁站立人员，以防因钢筋未夹紧而甩起伤人。加工中如有钢筋松动应立即停机并将其再次夹紧。钢筋转动时不得用手抓握，禁止戴手套操作。

(5) 滚丝头滚到前限位后不停机时应立即切断电源，不要用手去阻止滚丝头转动。

(6) 滚丝头在运转过程中手不得触摸任何转动部件，如滚丝头、涨刀触头等。

(7) 设备维修必须由专业人员进行，不得私自进行维修、改装。

(8) 设备在接通电源后不得用手触摸任何带电器件，以防触电。不得让水等具有导电性能的物质进入电器箱。

(9) 设备在移动及装卸时应平稳，吊装时务必采用4点吊装，以免倾翻伤人。

10. 典型工程应用

典型工程应用见图33-21。

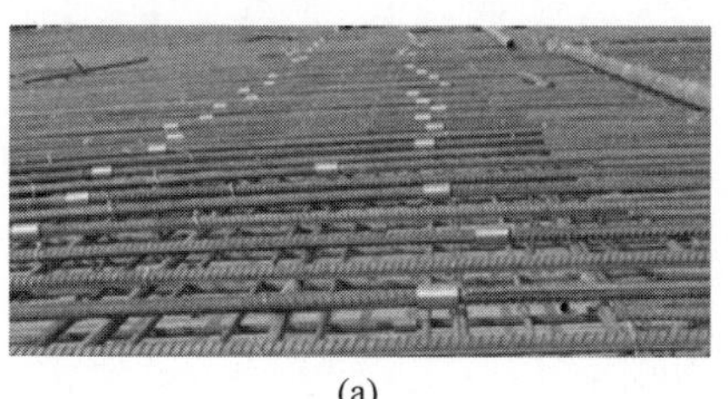

(a)

(b)

图33-21　典型工程应用

(a) 剥肋滚压直螺纹连接接头；(b) 剥肋滚压直螺纹连接接头安装；(c) 剥肋滚压直螺纹加工设备；(d) 剥肋滚压直螺纹加工生产线；(e) 北京中国尊；(f) 北京大兴国际机场

(c) (d) (e) (f)

图 33-21(续)

第34章

钢筋套筒灌浆连接机械

钢筋套筒灌浆连接技术是应混凝土建筑技术发展需要而产生的一种新型钢筋连接方式。它以施工简便、连接质量可靠、工期短、适用于大小不同直径带肋钢筋的连接为特点，做到了预制混凝土构件之间的无缝连接，解决了预制构件钢筋连接的技术难题，成为装配式混凝土结构建筑预制构件间受力钢筋的主要连接方式。本章主要介绍钢筋套筒灌浆连接机械的分类、工作原理及组成、技术性能、选用原则、安全使用(包括操作规程、维护和保养)，以及灌浆套筒、灌浆料、灌浆接头、灌浆接头施工、灌浆接头质量控制与验收和工程应用。

34.1 概述

34.1.1 定义、功能与用途

钢筋套筒灌浆连接是将带肋钢筋插入内腔带沟槽的套筒，然后灌入专用高强、无收缩灌浆料，通过灌浆料硬化实现传力，将钢筋与套筒连接形成整体，达到强度高于钢筋母材的连接效果。钢筋套筒灌浆连接主要应用于装配式混凝土结构中预制构件钢筋连接、现浇混凝土结构中组合成型钢筋整体对接以及既有建筑改造中新旧建筑钢筋连接。其从受力机理、施工操作、质量检验等方面均不同于传统的套筒挤压连接、螺纹连接的钢筋机械连接方式。套筒灌浆连接是在三种材料共同作用下形成的钢筋连接接头，是在灌浆套筒中插入单根带肋钢筋并注入灌浆料拌合物，通过拌合物硬化形成整体并实现传力的钢筋对接连接。

钢筋套筒灌浆连接技术的核心是灌浆套筒、灌浆料和注浆工艺。钢筋连接用灌浆套筒采用铸造工艺或机械加工工艺制造，灌浆套筒按照结构型式分为整体全灌浆套筒、整体半灌浆套筒、分体全灌浆套筒和分体半灌浆套筒。灌浆套筒筒体由一个单元组成的灌浆套筒称为整体式灌浆套筒，由两个及以上单元组成的灌浆套筒称为分体式灌浆套筒。两端均采用套筒灌浆连接的灌浆套筒称为全灌浆套筒；一端采用套筒灌浆连接，另一端采用螺纹机械连接方式连接钢筋的灌浆套筒称为半灌浆套筒。灌浆套筒如图34-1所示。

灌浆料是以水泥为基本材料，配以细骨料以及混凝土外加剂和其他材料混合而成的用于钢筋套筒灌浆连接的干混料，分为常温型套筒灌浆料和低温型套筒灌浆料。常温型灌浆料是适用于灌浆施工及养护过程中24 h内灌浆部位温度不低于5℃的灌浆料；低温型灌浆料是适用于灌浆施工及养护过程中24 h内灌浆部位温度不低于−5℃，且灌浆施工过程中灌浆部位温度不高于10℃的灌浆料。灌浆料拌合物是灌浆料按规定比例加水搅拌后具有规定流动性，硬化过程中具有微膨胀、早强、高强等性能的液态浆体。

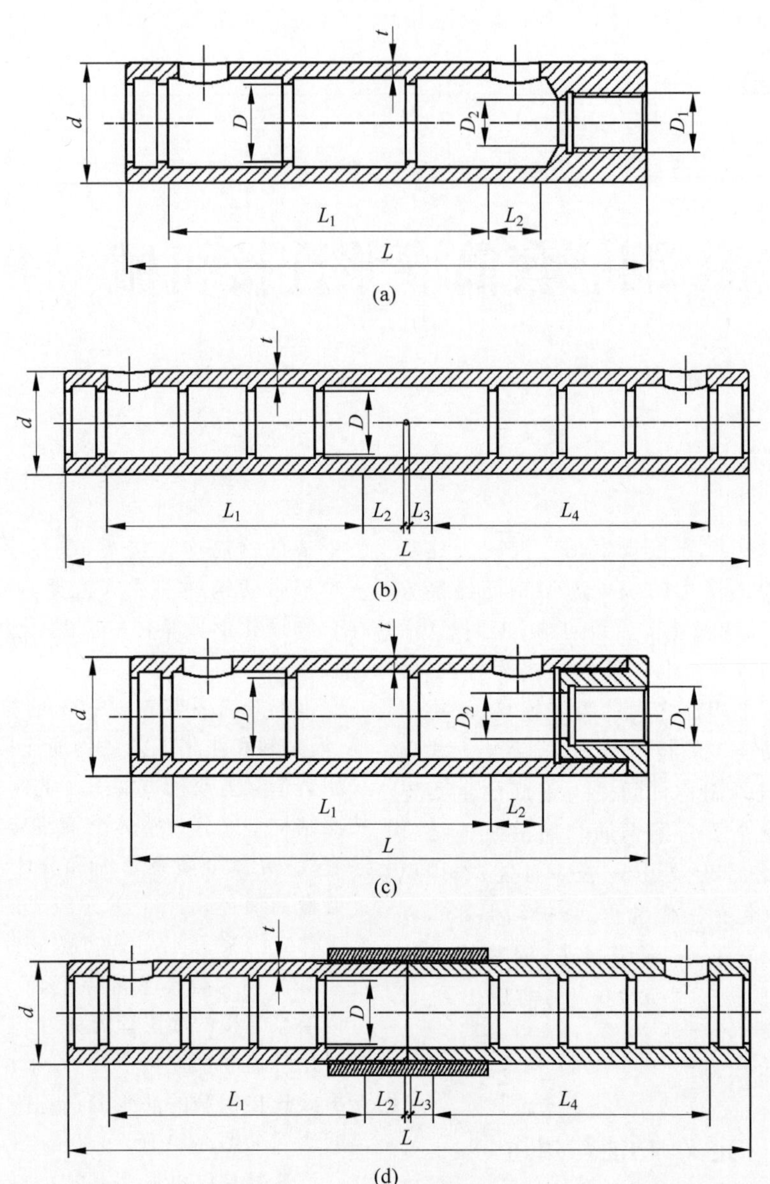

图 34-1　灌浆套筒

(a) 整体半灌浆套筒；(b) 整体全灌浆套筒；(c) 分体半灌浆套筒；(d) 分体全灌浆套筒

钢筋套筒灌浆连接接头由灌浆套筒、硬化后的灌浆料、连接钢筋三者共同组成，在预制构件生产时预先埋入灌浆套筒，与预制构件内钢筋连接；灌浆套筒另一端在构件现场安装时与相连接构件伸出钢筋灌浆连接。灌浆套筒预先连接的部分称为预制端，另一部分为灌浆端，也称装配端。一端采用螺纹机械连接方式，另一端采用灌浆连接的半灌浆套筒主要用于竖向钢筋连接；两端都是灌浆端的灌浆套筒主要用于水平钢筋连接。竖向构件灌浆施工方式宜采用连通腔灌浆法，并合理划分连通腔区域；也可采用单个套筒独立灌浆法，构件就位前应设置坐浆层和封浆腔。

钢筋套筒灌浆连接机械分为机械连接加工机械和灌浆连接施工机械。机械连接加工机械主要在预制构件生产中使用，用于构件预埋连接钢筋的连接端加工和半灌浆套筒机械连接端的连接。半灌浆套筒连接方式包括螺纹连接、套筒挤压等，相关连接方法和机械可参阅本手册钢筋直螺纹连接机械、钢筋锥螺纹连接机械和钢筋套筒挤压连接机械章节，本章不再单独介绍。灌浆连接机械主要在预制构件安装工程现场使用，用于不同预制构件之间的钢筋灌浆连接，将预制构件与相邻结构连接成一体，包括制备灌浆料拌合物的灌浆料搅拌机械和将灌浆料拌合物以一定压力注入并充满预制构件间连接空腔及灌浆套筒灌浆腔内部的灌浆机械。

灌浆料搅拌机械的作用是将水和套筒灌浆料按照一定配比混合充分，形成均匀拌合物。按搅拌方式不同分为手持式可调速搅拌机、自落式滚筒搅拌机和普通砂浆搅拌机(内部带有叶片的轴在圆筒或槽中旋转)。与人工搅拌相比，使用灌浆搅拌机既能提高生产效率，加快工程进度，又能减轻工人的劳动强度和提高套筒灌浆料拌和的质量。

灌浆机械的作用是将灌浆料拌合物通过一定的压力输送至灌浆套筒内部或构件接缝处。按照输送原理不同分为挤压灌浆设备、螺杆灌浆设备、气压灌浆设备等。其中挤压灌浆设备是通过挤压滚轮循环转动实现连续挤压，即实现砂浆的吸入与输出；螺杆灌浆设备是通过螺杆连续转动将密封腔中的物料向前输送；气压灌浆设备是指以压缩空气为动力源，利用气缸和注浆缸具有较大的作用面积比，从而以较小的压力使缸体产生较高的注射压力。

34.1.2　发展历程与沿革

钢筋连接是装配式混凝土(PC)结构、现浇混凝土结构组合成型钢筋应用和既有建筑改造的关键技术之一，是将预制构件连接、预制组合成型钢筋制品连接、既有建筑钢筋续接成为整体，形成等同现浇的混凝土构筑物。套筒灌浆连接主要应用结构的部位是房建工程的梁柱和剪力墙、市政工程的桥梁桥墩等。目前在多层结构装配式混凝土建筑中，预制构件可以采用的钢筋连接方法较多，如约束钢筋浆锚搭接法、波纹管浆锚搭接法、套筒灌浆连接法、预埋钢件干式连接法(如螺栓连接、双螺套套筒连接、锥套锁紧连接)等，套筒灌浆连接已成为市场主流。国内采用约束钢筋浆锚搭接法、波纹管浆锚搭接法也较多，其示意图如图 34-2、图 34-3 所示。

套筒灌浆连接是由美国科学家余占疏博士(Alfred A. Yee)于 20 世纪 60 年代发明的，并首次应用于美国檀香山的阿拉莫阿纳酒店 38 层框架结构建筑，开创了竖向混凝土结构中钢筋通过套筒灌浆连接的先河。随后经过几十年的发展，套筒灌浆料连接技术在欧美等国家和地区的工业化建筑中得到广泛应用。

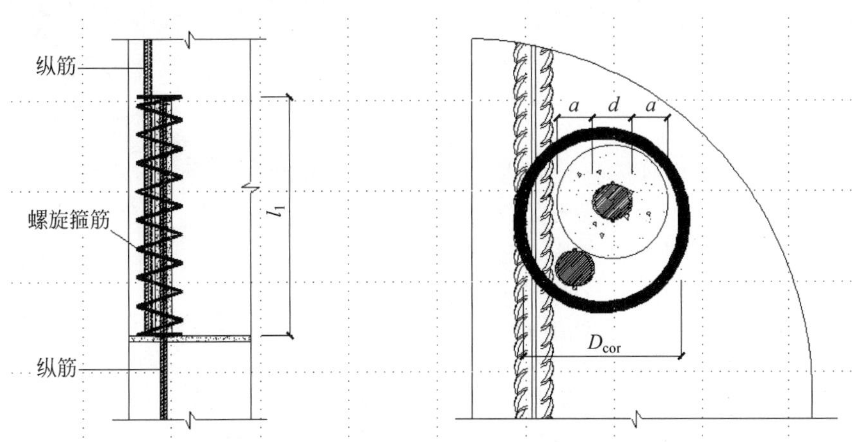

图 34-2　约束钢筋浆锚搭接连接示意图

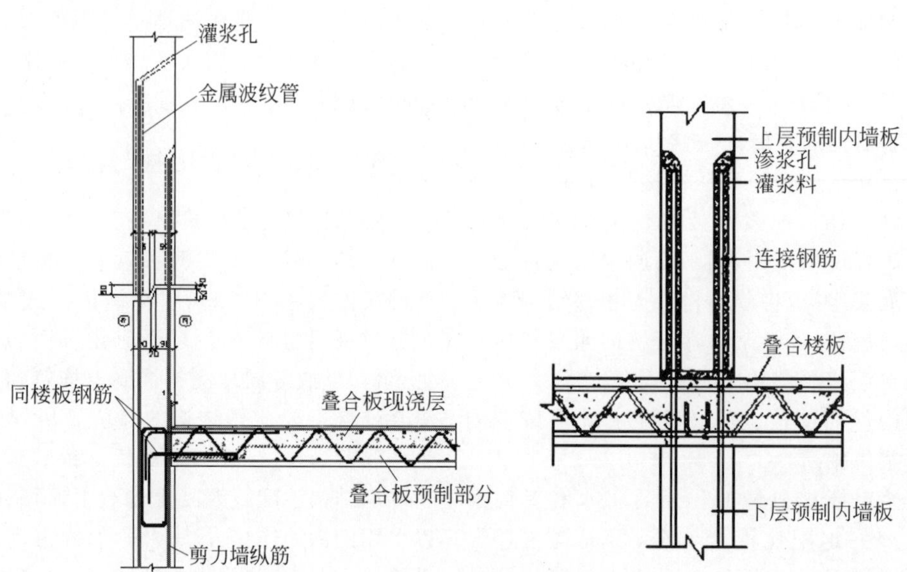

图 34-3 波纹管浆锚搭接连接示意图

1984 年，日本 NMB 公司吸收消化了美国的套筒灌浆连接技术，并进行了改良，改良后的套筒灌浆连接技术被日本建设省确认为 NMB 套筒灌浆连接系统，工程应用涉及：WPC 工法装配式住宅（预制大板体系）、RPC 工法装配式住宅（预制框架体系）、学校、购物中心、超高层商务办公楼、旅馆、停车场等，并经受住了大地震的实际考验。目前，日本装配式混凝土结构的建筑最高高度已达到 200 m。套筒灌浆接头如图 34-4 所示。

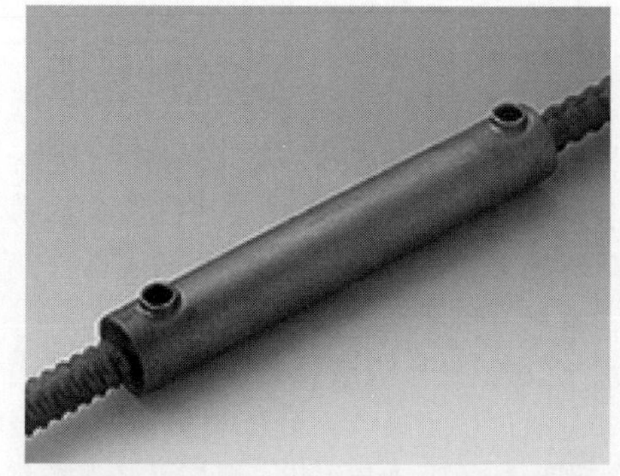

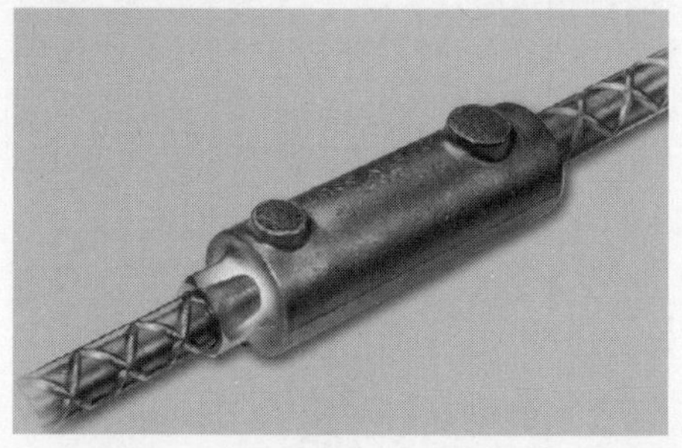

图 34-4 日本的套筒灌浆接头产品

随着装配式建筑在我国的推广，灌浆连接技术也得到了广泛应用。2009 年，北京万科公司与北京思达建茂公司研发了新型钢套筒灌浆钢筋接头，并申请和获得我国自主灌浆连接技术的第一个发明专利，2010 年该自主技术首次成功应用于北京万科假日风景装配式整体剪力墙结构住宅 D1#、D8# 楼，我国开始拥有自主开发的套筒灌浆连接技术和产品。由于其成本低，与进口产品相比有显著的优势，又符合我国钢筋产品实际情况，因此我国自主开发的套筒灌浆连接技术和产品逐渐替代了进口产品。目前，钢筋套筒灌浆连接技术已有多家企业提供产品，随着我国混凝土装配式建筑和建筑工业化的大力发展，在国内已被广泛应用，工程数量达数千个，成为我国装配式住宅建筑的重要施工技术。钢筋套筒灌浆连接技术相关标准规范基本齐全，现行标准规范主要有《钢筋连接用灌浆套筒》(JG/T 398—2019)、《钢筋连接用套筒灌浆料》(JG/T 408—2019)、《装配式混凝土结构技术规程》(JGJ 1—2014)、《钢筋套筒灌浆连接应用技术规程》(JGJ 355—

2015)、《装配式混凝土结构连接节点构造(楼盖和楼梯)》(G310—1)、《装配式混凝土结构连接节点结构(剪力墙)》(G310—2)等。

钢筋套筒灌浆连接机械主要是灌浆料的搅拌机械和灌浆料拌合物的灌浆机械，是随着我国预制装配式建筑和预应力技术发展而不断发展的，是在我国混凝土搅拌机械、砂浆搅拌机械和砂浆输送机械基础上，随着我国工程机械技术进步而逐步提高的，是针对钢筋套筒灌浆连接灌浆材料的搅拌输送和灌浆工艺技术需求而研发的专业化灌浆料搅拌和注浆机械设备。

套筒灌浆连接技术施工的难点在于现场灌浆工艺控制，其中灌浆料搅拌和灌浆施工是决定套筒灌浆连接质量的关键工序。因此，灌浆料搅拌机械和灌浆机械的作用非常重要。

34.1.3　发展趋势

1. 灌浆料搅拌机械的发展趋势

目前工程应用中，操作工人主要使用建筑涂料拌和用的电动搅拌机，或者小型混凝土搅拌设备，人工将水与灌浆料干粉掺和、搅拌。但是工人对于拌和水加水量、搅拌时间、搅拌速度等需要精确控制的工艺参数难以做到准确、规范，而针对不同品牌或不同型号的产品、不同的搅拌设备、容器、环境温度等，有时会需要对搅拌时间、搅拌装置转速等参数作出改变，因此非专业灌浆操作工人经常由于人为因素造成灌浆料拌合物的质量偏差过大，导致应用在建筑物中的灌浆料抗压强度不合格、注入浆体密度不均匀、水过多使灌浆料泌水收缩、搅拌料速度过高使灌浆料发热快速凝固等问题给工程质量带来影响。未能及时发现的质量缺陷则会给建筑结构安全带来隐患。

灌浆搅拌机械的发展趋势如下：

(1) 搅拌机性能向环保型发展。一是提高搅拌机性能、质量，使用更少的凝胶材料，通过高质量的搅拌来实现灌浆的高性能；二是搅拌效率要高，消耗最小的能源达到最好的搅拌质量；三是搅拌机的维护性要好，且维护费用要低，包括搅拌机内的残余物料清理，润滑油的消耗等都尽量减少。

(2) 搅拌机类型向多元化发展。现在专业化分工越来越细，且现在灌浆的种类和对搅拌质量的要求越来越高，在市场上的不断变化下，搅拌机需向多元化方向发展。如将上料、搅拌、泵送几种功能组合在一起的一体机，搅拌过程中同时加入振动功能的振动搅拌机等，都是因市场的需求应运而生的。

(3) 搅拌机控制向智能化发展。通过智能化检测手段，达到对搅拌机各运行部件的在线监控、故障诊断：对部件运行的可靠性进行检测、搅拌时间等进行优化，以实现高效、节能。

(4) 向移动式智能化灌浆料高效拌和装置方向发展。精确控制加水量、搅拌速度和搅拌时间，执行灌浆料产品规定的标准搅拌动作程序，快速、高效制作合格的灌浆连接用灌浆料拌合物(或称浆体)。

2. 灌浆机械的发展趋势

目前工程中采用的灌浆机械，主要有螺杆式灌浆泵、挤压管式灌浆泵、气压式灌浆泵。这些泵的输出流量、工作压力参数都是固定的，开机即可持续输送。但由于施工作业面的结构情况多种多样，工人不能预见灌浆可能遇到的问题，灌浆出现问题的情况时有发生。工期紧、监督不到位时，节点灌浆这个隐蔽工程的质量问题就会被掩盖，给建筑结构安全造成隐患。

灌浆机械的发展趋势如下：

(1) 向移动式智能化灌浆设备方向发展。机械压力输送方式，多个工作参数精准控制。通过感知压力变化自动调节灌浆流量，完成对预制构件节点快速、饱满的灌浆施工作业。

(2) 向成套设备的智能控制方向发展。未来的机械化施工将是全流程机械化、自动化成套设备的施工，包括干混砂浆运输车、背罐车、移动筒仓、连续式搅拌机、砂浆输送机等，运输、储料、输送等环节实现机械化，所有流程之间通过信息化处理实现智能控制，最大限度减少人员操作。

(3) 加强砂浆配方研究。砂浆原材料地区差异性较大，导致砂浆配方受区域性影响较大。而适合机械化施工的砂浆质量要求较高，故而加大砂浆配方研究力度势在必行，从而满足机械化施工设备应用需求。

34.2 产品分类

钢筋套筒灌浆连接机械按照作业工序分为钢筋螺纹加工机械、灌浆料搅拌机械和灌浆机械。钢筋螺纹加工机械用于半灌浆套筒连接接头预制端钢筋连接螺纹的加工(前面已有叙述)；灌浆料搅拌机械用于灌浆料的机械拌和，其分为手持式搅拌机、卧式搅拌机、立式搅拌机和手推式搅拌机；灌浆机械用于灌浆连接接头灌浆端的压力注浆，其分为螺杆式、挤压式、气压式和手动式，按照控制方式又可分为普通式灌浆机和智能式灌浆机。

34.3 工作原理与结构组成

34.3.1 工作原理

1. 灌浆料搅拌机械

1) 手持式搅拌机

手持式搅拌机上部装有可调速电机，通过连接杆，连接搅拌叶片，通过电机带动搅拌杆和叶片旋转，使搅拌桶内灌浆料和水混合均匀。

2) 卧式搅拌机

卧式搅拌机筒体内装有单轴或双轴旋转反向的桨叶，桨叶呈一定角度将物料沿轴向、径向循环翻搅，使物料迅速混合均匀。卧式混合机减速机带动轴的旋转速度与桨叶的结构会使物料重力减弱，随着重力的缺乏，各物料存在颗粒大小、比重悬殊的差异在混合过程中被忽略。激烈的搅拌运动缩短了一次混合的时间，更快速、更高效。即使物料有密度、粒径的差异，在交错布置的搅拌叶片快速剧烈的翻腾抛洒下，也能达到很好的混合效果。混合均匀度高，残留量少，适合两种以上粉料，添加剂预混料的混合。

3) 立式搅拌机

立式搅拌机使进入到搅拌筒中的物料，在绕搅拌筒轴线旋转的底叶片、中叶片、侧刮板以及小行星搅拌器的强制作用下，沿筒体内的“走廊”交替往外和往内翻动，达到均质状态。

4) 手推式搅拌机

手推式搅拌机主要分为锥形倾翻出料式搅拌机和锥形反转出料式搅拌机。锥形倾翻出料式搅拌机在进料和搅拌时搅拌筒轴线保持水平或出料端向上倾斜一定角度，随着搅拌筒的旋转，内壁固定的叶片将物料提升到一定的高度，然后靠重力下落，周而复始，实现对物料的混合；当需进行出料时，使用机械装置或人力驱动，使得出料端下摆至与水平方向呈50°～60°倾角，将砂浆彻底卸出。锥形反转出料式搅拌机搅拌时，双锥形搅拌筒旋转，叶片在使物料作提升、下落运动的同时，还带动物料作轴向运动，实现物料的均匀搅拌，正转搅拌，反转出料。

2. 灌浆机械

1) 螺杆式灌浆机

螺杆是输送及喷射物料的主要部件，具有排量均匀、运转平稳、噪声小等特点。它由偏心螺杆(转子)和双头螺旋的橡胶内套(定子)组成，螺杆转动一周，就将密封腔中的物料向前推进一个螺距。随着螺杆轴的连续转动，物料就被连续地推送出泵体。螺杆式套筒灌浆机外形见图34-5。

图34-5 螺杆式套筒灌浆机外形图

2）挤压式灌浆机

挤压式灌浆机由电动机通过减速器驱动滚轮架作旋转运动，使滚轮架上的滚轮作行星转动挤压胶管，迫使管内砂浆产生压力，并沿输送管输出；当滚轮转过一定角度后，胶管由于其材料所具有的机械性能而立即恢复原状，从而在滚轮挤压后的胶管内形成真空，将砂浆从料斗吸入胶管，其工作原理如图 34-6 所示。通过挤压滚轮循环转动实现连续挤压，即实现灰浆连续地吸入和排出。在输送压力的作用下，砂浆通过输送管源源不断地输送到施工作业面。三个滚轮间隔 120°，三个滚轮中总有两个将胶管封闭，以防止砂浆回流。

挤压式灌浆机具有体积小、重量轻、工效高、移动方便、操作简单、价格低廉等优点。挤压式灌浆机整体结构见图 34-7。

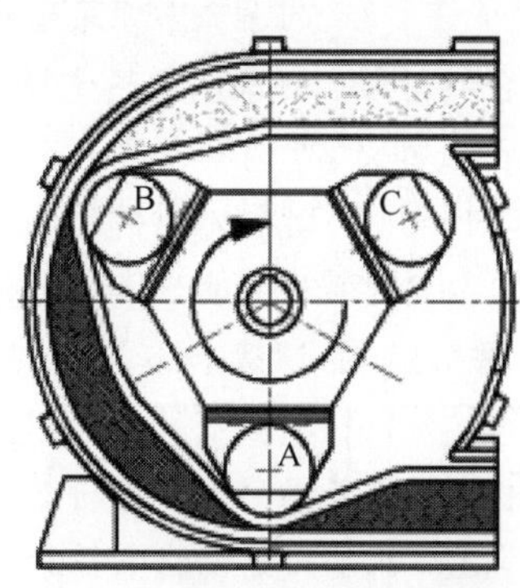

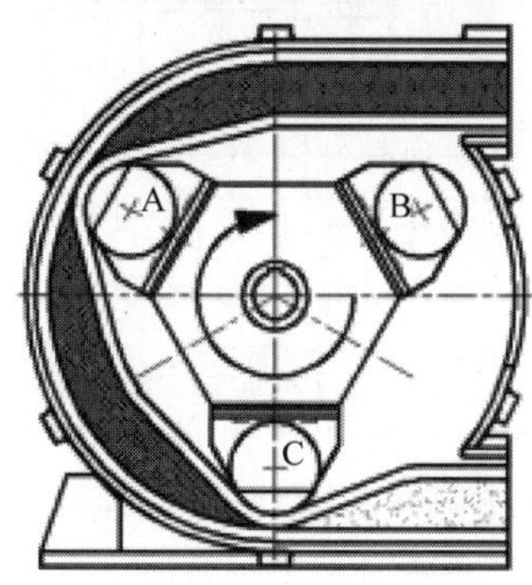

图 34-6　挤压式灌浆机工作原理示意图

3）气压式灌浆机

气压式灌浆机以压缩空气为动力源，利用气缸和注浆缸较大的作用面积比，从而以较小的气压便可以使缸体产生较高的注射压力。气压式灌浆机见图 34-8。

图 34-7　挤压式灌浆机整体结构

图 34-8　气压式灌浆机

34.3.2　结构组成

1. 灌浆料搅拌机械

1）手持式搅拌机

手持式搅拌机主要由电机、搅拌杆、搅拌叶片组成，自备搅拌桶。手持式搅拌机见图 34-9。

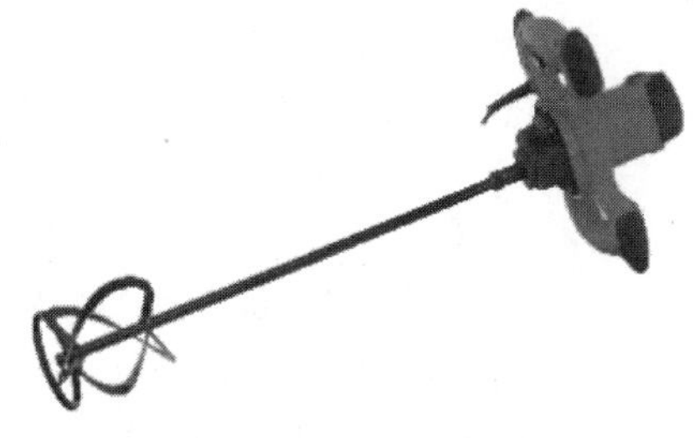

图 34-9　手持式搅拌机

2）卧式搅拌机

卧式搅拌机主要由搅拌机壳体、卸料系

统、搅拌系统、电气控制系统、传动系统组成。卧式搅拌机见图 34-10。

图 34-10 卧式搅拌机

(1) 搅拌机壳体主要由宽厚钢板弯制而成的圆形搅拌筒、左右端板组件等组成。圆形搅拌筒用于承载、容纳搅拌物；端板组件用于支撑圆形搅拌筒,其底部安装有底脚,用于固定搅拌机。

(2) 卸料系统主要由气缸、卸料门体、轴承座等组成,卸料门在气缸的作用下进行开关动作,轴承座起支撑卸料门的作用。

(3) 搅拌系统由叶片、铲片、搅拌臂等组成。搅拌臂一般由螺栓紧固安装在搅拌轴上,搅拌叶片安装在搅拌臂上。搅拌臂及搅拌叶片随搅拌轴旋转,叶片与铲片配合实现对物料的高效搅拌。

(4) 传动系统主要由电动机、V 带、减速器等传动件组成。搅拌过程中,电动机所产生的动能经过 V 带传递给减速机皮带轮,再经减速机降速增矩,驱动搅拌轴进行搅拌。

3) 立式搅拌机

立式搅拌机由电机、减速机、传动轴、搅拌叶片、搅拌桶、控制系统以及卸料阀组成。立式搅拌机见图 34-11。

图 34-11 立式搅拌机

4) 锥形倾翻出料式搅拌机

锥形倾翻出料式搅拌机主要由叉架、驱动装置、搅拌筒、机架、倾翻机构组成。锥形倾翻出料式搅拌机见图 34-12。

图 34-12 锥形倾翻出料式搅拌机

5) 自动灌浆料搅拌机

自动灌浆料搅拌机由搅拌桶、称重系统、加水系统、搅拌机构、电机、电控系统、机架、车轮等组成,能够精确配置灌浆料和拌合水,程序化自动拌和,搅拌桶无残留浆料,保证了钢筋灌浆施工用灌浆料拌合物(浆料)的加工质量。自动灌浆料拌制机的结构见图 34-13。

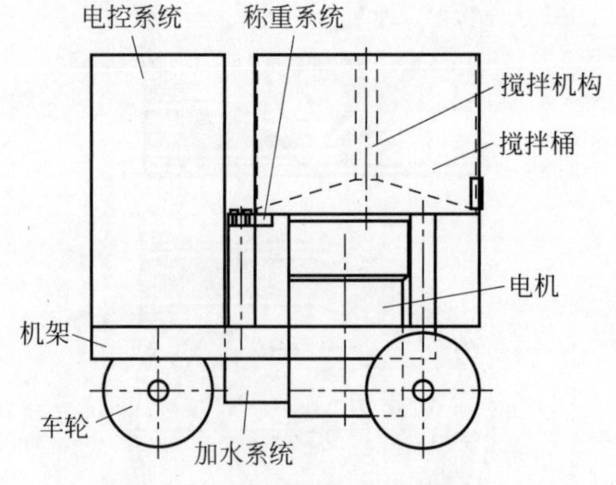

图 34-13 自动灌浆料搅拌机结构

2. 灌浆机械

1) 气压式灌浆机

该种灌浆机主要由空压机、罐体、注浆管、出料阀、枪头五大件组成。

(1) 空压机是气源装置中的主体,它是将原动机(通常是电动机)的机械能转换成气体压力能的装置,是压缩空气的气压发生装置,主要为罐体提供增压作用。

(2) 罐体是用来盛装灌浆料，并可向内加压的不锈钢罐体。

(3) 注浆管的材质为软管，从罐体底部接出，连接尾部枪头，作为灌浆料的流动通道。

(4) 出料阀是用来控制灌浆料流速、开关的装置。

(5) 枪头是连接软管，用来对接墙体灌浆的设备。

2) 挤压式灌浆机

挤压式灌浆机是一种专用灌浆设备，它由双速电动机(实现高低转速转换)、减速机、泵体、挤压软管、料斗、小车、压力表等部件构成，可泵送高黏度、高磨损砂浆或无骨水泥浆料。

3) 螺杆式灌浆机

螺杆式灌浆机是一种小流量的专用灌浆设备，它由电动机、存料斗、控制箱、螺杆、机架、出料口、轮子等组成，可以实现砂浆、水泥浆、化学浆等各种黏度浆料流动性的灌浆作业。螺杆式灌浆机广泛应用于套筒灌浆、防水堵漏、裂缝注浆、门缝缝隙灌浆、防盗门框体注浆等施工工程中，其结构示意图见图 34-14。

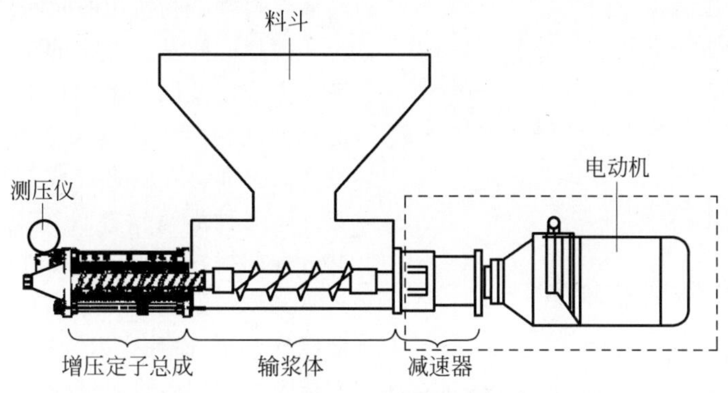

图 34-14　螺杆式灌浆机结构示意图

34.3.3　电气控制系统

1. 卧式搅拌机与立式搅拌机

卧式搅拌机或立式搅拌机主要进行搅拌电动机控制、卸料门控制、监控器等电路元器件控制。

2. 自动灌浆料搅拌机

自动灌浆料搅拌机的电气控制系统框图见图 34-15。

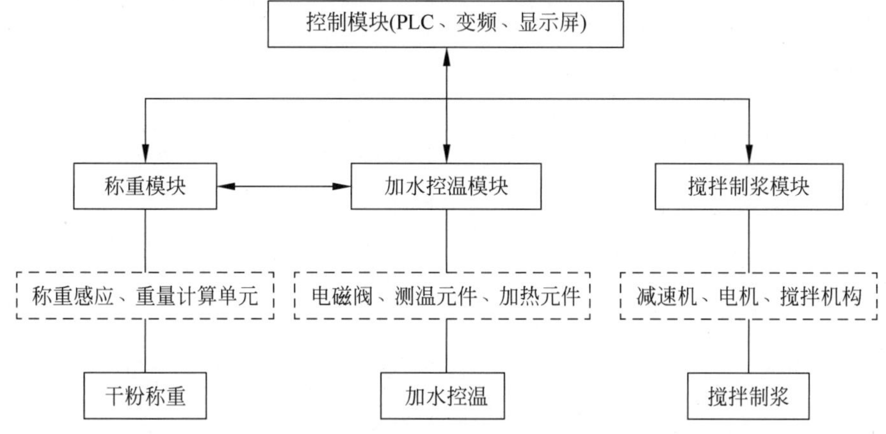

图 34-15　自动灌浆料搅拌机的电气控制系统框图

3. 挤压式灌浆机

图 34-16 所示为挤压式灌浆机电气控制系统接线图示例，主要包括灌浆速度控制、灌浆压力控制等电路元器件控制。

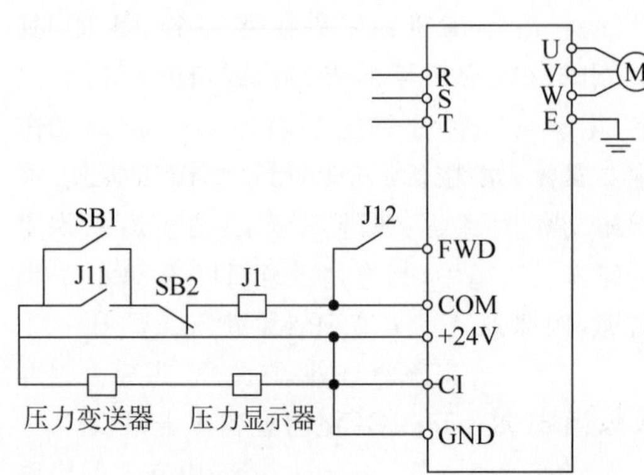

图 34-16 挤压式灌浆机电气控制系统接线

34.4 技术性能

34.4.1 产品型号命名

1. 灌浆料搅拌机械

灌浆料搅拌机械型号命名应遵循《建筑施工机械与设备 干混砂浆搅拌机》(JB/T 11185—2011)的规定。

2. 灌浆机械

灌浆机械型号命名应遵循《单螺杆泵》(JB/T 8644—2017)、《挤压式灰浆泵》(JG/T 5016—1992)、《气动式灰浆泵》(JG/T 5015—1993)的规定。①

34.4.2 性能参数

1. 灌浆搅拌机械的主要性能参数

灌浆搅拌机械的性能参数是设备选型的重要参考依据，主要性能参数如下。

(1) 转速。指正常工作时，搅拌杆的转动速度。一般手持式搅拌机的转速约为 800 r/min，卧式搅拌机、立式搅拌机、手推式搅拌机的转速约为 100 r/min。

(2) 线速度。线速度的大小决定了搅拌的效率，大一点的搅拌器转速要求低，而小搅拌器要求转速高，才能达到同样的效果。

(3) 工作时间。搅拌机的工作时间主要是对周期式灌浆搅拌机而言的，单位用 s 表示，其组成及概念如下：①进料时间，即从第一种原材料投入搅拌筒开始计时，到最后一种物料投入搅拌筒所用的时间；②出料时间，即在标准测试工况下，从搅拌筒内卸出灌浆料拌合物所用的时间；③搅拌时间，即从灌浆料投入搅拌筒开始，到搅拌机将灌浆料和拌合水搅拌成均质灌浆料拌合物所用的时间。

搅拌时间是搅拌机的重要参数，它取决于灌浆方式以及原材料的种类、配比以及搅拌机的机械结构等。它既关系着灌浆搅拌机生产效率的高低，又影响着成品砂浆料质量的优劣。每一种灌浆搅拌机在一定的条件下都有其合理的搅拌时间。若搅拌时间太短，则物料得不到均匀的搅拌；搅拌时间过长，不但会降低搅拌效率，而且会因骨料被击碎和水分的挥发导致搅拌的砂浆质量受到影响。

(4) 公称容量。在标准测试工况下，灌浆搅拌机每生产一罐次砂浆出料后经捣实的体积称为公称容量，即出料容量。

(5) 进料容量。在标准测试工况下，装进搅拌机内未经搅拌的干料体积称为进料容量。

(6) 工作循环周期。灌浆搅拌机完成供料、配料、投料、搅拌、出料等工作循环所需要的最长时间称为循环周期，即连续两次出料的间隔时间。

(7) 额定生产率。在标准测试工况下，每小时生产均质性合格的砂浆的方量(按捣实后的体积计量)称为额定生产率。

(8) 骨料最大粒径。指灌浆搅拌机所适应的最大骨料粒径。

(9) 外形尺寸和整机质量参数。外形尺寸和整机质量参数是设备运输、包装和储存的重

① 后面两个标准已经作废，但在无新版行业标准情况下，仍执行原标准。

要参考指标，其中外形尺寸是设备的最大长宽高外廓尺寸，整机质量是设备出厂状态下的质量。

2. **灌浆机的主要性能参数**

灌浆机械的性能参数是灌浆设备选型的重要参考依据，主要性能参数如下。

1）理论输送量

理论输送量是指在单位时间内能够派送出的砂浆体积，它反映的是设备的工作速度和效率。不同类型的输送设备其理论输送量的计算方法不同。

2）理论输送压力

理论输送压力是指砂浆输送设备能达到的最大出口压力。

3）理论垂直输送距离

它指砂浆输送设备所能达到的最大垂直高度，可反映设备的输送能力及作业范围，是用户比较关注的一个性能参数。

34.4.3　产品技术性能

产品技术参数见表 34-1～表 34-6。

表 34-1　JM-GJB 5D 型灌浆机技术参数

适用范围	骨料粒径 2 mm 以下的各种水泥砂浆灌注作业
电源	三相，380 V/50 Hz
主泵送电机	功率：0.75 kW(高速)，0.45 kW(低速)；电机转数：1420 r/min(高速)，700 r/min(低速)
额定流量/(L/min)	≥3(低速) ≥5(高速)
额定压力/MPa	1.2
料斗容积/L	20
外形尺寸/(cm×cm×cm)	80×34×72
重量/kg	96

表 34-2　UBJ0.5 型灌浆机技术参数

额定排量/(L/min)	0～8
主泵送电机功率/kW	1.1
电源	三相，380 V(220 V)/50 Hz
额定压力/MPa	1.0
外形尺寸/(mm×mm×mm)	770×600×940

表 34-3　UBL0.3 型灌浆机技术参数

额定排量/(m^3/h)	0.3
最大工作压力/MPa	1.8
电源	三相，380 V/50 Hz
适用范围	骨料粒径 3 mm 以下的各种水泥砂浆灌注作业
料斗容量/L	23
上料高度/mm	735
外形尺寸/(mm×mm×mm)	750×525×1100

表 34-4　BZJ 25A 型灌浆搅拌机技术参数

适用范围	骨料粒径 2 mm 以下的各种水泥砂浆或灌浆料加水拌制作业
电源	电压/频率：三相，380 V/50 Hz 功率：1.5 kW 电机转速：1400 r/min
公称容量/L	25
搅拌速度/(r/min)	20～100(在此范围内可任意设定两组搅拌转数)
外形尺寸/(mm×mm×mm)	920×520×1200
重量/kg	170

表 34-5　TD-Ⅱ型气动灌浆机技术参数

流量/(L/min)	4～5
主泵送电机功率/kW	0.75
容积/L	30
电源	220 V/50 Hz
外形尺寸/(mm×mm×mm)	500×400×1000
重量/kg	55

表 34-6 GJB 5A 型灌浆机技术参数

适用范围	骨料粒径 2 mm 以下的各种水泥砂浆灌注作业
电源	三相,380 V/50 Hz
降速压力/MPa	0.3(降速压力点,可以在 0.3～1.2 MPa 之间选择设定)
停机压力/MPa	0.6(停机压力点,可以在 0.3～1.2 MPa 之间选择设定)
额定流量/(L/min)	3
流量可调范围/(L/min)	1～5
主泵送电机	功率:0.75 kW;转速:0～1500 r/min
料斗容积/L	20
外形尺寸/(mm×mm×mm)	890×425×735
重量/kg	100

34.4.4 各企业产品型谱

1. 深圳市现代营造科技有限公司

TD-Ⅱ型气动高压灌浆机见图 34-17,其主要特点如下。

(1) 环保:机械性能好,无噪声、无污染。

(2) 便携:体积小,重量轻,携带方便,操作简单。

(3) 高效:工艺先进,省时、省力,效率高,施工质量高。

图 34-17 TD-Ⅱ型气动高压灌浆机

(4) 安全:技术可靠,结构合理,使用安全。

(5) 多功能:一机多用,如可进行套筒灌浆、堵漏注浆、固结注浆、裂缝补强注浆等。

(6) 耐用:保养简单,维修简便,坚固耐用,清洗方便。

(7) 方便:不锈钢机身易于清洁保养。

2. 北京思达建茂科技发展有限公司

1) BZJ 25A 型搅拌机

BZJ 25A 型搅拌机见图 34-18,其主要特点如下。

(1) 搅拌程序可设置。可设定搅拌时间、搅拌间隔时间、搅拌速度、水料比等参数。

(2) 对温度可实时监测,包括水温、环境温度、灌浆料拌合物的温度。

(3) 具有记录、存储功能。可自动记录、存储每次搅拌作业所执行的工作参数,包括搅拌时长、灌浆料干粉重量、加水量、测量的水温、拌合物浆温、环境温度等。

(4) 具有称重功能,包括灌浆料干粉重量自动称重,加水量的称重。

(5) 可准确按照程序动作,以设定的运行时间、转速等工作参数进行自动搅拌,搅拌速度均匀,搅拌无死角。

图 34-18 BZJ 25A 型搅拌机

2) JM-GJB 5D 型灌浆机

JM-GJB 5D 型灌浆机主要用于灌浆套筒的水平及垂直灌注浆料,它广泛地应用于预制装配式建筑工程套筒灌浆作业,具有体积小、重量轻、操作灵活的特点。

3) GJB 5A 型自动灌浆机

GJB 5A 型自动灌浆机见图 34-19，其主要特点如下。

(1) 输出可调，以满足不同结构节点灌浆需求。通过改变电机工作频率来调节设备输出流量。

(2) 工作压力可调，降低了爆仓风险。设备可设电机降速（降流量）压力值和电机转速降至零（停泵）压力值。

(3) 具有降速功能。设备压力大于设定降速压力后，随压力增加，电机转速对应下降，电机转速变化平缓，无骤减或跳增现象，达到停泵压力时，电机转速降至零，压力下降；电机转速回升，压力回复到降速压力值以下，则电机转速恢复到初始设定的工作转速（频率）。

(4) 保压功能，有利于提高灌浆饱满度。灌浆工作完成后，封闭输浆管出浆端，停止设备，设备自动对输浆软管内介质保压，软管及各接口处无渗漏。

图 34-19　GJB 5A 型自动灌浆机

3. 廊坊凯博建设机械科技有限公司

1) UBJ0.5 型挤压式灌浆机

UBJ0.5 型挤压式灌浆机见图 34-20，其主要特点如下。

(1) 输送砂浆时，砂浆不与金属零件接触，易损件较为单一，主要是挤压管，便于维护。

(2) 采用特有的密封结构，无任何泄漏和污染。

(3) 对黏度大、有杂质的液体输送不产生任何堵塞。

(4) 采用先进的导轮滚动挤压技术，可大大延长易损件寿命。

(5) 通过对泵转速的调节，实现对流量的调节，可适应多种场合。

图 34-20　UBJ0.5 型挤压式灌浆机

2) UBL0.3 型螺杆式套筒灌浆机

UBL0.3 型螺杆式套筒灌浆机见图 34-21。该灌浆机是一款小流量的灌浆机，可以实现灌浆料、砂浆、水泥浆、化学浆等各种黏度浆料流动性的灌浆作业。广泛应用于钢筋套筒灌浆连接、防水堵漏、裂缝注浆、门缝缝隙灌浆、防盗门框体注浆等施工。其主要特点如下。

(1) 结构简单，经久耐用，维修简单。

(2) 体积小、重量轻，便于移动。

图 34-21　UBL0.3 型螺杆式套筒灌浆机

34.5 选用原则与选型计算

34.5.1 灌浆连接机械选用原则

(1) 灌浆连接机械设备选择应根据施工要求的灌浆料性能、灌注流量和灌浆工期确定，其产品质量应符合国家现行相关产品标准规定。

(2) 灌浆机宜采用压力、流量可调节的专用灌浆设备。

(3) 搅拌机选型应根据搅拌浆体黏度大小选择，一般搅拌容量较大时用低转速，较小时用高转速。例如，手持式搅拌机转速800 r/min，每次搅拌容量25 kg左右，立式、卧式或手推式搅拌机转速较低，不超过100 r/min，搅拌容量大，可达100 kg。

(4) 所选设备应技术先进，可靠性高，经济性好，工作效率高。

(5) 所选设备的性能参数必须满足施工要求，灌浆压力不宜大于0.4 MPa，灌浆速度不宜大于5 L/min。

(6) 同一场地不宜选用过多型号、规格或多个厂家生产的设备，以免因零配件规格过多而增加管理成本。

(7) 应满足特殊施工条件要求，如有无符合设备使用要求的电源、是否有易爆气体等。

(8) 按照砂浆以及原材料的物理性能合理选择搅拌机型号。

(9) 灌浆机宜配备手动卸料装置或具备反泵功能，并具有安全保护功能，在输送系统超压时，设备应能自动卸料减压或者自动停机。

(10) 灌浆机应根据要求、材料颗粒度选择注浆枪及其相匹配的枪嘴类型和口径。

(11) 根据转场的方便性进行选择，如果在进行灌浆工作后设备需要进行搬迁，则宜选择移动式的搅拌机与灌浆机。

(12) 选择灌浆机械品牌时应优先考虑设备制造商在行业内的专业程度和知名度，应该从技术人员配置、生产工艺能力、质量保障能力、安装调试水平、技术指导与培训是否到位、售后服务是否良好、备件是否充分等多个角度综合衡量，切忌贪图便宜，购买三无产品或不正规的厂家产品。

(13) 干混砂浆搅拌时应配备除尘装置，符合施工现场环境保护要求。

34.5.2 灌浆连接机械选型计算

1. 灌浆搅拌机选型计算

设灌浆所需砂浆量为E(单位：m^3)，灌浆天数为D，每天工作小时数为H，砂浆利用系数为K(在搬运或装卸砂浆时会有部分砂浆损失)，则所需搅拌机的每小时总产量为$E=DHK$，其中K值可以根据工程的实际情况来定。

为了防止一台搅拌机在使用过程中会出现损坏的现象而影响工作效率，一般选用两台搅拌机。因此选用搅拌机的工作效率可为$\frac{E}{2}$(L/min)。

2. 灌浆连接机械选型

1) 灌浆机选型

灌浆机选择流量、压力可调的专用灌浆设备。正常灌浆流量宜为3 L/min，最高压力不超过1.2 MPa，正常灌浆压力宜为0.2～0.4 MPa。①剪力墙(以长度2.5 m为例)：灌浆时间约为10～12 min；②柱(以截面为800 mm×800 mm为例)：灌浆时间约为5 min。

2) 搅拌机选型

一般平均5 min内完成一袋(25 kg)灌浆料的搅拌。搅拌机工作效率应根据灌浆速度、实际工程需要和灌浆机匹配，以满足不间断灌浆的要求，一般选用两台搅拌机为一台灌浆机供料。

34.5.3 灌浆套筒选择与参数计算

1. 灌浆套筒型式选择

灌浆套筒型式选择首先要满足工程结构设计要求的连接接头性能等级和施工安装要求，其次要考虑连接套筒供应、连接钢筋加工和安装保障的要求，在此基础上选择能够保证钢筋接头连接质量稳定可靠和综合性价比最优的灌浆连接套筒型式。灌浆套筒根据加工方式分为铸造成型、机械加工成型两类。根据结构型式的特点分为全灌浆套筒、半灌浆套筒两类。其中全灌浆套筒和半灌浆套筒又分为整体式和分体式，机械加工成型又分为切削加工和压力加工，如表 34-7 所示。半灌浆套筒可按非灌浆一端机械连接方式，分为直接滚压直螺纹半灌浆套筒、剥肋滚压直螺纹半灌浆套筒和镦粗直螺纹半灌浆套筒。竖向钢筋连接一般采用半灌浆套筒，水平钢筋连接多采用全灌浆套筒。灌浆套筒示意图如图 34-22 所示。

表 34-7　灌浆套筒分类

分类方式	名　称	
结构型式	全灌浆套筒	整体式全灌浆套筒（见图 34-22(a)）
		分体式全灌浆套筒（见图 34-22(b)）
	半灌浆套筒	整体式半灌浆套筒（见图 34-22(c)）
		分体式半灌浆套筒（见图 34-22(d)）
加工方式	铸造成型	
	机械加工成型	切削加工
		压力加工（如滚压工艺，见图 34-22(e)）

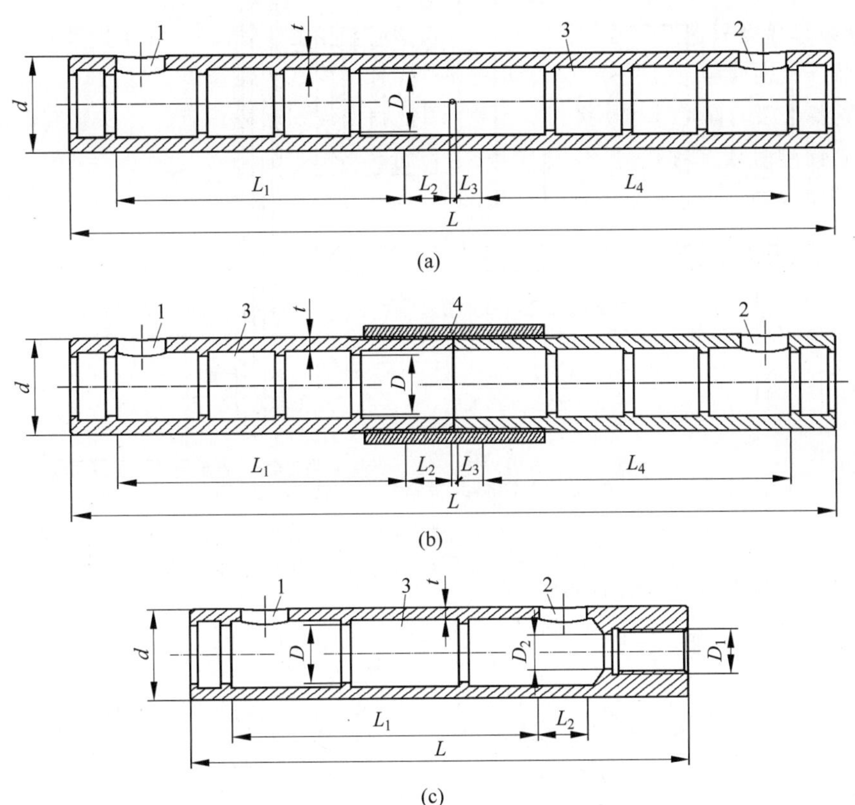

1—灌浆孔；2—排浆孔；3—剪力槽；4—连接套筒；L—灌浆套筒总长；L_1—注浆端锚固长度；L_2—装配端预留钢筋安装调整长度；L_3—预制端预留钢筋安装调整长度；L_4—排浆端锚固长度；t—灌浆套筒名义壁厚；d—灌浆套筒外径；D—灌浆套筒最小内径；D_1—灌浆套筒机械连接端螺纹的公称直径；D_2—灌浆套筒螺纹端与灌浆端连接处的通孔直径。

图 34-22　灌浆套筒示意图

(a) 整体式全灌浆套筒；(b) 分体式全灌浆套筒；(c) 整体式半灌浆套筒；
(d) 分体式半灌浆套筒；(e) 滚压型全灌浆套筒

注：D 不包括灌浆孔、排浆孔外侧因导向、定位等比锚固段环形凸起内径偏小的尺寸；D 可为非等截面；图 34-22(a) 中间圆为竖向全灌浆套筒设计的中部限位挡片或挡杆。

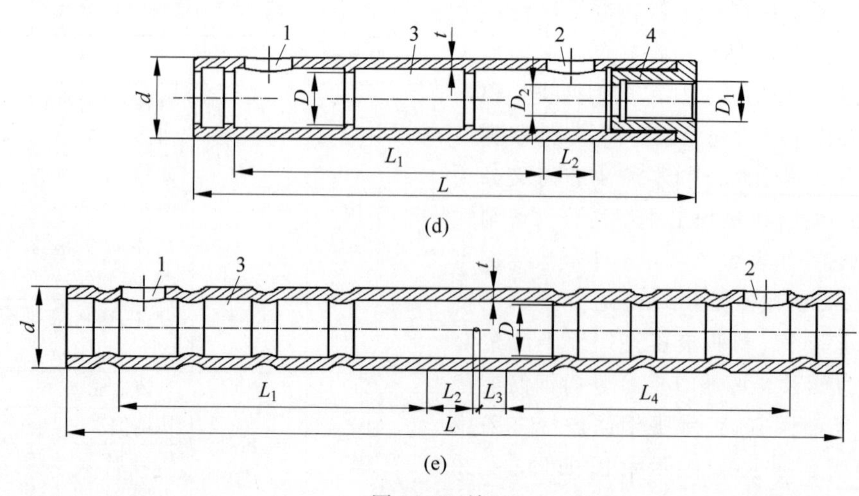

图 34-22(续)

2. 灌浆套筒型号选择

根据待连接钢筋的直径大小、强度级别和连接方位选择灌浆套筒型号和规格。

灌浆套筒型号由名称代号、分类代号、钢筋强度级别主参数代号、加工方式分类代号、钢筋直径主参数代号、特性代号和更新及变型代号组成。灌浆套筒主参数应为被连接钢筋的强度级别和公称直径。灌浆套筒型号表示如下：

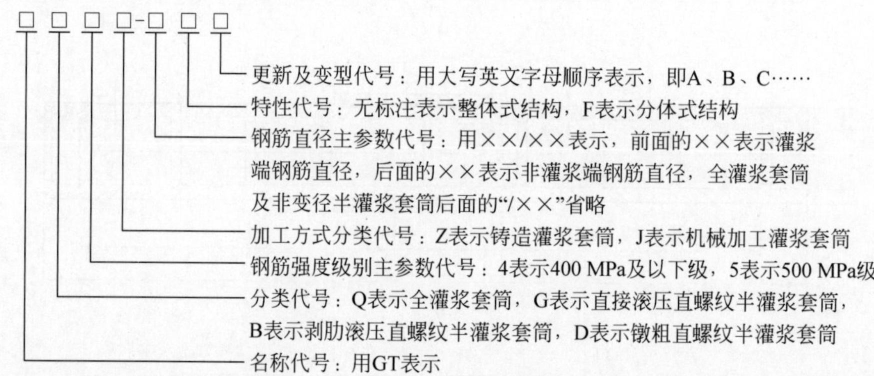

3. 灌浆套筒参数设计计算

(1) 根据灌浆套筒示意图可以看出，灌浆套筒的主要参数包括整体式和分体式灌浆套筒长度、灌浆套筒外径、灌浆套筒最小内径、套筒壁厚、灌浆套筒机械连接端螺纹的公称直径、灌浆端钢筋锚固长度、装配端预留钢筋安装调整长度、预制端预留钢筋安装调整长度，以及分体式灌浆连接套筒筒体连接螺纹直径、壁厚、长度等。

(2) 全灌浆套筒中部、半灌浆套筒排浆孔位置计入最大负公差后筒体拉力最大区段的屈服承载力和抗拉承载力的设计值应符合下列规定。

① 设计抗拉承载力不应小于被连接钢筋抗拉承载力标准值的 1.15 倍。

② 设计屈服承载力不应小于被连接钢筋屈服承载力标准值。

(3) 灌浆套筒外径和壁厚尺寸应根据被连接钢筋牌号、直径及灌浆套筒原材料的力学性能进行设计计算确定，灌浆套筒组成钢筋套筒灌浆连接接头的极限抗拉承载力不应小于被连接钢筋抗拉承载力标准值的 1.15 倍，屈服承载力不应小于被连接钢筋屈服承载力的标准值。套筒灌浆连接接头性能应符合《钢筋套筒灌浆连接应用技术规程》(JGJ 355—2015)的规定。灌浆套筒用于有疲劳性能要求的钢筋套筒灌浆连接接头时，其疲劳性能应符合《钢筋机械连接技术规程》(JGJ 107—2016)的规定。

(4) 灌浆套筒长度应根据试验确定，且灌浆连接端的钢筋锚固长度不宜小于8倍钢筋公称直径。灌浆套筒钢筋锚固长度不包括钢筋安装调整长度和封浆挡圈段长度，全灌浆套筒中间轴向定位点两侧应预留钢筋安装调整长度，预制端不宜小于10 mm，装配端不宜小于20 mm。换句话讲，"灌浆套筒长度"设计时应考虑钢筋设计锚固长度、钢筋安装调整长度、封浆挡圈段长度和灌浆套筒中间钢筋轴向定位部位尺寸。

(5) 灌浆套筒封闭环剪力槽宜符合表34-8的规定，其他非封闭环剪力槽结构形式的灌浆套筒应通过灌浆接头试验确定，并满足《钢筋套筒灌浆连接应用技术规程》(JGJ 355—2015)中接头性能的规定，且灌浆套筒结构的锚固性能应不低于同等灌浆接头封闭环剪力槽的作用。

表 34-8　灌浆套筒封闭环剪力槽

连接钢筋直径/mm	12～20	22～32	36～40
剪力槽数量/个	≥3	≥4	≥5
剪力槽两侧凸台轴向宽度/mm	≥2		
剪力槽两侧凸台径向高度/mm	≥2		

(6) 灌浆套筒计入负公差后的最小壁厚应符合表34-9的规定。

表 34-9　灌浆套筒计入负公差后的最小壁厚

单位：mm

连接钢筋公称直径	12～14	16～40
机械加工成型灌浆套筒壁厚	≥2.5	≥3
铸造成型灌浆套筒壁厚	≥3	≥4

(7) 半灌浆套筒螺纹端与灌浆端连接处的通孔直径设计不宜过大，螺纹小径与通孔直径差不应小于1 mm，通孔的长度不应小于3 mm。

(8) 灌浆套筒内腔的最小内直径与被连接钢筋的公称直径的最小差值应符合表34-10的规定。

表 34-10　灌浆套筒内腔最小内径与被连接钢筋公称直径的差值　单位：mm

连接钢筋公称直径	12～25	28～40
灌浆套筒最小内径与被连接钢筋公称直径的差值	≥10	≥15

(9) 分体式全灌浆套筒和分体式半灌浆套筒的分体连接部分的力学性能和螺纹副配合应符合下列规定。

① 设计抗拉承载力不应小于被连接钢筋抗拉承载力标准值的1.15倍。

② 设计屈服承载力不应小于被连接钢筋屈服承载力标准。

③ 螺纹副精度应符合GB/T 197—2018中H6/f6的规定。

(10) 灌浆套筒使用时螺纹副的旋紧力矩应符合表34-11的规定。

表 34-11　灌浆套筒螺纹副旋紧扭矩值

钢筋公称直径/mm	12～16	18～20	22～25	28～32	36～40
铸造灌浆套筒的螺纹副旋紧扭矩/(N·m)	≥80	≥200	≥260	≥320	≥360
机械加工灌浆套筒的螺纹副旋紧扭矩/(N·m)	≥100				

注：表中扭矩值是指直螺纹连接处最小安装拧紧扭矩值。

34.5.4 灌浆套筒及其性能要求

1. 灌浆套筒用材料

(1) 铸造灌浆套筒应符合下列规定。

① 铸造灌浆套筒材料宜选用球墨铸铁。

② 采用球墨铸铁制造的灌浆套筒，其材料性能、几何形状及尺寸公差符合 GB/T 1348—2019 的规定，材料性能参数见表 34-12。

表 34-12 材料性能参数

项目	材料	抗拉强度 R_m/MPa	断后伸长率 A/%	球化率/%	硬度/HBW
性能指标	QT500	≥500	≥7	≥85	170～230
	QT550	≥550	≥5		180～250
	QT600	≥600	≥3		190～270

(2) 机械加工灌浆套筒应符合下列规定。

① 机械加工灌浆套筒原材料宜选用优质碳素结构钢、碳素结构钢、低合金高强度结构钢、合金结构钢、冷拔或冷轧精密无缝钢管、结构用无缝钢管，热轧钢棒尺寸、外形与重量及允许偏差，无缝钢管尺寸、外形、重量及允许偏差应符合 GB/T 699—2015、GB/T 700—2016、GB/T 1591—2018、GB/T 3077—2015、GB/T 3639—2021、GB/T 8162—2018、GB/T 702—2017、GB/T 17395—2008 的规定，优质碳素结构钢热轧和锻制圆管坯应符合 YB/T 5222 的规定，材料性能参数见表 34-13。

表 34-13 机械加工灌浆套筒常用钢材材料性能

材料	45 号圆钢	Q390	Q345	Q234	40Cr
屈服强度 R_{eL}/MPa	≥355	≥390	≥345	≥235	≥785
抗拉强度 R_m/MPa	≥600	≥490	≥470	≥375	≥980
断后伸长率 A/%	≥16	≥18	≥20	≥25	≥9

注：当屈服现象不明显时，用规定塑性延展强度 $R_{p0.2}$ 代替。

② 当机械加工灌浆套筒原材料采用 45 号钢的冷轧精密无缝钢管时，应进行退火处理，并应符合 GB/T 3639—2021 的规定，其抗拉强度不应大于 800 MPa，断后伸长率不宜小于 14%。45 号钢冷轧精密无缝钢管的原材料应采用牌号为 45 号的管坯钢，并应符合 YB/T 5222 的规定。

③ 当机械加工灌浆套筒原材料采用冷压或冷轧加工工艺成型时，宜进行退火处理，并应符合 GB/T 3639 的规定，其抗拉强度不应大于 800 MPa，断后伸长率不宜小于 14%，且灌浆套筒设计时不应利用经冷加工提高强度而减少灌浆套筒横截面面积。机械滚压或挤压加工的灌浆套筒材料宜选用 Q345、Q390 及其他符合 GB/T 8162—2018 规定的钢管材料，亦可选用符合 GB/T 699—2015 规定的机械加工钢管材料。

④ 机械加工灌浆套筒原材料可选用经接头型式检验证明符合《钢筋套筒灌浆连接应用技术规程》(JGJ 355—2015)中接头性能规定的其他钢材。

2. 灌浆套筒加工及其性能要求

(1) 灌浆连接套筒的尺寸应与产品型检报告的结构型式和几何尺寸相一致。

(2) 灌浆套筒生产质量控制应符合下列规定。

① 灌浆套筒生产企业应发布包括本企业产品规格、型式、尺寸及偏差、材料和加工过程

质量控制方法、检验项目与制度、不合格产品处理规则、相匹配灌浆料的型号、灌浆料制备和灌注工艺的质量控制方法等内容的自我声明公开企业标准。

② 灌浆套筒生产企业应取得有效的 GB/T 19001/ISO 9001 质量管理体系认证证书、钢筋套筒灌浆接头产品认证证书。

③ 灌浆套筒在制品检验项目应至少包括外径、内径、长度、壁厚、轴向定位点位置和螺纹尺寸及精度。

(3) 灌浆套筒生产可追溯性应符合下列要求。

① 灌浆套筒外表面标志应符合《钢筋连接用灌浆套筒》(JG/T 398—2019)中第 8.1.1 条的规定。

② 灌浆套筒外表面应有清晰可见的可追溯性原材料批次、铸造生产炉号及套筒生产批号等信息,并应与原材料检验报告、发货单或出库凭单、产品检验记录、产品合格证、产品质量证明书等记录相对应。相关记录保存不应少于 3 年。

(4) 灌浆套筒的尺寸偏差应符合表 34-14 的规定。

表 34-14　灌浆套筒的尺寸偏差　　单位：mm

项　目	灌浆套筒形式					
	铸造灌浆套筒			机械加工灌浆套筒		
钢筋直径	10～20	22～32	36～40	10～20	22～32	36～40
内外径允许偏差	±0.8	±1.0	±1.5	±0.5	±0.6	±0.8
壁厚允许偏差	±0.8	±1.0	±1.2	±12.5%t 或±0.4 较大者		
长度允许误差	±2.0			±1.0		
最小内径允许误差	±1.5			±1.0		
剪力槽两侧凸台顶部轴向宽度允许偏差	±1.0					
剪力槽两侧凸台径向高度允许偏差	±1.0					
直螺纹精度	GB/T 197 中 6H 级					

(5) 灌浆套筒的外观应符合下列要求。

① 铸造灌浆套筒内外表面不应有影响使用性能的夹渣、冷隔、砂眼、缩孔、裂纹等质量缺陷。

② 机械加工灌浆套筒外表面可为加工表面或无缝钢管、圆钢的自然表面,表面应无目测可见裂纹等缺陷,端面和外表面的边棱处应无尖棱、毛刺。

③ 灌浆套筒表面允许有锈斑或浮锈,不应有锈皮。

④ 滚压型灌浆套筒滚压加工时,灌浆套筒内外表面不应出现微裂纹等缺陷。

(6) 灌浆套筒的力学性能应符合下列要求。

① 灌浆套筒组成钢筋套筒灌浆连接接头的极限抗拉承载力不应小于被连接钢筋抗拉承载力标准值的 1.15 倍,屈服承载力不应小于被连接钢筋屈服承载力的标准值。

② 钢筋套筒灌浆连接接头的抗拉强度和变形性能应符合表 34-15 和表 34-16 的规定。

表 34-15　钢筋套筒灌浆连接接头的抗拉强度

项目	强度要求
抗拉强度	接头破坏时 $f_{mst}^{0} \geqslant 1.15 f_{stk}^{0}$

注：(1) f_{mst}^{0}—接头时间实测抗拉强度；(2) f_{stk}^{0}—钢筋抗拉强度标准值；(3) 接头破坏指断于钢筋、断于套筒、套筒开裂、钢筋从套筒中拔出、钢筋外露螺纹部分破坏、钢筋镦粗过渡段破坏或者套筒内螺纹部分拉脱以及其他连接组件破坏。

表 34-16 钢筋套筒灌浆连接接头的变形性能

项 目		变形性能
对中和偏置单向拉伸	残余变形/mm	$u_0 \leqslant 0.10(d \leqslant 32\ \text{mm}), u_0 \leqslant 0.14(d > 32\ \text{mm})$
	最大力下总伸长率/%	$A_{sgt} \geqslant 6.0$
高应力反复拉压	残余变形/mm	$u_{20} \leqslant 0.3$
大变形反复拉压	残余变形/mm	$u_4 \leqslant 0.3$ 且 $u_8 \leqslant 0.6$

注：u_0—接头时间加载至 0.6 倍钢筋屈服强度标准值并卸载后规定标距内的残余变形；u_{20}—接头经高应力反复拉压 20 次后的残余变形；u_4—接头经大变形反复拉压 4 次后的残余变形；u_8—接头经大变形反复拉压 8 次后的残余变形；A_{sgt}—接头试件的最大总伸长率。

(7) 灌浆套筒用于直接承受重复荷载的构件时，接头的型式检验应按《钢筋机械连接技术规程》(JGJ 107—2016)的要求进行疲劳性能检验，见表 34-17。

表 34-17 HRB400 钢筋接头疲劳性能检验的应力幅和最大应力

应力组别	最小与最大应力比值 ρ	应力幅值/MPa	最大应力/MPa
第一组	0.70～0.75	60	230
第二组	0.45～0.50	100	190
第三组	0.25～0.30	120	165

灌浆套筒连接接头的疲劳性能型式检验试件应符合以下要求。

① 应取直径不小于 32 mm 的钢筋做 6 根接头试件，分为 2 组，每组 3 根。

② 任选表 34-17 中的 2 组应力进行试验。

③ 经 200 万次加载后，全部试件均未破坏，该批疲劳试件型式检验应评定为合格。

34.5.5 钢筋连接用套筒灌浆料

钢筋连接用套筒灌浆料是以水泥为基本材料，配以细骨料，以及混凝土外加剂和其他材料组成的干混料，简称"套筒灌浆料"。该材料加水搅拌后具有良好的流动性、早强、高强、微膨胀等性能，填充于套筒和带肋钢筋间隙内，形成钢筋套筒灌浆连接接头。钢筋连接用套筒灌浆料分为常温型套筒灌浆料和低温型套筒灌浆料，常温型套筒灌浆料用于灌浆施工及养护过程中 24 h 内灌浆部位环境温度不低于 5℃的套筒灌浆料；低温型套筒灌浆料用于灌浆施工及养护过程中 24h 内灌浆部位环境温度范围为－5～10℃的套筒灌浆料。

1. 常温型套筒灌浆料

套筒灌浆料应按产品设计(说明书)要求的用水量进行配制。拌合用水应符合 JGJ 63—2022 的规定。常温型套筒灌浆料的性能应符合表 34-18 的规定。

表 34-18 常温型套筒灌浆料的性能指标

检测项目		性能指标
流动度/mm	初始	≥300
	30 min	≥260
抗压强度/MPa	1d	≥35
	3 d	≥60
	28 d	≥85
竖向膨胀率/%	3 h	0.02～2
	24 h 与 3 h 差值	0.02～0.40
28 d 自干燥收缩/%		≤0.045
氯离子含量/%		≤0.03
泌水率/%		0

注：氯离子含量以灌浆料总量为基准。

2. 低温型套筒灌浆料

低温型套筒灌浆料的性能应符合表 34-19 的规定。

表 34-19 低温型套筒灌浆料的性能指标

检测项目		性能指标
−5℃流动度/mm	初始	≥300
	30 min	≥260
8℃流动度/mm	初始	≥300
	30 min	≥260

续表

检测项目		性能指标
抗压强度/MPa	−1 d	≥35
	−3 d	≥60
	−7 d+21 d	≥85
竖向膨胀率/%	3 h	0.02～2
	24 h与3 h差值	0.02～0.40
28 d自干燥收缩/%		≤0.045
氯离子含量/%		≤0.03
泌水率/%		0

注：(1) −1 d代表在负温养护1 d，−3 d代表在负温养护3 d，−7 d+21 d代表在负温养护7 d转标养21 d；

(2) 氯离子含量以灌浆料总量为基准。

34.5.6　套筒灌浆连接和接头性能要求

钢筋套筒灌浆连接是由钢筋、灌浆套筒、灌浆料通过灌浆料搅拌机械、灌浆机械按照灌浆施工工艺要求进行灌注形成灌浆料拌合物，待灌浆料拌合物固化后将钢筋、套筒连接成一体，即形成套筒灌浆连接接头的连接形式。

1. 套筒灌浆连接用钢筋

(1) 套筒灌浆连接的钢筋应采用符合现行国家标准《钢筋混凝土用钢　第2部分：热轧带肋钢筋》(GB/T 1499.2—2018)和《钢筋混凝土用余热处理钢筋》(GB 13014—2013)要求的带肋钢筋。

(2) 连接钢筋直径不宜小于12 mm，且不宜大于40 mm。当采用不锈钢钢筋及其他进口钢筋时，应符合相应产品标准要求。

2. 灌浆连接套筒

灌浆连接套筒应符合现行行业标准《钢筋连接用灌浆套筒》(JG/T 398—2019)的有关规定。灌浆套筒的套筒设计锚固长度不宜小于插入钢筋公称直径的8倍，灌浆端最小内径与连接钢筋公称直径的差值不宜小于表34-20规定的数值。

表34-20　灌浆套筒灌浆端最小内径尺寸要求

单位：mm

钢筋直径	套筒灌浆端最小内径与连接钢筋公称直径差最小值
12～25	10
28～40	15

考虑我国钢筋的外形尺寸及工程实际情况，全灌浆套筒和半灌浆套筒的灌浆端设计锚固长度均不宜小于连接钢筋公称直径的8倍，当用于异径钢筋连接时不宜小于小径连接钢筋公称直径的8倍。半灌浆套筒的螺纹连接端和灌浆端的极限抗拉承载力均不应小于被连接钢筋抗拉承载力标准值的1.15倍，屈服承载力不应小于被连接钢筋屈服承载力的标准值。

3. 常温灌浆料

常温灌浆料性能及试验方法应符合现行行业标准《钢筋连接用套筒灌浆料》(JG/T 408—2019)的有关规定，并应符合下列规定：

(1) 常温型灌浆料抗压强度应符合表34-21的要求，且不应低于接头设计要求的灌浆料抗压强度；灌浆料抗压强度试件应按40 mm×40 mm×160 mm尺寸制作，其加水量应按灌浆料产品说明书确定，试件应按标准方法制作、养护，试模材质应为钢质。

表34-21　常温型灌浆料抗压强度要求

龄期	抗压强度/(N/mm^2)
1 d	≥35
3 d	≥60
28 d	≥85

(2) 常温型灌浆料竖向膨胀率应符合表34-22的要求。

表34-22　常温型灌浆料竖向膨胀率要求

项目	竖向膨胀率/%
3 h	≥0.02
24 h与3 h差值	0.02～0.30

(3) 常温型灌浆料拌合物的工作性能应符合表34-23的要求，泌水率试验方法应符合现行国家标准《普通混凝土拌合物性能试验方法标准》(GB/T 50080—2016)的规定。

表 34-23 常温型灌浆料拌合物的工作性能要求

项 目		技术指标
流动度/mm	初始	≥300
	30 min	≥260
泌水率/%		0

4. 低温型灌浆料

低温型灌浆料应符合现行行业标准《钢筋连接用套筒灌浆料》(JG/T 408—2019)的有关规定,并应符合下列规定。

(1) 低温型灌浆料抗压强度应符合表 34-24 的要求,且不应低于接头设计要求的灌浆料抗压强度;灌浆料抗压强度试件应按 40 mm×40 mm×160 mm 尺寸制作,其加水量应按灌浆料产品说明书确定,试模材质应为钢质。

表 34-24 低温型灌浆料抗压强度要求

龄期	抗压强度/(N/mm^2)
−1 d	≥35
−3 d	≥60
−7 d+21 d	≥85

注:−1 d、−3 d 表示在(−5±1)℃条件下养护 1 d、3 d,−7 d+21 d 表示在(−5±1)℃环境条件下养护 7 d 后转标准养护条件再养护 21 d。

(2) 低温型灌浆料竖向膨胀率应符合表 34-25 的要求。

表 34-25 低温型灌浆料竖向膨胀率要求

项 目	竖向膨胀率/%
3 h	≥0.02
24 h 与 3 h 差值	0.02~0.30

(3) 低温型灌浆料拌合物的工作性能应符合表 34-26 的要求,泌水率试验方法应符合现行国家标准《普通混凝土拌合物性能试验方法标准》(GB/T 50080—2016)的规定。

表 34-26 低温型灌浆料拌合物的工作性能要求

项 目		技术指标
流动度/mm	−5℃初始	≥300
	−5℃ 30 min	≥260
	8℃初始	≥300
	8℃ 30 min	≥260
泌水率/%		0

5. 套筒灌浆连接要求

(1) 采用钢筋套筒灌浆连接的钢筋混凝土结构标准设计应符合国家现行标准《混凝土结构设计规范》(GB 50010—2010)、《建筑抗震设计规范》(GB 50011—2010)、《装配式混凝土结构技术规程》(JGJ 1—2014)的有关规定。

(2) 采用套筒灌浆连接的构件混凝土强度等级不宜低于 C30,混凝土构件中灌浆套筒的净距不应小于 25 mm。

(3) 预制混凝土构件的灌浆套筒长度范围内,预制混凝土柱箍筋的混凝土保护层厚度不应小于 20 mm,预制混凝土墙最外层钢筋的混凝土保护层厚度不应小于 15 mm。

(4) 当装配式混凝土结构采用符合 JGJ 355—2015 标准规定的套筒灌浆连接接头时,构件全部纵向受力钢筋可在同一截面上连接。

(5) 在多遇地震组合下,全截面受拉钢筋混凝土构件的纵向受力钢筋不宜在同一截面全部采用钢筋套筒灌浆连接。

(6) 套筒灌浆连接应符合下列规定。

① 接头连接钢筋的强度等级不应高于灌浆套筒规定的连接钢筋强度等级。

② 全灌浆套筒两端及半灌浆套筒灌浆端连接钢筋的直径不应大于灌浆套筒直径规格,且不宜小于灌浆套筒直径规格一级以上,不应小于灌浆套筒直径规格二级以上。

③ 半灌浆套筒预制端连接钢筋的直径应与灌浆套筒直径规格一致。

④ 构件配筋方案应根据灌浆套筒外径、长度、净距及安装施工要求确定。

⑤ 连接钢筋插入灌浆套筒的长度应符合灌浆套筒参数要求,构件连接钢筋外露长度应根据其插入灌浆套筒的长度、构件连接接缝宽度、构件连接节点构造做法与施工允许偏差等要求确定。

⑥ 竖向构件配筋设计应与灌浆孔、出浆孔位置协调。

⑦ 底部设置键槽的预制柱,应在键槽处设置排气孔,且排气孔位置应高于最高位出浆

孔，高度差不宜小于 100 mm。

6. 套筒灌浆连接接头型式检验

套筒型式检验是针对灌浆接头产品的专项检验，接头型式检验的送检单位为灌浆套筒和(或)灌浆料生产单位。施工单位、构件生产单位不可作为接头型式检验的送检单位，当施工单位或构件生产单位作为接头提供单位时应按 JGJ 355—2015 的规定进行接头匹配检验。在下列情况时，应进行接头型式检验。

(1) 确定接头性能时；

(2) 灌浆套筒材料、工艺、结构改动时；

(3) 灌浆料型号、成分改动时；

(4) 钢筋强度等级、肋形发生变化时；

(5) 型式检验报告超过 4 年。

7. 套筒灌浆连接接头性能要求

钢筋套筒灌浆连接接头的抗拉强度应符合表 34-27 的规定。钢筋套筒灌浆连接接头的屈服强度不应小于连接钢筋屈服强度标准值。套筒灌浆连接接头应能经受规定的高应力和大变形反复拉压循环检验，且在经历拉压循环后，其抗拉强度仍应符合表 34-27 的规定。套筒灌浆连接接头单向拉伸、高应力反复拉压、大变形反复拉压试验加载过程中，当接头拉力达到或大于连接钢筋抗拉荷载标准值的 1.15 倍而未发生破坏时，应判为抗拉强度合格，可停止试验。

表 34-27　接头抗拉强度

破 坏 形 态	极限抗拉强度
断于钢筋母材	$f_{mst}^{0} \geqslant f_{stk}$
断于半灌浆套筒预制端外钢筋丝头 断于半灌浆套筒预制端外钢筋镦粗过渡段	$f_{mst}^{0} \geqslant 1.05 f_{stk}$
断于套筒 钢筋从套筒灌浆端拔出 钢筋从半灌浆套筒预制端拉脱 接头试件未断而结束试验	$f_{mst}^{0} \geqslant 1.15 f_{stk}$

注：f_{mst}^{0}—接头试件实测极限抗拉强度；f_{stk}—钢筋极限抗拉强度标准值。

套筒灌浆连接钢筋接头的变形性能应符合表 34-28 的规定。

表 34-28　套筒灌浆连接钢筋接头的变形性能

项　　目		变形性能要求
对中单向拉伸	残余变形/mm	$u_0 \leqslant 0.10$ ($d \leqslant 32$ mm) $u_0 \leqslant 0.14$ ($d > 32$ mm)
	最大力下总伸长率/%	$A_{sgt} \geqslant 6.0$
高应力反复拉压	残余变形/mm	$u_{20} \leqslant 0.3$
大变形反复拉压	残余变形/mm	$u_4 \leqslant 0.3$ 且 $u_8 \leqslant 0.6$

注：u_0—接头试件加载至 $0.6f_{yk}$ 并卸载后在规定标距内的残余变形；A_{sgt}—接头试件的最大力下总伸长率；u_{20}—接头试件按规定加载制度经高应力反复拉压 20 次后的残余变形；u_4—接头试件按规定加载制度经大变形反复拉压 4 次后的残余变形；u_8—接头试件按规定加载制度经大变形反复拉压 8 次后的残余变形。

34.5.7　灌浆料制备与灌浆施工

1. 套筒灌浆连接规定

(1) 灌浆套筒、灌浆料应在构件生产和施工前确定。

(2) 灌浆套筒、灌浆料生产单位作为接头提供单位时，接头提供单位应提交所有使用接头规格的有效型式检验报告；施工单位、构件生产单位作为接头提供单位时，接头提供单位应完成所有使用接头规格的匹配检验。

(3) 接头匹配检验应按 JGJ 355—2015 中接头型式检验的规定进行。匹配检验应委托专业检测机构进行，并应按 JGJ 355—2015 规定的格式出具检验报告，且匹配检验报告应对具体工程项目一次有效。

(4) 灌浆施工中如更换灌浆料，则施工单位应为接头提供单位，并在灌浆施工前重新完成涉及接头规格的匹配检验及有关材料进场检验，所有检验均应在监理单位(建设单位)、第三方检测单位代表的见证下制作试件并一次合格。

(5) 接头型式检验报告、匹配检验报告应符合下列规定：①接头连接钢筋的强度等级低于灌浆套筒规定的连接钢筋强度等级时，可按实际应用的灌浆套筒提供检验报告；②对于预制端连接钢筋直径小于灌浆端连接钢筋直径的半灌浆变径接头，可提供两种直径规格的等径同类型半灌浆套筒检验报告作为依据，其他变径接头可按实际应用的灌浆套筒提供检验报告。

(6) 钢筋套筒灌浆连接应按接头提供单位提供的接头制作、安装及灌浆施工作业指导书要求进行。

(7) 接头提供单位为提供套筒灌浆连接技术并按接头型式检验报告或匹配检验报告提供相匹配的灌浆套筒和灌浆料的单位。对于未获得有效接头型式检验报告或匹配检验报告的灌浆套筒与灌浆料，不得用于工程。

(8) 接头提供单位为灌浆套筒和(或)灌浆料生产单位时，接头提供单位应提交所有使用接头规格的有效型式检验报告。在构件制作与施工操作符合工艺及质量控制要求的前提下，接头提供单位应对接头质量负责。

(9) 套筒灌浆连接的工艺要求应包括半灌浆套筒机械连接端丝头加工与安装、灌浆套筒在构件内安装、灌浆施工技术要求等。接头提供单位应通过研发与实践确定工艺要求，编制作业指导书并提供给构件生产单位、施工单位。

(10) 半灌浆套筒的接头提供单位应为灌浆套筒生产单位；全灌浆套筒的接头提供单位宜为灌浆套筒生产单位，也可为灌浆料生产单位。

(11) 接头提供单位为施工单位时，施工单位应确定灌浆套筒和灌浆料、提供作业指导书并对接头质量负责，构件生产及施工前施工单位应按 JGJ 355—2015 规定完成所有使用接头规格的匹配检验。

(12) 接头提供单位为构件生产单位时，构件生产单位应确定灌浆套筒和灌浆料、提供作业指导书并对接头质量负责，构件生产单位应在生产前按 JGJ 355—2015 的规定完成所有使用接头规格的匹配检验。

(13) 通常情况下，钢筋套筒灌浆连接施工往往是灌浆套筒早于灌浆料使用，但在灌浆套筒进场检验时要用到灌浆料，因此在构件生产及现场施工前要确定灌浆套筒与灌浆料，即在采购灌浆套筒时同时确定与之匹配的灌浆料。

(14) 当产品生产单位作为接头提供单位时，如需在工程进行中更换其他产品生产单位作为接头提供单位，应在构件生产(灌浆套筒使用)前完成。如在灌浆套筒已使用后再更换灌浆料，即灌浆施工中单独更换灌浆料情况，接头提供单位应变更为施工单位，不得将后换的灌浆料提供单位作为接头提供单位；施工单位应在灌浆施工前委托并完成涉及接头规格的匹配检验及有关材料进场检验，所有检验均应在监理单位(建设单位)、第三方检测单位代表见证下制作试件，并要求一次合格，不得复检；如发生不合格情况，只能再次更换灌浆料并完成相关检验。

(15) 如构件生产单位在构件生产过程中更换灌浆套筒的品牌或类型，应与施工单位达成一致，优先采用灌浆套筒、灌浆料整体更换并由产品生产单位作为接头提供单位的方式，否则应确定施工单位或构件生产单位作为接头提供单位，并按 JGJ 355—2015 有关规定执行。

(16) 如将构件生产单位变更为接头提供单位，应在构件生产前由构件生产单位委托并完成涉及钢筋的接头匹配检验及有关材料进厂(场)检验，所有检验均应在施工单位(或监理单位、建设单位)、第三方检测单位代表的见证下制作试件并一次合格。

(17) 匹配检验的送检单位为施工单位或构件生产单位，灌浆套筒、灌浆料生产单位不得进行匹配检验。匹配检验不要求同时得到灌浆套筒和灌浆料生产单位的确认或许可，匹配检验的具体内容应符合 JGJ 355—2015 接头型式检验的所有规定。匹配检验针对实际工程进行，且仅对具体工程项目一次有效。

(18) 变径接头有多种情况，仅预制端连接钢筋直径小于灌浆端连接钢筋直径的半灌浆变径接头需要单独加工灌浆套筒，此种变径半灌浆套筒的接头型式检验、匹配检验难度较大，因此允许提供两种直径钢筋规格的等径同类型半灌浆套筒检验报告作为依据。对于全灌浆变径接头、预制端连接钢筋直径大于灌浆端连接钢筋直径的半灌浆变径接头两种情况，工程可直接采用大直径钢筋对应规格的灌浆套筒，接头提供单位可按实际应用灌浆套筒提供检验报告。

2. 编制专项施工方案

专项施工方案不是强调单独编制，而是强调应在相应项目施工方案中包括套筒灌浆连接施工的相应内容。专项施工方案应包括材料与设备要求、灌浆料种类对应的施工条件、灌浆的施工工艺、灌浆质量控制措施、安全管理措施、缺陷处理等。采用连通腔灌浆方式时施工方案应明确典型构件的灌浆区域划分方式。施工中应严格执行专项施工方案，当实际施工与专项施工方案不符时，应重新确定后，及时调整施工方案。专项施工方案编制应以接头提供单位的相关技术资料、作业指导书为依据。采用连通腔灌浆法施工且两层及以上集中灌浆、低温条件下套筒灌浆施工、坐浆法施工等3种情况的专项施工方案应进行技术论证。

3. 灌浆料搅拌

(1) 灌浆料水料比应按照灌浆料厂家说明书的要求确定(如12%，即为25 kg干料+3 kg水)。用电子秤分别称量灌浆料和水，也可用刻度量杯计量水。

(2) 先将水倒入搅拌桶，然后加入约70%干料，用专用搅拌机搅拌1～2 min大致均匀后，再将剩余干料全部加入，再搅拌3～4 min至彻底均匀。

(3) 搅拌均匀后，静置2～3 min，使浆内气泡自然排出。

(4) 待灌浆料拌合物内气泡自然排出后，进行流动度测试，灌浆料拌合物流动度要求在300～360 mm。

(5) 流动度满足要求后，将灌浆料拌合物倒入灌浆机内，进行灌浆作业。

4. 灌浆施工

灌浆施工作业是装配式混凝土建筑工程施工最重要且最核心的环节之一，灌浆施工时应注意以下问题：

(1) 将灌浆机用水润湿，避免设备机体干燥吸收灌浆料拌合物内的水分，从而影响灌浆料拌合物流动度。

(2) 将搅拌好的灌浆料拌合物倒入灌浆机料斗内，开启灌浆泵。

(3) 从接头下方的灌浆孔处向套筒内压力灌浆。特别注意正常灌浆的浆料要在自加水搅拌开始20～30 min内灌完，以尽量保留一定的操作应急时间。灌浆过程中应注意：①同一仓只能在一个灌浆孔灌浆，不能同时选择两个以上孔灌浆。②同一仓应连续灌浆，中途不得停顿。如果中途停顿，再次灌浆时，应保证已灌入的浆料有足够的流动性后，还需要将已经封堵的出浆孔打开，待灌浆料再次流出后逐个封堵出浆孔。③灌浆施工宜采用压力、流量可调节的专用设备。施工前应按施工方案核查灌浆料搅拌设备、灌浆设备，施工中应核查灌浆压力、灌浆速度。灌浆施工中，灌浆速度宜先快后慢，并合理控制。灌浆压力宜为0.2～0.3 N/mm^2，且持续灌浆过程的压力不应大于0.4 N/mm^2，后期灌浆压力不宜大于0.2 N/mm^2。④每块预制墙体灌浆时，第一个出浆口出浆后，应将灌浆泵由高挡降至低挡，严禁长期高挡高速灌浆。待所有出浆口出浆后，停5～10 s后，再采用点注方法一次。

(4) 竖向连接灌浆施工的封堵顺序及时间尤为重要。封堵时间应以出浆孔流出圆柱体灌浆料拌合物为准。采用连通腔灌浆时，宜以一个灌浆孔灌浆，其他灌浆孔、出浆孔流出的方式；但当灌浆中遇到问题，可更换另一个灌浆孔灌浆，此时各灌浆套筒已封闭的下部灌浆孔、上部出浆孔宜重新打开，待灌浆料拌合物再次平稳流出后再进行封堵。灌浆泵(枪)口撤离灌浆孔时，也应立即封堵。

(5) 水平连接灌浆施工的关键要点在于灌浆料拌合物流动的最低点要高于灌浆套筒外表面最高点，此时可停止灌浆并及时封堵灌浆孔、出浆孔。

(6) 通过水平缝连通腔一次向构件的多个

接头灌浆时，应按浆料排出先后顺序依次封堵灌浆排浆孔，封堵时灌浆泵（枪）一直保持灌浆压力，直至所有灌排浆孔出浆并封堵牢固后再停止灌浆。在灌浆完成、浆料初凝前，应巡视检查已灌浆的接头，如有漏浆及时处理。

(7) 灌浆饱满度宜采用方便观察且有补浆功能的工具或其他可靠手段对钢筋套筒灌浆连接接头灌浆饱满性进行检测，如图 34-23 所示。转换层应 100%采用；其余楼层宜抽取不少于套筒总数的 20%，每个构件宜抽取不少于 3 个套筒，外墙宜抽取不少于 5 个。

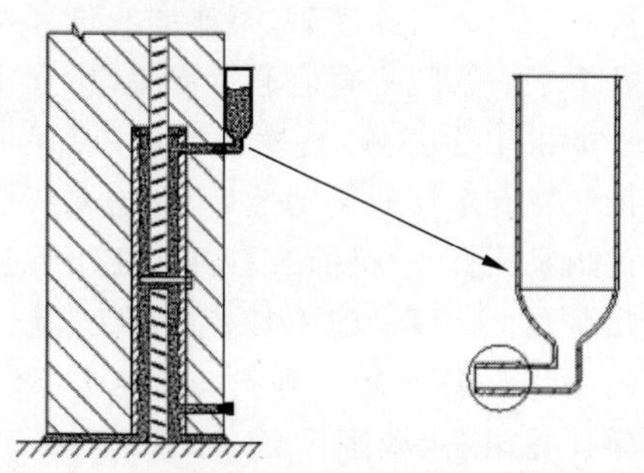

图 34-23　补浆监测器

(8) 散落的灌浆料拌合物不得二次使用；剩余的拌合物不得再次添加灌浆料、水混合使用。

(9) 灌浆压力与灌浆速度是影响灌浆质量的重要因素，为此对灌浆压力的平均值提出了要求。由于机械式灌浆设备的工作压力存在压力显示脉动现象，因此规定，其灌浆压力是指设备工作压力显示值上限的平均值，而非瞬间指示值。根据工程经验灌浆速度开始时宜为 5 L/min，稳定后不宜大于 3 L/min。

(10) 灌浆料拌合物的流动度指标会随时间逐渐下降，为保证灌浆施工，灌浆料宜在加水后 30 min 内用完。

(11) 灌浆料拌合物不得再次添加灌浆料、水后混合使用，超过规定时间后的灌浆料及使用剩余的灌浆料只能废弃。

5. 操作人员规定

半灌浆套筒机械连接端的钢筋丝头加工、连接安装以及套筒灌浆施工等岗位的操作人员应经过专业化培训合格后上岗，且人员应固定。半灌浆套筒机械连接端的钢筋丝头加工、连接安装以及各类灌浆套筒现场灌浆是影响套筒灌浆连接施工质量的最关键因素。操作人员上岗前应经专业培训，培训一般宜由接头提供单位的专业技术人员组织，培训应包括理论及实操内容，并对实操构件（试件）进行必要的检验。构件生产、施工单位应根据工程量配备足够的合格操作人员。

6. 试制作、试安装、试灌浆

首次施工时宜选择有代表性的单元或部位进行试制作、试安装、试灌浆。施工现场灌浆料宜存储在室内，并应采取防雨、防潮、防晒措施。在有关检验完成前应留存工程实际使用的灌浆套筒与有效期内灌浆料。留存工程实际使用的灌浆套筒与有效期内灌浆料，主要目的是用于灌浆料试件抗压强度或接头试件抗拉强度出现不合格时的补充检测，具体的留存时间、留存数量需根据可能的检测需要确定，并在专项施工方案中明确。

7. 钢筋加工与安装

半灌浆套筒机械连接端加工和安装过程中，应按现行行业标准《钢筋机械连接技术规程》(JGJ 107—2016)及《钢筋套筒灌浆连接应用技术规程》(JGJ 355—2015)的相关规定对丝头加工质量及安装拧紧扭矩进行检查。每工作班各规格钢筋丝头加工、拧紧力矩的检查数量不应少于 10%，检查合格率均不应小于 95%。如丝头加工质量合格率小于 95%，应全数检查丝头并作废不合格丝头；如拧紧扭矩合格率小于 95%，应重新拧紧全部接头，直到合格为止。

8. 灌浆接头工艺检验

灌浆接头施工前应对不同钢筋生产单位的进场钢筋进行灌浆接头工艺检验，检验合格后方可进行构件生产、灌浆施工。

(1) 工艺检验应在预制构件生产前及灌浆施工前分别进行。

(2) 对已完成匹配检验的工程，如现场灌浆施工与匹配检验时的灌浆单位相同，且采用的钢筋相同，可由匹配检验代替工艺检验。

(3) 工艺检验应模拟施工条件、操作工艺，采用进厂(场)验收合格的灌浆料制作接头试件,并应按接头提供单位提供的施作指导书进行。半灌浆套筒机械连接端加工应符合 JGJ 107—2017 和 JGJ 355—2015 的规定。

(4) 施工过程中如发生下列情况应再次进行工艺检验。

① 更换钢筋生产单位,或同一生产单位生产的钢筋外形尺寸与已完成工艺检验的钢筋有较大差异。

② 更换灌浆施工工艺。

③ 更换灌浆单位。

(5) 接头试件制作应符合下列规定。

① 每种规格钢筋应制作 3 个对中套筒灌浆连接接头。

② 变径接头应单独制作。

③ 采用灌浆料拌合物制作的 40 mm×40 mm×160 mm 试件不应少于 1 组。

④ 常温型灌浆料的接头试件应在标准养护条件下养护 28 d,常温型灌浆料试件应按 JGJ 355—2015 的规定养护 28 d;低温型灌浆料的接头试件及灌浆料试件的制作及养护条件应符合 JGJ 355—2015 的规定。

(6) 接头检验应符合下列规定:

① 每个接头试件的抗拉强度、屈服强度、3 个接头试件残余变形的平均值应符合 JGJ 355—2015 的规定。

② 常温型灌浆料试件 28 d 抗压强度、低温型灌浆料试件 28 d 抗压强度应符合 JGJ 355—2015 的规定。

③ 接头试件在量测残余变形后再进行抗拉强度试验,并应按现行行业标准《钢筋机械连接技术规程》(JGJ 107—2017)规定的钢筋机械连接型式检验单向拉伸加载制度进行试验。

④ 第一次工艺检验中 1 个试件抗拉强度或 3 个试件的残余变形平均值不合格时,可再抽 3 个试件进行复检,如复检仍不合格应判为工艺检验不合格。

⑤ 工艺检验应委托专业检测机构进行,并应按 JGJ 355—2015 规定的格式出具检测报告。

灌浆套筒埋入预制构件时,应在构件生产前通过工艺检验确定现场灌浆施工的可行性,并通过检验发现问题。对于施工单位或构件生产单位作为接头提供单位并完成匹配检验的情况,如现场灌浆施工与匹配检验时的灌浆单位相同,且采用的钢筋相同,可由匹配检验代替同规格接头的工艺检验;如不相同,则应按 JGJ 355—2015 的规定完成工艺检验。接头试件制作应完全模拟现场施工条件,并通过工艺检验确定灌浆料拌合物搅拌、灌浆速度等技术参数,可与 JGJ 355—2015 规定的“试灌浆”工作结合。对于半灌浆套筒,工艺检验是对机械连接端丝头加工、连接安装工艺参数的检验。不同单位生产的钢筋外形有所不同,可能会影响接头性能,因此应分别进行工艺检验。当更换钢筋生产单位,或同一生产单位生产的钢筋外形尺寸与已完成工艺检验的钢筋有较大差异时,应再次进行工艺检验。更换灌浆施工工艺或灌浆单位,应再次进行工艺检验。灌浆单位更换包括施工单位更换和专业分包单位更换。每种规格(牌号、直径)钢筋都要进行工艺检验。对于用 500 MPa 级钢筋的灌浆套筒连接 400 MPa 级钢筋的情况,应按实际情况采用 400 MPa 钢筋制作试件。对于变径接头,应按实际情况制作试件,所有变径情况都要单独制作试件。根据行业标准《钢筋机械连接技术规程》(JGJ 107—2017)的有关规定,工艺检验接头残余变形的仪表布置、量测标距和加载速度同型式检验要求。工艺检验中,按相关加载制度进行接头残余变形检验时,可采用不大于 $0.012A_s f_{stk}$ 的拉力作为名义上的零荷载,其中 A_s 为钢筋面积,f_{stk} 为钢筋抗拉强度标准值。

9. 灌浆施工记录

灌浆施工过程中应形成灌浆施工记录。由施工单位专职检验人员监督全过程施工质量,及时形成灌浆施工质量检查记录,并留存包含灌浆部位、时间、检验内容的影像资料。如发生质量检查记录、影像资料丢失或无法证明工程质量的情况,应在混凝土结构子分部工程验收时对此处施工质量进行实体检验。现浇与预制转换层构件安装、灌浆施工应由监理单位(建设单位)代表100%旁站。灌浆施工记录应符合下列规定。

(1) 施工记录是施工质量控制与验收的重要依据,要在施工过程中及时记录。施工记录应覆盖从灌浆施工准备到实施的各环节。

(2) 对连通腔灌浆方式,施工记录应体现灌浆仓编号及每个灌浆仓内所包含的灌浆套筒规格、数量、对应构件信息等。

(3) 灌浆施工过程要严格管控,要求施工单位的专职检验人员全过程监督施工质量,监督过程应高度重视质量监控,发现问题及时返工、整改、补救,确保消除质量问题及安全隐患。要留存能够证明工程质量的检查记录和影像资料,影像资料应包括灌浆部位、灌浆时间及有关检验内容,如有条件宜包括外伸钢筋长度检验、结合面粗糙度检验、构件就位过程及就位后位置检验等内容。

(4) 现浇与预制转换层是整个工程灌浆施工的难点,要求监理单位(建设单位)代表100%旁站,并在灌浆施工质量检查记录上签字确认。

(5) 混凝土结构子分部工程验收时,应对关键部位的质量检查记录、影像资料进行抽查。如发生质量检查记录、影像资料丢失或二者无法证明工程质量的情况,应采取可靠方法检验实体施工质量,具体可采用在出浆孔或套筒壁钻孔后内窥方式观测、X射线检测、直接破损检查或其他方法。

10. 质量控制

施工单位或监理单位代表宜驻厂监督预制构件制作过程,此时构件出厂的质量证明文件应经监督代表签字确认,且质量证明文件应包括隐蔽工程验收记录、半灌浆套筒机械连接端加工检查记录。埋入灌浆套筒的预制构件在进场时多属于无法进行结构性能检验的构件。根据国家标准《混凝土结构工程施工质量验收规范》(GB 50204—2015)、《装配式混凝土建筑技术标准》(GB/T 51231—2016)的有关规定,对所有进场时不作结构性能检验的预制构件,可通过施工单位或监理单位代表驻厂监督的方式进行质量控制。当无驻厂监督时,预制构件进场时应对预制构件主要受力钢筋数量、规格、间距及混凝土强度、混凝土保护层厚度等进行实体检验。

11. 预制构件钢筋及灌浆套筒的安装规定

(1) 连接钢筋与全灌浆套筒安装时,应逐根插入灌浆套筒内,插入深度应满足设计要求,并应采取措施保证钢筋与灌浆套筒同轴。

(2) 应将连接钢筋、灌浆套筒可靠固定在模具上,灌浆套筒与柱底、墙底模板应垂直,应采用橡胶环、螺杆等固定件避免混凝土浇筑、振捣时灌浆套筒和连接钢筋移位。

(3) 与灌浆套筒连接的灌浆管、出浆管、排气管应定位准确、安装稳固;应均匀、分散布置,相邻管净距不应小于25 mm;尚应保持管内畅通,无弯折堵塞。

(4) 应采取防止混凝土浇筑时向灌浆套筒内漏浆的封堵措施。

预制构件钢筋、灌浆套筒的安装工作应在接头工艺检验合格后进行。为防止混凝土浇筑时向灌浆套筒灌浆端及全灌浆套筒预制端漏浆,灌浆套筒内应采用橡胶塞等密封措施。为了保证灌浆套筒定位和钢筋插入位置与插入深度,将灌浆套筒固定在模具(或模板)上,在全灌浆套筒中设置限位凸台或定位销杆及钢筋标识等措施,确保钢筋插入深度满足设计要求。与灌浆套筒连接的灌浆管、出浆管过于集中,将影响该部位混凝土的浇筑质量,因此要按提出的相邻管净距不应小于25 mm要求进行布置。

12. 隐蔽工程检查内容

对于同类型的首个预制构件完成后,建设单位应组织设计、施工、监理、预制构件生产单位进行检验,合格后方可进行批量生产。浇筑混凝土之前,应进行钢筋隐蔽工程检查。检查内容包括:

(1) 纵向受力钢筋的牌号、规格、数量、位置。

(2) 灌浆套筒的型号、数量、位置,灌浆管、出浆管的位置与数量,排气管、灌浆孔、出浆孔、排气孔的位置。

(3) 钢筋的连接方式、接头位置、接头质量、接头面积百分率、搭接长度、锚固方式及锚固长度。

（4）箍筋、横向钢筋的牌号、规格、数量、间距、位置，箍筋弯钩的弯折角度及平直段长度。

（5）预埋件的规格、数量和位置。

（6）外露钢筋的长度、位置与垂直度。

预制构件隐蔽工程反映构件制作的综合质量，在浇筑混凝土之前应检查受力钢筋、灌浆套筒等的连接、安装是否满足设计要求和标准的有关规定。纵向受力钢筋、灌浆套筒位置的检查应包含受力钢筋、灌浆套筒的混凝土保护层厚度检查，外露钢筋的长度、位置、垂直度与构件拆模后的尺寸偏差密切相关，要求在隐蔽工程检查时一并查验。

13. 外露钢筋规定

混凝土浇捣时应避免灌浆套筒移位及灌浆管、出浆管、排气管破损进浆或脱落。预制构件拆模后，灌浆套筒的位置及外露钢筋位置、允许偏差应符合表34-29的规定。预制构件出厂时，应将满足灌浆施工现场检验要求数量的灌浆套筒、检验用接头连接钢筋一并运至施工现场。

表34-29　预制构件灌浆套筒和外露钢筋的允许偏差及检验方法

项　目		允许偏差/mm	检验方法
灌浆套筒中心位置		2	尺量
外露钢筋	中心位置	2	
	外露长度	+10 0	

14. 灌浆施工注意事项

灌浆连接部位现浇混凝土施工过程中，应采取设置定位架等措施保证外露钢筋的位置、长度和垂直度，并应避免污染钢筋。预制构件吊装前，应检查构件的类型、编号、灌浆套筒内腔。当灌浆套筒内有杂物时，应清理干净。

预制构件就位前，应按下列规定检查现浇结构施工质量。

（1）现浇结构与预制构件的结合面的类型、尺寸、标高与粗糙度应符合设计及现行行业标准《装配式混凝土结构技术规程》（JGJ 1—2014）的有关规定，并应清理干净。

（2）现浇结构施工后外露连接钢筋的位置与外露长度的允许偏差应符合表34-30的规定，超过允许偏差的应予以处理。

表34-30　现浇结构施工后外露连接钢筋的位置、尺寸允许偏差及检验方法

项　目	允许偏差/mm	检验方法
中心位置	3	尺量、水准仪
外露长度、顶点标高	+15 0	

（3）外露连接钢筋的表面不应粘连混凝土、砂浆，不应发生锈蚀。

（4）当外露连接钢筋倾斜时，应进行校正。

15. 垫片规定

预制柱、墙安装前，应在预制构件及其支承构件间设置垫片，并应符合下列规定。

（1）宜采用钢质垫片。

（2）可通过垫片调整预制构件的底部标高，可通过斜撑调整构件安装的垂直度。

（3）垫片处的混凝土局部所受压力应按式（34-1）进行验算：

$$F_1 \leqslant 2f'_c A_1 \tag{34-1}$$

式中，F_1为作用在垫片上的压力值，可取1.5倍构件自重；A_1为垫片的承压面积，可取所有垫片的面积和；f'_c为预制构件安装时，预制构件及其支承构件的混凝土轴心抗压强度设计值较小值。

16. 施工规定

（1）应根据施工条件、操作经验选择连通腔灌浆施工或坐浆法施工；高层建筑装配混凝土剪力墙宜采用连通腔灌浆施工，当有可靠经验时也可采用坐浆法施工。

（2）竖向构件采用连通腔灌浆施工时，应合理划分连通灌浆区域；每个区域除预留灌浆孔、出浆孔与排气孔外，应形成密闭空腔，不应漏浆；连通灌浆区域内任意两个灌浆套筒间距不宜超过1.5 m，连通腔内预制构件底部与下方结构上表面的最小间隙不得小于10 mm。

（3）竖向预制构件采用坐浆法施工时，应符合JGJ 355—2015的有关规定。

(4) 钢筋水平连接时，灌浆套筒应各自独立灌浆，并应采用封口装置使灌浆套筒端部密闭。

17. 预制柱、墙的安装规定

(1) 临时固定措施的设置应符合现行国家标准《混凝土结构工程施工规范》(GB 50666—2011)的有关规定。

(2) 采用连通腔灌浆方式时，灌浆施工前应对各连通灌浆区域采用封堵材料进行封堵，封堵材料伸入连接接缝的深度不宜小于15 mm，且不应超过灌浆套筒外壁；应确保连通灌浆区域与灌浆套筒、排气孔通畅，并采取可靠措施避免封堵材料进入灌浆套筒、排气孔内；灌浆前应确认封堵效果能够满足灌浆压力需求后，方可进行灌浆作业。

(3) 预制夹心保温外墙板的保温材料下应采用珍珠棉、发泡橡塑或可压缩 EVA 等封堵材料密封。

(4) 构件安装就位后，应由施工单位专职检验人员采用可靠方法检查灌浆套筒内的钢筋插入情况并计入质量检查记录。

18. 预制梁施工措施规定

预制梁和既有结构改造现浇部分的水平钢筋采用套筒灌浆连接时，施工措施应符合下列规定。

(1) 连接钢筋的外表面应标记插入灌浆套筒最小锚固长度的标志，标志位置应准确、颜色应清晰。

(2) 对灌浆套筒与钢筋之间的缝隙应采取防止灌浆时灌浆料拌合物外漏的封堵措施。

(3) 预制梁的水平连接钢筋轴线允许偏差不应大于 5 mm，超过允许偏差的应进行处理。

(4) 与既有结构的水平钢筋相连接时，新连接钢筋的端部应设有保证连接钢筋同轴、稳固的装置。

(5) 灌浆套筒安装就位后，灌浆孔、出浆孔应在套筒水平轴正上方±45°的锥体范围内，并安装有孔口超过灌浆套筒外表面最高位置的连接管或连接头。

19. 灌浆温度规定

灌浆施工时，应根据气温情况测量施工环境温度与灌浆部位温度，并根据测量温度选择灌浆料，且应符合下列规定。

(1) 当日平均气温高于 25℃时，应测量施工环境温度；当日最高气温低于 10℃时，应测量施工环境温度及灌浆部位温度，宜采用具有自动测量和存储功能的仪器测温。

(2) 常温型灌浆料的使用应符合下列规定。

① 任何情况下灌浆料拌合物温度不应低于 5℃，不应高于 30℃。

② 当灌浆施工开始前的气温、施工环境温度低于 5℃时，应采取加热及封闭保温措施，宜确保从灌浆施工开始 24 h 内施工环境温度、灌浆部位温度不低于 5℃，之后宜继续封闭保温 2 天。

③ 如灌浆施工过程的气温低于 0℃，不得采用常温型灌浆料施工。

(3) 低温型灌浆料的使用应符合下列规定。

① 当连续 3 天的施工环境温度、灌浆部位温度的最高值均低于 10℃时，可采用低温型灌浆料。

② 灌浆施工过程中的施工环境温度、灌浆部位温度不应高于 10℃。

③ 应采取封闭保温措施确保灌浆施工过程中施工环境温度不低于 0℃，确保从灌浆施工开始 24 h 内灌浆部位温度不低于－5℃，必要时应采取加热措施。

④ 当连续 3 天平均气温大于 5℃时，可换回常温型灌浆料。

⑤ 低温型灌浆料的其他要求应符合《钢筋套筒灌浆连接应用技术规程》(JGJ 355—2015)的规定。

20. 套筒灌浆连接施工准备

灌浆料、封浆料、座浆料使用前，应检查产品包装上的有效期和产品外观，并应符合下列规定。

(1) 拌和用水应符合现行行业标准《混凝土用水标准》(JGJ 63—2006)的有关规定。低温型灌浆料用水尚应符合《钢筋套筒灌浆连接应用技术规程(2023年版)》(JGJ 355—2015)的有关规定。

(2) 加水量应按灌浆料、封浆料、座浆料使用说明书的要求确定,并应按重量计量。

(3) 灌浆料、封浆料、座浆料拌合物宜采用强制式搅拌机搅拌充分、均匀。灌浆料宜静置2 min后使用。

(4) 搅拌完成后,不得再次加水。

(5) 每工作班应检查灌浆料拌合物初始流动度不少于1次。

(6) 强度检验试件的留置数量应符合验收及施工控制要求。

21. 异常措施

当灌浆施工出现无法出浆或者灌浆料拌合物液面下降等异常情况时,应查明原因,并按下列规定采取相应措施。

(1) 对未密实饱满及灌浆料拌合物液面下降的竖向连接灌浆套筒,应及时进行补灌浆作业。当在灌浆料加水拌和30 min内时,宜从原灌浆孔补灌;当已灌注的灌浆料拌合物无法流动时,可从出浆孔补灌浆,并应采用手动设备结合细管压力灌浆。

(2) 水平钢筋连接灌浆施工停止后30 s,当发现灌浆料拌合物液面下降,应检查灌浆套筒的密封或灌浆料拌合物排气情况,并及时补灌浆或采取其他措施。

(3) 补灌浆应在灌浆料拌合物达到设计规定的位置后停止,并应在灌浆料凝固后再次检查其位置是否符合设计要求。

22. 灌浆料强度要求

灌浆料同条件养护试件抗压强度达到35 N/mm^2后,方可进行对接头有扰动的后续施工;临时固定措施的拆除应在灌浆料抗压强度能确保结构达到后续施工承载要求后进行。

23. 连通腔施工要求

当采用连通腔灌浆施工时,构件安装就位后宜及时灌浆,不宜两层及以上集中灌浆;当两层及以上集中灌浆时,应经设计确认,专项施工方案应进行技术论证。

34.5.8　灌浆套筒、灌浆料和灌浆接头的检验

1. 灌浆套筒检验

灌浆套筒检验应分为出厂检验和型式检验。

1) 出厂检验

(1) 检验项目

灌浆套筒出厂检验项目应包括灌浆套筒外观、标记、外形尺寸和抗拉强度,应符合下列规定:①灌浆套筒外观、标记、外形尺寸应符合JG/T 398—2019规定的灌浆套筒外观、标记、外形尺寸要求;②套筒灌浆连接接头试件的极限抗拉强度值应符合JG/T 398—2019规定的灌浆连接接头试件的极限抗拉强度值要求。

(2) 取样及判定规则

取样及判定规则应符合下列规定:①灌浆套筒外观、标记、外形尺寸检验:以连续生产的同原材料、同类型、同型式、同规格、同批号的1000个或少于1000个套筒为1个验收批,随机抽取10%进行检验。当合格率不低于97%时,应判定为该验收批合格;当合格率低于97%时,应加倍抽样复检,当加倍抽样复检合格率不低于97%时,应判定该验收批合格;若仍小于97%时,该验收批应逐个检验,合格后方可出厂。当连续10个验收批1次抽检均合格时,验收批抽检比例可由10%减为5%。②灌浆套筒抗拉强度检验:灌浆套筒连续生产时,1年宜至少做1次灌浆套筒抗拉强度试验。以同原材料、同类型、同规格的灌浆套筒为一个验收批,随机抽取3个灌浆套筒试件进行检验。当每个试件都满足灌浆套筒力学性能的要求时,应判定为该验收批合格;当有1个试件不合格时,应再随机抽取6个试件进行抗拉强度复检,当复检的试件全部合格时,可判定该验收批合格;如果复检试件中仍有1个试件不合格,则判定该验收批为不合格。

2) 型式检验

(1) 有下列情况之一时,应进行型式检验:①灌浆套筒产品定型时;②灌浆套筒材料、工艺、结构发生改变时;③与灌浆套筒匹配的灌

浆料型号、成分发生改变时；④钢筋强度等级、肋形发生变化时；⑤型式检验报告超过4年时。

(2) 灌浆套筒型式检验项目应包括灌浆套筒外观、标记、外形尺寸和钢筋套筒灌浆连接接头型式检验，应符合下列规定：①灌浆套筒外观、标记、外形尺寸型式检验项目、检验方法和判定依据应符合JG/T 398—2019规定的灌浆套筒外观、标记、外形尺寸的规定；②灌浆套筒制成钢筋套筒灌浆连接接头的型式检验应检验套筒灌浆连接接头试件的对中和偏置单向拉伸、高应力反复拉压、大变形反复拉压的强度和变形，检验结果应符合JG/T 398—2019规定的套筒灌浆连接接头试件的强度和变形规定。

(3) 试件制备和数量应符合下列规定：①对每种类型、级别、规格、材料、工艺的同径钢筋套筒灌浆连接接头应进行型式检验，接头试件和灌浆料拌合物试件的制作应符合《钢筋套筒灌浆连接应用技术规程》(JGJ 355—2015)规定的套筒灌浆连接接头型式检验试件要求，接头试件数量不应少于12个。其中，对中单向拉伸试件不应少于3个，偏置单向拉伸试件不应少于3个，高应力反复拉压试件不应少于3个，大变形反复拉压试件不应少于3个。灌浆料拌合物40 mm×40 mm×160 mm的试件不应少于1组，并宜留置不少于2组。同时应另取3根钢筋试件做抗拉强度试验。全部试件的钢筋均应在同一炉(批)号的1根或2根钢筋上截取。当在两根钢筋上截取时，两根钢筋的屈服强度和抗拉强度不宜超过30 MPa。②用于型式检验的接头试件应在型式检验单位监督下由送检单位制作，接头试件制作前应由型式检验单位先对送样接头试件的灌浆套筒外观、标记、外形尺寸、匹配灌浆料、钢筋或钢筋丝头进行检验，检验合格后应由接头技术提供单位按照企业标准规定的匹配灌浆料拌合物的制备和灌注工艺、JG/T 398—2019中表5规定的旋紧力矩值进行注浆和装配制成接头试件，同时制成40 mm×40 mm×160 mm的灌浆料拌合物试件。接头试件和灌浆料拌合物试件应在标准养护条件下养护。型式检验试件应采用未经预拉的试件。③型式检验试验时，灌浆料拌合物试件的抗压强度不应小于80 N/mm^2，不应大于95 N/mm^2(80～95 MPa)。当灌浆料拌合物试件的28d抗压强度合格指标(f_g)高于85 N/mm^{2}时，型式试验时灌浆料拌合物试件的抗压强度低于28 d抗压强度合格指标(f_g)的数值不应大于5 N/mm^2，且超过28 d抗压强度合格指标(f_g)的数值不应大于10 N/mm^{2}与$0.1f_g$二者的较大值。型式检验试验时，若灌浆料拌合物试件的抗压强度低于28 d抗压强度合格指标(f_g)，应增加检验灌浆料拌合物试件的28 d抗压强度。

(4) 判定规则

当型式检验试验结果符合下列规定时应判定灌浆套筒为合格：①外观、标志、外形尺寸检验：送交型式检验的灌浆套筒应符合JG/T 398—2019表12规定的判定依据要求，由检验单位检验，并按附录表A.1记录。记录应包括螺纹连接处的安装扭矩。②强度检验：每个套筒灌浆连接接头试件的强度实测值均应符合JG/T 398—2019表9的规定。当接头拉力达到连接钢筋抗拉荷载标准值的1.15倍而未发生破坏时，可停止试验。③变形检验：对残余变形和最大力总伸长率，每组3个套筒灌浆连接接头试件实测值的平均值应符合JG/T 398—2019表10的规定。

(5) 型式检验应由国家或省部级主管部门认可的具有法定资质和相应检测能力的检测机构进行，并宜按JG/T 398—2019附录A的格式出具检验报告和评定结论。

2. 灌浆料检验

套筒灌浆料产品检验分为出厂检验和型式检验。

产品出厂时应进行出厂检验，出厂检验项目应包括初始流动度、30 min流动度，1 d(－1 d)、3 d(－3 d)、28 d(－7 d＋21 d)抗压强度，竖向膨胀率，竖向膨胀率的差值，泌水率。

型式检验项目应包括《钢筋连接用套筒灌浆料》(JG/T 408—2019)中表1、表2规定的全部项目。常温型套筒灌浆料型式检验项目：初始流动度、30 min流动度、1 d抗压强度、3 d抗压强度、28 d抗压强度、3 h竖向膨胀率、竖向膨胀率24 h与3 h差值、28 d自干燥收缩、氯离子含量、泌水率。低温型套筒灌浆料型式检验项目：−5℃初始流动度、−5℃30 min流动度、8℃初始流动度、8℃30 min流动度、负温养护1 d抗压强度、负温养护3 d抗压强度、负温养护7 d转标养21 d抗压强度、3 h竖向膨胀率、竖向膨胀率24 h与3 h差值、28 d自干燥收缩、氯离子含量、泌水率。

有下列情形之一时，应进行型式检验：①新产品的定型鉴定；②正式生产后如材料及工艺有较大变动，有可能影响产品质量时；③停产半年以上恢复生产时；④型式检验超过一年时。

1）组批规则

（1）在15 d内生产的同配方、同批号原材料的产品应以50 t作为一生产批号，不足50 t也应作为一生产批号。

（2）取样方法应按GB 12573—2008的有关规定进行。

（3）取样应有代表性，可从多个部位取等量样品，样品总量不应少于30 kg。

2）判定规则

出厂检验和型式检验若有一项指标不符合要求，应从同一批次产品中重新取样，对所有项目进行复验。复验合格判定为合格品；复验不合格判定为不合格品。

3）验收

（1）交货时生产厂家应提供产品合格证、使用说明书和产品质量检测报告。

（2）交货时产品的质量验收可抽取实物试样，以其检验结果为依据；也可以产品同批号的检验报告为依据。质量验收方法由买卖双方在合同或协议中注明。

（3）以抽取实物试样的检验结果为验收依据时，买卖双方应在发货前或交货地共同取样和封存。取样方法应按《水泥取样方法》（GB 12573—2008）进行，样品均分为两等份。一份由卖方干燥密封保存40 d，一份由买方按本标准规定的项目和方法进行检验。在40 d内，买方检验认为质量不符合本标准要求，而卖方有异议时，双方应将卖方保存的另一份试样送检。

（4）以同批号产品的检验报告为验收依据时，在发货前或交货时买卖双方在同批号产品中抽取试样，双方共同签封后保存2个月，在2个月内，买方对产品质量有疑问时，买卖双方应将签封的试样送检。

3. 套筒灌浆连接接头检验

套筒灌浆连接工程验收的前提是有效的接头型式检验报告、接头匹配检验报告、工艺检验报告，且报告的内容应与施工过程的各项材料一致，并符合设计及专项施工方案要求。

各项具体验收内容的顺序为：

① 灌浆套筒进厂（场）外观质量、标识和尺寸偏差检验；

② 灌浆料进场流动度、泌水率、抗压强度、膨胀率及封浆料进场抗压强度、初始流动度检验；

③ 灌浆套筒进厂（场）接头力学性能检验，部分检验可与工艺检验合并进行；

④ 预制构件进场验收；

⑤ 灌浆施工中灌浆料抗压强度检验、接头抗拉强度检验；

⑥ 灌浆质量检验。

以上6项为套筒灌浆连接施工的主要验收内容。

对于装配式混凝土结构，当灌浆套筒埋入预制构件时，前3项检验应在预制构件生产前或生产过程中进行（其中灌浆料进场为第一批），此时安装施工单位、监理单位应将部分监督及检验工作向前延伸到构件生产单位。

（1）采用钢筋套筒灌浆连接的混凝土结构验收应符合现行国家标准《混凝土结构工程施工质量验收规范》（GB 50204—2015）、《装配式混凝土建筑技术标准》（GB/T 51231—2016）的有关规定，可划入装配式结构分项工程。

（2）同类型的首个施工段完成后，建设单位应组织设计、施工、监理单位进行验收，合格后方可进行后续施工。

（3）当灌浆套筒、灌浆料生产单位作为接

头提供单位时，预制构件生产前、现场灌浆施工前、工程验收时均应按下列规定检查接头型式检验报告。

① 工程中应用的各种钢筋强度级别、直径对应的接头型式检验报告应齐全、合格。

② 型式检验报告送检单位应为接头提供单位。

③ 型式检验报告中的接头类型，灌浆套筒规格、级别、尺寸，灌浆料型号应与现场使用的产品一致

④ 型式检验报告应在 4 年有效期内，应按灌浆套筒进厂(场)验收日期确定。

⑤ 报告内容应包括 JGJ 355—2015 附录 A 规定的所有内容。

(4) 当施工单位或构件生产单位为接头提供单位时，预制构件生产前、现场灌浆施工前、工程验收时均应按下列规定检查接头匹配检验报告。

① 工程中应用的各种钢筋强度级别、直径对应的接头匹配检验报告应齐全、合格。

② 匹配检验报告送检单位应为施工单位或构件生产单位。

③ 匹配检验报告中的接头类型，灌浆套筒规格、级别、尺寸，灌浆料型号应与现场使用的产品一致。

④ 匹配检验报告应注明工程名称。

⑤ 报告日期应早于灌浆套筒进厂(场)验收日期；当灌浆施工中单独更换灌浆料时，报告日期应早于更换后的灌浆施工日期。

⑥ 报告内容应包括《钢筋套筒灌浆连接应用技术规程》(JGJ 355—2015)附录 A 规定的所有内容。

(5) 预制构件生产前、现场灌浆施工前、工程验收时，应按标准的规定检查套筒灌浆连接接头工艺检验报告。

(6) 灌浆套筒进厂(场)时，应抽取灌浆套筒检验外观质量、标识和尺寸偏差，检验结果应符合现行行业标准《钢筋连接用灌浆套筒》(JG/T 398—2019)及《钢筋套筒灌浆连接应用技术规程》(JGJ 355—2015)的有关规定。

检查数量：同一批号、同一类型、同一规格的灌浆套筒，不超过 1000 个为一批，每批随机抽取 10 个灌浆套筒。

检验方法：观察，尺量检查，检查质量证明文件。

(7) 常温型灌浆料进场时，应对常温型灌浆料拌合物 30 min 流动度、泌水率及 3 d 抗压强度、28 d 抗压强度、3 h 竖向膨胀率、24 h 与 3 h 竖向膨胀率差值进行检验，检验结果应符合 JGJ 355—2015 的有关规定。

检查数量：同一成分、同一批号的灌浆料，不超过 50 t 为一批，每批随机抽取不少于 30 kg，并按现行行业标准《钢筋连接用套筒灌浆料》(JG/T 408—2019)的有关规定制作试件。

检验方法：检查质量证明文件和抽样检验报告。

(8) 常温型封浆料进场时，应对常温型封浆料拌合物的 1 d 抗压强度、3 d 抗压强度、28 d 抗压强度、初始流动度进行检验。

检查数量：同一成分、同一批号的封浆料，不超过 50 t 为一批，每批随机抽取不少于 30 kg，并按现行国家标准《水泥胶砂强度检验方法》(GB/T 17671—2021)的有关规定制作试件并养护。

检验方法：检查质量证明文件和抽样检验报告。

(9) 灌浆套筒进厂(场)时，应抽取灌浆套筒并采用与之匹配的灌浆料制作对中连接接头试件，并进行抗拉强度检验，检验结果均应符合《钢筋套筒灌浆连接应用技术规程》(JGJ 355—2015)的有关规定。

检查数量：同一批号、同一类型、同一规格的灌浆套筒，不超过 1000 个为一批，每批随机抽取 3 个灌浆套筒制作对中连接接头试件。

检验方法：检查质量证明文件和抽样检验报告。

(10) 抗拉强度检验的接头试件应模拟施工条件并按专项施工方案制作。接头试件应在标准养护条件下养护 28 d。接头试件的抗拉强度试验应采用零到破坏或零到连接钢筋抗拉强度标准值 1.15 倍的一次加载制度，并应符合现行行业标准《钢筋机械连接技术规程》

(JGJ 107—2016)的有关规定。

4. **灌浆施工质量检验**

(1) 预制混凝土构件进场验收应按现行国家标准《混凝土结构工程施工质量验收规范》(GB 50204—2015)的有关规定进行，尚应按下列要求对埋入灌浆套筒的预制构件进行检验。

① 灌浆套筒的位置及外露钢筋位置、允许偏差应符合相关规定。

② 灌浆套筒内腔内不应有水泥浆或其他异物，外露连接钢筋表面不应粘连混凝土、砂浆。

③ 构件表面灌浆孔、出浆孔、排气孔的数量、孔径尺寸应符合设计要求。

④ 与灌浆套筒连接的灌浆管、出浆管、排气管应全长范围通畅，最狭窄处尺寸不应小于9 mm。

检查数量：不超过100个同类型预制构件为一批，每批随机抽取20%且不少于5件预制构件。

检查方法：观察，尺量检查；灌浆管、出浆管、排气管通畅性检查可使用专用器具。

(2) 灌浆施工中，常温型灌浆料的28 d抗压强度应符合JG/T 408—2019的有关规定。用于检验抗压强度的灌浆料试件应在施工现场制作。

检查数量：每工作班取样不得少于1次，每楼层取样不得少于3次。每次抽取1组40 mm×40 mm×160 mm的试件，标准养护28 d后进行抗压强度试验。

检验方法：检查施工记录及抗压强度试验报告。

(3) 灌浆施工中，低温型灌浆料的28 d抗压强度的检验应符合JG/T 408—2019的有关规定。用于检验抗压强度的灌浆料试件应在施工同时制作，同条件养护7天后转标准养护21天进行抗压强度试验。

(4) 灌浆施工中，应采用实际应用的灌浆套筒、灌浆料平行加工制作对中连接接头试件，进行抗拉强度检验。

每批3个接头试件的检验结果均符合《钢筋套筒灌浆连接应用技术规程》(JGJ 355—2015)的要求时，该批应判为合格。如有1个及以上接头试件的检验结果不符合(JGJ 355—2015)的要求，应判为不合格。

检查数量：不超过四个楼层的同一批号、同一类型、同一强度等级、同一规格的接头试件，不超过1000个为一批，每批制作3个对中连接接头试件。所有接头试件都应在监理单位或者建设单位的见证下由现场灌浆人员随施工进度平行制作，不得提前制作。

检验方法：检查抽样检验报告。

(5) 灌浆施工过程中所有出浆口均应平稳连续出浆；灌浆完成后灌浆套筒内灌浆料应密实饱满，并应进行灌浆饱满度实体检验。

检查数量：外观全数检查。对灌浆饱满性进行实体抽检，现浇与预制转换层应抽取预制构件数不少于5件且不少于15个灌浆套筒，每个灌浆套筒检查1个点；其他楼层如施工记录、灌浆施工质量检查记录、影像资料齐全并可证明施工质量，且100%灌浆套筒已按标准的规定进行监测，可不进行灌浆饱满性实体抽检。

检验方法：观察；检查施工记录、灌浆施工质量检查记录、影像资料；灌浆饱满性实体检验采用局部钻孔后内窥方式或其他可靠方法。

(6) 当施工过程中灌浆料抗压强度、灌浆接头抗拉强度、灌浆饱满性、灌浆套筒内钢筋插入长度不符合要求时，应按下列规定进行处理：

① 对于灌浆饱满性不符合要求的情况，经返工、返修的应重新进行验收；当无法返工、返修时，可委托专业检测机构按实际灌浆饱满性制作接头试件按型式检验要求检验。如检验结果符合《钢筋套筒灌浆连接应用技术规程》(JGJ 355—2015)的规定要求，可予以验收；如不符合，可按灌浆接头抗拉强度不合格进行处理。

② 对于灌浆料抗压强度不合格的情况，当满足灌浆料强度实体检验条件时，可委托专业检测机构进行灌浆料实体强度检验。当实体强度检验结果符合设计要求时，可予以验收；

如不符合，可按灌浆接头性能不合格进行处理。

③ 对于灌浆料抗压强度不合格的情况，可委托专业检测机构按灌浆料实际抗压强度制作接头试件按型式检验要求检验。如检验结果符合 JGJ 355—2015 的要求，可予以验收；如不符合，可按灌浆接头性能不合格进行处理。

④ 对于灌浆接头性能不合格的情况，可根据实际抗拉强度和变形性能，由设计单位进行核算。如经核算并确认仍可满足结构安全和使用功能的，可予以验收；对于核算不合格的情况，如经返修或加固处理能够满足结构可靠性要求的，可根据处理文件和协商文件进行验收。

⑤ 对于无法处理的情况，应切除或拆除构件，重新安装构件并灌浆施工，也可采用现浇的方式重新完成构件施工。

(7) 混凝土结构子分部工程施工质量验收时，除应符合现行国家标准《混凝土结构工程施工质量验收规范》(GB 50204—2015)的有关规定，尚应提供下列文件和记录：

① 接头型式检验报告、匹配检验报告、工艺检验报告；

② 灌浆料质量证明文件、进场检验报告和施工中灌浆料抗压强度检验报告；

③ 灌浆套筒质量证明文件、进场外观检验报告、进场接头力学性能检验报告、施工中接头力学性能检验报告；

④ 预制构件质量证明文件与进场检验报告；

⑤ 施工记录、灌浆施工质量检查记录、影像资料；

⑥ 灌浆完成后灌浆套筒内灌浆料饱满性检验报告。

34.6 安全使用

34.6.1 安全使用标准与规范

1. 灌浆搅拌机安全使用标准与规范

1) 重要安全提示

(1) 设备维修时应彻底断开电源，然后挂上“禁止合闸”的标识牌，并派专人看护。

(2) 严禁踩踏液压站防护罩。

(3) 当搅拌机运行时，禁止身体任何部位触及机械运动件，不允许进行任何设备维修工作，以防发生危险。例如在搅拌机运行时严禁手触及电动机散热扇、带轮、V 带、联轴器、卸料门气缸等。

(4) 严禁在转载、卸料区停留。

(5) 每次启动搅拌机前，应按电铃三次，每次间隔时间为 10 s。第三次电铃响过 5 s 后派人巡查，确定安全后方可启动设备。

(6) 严禁与生产无关人员进入工作区域和操作搅拌机。

(7) 对电子设备的检修和维护应做到持证上岗，遵守和执行电力部门的有关规定。

(8) 如搅拌机安装后高于周围的建筑或设备，应加设避雷设施。

(9) 其他安装注意事项，应遵照国家和行业的相关安全运行规定。

2) 防护设备应用范围

(1) 操作、维护人员和搅拌机附近的任何人都应佩戴必要的防护用品，如安全帽、防护眼镜、手套等，并应穿着防滑性能良好的工作鞋。

(2) 在搅拌机使用地点，若噪声超过当地的规定要求，则必须戴好耳塞。

(3) 搅拌机使用时，不可避免地会产生粉尘颗粒，为保证健康，应戴好口罩。

(4) 若需高空作业，应使用安全绳索防止操作者掉落。

(5) 其他未注明用途参见相关行业、国家标准和规定。

2. 操作维护及安全注意事项

(1) 进料时，严禁将头或手伸入料斗与机架之间。运转中，严禁用手或工具伸入搅拌筒内扒料。

(2) 搅拌机作业中，当料斗升起时，严禁任何人在料斗下停留或者通过；当需要在料斗下检修或清理料坑时，应将料斗提升后用铁链或插销锁住。

(3) 向搅拌筒内加料应在运转中进行，添加新料应先将搅拌筒内原有的砂浆全部卸除后方可进行。

(4) 应检查骨料规格并应与搅拌机性能相符,超出许可允许范围的不得使用。

(5) 按规定向料斗内加入混合物料,启动搅拌机,应使搅拌筒达到正常转速后进行上料。

(6) 作业中,应观察机械运转情况,当有异常或轴承温度过高现象时,应停机检查。当需检修时,应将搅拌筒内的砂浆清理干净,然后进行检修。

(7) 维护前检查安全装置、紧急停止装置的可靠性。

(8) 作业后,应对搅拌机进行全面清理,当操作人员需进入筒内作业时,应切断电源或卸下熔断器,锁好开关箱,挂上"禁止合闸"标牌,并派专人看护。

(9) 冬季作业后,应将水泵、防水开关、量水器中的积水排尽。

(10) 搅拌机在场内移动或远距离运输时,应将进料斗提升至上止点,用保险铁链或插销锁住。

3. 灌浆机安全使用标准与规范

1) 螺杆式灌浆机安全使用标准与规范

(1) 工作前注意事项

① 摆放水平,纵向和横向倾斜不得超过5°;机器尽量摆在工作地点的中心,以使设备实现最大面积的输送。

② 检查输送管道布置是否正确,砂浆运输、搅拌、加料方式和能力能否保证正常。

③ 为使灌浆机达到应有的性能和延长使用寿命,在施工现场按规定进行各电路、管路、机械的检查工作,无误后方可启动设备试运营。

(2) 工作中注意事项

① 首次向灌浆机中加料进行泵送操作前,应先向灌浆机料斗中加入2/3料斗体积的清水泵送,保证螺杆式灌浆机砂浆管得以充分润滑。

② 无远程控制的设备,在开始或停止输送砂浆时应与前端软管操作人员取得联系,以免发生危险。

③ 灌浆过程中严禁将灌浆口对着人。

④ 工作过程中如发生堵管现象,应立即停机,打开反泵功能直接将砂浆泵回料斗。

⑤ 工作过程中如出现泵送效率下降,应将调整套上的螺栓拧紧,增大定子与转子之间的预紧力。如果泵送效率远远达不到施工速度的要求,说明螺栓定子磨损失效,需要更换整套螺杆副。

(3) 停机后注意事项

① 拆卸输送管时应确保管路中没有残余压力(压力表的值为0),操作者必须进行特别训练来执行该项操作。

② 不能用水直接对电子部件进行清洗。

③ 停机超过0.5 h应对管路及设备进行清理。

2) 挤压式灌浆机安全使用标准与规范

(1) 工作前注意事项

① 摆放水平,纵向和横向倾斜不得超过5°;机器尽量摆在工作地点的中心,以使设备实现最大面积的输送。

② 检查输送管道布置是否正确,砂浆运输、搅拌、加料方式和能力能否保证正常。

③ 为使灌浆机达到应有的性能和延长使用寿命,在施工现场按规定进行各电路、管路、机械的检查工作,无误后方可启动设备试运营。

(2) 工作中注意事项

① 首次向灌浆机中加料进行泵送操作前,应先向灌浆机料斗中加入2/3料斗体积的清水泵送,保证挤压式灌浆机砂浆管得以充分润滑。

② 无远程控制的设备,在开始或停止输送砂浆时应与前端软管操作人员取得联系,以免发生危险。

③ 灌浆过程中严禁将灌浆口对着人。

④ 工作过程中如发生堵管现象,应立即停机,使用反泵功能直接将砂浆泵回料斗。

⑤ 挤压式灌浆机的主要易损件为泵管,当泵送效率下降严重或者失效时,需要及时更换。

(3) 停机后注意事项

① 拆卸输送管时应确保管路中没有残余压力(压力表的值为0),操作者必须进行特别训练来执行该项操作。

② 不能用水直接对电子部件进行清洗。

③ 停机超过0.5 h应对管路及设备进行清理。

3) 气压式灌浆泵安全使用标准与规范

(1) 工作前注意事项

① 必须在每次启动系统之前检查有无明显损坏。特别注意供电线路、插头、接头以及输送和空气软管。一旦查明受损,在故障彻底排除之前不可对系统进行操作。

② 仅可连接至经过核准的、带有通地泄漏断路器的建筑工地配电器。所用的熔断器保护和连接电缆必须符合技术要求细则。

③ 仅可由经过培训的人员启动运行及操作。

(2) 工作中注意事项

① 设备运行时,输送软管摆放方式必须确保其不会弯曲或破损。

② 将输送软管以波浪式上下起伏的方式摆放,连接至灌浆机时确保其没有扭曲。

③ 当管路出现堵塞时,不允许非工作人员接近。工作人员必须按照操作说明清除堵塞物。清除堵塞物的人员必须站在指定位置,以避免可能被管内带压力的料伤害。当断开系统部件连接时(如清除堵塞物或进行清洁工作),操作人员必须佩戴护目镜,否则残余压力可能导致物料飞溅入眼中。将透明塑料薄板覆盖在接口上方,将脸转开,并使用特殊扳手慢慢打开接口。

(3) 停机后注意事项

① 关闭感应控制器。检查管路的余料情况,如有残料,应开启空气压缩机将其吹干净。

② 在拆卸输送管时,应确保输送软管内的压力已完全释放。

③ 每天检查空气压缩机散热片,必要时使用压缩空气对其进行清洁。

④ 保持滤袋干净,必要时每天在输送机停止期间敲打滤袋数次。

34.6.2 拆装与运输

1. 灌浆机拆装与运输

(1) 用前,应按照装箱单检查设备、备件、随机文件等是否齐全。

(2) 搬运时,以泵小车底部为着力点,并要轻起轻放,不要有大的震动和撞击。

(3) 近距离移动时应慢速推行泵车,长距离运输时泵车要可靠地固定在运输设备上,严禁倾倒或翻转运输。

(4) 任何时候,机器推动前均应检查机架下的四个脚轮是否有异常,如有应及时修理或更换零件。

2. 搅拌机拆装与运输

(1) 搬运时,用叉车叉设备底部时要轻起轻放,不要有大的震动和撞击。

(2) 近距离移动时应慢速推行搅拌机,长距离运输时搅拌机要可靠地固定在运输设备上,严禁倾倒或翻转运输。

(3) 任何时候,机器推动前均应检查机架下的四个脚轮是否有异常,如有应及时修理或更换零件。

(4) 未经厂家允许,禁止随意设定设备参数。

34.6.3 安全使用规程

1. 搅拌机安全使用规程

1) 搅拌机的使用环境条件

(1) 作业温度:1~40℃。

(2) 相对湿度:不大于90%。

(3) 作业海拔高度:≤2000 m。

2) 灌浆搅拌机的操作人员要求

(1) 灌浆搅拌机的操作员必须是经过培训、考试合格的持证上岗熟练工人,要求身体健康、智力正常、头脑清醒、责任心强,年龄最好在20~55岁。

(2) 操作、维护人员应严格遵守搅拌机上标明的所有安全和危险提示,并注意保持安全提示的清洁和内容的清晰可辨。

(3) 操作、维护人员应按照作业需求认真穿劳保制服或者正确使用保护装备。

(4) 操作、维护人员应将长发束紧扎好，衣服扣紧束牢，不得佩戴首饰(包括戒指)，否则有造成人身伤害的危险。

(5) 操作和维护搅拌机，应使用合适的操作工具和装备。

(6) 操作、维护人员应熟悉设备的工作原理。

3) 灌浆搅拌机开机前的检查

(1) 对于自带上料机构的灌浆搅拌机，上料斗地坑口周围应垫高夯实，应防止地面水流入坑内，上料轨道架的地段支撑面应夯实或铺砖，轨道架的后面应采用木料加以支撑，以防止作业时轨道变形。

(2) 灌浆搅拌机的操纵台应使操作者能看到各部分的工作情况。电动搅拌机的操纵台应垫上橡胶板或干燥木板。

(3) 料斗放到最低位置时，在料斗与地面之间应加一层缓冲垫木。

(4) 电源电压升降幅度不超过额定值的5%。

(5) 检查电源、水源，确定电源、水源能否满足正常工作，并确认电气、机械系统准确无误。

(6) 各传动机构、工作装置、制动器等均紧固可靠，开式齿轮、带轮等均有防护罩。

(7) 确认齿轮箱的油品、油量符合规定，确认各转动部位是否注油。

(8) 搅拌机启动前必须先对周围进行检查，保证搅拌机的启动不会导致人员伤亡。

(9) 作业前，应进行料斗提升试验，应观察并确认离合器、制动器灵活可靠，钢丝绳无断丝、锈蚀情况。

(10) 向负责主管报告设备上出现的损伤和缺陷，如果情况严重，应该立即关闭机器设备，并锁上总开关。

4) 灌浆搅拌机的操作流程

灌浆搅拌机的操作流程大致如下：

(1) 关闭卸料门；

(2) 启动搅拌机；

(3) 投料；

(4) 搅拌；

(5) 砂浆经卸料门排出；

(6) 排出完毕，关闭卸料门；

(7) 定期清洁搅拌机。

2. 灌浆机安全使用规程

1) 人员选择

灌浆机的安全操作很大程度上取决于所选择的操作人员是否合适，是否能胜任工作。

灌浆机操作人员应做到以下几点：①具有相关资质；②身体健康，特别是视力、听力和反应能力正常；③能安全操作灌浆机；④经过充分培训并持证上岗操作灌浆机；⑤具有充分的灌浆机及其安全装置方面的知识；⑥被授权操作灌浆机；⑦证明操作人员身体健康能操作灌浆机的文件应定期保存，文件有效期不超过5年。

2) 培训和合格证书

灌浆机操作人员培训包括以下几个方面。

(1) 安全意识；

(2) 配备防护装置的知识和使用方法；

(3) 灌浆机在现场条件下的安全布置、安装和拆卸培训；

(4) 操作灌浆机；

(5) 清洗灌浆机；

(6) 带输送管道系统施工作业培训；

(7) 处理紧急情况培训；

(8) 管路堵塞清理培训；

(9) 个人健康和安全意识培训；

(10) 与工作相关的文档填写；

(11) 灌浆机操作人员应具有相关资质，并定期评估，以检验是否符合安全标准，并确定是否需要进一步的培训。

3) 灌浆施工作业的管理

(1) 设备灌浆中，严禁将灌浆口对着人。

(2) 遇到危急情况而电控系统失灵时(如接触器触头烧粘、操纵面板上的停止按钮失灵),必须立即切断电源开关。

(3) 灌浆机在工作时,千万不要站在输送管上或坐跨在输送管上。

(4) 每次泵送砂浆结束后或异常情况造成停机时,都应该将钢管、软管、泵送单元和料斗清洗干净,严禁里面残存砂浆。

(5) 千万不能打开有压力的输送管,泄压之后才能打开。

(6) 输送管路未固定好可能使管路滑落对人造成伤害,管路、管卡爆裂或者堵塞冲开可能对人造成伤害。

(7) 泵送砂浆时,严禁在输送胶管弯曲半径过小的情况下进行泵送,以免堵塞管路造成的危险事故。

(8) 其他未列的注意事项,应遵照国家和行业相关安全运行规定。

4) 安全装置的使用

(1) 安全阀

当空气压缩机产生过高压力时安全阀会自动卸压。

(2) 泵送料斗保护网格被意外掀起

机器工作期间当保护网格被意外掀起时,则灌浆机自动停止工作。

(3) 灌浆机过压安全装置

如果灌浆机出现过压情况,机械安全装置就会立刻启动,使得灌浆机停止运行。

(4) 机器罩盖

其作用是覆盖所有电动机,以防止运动部件或发烫部件对人员造成伤害。

(5) 压力表

利用该表观察机器工作时的压力状态,用以判断输送是否正常。

(6) 蘑菇状紧急按钮

当发生紧急情况时,按下该按钮可以使机器立刻停止运转。

5) 施工后清洗

(1) 停机后 0.5 h 必须进行管路的清洗和清理。

(2) 根据设备工作原理的不同,清洗管路的方式也不一样,但最终都要将管路、设备中的砂浆清理干净,如果有残余砂浆,凝固后可能导致后续施工过程中堵管并造成危险。

34.6.4 维护与保养

1. 电动搅拌机的维护与保养

(1) 清洁机体,清除机体上的污物和障碍物。

(2) 检查各润滑处的油料及电路和控制设备,并按要求加注润滑油。

(3) 每班工作前,在搅拌筒内加水空转 1~2 min,同时检查离合器和制动装置工作的可靠性。

(4) 混凝土搅拌机运转过程中,应随时监听电动机、减速器、传动齿轮的噪声是否正常,温升是否过高。

(5) 每班工作结束后,应认真清洗混凝土搅拌机。

2. 灌浆机的维护与保养

(1) 灌浆作业完成,及时将料斗内浆料排空。

(2) 料斗内加入清水,将料斗内表面清洗干净。

(3) 启动电机,使泵处于注浆状态,将料斗、管路内污水、废浆反复循环后,再从管路中排净(需要时,可先停机,扳转倒顺开关调整电机转向,使泵站处于回浆状态,将出浆管内的砂浆吸回料斗)。

(4) 再次往料斗内加入清水,启动电机,将清洁球放入料斗中,利用水循环清洗,直至不再有污水从灌浆胶管中流出为止。

(5) 定期检查电机减速器内的润滑油,减速器应每半年添加一次润滑油。

(6) 灌浆泵在连续使用一段时间(2~3 个月)后,建议将挤压软管拆出,调换进出浆口的位置,这样可延长软管的使用寿命。

(7) 定期(根据实际使用情况)检查泵体内甘油是否充足(液面高度应超过挤压软管),否则及时补充。

(8) 输送的介质中不能有粒径大于 2 mm 的固体，否则会影响软管的寿命。

(9) 定期检查各连接螺栓及螺钉是否松动，各密封处有无渗漏。

(10) 压力表在出厂前已设定好，使用中不要随意更改设定值，以免灌浆管路因压力过高而破损。

34.6.5 常见故障及其处理方法

1. 搅拌机的常见故障及排除方法

灌浆搅拌机的常见故障按功能模块可以划分为整机、传动装置和轴端及润滑装置故障等几大部分，具体故障原因及排除方法如下。

(1) 整机部分的常见故障及处理方法见表 34-31。

(2) 传动装置的常见故障及处理方法见表 34-32。

(3) 轴端及润滑装置的常见故障及处理方法见表 34-33。

2. 灌浆机的常见故障及处理方法

螺杆式灌浆机的常见故障及处理方法见表 34-34。

表 34-31 灌浆搅拌机整机部分的常见故障及处理方法

故障现象	故障原因	处理方法
空载状态下无法启动	主电机接线错误	正确接驳电动机电源
	有机械卡阻	检查叶片与相邻衬板是否干涉； 检查叶片是否被残余砂浆卡住
搅拌机盖漏水、漏灰	密封条损坏	更换密封条或打密封胶
	观察门关不严	更换观察门密封条，处理压平
	观察窗关不上	更换观察窗或密封条或压紧装置
搅拌机异响	搅拌叶片与衬板发生摩擦	调整搅拌叶片与衬板的间隙
	搅拌叶片变形、损坏	拆除清理变形或断裂搅拌叶片，重新更换
	配料超标	排查配料方面部件故障
	润滑不及时造成的轴头异响或轴承损坏	维修轴端密封或更换损坏的轴承
	电动机异响	检查电动机保护罩有无松动，轴承有无问题
	三角皮带异响	及时张紧或成组更换三角皮带

表 34-32 灌浆搅拌机传动装置的常见故障及处理方法

故障现象	故障原因	处理方法
主电动机跳闸	电动机损坏	维修或更换电动机
	控制回路故障	检修控制回路
	检视门限位开关故障	更换限位开关
	三角皮带变松、磨损	及时张紧三角皮带
	叶片与衬板之间的间隙太大，造成石块卡在间隙之间	重新调整叶片位置
	搅拌主机超载	排查配料、输送系统
	操作人员的误操作，如频繁启动	加强培训，避免误操作
	减速机损坏	维修或者更换减速机
	轴承损坏	更换轴承

表 34-33 灌浆搅拌机轴端及润滑装置的常见故障及处理方法

故障现象	故障原因	处理方法
轴端漏浆	供油问题导致轴端密封损坏	更换轴端密封装置
物料在搅拌轴、搅拌装置或主机盖上黏结严重	每次停机工作 0.5 h 以上未清洗	停机时间 0.5 h 内必须清理设备
	投料顺序不合理	粉料需延迟投料
	粉料的进料管未安装软连接	安装软连接
润滑油泵不工作	机械损坏,如马达故障	更换马达或者泵体
	电气连接故障	检修电气线路
润滑油泵工作,但不出油	油罐中油量不足	按规范加注润滑油
	油脂中有空气	润滑泵工作 10 min 左右,即可正常出油
	泵芯失效	更换泵芯
润滑油泵安全阀溢流	系统压力超过安全阀设定值	检查并疏通管路或更换分配器; 按规范用油,环境温度低于 10℃时,需用 1 号锂基脂
	阀损坏或被污染	更换安全阀

表 34-34 螺杆式灌浆机常见故障及处理方法

故障现象	故障原因	处理方法
堵管	砂浆配方不合理	调整配方,并疏通管路
	停机时间过长	间隔 20 min 左右启动 1 次设备,并疏通管路
	管路清洗不干净	疏通管路
灌浆力量不足	吸料口堵塞	清理吸料口过滤器
	减压阀滤网堵塞	清洗滤网
	减压阀调整不正确	按说明书调整减压阀
螺杆泵无法启动	电源没有接通	按说明书接好电源
远程控制无法启动泵送	空气管堵塞	清理空气管
	气压值过低	重新调整气压
远程控制无法停止泵送	空气压缩机安全阀故障	重新设置安全阀压力
	压力开关压力不足	重新调整压力开关的压力
	空气压缩机气量不足	更换空气压缩机

34.7 工程应用

1. 北京万科中粮假日风景 D1[#]、D8[#] 住宅楼项目

北京万科中粮假日风景 D1[#]、D8[#] 住宅楼项目是北京市住宅产业化试点工程,国内首个装配式混凝土剪力墙结构体系,建筑面积 0.8 万 m^2。本项目采用预制墙板连接,结构区竖向钢筋连接采用钢筋套筒灌浆连接技术,设计钢筋接头等级为Ⅰ级。与传统施工方式相比,由于现场钢筋绑扎、混凝土浇筑、支模、临时支撑等大大减少,相应的用工量减少,提高了建造效率。该项目工程见图 34-24。

2. 沈阳十二运安保中心项目

沈阳十二运安保中心项目位于沈阳市浑南区,由日本鹿岛建设(沈阳)技术咨询有限公司提供设计技术服务。工程主体结构 16 层,建筑总面积 3.1 万 m^2,设计为装配式混凝土框架结构,预制结构部分建筑面积约 1.1 万 m^2,主体楼 3～12 层结构柱的竖向钢筋连接、梁的水平钢筋连接节点采用钢筋套筒灌浆连接。自 2012 年 5 月开始进行装配式结构安装施工,7 月底安装工程结束,共使用了 CT20H、

图 34-24　北京万科中粮假日风景 D1[#]、D8[#] 住宅楼项目

CT22H、CT25H 梁用钢筋灌浆连接套筒 6000 余个，CGMJM-Ⅵ型钢筋接头灌浆料 15 t，钢筋浆锚灌浆料 11 t，座浆料 2 t，JM-GJB-5 型电动灌浆泵 2 台，完成了 240 根预制柱(柱内预制有 CT20、CT25 灌浆直螺纹连接套筒 4800 个)的竖向钢筋接头的灌浆连接，320 根预制梁的水平钢筋接头的灌浆连接。在产品使用过程中，各种产品及接头均按规定进行了检验，全部达到设计的性能指标。该项目工程见图 34-25。

图 34-25　沈阳十二运安保中心项目

3. 合肥蜀山产业园四期公租房项目

合肥蜀山产业园四期公租房项目位于合肥市蜀山区雪霁北路北侧，由北京市建筑设计院有限公司设计。建筑总面积 338 064.39 m^2，12 栋 24 层楼，13 栋 18 层楼，设计为装配式剪力墙结构，预制率达到 63%，楼梯、内墙板、外墙板、楼板、阳台全部采用预制构件，预制结构部分建筑面积约 23 万 m^2。自 2014 年 6 月开始进行预制构件生产，同年 8 月开始结构安装施工，2015 年 3 月结构封顶。该项目墙板连接采用钢筋套筒灌浆连接技术，共使用了 GT12、GT14、GT16 钢筋灌浆连接套筒 42 万余个，CGMJM-Ⅵ型灌浆料 500 余 t。该项目工程见图 34-26。

4. 北京新机场生活保障基地首期人才公租房项目

北京新机场生活保障基地首期人才公租房项目位于北京市大兴区榆垡镇，建筑面积共 140 585.15 m^2，其中住宅楼地上共 15 层为装配式剪力墙结构，总面积约 90 203.15 m^2，均采用了钢筋套筒灌浆连接作为竖向受力钢筋的连接方式。该项目 2018 年 1 月开工，至 2019 年 9 月完成结构封顶，共使用了半灌浆套筒 15 万个，常温型灌浆料 210 余 t，低温型灌浆料 180 余 t，经现场多次抽样检验，抗压强度和流动度均满足设计要求。特别是低温型套筒灌浆料的使用解决了冬期灌浆施工的难题，保障了项目的顺利完工。该项目工程见图 34-27。

图 34-26 合肥蜀山产业园四期公租房项目

图 34-27 北京新机场生活保障基地首期人才公租房项目

第35章

钢筋摩擦焊连接机械

35.1 概述

35.1.1 定义、特点和用途

1. 定义

摩擦焊是利用焊件接触表面相对运动中相互摩擦所产生的热，使其达到塑性状态，然后迅速顶锻，完成焊接的一种压焊方法。

摩擦焊接与熔焊不同，其焊接区金属仍处于固相状态，依赖于在压力作用下产生的塑性变形、再结晶等作用形成接头，属于固相焊范畴。

2. 特点

摩擦焊接工艺技术具有如下诸多特点：

(1) 焊接性好，可焊金属的范围广，特别适用于焊接异种金属，如碳钢-高速钢、碳钢-不锈钢、钢-铝、铜-铝等。

(2) 焊接表面不易氧化，接头组织细密(相当于锻造组织)，不易产生气孔、偏析、夹渣、裂缝等结晶缺陷，通常可比较容易地得到与母材强度相同的焊接接头，远大于熔焊、钎焊的强度。

(3) 焊接参数重现性好，焊接质量稳定，容易实现工艺参数及质量的自动控制，便于放在工厂机械生产线上使用。

(4) 焊后焊件的尺寸精度及几何精度高，有些零件焊后可不进行机械加工。

(5) 劳动条件好，环境污染小，焊接过程不产生烟尘或有害气体，不产生飞溅，没有弧光和火花，没有放射线。

(6) 生产率高，如汽车发动机排气门的全自动焊接，每小时可达450～600件。

(7) 耗电量少，节省能源，焊接过程中不需要消耗品(如助焊剂、焊条、保护气体等)，而且焊件材料损耗小，节省材料。

除具有上述特点之外，摩擦焊接也存在局限性，具体如下：

(1) 非圆形截面的摩擦焊接比较困难，线性摩擦焊和搅拌摩擦焊作为非圆形截面的焊接，需要进一步拓展和丰富应用领域，还有很大的发展空间。

(2) 盘状薄零件和薄壁管状零件，其夹持变形不容易控制，采用摩擦焊接有一定困难，通常通过改变焊前结构来实现。

(3) 摩擦焊机的一次性投资比较大，批量小的零件的焊接成本很高，大批量生产时才能将焊接成本降到很低。

3. 用途

摩擦焊是目前世界上公认的具有较大技术潜力并被着力倡导的焊接方法之一，已在航空航天、石油钻探、工程机械、汽车零部件、刀具、电力、建筑等诸多领域获得越来越多的应用。

1) 航空航天

摩擦焊在航空航天领域主要适用于低压钛转子组件(图35-1)、喷气发动机压缩机转子(图35-2)、起落架拉杆(图35-3)等的焊接。

图 35-1 低压钛转子组件

图 35-2 喷气发动机压缩机转子

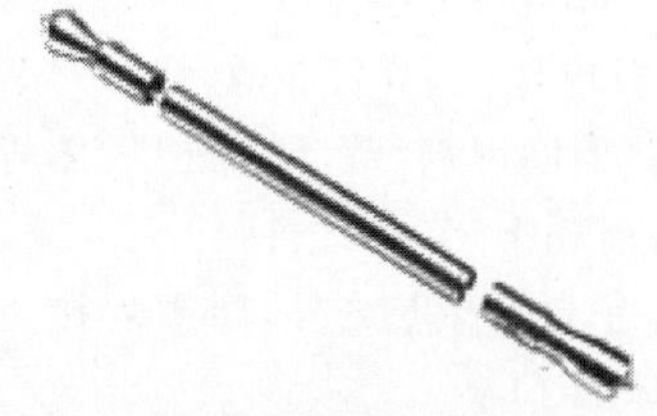

图 35-3 起落架拉杆

2）石油钻探

摩擦焊在石油钻探领域主要应用于石油钻杆(图 35-4)的焊接。

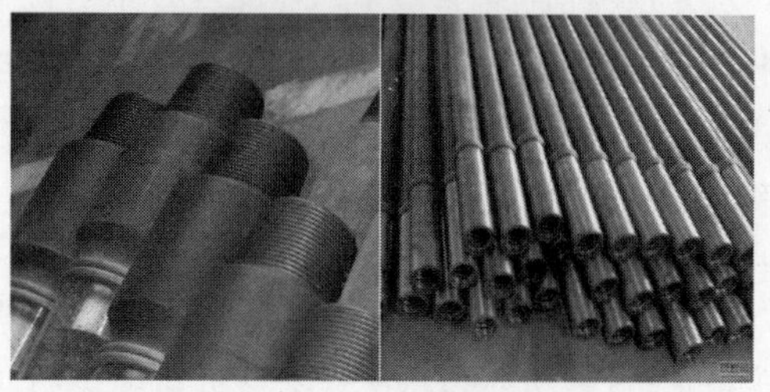

图 35-4 石油钻杆

3）工程机械

摩擦焊在工程机械领域主要应用于挖掘机油缸活塞杆(图 35-5)的焊接。

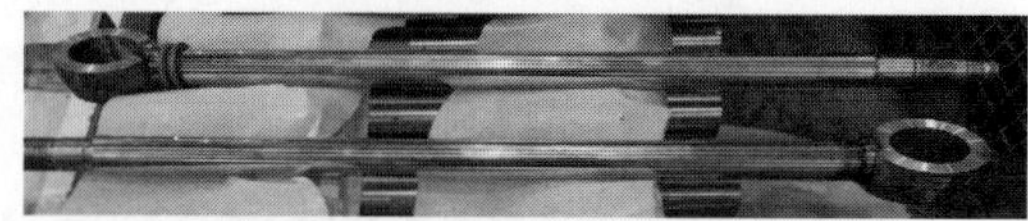

图 35-5 挖掘机油缸活塞杆

4）汽车零部件

摩擦焊在汽车零部件领域主要应用于发动机气门(图 35-6)、安全气囊产气盒(图 35-7)、汽车车桥(图 35-8)、传动轴(图 35-9)、蜗轮增压器蜗轮轴(图 35-10)等的焊接。

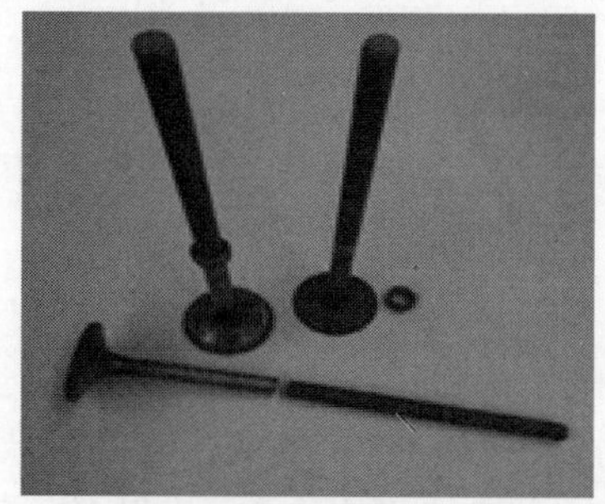

图 35-6 发动机气门

图 35-7 安全气囊产气盒

图 35-8 汽车车桥

图 35-9 传动轴

图 35-10 蜗轮增压器蜗轮轴

5）刀具

摩擦焊在刀具方面主要用于钻头(图 35-11)、丝锥(图 35-12)等的焊接。

图 35-11 钻头

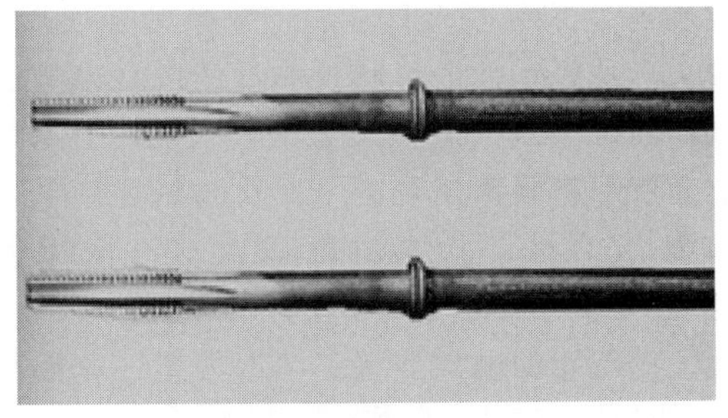

图 35-12 丝锥

6）电力

摩擦焊在电力方面主要用于铜-铝接头(图 35-13)的焊接。

图 35-13 铜-铝接头

7）建筑

摩擦焊在建筑工程领域主要应用于粗钢筋机械连接用钢筋丝头(图 35-14)、钢筋埋件及锚固件的焊接(图 35-15)。

图 35-14 钢筋丝头

图 35-15 钢筋锚固件

35.1.2 发展历程与沿革

作为一种固相连接方法，摩擦焊接起源于一百多年前，此后经半个多世纪的研究发展，摩擦焊接技术才逐渐成熟起来，并进入推广应用阶段。自 20 世纪 50 年代摩擦焊真正焊出合格焊接接头以来，就以其优质、高效、低耗、环保的突出优点受到所有工业强国的重视。我国早在 1957 年就利用封闭加压的原理，试验成功了铜-铝摩擦焊接。目前，研究和生产摩擦焊机的主要国家有美国、德国、英国、日本、中国等，国外代表性的企业分别是美国 MTI 公司、德国KUKA公司、英国Thompson公司、日本日东制机、日本荣江、日本泉美等。我国自1979年开始专业化研制和生产摩擦焊机，目前代表性企业分别是长春数控机床、哈焊所、哈尔滨正晨、汉中双戟、上海胜春、江苏锐成、苏州西岩等，生产低中高不同档次的摩擦焊机，以满足国内不同需求，部分企业产品已打入国际市场。

经过几十年的发展，摩擦焊接技术在国内目前已经具备了包括工艺、设备、控制、检验等在内的整套完备的专业技术规模，并且在基础理论研究上也形成了一定的独立体系。目前国内可焊接范围为直径3～500 mm的工件和面积达5万mm^2的大截面管件，同时还开发了相位焊和径向摩擦焊以及搅拌摩擦焊技术。不仅可焊接钢、铝、铜，而且还成功焊接了高温强度级相差很大的异种钢和异种金属，以及形成低熔点共晶和脆性化合物的异种金属。如高速钢-碳钢、耐热钢-低合金钢、高温合金-合金钢、不锈钢-低碳钢、不锈钢-电磁铁以及铜-铝、铝-钢等。近年来，随着我国航空航天事业的发展，也加速了摩擦焊技术向这些领域的渗透，进行了航空发动机转子、起落架结构件、紧固件等材料（Ln718、Ti17、300M、GH159、GH4169）以及金属与陶瓷、复合材料、粉末高温合金的摩擦焊工艺试验研究，某些电工材料的钎焊工艺也开始用摩擦焊接所取代，如电磁铁-不锈钢、钨铜合金等。

在工艺理论及焊接机理的研究方面，国内以北京航空材料研究院（621所）、西北工业大学、西安交通大学、中国兵器工业第五九研究所、哈尔滨焊接研究所等科研院所为主体，对摩擦焊接表面高温塑性金属层的形成、流动、扩展和焊接接头形成机理，摩擦焊接的能量转换及过程控制，大截面石油钻杆摩擦焊接工艺和强韧性控制，摩擦焊接接头灰斑缺陷形成机制及焊接接头断口形貌与断裂应变，铝-铜薄壁管摩擦焊接机理与接头性能和焊缝化合物相形成机制等做了较深入的基础理论研究工作。为控制铝-铜过渡接头脆性层的产生，研究了低温摩擦焊并应用于生产。近年来对超塑性温度范围内相变温度以下摩擦焊进行了研究，并取得了阶段性成果。

在焊接质量监控方面，先后研制了摩擦焊功率极值控制仪及微机质量监控装置。微机质量监控装置是对焊接过程的轴向压力、主轴转速、摩擦扭矩、焊件轴向缩短量、时间、焊接温度及形变热处理温度等影响焊接接头质量的主要参数的变化进行监控。在新材料的焊接性，摩擦焊接信息过程与传感技术，摩擦焊接参数计算和实时监测与闭环控制，摩擦焊缝缺陷形成机制与力学行为，摩擦焊接头强韧性控制，摩擦焊接物理参量场（温度场、应力应变场）数值模拟，以及高速摄影、频谱分析等相关试验技术等方面也开展了较系统深入的研究工作。

自1963年英国的Thompson公司制造出第一台用于焊接钢缆的摩擦焊机及1964年福特汽车公司将摩擦焊运用于汽车尾轴的焊接以后，摩擦焊接便得到了广泛的研究与应用，在我国应用的摩擦焊机绝大部分是连续驱动摩擦焊机。近年来由于加强了与德国KUKA、日本日东株式会社、美国MTI公司等国外先进技术的交流以及不断引进，焊机先后采用了液压马达驱动的主轴系统、串联轴承组-平衡油缸液力平衡旋转活塞、多片式粉末冶金涂层离合器、滚动导轨、PLC控制等多项先进技术，使焊机制造水平有了较大的提高。

通过与相关学科及高新技术的紧密结合，摩擦焊接工艺方法目前已由传统的几种形式发展到上百种，极大地扩展了摩擦焊接的应用领域。被焊零件的形状由典型的圆截面扩展到非圆截面（线性摩擦焊）和板材（无压力摩擦焊），所焊材料由传统的金属材料拓展到粉末冶金、复合材料、功能材料、难熔材料，以及陶瓷-金属等新型材料及异种材料领域。目前国际上比较新的摩擦焊接工艺有超塑性摩擦焊接、线性摩擦焊接、搅拌摩擦焊接、嵌入摩擦焊接及第三体摩擦焊接等。

截至目前，全世界在生产上应用的摩擦焊机已有8000台左右，每年大约生产几十亿件产品，其中轴向摩擦焊机占很大比例。而轴向摩擦焊机中连续驱动摩擦焊和惯性摩擦焊无一不是液压驱动的，主轴系统的快速刹车、摩擦施力系统的各级摩擦和顶锻、旋转夹具和移动夹具的工件夹紧均由液压系统驱动。这种摩擦焊机液压施力系统虽具有成本低、维修方便的特点，但满足摩擦焊接过程所用的控制阀数量多，频繁开关所带来的故障概率高，且可控性差，进行焊接过程闭环控制存在一定的困难，轴向压力控制精度低，限制了摩擦焊接在一些高新技术产业领域的应用。为了克服采用液压系统带来的不足之处，提高焊接质量，国外从20世纪80年代、国内从20世纪90年代开始，大部分采用焊接参数监控系统。利用计算机技术，实时跟踪旋转速度、摩擦压力、顶锻压力、焊接时间和摩擦位移等主要参数并记录，当焊接参数超过设定范围时，系统自动报警，其中摩擦压力的允许偏差一般在0.2～0.4 MPa(相当于小型焊机轴向力1570～3140 N)，这个压力波动影响焊件缩短量，摩擦位移的允许偏差一般在几十微米之内。国外一些摩擦焊机也采用比例阀、伺服阀等元件组成的电液比例、伺服控制系统，并通过计算机测控系统，实现焊接参数的较稳定控制，但对工作环境要求高，特别是对液压油清洁度的要求十分苛刻，制造成本和维护费用比较高，系统能耗大，广泛应用难以实现。

35.1.3　发展趋势

摩擦焊接技术自20世纪50年代开始，经过半个多世纪的发展，到了21世纪以后其发展更为迅猛，主要是往更高精度、更高效率方向发展。

1. 动力驱动伺服化

1) 主轴驱动

普通摩擦焊机，主轴旋转采用普通的三相交流电机进行驱动，为了实现快速启动和制动，驱动电机和主轴之间布置离合器和制动器，电机启动之后一直旋转，当需要旋转主轴时，离合器吸合而制动器脱开，主轴旋转启动；当需要主轴制动时，离合器脱开而制动器吸合，主轴实现制动。离合器和制动器由油缸驱动吸合与脱开，利用金属摩擦片传递动力。

普通的三相交流电机虽然驱动功率和扭矩足够大，但摩擦阶段产生摩擦扭矩时，转速会产生较大波动，这对摩擦加热的稳定控制是不利的；而且主轴转速是固定的，焊件直径范围较大，需要改变转速时受到限制。

离合器和制动器所用金属摩擦片会产生磨损，制动时间会随着磨损逐渐变长，这种不稳定对焊接质量影响很大，需要经常更换新的摩擦片，拆装很不方便；摩擦片摩擦时产生的金属粉末进入主轴箱内部，容易污染主轴轴承润滑油，会使轴承寿命变短。

伺服电机具有很高的动态响应和闭环控制功能，使得转速波动很小，且转速无级可调，利用控制器的能耗制动等功能实现电气制动，制动时间稳定一致，从而解决了上述所有问题。主轴制动时，用位置控制模式，还可以实现相位焊接，所以主轴驱动伺服化是必然趋势。

2) 轴向力施力系统

轴向力施力系统目前绝大部分还是采用液压油缸，称为液压型摩擦焊机。液压系统的控制元件不同，一般分普通型和比例控制型两种。

普通型：用减压阀、流量阀、换向阀来进行组合控制，采用手动调节的减压阀和流量阀，调整所需要的压力和速度，每次更换规格都由人工调节，调节精度低，控制精度较差。

比例控制型：采用比例压力阀和比例流量阀或比例换向阀进行数字化调节，控制精度提升，进一步采用PID闭环控制，控制精度更高，焊接质量更稳定。

伺服控制型：伺服驱动器控制伺服电机和伺服泵，是全新的液压控制方式，目前应用极少，但控制精度高，节能效果显著，将是液压型的未来发展方向。

随着数控技术和伺服技术的发展，摩擦焊机轴向力施力系统用伺服型取代液压型成为可能。伺服型轴向力施力系统用伺服电机＋滚珠丝杠的结构取代液压系统＋液压油缸的液压型轴向力施力系统。

伺服型轴向力施力系统具有如下优点：

(1) 力和速度的控制精度高；

(2) 控制稳定性和动态响应好;

(3) 力的波动小,焊接质量长期稳定;

(4) 节能效果显著;

(5) 系统维护性很高,几乎免维护。

轴向力施力系统伺服化虽然受限于滚珠丝杠的发展,但却是未来发展的必然趋势。

2. 非圆形截面的摩擦焊技术

常见的摩擦焊机都是旋转摩擦焊,是圆形截面零件的焊接。进入21世纪后,非圆形截面的摩擦焊接技术得到了飞速发展。

近来备受关注的两种摩擦焊技术——线性摩擦焊和搅拌摩擦焊就是非圆形截面的摩擦焊接技术。

1) 线性摩擦焊

通常,旋转式摩擦焊只限于把圆柱截面或管截面的工件焊到相同类型的截面或板面上。英国剑桥焊接研究所研制的线性摩擦焊机打破了这一局面,它可以焊接方形、圆形、多边形截面的金属或塑料工件。配以合适的夹具,还可以焊接更加不规则的构件,如叶片与蜗轮。该焊机可一次焊接多个零件,亦可用于生产线上。

在线性摩擦焊接过程中,摩擦副中的一侧工件被一对往复机构驱动着相对于另一侧被夹紧的工件表面作相对运动,其示意图如图35-16所示。在轴向压力作用下,随着摩擦运动的进行,摩擦表面被清理并产生摩擦热,摩擦表面的金属逐渐达到黏塑性状态并产生变形。然后,停止往复运动并施加顶锻力,完成焊接。

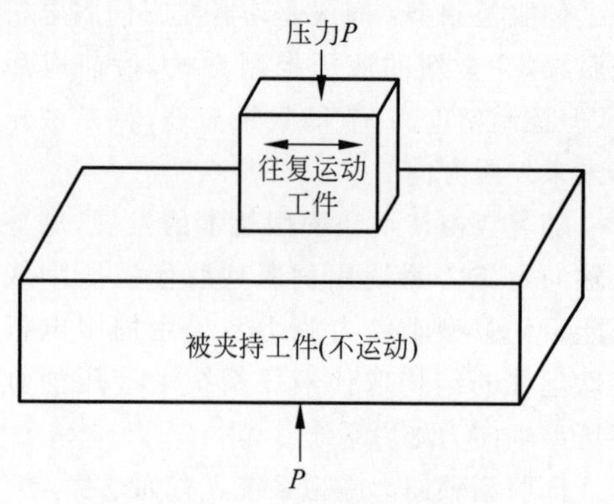

图35-16 线性摩擦焊示意图

线性摩擦焊机动作的关键,是一个曲轴与两个可移相并可定量控制的曲柄,它们用来提供固定的、相对可调节的偏移量。在往复运动开始时,曲柄处在某个相位使滑台具有最大的位移量,随后被拖动到反相位置而得到零位移量,这就保证了当施加顶锻压力时被连接工件的同轴度。线性摩擦焊接零件如图35-17所示。

图35-17 线性摩擦焊接零件

线性摩擦焊最初应用于塑料焊接,MTU与Rolls·Royce公司合作,开始把线性摩擦焊用于航空发动机整体钛合金叶盘的制造,并已取得成功。采用线性摩擦焊制造的整体叶盘比常规通过榫槽连接的盘和叶片组件减重60%。P&W公司已开始用线性摩擦焊把F119发动机的上钛合金风扇空心叶片焊接成整体叶盘。

剑桥焊接研究所已用线性摩擦焊机焊接了截面尺寸为20 mm×12 mm至50 mm×20 mm的C-Mn钢、不锈钢、铝、钛和镍合金。焊接240 mm^2 方形Ti5-6Al5-4V工件的频率为25 Hz,偏移量±2 mm,轴向焊接压力为100 MPa。并行技术公司(CTC)为美国海军完成了一项线性摩擦焊接研究项目,对七种不同合金和两组异种金属进行了焊接试验,以用于发动机维修。这七种合金是IN738LS、Waspaloy、Rene80(DS)、Ti-6Al-4V、AM355、不锈钢和PWA1484单晶;两组异种金属是L-605与Mar-M302和Stelite与IN100。对焊件试样所做的摆锤冲击、拉伸、弯曲和金相试验表明,结果令人满意。

这种工艺潜在的应用领域包括齿轮、蜗轮、连接、导电板及双金属凿刃,也可用来焊接大截面的塑料部件,如汽车减震器、货车罩、底板，以及塑料或金属的复合焊件。

2）搅拌摩擦焊

搅拌摩擦焊是英国焊接研究所推出的一项专利技术，其原理见图 35-18。瑞典 ESAB 公司按许可证制造了专用焊接设备 Super-Stir，已在欧美航空、航天工业中应用。美国的航空、宇航公司争相获取了使用搅拌摩擦焊的专利许可证。据波音公司报道，搅拌摩擦焊已成功地应用在低温下工作的铝合金薄壁压力容器，完成了纵向焊缝的直线对接和环形焊缝沿圆周的对接。麦道公司也已将这种方法用于制造 Delta 运载火箭的推进剂储箱。搅拌摩擦焊目前不仅用于对各类铝合金的焊接，还被应用于钢和钛合金，单面可焊厚度 2～25 mm，双面焊厚度可达 50 mm。用常规熔焊方法不能焊接的 2000 系列铝合金，采用搅拌摩擦焊可以使其焊接性大为改善。与氩弧焊接头相比，同一种铝合金的搅拌摩擦焊接头的强度高 15%～20%，延伸率高一倍，断裂韧度高 30%，接头区为细晶组织，焊缝中无气孔、裂纹等缺陷。此外，工件焊后残余变形很小，焊缝中残余应力很低。这种方法的缺点是：为了避免搅拌引起的振动力使工件偏离正确的装配方位，在施焊时必须把工件刚性固定，从而使它的工艺柔性受到限制。

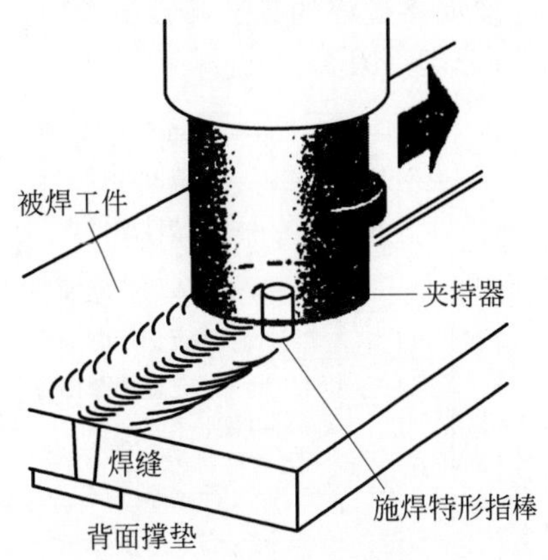

图 35-18　搅拌摩擦焊原理

搅拌摩擦焊接技术及其工程应用的开发进展很快，已在新型运载工具的新结构设计中开始采用，如铝合金高速船体结构、高速列车结构及火箭箭体结构等。

35.2　产品分类

35.2.1　设备分类

当前国内外常见的摩擦焊工艺可进行如下分类。

1. 按摩擦表面的相对运动形式分类

这种分类见图 35-19。

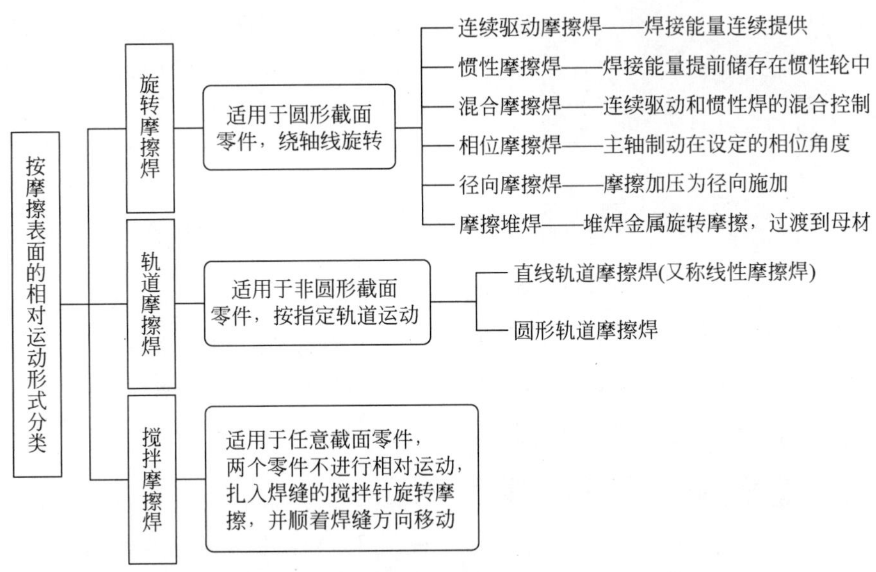

图 35-19　按摩擦表面的相对运动形式分类

2. 按焊接过程的工艺特点分类

这种分类见图 35-20。

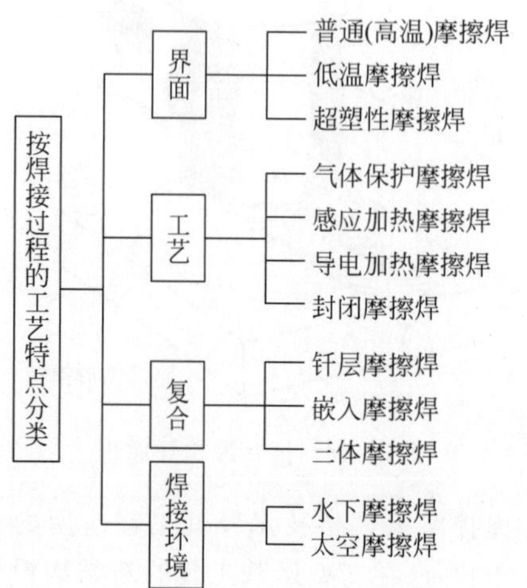

图 35-20 按焊接过程的工艺特点分类

35.2.2 连接套筒

连接套筒,即用于传递钢筋轴向拉力或压力的钢套管。市场上常用的钢筋连接套筒主要分为三种,分别是锥螺纹连接套筒、直螺纹连接套筒、套筒挤压连接套筒三种,对应的钢筋接头为锥螺纹连接接头、直螺纹连接接头、套筒挤压连接接头。图 35-21 所示为直螺纹连接套筒和接头。

图 35-21 直螺纹连接套筒和接头

1. 锥螺纹连接接头

锥螺纹连接接头是经过钢筋端头的锥形螺纹和连接件锥形螺纹咬合构成的接头。锥螺纹丝头可以完全做到提前预制,现场连接,占用工期短,现场只需用力矩扳手操作,不需搬动设备和拉扯电线,深受各施工单位的好评。但是锥螺纹连接接头的强度通常只能达到母材实际抗拉强度的 85%～95%。因锥螺纹连接技术具有施工速度快、接头成本低的特点,因此自 20 世纪 90 年代初推广以来得到了较大规模的应用。但因为存在钢筋连接非等强的缺点,逐步被直螺纹连接接头替代。

2. 直螺纹连接接头

等强度直螺纹连接接头是 20 世纪 90 年代钢筋机械连接的最新潮流,接头质量稳定可靠,连接强度高,可与套筒挤压接头相媲美,并且具有锥螺纹接头施工便利、速度快的特点。

直螺纹连接接头主要有镦粗直螺纹连接接头和滚压直螺纹连接接头。这两种工艺选用不同的加工方法,以增强钢筋接头的承载能力,达到接头与钢筋母材等强的目的。镦粗直螺纹连接接头是经过钢筋端头镦粗后车制的直螺纹和连接件螺纹咬合形成的接头。其工艺是:先将钢筋端头经过镦粗设备镦粗,再车削加工出螺纹,其螺纹小径不小于钢筋母材直径,使接头与母材达到等强。钢筋端头的镦粗有热镦粗及冷镦粗两种方法。热镦粗易消除镦粗过程中产生的内应力,但加热设备投入费用高。我国的镦粗直螺纹连接接头,其钢筋端头主要是冷镦粗,但对钢筋的延性需求高,对延性较低的钢筋镦粗质量较难控制,易发生脆断现象。滚压直螺纹连接接头是钢筋端头直接滚压或挤(碾)压肋滚压或剥肋后滚压的直螺纹和连接件螺纹咬合构成的接头。

3. 套筒挤压连接接头

套筒挤压连接接头是利用挤压力使连接套筒发生塑性变形与带肋钢筋紧密咬合构成的接头,有径向挤压连接和轴向挤压连接两种。因为轴向挤压连接现场施工不便及接头质量不稳定,没有得到推广,而径向挤压连接技术得到了大力推行。如今工程中运用的套筒挤压连接接头都是径向挤压连接。套筒挤压连接接头因具有良好的质量和高性价比，在我国从20世纪90年代初至今被广泛应用于建筑工程中。

从施工工艺角度，钢筋套筒连接的类型分为以下六种。

(1) 标准型连接。该类型连接适用于一切抗震设防和非抗震设防的混凝土结构工程，尤其适用于要求充分发挥钢筋强度和延性的重要结构。

(2) 扩口型连接。该类型连接用于钢筋连接施工时，钢筋与连接套筒对中比较困难的情况，常见于柱中的粗直径竖向钢筋的连接。它的连接方法和质量控制要点与标准型接头完全相同。

(3) 正反丝扣型连接。该类型连接用于钢筋完全不能转动而要求调节钢筋内力的场合，如施工缝、后浇带等。连接套筒带正反丝扣可在一个旋合方向中松开或拧紧两根钢筋。

(4) 变径型连接。该类型连接用于连接不同直径的钢筋，变径型套筒长度与大规格普通套筒长度相同。适用于承受拉、压双向作用力的各类钢筋混凝土结构中的钢筋连接施工，可连接横、竖、斜向的HRB335、HRB400级同径和异径钢筋。

(5) 加长型连接。该类型连接用于钢筋过长而密集，不便转动的场合。连接套筒预先全部拧入一根钢筋的加长螺纹上，再反拧入被接钢筋的端螺纹，转动钢筋半圈至一圈即可锁定连接件，可选用标准型连接套筒。

(6) 加锁母型连接。该类型连接用于钢筋完全不能转动的场合，如弯折钢筋以及桥梁、灌注桩等钢筋笼的相互对接。将锁母和连接套筒预先拧入加长螺纹，再拧入另一根钢筋端头螺纹，用锁母锁定连接套筒。可选用标准或扩口型连接套筒加锁母。

35.3　工作原理与结构组成

35.3.1　工作原理

摩擦焊的基本工作原理如图35-22所示，两个圆形截面的金属工件摩擦焊接前，工件1夹持在可以旋转的夹具上，工件2夹持在能够向前移动加压的夹具上。焊接开始时，工件1首先以转速n高速旋转，然后工件2向工件1方向移动、接触，并施加足够大的摩擦压力P_1，这时开始摩擦加热过程，摩擦表面消耗的机械能直接转换成热能，当通过一段选定的摩擦时间，或达到规定的摩擦变形量(即工件2向前移动的位移量)，即接头金属的摩擦加热温度达到焊接温度以后，立即停止工件1的转动，同时工件2向前快速移动，对接头施加较大的顶锻压力P_2，使其产生一定的顶锻变形量。压力保持一段时间以后，松开两个夹具，取出焊件，全部焊接过程就此结束。通常全部焊接过程只需几秒到几十秒的时间。

旋转式摩擦焊根据主轴旋转系统的运动方式和驱动方式(能量来源)可以分为两种类型：一种是连续驱动摩擦焊接；另一种是惯性摩擦焊接。

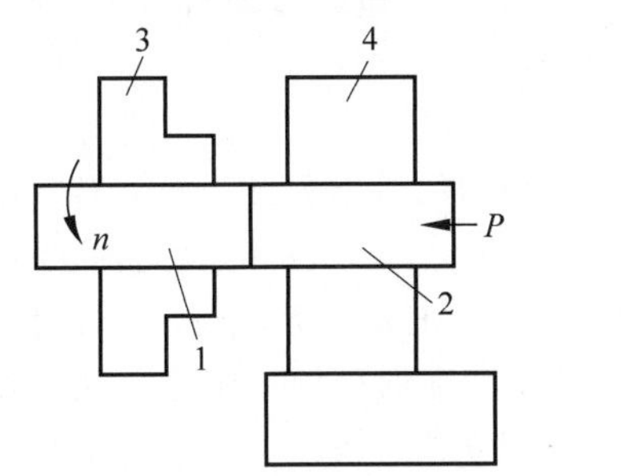

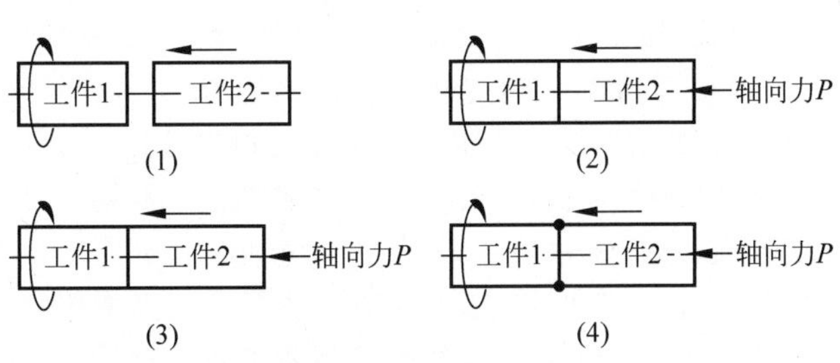

1,2—工件；3,4—夹具。

图35-22　摩擦焊基本工作原理

连续驱动摩擦焊接的工艺过程如下：主轴旋转系统夹持一个被焊工件按预定的相对摩擦速度 n 进行旋转，移动夹具上的固定工件接触旋转工件在设定轴向力 P_1 的作用下产生摩擦，两个工件的接触面产生热量，当摩擦区域达到焊接温度时，主轴旋转系统快速制动，施加顶锻力 P_2 并保持一定时间。整个焊接过程中主轴旋转系统的驱动是连续的，其焊接所需能量也是连续转化的，所以称为连续驱动摩擦焊接。图 35-23 所示为连续驱动焊接的参数曲线。

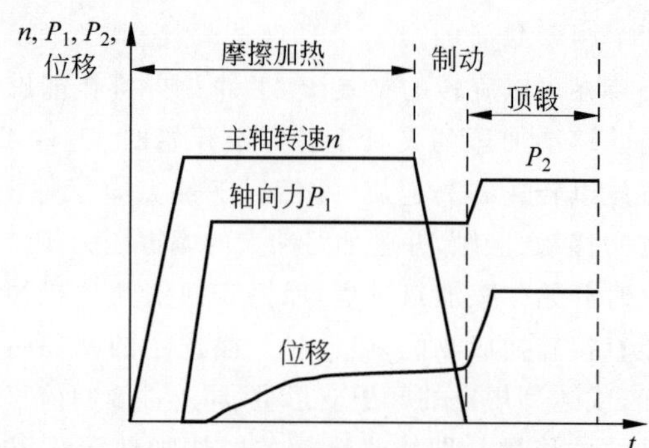

图 35-23　连续驱动焊接参数曲线

惯性摩擦焊接的工艺过程如下：主轴旋转系统前端安装一个惯性轮(飞轮)，并夹持一个被焊工件，将惯性轮加速旋转到一个预定的速度 n，从而储存焊接所需能量。随后断开主轴驱动系统，移动夹具上的固定工件接触旋转工件在设定轴向力 P 的作用下产生摩擦，使储存在惯性轮中的动能转化为热量，两个工件的接触面产生热量，接头温度升高，由于摩擦扭矩的作用，惯性轮的速度会降低，最后停止旋转，并保持一定时间。根据不同需求而定。在焊接之前主轴旋转系统是驱动惯性轮旋转而赋予能量，焊接开始时主轴旋转系统脱离惯性轮，靠惯性轮的动能转化为焊接热量而实现焊接的，所以称为惯性摩擦焊接。这种利用动能转化为热能的焊接方法所需的主轴电机功率小，省电，适合于焊接大端面工件和异种金属接头。图 35-24 所示为惯性摩擦焊的参数曲线。

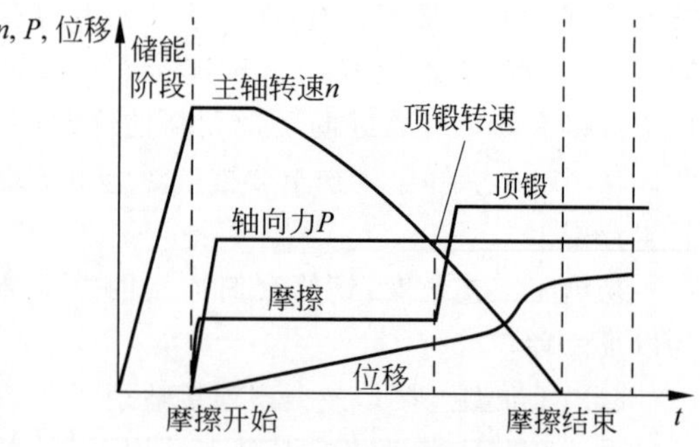

图 35-24　惯性摩擦焊参数曲线

35.3.2　结构组成

目前，国内外应用最广泛的是连续驱动摩擦焊机，其总体结构主要包括主机系统、液压系统和控制系统，如图 35-25 所示。其中，主机系统为执行机构，液压系统为传动机构，控制系统为核心。

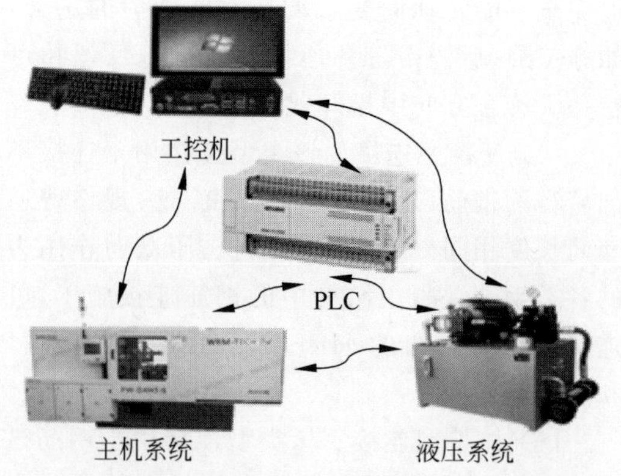

图 35-25　连续驱动摩擦焊机组成示意图

连续驱动摩擦焊主机的结构如图 35-26 所示，主要由床身、主轴旋转系统(包括旋转夹具)、轴向力施力系统(包括移动滑台、移动夹具、主油缸)组成。

1. 床身

床身是基础构件，上面安装主轴旋转系统和轴向力施力系统。床身必须有足够的强度和刚度，以减小受力时的变形和振动，必要时布置拉扛等增强刚度的措施。床身一般采用卧式，也有的采用立式结构。

2. 主轴旋转系统

图 35-27 所示为主轴旋转系统的结构示意

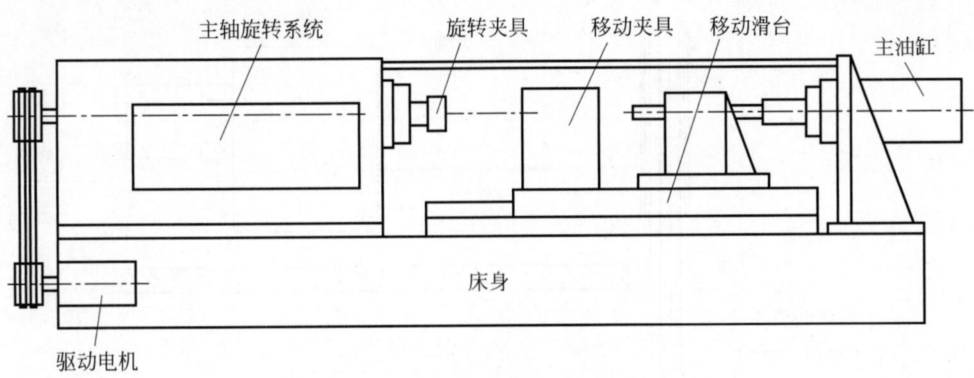

图 35-26　连续驱动摩擦焊主机结构

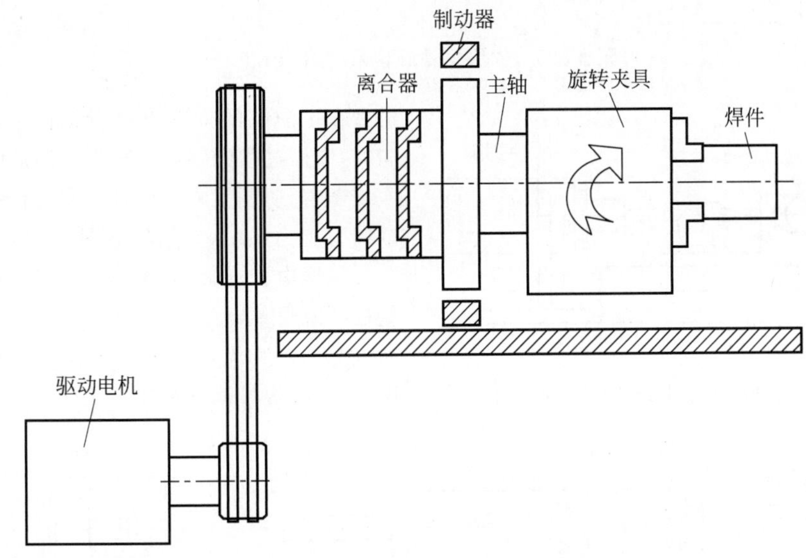

图 35-27　主轴旋转系统结构示意图

图，它主要由主轴、驱动电机、传动带、离合器、制动器和旋转夹具组成。

主轴是承受摩擦焊接过程中轴向、径向载荷的关键部件，大部分采用角接触轴承、圆柱滚子轴承、圆锥推力轴承等组合布置来实现，高转速、大载荷的情况下也有少数采用静压轴承。

驱动电机通过传动带驱动主轴旋转，传递摩擦所需扭矩。

主轴旋转的时候离合器接合，传递动力；主轴旋转停止时，离合器脱开，制动器接合，主轴快速停止，施加顶锻压力；当主轴再次启动的时候，制动器脱开，离合器接合。

旋转夹具安装在主轴前端，夹持工件进行旋转摩擦。

随着技术的发展，主轴旋转系统也在发生变化，如图 35-28 所示，采用伺服电机驱动主轴，取消离合器和制动器，利用伺服电机的电气制动功能，实现快速停止。其结构简单，制动时间准确一致，焊接质量更为稳定。

3. 轴向力施力系统

轴向力施力系统的结构简图如图 35-29 所示。摩擦施力系统的主要功能是将工件装夹在移动夹具上进行轴向移动，并施加轴向力使该工件与另外旋转的工件进行摩擦、顶锻。

该系统主要由移动夹具、移动滑台、主油缸及油缸座等部件组成。移动夹具在液压油缸驱动下夹持工件，并安装在移动滑台上，移动

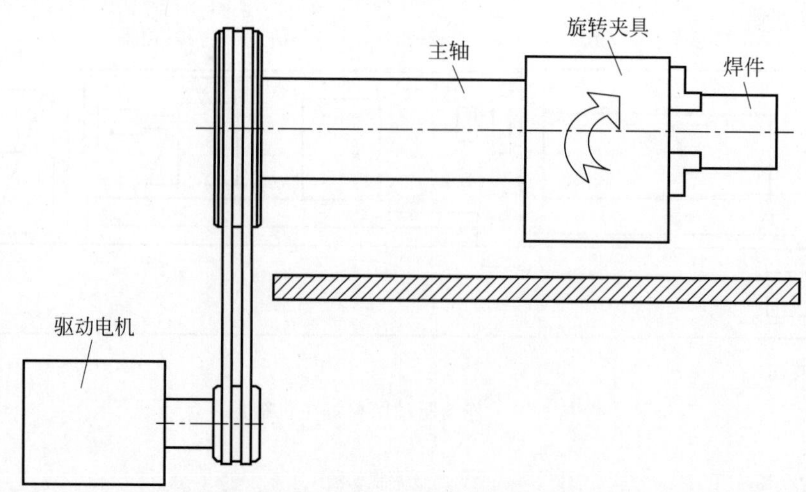

图 35-28　伺服主轴旋转系统结构示意图

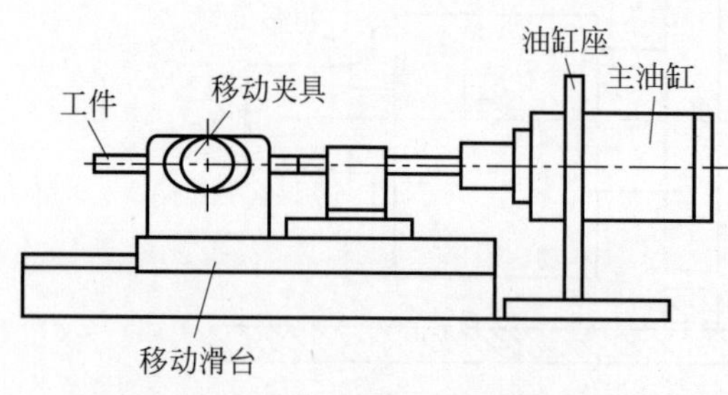

图 35-29　轴向力施力系统结构示意图

滑台在主油缸的推动下进行轴向移动，施加轴向力，摩擦过程的轴向力来自主油缸的推力。

随着伺服控制技术的发展，出现了伺服型轴向力施力系统，其结构如图 35-30 所示。

伺服电机通过联轴器连接滚珠丝杠，滚珠丝杠的螺母推动螺母座及滑台移动，替代了主油缸驱动。其优点是轴向力控制精度高，力的稳定性高，焊接质量稳定。

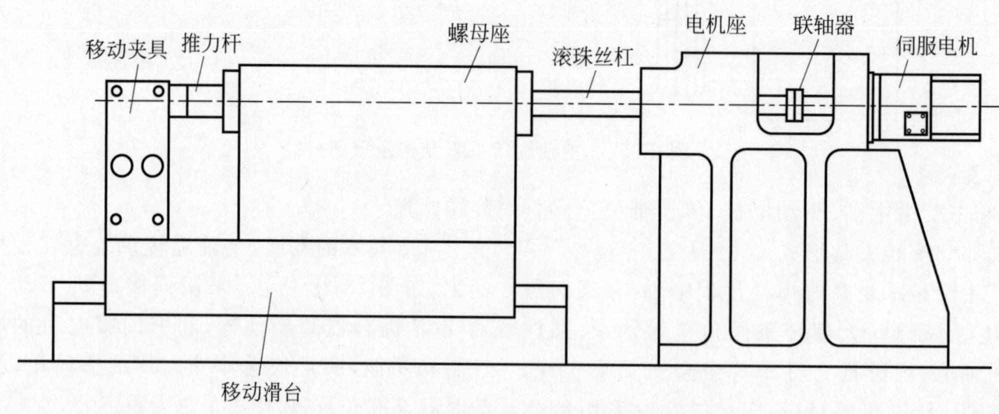

图 35-30　伺服型轴向力施力系统结构示意图

4. 液压系统

液压系统的主要功能是驱动和控制离合器和制动器油缸、旋转夹具油缸、移动夹具油缸、主油缸。它主要由液压油箱、电机、液压泵、液压控制阀、液压管路、油温控制器等部件组成。

对液压驱动型摩擦焊机来说，液压系统是很重要的控制单元，不仅通过控制离合器和制动器油缸实现主轴的启动和停止，也控制旋转夹具和移动夹具进行工件的夹紧，更重要的是对主油缸的控制。摩擦阶段和顶锻阶段所需要的不同压力和速度等焊接重要参数是通过控制主油缸来完成的，具体方法有以下几种。

(1) 用减压阀、流量阀、换向阀来组合控制，采用手动调节的减压阀和流量阀调节所需要的压力和速度，每次更换规格都由人工调节，调节精度低，控制精度较差。

(2) 采用比例压力阀和比例流量阀或比例换向阀进行数字化调节，控制精度提升，进一步采用 PID 闭环控制，控制精度更高，焊接质量更稳定。

(3) 伺服驱动器控制伺服电机和伺服泵，这是全新的控制方式，控制精度高，节能效果显著，是未来的发展趋势。

35.3.3　控制与监视系统

1. 控制系统

控制系统主要分为程序控制和焊接参数控制。

程序控制用来完成工件上料、夹具夹紧、滑台快进、工进、主轴旋转、摩擦加热、离合器脱开、主轴制动、顶锻保压、去除飞边、滑台快退、夹具松开、工件下料等焊接全过程的顺序动作，以及动作互锁保护。

焊接参数控制是根据焊接截面的大小设置不同的参数，对摩擦和顶锻过程的力、速度、位移或时间进行控制，从而得到质量合格的焊接接头。需要控制的焊接参数有主轴转速、摩擦力、摩擦速度、摩擦位移(或摩擦时间)、顶锻保压力、顶锻保压时间等。

控制系统大部分都用 PLC 进行控制，通过控制驱动电机控制主轴，通过控制液压系统的控制阀对离合与制动油缸、夹具油缸、主油缸进行控制，实现程序控制和焊接参数控制。伺服机型则采用运动控制器来进行控制，控制精度更高、更稳定。

2. 监视系统

摩擦焊接的质量是通过焊接过程参数的有效控制来保证的。换句话说，能够有数据说明焊接过程参数是得到有效控制的，这个零件或这一批零件的质量视为合格，监视系统的作用就是监视焊接过程参数。

监视系统主要对主轴转速、摩擦力、顶锻力、位移等数据按一定的时间间隔进行连续采样，保存数据，供系统分析。摩擦阶段采用力优先的控制模式，摩擦速度是放开的，所以对摩擦速度一般不进行监视。采集到的数据用时间轴绘出曲线，界面如图 35-31 所示。

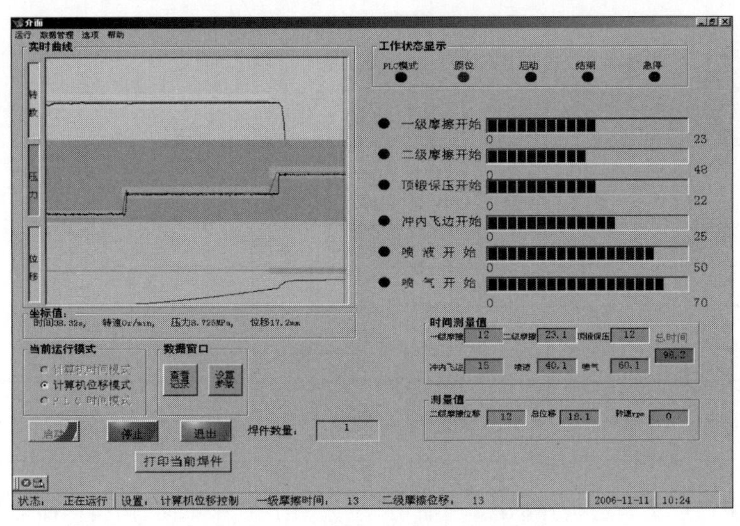

图 35-31　参数监视系统曲线界面

对监视系统采集到的数据用规定的评价规则进行分析和评价。例如，对主轴转速、摩擦力、顶锻力、摩擦位移、摩擦时间、总缩短量等设定参数和预期结果设置上下限，将实测数据和上下限作比较，如果超出范围则视为具有质量风险，提出报警或自动移除处理。

监视系统由工业控制计算机、数据检测和采样元件(包括旋转编码器、压力传感器、采集卡、光栅尺等)、监视软件组成。随着技术的发展,采样精度不断提高,数据存储容量也变大,可上传到服务器,供客户追溯历史记录。

35.4 技术性能

35.4.1 产品型号命名

焊机的产品型号推荐按 JB/T 8086—2015 的规定编制,型号编制说明如图 35-32 所示。

产品型号编制示例:

(1) 最大顶锻力 250 kN,第 2 次改进型的带监控装置、带去飞边装置的连续驱动摩擦焊机:C-25B-JQ。

(2) 最大顶锻力 1250 kN、带监控装置的双头连续驱动摩擦焊机:CS-125-J。

(3) 最大顶锻力 2500 kN、带监控装置的惯性摩擦焊机:CG-250-J。

产品规格按焊机最大顶锻力确定。最大顶锻力推荐按 R5 优先数系选取(见表 35-1),必要时,也可按 R10 数系的倍数取整选取(见表 35-2)。

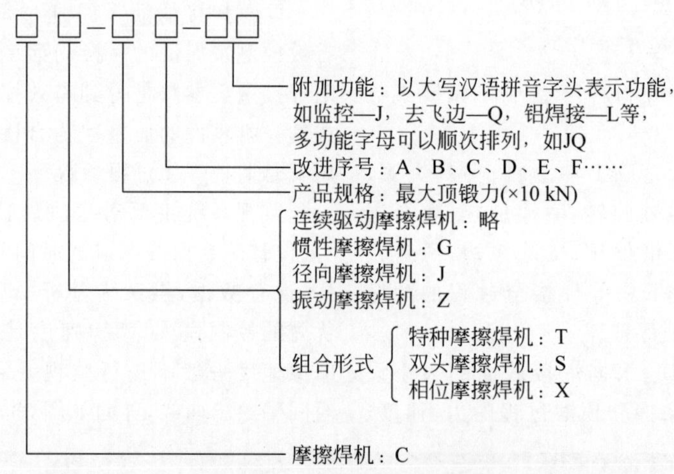

图 35-32 焊机产品型号编制说明

表 35-1 焊机最大顶锻力(R5 优先数系)

产品规格	1	2.5	4	6.3	10	25	40
最大顶锻力/kN	10	25	40	63	100	250	400
产品规格	63	100	250	400	630	1000	—
最大顶锻力/kN	630	1000	2500	4000	6300	10 000	—

表 35-2 焊机最大顶锻力(R10 优先数系)

产品规格	8	20	50	80	125	200	500	800
最大顶锻力/kN	80	200	500	800	1250	2000	5000	8000

也有一些生产厂家制定企业标准,产品型号自行定义和编制。

35.4.2 性能参数

表 35-3 以 C-20 型连续驱动摩擦焊机为例,给出了摩擦焊机的性能参数。

生产厂家不同,同类产品的性能参数有微小的差异。

惯性摩擦焊机的性能参数除了表 35-3 中的参数之外,还有飞轮最大转动惯量,是体现设备最大焊接能量的参数。

表 35-3　C-20 型焊机的主要性能参数

序号	性能		参　数	注　释
1	最大顶锻力/kN		200	最大输出轴向力
2	焊接能力范围	焊接面积/mm^2	中碳钢：Max=1250，Min=314	不同材料的可焊接面积范围不同
		焊接直径(棒料)/mm	中碳钢：Maxϕ40，Minϕ20	材料和截面形状不同，焊接直径有所变化
		焊件长度/mm	旋转夹具：Max340，Min40 移动夹具：Max500，Min40	焊件长度超出此范围，制造商提供变型设计
3	主轴最高转速/(r/min)		2000	定速或无级调速
4	滑台	行程/mm	400	上料和下料空间
		快移速度/(mm/s)	100	与生产效率相关

35.4.3　产品技术性能

摩擦焊机产品以最大顶锻力(吨位)来区别设备能力的大小，同时用设计改进序号和附加功能来加以区分。同样吨位、性能参数相同的摩擦焊机，由于采用的结构和控制方式不同，有比较大的技术性能差异。

摩擦焊机根据结构和控制方式可分为普通液压型、闭环控制液压型、伺服型等，是技术发展过程中逐渐形成的。

(1) 普通液压型：采用普通的液压元件，手动调节压力来实现轴向施力的机型。

(2) 闭环控制液压型：采用比例阀或伺服泵，对压力进行闭环控制来实现轴向施力的机型。

(3) 伺服型：采用伺服电机+滚珠丝杠的结构，来实现轴向施力的机型。它取代了液压系统控制主油缸的传统结构，目前只限于 50 t 以下机型。

三种机型的主要性能差异见表 35-4。

表 35-4　三种机型主要性能差异

序号	性　能	机　型		
		普通液压型	闭环控制液压型	伺服型
1	力的控制精度	低	高	高
2	力的控制精度稳定性	差	稳定	很稳定
3	影响稳定性的因素	很多	多	少
	压力波动	大	小	无
	油温影响	大	小	无
	油液清洁度影响	大	大	无
4	动态响应	慢	较快	很快
5	滑台快移速度	低	低	高
6	机构效率	50%～70%	50%～70%	80%～90%
7	节能效果	差	差	好
8	系统维护性	差	差	高

35.4.4　各企业产品型谱

国内外各生产企业的摩擦焊机型谱中，性能参数的描述各有差异，具体参数细节需要用户和生产厂家在进一步交流阶段才可以详尽展现。以下介绍几家典型代表企业的产品型谱。

(1) 表 35-5 所示为长春数控机床有限公司生产的摩擦焊机型谱，包括连续驱动摩擦焊机和惯性摩擦焊机。

(2) 表 35-6 和表 35-7 分别所示为哈尔滨焊接研究所生产的连续驱动摩擦焊机和混合式摩擦焊机系列型谱。

(3) 表 35-8 所示为苏州西岩机械技术有限公司生产的摩擦焊机型谱。

(4) 表 35-9 所示为 MTI 公司的惯性摩擦焊机型谱。

表 35-5 长春数控机床有限公司的摩擦焊机型谱

型号	最大顶锻力/kN	主轴转速/(r/min)	焊棒料直径/mm	整机质量/t	可变型
C-0.5A	5	6000	4～6.5	3	—
C-1A	10	5000	4.5～8	3	—
C-2.5D(-※)	25	3000	6.5～10	3	Q
C-4D(-※)	40	2500	8～14	3	Q. L
C-4C(-※)	40	2500	8～14	4	I
C-12A-3	120	1000	10～30	6.8	—
C-20(※-1)	200	2000	12～34	5.2	A. B. L
C-20A-3(※)	250	1350	18～40	6.8	K
C-50A	500	1000	30～50	8	—
C63(※)	630	950	35～60	8.5	A. C
C-80A	800	850	40～75	17	—
C-120(※)	1200	580	50～85	16	A. C
CG-6.3	63	5000	8～20	5	—
CT-25	250	5000	18～40	8	—
RS45(※)	450	1500	20～70	8.5	POS

表 35-6 哈尔滨焊接研究所的连续驱动摩擦焊机系列型谱

可焊焊件规格		焊机型号 HAM-(轴向推力/kN)								
		25	50	100	150	250	400	600	800	1200
可焊接最大直径(低碳钢)/mm	空心管	$\phi20\times2$	$\phi20\times4$	$\phi38\times4$	$\phi43\times5$	$\phi73\times6$	$\phi90\times8$	$\phi80\times10$	$\phi100\times10$	$\phi127\times20$
	实心管	12	16	22	28	40	50	62	75	90
焊件长度/mm	旋转夹具	50～140	50～140	50～200	50～200	50～300	50～300	50～300	80～300	100～500
	移动夹具	100～400	100～500	100～不限	100～不限	100～不限	100～不限	120～不限	120～不限	120～不限

表 35-7 哈尔滨焊接研究所的混合式摩擦焊机系列型谱

可焊焊件规格		焊机型号 HAM-(轴向推力/kN)						
		50	100	150	280	400	800	1200
可焊接最大直径(低碳钢)/mm	空心管	$\phi20\times4$	$\phi38\times4$	$\phi43\times5$	$\phi75\times6$	$\phi90\times10$	$\phi110\times10$	$\phi140\times16$
	实心管	18	25	30	45	55	80	95
焊件长度/mm	旋转夹具	50～140	50～200	50～200	50～300	50～300	50～300	100～500
	移动夹具	100～500	100～不限	100～不限	100～不限	120～不限	300～不限	200～不限

表 35-8　苏州西岩机械技术有限公司的 D 系列直接驱动摩擦焊机型谱

机型	顶锻力/kN	焊接能力(棒料直径)/mm		焊接能力(长度)/mm		主轴转速/(r/min)	滑台移动		重量/t
		中碳钢棒料	低碳钢	旋转侧	固定侧		行程/mm	驱动方式	
FW-D0.5	5	2.5～5	7.5	150	280	12 000	200	伺服	1.8
FW-D1	10	4.5～8.5	11	150	280	6000	200	伺服液压	1.8
FW-D2	20	5～12	16	200	320	4000	200	伺服液压	2
FW-D2.5	25	5～14	18	200	320	3000	200	伺服液压	2
FW-D4	40	6～18	22	270	400	3000	240	伺服液压	2.4
FW-D6	60	8～22	28	270	400	3000	240	伺服液压	2.8
FW-D10	100	12～28	36	270	450	2500	320	伺服液压	2.8
FW-D12	120	14～31	39	270	450	2500	320	伺服液压	2.8
FW-D16	160	18～35	45	270	450	2500	320	伺服液压	3.2
FW-D20	200	22～40	50	340	500	2000	400	伺服液压	4.8
FW-D25	250	26～44	56	340	500	2000	400	伺服液压	4.8
FW-D32	320	28～50	64	340	600	1500	400	伺服液压	7.5
FW-D40	400	30～56	72	340	600	1500	400	液压	7.5
FW-D50	500	35～63	80	400	1500	1300	400	液压	12
FW-D65	650	38～72	91	400	1500	1300	400	液压	12
FW-D80	800	40～80	100	450	1800	1000	400	液压	16
FW-D100	1000	45～90	113	500	2000	800	460	液压	22
FW-D120	1200	50～100	124	500	2000	800	460	液压	22

表 35-9　MTI 公司的惯性摩擦焊机型谱

型号	最大转速/(r/min)(转速可调)	飞轮最大转动惯量/(kg/m²)	最大摩擦力/kN	最大管型焊缝面积/mm²	变型
40	45 000/60 000	0.015	500	0.07	B,D,V
60	12 000/24 000	2.25	9000	66	B,Bx,D,V
90	12 000	50	13 000	1.0	B,Bx,D,T,V
1200	8000	25	28 000	1.7	B,Bx,D,T,V
150	8000	50	50 000	2.6	B,Bx,T,V
180	8000	100	80 000	4.6	B,Bx,T,V
220	6000	600	130 000	6.5	B,Bx,T,V
250	4000	2500	200 000	10	B,Bx,T,V
300	3000	5000	250 000	12	B,Bx
320	2000	10 000	3 500 000	18	B,Bx
400	2000	250 000	600 000	30	B,Bx
480	1000	250 000	850 000	42	B,Bx
750	1000	100 000	1 500 000	75	B,Bx
800	500	1 000 000	4 500 000	225	B,Bx

35.5 选用原则与选型计算

35.5.1 选用原则

1. 摩擦焊在钢筋领域应用

在建筑行业钢筋应用领域，应用摩擦焊接工艺的场合目前有两种：一是钢筋和丝头的摩擦焊接，二是钢筋和锚固板的摩擦焊接。

1）钢筋和丝头的摩擦焊接

常用的钢筋机械连接接头有以下几种类型。①套筒挤压接头：通过挤压力使连接套筒塑性变形与带肋钢筋紧密咬合形成的接头；②锥螺纹接头：通过钢筋端头特制的锥形螺纹和连接件锥螺纹咬合形成的接头；③镦粗直螺纹接头：通过钢筋端头镦粗后制作的直螺纹和连接件螺纹咬合形成的接头；④滚压直螺纹接头：通过钢筋端头直接滚压或剥肋后滚压制作的直螺纹和连接件螺纹咬合形成的接头；⑤套筒灌浆接头：在金属套筒中插入单根带肋钢筋并注入灌浆料拌合物，通过拌合物硬化而实现传力的钢筋对接接头；⑥熔融金属充填接头：由高热剂反应产生熔融金属充填在钢筋与连接件套筒间形成的接头。

其中，锥螺纹接头、镦粗直螺纹接头、滚压直螺纹接头这三种接头都是在钢筋端部加工螺纹，与连接件螺纹咬合形成的接头。钢筋端部螺纹（丝头）通常是在钢筋端部直接加工或镦粗后加工，丝头是在钢筋母材上加工形成，一般在施工现场进行生产。

如果引用摩擦焊接工艺，丝头采用45号钢或同类材料，在工厂事先加工为成品，然后与钢筋进行摩擦焊接。焊接时丝头在主轴端由旋转夹具夹紧并旋转，丝头需要设计，在满足等强度要求的同时，也要满足摩擦焊机夹具的夹持要求，并预留焊接烧损量。

2）钢筋和锚固板的摩擦焊接

钢筋和锚固板的焊接，用摩擦焊接取代弧焊等传统焊接工艺，具有焊接效率高、焊接强度高、质量稳定等特点，在大批量生产中有很大优势。

实际应用中，有钢筋一端焊接锚固板和钢筋两端焊接锚固板等两种情况，焊接时锚固板由旋转夹具夹紧并旋转。

2. 设备选用原则

摩擦焊设备的体积较大，设备重量大，一般都在工厂车间里使用，其生产效率高，丝头与钢筋在工厂批量焊接之后，运到施工现场进行进一步施工。

设备选型过程有以下几个步骤：

（1）设备最大顶锻力的计算；

（2）设备结构形式和工件夹紧形式的确定；

（3）轴向力控制方式的选择；

（4）附加功能的选择，如焊接参数监视系统、在线车削飞边系统、自动上下料系统等。

根据钢筋长度很长的特点，设备选型时，要考虑钢筋的夹持和运动形式。摩擦焊机有两种结构形式可以选择。

（1）滑台移动型：主轴旋转夹具夹持丝头或锚固板旋转，滑台上面的移动夹具夹紧钢筋，主油缸采用双油缸，设备的后面布置托钢筋的托辊，被夹持的钢筋随滑台前后移动。

（2）主轴箱移动型：主轴旋转夹具夹持丝头或锚固板旋转，主轴箱下面的滑板前后移动，固定夹具夹紧钢筋，设备的后面布置托钢筋的托架，被夹持的钢筋不作任何移动。

35.5.2 选型计算

选型计算主要是确定设备的最大顶锻力，计算公式为

$$F_D = SP_D \tag{35-1}$$

式中，F_D 为顶锻力，kgf；S 为焊接截面面积，mm^2；P_D 为顶锻压强，kg/mm^2。

焊接材料不同，顶锻压强取值不同。碳钢的顶锻压强一般取 $P_D=10\sim20\ kg/mm^2$。具体规定为，低碳钢：$P_D=12\ kg/mm^2$（如果焊接性能好，可选 $10\ kg/mm^2$）；中碳钢：$P_D=16\ kg/mm^2$。

选型案例：

焊件材料：钢筋，由工程设计文件确定；丝头选用45号钢。

直径范围：$\phi20\sim\phi40$ mm。

顶锻压强取 16 kg/mm² 时的结果见表35-10。

顶锻压强取 12 kg/mm² 时的结果见表35-11。

表 35-10 顶锻压强 P_D=16 kg/mm² 时选型计算结果

外径 /mm	壁厚 /mm	内径 /mm	面积 /mm²	压强 /(kg/mm²)	顶锻力 /kgf	设备最大顶锻力 /kN	能力比 /%
40	20	0	1256	16	20 096	250	80.4
20	10	0	314	16	5024	250	20.1

表 35-11 顶锻压强 P_D=12 kg/mm² 时选型计算结果

外径 /mm	壁厚 /mm	内径 /mm	面积 /mm²	压强 /(kg/mm²)	顶锻力 /kg	设备最大顶锻力 /KN	能力比 /%
40	20	0	1256	12	15 072	200	75.4
20	10	0	314	12	3768	200	18.8

表35-10和表35-11中，能力比是零件的顶锻力与设备最大顶锻力之比，设备选型取值一般在20%～70%较为合理，在15%～80%也是可行的。最大规格的能力比取值越小，设备剩余能力越大，设备寿命越长。

35.5.3 丝头、套筒参数计算

1. 丝头参数计算

建筑工业行业标准《钢筋机械连接技术规程》(JGJ 107—2016)对钢筋丝头加工进行了规定，但该规定只限于在钢筋母材端部的丝头加工，并没有规定采用摩擦焊工艺时，和钢筋焊接用的丝头材料、尺寸等内容。采用摩擦焊工艺时，丝头的材料选择和尺寸参数可参考如下内容确定。

1) 材料选择

如果设计文件有规定，应按照设计文件要求；如果设计文件没有规定，应选择强度大于等于钢筋母材强度的材料，或选择与连接套筒相同的材料(如45号钢)。

2) 尺寸参数

(1) 螺纹长度。丝头螺纹长度不得小于1/2连接套筒长度；加长型丝头螺纹长度不得小于连接套筒加锁母长度。螺纹长度允许误差为$+2p$(p为螺距)。

(2) 丝头总长。丝头总长＝螺纹长度＋(3～4)×焊接烧损量。

2. 螺纹套筒参数计算

建筑工业行业标准《钢筋机械连接用套筒》(JG/T 163—2013)规定了相关的原材料和尺寸参数的规则，本手册只对螺纹套筒进行说明。

1) 原材料

螺纹套筒的原材料应符合以下要求：①套筒原材料宜采用牌号为45号的圆钢、结构用无缝钢管，其外观及力学性能应符合GB/T 699—2015、GB/T 8162—2018和GB/T 17395—2008的规定。②套筒原材料采用45号钢的冷拔或冷轧精密无缝钢管时，应进行退火处理，并应符合GB/T 3639的相关规定，其抗拉强度不应大于800 MPa，断后伸长率不宜小于14%。45号钢的冷拔或冷轧精密无缝钢管的原材料应采用牌号为45号的管坯钢，并符合YB/T 5222—2014的规定。③采用各类冷加工工艺成型的套筒宜进行退火处理，且套筒设计时不应利用经冷加工提高的强度减少套筒横截面面积。④套筒原材料可选用经接头型式检验证明符合JGJ 107—2016中接头性能规定的其他钢材。⑤需要与型钢等钢材焊接的套筒，其原材料应符合可焊性的要求。

2）套筒尺寸及允许偏差

（1）直螺纹套筒

直螺纹套筒的尺寸及偏差应符合以下要求：①直螺纹套筒尺寸应根据被连接钢筋的牌号、直径及套筒原材料的力学性能，按 JG/T 163—2013 中 5.4 的规定由设计确定；②圆柱形直螺纹套筒的尺寸允许偏差应符合表 35-12 的规定，螺纹精度应符合相应的设计规定；③当圆柱形套筒原材料采用 45 号钢时，实测套筒尺寸不应小于 JG/T 163—2013 中附录 A 所规定的最小值；④非圆柱形套筒的尺寸偏差应符合相应的设计规定。

表 35-12 圆柱形直螺纹套筒的尺寸允许偏差 单位：mm

外径(D)允许偏差		螺纹公差	长度(L)允许偏差
加工表面	非加工表面		
±0.50	$20<D\leqslant30$，±0.5； $30<D\leqslant50$，±0.6； $D>50$，±0.8	应符合 GB/T 197—2018 中 6H 的规定	±1.0

（2）锥螺纹套筒

锥螺纹套筒的尺寸及允许偏差应符合以下要求：①锥螺纹套筒尺寸应根据被连接钢筋的牌号、直径及套筒原材料的力学位能，按 JG/T 163—2013 中 5.4 的规定由设计确定；②锥螺纹套筒的尺寸允许偏差应符合表 35-13 的规定，螺纹精度应符合相应的设计规定；③非圆柱形套筒的尺寸偏差应符合相应的设计规定。

表 35-13 锥螺纹套筒的尺寸允许偏差

单位：mm

外径 D		长度 L
$D\leqslant50$	±0.5	±1.0
$D>50$	±0.8	

35.5.4 丝头、套筒和接头的性能要求

1. 丝头的性能要求

丝头的性能要求参照 35.5.3 节中有关丝头参数的要求确定。

2. 套筒的性能要求

建筑工业行业标准《钢筋机械连接用套筒》（JG/T 163—2013）中规定了相关的性能要求、试验方法、检验规则，本手册只对螺纹套筒进行说明。

1）套筒外观

螺纹套筒的外观应符合以下要求：①套筒外表面可为加工表面或无缝钢管、圆钢的自然表面；②应无肉眼可见裂纹或其他缺陷；③套筒表面允许有锈斑或浮锈，不应有锈皮；④套筒外圆及内孔应有倒角；⑤套筒表面应有标记和标志。

2）套筒力学性能

（1）承载力：套筒实测受拉承载力不应小于被连接钢筋受拉承载力标准值的 1.1 倍。

（2）强度和变形：套筒除应符合上述有关承载力的规定外，尚应根据 JGJ 107—2016 中钢筋接头的性能等级，将套筒与钢筋装配成接头后进行型式检验，其性能应符合表 35-14、表 35-15 所示钢筋接头的强度和变形性能的规定。

表 35-14 钢筋接头的抗拉强度

接头等级	Ⅰ级	Ⅱ级	Ⅲ级
抗拉强度	$f_{mst}^0\geqslant f_{stk}$，断于钢筋（钢筋拉断） 或 $f_{mst}^0\geqslant1.10f_{stk}$，断于接头（连接件破坏）	$f_{mst}^0\geqslant f_{stk}$	$f_{mst}^0\geqslant1.25f_{yk}$

注：（1）f_{mst}^0—接头试件实测抗拉强度；f_{stk}—钢筋抗拉强度标准值；f_{yk}—钢筋屈服强度标准值。

（2）钢筋拉断指断于钢筋母材、套筒外钢筋丝头和钢筋镦粗过渡段；连接件破坏指断于套筒、套筒纵向开裂或钢筋从套筒中拔出以及其他连接组件破坏。

表 35-15　钢筋接头的变形性能

接头等级		Ⅰ级	Ⅱ级	Ⅲ级
单向拉伸	残余变形/mm	$u_0 \leqslant 0.10(d \leqslant 32\text{ mm})$ $u_0 \leqslant 0.14(d > 32\text{ mm})$	$u_0 \leqslant 0.14(d \leqslant 32\text{ mm})$ $u_0 \leqslant 0.16(d > 32\text{ mm})$	$u_0 \leqslant 0.14(d \leqslant 32\text{ mm})$ $u_0 \leqslant 0.16(d > 32\text{ mm})$
	最大力下总伸长率/%	$A_{sgt} \geqslant 6.0$	$A_{sgt} \geqslant 6.0$	$A_{sgt} \geqslant 3.0$
高应力反复拉压	残余变形/mm	$u_{20} \leqslant 0.3$	$u_{20} \leqslant 0.3$	$u_{20} \leqslant 0.3$
大变形反复拉压	残余变形/mm	$u_4 \leqslant 0.3$ 且 $u_8 \leqslant 0.6$	$u_4 \leqslant 0.3$ 且 $u_8 \leqslant 0.6$	$u_4 \leqslant 0.6$

注：(1) u_0—接头试件加载至 $0.6f_{yk}$ 并卸载后在规定标距内的残余变形；u_{20}—接头经高应力反复拉压 20 次后的残余变形；u_4—接头经大变形反复拉压 4 次后的残余变形；u_8—接头经大变形反复拉压 8 次后的残余变形；A_{sgt}—接头试件在最大力下总伸长率。

(2) 当频遇荷载组合下，构件中钢筋应力明显高于 $0.6f_{yk}$ 时，设计部门可对单向拉伸残余变形 u_0 的加载峰值提出调整要求。

3. 接头的性能要求

建筑工业行业标准《钢筋机械连接技术规程》(JGJ 107—2016)中规定了接头的性能要求，主要内容如下：

(1) 接头设计应满足强度及变形性能的要求。

(2) 钢筋连接用套筒应符合现行行业标准《钢筋机械连接用套筒》(JG/T 163—2013)的有关规定；套筒原材料采用 45 号钢冷拔或冷轧精密无缝钢管时，钢管应进行退火处理，并应满足现行行业标准《钢筋机械连接用套筒》(JG/T 163—2013)对钢管强度限值和断后伸长率的要求。不锈钢钢筋连接套筒原材料宜采用与钢筋母材同材质的棒材或无缝钢管，其外观及力学性能应符合现行国家标准《不锈钢棒》(GB/T 1220—2007)、《结构用不锈钢无缝钢管》(GB/T 14975—2012)的规定。

(3) 接头性能应包括单向拉伸、高应力反复拉压、大变形反复拉压和疲劳性能，应根据接头的性能等级和应用场合选择相应的检验项目。

(4) 接头应根据极限抗拉强度、残余变形、最大力下总伸长率以及高应力和大变形条件下反复拉压性能，分为Ⅰ级、Ⅱ级、Ⅲ级三个等级。

(5) Ⅰ级、Ⅱ级、Ⅲ级接头的极限抗拉强度必须符合表 35-14 的规定。

(6) Ⅰ级、Ⅱ级、Ⅲ级接头应能经受规定的高应力和大变形反复拉压循环，且在经历拉压循环后，其极限抗拉强度仍应符合上述(5)条的规定。

(7) Ⅰ级、Ⅱ级、Ⅲ级接头变形性能应符合表 35-15 的规定。

(8) 对直接承受重复荷载的结构构件，设计应根据钢筋应力幅提出接头的抗疲劳性能要求。当设计无专门要求时，剥肋滚压直螺纹钢筋接头、镦粗直螺纹钢筋接头和带肋钢筋套筒挤压接头的疲劳应力幅限值不应小于现行国家标准《混凝土结构设计规范》(GB 50010—2010)中普通钢筋疲劳应力幅限值的 80%。

(9) 钢筋套筒灌浆连接应符合现行行业标准《钢筋套筒灌浆连接应用技术规程》(JGJ 355—2015)的有关规定。

35.6　安全使用

35.6.1　安全使用标准与规范

摩擦焊机的设计、制造和验收，应依据机械行业标准《摩擦焊机》(JB/T 8086—2015)进行。《摩擦焊机》中规定了摩擦焊机的术语和定义、产品型式和基本参数、环境条件、技术要求、检验方法、检验规则。标准中引用的规范性文件包括：

(1)《电工名词术语　电焊机》(GB/T 2900.22—2005)

(2)《机械电气安全　机械电气设备　第1部分：通用技术条件》(GB 5226.1—2019)

(3)《电焊机型号编制方法》(GB/T 10249—2010)

(4)《金属切削机床　噪声声压级测量方法》(GB/T 16769—2008)①

(5)《机床检验通则　第1部分：在无负荷或精加工条件下机床的几何精度》(GB/T 17421.1—2023)

(6)《金属切削机床　液压系统通用技术条件》(GB/T 23572—2009)

(7)《工业机械电气设备　保护接地电路连续性试验规范》(GB/T 24342—2009)

上述标准规范中规定的有关设备安全的内容，成为摩擦焊机的安全使用基准。另外，正规设备生产厂家的设备随机文件的设备使用说明书中也会有设备安全操作使用要求和安全细则，同时规范的生产厂家的设备上会贴有安全操作规程、警示标牌等标识。设备生产厂家的有关用户安全使用要求文件，作为摩擦焊机的企业安全使用标准和规范，用户也应遵守。

35.6.2　拆装与运输

摩擦焊机作为专用设备，一般由生产厂家的专业人员来进行拆装，必要时也可以在专业人员的指导下进行拆装。

设备运输时需要用包装箱，要符合《机床包装　技术条件》(JB/T 8356—2016)的要求。运输时的吊装按照生产厂家的相关吊装要求进行。

35.6.3　安全使用规程

生产厂家对设备的安全操作和使用应提出具体要求，即安全操作规程，具体如下。

(1) 设备操作前请阅读并理解使用说明书和设备上所有警告。不遵守安全操作规程和警告等会导致设备或人身的安全事故。

(2) 摩擦焊机启动和自动运行时，身体的任何部位切勿接近或接触设备的运转部位。

(3) 接触焊件、夹具、主轴前，必须完全停止主轴旋转。

(4) 焊接结束后，完全冷却之前，不要用手接触焊接部位周边，以免被烫伤。

(5) 保护、连锁及其他安全装置不到位或无效时，请勿操作焊机。

(6) 可靠夹紧焊件，并保证焊接程序正常。

(7) 不要移除安全防护措施，防护门要正确关闭。

(8) 操作焊机时要正确使用劳动保护用品。

(9) 焊机的安装和维修必须由胜任此工作的专业人员进行，并且按照使用说明书中要求的程序来做。在维修前切断主电源。

(10) 确认设备在所有时间都处于安全操作状态是操作者的责任。操作者要遵守焊机的使用说明书中描述的安全操作程序，以及所有该焊机上的牌号上的规定。

35.6.4　维修与保养

摩擦焊机在使用过程中，需要进行日常保养和定期检修。

1. 日常保养

(1) 每天要擦拭设备，保持清洁。

(2) 配置手动润滑装置的设备，根据设备要求，及时进行注油；配置自动润滑系统的设备，日常检查润滑点的状态，关注报警信息，异常时及时进行维修，保证设备在正确润滑状态下运行。

(3) 每天检查旋转夹具和移动夹具的状态，保持清洁，如果发现磨损导致精度失效，须及时更换新的夹具。

(4) 每天开机，检查液压系统压力是否正常，检查旋转夹具和移动夹具的压力继电器信号是否正常。

(5) 定期检查液压系统高压过滤器等状态，及时更换滤芯。

2. 定期检修

(1) 制定检修制度，如月检、季检、年检等，由经过培训的专业维修人员进行检修。

---

① 该规范已废止，但因为没有替代标准，目前仍采用该规范。

(2) 检修时允许移除防护装置，检修结束后复原。

(3) 主轴系统，检查主轴转速、有无异响、轴承润滑状态、传动皮带松紧和磨损状态、传动环节连接可靠性等，发现异常应及时排查，更换易损件，使设备恢复正常。

(4) 摩擦施力系统，检查滑台快慢速移动平稳性、传动连接可靠性、油缸和管路接头有无漏油、导轨润滑状态等，发现异常应及时排查，更换易损件，使设备恢复正常。

(5) 夹持系统，检查夹具的磨损情况、夹具运动是否顺畅、连接有无松动、夹紧压力和压力继电器信号、复检精度等，发现异常应及时排查，更换易损件，使设备恢复正常。

(6) 液压系统，检查压力状态、油泵有无异响，更换滤芯，更换油液，检查管路和密封等，发现异常应及时排查，更换易损件，使设备恢复正常。

(7) 润滑系统，检查润滑泵压力、润滑管路及接头、润滑点流量等，发现异常应及时排查，更换易损件，使设备恢复正常。

35.6.5 常见故障及其处理方法

摩擦焊机的结构不同，生产厂家不同，常见故障也有差异，其处理方法以使用说明书为准。

表 35-16 列出了普通型摩擦焊机的常见故障以及处理方法，供用户参考。

表 35-16 普通型摩擦焊机常见故障及处理方法

故障现象	故障原因	处理方法
工作爬行	(1) 压板调整过紧； (2) 油液太稠； (3) 吸油口堵塞； (4) 速度过低； (5) 主油缸工作不畅通	(1) 调整压板； (2) 调整油号； (3) 滑洗滤油网； (4) 调节速度； (5) 打开前缸盖上和主油缸上的排气阀，放净空气后拧紧； (6) 调整前端盖与主轴缸的同轴度
活塞杆损坏	(1) 防尘不起作用； (2) 油液不清洁； (3) 前端叠合油缸不同轴	(1) 更换防尘圈； (2) 过滤油液； (3) 清洗油箱； (4) 更换油液； (5) 调整前端盖与主轴缸的同轴度
转速不正常	(1) 摩擦片间隙不合适； (2) 皮带丢转	(1) 调整摩擦片的间隙； (2) 调整皮带张紧力
旋转夹具漏油	油封失效	更换油封
工作速度不稳	(1) 工进摩擦阻力不均； (2) 调速阀功能不稳	(1) 调整压板链条的间隙； (2) 更换调速阀； (3) 调整液压系统
旋转夹头部分轴承升温快	(1) 润滑油不足； (2) 轴承轴向间隙过小	(1) 加强润滑； (2) 重新调整轴承轴向间隙

35.6.6 丝头焊接与施工

1. 丝头焊接(以直螺纹丝头为例)

1) 焊前及焊后零件

图 35-33 所示为焊前及焊后零件示意图。图中，L_1 为焊前丝头长度，l_1 为预留焊接烧损量，L_2 为钢筋长度，l_2 也为预留焊接烧损量，L 为焊接完成后总长度，总缩短量变差为±1 mm。

预留的焊接烧损量 l_1 和 l_2，通过焊接试验

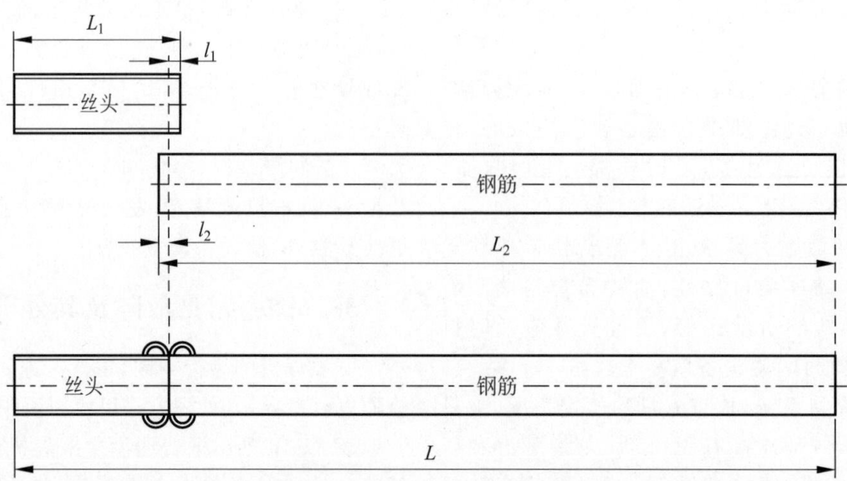

图 35-33 焊前及焊后零件示意图

过程，在焊接质量通过，焊接参数确定之后最终确定。

2）焊接参数的确定

设钢筋直径为 d，根据式(35-1)进行焊接参数的计算。

焊接面积：$S=\pi d^2/4$。

顶锻力：$F_D=SP_D$。在主轴制动完成后施加，它是形成焊接强度的重要参数。

摩擦力：$F_M=\frac{1}{2}F_D$。在主轴旋转之后，工件发生相对摩擦时施加，它是产生热量的重要参数。

主轴转速：产生热量的重要参数，如果是定转速主轴，不用设定；如果是无级调速主轴，在最高转速以下，工件圆周处线速度在 1～2 m/s 范围内取值，计算主轴转速后，在设备的参数设定界面中进行设置。

摩擦时间：在摩擦阶段，摩擦力作用的时间。采用时间控制模式时设定，摩擦时间到了之后，主轴进行制动。

摩擦位移：在摩擦阶段，摩擦力作用下的位移。采用位移控制模式时设定，达到摩擦位移之后，主轴进行制动。

顶锻保压时间：施加顶锻力开始，持续施加的时间。

工件直径(截面面积)变化时，上述焊接参数需要重新计算和设置，也就是说每种不同直径规格的工件都需要设置不同的焊接参数。

除了上述参数之外，摩擦速度和顶锻速度，不受直径变化影响，设置固定值。

依据上述参数进行焊接试验，通过对焊件进行拉伸、弯曲、冲击、疲劳等强度测试，以及金相组织分析，对焊接质量进行评价，也可以通过钢筋连接接头的性能试验评价焊接质量。

新产品或老产品更换材料时，在正式投入生产前必须进行焊接工艺试验，并对选定的焊接参数、焊接工艺进行工艺评定，编写工艺文件，制定操作规程，然后方能投入生产。

摩擦焊接规范如表 35-17 所示。重要产品生产时，应按表 35-17 规定的项目填写数据。

工件应牢固夹紧，不得沿轴向或旋转方向打滑。同轴度应按焊机精度和工件要求确定。工件的伸出量应根据工件材料和尺寸确定，刚度应满足防止焊接时产生振动的要求。

3）焊接生产

批量生产时按上述焊接规范进行焊接。

工件材料必须符合相应的标准，并具有质量合格证书。如证明书不全或对材质有怀疑时，应进行复检，合格品方可使用。工件型式及尺寸应按设计要求进行机械加工，焊接端面应与轴线垂直。除对端面形式有特殊要求的产品外，垂直度偏差应小于直径的 1%，且不得大于 0.5 mm。工件的焊接部位不准有裂纹、

表 35-17　摩擦焊接规范

<table>
<tr><td colspan="10">焊 接 产 品</td><td colspan="2">焊接日期</td></tr>
<tr><td>产品名称</td><td colspan="9">焊接部分尺寸(草图)</td><td colspan="2"></td></tr>
<tr><td></td><td colspan="9" rowspan="3"></td><td colspan="2">焊工姓名</td></tr>
<tr><td>材料牌号</td><td colspan="2"></td></tr>
<tr><td></td><td colspan="2"></td></tr>
<tr><td rowspan="2">焊件号</td><td colspan="2">伸出量/mm</td><td colspan="2">模具外伸出量/mm</td><td rowspan="2">转速/(r/min)</td><td colspan="2">压力/Pa</td><td colspan="2">变形量/mm</td><td colspan="2">时间/s</td></tr>
<tr><td>主轴</td><td>滑板</td><td>主轴</td><td>滑板</td><td>摩擦 P_m</td><td>顶锻 P_d</td><td>摩擦 ΔL_m</td><td>总量 ΔL_p</td><td>摩擦 T_m</td><td>刹车 T_p</td></tr>
<tr><td></td><td></td><td></td><td></td><td></td><td></td><td></td><td></td><td></td><td></td><td></td><td></td></tr>
<tr><td>备注</td><td colspan="11"></td></tr>
</table>

夹层、过深的凹痕以及局部腐蚀等缺陷，必要时还要按工艺文件规定进行无损检验。

工件的焊接端面要清洁，不能有油污、锈蚀、氧化膜等，否则会影响焊接质量。

制定首检和抽检制度，对焊接强度、金相组织等进行检查。

焊接完成品的螺纹部分，进行保护处理后入库，根据需要运到现场施工。

4) 检验

焊接质量检验人员需经必要的技术培训和考核，并要严格遵守检验操作规程，正确掌握焊缝质量检验标准。焊件质量检验项目见表 35-18。如另有特殊检验要求时，应在工艺文件中注明。

表 35-18　摩擦焊接头质量检验

序号	检验项目	检验内容与方法	每组检验数量	取样部位	质量合格标准	备注
1	外观检验	主要检查焊件表面及飞边、焊缝直径以及焊件几何形状、尺寸。用肉眼或 4～10 倍放大镜观察	100%	—	(1) 焊件飞边大小适中，沿圆周方向均匀分布，焊缝金属封闭良好； (2) 焊件几何形状、尺寸应符合工艺文件规定(如同轴度、直线度、圆度、长度和直径等)； (3) 焊件焊缝直径至少应比母材直径大 0.5～1 mm； (4) 去掉飞边后，焊件表面不允许有裂纹	

续表

序号	检验项目	检验内容与方法	每组检验数量	取样部位	质量合格标准	备注
2	焊缝断口检验	检查焊后面积、断口形状。用肉眼或 4～10 倍放大镜观察	2 件	将焊缝部位切细或切口后拉断或弯断	按产品技术条件规定	
3	力学性能	检验硬度、抗拉强度、弯曲角度、冲击值等，并观察断口	各 2 件	取样部位：实心焊件尺寸小时，按图 1；尺寸大时，按图 2；管状焊件按图 3。试件图中未注明的各部分尺寸按有关标准或工艺文件规定		
4	金相	检查未焊透、裂纹、夹渣及金相组织等	2 件	试件大小应代表焊件整个横断面，切割面沿轴线垂直通过焊接面。管状焊件见图 3		
5	无损检查	按工艺文件确定				
图例		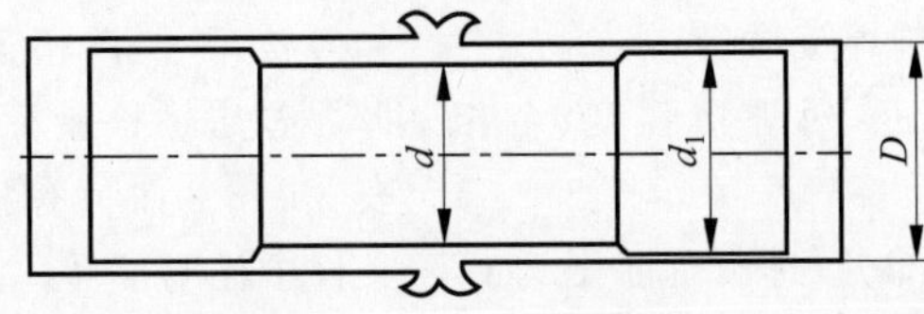 图 1　小尺寸实心焊件 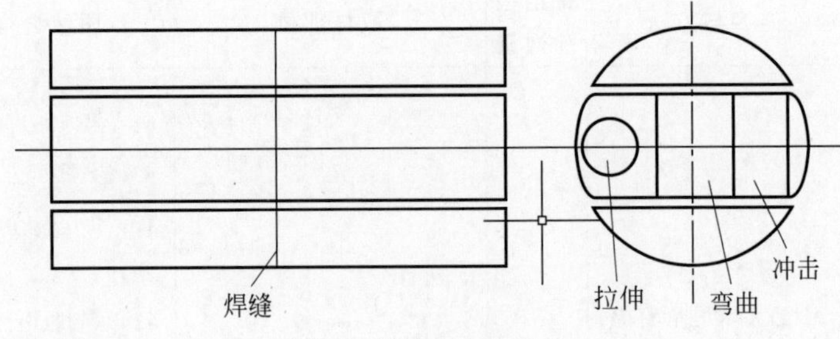 图 2　大尺寸实心焊件 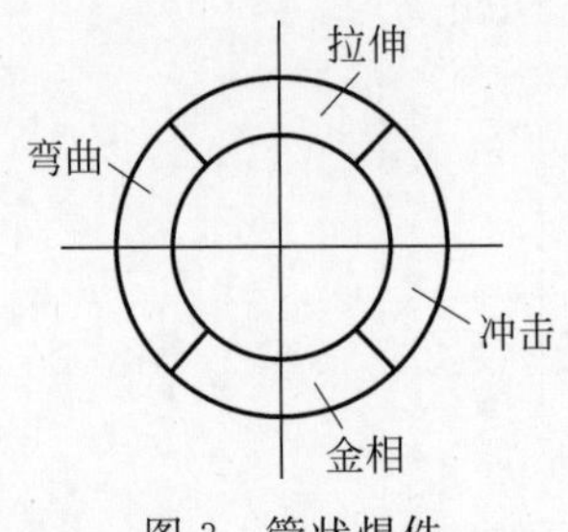 图 3　管状焊件				

焊后需进行热处理的产品，拉伸、弯曲、冲击试样应与产品同炉热处理。

当调整焊机、维修焊机、每次故障、参数报警等情况发生时要做质量检查(检查项目按工艺文件确定)。待质量合格后，方可继续生产。

正常生产时，除进行百分之百的外观检验外，每批焊件取一组试样进行破坏性检验(检验项目按工艺文件要求确定，每批不超过1000件)。检验结果如有某项不合格时，对该不合格项目做加倍复检；如果仍不合格，则判定该批产品为不合格。

外观检查应满足：①焊件飞边大小适中，沿圆周方向均匀分布，焊缝金属封闭良好；②焊件几何形状、尺寸应符合工艺文件规定(如同轴度、直线度、圆度、长度和直径等)；③焊件焊缝直径至少应比母材直径大0.5～1 mm；④去掉飞边后，焊件表面不允许有裂纹；⑤管状焊件应按技术文件规定进行气压、水压和压扁等检验。

5) 文件

产品质量备查文件包括下列内容：①每班填写的焊接记录卡(格式及内容见表35-19)；②每批焊件材料的质量合格证和分析检验结果；③每种产品的焊接工艺评定书和工艺规程；④每批焊件的质量检验结果。

表 35-19　焊接工艺记录卡

<table>
<tr><td colspan="4">焊接产品</td><td rowspan="3">焊工姓名</td><td rowspan="3">车间工艺员姓名</td><td rowspan="3">焊接日期</td></tr>
<tr><td>产品名称</td><td>材料牌号</td><td>焊件尺寸</td><td>焊件数</td></tr>
<tr><td></td><td></td><td></td><td></td></tr>
<tr><td rowspan="3">焊件设备型号</td><td rowspan="3">焊件批号</td><td colspan="5">焊件规范</td></tr>
<tr><td rowspan="2">转速 n/(r/min)</td><td colspan="2">压力/Pa</td><td colspan="2">时间/s</td></tr>
<tr><td>摩擦 P_m</td><td>顶锻 P_d</td><td>摩擦 T_m</td><td>刹车 T_p</td></tr>
<tr><td></td><td></td><td></td><td></td><td></td><td></td><td></td></tr>
<tr><td>备注</td><td colspan="6"></td></tr>
<tr><td>车间主任或调度</td><td></td><td>班组长</td><td></td><td>检查员</td><td colspan="2"></td></tr>
</table>

2. 钢筋丝头加工与安装

钢筋丝头现场加工与接头安装应按接头技术提供单位的加工、安装技术要求进行，操作工人应经专业培训合格后上岗，人员应稳定。钢筋丝头加工与接头安装应经工艺检验合格后方可进行。

1) 钢筋丝头加工

直螺纹钢筋丝头加工应符合下列规定：①钢筋端部应采用带锯、砂轮锯或带圆弧形刀片的专用钢筋切断机切平；②钢筋丝头长度应满足产品设计要求，极限偏差应为(0～2.0)P；③钢筋丝头宜满足6f级精度要求，应采用专用直螺纹量规检验，通规应能顺利旋入并达到要求的拧入长度，止规旋入不得超过3P。各规格的自检数量不应少于10%，检验合格率不应小于95%。

锥螺纹钢筋丝头加工应符合下列规定：①钢筋端部不得有影响螺纹加工的局部弯曲。②钢筋丝头长度应满足产品设计要求，拧紧后的钢筋丝头不得相互接触，丝头加工长度极限偏差应为(−0.5～−1.5)P。③钢筋丝头的锥度和螺距应采用专用锥螺纹量规检验。各规格丝头的自检数量不应少于10%，检验合格率不应小于95%。

2) 接头安装

直螺纹接头的安装应符合下列规定：①安装接头时可用管钳扳手拧紧，钢筋丝头应在套筒中央位置相互顶紧，标准型、正反丝型、异径型接头安装后的单侧外露螺纹不宜超过2P；对无法对顶的其他直螺纹接头，应附加锁紧螺母、顶紧凸台等措施紧固。②接头安装后应用扭力扳手校核拧紧扭矩，最小拧紧扭矩值应符合表 35-20 的规定。③校核用扭力扳手的准确度级别可选用 10 级。

表 35-20 直螺纹接头安装时最小拧紧扭矩值

钢筋直径/mm	≤16	18～20	22～25	28～32	36～40	50
拧紧扭矩/(N·m)	100	200	260	320	360	460

锥螺纹接头的安装应符合下列规定：①接头安装时应严格保证钢筋与连接件的规格相一致；②接头安装时应用扭力扳手拧紧，拧紧扭矩值应满足表 35-21 的要求；③校核用扭力扳手与安装用扭力扳手应区分使用，校核用扭力扳手应每年校核 1 次，准确度级别不应低于 5 级。

表 35-21 锥螺纹接头安装时拧紧扭矩值

钢筋直径/mm	≤16	18～20	22～25	28～32	36～40	50
拧紧扭矩/(N·m)	100	180	240	300	360	460

套筒挤压接头的安装应符合下列规定：①钢筋端部不得有局部弯曲，不得有严重锈蚀和附着物。②钢筋端部应有挤压套筒后可检查钢筋插入深度的明显标记，钢筋端头离套筒长度中点不宜超过 10 mm。③挤压应从套筒中央开始，依次向两端挤压，挤压后的压痕直径或套筒长度的波动范围应用专用量规检验；压痕处套筒外径应为原套筒外径的 0.80～0.90 倍，挤压后套筒长度应为原套筒长度的 1.10～1.15 倍。④挤压后的套筒不应有可见裂纹。

35.6.7 丝头、套筒和接头的检验与验收

1. 技术资料的审查与验收

工程中应用接头时，应对接头技术提供单位提交的接头相关技术资料进行审查与验收，并应包括下列内容。

(1) 工程所用接头的有效型式检验报告；

(2) 连接件产品设计、接头加工安装要求的相关技术文件；

(3) 连接件产品合格证和连接件原材料质量证明书。

2. 有关工艺检验的规定

接头工艺检验应针对不同钢筋生产厂的钢筋进行，施工过程中更换钢筋生产厂或接头技术提供单位时，应补充进行工艺检验。工艺检验应符合下列规定。

(1) 各种类型和型式接头都应进行工艺检验，检验项目包括单向拉伸极限抗拉强度和残余变形。

(2) 每种规格钢筋接头试件不应少于 3 根。

(3) 接头试件测量残余变形后可继续进行极限抗拉强度试验。

(4) 每根试件极限抗拉强度和 3 根接头试件残余变形的平均值均应符合表 35-14 和表 35-15 的规定。

(5) 工艺检验不合格时，应进行工艺参数调整，合格后方可按最终确认的工艺参数进行接头批量加工。

3. 钢筋丝头检验

钢筋丝头加工应按《钢筋机械连接技术规程》第 6.2 节的要求进行自检，监理或质检部门对现场丝头加工质量有异议时，可随机抽取 3 根接头试件进行极限抗拉强度和单向拉伸残余变形检验，如有 1 根试件极限抗拉强度或 3 根试件残余变形值的平均值不合格时，应整改后重新检验，检验合格后方可继续加工。

4. 接头安装前的检验与验收

接头安装前的检验与验收应符合表 35-22 的要求。

表 35-22　接头安装前的检验项目与验收要求

接头类型	检验项目	验收要求
螺纹接头	套筒标志	符合现行行业标准《钢筋机械连接用套筒》有关规定
	进场套筒适用的钢筋强度等级	与工程用钢筋强度等级一致
	进场套筒与型式检验的套筒尺寸和材料的一致性	符合有效型式检验报告注明的套筒参数
套筒挤压接头	套筒标志	符合现行行业标准《钢筋机械连接用套筒》有关规定
	套筒压痕标记	符合有效型式检验报告注明的压痕道次
	用于检查钢筋插入套筒深度的钢筋表面标记	符合《钢筋机械连接技术规程》第 6.3.3 条的要求
	进场套筒适用的钢筋强度等级	与工程用钢筋强度等级一致
	进场套筒与型式检验的套筒尺寸和材料的一致性	符合有效型式检验报告注明的套筒参数

5. 接头现场抽检项目及接头安装检验

接头现场抽检项目应包括极限抗拉强度试验、加工和安装质量检验。

抽检应按验收批进行，同钢筋生产厂、同强度等级、同规格、同类型和同型式接头应以 500 个为一个验收批进行检验与验收，不足 500 个也应作为一个验收批。对接头的每一验收批，应在工程结构中随机截取 3 个接头试件做极限抗拉强度试验，按设计要求的接头等级进行评定。当 3 个接头试件的极限抗拉强度均符合表 35-14 中相应等级的强度要求时，该验收批应评为合格。当仅有 1 个试件的极限抗拉强度不符合要求时，应再取 6 个试件进行复检。复检中仍有 1 个试件的极限抗拉强度不符合要求，该验收批应评为不合格。

对封闭环形钢筋接头、钢筋笼接头、地下连续墙预埋套筒接头、不锈钢钢筋接头、装配式结构构件间的钢筋接头和有疲劳性能要求的接头，可见证取样，在已加工并检验合格的钢筋丝头成品中随机割取钢筋试件，按《钢筋机械连接技术规程》要求与随机抽取的进场套筒组装成 3 个接头试件做极限抗拉强度试验，按设计要求的接头等级进行评定。验收批合格评定方法同上。

同一接头类型、同型式、同等级、同规格的现场检验连续 10 个验收批抽样试件抗拉强度试验一次合格率为 100%时，验收批接头数量可扩大为 1000 个；当验收批接头数量少于 200 个时，可按《钢筋机械连接技术规程》的抽样要求随机抽取 2 个试件做极限抗拉强度试验，当 2 个试件的极限抗拉强度均满足强度要求时，该验收批应评为合格。当有 1 个试件的极限抗拉强度不满足要求时，应再取 4 个试件进行复检；复检中仍有 1 个试件极限抗拉强度不满足要求，该验收批应评为不合格。

对有效认证的接头产品，验收批数量可扩大至 1000 个；当现场抽检连续 10 个验收批抽样试件极限抗拉强度检验一次合格率为 100%时，验收批接头数量可扩大为 1500 个。当扩大后的各验收批中出现抽样试件极限抗拉强度检验不合格的评定结果时，应将随后的各验收批数量恢复为 500 个，且不得再次扩大验收批数量。

设计对接头疲劳性能要求进行现场检验的工程，可按设计提供的钢筋应力幅和最大应力，或根据《钢筋机械连接技术规程》进行疲劳性能验证性检验，并应选取工程中大、中、小三种直径钢筋各组装 3 根接头试件进行疲劳试验。如全部试件均通过 200 万次重复加载未被破坏，应评定该批接头试件疲劳性能合格。每组中仅一根试件不合格，应再取相同类型和规格的3根接头试件进行复检，当3根复检试件均通过200万次重复加载未被破坏，应评定该批接头试件疲劳性能合格；复检中仍有1根试件不合格时，该验收批应评定为不合格。

接头安装检验应符合下列规定：

(1) 螺纹接头安装后应按《钢筋机械连接技术规程》第7.0.6条的验收批，抽取其中10%的接头进行拧紧扭矩校核，拧紧扭矩值不合格数超过被校核接头数的5%时，应重新拧紧全部接头，直到合格为止。

(2) 套筒挤压接头应按验收批抽取10%接头，压痕直径或挤压后套筒长度应满足《钢筋机械连接技术规程》第6.3.3条第3款的要求；钢筋插入套筒深度应满足产品设计要求，检查不合格数超过10%时，可在本批外观检验不合格的接头中抽取3个试件做极限抗拉强度试验，按上述方法进行评定。

35.7 工程应用

钢筋摩擦焊工艺技术在国内土木工程领域首次大规模应用是在港珠澳大桥工程中，该工程中摩擦焊技术的应用给工程设计和施工带来新的思路，也拓展了工程设计和施工技术的发展空间。

1. 工程概况

港珠澳大桥岛隧工程海底隧道采用两孔一管廊截面形式，宽3795 cm，高1140 cm，底板厚150 cm，侧墙及顶板厚150 cm，中隔墙厚80 cm。沉管由33个管节组成，管节长180m(8×22.5m节段组成)，如图35-34所示。管节采用两条生产线同时生产，每条生产线要制作100多件节段，平均每月每条生产线要生产4个节段。单节段钢筋用量约900 t，钢筋级别均为HRB400，每条生产线每天的钢筋加工量达100多t。节段预制钢筋加工量大，钢筋密集，采取传统钢筋加工方式无法满足生产需要，因此借鉴各大型工程和工厂钢筋加工中心的成熟经验，结合工程实际需要，形成港珠澳特色的全自动钢筋加工中心。钢筋笼的施工采用流水线方式，钢筋集中在加工区成型，然后依次通过底板区、侧墙区、顶板区绑扎成钢筋笼，最后推送入浇筑区。节段的混凝土浇筑采用一次完成的全断面浇筑工艺施工。钢筋加工精度要求高，钢筋笼体系中还有预埋的各种类型预埋件，预埋件的安装精度要求也很严格，这就要求钢筋笼必须要有足够的稳定性。标准管节钢筋构造断面如图35-35所示。

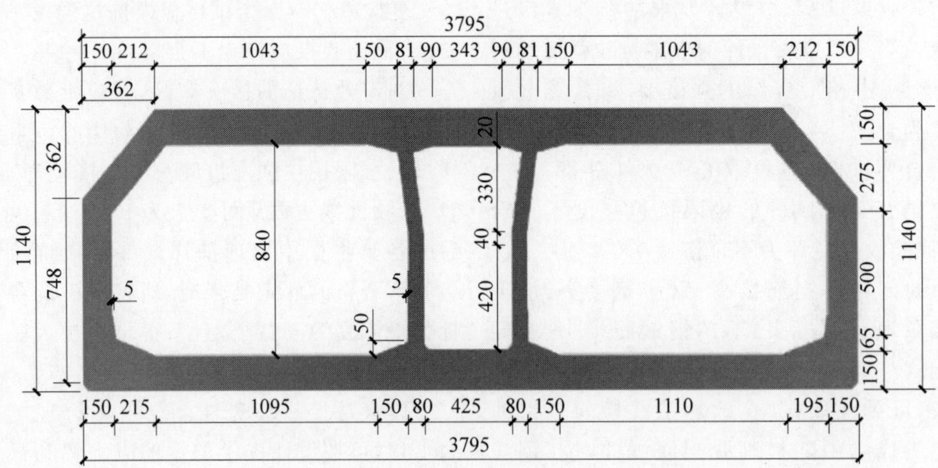

图35-34 管节横断面示意图(单位：cm)

2. J形拉钩筋的设置与摩擦焊

应用J形拉钩筋以满足管节受力设计的需要，在庞大的钢筋笼中，侧墙、中墙以及底板、顶板中及剪力键等部位，都需布设大量的箍筋或拉筋。由于钢筋笼中的钢筋太密集，且又要兼顾预埋件及预埋件的锚固筋等因素的影响，就

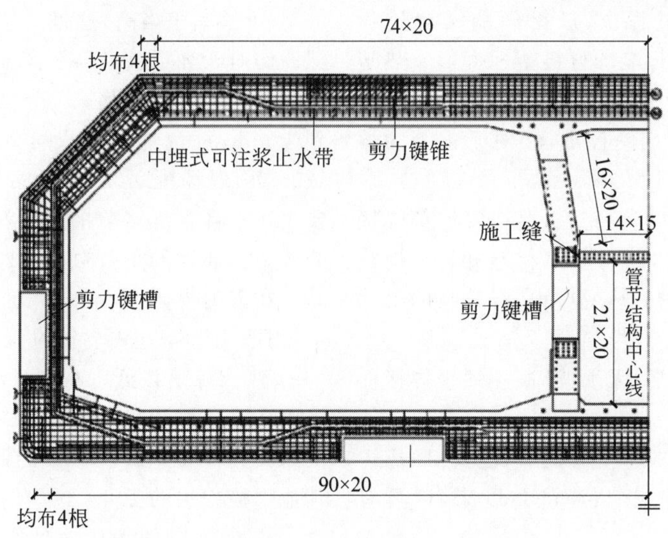

图 35-35　标准管节钢筋构造断面(单位：cm)

算是开口的双肢箍也难以有足够的空间位置进行操作。对于只需进行单向约束的钢筋，如果使用双肢箍，既费料又费力，而通常惯用的单肢箍由于其两端都带有180°弯钩，在以流水作业生产方式施工钢筋笼时，两头都带180°弯钩的拉筋根本无法就位，为此，通过设计优化及咨询单位的建议，引进日本的J形拉钩筋施工工艺。

J形拉钩筋，就是拉筋只有一端有180°弯钩，而另一端为90°的直钩，这样拉筋的就位变得轻而易举。但是钢筋的直钩不能满足拉筋的力学要求，为此，将此直钩用一定规格的小钢板替代，最终成为"J形拉钩筋"(见图35-36)。

J形拉钩筋能替代传统拉钩筋的关键在于用小钢板与钢筋的焊接能满足对拉钩筋的力学性能要求。拉钩筋与小钢板的焊接，如果沿用气焊、电弧焊或闪光焊等工艺，对少量需求来说，虽然过程复杂一些，也可以做到。但是，本工程的单个节段就需要约1.8万个拉钩筋，两条生产线平均每周就需约3.6万个，数量如此大的需求，即使不计资源的消耗，生产的效率也跟不上。采用摩擦焊方式将拉钩筋与小钢板焊接，所有问题都迎刃而解。用摩擦焊的方式焊接，无须附加任何额外焊材，无须添加大型设备，也无须大的能源。

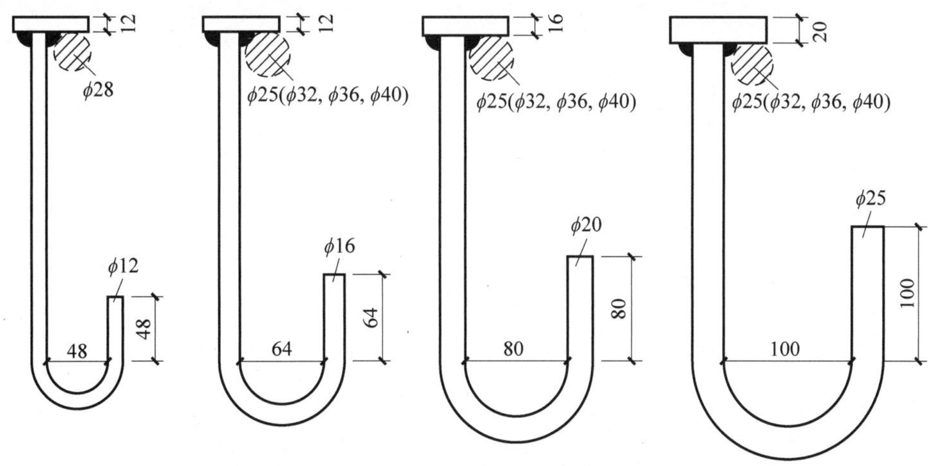

图 35-36　J形锚固板拉筋大样

在摩擦焊接过程中，母材间的结合过程为：机械能转化为热能→材料塑性变形→热塑性下的锻压力→分子间扩散再结晶。

在本工程中采用摩擦焊，相对于传统的熔焊显示出很大优越性。

(1) 焊接接头质量高。不存在气泡等焊接缺陷，焊缝强度能达到与基体材料相同；焊接质量稳定、一致性好；热变形小，有较高的尺寸精度。

(2) 焊接效率高，无须坡口、互锁等焊接前的加工。

(3) 摩擦焊在成本上有显著优势。摩擦焊相对于其他焊接方式，从经济角度来看，具有很大优越性。

① 焊接机结构简单，只有约 100 g 的小钢块在夹具的夹持下作飞速旋转，从已使用了一个季度的情况看，摩擦焊接机的运行非常稳定可靠，耐用性良好。

② 焊接机只需 1 人操作，程序比较简单，不需作复杂的长时间培训。

③ 无须附加焊材，无须坡口、互锁等焊接前的加工，也无须大功率电源，消耗功率仅为其他焊接方法的 1/5～1/20。

④ 效率相当高，这是其他焊接方法无法比拟的。对于不同直径的钢筋，在焊机上焊接只需 15～30 s，焊接一条拉钩筋平均用时不到 1 min，每台焊机每天可焊接拉钩筋 800～1200 条，现场配置 3 台摩擦焊机就可满足需要。在不计入焊接前的加工工作情况下，焊接的效率比通常的熔焊高 8～10 倍，且基本无废品。在人力投入上，453.6 万个拉钩筋需 9072 个工日，比熔焊方式节省约 8 万个工日。

⑤ 能源消耗低。在能源消耗方面，摩擦焊接机在运转过程中，只有夹持了约 100 g 小钢块的夹具作飞速旋转需要能源，消耗功率仅是其他焊接方法的 1/5～1/20。

⑥ 保证操作者职业健康与安全。由于在动力方面，摩擦焊只涉及固定在焊机上的旋转夹具，没有移动的电源、气管和气罐，安全防护简便，安全性高；在焊接的全过程中，不产生电弧光、火花、噪声以及气体排放，对环境及操作人员不存在有害影响。

在港珠澳大桥工程中采用摩擦焊工艺技术，证明了摩擦焊与热熔焊相比质量可靠、效率高，节能环保，容易保证操作者职业健康与安全，其社会效益也十分明显。

第36章

钢筋套筒轴向挤压与螺纹组合连接机械

36.1 概述

36.1.1 定义、功能与用途

通过轴向冷挤压或者径向挤压将带有预制外螺杆的套筒1(简称公套筒)及带有内螺纹的套筒2(简称母套筒)预先连接在钢筋上，在安装现场通过套筒1的螺杆与套筒2的内螺纹连接形成的钢筋接头即为钢筋套筒轴向挤压与螺纹组合连接接头和钢筋套筒径向挤压与螺纹组合连接接头(见图36-1、图36-2)。挤压套筒分为轴向挤压套筒和径向挤压套筒两种。钢筋轴向挤压机械是依靠液压系统将钢筋套筒在钢筋端头进行轴向挤压和自检的组合设备。钢筋径向挤压机械是依靠液压系统将钢筋套筒在钢筋端头进行径向挤压的组合设备。采用钢筋轴向挤压或者径向挤压加工生产出的钢筋接头不因螺纹加工削弱钢筋的截面面积，从而确保钢筋连接可靠，接头强度高。所使用的内螺纹套筒和外螺纹螺杆是在工厂内精密加工出来的，螺纹表面光滑，因此在现场连接时，作业强度低。同时钢筋轴向挤压机械具有特有的自检功能，可以使加工后的钢筋接头性能稳定，施工现场的适应性强。轴向挤压连接技术通过定位连接组件，可以实现钢筋网片的连接。

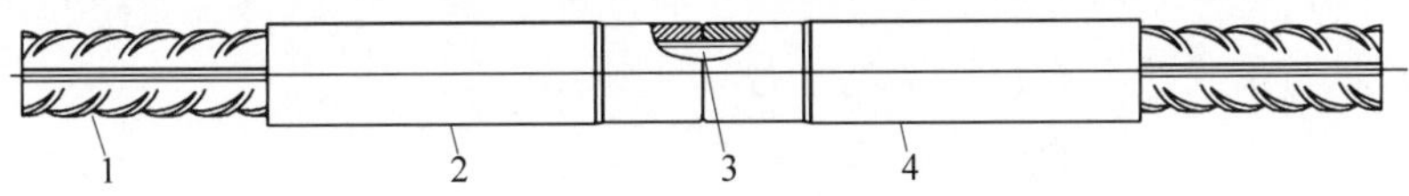

1—钢筋；2—标准套筒1；3—连接螺杆；4—标准套筒2。

图36-1 钢筋套筒轴向挤压与螺纹组合连接接头

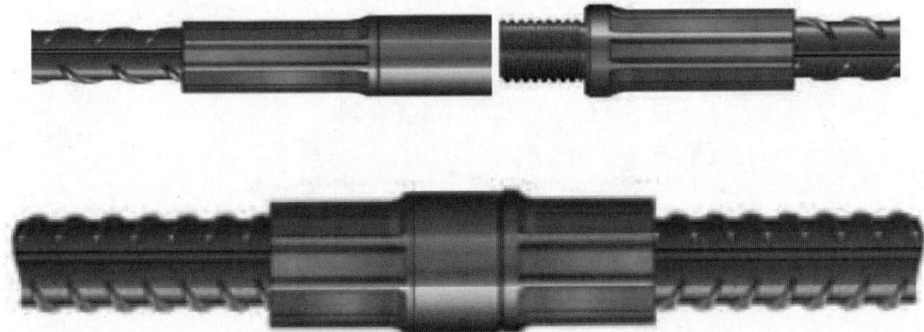

图36-2 钢筋套筒径向挤压与螺纹组合连接接头

36.1.2 发展历程与沿革

钢筋轴向挤压螺纹连接技术出现于 20 世纪末。1999 年，德士达集团注册了 Griptec 商标，于 2000 年、2001 年和 2003 年分别获得德国、美国洛杉矶以及加利福尼亚州的建筑施工管理部门的技术认可，开始在世界范围内进行推广。德国艾姆斯兰(Emsland)核电站在 2000 年首次应用 Griptec 钢筋轴向挤压直螺纹连接技术于核废料储存厂房的建造。同年，这种技术也应用到德国民用建筑市场。2007 年，法国电力集团(EDF)正式批准钢筋轴向挤压螺纹连接技术应用于法国弗拉芒维尔(Flamanville)核电项目土建施工，并在现场大规模地应用于网片连接工艺。

2009 年，在中国广东台山核电站一期项目中，钢筋轴向挤压螺纹连接技术第一次引入中国建筑市场。之后，钢筋轴向挤压螺纹连接技术广泛应用于福清核电站 3 期项目、防城港核电站 2 期项目中。同时在中国核工业集团出口巴基斯坦的卡拉奇核电站 2 期项目中，钢筋轴向挤压螺纹连接技术也得到应用。

36.2 工作原理与结构组成

1. 工作原理

钢筋套筒轴向挤压与螺纹组合连接和钢筋套筒径向挤压与螺纹组合连接技术是将带有部分套筒长度的内螺纹孔或部分套筒长度的外螺纹杆和带有部分套筒长度内孔的组合钢筋连接套筒，通过轴向挤压或径向挤压带有部分套筒长度光内孔的半个套筒使光内孔部分套筒的内壁和钢筋相互咬合建立连接套筒与钢筋的永久连接，再由连接套筒上带有部分套筒长度的内螺纹孔与带有部分套筒长度的外螺纹杆实现钢筋之间连接的一种钢筋机械连接技术。

钢筋套筒轴向挤压与螺纹组合连接的工艺流程是将待连接钢筋的一端插入连接套筒内孔内，把钢筋与连接套筒的组合件放入挤压机械中冷挤压模具内，通过钢筋套筒轴向挤压机的冷挤压模具将套筒与钢筋挤压为一体，实现钢筋与套筒的连接，再由套筒上的内螺纹孔和外螺纹杆实现钢筋之间的连接。其工艺流程见图 36-3。

钢筋套筒径向挤压与螺纹组合连接的工艺流程是通过径向挤压套筒使套筒内壁和钢筋相互咬合建立套筒与钢筋的连接，再由套筒上的内螺纹孔和外螺纹杆实现钢筋之间的连接。其工艺流程见表 36-1。

2. 挤压机械结构组成

(1) 钢筋套筒轴向挤压机械由驱动单元、挤压机构、控制面板和工具架等组成，见图 36-4。

(2) 钢筋套筒径向挤压机械由扣压机构、回位油缸、定位机构、冷却系统和床身等组成，见图 36-5。

步骤1

步骤2

步骤3

将钢筋切割到需要的长度，并将其中一端放入套筒中。

将钢筋-套管组件插入Griptec机器中。

钢筋的另外一端留在机器护罩外端。

图 36-3 钢筋套筒轴向挤压与螺纹组合连接接头工艺流程

步骤4

将推杆放到钢筋一端

步骤5

将组件推入机器直到套管进入冷挤压模具并开始加工

步骤6

平滑地拿起准入工具和钢筋，拿出成品

图 36-3(续)

表 36-1　钢筋套筒径向挤压与螺纹组合连接工艺流程

工　　艺	加工/施工	结　　果
钢筋端部平头(非必需，只在钢筋头变形严重时需要)		
将套筒扣压到钢筋上		
现场套筒对接钢筋		

图 36-4　钢筋套筒轴向挤压机械结构组成

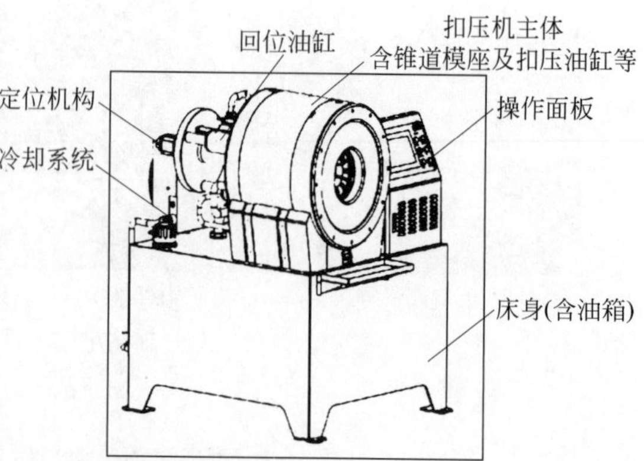

图 36-5 钢筋套筒径向挤压机械结构组成

3. 挤压机构组成

挤压机构由夹紧钳支架、V 形钳口、B 板、C 板及主轴组成。

其工作顺序为：

(1) 钢筋进料器在其导轨上移动确保套筒完全作用在钢筋上并且套筒与适配器接触做适配旋入。

(2) V 形钳口夹紧钢筋。

(3) 板罩式夹子在 B 板上前后移动。

(4) C 板沿连杆前后滑动并移动冷挤压模具。

4. 挤压动力组成

GP 系列钢筋轴向挤压设备的动力组成包括液压泵、螺旋电机及其减速变速箱和控制系统。

36.3 选用原则与选型计算

36.3.1 机械设备选用原则

目前，市场上使用的钢筋轴向挤压螺纹连接机械设备为德士达集团生产的 GP40 全自动加工测试一体机。该机器利用冷挤压技术将带有连接螺杆的公套筒和具有内螺纹的母套筒分别连接到钢筋端。

钢筋轴向挤压螺纹连接机械通过使用不同的工装可以对直径 12～40 mm 的钢筋进行加工。该设备可以系统性地识别安装的冷挤压模具的直径，所有冷挤压和测试参数将按照储存的参数进行设定。

钢筋径向挤压螺纹连接加工设备为钢筋套筒扣压机，RC25 型的可加工钢筋直径为 12～25 mm，RC40 型的可加工钢筋直径为 12～40 mm。通过使用不同的工装可以对直径 12～40 mm 的钢筋进行加工。

无论是轴向挤压还是径向挤压，钢筋挤压螺纹连接的技术特点如下。

(1) 钢筋母材上不作任何加工，不改变钢筋截面及其固有性能/属性，确保 100%发挥母材性能，适用于 HRB400、HRB500、HRB600 及不锈钢钢筋(配合不锈钢套筒)。

(2) 套筒被轴向挤压或径向挤压的部分在压挤过程中产生塑性变形紧密包裹钢筋，且钢筋横纵肋部分嵌入套筒内壁，塑性变形的结合力高于母材强度且持久恒定。

(3) 钢筋对接通过套筒内/外螺纹连接，螺纹为工厂化生产，螺纹精度高，连接品质稳定。

(4) 套筒塑性变形产生的结合力，配合高精度的螺纹连接，使接头不光强度高于母材，且动态载荷承受能力优于其他机械连接，可满足 JGJ 107—2019 标准规定的Ⅰ级接头性能要求。

(5) 挤压或扣压过程由液压系统压力控制，接头品质精准可控，加工一致性好。

(6) 挤压和扣压标准化。不同类型的套筒使用相同的标准挤压或扣压，可以简化加工过程、提升效率，易于质控。

(7) 加工效率高。40 mm 钢筋扣压加工只需 8 s，远高于其他机械连接加工方式。

(8) 钢筋连接施工简单、高效，可装配化施工。

36.3.2 钢筋径向挤压连接套筒

钢筋径向挤压螺纹连接套筒主要有4种类型：标准型、可调型、变径型和钢筋锚固板型。

1. 标准型套筒

标准型套筒由内螺纹套筒和螺杆套筒构成，分别扣压到待连接的两根钢筋上，在现场将螺杆套筒上外螺纹旋入内螺纹套筒完成钢筋的连接。标准型钢筋连接套筒示意图见图36-6。

标准型连接套筒尺寸见表36-2。

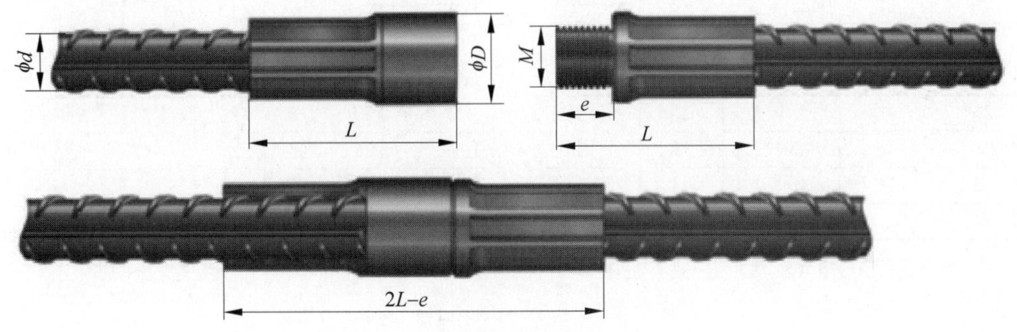

图36-6 标准型钢筋连接套筒示意图

表36-2 标准型连接套筒尺寸

钢筋直径 d/mm	套筒直径 D/mm	螺纹尺寸 /(mm×mm)	螺纹长度 e/mm	套筒长度(扣压后)L/mm	接头长度 $(2L-e)$/mm	重量(内螺纹套筒+螺杆套筒)/kg
12	22	M16×2.0	18	63	108	0.2
16	29	M20×2.5	23	82	141	0.4
18	32	M22×3.0	26	92	158	0.6
20	35	M24×3.0	28	101	173	0.7
22	38.5	M27×3.0	31	110	189	1.0
25	44	M30×3.5	35	124	213	1.5
28	48	M33×3.5	38	134	231	1.9
32	56	M39×4.0	44	154	264	3.0
40	68.5	M48×5.0	54	190	325	5.4

2. 可调型套筒

可调型套筒由标准套筒、加长套筒、连接螺杆及螺母构成，接头长度可以调节。其适用于两边钢筋均无法转动或钢筋间存在间隙需接头补偿的复杂工况。可调型钢筋连接套筒示意图见图36-17。

可调型连接套筒尺寸见表36-3。

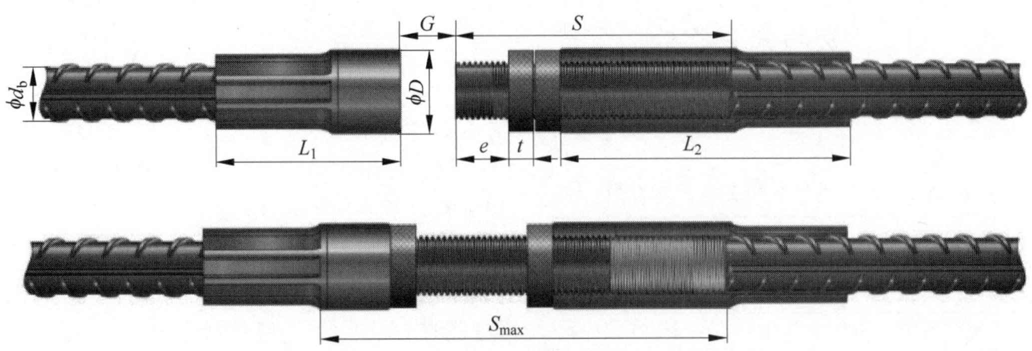

图36-7 可调型钢筋连接套筒示意图

表 36-3 可调型连接套筒尺寸

钢筋直径 ϕd_b/mm	套筒直径 D/mm	螺纹尺寸/(mm×mm)	螺纹长度 e/mm	套筒长度(扣压后) L_1/mm	加长套筒长度(扣压后) L_2/mm	螺杆长度 S/mm	螺母厚度 t/mm	最大接头间隙 G/mm	连接后钢筋最大间距 S_{max}/mm	整套重量/kg
12	22	M16×2.0	18	64	92	80	7	12	111	0.4
16	29	M20×2.5	23	82	120	101	8	16	142	0.8
18	32	M22×3.0	26	92	134	115.5	10	18	162	1.1
20	35	M24×3.0	28	101	147	123.5	10	20	175	1.3
22	38.5	M27×3.5	31	111	161	134.5	10	22	190	1.8
25	44	M30×3.5	35	125	182	153	12	25	216	2.7
28	48	M33×3.5	38	134	198	165	12	28	234	3.5
32	56	M39×4.0	44	154	228	192.5	15	32	271	5.6
40	68.5	M48×5.0	54	190	280	236	18	40	333	10.2

注：最大接头间隙指两边钢筋均已固定后，钢筋之间允许的最大间隙。超过则超出本套筒的调节范围，不能使用本套筒连接。

3. 变径型套筒

变径型套筒用于不同规格钢筋的对接，具体尺寸繁多，此处不列出。

4. 钢筋锚固板型套筒

标准套筒及套筒头均可连接锚盘，锚盘截面面积为钢筋截面面积的5倍或9倍。钢筋锚固板型连接套筒示意图见图36-8。

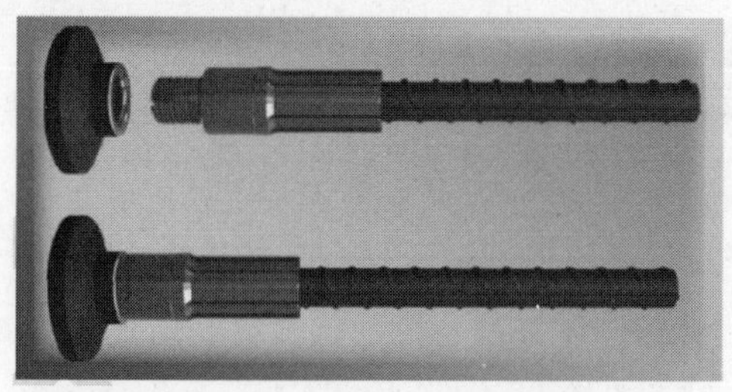

图 36-8 钢筋锚固板型连接套筒示意图

36.3.3 钢筋套筒扣压机型号和主要技术参数

钢筋套筒扣压机型号和主要技术参数见表36-4。

表 36-4 扣压机型号和主要技术参数

参数及项目	型号	
	RC25	RC40
加工钢筋范围/mm	12～25	12～40
最大扣压力/t	1950	3000

续表

参数及项目	型号	
	RC25	RC40
典型加工时间/(s/头)	5	8
典型压模数量/万头	10	
扣压过程控制	扣压力/扣压尺寸双校验	
套筒/钢筋定位系统	程序预设全自动定位	
额定扣压油压/MPa	25	
电源	380 V/50(60)Hz	
电机功率/kW	11	15
液压油牌号	46号	
外形尺寸/(mm×mm×mm)	1410×1200×1480	1610×1370×1480
整机重量/kg	1500	2300

36.3.4 钢筋套筒扣压机的特性

(1) 扣压力和扣压尺寸相互校验实现扣压过程精准控制，保证扣压一致性。如扣压结果异常则停机报警。

(2) 扣压机构分度均匀，扣压套筒和钢筋同轴精度高。

(3) 不同规格/类型的套筒加工切换时间短，无须调整即可立即开始生产。套筒/钢筋定位程序预设，由伺服电机实现自动设定，同一钢筋规格的不同类型的套筒由程序实现即时切换，不同钢筋规格需更换压模，压模更换只需 2 min。

（4）压模寿命长，正常使用可扣压 10 万头以上，使用及维护成本低。

（5）触摸屏操作简单易用，扣压过程动画及扣压结果实时显示，内置无线模块可实现设备远程控制或固件升级。

（6）配合自动上料系统（套筒/钢筋全自动上料），可实现全自动生产。

36.4 安全使用

下面以 GP40 型机器为例进行说明。

1. 安全使用标准与规范

1）安装地点

GP40 全自动加工测试一体机需安装在室内。

2）环境温度

GP40 全自动加工测试一体机对环境温度的要求是 5～50℃。对于特别热或冷的环境，需要和厂家联系确定。

3）环境湿度

最高温度在 50℃时，环境湿度不得超过 50%。较低温度允许较高的相对湿度（如 20℃时湿度为 90%）。在机器内部产生偶尔的凝露损害已经通过设备的设计进行避免，但在必要时需要采取额外措施（如内置加热器、空调、排水孔）对凝露进行控制。

4）一般注意事项

Griptec GP40 机器的设计最大限度地保证了安全。但是，仍然需要遵守某些注意事项以进一步减少人身伤害或机器损坏。

2. 拆装与运输

本机器设计可在－25～55℃内运输和存储，可在 70℃下短暂运输和存储，不得超过 24 h。需采取适当措施预防湿度、震动和撞击损害。供应商和用户之间可以签订必要的特殊协议。

3. 安全使用规程

操作人员需经过特定培训并熟悉 GP40-6 系列操作手册，维护技术员/工程师需经过培训并熟悉 GP40-6 系列技术手册。建议培训时间是机器安装结束后调试的一周，开始生产时，协助生产一周。

GP40-6 全自动加工测试一体机有两个紧急停止按钮：一个在控制面板上，一个在正面两个手动控制按钮中间，见图 36-9 和图 36-10。如果紧急停止按钮有一个没有松开，所有机器功能将被禁用。松开所有紧急停止按钮后，必须按下“复位”按钮以启用机器功能。

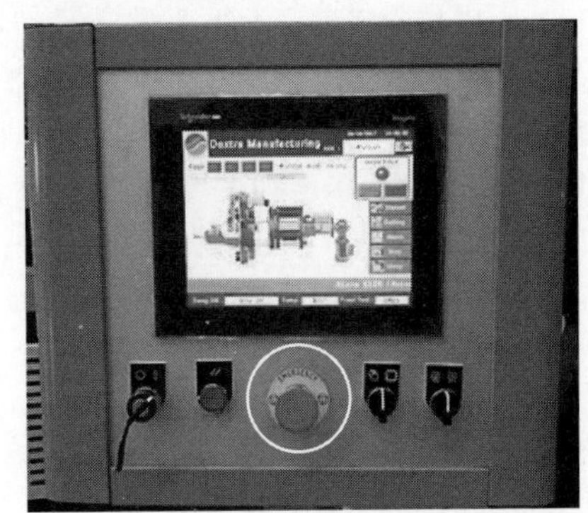

图 36-9 紧急停止按钮

图 36-10 紧急停止按钮

机器的检修门集成了安全装置。如果机器检修门没有全部关闭，则机器任意部分的功能将无法启用。

钢筋进料器检修孔配有红外线感应器，如果有人在机器处于手动模式下时将手伸入检修孔，机器将停止。自动模式下此功能失效。

4. 维修与保养

厂家提供的保养手册中详细列出了全自动加工测试一体机的预防保养任务及保养频率。根据机器的自然条件和技术要求，保养任务分为 3 个等级。每一个保养等级都需要特殊的培训。

(1) 一级预防保养：日常生产完成后的基本保养，每天或者每周一次，不需要特殊的技能。通常此种类型的保养由机器生产商培训的现场钢筋加工操作工完成。

(2) 二级预防保养：月度或者季度的基本服务保养，要求有一定的技术技能。通常由设备生产商培训后的技术员完成此项任务。

(3) 三级预防保养：半年或者一年的定期大型保养，要求对机器有专门了解及对技术技能很熟悉的人员完成。通常由设备生产商的售后服务部门或者其培训的专业维护保养工程师完成此项任务。

当全自动加工测试一体机发生故障时，由设备生产商培训后的技术员进行维修。

36.5 工程应用

1. 钢筋轴向挤压与螺纹组合连接工艺

1) 工艺优势

(1) 每个接头在挤压过程中均通过了拉伸测试，具有可控性。

(2) 钢筋标称横截面面积无须减少，连接更牢固。

(3) 不需要扭矩扳手，连接简单、便捷。

(4) 直螺纹不会发生螺纹错扣现象。

(5) 采用滚压螺纹，抗疲劳性能良好。

2) 操作流程

(1) 挤压：①将套筒套在钢筋端头上，由操作人员将其推入 Griptec GP40-6 连接机器中，生产过程自动进行；②套筒被挤压在钢筋端头上。

(2) 性能测试：将套筒压入钢筋端头上后，Griptec GP40-6 机器自动对接头进行试验，确保接头符合设计标准。

2. 典型工程应用

1) 福清核电站

福清 5 号和 6 号反应堆是第一批华龙一号反应堆，完全为中国设计。反应堆的容量为 1000 MW，于 2019 年和 2022 年开始运行。自 2015 年开始建造 5 号反应堆以来，大量使用钢筋轴向挤压与螺纹组合连接工艺，该连接工艺用于将钢筋拼接到 APC 外壳中。Griptec 是核工业首选的钢筋拼接解决方案，这要归功于其独特的性能水平和自动测试流程，系统地测试作为其标准周期的一部分生产的所有连接，保证 100%的连接受力高于结构要求。案例图片见图 36-11。

2) 台山 EPR 核反应堆

台山 EPR 核反应堆数量为两座，容量为 1750 MW，由阿海珐建造，位于中国广东省台山附近。自 2009 年开工一直到 2016 年，其大量使用了钢筋轴向挤压与螺纹组合连接工艺。该工艺用于反应堆的混凝土结构。案例图片见图 36-12。

3) 其他项目应用

其他应用见图 36-13～图 36-16。

图 36-11　福清核电站项目

图 36-12　台山核反应堆项目图片

图 36-13　扣压标准型内螺纹标准套筒及螺纹杆套筒

图 36-14　扣压钢筋端锚板套筒

图 36-15　可调型套筒钢筋笼对接

图 36-16　标准型套筒钢筋网片连接

第37章

双螺套、锥套锁紧接头钢筋连接机械

37.1 概述

37.1.1 定义、功能与用途

1. 双螺套钢筋连接技术

钢筋双螺套连接是指两个带有和连接钢筋端部螺纹相匹配内螺纹的内层钢制连接件1、2旋合后，再与带有与两个内层钢制连接件外螺纹相匹配内螺纹的外层钢制连接件 3 旋合连接，并用具有相同内螺纹的外层钢制连接件 4 旋合锁紧的一种钢筋机械连接方法，其示意图如图 37-1 所示。

双螺套钢筋接头可在待连接两侧钢筋不旋转、连接位置有一定误差(≤20 mm)情况下完成连接，且连接性能可以满足行业标准《钢筋机械连接技术规程》(JGJ 107—2016)中 500 MPa 级钢筋Ⅰ级接头性能要求。

双螺套钢筋连接接头因其连接性能与钢筋等强，可适用于模块化的钢筋机械连接。该产品可广泛应用于建筑工业化场景条件下，如钢筋骨架部品、钢筋混凝土预制构件部品的钢筋机械连接，如核电、桥梁、高铁、隧道、市政、房屋建筑等工程中基础钢筋笼、钢筋网片、异型钢筋部品、水平及竖向 PC 构件等的钢筋连接。同时，还可应用于一些特殊工况的钢筋连接。

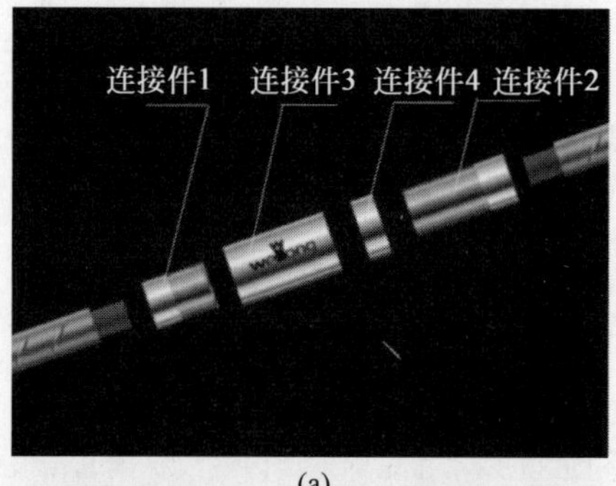

(a)

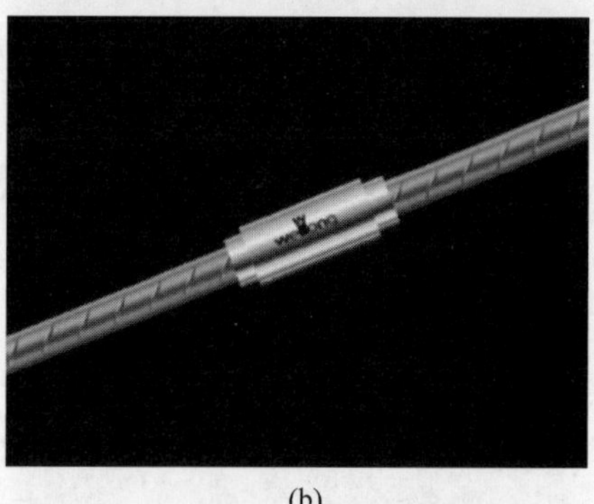

(b)

图 37-1 双螺套钢筋接头构造示意图
(a) 连接前；(b) 连接后

钢筋双螺套接头钢筋连接机械是用于双螺套钢筋连接接头中钢筋直螺纹加工的机械，它是由钢筋剥肋滚压直螺纹加工机械、直螺纹接头连接安装工具等组成的。钢筋剥肋滚压直螺纹加工机械用于在热轧带肋钢筋端部加工出可满足双螺套接头连接用的直螺纹。钢筋剥肋滚压直螺纹加工机械已有叙述，本章中不再赘述。

2. 锥套锁紧钢筋连接技术

锥套锁紧钢筋机械连接接头是采用外表面为锥面、带有三角内齿的三片锁片(图 37-2(a))将被连接的两根钢筋握裹，沿钢筋轴向内挤压套在锁片外侧的两个锥套，使锁片三角内齿与钢筋咬合而实现钢筋连接的接头。锥套锁紧套筒钢筋连接接头的构造如图 37-2(b)所示。

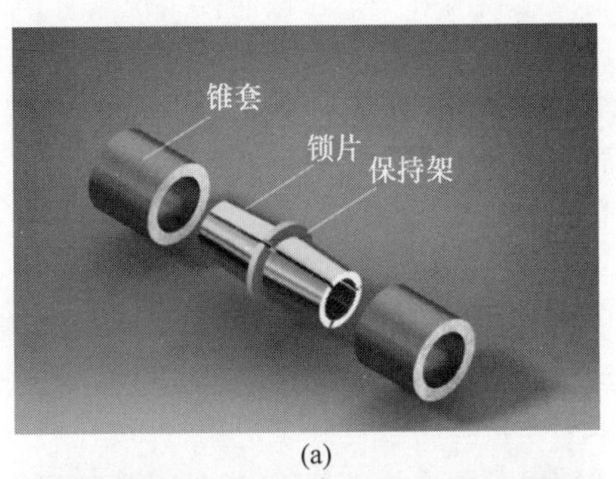

(a)

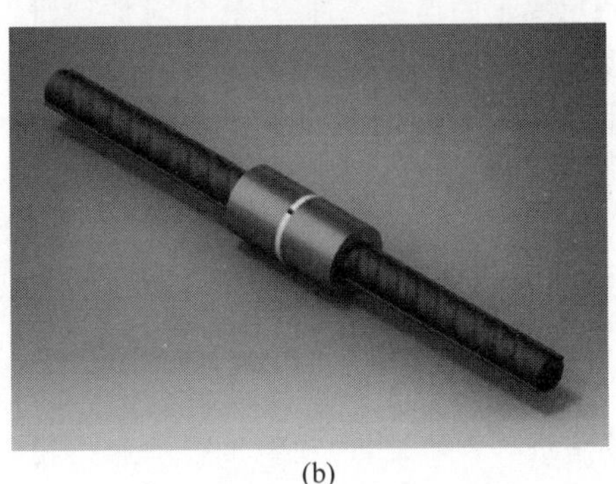
(b)

图 37-2　锥套锁紧钢筋连接接头构造示意图
(a) 连接前；(b) 连接后

锥套锁紧钢筋连接接头可在待连接两根钢筋不可旋转、连接位置有一定误差(≤20 mm)情况下完成连接，钢筋连接端不需要加工螺纹，且接头连接性能可以满足行业标准《钢筋机械连接技术规程》(JGJ 107—2016)中 500 MPa 级钢筋Ⅰ级连接接头性能要求。

锥套锁紧钢筋连接接头因其连接性能与钢筋等强，且不需要对连接钢筋端部加工螺纹，该产品可广泛应用于建筑工业化场景条件下，如组合成型钢筋制品、混凝土预制构件部品的钢筋机械连接，核电、桥梁、高铁、隧道、市政、房屋建筑等工程中基础钢筋笼、桥墩钢筋笼、钢筋网片、异型钢筋部品、水平及竖向 PC 构件、既有建筑改造等钢筋的连接。同时，还可应用于一些特殊工况的钢筋连接。

锥套锁紧接头钢筋连接机械是专用于锥套锁紧套筒钢筋连接接头的连接施工用机械。锥套锁紧钢筋连接机械主要由超高压电动泵站、挤压钳、辅助吊具三部分组成(如图 37-3所示)。

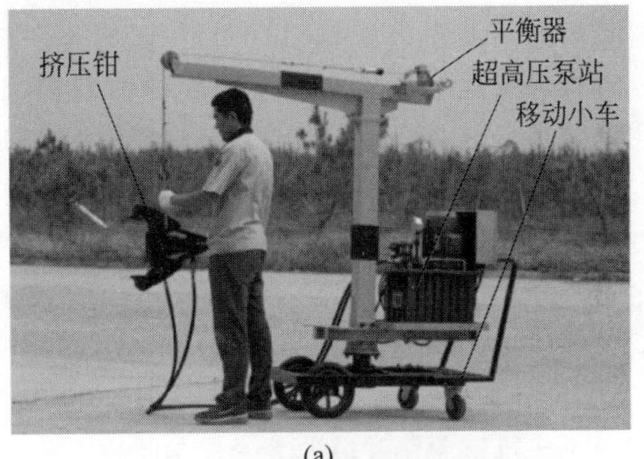

(a)

(b)

图 37-3　锥套锁紧钢筋连接设备示意图
(a) 锥套锁紧钢筋连接设备；(b) 平衡器和滑杆

超高压电动泵站提供锥套锁紧接头连接用挤压钳所需要的液压动力。挤压钳是锥套锁紧接头连接的主要工具，可实现锥套锁紧接头连接过程的轴向挤压，是连接设备中的核心机具。辅助吊具等则依据现场施工条件不同，配置也有所不同，其主要由便于挤压钳轻便操作的平衡器、小吊车或平衡器滑杆、泵站移动小车等组成。

37.1.2 发展历程与沿革

1. 双螺套钢筋机械连接

随着国内建筑工业化技术的快速发展，适用于建筑工业化、构件模块化/部品化的钢筋机械连接技术及产品已经成为其快速发展的核心及瓶颈，双螺套钢筋机械连接技术正是在这种背景下应运而生的一种新型钢筋机械连接技术，获得技术发明专利，2017 年产品和连接技术开始大量投放市场。双螺套钢筋连接接头有效解决了工业化应用场景下的钢筋机械连接所遇到的多根成组相对固定、长短不一钢筋连接和螺旋线共轨套筒连接旋拧的问题，并可满足现行行业标准《钢筋机械连接技术规程》(JGJ 107—2016)中 500 MPa 级钢筋Ⅰ级接头的性能要求。该技术目前已在建筑、高铁、核电、桥梁等领域得到广泛应用，主要应用于基础钢筋笼连接（钢筋部品）、钢筋与型钢的连接及特殊工况的连接，已经成为国内继灌浆接头后应用于建筑工业化领域的又一连接新技术。

国外，钢筋机械连接技术发展得较早，各种类型的钢筋机械连接接头不少于几十种，目前我国大量使用的连接技术产品，除了钢筋剥肋滚压直螺纹连接技术外，多是从国外引入的，如套筒挤压接头、锥螺纹接头、镦粗直螺纹接头、灌浆接头等，适用于工业化、模块化建造场景条件下的钢筋连接。国外有很多种类的钢筋接头，但因各国钢筋机械连接标准和施工技术标准中对钢筋连接性能的要求差异较大，许多连接技术并不能满足我国标准规范的要求，多数接头技术并未引入国内。

双螺套钢筋接头目前已在钢筋部品连接、钢筋与型钢间连接、桥梁盖梁 PC 构件的水平钢筋连接场景得到了广泛应用，今后还将在工程特殊连接工况如弧形钢筋（核电安全壳、隧道内衬等部位）、建筑 PC 及桥梁墩身 PC 构件中竖向钢筋连接、钢筋与型钢组合结构中的钢筋连接场景中拓展应用领域，形成完整的连接解决方案。

2. 锥套锁紧钢筋机械连接

锥套锁紧钢筋连接技术是我国拥有自主知识产权的钢筋机械连接技术之一，连接技术与设备获得发明专利，于 2012 年通过了由国家住建部新技术推广中心组织的专家成果评审；该产品于 2016 年在中国市场面世，首次应用于“广东虎门二桥”项目的主塔部位，并在桥梁工程中开创了“钢筋网片整体连接”施工的新方式。

在此之前，国内应用于建筑工业化、模块化、部品化施工场景的钢筋连接基本都采用国外引入的灌浆接头连接技术，锥套锁紧钢筋连接接头是我国第一个在该连接工况条件下，完全可满足行业标准《钢筋机械连接技术规程》(JGJ 107—2016)中 500 MPa 级钢筋Ⅰ级接头性能要求的一种新型钢筋机械连接产品。

37.1.3 发展趋势

双螺套钢筋连接接头、锥套锁紧钢筋连接接头目前已在桥梁工程钢筋部品连接、特殊工况钢筋连接等场合得到了应用，后续还将在针对特定要求的连接条件下，有针对性地研发其他型式的专用连接机械，以便在其他适合的工况下，如 PC 构件连接、弧形钢筋连接，在高铁、隧道、轨道交通等众多领域，拓展应用场景、领域，形成完整的钢筋连接解决方案。双螺套钢筋连接、锥套锁紧钢筋连接的专业化施工技术规程和接头连接件产品形成标准化，连接机械的自动化控制技术和连接接头质量控制与检验还将进一步研究，为建筑工程工业化和产业化奠定基础。

37.2 产品分类

37.2.1 设备分类

锥套锁紧接头钢筋连接挤压机分为 H 型和 HL 型两种，设备由挤压钳、超高压泵站和平衡器组成，如图 37-3(a)所示。

1. 超高压泵站

超高压泵站分为普通型、轻便型，如图 37-4 所示。普通型适于采用专用小车或其他移动设备移动，轻便型可采用人工携带方式。

(a)

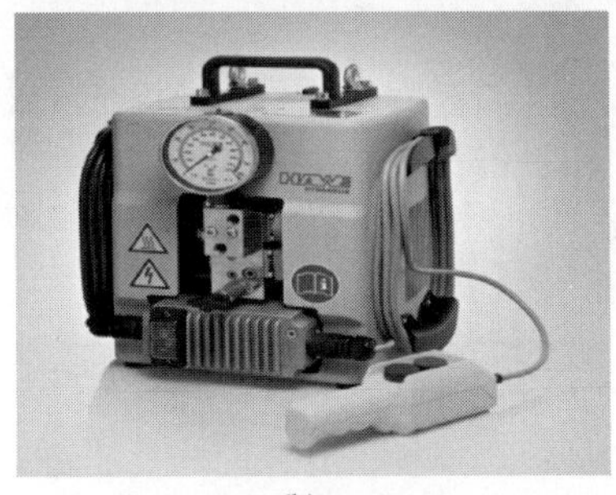

(b)

图 37-4 超高压泵站型式示意图
(a) 普通型；(b) 轻便型

2. 挤压钳与平衡器

挤压钳按照连接钢筋的规格分为多种型号，且重量不同。H 型挤压钳结构示意图如图 37-5 所示。H 型挤压钳工作参数及与之配套的平衡器尺寸、规格见表 37-1。

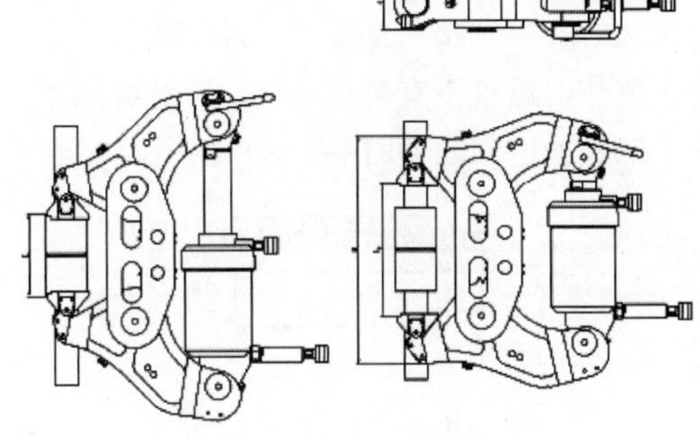

图 37-5 H 型挤压钳结构示意图

37.2.2 接头连接件

1. 双螺套钢筋连接接头类型、特点

钢筋部品化施工中的钢筋网片、钢筋笼横纵向钢筋都已经固定，组网和钢筋笼对接的任何一根钢筋都无法转动。现有的机械连接方法不能将部品化的钢筋网片、钢筋笼很好地进行连接。在钢筋不能转动的场合常采用滚压直螺纹钢筋连接套筒加双(或)锁母型接头，即先将套筒和锁母完全旋入到一端钢筋加长丝头上，待另一端钢筋靠近时，反向旋转套筒加锁母，使该端钢筋旋入套筒，然后两侧分别用

表 37-1 H 型挤压钳工作参数及配套平衡器尺寸、规格

钢筋直径/mm	挤压钳型号	挤压钳工作参数		挤压钳尺寸、重量			平衡器型号
		挤压力/kN	工作压力/MPa	宽度/mm	高度/mm	重量/kg	
16	H20	25	45	75	415/515	25	EW30
18		31	55				
20		37	65				
22	H25	36	55	80	470/555	45	EW50
25		42	65				
28	H32	46	55	85	525/670	62	EW70
32		55	65				
36	H40	70	55	100	620/750	85	EW90
40		83	65				
50	H50	90	60	120	615/755	100	EW120

注：(1) 每种型号挤压钳匹配的平衡器型号是一定的，即平衡器可“平衡”的重量与挤压钳重量相同或相近，否则，人工手持挤压钳将会费力；
(2) 平衡器产品应是锥套锁紧接头产品厂家配套产品，除非得到厂家许可，不建议客户自行配套。

锁母将直螺纹套筒与钢筋锁紧。这就要求待连接的两段钢筋螺纹丝头的螺旋线必须完全共线，显然这是很困难的。即使连接成功，也会有较长一段钢筋剩余螺纹裸露，钢筋受力破坏时会从裸露螺纹处断裂，大大削弱了钢筋连接强度，对建筑结构整体安全不利，且不能满足标准对直螺纹接头的安装规定，要求安装后的单侧外露螺纹不宜超过 $2p$（p 为螺纹螺距）。为了解决上述问题，我国自主开发了双螺套钢筋连接技术。双螺套接头由第一内螺套、第二内螺套和外螺套组成，在外螺套的外侧设置有锁母，锁母与第一内螺套连接；其中，外螺套与第一内螺套、第二内螺套连接端内连接螺纹的螺距与第一内螺套和第二内螺套内连接螺纹的螺距不同。

双螺套钢筋连接接头主要有标准型、异径型、焊接型和加长型四种型式，如图 37-6 所示。

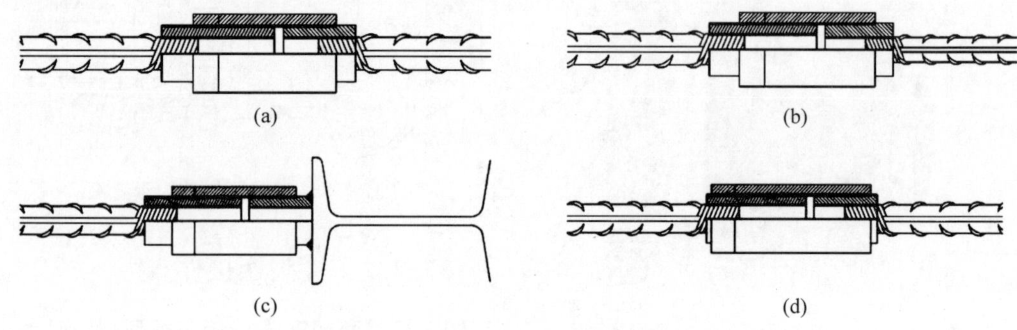

图 37-6 双螺套接头主要接头型式示意图
(a) 标准型；(b) 异径型；(c) 焊接型；(d) 加长型

(1) 标准型接头是用于同直径钢筋连接的一种最常用的接头型式。

(2) 异径型接头是用于不同直径钢筋连接的一种接头型式。

(3) 焊接型接头是应用于钢筋部品与型钢连接的一种接头型式。

(4) 加长型接头是主要用于部品钢筋机械连接时，连接钢筋轴向间距较大工况的一种接头型式。

双螺套套筒钢筋连接接头具有如下特点。

(1) 对待连接钢筋的位置度要求较低，尤其适用于建筑及钢筋部品中成组钢筋连接。

(2) 接头连接方便，无须专用机具，只须连接扳手即可。

(3) 连接质量可靠，可满足现行行业标准 500 MPa 级钢筋Ⅰ级接头性能要求。

(4) 适用范围广，可应用于 PC 建筑、高层建筑、核电、桥梁、隧道、轨道交通等领域工业化场景条件下及特殊工况的钢筋连接。

2. 锥套锁紧钢筋连接接头类型、特点

锥套锁紧钢筋连接接头由两个锥套、一副锁片、一个保持架组成，连接过程是将待连接钢筋插入锁片两端、对中顶紧保持架；将锥套套入锁片的两端，用专用连接工具挤压钳将两锥套沿其轴向压紧靠拢，从而利用锥斜面锥角自锁作用将锁片向内收紧夹住钢筋，实现将钢筋连接为一体的目的。

锥套锁紧钢筋接头主要有标准型、异径型和加长型三种型式，如图 37-7 所示。

标准型接头是用于同直径钢筋连接的一种最常用的接头型式；异径型接头是用于不同直径钢筋连接的一种接头型式；加长型接头是主要用于部品钢筋机械连接时，连接钢筋轴向间距较大工况的一种接头型式。

锥套锁紧钢筋连接接头具有如下特点。

(1) 连接钢筋无须预制加工螺纹，不用螺纹加工设备、镦粗设备，可节省人力及成本。

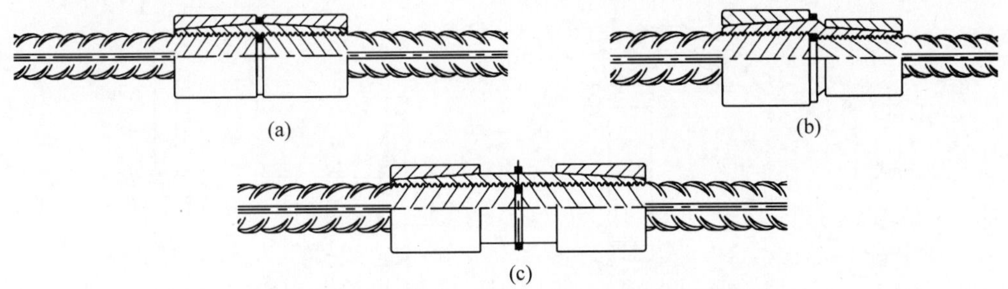

图 37-7　锥套锁紧钢筋接头主要接头型式示意图

(a) 标准型；(b) 异径型；(c) 加长型

(2) 连接施工方便、可靠、快捷，质量检验直观，连接效率可达 10～20 s/个。

(3) 连接质量可靠，性能稳定，可满足行业标准中Ⅰ级连接接头性能要求。

(4) 对连接钢筋对中性和端面间距要求低，尤其适应于成组多根钢筋、钢筋网片的组合成型钢筋制品机械连接。轴线位置相互偏离的两根对接钢筋经适当校正即可压接，对于两根对接钢筋端头的轴向间距为 0～15 mm，径向同轴度≤0.5d 的钢筋，均能实现可靠连接(见图 37-8)。两根对接钢筋端头的径向允许偏差视钢筋制品整体横向刚度而定，以能够手工将接头连接件预装到位(锥套能套住锁片尾端)为准。也可以在借助附加校正外力下进行组装。

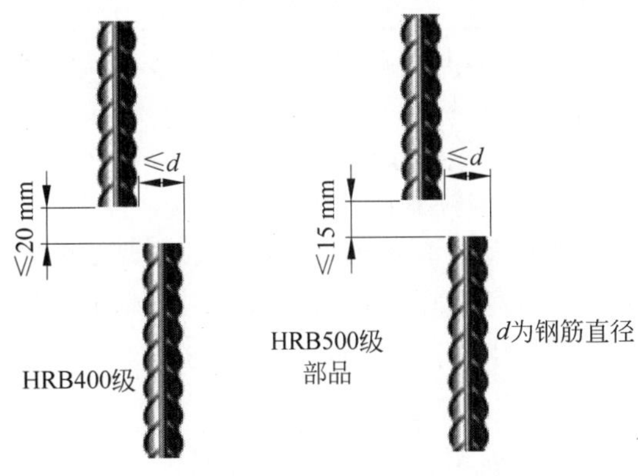

图 37-8　两根对接钢筋端头位置偏差示意图

(5) 压接对钢筋表面形成的挤压变形会产生较大的残余压应力，而且压接后不减小钢筋基圆截面面积，钢筋接头具有优异的抗疲劳性能。

37.3　工作原理与结构组成

37.3.1　工作原理

1. 双螺套接头钢筋连接机械

双螺套接头钢筋连接的加工机械是钢筋剥肋滚压直螺纹成型机或钢筋直螺纹生产线设备，其工作原理和钢筋滚压直螺纹连接机械相同，功能是在待连接钢筋的两端加工出钢筋连接螺纹，利用双螺套接头连接件将两根钢筋连接为一体。

2. 锥套锁紧接头钢筋连接机械

锥套锁紧钢筋连接的施工机械是锥套锁紧接头挤压机，其工作原理是将用于安装接头挤压机的压钳套在待连接钢筋上，定位后利用电动油泵向液压缸进出油口输送液压油，使压钳的压头往复运动，挤压两个锥套相对运动，锥套依靠锥斜面实现自锁，完成接头压接。

37.3.2　结构(机构)组成

锥套锁紧接头钢筋连接挤压机的结构如图 37-9 所示，H 型挤压钳的结构如图 37-5 所示，HL 型挤压钳的结构如图 37-9 所示。挤压机由驱动油缸、两个铰接夹紧钳臂和连接板等组成。H 型和 HL 型的区别在于钳口移动距离不同和驱动钳臂长短不同。HL 型挤压钳工作参数及与之配套的平衡器规格见表 37-2。

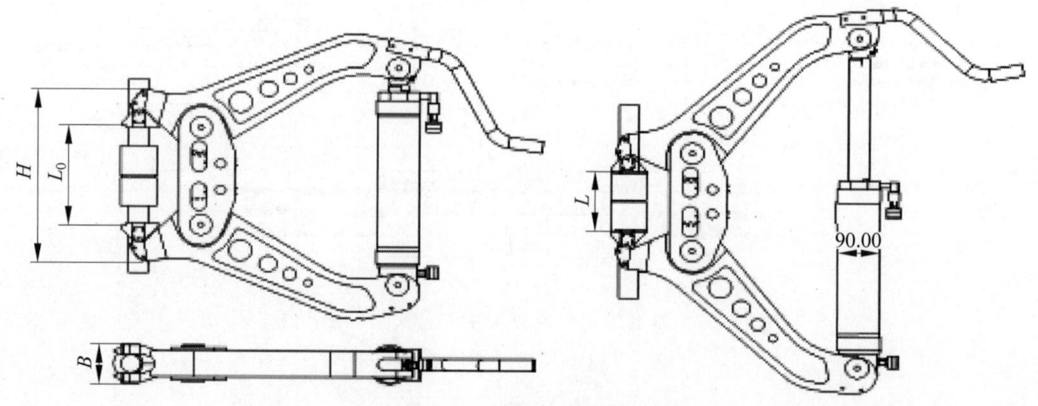

图 37-9 HL 型挤压钳结构示意图

表 37-2 HL 型挤压钳工作参数及与之配套的平衡器规格

钢筋直径/mm	接头外径 *D*/mm	接头长度/mm		夹紧钳操作尺寸/mm		工作压力/MPa	挤压钳型号	挤压钳允许最高压力/MPa	钳身宽度/mm	钳身长度/mm	重量/kg
		挤压前 L_0	挤压后 *L*	最小高度 *H*	宽度 *B*						
12	24	120	69			15					
14	27	130	77			20					
16	31	140	85			25					
18	35	150	93			30					
20	39	170	101			35					
22	43	180	109	425	100	40	JSZQ HL-40	70	95	670	80
25	49	200	117			45					
28	54	210	125			50					
32	62	220	133			55					
36	69	240	141			60					
40	76	250	149			65					

37.3.3 动力组成

钢筋剥肋滚压直螺纹成型机的动力机构由电动机、减速器和滚丝头组成。锥套锁紧钢筋连接挤压机的动力机构是挤压钳驱动油缸和超高压泵站，超高压泵站提供高压力，通过高压油管输送到驱动油缸，驱动油缸推动夹紧钳臂摆动轴向挤压锥套锁紧套筒，将钢筋进行连接。

37.4 技术性能

37.4.1 产品型号命名

1. 双螺套钢筋连接设备

双螺套钢筋连接设备是钢筋剥肋滚压直螺纹成型机，其产品型号命名方法按照《建筑施工机械与设备　钢筋螺纹成型机械》(JB/T 13709—2019)执行。

2. 锥套锁紧钢筋连接设备

锥套锁紧钢筋连接设备的产品型号由钢筋锥套锁紧连接设备代码(ZJS)、超高压泵站型号和挤压钳型号三部分组成，设备型号编写如下：

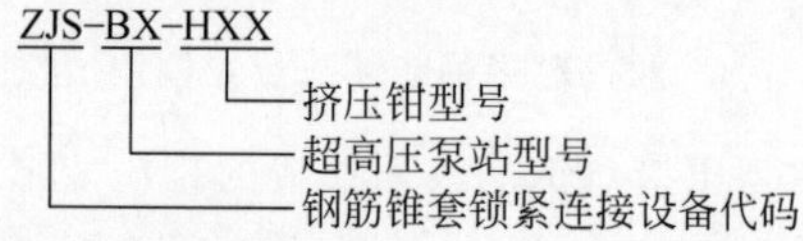

锥套锁紧钢筋连接设备的超高压泵站型号和挤压钳型号见表 37-3。

37.4.2 性能参数

1. 锥套锁紧钢筋连接设备

锥套锁紧钢筋连接设备的性能参数见表37-3。

表37-3 锥套锁紧钢筋连接设备的性能参数

超高压泵站			挤压钳	
项目	型号		型号	接头规格/mm
	B1	B2	H20	16～20
电源	220 V/50 Hz		H25	20～25
功率/kW	5.5	0.75	H32	25～32
油压/MPa	70		H40	32～40
流量/(L/min)	4.6	0.86	H50	40～50

2. 双螺套钢筋连接设备

钢筋滚压直螺纹成型机是双螺套钢筋连接螺纹的加工设备,其基本工作原理是:用剥肋机构先将钢筋待滚压部分的横纵肋剥掉,而后再用滚丝头进行滚压螺纹。该设备集钢筋剥肋和滚压螺纹加工于一身,钢筋一次装卡即可完成钢筋螺纹的加工。除了钢筋剥肋滚压直螺纹成型机单机外,目前市场上还有集钢筋切断、钢筋端面自动倒角平磨、钢筋自动螺纹加工和钢筋加工根数自动计数多功能于一体的全自动钢筋螺纹加工生产线设备。

钢筋滚压直螺纹成型机的技术特点如下。

(1) 一次装卡钢筋即可完成剥肋、滚压螺纹,加工速度快。

(2) 自动化程度高,操作简单。

(3) 钢筋剥肋后再进行滚压,螺纹牙形好、精度高,直径大小一致性好。

(4) 滚丝轮寿命长,接头附加成本低。

(5) 滚丝头规格少,加工钢筋范围大,一台设备即可完成直径16～40 mm钢筋螺纹的加工。

(6) 调整方便。滚压不同规格的钢筋,只要螺距相同,不需拆开滚丝头即可进行调节。

(7) 加工螺纹不需要镦粗等专用辅助设备。

设备的主要技术参数见表37-4。

表37-4 钢筋滚压直螺纹成型机技术参数

设备型号	GHB40			
滚丝头型号	40型[或Z40型(左旋)]			
滚丝轮型号	A20	A25	A30	SA30
滚压螺纹螺距/mm	2	2.5	3.00	
钢筋直径/mm	16	18、20、22	25、28、32	36、40
整机质量/kg	590			
主电机功率/kW	4			
水泵电机功率/kW	0.09			
电源	380 V/50 Hz			
减速机输出转速/(r/min)	～50/60			
外形尺寸/(mm×mm×mm)	1200×600×1200			

37.4.3 各企业产品型谱

1. 青岛森林金属制品有限公司

青岛森林金属制品有限公司成立于2010年9月8日,其位于胶州市胶州湾工业园,办公室地址位于青岛市胶州市经济开发区创业大厦长江路一号,注册资本为5000万元人民币,致力于研究生产建筑钢筋连接接头及其安装工具。

主要经营金属连接高新技术及产品的研发和推广。其代表产品是锥套锁紧套筒和钢筋连接挤压机。

其产品特点如下:

(1) 连接钢筋无须预制加工。

(2) 待连接钢筋对中性要求低,连接容差大。

(3) 连接快捷,可达15～30 s/个。

(4) 连接可靠,连接质量可以可视化检测。

2. 北京五隆兴科技发展有限公司

北京五隆兴科技发展有限公司于1994年正式成立,前身是北京五隆兴机械制造有限公司。其位于北京市房山区青龙湖镇，占地面积为1万m^2，厂房面积为5000 m^2，办公楼面积为1200 m^2、科研实验楼面积为1000 m^2，注册资金1400万元。公司一直秉承“致之诚　精于勤　善其事”的经营理念，不受市场大环境的负面影响，坚持做一流的产品，努力打造精品工程。

主要经营产品有：智能钢筋螺纹滚丝自动化生产线、WL双螺套钢筋连接技术产品、钢筋锚固技术产品、钢筋直螺纹滚丝机等。

其代表产品是智能钢筋螺纹滚丝自动化生产线和WL双螺套钢筋连接技术产品。产品特点如下。

(1) 控制系统智能化。生产线采用PLC自动控制，运行可靠性高。

(2) 生产管理信息化。自动采集生产线加工数据，自动生成多种报表。

(3) 钢筋圆盘锯下料锯切。采用先进圆盘锯切割技术，成本低，效率高。

(4) 直螺纹剥肋滚压两工序分开并行生产，螺纹滚丝加工后自动张刀退回。

(5) WL双螺套钢筋连接技术解决了钢筋连接不共线问题。通过在连接中简单调整连接件相对位置，可将对接钢筋上下螺纹轨迹线不共线调整成共线，可完全解决建筑工业化施工中的部品钢筋连接问题。

(6) 易连接，操作简单、便捷，强度大，施工速度快，力学性能好。提供后期施工现场技术培训及设备维修服务。

(7) 无污染，符合相应的环保要求，无明火操作。施工不用电，风雨无阻，可全天施工。

37.4.4 产品技术性能

1. 锥套锁紧钢筋连接设备

锥套锁紧钢筋连接设备的主要性能参数有液压泵站的液压油工作压力、额定工作流量、挤压钳的最大挤压力和钳口挤压工作高度范围。液压油工作压力、额定工作流量决定了工作功率和效率，钳口最大挤压力和钳口挤压工作高度决定了可挤压锥套锁紧接头连接钢筋的能力大小。

2. 双螺套钢筋连接设备

双螺套钢筋连接设备的主要性能参数有可加工钢筋螺纹的最大规格(即滚压钢筋螺纹直径大小)、加工钢筋螺纹工作效率、螺纹丝头加工精度(包括螺纹不圆度、丝头锥度和螺距累积误差)。滚压螺纹直径大小是用户选用机械设备的首要标准，加工效率、螺纹精度和工作可靠性影响钢筋螺纹连接的质量和钢筋连接效益。

37.5 选用原则与选型计算

37.5.1 选用原则

1. 锥套锁紧钢筋连接设备

(1) 锥套锁紧钢筋连接适用于目前国内建筑工程主要使用钢筋的连接需要，即HRB400、HRB500级直径16～50 mm钢筋，锥套锁紧钢筋连接挤压机应能使钢筋挤压连接接头的性能达到《钢筋机械连接技术规程》(JGJ 107—2016)规定的Ⅰ级接头性能水平。

(2) 锥套锁紧钢筋连接挤压机应能用于可靠连接各个方向及密集布置的钢筋，不仅适用于工地地面的钢筋连接，而且适用于施工现场的横向、竖向各方位的钢筋连接。

(3) 锥套锁紧钢筋连接挤压机应体积小、重量轻，以便于运输、吊装，操作简便。

(4) 锥套锁紧钢筋连接挤压机钳口压接规格与待连接钢筋规格应一致，并与同规格锥套锁紧接头相匹配。

(5) 挤压锁套接头的最小距离应在检测卡板范围内。

(6) 每台锥套锁紧钢筋连接设备形成一个班组，操作人员2名，一名负责操作泵站，一名负责操作压钳、移动对准钢筋。

(7) 锥套锁紧钢筋连接挤压机应配有用于吊挂压钳的平衡器，便于空中钢筋的挤压连接。

2. 双螺套钢筋连接设备

(1) 双螺套钢筋连接适用于目前国内建筑工程主要使用钢筋的连接，即HRB400、HRB500

级直径 16～50 mm 钢筋，双螺套钢筋连接设备应能使钢筋螺纹连接接头的性能达到《钢筋机械连接技术规程》(JGJ 107—2016)规定的Ⅰ级接头性能水平。

(2) 双螺套钢筋连接设备应能加工用于可靠连接各个方向及密集布置的钢筋端部螺纹，不仅适用于工地地面的钢筋连接，而且适用于施工现场的横向、竖向、斜向各方位的钢筋连接。

(3) 双螺套钢筋连接设备应能保证钢筋螺纹加工精度符合钢筋直螺纹连接标准要求，设备应便于运输、维护保养，操作安全简便。

(4) 双螺套钢筋连接设备加工的直螺纹尺寸规格应与待连接套筒规格匹配。

37.5.2　选型计算

1. 锥套锁紧钢筋连接设备

1) 挤压机压钳钳口工作范围

压钳钳口的工作范围，即夹紧钳口操作尺寸最小高度 H 和宽度 B，该尺寸决定了钢筋工程连接施工设备的适应性。根据最大加工钢筋直径、常用钢筋的连接要求、连接套筒尺寸，一般将压钳分为 H 型和 HL 型两种，H 型又分为 H20、H25、H32、H40、H50 五种型号，以 32 型压钳为例，其工作范围为加工 ϕ28 mm、ϕ32 mm 锥套锁紧钢筋连接接头。

2) 压钳宽度(待连接钢筋与相邻钢筋的最小间距)

依据《混凝土结构设计规范》(GB 50010—2010)，相邻钢筋的净间距不小于 $1.5d$。为保证压钳能在较为密集的钢筋中进行操作，压钳的外形尺寸在保证其承载力的基础上应尽可能减小，尤其是直接影响操作空间的压钳钳口尺寸。

3) 挤压钳口允许最高工作压力

为了保证挤压机操作的安全性，夹紧钳臂和连接板的横截面设计尺寸应按接头挤压工作长度范围内液压系统允许的最高工作压力进行设计计算，并具有一定的安全储备系数。

2. 双螺套钢筋连接设备

双螺套钢筋连接设备是钢筋滚压直螺纹成型机，因此选型计算应根据可加工最大钢筋螺纹直径和钢筋螺纹加工效率要求，参照钢筋滚压直螺纹成型机进行。

37.5.3　套筒计算参数

1. 锥套锁紧接头连接件

1) 材料选择

QDSL 锥套锁紧钢筋接头中锥套与锁片的原材料为合金结构钢，其外观及力学性能应符合 GB/T 8162—2018 和 GB/T 17395—2008、GB/T 3077—2015、GB/T 17107—1997 的规定。

2) 锥套和锁片截面

依据《钢筋混凝土用钢　第 2 部分：热轧带肋钢筋》(GB/T 1499.2—2018)关于钢筋尺寸允许偏差的规定，按钢筋基圆标准尺寸设计锁片内孔最小尺寸。依据锁片材料标准抗拉强度要求设计锁片大径尺寸，大径应按连接件实测受拉承载力不小于被连接钢筋受拉承载力标准值的 1.1 倍(安全系数取 1.2)进行设计。依据锥套和锁片材料的自锁角设计斜面锥角(1∶8)。

3) 连接件长度

连接件长度与接头的压接质量有直接的关系，并且与压接设备的施压能力、钢筋规格、套筒材质及尺寸有关。根据 JGJ 107—2016 规定的Ⅰ级接头性能要求，接头单向拉伸时不仅要断于母材，而且其残余变形量必须小于 0.1～0.14 mm。锁片锚固钢筋长度、钢筋端头间距和连接安全冗余是决定连接套筒长度的三要素，为确定合理的锁套压接长度尺寸，需要通过大量的压接接头试验来验证。确定后的锁套压接长度应能顺利通过接头的型式检验及疲劳性能要求。

4) 挤压长度控制量

钳口挤压长度控制量对于接头性能的好坏有直接关系。如挤压长度过小，往往会造成锁片内牙压入钢筋深度浅，连接接头的强度达不到要求，或接头残余变形量过大，接头不合格。如挤压长度过大，容易造成锁片发生断裂。因此，挤压长度必须控制在一个合理的范围内。在实际工程应用时，主要控制两个锁套两端的距离。

2. 双螺套接头连接件

1）连接钢筋螺纹直径

连接钢筋连接件内套内螺纹直径应根据钢筋直径，参照钢筋剥肋滚压直螺纹连接的钢筋螺纹直径确定。内套外螺纹依据内套外径进行设计。

2）连接件截面

根据《钢筋机械连接用套筒》(JG/T 163—2013)中的规定，滚压直螺纹连接套筒原材料宜选用45号钢，可以使用圆棒料，也可使用冷拔或冷轧精密无缝钢管，其力学性能应满足GB/T 699—2015的相关要求。

连接件的尺寸参数、内套外径和长度、外套内径和外径应遵循《钢筋机械连接用套筒》(JG/T 163—2013)中承载力的规定进行设计，即连接件实测受拉承载力不应小于被连接钢筋受拉承载力标准值的1.1倍。如果考虑动载疲劳或冲击荷载时应适度加大承载力系数。

为保证连接件的承载性能，连接件内套和外套承载能力设计应按式(37-1)、式(37-2)进行计算和校验：

$$D_t \geqslant \sqrt{D_M^2 + 1.1D^2 \frac{f_{uk}}{f'_{uk}}} \tag{37-1}$$

且

$$D_t \geqslant \sqrt{D_M^2 + 1.0D^2 \frac{f_{yk}}{f'_{yk}}} \tag{37-2}$$

式中，D_t 为连接件外径，mm；D_M 为连接件内螺纹大径，mm；D 为钢筋公称直径，mm；f_{uk} 为钢筋抗拉强度标准值；f'_{uk}为连接件材料抗拉强度标准值；f_{yk} 为钢筋屈服强度标准值；f'_{yk}为连接件材料屈服强度标准值。

考虑钢筋屈强比与连接件材料屈强比的差异，在进行连接件承载力计算和校验时，按照上述公式取最大值。

3）连接件长度

连接钢筋内套长度应根据钢筋直径大小，参照钢筋剥肋滚压直螺纹连接的钢筋螺纹长度确定。外套长度依据两个内套长度和安装调整长度进行设计确定。

37.5.4 连接件和接头性能要求

1. 锥套锁紧接头连接件

1）钢筋连接范围

QDSL锥套锁紧钢筋接头连接件适用的钢筋屈服强度特征值为500级，也适用于400级及400级以下级别的钢筋机械连接。QDSL锥套锁紧钢筋接头连接件直径按照适用的钢筋公称直径分为16、18、20、22、25、28、32、36、40、50 mm规格。

2）锥套锁紧钢筋连接件标记

QDSL锥套锁紧钢筋连接件的标记应由名称代号、型式代号、主参数（钢筋屈服强度特征值）代号、主参数（钢筋公称直径）代号四部分组成。

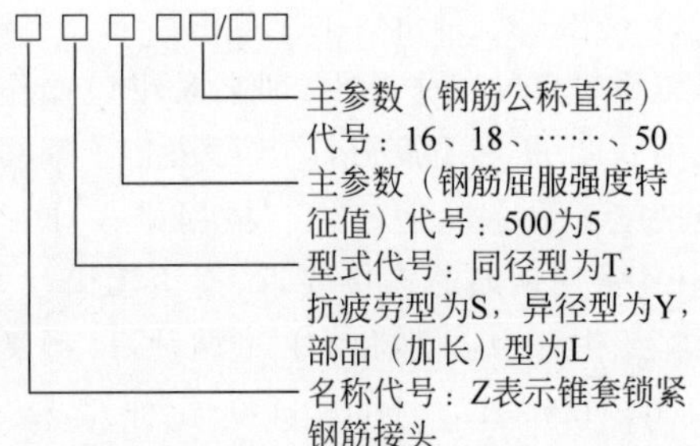

注：异径型接头的钢筋直径主参数代号为“小径/大径”。

示例1：

QDSL锥套锁紧钢筋接头连接件，同径型，用于连接500级、直径32 mm的钢筋表示为：ZT5 32。

示例2：

QDSL锥套锁紧钢筋接头连接件，抗疲劳型，用于连接500级、直径32 mm的钢筋表示为：ZS5 32。

示例3：

QDSL锥套锁紧钢筋接头连接件，异径型，用于连接500级、直径20 mm/25 mm的钢筋表示为：ZY5 20/25。

3）连接接头外观

(1) QDSL锥套锁紧钢筋接头连接件中标

准型的外观应符合以下要求：①锥套表面应无肉眼可见裂纹或其他缺陷；②锥套表面允许有防锈液残留物、锈斑或浮锈，不应有锈皮；③锥套外圆及内孔应有倒角；④锥套表面应标记接头连接件的型号和可追溯至原材料的批次标志。

(2) QDSL 锥套锁紧钢筋接头连接件中标准型、异径型锁片的外观应符合以下要求：①锁片表面一律为加工表面；②锁片表面应无肉眼可见裂纹；③锁片表面不应有明显锈蚀；④锁片外圆及内孔应有倒角。

4) 连接件尺寸

(1) 锥套

QDSL 锥套锁紧钢筋接头连接件中标准型锥套的尺寸应符合表 37-5 的规定。

(2) 锁片

① QDSL 锥套锁紧钢筋接头连接件中标准型锁片的尺寸应符合表 37-6 的规定。

② QDSL 锥套锁紧钢筋接头连接件中异径型锁片的尺寸应符合表 37-7 的规定。

表 37-5 QDSL 锥套锁紧钢筋接头连接件中标准型锥套的尺寸

标准型										
规格/mm	16	18	20	22	25	28	32	36	40	50
长度 $L\pm0.5$/mm	40.0	44.0	48.0	52.0	56.0	60.0	64.0	68.0	72.0	84.0
外径 $D\pm0.5$/mm	31.0	35.0	38.5	43.0	49.0	54.0	61.0	68.5	76.5	96.0

表 37-6 QDSL 锥套锁紧钢筋接头连接件中标准型锁片的尺寸

标准型										
规格/mm	16	18	20	22	25	28	32	36	40	50
长度 $L\pm0.5$/mm	85.0	93.0	101.0	109.0	117.0	125.0	133.0	141.0	149.0	173.0
外径 $D\pm0.5$/mm	25.0	28.0	31.0	34.5	39.0	43.5	49.0	55.0	61.5	76.5

表 37-7 QDSL 锥套锁紧钢筋接头连接件中异径型锁片的尺寸

异径型									
规格/mm	16/18	18/20	20/22	22/25	25/28	28/32	32/36	36/40	40/50
长度 $L\pm0.5$/mm	93.0	101.0	109.0	117.0	125.0	133.0	141.0	149.0	173.0
外径 $D\pm0.5$/mm	28.0	31.0	34.5	39.0	43.5	49.0	55.0	61.5	76.5

根据客户需要专门定做特殊型号产品如加长型，可根据实际需要制定技术参数。

5) 接头力学性能

(1) QDSL 锥套锁紧钢筋接头连接件实测受拉承载力不应小于被连接同强度级别钢筋受拉承载力标准值；如果接头破坏发生于连接件，则受拉承载力不应小于被连接同强度级别钢筋受拉承载力的 1.15 倍。

(2) QDSL 锥套锁紧钢筋接头连接件除应符合被连接同强度级别钢筋受拉承载力 1.15 倍的规定外，尚应依据现行行业标准 JGJ 107—2016 中钢筋Ⅰ级接头的性能等级，将接头与钢筋装配成接头后进行型式检验，其强度和变形性能应符合现行行业标准 JGJ 107—2016 及学会标准 T/CHTS 10005—2018 的规定。

(3) QDSL 锥套锁紧钢筋接头连接件的抗疲劳性能应符合现行行业标准 JGJ 107—2016 及学会标准 T/CHTS 10005—2018 的规定。

6) 锥套锁紧连接套筒生产

QDSL 锥套锁紧钢筋接头连接件中的锥套、锁片及卡环在制品检验项目应至少包括外径、内径、长度、内齿或螺纹尺寸及锥度尺寸。QDSL 锥套锁紧套筒连接件生产的可追溯性应符合以下规定。

(1) 锥套应按标准的规定在其外表面刻印

标志。

(2) 锥套、锁片批号应与原材料炉号、原材料检验报告、热处理炉批号、发货或出库凭单、产品检验记录、产品合格证、产品质量证明书等记录相对应。

(3) 连接件的锥套、锁片批号有关记录的保存不少于8年。

(4) QDSL 锥套锁紧接头连接件中锥套、锁片出厂前应有防锈措施。

2. 双螺套接头连接件

1) 钢筋连接范围

双螺套接头连接件钢筋连接接头适用于钢筋屈服强度特征值为400级、500级钢筋的机械连接。

2) 连接件外观

双螺套钢筋连接接头连接件中标准型的外观应符合以下要求：①连接件表面应无肉眼可见裂纹或其他缺陷；②连接件表面允许有防锈液残留物、锈斑或浮锈，不应有锈皮；③连接件外圆及内孔应有倒角；④连接件表面应有清晰的型号标记和可追溯至原材料的批次标志。

3) 接头力学性能

双螺套钢筋连接接头实测受拉承载力不应小于被连接同强度级别钢筋受拉承载力标准值；如果接头破坏发生于连接件，则受拉承载力不应小于被连接同强度级别钢筋受拉承载力的1.15倍。

双螺套钢筋连接接头除应符合被连接同强度级别钢筋受拉承载力1.15倍的规定外，尚应依据现行行业标准 JGJ 107—2016 中钢筋Ⅰ级接头的性能等级，将接头与钢筋装配后进行型式检验，其强度和变形性能应符合现行行业标准 JGJ 107—2016 的规定。

4) 锥套锁紧连接件生产

锥套锁紧连接件在制品检验项目应至少包括外径、内径、长度、内螺纹尺寸及外螺纹尺寸。锥套锁紧连接件生产的可追溯性应符合以下规定：①锥套锁紧连接件应按标准的规定在其外表面刻印标志；②锥套锁紧连接件批号应与原材料炉号、原材料检验报告、热处理炉批号、发货或出库凭单、产品检验记录、产品合格证、产品质量证明书等记录相对应；③锥套锁紧连接件出厂前应有防锈措施。

37.6 安全使用

37.6.1 锥套锁紧接头挤压机操作规程

锥套锁紧钢筋接头施工现场安全管理应依据相关国家标准及产品提供企业的《锥套锁紧钢筋接头现场连接操作规程》执行。

1. 安装位置

需要用液压钳将高低压油管分别安装至指定位置，如图37-10所示。高低压管路的标识和设备操作方法，以技术服务人员的培训和现场液压泵站实物为准。

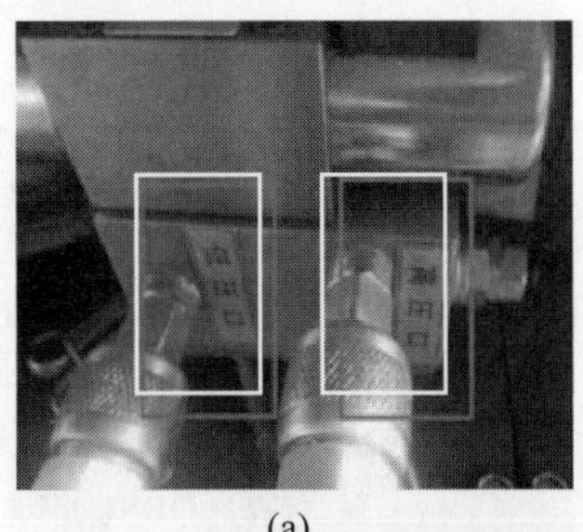

(a)

(b)

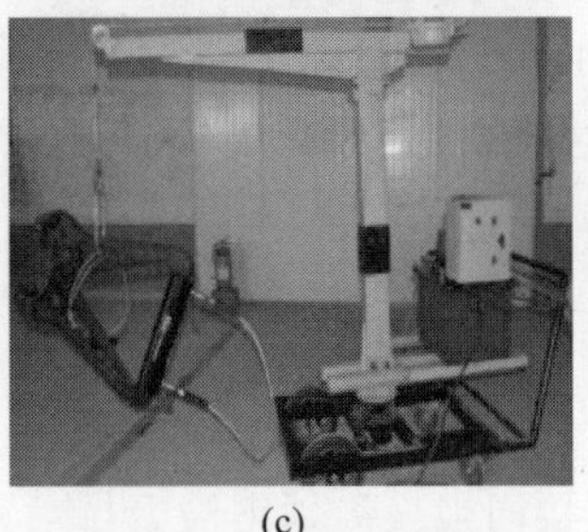

(c)

图 37-10 挤压机管路的安装

(a) 液压泵站油管接口；(b) 液压钳油管接口；(c) 挤压机工程车

2. 挤压连接

将液压钳水平插入预装完毕的锥套区域，应将钳口的凹槽卡在锥套上，然后启动操作手柄进行挤压连接。凹槽没有卡好时切勿挤压，以免损坏液压钳。挤压连接示意图见图 37-11。

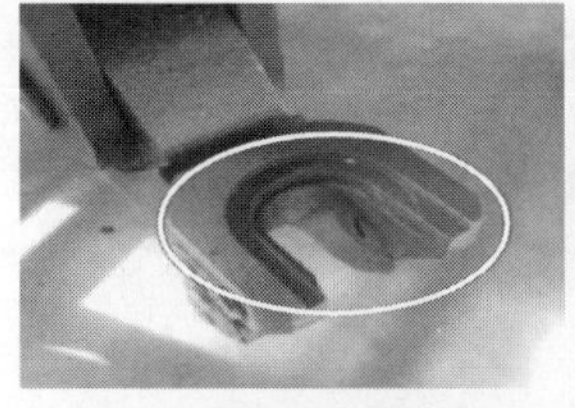
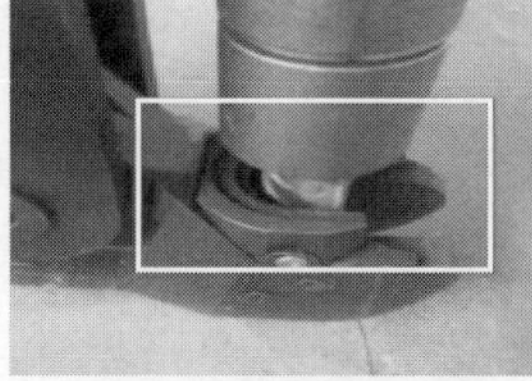

图 37-11　挤压连接示意图

37.6.2　锥套锁紧接头挤压机的组装连接与运输

1. 锥套锁紧接头连接挤压机

1) 注意事项

液压系统最高油压限定为 70 MPa，挤压钳有过载安全保护设计。严禁操作人员擅自调高油压，否则可能造成安全事故。

2) 运行调试。

(1) 开机前检查油箱油位，当液面过低时，应及时补充(油位应保持在视油孔 2/3 处)。

(2) 液压钳在每次使用前都必须进行外观检查，如有目测可见裂纹出现，应禁止使用，须修理或更换。

(3) 液压钳和泵站高低压油口均有相应标识，由专用油管进行对应连接。高压油管额定压力为 100 MPa，低压油管额定压力为 60 MPa。

(4) 在电磁阀体上有输出压力调节旋钮，顺时针转动为加压，逆时针转动为减压(出厂前已调定，高压 70 MPa，低压≤10 MPa)。

(5) 接通泵站电源(AC 三相 380 V，频率 50 Hz)，电源指示红灯亮。

(6) 扭开遥控器红色旋转按钮准备开机运转(旋转开关有红色方向标识)，按下该按钮则停止工作。

3) 设备运输、保存

液压泵站运输时必须放空油箱，运输过程中禁止倒置。挤压钳运输时应卸下油管，油口应防护好。设备应采取必要的固定措施及防护措施，避免磕碰、雨淋。设备应避免长时间露天存放。

2. 双螺套钢筋连接机械

双螺套钢筋连接机械的组装和运输参见第 33 章。

37.6.3　安全使用规程

机械设备安全使用操作规程应由设备提供方制定，并按照设备使用单位要求提供设备安全使用说明书。

1. 锥套锁紧钢筋连接挤压机

1) 超高压液压泵站

(1) 超高压液压泵站输入电压为 380 V (220 V 可选配)，电气线路应可靠接地，系统全部安装完毕后，经检查机体不带电后方可使用。

(2) 泵站应配备安全阀、高压换向阀和高压压力表。凡带有安全阀的泵站在出厂前，安全阀压力已设定好，用户不得将铅封损坏后随意调高。否则引起泵站损坏或其他不良后果责任自负。

(3) 高压油管应禁止用硬物砸磕和大角度弯折。拆、装快换接头和高压软管时，应严格按规定程序操作，否则极易损坏。当停止使用时需拆下高压软管，并将两端接头对接封住，以防杂尘进入。

2) 挤压钳

挤压钳工作时应配置平衡器和高空可靠悬挂装置，经常检查高压油管的外观，发现油管起鼓应及时更换，以避免油管爆裂对操作人员造成伤害。

2. 双螺套钢筋连接机械

钢筋螺纹成型机使用时应严格按照设备生产企业提供的设备安全使用说明书操作。设备使用应遵守下列规定。

(1) 操作人员必须经专门培训，考核合格后持证上岗作业。

(2) 钢筋螺纹成型机要安放平稳，接好地线，确保安全生产。

(3) 钢筋螺纹成型机出现故障时应切断电源，报请有关人员修理，非专业人员不得维修电气系统。

(4) 防止冷却液进入开关盒，以防漏电或短路。

(5) 不得随意取下限位器和限位装置，以免滚丝头挤压穿线管切断电路发生事故。

(6) 钢筋螺纹成型机应符合《建筑施工机械与设备　钢筋加工机械　安全要求》(GB/T 38176—2019)的规定。

37.6.4　维修与保养

1. 锥套锁紧钢筋连接挤压机

设备的维修保养应严格遵循产品提供厂家的《钢筋锥套锁紧连接设备使用手册》。主要包含以下内容。

(1) 泵站通常每使用 1000 h 需更换抗磨液压油，加油时应用 120 目滤网过滤。工作介质为 YB-N32 号液压油，环境温度低于 10℃时建议使用低黏度的航空液压油，环境温度高于 30℃时可使用 YB-N46 号液压油。严禁用含水或对钢有腐蚀性的介质。

(2) 泵站通常每使用 1500 h 需更换机油过滤器(泵站黄色座体内)；每使用 500 h 需用煤油清洗阀座内滑动阀杆，以及用煤油清洗溢流阀。

(3) 每使用 1000 h，油泵电机和冷却风扇电机轴承需加注锂基脂润滑。

(4) 遥控器内电池需每月更换(1.5 V 5 号电池两节)。

(5) 液压钳各转动、滑动部位必须保持清洁，每 8 h 加注一次二硫化钼润滑脂润滑，检查联板轴外固定螺丝有无松动或脱落。

(6) 每次使用前，用户需要检查液压管。做耐压试验时，在发生渗漏、凸起或爆破情况下，必须更换。使用时应避免出现急弯，以防爆破甩起伤人。

(7) 经常检查各紧固螺丝有无松动。

(8) 连接不同规格的锥套锁紧接头时，挤压钳钳口应更换不同规格的钳口垫板。

2. 双螺套钢筋连接机械

1) 日常维护

(1) 经常擦洗设备，保持设备清洁。

(2) 经常检查行程开关等各部件是否灵活、可靠，有无失灵情况。

(3) 及时清理接屑盘内的铁屑，定期清理水箱。

(4) 加工丝头时，应采用水溶性切削润滑液，不得用机油作润滑液或不加润滑液加工丝头。

2) 润滑

设备需定期加油润滑，加油前应将油口、油嘴处的脏物清理干净。各润滑点的润滑部位和润滑要求详见表 37-8。

3) 水箱的清洗

水箱使用一段时间后会沉积许多杂质，有时切削液会产生异味，一般每工作 500 h 更换

表 37-8　润滑部位及润滑要求

序号	部件名称	部位	润滑点数	油脂种类	供油方式	供油时间
1	减速机	减速箱内齿轮及轴承	1	20 号机械油	飞溅	首次工作 50 h 后换油，以后每工作 800 h 换油
2	减速机	导轨轴套	4	20 号机械油	手动供油	每天加油
3	进给装置	轴承、齿轮与齿条啮合处	3	20 号机械油	手动供油	每天加油
4	台钳	丝杠托板	1	20 号机械油	手动供油	每天加油
5	台钳	传动丝杠	2	20 号机械油	手动供油	每天加油
6	台钳	台钳面	2	20 号机械油	手动供油	每天加油
7	涨收刀机构	轴承	3	黄油	手动供油	3～6 个月更换一次

一次切削液并清理水箱。水箱清洗示意图见图 37-12。

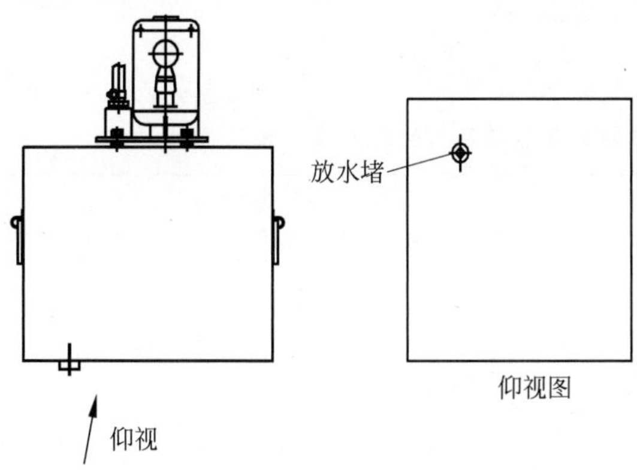

图 37-12　水箱清洗示意图

清洗工序如下：

(1) 拆掉背面板(不带标牌的围板)。

(2) 松开水箱固定螺钉。

(3) 握住把手将水箱向外拉出。

(4) 拔出上、下水管，拆下水泵。

(5) 取出水箱，打开水箱下部的放水堵，放水清洗。

(6) 按拆开的顺序安装好。

37.6.5　常见故障及其处理方法

1. 锥套锁紧钢筋连接挤压机

钢筋锥套锁紧连接设备常见故障及其处理方法详见表 37-9。

表 37-9　钢筋锥套锁紧连接设备常见故障及其处理方法

故障现象	故障原因	处理方法
压力不足	(1) 溢流阀调整压力低； (2) 溢流阀磨损； (3) 接口处泄漏； (4) 压力表损坏	(1) 调高溢流阀压力； (2) 更换溢流阀； (3) 紧固接头或更换密封件； (4) 更换压力表
高压油流量不足	(1) 滤网堵塞； (2) 柱塞或弹簧损坏； (3) 局部泄漏； (4) 液位过低，油泵吸空； (5) 高压泵没能完全排空； (6) 吸排油阀故障； (7) 油温过低，造成吸油困难； (8) 油温过高，黏度下降，造成泵损坏	(1) 清洗滤网； (2) 更换弹簧或柱塞副； (3) 紧固接头或更换密封件； (4) 加油； (5) 首次使用前或更换油液后，使电机反转 1 min 或点动数次； (6) 更换吸排油阀； (7) 控制油温在 20～55℃； (8) 换泵
油管损坏	(1) 油管过度弯折； (2) 油管磨损	更换油管

续表

故障现象	故障原因	处理方法
挤压接头弯曲	(1) 采用跨型号挤压设备； (2) 钳口挤压垫块润滑不良	(1) 建议液压钳最多跨两个型号，尽量避免跨多型号使用； (2) 卸下钳口垫块，使用 2-3 号锂基润滑脂润滑
压钳挤压垫块损坏	(1) 锥套锁紧接头安装时锁片轴向排列不整齐造成锁片顶伤垫块； (2) 压接时锥套没有落入垫块卡槽，造成受力不均； (3) 挤压垫块与接头型号不符； (4) 垫块变形或磨损	(1) 规范安装操作； (2) 规范挤压操作； (3) 选择与压接接头型号相符的配件； (4) 更换挤压垫块

2. 双螺套钢筋连接机械

(1) 双螺套钢筋连接机械常见故障及其处理方法见表 37-10。

(2) 螺纹丝头常见质量问题及其处理方法见表 37-11。

表 37-10 双螺套钢筋连接机械常见故障及其处理方法

故障现象	故障原因	处理方法
涨刀环经常掉刀	(1) 导向套配合间隙太大； (2) 刀体施加给涨刀环的力量不足； (3) 钢筋夹持不正或钢筋端头弯曲	(1) 更换或调整涨刀环，减小配合间隙； (2) 调整弹簧下顶丝螺母位置，加大弹簧力； (3) 夹正或调直钢筋
涨刀环不能涨刀	(1) 导向套被卡住； (2) 刀体施加给涨刀环的力量太大； (3) 刀体与刀架滑道有异物或变形卡阻； (4) 刀体和涨刀环磨损后接触面太大，摩擦力加大； (5) 涨刀环内壁或刀体接触面部分精度不够，摩擦力太大； (6) 进刀速度太快	(1) 检查导向套有无异物、有无研伤； (2) 调节弹簧力或放慢剥肋前进速度； (3) 清洗刀体及刀架配合面或进行修整研磨； (4) 更换或修磨； (5) 更换新件或进行修磨； (6) 涨刀过程中放慢进给速度
刀体不能收刀、复位	(1) 刀体施加给涨刀环的力量太大； (2) 涨刀环外侧不光滑、无圆弧； (3) 刀体斜面磨损严重； (4) 刀体与刀架配合间隙太大； (5) 刀体下边缘无倒角而出现卡阻现象	(1) 调节弹簧力； (2) 进行更换或修磨； (3) 进行更换或修磨； (4) 更换刀体或刀架； (5) 刀体倒圆角
不能调到最大或最小螺纹直径	(1) 调整齿轮与外齿圈相对位置不合适(最早加工的一些滚头外齿圈齿数较少，存在这种现象)； (2) 调整齿轮与外齿圈之间有异物； (3) 齿轮与内齿圈之间有异物	(1) 拆开滚头后盖板，调整齿轮与齿轮盘外齿圈的相对位置； (2) 拆开清洗； (3) 拆开清洗
冷却液流量减小	(1) 冷却液缺少； (2) 上水管堵住	(1) 加冷却液； (2) 检查、疏通上水管(可用气泵吹)

续表

故障现象	故障原因	处理方法
滚压螺纹到位后仍不停机	(1) 行程碰块滑动； (2) 行程开关失灵； (3) 接触器触点烧结	(1) 重新调整； (2) 维修或更换行程开关； (3) 更换接触器

表 37-11 螺纹丝头常见质量问题及其处理方法

质量问题	主要原因	处理方法
滚不出螺纹或乱扣	(1) 滚丝头旋转方向不对； (2) 滚丝轮排列顺序安反； (3) 连接圈前盖板松动	(1) 调整滚丝头旋转方向； (2) 重新安装滚丝轮； (3) 拧紧前盖板螺钉；
螺纹牙形不饱满	(1) 钢筋基圆尺寸偏小； (2) 剥肋尺寸偏小； (3) 滚压尺寸调整偏大	(1) 检查钢筋是否符合标准要求； (2) 调整剥肋尺寸； (3) 调整滚压螺纹直径
螺纹牙尖太尖	(1) 剥肋尺寸太大； (2) 滚压尺寸太小	(1) 更换新刀片或用垫片调节剥肋尺寸； (2) 适当放大滚压螺纹尺寸
螺纹椭圆度太大	(1) 剥肋尺寸太大； (2) 钢筋基圆尺寸偏小，基圆错位不圆	(1) 适当缩小剥肋尺寸； (2) 检查钢筋是否符合标准要求
螺纹太长或太短	(1) 行程碰块位置不对； (2) 钢筋装卡位置不对	(1) 调节行程碰块位置； (2) 按要求装卡钢筋或检查定位块规格是否正确
剥肋尺寸长或短	涨刀触头位置有偏差	调节涨刀触头位置

37.6.6 套筒接头的制作与施工

1. 锥套锁紧套筒连接接头施工工艺

钢筋锥套锁紧连接接头的现场制作与施工应依据锥套接头产品提供厂家的《锥套锁紧钢筋接头现场连接操作规程》执行。

锥套锁紧钢筋接头的连接工艺流程如下：

(1) 连接钢筋端部切割下料(不得有马蹄形)，做连接标记线(详见相关操作规程)。

(2) 待连接(部品)钢筋就位前按照锥套连接方向预装锥套。

(3) 连接钢筋就位。对标准型接头，待连接钢筋连接间隙不大于 15～20 mm。

(4) 安装锁片、锥套：从连接侧向安装锁片居中对齐后将两侧锥套向中间夹紧。

(5) 采用锥套锁紧接头专用挤压钳将接头两侧锥套向中间压紧(具体连接要求详见相关操作规程)。

(6) 接头外观检验：连接完成后采用专用卡规检具检验挤压后的锥套外侧连接长度 L 值。当符合操作规程的尺寸要求后，连接合格。连接后长度测量如图 37-13 所示。

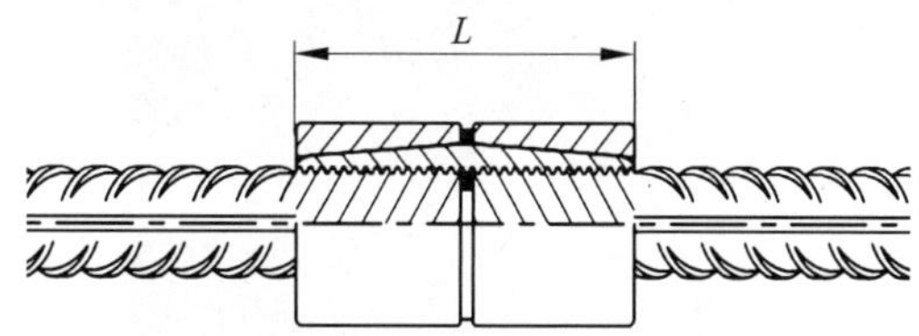

图 37-13 锥套锁紧钢筋接头连接后长度测量示意图

2. 锥套锁紧钢筋接头施工步骤

1) 连接前准备

(1) 生产准备

锥套锁紧钢筋接头为机械化作业，在施工前务必对水电气及设备进行充分检查，佩戴所有劳保用品。作业人员必须严格遵循该项目的所有安全文明施工管理规定以及所有培训要求。

(2) 连接钢筋状况检查

检查待连接两根钢筋的对中性,适合连接作业的待接钢筋对中差应当在一倍钢筋直径之内。对于个别超差的待接钢筋,应使用特制工装或工具进行进一步矫正处理。

(3) 钢筋端部间隙检查

对于 HRB400 钢筋的连接,两根待连接钢筋之间的间隙宜控制在 20 mm 之内。对于 HRB500 钢筋及部品之间的连接,两根待连接钢筋之间的间隙宜控制在 15 mm 之内。现场作业中发现个别超差的情况,应进行处理之后再连接。适宜连接的工况范围示意图见图 37-8。

(4) 确认画线

待连接钢筋的端部应当具有如图 37-14 所示的画线标记。如果没有发现标记,应请现场技术服务人员进行确认。

图 37-14 钢筋端部的画线样式

(5) 挤压设备组装

一般情况下,液压钳和液压泵站是分别独立存放的,进行挤压作业时液压钳和液压泵站是安装在工程车上的。液压工程车的初次组装步骤如图 37-15 所示。对于空间比较狭小的工况,应用特殊工装进行液压钳的悬挂,现场技术人员会提供具体的服务和指导。

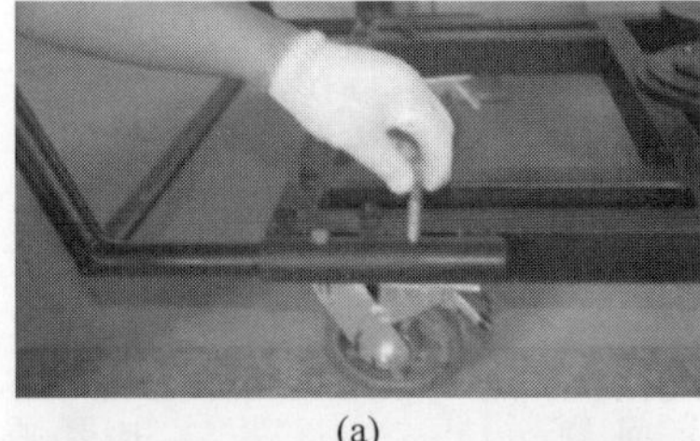

(a)

(b)

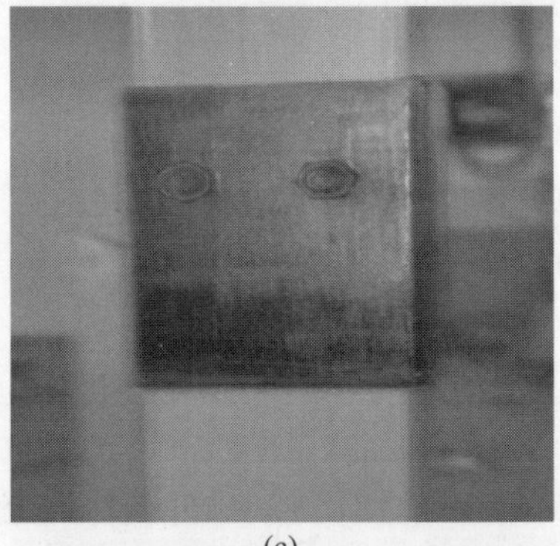

(c)

(d)

图 37-15 液压工程车组装示意图

(a) 安装固定扶手;(b) 安装固定立柱;(c) 安装固定立柱分段;(d) 安装固定横梁分段;(e) 组装固定横梁与立柱;(f) 组装固定液压泵站支撑架;(g) 安装固定平衡器;(h) 松开并拉出钢丝绳,悬挂液压钳;(i) 液压工程车组装完毕

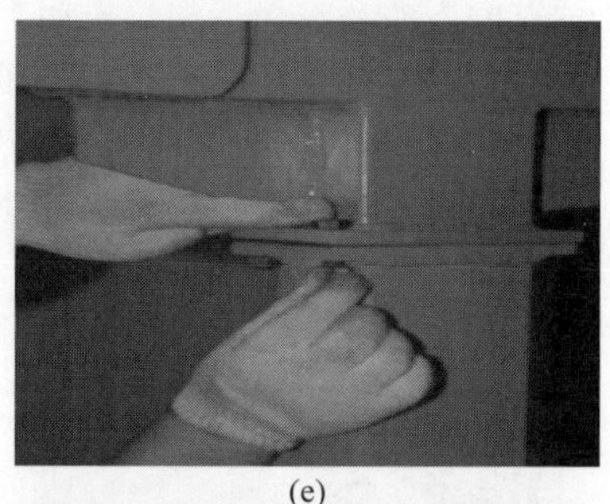
(e)

(f)

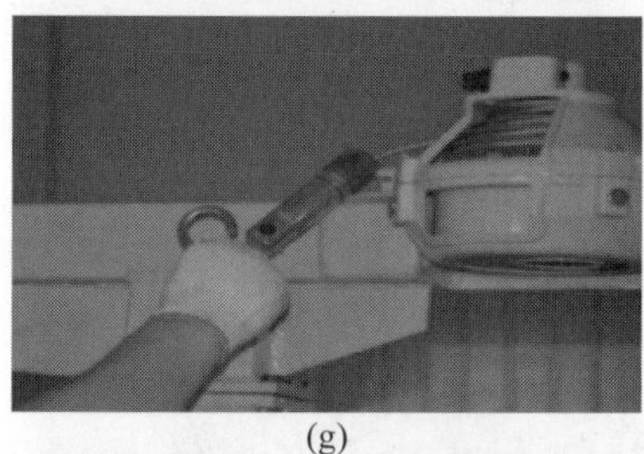
(g)

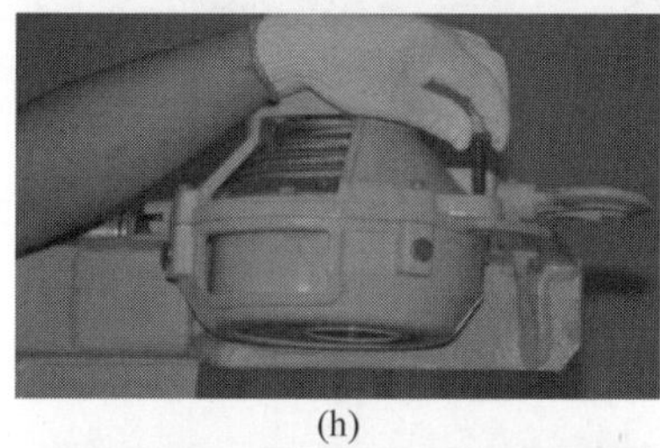
(h)

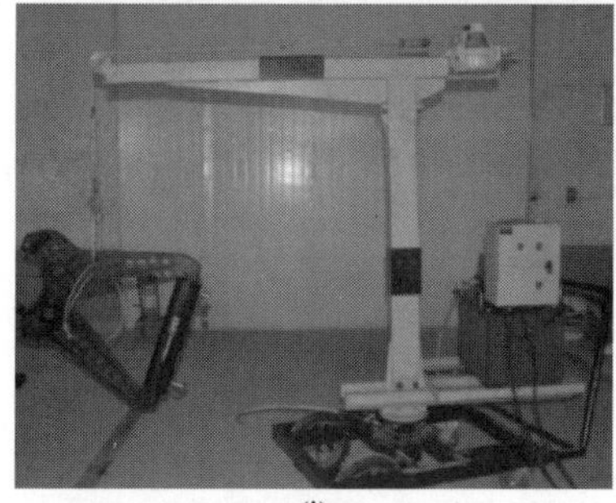
(i)

图 37-15(续)

在施工现场环境不利于使用工程车的情况下，可以采用滑杆、摆杆、吊臂、吊缆等多种悬挂液压钳的方法，根据实际工况需要灵活配置。在组合成型钢筋部品连接时，如有需要，还可提供钢筋定位喇叭口、网片支撑杆等其他辅助工具及配件，应客户要求可专门定制。

2）锥套锁紧钢筋接头连接步骤

（1）锥套锁紧钢筋接头的安装流程如图 37-16 所示。

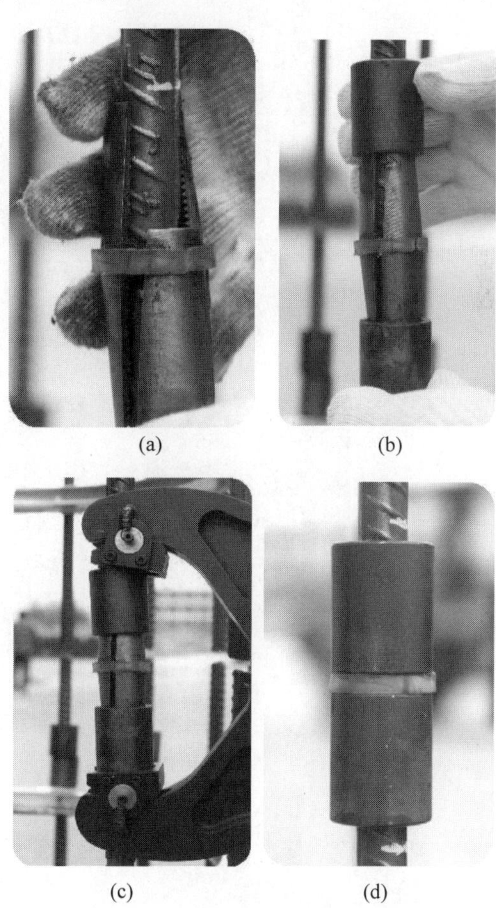
(a)　(b)　(c)　(d)

图 37-16　锥套锁紧钢筋接头连接流程

(a) 安装锁片；(b) 预装锥套；(c) 挤压作业；(d) 连接完毕

（2）锥套锁紧接头连接安装示意图如图 37-17 所示。

① 进行钢筋部品的连接时，一定要提前将一对锥套放置在下部钢筋或者待连接钢筋上。竖向连接时可用夹子挡住锥套避免滑落，务必注意锥套的大小头方向，大开口方向相对且位于中间。

② 当待接钢筋的间隙可以容纳保持架时，可按图 37-17(b)进行安装。先将锥套锁紧接头连接件中锁片抽出一片；把其中 1 个锥套推至上方，将两片先就位，然后再插入第三片锁片；预装锁紧锥套，将其套入锁片端部，使用锤子等工具适当敲击锥套。

③ 安装时要注意将保持架置于间隙的中间位置，如图 37-17(c)所示。当间隙不足以容纳保持架时，可按图 37-17(d)左边框线所示，直接去除保持架进行安装。在安装时注意扶住锁片以免其跌落至作业面。

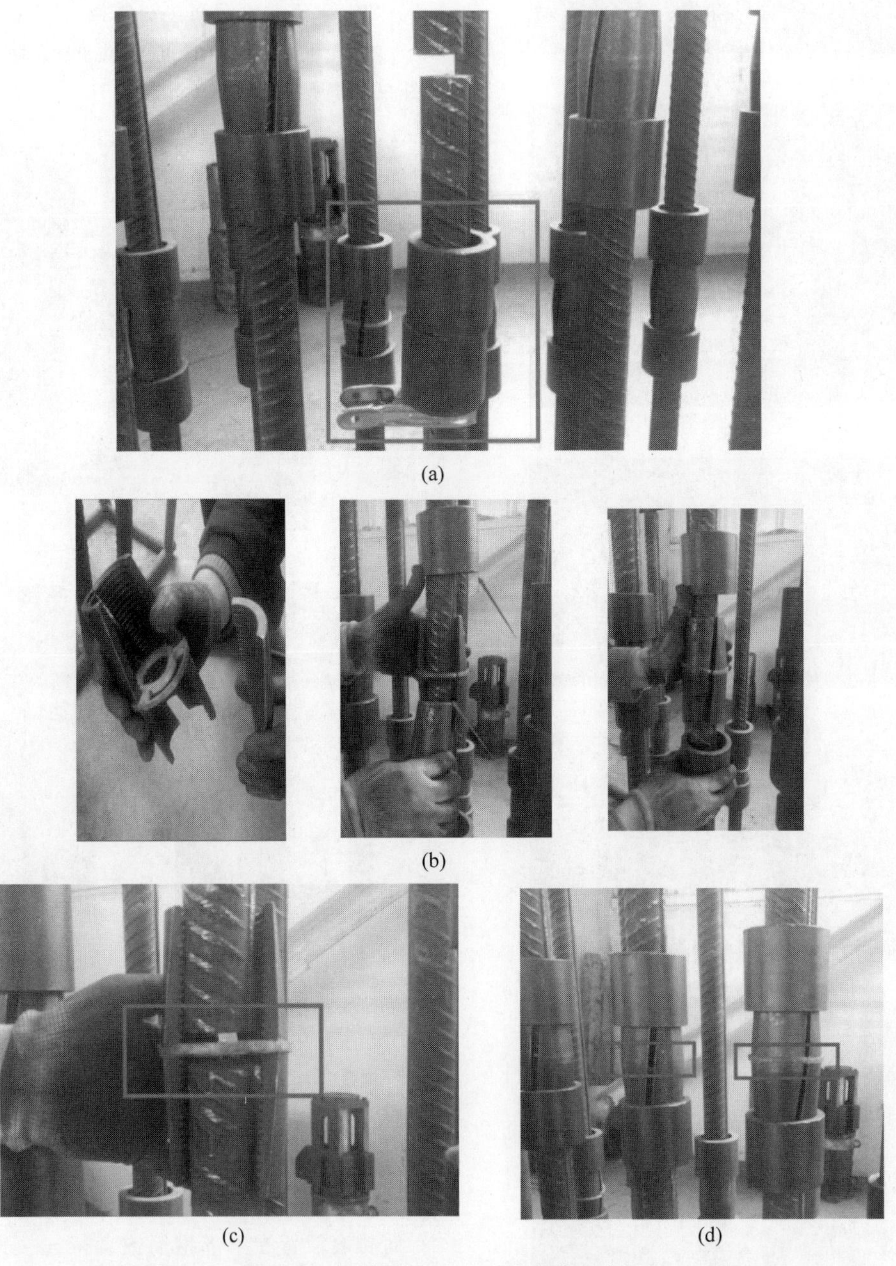

(a)

(b)

(c) (d)

图 37-17 锥套锁紧接头连接安装示意图

(a) 安装双锥锁套；(b) 安装双锥锁套中的锁片；(c) 保持架置于间隙中间；(d) 去除保持架连接

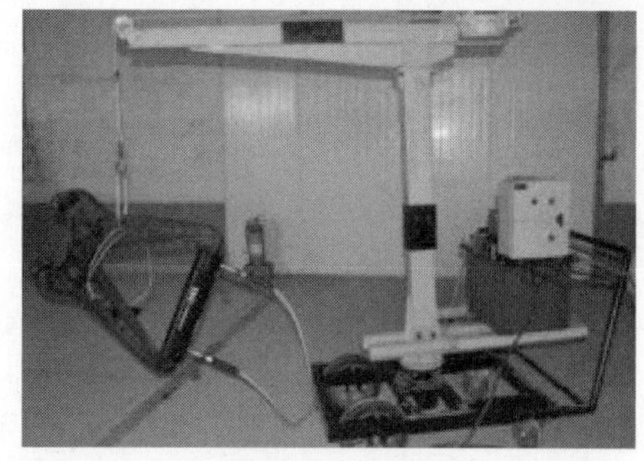

图 37-18　锥套锁紧连接挤压设备示意图

3. 挤压连接

(1) 将液压钳、高压油泵、平衡器和工程小车组装在一起，形成全套挤压设备，如图 37-18 所示。

(2) 将液压钳水平插入预装完毕的锥套区域，注意要将钳口的凹槽卡在锥套上，如图 37-19 所示，然后启动操作手柄进行挤压连接。凹槽没有卡好情况下切勿挤压，以免损坏液压钳。

图 37-19　将钳口的凹槽卡入锥套进行挤压

(3) 液压泵站配备有无线操控手柄，液压泵站操控手柄的功能如图 37-20 所示。“挤压”和“松开”按键都需要用手指持续按住才会发挥作用，当松开手指时，液压钳会停止动作。

图 37-20　液压泵站遥控手柄功能示意图

37.6.7　连接件和连接接头的检验与验收

钢筋锥套锁紧接头连接件的现场检验、验收，应依据产品提供方提供的《锥套锁紧接头连接件现场验收规定》进行。锥套锁紧接头连接件入场外观、尺寸检验依据企业标准《锥套锁紧钢筋接头连接件》的要求，连接件进场时的质量检验、验收主要包括外观和尺寸检验，其要求见表 37-12。

表 37-12　锥套锁紧套筒钢筋接头连接件入场检验要求

检验项目				锥套锁紧套筒规格/mm									
				16	18	20	22	25	28	32	36	40	50
尺寸/mm	长度	公差	锥套±1.0	40	44	48	52	56	60	64	68	72	84
			锁片±0.5	85	93	101	109	117	125	133	141	149	173
	外径		锥套±0.5	31	35	38.5	43	49	54.0	61.0	68.5	76.5	96.0

续表

锥套及锁片的外观	(1) 表面应无明显的锈蚀； (2) 表面应无肉眼可见裂纹； (3) 端面外侧、内侧应有倒角； (4) 锥套表面应有可见的标识； (5) 包装中的连接件应完整(一个接头含两个锥套、三个锁片、一个锁片保持架)	锥套接头构造示意图： 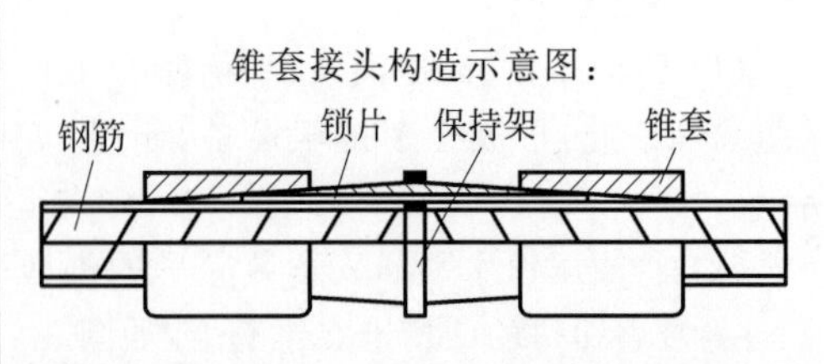

钢筋锥套锁紧接头的现场检验与验收，应依据现行行业标准《钢筋机械连接技术规程》(JGJ 107—2016)中 7.0.2 条、现行中国公路学会标准《公路桥梁钢筋锥套锁紧接头技术指南》(TCHTS 10005—2018)中的规定，接头连接件应与进场钢筋组合连接后进行接头的工艺检验；依据 JGJ 107—2016 中 7.0.5 条的规定，每一检验批应抽检一组接头(3 根)进行强度检验。检验分为以下两种。

1. 连接后的接头尺寸检验

依据企业《锥套锁紧钢筋接头生产操作规程》的要求，现场接头连接完成后应首先进行接头的外观尺寸检验，可以使用卡尺或专用卡规检验，连接后的接头尺寸应符合表 37-13 的要求；否则，应重新进行补压直至符合要求。接头连接前后长度变化示意图见图 37-21。

表 37-13 锥套锁紧钢筋接头连接后的尺寸及公差要求

规格/mm	16	18	20	22	25	28	32	36	40	50
L/mm (公差 ±2.0 mm)	85	93	101	109	117	125	133	141	149	173

由于锥套锁紧钢筋接头结构的优越性，人们只需要现场检测连接完毕的接头长度，就能快速判定连接质量，压接后的接头长度介于卡尺的两个豁口长度之间时，就表示压接质量合格。快速检验卡尺及其使用示意图如图 37-22 所示。

2. 接头连接后的位置居中检验

挤压连接完毕后，观察锥套两端钢筋所画线露出的长短即可判定。如图 37-23 所示，实线框为锥套理想的覆盖范围，虚线框内的油漆应当露出近似相等的长度。如果一端被锥套覆盖，应请现场技术服务人员进行处理。

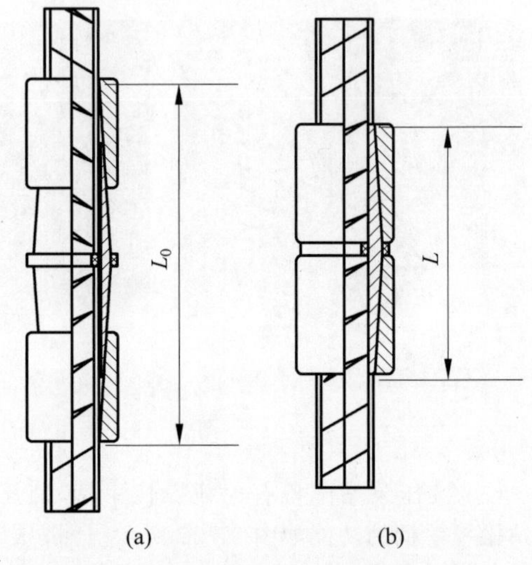

图 37-21 接头连接前后长度变化示意图
(a) 接头连接前；(b) 接头连接后

37.7 工程应用

1. 双螺套钢筋机械连接技术的典型工程应用

双螺套钢筋机械连接技术自 2017 年面世以来，在多个重点工程中得到应用，为钢筋连接工程施工解决了许多难题，为工程的质量保证及按期竣工提供了强有力的支持。

双螺套钢筋连接主要应用的工程、钢筋连接类型如下：

1) 钢筋部品连接类

钢筋部品类型：基础钢筋笼

钢筋规格：ϕ25～ϕ50 mm

接头型式：标准型双螺套接头

工程项目的图片见图 37-24。

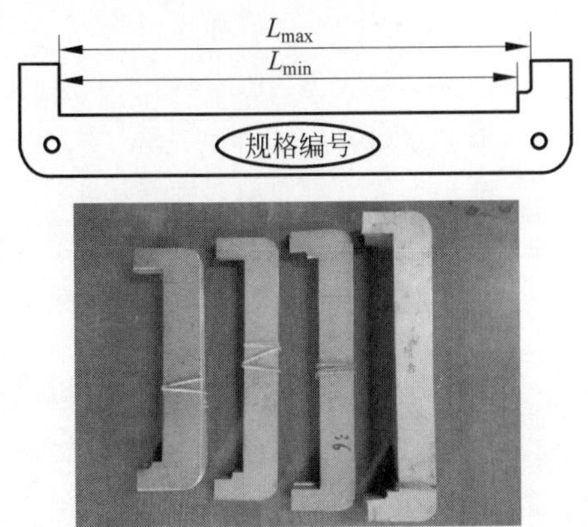

图 37-22　检验专用卡尺及使用示意图

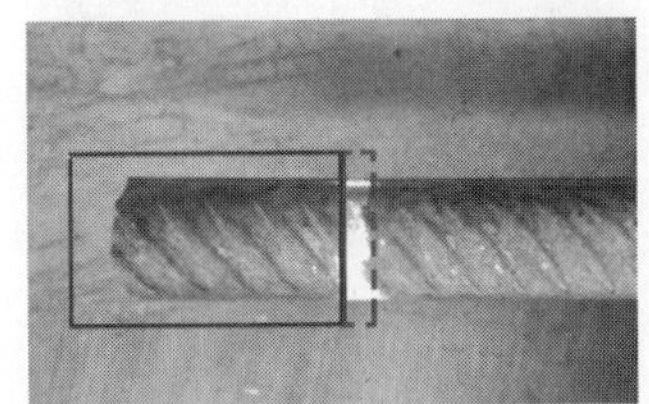

图 37-23　锥套锁紧套筒居中示意图

图 37-24　钢筋部品连接工程实例

(a) 京张高铁北京新清河站(2017 年开始应用)；(b) 京雄高铁河北雄安站(2019 年开始应用)；(c) 北京城市副中心通州区三大文化工程(2020 年开始应用)

2）钢筋与型钢连接类

钢筋连接类型：单根钢筋与型钢连接

钢筋规格：$\phi 20 \sim \phi 40$ mm

接头型式：焊接型直螺纹接头＋标准型双螺套接头

工程项目的图片见图 37-25。

3）PC 构件水平钢筋连接类

构件部品类型：PC 构件水平钢筋连接

钢筋规格：$\phi 20 \sim \phi 32$ mm

接头型式：标准型双螺套接头

工程项目的图片见图 37-26。

图 37-25 钢筋与型钢连接工程实例

(a) 北京第一档案馆(2018 年开始应用)；(b) 京雄高铁河北雄安站(2019 年开始应用)

图 37-26 PC 构件水平钢筋连接工程实例

(a) 河北丰润预制构件厂办公楼(2018 年开始应用)；(b) 杭甬高速越东路及南延段(2019 年开始应用)

2. 锥套锁紧钢筋机械连接技术的典型工程应用

锥套锁紧钢筋机械连接技术自 2016 年底面世以来，在多个重点工程中得到应用，为钢筋连接工程施工解决了诸多难题，为工程的质量保证及按期竣工、为桥梁钢筋工程工业化发展提供了一条新的解决路径和强有力的支持。

锥套锁紧钢筋接头主要应用的工程、钢筋连接类型如下：

1) 钢筋笼

钢筋部品类型：基础钢筋笼

钢筋规格：ϕ25～ϕ28 mm

接头型式：标准型锥套锁紧钢筋接头

工程项目的图片见图 37-27。

图 37-27 基础钢筋笼工程实例——河南洛阳轨道交通线一号标段(2018 年开始应用)

2) 异型钢筋网片

钢筋部品类型：大型异型钢筋网片

钢筋规格：ϕ32～ϕ40 mm

接头型式：标准型锥套锁紧钢筋接头

工程项目的图片见图 37-28。

3) 钢筋柱

钢筋部品类型：预制钢筋柱

钢筋规格：ϕ28 mm

接头型式：标准型锥套锁紧钢筋接头

工程项目的图片见图 37-29。

4) 特殊工况钢筋连接类

钢筋规格：ϕ25～ϕ40 mm

接头型式：标准型锥套锁紧钢筋接头

工程项目的图片见图 37-30。

(a)

图 37-28 大型异型钢筋网片工程实例

(a) 广东虎门二桥泥洲水道桥东岸主塔(2016 年开始应用)；(b) 深中通道项目引桥墩身(2019 年开始应用)；(c) 深中通道项目主塔塔身(2020 年开始应用)

(b)

(c)

图 37-28(续)

图 37-29　预制钢筋柱工程实例——辽宁大连红沿河核电站厂房(2018 年开始应用)

图 37-30　特殊工况钢筋连接工程实例——福建福清核电站核岛厂房(2018 年开始应用)

第38章

钢筋机械锚固设备

38.1 概述

38.1.1 定义、功能与用途

钢筋与混凝土之间的黏结与锚固性能是研究混凝土结构的基本问题之一，它对结构中钢筋强度的发挥、裂缝控制、配筋构造以及结构的安全性均有重要影响。钢筋在混凝土中埋入段的锚固能力由钢筋与混凝土间的黏结力、摩擦力和钢筋表面横肋与混凝土的机械咬合力三部分组成，可统称为黏结锚固。当钢筋的锚固长度有限，仅靠自身的黏结锚固性能无法满足受力钢筋承载力要求时，根据国家现行标准《混凝土结构设计规范》(GB 50010—2010)推荐采用弯钩或机械锚固措施。钢筋的机械锚固是在钢筋端部设置机械锚固装置，常见的钢筋机械锚固方式有一侧贴焊锚筋、两侧贴焊锚筋、穿孔塞焊锚板、螺栓锚头(螺纹连接锚固板)等，如图 38-1 所示。

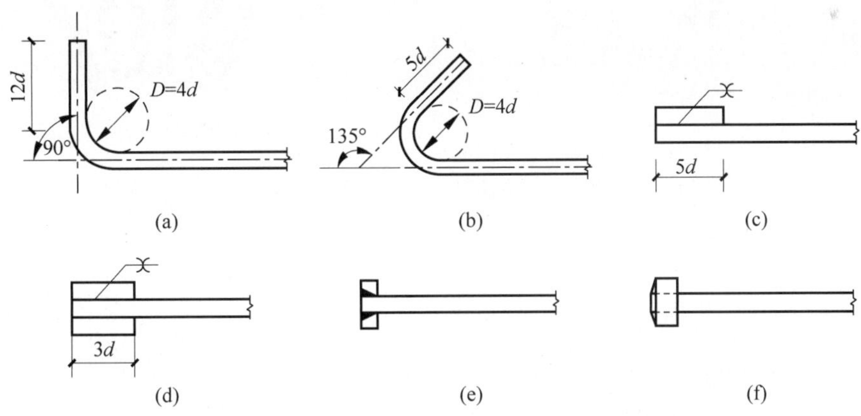

图 38-1　GB 50010—2010 规定的钢筋机械锚固措施

(a) 90°弯钩；(b) 135°弯钩；(c) 侧贴焊锚筋；(d) 两侧贴焊锚筋；(e) 穿孔塞焊锚板；(f) 螺栓锚头

近 15 年来，我国在钢筋机械锚固技术领域取得显著进展，其中以钢筋锚固板为代表的新型机械锚固装置得到大面积使用，为工程界解决钢筋锚固问题提供了一种优良的解决方案。钢筋锚固板特别是螺纹连接钢筋锚固板具有锚固性能良好、节约锚固用材料、方便施工、缓解钢筋拥挤的优点，并且可以加快钢筋工程施工速度，提高工程质量，因此受到工程界欢迎。

此外，国内外出现的钢筋端部热镦粗锚固和摩擦焊连接锚固板工艺也值得工程界关注。

38.1.2 发展历程与沿革

近些年来，出现了在钢筋端部连接锚固板的机械锚固方式，如美国 HRC 公司（Headed Reinforcement Corp.）的摩擦焊连接钢筋锚固板，见图 38-2；美国 ERICO 公司的锥螺纹连接钢筋锚固板，见图 38-3。

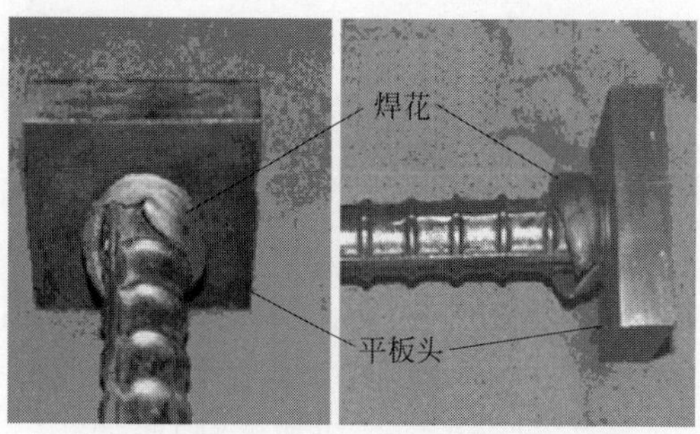

图 38-2 HRC 公司的摩擦焊连接钢筋锚固板

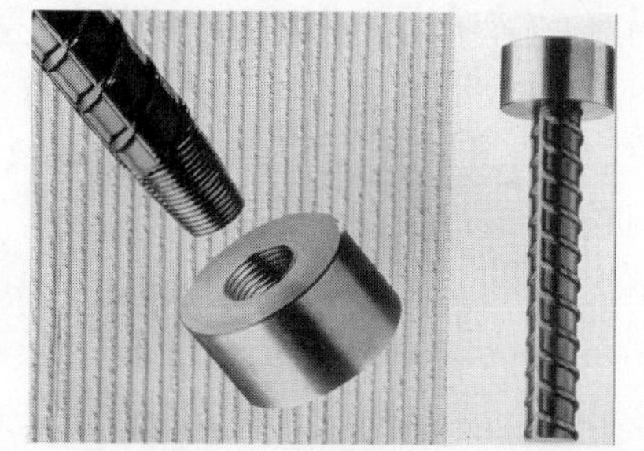

图 38-3 ERICO 公司的锥螺纹连接钢筋锚固板

20 世纪 80 年代，HRC 公司成立，专门销售摩擦焊钢筋锚固板，通过锚固板与钢筋高速摩擦产生的热量将两者焊接，锚固板形状有矩形、方形、圆形、椭圆形等，相对面积在 8.6～11.9 之间。但是生产摩擦焊钢筋锚固板使用的机械设备比较笨重，施工不方便。其产品主要用于海洋和港口结构物中，HRC 已成为美国钢筋锚固板的主要供应商和新技术研发赞助商。

20 世纪 80 年代，ERICO 公司发展了锥螺纹连接钢筋锚固板。80 年代他们在欧洲打开市场，90 年代以商标“Lenton Terminator”在美国销售产品。锚固板尺寸小于 HRC 公司的产品，相对面积在 3.0～6.4 之间。现在 ERICO 已成为美国仅有的两家销售钢筋锚固板的公司之一。

HRC 和 ERICO 公司开发的钢筋锚固板产品可以明显减少钢筋黏结锚固长度，节约钢材，方便施工，但为单一的方形、矩形或圆形钢板等厚刚性板，与钢筋的连接采用焊接或锥螺纹连接，因用料多、成本高、加工设备昂贵或施工不便等因素而影响了推广使用。此外，用焊接方式连接钢筋和锚固板存在施工速度慢、质量难以保证等缺点，而锥螺纹连接方式也存在锥螺纹丝头质量控制难度大、不能充分发挥钢筋极限强度等问题。

在钢筋机械锚固领域，我国从 1988 年起，陆续开展了两批钢筋机械锚固研究试验，成为国家标准《混凝土结构设计规范》（GB 50010—2002）有关钢筋机械锚固规定的主要试验依据。

2004 年起中国建筑科学研究院与天津大学开展了螺帽、垫板合一的新型钢筋机械锚固措施研发试验，2007 年螺纹连接钢筋锚固板技术正式面向市场，其产品见图 38-4。

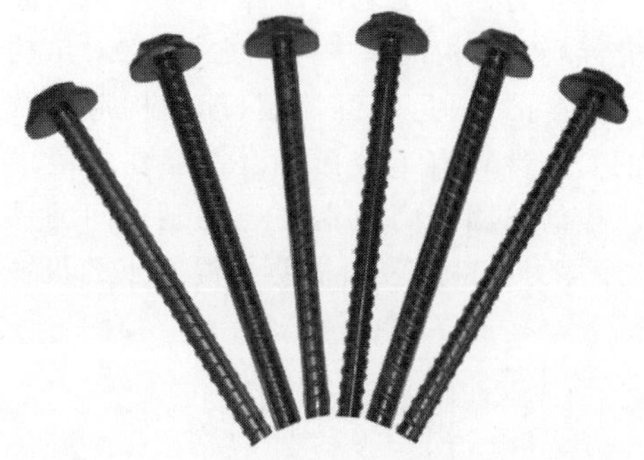

图 38-4 CABR 直螺纹连接钢筋锚固板

2011 年，行业标准《钢筋锚固板应用技术规程》（JGJ 256—2011）发布实施。2018 年国家标准图集《钢筋锚固板应用构造》（17G345）等陆续发布实施。以上标准便于广大设计单位和施工单位更快、更好地掌握和应用。“钢筋机械锚固技术”连续被列入我国建筑业十项新技术（2010 年和 2017 年）。

我国新型的螺纹连接钢筋锚固板技术得到广泛应用，典型的项目有福清“华龙 1 号”核电站，浙江三门、山东海阳等 AP1000 核电站，山东荣成 CAP1400 核电站，溪洛渡水电站，白沟国际箱包交易中心，海南大厦，鄂尔多斯体育场等，均获得良好的应用效果。

近年来，摩擦焊钢筋机械锚固技术在港珠

澳大桥大量应用，端部热镦锚固技术也在重庆等地应用，这也是值得关注的发展方向。

38.1.3　发展趋势

目前，国内已有的钢筋机械锚固措施有钢筋末端一侧贴焊锚筋、钢筋末端两侧贴焊锚筋、穿孔塞焊锚板、螺栓锚头（螺纹连接锚固板）、摩擦焊锚固板、端部热镦锚固板等。螺纹连接锚固板将继续成为钢筋机械锚固的主要形式，并将进一步得到工程的广泛应用。同时，也面临以下一些急需解决的问题：

(1) 500 MPa级钢筋机械锚固技术还有待完善，600 MPa级钢筋机械锚固技术目前还处于空白阶段。

(2) 传统的钢筋直螺纹加工存在单机生产效率不能满足重大工程项目进度的需要问题，应进行工艺改进、单机效率提升，应用部品化钢筋连接技术，配置专业螺纹生产线，以提高螺纹加工设备的生产效率。有条件的地方实现螺纹自动化生产加工，对节约劳动力、降低劳动强度和提高产品质量有重要作用。

(3) 进一步研究完善钢筋锚固板应用技术条件，对《钢筋锚固板应用技术规程》(JGJ 256—2011)进行修订升级，消除技术障碍，进一步扩大应用。

(4) 摩擦焊锚固技术和端部热镦锚固技术需要的机械设备需尽快定型并保持工作稳定和进行更大规模的工程应用实践。

38.2　产品分类

38.2.1　钢筋机械锚固设备分类

(1) 螺纹连接钢筋锚固板的钢筋加工设备分为锥螺纹成型设备(参见第31章)、镦粗直螺纹设备(参见第32章)、剥肋滚压直螺纹设备和直接滚压直螺纹设备(参见第33章)。

(2) 钢筋端部镦锚技术的钢筋加工设备为钢筋端部热镦锚设备。该设备由中冶建工集团有限公司研制，热镦钢筋端部使端部锚固板一体成型，锚固板的变形能力、承载力和锚固抗滑移性能均优于弯钩锚固钢筋。钢筋镦锚技术执行标准《钢筋镦锚应用技术标准》(DBJ50/T-267—2017)。

(3) 摩擦焊锚固技术设备为钢筋摩擦焊设备(参见第35章)。

38.2.2　锚固板

锚固板按材料分为普通钢板锚固板、锻钢或铸钢锚固板和球墨铸铁锚固板，按形状分为方形、圆形和长方形锚固板，按厚度分为等厚与不等厚锚固板，按连接方式分为机械连接和焊接锚固板。锚固板按受力性能则分为全锚固板和部分锚固板。

38.3　选用原则与选型计算

38.3.1　设备选用原则

(1) 应用螺纹连接锚固板技术，根据锚固板内螺纹型式、型号规格和厚度，选用具有相适应能力的剥肋滚压直螺纹设备、直接滚压直螺纹设备、镦粗直螺纹设备或锥螺纹设备，螺纹成型设备加工的螺纹尺寸和公差应符合锚固板技术要求。

(2) 应用端部热镦锚固技术，根据钢筋强度级别、规格型号，选用具有相适应镦粗能力的钢筋端部热镦设备，热镦设备加工的锚固端板应符合热镦锚固板技术要求。

(3) 应用摩擦焊锚固技术，根据钢筋强度级别、规格尺寸和锚固板材料，选用具有可靠焊接能力的钢筋摩擦焊设备，摩擦焊形成的锚固板应符合钢筋锚固板技术标准要求。

38.3.2　锚固板选用原则

全锚固板和部分锚固板是《钢筋锚固板应用技术规程》(JGJ 256—2011)行业标准中首次引入的新名词、新概念。其中，全锚固板是指全部依靠锚固板承压面的承压作用承担钢筋规定锚固力的锚固板，部分锚固板是指依靠锚固长度范围内钢筋与混凝土的黏结作用和锚固板承压面的承压作用共同承担钢筋规定锚固力的锚固板。由于受力功能要求上的差异，对两种锚固板承压面积的要求不同，全锚固板要求其承压面积不应小于锚固钢筋公称面积的9倍，部分锚固板则要求其承压面积不应小于锚固钢筋公称面积的4.5倍。这两类钢筋锚固板在使用中,其要求的埋入长度、钢筋间距、混凝土等级以及使用场合等均有所不同。《钢筋锚固板应用技术规程》在钢筋锚固板的设计规定中将其区分为两节分别编写,设计人员需特别注意。

《钢筋锚固板应用技术规程》规定钢筋锚固板试件的极限拉力不应小于钢筋达到极限强度标准值时的拉力 $f_{stk}A_s$。此外《钢筋锚固板应用技术规程》规定,采用部分锚固板的钢筋不应使用光圆钢筋,因为部分锚固板需要充分利用钢筋和混凝土之间的黏结力。

38.3.3 锚固板参数计算

1. 材料选择

(1) 锚固板原材料宜选用表38-1中的牌号,且满足表38-1中力学性能要求;当锚固板与钢筋采用焊接连接时,锚固板原材料尚应符合现行行业标准《钢筋焊接及验收规程》(JCJ 18)对焊接件材料的可焊性要求。

表38-1 锚固板原材料力学性能要求

锚固板原材料	牌号	抗拉强度 σ_s /(N/mm²)	屈服强度 σ_b /(N/mm²)	伸长率 δ/%
球墨铸铁	QT450—10	≥450	≥310	≥10
钢板	45	≥600	≥355	≥16
	Q345	450~630	≥325	≥19
锻钢	45	≥600	≥355	≥16
	Q235	370~500	≥225	≥22
铸钢	ZG230-450	≥450	≥230	≥22
	ZG270-500	≥500	≥270	≥18

(2) 采用锚固板的钢筋应符合现行国家标准《钢筋混凝土用钢 第2部分:热轧带肋钢筋》(GB 1499.2—2018)及《钢筋混凝土用余热处理钢筋》(GB 13014—2013)的规定:采用部分锚固板的钢筋不应采用光圆钢筋;采用全锚固板的钢筋可选用光圆钢筋。光圆钢筋应符合现行国家标准《钢筋混凝土用钢 第1部分:热轧光圆钢筋》(GB 1499.1—2018)的规定。

(3) 锚固板与钢筋的连接宜选用直螺纹连接,连接螺纹的公差带应符合《普通螺纹公差》(GB/T 197—2018)中6H、6f级精度规定。采用焊接连接时,宜选用穿孔塞焊,其技术要求应符合现行行业标准《钢筋焊接及验收规程》(JGJ 18—2012)的规定。

2. 尺寸参数

(1) 全锚固板承压面积不应小于锚固钢筋公称面积的9倍。

(2) 部分锚固板承压面积不应小于锚固钢筋公称面积的4.5倍。

(3) 锚固板厚度不应小于锚固钢筋公称直径。

(4) 当采用不等厚或长方形锚固板时,除应满足上述面积和厚度要求外,尚应通过省部级的产品鉴定。

(5) 采用部分锚固板锚固的钢筋公称直径不宜大于40 mm;当公称直径大于40 mm的钢筋采用部分锚固板锚固时,应通过试验验证确定其设计参数。

38.3.4 钢筋锚固板性能要求

(1) 钢筋锚固板试件的极限拉力不应小于钢筋达到极限强度标准值时的拉力 $f_{stk}A_s$。

(2) 钢筋锚固板在混凝土中的锚固极限拉力不应小于钢筋达到极限强度标准值时的拉力 $f_{stk}A_s$。

38.4 安全使用

38.4.1 钢筋锚固板的制作与施工

1. 螺纹连接钢筋锚固板

(1) 操作人员应经专业技术人员培训,合格后持证上岗,人员应相对稳定。

(2) 钢筋丝头加工应符合下列规定:

① 钢筋丝头的加工应在钢筋锚固板工艺检验合格后进行。

② 钢筋端面应平整,端部不得弯曲。

③ 钢筋丝头公差宜满足6f级精度要求,应用专用螺纹量规检验,通规能顺利旋入并达到要求的拧入长度,止规旋入不得超过3p(p为螺距);抽检数量10%,检验合格率不应小于95%。

④ 丝头加工应使用水性润滑液,不得使用油性润滑液。

2. 螺纹连接钢筋锚固板的安装

(1) 应选择检验合格的钢筋丝头与锚固板进行连接。

(2) 锚固板安装时,可用呆扳手拧紧。

(3) 安装后应用扭力扳手进行抽检,校核拧紧扭矩。拧紧扭矩值不应小于表38-2中的规定。

表38-2　锚固板安装时的最小拧紧扭矩值

钢筋直径/mm	≥16	18～20	22～25	28～32	36～40
拧紧扭矩/(N·m)	100	200	260	320	360

(4) 安装完成后的钢筋端面应伸出锚固板端面,钢筋丝头外露长度不宜小于1.0p。

3. 焊接钢筋锚固板的施工

(1) 焊接钢筋锚固板,应符合下列规定。

① 从事焊接施工的焊工持有焊工证方可上岗操作。

② 在正式施焊前,应进行现场条件下的焊接工艺试验,并经试验合格后,方可正式生产。

③ 用于穿孔塞焊的钢筋及焊条应符合现行行业标准《钢筋焊接及验收规程》(JGJ 18—2012)的相关规定。

④ 焊缝应饱满,钢筋咬边深度不得超过0.5 mm,钢筋相对锚固板的直角偏差不应大于3°。

⑤ 在低温和雨、雪天气情况下施焊时,应符合现行行业标准《钢筋焊接及验收规程》的相关规定。

(2) 锚固板塞焊孔尺寸应符合现行行业标准《钢筋焊接及验收规程》的相关规定。

38.4.2　钢筋锚固板的检验与验收

(1) 锚固板产品提供单位应提交自我声明公开的企业产品标准。对于不等厚或长方形锚固板,尚应提交省部级的产品鉴定证书。

(2) 锚固板产品进场时,应检查其合格证。产品合格证应包括适用钢筋直径、锚固板尺寸、锚固板材料、锚固板类型、生产单位、生产日期以及可追溯原材料性能和加工质量的生产批号。产品尺寸及公差应符合企业产品标准的要求。用于焊接锚固板的钢板、钢筋、焊条应有质量证明书和产品合格证。

(3) 钢筋锚固板的现场检验应包括工艺检验、抗拉强度检验、螺纹连接锚固板的钢筋丝头加工质量检验和拧紧扭矩检验、焊接锚固板的焊缝检验。拧紧扭矩检验应在工程实体中进行,工艺检验、抗拉强度检验的试件应在钢筋丝头加工现场抽取。工艺检验、抗拉强度检验和拧紧扭矩检验规定为主控项目,外观质量检验规定为一般项目。

(4) 钢筋锚固板加工与安装工程开始前,应对不同钢筋生产厂的进场钢筋进行钢筋锚固板工艺检验;施工过程中,更换钢筋生产厂商,变更钢筋锚固板参数、形式及变更产品供应商时,应补充进行工艺检验。

工艺检验应符合下列规定:

① 每种规格的钢筋锚固板试件不应少于3根。

② 每根试件的抗拉强度均应符合38.3.4节第(1)条的规定。

③ 其中1根试件的抗拉强度不合格时,应重取6根试件进行复检,复检仍不合格时判为本次工艺检验不合格。

(5) 钢筋锚固板的现场检验应按验收批进行。同一施工条件下采用同一批材料的同类型、同规格的钢筋锚固板,螺纹连接锚固板应以500个为一个验收批进行检验与验收,不足500个也应作为一个验收批;焊接连接锚固板应以300个为一个验收批,不足300个也应作为一个验收批。

(6) 螺纹连接钢筋锚固板安装后应按第(5)条的验收批,抽取其中10%的钢筋锚固板按38.4.1节第(2)条(表38-2)的要求进行拧紧扭矩校核,拧紧扭矩值不合格数超过被校核数的5%时,应重新拧紧全部钢筋锚固板,直到合格为止。焊接连接钢筋锚固板应按现行行业标准《钢筋焊接及验收规程》(JGJ 18—2012)有关穿孔塞焊要求,检查焊缝外观是否符合38.4.1节第(3)条第(1)款第④项的规定。

(7) 对螺纹连接钢筋锚固板的每一验收

批，应在加工现场随机抽取 3 个试件做抗拉强度试验，并应按 38.3.4 节第(1)条的抗拉强度要求进行评定。若 3 个试件的抗拉强度均符合强度要求，则该验收批评为合格。如有 1 个试件的抗拉强度不符合要求，应再取 6 个试件进行复检。复检中如仍有 1 个试件的抗拉强度不符合要求，则该验收批应评为不合格。

(8) 对焊接连接钢筋锚固板的每一验收批，应随机抽取 3 个试件，并按 38.3.4 节第(1)条的抗拉强度要求进行评定。若 3 个试件的抗拉强度均符合强度要求，则该验收批评为合格。如有 1 个试件的抗拉强度不符合要求，应再取 6 个试件进行复检。复检中如仍有 1 个试件的抗拉强度不符合要求，则该验收批应评为不合格。

(9) 螺纹连接钢筋锚固板的现场检验，在连续 10 个验收批抽样试件抗拉强度一次检验通过的合格率为 100% 情况下，验收批试件数量可扩大 1 倍。当螺纹连接钢筋锚固板的验收批数量少于 200 个，焊接连接钢筋锚固板的验收批数量少于 120 个时，允许按上述同样方法，随机抽取两个钢筋锚固板试件做抗拉强度试验，当两个试件的抗拉强度均满足 38.3.4 节第(1)条的抗拉强度要求时，该验收批应评为合格。如有 1 个试件的抗拉强度不满足要求，应再取 4 个试件进行复检。复检中如仍有 1 个试件的抗拉强度不满足要求，则该验收批应评为不合格。

38.5 工程应用

目前，钢筋锚固板应用发展十分迅速，钢筋锚固板技术已在核电工程、房屋建筑、水利水电、地铁工程等领域得到应用，浙江三门 AP1000 核电站、山东海阳 AP1000 核电站、秦山核电二期扩建、方家山核电站、海南昌江核电站、福清核电站、溪洛渡水电站、太原博物馆、深圳万科第五园、怀来建设局综合服务中心、杭州地铁、河北白沟国际箱包交易中心等项目均采用了中国建筑科学研究院建研科技股份有限公司研发的 CABR 钢筋锚固板，取得了良好的社会效益。在此，选择几个典型工程应用作简单介绍。

1. 框剪结构

怀来建设局综合服务中心工程位于怀来县沙城府前街北侧，主要供办公用。结构形式为框剪结构，地下 1 层，地上 15 层，檐高为 48.55 m，东西长为 71.55 m，跨度为 22.8 m，建筑面积为 12 800 m^2，抗震设防烈度为 8 度。该工程为张家口地区创优重点项目，于 2007 年 3 月动工兴建，2009 年 2 月投入使用，实景图如图 38-5 所示。结构施工中，框架梁柱节点区采用了中国建筑科学研究院建研科技股份有限公司有关锚固板在框架梁柱节点中的试验研究成果。CABR 钢筋锚固板产品涉及的钢筋为 $\phi18$、$\phi20$、$\phi22$、$\phi25$ mm 的 HRB400 钢筋。

图 38-5 怀来建设局综合楼实景

1) 框架中间层端节点

中间层端节点梁纵向钢筋的锚固采用图 38-6 所示的构造方案。梁的纵向钢筋伸入节点的埋入长度 l_a 应不小于 $0.4l_{aE}$(抗震区)，且梁纵向钢筋锚固板端面至柱主筋箍筋外侧的距离应不大于 50 mm。怀来建设局综合服务中心工程框架中间层端节点构造实景如图 38-7 所示。

2) 框架中间层中间节点

框架中间层中间节点梁下部纵向钢筋锚固采用图 38-8 所示的构造方案。梁下部纵向钢筋伸入节点的埋入长度 l_a 应不小于 $0.4l_{aE}$。

3) 框架顶层中间节点

框架顶层中间节点柱纵向钢筋锚固采用

图 38-6 框架中间层端节点构造示意图

图 38-7 框架中间层端节点构造实景

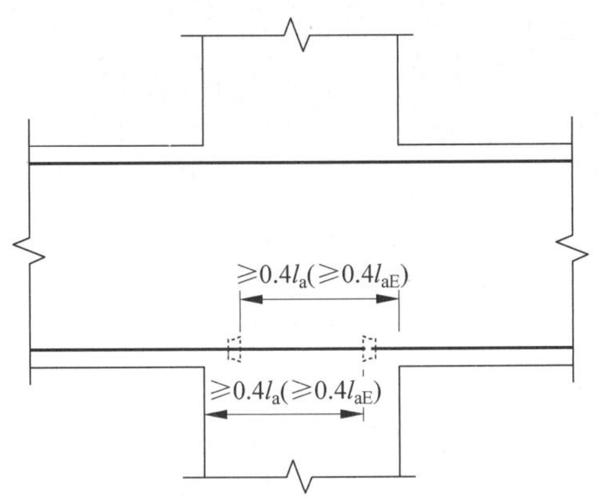

图 38-8 框架中间层中间节点构造示意图

图 38-9 所示的构造方案。柱纵向钢筋伸入节点的埋入长度 l_a 应不小于 $0.5l_{aE}$，且应伸至柱顶。怀来建设局综合服务中心楼框架顶层中间节点构造实景如图 38-10 所示。

4）框架顶层端节点

框架顶层端节点梁柱纵向钢筋采用的锚

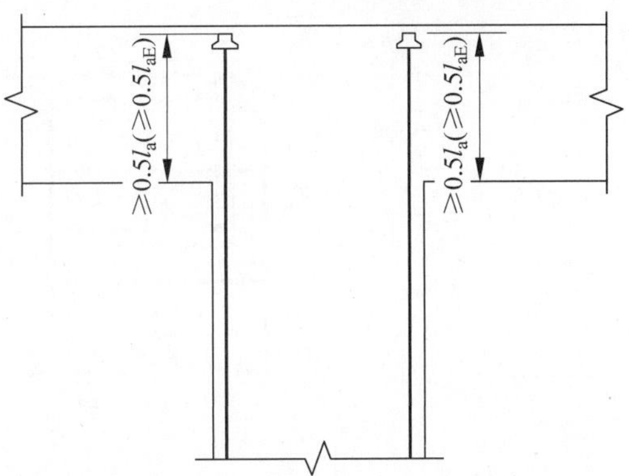

图 38-9 框架顶层中间节点构造示意图

图 38-10 框架顶层中间节点构造实景

固板锚固方案如图 38-11 所示。怀来建设局综合楼框架顶层端节点构造实景如图 38-12 和图 38-13 所示。梁上部和下部钢筋均采用钢筋锚固板，图 38-11 中梁宽范围内的柱外侧纵向钢筋弯折后端部加锚固板。框架顶层端节点应用锚固板还应满足以下规定：

（1）节点的顶部应插入倒 U 形箍筋，全部倒 U 形箍筋应采用带肋钢筋，其屈服承载力不应小于 1/2 倍梁上部钢筋的屈服承载力，且离梁筋锚固板最近的倒 U 形箍筋应采用并列双层 U 形箍筋。

（2）离柱筋锚固板最近的水平箍筋应采用并列的双层箍筋。

（3）柱外侧纵向钢筋弯弧半径应符合 GB 50010—2010 中第 10.4.5 条的规定。

怀来建设局综合服务中心工程项目部在采用了钢筋锚固板技术后，得到以下经验和启示：

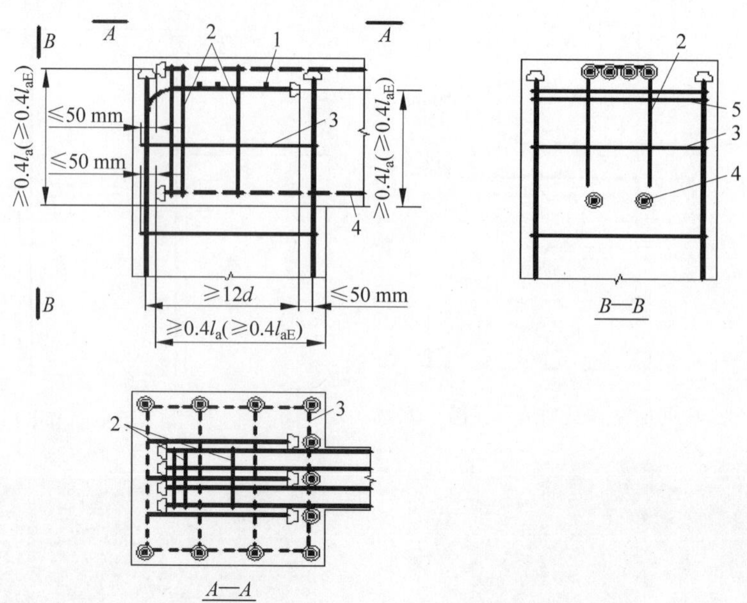

1—直方向梁上部纵筋；2—倒U形箍筋；3—水平箍筋；4—梁下部钢筋；5—柱筋锚固板下双层箍筋。

图 38-11　框架顶层端节点构造方案示意图

图 38-12　框架顶层端节点构造实景一

图 38-13　框架顶层端节点构造实景二

(1) 用带 CABR 锚固板钢筋取代传统的带 90°标准弯折钢筋进行锚固是完全可行的、可靠的。

(2) 采用该技术后，避免了传统做法中梁柱节点区域钢筋密集拥堵的现象，使钢筋绑扎困难问题得到了很好的解决。传统做法中，梁中带 90°标准弯折钢筋需先就位绑扎后才可绑扎柱节点区箍筋。而采用 CABR 锚固板后，可先行绑扎柱节点区箍筋而后再绑扎钢筋锚固板，这样可极大提高绑扎钢筋的工效。

(3) CABR 钢筋锚固板用于梁柱节点，使混凝土浇筑方便、易振捣，可明显提高混凝土质量。

(4) 采用 CABR 钢筋锚固板，不仅可节约锚固用钢筋，而且还可方便施工、提高工效、缩短工期、改善混凝土浇筑质量，可获得良好的技术经济效益，该技术有着较大的推广应用价值。

2. 核电站

浙江三门核电站(见图 38-14)总占地面积 740 万 m^2，是继秦山核电站之后，获准在浙江省境内建设的第二座核电站，也是世界上首个采用第三代先进压水堆核电(美国 AP1000)技术的依托项目，一期工程总投资250亿元，将首先建设两台目前国内最先进的100万kW级压水堆技术机组。全面建成后，装机总容量将达到1200万kW以上，超过三峡电站总装机容量。该工程采用西屋公司AP1000技术建设，由国家核电技术公司联合美国西屋公司和绍尔工程公司负责实施自主化依托项目的工程设计、工程建造和项目管理。

图38-14　三门核电站效果图

西屋公司原设计要求板中抗剪钢筋、墙中纵向钢筋和拉结筋等锚固为全锚固板锚固，原设计钢筋为直径16、22、25、29、32、36 mm的美标420级钢筋，钢筋锚固采用美国ERICO公司技术和产品。为逐步实现核电技术的国产化，中国建筑科学研究院建研科技股份有限公司受有关方委托，采用钢筋受力等效原则，用国产HRB400直径为18、25、28、32、36、40 mm的钢筋分别对上述美标钢筋进行代换，并对该工程的钢筋锚固技术进行了国产化研究，成功开发出CABR-AP1000锚固板产品。按照AP1000核电工程关于锚固板有关技术条件要求，该全锚固板的直径设计依据为：钢筋拉力全部由锚固板局部承压力承担。转化后的技术和产品完全满足项目技术规格书要求，并获得了国家核电和美国西屋公司的一致认可。

继浙江三门核电站之后，山东海阳AP1000核电站、秦山核电二期扩建、方家山核电站、海南昌江核电站、福清核电站纷纷采用钢筋锚固板技术与产品，应用发展迅速。

1）在板中的应用

我国混凝土结构中一直采用箍筋进行抗剪、抗冲切设计，《混凝土结构设计规范》(GB 50010—2010)对于混凝土板中抗剪、抗冲切钢筋的配置具有明确的规定。但对于剪力较大的混凝土板，加大箍筋密度和箍筋直径会造成混凝土浇筑困难和增大施工难度，并造成钢筋用量的大量增加，不利于成本控制。全锚固板可以作为梁、板等部位的抗剪、抗冲切钢筋等在钢筋混凝土结构中使用，并可与抗剪、抗冲切箍筋等同使用。《钢筋锚固板应用技术规程》(JGJ 256—2011)给出了全锚固板的具体应用规定。鉴于此，浙江三门核电站采用两端带全锚固板的双头钢筋锚固板作为板的抗剪钢筋，如图38-15所示，取得了较好的效果。其实景图如图38-16和图38-17所示。

(a)

(b)

(c)

图38-15　用于板抗剪钢筋的双头全锚固板钢筋

(a) 加工好的丝头；(b) 锚固板安装；(c) 双头全锚固板钢筋就位

钢筋锚固板用作板的抗剪和抗冲切钢筋时，应在钢筋两端设置锚固板，并应分别伸至板主筋的上侧和下侧，构造如图38-18(a)所示。

从浙江三门核电站混凝土板中钢筋锚固板用作抗剪钢筋可以得到以下结论。

（1）钢筋锚固板工艺简单、安装方便，有利于加快施工进度和节省材料。

（2）钢筋锚固板可以与抗剪箍筋等同使用。我国颁布的《钢筋锚固板应用技术规程》(JGJ 256—2011)也做出了同样的规定，认为钢

图 38-16　三门核电站核岛底板钢筋全貌

筋锚固板作为抗剪钢筋，可以与普通箍筋等同使用。

（3）在一般民用建筑中，由于板厚较薄，如采用以上钢筋锚固板构造方案容易引起混凝土保护层不足等问题，此时，可将锚固板伸至板内层钢筋外侧，如图 38-18(b)所示。

2）在剪力墙中的应用

全锚固板在剪力墙结构中的应用在《钢筋锚固板应用技术规程》(JGJ 256—2011)中有相应规定，在浙江三门核电站工程的剪力墙中应用在我国工程中尚属首次，其剪力墙结构中纵向钢筋和拉结筋采用了大量的锚固板，用以进行钢筋的锚固，如图 38-19 所示，为我国全锚固板的应用开了先河，拓展了锚固板的应用范围。

图 38-17　三门核电站核岛底板钢筋使用全锚固板实景
(a) 实景一；(b) 实景二；(c) 实景三；(d) 实景四

3）在楼板、柱中的应用

楼板主筋在剪力墙中使用锚固板锚固如图 38-20 所示，柱插筋使用锚固板锚固如图 38-21 所示。

浙江三门核电站 AP1000 应用钢筋锚固技术和产品为我国发展全锚固板提供了契机。钢筋机械锚固技术在混凝土板、剪力墙结构部位的应用，拓展了锚固板的应用范围，为大面积替代弯筋锚固，发展锚固板锚固技术作出了示范。钢筋锚固板锚固性能稳定，同等条件优于弯筋锚固，并能够方便施工、加快施工进度，

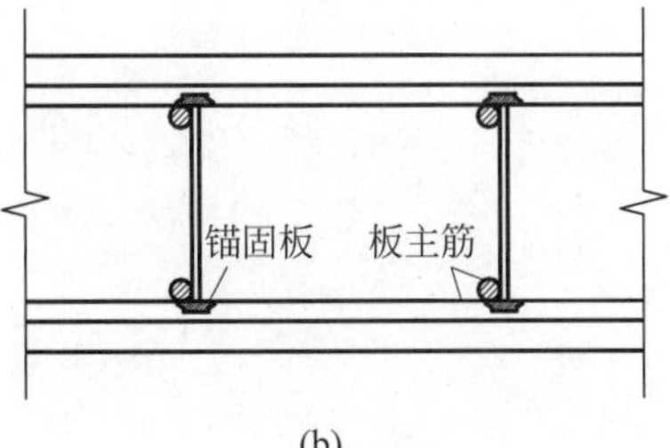

(a)

(b)

图 38-18　板中钢筋锚固板构造示意
(a) 构造 1；(b) 构造 2

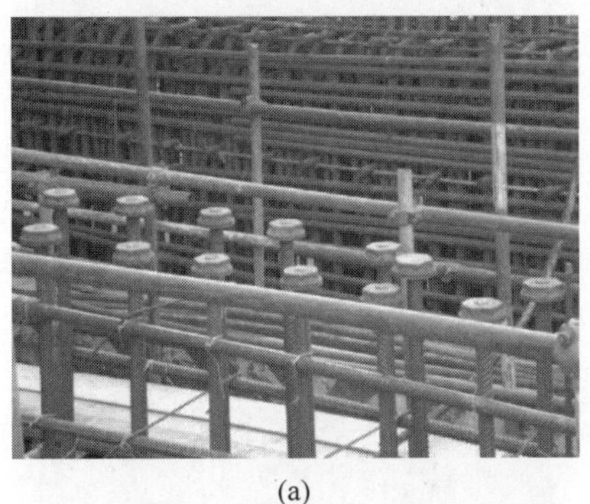

(a)

(b)

图 38-19　采用钢筋锚固板的剪力墙构造实景
(a) 实景一；(b) 实景二

改善混凝土浇筑质量和锚固性能。锚固板的应用为设计师提供了一种新的钢筋锚固方案和设计选择，由于锚固板技术相对于传统的弯

图 38-20　楼板主筋在剪力墙中的锚固实景

图 38-21　柱插筋使用锚固板实景

筋锚固和直钢筋锚固，锚固长度较短或可取消，因此易于满足各种工程锚固需求；同时由于节约钢材、方便施工，有利于工程质量和成本控制。

3．预制装配结构

白沟国际箱包交易中心规划占地面积为

530 亩,总建筑面积近 50 万 m^2,是一个集旅游、购物、休闲等多功能于一体的综合性商业广场。该工程采用了预制装配结构体系,在钢筋锚固技术上,采用 CABR 钢筋机械锚固技术,在钢筋混凝土基础柱和预制柱中大量使用直螺纹连接钢筋锚固板,总数达 30 余万件。锚固板应用示意图见图 38-22,现场预制柱制作及锚固板应用、主要构件及连接情况如图 38-23～图 38-29 所示。

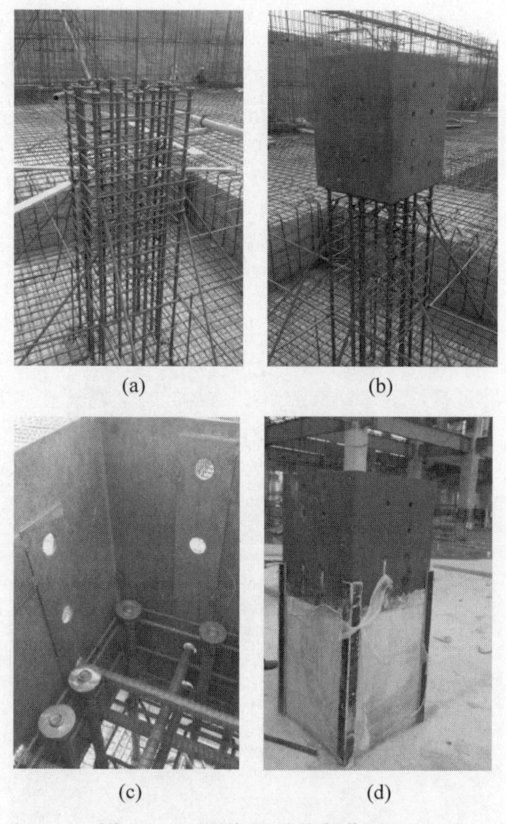

(a) (b)

(c) (d)

图 38-22 现浇基础柱制作过程

(a) 钢筋绑扎;(b) 安装连接套;
(c) 连接套内部;(d) 浇筑完成

(a)

(b)

(d)

(c)

图 38-23 预制中间柱制作过程

(a) 钢筋绑扎;(b) 安装连接套;
(c) 连接梁柱节点;(d) 浇筑完成

4. **其他**

溪洛渡水电站如图 38-30 所示。

溪洛渡水电站以发电为主,兼有防洪、拦沙和改善下游航运条件的综合功能。开发目标主要是"西电东送",以满足华东、华中经济发展的用电需求;配合三峡工程提高长江中下游的防洪能力,充分发挥三峡工程的综合效益;促进西部大开发,实现国民经济的可持续发展。坝顶高程为 610 m,相应库容为 115.7 亿 m^3,装机容量为 1260 万 kW(18 台×70 万 kW),静态投资 445.7 亿元人民币(总投资 603.3 亿元人民币),总工期 12 年 2 个月。

装机容量排名中国第二、世界第三的溪洛渡水电站装机容量为 1260 万 kW。该工程施工中将 CABR 钢筋锚固板作为锚杆螺栓使用(见图 38-31),收到了良好效果。

(a)

(b)

(c)

(d)

图 38-24　预制中间柱及细部构造
(a) 整体情况；(b) 柱上部；(c) 梁柱节点；(d) 柱下部

图 38-25　柱连接整体情况

图 38-26　柱连接细部情况

图 38-27　钢梁

图 38-28　预制钢梁与预制柱连接

图 38-29　框架安装就位整体情况

图 38-30　溪洛渡水电站

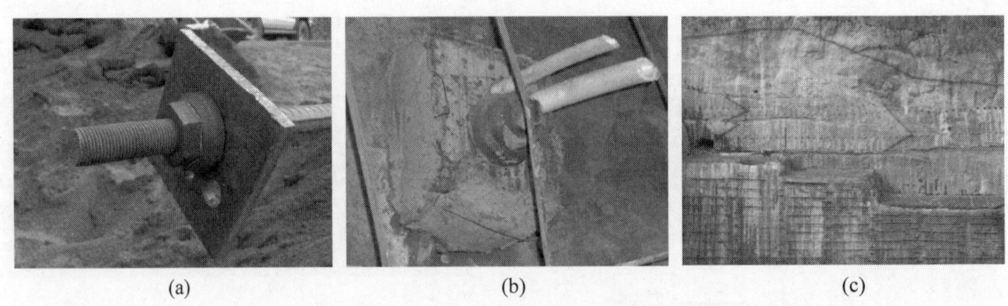

(a) (b) (c)

图 38-31 锚固板作为锚杆螺栓使用情况

(a) 锚杆构成；(b) 锚杆应用细部；(c) 锚杆应用全貌

参考文献

[1] 中国机械工程学会焊接分会. 焊接词典[M]. 3版. 北京：机械工业出版社，2008.

[2] 中国机械工程学会焊接分会. 焊接手册 第1卷 焊接方法及设备[M]. 3版. 北京：机械工业出版社，2016.

[3] 毕惠琴. 焊接方法及设备 第二分册 电阻焊[M]. 北京：机械工业出版社，1981.

[4] 孙仁德. 对接电阻焊[M]. 北京：机械工业出版社，1983.

[5] 中华人民共和国国家质量监督检验检疫总局，中国国家标准化管理委员会. 电工名词术语 电焊机：GB/T 2900.22—2005[S]. 北京：中国标准出版社，2006.

[6] 杜国华. 焊工简明手册[M]. 北京：机械工业出版社，2013.

[7] 吴成材，杨熊川，徐有邻，等. 钢筋连接技术手册[M]. 3版. 北京：中国建筑工业出版社，2014.

[8] 朱正行，严向明，王敏. 电阻焊技术[M]. 北京：机械工业出版社，2000.

[9] 中国建筑标准设计研究院. 国家建筑标准设计图集 高强钢筋应用技术图示：14G910[M]. 北京：中国计划出版社，2014.

[10] 中华人民共和国国家质量监督检验检疫总局，中国国家标准化管理委员会. 电焊机型号编制方法：GB/T 10249—2010 [S]. 北京：中国标准出版社，2011.

[11] 中华人民共和国国家质量监督检验检疫总局，中国国家标准化管理委员会. 固定式对焊机：GB/T 25311—2010[S]. 北京：中国标准出版社，2011.

[12] 国家市场监督管理总局，国家标准化管理委员会. 电阻焊 电阻焊设备 机械和电气要求：GB/T 8366—2021[S]. 北京：中国标准出版社，2021.

[13] 中华人民共和国国家质量监督检验检疫总局，中国国家标准化管理委员会. 电阻焊机的安全要求：GB/T 15578—2008[S]. 北京：中国标准出版社，2009.

[14] 中华人民共和国国家质量监督检验检疫总局，中国国家标准化管理委员会. 钢筋混凝土用钢 第1部分：热轧光圆钢筋：GB/T 1499.1—2017[S]. 北京：中国标准出版社，2017.

[15] 中华人民共和国国家质量监督检验检疫总局，中国国家标准化管理委员会. 钢筋混凝土用钢 第2部分：热轧带肋钢筋：GB/T 1499.2—2018[S]. 北京：中国标准出版社，2018.

[16] 中华人民共和国国家质量监督检验检疫总局，中国国家标准化管理委员会. 钢筋混凝土用钢 第3部分：钢筋焊接网：GB/T 1499.3—2010[S]. 北京：中国标准出版社，2011.

[17] 国家质量技术监督局. 焊接与切割安全：GB/T 9448—1999[S]. 北京：中国标准出版社，1999.

[18] 中华人民共和国住房和城乡建设部. 钢筋焊接及验收规程：JGJ 18—2012[S]. 北京：中国建筑工业出版社，2012.

[19] 中华人民共和国住房和城乡建设部. 钢筋焊接接头试验方法标准：JGJ/T 27—2014[S]. 北京：中国建筑工业出版社，2014.

[20] 中华人民共和国建设部. 施工现场临时用电安全技术规范：JGJ 46—2005[S]. 北京：中国建筑工业出版社，2005.

[21] 中华人民共和国住房和城乡建设部. 建筑机械使用安全技术规程：JGJ 33—2012[S]. 北京：中国建筑工业出版社，2012.

[22] 王晓军，乔红梅，夏天东，等. Q235钢筋闪光对焊工艺[J]. 电焊机，2014，44(7)：86-89.

[23] 黄石生. 弧焊电源[M]. 北京：机械工业出版社，1979.

[24] 中华人民共和国国家质量监督检验检疫总局，中国国家标准化管理委员会. 弧焊设备 第1部分：焊接电源：GB/T 15579.1—2013[S]. 北京：中国标准出版社，2014.

[25] 中华人民共和国国家质量监督检验检疫总局，中国国家标准化管理委员会. 电弧焊机通用技术条件：GB/T 8118—2010[S]. 北京：

中国标准出版社，2011.

[26] 傅温. 钢筋连接新技术[M]. 北京：中国建材工业出版社，1993.

[27] 段斌，马德志. 现代焊接工程手册 基础卷[M]. 北京：中国化学工业出版社，2015.

[28] 李本端，李志军，刘灿辉，等. 熔化极气体保护焊技术在钢筋焊接工程中的应用[J]. 焊接技术，2001(S2)：2.

[29] 中华人民共和国建设部. 钢筋电渣压力焊机：JG/T 5063—1995[S]. 北京：中国标准出版社，1996.

[30] 中华人民共和国机械工业部. 钢筋电渣压力焊机技术条件：JB/T 8597-1997[S]. 北京：机械工业出版社，1997.

[31] 四川省住房和城乡建设厅. 钢筋电渣压力焊技术规程：DBJ 20-7-2013[S]. 成都：西南交通大学出版社，2014.

[32] 吴成材，陈元贞，陈伟，等. 竖向钢筋自动接触电渣焊 [J]. 焊接，1980，(4)：27-30.

[33] 吴文飞. 钢筋电渣压力焊接头的抗震性能[J]. 建筑技术，1999，(10)：692.

[34] 吴成材，宫平，林志勤，等. ϕ12 钢筋电渣压力焊施焊技术与经济效益[J]. 施工技术，2010，39(10)：97-98+104.

[35] 中华人民共和国住房和城乡建设部. 钢筋气压焊机：JG/T 94—2013[S]. 北京：中国标准出版社，2013.

[36] 郑奶谷，叶仁亦，吴成材. 半自动钢筋气压焊在梅山大桥工程中的应用 [J]. 施工技术，2009，38 (S1)：253-254.

[37] 吴成材，邹士平，袁远刚. 钢筋氧液化石油气熔态气压焊新技术[J]. 施工技术，2003(5)：30.

[38] 赵熹华. 压力焊[M]. 北京：机械工业出版社，2003.

[39] 国家市场监督管理总局，中国国家标准化管理委员会. 机械电气安全 机械电气设备 第1部分：通用技术条件：GB/T 5226.1—2019[S]. 北京：中国标准出版社，2019.

[40] 黄贤聪，戴为志，费新华，等. 预埋件钢筋埋弧螺柱焊及其应用 [J]. 施工技术，2010，39(10)：99-101+107.

[41] 陈云斌，李志军，夏德春，等. 钢筋预埋件焊接及试验夹具更新 [J]. 施工技术，2014，43(S2)：355-357.

[42] 中国科学院水利电力部水利水电科学研究院. 科技成果摘要汇编：1983[M]. 1985.

[43] 宁裴章，才荫先. 摩擦焊[M]. 北京：机械工业出版社，1983.

[44] 赵鑫哲，杜随更，侯东祥. 连续驱动摩擦焊机的研究现状和展望[J]. 新技术新工艺，2014(2)：1-4.

[45] 杜随更. 摩擦焊接工艺新发展(一)[J]. 焊接技术，2000(3)：49.

[46] 杜随更. 摩擦焊接工艺新发展(二)[J]. 焊接技术，2000(6)：48-50.

[47] 王淑琴. C-25A-2 型摩擦焊机的使用与维修[J]. 电焊机，1993(2)：43-45.

[48] 吴泽生. 摩擦焊工艺技术在港珠澳大桥中的应用[J]. 施工技术，2014 43(11)：20-22.

[49] 国家机械工业局. 摩擦焊 通用技术条件：JB/T 4251—1999 [S]. 北京：机械工业出版社，2000.

[50] 中华人民共和国工业和信息化部. 摩擦焊机：JB/T 8086—2015[S]. 北京：机械工业出版社，2016.

[51] 中华人民共和国住房和城乡建设部. 钢筋机械连接用套筒：JG/T 163—2013[S]. 北京：中国标准出版社，2013.

[52] 中华人民共和国建设部. 钢筋套筒挤压机：JG/T 145—2002[S]. 北京：中国标准出版社，2004.

[53] 中华人民共和国住房和城乡建设部. 钢筋机械连接技术规程 ：JGJ 107—2016[S]. 北京：中国建筑工业出版社，2016.

[54] 中华人民共和国工业和信息化部. 建筑施工机械与设备 钢筋螺纹成型机：JB/T 13709—2019 [S]. 北京：机械工业出版社，2020.

第5篇

预应力机械

第39章

预应力用张拉机械

39.1 概述

39.1.1 定义、功能与用途

预应力钢筋混凝土结构在承受外载荷前，预先将混凝土或钢筋混凝土中承受拉应力区域的钢筋拉伸到一定长度，将锚固钢筋回缩力传递至混凝土中生成压应力，能够部分或全部抵消使用阶段产生的拉应力，通常把这种压应力称为预应力。预应力钢筋混凝土结构克服了普通钢筋混凝土结构抗压不抗拉的弱点，可以减少梁的竖向剪力和主拉应力，提高构件的抗裂性和刚度，增加结构的耐久性，节约材料，减小自重，结构安全，质量可靠。

钢筋预应力用张拉机械又称为预应力钢筋拉伸机，是对混凝土结构中的预应力筋施加张拉力的专用设备。主要包括钢筋预应力用张拉机械、电动油泵和锚具、夹具、连接器等。预应力张拉机械被广泛应用于现代化建筑、市政、公路与铁路桥梁、高层建筑、地下建筑、压力管道和铁路轨枕等各种工程混凝土结构施工中。

预应力的施加方法按张拉钢筋与浇筑混凝土的先后次序分为先张法和后张法。

先张法是在台座上先张拉预应力筋后浇筑混凝土，需要专用的生产台座和夹具，以便进行预应力筋的张拉和临时锚固，待混凝土达到设计强度时(不低于混凝土设计强度标准值的 70%)，钢筋在切断后产生缩回初始状态的回弹力，而混凝土与钢筋之间存在阻止钢筋自由回缩的握裹力，回弹力通过混凝土的黏结力传递给整个构件，在混凝土中生成预压应力。先张法主要分为两种形式：模板法与台座法，多用于长线台座生产。

先张法的施工过程如图 39-1 所示，操作步骤如下：

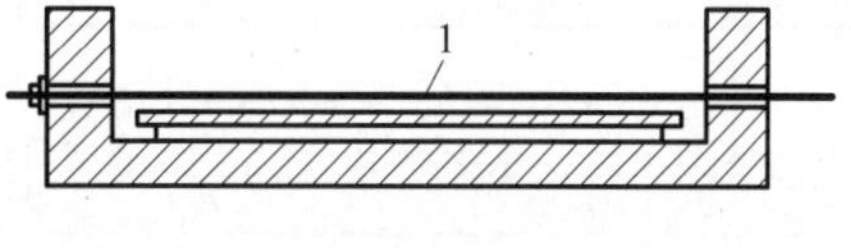

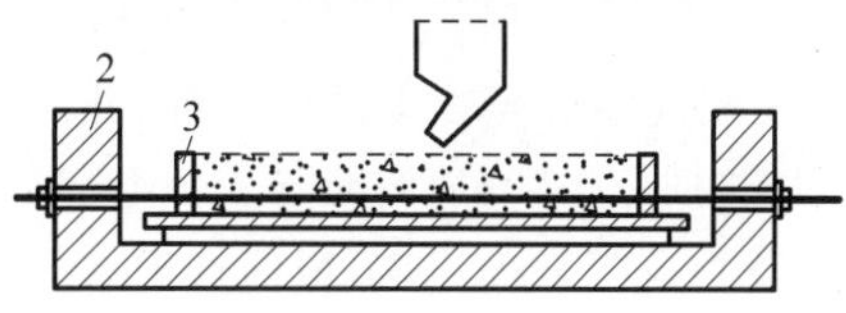

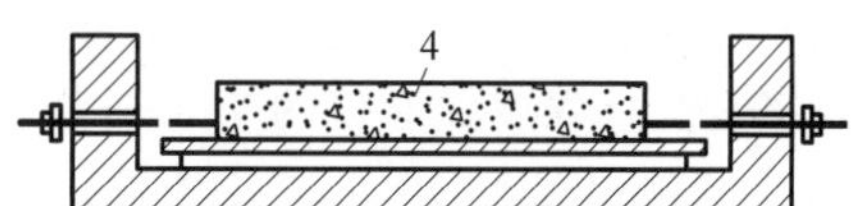

1—钢筋；2—传力架；3—模板；4—构件。

图 39-1 先张法的施工过程

(1) 设置具有足够承载力和刚度的传力架(一般用钢或混凝土制作)，把预制构件用的模板支在传力架内面；

(2) 将预应力钢筋穿过模板并引向传力架的两端，在一端(固定端)加以固定，使用张拉机械在另一端(张拉端)张拉；

(3) 预应力钢筋在张拉的状态下固定于张拉端，然后将混凝土浇筑于模板内；

(4) 养护混凝土达到要求强度后，切断露于模板外的钢筋；

(5) 对所制的构件进行脱模，从传力架中吊出。

后张法是在混凝土达到规定强度后，利用构件自身作为加力台座进行预应力筋的张拉，并用锚具将张拉完毕的预应力筋锚固在构件两端，在预应力筋的预留孔道内压入水泥浆，使预应力筋与混凝土黏结成整体，其中钢筋的预应力通过锚具传递给混凝土。后张法适用于施工现场生产大型预应力混凝土构件或结构。

后张法的施工过程如图 39-2 所示，操作步骤如下：

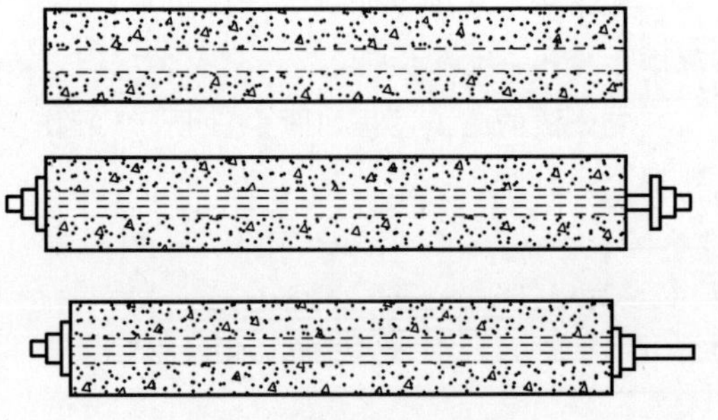

图 39-2 后张法的施工过程

(1) 制成钢筋混凝土结构构件，并利用专门的设施(抽芯钢管、抽芯充气胶皮管、预埋铁皮管或预埋波纹管等)在结构构件中留出直径比预应力钢筋直径稍大的孔道；

(2) 结构构件混凝土达到足够强度时(不低于混凝土设计强度标准值的 75%)，将预应力钢筋穿过预留孔道，并在结构构件的一端(固定端)用锚具加以固定；

(3) 使用特制的机械在另一端(张拉端)张拉钢筋，张拉的反作用力通过锚具传递至结构构件混凝土，使混凝土生成预压应力；

(4) 为降低预应力钢筋与预留孔道壁之间的摩擦力，预应力钢筋也可在孔道的两端同时张拉(或从两端先后张拉)；

(5) 预应力钢筋在张拉端和固定端在特制的锚具作用下处于永久张拉状态；

(6) 用水泥浆对预留孔道进行压力灌注实现封闭。

39.1.2 发展历程与沿革

最常用的钢筋预应力张拉机械是液压张拉千斤顶。按机型分为拉杆式千斤顶、穿心式千斤顶、群锚式千斤顶、锥锚式千斤顶和台座式千斤顶等，其中穿心式千斤顶又可分为穿心单作用式、穿心双作用式和穿心拉杆式三种。

拉杆式千斤顶是我国最早生产的液压张拉千斤顶，利用单活塞杆单作用张拉预应力筋，由于该千斤顶只能施加不大于 600 kN 的预应力，近年来已逐渐被多功能穿心式千斤顶代替。穿心式千斤顶是一种具有穿心孔，通过双作用液压缸张拉预应力筋和顶压锚具。这种千斤顶适应性强，适用于张拉需要顶压的锚具；配上撑脚与拉杆后，可以张拉螺杆锚具和镦头锚具；设置前卡式工具锚，可以缩短张拉所需的预应力筋外露长度，节约钢材。群锚式千斤顶是具有一个大口径穿心孔的单油缸张拉预应力筋的单作用穿心式千斤顶，广泛用于大吨位钢绞线束的张拉，配上撑脚与拉杆后也可作为拉杆式穿心千斤顶使用。锥锚式千斤顶是一种具有张拉、顶锚和退楔三种功能的千斤顶，可用于钢质锥形锚具进行锚固的钢丝束的张拉。台座式千斤顶是采用先张法整体张拉或放松预应力筋的单作用千斤顶。开口式双缸千斤顶利用一对倒置的单活塞杆缸体将预应力筋卡在开口处，主要用于单根超长钢绞线分段张拉。

预应力张拉锚固体系是预应力技术的重要组成部分，是保证预应力混凝土结构的预加应力的准确性、永久性和正确位置的关键机械装置。锚固系统包括锚具、夹具、连接器及锚下支撑系统等。锚具是一种机械装置，用以永久性保持预应力筋的拉力并将其传递给混凝土，主要用于后张法结构或构件中；夹具是先张法构件施工时将保持拉力的预应力筋在张拉台座(钢模)上临时锚固的工具装置，后张法夹具又称工具锚，是将千斤顶的张拉力传递到预应力筋的临时锚固装置；连接器是连续结构中预应力筋的连接装置，可将多段预应力筋连接成一条完整的长束；锚下支撑系统布置在锚固区混凝土中，包括锚垫板、螺旋筋或网片等，作为预应力筋的定位件和锚具的支撑件，根据结构劈裂应力要求控制局部开裂。

预应力筋锚固体系中预应力筋用锚具按锚固方式不同可分为夹片式(单孔与多孔夹片锚具)、支承式(镦头与螺母锚具)、锥塞式(钢质锥形锚具)和握裹式(挤压和压花锚具)4种类型。预应力筋锚固体系按照锚固对象不同分为钢绞线、钢丝束、粗钢筋、拉索和环锚等。钢绞线锚固体系又分为单孔夹片、多孔夹片、扁型夹片、固定端等。钢绞线连接器分为单根钢绞线、多根钢绞线。

从行业整体发展情况来看，随着我国基本建设规模的不断扩大，预应力制品需求也在剧增，预应力机械已从简单的机械逐步发展成先进设备。近年来，国内预应力机械得到快速发展，产品的性能和质量不断提高，新技术、新产品不断涌现，行业整体水平与国际先进水平的差距不断缩小。预应力机械的锚具、夹具和连接器随着我国工程建设需求不断增多，张拉设备和电动油泵的性能和可靠性都有了较大提高，基本上实现了产品的系列化，涌现出许多新型锚固体系，可以满足行业整体发展需求。

从行业队伍整体水平来看，我国从事钢筋及预应力机械生产，钢筋连接套筒及预应力筋连接器、锚具、夹具生产，钢筋连接和钢筋工程专业分包的企业数量多。但是，经营规模小，科研能力不足，预应力机械科研院所和大专院校寥寥无几。行业中的企业生产能力和经营规模普遍不高，仍属于劳动密集型行业，从业人数多，劳动生产率较低，人员素质参差不齐。

从产品性能和质量来看，预应力机械性能和质量近年来有了较大提高，部分企业有些产品可以与国际同行产品相媲美，但高性能、高质量产品在行业产品总量中所占比例较低，市场上不同企业生产的同类产品性能和质量相差较大。从行业的现有标准体系来看，标准制定和修订周期长，不利于产品的技术进步和质量提高。目前预应力用张拉机械产品类标准有：《预应力用液压千斤顶》(JG/T 321—2011)、《预应力用电动油泵》(JG/T 319—2011)、《预应力筋用液压镦头器》(JG/T 320—2011)、《预应力筋用锚具、夹具和连接器》(GB/T 14370—2015)等。

39.1.3 发展趋势

预应力机械是钢筋工程的重要施工设备，影响着钢筋工程的质量和施工效率，是钢筋工程的重要保证。预应力混凝土可以满足未来建筑和其他结构工程高强度、轻质、抗震、耐火和耐腐蚀等性能需求。随着预应力的设计及计算理论不断完善，预应力施工工艺标准化逐渐成熟，预应力筋不断向高强度、低松弛、大直径和耐腐蚀的方向发展，加之高效率的预应力张拉锚固体系，预应力技术的应用范围将越来越广，应用数量也将日益增多。目前，预应力用张拉机械从设计、制造到使用已形成了较成熟的技术体系，并建立了相应的国家标准和行业标准，随着预应力混凝土技术的发展，预应力用张拉机械也必将在施工中被普遍采用，并向大吨位、高效率、高稳定、系列化、智能化、长寿命的方向不断发展和完善。

39.2 产品分类

预应力用张拉机械按张拉钢筋的方法划分为：液压式、机械式和电热式。

1. 液压式

液压式钢筋预应力张拉机械采用高压或超高压的液压传动，以高压油泵作为动力装置，通过液压回路中换向阀、节流阀及减压阀等控制液压千斤顶活塞运动的方向、速度及系统压力，再配以合适的张拉锚固装置，从而实现预应力筋的张拉和放张。液压式张拉机械具有作用力大、体积小、自重轻和操作简便的优点。

2. 机械式

机械式钢筋预应力张拉机采用电动机(或

人力)作为动力装置,配以合适的预应力筋连接装置,以机械传动的方法实现预应力筋的张拉。它主要用于小吨位、长行程的直线、折线和环向张拉预应力工艺。

3. **电热式**

电热式钢筋预应力张拉机械根据物体热胀冷缩的原理,在预应力筋上通过强大的电流,使钢筋在短时间内受热伸长。当钢筋伸长到所要求的长度后,切断电源,快速锚固,混凝土在冷缩的钢筋和锚固工具的作用下产生预应力。加热伸长量根据规定的张拉力吨位,通过计算或试验确定,但是钢筋的不均质等情况会影响伸长量计算的准确性。

电热式张拉具有张拉速度快、生产效率高、操作方便的特点,高空作业仅需移动电线,不需搬移其他设备;通电加热时,钢筋的伸长不受阻力的影响,可以消除机械张拉时孔壁摩擦造成的预应力损失,特别是能避免圆形构筑物中曲面影响所造成的预应力损失。但对于长线台座上的预应力钢筋,因长度较大、散热快、耗电量大,不宜采用。

39.3 结构组成

1. 液压式钢筋预应力张拉机

液压式钢筋预应力张拉机主要由张拉部分(高压油泵、预应力千斤顶)、测力部分(高压油泵站的压力表、千斤顶上的压力传感器)、夹持部分(锚夹具、连接器等)、控制部分(液压油路、液压油路相关控制阀)组成。

1) 预应力千斤顶

预应力千斤顶为液压式钢筋预应力张拉机的工作装置,是一种专用的液压工作油缸。预应力用液压千斤顶的机型可分为普通式、拉杆式、穿心式、锥锚式和台座式五种,穿心式千斤顶又可分为穿心单作用式、穿心双作用式和穿心拉杆式。

(1) 普通液压千斤顶

先张法施工中采用钢台模,以机组流水法或传送带法生产构件,进行多根钢筋同步张拉,可用普通液压千斤顶进行张拉,张拉时要求钢丝的长度基本相等,并调整钢筋的初应力,以保证张拉各钢筋的预应力相同。液压千斤顶进行成组张拉示意图如图 39-3 所示。

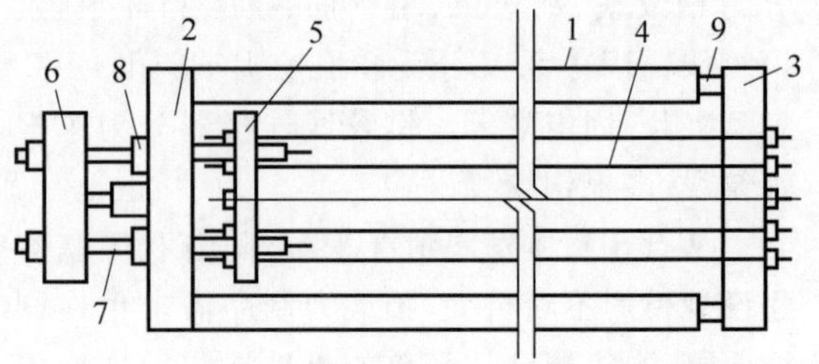

1—台模;2,3—横梁;4—钢筋;5,6—拉力架横梁;7—大螺丝杆;8—油压千斤顶;9—放松装置。

图 39-3 普通液压千斤顶成组张拉

(2) 拉杆式千斤顶

拉杆式千斤顶主要由液压缸、活塞、拉杆、连接头及撑脚等组成,以活塞杆作为拉力杆件,适用于张拉带螺杆锚具或夹具的钢筋、钢筋束,主要用于单根或成组模外先张法、后张法或后张自锚工艺。如图 39-4 所示,拉杆式千斤顶由两个联动的单作用活塞缸组合而成,大油缸(主缸)张拉,小油缸(副缸)回程,具有张拉力强、回程快等特点。常用型号为 YL60 型,张拉力为 4000 kN 的 YL400 型和张拉力为 5000 kN 的 YL500 型拉杆式千斤顶主要用于张拉力较大的钢筋张拉。

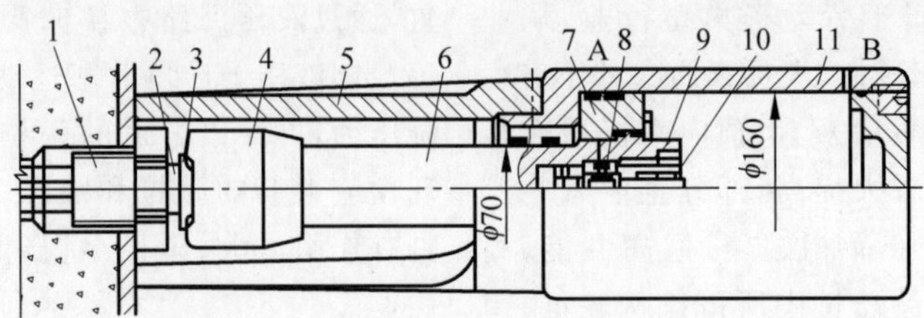

1—DM 锚具;2—连接杆;3—连接头;4—张拉头;5—撑脚;6—拉杆;7—活塞;8—锥阀;9—差动阀体;10—差动阀活塞;11—油缸;A,B—油嘴。

图 39-4 拉杆式千斤顶

拉杆式千斤顶可用电动油泵供油，也可用手动油泵供油。电动油泵可同时为多台千斤顶供油。当高压油泵供给的高压油液从 A 油嘴进入大缸时，拉伸连接在拉杆末端张拉头的钢筋，并在高压油泵上的压力表上显示拉力值。拉杆回程复位有三种方法：单路进油差动回程，即 A 油嘴关闭，B 油嘴进油，液控单向阀开启，实现差动回程；双路进油，即 A、B 油嘴同时进油，在双路流量相同时，回程速度比单路进油快一倍；带荷回程，即只操作 B 路，可完成张拉、回程、起张降荷、开泵持荷和调速调压。

(3) 穿心式千斤顶

穿心式千斤顶的构造特点为沿千斤顶轴线留有预应力筋或张拉杆可从中通过的穿心孔道。具有两个工作缸，分别负责张拉和顶锚；张拉活塞采用液压回程，顶压活塞采用弹簧回程或液压回程；张拉油缸与顶压油缸的排列有并联和串联两种形式。穿心式千斤顶适用于张拉并顶锚带有夹片锚具的钢丝线、钢丝束，并在配上撑力架、拉杆等附件后，也可作为拉杆式千斤顶使用。根据作用功能不同，系列产品分为穿心单作用式、穿心双作用式和穿心拉杆式等，它是一种通用性强、应用较广的张拉设备。

穿心双作用式千斤顶的构造如图 39-5 所示，主要由油缸、顶压活塞、张拉头、顶压头、端盖堵头、连接套、撑套、回程弹簧和动、静密封圈等组成。该千斤顶具有双作用，即张拉与顶锚两个作用，常用型号为 YC60 型。张拉预应力筋时，A 油嘴进油，B 油嘴回油，顶压油缸，连接套和撑套组件右移顶住工作锚环；张拉油缸、端盖螺母及堵头与穿心套组成一体带动工具锚左移张拉预应力筋。顶压锚固时，在保持张拉力稳定的条件下，B 油嘴进油，顶压活塞，保护套和顶压头联成一体右移将夹片强力顶入锚环内，顶压活塞回程弹簧被压缩。张拉缸采用液压回程，此时 A 油嘴回油，B 油嘴进油，油缸右移复位，工具锚松脱。顶压活塞采用弹簧回程，此时 A、B 油嘴同时回油，顶压活塞在弹簧力作用下回程复位，卸下工具锚和千斤顶。

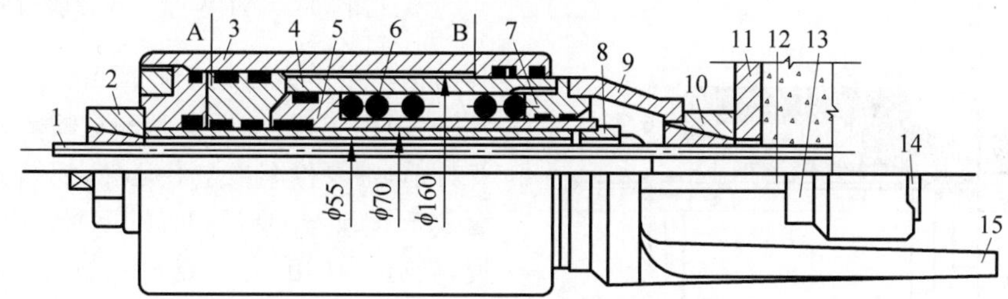

1—预应力筋；2—工具锚；3—油缸；4—张拉活塞；5—顶压活塞；6—回程弹簧；7—连接套；8—顶压头；9—撑套；10—工作锚；11—锚具垫板；12—拉杆；13—张拉头；14—连接头；15—撑脚。

图 39-5　穿心式双作用千斤顶的构造

大孔径穿心式千斤顶又称群锚千斤顶，具有一个大口径穿心孔，是利用单液压缸张拉预应力筋的单作用千斤顶，广泛用于张拉大吨位钢绞线束。配上撑脚与拉杆后又可作为拉杆式穿心千斤顶。根据千斤顶构造和生产厂家不同，可分为三大系列产品：YCD 型、YCQ 型、YCW 型千斤顶。每一系列产品又有多种规格。

YCD 型千斤顶的构造如图 39-6 所示。这种千斤顶具有大口径穿心孔，其前端安装顶压器，后端安装工具锚。张拉时活塞带动工具锚与钢绞线向左移动。采用液压器或弹性顶压器进行锚固。其液压顶压器采用多孔式(其孔数与锚具孔数相同)，多油缸并联。每组顶压力为 25 kN。这种顶压器的优点在于夹片外露长度不同，分别进行等荷载的强力顶压锚固，可增加锚固的可靠性，减少夹片滑移回缩损失。弹性顶压器采用橡胶筒形弹性元件，每一弹性元件对准一组夹片，钢绞线从弹性元件的孔中穿过，张拉时钢绞线能正常地拉出来，张拉后无顶锚工序，利用钢绞线内缩将夹片带进

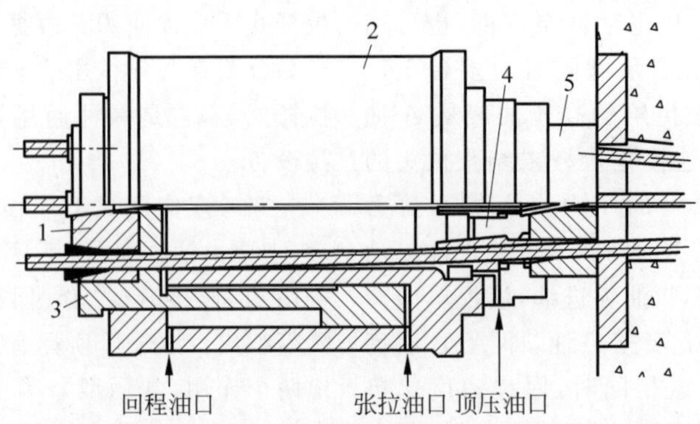

1—工具锚；2—千斤顶缸体；3—千斤顶活塞；4—顶压器；5—工作锚。

图 39-6 YCD 型穿心式千斤顶的构造

锚固。这种做法可使千斤顶的构造简化、操作方便，但夹片滑移回缩损失较大。

YCQ 型千斤顶的构造如图 39-7 所示，其特点是用限位板代替顶压器，要求锚具的自锚性能可靠。YCQ 型系列千斤顶是一种通用性较强的穿心式千斤顶，主要用于张拉各种型号的群锚锚固体系。张拉时可配套使用限位板或顶压器及自动工具锚。当配用不同的附件时可进行 DM 型镦头锚及冷铸锚的张拉。

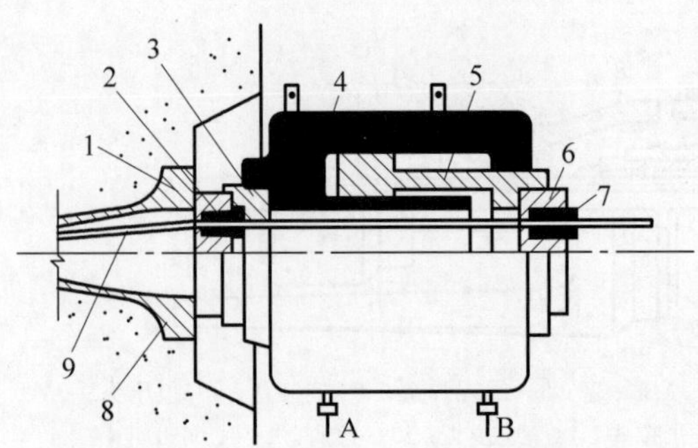

1—工作锚板；2—夹片；3—限位板；4—缸体；5—活塞；6—工具锚板；7—工具夹片；8—喇叭形铸铁垫板；9—钢绞线；A—张拉时进油嘴；B—回缩时进油嘴。

图 39-7 YCQ 型千斤顶的构造

YCW 型千斤顶加撑脚与拉杆后，可用于镦头锚具和冷铸镦头锚具，其构造如图 39-8 所示。

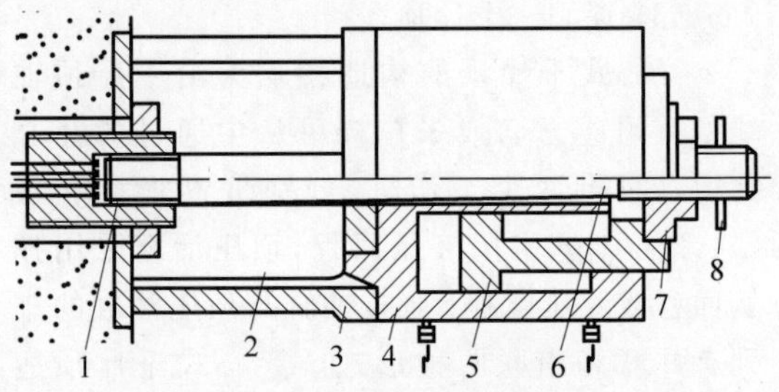

1—锚具；2—支撑环；3—撑脚；4—油缸；5—活塞；6—张拉杆；7—张拉杆螺母；8—张拉杆手柄。

图 39-8 YCW 型千斤顶的构造

(4) 锥锚式千斤顶

锥锚式千斤顶是一种专用千斤顶，其构造如图 39-9 所示，主要用于张拉带有钢质锥形锚具的钢丝束。锥锚式千斤顶由张拉油缸、顶压油缸、退楔装置、楔形卡盘和退楔翼片等组成。张拉前，油泵停车或空载运转，安装锚环、对中套及千斤顶，开泵后，将顶压油缸伸出指定长度，供退楔使用，并将钢丝按顺序嵌入卡盘槽内，用楔块夹紧；A 油嘴进油，B 油嘴回油，顶压缸右移顶住对中套、锚环，张拉缸带动卡盘左移，张拉钢丝束；B 油嘴进油，A 油嘴关闭，张拉缸持荷，稳定在张拉力设计值，顶压活塞杆右移压缩弹簧，将锚塞强力顶入锚环内；B 油嘴进油，A 油嘴回油，张拉缸右移回程复位，退楔翼片顶住楔块使之松脱；油泵停车或空载运行，A、B 油嘴均回油，在弹簧力作用下，顶压活塞杆左移复位。

(5) 台座式千斤顶

台座式千斤顶是在台座上整体张拉或放松预应力筋的单作用千斤顶，YDT300 型台座式千斤顶外形如图 39-10 所示。该千斤顶的方

1—张拉缸；2—顶压缸；3—退楔缸；4—楔块(张拉时位置)；5—楔块(退出时位置)；6—锥形卡环；7—退楔翼片；8—钢丝；9—锥形锚具；10—构件；A，B—油嘴。

图 39-9　锥锚式千斤顶的构造

垫板中部设有凸台，不但对千斤顶起定心作用，也可承受侧向力；该垫板通过4个六角螺钉固定在千斤顶底板上。千斤顶顶部球形垫板的活动板可以有±1°10′的转角，但仍需精确安装。

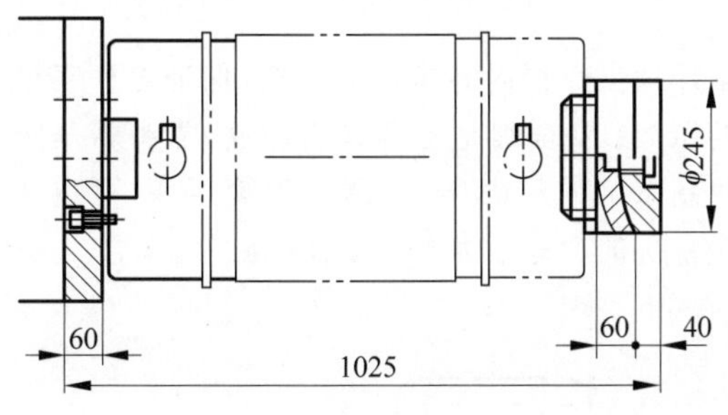

图 39-10　YDT300型台座式千斤顶外形示意图

开口式双缸千斤顶是利用一对倒置的单活塞杆缸体将预应力筋卡在其间开口处的一种千斤顶。这种千斤顶主要用于单根超长钢绞线分段张拉。开口式双缸千斤顶由顶压器、活塞支架、油缸支架等组成，如图39-11所示。

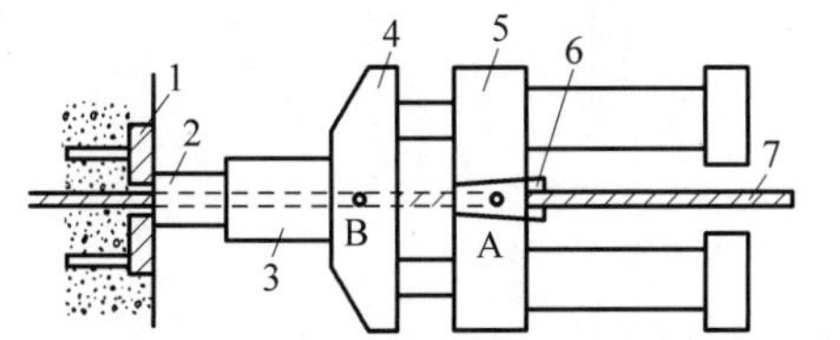

1—埋件；2—工作锚；3—顶压器；4—活塞支架；5—油缸支架；6—夹片；7—预应力筋；A，B—油嘴。

图 39-11　开口式双缸千斤顶的构造

2) 预应力电动油泵

预应力电动油泵是液压式张拉机械的动力和操纵装置，根据需要对液压千斤顶各个油缸进行高压油液供给，使活塞按照一定速度伸出或回缩。预应力电动油泵按照工作原理可分为齿轮泵、叶片泵、轴向柱塞泵、径向柱塞泵；按照泵的流量特性可分为定量泵、变量泵；按照工作需要可分为单路供油泵、双路供油泵。它由泵体、控制阀、压力表、油箱、油管和接头等组成，具有超高压、小流量、泵阀油箱配套和可移动等特点。

(1) 手动高压油泵

手动高压油泵由油箱、油泵、换向阀、压力表及管路等组成，一般为双级泵型式，低压时排量较大，高压时只有小柱塞工作，排量小。工作时，摇动手柄即可输出高压油，高压油经过四通接头进入压力表及换向阀。换向阀有四个接头，即进油接头、回油接头和两个工作接头，工作接头分别接千斤顶。换向阀可以使油进入千斤顶的一个缸，而把另一个缸的油压回油箱，实现千斤顶换向，在四通接头上安有放油阀，工作时放油阀关闭，张拉完成后，先打开放油阀，油压降低。打开放油阀要缓慢进行，使油压逐渐降低，以免油压降低太快而损坏压力表。

(2) 电动高压油泵

电动高压油泵可分为轴向柱塞式和径向柱塞式两种，轴向柱塞式具有结构简单、工料节省等优点，应用广泛，它主要由电动机、泵体、控制阀、油箱等组成。目前最常使用的有：ZB4-500 型、ZB1-630 型、ZB10/320～4/800 型、ZB618 (ZB6/1-800)型、ZB0.8-500 型与 ZB0.6-630 型等几种，其额定压力为 40～80 MPa。

(3) 通用电动油泵

ZB4-500 型电动油泵是目前通用的预应力油泵，主要与额定压力不大于 50 MPa 的中等吨位预应力千斤顶配套使用，也可供对流量无特殊要求的大吨位千斤顶和小吨位千斤顶使用。ZB4-500 型电动油泵由泵体、控制阀、油箱小车和电气设备组成，泵体采用阀式配流的双联式轴向定量泵，双联式即同一泵体的柱塞分成两组共用一台电动机，由公共的油嘴进油，左、右油嘴各自出油，左右两路的流量和压力互不干扰。其外形如图 39-12 所示。

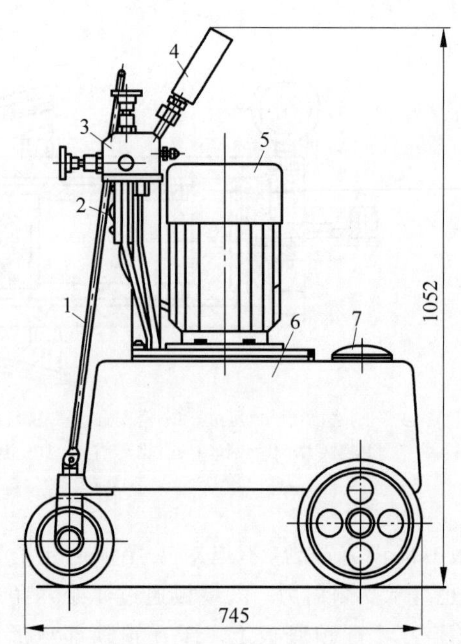

1—拉手；2—电气开关；3—组合控制阀；4—压力表；5—电动机及泵体；6—油箱小车；7—加油口。

图 39-12 ZB4-500 型电动油泵外形

3) 控制阀

控制阀由节流阀、截止阀、安全阀、单向阀、压力表座和进、出、回油嘴等组成，它具有左、右两个结构相同的阀体。图 39-13 所示为 ZB4-500 型电动油泵控制阀的构造。节流阀是可调锥式阀，通过改变阀隙流通截面大小来调节进入工作缸的供油流量；截止阀是可调锥式阀，打开便卸荷，关闭则供油；单向阀用以切断千斤顶工作缸内高压油的回路，保证工作系统的压力；安全阀是可调式溢流阀，靠弹簧压力限制系统的最高压力，调节弹簧压力，可以改变系统的最高压力即安全保护压力。

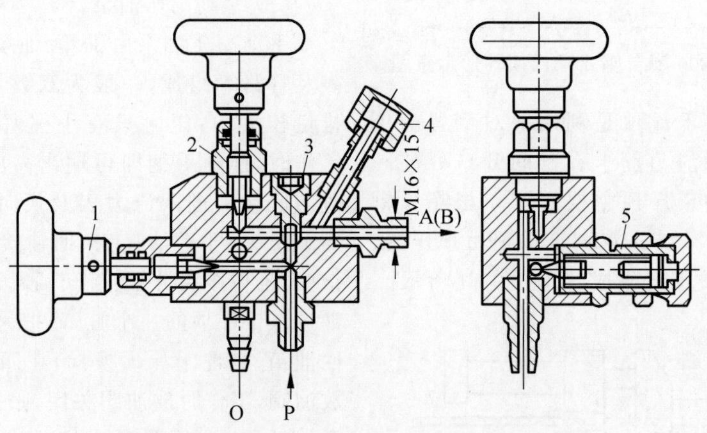

1—节流阀；2—截止阀；3—单向阀；4—压力表座；5—安全阀。

图 39-13 ZB4-500 型电动油泵控制阀的构造

2. 机械式钢筋预应力张拉机

机械式钢筋预应力张拉机分为手动式和电动式，主要包括张拉、夹持和测力三部分。

手动张拉机主要分为手动螺杆张拉器和手动张拉车两种。手动螺杆张拉器由套筒、空心螺杆、压板、测力弹簧和锥形夹具等组成，它适用于张拉单根直径为 3～5 mm 的冷拔低碳钢丝。使用时，将钢丝穿过张拉器空心螺杆，用夹具固定在螺杆后端，然后用扳手转动螺帽，使螺杆向后伸出张拉钢丝。张拉力由弹簧压缩变形值控制。手动张拉车由钢丝绳卷筒、测力弹簧及钳式夹具组成，小车可在轻轨道上移动。它可用于张拉单根冷拔低碳钢丝。张拉车的卷筒是通过扳动操纵杆转动方向齿轮，在方向齿轮带动下旋转的，在卷筒的另一边装有棘爪，以免张拉时倒转，钢丝张拉、锚固后，脱开棘爪，将方向齿轮倒转即可松脱钢丝。

电动式张拉机型式很多，适用于张拉单根冷拔低碳钢丝及刻痕钢丝，一般由张拉部分(由电动机带动的轻便卷扬机或螺杆)、测力部分(带油压表的微型千斤顶、杠杆或测力弹簧)、夹持部分(钳式、偏心块式或楔块式等夹具)、控制装置(倒顺开关、磁力开关和自行断电装置等)、行走部分(行走小车)组成。以电动螺杆张拉机为例，它由电动机、变速箱、梯形螺杆、弹簧测力计等组成，其构造如图 39-14 所示。

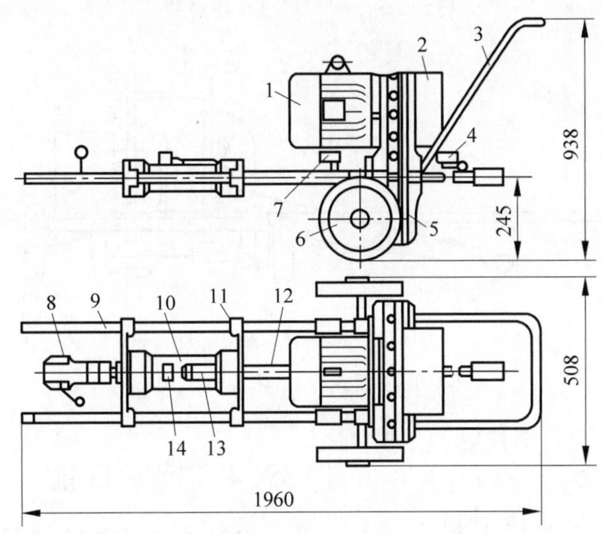

1—电动机；2—配电箱；3—手柄；4—前限位开关；5—变速箱；6—胶轮；7—后限位开关；8—钢丝钳；9—支撑杆；10—弹簧测力计；11—滑动架；12—梯形螺杆；13—计量标尺；14—微动开关。

图 39-14　电动螺杆张拉机的构造

电动机转动时，通过一级直齿减速装置使中心轴转动，中心轴的中心孔内固定有梯形螺母，螺母带动螺杆向前或向后作直线运动。弹簧测力计一端与螺杆连接，另一端与钢丝钳铰接。弹簧测力计两端的滑动架使其托持在支撑杆上，并能前后滑动，同时保持螺杆、测力计、螺母位于同一中心位置。螺杆的向前、向后运动由电动机的正、反转控制。为了保证安全可靠，防止机件碰撞，机上装有前后限位行程开关，工作时调节好标尺，当张拉力达到给定数值时，微动开关常闭，触点断开，交流接触器断开，电机停止转动，达到自动停止张拉的目的；钢丝锚固完成后，电动机反向旋转使螺杆返回，放松钢丝，完成一次张拉操作。图 39-15 所示为采用卷扬机张拉单根预应力筋示意图。

该机型号分为 LYZ-1A 型(支撑式)、LYZ-1B 型(夹轨式)两种。LYZ-1A 型适用于多处预制场地；LYZ-1B 型适用于固定式大型预制场地。LYZ-1A 型张拉机由电动卷扬机、弹簧测力计、电气自动控制装置及专用夹具组成，如图 39-16 所示。

卷扬机由电动机、变速箱及卷筒三部分组成。变速箱初级为蜗轮蜗杆，末级为齿轮。弹簧测力计应预先标定，标有测力荷载，张拉时将标尺零位线对准所需张拉力的刻度，开动电机，达到预定张拉力时，碰块触动行程开关，电

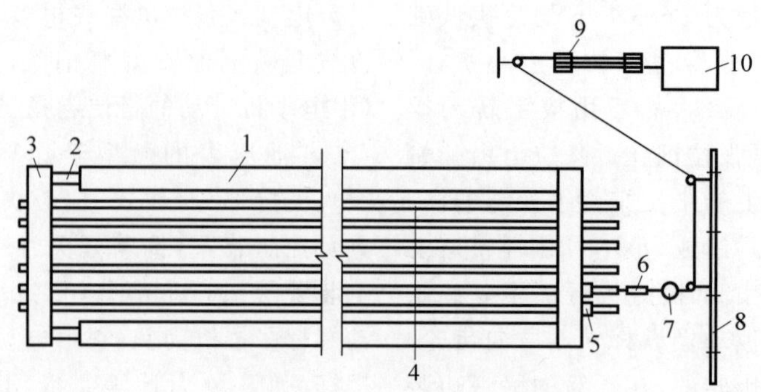

1—台座；2—放松装置；3—横梁；4—预应力筋；5—锚固夹具；6—张拉夹具；7—测力计；8—固定梁；9—滑轮组；10—卷扬机。

图 39-15 用卷扬机张拉钢筋

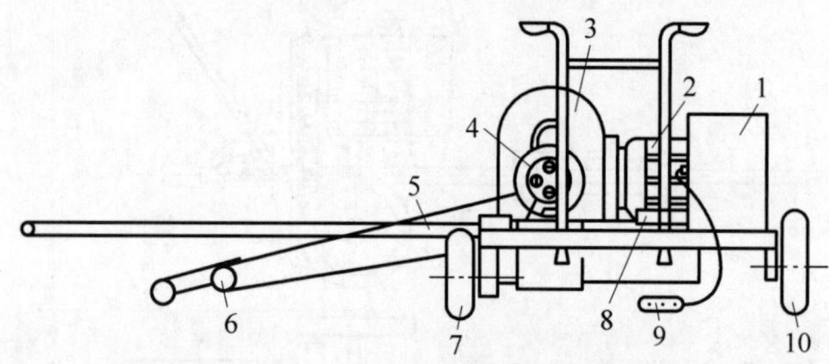

1—电气箱；2—电动机；3—变速箱；4—卷筒；5—撑杆；6—夹钳；7—前轮；8—测力计；9—开关；10—后轮。

图 39-16 LZY-1A 型张拉机的构造

源自动切断，实现张拉力自动控制。夹具装有动滑轮，测力计实际受力为标定张拉力的50%。夹块采用合金钢，可四面使用。

3. 电热式钢筋预应力张拉机

电热式钢筋预应力张拉机一般由变压器、导线、夹具、锚具及测量仪表和工具等组成。

39.4 技术性能

39.4.1 产品型号命名

目前我国常用的预应力张拉机型号如表 39-1 所示。

表 39-1 预应力张拉机械产品型号编制

类型		产品				主参数代号		
名称	代号	形式	代号	名称	代号	名称	单位	表示法
预应力张拉机	YL(预拉)	手动式	S(手)	手动钢筋张拉机	YLS	张拉力	kN	主参数
		电动式	D(电)	电动钢筋张拉机	YLD			
预应力液压泵	YB(预泵)	手动式	S(手)	手动液压泵	YBS	公称压力	kPa	
		轴向式	Z(轴)	轴向式电动液压泵	YBZ	公称流量-公称压力	L/min-kPa	
		径向式	J(径)	径向式电动液压泵	YBJ			
预应力千斤顶	YD(预顶)	拉杆式	L(拉)	拉杆式预应力千斤顶	YDL	公称容量	kV · A	
		穿心式	C(穿)	穿心式预应力千斤顶	YDC	张拉力-最大行程	kN-mm	
		锥锚式	Z(锥)	锥锚式预应力千斤顶	YDZ			
		台座式	T(台)	台座式预应力千斤顶	YDT			

39.4.2　性能参数

额定压力、公称输出力、公称流量及公称行程是预应力张拉机械的主参数，主参数系列优先选用表 39-2 中所示数值。

表 39-2　主参数系列

项　目	单位	数　值
额定压力	MPa	25、31.5、40、50、63、70
公称输出力	kN	250、650、1000、1500、2000、2500、3000、3500、4000、5000、6500、9000、12 000
公称流量	L/min	0.4、0.63、0.8、1、1.5、2、2.5、3.2、4、5、6.3、8、10、12.5、16
公称行程	mm	50、80、100、150、180、200、250、300、400、500、600、1000

预应力张拉机械的公称输出力宜选用所需张拉力的 1.5 倍，且不得小于 1.2 倍，与张拉机械配套使用的测力仪器仪表最大量程应为张拉力的 1.5～2.0 倍，标定精度应不低于 1.0 级。预应力张拉机械的公称行程应大于预应力筋所需的伸长量，预应力张拉机械在标定有效期内，张拉力及位移示值误差及重复性误差不应大于 3%。

预应力张拉机应有润滑、操作、安全等各种标牌和标志。工作时，滑动轴承温升不得超过 50 K，最高温度不得超过 70℃；滚动轴承温升不得超过 50 K，最高温度不得超过 80℃。张拉机构应具有自锁制动性能，噪声声压值应低于 85 dB。变速箱运转时油温升不得超过 45 K。运转应平稳，无冲击，各密封处不得漏油，夹钳应夹持可靠，不得有打滑现象。钳口材料应具有一定的强度和韧性，表面硬度应符合设计要求，撑杆应具有一定刚度，在工作中不得有明显变形。

39.4.3　产品技术性能

电动螺杆张拉机适用于先张法台座工艺中单根长线钢筋的张拉，一般用小型电动螺杆张拉机。DL1 型电动螺杆张拉机的技术参数如表 39-3 所示。

表 39-3　DL1 型电动螺杆张拉机的技术参数

项　目	单　位	数　值
张拉钢丝直径	mm	4～5
最大张拉力	kN	10
最大张拉行程	mm	780
张拉速度	m/min	2

电动卷扬张拉机采用长线台座张拉时，伸长量也较长，电动螺杆张拉机或液压千斤顶难以满足其行程需求，故张拉小直径的钢筋可用 LYZ-1 型张拉机。LYZ-1 型电动卷扬张拉机的技术参数如表 39-4 所示。

表 39-4　LYZ-1 型电动卷扬张拉机的技术参数

项　目	单　位	数　值
张拉钢丝直径	mm	4～5
最大张拉力	kN	10
最大张拉行程	m	2.5
张拉速度	m/min	2
电动机功率	kW	0.75

液压式张拉机械中千斤顶的技术参数如表 39-5～表 39-8 所示。

常规油泵目前应用最多的是 ZB4-500 型和 ZB3-630 型两种电动油泵，它们的优点是性能稳定，与千斤顶配套性好，适应范围广；不足是移动吊运不便，与大千斤顶配套使用时，油箱容积不够大。超高压电动油泵及 ZB4-500 型电动油泵的技术参数见表 39-9 和表 39-10。

ZB10/320-4/800 型电动油泵是一种大流量、超高压的二级变量油泵，主要与张拉力在 1000 kN 以上或工作压力在 50 MPa 以上的预应力千斤顶配套使用。其技术参数见表 39-11。

ZB618 型电动油泵，即 ZB6/1-800 型电动油泵，可用于各类型千斤顶的张拉。该油泵是一种与大吨位千斤顶配套使用的大流量二级轴向柱塞变量高压油泵，特点是低压大流量，高压时变量控制阀起作用，流量变小，达到放慢张拉速度，节省能源的目的，其技术参数如表 39-12 所示。

表 39-5 粗钢筋预应力张拉千斤顶的主要技术参数

型号	额定油压/MPa	张拉力/kN	张拉行程/mm	外形尺寸/(mm×mm)或(mm×mm×mm)	质量/kg	配套油泵车型号
YG-70	40	72	100	509×270×339	85	ZB3-630
YL20A	25	200	150	ϕ155×635	78.5	
YL60	40	600	250	ϕ195×845	93	
YL60A	40	600	200	ϕ198×485	90	
YL80	40	800	250	ϕ218×930	174.6	
YL120	37.5	1200	250	ϕ295×667	170	
YL400	40	4000	250	ϕ510×1165	1200	

表 39-6 YC 型穿心式千斤顶的技术参数

参数		单位	型号		
			YC20D	YC60	YC120
额定油压		N/mm^2	40	40	50
张拉缸液压面积		cm^2	51	162.6	250
公称张拉力		kN	200	600	1200
张拉行程		mm	200	150	300
顶压缸活塞面积		cm^2	—	84.2	113
顶压行程		mm	—	50	40
张拉缸回程液压面积		mm	—	12.4	160
定压活塞回程			—	弹簧	液压
穿心孔径		mm	31	55	70
外形尺寸	无撑脚	mm×mm	ϕ116×360(不计附件)	ϕ195×425	ϕ250×910
	有撑脚			ϕ195×760	ϕ250×1250
重量	无撑脚	kg	19(不计附件)	63	196
	有撑脚			73	240
配套油泵			ZB0.8—500	ZB4—500 ZB0.8—500	ZBS4—500 (三油路)

表 39-7 锥锚式千斤顶的技术参数

参数	单位	YZ85-300	YZ85-500	YZ150-300
额定油压	MPa	46	46	50
公称张拉力	kN	850	850	1500
张拉行程	mm	300	500	300
额定压力	kN	390	390	769
顶压行程	mm	65	65	65
外形尺寸	mm×mm	ϕ326×890	ϕ326×1100	ϕ360×1005
重量	kg	180	205	198

表 39-8 台座式千斤顶的技术参数

参数	单位	YDT120	YDT300	YDT350
额定油压	MPa	50		
公称张拉力	kN	1200	3000	3500
张拉行程	mm	300	500	700
外形尺寸	mm×mm或mm×mm×mm	ϕ250×595	400×400×1025	—
重量	kg	150	—	—

表 39-9　超高压电动油泵的技术参数

型　　号	额定压力/MPa	额定流量/(L/min)	额定功率/kW	重量/kg	外形尺寸/(mm×mm×mm)	特点及适用范围
ZB4-500	50	2×2	3.0	120	745×494×1052	常用于 YCW 系列、YZ85 系列、YC60 系列千斤顶及 GY-JA 型挤压器、LD 型镦头器等
ZB4-500S	50	2×2	3.0	130	745×494×1052	在 ZB4-500 型基础上增加一个三位四通换向阀形成三路供油，专为带独立顶压器装置的千斤顶配套，同时也满足 ZB4-500 应用的所有场合
ZB1-630A	63	1	3.0	55	501×306×575	体积小，重量轻，流量小，适用于狭小空间及高空场合，常与 300 kN 以下千斤顶配套
ZB3-630	63	2×1.5	3.0	140	870×490×720	
ZB10-500	50	10	7.5	200	1000×660×970	超高压、大流量，专门为大吨位、长行程及要求快速动作的千斤顶配套；常与额定张拉力大于 5000 kN 或行程大于 500 mm 的 YD、YDT、YPDS 等类型千斤顶配套

表 39-10　ZB4-500 型电动油泵的技术参数

柱塞	直径/mm	10	电动机	功率/kW	3
	行程/mm	6.8		转速/(r/min)	1420
	个数/个	2×3	用油种类	10 号或 20 号机械油	
额定油压/MPa		50	油箱容量/L		42
额定流量/(L/min)		2	外形尺寸/(mm×mm×mm)		745×494×1052
出油嘴数/个		2	空箱重量/kg		120

表 39-11　ZB10/320-4/800 型电动油泵的技术参数

参　　数	级　　别	
	一　　级	二　　级
额定油压/MPa	32	80
公称流量/(L/min)	10	4
电动机功率/kW	7.5	
油泵转速/(r/min)	1450	
油箱容量/L	120	
空泵重量/kg	270	
外形尺寸/(mm×mm×mm)	1100×590×1120	

表 39-12 ZB618 型电动油泵的技术参数

柱塞	直径/mm	10	电动机	功率/kW	1.5
	行程/mm	9.5/1.67		转速/(r/min)	1420
	个数/个	6		型号	Y90L2-4
油泵转速/(r/min)		1420	出油嘴数/个		2
理论排量/(mL/r)		6.3/1.1	用油种类		10 号或 20 号机械油
额定油压/MPa		80	油箱容量/L		20
额定排量/(L/min)		6/1	空箱重量/kg		70
			外形尺寸/(mm×mm×mm)		500×350×700

39.5 选用原则与选型计算

39.5.1 总则

预应力张拉机械的型式和主参数的选定与预应力钢筋的种类、构件参数、张锚方法及夹具形式等有关，常用预应力筋、锚夹具、张锚工艺及张拉机具的配套选用如表 39-13 及表 39-14 所示。

表 39-13 预应力筋、锚具及张拉机械的配套选用表

预应力筋品种	锚具形式			张拉机械
	固定端		张拉端	
	安装在结构之外	安装在结构之内		
钢绞线及钢绞线束	夹片锚具 挤压锚具	压花锚具 挤压锚具	夹片锚具	穿心式
高强钢丝束	夹片锚具 镦头锚具 挤压锚具	挤压锚具 镦头锚具	夹片锚具	穿心式
			镦头锚具	拉杆式
			锥塞锚具	锥锚式、拉杆式
精轧螺纹钢筋	螺母锚具		螺母锚具	拉杆式

表 39-14 常用锚夹具、预应力筋、工艺方法及张拉机具配套选用参考表

类型	类别	名称	适用范围		
			预应力筋	工艺方法	张拉机具
螺杆式	锚具	螺丝端杆锚具	冷拉Ⅱ、Ⅲ级钢筋	先张法、后张法、电张法	YL60、YC60 型千斤顶
	夹具	螺杆销片夹具	冷拉Ⅳ级和热处理钢筋束	后张自锚、先张法	
镦头式	夹具	单根镦头夹具	冷拉Ⅱ、Ⅲ、Ⅳ级钢筋	先张法	
夹片式	锚具	JM5 型锚具	φp5 mm 钢丝束	后张法、先张法	YC20 型千斤顶
		单根钢绞线锚具	φs12 mm、φs15 mm 钢绞线		
	夹具	圆套筒三片式夹具	φ12 mm、φ14 mm 单根钢筋	先张法	YC20 型千斤顶
		方套筒二片式夹具	φ8.2 mm 热处理钢筋		YL60 型千斤顶
		单根钢绞线夹具	φs12 mm、φs15 mm 钢绞线		YC20 型千斤顶

续表

类型	类别	名称	适用范围		
			预应力筋	工艺方法	张拉机具
锥销式	夹具	圆锥齿板式夹具	ϕb4～ϕb5 mm 冷拔低碳钢丝	先张法	DL1 型电动螺杆张拉机、SL1 型手动螺杆张拉器
		圆锥三槽式夹具			

39.5.2　选型原则

1. 后张法施工中锚具及张拉设备的选型原则

施工时应根据所用预应力筋的种类及张拉锚固工艺选用张拉设备。一般单束预应力筋(单锚系统)选用流量小、张拉速度稍慢的轻型电动油泵和便携式千斤顶,这种张拉设备重量轻、操作简便,适合在高空及狭小场地进行张拉。张拉多束预应力筋(群锚系统),选用流量大、张拉速度快的高压电动油泵和配套千斤顶,群锚系统也可采用小型千斤顶单根张拉。施工时预应力筋的一次张拉伸长量不应超过设备的最大张拉行程。当一次张拉不足时,可采取分级重复张拉的方法,但所用的锚具与夹具应满足重复张拉的要求。大跨度结构、长钢丝束等引伸量大者,用穿心式千斤顶为宜。千斤顶张拉所需空间要求如图 39-17 和表 39-15 所示。

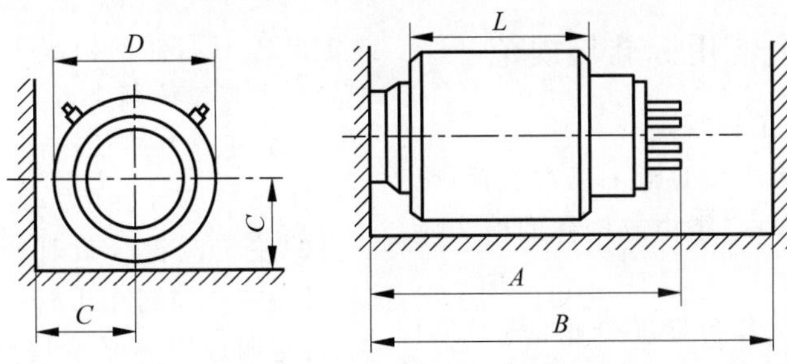

图 39-17　千斤顶张拉空间

表 39-15　千斤顶张拉空间要求

单位：mm

千斤顶型号	千斤顶外径 D	千斤顶长度 L	活塞行程	最小工作空间		钢绞线预留长度 A
				B	C	
YDC 240Q	108	580	200	1000	70	200
YCW 100B	214	370	200	1200	150	570
YCW 150B	285	370	200	1250	190	570
YCW 250B	285	370	200	1270	220	590
YCW 350B	410	400	200	1320	255	620
YCW 400B	432	400	200	1320	265	620

2. 电热式预应力张拉机设备的选用

1）变压器

一次电压为 220～238 V,二次电压为 30～65 V,二次额定电流(A)数值宜采用 120～$400A_y$,其中 A_y 为电热钢筋截面面积,cm^2。变压器功率一般宜大于 45 kV·A,工地上可将电焊机并联使用。

2）导线

一次导线用普通绝缘硬铜线,二次导线用单根的绝缘软铜绞线,长度越短越好,一般不超过 30 m。如无特殊要求时,二次导线截面面积通过电流密度允许提高,铜线不超过 5 A/mm^2,铝线不超过 3 A/mm^2。

3）夹具

夹具应导电性能好,接头电阻小,能与钢筋

紧密结合，接触良好(接触面积不小于 $1.2A_y$)，构造简单，便于装拆。常用的夹具有钳式和杠杆式。

4）锚具

直径 20～28 mm 的预应力钢筋常采用一端为螺丝杆锚具，用螺帽调整钢筋的初始长度，使预应力钢筋通过电热张拉后建立均匀内应力，又便于用拉伸机校核实际应力。直径 12 mm、构件长度较小的预应力筋，多采用镦粗头锚具。

5）测量仪表和工具

配备钳式电流表、万用电表、棒式水银温度计、刻度直尺、秒表、测力扳手等测量仪表和工具。

39.6 安全使用

39.6.1 安全使用标准与规范

1. 施工前准备工作规定

根据预应力相关产品的施工技术规范，施工前现场的准备工作中，结构或构件的检测应符合下列规定。

(1) 施工现场已具备批准合格的张拉顺序、张拉程序和施工作业指导书，具有保证操作人员和设备安全的防护措施，施工人员经培训掌握预应力施工知识和正确操作方法；锚具安装应正确，结构或构件混凝土已达到要求的强度和弹性模量(或龄期)。

(2) 先张法的墩式台座结构应符合下列规定：承力台座应进行专门设计，具有足够的强度、刚度和稳定性，抗倾覆安全系数应不小于 1.5，抗滑移系数应不小于 1.3；锚固横梁应有足够的刚度，受力后挠度不大于 2 mm。张拉前，对台座、锚固横梁及各项张拉设备进行详细检查，符合要求后方可进行操作。

(3) 张拉设备应与锚具产品配套使用，在使用前进行校正、检验和标定，张拉用的千斤顶与压力表应符合标定、配套使用，标定应在经国家授权的法定计量技术机构定期进行，标定时千斤顶活塞的运行方向应与实际张拉工作状态一致。采用测力传感器测量张拉力时，测力传感器应按相关国家标准的规定每年送检一次。当处于下列情况之一时，应重新进行标定。

① 使用时间超过 6 个月；

② 张拉次数超过 300 次；

③ 使用过程中千斤顶或压力表出现异常情况；

④ 千斤顶检修或更换配件后。

2. 预应力筋施加预应力规定

(1) 千斤顶安装时，工具锚应与前端的工作锚对正，工具锚和工作锚之间各根预应力筋不得错位、扭绞，实施张拉时，千斤顶与预应力筋、锚具的中心线应位于同一轴线上。

(2) 预应力筋的张拉顺序和张拉控制应力符合设计规定，当施工中需要对预应力筋实施超张拉或计入锚圈口预应力损失时，可比设计规定提高 5%，任何情况下均不得超过设计规定的最大张拉控制应力。

(3) 预应力筋采用应力控制方法张拉时，应以伸长量进行校核。实际伸长量与理论伸长量的差值应符合设计规定，如设计无规定时，其偏差应控制在±6%以内，否则应暂停张拉，待查明原因并采取措施予以调整后，方可继续张拉。环形筋、U 型筋等曲率半径较小的预应力束，其实际伸长量与理论伸长量的偏差宜通过试验确定。

(4) 预应力筋张拉时，应先调整初应力 σ_0，该初应力宜为张拉控制应力 σ_{con} 的 10%～25%，伸长量应从初应力时开始量测，预应力的实际伸长量除量测的伸长量外，应加上初应力以下的推算伸长量；预应力筋在实施张拉或放张作业时，应采取有效的安全防护措施，预应力筋两端、正面严禁站立人员和人员穿越；预应力筋张拉、锚固及放松时，均应填写施工记录。

3. 先张法施加预应力规定

(1) 同时张拉多根预应力筋时，应预先调整其单根预应力筋的初应力，使相互之间的应力一致，再整体张拉。张拉过程中，应使活动横梁与固定横梁始终保持平行，并应检查预应力筋的预应力值，其偏差的绝对值不得超过任一个构件全部预应力筋预应力总值的5%。

（2）先张法预应力筋的张拉程序应符合设计规定；设计未规定时，其张拉程序可按表39-16的规定进行。

表39-16　先张法预应力筋张拉程序

预应力筋种类		张拉程序
钢丝、钢绞线	夹片式等具有自锚性能的锚具	普通松弛预应力筋：0→初应力→$1.03\sigma_{con}$ 低松弛预应力筋：0→初应力→σ_{con}（持荷5 min锚固）
	其他锚具	0→初应力→$1.05\sigma_{con}$（持荷5 min）→0→σ_{con}（锚固）
螺纹钢筋		0→初应力→$1.05\sigma_{con}$（持荷5 min）→$0.9\sigma_{con}$→σ_{con}（锚固）

注：（1）表中σ_{con}为张拉时的控制应力值，包括预应力损失值；

（2）超张拉数值超过规定的最大超张拉应力限值时，应按该条规定的限值张拉应力进行张拉；

（3）张拉螺纹钢筋时，应在超张拉并持荷5 min后放张至$0.9\sigma_{con}$时再安装模板、普通钢筋及预埋件等。

（3）张拉钢丝、钢绞线时，同一构件内断丝数不得超过钢丝总数的1%，张拉螺纹钢筋时不容许断筋。

（4）预应力筋张拉完毕后，其位置与设计位置的偏差应不大于5 mm，同时不应大于构件最短边长的4%，且宜在4h内浇筑混凝土。

39.6.2　拆装与运输

张拉机的标牌和商标应印刷清晰和放置在易于观察部位，标牌应标记制造厂名称、产品名称与型号、产品主要参数、出厂编号、出厂日期、外形尺寸及质量；制造厂应向用户提供装箱单、产品合格证、产品使用说明书、易损件图册及随机备件与工具清单等文件；产品应保持良好通风、进行防潮处理，连接油泵和千斤顶的油管应保持清洁，不使用时用螺钉堵封，防止泥沙进入，油泵和千斤顶外露的油嘴要用螺帽封住，防止灰尘、杂物进入机内。

39.6.3　安全使用规程

1. 高压油泵安全使用规程

（1）油泵和千斤顶需使用规定油号的工作油，一般为N15或N22号机械油，亦可用其他性质相近的液压用油，如变压器油等。灌入油箱的油液必须经过过滤。经常使用时每月过滤一次，油箱应定期清洗。油箱内一般应保持85%左右的油位，不足时应及时补充，补充的油应与原泵中的油号相同。油箱内的油温一般以10～20℃为宜，不宜在负温下使用。

（2）油管在工作压力下避免弯折。每日用完后将油泵擦净，清除滤油铜丝布上的油垢。

（3）高压油泵不宜在超负荷下工作，安全阀需按设备额定油压或使用油压调整压力，严禁任意调整。

（4）油泵电机的电源接线必须接地线，检查线路绝缘情况后，方可试运转。

（5）高压油泵运转前，应将各油路调节阀松开，然后开动油泵，待空负荷运转正常后，再紧闭回油阀，逐渐旋拧进油阀杆，增大负荷，并注意压力表指针是否正常。

（6）油泵停止工作时，应先将回油阀缓慢松开，待压力表回至零位后，方可卸开千斤顶的油管接头螺母。严禁在负荷时拆换油管或压力表等。

（7）配合双作用千斤顶的油泵，以采用两路同时输油的双联式油泵为宜。

（8）耐油橡胶管必须耐高压，工作压力不得高于油泵的额定油压或实际工作的最大油压。油管长度不宜小于2.5 m。当一台油泵带动两台千斤顶时，油管规格应一致。

2. 液压千斤顶安全使用规程

（1）千斤顶不允许在超过规定负荷和行程的情况下使用。

（2）千斤顶使用时须保证活塞外漏部分的清洁，如果沾上灰尘杂物，应及时用油擦洗干净。使用完毕后，各油缸应回程到底，保持进出口洁净，并覆盖保护，妥善保管。

（3）千斤顶张拉升压时，应观察有无漏油和千斤顶位置是否偏斜，必要时应回油调整。进油升压应缓慢、均匀、平稳，回油降压时应缓慢松开油阀，并使各油缸回程到底。

(4) 双作用千斤顶在张拉过程中，应使顶压油缸全部回油。在顶压过程中，张拉油应预持荷，以保持恒定的张拉力，待顶压锚固完成时，张拉缸再回油。

3. 其他冷拉形式的张拉机安全使用规程

(1) 钢筋需冷拉吨位值应与冷拉设备能力相符，不允许超载冷拉，特别是用粗钢筋、旧设备时更要注意。

(2) 冷拉工艺的各种设备和机具在每班使用前后都必须进行检查，各装置均需结合牢固、灵敏可靠。润滑部位应加注润滑脂或机油。不允许任何不安全因素存在。

(3) 冷拉线两端必须设有防护装置，防止钢筋被拉断或滑离夹具而飞出伤人，禁止站在冷拉线两端或跨越以及触动正在进行冷拉的钢筋。

(4) 低于室温冷拉钢筋时，要适当提高冷拉力。

4. 电热式预应力张拉机安全使用规程

(1) 选好电热式张拉的各种设备，做好线路接线布置，并做好预应力钢筋与预埋铁件间的绝缘处理后，即可进行通电张拉。张拉时，先测一次导线的电压、电流，再测二次导线的电压、电流。然后每隔 2 min 测量二次导线的电流、钢筋表面温度和伸长量一次。

(2) 通电时的钢筋温度不应超过 350℃，其反复电热次数不宜超过 3 次；钢筋伸长达到要求时，立即断电，拧紧螺母。为弥补拧紧螺母过程中钢筋的冷缩影响，应将要求伸长量增加 5 mm 左右，待钢筋冷却到常温(断电后约 12 h)即可把螺母与垫板焊牢，然后再进行灌浆。

39.6.4 维修与保养

预应力张拉机的维护保养工作主要是例行保养，如表 39-17 所示。

39.6.5 常见故障及其处理方法

高压油泵及千斤顶常见故障及处理方法如表 39-18 及表 39-19 所示。

表 39-17 预应力张拉机的例行保养(每班进行)

序号	保养项目		技术要求
1	电气设备	(1) 检查电动机； (2) 检查接地装置； (3) 检查电源线及电动机连接线	(1) 电动机应运行正常，无异响，不过热； (2) 接地装置应齐全完好，符合安全技术要求； (3) 电源线如有损坏、松动等，应及时进行包扎，必要时进行更换
2	电动油泵	(1) 检查液压油箱液压油位； (2) 检查液压油泵； (3) 检查偏心机构； (4) 清洗油箱加油口通风过滤器毛毡； (5) 清洗油泵吸油口滤网； (6) 检查油箱翻动盖板毡垫四周接缝； (7) 检查分配阀及管路	(1) 液压油不足时，应予以补充； (2) 如有渗漏现象，应予以排除； (3) 应工作正常、无振动或异响； (4) 每工作 200 h，用煤油清洗一次，要求达到洁净无污垢； (5) 每工作 200 h 后应对油泵吸油口滤网拆洗一次； (6) 油箱翻动盖板毡垫四周接缝如出现渗漏现象，应及时修理清除； (7) 分配阀及管路如有渗漏，应检修消除
3	张拉器	(1) 清洁张拉器外部及附属件； (2) 检查主缸帽止动螺钉； (3) 检查润滑球面垫圈； (4) 检查管路与接头	(1)清洁张拉器外部及附属件油污和混凝土残渣，保持机容整洁； (2) 要求四只止动螺钉紧固，无松动； (3) 涂抹机械油(定位螺栓头应低于球面垫圈)； (4) 要求工作时无渗漏现象，否则应予检修

表 39-18　高压油泵常见故障及处理方法

故障现象	故障原因	处理方法
不出油、出油不足或波动	(1) 泵体内存有空气,漏油 (2) 油箱液面太低 (3) 油太稀、太黏或太脏 (4) 油泵吸油口滤网堵塞 (5) 泵体的柱塞卡住,吸油弹簧失效,柱塞与套筒磨损 (6) 泵体的进排油阀密封不严,配合不好	(1) 旋拧各手阀排除空气 (2) 查找漏点并消除 (3) 添加新油 (4) 清洗或更换吸油口滤网并更换液压油 (5) 清洗去污;清洗柱塞与套筒或更换损坏件 (6) 清洗阀口或更换阀座、弹簧和密封圈
系统压力达不到设定值	(1) 泵体内存有空气 (2) 漏油 (3) 控制阀上的安全阀口损坏或阀失灵 (4) 控制阀上的送油阀口损坏或阀杆锥端损坏 (5) 泵体的进排油阀密封不严、配合不好 (6) 泵体的柱塞套筒过度磨损	(1) 旋拧各手阀排除空气 (2) 查找漏点并消除 (3) 锪平阀口并更换损坏件 (4) 锪平接合处阀口和修理或更换阀杆 (5) 清洗阀口或更换阀座、弹簧和密封圈 (6) 更换新件
持压时表针回降	(1) 油外漏 (2) 控制阀上的持压单向阀失灵 (3) 回油阀密封失灵	(1) 查找漏点并消除 (2) 清洗和修刮阀口,敲击钢球或更换新件 (3) 清洗与修理回油阀口和阀杆
液压油泄漏	(1) 焊缝或管路破裂 (2) 螺纹松动 (3) 密封垫片失效 (4) 密封圈破裂 (5) 泵体的进排油阀口破坏或柱塞与套筒磨损过度	(1) 重新焊好或更换损坏件 (2) 拧紧各丝堵、接头和各有关螺钉 (3) 更换新垫片 (4) 更换新密封圈 (5) 修复阀口或更换阀座、弹簧、柱塞和套筒
噪声	(1) 进排油路有局部堵塞 (2) 轴承或其他件损坏和松动 (3) 吸油管等混入空气	(1) 除去堵塞物使油路畅通 (2) 换件或拧紧 (3) 排气

表 39-19　千斤顶常见故障及处理方法

故障现象	故障原因	处理方法
漏油	(1) 油封失灵 (2) 油嘴连接部位不密封	(1) 检查或更换密封圈 (2) 修理连接油嘴或更换垫片
千斤顶张拉活塞不动或运动困难	(1) 操作阀用错 (2) 张拉缸没有回油 (3) 张拉缸漏油 (4) 油量不足 (5) 活塞密封圈胀得太紧	(1) 正确使用操作阀 (2) 使张拉缸回油 (3) 按漏油原因排除 (4) 加足油量 (5) 检查密封圈规格或更换
千斤顶活塞运行失稳	油缸中存有空气	空载往复运行几次排除空气
千斤顶缸体或活塞刮伤	(1) 密封圈上混有铁屑或砂粒 (2) 缸体变形	(1) 检验密封圈,清除杂物,修复缸体和活塞 (2) 检验缸体材料、尺寸、硬度,修复或更换
千斤顶连接油管破裂	(1) 油管拆卸次数过多、使用过久 (2) 压力过高 (3) 焊接不良	(1) 注意装拆,避免弯折,不易修复时应更换油管 (2) 检查油压表是否失灵,压力是否超过规定压力 (3) 焊接牢固

第40章

预应力用千斤顶

40.1 概述

40.1.1 定义、功能与用途

预应力千斤顶是预应力张拉机械的重要机具之一，由电动油泵提供动力，推动千斤顶完成对预应力筋的张拉、放张、锚固等功能。千斤顶可分为穿心式千斤顶和实心式千斤顶，多为穿心式双作用千斤顶。预应力用千斤顶具有结构紧凑、张拉时工作平稳、油压高、张拉力大等特点，广泛应用于公路桥梁、铁路桥梁及高层建筑等的预应力工程中。

40.1.2 发展历程与沿革

几个世纪前，人们就利用预应力的简单原理制作竹皮或绳索缠绕木桶，通过沿桶壁鼓形轮廓收紧而使桶箍受拉，从而在桶板之间产生预压力，当木桶盛水后，水压产生的环向推力与一部分预压力相互抵消，使木桶仍保持受压的紧密状态。

20世纪20年代，法国的E. Freyssinet成功地将预应力技术应用到工程上，从而推动了预应力材料、设备及工艺的发展。经过百年研究及发展，预应力技术已成功应用于高层建筑、梁式桥、斜拉桥、悬索桥等领域，同时设备能力也得到了极大的提升，预应力用千斤顶配套设备越发完善，能满足各个领域预应力系统中预应力的施加，保证预应力技术的实施。

20世纪60年代起，我国已自主设计、制造预应力用穿心后卡式双作用千斤顶。随着建筑业的迅猛发展，预应力桥梁及建筑结构的设计越来越多，预应力行业得到长足的发展。随着预应力高强钢丝、钢绞线在国内的大批量生产，与其配套的群锚、钢丝拉索、钢绞线拉索及成品索等锚固体系的诞生，张拉机械也在不断完善，外形尺寸越来越小，重量也越来越轻。随着材料处理工艺及密封材料技术的发展，国内设计的预应力用千斤顶，额定工作压力已提升到50～60 MPa，有些已达70 MPa以上，张拉吨位已形成系列化，最大可达2000 t，配套相应的张拉附件，能满足各种预应力工程的需求。

20世纪90年代之前，国内主要使用预应力液压千斤顶与配套工具锚分离式安装的后卡式千斤顶，而国外已出现并普及应用将工具锚集成到液压千斤顶中的前卡千斤顶，使用便利性得到提高，并将工具锚的安装位置前置，可以极大地减少预应力钢绞线的预留量，节省钢绞线用量；同时，千斤顶安装张拉空间的长度也得到了极大的缩减，可减少预应力结构中无预应力的区域，提高预应力结构安全性。

20世纪90年代末，国内研制出成熟的单孔前卡千斤顶，一经面世便以其极佳的安装便利性迅速得到普及应用。经过数十年的研究，群锚前卡千斤顶也在工程中得到成功应用，并形成系列化，最大吨位可达450 t，用于张拉19

孔及以下的群锚。但相较国外同类产品，国产前卡千斤顶在性能及稳定性方面仍有一定的差距，需进一步完善。

40.1.3　发展趋势

目前，国内市场上主流的预应力液压千斤顶为穿心后卡式千斤顶，如图 40-1 所示，经过近半个世纪的发展、研究及优化，其结构已相当成熟，性能也很稳定。但是，施工中数据需要通过人工测量及记录，存在测量精度差、效率低等缺陷。现在预应力用千斤顶需向智能化发展，与电气控制结合，实现自动张拉、测量数据并记录。

图 40-1　穿心后卡式千斤顶

40.2　产品标准

目前，预应力用千斤顶执行的标准为《预应力用液压千斤顶》(JG/T 321—2011)，该标准对预应力用液压千斤顶的分类和代号、主参数系列、工作介质、使用性能、试验方法、检验规程、标志、包装及储存均做出了详细的规定。

40.2.1　分类和代号

预应力用液压千斤顶分类和代号如表 40-1 所示。

表 40-1　预应力用液压千斤顶分类和代号

分　　类	代　　号	示　意　图
穿心式千斤顶	前卡式 YDCQ	
	后卡式 YDC	
	穿心拉杆式 YDCL	
实心式千斤顶	顶推式 YDT	
	机械自锁式 YDS	
	实心拉杆式 YDL	

40.2.2 主参数系列

(1) 公称输出力宜优先选用表 40-2 中的系列。

表 40-2 公称输出力 单位：kN

第一系列	100	—	250	350	—	600	—	1000	1500
	—	2500	3000	—	4000	—	6500	9000	12 000
第二系列	—	160	—	—	400	—	850	—	—
	2000	—	—	3500	—	5000	—	—	—

(2) 公称行程宜优先选用表 40-3 中的系列。

表 40-3 公称行程 单位：mm

第一系列	50	—	100	—	—	200	—	—	—	500	—	—
第二系列	—	80	—	150	180	—	250	300	400	—	600	1000

40.2.3 工作介质

千斤顶的工作介质宜采用－15～65℃时运动黏度为 15～50 mm^2/s 的具有一定防锈和抗磨能力的液压油。油液中固体颗粒污染等级不应高于《液压传动 油液 固体颗粒污染等级代号》(GB/T 14039—2002)规定的－/19/16，宜根据环境温度及使用压力选择不同牌号的液压油。液压油应与密封件材料相容。

40.2.4 使用性能

标准《预应力用液压千斤顶》(JG/T 321—2011)中对预应力用液压千斤顶的行程偏差、空载性能、满载性能、超载性能、长期运行性能及负载效率均作出了详细的要求。使用前应严格检查千斤顶的参数，切忌超压、超载使用。张拉前检查油泵油量，并使千斤顶空行程运行几次以排空千斤顶及油管内空气。

40.3 工作原理及产品结构组成

40.3.1 工作原理

预应力用液压千斤顶分类较多，但基本的工作原理都是一致的，其采用柱塞和液压缸作为刚性顶举件，根据液压传递压强不变原理，通过高压油泵、控制阀门调控预应力千斤顶活塞运动的方向、速度及系统压力，实现张拉与放张动作。现以最常用的穿心后卡式千斤顶为例，介绍其工作原理及使用方式。

(1) 将工作锚具、千斤顶、工具锚按图 40-2 所示进行安装即可开始张拉。

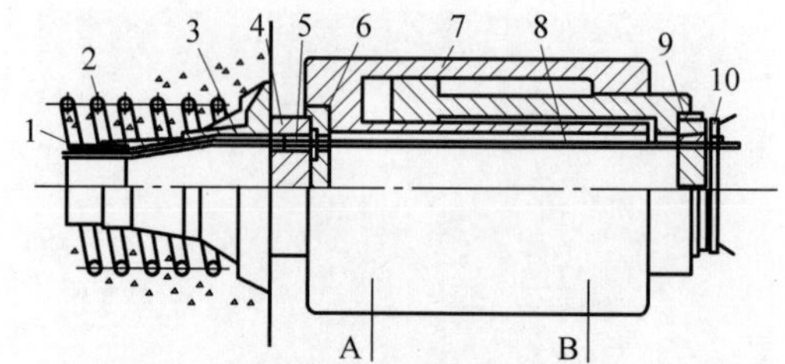

1—金属波纹管；2—螺旋筋；3—锚垫板；4—工作锚板；5—工作夹片；6—限位板；7—千斤顶；8—钢绞线；9—垫环；10—自动工具锚组件。

图 40-2 预应力用液压千斤顶的安装

(2) 向千斤顶 A 路(张拉缸)供油，进行张拉。

(3) 在活塞外伸时，工具锚夹片自行夹紧钢绞线。工作锚夹片受限位板的支托，被稍微带出并防止退出，如图 40-3 所示。

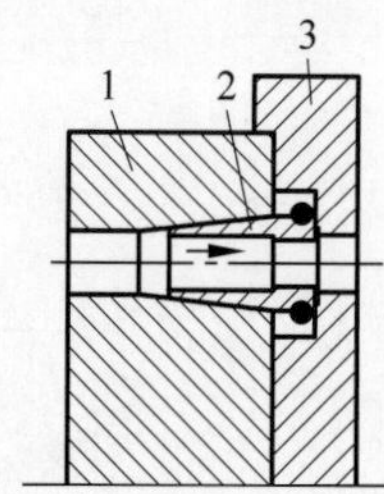

1—工作锚板；2—工作夹片；3—限位板。

图 40-3 锚板、夹片、限位板

(4) 在活塞行程还余约 10 mm 时，应停止向 A 路供油，如图 40-4 所示，保压结束后将 A 路压力降至零点。由于钢绞线束的回缩，活塞将被拉回 1～5 mm，这时工作锚夹片被带入工作锚板内自行夹紧。

(5) 向千斤顶 B 路(回程缸)供油，活塞回程，活塞留约 10 mm 行程即可停止供油。至此完成一次张拉循环。当钢绞线束被张拉长度较短时，一次就可达到张拉控制应力。当钢绞

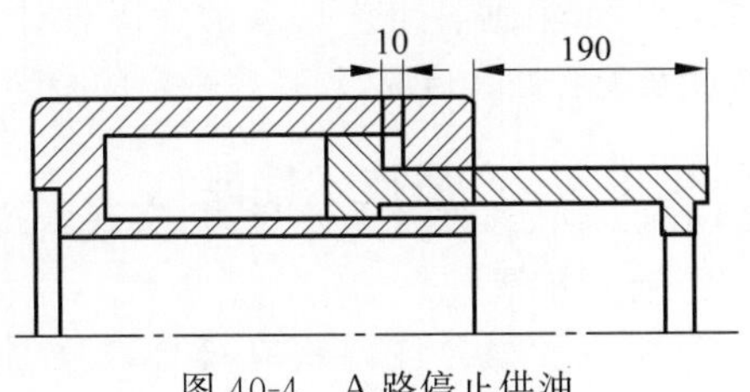

图 40-4 A 路停止供油

线束被张拉长度较长时，一次张拉应力无法达到伸长要求，则须进行多次张拉。

(6) 自动工具锚夹片与锚板自行脱离，因此二次张拉前需将工具锚夹片重新推入工具锚板锥孔中。重复上述步骤(1)～(5)，如此连续张拉，直至达到设计要求的张拉应力或伸长量为止。

40.3.2 结构组成

预应力用液压千斤顶通常由四大部分组成(见图 40-5)，一是由油缸、穿心套、定位螺母、大堵头、后密封板、压紧环及其密封件组成的“不动体”；二是由活塞及其密封件组成的“运动体”；三是便于吊运的提手部分；四是起回程保护作用的回程限压阀。

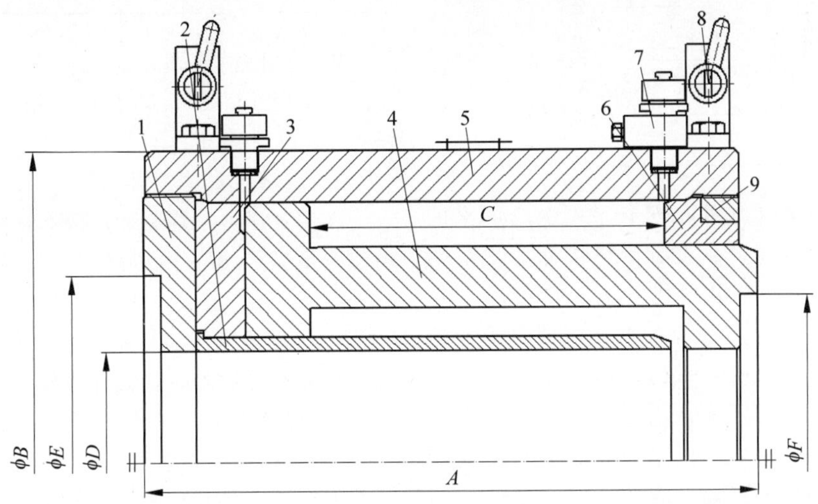

1—定位螺母；2—穿心套；3—大堵头；4—活塞；5—油缸；6—后密封板；7—回程限压阀；8—提手；9—压紧环。

图 40-5 千斤顶结构组成

40.3.3 机构组成

预应力用液压千斤顶通常由钢制零部件、密封件及油嘴部件等机构组成，现对穿心后卡式千斤顶进行分解展示，如图 40-6 所示。

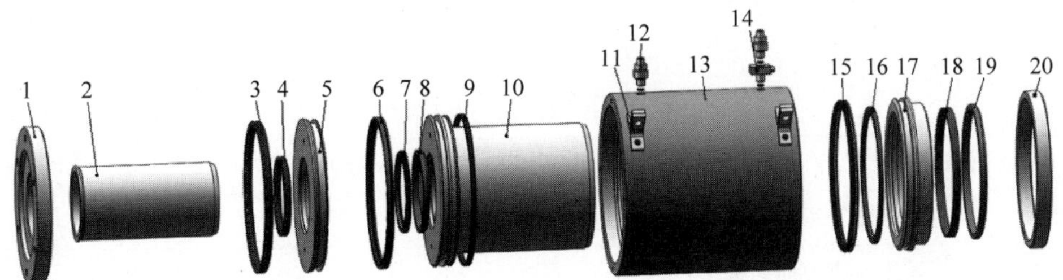

1—定位螺母；2—穿心套；3，4—O 形密封圈；5—堵头；6—格莱圈＋挡圈；7—斯特封＋挡圈；8—防尘圈；9—耐磨圈；10—活塞；11—提手；12—快换接头＋铜垫；13—油缸；14—卸荷阀＋铜垫；15—O 形密封圈＋挡圈；16—O 形密封圈/YX 密封圈＋挡圈；17—后密封板；18—耐磨环；19—防尘圈；20—压紧环。

图 40-6 穿心后卡式液压千斤顶分解展示

40.4 技术性能

40.4.1 产品型号命名

根据标准《预应力用液压千斤顶》(JG/T 321—2011),千斤顶的型号由分类代号、主参数等组成,如下所示:

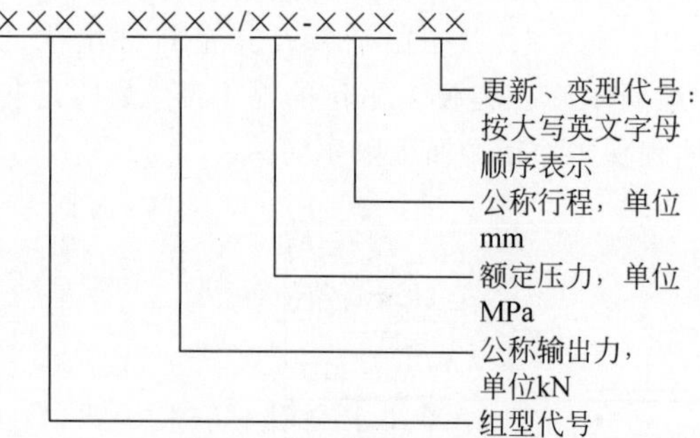

但许多预应力用液压千斤顶生产厂家的千斤顶的型号命名并没有严格按标准规定执行,主要的差异在组型代号上。在实际设计中,多数厂家仍按其原有的设计习惯对千斤顶设计组型代号。如柳州的大部分千斤顶生产厂家穿心后卡式千斤顶的分类代号为 YCW,而开封的千斤顶生产厂家穿心后卡式千斤顶的组型代号为 YCK。

40.4.2 性能参数

预应力用液压千斤顶的主要性能参数为公称输出力及公称行程两项,目前各生产厂家基本均按标准《预应力用液压千斤顶》(JG/T 321—2011)中要求选取。其余参数,如外形尺寸、额定压力、穿心孔径、限位板及工具锚安装止口尺寸等,根据各生产厂家的实际设计、生产情况及配套锚具情况,均存在一定的差异。

40.4.3 产品技术性能

1. 行程偏差

千斤顶行程允许偏差应符合表 40-4 的规定。

表 40-4 预应力用液压千斤顶行程允许偏差

公称行程 L/mm	$L\leqslant 250$	$250<L\leqslant 500$	$L>500$
允许偏差/mm	+5	+10	+15
	0	0	0

2. 空载性能

空载时千斤顶不应有外泄漏；千斤顶启动压力不应大于额定压力的 3%。

3. 满载性能

在额定压力下,当采用压降法测量千斤顶内泄漏量时,5 min 内压降值不应大于额定压力的 3%；当采用沉降法测量千斤顶内泄漏量时,5 min 内活塞回缩量不应大于 0.5 mm；进行内泄漏性能试验时应无外泄漏。

4. 超载性能

千斤顶在 1.25 倍额定压力下应无外泄漏,油缸无异常变形；卸荷后油缸应无残余变形,活塞表面无划伤。

5. 长期运行性能

千斤顶的长期运行性能可采用实验室试验或现场试验确定,其要求应符合表 40-5 的规定,且试验完成后,千斤顶应无外泄漏,油缸无残余变形,活塞表面无划伤。试验中不应更换零件或维修被试千斤顶。

表 40-5 千斤顶长期运行性能要求

公称输出力 F/kN		$F\leqslant 600$	$600<F\leqslant 1200$	$F>1200$
实验室试验	活塞往复运动次数/万次	≥1	≥0.5	≥0.3
现场试验	张拉预应力筋次数/万次	≥0.8	≥0.4	≥0.2

注:(1) 实验室试验时千斤顶在额定压力下活塞的最大伸出量不应少于公称行程的 2/3,试验可中途暂停,但一次连续运行时间不宜少于 8 h;

(2) 现场试验应在实际工况下进行,且张拉力值不宜低于千斤顶公称输出力的 80%。

6. 负载效率

穿心式、顶推式、实心拉杆式千斤顶的负载效率不应低于 95%，机械自锁式千斤顶的负载效率不应低于 93%；长期运行性能试验前后，千斤顶负载效率的变化不应大于 3%。

40.4.4 各企业产品型谱

1. 柳州欧维姆机械股份有限公司的 YCWC 系列千斤顶

YCWC 系列千斤顶是与 OVM 预应力锚固体系配套的张拉设备，是一种通用型预应力用穿心式千斤顶，它具有结构紧凑、密封性能好、重量轻、体积小等特点，其结构示意图及最小工作空间如图 40-7 所示，其型谱如表 40-6 所示。它可广泛应用于先张法和后张法的预应力混凝土结构、桥梁、电站、公路、高层建筑、岩土锚固等施工工程中，是一种通用性较强的张拉机具设备，配用不同的附件，可分别张拉 OVM 型夹片群锚(2～55 孔)。

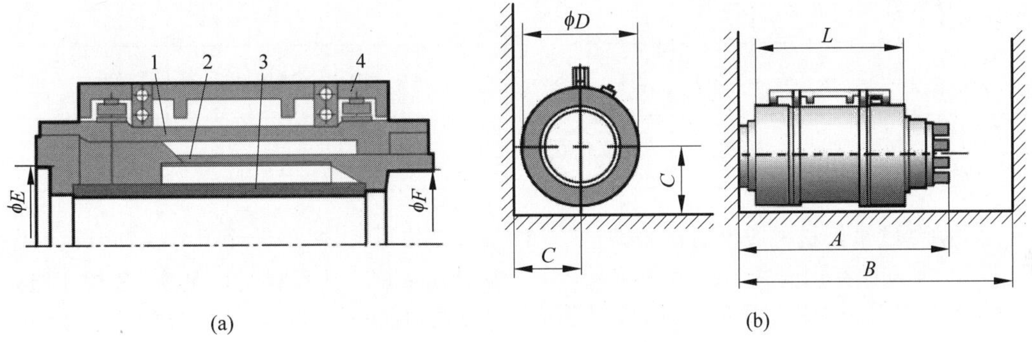

1—油缸；2—活塞；3—穿心套；4—提手。

图 40-7 YCWC 系列千斤顶的结构及最小工作空间

(a) 千斤顶结构示意图；(b) 千斤顶最小工作空间

表 40-6 YCWC 系列千斤顶型谱

型号	参数								
	公称张拉力/kN	额定油压/MPa	穿心孔径/mm	张拉行程/mm	主机质量/kg	主机外形尺寸 $L\times\phi D$/(mm×mm)	最小工作空间 $B\times C$/(mm×mm)	钢绞线预留长 A/mm	限位板安装尺寸 ϕE/mm	工具锚安装尺寸 ϕF/mm
YCW1000C/52-200	992	52	78	200	63	338×215	1190×150	570	151	136
YCW1500C/54-200	1491	54	100	200	105	341×264	1220×190	570	196	156
YCW2000C/53-200	1998	53	120	200	123	341×312	1230×210	580	196	166
YCW2500C/54-200	2478	54	138	200	155	359×344	1230×220	580	210	186
YCW3000C/50-200	3015	50	138	200	187	364×374	1290×240	610	219	186
YCW3500C/54-200	3499	54	172	200	222	366×410	1310×255	620	252	232
YCW4000C/52-200	3957	52	172	200	260	372×436	1310×265	620	252	252

续表

型号	参数									
	公称张拉力/kN	额定油压/MPa	穿心孔径/mm	张拉行程/mm	主机质量/kg	主机外形尺寸 $L\times\phi D$/(mm×mm)	最小工作空间 $B\times C$/(mm×mm)	钢绞线预留长 A/mm	限位板安装尺寸 ϕE/mm	工具锚安装尺寸 ϕF/mm
YCW5000C/50-200	5025	50	192	200	380	412×494	1330×295	700	362	282
YCW6500C/52-200	6481	52	200	200	473	414×544	1440×310	740	362	302
YCW8000C/53-200	7992	53	235	200	623	337×615	1460×370	800	362	372
YCW9000C/54-200	8957	54	280	200	820	447×670	1530×410	830	392	372
YCW12000C/57-200	12 073	57	275	200	1060	476×725	1580×470	920	332	332

2. 柳州欧维姆机械股份有限公司的 YDCN 系列内卡式千斤顶

YDCN 系列内卡式千斤顶是与 OVM 预应力锚固体系配套的穿心式千斤顶，其结构示意图及最小工作空间如图 40-8 所示，其型谱如表 40-7 所示。它将工具锚内置，有效地节省了千斤顶张拉所需的空间，减少了预应力筋的下料长度，具有结构紧凑、密封性能好、节约预应力筋材料等特点，特别适合狭小空间的预应力张拉，目前可张拉 19 孔及以下的 OVM 夹片群锚。

3. 柳州市威尔姆预应力有限公司的 YDC 系列千斤顶

YDC 系列千斤顶采用新型的密封件，优化油缸结构形式，减小千斤顶外径和长度，从而减轻其重量。其具有结构紧凑、密封性能好、重量轻、体积小和拆装方便等特点。YDC 系列千斤顶型谱如表 40-8 所示。

4. 柳州市威尔姆预应力有限公司的 YDN 系列内卡千斤顶

YDN 系列内卡千斤顶将工具锚板内置于千斤顶内，与活塞杆通过螺纹连接。此结构可节省预留钢绞线长度，降低工程造价，特别适用于各预制梁场。YDN 系列内卡千斤顶型谱如表 40-9 所示。

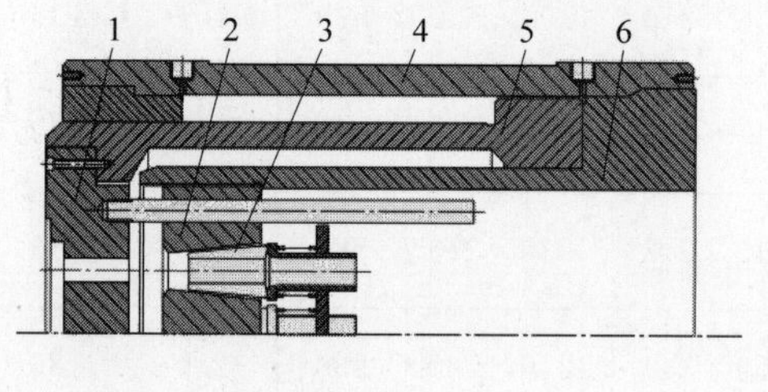

(a)

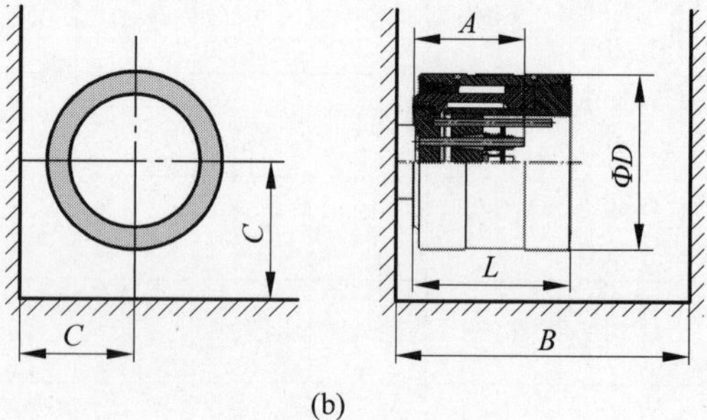

(b)

1—限位板；2—工具锚板；3—内卡式工具夹片(专用)；4—油缸；5—活塞；6—穿心套。

图 40-8　YDCN 系列内卡式千斤顶的结构及最小工作空间

(a) 千斤顶结构示意图；(b) 千斤顶最小工作空间

表 40-7 YDCN 系列内卡式千斤顶型谱

型号	参数						
	公称张拉力/kN	额定油压/MPa	张拉行程/mm	主机质量/kg	主机外形尺寸 $L\times\phi D$/(mm×mm)	最小工作空间 $B\times C$/(mm×mm)	钢绞线预留长 A/mm
YDC1000N-100	997	55	100	78	281×250	800×170	200
YDC1000N-200	997	55	200	97.4	389×250	1000×170	200
YDC1500N-100	1493	54	100	116	285×305	800×200	200
YDC1500N-200	1493	54	200	146	295×305	1000×200	200
YDC2500N-100	2462	50	100	217	289×399	800×250	200
YDC2500N-200	2633	50	200	263	389×399	1000×250	200
YDC3000N-100	2952	54	100	197	291×410	800×260	250
YDC3000N-200	2952	54	200	254	391×410	1000×260	250
YDC3500N-100	3500	54	100	350	360×470	900×290	300
YDC3500N-200	3500	54	200	395	460×470	1100×290	300
YDC4000N-100	4000	52	100	400	360×490	900×300	300
YDC4000N-200	4000	52	200	480	460×490	1100×300	300
YDC4500N-100	4500	50	100	410	360×520	900×300	300
YDC4500N-200	4500	50	200	495	460×520	1100×300	300

表 40-8 YDC 系列千斤顶型谱

型号	参数					
	公称张拉力/kN	额定油压/MPa	穿心孔径/mm	张拉行程/mm	主机质量/kg	长×外径/(mm×mm)
YDC600B	600	50	55	200	38	345×168
YDC1000B	1000	52	78	200	55	340×214
YDC1500B	1500	51	97	200	90	346×270
YDC2000B	2000	53	110	200	122	351×305
YDC2500B	2500	57	138	200	148	351×333
YDC3000B	3000	52	145	200	180	357×376
YDC3500B	3500	54	175	200	220	367×410
YDC4000B	4000	53	175	200	240	375×432
YDC5000B	5000	50	195	200	335	435×495
YDC6500B	6500	50	215	200	616	444×570
YDC8000B	8000	51	240	200	750	545×620
YDC9000B	9000	55	280	200	1010	583×660

表 40-9 YDN 系列内卡千斤顶型谱

型号	参数					
	公称张拉力/kN	额定油压/MPa	穿心孔径/mm	张拉行程/mm	主机质量/kg	长×外径/(mm×mm)
YDN1200	1200	56	115	200	140	560×285
YDN2200	2200	56	145	200	225	582×366
YDN3000	3000	52	170	200	280	560×410

40.5 选用原则

40.5.1 总则

通常预应力用液压千斤顶根据张拉预应力体系的需求进行选定。另外，穿心式千斤顶的选取需考虑千斤顶的穿心孔径是否满足需求。然后，再选配合适的张拉附件，如限位板、工具锚、撑脚、张拉杆、张拉螺母等，即可组成满足工况需求的张拉机械。

40.5.2 选型原则

1. 预应力混凝土的张拉

预应力混凝土结构的张拉，通常按预应力体系群锚的孔数选择穿心后卡式千斤顶，再配套相应的限位板及工具锚等。注意，如果千斤顶前后端的安装止口与限位板及工具锚外圆不匹配，可通过增加过渡垫环的形式实现限位板及工具锚的安装。预应力混凝土的张拉工艺如图 40-9 所示。

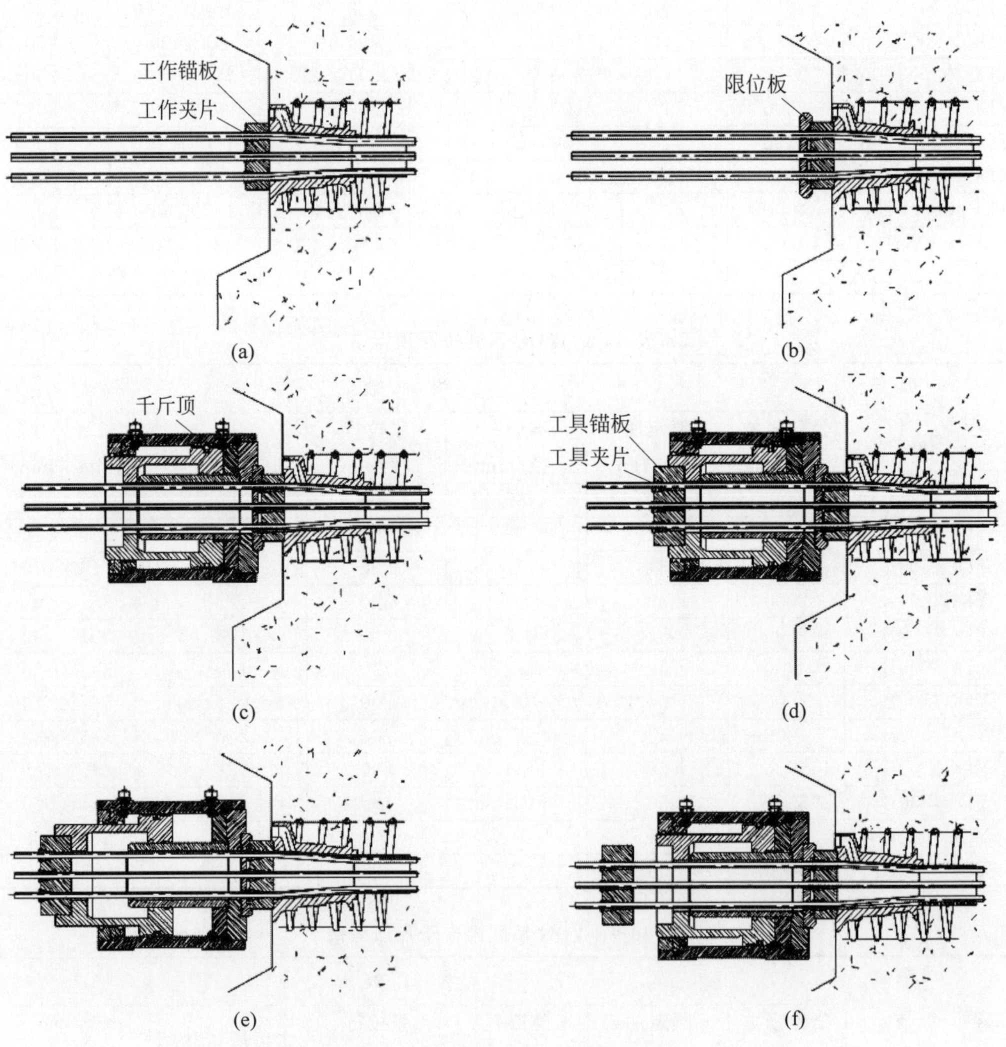

图 40-9 预应力混凝土的张拉工艺

(a) 安装工作锚板及工作夹片；(b) 安装限位板；(c) 安装千斤顶；(d) 安装工具锚板及工具夹片；(e) 施加预应力张拉；(f) 锚固及活塞回程

2. 拉索的张拉

工厂预制的集成锚具成品拉索的张拉，如平行钢丝成品索、钢绞线整束挤压成品索，以及钢绞线斜拉索的调索张拉，均可根据拉索的张拉力选取穿心后卡式千斤顶，再配套相应的撑脚、张拉杆、张拉螺母及张拉头即可进行张拉施工。设备安装如图 40-10 所示。

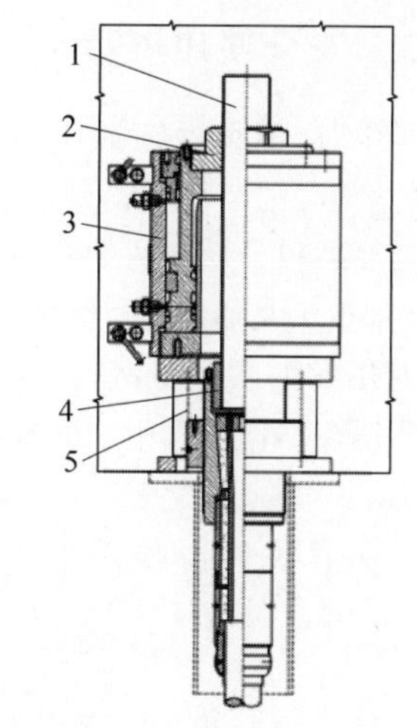

1—张拉杆；2—张拉螺母；3—千斤顶；4—张拉头；5—撑脚。

图 40-10　拉索张拉设备安装

3. 系杆的张拉

索体与锚具分开的钢绞线拉索，如系杆，考虑到索体长度很长，伸长量很大，故在预紧及张拉时宜采用悬浮张拉工艺，以防止工作夹片在张拉过程中因多次锚固而损伤。按所张拉的系杆体系锚具的孔数进行穿心后卡式千斤顶的选取，再配以限位装置、工具锚及张拉支座即可实现悬浮张拉工艺。设备安装如图 40-11 所示。

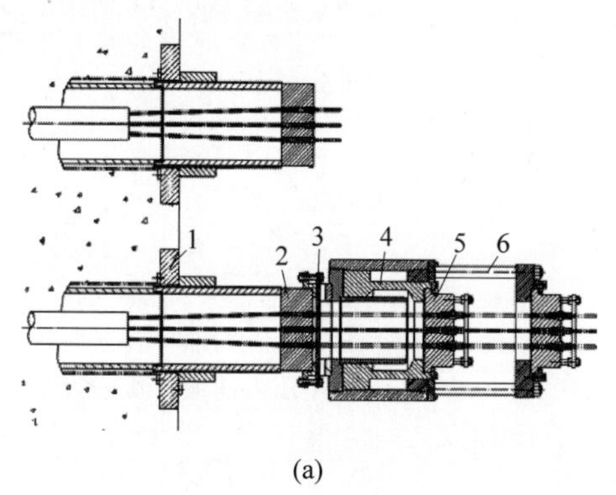

(a)

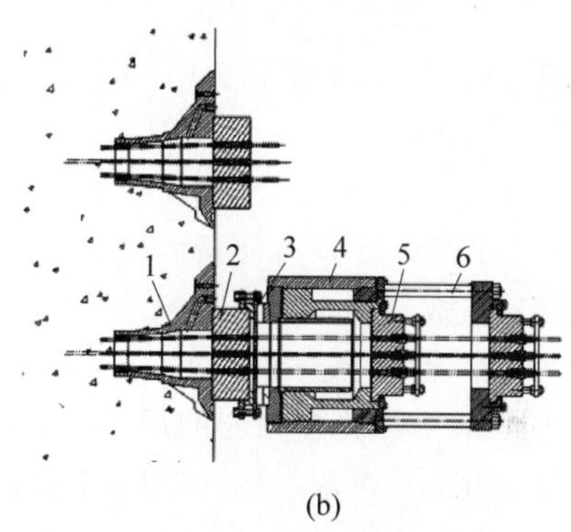

(b)

1—锚垫板；2—锚板；3—限位装置；4—千斤顶主机；5—工具锚；6—弹拉支座。

图 40-11　系杆张拉设备安装

(a) 用于可换索式钢绞线系杆；(b) 用于永久锚固式钢绞线系杆

40.6　安全使用

40.6.1　安全使用标准与规范

预应力用液压千斤顶的安全使用标准应按《预应力用液压千斤顶》(JG/T 321—2011)中相关要求执行。

40.6.2　拆装与运输

(1) 预应力用液压千斤顶的拆装需由专业厂家完成，或在专业厂家指导下完成。

(2) 预应力用液压千斤顶需用托架或包装箱发运，并将装好的千斤顶绑扎牢固，以免出现脱落、挤压、损坏。

(3) 包装箱应采用板材满包的包装箱结构。包装应牢固可靠且具有防潮能力，千斤顶在箱内应妥善固定，防止在搬运过程中相互碰撞。

(4) 运输时，应排空千斤顶内液压油。

(5) 千斤顶应存放在通风良好、防潮、防晒和防腐蚀的仓库内，各油嘴应戴好防尘帽。

40.6.3 安全使用规程

(1) 有油压时,不得拆卸油压系统中的任何零件。

(2) 连接油泵和千斤顶的油管在使用前应检查有无裂伤,接头是否牢靠,规格是否合适,以保证使用时不发生意外事故。

(3) 千斤顶在工作过程中,加、卸载应力求平稳,避免冲击。

(4) 千斤顶带压工作时,操作人员应站在两侧,端面方向禁止站立人员,危险地段应设防护装置。

(5) 千斤顶张拉行程为极限行程,工作时严禁超过。

(6) 严禁超额定压力使用千斤顶。

40.6.4 维修与保养

按要求维护和保养预应力用液压千斤顶能保证设备的使用性能,延长使用寿命,对按时完成施工计划、提高工作效率具有重要作用。

(1) 为了保证张拉力的精确性,应定期对液压系统各组成部件(千斤顶、油泵、控制阀管路、压力表等)进行检查和校正。校正时应将千斤顶实际工作吨位和相应的压力表读数进行详细记录并制成图表,以供使用时查对。

(2) 下列几种情况下,亦应校正千斤顶:①千斤顶发生故障修理后;②调换压力表;③仪表受到碰撞或其他失灵现象。

(3) 应采用优质矿物油,油内不含水、酸及其他混合物,在普通温度下不分解、不变稠。油液应严格保持清洁,经常精细过滤,定期更换。

(4) 安装油管时,应按构造图进行,油嘴进出口不得颠倒接反。

(5) 千斤顶加荷与降压时应平稳、均匀、缓慢。

(6) 千斤顶在开始使用或久置后使用时,应将千斤顶空运行 2 min,以排除机内的气体。

(7) 油管应经常保持清洁,闲置不用时用防尘堵头封住油管接头。

(8) 新油管使用时,勿直接和千斤顶油嘴连接,应事先清洗或用油泵输出油清洗干净之后方可连接。卸下油管后,油泵及千斤顶油嘴均用防尘帽拧住,严防污物混入。

(9) 工作完毕,活塞应回程到底,放置室内并加罩防尘、防晒、防雨。

(10) 千斤顶应根据实际使用情况定期进行维修、清洗内部等保养工作。如发现千斤顶在工作中有故障、漏油、工作表面剐伤等现象,应停止使用并进行维修。

40.6.5 常见故障及其处理方法

预应力用液压千斤顶的故障及处理方法见表 40-10。

表 40-10 预应力用液压千斤顶的故障及处理方法

故障现象	故障原因	处理方法
千斤顶活塞伸出无动作、动作缓慢或跳动	油泵油量太少	添加所需液压油
	负载过重	依照千斤顶公称输出力使用
	千斤顶内油液泄漏	更换密封圈
	千斤顶内有空气	运行几个行程排气
	油管接头漏油	拧紧各油管接头
千斤顶无法保压	千斤顶内油液渗漏	更换千斤顶密封件
	油泵内油液渗漏	检修油泵
千斤顶无法回程或回程缓慢	千斤顶内油液泄漏	更换密封圈
	油管接头漏油	拧紧各油管接头
	千斤顶内有空气	运行几个行程排气
定位螺母螺纹处漏油	大堵头外圈密封件损坏	更换大堵头外圈密封件
千斤顶内孔工作锚端漏油	大堵头内圈密封件损坏	更换大堵头内圈密封件
千斤顶内孔工具锚端漏油	活塞大端内圈密封件损坏	更换活塞大端内圈密封件
千斤顶缸体或活塞划伤	油缸内有铁屑、砂砾或油缸变形	清洗杂物,修复更换油缸

第41章

预应力用油泵

41.1 概述

41.1.1 定义、功能与用途

预应力用油泵是预应力液压设备的动力源，其为预应力用液压千斤顶、预应力筋用液压镦头器、预应力筋用挤压机及预应力钢绞线用轧花机提供动力。故预应力用油泵的额定油压与额定流量必须满足配套的预应力液压设备需求。

41.1.2 发展历程与沿革

预应力用油泵通常为电动油泵。在 20 世纪 70 年代末，我国已能自己设计、制造预应力用油泵，流量为 4 L/min，额定压力为 50 MPa。到了 20 世纪 80 年代，由于特大千斤顶对大流量的需求，我国又自主设计研制了二级变量油泵，该油泵流量由变量阀控制，变量前额定流量为 10 L/min，变量后额定流量为 4 L/min，额定压力为 80 MPa。这两种油泵均为手动控制的机械油泵。虽然预应力技术得到长足的发展，建筑中使用预应力也越来越普遍，但预应力用油泵并没有太大的改进。这是因为预应力用油泵使用工况相对单一，即使预应力液压设备随着预应力技术在不断更新，对于油泵也没有提出新的工况需求。直到 21 世纪，随着电控液压元件技术的日益完善，才出现了与电气控制相结合的电动油泵。该油泵可以实现自动化控制，只需要在张拉前输入技术参数，油泵即可自动完成张拉过程。

41.1.3 发展趋势

目前国内市场上主流的预应力电动油泵为手动控制的机械油泵。经过近半个世纪的发展及优化，其结构已相当成熟，性能也非常稳定。但是，随着我国基础建设的高速发展，特别是高速铁路及高速公路的建设，对于张拉工艺的质量越来越重视，手动控制的机械油泵已不能满足施工监控的要求。手动控制的油泵在读取油泵输出压力值时需人工读取并记录，存在压力表读数不稳定，加压控制操作误差大、分辨率低，难于精确控制张拉力等问题。同时，由于人工操作，当两端同步张拉时，同步性无法满足。张拉过程中的问题不能及时发现，张拉时间不可控，速度慢，效率低。故预应力用油泵应向智能化发展，与电气控制结合，实现自动张拉，并且在油泵上实现数据的测量与记录，其过程如图 41-1 所示。

图 41-1 预应力用油泵测量与记录

41.2 产品分类

目前，预应力用油泵执行的标准为《预应力用电动油泵》(JG/T 319—2011)，该标准对预应力用油泵的分类和代号、主参数系列、工作介质、性能要求、试验方法、检验规程、标志、包装及储存均作出了详细的规定。

41.2.1 分类和代号

预应力用油泵按工作原理可分为齿轮泵和柱塞泵，其中柱塞泵按照柱塞位置可分为轴向柱塞泵和径向柱塞泵；按照油泵的流量特性可分为定量泵和变量泵；按照油路数量可分为单路供油和双路供油。预应力用油泵分类代号如表 41-1 所示。

表 41-1 预应力用油泵分类代号

产品分类	齿轮泵	径向柱塞泵	轴向柱塞泵
分类代号	YBC	YBJ	YBZ

41.2.2 主参数系列

(1) 公称流量以 L/min 为单位，宜优先选用如下系列：0.4，0.63，1，1.5，2，2.5，3.2，4.5，6.3，8，10，12.5，16，20，25，32，40，50，63。

(2) 额定压力以 MPa 为单位，宜优先选用如下系列：25，31.5，40，50，63，80，100，125。

41.2.3 工作介质

油泵的工作介质宜采用－15～65℃时运动黏度为 15～50 mm^2/s 的具有一定防锈和抗磨能力的液压油。油液中固体颗粒污染等级不应高于《液压传动 油液 固体颗粒污染等级代号》(GB/T 14039—2002)规定的－/19/16，宜根据环境温度及使用压力选择不同牌号的液压油。应控制水和空气对工作介质的污染。液压油应与密封件材料相容。

41.2.4 性能要求

标准中对于预应力用油泵的空载性能、满载性能、超载性能、耐久性及变量阀变量压力的稳定性均作出了详细的要求。

41.3 工作原理及产品结构组成

目前，预应力行业最常用的电动油泵为 ZB4-500 型电动油泵。故下面以此油泵为例，介绍预应力用油泵的结构组成及各机构的工作原理。

41.3.1 结构组成

油泵主要由泵体、控制阀组、车体、管路、电机及压力表等部分组成。油泵的外形如图 41-2 所示，液压原理图如图 41-3 所示。

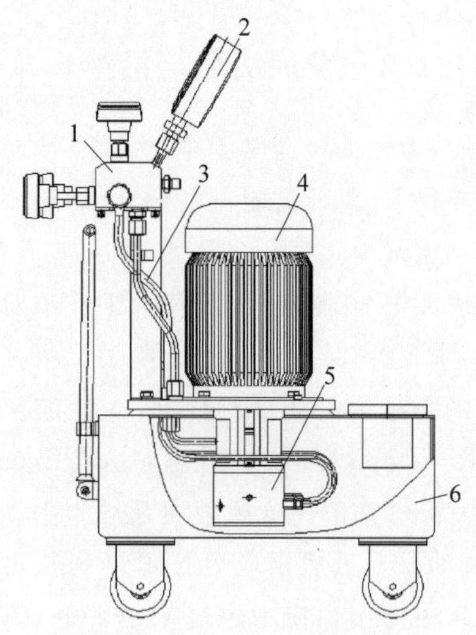

1—控制阀；2—压力表；3—管路；4—电机；5—泵体；6—车体。

图 41-2 油泵外形示意图

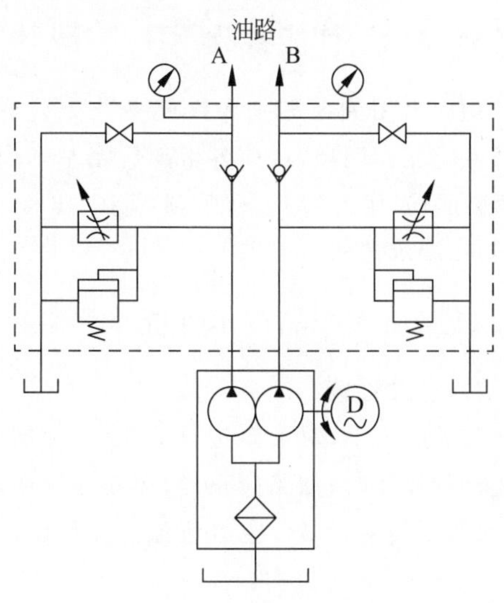

图 41-3　油泵液压原理

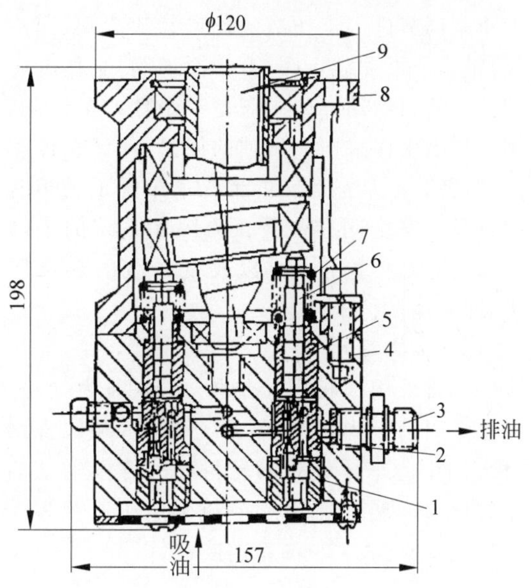

1—进油阀；2—排油阀；3—油嘴；4—下体；5—柱塞套；6—柱塞；7—吸油弹簧；8—上体；9—轴。

图 41-4　自吸式轴向柱塞泵结构图

41.3.2　机构组成及工作原理

1. 泵体

该油泵为自吸式轴向柱塞泵，共有 6 个柱塞，圆周等分排列又交错分成两条排油路，每一排油路均由三个相间 120°角的柱塞组成，两条排油路单独出油，互不干扰。其结构如图 41-4 所示。其工作原理为：电动机带动轴旋转，轴在旋转过程中，通过设置于该轴上的推力轴承逐次将柱塞压入柱塞套，而吸油弹簧靠其弹力使柱塞时刻贴紧在推力轴承端面上，轴和吸油弹簧的交替作用使柱塞在柱塞套中往复运动，在进、排两单向球阀同步配合下，便在出油嘴得到连续均匀的出油。

2. 控制阀

控制阀组结构如图 41-5 所示，该阀组由两个结构相同的阀体组成。节流阀（送油阀）是一个可调的锥式阀，通过改变阀隙通流截面的

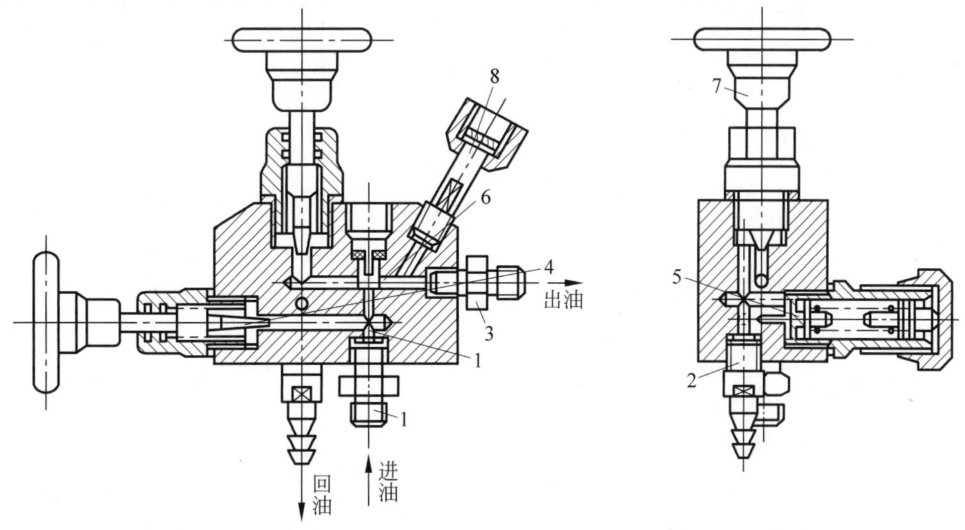

1—进油嘴；2—回油嘴；3—出油嘴；4—节流阀（送油阀）；5—安全阀；6—单向阀；7—卸荷阀；8—压力表接头。

图 41-5　控制阀组结构图

大小来调节进入工作缸的流量。卸荷阀(回油阀)是一个手动截止阀,打开回油阀,工作缸中的油可流回油箱。持压阀是一个球式单向阀,用以切断工作缸内高压油的回路,保证在停车或不送油、油泵空运转的情况下千斤顶的长时间持荷。安全阀靠弹簧压力限制系统的最高压力,调节弹簧压力可以改变系统的最高压力,即安全保护压力。

3. 车体管路

车体采用薄板焊接结构,车体即为油箱,油箱采用钢板焊接,容量约为 36 L,泵体直接浸入油中。车体设有脚轮、拉杆,方便电动油泵的移动。泵体、阀和电动机与电机法兰为固定连接,电机法兰与油箱连接。

41.4 技术性能

41.4.1 产品型号命名

根据标准《预应力用电动油泵》(JG/T 319—2011),预应力用油泵的型号由分类代号、主参数等组成。

1. 单级油泵型号

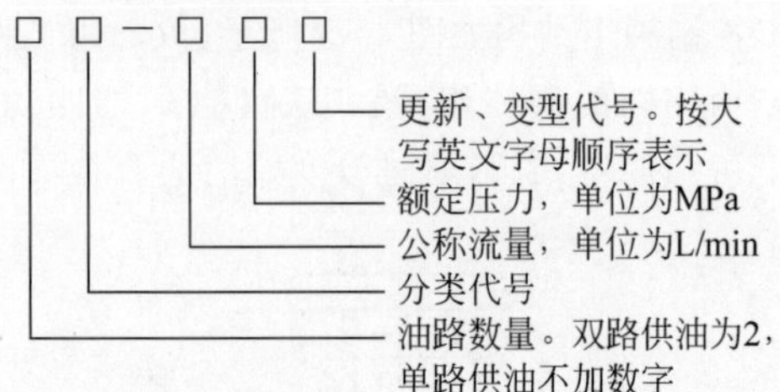

2. 二级油泵型号

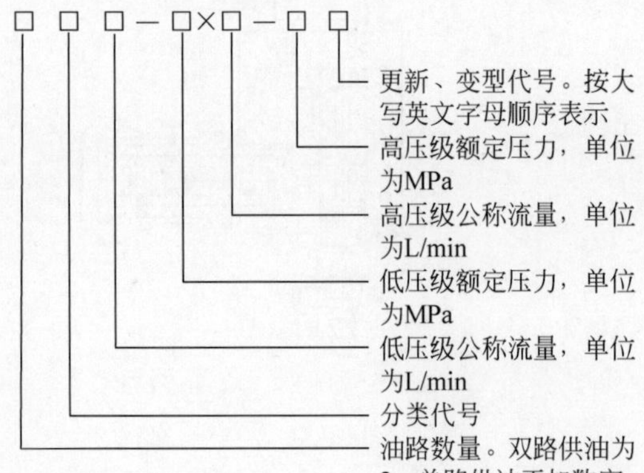

41.4.2 性能参数

预应力用油泵的主要性能参数为公称流量及额定压力两项,目前各生产厂家基本均按标准《预应力用液压千斤顶》(JG/T 321—2011)中要求选取。

41.4.3 产品技术性能

1. 空载性能

空载压力下,对油泵进行节流阀、换向阀、截止阀的操作时,油路应正确,操作应轻便,电机、油泵运转应正常。空载流量应在理论流量的 93%~105%范围内。

2. 满载性能

油泵在额定工况下运转时,2 min 内压力表的示值波动范围不应超过额定压力的 ±2%;在额定工况下,容积效率应符合表 41-2 的要求;在额定工况下,油泵总效率应符合表 41-3 的要求;二级变量泵变量阀的实际变量压力与设计变量压力的差值不应大于 1 MPa;在额定压力下持荷 3 min,各控制阀的总压力降不应大于 3 MPa。

表 41-2 容积效率

公称流量 Q/(L/min)	额定压力 p/MPa			
	$p\leqslant40$	$40<p\leqslant63$	$63<p\leqslant100$	$100<p\leqslant125$
$Q\leqslant1.5$	≥90%	≥85%	≥80%	≥75%
$1.5<Q\leqslant16$	≥92%	≥87%	≥83%	≥78%
$16<Q\leqslant50$	≥93%	≥88%	≥84%	≥80%

表 41-3 油泵总效率

公称流量 Q/(L/min)	额定压力 p/MPa			
	$p\leqslant40$	$40<p\leqslant63$	$63<p\leqslant100$	$100<p\leqslant125$
$Q\leqslant1.5$	≥83%	≥78%	≥73%	≥68%
$1.5<Q\leqslant16$	≥85%	≥80%	≥75%	≥71%
$16<Q\leqslant50$	≥86%	≥81%	≥77%	≥73%

3. 超载性能

超载试验压力及超载试验压力下油泵运转时间应符合表 41-4 的规定。在此条件下进行超载试验，油泵不应有外渗漏、异常的噪声，且不应有振动和升温等异常现象。

表 41-4　超载性能试验测试时间要求

额定压力 p/MPa	$p \leqslant 63$	$63 < p \leqslant 100$	$100 < p \leqslant 125$
超载试验压力 p_s/MPa	$p_s \geqslant 1.25p$	$p_s \geqslant 1.15p$	$p_s \geqslant 1.1p$
超载试验压力下油泵运转时间/min	≥3	≥2	≥2

4. 耐久性

在额定工况下，串联油路的每级、并联油路的每路应累计正常运转 200 h。油泵运转 200 h 过程中，易损件（密封件、柱塞回程及吸排油阀弹簧、柱塞及柱塞套）不应损坏。耐久性试验后，油泵的容积效率不应低于要求值的 95%。

5. 变量阀变量压力的稳定性

变量阀应保证稳定的变量压力。变量阀变量 2000 次后变量压力的允许偏差不应超过 ±2 MPa。

41.4.4　各企业产品型谱

1. 柳州欧维姆机械股份有限公司的 ZB4-500A 型电动油泵

ZB4-500A 型电动油泵是预应力液压设备的动力及操纵部分，是使用额定油压为 50 MPa 内的各种类型千斤顶的专用配套设备，此外亦可用于其他各种形式的低流量、高压力的液压机械中。其技术参数如表 41-5 所示。

表 41-5　ZB4-500A 型电动油泵的技术参数

柱塞	直径/mm	10
	行程/mm	6.8
	个数/个	2×3
油泵转速/(r/min)		1430
理论排量/(mL/r)		3.2

续表

额定压力/MPa		50
额定流量/(L/min)		2×2
电动机	型号	Y100L2-4
	功率/kW	3
	转速/(r/min)	1430
出油嘴数/个		4
用油种类		液压油 L-HM32 或 L-HM46
油箱容量/L		36
空机质量/kg		100
外形尺寸/(mm×mm×mm)		695×370×950

2. 柳州欧维姆机械股份有限公司的 ZB10/320-4/800E 型超高压二级电动油泵

ZB10/320-4/800E 型超高压二级电动油泵是预应力液压设备之动力及操纵部分，可与张拉力在 1000 kN 以上或工作压力在 32 MPa 以上的预应力液压千斤顶配套使用；亦可与超高压、大吨位、长行程的举重、顶推（箱涵顶推和砼管顶推等）等液压工作油缸配套使用；此外亦可用于其他各种形式的大流量、高压力的液压机械中。该油泵具有超高压、大流量、可换向、结构紧凑、移动方便、工作速度快、操作简单和适用范围广等特点。其技术参数如表 41-6 所示。

表 41-6　ZB10/320-4/800E 型超高压二级电动油泵的技术参数

参数及项目		单位	一级	二级
额定油压		MPa	32	80
公称流量		L/min	10	4
油泵转速		r/min	1440	
电机功率		kW	7.5	
油箱容量		L	100（有效容积 70）	
用油种类			夏天 46 号、冬天 32 号液压油	
外形尺寸		mm×mm×mm	1035×495×1130	
质量	空泵	kg	225	
	装油后		315	

3. 柳州市威尔姆预应力有限公司的 2YBZ4-80 型高压电动油泵

2YBZ4-80 型高压电动油泵采用斜盘式轴向柱塞的结构形式，是小流量、高压力油泵。在同等公称压力和使用性能的情况下，具有结构紧凑、密封性能好、重量轻、体积小、拆装方便的特点。可广泛应用于先张法和后张法的预应力混凝土结构、桥梁、电站、公路、高层建筑、岩土锚固等工程施工中。其技术参数如表 41-7 所示。

表 41-7　2YBZ4-80 型高压电动油泵的技术参数

序号	参数及项目		单位	数值及类别
1	额定压力		MPa	80
2	额定流量		L/min	2×4
3	理论流量		L/min	2×5.5
4	容积效率		%	>80
5	柱塞直径×行程×个数		mm×mm×个	ϕ10×5.1×(8×2)
6	油泵转速		r/min	1430
7	电机	型号		Y132L2-4
		功率	kW	2×3
8	用油种类			32 号、46 号抗磨液压油
9	油箱容积		L	80
10	质量		kg	220
11	外形尺寸		mm×mm×mm	680×610×880

41.5　选用原则与选型计算

选用预应力用油泵时应考虑以下因素：首先，油泵的额定压力必须高于所配套的预应力液压设备；其次，油泵的额定流量根据具体配套的预应力液压设备的需求确定，由于预应力用油泵上均设置有节流阀，使用中可很便利地用其调节油泵的输出流量，故预应力用油泵流量的适用范围较大。一般来说，镦头器、挤压机、轧花机及顶压力在 400 t 以下的千斤顶均可选用额定流量为 2 L 的油泵；顶压力为 400 t 及以上的千斤顶选配流量为 4 L 以上的油泵。

41.6　安全使用

41.6.1　安全使用标准与规范

预应力用油泵的安全使用方法参照标准《预应力用电动油泵》(JG/T 319—2011)中相关要求。

41.6.2　拆装与运输

(1) 预应力用油泵的拆装需由专业厂家完成，或在专业厂家指导下完成。

(2) 预应力用油泵需用托架或包装箱发运，并将装好的油泵绑扎牢固，以免出现脱落、挤压、损坏。

(3) 包装箱应采用板材满包的包装箱结构。包装应牢固可靠且具有防潮能力，预应力用油泵在箱内应妥善固定，防止在搬运过程中相互碰撞。

(4) 运输时，应排空预应力用油泵内液压油。

(5) 预应力用油泵应存放在通风良好、防潮、防晒和防腐蚀的仓库内，各油嘴应戴好防尘帽。

41.6.3　安全使用规程

(1) 电源接线要加接地线，并随时检查各处绝缘情况，以免触电。

(2) 油管与接头要按规格制造并随时检查，以免发生爆裂事故。油泵带压工作时不得拆卸接头、管路及压力表。

(3) 压力表要定期校验，以防失灵而造成事故。

(4) 开机前应先打开控制阀(空载起动)，使用时应检查安全阀调整压力是否适当，并保证其灵敏可靠。

(5) 油泵选用优质液压油 L-HM32 或 L-HM46。当油面过低，泵内推力轴承露出液面时，应注意不得长时间带压工作，注意补充新油。

(6) 严禁超额定压力使用油泵。

(7) 泵下滤油器采用 230 目铜丝网制成。滤油网应经常清洗，以防止堵塞。

(8) 当配套的预应力液压设备工作腔容积过大时，需另设副油箱，保证外排油后的液面最低高度不小于 100 mm，以免吸空。

(9) 加油前需经过滤，并应把油箱、泵体管路等处清洗干净，否则泥沙、铁屑等脏物带入将可能发生不正常的磨损和刮伤，甚至造成事故。

(10) 使用油泵时油箱油液温度不应超过 60℃，必要时采取适当措施冷却。

41.6.4　维护与保养

按要求维护和保养预应力用油泵能保证设备的使用性能，延长使用寿命，对按时完成施工计划、提高工作效率具有重要作用。

(1) 装在上体的轴承应根据情况定期更换优质黄油。

(2) 加注液压油：采用优质液压油，油内不含水、酸及其他杂质混合物。根据环境温度，采用液压油 L-HM32 或 L-HM46。根据各地情况和油的变质程度，定期更换新油。油箱应加满油，并随时检查、补充新油。

(3) 开机前，泵内各容油空间可能充有空气。空气的存在将造成压力不稳、流量不足，甚至不升压等不良现象。因此必须打开控制阀，令油泵空运转至液流中无气泡存在时为止。

(4) 温度在 0℃ 以下时，油泵应断续开停几次后再令其正常运转。

(5) 安装油管时应按构造图进行，油嘴进出口不得颠倒接反。

(6) 安全阀调整：封闭出油嘴(或带上负荷)，打开送油阀，关闭回油阀，向左旋松安全阀体至最外位置，开动电动机。关闭送油阀，缓慢右旋安全阀体，压力表指针随之相应上升，待升至所需压力时停止。

(7) 油管应经常保持清洁，闲置不用时用防尘堵头封住油管接头。

(8) 新油管使用时，勿直接和油泵油嘴连接，应事先清洗干净之后方可连接。

41.6.5　常见故障及其处理方法

预应力用油泵的故障及处理方法见表 41-8。

表 41-8　预应力用油泵的故障及处理方法

故障现象	故障原因	处理方法
不出油，出油不足或波动	泵体内存有空气	空载运行，重新排气
	外漏	查找外漏点
	油箱内液面太低	添加新油
	油太稀、太黏或太脏	调和或更换新油
	泵体油网堵塞	清洗去污
	柱塞卡住	清洗柱塞与柱塞套，并抛光或更换磨损件
	柱塞与柱塞套磨损	
	吸油弹簧失效	更换弹簧
	进、排油阀密封失效	清洗阀口，更换阀座、弹簧及密封圈
压力上不去	泵体内存有空气	空载运行，重新排气
	外漏	查找外漏点
	进、排油阀密封失效	清洗阀口，更换阀座、弹簧及密封圈
	柱塞与柱塞套过度磨损	更换柱塞与柱塞套
	安全阀口损坏或阀失效	锪平阀口并配研，更换损坏件
	送油阀口损坏或锥杆损坏	锪平阀口并配研，更换锥杆
持压时压力表针回降	外漏	查找外漏点
	持压单向阀失效	更换单向阀
	回油阀密封失效	更换回油阀密封件
泄漏	管路破裂	更换油管
	连接螺纹松动	拧紧各接头或密封螺钉
	密封垫片失效	更换
	密封圈失效	更换

第42章

预应力筋用镦头器

42.1 概述

42.1.1 定义、功能与用途

预应力筋用镦头器是一种预应力工程专用设备。在预应力体系中，根据对预应力筋的锚固方式不同，锚具、夹具和连接器可分为夹片式、支承式、握裹式、组合式四种基本类型。其中，支承式锚固是把预应力筋的端头部分镦粗成型或预制螺纹安装螺母后支承于锚具上锚固。按标准，支承式锚固分为镦头和螺母两种锚固型式，镦头型锚固在预应力筋端部镦粗后锚固于锚板上，其工作原理如图 42-1 所示。而预应力筋用镦头器正是实现预应力筋端部镦头成型的专用设备。

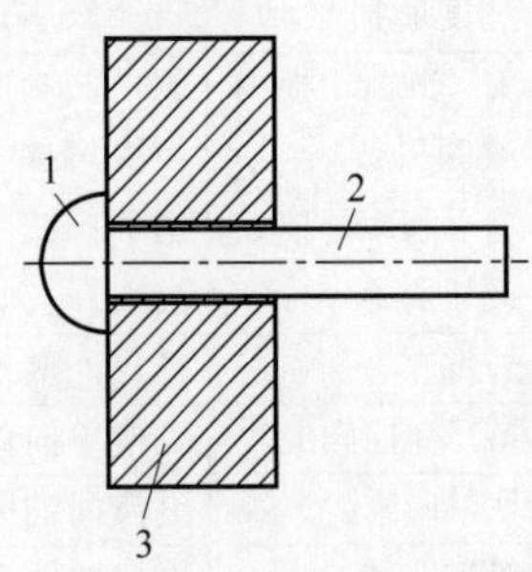

1—端部镦头；2—预应力筋；3—锚板。

图 42-1　镦头型锚固的工作原理

42.1.2 发展历程与沿革

预应力筋用镦头器作为预应力工程中对预应力钢丝进行镦头加工的专用设备，其发展历史和沿革与预应力钢丝的发展息息相关。20 世纪 60 年代，国内已经开始了高强度钢丝的工业性生产，直到 20 世纪 90 年代，高强度钢丝应用到预应力拉索上，预应力钢丝才有了较大的发展。预应力钢丝直径的规格基本为 5～7 mm。钢丝的抗拉强度一般在 1470 MPa 以上，其强度等级已逐步从以 1470 MPa、1570 MPa 为主，过渡到以 1670～1860 MPa 为主。故目前预应力筋用镦头器多针对直径为 5～7 mm 的钢丝设计，而镦头工艺要求自支承式镦头锚固锚具出现以来，并未有新的发展，所以预应力筋用镦头器在结构及工作原理上一直以来并没有改进，只是针对不同的钢丝直径及强度，替换相应的镦头部件。

42.1.3 发展趋势

今后我国的预应力钢丝将向高强度、大直径、低松弛、大盘重、抗应力腐蚀性能好及较高断裂韧性等方向发展。其中"高强度、大直径"这两个要求就是预应力筋用镦头器的发展方向，既要求预应力筋用镦头器增大镦头力，同时又要求预应力筋用镦头器的镦头部件能完成 8～10 mm 甚至更大直径钢丝的镦头需求。

42.2 产品分类

目前，预应力筋用镦头器执行的标准为《预应力筋用液压镦头器》(JG/T 320—2011)，该标准对预应力筋用镦头器的分类、主参数系列、工作介质、使用性能、试验方法、检验规程、标志、包装及储存均做出了详细的规定。

42.2.1　分类

预应力筋用镦头器分为移动式和固定式两种。由于镦头工序的要求基本一致，故这两种预应力筋用镦头器的原理基本一致，区别只是在于镦头器的安装。固定式镦头器有安装基座，可安装于固定的工位；而移动式镦头器配置有提手，便于更换工作地点。目前，各预应力筋用镦头器生产厂家研制的镦头器重量均较轻，单人能很便利地搬运。故移动式预应力筋用镦头器是目前市场上的主流。

42.2.2　主参数系列

镦头力为预应力筋用镦头器的主要参数，以 kN 为单位，宜优先选用如下系列：80，100，150，200，300，450，600。

42.2.3　工作介质

镦头器的工作介质宜采用－15～65℃时运动黏度为 15～50 mm^2/s 的具有一定防锈和抗磨能力的液压油。油液中固体颗粒污染等级不应高于《液压传动 油液 固体颗粒污染等级代号》(GB/T 14039—2002)规定的－/19/16，宜根据环境温度及使用压力选择不同牌号的液压油。液压油应与密封件材料相容。

42.2.4　使用性能

标准中对于预应力筋用镦头器的镦头留量、镦头质量、超载性能、镦头模和夹片的耐用性均做出了详细的要求。

42.3　工作原理及产品结构组成

预应力筋用镦头器与挤压机由于功能结构关系，工作原理及产品结构组成存在相似之处。

42.3.1　工作原理

无论是移动式还是固定式的预应力筋用镦头器，其工作原理均是一样的。如图 42-2 所示为预应力筋用镦头器工作原理图。

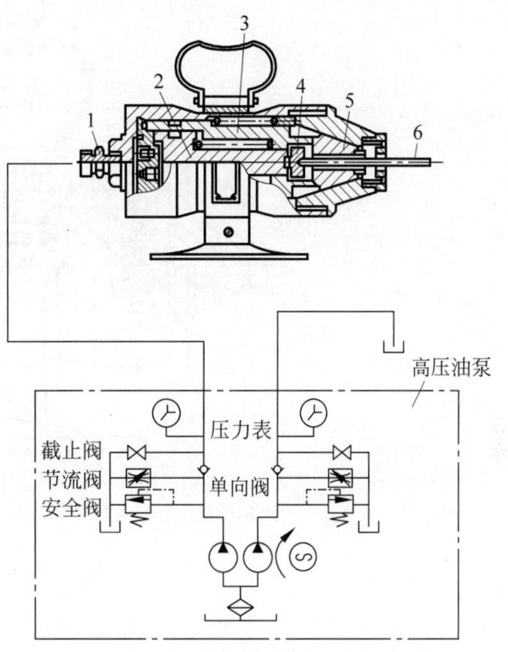

1—油嘴；2—锚头活塞；3—夹紧活塞；4—锚头模；5—夹片；6—钢筋。

图 42-2　预应力筋用镦头器工作原理

(1) 钢丝插入镦头器，顶到镦头模底部。开启油泵，外缸进油，在钢丝未被夹片夹紧前，外缸处于低压状态，内外缸之间的顺序阀不开启，内缸不充油。此时，夹紧活塞和镦头活塞联成整体，均匀向前推移，随之逐渐自动调整钢丝在夹片与镦头模之间的距离，使钢丝处于适合预镦头成型所需要的长度。同时，夹紧活塞推动夹片逐渐收拢，直至夹片内侧贴紧钢丝。

(2) 夹片内侧贴紧钢丝，外缸逐渐升压，钢丝随之被逐步夹紧，达到设计所要求的预镦头压力后，内外缸之间的顺序阀开启，内缸充油。镦头活塞随油压升高推动镦头模向前移动，迫使钢丝在镦锻长度内塑性变形，获得所需求的头形。

(3) 卸去油压，依靠相关回程弹簧，各部件自动复位，取出钢丝，完成一次镦头。

42.3.2 结构组成

预应力筋用镦头器通常由夹紧活塞、镦头活塞及镦头模组成的“运动体”，以及由壳体、锚杯及夹片组成的“不动体”两大部分构成。在液压油的推动下，运动体相对不动体运动，实现镦头器的镦头过程。图 42-3 所示为镦头器构造图。

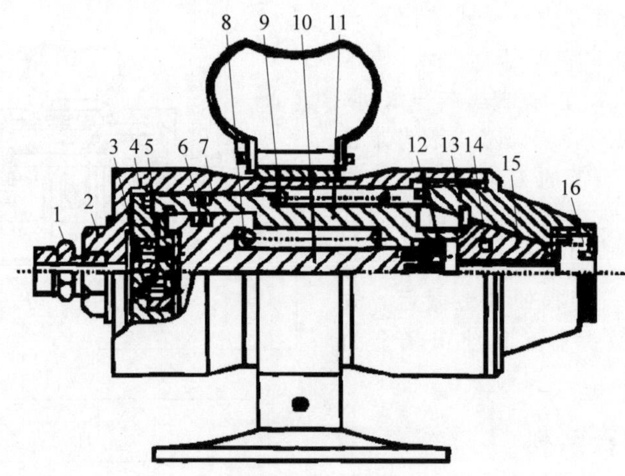

1—快换接头；2—壳体；3—顺序阀；4—O 形密封圈；5—回油阀；6，7—YX 形密封圈；8—镦头活塞回程弹簧；9—夹紧活塞回程弹簧；10—镦头活塞；11—夹紧活塞；12—镦头模；13—锚杯；14—夹片张开弹簧；15—夹片；16—夹片回程弹簧。

图 42-3 镦头器构造图

42.4 技术性能

42.4.1 产品型号命名

根据标准《预应力筋用液压镦头器》(JG/T 320—2011)，镦头器的型号由分类代号、主参数等组成，如下所示：

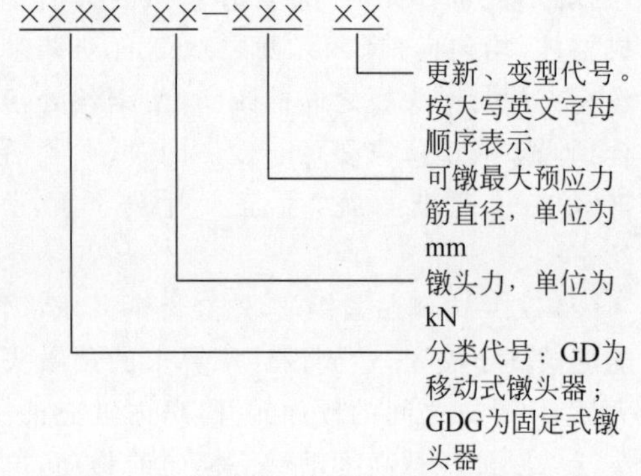

示例 1：镦头力为 100 kN、可镦最大预应力筋直径为 5 mm 的移动式镦头器，表示为：镦头器 GD100-5；

示例 2：第二次改进设计的、镦头力为 200 kN、可镦最大预应力筋直径为 7 mm 的固定式镦头器，表示为：镦头器 GDG200-7B。

42.4.2 性能参数

预应力筋用液压镦头器的主要性能参数为镦头力，目前各生产厂家基本均按标准《预应力筋用液压镦头器》(JG/T 320—2011)中要求选取。而其余参数，如外形尺寸、额定压力及配套镦头模的规格等，由于各生产厂家各自的实际设计、生产情况及实际需求情况不同，均存在一定的差异。

42.4.3 产品技术性能

1. 镦头留量

设计无特殊规定时，镦头留量允许偏差应为 0～0.5 mm。

2. 镦头质量

预应力筋镦头质量应符合下列要求。

(1) 外观质量：镦头头形应圆整，不应歪斜,不应有横向裂纹,允许有纵向细小裂纹,但不应有纵向贯通裂纹。镦头直径不宜小于 1.5d,高度不宜小于 1.0d,与预应力筋的同轴度偏差不应大于 0.1d,其中 d 为预应力筋直径。

(2) 静载性能:预应力筋镦头后,与设计规定的预应力锚具匹配形成的组装件,其性能应符合《预应力筋用锚具、夹具和连接器》(GB/T 14370—2015)的规定。

3. 超载性能

在 1.25 倍额定压力下,镦头器不应有外泄漏,各主要零件应无异常。

4. 镦头模和夹片的耐用性

镦头模、夹片镦制符合要求的镦头的数量应为:ϕ7 mm 及以下规格预应力筋镦头的数量不少于 5000 个,ϕ7 mm 以上规格预应力筋镦头的数量不少于 3000 个。

42.4.4　各企业产品型谱

1. 柳州欧维姆机械股份有限公司

该公司生产的 LD 系列镦头器是一种预应力工程专用设备,其技术参数如表 42-1 所示。它除了可以在各种后张法预应力工程中制作高强度钢丝镦头外,还可以普遍应用在各预制厂的先张制品工艺中,广泛适用于桥梁、铁道、民用建筑和工业厂房、预应力管桩、电杆、水压机、水工建筑物及其他大型特种结构等方面的预应力工程。其结构轻巧、体积小、自重轻,能方便地应用于施工现场和进行高空作业。

表 42-1　柳州欧维姆 LD 系列镦头器的技术参数

参数及项目	单位	型号		
		LD10	LD20 K	GD300
额定压力	MPa	40	43	48
镦头钢丝直径规格	mm	5	7	9.2
最大镦头力	kN	88.2	165	305
顺序阀开启压力	MPa	3.1	3.2	3.2
外形尺寸	mm×mm×mm	ϕ98×289×199	ϕ120×319×249	ϕ140×393×286
质量	kg	10	15	23
配用油泵	ZB4-500A 型超高压油泵			
用油种类	冬季采用 32 号、夏季采用 46 号液压油			

2. 柳州市威尔姆预应力有限公司

该公司生产的 LD 型系列镦头器是制作高强钢丝镦头锚具的专业镦头设备,其技术参数如表 42-2 所示,工作时与电动油泵配套使用。它采用双缸单油路的结构形式,密封件采用进口橡胶材料,镦头模、夹片采用硬质合金材料。它具有耐压高、使用寿命长、镦头速度快、装拆方便等优点。该系列镦头器可镦头 ϕ5、ϕ6.5、ϕ7、ϕ8、ϕ9、ϕ10 mm 规格的预应力钢丝,镦头形成的预应力镦头锚具锚固效率达到 95%以上,广泛用于后张法的预应力混凝土结构、桥梁预应力施工中。该公司的 LD 型系列镦头器采用进、出油路合一形式,内外油缸连通一次进油同时完成调整钢丝镦头长度、夹紧钢丝、镦头成型等动作,在工程中使用该系列镦头器的锚具,可以简化施工工艺、缩短张拉辅助时间、节省钢丝材料、降低施工成本。

表 42-2　柳州市威尔姆 LD 型系列镦头器的技术参数

参数及项目	单位	型号		
		LD10	LD20 K	LD30A
额定压力	MPa	39	43	40
镦头钢丝直径规格	mm	5	6.25、7	8、9、10
最大镦头力	kN	88.2	165	250
顺序阀开启压力	MPa	3.1	3.2	3.2
外形尺寸	mm×mm×mm	ϕ98×289×199	ϕ120×319×249	ϕ160×332×258
质量	kg	10	15	32
配用油泵	YBZ1.5-63 或 2YBZ2-580 型超高压油泵			
用油种类	冬季采用 22～32 号、夏季采用 46～68 号液压油			

42.5 选用原则

42.5.1 总则

目前,预应力筋用镦头器仅适用于高强钢丝预应力筋,故只有在进行高强钢丝镦头时才考虑使用预应力筋用镦头器。

42.5.2 选型原则

通常,预应力筋用镦头器的选型只需根据所镦头的钢丝的规格,即可选择定型镦头器的型号。但还需注意钢丝的强度,目前,对强度为1860 MPa及以下的钢丝,市面上的预应力筋用镦头器镦头工艺及产品性能均较成熟。若钢丝强度高于1860 MPa,须与厂家联系定制镦头器。

42.6 安全使用

42.6.1 安全使用标准与规范

预应力筋用镦头器的安全使用标准应按照《预应力筋用液压镦头器》(JG/T 320—2011)中相关要求执行。

42.6.2 拆装与运输

(1) 预应力筋用镦头器的拆装需由专业厂家完成,或在专业厂家指导下完成。

(2) 预应力筋用镦头器需用包装箱发运,并将装好的镦头器绑扎牢固,以免出现脱落、挤压、损坏。

(3) 包装箱应采用板材满包的包装箱结构。包装应牢固可靠且具有防潮能力,镦头器在箱内应妥善固定,防止在搬运过程中相互碰撞。

(4) 运输时,应排空镦头器内液压油。

(5) 镦头器应存放在通风良好、防潮、防晒和防腐蚀的仓库内,油嘴应戴好防尘帽。

42.6.3 安全使用规程

(1) 有油压时,不得拆卸油压系统中的任何零件。

(2) 连接油泵和镦头器的油管在使用前应检查有无裂伤,接头是否牢靠,规格是否合适,以保证使用时不发生意外事故。

(3) 镦头器在镦头工作时,应观察有无漏油,进油升压必须舒缓、均匀、平稳,卸荷时应缓慢松开油阀,避免镦头器受到较大的冲击。

(4) 镦头器带压工作时,操作人员应站在两侧,端面方向禁止站立人员,危险地段应设防护装置。

(5) 严禁超额定压力使用镦头器。

(6) 镦头器油缸体积小,升压快,使用前应先将油泵安全阀调定在镦头器额定压力范围内才可加油工作,以避免油压突然升压过高,损坏机件。

42.6.4 维护与保养

按要求维护和保养预应力筋用镦头器能保证设备的使用性能,延长使用寿命,对按时完成施工计划、提高工作效率具有重要作用。

(1) 新的或久置后的镦头器因油缸中有较多空气,开始使用时活塞可能出现微小的突跳现象或发出"吡吡"的响声,这属于正常情况,可将镦头器空载往复运行两三次,以排除油缸内的空气,上述现象即可消除。

(2) 应采用优质矿物油,油内不含水、酸及其他混合物,在普通温度下不分解、不变稠。油液应严格保持清洁,经常精细过滤,定期更换。

(3) 油管应经常保持清洁,闲置不用时用防尘堵头封住油管接头。

(4) 新油管使用时,勿直接和镦头器油嘴连接,应事先清洗或用油泵输出油清洗干净之后方可连接。卸下油管后,油泵及镦头器油嘴均用防尘帽拧住,严防污物混入。

（5）镦头器中镦头模及夹片应定期拆洗除锈，保持清洁。特别是夹片，在镦头200次左右后需拆出，清洁夹片内牙、外锥面以及锚杯内锥孔污垢，并在夹片外锥面和锚杯内锥孔加油润滑后再安装。安装夹片时，注意不要将三片夹片间小弹簧损坏。

（6）整机装拆注意事项：按构造图装配，密封圈安装方向不能装反；顺序阀装配时，必须使用同规格钢珠，并打好凡尔线后再装钢珠；装配时，全部零件要清洗干净，绝不允许夹带泥沙、污垢；装配时各零件需加润滑油，以免机件拉毛，损伤密封件。

（7）工作完毕，镦头器应放置室内并加罩防尘、防晒、防雨。

42.6.5　常见故障及其处理方法

预应力筋用镦头器的故障及处理方法见表42-3。

表42-3　预应力筋用镦头器的故障及处理方法

故障现象	故障原因	处理方法
锚杯螺纹处漏油	镦头活塞或夹紧活塞密封件损坏	更换镦头活塞或夹紧活塞密封件
镦头器运行不平稳或有“呲呲”响声	油缸中存有空气	空载往复运行几次排出空气
镦头器不上压力，镦不出钢丝头	镦头活塞密封件损坏	更换镦头活塞密封圈
	镦头夹片夹不紧钢丝	清洁夹片内牙或更换夹片
	油泵故障	修复油泵
	镦头模磨损	更换镦头模
活塞不回程，取不出钢丝	夹紧活塞回程弹簧损坏	更换夹紧活塞回程弹簧
	夹片回程弹簧损坏	更换夹片回程弹簧

第43章

预应力筋用挤压机

43.1 概述

43.1.1 定义、功能与用途

预应力筋用挤压机是固定端预应力锚具的专用挤压设备，与高压电动油泵配套使用。该挤压机可挤压与预应力钢绞线配套的固定端P型锚具，挤压形成的预应力固定端P型锚具，锚固效率系数达到95%以上，广泛用于后张法的预应力混凝土结构。

20世纪80年代，我国成功研制了一种新型的固定端锚具——固定端P型锚具。其原理是通过在预应力筋端部挤压结合，使材料相互紧密握裹而锚固，如图43-1所示。具体实施过程是在预应力筋端部安装挤压套和挤压簧等元件，通过挤压设备将元件的外径挤压减小，使得挤压元件牢牢地压缩在预应力筋上，形成牢固可靠的连接锚固。而执行这挤压工艺的设备正是预应力筋用挤压机。

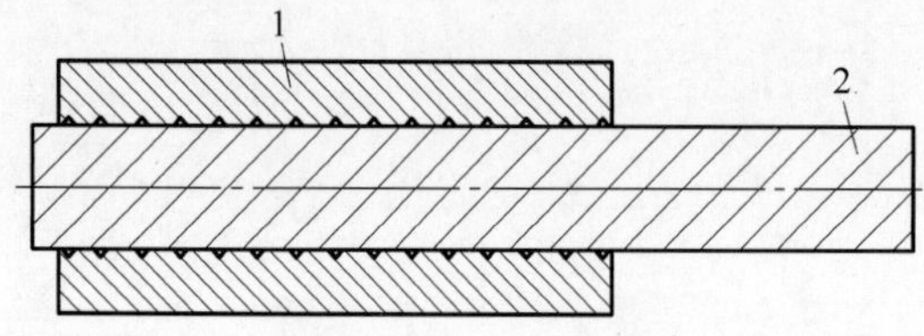

1—挤压原件；2—预应力筋。

图43-1　挤压握裹锚固的工作原理

43.1.2 发展历程与沿革

预应力筋用挤压机是握裹式挤压锚的专用设备，故握裹式挤压锚(固定端P型锚具)的发展历程和沿革决定了预应力筋用挤压机的发展。握裹式挤压锚(固定端P型锚具)在20世纪80年代研发成功后，经过几十年的发展，已经形成了成熟的针对 ϕ12.7 mm及 ϕ15.24 mm两种直径规格钢绞线的锚具。相应的，也开发出了适合 ϕ12.7 mm及 ϕ15.24 mm两种直径规格钢绞线锚具的预应力筋用挤压机，研究出成熟的挤压工艺，能保证挤压形成的固定端P型锚具满足《预应力筋用锚具、夹具和连接器》(GB/T 14370—2015)的要求。自从固定端P型锚具研发成功以来，预应力体系中对P型锚具的需求还是以 ϕ12.7 mm及 ϕ15.24 mm这两种规格为主流，故预应力筋用挤压机在满足 ϕ12.7 mm及 ϕ15.24 mm两种规格的锚具后，进一步的研究及发展相对较少。

43.1.3 发展趋势

我国的固定端P型锚具未来向适应更大直径钢绞线方向发展，比如 ϕ17.8 mm、ϕ21.8 mm等直径规格。固定端P型锚具的发展，决定着预应力筋用挤压机的发展趋势，要求预应力筋用挤压机提供更大的挤压力，进而研发出适应大规格固定端P型锚具的挤压组件。

43.2　产品标准

目前，预应力筋用挤压机执行的标准为《预应力筋用挤压机》(JG/T 322—2011)，该标准对预应力筋用挤压机的分类、主参数系列、工作介质、使用性能、试验方法、检验规程、标志、包装及储存均做出了详细的规定。

43.2.1　分类

预应力筋用挤压机分为穿心式和非穿心式两种。由于固定端 P 型锚具挤压工序的要求基本一致，故这两种预应力筋用挤压机的原理基本一致，区别只是在于挤压机是否有穿心孔。穿心式挤压机具有穿心孔，预应力筋可由穿心孔穿过挤压机，故穿心式挤压机能在预应力筋的任何位置完成挤压工序。非穿心式挤压机为实心结构，只能在预应力筋端部完成挤压工序。

43.2.2　主参数系列

预应力筋用挤压机的主要参数为公称挤压力及公称挤压行程。

公称挤压力的单位为 kN，宜优先选用如下系列：300，400，500，600，800，1000。

公称挤压行程的单位为 mm，宜优先选用如下系列：100，150，200，250。

43.2.3　工作介质

挤压机的工作介质宜采用－15～65℃时运动黏度为 15～50 mm^2/s 的具有一定防锈和抗磨能力的液压油。油液中固体颗粒污染等级不应高于《液压传动　油液　固体颗粒污染等级代号》(GB/T 14039—2002)规定的—/19/16，宜根据环境温度及使用压力选择不同牌号的液压油。液压油应与密封件材料相容。

43.2.4　使用性能

标准中对于预应力筋用挤压机的行程偏差、挤压锚质量、空载性能、超载性能、挤压顶杆和挤压模具的耐用性均做出了详细的要求。

43.3　工作原理及产品结构组成

43.3.1　工作原理

无论是穿心式还是非穿心式的预应力筋用挤压机，其工作原理均是一样的，见图 43-2。

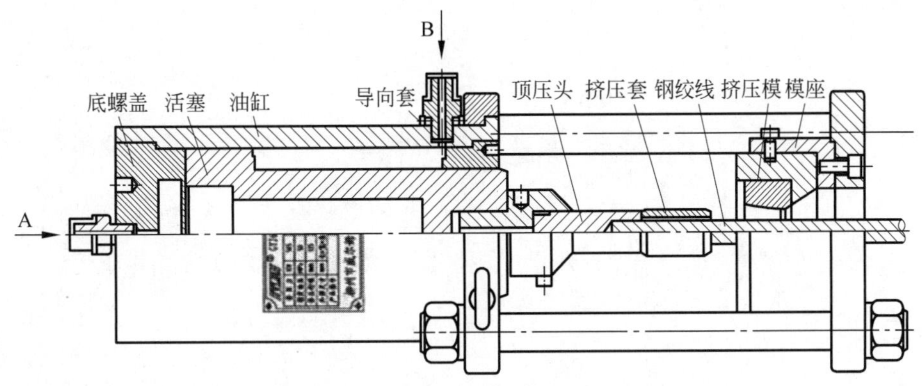

图 43-2　预应力筋用挤压机工作原理

(1) 将钢绞线从挤压模底面穿入，装上挤压套，使钢绞线端头高出挤压套大约 10 mm。

(2) 将装好挤压套的钢绞线插入顶压头内孔，并使挤压套紧靠顶压头端面，注意使顶压头与挤压套、钢绞线的中心线重合，然后在挤压套外圆及挤压模内壁涂抹二硫化钼或黄油。

(3) 将 A、B 油路接上电动油泵，然后启动油泵，向 A 油路供油。活塞向前运动，推动顶压头将挤压套及钢绞线从挤压模中挤出，这样挤压套与钢绞线被挤成一个整体。

(4) 停止 A 油路供油，转向 B 油路供油，将活塞回程到底，即完成一次握裹式挤压锚的制作。

43.3.2 结构组成

预应力筋用挤压机通常是由活塞及挤压头组成的“运动体”和由油缸、挤压模、模座、连接板、连接杆、底螺盖组成的“不动体”两大部分构成。在液压油的推动下，运动体相对不动体运动，实现挤压机的挤压过程。图 43-3 所示为挤压机构造。

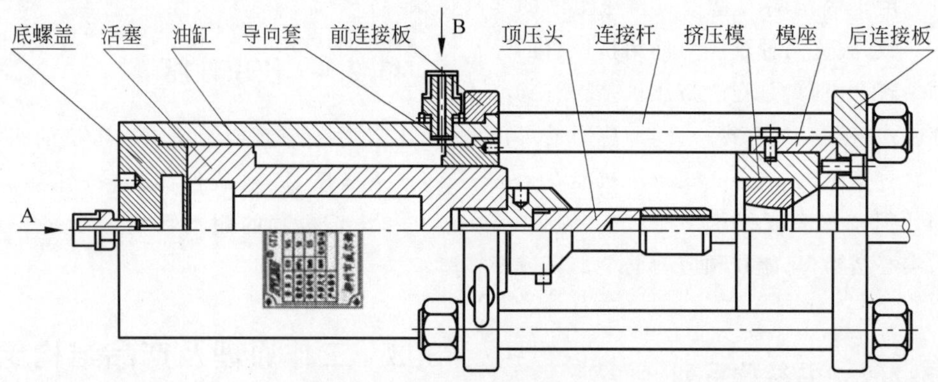

图 43-3 挤压机构造

43.3.3 机构组成

预应力筋用挤压机通常由油缸、活塞、连接杆等钢制零部件及密封件、油嘴部件、挤压模等机构组成，其总体结构图如图 43-4 所示。

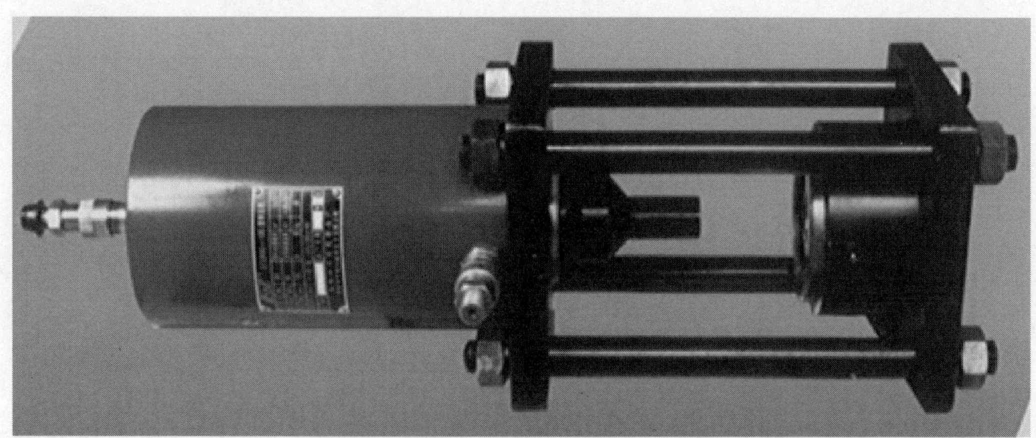

图 43-4 预应力筋用挤压机总体结构图

43.4 技术性能

43.4.1 产品型号命名

根据标准《预应力筋用挤压机》(JG/T 322—2011),挤压机的型号由分类代号、主参数等组成,如下所示:

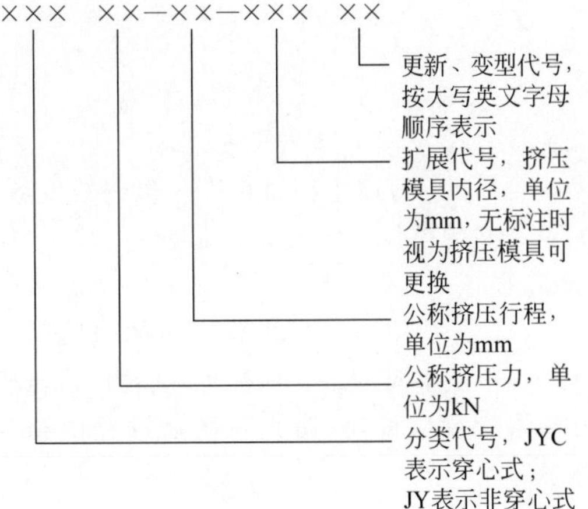

示例1:公称挤压力为500 kN,公称挤压行程为200 mm,挤压模具内径为30.5 mm的非穿心式挤压机,表示为:挤压机 JY500-200-30.5;

示例2:公称挤压力为300 kN,公称挤压行程为150 mm,挤压模具内径为32 mm,第一次改变设计的穿心式挤压机,表示为:挤压机 JYC300-150-32A。

43.4.2 性能参数

预应力筋用挤压机的主要参数为公称挤压力及公称挤压行程,目前各生产厂家基本均按标准《预应力筋用挤压机》(JG/T 322—2011)中要求选取。而其余参数,如外形尺寸、额定压力及配套挤压模具的规格等,由于各生产厂家各自的实际设计、生产情况及实际需求情况不同,均存在一定的差异。

43.4.3 产品技术性能

1. 行程偏差

挤压机的行程允许偏差应为0～+5 mm。

2. 挤压锚质量

(1) 外观质量:挤压完成后,挤压锚的各尺寸应符合设计要求,挤压表面应光滑,外观规整,不应有飞边、毛刺等缺陷,预应力筋外露长度不应小于1 mm。

(2) 静载性能:制作完成的挤压锚,与设计规定的预应力锚具匹配形成的组装件,其性能应符合《预应力筋用锚具、夹具和连接器》(GB/T 14370—2015)的规定。

3. 空载性能

(1) 空载时挤压机不应有外泄漏。

(2) 挤压机的启动油压不应大于额定油压的3%。

4. 超载性能

在1.25倍额定压力下,挤压机不应有外泄漏,各零件应无异常变形。

5. 挤压顶杆和挤压模具的耐用性

(1) 累计挤压1000个挤压锚,挤压顶杆不应损坏;

(2) 累计挤压5000个挤压锚,挤压模具不应损坏,且挤压模具内径的变化不应大于0.05 mm。

6. 整机耐用性

除挤压顶杆、挤压模具和密封件之外,在不更换其他零件的条件下,挤压机应能累计进行10 000个挤压锚的挤压。

43.4.4 各企业产品型谱

1. 柳州欧维姆机械股份有限公司

GYJ系列挤压机分为GYJB实心式和GYJC穿心式两种,它是挤压式锚具的专用工具,适用于预应力筋中固定端握裹式挤压锚的制作。柳州欧维姆GYJ系列挤压机的技术参数见表43-1。

表43-1 柳州欧维姆GYJ系列挤压机的技术参数

项 目	单位	型 号	
		GYJB50-150	GYJC50-150
额定压力	MPa	45	50
公称挤压力	kN	509	503
适用钢绞线直径规格	mm	ϕ12.7、ϕ15.2	
挤压行程	mm	150	

续表

项　　目	单位	型　　号	
		GYJB50-150	GYJC50-150
外形尺寸	mm×mm	ϕ150×565	
质量	kg	10	15
穿心孔径	mm	—	ϕ30
配用油泵	ZB4-500A 型超高压油泵		
用油种类	冬季采用 32 号,夏季采用 46 号液压油		

2. 柳州市威尔姆预应力有限公司

GYJ 系列挤压机是固定端预应力锚具的专用挤压设备,与高压电动油泵配套使用。柳州市威尔姆 GYJ 系列挤压机的技术参数见表 43-2。

表 43-2　柳州市威尔姆 GYJ 系列挤压机的技术参数

项目	单位	型　　号	
		GYJ600	GYJ600C
额定压力	MPa	50	
公称挤压力	kN	509	503
适用钢绞线直径规格	mm	ϕ12.7、ϕ15.2	
挤压行程	mm	135	
外形尺寸	mm×mm	ϕ150×565	
质量	kg	10	15
穿心孔径	mm	—	ϕ30
配用油泵	YBZ1.5-63 或 2YBZ2-80 型超高压油泵		
用油种类	冬季采用 22～32 号,夏季采用 46～68 号液压油		

43.5　选用原则

由于预应力筋用挤压机是挤压制作握裹式挤压锚的专用设备,并且挤压机中配套的挤压模是决定挤压锚挤压制作质量的关键因素,而现各预应力厂家生产的挤压锚均存在一定差异,故在选用预应力筋用挤压机时,应向挤压锚厂家咨询,挤压锚配套同厂家的挤压机使用。

43.6　安全使用

43.6.1　安全使用标准与规范

预应力筋用挤压机的安全使用标准应参照《预应力筋用挤压机》(JG/T 320—2011)中相关要求执行。

43.6.2　拆装与运输

(1) 预应力筋用挤压机的拆装需由专业厂家完成,或在专业厂家指导下完成。

(2) 预应力筋用挤压机需用包装箱发运,并将装好的挤压机绑扎牢固,以免出现脱落、挤压、损坏。

(3) 包装箱应采用板材满包的包装箱结构。包装应牢固可靠且具有防潮能力,挤压机在箱内应妥善固定,防止在搬运过程中相互碰撞。

(4) 运输时,应排空挤压机内液压油。

(5) 挤压机应存放在通风良好、防潮、防晒和防腐蚀的仓库内,油嘴应戴好防尘帽。

43.6.3　安全使用规程

(1) 有油压时,不得拆卸油压系统中的任何零件。

(2) 连接油泵和挤压机的油管在使用前应检查有无裂伤,接头是否牢靠,规格是否合适,以保证使用时不发生意外事故。

(3) 挤压机在挤压工作时,应观察有无漏油,进油升压必须徐缓、均匀、平稳,卸荷时应缓慢松开油阀,避免挤压机受到较大的冲击。

(4) 挤压机带压工作时,操作人员应站在两侧,端面方向禁止站立人员,危险地段应设防护装置。

(5) 严禁超额定压力使用挤压机。

43.6.4　维修与保养

按要求维护和保养预应力筋用挤压机能保证设备的使用性能,延长使用寿命,对按时完成施工计划、提高工作效率具有重要作用。

(1) 新的或久置后的挤压机因油缸中有较多空气，开始使用时活塞可能出现微小的突跳现象或发出“吡吡”的响声，这属于正常情况，可将挤压机空载往复运行两三次，以排除油缸内的空气，上述现象即可消除。

(2) 应采用优质矿物油，油内不含水、酸及其他混合物，在普通温度下不分解、不变稠。油液应严格保持清洁，经常精细过滤，定期更换。

(3) 油管应经常保持清洁，闲置不用时用防尘堵头封住油管接头。

(4) 新油管使用时，勿直接和挤压机油嘴连接，应事先清洗或用油泵输出油清洗干净之后方可连接。卸下油管后，油泵及挤压机油嘴均用防尘帽拧住，严防污物混入。

(5) 每次挤压完成后，应及时清理模孔中污泥、铁锈及碎钢丝，并涂油或在挤压套上涂油。

(6) 工作完毕，应将挤压机活塞回程到底，放置室内并加罩防尘、防晒、防雨。

43.6.5　常见故障及其处理方法

预应力筋用挤压机的故障及处理方法见表 43-3。

表 43-3　预应力筋用挤压机的故障及处理方法

故障现象	故障原因	处理方法
挤压力过高	挤压元件尺寸超差	测量挤压元件尺寸，选用合格挤压元件
	挤压模变形	更换挤压模
挤压力过低	挤压元件尺寸偏小	测量挤压元件尺寸，选用合格挤压元件
	挤压模磨损过大	更换挤压模
无法挤压	千斤顶漏油	更换密封圈
	千斤顶缸体或活塞损坏	返厂修理
挤压头崩裂	挤压力过大	更换顶压头

第44章

预应力用智能张拉系统

44.1　概述

44.1.1　定义、功能与用途

1．定义

预应力用智能张拉系统由数控电动油泵、预应力用液压千斤顶、控制系统、数据自动采集和传输系统等组成，它是能自动控制预应力张拉过程并同时自动测量张拉力值、伸长量的预应力施工张拉设备。预应力智能张拉系统利用压力传感器采集千斤顶的张拉力值（必要时采用双传感器进行相互校核），利用位移传感器采集钢绞线的伸长量及回缩值。它以张拉力控制为主，伸长量误差校核为辅，实现预应力张拉的"双控"。

2．功能及用途

1）便捷的操作功能

（1）参数设置：可输入梁编号及型号、张拉力目标值、伸长量校核值及持荷时间等。

（2）自动平衡同步张拉：公路张拉，张拉过程中以张拉力同步控制为主，两端位移相差不大即可；铁路张拉，张拉过程中自动控制钢束两端伸长量，使其保持一致，同步张拉，最终以设计张拉力为控制目标。

（3）精确施加张拉力值：自动控制持荷时间，持荷阶段自动补压，控制张拉力保持在目标值±1%范围内，持荷完成后系统自动记录实际张拉力和伸长量。

（4）自动记录张拉力值及伸长量：由测力传感器测量并显示张拉力值，由位移传感器量测钢绞线伸长量，屏幕显示，即时存储，并生成张拉力及伸长量曲线。

（5）自动计算张拉结果并打印：张拉完成后系统自动计算结果，并打印完整的张拉结果记录表。

2）辅助控制功能

（1）断电恢复功能：工作中途若停电，系统自动保存当前数据，重新接电后可由断点处继续完成自动张拉过程。

（2）智能油液温控系统：为提高液压系统在炎热或寒冷天气及长期工作状态下的稳定性，系统具备自动温控系统，以保证液压系统工作效能。

（3）千斤顶回顶保护功能：自动监测千斤顶回油压力，防止回油压力过高造成爆顶。

3）远程数据传输功能

张拉数据无线传输至梁场服务器，可远程传输至铁路工程管理平台（BIM系统）。管理部门可查阅张拉结果及张拉过程。

4）全面的安全防护功能

（1）在线故障诊断系统：系统能实时监测全部工作过程及各部件工作状态，并及时进行故障诊断。

（2）报警功能：系统具有工作异常或张拉数据超差时自动停止张拉并进行报警功能。

(3) 动态伸长量预警：系统实时对比当前钢绞线伸长量与当前的理论伸长量，可有效地防止因数据输入错误、测力或位移传感器失准、钢绞线滑丝、断丝出现张拉质量事故。

(4) 张拉力复核：通过系统自身测力传感器与液压传感器之间相互校核，防止因传感器异常导致张拉质量事故。

5) 主要用途

预应力用智能张拉系统主要用于桥梁、房建、水库大坝、矿山等预应力筋的张拉施工。

44.1.2　发展历程与沿革

预应力值的测定是影响预应力工程质量的重要因素。传统预应力张拉工艺按照设计规程要求进行张拉控制，张拉前预标定千斤顶油表液压系统，人工读取机械式油压表数值并控制张拉力，因此存在以下缺陷。

1. 张拉伸长量测量及压力表读数不准确

在张拉施工中，千斤顶油缸伸出量由人工手动测量，液压油表数值由人工读取，存在着读数误差大、测量过程慢、人为影响因素大、信息反馈不准确等问题。同时手工完成张拉记录，人工痕迹明显，可信度降低。

2. 张拉力施加不准确

压力表读数需换算才能得到张拉力值，不能形成张拉力的直观概念，控制张拉不方便；而且加压操作控制误差大，分辨率低，难以精确控制张拉力。以往数据表明，钢绞线张拉控制应力的实测值不稳定，波动范围为±15.0%。如此大的偏差和波动，很难保证施工的安全性和可靠性。当张拉设备油表读数严重失误时，则易引起质量安全事故。

3. 未能实现张拉力和伸长量的双重控制

由于预应力张拉过程复杂，各国预应力张拉控制都采取应力和伸长量双控的方法，以保证预应力体系的建立。在预应力张拉工艺中，张拉伸长量是在压力表读数达到预定值后，再用钢尺人工测量，油压表和预应力筋伸长量的测量是由不同人先后来操作完成的，如果张拉伸长量超过规范所要求范围，则无法补救，意味着此预应力构件不能按照设计的受力状态工作。

4. 未能实现同步张拉

预应力张拉由人工操作油泵来完成，由于人的反应时间以及现场环境影响，无法实现同时开启油泵，对于阀门的开度大小也不相同，无法实现同步张拉。

5. 张拉过程不规范

在人工张拉过程中，预应力加载速率、持荷时间随意性大。标准规范规定持荷时间为5 min，实际持荷时间往往取决于现场操作人员，加载速率过快直接导致预应力损失较大，锚下预应力达不到设计要求。

6. 千斤顶、张拉油泵与压力表标定结果稳定性不易保持

施加预应力所用的机具设备及仪表应定期维护和校验，但是维护不力和不按规定校验情况普遍存在。在下列情况之一时，应重新标定：①使用6个月；②连续操作300次；③故障后修复；④长期停用后再次使用前。

7. 质量管理不重视

由于缺乏相应的实时监控及检测手段，参建各方对预应力质量隐患问题认识不足、重视不够，以致质量隐患被掩盖。

传统的预应力张拉工艺存在诸多缺陷，难以保证预应力张拉的精度。相对于完善的预应力结构设计和计算方法，落后的预应力施工工艺成为制约预应力结构应用和发展的主要因素。因此，充分利用现代科技成果，改进传统的预应力张拉工艺是目前预应力混凝土施工中迫切需要解决的问题，得到结构工程界和应用力学界的高度重视。

国外的预应力工程技术发展较为成熟，具有比较完善的施工监控与验收设备。如英国CCL公司的锚下有效预应力控制和各索受力不均匀性检测技术，使各钢绞线受力的均匀性及有效强度大大提高，从而达到了梁的轻量化与高承载力的目标，使原材料得到充分的应用，又可以确保工程质量。相比先进国家，我国预应力技术起步相对较晚，但发展极为迅速。但是桥梁施工中，尤其是连续梁桥、连续钢构桥施工中有效预应力和各索受力的均匀性控制未能实现。我国预应力张拉施工技术相对落后，主要还是以采用人工操作油泵、人工测量伸长量和记录张拉数据的方式为主。对桥梁施工中的有效预应力进行控制，确保各索均匀受力，正确控制反拱度、弯曲扭转等，都是当前亟须解决的问题。

在国内，王继成等发明了预应力张拉锚固自动控制综合测试仪，该设备包括计算机、位移传感器、压力传感器和比例压力阀等，能够对预应力的张拉过程进行检测与监控，但不能进行自动张拉，张拉过程还需人工操作，同时也不能进行远程监控。2001 年，太原理工大学研制出智能控制预应力张拉装置，该装置通过增设信号采集部件和相应的信号处理装置，使预应力张拉过程数字化，人为因素减少，提高了预应力结构的张拉精度，且能随时提示张拉力与张拉伸长量是否达到要求并进行报警。其在控制方面已逐渐向规范靠拢，但是数据不能云端存储和传输，不能起到实时监控的作用。浙江浦江缆索有限公司生产的张拉实时测控装置，是一种通过使用感应器和显示仪来测量、显示和记录所受力的大小的测控装置，能够确保物体受力过程中对力控制的精确性，同时提高了作用力过程的可视性。中铁十二局集团建设安装工程有限公司进行了无黏结预应力智能控制张拉仪的研制与应用，该系统能够显示张拉力和钢绞线的伸长量，并能实现数据的打印。2010 年重庆交通大学研制了一种数显式预应力张拉控制装置，该装置包括计算机、多个张拉箱和多套预应力张拉机构，其能检测预应力工程施工的张拉力和伸长量，能自动判断张拉停顿点、自动累加倒顶伸长量，便于张拉过程的全面控制。上述装置均能实现对张拉力与伸长量的被动测量，但不能实现对压力施加的主动控制。

国内已有公司进行智能张拉系统的研制与开发，湖南联智科技股份有限公司率先自主研发的桥梁预应力张拉智能控制系统已应用于众多实际工程。该系统具有自动读取梁板预应力相关参数的功能，智能计算张拉力，无线控制油泵，实时无线采集数据，精确控制张拉力值和伸长量，自动完成张拉过程并生成预应力张拉记录表，数据实时存储无线传输等功能，具有适应各种施工环境和界面人性化等特性。随后国内其他单位也进行了预应力智能张拉系统的研制和开发，主要有河北高达电子科技有限公司、西安璐江桥隧技术有限公司等。

44.1.3 发展趋势

2010 年联智科技首次将预应力智能张拉系统应用于工程建设施工现场，2011 年通过了湖南省交通运输厅的科学技术成果鉴定，随后在湖南省进行了推广。2012 年 5 月 12 日通过交通运输部的科学技术成果鉴定，随后在全国范围内的公路、市政桥梁进行了推广。2016 年中国建筑科学研究院牵头主编了工信部行业标准《建筑施工机械与设备　预应力用智能张拉机》(JB/T 13462—2018)，2017 年中国铁道科学研究院牵头制定了铁路行业标准《铁路预应力混凝土桥梁自动张拉系统》(Q/CR 586—2017)，2020 年联智科技和招商局重科院联合主编了正在报批阶段的交通部行业标准《桥梁预应力自动张拉与压浆系统》等标准，逐渐规范了预应力智能张拉技术和设备的研发、制造及应用过程。

基于物联网的智慧梁场工程信息化趋势，集中预制拼装是桥梁建造的趋势，因此，集中预制场中智能张拉机器人、压浆机器人是一个研究方向；预应力桥梁结构出现问题，必先从预应力上体现，因此，完工后预应力长期监测是一个研究方向；大跨桥梁张拉压浆工艺需要进一步细化，因此大跨桥梁预应力智能张拉压浆技术和设备也是一个研究方向；短束钢绞线、负弯矩钢绞线的张拉压浆技术和设备需要进一步研制。预应力结构因独特的结构特点使得其与混凝土结构和钢结构相比具有明显的优势。因此，未来预应力结构还将大面积使用，预应力智能张拉、压浆技术和设备必将得到更广泛的应用，如果推广至水利、核电等行业，则应用前景更为广阔。

44.2 产品分类

按照行业划分，主要分为公路预应力智能张拉系统和铁路预应力智能张拉系统，公路预应力智能张拉系统与铁路预应力智能张拉系统具有明显的区别，铁路智能张拉系统技术指标更高、设备性能更好。

按照结构物使用类型划分，主要分为预制T梁预应力智能张拉系统、预制箱梁预应力智能张拉系统、扁锚负弯矩预应力智能张拉系统和现浇梁预应力智能张拉系统。特殊桥梁还有吊索拱桥的整体智能张拉技术、斜拉桥的整体智能张拉与吊索系统等。

按照产品的结构组成，分为一机一顶、一机两顶，所谓一机一顶是指一台泵站向一台千斤顶供油，一机两顶是指一台泵站向两台千斤顶供油。

按照产品现场工作组成，分为一拖二、一拖四，一拖二是指一个控制中心控制两台张拉设备，一拖四是指一个控制中心控制四台张拉设备。

44.3 工作原理及产品结构组成

44.3.1 工作原理

预应力智能张拉系统由系统主机、油泵、千斤顶三大部分组成。预应力智能张拉系统以应力为控制指标，伸长量误差为校对指标。系统通过传感技术采集每台张拉设备（千斤顶）的工作压力和钢绞线的伸长量（含回缩量）等数据，并实时将数据传输给系统主机进行分析判断，同时张拉设备（泵站）接收系统指令，实现张拉力及加载速度的实时精确控制。系统还根据预设的程序，由主机发出指令，同步控制每台设备的每一个机械动作，自动完成整个张拉过程。系统工作原理如图44-1所示。

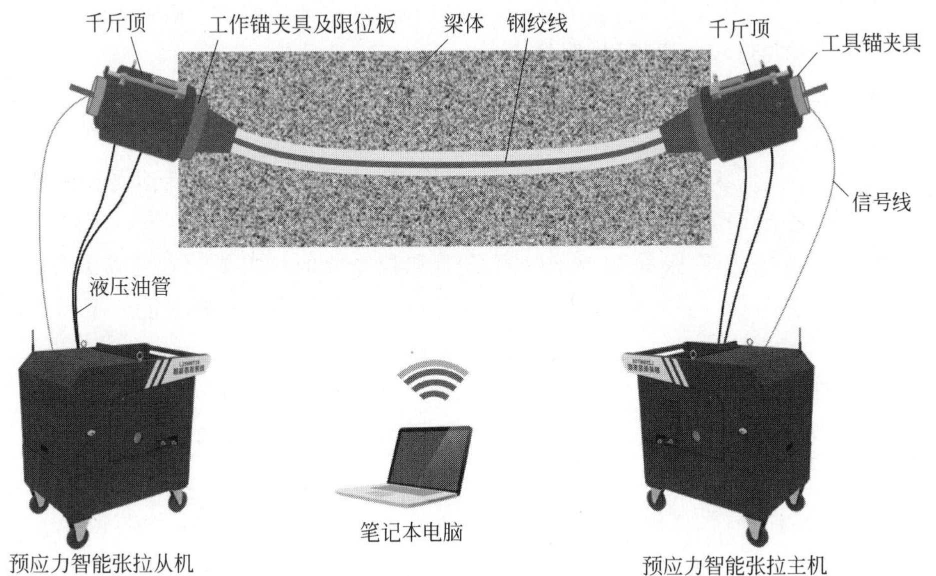

图44-1 智能张拉系统工作原理

44.3.2 结构组成

预应力智能张拉系统主要由智能张拉设备、油管、千斤顶、数据线及中央控制仪组成，如图44-2所示。依据不同的设备配置要求，结构组成会有一定的区别。一般而言，一台智能张拉设备、一台/两台千斤顶及配套的油管传感器组成一个工作单元，一个工作单元可以完成一束单端张拉或者两束单端张拉，两个工作单元可以完成单束双端对称张拉或者双束双端对称张拉。

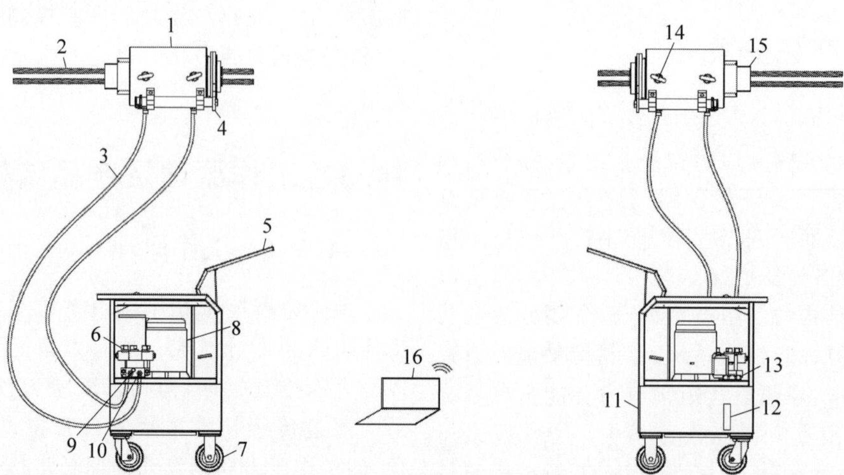

1—千斤顶；2—钢绞线；3—液压油管；4—位移传感器；5—盖板；6—液压阀块；7—脚轮；8—电机；9—出油口；10—进油口；11—油箱；12—液位显示；13—注油口；14—吊耳；15—工作锚；16—计算机。

图 44-2　智能张拉系统结构图

44.3.3　机构组成

1. 电机

在预应力智能张拉系统中，电机的作用主要是将电能转化为机械能，带动油泵工作，它是系统的动力源。在智能张拉系统中一般使变频电机与变频器共同工作，调整张拉系统的工作效率和张拉速率等；也有少数采用步进电机的，主要用步数来调整张拉速率及张拉精度。

2. 油泵

油泵的主要作用是将油箱中的液压油加压，通过液压回路与千斤顶连通，给千斤顶提供能量，推动千斤顶对外做功。在一机一顶中采用的是一泵一出油口，在一机两顶中采用的是一泵两出油口。

3. 电磁阀

电磁阀是预应力智能张拉系统中的重要机构组成。一般而言，智能张拉系统中必须包含电磁换向阀、单向球阀、溢流阀等，其主要作用为液压油换向、张拉持荷保压、安全溢流等。

4. 千斤顶

智能张拉中主要采用液压千斤顶作为主要的力输出装置，其作用是将电机、油泵的能量转换到钢绞线上。千斤顶一般由高压进油腔和低压回油腔组成，张拉时高压腔工作，回油时低压腔工作。

44.3.4　电气控制系统

1. 压力传感器、力传感器和位移传感器

压力传感器、力传感器和位移传感器是智能张拉系统的最主要的传感器元器件。压力传感器和力传感器主要测量千斤顶的力值，位移传感器主要测量千斤顶的位移值。只采用压力传感器进行千斤顶力值测量时，须将压力传感器安装在千斤顶的高压油腔。

2. 变频器

变频器是应用变频技术与微电子技术，通过改变电机工作电源频率的方式来控制交流电动机的电力控制设备。在智能张拉系统中，变频器主要用来调整电机的电流频率，从而改变电机的转速，调整油泵的供油速率。

3. 变压器

变压器是利用电磁感应的原理来改变交流电压的装置，主要构件是初级线圈、次级线圈和铁芯(磁芯)。其主要功能有：电压变换、

电流变换、阻抗变换、隔离、稳压(磁饱和变压器)等。由于智能张拉系统既有强电又有弱电,因此必须采用较好的变压器。

4. PLC 模块

智能张拉系统的控制执行元器件主要为PLC,即可编程逻辑控制器,与CPU处理器、模拟量模块和开关量处理器配套使用,主要是数据通信等。

44.4　技术性能

1. 张拉力精度

智能张拉机在标定有效期内,标准测力仪的示值在千斤顶公称输出力的0.3～1.05倍范围内,示值误差不应超过公称输出力的±1%,重复性不应超过±1%。力值测量示值误差和重复性应分别按式(44-1)和式(44-2)计算:

$$\lambda_1 = \frac{F_i - F_t}{F} \times 100\% \quad (44\text{-}1)$$

$$\lambda_2 = \frac{F_{imax} - F_{imin}}{F} \times 100\% \quad (44\text{-}2)$$

式中,λ_1 为力值测量示值误差;λ_2 为力值测量示值重复性;F 为千斤顶的公称输出力,kN;F_i 为设备显示的千斤顶张拉瞬时值,kN;F_t 为与 F_i 任意相同时刻对应的标准测力仪器指示的力值,kN;F_{imax}、F_{imin} 分别为同一相应测量点设备显示的千斤顶张拉瞬时最大和最小值,kN。

2. 重复性精度

智能张拉机在标定有效期内,在 $0.1L \leqslant \Delta L_t \leqslant L$ 千斤顶行程范围内,设备示值与基准长度值相比较,位移测量示值误差和示值重复性均不应超过±1%。位移测量示值误差和重复性分别按式(44-3)和式(44-4)计算:

$$\lambda_3 = \frac{\Delta L_i - \Delta L_t}{L} \times 100\% \quad (44\text{-}3)$$

$$\lambda_4 = \frac{\Delta L_{imax} - \Delta L_{imin}}{L} \times 100\% \quad (44\text{-}4)$$

式中,λ_3 为位移测量示值误差;λ_4 为位移测量示值重复性;ΔL_t 为基准长度测量仪的示值,mm;L 为千斤顶公称行程,mm;ΔL_i 为相应测量点设备显示的位移值,mm;ΔL_{imax}、ΔL_{imin} 分别为同一相应测量点计算机位移示值的最大和最小值,mm。

3. 张拉力控制误差

张拉力控制误差不宜大于±1.5%。张拉力控制误差应按式(44-5)计算:

$$\lambda_5 = \frac{F_f - F_m}{F_m} \times 100\% \quad (44\text{-}5)$$

式中,λ_5 为张拉力控制误差;F_f 为张拉结束时的实际张拉力,kN;F_m 为设定的控制终张拉力目标值,kN,值取为:$0.3F \leqslant F_m \leqslant F$。

4. 张拉力同步精度

智能张拉机张拉结束后伸长量误差超过±6%时应有提示功能。张拉力同步控制误差不宜超过±2%。张拉力同步控制误差应按式(44-6)计算:

$$\lambda_6 = \frac{F_{ia} - F_{ib}}{F_m} \times 100\% \quad (44\text{-}6)$$

式中,λ_6 为张拉力同步控制误差;F_{ia}、F_{ib} 为任意a和b两台千斤顶的张拉力瞬时显示值,kN;F_{ia} 及 F_{ib} 值取为:$0.3F_m \leqslant F_i \leqslant F_m$。

5. 电磁兼容性能

智能张拉机电磁兼容性能应通过《电磁兼容　试验和测量技术　电快速瞬变脉冲群抗扰度试验》(GB/T 17626.4—2018)中规定的试验等级为3级的型式检验,试验后系统功能不应受到破坏、力值示值变化不应超过±1%、位移示值变化不应超过±1 mm。

6. 无线传输和断电保护信息性能

在无障碍环境的500 m范围内,设备间应能实现正常通信。当遇到通信中断或突然断电等故障时,系统应具有及时保存采集数据和过程状态不受破坏功能,且待故障排除后应能恢复断电前的数据和过程状态。

7. 软件的可靠性能

可靠性试验时间不应少于200 h(或预应

力用千斤顶往复动作次数不应少于2000次)。实验室试验时,预应力用液压千斤顶在额定压力下活塞的伸出量不应少于公称行程的2/3,试验可中途暂停,但一次连续运行时间不宜少于8 h。

44.4.1 产品型号命名

1. 主参数

智能张拉机的主参数为额定压力、公称输出力和公称流量,主参数系列见表44-1。主参数宜优先选用表44-1中数值。

表44-1 智能张拉机的主参数

项目	单位	数 值
额定压力	MPa	25,31.5,40,50,63,70
公称输出力	kN	250,650,1000,1500,2000,2500,3000,3500,4000,5000,6500,9000,12 000
公称流量	L/min	0.4,0.63,0.8,1,1.5,2,2.5,3.2,4,5,6.3,8,10,12.5,16

2. 型号

智能张拉机型号由制造商自定义代号、型代号、特性代号、主参数、更新变型代号组成,其型号说明如下:

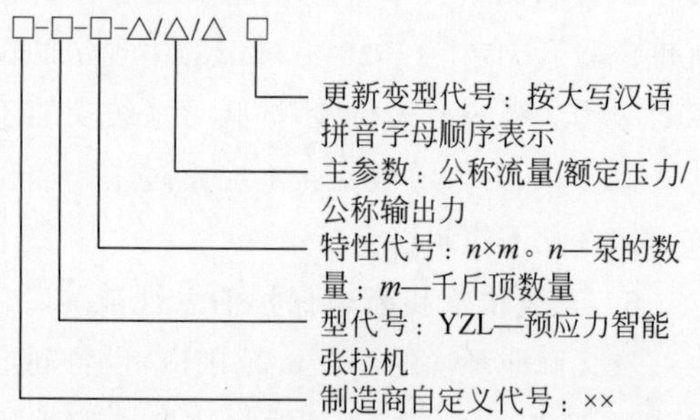

示例:制造商自定义代号为××,公称流量为2 L/min,额定压力为50 MPa,公称输出力为2500 kN,第一次改型设计的一泵一顶智能张拉机,标记为:××-YZL-1×1-2/50/2500A。

44.4.2 性能参数

预应力智能张拉系统性能参数如表44-2所示。

表44-2 预应力智能张拉系统性能参数

系统名称与类别	性能项目	技术指标
公路智能张拉系统	张拉力精度	±1.5%
	张拉力同步精度	±2%
	伸长量误差	±6%
	额定压力	≤63 MPa
	公称流量	≤4 L/min
	额定功率	≤7.5 kW
铁路智能张拉系统	张拉力精度	0~1%
	伸长量同步精度	5%
	伸长量误差	±6%
	额定压力	≤63 MPa
	公称流量	≤4 L/min
	额定功率	≤15 kW
	力值校核允许偏差	5%
整体张拉与调索系统	张拉力精度	±1.5%
	张拉力同步精度	±5%
	额定压力	≤50 MPa
	公称流量	≤10 L/min
	额定功率	≤15 kW

44.4.3 各企业产品型谱

预应力智能张拉系统具有张拉力控制精准、张拉过程自动控制、施工数据自动保存等技术优势,已被广泛应用到公路桥梁预应力张拉施工、铁路桥梁预应力张拉施工、锚下有效预应力检测等多个领域。现以湖南联智科技股份有限公司及河北高达科技有限公司产品为例,进行设备型谱介绍(见表44-3)。

河北高达科技有限公司产品型号及特点见表44-4。

表 44-3 湖南联智科技股份有限公司产品型号及特点

产品名称	产品型号	产品简介	产品图片或应用示意图
桥梁预应力智能张拉系统	LZ59MT30，LZ59S30S	由系统主机、油泵、千斤顶三大部分组成。产品用途：公路梁场张拉施工、公路现浇梁张拉施工。适用于箱梁、T梁、空心板等张拉	千斤顶 钢绞线 千斤顶 工具锚夹具 数据线 液压油管 笔记本电脑 从机 主机
铁路桥梁预应力自动张拉系统	TYZ/60-Ⅶ/LZ	由系统主机、油泵、千斤顶三大部分组成。产品用途：铁路梁场张拉施工。适用于箱梁、T梁等张拉	
铁路连续梁专用智能张拉系统	LZ59RMT30	由系统主机、油泵、千斤顶三大部分组成。产品用途：铁路连续梁张拉施工	千斤顶 工作锚夹具及限位板 梁体 钢绞线 千斤顶 工具锚夹具 数据线 液压油管 从机 主机
锚下有效预应力自动检测系统	LZ59PT02	主要由检测仪主机、专用千斤顶、智能限位控制装置、高压油管、笔记本电脑组成。产品用途：梁场锚下有效预应力检测、现浇梁锚下有效预应力检测、边坡锚索锚下有效预应力检测等	预应力钢绞线 工作锚 工作夹片 限位装置 千斤顶 预制梁 回油管 进油管 位移压力采集 笔记本电脑 云服务器 业主单位 监理单位 电池 有效预应力检测仪

续表

产品名称	产品型号	产 品 简 介	产品图片或应用示意图
新型扁锚整体张拉设备	LZ59BM02	由新型扁锚负弯矩张拉仪、扁锚整体张拉专用千斤顶、数据管理平台、负弯矩张拉台架和油管等组成。 产品用途：适用于先简支后连续梁体负弯矩钢绞线整体张拉、连续梁横向预应力(扁锚)整体张拉等，以及其他扁锚类型预应力整体张拉施工	
预应力施工质量远程管理系统	LZYYL-GL V1.0	包括预应力智能张拉远程管理系统和预应力智能压浆远程管理系统。预应力智能张拉远程管理系统主要监控张拉力、油压、伸长量、回缩量等指标，具备工作异常报警、闭合处置功能。 预应力智能压浆远程管理系统主要监控水胶比、进浆压力、反浆压力、进浆量、保压时间等指标，也具备工作异常报警、闭合处置功能。 产品用途：适用于施工单位、业主单位、监督单位等对预应力施工质量进行远程管理	
桥梁拉索智能张拉和调索系统	LZ59TS/DS20	主要由电脑控制中心、油泵、智能千斤顶、信号采集和传输系统、液压油路系统组成，是集机械、电气、液压、计算机和控制技术于一体的智能化设备系统。 产品用途：斜拉桥拉索整体同步张拉与调索、拱桥吊杆同步张拉与调索、悬索桥吊杆同步张拉与调索、反拉法支架预压、同步顶升/顶推等其他同步张拉施工情形	

续表

产品名称	产品型号	产 品 简 介	产品图片或应用示意图
深基坑钢支撑轴力伺服系统	LZ59ZL10	主要由监控站、液压伺服泵站系统、总线系统、配电系统、通信系统、组合增压千斤顶、液压站接线盒装置组成。 产品用途：地铁基坑钢支撑轴力伺服、隧道明挖段基坑钢支撑轴力伺服、承台基坑钢支撑轴力伺服等基坑钢支撑轴力伺服	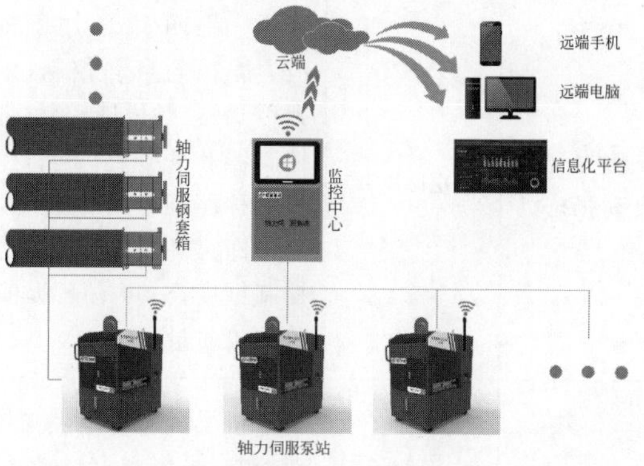 云端 远端手机 远端电脑 信息化平台 轴力伺服钢套箱 监控中心 轴力伺服泵站

表 44-4　河北高达科技有限公司产品型号及特点

产品名称	产品型号	产 品 简 介	产品图片或应用示意图
铁路桥梁预应力自动张拉系统	TYZ/60-Ⅶ/LT	应用于铁路预应力混凝土桥梁张拉的自动控制，采用工控电脑、高性能逻辑控制器、测力传感器和变频器，精确控制四顶同步张拉。系统操作简单，一键操作即可完成整个张拉过程；控制精度高，可有效提高铁路预应力施工效率和质量	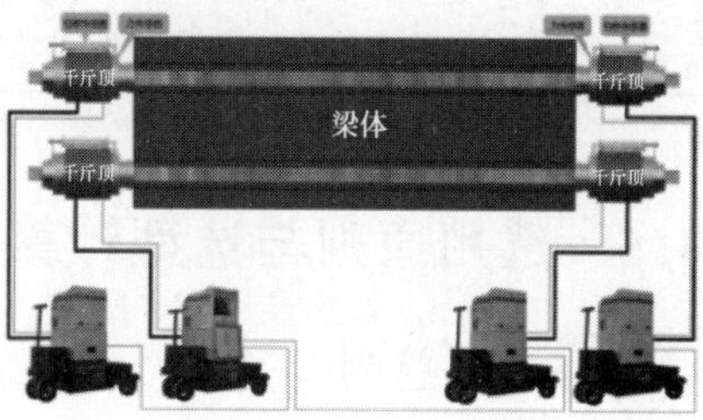 千斤顶 梁体
预应力管道自动张拉机	GDZL-2	根据设定的张拉力、张拉类型、加载速率和持荷时间自动完成张拉过程，精确施加张拉力，自动记录伸长量，动态校核伸长量，通过张拉远程监控系统，实时远程监控张拉过程，自动记录张拉曲线，实时上报张拉结果，可以及时掌握施工质量。适用于普通的张拉要求	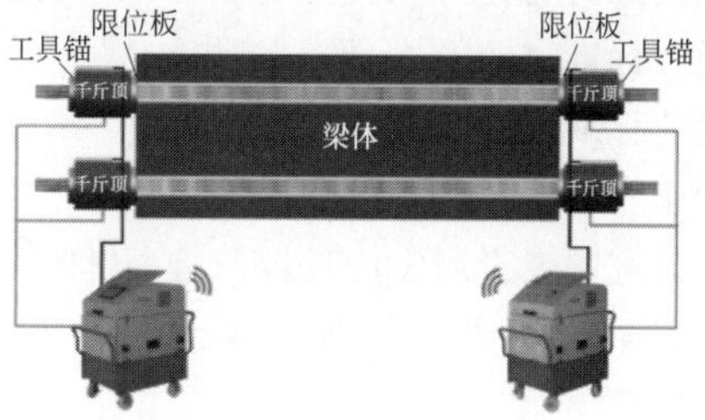 工具锚 限位板 限位板 工具锚 千斤顶 梁体
	GDZL-3-2	采用一拖二模式，用于桥梁预应力张拉的自动控制，采用测力传感器、触摸屏、高性能逻辑控制器和变频器，精确控制同步对称张拉；操作简单，一键操作即可完成整个张拉过程；控制精度高，可有效提高预应力施工质量	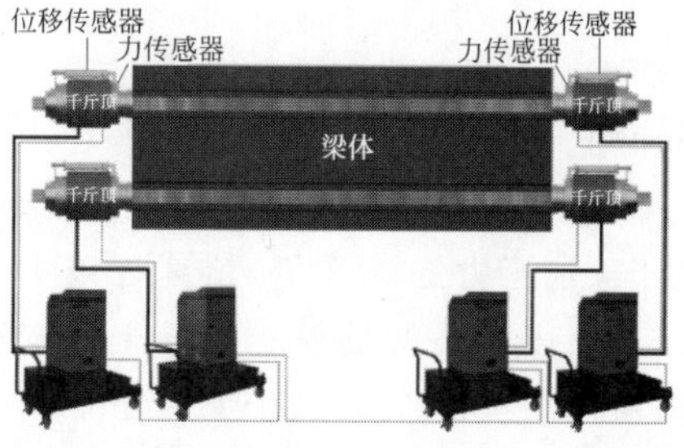 位移传感器 力传感器 位移传感器 力传感器 千斤顶 梁体

续表

产品名称	产品型号	产 品 简 介	产品图片或应用示意图
预应力管道自动张拉机	GDZL-3-4	采用一拖四模式,用于桥梁预应力张拉的自动控制,采用测力传感器、触摸屏、高性能逻辑控制器和变频器,精确控制同步对称张拉;操作简单,一键操作即可完成整个张拉过程;控制精度高,可有效提高预应力施工质量	位移传感器 力传感器 千斤顶 梁体
预应力单束自动张拉机	GDZL-5-2	用于桥梁预应力单束张拉的自动控制,采用测力传感器、触摸屏、高性能逻辑控制器和变频器,精确控制同步对称张拉;操作简单,一键操作即可完成整个张拉过程;控制精度高,可有效提高预应力施工质量	

44.5 选用原则与选型计算

44.5.1 总则

预应力用智能张拉系统的选型应根据工程实际情况、施工规范、行业标准、国家标准及地方标准进行。主要应遵循的规范有工信部行业标准《建筑施工机械与设备　预应力用智能张拉机》(JB/T 13462—2018)和中国铁道科学研究院牵头制定的铁路行业标准《铁路预应力混凝土桥梁自动张拉系统》(Q/CR 586—2017)。

44.5.2 选型基本准则

预应力智能张拉系统的选型必须遵循以下原则。

(1) 用于测量系统力值的传感器量程不应低于额定压力的1.2倍,精度等级不应低于0.5级;压力表的量程不应低于额定压力的1.2倍,精度等级不应低于1.0级。

(2) 张拉用千斤顶额定吨位不应低于张拉需要吨位的1.2倍,不得高于所需最大张拉吨位的1.5倍。

(3) T梁张拉采用一拖二进行单束双端张拉,预制箱梁、现浇箱梁施工采用一拖四进行双束双端同步张拉,一次落架的吊杆拱桥、斜拉索桥吊索张拉施工选用整体智能张拉技术进行。

(4) 公路预制梁、现浇梁采用无线控制模式的智能张拉系统,铁路预制梁采用有线控制的智能张拉系统,铁路现浇梁、悬浇梁采用无线控制的智能张拉系统。

(5) 公路预应力智能张拉施工采用预应力智能张拉系统,铁路预应力智能张拉施工须采用铁路专用智能张拉系统。

(6) 关于千斤顶吨位的计算,按照该片梁或节段的预应力孔中最多的钢绞线进行选择,一般一根钢绞线对应20 t,千斤顶吨位在钢绞线根数乘以每根钢绞线的吨位基础上再乘以1.2～1.5的系数。因同一节段或同一片梁中每孔的钢绞线根数不一致,最小钢绞线根数对应的吨位应在千斤顶吨位的0.5倍以上。

(7) 钢绞线理论伸长量一般采用施工规范的分段法进行计算,可采用经验进行校核,张

拉控制应力为 $0.75f_{pk}$ 时，钢绞线每米伸长量约为 7 mm，总的伸长量为 7 乘以钢绞线的长度。

44.6 安全使用

44.6.1 安全使用标准与规范

为保证桥梁预应力智能张拉施工的安全使用，采取的安全保障措施主要如下。

1.《公路工程技术标准》(JTG B01—2014)

在规范公路工程建设的基础上，本标准根据公路使用需求、突发状况应对、未来规划改造、环境保护、资源管理等多方面需求，对交通工程及沿线设施的设计、服务、管理等进行规范设计。

2.《建筑施工机械与设备　预应力用智能张拉机》(JB/T 13462—2018)

(1) 可靠性试验时间不应少于 200 h(或预应力用液压千斤顶往复动作次数不应少于 2000 次)；

(2) 实验室试验时，预应力用液压千斤顶在额定压力下活塞的伸长量不应少于公称行程的 2/3，试验可中途暂停，但一次连续运行时间不宜少于 8 h；

(3) 现场试验时，张拉力不宜低于预应力用液压千斤顶公称输出力的 80%；

(4) 试验工程中，设备应工作正常，设备零部件不应发生破坏，预应力用液压千斤顶应无液压油外泄漏，活塞表面应无划伤，数控电动液压泵柱塞回程及吸排油阀弹簧、柱塞及柱塞套不应损坏。

3.《铁路预应力混凝土桥梁自动张拉系统》(Q/CR 586—2017)

使用前，应进行设备外观检查、状态检查、预设参数检查，并试运行。

(1) 外观检查包括设备的破损、腐蚀、漏油情况；

(2) 状态检查包括设备安装、电源电压、通信接口连接、通信状态、待机时程序状态、油管和电缆的顺直状态；

(3) 预设参数检查包括预应力的设计张拉力、理论伸长量、实际弹性模量、实测管道摩阻系数、限位板规格、锚口和喇叭口摩阻。

压力传感器、位移传感器及液压传感器符合以下条件之一者，应重新校准：

(1) 校准时间达到 6 个月时；

(2) 使用次数达到 3000 次时；

(3) 出现异常情况时；

(4) 检修或更换配件时。

压力传感器和位移传感器每月应自校核 1 次。压力传感器可采用同精度测力仪校准，位移传感器可采用百分表校准。

智能张拉设备在维护过程中应满足以下要求：

(1) 搬运过程中应防止碰伤千斤顶油口、位移传感器、油管和通信线；

(2) 千斤顶油口不接油管时，应加防尘帽；

(3) 液压油应保持清洁并定期更换；

(4) 长期闲置时，宜放置于室内并加罩防尘。

4.《公路桥涵施工技术规范》(JTG/T 3650—2020)

公路桥涵施工技术规范中规定预应力混凝土工程施工时，应采取必要的安全防护措施，防止发生事故，确保作业人员的人身安全、操作设备的安全和结构安全。为保证施工作业安全地进行，就需要采取必要的安全防护措施。

5.《预应力用液压千斤顶》(JG/T 321—2011)

预应力用液压千斤顶是预应力施工的执行机构，本标准适用于预应力工程中所使用的各种液压千斤顶(以下简称千斤顶)。标准中规定了预应力用液压千斤顶的分类和型号、要求、试验方法、检验规则及标志、包装和贮存。

6.《高速铁路桥涵工程施工技术规程》(Q/CR 9603—2015)

高速铁路桥涵工程施工技术规程对预应

力混凝土简支箱梁预制及架设、预应力混凝土简支T梁预制及架设、预应力混凝土简支梁桥位制梁等在施工过程中的操作进行了安全规范说明。

7.《铁路桥涵施工规范》(TB 10203—2002)

本规范为统一路桥涵施工技术要求，保障工程质量，做到技术先进，安全可靠，经济合理，做出规范。并规定必须贯彻安全生产的方针，严格遵守操作程序，保障生产安全。

44.6.2 拆装与运输

(1) 设备拆卸一般只需扳手即可完成，主要是将油管从千斤顶和泵站上拆卸和安装，数据线手动安装；铁路梁场智能张拉设备一般在泵站上设置千斤顶安放位置，因此无须进行油管拆卸，只需安拆数据线即可。

(2) 智能张拉系统的运输，通常采用公路物流运输，厂家发货前必须按照相关标准和规范要求进行木箱打包，打包后的木箱放置在货车上进行运输。

(3) 设备在现场的运输方式有多种，一是设备自身带着千斤顶、油管及数据线一起转运；二是通过龙门吊、汽车吊等方式进行吊装转运。

(4) 长途运输过程中，为了安全和环保，必须将设备内液压油全部转出，然后才能进行运输。

44.6.3 安全使用规程

(1) 张拉作业区应设立红色醒目标志，非张拉施工人员不得入内；张拉过程中，钢绞线正面严禁人员穿行、站立，千斤顶侧面两米内严禁人员站立。

(2) 张拉设备、机具必须符合施工及安全的要求，千斤顶各油口应保持清洁，不接油管时，油嘴应加防尘帽。搬运过程中应特别注意防止碰伤油嘴。

(3) 锚具、夹片安装前应仔细检查其外观质量并核对合格证书。

(4) 张拉操作中若出现异常现象(如油表震动剧烈，发生漏油，电机声音异常，发生断丝、滑丝等)，应立即停止作业。

(5) 张拉完毕，应对张拉锚固两端进行妥善保护，不得压重物。管道尚未压浆前梁端应设围护和挡板。严禁撞击锚具和钢束。

44.6.4 维护与保养

按要求维护和保养千斤顶能保证千斤顶的使用性能，延长千斤顶的使用寿命，对按时完成施工计划、提高工作效率具有重要作用。

(1) 全新的或久置后的千斤顶因油缸有较多空气，开始使用时活塞可能出现微小的突跳现象，可将千斤顶空载往复运行两三次，以排除千斤顶腔内的空气。

(2) 千斤顶应采用 LH-46 抗磨液压油，油内不含水及其他混合物。油液应严格保持清洁，经常精细过滤，定期更换。

(3) 千斤顶接头与油管连接时，接口部位应保持清洁，擦拭干净，严防砂料、灰尘进入千斤顶内。

(4) 新油管第一次使用时应预先清洗或经油泵输出的油液冲洗干净后方可使用。

(5) 卸下油管后，千斤顶及油泵的油嘴应加防尘螺帽，以防污泥混入，闲置不用的油管也应用防尘堵头封住接口。

(6) 千斤顶的外露工作表面应经常擦拭，保持清洁。工作完毕后应将活塞回程到底。闲置时应加罩防尘放于室内，室外临时放置时，应做到防尘、防雨、防晒。

(7) 根据实际使用情况，定期进行维护，在使用中如发现有漏油、活塞表面划伤等现象时，应停用检查，必要时应拆检或更换零部件。

44.6.5 常见故障及其处理方法

预应力智能张拉系统的故障及处理方法见表 44-5。

表 44-5 预应力智能张拉系统的故障及处理方法

故障现象	故障描述	处理方法
不保压	压力上升到目标值后，油泵停止转动，压力快速下降	(1) 检查电磁球阀或单向阀； (2) 检查千斤顶有无内泄漏
压力不上升	压力无法正常上升到目标值	(1) 检查张拉软件内参数设置中电机运行频率设置是否太低； (2) 检查是否高压溢流阀打开，可顺时针调节高压溢流阀； (3) 检查油箱内的高压软管接头是否漏油； (4) 清理高压油泵
张拉设备连接失败	张拉过程中，张拉软件的状态栏提示张拉设备失去连接	(1) 检查天线放置是否正常，不要用手触摸天线； (2) 检查无线模块的指示灯是否正常。最下面的指示灯为电源灯，通电常亮；中间的指示灯为通信指示灯，为双色灯，闪红灯为发送数据，闪绿灯为接收数据，正常工作时为红绿交替闪； (3) 检查从机 PLC 的 COM2 的指示灯是否正常闪烁
通信故障	主机与从机通信连接失败	(1) 新换了与主机配对使用的从机后，从软件的仪器信息中修改为对应的从机 ID 号，保存。第一次启动张拉时，会提示张拉设备连接失败(将新的从机 ID 号写入主机 PLC)，重启主机后，打开张拉软件，会显示张拉设备连接成功； (2) 检查环境是否恶劣，天线是否被屏蔽； (3) 检查天线及连接线是否接触不良，查看天线是否接触良好； (4) 检查是否存在同频或强磁无线电波干扰，如是则更换信道或远离干扰源

44.7 工程应用

预应力智能张拉系统的应用对于高性能铁路桥梁的搭建起着关键作用，中国铁道科学研究院牵头进行了铁路工程建设信息化的全面建设，推广铁路预应力混凝土桥梁智能张拉设备的应用，制定了铁路行业标准《铁路预应力混凝土桥梁自动张拉系统》(Q/CR 586—2017)。预应力智能张拉系统在施工现场操纵简便，可实时进行数据的分析、存储与传输。自动张拉管理平台以子模块的形式并入铁路工程管理平台，实现铁路工程设计、建设、运营全生命周期的管理。它涉及综合管理、过程控制、现场管理等方面的综合性应用。

案例 1：渝怀高速铁路某梁厂如图 44-3 所示，采用铁路预应力智能张拉设备进行 T 梁预应力张拉施工。

案例 2：印度尼西亚雅万高速铁路万隆制梁厂如图 44-4 所示，采用铁路预应力智能张拉设备进行箱梁预应力张拉施工。

图 44-3　渝怀高速铁路某梁厂

图 44-4　印度尼西亚雅万高速铁路万隆制梁厂

第45章

预应力用搅拌机械

45.1 概述

45.1.1 定义、功能与用途

预应力用搅拌机械为预应力孔道灌浆料简易制浆设备，主要用于混合预应力孔道灌浆用的水泥浆料，包含预应力灰浆泵、预应力搅拌机等。其中水泥浆料由一定配比水泥、水、压浆剂组成，按照不同的水灰比、工艺搅拌顺序、搅拌时间等进行搅拌，浆液可通过流动度检测设备和按规范制作试块等进行检验。混合用于预应力孔道灌浆的水泥浆，可用于高层建筑、公路和铁路桥梁、边坡护理、预应力构件等工程施工和维修。

45.1.2 发展趋势

随着智能张拉设备和智能灌浆设备在公路和铁路市场的大力普及，各地梁厂和质监站开始使用智能张拉、智能压浆设备，推动桥梁预应力"精细化"施工，从而提高公路和铁路预应力桥梁施工质量，同时可以减少人工，提高效率。

预应力搅拌机械的发展趋势为：将逐步减少独立的产品应用，在后张法预应力混凝土梁孔道压浆施工中，作为一个部件集成在智能压浆设备上将成为主流。将自动上水、精准称重、定时搅拌、双柱塞压浆、抽真空的功能装置集成一体，能够一键化操作，自动完成上水、搅拌、压浆和保压等施工过程。2018 年 9 月 1 日颁布实施国家标准《建筑施工机械与设备　预应力用自动压浆机》(GB/T 35014—2018)，对智能预应力搅拌机械提出了明确的要求，规范了预应力搅拌机械标准。

45.2 产品分类

根据标准《公路桥涵施工技术规范》(JTG/TF 50—2011)，公路工程后张预应力结构孔道压力制浆设备提出以下技术要求：

(1) 搅拌机转速应不低于 1000 r/min，搅拌叶的形状应与转速相匹配，叶片的线速度不宜小于 10 m/s，最高线速度宜限制在 20 m/s 以内，但应能满足在规定的时间内搅拌均匀。

(2) 临时储存浆液储料罐应具有搅拌功能，且应设置网格尺寸不大于 3 mm 的过滤网。

45.3 工作原理及产品结构组成

45.3.1 工作原理

JB500A 型(GSJB-5 型)搅拌机是一种灌浆料搅拌机，适用于工程施工上各种浆料拌和及灌浆。该搅拌机是集搅拌、灌浆于一体，搅拌方式为立式强制式搅拌，搅拌时在搅拌筒内利用产生的复杂的涡流，使浆料在短期内搅拌均匀。滤网采用分体式设计，克服以往搅拌机清理不便、易堵料的弊病。出料采用高速离心泵，出料快速、不易堵料。整机结构紧凑，运输及使用便捷，满足现场施工的需要。

45.3.2 结构组成

JB500A 型(GSJB-5 型)搅拌机由搅拌电机、减速箱、搅拌轴、搅拌桶、离心泵、托架等组成,如图 45-1 所示。

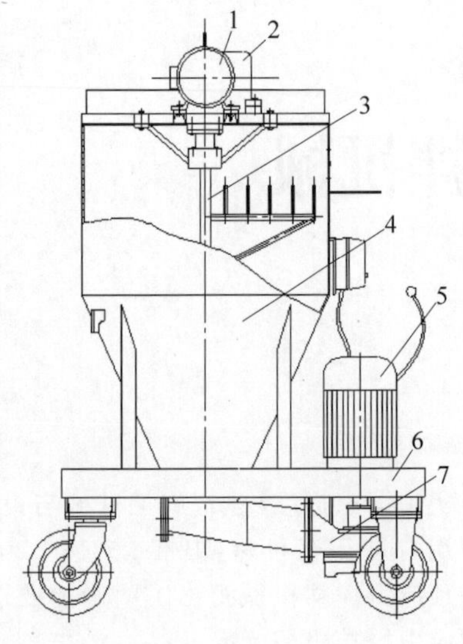

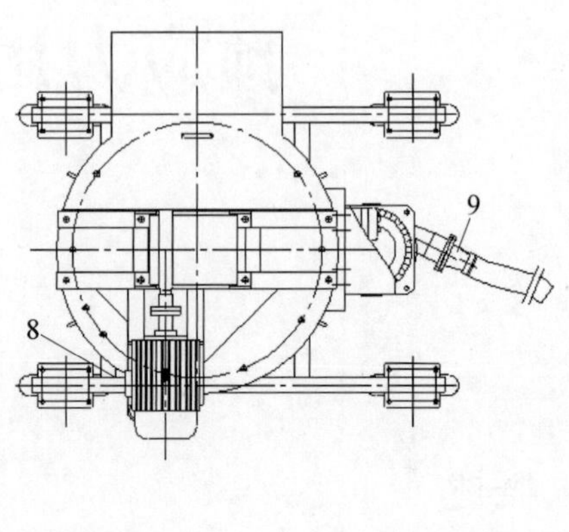

1—搅拌电机;2—减速箱;3—搅拌轴;4—搅拌桶;5—离心泵电机;6—托架;7—离心泵;8—进浆管;9—出料口。

图 45-1 JB500A 型搅拌机结构图

45.3.3 机构组成

1. 搅拌桶机构

搅拌桶主要用来存储用于搅拌的水、水泥、压浆剂等混合料,其结构如图 45-2 所示。

1—进料斗;2—上桶体;3—锥体;4—固定板;5—离心泵回浆接管。

图 45-2 搅拌桶结构图

2. 主搅拌机构

高速搅拌结构作为主搅拌,主要是电机(Y132M-4 型,转速 1440 r/min)通过联轴器与叶轮直连,实现从泵体进料口的水和水泥、压浆剂等进行高速搅拌的同时,把搅拌好的浆液从搅拌桶底部抽送到搅拌桶上部,有效保证浆液连续循环充分搅拌。主搅拌机构示意图如图 45-3 所示。

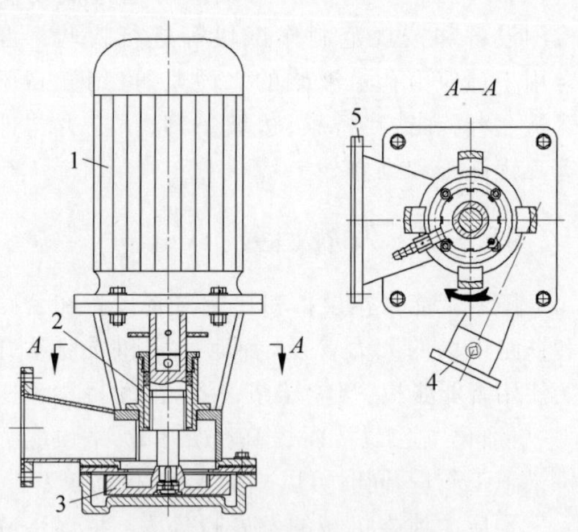

1—电机;2—联轴器;3—叶轮;4—泵体出料口;5—泵体进料口。

图 45-3 主搅拌机构示意图

3. 副搅拌机构

副搅拌机构搅拌,主要是电机(Y132M-4 型,1440 r/min)、减速机通过联轴器与搅拌轴直连，实现水、水泥和压浆剂等低速搅拌，在搅拌的同时，可以把浆液从搅拌桶底部主动送入泵体进料口，然后由主搅拌机构进行高速搅拌。副搅拌机构示意图如图45-4所示。

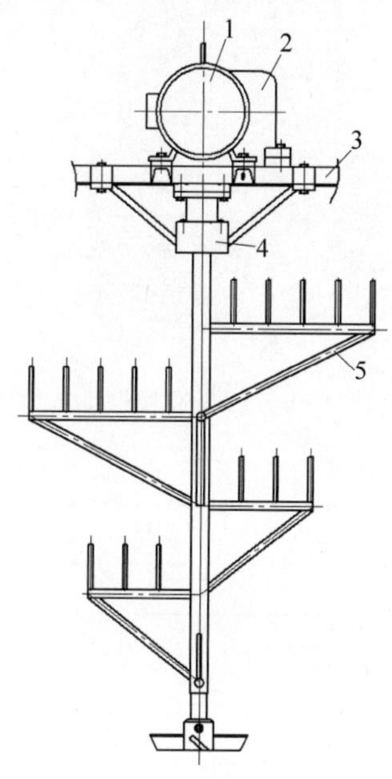

1—电机；2—减速机；3—上机架；
4—联轴器；5—搅拌轴。

图45-4　副搅拌机构示意图

45.3.4　电气控制系统

电气控制系统主要完成主搅拌机构——高速搅拌离心泵电机和副搅拌结构——低速搅拌电机的正反转、联动和单动等。

45.4　技术性能

45.4.1　产品型号命名

预应力搅拌机械，主要根据一次能搅拌的混合预应力孔道灌浆用的水泥浆料重量或者容量来命名，具体命名如下：

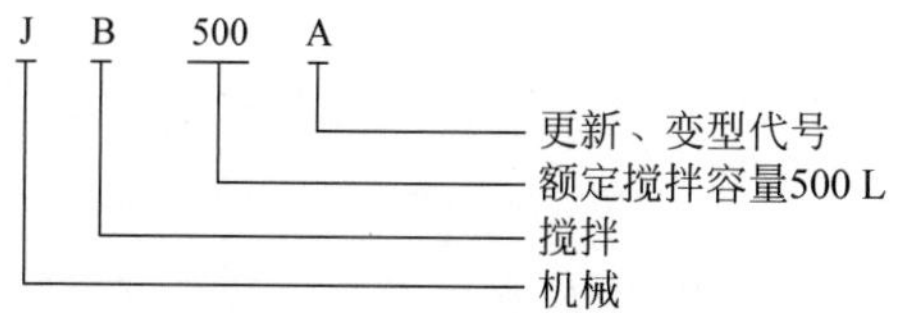

45.4.2　性能参数

这里以JB500A型搅拌机为例进行说明，其技术参数如表45-1所示。

表45-1　JB500A型（GSJB-5型）搅拌机的主要技术参数

参　　数		单　　位	数　　值
额定搅拌容量		L	500
搅拌速度	主搅拌	r/min	1440
	辅助搅拌	r/min	144
搅拌电机功率		kW	4
离心泵电机功率		kW	7.5
电机工作电压		V	380
搅拌机外形尺寸		mm×mm×mm	2031×1520×1500
搅拌机重量		kg	590

45.4.3　产品技术性能

JB500A型（GSJB-5型）搅拌机的技术性能如下。

（1）集搅拌、灌浆功能于一体。

（2）滤网采用分体式设计，方便拆卸、清理，克服了普通搅拌机清理不便、易堵料的弊端。

（3）搅拌方式为立式强制式搅拌，搅拌时在搅拌桶内产生复杂的涡流，使浆料在短期内搅拌充分、均匀。

（4）出料采用高速离心泵，出料快速，不易堵料。

（5）结构紧凑，移动方便，重量轻、体积小，运输及使用方便、快捷，更适应现代施工的需要。

45.4.4　各企业产品型谱

1. 吴桥厚德建筑机械有限公司

1）高速立式搅拌机

高速立式搅拌机采用上搅拌下储浆设计，由上面高速搅拌桶和下面低速储浆桶组成，同一个电机和减速机来驱动搅拌轴旋转，对浆液进行搅拌。具体结构见图45-5和图45-6。高速搅拌机具体参数见表45-2。

图 45-5　JW190 搅拌机

图 45-6　JW180 搅拌机

表 45-2　高速立式搅拌机技术参数

序号	参数及项目	JW180	JW180G	JW500	JW190	UJW160	UJW200
1	容量/L	180	180	500	192	160	200
2	电动机功率/kW	2.2	5.5～7.5	4.0	2.2	3	3
3	输出转速/(r/min)	70	70	75	45	30	25
4	搅拌量/(m^3/h)	6	60	18	6	6	6
5	装料高度/mm	980	980	980	1000	—	—
6	重量/kg	200	200	350	210	450	600
7	减速器形式	蜗轮、蜗杆					
8	外形尺寸(外径×高)/(mm×mm)	ϕ950×1290	ϕ950×1290	ϕ1250×1500	ϕ1040×1400	ϕ2150×1200	ϕ2250×1200

2) GS700 高速搅拌机

GS700 高速搅拌机由高速搅拌桶和低速储浆桶组成，各桶配置了电机和减速机来驱动搅拌轴旋转，对浆液进行搅拌。具体结构见图 45-7。GS700 高速搅拌机技术参数见表 45-3。

图 45-7　GS700 高速搅拌机

2. 河南雷特预应力有限公司

JB 型立式灰浆搅拌机主要可与注浆泵、灰浆泵配套使用，采用上搅拌下储浆设计。它具有以下特点。

表 45-3　GS700 高速搅拌机技术参数

产品型号	转速/(r/min)	装料高度/mm	电机功率/kW	重量/kg	高速搅拌桶外形尺寸/(mm×mm)	储料桶尺寸/(mm×mm)
GS700	1020	500	7.5	400	ϕ1000×2250	ϕ1400×600

(1) 采用螺旋叶片搅拌设计,搅拌范围大,搅拌效率高。

(2) 精选进料口,采用人性化设计,进料省力且便捷。

(3) 整机加厚壁身,耐磨耐用,可延长机器使用寿命。

(4) 适用范围广,一般可用于高层建筑,以及公路、铁路、桥梁边坡支护和城市立交桥预应力构件等工程的施工和边坡的维护。

JB型立式灰浆搅拌机比较常见的结构和技术参数见图45-8和表45-4。

图45-8 JB180型立式灰浆搅拌机

表45-4 JB型立式灰浆搅拌机技术参数

型号		参数					
		容量/L	电机功率/kW	转速/(r/min)	搅拌量/(m^3/h)	重量/kg	外形尺寸/(mm×mm)
JB180		180	1.5	70	6	160	ϕ1000×1600
JB200	一次搅拌	200	2.2	110	1.2	100	ϕ900×1600
	二次搅拌	300	2.2	70	1.2	100	ϕ1200×960
JB350		350	3	70	10	260	ϕ1350×1000

45.5 选型原则

预应力用搅拌机械的选型需根据使用需求和一次搅拌量选择相应产品规格,其容量、电机功率、转速、搅拌量需满足施工要求。随着现代智能压浆技术的发展,搅拌机独立使用的情况逐渐减少,所以搅拌机应能与智能压浆机配合使用。

45.6 安全使用

45.6.1 设备运输

预应力用搅拌机械一般都是整机运输,按说明书连接配套的胶管和接电即可使用。

45.6.2 安全使用规程

仍以JB500A型(GSJB-5型)搅拌机为例,其一般操作流程如下。

(1) 由持证电工接好线后,确认搅拌桶内无其他异物,依次启动辅助搅拌电机、离心泵电机,观察搅拌机空转是否平稳、是否有异响;并特别注意离心泵电机的转向。

(2) 停机,将输浆管接入搅拌桶,按施工要求的配合比往搅拌桶里加水。

(3) 将浆料干粉从料斗均匀、连续地加到搅拌桶内,边加料边搅拌,开动离心泵、辅助搅拌机,使浆体产生循环。

(4) 搅拌时间应保证水泥浆混合均匀,注意观察水泥浆稠度。灌浆前,用离心泵打出一部分浆体,待这些浆体的浓度与搅拌桶内的浆体浓度相同时,再将输浆管接至用浆处。

(5) 灌浆过程中,水泥浆的辅助搅拌机不应间断,若须短时停顿时,可让水泥浆在辅助搅拌机和离心泵之间循环流动,以免浆体产生沉淀、堵管。

(6) 灌浆完成后,须随即清洗输浆管、搅拌机、离心泵、阀门以及粘有水泥浆的部位。特别注意要从离心泵头上的清洗进水接头出清水,将离心泵与电机的连接部位清洗干净。

(7) 搅拌机工作时,严禁将肢体或其他硬物放入搅拌桶内。

(8) 使用本搅拌机时,还应遵守一般电器操作的有关规范。

45.6.3 常见故障及其处理方法

(1) 除装料前加入适量水外,搅拌时也应使物料内水量适度,否则,搅拌器将在搅拌半干料状态下,因阻力过大而停转或损坏构件。

(2) 搅拌器工作时切勿将手臂或异物伸入搅拌桶或蓄料桶内,以免造成伤害或其他事故的发生。

(3) 搅拌器断续工作,间隔时间不得超过5 min。

(4) 使用完后将搅拌机用水清洗干净,以防浆料凝固后影响再次使用。

45.7 工程应用

采用JB型立式灰浆搅拌机与注浆泵配套使用,连接好管路;首先由搅拌机的上搅拌桶完成浆液制作,然后手动打开阀门使浆液下流到下储浆桶,出浆口与注浆泵管路连接,开动注浆泵就能把浆液不间断地压入构件的波纹管中。具体见图45-9。

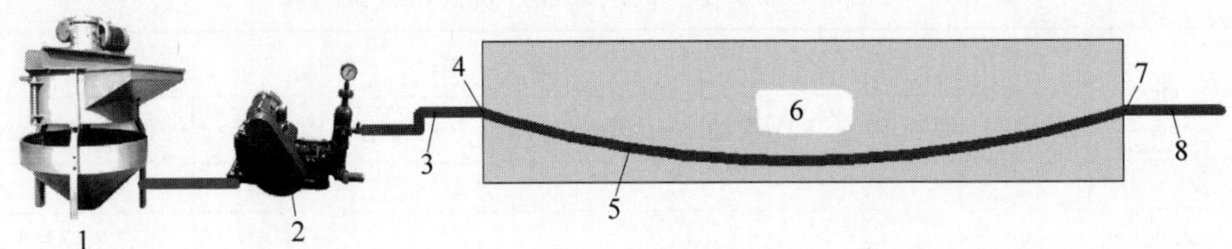

1—搅拌机;2—注浆泵;3—压浆管;4—进浆孔;5—波纹管;6—构件;7—出浆孔;8—出浆管。

图45-9 预应力用搅拌设备应用

常规注浆工艺如下。

(1) 注浆前,应对孔道进行清洁处理,清除梁体管道内的杂物和积水。

(2) 首先启动注浆泵排除注浆管路中的空气、水和稀浆。当排出的浆体稠度和流动度与储料罐中的浆体一致时,关闭出浆端的控制阀进行屏浆,开始压入梁体孔道。

(3) 注浆应缓慢、均匀地进行,不得中断。注浆的最大压力宜为0.5~0.7 MPa,稳压期不宜少于3~5 min,压力不小于0.5 MPa。

(4) 注浆完毕,拆卸压浆管进入下一个注浆孔注浆。

第46章

预应力用智能压浆设备

46.1 概述

46.1.1 定义与功能

1. 定义

1）循环压浆

循环压浆是指压浆过程中浆液从孔道的一端进入，从另一端流出，并通过一定管路（预应力孔道或高压软管）回到储浆桶的一种压浆工艺。其在压浆过程中进出口的浆液都具有0.1～1.0 MPa的压力，能够带出孔道内杂质或空气。

2）预应力用自动压浆机

预应力用自动压浆机是采用数控系统对预应力孔道进行制浆、压浆的设备，由制浆和储浆系统、压浆系统和自动控制系统构成；它具有自动控制浆液水胶比和压浆压力，自动持压，以及数据自动采集、存储和处理的功能。

图46-1所示为预应力用自动压浆机结构图。

3）持压性能

持压性能是指压浆机通过调整泵的输出或阀的开度大小，控制压力在一定数值或一定范围的技术性能。

4）孔道专用压浆料

孔道专用压浆料指由水泥、高效减水剂、膨胀剂和矿物掺合料等多种材料由工厂干拌而成的混合料，与水搅拌均匀即可填充预应力孔道。

5）循环时间

循环时间是指浆液从出浆口出来开始，到系统关闭出浆口为止的这段时间。特指在出浆口见到浆液后，浆液在孔道内持续流动的时间。

6）持压压力

持压压力是指循环时间结束后，关闭出浆口，进浆口持续补充浆液，维持浆液压力平稳的压力值。

7）持压时间

持压时间是指压浆最后过程保证孔道内的浆液维持在某一个压力值或某一个压力范围内的持续时间。

8）压浆数据实时上传

压浆数据实时上传是将压浆生成的数据同时通过网络传输到网络数据库的过程。

9）压浆数据管理平台

压浆数据管理平台是指基于B/S或C/S架构开发的数据管理系统，能够对数据进行统计、分析、查询、异常报警和闭合等操作。

2. 功能

1）便捷的操作功能

（1）参数设置：可输入梁编号/型号、材料配合比、制浆总重、管道真空度、压浆压力等。

（2）一键启动配料制浆，一键启动压浆，自动完成压浆过程。

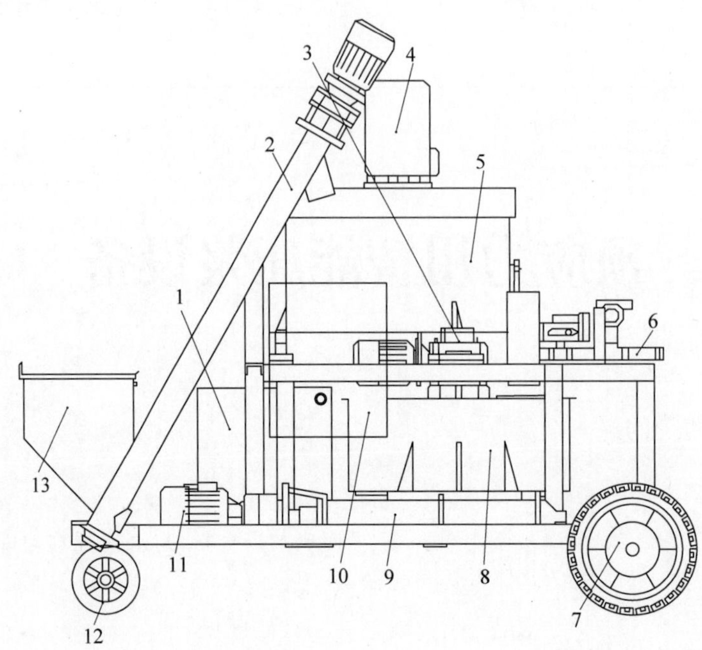

1—储水箱；2—螺旋输送机；3—称重传感器；4—高速制浆机电机；5—高速制浆机；6—压力测控部件(进、返浆压力测定)；7—后车轮；8—储浆桶；9—压浆泵；10—自动控制系统；11—压浆泵电机；12—前车轮；13—料斗。

图 46-1 预应力用自动压浆机结构图

(3) 自动记录压浆时的浆液温度、压浆压力变化过程，自动控制稳压时间，稳压阶段自动控制孔道浆液压力在设定值范围内。

(4) 压浆完成后系统自动生成压浆结果记录表。

2) 强大的辅助控制功能

(1) 自动上料功能：系统按设定制浆工艺自动添加水、水泥、外加剂，然后按设定的时间搅拌制浆。

(2) 断电恢复功能：制浆过程中若停电，系统自动保存当前数据，重新接电后可由断点处继续完成自动上料、制浆过程。

(3) 真空辅助功能：对孔道抽真空到设定范围。

(4) 压浆压力保护功能：自动监测压浆时的浆液压力，压力超过设定的保护值时，螺杆泵停止工作。

(5) 语音播报制浆和压浆状态。

(6) 可以扩展流量测量系统、水胶比测量系统。

3) 全面的安全防护功能

(1) 在线故障诊断系统：系统能实时监测全部工作过程及各部件工作状态，并及时进行故障诊断。

(2) 报警功能：系统具有电源错相和压浆压力过高时自动停止压浆并进行报警功能。

4) 实际监测与输出参数

压浆过程中主要监测浆液材料的水胶比、流量、压浆压力(进浆、返浆压力)、持压时间等参数。所有数据均为现场实测数据。

5) 功能特点

(1) 自动抽真空与压浆自动化一体机，可以实现抽真空、压浆的自动控制；对于循环压浆施工设备，则可以实现循环压浆自动控制，保证孔道压浆的饱满和密实。

(2) 实现“一键启动”完成抽真空与压浆全过程，真正做到了压浆施工全过程的自动化，保证自动压浆施工过程不中断。

(3) 实现了浆液材料的自动配置，保证了浆液的水胶比，传感测试系统增设“静态测量”，确保计量准确。

（4）在压浆饱满度判别上做了大量工作，原来通过进出口压力差稳定进行判别，有时候实际施工情况难以判别；后续通过记录压进孔道的浆液和压出孔道的浆液质量之差，自动计量压浆量，可判别管道压浆密实程度。

（5）施工信息化越来越普遍，压浆设备必须具备数据存储和远程传输功能。

（6）因压浆时灰尘比较大，压浆设备应具备吸尘、集尘的绿色环保功能。

46.1.2 发展历程与沿革

在国外，预应力管道压浆存在的一些问题依然没有得到很好的解决。Mott Macdonald Sheffield 对英国现存的全部采用体内灌浆的后张预应力混凝土桥梁进行检查后发现了多种缺陷，包括灌浆不密实存在的空洞，以及由氯化物引起的钢束锈蚀。而以现有的分析方法，可能会导致不必要的加固和维修，基于此其提出了一种新的分析模型，利用残余预应力的分布现象，分析沿梁体灌浆孔隙分布和灌浆的质量。Hirose 和 Yamaguchi Uchiyama 发明了真空灌浆法，具体过程为：关闭管道边上的阀门，通过持续运转的真空泵不断抽取空气使管道内压力减小，通过重复进行抽取真空使管道内保持在规定要求的负压，并进行压浆。Schokker Andrea J、Hamilton Ⅲ 和 Schupack Morrisl 指出高质量浆液的一个关键特性是合适的抗凝固性，自由水渗出汇集在注浆管道顶端形成的空洞中，使预应力筋更容易受到腐蚀。他们通过总结过去 34 年的数据和试验，提出了一个压力测试程序，采用此方法可以减少泌水率。Clark Gordon 指出制订灌浆规范是为了防止后张预应力筋的锈蚀，如果预应力筋不暴露在水和氧气中，该方法是有效的。要提高其有效性，需要采取四种措施，即使用一个保护屏障，密封接头，将最大水胶比降低到一定水平，根据需要使用外加剂；将全规模试验作为一个专业操作建立在有效的程序和查看注浆过程中。Rouanet Denis 和 Le Roy Robert 认为要了解灌浆后管道的密实情况，首先要研究浆液在管道内的流动情况，研究中要比较倾斜管道在重力作用下如何达到流动充分。在管道内不形成空洞取决于灌浆工艺正确与否，即管道的倾斜度与直径，浆液的流动性、黏度和水胶比，其中浆液的黏度必须大于一个最低值。Naruim 等发明了一种设备，通过将注浆压力、水泥浆流量和温度等测量值与预设值进行比较，控制浆液的原材料组成及其物理性质，如水胶比和稠度。通信单元将测量数据从控制器发送到主管部门计算机或数据安全系统，用于记录实时数据。

在国内，2006 年刘思谋公开了一种后张法预应力孔道压浆施工工艺。该发明是在后张法预应力管道压浆施工时，在预应力管道一端安装连接钢管、控制阀、流量计、带压力表的压浆机及制浆搅拌机，另一端安装连接钢管、观察器、控制阀、气压表及抽气真空泵。所有管道接头均用密封胶加以密封，启动抽气真空泵，将孔道内的空气抽成负压 2～3 MPa，打开阀门，开始压浆。为防止孔道太长或有少量漏气，真空泵一边不停抽气，另一端的压浆机不停压浆，确保水泥浆在管道内全断面推进，直至孔道完全被水泥浆混合物充满为止。2009 年，中交第一航务工程局有限公司发明了一种新的预应力箱梁管道压浆方法。其步骤是：在终张拉结束后进行第一次封头，封头时钢绞线外露，画好检查线，在进浆口将进浆管与压浆泵相连，出浆口、出浆管与真空泵相连，张拉 24 h 后检查有无滑丝或断丝现象，在锚头砂浆达到预定值后进行压浆，保压 3～5 min 后停止压浆，待压注的浆液达到初凝后，割掉多余钢绞线，完成注浆作业。2008 年中铁十局集团公布了一种真空封锚罩，包括一端内腔与锚头相应的圆筒形部和其另一端的密封端部，在圆筒形部或密封端部上设置有具有管螺纹的排浆管孔，该排浆管孔相应配有螺栓。2010 年中铁四局集团第一工程有限公司公开了真空压浆施工设备及方法，包括用于预应力管道封堵的锚具头，其特征在于有套在锚具头外部的封锚密封套，有连接预应力管道出浆口的三向连通管，所述的三向连通管上的水泥浆溢出支管上分别安装有阀门。真空压浆时，将封锚密封套安装在锚具头外，三向连通管接出浆口，从三向连通管上进行抽真空作业，可保持压浆时处于保压状态。2007 年中国建筑第七工程局(上海)有限公司公开了一种竖向预应力孔道压浆施工方法及施工设备。方法如下：对于竖向预应力孔道，每根孔道按先重力流再低压最后高压的程序进行二次压浆，采取从上至下的压浆方向；第一次压浆首先采取重力流的方法，待排气孔冒出浆时采取低压力控制，将排气管孔扎起堵塞，开始第二次压浆，直到冒浆饱满为止，最后将排气管竖起，使其高度高于波纹管高度。设备包括上锚垫板，在其上开设有压浆孔道。其优点是不会出现压浆孔被堵的现象。2009 年中国华西企业有限公司发明了一种建筑工程可控制孔道灌浆的方法，灌浆前全面检查构件孔道及灌浆孔、排气孔、排水孔等是否畅通，灌浆时从下层孔道灌至上层孔道，竖向孔道灌浆应自下而上进行。其优点是可以控制灌浆量，不会使压入预应力孔道的水泥浆产生泌水、离析，凝固后不会出现孔隙，令浆体饱满、密实。2010 年武汉理工大学的研究生李鹏在其研究生毕业论文中建立了预应力管道压浆的数值模型，对管道灌浆的压力、流量、体积比等进行了初步的探索。甘军、杨超、季文洪等在《桥梁预应力管道压浆施工质量控制技术及应用》一文中介绍了一种可以监测灌浆压力和流量的装置，但其不能监测水胶比。

纵观国内外研究现状，桥梁预应力管道压浆先后经历了传统压浆工艺和真空辅助压浆工艺，但是都未能解决桥梁预应力管道压浆中的所有问题。近来出现的桥梁预应力管道压浆监测系统，也只能监测灌浆的压力和流量，对最重要的水胶比并未进行监测，压浆效果自然不能达到理想状况。如何通过改进施工工艺，实现压浆过程水胶比、压力、流量准确控制以及完全排除管道内空气，保证桥梁预应力管道压浆质量，有待进一步研究。

46.1.3 发展趋势

2011 年湖南联智科技股份有限公司进行了预应力智能压浆技术及设备的研发，并率先将预应力孔道智能压浆技术推向市场；2012 年完成了交通运输部的科学技术成果鉴定，被评定为达到“国际先进水平”；2013 年获得交通运输部交通建设科技成果推广证书；2014 年该公司开始参与主编国家标准《预应力用自动压浆机》及行业标准《桥梁预应力自动张拉与压浆系统》；2015 年中国铁道科学研究院与湖南联智科技股份有限公司等单位开始进行铁路预应力混凝土桥梁孔道压浆技术的课题研究；2016 年铁路预应力混凝土桥梁孔道压浆技术结题，随后进入设备推广阶段；2018 年颁布实施了国家标准《建筑施工机械与设备 预应力用自动压浆机》(GB/T 35014—2018)。虽然公路预应力桥梁自动压浆设备和铁路预应力混凝土智能压浆设备已经研制成功，且课题进行了结题，推广应用较为成功，但科学技术的发展永无止境，对此类设备还需要进行进一步的研究和研发。

预应力结构因独特的结构特点，与混凝土结构和钢结构相比具有明显的优势。未来预应力结构还将大面积使用，预应力智能压浆技术和设备必将得到更广泛的应用。如果推广至水利、核电等行业，则应用前景更为广阔。基于物联网的智慧梁场是工程信息化趋势，集中预制拼装是桥梁建造的趋势。因此，集中预制场中智能压浆机器人是一个研究方向。预应力桥梁结构出现问题，必先在预应力上进行反应，因此，运营期预应力长期监测是一个研究方向。大跨桥梁压浆工艺需要进一步细化，因此，大跨桥梁预应力智能压浆技术和设备也是一个研究方向。短束钢绞线、负弯矩钢绞线的压浆技术和设备需要进一步研制。

46.2 预应力用智能灌浆设备分类

预应力用智能灌浆设备分类如下：

(1) 桥梁预应力孔道智能压浆系统按照行业分为公路桥梁预应力智能压浆系统和铁路桥梁预应力自动压浆系统。公路桥梁预应力智能压浆系统主要应用于高速公路的桥梁、市政道路的桥梁等，铁路桥梁预应力自动压浆系统则为铁路行业专用的压浆设备。二者最大的区别在于铁路桥梁预应力自动压浆系统具有真空辅助功能、孔道压浆料自动计量功能，而公路桥梁预应力智能压浆系统不具备这些功能。

(2) 按照压浆工艺分为压力灌浆设备、循环压浆设备和真空辅助压浆设备，铁路行业通常采用真空辅助压浆设备。

(3) 按照设备的投料方式分为人工投料和机械投料。机械投料主要是设备通过螺旋或者刮板上料机构进行上料，然后系统通过装在设备底部的称重传感器进行压浆材料及水的计量；人工投料指通过人工进行压浆材料的投放。

46.3　工作原理及组成

46.3.1　工作原理

桥梁预应力智能压浆施工功能需求点主要有：循环压浆，压力控制，有效监管，保证密实。

1. 循环压浆

让浆液在后张预应力管道中持续循环，借助"连通管"的作用将管道内的空气完全排出，保证管道内所填充的浆液内没有气室或者空气仓。

2. 压力控制

采用新型专用封锚工具进行封锚，保证整个回路系统不漏气，在进行持压时不泄压，只要持压时间和压力大小足够，就能保证浆液充满孔道且被压密实。

3. 有效监管

循环智能压浆系统对后张预应力管道压浆过程中的浆液材料的水胶比、灌浆压力和浆液流量进行实时测控以及远程监控，能够保证浆液材料水胶比、灌浆压力在符合规范的前提下进行压浆，当这"三大指标"超出规范限值时则不能压浆。

4. 保证密实

只要浆液性能达到规范要求，在合理的压浆方式、适宜的灌浆压力下，并通过质量来计算梁体内的浆液体积，便能保证管道压浆密实。

46.3.2　结构组成

智能压浆机主要由基座、灌浆泵、储浆桶单元、搅拌桶单元、上料系统单元、控制柜和真空泵组成，可以实现施工过程中智能上料制浆、自动压浆两大关键功能的智能协调施工。智能压浆机移动便捷、操作简便、稳定耐用，适用于铁路桥梁、公路桥梁等压浆施工，其结构组成如图46-2所示。

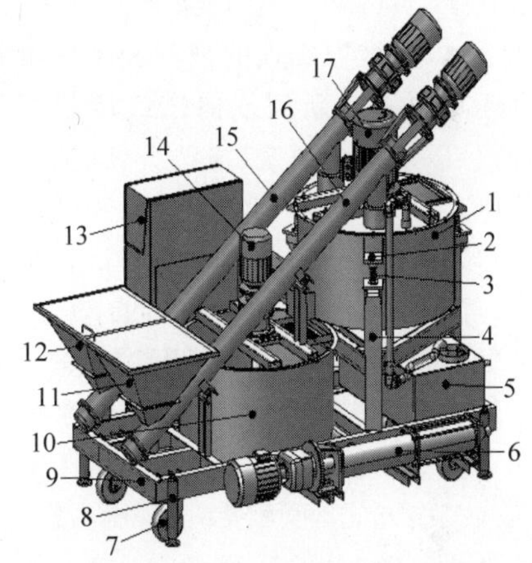

1—高速搅拌桶；2—传感器支座；3—传感器；4—高速搅拌机角架；5—水箱及供水系统；6—螺杆泵；7—车轮；8—支腿；9—车架；10—低速搅拌桶；11—主料箱；12—辅料箱；13—控制箱；14—低速搅拌机构；15—辅料输送机构；16—主料输送机构；17—高速搅拌机构。

图46-2　智能压浆机结构组成

1. 基座

机器的安放场地应平整紧实，机器就位后通过调整四角的丝杠支腿将台车调整水平并锁紧调整丝杠，保证设备的稳定运行、精确计量；移动该设备时先将丝杠支腿升起并锁紧。

高速搅拌桶底部边缘处设有三颗固定螺栓，在颠簸路上拖动或运输时必须用该螺栓将高速搅拌桶顶离称重传感器3～5 mm并紧固于三个立柱支架上，使传感器不再受力，避免运输时造成称重传感器的损坏，移动至目的地再次启用前应将该三颗固定螺栓完全松开。在出厂前已由生产厂家将固定螺栓锁定在运输状态，使用时应将其完全松开并保证螺栓不得接触其螺母处的固定点。

车架由 12 号槽钢焊接而成，装有 500-14 轮胎两只、万向轮两只。车架前部装有牵引杠，车架的四角装有丝杠支腿。台车工作时应将支腿锁紧并保持整机水平，以防设备倾斜导致计量不精确。

2. 灌浆泵

双向自动压浆泵分为泵缸和传动机构两大部分。

泵缸独立对称分设在压浆泵两侧，它的内部结构简单，其维护修理的难度和工作量基本上等同于单缸泵。新型双向连续压浆泵具有出浆连续、压浆压力稳定、清洗方便、使用寿命长的优点，具有浆体量计量功能，可以实现对密封管道浆体的稳压保压，自动微量补浆作业工序，且可对压入的浆体量进行自动计量，可以保证管道内浆体质量，提高出浆效率。

传动机构为螺杆泵，它将低速储浆桶内浆液加压并输送至预应力管道内。螺杆泵为螺杆连续式工作方式，可无级调压，压力波动小，泵送浆体无气泡，理论工作量为 3.5 m^3/h，具备智能恒压保压和手动保压两种保压功能，采用智能恒压保压功能时持续保压过程中压力稳定。

3. 储浆桶单元

该单元可临时存储制成的浆液，通过低速搅拌保证浆液的匀质性，将称重传感器引入低速储浆桶配置，从而实现了对出浆量的准确掌握，进而判断压浆密实度。

4. 搅拌桶单元

智能压浆系统的高速制浆桶配套称重传感器主要用于配料和制浆，它将压浆料或压浆剂、水泥与水按照规定配比进行准确混合、高速搅拌，可使粉料与水在规定时间内得到充分搅合，具有制浆效率高、操作简便、浆液均匀等特点。

在高速制浆桶下方安装精度比较高的称重传感器可以实现准确称量，能够满足压浆剂、水泥(压浆料)和水的称量误差±1%的要求，方便专业检验单位的检定校准及用户的自校。

铁路压浆系统的搅拌桶则要求具有自动配料、电子计量、触摸屏操控、普通保压、搅拌数据记忆及调阅、智能恒压保压、无级调压、自动报表生成、报表下载打印、水胶比监测、智能流量监测等功能，搅拌转速为 1460 r/min(或根据要求增减转速)，桨叶线速度<15 m/s(或根据要求增减)，称量准确度优于要求的±1%。可记录每次搅拌数据。计数单位可精确到小数点后两位。标准程序为：先自动上水 90%(或 80%)，然后高速搅拌桶自动运行并自动依次添加压浆剂、水泥，之后继续搅拌 2 min，再补加剩余的 10%(或 20%)水，再搅拌 2 min 即可排入含搅拌功能的储浆桶备用。该设备除上述自动功能外，另设有手动功能，可手动完成上述全部工作程序或单项工作程序。其最大总容量为 600 kg。

5. 上料系统单元

该单元由两个螺旋输送机和两个料斗组成。两种粉料分别装入两个料斗内，在微型计算机的自动控制下经由螺旋输送机精确地输入高速搅拌桶内。上料系统单元主要由机头、中间部和机尾部三部分组成，压浆剂和水泥(或压浆料)分别放置于相应的料斗中，PLC 控制电机转动带动皮带和刮板，压浆剂的上料精度要求较高，因此采用倒刮的方式由刮板推动粉料通过上料通道至出料口，进入高速制浆桶内。上料系统单元具有输送效率高、结构简单、坚实耐用、安装维修方便、密封性能好、可正反向运行方便结构设计和故障排除等优点。

6. 控制柜

该系统安装在电气控制箱内，控制箱面板上设有自动控制开关和手动开关，可通过自动或手动两种方式操作完成压浆设备各机构的数据计算及精确运行(具备记忆功能，计量精确到小数点后两位)。

7. 真空泵

真空泵通常选用水循环泵，主要由叶轮、进气口、排气口等组成，依靠泵腔容积的变化实现吸气、压缩和排气。试验表明，在良好的管道密封条件下，使用水循环真空泵可以满足现场的使用要求。

46.3.3　控制系统

1. 电气系统

电气系统硬件主要由中央管理模块（包括工业计算机、人机界面）、控制模块（包括可编程控制器即 PLC、外围低压控制开关元件）、电源模块（包括变压器、开关电源）、信号采集模块（包括压力、称量、温度、转速、计时等传感器和采集模块、A/D 模块）、驱动模块（控制辅助元器件）、执行模块（包括搅拌桶、压浆泵、抽真空泵及辅助设备）等组成。

电气系统的硬件设计主要考虑到控制处理器和相关电气元件的功能性、兼容性、稳定性和耐久性。控制系统的主要部件为工业计算机和 PLC。应用软件采用 C# 编程语言。电气系统的设计应符合下列要求。

（1）应包含独立控制按钮，能够独立控制高速电机、低速电机、螺杆泵、自动加水装置和高压清洗装置等启停。

（2）应包含可以调节压力的阀门。

（3）应操作简单明了。

（4）应能够精确控制加入水量和粉料质量，自动进行计量，精度控制在±1%以内。

（5）应具有水胶比、搅拌时间、压浆压力、稳压时间等参数的设置功能，并能实时显示。

（6）应具有自动控制补压功能。

（7）应能自动采集、调整压力和保持设定的稳压时间。

（8）应能存储、查询、传输压浆数据，并应能生成记录压浆全过程相应表格。

（9）应具备分级用户授权 ID 和密码的登录识别功能。

（10）应设置自动和手动控制功能，两者之间应能相互切换。

（11）控制程序中应具有自动清洗流程，上料系统应能排空上料仓。

2. 应用软件

控制软件应符合如下要求。

（1）软件在正常使用过程中应能连续工作，失效程序级别应大于等于 3，软件失效强度目标应达到 1，失效间隔时间应大于 10 h。

（2）1 h 任务时间的可靠性应大于等于 0.959。

（3）对任何浇灌事件输入，其输出信号应在对应目标范围内。

46.4　技术性能

46.4.1　产品型号

1. 智能压浆机主要技术参数

压浆机以额定压力、额定流量和搅拌量为主要技术参数，宜优先选用表 46-1 中的系列。

表 46-1　智能压浆机主要技术参数

参数	单位	数　值
额定压力	MPa	1.2,1.6,2.0,2.4
额定流量	m^3/h	2,2.5,3.5,4.5
搅拌量	L	120,200,280,300,350,400,500

2. 型号

产品型号由制造商代号和主参数组成，其型号标记如下：

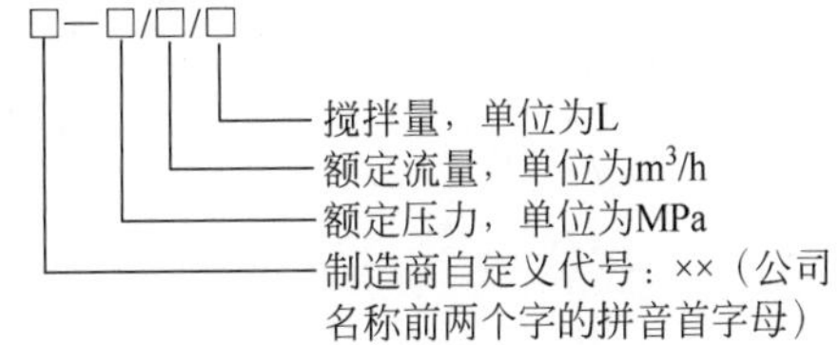

示例：额定压力为 2.4 MPa，额定流量为 3.5 m^3/h，搅拌量为 200 L 的预应力自动压浆机，标记为：××-2.4/3.5/200

46.4.2　性能参数

预应力用智能压浆设备主要包含公路桥梁预应力智能压浆系统和铁路桥梁预应力智能压浆系统，其主要性能参数如表 46-2 所示。

表 46-2　预应力用智能压浆设备主要性能参数

系统分类	项目	参数	数值
公路桥梁预应力智能压浆系统	高速搅拌部分	制浆量/kg	200～300
		高速搅拌机转速/(r/min)	1400
		叶片线速度/(m/s)	15
		称重传感器精度/%	≤0.50F.S.
	压浆系统	低速桶储浆量/kg	250～500
		压浆流量/(L/min)	≤70
		压力表精度等级	不低于1.6级
		保压压力/MPa	0.30～0.70
		抽真空度(选用)/MPa	−0.09～0.06
铁路桥梁预应力智能压浆系统	高速搅拌部分	制浆量/kg	200～400
		高速搅拌机转速/(r/min)	1400
		叶片线速度/(m/s)	15
		称重传感器精度/%	≤0.50F.S.
	压浆系统	低速桶储浆量/kg	250～500
		压浆流量/(L/min)	≤70
		压力表精度等级	不低于1.6级
		保压压力/MPa	0.50～0.60
		抽真空度/MPa	−0.09～0.06

46.5 选型原则与计算

1. 自动称重装置的计量相对误差测量

关闭高速制浆桶，将标准砝码均匀放置在称重系统周围，尽量使重心居中，放置的砝码达到量程的20%、40%、60%、80%、90%，记录此时屏幕显示的质量M_s与放置砝码实际质量M_f。称量精度应符合要求。称量相对误差按式(46-1)计算：

$$\gamma_1=\left|\frac{M_s-M_f}{M_f}\right|\times 100\% \tag{46-1}$$

式中，γ_1为称量相对误差，%；M_s为每次屏幕显示的质量，kg；M_f为每次放置砝码的实际质量，kg。

2. 压浆机轴转速及叶片线速度测量

使用转速表测量搅拌机轴转速$n_1,n_2,\cdots,n_5$，测量5次，搅拌机轴转速按式(46-2)计算；采用游标卡尺测量叶轮半径尺寸$r_1,r_2,\cdots,r_5$，按式(46-3)计算叶轮半径。

$$n=\frac{n_1+n_2+\cdots+n_5}{5} \tag{46-2}$$

$$r=\frac{r_1+r_2+\cdots+r_5}{5} \tag{46-3}$$

式中，n为搅拌机轴转速测量平均值，r/min；$n_1,n_2,\cdots,n_5$为每次测量得到的搅拌机轴转速，r/min；r为叶轮半径测量平均值，mm；$r_1,r_2,\cdots,r_5$为每次测量得到的叶轮半径，mm。

叶轮线速度v按式(46-4)计算：

$$v=\frac{2\pi nr}{60\,000} \tag{46-4}$$

式中，v为叶轮线速度，m/s；n为电机转速，r/min；r为叶轮半径，mm。

3. 负载试验

1) 压力性能试验

压力性能试验在模拟工况下进行，试验介质为水。压力性能试验按下述步骤进行。

(1) 额定压力的检测：关闭出浆口，并在压浆泵出口处安装标准压力表，启动压浆设备，测定最大压力，应不小于设备的额定压力。

(2) 压力测量相对精度：在系统的量程内，施加五组压力进行检验。在所检验量程范围内尽可能分布均匀地选择5个测量点（一般为量程的20%、40%、60%、80%、100%）。记录标准压力检测装置的示值和系统显示的压力值，压力测量装置的精确度按式(46-5)计算：

$$\gamma_2 = \left| \frac{P_i - P_b}{P} \right| \times 100\% \tag{46-5}$$

式中，γ_2 为压力测量装置的精确度，%；P_b 为标准压力测量装置在各测量点的示值，MPa；P_i 为压浆机的压力测量装置在各测量点的示值，MPa；P 为压浆机压力测量装置的量程，MPa。

(3) 持压性能试验：在压浆机系统中输入持压目标值 P_a，持压5 min，检测压力波动值 ΔP。

2) 上料精度控制误差

设置质量为量程的20%、50%、80%的三组质量进行上料，分别记为 m_1、m_2、m_3，分别记录系统显示质量 m_{11}、m_{21}、m_{31}，上料精度按式(46-6)计算：

$$\gamma_3 = \left| \frac{m_{il} - m_i}{m_i} \right| \times 100\% \tag{46-6}$$

式中，γ_3 为上料相对误差，%；m_i 为设置的上料质量目标值，kg，$i=1,2,3$；m_{il} 为系统显示的上料质量，kg，$i=1,2,3$。

4. 控制软件可靠性试验

控制软件的可靠性试验按《嵌入式软件可靠性测试方法》(GB/T 28171—2011)规定的方法进行，根据控制软件使用需求合理设计测试环境，进行可靠性增长测试和可靠性确认测试，有效发现程序中影响软件可靠性的缺陷，实现可靠性增长；验证嵌入式软件是否能够满足嵌入式系统开发合同或项目开发计划，系统与子系统设计文档，以及软件需求规格说明书和软件设计说明所规定的软件可靠性要求、可靠性的定量要求；评估当前嵌入式软件可靠性的水平，预测未来可能达到的水平，从而为嵌入式软件开发管理提供决策依据；通过嵌入式软件可靠性测试，为用户平衡可靠性、开发时间和开发费用提供参考。

5. 噪声试验

噪声用声级计进行测量。设备处于工作状态时，背景噪声应低于60 dB(A)。

6. 电磁兼容性试验

在压浆机电源端口、称重传感器端口和压力传感器端口分别按《电磁兼容　试验和测量技术　电快速瞬变脉冲群抗扰度试验标准》(GB/T 17626.4—2018)中规定的方法进行试验，记录称重传感器、压力传感器示值变化。

46.6　各企业产品型谱

预应力智能压浆系统具有压浆压力控制、压浆过程自动控制、施工数据自动保存等技术优势，已被广泛应用到公路桥梁预应力压浆施工、铁路桥梁预应力压浆施工等领域。现以湖南联智科技股份有限公司及河北高达电子科技有限公司产品为例，进行设备型谱介绍（见表46-3、表46-4）。

1. 湖南联智科技有限公司产品型谱

表46-3　湖南联智科技股份有限公司产品型谱

产品名称	产品型号	产品简介	产品图片或应用示意图
桥梁预应力自动压浆系统	LZJS10，LZJS30	主要由智能压浆设备自动配料系统、自动搅拌系统、智能压浆系统三部分组成，具备大循环压浆施工功能。 产品用途：公路梁场压浆施工、公路现浇梁压浆施工，适用于箱梁、T梁等压浆	梁体 高压胶管 智能压浆机 主控电脑

续表

产品名称	产品型号	产 品 简 介	产品图片或应用示意图
铁路桥梁预应力管道自动压浆系统	TGZY/400-Ⅱ/LZ	实现了压浆施工上料制浆、真空压浆两大关键工序自动化协同控制，具有自动化程度高、配料和压浆量计量精准、现场移动便捷、操作方便、工作效率高、可靠耐用、维护量少、绿色环保等特点，可满足管道压浆施工对过程控制和成品质量的技术要求。 产品用途：适合铁路桥梁、公路桥梁以及其他工程领域管道压浆施工	
铁路连续梁自动压浆设备	LZJRS30	实现了压浆施工上料制浆、自动压浆两大关键工序自动化协同控制，具有自动化程度高、配料计量精准、现场移动便捷、操作方便、工作效率高、可靠耐用、维护量少等特点，可满足管道压浆施工对过程控制和成品质量的技术要求。 产品用途：适合铁路连续梁以及其他工程领域管道压浆施工	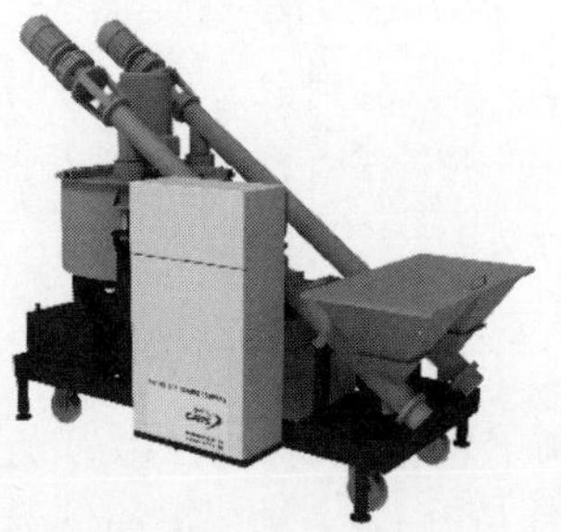
预应力施工质量远程管理系统	LZYYL-GL V1.0	包括预应力智能张拉远程管理系统和预应力智能压浆远程管理系统。预应力智能张拉远程管理系统主要监控张拉力、油压、伸长量、回缩量等指标，具备工作异常报警、闭合处置功能。预应力智能压浆远程管理系统主要监控水胶比、进浆压力、反浆压力、进浆量、保压时间等指标，具备工作异常报警、闭合处置功能。 产品用途：适用于施工单位、业主单位、监督单位等对预应力施工质量进行远程管理	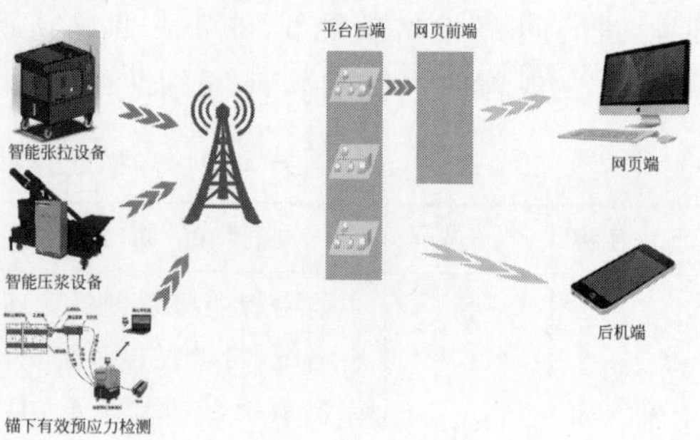 平台后端 网页前端 智能张拉设备 智能压浆设备 锚下有效预应力检测 网页端 后机端

2. 河北高达电子科技有限公司产品型谱

表 46-4 河北高达电子科技有限公司产品型谱

产品名称	产品型号	产 品 简 介	产品图片或应用示意图
铁路桥梁预应力管道自动压浆系统	TGZY/400-I/TK	完全符合《铁路后张法预应力混凝土梁管道压浆技术条件》(QCR 409—2017)规范要求,实现了压浆施工上料制浆、真空压浆两大关键工序自动化协同控制,具有自动化程度高、配料和压浆量计量精准、现场移动便捷、操作方便、工作效率高、可靠耐用、维护量少、吸尘环保等特点,可满足管道压浆施工对过程控制和成品质量的技术要求。适合铁路桥梁、公路桥梁以及其他工程领域管道压浆施工	
预应力管道自动压浆台车	GDYJ-7,GDYJ-8,GDYJ-X1	将自动称重系统、高速制浆机、储浆桶、压力传感器、螺杆泵集成于一体,现场使用时只需要将进浆管与预应力管道对接,即可进行压浆施工。操作简单,使用方便	

46.7 安全使用

46.7.1 安全使用标准与规范

(1)《公路工程技术标准》(JTG B01—2014)

(2)《铁路后张法预应力混凝土梁管道压浆技术条件》(Q/CR 409—2017)

(3)《公路桥涵施工技术规范》(JTG/T 3650—2020)

(4)《高速铁路桥涵工程施工技术规程》(Q/CR 9603—2015)

(5)《铁路桥涵施工规范》(TB 10203—2002)

46.7.2 拆装与运输

(1) 设备拆卸一般采用扳手、管钳进行,但是正常使用过程中不需要进行拆卸。

(2) 智能压浆系统一般情况下采用公路物流进行运输,从厂家发货出来前必须按照相关标准和规范要求进行木箱打包，打包后的木箱放置在货车上进行运输。

(3) 设备在现场的运输方式有多种，一是工人推着设备前进、后退进行转场；二是通过龙门吊、汽车吊等方式进行吊装转运。

(4) 一般为了安全和环保，必须将设备整体打包、固定，然后进行运输。

46.7.3 安全使用规程

(1) 加强对管理人员及施工人员的培训，提高全体施工人员的安全意识。

(2) 压浆所采用的灌浆泵、输浆管道与密封连接装置必须符合压浆工效和耐压能力要求，输浆管道必须满足足够的耐压强度要求，以防止在使用过程中损坏造成安全事故。

(3) 开机运行前，必须检查各个仪器、仪表是否正常工作，连接处有无漏水现象发生，发现问题应及时处理，严禁带病作业。

(4) 压浆期间必须在醒目位置悬挂安全警示牌。操作人员必须能熟练操作机具并必须佩戴防护眼镜及其他相应的劳保用品。

(5) 压浆时严禁操作人员正对出浆口作业，人员必须处于危险范围以外。

(6) 压浆施工时，确保压浆设备不被曝晒、雨淋；夏天施工应保持仪器通风。

(7) 压浆施工时，确保控制台与压浆台车保持直线可视距离，最大可控制距离为 200 m。

(8) 压浆施工时，智能压浆台车应派专人值守，发现异常应立即按下"紧急停机"按钮并报告压浆操作员，待问题排除后方可继续压浆；压浆操作员压浆过程中不得离开控制台，发现异常立即单击软件界面"暂停压浆"按钮，按下仪器"紧急停机"按钮，断开压浆台车电源，排查原因。

(9) 压浆用计算机必须专机专用，以免计算机病毒对程序进行篡改导致压浆过程异常。

(10) 压浆操作中若出现异常现象(如压力表震动剧烈、发生漏油、电机声音异常等)，立即停止作业。

(11) 浆液自拌制完成至压入孔道的延续时间不宜超过 40 min，且在使用前和压注过程中应连续搅拌，对因延迟使用所致流动度降低的水泥浆，不得通过额外加水增加其流动度。

(12) 对水平或曲线孔道，压浆的压力宜为 0.5～0.7 MPa；对超长孔道，最大压力不宜超过 1.0 MPa；对竖向孔道，压浆的压力宜为 0.3～0.4 MPa。压浆的充盈度应达到孔道另一端饱满且排气孔排出与规定流动度相同的水泥浆为止，关闭出浆口后，宜保持一个不小于 0.5 MPa 的稳压期限，该稳压期的保持时间宜为 3～5 min。

46.7.4 维护与保养

(1) 高压软管出厂时进行过耐压试验，试验压力为额定压力的 1.25 倍，但长期使用时，由于胶质的老化，各处的损伤会造成软管耐压强度的降低，应注意定期检查；使用频繁者，每半年检查一次。检查时用试压泵加压，当耐压低于额定压力的 1.25 倍即发生渗漏、凸起或爆破时就必须更换。高压软管使用时，应避免打折或出现急变弯，操作者应注意不可离软管太近，以免爆破甩起伤人。

(2) 螺杆泵应定期进行拆卸清洗，去除缸内的水泥沉淀及其他杂质，以保证其工作性能。

(3) 由于水泥浆固有的凝固性，在每次压浆结束以后，对高速制浆桶、低速储浆桶、高压软管、橡胶软管、接头、枪头等均应彻底清洗干净，以免水泥沉淀凝固以后下次压浆无法正常进行。

(4) 压浆设备较长时间不使用时，需要把水泥料仓和外加剂料仓清空，以免余料凝固结块，损坏螺旋上料机。

46.7.5 常见故障及其处理方法

压浆机常见故障及处理方法见表 46-5。

表 46-5 压浆机常见故障及处理方法

序号	故障现象	故障原因	处理方法
1	启动面板按钮,设备无反应	(1) 无电源输入; (2) 欠压、过压、错相、缺相; (3) 接触不良或元器件损坏	(1) 检查电源开关、"紧急停止"按钮是否处于开启状态; (2) 检查相序保护器有无欠压、过压、错相、缺相报错,如有查找原因并恢复正常; (3) 强制启动交流接触器:如能启动可判断是 220 V 电源问题,检查 220 V 火线、零线是否接好(零线虚接可导致有 24 V 电源,但 220 V 电压不足或无电压);如不能启动,可判断是 380 V 电源、交流接触器、电机等处问题,或电机卡死(会伴随有嗡嗡声); (4) 检查 24 V 电源、PLC 的输出、输入点是否正常:有输入无输出,则 PLC 或程序有问题;启动按钮,PLC 相应点无输入,则是按钮或相应线路问题;PLC 有输出,则继电器、交流接触器或电机有问题
2	跳闸	跳闸一般是发生短路或较大漏电造成	(1) 检查三相电与机壳有无导通,检查电机接线盒是否进水; (2) 检查电机电缆是否破损漏电; (3) 检查是否缺相、接触不良、荷载过大或电机从动机构有卡死现象(螺杆泵、轴承等卡死)
3	压力显示为负值	(1) 无 24 V 电源; (2) 压力传感器损坏	(1) 检查压力传感器电源线是否有 24V 电压,保证 24V 电源接通; (2) 更换压力传感器
4	压力显示与实际不符(偏大、偏小)	(1) 黄油、油液过少或异物堵塞; (2) 压力传感器损坏	(1) 检查油杯有无异物并加注黄油,橡胶套有无破损、补充油液介质; (2) 通过参数设置修正零点或调节传感器内电位器; (3) 清洗传感器感应膜片; (4) 更换压力传感器
5	压力过小、压力达不到目标值	(1) 溢流阀初始开度过大; (2) 进浆回路堵塞; (3) 螺杆泵定子、转子磨损	(1) 观察溢流口浆液流量,流量大而压力上不去,则是溢流阀开度大,调节溢流阀开度; (2) 检查进浆管是否有异物堵塞,如有则清理疏通; (3) 检查螺杆泵吸浆口是否堵塞,有堵塞则清理;无堵塞但螺杆泵出口流量小、无压力或螺杆泵未运行漏水很严重,则需要更换定、转子
6	返浆口长时间不返浆	(1) 溢流过大; (2) 吸浆口堵塞; (3) 进、返浆管路堵塞或梁孔堵塞; (4) 螺杆泵故障	(1) 检查溢流口是否溢流过大,如溢流阀开关处于关闭状态,仍有较大的流量溢出,更换球阀; (2) 检查吸浆口是否堵塞,如无堵塞则检查压浆管路、梁体预留管道; (3) 螺杆泵电机运转正常,而排出口无浆液流出或流量小,则是连接杆断裂或定、转子磨损
7	螺杆泵不工作或不能排送浆液等	(1) 缸内水泥及其他杂质沉淀凝固; (2) 缸内有空气或气泡不能排除; (3) 由于无水无浆工作导致转子磨损	(1) 打开进浆口盖板,清除管道内水泥及杂质; (2) 打开缸盖,排除空气等; (3) 更换转子
8	管道冲洗过程压力波动过大	管道中有堵塞	清除杂质,继续压浆

第47章

预应力用穿束机

47.1 概述

预应力桥梁的梁板在制作过程中，箱梁、T梁、现浇梁等后张法预留的混凝土孔道中根据设计要求需要穿入数量不等的钢绞线。早期施工中主要靠人力穿束，提前将钢绞线截断，再穿入孔道中，这样既耗费时间也浪费人力，有时也会造成钢绞线的大量浪费，既增加了工作量，同时也降低了生产效率。为此，多家公司自主研制出自动穿束机，具有自动穿束、自动检测、定长自动切割等功能。

47.1.1 定义、功能与用途

预应力梁板制作过程中，需要在预留的混凝土孔道中穿入数量不等的钢绞线，为减少人力，采用一种专门用于使钢绞线方便进出孔道的机械，称之为穿束机。穿束机可以穿单根钢绞线、多根钢绞线，穿束距离近的可达 10～30 m，远的可达 100～200 m。采用 PLC 程序自动控制系统的穿束机，具有对钢绞线的长度自动检测、自动穿束、自动切割等功能。

47.1.2 发展历程与沿革

预应力梁板施工中钢绞线穿束是预应力箱梁、T 梁、现浇梁等梁型生产过程中较为费工的施工工序，早期钢绞线穿束主要靠人工，将钢绞线切割成固定长度，由 4～6 人将单根或多根钢绞线穿入孔道，再进行张拉。随着预应力施工技术的进步，一些大型预应力桥梁开始建设，靠人工穿钢绞线已经无法满足施工要求，不仅耗费人力，而且生产效率低，对施工进度有很大影响。

在此背景下，自动穿钢绞线的机器开始出现，需要两个人操作，梁端的两头各有一人，一人负责机器操作(点动式)，另一人负责测量钢绞线穿出后长度是否达标。随着技术的发展，出现了自动穿束机，由 PLC 程序控制，可设置并自动检测钢绞线的长度，自动切断钢绞线。

47.1.3 发展趋势

穿束机的方便快捷与智能化将是未来的发展趋势，从单根穿束向多根穿束和整体穿束发展，施工工序将简单化，集自动下料、自动编束、自动穿束、自动测量、自动切割等功能一体化，可以方便工人施工、提高工效、缩短工期、节约工程成本，对工程施工进度的提升将会有很大的帮助。

47.2 产品分类

根据穿线的长短不同，穿束机可分为两组轮和多组轮，轮组越多穿线的长度越长。具体可以分为两组轮、三组轮、四组轮、五组轮和六组轮，其中两组轮可穿 60 m 钢绞线，三组轮可穿 100 m 钢绞线，四组轮可穿 130 m 钢绞线，五组轮可穿 180 m 钢绞线，六组轮主要用于大型桥梁建筑，可穿 250 m 钢绞线。

47.3 工作原理及产品结构组成

穿束机靠电机带动齿轮传送钢绞线或钢筋，PLC控制变频器决定电机的转速，从而控制钢绞线的运行速度。图47-1所示为穿束机工作示意图。

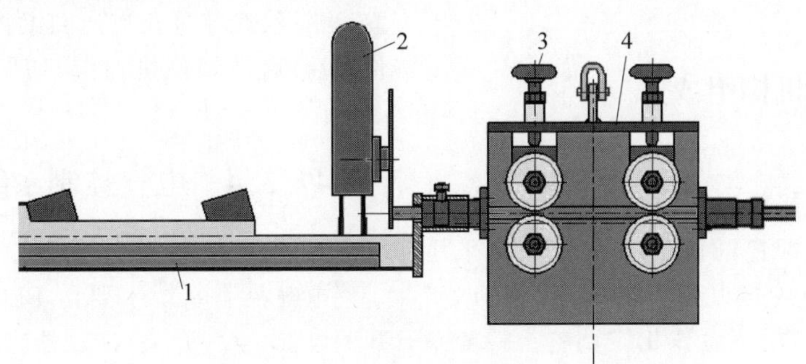

1—导线筒；2—切割机；3—压轮；4—穿束机。

图47-1　穿束机工作示意图

47.3.1 工作原理

穿束机主要由上下两组齿轮或多组齿轮(轮子中心为凹槽，两侧带齿)组成，依靠齿轮传动结合凹槽之间的挤压和摩擦，将上下轮之间的钢绞线或钢筋向前推进或向后退出，电机带动主动轮并通过齿轮传动第一组从动轮工作，从动轮间靠啮合传动完成将钢绞线向前推进和向后退出。

穿线施工时，将整捆钢绞线放入放线器内，引出钢绞线的线头至穿束机进线口，旋紧张紧杆，钢绞线固定在上下两组轮的凹槽间，钢绞线端头套上导线帽。按启动键，电机带动主动轮旋转，靠主动轮、钢绞线、从动轮之间的摩擦力将钢绞线向前推进。钢绞线先进入导线筒，顺直钢绞线后再进入预应力梁板的孔道内直至穿出孔道后达到预留长度需求后停止，启动切割机，将钢绞线切断，再进行下一束钢绞线的穿入。

47.3.2 结构组成

图47-2所示为穿束机结构示意图，其主要由底座、主动轮、从动轮、张紧杆、导线筒及导线帽组成。

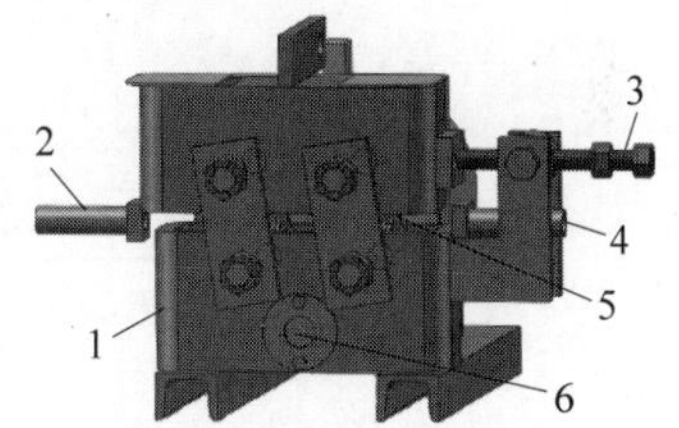

1—底座；2—出线口；3—张紧杆；4—进线口；5—从动轮；6—主动轮轴。

图47-2　穿束机结构示意图

1. 底座

底座主要用于固定配电箱、变频器、电机和滚轮，它由10 mm厚的钢板拼接而成，用高强螺栓连接。

2. 主动轮和从动轮

主动轮和从动轮依靠齿轮传动原理工作，主动轮通过齿数来调节从动轮的转速。主动轮和从动轮直径相同，齿数相同，从动轮的凹槽适用于直径为14～16 mm的钢绞线。

3. 张紧杆

张紧杆主要用于调节上下齿轮的间隙，间隙越小，钢绞线夹得越紧，摩擦力越大。

4. 导线筒

钢绞线从穿线机出来后处于摇摆状态，导线筒的作用是让钢绞线平稳、顺直地进入预应力梁的孔道内，即能对钢绞线进行稳定导向又起到保护作用。

5. 导线帽

导线帽通常为塑料锥形筒，套于钢绞线前

端，当钢绞线在孔道内前进时对其起到导向的作用，同时避免钢绞线头划伤波纹管或卡滞，对钢绞线的端头也起到保护作用，防止钢绞线的头部散开。导线帽使钢绞线在孔道内运行得更顺滑。

47.3.3 机构组成

1. 电机

电机为穿束机的动力源，电机功率根据穿束机的轮组需求配置，例如两组轮穿束机采用 3 kW 电机，三组轮穿束机采用 4 kW 电机，当轮组增加时，电机功率也作相应调整。一般采用国标电机，可有效保证动力的稳定性，抗疲劳强度好。

2. 切割机

切割机是穿束机的辅助工具，与其配套使用，切割机可根据钢绞线预留长度调整摆放位置，当钢绞线穿过孔道达到梁体另一端的预留长度后，启动切割机，自动切断或人工切断钢绞线。

47.3.4 电气控制系统

1. 电气控制系统的组成

电气控制系统主要由 PLC、变频器、24 V 开关电源、空气开关、接触器、急停开关等电气元件组成，图 47-3 所示为电路原理图。

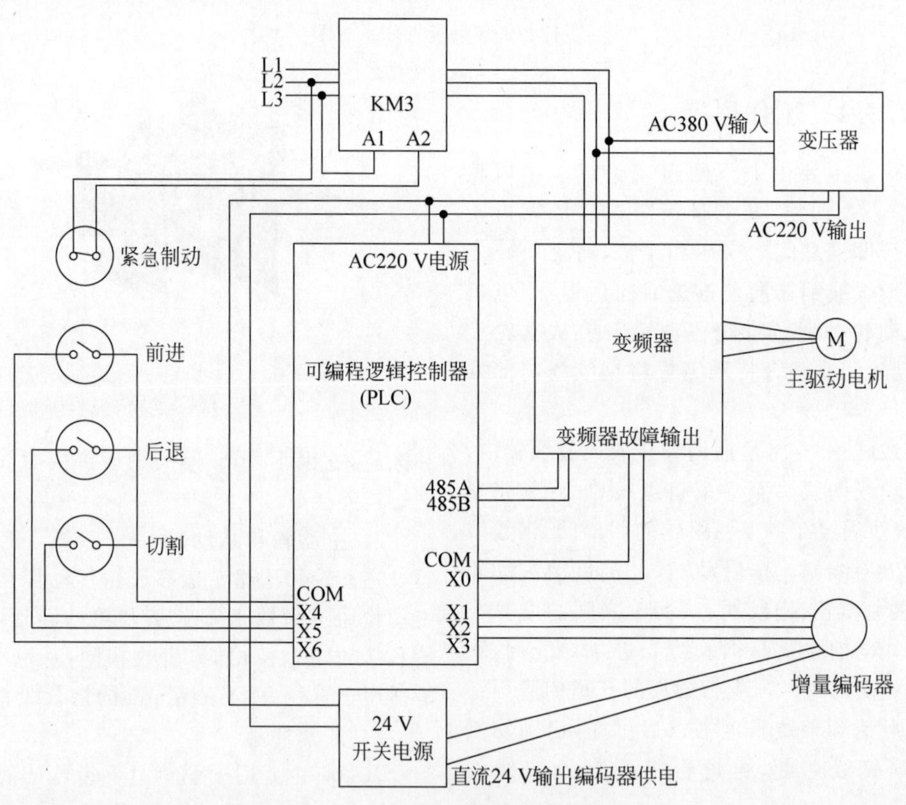

图 47-3 电气控制系统的电路原理

2. 电气控制系统原理

控制系统由 PLC 系统组成，PLC 通过控制变频器的多段速度来调节电机的转速，电机的转速决定主动轮的转速及从动轮的转速，从而控制穿束机的速度；PLC 控制接触器的吸合与断开，接触器连接切割机，控制切割机的启动与停止；PLC 读取旋转编码器的信号，测算出钢绞线每次穿出的长度，同时自动统计穿出钢绞线的总长度。

3. 旋转编码器

旋转编码器安装于底座内，齿轮转动时带动编码器旋转，可以通过换算得到钢绞线的长度，总长度和每次的穿线长度均可通过 PLC 输出。

4. 遥控器

遥控器主要是采用高频无线通信技术操作主控系统，方便远距离控制穿束机的运行与停止，以及控制切割机的启动与停止。

47.4 技术性能

穿束机一般用于预应力桥梁施工，要求其体积小、速度快、精度高，便于安装，并且耐用、易维修。

47.4.1 产品型号命名

根据穿束机的拼音首字母及穿过的钢绞线直径和传送距离进行命名，例如 CSJ-15-60 型(穿束机穿 15 mm 钢绞线传送距离 60 m)、CSJ-15-100 型(穿束机穿 15 mm 钢绞线传送距离 100 m)。

47.4.2 性能参数

穿束机的性能主要依据电机功率决定，目前主要有 3～11 kW 电机。预应力制梁场经常会用到 2～3 种穿束机，不同场合使用不同型号的穿束机。

47.4.3 产品技术性能

(1) 两组轮穿束机是比较常用的穿束机，其电机功率为 3 kW，穿线速度达到 3 m/s，测量精度小于 0.05 m，穿线距离大于 60 m。

(2) 三组轮穿束机的电机功率为 4 kW，穿线速度达到 3 m/s，测量精度小于 0.05 m，穿线距离大于 100 m。

(3) 四组轮穿束机的电机功率为 5.5 kW，穿线速度达到 2 m/s，测量精度小于 0.05 m，穿线距离大于 150 m。

(4) 五组轮穿束机的电机功率为 7.5 kW，穿线速度达到 1.5 m/s，测量精度小于 0.05 m，穿线距离大于 200 m。

47.4.4 各企业产品型谱

开封市齐力预应力设备有限公司生产的穿束机型谱如表 47-1 所示。

表 47-1　开封市齐力预应力穿束机型谱

序号	型号	性能描述
1	CSJ-15-60	(1) 比较小巧，通常用于梁体端头； (2) 悬挂式使用自带切割机
2	CSJ-15-100	(1) 可以悬挂，也可以放在地面上工作； (2) 传送距离可达 100 m
3	CSJ-15-150	(1) 在桥面上工作； (2) 用于现浇梁； (3) 用于连续梁； (4) 传送距离可达 150 m
4	CSJ-15-200	(1) 用于桥面上； (2) 适合一些大型桥梁的建设

济宁方材机械设备有限公司的穿束机型谱如表 47-2 所示。

表 47-2　济宁方材机械穿束机型谱

序号	型号	性能描述
1	CSJ-2-3	(1) 两组轮，电机功率 3 kW，可用于梁端； (2) 重量轻，方便施工
2	CSJ-3-4	(1) 三组轮，电机功率 4 kW； (2) 用于穿 100 m 左右的钢绞线； (3) 穿线放线一体化工作
3	CSJ-4-5.5	(1) 四组轮，电机功率 5.5 kW； (2) 用于穿 150 m 钢绞线； (3) 现浇梁使用

47.5 选型原则

根据现场施工情况及钢绞线传送距离的长短、多少，选择适当的预应力用穿束机。

47.5.1 总则

(1) 适合于现场施工；

(2) 穿线距离适当大于实际穿线距离；

(3) 易于现场拆装、维修。

47.5.2 选型原则

(1) 根据钢绞线的型号及传送距离选择相应的穿束机型号；

(2) 各个型号选择国标电机；

(3) 轮组越多，传送距离越远，速度越慢；

(4) 方便、快捷、易于操作。

47.6 安全使用

使用前检查电气线路连接是否正确，接通电源后，调试电机正反转。设备必须进行可靠的接零或接地保护，防止漏电伤人。

47.6.1 安全使用标准与规范

1.《施工现场临时用电安全技术规范》(JGJ 46—2005)

该规范的目的是贯彻国家安全生产的法律和法规，保障施工现场用电安全，防止触电和电气火灾事故发生，促进建设事业发展。本规范运用于新建、改建和扩建的工业与民用建筑和市政基础设施施工现场临时用电工程中的电源中性点直接接地的220/380 V三相四线制低压电力系统的设计、安装、使用、维修和拆除。

2.《家用及建筑物用电子系统(HBES)通用技术条件》(CJ/T 356—2010)

(1) 功能安全既依赖于产品的设计和制造，也取决于安装中产品的正确使用；

(2) 本规范中说明了对HBES产品的要求以及为产品的正确安装、操作和维护提供所需的信息的要求，也提供了产品一致性要求，并对必要的信息进行了确认；

(3) 引用的所有产品测试都是类型测试；

(4) 本规范附录B中说明了功能安全要求的根据和原因。

3.《民用建筑电气设计与施工-常用电气设备安装与控制》(08D800-5)

本规范适用于一般新建、改建和扩建的民用建筑工程、一般工业工程(房屋建筑部分)的电气工程设计和施工，也可用于建筑电气工程监理、施工及验收参考。

47.6.2 拆装与运输

切割机、导线筒可以从穿束机上拆下来同穿束机并放一起，木箱封装，保证在运输过程中不磕碰。

47.6.3 安全使用规程

(1) 穿束机准备使用时，前后严禁站立人员，梁端另一头要有人把守。

(2) 两端操作人员应密切配合，特别是当进线端操作人员在切割钢绞线或套导向帽时，出线端的操作人员不要将手放在控制按钮上，以防误操作伤人。

(3) 工作时两端应禁止人员穿越，以防钢绞线弹出伤人。

(4) 当工作时出现压轮打滑，钢绞线不前进时，应立即停机，避免过度磨损钢绞线和压轮。待查明原因并解决后方可继续工作。

(5) 钢绞线头在穿束前，要套上导线帽。

(6) 穿线结束后，检查压轮，磨损严重的要及时更换。

47.6.4 维护与保养

(1) 定期检查齿轮箱内黄油及压轮的磨损程度，压轮调整达不到使用要求时，应及时更换；

(2) 每次使用完毕后，穿束机要放在干燥环境中。

47.6.5 常见故障及其处理方法

(1) 穿线不顺畅时，反复进退钢绞线，或在钢绞线前端套上导线帽，钢绞线穿过孔道时会比较顺畅。

(2) 当达不到输送距离时，可调整张紧杆(机尾螺栓)或穿束机顶部的手轮，使齿轮接触得更紧密一些。可以提升钢绞线的传送距离，但不能调节太紧，以免运转时加剧压轮的磨损，降低使用寿命。

(3) 穿线时若出现打滑现象，应及时更换压轮或对压轮进行保养。

47.7　工程应用

将穿束机与预应力孔道基本保持平行，在钢绞线进口段安装塑料锥形导线套，启动电机带动主动轮与从动轮传送钢绞线向前推进，钢绞线先后经过导线筒、预应力梁板孔道，直至穿出孔道达到预留长度后启动切割机切断钢绞线。

穿束机的工程应用列举如下：

(1) 济青高铁，中铁一局昌邑梁场，使用两组轮、四组轮自动穿束机；

(2) 潍莱高铁，中铁十局莱西梁场，使用三组轮、四组轮自动穿束机；

(3) 鲁南高铁，中铁十九局济宁梁场，使用三组轮穿束机；

(4) 道安高速，TJ03 标，使用两组轮自动穿束机；

(5) 东明黄河大桥，1 号、2 号、3 号梁场，使用三组轮穿束机。

第48章

预应力用真空泵

48.1 概述

48.1.1 定义、功能与用途

预应力真空泵是后张法预应力孔道真空辅助灌浆的负压型设备，在后张法预应力孔道灌浆前，将真空泵与密封良好的预应力孔道的一端连接后启动，使孔道内部达到并保持－0.06～－0.1 MPa的负压，在一边抽真空不停的同时，从预应力孔道的另一端压浆直至整个孔道充满水泥浆。通过真空负压的作用能减小灌注用水泥浆的水灰比(根据试验数据，最低可达0.33)，消除孔道和混在水泥浆中的气泡，减少孔隙和泌水现象，使灌浆的饱满性、密实性及强度得到保证。预应力真空泵与HDPE塑料波纹管和螺杆式灌浆机配合使用能达到很好的注浆效果，也能与普通铁皮波纹管形成的孔道和性能良好的活塞式灰浆泵配合使用。塑料波纹管与真空灌浆解决了预应力孔道成型难、预应力张拉延伸不足和孔道灌浆难于饱满的问题，使孔道质量和灌浆质量都明显提升。

48.1.2 发展趋势

真空泵包括水环泵、往复泵、滑阀泵、旋片泵、罗茨泵和扩散泵等，目前这些泵是我国各行业应用真空工艺过程中必不可少的主力泵种。近年来，伴随着我国经济持续高速发展，真空泵相关下游应用行业保持快速增长势头，同时在真空泵应用领域不断拓展等因素的共同拉动下，我国真空泵行业实现了持续稳定的发展。

随着这几年智能张拉设备和智能灌浆设备在公路和铁路市场的大力普及，各地梁厂和质监站基本上都要求使用智能张拉、智能压浆设备，推动桥梁预应力“精细化”施工，提高公路和铁路预应力桥梁的施工质量，同时可以减少人工，提高效率。

目前，预应力真空泵主要采用水环式真空泵，在后张法预应力混凝土梁孔道压浆施工中，预应力真空泵作为一个独立的产品将逐步减少，作为一个部件集成在智能压浆设备上将成为主流。希望能够将自动上水、精准称重、定时搅拌、双柱塞压浆、抽真空的功能装置集成一体，能够一键化操作，自动完成上水、搅拌、压浆和保压等整个施工过程。

48.2 产品分类

目前，预应力真空泵主要采用单级作用水循环式真空泵。不同行业标准对真空泵的施工要求不同，真空泵的真空度标准如下。

1)《公路桥涵施工技术规范》(JTG/TF 50—2011)

该规范规定，预应力管道，特别是长大管

道压浆宜采用真空辅助压浆工艺。

(1) 该规范对设备性能要求：真空辅助压浆工艺中采用的真空泵应能达到－0.10 MPa的负压力。

(2) 该规范对灌浆过程要求：采用真空辅助压浆工艺，真空度宜稳定在－0.06～－0.1 MPa范围内。

2)《铁路后张法预应力混凝土梁管道压浆技术条件》(TBT 3192—2008)

(1) 如选用真空辅助压浆工艺，真空泵应能达到－0.092 MPa的负压力。

(2) 如果选用真空辅助压浆工艺，在压浆前应进行抽真空，使孔道内的真空度稳定在－0.06～－0.08 MPa范围内。真空度稳定后，应立即开启管道压浆端阀门，同时开启压浆泵进行连续压浆。

48.3　工作原理及产品结构组成

48.3.1　工作原理

MBV120型真空泵为单级作用的水环式真空泵，它是利用泵壳和叶轮不同心的安装结构，在叶轮作旋转运动时，构成与叶轮成偏心的水环。充满在叶片间的水，随着叶轮的旋转，在叶片之间不断地作周期性的往复运动，改变叶片中间的容积，在固定的吸气口和排气口的相应配合下，完成吸气、压缩和排气过程。MBV120型真空泵如图48-1所示，真空泵的工作原理如图48-2所示。

图48-1　MBV120型真空泵

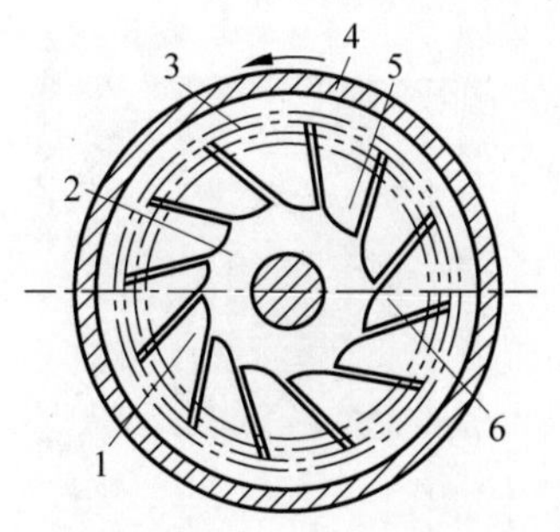

1—排气孔；2—叶轮；3—水环；4—泵壳；5—进气孔；6—进水孔。

图48-2　MBV120型真空泵工作原理

由道尔顿定律可知，泵腔内的绝对压力等于气体分压和饱和水蒸气压力之和，工作水温越高，饱和蒸汽压就越高。相应的，泵腔内的绝对压力也越高，这样所能抽到的真空度越低。所以，为了提高水环泵的真空度和抽气效率，工作水的温度要低，且应不断地给予补充水冷却。

48.3.2　结构组成

MBV120型真空泵为单级水环式真空泵(图48-3)，真空泵由泵体、箱体、气路和水路4部分组成，其中箱体包括水箱、机架、控制面板；气路包括止回阀、压力表管路和负压容器；水路包括截止阀等。

电机和真空泵体采用卧式直联型，整台泵体由进排泵盖，进排气盘、泵壳和叶轮，连接座机械密封等组成。叶轮被直接支承在电动机轴上，泵的机座即为电动机的机座。轴封采用单端面机械密封，它是靠弹性构件和密封介质的压力在旋转的动环和静环的接触端面上产生适当的压紧力，使这两个端面紧密相贴，端面间维持一层极薄的液体膜而达到密封的目的。

48.3.3　机构组成

1. 泵体结构

启动泵体后，空气经负压容器过滤并通过空气截止阀、压力表路、止回阀后进入泵体的

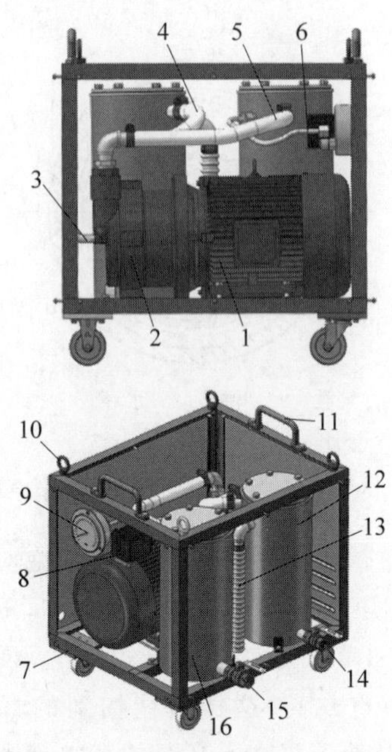

1—电机；2—真空泵体；3—进水管；4—水循环管；5—真空管；6—真空表管；7—机架；8—电源倒顺开关；9—真空表；10—吊环；11—手提柄；12—储水罐；13—排气管；14—进水及排污管；15—抽气及清洗排污口；16—真空罐。

图 48-3 水环式真空泵整机构造图

进气孔，水通过截止阀（或止回阀）进入泵体的进水口，泵头的转子高速旋转产生的液环把进入的空气和水通过排气孔排出，与进气口连接的预应力孔道中的空气不断地减少，逐步形成真空孔道，当达到规定的真空限值后气蚀保护口开启自动平衡。负压容器的作用主要是存储和过滤空气，压力表路与真空表连接后能准确地反映预应力孔道的真空度，手动截止阀主要防止水泥浆进入泵体内，止回阀防止在停机状态下空气回流进入预应力孔道。水路截止阀能控制泵体水流入与排出的流量，当水箱充满水后并开启自动循环可关小或完全关闭水路截止阀。水路止回阀可以防止进水口进入的水不经泵头而直接流入水箱。泵体结构如图 48-4 所示。

2. 储水罐结构

储水罐主要为真空泵连续抽气运转提供水载体，加满水后关闭进水阀即可自动循环时不耗水，噪声低，无磨损，由进水及排污管、罐体、排气管、水循环管、出水口（接泵体进水口）组成，其结构如图 48-5 所示。

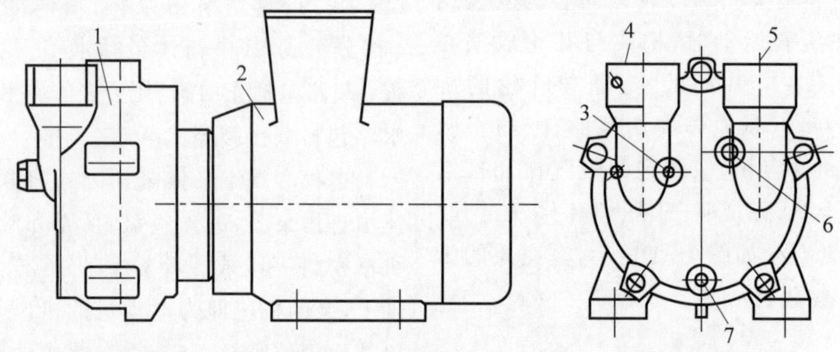

1—泵头；2—电机；3—气蚀保护口；4—排气孔；5—进气孔；6—进水口；7—排污口。

图 48-4 泵体结构示意图

3. 真空罐结构

真空罐主要为真空泵连续抽气的气路负压容器，用于气液分离以达到预应力孔道的稳定真空度（否则真空度达不到要求）的效果，防止倒灌，通过罐体上连接头与真空表连接，直观显示预应力管道的真空度。真空罐由抽气及清洗排污口、罐体、压力表连接头、出气口（接泵体进气孔）组成，其结构如图 48-6 所示。

48.3.4 电气控制系统

电气控制系统通过倒顺开关来控制真空泵电机正转、反转和停止，其中正转是正常工作，反转是清洗。系统主要由倒顺开关、运转指示灯等组成，其结构如图 48-7 所示。

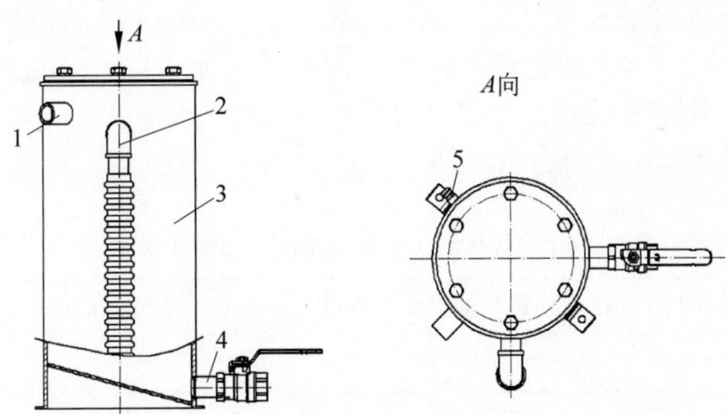

1—水循环管；2—排气管；3—罐体；4—进水及排污管；5—出水口(接泵体进水口)。

图 48-5 储水罐结构示意图

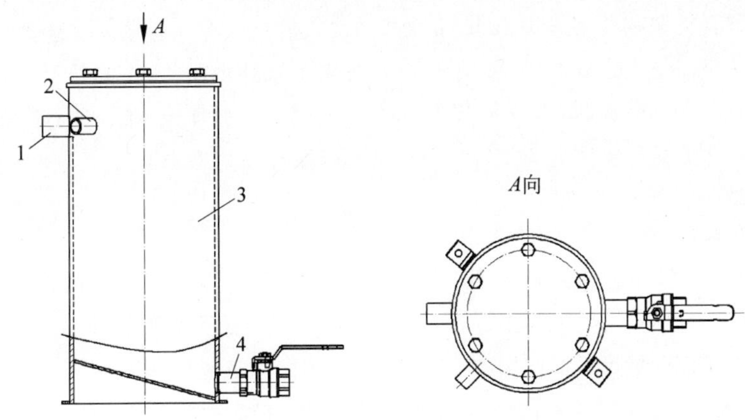

1—出气口(接泵体进气孔)；2—压力表连接头；3—罐体；4—抽气及清洗排污口。

图 48-6 真空罐结构示意图

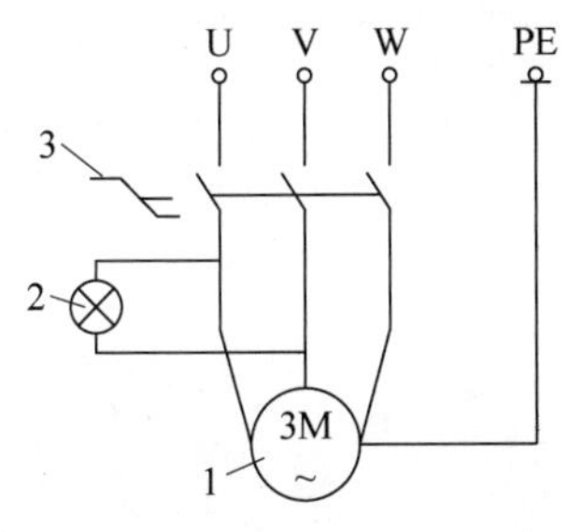

1—电机；2—运转指示灯；3—启动开关。

图 48-7 电气控制系统——电路图示意

48.4 技术性能

48.4.1 产品型号命名

预应力机械用水环真空泵主要为 SK 型，国内设计的单级水环真空泵结构简单、维修方便。MBV 型采用西门子公司的先进技术，机泵同轴，结构紧凑，效率高，真空度高。结合企业产品情况进行命名，命名示例如下：

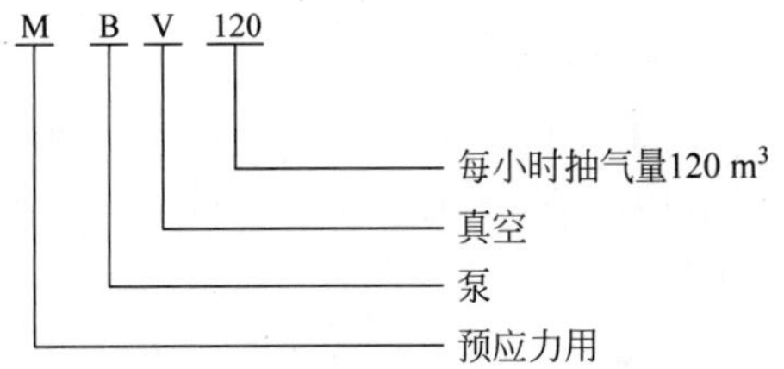

48.4.2 性能参数

MBV120 型真空泵每小时的抽气量为 120 m^3。极限真空为－0.097 MPa(－33 mbar)，考虑到真空辅助灌浆需求，负压为－0.06～－0.1 MPa，气蚀保护在－0.09 MPa 左右时开启,以防止泵体气蚀现象造成的机件磨损,有效延长泵体寿命。其具体技术参数如表 48-1 所示。

MBV120 型真空泵的抽气速率能满足全部预应力孔道进行压浆与抽气时,保持负压在规定要求范围,抽气速率根据孔道的大小和长度确定,一般在 1～2 min 内即能达到规定的真空值。用户有特殊要求时,可定制抽气速率更快的真空泵。

表 48-1 MBV120 型真空泵的主要技术参数

型　号	抽气速率/(m^3/h)	极限真空/Pa	转速/(r/min)	补充水用量/(L/min)	重量/kg
MBV120	120	4000	2900	4～5	135

48.4.3 产品技术性能

1. 高效运行

MBV120 型真空泵属于容积式变化设计,其效率比同类型号的传统设计提高 10%～25%;专利设计的柔性排气阀,可以确保其在全部真空范围均处于效率最佳点运行。

2. 经济性好

MBV120 型真空泵配备有水自循环系统,耗水量小(自动循环时不耗水),噪声低,无磨损,因此操作维护成本低。该泵能可靠地连续运转,保证施工不间断,且投资回收期短。

3. 性能稳定

MBV120 型真空泵的吸气压力可达 33 mbar 绝压(97%真空度),机泵同轴式直联设计,全部采用国外进口机械密封作为标准配置,铝青铜叶轮强度高,经久耐用,并可提高泵的耐腐蚀性。每台泵均经过出厂测试,确保其性能处于误差范围内。

4. 操作安装简便

MBV120 型真空泵结构紧凑,无须固定安装,可方便地在任何场合放置,自带滚轮,能方便地进行整机移动;整机已将现场接口数量降到了最低限度,只需接水、电即可使用;工作液可自动循环,无须人工调节和额外增压,配备的管道冲洗阀可方便地冲洗管道透明胶管内的水泥浆,无须每次拆下清洗。

5. 安全可靠

MBV120 型真空泵配备有专利产品真空安全阀或带气蚀保护装置,即使在误操作的情况下也不会造成机械的硬性损坏。负压容器内配备有空气滤网装置,能滤除空气中较大的颗粒粉尘,有效地保护泵体。在抽吸孔道真空时,孔道内水分可能较脏,在排出管路专门设计有脏水外排阀,操作人员可根据现场情况决定使用自动循环或水气外排不循环,能有效地延长泵体使用寿命。

48.4.4 各企业产品型谱及其特点

1. 吴桥厚德建筑机械有限公司的 MBV 型水环式真空泵

MBV 型水环式真空泵具有高效节能、操作维护简便、安全可靠、使用成本低等特点,在高速铁路建设中得到了广泛应用,产品性能完全满足《铁路后张法预应力混凝土梁管道压浆技术条件》(TB/T 3192—2008)、铁道部《客运专线预应力混凝土预制梁暂行技术条件》的要求。MBV 型水环式真空泵如图 48-8、图 48-9 所示,其技术参数如表 48-2 所示。

图 48-8 MBV80 型水环式真空泵

图 48-9　MBV110 型水环式真空泵

表 48-2　MBV 型水环式真空泵技术参数

型　　号	MBV80	MBV110
最大抽气量/(m^3/h)	80	110
极限真空/MPa	0.097	
电机功率/kW	2.35	
泵转速/(r/min)	2850	
工作液流量/(L/min)	2.5	3.36
噪声/dB	66	72
重量/kg	98	120

2. 河南雷特预应力有限公司的 SK 型水环式真空泵

SK 型水环式真空泵使灌浆孔道形成负压,保证孔道内灌浆的饱满度和密实性,提供灌浆的强度,具有性能稳定、抽气量大、高效节能、减少空隙、操作简单等特点。SK 型水环式真空泵如图 48-10 所示。

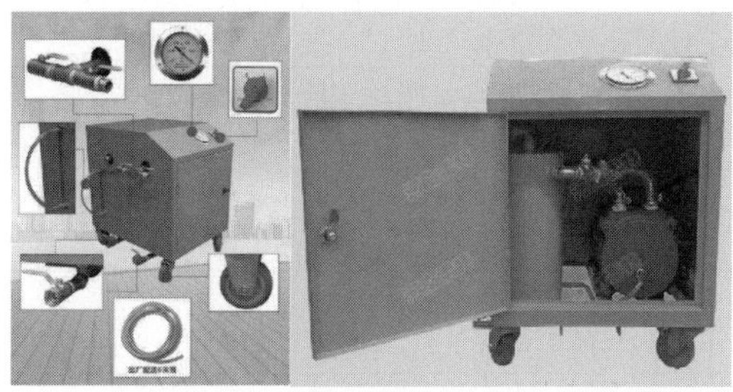

图 48-10　SK 型水环式真空泵

SK 型水环式真空泵技术参数见表 48-3。

表 48-3　SK 型水环式真空泵技术参数

型号	最大抽气量/(m^3/min)	极限真空/MPa	真空泵电机功率/kW	转速/(r/min)	水耗量/(L/min)
SK-30	30	−0.093	55	740	70～100
SK-42	42		75		95～130
SK-60	60		95	590	140～180
SK-85	85		132		180～220
SK-120	120		185		220～260

48.5　安全使用

48.5.1　安全使用规程

1. 安装要求

(1) 进气温度较高或被抽气体中含有较大颗粒状杂质时,应考虑在进气管道中加装冷却器或过滤器。

(2) 工作水最好水压为$(1\sim1.5)\times10^5$ Pa 的清洁自来水,一般情况下工作水随气体排出,无须重复使用。但如果考虑节约用水,可在排气口上面安装气水分离器,将分离出来的水返回到进水管中继续使用。但由于随排气出来的水温度有所升高,若继续使用会降低泵的性能。因此要根据性能要求来决定是否回用和回用水量的大小。

(3) 为防止启动时和在较高入口压力时喷水,应将排气管引至室外,如引管有困难,就应装置气水分离器。排气装置要有足够的通导能力,排气高度不得超过泵出口法兰面 0.5 m。最高排出压力不得超过 1.1 倍大气压力,否则将使电动机过载。

(4) 泵的轴向应按外形图中箭头所指方向,不得反向。

(5) 安装时应考虑方便出水、放水及维护保养等。

2. 真空泵的使用注意事项

(1) 启动前应先将进水阀打开,打开水阀后就应立即启动泵。

(2) 如果水压在$(1\sim1.5)\times10^5$ Pa 左右,可将水阀开足,经过泵进水口中节流孔将工作水注入泵腔内;如果水压较高,可调节进水阀来控制进水量。补充水用量要控制合理,太小会降低性能，太大则不但降低性能，还会使电机过载。

(3) 长期在极限真空中使用，会使泵的噪声较大，且容易发生汽蚀损坏。为降低噪声，防止汽蚀现象，使用中应避免长期在极限真空情况下运转，如果性能允许，可在进气口附近开一小口，放入少许气体就可见效。

(4) 如果长期停机(停机时间达 4 周以上)或冬天停机后，应将泵内积水放完，放水孔在泵盖中下方，旋去堵塞即可放水，并用手转动电机风扇来带泵转动或将泵倾斜 45°，直至没有液体排出。将 0.5 L 防腐油从吸气口或排气口倒入泵内，并短时间运转。再次使用前，应将电动机风扇罩拆掉，用手转动电动机风扇叶，使之能灵活转动后方可启动。

(5) 工作时应注意观察电流情况，如发现电流突然上升，应立即停泵并查明原因。

(6) 运转中如发现连接座下面方孔中有水漏出，说明机械密封泄漏。少量漏水不影响性能，可继续使用；较严重漏水应停机修理。

(7) 运转中排气管道内不得有任何异物堵塞通道现象，如发现，应立即停机排除。

(8) 若使用硬水做工作液，应定期用 10% 的草酸冲洗真空泵。

(9) 若叶轮因使用硬水在长时间停用后卡住，应该用 10% 的草酸倒入泵内约 30 min，除去水垢。

(10) 本型号单级水环真空泵所配用的 Y 型电动机系专用电动机，市场上供应的通用的 Y 型电动机不能使用，如果用户需要更换电动机，请直接向设备生产厂家提出，以便向电动机制造厂订货。

48.5.2 维修与保养

按要求维护和保养真空泵能保证机器的使用性能，延长其使用寿命，对按时完成施工计划、提高工作效率具有重要作用。

(1) 若泵长时间停止运转，应将真空泵体进行排空。操作时打开箱体后体，将排污口丝堵取出，从进水口注入清水冲洗后，用手转动电机风扇，直至没有液体流出。也可将泵体倾斜 45°进行排空。

(2) 泵体排空后可从泵体的气蚀孔、排污孔，进气孔或排气孔灌注防护油进行防护。

(3) 若叶轮因使用硬水在长时间停泵后卡住了，可向泵腔内充以 10% 的草酸约 30 min。

(4) 为避免叶轮磨损甚至卡住叶轮，随气体和工作液进入泵体的灰尘颗粒可通过排污口冲洗。

(5) 外露工作表面应经常擦拭，保持清洁。闲置时应加罩防尘放于室内，室外临时放置时，应做到防尘、防雨、防晒。

48.5.3 常见故障及其处理方法

真空泵的常见故障及处理方法见表 48-4。

表 48-4 真空泵常见故障及处理方法

故障现象	故障原因	处理方法
真空度下降	系统漏气	(1) 重新安装管道真空系统； (2) 补焊焊缝漏气处
	泵连接处漏气	(1) 更换 O 形密封圈及垫圈； (2) 重新装配压紧
	机械密封处漏气	(1) 修理或更换机械密封； (2) 调整弹簧压力
	叶轮两端磨损，侧面间隙增大	(1) 重新调整侧面间隙； (2) 更换或修复叶轮等磨损件，恢复原有间隙
	水温太高，水量不足	(1) 降低进水温度； (2) 消除泵内零件摩擦发热现象； (3) 调整进水量
抽气量不足	与真空度下降的 5 项故障原因相同	与真空度下降的 11 项处理方法相同

续表

故障现象	故障原因	处理方法
电动机电流突然升高	叶轮与电动机转子发生轴向窜动，使叶轮端面发生摩擦	重新调整电动机轴承的轴向力，消除轴向窜动现象
	运转中泵腔内有异物进入，使转子与其他零件发生摩擦或卡住	(1) 防止异物进入； (2) 拆泵清除异物，修复摩擦磨损面
	排气管有异物进入使排气受阻	清除异物，使排气畅通
转动中电动机负荷偏高	进水量过多	调节进水量
	排气阀片失效	修复或更换排气阀片
	电动机两轴承轴向力较大	拆开电动机两盖，重新调整两轴承
启动困难	长期停机后，没有按真空泵的使用说明中第2.4条进行保养，或使用硬水作介质，泵内生锈并形成水垢	(1) 拆下电动机风扇罩壳，用手转动电动机风扇，使之能灵活转动后再启动； (2) 按真空泵的使用说明中的2.8、2.9条处理
	排气管严重受阻	清除异物，畅通排气
不正常声响	进水量过多或过少	调节进水量
	叶片破碎	更换叶轮
	泵内有杂物	停机清除杂物
	叶轮和电动机转子发生轴向窜动	重新调整电动机轴承的轴向力，消除轴向窜动现象

48.6　工程应用

1. MBV120型单级水环真空泵使用连接图

MBV120型单级水环真空泵使用连接图如图48-11所示。

2. 真空泵用于预应力孔道真空灌浆的使用方法

(1) 张拉施工完成之后，切除外露的钢绞线，进行封锚。封锚方式有两种：采用保护罩封锚或无收缩水泥砂浆封锚。

(2) 清理锚垫板上的灌浆孔，保证灌浆通道畅通，与引出管接通。

(3) 确定抽真空端及灌浆端，安装引出管、球阀和接头，并检查其功能。

(4) 使用前，根据连接图在现场安装好，如图48-12所示，即把透明钢丝管接到储浆罐的进气口，把网纹水管接到真空泵的进水管，用管夹扎牢。该图示意的是抽真空管为从锚垫板灌浆孔引出的镀锌水管的情形，特殊情况下，如抽真空管为塑料管，则按图48-12连接，即把塑料管直接插入到透明钢丝管中，用管夹

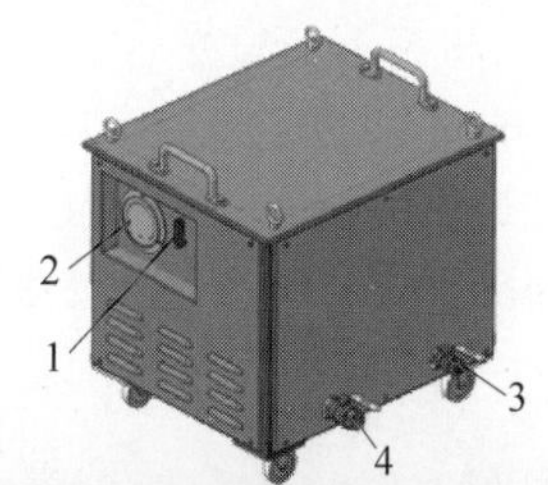

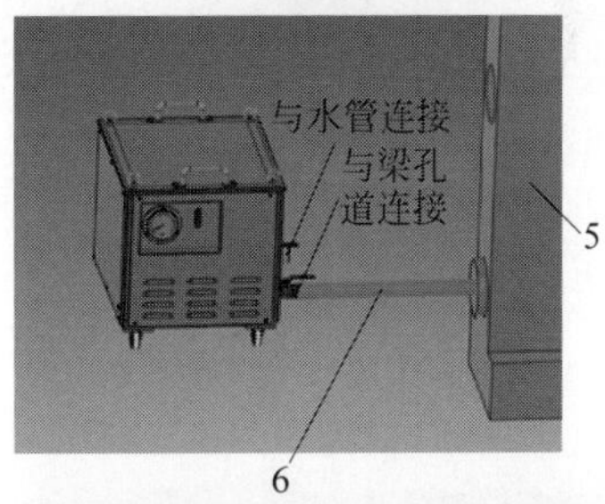

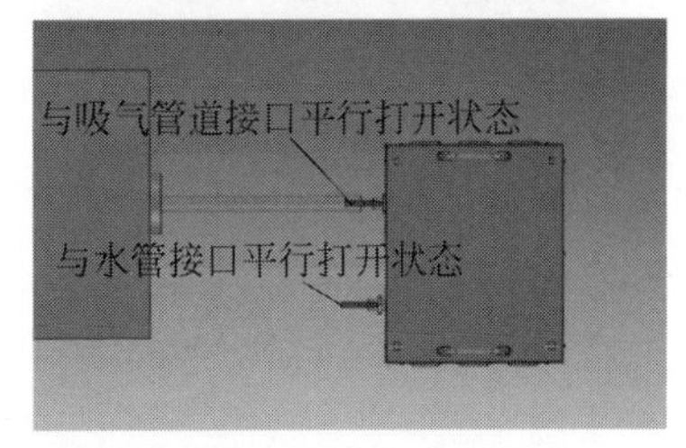

1—电源倒顺开关；2—真空表；3—进水管；4—抽真空管；5—构件；6—钢丝透明水管。

图48-11　MBV120型单级水环真空泵使用连接图

扎牢，注意要密封，以免漏气而影响抽真空。

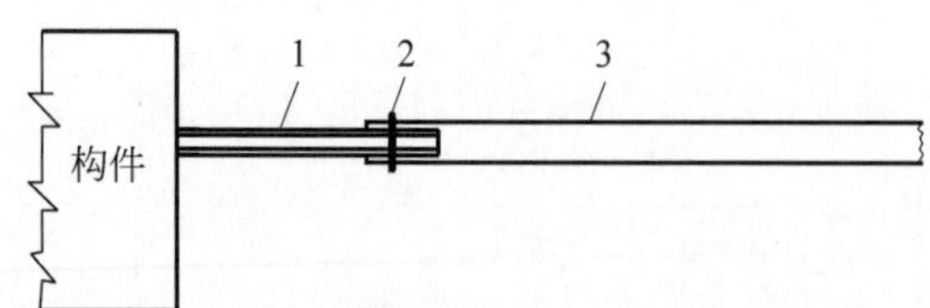

1—塑料管；2—管夹(DN40 mm)；3—钢丝透明水管。

图 48-12 真空泵连接图

(5) 搅拌水泥浆使其水灰比、流动度、泌水性达到技术指标要求。

(6) 启动真空泵抽真空，真空度应能达到−0.08 MPa以上(最低不低于−0.06 MPa)，并保持稳定。如不能达到须查明原因并排除，直到满足要求。一般先检查孔道是否漏气、管道的连接是否密封等，如没有发生上述情况，则检查真空泵运行是否正常，尤其是用水量是否达到要求等。

(7) 启动灌浆泵，当灌浆泵输出的浆体达到要求稠度时，将泵上的输送管接到锚垫板上的引出管上，开始灌浆。

(8) 灌浆过程中，真空泵保持连续工作。

(9) 待抽真空端的透明钢丝管中有浆体经过并进入储浆罐时，立即关闭连接在真空泵与储浆罐之间的阀3，然后关掉真空泵，稍后(15 s内)打开储浆罐上的排气阀2，当水泥浆从排气阀顺畅流出，且稠度与灌入的浆体相当时，关闭阀1(如排气管为塑料管，则折弯并用铁丝扎牢)。

(10) 灌浆泵继续工作，压力达到0.6 MPa左右后，持压1～2 min。

(11) 关闭灌浆泵及灌浆端阀门，完成灌浆。

(12) 拆卸外接管路、附件，立即清洗钢丝透明管和储浆罐、阀等；清洗时，正常启动真空泵，把吸气管放入清洁的水中，把水吸到储浆罐进行清洗。清洗完后，开启真空泵，把透明钢丝管内的积水除干。

(13) 重复上述步骤进行下一条孔道的灌浆工作。

(14) 完成当日灌浆后，必须将所有沾有水泥浆的设备清洗干净。

(15) 安装在灌浆端及出浆端的球阀，应在灌浆后5 h内拆除并进行清理。

第49章

预应力用锚具、夹具、连接器和索具

49.1 预应力用锚具、夹具、连接器

49.1.1 概述

1. 定义和功能、用途

1）预应力及预应力混凝土

预应力是指在构件（或结构）中预先施加应力。预应力技术包括结构的设计计算、预应力的施加与锚固、预应力材料等方面。所谓预应力混凝土，就是在结构承受荷载之前，预先在混凝土或钢筋混凝土中引入内部应力，其值和分布能将使用荷载（或作用）产生的应力抵消到一个合适的程度。也就是说，通过人为地按照一定的应力大小和分布规律，预先对混凝土或钢筋混凝土构件施加压应力（或拉应力），使之建立一种人为的应力状态，以便抵消使用荷载（或作用）下产生的拉应力（或压应力），从而使混凝土构件在使用荷载（或作用）下不致开裂，或推迟开裂，或者减小裂缝开展的宽度。

预应力混凝土结构解决了钢筋混凝土结构存在的问题，克服了普通钢筋混凝土结构的缺点，因此其具有下列主要优点。

（1）可以提高构件的抗裂度、刚度和耐疲劳性能；

（2）可以节省材料，减少自重；

（3）可以减少梁的竖向剪力和主拉应力；

（4）结构安全、质量可靠。

2）预应力用锚具、夹具、连接器

（1）锚具是指用于保持预应力筋的拉力并将其传递到结构上所用的永久性锚固装置；

（2）夹具是指建立或保持预应力筋应力的临时性锚固装置，也称为工具锚；

（3）连接器是指用于连接预应力筋的装置。

2. 发展历程与沿革

预应力早在几个世纪前就已开始在人们日常生活中应用，当时人们用竹篾或绳索缠绕木桶并通过桶壁鼓形轮廓收紧而使桶箍受拉，从而在桶板之间产生预压力，这样桶就能抵抗内部液体所产生的环向拉力。换言之，桶箍和桶板在受荷之前，就已作用有预应力。

上述原理的现代应用应归功于现代预应力技术的创始人——法国的欧仁·弗莱西奈（Enugene Freyssinet），1928 年他首次将高强钢丝应用于预应力混凝土结构中，但这一技术直到第二次世界大战后才得到大量的应用。在第二次世界大战期间，欧洲的许多桥梁遭战争破坏，战后重建任务繁重，钢筋紧缺。而预应力混凝土结构由于采用了高强材料，可以节省大量的钢材和混凝土，再加上具有刚度大、耐久性好等优点，因此在欧洲得到了推广与发展。目前，这一先进技术已被世界各国广泛应用于桥梁、房屋、水工、核能、海洋结构等领域，其特有的工艺也用于结构加固、重物提升与平移、支护等工程中的特殊部位，以解决各种工程难题。

我国预应力技术研究及在工程中的应用起源于20世纪50年代,预应力钢丝、钢绞线等预应力材料历经了从低强度到高强度的持续发展。在预应力锚固体系方面,由于国外技术的保密,我国获得的技术信息较少,因此这方面的技术研究与生产能力一直比较落后。长期以来,以采用传统的预应力锚(夹)具为主,而钢绞线的锚(夹)具则长期依赖进口。1962年与1975年我国曾两次对钢绞线张拉锚固技术进行研究,但均没有成功。1984年,建设部将钢绞线预应力张拉锚固体系的研究列入科学技术开发计划,经过几年的研制、试用,于1987年先后推出了XM与QM两种预应力体系。1990年,以柳州建筑机械总厂(柳州欧维姆机械股份有限公司的前身)为主研制的两片式OVM型预应力锚固体系获得成功,自此我国的预应力张拉锚固技术得到了迅速发展,产品不断完善,并且逐渐达到国际先进水平。目前我国已成为世界上预应力产品产量最大的国家,产品大量出口国外。

3. 发展趋势

未来的建筑和其他结构工程将朝着高强、轻质、抗震、耐火和耐腐蚀的方向发展,而采用预应力混凝土能最大限度地满足这些要求。因此,预应力技术的应用使得预应力混凝土结构成为当前世界最重要、最有发展前途的结构之一,而预应力用锚具、夹具和连接器势必会得到极大发展。展望未来,预应力用锚具、夹具和连接器的发展趋势如下。

(1) 应用范围越来越广,应用数量日益增多。

预应力技术已广泛应用于公路、铁路、市政建设等桥梁工程,以及高层建筑、地下建筑、海洋工程、水利水电工程、核电站工程、能源储罐工程、风电塔筒工程等领域,并不断地进入新的领域,今后将必然更广泛地应用于各种结构工程及其他领域。在应用数量方面,今后也将随着应用领域的不断拓宽及建筑和其他结构工程的大规模发展而迅猛增长。

(2) 适应高强、轻质预应力混凝土发展需要。

高强度、高性能及轻质混凝土技术的发展,使得预应力混凝土受力性能得到极大改善、耐久性得到大幅提高,浇筑也更为便利,也使得预应力混凝土桥梁结构更为轻薄,相应的预应力用锚具、夹具和连接器也将满足和适应这些发展的需要。

(3) 适应预应力筋的高强度、低松弛、大直径和耐腐蚀的发展需要。

随着高强度、低松弛、大直径和耐腐蚀的预应力材料发展,使得预应力混凝土的效率大大提高。如2400 MPa的钢丝及钢绞线,防腐性能好的环氧涂覆钢绞线,大直径的高强或超高强钢棒,集轻质、高强、耐腐蚀、耐疲劳、非磁性等优点于一体的纤维增强聚合物预应力材料等发展,将促使预应力用锚具、夹具和连接器得到发展,如高强钢绞线锚固体系、电隔离锚固体系等。

49.1.2 产品分类

根据对预应力筋的锚固方式不同,锚具、夹具和连接器可分为夹片式、支承式、握裹式、组合式四种。

49.1.3 工作原理及产品结构组成

1. 工作原理

1) 夹片式锚固的工作原理

夹片式锚固是利用锥形楔紧原理将预应力筋进行锚固,以一个独立锚固单元锚固一根或一束预应力筋,每个锚固单元由一个锥孔内安装一副外锥面光滑、中间孔内表面有齿形的夹片(两片或多片)组成。锚固单元的工作原理如图49-1所示,当预应力筋受力 F 作用时,

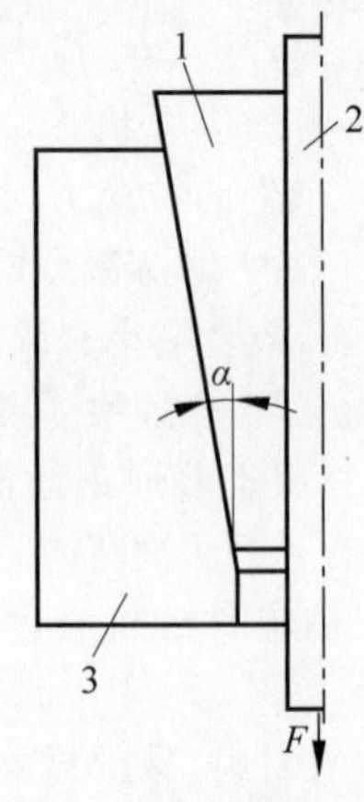

1—夹片;2—预应力筋;3—锚板。

图49-1 锚固单元工作原理

由于夹片内孔有齿咬合预应力筋，而带动夹片进入锚板锥孔内，由于楔紧原理越楔越紧，从而可以进行有效锚固。

2）支承式锚固的工作原理

支承式锚固是指把预应力筋的端头部分镦粗成型或预制螺纹安装螺母后支承于锚具上锚固。按标准分为镦头和螺母两种锚固型式，镦头型锚固是将预应力筋端部镦粗后锚固于锚板上，其工作原理如图 49-2 所示；螺母型锚固是在预应力筋端部预制螺纹，如图 49-3 所示，或在预应力筋端部焊接螺丝端杆，如图 49-4 所示。

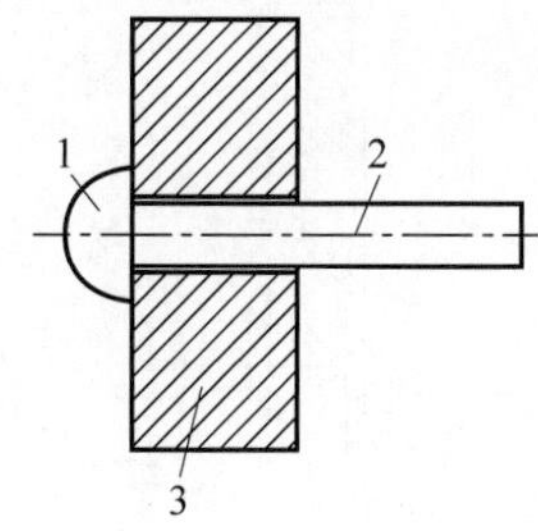

1—端部镦头；2—预应力筋；3—锚筋。

图 49-2　镦头型锚固的工作原理

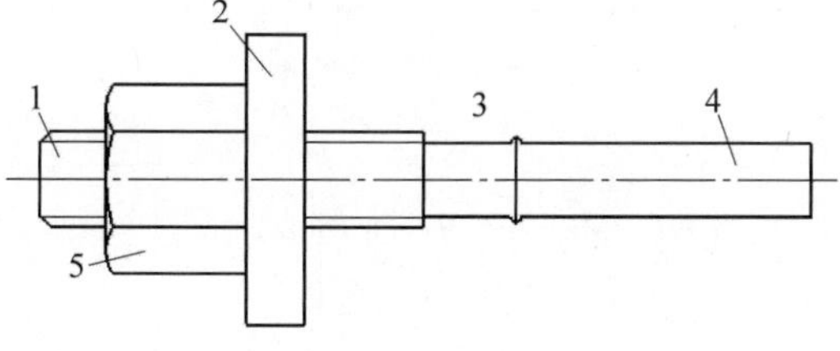

1—螺丝端杆；2—垫板；3—对焊；
4—预应力筋；5—螺母。

图 49-3　螺母型锚固的工作原理(一)

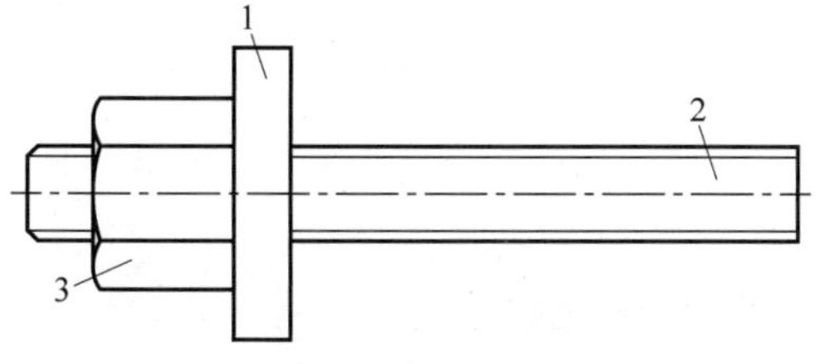

1—垫板；2—预应力筋；3—螺母。

图 49-4　螺母型锚固的工作原理(二)

3）握裹式锚固的工作原理

握裹式锚固是指通过在预应力筋端部挤压或浇铸结合材料相互紧密握裹而锚固。按标准分为挤压型和压花型锚固，挤压型锚固是在一根或多根预应力筋端部安装挤压元件，通过挤压设备将挤压元件压缩在预应力筋上，形成牢固可靠的连接锚固，如图 49-5 所示；压花型锚固是将预应力筋端部通过压花设备制成梨状，增加与结合材料的握裹力，如图 49-6 所示。

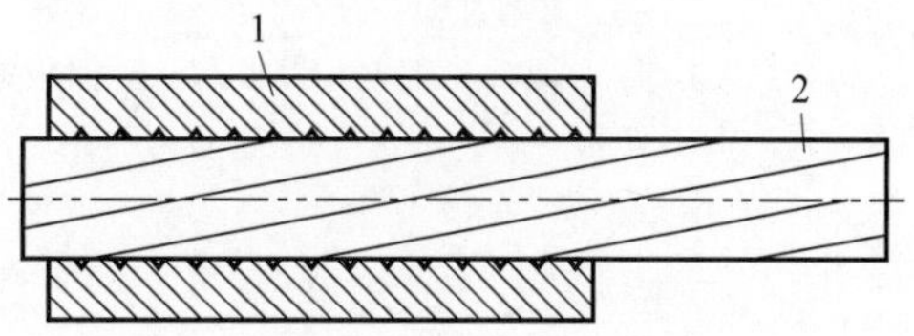

1—挤压原件；2—预应力筋。

图 49-5　挤压型握裹锚固的工作原理

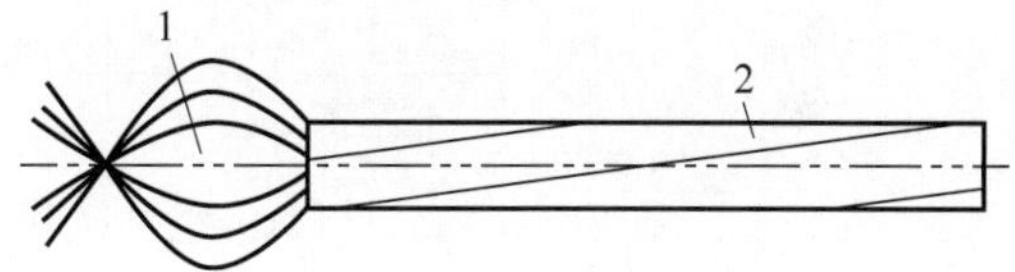

1—压花头；2—预应力筋。

图 49-6　压花型握裹锚固的工作原理

4）组合式锚固的工作原理

组合式锚固是指应用夹片式、支承式和握裹式的两种或三种进行组合锚固，分为冷铸和热铸两种型式。

2．结构组成

1）夹片式锚具、夹具和连接器

(1) 夹片式锚具主要应用于预应力筋为钢绞线的锚固体系中，常用于后张法预应力体系，其结构组成如图 49-7 所示。

(2) 夹片式夹具是张拉千斤顶或设备上夹持预应力筋的临时性锚固装置，可作为工具反复使用，为方便应用增加了相应的退锚零部件，若要简化只用工具锚板和工具夹片即可。同时，在现在的预应力张拉施工中，常配套限位板限制位置。夹片式夹具结构组成如图 49-8 所示，限位板如图 49-9 所示。

(3) 夹片式连接器分为夹片式单孔连接器，其结构组成如图 49-10 所示，以及夹片式多孔连接器，其结构组成如图 49-11 所示。

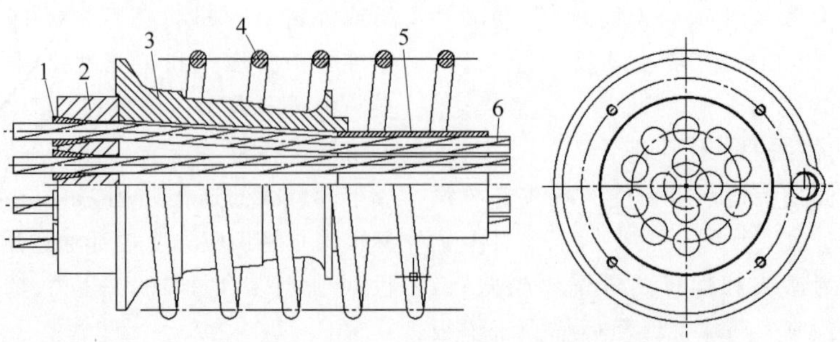

1—夹片；2—锚板；3—锚垫板；4—螺旋筋；5—波纹管；6—预应力筋。

图 49-7 夹片式锚具结构组成

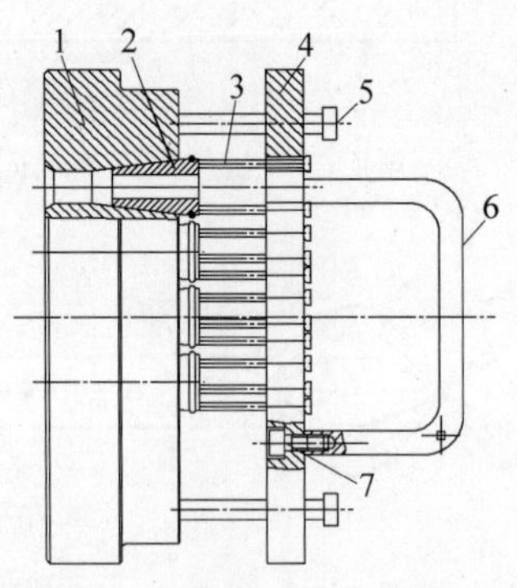

1—工具锚板；2—工具夹片；3—螺杆；4—挡板；
5—限位螺杆；6—提手；7—螺钉。

图 49-8 夹片式夹具结构组成

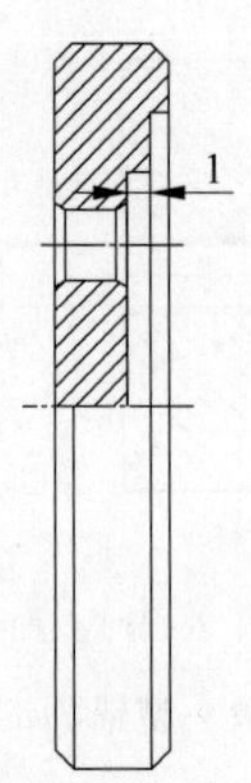

1—限位尺寸。

图 49-9 限位板

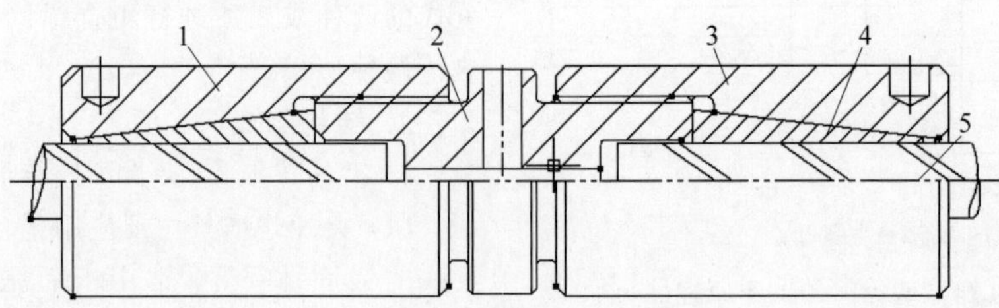

1—左旋锚板；2—连接头；3—右旋锚板；4—夹片；5—预应力筋。

图 49-10 夹片式单孔连接器结构组成

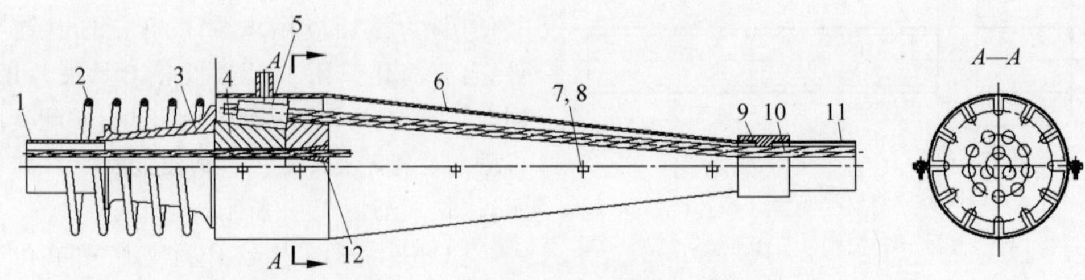

1—波纹管；2—螺旋筋；3—锚垫板；4—连接体；5—挤压头；6—保护罩；
7—螺栓；8—螺母；9—约束圈；10—预应力筋；11—波纹管；12—夹片。

图 49-11 夹片式多孔连接器结构组成

2）支承式锚具、夹具和连接器

（1）支承式锚具分为支撑式镦头型锚具，其结构组成如图 49-12 所示，以及支撑式螺母型锚具，其结构组成如图 49-13 所示。

（2）支承式夹具的结构组成如图 49-14 所示。

（3）支承式连接器的结构组成如图 49-15 所示。

3）握裹式锚具

握裹式锚具常用于预应力体系的固定端。预埋于混凝土中与混凝土黏结共同形成锚固。夹具和连接器的结构与夹片式或支承式大同小异，在此不再赘述。握裹式挤压型锚具的结构组成如图 49-16 所示；握裹式压花型锚具的结构组成如图 49-17 所示。

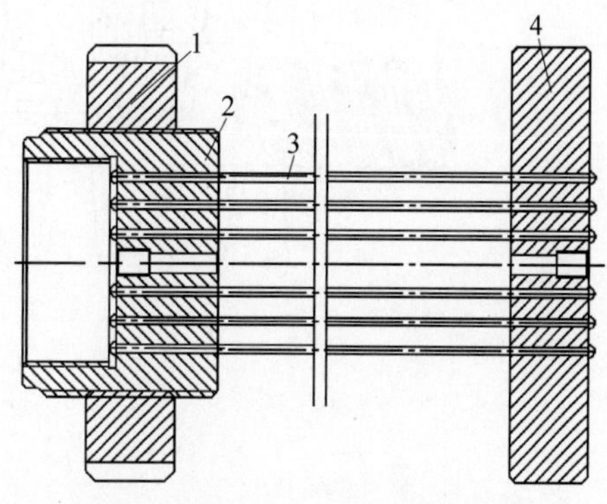

1—螺母；2—锚杯；3—预应力筋；4—锚板。

图 49-12　支承式镦头型锚具结构组成

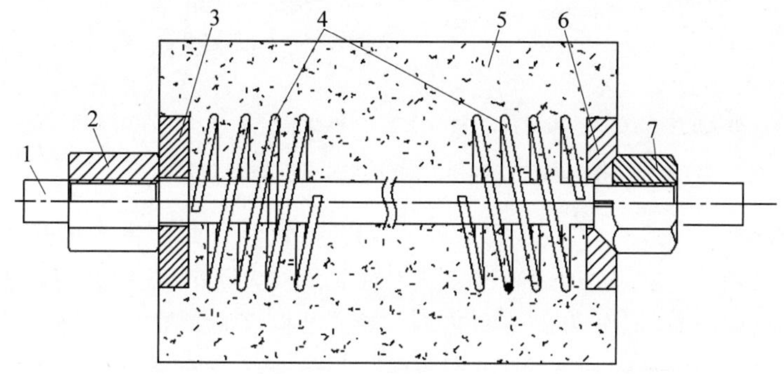

1—预应力筋；2—平头螺母；3—平头垫板；4—螺旋筋；5—混凝土；6—圆头垫板；7—圆头螺母。

图 49-13　支承式螺母型锚具结构组成

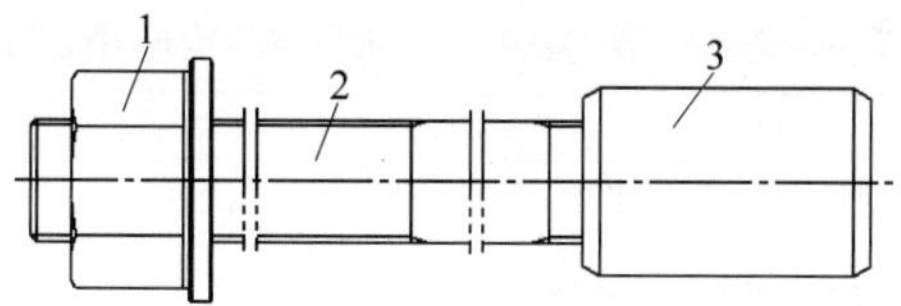

1—张拉螺母；2—张拉螺杆；3—张拉连接头。

图 49-14　支承式夹具结构组成

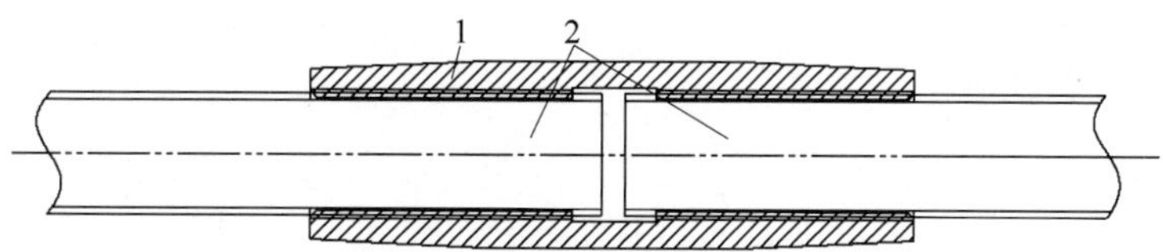

1—连接器；2—预应力筋。

图 49-15　支承式连接器结构组成

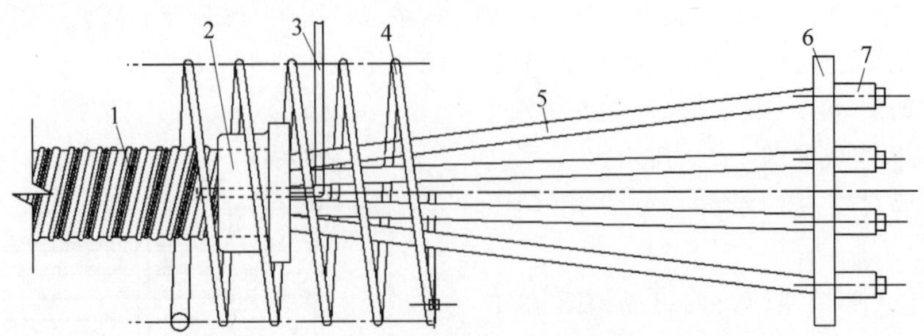

1—波纹管；2—约束圈；3—出浆管；4—螺旋筋；5—钢绞线；6—固定端锚板；7—挤压头。

图 49-16 握裹式挤压型锚具结构组成

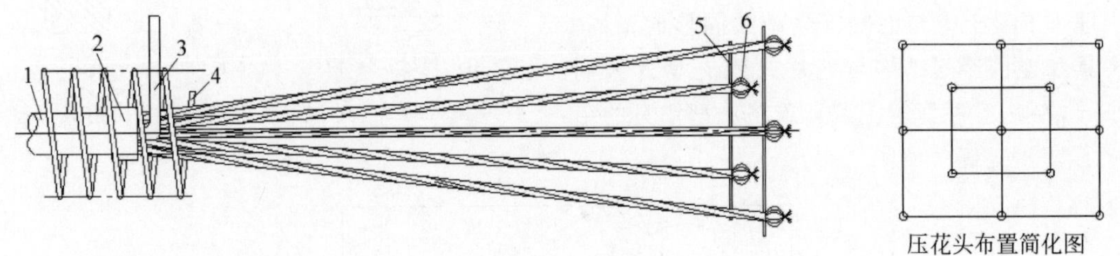

1—波纹管；2—约束圈；3—排气管；4—螺旋筋；5—支架；6—压花头。

图 49-17 握裹式压花型锚具结构组成

4) 组合式锚具

组合式锚具采用夹片式、支承式和握裹式的两种或三种进行组合锚固，分为冷铸和热铸两种型式。其夹具和连接器的结构与夹片式或支承式大同小异，在此不再赘述。组合式锚具的结构组成如图 49-18 所示。

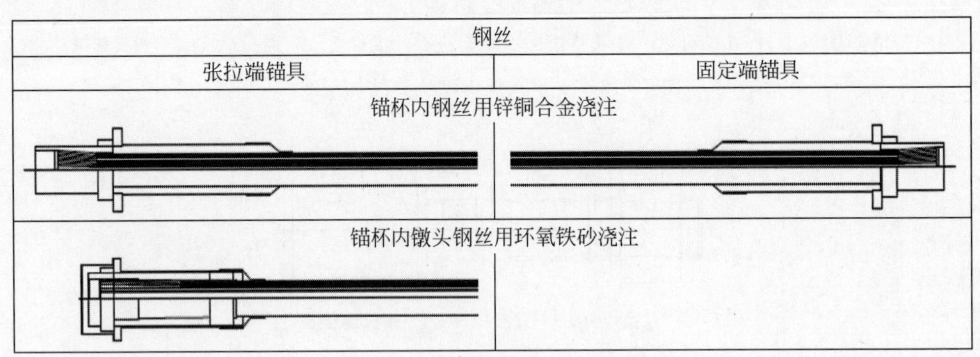

图 49-18 组合式锚具结构组成

49.1.4 技术性能

1. 型号命名

根据国标《预应力筋用锚具、夹具和连接器》(GB/T 14370—2015)的规定，产品型号命名如下：

1) 代号

各类锚固方式的分类代号如表 49-1 所示。

表 49-1 锚具、夹具和连接器的代号

分类代号		锚具	夹具	连接器
夹片式	圆形	YJM	YJJ	YJL
	扁形	BJM		
支承式	镦头	DTM	DTJ	DTL
	螺母	LMM	LMJ	LML
握裹式	挤压	JYM	—	JYL
	压花	YHM	—	—
组合式	冷铸	LZM	—	—
	热铸	RZM	—	—

2）标记

锚具、夹具或连接器的标记由产品代号、预应力筋类型、预应力筋直径和预应力筋根数4部分组成（生产企业的体系代号只在需要时加注），如下所示：

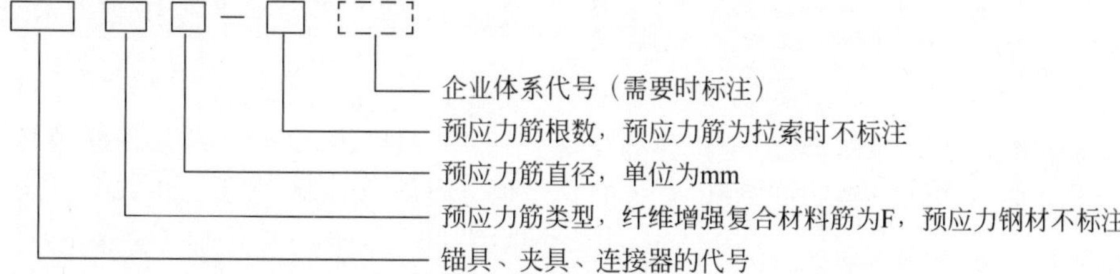

示例1：锚固12根直径15.2 mm预应力混凝土用钢绞线的圆形夹片式群锚锚具表示为：YJM15-12。

示例2：锚固12根直径12.7 mm预应力混凝土用钢绞线的固定端挤压式锚具表示为：JYM13-12。

示例3：用挤压头方法连接12根直径15.2 mm预应力混凝土用钢绞线的连接器表示为：JYL15-12。

示例4：锚固1根直径10 mm碳纤维预应力筋的圆形夹片式群锚锚具表示为：YJMF10-1。

注：特殊的或有必要阐明特点的新产品，可增加文字或图样以准确表达。

2. 性能参数

1）锚具

（1）静载锚固性能

① 锚具的静载锚固性能 η_a 和 ε_{Tu} 应符合表49-2的规定。

表49-2　锚具的静载锚固性能要求

锚具类型	锚具效率系数	总伸长率
体内、体外束中预应力钢筋用锚具	$\eta_a=\dfrac{F_{Tu}}{n\times F_{pm}}\geqslant 0.95$	$\varepsilon_{Tu}\geqslant 2.0\%$
拉索中预应力钢筋用锚具	$\eta_a=\dfrac{F_{apu}}{F_{ptk}}\geqslant 0.95$	$\varepsilon_{Tu}\geqslant 2.0\%$
纤维增强复合材料筋用锚具	$\eta_a=\dfrac{F_{Tu}}{F_{ptk}}\geqslant 0.90$	—

② 预应力筋的公称极限抗拉力 F_{ptk} 按式(49-1)计算：

$$F_{ptk}=A_{pk}\times f_{ptk} \tag{49-1}$$

③ 预应力筋-锚具组装件的破坏形式应是预应力筋的破断，而不应由锚具的失效导致试验终止。

（2）疲劳荷载性能

预应力筋-锚具组装件应通过200万次疲劳荷载性能试验，并应符合下列要求。

① 当锚固的预应力筋为钢材时，试验应力上限应为预应力筋公称抗拉强度 f_{ptk} 的65%，疲劳应力幅度不应小于80 MPa。工程有特殊需要时，试验应力上限及疲劳应力幅度取值可另定。

② 拉索疲劳荷载性能的试验应力上限和疲劳应力幅度根据拉索的类型应符合国家现行相关标准的规定，或按设计要求确定。

③ 当锚固的预应力筋为纤维增强复合材料筋时，试验应力上限应为预应力筋公称抗拉强度 f_{ptk} 的50%，疲劳应力幅度不应小于80 MPa。

试件经受200万次循环荷载后，锚具不应发生疲劳破坏。预应力筋因锚具夹持作用发生疲劳破坏的截面面积不应大于组装件中预应力筋总截面面积的5%。

（3）锚固区传力性能

与锚具配套的锚垫板和螺旋筋应能将锚具承担的预加力传递给混凝土结构的锚固区，锚垫板和螺旋筋的尺寸应与允许张拉时要求的混凝土特征抗压强度匹配；对规定尺寸和强度的混凝土传力试验构件施加不少于10次循环荷载，试验时传力性能应符合下列规定。

① 循环荷载第一次达到上限荷载 $0.8F_{ptk}$ 时，混凝土构件裂缝宽度不大于0.15 mm；

② 循环荷载最后一次达到下限荷载 $0.12F_{ptk}$ 时，混凝土构件裂缝宽度不大于 0.15 mm；

③ 循环荷载最后一次达到上限荷载 $0.8F_{ptk}$ 时，混凝土构件裂缝宽度不大于 0.25 mm；

④ 循环加载过程结束时，混凝土构件的裂缝宽度、纵向应变和横向应变读数应达到稳定；

⑤ 循环加载后，继续加载至 F_{ptk} 时，锚垫板不应出现裂纹；

⑥ 继续加载至混凝土构件破坏，混凝土构件破坏时的实测破坏荷载 F_u 应满足式(49-2)：

$$F_u \geqslant 1.1F_{ptk} \cdot \frac{f_{cm,e}}{f_{cm,o}} \tag{49-2}$$

(4) 低温锚固性能

非自然条件下有低温锚固性能要求的锚具应进行低温锚固性能试验，并应符合下列规定。

① 低温下预应力筋-锚具组装件的实测极限抗拉力 F_{Tu} 不应低于常温下预应力筋实测平均极限抗拉力 nF_{pm} 的 95%；

② 最大荷载时预应力筋受力长度上的总伸长率 ε_{Tu} 应明示；

③ 破坏形式应是预应力筋的破断，而不应由锚具的失效导致试验终止。

(5) 锚板强度

6 孔及以上的夹片式锚具的锚板应进行强度检验，并应符合下列规定。

静载锚固性能试验合格，并且卸载之后的锚板表面直径中心的残余挠度不应大于配套锚垫板上口直径 D 的 1/600。

(6) 内缩量

采用无顶压张拉工艺时，ϕ15.2 mm 钢绞线用夹片式锚具的预应力筋内缩量不宜大于 6 mm。

(7) 锚口摩阻损失

夹片式锚具的锚口摩阻损失不宜大于 6%。

(8) 张拉锚固工艺

锚具应满足分级张拉、补张拉和放张等张拉工艺的要求，张拉锚固工艺应易操作，加载力值均匀、稳定。

2) 夹具

(1) 夹具的静载锚固性能应符合式(49-3)：

$$\eta_g = \frac{F_{Tu}}{F_{ptk}} \geqslant 0.95 \tag{49-3}$$

(2) 预应力筋-夹具组装件的破坏形式应是预应力筋的断裂，而不应由夹具的失效导致试验终止。

3) 连接器

张拉后永久留在混凝土结构或构件中的连接器，其性能应符合 1)的规定；张拉后还须放张和拆卸的连接器，其性能应符合 2)的规定。

3. 企业型谱及其特点

柳州欧维姆机械股份有限公司(以下简称欧维姆公司)的前身是始建于 1966 年的柳州市建筑机械总厂，现隶属广西柳工集团有限公司，是一家以预应力产业为特色的国有大型企业。经过五十多年的发展，已成为集设计研发、技术咨询、生产制造、检测检验、工程施工于一体的多元化、专业化公司。欧维姆公司注册资金 1.96 亿元，拥有员工近 3000 人，其中博士、硕士、教授级高工等各类人才 400 余人。

历经几十年的发展，欧维姆公司已成为我国预应力行业规模领先、技术先进的代表性企业之一。公司可为客户提供从设计开发、技术咨询、生产制造到工程安装、结构安全监测、管养与维护等于一体的预应力技术整体解决方案。公司主导产品及服务有：预应力锚固体系产品、预应力及特种桥梁施工设备、工程缆索、工程橡胶支座、桥梁伸缩缝、减隔震产品、高强砂浆、结构安全监测与维护、工程施工、工程管养等。

凭借在预应力领域不断的技术创新，以及为国内外众多工程提供的优质产品和服务，“OVM”“欧维姆”商标在行业中有口皆碑，“OVM”连续多年获广西著名商标称号。2016 年 9 月 28 日，国家工商总局商标局认定“OVM”商标为驰名商标，欧维姆品牌已发展成为预应力行业的标杆品牌之一。

OVM 预应力锚固体系分为圆锚、扁锚、环锚、低回缩锚、高强螺纹钢筋锚、连接器、拉索群锚、吊杆锚、系杆锚、锚锭锚固系统等系列，品种齐全，可以满足各种不同预应力混凝土结构的需要，数十年来广泛应用于公路、铁路、市政、建筑、能源、化工等领域。

1）张拉端圆锚

张拉端圆锚是埋设在预应力混凝土中的永久性锚固装置，其功能是保持预应力钢绞线的拉力并将力传递到混凝土内部。铁路用张拉端圆锚如图 49-19 所示，公路用张拉端圆锚如图 49-20 所示。张拉端锚具常规配置每套含锚板、锚垫板、螺旋筋各一件及配套数量的工作夹片。该公司的张拉端圆锚符合《预应力筋用锚具、夹具和连接器》(GB/T 14370—2015)、《公路桥梁预应力钢绞线用锚具、夹具和连接器》(JT/T 329—2010)和《铁路工程预应力筋用夹片式锚具、夹具和连接器技术条件》(TB/T 3193—2016)标准，获得 CRCC、CCPC 和 CE 产品认证。

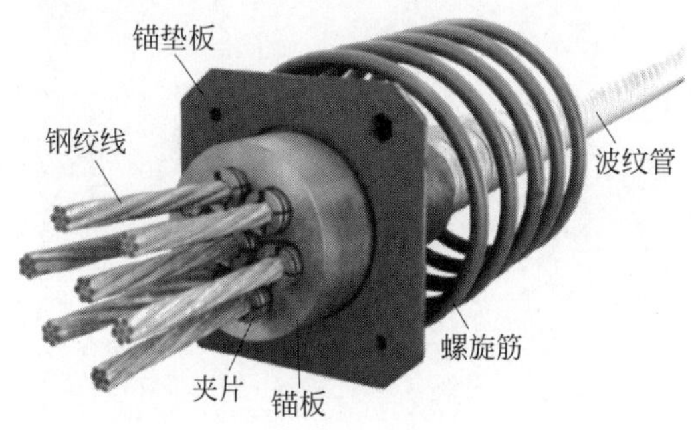

图 49-19　张拉端圆锚(铁路用)

2）张拉端夹片式扁形锚具

当预应力钢绞线配置在板式结构内时，可采用扁形锚具将预应力钢绞线布置成扁平状，使应力分布更加均匀合理，减薄结构厚度。扁形锚具主要用于桥面横向预应力、空心板、低高度箱梁。张拉端夹片式扁形锚具如图 49-21 所示。

3）固定端挤压式锚具

固定端锚具适用于构件端部空间受到限制不便于张拉操作的工况，它预埋在混凝土内，待混凝土凝固到设计强度后，在另一端进

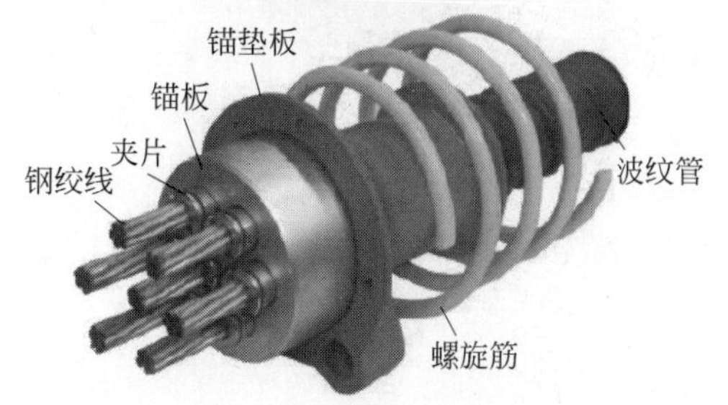

图 49-20　张拉端圆锚(公路用)

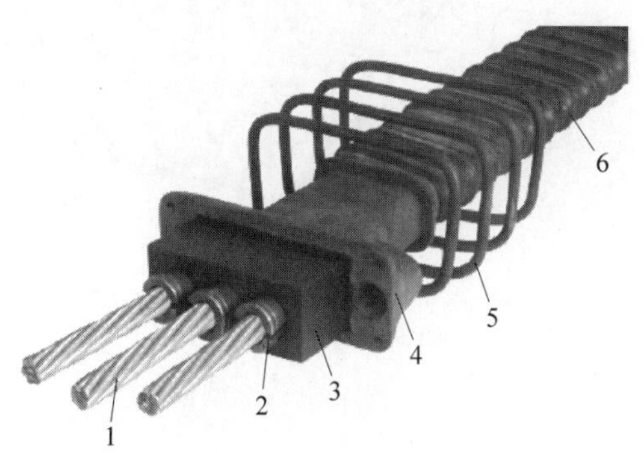

1—钢绞线；2—夹片；3—扁形锚板；4—扁形锚垫板；5—螺旋筋；6—波纹管。

图 49-21　张拉端夹片式扁形锚具

行张拉施工。挤压式锚具是在钢绞线端部安装异型钢丝衬圈和挤压套，利用挤压机将挤压套挤过模孔后，使挤压套产生塑性变形而握紧钢绞线，形成可靠的锚固头，钢绞线的张拉力通过挤压套由固定端锚板传递给构件。

钢绞线端部挤压头可用的挤压机型号为 GYJC50—150，配用油泵型号为 ZB4-500。

固定端挤压式锚具分为固定端 P 型锚具、固定端圆 P 型锚具和固定端挤压式扁形锚具。

(1) 固定端 P 型锚具如图 49-22 所示。其常规配置包括挤压套(含挤压簧)、螺旋筋、固定端锚板、约束圈，需预埋入混凝土中。

(2) 固定端圆 P 型锚具如图 49-23 所示。其常规配置包括挤压套(含挤压簧)、锚板、锚垫板、螺旋筋、压板及螺栓等。施工时可预埋

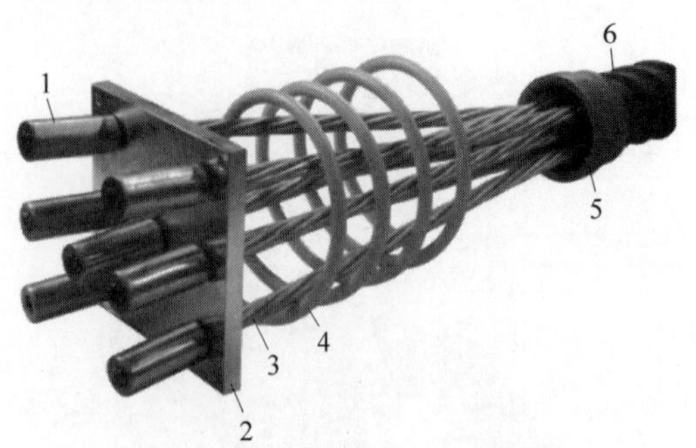

1—挤压套挤压簧；2—固定锚板；3—钢绞线；4—螺旋筋；5—约束圈；6—波纹管。

图 49-22　固定端 P 型锚具

1—挤压套挤压簧；2—锚板；3—压板；4—螺栓；5—锚垫板；6—螺旋筋；7—钢绞线。

图 49-23　固定端圆 P 型锚具

入混凝土中；也可先埋入锚垫板和螺旋筋，浇筑混凝土后再安装钢绞线及挤压套。

该类型产品具有以下特点。

① 结构紧凑，适用于有空间尺寸要求的固定端；

② 可有效增加预应力施加长度；

③ 避免在固定端预应力钢绞线与混凝土直接黏结，减少钢绞线腐蚀；

④ 固定端圆 P 型锚具的孔位布置、锚垫板及螺旋筋配置与普通张拉端锚具相同。

(3) 固定端挤压式扁形锚具如图 49-24 所示。其常规配置包括挤压套(含挤压簧)、固定端锚板、螺旋筋、约束圈。

4) 固定端压花式锚具

固定端压花式锚具是利用专用压花机将钢绞线端头压成梨形并埋入混凝土内的一种握裹式锚具，仅用于固定端空间较大的工况。固定端压花式锚具仅包含螺旋筋、约束圈，成本最低。钢绞线梨形自锚头采用专用 YH3 型

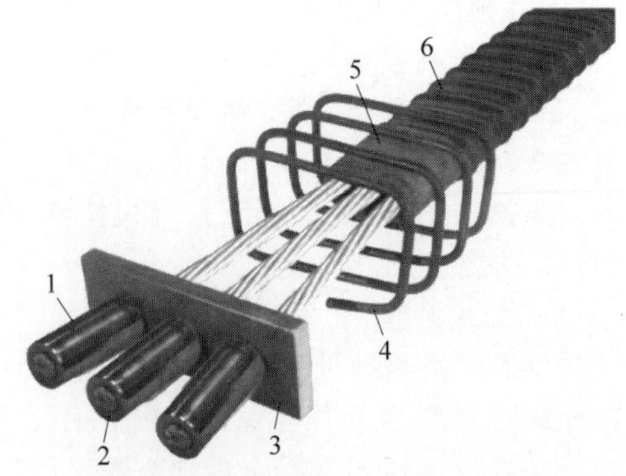

1—挤压套挤压簧；2—钢绞线；3—固定端锚板；4—螺旋筋；5—约束圈；6—波纹管。

图 49-24　固定端挤压式扁形锚具

压花机挤压成型，配用油泵为 ZB4-500 型电动油泵。

固定端压花式锚具分为圆形和扁形两种型式。

(1) 固定端压花式圆形锚具如图 49-25 所示。

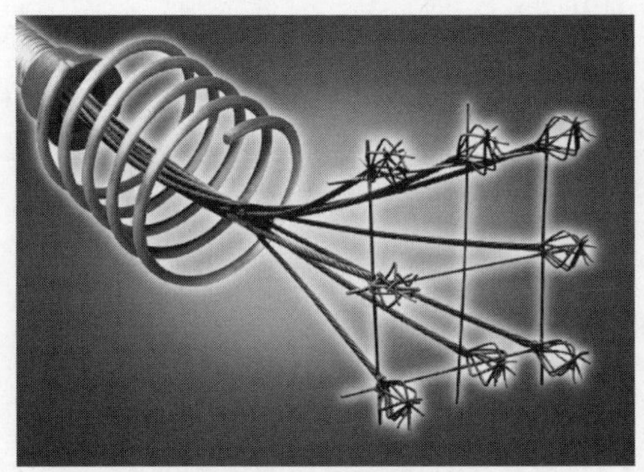

图 49-25　固定端压花式圆形锚具

(2) 固定端压花式扁形锚具，如图 49-26 所示。

5) 连接器

连接器用于连续构件的预应力筋接长，有单根和多根两种形式。

(1) 单根连接器如图 49-27 所示。它用于接长未张拉的钢绞线，两端均采用夹片夹持钢绞线进行连接。

(2) 多孔连接器如图 49-28 所示。多根连接器用于接长钢绞线束，通常用于连续梁中，是一种带翼的锚板。它的一端支承在原锚垫

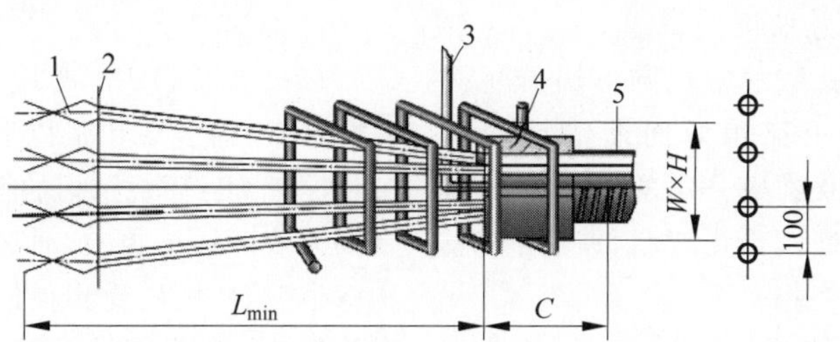

1—钢绞线梨形自锚头；2—支架；3—排气管；4—约束圈；5—波纹管。

图 49-26　固定端压花式扁形锚具

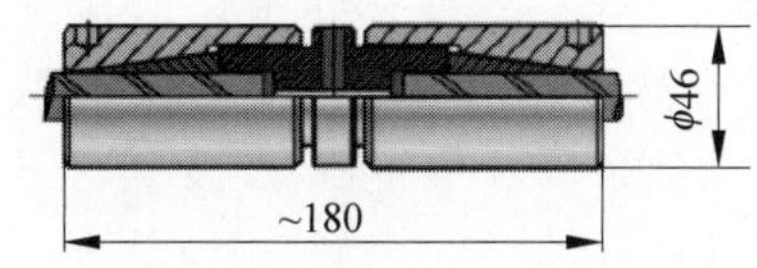

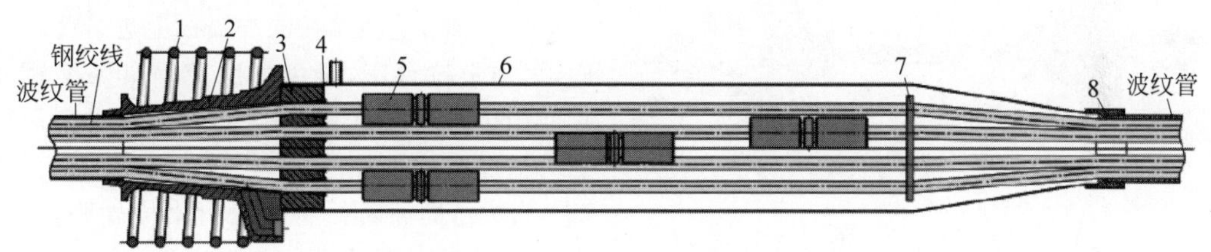

1—螺旋筋；2—锚垫板；3—工作锚板；4—工作夹片；5—连接器；6—保护罩；7—分丝板；8—约束圈。

图 49-27　单孔连接器

板上，另一端设置夹片，可按常规张拉钢绞线束并锚固。在每根接长钢绞线的端部制作P型挤压头，并将它与钢绞线逐根挂入连接器的翼板内，完成钢绞线束的接长。连接器主要由连接体、保护罩、约束圈、夹片、锚垫板、螺旋筋组成。

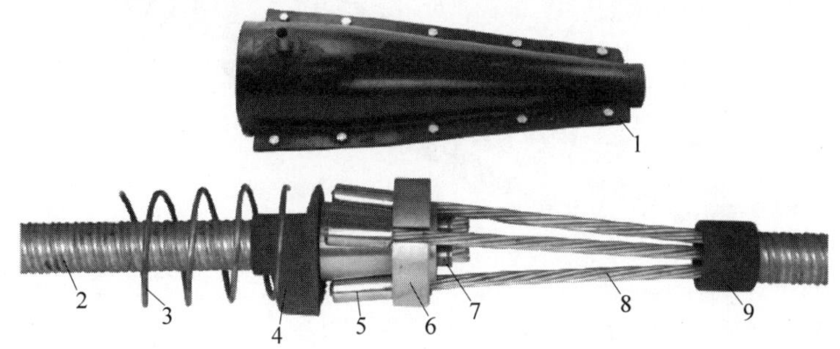

1—保护罩；2—波纹管；3—螺旋筋；4—锚垫板；5—挤压套挤压簧；6—连接体；7—夹片；8—钢绞线；9—约束圈。

图 49-28　多孔连接器

6）低回缩锚具

低回缩锚具是针对短预应力束锚具张拉放张回缩量过大，导致其有效永久预应力损失大而研究开发的一种低回缩、高效率的预应力锚具。可广泛应用于大跨度预应力混凝土连续梁及连续钢构等桥梁竖向预应力结构、铁路梁横向预应力结构、斜拉桥塔身周向及横向预应力结构、边坡锚固预应力结构及其他各种较短预应力筋结构中。低回缩锚具每套含锚板、螺母、夹片、锚垫板、螺旋筋共五种零件。低回缩锚具作为张拉端锚具，其另一端锚具通常采用相同孔数的常规圆形锚具。按其应用领域可分为公路用低回缩锚具和铁路用低回缩锚具。欧维姆公司的铁路低回缩锚具已获 CRCC 认证。单孔双联低回缩锚具如图 49-29 所示。

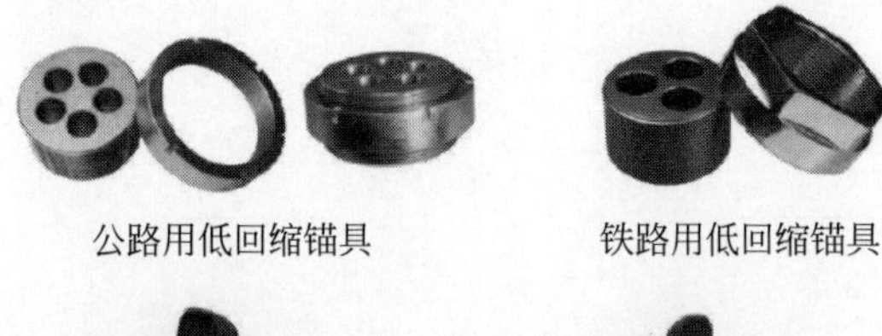

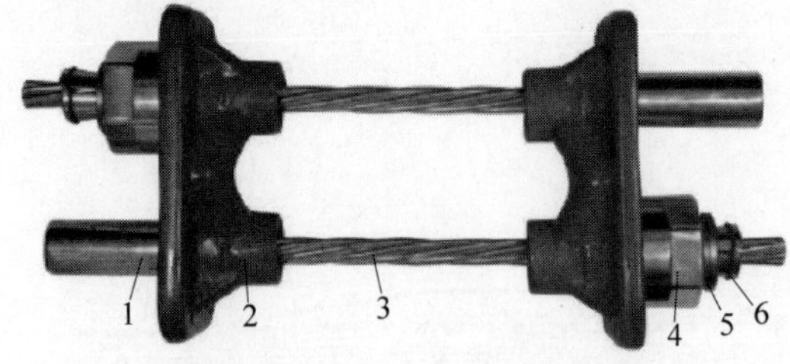

1—挤压套挤压簧；2—双联锚垫板；3—钢绞线；4—螺母；5—锚板；6—夹片。

图 49-29 单孔双联低回缩锚具

7）环锚锚具

环锚是以 OVM 夹片型锚具为基础，可以双向穿索，固定端和张拉端为整体型锚具。其工作原理为：环绕结构的钢绞线首尾端均锚固在同一块环锚锚板上，通过钢绞线张拉挤压结构管道壁，使结构受到径向分布的挤压力和切向拖曳力，从而使结构截面形成环形的预应力。该锚具主要适用于水电站压力引水隧洞及排沙洞的预应力混凝土衬砌结构、圆形污水池、圆形储煤仓、储液仓等环形预应力结构。本系列锚具配用 YCW 系列千斤顶、ZB4-500 型电动油泵以及偏转器、过渡块、延长筒等工具附件进行张拉。环锚结构如图 49-30 所示。

OVM 环锚施工的特点如下。

（1）锚索的两端在同一锚板上进行张拉锚固，无须张拉台座，避免了固定锚具因交臂布置而产生附加扭矩的不利因素，使衬砌环局部受力情况得到改善；

（2）借助偏转器将锚索引出槽外张拉，简化了施工设备，提高了施工效率；

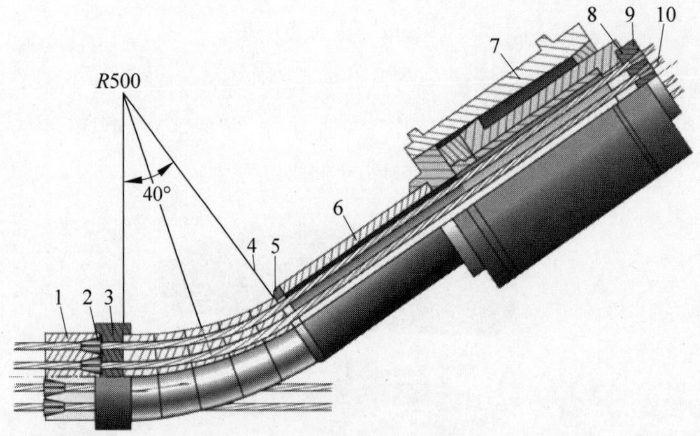

1—HM 锚板；2—工作夹片；3—限位板；4—偏转器；5—过渡块；6—延长筒；7—千斤顶；8—工具锚板；9—工具夹片；10—钢绞线。

图 49-30 环锚结构示意图

（3）环形后张无黏结预应力无须扶壁支撑，预留槽数目和尺寸大大减小，减少了对结构强度的削弱，相应减少了后期预留槽回填工作量，一次成型就位，无须预埋波纹管穿束、灌浆等工序，可提高施工效率、降低工程费用。

8）防水密封锚具

OVM.FM15 型防水密封锚具是结合工程实际需要及特殊施工环境而特别研发的一种新型锚具，具有良好的防水性能和密封性、优良的耐腐蚀性及耐久性等特点。广泛应用于潮湿及腐蚀性较强的工程环境或对防腐蚀性能及耐久性能要求较高的预应力构件中，如海洋环境中预应力结构工程、道桥工程中的隧道沉管、水利工程中的压力引水管道等。防水密封锚具如图 49-31 所示。

1—密封罩；2—管堵；3—钢绞线；4—工作夹片；5—工作锚板；6—密封圈；7—锚垫板；8—热缩套；9—螺旋筋；10—波纹管或抽拔管。

图 49-31　防水密封锚具

OVM 防水密封锚具具有如下优点。

(1) 预应力体系形成全密封结构，防水性能良好，保证了该产品在水下或恶劣环境中的防腐蚀能力。

(2) 各零部件表面均采取加强防护和特殊处理，具有良好的防腐性能，适应恶劣环境中施工应用。具体处理如下。

① 工作锚板表面电镀更厚的锌层，工作夹片表面进行电镀镍处理；

② 锚垫板进行了加强设计，并应用强度更高、耐腐蚀性更好的球墨铸铁铸造而成，安全可靠性大幅提高；

③ 密封罩表面采用热浸锌处理，锌层厚度≥100 μm，耐腐蚀性能优越；

④ 密封圈采用铜质材料制作而成。

9) 深埋锚具

深埋锚具即常规锚具，只是构件张拉孔道和施工工具有特殊要求。当设计需要或防腐需要将锚具深埋于构件混凝土中时，在构件的张拉端要预留张拉孔道。套筒为深埋锚具的预留张拉孔道，一般选取合适的钢管或钢板卷制与垫板组焊而成，其长度 L 应大于深埋锚垫板与构件端面的距离，内径 ϕK 应比锚板外径 ϕE 大 10 mm。施工张拉时需订制专用的延长筒，延长筒一端与千斤顶配合，一端为限位装置，可实现限位张拉。图 49-32 所示为深埋锚具张拉示意图。

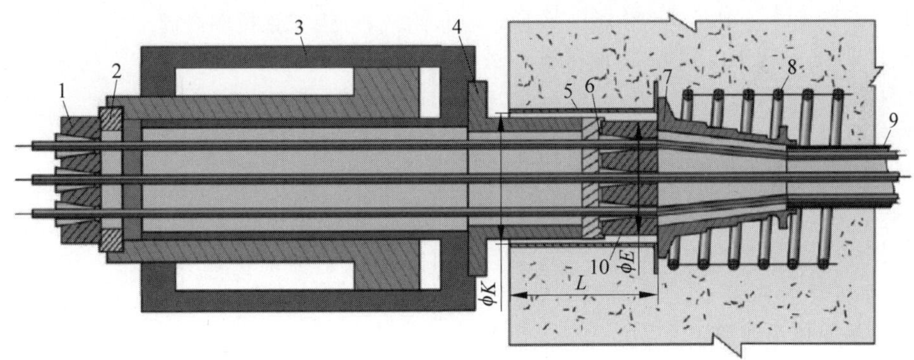

1—工具锚；2—工具锚垫环；3—千斤顶；4—延长筒；5—套筒；6—夹片；7—锚垫板；8—螺旋筋；9—波纹管；10—锚板。

图 49-32　深埋锚具张拉示意图

10) 防松锚具

防松锚具如图 49-33 所示，它是在普通张拉端锚具的基础上，增加夹片防松装置，该锚具由压板和装在每个锚固单元夹片后端的碟形弹簧垫片及空心螺栓组成。压板通过螺栓紧固在锚板上，空心螺栓穿过压板上所开通孔顶紧碟形弹簧垫片和夹片，碟形弹簧垫片利用自身的弹力顶紧夹片，每个锚固单元夹片均受到一个向锚板孔压紧的作用力，保证每个锚固单元锚固安全可靠，并实现每个锚固单元夹片所受压紧力及位移单独可调，能有效防止由各种原因引起的夹片松动现象发生，从而在低应力值、高应力幅动载工况下锚固更加安全可靠，并保持夹片有效跟进。同时，也可用于竖向预应力束下端的夹片式锚具，保证夹片对钢绞线的有效夹持。

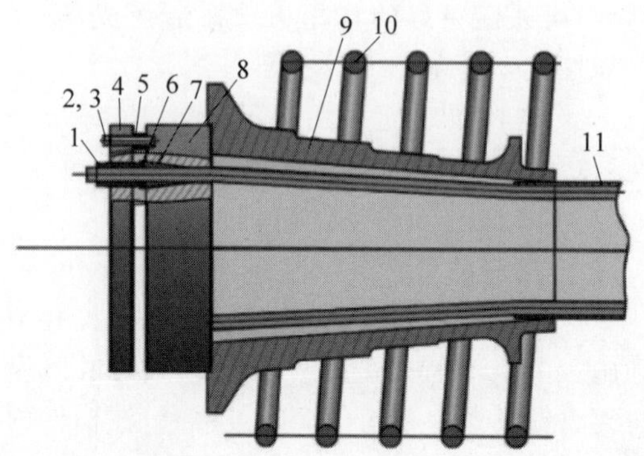

1—空心螺栓；2—螺钉；3—垫圈；4—压板；5—垫套；6—碟簧；7—工作夹片；8—工作锚板；9—锚垫板；10—螺旋筋；11—波纹管。

图 49-33 防松锚具示意图

11) OVM. M15EIT 型电隔离锚固体系

OVM. M15EIT 型电隔离锚固体系是在 OVM 常规锚固体系基础上，通过增设电绝缘性能优异、化学稳定性优良、耐久性能好的绝缘密封套、绝缘锚罩等绝缘密封组件，使锚固体系及钢绞线与构件中的其他金属部件不接触，隔绝杂散电流接触预应力筋，有效减少预应力筋在锚具处的电化学腐蚀，避免氯化物侵蚀预应力筋；并且便于采用无损检测技术进行后期监测，增强了结构的安全性和耐久性。电隔离锚固体系适用于处于恶劣环境下的工程、对防腐有特别要求的重点工程、特殊结构件等。电隔离锚固体系如图 49-34 所示。

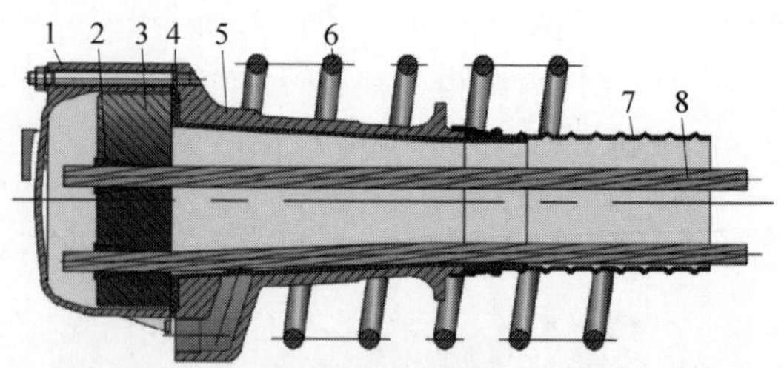

1—绝缘锚罩；2—工作夹片；3—工作锚板；4—绝缘密封圈；5—锚垫板；6—螺旋筋；7—塑料波纹管；8—钢绞线。

图 49-34 电隔离锚固体系示意图

12) 大直径锚具

随着预应力技术的不断发展，工程建设单位对预应力钢材及锚固机具提出了新的要求。预应力钢材将沿着粗直径、大规格、高强度的方向发展。OVM. M18、OVM. M22、OVM. M28 型锚具是在 ϕ15 mm 系列锚具成熟经验的基础上进一步研制而成的，各项技术指标完全符合国际后张预应力混凝土协会《后张预应力体系的验收建议》(FIP—1993)及《预应力筋用锚具、夹具和连接器》(GB/T 14370—2015)标准中的各项技术要求。锚具由夹片、锚板、锚垫板组成，可用于张拉端或固定端。

(1) OVM. M18 型锚具

OVM. M18 型锚具孔位涵盖 3～27 孔，每套锚具包含锚板、夹片、锚垫板、螺旋筋，其构造如图 49-35 所示。OVM. M18 型锚具使用 YC50Q 型千斤顶进行张拉和顶压。欧维姆公司开发出了与张拉端锚具相配套的固定端 OVM. P18 型锚具。

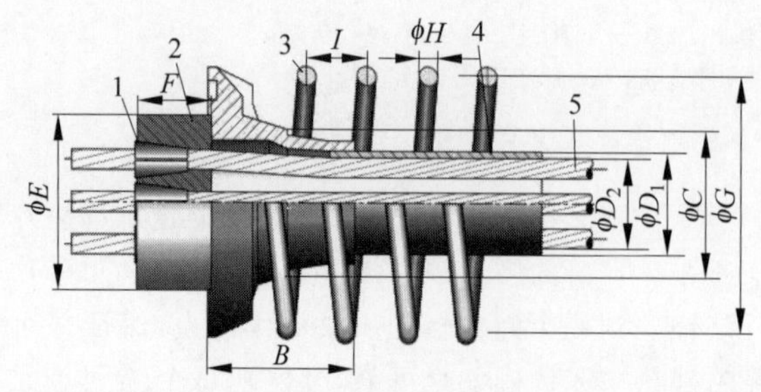

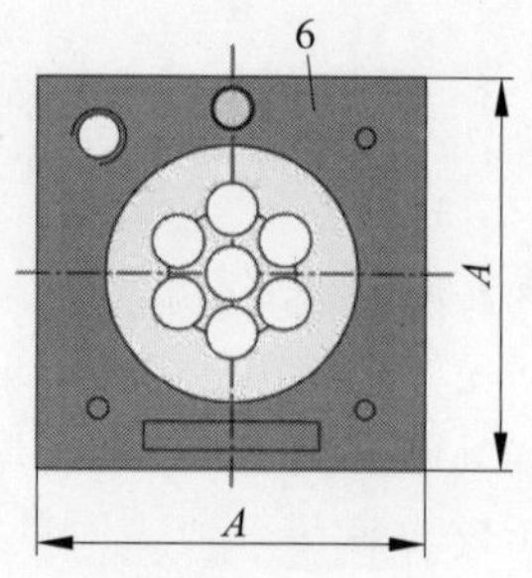

1—夹片；2—锚板；3—螺旋筋；4—波纹管；5—预应力筋；6—锚垫板。

图 49-35 OVM. M18 型锚具构造图

(2) OVM. M22、OVM. M28 型锚具

OVM. M22、OVM. M28 型锚具的结构如图 49-36 所示，为单孔锚，每套锚具包含锚板、夹片、锚垫板，是否配置螺旋筋视设计要求而定。该型锚具使用 YC75Q 型千斤顶进行张拉和顶压。

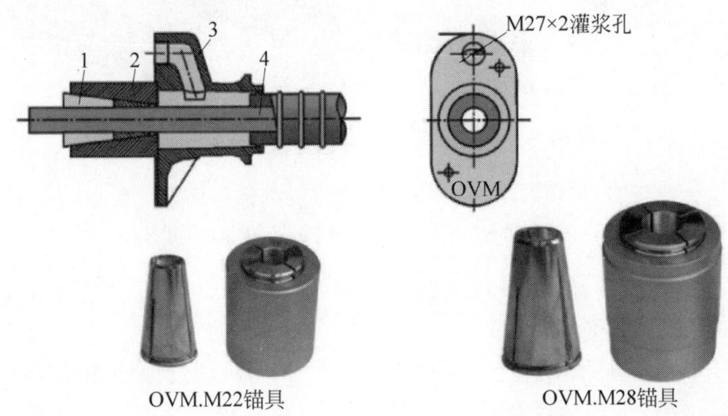

1—工作夹片；2—工作锚板；3—锚垫板；4—钢绞线。

图 49-36　OVM. M22、OVM. M28 型单孔锚具结构示意图

13）精轧螺纹钢锚具

精轧螺纹钢锚具主要用于直径为 ϕ25 mm、ϕ32 mm 精轧螺纹钢筋的张拉锚固，由于精轧螺纹钢筋刚度大，不易弯曲，因此仅作为直线预应力筋使用。配用 YCW60B 型千斤顶和专用连接头进行张拉。加工锚具时客户需提供精轧螺纹钢样品以配合加工螺母的螺纹。精轧螺纹钢锚具每套含螺母、垫板各一件，是否配置螺旋筋视设计要求而定，螺母、垫板分圆头、平头两种。JLM 锚具的圆头、平头螺母及配套垫板如图 49-37 所示；JLM 连接器如图 49-38 所示。

图 49-37　JLM 锚具的圆头、平头螺母及配套垫板

图 49-38　JLM 连接器

14）高强螺纹钢筋锚固体系

我国桥梁建筑工程大型结构的安装、应用不断增多，结构新材料应用不断发展，工程设计对螺纹钢筋的强度和直径的要求也不断提高，因此预应力高强螺纹钢筋锚固体系应运而生。

预应力高强螺纹钢筋以屈服强度划分级别，其型号代码以“PSB＋屈服强度最小值”表示。例如：PSB830 表示屈服强度最小值为 830 MPa 的预应力高强螺纹钢筋。欧维姆公司自主研发的大直径预应力高强螺纹钢筋如图 49-39 所示，系列产品有 PSB785、PSB830、PSB930、PSB1080，直径系列有 ϕ25、ϕ32、ϕ40、ϕ50、ϕ65、ϕ75、ϕ82、ϕ90、ϕ110、ϕ130 mm。

图 49-39　预应力高强螺纹钢筋

OVM 预应力高强螺纹钢筋端部锚具系统根据结构型式不同分为三种类型，如图 49-40 所示。

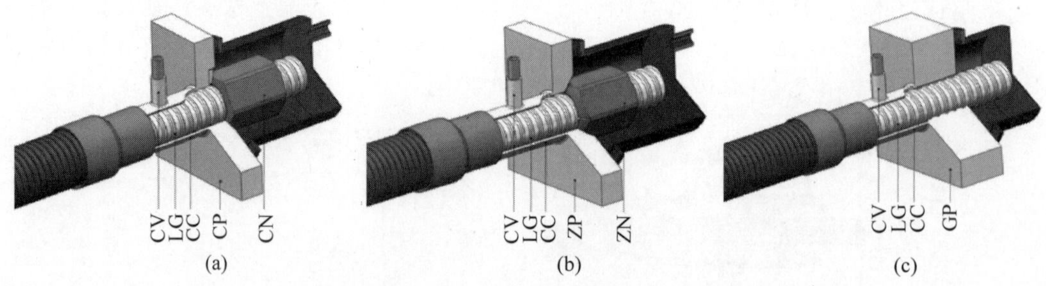

图 49-40　预应力高强螺纹钢筋端部锚具系统分类
(a) A 型(平头)；(b) B 型(球头)；(c) C 型(固定端)

与传统的精轧螺纹钢筋相比，预应力高强螺纹钢筋的锚固回缩性能、疲劳性能、与混凝土黏结强度等多方面性能显著提升。OVM 预应力高强螺纹钢筋及其锚固体系的主要性能指标如下。

(1) 高强螺纹钢筋力学性能达到设计要求的强度级别。

(2) 高强螺纹钢筋的应力松弛性能：初始应力为 $0.8R_{eL}$(R_{eL} 为屈服强度，单位为 MPa)，1000 h 后的应力松弛率 $V_r \leqslant 3\%$。

(3) 高强螺纹钢筋锚具组件的静载性能：锚具效率系数 $\eta_A \geqslant 95\%$，极限延伸率 $\varepsilon \geqslant 2\%$。

(4) 高强螺纹钢筋锚具锚固后的内缩量≤1 mm。

欧维姆公司除了制造预应力高强螺纹钢筋及其锚固体系，还生产高强螺纹钢筋止转连接器、孔道高强灌浆料、专用张拉旋扭千斤顶装置、耐久性监测系统等系统配套附件和施工检测装备，极大方便了施工单位安装应用。预应力高强螺纹钢筋广泛适用于桥梁、网架建筑、船坞、隧道及岩土加固等工程建设中。

15) 超低温预应力锚固体系

OVM 超低温预应力锚固体系是柳州欧维姆机械股份有限公司专项开发用于特殊环境温度下的建筑结构用锚具产品，如液化天然气储罐，可适应－90℃、－165℃和－196℃的低温环境。超低温预应力锚具在材料、制造工艺、试验条件方面有着极严格的要求。其性能满足《预应力筋用锚具、夹具和连接器》(GB/T 14370—2015)和 *Guideline for European technical approval of post-tensioning kits for prestressing for structures*(ETAG013)标准要求。除了满足常温下的静载锚固性能、疲劳荷载性能等要求外，还需满足－196℃超低温环境下的低温锚固性能。超低温预应力锚具由灌浆帽、工作夹片、工作锚板、锚垫板、螺旋筋、喇叭管等组成，其结构如图 49-41 所示。

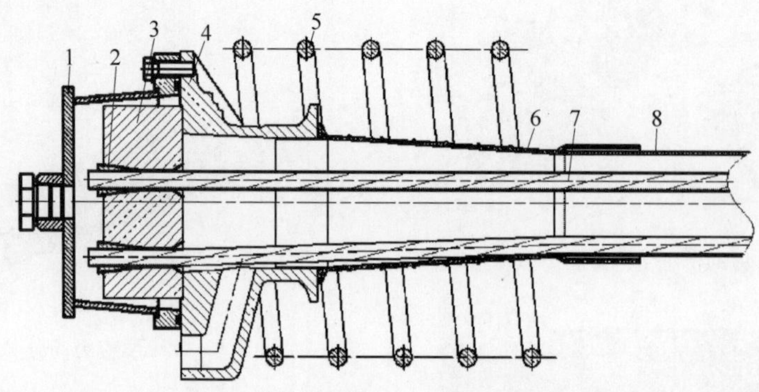

1—灌浆帽；2—工作夹片；3—工作锚板；4—锚垫板；5—螺旋筋；6—喇叭管；7—预应力筋；8—波纹管。

图 49-41　超低温预应力锚固体系结构图

16）核电锚具

核电锚具因极端严格的安全要求，其技术及制造工艺处于锚具行业最高水平，核电领域对核电锚具供应商的甄选近于苛求。OVM核电预应力锚固体系产品于2008年突破国外垄断进入中国核电领域，成为国内预应力行业中唯一一家进入核电领域的民族品牌。除了核电安全壳用预应力锚具，欧维姆公司还生产及提供核电建设相关体系化产品，包括核电专用金属波纹管、钢筋连接套筒、孔道灌浆料、张拉设备、钢绞线穿束机、灌浆机以及管道成型加工设备等。核电锚具由灌浆连接器、灌浆直管、过渡管、锚垫板、工作锚板、工作夹片、灌浆帽等组成，其结构如图49-42所示。

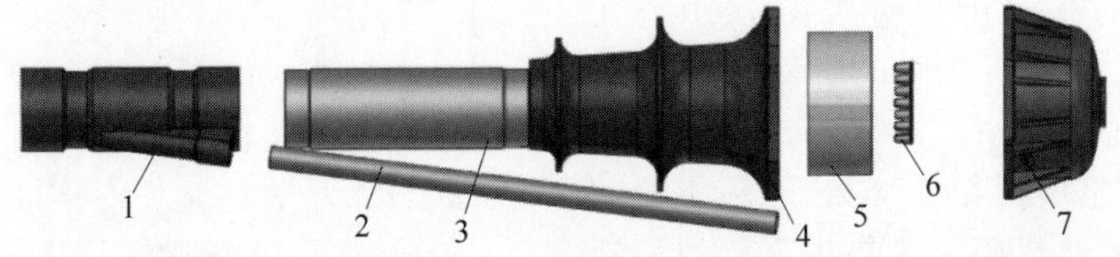

1—灌浆连接器；2—灌浆直管；3—过渡管；4—锚垫板；5—工作锚板；6—工作夹片；7—灌浆帽。

图49-42 核电锚具结构图

17）碳纤维板锚固体系

碳纤维板锚固体系如图49-43所示。碳纤维板锚具由两端锚具及碳纤维板组成，通过两端锚具的有效夹持向碳纤维板施加预应力。

图49-43 碳纤维板锚固体系

（1）OVM碳纤维板锚固体系的主要优点

① OVM碳纤维板锚固体系是行业内能够满足《预应力筋用锚具、夹具和连接器》(GB/T 14370—2015)标准、锚固效率达到95%以上的唯一产品。

② 与直接粘贴碳纤维加固相比，OVM预应力碳纤维板锚固体系既能有效利用碳纤维的高强度，节约碳纤维用量，降低工程总造价，又能抑制构件的变形和裂缝的发展，有效提高混凝土结构的承载能力。

③ 与其他的预应力碳纤维加固体系相比，OVM预应力碳纤维板锚固体系采用夹片式机械锚固，结构紧凑、轻巧，具有卓越的静载锚固性能和抗疲劳性能，可施加较高的预应力，充分发挥材料强度，提高结构承载能力。

④ 碳纤维复合材料具有高强、轻质、抗腐蚀等显著特点，基本不增加原结构自重，不影响原结构使用空间，加固后不影响美观。

⑤ 施工快捷，无湿作业，不需大型施工机具，施工占用场地少。

（2）应用范围

① 交通设施：公路、市政、铁路等各类桥梁的加固。

② 工业与民用建筑：梁、柱、墙等构件体系加固。

（3）施工设备

OVM碳纤维板锚固体系使用小型千斤顶和高压油泵进行张拉。推荐使用OVM.YD300-62型或OVM.YD137-100型千斤顶，为便于操作建议采用小型的手动泵。

18）SW型冲压焊接式锚垫板锚具

SW型冲压焊接式锚垫板是柳州欧维姆机械股份有限公司经过多年时间研发成功的一种新型钢结构型锚垫板，它利用高强的结构钢板通过冲压成型后组焊成整体，预埋入混凝土中实现荷载传递和分散应力作用。通过理论分析和试验验证，SW型冲压焊接式锚垫板的性能满足《预应力筋用锚具、夹具和连接器》

(GB/T 14370—2015)及《公路桥梁预应力钢绞线用锚具、夹具和连接器》(JT/T 329—2010)标准要求。

SW型冲压焊接式锚垫板的研发主要是为替代目前普遍采用整体铸造成型的铸铁锚垫板。制造铸铁锚垫板耗能、耗时、污染环境，且其过程复杂，自动化程度不高，生产效率低下，同时，铸造件易产生气孔、疏松等缺陷，在使用时易碎裂，给工程结构和施工造成安全隐患。而冲压焊接式锚垫板采用钢板裁切、冲压成型，通过组合成整体制作锚垫板，避免了目前普遍采用整体铸造成型的锚垫板因铸造所造成缺陷严重影响锚垫板的性能，以及在铸造过程中耗能、耗时、污染环境等缺点，生产工艺更为简便、环保，且周期短，可形成流水线生产模式，提高锚垫板的产品质量和生产效率，保证结构的安全性。BM15SW型扁锚如图49-44所示；M15SW型圆锚如图49-45所示。

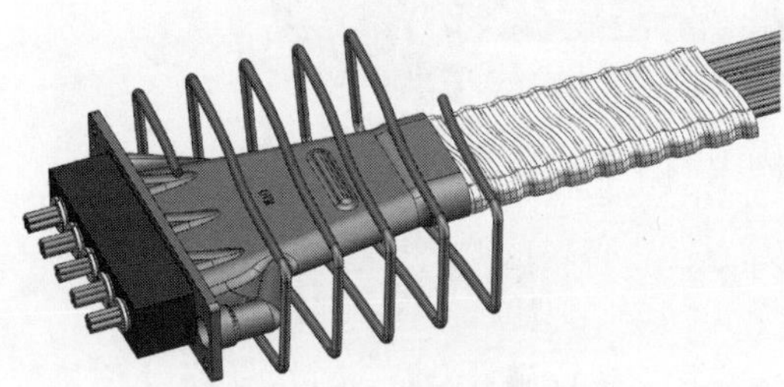

图49-44　BM15SW型扁锚

图49-45　M15SW型圆锚

19）夹具

在张拉千斤顶或设备上夹持钢绞线的临时性锚固装置，也称“工具锚”，可作为工具反复使用，其孔位排布与工作锚一一对应。同时，现在预应力张拉施工中常采用限位板作为限位装置。夹具如图49-46所示。

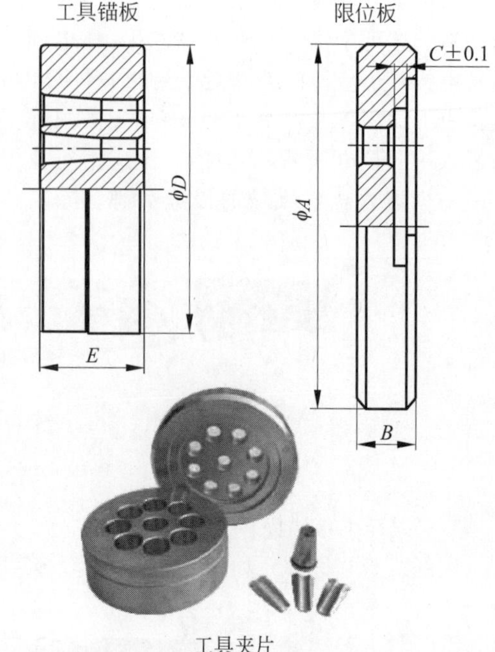

图49-46　夹具

49.1.5　选用原则与选型计算

1. 总则

某种结构所用锚具、夹具或连接器的选取，可根据工程环境、结构要求、预应力筋的品种、产品的技术性能、张拉施工方法和经济性等因素进行综合分析比较后加以确定。

2. 选型原则

预应力结构设计中，应根据工程环境条件、结构特点、预应力筋品种和张拉施工方法，选择适用的锚具、夹具和连接器。常用预应力筋的锚具(夹具)可按表49-3选用。

表49-3　锚具(夹具)选用

预应力筋品种	张拉端	固定端	
		安装在结构外	安装在结构内
钢绞线	夹片锚具或压接锚具	夹片锚具	压花锚具或挤压锚具
		挤压锚具	
		压接锚具	
单根钢丝	夹片锚具	夹片锚具	镦头锚具
	镦头锚具	镦头锚具	

续表

预应力筋品种	张拉端	固定端	
		安装在结构外	安装在结构内
钢丝束	镦头锚具	冷(热)锚具	镦头锚具
	冷(热)锚具		
预应力螺纹钢筋	螺母锚具	螺母锚具	螺母锚具

(1) 较高强度等级预应力筋用锚具(夹具或连接器)可用于较低强度等级的预应力筋;低强度等级预应力筋用锚具(夹具或连接器)不得用于较高强度等级的预应力筋。

(2) 预应力筋用锚具、夹具和连接器产品应配套使用,同一构件中应使用同一厂家的产品。工作锚不应作为工具锚使用。夹片式锚具的限位板和工具锚宜采用与工作锚同一生产厂的配套产品。

(3) 后张预应力混凝土结构构件或预应力钢结构中锚具的布置,应满足预应力筋张拉时千斤顶操作空间的要求。

(4) 承受低应力或动荷载的夹片式锚具应采取防松措施。

(5) 当锚具使用环境温度低于−50℃时,锚具的低温锚固性能应符合现行国家标准《预应力筋用锚具、夹具和连接器》(GB/T 14370—2015)的规定。

49.1.6 安全使用

1. 安全使用标准与规范

(1)《预应力筋用锚具、夹具和连接器应用技术规程》(JGJ 85—2010)

(2)《混凝土结构设计规范》(GB 50010—2010)

(3)《预应力混凝土结构设计规范》(JGJ 369—2016)

(4)《公路桥涵施工技术规范》(JTG/T F50—2011)

2. 包装与运输

1) 包装

(1) 锚具、夹具和连接器出厂时应经防锈处理后成箱包装。

(2) 包装箱外壁明显位置应标明制造厂名、产品名称、规格、型号、产品批号和出厂日期。

(3) 产品出厂装箱时应附带下列文件,并装入防潮文件袋内:

① 产品合格证;

② 产品说明书;

③ 装箱单。

(4) 产品合格证应包括以下内容:

① 型号和规格;

② 适用的预应力筋品种、规格、强度等级;

③ 产品批号;

④ 出厂日期;

⑤ 有签章的质量合格文件;

⑥ 厂名、厂址。

(5) 产品说明书的编制应符合《工业产品使用说明书总则》(GB/T 9969—2008)的规定,并应包括以下内容:

① 产品使用工艺;

② 产品对预应力筋的匹配要求;

③ 产品应用技术参数;

④ 生产厂建议的施加全部预应力时混凝土的最小特征抗压强度;

⑤ 如产品为夹片式锚具,应说明在张拉过程中配套使用的限位板的标准限位距离即限位板凹槽深度,预应力筋直径有误差时限位距离的修正数据或计算方法;

⑥ 内缩量(夹片式锚具);

⑦ 锚口摩阻损失(夹片式锚具)。

(6) 产品包装的其他技术条件应符合《重型机械通用技术条件 第13部分:包装》(JB/T 5000.13—2007)的规定。

2) 运输、储存

(1) 在运输、储存过程中,锚具、夹具、连接器、锚垫板和螺旋筋均应妥善保管,避免锈蚀、沾污、遭受机械损伤或散失。

(2) 产品应存放在通风良好、防潮、防晒和防腐蚀的仓库内,临时性的防护措施不应影响安装操作的效果和永久性防锈措施的实施。

3. 安全使用规程

预应力施工属专业工程施工，专业性非常强，必须有专业承包资质的队伍组织实施，施工操作人员也应非常熟练和专业。各预应力构件、产品或机具设备具有高压、高强和高精度要求，操作过程中容易出现安全问题或事故。施工安全事故一方面会造成人员伤亡和财产的直接损失；另一方面还会造成工程主体构件的损伤或破坏，如梁体或板的开裂、拱肋或塔柱的变形等。因此，施工需特别强调安全控制和管理。

1) 安全教育与培训

按照相关要求，预应力施工必须编制专项安全施工方案，所有参与施工人员都必须经过岗前培训和技术交底，确保施工操作的正确性，避免错误操作而引发事故。

(1) 施工前，由专业施工单位针对工程制订切实可行的安全专项施工方案。专项方案由专业技术人员编制，公司技术和安全管理部共同审核，技术负责人审批，经专业监理审核，总监审批后方可实施。

(2) 项目部对进场施工的所有人员进行施工安全培训记录和安全技术交底记录。

(3) 现场施工技术人员要严格按照既定的施工方案施工。

2) 安全技术交底

按照相关要求，预应力张拉施工方案发布后进行安全技术交底，一般包括如下内容。

(1) 进入现场，必须戴好安全防护用品，并正确使用个人劳动防护用具。

(2) 进行预应力张拉作业时，必须遵守下列规定。

① 进行预应力张拉时，应搭设操作人员和张拉设备及工具的牢固可靠的操作平台，雨天施工时，还应加设防雨棚。

② 预应力张拉区域应标示明显的安全标志，禁止非操作人员进入。张拉预应力筋的两端设置挡板。

③ 孔道灌浆应按预应力张拉安全施工的有关规定进行。

3) 安全使用规定

(1) 预应力筋用锚具产品应配套使用，同一构件中应使用同一厂家的产品。工作锚不应作为工具锚使用。夹片式锚具的限位板和工具锚宜采用与工作锚同一生产厂的配套产品。

(2) 先张法预应力混凝土构件生产中使用的夹具(或连接器)，应根据预应力筋的品种、规格、先张设备型式及工艺操作要求，由构件的生产单位确定。

(3) 预应力筋用锚具、夹具和连接器在储存运输及使用期间均应妥善保管防护，避免锈蚀、沾污、遭受机械损伤、混淆和散失。

(4) 后张法预应力混凝土工程中，应防止水泥浆进入喇叭管；预应力筋穿入孔道后，应将外露预应力筋擦拭干净并作适当的保护，并应防止雨水、养护水进入孔道。

(5) 挤压锚具挤压时，模具与挤压锚应配套使用，挤压锚具外表面应涂润滑介质，挤压力和挤压操作应符合产品使用说明书要求。挤压后的预应力筋外端应露出挤压头 2～5 mm。

(6) 钢绞线压花锚成型时，梨形头尺寸和直线段长度不应小于设计值，表面不应有油脂或污物。

(7) 锚具和连接器安装时应与孔道对中。锚垫板上设置对中止口时，应防止锚具偏出止口。夹片式锚具安装时，夹片的外露长度应一致。锚具安装后宜及时张拉。

(8) 采用连接器接长预应力筋时，应全面检查连接器的所有零件，并应按产品技术手册操作。

(9) 采用螺母锚固的支承式锚具，安装前应逐个检查螺纹的配合情况，确保张拉和锚固过程中顺利旋合拧紧。

(10) 预应力筋应按设计规定的顺序与程序进行张拉。

(11) 预应力筋张拉或放张时，应采取有效的安全防护措施，预应力筋两端的正面严禁站立人员和穿越。

(12) 预应力筋锚固后需要放张时，对于支承式锚具可用张拉设备缓慢地松开；对于夹片式锚具宜采用专门的放松装置松开。

(13) 预应力筋张拉锚固后，应对张拉记录和锚固状态进行复查，确认合格后，方可切割露于锚具之外的预应力筋多余部分。切割宜使用砂轮锯，也可用氧气-乙炔焰，严禁使用电弧切割。当采用氧气-乙炔焰切割时，火焰不得接触锚具，切割过程中应用水冷却锚具。切割后预应力筋的外露长度不应小于 30 mm，且不应小于 1.5 倍预应力筋直径。

(14) 后张法预应力混凝土结构构件在张拉预应力筋后，宜及时进行孔道灌浆。先张法预应力混凝土构件在张拉预应力筋后，应及时浇筑混凝土。

(15) 单根张拉钢绞线时，宜采用带有止转装置的千斤顶。

(16) 预应力筋张拉完成后，应及时对锚具进行封闭保护。在锚具封闭保护前，预应力混凝土预制构件不宜吊装。

(17) 预应力筋的切割宜采用砂轮锯，不得采用电弧切割。

(18) 钢绞线编束时，应逐根理顺，捆扎成束，不得紊乱。钢绞线固定端的挤压型锚具或压花型锚具，应事先与承压板和螺旋筋进行组装。

(19) 预应力筋张拉前，应清理承压板面，并检查承压板后面的混凝土质量。如该处混凝土有空鼓现象，应在张拉前修补。

(20) 锚具安装时，锚板应对正，夹片应打紧，且片位要均匀；但打紧夹片时不得过重敲打，以免把夹片敲坏。

(21) 大吨位预应力筋正式张拉前，应会同专业人员进行试张拉。确认张拉工艺合理，张拉伸长量正常，并无有害裂缝出现后，方可成批张拉。必要时测定实际的孔道摩擦损失。对曲线预应力束不得采用小型千斤顶单根张拉。

(22) 预应力筋锚固后的外露长度不宜小于 30 mm，锚具应用封端混凝土保护。当需长期外露时，应采取防止锈蚀的措施；当钢绞线有浮锈时，应将锚固夹持段及其外端的钢绞线浮锈和污物清除干净，以免在安装和张拉时浮锈、污物填满夹片齿槽而造成滑丝。

4. 维护与保养

1) 锚具和连接器

锚具和连接器应采取可靠的防腐及耐火措施，并应符合下列规定。

(1) 当采用无收缩砂浆或混凝土封闭时，封闭砂浆或混凝土应与结构黏结密实，不应出现裂缝，封锚混凝土内宜配置 1～2 片钢筋网。锚具、预应力筋及钢筋网的保护层厚度应满足《混凝土结构设计规范》(GB 50010—2010)、《混凝土结构耐久性设计标准》(GB/T 50476—2019)及相关行业标准的有关规定。

(2) 后张法预应力混凝土结构构件中，封锚混凝土强度等级宜与结构构件混凝土强度等级相同。

(3) 当无耐火要求时，外露锚具可采用涂刷防锈漆的方式进行保护，但应保证能够重新涂刷。

(4) 当采用可更换的预应力筋或工程使用中需要调整张拉力时，不宜采用难以拆除的防护构造。

(5) 无黏结预应力筋张拉锚固后，应用封端罩封闭锚具端头和无黏结筋端部，封端罩内应注满防腐油脂。

(6) 临时性的预应力筋及锚具应采取适当的保护措施。

2) 夹具

夹具需反复使用，应采取可靠的防腐、防护和保养措施。夹具施工时，先用抹布或棉纱将工具夹片外表面和工具锚板锥孔内表面擦拭干净，然后用工具或者直接将退锚灵均匀涂抹在工具夹片外表面和工具锚板锥孔内表面。

5. 常见故障及其处理方法

1）钢绞线从夹片中滑脱

（1）现象

钢绞线从夹片中滑脱表现为：张拉过程中，钢绞线突然从张拉千斤顶的工具夹片中或固定端夹片锚具中滑脱，造成夹片损坏，钢绞线飞出；放张锚固时，钢绞线突然从张拉端锚具中滑脱，造成夹片损伤，钢绞线飞出。

（2）原因分析

① 钢绞线表面的浮锈或杂质太多，致使夹片齿槽与钢绞线的咬合太浅，锚固力太小造成滑脱。

② 锚板锥孔或夹片内有杂物，未清理干净。

③ 不同锚固体系的锚固零件混用。

④ 锚具锈蚀、多次使用，锥孔变形。

⑤ 限位板的尺寸不合理。因尺寸太小，在张拉时钢绞线表面被夹片剐蹭严重，致使铁屑填满夹片齿槽，甚至损伤夹片齿，造成锚固时钢绞线滑脱；限位板的尺寸太大，使夹片不能自锚固而产生滑脱。

⑥ 张拉锚固时，千斤顶卸压太快，产生冲击，造成滑脱。

⑦ 张拉设备未按规定进行标定和检验，或随意组合使用，造成张拉力过大，钢丝或钢绞线被拉断后从夹片中滑脱飞出。

⑧ 锚具质量不合格，如夹片硬度低或齿型有缺陷。

（3）预防措施

① 不同体系、不同厂家的锚具、张拉工具不得混用；

② 安装锚具前，应清除干净钢绞线夹持段表面浮锈和尘砂；

③ 预埋式固定端应采用压花锚具或挤压锚具，不得采用夹片锚具；

④ 保持夹片内外表面和锚板锥孔内的干净；

⑤ 工具锚夹片外锥或锚板锥孔内涂抹专用润滑油脂；

⑥ 采用合格的锚具，按要求进行检验；

⑦ 夹片安装时采用钢管打紧，使缝隙均匀；

⑧ 选用与钢绞线直径配套的限位板和限位尺寸；

⑨ 张拉锚固时，千斤顶放张时应缓慢卸压，使钢绞线带关夹片徐徐楔紧；

⑩ 按规定对张拉设备及仪表进行标定。

2）预应力筋的断丝

（1）现象

后张法预应力筋张拉时，预应力钢丝或钢绞线发生断丝，使得构件的预应力筋受力不均或构件不能达到所要求的预应力值。

（2）原因分析

① 预应力筋损伤或强度不足；

② 预应力筋未按规定要求梳理编束，呈松紧不一或交叉等现象，造成张拉时受力不均，易发断丝；

③ 施工焊接时，保护不足造成预应力筋损伤，或将接地线接在预应力筋上，造成钢丝间短路，损伤钢绞线。

（3）预防措施

① 预应力筋下料时，应及时检查其表面质量缺陷，如锈蚀严重或局部线段不合格，应切除掉。

② 预应力筋编束时，应逐根理顺并捆扎成束，不得打绞交叉，在构件两端应作捆扎标记；在安装张拉设备和夹具时，应与锚具孔位一一对应，不得交叉。

③ 预应力筋穿入孔道后，其外露部分要进行保护，防锈、防损伤等。

④ 焊接时，严禁焊钳触碰预应力筋，严禁利用预应力筋作为地线，以免电弧直接损伤预应力筋。

3）张拉时锚垫板沉陷

（1）现象

张拉时锚垫板忽然沉陷，或锚垫板开裂，锚垫板周边混凝土开裂。

（2）原因分析

① 混凝土强度不足；

② 锚垫板下方混凝土浇筑不密实；

③ 锚固区钢筋配置不足；

④ 锚垫板有质量缺陷；

⑤ 锚固区面积设计不足；

⑥ 锚垫板安装角度不符合要求，或锚板安装不对中，造成偏载。

（3）防治措施

① 按规定要求浇筑合格的混凝土，并保证达到强度和时间要求。

② 混凝土浇筑时锚下混凝土要特别注意振捣密实。

③ 锚垫板局部承压很大，要保证有足够的承压面积，并设计配置好相应的钢筋。

④ 锚垫板要选择正规厂家的合格产品，进场后按规定进行材料检验，合格后才能使用。安装时与孔道中心线垂直。

⑤ 锚垫板按规定和设计要求安装螺旋筋，位置安装正确，螺旋筋与结构钢筋固定牢固。

⑥ 张拉时可先试拉，控制速度要慢，一旦出现沉陷，立即停止施工，分析原因，并对锚后混凝土进行加固补强。

49.2　预应力用索具

49.2.1　概述

1. 定义和功能、用途

拉索是由高强力筋作为索体，通过两端锚具组件固定于桥梁结构，承受结构荷载的受拉构件。拉索体系由锚具、主受力筋、护套与防腐材料组成。目前使用的索体预应力筋主要有钢棒、钢丝绳、钢丝与钢绞线。

2. 产品分类

1）锚具类别

锚具分为以下几种：

（1）钢棒式拉索索具（支承式工作原理），其结构如图 49-47 所示。

（2）钢丝绳索具（组合式工作原理），其结构如图 49-48 所示。

（3）钢绞线拉索锚具（夹片式工作原理及握裹式工作原理），其结构如图 49-49 所示。

（4）钢丝拉索锚具（握裹式工作原理），其结构如图 49-50 所示。

2）索体类别及性能

常用的各类拉索的规格及性能参数如表 49-4 所示。

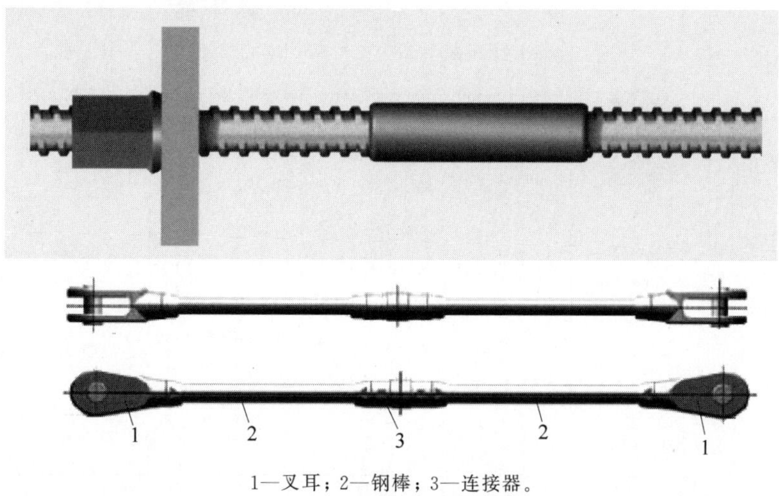

1—叉耳；2—钢棒；3—连接器。

图 49-47　钢棒式拉索索具结构

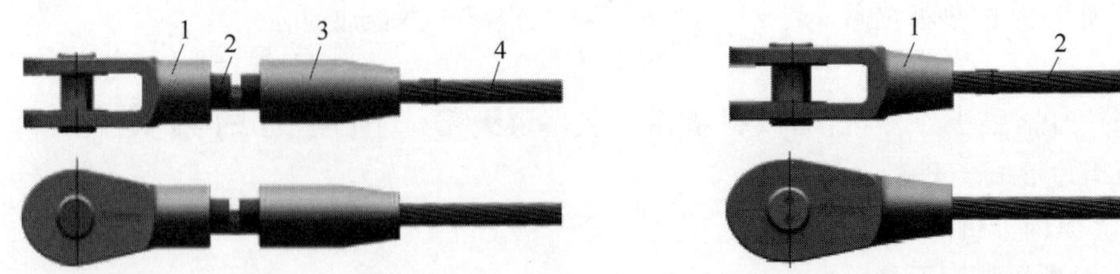

1—连接叉耳；2—连接杆；3—锚具；4—钢丝绳。　　1—锚具；2—钢丝绳。

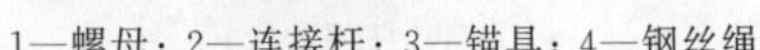

1—螺母；2—连接杆；3—锚具；4—钢丝绳。

1—钢丝绳；2,4—锚具；3—连接杆；5—钢丝绳。

图 49-48　钢丝绳索具结构

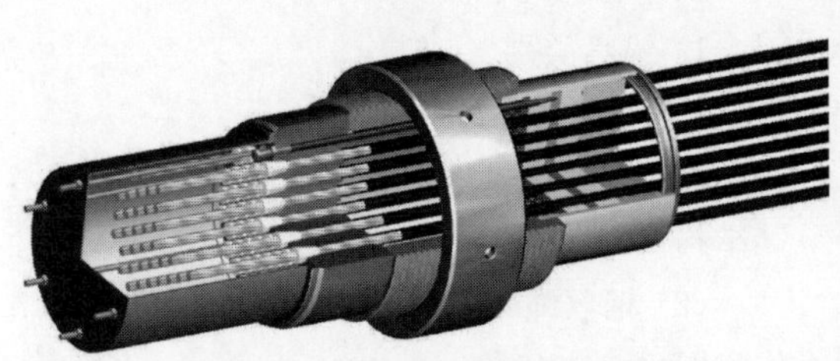

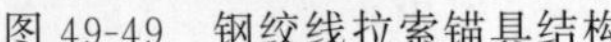

图 49-49　钢绞线拉索锚具结构

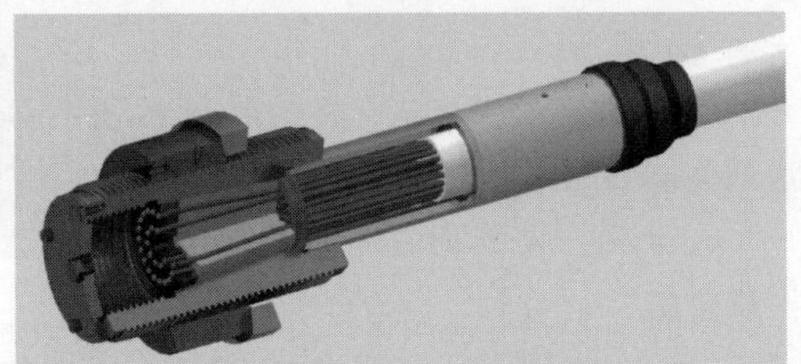

图 49-50　钢丝拉索锚具结构

表 49-4　拉索索体性能参数

<table>
<tr><th>拉索类别</th><th>锚索连接方式</th><th>索体结构示例</th><th>索体规格直径/mm</th><th>强度级别/MPa</th><th>公称破断力/kN</th></tr>
<tr><td rowspan="2">钢丝拉索</td><td rowspan="2">冷铸、热铸</td><td rowspan="2"></td><td>ϕ5×19、ϕ5×31、ϕ5×37、ϕ5×55、ϕ5×61、ϕ5×73、ϕ5×85、ϕ5×91、ϕ5×109、ϕ5×121、ϕ5×127、ϕ5×139、ϕ5×151、ϕ5×163、ϕ5×187、ϕ5×199、ϕ5×211、ϕ5×223、ϕ5×241、ϕ5×253、ϕ5×265、ϕ5×283、ϕ5×301</td><td rowspan="2">1670、1770、1860、1960、2160</td><td>(19.63×强度级别×根数/1000)</td></tr>
<tr><td>ϕ7×19、ϕ7×31、ϕ7×37、ϕ7×55、ϕ7×61、ϕ7×73、ϕ7×85、ϕ7×91、ϕ7×109、ϕ7×121、ϕ7×127、ϕ7×139、ϕ7×151、ϕ7×163、ϕ7×187、ϕ7×199、ϕ7×211、ϕ7×223、ϕ7×241、ϕ7×253、ϕ7×265、ϕ7×283、ϕ7×301、ϕ7×313、ϕ7×337、ϕ7×349、ϕ7×367、ϕ7×379、ϕ7×409、ϕ7×421</td><td>(38.48×强度级别×根数/1000)</td></tr>
</table>

续表

拉索类别	锚索连接方式	索体结构示例	索体规格直径/mm	强度级别/MPa	公称破断力/kN
钢丝绳拉索	热铸、压接		φ8、φ10、φ12、φ14、φ16、φ18、φ20、φ22、φ24、φ26、φ28、φ32、φ34、φ36、φ40、φ44、φ48、φ52、φ54、φ56、φ60	1570、1670、1770、1870	38～2400(参见 GB 8918)
			φ8、φ10、φ12、φ14、φ16、φ18、φ20、φ22、φ24、φ26、φ28		40～466(参见 GB/T 9944)
钢绞线拉索	夹片、压接(挤压)		φ9.5、φ12.7、φ15.2、φ17.8、φ21.6	1720、1860、1960、2160	(钢绞线截面面积×强度级别×根数，参见 GB/T 5224)
			φ15.2×7、φ15.2×12、φ15.2×19、φ15.2×22、φ15.2×27、φ15.2×31、φ15.2×34、φ15.2×37、φ15.2×43、φ15.2×55、φ15.2×61、φ15.2×73、φ15.2×85、φ15.2×91、φ15.2×109、φ15.2×127		
钢拉杆(钢棒拉索)	螺纹		φ20～φ150，直径级差 5 mm	550、650(合金钢)	按钢棒公称直径计算截面面积×抗拉强度
			φ20～φ100，直径级差 5 mm	850(835)(合金钢)	
			φ12、φ14、φ16、φ18、φ20、φ22、φ25、φ28、φ30、φ32、φ35、φ38、φ40、φ45、φ50、φ55、φ60、φ65、φ70、φ75、φ80、φ85、φ90、φ95、φ100	725、835、1080(不锈钢)	

3. 产品构造

1) 结构组成

预应力体外索组件如图 49-51 所示。

体外索的索体截面构造如图 49-52 所示，可采用现场制作的非成品索，如图 49-52(a)所示，或工厂制造的成品索，如图 49-52(b)所示。

体外索的转向段如图 49-53(a)所示，转向器分为集束式(图 49-53(b)、(c))和散束式(图 49-53(d))两种类型。集束式转向器适用于成品索(图 49-53(b))和非成品索(图 49-53(c))，散束式转向器适用于非成品体外索。

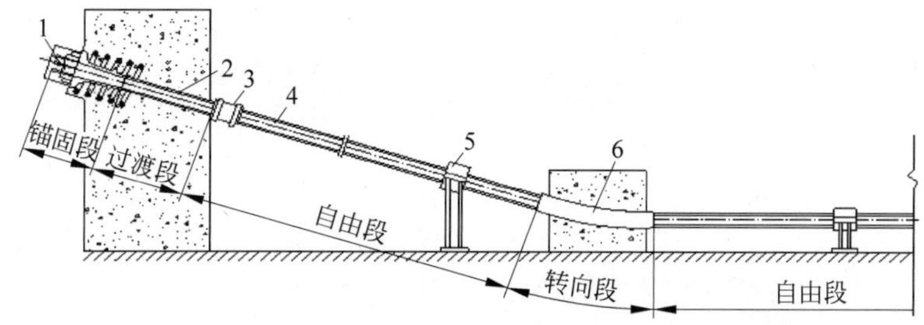

1—锚具；2—导(连)管；3—密封装置和接头；4—索体；5—减振装置；6—转向器。

图 49-51　预应力体外索组件示意图

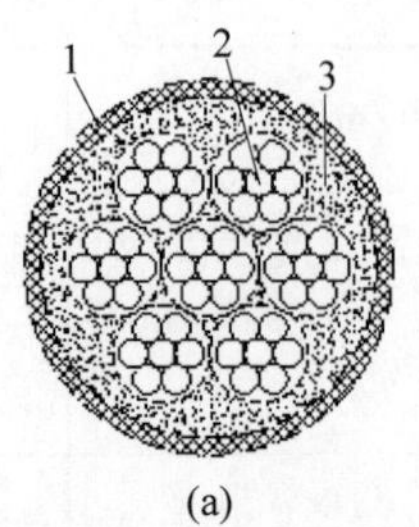

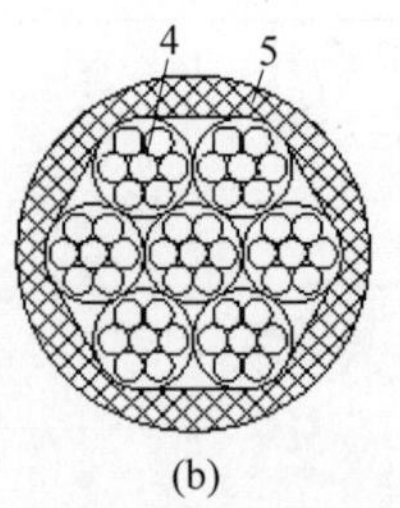

1—外护套或无外护套；2—钢束；3—填充料或无填充料；4—无黏结钢绞线；5—外护套。

图 49-52 索体的截面构造示意图

(a) 非成品索；(b) 成品索

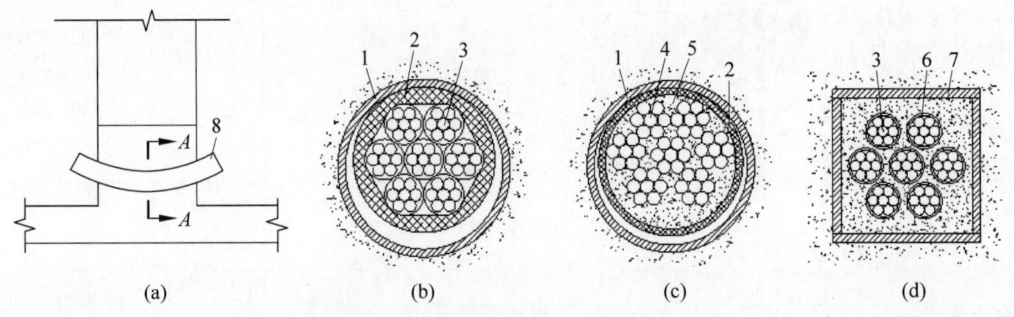

1—钢管；2—外护套；3—无黏结钢绞线；4—钢绞线；5—水泥浆；6—引导管；7—附属构造；8—转向器。

图 49-53 转向段及转向器截面示意图

(a) 转向段示意图；(b)、(c) 集束式；(d) 散束式

体外索的锚具如图 49-54 所示，分为铸造式锚具(图 49-54(a)、(b))和钢板式锚具(图 49-54(c)、(d))两类。

索体的减振装置应由定位部件和隔振材料组成，如图 49-55 所示。不灌注填充料的非成品索，应在对应位置的钢束和外护套之间设置隔振材料。

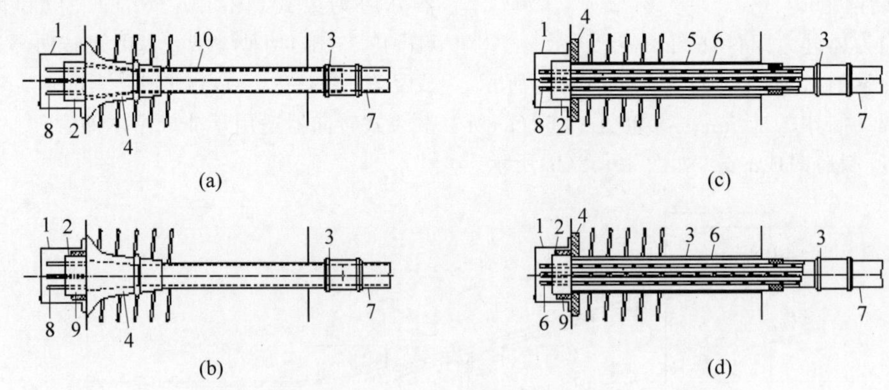

1—保护罩；2—锚板；3—连管；4—锚垫板；5—导管；6—喇叭管；
7—外护套；8—张拉预留段；9—螺母；10—隔离衬套。

图 49-54 体外预应力锚具示意图

(a)、(b) 铸造式锚具；(c)、(d) 钢板式锚具

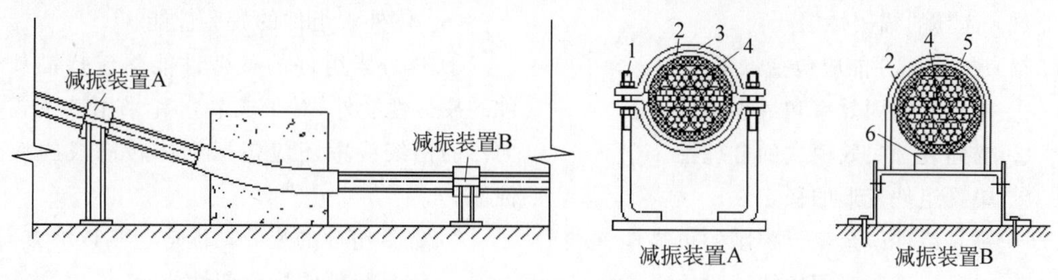

1—可调拉杆；2—橡胶垫层；3—哈弗扣；4—索体；5—U形扣；6—橡胶支撑块。

图 49-55　体外索减振装置示意图

2）技术性能

(1) 体外索组件应满足以下要求：

① 防腐保护性能；

② 锚具锚固性能；

③ 锚下荷载传递性能；

④ 体外索组件疲劳性能；

⑤ 转向器静载强度；

⑥ 索体转向段外保护层抗磨损性能；

⑦ 体外索可更换性；

⑧ 锚固段的密封性。

(2) 转向器应能在结构上准确定位、有效传递预加力和承受可能出现的作用力。

转向器应满足相关结构设计规范和下列最小弯曲半径要求：

灌注水泥浆的集束式转向器：

$$R_{min} \geqslant 22D \tag{49-4}$$

式中，D 为外护套直径。

散束式转向器：

$$R_{min} \geqslant 580d \tag{49-5}$$

式中，d 为预应力钢绞线中钢丝的最大直径。

① 成品索集束式转向器的最小弯曲半径应同时满足式(49-4)和式(49-5)的要求；

② 近锚固段的转向器最小弯曲半径应比上述值大 1000 mm。

(3) 减振装置设计时应充分考虑可更换和可调节功能。

(4) 钢束与外护套之间的摩擦系数可参考表 49-5 选取，或根据结构要求进行摩擦系数试验确定。

表 49-5　钢束与外护套之间的摩擦系数

钢绞线种类	管道种类	μ 值
光面钢绞线	钢外护套	0.2～0.3
光面钢绞线	HDPE 外护套	0.12～0.15
无黏结钢绞线	无黏结钢绞线自带的 HDPE 外护套	0.08～0.1

(5) 防腐保护性能

体外索的防腐保护等级和措施，应根据其设计使用年限和所处的环境条件确定，并符合表 49-6 的规定。

表 49-6　体外索防腐选择条件

类　别	环境条件	体外索类别	体外索防腐构造	外护套管
Ⅰ类	一般环境	可多次张拉	光面无黏结钢绞线	无②
		不可多次张拉	光面钢绞线＋水泥浆	有
Ⅱ类	索体外露于结构①、海洋环境或有特殊防腐要求的结构	可多次张拉	镀锌或环氧涂覆无黏结钢绞线	无②
		不可多次张拉	光面无黏结钢绞线＋水泥浆	有

注：① 外露于结构是指索体置于混凝土外部，暴露在大气中。

② 当无外护套时，应有防止动物啮咬或人为破坏 PE 层的措施。

(6) 锚具的锚固性能

锚具的锚固性能应包括以下方面：

① 锚具的锚固效率和最小延伸率。

② 锚固装置失效模式的合理性。

③ 锚具组件变形的稳定性。

④ 锚具组件残余变形控制的可靠性。

⑤ 锚具应进行锚固性能试验。

锚具的静载锚固性能应满足以下要求：

a. F_{Tu} 不小于 F_{pm} 的 95%，即锚固效率不小于 95%；

b. F_{Tu} 对应的 ε_{Tu} 不小于 2%。

⑥ 失效应由钢束的破断导致，不应由锚固装置的失效导致。

⑦ 锚具组件在试验后的残余变形量应符合锚具的可靠性要求。

⑧ 夹片与锚板间的位移增量、钢束与锚具间的位移增量，应在张拉力的逐级增加过程中逐渐减少；张拉力达到 $80\%F_{pk}$ 后的 30 min 内，上述位移增量以及锚具环向和轴向的变形应保持稳定。

(7) 锚下荷载传递性能

① 锚具的锚下荷载传递性能应包括以下方面：

a. 混凝土最大裂缝宽度；

b. 混凝土纵向和横向应变的稳定性；

c. 混凝土裂缝宽度的稳定性；

d. 极限承载力。

② 锚具应进行锚下荷载传递性能试验。

锚具的锚下荷载传递性能应满足以下要求：

a. 裂缝宽度最大值：

i. 第一次加载达到 F_{pk} 的 80%时，最大裂缝宽度不超过 0.15 mm；

ii. 最后一次加载达到 F_{pk} 的 12%时，最大裂缝宽度不超过 0.15 mm；

iii. 最后一次加载达到 F_{pk} 的 80%时，最大裂缝宽度不超过 0.25 mm。

b. 循环加载时纵向和横向应变读数稳定。

c. 循环加载时裂缝宽度读数稳定。

d. $F_u \geqslant 1.1F_{pk}(f_{cm,e}/f_{cm,0})$。

(8) 体外索组件的疲劳性能

① 体外索组件的疲劳性能除包括锚具组件的疲劳性能外，对于成品索和采用散束式转向器的钢绞线束还应包括索体转向段的疲劳性能。

② 锚具组件的疲劳性能应包括以下方面：

a. 锚具组件的抗疲劳性能；

b. 疲劳试验后钢束的失效率；

c. 疲劳加载后锚具的静力锚固性能：

③ 锚具组件应进行疲劳性能试验。

锚具组件的疲劳性能应能满足以下要求：

a. 疲劳试验中，钢束疲劳破坏的截面面积不应大于试件总面积的 5%；

b. 静载试验中，F_{Tu} 应同时大于 F_{pm} 的 92%和 F_{pk} 的 95%，达到 F_{Tu} 时的 ε_{Tu} 不小于 1.5%。

④ 对于成品索和采用散束式转向器的钢绞线束，索体转向段的疲劳性能应包括以下方面：

a. 转向段钢束的抗疲劳性能；

b. 转向段索体外保护层的抗疲劳磨损性能。

⑤ 对于成品索和采用散束式转向器的钢绞线束，索体转向段应进行疲劳性能试验。

⑥ 对于成品索和采用散束式转向器的钢绞线束，索体转向段的疲劳性能应满足以下要求：

a. 锚具组件和钢束不应该发生疲劳破坏；

b. 试验后转向器处钢束外保护层的最小残余厚度不小于初始厚度的 50%。

(9) 转向器静载性能

① 转向器静载性能应包括以下方面：

a. 转向段钢束的静力性能；

b. 转向器和钢束组合体的失效模式。

② 转向器应进行静载性能试验。转向器应符合以下性能要求：

a. F_{Tu} 不小于 F_{pm} 的 95%；

b. 达到 F_{Tu} 时钢束试验段测得的总延伸率 ε_{Tu} 不小于 2%；

c. 失效应该由钢束的破断导致，而非转向器组件的失效。

(10) 索体转向段外保护层抗磨损性能

① 索体转向段外保护层抗磨损性能应包括以下方面：

a. 外保护层的抗弯折性能；

b. 外保护层的抗刮损性能；

c. 转向器应允许其出口处与钢束存在 2°的切线角偏差。

② 索体转向段进行外保护层抗磨损性能试验。索体转向段外保护层的抗磨损性能应满足以下要求：

a. 外保护层不允许穿透或卷起；

b. 与钢束接触的外保护层不允许穿透，无油脂渗出保护层；

c. 保护层的最小残余厚度不小于初始壁厚的 50%。

(11) 外护套填充性能

① 外护套填充性能应包括以下方面：

a. 填充的密实度；

b. 填充质量的一致性。

② 应进行外护套填充试验。

③ 外护套填充后的空洞面积比不大于 5%，并且填充质量一致。

(12) 体外索可更换性能

① 体外索可更换性能应包括以下方面：

a. 更换工艺的可行性和可靠性；

b. 与有关施工规范的相容性。

② 体外索应进行可更换性检验。

③ 体外索产品应满足更换工艺的可行性及可靠性，并符合相关施工规范的规定。

(13) 钢束可多次张拉性能

① 钢束可多次张拉性能应包括以下方面：

a. 产品及工艺的可靠性和可行性；

b. 多次张拉后锚具的锚固性能和钢束外保护层的抗磨损性能；

c. 与有关施工规范的相容性。

② 应进行钢束可多次张拉性检验。

③ 体外索的可多次张拉性能应满足以下要求：

a. 钢束多次张拉施工过程应能验证产品及工艺的可靠性和可行性，符合相关施工规范的规定；

b. F_{Tu} 不小于 F_{pm} 的 95%，即锚固效率要达到 95%；

c. 达到 F_{Tu} 时的 ε_{Tu} 不小于 2%；

d. 失效应该由钢束的破断导致，且钢束的失效不应由锚固装置的失效导致；

e. 单根钢绞线保护层的残余最小壁厚应不小于初始壁厚的 50%；

f. 外护套的最小残余壁厚应不小于初始壁厚的 75%。

(14) 锚固段的密封性能

① 锚固段的密封性能为钢束锚固区的水密性；

② 锚固段应进行密封性能检验。锚固段在试验条件下应能承受 3 m 高的水压，且试验完毕后目测无有色水进入锚具内部。

49.2.2　安全使用

1. 安全使用标准与规范

体外预应力索参照标准《体外预应力索技术条件》(GB/T 30827—2014)及《公路桥涵施工技术规范》(JTG/T 3650—2020)进行应用。上述标准规定了体外预应力索的技术要求、检验规则、标志、包装、运输及储存、检查与检测等要求，适用于新建预应力混凝土梁式桥结构，已建桥梁结构维修和加固及其他结构用体外索可参考本标准执行。

2. 包装与运输

1) 包装

(1) 锚具包装要求：锚具出厂时应采用木箱包装，并应符合《重型机械通用技术条件　第 13 部分：包装》(JB/T 5000.13)的有关规定。包装箱内应附有产品合格证、装箱单。产品合格证内容包括：规格、型号、名称、出厂日期、质量合格签章、厂名、厂址。

(2) 索体包装要求：

① 无黏结预应力钢绞线应卷盘包装，卷盘

内径不应小于 800 mm，每盘无黏结预应力钢绞线应捆扎结实，捆扎不得少于 6 道(经双方协商，可用防潮纸或麻布等材料包装)。

② 成品索应卷盘包装，卷盘内径一般不小于 20 倍拉索外径，且不小于 1600 mm，最大外形尺寸应满足相应的运输条件。

③ 外护套管包装要求：单根外护套用塑料薄膜缠绕保护，批量外护套用编织袋包装、非金属绳捆扎牢固，或用木架固定两头捆扎，或按供需双方商定要求进行，每包装单位中应有合格证。

2) 运输、储存

(1) 在运输和装卸过程中，应小心操作，防止碰伤，不得受到划伤、抛甩、剧烈的撞击及油污和化学品等污染。

(2) 产品宜储存在库房中，露天储存宜加遮盖，避免锈蚀、沾污、遭受机械损伤和散失。

(3) 外护套的储存应远离热源、温度不超过 40℃，堆放场地应平整，水平整齐堆放，堆放高度不超过 2 m。

3. 安全使用规程

1) 下料及制作

(1) 体外索施工前，应根据工程结构设计要求、现场和环境条件进行施工流程设计，并由专业施工单位进场施工。

(2) 施工前应检查原材料和施工设备的主要技术性能是否符合设计要求。

(3) 体外索的下料及制作应符合下列规定。

① 下料前钢绞线应清除油污、锈斑；

② 钢束应采用切割机切断；

③ 采用无黏结预应力钢绞线时，应采取措施防止防腐油脂从端头溢出；

④ 下料制作过程中应避免护套的机械损伤；

⑤ 下料制作区和工地焊接操作区应与体外索组件存放区隔离。

2) 安装和张拉

(1) 体外索组件的安装应符合下列规定。

① 体外索安装前应检查索体的加工质量，确保满足设计要求；

② 在穿索过程中应防止外护套受到机械损伤；

③ 索体安装时，应防止扭压、弯曲损坏防腐保护构造；

④ 锚具组件、连管、导管及转向器的安装定位，与设计参照点空间三个坐标的误差均应小于 10 mm，与设计参照点的角度误差应小于 1°；

⑤ 成品索或无黏结钢绞线束两端的 PE 剥除长度应精确计算，并确保张拉后剥除 PE 段的钢束位于防腐设计要求的合理位置；

⑥ 需要多次张拉的钢束，应预留再次张拉的工作长度；

⑦ 外护套的连接宜采用焊接或管套连接方式，连接处的强度应不低于整根外护套的屈服强度。

(2) 钢束张拉应符合下列规定。

① 钢束的张拉设备应符合《预应力用液压千斤顶》(JG/T 321—2011)和《预应力用电动油泵》(JG/T 319—2011)的规定，张拉前应对张拉设备进行标定；

② 钢束的张拉控制应力不宜超过 f_{ptk} 的 70%，并应符合设计要求；

③ 钢束张拉过程中应尽量保证结构对称、均匀受力；

④ 长度大于 100 m 的超长钢束应采取措施防止反复张拉导致夹片锚固效率降低或失效，确保工作锚在张拉完成后一次锚固；

⑤ 钢束张拉应实施双控(应力控制和伸长量控制)；

⑥ 钢束张拉过程应进行现场监测，钢束张拉力监测传感器的测量精度应小于张拉控制力的 2%。

(3) 填充用水泥浆灌注

填充用水泥浆灌注应符合下列规定。

① 水泥浆灌注时，应采取适当的措施，确保外护套能够承受浆体的重力，并尽可能保证

灌注填充料后钢束处在护套的中心位置；

② 应严格控制填充料在灌注时的压力，不得超负荷加载；

③ 注浆设备应有足够的浆液生产能力和所需的额定压力，并保证在 1 h 内完成单根体外索的连续注浆；

④ 水泥浆灌注后不得随意敲击索体，也不得在索体上悬挂重物；

⑤ 水泥浆应搅拌均匀，随搅随用，并在初凝前用完，严防石块、杂物混入浆液；

⑥ 压浆后应检查压浆的密实情况，如有不实，应及时处理和纠正。

(4) 施工验收

体外索组件施工验收应提交下列文件。

① 原材料质量合格证，产品出厂合格证，产品进场抽检试验报告，填充料检验报告；

② 体外索组件安装质量验收资料；

③ 钢束张拉记录及质量验收报告；

④ 防腐工程检查验收记录。

施工验收时，尚应提供下列监测资料。

① 钢束拉力测点布置图；

② 钢束拉力测量原始记录。

当提供的资料、报告和外观抽查结果均符合《混凝土结构工程施工质量验收规范》(GB 50204—2015)和本规程要求时，即可进行验收。

4. 检测与维护

1) 检查与监测

应在设计阶段制订监测计划，由业主委托有资质的监测单位编制监测方案，并在施工阶段和结构运营期对体外索组件定期进行检查和监测。检查和监测一般包括下列四种方式。

(1) 结构施工结束时进行初步检查；

(2) 结构运营期一定时间间隔内进行常规检查；

(3) 专项检查；

(4) 监测。

2) 检查记录的内容

(1) 检查日期、检查人员；

(2) 检查和监测过程中收集的资料信息；

(3) 观察和图片文档等。

3) 检查与监测项目

(1) 初步检查内容应包括以下方面。

① 体外索位置、转向角度、索体长度；

② 钢束实际拉力；

③ 温度记录；

④ 体外索防腐和防护组件的施工情况。

(2) 常规检查和监测内容应包括以下方面。

① 常规检查间隔时间不宜长于 12 个月。

② 根据工程需要，必要时对钢束拉力、结构变形和环境变化等项目进行检验或监测。

③ 对钢束拉力进行长期监测，监测数量应为工程总量的 5%～10%，且不得少于 3 根。

④ 对处于腐蚀环境中的体外索，在使用期内应进行腐蚀状况的检查分析。重点对锚头和邻近自由段的索体腐蚀状况进行检查。

⑤ 对外护套的受损情况、防腐保护情况进行检查。

⑥ 应根据具体事件要求组织和安排专项检查。意外事故、人为破坏或自然灾害等造成的损坏，或常规检查中发现的意外损坏，以及在结构验收之前，都可以进行专项检查。

4) 检查信息反馈和维护处理

(1) 对体外索的检查结果应及时反馈给设计、施工单位或工程管理部门。

(2) 当所监测钢束预应力值的降低大于设计值的 10% 时，应查明原因并采取补张拉措施。

(3) 当体外索防腐保护体系存在缺陷或失效时，应采取修补措施，并根据腐蚀情况进行补强处理。

49.3　工程应用

洪都北高架桥位于南昌市主城区，是南北向重要的交通通道，该项目北起英雄大桥，南与九州高架一期对接，全长约 7.6 km。全桥主线采用高架形式，设计速度为 80km/h，高架桥桥宽 25 m，双向 6 车道。该工程采用环氧体外索体系，单丝涂覆环氧体外索用量 3867 t。该体系由索体、锚具、散束式转向器和减振装置等组件组成，如图 49-56 所示。

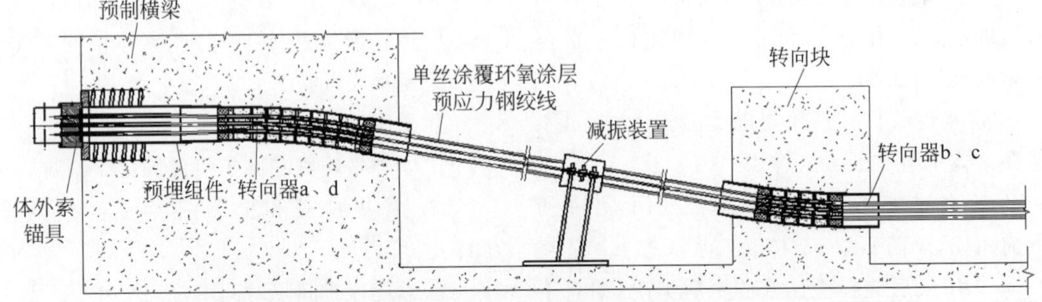

图 49-56　洪都北高架桥体外预应力

第50章

预应力检测监测设备

50.1 概述

50.1.1 定义和功能

预应力构件是缆索支承型结构的核心构件之一，素有“生命线”之称，其服役状况直接关系到结构的安全运营与使用寿命，需在施工阶段和服役阶段对结构预应力进行检测、监测，及时、有效地了解预应力结构状态。

50.1.2 发展历程与沿革

预应力技术在20世纪50年代由欧洲研发并推广应用，八九十年代开始在中国推广应用，21世纪随着仪器仪表技术的发展，测量技术在预应力检测监测领域开始应用，例如电阻、电磁、振弦、光纤等测量技术逐步应用到土木行业。近年随着一些行业和国家标准的制定，对检测监测的要求越来越规范，逐步趋于普遍化。

50.1.3 国内外发展趋势

我国在基础建设领域逐步趋于“建管并重”，对结构施工的质量控制和运营期精细化管理越来越重视智能设备的应用。未来会普遍采用一些高精度的仪器设备实现精细化管理。

国外对预应力技术及预应力检测、监测设备的研究较早，技术成熟。预应力产业有着完整和规范的行业与国家标准，以保证预应力产品的质量控制与质量保证，拥有许多非常详细、含大量说明的手册和参考资料提供给相关预应力检测、监测从业人员；预应力检测、监测设备有成熟的商品化产品，且精度高、耐久性好。未来的预应力检测、监测技术主要在高精度与可靠的基础上，进一步往传感器的智能化、长寿命以及对混凝土内预应力检测、监测方向发展。

50.2 产品分类及介绍

50.2.1 磁通量索力监测系统

1. 工作原理

磁通量传感器是基于铁磁性材料的磁弹效应原理制成的。即当铁磁性材料承受的外界荷载发生变化时，其内部的磁化强度（磁导率）也发生变化，因此可以通过测量铁磁性材料制成的构件的磁导率变化来测定构件的内力。

磁通量传感器的结构简图如图50-1所示，由初级线圈、次级线圈、温度传感器组成。将磁通量传感器穿心套在导磁材料构件外面进行测量时，初级线圈内通入脉冲电流，构件被磁化，会在构件的纵向产生脉冲磁场。由于电

磁感应，在次级线圈中产生感应电压，由感应电压的积分值计算构件的磁导率。其测量原理见图 50-2。相对磁导率的计算公式为

$$\mu = 1 + \frac{S_0}{S_f}\left(\frac{V_{out}}{V_k} - 1\right) \tag{50-1}$$

式中，S_0 为传感器面积，与传感器型号有关；S_f 为构件的净面积，与测量构件的大小有关；V_{out} 为传感器内含构件测量时的积分电压值；V_k 为传感器内不含构件测量时的积分电压值，即空载值。

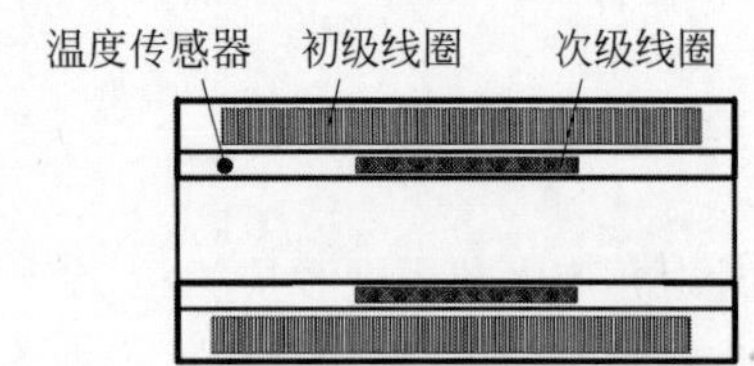

图 50-1　磁通量传感器的结构简图

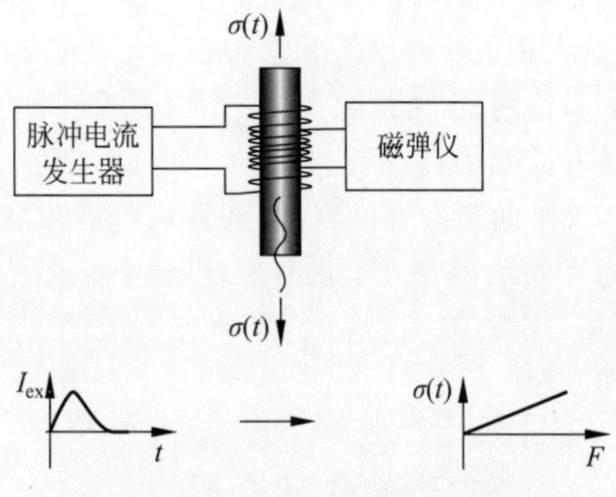

图 50-2　磁通量传感器的测量原理

构件的磁导率增量 μ 与内力 f 的关系，可用下面的三次方程表示：

$$f = C_0 + C_1\mu + C_2\mu^2 + C_3\mu^3 \tag{50-2}$$

式中，C_0、C_1、C_2、C_3 为标定拟合系数；μ 为测量时构件的磁导率相对于构件未受外加应力时磁导率的增量。

温度传感器用于测量构件的温度，以便消除由于温度差异引起的构件磁导率增量变化的影响。温度修正式为

$$\mu(f, T_0) = \mu(f, T) + 0.012(T - T_0) \tag{50-3}$$

式中，T 为测量时温度；T_0 为计算力值采用的标准温度，20℃；$\mu(f, T_0)$ 为标准温度（20℃）下的磁导率增量；$\mu(f, T)$ 为测量温度下的磁导率增量。

对任一种铁磁性材料构件，在进行几组标准荷载下的标定，建立磁导率增量与构件内力的关系后，即可利用此关系测定同型号构件的内力。

2. 系统架构

采用磁弹仪（磁通量采集仪）对单个磁通量传感器进行测量时，传感器的传输线直接与磁弹仪的端口相连，如图 50-3 所示。操作配置完成后的磁弹仪可实时获取并显示测量索力值。可再将磁弹仪通过串口与计算机相连，由配套采集软件自动完成数据采集。

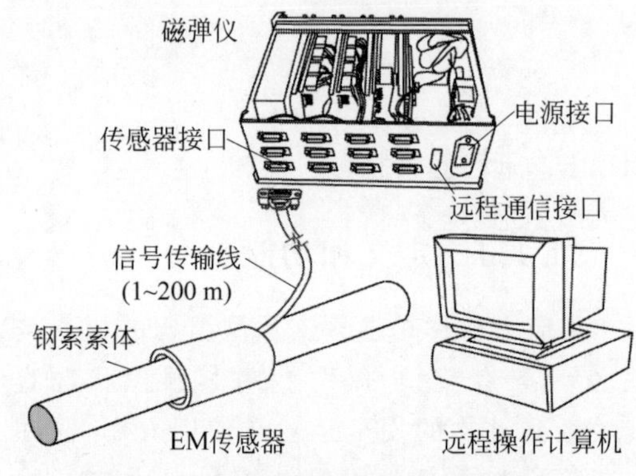

图 50-3　磁通量索力测量系统拓扑结构（单个传感器）

采用磁弹仪对多个级联磁通量传感器进行测量时，磁通量传感器与开关集线箱相连，开关集线箱再与磁弹仪的数据端口和地址控制端口相连，如图 50-4 所示。直接操作磁弹仪可实时获取并显示测量索力值。也可将磁弹仪通过有线或无线方式与远程计算机相连，由配套采集软件自动完成数据采集、分析、显示及存储。

3. 技术特点

（1）磁通量传感器为非接触性测量，结构简单、不损伤结构；

（2）不需对被测件进行表面处理，不破坏构件原有防腐保护层；

（3）传感器维护成本低，使用寿命长；

（4）耐老化，抗干扰能力强，测量精度高，重复性好；

（5）系统可自动测量和进行温度自补偿；

（6）可与计算机系统相连，进行多通道数

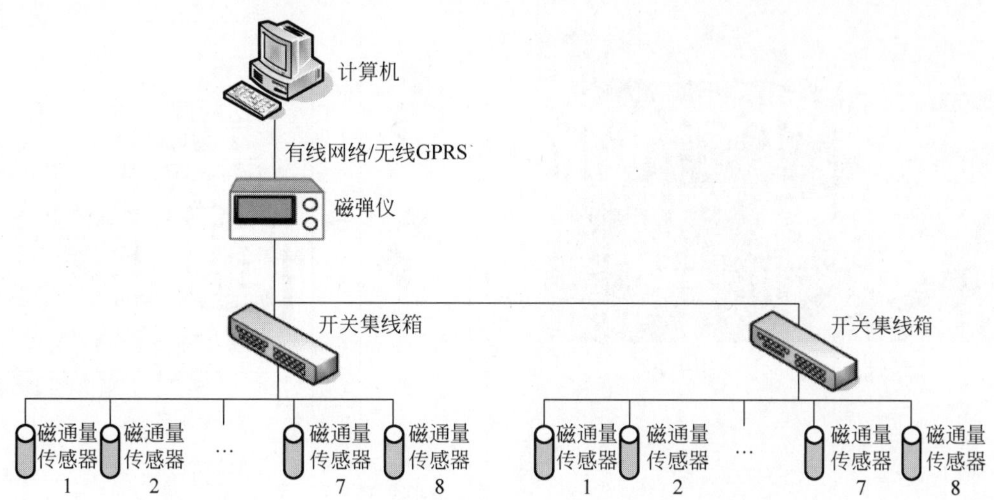

图 50-4　磁通量索力测量系统拓扑结构(多个传感器)

据采集和远程健康监测。

4. 主要设备介绍

1) 磁通量传感器

磁通量传感器用于测量单根钢绞线、斜拉索、吊杆、预应力钢筋、缆绳以及锚索等的应力,传感器数据线由红白、黄绿、棕蓝三组线芯组成,其中红白线芯为传感器初级线圈引线,黄绿线芯为传感器次级线圈引线,蓝棕线芯为温度传感器引线。磁通量传感器实物图如图 50-5 所示。

图 50-5　CCT20L 磁通量传感器

2) 磁弹仪

磁弹仪是通过磁弹效应来测量铁磁材料的应力的,测量过程可由计算机控制。磁弹效应现象是指铁磁材料的磁特性与其被拉、压、弯和扭时受到的机械应力相关。用此原理进行测量被证明是一种有效的方法,其属于非接触测量。磁弹仪由激发器、信号调理器、数据采集(DAQ)系统和内置微处理器组成。它通过传感器内的初级线圈向构件施加激励电压,通过次级线圈获取应力信息。仪器可以通过辅助键盘和液晶显示屏单独使用,也可以远程模式工作。远程模式工作时,通过通信接口如 RS-232 和 RS-485 接口收发主机的命令。美国 IIS 公司有成熟的磁弹仪商业产品,在国内,柳州欧维姆机械股份有限公司、柳州市智能制造科技服务中心和广西科学院等开展了国产化磁弹仪的研发与应用(图 50-6)。

美国IIS公司磁弹仪

国产化磁弹仪

图 50-6　磁弹仪

3) 数据集线柜

数据集线柜(如图 50-7 所示)是配合磁弹仪对多台磁通量传感器进行实时数据采集的一种具有扩展性能的产品,根据集成传感器数量可分为 8、16、32、48 和 64 通道的数据集线柜。

5. 技术参数

1) 磁通量传感器

测量范围:0～屈服应力;

接线长度:≤300 m;

测量环境温度:−20～60℃;

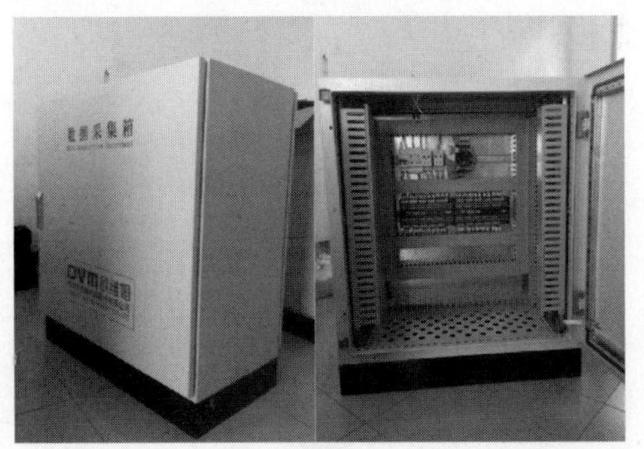

图 50-7　数据集线柜实物

测量环境湿度：45%～90%RH；

测量误差：≤1%F.S.；

供电电源：AC100～240 V,50/60 Hz；

充电电压：100～450 V；

防护等级：IP67。

2）磁弹仪

充电电压：100～450 V；

充电速率：30 V/s；

测量精度：1.0% F.S.；

测量分辨率：0.1% F.S.；

温度范围：−20～70℃；

湿度范围：45%～90%RH；

工作电压：AC100～240 V,50/60 Hz；

通信接口 ：RS-232C 或 RS-485。

3）数据集线柜

温度范围：−20～70℃；

湿度范围：45%～90%RH；

工作电压：AC180～240 V,50/60 Hz；

通道数：8～64 通道(按 8 通道的倍数递增)；

扩展方式：数据采集箱间串联连接扩展。

6. 监测软件

1）离线式数据采集软件

磁通量传感器测量系统的基础配置包括磁通量传感器、开关集线箱、磁弹仪、数据传输线及布线管、仪器保护箱，构成数据采集系统(数据采集箱)；根据传感器的数量及分布情况在桥梁上设置一个或多个数据采集箱，构成离线检测系统，实现人工定期数据采集。离线式磁通量索力测量系统如图 50-8 所示，数据采集上位机软件如图 50-9 所示。

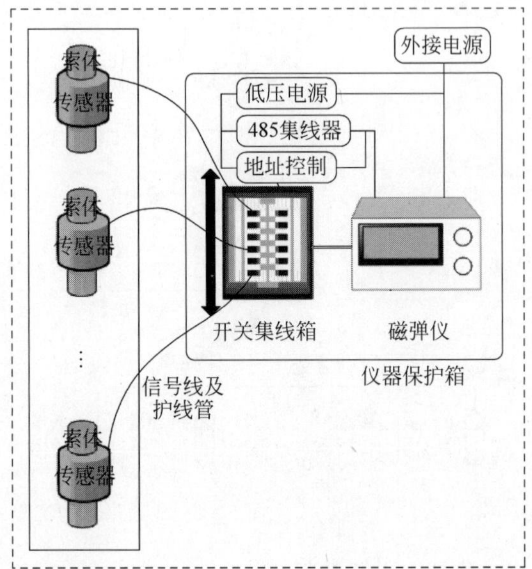

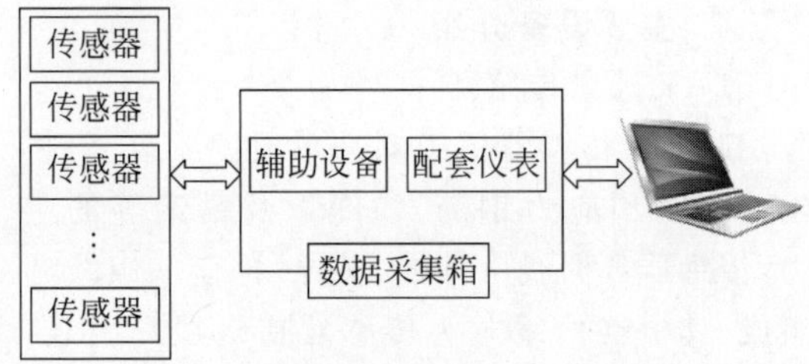

图 50-8　离线式磁通量索力测量系统(数据采集箱)示意图

2）在线式数据采集软件

在离线磁通量索力测量系统的基础上，增加数据传输系统(有线、无线或以太网传输)和数据处理系统，就可实现索力数据的实时在线监测，具有自动测量、异常预警等功能，可以根据需要自主设定采集的时间、频率，操作简单。

索力在线监测系统可作为桥梁健康安全监测系统的子系统，通过串口与上位机系统通信，与磁弹仪配套有数据采集软件，提供通信协议，既可供总系统调用，亦可采用自动化软件实现数据的自动定时采集，数据自动保存到数据库文件中，总系统直接调用数据库文件对数据进行处理分析。在线式磁通量索力测量系统示意图如图 50-10 所示，索结构健康安全监测管理系统如图 50-11 所示。

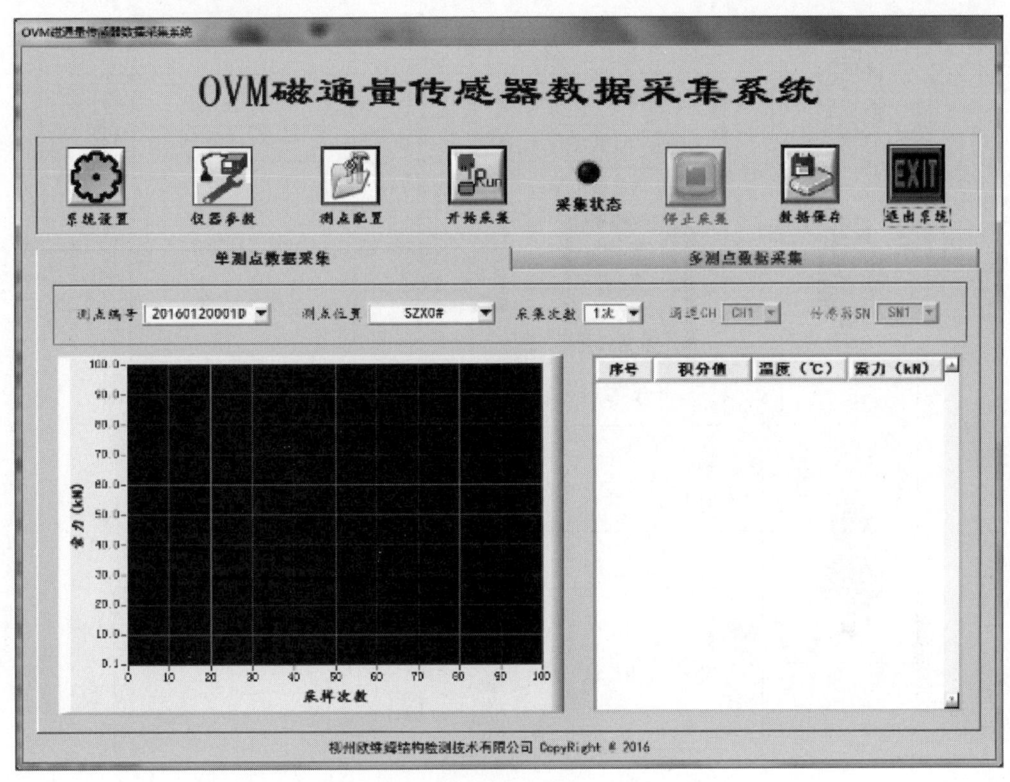

图 50-9　配套数据采集上位机软件

50.2.2　光纤光栅索力监测系统

1. 工作原理

光纤光栅传感器的基本原理为：采用紫外光对光纤侧面进行曝光或其他写入方法，使光纤纤芯一小段范围内的折射率沿光纤轴线发生周期性变化而得到光纤光栅，光纤光栅可将入射光中某一特定波长的光部分或全部反射。反射或透射光的中心波长如式(50-4)所示：

$$\lambda_B = 2n_{eff}\Lambda \tag{50-4}$$

式中，λ_B 为光栅布拉格波长；n_{eff} 为光纤纤芯的有效折射率；Λ 为光栅周期。

由式(50-4)可知，光纤光栅反射的布拉格波长主要取决于光栅周期 Λ 和光纤纤芯的有效折射率 n_{eff}，任何使这两个物理参量发生改变的物理过程都将引起光栅布拉格波长的漂移。

应变和温度是引起 Λ 和 n_{eff} 变化的主要物理量。布拉格波长的漂移与应变和温度的关系如式(50-5)所示：

$$\frac{\Delta\lambda_B}{\lambda_B} = (1-P_e)\varepsilon_z + (\xi+\alpha)\Delta T \tag{50-5}$$

式中，ε_z 为轴向应变；ΔT 为温差；P_e 为有效光弹系数，如式(50-6)所示：

$$P_e = \frac{n_{eff}^2}{2}[p_{12} - \nu(p_{11}+p_{12})] \tag{50-6}$$

式中，p_{11} 和 p_{12} 为弹光张量的系数(Pockel 系数)；ν 为光纤材料的泊松比；α 为热膨胀系数；ξ 为热光系数。

当材料确定后，光纤光栅对应变和温度的灵敏度系数基本上是唯一与材料系数相关的常数，这就从理论上保证了采用光纤光栅作为应变和温度传感器可以得到很好的输出特性。因此可以通过对光栅反射布拉格波长光谱的检测，实现被测结构的应变和温度量值的绝对测量。如果忽略交叉灵敏度的影响，温度、应变共同作用引起的对光纤光栅的作用可以看作是相互独立的、线性叠加的。光纤布拉格光栅(OFBG)传感器的原理如图 50-12 所示，光纤光栅智能拉索的制作过程如图 50-13 所示。

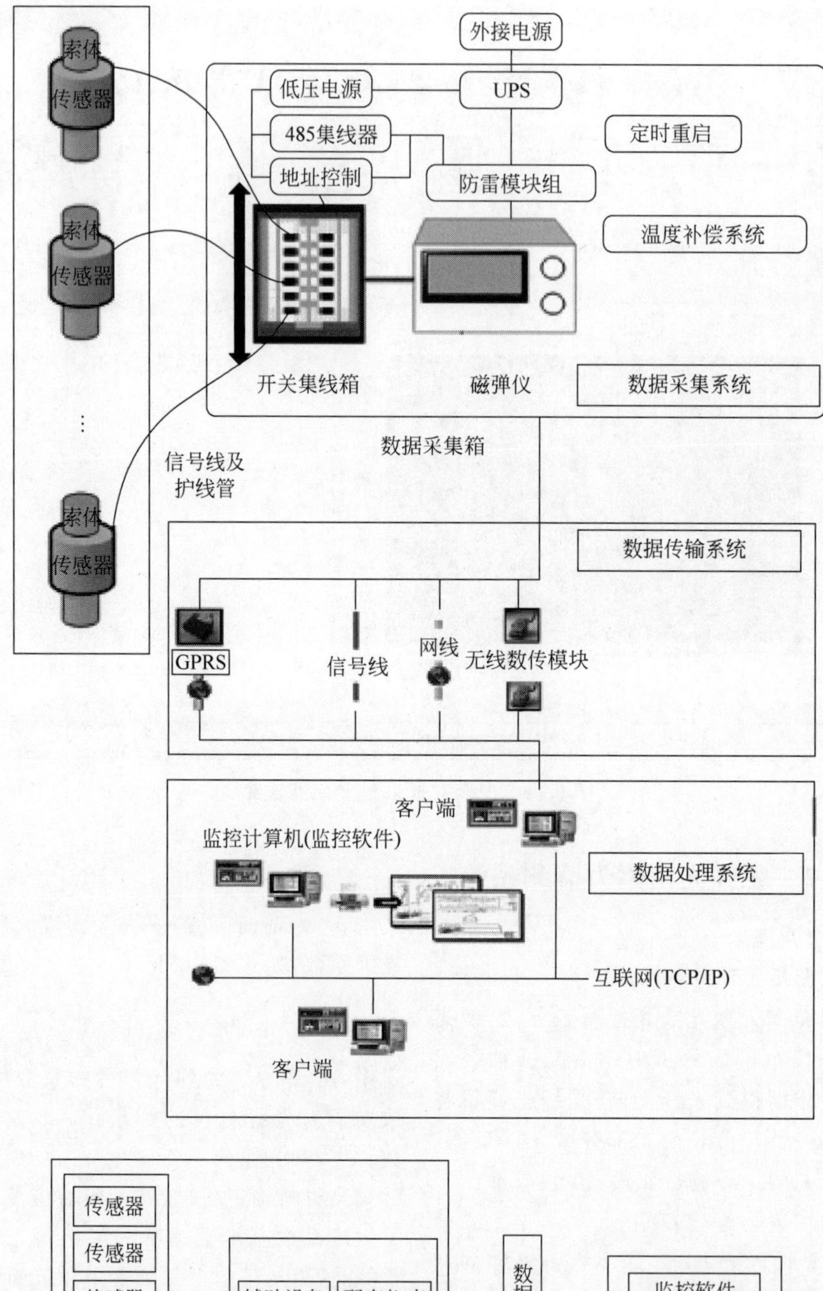

图 50-10 在线式磁通量索力测量系统(数据采集箱)示意图

图 50-11　索结构健康安全监测管理系统

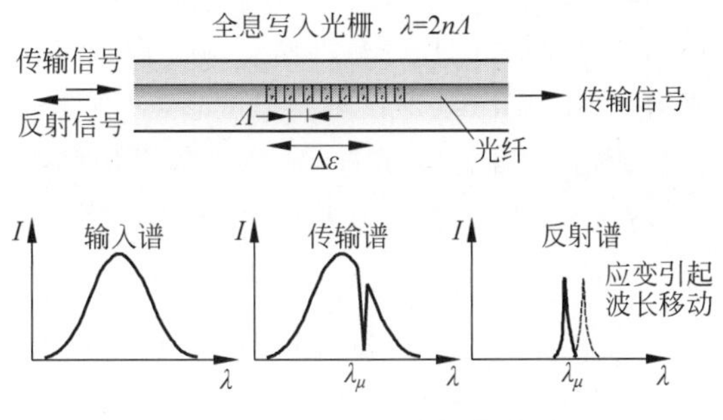

图 50-12　光纤布拉格光栅传感器原理

光纤光栅传感器具有以下一些独特优点。

（1）可靠性好、抗干扰能力强。由于光纤光栅对被测信息用波长编码，因此不受光源功率波动和光纤弯曲等因素引起的系统损耗的影响。

（2）测量精度高。精确的反射特征（小误差）使其可以更加准确地反映应力和温度的变化。

（3）绝对测量。波长是一个可绝对测量量，不受光强、器件耦合、传播路光衰减等的影响。光纤布拉格光栅传感器的波长偏移提供绝对测量，利用该特性不仅可对工程结构进行在线实时监测，而且还可以在需要时对结构进行周期性检测。

（4）具有在单路光纤上制作多个光栅的能力，可以对大型工程进行分布式测量，其测量点多，测量范围大。

（5）传感头结构简单、尺寸小，适于各种应用场合，尤其适合埋入材料内部构成所谓的智能材料或结构。

（6）抗电磁干扰、抗腐蚀，能于恶劣的化学环境下工作。

（7）光纤光栅传感器具有以低成本大批量生产的潜在优势。

用于结构监测时，OFBG 传感器的最大优势是可以实现应力与温度的准分布式测量，也就是将具有不同栅距的布拉格光栅间隔地制作在同一根光纤上，就可以用同一根光纤复用多个 OFBG 传感器，实现对待测结构的准分布式测量。由于该复用系统中每一个 OFBG 传

图 50-13 光纤光栅智能拉索制作过程

(a) 索体成型埋入智能 FRP 筋；(b) 智能索镦头；(c) 智能筋引线；(d) 索锚杯内灌环氧砂浆

感器的位置与中心波长都是确定的，因此分别对它们的波长移动量进行检测，就可以准确地对各 OFBG 传感器所在处的扰动信息进行监测。综合所有 OFBG 传感器采集的信息，还可以得到沿光纤轴向的应变场或温度场的分布状态。

光纤光栅传感器尽管具有以上一些独特的优点，但也有一些缺点。光纤光栅传感器本质上就是光纤，其外径约为 125 μm，主要成分是 SiO_2，比较脆弱，抗剪能力较差，因此光栅传感器及光纤传输线路比较脆弱。为了避免光纤光栅传感器和传输线路在传感器布设和结构施工中受到损伤和破坏，对其必须有严格的保护措施。

2. 分类介绍

1) 智能平行钢丝拉索

将制成的 FRP(纤维增强材料)-OFBG 智能传感筋在索体加工成型时放入索体中，并安装锚具制成成品索，得到光纤光栅智能拉索。一种较简单的布设方式是智能筋与拉索中的钢丝等长，利用锚具内的环氧砂浆固定 FRP-OFBG 智能传感筋的两端。在索力作用下，智能传感筋与钢丝发生同步变形，利用光纤光栅传感器感知拉索的应变，进而得出拉索应力及索力。由于 OFBG 不仅对变形敏感，对温度也相当敏感，因此需要进行温度补偿，采用同批次生产的参考光栅或参考 FRP-OFBG 筋进行温度补偿。

智能拉索的计算简化模型如图 50-14 所示，平行钢丝智能拉索如图 50-15 所示。等长的拉索索体和 FRP-OFBG 智能传感筋两端固定，在轴向力作用下产生同步变形，可以认为索体钢丝和 FRP-OFBG 智能传感筋的应变相同，利用光纤光栅传感器测量出 FRP-OFBG 智能传感筋的应变，就可以得出拉索的应变，如式(50-7)所示：

$$\varepsilon_{钢} = \varepsilon_{FRP} \tag{50-7}$$

根据计算简化模型，容易推出，索体钢丝和 FRP 智能传感筋的应力之比为

$$\frac{\sigma_{钢}}{\sigma_{FRP}} = \frac{E_{钢}}{E_{FRP}} \tag{50-8}$$

相对而言，GFRP（玻璃纤维增强材料）-OFBG智能传感筋的弹性模量较小，极限应变较大，成本也较低，所以选用它来制作智能索比较合适。通常情况下，钢索体的弹性模量 $E_{钢}=200$ GPa，GFRP-OFBG智能传感筋的弹性模量 $E_{GFRP}=50$ GPa。由此可知，在轴向力作用下，GFRP智能传感筋中的应力约为索体钢丝应力的1/4。这样一来，在轴向力作用下，GFRP智能传感筋中的分力远小于钢丝分力，这点对于采用环氧树脂砂浆固定GFRP-OFBG智能传感筋的两端比较容易做到。拉索的出厂标定如图50-16所示。

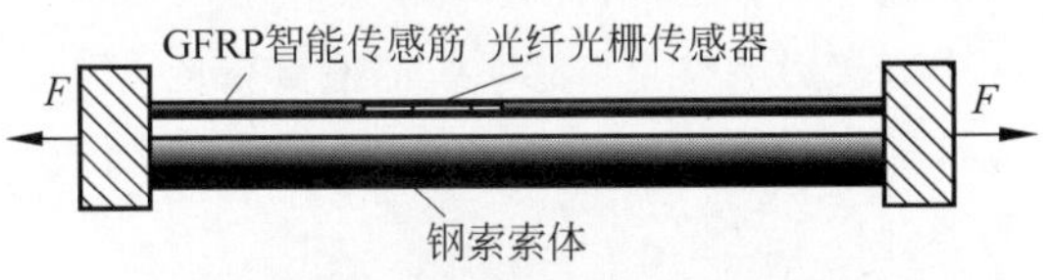

图50-14 智能拉索的简化模型

图50-15 平行钢丝智能拉索

图50-16 拉索出厂标定

2）智能钢绞线拉索

钢绞线是由多根钢丝绞合构成的钢铁制品，碳钢表面可以根据需要增加镀锌层、锌铝合金层、包铝层、油脂等，广泛地用作桥梁、建筑、水利、能源及岩土工程中的预应力筋和缆索构件。一般情况下，钢绞线受恶劣工作环境的影响，容易生锈腐蚀劣化，而它们又是这些结构中的关键受力构件，其服役期间的工作状态直接关系到结构的安全，因此应对钢绞线长期工作状态进行实时监测，确保使用期内的安全稳定。用合适直径的FRP-OFBG智能传感筋替换普通钢绞线的中丝可得到一种新型智能钢绞线，全部采用该种钢绞线或将其与其他普通钢绞线混用可实现监测目的。用FRP-OFBG智能传感筋替换7丝钢绞线的中丝得到的智能钢绞线如图50-17所示，图50-18所示为替换中丝后的光纤光栅智能钢绞线横断面图。为了保证FRP-OFBG智能传感筋与钢丝的黏结效果，保持同步变形，在智能筋的表面可喷涂环氧树脂等黏结剂。智能钢绞线的制作过程如下。

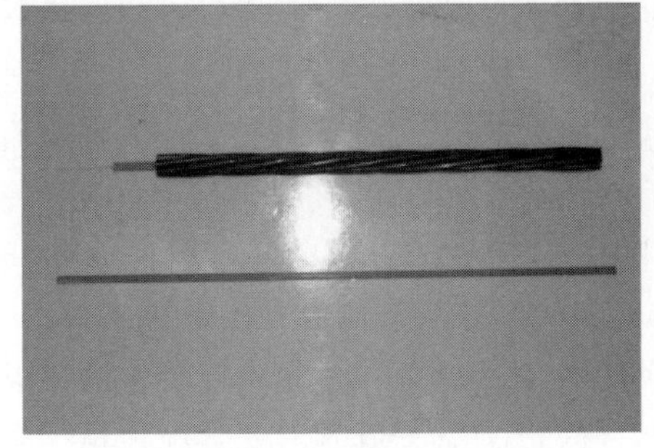

图50-17 FRP-OFBG智能传感筋及智能钢绞线

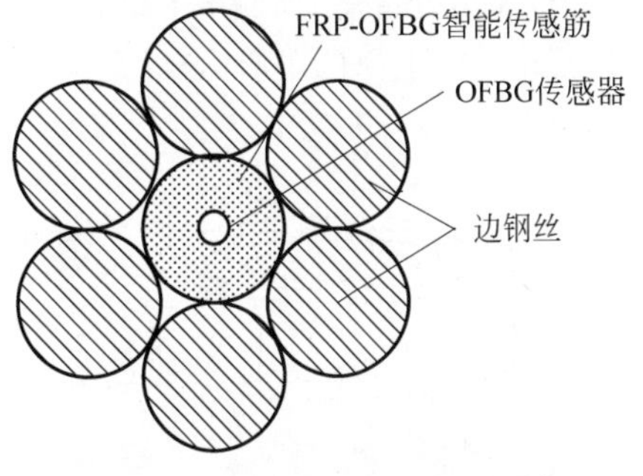

图50-18 光纤光栅智能钢绞线横断面

(1) 普通钢绞线和 FRP-OFBG 智能传感筋同时下料，为了接线与裁剪的方便，FRP-OFBG 智能传感筋比钢绞线稍长；

(2) 将普通钢绞线中丝抽除；

(3) 用清洗液清洗 FRP-OFBG 智能传感筋和钢绞线边丝的表面杂质；

(4) 以 FRP-OFBG 智能传感筋为中心丝，重新恢复成钢绞线，捻制过程中在中丝与各侧丝之间全长涂抹黏结剂；

(5) 为了使 FRP-OFBG 智能传感筋与钢丝充分黏结，将智能钢绞线养护一定时间；

(6) 对智能钢绞线的中丝 GFRP-OFBG 智能传感筋，安装光纤光栅接头或直接焊接传输光缆。

3) 光纤光栅压力环

光纤光栅压力传感器的结构如图 50-19 所示。在弹性体表面布设 4 个或更多焊接式的光纤光栅应力传感器，位置上彼此间隔 90°，传感器的布设方向与压力传感器的轴向一致；同时布设光纤光栅温度传感器，使其与光纤光栅应力传感器处于同一温度场下，应力传感器两端通过焊接固定，温度传感器只固定一端，保证其不受应力影响。4 个光纤光栅应力传感器通过一根光纤串联后接到引线端子上，温度传感器则从一个单独端口引出。测量时，从接线端子分别引出，整个结构用专用密封结构密封。在使用中，将测力环穿过锚索安装在锚垫板和锚板之间，当油压千斤顶对锚索施加预拉应力 F 时，作用在压力环上的是压力 N，根据力学原理，F 与 N 大小相等，就测出了锚索的索力。测力环受压后发生弹性变形，光纤光栅应力传感器与其协调变形，应力传感器中心波长均发生漂移，在经过温度补偿后，应力传感器中心波长的漂移量反映出作用在测力环上的压力大小，即二者呈线性比例关系。测出应力传感器中心波长的漂移量，根据标定的比例关系便能够测算出测力环的受力，即锚索的索力。

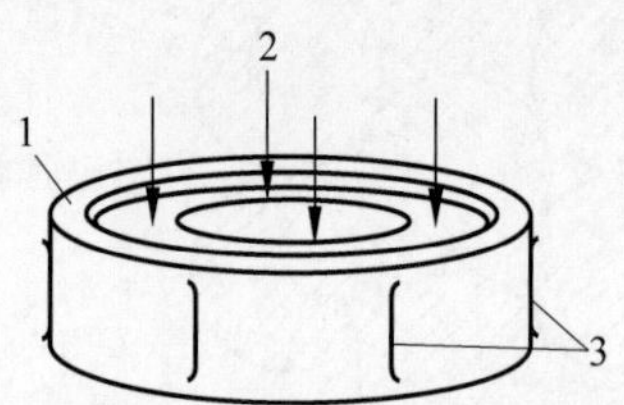

1—弹性体；2—锚头压力；3—光纤光栅。

图 50-19 光纤光栅压力传感器结构图

3. 解调设备

光纤光栅解调仪作为光纤光栅类传感器的通用解调设备，是与光纤光栅类传感器配套的不可或缺的设备，其实物如图 50-20 所示。光纤光栅解调仪可以对光纤光栅中心反射波长的微小偏移进行精确测量，波长解调技术的优劣直接影响整个传感系统的检测精度，因此光纤光栅波长解调技术是实现光纤光栅传感的关键技术之一。

图 50-20 光纤光栅解调仪实物

光纤光栅解调仪在结构健康监测方面有着非常重要的作用，它将光纤光栅传感器的波长信号解制出来，并传送给计算机，计算机中的上位机程序将各种波长信号转化为待测物理量的特征信号，即对结构实行实时的监测。在结构监测系统中，传感器为网络中树叶，解调仪为树根，树干为传输光纤。解调仪的通道数量决定了树干光纤的芯数。

4. 技术参数

1) 智能传感器

(1) 根据需求选定测量范围，典型值有 ±1500 $\mu\varepsilon$/±3000 $\mu\varepsilon$/±5000 $\mu\varepsilon$。

(2) 适应环境温度：−40～80℃。

(3) 测量误差：≤1%F. S.。

(4) 分辨力：0.5%～0.7%F. S.。

(5) 测量仪器供电电源：AC 100～240 V，50/60 Hz。

2）解调仪

解调仪的主要参数如表 50-1 所示。

表 50-1　解调仪的主要参数

参　数	数　值
通道	4(8 和 16 通道可选)
波长范围/nm	40(1529～1569)
波长分辨率/pm	1
波长重复性/pm	≤5
扫频频率/Hz	100 或 1000
动态范围/dB	40
通道光谱	带全光谱功能
可串联 FBG 波长间隔/nm	0.5
光纤接口	FC/APC
通信接口	Ethernet
工作温度/℃	0～50
供电电源	直流 12 V 或交流 100～240 V,50/60 Hz
外形尺寸/(mm×mm×mm)	269×243×56
重量/kg	2.6

50.2.3　振弦锚索计

1. 工作原理

振弦式传感器是以拉紧的金属钢弦作为敏感元件的谐振式传感器。当弦的长度确定之后，其固有振动频率的变化量即可表征钢弦所受拉力的大小。根据这一特性原理，即可根据一定的物理(机械)结构制作出测量不同种类物理量的传感器(如应变传感器、压力传感器、位移传感器等)，从而实现被测物理量与频率值之间的一一对应关系，通过测量频率值变化量来计算出被测物理量的改变量。振弦传感器是目前国内外普遍重视和广泛应用的一种非电量的电测传感器。由于振弦传感器直接输出振弦的自振频率信号，因此具有抗干扰能力强、受电参数影响小、性能稳定、耐震动、寿命长等特点。

如图 50-21 所示，振弦传感器的钢弦起振后，信号强度在短时间内迅速达到最大，然后在钢弦张力及空气阻力作用下逐渐恢复静止。我们可将整个振动过程分为起振、调整、稳定、消失几个阶段，其中，起振和调整阶段的振动又叫作强迫振动，稳定与消失阶段的振动合称为自主振动。强迫振动是指传感器的输出波形受到激振信号的影响，所输出的振动信号不是十分稳定且不能完全代表自身自振频率的振动。自主振动是指以传感器钢弦自有的振动频率进行有规律的振动(谐振)。

因此，为得到传感器真实频率值，对自主振动期间的周期信号频率进行采样、计算，在激励完成后延时一定时间才开始采样。采集仪主要工作流程如图 50-22 所示。

2. 振弦锚索计的结构及用法

振弦式锚索计为中空结构，便于钢绞线或者锚索从中间穿过，张拉时锚索计置于锚垫座和工作锚之间。在锚索张拉时，锚索计应平稳放置，上下承压面之间要清理干净，不能有铁屑和沙粒，并使锚索计的轴线与待测锚索轴线

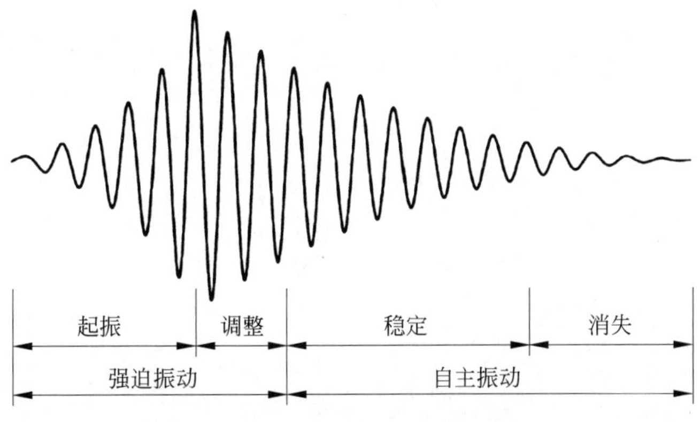

图 50-21　振弦钢弦振动过程

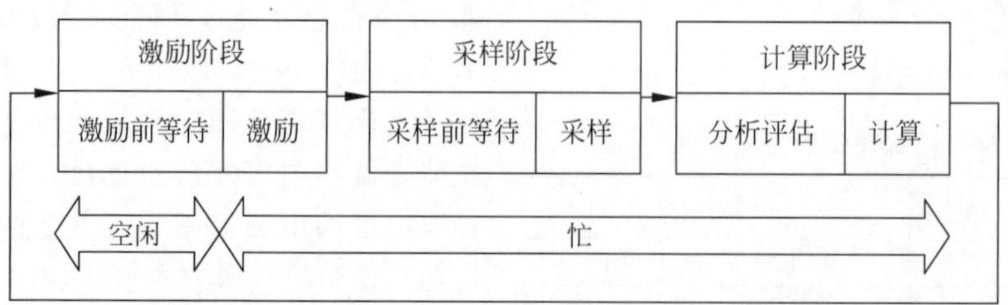

图 50-22　振弦采集模块(采集仪)主要工作流程

平行。如果发现几何偏心过大,应及时调整。加载时宜对钢绞线采用整束、逐级张拉的方法使锚索计受力均匀。振弦锚索计实物图如图 50-23 所示。

图 50-23　振弦锚索计实物

图 50-24　手持式振弦采集仪

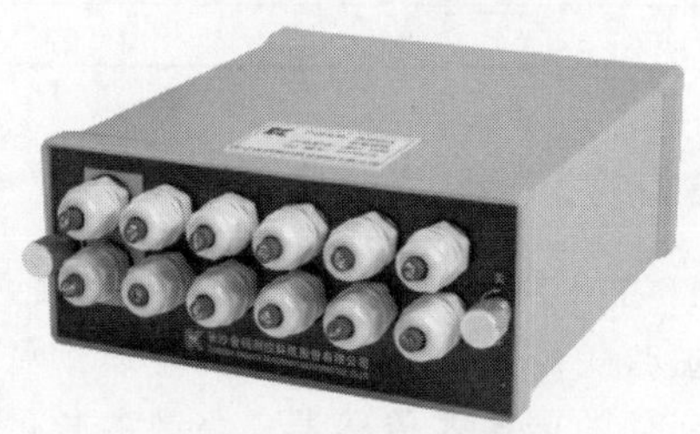

图 50-25　多路集线柜

3. 振弦锚索计读数仪

振弦频率读数仪用于测量基于振弦原理的各系列传感器的谐振频率和温度,可直接显示频率,也可以自动转换为模数显示。工作时首先激励弦式传感器,待传感器稳定后测量其自由振荡频率,同时还测量振弦式传感器内置的热敏电阻并转换成温度显示,内置热敏电阻转换程序可适应 2000 Ω(25℃)和 3000 Ω(25℃)两种不同温度传感器。读数仪分为手持式和多路集线柜两种形式,分别如图 50-24 和图 50-25 所示。

50.2.4　频率法采集设备

1. 工作原理

等效质量法为频率法索力监测方法的延伸。埋入式锚索与空悬锚索的边界条件有很大的不同,而且埋入式锚索无法对外部锚索激发自由振动,只能通过对锚头或者露出锚索进行激励。为此,将锚头与垫板、垫板与后面的混凝土或岩体的接触面模型化成一种弹簧支撑体系,该弹簧体系的刚性 K 与张力(有效预应力)成正比关系。另外,在锚头激振诱发的系统基础自振频率 f 可以简化为

$$f=\frac{1}{2\pi}\sqrt{\frac{K}{M}} \tag{50-9}$$

由该式可知,如果 M 为一常量,那么根据测试的基频 f 即可较容易地测出张拉力。然而,通过实验发现,埋入式锚索在锚头激振时,诱发的振动体系并非固定不变,而是会随着锚固力的变化而变化。锚固力越大,参与自由振动的质量也就越大。其基本原理为:利用激振锤(力锤)敲击锚头,并通过粘贴在锚头上的传感器拾取锚头的振动响应,从而能够快速、简单地测试锚索的现有张力。等效质量法示意图如图 50-26 所示。

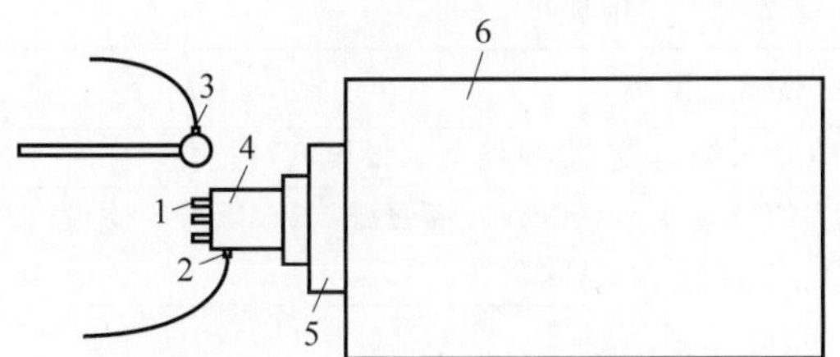

1—锚索；2—传感器；3—拨叉；4—锚头；
5—垫板；6—混凝土。

图 50-26　等效质量法示意图

在使用等效质量法时，激振是影响其测试精度的重要因素。激振锤的尺寸、激振能量大小、锚索索力的高低、在锚头上的激振位置等因素都会影响到实际的测量精度。此方法安装简单实用，但受众多干扰因素影响，测量精度不高，在实际工程中较少使用。

2. 技术指标

频率法采集设备的技术指标如表 50-2 所示。

表 50-2　频率法采集设备的技术指标

型　　号	规格	量程/kN	灵敏度/kN	精度	参 考 尺 寸
JMZX3102HAT	三弦	200	0.1	0.2%F.S.	外径 46 mm，内径 16 mm，高 90 mm
JMZX3105HAT		500			外径 80 mm，内径 38 mm，高 90 mm
JMZX3108HAT		800			
JMZX3110HAT		1000	1		
JMZX3115HAT	六弦	1500			
JMZX3120HAT		2000			
JMZX3130HAT		3000			
JMZX3140HAT		4000			外径 248 mm，内径 155 mm，高 130 mm
JMZX3150HAT		5000			
JMZX3160HAT		6000			
JMZX3180HAT		8000			
JMZX31100HAT	九弦	10 000	10		

3. 主要设备

采用的设备主要是预应力锚索(杆)张力检测仪，其外形如图 50-27 所示。

4. 性能指标

频率法采集设备的性能指标如表 50-3 所示。

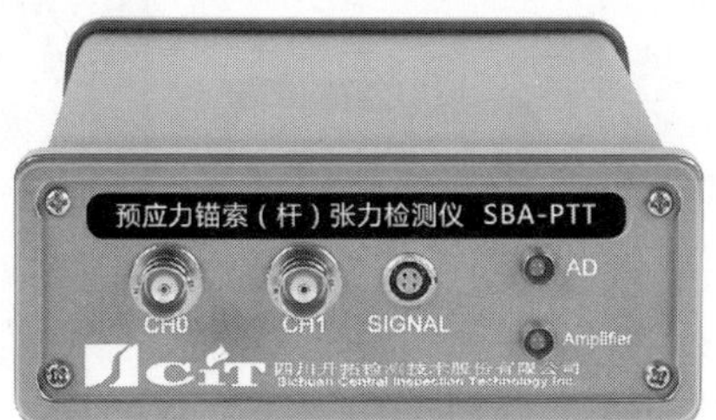

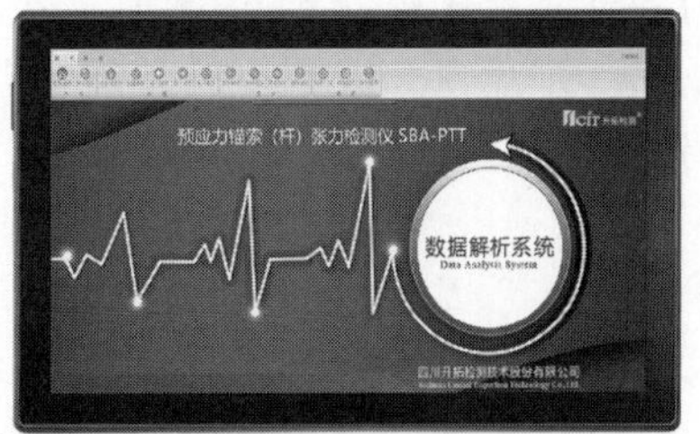

图 50-27　预应力锚索(杆)张力检测仪

表 50-3　频率法采集设备的性能指标

序号	性能指标
1	提供数据库云管理服务，数据能与 BIM 系统对接，实现检测结果模型可视化
2	提供波形噪声处理和频谱分析功能：如移动平滑(SMA)、带通滤波(BPF)、经验模态分析(EMD)、快速傅里叶变换(FFT)、最大熵(MEM)等
3	采样通道：24 位
4	锚杆下有效预应力测试方法：等效质量法(TTEM)
5	信号处理技术：积分处理和平均处理
6	平台：便携式平台
7	通道数：两个通道，分别为触发通道和接收通道
8	自由悬挂张力的试验方法：弦振动法
9	数据采集：支持触摸和无线双模式操作；支持单一和连续双模采样
10	位置信息：支持 GPS 定位

50.2.5　反拉式预应力检测设备

1. 工作原理

锚索轴向拉拔检测法主要依据《建筑边坡工程技术规范》(GB 50330—2002)设计。该检测方法主要用来检验锚索安装质量，评估锚索的锚固能力。通常采用卧式油泵加压，常配合使用穿心式千斤顶，再通过精密的压力表将力学量(压力或压强)转化为可见的刻度，从而换算出锚索索力值。该方法简单易行，主要用于在施工过程中控制和调节锚索的张拉。其示意图如图 50-28 所示。

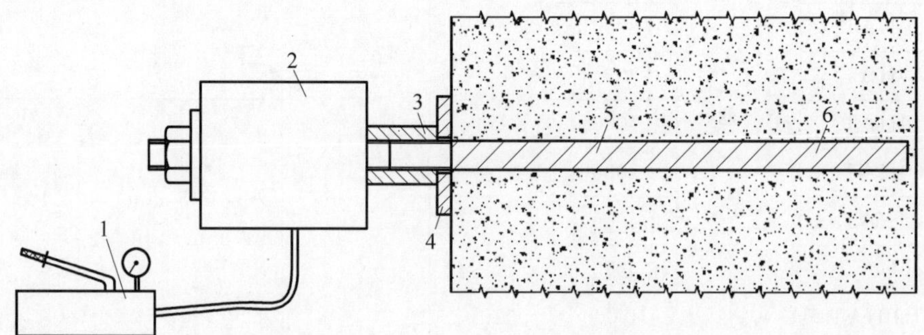

1—手动泵；2—千斤顶；3—连接器；4—托板；5—锚索；6—锚固段。

图 50-28　锚索轴向拉拔力检测法示意图

由于压力表本身具有指针偏转过快、易偏位、高压时指针抖动比较剧烈、读数时存在人为的随机误差、千斤顶标定存在误差等特点，而且部分锚固情况下，最大拉拔力和锚固力之间的关系还要根据岩体-黏结剂、锚索-黏结剂的刚度关系来决定，因此，它不可用于运营期的锚索索力的动态测量，也不适用于长期在线锚索索力测量。

2. 主要设备

使用的检测设备如图 50-29 所示。

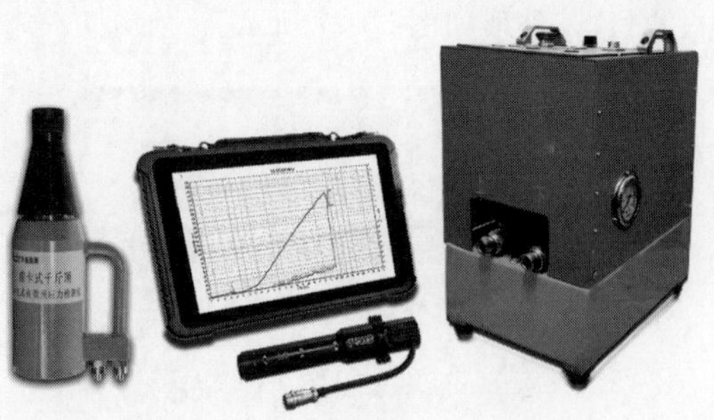

图 50-29　检测设备示意图

3. 性能指标

反拉式预应力检测设备的性能指标如表 50-4 所示。

表 50-4　反拉式预应力检测设备的性能指标

序号	性能指标
1	可控制张拉伸长量，限定夹片位移，读取独立夹片位移量，自动识别平衡点，防止超张拉
2	软件、硬件同时限定最大力值（最大力值可设定），防止超张拉
3	提供数据库管理服务
4	位移传感器：内含三支，等间距分布（确保读取到每个夹片的位移情况，防止工作夹片张拉不均衡造成的错测）
5	精度：优于 1%F.S.
6	结果识别：自动计算有效预应力值，无须人为干预

50.3　选用原则

预应力检测监测设备的选用原则如表 50-5 所示。

表 50-5　预应力检测监测设备选用原则

序号	设备	选用原则
1	磁通量索力测量仪	长期监测，长效性好，长期精度高
2	光纤光栅索力测量仪	动态性好，短期精度高，温度补偿难度大
3	振弦式锚索计	短期精度高，经济性好
4	频率法采集设备	操作便捷性好，经济性好
5	反拉式预应力检测设备	安装难度大，适合施工抽检

参考文献

[1] 张学军. 钢筋机械及预应力机械使用手册[M]. 北京：中国建筑工业出版社，1997.

[2] 高爱军. 钢筋工程施工实用技术[M]. 北京：中国建筑工业出版社，2014.

[3] 顾文卿. 新编工程机械选型与技术参数汇编实用手册[M]. 北京：中国知识出版社，2006.

[4] 蔡启光. 工程机械选型手册[M]. 北京：中国水利水电出版社，2006.

[5] 李世华. 施工机械使用手册[M]. 北京：中国建筑工业出版社，2014.

[6] 李自光. 桥梁施工成套机械设备[M]. 北京：人民交通出版社，2003.

[7] 侯君伟. 建筑工人技术系列手册——钢筋工手册[M]. 3 版. 北京：中国建筑工业出版社，2009.

[8] 江正荣，朱国梁. 建筑施工工程师手册[M]. 4 版. 北京：中国建筑工业出版社，2017.

[9] 李军，王平. 预应力设备与机械化施工技术[M]. 北京：中国建筑工业出版社，2015.

[10] 徐栋. 桥梁体外预应力设计技术[M]. 北京：人民交通出版社，2008.

[11] 中国建设教育协会建设机械职工教育专业委员会. 预应力机械及施工技术[M]. 北京：中国建筑工业出版社，2008.

[12] 大西铁路客运专线有限责任公司. 铁路客专箱梁预应力数控智能张拉系统：CN201020514251.9[P]. 山西：2010-9-2.

[13] 湖南联智桥隧技术有限公司. 智能型同步预应力张拉系统：CN201010557059.2[P]. 湖南：2010-11-24.

[14] 重庆市交通局. 公路桥梁预应力施工质量验收规范：CQJTG/T E03-2021[S]. 重庆：2021-9-1.

[15] 钱厚亮，贾艳敏. 新型智能预应力张拉设备的研制[J]. 自动化仪表，2009，30(12)：3.

[16] 中国水利水电第七工程局成都水电建设工程有限公司. 锚索张拉自动监控系统及监控方法：CN200810044271.1[P]. 四川：2008-4-22.

[17] 郝志红. 全自动预应力张拉仪的研究[D]. 太原：太原理工大学. 2007.

[18] 罗忠孟，邓成中. 发展预应力张拉系统智能监控技术的探讨[J]. 机床与液压，2000. 增刊.

[19] 刘思谋. 一种后张法预应力孔道压浆施工工艺：CN200610059002.3[P]. 2007-1-24.

[20] 中交第一航务工程局有限公司. 后张法预应力混凝土箱梁管道压浆施工方法：CN200910263924.X[P]. 2011-4-13.

[21] 中铁十局集团有限公司. 一种真空压浆密封罩：CN200820026319.1[P]. 2009-5-6.

[22] 中铁四局集团第一工程有限公司. 一种真空压浆施工设备及方法：CN201010248138.5[P]. 2010-12-29.

[23] 中国建筑第七工程局. 竖向预应力孔道压浆施工方法及施工设备：CN200710054767.2[P]. 2008-4-23.

[24] 中国华西企业有限公司. 一种建筑工程可控制孔道灌浆的方法：CN200910116626.8[P]. 2009-9-23.

[25] 甘军，杨超. 桥梁预应力管道压浆施工质量控制技术及应用[J]. 四川理工学院学报(自然科学版)，2010，23(6)：627-629.

[26] 杨基好，宋善岭. 新型钢绞线穿束机快速穿束综合施工技术[J]. 铁道标准设计，2011(S1)：99-101.

[27] 中铁三局集团有限公司. 高速铁路桥涵工程施工技术指南[Z]. 2010.

[28] 高振科. 浅析钻孔灌注桩施工的质量控制[J]. 甘肃科技纵横，2008(1)：110+121.

[29] 中铁三局集团有限公司. 铁路混凝土施工技术指南[Z]. 2010.

[30] 袁俊华，张金芳. 钢绞线自动穿束切割机[J]. 混凝土与水泥制品，2015(12)：83-86.

[31] 张文正. 浅谈后张法预应力箱梁预埋管道穿管与钢绞线穿束工艺改进[J]. 铁道建筑技术，2014(11)：97-100.

[32] 魏建国. 田湾核电站安全壳倒 U 形预应力钢束整体穿束技术[J]. 建筑技术，2003(12)：899-900.

[33] 中华人民共和国交通运输部. 公路桥涵施工技术规范：JTG/T 3650—2020[S]. 北京：人

民交通出版社,2020.

[34] 中华人民共和国国家质量监督检验检疫总局,中国国家标准化管理委员会.预应力筋用锚具、夹具和连接器:GB/T 14370—2015[S].北京:中国标准出版社,2015.

[35] 中华人民共和国住房和城乡建设部.预应力筋用锚具、夹具和连接器应用技术规程:JGJ 85—2010[S].北京:中国建筑工业出版社,2010.

[36] 中华人民共和国住房和城乡建设部,中华人民共和国国家质量监督检验检疫总局.混凝土结构设计规范:GB/T 50010(2015 年版)[S].北京:中国建筑工业出版社,2015.

[37] 中华人民共和国住房和城乡建设部.预应力混凝土结构设计规范:JGJ 369—2016[S].北京:中国建筑工业出版社,2016.

[38] 中华人民共和国交通运输部.公路钢筋混凝土及预应力混凝土桥涵设计规范:JTG 3362—2018[S].北京:人民交通出版社,2018.

[39] 朱新实,刘效尧.预应力技术及材料设备[M].北京:人民交通出版社,2005.

[40] 冯大斌,栾贵臣.后张应力混凝土施工手册[M].北京:中国建筑工业出版社,1999.

[41] 赵长海.预应力锚固技术[M].北京:中国水利水电出版社,2001.

[42] 庄茁,朱万旭,彭文轩,等.预应力结构锚固——接触力学与工程应用[M].北京:科学出版社,2006.

[43] 姜建山,唐德东,周建庭.桥梁索力测量方法与发展趋势[J].重庆交通大学学报(自然科学版),2008,27(3):379-382.

[44] 王晓琳,朱茂华,章鹏,等.磁通量索力传感器的研究进展[J].广西科学,2023,30(3):434-444.

[45] 王晓琳,朱茂华,章鹏,等.拱桥圆钢吊杆拉力监测的磁弹传感技术研究[J].仪器仪表学报,2022,43(9):140-148.

后　记

钢筋及预应力机械是土木与建筑工程建设中重要的施工设备，包括钢筋强化、钢筋成型加工、钢筋连接和预应力加工与安装等机械设备。钢筋强化机械是将较低强度盘卷钢筋拉拔去除氧化皮杂物、提高强度，或轧制后形成带肋型的较高强度钢筋的机械设备。钢筋成型加工机械是将盘卷或直条钢筋加工成为钢筋工程施工安装所需要的长度尺寸、弯曲形状、螺纹连接尺寸或者组合成型钢筋制品的机械设备，主要包括调直切断、钢筋弯箍、切断、弯曲、螺纹加工、切弯加工和组合成型加工等设备。组合成型钢筋制品主要包括钢筋网、钢筋笼、钢筋桁架、钢筋墙板骨架、钢筋梁柱骨架、异型钢筋骨架等。钢筋连接机械是将钢筋通过焊接或机械连接进行续接组成钢筋整体结构的加工和施工设备，主要包括电弧焊、电阻焊、电渣压力焊、气压焊、预埋件焊接、套筒挤压连接、锥螺纹套筒连接、镦粗直螺纹套筒连接、滚压直螺纹套筒连接、套筒灌浆连接、钢筋摩擦焊接、锥套锁紧连接等机械设备和连接套筒。预应力加工与安装机械是预应力混凝土结构或拉索网膜结构中，用于对预应力锚固体系、缆索系统进行钢丝、钢绞线、缆索加工及安装施工的机械设备和锚夹具、连接器、索具，主要包括千斤顶、油泵、镦头器、挤压器、穿束机、灌浆机、真空泵、缆载吊机、紧缆机、缠丝机等。近年来，我国钢筋及预应力机械得到快速发展，产品的性能和质量不断提高，新技术、新产品、新工艺不断涌现。

(1) 在钢筋强化机械领域，钢筋冷拉、钢筋冷拔、钢筋冷轧带肋等在原有金属材料拉拔强化原理基础上开发了智能控制冷拉、冷拔技术；在冷轧带肋钢筋轧制基础上研究开发了采用高频加热、控制回火温度技术，将冷轧工艺与回火控制相结合，使两种强化效果相叠加，可以细化晶粒，改善内部组织，提高钢筋强度和延性。以普通碳素钢为原料，经过冷加工和回火处理，把条件屈服强度提高到 500 MPa 级，屈服强度达到 545～565 MPa，抗拉强度达到 630～680 MPa，伸长率 $A_{5.65}$ 达到 18.5%～22.0%。

(2) 在钢筋成型加工机械领域，钢筋切断机、钢筋弯曲机(含小型弯箍机)、钢筋调直切断机、钢筋弯箍机、钢筋螺纹成型机被广泛应用。切断机、弯曲机的最大加工 500 MPa 级钢筋直径可达 50 mm，被加工钢筋抗拉强度可达 670 MPa 以上。钢筋调直切断机的调直切断技术有了较大发展，转毂矫直、辊压调直、双曲线调直、辊压转毂混合调直、多平面辊压调直等调直技术均有提高，钢筋筋肋无损伤调直技术、双筋调直压紧平衡技术、大曲线辊压调直技术已在部分产品中应用，调直 500 MPa 级钢筋最大直径由 12 mm 发展到 16 mm，既可调直光圆钢筋，也可调直冷轧或者热轧带肋钢筋，送料传动系统采用变频调速技术实现无级变速，调直钢筋最大牵引速度可达 180 m/min。由于非接触长度检测控制技术的应用可使调直切断误差控制在 1.5 mm 以内，调直直线度小于 3 mm/m，使不同类型钢筋的调直轮辊和调直模块寿命不断延长。数控弯箍机在抗钢筋扭转、端头弯曲、快速剪切、立体弯折等机构上形成了多项技术突破，最大加工 500 MPa 级钢筋直径达到 16 mm，可实现单根或者双根钢筋弯箍，弯箍效率显著提高。钢筋切断生产线有平行切(弧形切)式、剪切式、锯切式等多种切断形式，加工钢筋最大直径可达 50 mm，最大加工能力每班可实现 300 t。钢筋笼焊接成型生产线有人工焊接、机器人焊接、焊接头固定式和焊接头移动式多种类型，固定型适合加工长度大、钢筋直径较小的大直径钢筋笼(如混凝土管道钢筋笼)；移动型占地面积小，适合受加工场地限制时钢筋笼的加工。钢筋桁架焊接设备不仅可加工三角桁架、梯子桁架等成型钢筋制品，而且还可与压型钢板成型机、钢筋焊网机等设备组合，生产桁架楼承板钢筋骨架、墙板钢筋骨架等组合成型钢筋制品。钢筋焊网机由小直径钢筋电阻焊接发展到大直径钢筋二氧化碳保护焊接，电阻焊最大钢筋直径为 12 mm，电阻焊接由高频焊接发展到中频焊接，由标准网焊接发展到柔性开口网焊接，网片焊接成型质量更加稳定。

近年来，国内自动化钢筋加工设备蓬勃发展，大直径钢筋切断弯曲组合加工、调直弯曲切断组合加工、大直径钢筋切断直螺纹加工端面平磨组合加工、钢筋切断直螺纹加工与钢筋笼焊接成型组合加工、钢筋切断与斜面弯曲组合加工等机械集多功能于一体的新技术、新产品不断涌现。箱梁盖板自动焊接机械人、箱梁腹板底板钢筋骨架自动化加工成型、桥墩钢筋笼骨架部品化加工配送、钢筋自动绑扎机器人、隧道钢拱架自动焊接机器人、地连墙钢筋骨架自动焊接机器人、钢筋集中加工配送、梁柱板墙部品化加工配送与安装、钢筋加工配送信息化管理软件等新技术日趋完善，并且在重点工程领域得到了示范应用。焊接封闭箍筋、梁柱墙板钢筋骨架成型、桁架楼承板自动焊接和组装等高效自动化生产设备近年来逐步推广应用。

(3) 在钢筋连接机械领域，小直径钢筋(直径<12 mm)的连接仍以焊接为主导，中等直径钢筋(12 mm≤直径≤22 mm)的连接采用焊接和机械连接均可，大直径钢筋(直径>22 mm)的连接以机械连接为主导。机械连接的最大钢筋直径达到 50 mm，连接钢筋强度级别达到 600 MPa 级。钢筋机械连接在单根钢筋机械连接基础上，又在多根成组固定钢筋机械连接和具备抗飞机撞击性能的连接技术等方面得到发展。近年来，开发出套筒灌浆连接、分体套筒连接、可焊套筒连接、双螺套套筒连接和双锥套锁紧连接等多根成组固定钢筋连接技术。套筒灌浆连接依靠套筒与灌浆料、灌浆料与钢筋材料之间的黏结咬合作用连接钢筋，该连接技术弥补了挤压套筒、直螺纹套筒机械连接方式的不足，使成组多根固定连接钢筋轴向和径向可调整范围增大，主要用于预制混凝土构件和现浇工程组合成型钢筋间的钢筋连接；分体套筒连接和双螺套直螺纹套筒连接技术利用直螺纹连接解决了成组多根钢筋螺纹螺旋线非共轨连接和多根钢筋端面非同一截面连接难题；双锥套锁紧套筒连接技术采用不加工钢筋端部直螺纹即可实现钢筋等强连接，解决了既有建筑结构改造钢筋续接和高密度大直径钢筋机械连接难题；分体套筒与可焊套筒组合连接是将可焊套筒与钢结构焊接为一体，再用分体套筒连接钢筋，消除了钢混结构钢筋连接的内应力。

(4) 在预应力加工与安装机械领域，随着预应力钢丝、钢绞线、缆索及碳纤维复合材料的不断发展，涌现出了许多新型锚固体系和缆索系统。后张预应力锚固技术已广泛应用到高层建筑、地下建筑、海洋工程、核电站工程、液化天然气工程、风电工程、水利工程、岩土工程、轻轨工程等新领域。目前，钢绞线的锚具可锚固钢绞线最大直径为 ϕ28.6 mm，钢绞线强度从 1670 MPa 提高到了 2400 MPa。随着混凝土体内预应力技术的发展成熟，体外预应力技术也得到了广泛应用，这使箱梁腹板内无须预留孔道，降低了结构整体造价。体外预应力体系可以随时检测、调校索的应力，便于维修、换索。电隔离锚具通过增设电绝缘性能优异、化学稳定性优良、耐久性能好的绝缘密封套、绝缘锚罩等绝缘密封组件，使锚固体系及钢绞线与构件中的其他金属部件不接触，隔绝杂散电流接触预应力筋，可有效减少预应力筋在锚具处的电化学腐蚀，在对防腐有特别要求的重点工程、特殊结构件中得到应用。基于液化天然气储罐工程研发了超低温预应力锚具，其可适用于－196℃的超低温环境中，随着天然气需求量日趋增加，储罐大小由 5 万 m^3、10 万 m^3、16 万 m^3 逐渐推广到 22 万 m^3、25 万 m^3、27 万 m^3，大孔位低温锚具逐渐得到应用。基于“华龙一号”第三代核电技术的核电安全壳研发出三代核电锚具并成功应用，不仅打破了国际垄断，还使得锚具制造技术及质量管控水平再上一个台阶。桥梁主塔、箱梁、盖梁等预应力构件中广泛应用了深埋锚具,该锚具可深埋于结构件中,减少了梁端钢筋的切割,提升了结构安全性及美观性。在风电领域引入后张预应力锚固技术,与预制混凝土节段拼装技术有效结合,成功替代了纯钢塔筒结构,可有效提高塔筒高度,大幅提高经济效益。

作为缆索系统的主缆、斜拉索、吊杆等在安全性、耐久性、智能化、抗风减震以及新材料方面进展较快,在一些新领域应用越来越多。高应力幅(250～500 MPa)、高强度(1960～2160 MPa)拉索技术已日趋成熟。缆索索体防腐技术不断提升,新型表面防腐材料如聚脲、锌铝涂层、锌铝镁涂层的应用领域不断扩大;缆索锚头密封技术显著提升,可满足相关标准中有关动态、静态水密性试验要求,锚头表面重防腐技术也得到更多应用。各种智能化拉索的研究突飞猛进,快速检查、在线监测、可视化等技术不断发展,检测原件性能、工艺不断提升;拉索抗风减振技术得到更多重视,理论分析不断完善,拉索用减振产品性能得到大幅提升。拉索的防火、防爆、防破坏、防冰技术已开始得到越来越多的重视与应用。预应力缆索新材料快速发展,超千吨级碳纤维筋拉索技术已在实桥应用。

随着桥梁建设的发展,大跨度、高通行能力、超宽或双层通车结构设计越来越多,主梁节段重量越来越大,悬索桥主缆直径也越来越大,推动了预应力桥梁施工装备技术快速发展,涌现出许多新型预应力施工机械、桥梁建设的大型专用装备以及智能化施工的各种装备。由欧维姆公司开发的缆载吊机起吊能力已达1000 t,成为全世界单机起吊能力最强的缆载吊机,同时也开发了主缆圆形钢丝、S形钢丝通用的缠丝机,大大提高了缠丝机设备的适应性。开发了下沉式紧缆机,打破了传统紧缆需依靠天车平衡施工的工作局面,实现了不需要外力辅助的自平衡,大大提高了施工安全性。

在核电领域,由于环向预应力钢绞线很长,为确保预应力精确控制,开发了55孔等应力预紧用张拉千斤顶和整体张拉千斤顶系统,解决了核电建设预应力张拉的瓶颈问题。预应力施工装备智能化得到了快速发展,依托北斗卫星定位系统,开发了大型拱桥斜拉扣挂塔架智能纠偏系统,并成功应用于世界最大跨度拱桥平南三桥的建设。同时各种施工装备依托4G、5G云技术实现了智能化、远程数据管理及监测,大大提高了施工质量和安全性。

建筑钢筋和预应力筋是钢筋混凝土结构的承力骨架,在房屋建筑中钢筋工程造价约占工程总造价的15%～18%,在高层、超高层和高抗震钢筋混凝土结构中,钢筋造价约占结构工程造价的35%～40%。预应力钢丝、钢绞线、缆索是预应力工程的承力骨架,对预应力工程施工质量、成本、安全和效率具有重要影响,因此钢筋及预应力工程在建筑行业占有重要地位。随着国民经济的快速发展,高效率、高质量、高性能钢筋及预应力机械的需求量会越来越大。为使现有的钢筋及预应力机械能够更好地服务于建筑业,促进国民经济发展,发挥其效益和效能,我们组织编写《钢筋及预应力机械》手册,目的是使该领域的专业工作者能够安全、高效地使用钢筋及预应力机械。该手册按内容分为钢筋及预应力工程基础知识、钢筋强化机械、钢筋成型加工机械、钢筋连接机械和预应力机械5篇,全书共50章内容,除钢筋及预应力工程基础知识外,各类机械一般按概述、产品分类、工作原理与结构组成、技术性能、选用原则与选型计算、安全使用6个部分进行撰写。

由于钢筋及预应力机械种类繁多,科技发展迅速,钢筋及预应力机械新产品、新技术不断涌现。加之我们水平有限,编写仓促,手册中难免会有遗漏、不足甚至错误,敬请广大读者与专家在使用过程中提出宝贵的补充和修改意见,我们将在手册修订中进一步完善。

《钢筋及预应力机械》手册编制组

2021年12月

附录

钢筋及预应力机械典型产品

GGJ12F焊接箍筋加工机械

GGJ13C钢筋弯箍机械

GT5-12A钢筋调直切断机械(压轮式)

GT5-12B钢筋调直切断机械(飞剪式)

BJX12钢筋调直切断弯曲一体化机械

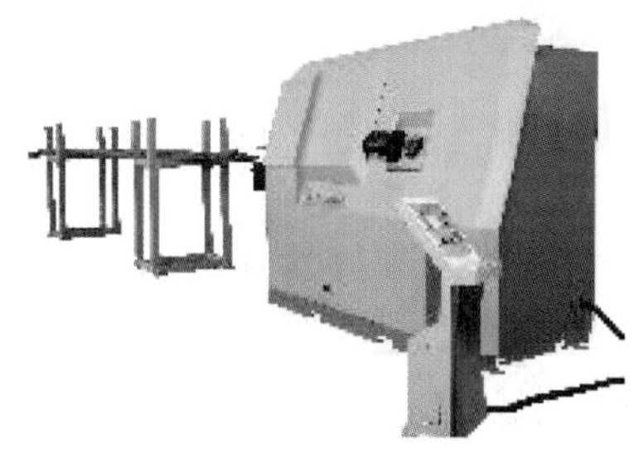

GGJ-B14型钢拱架和“8”字筋拱架成型机械

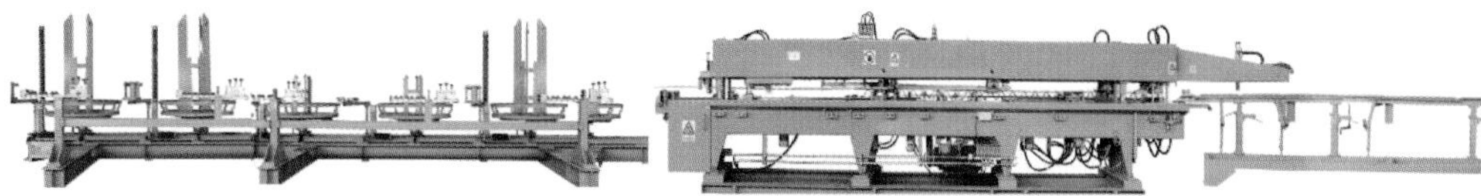

GJH-350钢筋桁架成型机械

钢筋机械典型产品

资料来源：廊坊凯博建设机械科技有限公司

GQX120钢筋切断机械

GJX500-ZSTB40钢筋螺纹成型机械

GWXL2-32钢筋立式弯曲机械

GWX40钢筋卧式弯曲机械

GLJ2500钢筋笼成型机械

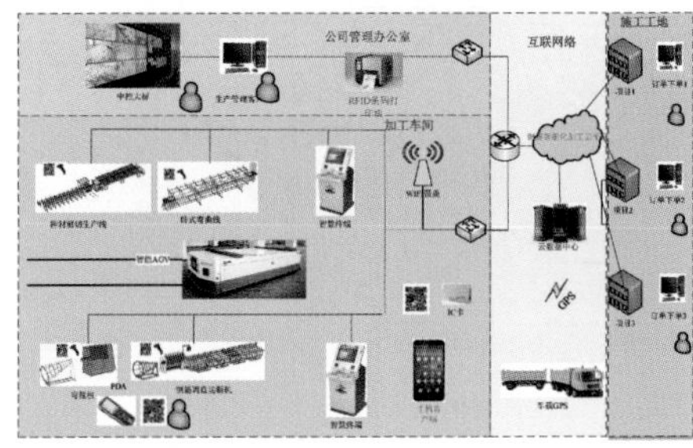
KBMES钢筋加工信息化管理软件

GWC3300-PC钢筋网成型机械

资料来源：廊坊凯博建设机械科技有限公司

TGM支座灌浆料

JM-X修补砂浆

JM系列高强灌浆料

JGM重力砂浆，JML浆锚料

TGM管道压浆剂

BLGS型钢筋剥肋滚丝机

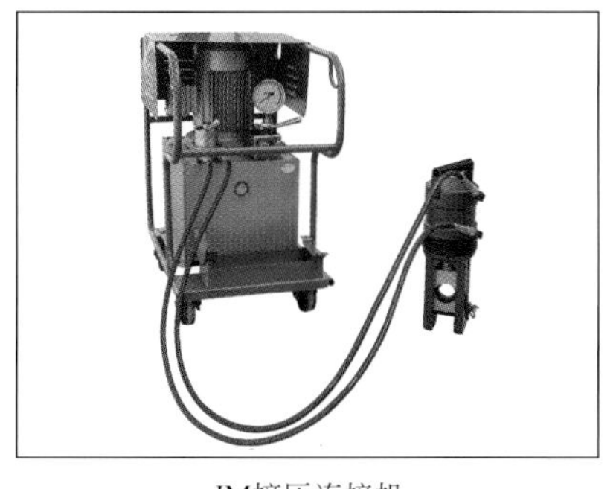
JM挤压连接机

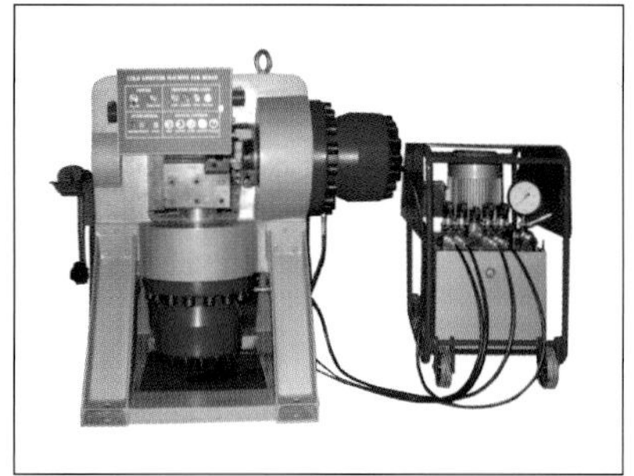
JM镦粗机

资料来源：北京思达建茂科技发展有限公司

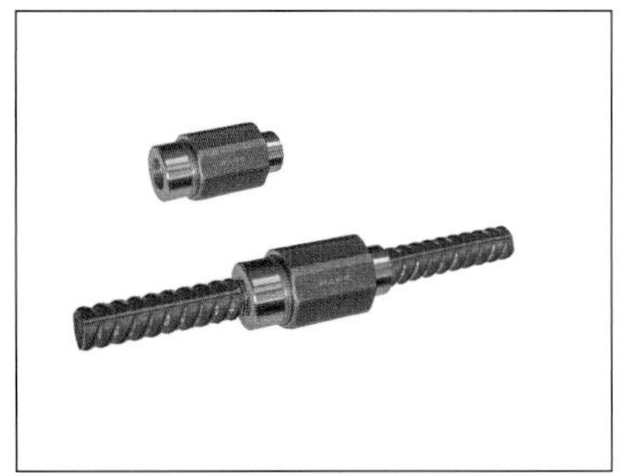

JM-U套钢筋部品螺纹连接

JM新型高效钢筋直螺纹连接

JM钢筋镦粗直螺纹连接

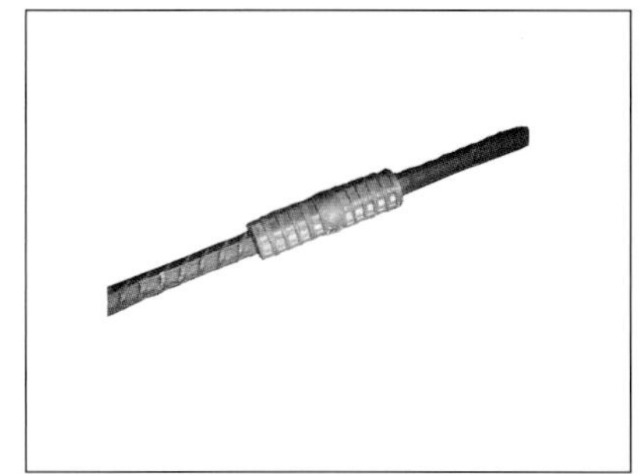

JM钢筋挤压连接

JM钢筋套筒灌浆连接—半灌浆套筒

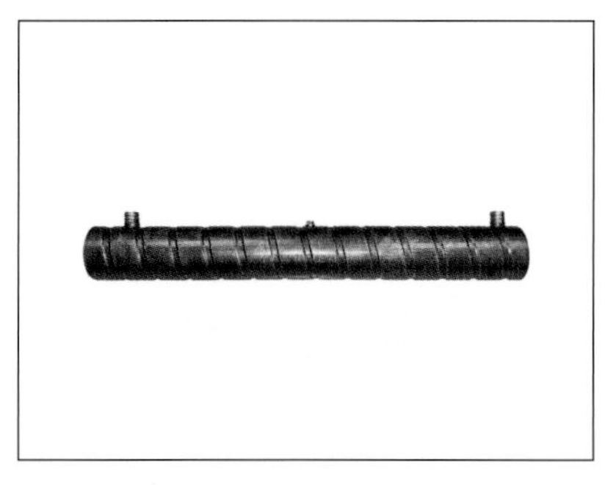

JM钢筋套筒灌浆连接—全灌浆套筒

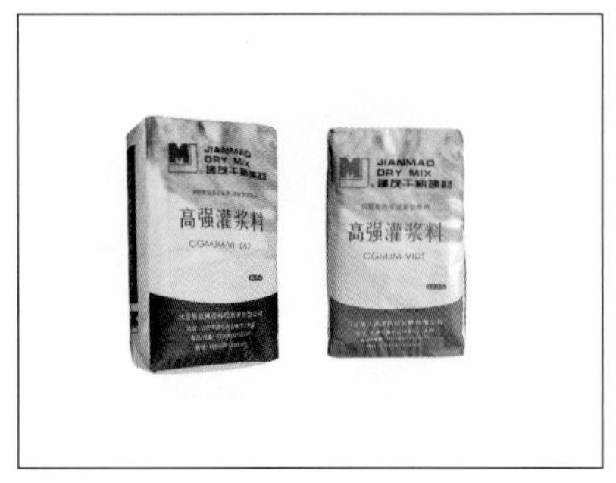

JM钢筋套筒灌浆连接—高强灌浆料

JM钢筋套筒灌浆连接—自动灌浆泵

资料来源：北京思达建茂科技发展有限公司

钢筋网焊接成型线GWC3300D3

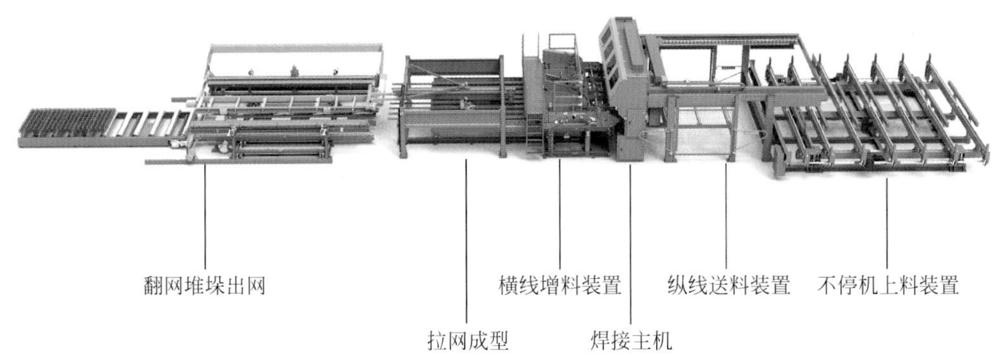

工业网焊接成型线GWC3000C2

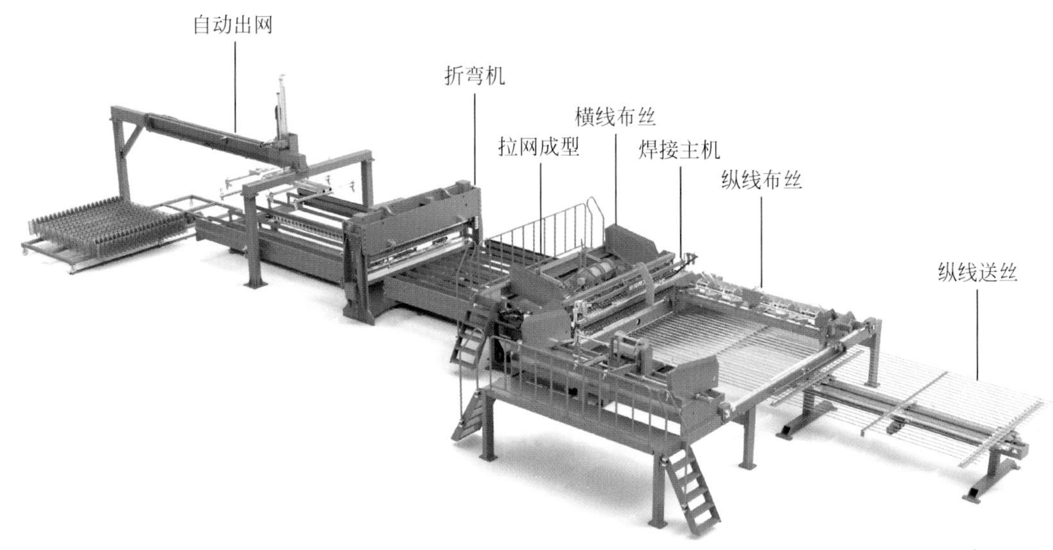

资料来源：河北骄阳焊工有限公司

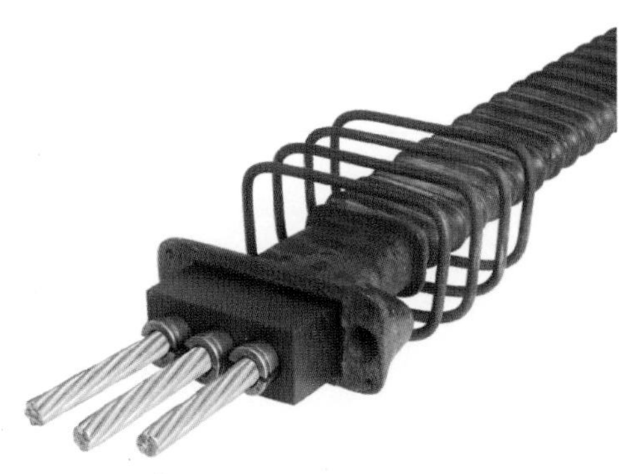

扁形张拉端夹片式锚具

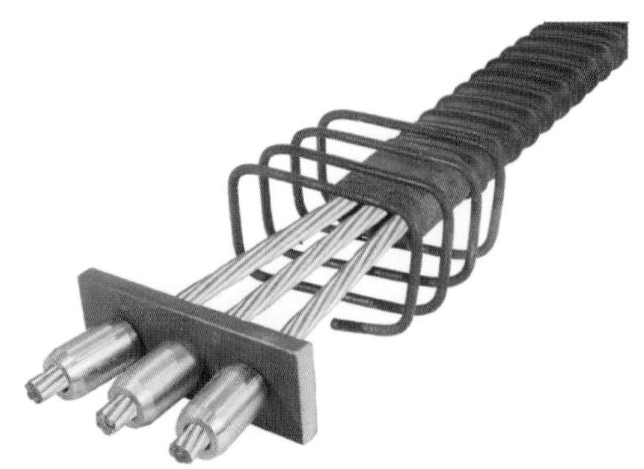

扁形固定端挤压式锚具

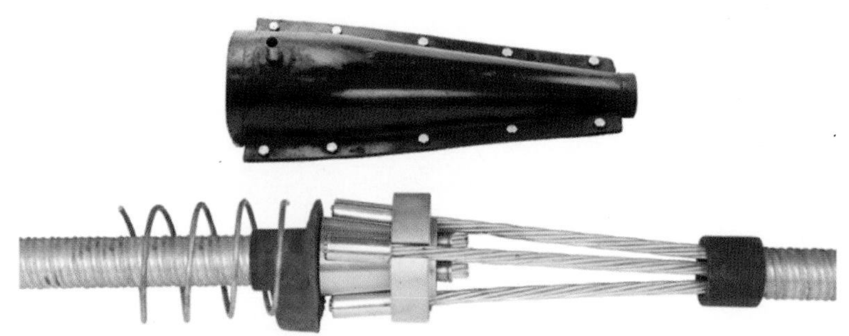

多孔连接器

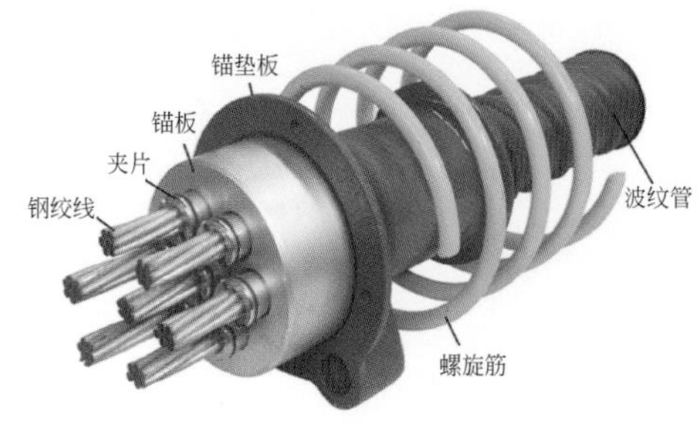

张拉端圆锚

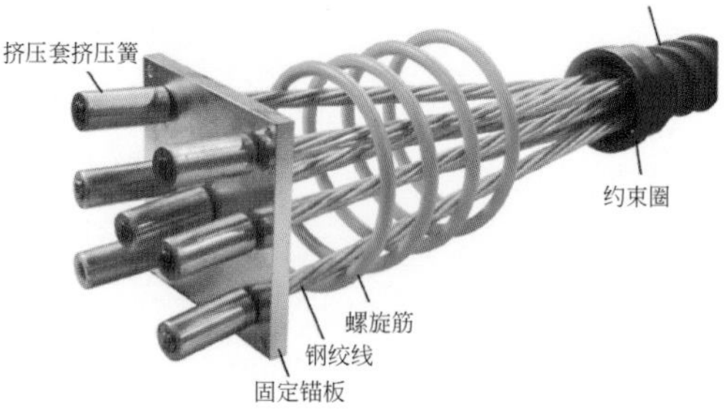

固定端P型锚具

资料来源：柳州欧维姆机械股份有限公司

YDC240QXB型千斤顶

YC(L)系列千斤顶

OVM智能千斤顶

YCWC系列千斤顶

镦头器

智能泵

资料来源：柳州欧维姆机械股份有限公司

GWCZ/P2400JZ数控钢筋网焊接生产线分为直条和盘条两种类型，可将直径3~6 mm的冷拔钢丝、镀锌铁线、带肋钢筋焊接成最大宽度2400 mm的网片。所有传动加工件均采用优质材料，使其寿命大大提高。设备的各个机构都有独立的电控系统，操作人员能在设备的任何机构启动设备运行；丰富的人机互动画面，可直接反馈出故障点，减少操作人员查找故障时间。

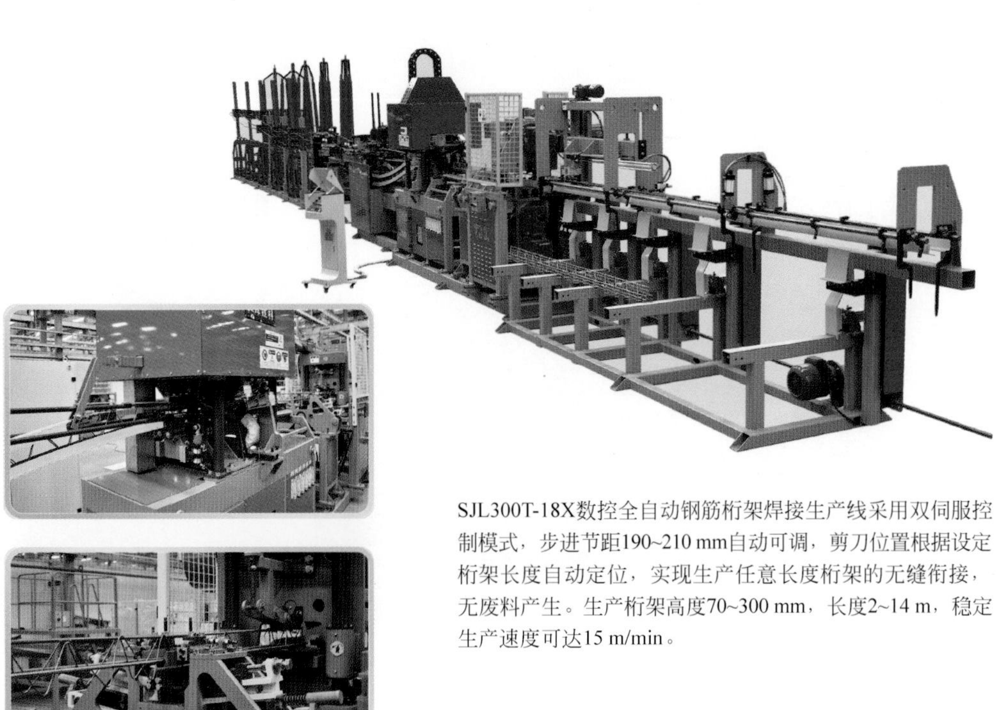

SJL300T-18X数控全自动钢筋桁架焊接生产线采用双伺服控制模式，步进节距190~210 mm自动可调，剪刀位置根据设定桁架长度自动定位，实现生产任意长度桁架的无缝衔接，无废料产生。生产桁架高度70~300 mm，长度2~14 m，稳定生产速度可达15 m/min。

资料来源：建科智能装备制造（天津）股份有限公司

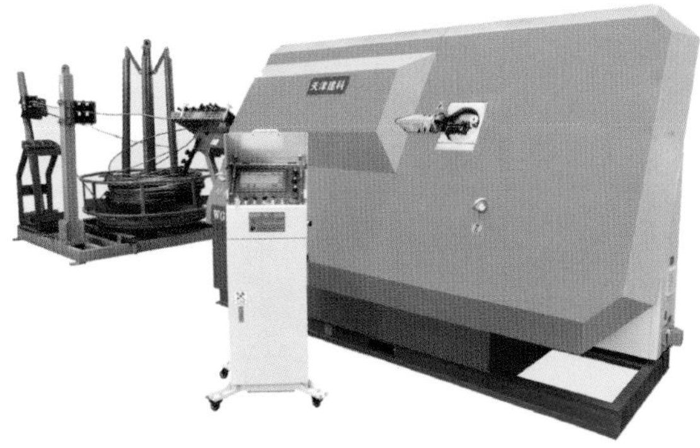

WG12E-2数控钢筋弯箍机采用气动双工位多功能弯曲机构，生产速度提高20%；大型斜面设计，加工范围大，可加工1670 mm以内的各种箍筋，也可加工小至70×70(mm)的小箍筋。

HLZ2000G-X数控钢筋笼滚焊机用于制作桩基直径800~2000 mm的圆形钢筋笼，具有多种长度规格可定制。旋转及行走由伺服系统驱动，精度高、定位准；加装自动焊接机械臂，大大降低工人劳动强度。

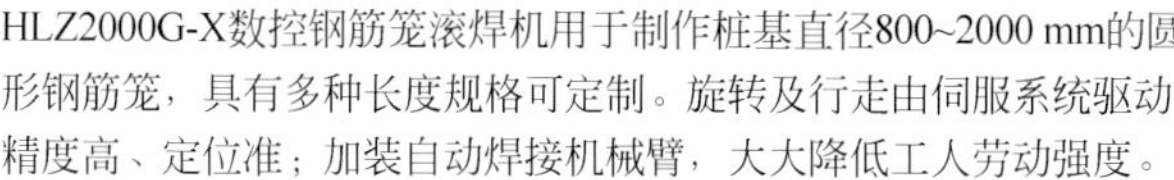

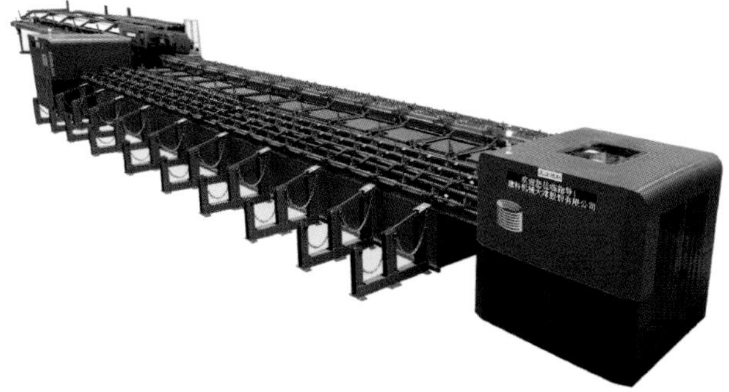

JQTS400-2TM数控钢筋锯切套丝生产线采用流水化的设计理念，原料经储料平台输送至锯切主机完成高速锯切，并输送至套丝导料平台，经输送辊道分别对钢筋的两端进行套丝打磨。

资料来源：建科智能装备制造（天津）股份有限公司

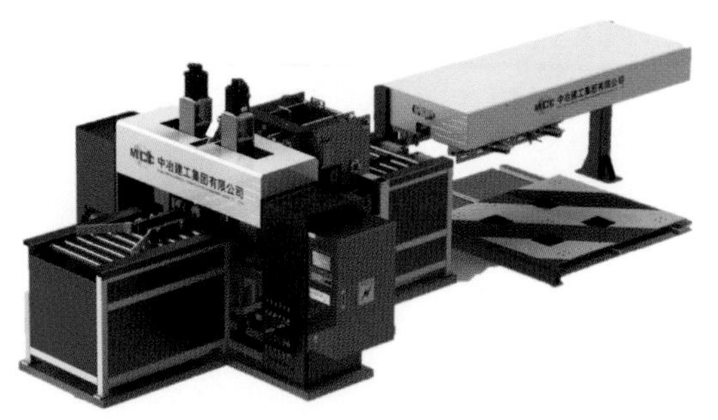

ZYWD-Ⅱ剪力墙箍筋焊接设备

ZYWD-Ⅱ剪力墙箍筋焊接设备特点：
1. 全数控操作，规格自动调节匹配。
2. 焊接效率高、质量稳定、安全、可靠。

ZYFD-Ⅰ/Ⅱ弯焊一体机设备特点：
1. 集钢筋矫直、弯折、切断、焊接于一体，设备自动化程度以及加工效率高。
2. 可视化的箍筋规格编辑，并且实现不同规格箍筋一键自动切换。

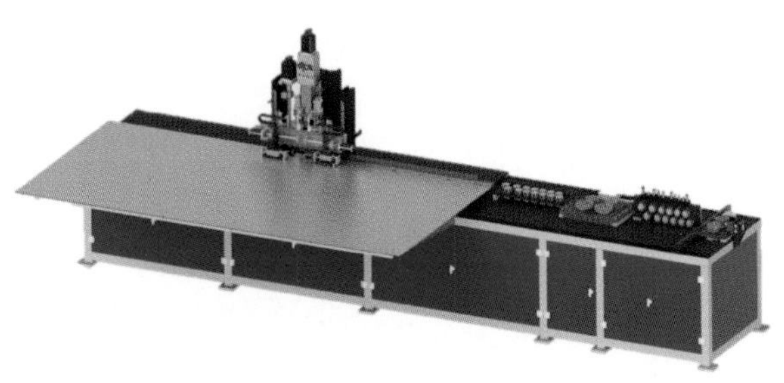

ZYFD-Ⅰ/Ⅱ弯焊一体机

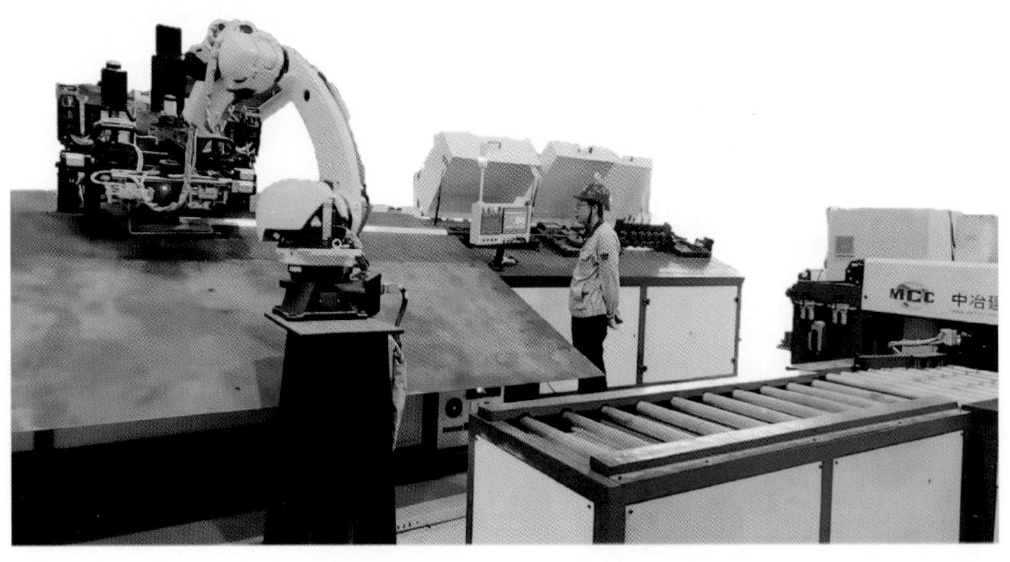

焊接箍筋自动化生产线Ⅱ型组合方案

焊接箍筋加工机械典型设备

资料来源：中冶建工集团有限公司科技实业分公司

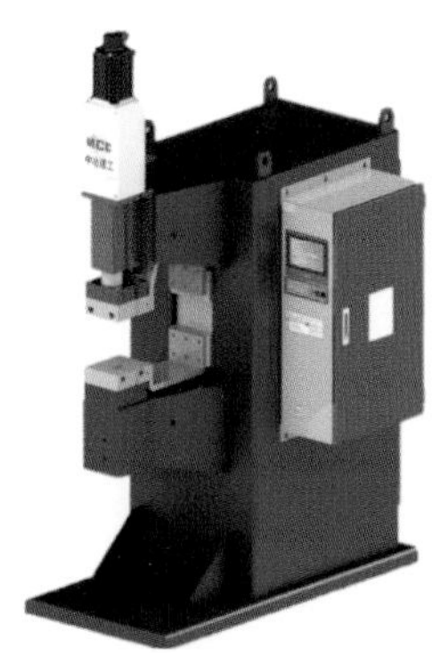

ZYD-350箍筋电阻压接焊机

ZYD-350箍筋电阻压接焊机设备特点：

1. 采用伺服电机驱动，通过PLC程序控制及信息反馈，能够精确控制电极压力。

2. 采用专家参数及一键式转换，使得设备操作简单、高效，操作人员经简单培训即可上岗，无须持证。

ZYWD-Ⅰ封闭式网片箍筋自动焊接机设备特点：

1. 箍筋的规格、尺寸、单向或双向肢条数量等自动调节匹配。

2. 设备自动化程度和生产效率高，适合工厂规模化生产。

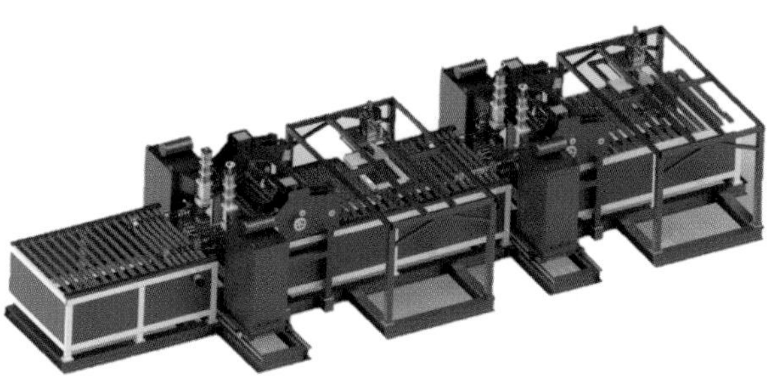

ZYWD-Ⅰ封闭式网片箍筋自动焊接机

焊接箍筋自动化生产线Ⅰ型组合方案

资料来源：中冶建工集团有限公司科技实业分公司

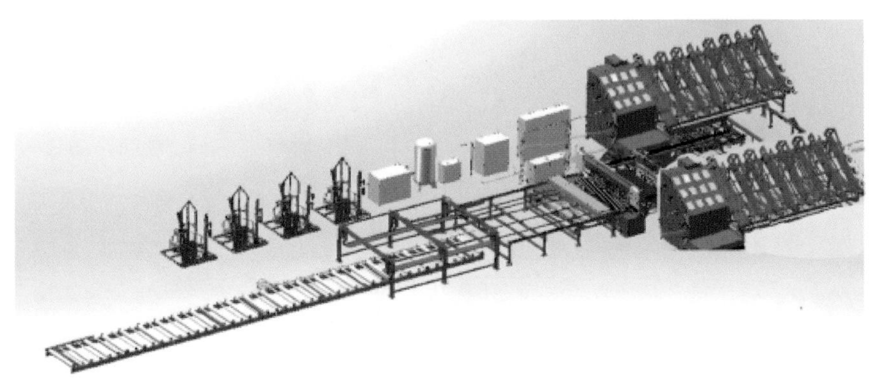

全自动无极柔性钢筋网焊接生产线

1. 本设备全过程自动生产，采用人机界面+工控机编程控制器方式控制。
2. 可焊接，弯曲，预留窗口、门口等，可根据预留窗口尺寸自动开孔。
3. 可直接导入CAD网片规格，方便快捷。
4. 焊接气动系统压力无级可调，快捷应对钢筋规格变换。
5. 原料以盘条/直条方式供料，完全采用模块式设计，纵筋、横筋由圆盘料经调直机构调直，不需要另配其他设备。
6. 全数字伺服电机系统，确保网格尺寸精确。
7. 网格纵向尺寸可通过屏输入进行变换，也可按照CAD图纸尺寸自动调整，适应叠合板网片多规格变化需要。
8. 生产线由于采用高度模块化设计，可以有多种不同的结构配置，可以根据用户的需要灵活配置设备的工作参数。

数控全自动钢筋桁架生产线

该生产线用于将(采用)5~12 mm的冷、热轧带肋钢筋及冷轧盘圆钢筋5根，从5个盘条的原料开始，经过盘条放线、自动钢筋调直、弦筋弯折、自动焊接成型、底角弯折、自动剪切、自动收集为一体的自动化生产线，最终的成品为三角形的专用钢筋桁架制品，主要的用途为高铁用双块式轨枕式结构及钢筋桁架楼承板结构；整条生产线由一名操作人员操作，最快生产速度为每分钟15~20 m左右。

资料来源：天津市银丰机械系统工程有限公司

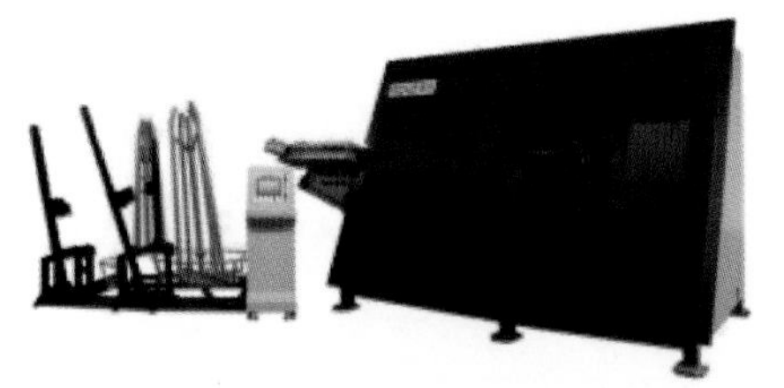

SKZ智能钢筋弯箍机KZ12A

SKZ智能棒材弯曲中心KZ2L32

SKZ智能钢筋剪切机器人 KZQ300

SKZ智能棒材卧式弯曲机器人 KZW50

SKZ智能锯切滚丝机器人 KZJS600-40MD

SKZ智能钢筋笼滚焊机 KZ1500/KZ2000/KZ2500

资料来源：康振智能装备（深圳）股份有限公司

公路桥梁预应力智能张拉系统

铁路桥梁预应力自动张拉系统

公路桥梁预应力自动压浆系统

铁路桥梁预应力管道自动压浆系统

深基坑钢支撑轴力伺服监控系统

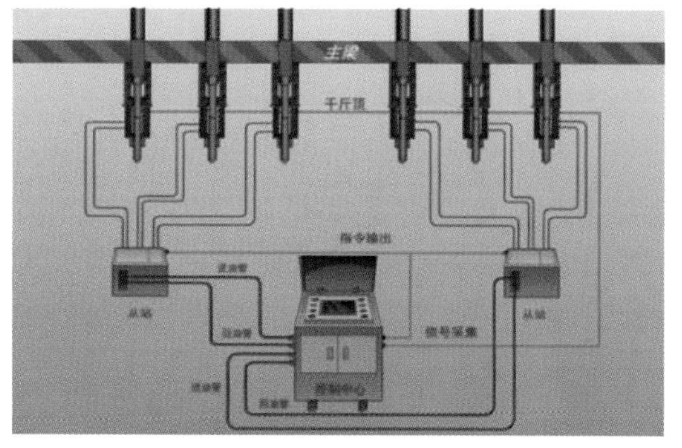

桥梁拉索整体智能张拉和调索系统

预应力智能张拉与压浆典型产品

资料来源：湖南联智智能科技有限公司

资料来源：河北易达核联机械制造股份有限公司

预应力构件生产线移动式布料机

预应力构件生产线介绍

采用模台固定、设备移动的生产组织模式，由多张模台共同构成长线模台。生产线集成了布料机、清理喷涂机、构件吊运机等自动化设备及智能张拉系统、智能养护系统，设备自动化程度高，能够提高预应力构件的生产效率。主要用于预应力叠合板等预应力构件的生产，也可用于其他非预应力构件的生产。

预应力构件生产线优势：

- 生产更加多样，能生产预应力叠合板、非预应力叠合板、预应力墙板、预应力梁柱等；
- 高度自动化降低生产运营成本；
- 高度自动化带来更高的生产效率；
- 合理化设计带来更高的车间利用率及模台利用率；
- 振捣及养护系统的加入，实现预应力叠合板品质的提升。

预应力构件生产线摆渡张拉一体机

预应力构件生产线

资料来源：河北新大地机电制造有限公司

XHJ-350全自动钢筋桁架焊接生产线（波峰190-210可调）

- 波峰间距：190~210mm可调（无须人工切割）
- 桁架高度：70~350mm可调
- 底角：65~110mm可调

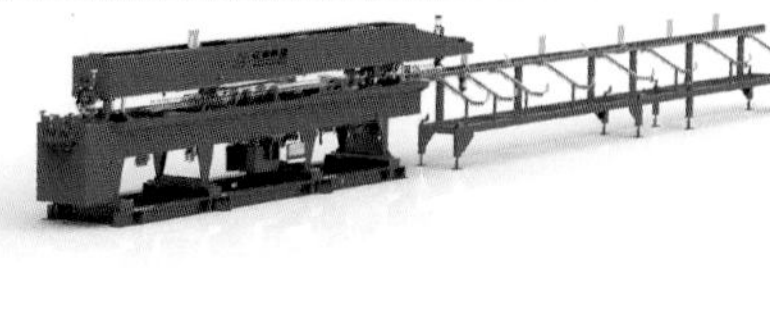

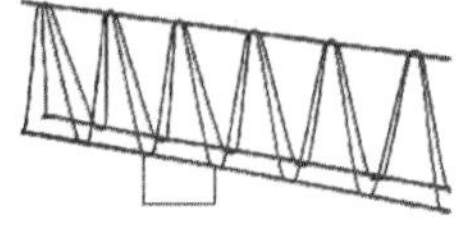

DNW3-3×150-576/600变频模板机（两用）

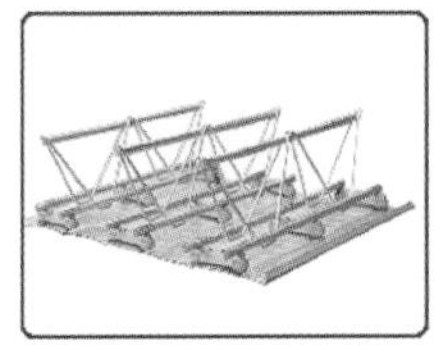

可拆桁架楼承板焊接生产线

GWC-C 全自动钢筋网片专用焊接生产线

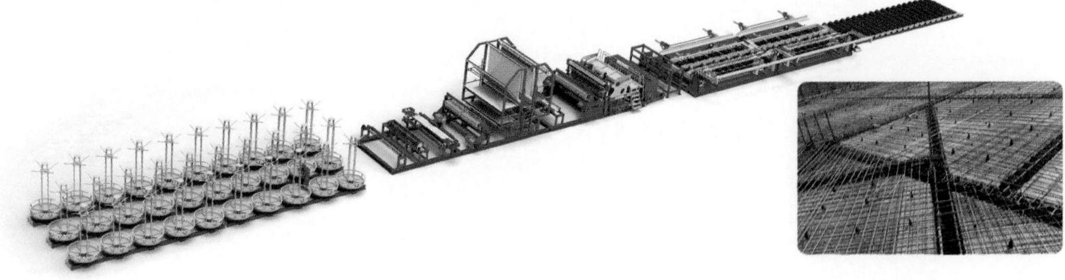

资料来源：浙江亿洲机械科技有限公司

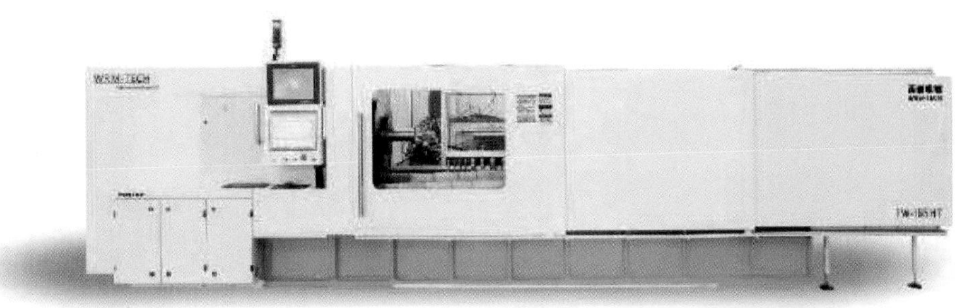

摩擦焊的特点:

1. 焊接接头质量高。接头组织细密，焊缝强度能达到与母材等强；焊接质量稳定、一致性好；热变形小，有较高的尺寸精度及几何精度。
2. 批量生产时在成本和效率方面优势明显,尤其全自动机型无须人工焊接,效率更高。
3. 程序简单，运行稳定可靠，耐用性良好；无须坡口、互锁等焊接前的加工；焊接参数重现性好，容易实现工艺参数及质量的自动控制，便于放在工厂机械生产线上使用。
4. 能源消耗低，无须大功率电源，消耗功率仅是其他焊接方法的1/5～1/20。
5. 劳动条件好，环境污染小，保证操作者职业健康与安全。
6. 焊接性好，可焊金属的范围广，特别适用于焊接异种金属。

领域应用:

应用于航空航天、石油钻探、工程机械、汽车零部件等诸多领域,以及土木工程中钢筋连接接头批量生产领域,主要包括钢筋和丝头的摩擦焊接，以及钢筋和锚固板的摩擦焊接。

资料来源：苏州西岩机械技术有限公司

高延性冷轧带肋钢筋生产装备

资料来源：安阳复星合力新材料股份有限公司

智能化线棒一体钢筋加工中心

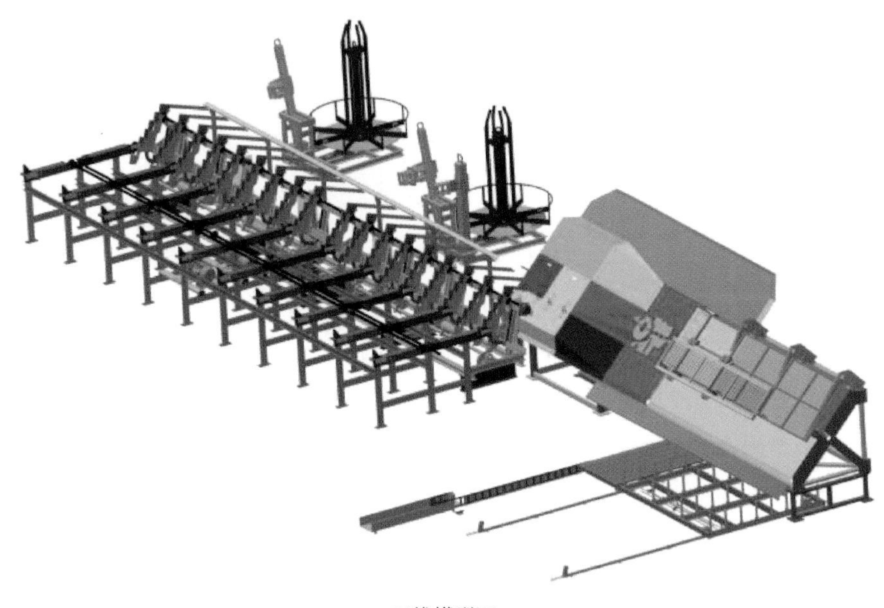

三维模型图

现场实物图

资料来源：山东连环机械科技有限公司

数控钢筋笼滚焊机

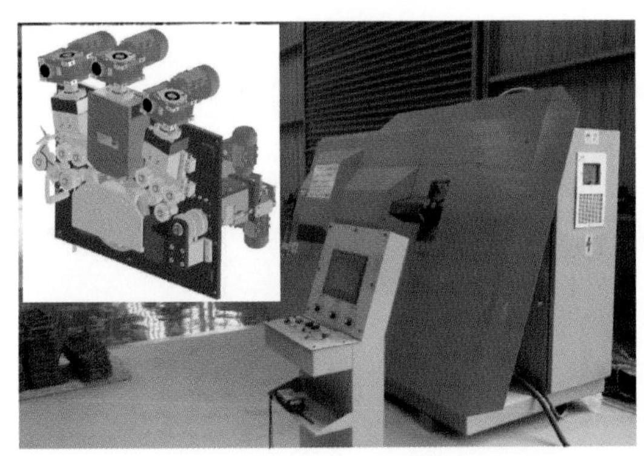

数控钢筋弯箍机（智能矫直）

数控水平钢筋弯曲中心

数控锯切套丝生产线

液压数控钢筋剪切生产线

资料来源：山东连环机械科技有限公司

集约式高产能PC生产线

PC综合生产线

大型成组立模墙板生产线

新泽西市政构件生产线

PC模具

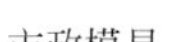

市政模具

滑动式多功能预应力构件生产线

预应力长线台生产线

多功能卧式立模轻质墙板生产线

资料来源：德州海天机电科技有限公司

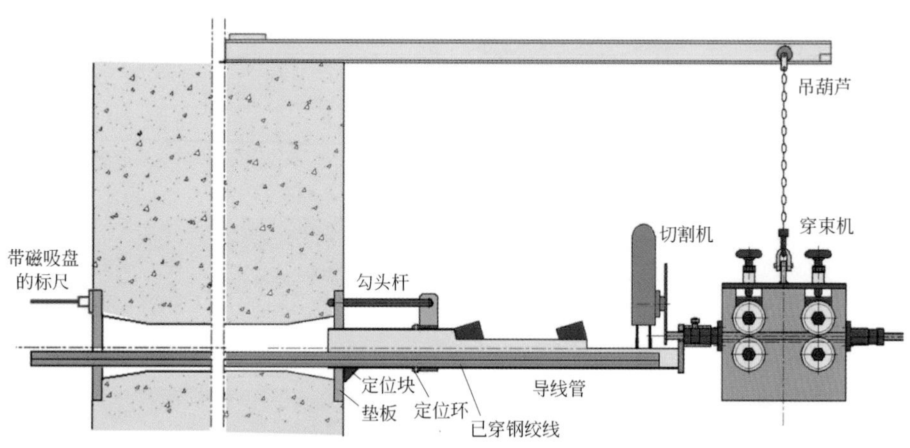

资料来源：开封市齐力预应力设备有限公司

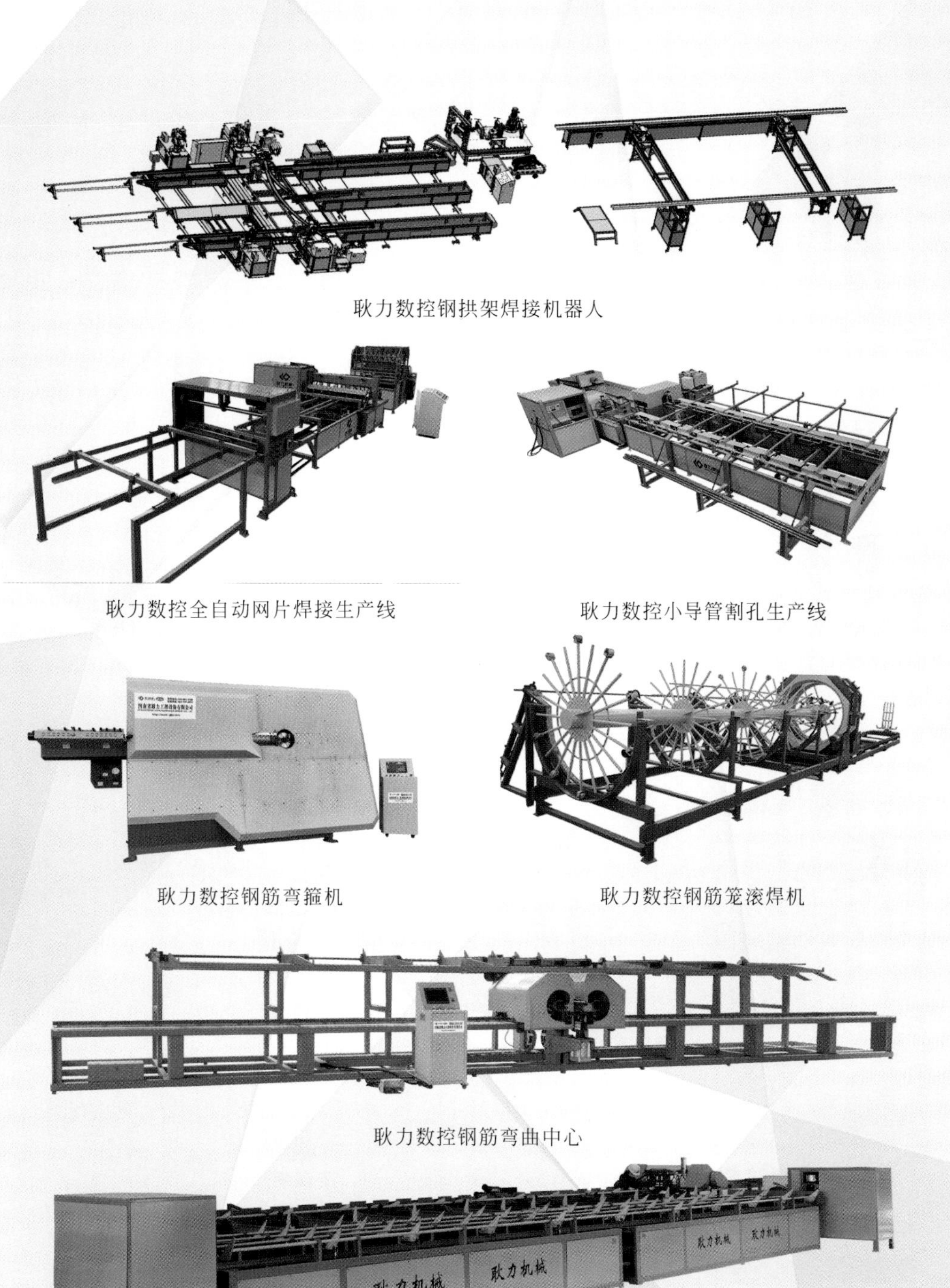

耿力数控钢拱架焊接机器人

耿力数控全自动网片焊接生产线

耿力数控小导管割孔生产线

耿力数控钢筋弯箍机

耿力数控钢筋笼滚焊机

耿力数控钢筋弯曲中心

耿力数控锯切套丝打磨生产线

资料来源：河南省耿力工程设备有限公司

半灌浆套筒：
热锻与冷挤压相结合工艺，性能稳定；
专利剪力槽结构，受力结构合理；
适用于装配式混凝土建筑竖向预制构件主筋的连接。

全灌浆套筒：
特殊工艺加工，加工工序少，尺寸稳定；
专利剪力槽结构，受力结构合理：
模具化生产，易检测，生产效率高；
适用于装配式混凝土竖向预制构件的主筋连接，也适用于预制梁之间水平主筋的连接。

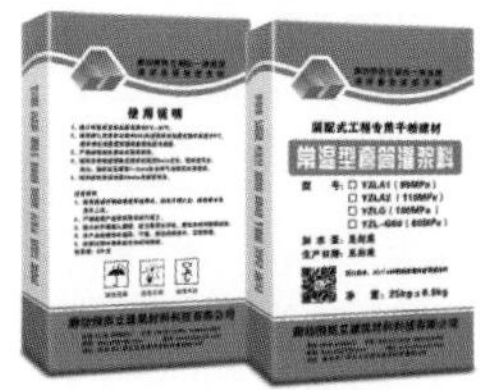

常温型套筒灌浆料：
流动性好；早强高强；塑性膨胀；绿色环保。

适合于产业化、装配式住宅预制构件的连接，也可用于大型设备基础的二次灌浆、钢结构柱角的灌浆等。

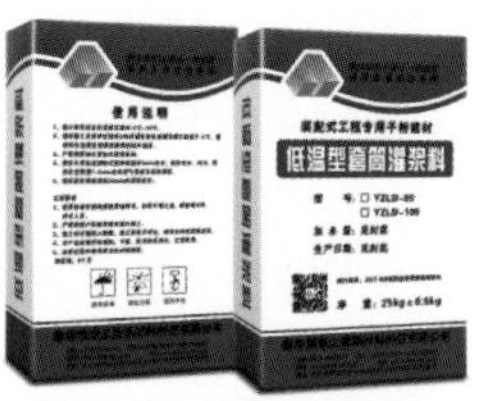

低温型套筒灌浆料：
低温流动性好，早期强度高，上强度快；
双膨胀体系保证产品充盈度。

适合于低温条件下产业化、装配式住宅预制构件的连接。

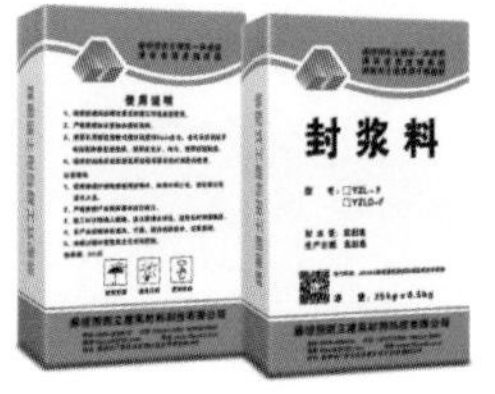

封浆料：
早强高强、无收缩；高黏结性；绿色环保。

适用于预制混凝土梁柱及剪力墙等构件灌浆前的接缝封堵等。

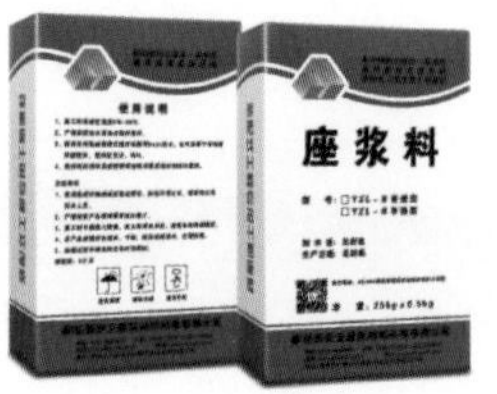

座浆料：
高强早强、微膨胀；抗开裂、易施工；绿色环保。

适用于预制混凝土梁柱及剪力墙等构件的座浆施工、预制构件接缝封堵等。

资料来源：廊坊预则立建筑材料科技有限公司

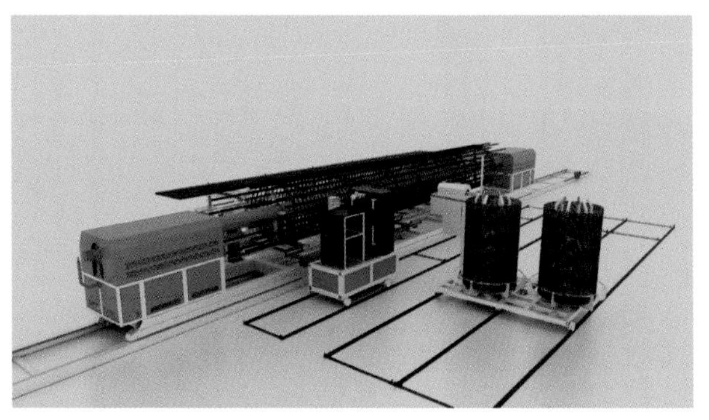

智能钢筋笼成型焊接工作站

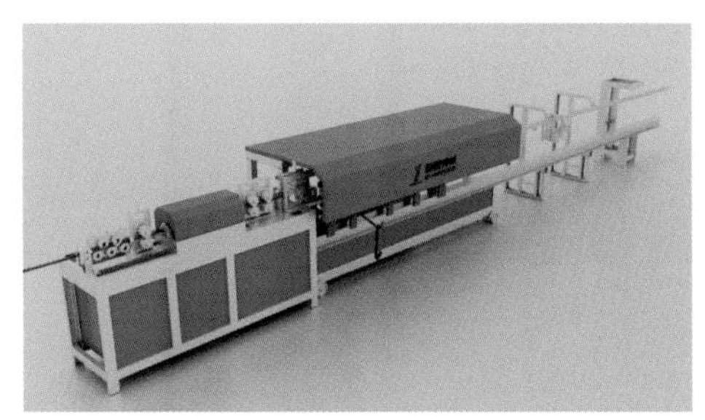

智能钢筋调直弯箍一体机

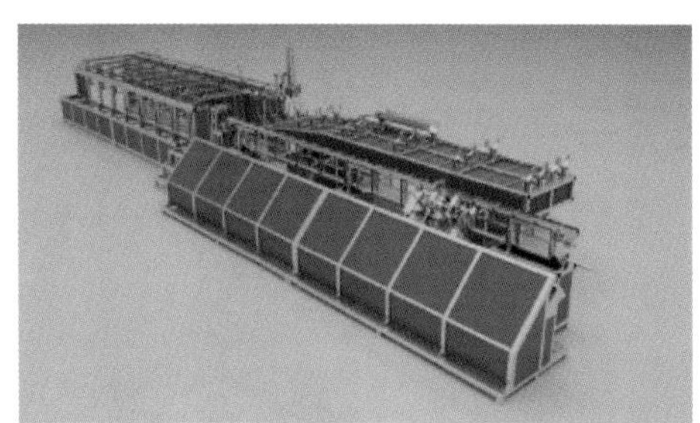

智能钢筋四机头剪切弯曲工作站

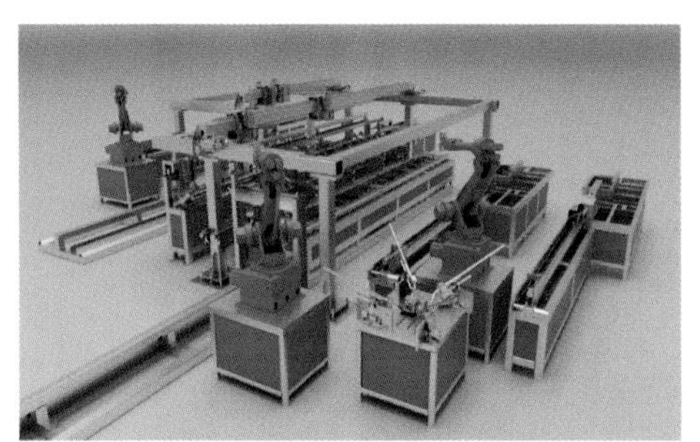

高铁大箱梁定位网焊接工作站

公路小箱梁
智能钢筋弯曲焊接工作站

资料来源：河北智建机械制造有限公司